天然有机化合物结构信息手册

天然有机化合物核磁共振碳谱集

上册

杨峻山　主编

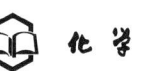

化学工业出版社

·北京·

本书是《天然有机化合物结构信息手册》的一个分册，全面收集了生物碱类、萜类、皂、苷类、黄酮类、醌类、苯丙素类、甾体类、芳香族类、脂肪族类、木脂素、香豆素、氨基酸和糖类、海洋天然产物、抗生素等2万余种天然有机化合物的核磁共振碳谱数据，每一种化合物都给出了相应的名称、分子式、结构式、测试溶剂和碳的化学位移数据以及参考文献。书后还附有化合物中英文名称索引以及分子式索引等，详实的数据资料，对确定天然有机化合物的结构有很大帮助。

本书是天然产物研究与开发、有机合成、药物研发、核磁分析等领域的科研与技术人员实用的案头工具书。

图书在版编目（CIP）数据

天然有机化合物核磁共振碳谱集（上、下册）/杨峻山主编.
北京：化学工业出版社，2011.12
（天然有机化合物结构信息手册）
ISBN 978-7-122-12695-5

Ⅰ．天… Ⅱ．杨… Ⅲ．天然有机化合物-碳13核磁共振谱法
Ⅳ．①O629②O657.2

中国版本图书馆CIP数据核字（2011）第218057号

责任编辑：任惠敏 李晓红 傅聪智　　　文字编辑：李锦侠 王琪 徐雪华 陈雨
责任校对：顾淑云 宋夏　　　　　　　　装帧设计：刘丽华

出版发行：化学工业出版社（北京市东城区青年湖南街13号　邮政编码100011）
印　　装：北京白帆印务有限公司
787mm×1092mm　1/16　印张204½　字数4359千字　2011年12月北京第1版第1次印刷

购书咨询：010-64518888（传真：010-64519686）　　售后服务：010-64518899
网　　址：http://www.cip.com.cn
凡购买本书，如有缺损质量问题，本社销售中心负责调换。

定　　价：488.00元（上、下册）　　　　　　　　　　　　　　　　版权所有　违者必究

编写人员名单

主　　编：杨峻山

副 主 编：杨秀伟　林文翰　邹忠梅　许旭东　赵毅民

　　　　　董悦生　索茂荣

编写人员：（按姓氏汉语拼音排序）

陈　林	陈超男	丁　刚	董悦生	费姣冬
郭继芬	胡延保	贾红梅	雷崎方	李　厚
李珂珂	林文翰	刘　东	刘文财	刘乐平
刘月涛	马国需	钱　平	任凤霞	桑元斌
沈寿帽	斯建勇	孙迪安	孙广利	索茂荣
田新慧	王　迎	王　尧	王　悦	王洪平
吴　玲	吴　帅	吴海峰	吴丽珍	徐　锐
许旭东	杨　宁	杨　郁	杨峻山	杨鑫宝
杨秀伟	于能江	喻玲玲	张　杨	张小坡
赵毅民	郑庆霞	钟明亮	邹建华	邹忠梅

出版者的话

天然存在的物质——天然产物——是人类社会存在与发展的基础。化学使人们从分子水平上认识到物质的结构与其性能、功效之间的直接关系。随着化学学科的发展以及对物质组成及其代谢产物的探索与研究逐渐深入，从天然物质中分离提取到具有特殊功效的成分加以研究利用，或者从特定的需要出发合成具有特定功效的物质并加以利用，成为当前化学与生物学、医药学、材料学等众多科学共同的研究方向。

天然有机化合物结构复杂多样，并且常常是多组分的混合物。化学家在分离或合成出新的化合物之后，首要工作就是确定其结构与性质，然后再依据其性质进行研究与开发。

我国自然资源丰富，仅药用植物就有一万多种。目前国家投入大量人力和财力用于中药现代化研究，其基本方法也是从现有的天然资源（中草药）中发现并分离出活性物质，确定其化合物结构，用以说明祖国医药防病治病的物质基础。仿照活性化合物结构进行化学合成或结构修饰与改造，再从中筛选出活性最好的物质开发成新药已成为现代药物研究的重要手段。

对于一个新的未知化合物，准确描述其结构是关键性的一步，也是一个复杂的过程，除了要依靠现代仪器设备获取详尽的数据资料外，还需要专业知识丰富的专门人才根据获取的已知物的资料进行综合分析推理。

我社组织国内天然产物化学界的知名专家和学者共同编撰了这部《天然有机化合物结构信息手册》，目的是为研究人员在确定化合物结构时提供准确可靠的参照标准。

本手册在国际上也属首例，全书共有四个分册，包括《有机化合物的分子量与分子式》、《天然有机化合物质谱图集》、《天然有机化合物核磁共振氢谱集》和《天然有机化合物核磁共振碳谱集》。手册以数据和谱图为主，同时兼有谱图与数据解析规律总结、索引等内容。其中，《有机化合物的分子量与分子式》是一部根据名义分子量计算和查阅有关化合物分子式的工具书，书中给出分子量在 800 以内的化合物可能存在的分子式；《天然有机化合物质谱图集》根据天然有机化合物的结构特征分类，书中收录了两千多个经典质谱谱图及相应的化合物结构，同时对每种类型的结构特征进行总结、归纳。《天然有机化合物核磁共振氢谱集》和《天然有机化合物核磁共振碳谱集》两个分册是根据天然有机化合物的结构特征分类，每册收录了一万余个天然有机化合物的结构与相应的核磁共振谱数据。综合运用这四个分册，可帮助读者确定未知化合物的结构。

本套手册获得了国家出版基金的资助，期望本手册的出版可推动国内天然产物化学研究的进程，培养一批具有天然有机化合物结构解析能力的专业队伍，加快我国自主创新研制与开发天然药物的步伐，促进化学、材料等学科的发展有所裨益。

出版者
2011 年 5 月

前　言

碳谱（Carbon-13 Nuclear Magnetic Resonance Spectrum）是 20 世纪 70 年代得到广泛应用的一项核磁共振新技术，80 年代后又产生出二维核磁共振新技术，并得到迅速发展和广泛应用。在天然有机化合物的化学结构研究中，碳谱和氢谱相互补充、相互印证，相得益彰，特别是在化合物的鉴别、化学结构的测定、异构体的识别、化学结构中的构型构象分析、合成化学的反应机理研究，以及生物化学和生物合成中都发挥出巨大的作用，目前已成为天然有机化学研究领域非常重要的有力工具。

在我国，我们特有的中草药是我们的祖先在数千年同疾病的斗争中发展起来的，是我们的宝贵财富，在历史的发展中曾一度辉煌。但是我们不能不看到，由于历史的原因，我们的中草药相对落后了，这样就必须使其现代化，使我们的中草药国际化，为我们的社会主义建设服务，为人类的健康事业做出更大贡献。而中草药现代化就必须用现代科学技术，研究清楚它们防病治病的原理，研究其防病治病的物质基础，也就是研究它们的有效成分、无效成分、有毒成分、有副作用的成分以及这些成分之间的相互关系，在这些研究工作中经常会遇到这些化学成分的鉴定和新化合物的结构测定问题。鉴定一个已知结构的化学成分或是测定一个未知结构的化学成分，都需要对它们进行各种波谱的测定，其中 ^{13}C NMR 谱测定是重要的常用的手段之一，是将测定的谱学数据参数与文献中报道的已知物的数据参数进行比较，从而达到鉴定未知化合物的目的，或者通过测定的各种波谱数据参数的分析，解析未知化合物的结构。由于近来分离分析技术的进步，微量的化学成分和难以分离的化学成分以及大分子水溶性的化学成分都能比较好地分离，得到单体化合物，研究这些新的化合物就更离不开波谱的测定。尤其是这些有机化合物多数仅仅是由碳、氢、氧组成的，测定得到的化合物的 ^{13}C NMR 谱，解析这些数据参数是非常必需的。应用这一新技术有助于揭示中草药防病治病的物质基础，从而使我们祖国的医药事业在世界上再度辉煌。

由于大自然的神奇力量，使天然有机化合物的种类、数量非常繁多，结构也是多种多样，新分子骨架的化合物不断涌现，特别是近 30 年的时间里经世界各国科学家们的努力，文献中报道的天然有机化合物碳谱化学位移数据与日俱增，我们在本书中收集了尽可能多的碳谱数据以供大家在天然产物的研究中参考。第一章的绪言部分简述了碳谱的原理、参数以及测定的实用技术；第二章是生物碱类化合物，共收集了 2446 个化合物的碳谱数据；第三章和第四章是萜类化合物，共 5693 个；第五章是木脂素类化合物，共 809 个；第六章是香豆素类化合物，共 573 个；第七章是黄酮类和醌类化合物，共 1711 个；第八章是甾烷类化合物，共 1084 个；第九章是脂肪族化合物，共 414 个；第十章是芳香族化合物，共 481 个；第十一章是糖类、多元醇、氨基酸和寡肽类化合物，共 431 个，第十二章是海洋天然产物，共 1932 个；第十三章是抗生素类化合物，共 1619 个。本书共收集了 17193 个天然有机化合物的 ^{13}C NMR 化学位移数据，供从事天然产物研究的同行们参考。

诚然，编写这本书由于时间和我们的水平有限，不可能全面地查阅所有的文献，遗漏与错误之处在所难免，还望同道们不吝赐教，批评指正。待再版时修改补充。

杨峻山
中国医学科学院药用植物研究所
2011 年 8 月

测试溶剂缩写符号与官能团缩略语说明

测试溶剂缩写符号说明：

符　号	名　称	符　号	名　称
A	重氢丙酮	DMF-d_7	重氢二甲基甲酰胺
B	重氢苯	M	重氢甲醇
C	重氢氯仿	P	重氢吡啶
D	重氢二甲基亚砜	W	重水

官能团缩略语表：

缩略语	名　称	结　构	缩略语	名　称	结　构
Ac	Acetyl 乙酰基		Bn	Benzyl 苄基	
All	Allosyl 阿洛糖基		Boc	t-Butoxycarbonyl 叔丁氧羰基	
Allom	6-deoxy-3-O-methyl-D-allopyranosyl 6-去氧-3-氧甲基-阿洛吡喃糖基		Boi	Boivinopyranosyl 波伊文吡喃糖基	
AMAE	2-[(2′-aminopropyl)-methylamino]-ethanol 2-[(2′-氨丙基)-甲氨基]-乙醇		n-Bu	n-Butyl 正丁基	
AMHOD	2-amino-4-methyl-6-hydroxy-8-oxo-decanoic acid 2-氨基-4-甲基-6-羟基-8-氧-癸酸		But	Butyryl 丁酰基	
Ang	Angelyl 当归酰基		iBut	Isobutyryl 异丁酰基	
Api Api$f$	Apiosyl 芹菜糖基 呋喃芹菜糖基		Bz	Benzoyl 苯甲酰基	
Ara	Arabinosyl 阿拉伯糖基		Caff	Caffeoyl 咖啡酰基	
Ara(f)	阿拉伯呋喃糖		Can	Canarosyl	

续表

缩略语	名称	结构	缩略语	名称	结构
Cinn	Cinnamoyl 肉桂酰基		Fru	Fructosyl 果糖基	
CM	Carboxymethyl 羧甲基	-CH$_2$-COOH	Fuc	Fucosyl 呋糖基	
CMM	Carboxymethylmethyl ester 羧甲基甲酯	-CH$_2$-COOCH$_3$	^{i}Feru	Isoferuloyl 异阿魏酰基	
Coum	Coumaroyl 香豆酰基		Gal	Galactosyl 半乳糖	
Cym	Cymarosyl 磁麻糖基		Gall	Galloyl 没食子酰基	
DAP	Diaminopimelic acid 二氨基庚二酸		Gen	Gentiobiosyl 龙胆二糖基	
dF	2-Deoxyfucose 2-脱氧岩藻糖		Glu	Glucosyl 葡萄糖基	
Dig	Digitoxopyranosyl 毛地黄毒糖基		GluNAc	2-Acetylaminoglucose 2-乙酰氨基葡萄糖	
Dgn	Diginopyranosyl 脱氧毛地黄糖基		GluUA	Glucuronic acid 葡萄糖醛酸	
Dgt	Digitalopyranosyl 毛地黄糖基		GluA	Glucuronic acid 葡萄糖醛酸	
DMA	1,1-Dimethylallyl 1,1-二甲基烯丙基		3HBA	3-Hydroxybutanoic acid 3-羟基丁酸	
DME	1,1-Dimethylethyl 1,1-二甲基乙基		HMEB	4-Hydroxy-2-methylenebutanoate 4-羟基-2-亚甲基丁酸酯	
1,1-DMPE	1,1-Dimethyl-2-propenyl 1,1-二甲基-2-丙烯基		Ido	Idopyranosyl 艾杜吡喃糖基	
1,2-DMPE	1,2-Dimethyl-2-propenyl 1,2-二甲基-2-丙烯基		Mar	Margaroyl 十七酰基	
Et	Ethyl 乙基	CH$_2$CH$_3$	MBE	3-Methyl-2-butenyl 3-甲基-2-丁烯基	
Feru	Feruloyl 阿魏酰基		MeBut	2-Methylbutanoyl 2-甲基丁酰基	

续表

缩略语	名称	结构	缩略语	名称	结构
MHB	3-Methxy-4-hydroxybutyryl 3-甲基-4-羟基丁酰基		Sar	Sarmentopyranosyl 沙门酰基	
MOA	2-Methyloctanic acid 2-甲基辛酸		Sen	Senecioyl 异戊烯酰基	
Nic	Nicotioyl 烟酰基		Sin	Sinapoyl 芥子酰基	
Ole	Oleandropyranosyl 齐墩果糖		Sop	Sombubiosyl 槐糖基	
Oli	Olivopyranosyl		Stea	Stearoyl 十八酰基	
Palm	Palmityl 十六酰基		Tetradeca	Tetradeconoyl 十四酰基	
Ph	Phenyl 苯基		The	Thevetosyl 黄花夹竹桃糖基	
phb	*p*-Hydroxybenzoyl 对羟基苯甲酰基		Thp	Tetrahydropyran 四氢吡喃基	
Pip	Piperidyl 哌啶基		Thz	Thiazole 噻唑	
Pro	Propanoyl 丙酰基		Tig	Tiglate 巴豆酸酯	
Qui	Quinolinyl 喹啉基		*i*val	Isovaleric acid 异戊酰基	
Rha	Rhamnosyl 鼠李糖基		Van	Vanilloyl 香草酰基	
Rob	Robinobiosyl 洋槐二糖基		Xyl	Xyosyl 木糖基	
Sam	Sambubiosyl				

目 录

第一章 绪言 ……………………………… 1
第一节 碳谱的原理 …………………… 1
第二节 碳谱的发展史 ………………… 1
第三节 碳谱的参数 …………………… 2
一、化学位移 ……………………… 2
二、偶合常数 ……………………… 4
三、弛豫 …………………………… 4
第四节 碳谱的种类 …………………… 5
一、全去偶碳谱 …………………… 5
二、偏共振质子去偶谱 …………… 5
三、INEPT（低灵敏核极化转移增强法）谱 …………………… 6
四、DEPT 谱 ……………………… 6
五、APT 谱 ………………………… 7
第五节 碳谱测定时使用的溶剂 ……… 7
第六节 有机化合物的各种官能团碳的化学位移 …………………… 11

第二章 生物碱类化合物 ………………… 14
第一节 有机胺类生物碱 ……………… 14
一、麻黄碱类化合物 ……………… 14
二、秋水仙碱类化合物 …………… 14
三、天然酰胺类化合物 …………… 17
四、其他有机胺类生物碱 ………… 20
第二节 吡咯类生物碱 ………………… 25
第三节 吡咯里西啶类生物碱 ………… 44
第四节 托品类生物碱 ………………… 52
第五节 吡啶和氢化吡啶类生物碱 …… 66
第六节 喹啉类生物碱 ………………… 78
一、简单喹啉类生物碱 …………… 85
二、喹啉-2-酮类生物碱 ………… 86
三、喹啉-4-酮类生物碱 ………… 87
四、氢化喹啉类生物碱 …………… 91
五、多取代喹啉类生物碱 ………… 93
六、金鸡纳类生物碱 ……………… 102

第七节 异喹啉类生物碱 ……………… 105
一、简单异喹啉类生物碱 ………… 105
二、苄基异喹啉类生物碱 ………… 108
三、原阿朴菲类生物碱 …………… 111
四、阿朴菲类生物碱 ……………… 114
五、原小檗碱类生物碱 …………… 120
六、酰胺型异喹啉类生物碱 ……… 126
七、普托品类生物碱 ……………… 128
八、苯酞异喹啉类生物碱 ………… 130
九、螺环苄基异喹啉类生物碱 …… 134
十、吐根碱异喹啉类生物碱 ……… 136
十一、苯基异喹啉类生物碱 ……… 139
十二、吗啡烷类生物碱 …………… 143
十三、双苄基异喹啉类生物碱 …… 146
十四、苯并菲啶类生物碱 ………… 152
十五、其他类生物碱 ……………… 157
第八节 喹诺里西啶类生物碱 ………… 164
一、简单喹诺里西啶化合物 ……… 168
二、三环喹诺里西啶化合物 ……… 171
三、苦参碱类化合物 ……………… 173
四、金雀儿碱类化合物 …………… 173
五、呋喃喹诺里西啶、石松碱类化合物 ……………………… 176
第九节 吲哚类生物碱 ………………… 177
一、简单吲哚类生物碱 …………… 177
二、卡巴唑类化合物 ……………… 186
三、咔巴林类化合物 ……………… 187
四、吡啶咔巴唑类化合物 ………… 188
五、育亨宾类化合物 ……………… 189
六、吐根吲哚类化合物 …………… 194
七、沃洛亭类化合物 ……………… 197
八、波里芬类化合物 ……………… 198
九、阿马林类化合物 ……………… 200
十、长春花碱类化合物 …………… 201
十一、白坚木碱类化合物 ………… 204

十二、长春胺类化合物⋯⋯⋯⋯⋯213
　　十三、柯楠碱类化合物⋯⋯⋯⋯⋯215
　　十四、长春蔓啶碱类化合物⋯⋯⋯219
　　十五、氧化吲哚类化合物⋯⋯⋯⋯222
　　十六、其他单吲哚类化合物⋯⋯⋯231
　　十七、双吲哚类化合物⋯⋯⋯⋯⋯236
　　十八、麦角碱类化合物⋯⋯⋯⋯⋯242
　　十九、其他双吲哚类化合物⋯⋯⋯245
　　二十、色胺吲哚类化合物⋯⋯⋯⋯248
　　二十一、半萜吲哚类化合物⋯⋯⋯252
　　二十二、二聚吲哚类化合物⋯⋯⋯253
　第十节　吲哚里西啶类化合物⋯⋯⋯263
　第十一节　吖啶酮类生物碱⋯⋯⋯⋯279
　第十二节　萜类生物碱⋯⋯⋯⋯⋯⋯289
　　一、单萜类生物碱⋯⋯⋯⋯⋯⋯⋯289
　　二、倍半萜类生物碱⋯⋯⋯⋯⋯⋯290
　　三、二萜类生物碱⋯⋯⋯⋯⋯⋯⋯292
　　四、三萜类生物碱⋯⋯⋯⋯⋯⋯⋯326
　第十三节　甾类生物碱⋯⋯⋯⋯⋯⋯339
　　一、一般甾体类生物碱⋯⋯⋯⋯⋯339
　　二、环孕甾烷类生物碱⋯⋯⋯⋯⋯356
　　三、异甾体类生物碱⋯⋯⋯⋯⋯⋯362
　第十四节　核苷类生物碱⋯⋯⋯⋯⋯374
　　一、腺嘌呤类生物碱⋯⋯⋯⋯⋯⋯374
　　二、简单嘌呤衍生物类生物碱⋯⋯376
　　三、吡咯并嘧啶类生物碱⋯⋯⋯⋯377
　　四、多取代嘌呤衍生物类生物碱⋯⋯379
　第十五节　环肽类和其他类型生物碱⋯381
　　一、环肽类生物碱⋯⋯⋯⋯⋯⋯⋯381
　　二、其他类型生物碱⋯⋯⋯⋯⋯⋯392

第三章　单萜、倍半萜和二萜类化合物⋯⋯401
　第一节　开环类单萜化合物⋯⋯⋯⋯401
　第二节　单环类单萜化合物⋯⋯⋯⋯406
　第三节　双环类单萜化合物⋯⋯⋯⋯429
　第四节　环烯醚萜化合物⋯⋯⋯⋯⋯440
　第五节　无环倍半萜类化合物（直链）⋯536
　第六节　单环倍半萜类化合物⋯⋯⋯559
　第七节　双环倍半萜类化合物⋯⋯⋯617
　第八节　三环倍半萜类化合物⋯⋯⋯692
　第九节　无环二萜类化合物⋯⋯⋯⋯715

　第十节　单环二萜类化合物⋯⋯⋯⋯718
　第十一节　双环二萜类化合物⋯⋯⋯732
　第十二节　三环二萜类化合物⋯⋯⋯840
　第十三节　四环二萜类化合物⋯⋯⋯913
　第十四节　五环二萜类化合物⋯⋯⋯962
　第十五节　二聚二萜类化合物⋯⋯⋯963

第四章　二倍半萜、三萜和多萜类化合物⋯⋯968
　第一节　二倍半萜类化合物⋯⋯⋯⋯968
　第二节　无环三萜类化合物⋯⋯⋯⋯973
　第三节　单环三萜类化合物⋯⋯⋯⋯975
　第四节　双环三萜类化合物⋯⋯⋯⋯977
　第五节　三环三萜类化合物⋯⋯⋯⋯981
　第六节　四环三萜-羊毛脂烷型化合物⋯⋯985
　第七节　四环三萜-达玛烷型化合物⋯⋯1078
　第八节　四环三萜-四去甲型化合物⋯⋯1141
　第九节　苦木素类三萜化合物⋯⋯⋯1175
　第十节　五环三萜-齐墩果烷型化合物⋯1196
　第十一节　五环三萜-木栓烷型化合物⋯1271
　第十二节　五环三萜-乌苏烷型化合物⋯1279
　第十三节　五环三萜-羽扇豆烷型化合物⋯1298
　第十四节　五环三萜-霍烷型化合物⋯1339
　第十五节　其他三萜类化合物⋯⋯⋯1347
　第十六节　多萜类化合物⋯⋯⋯⋯⋯1367

第五章　木脂素类化合物⋯⋯⋯⋯⋯1400
　第一节　丁烷衍生物类木脂素⋯⋯⋯1400
　第二节　四氢呋喃类木脂素⋯⋯⋯⋯1428
　第三节　二苯基四氢呋喃并四氢
　　　　　呋喃类木脂素⋯⋯⋯⋯⋯⋯1451
　第四节　苯基四氢萘类木脂素⋯⋯⋯1464
　第五节　苯基四氢萘并丁内酯类木脂素⋯1489
　第六节　苯并呋喃类木脂素⋯⋯⋯⋯1500
　第七节　联苯类木脂素⋯⋯⋯⋯⋯⋯1506
　第八节　氢化苯并呋喃类木脂素⋯⋯1518
　第九节　并二氧六环类木脂素⋯⋯⋯1524
　第十节　环辛烷类木脂素⋯⋯⋯⋯⋯1528
　第十一节　其他类木脂素⋯⋯⋯⋯⋯1530

第六章　香豆素类化合物 …… 1544
　　第一节　简单香豆素 …… 1544
　　第二节　呋喃香豆素 …… 1560
　　第三节　吡喃香豆素类化合物 …… 1597
　　第四节　多聚香豆素类化合物 …… 1614

第七章　色原酮类化合物 …… 1630
　　第一节　黄酮类化合物 …… 1630
　　第二节　二氢黄酮类化合物 …… 1657
　　　　一、二氢黄酮 …… 1660
　　　　二、二氢黄酮单糖苷 …… 1662
　　　　三、二氢黄酮双糖苷 …… 1663
　　　　四、异戊烯基二氢黄酮 …… 1664
　　　　五、其他取代二氢黄酮 …… 1665
　　第三节　黄酮醇类化合物 …… 1674
　　　　一、黄酮醇类化合物 …… 1685
　　　　二、单糖基黄酮醇类化合物 …… 1691
　　　　三、双糖基黄酮醇类化合物 …… 1699
　　　　四、三糖基黄酮醇类化合物 …… 1705
　　　　五、四糖基黄酮醇类化合物 …… 1708
　　　　六、异戊烯基及其衍生物取代
　　　　　　黄酮醇类化合物 …… 1709
　　　　七、异戊烯基或苯丙素基取代糖
　　　　　　苷黄酮醇类化合物 …… 1710
　　　　八、多取代黄酮醇类化合物 …… 1712
　　第四节　二氢黄酮醇类化合物 …… 1723
　　　　一、二氢黄酮醇苷元类化合物 …… 1726
　　　　二、二氢黄酮醇苷类化合物 …… 1729
　　　　三、异戊烯基取代二氢黄酮醇类
　　　　　　化合物 …… 1730
　　　　四、水飞蓟二氢黄酮醇类化合物 …… 1731
　　　　五、其他取代基二氢黄酮醇类
　　　　　　化合物 …… 1732
　　第五节　异黄酮类化合物 …… 1738
　　　　一、异黄酮苷元 …… 1740
　　　　二、异黄酮单糖苷 …… 1741
　　　　三、异黄酮多糖苷 …… 1742
　　　　四、其他类型异黄酮 …… 1744
　　第六节　二氢异黄酮类化合物 …… 1746
　　　　一、二氢异黄酮苷元 …… 1747
　　　　二、异戊烯基取代二氢异黄酮
　　　　　　苷元 …… 1748
　　第七节　查耳酮类化合物 …… 1751
　　　　一、查耳酮苷元 …… 1755
　　　　二、取代基查耳酮 …… 1762
　　第八节　二氢查耳酮类化合物 …… 1771
　　第九节　黄烷类化合物 …… 1775
　　　　一、黄烷 …… 1779
　　　　二、茶黄素及其衍生物 …… 1786
　　　　三、二聚黄烷类 …… 1789
　　第十节　异黄烷类化合物 …… 1795
　　第十一节　花青素类化合物 …… 1800
　　第十二节　xanthone 类化合物 …… 1807
　　第十三节　橙酮类化合物 …… 1839
　　第十四节　高异黄酮（烷）类化合物 …… 1846
　　第十五节　紫檀烷类化合物 …… 1855
　　第十六节　鱼藤酮类化合物 …… 1865
　　第十七节　双黄酮类化合物 …… 1870
　　第十八节　醌类化合物 …… 1884
　　　　一、苯醌类化合物 …… 1884
　　　　二、萘醌类化合物 …… 1890
　　　　三、蒽醌类化合物 …… 1900
　　　　四、菲醌类化合物 …… 1910
　　　　五、萜醌及其他类化合物 …… 1916

第八章　甾烷类化合物 …… 1927
　　第一节　雄甾烷类化合物 …… 1927
　　第二节　心甾内酯类化合物 …… 1933
　　第三节　胆甾烷类化合物 …… 1942
　　第四节　孕甾烷类化合物 …… 1979
　　第五节　雌甾烷类化合物 …… 2058
　　第六节　胆酸类化合物 …… 2060
　　第七节　螺甾烷类化合物 …… 2063
　　第八节　麦角甾烷类化合物 …… 2113
　　第九节　植物甾烷类化合物 …… 2141

第九章　脂肪族化合物 …… 2148
　　第一节　脂肪酸类化合物 …… 2148
　　第二节　脂肪醇类化合物 …… 2160
　　第三节　脂肪烃类化合物 …… 2170
　　第四节　脑苷脂类化合物 …… 2182

第十章　芳香族化合物 ·········· 2212
第一节　简单的酚及酚酸(酯) ········ 2212
第二节　缩酚酸及其酯 ············ 2220
第三节　缩酚酮酸及其酯 ·········· 2233
第四节　二苯乙基类化合物 ········ 2244
　　一、单倍体 ······················ 2244
　　二、二聚体 ······················ 2259
　　三、二苯乙基类三聚体 ·········· 2271
　　四、多聚体 ······················ 2277
第五节　苯丙素类化合物 ·········· 2285

第十一章　糖、多元醇和氨基酸类化合物 ·········· 2327
第一节　单糖类化合物 ············ 2327
第二节　双糖类化合物 ············ 2336
第三节　三糖类化合物 ············ 2346
第四节　四糖类化合物 ············ 2352
第五节　五糖类化合物 ············ 2355
第六节　多糖类化合物 ············ 2356
第七节　多元醇类化合物 ·········· 2358
第八节　氨基酸及多肽类化合物 ···· 2359

第十二章　海洋天然产物 ·········· 2364
第一节　萜类化合物 ·············· 2364
第二节　生物碱类化合物 ·········· 2485
第三节　酚醌类化合物 ············ 2557
第四节　甾醇类化合物 ············ 2589
第五节　肽类化合物 ·············· 2623
第六节　大环内酯类化合物 ········ 2651
第七节　脂肪酸类化合物 ·········· 2670

第十三章　抗生素 ·················· 2675
第一节　糖及糖苷类抗生素 ········ 2675
第二节　大环内酯类抗生素 ········ 2692
第三节　醌类抗生素 ·············· 2765
第四节　氨基酸及多肽类抗生素 ···· 2822
第五节　氮杂环类抗生素 ·········· 2865
第六节　氧杂环抗生素 ············ 2915
第七节　萜类抗生素 ·············· 2960
第八节　苯类抗生素 ·············· 2980
第九节　烷烃类抗生素 ············ 3002

化合物名称索引 ···················· 3019
英文名称索引 ···················· 3019
中文名称索引 ···················· 3170

化合物分子式索引 ·················· 3203

第一章 绪 言

碳谱是指有机化合物的碳-13核磁共振波谱（Carbon-13 Nuclear Magnetic Resonance Spectrum）的简称，是有机化合物结构研究的重要手段之一。它包括有机化合物的质子宽带去偶谱、偶合谱、偏共振质子去偶谱等。具体应用方法主要包括INEPT谱、DEPT谱、APT谱、特定氢去偶谱或选择性去偶谱、门控去偶谱和反转门控去偶谱等。我们在本书中收集整理了文献中主要天然产物结构类别的有机化合物的质子宽带去偶碳谱数据，以供同行在研究天然有机化合物结构时参考。

第一节 碳谱的原理

众所周知，原子核存在自旋运动，碳-13核也和氢-1核一样，在外磁场作用下，碳-13核存在两种能态：基态和激发态，当用一频率的射频波去照射碳核体系，此射频波正好等于碳核从基态跃迁至激发态所需能量时，碳-13核体系吸收这一射频波的能量而使一些碳-13核从基态跃迁到激发态上去，这就是所谓的核磁共振现象。

在发现核磁共振现象后，又发现了化合物分子中同一种碳-13核，由于它所处的化学环境不同，发生共振所需频率稍有不同，这就是化学位移效应，被用来研究化合物分子的结构就有着重要作用。

第二节 碳谱的发展史

碳和氢都是构成有机化合物分子的主要元素，但是碳谱比氢谱发展晚了十多年，这主要是由于碳-13在自然界中存在丰度比较低，大约占碳-12核的1.1%，自然丰度比较高的碳-12核因为它的自旋量子数是零，不发生能级分裂，从而不产生核磁共振。再加上碳-13的磁旋比小，不足氢-1核的磁旋比的1/4，其信号相对强度只有质子的1/64。在天然丰度的相对灵敏度只有氢的1/6000。这样不难看出，在核磁共振发展初期，想要测定这种微弱的信号是非常困难的。

1957年Lauterbur首次报道了碳-13核核磁共振的观测，这些试验表明碳-13核直接观测对比质子的研究上有一定的优势，但是也有很多难题。直到20世纪70年代，脉冲傅里叶变换技术的应用，以及电子技术和计算机的应用，碳谱才得到迅速发展和广泛应用，逐步成为有机化合物结构研究的不可或缺的重要工具。现在碳谱几乎普及到绝大多数从事有机化合物研究的高等院校和专门的科研机构。因此，可以说碳-13核磁共振的发展，就是不断地提高其测定样品的灵敏度。

提高测定的灵敏度的方法很多，下面就是曾经用过的几种方法：

1. 增加样品中碳-13 核的浓度,这个方法是提高测试样品的浓度,使碳-13 的浓度增加,从而提高灵敏度,但是这受到样品溶解度的限制和样品来源的限制;另外就是用大口径样品管进行测定,可以用 8mm、10mm、15mm 样品管测定。也有的采用富集的碳-13 的样品,但是成本太高,一般情况下,都不采用。近年来,微量核磁管的应用使得微量样品的碳-13 波谱测定成为可能。

2. 增加磁场的强度,例如外加磁场强度由 60MHz 增加到 250MHz,灵敏度提高 8 倍,现在主要是采用超导磁场仪器,300MHz、400MHz、500MHz、600MHz、700MHz 或更高磁场强度的核磁仪都在应用。

3. 利用提高射频的方法,信号强度会随着照射功率的增加而增大,但是也会有些因素影响其灵敏度的提高。

4. 进行波谱的累加,这也是一种提高灵敏度的办法。方法是将同一份样品,在相同的条件下进行多次扫描,用计算机进行累加。因为信噪比(灵敏度)与扫描次数的平方根成正比,所以如果扫描 100 次灵敏度就可以增加 10 倍。

5. 由于质子自旋使碳-13 信号分裂,从而使信噪比降低。因此常用双共振质子去偶法来提高灵敏度,在碳-13 谱中一个不等价的碳就是一个信号,灵敏度自然也就增大了。

6. 在有机分子中绝大多数的碳都是与氢相连接,当氢-1 进行去偶照射时,相连接的碳的共振信号大大增加,这个现象就是核奥威豪斯效应(nuclear Overhauser effect),也可简称为 NOE 增强效应,它产生于在碳-13 和氢-1 这样一对异核的分子内偶极-偶极弛豫。在质子的去偶实验中,由于用强功率的射频照射质子,质子完全饱和,不能很快通过同核之间弛豫来恢复到原来的平衡状态,必须借助于异核之间偶极-偶极相互作用,将能量转移给碳-13 核,接受了能量的碳-13 核就像被射频照射一样,发生跃迁和弛豫,共振信号得到加强。

7. 脉冲傅里叶变换核磁共振(pulse Fourier transform nuclear magnetic resonance),它是用一射频脉冲系列代替连续变化频率的射频波。它所获得的信号是自由感应衰减(FID)信号,它需要经傅里叶变换才能转化为我们大家所知道的信号形式。目前傅里叶变换核磁共振仪上都具有快速变换功能的计算机系统。脉冲傅里叶变换核磁共振(PFTNMR)比连续波核磁共振(continuous wave nuclear magnetic resonance,简称 CWNMR)可以使碳-13 灵敏度提高 20~56 倍,在相同灵敏度的条件下测定的时间可以缩短至原来的 1/3000。

从上述发展情况可以这样说,碳谱的发展史,就是提高其灵敏度的历史。

第三节 碳谱的参数

一、化学位移

碳谱的化学位移与氢谱的化学位移一样,是以适当的基准物的拉莫尔频率作基准,其他各原子核信号的相对化学位置,用希腊字母 δ 来表示,对碳谱来说也可以用 δ_C 来表示。在碳谱发展的初期,多以二硫化碳、苯等作基准,现在几乎全以四甲基硅烷(tetramethylsilane,简写为 TMS)为基准,以 TMS 为基准,是因为它去偶后表示出一个单峰信号,而且由于屏蔽作用强,一般有机化合物碳大部分信号都出现在它的左边。一般情况下氢谱的谱宽在 δ 0~20 之间,而碳谱的谱

宽在 δ 0~400 之间，这主要是由于碳-13 和外层有 2p 电子，有比较大各向异性，而且易受磁场和化学键的影响，同时对化学环境的变化也比较敏感，因此碳-13（^{13}C）的化学位移值变化范围宽，信号比较分散。

影响碳-13 谱化学位移的因素如下。

（1）化学键的杂化类型

化合物各碳的化学位移与碳原子的杂化状态有关，通常 sp^3 碳的化学位移在最高场，sp 碳次之，sp^2 碳在最低场。

（2）碳核上电子的多少

缺电子的碳因电子云密度低，有显著的去屏蔽效应，像阳碳离子其化学位移可以达到 400。

（3）取代基的诱导效应

与电负性取代基、杂原子和烃基靠近的碳，其化学位移移向低场，位移大小是随间隔的键数增多而减少。取代基使 α-碳向低场位移，取代基的电负性越强，降低了碳原子 2p 轨道上的电子密度的作用越大，碳的化学位移越向低场位移。不同的取代基对 β-碳影响相差不大，但是 γ 碳却向高场位移。

（4）空间效应

取代基的构型与构象对各种碳的化学位移都有显著的影响，例如甲基环己烷的 e 键甲基对 γ-碳没有影响，但是 a 键甲基却对 γ-碳有较大影响，向高场位移 6.40，而甲基也向高场位移了 4，这主要是空间上靠近的碳上的氢之间的斥力作用，使相连接的碳上的电子云密度有所增加，从而增加了屏蔽作用而使它们都向高场位移，把这种影响称为 γ-邻位交叉效应(γ-gauche effect)。取代的环己烷还存在 δ-效应。

（5）电场效应

含氮化合物中由于质子化作用生成-NH_3^+，此正离子的电场使化学键上电子移向 α-碳或 β-碳，使之电子云密度增加，屏蔽作用增大，其化学位移向高场位移。

（6）共轭效应

羰基与双键共轭，由于电子云向氧原子移动，羰基碳的电子云密度增加，化学位移移向高场，羰基的邻位如果引入含有孤对电子的杂原子——氧、氮、氟或氯等，也同样会使羰基碳移向高场，因此不饱和羰基碳如酸、酯、酰胺、酰氯的碳的化学位移比饱和羰基碳在高场。

（7）取代基的数目

一般情况下，取代基的数目越多，它的化学位移越向低场位移，如表 1-3-1 所列。

表 1-3-1 不同取代基的碳的化学位移

化合物	CH_4	CH_3-CH_3	$(CH_3)_2CH_2$	$(CH_3)_3CH$	$(CH_3)_4C$
化学位移 δ	−2.7	5.4	15.4	24.3	27.4
化合物	CH_3Cl	CH_2Cl_2	$CHCl_3$	CCl_4	
化学位移 δ	24.9	54.0	77.0	96.5	

（8）磁不等价效应

异丙基与手性碳原子相连，由于受到较大的磁不等价效应的影响较大，两个甲基碳的化学位移相差较大；而当异丙基与非手性碳相连时，两个甲基受到的影响较小，其化学位移差别很小。

（9）影响化学位移的外部因素

影响化学位移的外部因素主要是测定时所使用的溶剂（即测试溶剂），所用溶剂的不同会有较大的差异，因此在我们测定样品时要特别注意，尤其是当我们把自己测定的谱图和文献中的数据比较时，首先看看测试溶剂是否不同。

稀释效应对容易解离的化合物影响较大，而对不发生解离的化合物影响不大。对于含有羧基、巯基、氨基及亚氨基的化合物，在不同的pH溶液中，因解离的情况不同，明显影响解离基团的电子云密度，从而影响周围的碳的化学位移。测定的温度可改善谱图的质量，使之便于解析图谱。

二、偶合常数

偶合常数是表示核与核之间磁相互作用大小的标志。两种自旋核之间发生的相互干扰叫做自旋-自旋偶合，其强度以偶合常数 J 来表示，单位以赫兹（Hz）来表示。

① 相隔一个键的碳-氢偶合常数 $^1J_{CH}$，偶合常数受到杂化键s轨道、取代基以及环张力的影响。一般情况下相隔一个键的碳-氢偶合常数在120~300Hz之间。

② 相隔2个键或3个键碳-氢偶合常数 $^2J_{CCH}$ 或 $^3J_{CCCH}$，甚至相隔4个键的碳-氢偶合常数 $^4J_{CH}$，这种偶合也叫做远程偶合。远程偶合常数在60Hz以内，它的变化规律和 $^1J_{CH}$ 的变化类似。

三、弛豫

在外磁场中，碳-13核体系存在两个能态——基态和激发态，它们之间彼此能自发地发生跃迁，其概率几乎是相等的。但是由于基态上核数略多于激发态上的核数，从基态到激发态的概率略大，所以产生能量净吸收；但是核体系吸收射频波的能量而达到饱和时，接收器看不到共振信号。而实际上接收器上仍能检测到共振信号，这说明存在另一个核可以从激发态跃迁回基态的非辐射过程，这个过程不断保证基态上有过剩的核数，保证基态跃迁到激发态的能量吸收不断发生，这个使核从激发态跃迁回基态的非辐射过程就称之为核磁共振的弛豫过程。

弛豫过程可分为两个类型：一个是自旋-晶格弛豫，就是在磁场中核自旋体系受到扰动，使体系与周围环境（晶格）进行能量交换，使高能级与低能级的粒子数达到玻尔兹曼平衡分布状态，这个过程就是自旋-晶格弛豫过程，表征此过程的自旋-晶格弛豫时间通常用速度常数 T_1 来表示。另一个是自旋-自旋弛豫，在核自旋体系之间，也有局部起伏的磁场作用，在过程中自旋体系之间进行纯热交换能量，其总能量是守恒的，仅仅是在核之间传递，不会传递到环境中去，这种作用就是自旋-自旋弛豫，用时间常数 T_2 来表征自旋-自旋弛豫过程。

弛豫时间被分为 T_1 和 T_2，但对每一个核，它在激发态的平均停留时间只取决于 T_1 和 T_2 中的较小者。弛豫时间对谱峰宽度有影响。

第四节 碳谱的种类

在测定碳谱时,可以根据不同的目的要求采用不同的技术,测定各种不同的谱图,这些不同的谱图,为我们提供不同的结构信息,从而方便解析有机化合物的结构。

一、全去偶碳谱

全去偶碳谱也叫做质子完全去偶(^{1}H complete decoupling)谱,这是测定碳谱中应用最多的最普遍的方法。具体就是用无线电射频 H1 照射各个碳核共振的同时,附加一个去偶场 Hz 照射分子中的质子,这个去偶场频率宽度覆盖了全部质子拉莫尔频率范围,使所有的碳氢偶合全部消失,每一个磁不等价的碳都出现一个单峰信号。本书所述的谱图数据均为全去偶碳谱数据,齐墩果酸的全去偶碳谱如图 1-4-1 所示。

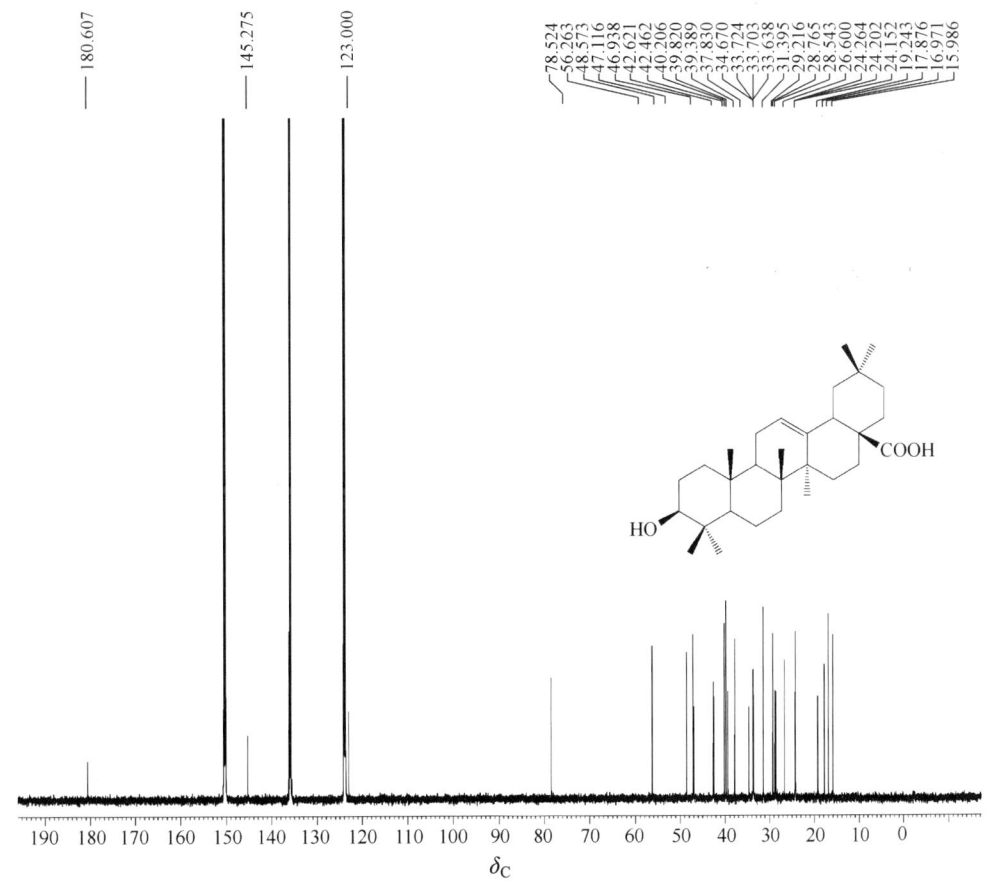

图 1-4-1 齐墩果酸全去偶碳谱

二、偏共振质子去偶谱

偏共振质子去偶(^{1}H off resonance decoupling)谱就是使照射频率偏离质子的共振频率,即不是直接照射某个质子使之去偶,而是界外照射。这种去偶可观察到与碳直接相连的质子,而相隔两个以上键的偶合全部消失,由于偏共振效应使分裂的多重峰之间距离缩小,在图谱上仅仅是观察到残余的偶合常数,从而可以区分伯、仲、叔碳。由于结构的复杂性,谱线的重合,现在很少用于结构的解析。

三、INEPT(低灵敏核极化转移增强法)谱

是用调节弛豫时间(Δ)来调节 CH、CH_2、CH_3 信号的强度,从而有效地识别 CH、CH_2、CH_3。

当 $\Delta=1/4(J_{CH})$ 时,CH、CH_2、CH_3 皆为正峰;

当 $\Delta=2/4(J_{CH})$ 时,只有正的 CH 峰;

当 $\Delta=3/4(J_{CH})$ 时,CH、CH_3 为正峰,CH_2 为负峰。

由此可以区分 CH、CH_2 和 CH_3 信号。再与质子宽带去偶谱对照,还可以确定季碳信号。季碳因为没有极化转移条件,所以在 INEPT 谱中无信号。

四、DEPT 谱

DEPT(无畸变极化转移增强法):是 INEPT 的一种改进方法。在 DEPT 法中,通过改变照射 ^1H 的脉冲宽度(θ),使为 45°、90° 和 135° 变化并测定 ^{13}C NMR 谱。所得结果与 INEPT 谱类似。

当 $\theta=45°$ 时,所有的 CH、CH_2、CH_3 均显正信号;

当 $\theta=90°$ 时,仅显示 CH 正信号;

当 $\theta=135°$ 时,CH 和 CH_3 为正信号,而 CH_2 为负信号。

季碳同样无信号出现。

目前应用 DEPT 谱比较多。图 1-4-2 是齐墩果酸的 DEPT 谱实测图。

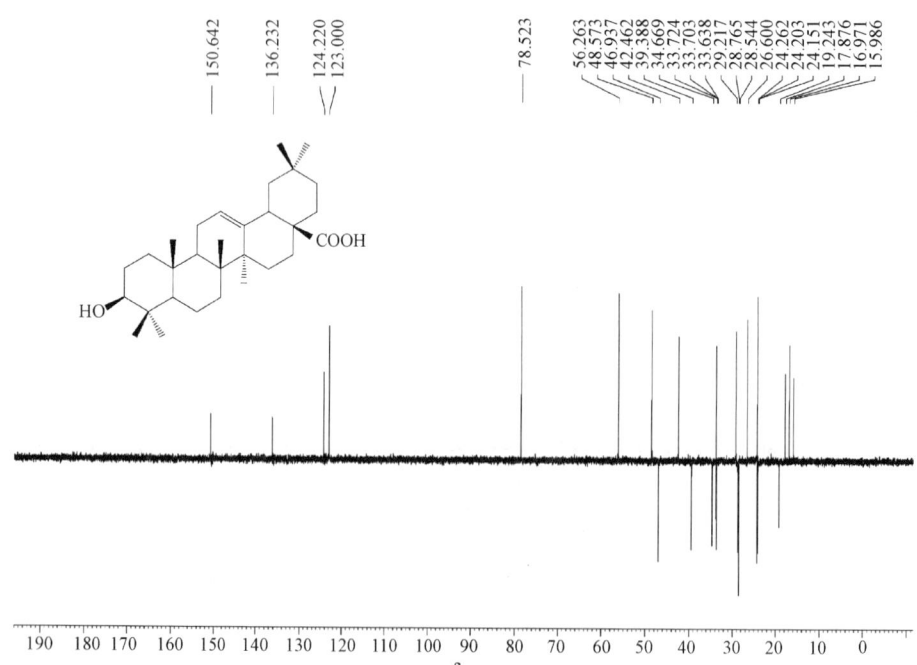

图 1-4-2 齐墩果酸的 DEPT135 谱

五、APT 谱

APT 谱也是用于区分伯、仲、叔碳的技术,而且它可以分辨季碳信号。其中 CH 和 CH_3 为负信号,而 C 和 CH_2 为正信号。在一张图中既可以出现全部碳信号,又可以区分碳的类型,因此目前应用得也是比较多的。图 1-4-3 所示为齐墩果酸的 APT 谱。

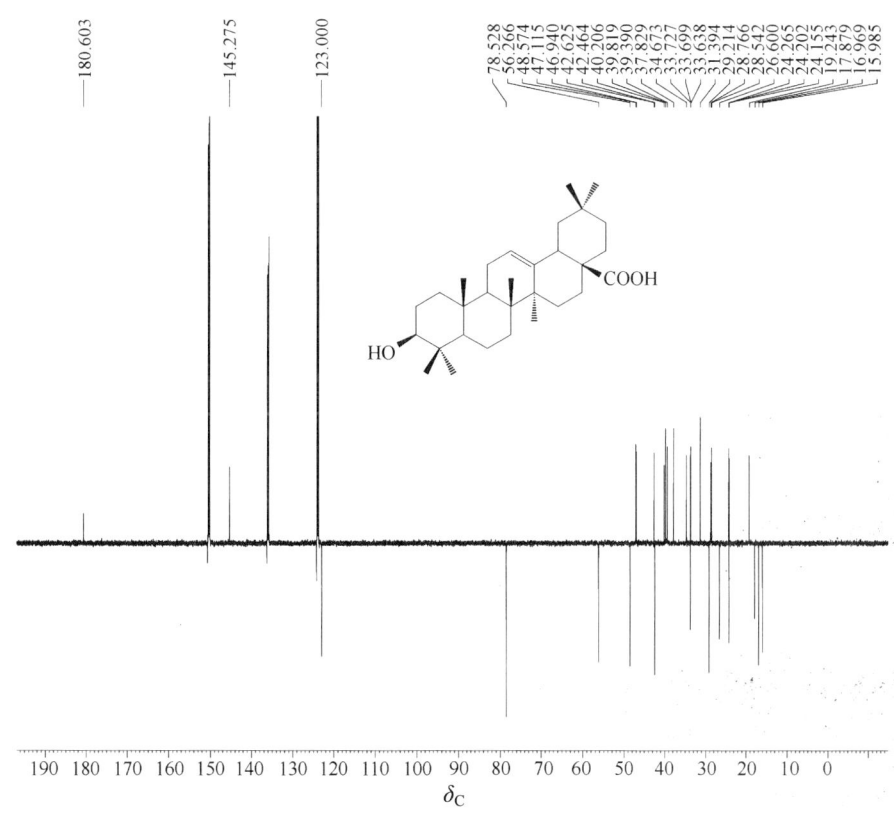

图 1-4-3 齐墩果酸的 APT 谱

第五节 碳谱测定时使用的溶剂

在测定有机化合物的碳谱时,为了图谱的正确分析,选择合适的测试溶剂是很重要的。测试溶剂的选择大体上可以遵循这样的原则:第一是所选溶剂对所测样品有很好的溶解度;第二是所选溶剂在图谱中所出现的化学位移能和所测定的样品显示的化学位移尽可能分开;第三是溶剂的价格比较便宜;第四是所选溶剂不和所测样品产生化学反应;第五是所用溶剂易于去除,便于所测样品的回收。因此,我们在文献中看到大多数情况下对生物碱类化合物所用溶剂是氘代氯仿、氘代甲醇、氘代二甲基亚砜等,因为生物碱的类型比较多,所使用的溶剂也比较多样;黄酮类化合物则多用氘代二甲基亚砜,但是由于天然产物含量比较低,得到不易,往往测定后的样品还要加以回收,用氘代二甲基亚砜时回收就比较难,有时采用氘代甲醇等;在测定萜类化合物时,由于萜类化合物的碳谱化学位移大多情况下在高场出现,因此大多数情况下选用氘代吡啶。下面是几种常用的氘代溶剂在图谱中出现的化学位移图谱（见图 1-5-1）。

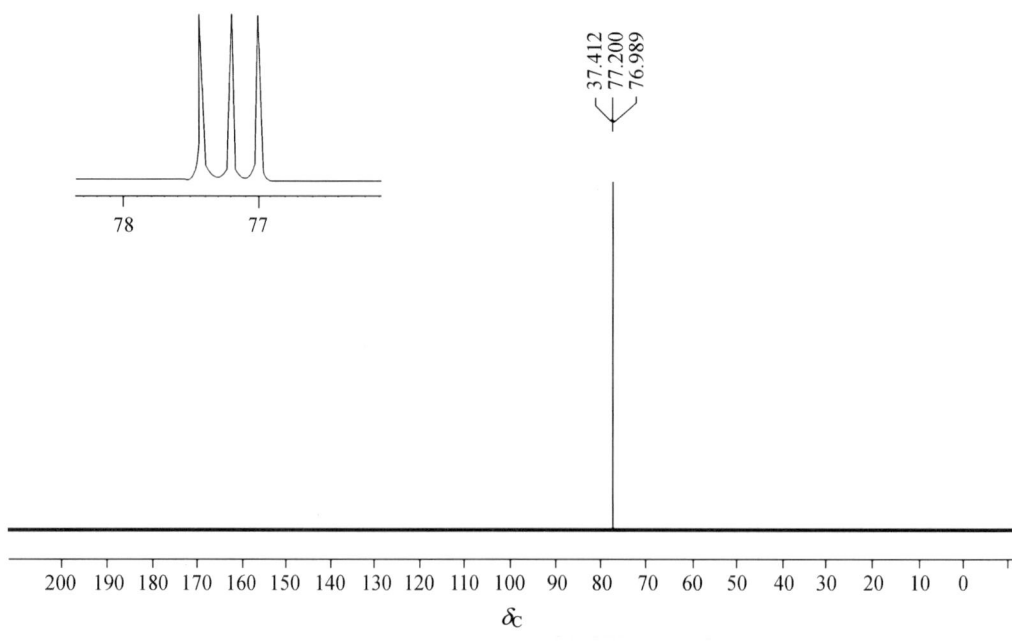

（a）CDCl$_3$

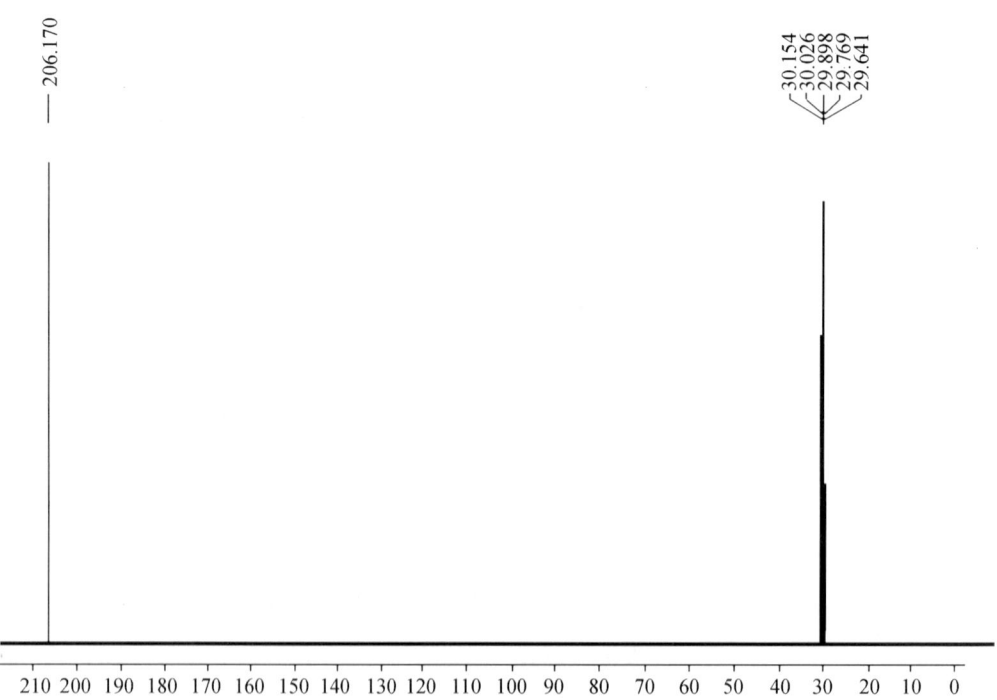

（b）(CD$_3$)$_2$CO

图 1-5-1

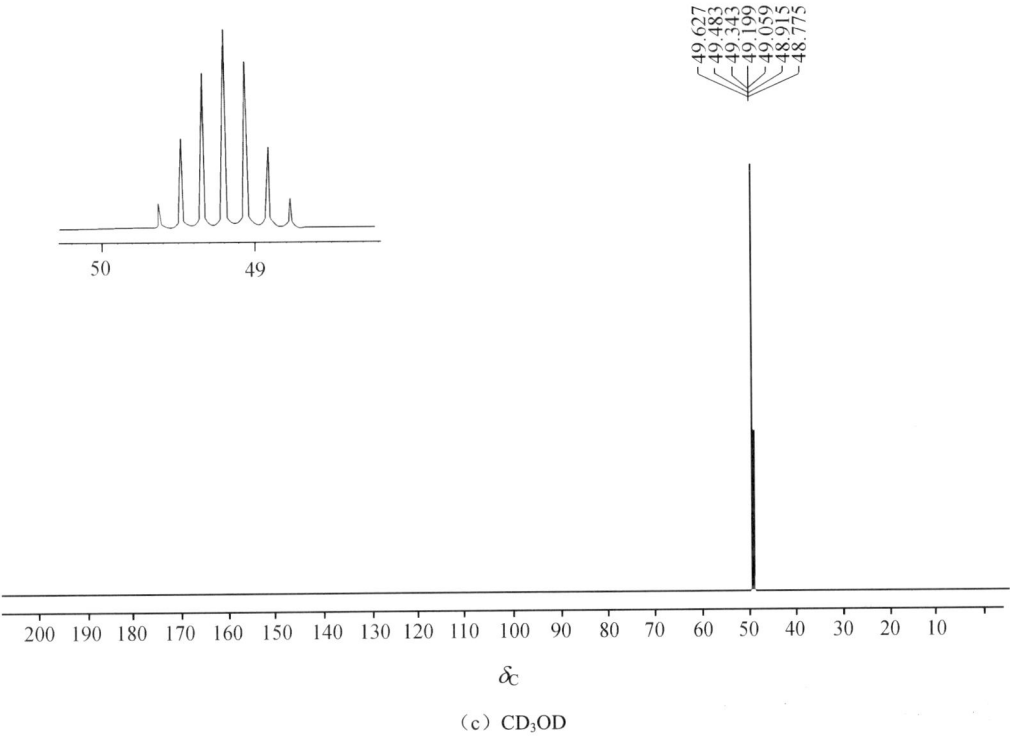

(c) CD₃OD

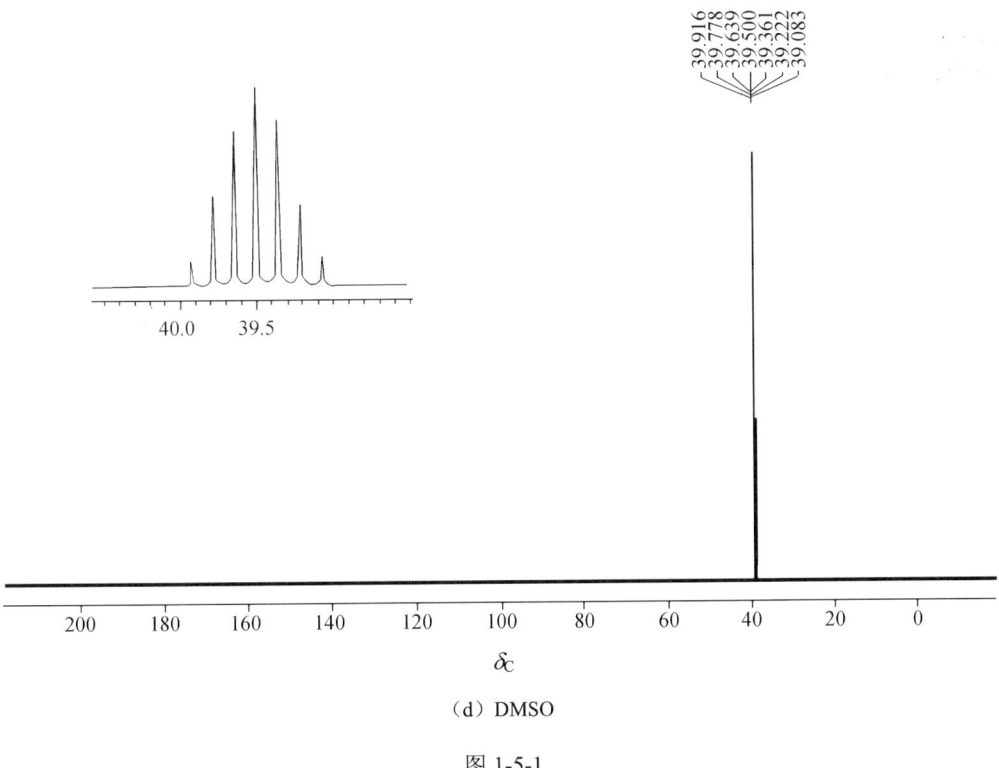

(d) DMSO

图 1-5-1

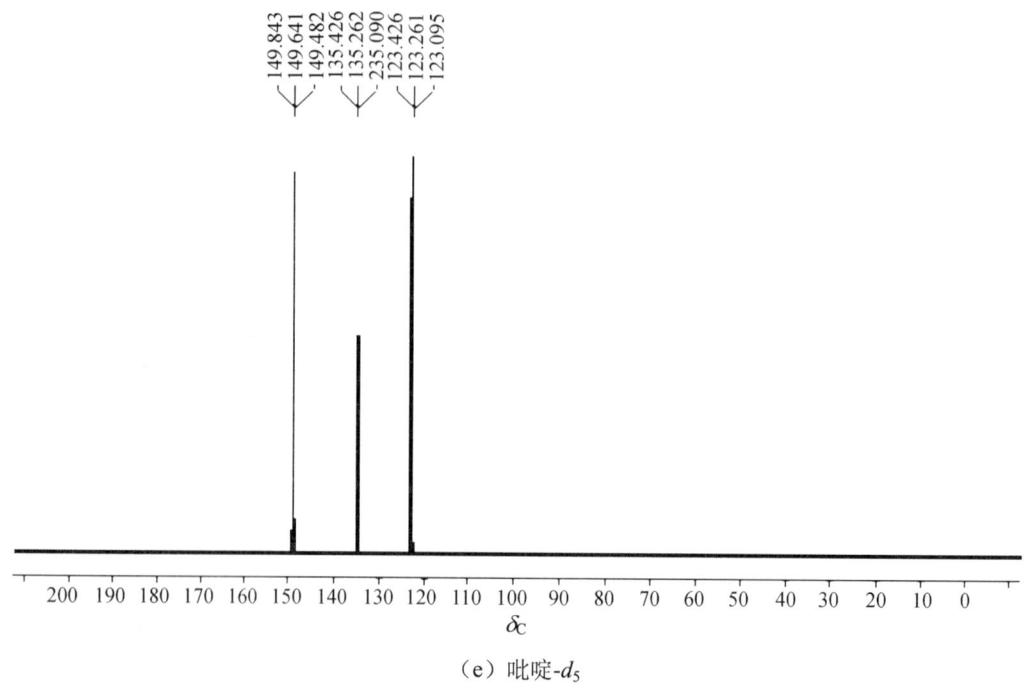

(e)吡啶-d_5

图 1-5-1　几种氘代溶剂在图谱中的化学位移

目前很多研究者在分离化合物时多用制备高效液相色谱，所得化合物也非常少，在测定波谱中往往不仅仅是有测试样品的碳的化学位移，还有一些分离时使用的溶剂也在其中，为了便于大家在分析图谱中排除溶剂的干扰，下面把各种常用的溶剂在不同的氘代溶剂中出现的化学位移列于表 1-5-1 中，以供参考。

表 1-5-1　常见溶剂的碳在不同氘代溶剂中的化学位移值

C	氘代溶剂							
	$CDCl_3$	$(CD_3)_2CO$	$(CD_3)_2SO$	C_6D_6	CD_3CN	CD_3OD	D_2O	C_5D_5N
溶剂峰	77.16	206.26	39.52	128.06	1.32	49.00	—	123.44
		29.84			118.26			135.43
								149.84
$CHCl_3$	77.36	79.19	79.16	77.79	79.17	79.44		
$(CH_3)_2CO$	207.07	205.87	206.31	204.43	207.43	209.67	215.94	
	30.92	30.60	30.56	30.14	30.91	30.67	30.89	
$(CH_3)_2SO$	40.76	41.23	40.45	40.03	41.31	40.45	39.39	
C_6H_6	128.37	129.15	128.30	128.62	129.32	129.34		
CH_3CN	116.43	117.60	117.91	116.02	118.26	118.06	119.68	
	1.89	1.12	1.03	0.20	1.79	0.85	1.47	
CH_3OH	50.41	49.77	48.59	49.97	49.90	49.86	49.50	
C_5H_5N	149.90	150.67	149.58	150.27	150.76	150.07	149.18	
	123.75	124.57	123.84	123.58	127.76	125.53	125.12	
	135.96	136.56	136.05	135.28	136.89	138.35	138.27	

续表

C	氘代溶剂							
	CDCl₃	(CD₃)₂CO	(CD₃)₂SO	C₆D₆	CD₃CN	CD₃OD	D₂O	C₅D₅N
CH₃COOC₂H₅	21.04	20.83	20.68	20.56	21.16	20.88	21.15	
	171.36	170.96	170.31	170.44	171.68	172.89	175.26	
	60.49	60.56	59.74	60.21	60.98	61.50	62.32	
	14.19	14.50	14.40	14.19	14.54	14.49	13.92	
CH₂Cl₂	53.52	54.95	54.84	53.46	55.32	54.78		
正己烷	14.14	14.34	13.88	14.32	14.43	14.45		
	22.70	23.28	22.05	23.04	23.40	23.68		
	31.64	32.30	30.95	31.96	32.36	32.73		
C₂H₅OH	18.41	18.89	18.51	18.72	18.80	18.40	17.47	
	58.28	57.72	56.07	57.86	57.96	58.26	58.05	

第六节 有机化合物的各种官能团碳的化学位移

表 1-6-1 常见连碳的官能团的 ^{13}C NMR 的化学位移范围

官能团	化学位移	官能团	化学位移
▷CH₂	−6~6	=C=CH−	81~93
▷CH−	2~14	=C=C<	85~96
−CH₃	7~32	=C<	130~152
−CH₂−	16~53	=CH₂	103~122
>CH−	25~60	=CH−	114~144
>C−	30~53	⌬−H	92~134
≡C−H	65~76	⌬−C	120~150
≡C−C	72~87	=C=	200~215
=C=CH₂	74~90		

注：此处的化学位移是*所在碳的化学位移值。下面各表中与此相同。

表 1-6-2 常见连氧的官能团的 ^{13}C NMR 的化学位移范围

官能团	化学位移	官能团	化学位移
H₃Ċ−C(=O)−	19~30	−H₂C−O−	40~70
−H₂Ċ−C(=O)−	24~49	≡C−O−	84~93
>ĊH−C(=O)−	33~50	>HC−O−	52~81
>Ċ−C(=O)−	36~46	>C−O−	67~85
−Ċ≡C−O−	20~35	△O	37~60
H₃C−O−	50~65	H₂C(O−)(O−)	100~110

官能团	化学位移	官能团	化学位移
—CH(O—)(O—)	88～100	=CH—COOR	158～170
>C(O—)(O—)	94～108	=CH—COOH	165～176
HC(O—)(O—)(O—)	109～116	—COOH	175～185
—O—C=CH₂	80～96	—COOR	167～178
—O—C=	95～109	—C≡C—C=O	175～192
=C—O—	140～160	=C—C=O	188～210
呋喃(α)	104～117	=CH—CHO	180～194
呋喃(β)	140～152	>C=O	199～211
—O—C(=O)—O—	151～162	—CHO	196～205
苯—O—	135～165	—COO⁻	174～186

表 1-6-3　常见连氮的官能团的 ^{13}C NMR 的化学位移范围

官能团	化学位移	官能团	化学位移
H₃C—N<	29～47	吡啶(α*)	115～127
—CH₂—N<	37～60	吡啶(β*)	129～140
>HC—N<	47～65	吡啶(γ*)	145～160
>C—N<	50～70	苯—N	140～156
氮丙啶	29～40	>C=N—	142～166
>N—CH₂	89～100	—N⁺≡C	153～163
>N—C<	98～112	—N=C=O	119～133
=CH—N<	117～133	O=C—N(H)—C=O	160～180
—C≡N	114～124	>N—C(=O)<	156～181
=C—C≡N—	111～121	H—N—C(=O)—N—H	150～170

表 1-6-4　常见连硫的官能团的 ^{13}C NMR 的化学位移范围

官能团	化学位移	官能团	化学位移
H₃C—S—	10～20	—N=C=S	126～138
—H₂C—S—	23～30	>C=S	181～207

表 1-6-5　常见连氟的官能团的 ^{13}C NMR 的化学位移范围

官能团	化学位移	官能团	化学位移
—H₂C—F	73～86	—CF₃	115～127

续表

官能团	化学位移	官能团	化学位移
>HC−F	89~107	⟨⟩−F	145~166
F$_3$C−$\overset{*}{C}$OO$^-$	153~161		

表 1-6-6　常见连氯的官能团的 ^{13}C NMR 的化学位移范围

官能团	化学位移	官能团	化学位移
—H$_2$C−Cl	36~52	>HC−Cl	44~60
≥C−Cl	67~80	—CCl$_3$	89~105
=C<Cl	114~127	⟨⟩−Cl	128~145
−C(=O)Cl	165~174	Cl$_3$C−$\overset{*}{C}$OO	157~166

表 1-6-7　常见连溴的官能团碳的 ^{13}C NMR 的化学位移范围

官能团	化学位移	官能团	化学位移
—H$_2$C−Br	24~44	>CH−Br	39~54
≥C−Br	56~66	=C<Br	104~126
⟨⟩−Br	104~126	−C(=O)Br	160~169

表 1-6-8　常见连碘的官能团的 ^{13}C NMR 的化学位移范围

官能团	化学位移	官能团	化学位移
—H$_2$C−I	−7~10	>CH−I	12~23
>C−I	32~43	=C<I	74~111
⟨⟩−I	74~111	−C(=O)I	154~163

第二章 生物碱类化合物

第一节 有机胺类生物碱

一、麻黄碱类化合物

表 2-1-1 麻黄碱类化合物的名称、分子式和测试溶剂

编号	中文名称	英文名称	分子式	测试溶剂	参考文献
2-1-1	l-麻黄碱	l-ephedrine	$C_{10}H_{15}NO$	W	[1]
2-1-2	d-伪麻黄碱	d-pseudoephedrine	$C_{10}H_{15}NO$	W	[1]
2-1-3	N-甲基麻黄碱	N-methylephedrine	$C_{11}H_{17}NO$	W	[1]
2-1-4	α-[(1R)-1-氨乙基]-苯甲醇	α-[(1R)-1-aminoethyl]-benzenemethanol	$C_9H_{13}NO$	W	[1]
2-1-5	伪麻黄碱盐酸盐	pseudoephedrine hydrochloride	$C_{10}H_{16}ClNO$	W	[1]

2-1-1 $R^1=R^3=H; R^2=OH; R^4=Me$
2-1-2 $R^1=OH; R^2=R^3=H; R^4=Me$
2-1-3 $R^1=H; R^2=OH; R^3=R^4=Me$
2-1-4 $R^1=R^3=R^4=H; R^2=OH$

表 2-1-2 麻黄碱类化合物的 ^{13}C NMR 数据[1]

C	2-1-1	2-1-2	2-1-3	2-1-4	2-1-5	C	2-1-1	2-1-2	2-1-3	2-1-4	2-1-5
1	10.6	12.8	8.5	13.3	12.5	1'	139.4	140.5	140.3	139.4	141.2
2	60.8	60.5	67.4	53.3	62.7	2', 6'	126.9	127.8	126.8	127.1	131.6
3	72.1	75.5	71.5	73.7	74.2	3',5'	129.6	129.8	129.8	129.7	128.9
N-Me	31.7	30.9	41.1 42.8		33.5	4'	129.2	129.8	129.3	129.4	131.2

二、秋水仙碱类化合物

表 2-1-3 秋水仙碱类化合物的名称、分子式和测试溶剂

编号	中文名称	英文名称	分子式	测试溶剂	参考文献
2-1-6	10-去甲秋水仙碱	colchiceine	$C_{21}H_{23}NO_6$	C	[2,3]
2-1-7	3-去甲秋水仙碱	3-demethylcolchicine	$C_{21}H_{23}NO_6$	C	[2,3]
2-1-8	秋水仙碱	colchicine	$C_{22}H_{25}NO_6$	C	[2,3]
2-1-9	1-去甲秋水仙碱	1-demethylcolchicine	$C_{21}H_{23}NO_6$	D	[4]
2-1-10	4-去甲-1-乙酰基秋水仙碱	4-demethyl-1-acetylcolchicine	$C_{23}H_{25}NO_7$	C	[4]

续表

编号	中文名称	英文名称	分子式	测试溶剂	参考文献
2-1-11	秋水仙胺	colchamine	$C_{21}H_{25}NO_5$	C	[4]
2-1-12	N-甲基秋水仙胺	N-methylcolchamine	$C_{22}H_{27}NO_5$	C	[4]
2-1-13	N-甲基秋水仙碱	N-methylcolchicine	$C_{23}H_{27}NO_6$	C	[4]
2-1-14	去乙酰秋水仙碱	deacetylcolchicine	$C_{20}H_{23}NO_5$	C	[4]
2-1-15	N-(三氟乙酰丙酮)去乙酰异秋水仙碱	N-(trifluoroacetyl)-deacetyl-isocolchicine	$C_{22}H_{22}F_3NO_6$	C	[4]
2-1-16	异秋水仙胺	isodemecolcine	$C_{21}H_{25}NO_5$	C	[4]
2-1-17	N-甲基异秋水仙胺	N-methylisodemecolcine	$C_{22}H_{27}NO_5$	C	[4]
2-1-18	N-乙酰基异秋水仙胺	N-acetylisodemecolcine	$C_{23}H_{27}NO_6$	C	[4]
2-1-19	去乙酰异秋水仙碱	deacetylisocolchicine	$C_{20}H_{23}NO_5$	C	[4]
2-1-20	脱羰去甲基秋水仙碱	demecolceine	$C_{20}H_{23}NO_5$	C	[4]
2-1-21	秋水仙苷吡喃半乳糖苷	colchicoside galactopyranoside	$C_{33}H_{43}NO_{16}$	D	[5]

2-1-6 $R^1=R^2=R^3=OMe$; $R^4=NHCOCH_3$; $R^5=OH$
2-1-7 $R^1=R^2=R^5=OMe$; $R^4=NHCOCH_3$; $R^3=OH$
2-1-8 $R^1=R^2=R^3=R^5=OMe$; $R^4=NHCOCH_3$
2-1-9 $R^1=OH$; $R^2=R^3=R^5=OMe$; $R^4=NHCOCH_3$
2-1-10 $R^1=OAc$; $R^2=R^3=R^5=OMe$; $R^4=NHCOCH_3$
2-1-11 $R^1=R^2=R^3=R^5=OMe$; $R^4=NHCH_3$
2-1-12 $R^1=R^2=R^3=R^5=OMe$; $R^4=N(CH_3)_2$
2-1-13 $R^1=R^2=R^3=R^5=OMe$; $R^4=NCH_3COCH_3$
2-1-14 $R^1=R^2=R^3=R^5=OMe$; $R^4=NH_2$

2-1-15 R=NHCOCF_3
2-1-16 R=NHCH_3
2-1-17 R=N(CH_3)_2
2-1-18 R=NCH_3COCH_3
2-1-19 R=NH_2

2-1-20

2-1-21

表 2-1-4 秋水仙碱类化合物 2-1-6~2-1-14 的 ^{13}C NMR 数据

C	2-1-6[2, 3]	2-1-7[2, 3]	2-1-8[2, 3]	2-1-9[4]	2-1-10[4]	2-1-11[4]	2-1-12[4]	2-1-13[4]	2-1-14[4]
1	153.9	150.3	153.8	150.8	142.1	150.6	150.6	151.4	150.9
2	141.8	139.3	142.2	135.9	140.1	141.6	141.6	142.2	141.6
3	151.1	149.9	151.4	147.0	153.8	153.5	153.4	153.6	153.6
4	107.7	110.3	107.9	103.3	110.0	107.5	107.5	107.6	107.4
5	29.9	29.7	30.1	29.5	30.1	30.4	30.6	30.0	30.7
6	37.6	36.6	36.6	—	37.1	38.7	36.3	34.0	40.6
7	52.9	52.8	52.8	50.8	52.2	62.8	68.5	57.2	53.8
8	119.5	130.7	130.7	130.7	131.3	132.3	134.2	130.9	132.0
9	170.1	179.7	179.6	178.0	179.7	179.8	180.1	179.5	179.8
10	170.2	164.2	164.3	163.3	164.4	164.1	164.1	164.2	164.0
11	122.5	112.9	113.1	112.3	112.2	111.9	111.7	112.0	111.9
12	141.6	135.3	134.5	135.5	134.0	134.6	133.8	133.9	135.3

续表

C	2-1-6[2, 3]	2-1-7[2, 3]	2-1-8[2, 3]	2-1-9[4]	2-1-10[4]	2-1-11[4]	2-1-12[4]	2-1-13[4]	2-1-14[4]
1a	126.1	125.1	126.0	119.4	125.7	126.0	125.9	126.4	125.9
4a	134.6	134.2	134.4	134.4	134.4	135.3	134.8	133.9	134.5
7a	151.7	152.5	152.6	152.2	151.8	150.9	152.0	151.4	154.5
12a	136.5	137.1	137.2	134.0	136.3	137.2	137.5	136.2	136.5
1-OMe	61.3	61.3	61.3		60.8	60.8	60.6	61.3	61.0
2-OMe	61.5	61.5	61.5	60.2	60.4	61.2	61.2	61.6	61.1
3-OMe	61.5		56.3	55.7	56.5	56.2	56.1	56.2	56.3
10-OMe		56.4	56.5	55.9	56.3	56.2	56.1	56.3	56.3
N-Me						34.5	43.7	33.8	
N-COCH$_3$	170.5	170.2	170.0	168.2	169.3			171.1	
N-COC$\underline{H}_3$	22.8	22.8	22.7	22.5	22.9			22.4	
OCOCH$_3$					169.8				
OCOC$\underline{H}_3$					20.0				

表 2-1-5 秋水仙碱类化合物 2-1-15~2-1-21 的 ^{13}C NMR 数据

C	2-1-15[4]	2-1-16[4]	2-1-17[4]	2-1-18[4]	2-1-19[4]	2-1-20[4]	2-1-21[5]	C	2-1-25[5]
1	151.2	150.7	151.5	150.9	150.6	150.6	150.7	1'	100.3
2	142.1	141.1	141.6	141.8	141.8	141.6	141.5	2'	73.3
3	154.2	153.6	153.7	153.9	153.7	153.7	151.0	3'	75.2
4	108.0	107.5	107.6	107.6	107.4	107.7	111.3	4'	80.3
5	30.1	30.4	30.7	30.1	30.7	30.3	35.8	5'	75.4
6	37.6	40.1	37.7	36.5	42.4	39.8	29.4	6'	60.3
7	53.7	63.0	68.9	58.9	53.0	39.8	51.6	1"	104.0
8	110.4	111.2	112.4	109.4	111.1	118.3	130.5	2"	70.8
9	164.1	164.1	163.9	164.0	163.9	173.0	178.4	3"	73.2
10	179.5	179.6	179.8	179.4	179.6	168.2	163.9	4"	68.3
11	133.9	133.8	133.8	134.0	133.6	124.5	112.6	5"	75.5
12	141.8	141.4	140.7	141.0	141.3	141.8	135.0	6"	60.6
1a	125.9	126.0	126.2	125.6	125.9	126.3	127.0		
4a	134.8	135.7	135.4	134.7	135.9	135.5	134.3		
7a	143.1	145.4	146.1	143.6	147.2	151.3	151.2		
12a	135.4	135.2	135.4	134.3	134.2	136.5	135.5		
1-OMe	61.1	61.0	60.6	61.2	60.9	61.0	61.2		
2-OMe	61.4	61.2	61.3	61.4	61.1	61.2	61.3		
3-OMe	56.1	56.1	56.1	55.8	56.2	56.2			
9-OMe	56.3	56.1	56.1	56.2	56.2				
10-OMe							56.4		
N-Me		35.2	44.2	36.5		35.0			
N-COCH$_3$	157.5			171.5		169.2			
N-COC$\underline{H}_3$				22.2		22.6			
N-COC$\underline{F}_3$	116.4								

三、天然酰胺类化合物

表 2-1-6　天然酰胺类化合物的名称、分子式和测试溶剂

编号	中文名称	英文名称	分子式	测试溶剂	参考文献
2-1-22	几内亚胡椒胺	guineensine	$C_{24}H_{33}NO_3$	C	[6]
2-1-23	假荜拨胺 A	retrofractamide A	$C_{20}H_{25}NO_3$	C	[6~11]
2-1-24	假荜拨胺 B	retrofractamide B	$C_{22}H_{29}NO_3$	C	[6]
2-1-25	古山龙 C	gusanlung C	$C_{18}H_{19}NO_4$	D	[12]
2-1-26	$\Delta^{\alpha,\beta}$-二氢胡椒碱	$\Delta^{\alpha,\beta}$-dihydropiperine	$C_{17}H_{21}NO_3$	C	[13]
2-1-27		brevisamide	$C_{18}H_{29}NO_4$	M	[14]
2-1-28	聚合心皮花椒	syncarpamide	$C_{28}H_{27}NO_5$	C	[15]
2-1-29		2'-acetamido-3'-phenyl propyl 2-benzamido-3-phenyl propionate	$C_{27}H_{28}N_2O_4$	C	[16]
2-1-30	反式 N-阿魏酸酯-甲氧酪胺	N-trans-feruloyl-methoxytyramine	$C_{19}H_{21}NO_5$	D	[12]
2-1-31	辣椒碱	capsaicin	$C_{18}H_{27}NO_3$	C	[17]
2-1-32		(+)-S-deoxydihydroglyparvin	$C_{22}H_{30}NO_5S$	C	[18]
2-1-33		(+)-S-deoxytetrahydroglyparvin	$C_{22}H_{32}NO_5S$	C	[18]
2-1-34		(+)-aplysinillin	$C_{23}H_{24}Br_4N_4O_8$	A	[19]
2-1-35		12-acetoxyhomoaerothionin diacetate	$C_{31}H_{34}Br_4N_4O_{12}$	M	[19]
2-1-36		houttuynamide A	$C_{15}H_{15}NO_2$	M	[20]
2-1-37		O-palmitoylseverine	$C_{41}H_{61}NO_5$	D	[21]
2-1-38		leptosphaepin	$C_8H_{11}NO_5$	A	[22]
2-1-39	4-[2-(甲酯基)苯氨基]-4-丁酮酸	4-[2-(methoxycarbonyl)anilino]-4-oxobutanoicacid	$C_{12}H_{13}NO_5$	C	[23]

表 2-1-7　天然酰胺类化合物 2-1-22~2-1-29 的 ^{13}C NMR 数据

C	2-1-22[6]	2-1-23[6-11]	2-1-24[6]	2-1-25[12]	2-1-26[13]	2-1-27[14]	2-1-28[15]	2-1-29[16]
1	166.4	166.3	166.3	119.8		194.4	129.8	170.8
2	121.7	122.2	121.9	156.6	43.0	126.3	109.8	54.7
3	141.3	141.0	141.2	122.6	25.5	160.9	149.2	38.2
4	129.4	128.8	128.4	116.1	24.6	137.2	149.2	136.3
5	129.4	141.8	142.8	131.0	26.7	136.8	111.2	128.9
6	32.9	32.9	32.8	128.2	46.8	26.9	119.1	128.4
7	29.0	32.2	28.3	35.7	165.5	33.2	74.7	128.4
8	28.7	127.7	28.9	41.9	121.1	80.3	44.7	128.4
9	28.9	130.2	32.7	116.0	144.0	34.3		128.9
10	29.3		129.0	130.4	34.4	40.9		167.6
11	32.9		129.6	149.1	34.5	65.0		133.3
12	143.1			130.4	134.9	83.1		127.0
13	129.3			116.0	108.8	42.5		128.3
14				148.6	147.5	173.7		131.8
15				140.6	145.7	22.5		128.3

续表

C	2-1-22[6]	2-1-23[6-11]	2-1-24[6]	2-1-25[12]	2-1-26[13]	2-1-27[14]	2-1-28[15]	2-1-29[16]
16				111.6	108.1	14.6		127.0
17					121.3	14.0		
18						13.1		
1'	46.9	46.9	46.9	167.0			134.2	64.7
2'	28.6	28.6	28.6	56.4			128.2	49.3
3'	20.1	20.1	20.1				128.8	37.1
4'	20.1	20.1	20.1				130.3	136.8
5'							128.8	129.1
6'							128.2	128.4
7'							145.8	126.8
8'							117.6	128.4
9'							166.5	129.1
1"	132.5	132.1	132.3				134.7	171.0
2"	105.4	105.4	105.4				127.9	20.6
3"	146.5	147.9	147.9				128.9	
4"	149.9	146.7	146.6				130.6	
5"	108.2	108.2	108.2				128.9	
6"	120.2	120.4	120.2				127.9	
7"							141.6	
8"							120.3	
9"							166.0	
OMe							56.0	
							55.9	
OCH$_2$O	100.9	101.0	100.9		100.7			

表 2-1-8 天然酰胺类化合物 2-1-30~2-1-36 的 ^{13}C NMR 数据

C	2-1-30[12]	2-1-31[17]	2-1-32[18]	2-1-33[18]	2-1-34[19]	2-1-35*[19]	2-1-36[20]
1	166.4	172.9	39.9	38.6	74.9	74.9	127.2
2	119.3	36.7			57.4	108.6	115.7
3	140.3	25.3	146.3	49.3	183.8	151.6	146.3
4	127.7	29.3	128.6	28.8	122.1	122.6	150.0
5	111.1	32.2	162.6	169.9	149.5	132.5	115.8
6	148.3	126.5			91.5	90.7	120.5
7	148.8	130.3	41.2	41.0	38.6	40.9	170.3
8	112.9	31.0	34.6	34.6	154.9	155.8	
9	122.2	22.3	131.0	130.9	159.8	161.2	
10	55.8	22.3	129.6	129.7	39.4	37.7	
11			114.8	114.6	27.5	37.6	
12			157.6	157.4		68.1	
1'	41.4	43.5	65.3	65.2	75.1		131.5
2'	35.6	138.1	33.5	33.4	113.8		130.8
3'	131.3	110.7	32.7	32.5	148.8		116.3

续表

C	2-1-30[12]	2-1-31[17]	2-1-32[18]	2-1-33[18]	2-1-34[19]	2-1-35*[19]	2-1-36[20]
4'	112.9	146.8	17.7	17.6	122.5		156.9
5'	147.9	145.2	195.0	194.8	132.4		116.3
6'	145.4	114.4	100.3	100.1	91.6		130.8
7'	115.4	120.7	207.6	207.5	39.5		35.9
8'	121.5		88.6	88.5	155.3		42.9
9'	55.8		23.0	22.8	160.0		
OMe		55.9			60.3	60.8	
						60.5	
Ac						171.4/20.6	

注：C-1'~C-11'与 C-1~C-11 化学位移相同。

四、其他有机胺类生物碱

表 2-1-9 尼特西丁类化合物的名称、分子式和测试溶剂

编号	中文名称	英文名称	分子式	测试溶剂	参考文献
2-1-40	尼特西丁 A	Nitensidine A	$C_{21}H_{37}N_3$	C	[24]
2-1-41	尼特西丁 B	Nitensidine B	$C_{21}H_{37}N_3$	C	[24]
2-1-42	尼特西丁 C	Nitensidine C	$C_{23}H_{41}N_3$	C	[24]

表 2-1-10 尼特西丁类化合物的 ^{13}C NMR 数据[24]

C	2-1-40	2-1-41	2-1-42	C	2-1-40	2-1-41	2-1-42	C	2-1-40	2-1-41	2-1-42
2	157.7	158.3	157.7	3'	141.6	141.2	141.6	7'	132.0	132.2	132.1
N-Me			39.4	4'	39.2	39.4	39.4	8'	17.7	17.7	17.8
1'	39.3	39.4	39.7	5'	26.1	26.2	26.2	9'	25.5	25.7	25.7
2'	117.7	118.8	118.2	6'	123.3	123.4	123.5	10'	16.3	16.4	16.4

表 2-1-11 马兜铃酸及内酰胺类化合物的名称、分子式和测试溶剂

编号	中文名称	英文名称	分子式	测试溶剂	参考文献
2-1-43	马兜铃酸 I	aristolochic acid I	$C_{17}H_{11}NO_7$	D/P	[25]
2-1-44	马兜铃酸 II	aristolochic acid II	$C_{16}H_9NO_6$	D	[25]
2-1-45	马兜铃内酰胺 I	aristolactam I	$C_{17}H_{11}NO_4$	D	[25]
2-1-46	马兜铃内酰胺 II	aristololactam II	$C_{16}H_9NO_3$	D	[26]

2-1-43 R=OMe
2-1-44 R=H

2-1-45 R=OMe
2-1-46 R=H

表 2-1-12　马兜铃酸及内酰胺类化合物的 ^{13}C NMR 数据

C	2-1-43[25](D)	2-1-43[25](P)	2-1-44[25]	2-1-45[25]	2-1-46[26]	C	2-1-43[25](D)	2-1-43[25](P)	2-1-44[25]	2-1-45[25]	2-1-46[26]
1	124.5	126.6	124.6	119.2	119.2	10	145.7	146.3	146.0	134.6	135.3
2	112.2	113.0	112.0	105.4	105.4	4a	116.9	—	116.8	110.9	110.9
3	146.0	146.4	146.1	148.7	149.0	4b	129.8	130.9	—	124.8	124.1
4	146.2	147.2	146.3	147.0	146.8	8a	118.8	120.0	128.9	123.9	134.2
5	118.4	119.4	126.6	118.7	126.4	10a	117.3	118.4	117.4	124.9	—
6	131.5	131.1	130.5	125.5	125.4	OMe	56.2	56.9		55.8	
7	108.7	108.4	128.8	108.1	127.7	OCH$_2$O	103.0	103.0	103.2	103.2	103.4
8	156.3	156.8	130.5	155.2	128.9	COOH	167.9	169.9	168.0		
9	119.5	120.3	126.0	97.9	104.5	CONH				168.2	168.3

表 2-1-13　其他有机胺类化合物 2-1-47~2-1-53 的名称、分子式和测试溶剂

编号	中文名称	英文名称	分子式	测试溶剂	参考文献
2-1-47		purealidins T	C$_{23}$H$_{27}$Br$_4$N$_3$O$_6$	C	[27]
2-1-48		purealidins U	C$_{24}$H$_{30}$Br$_4$N$_3$O$_5$	D	[27]
2-1-49	没食子酰基酪胺三氟乙酸盐	galloyl tyramine trifluoro-acetate	C$_{17}$H$_{17}$F$_3$NO$_7$	D	[28]
2-1-50		6S,12S-neocaryachine-7-O-methyl ether N-metho salt	C$_{21}$H$_{24}$NO$_4$	C	[29]
2-1-51	毒蕈碱	muscarine	C$_9$H$_{20}$NO$_2^+$	W	[30]
2-1-52	(+)-毒蕈碱碘化物	(+)-muscarine iodide	C$_9$H$_{20}$INO$_2$	W	[31]
2-1-53	(+)-表毒蕈碱碘化物	(+)-epi-muscarine iodide	C$_9$H$_{20}$INO$_2$	W	[31]

2-1-47

2-1-48

表 2-1-14 其他有机胺类化合物 2-1-47~2-1-53 的 ^{13}C NMR 数据

C	2-1-47[27]	2-1-48[27]	2-1-49[28]	2-1-50[29]	2-1-51[30]	2-1-52[31]	2-1-53[31]
1	73.6	73.7	39.9	107.6			
2	114.8	113.6	32.4	149.8	74.9	74.7	74.0
3	147.5	147.5	134.5	148.5	40.5	40.2	42.0
4	121.2	121.3	129.6	108.3	78.1	77.9	74.2
5	131.1	131.7	122.0	32.5	86.9	86.8	83.5
6	92.6	90.6	149.6	62.6	73.5	73.2	73.0
7	38.9	39.2	122.0	145.7	22.1	21.9	16.2
8	154.0	155.1	129.6	151.8			
9	159.4	159.5	164.6	113.9			
10	40.1	36.6	118.2	124.4			
11	34.5	29.7	109.1	33.6			
12	137.6	71.8	145.7	65.4			
13	133.1	151.8	139.2	120.4			
14	118.0	118.1	145.7	125.3			
15	151.2	133.9	109.1	119.4			
16	118.0	136.3		124.8			
17	133.1	133.9		101.8			
18	70.8	118.1		62.0			
19	29.6	27.4		56.1			
20	68.5	65.7					
OMe	60.0	60.1					
N-Me	58.7	52.9		51.0	57.1	56.7	56.8

表 2-1-15 其他有机胺类化合物 2-1-54~2-1-74 的名称、分子式和测试溶剂

编号	中文名称	英文名称	分子式	测试溶剂	参考文献
2-1-54	大麦碱	hordenine	$C_{10}H_{15}NO$	C	[32]
2-1-55	反式-4-(二甲氨基)-3-丁烯-2-酮	trans-4-(dimethylamino)-3-buten-2-one	$C_6H_{11}NO$	$CHCl_2F$	[33]
2-1-56	4-(1E)-1-丙烯基-1-吗啉	4-(1E)-1-propen-1-yl-morpholine	$C_7H_{13}NO$		[33]
2-1-57	4-(1Z)-1-丙烯基-1-吗啉	4-(1Z)-1-propen-1-yl-morpholine	$C_7H_{13}NO$		[33]
2-1-58	1-吗啉丁烯	1-morpholinobutene	$C_8H_{15}NO$		[33]

续表

编号	中文名称	英文名称	分子式	测试溶剂	参考文献
2-1-59	1-吗啉异丁烯	1-morpholinoisobutene	$C_8H_{15}NO$		[33]
2-1-60	(Z,E,Z)-8-[(二苯甲烯基)氨基]-3,5,7-辛三烯-2-酮	(Z,E,Z)-8-[(diphenylmethylene)amino]-3,5,7-octatrien-2-one	$C_{21}H_{19}NO$	C	[34]
2-1-61		caulophine	$C_{19}H_{21}NO_5$	F	[35]
2-1-62		ficuseptamine A	$C_{15}H_{23}NO_3$	A	[36]
2-1-63	N-甲基-N-甲酰基-4-羟基-β-苯乙胺	N-methyl-N-formyl-4-hydroxy-β-phenylethylamine	$C_{10}H_{13}NO_2$	C	[37]
2-1-64	甜菜碱	betaine	$C_5H_{11}NO_2$	10 mmol/L K_3PO_4, 0.1 mmol/L EDTA, 50%W	[38]
2-1-65	坎狄辛	candicine	$C_{11}H_{18}NO^+$	W	[39]
2-1-66	(E)-N,N,N-三甲基-3-氧代-1-丁烯-1-铵三氟乙酸盐	(E)-N,N,N-trimethyl-3-oxo-1-buten-1-aminium trifluoroacetate	$C_9H_{14}F_3NO_3$	F	[40]
2-1-67	(E)-N-(3-羟基-2-亚丁烯基)-N-甲基-四甲基氢氧化铵	(E)-N-(3-hydroxy-2-butenylidene)-N-methyl-methanaminium	$C_6H_{12}NO^+$	F	[40]
2-1-68	N-(3-甲氧基-2-亚丁烯基)-N-甲基-甲铵碘化物	N-(3-methoxy-2-butenylidene)-N-methyl-methanaminium iodide	$C_7H_{14}INO$	M	[40]
2-1-69	升麻胍碱	cimipronidine	$C_7H_{13}N_3O_2$	D	[41]
2-1-70	益母草碱盐酸盐	leonurine hydrochloride	$C_{14}H_{22}ClN_3O_5$	D	[42]
2-1-71		monanchocidin	$C_{47}H_{83}N_6O_8$	D	[43]
2-1-72		ptilomycalin D	$C_{38}H_{64}N_3O_4$	C	[44]
2-1-73	紫杉醇	taxol	$C_{47}H_{51}NO_{14}$	C	[45]
2-1-74	三尖杉宁碱	cephalomannine	$C_{45}H_{53}NO_{14}$	C	[46]

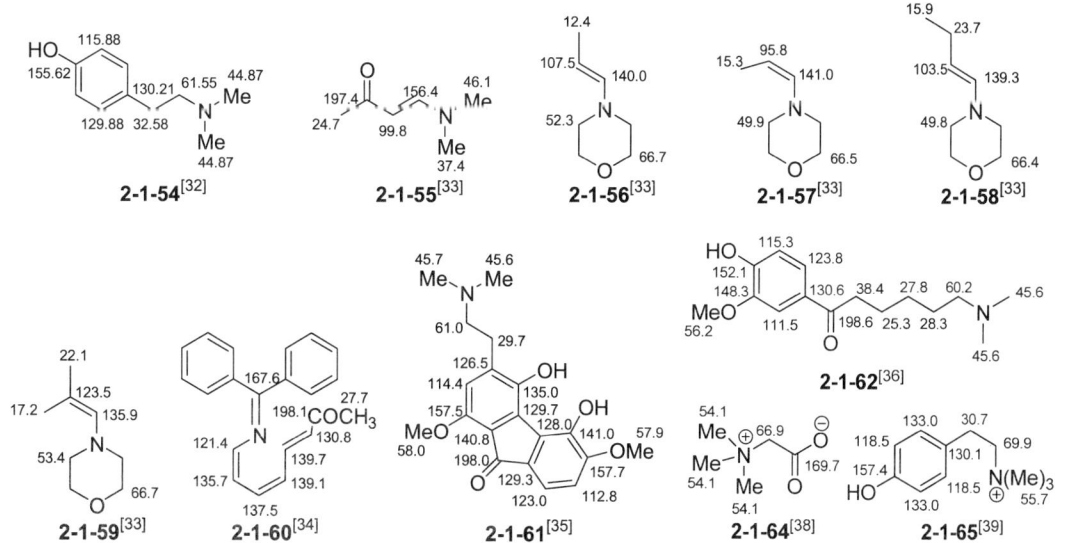

参 考 文 献

[1] Yamasaki K, Fujita K. Chem Pharm Bull, 1979, 27: 43.
[2] Hufford C D, Collins C C, Clark A M, et al. J Pharm Sci, 1979, 68: 1239.
[3] Battersby A R, Sheldrake P W, Milner J A. Tetrahedron Lett, 1974, 37: 3315.
[4] Hufford C D, Capraro H G, Brossi A. Helv Chim Acta, 1980, 63: 50.
[5] Riva S, Sennino B, Zambianchi F, et al. Carbohydr Res, 1998, 305: 525.
[6] Park I K, Lee S G, Shin S C, et al. J Agric Food Chem, 2002, 50: 1866.
[7] Ahmad F, Jamil S, Read R W. Phytochemistry, 1995, 40: 1163.
[8] Park I K, Lee S G, Shin S C, et al. J Agric Food Chem, 2002, 50: 1866.

[9] Koul S K, Taneja S C, Pushpangadan P, et al. Phytochemistry, 1988, 27: 3523.
[10] Banerji A, Bandyopadhyay D, Sarkar M, et al. Phytochemistry, 1985, 24: 279.
[11] Banerji A, Bandyopadhyay D, Siddhanta A K. Phytochemistry, 1987, 26: 3345.
[12] 金慧子, 毛雨生, 周天锡等. 中国天然药物, 2007, 5(1): 35.
[13] Navickiene H M, Alecio A C, Kato M J, et al. Phytochemistry, 2000, 55: 621.
[14] Satake M, Bourdelais A J, Van Wagoner R M, et al. Org Lett, 2008, 10: 3465.
[15] Ross S A, Sultana G N N, Burandt C L, et al. J Nat Prod, 2004, 67: 88.
[16] 赵晓亚, 周雪峰, 阮汉利等. 中国天然药物, 2005, 3(6): 354.
[17] Gannett P M, Nagel D L, Reilly P J, et al. J Org Chem, 1988, 53: 1064.
[18] Chansriniyom C, Ruangrungsi N, Lipipun V, et al. Chem Pharm Bull, 2009, 57: 1246.
[19] Ankudey F J, Kiprof P, Stromquist E R, et al. Planta Med, 2008, 74: 555.
[20] Chou S C, Su C R, Ku Y C, et al. Chem Pharm Bull, 2009, 57: 1227.
[21] Swinehart J A, Stermitz F R. Phytochemistry, 1980, 19: 1219.
[22] 赵丽艳, 左伟, 付琪镔等. 中草药, 2010, 41(10): 1604.
[23] Shaheen F, Ahmad M, Hassan Khan M T, et al. Phytochemistry, 2005, 66: 935.
[24] Bolzani V D S, Gunatilaka A A L, Kingston DGI. J Nat Prod, 1995, 58: 1683.
[25] Priestap H A. Magn Reson Chem, 1989, 27: 460.
[26] 彭国平, 楼凤昌, 赵守训. 药学学报, 1995, 30: 521.
[27] Ma K, Yang Y, Deng Z W, et al. Chem Biodivers, 2008, 5: 1313.
[28] Davis R A, Simpson M M, Nugent R B, et al. J Nat Prod, 2008, 71: 451.
[29] Gafner S, Dietz B M, McPhail K L, et al. J Nat Prod, 2006, 69: 432.
[30] Amici M D, Micheli C D, Molteni G, et al. J Org Chem, 1991, 56: 67.
[31] Popsavin V, Beric O, Popsavin M, et al. Tetrahedron, 2000, 56: 5929.
[32] Srinivasan P R, Lichter R L. Org Magn Reson, 1976, 8: 198.
[33] Ahmed M G, Hickmott P W. J Chem Soc, Perkin Trans 2, 1977, (6): 838.
[34] Molyneux R J, Wong R Y. Tetrahedron, 1977, 33: 1931.
[35] Wang S C, Wen B Y, Wang N, et al. Arch Pharm Res, 2009, 32: 521.
[36] Ueda J, Takagi M, Shin-ya K. J Nat Prod, 2009, 72: 2181.
[37] Inman W D, Bray W M, Gassner N C, et al. J Nat Prod, 2010, 73: 255.
[38] Robertson D E, Noll D, Roberts M F, et al. Appl Environ Microbiol, 1990, 56: 563.
[39] Jacquemond-Collet I, Hannedouche S, Fouraste I, et al. Fitoterapia, 2000, 71: 601.
[40] Cushley R J, Sykes R J, Shaw C K. Canadian J Chem, 1975, 53: 148.
[41] Fabricant D S, Nikolic D, Lankin D C, et al. J Nat Prod, 2005, 68: 1266.
[42] Langford G E, Yates P, Yeung H W, et al. Org Magn Reson, 1980, 14: 474.
[43] Guzii A G, Makarieva T N, Denisenko V A, et al. Org Lett, 2010, 12: 4292.
[44] Bensemhoun J, Bombarda I, Aknin M, et al. J Nat Prod, 2007, 70: 2033.
[45] Rao K V. Pharm Res, 1993, 10 (4): 521.
[46] Chmurny G N, Hilton B D, Brobst S, et al. J Nat Prod, 1992, 55 (4): 414

第二节　吡咯类生物碱

表 2-2-1　吡咯类生物碱的名称、分子式和测试溶剂

编号	中文名称	英文名称	分子式	测试溶剂	参考文献
2-2-1		brachystemidine F	$C_{15}H_{19}N_3O_6$	D	[1]
2-2-2		brachystemidine G	$C_{14}H_{16}N_4O_6$	C	[1]
2-2-3		keramadine	$C_{12}H_{14}BrN_5O$	D	[2]
2-2-4		laughine	$C_{11}H_{18}BrN_5O$	D	[2]
2-2-5		peripentadenine	$C_{22}H_{34}N_2O_3$	D	[3]

续表

编号	中文名称	英文名称	分子式	测试溶剂	参考文献
2-2-6		peripentonine A	$C_{22}H_{36}N_2O_3$	*	[3]
2-2-7		peripentonine B	$C_{22}H_{36}N_2O_3$	*	[3]
2-2-8		peripentonine C	$C_{15}H_{28}N_2O_3$	D	[3]
2-2-9	2',3-N-甲基吡咯烷基古液碱	2',3-N-methylpyrrolidinylhygrine	$C_{13}H_{24}N_2O$	C	[4]
2-2-10	2',4-N-甲基吡咯烷基古液碱	2',4-N-methylpyrrolidinylhygrine	$C_{13}H_{24}N_2O$	C	[4]
2-2-11		dracocephin A	$C_{19}H_{17}NO_6$	D	[5]
2-2-12		dracocephin B	$C_{19}H_{17}NO_6$	D	[5]
2-2-13		dracocephin C	$C_{19}H_{17}NO_7$	D	[5]
2-2-14		dracocephin D	$C_{19}H_{17}NO_7$	D	[5]
2-2-15	青藤定	acutumidine	$C_{18}H_{22}ClNO_6$	P	[6]
2-2-16		dauricumidine	$C_{18}H_{22}ClNO_6$	P	[6]
2-2-17	尖防己碱	acutumine	$C_{18}H_{22}ClNO_6$	P	[6]
2-2-18		dauricumine	$C_{19}H_{24}ClNO_6$	P	[6]
2-2-19		dechlorodauricumine	$C_{19}H_{25}NO_6$	P	[7]
2-2-20		dechloroacutumine	$C_{19}H_{25}NO_6$	P	[7]
2-2-21		dechlorinated dauricumine	$C_{19}H_{25}NO_6$	P	[7]
2-2-22		glabradine	$C_{19}H_{19}NO_7$	P	[8]
2-2-23		DMDP	$C_6H_{13}NO_4$	W	[9]
2-2-24		1-O-β-D-fructofuranoside DMDP	$C_{12}H_{23}NO_9$	W	[9]
2-2-25	双高去氧三尖杉酯碱	bishomodeoxyharringtonine	$C_{30}H_{41}NO_8$	C	[10]
2-2-26	粗榧莱胺 A	cephalezomine A	$C_{29}H_{39}NO_{10}$	C	[11]
2-2-27	粗榧莱胺 B	cephalezomine B	$C_{29}H_{39}NO_9$	C	[11]
2-2-28	脱氧三尖杉酯碱	deoxyharringtonine	$C_{28}H_{37}NO_8$	C	[10]
2-2-29	3'S-羟基新三尖杉酯碱	3'S-hydroxyneoharringtonine	$C_{30}H_{33}NO_9$	C	[12]
2-2-30	三尖杉酯碱	harringtonine	$C_{28}H_{37}NO_9$	C	[13]
2-2-31	高新三尖杉酯碱	homoneoharringtonine	$C_{31}H_{35}NO_8$	C	[12]
2-2-32	异三尖杉酯碱	isoharringtonine	$C_{28}H_{37}NO_9$	C	[13]
2-2-33	新三尖杉酯碱	neoharringtonine	$C_{30}H_{33}NO_8$	C	[12,14]
2-2-34	粗榧莱胺 E	cephalezomine E	$C_{29}H_{39}NO_{10}$	C	[11]
2-2-35	粗榧莱胺 F	cephalezomine F	$C_{29}H_{39}NO_9$	C	[11]
2-2-36	粗榧莱胺 K	cephalezomine K	$C_{29}H_{39}NO_{10}$	M	[15]
2-2-37	粗榧莱胺 L	cephalezomine L	$C_{29}H_{39}NO_{10}$	M	[15]
2-2-38	11α-羟基高去氧三尖杉酯碱	11α-hydroxyhomodeoxyharringtonine	$C_{29}H_{39}NO_9$	C	[16]
2-2-39	11β-羟基高去氧三尖杉酯碱	11β-hydroxyhomodeoxyharringtonine	$C_{29}H_{39}NO_9$	C	[16]
2-2-40	高去氧三尖杉酯碱	homodeoxyharringtonine	$C_{29}H_{39}NO_8$	C	[10]
2-2-41	粗榧莱胺 J	cephalezomine J	$C_{23}H_{27}NO_9$	M	[15]
2-2-42	三尖杉碱	cephalotaxine	$C_{18}H_{21}NO_4$	B	[17]

续表

编号	中文名称	英文名称	分子式	测试溶剂	参考文献
2-2-43	三尖杉碱 α-N-氧化物	cephalotaxine α-N-oxide	$C_{18}H_{21}NO_5$	**	[18]
2-2-44	三尖杉碱 β-N-氧化物	cephalotaxine β-N-oxide	$C_{18}H_{21}NO_5$	**	[18]
2-2-45	11β-羟基三尖杉碱β-N-氧化物	11β-hydroxycephalotaxine β-N-oxide	$C_{18}H_{21}NO_6$	**	[18]
2-2-46	粗榧莱胺 C	cephalezomine C	$C_{28}H_{37}NO_{10}$	C	[11]
2-2-47	粗榧莱胺 D	cephalezomine D	$C_{28}H_{37}NO_{10}$	C	[11]
2-2-48	11β-羟基去氧三尖杉酯碱	11β-hydroxydeoxyharringtonine	$C_{28}H_{37}NO_9$	C	[16]
2-2-49	降去氧三尖杉酯碱	nordeoxyharringtonine	$C_{28}H_{37}NO_9$	C	[10]
2-2-50	粗榧莱胺 G	cephalezomine G	$C_{17}H_{21}NO_4$	M	[15]
2-2-51	粗榧莱胺 H	cephalezomine H	$C_{17}H_{21}NO_4$	M	[15]
2-2-52	异三尖杉碱	isocephalotaxine	$C_{18}H_{21}NO_4$	**	[18]
2-2-53	狭叶水仙亭碱	nangustine	$C_{16}H_{17}NO_4$	M	[19]
2-2-54	滨海全能花碱	pancracine	$C_{16}H_{17}NO$	M	[19]
2-2-55		polygonatine A	$C_9H_{11}NO_2$	A	[20]
2-2-56		polygonatine B	$C_{11}H_{15}NO_2$	C	[20]
2-2-57		bisdehydrostemocochinine	$C_{22}H_{27}NO_5$	C	[21]
2-2-58		isobisdehydrostemocochinine	$C_{22}H_{27}NO_5$	C	[21]
2-2-59		neostemocochinine	$C_{17}H_{25}NO_3$	C	[21]
2-2-60		isoneostemocochinine	$C_{17}H_{25}NO_3$	C	[21]
2-2-61	直立百部碱 A	sessilistemonamine A	$C_{22}H_{33}NO_5$	C	[22]
2-2-62	直立百部碱 B	sessilistemonamine B	$C_{22}H_{33}NO_5$	C	[22]
2-2-63	直立百部碱 C	sessilistemonamine C	$C_{22}H_{33}NO_5$	C	[22]
2-2-64		isooxymaistemonine	$C_{23}H_{29}NO_7$	C	[23]
2-2-65		isomaistemonine	$C_{23}H_{29}NO_6$	C	[23]
2-2-66	百部新碱	stemoenonine	$C_{22}H_{27}NO_7$	C	[24]
2-2-67	9a-O-甲基百部新碱	9a-O-methylstemoenonine	$C_{23}H_{29}NO_7$	C	[24]
2-2-68		oxystemoenonine	$C_{22}H_{29}NO_8$	C	[24]
2-2-69		1,9a-$seco$-stemoenonine	$C_{22}H_{27}NO_8$	C	[24]
2-2-70		oxystemoninine	$C_{22}H_{33}NO_6$	C	[24]
2-2-71	双去氢百部新碱	bisdehydrostemoninine	$C_{22}H_{27}NO_5$	D	[25]
2-2-72	异双去氢百部新碱	obisdehydrostemoninine	$C_{22}H_{27}NO_5$	D	[25]
2-2-73		bisdehydroneostemoninine	$C_{17}H_{21}NO_3$	C	[25]
2-2-74	双去氢百部新碱 A	bisdehydrostemoninine A	$C_{22}H_{27}NO_6$	C	[25]
2-2-75	双去氢百部新碱 B	bisdehydrostemoninine B	$C_{22}H_{29}NO_5$	C	[25]
2-2-76		(Z)-stemoburkilline	$C_{22}H_{31}NO_5$	C	[26]
2-2-77		stemaphylline	$C_{17}H_{29}NO_2$	C	[27]

续表

编号	中文名称	英文名称	分子式	测试溶剂	参考文献
2-2-78		stemaphylline-N-oxide	$C_{17}H_{29}NO_3$	C	[27]
2-2-79	百部叶碱	stemofoline	$C_{22}H_{29}NO_5$	C	[28]
2-2-80		protostemonamide	$C_{18}H_{23}NO_5$	C	[8]
2-2-81	(2S)-羟基百部叶碱	(2S)-hydroxystemofoline	$C_{22}H_{29}NO_6$	C	[28]
2-2-82	(11Z)-1,2-二去氢百部叶碱	(11Z)-1,2-didehydrostemofoline	$C_{22}H_{27}NO_5$	C	[28]
2-2-83	(11E)-1,2-二去氢百部叶碱	(11E)-1,2-didehydrostemofoline	$C_{22}H_{27}NO_5$	C	[29]
2-2-84	(2R)-羟基百部叶碱	(2R)-hydroxystemofoline	$C_{22}H_{29}NO_6$	C	[29]
2-2-85		(3R)-stemofolenol	$C_{22}H_{29}NO_6$	C	[29]
2-2-86		(3S)-stemofolenol	$C_{22}H_{27}NO_6$	C	[29]
2-2-87	1,2-二去氢百部叶碱氮氧化物	1,2-didehydrostemofoline-N-oxide	$C_{22}H_{27}NO_6$	C	[29]
2-2-88	甲基百部叶碱	methylstemofoline	$C_{19}H_{23}NO_5$	C	[29]
2-2-89		stemofolinoside	$C_{28}H_{37}NO_{11}$	C	[29]
2-2-90	对叶百部碱 N	tuberostemonine N	$C_{22}H_{33}NO_4$	C+M	[30]
2-2-91	细胞松弛素 Z10	cytochalasin Z10	$C_{25}H_{35}NO_5$	C	[31]
2-2-92	细胞松弛素 Z11	cytochalasin Z11	$C_{25}H_{33}NO_5$	C	[31]
2-2-93	细胞松弛素 Z12	cytochalasin Z12	$C_{25}H_{33}NO_4$	C	[31]
2-2-94	细胞松弛素 Z13	cytochalasin Z13	$C_{25}H_{33}NO_5$	C	[31]
2-2-95	细胞松弛素 Z14	cytochalasin Z14	$C_{25}H_{31}NO_4$	C	[31]
2-2-96	细胞松弛素 Z15	cytochalasin Z15	$C_{25}H_{33}NO_5$	C	[31]
2-2-97		rosellichalasin	$C_{28}H_{33}NO_5$	C	[32]
2-2-98	细胞松弛素 Z16	cytochalasin Z16	$C_{28}H_{33}NO_5$	C	[32]
2-2-99	细胞松弛素 Z17	cytochalasin Z17	$C_{28}H_{33}NO_5$	C	[32]
2-2-100	党参次碱	codonopsinine	$C_{13}H_{19}NO_3$	C	[33]
2-2-101	环毛穗胡椒碱	cyclostachine A	$C_{22}H_{27}NO_3$	C	[34]
2-2-102	卵叶天芥菜胺	heliotropamide	$C_{36}H_{35}N_2O_8$	M	[35]
2-2-103	假白榄胺	jatropham	$C_5H_7NO_2$	C+A	[36,37]
2-2-104	海人草酸	kainic acid	$C_{10}H_{15}NO_4$	W	[38]
2-2-105	松叶菊碱	mesembrine	$C_{17}H_{23}NO_3$	C	[39]
2-2-106	索多米茄碱 A	solsodomine A	$C_{10}H_{12}NO_4$	C	[40]
2-2-107	索多米茄碱 B	solsodomine B	$C_8H_{14}NO_3$	C	[40]
2-2-108	鹰爪花碱	uncinine	$C_{12}H_{15}NO_3$	C	[41]
2-2-109	2-吡咯甲醛	2-pyrrolaldehyde	C_5H_5NO	C	[42]
2-2-110	2-乙酰基吡咯	2-acetylpyrrole	C_6H_7NO	C	[42]
2-2-111	α-吡咯基羧酸甲酯	α-carbomethoxypyrrole	$C_6H_7NO_2$	C	[42]
2-2-112	2-乙氧羰基吡咯	2-ethoxycarbonylpyrrole	$C_7H_9NO_2$	C	[42]
2-2-113	3-甲基-1H-吡咯-2-甲酸乙酯	3-methyl-1H-pyrrole-2-carboxylic acid ethyl ester	$C_8H_{11}NO_2$	C	[42]
2-2-114	2,4-二甲基-5-(乙氧羰基)吡咯	2,4-dimethyl-5-(ethoxycarbonyl)-pyrrole	$C_9H_{13}NO_2$	C	[42]
2-2-115	1,3-二甲基吡咯烷	1,3-dimethylpyrrolidine	$C_6H_{13}N$	C	[43]

续表

编号	中文名称	英文名称	分子式	测试溶剂	参考文献
2-2-116		1,3,3-trimethyl-2-pyrrolidinylidene	$C_7H_{13}N$	C	[43]
2-2-117		1H,8H-4,9c-methano-3,6,9b-[1,2,3]propanetriylbisoxireno[3,4]benzo[1,2-e:2',1'-g][1,4]diazocine, butanoic acid derivative	$C_{24}H_{24}N_2O_8$	C	[44]
2-2-118		perinadine A	$C_{28}H_{37}NO_7$	C	[45]
2-2-119		6-(2',3'-dihydroxy-4'-hydroxylmethyl-tetrahydro-furan-1'-yl)cyclopentadien[c] pyrrole-l,3-diol	$C_{12}H_{13}NO_6$	D	[46]
2-2-120		cimipronidine	$C_7H_{13}N_3O_2$	W	[47]
2-2-121		ficuseptamine C	$C_{15}H_{22}NO_3$	M	[48]
2-2-122		pandamarilactonine H	$C_{16}H_{23}NO_4$	C	[49]
2-2-123		4-hydroxy-1-methylpyrrolidin-2-carboxylic acid	$C_6H_{11}NO_3$	C	[50]
2-2-124	粗榧莱胺 M	cephalezomine M	$C_{18}H_{23}NO_3$	M	[15]
2-2-125	交让木环素定 K	daphnicyclidin K	$C_{23}H_{27}NO_6$	M	[51]
2-2-126	3-O-乙基水仙花碱醇	3-O-ethyltazettinol	$C_{19}H_{23}NO_5$	P	[52]
2-2-127		4-bromopyrrole-2-carboxyhomo-arginine	$C_{12}H_{19}BrN_5O_3$	D	[53]

注:*在 CD_3CN 中测定; **在 $CDCl_3$-10%CD_3OD 中测定。

表 2-2-2　化合物 2-2-1、2-2-2 的 ^{13}C NMR 数据[1]

C	2-2-1	2-2-2	C	2-2-1	2-2-2	C	2-2-1	2-2-2
2	121.4	121.9	2'	84.8	86.1	1"	170.2	162.6
3	115.6	116.2	3'	134.1	134.4	2"	52.7	23.2
4	109.7	110.6	4'	127.8	127.9	3"	26.3	31.4
5	124.4	123.8	5'	73.0	73.9	4"	31.4	171.0
6	159.9	160.4	6'	58.4	58.5	5"	172.0	

表 2-2-3 化合物 2-2-3、2-2-4 的 ^{13}C NMR 数据[2]

C	2-2-3	2-2-4	C	2-2-3	2-2-4	C	2-2-3	2-2-4
2	121.3	120.9	6	159.5	159.5	11	123.7	28.1
3	94.9	94.8	8	37.8	38.2	12	111.9	40.7
4	111.5	111.2	9	133.4	28.9	14	146.4	156.6
5	126.6	127.0	10	113.8	23.5	CH$_3$		29.2

表 2-2-4 化合物 2-2-5~2-2-8 的 ^{13}C NMR 数据[3]

C	2-2-5	2-2-6	2-2-7	2-2-8	C	2-2-5	2-2-6	2-2-7	2-2-8
2	52.6	53.0	53.1	52.9	13	135.8	31.7	31.9	
3	21.3	22.3	22.3	21.4	14	19.0	19.0	19.1	
4	29.4	29.8	29.8	29.3	1'	50.8	51.2	51.5	51.2
5	63.4	64.2	64.0	64.0	2'	25.5	25.8	25.7	25.5
6	44.7	44.9	44.8	35.4	3'	35.6	35.9	36.0	35.6
7	203.4	206.0	206.1	171.2	5'	172.5	176.2	176.3	172.5
8	127.7	66.5	66.5		6'	35.3	35.7	35.7	35.3
9	154.7	197.2	197.2		7'	24.8	25.4	25.3	24.8
10	113.5	128.3	128.3		8'	30.8	31.7	31.7	30.9
11	130.6	152.4	152.2		9'	21.8	21.5	21.7	22.0
12	121.1	32.9	33.0		10'	13.7	13.4	13.4	13.8

表 2-2-5　化合物 2-2-9、2-2-10 的 ^{13}C NMR 数据[4]

C	2-2-9	2-2-10	C	2-2-9	2-2-10	C	2-2-9	2-2-10
2	65.0	63.2	7	209.5	209.7	5'	57.4	57.6
3	45.7	26.6	8	31.2	31.1	N-CH$_3$	40.5	40.2
4	22.5	45.0	2'	67.0	67.6		40.6	41.4
5	56.5	55.5	3'	26.3	27.0			
6	47.3	47.3	4'	23.6	23.0			

表 2-2-6　化合物 2-2-11~2-2-14 的 ^{13}C NMR 数据[5]

C	2-2-11	2-2-12①	2-2-12②	2-2-13	2-2-14①	2-2-14②
2	78.4	78.7	78.5	78.5	79.0	78.6
3	42.0	42.2	41.9	42.1	42.1	42.2
4	196.7	196.2	196.7	196.9	197.1	196.5
5	161.6	162.5	162.4	161.7	162.4	162.4
6	108.9	96.3	96.0	108.9	96.1	96.1
7	164.9	165.5	166.0	165.0	165.6	165.0
8	94.9	109.2	108.7	94.9	108.9	108.7
9	161.5	161.0	160.8	161.5	160.9	160.7
10	101.6	101.3	101.7	101.7	101.0	101.6
1'	128.9	129.2	129.0	129.5	129.5	129.8
2'	128.3	128.3	128.3	114.4	114.6	114.2
3'	115.3	115.4	115.4	145.4	145.4	145.3
4'	157.8	157.8	157.9	115.5	145.9	145.8
5'	115.3	115.4	115.4	118.0	115.6	115.6
6'	128.3	128.3	128.3	176.9	118.0	118.0
2"	176.9	176.8	176.8	30.7	176.9	176.9
3"	30.7	30.7	30.7	25.5	30.6	30.7
4"	25.5	25.5	25.6	46.5	25.5	25.6
5"	46.5	46.8	46.9		46.7	46.9

①和②各代表一种非对映异构体。

表 2-2-7　化合物 2-2-15~2-2-22 的 ^{13}C NMR 数据[6]

C	2-2-15	2-2-16	2-2-17	2-2-18	2-2-19[7]	2-2-20[7]	2-2-21[7]	2-2-22[8]
1	71.0	75.4	70.7	75.0	76.8	72.0	69.5	104.3
2	188.9	189.4	189.0	189.6	188.2	188.2	179.5	151.4
3	105.6	106.0	105.6	105.9	102.2	103.5	101.8	150.1
4	200.5	202.3	201.4	203.3	206.7	205.2	198.8	106.7
5	45.4	47.4	47.3	50.0	49.4	46.8	52.6	135.3
6	191.3	192.4	192.9	193.9	195.3	194.0	194.3	51.9
7	136.2	136.4	139.0	139.0	139.0	138.9	138.2	37.5
8	161.6	161.2	159.8	160.3	160.7	161.4	160.1	148.2
9	48.1	47.6	41.5	40.8	32.1	31.6	32.9	146.7
10	56.7	61.0	57.9	61.9	34.9	29.5	48.4	105.5
11	68.5	68.5	68.4	68.8	66.7	66.0	59.2	77.6
12	52.5	51.9	53.3	52.8	53.2	54.4	51.5	36.5
13	70.2	70.8	73.0	73.5	77.0	76.4	75.6	77.9
14	41.0	43.3	38.6	41.1	39.8	37.3	33.7	131.0
15	43.8	44.2	51.8	52.0	52.3	52.5	52.8	42.7
16			36.4	36.0	36.3	36.6	36.4	175.1
17	58.7	58.7	58.9	58.8	58.5	58.7	56.4	25.2
18	60.2	60.2	60.2	60.0	60.1	60.3	60.3	55.8
19	60.8	60.8	60.5	60.6	60.4	60.4	60.3	101.3

表 2-2-8　化合物 2-2-23、2-2-24 的 ^{13}C NMR 数据[9]

C	2-2-23	2-2-24	C	2-2-23	2-2-24	C	2-2-23	2-2-24
1	64.9	64.9	5	64.4	64.6	3'		79.9
2	64.4	63.3	6	64.9	64.7	4'		77.3
3	80.7	80.8	1'		63.2	5'		83.8
4	80.7	80.7	2'		106.3	6'		64.6

2-2-28 R=R¹=H; R²=CH₂CH(Me)Me (with 2", 3", 4", 5" labels)
2-2-29 R=α-H; R¹=β-OH; R²=Ph
2-2-30 R=R¹=H; R²=CH₂C(OH)(Me)Me
2-2-31 R=α-H; R¹=β-H; R²=CH₂-Ph
2-2-32 R=α-H; R¹=β-OH; R²=CH₂CH(Me)Me
2-2-33 R=α-H; R¹=β-H; R²=Ph

表 2-2-9　化合物 2-2-25~2-2-33 的 ^{13}C NMR 数据

C	2-2-25[10]	2-2-26[11]	2-2-27[11]	2-2-28[10]	2-2-29[12]	2-2-30[13]	2-2-31[12]	2-2-32[13]	2-2-33[12,14]
1	100.0	35.9	36.0	99.9	100.7	100.9	100.3	100.7	100.3
2	157.8	108.0	107.6	157.9	157.4	157.6	157.6	157.6	157.6
3	74.6	74.8	74.8	74.5	75.6	74.8	74.9	74.8	75.2
4	55.8	57.1	57.1	55.8	55.9	57.3	55.9	57.1	55.9
5	70.6	65.8	65.8	70.7	70.5	70.7	70.6	70.6	70.5
6	43.3	43.3	43.3	43.3	43.4	43.5	43.4	43.5	43.3
7	20.3	22.3	22.3	20.2	20.2	20.5	20.3	20.4	20.2
8	53.9	54.0	54.0	53.9	53.9	53.9	54.0	53.9	53.9
10	48.6	56.8	56.9	48.5	48.5	48.6	48.7	48.5	48.6
11	31.3	78.2	78.2	31.2	31.3	31.5	31.4	31.5	31.4
12	133.3	131.5	131.7	133.1	133.6	128.5	133.3	128.5	133.4
13	128.4	130.5	130.4	128.3	128.2	133.4	125.9	133.6	128.3
14	112.7	111.1	111.1	112.6	112.9	112.8	12.6	112.7	112.9
15	146.7	146.9	146.9	146.6	146.8	146.8	146.7	146.7	146.7
16	145.8	146.0	146.0	145.8	145.6	146.0	145.8	145.8	145.8
17	109.7	107.6	107.6	109.6	109.9	109.8	109.7	110.0	109.7
18	100.0	101.0	101.0	100.8	100.9	100.9	100.8	100.9	100.8
1'	174.1	173.9	174.1	174.0	172.4	173.9	173.8	173.1	173.6
2'	74.7	74.3	74.5	74.7	79.2	74.8	74.6	79.2	74.9
3'	42.6	42.4	42.4	42.7	74.1	42.8	42.7	75.1	41.7
4'	170.5	170.9	170.9	170.4	171.6	170.3	170.3	171.7	170.4
5'	51.5	52.1	51.8	51.4	52.5	51.5	51.6	52.3	51.6
1"	38.8	39.4	39.1	36.7	40.5	33.1	41.0	33.0	44.3
2"	22.9	18.0	20.7	31.5	134.8	37.0	29.3	31.5	134.8
3"	38.8	43.5	38.9	27.9	130.7	70.1	141.8	28.1	130.6
4"	27.3	70.7	28.0	22.2	127.9	28.8	128.4	22.2	127.9
5"	27.8	29.2	22.5	22.6	126.9	29.6	128.3	22.7	126.9
6"	22.6	29.2	22.6		127.9		125.9		127.9
7"	22.7				130.7		128.3		130.6
2-OMe	57.2	52.1		57.1	57.2	56.2	57.3	56.1	57.2

2-2-34 R=OH; R¹=Me; R²=β-OH; R³=OMe; R⁴=H
2-2-35 R=H; R¹=Me; R²=β-OH; R³=OMe; R⁴=H
2-2-36 R=α-OH; R¹=CH₂OH; R²=H; R³=OMe; R⁴=H
2-2-37 R=β-OH; R¹=CH₂OH; R²=H; R³=OMe; R⁴=H
2-2-38 R=R²=H; R¹=Me; R³=OMe; R⁴=α-OH
2-2-39 R=R²=H; R¹=Me; R³=OMe; R⁴=β-OH
2-2-40 R=H; R¹=Me; R²=H; R³=α-OMe; R⁴=H

2-2-41

2-2-42

表 2-2-10　化合物 2-2-34~2-2-42 的 ¹³C NMR 数据

C	2-2-34[11]	2-2-35[11]	2-2-36[15]	2-2-37[15]	2-2-38[16]	2-2-39[16]	2-2-40[10]	2-2-41[15]	2-2-42[17]
1	100.9	100.6	95.8	95.8	99.9	105.5	100.1	47.1	97.8
2	157.2	157.5	165.4	165.4	157.8	157.1	157.8	196.5	161.6
3	74.7	74.8	74.3	74.3	74.6	76.0	74.5	153.1	73.5
4	56.0	55.9	53.1	53.1	55.5	58.0	55.8	144.7	59.0
5	70.6	70.8	78.5	78.5	70.7	73.2	70.7	74.9	70.5
6	43.4	43.3	40.3	40.3	42.4	39.1	43.4	33.9	21.2
7	20.4	20.3	19.8	19.8	20.4	23.2	20.3	21.6	32.3
8	53.9	53.9	54.2	54.2	53.7	49.8	53.9	54.4	53.8
10	48.6	48.5	49.0	49.0	56.3	47.9	48.5	53.2	44.0
11	31.4	31.8	29.1	29.1	67.4	72.3	31.2	31.0	48.3
12	133.0	133.1	130.6	130.6	136.9	137.4	133.4	132.8	135.3
13	128.4	128.1	126.6	126.6	125.1	124.3	128.3	124.2	129.8
14	112.9	112.8	114.9	114.9	112.6	112.1	112.6	111.7	112.9
15	147.0	147.0	149.9	149.9	146.0	146.7	146.7	148.3	146.9
16	146.1	146.1	148.9	148.9	147.1	147.2	145.8	150.8	146.2
17	109.8	109.9	111.9	111.9	104.3	112.5	109.6	110.4	110.5
18	100.9	100.9	102.9	102.9	100.9	101.1	100.8	103.2	100.7
1'	172.7	172.8	174.3	174.3	173.8	173.5	174.0	100.1	
2'	79.5	79.6	73.5	73.5	74.9	76.2	74.7	75.1	
3'	75.6	75.5	44.0	44.0	43.1	41.5	42.6	77.8	
4'	171.3	171.4	171.7	171.7	170.9	172.6	170.5	71.4	
5'	52.5	52.4	52.1	52.1	51.7	52.0	51.5	78.7	
6'				23.7				62.5	
1"	34.6	34.4	40.9	40.9	38.8	38.2	39.0		
2"	18.2	20.8	18.2	18.2	20.5	20.3	20.5		
3"	44.0	39.1	39.5	39.5	38.8	38.6	38.9		
4"	70.9	27.8	76.1	76.1	27.7	27.2	27.7		
5"	29.4	22.4	70.4	70.4	22.4	22.4	22.4		
6"	28.9	22.7	23.7		22.6	22.6	22.6		
2-OMe	57.5	57.3	59.1	59.1	57.3	57.2	57.3		56.5

2-2-43 R=H; R¹=α-OH
2-2-44 R=H; R¹=β-OH
2-2-45 R=R¹=β-OH

2-2-46 R=β-OH; R¹=OH; R²=H
2-2-47 R=α-OH; R¹=OH; R²=H
2-2-48 R=R¹=OH; R²=β-H
2-2-49 R=α-OH; R¹=R²=H

2-2-50 R=α-OH
2-2-51 R=β-OH

2-2-52

表 2-2-11　化合物 2-2-43~2-2-52 的 ^{13}C NMR 数据

C	2-2-43[18]	2-2-44[18]	2-2-45[18]	2-2-46[11]	2-2-47[11]	2-2-48[16]	2-2-49[10]	2-2-50[15]	2-2-51[15]	2-2-52[18]
1	97.1	97.8	98.2	101.0	100.9	105.5	100.0	34.5	34.7	44.6
2	164.9	169.1	166.0	156.5	157.5	157.1	157.8	77.9	71.5	69.0
3	71.7	77.3	74.0	75.5	74.7	76.0	74.8	82.8	76.6	160.2
4	53.8	57.7	57.9	55.9	55.8	58.0	55.9	57.8	57.4	111.1
5	85.4	89.1	92.0	70.5	70.8	73.2	70.6	76.1	72.2	80.1
6	39.1	29.4	34.8	43.2	43.3	39.1	43.4	41.8	41.0	34.5
7	17.9	16.9	19.5	20.3	20.3	23.3	20.3	19.1	19.3	20.6
8	70.2	68.8	64.3	53.8	53.9	49.8	54.0	55.4	55.5	51.3
10	62.1	62.8	62.8	48.5	48.5	47.8	48.7	48.7	50.4	49.5
11	28.5	29.3	69.4	31.1	31.3	72.3	31.3	29.4	29.4	30.3
12	131.1	133.5	132.9	132.9	133.3	137.4	133.4	131.5	131.4	129.9
13	128.8	126.5	125.0	127.8	128.2	124.2	128.4	128.8	128.6	124.5
14	111.3	112.5	111.7	112.9	112.8	112.1	112.7	113.9	113.7	111.3
15	145.5	146.1	147.9	149.0	146.8	147.2	146.7	148.8	148.8	146.1
16	145.5	146.6	147.9	146.2	145.8	147.2	145.8	149.3	149.3	147.4
17	109.4	109.8	111.4	109.8	109.9	112.5	109.7	112.1	112.0	108.7
18	100.6	100.9	101.4	101.0	100.8	101.1	100.8	102.7	102.7	101.1
1'				172.7	172.9	173.6	174.4			
2'				79.6	79.2	76.3	75.2			
3'				74.8	75.1	41.6	43.4			
4'				171.3	171.6	172.6	170.5			
5'				52.5	52.4	51.9	51.5			
1"				37.2	36.7	36.2	46.7			
2"				28.7	29.8	31.3	23.9			
3"				70.2	70.4	27.9	24.1			
4"				29.7	29.1	22.2	24.1			
5"				28.5	29.2	22.3				
2-OMe	57.4	56.7	57.1	57.4	57.3	57.2	57.1			57.1

2-2-53 R=H; R^1=α-OH; R^2=β-OH
2-2-54 R=α-OH; R^1=β-OH; R^2=H
2-2-55
2-2-56

表 2-2-12　化合物 2-2-53~2-2-54 的 ^{13}C NMR 数据[19]

C	2-2-53	2-2-54	C	2-2-53	2-2-54	C	2-2-53	2-2-54
1	114.7	115.6	6a	125.2	122.2	11	46.4	44.7
2	35.5	68.2	7	107.8	106.2	11a	147.5	150.0
3	72.3	70.4	8	148.3	146.8	12	56.9	54.5
4	75.5	29.3	9	147.6	146.3	13	102.1	100.7
4a	70.0	58.5	10	108.3	106.8			
6	62.0	59.2	10a	133.6	131.1			

表 2-2-13　化合物 2-2-55~2-2-56 的 ^{13}C NMR 数据[20]

C	2-2-55	2-2-56	C	2-2-55	2-2-56	C	2-2-55	2-2-56
1	112.9	113.1	6	24.0	23.4	10	56.2	63.9
2	110.3	111.6	7	36.5	36.0	11		65.5
3	138.7	134.3	8	187.6	187.5	12		15.1
5	43.0	42.5	9	132.0	131.8			

2-2-57 12R*　**2-2-58** 12S*　**2-2-59** 12R*　**2-2-60** 12S*

表 2-2-14　化合物 2-2-57~2-2-60 的 ^{13}C NMR 数据[21]

C	2-2-57	2-2-58	2-2-59	2-2-60	C	2-2-57	2-2-58	2-2-59	2-2-60
1	103.7	103.6	23.2	23.2	12	80.7	83.0	78.3	78.9
2	106.9	106.9	26.3	26.3	13	145.6	147.0	145.9	146.0
3	128.4	128.5	52.1	52.0	14	131.5	130.9	131.1	130.9
5	45.5	45.5	49.9	49.8	15	174.0	174.0	173.9	174.1
6	25.8	25.9	17.7	17.5	16	10.8	10.7	10.7	10.6
7	35.4	35.3	33.8	33.7	17	16.5	17.2	16.2	14.9
8	71.6	71.5	82.9	82.6	18	84.0	85.5		
9	51.3	51.6	51.8	51.4	19	34.8	34.7		
9a	133.2	133.4	60.7	60.7	20	36.0	36.0		
10	38.9	41.4	39.8	40.2	21	178.9	179.0		
11	83.3	83.1	80.6	84.5	22	14.9	15.0		

第二章 生物碱类化合物

2-2-61 9aR*; 10S*; 11R*; 12S*
2-2-62 9aS*; 10R*; 11S*; 12R*
2-2-63 9aR*; 10R*; 11R*; 12S*

2-2-64 R=OH
2-2-65 R=H

表 2-2-15 化合物 2-2-61~2-2-65 的 ^{13}C NMR 数据[22]

C	2-2-61	2-2-62	2-2-63	2-2-64[23]	2-2-65[23]	C	2-2-61	2-2-62	2-2-63	2-2-64[23]	2-2-65[23]
1	—	28.9	42.5	36.1	35.8	13	75.1	74.8	77.2	171.9	172.5
2	25.4	26.4	24.1	26.5	26.6	14	177.6	178.3	178.4	97.4	97.0
3	66.8	62.0	67.9	63.4	63.6	15	19.7	20.2	20.9	174.7	175.0
5	40.7	43.5	44.8	45.6	47.2	16	22.7	18.4	18.9	8.9	8.9
6	29.6	22.0	29.7	19.3	25.5	17	12.6	15.1	12.4	8.8	8.4
7	24.2	23.3	30.6	32.8	25.0	18	83.5	84.4	77.6	85.0	85.1
8	26.9	28.4	26.0	68.6	28.4	19	34.4	34.6	35.6	34.5	34.5
9	56.3	55.1	52.8	170.3	173.3	20	34.8	34.8	35.5	179.8	34.8
9a	74.1	73.7	80.5	78.8	79.3	21	179.5	179.6	179.3	14.9	179.7
10	46.7	44.0	47.4	137.8	136.4	22	14.8	14.9	15.0	58.9	14.9
11	87.3	82.7	83.9	198.3	197.9	23					58.8
12	48.4	59.0	57.7	92.6	91.7						

2-2-66 R=H
2-2-67 R=CH₃

2-2-68

2-2-69

2-2-70

表 2-2-16 化合物 2-2-66~2-2-70 的 ^{13}C NMR 数据[24]

C	2-2-66	2-2-67	2-2-68	2-2-69	2-2-70	C	2-2-66	2-2-67	2-2-68	2-2-69	2-2-70
1	199.5	198.9	198.8	166.8	26.6	6	26.6	26.3	26.2	25.7	26.4
2	94.3	94.6	94.1	117.9	20.8	7	36.0	35.1	35.6	35.9	35.6
3	177.5	177.4	178.0	155.3	63.6	8	80.0	79.1	79.4	79.7	81.7
5	41.5	41.8	41.8	51.0	45.7	9	55.7	54.4	54.7	53.8	52.4

C	2-2-66	2-2-67	2-2-68	2-2-69	2-2-70	C	2-2-66	2-2-67	2-2-68	2-2-69	2-2-70
9a	88.5	88.3	88.5	172.4	58.5	17	13.1	12.7	12.1	12.6	12.3
10	47.8	47.2	42.9	49.5	47.1	18	71.9	71.1	71.2	78.0	82.5
11	114.5	113.8	113.5	113.0	112.6	19	36.5	36.4	36.3	35.6	34.3
12	146.4	144.9	75.8	144.5	75.8	20	34.9	34.9	34.9	35.1	34.8
13	133.2	133.4	41.5	133.8	41.9	21	178.1	177.9	177.5	178.1	179.3
14	172.0	171.8	175.8	171.4	175.2	22	15.4	15.3	15.2	15.0	14.8
15	10.4	10.5	12.4	10.5	12.6	OCH$_3$		50.8			
16	20.8	20.0	20.6	20.3	20.1						

2-2-71   2-2-72   2-2-73

2-2-74   2-2-75

表 2-2-17　化合物 2-2-71~2-2-75 的 ^{13}C NMR 数据[25]

C	2-2-71	2-2-72	2-2-73	2-2-74	2-2-75	C	2-2-71	2-2-72	2-2-73	2-2-74	2-2-75
1	103.9	103.7	104.1	104.9	102.2	12	147.1	145.2	145.4	144.9	145.5
2	107.0	106.9	106.1	119.4	104.4	13	132.8	132.6	133.2	133.6	133.2
3	132.8	131.5	121.9	140.1	132.1	14	171.6	171.2	171.6	171.4	171.7
5	44.3	44.4	48.9	45.3	44.0	15	10.2	10.1	10.5	10.6	10.5
6	26.1	25.7	26.7	25.9	26.5	16	19.9	22.8	19.9	19.9	19.9
7	35.0	34.4	35.1	35.6	35.4	17	12.6	12.1	13.0	13.0	13.1
8	84.2	83.0	84.6	84.5	84.9	18	71.4	71.3		188.7	33.1
9	46.5	51.1	47.3	47.2	47.4	19	34.5	33.4		42.3	24.3
9a	128.8	128.9	129.6	130.4	129.6	20	35.7	35.8		35.0	38.7
10	49.3	51.1	50.9	50.5	50.8	21	179.1	179.1		181.3	181.0
11	113.4	114.7	113.2	113.0	113.2	22	15.6	15.5		17.1	17.2

2-2-76   2-2-77

表 2-2-18 化合物 2-2-76~2-2-79 的 ^{13}C NMR 数据

C	2-2-76[26]	2-2-77[27]	2-2-78[27]	2-2-79[28]	C	2-2-76[26]	2-2-77[27]	2-2-78[27]	2-2-79[28]
1	34.3	28.1	25.0	22.9	12	78.1	78.4	76.8	124.7
2	80.1	23.8	19.3	30.5	13	174.6	37.8	37.8	162.9
3	82.1	54.3	71.0	174.2	14	97.6	35.8	35.2	97.2
5	47.5	52.3	67.2	40.2	15	175.0	179.6	179.8	169.9
6	26.6	25.9	20.7	25.3	16	8.3	15.0	15.0	9.1
7	57.2	27.7	25.2	34.3	17	18.5	19.2	17.3	20.8
8	107.0	28.2	25.4	83.4	1'	31.8			58.8
9	43.6	45.9	35.8	55.4	2'	27.5			
9a	63.5	64.8	81.6	55.6	3'	23.3			
10	28.4	32.5	34.9	37.3	4'	14.2			
11	40.8	39.5	40.6	148.0	OMe	58.8			

表 2-2-19　化合物 2-2-80~2-2-89 的 ^{13}C NMR 数据[29]

C	2-2-80[28]	2-2-81[28]	2-2-82[28]	2-2-83	2-2-84	2-2-85	2-2-86	2-2-87	2-2-88	2-2-89
1	33.3	33.7	32.9	32.7	32.8	32.7	32.7	31.6	32.6	33.5
2	78.6	78.7	79.7	80.8	79.8	80.3	80.3	80.0	80.1	82.3
3	82.8	82.7	83.1	83.3	81.9	83.0	83.0	91.8	79.9	83.4
5	47.6	47.1	48.0	47.9	47.2	47.9	47.9	63.5	47.1	92.2
6	27.3	26.6	26.9	26.7	26.5	26.6	26.6	21.9	25.8	36.5
7	49.9	52.7	51.2	51.2	51.8	51.3	51.3	48.2	51.4	55.0
8	112.7	112.0	112.8	113.6	111.8	112.6	112.6	110.8	112.3	113.3
9	47.6	47.6	47.6	45.9	47.3	47.4	47.4	48.5	46.6	49.8
9a	60.9	60.8	60.9	60.9	60.9	60.9	60.9	77.0	61.4	59.9
10	34.6	34.4	34.6	36.2	34.4	34.5	34.5	34.7	34.3	36.2
11	148.4	147.8	148.4	149.8	148.3	148.2	148.2	147.1	148.0	150.9
12	127.9	128.0	128.0	128.9	127.8	127.9	127.9	128.2	127.9	129.0
13	162.8	162.7	162.8	163.3	162.8	162.8	162.8	162.3	162.7	165.1
14	98.6	98.8	98.6	98.5	98.4	98.6	98.6	98.9	98.5	
15	169.7	169.6	169.7	170.5	169.7	169.7	169.7	169.3	169.6	172.3
16	9.2	9.2	9.2	8.8	9.0	9.1	9.1	9.0	9.0	13.8
17	18.3	18.3	18.3	16.2	18.2	18.2	18.2	17.9	18.1	18.0
1'	26.7	36.1	126.5	126.0	36.7	126.5	126.5	119.6	18.6	129.1
2'	31.6	71.2	133.4	133.7	71.0	135.7	135.7	137.1		133.4
3'	23.1	30.6	25.3	25.3	31.1	67.9	67.9	25.7		26.6
4'	14.0	9.7	13.5	13.4	10.2	23.4	23.4	12.9		9.0
OMe	58.8	58.8	58.8	59.4	58.8	58.8	58.8	58.8	58.8	59.9
1"										102.4
2"										78.4
3"										74.3
4"										71.5
5"										77.6
6"										62.6

表 2-2-20　化合物 2-2-90 的 ^{13}C NMR 数据[30]

C	2-2-90①	2-2-90②	C	2-2-90①	2-2-90②	C	2-2-90①	2-2-90②
1	35.2	36.0	9a	64.2	65.7	17	13.1	13.4
2	33.7	34.7	10	46.9	49.9	18	83.4	84.9
3	65.2	67.6	11	81.7	83.2	19	34.2	35.4
5	50.7	52.7	12	45.2	46.6	20	35.2	36.3
6	26.9	27.1	13	41.5	42.7	21	179.4	181.9
7	29.8	29.7	14	178.7	181.4	22	15.0	15.0
8	32.8	33.9	15	11.9	12.0			
9	40.1	41.1	16	25.9	26.8			

①在 $CDCl_3$ 中测定；②在 CD_3OD 中测定。

表 2-2-21 化合物 2-2-91~2-2-96 的 ^{13}C NMR 数据[31]

C	2-2-91	2-2-92	2-2-93	2-2-94	2-2-95	2-2-96
1	177.6	175.0	176.2	175.4	175.4	175.7
3	54.3	52.9	57.2	57.1	56.9	57.3
4	53.5	53.6	52.5	52.6	52.9	52.9
5	31.0	27.8	125.0	124.9	124.9	124.8
6	150.9	148.1	129.6	129.4	129.9	130.3
7	74.4	76.1	72.8	73.0	73.0	72.4
8	54.0	53.2	50.6	50.5	51.4	51.1
9	79.4	79.4	78.2	78.6	78.2	77.7
10	44.1	43.7	43.6	44.3	44.1	43.9
11	15.1	15.9	18.4	18.7	18.6	18.3
12	112.8	112.3	17.5	18.0	17.6	17.3
13	128.6	128.1	126.5	127.8	127.4	127.2
14	135.7	132.1	134.0	132.1	134.1	133.9
15	38.5	38.4	36.7	38.6	37.3	33.6
16	35.1	40.9	34.0	40.8	35.5	35.8
17	78.4	216.8	76.2	216.7	77.8	80.8
18	68.8	73.0	68.1	73.2	210.0	210.1
19	20.2	18.8	17.1	18.9	25.1	25.8
20	13.5	17.6	14.6	17.8	12.7	17.1
1'	138.5	137.3	137.0	137.3	137.0	137.2
2'/6'	130.7	129.1	128.8	129.3	128.9	129.0
3'/5'	129.6	128.8	129.0	128.8	128.9	128.9
4'	127.8	127.0	126.9	127.0	127.2	127.0

表 2-2-22　化合物 2-2-97~2-2-99 的 ^{13}C NMR 数据[32]

C	2-2-97	2-2-98	2-2-99	C	2-2-97	2-2-98	2-2-99
1	171.6	171.2	171.5	15	39.8	40.5	39.7
3	60.3	54.3	59.3	16	36.1	40.3	40.1
4	49.3	49.7	49.7	17	205.4	206.1	205.5
5	39.9	32.6	125.1	18	143.2	143.6	143.3
6	57.2	149.0	133.0	19	131.6	132.8	131.4
7	53.9	70.6	69.7	20	36.6	37.1	37.4
8	47.2	50.7	50.2	21	169.2	170.0	168.9
9	84.6	84.0	83.7	23	12.9	18.5	17.2
10	44.4	44.5	43.8	24	12.8	13.4	13.1
11	17.4	14.9	17.2	1'	136.8	137.8	137.0
12	19.7	115.8	14.1	2'/6'	129.6	130.2	129.2
13	125.8	126.6	126.5	3'/5'	129.0	129.7	128.9
14	136.8	137.8	137.1	4'	127.2	127.9	127.1

参考文献

[1] Lu Q, Zhang L, He G R, et al. Chem Biodivers, 2007, 4(12): 2948.
[2] Williams D E, Patrick B O, Behrisch H W, et al. J Nat Prod, 2005, 68 (3): 327.
[3] Katavic P L, Venables D A, Guymer G P, et al. J Nat Prod, 2007, 70 (12): 1946.
[4] Jenett-Siems K, Weigl R, Bohm A, et al. Phytochemistry, 2005, 66(12): 1448.
[5] Ren D M, Guo H F, Yu W T, et al. Phytochemistry, 2008, 69(6): 1425.
[6] Sugimoto Y, Babiker H A, Saisho T, et al. J Org Chem, 2001, 66(10): 3299.
[7] Sugimoto Y, Matsui M, Takikawa H, et al. Phytochemistry, 2005, 66(22): 2627.
[8] Yang X Z, Zhu J Y, Tang C P, et al. Planta med, 2009, 75(2): 174.
[9] Kato A, Kato N, Miyauchi S, et al. Phytochemistry, 2008, 69(5): 1261.
[10] Takano I, Yasuda I, Nishijima M, et al. J Nat Prod, 1996, 59 (10): 965.
[11] Morita H, Arisaka M, Yoshida N, et al. Tetrahedron, 2000, 56 (19): 2929.
[12] Takano I, Yasuda I, Nishijima M, et al. Phytochemistry, 1997, 44 (4): 735.
[13] Weisleder D, Powell R G, Smith, C R J. Org Magn Reson, 1980, 13 (2): 114.
[14] 王定志, 马广恩, 徐任生. 药学学报, 1992, 27 (3): 173.

[15] Morita H, Yoshinaga M, Kobayashi J Tetrahedron, 2002, 58 (27): 5489.
[16] Takano I, Yasuda I, Nishijima M, et al. J Nat Prod, 1996, 59 (12): 1192.
[17] Burkholder T P, Fuchs P L. J Am Chem Soc, 1990, 112 (26): 9601.
[18] Bocar M, Jossang A, Bodo B. et al. J Nat Prod, 2003, 66(1): 152.
[19] Labrana J, Machocho A K, Kricsfalusy V, et al. Phytochemistry, 2002, 60 (8): 847.
[20] Sun L R, Li X, Wang S X. J Asian Nat Prod Res, 2005, 7(2): 127.
[21] Lin L G, Dien P H, Tang C P, et al. Helv. Chim. Acta, 2007, 90(11): 2167.
[22] Wang P, Liu A L, An Z, et al. Chem Biodivers, 2007, 4(3): 523.
[23] Guo A, Jin L, Deng Z, et al. Chem Biodivers, 2008, 5(4): 598.
[24] Lin L G, Li K M, Tang C P, et al. J Nat Prod, 2008, 71(6): 1107.
[25] Lin L G, Zhong Q X, Cheng T Y, et al. J Nat Prod, 2006, 69(7): 1051.
[26] Sastraruji K, Pyne S G, Ung A T, et al. J Nat Prod, 2009, 72(2): 316.
[27] Mungkornasawakul P, Chaiyong S, Sastraruji T, et al. J Nat Prod, 2009, 72(5): 848.
[28] Brem B, Seger C, Pacher T, et al. J Nat Prod, 2002, 50(22): 6383.
[29] Sastraruji T, Jatisatienr A, Pyne S G, et al. J Nat Prod, 2005, 68(12): 1763.
[30] Schinnerl J, Brem B, But Paul P H, et al. Phytochemistry, 2007, 68(10): 1417.
[31] Liu R, Lin Z, Zhu T, et al. J Nat Prod, 2008, 71(7): 1127.
[32] Zhang H W, Zhang J, Hu S, et al. Planta Med, 2010, 76(14): 1616.
[33] Goti A, Cicchi S, Mannucci V, et al. Org Lett, 2003, 5 (22): 4235.
[34] Joshi B S, Viswanathan N, Gawad D H, et al. Helv Chim Acta, 1975, 58 (8): 2295.
[35] Guntern A, Loset J R, Queiroz E F, et al. J Nat Prod, 2003, 66(12): 1550.
[36] Nagasaka T, Esumi S, Ozawa, N, et al. Heterocycles, 1981, 16 (11): 1987.
[37] Yakushijin K, Uzuki R, Hattori R, et al. Heterocycles, 1981, 16 (7): 115.
[38] Hanessian S, Ninkovic S. J Org Chem, 1996, 61(16): 5418.
[39] Taber D F, Neubert, T D. J Org Chem, 2001, 66 (1): 143.
[40] El Sayed K A, Hamann M T, Abd El-Rahman H A, et al. J Nat Prod, 1998, 61(6): 848.
[41] Hsieh T J, Chang F R, Chia, Y C, et al. J Nat Prod, 2001, 64 (9): 1157.
[42] Abraham R J, Lapper R D, Smith K M, et al. J Chem Soc, Perkin Trans 2, 1974, (9): 1004.
[43] Hawthorne D G, ohns S R, Willing R I. et al. Aust J Chem,1976, 29(2): 315.
[44] Begg W R, Elix J A, Jones A J. Tetrahedron Lett , 1978,19(12): 1047.
[45] Sasaki M, Tsuda M, Sekiguchi M, et al. Org Lett, 2005, 7(19): 4261.
[46] Zhang D S, Gao H Y, Song X M, et al. Chinese Chem Lett, 2008, 19(7): 832.
[47] Fabricant D S, Nikolic D, Lankin D C, et al. J Nat Prod, 2005, 68 (8): 1266.
[48] Ueda J, Takagi M, Shin-ya K. J Nat Prod, 2009, 72(12): 2181.
[49] Tan M A, Kitajima M, Kogure N, et al. J Nat Prod, 2010, 73(8): 1453.
[50] Jain S C, Pandey M K, Upadhyay R K, et al. Phytochemistry, 2006, 67(10): 1005.
[51] Morita H, Yoshida N, Kobayashi J. J Org Chem, 2002, 67 (7): 2278.
[52] Pi H F, Zhang P, Ruan H L, et al. Chinese Chem Lett, 2009, 20(11): 1319.
[53] Assmann M, Lichte E, Soest R W M, et al. Org Lett, 1999, 1(3): 455.

第三节 吡咯里西啶类生物碱

表2-3-1 吡咯里西啶类化合物的名称、分子式和测试溶剂

编号	名称	分子式	测试溶剂	参考文献
2-3-1	fulvine（暗黄猪屎豆碱）	$C_{16}H_{23}NO_5$	C	[1]
2-3-2	heliotrine（天芥菜碱）	$C_{16}H_{27}NO_5$	C	[2]
2-3-3	indicine（印度天芥菜碱）	$C_{15}H_{25}NO_5$	C	[2]
2-3-4	integerrimine（全缘千里光碱）	$C_{18}H_{25}NO_5$	C	[3,4]
2-3-5	lasiocarpine（毛果天芥菜碱）	$C_{21}H_{33}NO_7$	C	[2]

续表

编号	名称	分子式	测试溶剂	参考文献
2-3-6	monocrotaline（单猪屎豆碱）	$C_{16}H_{23}NO_6$	C	[1,2,5,6]
2-3-7	sarracine（瓶千里光碱）	$C_{18}H_{27}NO_5$	C	[7]
2-3-8	senecionine（千里光碱）	$C_{18}H_{25}NO_5$	C	[8]
2-3-9	senecipylline（千里光菲灵碱）	$C_{18}H_{23}NO_5$	C	[9]
2-3-10	usaramine（光萼猪屎豆碱）	$C_{18}H_{25}N_2O_6$	C	[10]
2-3-11	heliotridine（天芥菜定）	$C_8H_{13}NO_2$	C	[11,12]
2-3-12	hastanecine（矛蟹甲草裂碱）	$C_8H_{15}NO_2$	C	[11,12]
2-3-13	echinatine（刺凌德草碱）	$C_{15}H_{25}NO_5$	C	[13]
2-3-14	heliotrine（天芥菜碱）	$C_{16}H_{27}NO_5$	C	[11,12]
2-3-15	supinin	$C_{15}H_{25}NO_4$	C	[11,12]
2-3-16	senecionine（千里光宁碱）	$C_{18}H_{25}NO_5$	C	[14]
2-3-17	1-[(β-D-glucopyranosyloxy)methyl]-5,6-dihydro-pyrrolizin-7-one	$C_{14}H_{19}NO_7$	M	[15]
2-3-18	1-formyl-5,6-dihydropyrrolizin-7-one	$C_8H_7NO_2$	C	[15]
2-3-19	cremastrine	$C_{14}H_{25}NO_3$	P	[16]
2-3-20	flueggenine A	$C_{24}H_{28}N_2O_5$	M	[17]
2-3-21	flueggenine B	$C_{24}H_{26}N_2O_4$	M	[17]
2-3-22	14β-hydroxy-13,14-dihydronorse curinine	$C_{12}H_{15}NO_3$	C	[18]
2-3-23	14β-methoxy-13,14-dihydronorse curinine	$C_{13}H_{17}NO_3$	C	[18]
2-3-24	14α-methoxy-13,14-dihydronorse curinine	$C_{13}H_{17}NO_3$	C	[18]
2-3-25	hyacinthacine B7	$C_9H_{17}NO_4$	W	[19]
2-3-26	hyacinthacine C2	$C_9H_{17}NO_5$	W	[19]
2-3-27	hyacinthacine C3	$C_9H_{17}NO_5$	W	[19]
2-3-28	hyacinthacine C4	$C_9H_{17}NO_5$	W	[19]
2-3-29	hyacinthacine C5	$C_9H_{17}NO_5$	W	[19]
2-3-30	α-5-C-(3-hydroxybutyl)-hyacinthacine A2	$C_{12}H_{23}NO_4$	W	[19]
2-3-31	hastanecine（矛蟹甲草裂碱）	$C_8H_{15}NO_2$	M	[20]
2-3-32	turneforcidine	$C_8H_{15}NO_2$	M	[20]
2-3-33	platynecine（阔叶千里光裂碱）	$C_8H_{15}NO_2$	M	[20]
2-3-34	dihydroxyheliotridane（二羟基天芥菜烷）	$C_8H_{15}NO_2$	M	[20]
2-3-35	7-angeloyl-dihydroxyheliotridane	$C_{13}H_{21}NO_3$	M	[20]
2-3-36	9-angeloyl-dihydroxyheliotridane	$C_{13}H_{21}NO_3$	M	[20]
2-3-37	7-angeloyl-turneforcidine	$C_{13}H_{21}NO_3$	M	[20]
2-3-38	(7S,8R)-petranine	$C_{14}H_{20}ClNO_3$	C	[21]
2-3-39	(7S,8S)-petranine	$C_{14}H_{20}ClNO_3$	C	[21]
2-3-40	retronecine-2S-hydroxy-2S-(1S-hydroxyethyl)-4-methyl-pentanoyl ester	$C_{16}H_{27}NO_5$	M	[22]
2-3-41	retronecine-N-oxide-2S-hydroxy-2S-(1S-hydroxyethyl)-4-methylpentanoyl ester	$C_{16}H_{27}NO_6$	M	[22]
2-3-42	retronecine-N-oxide-2S-hydroxy-2S-(1R-hydroxyethyl)-4-methylpentanoyl ester	$C_{16}H_{27}NO_6$	M	[22]
2-3-43	trachelanthamidine-2S-hydroxy-2S-(1S-hydroxyethyl)-4-methylpentanoyl ester	$C_{16}H_{29}NO_4$	M	[22]

续表

编号	名称	分子式	测试溶剂	参考文献
2-3-44	retronecine-2S-hydroxy-2S-(1S-hydroxyethyl)-2S-[(1'S-hydroxyethyl)-4-methylpentanoyl]-4-methylpentanoyl ester	$C_{24}H_{41}NO_8$	M	[22]
2-3-45	supinidine N-oxide-2S-hydroxy-2S-(1S-hydroxyethyl)-4-methylpentanoyl ester	$C_{16}H_{27}NO_5$	M	[22]
2-3-46	heliotridine-2S-hydroxy-2S-(1S-hydroxyethyl)-4-methyl pentanoyl ester	$C_{16}H_{27}NO_5$	M	[23]
2-3-47	platynecine N-oxide-2S-hydroxy-2S-(1S-hydroxyethyl)-4-methylpentanoyl ester	$C_{16}H_{29}NO_6$	M	[23]
2-3-48	E-thesinine-O-4'-α-rhamnoside	$C_{23}H_{31}NO_7$	W	[24]
2-3-49	Z-thesinine-O-4'-α-rhamnoside	$C_{23}H_{31}NO_7$	W	[24]
2-3-50	asparagamine A（总序天冬碱 A）	$C_{22}H_{27}NO_5$	C	[25]
2-3-51	5,6-dihydro-2-isopropyl-4H-pyrrolo[1, 2-b]pyrazole	$C_{19}H_{14}N_2$	M	[26]
2-3-52	mearsamine	$C_{22}H_{37}N_2O_3$	P	[27]

表 2-3-2　化合物 2-3-1~2-3-10 的 ^{13}C NMR 数据

C	2-3-1[1]	2-3-2[2]	2-3-3[2]	2-3-4[3]	2-3-4[4]①	2-3-5[2]	2-3-6[1,2,5,6]	2-3-7[7]	2-3-8[8]	2-3-9[9]	2-3-10[10]
1	132.9	136.3	132.7	130.9	131.8	135.0	132.8	40.2	131.7	131.3	131.4
2	135.5	127.4	130.9	135.1	136.9	128.6	134.3	28.7	135.9	136.3	135.6
3	60.9	62.0	63.0	61.8	62.8	62.4	61.3	55.1	59.9	62.6	62.5
5	53.2	54.2	53.8	53.1	53.2	54.4	53.6	53.5	52.9	53.2	52.9
6	33.6	34.2	36.3	33.7	33.9	30.5	33.6	35.0	34.6	34.8	33.6
7	76.3	75.6	71.4	75.2	75.6	76.9	75.1	75.2	77.5	74.7	75.6
8	75.3	78.5	78.8	77.2	77.2	78.9	76.9	68.8	74.7	77.6	80.9
9	61.3	62.8	63.1	60.6	61.0	62.4	60.5	64.3	62.7	60.9	61.4
10	175.6	175.1	175.4	177.0	178.3	174.0	174.0	166.6	177.3	176.8	175.6
11	37.6	82.5	82.7	76.5	76.6	83.7	76.8	131.9	76.6	76.2	99.9
12	76.3	80.1	69.3	37.7	39.5	78.8	78.8	141.1	37.3	146.2	29.1
13	48.1	12.5	16.6	26.7	29.6	13.0	44.3	15.8	38.3	37.3	36.7

续表

C	2-3-1[1]	2-3-2[2]	2-3-3[2]	2-3-4[3]	2-3-4[4]①	2-3-5[2]	2-3-6[1,2,5,6]	2-3-7[7]	2-3-8[8]	2-3-9[9]	2-3-10[10]
14	27.1	57.1	32.4	133.6	134.0	56.5	173.5	64.7	133.2	131.5	133.3
15	18.4	31.7	17.6	167.9	169.2	73.0	13.7	167.2	167.4	166.9	168.8
16	11.3	16.4	17.2	134.6	135.3	24.4	22.0	127.2	133.7	24.7	137.0
17	174.7	17.1		14.3	14.2	26.5	17.7	139.8	14.9	114.2	14.1
18				27.2	25.2			15.8	24.9	136.0	66.8
19				11.5	11.9			20.8	10.9	15.1	12.2

① 消旋体。

表 2-3-3 化合物 2-3-11~2-3-19 的 ^{13}C NMR 数据[11,12]

C	2-3-11	2-3-12	2-3-13[13]	2-3-14	2-3-15	2-3-16[14]	2-3-17[15]	2-3-18[15]	2-3-19[16]
1	135.9	137.9	45.8	136.4	137.9	129.9	121.7	123.0	39.1
2	125.4	127.1	30.4	127.4	125.6	136.1	117.2	115.7	25.0
3	61.9	58.7	57.2	62.0	61.9	59.3	123.9	123.0	52.4
5	54.2	54.2	55.6	54.2	56.9	66.4	42.1	43.2	54.3
6	33.6	35.3	38.3	34.3	25.9	74.7	39.5	39.3	25.0
7	74.1	71.1	75.0	75.6	30.2	73.7	191.4	189.1	25.0
7a	79.6	79.5	73.1	78.6	69.3	75.2	129.7	135.1	66.5
8	61.6	61.9	63.4	62.8	62.4	61.5	62.7	183.9	63.0
9	173.7			175.1	175.2	176.9	102.1		174.0
10	84.0			82.6	83.1	76.3	73.9		72.8
11	71.4			80.1	71.5	40.5	76.8		38.1
12	17.4			12.5	17.3	27.6	70.4		25.0

续表

C	2-3-11	2-3-12	2-3-13[13]	2-3-14	2-3-15	2-3-16[14]	2-3-17[15]	2-3-18[15]	2-3-19[16]
13	32.3			31.8	33.1	135.6	76.8		10.9
14	17.9			17.1	17.1	142.5	61.6		13.3
15	15.8			16.4	17.0	15.0			
16					57.0	24.6			
17						10.8			
18						167.0			

表 2-3-4 化合物 2-3-20~2-3-21 的 ^{13}C NMR 数据[17]

C	2-3-20	2-3-21	C	2-3-20	2-3-21	C	2-3-20	2-3-21
2	66.6	69.2	12	108.4	114.2	7'	66.3	76.2
3	30.4	30.9	13	171.8	173.1	8'	36.6	34.7
4	27.9	28.0	14	136.1	43.2	9'	94.1	77.1
5	56.3	58.2	15	140.6	76.7	11'	175.6	173.9
7	61.0	63.4	2'	68.6	90.8	12'	110.9	130.3
8	37.2	33.4	3'	30.3	28.7	13'	176.4	155.6
9	93.5	92.7	4'	27.9	27.7	14'	29.3	36.3
11	174.8	174.4	5'	58.5	60.6	15'	44.3	43.1

2-3-22 R=H; R¹=OH
2-3-23 R=H; R¹=OCH₃
2-3-24 R=OCH₃; R¹=H

2-3-25   2-3-26   2-3-27   2-3-28   2-3-29   2-3-30

表 2-3-5 化合物 2-3-22~2-3-24 的 ^{13}C NMR 数据[18]

C	2-3-22	2-3-23	2-3-24	C	2-3-22	2-3-23	2-3-24
2	65.6	66.7	66.9	10	172.9	172.8	173.9
3	28.9	29.1	30.3	11	111.1	110.6	112.3
4	26.6	26.5	27.9	12	172.9	171.5	173.9
5	57.2	57.6	58.6	13	32.2	29.4	30.1
6	66.0	63.3	64.7	14	69.1	79.8	79.1
7	29.5	31.5	31.2	14-OMe		56.6	58.1
8	91.8	91.4	92.5				

表 2-3-6　化合物 2-3-25~2-3-30 的 ^{13}C NMR 数据[19]

C	2-3-25	2-3-26	2-3-27	2-3-28	2-3-29	2-3-30	C	2-3-25	2-3-26	2-3-27	2-3-28	2-3-29	2-3-30
1	77.9	75.4	72.2	75.2	78.2	82.6	7a	69.9	70.4	79.9	67.3	69.2	70.7
2	74.9	78.3	75.4	77.3	81.0	80.8	8	66.8	66.6	61.7	66.4	65.7	65.1
3	66.2	66.0	65.5	65.1	65.1	65.4	9	18.4	64.2	61.8	16.0	15.7	28.5
5	57.7	64.0	67.5	62.0	61.4	66.6	10						39.0
6	45.2	40.8	39.4	82.9	81.7	31.4	11						70.9
7	76.5	75.1	71.7	80.0	77.8	30.5	12						24.6

表 2-3-7　化合物 2-3-31~2-3-37 的 ^{13}C NMR 数据[20]

C	2-3-31	2-3-32	2-3-33	2-3-34	2-3-35	2-3-36	2-3-37
1	47.7	40.8	45.0	44.9	44.9	41.9	41.7
2	30.9	32.6	28.9	28.6	29.6	28.9	32.4
3	55.3	56.2	56.5	55.1	54.8	54.9	56.1
5	53.0	52.8	54.8	53.9	54.0	54.0	53.0
6	33.5	37.5	37.3	35.8	33.5	36.1	35.8
7	77.9	72.0	73.2	72.0	75.7	72.3	75.5
8	76.6	73.7	72.6	73.2	72.7	72.8	71.9
9	65.3	65.6	61.6	63.2	62.8	65.1	65.2
1'					169.3	169.6	168.5
2'					128.9	129.0	128.8
3'					139.5	139.3	140.2
4'					16.1	16.1	16.1
5'					20.7	20.8	20.9

表 2-3-8　化合物 2-3-38~2-3-39 的 ^{13}C NMR 数据[21]

C	2-3-38	2-3-39	C	2-3-38	2-3-39	C	2-3-38	2-3-39
1	134.4	134.6	7	70.2	70.6	13	140.3	140.9
2	121.1	121.3	8	87.7	88.1	14	16.1	16.3
3	70.9	71.2	9	59.8	59.9	15	20.6	20.8
5	63.4	63.6	11	167.5	167.0	17	68.8	69.1
6	34.7	34.8	12	126.9	127.0			

表 2-3-9 化合物 2-3-40~2-3-47 的 ^{13}C NMR 数据[22]

C	2-3-40	2-3-41	2-3-42	2-3-43	2-3-44	2-3-45	2-3-46[23]	2-3-47[23]
1	133.2	133.9	134.0	48.0	135.4	137.7	134.0	37.3
2	123.8	123.4	123.4	29.7	124.0	123.0	123.5	30.6
3	62.0	78.8	78.8	55.9	62.0	76.9	62.0	73.0
5	54.0	70.0	70.0	55.8	54.9	71.1	55.9	70.6
6	36.7	35.7	35.8	25.6	36.6	25.2	35.0	35.8
7	70.0	70.6	70.6	31.3	70.4	28.3	70.8	70.1
8	80.0	97.2	97.0	71.9	79.8	90.2	79.4	91.5
9	61.0	62.4	62.0	63.4	61.7	61.2	62.2	67.3
1'	175.4	175.9	175.5	181.6	175.7	176.2		
2'	82.3	82.0	81.0	81.8	82.2	82.0		
3'	45.2	45.0	44.0	44.1	43.6	45.2	45.0	44.5
4'	25.3	25.2	25.8	25.0	25.2	25.2	25.2	25.3
5'	23.3	23.3	23.9	24.0	24.0	23.5	23.1	23.3
6'	24.6	24.6	24.3	25.0	24.7	24.6	24.4	24.8
7'	73.9	73.6	74.0	73.9	73.4	73.3	73.9	73.9
8'	17.6	17.7	16.5	17.4	17.4	17.6	17.4	17.4
9'					180.0			
10'					81.3			
11'					45.0			
12'					25.2			
13'					23.1			
14'					24.7			
15'					73.6			
16'					17.0			

表 2-3-10 化合物 2-3-48~2-3-49 的 ^{13}C NMR 数据[24]

C	2-3-48	2-3-49	C	2-3-48	2-3-49	C	2-3-48	2-3-49
1	39.2	38.8	5	56.2	56.0	8	69.1	69.0
2	25.4	25.4	6	25.4	25.4	9	63.2	63.2
3	54.0	53.8	7	25.3	25.3	1'	128.5	129.6

续表

C	2-3-48	2-3-49	C	2-3-48	2-3-49	C	2-3-48	2-3-49
2'/6'	130.1	130.9	8'	115.4	118.0	3"	70.0	70.0
3'/5'	117.1	116.6	9'	169.0	168.5	4"	71.9	71.9
4'	157.4	156.0	1"	97.9	97.6	5"	69.5	69.5
7'	145.7	143.8	2"	69.8	69.8	6"	16.6	16.6

参 考 文 献

[1] Mody N V, Sawhney R S, Pelletier S W. et al. J Nat Prod, 1979, 42 (4): 417.

[2] Jones A J, Culvenor C C J, Smith L W. Aust J Chem, 1982, 35(6): 1173.

[3] Roder E, Liang X T, Kabus K J. et al. Planta Med, 1992, 58(3): 283.

[4] Narasaka K, Sakakura T, Uchimaru T, et al. J Am Chem Soc, 1984, 106 (10): 2954.

[5] Barreiro E J, Pereira A L, Nelson, L. et al. J Chem Res, 1980, (9): 330.

[6] Molyneux R J, Roitman J N, Benson M, et al. Phytochemistry, 1982, 21(2): 439.

[7] Grue M R, Liddell J R. Phytochemistry, 1993, 33 (6): 1517.

[8] Wiedenfeld H, Roeder E. Phytochemistry, 1979, 18(6): 1083.

[9] Noorwala M, Mohammad F V, Ahmad V U, et al. Fitoterapia, 2000, 71(5): 618.

[10] White J D, Amedio J J, Gut S, et al. J Org Chem, 1992, 57(8): 2270.

[11] Zalkow L H, Gelbaum L, Keinan E. Phytochemistry, 1978, 17(1): 172.

[12] Mody N V, Sawhney R S, Pelletier S W. J Nat Prod, 1979, 42(4): 417.

[13] Asibal C F, Glinski J A, Gelbaum L T, et al. J Nat Prod, 1989, 52(1): 109.

[14] Wiedenfeld H, Roeder E. Phytochemistry, 1979, 18(6): 1083.

[15] Liu C M, Wang H X, Wei S L, et al. Helv Chim Acta, 2008, 91(2): 308.

[16] Ikeda Y, Nonaka H, Furumai T, et al. J Nat Prod, 2005, 68 (4): 572.

[17] Gan L S, Fan C Q, Yang S P, et al. Organic Lett, 2006, 8(11): 2285.

[18] Wang G C, Wang Y, Zhang X Q, et al. Chem Pharm Bull, 2010, 58(3): 390.

[19] Kato A, Kato N, Adachi I, et al. J Nat Prod, 2007, 70(6): 993.

[20] Marin Loaiza J C, Ernst L, Beuerle T, et al. Phytochemistry, 2008, 69(1): 154.

[21] Alali F Q, Tahboub Y R, Ibrahim E S, et al. Phytochemistry, 2008, 69(12): 2341.

[22] Braca A, Bader A, Siciliano T, et al. Phytochemistry, 2003, 69(9): 835.

[23] Siciliano T, Leo M D, Bader A, et al. Phytochemistry, 2005, 66(13): 1593.

[24] Koulman A, Seeliger C, Edwards P J B, et al. Phytochemistry, 2008, 69(9): 1927.

[25] Sekine T, Ikegami F, Fukasawa N, et al. J Chem Soc, Perkin Trans 1, 1995, (4): 391.

[26] 珠娜, 赵沛基, 康前进等. 天然产物研究与开发, 2008, 20(3): 395.

[27] Katavic P L, Venables D A, Guymer G P, et al. J Nat Prod, 2007, 70 (12): 1946.

第四节 托品类生物碱

表 2-4-1 托品类生物碱的名称、分子式和测试溶剂

编号	名称	分子式	测试溶剂	参考文献
2-4-1	anisodamine（山莨菪碱）	$C_{17}H_{23}NO_4$	C	[1]
2-4-2	atropine（阿托品）	$C_{17}H_{23}NO_3$	C	[2]
2-4-3	cocaine（可卡因）	$C_{17}H_{21}NO_4$	C	[3,4]
2-4-4	hyoscyamine（莨菪碱）	$C_{17}H_{23}NO_3$	C	[2]
2-4-5	scopolamine（东莨菪碱）	$C_{17}H_{21}NO_4$	C	[5]
2-4-6	pungencine	$C_{17}H_{23}NO_5$	C	[6]
2-4-7	6β-benzoyloxy-3α-[(4-hydroxy-3,5-dimethoxybenzoyl)oxy]-tropane	$C_{24}H_{27}NO_7$	C	[7]
2-4-8	3α,6β-dibenzoyloxytropane	$C_{22}H_{23}NO_4$	C	[7]
2-4-9	catuabine B	$C_{25}H_{29}NO_7$	C	[7]
2-4-10	6β-benzoyloxy-3α-(4-hydroxy-3,5-dimethoxybenzoyloxy)tropane hydrochloride	$C_{24}H_{28}ClNO_7$	C	[7]
2-4-11	3α-hydroxy-6β-[(1-methyl-1H-pyrrol-2-yl)carbonyloxy]-tropane	$C_{14}H_{20}N_2O_3$	C	[8]
2-4-12	3β-hydroxy-6β-[(1-methyl-1H-pyrrol-2-yl)carbonyloxy]-tropane	$C_{14}H_{20}N_2O_3$	C	[8]
2-4-13	3α,7β-dihydroxy-6β-[(1-methyl-1H-pyrrol-2-yl)carbonyloxy]tropane	$C_{14}H_{20}N_2O_4$	C	[8]
2-4-14	3α,7α-dihydroxy-6β-[(1-methyl-1H-pyrrol-2-yl)carbonyloxy]tropane	$C_{14}H_{20}N_2O_4$	C	[8]
2-4-15	6β-hydroxy-3α-[(1-methyl-1H-pyrrol-2-yl)carbonyloxy]-tropane	$C_{14}H_{20}N_2O_3$	C	[8]
2-4-16	6β,7β-dihydroxy-3α-[(1-methyl-1H-pyrrol-2-yl)carbonyloxy]tropane	$C_{14}H_{20}N_2O_4$	C	[8]
2-4-17	3α-hydroxy-4α-[(1-methyl-1H-pyrrol-2-yl)carbonyloxy]-tropane	$C_{14}H_{20}N_2O_3$	C	[8]
2-4-18	6α-hydroxy-4α-[(1-methyl-1H-pyrrol-2-yl)carbonyloxy]-tropane	$C_{14}H_{20}N_2O_3$	C	[8]
2-4-19	3α,6β-di[(1-methyl-1H-pyrrol-2-yl)carbonyloxy]-tropane N-oxide	$C_{20}H_{26}N_3O_5$	C	[8]
2-4-20	datumetine（白曼陀罗碱）	$C_{16}H_{21}NO_3$	C	[9]
2-4-21	merresectine A	$C_{15}H_{19}NO_3$	C	[9]
2-4-22	merresectine B	$C_{31}H_{45}NO_8$	D	[9]
2-4-23	merresectine C	$C_{25}H_{35}NO_3$	A	[9]
2-4-24	merredissine	$C_{24}H_{27}NO_6$	C	[9]
2-4-25	concneorine	$C_{16}H_{21}NO_4$	C	[9]
2-4-26	4'-dihydroconsabatine	$C_{20}H_{31}NO_4$	C	[9]
2-4-27	bonabiline A	$C_{18}H_{29}NO_4$	C	[10]
2-4-28	bonabiline B	$C_{18}H_{27}NO_3$	C	[10]
2-4-29	3α-(3,4,5-trimethoxybenzoyloxy)tropane	$C_{18}H_{25}NO_5$	C	[11]
2-4-30	3α-(4-methylvaleroyloxy)tropane	$C_{14}H_{25}NO_2$	C	[11]

续表

编号	名称	分子式	测试溶剂	参考文献
2-4-31	3α-(isobutyryloxy)nortropane	$C_{11}H_{19}NO_2$	C	[11]
2-4-32	3α,7β-dihydroxy-6β-(3-hydroxy-2-methyl-3-phenyl-propionyloxy)tropane	$C_{18}H_{25}NO_5$	C	[11]
2-4-33	3α-hydroxy-7β-(phenylacetoxy)nortropane	$C_{16}H_{21}NO_3$	C	[11]
2-4-34	7β-hydroxy-3α-(isobutyryloxy)nortropane	$C_{11}H_{19}NO_3$	C	[11]
2-4-35	nortropane-3α,6β,7β-triol 3-benzoate 7-(2-hydroxy-3-phenylpropanoate)	$C_{23}H_{25}NO_6$	C	[11]
2-4-36	nortropane-3α,7β-diol 3-(2-methylpropanoate) 7-[(Z)-3,4,5-trimethoxycinnamate]	$C_{23}H_{31}NO_7$	C	[11]
2-4-37	nortropane-3α,7β-diol 7-benzoate 3-(2-methylpropanoate)	$C_{18}H_{23}NO_4$	C	[11]
2-4-38	nortropane-3α,7β-diol 7-[(E)-cinnamate] 3-propanoate	$C_{19}H_{23}NO_4$	C	[11]
2-4-39	cis-pervilleine B	$C_{30}H_{37}NO_{10}$	C	[11]
2-4-40	cis-pervilleine F	$C_{28}H_{33}NO_7$	C	[11]
2-4-41	pervilleine A	$C_{30}H_{37}NO_{11}$	C	[11]
2-4-42	pervilleine A N-oxide	$C_{30}H_{37}NO_{12}$	C	[11]
2-4-43	pervilleine B	$C_{30}H_{37}NO_{10}$	C	[11]
2-4-44	pervilleine C	$C_{32}H_{39}NO_{10}$	C	[11]
2-4-45	pervilleine D	$C_{32}H_{39}NO_{11}$	C	[11]
2-4-46	pervilleine E	$C_{28}H_{33}NO_8$	C	[11]
2-4-47	pervilleine F	$C_{28}H_{33}NO_7$	C	[11]
2-4-48	pervilleine G	$C_{20}H_{27}NO_6$	C	[11]
2-4-49	pervilleine H	$C_{20}H_{27}NO_7$	C	[11]
2-4-50	6β-(benzoyloxy)-3α-[(E)-3,4,5-trimethoxycinnamoyloxy]tropane	$C_{27}H_{31}NO_7$	C	[11]
2-4-51	6β-(benzoyloxy)-3α-[(E)-3,4,5-trimethoxycinnamoyloxy]tropan-7β-ol	$C_{27}H_{31}NO_8$	C	[11]
2-4-52	6β-(benzoyloxy)-3α-[(Z)-3,4,5-trimethoxycinnamoyloxy]tropane	$C_{27}H_{31}NO_7$	C	[11]
2-4-53	6β-(benzoyloxy)-3α-hydroxytropane	$C_{15}H_{19}NO_4$	C	[11]
2-4-54	7β-(acetoxy)-6β-(benzoyloxy)-3α-[(E)-3,4,5-trimethoxycinnamoyloxy]tropane	$C_{29}H_{33}NO_9$	C	[11]
2-4-55	7β-hydroxy-6β-(3,4,5-trimethoxybenzoyloxy)-3α-[(E)-3,4,5-trimethoxycinnamoyloxy]tropane	$C_{30}H_{37}NO_{11}$	C	[11]
2-4-56	erythrorotundine	$C_{30}H_{37}NO_{11}$	M	[11]
2-4-57	erythrozeylanine A	$C_{20}H_{27}NO_7$	C	[11]
2-4-58	erythrozeylanine B (Z)	$C_{17}H_{21}NO_2$	C	[11]
2-4-59	erythrozeylanine B (E)	$C_{17}H_{21}NO_2$	C	[11]
2-4-60	erythrozeylanine C (Z)	$C_{19}H_{23}NO_4$	C	[11]
2-4-61	erythrozeylanine C (E)	$C_{19}H_{23}NO_4$	C	[11]
2-4-62	3α-[(Z)-cinnamoyloxy]tropane	$C_{17}H_{21}NO_2$	C	[11]
2-4-63	7β-hydroxycatuabine D	$C_{19}H_{23}N_3O_5$	C	[11]
2-4-64	7β-hydroxycatuabine E	$C_{20}H_{25}N_3O_5$	C	[11]
2-4-65	7β-hydroxycatuabine F	$C_{23}H_{28}N_2O_8$	C	[11]

续表

编号	名称	分子式	测试溶剂	参考文献
2-4-66	7β-acetylcatuabine E	$C_{22}H_{27}N_3O_6$	C	[11]
2-4-67	7β-hydroxycatuabine I	$C_{14}H_{20}N_2O_4$	C	[11]
2-4-68	catuabine D	$C_{19}H_{23}N_3O_4$	C	[11]
2-4-69	catuabine E	$C_{20}H_{25}N_3O_4$	C	[11]
2-4-70	catuabine F	$C_{23}H_{28}N_2O_7$	C	[11]
2-4-71	catuabine G	$C_{16}H_{21}NO_5$	C	[11]
2-4-72	anhydroecgonine methyl ester（脱水芽子碱甲酯）	$C_{10}H_{15}NO_2$	C	[11]
2-4-73	anhydroecgonine methyl ester N-oxide（脱水芽子碱甲酯氮氧化物）	$C_{10}H_{15}NO_3$	C	[11]
2-4-74	mooniine A	$C_{36}H_{44}N_2O_6$	C	[11]
2-4-75	mooniine B	$C_{36}H_{44}N_2O_6$	C	[11]
2-4-76	baogongteng A（包公藤甲素）	$C_9H_{15}NO_3$	C	[12]
2-4-77	tropane（托烷）	$C_8H_{15}N$	C	[5]
2-4-78	tropanon（托品酮）	$C_8H_{13}NO$	C	[5]
2-4-79	pseudotropanol（托品醇）	$C_8H_{15}NO$	C	[5]
2-4-80	tropine（莨菪碱）	$C_8H_{15}NO$	C	[5]
2-4-81	tropacaine（托派古柯碱）	$C_{15}H_{19}NO_2$	C	[5]
2-4-82	3,3-ethylenedioxytropane	$C_{10}H_{17}NO_2$	C	[5]
2-4-83	tropidin	$C_8H_{13}N$	C	[5]
2-4-84	catuabine A	$C_{24}H_{30}N_2O_7$	C	[13]

表 2-4-2 化合物 2-4-1~2-4-6 的 ^{13}C NMR 数据

C	2-4-1[1]	2-4-2[2]	2-4-3①[3]	2-4-3②[4]	2-4-3③[4]	2-4-4[2]	2-4-5[5]	2-4-6[6]
1	58.3	59.9	64.8	66.5	63.0	59.9	58.2	60.4
2	30.1	36.5	50.1	48.7	46.0	36.5	31.7	35.4
3	67.6	68.5	66.8	66.9	64.1	68.5	66.6	66.4
4	28.8	36.1	35.5	35.1	32.4	36.3	31.7	35.4

续表

C	2-4-1[1]	2-4-2[2]	2-4-3①[3]	2-4-3②[4]	2-4-3③[4]	2-4-4[2]	2-4-5[5]	2-4-6[6]
5	36.6	59.9	61.5	65.6	62.6	59.9	58.2	60.4
6	75.4	25.2	25.3	26.1	24.0	25.2	55.9	25.1
7	67.0	25.6	25.2	25.1	22.3	25.6	55.9	25.1
8	172.0	173.2	170.6	175.7	171.4	173.2	171.7	165.5
9	54.4	55.1	130.2	131.0	129.0	55.1	54.5	120.4
10	135.5	136.9	129.6	131.5	129.0	136.9	135.9	106.7
11	128.1	129.0	128.2	132.0	129.0	129.0	128.5	147.1
12	128.9	129.6	132.7	136.9	132.8	129.6	127.9	140.3
13	127.8	128.4	128.2	132.0	129.0	128.4	127.4	147.1
14	128.9	129.6	129.6	131.5	129.0	129.6	127.9	106.7
15	128.1	129.0				129.0	128.5	
16	64.1	64.5				64.5	63.7	
N-Me	39.6	40.4	41.0	41.4	40.4	40.4		39.2
OMe			51.3	55.8	52.5			56.2
2-CO			166.0	169.5	164.6			

①游离可卡因，在 CDCl₃ 中测定；②盐酸可卡因，在 D₂O 中测定；③盐酸可卡因，在 DMSO-d_6 中测定。

2-4-7 R=Bz; R¹=Hdmb
2-4-8 R=Bz; R¹=Bz
2-4-9 R=Bz; R¹=Tmb

Bz= 苯甲酰基
Tmb= 3,4,5-三甲氧基苯甲酰基
Hdmb= 4-羟基-3,5-二甲氧基苯甲酰基

2-4-10

表 2-4-3　化合物 2-4-7~2-4-10 的 ¹³C NMR 数据[7]

C	2-4-7	2-4-8	2-4-9	2-4-10	C	2-4-7	2-4-8	2-4-9	2-4-10
1	60.1	59.9	60.0	67.2	6'	106.6	129.5	129.5	129.4
2	34.6	34.7	34.7	33.0	7'	165.5	165.7	166.1	165.1
3	67.3	65.6	67.7	64.5		Hdmb	3-OBz	Tmb	Hdmb
4	33.3	33.2	33.3	34.1	1'	130.3	130.4	125.4	119.8
5	65.7	65.9	65.7	63.1	2'	129.5	129.5	106.3	106.6
6	79.7	80.1	79.8	35.4	3'	128.3	128.3	153.1	147.1
7	36.7	36.2	36.7	74.9	4'	133.0	132.9	153.1	140.3
	6-OBz	6-OBz	6-OBz	6-OBz	5'	128.3	128.3	153.1	147.1
1'	121.2	130.4	130.3	128.5	6'	129.5	129.5	106.3	106.6
2'	106.6	129.5	129.5	129.4	7'	166.0	166.4	165.3	165.0
3'	147.0	128.6	128.4	128.7	N-CH₃	40.1	40.1	40.2	40.3
4'	139.6	133.0	132.9	133.9	m-OMe	56.5			56.3
5'	147.0	128.6	128.4	128.7	p-OMe			60.9	56.4

2-4-11 R¹=OMpc; R²=R³=R⁵=R⁶=H; R⁴=OH
2-4-12 R¹=OMpc; R²=R³=R⁴=R⁶=H; R⁵=OH
2-4-13 R¹=OMpc; R³=R⁵=R⁶=H; R²=R⁴=OH
2-4-14 R¹=OMpc; R²=R⁵=R⁶=H; R³=R⁴=OH
2-4-15 R¹=OH; R²=R³=R⁵=R⁶=H; R⁴=OMpc
2-4-16 R¹=R²=OH; R³=R⁵=R⁶=H; R⁴=OMpc
2-4-17 R¹=R²=R³=R⁵=H; R⁴=OH; R⁶=OMpc
2-4-18 R¹=OH; R²=R³=R⁴=R⁵=H; R⁶=OMpc
2-4-19 R¹=R⁴=OMpc; R²=R³=R⁵=R⁶=H; N→O

2-4-20 R=CH₃
2-4-21 R=H

2-4-22 R=β-D-Glu
2-4-23 R=H

2-4-24

2-4-25

2-4-26

表 2-4-4 化合物 2-4-11~2-4-19 的 ^{13}C NMR 数据[8]

C	2-4-11	2-4-12	2-4-13	2-4-14	2-4-15	2-4-16	2-4-17	2-4-18	2-4-19
1	60.4	61.4	66.8	62.0	59.3	66.1	60.5	59.8	72.5
2	37.7	37.4	30.9	28.4	31.2	28.0	38.2	25.7	34.5
3	64.1	62.4	64.0	62.7	65.3	65.3	67.3	23.8	61.2
4	36.8	35.9	31.1	32.5	29.6	28.0	77.3	67.3	33.4
5	66.6	67.3	64.1	64.0	67.6	66.1	63.1	70.9	76.6
6	79.2	76.2	77.7	84.6	74.8	73.5	22.5	72.6	74.2
7	35.6	35.6	75.8	78.9	39.2	73.5	26.7	39.8	35.0
N-CH₃	40.6	39.1	36.1	37.6	37.0	35.7	38.7	37.8	48.9
2'	122.8	121.7	122.1	122.0	122.2	121.7	122.0	122.5	121.6
3'	117.7	118.2	118.3	118.6	117.6	117.3	118.3	118.0	118.5
4'	107.7	108.0	107.9	107.9	108.0	107.6	107.9	107.8	108.6
5'	129.4	130.2	129.8	129.9	130.0	129.8	129.9	129.6	130.6
6'	161.2	160.5	161.0	161.6	160.2	159.9	161.3	160.4	159.6
1'-CH₃	36.7	36.7	36.8	36.7	36.6	36.0	36.8	36.8	36.8
2"									122.5
3"									119.3
4"									108.1
5"									129.7
6"									161.3
1"-CH₃									37.1

表 2-4-5　化合物 2-4-20~2-4-26 的 ^{13}C NMR 数据[9]

C	2-4-20	2-4-21	2-4-22	2-4-23	2-4-24	2-4-25	2-4-26
1	59.8	53.4	59.1	61.7	60.4	60.5	59.6
2	36.7	36.6	35.4	37.0	34.5	35.9	36.4
3	67.7	67.5	67.0	67.4	66.2	67.3	69.8
4	36.7	36.3	35.4	37.0	33.1	35.9	36.5
5	59.8	53.4	59.1	61.7	66.7	60.5	59.6
6	25.8	28.4	25.1	26.3	79.0	26.5	25.6
7	25.8	28.4	25.1	26.3	36.1	26.5	25.6
N-CH$_3$	40.4		39.8	40.1	40.1	38.8	40.3
1'	123.3	22.9	126.0	122.4	122.6	122.3	72.1
2'	131.4	131.4	128.0	129.4	131.6	111.8	123.5
3'	113.7	113.8	132.8	129.6	114.0	146.6	145.4
4'	163.3	163.4	156.4	158.7	163.6	150.6	67.5
5'	113.7	113.8	132.8	129.6	114.0	114.4	28.9
6'	131.4	131.4	128.0	129.4	131.6	124.2	31.2
7'	165.7	165.5	164.8	167.2	166.1	166.0	175.3
4'-OMe	55.4	55.5			55.5	56.0	
1"/1‴			27.7	29.1	122.4		32.2
2"/2‴			122.2	122.8	131.6		120.8
3"/3‴			135.9	134.6	113.7		134.2
4"/4‴			25.4	26.0	163.6		25.8
5"/5‴			17.6	17.9	113.7		17.8
6"					131.6		
7"					165.4		
4"-OMe					55.5		
1″″			104.4				
2″″			73.8				
3″″			76.0				
4″″			70.0				
5″″			76.8				
6″″			61.0				

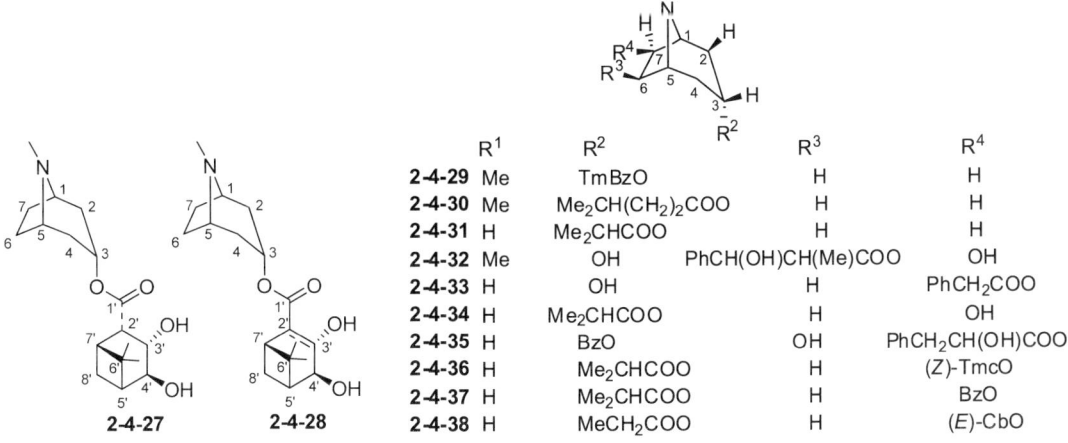

表 2-4-6 化合物 2-4-27~2-4-28 的 ^{13}C NMR 数据[10]

C	2-4-27	2-4-28	C	2-4-27	2-4-28	C	2-4-27	2-4-28
1	60.0	60.5	7	25.8	26.4	5'	47.8	48.1
2	36.7	37.2	N-CH$_3$	39.2	40.5	6'	40.2	47.0
3	67.9	68.1	1'	174.1	166.2	7'	43.5	42.9
4	36.7	37.2	2'	55.3	143.4	8'	25.4	—
5	60.0	60.5	3'	64.2	136.0	9'	26.7	26.7
6	25.8	26.4	4'	68.9	70.3	10'	21.5	20.9

表 2-4-7 化合物 2-4-29~2-4-38 的 ^{13}C NMR 数据[11]

C	2-4-29	2-4-30	2-4-31	2-4-32	2-4-33
1	59.8	59.8	53.4	62.1	62.5
2	36.5	36.5	37.6	36.2	36.7
3	68.0	67.2	67.8	67.4	64.3
4	36.5	36.5	37.6	37.9	37.4
5	59.8	59.8	53.4	64.8	57.1
6	25.7	25.6	29.3	83.7	33.2
7	25.7	25.6	29.3	78.6	80.3
N-CH$_3$	40.2	40.3		40.6	
	TmBzO	Me$_2$CH(CH$_2$)$_2$COO	Me$_2$CHCOO	PhCH(OH)-CH(Me)COO	PhCH$_2$COO
CO	165.3	173.2	176.1	169.7	169.9
1'	125.7			133.5	135.2
2'	106.6	33.0	34.4	128.4	129.8
3'	152.9	33.8		128.1	128.3
4'	142.1	27.7		127.3	129.6
5'	152.9			128.1	128.2
6'	106.6			128.4	129.8
Me		22.2	18.8	11.9	
CH				54.3	
				91.1	

续表

C	2-4-29	2-4-30	2-4-31	2-4-32	2-4-33
CH_2					42.3
m-OMe	56.1				
p-OMe	60.8				

C	2-4-34	2-4-35	2-4-36	2-4-37	2-4-38
1	66.5	63.7	63.1	64.1	62.9
2	34.1	35.3	33.2	32.9	33.6
3	68.2	66.3	65.9	66.3	67.7
4	33.5	35.7	35.2	33.7	34.4
5	56.7	63.7	60.4	61.2	58.7
6	31.9	76.7	36.2	36.5	35.9
7	75.1	81.0	79.4	81.0	78.9
N-CH_3					
	Me_2CHCOO	BzO	Me_2CHCOO	Me_2CHCOO	$MeCH_2COO$
CO	173.4	165.7	176.7	175.5	174.3
1'		130.7			
2'		129.4			
3'		127.9			
4'		136.1			
5'		127.9			
6'		129.4			
Me	19.3		19.2	18.7	10.9
CH	35.2		34.8	33.9	
CH_2					27.6
		$PhCH_2CH(OH)COO$	(Z)TmcO	BzO	CbO
CO		173.9	169.2	165.2	167.1
α			120.3		118.3
β			143.5		146.6
1"		137.5	124.8	131.0	134.9
2"		129.3	107.3	129.9	130.3
3"		129.6	153.7	128.3	129.2
4"		126.2	139.3	135.5	131.4
5"		129.6	153.7	128.3	129.2
6"		129.3	107.3	129.9	130.3
Me		73.7			
CH		39.8			
CH_2			56.3		
m-OMe			60.1		

	R¹	R²	R³
2-4-39	TmBzO	(Z)-TmcO	H
2-4-40	PhCH₂COO	(Z)-TmcO	H
2-4-41	TmBzO	TmcO	OH
2-4-42	OH	A	OH
2-4-43	TmBzO	TmcO	H
2-4-44	TmcO	TmcO	H
2-4-45	TmcO	TmcO	OH
2-4-46	B	TmcO	H
2-4-47	C	TmcO	B₂O
2-4-48	TmcO	OH	H
2-4-49	TmcO	OH	OH

表 2-4-8 化合物 2-4-39~2-4-49 的 ^{13}C NMR 数据[11]

C	2-4-39	2-4-40	2-4-41	2-4-42	2-4-43	2-4-44	2-4-45	2-4-46
1	59.3	65.0	65.8	76.9	59.1	59.0	65.8	64.3
2	32.6	32.8	26.4	32.4	32.5	32.5	26.3	32.0
3	67.6	67.5	67.5	62.3	67.6	67.1	66.8	67.4
4	31.2	31.3	26.3	33.5	31.1	31.0	26.2	30.9
5	64.9	59.0	62.7	78.4	64.8	64.9	62.7	58.9
6	78.4	79.0	77.7	74.9	78.9	79.3	77.8	79.9
7	37.1	35.9	75.3	74.7	37.3	37.2	75.1	37.2
N-CH₃	38.7	38.6	34.6	49.2	38.6	38.4	34.5	38.1
	TmBzO	C	TmcO	TmcO	TmcO	TmcO	TmcO	TmcO
CO	165.3	170.5	166.5	165.9	166.4	165.9	166.7	168.2
α			116.7	116.7	117.5	117.6	117.1	116.8
β			145.4	145.4	144.6	145.2	145.5	146.1
1'	125.3	133.8	129.7	129.8	129.8	129.8	129.7	129.5
2'	107.9	128.7	105.2	105.1	105.1	105.4	105.5	105.4
3'	153.1	130.3	153.4	153.4	153.3	153.4	153.4	153.4
4'	153.1	127.1	153.4	153.4	153.3	153.4	153.4	153.4
5'	153.1	130.3	153.4	153.4	153.3	153.4	153.4	153.4
6'	107.9	128.7	105.2	105.1	105.1	105.4	105.5	105.4
CH₂		42.2						
m-OMe	56.3		56.2	56.1	56.1	56.2	56.2	56.2
p-OMe	60.9		61.0	62.3	61.0	61.0	60.9	61.0
	(Z)-TmcO	(Z)-TmcO	TmBzO	TmBzO	TmBzO	TmcO	TmcO	B
CO	165.7	165.9	164.8	165.0	165.3	166.8	165.7	170.1
CH₂								42.7
α	119.1	119.3				117.4	116.9	
β	143.5	143.4				144.6	145.3	
1"	130.2	129.3	125.0	123.7	125.3	129.8	129.7	134.7

续表

C	2-4-39	2-4-40	2-4-41	2-4-42	2-4-43	2-4-44	2-4-45	2-4-46
2"	106.6	107.9	106.5	106.6	106.5	105.1	105.2	116.8
3"	152.8	152.7	153.4	153.3	153.8	153.4	153.4	156.9
4"	152.8	152.7	153.1	153.2	153.5	153.4	153.4	114.9
5"	152.8	152.7	153.4	153.3	153.8	153.4	153.4	130.0
6"	106.6	107.9	106.5	106.6	106.5	105.1	105.2	121.0
m-OMe	56.2	56.2	56.3	60.9	56.1	56.1	56.2	
p-OMe	60.9	60.9	60.9	56.1	60.9	60.9	61.0	

C	2-4-47	2-4-48	2-4-49	C	2-4-47	2-4-48	2-4-49
1	65.0	58.3	65.8	6'	105.2	105.3	105.4
2	32.4	29.9	26.5	CH$_2$			
3	67.3	67.0	66.4	m-OMe	56.1	56.3	56.2
4	30.9	28.5	26.5	p-OMe	61.0	61.0	60.9
5	58.9	66.9	65.8	CO	C		
6	78.9	75.6	74.1	CH$_2$	170.4		
7	35.8	40.5	74.1	α	42.2		
N-CH$_3$	38.4	35.8	34.4	β			
	TmcO	TmcO	TmcO	1"			
CO	166.5	166.0	165.8	2"	133.8		
α	117.5	117.4	117.0	3"	128.7		
β	144.6	145.0	145.4	4"	129.3		
1'	129.8	129.7	129.5	5"	127.1		
2'	105.2	105.3	105.4	6"	129.3		
3'	153.4	153.5	153.4	m-OMe	128.7		
4'	153.4	153.5	153.4	p-OMe			
5'	153.4	153.5	153.4				

	R^1	R^2	R^3	R^4
2-4-50	(E)-TmcO	BzO	H	H
2-4-51	(E)-TmcO	BzO	OH	H
2-4-52	(Z)-TmcO	BzO	H	H
2-4-53	OH	BzO	H	H
2-4-54	(E)-TmcO	BzO	AcO	H
2-4-55	(E)-TmcO	TmBzO	OH	H
2-4-56	TmcO	TmBzO	H	OH

	R^1	R^2	R^3	R^4
2-4-57	H	TmBzO	H	MeCOO
2-4-58	(Z)-CbO	H	H	H
2-4-59	(E)-CbO	H	H	H
2-4-60	H	(Z)-CbO	MeCOO	H
2-4-61	H	(E)-CbO	MeCOO	H

表 2-4-9　化合物 2-4-50~2-4-56 的 ^{13}C NMR 数据[11]

C	2-4-50	2-4-51	2-4-52	2-4-53	2-4-54	2-4-55	2-4-56
1	60.0	66.1	59.9	61.2	64.7	66.1	63.5
2	34.6	27.1	33.1	36.1	30.2	27.0	28.5
3	67.0	66.8	66.8	62.7	66.5	66.9	66.5
4	33.2	27.3	34.5	37.3	30.2	27.2	28.5
5	65.7	62.8	65.9	68.5	64.7	62.7	61.0
6	80.1	78.6	80.0	79.7	77.6	79.1	68.3
7	36.5	75.4	35.7	36.2	77.5	75.4	75.6
N-CH$_3$	40.1	35.3	40.2	40.2	38.0	35.2	35.0
	BzO	BzO	BzO	BzO	BzO	TmBzO	TmBzO
CO	166.4	166.5	166.3	166.9	165.5	166.4	166.5
1'	130.3	129.8	130.3	131.4	129.7	124.9	152.0
2'	129.5	129.5	129.4	130.6	129.4	107.0	153.0
3'	128.3	128.4	128.4	129.7	128.4	153.0	106.5
4'	133.0	133.1	132.9	134.5	133.1	142.5	125.0
5'	128.3	128.4	128.4	129.7	128.4	153.0	106.5
6'	129.5	129.5	129.4	130.6	129.4	107.0	153.0
m-OMe						56.2	56.0
p-OMe						61.0	
	TmcO	TmcO	(Z)-TmcO		TmcO	TmcO	TmcO
CO	165.9	165.6	165.2		165.8	165.7	166.1
α	117.4	117.0	119.2		116.8	117.1	117.0
β	145.3	145.5	143.8		145.9	145.6	166.1
1"	129.8	129.7	130.2		129.7	129.8	152.5
2"	105.4	105.5	107.8		105.6	105.6	153.0
3"	153.4	153.3	152.7		153.3	153.4	106.0
4"	140.0	140.1	139.9		140.0	140.2	153.0
5"	153.4	153.3	152.7		153.3	153.4	56.0
6"	105.4	105.5	107.8		105.6	105.6	
m-OMe	56.2	56.1	56.1		56.1	56.2	
p-OMe	60.9	60.9	60.9		60.9	61.0	
			AcO				
CO			170.0				
CH$_3$			20.9				

表 2-4-10　化合物 2-4-57~2-4-61 的 ^{13}C NMR 数据[11]

C	2-4-57	2-4-58	2-4-59	2-4-60	2-4-61	C	2-4-57	2-4-58	2-4-59	2-4-60	2-4-61
1	58.9	60.1	60.3	58.8	59.0	4	30.9	35.1	35.5	30.7	31.0
2	32.4	35.1	35.5	32.1	32.5	5	64.6	60.1	60.3	64.9	64.8
3	67.5	67.0	67.1	66.8	67.0	6	78.9	26.5	26.5	79.0	79.0

续表

C	2-4-57	2-4-58	2-4-59	2-4-60	2-4-61	C	2-4-57	2-4-58	2-4-59	2-4-60	2-4-61
7	37.2	26.5	26.5	36.0	36.7	2'	106.5	129.5	128.0	129.7	128.2
N-CH$_3$	38.1	38.3	38.5	38.2	38.2	3'	153.0	127.9	128.2	128.0	128.9
	TmBzO	(Z)-CbO	(E)-CbO	(Z)-CbO	(E)-CbO	4'	142.2	128.8	130.1	129.0	130.3
						5'	153.0	127.9	128.2	128.0	128.9
CO	165.2	165.6	166.4	165.2	165.5	6'	106.5	129.5	128.0	129.7	128.2
α		120.1	118.5	120.0	118.3	m-OMe	56.2				
β		143.0	144.5	143.7	145.0	p-OMe	60.9				
1'	125.3	134.9	134.4	134.8	134.3	OAc		170.6/21.3		170.8/21.3	167.7/21.3

	R^1	R^2	R^3	R^4
2-4-62	(Z)-CbO	H	H	H
2-4-63	MpcO	H	OH	PcO
2-4-64	MpcO	H	OH	MpcO
2-4-65	HdmBzO	H	OH	MpcO
2-4-66	MpcO	AcO	H	MpcO
2-4-67	MpcO	H	OH	OH

	R^1	R^2	R^3
2-4-68	MpcO	H	PcO
2-4-69	MpcO	H	MpcO
2-4-70	HdmBzO	H	MpcO
2-4-71	B	OH	OH

表 2-4-11 化合物 2-4-62~2-4-71 的 ^{13}C NMR 数据[11]

C	2-4-62	2-4-63	2-4-64	2-4-65	2-4-66	2-4-67	2-4-68	2-4-69	2-4-70	2-4-71
1	59.9	64.6	63.7	68.0	65.4	66.1	65.5	60.5	60.3	65.5
2	36.1	29.3	28.1	30.0	31.4	28.0	33.7	35.0	34.8	27.2
3	67.9	65.5	65.9	65.8	65.6	65.3	65.9	65.5	67.0	66.9
4	36.1	29.3	28.2	30.1	31.2	28.0	32.2	33.4	33.5	27.2
5	59.9	67.4	66.5	65.0	64.8	66.1	59.6	66.4	65.8	65.5
6	26.8	76.5	77.6	75.9	76.5	73.5	79.1	78.2	78.0	73.3
7	26.8	74.6	75.9	74.3	77.7	73.5	36.4	35.6	36.2	73.3
N-CH$_3$	41.3	37.2	36.1	37.9	38.9	35.7	39.2	40.4	40.3	35.1
	(Z)-CbO	MpcO	MpcO	HdmBzO	MpcO	MpcO	MpcO	MpcO	HdmBzO	B
CO	166.3	160.2	160.2	165.4	160.1	159.9	160.3	160.2	165.6	170.4
CH$_2$										41.4
1'	119.2			119.5					120.7	134.5

续表

C	2-4-62	2-4-63	2-4-64	2-4-65	2-4-66	2-4-67	2-4-68	2-4-69	2-4-70	2-4-71
2'	139.6	121.8	122.3	106.5	122.2	121.7	122.5	122.4	106.6	115.6
3'	132.7	118.5	118.2	147.2	118.5	117.3	117.8	117.8	147.0	156.6
4'	128.7	110.1	108.3	140.3	108.5	107.6	108.2	108.2	139.7	113.8
5'	128.2	124.0	129.9	147.2	129.9	129.8	129.7	129.8	147.0	129.2
6'	130.3			106.5					106.6	119.9
α	128.2									
β	128.7									
m-OMe				55.9					56.3	
N-Me	36.3	36.7		36.7		36.0	36.8	36.7		
		PcO	MpcO	MpcO	MpcO			PcO	MpcO	MpcO
CO	160.7	160.8	160.0	160.3			160.9	160.8	160.6	
2"	121.4	122.0	121.2	122.1			123.0	122.4	122.2	
3"	116.0	118.3	118.1	117.9			115.3	117.9	117.8	
4"	107.9	107.9	107.9	107.8			110.3	107.9	107.8	
5"	130.0	129.8	129.9	129.6			122.9	129.7	129.7	
N-Me		36.7	36.0	36.7				36.7	36.5	
OAc				170.2/20.8						

表 2-4-12 化合物 2-4-72~2-4-73 的 ^{13}C NMR 数据[11]

C	2-4-72	2-4-73	C	2-4-72	2-4-73	C	2-4-72	2-4-73
1	58.4	72.4	4	31.6	35.0	7	34.3	34.2
2	134.0	134.5	5	56.8	71.4	N-CH$_3$	36.2	48.6
3	135.7	134.2	6	30.0	29.7	OAc	165.5/51.5	163.9/52.4

表 2-4-13 化合物 2-4-74~2-4-75 的 ^{13}C NMR 数据[11]

C	2-4-74	2-4-75	C	2-4-74	2-4-75
1	62.5	62.8	5	59.7	62.5
2	33.8	33.6	6	77.7	74.2
3	66.0	65.5	7	34.5	40.0
4	33.8	36.0	1'/5'	55.2/60.3	61.0/63.5

续表

C	2-4-74	2-4-75	C	2-4-74	2-4-75
2'/4'	33.4/34.5	34.0	12/12'	136.0/137.2	132.0
3'	63.0	65.5	芳香碳 C	137.2~128.0	133.0~127.7
6'/7'	26.0	29.8	CO	166.5	165.9
N-Me	41.6	40.2/39.3	CH_2	34.5	
9/9'	172.1/177.6	175.0/177.2	CH_3	25.0	29.0
10/10'/11/11'	34.0/33.0	31.0/34.0/33.5			

2-4-76[12] 2-4-77[5] 2-4-78[5] 2-4-79[5] 2-4-80[5] 2-4-81[5]

2-4-82[5] 2-4-83[5] 2-4-84[13]

参 考 文 献

[1] 陈德昌. 中药化学对照品工作手册. 北京: 中国医药科技出版社, 1999.

[2] Stenberg V I, Narain N K, Singh S P. et al. J Heterocycl Chem, 1977, 14(2): 225.

[3] Carroll F I, Coleman M L, Lewin A H, et al. J Org Chem, 1982, 47(1): 13.

[4] Glaser R, Peng Q J, Perlin A S. et al. J Org Chem, 1988, 53(10): 2172.

[5] Wenkert E, Bindra J S, Chang, C J, et al. Acc Chem Res, 1974, 7(2): 46.

[6] Sena-Filho J G, da Silva M S, Tavares J F, et al. Helv Chim Acta, 2010, 93(9): 1742.

[7] de Oliveira S L, Tavares J F, Castello Branco M V S, et al. Chem Biodiv, 2011, 8(1): 155.

[8] Zanolari B, Guilet D, Marston A, et al. J Nat Prod, 2005, 68(8): 1153.

[9] Jenett-Siems K, Weigl R, Bohm A, et al. Phytochemistry, 2005, 66(12): 1448.

[10] Ott S C, Jenett-Siems K, Pertz H H, et al. Planta Med, 2006, 72(15): 1403.

[11] Oliveira S L, da Silva M S, Tavares J F, et al. Chem Biodivers, 2010, 7(2): 302.

[12] 姚天荣, 陈泽乃, 易大年等. 药学学报, 1981, 16(8): 582.

[13] Graf E, Lude W. et al. Arch Pharm, 1978, 311(2): 139.

第五节 吡啶和氢化吡啶类生物碱

表 2-5-1 吡啶和氢化吡啶类生物碱的名称、分子式和测试溶剂

编号	中文名称	英文名称	分子式	测试溶剂	参考文献
2-5-1	昆明山海棠碱 A	triptonine A	$C_{44}H_{55}NO_{21}$	C	[1]
2-5-2	昆明山海棠碱 B	triptonine B	$C_{44}H_{55}NO_{22}$	C	[1]
2-5-3		prosophylline	$C_{18}H_{35}NO_3$	C	[2]
2-5-4		isoprosopinine A	$C_{18}H_{35}NO_3$	C	[2]
2-5-5		isoprosopinine B	$C_{18}H_{35}NO_3$	C	[2]
2-5-6	牧豆树品	prosopine	$C_{18}H_{37}NO_3$	C	[2]
2-5-7		cassinicine	$C_{20}H_{39}NO_2$	C	[2]
2-5-8		argutane A	$C_{20}H_{22}N_2O_2$	C	[3]
2-5-9		argutane B	$C_{20}H_{22}N_2O_2$	C	[3]
2-5-10		N-(3',4',5'-trimethoxydihydro-cinnamoyl-Δ^3-pyridin-2-one	$C_{17}H_{21}NO_5$	C	[4]
2-5-11		piplartine N-(3',4',5'-trimethoxy-cinnamoyl-Δ^3-pyridin-2-one	$C_{17}H_{19}NO_5$	C	[4]
2-5-12	角蒿酯碱 E	incarvillateine E	$C_{53}H_{81}N_3O_8$	C	[5]
2-5-13		incarvine A	$C_{32}H_{52}N_2O_4$	C	[5]
2-5-14		incarvine C	$C_{21}H_{29}NO_4$	C	[5]
2-5-15	角蒿酯碱	incarvillateine	$C_{42}H_{58}N_2O_8$	C	[5]
2-5-16		haloxyline A	$C_{27}H_{49}NO_2$	C	[6]
2-5-17		haloxyline B	$C_{27}H_{49}NO_3$	C	[6]
2-5-18		daphnioldhanin D	$C_{30}H_{47}NO_3$	C	[7]
2-5-19		daphnioldhanin E	$C_{32}H_{49}NO_4$	C	[7]
2-5-20		daphnioldhanin F	$C_{30}H_{49}NO_3$	C	[7]
2-5-21		daphnioldhanin G	$C_{32}H_{51}NO_4$	C	[7]
2-5-22		N-methylstephisoferulin	$C_{30}H_{35}NO_9$	D	[8]
2-5-23		6-cinnamoylhernandine	$C_{28}H_{31}NO_7$	D	[8]
2-5-24		2,2'-disinomenine	$C_{38}H_{44}N_2O_8$	C	[9]
2-5-25		7',8'-dihydro-1,1'-disinomenine	$C_{38}H_{46}N_2O_8$	C	[9]
2-5-26		1,1'-disinomenine	$C_{38}H_{44}N_2O_8$	C	[9]
2-5-27		penicidone A	$C_{18}H_{17}NO_5$	D	[10]
2-5-28		penicidone B	$C_{17}H_{16}NO_5$	D	[10]
2-5-29		penicidone C	$C_{19}H_{19}NO_6$	D	[10]
2-5-30		sonneratine A	$C_{26}H_{33}NO_4$	C	[11]
2-5-31		1-(2-piperidyl)-4-(p-methoxyphenyl)-2-butanone	$C_{16}H_{23}NO_2$	C	[11]
2-5-32	布渣叶碱 A	micropiperidine A	$C_{18}H_{31}NO$	C	[12]
2-5-33	布渣叶碱 B	micropiperidine B	$C_{17}H_{29}NO$	C	[12]
2-5-34	布渣叶碱 C	micropiperidine C	$C_{18}H_{31}N$	C	[12]
2-5-35	布渣叶碱 D	micropiperidine D	$C_{17}H_{29}N$	C	[12]
2-5-36		1-[2-(benzimidazol-2-yl)ethoxy]-2,6-diphenylpiperidin-4-one oxime	$C_{26}H_{26}N_4O_2$	C	[13]

续表

编号	中文名称	英文名称	分子式	测试溶剂	参考文献
2-5-37		1-[2-(benzimidazol-2-yl)ethoxy]-2,6-bis(*p*-chlorophenyl)piperidin-4-one oxime	$C_{26}H_{24}Cl_2N_4O_2$	C	[13]
2-5-38		1-[2-(benzimidazol-2-yl)ethoxy]-2,6-bis(*p*-methoxyphenyl)piperidin-4-one oxime	$C_{28}H_{30}N_4O_4$	C	[13]
2-5-39		1-[2-(benzoxazol-2-yl)ethoxy]-2,6-diphenylpiperidin-4-one oxime	$C_{26}H_{25}N_3O_3$	C	[13]
2-5-40		1-[2-(benzoxazol-2-yl)ethoxy]-2,6-bis(*p*-chlorophenyl)-piperidin-4-one oxime	$C_{26}H_{23}Cl_2N_3O_3$	C	[13]
2-5-41		1-[2-(benzoxazol-2-yl)ethoxy]-2,6-bis(p-methoxyphenyl)piperidin-4-one oxime	$C_{28}H_{29}N_3O_5$	C	[13]
2-5-42		harpagometabolin I	$C_9H_{14}NO_3$	C	[14]
2-5-43		harpagometabolin II	C_9H_9NO	C	[14]
2-5-44		acubinine B	C_9H_9NO	C	[14]
2-5-45	消旋毒藜碱	anabasine	$C_{10}H_{14}N_2$	C	[15]
2-5-46	槟榔碱	arecoline	$C_8H_{13}NO_2$	*	[16]
2-5-47	爪哇长果胡椒胺	chabamide	$C_{34}H_{38}N_2O_6$	C	[17]
2-5-48	日本美登木宁碱 ES-II	chiapenine ES-II	$C_{46}H_{47}NO_{18}$	C	[18]
2-5-49	烟碱	nicotine	$C_{10}H_{14}N_2$	C	[19]
2-5-50	*N*-甲基-6β-(+-1',3',5'-三烯)-3β-甲氧基-2β甲基哌啶	[*N*-methyl-6β-(deca-1',3',5'-trienyl)-3β-methoxy-2β-methylpiperidine]	$C_{18}H_{31}NO$	C	[20]
2-5-51	荜芨那林碱	pipernonaline	$C_{21}H_{27}NO_3$	D	[21]
2-5-52	荜芨明碱	piplartine	$C_{17}H_{19}NO_5$	C	[22]
2-5-53	蓝籽类叶牡丹碱	thalictroidine	$C_{14}H_{19}NO_2$	C	[23]
2-5-54	胡卢巴碱	trigonelline	$C_7H_7NO_2$	W	[24]
2-5-55	*d*-去甲烟碱	*d*-nornicotine	$C_9H_{12}N_2$	C	[25]
2-5-56	烟酸盐	nicotinate	$C_6H_{14}NO_2$	C	[25]
2-5-57	安那他品	anatabine	$C_{10}H_{12}N_2$	C	[2]
2-5-58		arecolin	$C_8H_{13}NO_2$	C	[26]
2-5-59	毒芹碱	coniine	$C_8H_{17}N$	C	[26]
2-5-60		arenain	$C_{11}H_{17}N_3O$	C	[27]
2-5-61	抗痫灵	antiepilepsirine	$C_{15}H_{17}NO_3$	C	[28]
2-5-62		*N*-piperonyloylpiperidine	$C_{13}H_{15}NO_3$	C	[28]
2-5-63		bioperine	$C_{17}H_{19}NO_3$	C	[28]
2-5-64		coumaperine	$C_{16}H_{19}NO_2$	C	[29]
2-5-65	脱水萍蓬胺	anhydronupharamine	$C_{15}H_{23}NO$	C	[30]
2-5-66	萍蓬宁	nuphenine	$C_{15}H_{23}NO$	C	[30]
2-5-67		stemocochinamine	$C_{16}H_{28}N_2O_3$	C	[31]

续表

编号	中文名称	英文名称	分子式	测试溶剂	参考文献
2-5-68	3,5-cis-哌啶	3,5-cis-piperidine	$C_{19}H_{24}N_2O_2$	C	[32]
2-5-69		22-hydroxyhaliclonacyclamine B	$C_{32}H_{56}N_2O$	M	[33]
2-5-70		genipamide	$C_{16}H_{21}NO_6$	M	[34]
2-5-71		nephoxaloid	$C_{10}H_{14}N_2O_5$	M	[35]
2-5-72		3,5-pyridinedicarboxamide	$C_7H_7N_3O_2$	D	[36]
2-5-73		(+)-N-deoxymilitarinone A	$C_{26}H_{37}NO_5$	D	[37]
2-5-74		niphatoxin C	$C_{36}H_{50}NO_3^+$	D	[38]
2-5-75		β-1-C-ethyl-1-deoxymannojirimycin	$C_8H_{17}NO_4$	W	[39]
2-5-76		plumerianine	$C_{13}H_{13}NO_3$	C	[40]
2-5-77	旋花碱 B_4	calystegine B_4	$C_7H_{14}NO_4$	W	[41]
2-5-78	雷氏澳茄碱	calystegine C_2	$C_7H_{13}NO_5$	W	[42]
2-5-79	薯蓣碱	dioscorine	$C_{13}H_{19}NO_2$	C	[43]
2-5-80		stemosessifoine	$C_{22}H_{29}NO_5$	C	[44]

注：* 在$(CD_2)_4O_2$中测定。

表 2-5-2　化合物 2-5-1~2-5-2 的 ^{13}C NMR 数据[1]

C	2-5-1	2-5-2	C	2-5-1	2-5-2
1	73.7	73.3	13	84.7	83.6
2	68.8	70.8	14	18.7	18.8
3	75.9	77.8	15	70.0	69.8
4	70.7	70.6	2'	165.5	151.5
5	73.9	74.6	3'	125.1	127.5
6	50.3	50.6	4'	138.0	151.8
7	69.8	69.7	5'	121.3	123.6
8	71.1	68.1	6'	151.7	152.7
9	51.9	52.3	7'	36.5	41.9
10	94.2	93.3	8'	45.2	76.8
11	61.6	61.7	9'	11.9	17.3
12	22.6	22.0	10'	9.8	24.1

续表

C	2-5-1	2-5-2	C	2-5-1	2-5-2
11'	174.1	175.2	10"	18.2	18.3
12'	168.1	167.7	1-OCOMe	20.5	20.5
1"	175.9	175.4	2-OCOMe	21.1	20.4
2"	37.4	38.1	5-OCOMe	21.9	21.8
3"	28.2	28.4	8-OCOMe	20.6	21.0
4"	42.3	42.1	1-OCOCH$_3$	169.1	168.7
5"	204.5	203.3	2-OCOCH$_3$	168.6	169.1
6"	52.1	52.1	5-OCOCH$_3$	170.3	169.9
7"	32.8	32.4	8-OCOCH$_3$	168.9	168.5
8"	171.9	171.9	8"-OMe	52.1	52.0
9"	168.0	168.1			

表 2-5-3 化合物 2-5-3~2-5-7 的 ^{13}C NMR 数据[2]

C	2-5-3	2-5-4	2-5-5	2-5-6	2-5-7	C	2-5-3	2-5-4	2-5-5	2-5-6	2-5-7
2	57.9	57.7	57.7	57.6	55.4	5'	29.3	23.7	29.2	29.2	29.4
3	67.9	67.9	67.9	67.5	67.7	6'	29.3	42.5	23.7	29.2	29.4
4	27.2	27.2	27.2	26.0	32.0	7'	29.3		42.5	29.2	29.4
5	28.4	28.4	28.4	27.5	26.1	8'	23.9	42.5		29.2	29.4
6	50.0	50.0	50.0	50.4	57.0	9'	42.3	23.7	42.5	25.4	29.4
1"	62.2	62.3	62.3	61.4	18.7	10'		31.3	26.2	38.8	29.4
1'	33.3	32.5	32.5	31.8	37.0	11'	35.7	22.2	22.2	67.0	23.7
2'	26.3	26.2	26.2	26.0	25.7	12'	7.9	13.7	13.7	27.7	43.8
3'	29.3	29.2	29.2	29.2	29.4	13'					—
4'	29.3	29.2	29.2	29.2	29.4	14'					29.4

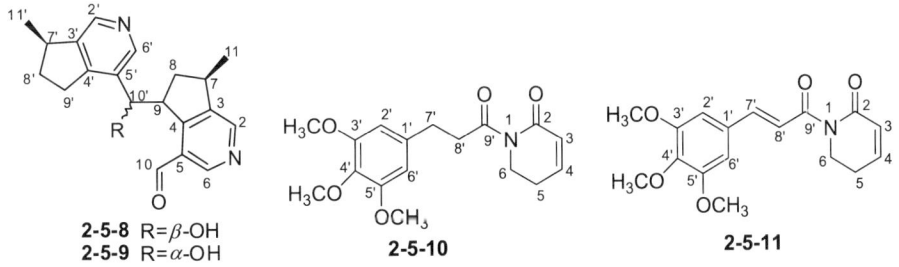

2-5-8 R=β-OH
2-5-9 R=α-OH

2-5-10

2-5-11

表 2-5-4 化合物 2-5-8~2-5-9 的 ^{13}C NMR 数据[3]

C	2-5-8	2-5-9	C	2-5-8	2-5-9	C	2-5-8	2-5-9
2	149.9	150.5	9	48.7	48.2	6'	144.9	142.9
3	146.1	128.4	10	193.1	191.8	7'	37.7	37.7
4	154.1	152.4	11	19.0	19.7	8'	34.4	34.0
5	129.0	147.5	2'	142.9	140.0	9'	30.3	30.5
6	150.8	153.6	3'	146.1	146.3	10'	73.0	71.6
7	35.5	36.2	4'	155.1	146.7	11'	19.5	19.9
8	39.1	36.7	5'	127.1	124.6			

表 2-5-5 化合物 2-5-10~2-5-11 的 ^{13}C NMR 数据[4]

C	2-5-10	2-5-11	C	2-5-10	2-5-11	C	2-5-10	2-5-11
2	165.3	166.2	2'	105.4	105.9	8'	40.8	121.5
3	125.7	126.2	3'	153.0	153.7	9'	175.4	169.2
4	145.2	145.9	4'	136.2	140.4	3'-OMe	56.0	56.6
5	31.5	25.2	5'	153.0	153.7	4'-OMe	60.7	61.3
6	40.9	42.0	6'	105.4	105.9	5'-OMe	56.0	56.6
1'	136.8	131.0	7'	24.5	144.2			

2-5-12

2-5-13

2-5-14

2-5-16 R=H; R^1=OH
2-5-17 R=R^1=OH

2-5-15

表 2-5-6 化合物 2-5-12~2-5-15 的 ^{13}C NMR 数据[5]

C	2-5-12	2-5-13	2-5-14	2-5-15	C	2-5-12	2-5-13	2-5-14	2-5-15
1	57.4	57.1	57.1	57.2	7'	76.3	75.9	149.9	76.6
3	57.9	57.3	57.3	57.5	8'	40.7	40.7	115.3	40.4
4	30.5	30.2	30.1	30.2	9'	46.2	45.7	167.1	45.9
5	37.5	37.3	37.5	37.3	1"	57.7	57.1		130.2
6	29.1	29.6	29.9	29.2	2"		12.1		110.8
7	75.4	75.1	75.8	76.4	3"	58.3	128.7		145.3
8	40.6	40.6	41.0	40.3	4"	30.8	139.9		146.8
9	46.1	45.7	45.6	45.8	5"	37.7	26.4		114.7
1'	57.7	57.1	126.4	57.3	6"	30.4	39.3		119.8
2'		12.2	109.7		7"	76.9	18.6		40.3
3'	57.9	57.3	147.5	57.6	8"	40.8	157.9		47.2
4'	30.7	30.1	148.9	30.2	9"	46.3	116.2		171.7
5'	37.7	37.4	115.2	37.3	10"		166.2		
6'	29.9	29.7	123.8	29.7	1'''	130.9			130.4

续表

C	2-5-12	2-5-13	2-5-14	2-5-15	C	2-5-12	2-5-13	2-5-14	2-5-15
2'''	110.2			110.9	8''''	159.0			
3'''	145.6			145.5	9''''	115.9			
4'''	146.5			146.9	10''''	166.6			
5'''	114.4			114.7	2-Me	46.3	45.9	45.8	46.1
6'''	120.1			120.3	2'-Me	46.4	45.9		47.4
7'''	42.9			41.7	2''-Me	46.4			
8'''	50.3			47.8	4-Me	17.0	17.3	17.3	16.9
9'''	172.7			171.9	4'-Me	17.3	17.3		17.1
10'''					4''-Me	17.4			
1''''	174.6				8-Me	14.9	14.6	14.7	14.4
2''''	19.2				8'-Me	15.0	14.6		14.8
3''''	50.9				8''-Me	15.1			
4''''	39.2				3'-OMe				55.6
5''''	25.2				3''-OMe				55.7
6''''	39.1				3'''-OMe	55.8		55.8	
7''''	18.9								

表 2-5-7　化合物 2-5-16~2-5-17 的 ^{13}C NMR 数据[6]

C	2-5-16	2-5-17	C	2-5-16	2-5-17	C	2-5-16	2-5-17
2	46.5	53.3	1'	167.0	167.0	6'	32.5	32.5
3	25.5	65.5	2'	125.0	124.1	7'~21'	31.9~24.8	31.9~24.8
4	24.6	32.8	3'	140.9	139.9	22'	63.1	63.1
5	25.3	25.7	4'	130.8	129.7			
6	46.7	46.3	5'	128.8	128.8			

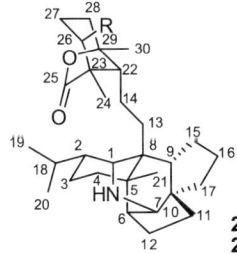
2-5-18 R=OH
2-5-19 R=OAc

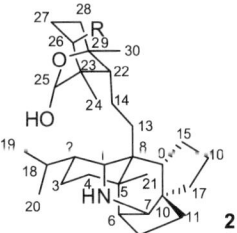
2-5-20 R=OH
2-5-21 R=OAc

表 2-5-8　化合物 2-5-18~2-5-21 的 ^{13}C NMR 数据[7]

C	2-5-18	2-5-19	2-5-20	2-5-21	C	2-5-18	2-5-19	2-5-20	2-5-21
1	47.9	47.7	51.0	47.9	6	47.4	47.3	46.3	47.6
2	43.2	43.2	43.1	43.1	7	59.7	59.6	59.4	59.8
3	20.8	20.5	20.9	20.6	8	36.7	36.7	37.8	36.8
4	39.0	39.0	39.1	39.1	9	53.7	54.1	54.6	54.0
5	36.6	36.6	37.7	36.7	10	50.8	50.4	50.1	50.2

续表

C	2-5-18	2-5-19	2-5-20	2-5-21	C	2-5-18	2-5-19	2-5-20	2-5-21
11	39.8	40.0	41.0	40.0	22	56.5	56.2	52.8	51.4
12	22.8	22.8	23.8	22.9	23	50.4	50.0	52.0	50.5
13	33.3	33.3	34.7	34.0	24	18.0	17.5	18.0	16.6
14	21.6	21.5	21.8	20.7	25	179.1	177.4	101.0	99.2
15	29.9	30.3	31.0	30.4	26	68.9	70.0	72.4	73.4
16	26.7	26.6	27.0	25.8	27	25.5	25.6	29.5	25.6
17	36.1	36.0	36.4	36.2	28	28.6	25.4	28.8	27.6
18	28.6	28.6	29.3	28.7	29	86.1	85.6	85.5	84.6
19	21.1	21.1	21.1	21.2	30	24.5	24.7	26.7	26.5
20	21.1	21.1	21.2	21.3	OAc		169.8/21.1		170.3/21.2
21	21.1	21.1	21.5	21.1					

表 2-5-9 化合物 2-5-22~2-5-23 的 ^{13}C NMR 数据[8]

C	2-5-22	2-5-23	C	2-5-22	2-5-23	C	2-5-22	2-5-23
1	116.0	115.3	11	77.2	76.6	4'	128.2	134.0
2	106.6	106.8	12	133.8	133.6	5'	113.0	127.9
3	146.8	146.8	13	127.7	127.9	6'	145.2	128.7
4	143.2	143.2	14	48.8	42.4	7'	147.9	130.7
5	31.8	31.2	15	34.5	35.3	8'	110.2	128.7
6	67.9	73.1	16	54.3	53.8	9'	121.4	127.9
7	81.5	72.5	17	38.5	38.1	3-OCH$_3$	55.2	55.5
8	102.9	102.6	1'	167.0	165.9	7-OCH$_3$	57.2	
9	76.3	75.8	2'	116.9	117.3	8-OCH$_3$	51.4	51.8
10	28.8	29.7	3'	142.4	142.9	7'-OCH$_3$	55.9	—

表 2-5-10　化合物 2-5-24~2-5-26 的 ^{13}C NMR 数据[9]

C	2-5-24	2-5-25	2-5-26	C	2-5-24	2-5-25	2-5-26
1	109.3	130.9	130.5	1'	109.3	131.2	130.5
2	130.8	109.3	110.6	2'	130.8	109.8	110.6
3	145.1	145.0	144.9	3'	145.1	145.3	144.8
4	143.9	143.9	143.7	4'	143.9	144.1	143.7
5	49.1	49.1	49.2	5'	49.1	49.0	49.2
6	193.9	194.0	193.9	6'	193.9	207.6	193.9
7	152.3	152.3	152.4	7'	152.3	83.6	152.4
8	114.5	114.9	115.6	8'	114.5	34.8	115.6
9	56.3	56.0	56.2	9'	56.3	56.7	56.2
10	22.5	22.7	23.8	10'	22.5	22.1	23.8
11	127.9	128.2	127.7	11'	127.9	127.6	127.7
12	123.0	123.2	123.2	12'	123.0	122.5	123.2
13	40.6	40.6	40.8	13'	40.6	42.0	40.8
14	45.5	45.5	45.6	14'	45.5	44.0	45.6
15	35.6	35.7	35.8	15'	35.6	38.0	35.8
16	47.3	47.3	47.1	16'	47.3	46.7	47.1
N-CH$_3$	43.1	43.0	42.9	N-CH$_3$	43.1	43.0	42.9
3-OCH$_3$	56.1	56.1	55.9	3'-OCH$_3$	56.1	56.2	55.9
7-OCH$_3$	54.4	54.6	54.8	7'-OCH$_3$	54.4	58.3	54.8

表 2-5-11　化合物 2-5-27~2-5-29 的 ^{13}C NMR 数据[10]

C	2-5-27	2-5-28	2-5-29	C	2-5-27	2-5-28	2-5-29
1	171.2	171.3	167.1	11	115.2	115.2	119.1
2	130.5	130.4	135.8	12	146.7	146.7	146.2
3	100.1	102.8	106.2	14	138.3	138.1	143.3
4	163.4	161.5	160.9	15	125.6	125.6	125.3
5	106.1	106.0	104.0	16	133.7	133.7	134.2
6	156.0	156.1	158.5	17	19.5	19.5	19.6
7	130.0	127.7	130.4	1-OMe			53.3
8	77.7	77.5	193.0	4-OMe	57.2		57.4
9	122.3	122.7	123.4	6-OMe	57.2	57.0	56.9
10	178.0	178.1	177.0				

表 2-5-12　化合物 2-5-30~2-5-31 的 ^{13}C NMR 数据[11]

C	2-5-30	2-5-31	C	2-5-30	2-5-31	C	2-5-30
2	52.2	52.4	4'	28.6	28.7	3"	45.0
3	31.8	32.3	5'	132.8	132.9	4"	28.4
4	23.8	24.5	6'/10'	129.2	129.2	5"	132.0
5	31.7	25.8	7'/9'	113.9	113.8	6"/10"	129.3
6	51.9	46.6	8'	157.9	157.9	7"/9"	115.8
1'	48.5	49.7	OMe	55.2	55.2	8"	154.8
2'	209.5	209.7	1"	48.4			
3'	45.1	45.1	2"	209.4			

2-5-32 R^1=R^2=CH$_3$; R^3=OCH$_3$
2-5-33 R^1=H; R^2=CH$_3$; R^3=OCH$_3$
2-5-34 R^1=R^2=CH$_3$; R^3=CH$_3$
2-5-35 R^1=R^2=CH$_3$; R^3=H

表 2-5-13　化合物 2-5-32~2-5-35 的 ^{13}C NMR 数据[12]

C	2-5-32	2-5-33	2-5-34	2-5-35	C	2-5-32	2-5-33	2-5-34	2-5-35
2	62.6	62.6	64.2	59.8	6'	135.2	135.2	135.2	32.4
3	79.6	79.6	34.8	35.2	7'	31.8	32.9	32.9	31.8
4	26.6	31.4	32.5	24.8	8'	32.9	31.4	31.4	22.2
5	28.3	32.1	30.4	26.2	9'	22.6	22.2	22.2	13.9
6	68.8	68.8	68.8	68.8	10'	14.3	13.9	14.3	19.0
1'	135.6	135.6	135.6	135.6	2-CH$_3$	18.4	19.0	19.0	
2'	129.9	129.9	129.9	129.9	3-CH$_3$			18.4	
3'	130.2	130.2	130.2	130.2	N-CH$_3$	40.9		40.9	40.9
4'	130.3	130.3	130.3	132.9	OCH$_3$	57.3	57.3		
5'	132.9	132.9	132.9	135.2					

2-5-36 R=H; Z=NH
2-5-37 R=Cl; Z=NH
2-5-38 R=OCH$_3$; Z=NH
2-5-39 R=H; Z=O
2-5-40 R=Cl; Z=O
2-5-41 R=OCH$_3$; Z=O

表 2-5-14　化合物 2-5-36~2-5-41 的 ^{13}C NMR 数据[13]

C	2-5-36	2-5-37	2-5-38	2-5-39	2-5-40	2-5-41
2	70.2	69.8	69.8	70.2	69.8	69.8
3	41.3	41.2	41.5	41.3	41.2	41.4
4	157.1	156.0	156.7	157.1	155.9	156.7
5	34.3	34.1	34.4	34.3	34.1	34.4
6	68.9	68.3	68.4	68.9	68.3	68.4
7	69.3	69.3	69.4	67.6	67.6	67.6
8	19.9	19.8	19.8	27.7	27.6	27.7
9	158.1	158.2	158.3	163.6	163.6	163.6
1'	137.3	140.0	137.3	141.0	139.1	135.1
2'	129.7	129.9	110.2	129.7	130.0	114.1
3'	130.6	134.7	159.0	130.6	134.8	158.9
4'	127.7	129.4	144.9	127.8	130.0	114.6
5'	130.6	134.7	133.1	130.6	133.1	133.0
6'	129.7	129.9	121.0	129.7	129.4	119.0
1"	137.3	137.3	137.3	141.0	139.1	135.1
2"	129.7	130.0	110.2	129.8	130.0	114.1
3"	130.6	134.9	158.6	130.7	134.9	158.6
4"	127.7	129.4	144.9	127.8	130.0	114.6
5"	130.6	134.9	133.0	130.7	133.1	133.1
6"	129.7	130.0	121.0	129.8	129.4	119.0
1'''	141.0	137.3	135.1	141.8	140.0	135.8
2'''	115.0	115.0	115.0	114.2	114.2	114.9
3'''	121.0	121.0	121.0	119.1	119.2	118.8
4'''	121.1	121.1	121.0	118.9	119.0	118.8
5'''	115.2	115.1	115.0	109.8	109.8	109.8
6'''	141.8	139.1	135.1	143.1	143.4	143.4
OMe			55.2			55.2

表 2-5-15　化合物 2-5-42~2-5-44 的 ^{13}C NMR 数据[14]

C	2-5-42	2-5-43	2-5-44	C	2-5-42	2-5-43	2-5-44
1	144.8	150.8	149.0	7	42.3	127.5	45.2
3	147.3	148.4	148.3	8	72.7	44.1	29.6
4	120.6	116.1	116.1	9	51.3	149.1	152.9
5	68.3	133.9	142.3	10	19.6	21.1	22.5
6	74.3	150.8	205.9				

参 考 文 献

[1] Duan H Q, Takaishi Y, Imakura Y, et al. J Nat Prod, 2000, 63(3): 357.
[2] Wenkert E, Buckwalter B L, Burfitt I R, et al. Spectroscopy, 1976, 2: 81.
[3] Fu J J, Jin H Z, Shen Y H, et al. Helv Chim Acta, 2007, 90(11): 2151.
[4] Facundo V A, da Silveira P A S, de Morais S M. Biochem Syst Ecol, 2005, 33(7): 753.
[5] Chi Y M, Nakamura M, Zhao X Y, et al. Chem Pharm Bull, 2005, 53(9): 1178.
[6] Ferheen S, Ahmed E, Afza N, et al. Chem Pharm Bull, 2005, 53(5): 570.
[7] Mu S Z, Yang X W, Di Y T, et al. Chem Biodivers, 2007, 4(2): 129.
[8] Carroll A R, Arumugan T, Redburn J, et al. J Nat Prod, 2010, 73(5): 988.
[9] Jin H Z, Wang X L, Wang H B, et al. J Nat Prod, 2008, 71(1): 127.
[10] Ge H M, Shen Y, Zhu C H, et al. Phytochemistry, 2007, 69(2): 571.
[11] Liu H L, Huang X Y, Dong M L, et al. Planta Med, 2010, 76(9): 920.
[12] 罗集鹏, 张丽萍, 杨世林等. 药学学报, 2009, 44(2): 150.
[13] Balasubramanian S, Aridoss G, Parthiban P, et al. Biol Pharm Bull, 2006, 29(1): 125.
[14] Yang X W, Zou C T, Hattori M. Chinese Chem Lett. 2000, 11(9): 779.
[15] Felpin F X, Girard S, Vo-Thanh G, et al. J Org Chem, 2001, 66 (19): 6305.
[16] Srinivasan P R, Lichter R L. Org Magn Reson, 1976, 8(4): 198.
[17] Rukachaisirikul T, Prabpai S, Champung P, et al. Planta Med, 2002, 68 (9): 853.

[18] Nunez M J, Guadano A, Jimenez I A, et al. J Nat Prod, 2004, 67 (1): 14.
[19] 张兰珍, 豪佛·皮. 中国中药杂志, 1997, 22 (12): 740.
[20] Bandara KANP, Kumar V, Jacobsson U, et al. Phytochemistry, 2000, 54 (1): 29.
[21] Yang Y C, Lee S G, Lee H K, et al. J Agric Food Chem, 2002, 50 (13): 3765.
[22] Duh C Y, Wu Y C, ang, S K. Phytochemistry, 1990, 29 (8): 2689.
[23] Kennelly E J, Flynn T J, Mazzola E P, et al. J Nat Prod, 1999, 62 (10): 1385.
[24] Iribarren A M, Pomilio A B et al. J Nat Prod, 1983, 46 (5): 752.
[25] Leete E.Bioorg Chem, 1977, 6(3): 273.
[26] Wenkert E, Bindra J S, Chang C J, et al. Acc Chem Res, 1974, 7(2): 46.
[27] Rabaron A, Koch M, Plat M, et al. J Am Chem Soc, 1971, 93(23): 6270.
[28] Wenkert E, Cochran D W, Hagaman E W, et al. J Am Chem Soc, 1971, 93(23): 6271.
[29] 刘文峰, 江志勇, 陈纪军. 中国中药杂志, 2009, 34(22): 2891.
[30] Itatani Y, Yasuda S, Hanaoka M, et al. Chem Pharm Bull, 1976, 24 (10): 2521.
[31] Lin L G, Dien P H, Tang C P, et al. Helv Chim Acta 2007, 90(11): 2167.
[32] Kubo H, Inoue M, Kamei J, et al. Biol Pharm Bull, 2006, 29(10): 2046.
[33] Arai M, Ishida S, Setiawan A, et al. Chem Pharm Bull, 2009, 57(10): 1136.
[34] Ono M, Ishimatsu N, Masuoka C, et al. Chem Pharm Bull, 2007, 55(4): 632.
[35] 王长军, 徐石海, 廖小建. 天然产物研究与开发, 2010, 22(1): 1.
[36] 马兆堂, 杨秀伟, 钟国跃. 中国中药杂志, 2009, 34(9): 1097.
[37] Cheng Y, Schneider B, Riese U, et al. J Nat Prod, 2006, 69(3): 436.
[38] Buchanan M S, Carroll A R, Addepalli R, et al. J Nat Prod, 2007, 70(12): 2040.
[39] Kato A, Kato N, Adachi I, et al. J Nat Prod, 2007, 70(6): 993.
[40] Hassan E M, Shahat A A, Ibrahim N A, et al. Planta Med, 2008, 74(14): 1749.
[41] Asano N, Kato A, Kizu H, et al. Carbohydr Res, 1996, 293(2): 195.
[42] Kato A, Asano N, Kizu H, et al. Phytochemistry, 1997, 45(2): 425.
[43] Leete E. Phytochemistry, 1977, 16 (11): 1705.
[44] Guo A, Jin L, Deng Z, et al. Chem Biodivers, 2008, 5(4): 598.

第六节 喹啉类生物碱

表 2-6-1 喹啉类生物碱的名称、分子式和测试溶剂

编号	中文名称	英文名称	分子式	测试溶剂	参考文献
2-6-1		leucol	C_9H_7N	C	[1~3]
2-6-2	2-甲基喹啉	2-methylquinoline	$C_{10}H_9N$	C	[1~3]
2-6-3	3-甲基喹啉	3-methylquinoline	$C_{10}H_9N$	C	[1~3]
2-6-4	4-甲基喹啉	4-methylquinoline	$C_{10}H_9N$	C	[1~3]
2-6-5	6-甲基喹啉	6-methylquinoline	$C_{10}H_9N$	C	[1~3]
2-6-6	8-甲基喹啉	8-methylquinoline	$C_{10}H_9N$	C	[1~3]
2-6-7	5,8-二甲基喹啉	5,8-dimethylquinoline	$C_{11}H_{11}N$	C	[1~3]
2-6-8	6,8-二甲基喹啉	6,8-dimethylquinoline	$C_{11}H_{11}N$	C	[1~3]
2-6-9	7,8-二甲基喹啉	7,8-dimethylquinoline	$C_{11}H_{11}N$	C	[1~3]
2-6-10	6-甲氧基喹啉	6-methoxyquinoline	$C_{10}H_9NO$	C	[1~3]
2-6-11	3-氨基喹啉	3-quinolylamine	$C_9H_8N_2$	C	[1~3]
2-6-12	5-氨基喹啉	5-quinolylamine	$C_9H_8N_2$	A	[1~3]
2-6-13	3-硝基喹啉	3-nitroquinoline	$C_9H_6N_2O_2$	C	[1~3]

续表

编号	中文名称	英文名称	分子式	测试溶剂	参考文献
2-6-14	6-羟基喹啉-8-羧酸	6-hydroxyquinoline-8-carboxylic acid	$C_{10}H_7NO_3$	D	[4]
2-6-15	4-氨基-6-羟基喹啉-8-羧酸	4-amino-6-hydroxyquinoline-8-carboxylic acid	$C_{10}H_8N_2O_3$	D	[4]
2-6-16	α-羟基喹啉	α-hydroxyquinoline	C_9H_7NO	*	[5~7]
2-6-17	4-甲基喹诺酮	4-methylcarbostyril	$C_{10}H_9NO$	*	[5~7]
2-6-18	6-甲基喹诺酮	6-methylcarbostyril	$C_{10}H_9NO$	*	[5~7]
2-6-19	8-甲基喹诺酮	8-methylcarbostyril	$C_{10}H_9NO$	*	[5~7]
2-6-20	1,4-二甲基喹诺酮	1,4-dimethylcarbostyril	$C_{11}H_{11}NO$	C	[5~7]
2-6-21	4,6-二甲基喹诺酮	4,6-dimethylcarbostyril	$C_{11}H_{11}NO$	*	[5~7]
2-6-22	4,7-二甲基-2-喹诺酮	4,7-dimethyl-2-quinolone	$C_{11}H_{11}NO$	*	[5~7]
2-6-23	4,8-二甲基-2-喹诺酮	4,8-dimethyl-2-quinolone	$C_{11}H_{11}NO$	*	[5~7]
2-6-24	6-乙基-4-甲基-2(1H)喹诺酮	6-ethyl-4-methyl-2(1H)-quinolinone	$C_{12}H_{13}NO$	*	[5~7]
2-6-25	4,5,7-三甲基-2-喹诺酮	2-4,5,7-trimethyl-2-quinolone	$C_{12}H_{13}NO$	*	[5~7]
2-6-26	4,6,7-三甲基-2-喹诺酮	4,6,7-trimethyl-2-quinolone	$C_{12}H_{13}NO$	*	[5~7]
2-6-27	4,6,8-三甲基喹诺酮	4,6,8-trimethylcarbostyril	$C_{12}H_{13}NO$	*	[5~7]
2-6-28	8-甲氧基-4-甲基-2-喹诺酮	8-methoxy-4-methyl-2-quinolone	$C_{11}H_{11}NO_2$	C	[5~7]
2-6-29	1,4-二甲基-8-甲氧基-2-喹诺酮	1,4-dimethyl-8-methoxy-2-quinolone	$C_{12}H_{13}NO_2$	C	[5~7]
2-6-30	花椒喹诺酮	integriquinolone	$C_{11}H_{11}NO_3$	D	[8]
2-6-31	月橘啶	lunacridine	$C_{17}H_{23}NO_4$	C	[9]
2-6-32	4-甲氧基-1-甲基-2-喹诺酮	4-methoxy-1-methyl-2-quinolone	$C_{11}H_{11}NO_2$	C 以及 D	[8]
2-6-33		6-methyl-2H,4H-oxazolo[5,4,3-ij]quinolin-4-one	$C_{11}H_9NO_2$	C	[7]
2-6-34		4-acetoxymethyl-1-methyl-2-quinolone	$C_{13}H_{13}NO_3$	C	[7]
2-6-35	蓝刺头碱	echinopsine	$C_{10}H_9NO$	C	[10, 11]
2-6-36	二氢吴茱萸新碱	dihydroevocarpine	$C_{23}H_{35}NO$	C	[12]
2-6-37	吴茱萸新碱	evocarpine	$C_{23}H_{33}NO$	C	[12]
2-6-38	1-甲基-2-[(4Z,7Z)-4,7-十三碳二烯基]-4(1H)-喹喏酮	1-methyl-2-[(4Z,7Z)-4,7-tridecadienyl]-4(1H)-quinolone	$C_{23}H_{31}NO$	C	[12]
2-6-39	1-甲基-2-[(6Z,9Z)-6,9-十五碳二烯基]-4(1H)-喹喏酮	1-methyl-2-[(6Z,9Z)-6,9-pentadecadienyl]-4(1H)-quinolone	$C_{25}H_{35}NO$	C	[12]
2-6-40	1-甲基-2-十一烷基-4(1H)-喹喏酮	1-methyl-2-undecyl-4(1H)-quinolone	$C_{21}H_{31}NO$	C	[12]
2-6-41	1-甲基-2-十五烷基-4(1H)-喹喏酮	1-methyl-2-pentadecyl-4(1H)-quinolone	$C_{25}H_{39}NO$	C	[12]
2-6-42	1-甲基-2-[(Z)-7-十三烯基]-4(1H)-喹喏酮	1-methyl-2-[(Z)-7-tridecenyl]-4(1H)-quinolone	$C_{23}H_{33}NO$	C	[13,14]
2-6-43	2-十一烷基-喹喏酮	4(1H)-2-undecyl-4(1H)-quinolone	$C_{20}H_{29}NO$	C	[15]

续表

编号	中文名称	英文名称	分子式	测试溶剂	参考文献
2-6-44	1-甲基-2-十一烷酮-10'-4(1H)-喹喏酮	1-methyl-2-undecanone-10'-4(1H)-quinolone	$C_{21}H_{29}NO_2$	C	[15]
2-6-45	2-十一烷酮-10'-4(1H)-喹喏酮	2-undecanone-10'-4(1H)-quinolone	$C_{20}H_{27}NO_2$	C	[15]
2-6-46	4-喹喏酮	4-quinolone	C_9H_7NO	*	[6]
2-6-47	2-甲基-4-喹喏酮	2-methyl-4-quinolinone	$C_{10}H_9NO$	*	[6]
2-6-48	2,5-二甲基-4-喹喏酮	2,5-dimethyl-4-quinolone	$C_{11}H_{11}NO$	*	[6]
2-6-49	2,6-二甲基-4-喹喏酮	2,6-dimethyl-4-quinolone	$C_{11}H_{11}NO$	*	[6]
2-6-50	2,8-二甲基-4-喹喏酮	2,8-dimethyl-4-quinolone	$C_{11}H_{11}NO$	*	[6]
2-6-51	2,5,8-三甲基-4-喹喏酮	2,5,8-trimethyl-4-quinolone	$C_{12}H_{13}NO$	*	[6]
2-6-52	2,6,8-三甲基-4-喹喏酮	2,6,8-trimethyl-4-quinolone	$C_{12}H_{13}NO$	*	[6]
2-6-53	2,7,8-三甲基-4-喹喏酮	2,7,8-trimethyl-4-quinolone	$C_{12}H_{13}NO$	*	[6]
2-6-54	7-羟基-4(1H)-喹喏酮	7-hydroxy-4(1H)-quinolinone	$C_9H_7NO_2$	A	[16]
2-6-55		2-(12-oxo-tridecanyl)-3-methoxy-4-quinolone	$C_{23}H_{33}NO_3$	C	[17]
2-6-56		2-(10-hydroxy-10-methyl-dodecanyl)-3-methoxy-4-quinolone	$C_{23}H_{35}NO_3$	C	[17]
2-6-57		2-(11-hydroxy-11-methyl-dodecanyl)-3-methoxy-4-quinolone	$C_{23}H_{35}NO_3$	C	[17]
2-6-58		2-(12-hydroxytridecanyl)-3-methoxy-4-quinolone	$C_{23}H_{35}NO_3$	C	[17]
2-6-59		7-hydroxy-2-(3-hydroxy-3-methylbutyl)-4-quinolone	$C_{14}H_{17}NO_3$	D	[17]
2-6-60		6-hydroxy-2-(3-hydroxy-3-methylbutyl)-4-quinolone	$C_{14}H_{17}NO_3$	D	[17]
2-6-61		2-(12-hydroxy-12-methyl-tridecanyl)-3-methoxy-4-quinolone	$C_{24}H_{37}NO_3$	C	[17]
2-6-62		haplacutine A	$C_{18}H_{21}NO_2$	CD_3CN	[18]
2-6-63		haplacutine E	$C_{18}H_{21}NO$	CD_3CN	[18]
2-6-64		haplacutine F	$C_{18}H_{23}NO$	CD_3CN	[18]
2-6-65		chamaedrone	$C_{20}H_{33}NO_3$	C	[19]
2-6-66		antidesmone	$C_{19}H_{29}NO_3$	C	[19]
2-6-67	8-甲氧基-4-喹酮-2-羧酸		$C_{11}H_9NO_4$	P	[20]
2-6-68	顺式-十氢喹啉	trans-decahydroquinoline	$C_9H_{17}N$	C	[21]
2-6-69	2α-甲基-顺式-十氢喹啉	2α-methyl-trans-decahydro-quinoline	$C_{10}H_{19}N$	C	[21]
2-6-70	2β-甲基-顺式-十氢喹啉	2β-methyl-trans-decahydro-quinoline	$C_{10}H_{19}N$	C	[21]
2-6-71	3α-甲基-顺式-十氢喹啉	3α-methyl-trans-decahydro-quinoline	$C_{10}H_{19}N$	C	[21]
2-6-72	3β-甲基-顺式-十氢喹啉	3β-methyl-trans-decahydro-quinoline	$C_{10}H_{19}N$	C	[21]

续表

编号	中文名称	英文名称	分子式	测试溶剂	参考文献
2-6-73	10-甲基-顺式-十氢喹啉	10-methyl-*trans*-decahydroquinoline	$C_{10}H_{19}N$	C	[21]
2-6-74	6α-甲基-顺式-十氢喹啉	6α-methyl-*trans*-decahydroquinoline	$C_{10}H_{19}N$	C	[21]
2-6-75	8α-甲基-顺式-十氢喹啉	8α-methyl-*trans*-decahydroquinoline	$C_{10}H_{19}N$	C	[21]
2-6-76	8β-甲基-顺式-十氢喹啉	8β-methyl-*trans*-decahydroquinoline	$C_{10}H_{19}N$	C	[21]
2-6-77	8α-10-甲基-顺式-十氢喹啉	8α-10-methyl-*trans*-decahydroquinoline	$C_{10}H_{19}N$	C	[21]
2-6-78	*N*-甲基-顺式-十氢喹啉	*N*-methyl-*trans*-decahydroquinoline	$C_{10}H_{19}N$	C	[21]
2-6-79	2α-甲基-*N*-甲基-顺式-十氢喹啉	2α-methyl-*N*-methyl-*trans*-decahydroquinoline	$C_{11}H_{21}N$	C	[21]
2-6-80	2β-甲基-*N*-甲基-顺式-十氢喹啉	2β-methyl-*N*-methyl-*trans*-decahydroquinoline	$C_{11}H_{21}N$	C	[21]
2-6-81	3α-甲基-*N*-甲基-顺式-十氢喹啉	3α-methyl-*N*-methyl-*trans*-decahydroquinoline	$C_{11}H_{21}N$	C	[21]
2-6-82	3β-甲基-*N*-甲基-顺式-十氢喹啉	3β-methyl-*N*-methyl-*trans*-decahydroquinoline	$C_{11}H_{21}N$	C	[21]
2-6-83	6α-甲基-*N*-甲基-顺式-十氢喹啉	6α-methyl-*N*-methyl-*trans*-decahydroquinoline	$C_{11}H_{21}N$	C	[21]
2-6-84	8α-甲基-*N*-甲基-顺式-十氢喹啉	8α-methyl-*N*-methyl-*trans*-decahydroquinoline	$C_{11}H_{21}N$	C	[21]
2-6-85	8β-甲基-*N*-甲基-顺式-十氢喹啉	8β-methyl-*N*-methyl-*trans*-decahydroquinoline	$C_{11}H_{21}N$	C	[21]
2-6-86	10-甲基-*N*-甲基-顺式-十氢喹啉	10-methyl-*N*-methyl-*trans*-decahydroquinoline	$C_{11}H_{21}N$	C	[21]
2-6-87	8α, 10-二甲基-*N*-甲基-顺式-十氢喹啉	8α, 10-dimethyl-*N*-methyl-*trans*-decahydroquinoline	$C_{12}H_{23}N$	C	[21]
2-6-88		*trans-anti-trans*-perhydrobenzo[*h*]quinoline	$C_{13}H_{23}N$	C	[21]
2-6-89		*trans-anti-cis*-perhydrobenzo[*h*]quinoline	$C_{17}H_{23}N$	C	[21]
2-6-90		*trans-syn-cis*-perhydrobenzo[*h*]quinoline	$C_{17}H_{23}N$	C	[21]
2-6-91		*trans-syn-trans*-perhydroacridine	$C_{17}H_{23}N$	C	[21]
2-6-92		*N*-methyl-*trans-anti-trans*-perhydrobenzo[*h*]quinoline	$C_{17}H_{23}N$	C	[21]
2-6-93		*N*-methyl-*trans-anti-cis*-perhydrobenzo[*h*]quinoline	$C_{17}H_{23}N$	C	[21]
2-6-94		*N*-methyl-*trans-syn-cis*-perhydrobenzo[*h*]quinoline	$C_{17}H_{23}N$	C	[21]
2-6-95		*N*-methyl-*trans-syn-trans*-perhydroacridine	$C_{17}H_{23}N$	C	[21]

续表

编号	中文名称	英文名称	分子式	测试溶剂	参考文献
2-6-96	夏腊梅碱	Calycanthine	$C_{22}H_{26}N_4$	C	[22]
2-6-97		*N*-formyltetrahydroquinoline	$C_{10}H_{11}NO$	C	[23]
2-6-98		acetyltetrahydroquinoline	$C_{11}H_{13}NO$	C	[23]
2-6-99		kusol	$C_9H_{11}N$	C	[23]
2-6-100	冬凌草碱	donglingine	$C_{15}H_{19}N_5O_3$	M	[16]
2-6-101		15α-methyllycopodane-5β,6β-diol *N*-oxide	$C_{16}H_{27}NO_3$	M	[24]
2-6-102		lycoperine A	$C_{31}H_{49}N_3O_2$	B	[25]
2-6-103	20-*O*-β-吡喃葡萄糖基喜树碱	20-*O*-β-glucopyranosylcamptothecin	$C_{26}H_{26}N_2O_9$	M	[26]
2-6-104	9-甲氧基喜树碱	9-methoxycamptothecin	$C_{21}H_{18}N_2O_5$	C	[27]
2-6-105	去氧小蛇根草苷	deoxypumiloside	$C_{26}H_{28}N_2O_8$	M	[28]
2-6-106	白藓碱	dictamnine	$C_{12}H_9NO_2$	C	[9]
2-6-107	花椒碱	fagarine	$C_{13}H_{11}NO_3$	C	[29]
2-6-108	尖叶芸香碱	haploperine	$C_{18}H_{21}NO_6$	C	[30]
2-6-109	茵芋碱	skimmianine	$C_{14}H_{13}NO_4$	C	[9]
2-6-110	大叶桉亭	robustine	$C_{12}H_9NO_3$	C	[31]
2-6-111	单叶芸香品碱	haplopine	$C_{13}H_{11}NO_3$	C	[31]
2-6-112	二氢奎尼丁	hydroquinidine	$C_{20}H_{26}N_2O_2$	C	[32]
2-6-113	血红白叶藤酸甲酯	methyl cryptolepinoate	$C_{18}H_{14}N_2O_2$	M	[33]
2-6-114	奎尼丁	quinidine	$C_{20}H_{24}N_2O_2$	C	[32]
2-6-115	美狄扣明	medicosmine	$C_{17}H_{15}NO_3$	C	[34]
2-6-116		(−)-*cis*-1,2-dihydroxy-1,2-dihydromedicosmine	$C_{17}H_{17}NO_5$	C	[34]
2-6-117		plakinidine A	$C_{18}H_{14}N_4O$	D	[35]
2-6-118		plakinidine B	$C_{19}H_{16}N_4O$	D	[35]
2-6-119		plakinidine C	$C_{18}H_{12}N_4O$	D	[35]
2-6-120		plakinidine D	$C_{17}H_{12}N_4O$	D	[36]
2-6-121		plakinidine E	$C_{17}H_{11}N_3O_2$	D	[36]
2-6-122		*N*-deacetylshermilamine B	$C_{19}H_{16}N_4OS$	D	[37]
2-6-123		cystodimine A	$C_{18}H_{12}N_4O$	M	[37]
2-6-124		cystodimine B	$C_{18}H_{13}N_4O_2$	M	[37]
2-6-125		tecleanatalensine A	$C_{18}H_{19}NO_5$	C	[38]
2-6-126		tecleanatalensine B	$C_{18}H_{19}NO_4$	C	[38]
2-6-127		4,7-dimethoxy-8-[(3-methyl-2-butenyl)oxy]furo[2,3-*b*]quinoline	$C_{18}H_{19}NO_4$	C	[38]
2-6-128		7-(2'-hydroxy-3'-chloroprenyloxy)-4,8-dimethoxyfuroquinoline	$C_{18}H_{20}ClNO_5$	D	[39]
2-6-129		6-(2'-hydroxy-3'-chloroprenyloxy)-4,7-dimethoxy-furoquinoline	$C_{18}H_{20}ClNO_5$	D	[39]

续表

编号	中文名称	英文名称	分子式	测试溶剂	参考文献
2-6-130		nkolbisine	$C_{18}H_{21}NO_6$	D	[39]
2-6-131		1'2'-didehydro-7,8-dimethoxy-platydesmine	$C_{17}H_{19}NO_4$	C	[40]
2-6-132		3-chloro-8,9-dimethoxy-geibalansine	$C_{17}H_{20}ClNO_4$	C	[40]
2-6-133	过氧化野花椒醇碱	peroxysimulenoline	$C_{20}H_{23}NO_4$	C	[41]
2-6-134	野花椒醇碱	simulenoline	$C_{20}H_{23}NO_3$	C	[41]
2-6-135		N-methylflindersine	$C_{15}H_{15}NO_2$	C	[42]
2-6-136	石蒜西啶	lycoricidine	$C_{14}H_{13}NO_6$	M	[43~45]
2-6-137	石蒜西啶醇	lycoricidinol	$C_{14}H_{13}NO_{17}$	C	[46,47]
2-6-138		methyl-2-(3-hydroxy-1-methyl-2,4-dioxo-1,2,3,4-tetrahydro-quinolin-3-yl)-acetate	$C_{13}H_{13}NO_5$	C	[42]
2-6-139		3-hydroxy-1-methyl-3-(2-oxopropyl)-quinoline-2,4(1H,3H)-dione	$C_{13}H_{13}NO_4$	C	[42]
2-6-140		(5Z)-8-[(4-methoxyfuro[2,3-b]quinolin-7-yl)oxy]-2,6-dimethyl-2,5-octadien-4-one	$C_{22}H_{23}NO_4$	C	[48]
2-6-141		(5E)-8-[(4-methoxyfuro[2,3-b]quinolin-7-yl)oxy]-2,6-dimethyl-2,5-octadien-4-one	$C_{22}H_{23}NO_4$	C	[48]
2-6-142		(6E)-8-[(4-methoxyfuro[2,3-b]quinolin-7-yl)oxy]-2,6-dimethyl-2,6-octadien-4-one	$C_{22}H_{23}NO_4$	C	[48]
2-6-143		waltherione A	$C_{23}H_{23}NO_5$	C	[49]
2-6-144		O-methylwaltherione A	$C_{24}H_{25}NO_5$	C	[49]
2-6-145		waltherione B	$C_{23}H_{23}NO_5$	C	[50]
2-6-146		vanessine	$C_{19}H_{31}NO_3$	C	[50]
2-6-147		waltherione A	$C_{23}H_{23}NO_5$	C	[51]
2-6-148		(9R*,10R*,13S*)-9-hydroxy-3,4-dimethoxy-9-(2'-methoxyphenyl)-14-oxa-bicyclo[3.2.1]-octa-[f]-2-methylquinoline	$C_{24}H_{25}NO_5$	C	[50]
2-6-149		(9R*,10R*,13S*)-9-hydroxy-3-methoxy-1,2-dimethyl-9-(2'-methoxyphenyl)-14-oxa-bicyclo[3.2.1]octa[f]quinolone	$C_{24}H_{25}NO_5$	C	[50]

续表

编号	中文名称	英文名称	分子式	测试溶剂	参考文献
2-6-150		(9R*,10S*,13R*)-9-hydroxy-3,4-dimethoxy-9-(2'-methoxyphenyl)-14-oxabicyclo[3.2.1]-octa[f]-2-methylquinoline	$C_{24}H_{25}NO_5$	C	[50]
2-6-151		(9R*,10S*,13R*)-9-hydroxy-3-methoxy-1,2-dimethyl-9-(20-methoxyphenyl)-14-oxa-bicyclo[3.2.1]octa[f]quinolone	$C_{24}H_{25}NO_5$	C	[50]
2-6-152		N-methyl-4-hydroxy-7-methoxy-3-(2,3-epoxy-3-methylbutyl)-1H-quinolin-2-one	$C_{16}H_{19}NO_4$	C	[52]
2-6-153		3-(2,3-dihydroxy-3-methylbutyl)-4,7-dimethoxy-1-methyl-1H-quinolin-2-one	$C_{17}H_{23}NO_5$	C	[52]
2-6-154	喜树碱	camptothecin	$C_{20}H_{16}N_2O_4$	D	[27, 53]
2-6-155	2,3-亚甲基二氧-4,7-二甲氧基喹啉	2,3-methylenedioxy-4,7-dimethoxyquinoline	$C_{12}H_{11}NO_4$	C	[54]
2-6-156	2-(2'-甲基-1'-丙烯基)-4,6-二甲基-7-羟基喹啉	2-(2'-methyl-1'-propenyl)-4,6-dimethyl-7-hydroxyquinoline	$C_{15}H_{17}NO$	M	[55]
2-6-157	岩黄连灵碱	cavidilinine	$C_{19}H_{13}NO_4$	C	[24]
2-6-158	氨茶碱	eucophylline	$C_{19}H_{22}N_2O$	M	[56]
2-6-159	前茵芋碱	preskimmianine	$C_{17}H_{21}NO_4$	C	[9]
2-6-160		ravenine	$C_{15}H_{17}NO_2$	C	[9]
2-6-161		ravenoline	$C_{15}H_{17}NO_2$	C	[9]
2-6-162	和常山碱	orixine	$C_{17}H_{21}NO_6$	C	[9]
2-6-163	羟基月芸任	balfourolone	$C_{17}H_{23}NO_5$	C	[9]
2-6-164	月橘啶	lunacridine	$C_{17}H_{23}NO_4$	C	[9]
2-6-165	异阔带明	isoplatydesmine	$C_{15}H_{17}NO_3$	C	[9]
2-6-166	(+/−)-羟基月芸任	(+/−)-balfourodine	$C_{16}H_{19}NO_4$	C	[9]
2-6-167	(+/−)-日巴里宁碱	(+/−)-ribalinine	$C_{15}H_{17}NO_3$	C	[9]
2-6-168	(+/−)-阿拉里奥普辛碱	(+/−)-araliopsine	$C_{15}H_{17}NO_3$	C	[9]
2-6-169	美丽猪屎豆碱	spectabiline	$C_{15}H_{17}NO_2$	C	[9]
2-6-170	茵芋碱	skimmianine	$C_{14}H_{13}NO_4$	C	[9]
2-6-171	白藓碱	dictamnine	$C_{12}H_{19}NO_2$	C	[9]
2-6-172		chaplophytin B	$C_{18}H_{21}NO_6$	C	[9]
2-6-173	(+/−)-朝森因	(+/−)-choisyine	$C_{18}H_{19}NO_5$	C	[9]
2-6-174		cyclomegistine B	$C_{17}H_{19}NO_6$	C	[57]
2-6-175		sarcomejine B	$C_{18}H_{19}NO_7$	C	[57]
2-6-176		lodopyridone	$C_{23}H_{21}ClN_4O_4S_2$	D	[58]
2-6-177	10-甲氧基喜树碱	10-methoxycamptothecin	$C_{21}H_{18}N_2O_5$	D	[59]

续表

编号	中文名称	英文名称	分子式	测试溶剂	参考文献
2-6-178		18-demethylparaensidimerin C	$C_{29}H_{28}N_2O_4$	C	[60]
2-6-179		cinchonidine	$C_{19}H_{22}N_2O$	C	[61]
2-6-180	奎宁	quinine	$C_{20}H_{24}N_2O_2$	C	[61]
2-6-181	表奎宁	epiquinine	$C_{20}H_{24}N_2O_2$	C	[61]
2-6-182	奎尼丁	quinidine	$C_{20}H_{24}N_2O_2$	C	[61]
2-6-183	表奎尼定	epiquinidine	$C_{20}H_{24}N_2O_2$	C	[61]
2-6-184	双氢奎宁	dihydroquinine	$C_{20}H_{26}N_2O_2$	C	[61]
2-6-185	双氢奎尼定	dihydroquinidine	$C_{20}H_{26}N_2O_2$	C	[61]
2-6-186	双氢表奎宁	dihydroepiquinine	$C_{20}H_{26}N_2O_2$	C	[61]
2-6-187	3-羟基奎尼丁	3-hydroxyquinidine	$C_{20}H_{24}N_2O_3$	D	[62]
2-6-188		2'-quinidinone	$C_{20}H_{24}N_2O_3$	D	[62]
2-6-189		meloscine	$C_{19}H_{20}N_2O$	C	[63]
2-6-190		epimeloscine	$C_{19}H_{20}N_2O$	C	[63]
2-6-191	斯坎丁	scandine	$C_{21}H_{22}N_2O_3$	C	[63]
2-6-192		meloscandonin	$C_{22}H_{24}N_2O_3$	C	[63]
2-6-193	金鸡尼丁	cinchonidine	$C_{19}H_{22}N_2O$	C	[61]
2-6-194	O-甲基辛可宁	o-methylcinchonine	$C_{20}H_{24}N_2O$	C	[64]

注：在测试溶剂一栏中，*表示$(CD_3)_2SO+CDCl_3$。

一、简单喹啉类生物碱

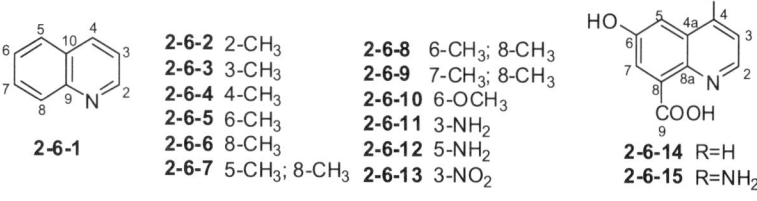

表 2-6-2 化合物 2-6-1~2-6-13 的 ^{13}C NMR 数据[1~3]

C	2-6-1	2-6-2	2-6-3	2-6-4	2-6-5	2-6-6	2-6-7	2-6-8	2-6-9	2-6-10	2-6-11	2-6-12	2-6-13
2	150.2	158.2	152.2	149.8	149.3	149.0	148.1	148.2	149.9	147.8	143.1	150.6	144.2
3	120.9	121.7	130.1	121.6	120.8	120.6	120.0	120.6	119.6	121.2	140.2	119.8	141.6
4	135.7	135.6	134.2	143.9	135.0	135.8	131.9	135.3	135.8	134.5	114.6	131.0	132.4
5	127.6	127.3	127.1	123.6	131.4	125.8	131.8	124.6	124.7	105.1	125.8	145.5	133.6
6	126.4	125.4	126.3	126.1	135.9	126.1	126.4	135.7	129.3	157.7	126.8	109.2	129.0
7	129.2	129.1	128.2	128.8	126.5	129.4	128.9	131.8	134.1	122.1	125.3	130.8	130.0
8	129.4	128.7	129.2	129.8	129.1	137.1	134.8	136.5	136.9	130.8	128.8	118.6	130.1
9	148.3	147.9	146.6	147.8	147.0	147.5	147.5	146.0	147.3	144.5	142.4	150.3	150.3
10	128.2	126.4	128.1	128.0	128.0	128.2	127.5	128.3	126.5	129.3	126.2	119.1	126.2
CH_3		25.1	18.4	18.2	21.2	18.1	18.1	21.4	20.5				
OCH_3							18.1	18.0	13.3	55.1			

表 2-6-3 化合物 2-6-14~2-6-15 的 ¹³C NMR 数据[4]

C	2-6-14	2-6-15	C	2-6-14	2-6-15	C	2-6-14	2-6-15
2	146.1	140.8	5	114.0	107.9	8a	139.5	136.9
3	125.8	100.8	6	155.7	156.2	9	166.2	166.8
4	137.5	155.1	7	122.4	125.4			
4a	125.5	119.3	8	129.9	128.7			

二、喹啉-2-酮类生物碱

2-6-16
2-6-17 4-CH₃
2-6-18 6-CH₃
2-6-19 8-CH₃
2-6-20 1-CH₃; 4-CH₃
2-6-21 4-CH₃; 6-CH₃
2-6-22 4-CH₃; 7-CH₃
2-6-23 4-CH₃; 8-CH₃
2-6-24 4-CH₃; 6-CH₂CH₃
2-6-25 4-CH₃; 5-CH₃; 7-CH₃
2-6-26 4-CH₃; 6-CH₃; 7-CH₃
2-6-27 4-CH₃; 6-CH₃; 8-CH₃
2-6-28 4-CH₃; 8-OCH₃
2-6-29 1-CH₃; 4-CH₃; 8-OCH₃

表 2-6-4 化合物 2-6-16~2-6-29 的 ¹³C NMR 数据[5~7]

C	2-6-16	2-6-17	2-6-18	2-6-19	2-6-20	2-6-21	2-6-22	2-6-23	2-6-24	2-6-25	2-6-26	2-6-27	2-6-28	2-6-29
2	162.0	161.6	161.9	162.4	162.0	161.5	161.9	161.8	164.5	161.0	161.6	161.7	161.6	163.1
3	121.7	120.9	121.7	121.5	121.1	120.8	119.8	120.6	120.4	121.6	119.7	120.6	121.1	121.3
4	140.1	147.7	139.9	140.7	146.3	147.4	147.4	148.1	149.0	149.4	147.3	147.9	145.2	145.8
5	127.8	124.5	127.3	125.9	125.1	124.1	124.4	122.5	122.8	135.9	124.5	122.1	115.9	117.5
6	121.9	121.5	130.6	121.5	121.9	130.4	123.0	121.2	138.4	127.2	129.8	130.1	121.2	122.3
7	130.2	130.1	131.4	131.5	130.4	131.3	140.2	131.4	130.7	140.5	139.3	132.7	109.5	113.7
8	115.2	115.4	115.0	123.4	114.4	115.4	115.2	123.5	116.8	114.4	115.8	123.4	148.0	148.7
9	139.0	138.7	136.8	137.3	139.8	136.6	138.8	137.0	136.4	139.0	136.9	135.0	128.0	131.3
10	119.1	119.6	119.1	119.2	121.3	119.5	117.6	119.7	120.4	116.9	117.7	117.6	120.3	123.4
CH₃		18.4	20.3	17.2	18.8	18.5	18.4	18.7	19.1	20.7	18.4	18.8	19.1	19.5
					29.1	20.6	21.2	17.0		24.2	19.0	20.4		35.3
										24.9	19.6	17.2		
OCH₃													55.8	56.8

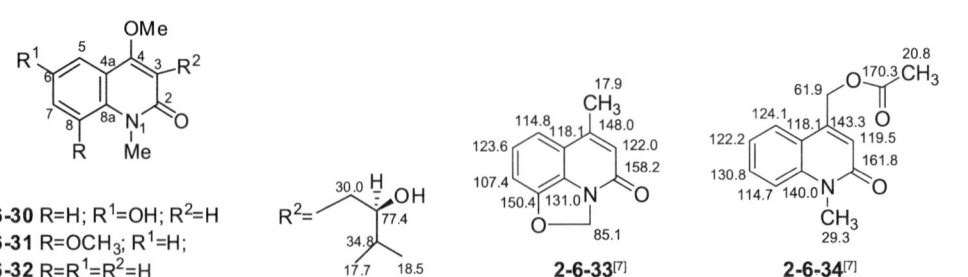

2-6-30 R=H; R¹=OH; R²=H
2-6-31 R=OCH₃; R¹=H;
2-6-32 R=R¹=R²=H

2-6-33[7]

2-6-34[7]

表 2-6-5 化合物 2-6-30～2-6-32 的 ^{13}C NMR 数据[8]

C	2-6-30	2-6-31[9]	2-6-32①	2-6-32②	C	2-6-30	2-6-31[9]	2-6-32①	2-6-32②
2	161.9	167.1	162.4	162.2	7	120.2	113.9	130.1	131.2
3	96.5	—	95.3	96.1	8	116.0	149.1	113.0	114.4
4	161.4	161.3	161.4	161.7	8a	132.9	—	138.6	139.3
4a	116.4	120.3	115.3	115.4	4-OCH$_3$	56.1	62.0	54.8	56.0
5	106.9	116.1	120.4	121.3	8-OCH$_3$		56.7		28.4
6	152.1	123.0	122.1	122.4	N-CH$_3$	28.7	35.8	27.9	

① 在 CDCl$_3$ 中测定；② 在 DMSO-d$_6$ 中测定。

三、喹啉-4-酮类生物碱

表 2-6-6 化合物 2-6-35 的 ^{13}C NMR 数据

C	2-6-35[10]	2-6-35[11]	C	2-6-35[10]	2-6-35[11]	C	2-6-35[10]	2-6-35[11]
2	152.7	143.8	5	124.2	109.9	8a	152.6	140.6
3	102.9	132.2	6	128.4	115.4	N-CH$_3$	30.3	40.6
4	172.8	178.2	7	135.1	123.7			
4a	121.2	126.9	8	118.0	126.7			

表 2-6-7 化合物 2-6-36~2-6-45 的 ^{13}C NMR 数据[12]

C	2-6-36	2-6-37	2-6-38	2-6-39	2-6-40	2-6-41	2-6-42[13,14]	2-6-43[15]	2-6-44[15]	2-6-45[15]
2	154.7	154.5	154.5	154.5	154.7	155.2	158.8	155.8	154.5	155.5
3	111.1	110.5	111.2	110.7	111.1	111.1	111.1	107.9	110.4	107.9
4	177.7	177.3	177.9	177.4	177.7	178.0	179.6	178.7	177.2	178.6
4a	—	—	—	—	—	—	127.0	124.8	125.9	124.8
5	126.6	126.0	126.8	126.2	126.6	126.8	126.7	125.1	125.9	125.1
6	123.2	122.8	123.4	122.9	123.2	123.5	125.1	123.6	122.8	123.5
7	132.0	131.7	132.1	131.7	132.0	132.2	133.8	131.7	131.6	131.7
8	115.3	115.2	115.3	115.2	115.3	115.4	117.8	118.8	115.2	118.7
8a	142.0	141.6	—	141.7	142.0	142.0	143.5	140.8	141.5	140.7
N-CH$_3$	34.1	33.8	34.2	33.9	34.1	34.3	35.4		33.8	
1'	34.7	34.3	34.2	34.5	34.7	34.9	35.6	34.3	34.2	34.3
2'	28.5	28.1	28.6	28.2	28.5	28.7	29.6	—	—	—
3'	29.3	28.8	26.8	28.7	29.3	29.4	30.2			
4'	29.3	28.9	130.7	29.1	29.3	29.4	30.2			
5'	29.3	23.9	127.4	26.9	29.3	29.4	30.8			
6'	29.5	29.4	25.8	129.3	29.5	29.7	28.1			
7'	29.6	26.6	128.2	127.5	29.6	29.7	130.7			
8'	29.6	129.3	130.1	25.5	29.6	29.7	130.9			
9'	29.6	129.7	27.4	128.2	31.9	29.7	27.9	31.9	43.3	43.7
10'	23.6	26.9	29.4	130.1	22.7	29.7	29.7	22.6	209.3	209.3
11'	31.9	31.7	31.6	27.0	14.1	29.7	33.1	14.0	23.4	23.7
12'	22.7	22.1	22.6	29.1		29.9	23.3			
13'	14.1	13.8	14.1	31.3		32.0	14.3			
14'				22.8		22.8				
15'				13.9		14.2				
3'~8'								29.2~29.6	29.2~29.5	29.8~29.0

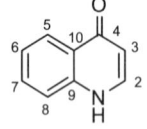

2-6-46

2-6-47 2-CH$_3$
2-6-48 2-CH$_3$; 5-CH$_3$
2-6-49 2-CH$_3$; 6-CH$_3$
2-6-50 2-CH$_3$; 8-CH$_3$
2-6-51 2-CH$_3$; 5-CH$_3$; 8-CH$_3$
2-6-52 2-CH$_3$; 6-CH$_3$; 8-CH$_3$
2-6-53 2-CH$_3$; 7-CH$_3$; 8-CH$_3$
2-6-54 7-OH

表 2-6-8 化合物 2-6-46~2-6-54 的 ^{13}C NMR 数据[6]

C	2-6-46	2-6-47	2-6-48	2-6-49	2-6-50	2-6-51	2-6-52	2-6-53	2-6-54[16]
2	139.5	149.5	147.7	149.1	149.9	148.1	149.4	149.7	145.6
3	108.8	108.4	110.2	108.1	108.7	110.7	108.5	108.3	128.1
4	177.2	176.8	179.6	176.7	177.0	180.0	177.0	177.1	171.5

续表

C	2-6-46	2-6-47	2-6-48	2-6-49	2-6-50	2-6-51	2-6-52	2-6-53	2-6-54[16]
5	125.0	124.8	139.1	124.1	122.3	136.8	122.1	122.0	117.7
6	123.1	122.6	125.0	131.8	122.8	124.8	133.6	124.9	123.8
7	131.5	131.3	130.3	132.6	132.3	131.4	131.3	139.3	155.2
8	118.4	117.7	115.8	117.6	125.8	123.2	125.6	123.2	114.6
9	140.1	140.2	141.8	138.2	138.8	140.3	136.9	138.9	149.3
10	125.9	124.6	122.8	124.5	124.8	123.2	124.8	123.2	112.5
CH$_3$		19.5	18.9	19.4	19.8	19.4	19.7	19.8	
			23.1	20.7	17.5	23.3	20.5	20.4	
						17.7	17.4	13.1	

表 2-6-9　化合物 2-6-55~2-6-61 的 ^{13}C NMR 数据[17]

C	2-6-55	2-6-56	2-6-57	2-6-58	2-6-59	2-6-60	2-6-61
2	147.8	147.7	148.1	146.4	156.9	153.1	146.2
3	140.2	140.3	140.2	140.2	105.1	105.7	138.4
4	172.8	172.7	172.7	172.9	170.9	176.2	173.2
4a	125.8	125.8	125.8	125.8	122.8	125.9	125.9
5	125.5	125.2	125.2	125.6	120.8	107.3	125.8
6	122.8	122.9	122.9	122.8	124.4	153.2	122.9
7	131.1	131.0	131.0	131.1	156.8	121.4	135.1
8	117.9	118.6	118.6	117.6	105.7	119.2	117.5
8a	138.6	138.9	138.9	138.3	133.8	133.6	140.4
1'	29.9	30.1	30.1	30.0	28.9	28.4	30.0
2'	29.0	29.2	29.6	29.0	42.8	42.5	29.4
3'	29.5	29.4	29.7	29.4	68.9	68.4	29.0
4'	29.5	29.3	29.5	29.4	29.5	29.1	29.4
5'	29.3	29.3	29.4	29.4	29.5	29.1	29.4

续表

C	2-6-55	2-6-56	2-6-57	2-6-58	2-6-59	2-6-60	2-6-61
6'	29.2	29.3	29.4	29.4			29.4
7'	29.2	29.2	29.3	29.5			29.4
8'	29.1	23.6	29.3	29.2			29.4
9'	29.7	41.1	24.3	29.2			29.6
10'	29.7	73.1	43.9	25.7			24.3
11'	43.8	34.3	71.2	39.3			43.7
12'	210.0	8.3	29.2	68.3			71.3
13'	30.0	26.4	29.2	23.6			29.2
14'							29.2
OMe	60.2	60.2	60.3	60.2			60.1

表 2-6-10 化合物 2-6-62~2-6-64 的 ^{13}C NMR 数据[18]

C	2-6-62	2-6-63	2-6-64	C	2-6-62	2-6-63	2-6-64
2	—	154.0	—	1'	34.1	34.3	34.5
3	109.2	109.0	109.1	2'	27.4	26.9	27.4
4	—	178.7	—	3'	129.6	128.4	—
5	126.0	125.9	126.1	4'	130.4	130.6	—
6	123.9	123.8	124.0	5'	125.0	25.9	27.7
7	132.5	132.3	132.4	6'	138.7	127.8	29.8
8	118.3	118.2	118.2	7'	73.7	132.7	31.9
9	—	141.2	—	8'	30.8	21.0	23.3
10	—	126.1	—	9'	10.1	14.4	—

表 2-6-11　化合物 2-6-65~2-6-67 的 ^{13}C NMR 数据[19]

C	2-6-65	2-6-66	2-6-67[20]	C	2-6-65	2-6-66	2-6-67[20]
2	138.1	137.9	141.0	9	30.5	30.6	
3	147.6	144.5	111.5	10~15	22.6~31.8	22.2~32.5	
4	173.3	171.7	179.8	16	14.0	14.0	
4a	139.1	128.8	128.0	17	14.6	14.4	
5	30.3	31.8	117.9	18	59.3	59.7	
6	24.4	22.6	124.0	19	—	56.1	
7	32.2	75.0	111.8	COOH			166.5
8	194.9	22.3	149.4	OMe			56.5
8a	132.0	141.0	131.4				

四、氢化喹啉类生物碱

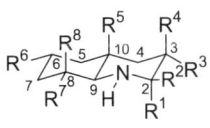

2-6-68　R^1~R^8=H
2-6-69　R^1=CH$_3$; R^2~R^8=H
2-6-70　R^2=CH$_3$; R^1,R^3~R^8=H
2-6-71　R^3=CH$_3$; R^1,R^2,R^4~R^8=H
2-6-72　R^4=CH$_3$; R^1~R^3,R^5~R^8=H
2-6-73　R^5=CH$_3$; R^1~R^4,R^6~R^8=H
2-6-74　R^6=CH$_3$; R^1~R^4,R^6~R^8=H
2-6-75　R^7=CH$_3$; R^1~R^6,R^8=H
2-6-76　R^8=CH$_3$; R^1~R^7=H
2-6-77　R^5=R^7=CH$_3$; R^1~R^4,R^6~R^8=H

表 2-6-12　化合物 2-6-68~2-6-77 的 ^{13}C NMR 数据[21]

C	2-6-68	2-6-69	2-6-70	2-6-71	2-6-72	2-6-73	2-6-74	2-6-75	2-6-76	2-6-77
2	47.3	47.5	52.4	54.9	52.3	48.1	47.4	47.6	47.7	48.6
3	27.3	31.3	35.0	32.8	28.6	23.0	27.2	26.9	27.5	22.9
4	32.5	26.8	32.4	41.4	38.1	39.9	32.4	32.6	33.0	40.3
5	32.6	32.5	32.2	32.6	32.8	40.5	41.4	33.0	33.3	41.0
6	26.3	26.3	26.2	26.2	26.3	21.5	32.6	25.8	20.2	21.3
7	25.6	25.7	25.5	25.7	25.7	26.0	34.2	34.9	32.9	35.5
8	34.0	34.3	33.8	33.7	33.7	28.9	33.8	37.5	33.2	31.7
9	62.1	54.0	61.9	61.6	62.3	64.3	61.9	68.0	64.6	70.7
10	43.3	43.9	42.4	43.2	37.5	34.0	42.9	42.2	35.6	34.0
CH$_3$		18.6	23.0	19.6	17.7	15.6	22.4	18.6	12.6	19.0(8-CH$_3$) 16.8(10-CH$_3$)

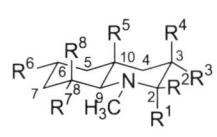

2-6-78　R^1~R^8=H
2-6-79　R^1=CH$_3$; R^2~R^8=H
2-6-80　R^2=CH$_3$; R^1,R^3~R^8=H
2-6-81　R^3=CH$_3$; R^1,R^2,R^4~R^8=H
2-6-82　R^4=CH$_3$; R^1~R^3,R^5~R^8=H
2-6-83　R^6=CH$_3$; R^1~R^4,R^6~R^8=H
2-6-84　R^7=CH$_3$; R^1~R^6,R^8=H
2-6-85　R^8=CH$_3$; R^1~R^7=H
2-6-86　R^5=CH$_3$; R^1~R^4,R^6~R^8=H
2-6-87　R^5=R^7=CH$_3$; R^1~R^4,R^6~R^8=H

表 2-6-13　化合物 2-6-78~2-6-87 的 ^{13}C NMR 数据[21]

C	2-6-78	2-6-79	2-6-80	2-6-81	2-6-82	2-6-83	2-6-84	2-6-85	2-6-86	2-6-87
2	57.9	56.0	59.7	65.6	63.6	58.1	56.1	58.2	59.2	55.4
3	25.8	31.6	34.7	31.0	28.5	25.9	19.4	25.8	22.2	16.9

续表

C	2-6-78	2-6-79	2-6-80	2-6-81	2-6-82	2-6-83	2-6-84	2-6-85	2-6-86	2-6-87
4	32.6	26.9	32.8	41.4	38.2	32.5	33.7	33.0	40.3	41.4
5	31.1	32.9	33.5	33.0	33.1	41.8	34.1	33.7	40.7	43.8
6	26.0	26.2	25.8	26.0	26.1	32.3	25.7	20.2	21.2	21.5
7	25.9	26.0	26.1	25.8	25.8	34.4	35.7	32.6	26.1	36.7
8	30.3	30.9	30.9	30.3	30.1	30.4	34.5	29.2	25.1	29.9
9	69.3	60.0	69.2	68.6	70.1	69.1	70.7	72.0	71.9	71.8
10	41.8	42.5	41.5	41.7	36.2	41.5	31.8	34.1	17.4	34.9
N-CH$_3$	42.6	39.5	37.1	42.4	43.0	42.8	41.2	42.3	43.1	35.5
CH$_3$		19.1	21.9	19.7	18.8	22.3	18.9	12.1	17.4	19.7

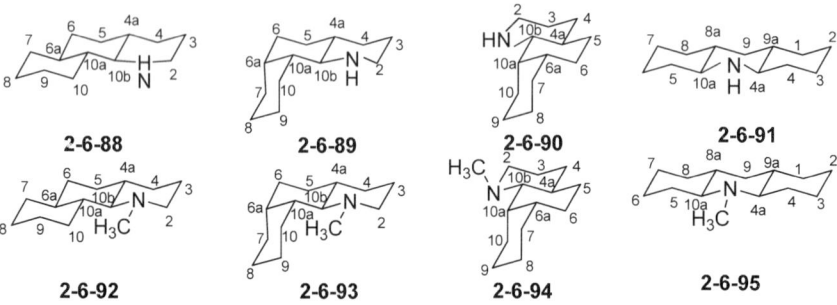

表 2-6-14　化合物 2-6-88~2-6-95 的 ^{13}C NMR 数据[21]

C	2-6-88	2-6-89	2-6-90	2-6-91	2-6-92	2-6-93	2-6-94	2-6-95
2	47.5	47.6	47.7	26.2	66.0	56.3	58.3	25.8
3	26.8	27.1	27.5	25.6	19.3	19.6	25.7	26.1
4	32.3	32.6	33.0	33.7	33.2	33.5	33.0	31.0
4a	41.8	43.5	36.0	62.1	31.8	31.5	34.6	69.3
5	32.8	28.4	33.2	33.7	33.6	29.0	33.5	31.0
6	34.1	32.1	25.5	25.6	34.5	32.5	25.3	26.1
6a	45.6	37.4	37.0		42.8	37.4	36.9	
7	33.8	26.7	32.3	26.2	33.8	26.7	32.6	25.8
8	26.3	27.3	21.6	32.3	26.5	26.9	21.7	33.5
8a				43.3				41.0
9	26.3	20.6	26.8	39.9	26.6	21.1	26.9	40.7
10	28.9	27.2	21.1		29.4	26.9	20.6	
10a	47.6	41.5	42.1	62.1	44.6	37.7	38.4	69.3
10b	66.1	57.1	65.4		69.1	60.4	72.8	
N-CH$_3$					33.2	33.0	42.3	36.1

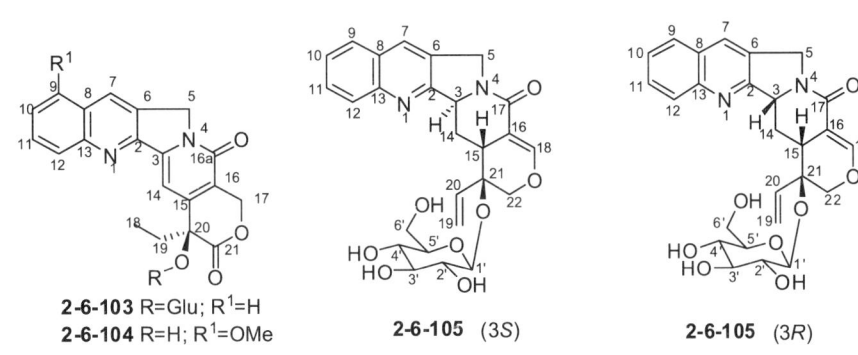

五、多取代喹啉类生物碱

表 2-6-15 化合物 2-6-103~2-6-104 的 ^{13}C NMR 数据

C	2-6-103[26]	2-6-104[27]	C	2-6-103[26]	2-6-104[27]	C	2-6-103[26]	2-6-104[27]
2	153.9	152.7	12	129.8	121.8	20	79.1	72.8
3	146.2	146.6	13	149.6	149.7	21	171.1	174.0
5	51.4	50.3	14	101.5	98.1	1'	101.1	
6	130.9	127.6	15	149.2	150.1	2'	75.6	
7	133.3	126.2	16	122.0	118.6	3'	78.1	
8	129.9	120.8	16a	168.3	157.7	4'	71.1	
9	129.7	155.2	17	67.8	66.4	5'	78.2	
10	129.1	105.5	18	8.4	7.8	6'	62.2	
11	131.9	130.6	19	33.9	30.9	OMe		56.0

表 2-6-16 化合物 2-6-105 的 ^{13}C NMR 数据[28]

C	2-6-105 (3S)	2-6-105 (3R)	C	2-6-105 (3S)	2-6-105 (3R)	C	2-6-105 (3S)	2-6-105 (3R)
2	163.2	163.2	6	129.7	129.7	9	129.3	129.4
3	61.6	62.7	7	132.6	132.3	10	128.0	128.0
5	49.1	49.6	8	129.3	129.4	11	131.0	131.0

续表

C	2-6-105 (3S)	2-6-105 (3R)	C	2-6-105 (3S)	2-6-105 (3R)	C	2-6-105 (3S)	2-6-105 (3R)
12	129.0	129.1	18	147.7	149.2	2'	74.8	74.8
13	149.0	148.9	19	121.3	120.6	3'	78.0	78.0
14	30.2	31.1	20	133.6	133.7	4'	71.6	71.6
15	25.1	29.2	21	46.0	44.8	5'	78.4	78.4
16	110.6	108.8	22	97.5	97.5	6'	62.7	62.7
17	168.2	165.7	1'	99.8	99.7			

2-6-106 R=H; R¹=H
2-6-107 R=H; R¹=OCH₃
2-6-108 R¹=OCH₃; R= —O— (HO-C(CH₃)₂-CH(OH)- group: 25.3, 71.8, 72.5, 75.4, 26.7)
2-6-109 R=OCH₃; R¹=OCH₃
2-6-110 R=H; R¹=OH
2-6-111 R=OH; R¹=OCH₃

2-6-112 R=α-OH; R¹=β-H; R²=α-H; R³=CH₂CH₃
2-6-113 R=OH; R¹=β-H; R²=α-H; R₃=CH=CH₂
2-6-114 R=β-OH; R¹=α-H; R²=β-H; R³=CH=CH₂

表 2-6-17 化合物 2-6-106~2-6-111 的 ¹³C NMR 数据

C	2-6-106[9]	2-6-107[29]	2-6-108[30]	2-6-109[9]	2-6-110[31]	2-6-111[31]
2	143.6	143.5	143.3	143.0	143.4	143.9
3	104.7	104.3	104.7	104.6	105.5	103.8
3a	—	119.4	102.4	102.1	103.9	107.7
4	—	156.6	157.3	157.2	157.6	156.8
4a	—	103.5	115.7	115.0	118.8	119.6
5	112.4	107.5	114.4	112.2	112.9	114.1
6	123.7	123.1	118.6	118.2	124.3	123.4
7	129.6	113.9	143.1	141.6	110.7	137.5
8	127.9	137.2	151.2	152.2	151.0	154.5
8a	—	154.4	141.4	141.0	135.8	—
9	—	162.9	164.3	164.6	162.5	163.2
4-OMe	59.0	58.7	62.1	59.0	49.1	59.0
7-OMe				56.9		
8-OMe		55.7	59.0	61.7		55.9

表 2-6-18 化合物 2-6-112~2-6-114 的 ¹³C NMR 数据[32]

C	2-6-112①	2-6-112②	2-6-113[33]	2-6-114	C	2-6-112①	2-6-112②	2-6-113[33]	2-6-114
2	50.9	50.2	49.9	56.9	8	59.6	60.8	59.6	59.9
3	37.2	37.2	40.0	39.8	9	71.5	70.8	71.5	71.5
4	27.0	27.3	28.1	27.7	10	24.9	25.1	140.5	141.7
5	26.1	26.1	26.2	27.5	11	11.8	12.0	114.2	114.1
6	50.0	49.4	49.4	43.0	2'	147.1	147.4	147.1	147.0
7	20.4	23.1	20.8	21.4	3'	121.1	120.9	121.1	121.1

续表

C	2-6-112①	2-6-112②	2-6-113[33]	2-6-114	C	2-6-112①	2-6-112②	2-6-113[33]	2-6-114
4'	148.7	149.6	148.2	148.3	8'	130.9	131.1	131.0	130.9
5'	101.2	102.5	101.3	101.4	9'	126.4	127.1	126.3	126.4
6'	157.3	156.8	157.3	157.4	10'	143.6	143.9	143.6	143.7
7'	118.3	118.9	118.3	118.3	MeO	55.3	55.4	55.3	55.4

① 在 $CDCl_3$ 中测定；② 在 $DMSO-d_6$ 中测定。

表 2-6-19 化合物 2-6-115～2-6-116 的 ^{13}C NMR 数据[34]

C	2-6-115	2-6-116	C	2-6-115	2-6-116	C	2-6-115	2-6-116
1	122.6	63.4	6a	142.4	145.5	11a	115.2	119.3
2	127.1	73.1	7a	161.8	162.3	11b	114.1	115.4
3	74.4	77.5	9	143.5	144.1	CH_3	27.1	20.1
4a	150.6	150.6	10	104.3	104.0		27.1	26.3
5	122.3	124.2	10a	105.2	106.1	OCH_3	59.3	61.5
6	129.2	130.8	11	158.0	157.2			

表 2-6-20 化合物 2-6-117～2-6-121 的 ^{13}C NMR 数据[35]

C	2-6-117	2-6-118	2-6-119	2-6-120[36]	2-6-121[36]	C	2-6-117	2-6-118	2-6-119	2-6-120[36]	2-6-121[36]
2	136.2	135.6	137.8	131.0	124.2	7b	158.0	158.9	144.8	152.0	157.9
2a	127.9	127.8	128.7	121.7	118.6	9	39.9	38.4	140.2	40.0	40.1
2b	124.6	124.3	124.2	124.8	119.3	10	35.7	37.2	118.6	35.9	36.5
3	123.9	123.6	124.1	124.0	124.4	11	194.2	187.8	180.6	193.8	189.2
4	128.2	127.9	128.4	129.3	128.8	11a	100.1	105.2	115.6	99.6	107.7
5	126.3	126.0	126.8	127.0	127.1	12	152.1	152.7	150.9	157.6	171.5
6	130.4	130.1	130.3	130.8	130.9	12a	126.3	125.8	126.8	125.1	121.6
6a	144.2	143.8	143.9	144.3	144.2	12b	122.5	123.8	123.7	117.1	117.7
7a	138.2	138.3	137.2	140.0	143.9	CH_3	33.8	45.0	33.8		

2-6-122

2-6-123

2-6-124

表 2-6-21 化合物 2-6-122~2-6-124 的 ^{13}C NMR 数据[37]

C	2-6-122	2-6-123	2-6-124	C	2-6-122	2-6-123	2-6-124	C	2-6-122	2-6-123	2-6-124
2	150.5	150.8	150.1	7	116.9	130.0	135.3	12	164.0	41.9	41.8
3	107.3	122.2	122.2	7a	140.0	146.2	141.0	13a	121.7	160.7	160.7
3a	142.5	138.8	137.8	8a	131.5	143.9	139.5	13b	136.0	143.5	143.2
3b	115.4	124.6	127.0	9	108.4	159.0	159.4	13c	117.1	117.6	117.5
4	125.0	125.3	108.5	9a	124.4	100.4	132.5	14	25.8		
5	122.2	133.1	163.2	10		194.6	194.9	15	36.9		
6	132.7	133.9	124.3	11	29.4	35.7	35.7				

2-6-125

2-6-126

2-6-127

2-6-128

2-6-129 R=Cl
2-6-130 R=OH

表 2-6-22 化合物 2-6-125~2-6-130 的 ^{13}C NMR 数据

C	2-6-125[38]	2-6-126[38]	2-6-127[38]	2-6-128[39]	2-6-129[39]	2-6-130[39]
2	142.5	142.5	142.9	143.8	143.0	143.6
3	104.6	104.7	104.6	105.4	105.2	105.9
3a	102.2	102.0	101.9	114.2	101.8	102.5
4	155.7	156.0	157.1	156.7	155.0	155.7
4a	112.9	112.0	114.8	101.8	112.0	112.8
5	102.4	101.5	118.0	117.7	101.1	101.4
6	146.7	147.0	112.0	113.8	146.6	147.7
7	152.8	153.0	152.6	151.4	152.4	153.1
8	107.0	106.0	140.8	141.8	106.6	107.0
8a	142.8	143.0	141.9	140.8	141.8	142.3
9a	163.2	164.0	164.2	163.8	162.5	163.1
1'	67.7	65.7	70.4	71.3	70.2	71.6
2'	61.2	119.3	121.1	75.9	75.4	76.3

续表

C	2-6-125[38]	2-6-126[38]	2-6-127[38]	2-6-128[39]	2-6-129[39]	2-6-130[39]
3'	58.9	138.0	137.6	73.0	73.0	71.0
4'	19.1	18.3	18.0	27.9	27.8	24.8
5'	24.5	25.9	25.8	29.6	29.5	27.9
4-OMe	58.5	58.9	58.9	59.2	59.2	59.8
7-OMe	56.0	56.1	56.8		55.5	56.2
8-OMe				60.8		

表 2-6-23 化合物 2-6-131~2-6-132 的 ^{13}C NMR 数据[40]

C	2-6-131	2-6-132	C	2-6-131	2-6-132	C	2-6-131	2-6-132
2	82.8	79.1	8	142.0	152.6	3'	17.2	
3	33.3	58.8	8a	143.0		4-OMe	58.2	
3a	99.3	28.5	8b	169.3		5-OMe		61.6
4	159.1	105.1	9		142.9	7-OMe	56.5	
4a	115.7	163.3	9a		142.4	8-OMe	61.5	56.8
5	117.6	116.6	9b		159.5	9-OMe		61.3
6	110.4	117.3	1'	143.1	21.7			
7	152.8	112.3	2'	112.6	26.8			

表 2-6-24 化合物 2-6-133~2-6-135 的 ^{13}C NMR 数据[41]

C	2-6-133	2-6-134	2-6-135[42]	C	2-6-133	2-6-134	2-6-135[42]
1a	155.4	155.4	155.2	10	123.0	123.0	123.1
2	80.6	80.7	78.7	10a	115.7	115.8	116.1
3	124.8	125.0	126.3	1'	44.5	44.1	28.2
4	118.8	118.7	118.0	2'	124.7	120.2	28.2
4a	105.9	105.9	115.8	3'	137.9	142.9	
5	160.9	160.9	161.0	4'	81.9	70.6	
7	114.1	114.0	114.0	5'	24.1	29.5	
7a	139.4	139.3	139.4	6'	24.1	29.6	
8	131.0	130.9	130.8	7'	26.9	26.7	
9	121.8	121.7	121.8	N-CH$_3$	29.3	29.2	29.3

表 2-6-25　化合物 2-6-136~2-6-137 的 ^{13}C NMR 数据

C	2-6-136①[43~45]	2-6-136②[43~45]	2-6-137[46,47]	C	2-6-136①[43~45]	2-6-136②[43~45]	2-6-137[46,47]
1	122.9	122.8	124.8	7	107.8	107.7	105.6
2	54.0	53.9	52.9	8	150.3	150.1	144.9
3	74.5	74.4	72.4	9	153.6	153.5	152.4
4	71.1	—	69.2	10	104.6	104.4	102.1
4a	71.0	70.9	68.9	10a	132.8	132.6	132.2
6	166.8	166.5	169.0	10b	133.6	133.4	133.5
6a	123.5	123.3	129.3	OCH$_2$O	103.7	103.6	95.9

① 合成品左旋体；② 合成品右旋体。

表 2-6-26　化合物 2-6-138~2-6-139 的 ^{13}C NMR 数据[42]

C	2-6-138	2-6-139	C	2-6-138	2-6-139	C	2-6-138	2-6-139
2	170.5	170.7	7	136.4	136.2	2'	169.1	206.1
3	78.4	77.0	8	115.2	115.1	N-CH$_3$	30.5	30.1
4	192.9	193.0	9	120.4	120.0	Me		30.7
5	128.6	128.3	10	142.5	142.4	OMe	52.3	
6	123.9	123.4	1'	43.8	51.1			

表 2-6-27　化合物 2-6-140~2-6-142 的 ^{13}C NMR 数据[48]

C	2-6-140	2-6-141	2-6-142	C	2-6-140	2-6-141	2-6-142
2	142.4	142.5	142.5	4	156.9	157.0	157.0
3	104.8	104.9	104.8	4a	113.4	113.5	113.5
3a	101.9	102.0	102.0	5	123.5	123.7	123.6

续表

C	2-6-140	2-6-141	2-6-142	C	2-6-140	2-6-141	2-6-142
6	116.8	116.9	117.0	4'	127.7	127.3	55.1
7	160.3	160.0	160.1	5'	190.8	191.5	198.2
8	107.0	106.7	107.0	6'	126.0	126.2	122.8
8a	147.7	147.6	147.7	7'	155.1	154.9	156.7
9a	164.5	164.5	164.5	8'	27.8	27.8	27.7
1'	67.2	65.7	64.8	9'	20.7	20.7	20.8
2'	33.4	40.2	123.9	10'	26.7	19.3	17.1
3'	154.5	152.9	135.7	OCH$_3$	58.9	58.9	59.0

表 2-6-28　化合物 2-6-143~2-6-144 的 ^{13}C NMR 数据[49]

C	2-6-143	2-6-144	C	2-6-143	2-6-144	C	2-6-143	2-6-144
2	141.6	158.0	8a	141.8	148.5	3'	110.8	110.5
3	139.3	143.0	9	77.2	77.5	4'	128.5	128.6
4	174.4	155.0	10	80.2	80.6	5'	120.6	120.5
4a	119.8	120.5	11	21.6	22.5	6'	131.1	132.0
5	141.7	138.0	12	33.7	34.2	2-CH$_3$	14.3	19.5
6	130.5	134.5	13	75.6	75.6	3-OCH$_3$	55.4	55.6
7	131.8	133.7	1'	134.7	134.5	4-OCH$_3$		60.4
8	117.4	128.3	2'	156.4	157.2	2'-OCH$_3$	59.2	59.4

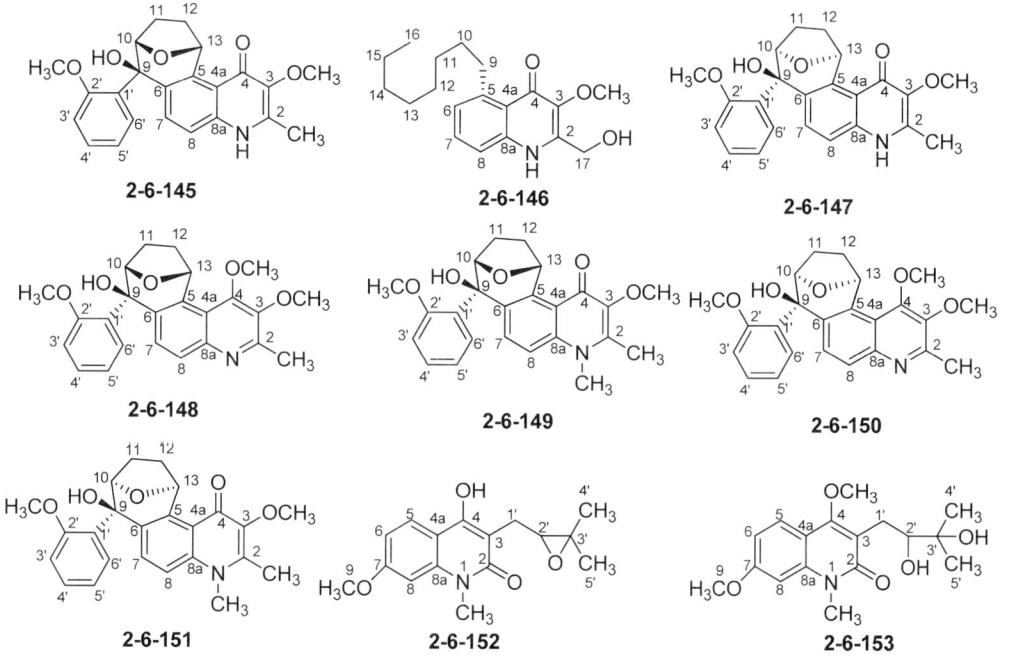

表 2-6-29　化合物 2-6-145~2-6-151 的 ^{13}C NMR 数据[50]

C	2-6-145	2-6-146	2-6-147[51]	2-6-148	2-6-149	2-6-150	2-6-151
2	141.7	141.8	141.6	144.2	142.0	144.0	141.9
3	139.4	143.5	139.3	159.0	160.0	159.5	159.5
4	174.2	172.3	174.4	158.1	176.5	158.2	176.8

续表

C	2-6-145	2-6-146	2-6-147[51]	2-6-148	2-6-149	2-6-150	2-6-151
4a	120.4	142.5	119.8	119.8	119.8	120.4	120.2
5	141.8	31.2	141.7	141.2	142.2	—	142.3
6	130.4	16.9	130.5	131.6	129.8	131.3	131.0
7	129.0	27.9	131.8	129.3	129.4	128.3	130.8
8	117.1	27.0	117.4	127.3	118.2	128.0	117.7
8a	141.9	128.9	141.8	145.2	142.5	145.4	142.2
9	78.0	24.6	77.2	79.5	79.5	79.8	79.2
10	82.5	—	80.2	80.5	80.5	81.5	81.2
11	23.3	—	21.6	24.0	24.0	24.5	24.7
12	32.0	—	33.7	34.5	34.5	35.5	34.5
13	72.2	—	75.6	76.0	76.3	76.3	76.5
14		—					
15		—					
16		14.0					
17		56.0					
1'	133.4		134.7	134.0	133.8	134.5	135.2
2'	157.9		156.4	157.2	157.5	157.0	157.6
3'	111.8		110.8	112.0	110.8	110.2	111.2
4'	128.9		128.5	129.8	129.2	130.8	129.0
5'	120.7		120.6	120.6	121.3	120.5	122.3
6'	131.4		131.1	131.3	132.1	132.0	131.6
2-CH$_3$	14.4		14.3	20.0	20.0	20.0	20.7
3-OCH$_3$	55.5	60.4	55.4	56.5	56.5	56.0	57.2
4-OCH$_3$				60.2	60.2	60.2	61.2
2'-OCH$_3$	59.7		59.2	61.5	61.5	60.7	61.8
N-CH$_3$					33.0		32.8

表 2-6-30　化合物 2-6-152~2-6-153 的 ^{13}C NMR 数据[52]

C	2-6-152	2-6-153	C	2-6-152	2-6-153	C	2-6-152	2-6-153
2	163.5	167.0	7	150.4	149.0	3'	71.1	73.1
3	100.3	120.2	8	113.5	113.9	4'	26.1	25.6
4	172.8	161.7	8a	129.8	130.4	5'	24.6	24.7
4a	128.7	121.3	9	56.8	56.7	N-CH$_3$	36.7	35.9
5	118.4	116.1	1'	28.1	28.0	4-OMe		62.4
6	123.6	123.3	2'	91.9	79.0			

2-6-154[27,53]

2-6-155[54]

2-6-156[55]

2-6-157[24] **2-6-158**[56] **2-6-159**[9]

2-6-160[9] **2-6-161**[9] **2-6-162**[9]

2-6-163[9] **2-6-164**[9] **2-6-165**[9]

2-6-166[9] **2-6-167**[9] **2-6-168**[9]

2-6-169[9] **2-6-170**[9] **2-6-171**[9]

2-6-172[9] **2-6-173**[9] **2-6-174**[57]

2-6-175[57] **2-6-176**[58]

六、金鸡纳类生物碱

2-6-179　R=CH=CH$_2$; R^1=OH; R^2=R^3=H
2-6-180　R=CH=CH$_2$; R^1=OH; R^2=H; R^3=OCH$_3$
2-6-181　R=CH=CH$_2$; R^1=H; R^2=OH; R^3=OCH$_3$
2-6-182　R=CH$_2$CH$_3$; R^1=OH; R^2=H; R^3=OCH$_3$

2-6-183　R=CH=CH$_2$; R^1=OH; R^2=H
2-6-184　R=CH=CH$_2$; R^1=H; R^2=OH
2-6-185　R=CH$_2$CH$_3$; R^1=OH; R^2=H
2-6-186　R=CH$_2$CH$_3$; R^1=H; R^2=OH

表 2-6-31　化合物 2-6-179~2-6-188 的 ^{13}C NMR 数据[61]

C	2-6-179	2-6-180	2-6-181	2-6-182	2-6-183	2-6-184	2-6-185	2-6-186	2-6-187[62]	2-6-188[62]
2	56.8	56.9	55.3	49.9	49.1	58.4	50.9	49.1	57.1	49.4
3	39.8	39.8	39.6	40.0	38.8	37.4	37.2	37.1	71.0	39.9
4	27.8	27.7	27.8	28.1	27.2	28.1	27.0	27.2	33.6	28.0
5	27.5	27.5	27.1	26.2	26.5	27.4	26.1	25.6	20.7	26.5
6	43.0	43.0	40.6	49.4	46.7	43.2	50.0	48.9	49.3	48.6
7	21.2	21.4	24.9	20.8	23.8	21.1	20.4	23.7	24.1	22.7
8	60.2	59.9	61.3	59.6	62.1	59.7	59.0	61.9	59.3	59.8
9	71.5	71.5	71.2	71.5	70.0	71.6	71.5	70.2	71.1	71.5
10	141.6	141.7	141.2	140.5	140.1	25.3	24.9	25.6	144.2	141.4
11	114.3	114.1	114.1	114.2	114.3	11.8	11.8	11.7	112.7	114.6
CH$_3$O		55.4	55.8	55.3	55.2	55.5	55.3	55.2	55.9	55.7
2'	149.8	147.0	147.3	147.1	147.4	147.1	147.1	147.4	147.9	161.7
3'	122.9	121.1	121.0	121.1	121.4	121.0	121.1	121.3	121.6	118.7
4'	149.8	148.3	144.6	148.2	144.6	148.4	148.7	144.8	149.4	153.7
5'	118.1	101.4	102.5	101.3	101.9	101.5	101.2	102.1	102.3	107.0
6'	126.4	157.4	157.3	157.3	157.3	157.4	157.3	157.3	157.4	154.0
7'	128.8	118.3	119.9	118.3	118.3	118.6	118.3	119.8	119.2	119.1
8'	129.5	130.9	131.3	130.9	131.4	130.9	130.9	131.4	131.4	119.1
9'	125.5	126.4	128.0	126.3	127.9	126.4	126.4	127.9	127.0	117.2
10'	147.8	143.7	144.6	143.6	144.6	143.7	143.6	144.6	144.9	133.6

表 2-6-32　化合物 2-6-189~2-6-192 的 ^{13}C NMR 数据[63]

C	2-6-189	2-6-190	2-6-191	2-6-192	C	2-6-189	2-6-190	2-6-191	2-6-192
2	170.2	171.9	173.0	169.0	14	122.7	126.4	120.8	124.0
3	47.6	45.6	45.7	47.2	15	131.2	134.2	130.9	127.4
5	53.2	52.4	51.7	54.8	16	63.6	50.0	47.9	67.7
6	39.8	43.2	35.4	38.1	17	44.0	40.8	34.0	36.0
7	57.7	56.8	55.3	54.8	18	114.4	112.2	112.1	11.0
8	128.5	126.5	135.8	130.5	19	142.0	142.4	144.3	50.7
9	126.7	127.2	122.3	123.5	20	46.5	47.3	44.9	44.3
10	123.4	123.6	123.2	123.4	21	83.5	81.1	71.5	69.9
11	127.2	127.2	126.7	127.6	C=O	169.3			210.0
12	115.5	115.4	116.2	116.3	OMe	52.4			
13	134.1	134.8	136.5	136.5					

表 2-6-33　化合物 2-6-193~2-6-194 的 ^{13}C NMR 数据

C	2-6-193[61]	2-6-194[64]	C	2-6-193[61]	2-6-194[64]	C	2-6-193[61]	2-6-194[64]
2	56.8	56.5	9	71.5	—	6'	126.4	127.4
3	39.8	39.5	10	141.6	141.5	7'	128.8	129.6
4	27.8	27.3	11	114.1	112.9	8'	129.5	130.8
5	27.5	25.3	2'	149.8	150.0	9'	125.5	125.4
6	43.0	42.1	3'	122.9	—	10'	147.8	148.8
7	21.2	27.6	4'	149.8	—	MeO		39.1
8	60.2	60.2	5'	118.1	122.9			

参 考 文 献

[1] Johns S R, Willing R I. Aust J Chem,1976, 29(7): 1617.
[2] Claret P A, Osborne A G. Org Magn Reson, 1976, 8(3): 147.
[3] Ernst L. Org Magn Reson, 1977, 8(3): 161.
[4] Teichert A, Schmidt J, Porzel A, et al. J Nat Prod, 2008, 71(6): 1092.
[5] Claret P A, Osborne A G. Spectrosc Lett,1976, 9(3): 167.
[6] Claret P A, Osborne A G. Spectrosc Lett, 1977, 10(1): 35.
[7] Nadzan A M , Rinehart K L J. J Am Chem Soc, 1977, 99(14): 4647.
[8] Ishii H, Chen, I S, Akaike, M. et al.Yakugaku Zasshi, 1982, 102(2): 182.
[9] Brown N M D, Grundon M F, Harrison D M, et al. Tetrahedron, 1980, 36 (24): 3579.
[10] Chaudhuri P K. Phytochemistry, 1987, 26 (2): 587.
[11] Barlin G B, Brown D J, Fenn, M D. Aust J Chem, 1984, 37 (11): 2391.

[12] Sugimoto T, Miyase T, Kuroyanagi M, et al. Chem Pharm Bull, 1988, 36 (11): 4453.
[13] Tang Y Q, et al. Phytochemistry, 1996, 43(3): 719.
[14] Hamasaki N, Feng X Z, Huang L. Microbiol Immunol, 2000, 44 (1): 9.
[15] Yang X W, Zhang H, Li M, et al. J Asian Nat Prod Res, 2006, 8(8): 697.
[16] 冯卫生, 李钦, 郑晓珂等. 中国天然药物, 2007, 5(2): 95.
[17] Lima M P, Rosas L V, da Silva MFGF, et al. Phytochemistry, 2005, 66(13): 1560.
[18] Dan S, Julie R K, Majid S, et al. Phytochemistry, 2009, 70(8): 1055.
[19] Dias G O C, Porto C, Stuker C Z, et al. Planta Med, 2007, 73(3): 289.
[20] 张韶瑜, 孟林, 高文远等. 中草药, 2005, 6(4): 491.
[21] Eliel E L, Vierhapper F W. J Org Chem, 1976, 41 (2): 199.
[22] Adjibade Y, Weniger B, Quirion JC, et al. Phytochemistry, 1992, 31(1): 317.
[23] Fritz H, Winkler T. Helv Chim Acta, 1976, 59(3): 903.
[24] 王奇志, 梁敬钰, 冯煦.中国天然药物, 2009, 7(6): 414.
[25] Hirasawa Y, Kobayashi J, Morita H. Org Lett, 2006, 8(1): 123.
[26] Dai J R, Hallock Y F, Cardellina J H, et al. J Nat Prod, 1999, 62 (10): 1427.
[27] Zhou B N, Hoch J M, Johnson R K, et al. J Nat Prod, 2000, 63(9): 1273.
[28] Kitajima M, Yoshida S, amagata K, et al. Tetrahedron, 2002, 58 (45): 9169.
[29] 汤俊, 朱卫, 屠治本. 中草药, 1995, 26 (11): 563.
[30] 张洪杰, 张明哲. 北京大学学报 (自然科学版), 1997, 33 (6): 720.
[31] 柳全文, 谭昌恒, 曲世津 等.中国天然药物, 2006, 4(1): 25.
[32] Moreland C G, Philip A, Carroll F I. J Org Chem, 1974, 39 (16): 2413.
[33] Paulo A, Gomes E T, Steele J, et al. Planta Med, 2000, 66(1): 30.
[34] Grougnet R, Magiatis P, Fokialakis N, et al. J Nat Prod, 2005, 68(7): 1083.
[35] West R R, Mayne C L, Ireland C M, et al. Tetrahedron Lett, 1990, 31(23): 3271.
[36] Ralifo P, Sanchez L, Gassner N C, et al. J Nat Prod, 2007, 70(1): 95.
[37] Bontemps N, Bry D, Lo´pez-Legentil S, et al. J Nat Prod, 2010, 73(6): 1044.
[38] Tarus PK, Coombes PH, Crouch NR, et al. Phytochemistry, 2005, 66(6): 703.
[39] Cao S, Al-Rehaily A J, Brodie P, et al. Phytochemistry, 2008, 69(2): 553.
[40] Yang J L, Liu L L, Shi Y P. Planta Med, 2011, 77(3): 271.
[41] Chen I S, Tsai I W, Teng C M, et al. Phytochemistry, 1997, 46 (3): 525.
[42] Luo X M, Qi S H, Yin H, et al. Chem Pharm Bull, 2009, 57(6): 600.
[43] Keck G E, Wager T T. et al. J Org Chem, 1996, 61(24): 8366.
[44] Elango S, Yan T H. et al. Tetrahedron, 2002, 58(56): 7335.
[45] Chida N, Ohtsuka M, Ogawa S. et al. J Org Chem, 1993, 58 (16): 4441.
[46] Elango S, Yan T H. J. Org Chem, 2002, 67 (20): 6954.
[47] Rigby J H, Maharoof U S M, Mateo M E. J Am Chem Soc, 2000, 122 (28): 6624.
[48] Inada A, Ogasawara R, Koga I, et al. Chem Pharm Bull, 2008, 56(5): 727.
[49] Hoelzel SCSM, Vieira ER, Giacomelli SR, et al. Phytochemistry, 2005, 66(10): 1163.
[50] Gressler V, Stueker C Z, Dias GiOC, et al. Phytochemistry, 2008, 69(4): 994.
[51] Hoelzel SCSM, Vieira E R, Giacomelli S R, et al. Phytochemistry, 2005, 66(10): 1163.
[52] Jain S C, Pandey M K, Upadhyay R K, et al. Phytochemistry, 2006, 67(10): 1005.
[53] Ezell E L, Smith L L. J Nat Prod, 1991, 54(6): 1645.
[54] Cui B, Chai H, Dong Y, et al. Photochemistry, 1999, 52(1): 95.
[55] 王丽瑶, 张勉, 张朝凤 等. 药学学报, 2008, 43(7): 724.
[56] Deguchi J, Shoji T, Nugroho A E, et al. J Nat Prod, 2010, 73(10): 1727.
[57] Mitaku S, Fokialakis N, Magiatis P, et al. Fitoterapia, 2007, 78(2): 169.
[58] Maloney K N, MacMillan J B, Kauffman C A, et al. Org Lett, 2009, 11(23): 5422.
[59] Kitajima M, Fujii N, Yoshino F, et al. Chem Pharm Bull, 2005, 53(10): 1355.
[60] Chen J J, Chen P H, Liao C H, et al. J Nat Prod, 2007, 70(9): 1444.
[61] Moreland C G, Philip A, Carroll FI. J Org Chem, 1974, 39 (16): 2413.
[62] Carroll F I, Smith D, Wall M E. J Med Chem, 1974, 17(9): 985.
[63] Daudon M, Mehri H, Plat M M, et al. J Org Chem, 1975, 40 (19): 2838.
[64] Roper S, Franz M H, Wartchow R, et al. J Org Chem, 2003, 68 (12): 4944.

第七节 异喹啉类生物碱

一、简单异喹啉类生物碱

表 2-7-1 简单异喹啉类生物碱的名称、分子式和测试溶剂

编号	中文名称	英文名称	分子式	测试溶剂	参考文献
2-7-1	异喹啉	isoquinoline	C_9H_7N	C	[1]
2-7-2	5-氨基异喹啉	5-aminoisoquinoline	$C_9H_8N_2$	C	[2]
2-7-3	6,7-二甲氧基异喹啉	6,7-dimethoxyisoquinoline	$C_{11}H_{11}NO_2$	C	[3]
2-7-4	6,7-二甲氧基-3,4-二氢异喹啉	6,7-dimethoxy-3,4-dihydroisoquinoline	$C_{11}H_{13}NO_2$	C	[3]
2-7-5	N-甲基-6,7-二甲氧基-二氢异喹啉	N-methyl-6,7-dimethoxy-dihydro-isoquinolinium	$C_{12}H_{16}NO_2$	C	[3]
2-7-6	1,2,3,4-四氢异喹啉	1,2,3,4-tetrahydroisoquinoline	$C_9H_{11}N$	C	[3]
2-7-7	1,8-二甲氧基-1,2,3,4-四氢异喹啉	1,8-dimethoxy-1,2,3,4-tetrahydro-isoquinoline	$C_{11}H_{15}NO_2$	C	[3]
2-7-8	6,7-二甲氧基-1,2,3,4-四氢异喹啉	6,7-dimethoxy-1,2,3,4-tetrahydro-isoquinoline	$C_{11}H_{15}NO_2$	C	[3]
2-7-9	6,7-二甲氧基-2-甲基-1,2,3,4-四氢异喹啉	6,7-dimethoxy-2-methyl-1,2,3,4-tetrahydroisoquinoline	$C_{12}H_{17}NO_2$	C	[3]
2-7-10	白毛茛宁	hydrastinine	$C_{11}H_{13}NO_3$	M	[4]
2-7-11	(S)-6,7-二甲氧基-1-甲基-1,2,3,4-四氢异喹啉	(S)-6,7-dimethoxy-1-methyl-1,2,3,4-tetrahydroisoquinoline	$C_{12}H_{17}NO_2$	C	[6]
2-7-12	5,6,7-三甲氧基-1,2,3,4-四氢异喹啉	5,6,7-trimethoxy-1,2,3,4-tetrahydro-isoquinoline	$C_{12}H_{17}NO_3$	C	[6]
2-7-13	5,6,7-三甲氧基-2-甲基-1,2,3,4-四氢异喹啉	5,6,7-trimethoxy-2-methyl-1,2,3,4-tetrahydroisoquinoline	$C_{13}H_{19}NO_3$	C	[6]
2-7-14	7-甲氧基-1,2,3,4-四氢异喹啉	7-methoxy-1,2,3,4-tetrahydro-isoquinoline	$C_{10}H_{13}NO$	C	[6]
2-7-15	6,7,8-三甲氧基-2-甲基-1,2,3,4-四氢异喹啉	6,7,8-trimethoxy-2-methyl-1,2,3,4-tetrahydroisoquinoline	$C_{13}H_{19}NO_3$	C	[6]
2-7-16	6,7-二甲氧基-1,2-二甲基-1,2,3,4-四氢异喹啉	6,7-dimethoxy-1,2-dimethyl-1,2,3,4-tetrahydroisoquinoline	$C_{13}H_{19}NO_2$	C	[6]
2-7-17	猪毛菜定碱	salsolidine	$C_{12}H_{17}NO_2$	C	[7]
2-7-18	猪毛菜酚	salsolinol	$C_{10}H_{13}NO_2$	M	[8]
2-7-19	7,8-二氢-[1,3]间二氧杂环戊烯[4,5-g]异喹啉-6H-5-酮	7,8-dihydro-[1,3]dioxolo[4,5-g]isoquinolin-5(6H)-one	$C_{10}H_9NO_3$	C	[5]
2-7-20		norsalsolinol	$C_9H_{11}NO_2$	W	[9]
2-7-21	cis-4-羟基猪毛菜酚	cis-4-hydroxysalsolinol	$C_{10}H_{13}NO_3$	W	[9]
2-7-22	trans-4-羟基猪毛菜酚	trans-4-hydroxysalsolinol	$C_{10}H_{13}NO_3$	W	[9]
2-7-23		methyl 3,4-dimethoxy-2-(5-oxo-5,6,7,8-tetrahydro-[1,3]dioxolo[4,5-g]isoquinoline-6-carbonyl)benzoate	$C_{21}H_{19}NO_8$	C	[5]

续表

编号	中文名称	英文名称	分子式	测试溶剂	参考文献
2-7-24		methyl 2,3-dimethoxy-6-(5-oxo-5,6,7,8-tetrahydro-[1,3]dioxolo[4,5-g]isoquinoline-6-carbonyl)benzoate	$C_{21}H_{19}NO_8$	C	[5]
2-7-25	猪毛菜碱 B	salsoline B	$C_{12}H_{13}NO_3$	D	[10]
2-7-26	8-羧酸-6-羟基喹啉	8-carboxylic acid-6-hydroxyquinoline	$C_{10}H_7NO_3$	D	[11]
2-7-27	4-氨基-8-羧酸-6-羟基喹啉	4-amino-8-carboxylic acid-6-hydroxyquinoline	$C_{10}H_8N_2O_3$	D	[11]
2-7-28	7-羟基-1-氧化-5-羧酸-1,2-二氢异喹啉	7-hydroxy-1-oxo-5-carboxylic acid-1,2-dihydroisoquinoline	$C_{10}H_7NO_4$	D	[11]
2-7-29	延龄草素	trolline	$C_{12}H_{13}NO_3$	D	[134]

2-7-1[1] $\Delta^{1,(2)}$; $\Delta^{3,(4)}$; $R^3=R^4=R^5=R^6=H$

2-7-2[2] $\Delta^{1,(2)}$; $\Delta^{3,(4)}$; $R^3=R^4=R^5=H$; $R^6=NH_2$

2-7-3[3] $\Delta^{1,(2)}$; $\Delta^{3,(4)}$; $R^3=R^6=H$; $R^4=R^5=OCH_3$

2-7-4[3] $\Delta^{1,(2)}$; $R^3=R^6=H$; $R^4=R^5=OCH_3$

2-7-5[3] $\Delta^{1,(2)}$; $R^1=CH_3$; $R^3=R^6=H$; $R^4=R^5=OCH_3$

2-7-6[3] $R^1=R^2=R^3=R^4=R^5=R^6=H$

2-7-7[3] $R^1=H$; $R^2=R^3=OCH_3$; $R^4=R^5=R^6=H$

2-7-8[3] $R^1=R^2=R^3=R^6=H$; $R^4=R^5=OCH_3$

2-7-9[3] $R^1=CH_3$; $R^2=R^3=R^6=H$; $R^4=R^5=OCH_3$

2-7-10[4] $R^1=CH_3$; $R^2=OH$; $R^3=R^6=H$; $R^4,R^5=OCH_2O$

2-7-11[6] $R^1=H$; $R^2=CH_3$; $R^3=R^6=H$; $R^4=R^5=OCH_3$

2-7-12[6] $R^1=H$; $R^2=R^3=H$; $R^4=R^5=R^6=OCH_3$

2-7-13[6] $R^1=CH_3$; $R^2=R^3=H$; $R^4=R^5=R^6=OCH_3$

2-7-14[6] $R^1=H$; $R^4=OCH_3$; $R^2=R^3=R^5=R^6=H$

2-7-15[6] $R^1=CH_3$; $R^2=R^6=H$; $R^3=R^4=R^5=OCH_3$

2-7-16[6] $R^1=R^2=CH_3$; $R^3=R^6=H$; $R^4=R^5=OCH_3$

2-7-17[7] $R^1=H$; $R^2=\beta\text{-}CH_3$; $R^3=R^6=H$; $R^4=R^5=OCH_3$

2-7-18[8] $R^1=H$; $R^2=\beta\text{-}CH_3$; $R^3=R^6=H$; $R^4=R^5=OH$

2-7-19[5]

2-7-20[9] $R^1=R^2=H$

2-7-21[9] $R^1=CH_3$ (cis); $R^2=OH$

2-7-22[9] $R^1=CH_3$ (trans); $R^2=OH$

表 2-7-2 化合物 2-7-1~2-7-10 的 ^{13}C NMR 数据

C	2-7-1	2-7-2	2-7-3	2-7-4	2-7-5	2-7-6	2-7-7	2-7-8	2-7-9	2-7-10
1	152.5	153.3	—	159.5	164.6	48.2	43.6	47.8	57.6	166.1
2										
3	143.1	142.1	—	47.4	50.5	43.8	43.6	43.9	53.0	50.5
4	120.3	115.7	—	24.7	25.5	29.1	28.5	28.6	28.8	36.4
4a	135.7	126.4	128.6	129.8	132.3	136.1	129.9	127.9	126.7	136.2
5	126.4	144.3	110.1	110.5	111.3	129.2	124.4	112.2	111.6	109.8
6	130.2	112.5	151.5	151.5	157.6	125.6	110.8	147.5	147.7	157.4

续表

C	2-7-1	2-7-2	2-7-3	2-7-4	2-7-5	2-7-6	2-7-7	2-7-8	2-7-9	2-7-10
7	127.1	128.9	148.5	147.9	148.8	125.9	145.5	147.3	147.3	149.1
8	127.5	116.4	111.2	110.5	115.7	126.1	150.3	109.3	109.5	112.6
8a	128.7	130.6	121.7	121.6	117.2	134.8	128.0	126.6	125.8	119.6
R¹									46.0	47.5
R³							60.0			
R⁴			—	56.1	57.2		55.9	55.9	55.9	104.6
R⁵			—	56.0	57.0			55.9	55.9	
R⁶										

表 2-7-3 化合物 2-7-11~2-7-19 的 ¹³C NMR 数据

C	2-7-11	2-7-12	2-7-13	2-7-14	2-7-15	2-7-16	2-7-17	2-7-18	2-7-19
1	50.2	48.0	57.6	48.0	52.7	58.4	51.3	52.4	166.6
3	38.4	43.4	52.4	43.6	57.5	48.7	42.0	41.0	40.2
4	24.8	23.0	23.4	27.9	29.3	27.4	29.7	25.8	28.8
4a	123.0	120.7	119.8	126.4	129.7	125.7	127.0	125.5	134.6
5	111.1	151.2	150.9	129.7	107.0	111.0	109.2	116.2	107.9
6	148.4	140.0	140.0	112.0	148.7	147.0	147.3	146.0	150.9
7	148.0	151.3	151.7	157.2	139.7	147.0	147.4	146.6	146.9
8	108.5	104.7	104.9	110.2	151.6	109.7	111.9	113.6	107.3
8a	124.8	131.2	130.2	136.4	120.8	131.4	132.7	123.5	118.2
R¹			45.7		46.1	42.7			
R²	19.7						19.5	23.0	19.8
R³						60.7			
R⁴	55.6	55.7	60.0	54.8	—	55.7	56.0		101.5
R⁵	55.6	60.1	55.7		60.7	55.7	56.0		
R⁶		61.1	60.0						

表 2-7-4 化合物 2-7-20~2-7-22 的 ¹³C NMR 数据

C	2-7-20	2-7-21	2-7-22	C	2-7-20	2-7-21	2-7-22
1	50.0	52.4	43.9	6	144.0	146.6	143.0
3	43.6	40.9	41.6	7	145.0	146.0	143.8
4	61.9	25.8	23.7	8	113.1	113.5	113.7
4a	124.3	123.3	123.7	8a	125.4	125.3	119.6
5	115.8	116.1	115.8	1-CH₃	18.4	19.7	—

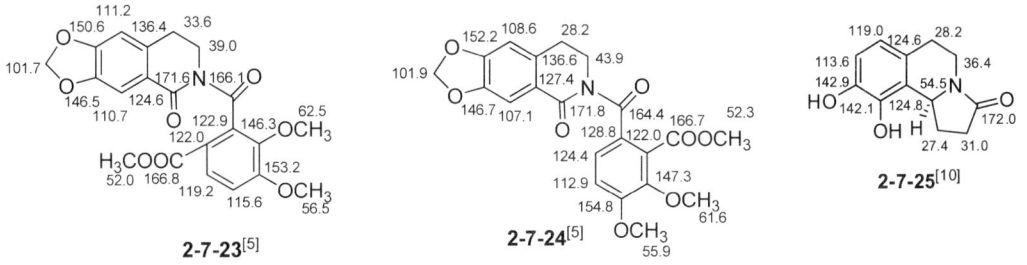

2-7-26[11]   **2-7-27**[11]   **2-7-28**[11]   **2-7-29**[134]

二、苄基异喹啉类生物碱

表 2-7-5 苄基异喹啉类生物碱的名称、分子式和测试溶剂

编号	中文名称	英文名称	分子式	测试溶剂	参考文献
2-7-30	枯拉灵	cularine	$C_{20}H_{23}NO_4$		[12]
2-7-31	莲叶桐林碱 D	herveline D	$C_{38}H_{42}N_2O_7$	M	[13]
2-7-32	木兰箭毒碱	magnocurarine	$C_{19}H_{24}NO_3^+$	M	[14]
2-7-33	罂粟碱	papaverine	$C_{20}H_{21}NO_4$	C	[15]
2-7-34	1-(11,12-二甲氧基苄基)-2,3,4-四氢异喹啉	1-(11,12-dimethoxybenzyl)-1,2,3,4-tetrahydroisoquinoline	$C_{18}H_{21}NO_2$	C	[6]
2-7-35	1-(11,12-二甲氧基苄基)-6,7-二甲氧基-1,2,3,4-四氢异喹啉	1-(11,12-dimethoxybenzyl)-6,7-dimethoxy-1,2,3,4-tetrahydro-isoquinoline	$C_{20}H_{25}NO_4$	C	[6]
2-7-36	1-(11,12-二甲氧基苄)-6,7-二甲氧基-2-甲基-1,2,3,4-四氢异喹啉	1-(11,12-dimethoxybenzyl)-6,7-dimethoxy-2-methyl-1,2,3,4-tetrahydroisoquinoline	$C_{21}H_{27}NO_4$	C	[6]
2-7-37	(R)-1-(11,12-二甲氧基苄基)-6,7-二甲氧基-2-甲基-1,2,3,4-四氢异喹啉	(R)-1-(11,12-dimethoxybenzyl)-6,7-dimethoxy-2-methyl-1,2,3,4-tetrahydroisoquinoline	$C_{21}H_{27}NO_4$	C	[6]
2-7-38	(S)-1-(11,12-二甲氧基苄基)-6,7-二甲氧基-2-甲基-1,2,3,4-四氢异喹啉	(S)-1-(11,12-dimethoxybenzyl)-6,7-dimethoxy-2-methyl-1,2,3,4-tetrahydroisoquinoline	$C_{21}H_{27}NO_4$	C	[6]
2-7-39		1-(3-hydroxy-4-methoxybenzyl)-6-methoxy-2-methyl-1,2,3,4-tetrahydroisoquinolin-7-ol	$C_{19}H_{23}NO_4$	C	[6]
2-7-40		laureliopsine A	$C_{36}H_{34}N_2O_5$	C	[16]
2-7-41	(E)-N-[2-(3,4-二甲氧雌三醇)-4,5-二甲氧基苯乙基]-N-甲基羟胺	(E)-N-[2-(3,4-dimethoxystyryl)-4,5-dimethoxyphenethyl]-N-methylhydroxylamine	$C_{21}H_{27}NO_5$	C	[6]
2-7-42		(1R)-(3,4-dimethoxy-2-methyl-phenyl)(5,6,7,8-tetrahydro-[1,3]dioxolo[4,5-g]isoquinolin-5-yl)methanol	$C_{20}H_{23}NO_5$	C	[6]
2-7-43		(7,8-dihydro-[1,3]dioxolo[4,5-g]isoquinolin-5-yl) (3,4-dimethoxy-2-methylphenyl)methanone	$C_{20}H_{19}NO_5$	C	[6]

续表

编号	中文名称	英文名称	分子式	测试溶剂	参考文献
2-7-44		(6,7-dimethoxyisoquinolin-1-yl)(3,4-dimethoxyphenyl)methanone	$C_{20}H_{19}NO_5$	C	[6]
2-7-45		(+)-10,11-dihydroxy-1,2-dimethoxynoraporphine	$C_{18}H_{19}NO_4$	C	[17]
2-7-46		(+)-parvinine	$C_{19}H_{21}NO_4$	C	[17]
2-7-47		saxicolaline A	$C_{20}H_{22}NO_5$	D	[18]
2-7-48		N-methylanarceimicine	$C_{20}H_{22}NO_8$	D	[18]
2-7-49		1-(4-hydroxybenzyl)-6,7-methylenedioxy-2-methylisoquinolinium	$C_{18}H_{16}NO_3$	D	[19]

2-7-30[12] $R^1=CH_3$; R^2, $R^5=B$; $R^3=H$; $R^4=CH_3$; $R^6=\alpha$-H
2-7-31[13] $R^1=CH_3$; $R^2=C$; $R^3=OCH_3$; $R^4=A$; $R^5=H$; $R^6=\alpha$-H
2-7-32[14] $R^1=2\times CH_3$; $R^2=C$; $R^3=OCH_3$; $R^4=H$; $R^5=H$; $R^6=\beta$-H
2-7-33[15] $R^1=H$; $R^2=D$; $R^3=OCH_3$; $R^4=CH_3$; $R^5=R^6=H$
2-7-34[6] $R^1=H$; $R^2=D$; $R^3=R^4=R^5=R^6=H$
2-7-35[6] $R^1=H$; $R^2=D$; $R^3=OCH_3$; $R^4=CH_3$; $R^5=R^6=H$
2-7-36[6] $R^1=CH_3$; $R^2=D$; $R^3=OCH_3$; $R^4=CH_3$; $R^5=R^6=H$
2-7-37[6] $R^1=\alpha$-CH_3; $R^2=D$; $R^3=OCH_3$; $R^4=CH_3$; $R^5=H$; $R^6=\beta$-H
2-7-38[6] $R^1=\beta$-CH_3; $R^2=D$; $R^3=OCH_3$; $R^4=CH_3$; $R^5=H$; $R^6=\beta$-H
2-7-39[16] $R^1=CH_3$; $R^2=D$; $R^3=OCH_3$; $R^4=R^5=R^6=H$

表 2-7-6 化合物 2-7-30~2-7-39 的 ^{13}C NMR 数据

C	2-7-30	2-7-31	2-7-32	2-7-33	2-7-34	2-7-35	2-7-36	2-7-37	2-7-38	2-7-39
1	—	56.0	74.3	157.4	57.2	54.9	65.5	78.9	79.4	64.6
3	—	56.4	56.1	140.6	42.0	40.4	46.8	63.6	60.1	47.0
4	—	33.5	24.3	118.3	30.0	24.9	25.3	26.2	27.2	25.3
4a	126.3	122.1	120.6	133.0	138.6	122.9	125.8	122.7	123.2	125.6
5	124.3	110.5	112.6	104.9	129.3	113.3	112.8	111.6	111.4	110.0
6	110.4	145.9	149.8	152.0	126.1	148.7	146.9	149.1	148.1	145.3
7	—	144.1	146.2	149.7	126.1	148.2	146.9	148.2	148.1	144.9
8	—	118.8	116.4	103.8	125.7	111.3	110.7	110.8	108.6	110.0

续表

C	2-7-30	2-7-31	2-7-32	2-7-33	2-7-34	2-7-35	2-7-36	2-7-37	2-7-38	2-7-39
8a	—	129.7	123.9	122.5	135.4	128.0	132.2	130.6	130.4	133.5
a	—	28.4	38.4	42.0	40.1	38.5	40.4	37.6	38.8	42.6
9	—	130.9	127.2	131.9	131.5	123.6	129.0	126.2	126.3	130.7
10	113.6	129.7	132.1	111.5	112.5	113.3	110.7	111.2	109.5	115.6
11	—	116.1	116.6	148.6	149.0	149.0	148.3	149.3	148.5	143.4
12	—	154.6	157.8	147.0	147.7	147.4	146.0	147.0	147.5	145.0
13	105.1	116.1	116.6	110.5	111.4	110.0	110.7	112.5	113.7	113.6
14	—	129.7	132.1	120.1	121.4	122.3	121.5	121.5	120.3	120.9
R^1	—	40.3	52.9 / 51.7				42.4	53.2	55.8	—
R^3		55.3	56.5	55.5		55.8	55.5	56.0	56.4	55.9
R^4	—			55.5		55.8	55.5	56.0	56.4	
11-OCH$_3$				55.5	55.9	55.9	55.3	56.0	56.4	
12-OCH$_3$				55.5	55.8	55.6	55.3	56.0	56.4	55.8
N'-CH$_3$		41.6								

表 2-7-7 化合物 2-7-40 的 ^{13}C NMR 数据

C	2-7-40	C	2-7-40	C	2-7-40	C	2-7-40
1	60.3	9	134.2	18	56.2	8'a	126.8
3	44.1	10	114.6	1'	141.6	9'	137.8
4	22.6	11	149.6	3'	50.5	10'	131.2
4a	128.5	12	146.6	4'	30.4	11'	123.1
5	106.5	13	111.5	4'a	133.1	12'	153.0
6	145.9	14	122.6	5'	115.8	13'	123.7
7	129.5	15	41.1	6'	140.9	14'	131.2
8	139.6	16	56.1	7'	138.9	15'	100.7
8a	119.1	17	42.8	8'	116.6	16'	41.4

2-7-41[6]

2-7-42[6]

2-7-43[6]

2-7-44[6]

2-7-45[17]

2-7-46[17]

2-7-47[18]   2-7-48[18]   2-7-49[19]

三、原阿朴菲类生物碱

表 2-7-8　原阿朴菲类生物碱的名称、分子式和测试溶剂

编号	中文名称	英文名称	分子式	测试溶剂	参考文献
2-7-50	格拉齐文	glaziovine	$C_{18}H_{19}NO_3$	D	[20]
2-7-51	原荷叶碱	pronuciferine	$C_{19}H_{21}NO_3$	D	[20]
2-7-52	(±)-2,3-二氢格拉齐文	(±)-2,3-dihydroglaziovine	$C_{18}H_{21}NO_3$	D	[20]
2-7-53		trans-(±)-6'-(acetyloxy)-2',3',8',8'a-tetrahydro-5'-methoxy-1'-methyl-[2-cyclohexene-1,7'(1'H)-cyclopent[ij]isoquinolin]-4-one	$C_{20}H_{23}NO_4$	D	[20]
2-7-54	(±)-5,6-二氢格拉齐文	(±)-5,6-dihydroglaziovine	$C_{18}H_{21}NO_3$	D	[20]
2-7-55		cis-(±)-6'-(acetyloxy)-2',3',8',8'a-tetrahydro-5'-methoxy-1'-methyl-[2-cyclohexene-1,7'(1'H)-cyclopent[ij]isoquinolin]-4-one	$C_{20}H_{23}NO_4$	D	[20]
2-7-56	黑龙江罂粟宁	(−)-amuronine	$C_{19}H_{23}NO_3$	D	[20]
2-7-57	β-N-O-异波尔定碱	β-N-oxide-isoboldine	$C_{18}H_{23}NO_3$	D	[20]
2-7-58	原阿朴菲粪 II	proaporphine II	$C_{18}H_{23}NO_3$	D	[20]
2-7-59	原阿朴菲粪 I	proaporphine I	$C_{18}H_{23}NO_3$	D	[20]
2-7-60		rel-(1R,4R,8'aR)-4,6'-diol-2',3',8',8'a-tetrahydro-5'-methoxy-1'-methyl-[2-cyclohexene-1,7'(1'H)-cyclopent[ij]isoquinoline]	$C_{18}H_{23}NO_3$	D	[20]
2-7-61	(±)-四氢化原荷叶碱	(±)-tetrahydropronuciferine	$C_{19}H_{25}NO_3$	D	[20]
2-7-62		[7'α(R*),8'aβ]-(±)-2',3',8',8'a-tetrahydro-2,6'-dihydroxy-5'-methoxy-1'-methyl-[cyclohexane-1,7'(1'H)-cyclopent[ij]isoquinolin]-4-one	$C_{18}H_{23}NO_4$	D	[20]
2-7-63		[7'α(S*),8'aβ]-(±)-2',3',8',8'a-tetrahydro-2,6'-dihydroxy-5'-methoxy-1'-methyl-spiro[cyclohexane-1,7'(1'H)-cyclopent[ij]isoquinolin]-4-one	$C_{18}H_{23}NO_4$	D	[20]
2-7-64		2',3',8',8'a-tetrahydro-5',6'-dimethoxy-1'-methyl-[cyclohexane-1,7'(1'H)-cyclopent[ij]isoquinoline]	$C_{19}H_{27}NO_2$	D	[20]
2-7-65		trans-2',3',8',8'a-tetrahydro-5',6'-dimethoxy-1'-methyl-[cyclohexane-1,7'(1'H)-cyclopent[ij]isoquinolin]-4-ol	$C_{19}H_{27}NO_3$	D	[20]

续表

编号	中文名称	英文名称	分子式	测试溶剂	参考文献
2-7-66		cis-2',3',8',8'a-tetrahydro-5',6'-dimethoxy-1'-methyl-[cyclohexane-1,7'(1'H)-cyclopent[ij]isoquinolin]-4-ol	$C_{19}H_{27}NO_3$	D	[20]
2-7-67	N-氧基-原荷叶碱	N-oxide-pronuciferine	$C_{19}H_{21}NO_4$	C	[21]

表 2-7-9 化合物 2-7-50~2-7-58 的 ^{13}C NMR 数据[20]

C	2-7-50	2-7-51	2-7-52	2-7-53	2-7-54	2-7-55	2-7-56	2-7-57	2-7-58
1	50.5	50.7	47.8	48.4	47.0	47.4	47.3	46.4	46.5
2	150.8	150.9	155.1	154.8	30.7	31.2	31.5	29.2	27.3
3	126.7	126.6	126.8	127.0	35.2	35.0	35.2	30.7	29.7
4	185.5	185.3	198.5	205.6	198.9	198.6	198.7	65.4	62.2
5	127.7	127.7	35.2	34.9	126.8	127.6	126.8	131.9	128.4
6	154.7	154.3	33.1	33.5	157.5	155.2	156.9	135.0	136.5
1'									
2'	54.6	54.3	54.6	54.1	54.6	54.3	54.4	54.7	54.6

续表

C	2-7-50	2-7-51	2-7-52	2-7-53	2-7-54	2-7-55	2-7-56	2-7-57	2-7-58
3'	26.8	27.0	26.0	27.1	26.9	27.2	27.0	26.8	26.8
3'a	124.7	132.9	129.2	136.2	130.3	133.8	133.9	132.3	132.9
4'	110.7	111.9	110.2	111.0	110.0	110.9	111.3	109.4	109.4
5'	147.6	152.7	147.9	151.2	148.0	151.2	152.6	147.7	147.8
6'	141.5	143.7	140.8	136.2	140.9	137.0	143.7	140.8	140.9
7'	134.8	134.8	134.5	134.0	134.0	—	137.1	134.7	134.1
7'a	122.0	127.5	121.5	129.8	121.5	130.1	126.8	120.9	121.6
8'	65.2	65.0	64.6	64.4	65.3	64.9	65.0	65.3	65.0
8'a	46.7	46.9	48.8	48.7	43.0	43.9	43.2	45.6	45.0
N-CH$_3$	43.3	43.2	43.4	43.2	43.4	43.2	43.2	43.4	43.4
5'-OCH$_3$	56.4	56.1	56.4	56.3	56.3	56.3	56.0	56.2	56.3
6'-OCH$_3$		60.2					60.3		
C=O				168.3		168.0			
OCH$_3$				20.1		19.9			

表 2-7-10 化合物 2-7-59~2-7-66 的 ^{13}C NMR 数据[20]

C	2-7-59	2-7-60	2-7-61	2-7-62	2-7-63	2-7-64	2-7-65	2-7-66
1	47.1	47.5	47.0	51.4	52.7	48.3	47.9	47.7
2	133.8	132.7	33.4	26.7	28.7	33.0	27.4	32.9
3	129.4	130.7	38.7	38.4	32.0	22.3	30.2	31.6
4	62.5	65.5	211.1	209.4	209.6	25.4	63.1	68.7
5	29.4	30.0	38.2	46.0	48.5	23.4	30.0	31.8
6	29.1	31.8	36.0	75.5	69.0	36.4	29.6	34.5
1'								
2'	54.5	54.5	54.6	54.7	55.0	53.0	54.5	52.9
3'	26.8	26.6	27.0	26.7	26.8	24.5	27.0	24.4
3'a	—	131.1	133.8	129.3	129.7	127.2	133.1	127.1
4'	—	109.2	110.9	111.2	109.4	110.7	110.8	110.6
5'	—	147.6	152.7	148.5	147.8	154.3	152.6	154.0
6'	—	141.2	143.8	141.6	140.9	144.3	143.8	144.2
7'	—	134.3	138.0	134.1	134.5	140.5	140.2	139.6
7'a	—	120.9	126.6	121.0	120.9	124.8	126.1	124.6
8'	64.6	64.7	64.8	64.4	65.1	63.8	64.8	63.6
8'a	50.5	50.2	42.2	40.0	37.9	38.8	41.7	38.7
N-CH$_3$	43.3	43.8	43.4	43.5	43.5	39.9	43.3	39.9
5'-OCH$_3$	56.2	56.2	56.1	56.2	56.2	56.3	55.8	56.4
6'-OCH$_3$			60.3			60.4	60.2	60.3

四、阿朴菲类生物碱

表 2-7-11 阿朴菲类生物碱的名称、分子式和测试溶剂

编号	中文名称	英文名称	分子式	测试溶剂	参考文献
2-7-68	鹰爪花亭碱 B	artabonatine B	$C_{18}H_{17}NO_4$	M	[22]
2-7-69	左旋巴婆碱	(−)-asimilobine	$C_{17}H_{17}NO_2$	C	[23]
2-7-70	左旋巴婆碱-2-O-β-D-葡萄糖苷	(−)-asimilobine-2-O-β-D-glucoside	$C_{23}H_{28}NO_7$	C	[24]
2-7-71	唐松草坡芬	thaliporphine	$C_{20}H_{23}NO_4$	C	[25,26]
2-7-72	白吗恰林碱-α-N-氧化物	dasymachaline-α-N-oxide	$C_{20}H_{21}NO_6$	C	[27]
2-7-73	去氢海罂粟碱	dehydroglaucine	$C_{21}H_{23}NO_4$	C	[28]
2-7-74	荷包牡丹碱	dicentrine	$C_{20}H_{21}NO_4$	D	[29]
2-7-75	南天竹种碱	domesticine	$C_{19}H_{19}NO_4$	D	[24]
2-7-76	海罂粟碱	glaucine	$C_{21}H_{25}NO_4$	C	[28]
2-7-77	异紫堇定	isocorydine	$C_{20}H_{23}NO_4$	C	[31]
2-7-78	木兰碱	magnoflorine	$[C_{20}H_{24}NO_4]^+$	M	[32]
2-7-79	N-去甲荷叶碱	N-nornuciferine	$C_{18}H_{19}NO_2$	C	[33]
2-7-80	左旋-降荷苞牡丹碱	(−)-nordicentrine	$C_{19}H_{19}NO_4$	C	[24]
2-7-81	氧海罂粟碱	oxoglaucine	$C_{20}H_{17}NO_5$	C	[34]
2-7-82	千金藤碱	stephanine	$C_{19}H_{19}NO_3$	C	[35]
2-7-83	木番荔枝碱	xylopine	$C_{18}H_{17}NO_3$	C	[36]
2-7-84	鹅掌楸定	lirinidine	$C_{18}H_{19}NO_2$	D	[29]
2-7-85	波尔丁	boldine	$C_{19}H_{21}NO_4$	C	[31]
2-7-86	山矾碱	caaverine	$C_{17}H_{17}NO_2$	D	[29]
2-7-87	紫堇丁	corydine	$C_{20}H_{23}NO_4$	D	[30]
2-7-88	N-甲基山鸡椒痉挛碱	N-methyllaurotetanine	$C_{20}H_{23}NO_4$	C+M	[31]
2-7-89		duguetine	$C_{19}H_{19}NO_4$	D	[29]
2-7-90		stephalagine	$C_{19}H_{19}NO_3$	C	[30]
2-7-91	异波尔定碱	isoboldine	$C_{19}H_{21}NO_4$	D	[29]
2-7-92	N-甲基异蒂巴因	N-methylisothebaine	$C_{19}H_{21}NO_3$	C	[30]
2-7-93	荷包牡丹碱	dicentrine	$C_{20}H_{21}NO_4$	D	[29]
2-7-94	紫堇块茎碱	corytuberine	$C_{19}H_{21}NO_4$	C+F	[31]
2-7-95	南天竹宁	nantenine	$C_{20}H_{21}NO_4$	C	[30]
2-7-96		O-methylmoschatoline	$C_{19}H_{15}NO_4$	C+M	[37]
2-7-97	(+)-去甲海罂粟碱	(+)-norglaucine	$C_{20}H_{23}NO_4$	D	[29]
2-7-98	(+)-9-羟基莲碱	(+)-9-hydroxynuciferine	$C_{19}H_{21}NO_3$	D	[29]
2-7-99	小唐松草碱	ocoteine	$C_{21}H_{23}NO_5$	C	[31]
2-7-100		oliveridine	$C_{19}H_{19}NO_4$	C	[30]
2-7-101	(−)-含笑宾	(−)-michelalbine	$C_{17}H_{15}NO_3$	C	[30]
2-7-102	原荷包牡丹碱	predicentrine	$C_{20}H_{23}NO_4$	C	[30]
2-7-103	(S)-褐鳞碱	(S)-bulbocapnine	$C_{19}H_{19}NO_4$	C	[30]
2-7-104		tinoscorside A	$C_{30}H_{37}NO_{13}$	M	[39]
2-7-105		tinoscorside B	$C_{31}H_{39}NO_{13}$	M	[39]
2-7-106		lagesianine B	$C_{39}H_{44}Cl_2N_2O_8$	C	[42]

续表

编号	中文名称	英文名称	分子式	测试溶剂	参考文献
2-7-107		lagesianine C	$C_{38}H_{42}Cl_2N_2O_7$	C	[42]
2-7-108		lagesianine D	$C_{40}H_{46}Cl_2N_2O_{10}$	C	[42]
2-7-109	(+)-β-N-氧基-异波尔定碱	(+)-β-N-oxide-isoboldine	$C_{20}H_{21}NO_6$	M	[44]
2-7-110		N-methylguatterine	$C_{19}H_{21}NO_5$	C	[45]
2-7-111		linderaline	$C_{18}H_{19}NO_4$	M	[38]
2-7-112	N-乙氧甲酰基樟苍碱	N-ethoxycarbonyllaurotetanine	$C_{22}H_{25}NO_6$	C	[40]
2-7-113		dicranostigmine	$C_{20}H_{19}NO_5$	C	[41]
2-7-114		N-acetylpachypodanthine	$C_{20}H_{19}NO_4$	C	[43]
2-7-115	(+)-N-(甲氧甲酰)-N-新木姜子碱	(+)-N-(methoxycarbonyl)-N-norboldine	$C_{20}H_{21}NO_5$	M	[44]
2-7-116		bidebiline E	$C_{36}H_{27}N_2O_6$	C	[46]

2-7-68[22] R^1=H; R^2=α-OH, β-H; R^3=R^4=H; R^5=H; R^6, R^7=O-CH$_2$-O; R^8=OCH$_3$; R^9=β-H

2-7-69[23] R^1=R^2=R^3=R^4=R^5=H; R^6=OCH$_3$; R^7=OH; R^8=H; R^9=β-H

2-7-70[24] R^1=R^2=R^3=R^4=R^5=H; R^6=OCH$_3$; R^7=OGlu; R^8=H; R^9=β-H

2-7-71[25, 26] R^1=CH$_3$; R^2=R^3=H; R^4=OCH$_3$; R^5=OCH$_3$; R^6=OH; R^7=OCH$_3$; R^8=H; R^9=α-H

2-7-72[27] R^1=α-O$^-$, β-CH$_3$; R^2=α-OH; R^3=R^4=OCH$_3$; R^5=H; R^6, R^7=O-CH$_2$-O; R^8=H; R^9=β-H

2-7-73[28] $\Delta^{6a,7}$; R^1=CH$_3$; R^2=H; R^3=R^4=OCH$_3$; R^5=H; R^6=R^7=OCH$_3$; R^8=R^9=H

2-7-74[29] R^1=CH$_3$; R^2=OH; R^3=R^4=OCH$_3$; R^5=H; R^6, R^7=O-CH$_2$-O; R^8=H; R^9=α-H

2-7-75[24] R^1=CH$_3$; R^2=H; R^3, R^4=O-CH$_2$-O; R^5=H; R^6=OH; R^7=OCH$_3$; R^8=H; R^9=α-H

2-7-76[28] R^1=CH$_3$; R^2=H; R^3=R^4=OCH$_3$; R^5=H; R^6=R^7=OCH$_3$; R^8=H; R^9=α-H

2-7-77[31] R^1=CH$_3$; R^2=R^3=H; R^4=OCH$_3$; R^5=OH; R^6=R^7=OCH$_3$; R^8=H; R^9=α-H

2-7-78[32] R^1=2×CH$_3$; R^2=R^3=H; R^4=OCH$_3$; R^5=OH; R^6=OH; R^7=OCH$_3$; R^8=H, R^9=α-H

2-7-79[33] R^1=R^2=R^3=R^4=R^5=H; R^6=R^7=OCH$_3$; R^8=H; R^9=β-H

2-7-80[24] R^1=R^2=H; R^3=R^4=OCH$_3$; R^5=H; R^6, R^7=O-CH$_2$-O; R^8=H; R^9=β-H

2-7-81[34] $\Delta^{6,6a}$; $\Delta^{4,5}$; R^2=C=O; R^3=R^4=OCH$_3$; R^5=H; R^6=R^7=OCH$_3$; R^8=H

2-7-82[35] R^1=CH$_3$; R^2=H; C$_8$-OCH$_3$; R^3=R^4=R^5=H; R^6, R^7=O-CH$_2$-O; R^8=H; R^9=β-H

2-7-83[36] R^1=R^2=H; R^3=OCH$_3$; R^4=R^5=H; R^6, R^7=O-CH$_2$-O; R^8=R^9=H

2-7-84[29] R^1=CH$_3$; R^2=R^3=R^4=R^5=H; R^6=OH; R^7=OCH$_3$; R^8=R^9=H

2-7-85[31] R^1=CH$_3$; R^2=R^5=R^8=R^9=H; R^3=OH; R^4=OCH$_3$; R^6=OCH$_3$; R^7=OH

2-7-86[29] R^1=R^2=R^5=R^8=R^9=H; R^6=OH; R^7=OCH$_3$

2-7-87[30] R^1=CH$_3$; R^4=OCH$_3$; R^5=OCH$_3$; R^6=OH; R^7=OCH$_3$; R^2=R^3=R^8=R^9=H

2-7-88[31] R^1=CH$_3$; R^2=R^5=R^8=R^9=H; R^3=OH; R^4=OCH$_3$; R^6=R^7=OCH$_3$

2-7-89[29] $R^1=CH_3$; $R^2=R^5=R^8=R^9=H$; $R^3=R^4=OCH_3$; $R^6=R^7=O-CH_2-O$

2-7-90[30] $R^1=CH_3$; $R^2=R^3=R^4=R^5=R^9=H$; $R^6=R^7=O-CH_2-O$; $R^8=OCH_3$

2-7-91[29] $R^1=CH_3$; $R^2=R^5=R^8=R^9=H$; $R^3=OH$; $R^4=OCH_3$; $R^6=OH$; $R^7=OCH_3$

2-7-92[30] $R^1=CH_3$; $R^2=R^3=R^4=R^8=R^9=H$; $R^5=OH$; $R^6=R^7=OCH_3$

2-7-93[29] $R^1=CH_3$; $R^2=R^5=R^8=R^9=H$; $R^3=R^4=OCH_3$; $R^6=R^7=O-CH_2-O$

2-7-94[31] $R^1=CH_3$; $R^4=OCH_3$; $R^5=OH$; $R^6=OH$; $R^7=OCH_3$

2-7-95[30] $R^1=CH_3$; $R^2=R^5=R^8=R^9=H$; $R^3=R^4=O-CH_2-O$; $R^6=R^7=OCH_3$

2-7-96[37] $\Delta^{6,6a}$; $\Delta^{4,5}$; $R^1=R^3=R^4=R^5=R^9=H$; $R^2=C=O$; $R^6=R^7=R^8=OCH_3$

2-7-97[29] $R^1=R^2=R^5=R^8=R^9=H$; $R^3=R^4=R^6=R^7=OCH_3$

2-7-98[29] $R^1=CH_3$; $R^2=R^5=R^8=R^9=H$; $R^3=OH$; $R^6=R^7=OCH_3$

2-7-99[31] $R^1=CH_3$; $R^2=R^9=H$; $R^3=R^4=OCH_3$; $R^6=R^7=O-CH_2-O$; $R^8=OCH_3$

2-7-100[30] $R^1=CH_3$; $R^2=OH$; $R^3=OCH_3$; $R^4=R^5=R^8=R^9=H$; $R^6=R^7=O-CH_2-O$

2-7-101[30] $R^1=H$; $R^2=OH$; $R^3=R^4=R^5=R^8=R^9=H$; $R^6=R^7=O-CH_2-O$

2-7-102[30] $R^1=CH_3$; $R^2=R^5=R^8=R^9=H$; $R^3=R^4=R^6=OCH_3$; $R^7=OH$

2-7-103[30] $R^1=CH_3$; $R^2=R^3=R^8=R^9=H$; $R^4=OCH_3$; $R^5=OH$; $R^6=R^7=O-CH_2-O$

2-7-104[39] R=甲酰基

2-7-105[39] R=乙酰基

2-7-109[44]

2-7-110[45]

2-7-106[42]

2-7-107[42]

2-7-108[42]

表 2-7-12 化合物 2-7-68~2-7-77 的 ^{13}C NMR 数据

C	2-7-68	2-7-69	2-7-70	2-7-71	2-7-72	2-7-73	2-7-74	2-7-75	2-7-76	2-7-77
1	—	142.5	146.8	143.9	142.6	144.6	141.2	141.2	144.3	141.7
1a	—	125.0	127.8	123.6	116.6	118.2	115.8	119.7	126.9	125.4

续表

C	2-7-68	2-7-69	2-7-70	2-7-71	2-7-72	2-7-73	2-7-74	2-7-75	2-7-76	2-7-77
1b	—	127.8	131.4	123.6	117.7	129.6	126.5	127.2	127.1	128.8
2	—	148.0	151.7	149.1	147.9	149.2	147.2	146.6	151.9	150.8
3	—	114.2	117.4	110.8	106.7	106.6	106.4	110.0	110.4	110.8
3a	—		130.5	126.6	126.2	125.3	126.2	123.2	128.8	129.8
4	—	28.4	29.5	28.6	24.7	29.7	28.7	28.6	29.2	29.1
5	—	42.7	43.8	52.6	65.3	50.6	52.9	53.3	53.2	52.4
6										
6a	58.1	53.2	54.8	62.6	69.9	146.3	61.9	62.5	62.5	62.6
7	70.5	36.8	37.8	35.2	67.9	102.0	33.4	34.0	34.5	35.7
7a	—	135.6	137.4	130.5	122.7	130.3	128.3	130.1	129.3	129.6
8	—	127.6	128.9	124.3	111.8	109.1	110.7	108.2	110.9	118.6
9	—	127.2	128.6	111.2	148.6	150.7	148.2	145.4	148.0	110.7
10	—	127.0	127.9	151.7	149.4	146.0	146.0	145.3	147.5	149.0
11	—	126.8	129.2	142.3	111.0	110.5	111.9	108.8	111.7	143.6
11a	—	131.5	133.2	130.5	127.3	118.5	122.6	108.8	124.5	119.8
R^1				43.5	59.0	40.5	43.5	43.9	43.9	
R^3					55.9	60.0	55.4		60.3	
R^4					56.1	56.4	55.6		60.1	55.8
R^5									55.9	
R^6		60.0	61.2			55.4			55.8	61.7
R^7	102.4				101.3	55.8	100.4			55.5
R^8	60.0									
Glu-1			102.7							
Glu-2			75.0							
Glu-3			78.3							
Glu-4			71.4							
Glu-5			78.3							
Glu-6			62.6							

表 2-7-13 化合物 2-7-78~2-7-87 的 ^{13}C NMR 数据

C	2-7-78	2-7-79	2-7-80	2-7-81	2-7-82	2-7-83	2-7-84	2-7-85	2-7-86	2-7-87
1	150.6	145.2	141.6	148.9	142.4	140.0	141.6	141.9	141.6	143.0
1a	120.9	126.6	116.2	119.1	116.2	114.4	119.4	126.6	119.7	124.6
1b	115.6	—	127.0	121.1	126.5	124.8	122.9	125.8	123.5	120.6
2	152.7	152.2	146.6	156.1	146.3	144.9	146.5	147.9	146.5	149.0
3	109.2	111.8	107.1	105.7	107.3	105.3	110.2	113.2	110.9	112.1
3a	125.9	129.0	126.5	134.8	126.2	125.5	127.5	129.7	127.3	119.1
4	24.6	29.2	29.1	122.9	28.9	27.4	28.4	28.8	28.4	23.0
5	62.1	43.2	43.1	144.3	53.3	41.5	52.6	53.3	42.7	59.9
6										

续表

C	2-7-78	2-7-79	2-7-80	2-7-81	2-7-82	2-7-83	2-7-84	2-7-85	2-7-86	2-7-87
6a	70.8	53.5	53.5	144.9	61.5	51.4	62.5	62.5	53.2	67.9
7	31.6	37.5	36.4	180.7	25.7	35.6	33.6	34.1	36.8	29.6
7a	125.9	136.3	127.9	126.3	123.4	135.2	126.0	130.1	135.7	129.3
8	116.8	128.4	111.0	109.2	155.9	110.5	127.9	114.1	128.1	123.3
9	110.3	127.4	148.1	150.2	109.3	157.1	115.4	144.9	128.1	110.6
10	151.4	127.8	147.5	153.2	126.8	111.9	155.3	145.4	126.2	152.0
11	149.6	127.0	110.5	109.7	119.2	126.6	113.2	110.1	125.9	144.8
11a	123.3	132.3	123.5	128.7	131.9	122.2	133.0	123.5	132.4	124.2
R^1	43.5 53.8				43.7		43.5	44.0		43.0
R^3			55.8	60.2		53.5				
R^4	56.0		56.0	55.8				56.1		—
R^5										—
R^6		55.6	100.5	55.8	100.3	98.8		60.2		
R^7	56.3	60.2		55.8			55.7		55.8	—
8-OCH$_3$					55.2					

表 2-7-14 化合物 2-7-88~2-7-97 的 ^{13}C NMR 数据

C	2-7-88	2-7-89	2-7-90	2-7-91	2-7-92	2-7-93	2-7-94	2-7-95	2-7-96	2-7-97
1	145.9	141.1	134.9	140.6	141.7	141.6	140.2	144.0	148.2	144.3
1a	127.6	115.8	110.7	119.7	125.4	116.0	118.9	126.4	115.4	125.7
1b	118.4	121.0	124.1	123.5	129.8	126.4	117.7	127.0	122.5	120.8
2	153.6	147.2	134.9	146.5	150.8	146.0	148.8	151.4	147.0	152.8
3	109.8	106.7	139.5	109.2	110.8	106.8	109.6	110.3	156.2	111.2
3a	124.4	127.7	119.3	126.7	128.8	126.7	124.3	126.2	130.8	126.4
4	24.0	24.6	17.2	28.4	29.1	28.7	23.4	29.0	118.9	24.8
5	61.5	50.8	49.3	52.9	52.4	52.9	65.5	52.9	144.3	40.8
6										
6a	69.9	64.4	64.2	62.4	62.6	61.7	69.7	62.1	145.0	51.9
7	28.8	69.8	69.7	33.7	35.6	25.8	30.3	34.9	182.4	32.3
7a	123.9	133.4	138.7	129.1	129.6	115.6	129.8	130.4	131.4	126.2
8	114.5	108.1	123.6	114.9	118.6	146.8	120.8	107.6	127.6	111.6
9	145.9	148.3	126.9	145.4	110.7	135.9	110.9	146.0	128.7	148.3
10	146.5	141.6	126.9	145.3	149.0	150.8	147.6	145.9	134.1	147.3
11	111.4	110.5	125.7	113.6	143.6	102.4	140.2	108.4	127.4	111.8
11a	122.0	123.6	128.7	123.0	119.8	125.8	119.2	125.1	134.3	123.1
R^1	43.4	39.9	39.0	43.6	43.6	43.5	43.4	43.6		
R^3		55.6				60.2		—		55.5
R^4	55.8	55.6		55.8		55.6	55.8			55.8
R^5	60.1									
R^6	55.8			—		—		—	61.7	59.6
R^7			100.5	—	55.8	—	100.4	55.8	60.9	55.5
R^8			—						61.3	

表 2-7-15 化合物 2-7-98~2-7-105 的 ^{13}C NMR 数据

C	2-7-98	2-7-99	2-7-100	2-7-101	2-7-102	2-7-103	C	2-7-104	2-7-105
1	144.3	143.2	141.6	141.8	142.3	140.4	1	147.3	147.3
1a	125.9	110.4	116.3	114.8	126.3	125.8	2	151.4	151.5
1b	128.6	127.4	122.5	124.7	125.9	128.9	3	116.9	116.9
2	151.3	134.9	146.5	146.7	148.1	145.9	3a	130.8	130.9
3	111.6	139.1	106.3	107.9	113.5	107.7	4	31.5	31.2
3a	127.7	119.1	126.9	127.2	129.6	127.4	5	43.2	43.3
4	28.7	23.6	23.2	29.1	28.7	29.3	6a	50.8	52.0
5	52.5	53.2	19.8	42.7	53.3	53.0	7	35.0	34.9
6							7a	137.4	137.9
6a	62.3	62.3	64.3	60.4	62.5	62.8	8~10	128.1~129.4	129.0~129.5
7	33.5	34.1	70.0	83.2	34.2	35.4	11	129.3	129.3
7a	126.6	127.4	141.3	136.4	129.2	129.7	11a	132.5	132.5
8	128.4	111.1	109.0	123.1	110.1	119.2	11b	128.8	129.0
9	114.5	147.5	159.1	127.4	148.2	110.8	11c	127.7	127.9
10	155.7	147.5	112.5	127.4	147.6	148.3	formyl	164.6	
11	114.0	110.0	127.8	126.7	110.0	142.9	1'	100.7	100.8
11a	132.1	123.5	121.4	129.6	124.1	118.5	2'	81.3	81.4
R^1	43.5	—	39.5		43.8	44.0	3'	77.8	77.8
R^3		56.0	—		—		4'	71.2	71.2
R^4		55.6			—	56.2	5'	78.3	78.4
R^5							6'	62.2	62.2
R^6	59.6				—	100.2	1"	104.3	104.3
R^7	55.5	100.4	—	—			2"	75.9	75.9
R^8							3"	77.9	77.9
							4"	71.3	71.3
							5"	78.1	78.1
							6"	62.3	62.5
							OCH$_3$	61.6	61.6
							OOCH$_3$		22.2
							C=O		172.1

表 2-7-16 化合物 2-7-106~2-7-110 的 ^{13}C NMR 数据

C	2-7-106	2-7-107	2-7-108	C	2-7-106	2-7-107	2-7-108	C	2-7-109	2-7-110
1	143.1	143.1	143.2	1'	142.8	143.1	143.1	1	144.7	143.3
1a	119.4	126.1	127.1	1'a	119.6	126.1	—	1a	128.3	121.7
1b	122.8	122.1	122.8	1'b	128.2	122.1	126.2	1b	131.5	122.4
2	153.0	152.9	153.0	2'	151.3	152.9	153.0	2	150.3	149.1

续表

C	2-7-106	2-7-107	2-7-108	C	2-7-106	2-7-107	2-7-108	C	2-7-109	2-7-110
3	111.2	111.0	111.3	3'	111.2	111.0	111.3	3	115.2	109.8
3a	130.0	127.0	127.1	3'a	129.2	127.0	129.7	3a	125.1	122.1
4	25.5	26.1	25.6	4'	30.2	26.1	29.7	4	30.6	25.3
5	41.0	52.3	41.1	5'	43.8	52.3	62.4	5	40.1	65.5
6a	53.3	62.9	55.8	6'a	53.3	62.9	53.4	6a	53.1	72.5
7	34.8	33.1	56.3	7'	36.4	33.1	34.9	7	35.2	30.1
7a	126.4	126.5	129.2	7'a	126.2	126.5	126.4	7a	124.5	124.9
8	119.9	119.6	119.9	8'	119.6	119.6	119.9	8	116.0	115.9
9	111.6	111.6	111.7	9'	111.6	111.6	111.7	9	147.2	146.7
10	150.1	150.1	150.1	10'	149.7	150.1	150.1	10	147.5	147.4
11	144.4	144.2	144.4	11'	144.1	144.2	144.4	11	113.4	114.0
11a	122.4	119.3	119.4	11'a	127.2	119.3	122.2	11a	131.3	128.3
N-CH$_2$-N	70.6			1'-OCH$_3$	62.2		62.2	1-OCH$_3$	60.0	
1-OCH$_3$	62.0	62.2	62.0	2'-OCH$_3$	56.0	62.2	56.0	2-OCH$_3$		56.4
2-OCH$_3$	56.0	55.9	56.1	10'-OCH$_3$	56.2	55.9	56.2	10-OCH$_3$	56.5	56.5
10-OCH$_3$	56.2	56.1	56.1	2"		56.1	70.6	N-CH$_3$		58.1
1"			68.5					C=O	157.5	
								COOC̲H$_3$	53.3	

2-7-111[38]   2-7-112[40]   2-7-113[41]

2-7-114[43]   2-7-115[44]   2-7-116[46]

五、原小檗碱类生物碱

表 2-7-17　原小檗碱类生物碱的名称、分子式和测试溶剂

编号	中文名称	英文名称	分子式	测试溶剂	参考文献
2-7-117	(−)-8β-(4'-羟基苄基)-2,3-二甲氧基小檗碱	(−)-8β-(4'-hydroxybenzyl)-2,3-dimethoxy-berbin-10-ol	$C_{26}H_{27}NO_4$	M	[47]
2-7-118	(−)-N-氧基-cis-异紫堇杷明	(−)-N-oxide-cis-isocorypalmine	$C_{20}H_{23}NO_5$	C	[48]
2-7-119	轮环藤酚碱	cyclanoline	$[C_{20}H_{24}NO_4]^+$	M	[49]

续表

编号	中文名称	英文名称	分子式	测试溶剂	参考文献
2-7-120	北豆根碱苷	dauricoside	$C_{24}H_{29}NO_9$	*	[50]
2-7-121	去氢紫堇碱	dehydrocorydaline	$C_{22}H_{23}NO_4$	C	[28]
2-7-122	药根碱	jatrorrhizine	$C_{20}H_{19}NO_4$	M	[50]
2-7-123		9,10-dimethoxy-2,3-methylenedioxy-protoberberine	$C_{20}H_{17}NO_4$	C	[51]
2-7-124		5,6,13,13a-tetrahydro-8H-dibenzo[α, g]quinolizine	$[C_{18}H_{20}N]^+$	M	[52]
2-7-125		5,6,13,13a-tetrahydro-8H-dibenzo[α, g]quinolizine	$[C_{18}H_{20}N]^+$	M	[52]
2-7-126	小檗因	berbine	$C_{17}H_{17}N$	C	[53]
2-7-127		5,8,13,13a-tetrahydro-13-methyl-(13S-trans)-6H-dibenzo[α,g]quinolizine	$C_{18}H_{19}N$	C	[53]
2-7-128		*meso*-13-methyltetrahydroprotoberberine	$C_{18}H_{19}N$	C	[53]
2-7-129	四氢巴马亭	tetrahydropalmatine	$C_{22}H_{27}NO_4$	C	[3]
2-7-130		(13aS)-5,8,13,13a-tetrahydro-2,3,9,10-tetra-methoxy-6H-dibenzo[α,g]quinolizine	$C_{22}H_{27}NO_5$	C	[52]
2-7-131		(13aR)-5,8,13,13a-tetrahydro-2,3,9,10-tetramethoxy-6H-dibenzo[α, g]quinolizine	$C_{22}H_{27}NO_5$	C	[52]
2-7-132	(+)-榛子蛋白质	(+)-corydaline	$C_{22}H_{27}NO_4$	C	[3]
2-7-133	紫堇灵	corynoline	$C_{22}H_{27}NO_4$	C	[3]
2-7-134	四氢化巴马除宾	tetrahydropalmatrubine	$C_{21}H_{25}NO_4$	C	[54]
2-7-135	咖维定	cavidine	$C_{21}H_{23}NO_4$	C	[3]
2-7-136	白蓬叶碱	thalictrifoline	$C_{21}H_{23}NO_4$	C	[3]
2-7-137	四氢小檗碱	tetrahydroberberine	$C_{20}H_{21}NO_4$	C	[3]
2-7-138	四氢非洲防己碱	tetrahydrocolumbamine	$C_{21}H_{25}NO_4$	C	[29]
2-7-139	白蓬草卡文	thalictricavine	$C_{21}H_{23}NO_4$	C	[53]
2-7-140	异白蓬草卡文	mesothalictricavin	$C_{21}H_{23}NO_4$	C	[53]
2-7-141	蛇果紫堇碱	ophiocarpine	$C_{20}H_{21}NO_5$	C	[5]
2-7-142		*rel*-(8R,13aR)-9,10-dimethoxy-α-methyl-5,8,13,13a-tetrahydro-6H-benzo[g]-1,3-benzodioxolo[5,6-a]quinolizine-8-ethanol	$C_{23}H_{27}NO_5$	C	[5]
2-7-143	南天竹碱	nandinine	$C_{19}H_{19}NO_4$	C	[3]
2-7-144	*d*-刺罂粟碱	tetrahydrocoptisine	$C_{19}H_{17}NO_4$	C	[53]
2-7-145	紫堇萨明	corysamine	$C_{20}H_{19}NO_4$	C	[53]
2-7-146	番荔枝宁	xylopinine	$C_{21}H_{25}NO_4$	C	[54]
2-7-147	四氢假巴马汀碱	tetrahydropseudopalmatine	$C_{19}H_{17}NO_4$	C	[54]
2-7-148		5,8,13,13a-tetrahydro-10,14-dimethoxy-11-(phenylmethoxy)-6H-benzo[g]-1,3-benzo-dioxolo[5,6-a]quinolizine	$C_{27}H_{27}NO_5$	C	[54]

续表

编号	中文名称	英文名称	分子式	测试溶剂	参考文献
2-7-149		6,9,14,14a-tetrahydro-4,11-dimethoxy-12-(phenylmethoxy)-7H-benzo[g]-1,3-benzodioxolo[4,5-a]quinolizine	$C_{27}H_{27}NO_5$	C	[54]
2-7-150	延胡索碱	capaurine	$C_{21}H_{25}NO_5$	C	[53]
2-7-151		5,8,13,13a-tetrahydro-1,2,3,9,10-pentamethoxy-6H-dibenzo[α, g] quinolizine	$C_{22}H_{27}NO_5$	C	[54]
2-7-152		5,8,13,13a-tetrahydro-2,3,9-trimethoxy-6H-dibenzo[α,g]quinolizine-1,10-diol	$C_{20}H_{23}NO_5$	C	[54]
2-7-153		5,8,13,13a-tetrahydro-10,14-dimethoxy-6H-benzo[g]-1,3-benzodioxolo[5,6-a]quinolizin-11-ol	$C_{20}H_{21}NO_5$	C	[54]
2-7-154		(S)-5,8,13,13a-tetrahydro-2,3,9,10-tetramethoxy,acetate(ester)-6H-dibenzo[α,g]quinolizin-1-ol	$C_{24}H_{29}NO_6$	C	[53]
2-7-155		(S)-5,8,13,13a-tetrahydro-2,3,9-trimethoxy-,diacetate (ester)-6H-dibenzo[a,g]quinolizine-1,10-diol	$C_{25}H_{29}NO_7$	C	[53]
2-7-156		8,13-dioxo-2,3-(methylenedioxy)-9,10,13a-trimethoxyberb	$C_{21}H_{19}NO_7$	C	[53]
2-7-157		5,8-dihydro-9,10-dimethoxy-7,13-dimethyl-6H-benzo[g]-1,3-benzodioxolo[5,6-a]quinolizinium	$[C_{22}H_{26}NO_4]^+$	C	[53]
2-7-158		5,8-dihydro-9,10-dimethoxy-6H-benzo[g]-1,3-benzodioxolo[5,6-a]quinolizin-8-yl	$C_{22}H_{21}NO_5$	C	[53]
2-7-159		3-hydroxy-2-methoxy-9,10-methylenedioxy-8-oxo-protoberberine	$C_{19}H_{15}NO_5$	C	[55]

注：*所用测试液的 P+M（3∶1）。

A= (4-hydroxybenzyl group)

B= —OCH$_2$— (benzyl group)

2-7-117[47] $R^2=\beta$-A; R^3=H; R^4=OH; R^5=H; $R^6=R^7$=OCH$_3$; $R^8=\alpha$-H; $R^9=R^{10}$=H

2-7-118[48] $R^1=\alpha$-O$^-$; R^2=H; $R^3=R^4$=OCH$_3$; R^5=H; R^6=OH; R^7=OCH$_3$; $R^8=\alpha$-H; $R^9=R^{10}$=H

2-7-119[49] $R^1=\alpha$-CH$_3$; R^2=H; R^3=OH; R^4=OCH$_3$; R^5=H; R^6=OH; R^7=OCH$_3$; $R^8=\alpha$-H; $R^9=R^{10}$=H

2-7-124[52] $R^1=\beta$-CH$_3$; $R^8=\alpha$-H; $R^2=R^3=R^4=R^5=R^6=R^7=R^9=R^{10}$=H

2-7-125[52] $R^1=\alpha$-CH$_3$; $R^8=\alpha$-H; $R^2=R^3=R^4=R^5=R^6=R^7=R^9=R^{10}$=H

2-7-130[52] $R^1=\beta$-O$^-$; $R^3=R^4=R^6=R^7$=OCH$_3$; $R^8=\alpha$-H; $R^2=R^5=R^9=R^{10}$=H

2-7-131[52] $R^1=\alpha$-O$^-$; $R^3=R^4=R^6=R^7$=OCH$_3$; $R^8=\alpha$-H; $R^2=R^5=R^9=R^{10}$=H

2-7-157[53] $\Delta^{13,14}$; R^1=CH$_3$; $R^3=R^4$=OCH$_3$; $R^6=R^7$=O-CH$_2$-O; R^9=CH$_3$; $R^2=R^5=R^8=R^{10}$=H

2-7-120[50] R²=H; R³=OH; R⁴=OGlu; R⁵=H; R⁶= OCH₃; R⁷=OH; R⁸=α-H; R⁹=R¹⁰=H

2-7-121[28] Δ⁷,⁸; Δ¹³,¹⁴; R²=H; R³=R⁴=OCH₃; R⁵=H; R⁶=R⁷=OCH₃; R⁹=CH₃; R¹⁰=H

2-7-122[50] Δ⁷,⁸; Δ¹³,¹⁴; R²=H; R³=R⁴=OCH₃; R⁵=H; R⁶=OCH₃; R⁷= OH; R⁸=R⁹=R¹⁰=H

2-7-123[51] Δ⁷,⁸; Δ¹³,¹⁴; R²=H; R³=R⁴=OCH₃; R⁵=H; R⁶=R⁷=O-CH₂-O; R⁸=R⁹=R¹⁰=H

2-7-126[53] R²=R³=R⁴=R⁵=R⁶=R⁷=R⁸=R⁹=H

2-7-127[53] R⁸=β-H; R⁹=α-CH₃; R²=R³=R⁴=R⁵=R⁶=R⁷=R¹⁰=H

2-7-128[53] R⁸=β-H; R⁹=β-CH₃; R²=R³=R⁴=R⁵=R⁶=R⁷=R¹⁰=H

2-7-129[3] R³=R⁴=R⁶=R⁷=OCH₃; R²=R⁵=R⁸=R⁹=R¹⁰=H

2-7-132[3] R³=R⁴=R⁶=R⁷=OCH₃; R⁸=α-H; R⁹=β-CH₃; R²=R⁴=R⁵=R¹⁰=H

2-7-133[3] R³=R⁴=R⁶=R⁷=OCH₃; R⁸=α-H; R⁹=α-CH₃; R²=R⁴=R⁵=R¹⁰=H

2-7-134[54] R³=OH; R⁴=R⁶=R⁷=OCH₃; R²=R⁵=R⁸=R⁹=R¹⁰=H

2-7-135[3] R³=R⁴=O-CH₂-O; R⁶=R⁷=OCH₃; R⁸=α-H; R⁹=α-CH₃; R²=R⁵=R¹⁰=H

2-7-136[3] R³=R⁴=O-CH₂-O; R⁶=R⁷=OCH₃; R⁸=α-H; R⁹=β-CH₃; R²=R⁵=R¹⁰=H

2-7-137[3] R³=R⁴=OCH₃; R⁶=R⁷=O-CH₂-O; R²=R⁵=R⁸=R⁹=R¹⁰=H

2-7-138[29] R³=R⁴=OCH₃; R⁶=OH; R⁷=OCH₃; R²=R⁵=R⁸=R⁹=R¹⁰=H

2-7-139[53] R³=R⁴=OCH₃; R⁶=R⁷=O-CH₂-O; R⁸=β-H; R⁹=α-CH₃; R²=R⁵=R¹⁰=H

2-7-140[53] R³=R⁴=OCH₃; R⁶=R⁷=O-CH₂-O; R⁸=β-H; R⁹=β-CH₃; R²=R⁵=R¹⁰=H

2-7-141[5] R³=R⁴=OCH₃; R⁶=R⁷=O-CH₂-O; R⁸=α-H; R⁹=β-OH; R²=R⁵=R¹⁰=H

2-7-142[5] R²=CH₂CH(CH₃)OH; R³=R⁴=OCH₃; R⁶=R⁷=O-CH₂-O; R⁵=R⁸=R⁹=R¹⁰=H

2-7-143[3] R³=OH; R⁴=OCH₃; R⁶=R⁷=O-CH₂-O; R²=R⁵=R⁸=R⁹=R¹⁰=H

2-7-144[53] R³=R⁴=O-CH₂-O; R⁶=R⁷=O-CH₂-O; R²=R⁵=R⁸=R⁹=R¹⁰=H

2-7-145[53] R³=R⁴=O-CH₂-O; R⁶=R⁷=O-CH₂-O; R⁸=β-H; R⁹=α-CH₃; R²=R⁵=R¹⁰=H

2-7-146[54] R⁴=R⁵=R⁶=R⁷=OCH₃; R²=R³=R⁸=R⁹=R¹⁰=H

2-7-147[54] R⁴=R⁵=O-CH₂-O; R⁶=R⁷=O-CH₂-O; R²=R³=R⁸=R⁹=R¹⁰=H

2-7-148[54] R⁴=OCH₃; R⁵=B; R⁶=R⁷=O-CH₂-O; R¹⁰=OCH₃; R²=R³=R⁸=R⁹=H

2-7-149[54] R⁴=OCH₃; R⁵=B; R⁶=R¹⁰=O-CH₂-O; R⁷=OCH₃; R²=R³=R⁸=R⁹=H

2-7-150[53] R³=R⁴=R⁶=R⁷=OCH₃; R¹⁰=OH; R²=R⁸=R⁹=H

2-7-151[54] R³=R⁴=R⁶=R⁷= R¹⁰=OCH₃; R²=R⁸=R⁹=H

2-7-152[54] R³=OCH₃; R⁴=OH; R⁶=R⁷=OCH₃; R¹⁰=OH; R²=R⁵=R⁸=R⁹=H

2-7-153[54] R⁴=OCH₃; R⁵=OH; R⁶=R⁷=O-CH₂-O; R¹⁰=OCH₃; R²=R³=R⁸=R⁹=H

2-7-154[53] R³=R⁴=R⁶=R⁷=OCH₃; R¹⁰=OCOCH₃; R²=R⁵=R⁸=R⁹=H

2-7-155[53] R³=OCH₃; R⁴=OCOCH₃; R⁶=R⁷=OCH₃; R¹⁰=OCOCH₃; R²=R⁵=R⁸=R⁹=H

2-7-156[53] R²=R⁹= C=O; R³=R⁴=OCH₃; R⁸=OCH₃; R⁶=R⁷=O-CH₂-O; R⁵=R¹⁰=H

2-7-158[53] Δ¹³,¹⁴; R²=COCH₃; R³=R⁴=OCH₃; R⁶=R⁷=O-CH₂-O; R⁵=R⁸=R¹⁰=H

表 2-7-18 化合物 2-7-117~2-7-126 的 ¹³C NMR 数据

C	2-7-117	2-7-118	2-7-119	2-7-120	2-7-121	8-6-122	2-7-123	2-7-124	2-7-125	2-7-126
1	112.5	113.9	111.3	—	114.0	115.9	106.8	—	—	125.6
1a	127.1	122.6	121.9	—	121.8	123.2	123.7	—	—	138.2
2	148.5	147.4	150.1	—	147.8	149.7	150.3	—	—	126.2
3	147.0	151.0	151.3	—	150.6	151.7	152.6	—	—	126.2
4	112.6	111.4	113.4	—	110.8	110.2	110.1	—	—	129.0

C	2-7-117	2-7-118	2-7-119	2-7-120	2-7-121	8-6-122	2-7-123	2-7-124	2-7-125	2-7-126
4a	130.1	126.4	125.1	—	128.7	130.3	132.1	—	—	134.7
5	30.2	24.9	24.2	—	28.2	27.7	28.9	24.7	24.4	29.7
6	49.0	57.8	53.4	—	63.2	62.5	58.4	62.6	53.3	51.3
8	51.5	65.3	61.2	—	—	146.1	145.6	66.7	64.7	58.7
8a	125.7	120.1	114.3	—	119.3	119.4	121.8	—	—	134.7
9	108.1	145.2	144.5	—	151.4	151.9	152.8	—	—	129.0
10	154.2	145.5	147.6	—	146.5	145.7	145.5	—	—	126.2
11	114.4	112.5	113.2	—	119.8	120.9	122.0	—	—	126.0
12	119.9	123.4	119.8	—	125.5	124.4	125.1	—	—	129.0
12a	133.1	123.6	123.1	—	132.3	135.5	135.6	—	—	134.7
13	41.5	35.6	35.0	—	146.2	128.2	128.4	30.3	35.4	36.8
14	69.1	70.4	67.3	—	133.8	140.3	140.2	67.3	67.3	60.1
R^1			51.0					—	—	
R^3		60.5			56.3	57.7	63.5			
R^4		55.9	56.6		56.3	57.4	58.0			
R^6	57.0			57.4	56.6	57.1	101.4			
R^7	57.2	56.6	56.7		57.3					
R^9					18.0					
1'	132.0			105.6						
2'	131.1			75.9						
3'	116.1			79.1						
4'	158.1			72.2						
5'	116.1			79.9						
6'	131.1			63.3						

表 2-7-19 化合物 2-7-127~2-7-136 的 ^{13}C NMR 数据

C	2-7-127	2-7-128	2-7-129	2-7-130	2-7-131	2-7-132	2-7-133	2-7-134	2-7-135	2-7-136
1	125.9	126.7	108.5	—	—	109.0	112.1	109.1	112.0	108.8
1a	136.8	138.5	129.5	—	—	128.5	130.7	129.9	130.3	128.5
2	125.9	125.8	147.1	—	—	147.3	146.7	147.5	146.6	147.3
3	126.2	126.7	147.1	—	—	147.8	148.0	147.5	148.0	147.9
4	128.3	129.3	111.3	—	—	111.3	111.1	111.5	110.9	111.3
4a	136.3	133.5	126.3	—	—	128.5	127.7	127.0	126.3	128.5
5	29.8	28.7	29.0	25.1	25.7	29.4	28.1	29.2	27.8	29.3
6	51.1	47.2	51.3	65.4	58.7	51.5	47.1	51.5	46.9	51.3
8	59.0	58.6	53.8	67.8	66.0	54.5	51.1	53.7	49.8	53.4
8a	134.3	134.1	127.5	—	—	128.6	126.5	121.4	115.8	118.9
9	129.1	127.1	149.9	—	—	150.2	150.2	141.6	144.8	144.8
10	126.2	126.7	144.8	—	—	145.1	145.4	144.2	143.7	143.2
11	125.9	125.3	110.8	—	—	111.7	111.1	109.1	106.8	106.8
12	128.7	127.9	123.5	—	—	124.1	123.2	119.3	120.3	121.3

续表

C	2-7-127	2-7-128	2-7-129	2-7-130	2-7-131	2-7-132	2-7-133	2-7-134	2-7-135	2-7-136
12a	141.7	139.8	128.4	—	—	135.1	133.0	128.1	133.5	136.1
13	38.9	35.2	36.2	30.4	36.3	38.4	34.6	36.5	34.2	38.7
14	63.7	65.2	59.1	68.9	71.7	63.1	64.2	59.4	63.8	63.2
R^1										
R^3			55.9	—	—	60.1	60.4		101.1	101.1
R^4			55.6	—	—	56.2	56.4	56.2		
R^6			55.6	—	—	55.8	55.9	56.2	56.1	56.1
R^7			59.9	—	—	55.9	55.9	56.2	55.9	55.9
R^9	18.3	22.4				18.4	22.4		22.4	18.5

表 2-7-20　化合物 2-7-137~2-7-147 的 ^{13}C NMR 数据

C	2-7-137	2-7-138	2-7-139	2-7-140	2-7-141	2-7-142	2-7-143	2-7-144	2-7-145	2-7-146	2-7-147
1	105.1	111.1	105.8	107.3	105.8	105.6	105.7	105.7	105.7	108.5	105.6
1a	130.4	129.8	129.9	131.5	130.9	130.3	131.1	131.0	129.8	129.6	130.9
2	145.4	144.4	145.8	145.3	146.1	145.9	146.1	145.2	145.8	147.3	146.1
3	145.7	144.4	146.6	146.3	146.5	146.1	146.2	146.3	146.9	147.3	146.1
4	107.9	112.2	108.3	108.9	108.4	108.3	108.5	108.6	108.3	111.3	108.5
4a	127.3	124.7	126.7	127.4	128.5	127.8	128.0	128.0	129.8	126.6	127.9
5	29.3	28.5	29.9	28.3	29.3	29.9	29.7	29.8	29.4	29.0	28.6
6	51.1	51.5	51.4	47.0	50.8	48.7	51.4	51.4	51.6	51.3	51.3
8	53.8	53.4	54.5	50.6	53.8	61.5	53.5	53.1	54.5	58.2	58.7
8a	127.3	127.5	129.5	127.6	127.2	130.0	121.4	117.1	116.9	126.2	127.4
9	149.8	149.7	150.2	150.3	151.6	150.9	141.7	146.4	144.9	109.5	106.5
10	144.7	145.8	145.2	145.5	144.5	145.5	144.2	143.5	143.2	147.3	146.1
11	110.7	111.8	111.3	111.2	111.1	111.0	109.1	106.9	106.9	147.3	146.1
12	123.4	123.6	124.1	123.1	123.4	123.4	119.4	121.2	121.4	111.3	108.5
12a	128.2	128.5	135.2	132.9	129.4	130.2	128.1	128.7	136.1	126.2	127.4
13	36.1	35.8	38.6	34.5	69.8	37.2	36.5	36.6	38.5	36.3	37.1
14	59.3	66.1	63.5	64.6	64.6	58.9	59.7	59.8	63.2	59.5	59.9
R^1											
R^3	59.8	59.6	60.2	60.4	60.0	60.2		101.1	101.1	55.8	
R^4	55.5	55.5	56.1	55.9	55.7	55.8	56.2			55.8	100.8
R^5											
R^6	100.3		100.8	100.0	100.7	100.8	100.8	100.9	100.8	55.8	100.8
R^7		55.7								55.8	
R^9				18.3	22.4						
1'						38.8					
2'						65.0					

表 2-7-21 化合物 2-7-148~2-7-158 的 ^{13}C NMR 数据

C	2-7-148	2-7-149	2-7-150	2-7-151	2-7-152	2-7-153	2-7-154	2-7-155	2-7-156	2-7-157	2-7-158
1	147.5	142.4	146.7	151.9	146.4	147.8	141.8	141.2	109.1	110.7	104.3
1a	123.6	114.1	118.3	124.2	117.9	123.9	123.6	123.7	131.6	132.5	128.8
2	134.5	133.4	134.1	140.2	143.8	134.5	139.6	139.6	146.4	146.7	146.6
3	140.2	145.3	150.6	150.1	150.6	140.4	151.8	151.8	149.6	149.4	147.4
4	102.9	107.0	104.9	107.4	104.0	103.1	110.8	110.7	108.0	107.6	107.8
4a	128.6	129.5	131.4	130.6	131.3	128.5	131.1	130.8	131.6	126.3	128.2
5	30.1	30.0	30.5	30.0	30.6	30.1	30.3	30.3	28.9	27.1	30.1
6	47.1	51.1	49.4	48.3	49.3	46.9	48.5	48.3	38.4	57.7	47.8
8	57.2	58.0	53.6	53.3	53.6	57.3	53.4	53.2	161.7	66.3	67.6
8a	126.6	126.8	128.7	128.3	127.9	124.8	128.4	129.2	122.8	124.1	118.8
9	109.7	109.8	150.3	150.9	146.4	108.7	150.5	148.1	148.3	154.1	150.0
10	146.6	146.8	145.6	145.3	146.6	145.3	145.8	141.8	159.4	146.4	144.8
11	147.9	148.0	111.3	110.9	114.2	144.3	111.4	121.2	115.0	112.9	112.8
12	114.3	114.5	124.2	124.0	125.3	114.6	124.0	124.4	124.2	121.5	118.8
12a	127.6	127.8	129.3	128.6	128.5	127.3	128.7	134.3	125.0	119.9	125.1
13	31.9	34.0	33.1	33.0	32.9	31.6	33.3	33.5	188.0	119.4	93.5
14	54.9	57.1	56.3	55.5	56.0	54.7	56.7	55.2	88.6	133.7	140.3
R^1										50.9	
R^3			60.2	60.6	61.2		60.3	60.6	61.5	62.3	60.7
R^4	56.0	56.5	56.1	55.8		56.1	56.1		56.3	56.0	56.0
R^5	70.9	71.2			60.9						
R^6			61.0	60.1	56.3		139.6	60.6			
R^7	100.5	56.3	55.8	55.8		100.7	151.8	56.1	101.3	102.0	100.9
R^8									51.4		
R^9										17.8	
R^{10}	59.2	101.2		60.6		59.5					
1'	137.2	137.3					168.8	168.7			204.8
2'	128.3	128.5					20.8	20.8			25.8
3'	127.1	127.4						168.8			
4'	126.4	126.8						20.8			
5'	127.1	127.4									
6'	128.3	128.5									

六、酰胺型异喹啉类生物碱

表 2-7-22 酰胺型异喹啉类生物碱的名称、分子式和测试溶剂

编号	名称	分子式	测试溶剂	参考文献
2-7-160	chilenine	$C_{20}H_{17}NO_7$	C	[53]
2-7-161	9,10,12b-trimethoxy-6H-1,3-dioxolo[4,5-h]isoindolo[1,2-b][3]benzazepine-8,13(5H,12bH)-dione	$C_{21}H_{19}NO_7$	C	[53]

续表

编号	名称	分子式	测试溶剂	参考文献
2-7-162	5-carboxylic acid-6-[2-(1,3-dihydro-1-hydroxy-4,5-dimethoxy-3-oxo-2H-isoindol-2-yl)ethyl]-1,3-benzodioxole	$C_{20}H_{19}NO_8$	C	[53]
2-7-163	5-carboxylic acid-6-[2-(1,3-dihydro-1,4,5-trimethoxy-3-oxo-2H-isoindol-2-yl)ethyl]-1,3-benzodioxole	$C_{22}H_{23}NO_8$	C	[53]
2-7-164	5,12b-dihydro-9,10-dimethoxy-1,3-dioxolo[4,5-g]isoindolo[1,2-a]isoquinolin-8(6H)-one	$C_{19}H_{17}NO_5$	C	[53]
2-7-165	(5bR,13bR,15S)-5b,6,7,8,13b,15-hexahydro-15-methoxy-6-methyl-[1,3]dioxolo[4,5-h]-1,3-dioxolo[7,8][2]benzopyrano[3,4-a][3]benzazepine	$C_{21}H_{21}NO_6$	C	[53]

2-7-160 R=OH
2-7-161 R=OCH₃
2-7-162 R¹=OH; R²=H
2-7-163 R¹=OCH₃; R²=CH₃
2-7-164[53]
2-7-165[53]

表 2-7-23 化合物 2-7-160~2-7-163 的 ^{13}C NMR 数据[53]

C	2-7-160	2-7-161	2-7-162	2-7-163	C	2-7-160	2-7-161	2-7-162	2-7-163
1	109.7	109.2	111.5	110.8	11	116.7	116.3	113.9	113.5
2	147.1	148.9	146.5	148.1	12	119.7	120.4	118.8	118.8
3	154.1	154.3	156.0	155.2	12a	135.9	131.6	137.9	130.8
4	109.0	109.1	111.3	111.2	12b	90.7	94.7	80.6	85.1
4a	130.4	130.6	137.3	137.1	13	201.9	199.4	169.5	167.1
5	31.1	30.6	34.1	33.3	13a	133.8	133.6	125.3	122.9
6	38.0	38.8	41.4	40.7	14	102.0	101.8	102.1	101.7
7					15	62.6	62.4	60.5	60.2
8	166.4	166.4	166.8	166.7	16	56.6	56.5	56.2	56.2
8a	122.7	123.9	126.5	126.2	(R)R¹		51.1		49.5
9	151.1	151.4	150.7	150.7	R²				51.9
10	145.8	146.6	145.6	144.8					

七、普托品类生物碱

表 2-7-24 普托品类生物碱的名称、分子式和测试溶剂

编号	中文名称	英文名称	分子式	测试溶剂	参考文献
2-7-166	α-别隐品碱 w	α-allocryptopine	$C_{21}H_{23}NO_5$	C	[56]
2-7-167		6,15-di-O-methylconstrictosine	$C_{19}H_{17}NO_3$	M	[47]
2-7-168		2,3-dihydro-6,15-di-O-methyl-constrictosine	$C_{19}H_{19}NO_3$	M	[47]
2-7-169		15-hydroxide-2,3-dihydroconstr-ictosine	$C_{17}H_{15}NO_3$	M	[47]
2-7-170	溢缩马兜铃碱	constrictosine	$C_{17}H_{13}NO_3$	M	[47]
2-7-171	6-O-甲基溢缩马兜铃碱	6-O-methylconstrictosine	$C_{18}H_{15}NO_3$	M	[47]
2-7-172	隐品碱	cryptopine	$C_{21}H_{23}NO_5$	C	[58]
2-7-173	红乃马草碱	hunnemannine	$C_{20}H_{21}NO_5$	C	[59,60]
2-7-174	原阿片碱	protopine	$C_{20}H_{19}NO_5$	C	[61]
2-7-175	隐掌叶防己碱	muramine	$C_{22}H_{27}NO_5$		[53]
2-7-176	岩黄连碱	dehydrocavidine	$[C_{21}H_{20}NO_4]^+$	D	[62]
2-7-177	去氢分离木瓣树胺	dehydrodiscretamine	$[C_{19}H_{18}NO_4]^+$	F	[62]
2-7-178	去氢碎叶紫堇碱	dehydrocheilanthifoline	$[C_{19}H_{16}NO_4]^+$	D	[62]
2-7-179		stepharotudine	$C_{19}H_{21}NO_4$	C	[62]
2-7-180	金黄紫堇碱	scoulerine	$C_{21}H_{23}NO_4$	D	[62]
2-7-181	咖维定	cavidine	$C_{19}H_{19}NO_4$	C	[62]
2-7-182	小檗碱	berberine	$[C_{20}H_{18}NO_4]^+$	D	[57]
2-7-183	紫堇杷灵	corypalline	$C_{11}H_{15}NO_2$	D	[62]
2-7-184	深山黄堇碱	(−)-pallidine	$C_{19}H_{21}NO_4$	C	[62]
2-7-185	华紫堇碱	cheilanthifoline	$C_{19}H_{19}NO_4$	C	[62]

2-7-167[47] R^1=H; R^2=OCH$_3$; R^3=OCH$_3$; R^4=H; $\Delta^{2,3}$
2-7-168[47] R^1=H; R^2=OCH$_3$; R^3=OCH$_3$; R^4=H;
2-7-169[47] R^1=H; R^2=OH; R^3=R^4=H
2-7-170[47] R^1=H; R^2=OH; R^3=R^4=H; $\Delta^{2,3}$
2-7-171[47] R^1=H; R^2=OH; R^3=OCH$_3$; R^4=H; $\Delta^{2,3}$

2-7-166[56] R^1=R^2=OCH$_3$; R^3, R^4=O-CH$_2$-O
2-7-172[58] R^1, R^2=O-CH$_2$-O; R^3=R^4=OCH$_3$
2-7-173[59,60] R^1=OH; R^2=OCH$_3$; R^3, R^4=O-CH$_2$-O
2-7-174[61] R^1, R^2=O-CH$_2$-O; R^3, R^4=O-CH$_2$-O
2-7-175[53] R^1=R^2=R^3=R^4=OCH$_3$

2-7-176 R^1=OCH$_3$; R^2=OCH$_3$; R^3, R^4=OCH$_2$O; R^5=CH$_3$
2-7-177 R^1=R^4=OH; R^2=R^3=OCH$_3$; R^5=H
2-7-178 R^1=OH; R^2=OCH$_3$; R^3, R^4=OCH$_2$O; R^5=H

2-7-179 R^1=OCH$_3$; R^2=R^3=OH; R^4=OCH$_3$; R^5=H; R^6=α-H
2-7-180 R^1=OCH$_3$; R^2=OH; R^3, R^4=O-CH$_2$-O; R^5=CH$_3$; R^6=α-H
2-7-181 R^1=OCH$_3$; R^2=OH; R^3, R^4=O-CH$_2$-O; R^5=H; R^6=β-H

表 2-7-25　化合物 2-7-166~2-7-175 的 ^{13}C NMR 数据

C	2-7-166	2-7-167	2-7-168	2-7-169	2-7-170	2-7-171	2-7-172	2-7-173	2-7-174	2-7-175
1	41.2						40.8	41.1	41.4	40.7
2	57.5	137.8	50.0	50.0	138.0	137.9	57.5	30.3	57.8	57.1
3	32.3	116.9	21.0	20.0	118.6	116.9	32.3	4.6	31.8	31.9
4	135.8	132.8	132.8	132.8	132.4	132.9	149.2	108.6	—	134.2
5	110.3	106.7	106.1	107.9	107.9	106.8	112.1	83.3	110.5	112.3
6	147.9	158.8	158.0	154.8	154.2	159.0	149.2	121.1	148.0	149.0
7	146.0	112.0	111.8	113.5	113.9	112.2	147.1	119.1	146.3	146.9
8	110.5	111.5	113.8	113.5	113.5	111.7	113.3	81.7	108.2	112.6
9	132.8	129.7	128.7	128.7	129.6	129.7	131.1	105.4	136.2	130.9
10	192.9	185.1	185.0	184.4	189.3	189.3	194.5	147.4	194.9	193.0
11	46.2	50.0	50.0	50.0	50.0	49.0	46.0	19.0	46.5	45.7
12	129.4	122.8	128.7	128.7	122.5	122.6	129.3	101.6	129.0	128.9
13	127.6	114.6	114.5	116.5	119.9	120.0	124.8	95.9	125.1	127.1
14	110.6	113.0	113.0	114.0	113.9	113.9	106.8	82.1	106.7	110.3
15	147.3	156.1	156.1	152.1	154.2	154.3	146.0	117.1	145.9	147.1
16	151.5	102.9	102.9	103.7	106.9	107.0	146.0	118.6	146.0	151.1
17	128.4	126.6	126.6	126.6	115.7	115.8	117.3	94.3	117.9	128.4
18	50.2	140.0	139.1	139.1	139.4	140.1	50.3	23.4	50.8	49.5
R^1	60.6	57.1	57.2				100.9		100.9	60.1
R^2	55.5							29.0		55.1
R^3	101.1	57.0	57.1			57.2	55.9	74.2	101.2	55.4
R^4							55.9			55.4

表 2-7-26　化合物 2-7-176~2-7-181 的 ^{13}C NMR 数据[62]

C	2-7-176	2-7-177	2-7-178	2-7-179	2-7-180	2-7-181
1	111.7	112.9	112.1	109.2	108.9	107.0
2	151.3	152.7	147.5	145.3	147.4	145.3
3	147.8	147.7	147.0	144.2	147.9	145.1
4	111.6	113.7	112.3	111.7	110.0	110.9
4a	136.3	135.4	122.4	130.8	128.5	130.5
5	27.6	29.3	26.8	29.5	29.6	29.5
6	57.5	58.9	56.7	51.9	51.6	51.8
7						
8	143.7	146.0	144.3	53.8	53.6	53.3
8a	133.1	131.0	112.8	121.4	117.0	117.0
9	147.6	146.8	151.2	141.7	144.9	144.1
10	145.3	145.0	145.1	144.2	143.2	143.4
11	115.2	121.8	120.0	110.9	107.0	111.6
12	119.8	122.6	121.1	119.5	121.4	121.3
12a	132.4	134.3	127.6	128.4	136.1	128.8
13	120.1	126.9	133.1	36.6	38.9	36.6
13a	131.1	140.1	137.8	59.5	63.4	59.7

续表

C	2-7-176	2-7-177	2-7-178	2-7-179	2-7-180	2-7-181
13b	120.8	121.9	121.5	126.3	121.4	126.1
13-CH$_3$	19.0				18.8	
2-OCH$_3$	56.6	57.9	56.2		56.4	
3-OCH$_3$	57.0			56.5	56.1	56.2
9-OCH$_3$		58.7		59.3		
10-OCH$_3$			105.1	56.2		
OCH$_2$O	105.4			101.3		101.2

2-7-182[57]   2-7-183[62]   2-7-184[62]   2-7-185[62]

八、苯酞异喹啉类生物碱

表 2-7-27　苯酞异喹啉类生物碱的名称、分子式和测试溶剂

编号	名称	分子式	测试溶剂	参考文献
2-7-186	adlumine（山缘草碱）	C$_{21}$H$_{21}$NO$_6$	C	[3]
2-7-187	corlumine（紫堇明）	C$_{21}$H$_{21}$NO$_6$	C	[64]
2-7-188	hydrastine（白毛茛碱）	C$_{21}$H$_{21}$NO$_6$	C	[3]
2-7-189	narcotine（那可丁）	C$_{12}$H$_{23}$NO$_7$	C	[65]
2-7-190	(R)-6,7-dimethoxy-3-{(R)-6-methyl-5,6,7,8-tetrahydro-[1]dioxolo-[4,5-g]isoquinolin-5-yl}isobenzofuran-1(3H)-one	C$_{21}$H$_{21}$NO$_6$	C	[3]
2-7-191	(6R)-6-(6,7-dimethoxy-2-methyl-1,2,3,4-tetrahydroisoquinolin-1-yl)isobenzofuro[5,4-d][1,3]dioxol-8(6H)-one	C$_{21}$H$_{21}$NO$_6$	C	[3]
2-7-192	(6S)-6-(6,7-dimethoxy-2-methyl-1,2,3,4-tetrahydroisoquinolin-1-yl)isobenzofuro[5,4-d][1,3]dioxol-8(6H)-one	C$_{21}$H$_{21}$NO$_6$	C	[3]
2-7-193	(3R)-3-(6,7-dimethoxy-2-methyl-1,2,3,4-tetrahydroisoquinolin-1-yl)-6,7-dimethoxyisobenzofuran-1(3H)-one	C$_{22}$H$_{25}$NO$_6$	C	[3]
2-7-194	(S)-6,7-dimethoxy-3-{(R)-6-methyl-5,6,7,8-tetrahydro-[1,3]dioxolo[4,5-g]isoquinolin-5-yl}isobenzofuran-1(3H)-one	C$_{21}$H$_{21}$NO$_6$	C	[3]
2-7-195	(6R)-6-{6-methyl-5,6,7,8-tetrahydro-[1,3]dioxolo[4,5-g]isoquinolin-5-yl}isobenzofuro[5,4-d][1,3]dioxol-8(6H)-one	C$_{20}$H$_{17}$NO$_6$	C	[3]
2-7-196	3-(7,8-dihydro-[1,3]dioxolo[4,5-g]isoquinolin-5-yl)-3-hydroxy-6,7-dimethoxyisobenzofuran-1(3H)-one	C$_{20}$H$_{17}$NO$_7$	C	[3]
2-7-197	(3S)-7-hydroxy-6-methoxy-3-{6-methyl-5,6,7,8-tetrahydro-[1,3]dioxolo[4,5-g]isoquinolin-5-yl}isobenzofuran-1(3H)-one	C$_{20}$H$_{19}$NO$_6$	C	[66]
2-7-198	(3S)-6-hydroxy-7-methoxy-3-{6-methyl-5,6,7,8-tetrahydro-[1,3]dioxolo[4,5-g]isoquinolin-5-yl}isobenzofuran-1(3H)-one	C$_{20}$H$_{19}$NO$_6$	C	[66]

编号	名称	分子式	测试溶剂	参考文献
2-7-199	racemosidine A	$C_{37}H_{38}N_2O_6$	C	[67]
2-7-200	racemosidine B	$C_{37}H_{40}N_2O_6$	C	[67]
2-7-201	racemosidine C	$C_{37}H_{40}N_2O_6$	C	[67]
2-7-202	racemosinine A	$C_{35}H_{36}N_2O_6$	C+M	[67]
2-7-203	racemosinine B	$C_{35}H_{32}N_2O_6$	C+M	[67]
2-7-204	racemosinine C	$C_{35}H_{32}N_2O_7$	C+M	[67]
2-7-205	(E)-methyl-(hydroxy)methyl-2,3- dimethoxybenzoate 6-{7,8- dihydro-[1,3]dioxolo[4,5-g]isoquinolin-5(6H)-ylidene}	$C_{21}H_{21}NO_7$	C	[3]
2-7-206	5-[3,4-dimethoxy-2-(methoxycarbonyl) benzoyl]-7,8-dihydro- 6-methyl-1,3-dioxolo[4,5-g]isoquinolinium	$C_{22}H_{22}NO_7^+$	C	[3]

2-7-186[3] (C) $R^1=R^2=OCH_3$; $R^3=R^4=O-CH_2-O$; $R^5=H$; $R^6=\beta$-H; $R^7=\alpha$-H

2-7-187[64] (C) $R^1=R^2=OCH_3$; $R^3=R^4=O-CH_2-O$; $R^5=H$; $R^6=R^7=\beta$-H

2-7-188[3] (C) $R^1=R^2=O-CH_2-O$; $R^3=R^4=OCH_3$; $R^5=H$; $R^6=R^7=\alpha$-H

2-7-189[65] (C) $R^1=R^2=O-CH_2-O$; $R^3=R^4=OCH_3$; $R^5=OCH_3$; $R^6=R^7=\alpha$-H

2-7-190[3] (B) $R^1=R^2=O-CH_2-O$; $R^3=R^4=OCH_3$; $R^5=H$; $R^6=\alpha$-H; $R^7=\beta$-H

2-7-191[3] (A) $R^1=R^2=OCH_3$; $R^3=R^4=O-CH_2-O$; $R^5=R^6=H$; $R^7=\beta$-H

2-7-192[3] (B) $R^1=R^2=OCH_3$; $R^3=R^4=O-CH_2-O$; $R^5=H$; $R^6=\beta$-H; $R^7=\alpha$-H

2-7-193[3] (B) $R^1=R^2=OCH_3$; $R^3=R^4=OCH_3$; $R^5=H$; $R^6=R^7=\alpha$-H

2-7-194[3] (A) $R^1=R^2=O-CH_2-O$; $R^3=R^4=OCH_3$; $R^5=H$; $R^6=R^7=\alpha$-H

2-7-195[3] (B) $R^1=R^2=O-CH_2-O$; $R^3=R^4=O-CH_2-O$; $R^5=H$; $R^6=R^7=\alpha$-H

2-7-196[3] (C) $R^1=R^2=OCH_3$; $R^3=R^4=O-CH_2-O$; $\Delta^{1,2}$; $R^5=R^6=H$; $R^7=OH$

2-7-197[66] (A) $R^1=R^2=O-CH_2-O$; $R^3=OH$; $R^4=OCH_3$; $R^5=H$; $R^6=R^7=\alpha$-H

2-7-198[66] (A) $R^1=R^2=O-CH_2-O$; $R^3=OCH_3$; $R^4=OH$; $R^5=H$; $R^6=R^7=\alpha$-H

表 2-7-28　化合物 2-7-186~2-7-194 的 ^{13}C NMR 数据

C	2-7-186	2-7-187	2-7-188	2-7-189	2-7-190	2-7-191	2-7-192	2-7-193	2-7-194
1	111.0	113.1	107.3	102.4	108.2	111.3	111.0	111.2	108.1
2	147.4	148.2	147.5	148.5	146.3	148.2	147.4	149.8	146.3
3	146.9	147.2	130.0	134.1	145.8	147.2	146.9	147.3	145.4
4	110.0	110.7	145.4	141.3	107.4	110.7	110.0	110.0	107.3
4a	128.4	129.5	108.1	117.2	130.0	129.5	128.4	123.5	130.0
5	65.7	65.7	62.0	60.9	66.2	65.7	65.7	56.2	66.0
7	51.7	49.5	49.0	50.1	51.3	49.5	51.7	46.7	49.0
8	29.1	26.5	26.7	28.1	29.2	26.5	29.1	20.9	26.7
8a	123.9	123.4	124.5	132.2	125.3	123.4	123.9	117.5	124.5
1'	167.7	167.2	167.0	168.2	168.0	167.2	167.7	166.0	167.0
3'	82.1	84.9	82.7	81.9	81.8	84.9	82.1	78.3	82.7
3'a	140.9	140.8	140.4	140.6	140.9	140.8	140.9	138.2	140.4
4'	116.1	115.5	118.5	117.8	116.1	115.5	116.1	118.1	117.3
5'	112.8	113.3	117.3	118.4	112.8	113.1	112.8	119.7	118.5
6'	148.8	149.1	152.6	152.3	152.3	149.1	148.8	153.1	152.6
7'	144.1	144.5	146.3	147.8	147.6	144.5	144.1	148.4	147.5
7'a	109.7	110.3	119.4	120.3	119.3	110.3	109.7	119.7	119.4
R^1	—	55.9	100.5	100.8	100.7	55.9	55.6	55.8	100.5
R^2	—	55.9				55.9	55.9	55.2	
R^3	103.1	103.3	56.7	62.2	56.7	103.3	103.1	57.0	56.7
								62.1	62.0
R^4			56.7	55.9	62.2				
R^5			66.0	59.4					
N-CH$_3$	44.9	45.1	44.7	46.3	44.9	45.1	44.9	40.1	—

表 2-7-29　化合物 2-7-195~2-7-198 的 ^{13}C NMR 数据

C	2-7-195	2-7-196	2-7-197	2-7-198	C	2-7-195	2-7-196	2-7-197	2-7-198
1	108.5	108.1	108.4	108.4	4'	115.5	117.7	114.0	117.8
2	146.8	149.9	146.8	146.5	5'	113.0	108.1	118.2	121.3
3	146.0	146.3	145.2	145.5	6'	149.0	154.5	—	144.5
4	107.7	106.4	107.7	107.5	7'	144.0	147.8	145.8	148.8
4a	130.6	120.2	130.4	130.1	7'a	110.3	120.2	—	118.0
5	66.0	161.7	65.7	66.1	R^1	100.9	101.4	100.8	100.7
7	49.0	46.2	49.3	48.7	R^2				
8	27.0	26.7	26.9	26.4	R^3	103.1	56.6	56.8	62.9
8a	124.7	134.4	124.4	124.1	R^4		62.4		
1'	167.2	167.5	—	167.6	R^5				
3'	85.0	119.3	85.0	83.3	N-CH$_3$	45.2		45.1	—
3'a	140.5	138.3	138.7	134.0					

表 2-7-30　化合物 2-7-199~2-7-204 的 ^{13}C NMR 数据[67]

C	2-7-199	2-7-200	2-7-201	2-7-202	2-7-203	2-7-204
1	59.5	59.3	58.3	64.0	62.0	76.4
3	48.0	44.2	44.2	50.1	47.0	58.3
4	26.8	23.3	23.3	27.4	26.0	23.7
4a	131.8	129.1	130.4	130.2	128.4	124.7
5	107.9	108.8	112.2	111.4	111.2	110.8
6	150.1	151.7	148.2	148.4	147.0	148.1
7	139.6	140.2	138.6	143.9	143.5	144.1
8	149.7	143.1	143.4	117.2	111.4	111.2
8a	120.0	125.5	124.1	128.5	126.5	121.6
a	37.3	40.2	39.3	38.0	36.8	37.1
9	130.6	132.8	133.4	130.4	129.4	124.2
10	124.4	121.3	119.8	117.4	116.2	116.4
11	141.4	144.1	144.8	143.8	142.7	144.5
12	146.2	146.0	148.7	147.0	148.1	149.0
13	115.1	115.2	114.2	114.8	114.5	115.2
14	128.3	125.8	124.7	124.1	122.3	121.9
2-N-CH$_3$	43.0	42.5	42.5	43.1	42.2	57.3
6-OCH$_3$	55.9	55.9		55.3	55.4	55.5
7-OCH$_3$		60.6	60.9			
12-OCH$_3$			56.0			
1'	64.9	64.6	64.2	53.8	156.1	155.7
3'	46.1	46.8	47.1	38.0	138.7	138.7
4'	25.5	25.8	25.5	27.5	119.3	119.3
4'a	128.4	129.7	128.0	123.7	133.3	133.2

续表

C	2-7-199	2-7-200	2-7-201	2-7-202	2-7-203	2-7-204
5'	111.5	111.8	112.3	105.1	101.5	101.7
6'	147.5	148.0	148.2	146.0	152.2	153.0
7'	142.8	143.1	143.1	133.7	135.4	135.2
8'	116.2	117.9	117.5	141.0	138.0	138.7
8'a	127.9	128.6	127.6	123.4	118.7	118.7
A'	39.6	39.0	38.2	43.9	44.0	43.9
9'	133.5	131.9	132.0	138.1	132.2	137.4
10'	129.6	132.3	132.1	130.9	128.2	128.2
11'	126.3	115.0	112.3	120.4	122.8	122.0
12'	152.6	155.7	155.1	153.1	152.1	151.8
13'	121.3	113.3	113.7	124.1	121.8	121.5
14'	128.6	129.9	130.5	128.7	130.9	130.8
15'	73.1					
2'-N-CH$_3$	42.3	42.5	42.5			
6'-OCH$_3$	55.8	55.9	55.9	56.1	55.8	55.8

九、螺环苄基异喹啉类生物碱

表 2-7-31 螺环苄基异喹啉类生物碱的名称、分子式和测试溶剂

编号	名称	分子式	测试溶剂	参考文献
2-7-207	2'-(2H)indene-1',3'-dione-7,8-dihydro-spiro-1,3-dioxolo[4,5-g]isoquinoline-5(6H)	$C_{18}H_{13}NO_4$	C	[54]
2-7-208	2'-(2H)indene-1',3'-dione-7,8-dihydro-6-methyl-spiro-1,3-dioxolo[4,5-g]isoquinoline-5(6H)	$C_{19}H_{15}NO_4$	C	[54]
2-7-209	ochotensimine（奥紫堇明）	$C_{22}H_{23}NO_4$	C	[54]
2-7-210	2'-(2H)inden-1'(3'H)-one-7,8-dihydro-4',5'-dimethoxy-6-methyl-spiro-1,3-dioxolo[4,5-g]isoquinoline-5(6H)	$C_{21}H_{21}NO_5$	C	[54]
2-7-211	rel-(2'R,3'S)-2'-(2H)inden-1'(3'H)-spiro-1,3-dioxolo[4,5-g]isoquinoline-5(6H)-one-7,8-dihydro-3'-hydroxy-4',5'-dimethoxy-6-methyl	$C_{21}H_{21}NO_6$	C	[54]
2-7-212	rel-(1'R,8R)-3',4'-dihydro-8-hydroxy-6',7'-dimethoxy-2'-methyl-spiro{7H-indeno[4,5-d]-1,3-dioxole-7,1'(2'H)-isoquinolin}-6(8H)-one	$C_{21}H_{21}NO_6$	C	[54]
2-7-213	（±）-corydaine（（±）-紫堇因）	$C_{20}H_{17}NO_6$	C	[54]
2-7-214	rel-(2'R,3'R)-7,8-dihydro-3'-hydroxy-4',5'-dimethoxy-6-methyl-spiro{1,3-dioxolo[4,5-g]isoquinoline-5(6H),2'-(2H)inden}-1'(3'H)-one	$C_{21}H_{21}NO_6$	C	[54]
2-7-215	rel-(1'R,8S)-3',4'-dihydro-8-hydroxy-6',7'-dimethoxy-2'-methyl-spiro{7H-indeno[4,5-d]-1,3-dioxole-7,1'(2'H)-isoquinolin}-6(8H)-one	$C_{21}H_{21}NO_6$	C	[54]
2-7-216	（±）-sibiricine（（±）-西伯里亚紫堇碱）	$C_{20}H_{17}NO_6$	C	[54]
2-7-217	dihydrosibiricine（二氢西伯里亚紫堇碱）	$C_{20}H_{19}NO_6$	C	[54]
2-7-218	（±）-raddeanine（（±）-蕾蒂宁）	$C_{21}H_{23}NO_6$	C	[54]

2-7-207 R=H
2-7-208 R=CH₃

2-7-209

2-7-210

2-7-211 R¹, R²=O-CH₂-O; R³=R⁴=OCH₃
2-7-212 R¹=R²=OCH₃; R³,R⁴=O-CH₂-O
2-7-213 R¹, R²=O-CH₂-O; R³, R⁴=O-CH₂-O

2-7-214 R¹, R²=O-CH₂-O; R³=R⁴=OCH₃
2-7-215 R¹=R²=OCH₃; R³,R⁴=O-CH₂-O
2-7-216 R¹, R²=O-CH₂-O; R³, R⁴=O-CH₂-O

2-7-217 R¹, R²=O-CH₂-O
2-7-218 R¹=R²=OCH₃

表 2-7-32　化合物 2-7-207~2-7-214 的 ¹³C NMR 数据[54]

C	2-7-207	2-7-208	2-7-209	2-7-210	2-7-211	2-7-212	2-7-213	2-7-214
1	110.1	109.5	110.5	108.5	109.1	108.2	112.5	111.4
2	147.3	147.2	147.7	146.5	145.9	146.8	148.9	145.6
3	146.4	146.3	147.5	146.5	146.9	146.8	147.2	148.5
4	105.3	105.2	110.5	104.8	107.2	105.7	110.7	110.7
4a	136.1	137.7	137.2	131.8	130.9	130.1	120.7	128.7
5(2')	66.2	71.7	71.9	71.4	76.8	72.0	76.8	72.0
7	40.1	48.1	48.1	48.4	48.7	50.4	49.8	50.3
8	29.4	29.1	29.1	29.4	28.9	29.4	28.5	29.3
8a	131.0	129.9	126.1	128.3	125.8	129.3	124.0	128.7
9	101.9	101.1	101.3	100.9			103.1	103.2
10			106.7					
1'	200.0	202.8	155.5	37.3	70.5	75.9	70.1	75.1
3'	200.0	202.8	37.0	206.4	202.4	202.7	201.7	202.7
4'	142.0	142.4	123.8	131.0	130.0	130.1	132.5	131.3
5'	124.5	123.8	143.2	121.1	120.6	120.1	119.5	119.6
6'	138.3	136.6	148.2	113.8	114.5	114.3	110.4	109.5
7'	138.3	136.6	108.0	158.5	159.2	159.3	154.5	154.6
8'	124.5	123.8	113.6	145.6	144.5	147.0	145.0	144.4
9'	142.0	142.4	136.2	145.4	145.4	146.7	132.9	134.6
R¹		55.8				61.2	56.0	56.5
R²		56.1			100.9	56.5	56.1	56.1
R³				60.4	61.3	101.0		
R⁴				56.3	56.4			
N-CH₃		40.5	39.0	39.2	39.4	41.8	39.6	41.9

表 2-7-33　化合物 2-7-215~2-7-218 的 ^{13}C NMR 数据[54]

C	2-7-215	2-7-216	2-7-217	2-7-218	C	2-7-215	2-7-216	2-7-217	2-7-218
1	109.6	108.2	110.0	113.0	4'	132.5	131.2	140.0	140.9
2	147.4	146.9	146.8	148.3	5'	119.9	119.8	116.1	115.7
3	147.4	146.9	146.2	147.3	6'	110.9	110.6	107.1	109.7
4	106.9	105.8	109.7	110.1	7'	154.6	154.5	148.6	148.4
4a	130.6	129.8	129.5	128.3	8'	146.1	144.4	144.7	144.8
5	77.2	72.0	75.2	75.2	9'	132.7	134.3	121.5	121.5
7	48.9	60.2	47.6	47.8	R^1				56.5
8	29.2	29.5	22.8	22.0	R^2	101.3	101.1	101.0	56.0
8a	125.0	129.3	126.0	124.8	R^3	103.2	103.1		
9			101.8	101.8	R^4				
1'	70.3	75.0	73.4	73.4	N-CH$_3$	39.7	41.7	37.7	37.9
3'	201.5	202.2	79.6	79.0					

十、吐根碱异喹啉类生物碱

表 2-7-34　吐根碱异喹啉类生物碱的名称、分子式和测试溶剂

编号	名称	分子式	测试溶剂	参考文献
2-7-219	cephaeline（吐根酚碱）	$C_{28}H_{38}N_2O_4$	C	[68]
2-7-220	emetine（吐根碱）	$C_{29}H_{40}N_2O_4$	C	[68, 69]
2-7-221	(−)-klugine（左旋克鲁九节木碱）	$C_{27}H_{36}N_2O_5$	C	[70]
2-7-222	korundamine A（克郎钩枝藤碱 A）	$C_{28}H_{38}N_2O_4$	C	[71]
2-7-223	rel-(1R,2S,11bS)-1,3,4,6,7,11b-hexahydro-9,10-dimethoxy-1-methyl-2-[(3',4'-dihydro-6',7'-dimethoxy-1'-isoquinolinyl)methyl]-2H-benzo[a]quinolizine	$C_{28}H_{36}N_2O_4$	C	[72]
2-7-224	rel-(1R,2S,11bR)-1,3,4,6,7,11b-hexahydro-9,10-dimethoxy-1-methyl-2-[(3',4'-dihydro-6',7'-dimethoxy-1'-isoquinolinyl)methyl]- 2H-benzo[a]quinolizine	$C_{28}H_{36}N_2O_4$	C	[72]
2-7-225	rel-(1R,2S,11bR)-1,3,4,6,7,11b-hexahydro-9,10-dimethoxy-1-methyl-2-[(3',4'-dihydro-6',7'-dimethoxy-1'-isoquinolinyl)methyl]-2H-benzo[a]quinolizine	$C_{28}H_{36}N_2O_4$	C	[72]
2-7-226	rel-(1R,2S,11bS)-1,3,4,6,7,11b-hexahydro-9,10-dimethoxy-1-ethyl-2-[(3',4'-dihydro-6',7'-dimethoxy-1'-isoquinolinyl)methyl]-2H-benzo[a]quinolizine	$C_{29}H_{38}N_2O_4$	C	[72]
2-7-227	(S)-1,3,4,6,7,11b-hexahydro-9,10-dimethoxy-2H-benzo[a]quinolizin-2-one	$C_{15}H_{19}NO_3$	C	[72]
2-7-228	trans-1,3,4,6,7,11b-hexahydro-9,10-dimethoxy-1-methyl-2H-benzo[a]quinolizin-2-one	$C_{16}H_{21}NO_3$	C	[72]
2-7-229	cis-1,3,4,6,7,11b-hexahydro-9,10-dimethoxy-1-methyl-2H-benzo[a]quinolizin-2-one	$C_{16}H_{21}NO_3$	C	[72]
2-7-230	1,3,4,6,7,11b-hexahydro-9,10-dimethoxy-1,3-dimethyl-2H-benzo[a]quinolizin-2-one	$C_{17}H_{23}NO_3$	C	[72]
2-7-231	1,3,4,6,7,11b-hexahydro-9,10-dimethoxy-1,3-dimethyl-2H-benzo[a]quinolizin-2-one	$C_{17}H_{23}NO_3$	C	[72]

编号	名称	分子式	测试溶剂	参考文献
2-7-232	(1R,3R,5S)-5-[4'-[(3R)-3,4-dihydro-6-hydroxy-8-methoxy-1,3-dimethyl-7-isoquinolinyl]-1,1'-dihydroxy-8,8'-dimethoxy-6,6'-dimethyl[2,2'-binaphthalen]-4-yl]-1,2,3,4-tetrahydro-1,3-dimethyl-6,8-isoquinolinediol	$C_{47}H_{48}N_2O_8$	C	[72]

2-7-219[68] R¹=OH
2-7-220[68, 69] R¹=OCH₃

2-7-221[70] R¹=OH

2-7-222[71]

2-7-223[72]

2-7-224[72]

2-7-225[72]

2-7-226[72]

2-7-227 R¹=R²=H
2-7-228 R¹=β-CH₃; R²=H
2-7-229 R¹=α-CH₃; R²=H
2-7-230 R¹=β-CH₃; R²=α-CH₃
2-7-231 R¹=R²=α-CH₃

2-7-232[72]

表 2-7-35 化合物 2-7-219~2-7-226 的 ^{13}C NMR 数据

C	2-7-219	2-7-220	2-7-221	2-7-222	2-7-223	2-7-224	2-7-225	2-7-226
1	36.9	36.9	40.6	36.7	33.6	36.8	35.3	43.1
2	36.7	36.7	37.8	36.7	33.2	40.7	39.0	39.2
3	41.7	41.7	42.5	25.4	22.6	25.2	24.3	24.6
4	61.3	61.3	62.2	52.5	50.7	52.2	56.2	56.1

续表

C	2-7-219	2-7-220	2-7-221	2-7-222	2-7-223	2-7-224	2-7-225	2-7-226
6	52.3	52.3	53.3	44.5	47.0	44.4	53.2	53.0
7	29.2	29.1	29.3	23.3	23.7	24.0	26.3	26.3
7a	126.8	126.1	127.8	124.6	121.6	124.0	123.0	123.2
8	111.5	111.8	116.2	112.9	114.1	113.7	113.0	114.0
9	147.2	147.4	146.5	148.9	149.2	147.2	149.1	149.2
10	147.5	147.6	147.8	149.7	149.2	148.8	149.1	149.5
11	108.6	108.7	109.7	110.1	114.3	113.1	114.7	110.1
11a	130.1	130.0	129.7	125.4	125.5	124.7	126.3	126.3
11b	62.4	62.4	63.8	64.9	65.0	64.8	68.7	—
12	23.6	23.6	24.4					
13	11.2	11.2	11.5					
14	40.9	40.7	37.0	40.2	36.9	37.7	37.3	37.3
1'	51.9	51.9	79.5	52.9	177.3	177.8	177.7	177.7
2'								
3'	40.1	40.1	41.0	38.4	42.3	42.2	42.2	38.4
4'	29.0	29.2	28.5	25.4	25.7	25.4	25.9	25.9
4a'	127.6	126.7	127.7	124.2	136.7	136.0	136.7	136.6
5'	114.7	111.5	116.4	113.2	110.4	112.7	109.7	112.9
6'	143.9	147.2	146.4	147.2	156.1	157.4	157.5	157.9
7'	145.0	147.4	147.6	148.4	149.9	149.8	149.7	148.7
8'	108.4	109.2	110.0	111.0	113.1	112.7	113.5	113.2
8a'	131.1	131.6	129.7	125.4	117.3	117.9	118.2	118.1
10-OMe	55.8	55.9	56.8	57.3	57.2	56.8	57.1	57.9
11-OMe	56.0	56.0		57.0	57.5	57.0	57.4	57.3
7'-OMe	56.3	56.9	56.6	57.7	67.8	57.6	58.0	57.9
R[1]		56.3		57.9	57.7	57.3	57.8	57.7

表 2-7-36　化合物 2-7-227~2-7-231 的 ^{13}C NMR 数据[72]

C	2-7-227	2-7-228	2-7-229	2-7-230	2-7-231	C	2-7-227	2-7-228	2-7-229	2-7-230	2-7-231
1	47.6	49.8	47.2	49.6	46.4	9	147.7	147.5	146.2	147.7	146.1
2	208.5	213.2	210.0	214.6	211.2	10	147.5	147.5	148.2	147.7	148.2
3	41.1	38.2	38.2	40.9	40.8	11	107.7	107.3	111.7	107.4	112.1
4	54.7	55.1	54.1	63.2	62.7	11a	128.5	127.9	127.4	127.9	127.2
5						11b	61.5	64.8	66.5	65.6	67.2
6	50.8	51.3	44.6	51.2	44.6	7-OMe	55.9	55.9	56.0	55.8	56.0
7	29.3	29.5	28.6	29.6	29.2	8-OMe	55.9	55.9	56.0	55.8	56.0
7a	126.0	126.5	125.9	126.7	125.8	R[1]	12.2	—	12.4	11.8	
8	111.4	111.3	111.5	111.4	111.5	R[2]				11.2	11.3

十一、苯基异喹啉类生物碱

表 2-7-37　苯基异喹啉类生物碱的名称、分子式和测试溶剂

编号	名称	分子式	测试溶剂	参考文献
2-7-233	ancistrocladine（钩枝藤碱）	$C_{25}H_{29}NO_4$	C	[73]
2-7-234	ancistroealaine A（依拉钩枝藤碱 A）	$C_{26}H_{29}NO_4$	C	[74]
2-7-235	5'-*O*-demethyldioncophylline A（5'-*O*-去甲基哒考菲啉 A）	$C_{23}H_{25}NO_3$	C	[76]
2-7-236	ancistroealaine B（依拉钩枝藤碱 B）	$C_{25}H_{29}NO_4$	C	[74]
2-7-237	ancistroheynine A（海尼钩枝藤碱 A）	$C_{24}H_{38}NO_4$	C	[75]
2-7-238	korupensamine A（克郎钩枝藤胺 A）	$C_{23}H_{25}NO_4$		[77]
2-7-239	korupensamine B（克郎钩枝藤胺 B）	$C_{23}H_{25}NO_4$		[77]
2-7-240	korupensamine C（克郎钩枝藤胺 C）	$C_{24}H_{27}NO_4$		[77]
2-7-241	korupensamine D（克郎钩枝藤胺 D）	$C_{24}H_{27}NO_4$		[77]
2-7-242	(*R*)-5-(4',5'-dimethoxy-2'-methylnaphthalen-1'-yl)-6,8-dimethoxy-1,3-dimethylisoquinoline	$C_{26}H_{27}NO_4$	C	[78]
2-7-243	(*S*)-5-[(*S*)-4',5'-dimethoxy-2'-methylnaphthalen-1'-yl]-8-methoxy-1,3-dimethyl-3,4-dihydroisoquinolin-6-ol	$C_{25}H_{27}NO_4$	C	[78]
2-7-244	(*S*)-5-[(*R*)-4',5'-dimethoxy-2-methylnaphthalen-1'-yl]-8-methoxy-1,3-dimethyl-3,4-dihydroisoquinolin-6-ol	$C_{25}H_{27}NO_4$	C	[78]
2-7-245	(*S*)-5-[(*R*)-4',5'-dimethoxy-2'-methylnaphthalen-1'-yl]-6,8-dimethoxy-1,3-dimethyl-3,4-dihydroisoquinoline	$C_{26}H_{29}NO_4$	C	[78]
2-7-246	(1*R*,3*S*,7*S*)-7-(4',5'-dimethoxy-2-methylnaphthalen-1'-yl)-1,2,3-trimethyl-1,2,3,4-tetrahydroisoquinoline-6,8-diol	$C_{25}H_{29}NO_4$	C	[78]
2-7-247	(1*R*,3*S*,7*S*)-7-(4',5'-dimethoxy-2'-methylnaphthalen-1'-yl)-6,8-dimethoxy-1,2,3-trimethyl-1,2,3,4-tetrahydroisoquinoline	$C_{27}H_{33}NO_4$	C	[78]
2-7-248	(1*R*,3*S*,7*S*)-7-(4',5'-dimethoxy-2'-methylnaphthalen-1'-yl)-8-methoxy-1,2,3-trimethyl-1,2,3,4-tetrahydroisoquinolin-6-ol	$C_{26}H_{31}NO_4$	C	[78]
2-7-249	1-(3',4'-dimethoxyphenyl)-6,7-dimethoxy-2-methyl-1,2,3,4-tetrahydroisoquinoline	$C_{20}H_{25}NO_4$	C	[78]
2-7-250	1-(3',4'-dimethoxyphenyl)-6,7-dimethoxy-1,2,3,4-tetrahydro-isoquinoline	$C_{19}H_{23}NO_4$	C	[78]
2-7-251	1-(3',4'-dimethoxyphenyl)-6,7-dimethoxy-3,4-dihydroisoquinoline	$C_{19}H_{21}NO_4$	C	[78]
2-7-252	6, 4'-*O*-didemethylancistrocladinium A	$[C_{25}H_{28}NO_4]^+$	M	[79]
2-7-253	4'-*O*-demethylancistrocladinium A	$[C_{24}H_{26}NO_4]^+$	M	[79]
2-7-254	5'-*O*-demethylhamatine	$C_{24}H_{27}NO_4$	M	[80]
2-7-255	5'-*O*-demethylhamatinine	$C_{24}H_{25}NO_4$	M	[80]
2-7-256	6-*O*-demethylancistroealaine A	$C_{25}H_{27}NO_4$	M	[80]
2-7-257	6, 5'-*O*, *O*-didemethylancistroealaine A	$C_{24}H_{25}NO_4$	M	[80]
2-7-258	5-*epi*-6-*O*-methylancistrobertsonine A	$C_{27}H_{33}NO_4$	M	[80]
2-7-259	5-*epi*-4'-*O*-demethylancistrobertsonine C	$C_{24}H_{25}NO_4$	M	[80]
2-7-260	5,6-dimethoxynaphthalen-1-{7,8-dihydro-[1,3]dioxolo[4,5-*g*]isoquinolin-5-yl}-2-ol	$C_{22}H_{19}NO_5$	C	[78]
2-7-261	5,6-dimethoxy-1-methylnaphthalen-1-{7,8-dihydro-[1,3]dioxolo-[4,5-*g*]isoquinolin-5-yl)-2(1*H*)-one	$C_{23}H_{21}NO_5$	C	[78]
2-7-262	5,6-dimethoxy-3-methylnaphthalen-1-{7,8-dihydro-[1,3]dioxolo-[4,5-*g*]isoquinolin-5-yl}-2-yl	$C_{26}H_{25}NO_6$	C	[78]

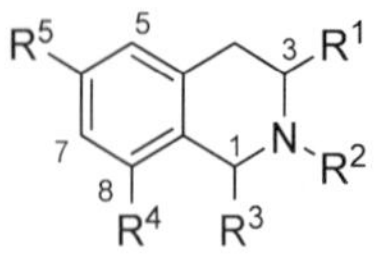

2-7-233[73] (B1'-A5) R^1=α-CH$_3$; R^2=H; R^3=β-CH$_3$; R^4=OCH$_3$; R^5=OH; R^6=R^7=OCH$_3$; R^8=CH$_3$

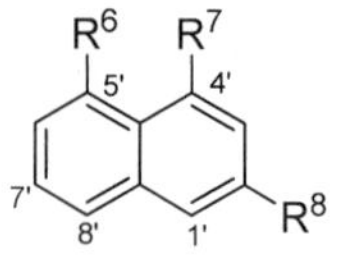

2-7-234[74] (B8'-A5) R^1=α-CH$_3$; Δ^{1,2}; R^3=CH$_3$; R^4=OCH$_3$; R^5=OCH$_3$; R^6=R^7=OCH$_3$; R^8=CH$_3$

2-7-235[76] (B1'-A7) R^1=β-CH$_3$; R^2=H; R^3=α-CH$_3$; R^4=OH; R^5=H; R^6=OH; R^7=OCH$_3$; R^8=CH$_3$

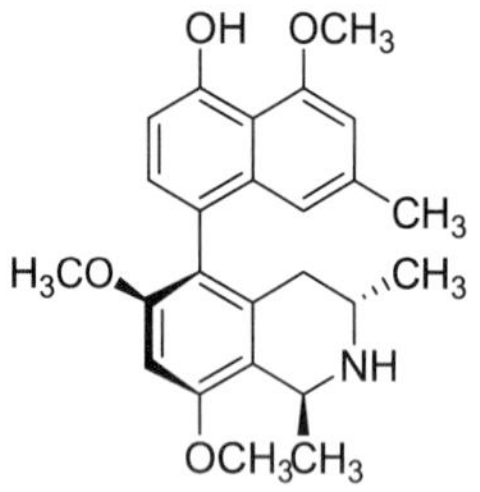

2-7-236[74]

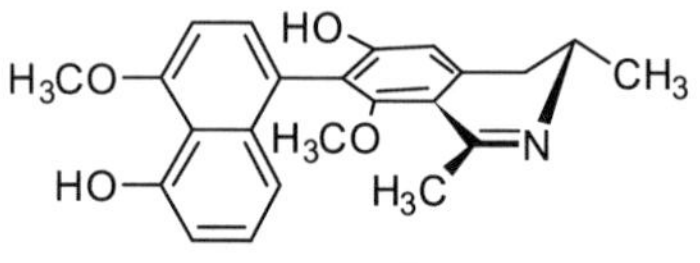

2-7-237[75]

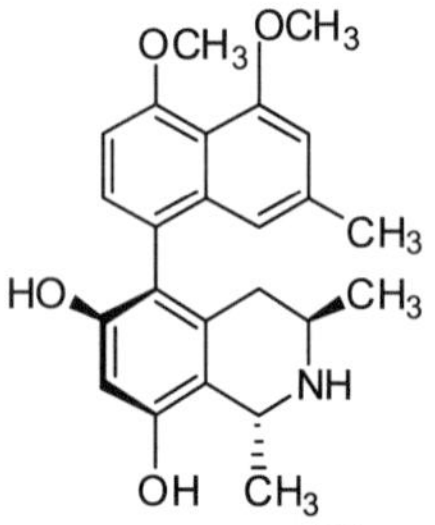

2-7-238[77]

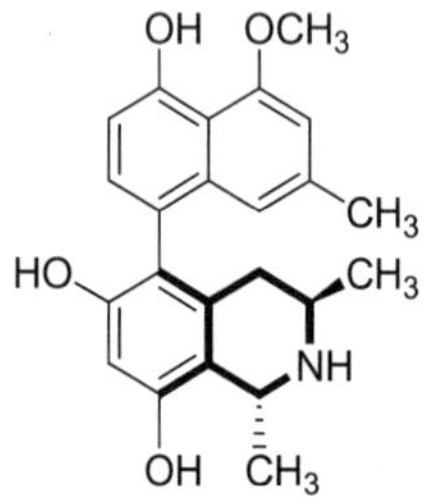

2-7-239[77]

2-7-240[77]

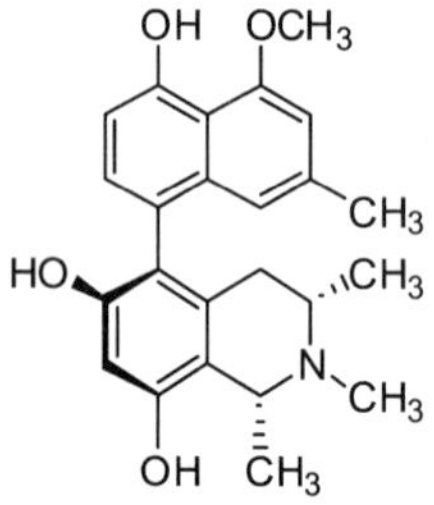

2-7-241[77]

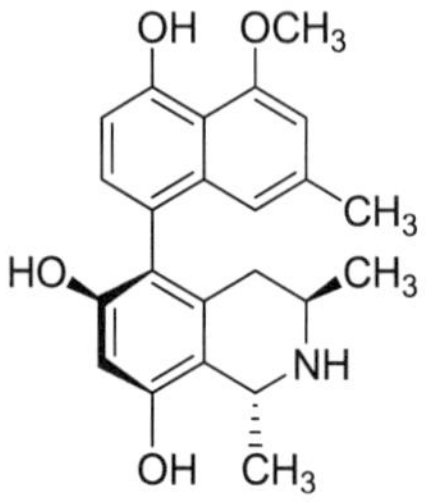

2-7-242

2-7-243

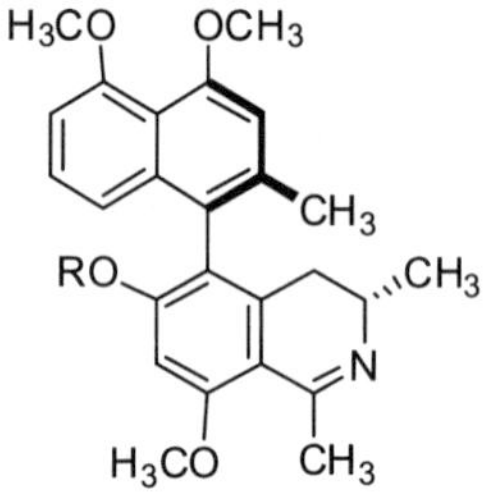

2-7-244 R=H
2-7-245 R=CH$_3$

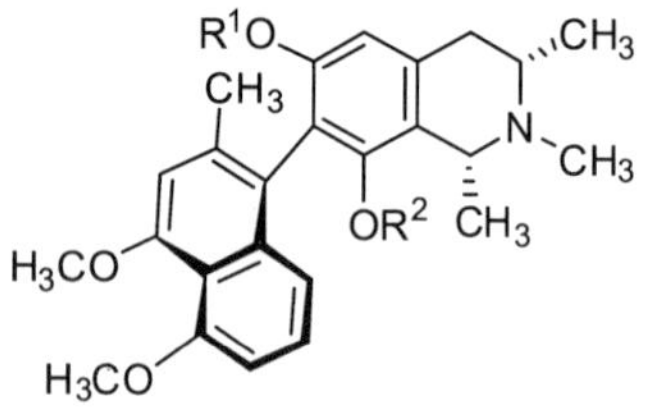

2-7-246 R^1=R^2=H
2-7-247 R^1=R^2=CH$_3$
2-7-248 R^1=H; R^2=CH$_3$

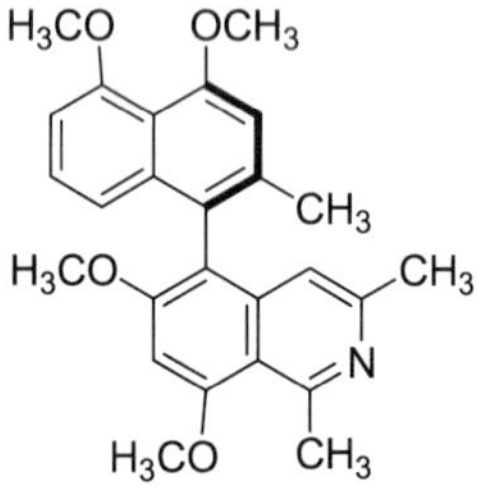

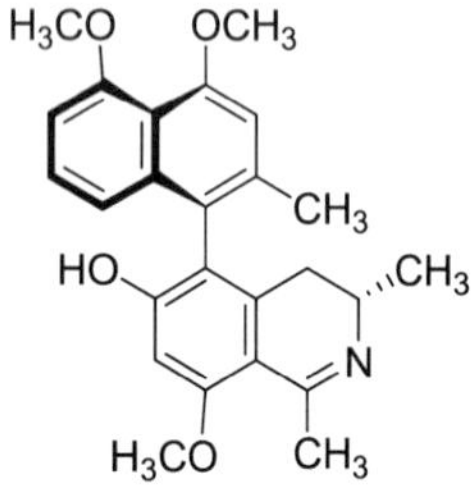

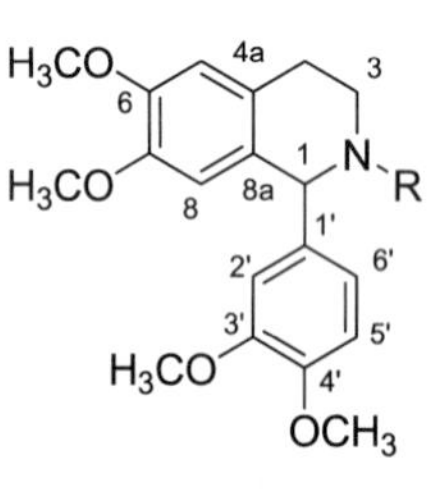

2-7-249 R=CH$_3$
2-7-250 R=H
2-7-251 R=H; Δ^{1,2}

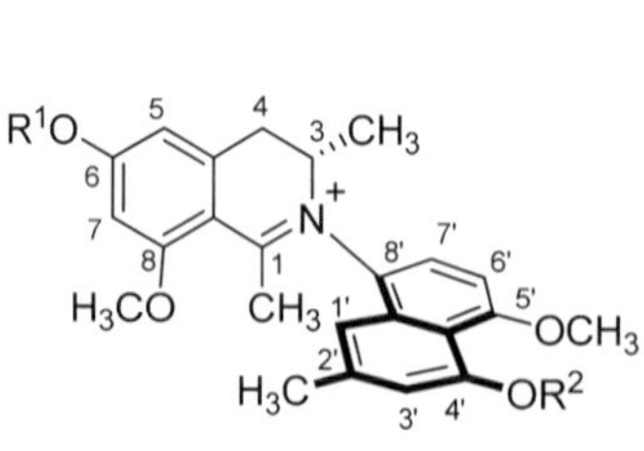

2-7-252[79] R^1=R^2=CH$_3$
2-7-253[79] R^1=CH$_3$; R^2=H

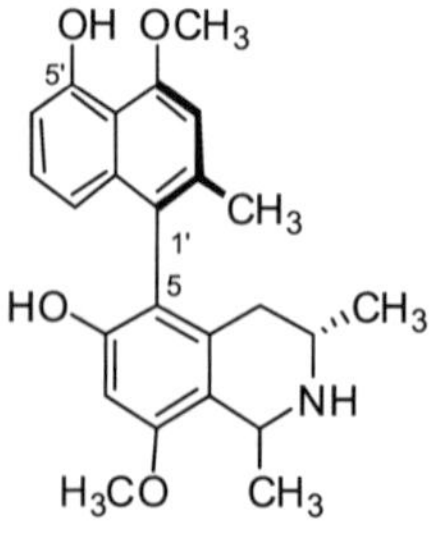

2-7-254[80]

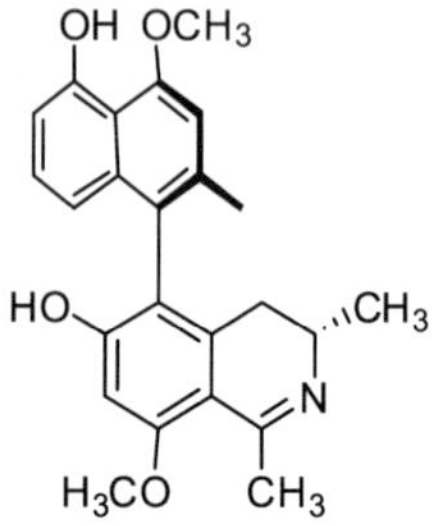

2-7-255[80]

2-7-256[80]   2-7-257[80]   2-7-258[80]   2-7-259[80]

表 2-7-38 化合物 2-7-233~2-7-241 的 ^{13}C NMR 数据

C	2-7-233	2-7-234	2-7-235	2-7-236	2-7-237	2-7-238	2-7-239	2-7-240	2-7-241
1	47.8	173.5	47.5	47.5	162.1	48.5	48.3	48.7	59.2
2									
3	44.1	47.8	41.8	44.1	68.9	43.1	43.6	43.5	57.0
4	31.9	31.9	37.3	32.6	35.7	35.6	36.6	35.2	37.5
4a	131.8	108.4	128.3	114.7	137.1	135.8	135.8	135.4	137.4
5	116.0	122.7	106.6	120.8	118.3	119.0	118.9	119.3	118.4
6	153.6	165.9	110.2	158.0	160.1	155.0	155.1	155.3	154.7
7	97.1	93.8	—	94.2	102.3	101.2	101.4	101.4	101.6
8	156.6	163.5	149.1	156.1	165.7	155.2	155.3	155.3	155.4
8a	136.6	140.2	128.3	132.4	141.0	118.6	118.9	118.9	119.3
1'	116.8	116.5	113.7	118.0	112.0	119.5	119.4	119.4	119.6
2'	138.9	137.1	136.3	135.7	—	136.9	137.1	137.1	137.0
3'	109.1	108.9	120.9	106.3	114.2	107.3	107.4	109.9	107.4
4'	157.7	157.5	156.1	156.4	155.2	157.7	157.8	158.6	157.8
4a'	133.9	135.8	136.1	135.3	137.6	—	—	—	—
5'	157.9	157.7	154.6	154.1	155.3	—	—	—	—
6'	106.1	104.9	124.7	109.9	101.9	—	—	—	—
7'	127.8	128.7	122.0	130.4	125.7	—	—	—	—
8'	119.7	116.1	116.7	123.8	131.8	—	—	—	—
8a'	115.0	123.3	135.4	113.6	136.8	—	—	—	—
R^1	18.5	17.4	20.9	18.6	22.4				
R^2									
R^3	18.6	17.4	20.6	18.5	22.1	—	—	—	—
R^4	55.5	55.9		55.4	53.4				
R^5			56.1		56.1				
R^6	56.6	56.6			56.5				
R^7	56.4	56.3	56.0	56.1		—	—	—	—
R^8	20.0	22.1	22.6	22.2		—	—	—	—

表 2-7-39 化合物 2-7-242~2-7-251 的 ^{13}C NMR 数据[78]

C	2-7-242	2-7-243	2-7-244	2-7-245	2-7-246	2-7-247	2-7-248	2-7-249	2-7-250	2-7-251
1	158.0	165.8	165.8	166.1	57.4	57.3	57.9	71.0	61.4	166.0
2					40.9	40.9	41.2	44.3		
3	150.0	46.6	46.5	50.2	55.1	55.0	55.6	52.5	42.2	47.6

C	2-7-242	2-7-243	2-7-244	2-7-245	2-7-246	2-7-247	2-7-248	2-7-249	2-7-250	2-7-251
4	114.5	32.3	32.2	31.5	38.8	39.4	37.9	28.9	29.2	26.0
4a	140.0	138.6	138.6	141.1	137.5	136.8	137.1	126.5	127.6	121.6
5	114.0	123.0	123.0	119.6	106.0	102.3	109.5	110.4	110.8	111.7
6	158.8	165.8	165.8	161.6	151.7	155.8	152.3	149.1	149.1	150.1
7	94.2	100.3	100.3	93.8	102.2	112.1	116.9	147.4	147.7	148.8
8	160.2	164.1	164.1	159.9	150.2	150.4	155.8	111.5	111.5	110.3
8a	114.0	101.8	101.6	111.6	118.4	119.5	124.1	130.6	130.1	131.9
1'	124.0	126.2	126.5	123.9	116.6	119.8	119.7	136.4	137.3	132.8
2'	136.2	135.7	135.1	135.1	139.6	137.7	138.4	112.0	112.0	110.4
3'	109.1	109.1	109.2	108.9	108.6	108.9	109.1	148.3	148.4	147.0
4'	156.7	155.8	155.8	156.5	157.7	157.2	157.4	117.0	147.1	150.8
4'a	116.2	116.1	116.1	116.3	116.4	116.5	116.4			
5'	157.5	157.1	157.0	157.5	157.4	157.4	157.6	110.8	111.1	111.8
6'	105.5	105.5	105.2	105.5	106.0	105.8	105.7	122.1	121.2	121.8
7'	126.4	126.3	126.1	126.5	127.7	127.9	127.4			
8'	118.6	118.3	118.3	117.5	117.5	118.0	117.9			
8'a	137.1	136.4	136.7	136.5	136.9	136.9	136.4			
R^1	23.4	18.1	18.0	20.5	20.6	21.1	20.5			
R^3	27.8	23.5	23.5	26.8	22.1	22.1	22.8			
R^4	55.5	54.7	54.7	55.5			59.9			
R^5	56.3			55.6		55.7				
R^6	56.5	56.2	56.1	56.4	56.3	56.4	56.4			
R^7	56.4	56.2	56.2	56.5	56.0	56.2	56.3			
R^8	20.4	20.2	20.3	20.4	21.0	20.6	20.7			
6-OCH$_3$								55.8	55.9	55.9
7-OCH$_3$								55.8	55.9	55.9
3'-OCH$_3$								55.8	55.9	55.9
4'-OCH$_3$								55.8	55.9	56.1

表 2-7-40 化合物 2-7-252~2-7-259 的 ^{13}C NMR 数据

C	2-7-252	2-7-253	C	2-7-254	2-7-255	2-7-256	2-7-257	2-7-258	2-7-259
1	180.1	178.2	1	49.3	175.0	175.8	175.7	58.0	58.8
2			3	45.2	49.1	49.5	49.5	49.4	58.5
3	61.8	63.1	4	33.0	32.9	33.6	33.7	31.7	30.0
4	37.4	36.4	5	118.6	121.4	122.7	122.6	122.3	120.5
5	111.8	113.1	6	157.1	168.5	167.8	168.1	159.4	158.6
6	173.1	174.9	7	99.0	99.7	99.4	99.4	95.4	94.4
7	101.3	100.7	8	157.9	166.1	165.9	165.9	158.2	156.3
8	168.8	166.8	9	114.5	108.4	108.8	108.7	116.9	113.4
9	113.6	113.6	10	132.9	142.6	142.7	142.8	131.9	133.1
10	144.4	144.4	1'	126.1	124.9	118.1	118.8	118.3	115.7
1-CH$_3$	27.1	26.2	2'	136.9	137.0	138.5	138.2	137.8	138.7
2-CH$_3$		22.2	3'	108.3	108.1	110.3	107.9	110.0	112.8
3-CH$_3$	17.9	15.3	4'	157.4	157.7	159.0	158.2	158.8	154.7

续表

C	2-7-252	2-7-253	C	2-7-254	2-7-255	2-7-256	2-7-257	2-7-258	2-7-259
6-OCH$_3$	59.4		5'	156.4	156.5	159.0	156.4	158.0	156.0
8-OCH$_3$	59.5	56.4	6'	110.6	110.9	106.6	110.4	107.0	102.7
20-CH$_3$	24.4		7'	128.9	129.2	130.8	131.7	129.8	127.7
5'-OCH$_3$	59.9	57.1	8'	117.0	116.8	125.0	123.1	127.5	126.1
1'	114.5	112.3	9'	137.5	137.5	137.3	136.7	137.7	135.7
2'	145.6	142.6	10'	115.4	115.2	117.6	115.0	117.6	113.5
3'	117.8	115.1	1-CH$_3$	18.8	24.9	24.8	24.8	17.4	19.3
4'	159.5	159.8	2'-CH$_3$	20.7	20.6	22.2	22.3	22.1	21.9
5'	162.2	159.2	3-CH$_3$	19.3	18.1	18.1	18.2	18.2	18.6
6'	105.9	103.4	4'-OCH$_3$	56.9	56.9	57.1	57.0	57.0	56.0
7'	129.2	127.0	5'-OCH$_3$			56.9		57.2	56.1
8'	133.4	131.4	6-OCH$_3$					56.5	55.5
9'	133.9	131.9	8-OCH$_3$		56.8	56.9	56.8	56.3	43.2
10'	117.5	115.3	N-CH$_3$					35.9	

2-7-260[78]　　　2-7-261[78]　　　2-7-262[78]

十二、吗啡烷类生物碱

表 2-7-41　吗啡烷类生物碱的名称、分子式和测试溶剂

编号	中文名称	英文名称	分子式	测试溶剂	参考文献
2-7-263	可待因	codeine	C$_{18}$H$_{21}$NO$_3$	C	[81]
2-7-264	吗啡	morphine	C$_{17}$H$_{19}$NO$_3$	D	[82]
2-7-265	清风藤碱	sinoacutine	C$_{19}$H$_{21}$NO$_4$	C	[83]
2-7-266	青藤碱	sinomenine	C$_{19}$H$_{23}$NO$_4$		[84]
2-7-267	蒂巴因	thebaine	C$_{19}$H$_{21}$NO$_3$	C	[81]
2-7-268	可待因双氯芬酸	diclodone	C$_{18}$H$_{21}$NO$_3$	C	[82]
2-7-269	右美沙芬	dextromethorphan	C$_{17}$H$_{23}$NO	C	[81]
2-7-270	6α-纳曲醇	6α-naltrexol	C$_{20}$H$_{25}$NO$_4$	C	[82]
2-7-271	6β-纳曲醇	6β-naltrexol	C$_{20}$H$_{25}$NO$_4$	C	[82]
2-7-272	二丙诺啡	diprenorphine	C$_{26}$H$_{35}$NO$_4$	C	[82]
2-7-273		ethorphine	C$_{25}$H$_{33}$NO$_4$	C	[82]
2-7-274	(S)-双汉防己碱	(S)-disinomenine	C$_{38}$H$_{44}$N$_2$O$_8$	C	[85]
2-7-275	(R)-双汉防己碱	(R)-disinomenine	C$_{38}$H$_{44}$N$_2$O$_8$	C	[85]
2-7-276		N-methylstephisoferulin	C$_{30}$H$_{35}$NO$_9$	D	[89]
2-7-277		6-cinnamoylhernandine	C$_{28}$H$_{31}$NO$_7$	D	[89]
2-7-278	2,2'-双汉防己碱	2,2'-disinomenine	C$_{38}$H$_{44}$N$_2$O$_8$	C	[90]

编号	中文名称	英文名称	分子式	测试溶剂	参考文献
2-7-279	7′,8′-二氢-1,1′-双汉防己碱	7′, 8′-dihydro-1,1′-disinomenine	$C_{38}H_{44}N_2O_8$	C	[90]
2-7-280		gindarudine	$C_{17}H_{17}NO_5$	D	[86]
2-7-281		glabradine	$C_{19}H_{19}NO_7$	D	[87]
2-7-282	N-氧基青藤碱	N-oxide-sinomenine	$C_{19}H_{23}NO_5$	C	[88]

2-7-263[81] R^1=H; R^2=OH; R^3=-O-C_5; R^4=OCH$_3$; $\Delta^{7,8}$

2-7-264[82] R^1=H; R^2=OH; R^3=-O-C_5; R^4=OH; $\Delta^{7,8}$

2-7-265[83] R^1=O; R^2=OCH$_3$; R^3=OH; R^4=OCH$_3$; $\Delta^{8,14}$; $\Delta^{5,6}$

2-7-266[84] R^1=OCH$_3$; R^2=C=O; R^3=OH; R^4=OCH$_3$; $\Delta^{7,8}$

2-7-267[81] R^1=H; R^2=OCH$_3$; R^3=-O-C_5; R^4=OCH$_3$; $\Delta^{8,14}$; $\Delta^{6,7}$

2-7-268[82] R^1=H; R^2=C=O; R^3=-O-C_5; R^4=OCH$_3$

表 2-7-42　化合物 2-7-263~2-7-273 的 ^{13}C NMR 数据

C	2-7-263	2-7-264	2-7-265	2-7-266	2-7-267	2-7-268	2-7-269	2-7-270	2-7-271	2-7-272	2-7-273
1	119.3	118.6	118.8	117.9	119.1	119.7	128.3	118.9	118.9	119.3	119.4
2	112.8	116.4	109.5	109.1	112.9	114.8	111.0	117.8	117.5	116.7	116.3
3	142.0	138.5	145.4	145.2	142.7	142.8	158.0	137.4	139.8	137.6	137.6
4	146.2	146.3	143.3	144.8	144.6	144.8	110.0	145.6	142.3	145.6	146.6

续表

C	2-7-263	2-7-264	2-7-265	2-7-266	2-7-267	2-7-268	2-7-269	2-7-270	2-7-271	2-7-272	2-7-273
5	91.3	91.5	120.5	49.1	89.0	91.0	37.1	90.5	95.8	97.1	98.8
6	66.4	66.4	151.0	193.4	152.3	207.3	22.2	66.8	72.6	80.4	84.0
7	133.2	133.4	181.5	152.3	95.8	39.2	26.8	23.0	26.0	47.7	46.4
8	128.1	128.5	122.2	115.3	111.3	25.2	26.7	28.6	30.5	32.1	30.4
9	58.7	58.1	61.1	56.6	60.7	40.3	51.3	61.9	61.2	58.3	59.8
10	20.4	20.2	32.6	24.4	29.5	59.4	33.8	22.7	22.6	22.8	22.1
11	127.0	125.5	129.8	130.3	127.6	19.7	130.1	125.2	123.7	127.5	127.2
12	130.9	131.0	124.0	122.7	133.1	125.0	141.7	130.8	131.4	132.2	133.7
13	43.0	43.0	43.7	40.5	46.0	126.1	38.4	47.3	47.3	47.1	47.2
14	40.7	40.6	161.6	45.7	132.3	45.6	46.2	69.9	70.4	35.9	42.7
15	35.8	35.6	37.8	35.8	37.0	34.6	42.9	33.2	29.6	35.4	33.1
16	46.4	46.1	47.0	47.1	46.0	46.8	39.2	43.1	43.9	43.7	45.4
17	43.0	42.8	41.7	42.5	42.3	42.3					43.4
18								59.4	59.1	59.8	124.6
19								9.8	9.2	9.1	135.1
20								3.8	3.9	3.3	75.3
21								3.6	3.9	4.0	42.9
22										17.5	15.7
23										29.6	14.5
24										74.6	23.9
25										24.8	
26										29.8	
R^2			54.9	54.6	54.7						
R^4	56.2		56.3	55.8	56.2	56.6	55.2				

表 2-7-43　化合物 2-7-274~2-7-279 的 ^{13}C NMR 数据

C	2-7-274	2-7-275	C	2-7-276	2-7-277	C	2-7-278	2-7-279
1	130.7	130.8	1	116.0	115.3	1	109.3	130.8
2	110.7	109.5	2	106.6	106.8	2	130.8	109.3
3	144.8	145.2	3	146.8	146.8	3	115.1	145.0
3-OCH$_3$	56.0	56.1	3-OCH$_3$	55.2	55.5	4	143.9	143.9
4	143.8	144.0	4	143.2	143.2	5	49.1	49.1
5	49.3	48.9	5	31.8	31.2	6	193.9	194.0
6	193.8	193.6	6	67.9	73.1	7	152.3	152.3
7	152.5	152.5	7	81.5	72.5	8	114.5	114.9
7-OCH$_3$	54.8	54.5	7-OCH$_3$	57.2		9	56.3	56.0
8	115.0	114.0	8	102.9	102.6	10	22.5	22.7
9	56.4	56.5	8-OCH$_3$	51.4	51.8	11	127.9	128.2
10	23.9	23.6	9	76.3	75.8	12	123.0	123.2
11	127.8	127.5	10	28.8	29.7	13	40.6	40.6
12	123.3	122.9	11	77.2	76.6	14	45.5	45.5
13	40.9	40.4	12	133.8	133.6	15	35.6	35.7

续表

C	2-7-274	2-7-275	C	2-7-276	2-7-277	C	2-7-278	2-7-279
14	45.8	45.0	13	127.7	127.9	16	47.3	47.3
15	35.9	35.3	14	48.8	42.4	N-CH$_3$	43.1	43.0
16	47.2	47.4	15	34.5	35.3	3-OCH$_3$	56.1	56.1
17	43.0	42.8	16	54.3	53.8	7-OCH$_3$	54.4	54.6
			17-N-CH$_3$	38.5	38.1	1'	109.3	131.2
			1'	167.0	165.9	2'	130.8	109.8
			2'	116.9	117.3	3'	145.1	145.2
			3'	142.4	142.9	4'	143.9	144.0
			4'	128.2	134.0	5'	49.1	49.0
			5'	113.0	127.9	6'	193.9	207.6
			6'	145.2	128.7	7'	152.3	83.6
			7'	147.9	130.7	8'	114.5	34.8
			7'-OCH$_3$	55.9		9'	56.3	56.7
			8'	110.2	128.7	10'	22.5	22.1
			9'	121.4	127.9	11'	127.9	127.6
						12'	123.0	122.5
						13'	40.6	42.0
						14'	45.5	44.0
						15'	35.6	38.0
						16'	47.3	46.7
						N'-CH$_3$	43.1	43.0
						3'-OCH$_3$	56.1	56.2
						7'-OCH$_3$	54.4	58.3

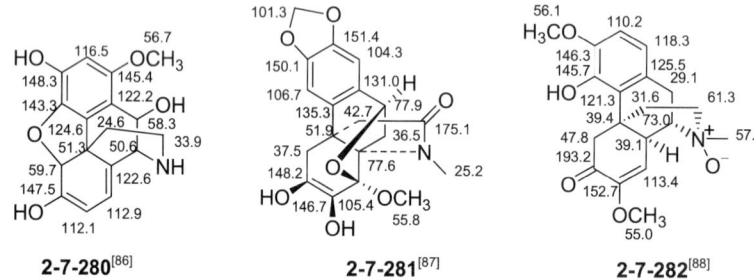

2-7-280[86]　　2-7-281[87]　　2-7-282[88]

十三、双苄基异喹啉类生物碱

表 2-7-44　双苄基异喹啉类生物碱的名称、分子式和测试溶剂

编号	中文名称	英文名称	分子式	测试溶剂	参考文献
2-7-283	左旋反喹因碱	(−)-antioquine	$C_{37}H_{40}N_2O_6$	C	[91]
2-7-284	小檗胺	berbamine	$C_{37}H_{40}N_2O_6$	C	[92]
2-7-285	右旋考斯它林碱	(+)-costaricine	$C_{35}H_{38}N_2O_6$	C	[93]
2-7-286	箭毒碱	curine	$C_{36}H_{38}N_2O_6$	C	[94]
2-7-287	轮环藤碱	cycleanine	$C_{38}H_{42}N_2O_6$	C	[95]
2-7-288	左旋轮环藤派亭碱	(−)-cycleapeltine	$C_{37}H_{40}N_2O_6$	C	[96]

续表

编号	中文名称	英文名称	分子式	测试溶剂	参考文献
2-7-289	表千金藤碱	epistephanine	$C_{37}H_{38}N_2O_6$	C	[97]
2-7-290	右旋胍特泊林碱	(+)-guatteboline	$C_{35}H_{34}N_2O_6$	C	[91]
2-7-291	右旋高阿罗莫灵	(+)-homoaromoline	$C_{37}H_{40}N_2O_6$	C	[96]
2-7-292	莲心碱	liensinine	$C_{37}H_{42}N_2O_6$	C	[98]
2-7-293	左旋青牛胆碱	(−)-limacine	$C_{37}H_{40}N_2O_6$	C	[96]
2-7-294	2'-N-降防己诺林碱	2'-N-norfangchinoline	$C_{36}H_{38}N_2O_6$	C	[99]
2-7-295	菲劳咖啉碱	philogaline	$C_{35}H_{32}N_2O_6$	C	[91]
2-7-296	葛特咖啉碱 A	puertogaline A	$C_{34}H_{30}N_2O_6$	C	[91]
2-7-297	葛特咖啉碱 B	puertogaline B	$C_{35}H_{32}N_2O_6$	C	[91]
2-7-298	粉防己碱	tetrandrine	$C_{38}H_{42}N_2O_6$	C	[96]
2-7-299	大叶唐松草定碱	thalifaberidine	$C_{39}H_{44}N_2O_8$	C	[100]
2-7-300	3-羟基-6'-去甲基-9-O-甲基-大叶唐松草拉碱	3-hydroxy-6'-desmethyl-9-O-methyl-thalifaboramine	$C_{39}H_{44}N_2O_8$	C	[101]
2-7-301	3-羟基大叶唐松草拉碱	3-hydroxythalifaboramine	$C_{39}H_{44}N_2O_8$	C	[101]
2-7-302	6'-去甲基大叶唐松草拉碱	6'-desmethylthalifaboramine	$C_{38}H_{42}N_2O_7$	C	[101]
2-7-303	右旋绉唐松草碱	(+)-thalrugosine	$C_{37}H_{40}N_2O_6$	C	[102]
2-7-304	木防己胺	trilobamine	$C_{35}H_{36}N_2O_6$	C	[103]
2-7-305	氯化筒箭毒碱	tubocurarine chloride	$C_{37}H_{42}Cl_2N_2O_6$	W+M	[104]
2-7-306		jolantinine	$C_{38}H_{44}N_2O_5$	C	[92]

2-7-283[91] $R^1=R^{1'}=OCH_3$; $R^2=OH$; R^3-O-$R^{2'}$; $R^{3'}=H$; R^4-$R^{4'}$; $R^5=OCH_3$; $R^{5'}=OH$; $R^6=R^{6'}=\alpha$-CH_3; $R^7=R^{7'}=CH_3$; $R^8=R^{8'}=H$; $R^9=R^{9'}=H$

2-7-284[92] $R^1=R^{1'}=OCH_3$; $R^2=OCH_3$; R^3-O-$R^{2'}$; $R^{3'}=H$; R^4-O-$R^{5'}$; $R^{4'}=H$; $R^5=OH$; $R^6=R^{6'}=\alpha$-H; $R^7=R^{7'}=CH_3$; $R^8=R^{8'}=H$; $R^9=R^{9'}=H$

2-7-285[93] $R^1=R^{1'}=OCH_3$; $R^2=R^{2'}=OH$; $R^3=R^{3'}=H$; R^4-O-$R^{5'}$; $R^{4'}=H$; $R^5=OCH_3$; $R^6=\alpha$-H; $R^{6'}=\beta$-H; $R^7=R^{7'}=H$; $R^8=R^{8'}=H$; $R^9=R^{9'}=H$

2-7-286[94] $R^1=R^{1'}=OCH_3$; $R^2=OH$; R^3-O-$R^{5'}$; $R^{2'}$-O-$R^{8'}$; $R^{3'}=H$; $R^4=R^{4'}=H$; $R^5=R^{5'}=H$; $R^6=R^{6'}=\beta$-H; $R^7=R^{7'}=CH_3$; $R^{8'}=H$; $R^9=R^{9'}=H$

2-7-287[95] $R^1=R^{1'}=OCH_3$; $R^2=R^{2'}=OCH_3$; R^3-O-$R^{5'}$; $R^{3'}$-O-R^5; $R^4=R^{4'}=H$; $R^6=R^{6'}=\beta$-H; $R^7=R^{7'}=CH_3$; $R^8=R^{8'}=H$; $R^9=R^{9'}=H$

2-7-288[96] $R^1=R^{1'}=OCH_3$; R^2-O-$R^{3'}$; $R^{2'}=OH$; $R^3=H$; R^4-O-$R^{5'}$; $R^{4'}=H$; $R^5=OCH_3$; $R^6=\beta$-H; $R^{6'}=\alpha$-H; $R^7=R^{7'}=CH_3$; $R^8=R^{8'}=H$; $R^9=R^{9'}=H$

2-7-289[97] $R^1=R^{1'}=OCH_3$; $R^2=OCH_3$; R^3-O-$R^{2'}$; $R^{3'}=H$; $R^4=H$; R^5-O-$R^{4'}$; $R^{6'}=\beta$-H; $\Delta^{1,2}$; $R^7=CH_3$; $R^8=R^{8'}=H$; $R^9=R^{9'}=H$

2-7-290[1] $R^1=R^{1'}=OCH_3$; R^2-O-$R^{3'}$; $R^{2'}=OCH_3$; $R^3=H$; R^4-O-$R^{5'}$; $R^{4'}=H$; $R^5=OH$; $R^6=\alpha$-H; $R^7=H$; $\Delta^{1,2}$; $R^8=R^{8'}=H$; $R^9=R^{9'}=H$

2-7-291[96] $R^1=R^{1'}=OCH_3$; R^2-O-$R^{3'}$; $R^{2'}=OH$; $R^3=H$; R^4-O-$R^{5'}$; $R^{4'}=H$; $R^5=OCH_3$; $R^6=R^{6'}=\alpha$-H; $R^7=R^{7'}=CH_3$; $R^8=R^{8'}=H$; $R^9=R^{9'}=H$

2-7-292[98] $R^1=R^{1'}=OCH_3$; $R^2=R^{2'}=OCH_3$; $R^{2'}$-O-R^4; $R^3=R^{3'}=H$; $R^4=R^{4'}=H$; $R^5=R^{5'}=OH$; $R^6=R^{6'}=\beta$-H; $R^7=R^{7'}=CH_3$; $R^8=R^{8'}=H$; $R^9=R^{9'}=H$

2-7-293[96] $R^1=R^{1'}=OCH_3$; $R^2=OH$; $R^3\text{-}O\text{-}R^{2'}$; $R^{3'}=H$; $R^4\text{-}O\text{-}R^{5'}$; $R^{4'}=H$; $R^5=OCH_3$; $R^6=\alpha\text{-}H$; $R^{6'}=\beta\text{-}H$; $R^7=R^{7'}=CH_3$; $R^8=R^{8'}=H$; $R^9=R^{9'}=H$

2-7-294[99] $R^1=R^{1'}=OCH_3$; $R^2=OH$; $R^3\text{-}O\text{-}R^{2'}$; $R^{3'}=H$; $R^4\text{-}O\text{-}R^{5'}$; $R^{4'}=H$; $R^5=OCH_3$; $R^6=\beta\text{-}H$; $R^{6'}=\alpha\text{-}H$; $R^7=CH_3$; $R^{7'}=H$; $R^8=R^{8'}=H$; $R^9=R^{9'}=H$

2-7-295[91] $R^1=R^{1'}=OCH_3$; $R^2=OH$; $R^3\text{-}O\text{-}R^{2'}$; $R^{3'}=H$; $R^4\text{-}R^{4'}$; $R^5=OH$; $R^{5'}=OCH_3$; $\Delta^{1,2}$; $\Delta^{1',2'}$; $R^8=R^{8'}=H$; $R^9=R^{9'}=H$

2-7-296[91] $R^1=R^{1'}=OCH_3$; $R^2\text{-}O\text{-}R^{3'}$; $R^{2'}=OH$; $R^3=H$; $R^4\text{-}O\text{-}R^{5'}$; $R^{4'}=H$; $R^5=OH$; $\Delta^{1,2}$; $\Delta^{1',2'}$; $R^8=R^{8'}=H$; $R^9=R^{9'}=H$

2-7-297[91] $R^1=R^{1'}=OCH_3$; $R^2\text{-}O\text{-}R^{3'}$; $R^{2'}=OCH_3$; $R^3=H$; $R^4\text{-}O\text{-}R^{5'}$; $R^{4'}=H$; $R^5=OH$; $\Delta^{1,2}$; $\Delta^{1',2'}$; $R^8=R^{8'}=H$; $R^9=R^{9'}=H$

2-7-298[96] $R^1=R^{1'}=OCH_3$; $R^2=OCH_3$; $R^3\text{-}O\text{-}R^{2'}$; $R^{3'}=H$; $R^4\text{-}O\text{-}R^{5'}$; $R^{4'}=H$; $R^5=OCH_3$; $R^6=\beta\text{-}H$; $R^{6'}=\alpha\text{-}H$; $R^7=R^{7'}=CH_3$; $R^8=R^{8'}=H$; $R^9=R^{9'}=H$

2-7-299[100] $R^1=OH$; $R^{1'}=OCH_3$; $R^2=R^{2'}=OCH_3$; $R^3=H$; $R^{3'}\text{-}C_{10}$; $R^4=R^{4'}=H$; $R^5\text{-}O\text{-}R^{9'}$; $R^{5'}=OCH_3$; $R^6=\beta\text{-}H$; $R^{6'}=\alpha\text{-}H$; $R^7=R^{7'}=CH_3$; $R^8=H$; $R^{8'}=OH$; $R^9=H$; $4'\text{-}OCH_3$

2-7-300[101] $R^1=OH$; $R^{1'}=OCH_3$; $R^2=R^{2'}=OCH_3$; $R^3=H$; $R^{3'}\text{-}C_{10}$; $R^4=R^{4'}=H$; $R^5\text{-}O\text{-}R^{9'}$; $R^{5'}=OCH_3$; $R^6=\beta\text{-}CH_3$; $R^{6'}=\alpha\text{-}H$; $R^7=R^{7'}=CH_3$; $R^8=H$; $R^{8'}=OCH_3$; $R^9=H$; $4'\text{-}OH$

2-7-301[101] $R^1=R^{1'}=OCH_3$; $R^2=R^{2'}=OCH_3$; $R^3=H$; $R^{3'}\text{-}C_{10}$; $R^4=R^{4'}=H$; $R^5\text{-}O\text{-}R^{9'}$; $R^{5'}=OCH_3$; $R^6=\beta\text{-}CH_3$; $R^{6'}=\alpha\text{-}H$; $R^7=R^{7'}=CH_3$; $R^8=H$; $R^{8'}=OH$; $R^9=H$; $4'\text{-}OH$

2-7-302[101] $R^1=OH$; $R^{1'}=OCH_3$; $R^2=R^{2'}=OCH_3$; $R^3=H$; $R^{3'}\text{-}C_{10}$; $R^4=R^{4'}=H$; $R^5\text{-}O\text{-}R^{9'}$; $R^{5'}=OCH_3$; $R^6=\beta\text{-}CH_3$; $R^{6'}=\alpha\text{-}H$; $R^7=R^{7'}=CH_3$; $R^8=H$; $R^{8'}=OH$; $R^9=H$

2-7-303[102] $R^1=R^{1'}=OCH_3$; $R^2=OH$; $R^3\text{-}O\text{-}R^{2'}$; $R^{3'}=H$; $R^4\text{-}O\text{-}R^{5'}$; $R^{4'}=H$; $R^5=OCH_3$; $R^6=R^{6'}=\alpha\text{-}H$; $R^7=R^{7'}=CH_3$; $R^8=R^{8'}=H$; $R^9=R^{9'}=H$

2-7-304[103] $R^1=R^{1'}=OCH_3$; $R^2=OH$; $R^3\text{-}O\text{-}R^{2'}$; $R^{3'}=H$; $R^4=H$; $R^{4'}\text{-}O\text{-}R^5$; $R^{5'}=OH$; $R^6=R^{6'}=\beta\text{-}H$; $R^7=CH_3$; $R^{7'}=H$; $R^8=R^{8'}=H$; $R^9=R^{9'}=H$

2-7-305[104] $R^1=R^{1'}=OCH_3$; $R^2=OH$; $R^{2'}\text{-}O\text{-}R^8$; $R^3\text{-}O\text{-}R^{5'}$; $R^4=R^{4'}=H$; $R^5=OH$; $R^6=\beta\text{-}H$; $R^{6'}=\alpha\text{-}H$; $R^7=2\times CH_3$; $R^{7'}=CH_3$; $R^8=H$; $R^9=R^{9'}=H$

表 2-7-45 化合物 2-7-283~2-7-287 的 ^{13}C NMR 数据

C	2-7-283	2-7-284	2-7-285	2-7-286	2-7-287	C	2-7-283	2-7-284	2-7-285	2-7-286	2-7-287
1	62.9	62.0	56.4	59.8	60.2	12	152.9	147.3	149.6	145.9	154.9
2						13	110.7	114.6	112.6	115.2	114.6
3	44.4	44.7	40.9	43.6	45.2	14	129.4	123.5	125.1	125.8	128.8
4	22.4	23.9	29.3	21.6	25.2	R^1	56.3	55.7	55.7	55.7	56.6
4a	122.0	129.0	126.3	123.9	131.0	R^2		60.3			60.5
5	104.7	105.4	111.2	107.7	110.0	R^5	56.4	56.0			
6	145.7	151.7	145.4	146.8	152.6	R^7	42.3	42.6		41.3	42.8
7	134.4	136.8	144.0	137.3	139.7	1'	64.9	63.4	56.7	64.7	60.2
8	141.7	147.7	112.6	138.5	144.4	2'					
8a	123.9	120.1	130.3	124.0	125.9	3'	47.3	45.2	40.6	44.6	45.2
A	39.8	37.5	41.1	39.5	38.4	4'	27.4	24.8	29.2	24.1	25.2
9	137.8	134.0	131.4	133.2	130.2	4a'	129.2	127.9	126.1	128.4	131.0
10	135.3	115.3	120.9	120.2	129.3	5'	112.6	111.1	111.2	112.0	110.0
11	125.5	143.8	145.4	142.8	118.0	6'	148.2	149.9	145.5	148.2	152.6

续表

C	2-7-283	2-7-284	2-7-285	2-7-286	2-7-287	C	2-7-283	2-7-284	2-7-285	2-7-286	2-7-287
7'	142.6	143.4	143.9	143.5	139.7	12'	151.9	153.9	155.9	155.2	154.9
8'	119.1	119.7	112.5	119.5	144.4	13'	116.8	121.4	117.9	113.1	114.6
8a'	129.8	126.3	130.5	128.4	125.9	14'	131.2	132.0	130.4	129.2	128.8
a'	38.0	38.2	41.7	39.5	38.4	$R^{1'}$	55.8	55.7	55.7	55.7	56.6
9'	130.3	134.6	133.1	131.5	130.2	$R^{2'}$					60.5
10'	135.3	130.0	130.4	131.3	129.3	$R^{5'}$					
11'	128.0	121.2	117.9	114.7	118.0	$R^{7'}$	43.6	42.0		41.3	42.8

表 2-7-46 化合物 2-7-288~2-7-292 的 ^{13}C NMR 数据

C	2-7-288	2-7-289	2-7-290	2-7-291	2-7-292	C	2-7-288	2-7-289	2-7-290	2-7-291	2-7-292
1	65.3	164.2	55.1	64.3	64.6	1'	60.2	63.3	164.7	60.5	65.0
2						2'					
3	46.8	46.4	42.2	51.1	44.9	3'	44.3	49.8	46.5	45.0	47.7
4	26.6	26.9	29.7	28.5	22.5	4'	22.7	22.8	27.3	25.0	26.3
4a	127.9	130.2	131.2	130.6	127.5	4a'	123.0	135.1	136.3	123.0	124.1
5	112.4	111.1	112.2	111.1	111.6	5'	105.8	105.9	106.0	104.5	111.6
6	149.1	147.1	147.9	148.5	147.7	6'	146.4	154.9	155.6	147.6	146.4
7	144.2	149.7	144.4	144.0	148.4	7'	134.9	138.2	138.3	133.4	146.5
8	120.7	113.7	113.8	116.9	118.5	8'	143.1	147.4	130.9	142.4	112.4
8a	131.3	—	127.5	128.0	130.5	8a'	123.0	—	116.0	122.9	129.9
a	40.4	37.7	38.5	38.3	42.0	a'	44.0	44.4	44.8	38.2	39.7
9	133.9	130.8	127.7	131.0	130.9	9'	136.5	134.8	135.8	138.2	130.9
10	120.5	116.8	116.1	117.0	130.8	10'	131.7	127.8	132.1	131.5	120.9
11	148.6	144.3	148.6	148.7	116.4	11'	120.4	121.5	121.7	121.1	143.2
12	148.5	145.7	143.7	146.6	155.4	12'	155.4	152.2	152.2	152.7	144.3
13	112.8	110.3	114.7	110.7	116.4	13'	121.6	122.0	122.2	121.9	115.5
14	123.5	122.8	123.4	123.7	130.8	14'	129.8	131.4	128.4	128.3	126.7
R^1	55.2		55.7	55.2	55.4	$R^{1'}$			56.0	55.7	55.9
R^2						$R^{2'}$			60.2		55.7
R^5	56.2			55.8		$R^{5'}$	55.8		—		
R^7	42.4			43.7	42.5	$R^{7'}$	41.5	43.1		41.5	40.8

表 2-7-47 化合物 2-7-293~2-7-297 的 ^{13}C NMR 数据

C	2-7-293	2-7-294	2-7-295	2-7-296	2-7-297	C	2-7-293	2-7-294	2-7-295	2-7-296	2-7-297
1	61.4	61.4	167.7	168.7	168.0	4	21.8	22.0	27.9	25.7	26.1
2						4a	123.2	123.5	134.4	134.2	135.5
3	44.1	44.3	45.7	45.0	44.5	5	104.8	105.0	105.9	110.4	110.7

续表

C	2-7-293	2-7-294	2-7-295	2-7-296	2-7-297	C	2-7-293	2-7-294	2-7-295	2-7-296	2-7-297
6	145.8	145.7	150.0	152.0	153.5	4'	25.4	7.9	26.0	27.0	27.8
7	134.6	134.6	135.9	143.4	143.8	4a'	128.0	130.1①	134.4	131.8	136.8
8	141.9	141.8	—	115.4	117.2	5'	113.0	113.7	111.1	105.1	105.6
8a	123.4	123.6	115.1	119.9	120.5	6'	148.7	148.7	151.0	150.2	157.3
a	41.9	41.9	43.7	40.1	44.8	7'	143.5	143.7	142.2	134.7	137.5
9	135.0	135.0	130.2	127.7	128.3	8'	120.6	119.8	115.4	—	144.2
10	116.1	116.3	134.6	116.1	116.5	8a'	128.6	128.9①	119.2	114.5	115.7
11	149.3	147.1	125.2	143.9	147.8	a'	37.9	38.4	42.1	44.1	50.5
12	146.9	149.5	152.4	148.3	144.2	9'	135.1	135.1	129.1	134.5	135.7
13	111.5	111.6	118.0	115.8	115.8	10'	132.5	130.3②	136.6	130.5	130.8
14	122.7	122.8	130.1	121.9	123.1	11'	121.9	122.0③	126.6	121.9	121.9
R^1	56.0	56.2	56.1	55.8	56.1	12'	153.7	153.9	153.1	153.4	147.9
R^2						13'	121.8	122.0	111.1	121.9	121.9
R^5	56.0	56.3				14'	130.1	132.4②	129.0	127.4	127.7
R^7	42.3	42.4				$R^{1'}$	56.2	56.2	56.1	55.8	56.1
1'	63.7	56.3	167.7	165.8	165.2	$R^{2'}$					60.3
2'						$R^{5'}$				56.1	
3'	45.2	42.2	45.7	45.7	45.9	$R^{7'}$	42.5	42.4			

①②③数据可互换。

表 2-7-48　化合物 2-7-298~2-7-301 的 ^{13}C NMR 数据

C	2-7-298	2-7-299	2-7-300	2-7-301	C	2-7-298	2-7-299	2-7-300	2-7-301
1	61.2	64.8	65.1	65.0	R^5	55.9			
2					R^7	42.1	43.0	42.5	42.2
3	43.9	46.1	46.7	46.5	R^8				
4	21.8	24.5	26.7	26.7	1'	63.6	62.3	62.4	62.4
4a	127.7	125.7	126.3	125.1	2'				
5	105.6	114.4	114.2	111.2	3'	45.0	52.7	52.3	52.7
6	151.2	144.0	143.9	147.5	4'	24.9	23.4	23.3	23.2
7	137.6	144.3	144.2	146.4	4a'	127.7	122.0	116.3	116.2
8	148.2	110.6	110.6	111.2	5'	112.5	149.6	146.1	145.6
8a	122.6	127.5	128.1	128.2	6'	148.4	145.1	138.5	138.5
a	41.7	40.2	40.4	40.4	7'	143.6	149.1	148.4	148.7
9	134.7	133.0	133.0	132.9	8'	120.0	122.4	118.4	118.6
10	116.0	114.6	130.9	131.0	8a'	127.8	130.8	131.7	131.2
11	149.1	130.8	114.8	114.8	a'	37.9	26.4	29.3	29.3
12	146.8	156.6	157.1	156.7	9'	134.9	122.0	122.7	122.8
13	111.3	130.8	114.8	114.8	10'	132.4	138.5	144.9	138.3
14	122.6	114.6	130.9	131.0	11'	121.6	138.0	140.5	137.4
R^1	55.6			55.8	12'	153.6	146.4	151.9	146.2
R^2	60.0	55.4	55.7	55.6	13'	121.6	107.9	108.8	107.7

续表

C	2-7-298	2-7-299	2-7-300	2-7-301	C	2-7-298	2-7-299	2-7-300	2-7-301
14'	129.9	123.6	128.2	124.3	R^7	42.3	43.7	43.9	43.7
$R^{1'}$	55.6	60.9	61.1	61.1	R^8			61.0	
$R^{2'}$		60.5	60.3	60.5	$C_5\text{-OCH}_3$		60.3		
$R^{5'}$		56.1	56.2	56.4					

表 2-7-49 化合物 2-7-302~2-7-305 的 ^{13}C NMR 数据

C	2-7-302	2-7-303	2-7-304	2-7-305	C	2-7-302	2-7-303	2-7-304	2-7-305
1	64.9	60.1	60.8	68.7	1'	62.1	64.9	54.7	65.1
2					2'				
3	46.5	43.7	44.6	54.5	3'	53.1	45.8	38.5	45.9
4	29.1	22.3	23.6	23.6	4'	25.0	25.4	29.0	22.6
4a	126.2	122.1	121.9	120.1	4a'	128.7	130.6	128.0	124.4
5	114.2	107.5	104.5	108.7	5'	110.5	112.2	111.8	112.3
6	143.8	146.8	147.9	149.6	6'	151.8	149.0	148.3	150.3
7	144.1	136.3	133.6	138.8	7'	144.2	143.2	144.0	146.4
8	110.6	144.2	141.2	137.4	8'	123.7	121.2	116.3	118.4
8a	128.1	124.2	121.9	119.8	8a'	127.2	130.8	127.2	121.0
a	40.3	39.1	39.9	38.6	a'	26.9	37.9	42.0	40.0
9	133.3	133.2	130.2	129.0	9'	122.7	135.2	138.7	129.9
10	130.7	114.8	127.7	124.0	10'	138.4	131.9	115.8	134.0
11	114.6	150.1	121.7	142.4	11'	138.2	122.8	144.0	115.3
12	156.5	146.5	151.6	148.8	12'	146.1	154.4	145.9	156.4
13	114.6	111.4	120.4	116.7	13'	108.4	122.5	114.7	113.1
14	130.7	121.8	130.9	127.4	14'	123.6	129.9	123.2	130.8
R^1		55.8	55.0	56.4	$R^{1'}$	55.8	55.9	55.9	56.4
R^2	55.6				$R^{2'}$	60.2			
R^5		56.1			$R^{5'}$	56.1			
R^7	42.4	42.1	41.8	51.3 54.5	R^7	43.8	42.9		40.5

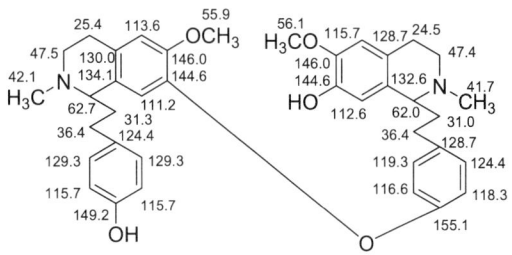

2-7-306[92]

十四、苯并菲啶类生物碱

表 2-7-50 苯并菲啶类生物碱的名称、分子式和测试溶剂

编号	中文名称	名称	分子式	测试溶剂	参考文献
2-7-307	8-丙酮基二氢勒碱	8-acetonyldihydroavicine	$C_{23}H_{19}NO_5$	C	[105]
2-7-308	坎那定	canadine	$C_8H_{12}N_2$		[3, 58]
2-7-309	白屈菜碱	chelidonine	$C_{20}H_{19}NO_5$	C	[106]
2-7-310	非洲防己碱	columbamine	$C_{20}H_{20}NO_4^+$	M	[107]
2-7-311	紫堇碱	(+)-corydaline	$C_{22}H_{27}NO_4$	C	[28]
2-7-312	紫堇醇灵碱	corynoline	$C_{21}H_{21}NO_5$	C	[108]
2-7-313	南天竹碱	nandinine	$C_{19}H_{19}NO_4$		[3]
2-7-314	8-丙酮基二氢光花椒碱	8-acetonyldihydronitidine	$C_{24}H_{23}NO_5$	C	[105]
2-7-315	巴马亭	palmatine	$C_{21}H_{22}NO_4^+$	M	[109]
2-7-316	血根碱	sanguinarine	$C_{20}H_{14}NO_4^+$	D	[57]
2-7-317	四氢巴马亭	tetrahydropalmatine	$C_{21}H_{25}NO_4$	C	[110]
2-7-318	8-(2'-环己酮)-7,8-勒钩碱	8-(2'-cyclohexanone)-7,8-dihydrochelerythrine	$C_{27}H_{27}NO_5$	C	[112]
2-7-319	8-(1'-羟乙基)-7,8-勒钩碱	8-(1'-hydroxyethyl)-7,8-dihydrochelerythrine	$C_{23}H_{23}NO_5$	C	[112]
2-7-320		(±)-(13RS,14RS)-6,11,12,14-tetrahydro-5,13-dimethyl[2,3]benzodioxolo[15,16-c]-19,20-dioxolo[7,8-i]phenanthridine	$C_{21}H_{19}NO_4$	C	[113]
2-7-321		(+)-rel-(14R)-6,11,12,14-tetrahydro-5-methyl[2,3]benzodioxolo[15,16-c]-19,20-dioxolo[7,8-i]phenanthridine	$C_{20}H_{17}NO_4$	C	[113]
2-7-322		epizanthocadinanine A	$C_{37}H_{45}NO_5$	B	[114]
2-7-323		zanthocadinanine A	$C_{37}H_{45}NO_5$	B	[114]
2-7-324		(R)-8-[(R)-1-hydroxyethyl]dihydrochelerythrine	$C_{23}H_{23}NO_5$	M	[115]
2-7-325		8-methoxynorchelerythrine	$C_{21}H_{17}NO_5$	M	[115]
2-7-326		maclekarpine A	$C_{26}H_{23}NO_6$	C	[116]
2-7-327		maclekarpine B	$C_{25}H_{19}NO_6$	C	[116]
2-7-328		maclekarpine C	$C_{25}H_{19}NO_6$	C	[116]
2-7-329		maclekarpine D	$C_{27}H_{29}NO_{10}$	C	[116]
2-7-330		maclekarpine E	$C_{29}H_{23}NO_6$	C	[116]
2-7-331		corydaturtschine A	$C_{39}H_{36}N_2O_8$	M	[117]
2-7-332		corydaturtschine B	$C_{39}H_{39}N_2O_7$	M	[117]
2-7-333		10-O-demethyl-17-O-methyl isoarnottianamide	$C_{21}H_{19}NO_6$	D	[111]
2-7-334		11-demethoxyl-12-methoxyloxynitidine	$C_{21}H_{17}NO_5$	P	[111]
2-7-335	白屈菜赤碱	chelerythrine	$C_{20}H_{23}NO_4$	C	[62]

2-7-307[105] R^1,R^2=O-CH$_2$-O; R^3=β-CH$_3$; R^4=α-CH$_2$COCH$_3$; R^5,R^6=O-CH$_2$-O; $\Delta^{5,6}$; $\Delta^{9,10}$; R^7=R^8=R^9=R^{10}=H

2-7-309[106] R^1,R^2=O-CH$_2$-O; R^3=CH$_3$; R^5,R^7=O-CH$_2$-O; R^4=R^6=H; R^8=R^9=β-H; R^{10}=α-OH

2-7-312[108] R^1,R^2=O-CH$_2$-O; R^3=CH$_3$; R^4=R^6=H; R^5,R^7=O-CH$_2$-O; R^8=α-H; R^9=α-CH$_3$; R^{10}=β-OH

2-7-314[105] R^1,R^2=O-CH$_2$-O; R^3=β-CH$_3$; R^4=α-CH$_2$COCH$_3$; R^5=R^6=OCH$_3$; $\Delta^{5,6}$; $\Delta^{9,10}$; R^7=R^8=R^9=R^{10}=H

2-7-316[57] R^1,R^2=O-CH$_2$-O; R^3=CH$_3$; R^5,R^7=O-CH$_2$-O; R^4=R^6=R^8=R^9=R^{10}=H; $\Delta^{5,6}$; $\Delta^{9,10}$

2-7-308[3,58] R^1,R^2=O-CH$_2$-O; R^3=H; R^4=R^5=OCH$_3$; R^6=α-H

2-7-310[107] R^1=OH; R^2=OCH$_3$; R^3=H; R^4=R^5=OCH$_3$; R^6=H, $\Delta^{5,6}$; $\Delta^{7,8}$;

2-7-311[28] R^1=R^2=OCH$_3$; R^3=α-CH$_3$; R^4=R^5=OCH$_3$; R^6=β-H

2-7-313[3] R^1,R^2=O-CH$_2$-O; R^3=H; R^4=OH; R^5=OCH$_3$; R^6=α-H

2-7-315[109] R^1=R^2=OCH$_3$; R^3=R^6=H; R^4=R^5=OCH$_3$; $\Delta^{5,6}$; $\Delta^{7,8}$

2-7-317[110] R^1=R^2=OCH$_3$; R^3=H; R^4=R^5=OCH$_3$; R^6=α-H

2-7-318[112] R=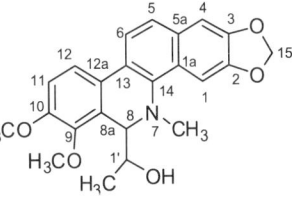

2-7-319[112] R=CH(CH$_3$)OH

2-7-320[113]

2-7-321[113]

2-7-322[114]

2-7-323[114]

2-7-324[115]

2-7-325[115]

2-7-326[116]

2-7-327[116]

表 2-7-51　化合物 2-7-307~2-7-317 的 ^{13}C NMR 数据

C	2-7-307	2-7-308	2-7-309	2-7-310	2-7-311	2-7-312	2-7-313	2-7-314	2-7-315	2-7-316	2-7-317
1	100.6	105.5	143.1	113.2	108.6	143.1	105.7	100.5	112.2	146.0	108.6
2	147.3	146.0	148.2	148.3	147.1	145.5	146.1	147.6	150.9	147.3	147.4
3	147.6	146.2	109.6	152.5	147.6	108.1	146.2	148.2	153.8	118.5	147.4
4	103.7	108.4	120.4	112.1	110.9	119.0	108.5	106.6	109.9	119.7	111.3
4a	101.3	127.8	131.4	128.6	128.4	136.4	128.0	—	130.1	126.8	127.7
5	127.2	29.5	42.1	27.9	29.2	70.2	29.7	127.1	27.8	125.3	29.1
6	131.1	51.4	62.9	57.6	51.3	41.2	51.4	130.0	57.6	131.0	51.5
7											
8	60.3	53.4	53.9	146.4	54.4	54.7	53.5	60.1	146.4	149.5	54.0
8a	123.6	127.8	117.1	135.4	128.3	117.2	121.4	123.5	135.3	131.9	126.8
9	119.8	150.3	72.4	151.9	149.9	76.5	141.7	119.6	151.9	117.1	150.2
10	107.8	145.2	39.7	145.8	146.0	37.1	144.2	110.5	145.8	104.0	145.0
10a	128.4		125.8			125.6		127.4		109.2	
11	123.9	111.1	107.4	124.5	111.1	109.8	109.1	123.4	124.4	105.5	111.0
12	148.3	123.8	145.3	128.2	123.9	146.0	119.4	148.8	128.0	148.5	123.8
12a		128.7		123.4	134.8		128.1		123.3		128.6
13	148.7	36.4	145.6	121.1	38.2	148.2	36.5	149.1	121.3	148.5	36.3
14	104.4	59.6	111.9	140.7	62.9	113.1	59.7	104.4	139.8	131.0	59.3
14a	124.9	130.9	128.9	120.8	128.3	128.3	131.1	123.9	120.5	119.9	129.7
1'	48.4							48.5			

续表

C	2-7-307	2-7-308	2-7-309	2-7-310	2-7-311	2-7-312	2-7-313	2-7-314	2-7-315	2-7-316	2-7-317
2'	207.6							207.8			
3'	31.4							31.5			
R^1	101.4	100.7	101.1		60.0	101.7	100.8	101.1	56.7	102.7	55.8
R^2				56.7	56.0				57.0		56.0
R^3	42.3		42.4		18.2	43.6		42.5		52.1	
R^4		60.1		57.7	55.8				57.3		60.1
R^5	101.3	55.8	101.4	62.6	55.7	101.4	56.2	56.1	62.5	104.8	55.8
R^6								56.2			
R^9						23.8					

表 2-7-52 化合物 2-7-318~2-7-323 的 ^{13}C NMR 数据

C	2-7-318	2-7-319	C	2-7-320	2-7-321	C	2-7-322	2-7-323
1	101.2	101.2	1	106.6	106.9	1	104.7	105.0
2	147.6	147.1	2	147.4	146.4	2	148.5	148.3
3	147.9	147.6	3	146.2	146.6	3	148.5	148.5
4	104.2	104.8	5	42.1	34.6	4	103.3	102.6
4a	131.0	131.1	4	112.3	108.0	4a	132.2	132.0
5	123.5	124.4	6	52.9	52.0	4b	141.2	141.1
6	119.6	119.8	7	143.0	144.5	6	56.9	56.6
8	56.2	55.8	8	144.8	146.8	6a	131.3	131.5
8a	126.2	125.5	9	106.5	106.9	7	146.9	147.0
9	146.7	148.6	10	119.5	116.0	8	152.9	153.0
10	151.9	152.2	13-CH$_3$	25.1		9	112.0	112.0
11	111.3	111.9	11	138.2	119.4	10	119.3	119.3
12	119.1	119.1	12	123.7	30.5	10a	124.5	125.9
12a	125.3	125.0	13	39.6	126.6	10b	126.0	124.8
13	123.2	124.0	15	127.2	127.4	11	120.5	120.8
14	140.0	138.0	14	69.9	58.1	12	124.3	124.4
1a	127.4	126.7	16	126.2	127.4	12a	128.7	128.7
15	101.0	99.6	17	135.0	128.5	N-OCH$_3$	43.4	43.2
1'	53.3	66.9	18	116.4	114.6	OCH$_2$O	101.2	101.3
2'	211.9	18.6	19	101.0	100.7	10'-CH$_3$	17.6	23.2
3'	41.8		20	101.2	101.3	10'-OCH$_3$	53.0	48.7
4'	28.9					7-OCH$_3$	61.0	61.0
5'	23.8					8-OCH$_3$	55.7	55.7
6'	30.4					1'	43.0	50.7
9-OCH$_3$	60.8	60.8				2'	28.2	23.6
10-OCH$_3$	55.7	55.8				3'	26.4	29.9
N-OCH$_3$	42.3	42.2				4'	134.1	135.5
						5'	128.9	126.0
						6'	39.2	38.0

续表

C	2-7-318	2-7-319	C	2-7-320	2-7-321	C	2-7-322	2-7-323
						7'	48.4	46.7
						8'	25.4	20.4
						9'	31.2	34.5
						10'	75.2	74.3
						11'	43.7	44.1
						12'	26.4	26.6
						13'	15.1	15.6
						14'	21.7	21.8

表 2-7-53 化合物 2-7-324~2-7-332 的 ^{13}C NMR 数据

C	2-7-324	2-7-325	C	2-7-326	2-7-327	2-7-328	2-7-329	2-7-330	C	2-7-331	2-7-332
1	101.6	102.6	1	104.2	104.3	104.3	104.6	104.3	1	149.6	145.1
1a	128.8	121.1	2	147.6	147.7	147.8	147.1	147.1	1a	120.1	127.0
2	150.9	147.1	3	148.3	148.4	148.4	148.2	148.1	1b	121.7	127.2
3	149.9	147.6	4	100.7	100.6	101.0	98.8	100.9	2	156.7	152.7
4	106.9	104.7	4a	126.6	126.8	127.0	125.3	127.4	3	106.0	110.1
5	126.7	123.4	4b	140.4	140.0	139.3	137.2	140.5	3a	135.4	129.4
5a	133.4	131.8	6	60.1	60.2	60.8	57.4	59.3	4	123.3	27.3
6	121.9	118.5	6a	123.7	111.9	110.9	124.0	115.8	5	145.6	53.3
8	66.7	162.7	7	146.5	145.6	145.5	147.1	145.2	6a	145.0	56.0
8a	126.0	119.8	8	152.2	147.4	147.2	152.0	147.5	7	181.4	35.5
9	149.3	150.3	9	112.5	108.5	108.6	112.0	107.5	7a	126.0	127.9
10	154.4	152.8	10	118.5	116.3	116.6	118.9	116.5	8	109.9	111.3
11	114.4	118.0	10a	125.3	126.0	126.6	123.5	126.0	9	150.2	147.5
12	121.4	117.9	10b	123.0	123.2	123.4	124.7	123.8	10	153.8	149.0
12a	127.2	129.0	11	119.4	119.7	119.7	119.8	120.1	11	110.2	111.8
13	126.7	117.3	12	123.9	124.1	124.3	124.8	123.8	11a	129.1	122.8
14	140.0	135.7	12a	130.9	131.0	131.1	130.6	130.9	1'	110.6	108.6
15	103.4	101.6	1'				66.3	126.6	2'	143.9	150.5
N-CH$_3$	44.2		2'	174.2	174.2	173.9	100.5	130.0	3'	149.3	152.3
8-OCH$_3$		40.9	3'	128.9	129.5	130.2	67.4	129.5	4'	110.9	111.1
9-OCH$_3$	62.8	61.8	4'	145.9	145.8	146.0	69.6	108.3	4'a	127.0	129.6
10-OCH$_3$	57.9	56.7	5'	81.6	81.2	81.3	69.3	146.3	5'	29.1	27.3
CH$_2$OH	69.3		6'	9.9	10.1	10.5	63.7	145.0	6'	51.6	56.2
CH$_3$		20.4	7'					120.4	8'	54.0	146.3
			8'					114.0	8'a	127.1	122.2
			N-CH$_3$	43.1	43.4	43.2	41.9	42.9	9'	145.0	151.3
			7-OCH$_3$	60.9			60.1		10'	150.9	145.2
			8-OCH$_3$	55.8			55.5		11'	111.3	123.4
			OCH$_2$O	101.1	101.2	101.2	101.4	101.0	12'	123.9	126.2
			OCH$_3$					55.9	12'a	128.2	133.7

续表

C	2-7-324	2-7-325	C	2-7-326	2-7-327	2-7-328	2-7-329	2-7-330	C	2-7-331	2-7-332
									13'	36.2	120.1
									14'	59.2	137.4
									14'a	129.0	119.1
									1-OCH$_3$	60.1	60.6
									2-OCH$_3$	55.9	56.0
									9-OCH$_3$		
									10-OCH$_3$	56.7	56.4
									2'-OCH$_3$	60.6	
									3'-OCH$_3$		57.2
									9'-OCH$_3$	56.3	57.0
									10'-OCH$_3$		62.0

2-7-333[111]   **2-7-334**[111]   **2-7-335**[62]

十五、其他类生物碱

表 2-7-54　其他类生物碱的名称、分子式和测试溶剂

编号	名称	分子式	测试溶剂	参考文献
2-7-336	lycoranine A	C$_{17}$H$_{11}$NO$_4$	C	[119]
2-7-337	lycoranine B	C$_{18}$H$_{13}$NO$_4$	C	[119]
2-7-338	cristanine A	C$_{18}$H$_{19}$NO$_4$	C	[120]
2-7-339	cristanine B	C$_{18}$H$_{21}$NO$_5$	C	[120]
2-7-340	erythratine（刺桐亭）	C$_{18}$H$_{21}$NO$_4$	C	[120]
2-7-341	erythraline（刺桐灵）	C$_{19}$H$_{19}$NO$_3$	C	[120]
2-7-342	asiaticumine A	C$_{16}$H$_{13}$NO$_4$	D	[122]
2-7-343	asiaticumine B	C$_{16}$H$_{17}$NO$_5$	M	[122]
2-7-344	11-O-(3'-hydroxybutanoyl)hamayne [11-O-(3'-丁酰羟基)扁担叶碱]	C$_{20}$H$_{23}$NO$_6$	C	[123]
2-7-345	3,11-O-(3',3''-dihydroxybutanoyl)hamayne [3,11-O-(3',3''-双丁酰羟基)扁担叶碱]	C$_{24}$H$_{29}$NO$_8$	C	[123]
2-7-346	3-O-(2''-butenoyl)-11-O-(3'-hydroxybutanoyl) hamayne	C$_{24}$H$_{27}$NO$_7$	C	[123]
2-7-347	3,11,3'-O-(3',3'',3'''-trihydroxybutanoyl)hamayne	C$_{28}$H$_{35}$NO$_{10}$	C	[123]
2-7-348	2-O-(3'-acetoxyhydroxybutanoyl)lycorine	C$_{22}$H$_{25}$NO$_7$	C	[123]
2-7-349	cycloatalaphylline A	C$_{23}$H$_{23}$NO$_4$	A	[124]
2-7-350	N-methylcycloatalaphylline A	C$_{24}$H$_{25}$NO$_4$	A	[124]
2-7-351	N-methylbuxifoliadine E	C$_{24}$H$_{27}$NO$_5$	A	[124]

续表

编号	名称	分子式	测试溶剂	参考文献
2-7-352	6α-methoxybuphanidrine	$C_{19}H_{23}NO_5$	C	[125]
2-7-353	filifoline	$C_{24}H_{24}N_2O_6$	C	[125]
2-7-354	3,3'-O-(3',3"-dihydroxybutanoyl)hamayne	$C_{24}H_{29}NO_8$	C	[128]
2-7-355	11,3'-O-(3',3"-dihydroxybutanoyl)hamayne	$C_{24}H_{29}NO_8$	C	[128]
2-7-356	2-O-(3'-hydoxybutanoyl)lycorine	$C_{20}H_{23}NO_6$	C	[128]
2-7-357	ungeremine（恩其明）	$C_{16}H_{12}NO_3^+$	D	[118]
2-7-358	cavidilinine（岩黄连灵碱）	$C_{19}H_{13}NO_4$	C	[121]
2-7-359	dechlorodauricumine	$C_{19}H_{25}NO$	P	[126]
2-7-360	9-methyldecumbenine C	$C_{20}H_{13}NO_6$	C	[127]
2-7-361	1-aza-7,8,9,10-tetramethoxy-4-methyl-2-oxo-1,2-dihydroanthracene	$C_{18}H_{19}NO_5$	C	[129]
2-7-362	1',2'-didehydro-7,8-dimethoxyplatydesmine	$C_{17}H_{19}NO_4$	C	[130]
2-7-363	3-chloro-8,9-dimethoxygeibalansine	$C_{17}H_{20}ClNO_4$	C	[130]
2-7-364	petrosamine B	$C_{21}H_{17}BrN_3O_2$	F+W+1%D	[131]
2-7-365	(+)-11-hydroxyerythravine	$C_{18}H_{21}NO_4$	P	[132]
2-7-366	15-carboxamido-3-demethoxy-2,3-methylenedioxy-erythroculine	$C_{19}H_{22}N_2O_4$	C	[133]

第二章 生物碱类化合物

2-7-348[123] **2-7-349**[124] R=H   **2-7-351**[124]   **2-7-352**[125]
2-7-350[124] R=CH₃

2-7-353[125]   **2-7-354**[128]   **2-7-355**[128]   **2-7-356**[128]

表 2-7-55 化合物 2-7-336~2-7-343 的 ^{13}C NMR 数据

C	2-7-336	2-7-337	C	2-7-338	2-7-339	2-7-340	2-7-341	C	2-7-342	2-7-343
1	106.0	103.9	1	125.4	122.8	122.4	125.2	1	121.4	70.7
2	157.6	157.4	2	133.8	72.7	72.3	131.5	2	126.2	71.6
3	107.4	106.1	3	75.4	80.4	80.3	76.1	3	125.6	122.8
3a	128.9	128.2	4	31.0	39.9	39.4	41.8	4	141.0	136.6
4	110.7	109.1	5	83.3	65.1	64.6	67.3	4a	140.6	72.8
5	124.1	140.1	6	138.7	148.2	143.1	142.3	6	150.5	67.8
7	157.9	159.6	7	118.2	69.1	21.6	122.9	6a	123.5	127.4
7a	122.9	123.5	8	72.2	57.2	39.6	57.6	7	105.2	108.0
8	108.2	108.0	10	61.0	40.0	46.0	44.5	8	148.5	148.0
9	148.7	148.5	11	27.5	22.1	26.1	25.2	9	151.4	148.7
10	152.5	152.4	12	124.2	126.0	126.3	127.9	10	100.4	105.6
11	101.8	101.5	13	129.8	129.1	128.6	132.5	10a	129.9	124.3
11a	131.3	131.3	14	105.8	108.0	107.4	106.1	10b	122.4	35.3
11b	116.9	116.5	15	147.5	146.8	146.9	146.0	11	70.2	26.9
11c	126.3	126.9	16	147.0	145.7	145.7	145.8	12	67.1	68.7
OCH₃	56.4	56.3	17	107.9	109.0	108.6	108.6	OCH₂O	102.1	102.4
OCH₂O	102.3	102.2	18	55.6	57.1	56.2	55.9			
5-CH₃		15.9	19	101.3	100.9	100.7	100.6			

表 2-7-56 化合物 2-7-344~2-7-351 的 ^{13}C NMR 数据

C	2-7-344	2-7-345	2-7-346	2-7-347	2-7-348	C	2-7-349	2-7-350	2-7-351
1	123.9	126.2	125.6	126.7	69.4	1	157.1	157.5	157.2
2	135.9	131.3	131.9	131.2	73.9	2	102.1	103.4	106.7

C	2-7-344	2-7-345	2-7-346	2-7-347	2-7-348	C	2-7-349	2-7-350	2-7-351
3	67.4	70.4	69.5	70.4	113.6	3	156.2	158.8	167.0
4	33.9	30.0	30.0	29.7	146.2	4	102.2	108.5	103.0
4a	66.5	66.2	66.3	66.1	60.6	5	144.7	148.6	148.4
6	61.1	61.2	61.2	61.1	56.8	6	116.0	119.7	119.4
6a	126.4	126.5	126.5	126.4	130.0	7	121.3	123.1	122.8
7	106.8	107.0	106.8	106.9	107.9	8	115.7	116.1	116.2
8	146.8	147.0	146.9	146.9	146.7	9	181.4	182.7	182.3
9	146.8	147.1	146.9	146.9	146.9	4a	139.9	150.0	150.0
10	104.0	103.9	103.9	103.9	104.8	5a	130.8	138.0	138.0
10a	134.1	133.8	133.9	133.8	127.1	8a	120.3	124.9	125.0
10b	49.0	49.3	49.2	49.1	41.7	9a	104.2	106.9	107.0a
11	80.8	80.9	80.8	80.7	29.7	1'	115.9	115.6	26.7
12	60.6	60.7	60.5	60.5	53.7	2'	126.6	126.9	91.0
OCH$_2$O	101.0	101.3	101.1	101.1	101.1	3'	77.5	77.7	70.8
1'	171.7	171.9	172.1	172.1	170.0	4'/5'	27.5	27.6	24.9
2'	43.8	43.4	43.3	43.4	41.0	1"	21.5	25.7	25.9
3'	64.5	64.5	64.2	64.3	67.5	2"	121.8	123.9	123.1
4'	23.3	22.9	22.6	22.6	20.0	3"	133.8	130.8	131.2
1"		172.4	166.1	169.8	170.4	4"	25.0	24.9	25.3
2"		43.6	122.8	41.1	21.3	5"	17.2	17.3	17.2
3"		64.5	145.4	67.7		N-CH$_3$		47.7	47.2
4"		22.9	18.2	20.0					
1'''				171.9					
2'''				43.4					
3'''				64.3					
4'''				22.6					

表 2-7-57 化合物 2-7-352~2-7-356 的 ^{13}C NMR 数据

C	2-7-352	2-7-353	C	2-7-354	2-7-355	2-7-356
1	132.6	131.3	1	125.4	122.7	69.2
2	125.5	126.8	2	133.2	136.3	73.7
3	72.4	72.2	3	70.6	67.1	113.3
4	28.9	28.8	4	29.6	33.4	146.1
4a	56.4	63.3	4a	65.8	66.3	60.5
6	93.4	58.8	6	61.0	60.5	56.6
6a	119.2	117.3	6a	126.5	125.4	129.8
7	143.0	140.7	7	106.8	106.6	107.6
8	134.7	133.9	8	146.4	146.8	146.5
9	149.3	147.9	9	146.5	146.8	146.6

续表

C	2-7-352	2-7-353	C	2-7-354	2-7-355	2-7-356
10	97.0	99.2	10	103.1	103.6	104.4
10a	140.2	133.5	10a	134.8	133.9	126.8
10b	44.2	47.5	10b	50.0	48.8	41.4
11	41.3	88.4	11	80.0	80.0	28.6
12	47.6	59.8	12	63.4	60.3	53.6
OCH$_2$O	100.8	100.5	OCH$_2$O	100.9	101.0	101.0
3-OCH$_3$	56.2	56.6	1'	169.9	169.2	172.2
6-OCH$_3$	56.1		2'	40.8	41.0	42.8
7-OCH$_3$	59.8	59.2	3'	67.4	67.4	64.1
1'		165.0	4'	19.8	19.8	22.5
2'		125.8	1"	171.1	172.2	
3'		150.7	2"	43.1	43.4	
5'		153.4	3"	64.1	64.1	
6'		123.2	4"	22.3	22.4	
7'		136.9				

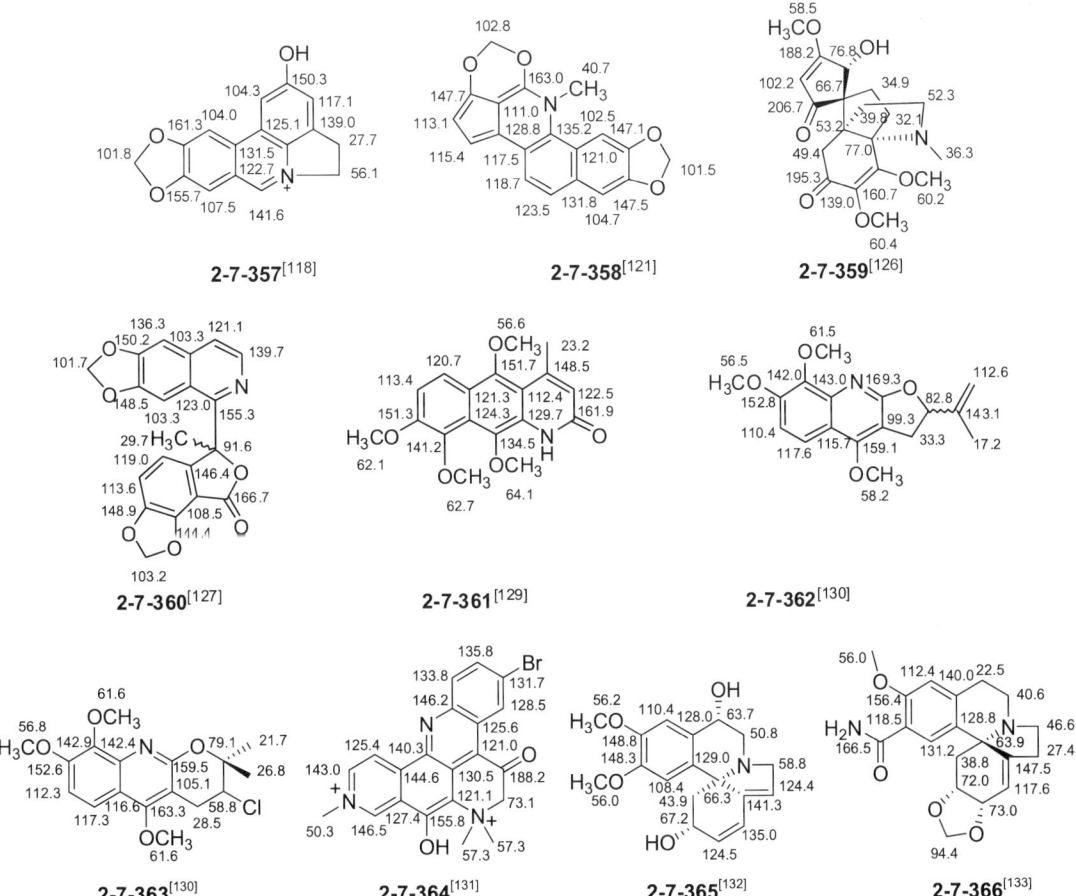

参考文献

[1] Johns S R, Willing RI. Aust J Chem, 1976, 29: 1617.
[2] Ernst L. Org Magn Reson, 1976, 8: 161.
[3] Hughes D W, Holland H L, Maclean D B. Can J Chem, 1976, 54: 2252.
[4] Zhang G L, Rucker G, Breitmaier E, et al. Phytochemistry, 1995, 40: 299.
[5] Manske R H F, Rodrigo R, Holland H L, et al. Can J Chem, 1978, 56: 383.
[6] Mata R, McLaughlin J L. Planta Med. 1980, 38: 180.
[7] Barbier D, Marazano C, Riche C, et al. J Org Chem, 1998, 63: 1767.
[8] Iwasa K, Kamigauchi M, Takao N. Phytochemistry, 1991, 30: 2973.
[9] Nagasawa Y, Ueoka R, Yamanokuchi R, et al. Chem Pharm Bull, 2011, 59: 287.
[10] 相宇, 李友宾, 张健等. 药学学报, 2007, 42: 618.
[11] Axel T, Jürgen S, Andrea P, et al. J Nat Prod, 2008, 71: 1092.
[12] Hagaman E W. Org Magn Reson, 1976, 8: 389.
[13] Rasoanaivo P, Ratsimamanga-Urverg S, Rafatro H, et al. Planta Med, 1998, 64: 58.
[14] Lee S S, Lin Y J, Chen C K, et al. J Nat Prod, 1993, 56: 1971.
[15] Marsaioli A J, Ruveda E A, Reis fdam. Phytochemistry, 1978, 17: 1655.
[16] Dan S, Loi P T, Hasse B R, et al. Fitoterapia, 2009, 80: 112.
[17] Yumi N, Masataka M, Momoyo I, et al. Phytochemistry, 2006, 67: 2671.
[18] Wu Y R, Ma Y B, Zhao Y X, et al. Planta Med, 2007, 73: 787.
[19] Malcolm S B, Rohan A D, Sandra D, et al. J Nat Prod, 2009, 72: 1541.
[20] Ricca G S, Casagrande C. Org Magn Reson, 1977, 9: 8.
[21] Víctor F, Marisel A, Pedro C, et al. J Nat Prod, 2009, 72: 1355.
[22] Hsieh T J, Chen C Y, Kuo R Y, et al. J Nat Prod, 1999, 62: 1192.
[23] Fischer D C H, Goncalves M I, Oliveira F, et al. Fitoterapia, 1999, 70: 322.
[24] Likhitwitayawuid K, Angerhofer C K, Chai H, et al. J Nat Prod, 1993, 56: 1468.
[25] Desai H K, Joshi B S, Pelletier S W, et al. Heterocycles, 1993, 36: 1081.
[26] Galinis D L, Wiemer D F, Cazin J. Tetrahedron, 1993, 49: 1337.
[27] James G B, Peter A W, Geoffrey I M, et al. Nat Med, 2001, 55: 149.
[28] 许翔鸿, 王峥涛, 余国奠等. 中国药科大学学报, 2002, 33: 483.
[29] Ricca G S, Casagrande C. Gazz Chim Ital, 1979, 109:1.
[30] Jackman L M, Trewella J C, MonioT J L, et al. J Nat Prod, 1979, 42: 437.
[31] Marsaioli A J, Reis FDA M, Magalhaes A F, et al. Phytochemistry, 1979, 18: 165.
[32] Suess T R, Stermitz F R. J Nat Prod, 1981, 44: 680.
[33] Guinaudeau H, Leboeuf M, Cave A. J Nat Prod, 1975, 38: 275.
[34] Marsaioli A J, Magalhaes A F, Ruveda E A, et al. Phytochemistry, 1980, 19: 995.
[35] Blanchfield J T, Sands D P A, Kennard C H L, et al. Phytochemistry, 2003, 63: 711.
[36] Hocquemiller R, Rasamizafy S, Cave A. Tetrahedron, 1982, 38: 911.
[37] Marsaioli A J, Reis F A M, Magalhaes A F, et al. Phytochemistry, 1980, 19: 995.
[38] Chou G X, Norio N, Ma CM, et al. Chin J Nat Med, 2005, 13: 272.
[39] Phan V K, Chau V M, Nguyen T D, et al. Fitoterapia, 2010, 81: 485.
[40] 赵奇志, 赵毅民, 王克军等. 药学学报, 2005, 40: 931.
[41] Yang D, Hong F G, Jun X L, et al. Chinese Chem Lett, 2009, 20: 1218.
[42] Ferreira M L R, Pascoli I C, Nascimento I R, et al. Phytochemistry, 2010, 71: 469.
[43] Hilarion M, Abdelhakim E, Pedro L, et al. Phytochemistry, 2007, 68: 1813.
[44] Feng T, Xu Y, Cai X H, et al. Planta Med, 2009, 75: 76.
[45] Harry C B, Christopher M S, Michel R, et al. J Nat Prod, 2007, 70: 287.
[46] Somdej K, Kwanjai K, Ratsami L. J Nat Prod, 2007, 70: 1536.
[47] Luca R, Anna C, Cosimo P, et al. J Nat Prod, 1997, 60: 1065.
[48] Chen J J, Chang Y L, Teng C M, et al. Planta Med, 2001, 67: 423.
[49] Tanahashi T, Su Y K, Nagakura N, et al. Chem Pharm Bull, 2000, 48: 370.
[50] Hu S M, Xu S X, Yao X S, et al. Chem Pharm Bull, 1993, 41: 1866.

[51] Zhao M, Xian Y F, Ip S P, et al. Phytother Res, 2010, 24: 1414.
[52] Tani C, Nagakura N, Hattori S, et al. Chem Let, 1975, 1081.
[53] Takao N, Iwasa K, Kamigauchi M, et al. Chem Pharm Bull, 1977, 25: 1426.
[54] Kametani T, Fukumoto K, Ihara M, et al. J Org Chem, 1975, 40: 3280.
[55] Zhao M, Xian Y F, Ip S P. Phytother Res, 2010, 24: 1414.
[56] 胡之壁, 徐垠, 冯胜初等. 药学学报, 1979, 14: 535.
[57] Blasko G, Cordell G A, Bhamarapravati S, et al. Heterocycles, 1988, 27: 911.
[58] 张勇忠, 郑晓珂, 冯卫生等. 中草药, 2002, 33: 106.
[59] Slavikova L, Slavik J. Collection Czech Chem Commun, 1966, 31: 1355.
[60] Nakashim T T, Maciel G E. Org Magn Reson. 1973, 5: 9.
[61] Kim S R, Hwang S Y, Jang Y P, et al. Planta Med, 1999, 65: 218.
[62] Cheng X X, Wang D M, Jiang L, et al. Chem Biodivers, 2008, 5: 1335.
[63] Hung T M, Dang N H, Kim J C, et al. Planta Med, 2010, 76: 1762.
[64] Liao J, Liang W Z, Tu G S. J Chin Pharm Sci, 1995, 4: 57.
[65] Rodrigo R G A. The Alkaloids, Chemistry and Physiology, London: Academic Press, 1981: 248.
[66] Messana, Bua R L, Galeffi C. Gazz Chim Ital, 1980, 110: 539.
[67] Wang J Z, Chen Q H, Wang F P. J Nat Prod, 2010, 73: 1288.
[68] Itoh A, Ikuta Y, Baba Y, et al. Phytochemistry, 1999, 52: 1169.
[69] Koch M C, Plat M M, Preaux N, et al. J Org Chem, 1975, 40: 2836.
[70] Muhammad I, Dunbar D C, Khan S I, et al. J Nat Prod, 2003, 66: 962.
[71] Hallock Y F, Cardellina J H, I I, Schäffer M, et al. Bioorg Med Chem Lett, 1998, 8: 1729.
[72] Buzas A, Cavier R, Cossais F, et al. Helv Chim Acta, 1977, 60: 2122.
[73] Bringmann G, Teltschik F, Schaffer M, et al. Phytochemisty, 1998, 47: 31.
[74] Bringmann G, Hamm A, Gunther C, et al. J Nat Prod, 2000, 63: 1465.
[75] Bringmann G, Koppler D, Wiesen B, et al. Phytochemistry, 1996, 43: 1405.
[76] Bringmann G, Saeb W, God R, et al. Phytochemistry, 1998, 49: 1667.
[77] Yali F, Hallock, Kirk P, et al. J Org Chem, 1994, 59: 6349.
[78] Stenberg V I, Narain N K, Singh S P, et al. J Heterocycl Chem, 1977, 14: 407.
[79] Gerhard B, Barbara H A, Inga K, et al. Phytochemistry, 2011, 72: 89.
[80] Gerhard B, Joanna S, Johan H F, et al. Phytochemistry, 2008, 69: 1065.
[81] Terui Y, Tori K, Maeda S, et al. Tetrahedron Lett, 1975, 33: 2853.
[82] Carroll F I, Moreland C G, Brine G A, et al. J Org Chem, 1976, 41: 996.
[83] Kashiwaba N, Morooka S, Kimura M, et al. J Nat Prod, 1996, 59: 476.
[84] Rodrigo. The alkaloids. Chemistry and physiology, New York: Academic Press Inc, 1981: 230.
[85] Deng Z S, Zhao Y, He C C, et al. Organic Lett, 2008, 10: 3879.
[86] Deepak K S, Usha R. Chinese Chem Lett, 2009, 20: 823.
[87] Deepak K S, Usha R. Planta Med, 2009, 75: 378.
[88] Bao G H, Qin G W, Wang R, et al. J Nat Prod, 2005, 68: 1128.
[89] Anthony R C, Thirumavalavan A, Joanne R, et al. J Nat Prod, 2010, 73: 988.
[90] Jin H Z, Wang X L, Wang H B, et al. J Nat Prod, 2008, 71: 127.
[91] Mahiou V; Roblot F; Fournet A, et al. Phytochemistry, 2000, 54: 709.
[92] Koike L, Marsaioli A J, Ruveda E A, et al. Tetrahedron Lett, 1979, 3765.
[93] Bohlke M; Guinaudeau H; Angerhofer C K, et al. J Nat Prod, 1996, 59: 576.
[94] Glenn D P, Margaret S C. J Org Chem, 1981, 46: 2385.
[95] Kanyinda B, VanhaelenFastre R, Vanhaelen M, et al. J Nat Prod, 1997, 60: 1121.
[96] Lin L Z, Shieh H L, AngerhofeR C K, et al. J Nat Prod, 1993, 56: 22.
[97] Broadbent T A, Paul E G. Heterocycles, 1983, 20: 863.
[98] 吴继洲, 阮汉利, 王嘉陵等. 中草药, 1998, 29 (6): 364.
[99] Ogino T, Yamaguchi T, Sato T, et al. Heterocycles, 1997, 45: 2253.
[100] Lin L Z, Hu S F, Zaw K, et al. J Nat Prod, 1994, 57: 1430.
[101] Lin L Z, Hu S F, Chu M, et al. Phytochemistry, 1999, 50: 829.
[102] Wu W N, Beal J L, Clark G W, et al. Lloydia, 1976, 39: 65.

[103] Koike L, Marsaioli A J, Reis F D M, et al. J Org Chem, 1982, 47: 4351.

[104] Koike L, Marsaioli A J, Reis F D M. J Org Chem, 1981, 46: 2385.

[105] Nissanka A P K, Karunaratne V, Bandara B M R, et al. Phytochemistry, 2001, 56: 857.

[106] Takao N, Iwasa K, Kamigauchi M, et al. Chem Pharm Bull, 1978, 26: 1880.

[107] 郭幼莹, 林连波, 申静等. 药学学报, 1999, 34: 690.

[108] Ma W G, Fukushi Y, Tahara S, et al. Fitoterapia, 1999, 70: 258.

[109] 纪秀红, 裴茂伟, 田景民等. 中草药, 2003, 34 (11): 980.

[110] Miyazawa M, Yoshio K, Ishikawa Y, et al. J Agric Food Chem, 1998, 46: 1914.

[111] Vardamides J C, Dongmo A B, MEYER M, et al. Chem Pharm Bull, 2006, 54: 1034.

[112] Geng D, Li D X, Shi Y, et al. Chinese J Nat Med, 2009, 7: 0274.

[113] Miyoko K, Yukiko M, Chisato T, et al. Helv Chim Acta, 2010, 93: 25.

[114] Yanga C H, Cheng M J, Lee S J, et al. Chem Biodivers, 2009, 6: 846.

[115] Hua J, Zhang W D, Liua R H, et al. Chem Biodivers, 2006, 3: 990.

[116] Deng A J, Qin H L. Phytochemistry, 2010, 71: 816.

[117] Kim K H, Piao C J, Choi S U, et al. Planta Med, 2010, 76: 1732.

[118] Stark L M, Lin X F, Flippin L A. J Org Chem, 2000, 65: 3227.

[119] Wang L, Zhang X Q, Yin Z Q, et al. Chem Pharm Bull, 2009, 57: 610.

[120] Ozawa M, Kawamata S, Etoh T, et al. Chem Pharm Bull, 2010, 58: 1119.

[121] Wang Q Z, Liang J Y, Feng X, et al. Chinese J Nat Med, 2009, 7: 0414.

[122] Suna Q, Shen Y H, Tian J M, et al. Chem Biodivers, 2009, 6: 1751.

[123] Strahil B, Carles C, Francesc V, et al. Phytochemistry, 2007, 68: 1791.

[124] Arnon C, Chanita P, Chatchanok K, et al. Phytochemistry, 2008, 69: 2616.

[125] Jerald J N, William E C, Reto B, et al. Phytochemistry, 2005, 66: 373.

[126] Yukihiro S, Miharu M, Hirosato T, et al. Phytochemistry, 2005, 66: 2627.

[127] Yu F, Yan Z, Xun L, et al. Planta Med, 2009, 75: 547.

[128] Strahil B, María C, Edison O, et al. Planta Med, 2009, 75: 1351.

[129] Vincent R, Nicolas F, florence S, et al. Planta Med, 2006, 72: 894.

[130] Yang J L, Liu L L, Shi Y P. Planta Med. 2011, 77: 271.

[131] Anthony R C, Anna N, Ronald J Q, et al. J Nat Prod, 2005, 68: 804.

[132] Otavio F, J.Luciana A S, Hugo V, J Nat Prod, 2007, 70: 48.

[133] Alan J F, Justin H, Mary D M, et al. J Nat Prod, 2006, 69: 1514.

[134] Wang R F, Yang X W, Ma C M, et al. Heterocycles, 2004, 63: 1443.

第八节　喹诺里西啶类生物碱

表 2-8-1　喹诺里西啶类生物碱的名称、分子式和测试溶剂

编号	中文名称	英文名称	分子式	测试溶剂	参考文献
2-8-1	束序苎麻碱 A	boehmeriasin A	$C_{24}H_{27}NO_3$	D	[1]
2-8-2	束序苎麻碱 B	boehmeriasin B	$C_{23}H_{25}NO_3$	D	[1]
2-8-3	喹诺里西啶	quinolizidine	$C_9H_{17}N$	C	[2]
2-8-4	顺式-2-羟基喹诺里西啶	trans-2-hydroxyquinolizidine	$C_9H_{17}NO$	C	[2]
2-8-5		[3R-(3α,9α,9aβ)]-octahydro-9-methyl-2H-quinolizine-3-methanol	$C_{11}H_{21}NO$	C	[2]
2-8-6		[1R-(1α,7α,9aβ)]-octahydro-7-methyl-2H-quinolizine-1-methanol	$C_{11}H_{21}NO$	C	[2]
2-8-7		[1S-(1α,7β,9aα)]-octahydro-7-methyl-2H-quinolizine-1-methanol	$C_{11}H_{21}NO$	C	[2]

续表

编号	中文名称	英文名称	分子式	测试溶剂	参考文献
2-8-8		[1S-(1α,7α,9aα)]-octahydro-7-methyl-2H-quinolizine-1-methanol	$C_{11}H_{21}NO$	C	[2]
2-8-9		[3S-(3α,9β,9aα)]-octahydro-9-methyl-2H-quinolizine-3-methanol	$C_{11}H_{21}NO$	C	[2]
2-8-10	羽扇豆宁	lupinine	$C_{10}H_{19}NO$	C	[2]
2-8-11	表羽扇豆宁	epilupinine	$C_{10}H_{19}NO$	C	[2]
2-8-12	顺式-八氢-4-甲基-2H-喹嗪	$trans$-octahydro-4-methyl-2H-quinolizine	$C_{10}H_{19}N$	C	[3]
2-8-13	反式-八氢-4-甲基-2H-喹嗪	cis-octahydro-4-methyl-2H-quinolizine	$C_{10}H_{19}N$	C	[3]
2-8-14		$trans$-octahydro-5-methyl-2H-quinolizinim iodide	$C_{10}H_{20}IN$	M	[3]
2-8-15		α-norlupinone	$C_9H_{15}NO$	C	[2]
2-8-16		cis-octahydro-1-methyl-4H-quinolizin-4-one	$C_{10}H_{17}NO$	C	[2]
2-8-17		$trans$-octahydro-1-methyl-4H-quinolizin-4-one	$C_{10}H_{17}NO$	C	[2]
2-8-18	9β-羟基敌克冬种碱	9β-hydroxyvertine	$C_{26}H_{29}NO_6$	M	[4]
2-8-19	千屈菜碱	lythrine	$C_{26}H_{29}NO_5$	C	[4]
2-8-20		dehydrodecodine	$C_{25}H_{27}NO_5$	M	[4]
2-8-21	敌克冬种碱	vertine	$C_{26}H_{29}NO_5$	M	[4]
2-8-22		lyfoline	$C_{25}H_{27}NO_5$	M	[4]
2-8-23		epi-lyfoline	$C_{25}H_{27}NO_5$	M	[4]
2-8-24		(2S,4S,10R)-4-(3-hydroxy-4-methoxyphenyl)-quinolizidin-2-acetate	$C_{18}H_{25}NO_4$	M	[4]
2-8-25	千屈菜定	lythridine	$C_{26}H_{31}NO_6$	M	[4]
2-8-26		heimidine	$C_{26}H_{31}NO_6$	M	[4]
2-8-27	苦豆碱	aloperine	$C_{15}H_{24}N_2$	C	[5]
2-8-28	臭豆碱	anagyrine	$C_{15}H_{20}N_2O$	C	[6]
2-8-29	湖贝啶	hupehenidine	$C_{27}H_{45}NO_3$	C	[7]
2-8-30		dehydrohomopumiliotoxin	$C_{15}H_{15}NO$	C	[8]
2-8-31		lannotinidine H	$C_{21}H_{32}N_2O_2$	M	[9]
2-8-32		lannotinidine I	$C_{28}H_{27}NO_6$	C	[9]
2-8-33		lannotinidine J	$C_{16}H_{23}NO_3$	M	[9]
2-8-34		malycorin B	$C_{28}H_{37}NO_7$	M	[9]
2-8-35		malycorin C	$C_{30}H_{41}NO_7$	M	[9]
2-8-36	杉蔓碱氮氧化物	annotine N-oxide	$C_{16}H_{21}NO_4$	C	[10]
2-8-37		anhydrolycodoline	$C_{16}H_{23}NO$	M	[10]
2-8-38		gnidioidine	$C_{16}H_{23}NO_2$	M	[10]
2-8-39	石松叶碱	lycofoline	$C_{16}H_{25}NO_2$	M	[10]
2-8-40	尖叶石松碱酮	acrifoline ketone	$C_{16}H_{23}NO_2$	P	[10]
2-8-41	尖叶石松碱半缩酮	acrifoline hemiketal	$C_{16}H_{23}NO_2$	P	[10]

编号	中文名称	英文名称	分子式	测试溶剂	参考文献
2-8-42	棒石松碱	clavatine	$C_{16}H_{25}NO_2$	C	[11]
2-8-43		cis-cis-decahydro-1H,5H-benzo[ij]quinolizine	$C_{12}H_{21}N$	C	[12]
2-8-44		trans-trans-decahydro-1H,5H-benzo[ij]quinolizine	$C_{12}H_{21}N$	C	[12]
2-8-45	久洛尼定	julolidine	$C_{12}H_{15}N$	C	[12]
2-8-46		(3aα,10aα,10bβ)-3a,5,6,8,9,10,10a,10b-octahydro-3-methyl-1H,4H-pyrido[3,2,1-ij][1,6]-naphthyridine	$C_{12}H_{20}N_2$	C	[12]
2-8-47		(7aα,10aα,10bα)-decahydro-1H,8H-benzo[ij]quinolizin-8-one	$C_{12}H_{19}NO$	C	[12]
2-8-48		2,3,5,6,7,7aα,10aα,10bβ-octahydro-1H,8H-benzo[ij]quinolizin-8-one	$C_{12}H_{17}NO$	C	[12]
2-8-49		(7aα,10β,10aα,10bβ)-decahydro-10-(2-oxo-propyl)-1H,8H-benzo[ij]quinolizin-8-one	$C_{15}H_{23}NO_2$	C	[12]
2-8-50		(7aα,10aα,10bα)-2,3,5,6,7,7a,8,10a-octahydro-8-oxo-1H,10bH-benzo[ij]quinolizine-10b-carboxylic acid methyl ester	$C_{14}H_{19}NO_3$	C	[12]
2-8-51		(7aα,10aα,10bβ)-2,3,5,6,7,7a,8,10a-octahydro-8-oxo-1H,10bH-benzo[ij]quinolizine-10b-carboxylic acid methyl ester	$C_{14}H_{19}NO_3$	C	[12]
2-8-52		(7aα,10aβ,10bα)-2,3,5,6,7,7a,8,10a-octahydro-8-oxo-1H,10bH-benzo[ij]quinolizine-10b-carboxylic acid methyl ester	$C_{14}H_{19}NO_3$	C	[12]
2-8-53		(7aα,10aα,10bα)-2,3,5,6,7,7a,8,10a-octahydro-10-methoxy-8-oxo-1H,10bH-benzo[ij]quinolizine-10b-carboxylic acid methyl ester	$C_{15}H_{21}NO_4$	C	[12]
2-8-54		(7aα,10aα,10bβ)-2,3,5,6,7,7a,8,10a-octahydro-10-methoxy-8-oxo-1H,10bH-benzo[ij]quinolizine-10b-carboxylic acid methyl ester	$C_{15}H_{21}NO_4$	C	[12]
2-8-55		(7aα,10aβ,10bβ)-2,3,5,6,7,7a,8,10a-octahydro-10-methoxy-8-oxo-1H,10bH-benzo[ij]quinolizine-10b-carboxylic acid methyl ester	$C_{15}H_{21}NO_4$	C	[12]
2-8-56		(7aα,10aα,10bβ)-decahydro-8,10-dioxo-1H,10bH-benzo[ij]quinolizine-10b-carboxylic acid methyl ester	$C_{14}H_{19}NO_4$	C	[12]
2-8-57	苦参碱	matrine	$C_{15}H_{24}N_2O$	C	[13,14]
2-8-58	氧化苦参碱	oxymatrine	$C_{15}H_{24}N_2O_2$	C	[13]

续表

编号	中文名称	英文名称	分子式	测试溶剂	参考文献
2-8-59	槐果碱	sophocarpine	$C_{15}H_{22}N_2O$	C	[13]
2-8-60	槐定碱	sophoridine	$C_{15}H_{24}N_2O$	C	[15,16]
2-8-61		11-carboethoxyisosophoramine	$C_{18}H_{24}N_2O_3$	C	[12]
2-8-62	苦参次碱	matridine	$C_{15}H_{26}N_2$	C	[2]
2-8-63		allomatridine	$C_{15}H_{26}N_2$	C	[2]
2-8-64	异狮足草碱	isoleontine	$C_{15}H_{24}N_2O$	C	[2]
2-8-65		(5β,6β,7β,11α)-5-hydroxy-matridin-15-one	$C_{15}H_{24}N_2O_2$	C	[2]
2-8-66	(–)-14β-羟基氧化苦参碱	(–)-14β-hydroxyoxymatrine	$C_{15}H_{24}N_2O$	C	[17]
2-8-67	金雀花碱	cytisine	$C_{11}H_{14}N_2O$	C, M	[6,13]
2-8-68	鹰爪豆碱	sparteine	$C_{15}H_{26}N_2$	C	[2]
2-8-69	异金雀花碱	isosparteine	$C_{15}H_{26}N_2$	C	[2]
2-8-70	7-羟基异鹰爪豆碱	7-hydroxy-isosparteine	$C_{15}H_{26}N_2O$	C	[2]
2-8-71	8-羟基鹰爪豆碱	8-hydroxysparteine	$C_{15}H_{26}N_2O$	C	[2]
2-8-72	异鹰爪豆碱	isoretamine	$C_{15}H_{26}N_2O$	C	[2]
2-8-73	黄华胺	thermopsamine	$C_{15}H_{26}N_2O$	C	[2]
2-8-74	13-乙酰氧基鹰爪豆碱	13-acetoxysparteine	$C_{17}H_{28}N_2O_2$	C	[2]
2-8-75	白羽扇豆碱	lupanine	$C_{15}H_{24}N_2O$	M	[2]
2-8-76		13-hydroxy-*ent*-lupanine	$C_{15}H_{24}N_2O_2$	C	[2]
2-8-77		pseudohydroxylupanine	$C_{15}H_{24}N_2O_2$	C	[2]
2-8-78	13-羟基异白羽扇豆碱	13-hydroxyisolupanine	$C_{17}H_{28}N_2O_2$	C	[2]
2-8-79	8-羟基鹰爪豆碱	8-oxosparteine	$C_{15}H_{24}N_2O$	C	[2]
2-8-80	*d*-17-羟基鹰爪豆碱	*d*-17-oxosparteine	$C_{15}H_{24}N_2O$	C	[2]
2-8-81	表无叶假木贼碱	epiaphylline	$C_{15}H_{24}N_2O$	C	[2]
2-8-82	13,17-二羟基鹰爪豆碱	13,17-dioxosparteine	$C_{15}H_{22}N_2O_2$	C	[2]
2-8-83	6,17-二羟基异金雀花碱	6,17-dioxoisosparteine	$C_{15}H_{22}N_2O_2$	C	[2]
2-8-84	1-羽扇豆烷宁	hydrorhombinine	$C_{15}H_{24}N_2O$	C	[2]
2-8-85	*dl*-臭豆碱	*dl*-anagyrine	$C_{15}H_{20}N_2O$	C	[2]
2-8-86	(–)-多花羽扇豆碱	(–)-multiflorine	$C_{15}H_{22}N_2O$	C	[18]

续表

编号	中文名称	英文名称	分子式	测试溶剂	参考文献
2-8-87	5,6-去氢多花羽扇豆碱	5,6-dehydromultiflorine	$C_{15}H_{20}N_2O$	C	[18]
2-8-88	去氢多花羽扇豆碱	dihydromultiflorin	$C_{15}H_{24}N_2O$	C	[18]
2-8-89		N-benzyl tricyclic pyridone	$C_{18}H_{20}N_2O$	C	[18]
2-8-90	仲胺	secondary amine	$C_{11}H_{14}N_2O$	C	[18]
2-8-91		N-methyl tricyclic	$C_{12}H_{16}N_2O$	C	[18]
2-8-92		N-propyl tricyclic	$C_{14}H_{20}N_2O$	C	[18]
2-8-93	脱氧海狸胺	deoxycastoramine	$C_{15}H_{23}NO$	C	[19]
2-8-94	萍蓬碱	nupharine	$C_{15}H_{23}NO$	C	[19]
2-8-95		nupharolutine	$C_{15}H_{23}NO_2$	C	[19]
2-8-96		7-epi-nupharidin-7-ol	$C_{15}H_{23}NO_2$	C	[19]
2-8-97	萍蓬草胺	nupharamine	$C_{15}H_{25}NO_2$	C	[20]
2-8-98	脱水萍蓬胺	anhydronupharamine	$C_{15}H_{25}NO$	C	[20]
2-8-99	脱氧萍蓬草胺	deoxynupharamine	$C_{15}H_{25}NO$	C	[20]
2-8-100	萍蓬胺	nuphamine	$C_{15}H_{25}NO_2$	C	[20]
2-8-101	石松碱	lycopodine	$C_{16}H_{25}NO$	C	[11]
2-8-102	二氢石松碱	dihydrolycopodine	$C_{16}H_{27}NO$	C	[11]
2-8-103	石松灵碱	lycodoline	$C_{16}H_{25}NO_2$	C	[11]
2-8-104	表二氢石松碱	epidihydrolycopodine	$C_{16}H_{27}NO$	C	[11]
2-8-105	洛叶素	lofoline	$C_{18}H_{29}NO_3$	C	[11]
2-8-106		clavonoline	$C_{16}H_{25}NO_2$	C	[11]
2-8-107	伏立佛明	flabelliformine	$C_{16}H_{25}NO_2$	C	[11]

一、简单喹诺里西啶化合物

2-8-1 R=R^1=OMe; R^2=R^3=H
2-8-2 R=OMe; R^1=OH; R^2=R^3=H

2-8-3

2-8-4 R=α-OH; R^1=R^2=R^3=H
2-8-5 R=R^2=H; R^1=α-CH$_3$; R^3=α-CH$_2$OH
2-8-6 R=R^2=H; R^1=α-CH$_2$OH; R^3=α-CH$_3$
2-8-7 R=R^2=H; R^1=β-CH$_2$OH; R^3=α-CH$_3$
2-8-8 R=R^2=H; R^1=β-CH$_2$OH; R^3=β-CH$_3$
2-8-9 R=R^2=H; R^1=α-CH$_3$; R^3=β-CH$_2$OH

表 2-8-2　化合物 2-8-1~2-8-2 的 ^{13}C NMR 数据[1]

C	2-8-1	2-8-2	C	2-8-1	2-8-2	C	2-8-1	2-8-2	C	2-8-1	2-8-2
1	123.8	124.8	3	157.8	157.8	4a	130.2	131.5	5	104.6	104.8
2	115.2	116.2	4	105.3	108.3	4b	123.8	123.2	6	149.0	147.1

续表

C	2-8-1	2-8-2	C	2-8-1	2-8-2	C	2-8-1	2-8-2	C	2-8-1	2-8-2
7	149.8	150.6	9	52.4	52.4	14	30.6	30.4	15b	122.5	122.1
8	104.2	104.3	11	63.5	54.1	14a	57.8	57.6	3-OMe	55.6	55.9
8a	124.5	124.0	12	22.0	22.0	15	31.2	31.2	6-OMe	55.8	
8b	122.6	122.1	13	23.0	23.0	15a	120.1	120.0	7-OMe	55.5	55.5

表 2-8-3 化合物 2-8-3~2-8-9 的 ^{13}C NMR 数据[2]

C	2-8-3	2-8-4	2-8-5	2-8-6	2-8-7	2-8-8	2-8-9
1	33.2	42.5	32.5	38.5	24.9	43.9	32.7
2	24.4	68.7	27.9	31.7	30.0	29.7	29.5
3	25.6	35.0	20.5	22.9	24.6	25.0	20.8
4	56.4	54.5	57.7	57.5	56.9	56.6	57.2
6	56.4	55.6	59.4	62.3	61.9	64.0	60.7
7	25.6	25.7	34.8	24.7	25.0	30.7	39.0
8	24.4	24.1	32.5	29.9	28.5	33.3	32.3
9	33.2	33.1	26.6	28.2	28.5	28.4	28.1
10	62.9	60.7	66.6	66.2	64.9	64.6	66.1
CH$_2$OH			65.7	65.8	64.5	64.1	65.8
CH$_3$			15.3	17.6	18.2	19.7	13.8

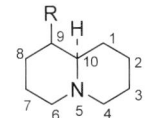

2-8-10 R=β-CH$_2$OH
2-8-11 R=α-CH$_2$OH
2-8-12 R=α-CH$_3$
2-8-13 R=β-CH$_3$
2-8-14
2-8-15
2-8-16 R=β-CH$_3$
2-8-17 R=α-CH$_3$

表 2-8-4 化合物 2-8-10~2-8-17 的 ^{13}C NMR 数据[2]

C	2-8-10	2-8-11	2-8-12[3]	2-8-13[2]	2-8-14[3]	2-8-15	2-8-16	2-8-17
1	29.5	28.3	34.0	34.2	27.2	34.1	31.8	32.0
2	24.6	24.6	24.7	24.9	23.0	24.7	24.5	25.1
3	25.5	25.5	26.5	26.2	20.8	25.6	25.3	25.6
4	56.9	57.0	52.0	52.7	66.2	42.0	42.4	44.0
6	56.9	56.6	59.1	53.6	66.2	—	—	—
7	22.7	42.9	35.5	32.7	20.8	33.1	32.7	26.7
8	30.8	29.5	24.8	18.9	23.0	19.5	27.7	25.8
9	38.5	43.8	34.3	34.2	27.2	30.7	35.5	31.7
10	65.0	64.4	63.2	54.3	71.2	56.8	63.5	61.7
CH$_2$OH	65.0	64.4						
CH$_3$			20.8	19.7	38.6		18.9	16.7

2-8-18 10-β-H; R¹=R²=OH; R³=R⁴=OMe; R⁵=H
2-8-19 10-α-H; R¹=R⁵=H; R²=OH; R³=R⁴=OMe
2-8-20 10-α-H; R¹=R⁴=H; R²=R⁵=OH; R³=OMe
2-8-21 10-α-H; R¹=R⁵=H; R²=R⁵=OH; R³=R⁴=OMe
2-8-22 10-α-H; R¹=R⁵=H; R²=R⁴=OH; R³=OMe
2-8-23 10-β-H; R¹=R⁵=H; R²=R⁴=OH; R³=OMe

2-8-25 10-α-H
2-8-26 10-β-H

表 2-8-5 化合物 2-8-18~2-8-26 的 ^{13}C NMR 数据[4]

C	2-8-18	2-8-19	2-8-20	2-8-21	2-8-22	2-8-23	2-8-24	2-8-25	2-8-26
1	29.1	37.3	37.1	36.8	37.9	35.3	35.4	37.5	34.9
2	73.1	69.2	71.2	71.1	72.0	72.7	72.6	72.1	72.0
3	40.3	38.0	39.7	38.8	39.0	40.5	39.8	39.6	39.9
4	50.9	61.4	61.5	61.8	61.7	49.3	49.4	61.3	49.8
6	50.7	52.4	53.0	53.5	54.1	51.3	51.4	53.9	51.0
7	21.3	25.5	26.0	25.5	26.7	20.5	27.4	25.3	27.2
8	35.8	24.5	24.5	24.6	25.6	26.1	26.7	26.3	25.5
9	65.9	31.9	33.0	32.7	33.8	27.2	27.4	33.4	31.7
10	64.5	56.0	60.4	64.0	61.4	58.8	58.6	63.2	59.3
12	170.3	172.4	168.5	170.0	172.8	170.0	172.7	170.2	169.8
13	119.4	21.4	119.5	118.1	48.5	119.2	48.9	119.2	119.2
14	137.2		135.7	138.0	72.7	137.2	72.7	137.0	137.4
1'	126.4	134.9	126.3	126.1	127.7	126.5	127.3	127.0	126.5
2'	157.5	116.8	153.8	160.0	155.2	157.4	155.7	156.9	157.5
3'	117.5	147.8	116.0	118.8	117.8	117.4	118.1	117.3	117.5
4'	131.7	148.7	130.7	132.0	125.1	131.7	125.0	131.4	131.7
5'	130.9	112.8	131.2	131.2	136.0	130.9	135.6	129.6	130.9
6'	132.5	121.3	131.2	132.7	129.8	132.5	130.0	132.7	132.5
1"	126.4		125.1	125.1	131.7	126.4	131.0	126.7	126.5
2"	132.6		134.8	128.2	134.4	132.5	133.5	133.1	129.8
3"	110.8		110.6	112.5	110.9	110.9	111.4	115.1	115.4
4"	148.7		148.0	118.8	148.6	148.6	148.8	147.4	147.9
5"	150.8		150.0	150.0	150.6	150.8	149.9	147.9	148.4
6"	115.8		111.3	147.6	114.8	115.6	115.3	114.1	114.3
4"-OMe	56.7		56.2		56.6	56.5	56.6		
5"-OMe	56.6		56.5	56.5	56.6	56.6	56.7	56.5	56.6
4'-OMe		56.5							

二、三环喹诺里西啶化合物

表 2-8-6 化合物 2-8-31~2-8-35 的 ^{13}C NMR 数据[9]

C	2-8-31	2-8-32	2-8-33	2-8-34	2-8-35	C	2-8-31	2-8-32	2-8-33	2-8-34	2-8-35
1	53.1	47.0	49.6	50.3	48.2	16	22.0	19.7	17.3	19.4	19.9
2	23.9	18.7	24.5	20.1	18.9	17	44.9	166.2		173.5	173.3
3	22.4	20.7	20.2	21.9	20.9	18	206.5	114.6		36.9	36.9
4	121.5	32.5	42.0	41.9	31.6	19	30.2	145.9		31.8	31.7
5	134.6	67.1	66.5	71.2	72.1	20	171.6	126.4		133.3	133.3
6	33.1	24.2	34.6	76.1	71.5	21	22.8	109.6		113.2	113.2
7	35.1	37.0	41.9	49.9	44.2	22		146.9		148.9	149.1
8	43.0	78.4	175.0	79.0	78.9	23		148.5		146.0	146.3
9	45.1	46.6	49.0	45.7	47.3	24		115.0		116.2	116.0
10	23.6	22.6	35.6	23.7	23.8	25		123.1		121.9	122.0
11	25.9	22.0	130.4	120.4	24.0	26		56.0		56.5	56.5
12	44.3	40.7	141.4	136.8	42.5	27		170.5		172.4	172.6
13	69.6	61.4	62.7	63.4	63.4	28		21.1		20.9	20.6
14	41.2	36.9	28.3	37.2	39.0	29					171.0
15	28.1	28.9	30.2	29.8	31.0	30					20.6

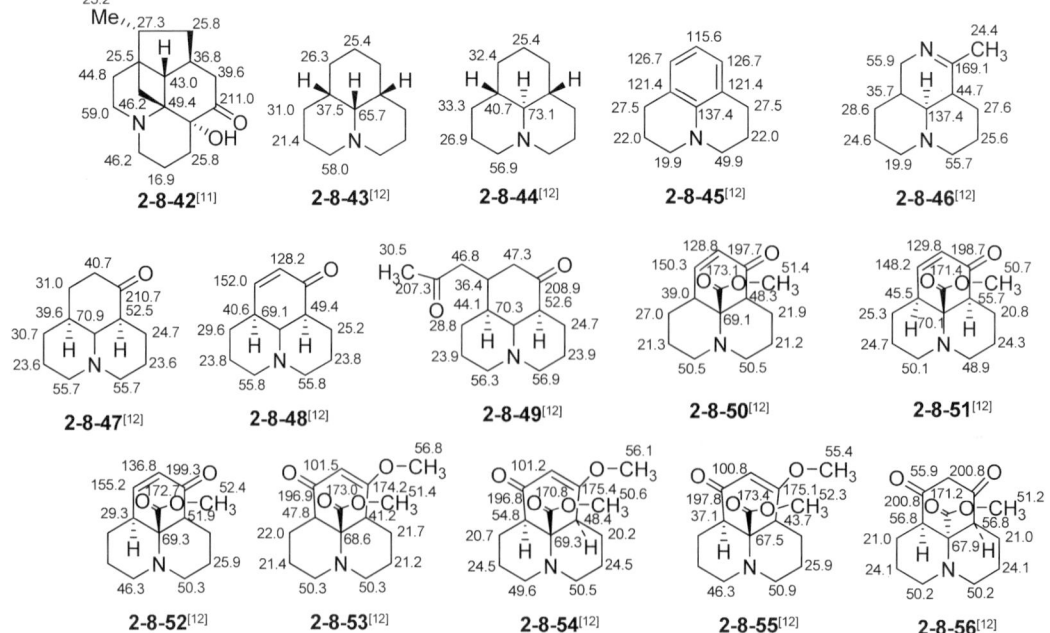

表 2-8-7 化合物 2-8-36~2-8-41 的 ^{13}C NMR 数据[10]

C	2-8-36	2-8-37	2-8-38	2-8-39	2-8-40	2-8-41	2-8-41[①]	2-8-41[①]
1	65.2	49.7	49.1	49.8	49.2	48.3	49.8	49.8
2	22.2	19.6	23.1	24.5	25.9	25.9	22.1	23.4
3	20.5	18.8	20.4	24.3	24.7	24.3	21.2	22.6
4	40.9	53.1	54.5	47.5	49.3	52.0	48.8	50.8
5	76.1	208.3	213.6	68.3	69.7	79.8	76.9	80.0
6	30.3	48.9	41.7	34.0	41.6	39.6	37.9	38.8
7	46.7	40.4	48.1	48.2	51.6	53.5	57.0	53.5
8	176.7	42.2	80.0	81.0	215.6	107.7	—	108.1
9	63.2	46.0	45.8	45.9	45.6	44.9	45.6	45.6
10	120.6	23.7	26.8	26.5	26.8	25.9	22.1	23.0
11	129.5	117.9	120.1	116.9	117.8	115.0	117.9	116.7
12	78.6	140.3	142.4	145.5	141.0	142.8	134.4	138.3
13	75.8	64.2	60.4	58.6	58.0	58.9	63.2	64.2
14	34.7	40.3	36.4	35.5	30.8	28.8	30.8	31.4
15	46.2	26.4	33.3	31.7	43.5	36.1	36.9	36.2
16	24.2	22.1	19.3	20.6	15.6	15.7	13.5	14.6

① 为 TFA 盐。

三、苦参碱类化合物

表 2-8-8 化合物 2-8-57~2-8-66 的 ^{13}C NMR 数据

C	2-8-57[13,14]	2-8-58[13]	2-8-59[13]	2-8-60[15,16]	2-8-61[12]	2-8-62[2]	2-8-63[2]	2-8-64[2]	2-8-65[2]	2-8-66[17]
2	57.3	68.7	57.0	55.8	55.5	57.4	56.5	55.9	56.6	68.8
3	21.2	17.2	23.0	21.5	24.2	21.3	25.0	24.7	20.4	17.2
4	27.2	25.9	27.4	23.7	28.6	28.3	29.4	27.5	36.5	26.0
5	35.4	34.4	34.6	30.7	35.7	35.3	39.2	39.1	67.7	34.3
6	63.8	67.1	63.5	63.3	68.8	64.4	71.3	70.9	68.5	66.9
7	41.5	42.5	41.5	40.9	42.3	41.8	44.6	46.2	36.8	42.9
8	26.5	24.5	26.6	32.5	28.9	28.4	29.0	26.9	26.0	24.1
9	20.8	17.1	21.1	21.8	24.9	21.8	25.0	24.7	22.5	17.1
10	57.2	68.1	57.3	50.2	55.1	57.7	56.7	56.0	56.9	69.1
11	53.2	53.1	51.5	55.7	154.9	58.3	66.5	60.3	53.1	53.9
12	27.8	28.5	28.9	28.1	101.0	29.6	26.9	28.4	26.7	26.3
13	19.0	18.8	137.4	18.9	143.2	24.8	24.6	19.4	18.8	27.0
14	32.9	32.9	124.6	30.2	116.4	25.6	25.6	32.8	32.7	68.1
15	169.5	170.0	167.8	169.8	159.8	56.5	56.1	—	—	172.4
17	43.2	41.6	42.0	47.5	49.3	56.2	61.7	46.2	46.5	42.5

四、金雀儿碱类化合物

表 2-8-9 化合物 2-8-67 的 ^{13}C NMR 数据

C	2-8-67①[13]	2-8-67②[6]	C	2-8-67①[13]	2-8-67②[6]
2	163.7	165.8	8	26.3	26.9
3	116.7	116.9	9	27.7	28.8
4	138.8	141.3	10	49.7	51.1
5	105.0	108.2	11	53.0	53.0
6	151.1	152.9	13	53.9	54.0
7	35.6	36.3			

① 在 $CDCl_3$ 中测定；② 在 CD_3OD 中测定。

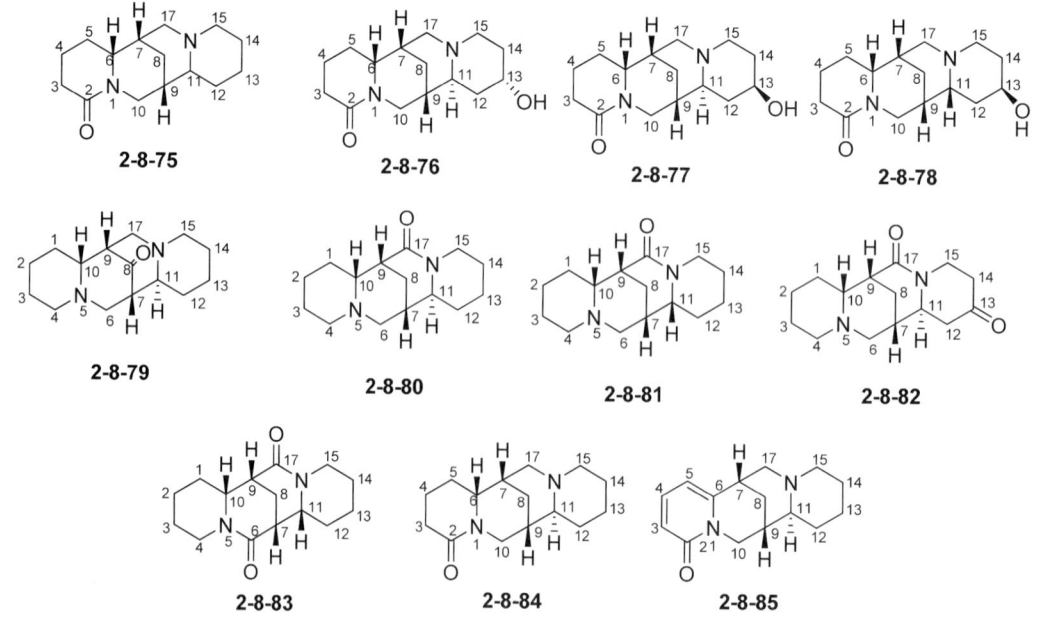

表 2-8-10 化合物 2-8-68~2-8-74 的 ^{13}C NMR 数据[2]

C	2-8-68	2-8-69	2-8-70	2-8-71	2-8-72	2-8-73	2-8-74
1	29.4	30.6	29.4	29.8	29.3	29.3	29.5
2	24.9	25.4	24.7	24.5	24.6	24.7	24.8
3	25.9	26.0	25.1	25.8	25.8	25.7	26.0
4	56.2	56.3	57.1	55.2	56.2	56.2	56.3
6	62.0	57.3	62.5	60.3	62.3	61.7	61.9
7	33.0	35.9	71.6	40.4	32.7	33.1	33.3
8	27.6	36.7	44.6	73.9	28.4	27.4	27.4
9	36.2	35.9	37.2	43.2	33.0	35.6	35.7
10	66.5	65.9	65.2	64.6	66.3	66.5	66.5
11	64.4	65.9	67.7	63.6	67.7	57.2	58.3
12	34.7	30.6	25.3	36.0	70.7	41.7	38.4
13	24.7	25.4	24.3	24.5	31.4	84.6	68.8
14	25.9	26.0	25.0	26.1	19.8	32.8	29.5
15	55.4	56.3	55.4	54.9	55.0	49.2	49.8
17	53.6	57.3	57.2	52.9	52.9	53.2	53.1

表 2-8-11　化合物 2-8-75~2-8-85 的 ^{13}C NMR 数据[2]

C	2-8-75[28]	2-8-76	2-8-77	2-8-78	2-8-79	2-8-80	2-8-81	2-8-82	2-8-83	2-8-84	2-8-85
1					29.8	30.3	30.4	30.2	31.3		
2	174.0	—	—	—	23.6	24.7	24.7	24.5	24.4	—	163.5
3	33.7	32.9	33.0	33.1	25.4	25.4	25.6	25.4	25.3	33.0	116.6
4	20.2	19.6	19.6	19.8	55.9	56.9	56.3	56.6	42.3	19.6	138.6
5	28.1	26.6	26.7	27.8						26.7	104.3
6	62.2	60.8	58.7	58.7	62.1	61.2	57.4	62.4	—	61.7	151.1
7	33.3	34.2	34.5	35.2	57.8	35.1	32.6	34.3	24.4	34.9	35.6
8	27.1	27.3	27.4	35.3	—	27.1	29.5	26.5	41.8	27.3	22.6
9	36.1	31.6	32.0	34.5	54.3	—	—	43.9	58.8	32.4	32.7
10	47.9	46.8	46.9	42.3	66.6	64.9	64.7	64.7	—	46.6	51.6
11	65.7	57.0	61.3	63.3	66.6	61.4	59.5	59.2	—	61.8	63.3
12	34.0	39.9	41.1	40.1	34.9	33.6	30.0	48.2	—	33.5	25.7
13	25.4	64.0	69.6	69.6	23.1	25.5	25.0	—	—	24.5	19.2
14	25.6	32.4	33.8	34.2	25.4	25.5	25.8	40.4	—	25.3	20.8
15	56.7	49.2	51.5	55.0	55.1	42.4	42.5	41.0	—	55.3	53.0
17	53.7	52.4	53.0	56.1	54.6	—	—	—	—	52.8	54.4

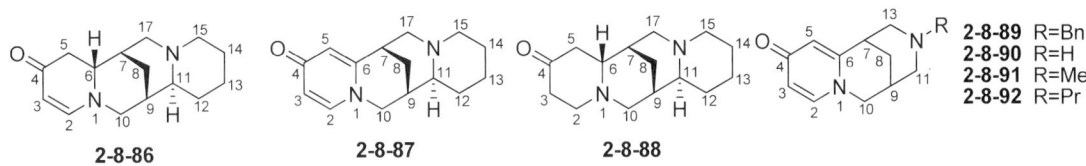

表 2-8-12　化合物 2-8-86~2-8-88 的 ^{13}C NMR 数据[18]

C	2-8-86	2-8-87	2-8-88	C	2-8-86	2-8-87	2-8-88
2	155.6	139.7	52.5	10	51.1	57.4	55.3
3	98.9	117.9	41.4	11	63.6	63.0	64.9
4	192.5	178.9	209.5	12	25.8	22.1	26.2
5	39.3	116.0	44.5	13	23.7	18.8	24.6
6	60.3	153.5	64.0	14	24.8	21.0	25.4
7	31.1	32.6	34.0	15	55.2	54.3	54.7
8	31.5	25.4	32.3	17	57.5	52.0	60.3
9	34.5	34.8	35.4				

表 2-8-13　化合物 2-8-89~2-8-92 的 ^{13}C NMR 数据[18]

C	2-8-89	2-8-90	2-8-91	2-8-92	C	2-8-89	2-8-90	2-8-91	2-8-92
2	139.6	140.7	140.0	140.0	13	55.8	53.7	61.5	56.0
3	117.8	117.6	117.7	118.0	14	61.9			59.8
4	178.4	178.5	178.8	178.9	15				19.7
5	116.6	115.7	116.0	116.2	1'	137.7			
6	153.3	153.5	153.2	153.2	2'	128.2			
7	34.9	34.8	34.6	35.0	3'	128.1			
8	26.1	26.6	25.5	26.4	4'	127.0			
9	28.0	27.8	27.9	28.3	5'	128.1			
10	58.9	55.8	55.7	59.5	6'	128.2			
11	59.8	52.6	61.6	59.9	Me			46.1	11.4

五、呋喃喹诺里西啶、石松碱类化合物

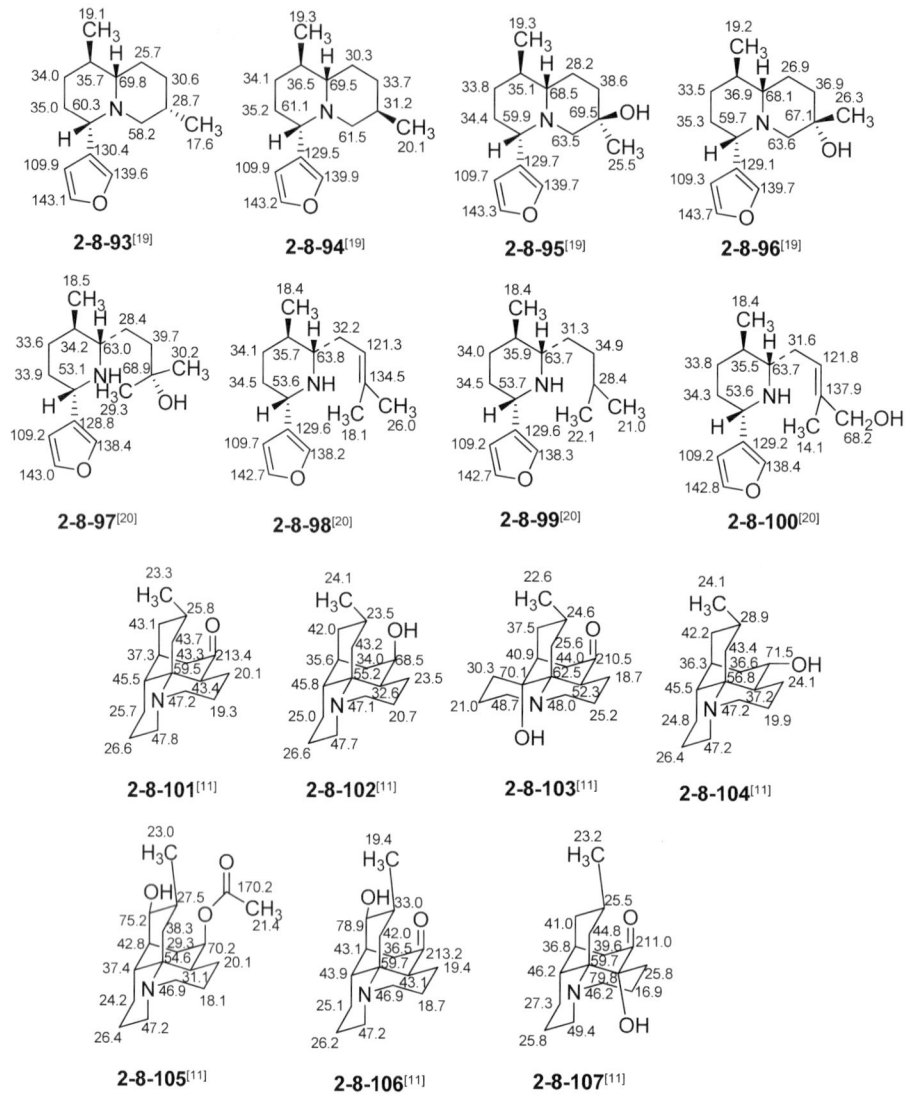

参 考 文 献

[1] Luo Y G, Liu Y, Luo, DX, et al. Planta Med, 2003, 69(9): 842.
[2] Bohlmann F, Bohlmann F. Chem Ber, 1975, 108(4): 1043.
[3] Sugiura M, Sasaki Y. Chem Pharm Bull, 1976, 24 (12): 2988.
[4] Rumalla C S, Jadhav A N, Smillie T, et al. Phytochemistry, 2008, 69(8): 1756.
[5] Brosius A D, Overman L E, Schwink L. J Am Chem Soc, 1999, 121(4): 700.
[6] Sagen A L, Gertsch J, Becker R, et al. Phytochemistry, 2002, 61 (8): 975.
[7] 吴继洲, 濮全龙. 中草药, 1989, 20 (5): 194.
[8] Andriamaharavo N R, Andriantsiferana M, Stevenson P A, et al. J Nat Prod, 2005, 68(12): 1743.
[9] Ishiuchi K, Kodama S, Kubota T, et al. Chem Pharm Bull, 2009, 57(8): 877.
[10] Halldorsdottir E S, Jaroszewski J W, Olafsdottir E S. Phytochemistry, 2008, 71(2~3): 149.
[11] Nakashima T T, Singer P P, Browne, L M, et al. Can J Chem, 1975, 53 (13): 1936.
[12] Wenkert E, Chauncy B, Dave K G. J Am Chem Soc, 1973, 95(25): 8427.
[13] 张兰珍, 豪佛·皮. 中国中药杂志, 1997, 22 (12): 740.

[14] Gonnella N C, Chen J. et al. Magn Reson Chem, 1988, 26(3): 185.
[15] Morinaga K, Ueno A, Fukushima S, et al. Chem Pharm Bull, 1978, 26 (8): 2483.
[16] Ohmiya S, Otomasu H, Haginiwa J, et al. Chem Pharm Bull, 1980, 28 (2): 546.
[17] Ding P L, Huang H, Zhou P, et al. Planta Med, 2006, 72(9): 854.
[18] Kubo H, Inoue M, Kamei J, et al. Biol Pharm Bull, 2006, 29(10): 2046.
[19] LaLonde R T, Donvito T N, Tsai A I M. Can J Chem, 1975, 53(12): 1714.
[20] Itatani Y, Yasuda S, Hanaoka M. et al. Chem Pharm Bull, 1976, 24 (10): 2521.

第九节 吲哚类生物碱

一、简单吲哚类生物碱

表 2-9-1 简单吲哚类生物碱的名称、分子式、测试溶剂

编号	中文名称	英文名称	分子式	测试溶剂	参考文献
2-9-1	七叶黄皮醛	clausenal	$C_{15}H_{13}NO_3$	C	[1]
2-9-2	七叶黄皮碱	clausenalene	$C_{14}H_{11}NO_2$	C	[2]
2-9-3	八角黄皮碱	clausenine	$C_{15}H_{15}NO_2$	C	[3]
2-9-4	八角黄皮醇	clausenol	$C_{14}H_{13}NO_2$	C	[3]
2-9-5	泰国九里香醇	siamenol	$C_{18}H_{19}NO$	C	[5]
2-9-6	1H-吲哚	1H-indole	C_8H_7N	C	[6]
2-9-7	2-甲基-1H-吲哚	2-methyl-1H-indole	C_9H_9N	C	[7]
2-9-8	3-甲基-1H-吲哚	3-methyl-1H-indole	C_9H_9N	C	[7]
2-9-9	4-甲基-1H-吲哚	4-methyl-1H-indole	C_9H_9N	C	[8]
2-9-10	5-甲基-1H-吲哚	5-methyl-1H-indole	C_9H_9N	C	[8]
2-9-11	6-甲基-1H-吲哚	6-methyl-1H-indole	C_9H_9N	C	[7]
2-9-12	2-羧酸-1H-吲哚	2-carboxylic acid-1H-indole	$C_9H_7NO_2$	C	[8]
2-9-13	3-醛-1H-吲哚	3-carbaldehyde-1H-indole	C_9H_7NO	C	[8]
2-9-14	3-(1-酮-乙基)-吲哚	1-(1H-indol-3-yl)ethanone	$C_{10}H_9NO$	C	[8]
2-9-15	3-乙酯基-吲哚	1H-indol-3-yl-acetate	$C_{10}H_9NO_2$	C	[8]
2-9-16	5-甲氧基-1H-吲哚	5-methoxy-1H-indole	C_9H_9NO	C	[8]
2-9-17	6-甲氧基-1H-吲哚	6-methoxy-1H-indole	C_9H_9NO	C	[8]
2-9-18	7-甲氧基-1H-吲哚	7-methoxy-1H-indole	C_9H_9NO	C	[8]
2-9-19	二氢吲哚	indoline	C_8H_9N	C	[9]
2-9-20	1-醛-2-羟基二氢吲哚	1-carbaldehyde-2-hydroxyindoline	$C_9H_9NO_2$	C	[9]
2-9-21	1-醛-二氢吲哚	1-carbaldehyde-indoline	C_9H_9NO	C	[9]
2-9-22	1-(1-酮-乙基)-二氢吲哚	1-(indolin-1-yl)ethanone	$C_{10}H_{11}NO$	C	[9]
2-9-23		(2S,6S)-3,6-dimethyl-1,2,3,4,5,6-hexahydro-pyrrolo[4,5-b]indol-9-yl methylcarbamate	$C_{14}H_{19}N_3O_2$	C	[32]
2-9-24		(2S,6R)-1,3,6-trimethyl-1,2,3,4,5,6-hexahydropyrrolo[4,5-b]indol-9-yl methylcarbamate	$C_{15}H_{21}N_3O_2$	C	[32]

续表

编号	中文名称	英文名称	分子式	测试溶剂	参考文献
2-9-25		(3S,6S)-3,6-dimethyl-3-(methylcarbamoyl)-1,2,3,4,5,6-hexahydropyrrolo[4,5-b]indol-9-yl methylcarbamate	$C_{16}H_{22}N_4O_3$	C	[32]
2-9-26		(3S,6S)-1,6-dimethyl-1,2,5,6-tetrahydro-2H-furo[4,5-b]indol-9-yl methylcarbamate	$C_{14}H_{18}N_2O_3$	C	[32]
2-9-27	2-酮基-二氢吲哚	indolin-2-one	C_8H_7NO	C	[9]
2-9-28	2,3-二酮基-二氢吲哚	indoline-2,3-dione	$C_8H_5NO_2$	C	[11]
2-9-29	(Z)-3-亚乙基-2-酮基-二氢吲哚	(Z)-3-ethylideneindolin-2-one	$C_{10}H_9NO$	C	[12]
2-9-30	3-[(二甲氨基)甲基]-2-酮基-二氢吲哚	3-[(dimethylamino)methyl]indolin-2-one	$C_{11}H_{14}N_2O$	C	[13]
2-9-31		6-(1H-indol-7-yl)-N-methylethanamine	$C_{11}H_{14}N_2$	C	[10]
2-9-32		6-(1H-indol-7-yl)-N,N-dimethylethanamine	$C_{12}H_{16}N_2$	C	[10]
2-9-33		4-methyl-1,4,5,6-tetrahydro-1H-pyrido[5,6-b]indole	$C_{12}H_{14}N_2$	C	[10]
2-9-34		11-methoxy-3,4-dimethyl-1,4,5,6-tetrahydro-1H-pyrido[5,6-b]indole	$C_{14}H_{18}N_2O$	C	[13]
2-9-35		1,3,5,6,14,15,16,17-octahydroindolo[15,16-a]quinolizine	$C_{15}H_{18}N_2$	C	[14]
2-9-36		16,17-dihydro-1,3,5,6,14,15-hexahydroindolo[15,16-a]quinolizine-16-carboxylate	$C_{17}H_{18}N_2O_2$	C	[15]
2-9-37		4-methoxy-3H-indolo[16,15,14-ij][16,4]naphthyridine-5,14-dione	$C_{15}H_{10}N_2O_3$	C	[16]
2-9-38		monaspiloindole	$C_{18}H_{17}NO_2$	C	[17]
2-9-39		monaspyranoindole	$C_{13}H_{17}NO$	C	[17]
2-9-40		capparin A	$C_{12}H_{12}N_2O_2S_2$	D	[18]
2-9-41		capparin B	$C_{11}H_{11}NO_2S$	D	[18]
2-9-42		(E)-6-bromo-2'-demethylaplysinopsin	$C_{13}H_{11}BrN_4O$	D	[20]
2-9-43		(E)-2'-demethylaplysinopsin	$C_{13}H_{12}N_4O$	D	[20]
2-9-44		1-(1'-b-glucopyranosyl)-3-(methoxymethyl)-1H-indole	$C_{16}H_{21}NO_6$	M	[22]
2-9-45		1-(1'-b-glucopyranosyl)-1H-indole-3-carbaldehyde	$C_{15}H_{17}NO_6$	M	[22]
2-9-46		4-(1'-b-glucopyranosyloxy)-1H-indole-3-acetamide	$C_{16}H_{20}N_2O_7$	D	[24]
2-9-47		4-(1'-b-glucopyranosyloxy)-1H-indole-3-carbaldehyde	$C_{15}H_{17}NO_7$	M	[24]
2-9-48		variecolortide A	$C_{39}H_{35}N_3O_7$	D	[25]
2-9-49		variecolortide B	$C_{34}H_{27}N_3O_7$	D	[25]

续表

编号	中文名称	英文名称	分子式	测试溶剂	参考文献
2-9-50		variecolortide C	$C_{35}H_{29}N_3O_7$	D	[25]
2-9-51		oxytrofalcatin A	$C_{15}H_{11}NO_2$	D	[27]
2-9-52		oxytrofalcatin B	$C_{15}H_{11}NO_3$	A	[27]
2-9-53		oxytrofalcatin C	$C_{16}H_{13}NO_3$	D	[27]
2-9-54		oxytrofalcatin D	$C_{16}H_{13}NO_4$	A	[27]
2-9-55		oxytrofalcatin E	$C_{20}H_{19}NO_3$	A	[27]
2-9-56		oxytrofalcatin F	$C_{15}H_{11}NO_3$	A	[27]
2-9-57		piperumbellactam A	$C_{17}H_{13}NO_4$	D	[28]
2-9-58		piperumbellactam B	$C_{16}H_{11}NO_4$	D	[28]
2-9-59		piperumbellactam C	$C_{16}H_{11}NO_4$	D	[28]
2-9-60		piperumbellactam D	$C_{17}H_{11}NO_4$	D	[28]
2-9-61		oleracein A	$C_{24}H_{25}NO_{11}$	D	[30]
2-9-62		oleracein B	$C_{25}H_{27}NO_{12}$	D	[30]
2-9-63		oleracein C	$C_{30}H_{35}NO_{16}$	D	[30]
2-9-64		oleracein D	$C_{31}H_{37}NO_{17}$	D	[30]
2-9-65	3-(3-甲基-1-氧-2-丁烯)-1-氢-吲哚	3-(3-methyl-1-oxo-2-butenyl)-1H-indole	$C_{13}H_{13}NO$		[4]
2-9-66		4b,5,6,7,8,8a-hexahydrocarbazole-9-carbaldehyde	$C_{13}H_{15}NO$	C	[9]
2-9-67		1,2,3,3-tetramethylindolin-5-yl methyl-carbamate	$C_{14}H_{20}N_2O_2$	C	[32]
2-9-68		isoindoline-1,3-dione	$C_8H_5NO_2$	C	[10]
2-9-69		2-methyl-6-hydroxy-1,2,3,4-tetrahydro-β-carboline	$C_{12}H_{14}N_2O$	D	[19]
2-9-70		clauszoline N	$C_{13}H_9NO_3$	D	[21]
2-9-71		3-(2-hydroxyethyl)-5-O-b-d-glucopyranoside-1H-indole	$C_{16}H_{21}NO_7$	M	[23]
2-9-72		(E)-3-(3-hydroxymethyl-2-butenyl)-7-(3-methyl-2-butenyl)-1H-indole	$C_{16}H_{23}NO$	A	[26]
2-9-73		6-hydroxy-galanthindole{7-[6'-(hydroxy-methyl)benzo[d][1',3']dioxol-50-yl]-1-methyl-1H-indol-6-ol}	$C_{17}H_{15}NO_4$	D	[29]
2-9-74		oleracein E	$C_{12}H_{13}NO_3$	D	[30]
2-9-75		trigonostemon F	$C_{20}H_{16}N_2O_3$	A	[31]

2-9-1[1] R^1=OCH$_3$; R^2=H; R^3=CHO; R^4=OCH$_3$; R^5=R^6=H

2-9-2[2] R^1=CH$_3$; R^2=R^3=R^4=H; R^5, R^6=O-CH$_2$-O

2-9-3[3] R^1=CH$_3$; R^2=H; R^3=OCH$_3$; R^4=R^5=H; R^6=OCH$_3$

2-9-4[3] R^1=CH$_3$; R^2=H; R^3=OH; R^4=R^5=H; R^6=OCH$_3$

2-9-5[5] R^1=CH$_2$CH=C(CH$_3$)$_2$; R^2=OH; R^3=H; R^4=R^5=H; R^6=CH$_3$

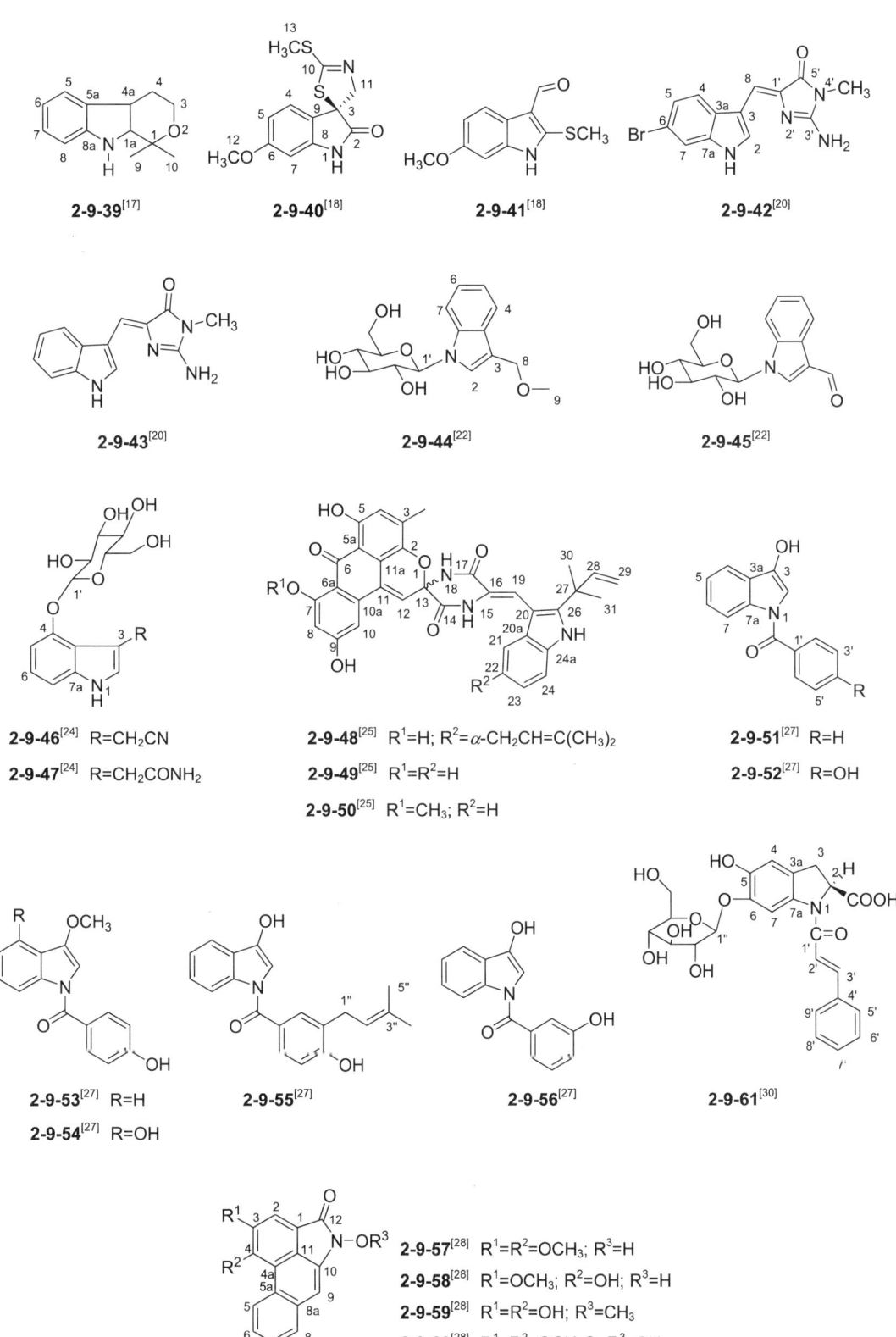

2-9-62[30]   2-9-63[30]   2-9-64[30]

表 2-9-2 化合物 2-9-1~2-9-5 的 ^{13}C NMR 数据

C	2-9-1	2-9-2	2-9-3	2-9-4	2-9-5	C	2-9-1	2-9-2	2-9-3	2-9-4	2-9-5
1	146.1	110.9	145.5	145.5	96.0	9a	134.4	139.7	135.1	134.6	140.4
2	102.8	119.8	107.5	108.0	154.1	R^1	194.4	21.1	21.1	21.0	
3	128.4	126.3	126.5	124.1	120.5	R^3	55.5		55.5		
4	120.6	126.4	127.5	121.5	119.7	R^4	55.5				
4a	123.6	122.6	122.5	115.5	116.1	R^5			101.2		
4b	124.0	122.5	123.6	116	123.9	R^6		55.5		55.5	20.4
5	112.2	110.9	102.8	102.9	118.5	1'					28.5
6	119.8	145.4	153.5	154.3	127.4	2'					124.0
7	104.9	145.2	115.4	115.4	124.7	3'					131.1
8	145.6	102.9	112.4	112.3	109.7	4'					24.9
8a	120.1	134.8	134.5	135.0	138.5	5'					16.7

表 2-9-3 化合物 2-9-6~2-9-14 的 ^{13}C NMR 数据

C	2-9-6	2-9-7	2-9-8	2-9-9	2-9-10	2-9-11	2-9-12	2-9-13	2-9-14
2	124.8	135.3	122.3	123.8	124.6	123.9	126.2	138.1	133.4
3	102.2	100.0	111.0	100.7	101.7	101.9	106.8	118.2	116.2
4	128.4	129.5	128.8	—	128.7	126.2	127.7	124.2	124.4
5	120.9	119.6	119.0	129.8	123.3	120.3	123.6	123.3	122.0
6	121.5	120.7	121.9	121.8	128.4	121.5	121.2	122.0	120.9
7	119.8	119.8	119.2	119.7	120.4	131.1	119.3	120.8	120.9
8	111.4	110.5	111.3	108.9	110.9	111.2	111.9	112.3	111.4
9	135.7	136.7	136.9	136.1	134.8	136.9	136.3	137.1	135.9
R		13.0	9.4	21.2	21.1	21.3	161.9	184.8	194.0
2'									27.1

表 2-9-4 化合物 2-9-15~2-9-22 的 ^{13}C NMR 数据

C	2-9-15	2-9-16	2-9-17	2-9-18	2-9-19	2-9-20	2-9-21	2-9-22
2	121.6	124.3	123.2	123.6	47.1	81.2	44.6	48.6
3	119.8	101.6	102.4	102.8	29.7	36.3	27.1	27.8
4	129.2	127.7	122.3	126.9	129.1	129.3	131.9	131.3
5	114.4	111.6	121.2	120.2	124.4	126.1	126.0	123.1

续表

C	2-9-15	2-9-16	2-9-17	2-9-18	2-9-19	2-9-20	2-9-21	2-9-22
6	116.9	153.1	110.0	113.5	118.3	124.6	124.1	124.5
7	118.8	101.8	156.5	102.1	127.1	127.7	127.5	127.3
8	111.8	111.9	94.8	146.7	109.2	109.2	109.4	116.7
9	133.3	130.3	136.6	129.6	151.6	139.1	141.1	112.9
R	168.8	55.5	55.7	55.2		158.9	157.5	168.5
2'	20.4							21.0

表 2-9-5 化合物 2-9-23~2-9-30 的 ^{13}C NMR 数据

C	2-9-23	2-9-24	2-9-25	2-9-26	C	2-9-27	2-9-28	2-9-29	2-9-30
2	90.3	98.1	69.2	104.7	2	178.7	159.2	168.3	123.9
4	52.5	53.2	45.7	67.3	4	125.4	117.6	127.9	127.8
5	40.7	40.7	38.5	41.6	5	124.4	123.8	120.9	119.0
6	53.7	52.6	50.4	52.3	6	122.2	122.7	128.4	121.6
7	137.8	137.4	135.1	135.2	7	127.9	138.3	137.0	119.2
8	116.5	116.1	116.0	116.5	8	110.0	112.5	109.3	111.1
9	146.9	149.3	147.4	147.9	9	143.0	151.8	140.2	136.2
10	120.5	120.4	120.7	120.8	1'			119.3	54.3
11	109.0	106.5	105.8	105.5	2'			13.6	45.1
12	114.0	143.3	142.8	143.0	3'				45.1
13	156.3	156.3	155.6	156.3					
14	—	27.5	26.9	27.7					
15	26.9	27.2	26.9	24.6					
1-CH$_3$		38.4	33.6	31.2					
3-CH$_3$	37.0	36.9							
1'			157.7						
2'			23.3						

表 2-9-6 化合物 2-9-31~2-9-37 的 ^{13}C NMR 数据

C	2-9-31	2-9-32	2-9-33	2-9-34	C	2-9-35	2-9-36	2-9-37
2	122.2	121.4	132.7	114.8	2	135.4	133.0	—
3	36.1	45.1	52.3	58.0	3	60.4	51.9	—
5	51.8	60.1	52.0	50.8	5	53.7	50.8	—
6	25.4	23.4	21.2	20.5	6	21.8	21.9	115.1
7	113.3	113.3	106.0	107.3	7	108.2	107.9	—
8	127.3	127.1	126.6	121.7	8	127.8	126.7	—
9	118.7	118.3	117.2	118.4	9	118.2	117.9	123.8
10	119.0	118.6	118.1	108.6	10	121.4	119.5	126.6
11	121.7	121.6	120.1	155.5	11	119.4	121.8	126.0
12	111.2	111.0	110.8	95.1	12	111.0	111.0	118.0
13	—	136.1	135.8	136.9	13	136.4	136.2	—
3-CH$_3$				18.4	14	30.1	28.2	—
4-CH$_3$		45.1	45.3	42.2	15	24.5	20.4	128.5

续表

C	2-9-31	2-9-32	2-9-33	2-9-34	C	2-9-35	2-9-36	2-9-37
11-OCH$_3$				55.6	16	25.9	94.4	132.4
					17	55.9	146.6	64.8
					C=O		169.1	
					COO<u>C</u>H$_3$		50.8	

表 2-9-7 化合物 2-9-38~2-9-43 的 ^{13}C NMR 数据

C	2-9-38	2-9-39	C	2-9-38	2-9-39	C	2-9-40	2-9-41	C	2-9-42	2-9-43
1	134.1	71.8	9		27.9	2	177.5	143.9	2	129.0	128.5
1a		138.9	10	65.0	27.9	3	64.2	115.9	3	110.6	110.4
2	129.3		11	24.7		4	125.1	120.3	3a	126.6	127.7
3	127.0	60.5	12	112.0		5	107.6	111.5	4	119.8	117.7
4	128.5	22.4	13	122.0		6	160.6	156.5	5	122.5	119.7
4a		106.9	14			7	96.7	94.9	6	114.4	121.8
5	127.0	110.8	15	136.1		8	142.4	137.8	7	114.4	111.7
5a		127.0	16	111.1		9	121.4	119.4	7a	136.5	135.7
6	129.3	121.7	17	122.1		10	161.8	183.1	8	113.3	114.5
7	41.5	119.6	18	119.4		11	73.6	55.2	1'	136.3	135.8
8	171.6	118.3	19	118.8		12	55.3	16.7	3'	154.9	154.5
8a		135.7	20	127.4		13	15.0		5'	167.0	166.8
									N-CH$_3$	25.6	25.6

表 2-9-8 化合物 2-9-48~2-9-50 的 ^{13}C NMR 数据

C	2-9-48	2-9-49	2-9-50	C	2-9-48	2-9-49	2-9-50
2	139.0	138.8	137.9	16	123.2	123.6	123.8
3	136.4	136.1	134.2	17	162.0	161.4	161.8
4	119.4	119.5	119.0	19	114.9	114.7	114.6
5	156.2	156.1	156.3	20	103.9	104.0	104.0
5a	109.0	109.0	110.5	20a	126.6	126.4	126.4
6	189.8	189.4	186.4	21	118.9	119.5	119.5
6a	107.4	107.2	111.2	22	132.5	119.4	119.5
7	165.0	165.0	163.6	23	121.8	120.9	120.8
8	103.8	103.7	100.9	24	111.4	111.6	111.6
9	165.4	165.0	163.8	24a	133.7	135.2	135.2
10	103.5	103.7	102.4	25			
10a	136.4	136.3	137.6	26	145.3	145.0	145.0
11	126.2	126.1	126.8	27	39.0	39.4	39.4
11a	117.5	117.4	117.1	28	145.1	145.1	145.1
12	119.8	119.7	119.2	29	111.9	111.9	111.9
13	84.0	84.1	84.0	30	28.0	27.9	27.9
14	161.4	161.4	161.6	31	27.4	27.4	27.4
7-OCH$_3$			56.0	32	15.8	15.9	15.7

表 2-9-9　化合物 2-9-44~2-9-47、2-9-51~2-9-56 的 ^{13}C NMR 数据

C	2-9-44	2-9-45	2-9-46	2-9-47	C	2-9-51	2-9-52	2-9-53	2-9-54	2-9-55	2-9-56
2	126.6	140.6	123.2	135.4	2	127.3	127.0	127.7	127.2	126.9	127.4
3	113.9	120.2	108.6	119.8	3	154.5	153.9	155.9	144.5	154.0	154.0
3a	129.7	126.8	117.2	117.4	3a	115.3	116.0	117.1	122.6	115.8	115.8
4	120.0	122.7	151.8	153.6	4	116.5	116.0	112.2	150.9	115.9	116.1
5	121.1	124.3	102.2	108.2	5	130.0	129.0	129.8	116.8	128.9	129.3
6	123.1	125.5	121.7	125.5	6	120.2	120.0	121.5	125.0	120.0	120.2
7	111.7	113.0	105.7	108.8	7	126.1	125.6	125.8	116.7	125.5	125.8
7a	138.7	139.1	137.8	140.5	7a	148.8	147.8	147.2	147.3	147.8	148.5
8	67.9	187.6	33.9	189.1	C=O	159.6	160.2	160.4	160.7	160.5	160.0
9	57.6		174.9		1'	127.6	119.4	118.6	119.5	119.4	117.6
1'	86.7	87.7	100.9	103.3	2'	126.5	128.2	128.5	128.2	128.0	113.0
2'	73.7	73.9	73.6	75.3	3'	129.8	115.9	116.6	116.0	128.9	158.0
3'	79.0	78.9	76.3	78.4	4'	131.1	159.8	160.4	159.9	157.5	117.6
4'	71.5	71.7	69.8	71.5	5'	129.8	115.9	116.6	116.0	115.4	130.3
5'	80.6	80.8	77.0	77.9	6'	126.5	128.2	128.5	128.2	125.5	129.3
6'	62.7	62.9	60.7	62.6	OCH$_3$			56.2	59.2		
					1''					28.3	
					2''					122.6	
					3''					132.4	
					4''					17.3	
					5'					25.3	

表 2-9-10　化合物 2-9-57~2-9-64 的 ^{13}C NMR 数据

C	2-9-57	2-9-58	2-9-59	2-9-60	C	2-9-61	2-9-62	2-9-63	2-9-64
1	122.0	114.9	114.7	121.9	2	60.9	61.1	61.5	63.2
2	110.4	109.0	107.4	108.0	2-C=O	173.8	173.6	174.4	175.0
3	154.7	149.9	148.2	144.7	3	32.8	32.7	33.4	33.9
4	150.9	148.7	150.2	147.0	4	111.8	111.7	112.6	112.4
4a	120.4	124.8	124.8	120.3	5	143.5	143.3	144.2	143.9
5	126.0	125.4	125.0	125.7	6	143.8	143.7	144.6	144.4
5a	126.4	127.2	126.3	125.7	7	108.0	108.1	108.7	109.2
6	127.3	127.1	127.4	127.1	7a	135.5	135.6	136.1	136.5
7	128.0	127.9	127.8	127.9	3a	125.1	125.2	125.7	127.0
8	129.6	129.2	128.4	129.3	1'	163.8	163.7	164.3	164.3
8a	135.3	134.6	134.2	134.7	2'	116.4	116.9	118.7	119.9
9	105.1	104.9	105.8	106.2	3'	141.4	141.3	141.5	140.7
10	135.6	135.6	134.4	134.8	4'	126.0	126.5	129.4	129.9
11	123.8	116.3	115.5	122.3	5'	129.8	111.7	130.2	112.4
12	168.9	169.4	170.9	168.9	6'	115.7	147.7	117.2	149.7
OCH$_2$O				102.4	OCH$_3$		55.7		56.5
3-OCH$_3$	57.4	57.6			7'	159.2	148.5	159.3	148.5
4-OCH$_3$	60.4				8'	115.7	115.6	117.2	115.9
N-OCH$_3$			63.7	63.4	9'	129.8	121.8	130.2	121.9

续表

C	2-9-57	2-9-58	2-9-59	2-9-60	C	2-9-61	2-9-62	2-9-63	2-9-64
					1″	103.8	103.8	104.4	104.8
					2″	73.4	73.4	74.1	74.2
					3″	77.0	76.9	77.8	77.7
					4″	69.2	69.3	70.3	70.3
					5″	75.9	75.9	76.7	76.7
					6″	60.4	60.4	61.3	61.3
					1‴			100.8	100.6
					2‴			73.8	73.8
					3‴			77.7	77.7
					4‴			69.9	70.0
					5‴			77.3	77.5
					6‴			61.0	61.1

二、卡巴唑类化合物

表 2-9-11 卡巴唑类化合物的名称、分子式和测试溶剂

编号	中文名称	英文名称	分子式	测试溶剂	参考文献
2-9-76	9H-咔唑	9H-carbazole	$C_{12}H_9N$	C	[33]
2-9-77	9-甲基-9H-咔唑	9-methyl-9H-carbazole	$C_{13}H_{11}N$	C	[33]
2-9-78		7-methoxy-1,2,3,4-tetrahydro-5H-benzo[b]carbazole	$C_{17}H_{17}NO$	C	[33]

续表

编号	中文名称	英文名称	分子式	测试溶剂	参考文献
2-9-79	1,4-二甲基-9H-咔唑	1,4-dimethyl-9H-carbazole	$C_{14}H_{13}N$	C	[33]
2-9-80	7-溴-1,4-二甲基-9H-咔唑	7-bromo-1,4-dimethyl-9H-carbazole	$C_{14}H_{12}BrN$	C	[33]
2-9-81	1,4-二甲基-9H-咔唑-7-醇	1,4-dimethyl-9H-carbazol-7-ol	$C_{14}H_{13}NO$	C	[33]
2-9-82	7-甲氧基-1,4-二甲基-9H-咔唑	7-methoxy-1,4-dimethyl-9H-carbazole	$C_{15}H_{15}NO$	C	[33]
2-9-83	6-甲氧基-1,4-二甲基-9H-咔唑	6-methoxy-1,4-dimethyl-9H-carbazole	$C_{15}H_{15}NO$	C	[33]

2-9-76 $R^1=R^2=R^3=R^4=H$
2-9-77 $R^1=R^2=R^4=H$; $R^3=CH_3$
2-9-78 $R^1, R^2=(-CH_2-)_4$; $R^3=H$; $R^4=OCH_3$

2-9-79 $R^1=R^2=H$
2-9-80 $R^1=Br$; $R^2=H$
2-9-81 $R^1=OH$; $R^2=H$
2-9-82 $R^1=OCH_3$; $R^2=H$
2-9-83 $R^2=OCH_3$; $R^2=H$

表 2-9-12　化合物 2-9-76~2-9-83 的 ^{13}C NMR 数据[33]

C	2-9-76	2-9-77	2-9-78	2-9-79	2-9-80	2-9-81	2-9-82	2-9-83
1	120.1	120.2	119.8	130.9	131.0	129.4	130.6	129.9
2	118.6	118.7	128.2	121.0	121.3	119.1	120.4	121.0
3	125.6	125.7	135.6	126.2	126.8	125.3	126.0	125.2
4	111.0	109.0	110.8	117.1	117.3	117.2	117.0	116.7
4a	139.9	140.6	139.3	139.5	139.3	139.7	139.6	140.4
5	111.0	109.0	111.1	110.6	111.8	111.1	110.9	94.8
6	125.6	125.7	114.2	125.1	127.8	114.0	113.4	158.5
7	118.6	118.7	153.4	119.5	112.1	150.3	153.5	108.0
8	120.1	120.4	103.2	122.6	126.8	107.0	106.3	123.3
8a	122.6	122.0	121.7	124.6	126.7	123.9	124.8	118.6
8b	122.6	122.0	123.7	121.5	120.5	120.3	121.3	121.6
9a	139.9	140.6	135.6	138.8	137.9	133.8	134.4	138.8
1'		28.8	23.7	16.5	16.4	16.7	16.4	16.5
2'			30.1	20.5	20.3	20.1	20.2	20.3
3'			56.2				56.1	55.6

三、咔巴林类化合物

表 2-9-13　咔巴林类化合物的名称、分子式和测试溶剂

编号	名称	分子式	测试溶剂	参考文献
2-9-84	(16S)-11-methoxy-sarpagan-17,18-diol	$C_{20}H_{24}N_2O_3$	C	[34]
2-9-85	(6β,16S)-6,17-epoxy-11-methoxy-sarpagan-18-ol	$C_{20}H_{22}N_2O_3$	C	[34]
2-9-86	16-epi-gardnerine	$C_{20}H_{24}N_2O_2$	C	[34]
2-9-87	dehydrovoachalotine（去氢沃洛亭）	$C_{22}H_{24}N_2O_3$	C	[34]

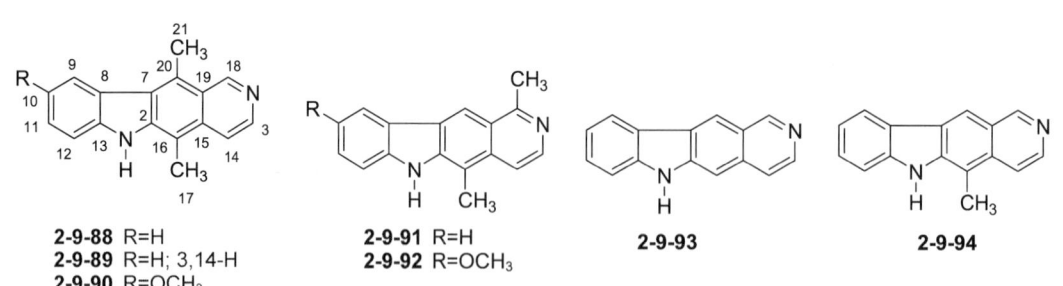

四、吡啶咔巴唑类化合物

表 2-9-14 吡啶咔巴唑类化合物的名称、分子式和测试溶剂

编号	名称	分子式	测试溶剂	参考文献
2-9-88	16,20-dimethyl-1*H*-pyrido[14,3-*b*]carbazole	$C_{17}H_{14}N_2$	C	[33]
2-9-89	16,20-dimethyl-1,14-dihydro-1*H*-pyrido[14,3-*b*]carbazole	$C_{17}H_{16}N_2$	C	[33]
2-9-90	10-methoxy-16,20-dimethyl-1*H*-pyrido[14,3-*b*]carbazole	$C_{18}H_{16}N_2O$	C	[33]
2-9-91	16,18-dimethyl-1*H*-pyrido[14,3-*b*]carbazole	$C_{17}H_{14}N_2$	C	[33]
2-9-92	10-methoxy-16,18-dimethyl-1*H*-pyrido[14,3-*b*]carbazole	$C_{18}H_{16}N_2O$	C	[33]
2-9-93	1*H*-pyrido[14,3-*b*]carbazole	$C_{15}H_{10}N_2$	C	[33]
2-9-94	16-methyl-1*H*-pyrido[14,3-*b*]carbazole	$C_{16}H_{12}N_2$	C	[33]

表 2-9-15 化合物 2-9-88~2-9-94 的 ^{13}CNMR 数据

C	2-9-88	2-9-89	2-9-90	2-9-91	2-9-82	2-9-93	2-9-94
2	140.4	140.0	141.1	140.4	141.5	142.3	140.4
3	140.9	46.3	140.1	140.7	137.8	140.4	140.7
7	121.9	118.9	121.5	121.8	121.2	119.3	122.4

续表

C	2-9-88	2-9-89	2-9-90	2-9-91	2-9-82	2-9-93	2-9-94
8	123.3	123.3	123.5	122.7	123.0	122.2	123.4
9	123.6	122.1	107.7	121.3	104.4	121.3	121.1
10	119.1	118.7	153.0	119.0	153.4	119.3	119.1
11	127.0	124.7	115.0	127.4	115.0	128.0	127.6
12	110.5	110.9	111.0	110.8	111.5	111.0	110.8
13	142.6	140.6	137.1	142.5	137.1	142.7	142.5
14	115.8	229	115.6	115.3	115.0	119.3	115.8
15	132.3	132.4	132.1	132.3	132.1	134.0	132.1
16	107.9	113.9	107.7	110.8	111.0	103.5	110.8
17	11.8	12.2	11.8	12.3	12.3	—	12.0
18	152.9	157.7	149.5	114.7	116.6	152.9	153.1
19	123.3	129.9	128.1	124.7	125.1	126.3	125.2
20	123.0	122.1	123.3	158.6	158.4	119.3	116.8
21	14.2	14.4	14.1	22.9	22.3		
R			55.6		55.6		

五、育亨宾类化合物

表 2-9-16　育亨宾类化合物的名称、分子式和测试溶剂

编号	中文名称	英文名称	分子式	测试溶剂	参考文献
2-9-95	柯楠碱	corynanthine	$C_{21}H_{26}N_2O_3$	C	[36]
2-9-96	去甲氧利血平	deserpidine	$C_{32}H_{38}N_2O_8$	CS_2	[36]
2-9-97	伪利血平 16,17-立体异构体	pseudoreserpine 16,17-stereoismer	$C_{32}H_{38}N_2O_9$	C	[37]
2-9-98	萝尼生	raunescine	$C_{31}H_{36}N_2O_{58}$	C	[38]
2-9-99	利血平	reserpine	$C_{33}H_{40}N_2O_9$	C	[36~38]
2-9-100	印度鸭脚树亭	venenatine	$C_{22}H_{28}N_2O_4$	C	[39]
2-9-101	育亨烷	yohimbane	$C_{19}H_{24}N_2$	C	[38]
2-9-102	(−)-别育亨烷	(−)-allo-yohimbane	$C_{19}H_{24}N_2$	C	[38]
2-9-103		epialloyohimban	$C_{19}H_{24}N_2$	C	[38]
2-9-104	伪育亨烷	pseudoyohimbine	$C_{19}H_{22}N_2O$	C	[38]
2-9-105	(+)-育亨宾宁碱	(+)-yohimbenine	$C_{21}H_{24}N_2O_3$	C	[38]
2-9-106		(3α,15α,16α,17α)-17-hydroxy-yohimban-16-carboxylic acid methyl ester	$C_{21}H_{26}N_2O_3$	C	[38]
2-9-107		(3α,15α,16α)-17-hydroxy-yohimban-16-carboxylic acid methyl ester	$C_{21}H_{26}N_2O_3$	C	[38]
2-9-108		(3α,15α,17α)-17-hydroxy-yohimban-16-carboxylic acid methyl ester	$C_{21}H_{26}N_2O_3$	C	[38]

续表

编号	中文名称	英文名称	分子式	测试溶剂	参考文献
2-9-109		(3α,16α,17α)-17-hydroxy-yohimban-16-carboxylic acid methyl ester	$C_{21}H_{26}N_2O_3$	C	[38]
2-9-110		(3α,15α,17α,20α)-17-hydroxy-yohimban-16-carboxylic acid methyl ester	$C_{21}H_{26}N_2O_3$	C	[38]
2-9-111		(3α,15α,16α,17α,20α)-17-hydroxy-yohimban-16-carboxylic acid methyl ester	$C_{21}H_{26}N_2O_3$	C	[38]
2-9-112		(3α,17α,20α)-17-hydroxy-yohimban-16-carboxylic acid methyl ester	$C_{21}H_{26}N_2O_3$	C	[38]
2-9-113		(16α)-11,17-dimethoxy-yohimban-16-carboxylic acid methyl ester	$C_{33}H_{40}N_2O_9$	C	[38]
2-9-114		(15α,17α,20α)-17-hydroxy-yohimban-16-carboxylic acid methyl ester	$C_{31}H_{36}N_2O_8$	C	[38]
2-9-115	萝古斯亭	raugustine	$C_{32}H_{38}N_2O_9$	C	[38]
2-9-116		methyl reserpate	$C_{23}H_{32}N_2O_5$	C	[40]
2-9-117	α-育亨宾	α-yohimbine	$C_{21}H_{26}N_2O_3$	C	[40]
2-9-118	育亨宾	yohimbine	$C_{21}H_{26}N_2O_3$	C	[40]
2-9-119		ternatoside C	$C_{24}H_{23}N_3O_7$	D	[41]
2-9-120		ternatoside D	$C_{30}H_{33}N_3O_{11}$	D	[41]
2-9-121	7-β-羟基吴茱萸次碱	7-β-hydroxyrutaecarpine	$C_{18}H_{13}N_3O_2$	D	[219]
2-9-122		wuzhuyurutine A	$C_{17}H_{11}N_3O_2$	D	[221]
2-9-123		wuzhuyurutine B	$C_{17}H_{11}N_3O_3$	D	[221]

2-9-95[36] R^1=β-H; R^2=α-OH; R^3=β-COOCH$_3$; R^4=R^5=α-H
2-9-101[38] R^4=α-H; R^5=α-H; R^1=R^2=R^3=H
2-9-102[38] R^1=α-H; R^4=α-H; R^5=α-H; R^2=R^3=H
2-9-103[38] R^1=α-H; R^4=α-H; R^2=R^3=R^5=H
2-9-104[38] R^2=O; R^4=α-H; R^1=R^3=R^5=H
2-9-105 R^2=O; R^3=α-COOCH$_3$; R^4=α-H; R^5=α-H; R^1=H
2-9-106 R^2=α-OH; R^3=α-COOCH$_3$; R^4=R^5=α-H; R^1=H
2-9-107 R^2=OH; R^3=α-COOCH$_3$; R^4=R^5=α-H; R^1=H
2-9-108 R^2=α-OH; R^3=COOCH$_3$; R^4=R^5=α-H; R^1=H
2-9-109 R^2=α-OH; R^3=α-COOCH$_3$; R^4=α-H; R^1=R^5=H
2-9-110 R^1=α-H; R^2=α-OH; R^3=COOCH$_3$; R^4=R^5=α-H
2-9-111 R^1=α-H; R^2=α-OH; R^3=α-COOCH$_3$; R^4=R^5=α-H
2-9-112 R^1=α-H; R^2=α-OH; R^3=COOCH$_3$; R^4=α-H; R^5=H

2-9-96[36]   R^1=α-OCH$_3$; R^2=β-COOCH$_3$; R^3=β-H; R^4= H
2-9-97[37]   R^1=β-OH; R^2=α-COOCH$_3$; R^3=β-H; R^4=OCH$_3$
2-9-98[38]   R^1=α-OH; R^2=β-COOCH$_3$; R^3=β-H; R^4 =H
2-9-99[36, 37, 38]   R^1=α-OCH$_3$; R^2=β-COOCH$_3$; R^3=β-H; R^4=OCH$_3$
2-9-113   R^1=α-OCH$_3$; R^2=α-COOCH$_3$; R^3=OCH$_3$; R^4=H
2-9-114   R^1=α-OH; R^2=COOCH$_3$; R^3=R^4= H

2-9-115

2-9-116[40]

2-9-117[40]   16β; 20α-H
2-9-118[40]   16α; 20β-H

2-9-119[41]

2-9-120[41]

表 2-9-17　化合物 2-9-95~2-9-104 的 ^{13}C NMR 数据

C	2-9-95	2-9-96	2-9-97	2-9-98	2-9-99	2-9-100	2-9-101	2-9-102	2-9-310	2-9-104
2	134.6	61.8	131.3	131.3	130.2	130.6	134.7	135.7	135.5	132.1
3	60.4	133.0	53.5	53.5	53.6	53.8	60.1	60.4	54.6	53.1
5	52.9	140.1	50.8	50.8	51.1	50.8	52.8	53.4	53.3	50.6

续表

C	2-9-95	2-9-96	2-9-97	2-9-98	2-9-99	2-9-100	2-9-101	2-9-102	2-9-310	2-9-104
6	21.5	176.8	16.4	16.4	16.7	18.7	21.4	21.7	21.9	16.7
7	108.0	85.5	107.5	107.5	107.7	107.1	107.1	108.4	108.4	107.8
8	127.4	65.3	127.3	127.3	121.9	117.6	127.0	127.7	127.7	127.6
9	118.2	74.0	117.6	117.6	118.2	155.1	117.6	117.9	117.7	117.9
10	119.4	72.1	119.1	119.1	108.7	104.3	118.7	119.2	119.4	119.5
11	121.3	75.4	121.2	121.2	155.8	121.5	120.8	121.0	121.2	121.6
12	110.9	—	110.7	110.7	95.0	105.7	110.6	110.5	110.7	111.0
13	136.0	57.2	135.5	135.5	136.1	137.1	135.8	136.2	136.2	135.8
14	33.6	159.4	23.7	23.7	24.1	22.8	36.3	31.6	35.7	34.9
15	36.9	161.0	31.9	31.9	32.2	32.0	41.3	34.8	34.8	36.6
16	51.1	141.4	52.1	52.1	51.6	51.9	32.5	30.5	21.9	47.1
17	67.0	115.5	68.3	68.3	77.8	67.1	26.2	20.8	26.5	210.7
18	28.5	115.5	76.9	76.9	77.7	31.6	25.8	26.5	26.5	40.8
19	23.7	169.4	29.1	29.1	29.6	31.0	30.1	26.5	29.6	30.0
20	34.9	163.8	33.7	33.7	33.8	39.7	41.6	36.7	34.2	39.9
21	62.1	144.0	48.7	48.7	48.8	50.7	61,7	61.9	55.1	51.2
22		—	165.8	165.8	165.7					
23		—	124.9	124.9	124.9					
24		—	106.7	106.7	106.7					
25		—	152.5	152.5	152.5					
26		—	141.9	141.9	141.9					
27		—	152.5	152.5	152.5					
28		—	106.7	106.7	106.7					
29		—	56.0	56.0	56.0					
30		—	60.6	60.6	60.6					
31		—	56.0	56.0	55.7					
R^2		—			60.5					
R^6					—					
R^7						54.9				
CO	172.5	141.6	172.8	172.8	172.5	174.7				
OCH_3	51.4	20.3	51.7	51.7	51.6	51.5				

表 2-9-18　化合物 2-9-105~2-9-115 的 ^{13}C NMR 数据[38]

C	2-9-105	2-9-106	2-9-107	2-9-108	2-9-109	2-9-110	2-9-111	2-9-112	2-9-113	2-9-114	2-9-115
2	135.1	134.2	134.0	135.8	134.0	134.3	134.4	131.7	130.7	131.3	131.3
3	58.7	59.8	59.0	60.5	53.7	60.1	60.1	53.7	53.6	53.5	53.4
5	52.3	52.1	52.3	52.6	50.7	53.2	52.8	50.8	51.1	50.8	50.6
6	21.6	21.5	21.3	21.6	16.4	21.7	21.3	16.5	16.7	16.4	16.3
7	106.3	107.5	107.4	106.3	105.9	108.1	107.1	107.3	107.7	107.5	106.8
8	126.5	127.0	126.9	127.0	127.2	127.1	126.8	127.2	121.9	127.3	127.0
9	117.1	117.7	117.7	117.5	117.2	117.9	117.5	117.6	118.2	117.6	117.3
10	118.2	118.8	118.8	118.4	119.1	119.1	118.6	118.9	108.7	119.1	118.7
11	120.2	120.8	120.9	120.4	120.1	121.1	120.5	121.0	155.8	121.2	120.8
12	110.8	110.6	110.7	111.1	111.1	110.6	110.6	110.8	95.0	110.7	110.8

续表

C	2-9-105	2-9-106	2-9-107	2-9-108	2-9-109	2-9-110	2-9-111	2-9-112	2-9-113	2-9-114	2-9-115
13	135.8	135.8	135.8	136.1	135.5	135.7	135.8	135.6	136.1	135.5	135.6
14	34.5	33.8	33.8	33.6	32.2	27.6	31.0	23.6	24.1	23.7	23.5
15	43.3	35.4	41.6	34.7	32.4	37.9	37.4	32.5	32.2	31.9	32.5
16	61.8	52.6	57.1	51.1	52.4	54.6	50.6	54.1	51.6	52.1	49.9
17	205.7	66.9	71.6	65.9	66.6	66.0	.66.7	65.7	77.8	68.3	73.8
18	40.5	31.4	33.5	28.2	30.9	33.2	30.2	33.5	77.7	76.9	72.9
19	29.0	23.1	27.5	23.5	23.0	24.5	24.8	23.9	29.6	29.1	32.5
20	37.9	40.2	39.1	36.5	39.5	36.4	32.0	35.6	33.8	33.7	34.1
21	59.9	61.0	60.5	62.0	51.5	60.4	59.6	49.4	48.8	48.7	48.6
C=O	169.5	175.1	175.0	172.7	172.9	174.4	174.0	174.7	172.5	172.8	171.8
OCH$_3$	51.6	51.7	51.6	51.1	51.2	51.8	51.5	51.7	51.6	51.7	51.7

表 2-9-19 化合物 2-9-116~2-9-120 的 ^{13}C NMR 数据

C	2-9-116	2-9-117	2-9-118	C	2-9-119	2-9-120	C	2-9-119	2-9-120
2	130.3	134.4	133.6	1	126.4	126.1	1'	102.0	102.5
3	53.8	60.3	60.0	2	134.3	134.0	2'	73.3	73.6
5	51.1	53.2	52.6	3	125.9	125.5	3'	76.5	76.0
6	16.6	21.5	21.0	4	126.5	126.1	4'	70.1	70.4
7	107.7	107.6	107.3	4a	120.6	120.4	5'	76.3	75.5
8	122.0	127.0	127.0	5	160.6	160.1	6'	62.1	66.1
9	118.4	117.8	118.0	7	40.9	40.5	1"		100.5
10	108.9	119.0	119.2	8	18.9	18.6	2"		70.4
11	156.1	121.0	121.3	8a	117.6	117.1	3"		70.8
12	95.2	110.7	110.9	8b	125.0	124.7	4"		72.1
13	136.4	136.0	136.1	9	117.2	117.0	5"		68.3
14	24.2	27.2	33.4	10	113.0	112.3	6"		17.8
15	32.6	37.8	36.2	11	151.9	151.5			
16	51.3	54.6	51.9	12	105.2	105.0			
17	155.8	65.9	66.8	12a	134.7	134.2			
18	18.5	33.2	31.3	13a	127.7	127.7			
19	32.3	24.4	23.0	13b	145.3	144.9			
20	34.4	36.3	39.7	14a	147.3	147.0			
21	49.2	60.4	60.7						
C=O	173.4	174.9	175.3						
OCH$_3$									

2-9-121[219]

2-9-122[221]

2-9-123[221]

六、吐根吲哚类化合物

表 2-9-20 吐根吲哚类化合物的名称、分子式和测试溶剂

编号	英文名称	分子式	测试溶剂	参考文献
2-9-124	ervine（直长春花碱）	$C_{21}H_{24}N_2O_3$	C	[38]
2-9-125	reserpiline（利血匹灵）	$C_{23}H_{28}N_2O_5$	C	[38]
2-9-126	serpentine（蛇根碱）	$C_{21}H_{20}N_2O_3$	A	[42]
2-9-127	tetrahydroalstonine（四氢鸭脚木碱）	$C_{21}H_{24}N_2O_3$	C	[38]
2-9-128	16,17-didehydro-18-methyl-oxayohimban-16-carboxylic acid methyl ester	$C_{21}H_{26}N_2O_3$	C	[43]
2-9-129	(18β,19α)-16,17-didehydro-18-methyl-oxayohimban-16-carboxylic acid methyl ester	$C_{21}H_{26}N_2O_3$	C	[43]
2-9-130	(3α,15α,19α)-16,17-didehydro-18-methyl-oxayohimban-16-carboxylic acid methyl ester	$C_{21}H_{26}N_2O_3$	C	[43]
2-9-131	(15α,19α)-16,17-didehydro-18-methyl-oxayohimban-16-carboxylic acid methyl ester	$C_{21}H_{26}N_2O_3$	C	[43]
2-9-132	naucleaorine	$C_{27}H_{30}N_2O_9$	M	[79]
2-9-133	epimethoxynaucleaorine	$C_{27}H_{30}N_2O_9$	M	[79]
2-9-134	naucleofficine A	$C_{26}H_{30}N_2O_8$	D	[122]
2-9-135	naucleofficine B	$C_{26}H_{26}N_2O_9$	D	[122]
2-9-136	naucleofficine C	$C_{25}H_{28}N_2O_8$	D	[122]
2-9-137	naucleofficine D	$C_{20}H_{22}N_2O_3$	D	[122]
2-9-138	naucleofficine E	$C_{20}H_{17}N_3O_3$	D	[122]
2-9-139	(−)-mitralactonine	$C_{21}H_{20}N_2O_4$	D	[52]
2-9-140	strictosidine lactam tetraacetate	$C_{35}H_{40}N_2O_{13}$	C	[42]
2-9-141	vincoside lactam tetraacetate	$C_{35}H_{38}N_2O_{13}$	C	[42]
2-9-142	naucleactonin C	$C_{19}H_{14}N_2O_2$	D	[80]
2-9-143	rutaecarpine（吴茱萸碱）	$C_{18}H_{13}N_3O$	C	[123]
2-9-144	nauclefine（胆木芬）	$C_{18}H_{13}N_3O$	C	[39]

2-9-124[38] $R^1=\alpha$-H; $R^2=\beta$-CH$_3$; R^3=COOCH$_3$; $R^4=R^5=\alpha$-H; $R^6=R^7$=H

2-9-125[38] $R^1=\alpha$-H; $R^2=\alpha$-CH$_3$; $R^3=\beta$-COOCH$_3$; $R^4=\alpha$-H; $R^5=\beta$-H; $R^6=R^7$=OCH$_3$

2-9-126[42] $R^1=\beta$-H; $R^2=\alpha$-CH$_3$; R^3=COOCH$_3$; $R^4=\alpha$-H; $\Delta^{5,6}$; $\Delta^{3,4}$; $R^5=R^6=R^7$=H

2-9-127[38] $R^1=\alpha$-H; $R^2=\alpha$-CH$_3$; R^3=COOCH$_3$; $R^5=\alpha$-H; $R^4=R^6=R^7$=H

2-9-128[43] R^2=CH$_3$; R^3=COOCH$_3$; $R^4=R^5=\alpha$-H; $R^1=R^6=R^7$=H

2-9-129[43] $R^1=\alpha$-H; $R^2=\beta$-CH$_3$; R^3=COOCH$_3$; $R^4=\alpha$-H; $R^5=R^6=R^7$=H

2-9-130[43] R^1=-H; R^2=CH$_3$; R^3=COOCH$_3$; $R^4=R^5=\alpha$-H; $R^6=R^7$=H

2-9-131[43] $R^1=\alpha$-H; R^2=CH$_3$; R^3=COOCH$_3$; $R^4=\alpha$-H; $R^5=R^6=R^7$=H

表 2-9-21　化合物 2-9-124~2-9-131 的 ^{13}C NMR 数据

C	2-9-124	2-9-125	2-9-126	2-9-127	2-9-128	2-9-129	2-9-130	2-9-131
2	134.3	131.9	135.8	134.0	134.0	132.4	134.4	134.3
3	58.0	54.5	141.2	59.8	59.8	53.8	52.6	58.0
5	52.8	52.2	134.2	52.7	52.7	50.9	53.3	52.8
6	21.1	19.2	116.8	21.3	21.3	16.8	21.7	21.1
7	107.1	107.2	132.6	106.1	106.1	107.4	107.6	107.1
8	127.0	120.2	121.3	126.6	126.6	127.3	126.9	127.0
9	117.7	100.4	124.0	117.3	117.3	117.6	117.8	117.7
10	119.1	146.3	123.2	118.4	118.4	119.1	119.0	119.1
11	121.0	144.7	132.9	120.5	120.5	121.3	120.9	121.0
12	110.6	95.2	113.9	110.6	110.6	111.1	110.6	110.6
13	135.8	130.1	145.4	135.9	135.9	135.7	135.8	135.8
14	32.5	30.6	31.9	32.1	32.1	31.2	34.2	32.5
15	29.5	25.7	26.0	30.1	30.1	30.8	31.2	29.5
16	107.7	107.6	107.2	106.5	106.5	107.7	109.3	107.7
17	154.3	154.8	156.3	154.5	154.5	155.9	155.5	154.3
18	76.4	73.2	72.9	73.3	73.3	75.3	72.3	76.4
19	34.2	37.2	38.5	40.2	40.2	43.8	38.3	34.2
20	53.7	50.3	57.6	56.2	56.2	46.8	56.0	53.7
R^2	19.1	18.4	14.2	14.5	14.5	18.0	18.4	19.1
R^6		56.0						
R^7		56.4						
CO	168.0	167.5	168.4	167.3	167.3	167.2	167.8	168.0
OCH$_3$	51.0	50.9	51.8	50.6	50.6	50.9	51.0	51.0

表 2-9-22　化合物 2-9-132 和 2-9-133 的 ^{13}C NMR 数据[79]

C	2-9-132	2-9-133	C	2-9-132	2-9-133	C	2-9-132	2-9-133	C	2-9-132	2-9-133
2	128.4	128.4	10	112.9	112.9	16	149.2	147.0	23	135.1	136.8
3	139.6	139.7	11	125.6	125.7	17	49.1	48.3	1'	99.5	99.5
5	42.0	42.1	12	121.1	121.2	18	93.7	96.9	2'	74.8	75.0
6	20.3	20.4	13	120.4	120.5	19	97.6	96.4	3'	78.2	78.3
7			14	140.4	140.4	20	120.9	119.7	4'	71.6	71.5
8	115.7	115.8	15	101.8	102.5	21	162.0	161.9	5'	78.6	78.5
9	126.8	126.9	OCH$_3$	56.2	57.9	22	121.9	119.2	6'	62.7	62.8

表 2-9-23　化合物 2-9-134～2-9-138 的 ^{13}C NMR 数据[122]

C	2-9-134	2-9-135	2-9-136	2-9-137	2-9-138	C	2-9-134	2-9-135	2-9-136	2-9-137	2-9-138
2	127.5	125.9	126.6	134.9	128.6	16	122.6	108.0	115.8	46.3	119.4
3	136.8	142.2	137.2	53.6	137.3	17	64.6	160.7	160.7	91.0	149.7
5	40.3	40.3	39.8	42.3	41.0	18	14.1	15.3	14.3	11.5	25.6
6	19.0	20.4	20.5	20.6	19.8	19	120.3	133.8	122.7	119.5	64.4
7	113.3	116.9	113.2	108.6	113.1	20	139.8	127.3	139.6	134.8	135.4
8	125.2	116.3	116.5	126.9	126.4	21	64.1	71.2	64.6	60.3	148.0
9	119.3	103.5	103.4	117.5	115.9	22	161.8	158.1	161.4	168.0	161.8
10	119.6	126.3	124.8	118.6	152.0	1'	103.2	100.4	100.6		
11	123.9	106.0	105.7	120.8	114.1	2'	70.0	69.7	69.7		
12	111.9	152.9	152.5	111.2	103.4	3'	77.0	76.7	76.8		
13	138.3	140.5	139.6	135.8	133.8	4'	73.5	73.4	73.5		
14	101.4	97.0	100.5	26.8	94.2	5'	76.7	77.1	77.1		
15	150.0	150.2	149.5	28.3	139.2	6'	61.0	60.7	60.7		

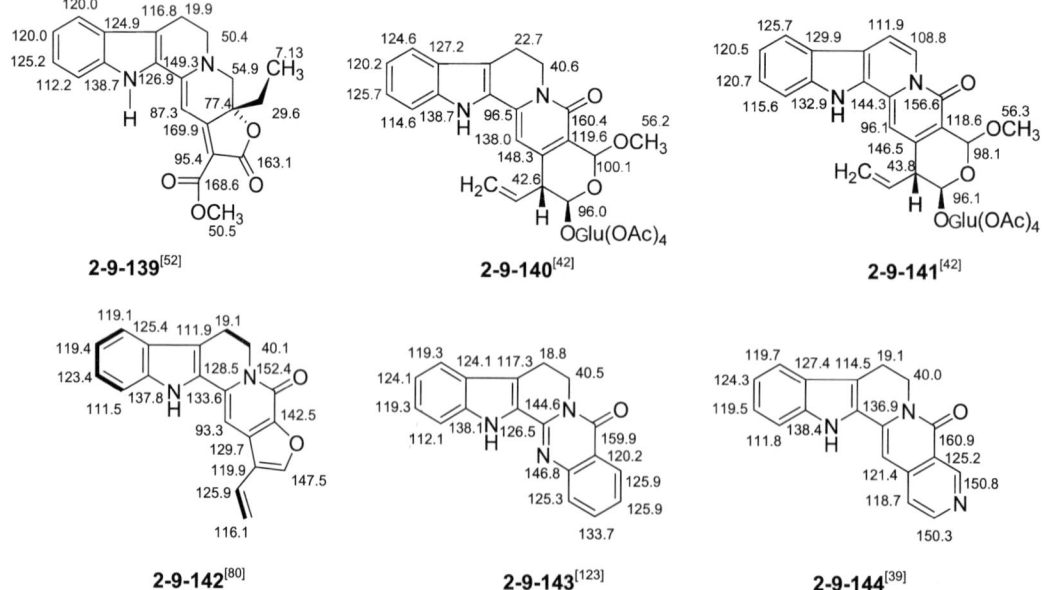

七、沃洛亭类化合物

表 2-9-24 沃洛亭类化合物的名称、分子式和测试溶剂

编号	中文名称	英文名称	分子式	测试溶剂	参考文献
2-9-145	蓬莱藤碱	cardnerine	$C_{20}H_{24}N_2O_2$	C	[50]
2-9-146	降马枯辛 B	normacusine B	$C_{19}H_{22}N_2O$	C	[51]
2-9-147	19,20α-二去氢沃洛亭	19,20α-dihydrovoachalotine acetate	$C_{24}H_{28}N_2O_4$	C	[53]
2-9-148		acetylvoachalotine	$C_{24}H_{30}N_2O_4$	C	[53]
2-9-149	蛇根精	sarpagine	$C_{19}H_{22}N_2O_2$	C	[52]

2-9-145[50]　$R^1=α-H$; $R^2=OCH_3$
2-9-146[51]　$R^1=R^2=H$

2-9-147[53]

2-9-148[53]

表 2-9-25 化合物 2-9-145~2-9-148 的 ^{13}C NMR 数据

C	2-9-145	2-9-146	2-9-147	2-9-148	C	2-9-145	2-9-146	2-9-147	2-9-148
1					15	27.3	27.6	31.3	32.7
2	138.3	136.3	137.6	137.6	16	43.6	44.1	52.0	48.5
3	50.5	50.5	47.8	47.4	17	60.5	64.9	174.8	176.3
4					18	13.0	12.8	12.8	12.5
5	53.0	54.5	53.8	53.6	19	112.6	111.0	116.7	—
6	23.4	27.0	23.0	23.4	20	142.3	137.8	136.1	40.5
7	106.0	104.5	104.7	104.9	21	56.9	55.9	53.8	56.2
8	*	116.8	126.3	126.7	22			52.9	51.9
9	118.8	118.1	118.3	118.3	23			65.4	67.2
10	108.7	127.6	119.2	119.3	24			169.9	169.9
11	156.3	121.4	121.3	121.3	25			20.7	20.7
12	95.8	119.9	108.9	109.0	N-CH$_3$			29.2	29.2
13	137.9	135.3	138.3	138.8	R^2	55.6			
14	27.9	33.4	28.6	27.1					

注：*表示与溶剂峰重叠。

2-9-149[52]

八、波里芬类化合物

表 2-9-26　波里芬类化合物的名称、分子式和测试溶剂

编号	中文名称	英文名称	分子式	测试溶剂	参考文献
2-9-150	锥加明	dregamine	$C_{21}H_{26}N_2O_3$	C	[53]
2-9-151		(16R)-N-methyl-5,6-dihydro-3-oxo-vobasan-18-oic acid methyl ester	$C_{21}H_{26}N_2O_3$	C	[53]
2-9-152		16-*epi*-vobasine	$C_{21}H_{26}N_2O_3$	C	[53]
2-9-153	玫瑰树胺	ochropamine	$C_{22}H_{28}N_2O_3$	C	[53]
2-9-154	16α-锥加明	16α-dregamine	$C_{21}H_{26}N_2O_3$	C	[53]
2-9-155		16-*epi*-vobasinol	$C_{21}H_{26}N_2O_3$	C	[53]
2-9-156		bisnicalaterine A	$C_{42}H_{50}N_4O_5$	C	[54]
2-9-157		3-*epi*-vobasinol	$C_{21}H_{26}N_2O_3$	C	[54]
2-9-158		3-*O*-methylepivobasinol	$C_{22}H_{28}N_2O_3$	C	[54]
2-9-159	山辣椒碱	tabernaemontanine	$C_{21}H_{26}N_2O_3$	C	[33]

2-9-150　R¹=H; R²=CH₂CH₃
2-9-151　R¹=H; R²=β-CH₂CH₃
2-9-152　R¹=H; R²=CHCH₃
2-9-153　R¹=CH₃; R²=CHCH₃
2-9-154　R¹=H; R²=α-CH₂CH₃

表 2-9-27　化合物 2-9-150~2-9-155 的 ¹³C NMR 数据[53]

C	2-9-150	2-9-151	2-9-152	2-9-153	2-9-154	2-9-155
2	133.8	133.7	133.8	133.3	135.0	135.4
3	190.7	190.5	189.9	190.7	192.5	66.8
5	56.5	56.7	57.0	57.0	55.4	59.4
6	20.1	18.4	20.2	21.0	19.4	19.6
7	120.1	120.5	119.9	120.7	121.8	107.3
8	128.8	120.5	128.0	126.6	128.3	128.7

续表

C	2-9-150	2-9-151	2-9-152	2-9-153	2-9-154	2-9-155
9	120.5	120.5	120.3	120.2	120.8	117.6
10	120.0	119.9	119.9	119.8	120.5	118.6
11	126.5	126.2	126.2	125.8	126.9	121.4
12	111.8	111.7	111.8	109.5	112.4	110.0
13	136.4	136.4	136.4	138.7	136.7	136.7
14	39.1	45.4	42.8	45.4	38.9	35.5
15	30.5	31.7	30.5	30.6	29.5	29.2
16	43.2	42.4	135.8	135.7	38.0	136.5
17	48.5	46.4	51.5	51.6	48.6	53.9
18	48.6	43.3	46.3	46.5	44.3	—
19	170.9	171.6	170.9	170.9	173.9	174.3
20	50.1	50.1	50.1	49.8	51.8	50.3
21	42.3	42.9	42.2	42.2	42.6	118.6
N-CH$_3$				32.8		12.2
1'	23.3	25.3	130.0	119.8	23.5	
2'	11.3	12.6	12.0	12.1	11.4	

表 2-9-28　化合物 2-9-156~2-9-159 的 ^{13}C NMR 数据

C	2-9-156	2-9-157	2-9-158	C	2-9-156
2	134.4	135.7	135.9	2'	137.5
3	52.8	66.8	74.6	3'	66.7
5	60.4	58.8	58.8	5'	60.1
6	20.5	19.0	19.1	6'	20.4
7	111.0	109.5	112.2	7'	109.3
8	130.3	128.9	129.0	8'	130.4
9	118.9	118.0	118.1	9'	119.3
10	119.9	118.8	119.0	10'	120.2
11	123.3	122.1	122.5	11'	123.2
12	111.2	110.3	110.2	12'	111.8
13	137.5	136.9	137.3	13'	136.6
14	34.1	36.9	31.7	14'	38.7
15	32.9	30.6	30.6	15'	32.0
16	47.7	46.1	46.6	16'	47.5
18	12.5	12.1	12.2	18'	12.4
19	121.6	119.1	119.1	19'	121.4
20	138.0	135.9	133.2	20'	138.0
21	52.9	52.0	52.2	21'	53.2

续表

C	2-9-156	2-9-157	2-9-158	C	2-9-156
N-CH$_3$	42.2	41.9	42.1	N'-CH$_3$	42.0
OOCH$_3$	51.1	49.8	49.9	OOCH$_3$	50.3
C=O	172.4	171.6	171.7	C=O	172.7
OCH$_3$			53.4		

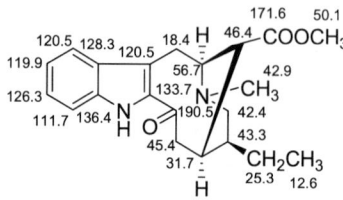

2-9-159[33]

九、阿马林类化合物

表 2-9-29　阿马林类化合物的名称、分子式和测试溶剂

编号	中文名称	英文名称	分子式	测试溶剂	参考文献
2-9-160		caberine	C$_{22}$H$_{28}$N$_2$O$_4$	C	[55]
2-9-161		17-ethoxyl-1-demethyl-22-19-acetylajmaline	C$_{23}$H$_{28}$N$_2$O$_4$	C	[55]
2-9-162	维洛斯明碱	vellosimine	C$_{19}$H$_{20}$N$_2$O	D	[55]
2-9-163	阿马灵	ajmaline	C$_{20}$H$_{26}$N$_2$O$_2$	D	[56]
2-9-164	埃奇胺	echitamine	C$_{22}$H$_{29}$N$_2$O$_4$	C	[57]
2-9-165	霹雳萝芙因	perakine	C$_{21}$H$_{22}$N$_2$O$_3$	C	[58]
2-9-166		N^1-methoxymethyl picrinin	C$_{22}$H$_{26}$N$_2$O$_4$	C	[59]

表 2-9-30　化合物 2-9-160~2-9-162 的 ^{13}C NMR 数据[55]

C	2-9-160	2-9-161	2-9-162	C	2-9-160	2-9-161	2-9-162
2	79.4	182.5	139.2	11	159.7	128.7	120.4
3	46.9	54.8	49.6	12	97.0	120.9	111.1
5	49.9	50.2	49.8	13	154.8	156.4	136.2
6	33.4	36.9	26.9	14	32.9	22.5	32.8
7	42.2	65.3	102.2	15	39.0	26.5	26.3
8	132.4	136.4	127.1	16	53.7	50.2	54.4
9	121.8	123.7	117.6	17	173.2	77.6	203.7
10	103.1	125.6	118.3	18	15.6	17.9	12.4

续表

C	2-9-160	2-9-161	2-9-162	C	2-9-160	2-9-161	2-9-162
19	65.6	73.6	115.3	OAc		21.1	
20	65.6	49.0	55.2				169.8
21	55.5	83.4		N-OCH$_3$	337		
22		63.9		11-OCH$_3$	55.3		
23		15.5		17-OCH$_3$	51.4		

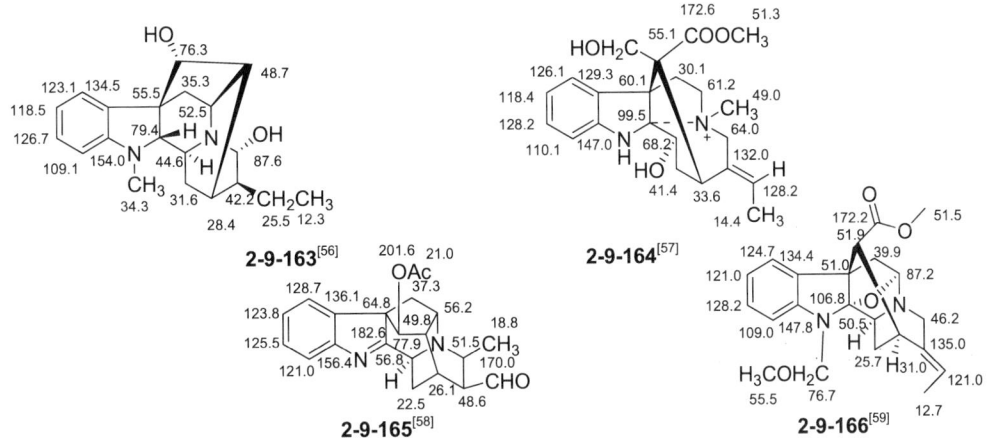

十、长春花碱类化合物

表 2-9-31 长春花碱类化合物的名称、分子式和测试溶剂

编号	中文名称	英文名称	分子式	测试溶剂	参考文献
2-9-167	长春质碱	catharanthine	C$_{21}$H$_{24}$N$_2$O$_2$	C	[59]
2-9-168	冠狗牙花定	coronaridine	C$_{21}$H$_{26}$N$_2$O$_2$	C	[60]
2-9-169		11,11'-dihydroxy-[12,12'-biibogamine]-16,16'-dicarboxylic acid dimethyl ester	C$_{42}$H$_{50}$N$_4$O$_6$	C	[61]
2-9-170		Ibogamine-16-carboxylic acid methyl ester	C$_{21}$H$_{26}$N$_2$O$_2$	C	[61]
2-9-171	9H-老刺木碱	9H-voacangine	C$_{22}$H$_{28}$N$_2$O$_3$	C	[61]
2-9-172	异老刺木京	isovoacangine	C$_{22}$H$_{28}$N$_2$O$_3$	C	[61]
2-9-173	伊菠胺	ibogamine	C$_{19}$H$_{24}$N$_2$	C	[61]
2-9-174	12-表-甲氧基-伊菠胺	12-epi-methoxy-ibogamine	C$_{20}$H$_{26}$N$_2$O	C	[61]
2-9-175	18-甲氧基-伊菠胺	18-methoxy-ibogamine	C$_{20}$H$_{26}$N$_2$O	C	[61]
2-9-176	19-表-海内宁	19-epi-heyneanine	C$_{21}$H$_{26}$N$_2$O$_3$	C	[61]
2-9-177	ent-(−)-长春碱	ent-(−)-catharanthine	C$_{21}$H$_{24}$N$_2$O$_2$	C	[61]
2-9-178	12-甲氧基-伊菠胺	12-methoxy-ibogamine	C$_{20}$H$_{26}$N$_2$O	C	[61]
2-9-179		16,19-dihydrobutanedioate-ibogamine	C$_{19}$H$_{24}$N$_2$	C	[61]

续表

编号	中文名称	英文名称	分子式	测试溶剂	参考文献
2-9-180		16,19-dihydroibogamine-14-carboxylic acid methyl ester	$C_{21}H_{26}N_2O_2$	C	[61]
2-9-181		18-*epi*-heyneanine hydroxyindolenine	$C_{21}H_{26}N_2O_3$	C	[61]
2-9-182	16,19-二去氢-14-羧酸甲酯伊波胺	16,19-didehydro-14-carboxylic acid methyl ester-ibogamine	$C_{21}H_{24}N_2O_2$	C	[61]

2-9-167[59]

2-9-168[60]

2-9-169[61]

2-9-170[61] $R^1=R^2=H$; $R^3=COOCH_3$
2-9-171[61] $R^1=OCH_3$; $R^2=H$; $R^3=COOCH_3$
2-9-172[61] $R^1=H$; $R^2=OCH_3$; $R^3=COOCH_3$
2-9-173[61] $R^1=R^2=R^3=H$
2-9-174[61] $R^1=OCH_3$; $R^2=R^3=H$
2-9-175[61] $R^1=R^2=H$; $R^3=OCH_3$

2-9-176

2-9-177

2-9-178 $R^1=R^3=H$; $R^2=OCH_3$
2-9-179 $R^1=R^2=R^3=H$
2-9-180 $R^1=COOCH_3$; $R^2=R^3=H$
2-9-181 $R^1=COOCH_3$; $R^2=H$; $R^3=\alpha$-OH
2-9-182 $\Delta^{16,19}$; $R^1=COOCH_3$; $R^2=R^3=H$

表 2-9-32 化合物 2-9-167~2-9-174 的 ^{13}C NMR 数据

C	2-9-167	2-9-168	2-9-169	2-9-170	2-9-171	2-9-172	2-9-173	2-9-174
2(2')	136.4	136.9	136.2	136.0	137.3	136.3	141.9	142.9
3(3')	52.3	52.0	51.1	51.5	51.7	51.4	49.9	50.0
5(5')	53.0	53.3	53.1	53.0	53.1	53.1	54.2	54.2
6(6')	21.4	22.3	22.2	22.0	22.2	22.2	20.7	20.7
7(7')	110.4	110.6	111.0	110.0	110.0	110.0	109.2	109.1
8(8')	129.0	122.0	123.4	128.0	129.1	123.2	129.8	129.7
9(9')	119.4	119.4	120.2	117.9	100.7	119.0	118.0	100.3
10(10')	110.7	110.4	110.0	118.7	154.0	108.9	119.1	153.9
11(11')	123.5	129.1	149.8	121.4	111.9	156.5	120.9	110.8
12(12')	118.2	118.5	100.0	109.7	111.1	94.3	110.2	110.6
13(13')	134.9	135.8	133.8	135.0	130.6	135.3	134.7	130.0
14(14')	28.2	27.0	27.2	27.3	27.3	27.4	26.6	26.5

续表

C	2-9-167	2-9-168	2-9-169	2-9-170	2-9-171	2-9-172	2-9-173	2-9-174
15(15')	121.8	32.3	31.9	31.9	32.0	32.1	32.2	32.0
16(16')	49.3	55.4	55.0	54.9	55.0	55.1	42.1	42.0
17(17')	38.7	36.8	36.1	36.4	36.5	36.4	34.2	34.2
18(18')	10.6	11.5	11.6	11.9	11.7	11.7	11.9	11.9
19(19')	28.2	27.8	26.7	26.7	26.7	26.7	27.9	27.8
20(20')	149.4	39.3	39.0	39.0	39.1	39.2	41.5	41.5
21(21')	61.9	57.5	58.2	57.2	57.6	57.6	57.6	57.5
C=O	174.2	175.6	175.0	175.0	175.6	175.9		
OCH$_3$	55.4	52.3	52.3	52.3	52.7	52.5		
Ar-OCH$_3$					55.7	55.7		56.0

表 2-9-33 化合物 2-9-175~2-9-182 的 ^{13}C NMR 数据

C	2-9-175	2-9-176	2-9-177	2-9-178	2-9-179	2-9-180	2-9-181	2-9-182
2	140.7	135.8	136.0	143.0	141.9	136.5	136.5	136.0
3	49.8	51.3	49.4	54.1	54.5	53.1	52.1	52.9
5	54.1	52.2	52.9	49.8	49.3	51.5	51.5	49.3
6	20.8	21.4	21.4	20.5	20.0	22.2	21.3	21.0
7	108.9	109.7	110.4	108.8	109.7	110.3	110.7	110.2
8	124.3	128.4	128.6	129.8	129.3	128.8	129.5	128.4
9	118.5	118.4	117.7	100.4	117.5	118.3	119.3	117.3
10	108.4	119.3	119.0	153.7	118.8	119.0	119.3	118.9
11	155.8	122.0	121.3	110.9	120.6	121.8	123.2	121.3
12	94.4	110.4	110.1	110.5	110.2	110.3	111.4	110.2
13	135.4	135.6	134.6	129.8	—	—	136.3	134.7
14	26.6	26.7	30.7	41.2	33.7	55.1	56.8	55.0
15	32.2	23.0	123.2	57.3	57.0	57.2	59.7	61.5
16	42.0	54.2	55.3	41.8	41.6	38.9	39.5	148.5
17	34.2	36.9	38.4	11.8	11.9	11.6	20.2	10.5
18	11.9	20.4	10.7	27.7	28.2	26.6	72.3	25.9
19	27.9	71.3	26.2	31.9	31.4	32.0	22.9	123.4
20	41.4	39.5	148.8	26.3	26.1	27.2	26.7	30.4
21	57.8	59.7	61.7	34.0	34.7	36.3	36.8	38.0
C=O		174.5	173.5			175.9	175.7	173.6
OCH$_3$		52.9	52.0			52.4	52.8	52.0
Ar-OCH$_3$	55.8			55.9				

十一、白坚木碱类化合物

表 2-9-34 白坚木碱类化合物的名称、分子式和测试溶剂

编号	名称	分子式	测试溶剂	参考文献
2-9-183	(16α,17α,18α,3R,20α)-2,14-didehydro-17,18-epoxy-aspidospermidine-14-carboxylic acid methyl ester	$C_{21}H_{24}N_2O_3$	C	[62]
2-9-184	(16α,17β,18β,3R,20α)-2,14-didehydro-17,18-epoxy-aspidospermidine-14-carboxylic acid methyl ester	$C_{21}H_{24}N_2O_3$	C	[63]
2-9-185	(16R,15S,14R,10bR)-methyl-15-acetoxy-16-ethyl-14-hydroxy-1-methyl-1,2,6,7,14,15,16,20-octahydro-1H-indolizino [11,19-cd] carbazole-14-carboxylate	$C_{24}H_{30}N_2O_5$	C	[63]
2-9-186	(16R,15S,14R,3R)-methyl-15-acetoxy-16-ethyl-14-hydroxy-11-methoxy-1-methyl-1, 2,6,7,14,15,16,20-octahydro-1H-indolizino [11,19-cd]carbazole-14-carboxylate	$C_{25}H_{32}N_2O_6$	C	[63]
2-9-187	(14β,16α,3R,4α)-2,20-cycloaspidospermidine-17,18-didehydro-14-carboxylic acid methyl ester	$C_{21}H_{24}N_2O_2$	C	[65]
2-9-188	(2α,14β,14α,3R,4α,20R)-2,20-cycloaspidospermidine17,18-didehydro-14-carboxylic acid methyl ester	$C_{21}H_{24}N_2O_2$	C	[65]
2-9-189	(18R,3S)-methyl-18-ethyl-18-hydroxy-18,17,16,4,15,1,7,6-octahydro-1H-indolizino[11,19-cd]carbazole-14-carboxylate	$C_{21}H_{26}N_2O_3$	C	[66]
2-9-190	(18S,3S)-methyl-18-ethyl-18-hydroxy-18,17,16,4,15,1,7,6-octahydro-1H-indolizino[11,19-cd]carbazole-14-carboxylate	$C_{21}H_{26}N_2O_3$	C	[66]
2-9-191	(16R,4S,3R)-methyl-16-ethyl-16,4,15,1,6,7-hexahydro-1H-indolizino[11,19-cd]carbazole-14-carboxylate	$C_{21}H_{24}N_2O_2$	C	[68]
2-9-192	(16S,4S,3R)-methyl-16-ethyl-18,17,16,4,15,1,6,7-octahydro-1H-indolizino[11,19-cd]carbazole-14-carboxylate	$C_{21}H_{26}N_2O_2$	C	[68]
2-9-193	(16S,4R,3R)-methyl-16-[(R)-20-hydroxyethyl]-11-methoxy-16,4,14,1,6,7-hexahydro-1H-indolizino[11,19-cd]carbazole-14-carboxylate	$C_{22}H_{26}N_2O_4$	C	[68]
2-9-194	vandrikine	$C_{22}H_{26}N_2O_4$	C	[68]
2-9-195	hazuntinin	$C_{23}H_{28}N_2O_5$	C	[68]
2-9-196	(16R,4R,15R,14R,13R,3R)-methyl-15-acetoxy-16-ethyl-14-hydroxy-11-methoxy-1-methyl-16,4,15,14, 13,1,6,7-octahydro-1H-indolizino [11,19-cd]carbazole-14-carboxylate	$C_{25}H_{32}N_2O_6$	C	[68]
2-9-197	20-epi-melobaline	$C_{22}H_{26}N_2O_5$	C	[69]
2-9-198	(−)-vindolinine ((−)-文朵宁)	$C_{21}H_{24}N_2O_2$	C	[70]
2-9-199	1-methylvindolinine (1-甲基文朵宁)	$C_{22}H_{26}N_2O_2$	C	[70]
2-9-200	vindolininol	$C_{20}H_{24}N_2O$	C	[70]
2-9-201	16-epi-19R-vindolinine (16-表-19R-文朵宁)	$C_{20}H_{24}N_2O$	C	[70]
2-9-202	pseudocopsinine	$C_{20}H_{26}N_2O$	C	[70]
2-9-203	3-epi-venalstonine (3-表文鸭脚木宁)	$C_{21}H_{24}N_2O_2$	C	[70]

续表

编号	名称	分子式	测试溶剂	参考文献
2-9-204	(+)-pandine	$C_{21}H_{24}N_2O_3$	C	[72]
2-9-205	dihydropandine	$C_{21}H_{26}N_2O_3$	C	[72]
2-9-206	kopsiloscine G	$C_{21}H_{26}N_2O_3$	C	[73]
2-9-207	kopsidarine	$C_{24}H_{26}N_2O_8$	C	[73]
2-9-208	kopsimaline F	$C_{24}H_{26}N_2O_9$	C	[73]
2-9-209	N-oxide-kopsidine C (N-氧基-蕊木定 C)	$C_{24}H_{28}N_2O_9$	C	[73]
2-9-210	aspidophylline B	$C_{23}H_{28}N_2O_5$	C	[73]
2-9-211	prunifoline A	$C_{24}H_{26}N_2O_7$	C	[75]
2-9-212	prunifoline B	$C_{25}H_{28}N_2O_7$	C	[75]
2-9-213	prunifoline C	$C_{22}H_{24}N_2O_4$	C	[75]
2-9-214	prunifoline D	$C_{21}H_{24}N_2O_4$	C	[75]
2-9-215	prunifoline E	$C_{22}H_{24}N_2O_6$	C	[75]
2-9-216	prunifoline F	$C_{22}H_{26}N_2O_5$	C	[75]
2-9-217	jerantiphylline A	$C_{22}H_{26}N_2O_6$	C	[76]
2-9-218	jerantiphylline B	$C_{22}H_{28}N_2O_6$	C	[76]
2-9-219	jerantinine H	$C_{22}H_{28}N_2O_5$	C	[76]
2-9-220	aspidospermine (白坚木碱)	$C_{22}H_{30}N_2O_2$	C	[77]
2-9-221	1,2-dehydrogeissoschizoline (1,2-去氢缝籽木早灵 N^4-氧化物)	$C_{19}H_{24}N_2O$	C	[78]
2-9-222	geissoschizoline N^4-oxide (缝籽木早灵 N^4-氧化物)	$C_{19}H_{26}N_2O_2$	C	[78]
2-9-223	tabersonine (柳叶水甘草碱)	$C_{21}H_{24}N_2O_2$	C	[79, 80]
2-9-224	vincadifformine (异形长春碱)	$C_{21}H_{16}N_2O_2$	C	[79, 80]
2-9-225	vindoline (长春多灵)	$C_{25}H_{32}N_2O_6$	C	[80]
2-9-226	vindolinine (长春里宁)	$C_{21}H_{24}N_2O_2$	C	[81, 82]
2-9-227	kopsiyunnanine G	$C_{21}H_{28}N_2O_2$	C	[83]
2-9-228	kopsiyunnanine H	$C_{19}H_{24}N_2O_2$	C	[83]
2-9-229	eburenine (埃瑞宁)	$C_{19}H_{24}N_2$	C	[83]
2-9-230	leuconicine A	$C_{22}H_{23}N_3O_2$	C	[84]
2-9-231	leuconicine B	$C_{23}H_{24}N_2O_3$	C	[84]
2-9-232	leuconicine C	$C_{22}H_{21}N_3O_2$	C	[84]
2-9-233	leuconicine D	$C_{23}H_{22}N_2O_3$	C	[84]
2-9-234	leuconicine G	$C_{23}H_{22}N_2O_3$	C	[84]
2-9-235	leuconicine E	$C_{22}H_{20}N_2O_3$	C	[84]
2-9-236	leuconicine F	$C_{22}H_{21}N_3O_2$	C	[84]
2-9-237	haplophytine	$C_{37}H_{40}N_4O_7$	C	[64]
2-9-238	(5aS,12aS)-12a-ethyl-1a,4,5,5a,10,10b,11,12,12a,12b-decahydro-2H-cyclopent[ij]indolo[2,3-a]oxireno[g]quinolizine	$C_{19}H_{24}N_2O$	C	[67]
2-9-239	6',7'-dihydropycnanthine (6',7'-二去氢密花藤质)	$C_{40}H_{46}N_4O_2$	C	[65]
2-9-240	ibophyllidine	$C_{20}H_{24}N_2O_2$	C	[71]
2-9-241	(5β,7β,8β)-7-hydroxy-8-methyl-E-homo-20,21-dinoraspidospermidine-3-carboxylic acid methyl ester	$C_{21}H_{26}N_2O_3$	C	[71]
2-9-242	vindolinine B (文朵宁 B)	$C_{22}H_{22}N_2O_5$	C	[74]

2-9-183[62]   **2-9-184**[63]   **2-9-185**[63]

2-9-186[63]   **2-9-187**[65]   **2-9-188**[65]   **2-9-189**[66]

2-9-190[66]   **2-9-191**[68]   **2-9-192**[68]   **2-9-193**[68]

2-9-194[68]   **2-9-195**[68]   **2-9-196**[68]

2-9-197[69]

2-9-198[70] R^1=H; R^2=COOCH$_3$
2-9-199[70] R^1=CH$_3$; R^2=COOCH$_3$
2-9-200[70] R^1=H; R^2=CH$_2$OH
2-9-201[70] R^1=R^2=H; 16-表-
2-9-202[70] R^1=R^2=H; 14,15-2H

2-9-203[70]   **2-9-204**[72]   **2-9-205**[72]   **2-9-206**[73]

2-9-207[73]   **2-9-208**[73]   **2-9-209**[73]   **2-9-210**[73]

2-9-211[75] R¹=H; R²=COOCH₃; R³=O
2-9-212[75] R¹=OCH₃; R²=COOCH₃; R³=H₂; Δ^{14,15}
2-9-213[75] R¹=R²=H; R³=H₂; Δ^{14,15}

2-9-214[75] R¹=R²=H
2-9-215[75] R¹, R²=O-CH₂-O
2-9-216[75] R¹=H; R²=OCH₃

2-9-217[76]   **2-9-218**[76]   **2-9-219**[76]

2-9-220[77]   **2-9-221**[78]   **2-9-222**[78]

2-9-223[79, 80]   **2-9-224**[79, 80]   **2-9-225**[80]

2-9-226[81, 82]   **2-9-227**[83]   **2-9-228**[83]   **2-9-229**[83]

2-9-230 R=CONH₂
2-9-231 R=COOCH₃
2-9-232 R=CONH₂; N(4)→O
2-9-233 R=COOCH₃; N(4)→O

2-9-234 R=COOH
2-9-235 R=CONH₂
2-9-236 R=COOCH₃

表 2-9-35　化合物 2-9-183~2-9-190 的 ¹³C NMR 数据

C	2-9-183	2-9-184	2-9-185	2-9-186	2-9-187	2-9-188	2-9-189	2-9-190
2	167.4	164.9	82.3	83.2	80.4	81.4	165.4	165.5
3	54.8	54.7	52.8	52.6	58.4	59.6	55.3	55.3
4	67.4	70.9	66.9	67.0	74.2	78.0	68.3	66.7
6	50.5	51.0	51.6	51.9	49.8	50.1	50.7	50.7
7	44.6	43.9	43.7	43.9	37.2	36.3	44.9	44.5
8	137.2	137.5	132.4	124.9	139.0	139.8	136.8	137.2
9	121.2	121.5	121.8	122.4	123.1	123.6	120.9	121.4
10	120.5	120.3	118.7	104.5	121.2	121.0	120.1	120.3
11	127.5	127.6	127.6	161.1	127.0	127.2	127.5	127.5
12	109.2	109.2	108.8	95.6	111.8	112.0	109.1	109.0
13	142.7	142.9	151.8	153.6	149.2	149.4	143.5	143.3
14	90.4	90.4	78.9	79.5	42.7	39.2	97.1	96.0
15	23.5	23.5	75.8	76.2	31.4	29.1	25.5	25.0
16	40.9	37.0	42.5	42.8	44.2	46.2	35.8	35.7
17	57.1	56.2	129.8	130.2	131.6	130.7	39.0	39.4
18	53.8	52.0	123.5	123.9	128.1	128.5	70.7	71.4
19	50.0	49.4	50.6	50.9	57.5	58.0	61.0	61.2
20	24.3	26.5	30.4	30.8	51.2	48.4	32.4	34.0
21	7.2	7.1	7.2	7.5	10.1	7.4	7.2	7.8
C=O	168.5	—	171.2	170.4	172.8	174.2	168.1	168.2
OCH₃	50.9	—	51.7	51.9	51.2	51.8	50.7	50.7
N-CH₃			31.9	38.0				
1'			169.9	171.7				
2'			20.5	20.8				
11-OCH₃				55.1				

表 2-9-36　化合物 2-9-191~2-9-197 的 ¹³C NMR 数据

C	2-9-191	2-9-192	2-9-193	2-9-194	2-9-195	2-9-196	2-9-197
2	166.7	167.8	167.4	157.4	166.0	83.2	95.0
3	55.0	55.5	54.8	54.2	54.8	52.6	55.9
4	69.9	72.7	66.3	68.7	70.8	67.0	—
6	50.8	50.7	50.8	51.2	51.4	51.9	54.1
7	44.3	45.3	44.2	45.2	43.6	43.9	35.7
8	137.8	138.0	130.4	130.5	128.7	124.9	135.7
9	121.4	121.0	122.0	121.5	103.5	122.4	121.8
10	120.5	120.5	105.0	104.8	149.3	104.5	118.8
11	127.6	127.4	159.9	159.8	143.5	161.1	126.0
12	109.2	109.3	96.6	96.5	95.3	95.6	108.2

续表

C	2-9-191	2-9-192	2-9-193	2-9-194	2-9-195	2-9-196	2-9-197
13	143.1	143.4	144.0	144.1	137.0	153.6	147.4
14	92.2	92.6	90.8	93.9	90.7	79.5	86.4
15	26.7	25.6	28.1	26.5	23.3	76.2	34.7
16	41.2	38.2	46.0	46.4	36.8	42.8	48.0
17	132.9	32.9	129.6	79.8	57.0	130.2	127.5
18	124.8	22.2	127.6	27.4	51.8	123.9	128.5
19	50.3	51.7	49.9	45.7	49.2	50.9	53.0
20	28.4	29.3	67.9	34.6	26.3	30.6	81.8
21	7.3	7.3	17.7	54.7	7.0	7.5	18.9
C=O	168.8	169.2	168.3	168.5	168.8	170.4	172.6
OCH$_3$	50.8	50.9	50.8	50.8	50.7	51.9	52.1
N-CH$_3$						38.0	
1'						170.7	
2'						20.8	
10-OCH$_3$					55.9		
11-OCH$_3$			55.3	—	55.9	55.1	

表 2-9-37　化合物 2-9-198~2-9-205 的 ^{13}C NMR 数据

C	2-9-198	2-9-199	2-9-200	2-9-201	2-9-202	2-9-203	2-9-204	2-9-205
2	81.4	84.4	32.2	80.5	80.6	66.5	154.8	63.0
3	58.0	58.0	58.2	57.4	55.0	49.0	77.0	75.5
5	50.3	50.0	50.0	50.1	48.1	50.0	50.3	52.6
6	36.3	36.0	36.8	35.0	37.3	36.4	41.4	37.7
7	59.8	58.8	59.0	60.7	60.3	56.1	60.2	54.8
8	139.8	135.8	138.6	135.7	140.1	139.5	130.5	131.7
9	123.6	123.0	123.8	123.1	123.6	121.1	121.2	121.8
10	121.0	117.8	120.8	118.9	121.1	119.0	120.6	118.6
11	127.2	127.7	127.1	126.9	127.2	126.8	127.6	127.5
12	112.0	105.6	110.8	109.0	112.7	110.9	109.8	109.5
13	149.4	150.2	148.6	148.7	149.5	149.0	144.3	149.7
14	128.5	127.7	127.6	128.2	20.7	126.5	82.0	80.3
15	130.7	130.8	132.0	130.6	31.2	132.5	44.2	44.0
16	39.2	37.0	36.8	39.4	40.2	43.4	96.3	39.2
17	29.1	28.0	30.0	31.9	29.0	29.6	40.8	36.6
18	7.4	9.0	7.4	7.8	7.5	31.6	8.2	8.3
19	48.4	47.0	46.6	44.8	51.0	34.0	30.2	29.8
20	46.2	45.6	48.0	47.8	44.5	35.0	43.0	43.6
21	78.0	77.0	78.0	76.4	78.8	66.8	56.9	74.6
C=O	174.2	174.0	63.6	174.5	175.0	173.7	168.1	173.2
OCH$_3$	51.8	52.0		51.7	52.0	51.6	51.1	51.8
N-CH$_3$		30.0						

表 2-9-38 化合物 2-9-206~2-9-212 的 ^{13}C NMR 数据

C	2-9-206	2-9-207	2-9-208	2-9-209	2-9-210	2-9-211	2-9-212
2	66.7	75.2	75.1	75.1	104.0	76.4	78.2
3	47.6	162.9	166.9	96.4	53.2	175.2	51.0
5	50.5	43.3	43.9	67.9	68.0	50.8	59.4
6	34.8	36.4	35.3	38.1	39.2	52.5	53.5
7	57.2	58.2	59.0	56.6	55.6	58.6	60.2
8	139.8	141.0	140.7	141.5	134.6	134.8	—
9	121.4	113.6	114.1	112.6	119.5	114.6	118.5
10	119.7	125.3	125.5	125.7	126.9	124.8	107.7
11	126.6	112.1	112.6	113.0	128.8	112.8	153.2
12	110.6	148.9	149.0	149.1	109.1	148.6	138.4
13	148.7	127.6	128.4	127.5	148.2	130.6	134.8
14	17.4	141.5	52.6	34.5	27.8	29.0	125.0
15	30.7	128.1	56.9	64.4	31.4	32.4	135.9
16	54.7	79.2	78.9	76.2	56.1	204.9	205.4
17	68.4	79.3	79.9	77.5	67.4	46.2	47.0
18	34.0	25.4	24.4	25.6	13.2	22.6	23.2
19	26.7	25.3	24.4	20.3	123.4	32.3	32.8
20	37.2	39.3	39.9	39.9	129.6	38.7	36.7
21	67.6	63.3	58.8	77.1	49.5	66.9	66.9
12-OCH_3		55.9	56.1	56.2			56.0
16-$OOCH_3$	52.0	51.8	52.4	52.5	51.6	55.9	60.1
16-C=O	174.2	170.7	170.8	170.5	173.0	52.4	52.7
N-$OOCH_3$		52.9	53.2	53.2		170.5	171.3
N-C=O		155.6	156.3	155.8		52.6	53.2
17-$OOCH_3$					20.7	152.5	153.8
17-C=O					169.8		

表 2-9-39 化合物 2-9-213~2-9-222 的 ^{13}C NMR 数据

C	2-9-213	2-9-214	2-9-215	2-9-216	2-9-217	2-9-218	2-9-219	C	2-9-220	2-9-221	2-9-222
2	74.2	73.6	74.4	74.2	168.5	184.1	185.7	2	69.5	166.8	81.4
3	50.4	41.2	40.3	41.2	170.6	53.8	52.0	3	53.7	51.0	58.0
5	59.5	52.2	52.2	52.3	45.9	53.4	53.5	5	38.1	50.5	50.3
6	54.5	55.3	55.5	55.4	36.8	36.4	33.7	6	34.3	44.5	36.3
7	58.5	58.1	58.0	58.7	55.2	55.6	62.2	7	52.5	55.2	59.8
8	133.7	132.8	130.0	134.1	127.0	122.0	137.5	8	129.2	138.1	139.8
9	119.8	123.8	116.5	116.4	108.8	114.5	107.3	9	110.9,	121.5	123.6
10	116.0	119.7	100.2	120.3	140.7	141.3	146.0	10	125.9	120.6	121.0
11	110.0	128.1	148.1	110.0	146.9	146.8	146.2	11	115.3	127.6	127.2
12	145.5	110.1	131.6	145.4	94.6	94.1	105.2	12	149.2	109.3	112.0

续表

C	2-9-213	2-9-214	2-9-215	2-9-216	2-9-217	2-9-218	2-9-219	C	2-9-220	2-9-221	2-9-222
13	137.0	147.7	129.0	136.7	136.2	133.0	144.7	13	143.6	143.2	149.4
14	126.1	24.9	24.7	24.7	22.8	21.4	21.3	14	23.2	124.8	128.5
15	136.1	70.9	71.2	71.2	205.3	36.9	33.1	15	24.9	133.1	130.7
16	207.8	208.0	207.9	208.0	89.3	143.4	77.7	16	23.2	92.1	39.2
17	47.0	43.2	43.2	43.3	22.8	111.7	45.0	17	21.7	26.7	29.1
18	27.3	27.3	27.5	27.5	9.0	7.2	7.1	18	35.6	41.3	46.2
19	32.0	30.3	30.2	30.3	27.6	29.5	31.8	19	71.1	70.0	78.0
20	37.1	40.1	40.3	40.2	55.2	43.3	36.3	C=O	171.3	169.0	174.2
21	65.8	61.8	61.7	61.9	69.0	77.8	78.1	OOCH$_3$		51.0	51.8
11-OCH$_3$				55.5	56.5	56.1	56.1	$\underline{CH}$-CH$_3$			48.4
12-OCH$_3$	54.5							CH-$\underline{CH_3}$			7.4
OOCH$_3$	52.3	52.2	52.3	52.3				$\underline{CH_2}$-CH$_3$	30.2	26.9	
C=O	175.0	174.8	174.6	174.8				$\underline{CH_2}$-$\underline{CH_3}$	7.0	7.5	
OCH$_2$O				101.0				12-OCH$_3$	55.5		
								N-OCH$_3$	55.5		

表 2-9-40　化合物 2-9-223~2-9-229 的 ^{13}C NMR 数据

C	2-9-223	C	2-9-224	C	2-9-225	2-9-226	C	2-9-227	2-9-228	2-9-229
2	166.8	2	167.7	2	167.7	83.2	2	93.0	138.0	192.4
3	51.0	3	51.7	3	51.7	50.9	3	53.4	52.0	52.0
5	50.5	5	50.6	5	50.6	51.9	5	52.0	47.2	54.5
6	44.5	6	45.3	6	45.3	43.9	6	30.3	19.7	35.1
7	55.2	7	55.5	7	55.5	52.6	7	55.5	108.0	61.2
8	138.1	8	137.9	8	137.9	124.9	8	135.1	128.4	147.1
9	121.5	9	121.0	9	121.0	122.4	9	123.3	118.0	121.0
10	120.6	10	120.5	10	120.5	104.5	10	120.0	119.6	125.1
11	127.6	11	127.4	11	127.4	161.1	11	127.7	122.2	127.4
12	109.3	12	109.3	12	109.3	95.6	12	109.4	111.2	120.1
13	143.2	13	143.3	13	143.3	153.6	13	147.3	135.4	154.5
14	124.8	14	22.1	14	22.1	123.9	14	21.5	19.6	22.0
15	133.1	15	32.9	15	32.9	130.2	15	34.2	31.3	33.2
16	92.1	16	92.6	16	92.6	79.5	16	35.1	64.5	23.7
17	26.7	17	25.6	17	25.6	76.2	17	23.3	49.5	27.2
18	41.3	18	7.1	18	7.1	7.5	18	7.0	8.7	7.2
19	70.0	19	29.3	19	29.3	30.6	19	30.8	32.0	29.7
C=O	169.0	20	38.2	20	38.2	42.8	20	36.9	44.1	36.5
OOCH$_3$	51.0	21	72.6	21	72.6	67.0	21	70.4	175.8	78.9
$\underline{CH_2}$-CH$_3$	26.9	C=O	169.1	C=O	169.1	170.4	22	67.8		
$\underline{CH_2}$-$\underline{CH_3}$	7.5	OOCH$_3$	50.9	OOCH$_3$	50.9	51.9	23	72.6		

续表

C	2-9-223	C	2-9-224	C	2-9-225	2-9-226	C	2-9-227	2-9-228	2-9-229
				OCH₃		55.1				
				N-CH₃		38.0				
				CH₃-COO		171.7				
				CH₃-COO		20.8				

表 2-9-41 化合物 2-9-230~2-9-236 的 ^{13}C NMR 数据[84]

C	2-9-230	2-9-231	2-9-232	2-9-233	2-9-234	2-9-235	2-9-236
2	161.6	162.0	161.2	159.3	159.7	161.3	158.5
3	62.2	62.1	59.9	59.9	60.0	74.7	75.0
5	54.4	54.3	53.5	53.5	53.6	67.4	68.1
6	44.8	44.7	46.0	46.0	46.3	39.8	39.9
7	55.5	55.5	56.5	56.7	57.1	51.5	51.7
8	139.9	139.3	139.8	139.4	139.8	137.6	137.3
9	120.2	119.9	120.5	120.3	120.8	120.5	120.0
10	127.0	126.6	127.0	126.7	128.0	127.6	127.3
11	128.1	128.2	128.3	128.4	128.8	129.5	129.6
12	117.5	117.7	117.8	118.1	118.4	117.8	118.0
13	140.6	140.8	140.5	140.7	139.9	139.9	140.2
14	31.3	31.2	30.8	30.8	30.9	27.1	27.2
15	36.3	35.9	33.6	33.6	33.9	34.4	34.5
16	115.7	113.9	119.3	118.7	116.1	114.7	113.1
17	145.4	145.9	142.9	143.7	143.9	144.9	145.2
18	11.5	11.4	12.8	12.8	12.8	11.0	11.1
19	26.4	26.3	27.4	27.5	27.5	24.9	25.0
20	38.7	38.5	122.8	122.6	122.7	34.4	34.4
21	51.4	51.3	129.8	129.9	130.2	64.9	65.2
22	161.1	158.8	158.2	158.6	163.1	156.9	157.8
23	120.2	120.0	120.8	120.3	122.4	122.0	122.0
OOCH₃		52.4		52.2			52.6
C=O		165.9		166.0			165.1
CONH₂	165.8		166.1			165.3	
COOH					166.0		

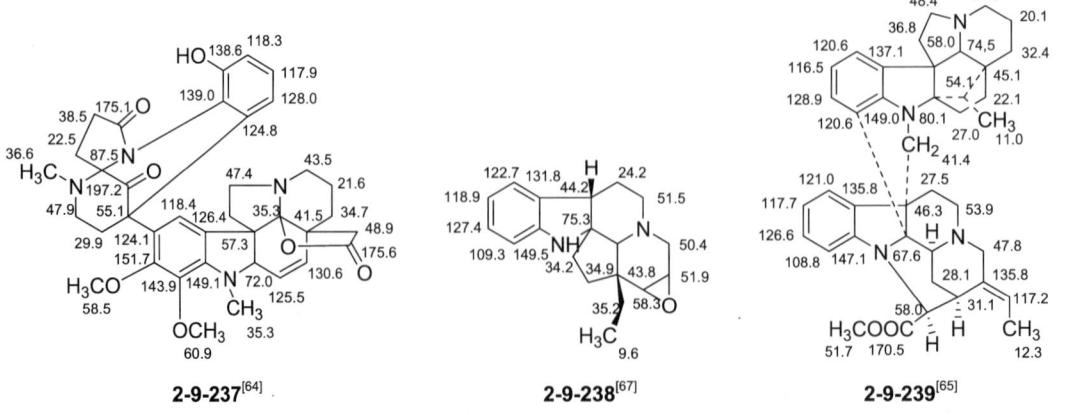

2-9-237[64]　　　2-9-238[67]　　　2-9-239[65]

第二章 生物碱类化合物

2-9-240[71]   2-9-241[71]   2-9-242[74]

十二、长春胺类化合物

表 2-9-42 长春胺类化合物的名称、分子式和测试溶剂

编号	中文名称	英文名称	分子式	测试溶剂	参考文献
2-9-243		vincarodin	$C_{22}H_{26}N_2O_5$	C	[85]
2-9-244		14-epicuanzine	$C_{22}H_{26}N_2O_5$	C	[86]
2-9-245		epivincine	$C_{22}H_{26}N_2O_4$	C	[86]
2-9-246		(14R,18R)-11-demethyl-19,20-dihydro-epivincine	$C_{21}H_{26}N_2O_3$	C	[86]
2-9-247		(14S)-11-demethyl-19,20-dihydro-epivincine	$C_{21}H_{26}N_2O_3$	C	[86]
2-9-248		14-isovincine	$C_{22}H_{28}N_2O_4$	C	[86]
2-9-249		dehydrovincine	$C_{22}H_{26}N_2O_4$	C	[85]
2-9-250	马钱子碱	brucine	$C_{23}H_{26}N_2O_4$	C	[88~90]
2-9-251	3-羟基马钱子碱	3-hydroxybrucine	$C_{23}H_{26}N_2O_5$	C	[88, 89, 91]
2-9-252	马钱子碱 N-氧化物	brucine N-oxide	$C_{23}H_{26}N_2O_5$	C	[92, 93]
2-9-253	伪士的宁	pseudostrychnine	$C_{21}H_{22}N_2O_3$	C	[89, 94]
2-9-254	士的宁	strychnine	$C_{21}H_{22}N_2O_2$	C	[89, 92]
2-9-255	士的宁 N-氧化物	strychnine N-oxide	$C_{21}H_{22}N_2O_3$	D+C	[89, 92]
2-9-256	2,7-二羟基阿朴缝籽木碱	2,7-dihydroxyapogeissoschizine	$C_{21}H_{24}N_2O_4$		[87]
2-9-257	长春胺	vincamine	$C_{21}H_{26}N_2O_3$	C	[190]

2-9-243[85]   2-9-244[86]   2-9-245[86]

2-9-246[86]   2-9-247[86]   2-9-248[86]   2-9-249[86]

2-9-250[88~90]　R¹=α-H; R²=R³=OCH₃
2-9-251[88~90]　R¹=α-OH; R²=R³=OCH₃
2-9-252[92, 93]　R¹=α-H; R²=R³=OCH₃; R³=O
2-9-253[89, 94]　R¹=α-OH; R²=R³=H
2-9-254[89, 92]　R¹=R²=R³=H
2-9-255[89, 92]　R¹=R²=H; R³=O

表 2-9-43　化合物 2-9-243~2-9-249 的 ¹³C NMR 数据

C	2-9-243	2-9-244	2-9-245	2-9-246	2-9-247	2-9-248	2-9-249
2	113.2	131.7	130.2	131.8	131.7	130.5	131.5
3	56.5	56.5	57.3	59.1	58.7	58.6	56.9
5	50.1	50.9	49.3	50.9	50.9	50.6	49.5
6	18.1	17.4	16.4	16.9	16.6	16.1	16.5
7	110.9	103.2	106.0	105.9	106.1	105.0	105.8
8	125.3	130.7	123.4	128.9	128.6	123.0	123.2
9	118.6	111.9	118.6	118.4	118.7	118.3	118.1
10	109.6	120.6	109.2	121.5	121.4	109.0	108.9
11	156.3	106.0	156.0	120.1	120.2	155.6	155.7
12	96.2	145.6	95.2	110.7	112.1	97.3	97.7
13	—	—	134.8	134.0	135.6	136.3	—
14	90.5	83.6	82.0	81.9	82.9	82.9	84.0
15	46.1	42.5	43.1	11.5	47.0	46.9	45.6
16	43.9	43.3	36.6	35.1	36.3	36.0	38.0
17	8.3	63.8	8.1	7.6	—	7.3	8.1
18	25.7	34.4	34.5	28.8	28.9	28.6	31.9
19	82.0	74.4	127.9	25.2	24.2	24.0	126.5
20	66.3	27.8	125.3	20.8	20.7	20.5	125.6
21	45.0	42.5	43.4	41.5	44.3	44.3	43.4
22	168.6	173.0	172.9	171.3	172.4	171.1	171.8
23	52.9	53.1	53.7	51.1	53.2	52.9	52.2
Ar-OCH₃	55.3	54.9	—			55.6	55.6

表 2-9-44　化合物 2-9-250~2-9-255 的 ¹³C NMR 数据

C	2-9-250	2-9-251	2-9-252	2-9-253	2-9-254	2-9-255
2	60.5	60.4	58.3	60.1	59.9	58.1
3	60.1	91.9	82.7	91.8	59.8	82.1
5	42.5	47.8	67.7	48.0	50.1	67.5
6	50.3	39.3	38.5	39.7	42.6	38.7
7	52.1	56.1	52.9	56.7	51.7	52.6
8	136.2	122.8	119.6	131.9	132.4	130.6
9	101.3	110.5	104.6	124.2	121.9	122.8
10	149.4	146.0	146.3	126.9	123.8	124.2
11	146.4	149.7	149.6	128.5	128.1	129.0
12	105.9	100.3	100.1	115.8	115.8	115.2
13	123.6	136.2	135.3	142.3	141.8	141.5
14	27.0	35.1	24.7	35.2	26.7	24.5
15	31.8	33.5	29.9	33.5	31.4	29.5

续表

C	2-9-250	2-9-251	2-9-252	2-9-253	2-9-254	2-9-255
16	48.4	48.1	47.3	48.2	48.0	46.8
17	78.0	77.6	76.8	77.5	77.3	76.1
18	64.7	64.8	63.9	64.9	64.3	63.5
19	127.3	127.2	133.2	126.9	126.8	132.9
20	140.8	138.6	135.0	138.9	140.2	135.6
21	52.9	52.5	71.4	52.5	52.4	70.3
22	169.0	168.8	168.1	169.0	168.8	168.9
23	42.5	42.3	41.7	42.5	42.2	41.5
R^2	56.4	56.3	55.9			
R^3	56.6	56.5	56.0			

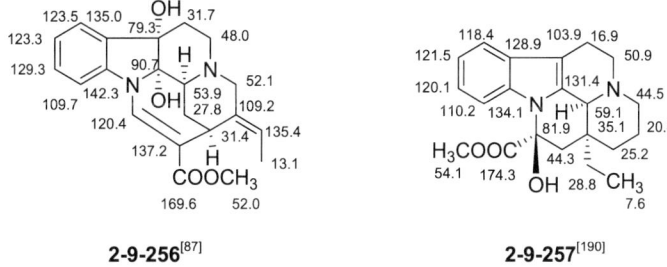

2-9-256[87]　　　　2-9-257[190]

十三、柯楠碱类化合物

表 2-9-45　柯楠碱类化合物的名称、分子式和测试溶剂

编号	中文名称	英文名称	分子式	测试溶剂	参考文献
2-9-258		(3S,15S)-18-vinyl-15-methylacrylate-21-methoxy-1,2,3,5,6,14,15,19-octahydroindolo[15,18-a]-quinolizin-15-yl	$C_{22}H_{26}N_2O_3$	C	[13]
2-9-259		(3S,15S)-18-ethyl-15-methoxyacrylate-21-methoxy-1,2,3,5,6,14,15,19-octahydroindolo[15,18-a]quino-lizin-15-yl	$C_{22}H_{28}N_2O_3$	C	[13]
2-9-260		(3S,15S,18S)-18-ethyl-15-methoxyacrylate-21-methoxy-1,2,3,5,6,14,15,19-octahydroindolo-[15,18-a]quinolizin-15-yl	$C_{22}H_{28}N_2O_3$	C	[13]
2-9-261		(3S,15S,18S)-18-ethyl-15-acetaldehyde-1,2,3,5,6,14,15,19-octahydroindolo-[15,18-a]quinolizin-15-yl	$C_{19}H_{24}N_2O$	C	[13]
2-9-262		(15S)-18-acetyl-15-dimethyl malonate-1,3,5,6,14,15-hexahydroindolo-[15,18-a]quinolizin-15-yl	$C_{22}H_{24}N_2O_5$	C	[15]
2-9-263		(3S,15S,E)-18-ethylidene-15-hydroxyacrylate-14,15,18,19,6,5,1,3-octahydroindolo [15,18-a]quinolizin-15-yl	$C_{21}H_{24}N_2O_3$	C	[95]
2-9-264		(3S,15S,E)-18-ethylidene-15-methoxyacrylate-14,15,18,19,6,5,1,3-octahydroindolo [15,18-a]quinolizin-15-yl	$C_{22}H_{26}N_2O_3$	C	[95]

续表

编号	中文名称	英文名称	分子式	测试溶剂	参考文献
2-9-265	11-葡萄糖醛酸去氢毛钩藤碱	11-*O*-b-b-D-glucuronide-11-hydroxyhirsuteine	$C_{28}H_{34}N_2O_{10}$	D	[96]
2-9-266	11-羟基去氢毛钩藤碱	11-hydroxyhirsuteine	$C_{22}H_{26}N_2O_4$	C	[96]
2-9-267	11-葡萄糖醛酸去氢毛钩藤碱	11-*O*-b-b-D-glucuronide-11-hydroxyhirsutine	$C_{28}H_{36}N_2O_{10}$	D	[96]
2-9-268	11-羟基毛钩藤碱	11-hydroxyhirsutine	$C_{22}H_{28}N_2O_3$	C	[96]
2-9-269		naucleaorine	$C_{27}H_{30}N_2O_9$	M	[97]
2-9-270		epimethoxynaucleaorine	$C_{27}H_{30}N_2O_9$	M	[97]
2-9-271	黑儿茶碱	gambirine	$C_{22}H_{28}N_2O_4$	D	[98]
2-9-272	缝籽木碱	geissoschizine	$C_{21}H_{24}N_2O_3$	C	[95]
2-9-273	缝籽木碱甲醚	geissoschizine methyl ether	$C_{22}H_{26}N_2O_3$	C	[95]
2-9-274	毛钩藤碱	hirsutine	$C_{22}H_{28}N_2O_3$		[13]
2-9-275	帽柱木林碱	mitragynaline	$C_{22}H_{24}N_2O_4$	C	[99, 100]
2-9-276	7α-羟基-7*H*-帽柱木碱	7α-hydroxy-7*H*-mitragynine	$C_{23}H_{30}N_2O_5$	C	[101]
2-9-277	帽柱木碱	mitragynine	$C_{23}H_{30}N_2O_4$	C	[99]
2-9-278		*rel*-(2*S*,3*S*,12b*R*)-9-(β-D-glucopyranosyloxy)-2,3,6,7,12,12b-hexahydro-3-(hydroxymethyl)-2-[(1*E*)-1-(hydroxymethyl)-1-propen-1-yl]-indolo[2,3-*a*]quinolizin-4(1*H*)-one	$C_{26}H_{34}N_2O_9$	M	[102]

2-9-271[98] (B) $R^1=\alpha\text{-}CH_2CH_3$; $R^2=OCH_3$; $R^3=COOCH_3$; $R^4=\alpha\text{-}H$; $R^5=OH$; $\Delta^{16,17}$
2-9-272[95] (A) $R^1=CHCH_3$; $R^2=OH$; $R^3=COOCH_3$; $R^4=\alpha\text{-}H$; $\Delta^{16,17}$; $R^5=H$
2-9-273[95] (A) $R^1=CHCH_3$; $R^2=OCH_3$; $R^3=COOCH_3$; $R^4=\alpha\text{-}H$; $\Delta^{16,17}$; $R^5=H$
2-9-274[13] (B) $R^1=\alpha\text{-}CH_2CH_3$; $R^2=OCH_3$; $R^3=COOCH_3$; $R^4=\beta\text{-}H$; $\Delta^{16,17}$; $R^5=H$
2-9-275[99,100] (A) $R^1=\beta\text{-}CHCH_3$; $R^2=OCH_3$; $R^3=CHO$; $\Delta^{15,16}$; $\Delta^{3,14}$; $R^5=OCH_3$; $C_{17}=C=O$
2-9-276[101] (C) $R^1=\beta\text{-}CH_2CH_3$; $R^2=OCH_3$; $R^3=COOCH_3$; $R^4=\beta\text{-}H$; $\Delta^{16,17}$; $R^5=OCH_3$
2-9-277[99] (A) $R^1=\beta\text{-}CHCH_3$; $R^2=OCH_3$; $R^3=COOCH_3$; $R^4=\alpha\text{-}H$; $R^5=OCH_3$

表 2-9-46　化合物 2-9-258~2-9-264 的 ^{13}C NMR 数据

C	2-9-258	2-9-259	2-9-260	2-9-261	2-9-262	2-9-263	2-9-264
2	135.2	135.2	136.1	136.4	134.0	132.8	134.0
3	59.9	60.2	61.2	60.2	47.8	53.6	58.8
5	52.6	53.1	51.4	53.6	50.4	50.5	51.5
6	21.8	21.9	21.9	22.0	21.3	20.4	21.6
7	107.5	107.5	107.9	108.6	106.8	108.1	108.4
8	127.4	127.4	127.7	127.8	127.2	126.4	127.3
9	117.9	117.9	117.9	118.3	118.5	118.2	118.1
10	120.9	120.9	121.0	121.4	119.4	119.6	119.1
11	119.0	119.0	119.2	119.7	121.9	121.9	120.4
12	110.8	110.8	110.9	110.9	111.8	110.9	110.7
13	136.2	136.2	136.2	136.5	137.3	136.5	136.0
14	33.1	33.8	39.8	32.1	30.7	33.8	34.3
15	38.8	38.7	40.8	34.6	28.9	27.7	36.5
16	115.4	11.3	12.8	12.5	21.5	13.1	13.1

续表

C	2-9-258	2-9-259	2-9-260	2-9-261	2-9-262	2-9-263	2-9-264
17	139.2	24.4	19.1	18.6	193.0	121.9	121.4
18	42.4	39.3	40.0	40.2	107.2	133.1	114.9
19	61.3	61.3	57.9	57.9	150.3	59.1	64.7
20	111.7	111.7	—	47.9	55.3	107.5	112.4
21	159.8	159.8	160.7	202.0	169.7	161.5	159.7
22	61.3	61.3	61.2		52.3		61.7
23	168.9	168.9	169.5		169.7	170.5	168.7
24	51.1	51.1	51.2		52.3	51.2	51.5

表 2-9-47　化合物 2-9-265~2-9-270 的 ^{13}C NMR 数据

C	2-9-265	2-9-266	2-9-267	2-9-268	C	2-9-269	2-9-270
2	132.2	122.4	131.7	131.7	2	128.4	128.4
3	53.5	54.0	53.7	54.1	3	139.6	139.7
5	49.9	51.1	49.9	50.8	5	42.0	42.1
6	16.2	17.0	16.0	17.0	6	20.3	20.4
7	105.6	107.7	101.3	107.5	7		
8	122.7	122.4	122.4	122.2	8	115.7	115.8
9	117.5	118.4	117.6	118.3	9	126.8	126.9
10	109.9	109.1	109.8	109.2	10	112.9	112.9
11	152.7	151.9	152.8	152.1	11	125.6	125.7
12	98.7	97.5	98.6	97.6	12	121.1	121.2
13	136.0	136.8	136.2	136.9	13	120.4	120.5
14	29.4	31.1	29.6	31.7	14	140.4	140.4
15	32.9	34.1	29.6	34.8	15	101.8	102.5
16	110.5	111.7	110.1	111.8	OCH$_3$	56.2	57.9
17	160.1	159.7	160.4	159.8	16	149.2	147.0
18	115.1	115.3	10.9	1.3	17	49.1	48.3
19	139.4	139.5	23.6	24.3	18	93.7	96.9
20	42.2	42.9	29.6	38.9	19	97.6	96.4
21	50.5	51.2	50.4	38.9	20	120.9	119.7
C=O	167.4	168.9	167.4	169.1	21	162.0	161.9
COOC$\underline{H}_3$	50.7	51.3	50.8	51.3	22	121.9	119.2
OCH$_3$	61.4	61.5	61.4	61.5	23	135.1	136.8
1'	101.6		101.3		1'	99.5	99.5
2'	73.1		71.6		2'	74.8	75.0
3'	75.9		76.0		3'	78.2	78.3
4'	71.4		71.6		4'	71.6	71.5
5'	75.1		74.9		5'	78.6	78.5
6'	171.5		171.0		6'	62.7	62.8

表 2-9-48 化合物 2-9-271~2-9-277 的 ^{13}C NMR 数据

C	2-9-271	2-9-272	2-9-273	2-9-274	2-9-275	2-9-276	2-9-277
2	133.0	132.8	134.0	135.2	125.9	184.3	133.7
3	60.4	53.6	58.8	60.2	152.8	61.4	61.2
5	61.6	50.5	51.5	53.1	51.2	50.0	53.7
6	43.0	20.4	21.6	21.9	21.7	35.6	23.8
7	102.7	108.1	108.4	107.5	117.5	80.9	107.5
8	116.0	126.4	127.3	127.4	115.8	126.5	117.5
9	150.0	118.2	118.1	117.9	154.9	155.9	154.3
10	—	119.6	119.1	120.9	98.8	108.8	104.2
11	121.0	121.9	120.4	119.0	126.5	130.5	121.5
12	103.0	110.8	110.7	110.8	105.8	114.1	99.5
13	138.0	136.5	136.0	136.2	140.7	155.0	137.2
14	33.2	33.8	34.3	33.8	98.3	26.0	29.7
15	38.2	27.7	36.5	38.7	164.8	39.3	40.5
16	111.0	107.6	112.4	111.7	105.0	111.2	111.4
17	160.0	161.5	159.7	159.8	169.0	160.7	160.5
18	23.9	133.1	134.9	39.3	36.6	40.4	39.8
19	52.7	59.1	64.7	61.3	50.4	58.1	57.6
CH_2CH$_3$	11.3	13.1	13.1	11.3	12.2	12.8	12.7
CCH_3	24.1	121.9	121.4	24.4	23.6	18.9	19.0
R^2	60.4		61.7	61.3	51.0	61.7	61.4
C=O	173	170.5	168.7	168.9	190.0	169.2	169.2
OOCH$_3$	51.4	51.2	51.5	51.1		51.2	51.2
R^5					55.1	55.4	55.2

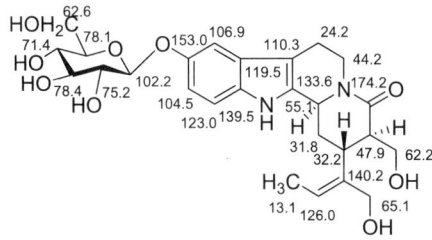

2-9-278[102]

十四、长春蔓啶碱类化合物

表 2-9-49 长春蔓啶碱类化合物的名称、分子式和测试溶剂

编号	名称	分子式	测试溶剂	参考文献
2-9-279	(+)-quebrachamine [(+)-白雀木皮胺]	$C_{19}H_{26}N_2$	C	[103]
2-9-280	vincadine (长春蔓啶)	$C_{21}H_{28}N_2O_2$	C	[103]
2-9-281	epivincadine (表长春蔓啶)	$C_{21}H_{28}N_2O_2$	C	[103]
2-9-282	(20S,16R)-20-ethyl-1,3,5,14,15,16,17,20-octahydro-1H-4,20-methanoazacycloundecino [21,20-b]indole-16-methanol	$C_{20}H_{28}N_2O$	C	[103]
2-9-283	14,15-dehydroepivincadine (14,15-脱氢阿扑长春胺)	$C_{21}H_{26}N_2O_2$	C	[103]

续表

编号	名称	分子式	测试溶剂	参考文献
2-9-284	14,15-didehydrovincadine(14,15-双去氢长春蔓啶)	$C_{21}H_{26}N_2O_2$	C	[103]
2-9-285	(−)-cleavamine	$C_{18}H_{22}N_2$	C	[103]
2-9-286	rel-(14S,16S)-20-ethyl-1,5,14,16,17,21-hexahydro-1H-4,14-methanoazacycloundecino[20,21-b]indole-16-carboxylic acid methyl ester	$C_{20}H_{24}N_2O_2$	C	[103]
2-9-287	16β-(hydroxymethyl)-cleavamine	$C_{19}H_{24}N_2O$	C	[103]
2-9-288	16α-methoxycleavamine	$C_{19}H_{24}N_2O$	C	[103]
2-9-289	16β-carbomethoxycleavamine	$C_{20}H_{24}N_2O_2$	C	[103]
2-9-290	16β-methoxycleavamine	$C_{19}H_{24}N_2O$	C	[103]
2-9-291	(+)-cleavamine	$C_{19}H_{26}N_2$	C	[103]
2-9-292	16β-hydroxymethyl-15,20α-dihydrocleavamine	$C_{20}H_{28}N_2O$	C	[103]
2-9-293	(20R,14R,16R)-20-ethyl-1,6,14,15,16,17,20,21-octahydro-2H-4,14-methanoazacycloundecino-[20,21-b]indole-16-carboxylic acid methyl ester	$C_{21}H_{28}N_2O_2$	C	[103]
2-9-294	4β-dihydrocleavamine	$C_{19}H_{26}N_2$	C	[103]
2-9-295	(±)-16β-carboxy methyl ester-15,20α-dihydrocleavamine	$C_{21}H_{28}N_2O_2$	C	[103]
2-9-296	16α-carbomethoxy-15,20β-dihydrocleavamine	$C_{21}H_{28}N_2O_2$	C	[103]
2-9-297	(+)-velbanamine	$C_{19}H_{26}N_2O$	C	[103]
2-9-298	enantio-16β-carbomethoxyvelbanamine	$C_{21}H_{28}N_2O_3$	C	[103]
2-9-299	[20S-(20R,16S)]-20-ethyl-1,3,5,6,14,15,16,21-octahydro-2H-4,16-methanoazacycloundecino[20,21-b]indol-20-ol	$C_{19}H_{26}N_2O$	C	[66]
2-9-300	(20R,14R,16S)-20-ethyl-5,6,14,15,16,17,20,21-octahydro-20-hydroxy-2H-4,16-methanoazacycloundecino[20,21-b]indole-14-carboxylic acid methyl ester	$C_{21}H_{28}N_2O_3$	C	[66]
2-9-301	(20R,14R,16R)-20-ethyl-5,6,14,15,16,17,20,21-octahydro-20-hydroxy-2H-4,16-methanoazacycloundecino-[20,21-b]indole-14-carboxylic acid methyl ester	$C_{21}H_{28}N_2O_3$	C	[66]
2-9-302	ervayunine	$C_{19}H_{24}N_2O$	C	[104]

2-9-279 $R^1=R^2=H$
2-9-280 $R^1=H; R^2=COOCH_3$
2-9-281 $R^1=COOCH_3; R^2=H$
2-9-282 $R^1=CH_2OH; R^2=H$

2-9-283 $R^1=H; R^2=COOCH_3$
2-9-284 $R^1=COOCH_3; R^2=H$

2-9-285 $R^1=R^2=H$
2-9-286 $R^1=H; R^2=COOCH_3$
2-9-287 $R^1=CH_2OH; R^2=H$
2-9-288 $R^1=H; R^2=OCH_3$
2-9-289 $R^1=COOCH_3; R^2=H$
2-9-290 $R^1=OCH_3; R^2=H$

2-9-291 $R^1=R^2=R^4=H; R^3=CH_2CH_3$
2-9-292 $R^1=CH_2OH; R^2=R^4=H; R^3=CH_2CH_3$
2-9-293 $R^1=R^4=H; R^2=COOCH_3; R^3=CH_2CH_3$
2-9-294 $R^1=R^2=R^3=H; R^4=CH_2CH_3$
2-9-295 $R^1=R^3=H; R^2=COOCH_3; R^4=CH_2CH_3$
2-9-296 $R^1=COOCH_3; R^2=R^3=H; R^4=CH_2CH_3$
2-9-297 $R^1=R^2=H; R^3=OH; R^4=CH_2CH_3$
2-9-298 $R^1=COOCH_3; R^2=H; R^3=OH; R^4=CH_2CH_3$

2-9-299[66]   2-9-300[66]   2-9-301[66]   2-9-302[104]

表 2-9-50 长春蔓啶碱类化合物 2-9-279~2-9-288 的 ^{13}C NMR 数据[103]

C	2-9-279	2-9-280	2-9-281	2-9-282	2-9-283	2-9-284	2-9-285	2-9-286	2-9-287	2-9-288
2	139.7	133.7	135.2	141.2	134.4	135.1	139.2	134.2	138.1	—
3	54.9	53.8	55.0	55.1	52.0	54.4	53.5	52.5	47.6	53.1
5	53.2	54.0	52.7	53.0	53.7	51.5	53.8	53.2	51.7	53.9
6	21.7	26.2	21.8	22.0	26.0	21.3	26.1	26.0	22.2	26.1
7	108.3	111.5	109.4	109.1	111.5	109.1	109.5	110.9	109.1	112.2
8	128.6	127.6	127.7	127.8	127.8	127.6	128.5	127.5	128.1	—
9	117.1	117.9	117.4	117.2	118.0	117.3	117.6	117.7	117.3	118.1
10	118.4	118.7	118.5	118.4	118.7	118.5	118.5	118.5	118.5	118.6
11	119.9	121.4	120.1	120.1	121.3	120.6	120.3	111.0	120.4	121.4
12	109.9	110.6	110.5	110.3	110.5	110.4	109.8	110.3	110.3	110.4
13	134.5	135.7	134.9	134.8	135.7	134.7	135.2	135.5	134.8	—
14	22.6	23.6	22.3	22.5	127.0	124.6	35.3	34.3	34.0	34.4
15	33.4	37.3	33.9	34.1	132.9	135.4	122.3	121.5	124.7	122.0
16	22.4	40.9	37.8	33.7	39.1	38.1	22.4	38.3	36.6	72.8
17	34.7	42.8	38.6	35.8	43.4	44.1	34.1	37.5	36.2	41.5
18	7.8	7.3	7.4	7.6	7.7	8.3	12.6	12.3	12.3	12.6
19	32.0	35.6	30.6	31.0	33.1	29.3	27.6	27.4	27.3	27.5
20	36.9	35.6	37.9	37.6	39.5	40.9	140.4	140.8	—	141.9
21	56.6	60.8	56.7	56.8	58.6	51.5	55.1	54.9	57.1	54.9
C=O		175.6	176.2		175.6	175.6		175.3		—
OCH$_3$		51.9	52.0		51.8	52.0		51.8		55.7
OCH$_2$				67.4					66.6	

表 2-9-51 化合物 2-9-289~2-9-298 的 ^{13}C NMR 数据[103]

C	2-9-289	2-9-290	2-9-291	2-9-292	2-9-293	2-9-294	2-9-295	2-9-296	2-9-297	2-9-298
2	138.4	—	138.4	139.0	133.8	139.4	133.7	135.0	138.5	—
3	47.0	47.3	51.4	48.4	51.2	51.7	55.8	50.6	50.6	50.9
5	51.2	51.3	52.3	52.8	51.8	53.2	54.1	52.5	52.3	52.0
6	21.7	21.7	26.0	21.5	26.4	24.1	126.5	22.1	22.7	22.4
7	109.5	109.0	109.6	108.2	111.8	108.7	111.5	109.5	108.0	109.2
8	127.9	128.4	128.3	127.6	127.6	128.8	127.6	127.8	127.4	127.7
9	117.5	117.5	117.6	116.7	118.1	117.3	118.0	117.4	116.8	117.5
10	118.6	118.5	118.6	117.5	118.8	118.5	118.7	118.6	118.4	119.0

续表

C	2-9-289	2-9-290	2-9-291	2-9-292	2-9-293	2-9-294	2-9-295	2-9-296	2-9-297	2-9-298
11	120.9	120.8	120.5	119.3	121.4	120.1	121.2	120.7	120.4	121.4
12	110.6	110.4	109.8	110.2	110.5	109.8	110.5	110.5	110.8	111.1
13	135.0	—	—	135.2	135.7	134.7	135.6	135.0	135.2	134.0
14	34.1	33.4	35.0	35.3	34.8	33.8	31.1	32.8	30.1	30.5
15	124.0	124.4	31.2	36.0	31.0	37.6	39.0	36.7	40.4	39.5
16	39.3	75.8	21.3	38.5	37.5	23.3	42.0	39.0	22.7	39.3
17	39.1	41.8	33.7	34.1	38.5	31.9	40.3	36.3	31.5	36.1
18	12.3	12.3	11.7	12.2	11.7	11.4	11.4	11.3	6.9	6.9
19	27.3	27.3	28.7	28.0	28.6	27.5	27.7	27.3	32.3	32.6
20	138.4	138.2	32.8	32.6	32.1	32.9	36.1	33.1	71.6	71.2
21	57.5	57.5	58.7	56.3	58.9	61.2	60.6	61.3	65.8	66.1
C=O	175.8				175.3		175.4	176.1		175.2
OCH$_3$	52.2	57.4			52.0		52.0	52.1		52.2
OCH$_2$				65.2						

表 2-9-52 化合物 2-9-299~2-9-302 的 ^{13}C NMR 数据[66]

C	2-9-299	2-9-300	2-9-301	2-9-302[104]	C	2-9-299	2-9-300	2-9-301	2-9-302[104]
2	—	—	133.8	139.1	14	22.7	39.3	40.3	23.0
3	50.6	50.9	55.7	58.1	15	31.5	36.1	43.3	36.3
5	52.3	52.0	53.8	53.5	16	30.1	30.5	30.4	33.3
6	22.7	22.4	26.5	25.9	17	40.4	39.5	38.3	59.2
7	—	109.2	111.2	109.0	18	6.9	6.9	7.1	7.2
8	—	127.7	127.2	128.2	19	32.3	32.6	33.8	32.1
9	—	117.5	117.8	117.2	20	71.6	71.2	71.3	52.1
10	—	119.0	118.8	118.3	21	65.8	66.1	65.6	53.2
11	—	121.4	121.3	120.1	C=O		175.2	175.4	
12	—	111.1	110.5	109.9	OCH$_3$		52.2	52.0	
13	—	134.0	135.6	135.2					

十五、氧化吲哚类化合物

表 2-9-53 氧化吲哚类化合物的名称、分子式和测试溶剂

编号	中文名称	英文名称	分子式	测试溶剂	参考文献
2-9-303		rel-(4S,8S)-3,6,7,14,15,16-hexahydro-spiro[3H-indole-3,3(17H)-indolizin]-2(1H)-one	C$_{15}$H$_{18}$N$_2$O	C	[13]
2-9-304		rel-(3S,4S)-3,6,7,14,15,16-hexahydro-spiro[3H-indole-3,3(17H)-indolizin]-2(1H)-one	C$_{15}$H$_{18}$N$_2$O	C	[13]
2-9-305		2-oxo-corynoxan-17-al	C$_{19}$H$_{24}$N$_2$O$_2$	C	[13]
2-9-306		(3R)-16-ethyl-1,2,3,4,6,7,14,15,16-octahydro-15α-(methoxymethylene)-2-oxo-spiro[3H-indole-3,3(17H)-indolizine]-15-acetic acid methyl ester	C$_{22}$H$_{28}$N$_2$O$_4$	C	[13]

续表

编号	中文名称	英文名称	分子式	测试溶剂	参考文献
2-9-307		(3S)-16-ethyl-1,2,3,4,6,7,14,15,16-octahydro-15α-methoxymethylene-2-oxo-spiro[3H-indole-3,3(17H)-indolizine]-15-acetic acid methyl ester	$C_{22}H_{28}N_2O_4$	C	[13]
2-9-308		chitosenine	$C_{22}H_{28}N_2O_6$	C	[105]
2-9-309	蓬莱葛胺羟吲哚	gardneramine oxindole	$C_{22}H_{28}N_2O_7$	C	[105]
2-9-310	7-表长春内日定	7-epivineridine	$C_{22}H_{28}N_2O_5$	C	[106]
2-9-311	7-表长春内任	7-epivinerine	$C_{23}H_{29}NO_5$	C	[106]
2-9-312		N-acetylvinerine	$C_{22}H_{26}N_2O_5$	C	[106]
2-9-313		isovineridine	$C_{24}H_{28}N_2O_6$	C	[106]
2-9-314		7-isomajdine	$C_{23}H_{28}N_2O_6$	C	[106]
2-9-315		majdine	$C_{23}H_{28}N_2O_6$	C	[106]
2-9-316	4,20-双去氢钩吻定	4,20-didehydrogelsedine	$C_{19}H_{24}N_2O_3$	C	[107]
2-9-317	胡蔓藤碱甲	humantenmine	$C_{21}H_{26}N_2O_3$	C	[108]
2-9-318	钩吻定	gelsedine	$C_{19}H_{22}N_2O_4$	C	[109]
2-9-319	胡蔓藤碱乙	humantenine	$C_{20}H_{24}N_2O_3$	C	[110]
2-9-320	(±)-钩吻无定形碱	(±)-gelsemine	$C_{20}H_{22}N_2O_2$	C	[111]
2-9-321	1-甲氧基-钩吻无定形碱	1-methoxy-gelsemine	$C_{21}H_{24}N_2O_3$	C	[111]
2-9-322		chitosenine	$C_{22}H_{26}N_2O_4$	C	[34]
2-9-323	蓬莱葛胺	gardneramine	$C_{23}H_{28}N_2O_5$	C	[34]
2-9-324		11-O-b-b-D-glucuronide-11-hydroxyrhynchophylline	$C_{28}H_{36}N_2O_{11}$	M	[112]
2-9-325		10-O-b-b-D-glucuronide-10-hydroxyrhynchophylline	$C_{28}H_{36}N_2O_{11}$	M	[112]
2-9-326	11-羟基钩藤碱	11-hydroxyrhynchophylline	$C_{22}H_{28}N_2O_5$	M	[112]
2-9-327	10-羟基钩藤碱	10-hydroxyrhynchophylline	$C_{22}H_{28}N_2O_5$	M	[112]
2-9-328		21-O-b-d-glucopyranosyl-(2'-1")-b-d-glucopyranosyl-11-hydroxyvincoside lactam	$C_{32}H_{40}N_2O_{14}$	P	[113]
2-9-329		22-O-demethyl-22-O-b-d-glucopyranosylisocorynoxeine	$C_{27}H_{34}N_2O_9$	D	[113]
2-9-330	(4S)-N-氧基-去氢钩藤碱	(4S)-N-oxide-corynoxeine	$C_{22}H_{26}N_2O_5$	C	[113]
2-9-331	16,17-二氢-17b-羟基异帽柱木非灵	16,17-dihydro-17b-hydroxy isomitraphylline	$C_{21}H_{25}N_2O_5$	C	[114]
2-9-332	16,17-二氢-17b-羟基帽柱木非灵	16,17-dihydro-17b-hydroxy mitraphylline	$C_{21}H_{25}N_2O_5$	C	[114]
2-9-333		18,19-dehydrocorynoxinic acid B	$C_{21}H_{24}N_2O_4$	C	[115]
2-9-334		18,19-dehydrocorynoxinic acid	$C_{21}H_{24}N_2O_4$	C	[115]
2-9-335	异去氢钩藤碱	isocorynoxeine	$C_{22}H_{26}N_2O_4$	C	[118]
2-9-336	异钩藤碱	isorhynchophylline	$C_{22}H_{28}N_2O_4$	C	[13]
2-9-337	钩藤碱	rhynchophylline	$C_{22}H_{28}N_2O_4$	A	[117, 118]
2-9-338	长春日定	vineridine	$C_{22}H_{26}N_2O_4$	C	[124]
2-9-339		11,14-dihydroxygelsenicine	$C_{19}H_{22}N_2O_5$	P	[126]

续表

编号	中文名称	英文名称	分子式	测试溶剂	参考文献
2-9-340	11-羟基钩吻素己	11-hydroxygelsenicine	$C_{19}H_{22}N_2O_4$	P	[126]
2-9-341	Z16-10-苯基-[12]-细胞松弛素	Z16-10-phenyl[12]cytochalasin	$C_{28}H_{33}NO_5$	C	[127]
2-9-342	Z17-10-苯基-[12]-细胞松弛素	Z17-10-phenyl[12]cytochalasin	$C_{28}H_{33}NO_5$	C	[127]
2-9-343		turpiniside	$C_{26}H_{30}N_2O_{10}$	M	[128]
2-9-344		11-methoxyjavaniside	$C_{27}H_{32}N_2O_{10}$	M	[128]
2-9-345		hostasine	$C_{18}H_{21}NO_7$	M	[129]
2-9-346		8-demethoxyhostasine	$C_{17}H_{19}NO_6$	M	[129]
2-9-347		8-demethoxy-10-O-methylhostasine	$C_{18}H_{21}NO_6$	M	[129]
2-9-348		10-O-methylhostasine	$C_{19}H_{23}NO_7$	M	[129]
2-9-349	9-O-去甲基-7-O-甲基石蒜伦碱	9-O-demethyl-7-O-methyllycorenine	$C_{18}H_{23}NO_4$	C	[129]
2-9-350		marcfortine A	$C_{28}H_{35}N_3O_4$	C	[64]
2-9-351		scholarisine A	$C_{19}H_{18}N_2O_2$	C	[70]
2-9-352	常绿钩吻定碱	gelsedine	$C_{19}H_{25}N_2O_3$	C	[116]
2-9-353	钩吻碱	gelsemine	$C_{22}H_{22}N_2O_2$		[117]
2-9-354	柳考努辛碱	leuconoxine	$C_{19}H_{22}N_2O_2$	C	[119]
2-9-355	钩藤碱 E	uncarine E	$C_{21}H_{24}N_2O_4$	C	[122, 123]
2-9-356	伪吲羟伊菠加因	pseudoindoxyl ibogaine	$C_{20}H_{26}N_2O_2$	C	[125]

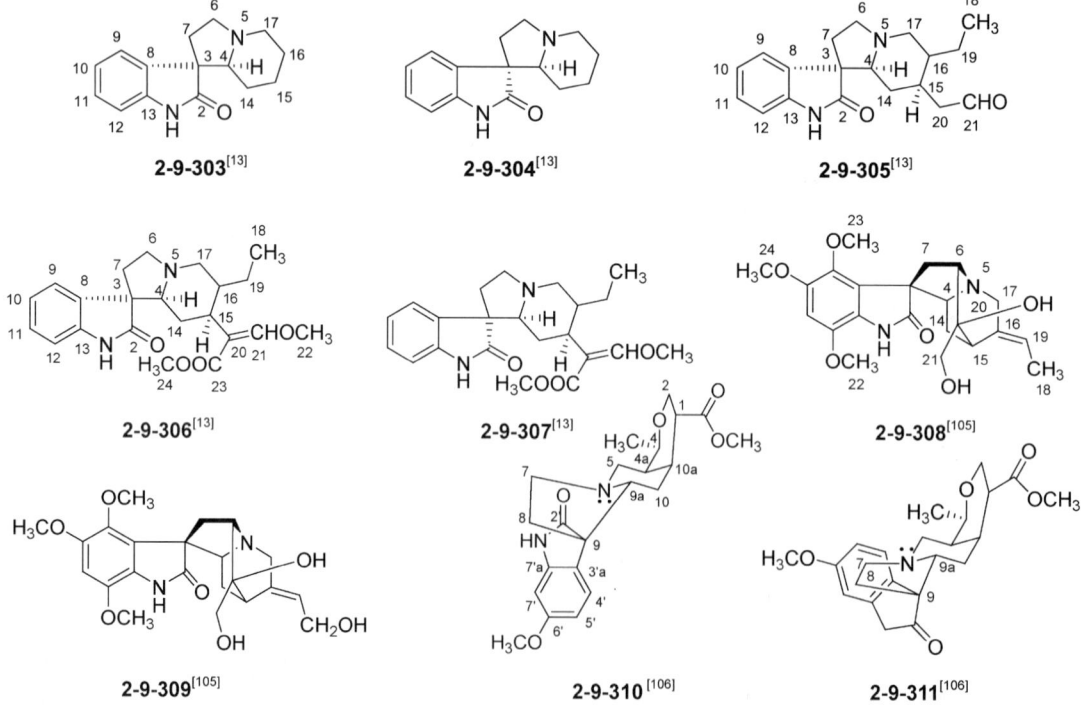

2-9-312[106]   **2-9-313**[106]   **2-9-314**[106]

2-9-315[106]   **2-9-316**[107]   **2-9-317**[108]

2-9-318[109]   **2-9-319**[110]   **2-9-320**[111]   **2-9-321**[111]

2-9-322[34]   **2-9-324**[112]

2-9-323[34]   **2-9-325**[112]   **2-9-328**[113]

2-9-326[112]   **2-9-327**[112]

表 2-9-54 化合物 2-9-303~2-9-309 的 ^{13}C NMR 数据

C	2-9-303	2-9-304	2-9-305	2-9-306	2-9-307	2-9-308	2-9-309
2	182.6	182.7	181.7	182.2	182.4	150.5	180.1
3	56.6	57.3	56.1	56.2	57.0	59.2	58.3
4	75.4	72.1	74.5	75.3	72.2	65.0	66.4
6	55.3	54.3	54.7	55.1	54.2	69.0	58.3
7	34.4	34.7	34.5	34.6	36.5	33.5	32.1
8	134.1	134.4	145.6	134.1	134.2	131.0	122.5
9	122.9	125.1	123.0	122.8	125.2	139.8	130.3
10	122.4	122.4	127.8	122.4	122.1	141.6	139.0
11	128.0	127.4	128.0	127.8	127.4	99.6	98.4
12	109.8	109.7	109.7	109.1	109.6	—	111.6
13	141.7	140.8	141.3	141.5	140.7	—	150.1
14	25.6	26.2	32.0	29.2	30.1	24.1	23.7
15	24.3	23.8	35.4	38.0	38.3	34.0	34.6
16	24.8	25.2	41.1	39.3	38.3	142.6	148.9
17	53.8	53.8	57.6	58.2	58.2	50.2	46.8
18			10.8	11.2	11.2	12.6	57.8
19			23.8	24.3	24.2	113.0	68.1
20			47.8	112.4	113.0	75.8	113.4
21			202.2	159.6	159.5	65.2	43.5
22				61.2	61.2	56.6	61.6
23				168.8	168.4	61.8	57.0
24				51.6	50.9	57.6	61.9
25							56.4

表 2-9-55 化合物 2-9-310~2-9-315 的 ^{13}C NMR 数据[106]

C	2-9-310	2-9-311	2-9-312	2-9-313	2-9-314	2-9-315
1	140.9	105.0	107.5	109.6	109.1	109.8
2	153.5	153.5	154.5	154.9	154.9	154.8
4	74.6	74.6	72.1	72.0	72.0	71.1
4a	36.8	36.5	37.9	37.8	38.1	38.0
5	53.7	54.6	55.0	54.0	54.6	53.9
7	53.2	53.2	53.6	53.5	53.3	53.4
8	34.8	34.2	34.6	36.6	33.7	35.1
9	56.0	55.3	55.4	56.6	55.9	57.1
9a	67.2	70.1	74.3	72.3	74.0	72.1
10	27.0	26.2	29.5	30.1	29.3	30.2
10a	24.8	25.1	31.0	30.4	30.8	30.4
2'	182.0	182.5	181.5	180.4	180.8	180.8
3'a	125.4	125.0	125.1	123.9	126.5	126.9
4'	125.3	123.0	123.3	124.3	117.8	119.4
5'	106.8	107.6	109.1	111.1	106.1	106.6
6'	159.6	159.8	159.7	159.6	152.2	152.1
7'	96.6	96.7	96.8	102.7	133.9	132.9
7'a	141.5	142.2	141.8	140.2	132.5	133.7
C=O	167.3	167.3	167.4	167.3	167.4	167.4
COCH$_3$	50.7	50.3	50.7	50.8	50.6	50.8

续表

C	2-9-310	2-9-311	2-9-312	2-9-313	2-9-314	2-9-315
6'-OCH$_3$	55.3	55.3	55.7	55.5	56.2	55.9
7'-OCH$_3$					60.5	60.7
4'-CH$_3$	18.4	18.5	18.9	18.5	18.6	18.4
N-CO				170.5		
N-COCH$_3$				25.6		

表 2-9-56 化合物 2-9-316~2-9-323 的 ^{13}C NMR 数据

C	2-9-316	2-9-317	2-9-318	2-9-319	2-9-320	2-9-321	2-9-322	2-9-323
2	174.7	182.1	178.0	174.0	179.3	173.1	178.8	178.7
3	53.0	55.3	54.3	54.8	54.0	52.4	163.0	63.0
4	132.0	132.0	129.5	129.0	40.5	40.6	63.0	62.4
5	125.5	124.1	123.0	125.5	72.0	—		
6	123.7	122.6	121.0	122.4			60.4	60.4
7	128.1	127.2	126.2	127.8	66.2	66.3	31.2	31.2
8	107.2	105.1	105.2	108.0	54.0	54.2	133.1	133.1
9	138.3	138.0	135.6	138.6	35.9	32.6	134.1	134.1
10	34.6	38.0	38.5	38.0	61.4	61.5	139.4	139.4
11	65.6	72.3	71.4	61.3	69.5	69.5	100.2	100.2
12					22.9	23.2	145.7	145.7
13	59.6	170.0	167.5	45.4	38.1	38.1	150.5	150.5
14	12.0	10.2	12.0	137.2	140.6	139.7	32.2	32.8
15	21.5	27.2	27.4	12.3	109.0	107.3	29.8	36.0
16	34.8	40.0	52.6	118.7	127.3	128.8	142.0	147.6
17	42.0	42.6	39.6	34.2	121.7	122.7	12.7	68.0
18	63.9	61.7	61.6	37.8	128.0	128.2	112.1	115.0
19	117.8	74.5	80.0	66.5	132.1	128.2	49.4	46.4
20	21.5	25.6	65.9	71.8	138.8	138.4	41.8	42.0
21					25.4	118.2	113.1	72.3	72.0
22			42.2	50.7	51.2	61.3	61.3
23							57.6	57.6
24							56.7	56.7
N-OCH$_3$	63.5	63.3	62.6	63.4		63.1		
CH$_2$OCH$_3$								58.2

表 2-9-57 化合物 2-9-324~2-9-327 的 ^{13}C NMR 数据

C	2-9-324	2-9-325	2-9-326	2-9-327	C	2-9-324	2-9-325	2-9-326	2-9-327
2	182.9	182.8	182.7	182.9	8	129.8	133.9	129.6	134.0
3	74.5	74.5	74.6	74.4	9	124.2	114.2	124.5	114.0
5	57.2	57.1	57.1	57.3	10	111.3	150.1	111.2	149.7
6	35.4	35.2	35.3	35.1	11	151.4	119.6	151.3	119.5
7	55.0	55.3	55.2	55.1	12	100.2	110.2	99.7	110.4

续表

C	2-9-324	2-9-325	2-9-326	2-9-327	C	2-9-324	2-9-325	2-9-326	2-9-327
13	141.0	135.0	141.6	134.7	22	169.2	169.1	169.0	169.2
14	28.5	28.3	28.3	28.2	23	50.2	50.1	50.2	50.0
15	40.9	40.3	40.5	40.4	OCH$_3$	63.2	63.2	63.0	63.1
16	113.7	112.1	113.1	112.5	1'	100.8	100.6		
17	160.1	160.9	159.4	161.7	2'	75.2	75.0		
18	11.9	11.7	11.6	11.6	3'	78.8	78.8		
19	24.3	24.2	24.1	24.1	4'	71.7	71.7		
20	40.0	40.2	40.1	39.7	5'	78.2	78.4		
21	57.2	57.1	57.1	57.3	6'	176.8	176.2		

表 2-9-58 化合物 2-9-328~2-9-330 的 ^{13}C NMR 数据

C	2-9-328	2-9-329	2-9-330	C	2-9-328	2-9-329	2-9-330
2	133.3	180.2	179.2	20	43.8	41.2	37.7
3	53.6	71.6	80.4	21	96.3	58.3	66.4
5	40.0	53.3	67.3	22	163.7	165.0	168.3
6	21.7	34.8	33.3	1'	97.7	93.6	
7	108.5	56.1	55.0	2'	81.0	72.5	
8	121.5	133.7	130.6	3'	78.4	77.7	
9	119.1	124.5	123.5b	4'	71.2	69.8	
10	110.2	121.6	123.5b	5'	78.4	76.5	
11	155.0	127.5	129.4	6'	62.8	60.8	
12	98.0	109.2	111.5	1"	105.2		
13	139.2	141.4	142.3	2"	76.4		
14	32.1	29.6	23.5	3"	78.4b		
15	26.7	36.8	36.6	4"	71.6		
16	109.1	110.4	109.0	5"	78.8		
17	147.5	161.2	160.8	6"	62.4		
18	119.4	115.8	118.6	OCH$_3$		61.6	61.9
19	133.6	139.4	135.4	OOCH$_3$			51.3

表 2-9-59 化合物 2-9-331~2-9-334 的 ^{13}C NMR 数据

C	2-9-331	2-9-332	2-9-333	2-9-334	C	2-9-331	2-9-332	2-9-333	2-9-334
2	181.7	181.6	183.3	182.6	14	30.6	29.9	28.4	29.4
3	71.2	74.3	74.6	72.4	15	34.7	34.8	37.0	37.7
5	53.9	54.5	54.4	53.4	16	56.6	56.2	112.0	112.6
6	35.7	35.1	34.0	36.6	17	91.2	91.5	159.8	159.5
7	56.8	56.6	56.1	56.2	18	14.7	14.6	115.3	116.3
8	133.7	133.4	133.5	132.2	19	72.2	72.1	139.0	138.8
9	125.3	123.3	122.7	125.3	20	41.4	41.1	41.7	40.8
10	122.9	122.9	122.2	123.5	21	54.5	54.8	58.2	58.5
11	128.1	128.4	127.5	127.9	22	172.6	172.9	172.2	171.0
12	109.9	110.0	109.5	109.4	23	52.1	52.0	60.9	61.1
13	140.5	141.3	140.8	140.0					

表 2-9-60 化合物 2-9-335~2-9-342 的 ^{13}C NMR 数据

C	2-9-335	2-9-336	2-9-337	2-9-338	2-9-339	2-9-340	C	2-9-341	2-9-342
2	181.3	182.4	182.2	182.5	172.4	173.1	1	171.2	171.5
3	72.0	72.2	75.3	70.1	81.0	76.6	3	54.3	59.3
5	53.9	54.2	55.1	53.2	72.7	73.8	4	49.7	49.7
6	35.5	36.5	34.8	34.2	38.5	39.4	5	32.6	125.1
7	56.6	57.0	56.2	55.3	54.5	56.9	6	149.0	133.0
8	133.9	134.2	134.1	125.0	123.4	123.9	7	70.6	69.7
9	125.3	125.2	122.8	123.0	126.5	127.3	8	50.7	50.2
10	122.4	122.1	122.4	107.6	110.5	111.1	9	84.0	83.7
11	127.5	127.4	127.8	159.8	159.7	160.4	10a	44.5	43.8
12	109.0	109.6	109.1	96.7	96.1	96.8	11-CH$_3$	14.9	17.2
13	139.8	140.7	141.5	142.2	140.0	140.8	12-CH$_2$	115.8	14.1
14	29.6	30.1	29.2	26.2	66.3	28.2	13	126.6	126.5
15		38.3	38.0	25.1	53.6	43.8	14	137.8	137.1
16	112.0	113.0	112.4	105.1	39.7	41.3	15a	40.5	39.7
17	159.4	159.5	159.6	153.5	61.9	63.0	16	40.3	40.1
18	115.3	11.2	11.2	18.5	10.5	11.2	17	206.1	205.5
19	139.6	24.3	24.3	74.6	26.4	26.8	18	143.6	143.3
20	42.4	38.3	39.3	36.5	184.1	183.7	19	132.8	131.4
21	58.7	58.2	58.2	54.6			20a	37.1	37.4
C=O		168.4	168.8	167.3			21	170.0	168.9
COOC$\underline{H}_3$	50.9	50.9	51.0	50.7			23-CH$_3$	18.5	17.2
11-OCH$_3$				55.3			24-CH$_3$	13.4	13.1
17-OCH$_3$	61.3	61.2	61.2				1'	137.8	137.0
N-OCH$_3$					63.1	63.9	2', 4'	130.2	129.2
							3', 5'	129.7	128.9
							6'	127.9	127.1

表 2-9-61 化合物 2-9-343~2-9-349 的 ^{13}C NMR 数据

C	2-9-343	2-9-344	C	2-9-345	2-9-346	2-9-347	2-9-348	2-9-349
2	173.9	181.5	2	56.8	56.8	56.8	56.7	56.6
3	66.5	65.4	3	28.7	28.7	28.7	28.7	27.9
5a	44.2	45.5	4	120.2	120.1	120.3	120.3	116.7
6	45.7	33.4	5	72.5	72.5	72.4	72.4	31.6
7	206.0	57.7	7	169.4	172.2	171.4	168.7	98.4
8	140.1	121.0	8	153.9	106.8	107.0	153.5	113.5
9	129.6	124.7	9	143.2	152.3	152.7	143.7	145.2
10	128.9	108.4	10	162.0	156.7	156.3	161.0	146.5
11	133.7	162.3	11	108.8	111.9	107.5	103.9	112.0
12	128.9	98.2	12	141.9	141.9	141.6	141.6	139.3
13	137.4	144.6	13	77.7	78.0	78.1	77.8	66.6
14	28.1	27.0	14	108.8	116.3	118.8	111.3	126.4

续表

C	2-9-343	2-9-344	C	2-9-345	2-9-346	2-9-347	2-9-348	2-9-349
15	27.3	28.8	15	150.2	148.2	147.1	150.1	129.2
16	44.2	44.7	16	84.0	84.7	85.0	84.3	43.0
17	97.3	97.4	17	67.3	67.2	67.1	67.3	67.9
19	149.3	148.2	NCH$_3$	43.5	43.4	43.4	43.4	44.0
20	109.0	109.0	7-OCH$_3$					55.4
21	166.4	165.8	8-OCH$_3$	62.6			62.8	
22	133.9	133.9	9-OCH$_3$	61.6	56.5	56.7	61.8	
23	120.9	120.5	10-OCH$_3$			56.9	57.1	56.1
OCH$_3$		56.0						
1'	99.5	99.5						
2'	74.6	74.8						
3'	77.8	77.9						
4'	71.5	71.5						
5'	78.2	78.3						
6'	62.6	62.6						

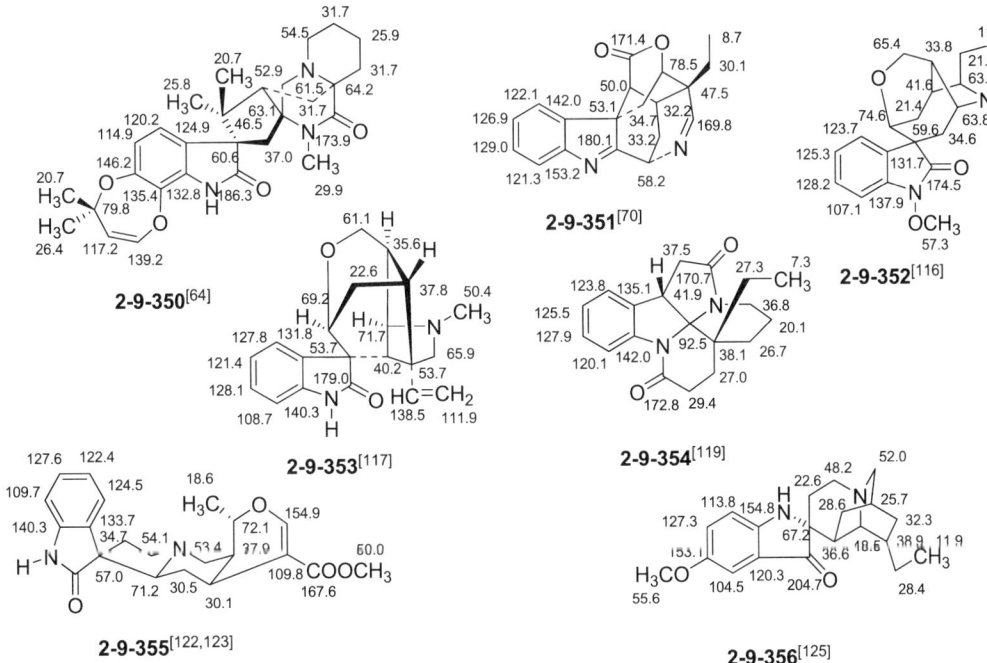

十六、其他单吲哚类化合物

表2-9-62 其他单吲哚类化合物的名称、分子式和测试溶剂

编号	名称	分子式	测试溶剂	参考文献
2-9-357	8-dehydrostaurosporine（8-去氢十字孢碱）	$C_{36}H_{44}N_4O_2$	C	[140]
2-9-358	staurosporine（十字孢碱）	$C_{28}H_{26}N_4O_3$	D	[141]
2-9-359	tryhistatin	$C_{22}H_{23}N_5O_2$	M	[143]

续表

编号	名称	分子式	测试溶剂	参考文献
2-9-360	16-hydroxyroquefortine（16-羟基娄地青霉素）	$C_{22}H_{23}N_5O_3$	M	[143]
2-9-361	fischambiguine A	$C_{26}H_{30}N_2O$	D	[145]
2-9-362	fischambiguine B	$C_{26}H_{29}ClN_2O_2$	D	[145]
2-9-363	ambiguine P	$C_{25}H_{29}NO$	M	[145]
2-9-364	ambiguine Q	$C_{26}H_{28}N_2$	M	[145]
2-9-365	15b,16-didehydro-5-N-acetylardeemin	$C_{28}H_{26}N_4O_3$	C	[148]
2-9-366	sanguinone A	$C_{15}H_{14}N_4O_3$	M	[153]
2-9-367	sanguinone B	$C_{16}H_{16}N_4O_3$	W	[153]
2-9-368	ibogaine（伊菠加因）	$C_{20}H_{28}N_2O$	C	[125]
2-9-369	deoxoiboluteine	$C_{24}H_{25}N_5O_4$	C	[130]
2-9-370	oxaline（喔啉）	$C_{24}H_{25}N_5O_4$	C	[130]
2-9-371	polyalthenol	$C_{24}H_{33}N$	C	[131]
2-9-372	16-epivinoxine	$C_{20}H_{24}N_2O_3$	C	[132]
2-9-373	N-{(2R,9bR)-4-benzyl-9b-hydroxy-2-methyl-3,5-dioxo-decahydrofuro[3,2-g]indolizin-2-yl}-9-hydroxy-7-methyl-4,6,6a,7,8,9-hexahydroindolo[4,3-fg]quinoline-9-carboxamide	$C_{34}H_{36}N_4O_6$	C	[133]
2-9-374	(−)-16-episilicine	$C_{19}H_{24}N_2O$	C	[134]
2-9-375	akagerinelactone	$C_{20}H_{22}N_2O_2$	C	[135]
2-9-376	(−)-isoroquefortine C	$C_{22}H_{23}N_5O_2$	C	[136]
2-9-377	(1R,4E,5R,6S)-4-ethylidene-1,2,3,4,5,6-hexahydro-2-(2-hydroxyethyl)-1,5-methano[1,4]diazocino[1,2-a]indole-6-carboxylic acid methyl ester	$C_{20}H_{24}N_2O_3$	C	[132]
2-9-378	8-hydroxy-canthin-6-one	$C_{14}H_8N_2O_2$	C	[137]
2-9-379	anoectochine	$C_{12}H_{12}N_2O_2$	D	[138]
2-9-380	ginsenine（人参宁）	$C_{13}H_{14}N_2O_2$	D	[138]
2-9-381	antipathine A	$C_{16}H_{13}N_3O_2$	P	[139]
2-9-382	manzamine A	$C_{36}H_{44}N_4O$	C	[140]
2-9-383	9α,13α-dihydroxylisopropylidenylisatisine A	$C_{25}H_{22}N_2O_6$	M	[142]
2-9-384	flavumindole	$C_{20}H_{16}N_2O_5$	D	[146]
2-9-385	16α-hydroxy-5N-acetylardeemin	$C_{28}H_{28}N_4O_4$	C	[147]
2-9-386	gesashidine A	$C_{18}H_{19}N_4OS$	D	[150]
2-9-387	chaetoglobosin U（球形毛壳菌素 U）	$C_{32}H_{36}O_5N_2$	D	[151]
2-9-388	plakinidine E	$C_{17}H_{13}N_3O_2$	D	[152]
2-9-389	psychollatine	$C_{27}H_{32}N_2O_9$	M	[154]
2-9-390	decussine（对生马钱碱）	$C_{20}H_{19}N_3$	C	[155]
2-9-391	gardneramine（蓬莱藤胺）	$C_{23}H_{28}N_2O_5$	C	[50]
2-9-392	psychollatine	$C_{27}H_{32}O_9N_2$	M	[156]
2-9-393	epiginsenine（表人参宁）	$C_{13}H_{16}N_2O_2$	D	[220]
2-9-394	anoectochine	$C_{12}H_{12}N_2O_2$	D	[222]

2-9-357[140] R=H
2-9-358[141] R=OH
2-9-359[143]
2-9-360[143]
2-9-361[145]
2-9-362[145]
2-9-363[145]
2-9-364[145]
2-9-365[148]
2-9-366[153] R=H
2-9-367[153] R=CH$_3$

表 2-9-63　化合物 2-9-357~2-9-364 的 ^{13}C NMR 数据

C	2-9-357	2-9-358	C	2-9-359	2-9-360	C	2-9-361	2-9-362	2-9-363	2-9-364
1	143.3	143.1	1	169.9	168.8	2	138.5	138.2	142.1	138.0
3	138.7	138.1	2	58.4	88.7	3	112.2	110.3	108.8	111.0
4	113.3	113.9	3	31.9	45.4	4	140.8	139.9	139.1	140.8
4a	129.3	130.0	4	108.0	61.6	5	114.6	114.6	114.6	114.2
4b	—	—	5	129.8	80.9	6	123.3	123.2	123.5	124.3
5	121.5	112.6	6	130.1	133.2	7	109.4	109.7	109.6	109.7
6	120.1	120.7	7	120.2	126.3	8	136.6	135.6	134.9	134.9
7	128.5	113.0	8	121.6	119.2	9	125.1	124.4	125.6	125.7
8	111.6	143.6	9	122.6	129.6	10	71.2	71.0	133.5	138.7
8a	140.0	130.7	10	110.5	110.3	11	74.6	70.5	133.9	134.2
9a	133.5	133.3	11	137.9	151.5	12	44.3	49.6	42.5	40.8
10	139.9	140.5	12	45.0	42.8	13	41.4	68.2	34.0	37.2
11	137.5	135.9	13	121.6	145.6	14	19.0	30.0	27.1	20.3
12	70.0	70.4	14	137.2	115.1	15	49.3	48.7	77.2	48.4

续表

C	2-9-357	2-9-358	C	2-9-359	2-9-360	C	2-9-361	2-9-362	2-9-363	2-9-364
13	40.9	42.8	15	26.0	23.5	16	39.6	39.5	45.9	40.4
14	21.7	21.6	16	18.3	23.1	17	26.3	26.8	18.6	24.9
15	128.3	128.3	1'	164.2	162.2	18	27.2	27.8	29.2	23.5
16	132.3	132.2	2'	123.6	126.0	19	20.5	12.9	28.9	23.9
17	26.0	25.9	3'	109.1	112.5	20	148.8	143.3	146.9	149.1
18	26.8	26.8	4'	128.2	128.8	21	113.0	119.5	114.6	112.1
19	25.7	25.7	5'	132.6	133.2	22			36.7	36.2
20	53.5	53.6	7'	137.4	137.9	23	157.4	162.7	133.2	108.8
22	49.6	49.7				24	40.8	41.2	128.6	143.6
23	32.7	32.9				25	152.8	66.9	27.4	24.7
24	40.2	40.6				26	119.9	43.4	26.4	25.6
25	47.1	47.1				27	32.1	29.4		120.9
26	75.2	75.4				28	32.5	25.9		
28	50.8	51.3								
29	31.7	30.9								
31	28.1	28.1								
32	134.6	135.9								
33	129.9	127.5								
34	55.0	55.5								
35	44.7	44.6								
36	68.6	68.5								

表 2-9-64　化合物 2-9-365~2-9-367 的 ^{13}C NMR 数据

C	2-9-365	C	2-9-365	C	2-9-366	2-9-367
1	125.2	14a	147.2	2	126.4	128.1
2	124.6	15a	140.5	2a	117.6	117.6
3	128.7	15b	134.7	3	25.4	25.7
4	119.8	16	116.9	4	67.4	67.3
4a	141.9	16a	66.6	5a	151.6	151.9
5a	82.5	16b	134.7	6	96.4	96.2
7	163.9	17	20.3	7	148.6	—
8	54.2	18	41.3	8	167.8	—
10	159.8	19	143.1	8a	124.6	124.0
10a	120.8	20a	114.4	8b	123.0	123.5
11	126.9	21	22.9	9	174.3	176.9
12	127.5	22	23.0	10	49.8	50.0
13	134.8	23	170.2	11	29.0	28.8
14	127.5	24	23.8	12	46.7	46.8
				14	58.8	65.6
				16		20.3

第二章 生物碱类化合物

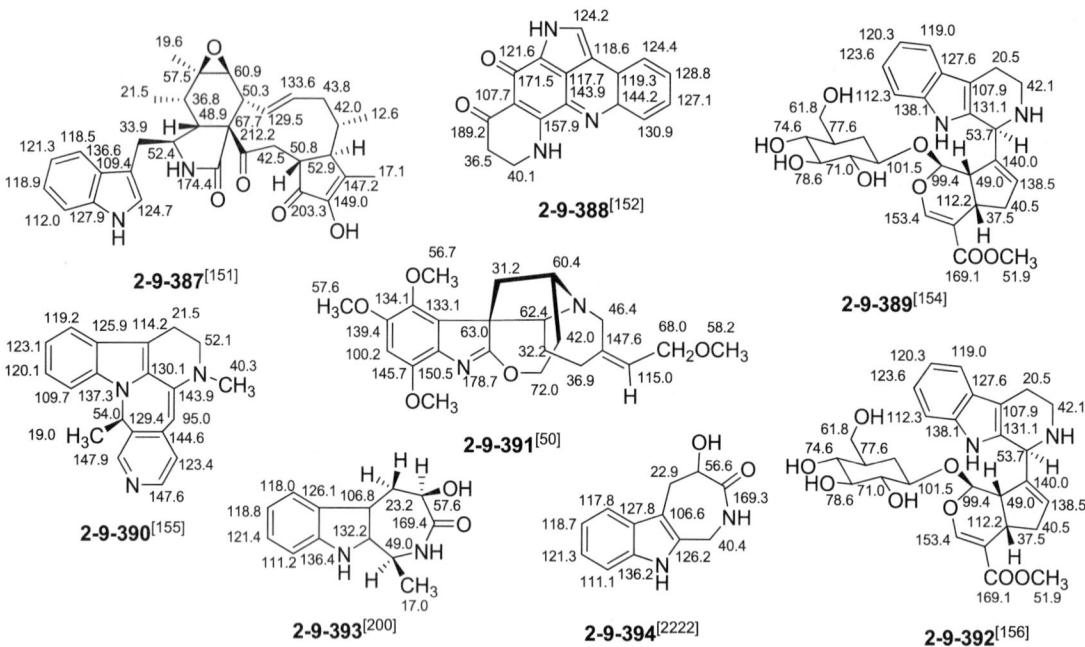

十七、双吲哚类化合物

表 2-9-65 双吲哚类化合物的名称、分子式和测试溶剂

编号	名称	分子式	测试溶剂	参考文献
2-9-395	roxburghin D	$C_{31}H_{34}N_4O_2$	C	[162]
2-9-396	3-epiroxburghine（3-表儿茶钩藤碱）	$C_{31}H_{34}N_4O_2$	C	[162]
2-9-397	20-epiroxburghine B（20-表儿茶钩藤碱 B）	$C_{31}H_{34}N_4O_2$	C	[162]
2-9-398		$C_{30}H_{38}N_4$	C	[163]
2-9-399		$C_{30}H_{38}N_4$	C	[163]
2-9-400		$C_{30}H_{38}N_4$	C	[163]
2-9-401		$C_{30}H_{38}N_4$	C	[163]
2-9-402	ochrolifuanin A	$C_{30}H_{38}N_4$	C	[163]
2-9-403	ochrolifuanin B	$C_{30}H_{38}N_4$	C	[163]
2-9-404	ochrolifuanin C	$C_{30}H_{38}N_4$	C	[163]
2-9-405	ochrolifuanin D	$C_{30}H_{38}N_4$	C	[163]
2-9-406	(R)-6''-debromohamacanthin A	$C_{20}H_{15}BrN_4O$	C	[168]
2-9-407	(R)-6'-debromohamacanthin A	$C_{20}H_{15}BrN_4O$	C	[168]
2-9-408	(S)-6''-debromohamacanthin B	$C_{20}H_{15}BrN_4O$	C	[168]
2-9-409	quassidine A	$C_{29}H_{26}N_4O_3$	D	[172]
2-9-410	quassidine B	$C_{27}H_{24}N_4O_3$	D	[172]
2-9-411	quassidine C	$C_{26}H_{22}N_4O_2$	D	[172]
2-9-412	quassidine D	$C_{28}H_{26}N_4O_3$	C	[172]
2-9-413	bis-12-(11-hydroxycoronaridinyl)	$C_{46}H_{58}N_4O_6$	C	[157]
2-9-414	isovobtusine lactone	$C_{43}H_{48}N_4O_7$	C	[158]
2-9-415	16'β-(10-vindolyl)-cleavamine	$C_{44}H_{54}N_4O_6$	C	[103]
2-9-416	vincathicine（长春蔓替辛）	$C_{46}H_{56}N_4O_9$	C	[159]

续表

编号	名称	分子式	测试溶剂	参考文献
2-9-417	criophylline	$C_{40}H_{46}N_4O_4$	C	[67]
2-9-418	bonafousine	$C_{43}H_{54}N_4O_5$	C	[157]
2-9-419	tabernaelegantine A	$C_{35}H_{42}N_4O_3$	C	[160]
2-9-420	pleiocorine	$C_{41}H_{46}N_4O_5$	C	[161]
2-9-421	pelankine	$C_{42}H_{50}N_4O_6$	C	[62]
2-9-422	peceylanine	$C_{44}H_{56}N_4O_7$	C	[62]
2-9-423	peceyline	$C_{42}H_{50}N_4O_6$	C	[62]
2-9-424	vincaleukoblastine（长春碱）	$C_{46}H_{58}N_4O_9$	C	[164]
2-9-425	vobtusine（老刺木素）	$C_{41}H_{48}N_4O_3$	C	[158]
2-9-426	(+)-macralstonidine（(+)-大鸭脚木定）	$C_{41}H_{48}N_4O_4$	C	[211]
2-9-427	villalstonine（毛鸭脚木灵）	$C_{41}H_{48}N_4O_4$	C	[211]
2-9-428	20'-epipleiomutinine	$C_{40}H_{46}N_4O_2$	C	[65]
2-9-429	geissospermine（缝籽碱）	$C_{40}H_{48}N_4O_3$	C	[165]
2-9-430	psychotriasine	$C_{22}H_{26}N_4$	M	[166]
2-9-431	3,5,3,3'-[oxybis(methylene)]-bis(9-methoxy-9H-carbazole)	$C_{28}H_{24}N_2O_3$	A	[167]
2-9-432	dendridine A	$C_{20}H_{19}Br_2N_4O_2$	D	[169]
2-9-433	hyrtiazepine	$C_{20}H_{15}N_3O_4$	M	[170]
2-9-434	hyrtinadine A	$C_{20}H_{13}N_4O_2$	D	[171]

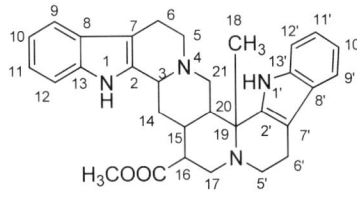

2-9-395 H (3β); H (15α); H (20β); H (18α)
2-9-396 H (3β); H (15α); H (20β); H (18β)
2-9-397 H (3α); H (15α); H (20β); H (18β)

2-9-398 17β-H
2-9-399 17β-H
2-9-400 17β-H; 20α-H
2-9-401 17α-H; 20α-H

2-9-402
2-9-403 17α-H

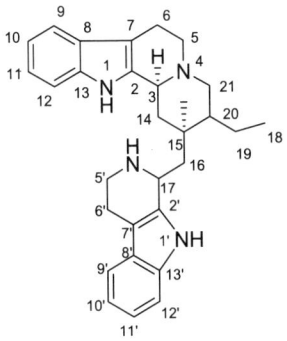

2-9-404 17α-H; 20α-H
2-9-405 20α-H

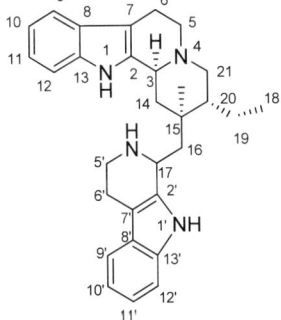

2-9-406[168]

2-9-407[168]

2-9-408[168]

2-9-409[172]

2-9-410[172] R¹=OCH₃; R²=H
2-9-411[172] R¹=R²=H
2-9-412[172] R¹=OCH₃; R²=CH₃

表 2-9-66 化合物 2-9-395~2-9-397 的 ^{13}C NMR 数据[162]

C	2-9-395	2-9-396	2-9-397	C	2-9-395	2-9-396	2-9-397
6'	17.6	17.5	23.3	9'	116.4	118.7	118.1
18	18.1	26.9	18.7	9	117.0	118.8	118.8
6	23.0	23.0	22.7	10'	117.5	119.8	119.2
15	30.6	29.5	36.1	10	118.0	120.0	119.7
14	32.9	32.8	35.3	11'	119.5	122.1	121.1
21	48.1	48.6	57.9	11	120.4	122.4	122.2
20	49.4	49.3	50.0	8'	125.5	127.7	127.3
OCH₃	49.4	50.8	50.1	8	126.8	128.7	128.1
5'	49.9	47.4	50.7	13'	135.3	137.7	137.4
5	51.4	52.1	54.0	13	135.3	137.4	137.3
3	54.0	55.1	60.6	2"	135.3	137.2	137.3
19	57.7	58.1	58.5	2	132.9	132.3	136.5
7'	106.0	107.6	107.7	C=O	165.4	167.8	167.7
7	108.1	109.7	109.9	16	95.1	105.7	96.2
12'	110.2	112.2	111.7	17	144.8	149.1	146.9
12	110.4	112.4	111.9				

表 2-9-67 化合物 2-9-398~2-9-405 的 ^{13}C NMR 数据[163]

C	2-9-398	2-9-399	2-9-400	2-9-401	2-9-402	2-9-403	2-9-404	2-9-405
2	124.7	134.6	135.2	135.1	134.7	134.8	135.1	135.2
3	59.3	59.5	59.4	60.3	58.3	59.5	60.3	59.5
5	52.6	52.9	53.1	53.1	52.6	52.9	53.1	53.1
6	21.5	21.6	21.5	21.6	21.3	21.6	21.6	21.5
7	107.3	107.3	107.9	107.3	107.3	107.3	107.3	107.9
8	127.0	127.0	127.3	127.1	127.0	127.0	127.1	127.3
9	117.7	117.7	117.9	117.7	117.7	117.7	117.7	117.9
10	121.0	120.9	120.9	120.6	121.0	120.9	120.6	120.9
11	118.9	118.9	119.1	118.8	118.0	118.0	118.8	119.1

续表

C	2-9-398	2-9-399	2-9-400	2-9-401	2-9-402	2-9-403	2-9-404	2-9-405
12	110.6	110.8	110.6	110.6	110.6	110.8	110.6	110.6
13	135.9	135.8	135.7	135.8	135.9	135.8	135.8	135.7
14	34.3	36.4	31.1	32.4	34.3	36.4	32.4	31.1
15	35.8	37.8	35.1	36.1	35.8	37.8	36.1	35.1
16	38.1	38.4	38.4	37.8	38.1	38.4	37.8	38.4
17	48.8	51.9	49.8	30.0	48.8	51.9	50.0	49.8
18	11.0	11.2	12.5	12.4	11.0	11.2	12.4	12.8
19	23.2	23.8	18.6	17.5	23.2	23.8	17.5	18.6
20	42.2	42.5	41.3	38.3	42.2	42.5	38.3	41.3
21	59.9	60.1	57.3	57.5	59.9	60.1	57.5	57.1
2'	135.5	135.5	135.4	135.1	135.5	135.5	135.4	135.4
5'	42.2	42.0	42.3	42.2	42.2	42.0	42.2	42.3
6'	22.4	22.4	22.5	22.3	22.4	22.4	22.3	22.5
7'	108.1	108.6	108.7	108.4	108.1	108.6	108.4	108.2
8'	127.3	127.2	127.4	127.2	127.2	127.2	127.2	127.4
9'	117.9	117.9	118.0	117.7	117.9	117.9	117.7	118.0
10'	121.3	121.6	121.4	121.2	121.3	121.6	121.2	121.4
11'	119.0	119.4	119.2	119.0	119.0	118.3	119.0	119.2
12'	110.9	110.8	110.6	110.6	110.9	110.4	110.0	110.0
13'	136.1	135.9	136.0	135.8	136.1	135.9	135.8	136.0

表 2-9-68　化合物 2-9-406~2-9-412 的 ^{13}C NMR 数据[168, 172]

C	2-9-406	2-9-407	2-9-408	C	2-9-409	2-9-410	2-9-411	2-9-412
2	157.3	156.8	161.4	2	134.4	135.1	134.9	136.6
3	156.7	156.8	161.1	3	140.1	139.6	138.7	139.0
5	48.1	47.2	54.8	5	119.7	119.8	119.8	119.9
6	45.8	45.5	51.1	6	150.3	149.9	149.9	151.0
2'	143.1	144.2	140.6	7	116.6	117.0	116.3	117.0
3'	106.7	106.3	113.2	8	121.4	121.5	120.3	121.2
3'a	124.1	123.8	123.9	9	115.4	115.5	123.1	116.4
4'	123.0	121.1	122.7	10	120.1	120.0	119.3	120.2
5'	125.9	124.3	126.5	11	107.0	107.1	126.8	106.9
6'	117.0	125.1	117.1	12	146.0	146.0	111.6	146.5
7'	116.2	114.5	115.9	13	129.7	129.9	139.6	130.3
7'a	138.2	137.4	138.0	14	40.0	29.6	34.7	29.3
2"	124.1	125.4	124.7	15	20.9	35.4	29.3	34.6
3"	113.2	111.2	111.9	2'	134.0	132.8	132.7	133.0
3"a	125.2	125.2	124.6	3'	140.6	147.8	147.9	144.7
4"	119.0	120.7	118.1	5'	119.0	136.2	136.5	137.2
5"	118.8	122.0	119.3	6'	150.4	113.7	113.5	114.4
6"	121.7	114.5	121.8	7'	116.7	128.5	128.3	131.4
7"	111.9	114.0	112.1	8'	120.0	120.4	120.5	122.4

C	2-9-406	2-9-407	2-9-408	C	2-9-409	2-9-410	2-9-411	2-9-412
7″a	136.6	137.5	136.8	9′	123.2	121.3	121.3	121.7
				10′	119.7	119.1	119.0	120.1
				11′	127.1	127.9	127.8	128.8
				12′	111.9	112.4	112.3	111.8
				13′	139.8	140.6	140.5	140.4
				14′	43.7	72.6	72.8	83.6
				15′	24.6			
				16	56.0	55.9	55.9	57.5
				17	55.6	55.4		56.1
				18	56.1			55.8

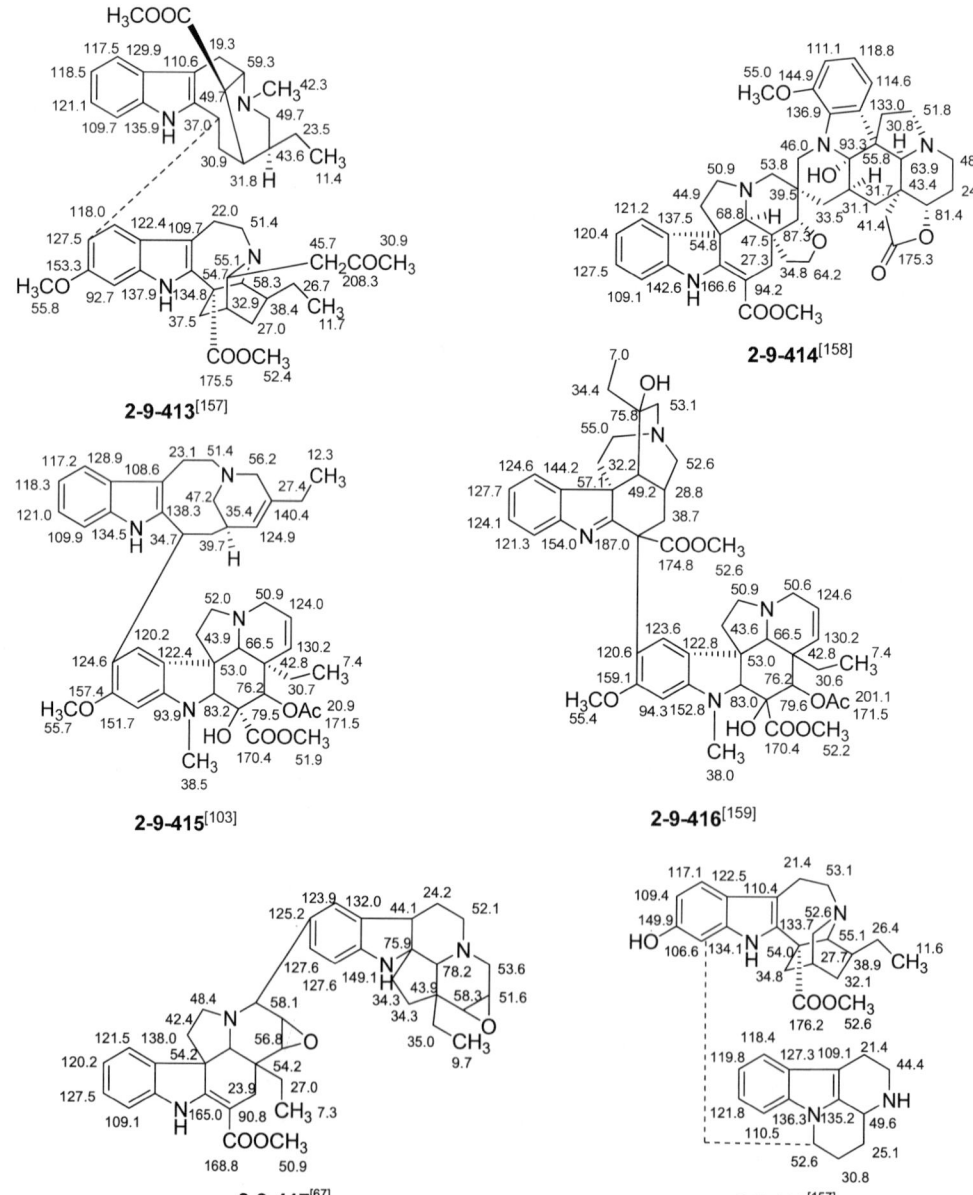

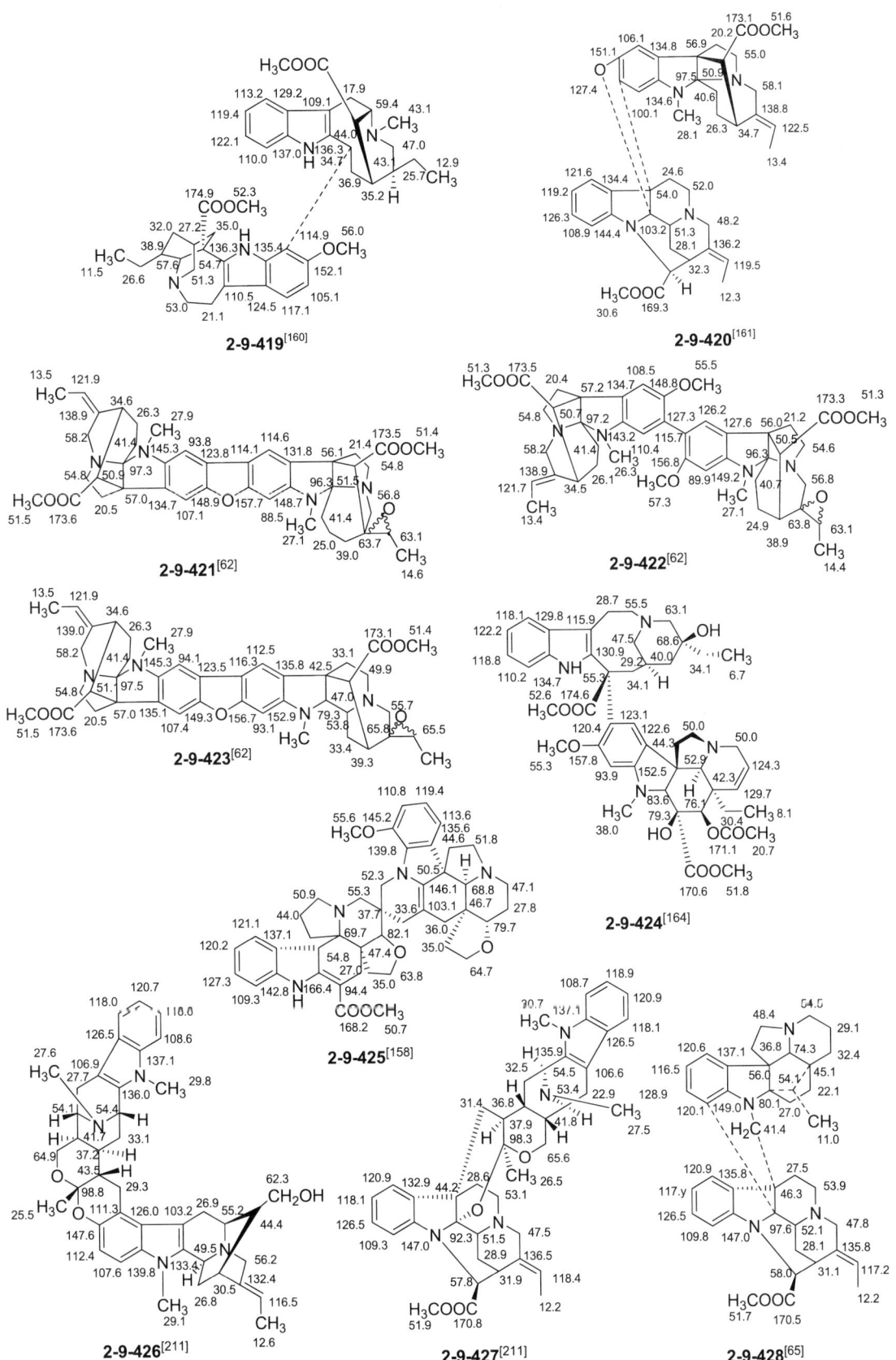

十八、麦角碱类化合物

表 2-9-69 麦角碱类化合物的名称、分子式和测试溶剂

编号	名称	分子式	测试溶剂	参考文献
2-9-435	2-methyl-2,6,7,8-tetrahydrobenzo[cd]indole	$C_{12}H_{13}N$	C	[6]
2-9-436	2,6,7,8-tetrahydrobenzo[cd]indole	$C_{11}H_{11}N$	C	[6]
2-9-437	7,9-dimethyl-4,6,6a,7,8,9,10,10a-octahydroindolo[4,3-fg]quinoline	$C_{16}H_{20}N_2$	C	[6]
2-9-438	7-methyl-4,6,6a,7,8,9,10,10a-octahydroindolo[4,3-fg]quinolin-9-yl-methyl acetate	$C_{18}H_{22}N_2O_2$	C	[6]
2-9-439	(9R)-7,9-dimethyl-4,6,6a,7,8,9,10,10a-octahydroindolo[4,3-fg]quinolin-9-ol	$C_{16}H_{20}N_2O$	C	[6]
2-9-440	(9R,10aR)-methyl-7-methyl-4,6,6a,7,8,9,10,10a-octahydro-indolo[4,3-fg]quinoline-9-carboxylate	$C_{17}H_{20}N_2O_2$	C	[6]
2-9-441	(9S,10aR)-4,7-dimethyl-4,6,6a,7,8,9,10,10a-octahydroindolo-[4,3-fg]quinoline-9-carboxamide	$C_{17}H_{21}N_3O$	C	[173]
2-9-442	(9R,10aR)-4,7-dimethyl-4,6,6a,7,8,9,10,10a-octahydroindolo-[4,3-fg]quinoline-9-carboxamide	$C_{17}H_{21}N_3O$	C	[173]
2-9-443	(9R)-4,7-dimethyl-4,6,6a,7,8,9,10,10a-octahydroindolo[4,3-fg]quinoline-9-carboxamide	$C_{17}H_{21}N_3O$	C	[173]
2-9-444	(9S)-4,7-dimethyl-4,6,6a,7,8,9,10,10a-octahydroindolo[4,3-fg]quinoline-9-carboxamide	$C_{17}H_{21}N_3O$	C	[173]
2-9-445	(9S,10aS)-10a-methoxy-7-methyl-4,6,6a,7,8,9,10,10a-octahydroindolo[4,3-fg]quinoline-9-carboxamide	$C_{17}H_{21}N_3O_2$	C	[173]
2-9-446	(9S,10aS)-methyl-10a-methoxy-7-methyl-4,6,6a,7,8,9,10,10a-octahydroindolo[4,3-fg]quinoline-9-carboxylate	$C_{18}H_{22}N_2O_3$	C	[173]
2-9-447	(9R,10aS)-10a-methoxy-7-methyl-4,6,6a,7,8,9,10,10a-octahydroindolo[4,3-fg]quinoline-9-carboxamide	$C_{17}H_{21}N_3O_2$	C	[173]
2-9-448	(9R,10aS)-methyl-10a-methoxy-7-methyl-4,6,6a,7,8,9,10,10a-octahydroindolo[4,3-fg]quinoline-9-carboxylate	$C_{18}H_{22}N_2O_3$	C	[174]

续表

编号	名称	分子式	测试溶剂	参考文献
2-9-449	(9S,10aR)-10a-methoxy-7-methyl-4,6,6a,7,8,9,10,10a-octahydroindolo[4,3-fg]quinoline-9-carboxamide	$C_{17}H_{21}N_3O_2$	C	[173]
2-9-450	(9S,10aR)-methyl-10a-methoxy-7-methyl-4,6,6a,7,8,9,10,10a-octahydroindolo[4,3-fg]quinoline-9-carboxylate	$C_{18}H_{22}N_2O_3$	C	[174]
2-9-451	(9R,10aR)-methyl-10a-methoxy-7-methyl-4,6,6a,7,8,9,10,10a-octahydroindolo[4,3-fg]quinoline-9-carboxylate	$C_{18}H_{22}N_2O_3$	C	[174]
2-9-452	(9R,10aR)-10a-methoxy-7-methyl-4,6,6a,7,8,9,10,10a-octahydroindolo[4,3-fg]quinoline-9-carboxamide	$C_{17}H_{21}N_3O_2$	C	[174]
2-9-453	(9R)-N-(1-hydroxypropan-2-yl)-7-methyl-4,6,6a,7,8,9-hexahydroindolo[4,3-fg]quinoline-9-carboxamide	$C_{19}H_{23}N_3O_2$	C	[6]
2-9-454	(9S)-N-(1-hydroxypropan-2-yl)-7-methyl-4,6,6a,7,8,9-hexahydroindolo[4,3-fg]quinoline-9-carboxamide	$C_{19}H_{23}N_3O_2$	C	[6]
2-9-455	α-ergocryptinine（α-麦角异卡里碱）	$C_{32}H_{41}N_5O_5$	C	[6]
2-9-456	ergotamin（麦角胺）	$C_{32}H_{41}N_5O_5$	C	[6]
2-9-457	isoergotamine（麦角胺宁）	$C_{33}H_{35}N_5O_5$	C	[6]

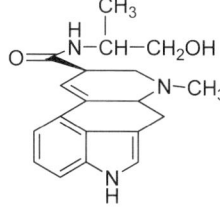

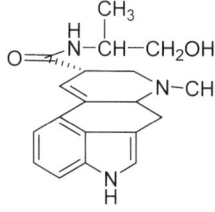

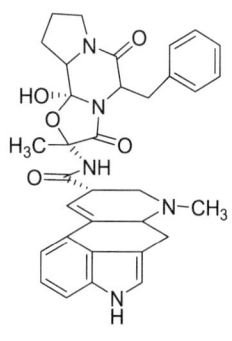

表 2-9-70　化合物 2-9-435~2-9-444 的 ^{13}C NMR 数据

C	2-9-435	2-9-436	C	2-9-437	2-9-438	2-9-439	2-9-440	2-9-441	2-9-442	2-9-443	2-9-444
1	122.3	117.9	1	112.0	112.2	112.9	112.0	112.8	112.6	115.0	114.6
2a	134.5	133.9	2	122.6	122.6	122.0	122.0	123.0	122.7	122.6	122.9
3	106.5	108.4	3	108.4	108.7	104.6	108.7	108.9	107.0	106.8	106.8
4	121.6	121.5	3a	134.0	133.4	134.0	133.2	136.0	134.4	134.6	135.0
5	114.6	114.8	5	118.3	117.9	117.9	118.4	123.5	122.7	123.1	122.9
5a	131.2	131.3	5a	111.2	111.3	110.6	109.9	109.5	110.1	109.8	109.4
6	27.0	27.2	6	26.4	26.4	26.6	26.4	27.0	26.0	14.6	15.8
7	21.4	21.7	6a	63.6	63.4	60.7	56.4	67.6	66.9	60.0	61.1
8	24.3	24.6	8	60.2	56.8	56.6	58.3	58.2	59.1	50.2	52.9
8a	111.2	112.2	9	131.8	130.9	35.8	39.1	37.5	39.9	38.9	36.6
9	127.1	127.0	10	119.4	124.8	68.1	30.3	30.2	30.9	31.9	30.3
N_a-CH$_3$	32.1		10a	40.8	40.5	41.4	40.7	41.1	42.5	42.7	—
			11	131.9	131.3	130.8	132.0	123.0	132.4	134.8	133.9
			12	126.6	126.1	122.9	125.8	128.1	126.2	126.4	126.9
			N_a-CH$_3$					43.0	42.9	42.8	42.8
			N_b-CH$_3$	40.2	40.3	42.9	42.4	33.2	32.7	32.7	32.7
			Ar-CH$_3$	19.9	66.2	16.5					
			C=O		170.7		173.6	178.2	176.0	176.5	178.1
			COOC̲H$_3$		20.6		51.5				

表 2-9-71　化合物 2-9-445~2-9-454 的 ^{13}C NMR 数据

C	2-9-445	2-9-446	2-9-447	2-9-448	2-9-449	2-9-450	2-9-451	2-9-452	2-9-453	2-9-454
1	115.5	116.1	115.9	115.6	114.6	114.0	116.0	116.1	111.0	111.6
2	121.7	121.8	122.1	121.7	123.0	123.1	121.8	122.0	122.4	122.1
3	110.8	111.6	110.9	110.8	109.6	109.3	110.9	110.8	109.0	109.8
3a	134.2	134.5	134.2	134.2	134.1	134.2	134.6	134.7	133.7	133.7
5	118.7	118.7	118.6	118.6	118.4	118.5	118.4	118.3	119.1	119.0
5a	111.0	110.7	111.3	111.1	110.0	110.0	109.8	109.9	108.9	108.9
6	22.1	22.2	27.3	22.2	16.4	15.6	20.3	19.7	26.8	26.9
6a	70.8	70.4	69.6	69.4	59.7	57.6	69.2	68.3	62.6	62.0
8	58.6	56.8	59.8	58.5	50.7	48.7	58.4	58.8	55.5	54.0
9	39.3	37.3	38.8	37.4	39.1	37.9	39.2	40.3	42.8	42.2
10	28.5	28.6	30.1	30.0	36.6	36.9	32.4	32.3	120.1	119.0
10a	73.6	73.5	73.6	73.5	71.0	77.3	74.8	75.0	135.0	136.1
11	129.9	129.6	129.1	129.1	132.3	133.8	126.9	128.2	127.4	127.6
12	125.7	126.6	126.1	126.0	126.8	127.3	127.2	127.0	125.8	125.7
N-CH$_3$	43.4	43.8	43.6	43.6	42.8	42.9	43.0	42.9	43.4	43.6
6-OCH$_3$	49.6	50.9	48.7	49.5	50.0	50.0	49.3	49.4		
C=O	179.6	173.8	175.8	174.6	176.5	174.8	173.8	175.8	171.2	172.1
COOC̲H$_3$		51.8		51.7		51.5	51.5			
1'									46.4	46.2
2'									17.4	17.2
3'									64.4	64.3

表 2-9-72　化合物 2-9-455~2-9-457 的 ^{13}C NMR 数据

C	2-9-455	2-9-456	2-9-457	C	2-9-455	2-9-456	2-9-457
1	111.5	111.0	111.4	2'	89.1	85.9	85.7
2	122.2	122.2	122.4	3'	164.8	165.8	165.9
3	110.2	110.2	110.3	5'	102.8	102.8	102.9
3a	133.6	133.6	133.8	6'	63.4	63.8	63.9
5	119.4	119.4	119.7	7'	26.9	25.9	25.9
5a	108.3	108.8	109.0	8'	21.4	21.7	21.6
6	26.7	26.6	26.9	9'	45.5	45.8	45.7
6a	61.8	62.4	61.7	11'	164.8	164.2	164.5
8	53.7	55.1	53.0	12'	52.1	56.1	56.1
9	42.2	42.5	41.8	13'	42.6	38.7	38.7
10	117.6	118.3	118.1	14'	25.0	138.7	138.9
10a	136.7	136.0	132.1	15'	22.2	129.9	129.9
11	126.7	127.1	127.9	16'	22.2	127.7	122.9
12	125.8	125.9	126.1	17'	15.3	127.4	126.1
N-CH$_3$	42.6	43.4	42.5	18'	16.4	127.7	127.9
C=O	175.8	174.3	175.3	19'		129.9	129.9
1'	33.8	23.8	23.8				

十九、其他双吲哚类化合物

表 2-9-73　其他双吲哚类化合物的名称、分子式和测试溶剂

编号	中文名称	英文名称	分子式	测试溶剂	参考文献
2-9-458		(15R,20E,5S,2R,3S)-20-ethylidene-14,20,21,5,6,3-hexahydro-10,11-dimethoxy-1-methyl-1H,15H-2,5-epoxy-7,15-methanoindolo[15,20-a]quinolizine-16-carboxylic acid methyl ester	$C_{23}H_{28}N_2O_5$	C	[175]
2-9-459		O-deacetyl-O-benzoyl-10-methoxypicratidine	$C_{30}H_{32}N_2O_6$	C	[175]
2-9-460		O-deacetyl-10-methoxy-O-veratroylpicratidine	$C_{32}H_{36}N_2O_8$	C	[175]
2-9-461		5β,10,11-trimethoxystrictamine	$C_{23}H_{28}N_2O_5$	C	[175]
2-9-462		11-methoxy-19,20α-epoxyakuammicine	$C_{21}H_{24}N_2O_4$	C	[175]
2-9-463		11-methoxy-19-oxo-20α-hydroxyakuammicine	$C_{21}H_{24}N_2O_5$	C	[175]
2-9-464		N_b-oxide-cathafoline	$C_{21}H_{26}N_2O_3$	C	[176]
2-9-465	N-氧基-11-甲氧基阿枯米辛	N-oxide-11-methoxyakuammicine	$C_{21}H_{24}N_2O_4$	C	[176]
2-9-466	长春蔓晶	vincamajine	$C_{22}H_{26}N_2O_3$	C	[176]
2-9-467	17-O-长春蔓晶	17-O-vincamajine	$C_{31}H_{34}N_2O_6$	C	[176]
2-9-468	3,4,5-三甲氧基苯甲酸酯白雀定	3,4,5-trimethoxybenzoate (ester)-quebrachidine	$C_{31}H_{34}N_2O_7$	C	[176]
2-9-469	(−)-鸭脚木非灵	(−)-alstophylline	$C_{22}H_{28}N_2O_3$	C	[176]
2-9-470		11-methoxyalstonisine	$C_{22}H_{26}N_2O_3$	C	[176]

续表

编号	中文名称	英文名称	分子式	测试溶剂	参考文献
2-9-471	2,7-二羟基阿朴缝籽木早碱	2,7-dihydroxyapogeissoschizine	$C_{21}H_{24}N_2O_4$	C	[177]
2-9-472		(3aR,8aS)-8a-[(2S)-8-ethylquinuclidin-2-yl]-3,3a,8,8a-tetrahydro-2H-furo[2,3-b]indol-3a-ol	$C_{19}H_{26}N_2O_2$	C	[178]
2-9-473		(3aR,8aS)-8a-[(2R)-8-ethylquinuclidin-2-yl]-3,3a,8,8a-tetrahydro-2H-furo[2,3-b]indol-3a-ol	$C_{19}H_{26}N_2O_2$	C	[178]
2-9-474		2-{2-(8-ethyl-1-aza-bicyclo[2,2,2]oct-2-en-2-yl)-1H-indol-3-yl}ethanol	$C_{19}H_{24}N_2O$	C	[178]

表 2-9-74 化合物 2-9-458~2-9-463 的 ^{13}C NMR 数据[175]

C	2-9-458	2-9-459	2-9-460	2-9-461	2-9-462	2-9-463
2	109.1	109.3	109.8	189.5	167.6	167.5
3	49.7	49.4	48.9	51.5	60.2	59.8
5	87.2	87.2	86.7	90.0	53.3	53.1
6	40.6	44.4	43.6	38.6	56.1	55.9
7	50.0	52.6	52.1	53.9	56.1	55.9

续表

C	2-9-458	2-9-459	2-9-460	2-9-461	2-9-462	2-9-463
8	126.2	135.2	134.7	137.4	127.2	127.0
9	110.5	114.6	114.8	107.3	120.0	119.9
10	144.3	154.4	154.0	149.3	105.0	105.7
11	149.7	111.9	111.0	147.1	159.8	159.9
12	95.0	109.3	108.9	104.8	96.9	97.1
13	143.1	145.0	144.5	149.2	144.6	145.0
14	25.7	22.0	21.4	36.1	28.2	26.4
15	31.2	36.2	35.7	32.6	30.3	24.8
16	52.1	56.8	56.4	56.5	98.1	98.3
17		67.6	67.3			
18	12.6	13.1	12.8	12.9	13.6	34.8
19	120.1	120.8	121.3	120.8	60.7	212.2
20	136.3	137.5	135.9	136.9	61.8	77.6
21	46.3	46.7	45.9	50.4	53.2	50.0
$\underline{C}OOCH_3$	172.5	172.2	172.0	171.7	170.8	171.4
$COO\underline{C}H_3$	51.3	51.5	51.2	51.4	50.3	50.6
5-OCH$_3$				56.5		
10-OCH$_3$	57.1	55.2	54.7	56.1	54.9	55.2
11-OCH$_3$	56.3			54.5		
N-CH$_3$	29.8	30.3	29.7			
C=O		165.3	165.0			
1'		129.6	121.4			
2'		129.5	111.8			
3'		128.6	148.1			
4'		132.6	152.7			
5'		128.6	109.9			
6'		129.5	123.3			
3'-OCH$_3$			55.6			
4'-OCH$_3$			55.4			

表 2-9-75 化合物 2-9-464~2-9-470 的 ^{13}C NMR 数据[176]

C	2-9-464	2-9-465	2-9-466	2-9-467	2-9-468	2-9-469	2-9-470
2	78.9	164.7	74.5	75.9	70.1	132.0	183.1
3	70.3	78.4	52.8	53.2	52.7	53.9	62.9
5	67.3	70.0	61.1	61.6	60.9	54.8	55.6
6	29.5	41.5	35.0	36.5	34.4	22.9	41.4
7	41.2	54.0	56.5	56.3	57.0	105.9	55.9
8	138.9	126.7	129.7	128.5	131.6	121.2	120.2
9	121.1	121.6	124.4	123.5	125.3	118.3	125.8
10	120.0	106.1	118.6	119.0	122.9	108.2	106.6
11	127.9	161.0	127.6	128.5	127.2	156.0	159.9

续表

C	2-9-464	2-9-465	2-9-466	2-9-467	2-9-468	2-9-469	2-9-470
12	110.1	97.5	108.6	109.1	115.1	93.5	96.2
13	152.0	144.0	153.9	154.2	143.9	138.0	144.8
14	31.4	27.8	21.1	21.7	22.4	32.5	30.4
15	32.3	28.5	29.4	30.1	29.4	23.0	23.8
16	51.6	102.1	59.7	59.1	59.9	38.6	36.6
17			73.9	74.8	74.8	67.8	67.6
18	13.3	13.4	12.0	12.5	12.3	25.0	24.2
19	123.5	126.9	116.3	117.0	116.7	195.4	197.4
20	130.3	133.1	135.5	136.0	135.5	121.2	121.1
21	73.0	73.9	54.6	55.3	54.7	157.3	158.2
$\underline{C}OOCH_3$	171.9	167.1	173.0	172.2	173.0		
$COO\underline{C}H_3$	51.7	51.3	50.8	51.6	51.2		
N_1-CH_3	34.2		33.6	34.1		29.1	31.9
N_2-CH_3						41.8	55.0
11-OCH_3		55.6				56.0	—
3'-OCH_3				55.9	55.9		
4'-OCH_3				55.9	60.9		
5'-OCH_3					55.9		
C=O				163.8	169.7		
1'				122.1	130.5		
2'				112.0	105.9		
3'				148.6	153.2		
4'				152.9	141.2		
5'				110.4	153.2		
6'				123.2	105.9		

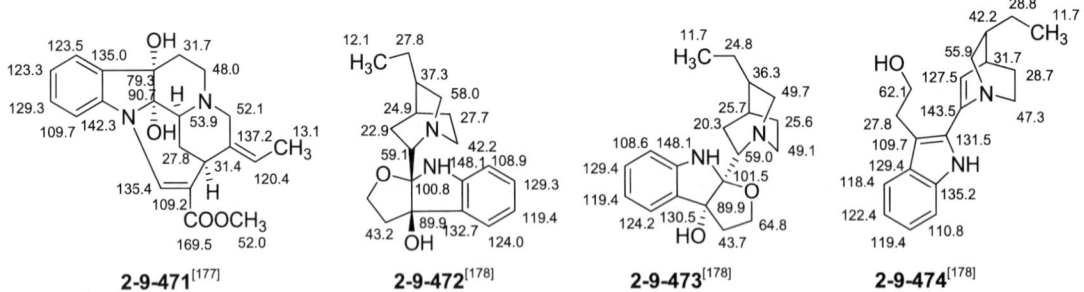

2-9-471[177]　　2-9-472[178]　　2-9-473[178]　　2-9-474[178]

二十、色胺吲哚类化合物

表 2-9-76　色胺吲哚类化合物的名称、分子式和测试溶剂

编号	中文名称	名称	分子式	测试溶剂	参考文献
2-9-475	β-咔啉	β-carboline	$C_{11}H_8N_2$	M	[180]
2-9-476	去氢吴茱萸碱	dehydroevodiamine	$C_{19}H_{15}N_3O$	D	[182]
2-9-477	吴茱萸碱	evodiamine	$C_{19}H_{17}N_3O$	D	[182]

续表

编号	中文名称	名称	分子式	测度溶剂	参考文献
2-9-478	椭圆玫瑰树碱	ellipticine	$C_{17}H_{14}N_2$	D	[183]
2-9-479	骆驼蓬碱	harmaline	$C_{13}H_{14}N_2O$	D	[184]
2-9-480	骆驼蓬酚	harmalol	$C_{12}H_{12}N_2O$	D	[184]
2-9-481	哈尔满	harman	$C_{12}H_{10}N_2$	D	[184]
2-9-482	哈明碱	harmine	$C_{13}H_{12}N_2O$	D	[184]
2-9-483	褐绿白坚木碱	olivacine	$C_{17}H_{14}N_2$	D	[185]
2-9-484	吴茱萸次碱	rutaecarpine	$C_{18}H_{13}N_3O$	D	[182]
2-9-485		oppositinine A	$C_{13}H_{12}N_2O_3$	C	[191]
2-9-486		oppositinine B	$C_{15}H_{14}N_2O_3$	C	[191]
2-9-487		trigonostemonine A	$C_{21}H_{21}N_3O_3$	C	[192]
2-9-488		trigonostemonine B	$C_{21}H_{21}N_3O_3$	C+M	[192]
2-9-489		trigonostemonine C	$C_{21}H_{13}N_3O$	C	[192]
2-9-490		trigonostemonine D	$C_{21}H_{13}N_3O$	C+M	[192]
2-9-491		trigonostemonine E	$C_{21}H_{15}N_3O$	C+M	[192]
2-9-492	铁屎米酮	canthin-6-one	$C_{14}H_8N_2O$	C	[179]
2-9-493	白叶藤碱	cryptolepine	$C_{16}H_{12}N_2$	M	[181]
2-9-494	山辣椒碱	tabernaemontanine	$C_{21}H_{26}N_2O_3$	C	[186]
2-9-495	多果树碱	pleiocarpamine	$C_{20}H_{22}N_2O_2$	C	[187]
2-9-496	塔氏多果树	talcarpine	$C_{21}H_{26}N_2O_2$	C	[188, 189]
2-9-497	长春胺	vincamine	$C_{21}H_{26}N_2O_3$	C	[190]
2-9-498		trigonostemonine F	$C_{22}H_{20}N_3O$	C	[192]
2-9-499	美味草素	micromeline	$C_{18}H_{17}NO_2$	A	[193]
2-9-500		fargesine (5-hydroxy-12-methyl-10,11,12,13-tetrahydro-1H-azepino[5,4,3-cd]indole N^{12}-oxide	$C_{12}H_{14}N_2O_2$	W+D(1:1)	[194]
2-9-501		plectocomine 12-methyl-5-O-β-D-glucopyranoside N^{12}-oxide	$C_{18}H_{24}N_2O_7$	W	[194]
2-9-502		bufotenine 5-O-β-D-glucopyranoside N^{12}-oxide	$C_{18}H_{26}N_2O_7$	W	[194]
2-9-503		koniamborine	$C_{13}H_{11}NO_3$	C	[195]
2-9-504		nostocarboline	$C_{12}H_{10}ClN_2$	M	[196]
2-9-505		N hydroxyannomontine	$C_{15}H_{11}N_5O$	A	[197]
2-9-506		5-bromo-8-methoxy-1-methyl-β-carboline	$C_{13}H_{11}BrN_2O$	C	[198]
2-9-507		1-imidazoyl-3-carboxy-6-hydroxy-carboline alkaloid	$C_{16}H_{10}N_4O_4$	C	[199]

2-9-475[180] $R^1=R^2=H$; $\Delta^{5,6}$
2-9-479[184] $R^1=CH_3$; $R^2=OCH_3$
2-9-480[184] $R^1=CH_3$; $R^2=OH$
2-9-481[184] $R^1=CH_3$; $R^2=H$
2-9-482[184] $R^1=CH_3$; $R^2=OCH_3$; $\Delta^{5,6}$

2-9-476[182] $R^1=O$; $R^2=CH_3$; $R^3=H$; $\Delta^{2,7}$; $\Delta^{3,14}$
2-9-477[182] $R^1=O$; $R^2=CH_3$; $R^3=H$;
2-9-484[182] $R^1=O$; $R^3=H$; $\Delta^{2,7}$; $\Delta^{3,14}$

2-9-478[183] R¹=CH₃; R²=H; R³=CH₃
2-9-483[185] R¹=H; R²=R³=CH₃

2-9-485[191]

2-9-486[191]

2-9-487[192] R¹=H; R²=OCH₃
2-9-488[192] R¹=OCH₃; R²=H

2-9-489[192] R¹=OCH₃; R²=H
2-9-490[192] R¹=H; R²=OCH₃

2-9-491[192]

表 2-9-77　化合物 2-9-475~2-9-484 的 ^{13}C NMR 数据

C	2-9-475	2-9-476	2-9-477	2-9-478	2-9-479	2-9-480	2-9-481	2-9-482	2-9-483	2-9-484
1				152.9					158.7	
2	130.9	130.2	130.6		128.4	125.1	—	141.0		127.1
3	138.3	150.0	69.7	140.9	156.7	160.1	142.0	142.0	140.5	145.3
4				115.8					114.9	
4a				132.3					132.4	
5	134.0	42.1	40.8	107.9	47.5	41.6	137.3	137.2	110.8	40.8
5a				140.4					139.5	
6	129.8	18.5	19.5		19.1	18.6	112.2	112.3		18.9
6a				142.6					142.5	
7	115.9	120.1	111.5	110.5	125.3	114.2	121.1	114.5	111.0	117.8
8	121.7	123.3	125.9	127.0	120.3	125.0	127.0	127.5	127.6	124.9
9	120.9	121.6	118.2	119.1	119.4	122.8	121.2	121.7	119.0	119.9
10	120.9	121.6	118.9	123.6	110.2	112.9	119.0	109.6	124.7	119.7
10a				123.3					122.7	
10b				121.9					121.4	
11	122.7	128.7	121.8	123.0	157.1	151.1	127.5	160.1	121.8	124.7
11a				—					114.7	
12	112.9	113.6	111.5		94.6	94.6	111.5	95.4		112.5
13	142.9	141.3	136.5		137.5	139.5	134.6	134.7		138.6
15		139.7	148.7							147.3
16		118.6	117.4							126.6
17		136.7	133.4							134.4
18		128.6	120.3							125.9
19		127.7	128.0							126.4
20		118.7	119.3							120.7
21		158.2	164.1							160.6

续表

C	2-9-475	2-9-476	2-9-477	2-9-478	2-9-479	2-9-480	2-9-481	2-9-482	2-9-483	2-9-484
R^1				14.2	55.0			—		
R^2		40.9	36.4		21.9	19.1	18.4	18.5	23.0	
R^3				11.8					12.4	

表 2-9-78 化合物 2-9-485~2-9-491 的 ^{13}C NMR 数据

C	2-9-485	2-9-486	C	2-9-487	2-9-488	2-9-489	2-9-490	2-9-491
2	135.6	135.4	1	161.5	161.8	139.1	140.1	160.2
3	169.2	135.7	3	49.4	49.0	138.9	138.3	49.2
5	137.0	137.9	4	20.9	20.5	114.1	115.8	20.0
6	117.0	118.1	4a	118.4	119.2	130.0	131.1	118.3
7	131.6	131.8	4b	125.3	119.2	115.0	121.6	125.7
8	112.4	112.5	5	120.2	120.6	122.7	122.4	120.7
9	103.0	103.2	6	120.1	111.1	109.9	120.7	120.9
10	145.2	145.9	7	124.8	158.3	161.2	129.6	125.7
11	152.2	152.3	8	112.3	94.2	94.7	112.6	113.2
12	94.4	94.7	8a	137.3	138.5	143.3	142.4	138.8
13	136.6	136.7	9a	127.2	125.3	135.4	135.6	129.0
14		26.0	1'	112.6	117.3			
15		203.6	2'	152.9	150.4	148.4	150.6	150.5
OCH$_3$	56.2	56.6	3'	99.4	117.1	121.9	120.4	119.1
OCH$_3$	56.5	56.3	4'	164.5	134.3	145.0	144.9	144.4
			4'a			126.3	122.3	121.9
			5'	104.6	115.4	125.8	127.6	127.2
			6'	133.5	130.9	127.2	121.1	121.2
			7'	199.1	200.8	129.4	161.8	162.0
			8'	37.7	37.5	128.3	107.0	107.0
			8'a			147.1	150.4	150.5
			9'	43.9	43.3			
			OCH$_3$	55.2	55.1	55.6	55.8	55.8

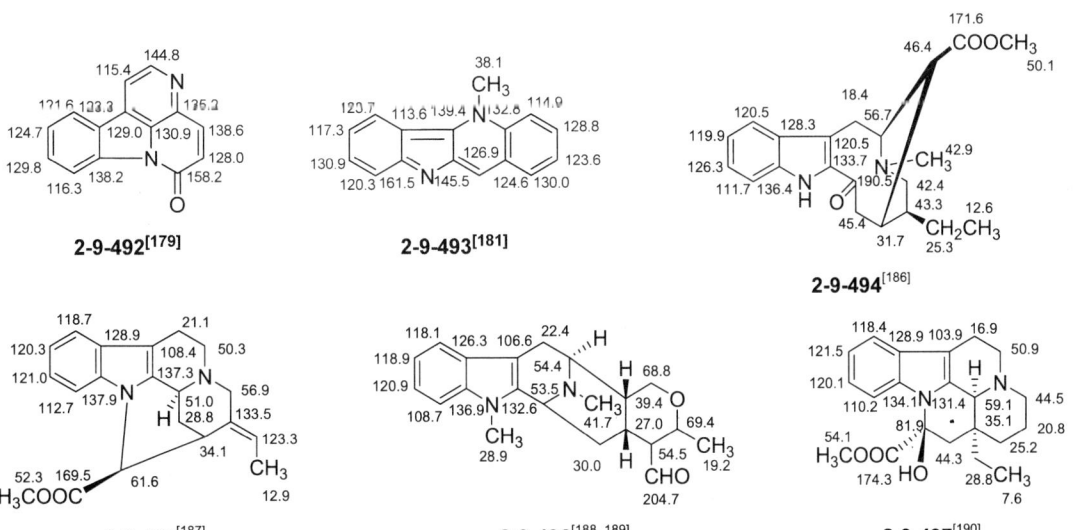

2-9-492[179]

2-9-493[181]

2-9-494[186]

2-9-495[187]

2-9-496[188, 189]

2-9-497[190]

二十一、半萜吲哚类化合物

表 2-9-79 半萜吲哚类化合物的名称、分子式和测试溶剂

编号	中文名称	名称	分子式	测试溶剂	参考文献
2-9-508	曲麦角碱	agroclavine	$C_{16}H_{18}N_2$	P	[6]
2-9-509	麦角卡里碱	ergocryptine	$C_{32}H_{41}N_5O_5$	C	[200]
2-9-510	麦角新碱	ergonovine	$C_{19}H_{23}N_3O_2$	D	[6]
2-9-511	麦角胺	ergotamine	$C_{33}H_{35}N_5O_5$	D	[6, 201]

2-9-508[6] R^1=CH$_3$; Δ^{8,9}; R^2=α-H
2-9-510[6] R^1=β-CONHCH(CH$_3$)CH$_2$OH; Δ^{9,10}
2-9-509[200] R^1=β-CH(CH$_3$)$_2$; R^2=α-CH$_2$CH(CH$_3$)$_2$
2-9-511[6, 201] R^1=β-CH$_3$; R^2=α-Ph

表 2-9-80 化合物 2-9-508~2-9-511 的 ^{13}C NMR 数据

C	2-9-508	2-9-509	2-9-510	2-9-511	C	2-9-509	2-9-510
2	118.3	119.1	119.1	119.4	2'	89.7	46.4
3	111.2	110.6	108.9	108.8	3'	165.8	64.4

续表

C	2-9-508	2-9-509	2-9-510	2-9-511	C	2-9-509	2-9-510
4	26.4	21.6	26.8	26.6	4'		17.4
5	63.6	59.2	62.6	62.4	5'	53.3	
6	40.2	40.9	43.4	43.4	6'	166.2	
7	60.2	48.1	55.5	55.1	7'		
8	131.9	44.3	42.8	42.6	8'	46.0	
9	119.4	118.8	120.1	118.3	9'	22.0	
10	40.8	139.2	135.0	136.0	10'	26.4	
11	131.9	129.6	127.4	127.1	11'	64.5	
12	112.0	111.9	111.0	111.0	12'	103.5	
13	122.0	123.3	122.4	122.2	13'	34.3	
14	108.4	110.1	109.0	110.2	14'	16.8	
15	134.0	133.9	133.7	133.8	15'	15.3	
16	126.6	126.2	125.7	125.9	16'	43.5	
17		176.2		174.3	17'	25.0	
R^1	19.9				18'	22.2	
1'			171.2		19'	22.6	

二十二、二聚吲哚类化合物

表2-9-81 二聚吲哚类化合物的名称、分子式和测试溶剂

编号	中文名称	名称	分子式	测试溶剂	参考文献
2-9-512	箭头毒V	caracurine V	$C_{33}H_{38}N_4O_2$	C	[202]
2-9-513	毒马钱碱I	toxiferine I	$C_{49}H_{46}N_4O_2$	W+M(1:5)	[92]
2-9-514	异桑古辛碱	isosungucine	$C_{42}H_{42}N_4O_2$	C	[203]
2-9-515	18-羟基异桑古辛碱	18-hydroxyisosungucine	$C_{42}H_{42}N_4O_3$	C	[203]
2-9-516	18-羟基桑古辛碱	18-hydroxysungucine	$C_{42}H_{42}N_4O_3$	C	[208]
2-9-517	异长春碱	leurosidine	$C_{46}H_{58}N_4O_9$		[204~206]
2-9-518	环氧长春碱	leurosine	$C_{46}H_{56}N_4O_9$	C	[204, 205]
2-9-519	长春碱	vinblastine	$C_{46}H_{58}N_4O_9$	C	[205, 212]
2-9-520	羟基长春碱	vincadioline	$C_{46}H_{58}N_4O_{10}$	C	[213]
2-9-521	醛基长春碱	vincristine	$C_{46}H_{56}N_4O_{10}$	C	[215]
2-9-522	O-甲基大鸭脚木碱	O-methylmacralstonine	$C_{44}H_{54}N_4O_5$	C	[187]
2-9-523	大鸭脚木碱	macralstonine	$C_{43}H_{52}N_4O_5$	C	[187]
2-9-524	甲基长春花拉胺	methylvingramine	$C_{47}H_{58}N_4O_8$	P	[207]
2-9-525	花拉胺	vingramine	$C_{46}H_{56}N_4O_8$	P	[207]
2-9-526	11,12-二甲氧基亨宁萨胺	11,12-dimethoxyhenningsamine	$C_{25}H_{30}N_2O_6$	C	[216]
2-9-527		alstolucine A	$C_{23}H_{28}N_2O_5$	C	[217]
2-9-528		alstolucine B	$C_{20}H_{22}N_2O_3$	C	[217]
2-9-529		alstolucine C	$C_{20}H_{22}N_2O_4$	C	[217]
2-9-530		alstolucine D	$C_{20}H_{22}N_2O_4$	C	[217]
2-9-531		alstolucine E	$C_{20}H_{22}N_2O_4$	C	[217]
2-9-532	10'-羟基东非马钱	10'-hydroxyusambarensine	$C_{29}H_{28}N_4O$	M	[209]
2-9-533	毛鸭脚木灵	villalstonine	$C_{41}H_{48}N_4O_4$	C	[210, 211]
2-9-534	长春西碱	vincathicine	$C_{46}H_{56}N_4O_9$	C	[214]
2-9-535		6-hydroxy-9'-methoxystaurosporinone	$C_{21}H_{15}N_3O_3$	M	[218]
2-9-536		6,9'-dihydroxystaurosporinone	$C_{29}H_{13}N_3O_3$	M	[186]

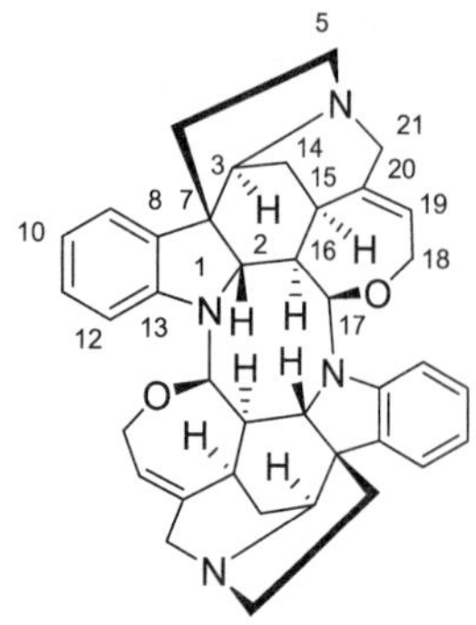

2-9-512[202]

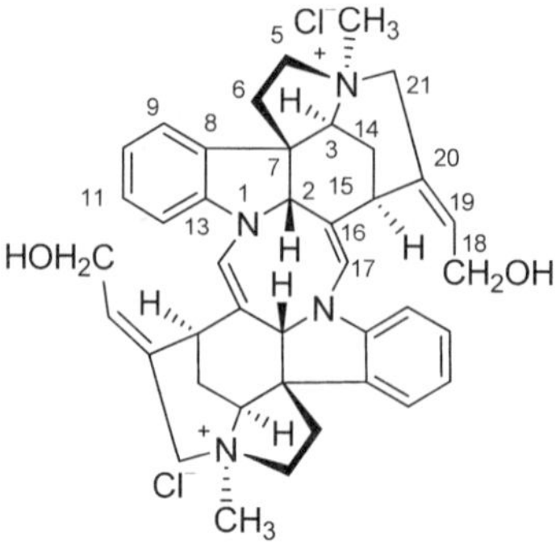

2-9-513[92]

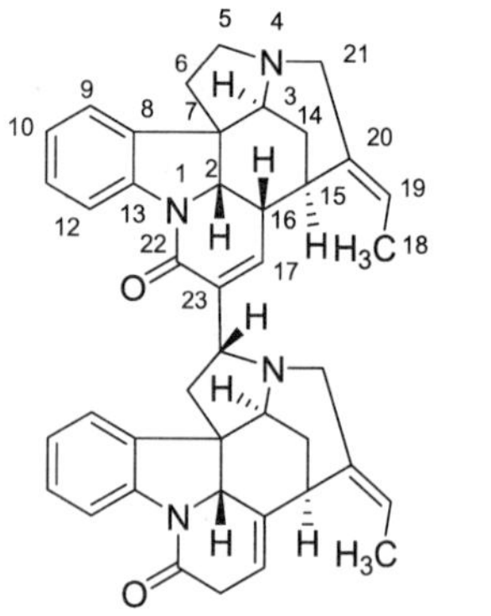

2-9-514[203]

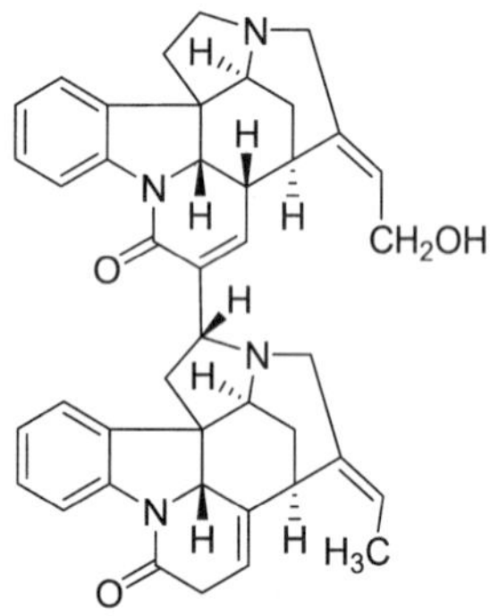

2-9-515[203]

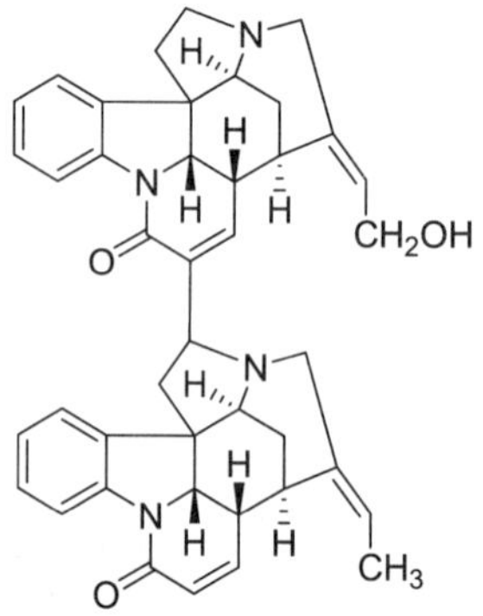

2-9-516[208]

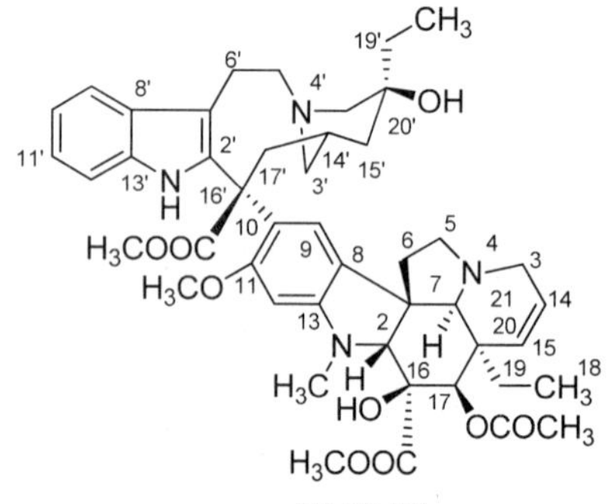

2-9-517[204, 205, 206]

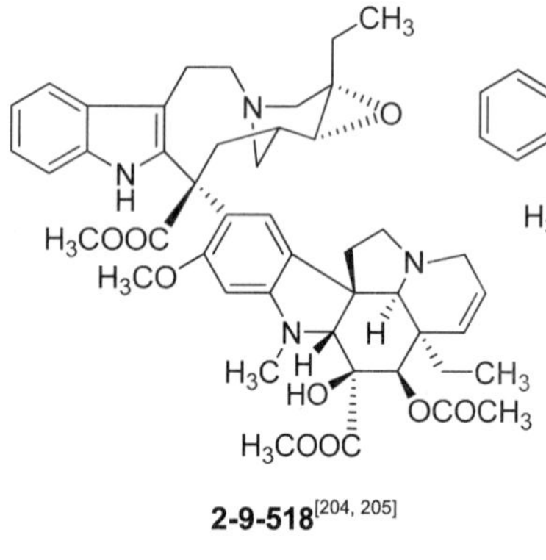

2-9-518[204, 205]

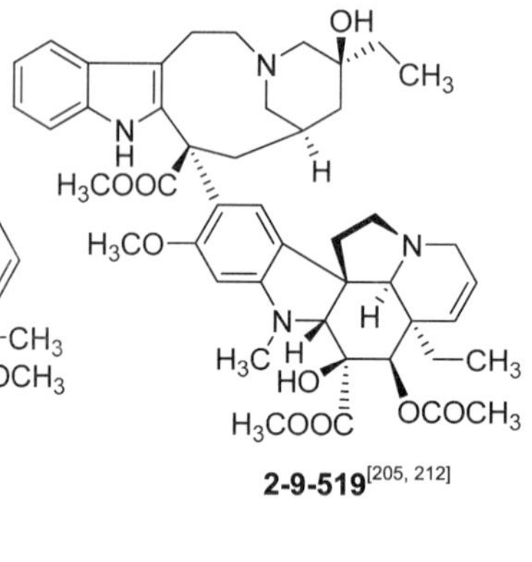

2-9-519[205, 212]

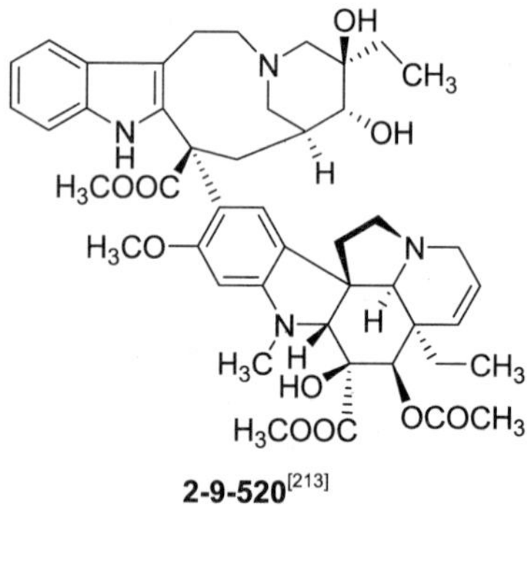

2-9-520[213]

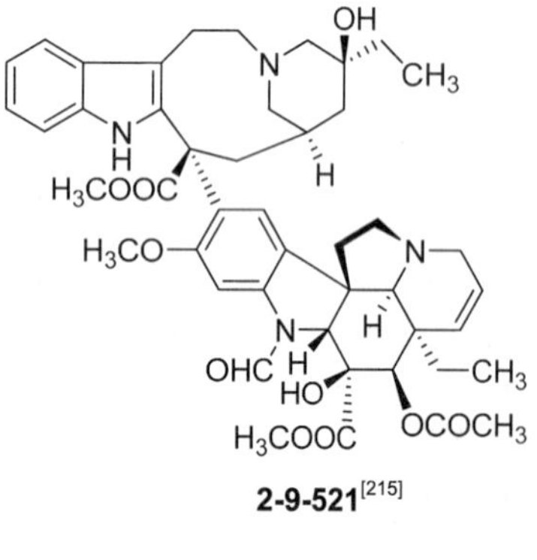

2-9-521[215]

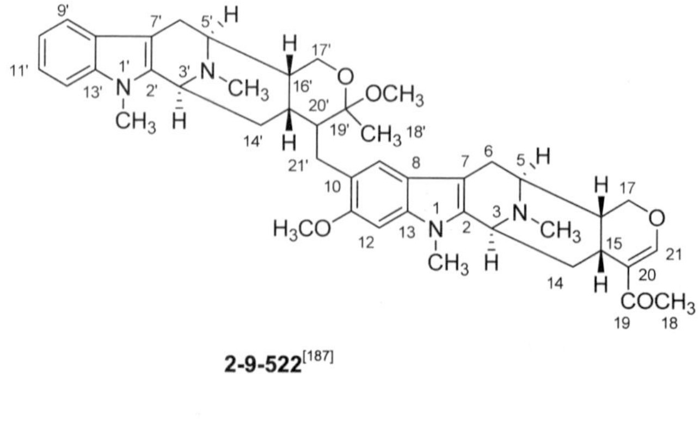

2-9-522[187]

表 2-9-82　化合物 2-9-512~2-9-516 的 ^{13}C NMR 数据

C	2-9-512	2-9-513	C	2-9-514	2-9-515	2-9-516
2	56.9	70.5	2	64.8	64.5	64.7
3	59.6	77.2	3	65.7	65.5	65.4
4		48.5	5	53.8	53.8	53.9
5	51.3	60.8	6	37.1	37.1	37.6
6	41.0	38.7	7	52.4	52.2	—
7	55.5	53.6	8	137.0	136.0	—
8	141.7	133.9	9	122.3	122.4	122.4
9	121.6	124.0	10	124.4	124.7	124.7
10	119.3	121.3	11	128.3	128.6	128.5
11	128.0	130.4	12	116.3	116.5	116.3
12	110.0	109.0	13	141.4	141.4	—
13	152.3	145.6	14	23.4	23.4	22.5
14	26.3	21.5	15	31.4	31.9	31.1
15	34.0	30.0	16	37.8	37.7	37.8

续表

C	2-9-512	2-9-513	C	2-9-514	2-9-515	2-9-516
16	52.7	113.4	17	137.5	136.8	136.4
17	98.9	132.9	18	13.2	58.3	58.2
18	66.6	57.5	19	119.0	124.1	124.2
19	126.7	130.4	20	140.7	143.7	—
20	133.8	134.4	21	52.5	52.5	52.2
21	53.5	65.2	22	162.5	162.7	—
2'	56.9	70.5	23	134.4	134.5	—
3'	59.6	77.2	2'	65.0	65.1	64.9
4'		48.5	3'	61.4	61.5	64.2
5'	51.3	60.8	5'	61.0	61.1	62.2
6'	41.0	38.7	6'	52.1	52.1	45.5
7'	55.5	53.6	7'	53.3	53.4	—
8'	141.7	133.9	8'	133.3	33.3	—
9'	121.6	124.0	9'	122.6	122.9	122.6
10'	119.3	121.3	10'	123.7	123.5	124.2
11'	128.0	130.4	11'	128.4	128.6	128.8
12'	110.0	109.0	12'	114.9	115.2	116.6
13'	152.3	145.6	13'	142.0	142.1	—
14'	26.3	21.5	14'	24.7	24.9	23.4
15'	34.0	30.0	15'	34.3	34.4	31.8
16'	52.7	113.4	16'	141.0	141.0	40.4
17'	98.9	132.9	17'	120.4	120.5	143.6
18'	66.6	57.5	18'	13.1	13.3	13.1
19'	126.7	130.4	19'	124.1	124.6	120.2
20'	133.8	134.4	20'	135.2	135.1	—
21'	53.5	65.2	21'	51.3	51.2	50.3
			22'	168.9	169.0	—
			23'	36.7	36.7	123.6

表 2-9-83 化合物 2-9-517~2-9-521 的 ^{13}C NMR 数据

C	2-9-517	2-9-518	2-9-519	2-9-520	2-9-521	C	2-9-517	2-9-518	2-9-519	2-9-520	2-9-521
1	38.0	38.2	38.0	38.3	160.6	12	93.9	94.0	93.9	94.2	94.9
2	83.0	83.1	83.0	83.4	71.9	13	152.5	152.8	152.5	152.7	140.8
3	50.0	50.2	50.1	50.4	49.4	14	124.3	124.3	124.3	124.5	124.5
5	50.0	50.2	50.0	50.4	47.2	15	129.7	129.7	129.7	130.0	129.3
6	44.3	44.5	44.3	44.6	40.9	16	79.3	79.5	79.3	79.6	79.3
7	52.9	53.1	52.9	53.3	52.7	17	76.1	76.2	76.1	76.5	75.3
8	122.6	123.0	122.6	123.0	124.6	18	8.1	8.3	8.1	8.4	8.0
9	123.1	123.4	123.1	123.6	122.2	19	30.4	30.7	30.4	30.7	30.3
10	120.4	120.4	120.4	120.6	127.8	20	42.3	42.6	42.3	42.7	42.1
11	157.8	157.6	157.8	158.1	157.6	21	65.2	65.5	65.2	65.7	64.3

续表

C	2-9-517	2-9-518	2-9-519	2-9-520	2-9-521	C	2-9-517	2-9-518	2-9-519	2-9-520	2-9-521
COOCH$_3$	170.6	170.7	170.6	170.9	173.9	11'	118.8	118.4	118.8	118.9	118.7
COOCH$_3$	51.8	52.1	51.8	52.2	52.3	12'	110.2	110.3	110.2	110.5	110.4
OCOCH$_3$	171.4	171.4	171.4	171.7	170.2	13'	134.7	134.6	134.7	134.9	134.9
OCOCH$_3$	20.7	21.0	20.7	21.1	20.2	14'	29.2	33.5	29.2	39.2	29.5
11-OCH$_3$	55.3	55.7	55.3	55.8	55.8	15'	40.0	60.3	40.0	75.2	42.1
2'	130.9	130.7	130.9	131.6	130.0	16'	55.3	55.3	55.3	55.8	52.5
3'	47.5	42.3	47.5	43.2	48.8	17'	34.1	30.7	34.1	32.8	34.2
5'	55.5	49.6	55.5	55.6	55.6	18'	6.7	8.6	6.7	6.2	6.6
6'	28.7	24.6	28.7	28.5	30.3	19'	34.1	28.0	34.1	29.2	33.9
7'	115.9	116.7	115.9	116.9	117.7	20'	68.6	59.9	68.6	71.3	68.9
8'	129.0	129.1	129.0	129.4	129.8	21'	63.1	54.0	63.1	60.3	63.7
9'	118.1	118.1	118.1	118.5	118.3	C=O	174.6	174.1	174.6	174.8	170.0
10'	122.2	122.2	122.2	122.3	123.6	OCH$_3$	52.0	52.3	52.0	52.4	52.4

表 2-9-84　化合物 2-9-522~2-9-526 的 ^{13}C NMR 数据

C	2-9-522	2-9-523	C	2-9-524	2-9-525	C	2-9-526
2	131.0	131.4	2	97.7	95.0	2	65.7
3	53.7	53.1	3	20.8	26.8	3	58.8
5	54.6	54.7	5	54.3	54.8	5	51.5
6	22.6	22.7	6	40.2	41.4	6	38.0
7	105.0	105.6	7	56.7	58.7	7	53.1
8	121.2	121.2	8	136.3	135.0	8	128.0
9	118.8	119.5	9	106.7	107.8	9	112.0
10	119.6	119.0	10	150.3	152.0	10	109.3
11	153.9	153.8	11	129.3	129.3	11-OCH$_3$	56.3
12	91.3	91.1	12	118.0	119.8	12-OCH$_3$	60.5
13	136.0	136.5	13	141.2	142.0	N-COCH$_3$	24.0
14	32.4	32.4	14	26.2	26.8	OCOCH$_3$	20.9
15	22.9	22.9	15	34.8	35.6	N-C=O	170.6
16	43.9	42.0	16	50.7	51.1	C=O	168.8
17	67.8	67.8	17	173.0	174.0	11	150.3
18	25.1	25.1	18	13.5	13.8	12	139.7
19	195.4	195.7	19	123.2	122.8	13	138.3
20	121.2	121.2	20	137.9	139.0	14	25.4
21	157.4	157.6	21	58.0	58.1	15	33.3
N$_1$-CH$_3$	29.0	29.1	17-OMe	52.0	51.6	16	44.6
N$_4$-CH$_3$	41.7	41.7	10-OMe	57.0	57.1	17	102.1
11-OCH$_3$	55.3	55.4	12-Me	16.7	15.3	18	64.2

续表

C	2-9-522	2-9-523	C	2-9-524	2-9-525	C	2-9-526
2'	133.1	132.6	N-Me	32.0		19	125.4
3'	54.1	53.8	17'-OMe	51.6	51.9	20	141.8
5'	55.5	59.6	11'-OMe	56.0	55.7	21	53.5
6'	22.5	22.4	N-1'-Me	29.7	30.3		
7'	106.4	105.9	2'	131.3	132.3		
8'	126.4	126.3	3'	45.6	46.0		
9'	117.8	118.0	5'	107.5	108.1		
10'	118.4	118.8	6'	120.7	121.1		
11'	120.1	120.9	7'	121.8	122.5		
12'	108.4	109.0	8'	119.2	120.2		
13'	136.7	137.2	9'	154.9	155.5		
14'	27.0	26.9	10'	92.0	92.7		
15'	25.7	32.2	11'	138.4	139.2		
16'	38.5	38.4	12'	75.2	75.4		
17'	61.3	66.2	13'	39.6	40.3		
18'	22.7	34.0	14'	39.0	39.4		
19'	101.4	99.0	15'	173.8	173.3		
20'	46.9	45.6	16'	16.4	16.7		
21'	28.4	32.9	17'	76.8	77.1		
N_1'-CH_3	28.7	29.0	18'	39.7	40.0		
N_4'-CH_3	41.8	41.8	19'	38.9	39.1		
19'-OCH_3	47.9		1"	176.1	175.9		
			2"	30.2	30.8		
			3"	18.8	19.1		
			4"	19.9	19.8		

表 2-9-85　化合物 2-9-527~2-9-531 的 ^{13}C NMR 数据

C	2-9-527	2-9-528	2-9-529	2-9-530	2-9-531	C	2-9-527	2-9-528	2-9-529	2-9-530	2-9-531
2	167.9	172.2	166.8	171.8	168.5	15	27.0	30.8	29.6	30.7	27.4
3	58.9	60.6	74.2	60.4	58.5	16	103.6	96.5	96.9	96.5	102.3
5	53.5	54.0	68.2	53.6	52.7	18	17.2	29.2	29.3	29.3	29.4
6	45.6	43.4	38.6	43.0	44.8	19	76.5	208.5	206.9	208.5	209.8
7	58.1	56.7	52.7	57.1	58.9	20	41.2	50.0	45.5	49.6	49.3
8	135.3	135.4	132.9	136.4	136.1	21	47.6	45.6	60.4	45.4	46.5
9	120.8	119.6	119.6	111.3	112.4	22	155.0				
10	120.9	121.1	121.8	122.2	122.2	23	63.8				
11	127.8	127.6	128.8	115.8	116.0	24	14.3				
12	109.6	109.7	110.4	141.7	141.8	OCH_3	51.0	50.9	51.1	51.0	51.3
13	144.1	144.2	143.6	132.2	132.2	C=O	167.9	167.2	167.8	167.5	167.8
14	27.4	31.7	27.3	31.5	26.4						

2-9-532[209]　　**2-9-533**[210, 211]　　**2-9-535**[218]

2-9-534[214]　　**2-9-536**[186]

参 考 文 献

[1] Chakraborty A, Saha C, Podder G, et al. Phytochemistry, 1995, 38: 787.
[2] Bhattacharyya P, Biswas G K, Barua A K, et al. Phytochemistry, 1993, 33: 248.
[3] Chakraborty A, Chowdhury B K, Bhattacharyya P, et al. Phytochemistry, 1995, 40: 295.
[4] Kumar V, Bulumulla H N K, Wimalasiri W R, et al. Phytochemistry, 1994, 36: 879.
[5] Meragelman K M, McKee T C, Boyd M R. J Nat Prod, 2000, 63: 427.
[6] Bach N J, Boaz M S, Kornfeld E C, et al. J Org Chem, 1974, 39: 1272.
[7] Parker R G, Roberts J D. J Org Chem, 1970, 35: 996.
[8] Rosenberg E, Williamson K L, Roberts J D. Org Magn Reson, 1976, 8: 117.
[9] Fritz H, Winkler T. Helv Chim Acta, 1976, 59: 903.
[10] Poupat C, Alain A, Thierry S. Phytochmistry, 1976, 15: 2019.
[11] Galasso V, Pellizer G, Lisini A, et al. Org Magn Reson, 1977, 9: 401.
[12] Nozoye T, Nakai T, Kubo A. Org Magn Reson, 1977, 25: 196.
[13] Wenkert E, Bindra J S, Chang C J, et al. Acc Chem Res, 1974, 7: 46.
[14] Gribble G W, Nelson R B, Levy G C, et al. J Chem Soc, Chem Commun, 1972, 703.
[15] Wenkert E, Chang C J, Chawla P P S, et al. J Am Chem Soc, 1976, 98: 3645.
[16] Giesbrecht A M, Gottlieb H E, Gottlieb O R, et al. Phytochemistry, 1980, 19: 313.
[17] Cheng M J, Wu M D, Chen I S, et al. Chem Pharm Bull, 2008, 56: 394.
[18] Li YQ, Yang S L, Li H R, et al. Chem Pharm Bull, 2008, 56: 189.
[19] Liu Q W, Tan C H, Qu S J, et al. Chin J Nat Med, 2006, 4: 25.
[20] 张文, Margherita G, 郭跃伟等. 中国天然药物, 2006, 4 (2): 94.
[21] Shi X J, Ye G, Tang W J, et al. Helv Chim Acta, 2010, 93: 985.
[22] Axel T, Jrgen S, Andrea P, et al. Chem Biodivers, 2008, 5: 664.
[23] Wanga Y F, Lai G F, Efferth T, et al. Chem Biodivers, 2006, 3: 1023.
[24] Su D M, Wang Y H, Yu S S, et al. Chem Biodivers, 2007, 4: 2852.
[25] Wang W L, Zhu T J, Tao H W, et al. Chem Biodivers, 2007, 4: 2913.

[26] Wang J S, Zheng Y T, Efferth T, et al. Phytochemistry, 2005, 66: 697.
[27] Chen W H, Wu Q X, Wang R. Phytochemistry, 2010, 71: 1002.
[28] Turibio K T, Joseph N, Jiawei L, et al. Phytochemistry, 2008, 69: 1726.
[29] Tomáš R, Pavel R, Karel S. Phytochemistry, 2010, 71: 301.
[30] Xiang L, Xing D M, Wang W, et al. Phytochemistry, 2005, 66: 2595.
[31] Zhu Q, Tang C P, Ke C Q, et al. J Nat Prod, 2010, 73: 40.
[32] Stenberg V I, Narain N K, Singh S P, et al. J Heterocycl Chem, 1977, 14: 407.
[33] Ahond A, Bui A M, Potier P, et al. J Org Chem, 1976, 41: 1878.
[34] Aimi N, Yamaguchi K, Sakai SL, et al. Chem Pharm Bull, 1978, 26: 3444.
[35] Bombardelli E, Bonati A, Gabetta B, et al. Phytochemistry 1976, 15: 2021.
[36] Levin R H, Lalleman J Y, Roberts J D, et al. J Org Chem, 1973, 38: 1983.
[37] 冯孝章, 付丰永. 药学学报, 1981, 16: 510.
[38] Wenkert E, Chang C J, Chawla P P S, et al. J Am Chem Soc, 1976, 98: 3645.
[39] Chatterjee A, Roy D J, Mukhopadhyay S. Phytochemistry, 1981, 20: 1981.
[40] 李琳, 何红平, 周华等. 天然产物研究与开发, 2007, 19: 235.
[41] Zhang L, Yang Z, Tian J K. Chem Pharm Bull, 2007, 55: 1267.
[42] Wachsmuth O, Matusch R. Phytochemistry, 2002, 61: 705.
[43] Saatov Z, Usmanov B Z, Abubakirov N K, et al. Khim Prir Soedin, 1977, 13: 422.
[44] Hutchinson C R, Hsia MTS, Heckendorf A H, et al. J Org Chem, 1976, 41: 3493.
[45] Hea Z D, Maa C Y, Zhang H J, et al. Chem Biodivers, 2005, 2: 1378.
[46] 范龙, 范春林, 王英等. 药学学报, 2010,45: 747.
[47] Sun J Y, Lou H X, Dai S G, et al. Phytochemistry, 2008, 69: 1405.
[48] Tóth G , Horváth-Dóra K, Clauder O, et al. Ann Chem 1977, 529.
[49] Hutchinson C R, Heckendorf A H, Straughn J L, et al. J Am Chem Soc. 1979, 101: 3358.
[50] Mariko K, Norio A M, Shinichiro S, et al. Chem Pharm Bull, 1978, 26:3444.
[51] Yu J M, Wang T, Liu X X, et al. J Org Chem, 2003, 68: 7565.
[52] 李朝明, 苏健, 穆青等.云南植物研究, 1998, 20(2): 244.
[53] Bombardelli E, Bonati A, Gabetta B, et al. Phytochemistry 1976, 15: 2021.
[54] Alfarius E N, Yusuke H, Nobuo K, et al. J Nat Prod, 2009, 72: 1502.
[55] 耿长安, 刘锡葵. 高等学校化学学报, 2010, 31(4): 731.
[56] Chatterjee A, Chakrabarty M, Ghosh AK, et al. Tetrahedron Lett, 1978, 3879.
[57] 贺湘, 李朝明, 周韵丽. 化学学报, 1989, 47: 1076.
[58] Wang F, Ren F C, Liu J K. Phytochemistry, 2009, 70: 650.
[59] Reding M T, Fukuyama T. Org Lett, 1999, 1: 973.
[60] Kuehne M E, Wilson T E, Bandarage UK, et al. Tetrahedron, 2001, 57: 2085.
[61] Damak M M, Poupat C, Ahond A. Tetrahedron Lett, 1976, 3531.
[62] Kunesch N, Cave A, Hagantan E X, et al. Tetrahedron Lett, 1980, 1727.
[63] Patra A, Mukhopadhyay A K, Mitra A K. Indian J Chem, 1979, 17b: 175.
[64] Yates P, MacLachlan FN, Rae ID. Can J Chem, 1978, 56: 1052.
[65] Rasoanaivo P, Lukacs G. J Org Chem, 1976, 41: 376.
[66] Bruneton J, Cave A, Hagaman E W, et al. Tetrahedron Lett, 1976, 3567.
[67] Cave A, Bruttelon J, Ahond A, et al. Tetrahedron Lett, 1973, 5081.
[68] Mehri J, Poisson N, Kunesch, et al. J Am Chem Soc, 1973, 95: 4990.
[69] Damak M, Ahond A, Potier P. Tetrahedron Lett, 1976, 167.
[70] Ahond A, Janot M M, Langlois N, et al. J Am Chem Soc, 1974, 96: 633.
[71] KhuongHuu P, Cesario M, Guilhem J, et al. Tetrahedron, 1976, 32: 2539.
[72] Men J L, Hoizey M J, Lukacs G, et al. Tetrahedron Lett, 1974, 3119.
[73] Subramaniam G , Kam T S. Helv Chim Acta, 2008, 91: 930.
[74] 钟祥章,王国才,王英等. 药学学报, 2010, 45: 471.
[75] Lim K H, Kam T S. Phytochemistry, 2008, 69: 558.
[76] Lim K H, Thomas N F, Abdullah Z, et al. Phytochemistry, 2009, 70: 424.
[77] Fukuda Y, Shindo M, Shishido K. Org Lett, 2003, 5: 749.

[78] Steele J C P, Veitch N C, Kite G C, et al. J Nat Prod, 2002, 65:85.
[79] Kalaus G, Greiner I, Kajtarperedy M, et al. J Org Chem, 1993, 58: 1434.
[80] Wenkert E, Cochran D W, Hagaman E W, et al. J Am Chem Soc, 1973, 95: 4990.
[81] Ahond A, Janot M M, Langlois N, et al. J Am Chem Soc, 1974, 96: 633.
[82] Attaurrahman, Bashir M, Kaleem S, et al. Phytochemistry, 1983, 22: 1021.
[83] Wu Y, Kitajima M, Kogure N, et al. Chem Pharm Bull, 2010, 58: 961.
[84] Gan C Y, Low Y Y, Etoh T, et al. J Nat Prod, 2009, 72: 2098.
[85] Neuss N, Boaz H E, Occolowitz J L, et al. Helv Chim Acta, 1973, 56: 2660.
[86] Bombardelli E, Bonati A, Gabetta B, et al. Tetrahedron, 1974, 30: 4141.
[87] Quetinleclercq J, Dive G, Delaude C, et al. Phytochemistry, 1994, 35: 533.
[88] Elmekkawy S, Meselhy M R, Kawata Y, et al. Planta Med, 1993, 59: 347.
[89] 蔡宝昌, 吴皓, 杨秀伟等. 药学学报, 1994, 29: 44.
[90] 陈德昌. 中药化学对照品工作手册. 第1版. 北京: 中国医药科技出版社, 2000.
[91] Inuma M, Tanaka T, Matsuura S. Yakugaku Zasshi, 1982, 102: 690.
[92] Wenkert E, Cheung H T A, Gottlieb H E, et al. J Org Chem, 1978, 43: 1099.
[93] Asai F, Iinuma M, Tanaka T, et al. Yakugaku Zasshi, 1982, 102: 690.
[94] Verpoorte R. J Pharm Sci, 1980, 69:865.
[95] Damak M, Ahond A, Potier P, et al. Tetrahedron Lett, 1976, 4731.
[96] Nakazawa T, Banba K I, Kazumasa H. Biol Pharm Bull 2006, 29: 1671.
[97] Hea Z D, Maa C Y, Zhang H J, et al. Chem Biodivers, 2005, 2: 1378.
[98] Goh S H, Junan S A A. Phytochemistry, 1985, 24: 880.
[99] Houghton P J, Latiff A, Said I M. Phytochemistry, 1991, 30: 347.
[100] Takayama H, Ishikawa H, Kurihara M, et al. Tetrahedron Lett, 2001, 42: 1741.
[101] Ponglux D, Wongseripipatana S, Takayama H, et al. Planta Med, 1994, 60: 580.
[102] 宣伟东, 陈海生, 卞俊等. 药学学报, 2006, 41: 1064-1067.
[103] Wenkert E, Hagaman E W, Kunesch N, et al. Helv Chim Acta, 1976, 59: 2711.
[104] Wenkert E, Hagaman W, Wang N Y, et al. Heterocycles 1979, 12: 1439.
[105] Aimi N, Yamaguchi K, Sakai S L, et al. Chem Pharm Bull, 1978, 26: 3444.
[106] Yagudaev M R, Yunusov S Yu. Chem Nat Compd, 1980, 170.
[107] Wenkert E, Chang C J, Cochran D W, et al. Experientia, 1972, 28: 377.
[108] Yang J S, Chen Y W. Acta Pharm Sinica, 1983, 18: 104.
[109] Yang J S, Chen Y W. Acta Pharm Sinica 1984, 19: 437.
[110] Yang J S, Chen Y W. Acta Pharm Sinica, 1984, 19, 686.
[111] Wenkert E, Chang C J, Clouse A O, et al. J Chem Soc, Chem Commun, 1970, 961.
[112] Wang W, Ma C M, Hattori M, et al. Biol Pharm Bull 2010, 33: 669.
[113] Maa B, Wub C F, Yang JY, et al. Helv Chim Acta, 2009, 92: 1575.
[114] Richa P, Subhash C S, Madan M G. Phytochemistry, 2006, 67: 2164.
[115] Yuan D, Ma B, Wu C F, et al. J Nat Prod, 2008, 71: 1271.
[116] van Henegouwen W G B, Fieseler R M, Rutjes F P J T, et al. J Org Chem, 2000, 65: 8317.
[117] Yen S, Geoffrey A C. J Nat Prod, 1985, 48: 969.
[118] Kitajima M, Yokoya M, Takayama H, et al. Nat Med, 2001, 55: 308.
[119] Abe F, Yamauchi T. Phytochemistry, 1994, 35:169.
[120] 于德泉, 杨峻山. 分析化学手册: 核磁共振波谱分析. 第2版, 北京: 化学工业出版社, 1999.
[121] 张骏, 翁福海, 李会强等. 中草药, 1999, 30 (1): 12.
[122] Martin G E, Sanduja R, ALAM M. J Nat Prod, 1986, 49: 406.
[123] Borges J, Manresa M T, Ramon J L M, et al. Tetrahedron Lett, 1979, 3197.
[124] Yagudaev M R, Yunusov S Y. Khim Prir Soedin, 1980, 2: 217.
[125] Wenkert E, Gottlieb H E. Heterocycles 1977, 7: 753.
[126] Zhanga B F, Chou G X, Wang Z T, et al. Helv Chim Acta, 2009, 92: 1889.
[127] Zhang H W, Zhang J, Hu S, et al. Planta Med, 2010, 76: 1616.
[128] Wu M, Wu P, Xie, H H, et al. Planta Med, 2011, 77: 284.
[129] Wang Y H, Zhang Z K, Yang F M, et al. J Nat Prod, 2007, 70: 1458.

[130] Nagel D W, Pachler K G R, Steyn P S, et al. Tetrahedron, 1976, 32: 2625.
[131] Leboeuf M, Hamonniere A, Cave H E et al. Tetrahedron Lett, 1976, 3559.
[132] Voticky Z, Grossaann E, Tomko J, et al. Tetrahedron Lett, 1974, 3923.
[133] Krajíček A, Trtík B, Spáčil J, et al. Coll Czech Chem Commun, 1979, 44: 2255.
[134] Vecchieti V, Ferrari G, Orsini F, et al. Phytochemistry, 1978, 17: 835.
[135] Olaniyi A A, Rolfsen W. J Nat Prod, 1980, 43: 595.
[136] Vleggaar R, Wessels P L. J Chem Soc, Chem Commun, 1980, 160.
[137] O'Donnell G, Gibbons S. Phytother Res, 2007, 21: 653.
[138] Han M H, Yang X W, Jin Y P, et al. Phytochem Anal, 2008, 19: 438.
[139] Qi S H, Su G C, Wang Y F, et al. Chem Pharm Bull, 2009, 57: 87.
[140] Zhang B, Higuchi R, Miyamoto T, et al. Chem Pharm Bull, 2008, 56: 866.
[141] 张海红, 胡海峰, 张琴等. 中国天然产物, 2008, 6(4): 316.
[142] Liu J F, Jiang Z Y, Wang R R, et al. Org Lett, 2007, 9: 4127.
[143] Shana W G, Yinga Y M, Yu H N, et al. Helv Chim Acta, 2010, 93: 772.
[144] Zhanga B F, Chou G X, Wang Z T, et al. Helv Chim Acta, 2009, 92: 1889.
[145] Shunyan M, Aleksej K, Bernard DS, et al. Phytochemistry, 2010, 71: 2116.
[146] Joseph T N, Mohamed S, Joséphine NM, et al. Phytochemistry, 2010, 71: 1872.
[147] Hui M G, Hui P, Zhi K G, et al. Planta Med, 2010, 76: 822.
[148] Zhang H W, Zhang J, Hu S, et al. Planta Med, 2010, 76: 1616.
[149] Wu M, Wu P, Xie,H H, et al. Planta Med, 2011, 77: 284.
[150] Yoshiro I, Shingo K, Haruaki I, et al. J Nat Prod, 2005, 68: 1109.
[151] Gang D, Yong C S, Jing R C, et al. J Nat Prod, 2006, 69: 302.
[152] Paul R, Laura S, Nadine C G, et al. J Nat Prod, 2007, 70: 95.
[153] Silke P, Peter S. J Nat Prod, 2007, 70: 1274.
[154] Kerber V A, Passos C S, Verli H, et al. J Nat Prod, 2008, 71: 697.
[155] Rolfsen W N A, Olaniyi A A, Verpoorte R, et al. J Nat Prod, 1981, 44: 415.
[156] Kerber V A, Passos CS, Verli H, J Nat Prod, 2008, 71: 697.
[157] Damak M, Poupat C, Ahond A. Tetrahedron Lett, 1976, 3531.
[158] Rolland Y, Kunesch N, Poisson J, et al. J Org Chem, 1976, 41: 3270.
[159] Tafur S S, Occolowitz J L, Elzey T K, et al. J Org Chem, 1976, 41: 1001.
[160] Damak M, Ahond A, Doucerain H, et al. J Chem Soc, Chem Commun, 1976, 510.
[161] Das B C, Cosson J P, Lukacs G, et al. Tetrahedron Lett, 1974, 4299.
[162] Merlini L, Mondelli R, Nasini G, et al. Helv Chim Acta, 1976, 59: 2254.
[163] Koch M C, Plat M M, Preaux N, et al. J Org Chem, 1975, 40: 2836.
[164] Wenkert E, Hagaman E W, Lal B, et al. Helv Chim Acta, 1975, 58: 1560.
[165] Goutarel R, Pais M, Gottlieb H E, et al. Tetrahedron Lett, 1978, 1235.
[166] Zhoua H, He H P, Wang Y H, et al. Helv Chim Acta, 2010, 93: 1650.
[167] Rahman M M, Alexander I. Gray. Phytochemistry, 2005, 66: 1601.
[168] Bao B Q, Sun Q S, Yao X S, et al. J Nat Prod, 2005, 68: 711.
[169] Masashi T, Yohei T, Jane F, et al. J Nat Prod, 2005, 68: 1277.
[170] Sauleau P, Martin M T, Dau M E T H, J Nat Prod, 2006, 69: 1676.
[171] Taeko E, Masashi T, Jane F, et al. J Nat Prod, 2007, 70: 423.
[172] Jiao W H, Gao H, Li C Y, et al. J Nat Prod, 2010, 73: 167.
[173] Zetta L, Gatti G. Org Magn Reson, 1977, 9: 218.
[174] Zetta L, Gatti G. Tetrahedron, 1975, 31: 1403.
[175] Abe F, Yamauchi T, Padolina W G. Phytochemistry, 1994, 35: 253.
[176] Abe F, Yamauchi T. Phytochemistry, 1994, 35: 248.
[177] Leclercq J, Dive G, Delaude C, et al. Phytochemistry, 1994, 35: 533.
[178] Bruix M, Rumbero A, Vazquez P. Phytochemistry, 1993, 33: 1257.
[179] Koike K, Ohmoto T. Chem Pharm Bull, 1985, 33: 5239.
[180] Attaurrahman, Hasan S, Qulbi MR. Planta Med, 1985, 287.
[181] Yang SW, Abdel-Kader M, Malone S, et al. J Nat Prod, 1999, 62(7): 976.

[182] 张虎, 杨秀伟, 崔育新等. 波谱学杂志, 1999, 16(6): 563.
[183] Ahond A, Poupat C, Potier P. Tetrahedron, 1978, 34(15): 2385.
[184] Coune C A, Angenot L J G, Denoel J, et al. Phytochemistry, 1980, 19: 2009.
[185] Baeckvall J E, Plobeck N A. J Org Chem, 1990, 55(15): 4528.
[186] Ahond A, Bui A M, Potier P, et al. J Org Chem, 1976, 41(10): 1878.
[187] Keawpradub N, Houghton PJ, EnoAmooquaye E, et al. Planta Med, 1997, 63: 97.
[188] Wong W H, Lim P B, Chuah C H. Phytochemistry, 1996, 41: 313.
[189] Takayama H, Phisalaphong C, Kitajima M, et al. Tetrahedron, 1991, 47: 1383.
[190] Bombardelli E, Bonati A, Gabetta B, et al. Tetrahedron, 1974, 30: 4141.
[191] Ahmad K, Thomas NF, HADI AHA, et al. Chem Pharm Bull, 2010, 58(8): 1085.
[192] Hu X J, Di Y T, Wang Y H, et al. Planta Med, 2009, 75: 1157.
[193] Ma C Y, Case R J, Wang Y H, et al. Planta Med, 2005, 71: 261.
[194] Qu S J, Liu Q W, Tan C H, et al. Planta Med, 2006, 72: 264.
[195] Raphaël G, Prokopios M, Nikolas F, et al. J Nat Prod, 2005, 68: 1083.
[196] Paul G B, Julien B, Karl G, et al. J Nat Prod, 2005, 68: 1793.
[197] Emmanoel V C, Maria L B P, Clahildek M X, et al. J Nat Prod, 2006, 69: 292.
[198] Marisa T, Michèle R P. J Nat Prod, 2009, 72: 796.
[199] Wayne D I, Walter M B, Nadine C G, et al. J Nat Prod, 2010, 73: 255.
[200] Kantorova M, Kolinska R, Pazoutova S, et al. J Nat Prod, 2002, 65(7): 1039.
[201] Pierri L, Pitman I H, Rae I D, et al. J Med Chem, 1982, 25: 937.
[202] Zlotos D P. J Nat Prod, 2000, 63 (6): 864.
[203] Frederich M, De Pauw M C, Llabres G, et al. Planta Med, 2000, 66: 262.
[204] Wenkert E, Hagaman E W, Wang N Y, et al. Heterocycles, 1981, 15(1): 255.
[205] Wenkert E, Hagaman E W, Lal B, et al. Helv Chim Acta, 1975, 58(6): 1560.
[206] Mukhopadhyay S, Cordell G A. J Nat Prod, 1981, 44 (5): 611.
[207] Jossang A, Fodor P, Bodo B. J Org Chem, 1998, 63 (21): 7162.
[208] Françoise G V, Thierry S, Jacques P, et al. J Nat Prod, 1992, 55(7): 923.
[209] Frederich M, Tits M, Hayette M P, et al. J Nat Prod, 1999, 62: 619.
[210] Ghedira K, Zecheshanrot M, Richard B, et al. Phytochemistry, 1988, 27: 3955.
[211] Das B C, Cosson J P, Lukacs G, et al. Tetrahedron Lett, 1974, 4299.
[212] Kuehne M E, Matson P A, Bornmann W G. J Org Chem, 1991, 56(2): 513.
[213] Dorman D E, Paschal J W. Org Magn Reson, 1976, 8 (8): 413.
[214] Tafur S S, Occolowitz J L, Elzey T K, et al. J Org Chem, 1976, 41: 1001.
[215] Ahn S H, Duffel M W, Rosazza J P N. J Nat Prod, 1997, 60(11): 1125.
[216] Chen J J, Luoa Y T, Hwang T L, et al. Chem Biodivers, 2008, 5: 1345.
[217] Tan S J, Low Y Y, Choo Y M, et al. J Nat Prod, 2010, 73: 1891.
[218] Akinori S, Kazufumi T, Yusnita R, et al. J Nat Prod, 2010, 73: 1711.
[219] 杨秀伟, 张虎, 胡俊. 热带亚热带植物学报, 2008, 16(3): 244.
[220] Wang J Y, Li X G, Yang X W. J Asian Nat Prod Res, 2006, 8: 605.
[221] Teng J, Yang X W. Heterocycles, 2006, 68: 1691.
[222] Han M H, Yang X W, Jin Y P. Phytochem Anal, 2008, 19: 438.

第十节　吲哚里西啶类化合物

表 2-10-1　吲哚里西啶类化合物的名称、分子式和测试溶剂

编号	中文名称	英文名称	分子式	测试溶剂	参考文献
2-10-1	左旋-13aα-6-O-去甲基安托芬碱	(−)-13aα-6-O-desmethylantofine	$C_{22}H_{23}NO_3$	D	[1,2]
2-10-2	14α-羟基-3,6-二去甲基异娃儿藤任	14α-hydroxy-3,6-didemethylisotylocrebrine	$C_{22}H_{23}NO_5$	C	[3]

续表

编号	中文名称	英文名称	分子式	测试溶剂	参考文献
2-10-3	3,6-二去甲基异娃儿藤任	3,6-didemethylisotylocrebrine	$C_{22}H_{23}NO_4$	*	[3]
2-10-4	反式-右旋-3,14α-三羟基-4,6,7-三甲氧基菲并吲哚里西啶	trans-(+)-3,14α-dihydroxy-4,6,7-trimethoxyphenanthroindolizidine	$C_{23}H_{25}NO_5$	*	[4]
2-10-5	反式-右旋-3,14α-二羟基-6,7-二甲氧基菲并吲哚里西啶	trans-(+)-3,14α-dihydroxy-6,7-dimethoxyphenanthroindolizidine	$C_{22}H_{23}NO_4$	D	[5]
2-10-6	娃儿藤辛碱 A	tylophoridicine A	$C_{22}H_{23}NO_3$	D	[6]
2-10-7	7-去甲基娃儿藤碱 A	7-desmethyltylophorine	$C_{23}H_{25}NO_4$	*	[4]
2-10-8	娃儿藤碱	tylophorine	$C_{24}H_{27}NO_4$	*	[4]
2-10-9	娃儿藤定碱	tylophorinidine	$C_{22}H_{23}NO_4$	D	[6]
2-10-10	左旋-13aα-裂环安托芬碱	(−)-13aα-secoantofine	$C_{23}H_{27}NO_3$	**	[2]
2-10-11	左旋-13aα-6-O-去甲基裂环安托芬碱	(−)-13aα-6-O-desmethylsecoantofine	$C_{22}H_{25}NO_3$	**	[2]
2-10-12	7-去甲基娃儿藤 N-氧化物	7-demethyltylophorine N-oxide	$C_{23}H_{25}NO_5$	*	[3]
2-10-13	娃儿藤碱 N-氧化物	tylophorine N-oxide	$C_{24}H_{27}NO_5$	*	[3]
2-10-14	交让木环素定 A	daphnicyclidin A	$C_{22}H_{25}NO_4$	*	[7]
2-10-15	交让木环素定 C	daphnicyclidin C	$C_{22}H_{25}NO_5$	M	[7]
2-10-16	交让木环素定 B	daphnicyclidin B	$C_{22}H_{23}NO_4$	M	[7]
2-10-17	交让木环素定 E	daphnicyclidin E	$C_{22}H_{25}NO_5$	M	[7]
2-10-18	交让木环素定 D	daphnicyclidin D	$C_{22}H_{25}NO_5$	*	[7,9]
2-10-19	交让木环素定 F	daphnicyclidin F	$C_{23}H_{27}NO_5$	*	[7]
2-10-20	交让木环素定 G	daphnicyclidin G	$C_{21}H_{25}NO_3$	M	[7]
2-10-21	交让木环素定 H	daphnicyclidin H	$C_{23}H_{29}NO_5$	*	[7]
2-10-22	交让木环素定 J	daphnicyclidin J	$C_{23}H_{25}NO_5$	M	[8]
2-10-23	交让木环素定 L	daphynicyclidin L	$C_{23}H_{29}NO_6$	D	[10]
2-10-24		caldaphnidine H	$C_{23}H_{25}NO_5$	C	[11]
2-10-25	刺桐品碱	erysopine	$C_{17}H_{19}NO_3$	M	[12]
2-10-26	刺桐特灵碱	erysotrine	$C_{19}H_{23}NO_3$	C	[13]
2-10-27	刺桐文碱	erysovine	$C_{18}H_{21}NO_3$	C	[13]
2-10-28	刺桐灵碱	erythraline	$C_{18}H_{19}NO_3$	C	[13]
2-10-29	α-刺桐定碱	α-erythroidine	$C_{16}H_{19}NO_3$	C	[13]
2-10-30	β-刺桐定碱	β-erythroidine	$C_{16}H_{19}NO_3$	C	[13]
2-10-31	左旋石蒜碱	(−)-lycorine	$C_{16}H_{17}NO_4$	C+D	[14]
2-10-32	1-O-乙酰基降普耳文碱	1-O-acetylnorpluviine	$C_{18}H_{21}NO_4$	C	[15]
2-10-33	伪石蒜碱	pseudolycorine	$C_{16}H_{19}NO_4$	*	[16]
2-10-34	(−)-15β-乙氧基-14,15-二氢毒别一叶攻萩碱	(−)-15β-ethoxy-14,15-dihydroviroallosecurinine	$C_{15}H_{21}NO_3$	C	[17]
2-10-35	4-表叶下珠苦素	4-epiphyllanthine	$C_{14}H_{17}NO_3$	C	[17]
2-10-36		secu'amamine A	$C_{14}H_{17}NO_3$	M	[17]
2-10-37		4α-hydroxyallosecurinine	$C_{13}H_{15}NO_3$	C	[18]
2-10-38		4α-hydroxy-15α-methoxy-14,15-dihydroallosecurinine	$C_{14}H_{19}NO_4$	C	[18]
2-10-39	4α-甲氧基-15α-甲氧基-14,15-双氢一叶萩碱	4α-methoxy-15α-methoxy-14,15-dihydrosecurinine	$C_{15}H_{21}NO_4$	C	[18]
2-10-40	一叶萩碱	securinine	$C_{13}H_{15}NO_2$	C	[19]

续表

编号	中文名称	英文名称	分子式	测试溶剂	参考文献
2-10-41		lycoranine A	$C_{17}H_{11}NO_4$	C	[20]
2-10-42		lycoranine B	$C_{18}H_{13}NO_4$	C	[20]
2-10-43		daphnezomine T	$C_{22}H_{29}NO_4$	C	[21]
2-10-44		daphnezomine U	$C_{23}H_{29}NO_5$	C	[21]
2-10-45		daphnezomine V	$C_{30}H_{47}NO_5$	M	[21]
2-10-46	交让木碱	daphniphylline	$C_{32}H_{49}NO_5$	C	[9]
2-10-47		daphnilactone A	$C_{23}H_{35}NO_2$	C	[9]
2-10-48		9,10-epoxycalycine A	$C_{23}H_{31}NO_4$	C	[22]
2-10-49		homodaphniphyllate	$C_{22}H_{35}NO_2$	M	[22]
2-10-50		daphmacropodine	$C_{32}H_{51}NO_4$	C	[23]
2-10-51		macropodumine J	$C_{28}H_{36}N_2O_6$	C	[24]
2-10-52		macropodumine K	$C_{26}H_{35}NO_7$	C	[24]
2-10-53		longeracinphyllin A	$C_{21}H_{27}NO_2$	C	[25]
2-10-54		longeracinphyllin B	$C_{21}H_{29}NO_3$	*	[25]
2-10-55		daphnipaxianine A	$C_{21}H_{27}NO_3$	C	[26]
2-10-56		daphnipaxianine B	$C_{21}H_{27}NO_3$	C	[26]
2-10-57		daphnipaxianine C	$C_{21}H_{29}NO_2$	M	[26]
2-10-58		daphnipaxianine D	$C_{25}H_{39}NO_4$	C	[26]
2-10-59		isoelaeocarpiline	$C_{16}H_{21}NO_2$	C	[27]
2-10-60		grandisine C	$C_{16}H_{23}NO_3$	C	[27]
2-10-61		grandisine D trifluoroacetate	$C_{16}H_{21}NO_2$	D	[27]
2-10-62		grandisine E	$C_{16}H_{23}NO_3$	C	[27]
2-10-63		grandisine F	$C_{16}H_{24}N_2O_2$	***	[27]
2-10-64		grandisine G trifluoroacetate	$C_{17}H_{26}N_2O_2$	D	[27]
2-10-65	大交让木明	macrodaphniphyllamine	$C_{23}H_{33}NO_4$	C	[28]
2-10-66	滇瑞香 A	yunnandaphnine A	$C_{23}H_{33}NO_3$	C	[28]
2-10-67	滇瑞香 B	yunnandaphnine B	$C_{23}H_{33}NO_3$	C	[28]
2-10-68	滇瑞香 C	yunnandaphnine C	$C_{23}H_{33}NO_3$	C	[28]
2-10-69	滇瑞香 D	yunnandaphnine D	$C_{23}H_{33}NO_2$	C	[28]
2-10-70	瓜馥木碱甲	calycinine A	$C_{23}H_{31}NO_3$	C	[29]
2-10-71	滇瑞香 E	yunnandaphnine E	$C_{23}H_{31}NO_4$	C	[28]
2-10-72	滇瑞香 E 三氟乙酸盐	yunnandaphnine E TFA salt	$[C_{23}H_{32}NO_4]^+$	C	[28]
2-10-73		elaeocarpenine	$[C_{16}H_{20}NO_2]^+$	D	[30]
2-10-74		isoelaeocarpicine	$[C_{16}H_{22}NO_3]^+$	D	[30]
2-10-75	异杜英碱	isoelaeocarpine	$[C_{16}H_{20}NO_2]^+$	D	[30]
2-10-76	杜英碱	elaeocarpine	$[C_{16}H_{20}NO_2]^+$	D	[30]
2-10-77		daphnioldhanine H	$C_{32}H_{49}NO_6$	C	[31]
2-10-78		daphnioldhanine I	$C_{32}H_{47}NO_4$	C	[31]
2-10-79		daphnioldhanine J	$C_{22}H_{31}NO_3$	C	[31]
2-10-80		daphnioldhanine K	$C_{23}H_{33}NO_4$	C	[31]
2-10-81		dehydrodaphnigraciline	$C_{23}H_{33}NO_3$	C	[31]
2-10-82		daphnilongerine	$C_{24}H_{35}NO_4$	C	[31]
2-10-83		daphnilongeranin A	$C_{23}H_{29}NO_4$	M	[32]
2-10-84		daphnilongeranin B	$C_{21}H_{27}NO_2$	M	[32]
2-10-85		daphnilongeranin C	$C_{22}H_{29}NO_3$	C	[32]

续表

编号	中文名称	英文名称	分子式	测试溶剂	参考文献
2-10-86		daphnilongeranin D	$C_{30}H_{47}NO_4$	M	[32]
2-10-87		3α-(1-methylitaconyl)-6β-senecioyloxy-tropane	$C_{19}H_{27}NO_6$	M	[33]
2-10-88		3α-(1-methylitaconyl)-6β-angeloyloxy-tropane	$C_{19}H_{27}NO_6$	M	[33]
2-10-89		3α-(1-methylmesaconyl)-6β-senecioyl-oxytropane	$C_{19}H_{27}NO_6$	M	[33]
2-10-90		3α-(1-methylmesaconyl)-6β-angeloyl-oxytropane	$C_{19}H_{27}NO_6$	M	[33]
2-10-91		3α-(1-methylmesaconyl)-6β-tigloyl-oxytropane	$C_{19}H_{27}NO_6$	M	[33]
2-10-92		3α-(1-methylcitraconyl)-6β-senecioyl-oxytropane	$C_{19}H_{27}NO_6$	M	[33]
2-10-93		3α-(1-methylcitraconyl)-6β-angeloyl-oxytropane	$C_{19}H_{27}NO_6$	M	[33]
2-10-94		3α-methylmesaconyloxytropane	$C_{14}H_{21}NO_4$	$CDCl_3$	[34]
2-10-95	粗榧环素定 A	cephalocyclidin A	$C_{17}H_{19}NO_5$	*	[35]
2-10-96		malycorin A	$C_{19}H_{31}NO_3$	M	[36]

注：*在 $CD_3OD-CDCl_3$ 中测定；**在 $C_6D_6-CDCl_3$ 中测定；***在 CD_2Cl_2 中测定。

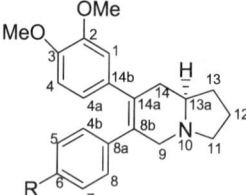

2-10-1 R=R⁴=H; R¹=OH; R²=R³=OMe; R⁵=α-H
2-10-2 R=R²=OMe; R¹=R³=OH; R⁴=β-OH; R⁵=β-H
2-10-3 R=R²=OMe; R¹=R³=OH; R⁴=H; R⁵=β-H
2-10-4 R=R¹=R²=OMe; R³=OH; R⁴=α-OH; R⁵=β-H
2-10-5 R=R¹=OMe; R²=OH; R³=H; R⁴=α-OH; R⁵=β-H
2-10-6 R=R²=OMe; R¹=OH; R³=R⁴=H; R⁵=α-H
2-10-7 R=OH; R¹=R²=R³=OMe; R⁴=H; R⁵=α-H
2-10-8 R=R¹=R²=R³=OMe; R⁴=H; R⁵=α-H
2-10-9 R=R²=OMe; R¹=OH; R³=H; R⁴=α-OH; R⁵=β-H

2-10-10 R=OMe
2-10-11 R=OH

2-10-12 R=OH
2-10-13 R=OMe

2-10-14 R=H
2-10-15 R=β-OH

2-10-16

表 2-10-2 化合物 2-10-1~2-10-13 的 ¹³C NMR 数据

C	2-10-1[1,2]	2-10-2[3]	2-10-3[3]	2-10-4[4]	2-10-5[5]	2-10-6[6]	2-10-7[4]
1	104.4	122.2	120.5	121.0	126.4	124.8	103.0
2	149.4	117.7	116.6	116.2	116.2	115.4	148.4
3	148.4	150.3	148.7	148.1		157.2	148.4
4	104.3	145.7	144.7	143.9	106.0	103.5	103.4
5	106.7	114.1	113.2	108.3	103.9	107.8	102.9

续表

C	2-10-1[1,2]	2-10-2[3]	2-10-3[3]	2-10-4[4]	2-10-5[5]	2-10-6[6]	2-10-7[4]
6	155.7	145.7	145.6	147.3		148.6	147.1
7	116.6	149.7	148.4	148.1		148.8	145.5
8	124.4	104.0	103.1	102.6	103.8	103.7	106.7
9	53.4	55.0	54.4	53.5	53.6	53.2	53.4
11	54.6	55.9	55.4	54.9	54.9	55.1	54.5
12	21.3	22.5	21.8	21.3	21.6	21.1	21.1
13	31.0	25.2	31.3	23.6	23.9	30.7	30.6
13a	60.2	66.7	61.0	65.0	64.9	59.8	60.3
14	33.0	65.7	33.8	64.3	63.6	32.9	32.6
2-OMe	55.6						55.6
3-OMe	55.7	60.0	59.9			55.5	55.9
4-OMe				59.2			
6-OMe				55.1	55.5		55.7
7-OMe		56.2	56.0	55.1	55.5	55.5	
4a,4b,8a,8b,14a,14b	123.0	129.1	126.8	128.8	125.3	123.1	125.6
	130.3	127.3	126.9	125.6	129.7	124.2	125.2
	122.6	126.9	126.3	125.5	130.6	124.6	124.7
	126.6	125.6	125.3	123.5	148.5	125.4	124.3
	124.7	125.6	124.0	123.4	149.1	125.5	123.9
	126.5	125.3	123.8	121.0	155.3	129.7	123.0

C	2-10-8[4]	2-10-9[6]	2-10-10[2]	2-10-11[2]	2-10-12[3]	2-10-13[3]
1	103.8	126.4	113.4	112.9	103.6	104.8
2	148.5	115.5	147.6	148.0	148.6	149.9
3	148.3	157.2	148.3	147.5	148.2	149.8
4	103.3	103.3	111.0	110.6	103.0	104.6
5	103.5	107.8	113.7	115.3	102.9	104.3
6	148.4	148.6	158.2	155.2	147.6	149.8
7	148.6	146.5	113.7	115.3	145.9	149.7
8	103.0	103.9	130.4	130.2	105.6	103.5
9	53.3	53.5	57.9	56.2	64.6	66.0
11	54.5	55.2	54.3	53.7	68.4	69.8
12	20.9	21.5	21.7	21.4	19.0	20.3
13	30.5	23.9	30.8	30.1	26.4	27.7
13a	60.1	64.8	60.6	60.8	69.2	70.5
14	32.7	63.6	38.5	36.6	26.7	28.1
2-OMe	55.5		55.4	55.6	55.0	56.5
3-OMe	55.7	55.5	55.5	55.7	55.0	56.5
6-OMe	55.7		54.8		55.2	56.4
7-OMe	55.4	54.8				56.4
4a,4b,8a,8b,14a,14b	125.7		121.0	120.7	123.9	125.4
	125.3	—	130.4	130.2	123.8	125.2
	124.8	—	133.3	131.6	123.6	124.9
	123.8	—	132.6	132.6	123.4	124.8
	123.6	—	132.6	132.6	122.9	124.3
	123.4	—	134.9	134.0	118.9	120.6

表 2-10-3　化合物 2-10-14~2-10-24 的 ^{13}C NMR 数据[7]

C	2-10-14	2-10-15	2-10-16	2-10-17	2-10-18	2-10-18[9]
1	187.0	199.1	190.9	197.4	197.3	197.3
2	43.3	50.4	73.6	47.3	54.0	47.6
3	16.8	27.2	25.6	16.8	26.6	17.1
4	65.0	200.8	69.5	65.3	197.5	65.4
5	50.5	60.9	50.8	51.2	61.1	51.3
6	47.9	46.3	49.5	47.4	45.6	47.7
7	59.3	65.2	60.5	59.1	65.0	59.3
8	146.7	135.6	145.9	137.3	134.4	137.1
9	132.6	123.1	131.8	120.8	120.3	121.0
10	202.8	203.2	204.9	180.6	184.9	179.8
11	39.0	40.8	40.2	31.0	32.1	31.2
12	27.1	27.5	28.2	29.7	29.3	30.2
13	117.4	122.8	118.8	134.4	133.8	134.8
14	113.1	113.9	114.0	122.9	122.5	123.4
15	149.3	145.0	149.9	130.2	133.5	129.8
16	22.8	26.2	24.6	22.4	24.4	22.6
17	68.7	69.6	70.0	69.1	71.7	69.1
18	29.8	36.9	36.3	27.7	36.4	28.1
19	52.1	54.2	56.9	52.4	54.0	52.6
20	16.1	19.3	11.8	16.9	18.7	18.1
21	34.8	28.9	34.9	33.3	27.0	33.4
22	169.7	168.9	171.1	167.3	167.9	166.9
OMe				51.5	52.1	51.7
C	2-10-19	2-10-20	2-10-21	2-10-22[8]	2-10-23[10]	2-10-24[11]
1	196.7	199.0	196.9	212.1	194.0	209.9
2	72.9	74.3	48.1	53.1	73.3	47.5
3	26.2	25.8	18.0	33.9	26.1	37.2

续表

C	2-10-19	2-10-20	2-10-21	2-10-22[8]	2-10-23[10]	2-10-24[11]
4	66.7	69.7	68.8	174.0	69.8	93.8
5	51.0	52.2	51.3	141.1	50.0	51.1
6	47.6	49.0	49.5	45.9	49.1	40.9
7	58.5	60.1	61.2	50.2	60.2	57.7
8	138.9	140.7	132.7	129.1	133.7	141.5
9	120.9	124.5	126.9	123.0	126.8	126.2
10	81.5	180.9	204.5	182.3	204.8	165.1
11	31.0	32.0	40.5	32.6	40.4	29.9
12	29.1	31.2	29.5	34.7	29.2	26.5
13	131.1	134.0	123.4	136.2	120.0	96.4
14	123.1	118.4	123.1	119.3	123.7	122.1
15	131.7	127.6	131.6	134.1	131.3	132.6
16	22.6	24.5	30.8	25.3	31.3	110.7
17	69.3	71.2	65.3	71.3	64.6	143.3
18	32.9	35.6	30.4	28.3	35.4	37.4
19	52.8	55.6	55.2	54.4	56.7	50.7
20	12.0	12.2	17.1	20.0	13.3	13.2
21	32.9	34.4	36.1	122.7	36.0	25.3
22	166.7		174.2	166.6	173.7	166.4
OMe	51.8		52.1	51.7	52.6	51.2

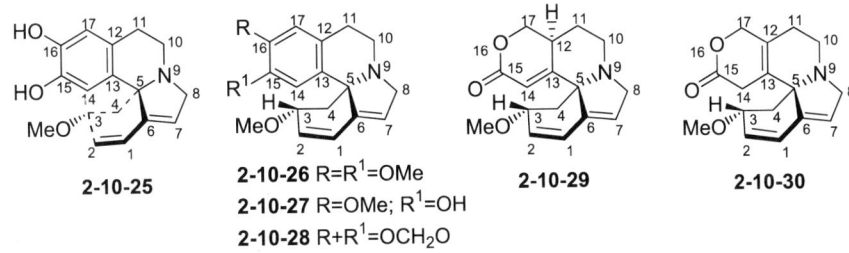

表 2-10-4 化合物 2-10-25~2-10-30 的 ^{13}C NMR 数据[13]

C	2-10-25[12] (+)-16β-D-葡萄基刺桐品碱	2-10-25[12] (+)-15β-D-葡萄基刺桐品碱	2-10-26	2-10-27	2-10-28	2-10-29	2-10-30
1	125.4	124.7	125.5	125.6	125.2	123.4	130.9
2	132.1	132.2	131.3	132.0	131.5	115.2	124.0
3	77.0	77.1	76.2	75.9	76.1	75.4	75.1
4	41.2	41.3	41.3	41.4	41.8	36.3	31.7
5	67.5	67.5	66.7	66.8	67.4	68.0	65.6
6	143.8	143.3	142.3	142.4	142.2	139.8	139.3
7	122.8	122.6	122.9	122.4	122.8	122.8	124.3
8	57.1	57.1	56.5	56.8	57.6	56.0	53.9
10	44.3	44.4	43.4	44.0	44.5	43.3	39.6
11	24.2	24.3	23.8	24.2	25.2	26.0	19.5
12	126.1	125.4	126.4	125.2	127.9	30.6	125.1
13	134.1	133.9	131.5	131.5	132.4	161.5	128.8

C	2-10-25[12] (+)-16β-D-葡萄基刺桐品碱	2-10-25[12] (+)-15β-D-葡萄基刺桐品碱	2-10-26	2-10-27	2-10-28	2-10-29	续表 2-10-30
14	113.9	114.6	109.6	111.0	106.1	131.4	40.4
15	145.8	147.6	147.7	145.6	146.1	164.4	170.0
16	145.1	145.8	147.1	143.9	145.8		
17	118.2	118.1	111.8	112.5	108.6	69.7	70.3
3-OMe	55.9	55.9	55.8	55.8	55.9	56.2	55.9
16-OMe				55.7			
OCH$_2$O					100.6		
1'	103.6	103.8					
2'	74.2	74.3					
3'	77.7	77.7					
4'	70.7	70.8					
5'	77.4	77.0					
6'	61.8	61.9					

表 2-10-5 化合物 2-10-31~2-10-33 的 ^{13}C NMR 数据

C	2-10-31①[14]	2-10-31②[14]	2-10-32[15]	2-10-33[16]	C	2-10-31①[14]	2-10-31②[14]	2-10-32[15]	2-10-33[16]
1	70.2	71.8	66.1	70.7	10	105.1	105.1	107.3	111.3
2	71.7	70.3	33.4	71.8	10a	129.6	129.7	125.7	126.5
3	118.5	118.5	114.3	118.6	10b	40.2	40.3	43.1	39.4
4	141.7	141.7	139.2	141.7	11	28.1	28.2	28.5	28.3
4a	60.8	60.8	61.2	61.4	12	53.3	53.4	53.7	53.9
6	56.7	56.7	56.4	56.4	OCH$_2$O	100.6	100.6		
6a	129.8	129.8	128.6	127.4	OMe			56.2	56.1
7	107.0	107.1	113.1	110.5	OCOCH$_3$			21.3	
8	145.2	145.7	144.0	146.2	OCOCH$_3$			170.8	
9	145.7	145.3	145.2	145.1					

① 表示在 CDCl$_3$ 中测定；② 表示在 CD$_3$OD 中测定。

2-10-31 R=β-OH; R^1=OH; R^2+R^3=OCH$_2$O
2-10-32 R=H; R^1=OAc; R^2=OMe; R^3=OH
2-10-33 R=β-OH; R^1=OH; R^2=OH; R^3=OMe

2-10-34

2-10-35

2-10-36

2-10-37

2-10-38 R=α-H; R^1=OH
2-10-39 R=β-H; R^1=OCH$_3$

2-10-40

表 2-10-6　化合物 2-10-34~2-10-40 的 ^{13}C NMR 数据

C	2-10-34[17]	2-10-35[17]	2-10-36[17]	2-10-37[18]	2-10-38[18]	2-10-39[18]	2-10-40[19]
2	66.8	59.8	61.3	57.0	61.5	60.2	62.7
3	25.0	32.5	75.0	32.5	34.0	33.8	27.4
4	24.0	77.9	29.2	64.9	66.0	77.4	24.6
5	27.0	32.4	23.0	34.4	35.5	32.1	26.0
6	51.3	45.5	49.5	43.7	47.5	48.9	48.8
7	59.3	58.1	53.4	60.1	60.1	62.9	58.9
8	34.8	42.3	37.6	44.1	36.2	33.6	42.4
9	89.9	89.0	88.4	92.9	91.0	92.3	89.5
11	172.8	173.0	174.4	174.0	174.1	174.6	173.4
12	113.0	105.4	114.8	110.7	114.6	112.6	105.0
13	171.0	169.4	163.9	168.8	172.2	174.1	170.2
14	31.2	121.3	125.4	124.3	32.1	30.6	140.3
15	77.9	139.9	135.4	150.1	81.0	81.0	121.4
16	64.5						
17	15.5						
4-OMe		55.7				56.6	
15-OMe				58.1		58.2	

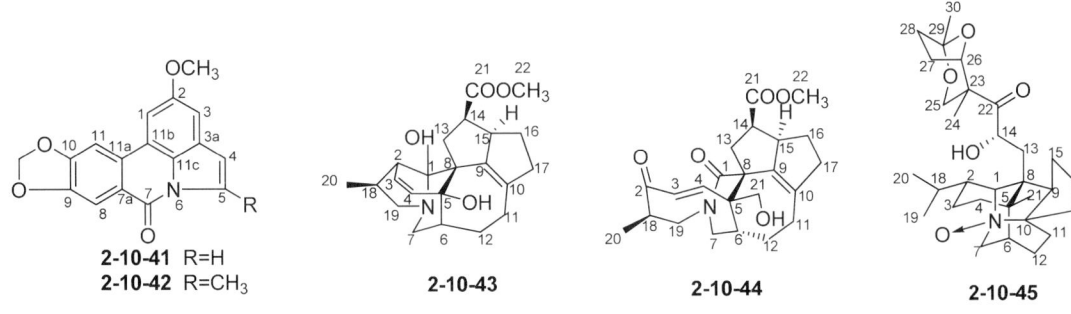

2-10-41　R=H
2-10-42　R=CH$_3$
2-10-43
2-10-44
2-10-45

表 2-10-7　化合物 2-10-41~2-10-42 的 ^{13}C NMR 数据[20]

C	2-10-41	2-10-42	C	2-10-41	2-10-42	C	2-10-41	2-10-42
1	106.0	103.9	7	157.9	159.6	11a	131.3	131.3
2	157.6	157.4	7a	122.9	123.5	11b	116.9	116.5
3	107.4	106.1	8	108.2	108.0	11c	126.3	126.9
3a	128.9	128.2	9	148.7	148.5	OCH$_3$	56.4	56.3
4	110.7	109.1	10	152.5	152.4	OCH$_2$O	102.3	102.2
5	124.1	140.1	11	101.8	101.5	5-CH$_3$		15.9

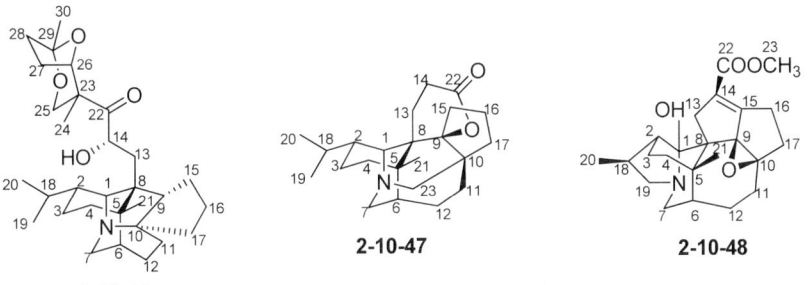

2-10-46
2-10-47
2-10-48

表 2-10-8 化合物 2-10-43~2-10-52 的 ^{13}C NMR 数据

C	2-10-43[21]	2-10-44[21]	2-10-45[21]	2-10-46[9]	2-10-47[9]	2-10-48[22]	2-10-49[22]	2-10-50[23]	2-10-51[24]	2-10-52[24]
1	100.5	171.9	75.2	62.4	61.5	99.4	66.2	60.9	72.2	101.0
2	45.8	210.2	40.6	37.8	40.5	43.8	39.1	44.6	43.1	41.8
3	125.6	136.4	25.8	21.7	18.9	21.9	27.1	27.6	27.8	27.2
4	136.8	135.5	36.4	39.8	37.4	36.4	37.3	40.2	71.8	71.0
5	74.8	50.6	37.8	37.1	37.8	40.6	38.8	38.0	41.4	44.9
6	40.9	36.6	42.8	37.8	46.4	44.3	40.4	48.7	34.6	33.4
7	55.1	50.0	61.8	46.2	57.3	59.0	47.5	41.7	57.8	57.6
8	53.8	55.9	47.6	47.5	39.5	48.9	49.1	37.8	49.5	51.6
9	141.3	137.2	52.0	52.9	97.5	83.5	52.4	52.5	143.4	141.5
10	138.9	135.3	90.6	77.3	51.1	72.9	80.0	51.6	138.5	139.5
11	25.9	24.6	28.9	25.2	29.9	27.0	29.2	23.9	25.2	24.6
12	25.0	24.1	22.6	28.4	29.1	29.3	22.3	21.6	27.1	26.5
13	38.6	33.4	34.1	30.2	24.5	41.7	28.5	37.0	39.2	37.7
14	43.6	42.0	72.2	73.5	40.5	126.5	35.8	35.4	42.5	42.4
15	58.4	52.6	37.0	31.0	30.5	160.7	30.6	26.9	55.7	56.9
16	27.7	27.8	26.9	25.1	27.0	33.9	26.7	23.9	29.1	28.8
17	43.3	42.1	32.6	36.1	38.1	22.5	41.2	37.0	43.4	43.4
18	34.5	40.8	30.2	30.5	31.3	34.9	31.9	29.7	36.5	32.7
19	62.7	55.9	22.7	20.8	21.1	64.4	21.6	21.4	64.3	63.4
20	19.0	13.1	21.7	20.9	21.4	14.4	22.1	21.6	15.2	14.4
21	178.5	66.5	25.1	23.8	28.1	24.5	25.6	21.7	66.2	66.0
22	51.6	176.4	214.3	212.6	172.9	164.9	181.2	56.0	174.8	179.6
23		51.5	50.6	50.5	65.8	51.4		51.4	51.2	
24			19.4	18.8				17.3	170.7	169.8
25			66.3	65.2				100.4	21.1	20.9
26			83.0	82.1				75.0	170.0	170.5
27			24.1	25.1				31.8	21.0	20.8
28			34.8	33.7				28.8		
29			106.5	105.3				85.1		
30			23.7	25.1				26.7		
31				170.4				172.0		
32				21.7				21.8		
CN									121.8	

表 2-10-9　化合物 2-10-53~2-10-58 的 ^{13}C NMR 数据

C	2-10-53[25]	2-10-54[25]	2-10-55[26]	2-10-56[26]	2-10-57[26]	2-10-58[26]
1	217.0	220.2	221.2	214.7	225.4	61.1
2	44.1	44.6	44.1	45.3	45.1	100.5
3	20.3	20.5	20.0	21.6	20.1	21.6
4	67.3	66.2	64.7	66.1	66.0	21.9
5	50.7	53.9	54.0	51.1	53.9	36.0
6	49.8	49.4	49.5	50.9	51.2	32.5
7	58.9	54.0	53.4	55.7	54.7	57.4
8	63.8	72.3	69.6	69.5	68.3	46.7
9	48.9	140.0	180.1	187.2	159.0	54.5
10	184.0	208.4	75.1	76.3	147.3	55.7
11	27.3	37.2	33.6	30.0	35.9	26.8
12	24.1	19.5	20.4	20.7	21.3	27.5
13	30.5	34.4	38.5	39.4	40.4	39.3
14	24.8	36.6	24.5	22.4	30.7	41.9
15	49.8	156.0	152.8	149.8	82.3	54.5
16	211.4	33.7	202.2	201.3	28.2	27.9
17	131.9	60.2	55.5	57.6	44.2	42.4
18	34.3	32.3	33.5	33.4	33.3	31.2
19	49.0	50.2	49.2	49.3	50.3	16.3
20	18.6	19.2	18.5	18.6	19.3	17.3
21	26.0	22.6	20.9	23.2	21.7	62.6
22						175.0
23						50.8
24						60.7
25						46.2

表 2-10-10 化合物 2-10-59~2-10-64 的 ^{13}C NMR 数据[27]

C	2-10-59	2-10-60	2-10-61	2-10-62	2-10-63	2-10-64
1	29.2	28.4	28.2	29.5	28.9	28.5
2	21.3	21.2	20.3	21.2	21.2	20.1
3	54.0	53.8	52.9	54.1	53.0	52.9
5	47.7	47.6	43.2	47.4	47.8	43.6
6	30.3	30.0	23.0	30.9	31.1	22.3
7	76.4	75.5	140.1	75.8	76.2	127.0
8	52.8	52.2	137.7	51.7	52.6	135.2
9	60.5	60.0	58.0	60.1	60.4	59.5
10	192.5	192.7	198.3	191.2	193.1	163.0
11	112.8	116.3	59.3	113.7	115.6	32.7
12	164.3	168.1	196.6	167.8	169.0	25.6
13	122.5	38.2	128.4	35.6	39.5	35.4
14	139.7	63.8	151.6	62.4	43.3	56.7
15	31.9	39.4	32.6		40.7	41.8
16	22.5	25.4	33.0	66.8	26.4	172.0
14-CH$_3$				21.5		
16-CH$_3$	18.6	20.2	19.1	18.8	20.4	
12-CH$_3$						21.8
16-OCH$_3$						51.2

表 2-10-11 化合物 2-10-65~2-10-72 的 ^{13}C NMR 数据[28]

C	2-10-65	2-10-66	2-10-67	2-10-68	2-10-69	2-10-70[29]	2-10-71	2-10-72
1	96.9	97.9	65.7	65.5	67.1	97.2	—	109.9
2	42.8	43.4	37.4	35.0	38.5	44.0	44.1	44.4

续表

C	2-10-65	2-10-66	2-10-67	2-10-68	2-10-69	2-10-70[29]	2-10-71	2-10-72
3	30.5	21.9	30.8	28.8	22.4	25.2	24.3	23.0
4	75.4	38.7	75.6	77.2	39.1	24.4	84.7	87.6
5	44.1	39.7	39.9	39.0	35.0	38.8	47.8	47.0
6	33.3	42.8	33.5	39.5	43.5	36.6	51.5	49.8
7	58.1	58.6	57.3	57.1	58.7	64.4	93.8	95.5
8	53.0	52.6	46.5	44.9	46.1	52.4	—	53.9
9	143.8	144.2	142.5	142.4	145.0	151.1	—	137.5
10	136.2	135.8	135.7	135.1	132.6	151.0	141.9	146.5
11	25.5	25.3	25.3	24.7	25.3	47.4	24.7	24.4
12	27.8	28.8	27.8	27.3	29.0	25.8	26.0	23.3
13	36.8	38.1	37.9	38.9	39.2	42.8	38.7	38.6
14	43.1	43.0	42.1	41.9	42.3	118.9	41.9	41.8
15	57.1	58.1	53.5	51.2	54.2	166.7	53.9	52.7
16	29.8	29.5	28.2	28.2	27.6	30.2	28.8	29.5
17	43.0	43.1	42.7	42.4	42.6	42.4	40.6	39.9
18	34.0	34.4	36.7	37.1	38.6	34.9	34.0	32.7
19	64.6	65.1	65.0	65.7	65.5	59.1	58.2	57.1
20	14.4	14.5	14.8	13.9	15.1	22.3	15.4	14.6
21	21.1	25.0	20.5	18.5	24.7	15.1	22.4	21.4
22	176.0	176.5	175.6	175.8	175.9	170.0	175.6	177.4
23	51.0	51.0	51.3	51.1	51.1	50.7	51.2	52.4

表 2-10-12 化合物 2-10-73~2-10-76 的 ^{13}C NMR 数据[30]

C	2-10-73	2-10-74	2-10-75	2-10-76	C	2-10-73	2-10-74	2-10-75	2-10-76
1	28.2	26.6	28.7	29.7	10	196.7	203.0	194.6	193.4
2	20.6	19.2	21.0	22.1	11	126.0	125.7	119.1	120.0
3	52.7	51.3	54.0	52.5	12	154.2	154.8	162.9	162.3
5	43.4	44.8	47.4	48.8	13	113.0	113.3	116.3	116.0
6	22.5	30.9	30.2	30.3	14	129.9	130.6	135.2	135.2
7	140.4	63.1	74.5	77.8	15	120.5	121.6	125.1	125.2
8	135.5	56.2	54.0	52.8	16	136.5	136.5	142.9	142.3
9	58.1	60.4	59.6	63.7	17	18.4	19.2	23.1	22.7

表 2-10-13　化合物 2-10-77~2-10-82 的 ^{13}C NMR 数据[31]

C	2-10-77	2-10-78	2-10-79	2-10-80	2-10-81	2-10-82
1	65.4	—	74.5	60.0	62.1	60.0
2	38.0	57.0	48.3	214.6	156.0	218.1
3	26.3	42.9	22.4	46.2	92.0	44.8
4	40.6	36.4	34.1	33.7	27.3	34.1
5	38.9	—	84.4	51.4	36.6	51.6
6	46.2	50.3	42.6	42.1	34.3	42.3
7	81.3	69.3	58.8	72.2	56.4	71.9
8	47.0	—	48.8	47.6	46.4	47.6
9	53.6	52.3	31.7	145.5	145.8	145.6
10	77.5	52.1	50.3	138.9	133.7	138.9
11	29.2	39.5	210.9	26.4	27.2	26.4
12	31.4	22.9	171.2	25.9	27.1	25.9
13	30.0	30.6	53.8	39.8	39.9	39.8
14	73.0	24.2	26.3	42.2	42.6	42.3
15	30,.0	35.4	26.5	53.6	54.9	53.7
16	25.3	25.7	30.8	29.3	28.1	29.3
17	35.8	36.8	33.7	41.6	42.6	41.6
18	30.2	27.5	35.2	35.5	26.6	40.9
19	21.2	23.0	59.4	8.4	11.6	19.4
20	22.5	19.8	14.3			19.4
21	25.3	21.9	22.8	65.6	69.6	65.7
22	212.8	56.1	171.2	177.5	175.5	177.5
23	51.0	50.0		51.8	51.0	51.8
24	19.0	18.0		43.0	46.6	43.1
25	65.5	176.5				
26	82.7	70.3				
27	24.8	25.3				
28	34.0	25.8				
29	105.8	84.8				
30	24.3	24.6				
31	170.5	169.2				
32	21.2	21.1				

表 2-10-14 化合物 2-10-83~2-10-86 的 ^{13}C NMR 数据[32]

C	2-10-83	2-10-84	2-10-85	2-10-86	C	2-10-83	2-10-84	2-10-85	2-10-86
1	216.2	216.1	215.8	64.2	17	66.4	212.1	40.5	37.7
2	45.5	45.2	43.6	39.9	18	26.5	34.1	29.8	32.2
3	20.9	20.5	19.5	28.4	19	51.0	50.7	48.2	21.7
4	67.2	66.9	66.2	43.3	20	19.9	19.2	19.2	22.4
5	51.2	52.7	51.5	38.4	21	24.0	22.9	25.7	26.2
6	51.7	53.3	49.7	43.2	22	167.7		178.9	215.1
7	55.7	55.4	56.5	48.3	OMe	51.7			
8	65.0	65.2	63.0	49.9	23				50.8
9	118.2	185.0	140.7	53.9	24				19.8
10	164.4	140.7	139.5	74.1	25				66.6
11	29.5	20.3	25.0	30.3	26				83.2
12	23.9	25.2	28.4	23.9	27				25.4
13	43.4	39.4	41.1	34.6	28				35.1
14	117.5	32.6	42.9	73.6	29				106.7
15	151.0	45.8	51.4	32.0	30				24.3
16	26.5	42.2	28.9	26.2					

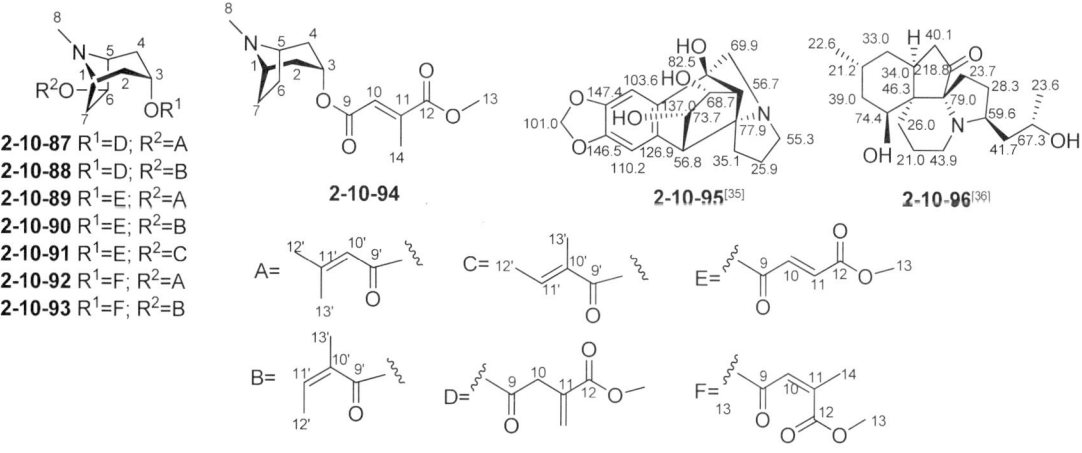

表 2-10-15 化合物 2-10-87~2-10-94 的 ^{13}C NMR 数据[33]

C	2-10-87	2-10-88	2-10-89	2-10-90	2-10-91	2-10-92	2-10-93	2-10-94[34]
1	60.9	60.9	61.0	61.4	61.0	60.7	60.9	59.6
2	34.6	34.0	34.8	35.4	34.5	33.8	34.2	36.5

续表

C	2-10-87	2-10-88	2-10-89	2-10-90	2-10-91	2-10-92	2-10-93	2-10-94[34]
3	68.6	67.5	68.5	68.4	68.5	68.4	67.5	67.7
4	33.1	32.1	33.3	34.0	33.1	32.8	32.8	36.5
5	67.0	66.2	67.0	67.4	67.3	66.0	66.2	59.6
6	79.3	80.1	79.2	79.8	79.3	79.0	79.7	25.6
7	36.4	41.0	36.6	36.4	36.6	35.2	34.8	25.6
8	39.9	39.3	40.1	40.6	40.2	39.5	39.3	40.4
9	171.0	170.1	168.0	168.0	170.2	166.0	167.5	165.2
10	39.3	38.1	127.6	127.6	127.5	122.1	121.8	127.2
11	135.5	134.1	144.0	144.0	143.9	144.8	145.2	143.3
12	169.0	167.3	169.0	169.0	168.9	169.2	168.8	167.3
13	52.7	51.2	53.1	53.1	53.0	51.7	51.6	52.6
14	129.7	129.0	14.5	14.6	14.5	18.9	19.8	14.2
9'	—	170.1	—	169.5	169.7	—	170.1	
10'	116.8	128.0	116.8	129.0	128.7	116.8	128.5	
11'	159.0	139.2	159.0	139.5	139.0	158.5	139.2	
12'	20.3	15.3	20.5	15.9	14.6	20.2	15.4	
13'	27.4	19.4	27.4	20.7	12.2	27.2	19.6	

参 考 文 献

[1] Li X, Peng J, Onda M, et al. Heterocycles, 1989, 29(9): 1797.
[2] Staerk D, Lykkeberg A K, Christensen J, et al. J Nat Prod, 2002, 65(9): 1299.
[3] Abe F, Hirokawa M, Yamauchi T, et al. Chem Pharm Bull, 1998, 46(5): 767.
[4] Abe F, Iwase Y, Yamauchi T, et al. Phytochemistry, 1995, 39(3): 695.
[5] Komatsu H, Watanabe M, Ohyama M, et al. J Med Chem, 2001, 44(11): 1833.
[6] Zhen Y Y, Huang X, Yu D, et al. Acta Botanica Sinica, 2002, 44(3): 349.
[7] Kobayashi J, Inaba Y, Shiro M, et al. J Am Chem Soc, 2001, 123(46): 11402.
[8] Morita H, Yoshida N, Kobayashi J. J Org Chem, 2002, 67(7): 2278.
[9] 张于, 何红平, 邸迎彤等. 天然产物研究与开发, 2009, 21(3): 435.
[10] Gan X W, Bai, H Y, Chen Q G, et al. Chem Biodivers, 2006, 3(11): 1255.
[11] Zhan Z J, Rao G W, Hou X R, et al. Helv Chim Acta, 2009, 92(8): 1562.
[12] Wanjala C C W, Majinda, R R T. J Nat Prod, 2000, 63(6): 871.
[13] Chawla A S, hunchatprasert S, Jackson A H. et al. Org Magn Reson, 1983, 21(1): 39.
[14] Likhitwitayawuid K, Angerhofer C K, Chai H, et al. J Nat Prod, 1993, 56(8): 1331.
[15] Campbell W E, Nair J J, Gammon, D W, et al. Phytochemistry, 2000, 53(5): 587.
[16] Llabres J M, Viladomat F, Bastida J, et al. Phytochemistry, 1986, 25(6): 1453.
[17] 王英, 李茜, 叶文才等. 中国天然药物, 2006, 4(4): 260.
[18] Wang G C, Wang Y, Zhang X Q, et al. Chem Pharm Bull, 2010, 58(3): 390.
[19] Beutler J A, Livant P. et al. J Nat Prod, 1984, 47(4): 677.
[20] Wang L, Zhang X Q, Yin Z Q, et al. Chem Pharm Bull, 2009, 57(6): 610.
[21] Kubota T, Suzuki T, Ishiuchi K, et al. Chem. Pharm. Bull., 2009, 57(5): 504.
[22] Li Z Y, Peng S Y, Fang L, et al. Chem Biodivers, 2009, 6(1): 105.
[23] Mu S Z, Yang X W, Di Y T, et al. Chem Biodivers, 2007, 4(2): 129.
[24] Li Z Y, Gu Y C, Irwin D, et al. Chem Biodivers, 2009, 6(10): 1744.
[25] Di Y T, He H P, Lu Y, et al. J Nat Prod, 2006, 69(7): 1074.
[26] Mu S Z, Li C S, He H P, et al. J Nat Prod, 2007, 70(10): 1628.

[27] Katavic P L, Venables D A, Forster P I, et al. J Nat Prod, 2006, 69(9): 1295.
[28] Di Y T, He H P, Li C S, et al. J Nat Prod, 2006, 69(12): 1745.
[29] 郝小江, 周俊, 野出等. 云南植物研究, 1993, 15(2): 205.
[30] Katavic P L, Venables D A, Rali T, et al. J Nat Prod, 2007, 70(5): 872.
[31] Mu S Z, Wang J S, Yang X S, et al. J Nat Prod, 2008, 71(4): 564.
[32] Yang S P, Zhang H, Zhang C R, et al. J Nat Prod, 2006, 69(1): 79.
[33] Cretton S, Glauser G, Humam M, et al. J Nat Prod, 2010, 73(5): 844.
[34] Jordan M, Humam M, Bieri S, et al. Phytochemistry, 2006, 67(6): 570.
[35] Kobayashi J, Yoshinaga M, Yoshida N, et al. J Org Chem, 2002, 67(7): 2283.
[36] Ishiuchi K, Kodama S, Kubota T, et al. Chem Pharm Bull, 2009, 57(8): 877.

第十一节 吖啶酮类生物碱

表 2-11-1 吖啶酮类生物碱的名称、分子式和测试溶剂

编号	中文名称	英文名称	分子式	测试溶剂	参考文献
2-11-1	山小橘碱	arborinine	$C_{16}H_{15}NO_4$	C	[1]
2-11-2	吖啶酮	acridone	$C_{13}H_9NO$	D	[2]
2-11-3	N-甲基-9-吖啶酮	N-methyl-9-acridone	$C_{14}H_{11}NO$	C	[2]
2-11-4		2,3-methylenedioxyacridin-9-one	$C_{14}H_9NO_3$	*	[2]
2-11-5		2,3-methylenedioxy-10-methyl-9-acridanone	$C_{15}H_{11}NO_3$	D	[2]
2-11-6		1,3-dimethoxy-10-methyl-9,10-dihydro-9-acridinone	$C_{16}H_{15}NO_3$	C	[2]
2-11-7		4,11-dimethoxy-5H-[1,3]dioxolo[4,5-b]acridin-10-one	$C_{16}H_{13}NO_5$	*	[2]
2-11-8	异蜜茱萸碱	melicopidine	$C_{17}H_{15}NO_5$	C	[2]
2-11-9	吴茱萸黄碱	evoxanthine	$C_{16}H_{13}NO_4$	*	[2]
2-11-10	山油柑碱	acronycine	$C_{20}H_{19}NO_3$	C	[3]
2-11-11		de-N-methyl-O-noracronycine	$C_{18}H_{15}NO_3$	**	[4]
2-11-12		noracronine	$C_{19}H_{17}NO_3$	**	[4]
2-11-13		N-demethylacronycine	$C_{19}H_{17}NO_3$	**	[4]
2-11-14		acromycine	$C_{20}H_{19}NO_3$	C	[4]
2-11-15		atalaphyllidine	$C_{18}H_{15}NO_4$	**	[4]
2-11-16		11-hydroxy-O-demethylacronine	$C_{19}H_{17}NO_4$	**	[4]
2-11-17		citracridone I	$C_{20}H_{19}NO_5$	**	[4]
2-11-18		citracridone II	$C_{21}H_{21}NO_5$	C	[4]
2-11-19		severifoline	$C_{23}H_{23}NO_3$	**	[4]
2-11-20		N-methylseverifoline	$C_{24}H_{25}NO_3$	**	[4]
2-11-21		N,O-dimethylseverifoline	$C_{25}H_{27}NO_3$	C	[4]
2-11-22		atalaphyllinine	$C_{23}H_{23}NO_4$	**	[4]
2-11-23		N-methylataphyllinine	$C_{24}H_{25}NO_4$	**	[4]
2-11-24		3,12-dihydro-6-hydroxy-11-methoxy-3,3-dimethyl-5-(3-methyl-2-butenyl)-7H-pyrano[2,3-c]acridin-7-one	$C_{24}H_{25}NO_4$	C	[4]
2-11-25		3,12-dihydro-6-hydroxy-11-methoxy-3,3,12-trimethyl-5-(3-methyl-2-butenyl)-7H-pyrano[2,3-c]acridin-7-one	$C_{24}H_{27}NO_4$	C	[4]

续表

编号	中文名称	英文名称	分子式	测试溶剂	参考文献
2-11-26		3,12-dihydro-6,11-dimethoxy-3,3,12-trimethyl-5-(3-methyl-2-butenyl)-7H-pyrano[2,3-c]acridin-7-one	$C_{26}H_{29}NO_4$	C	[4]
2-11-27	库斯苦林碱	cusculine	$C_{18}H_{19}NO_6$	C	[7]
2-11-28	库斯柏碱	cuspanine	$C_{17}H_{17}NO_6$	C	[7]
2-11-29		1,3-dihydroxy-4-methoxy-10-methylacridone	$C_{15}H_{13}NO_4$	A	[6]
2-11-30		glycocitrine II	$C_{19}H_{19}NO_3$	**	[4]
2-11-31		glycocitrine II methyl ether	$C_{20}H_{21}NO_3$	C	[4]
2-11-32		glycocitrine I	$C_{20}H_{21}NO_4$	**	[4]
2-11-33		N-methylatalphylline	$C_{24}H_{27}NO_4$	**	[4]
2-11-34	异戊烯扁平橘碱	prenylcitpressine	$C_{20}H_{21}NO_5$	C	[4]
2-11-35	扁平橘碱 I	citpressine I	$C_{16}H_{15}NO_5$	**	[4]
2-11-36	扁平橘碱 II	citpressine II	$C_{17}H_{17}NO_5$	C	[4]
2-11-37		citrusinine I	$C_{16}H_{15}NO_5$	**	[4]
2-11-38	蜜茱萸生碱	melicopicine	$C_{18}H_{19}NO_5$	D	[1,7]
2-11-39	异蜜茱萸碱	melicopidine	$C_{17}H_{15}NO_5$	D	[1,7]
2-11-40	蜜茱萸碱	melicopine	$C_{17}H_{15}NO_5$	D	[1,7]
2-11-41	山小橘碱	arborinine	$C_{16}H_{15}NO_4$	*	[1,7]
2-11-42		rutacridon	$C_{19}H_{17}NO_3$	*	[1,7]
2-11-43	芸香吖啶酮二醇	gravacridonediol	$C_{19}H_{19}NO_5$	*	[1,7]
2-11-44		gravacridontriol	$C_{19}H_{19}NO_6$	*	[1,7]
2-11-45	异芸香吖啶酮氯	isogravacridonechlorin	$C_{19}H_{18}ClNO_4$	*	[1,7]
2-11-46		2-acetyl-6-methoxy-3,3,14-trimethyl-3,14-dihydro-7H-benzo[b]pyrano[3,2-h]acridin-7-one	$C_{26}H_{23}NO_4$	C	[8]
2-11-47		2-butyryl-6-methoxy-3,3,14-trimethyl-3,14-dihydro-7H-benzo[b]-pyrano[3,2-h]acridin-7-one	$C_{28}H_{27}NO_4$	C	[8]
2-11-48		2-benzoyl-6-methoxy-3,3,14-trimethyl-3,14-dihydro-7H-benzo[b]pyrano[3,2-h]acridin-7-one	$C_{31}H_{25}NO_4$	C	[8]
2-11-49		2-acetoxy-6-methoxy-3,3,14-trimethyl-3,14-dihydro-7H-benzo[b]-pyrano[3,2-h]acridin-7-one	$C_{26}H_{23}NO_5$	C	[8]
2-11-50		2-butyroxy-6-methoxy-3,3,14-trimethyl-3,14-dihydro-7H-benzo-[b]pyrano[3,2-h]acridin-7-one	$C_{28}H_{27}NO_5$	C	[8]
2-11-51		glycosparvarine	$C_{15}H_{13}NO_5$	A	[9]
2-11-52		glycofolinin	$C_{17}H_{17}NO_6$	D	[10]
2-11-53		cycloatalaphylline A	$C_{23}H_{23}NO_4$	A	[11]
2-11-54		N-methylcycloatalaphylline A	$C_{24}H_{25}NO_4$	A	[11]
2-11-55		N-methylbuxifoliadine E	$C_{24}H_{27}NO_5$	A	[11]
2-11-56		oriciacridone C	$C_{18}H_{15}NO_4$	M	[12]
2-11-57		oriciacridone D	$C_{18}H_{15}NO_4$	M	[12]
2-11-58		oriciacridone E	$C_{19}H_{19}NO_4$	M	[12]
2-11-59		1,3,5-trihydroxyl-4-prenylacridone	$C_{18}H_{17}NO_4$	M	[12]
2-11-60		oriciacridone F	$C_{36}H_{32}N_2O_8$	M	[12]
2-11-61		tegerrardin A	$C_{15}H_{13}NO_3$	C	[13]
2-11-62		tegerrardin B	$C_{19}H_{19}NO_3$	C	[13]

续表

编号	中文名称	英文名称	分子式	测试溶剂	参考文献
2-11-63		toddaliopsin A	$C_{16}H_{16}NO_4$	C	[14]
2-11-64		toddaliopsin B	$C_{19}H_{19}NO_6$	C	[14]
2-11-65		toddaliopsin C	$C_{18}H_{17}NO_6$	C	[14]
2-11-66		toddaliopsin D	$C_{18}H_{19}NO_5$	C	[14]
2-11-67		oriciacridone A	$C_{36}H_{32}N_2O_9$	D	[15]
2-11-68		oriciacridone B	$C_{36}H_{32}N_2O_{10}$	D	[15]
2-11-69		1,2,3,12-tetrahydro-6,10-dihydroxy-11-methoxy-3,3,12-trimethyl-7H-pyrano[2,3-c]acridin-7-one	$C_{20}H_{21}NO_5$	C	[4]
2-11-70	山小橘碱	glycofoline	$C_{24}H_{25}NO_4$	C	[4]
2-11-71		pyranofoline	$C_{20}H_{19}NO_5$	C	[4]

注：* 在 $CDCl_3+CD_3OD$ 中测定；** 在 $CDCl_3+(CD_3)_2SO$ 中测定。

2-11-1 R^1=OH; R^2=R^3=OCH_3; R^4=H; R^5=CH_3
2-11-2 R^1=R^2=R^3=R^4=R^5=H
2-11-3 R^1=R^2=R^3=R^4=H; R^5=CH_3
2-11-4 R^1=R^4=R^5=H; R^2+R^3=OCH_2O
2-11-5 R^1=R^4=H; R^2+R^3=OCH_2O; R^5=CH_3
2-11-6 R^1=R^3=OCH_3; R^2=R^4=H; R^5=CH_3
2-11-7 R^1=R^4=OCH_3; R^2+R^3=OCH_2O; R^5=H
2-11-8 R^1=R^4=OCH_3; R^2+R^3=OCH_2O; R^5=CH_3
2-11-9 R^1=OCH_3; R^2+R^3=OCH_2O; R^4=H; R^5=CH_3

2-11-10 R^1=OCH_3; R^2=CH_3; R^3=R^4=H
2-11-11 R^1=R^2=R^3=R^4=H
2-11-12 R^1=R^3=R^4=H; R^2=CH_3
2-11-13 R^1=CH_3; R^2=R^3=R^4=H
2-11-14 R^1=R^2=CH_3; R^3=R^4=H
2-11-15 R^1=R^2=R^4=H; R^3=OH
2-11-16 R^1=R^4=H; R^2=CH_3; R^3=OH
2-11-17 R^1=H; R^2=CH_3; R^3=OCH_3; R^4=OH
2-11-18 R^1=H; R^2=CH_3; R^3=R^4=OCH_3

表 2-11-2　化合物 2-11-1~2-11-9 的 ^{13}C NMR 数据[2]

C	2-11-1[1]	2-11-2	2-11-3	2-11-4	2-11-5	2-11-6	2-11-7	2-11-8	2-11-9
1	155.7	126.0	127.3	101.9	102.6	162.6	137.3	138.3	141.8
2	129.9	120.5	121.5	144.4	143.4	90.4	133.7	134.8	132.7
3	159.1	133.4	134.2	152.6	153.4	163.8	141.8	145.1	154.6
4	86.7	117.3	115.2	95.7	95.9	92.3	126.2	128.9	90.1
5	114.5	117.3	115.2	117.0	116.0	114.7	117.5	115.6	115.0
6	133.7	133.4	134.2	132.5	133.1	132.5	133.2	132.6	133.4
7	121.2	120.5	121.5	120.9	121.1	120.8	122.2	121.3	121.8
8	126.0	126.0	127.3	127.5	126.3	126.7	126.5	126.7	127.3
9	180.4	176.8	178.7	175.8	174.8	175.6	178.3	177.4	177.8
4a	140.1	140.8	142.6	139.2	140.3	146.6	134.7	137.1	143.2
8a	120.3	120.5	122.1	120.7	121.1	124.1	122.2	124.3	123.7
9a	105.3	120.5	122.1	115.2	116.7	107.8	110.8	114.4	111.6
10a	141.6	140.8	142.6	141.0	141.7	141.5	140.1	144.5	142.8
N-CH$_3$	60.6		33.6		34.4	34.6		41.9	35.4
1-OCH$_3$					55.3	60.5		60.8	60.8

续表

C	2-11-1[1]	2-11-2	2-11-3	2-11-4	2-11-5	2-11-6	2-11-7	2-11-8	2-11-9
2-OCH$_3$	55.8								
3-OCH$_3$	55.8					55.6			
4-OCH$_3$							61.4	61.4	
OCH$_2$O				101.9	102.2		102.9	102.2	102.0

表 2-11-3 化合物 2-11-10~2-11-18 的 ^{13}C NMR 数据[4]

C	2-11-10[3]	2-11-11	2-11-12	2-11-13	2-11-14	2-11-15	2-11-16	2-11-17	2-11-18
1	159.0	159.5	161.4	157.5	159.2	159.2	161.1	160.6	161.1
2	94.2	96.5	97.4	93.4	94.2	96.6	97.5	97.8	98.2
3	162.8	164.2	164.9	162.5	162.9	164.0	164.3	164.3	164.5
4	102.8	104.4	106.6	107.0	110.5	104.1	106.9	106.4	106.7
5	115.7	117.4	116.2	116.9	115.9	145.1	147.7	142.5	142.3
6	132.2	133.3	133.9	132.2	132.5	116.6	120.1	156.2	157.5
7	121.5	121.4	121.9	121.0	121.7	121.5	123.3	113.4	108.2
8	126.8	125.0	125.7	126.1	127.0	115.1	116.0	122.2	122.4
9	176.8	180.9	180.7	176.6	177.1	180.9	181.8	181.1	181.4
4a	146.5	141.0	144.6	140.2	146.7	136.6	148.5	147.4	147.7
8a	125.3	119.3	121.4	122.6	125.3	120.1	124.7	117.4	118.7
9a	110.4	98.1	100.9	99.9	103.0	97.8	102.1	102.3	102.5
10a	144.3	138.0	144.1	139.9	144.4	130.7	137.0	136.7	138.4
11	121.5	116.5	121.4	116.7	121.7	115.1	121.0	120.6	120.8
12	122.7	125.0	122.7	125.6	122.9	125.9	123.6	124.1	124.1
13	70.6	76.8	76.3	76.6	76.3	76.9	76.6	76.5	76.6
13-CH$_3$	26.5	27.7	26.8	27.6	26.8	27.6	27.1	27.0	27.1
N-CH$_3$	43.9		43.5		44.2		48.6	48.6	49.0
1-OCH$_3$	56.0			55.8	56.2				
5-OCH$_3$								59.8	60.3
6-OCH$_3$									56.3

2-11-19 R^1=R^3=R^4=H; R^2=pnl
2-11-20 R^1=R^4=H; R^2=pnl; R^3=CH$_3$
2-11-21 R^1=R^3=CH$_3$; R^2=pnl; R^4=H
2-11-22 R^1=R^3=H; R^2=pnl; R^4=OH
2-11-23 R^1=H; R^2=pnl; R^3=CH$_3$; R^4=OH
2-11-24 R^1=H; R^2=pnl; R^3=H; R^4=OCH$_3$
2-11-25 R^1=H; R^2=pnl; R^3=CH$_3$; R^4=OCH$_3$
2-11-26 R^1=R^3=CH$_3$; R^2=pnl; R^4=OCH$_3$

表 2-11-4 化合物 2-11-19~2-11-26 的 ^{13}C NMR 数据[4]

C	2-11-19	2-11-20	2-11-21	2-11-22	2-11-23	2-11-24	2-11-25	2-11-26
1	157.6	159.0	157.4	157.4	158.8	157.6	159.1	157.2
2	108.9	109.3	118.9	108.9	109.5	109.4	110.3	119.4
3	161.4	161.7	113.6	161.2	161.4	161.4	161.5	159.2

续表

C	2-11-19	2-11-20	2-11-21	2-11-22	2-11-23	2-11-24	2-11-25	2-11-26
4	104.3	106.2	115.9	104.0	106.5	104.3	107.1	114.4
5	117.2	116.1	132.7	144.9	145.8	146.3	146.0	147.9
6	133.1	133.6	121.6	116.3	119.8	111.2	115.2	114.3
7	121.2	121.5	127.2	121.2	122.9	120.6	122.7	122.9
8	125.3	125.5	176.7	115.4	116.0	116.7	117.8	118.4
9	181.1	180.5	144.8	181.1	181.8	180.9	181.9	177.9
4a	140.9	144.4	124.7	134.7	148.2	134.3	150.5	150.8
8a	119.4	121.2	106.5	120.0	124.7	119.7	125.0	128.6
9a	97.9	100.5	144.7	97.4	101.9	97.4	102.2	108.1
10a	136.2	142.2	122.0	130.7	137.0	130.8	138.2	137.7
11	116.8	121.7	124.1	115.1	121.3	114.8	121.5	121.4
12	125.0	122.4	76.1	126.0	123.3	126.2	123.6	125.4
13	76.7	76.1	26.9	76.8	76.3	77.0	76.4	76.2
13-CH_3	27.7	26.7	44.2	27.6	27.0	27.7	27.1	27.1
N-CH_3		43.4	62.1		48.4		49.0	48.2
1-OCH_3								61.9
5-OCH_3						55.9	56.0	55.9
1'	21.2	21.4	22.5	21.1	21.3	21.4	21.5	22.5
2'	122.8	122.5	123.1	122.7	122.5	122.9	122.6	123.3
3'	130.5	130.6	130.9	130.3	130.6	130.5	131.0	130.8
4'	17.8	17.8	18.0	17.8	17.8	18.0	18.0	18.0
5'	25.7	25.7	25.8	25.7	25.7	25.9	25.9	25.8

2-11-27 R=OCH_3
2-11-28 R=OH

2-11-29

2-11-30 $R^1=R^3=OH$; $R^2=R^6=R^7=H$; $R^3=H$; $R^4=pnl'$
2-11-31 $R^1=OH$; $R^2=R^6=R^7=H$; $R^3=OCH_3$; $R^4=pnl'$; $R^5=CH_3$
2-11-32 $R^1=R^6=OH$; $R^2=R^7=H$; $R^3=OCH_3$; $R^4=pnl'$; $R^6=CH_3$
2-11-33 $R^1=R^3=R^6=OH$; $R^2=pnl$; $R^4=pnl'$; $R^5=CH_3$; $R^7=H$
2-11-34 $R^1=R^3=R^7=OH$; $R^2=H$; $R^4=pnl'$; $R^5=CH_3$; $R^6=OCH_3$
2-11-35 $R^1=R^7=OH$; $R^2=R^4=H$; $R^3=R^6=OCH_3$; $R^5=CH_3$
2-11-36 $R^1=OH$; $R^2=R^4=H$; $R^3=R^6=R^7=OCH_3$; $R^5=CH_3$
2-11-37 $R^1=R^6=OH$; $R^2=R^7=H$; $R^3=R^4=OCH_3$; $R^5=CH_3$

表 2-11-5 化合物 2-11-27~2-11-29 的 ^{13}C NMR 数据

C	2-11-27[7]	2-11-28[7]	2-11-29[6]	C	2-11-27[7]	2-11-28[7]	2-11-29[6]
1	154.6	155.5	159.3	4a	138.1	138.1	139.4
2	133.6	130.3	97.5	5	134.4	135.0	117.0
3	158.0	159.4	128.5	6	153.9	154.5	134.9
4	93.8	87.6	161.9	7	107.0	107.6	122.3

C	2-11-27[7]	2-11-28[7]	2-11-29[6]	C	2-11-27[7]	2-11-28[7]	2-11-29[6]
8	123.1	122.1	126.4	2-OMe	62.0	61.1	
8a	117.4	114.7	122.0	3-OMe	60.9	60.9	
9	176.2	181.1	181.9	4-OMe			61.8
9a	110.4	104.6	106.4	5-OMe	56.1	56.2	
10a	139.4	133.7	145.8	6-OMe	56.0	56.1	
1-OMe	61.5		40.1				

表 2-11-6 化合物 2-11-30~2-11-37 的 ^{13}C NMR 数据[4]

C	2-11-30	2-11-31	2-11-32	2-11-33	2-11-34	2-11-35	2-11-36	2-11-37
1	162.7	163.7	163.0	159.5	162.7	164.6	165.2	159.4
2	97.1	93.3	93.4	109.0	98.6	94.2	94.1	93.5
3	164.3	165.3	165.0	161.4	162.9	165.4	165.9	160.0
4	106.4	106.9	108.9	107.2	107.2	90.2	90.7	129.8
5	116.4	116.3	148.6	148.6	142.6	138.8	138.7	148.2
6	133.6	133.8	119.9	119.6	154.6	156.4	157.7	119.9
7	121.0	121.2	122.7	122.4	112.0	112.7	107.4	122.5
8	125.4	125.9	116.1	116.0	122.5	122.4	122.9	115.7
9	180.8	181.7	182.9	182.5	182.0	179.7	180.3	181.9
4a	147.1	146.7	150.3	148.9	150.5	147.0	147.5	141.9
8a	121.0	121.2	124.8	124.7	118.2	116.1	117.6	124.1
9a	105.2	106.5	107.2	106.9	106.9	104.4	104.8	105.8
10a	145.6	146.1	138.4	138.1	136.0	135.3	137.0	137.2
N-CH$_3$	43.4	43.8	48.1	48.1	47.7	39.9	40.4	46.0
3-OCH$_3$		55.9	55.9			55.3	55.5	56.0
4-OCH$_3$								60.0
5-OCH$_3$					59.9	60.9	61.3	
6-OCH$_3$								
1'				21.6				
2'				122.6				
3'				132.5				
4'				17.9				
5'				25.7				
1"	26.9	27.1	26.3	26.7	26.6			
2"	124.6	124.5	123.8	123.3	123.3			
3"	131.1	131.6	131.3	133.4	135.2			
4"	18.0	18.1	18.0	18.1	18.1			
5"	25.5	25.6	25.7	25.7	25.8			

2-11-38 R^1=R^2=R^3=R^4=OCH$_3$
2-11-39 R^1=R^4=OCH$_3$; R^2+R^3=OCH$_2$O
2-11-40 R^1=R^2=OCH$_3$; R^3+R^4=OCH$_2$O
2-11-41 R^1=OH; R^2=R^3=OCH$_3$; R^4=H

2-11-42

2-11-43 R^1=H; R^2=OH
2-11-44 R^1=R^2=OH
2-11-45 R^1=H; R^2=Cl

表 2-11-7　化合物 2-11-38~2-11-45 的 ^{13}C NMR 数据[1,7]

C	2-11-38	2-11-39	2-11-40	2-11-41	2-11-42	2-11-43	2-11-44	2-11-45
1	149.1	137.2	142.4	155.7	165.3	164.9	164.9	165.0
2	136.8	135.1	130.9	129.9	91.6	91.5	91.6	91.6
3	152.1	145.0	148.6	159.1	166.8	167.4	167.2	167.0
4	141.4	128.9	120.7	86.7	100.7	101.4	101.6	101.0
5	116.4	116.4	114.8	114.5	115.8	115.7	115.7	115.8
6	133.2	132.7	133.2	133.7	134.3	134.1	134.1	134.2
7	121.1	121.1	120.8	121.2	121.6	121.4	121.3	121.4
8	125.8	125.6	126.3	126.0	125.3	125.2	125.2	125.2
9	175.9	175.8	175.3	180.4	180.0	179.9	179.9	180.0
4a	138.8	136.5	133.1	140.1	143.1	143.1	143.1	143.1
8a	123.3	123.4	122.4	120.3	120.0	120.0	120.0	120.0
9a	115.1	113.9	112.7	105.8	105.3	105.0	105.1	105.1
10a	144.5	144.2	143.4	141.6	142.2	142.1	142.1	142.1
11					37.6	37.7	37.7	37.7
12					85.8	86.3	84.5	86.0
13					143.4	72.7	74.7	72.3
14					112.4	20.6	62.2	20.9
15					16.9	65.9	61.8	49.9
3								
4								
5								
6								
1-OCH$_3$	61.1	60.9	61.6					
2-OCH$_3$	61.3		60.7	60.6				
3-OCH$_3$	61.3			55.8				
4-OCH$_3$	61.5	60.5						
N-CH$_3$	41.5	41.6	37.2	33.8	35.9	31.4	31.2	31.5
OCH$_2$O			102.5	101.6				

表 2-11-8　化合物 2-11-46~2-11-50 的 ^{13}C NMR 数据[8]

C	2-11-46	2-11-47	2-11-48	2-11-49	2-11-50	C	2-11-46	2-11-47	2-11-48	2-11-49	2-11-50
1	131.5	131.1	134.0	93.8	98.8	13a	142.1	141.5	140.9	141.0	141.0
2	132.6	131.6	135.6	142.0	147.5	14a	148.4	148.8	148.6	150.1	150.3
3	79.9	79.9	79.8	78.0	77.3	14b	102.4	102.1	102.2	102.3	102.4
4a	161.3	161.2	161.3	157.7	157.6	N-CH$_3$	45.4	45.4	44.8	44.7	44.6
5	93.7	93.7	93.6	109.9	109.7	1'	195.2	198.1	193.9	169.2	172.0
6	165.9	165.7	165.6	163.0	163.0	2'	26.2	40.3		21.1	36.3
6a	109.6	110.0	109.1	112.5	110.1	3'			18.6		18.4
7	177.5	177.6	178.0	178.2	178.0	4'			13.9		13.7
7a	125.4	125.4	124.7	125.5	125.7	3-CH$_3$	25.9	25.9	25.2	24.1	24.1
8	128.3	128.4	128.0	128.2	128.2	6-OCH$_3$	56.6	56.6	56.2	56.4	56.4
8a	129.0	128.9	128.7	128.7	128.7	1"			130.5		
9	129.6	129.7	129.3	129.6	129.6	2"			129.4		
10	124.9	124.9	124.9	124.5	124.5	3"			128.4		
11	128.5	128.5	128.4	128.2	128.2	4"			132.4		
12	126.8	126.8	126.7	126.8	126.7	5"			128.4		
12a	135.7	135.7	137.9	135.8	135.8	6"			129.4		
13	112.4	112.4	112.4	111.9	111.9						

表 2-11-9　化合物 2-11-51~2-11-55 的 ^{13}C NMR 数据[11]

C	2-11-51[9]	2-11-52[10]	2-11-53	2-11-54	2-11-55	C	2-11-51[9]	2-11-52[10]	2-11-53	2-11-54	2-11-55
1	156.4	159.4	157.1	157.5	157.2	2-OMe	60.5				
2	129.5	94.0	102.1	103.4	106.7	3-OMe			56.2		
3	158.4	159.3	156.2	158.8	167.0	4-OMe		60.2			
4	91.8	129.8	102.2	108.5	103.0	5-OMe		60.0			
5	147.8	136.3	144.7	148.6	148.4	1'			115.9	115.6	26.7
6	120.6	156.5	116.0	119.7	119.4	2'			126.6	126.9	91.0
7	122.8	113.1	121.3	123.1	122.8	3'			77.5	77.7	70.8
8	117.6	121.8	115.7	116.1	116.2	4'			27.5	27.6	24.9
9	181.6	180.8	181.4	182.7	182.3	1"			21.5	25.7	25.9
4a	144.3	141.3	139.9	150.0	150.0	2"			121.8	123.9	123.1
8a	124.1	116.2	120.3	138.0	138.0	3"			133.8	130.8	25.3
9a	105.8	104.7	104.2	124.9	125.0	4"			25.0	24.9	17.2
10a	134.7	142.6	130.8	106.9	107.0	5"			17.2	17.3	
N-Me	41.3	46.4		47.7	47.2						

表 2-11-10 化合物 2-11-56~2-11-60 的 ^{13}C NMR 数据[12]

C	2-11-56	2-11-57	2-11-58	2-11-59	2-11-60	C	2-11-56	2-11-57	2-11-60
1	166.2	166.7	161.5	161.5	164.1	1'	32.1	30.7	161.6
2	91.9	105.0	95.8	95.5	99.7	2'	89.0	89.1	101.6
3	167.7	167.8	161.1	161.0	162.7	3'	145.3	145.3	161.5
4	101.0	87.0	99.9	100.7	97.2	4'	112.6	112.6	112.2
4a	139.1	139.3	139.8	140.0	139.3	4a'			141.5
5	146.4	146.4	144.7	144.7	146.4	5'	17.1	17.1	146.0
6	117.3	117.4	114.7	114.7	116.7	6'			116.7
7	122.6	122.5	121.3	121.3	122.9	7'			122.4
8	116.6	116.7	115.8	115.8	115.8	8'			115.9
8a	121.7	121.7	119.3	119.3	121.3	8a'			120.6
9	182.6	182.7	180.5	180.5	182.7	9'			182.6
9a	105.5	105.5	103.5	103.4	105.9	9a'			105.7
10-CH$_3$			44.3			10a'			131.8
10a	132.5	132.5	133.3	133.3	131.8	11'			18.5
11			21.4	21.4	26.8	12'			42.8
12			121.7	121.7	39.7	13'			72.1
13			130.6	130.6	77.4	14'			29.5
14			17.9	17.9	23.7	15'			29.9
15			25.9	25.9	29.4				

表 2-11-11 化合物 2-11-61~2-11-62 的 ^{13}C NMR 数据[13]

C	2-11-61	2-11-62	C	2-11-61	2-11-62	C	2-11-61	2-11-62
1	166.0	165.4	8	126.6	126.8	N-Me	34.0	34.1
2	89.9	94.5	9	180.6	180.8	1'		65.2
3	165.8	166.0	4a	144.6	144.7	2'		118.8
4	94.0	90.9	1a	105.2	105.4	3'		142.3
5	114.5	114.4	8a	120.9	121.4	4'		18.3
6	134.0	134.1	5a	142.3	142.3	5'		25.9
7	121.4	121.4	1-OMe	55.5				

表 2-11-12　化合物 2-11-63~2-11-66 的 ^{13}C NMR 数据[14]

C	2-11-63	2-11-64	2-11-65	2-11-66	C	2-11-63	2-11-64	2-11-65	2-11-66
1	153.6	154.7	156.1	154.4	1a	110.3	112.1	105.5	112.2
2	137.8	138.8	131.0	138.6	8a	121.9	124.0	121.0	123.8
3	158.3	158.2	159.6	158.0	5a	140.1	141.3	141.7	141.6
4	94.3	93.2	87.5	93.5	1-OCH$_3$	62.0	61.9		61.9
5	116.7	114.3	114.6	114.4	2-OCH$_3$	61.5	61.4	60.8	61.5
6	132.7	133.3	134.4	133.0	3-OCH$_3$	55.8	56.2	56.2	56.0
7	121.4	122.6	122.7	122.1	1'		71.5	70.3	79.6
8	126.6	127.6	126.7	127.5	2'		170.6	170.4	
9	177.0	176.8	181.6	176.9	3'		21.0	20.9	55.9
4a	140.4	140.9	139.7	141.9					

表 2-11-13　化合物 2-11-67~2-11-68 的 ^{13}C NMR 数据[15]

C	2-11-67	2-11-68	C	2-11-67	2-11-68	C	2-11-67	2-11-68
1	42.5	42.8	5	95.7	94.9	7a	118.8	119.5
2	70.9	71.5	6	162.7	163.9	8	124.7	115.5
3	76.9	76.2	6a	104.6	105.2	9	121.9	123.3
4a	158.8	159.0	7	180.2	181.6	10	133.3	119.9

续表

C	2-11-67	2-11-68	C	2-11-67	2-11-68	C	2-11-67	2-11-68
11	117.5	148.8	3'	121.9	122.0	10'	17.0	15.2
11a	140.4	141.5	4'	150.6	151.2	10a'	110.9	110.9
12a	141.5	142.8	4a'	133.3	134.3	11'	159.3	159.2
12b	96.7	96.7	5a'	154.5	155.4	11a'	100.9	100.6
13	22.2	22.9	6'	92.6	93.2	12'	182.6	183.8
14	23.7	24.9	6a'	163.2	163.2	12a'	101.9	101.9
1'	136.3	136.3	8'	68.9	68.9	13'	29.1	25.4
2'	105.2	105.7	9'	42.3	43.2	14'	29.0	27.4

参 考 文 献

[1] Bergenthal D, Mester I, Rozsa Z, et al. Phytochemistry, 1979, 18(1): 161.
[2] Ahond A, Poupat, C, Potier P. Tetrahedron, 1978, 34(15): 2385.
[3] Funayama S, Borris R P, Cordell G A. J Nat Prod, 1983, 46(3): 391.
[4] Furukawa H, Yogo M, Wu T S. Chem Pharm Bull, 1983, 31(9): 3084.
[5] Vieira P C, Kubo I, Kujime H, et al. J Nat Prod, 1992, 55 (8): 1112.
[6] Yang X L, Xie Z H, JiangX J, et al. Chem Pharm Bull, 2009, 57(7): 734.
[7] Mester I, Bergenthal D, Rozsa Z, et al. Z Naturforsch B, 1979, 34B(3): 516.
[8] Mai H D T, Gaslonde T, Michel S, et al Chem Pharm Bull, 2005, 53(8): 919.
[9] Chansriniyom C, Ruangrungsi N, Lipipun V, et al Chem Pharm Bull, 2009, 57(11): 1246.
[10] Ono T, Ito C, Furukawa H, et al. J Nat Prod, 1995, 58(10): 1629.
[11] Chukaew A, Ponglimanont C, Karalai C, et al. Phytochemistry, 2008, 69(14): 2616.
[12] Wansi J D, Wandji J, Meva'a L M, et al. Chem. Pharm Bull, 2006, 54(3): 292.
[13] Kamdem Waffo A F, Coombes P H, Crouch N R, et al. Phytochemistry, 2007, 68(5): 663.
[14] Naidoo D, Coombes P H, Mulholland D A, et al. Phytochemistry, 2005, 66(14): 1724.
[15] Wansi J D, Wandji J, Kamdem Waffo, A F, et al. Phytochemistry, 2006, 67(5): 475.

第十二节　萜类生物碱

一、单萜类生物碱

表 2-12-1　单萜类生物碱的名称、分子式和测试溶剂

编号	中文名称	英文名称	分子式	测试溶剂	参考文献
2-12-1	猕猴桃碱	actinidine	$C_{10}H_{13}N$	C	[1]
2-12-2	龙胆碱	gentianine	$C_{10}H_9NO_2$	C	[2]
2-12-3		scholarisine A	$C_{19}H_{18}N_2O_2$	C	[3]
2-12-4		plumerianine	$C_{13}H_{13}NO_3$		[4]
2-12-5		genipamide	$C_{16}H_{21}NO_6$	M	[5]

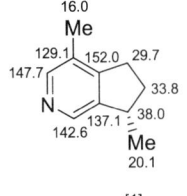

2-12-1[1]　　　2-12-2[2]　　　2-12-3[3]

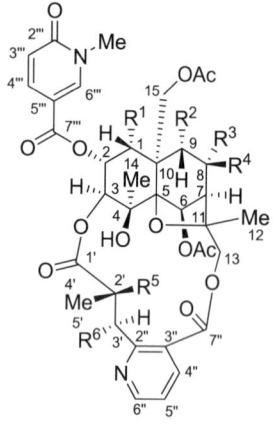

二、倍半萜类生物碱

表 2-12-2　倍半萜类生物碱的名称、分子式和测试溶剂

编号	中文名称	英文名称	分子式	测试溶剂	参考文献
2-12-6	微缺美登碱 C	emarginatine C	$C_{41}H_{48}N_2O_{18}$	C	[6, 7]
2-12-7	微缺美登碱 D	emarginatine D	$C_{41}H_{48}N_2O_{18}$	C	[6, 7]
2-12-8	微缺美登碱 E	emarginatine E	$C_{39}H_{46}N_2O_{17}$	C	[6, 7]
2-12-9	微缺美登宁	emarginatinine	$C_{43}H_{50}N_2O_{20}$	C	[6, 7]
2-12-10	微缺美登碱 A	emarginatine A	$C_{43}H_{50}N_2O_{19}$	C	[6, 7]
2-12-11	山海棠素 A	hyponine A	$C_{41}H_{47}NO_{19}$	C	[6, 7]
2-12-12	山海棠素 B	hyponine B	$C_{41}H_{47}NO_{19}$	C	[6, 7]
2-12-13	山海棠素 C	hyponine C	$C_{43}H_{49}NO_{18}$	C	[6, 7]
2-12-14		cangoronine E-1	$C_{43}H_{49}NO_{18}$	C	[6, 7]
2-12-15	8β-乙酰氧基-O^1-苯甲酰基-O^1-去乙酰基-8-去氧卫矛羰碱	8β-acetoxy-O^1-benzoyl-O^1-deacetyl-8-deoxoevonine	$C_{43}H_{49}NO_{18}$	C	[8]
2-12-16	O^9-苯甲酰基-O^9-去乙酰去氧卫矛羰碱	O^9-benzoyl-O^9-deacetylevonine	$C_{41}H_{45}NO_{17}$	C	[8]

2-12-6　$R^1=R^3$=OAc; R^2=OH; $R^4=R^5$=H; R^6=Me
2-12-7　R^1=OH; $R^2=R^3$=OAc; $R^4=R^5$=H; R^6=Me
2-12-8　$R^1=R^2$=OH; $R^3=R^5$=H; R^4=OAc; R^6=Me
2-12-9　$R^1=R^2=R^3$=OAc; $R^4=R^6$=H; R^5=OH
2-12-10　$R^1=R^2=R^3$=OAc; $R^4=R^5$=H; R^6=Me

2-12-11　$R^1=R^3$=OAc; R^2=OFu
2-12-12　R^1=OFu; $R^2=R^3$=OAc
2-12-13　R^1=OBz; $R^2=R^3$=OAc
2-12-14　$R^1=R^3$=OAc; R^2=OBz
2-12-15　$R^1=R^2$=OAc; R^3=OBz

2-12-16

表 2-12-3 化合物 2-12-6~2-12-10 的 ^{13}C NMR 数据[6,7]

C	2-12-6	2-12-7	2-12-8	2-12-9	2-12-10	C	2-12-6	2-12-7	2-12-8	2-12-9	2-12-10
1	70.8	72.5	74.5	73.5	73.1	4"	138.6	137.7	137.6	137.8	138.0
2	69.6	72.1	70.5	68.7	69.4	5"	121.5	121.1	121.1	122.0	121.3
3	75.4	75.6	75.2	76.6	75.7	6"	151.4	151.5	151.5	147.4	151.7
4	70.5	69.9	70.2	69.2	70.5	7"	162.8	162.9	163.0	162.6	162.7
5	93.7	93.8	93.8	94.2	94.1	2'''	163.0	163.6	163.6	162.9	163.2
6	73.6	73.7	74.5	70.4	73.8	3'''	119.9	119.9	119.8	119.9	120.0
7	50.2	50.5	49.3	51.2	50.7	4'''	139.0	139.0	138.8	138.7	139.1
8	71.3	69.3	74.5	70.4	69.0	5'''	108.1	108.3	108.2	107.8	108.4
9	71.8	71.2	76.3	69.9	70.6	6'''	144.0	144.2	144.1	144.3	144.4
10	54.0	52.2	51.2	52.1	52.2	7'''	168.5	168.5	168.3	167.7	168.6
11	84.8	84.0	85.5	84.8	84.4	1-OAc	170.4			172.3	169.0
12	18.3	18.5	19.3	17.9	18.7		20.8			20.6	20.6
13	70.1	70.2	70.2	70.7	70.0	6-OAc	170.0	169.9	169.7	169.3	170.2
14	23.7	23.3	24.3	22.8	23.4		21.3	20.8	21.0	20.7	20.7
15	60.4	60.7	60.5	60.2	60.5	8-OAc	170.4	170.8	170.5	170.9	170.3
1'	173.9	173.8	173.8	172.3	174.0		21.3	21.3	21.3	21.3	21.2
2'	44.7	45.1	44.8	77.9	45.1	9-OAc		162.7		168.9	162.7
3'	36.7	36.6	36.6	38.4	36.5			21.1		21.5	21.5
4'	9.8	9.9	10.0	30.9	9.9	15-OAc	170.9	170.0	170.8	169.8	171.2
5'	12.2	12.1	12.4	28.3	12.0		21.7	21.6	21.7	21.8	21.8
2"	165.1	165.1	165.1	165.0	165.7	N-Me	38.3	38.2	38.3	38.4	38.3
3"	125.2	125.1	125.2	126.0	125.1						

表 2-12-4 化合物 2-12-11~2-12-16 的 ^{13}C NMR 数据

C	2-12-11[6,7]	2-12-12[6,7]	2-12-13[6,7]	2-12-14[6,7]	2-12-15[8]	2-12-16[8]
1	73.2	73.1	73.2	73.2	72.3	71.5
2	68.7	68.7	69.0	68.7	68.6	68.6
3	75.7	75.6	75.6	75.8	74.9	74.8
4	70.6	70.6	70.7	70.6	69.9	70.5
5	93.7	94.0	94.0	93.7	92.9	95.2
6	73.9	74.2	74.2	74.8	74.7	73.5
7	50.3	50.5	50.4	50.4	49.4	61.8
8	68.9	68.8	69.0	69.1	73.4	195.6
9	70.6	70.2	70.6	70.8	73.9	79.2
10	52.1	52.7	52.6	52.2	51.4	52.5
11	84.1	84.3	84.4	84.2	84.7	86.0
12	18.5	18.6	18.6	18.4	19.3	19.2
13	69.8	69.8	69.9	69.9	70.1	70.0
14	22.9	23.8	24.1	22.9	23.7	23.4
15	60.0	60.0	61.0	60.0	60.4	60.5

续表

C	2-12-11[6, 7]	2-12-12[6, 7]	2-12-13[6, 7]	2-12-14[6, 7]	2-12-15[8]	2-12-16[8]
1'	173.9	174.0	174.0	173.9	173.0	173.8
2'	44.9	44.9	44.9	45.0	44.8	44.5
3'	36.4	36.3	36.4	36.3	36.3	35.9
4'	9.5	9.7	9.7	9.6	9.7	9.8
5'	11.8	11.8	11.9	11.8	12.0	11.9
2"	165.0	165.4	165.4	165.2	165.1	165.4
3"	125.2	125.0	125.0	125.1	125.0	—
4"	137.5	137.7	137.7	137.7	137.9	137.6
5"	121.1	121.1	121.1	121.1	120.9	121.2
6"	151.5	151.5	151.5	151.5	151.6	151.7
7"	169.1	168.7	168.5	169.0	168.4	—
BzO					164.3	164.8
					129.3	129.7
					133.2	133.6
					128.9	128.6
1-OAc	169.0	169.3	169.5	169.1		169.0
	20.5	20.5	20.4	20.5		21.4
2-OAc	168.0	168.5	168.5	168.5	169.7	168.2
	21.0	21.1	21.1	21.1	20.7	21.1
6-OAc		170.0	169.7		169.5	169.9
		21.7	21.7		21.4	20.4
8-OAc	170.2	170.3	170.0	170.2	170.0	
	21.0	20.4	20.6	21.0	21.2	
9-OAc	168.8	169.0	169.0	168.6	165.1	
	20.4	20.3	20.2	20.4	20.3	
15-OAc	170.1			170.2	168.0	170.1
	21.4			21.4	20.8	20.0

三、二萜类生物碱

表 2-12-5 二萜类生物碱的名称、分子式和测试溶剂（一）

编号	中文名称	英文名称	分子式	测试溶剂	参考文献
2-12-17	卵还生甲	anthriscifolcine A	$C_{26}H_{39}NO_7$	C	[9]
2-12-18	卵还生乙	anthriscifolcine B	$C_{24}H_{37}NO_6$	C	[9]
2-12-19	卵还生丙	anthriscifolcine C	$C_{25}H_{37}NO_8$	C	[9]
2-12-20	卵还生丁	anthriscifolcine D	$C_{26}H_{39}NO_8$	C	[9]
2-12-21	卵还生戊	anthriscifolcine E	$C_{24}H_{37}NO_7$	C	[9]
2-12-22	卵还生己	anthriscifolcine F	$C_{26}H_{39}NO_8$	C	[10]
2-12-23		anthriscifolcine G	$C_{24}H_{37}NO_7$	C	[10]
2-12-24	爱康诺辛	aconosine	$C_{22}H_{35}NO_4$		[11]
2-12-25	紫乌亭	episcopalitine	$C_{24}H_{37}NO_5$		[12]
2-12-26		acotoxicine	$C_{22}H_{35}NO_5$	C	[13]

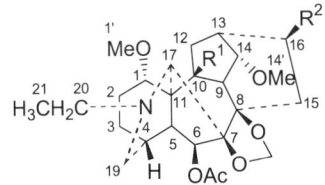

2-12-17	R¹=OAc; R²=OMe; R³=H
2-12-18	R¹=OH; R²=OMe; R³=H
2-12-19	R¹=OAc; R²=R³=OH
2-12-20	R¹=OAc; R²=OMe; R³=OH
2-12-21	R¹=R³=OH; R²=OMe

| 2-12-22 | R¹=R²=OH |
| 2-12-23 | R¹=H; R²=OH |

2-12-24	R¹=H; R²=OH
2-12-25	R¹=H; R²=OAc
2-12-26	R¹=R²=OH

表 2-12-6 化合物 2-12-17~2-12-21 的 ^{13}C NMR 数据[9]

C	2-12-17	2-12-18	2-12-19	2-12-20	2-12-21	C	2-12-17	2-12-18	2-12-19	2-12-20	2-12-21
1	82.4	83.0	77.2	77.1	77.0	14	83.3	83.3	72.8	81.5	81.5
2	26.4	26.4	25.8	26.1	26.0	15	33.9	33.5	37.5	39.5	38.7
3	29.2	29.2	29.6	28.3	28.9	16	81.7	81.9	81.2	81.5	81.6
4	38.4	37.9	33.6	33.5	34.3	17	64.4	64.4	65.0	63.9	63.9
5	50.2	51.0	44.8	44.7	45.5	19	50.5	50.8	50.6	50.2	50.5
6	81.1	81.5	81.1	81.5	82.0	20	50.3	50.8	50.6	50.2	50.7
7	92.0	92.9	93.0	91.3	92.2	21	13.8	13.5	13.9	13.4	13.4
8	83.5	84.5	80.1	81.6	82.3	1'	55.8	55.7	55.7	55.4	55.6
9	48.0	47.6	52.1	50.1	50.5	14'	57.7	57.7		57.6	57.7
10	39.7	40.2	83.1	83.6	83.0	16'	56.2	56.1	56.3	56.3	56.1
11	49.9	50.2	54.7	55.1	55.3	OCH₂O	93.5	92.9	94.2	93.9	93.2
12	28.3	28.3	36.9	34.9	34.4	OAc	170.4		170.6	170.2	
13	34.2	34.7	37.5	36.0	37.4		21.6		21.7	21.6	

表 2-12-7 化合物 2-12-22~2-12-26 的 ^{13}C NMR 数据

C	2-12-22[10]	2-12-23[10]	2-12-24[11]	2-12-25[12]	2-12-26[13]	C	2-12-22[10]	2-12-23[10]	2-12-24[11]	2-12-25[12]	2-12-26[13]
1	77.1	83.8	86.5	86.1	84.3	14	82.4	83.7	75.6	77.6	75.5
2	25.9	25.8	29.1	26.3	35.2	15	37.8	37.0	39.3	41.4	39.3
3	28.6	28.9	36.6	36.8	70.7	16	71.7	72.1	82.3	81.9	82.1
4	33.7	33.9	30.0	35.3	44.2	17	64.7	64.8	63.1	62.9	62.9
5	44.5	49.6	45.6	49.5	43.0	19	50.6	50.7	50.4	56.0	43.8
6	81.4	80.8	27.2	28.3①	28.5	20	50.3	50.6	49.6	50.3	49.6
7	92.8	93.6	46.2	48.7	45.8	21	13.9	13.9	13.6	13.1	13.5
8	80.4	81.6	73.2	73.9	73.1	1'	55.7	55.9	56.4	56.0	56.4
9	47.9	38.6	47.2	46.3	47.0	14'	58.0	57.9			
10	83.1	47.9	38.3	35.5	45.2	16'			56.4	56.5	56.4
11	54.6	49.3	48.8	50.3	47.9	OCH₂O	93.9	93.7			
12	37.8	27.1	26.2	29.1①	27.3	OAc	170.2	170.3		171.5	
13	40.1	40.1	45.7	44.7	38.1		21.7	21.6		21.1	

① 此处两个数据可能互换。

表 2-12-8 二萜类生物碱的名称、分子式和测试溶剂（二）

编号	中文名称	英文名称	分子式	测试溶剂	参考文献
2-12-27		dictyocarpine	$C_{26}H_{39}NO_8$	C	[14]
2-12-28		dictyocarpinine	$C_{24}H_{37}NO_7$	C	[14]
2-12-29	翠雀它灵	deltaline	$C_{27}H_{41}NO_8$	C	[14]
2-12-30	翠雀它明	deltamine	$C_{25}H_{39}NO_7$	C	[14]
2-12-31	伞房翠雀碱	delcorine	$C_{27}H_{41}NO_8$	C	[14]
2-12-32	异翠雀拉亭	isodelelatine	$C_{24}H_{37}NO_6$	C	[15]
2-12-33	卵还定乙	anthriscifoldine B	$C_{25}H_{39}NO_7$	C	[12]
2-12-34	卵还定丙	anthriscifoldine C	$C_{27}H_{41}NO_7$	C	[12]

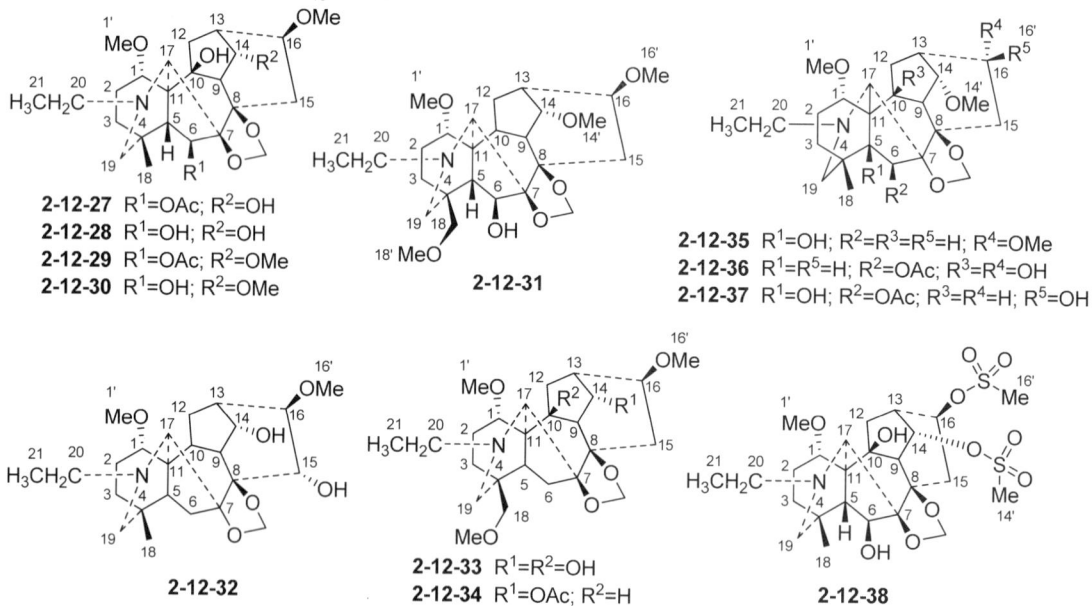

2-12-27 R^1=OAc; R^2=OH
2-12-28 R^1=OH; R^2=OH
2-12-29 R^1=OAc; R^2=OMe
2-12-30 R^1=OH; R^2=OMe

2-12-31

2-12-35 R^1=OH; R^2=R^3=R^5=H; R^4=OMe
2-12-36 R^1=R^5=H; R^2=OAc; R^3=R^4=OH
2-12-37 R^1=OH; R^2=OAc; R^3=R^4=H; R^5=OH

2-12-32

2-12-33 R^1=R^2=OH
2-12-34 R^1=OAc; R^2=H

2-12-38

表 2-12-9 化合物 2-12-27~2-12-34 的 ^{13}C NMR 数据

C	2-12-27[14]	2-12-28[14]	2-12-29[14]	2-12-30[14]	2-12-31[14]	2-12-32[15]	2-12-33[12]	2-12-34[12]
1	78.7	79.9	79.2	80.2	83.1	84.1	77.9	83.7
2	26.4	26.4	27.1	27.0	26.4	26.3	26.0	26.5
3	37.6	36.9	39.4	38.7	31.8	36.9	32.1	32.3
4	34.0	33.9	33.7	33.6	38.1	34.3	38.2	38.1
5	51.8	51.9	50.4	51.0	52.6	56.1	39.3	43.3
6	77.2	77.3	77.3	77.4	78.9	32.0	32.3	32.0
7	93.0	93.4	91.6	92.4	92.7	94.1	91.7	90.8
8	82.9	82.8	83.8	83.5	83.9	84.8	82.6	81.3
9	50.4	51.6	50.4	51.5	48.1	42.8	55.4	47.0
10	79.9	80.5	81.6	82.4	40.3	47.7	78.1	36.5
11	55.1	55.4	56.0	56.2	50.2	49.7	55.7	50.7
12	36.5	36.7	36.5	36.8	28.1	26.9	36.9	27.3

续表

C	2-12-27[14]	2-12-28[14]	2-12-29[14]	2-12-30[14]	2-12-31[14]	2-12-32[15]	2-12-33[12]	2-12-34[12]
13	36.6	36.5	38.5	37.6	37.9	36.1	36.3	44.2
14	72.8	72.6	81.7①	81.6	82.5	74.7	72.8	75.2
15	32.9	33.2	34.8	34.3	33.3	78.9	32.8	33.5
16	81.2	81.2	81.5①	81.6	81.8	91.6	81.1	81.3
17	64.4	64.0	63.5	63.2	63.9	63.9	62.6	62.1
18	25.5	25.4	25.7	25.6	78.9	25.0	78.8	78.9
19	56.9	57.2	56.9	57.3	53.7	57.5	52.3	52.4
20	50.4	50.5	50.2	50.4	50.7	50.7	50.6	50.7
21	14.0	14.0	13.8	13.9	14.0	14.1	14.0	14.0
1'	55.6	55.6	55.3	55.5	55.5	56.0	55.7	55.8
14'			57.7	57.9	57.8			
16'	56.3	56.3	56.2	56.2	56.3	56.5	56.4	56.2
18'						59.6	59.5	59.5
OCH$_2$O	94.0	93.4	93.9	93.3	92.9	93.2	93.8	93.3
OAC	170.2		169.9					171.7
	21.8		21.8					21.4

① 此处两个数据可能互换。

表 2-12-10 二萜类生物碱的名称、分子式和测试溶剂

编号	英文名称	分子式	测试溶剂	参考文献
2-12-35	nordhagenine A	C$_{25}$H$_{37}$NO$_6$	C	[16]
2-12-36	nordhagenine B	C$_{26}$H$_{39}$NO$_8$	C	[16]
2-12-37	nordhagenine C	C$_{26}$H$_{39}$NO$_8$	C	[16]
2-12-38	(1α,6β,14α,16β)-20-ethyl-1-methoxy-4-methyl-7,8-[methylenebis(oxy)]-aconitane-6,10,14,16-tetrol-14,16-dimethanesulfonate	C$_{25}$H$_{39}$NO$_{11}$S$_2$	C	[17]
2-12-39	(3aR,5R,6R,7R,7aS,8S,8aR,9S,12R,14aS,14bS,15S,16R)-14-ethyldecahydro-9-methoxy-12-methyl-9H-6,8-epoxy-14b,8a,12-ethanylylidene-5,8-methano-4H-1,3-dioxolo[1,8a]naphth[2,3-b]azocine-7,15-diol-7-methanesulfonate	C$_{24}$H$_{35}$NO$_8$S	C	[17]
2-12-40	(3aR,4R,6R,8aR,9S,12R,14aS,14bS,15S,16R,17S)-14-ethyloctahydro-4,15,17-trihydroxy-9-methoxy-12-methyl-9H-3a,6-ethano-14b,8a,12-ethanylylidene-4H-1,3-dioxolo[8,9]cyclonon[1,2-b]azocin-8(5H)-one	C$_{23}$H$_{35}$NO$_7$	C	[17]

2-12-39   2-12-40

表 2-12-11　化合物 2-12-35~2-12-40 的 ^{13}C NMR 数据

C	2-12-35[16]	2-12-36[16]	2-12-37[16]	2-12-38[17]	2-12-39[17]	2-12-40[17]
1	82.8	79.0	80.5	79.8	76.0	87.1
2	21.0	26.3	26.2	26.4	25.3	25.1
3	28.2	38.0	28.4	37.0	36.5	38.8
4	39.8	34.0	34.0	33.6	34.3	31.9
5	79.0	50.5	77.0	49.5	53.2	54.3
6	34.0	77.2	77.5	79.0	79.6	81.9
7	84.1	92.7	92.5	92.6	94.3	102.8
8	83.9	81.8	83.0	81.3	81.2	88.3
9	42.0	47.9	40.0	51.3	40.8	79.7
10	38.0	80.2	41.2	79.8	65.5	214.7
11	54.8	50.3	55.0	55.5	48.6	63.5
12	27.4	37.2	38.9	36.6	23.5	39.9
13	40.0	40.0	44.9	39.8	60.4	32.0
14	84.0	83.0	82.0	78.8	77.8	25.9
15	42.2	36.1	39.1	34.0	17.8	36.1
16	83.8	71.6	71.4	76.7	34.5	70.2
17	62.3	64.2	62.1	63.6	65.2	65.4
18	21.0	21.6	21.4	25.4	25.2	25.4
19	61.6	56.7	60.8	56.9	57.4	56.1
20	51.5	50.3	51.8	50.4	50.2	51.0
21	14.0	13.8	10.9	13.8	13.8	13.9
1'	56.2	56.5	56.3	55.3	55.0	56.4
14'	57.8	57.6	58.0	38.7	38.2	
16'	58.8			38.9		
OCH$_2$O	94.5	93.8	95.1	93.5	93.9	91.7
OAc		169.7	169.4			
		25.4	26.2			

表 2-12-12　二萜类生物碱的名称、分子式和测试溶剂（三）

编号	中文名称	英文名称	分子式	测试溶剂	参考文献
2-12-41	高飞燕草碱	elatine	C$_{38}$H$_{50}$N$_2$O$_{10}$	C	[18]
2-12-42	裸茎翠雀花碱	nudicauline	C$_{38}$H$_{50}$N$_2$O$_{11}$	C	[19]
2-12-43	甲基牛扁碱	methyllycaconitine	C$_{37}$H$_{50}$N$_2$O$_{10}$	C	[20]
2-12-44	翠雀灵碱	grandiflorine	C$_{36}$H$_{48}$N$_2$O$_{10}$	C	[21]
2-12-45	盖耶氏翠雀碱	geyerline	C$_{38}$H$_{50}$N$_2$O$_{11}$	C	[21]
2-12-46	16-去乙酰基盖耶氏翠雀碱	16-deacetylgeyerline	C$_{36}$H$_{48}$N$_2$O$_{10}$	C	[22]
2-12-47	贝阿林碱	bearline	C$_{37}$H$_{48}$N$_2$O$_{11}$	C	[22]

2-12-42　R^1=Me; R^2=Ac; R^3=Me
2-12-43　R^1=Me; R^2=Me; R^3=Me
2-12-44　R^1=H; R^2=Me; R^3=Me
2-12-45　R^1=Me; R^2=Me; R^3=Ac
2-12-46　R^1=Me; R^2=Me; R^3=H
2-12-47　R^1=Me; R^2=H; R^3=Ac

表 2-12-13　化合物 2-12-41~2-12-47 的 ^{13}C NMR 数据

C	2-12-41[18]	2-12-42[19]	2-12-43[20]	2-12-44[21]	2-12-45[21]	2-12-46[22]	2-12-47[22]
1	83.4	83.8	83.9	72.4	84.1	84.7	84.2
2	27.8	26.0	26.0	26.9	26.2	25.5	25.6
3	31.7	32.0	32.0	29.1	28.3	27.5	28.1
4	37.2	37.5	37.6	36.7	37.8	37.5	37.8
5	53.4	42.5	50.3	45.2	50.3	51.1	50.0
6	89.3	90.5	90.8	90.7	90.9	90.8	90.4
7	92.1	88.2	88.5	87.8	88.7	88.7	88.2
8	83.3	77.4	77.4	78.4	77.4	77.4	77.2
9	48.4	49.9	43.2	43.3	43.7	43.7	44.9
10	39.9	38.1	46.1	43.9	45.9	45.9	45.6
11	50.0	48.9	49.0	49.5	49.1	49.1	48.6
12	26.4	28.1	28.7	30.4	29.9	29.9	29.7
13	38.6	45.7	38.0	37.7	38.1	38.1	39.5
14	81.2	75.9	83.9	84.5	83.5	83.5	73.8
15	34.8	33.7	33.6	33.5	33.3	33.3	33.6
16	81.6	82.3	82.5	82.9	74.9	72.2	74.7
17	64.1	64.5	64.5	65.7	64.7	64.7	64.9
18	69.8	69.3	69.5	69.2	69.7	69.6	69.4
19	52.8	52.2	52.3	56.9	52.6	52.4	52.3
20	50.5	51.0	50.9	50.2	51.2	51.1	51.2
21	13.9	14.1	14.0	13.4	14.3	14.2	14.2
1'	127.1	126.9	127.1	126.9	127.2	127.2	127.2
2'	133.0	133.0	133.1	133.1	133.3	133.3	133.1
3'	129.9	120.0	130.0	129.4	129.6	129.6	129.4
4'	133.6	131.0	133.6	133.7	133.9	133.9	133.7
5'	129.4	133.7	129.4	130.8	131.0	131.0	131.0
6'	131.2	139.4	131.0	130.0	130.3	130.3	130.1
2"	175.9	175.8	175.8	175.8	175.9	175.9	175.8
3"	35.4&35.2	35.2	35.3	35.3	35.1	35.1	35.3
4"	37.0	37.0	37.0	36.9	37.1	37.1	37.0
5"	179.9	179.8	179.8	179.7	180.0	180.0	179.8
1-OMe	55.2	55.8	55.7		55.9	56.0	55.9
6-OMe	58.9	58.1	58.2	57.7	57.9	58.2	58.3
14-OMe	57.8		57.8	57.9	58.4	58.4	
16-OMe	56.2	56.2	56.3	56.2			
14-OAc		171.9					
		21.5					
16-OAc					170.9		170.5
					21.7		21.5
18-OC=O	164.1	164.0	164.1	164.2	164.4	164.4	164.2
OCH$_2$O	93.5						
3"-CH$_3$	16.6&16.3	16.4	16.4	16.3	16.5	16.5	16.4

表 2-12-14 二萜类生物碱的名称、分子式和测试溶剂（四）

编号	中文名称	英文名称	分子式	测试溶剂	参考文献
2-12-48	3'-甲氧基丽江乌头宁碱	3'-methoxyacoforestinine	$C_{36}H_{53}NO_{11}$	C	[23]
2-12-49	猎鹰乌头碱	faleoconitine	$C_{35}H_{47}NO_{13}$	D	[23]
2-12-50	次乌头碱	hypaconitine	$C_{33}H_{45}NO_{10}$	C	[24, 25]
2-12-51	辽乌头碱	jesaconitine	$C_{35}H_{49}NO_{12}$	C	[26, 27]
2-12-52	中乌头碱	mesaconitine	$C_{33}H_{45}NO_{11}$	C	[24]
2-12-53	伪乌头碱	pseudaconitine	$C_{36}H_{51}NO_{12}$	C	[28]
2-12-54	异翠雀碱	isodelphinine	$C_{33}H_{45}NO_{9}$	C	[29]

2-12-48 $R^1=R^3=Et; R^2=R^4=OH; R^5=H; R^6=R^7=OMe$
2-12-49 $R^1=CHO; R^2=R^4=OH; R^3=Ac; R^5=H; R^6=R^7=OMe$
2-12-50 $R^1=Me; R^2=H; R^3=Ac; R^4=R^5=OH; R^6=R^7=H$
2-12-51 $R^1=Et; R^2=R^4=R^5=OH; R^3=Ac; R^6=H; R^7=OMe$
2-12-52 $R^1=Me; R^2=R^4=R^5=OH; R^3=Ac; R^6=R^7=H$
2-12-53 $R^1=Et; R^2=R^4=OH; R^3=Ac; R^5=H; R^6=R^7=OMe$
2-12-54 $R^1=Me; R^2=R^4=H; R^3=Ac; R^5=OH; R^6=R^7=H$

表 2-12-15 化合物 2-12-48~2-12-54 的 ^{13}C NMR 数据

C	2-12-48[23]	2-12-49[23]	2-12-50[24,25]	2-12-51[26,27]	2-12-52[24]	2-12-53[28]	2-12-54[29]
1	83.0	84.8	85.1	82.3	83.1	83.6	85.1
2	33.0	35.2	26.4	33.6	35.7	35.2	26.4
3	71.6	71.5	34.9	70.6	71.0	70.9	34.9
4	43.1	45.0	39.3	43.1	43.4	43.1	39.3
5	48.8	49.0	48.1	46.6	46.5	48.7	47.9
6	82.4	83.0	83.1	83.3	82.4	82.1	83.7
7	45.7	48.5	44.5	44.6(b)	44.2	48.7	44.5
8	78.3	85.7	91.9	91.1	91.8	85.3	92.1
9	45.8	45.9	43.8	44.2(b)	43.6	47.2	44.7
10	41.3	43.2	41.1	40.8	40.7	40.7	38.7
11	50.8	49.4	49.9	49.9	49.9	50.1	50.0
12	35.5	33.5	36.2	35.8	34.1	33.7	29.4
13	75.2	74.1	74.1	74.0	74.0	74.7	43.9
14	79.1	74.8	78.8	78.6(a)	78.8	78.3	76.4
15	37.7	36.8	78.9	78.8(a)	78.8	39.6	78.8
16	84.0	78.3	90.1	90.0	89.9	83.0	89.3
17	61.2	61.1	62.2	60.9	62.1	61.4	62.2
18	76.9	77.7	80.1	75.8	76.2	76.2	80.2
19	48.6	49.0	56.0	46.9	49.4	48.7	56.5
1'	123.3	123.1	129.8	122.1	129..7	122.5	133.1
2'	112.3	111.0	129.6	131.6	129.6	110.2	130.1
3'	148.5	148.2	128.6	113.8	128.6	148.4	129.7
4'	152.8	152.7	133.2	163.5	133.3	152.8	128.6
5'	110.2	111.8	128.6	113.8	128.6	111.8	129.7

续表

C	2-12-48[23]	2-12-49[23]	2-12-50[24,25]	2-12-51[26,27]	2-12-52[24]	2-12-53[28]	2-12-54[29]
6'	123.7	122.1	129.6	131.6	129.6	123.5	130.1
N-$\underline{C}H_2CH_3$	47.8			48.9		47.2	
N-$CH_2\underline{C}H_3$	13.0			13.3		13.3	
N-CH_3			42.6		42.6		42.6
N-CHO		164.8					
1-OMe	56.0	55.7	56.6	55.8	56.3	55.7	56.1
6-OMe	58.7	57.8	58.0	57.9	57.9	57.6	57.7
16-OMe	58.8	58.1	61.0	61.1	61.0	58.7	58.0
18-OMe	59.1	58.9	59.1	59.0	59.1	58.9	59.1
8-O$\underline{C}H_2CH_3$	58.6						
8-O$CH_2\underline{C}H_3$	15.2						
8-O$\underline{C}OCH_3$		170.8	172.4	172.4	172.4	169.4	172.3
8-O$CO\underline{C}H_3$		21.2	21.4	21.5	21.4	21.5	21.5
14-OC=O	166.0	168.8	166.1	165.7	166.0	165.6	166.1
3'-OMe	55.8	55.3				55.7	
4'-OMe	55.8	55.4		55.4		55.7	

注：同列内（a）（b）表示数据可能互换。

表 2-12-16 二萜类生物碱的名称、分子式和测试溶剂（五）

编号	中文名称	英文名称	分子式	测试溶剂	参考文献
2-12-55	印乌头碱	indaconitine	$C_{34}H_{47}NO_{10}$	C	[30]
2-12-56	去乙酰伪乌头碱	deacetylpseudaconitine	$C_{34}H_{49}NO_{11}$	C	[30]
2-12-57	乌头碱	aconitine	$C_{34}H_{47}NO_{11}$	C	[25]
2-12-58	拳乌定甲	circinadine A	$C_{32}H_{45}NO_9$	C	[31]
2-12-59	8-去乙酰滇乌头碱	8-deacetylyunaconitine	$C_{33}H_{47}NO_{10}$	C	[31]

2-12-55 R^1=Ac; R^2=H; R^3=R^4=H; R^5=OMe
2-12-56 R^1=R^2=H; R^3=R^4=R^5=OMe
2-12-57 R^1=Ac; R^2=OH; R^3=R^4=H; R^5=OMe
2-12-58 R^1=R^2=R^3=R^5=H; R^4=OMe
2-12-59 R^1=R^2=R^3=H; R^4=R^5=OMe

表 2-12-17 化合物 2-12-55~2-12-59 的 ^{13}C NMR 数据

C	2-12-55[30]	2-12-56[30]	2-12-57[25]	2-12-58[31]	2-12-59[31]	C	2-12-55[30]	2-12-56[30]	2-12-57[25]	2-12-58[31]	2-12-59[31]
1	83.2	83.4	83.4	82.8	83.2	7	48.6	53.8	44.8	46.4	48.9
2	35.1	35.8	36.0	34.4	33.7	8	85.3	73.6	92.0	73.6	73.8
3	71.2	71.3	70.4	71.7	71.9	9	47.2	47.5	44.2	46.8	53.4
4	43.0	43.3	43.2	43.2	43.3	10	40.7	41.9	40.8	42.2	36.3
5	48.6	47.5	46.6	43.8	47.7	11	50.0	50.2	49.8	48.4	50.3
6	82.0	82.5	82.3	22.5	82.3	12	33.5	33.7	34.0	35.7	36.0

续表

C	2-12-55[30]	2-12-56[30]	2-12-57[25]	2-12-58[31]	2-12-59[31]	C	2-12-55[30]	2-12-56[30]	2-12-57[25]	2-12-58[31]	2-12-59[31]
13	74.5	75.8	74.0	76.4	76.0	6'	129.2	—	129.6	131.7	131.8
14	78.5	79.8	78.9	80.2	79.9	N-$\underline{C}H_2CH_3$	47.2	47.5	46.9	49.2	47.8
15	39.4	42.4	78.9	41.2	42.1	N-$CH_2\underline{C}H_3$	13.3	13.5	13.3	13.5	13.5
16	82.8	82.5	90.1	83.5	83.2	1-OMe	55.6	55.8	55.7	56.2	56.1
17	61.4	61.6	61.0	62.1	61.9	6-OMe	57.5	57.5	57.9		58.3
18	76.5	76.7	75.6	77.0	77.3	16-OMe	58.5	58.3	60.7	58.2	57.5
19	48.6	48.9	48.8	46.5	48.9	18-OMe	58.9	59.1	58.9	59.4	59.1
1'	129.7	122.5	129.8	122.5	122.4	8-O$\underline{C}OCH_3$	169.2		172.2		
2'	129.2	110.5	129.6	131.7	131.8	8-OCO$\underline{C}H_3$	21.5		21.3		
3'	128.1	153.1	128.6	113.7	113.8	14-OC=O	165.7	166.2	165.9	166.8	166.5
4'	132.7	148.6	133.2	162.4	163.6	3'-OMe		55.8			
5'	128.1	112.3	128.6	113.7	113.8	4'-OMe		55.8		55.3	55.4

表 2-12-18 二萜类生物碱的名称、分子式和测试溶剂（六）

编号	中文名称	英文名称	分子式	测试溶剂	参考文献
2-12-60	法康乌头碱	falaconitine	$C_{34}H_{47}NO_{10}$	C	[30]
2-12-61	焦印乌头碱	pyroindaconitine	$C_{32}H_{43}NO_8$	C	[30]
2-12-62	焦翠雀碱	pyrodelphinine	$C_{31}H_{41}NO_7$	C	[30]
2-12-63	焦粗茎乌头碱 A	pyrocrassicauline A	$C_{33}H_{45}NO_8$	C	[32]
2-12-64	13-t-丁氧羰基焦粗茎乌头碱 A	13-t-butoxycarbonyl-pyrocrassicauline A	$C_{38}H_{54}NO_{10}$	C	[32]
2-12-65	1,16-双去甲氧基-$\Delta^{15,16}$-滇乌头碱	1,16-didemethoxy-$\Delta^{15,16}$-yunaconitine	$C_{33}H_{44}NO_9$	C	[32]

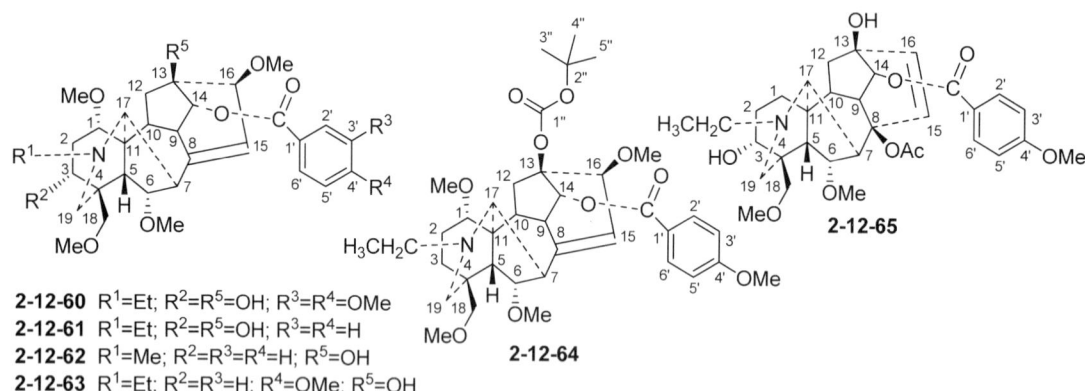

2-12-60 R^1=Et; R^2=R^5=OH; R^3=R^4=OMe
2-12-61 R^1=Et; R^2=R^5=OH; R^3=R^4=H
2-12-62 R^1=Me; R^2=R^3=R^4=H; R^5=OH
2-12-63 R^1=Et; R^2=R^3=H; R^4=OMe; R^5=OH

表 2-12-19 化合物 2-12-60~2-12-65 的 ^{13}C NMR 数据

C	2-12-60[30]	2-12-61[30]	2-12-62[30]	2-12-63[32]	2-12-64[32]	2-12-65[32]	C	2-12-60[30]	2-12-61[30]	2-12-62[30]	2-12-63[32]	2-12-64[32]	2-12-65[32]
1	83.8	83.6	86.1	86.0	85.9	28.8	4	44.0	44.1	40.0	39.8	39.8	43.2
2	38.0	38.2	25.3	25.1	25.1	29.3	5	48.0	48.3	48.5	48.5	48.1	48.9
3	71.4	71.8	35.3	38.4	37.2	74.7	6	83.7	83.6	83.6	83.5	80.0	82.5

续表

C	2-12-60[30]	2-12-61[30]	2-12-62[30]	2-12-63[32]	2-12-64[32]	2-12-65[32]	C	2-12-60[30]	2-12-61[30]	2-12-62[30]	2-12-63[32]	2-12-64[32]	2-12-65[32]
7	49.5	49.6	50.4	50.9	50.9	44.7	5'	112.5	128.2	128.1	113.4	113.3	113.6
8	146.6	146.5	146.6	146.9	145.2	83.7	6'	—	130.0	130.0	131.9	132.3	131.6
9	48.2	48.3	47.6	46.6	44.8	43.5	N-$\underline{C}H_2CH_3$	47.7	47.9		49.8	49.6	48.9
10	46.2	46.4	46.7	48.4	48.0	41.8	N-CH$_2$$\underline{C}H_3$	13.5	13.5		13.5	13.5	13.3
11	51.6	51.7	51.9	51.6	51.7	45.6	N-CH$_3$			42.7			
12	33.4	33.4	38.4	35.3	35.3	39.1	1-OMe	56.2	56.3	56.5	56.3	56.0	
13	77.4	77.6	77.7	77.6	81.9	75.8	6-OMe	58.0	58.1	58.1	58.1	58.1	57.1
14	78.1	78.3	79.1	78.3	77.4	77.8	16-OMe	57.3	57.2	57.2	57.1	57.6	
15	116.1	116.4	116.3	116.0	116.6	126.3	18-OMe	59.2	59.2	59.2	59.2	59.1	59.1
16	83.1	83.1	83.6	83.5	83.5	136.0	8-O$\underline{C}$OCH$_3$						169.5
17	77.8	78.5	78.6	59.2	74.7	65.2	8-OCO$\underline{C}H_3$						21.7
18	76.1	76.4	80.3	80.3	80.3	77.3	13-OC=O					152.6	
19	49.7	49.9	56.5	54.0	54.2	47.2	O$\underline{C}$(CH$_3$)$_3$					85.4	
1'	122.9	130.2	130.5	122.8	123.2	122.3	OC($\underline{C}H_3$)$_3$					27.7	
2'	110.3	130.0	130.0	131.9	132.3	131.6	14-OC=O	167.5	168.0	168.0	167.8	166.4	166.0
3'	153.0	128.2	128.1	113.4	113.3	113.6	3'-OMe	55.9					
4'	148.5	132.8	132.7	163.2	163.2	163.4	4'-OMe	55.9			55.3	55.3	55.3

表 2-12-20　二萜类生物碱的名称、分子式和测试溶剂（七）

编号	中文名称	英文名称	分子式	测试溶剂	参考文献
2-12-66	8-去乙酰氧基-8-苯甲酰氧基粗茎乌头碱 A	8-deacetoxyl-8-benzoyloxycrassicauline A	C$_{40}$H$_{51}$NO$_{10}$	C	[32]
2-12-67	8,14-二苯甲酰基白乌头原碱	8,14-dibenzoylbikhaconine	C$_{39}$H$_{49}$NO$_9$	C	[32]
2-12-68	14-乙酰基白乌头原碱	14-acetylbikhaconine	C$_{27}$H$_{43}$NO$_8$	C	[32]
2-12-69	14-t-丁氧羰基白乌头原碱	14-t-butoxycarbonylbikhaconine	C$_{30}$H$_{49}$NO$_9$	C	[32]
2-12-70	8-O-去乙酰-8-O-t-丁氧羰基粗茎乌头碱 A	8-O-deacetyl-8-O-t-butoxycarbonyl-crassicauline A	C$_{38}$H$_{55}$NO$_{11}$	C	[32]
2-12-71	8-O-去乙酰-8-O,13-t-二丁氧羰基粗茎乌头碱 A	8-O-deacetyl-8-O,13-di-t-butoxy-carbonylcrassicauline A	C$_{43}$H$_{63}$NO$_{13}$	C	[32]
2-12-72	8,14-O-二乙基白乌头原碱	8,14-O-diethylbikhaconine	C$_{29}$H$_{49}$NO$_7$	C	[32]
2-12-73	14-O-乙基白乌头原碱	14-O-ethylbikhaconine	C$_{27}$H$_{45}$NO$_7$	C	[32]
2-12-74	8-O-去乙酰-8-O-乙基粗茎乌头碱 A	8-O-deacetyl-8-O-ethylcrassicauline A	C$_{35}$H$_{51}$NO$_9$	C	[32]
2-12-75	8-去乙酰氧基-8-异戊氧基粗茎乌头碱 A	8-deacetoxy-8-isopentoxycrassicauline A	C$_{38}$H$_{57}$NO$_9$	C	[32]

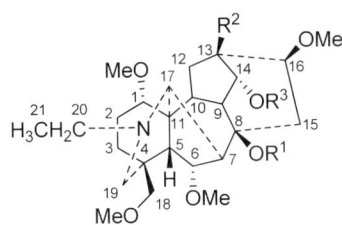

2-12-66　R^1=Bz; R^2=OH; R^3=As
2-12-67　R^1=Bz; R^2=OH; R^3=Bz
2-12-68　R^1=H; R^2=OH; R^3=Ac
2-12-69　R^1=H; R^2=OH; R^3=Boc
2-12-70　R^1=Boc; R^2=OH; R^3=As
2-12-71　R^1=Boc; R^2=Boc; R^3=As
2-12-72　R^1=Et; R^2=OH; R^3=Et
2-12-73　R^1=H; R^2=OH; R^3=Et
2-12-74　R^1=Et; R^2=OH; R^3=As
2-12-75　R^1=(CH$_2$)$_2$CH(CH$_3$)$_2$; R^2=OH; R^3=As

As=OC-C$_6$H$_4$-OCH$_3$(p)
Boc=OC-OC(CH$_3$)$_3$

表 2-12-21　化合物 2-12-66~2-12-70 的 ^{13}C NMR 数据[32]

C	2-12-66	2-12-67	2-12-68	2-12-69	2-12-70	C	2-12-66	2-12-67	2-12-68	2-12-69	2-12-70
1	85.0	85.1	85.5	85.6	84.9	1'	122.4	130.2			123.2
2	22.6	26.0	25.9	29.6	26.3		122.4	130.7			
3	35.7	35.8	37.3	37.5	36.0	2', 6'	132.0	129.8			131.9
4	39.2	39.3	39.3	37.6	39.1		129.8	129.9			
5	53.1	49.6	50.2	50.1	48.9	3', 5'	113.7	128.2			113.5
6	79.2	79.2	82.7	82.8	82.8		128.1	128.5			
7	53.1	53.3	53.2	52.8	49.7	4'	163.4	132.6			163.2
8	84.1	84.3	85.0	82.4	85.3		132.6	133.0			
9	42.9	43.0	42.4	42.2	41.2	OCO-Ar	165.6	166.0			166.2
10	46.8	46.8	48.9	49.7	45.4		165.6	165.6			
11	49.5	50.4	50.3	49.2	50.1	1-OMe	56.0	56.0	56.2	56.2	57.5
12	29.6	35.0	35.0	35.1	34.7	6-OMe	57.8	57.8	58.6	58.5	58.8
13	73.6	73.6	73.5	73.1	75.2	16-OMe	57.5	57.5	57.4	57.3	57.5
14	77.1	77.4	81.2	82.3	78.5	18-OMe	59.1	59.1	59.2	59.1	59.1
15	42.4	42.4	41.5	41.0	39.2	OCOCH$_3$			171.8		
16	82.6	82.6	83.6	83.8	83.8	OCOCH$_3$			21.2		
17	61.8	61.8	62.1	62.1	61.9	OCO-Bu-t				154.0	151.8
18	80.5	80.6	80.6	80.6	80.5	OC(CH$_3$)$_3$				76.8	80.6
19	54.0	54.0	53.8	53.6	53.8	OC(CH$_3$)$_3$				27.6	27.4
20	46.8	49.1	49.4	49.2	49.1	4'-OMe	55.3				55.3
21	13.5	13.6	13.6	13.6	13.4						

表 2-12-22　化合物 2-12-71~2-12-75 的 ^{13}C NMR 数据[32]

C	2-12-71	2-12-72	2-12-73	2-12-74	2-12-75[①]	C	2-12-71	2-12-72	2-12-73	2-12-74	2-12-75[①]
1	84.8	86.1	85.4	85.3	85.3	17	61.3	62.5	62.1	61.3	61.3
2	26.2	25.9	26.2	26.3	26.3	18	80.5	80.7	80.7	80.0	80.0
3	35.6	36.2	37.3	36.4	37.4	19	53.9	53.7	53.7	53.7	53.7
4	39.1	39.3	39.1	38.9	39.0	20	48.9	49.3	49.1	49.1	48.9
5	48.8	50.0	49.9	48.9	48.2	21	13.5	13.6	13.5	13.4	13.4
6	80.2	82.2	82.9	82.8	82.9	1'	123.2			123.3	123.3
7	49.4	52.1	52.3	48.9	49.1	2', 6'	132.1			131.6	131.8
8	85.2	82.5	76.3	78.0	78.0	3', 5'	113.4			113.3	113.3
9	41.4	42.2	41.6	41.3	41.4	4'	163.1			163.0	163.1
10	43.9	49.4	49.4	46.3	46.3	OCO-Ar	165.9			166.2	166.1
11	50.2	50.0	50.0	50.4	50.6	1-OMe	55.8	56.1	56.1	56.2	56.3
12	34.7	35.2	34.9	29.6	36.3	6-OMe	58.1	57.2	57.8	58.6	58.7
13	76.6	73.4	73.9	75.3	75.2	16-OMe	57.5	57.0	57.3	58.6	58.7
14	76.5	80.0	82.4	79.0	79.1	18-OMe	59.1	—	59.1	58.9	58.9
15	39.4	41.4	42.4	37.2	39.0	OCO-Bu-t	152.4				
16	82.8	84.0	85.3	84.0	84.0		151.7				

C	2-12-71	2-12-72	2-12-73	2-12-74	2-12-75①	C	2-12-71	2-12-72	2-12-73	2-12-74	2-12-75①
OC(CH$_3$)$_3$	82.5							58.6			
	81.7					OCH$_2$CH$_3$		16.1	15.8	15.2	
OC(CH$_3$)$_3$	27.7								15.5		
	27.3					4'-OMe		55.3		55.7	55.3
OCH$_2$CH$_3$			65.7	66.2	55.7						

①：2-12-75 中[OCH$_2$CH$_2$CH(CH$_3$)$_2$]基团的碳谱信号：61.3, 30.2, 24.6, 22.6, 22.3。

表 2-12-23　二萜类生物碱的名称、分子式和测试溶剂（八）

编号	中文名称	英文名称	分子式	测试溶剂	参考文献
2-12-76		ouvrardiantine	C$_{35}$H$_{49}$NO$_{11}$	C	[33]
2-12-77	N-去乙基粗茎乌头碱 A	N-deethylcrassicauline A	C$_{33}$H$_{45}$NO$_{10}$	C	[32]
2-12-78	1-去甲氧基滇乌头碱	1-demethoxyyunaconitine	C$_{34}$H$_{47}$NO$_{10}$	C	[32]
2-12-79	3-表-1-去甲氧基滇乌头碱	3-epi-1-demethoxyyunaconitine	C$_{34}$H$_{47}$NO$_{10}$	C	[32]
2-12-80	N-去乙基粗茎乌头碱 A 亚胺	N-deethylcrassicauline A imine	C$_{33}$H$_{43}$NO$_{10}$	C	[32]
2-12-81	粗茎乌头碱 A 内酰胺	crassicauline A lactam	C$_{35}$H$_{47}$NO$_{11}$	C	[32]
2-12-82	去水乌头碱	anhydroaconitine	C$_{34}$H$_{45}$NO$_{10}$	C	[35]
2-12-83		(1α,6β,14α,16β)-20-ethyl-1-methoxy-4-methyl-7,8-[methylenebis(oxy)]-aconitane-6,10,14,16-tetrol-16-benzoate-14-methanesulfonate	C$_{31}$H$_{41}$NO$_{10}$S	C	[17]

2-12-76 R^1=OH; R^2=Et
2-12-77 R^1=R^2=H

2-12-78 R=α-OH
2-12-79 R=β-OH

2-12-80

2-12-81

表 2-12-24 化合物 2-12-76~2-12-83 的 ^{13}C NMR 数据

C	2-12-76[33]	2-12-77[32]	2-12-78[32]	2-12-79[32]	2-12-80[32]	2-12-81[32]	2-12-82[35]	2-12-83[17]
1	85.6	83.1	28.9	25.8	83.5	84.9	83.9	80.1
2	62.3	23.4	28.9	27.7	22.5	25.5	125.3	26.6
3	42.1	35.2	73.8	78.1	35.8	31.0	137.6	37.3
4	38.9	39.0	43.0	42.3	46.5	41.0	40.9	33.6
5	49.4	44.1	48.6	42.6	53.9	50.7	47.5	50.2
6	82.2	82.5	83.1	83.3	82.0	81.4	81.3	79.7
7	49.7	53.4	48.3	48.2	42.8	50.6	42.6	92.5
8	85.3	85.5	85.9	85.7	84.2	84.0	92.5	82.0
9	45.6	40.2	44.0	44.2	40.1	42.5	44.1	51.4
10	40.8	43.6	40.4	40.5	45.7	45.7	41.2	80.7
11	52.7	50.3	45.8	45.9	51.5	51.3	48.7	55.7
12	37.7	29.0	36.9	36.8	27.8	33.6	34.2	36.8
13	74.7	74.5	74.5	74.7	74.6	75.6	74.3	39.7
14	78.4	78.7	78.5	78.6	78.6	78.5	79.1	76.8
15	39.5	39.7	40.0	40.1	38.6	40.1	79.7	33.8
16	83.7	83.1	83.7	83.9	82.1	83.4	89.9	72.9
17	60.7	55.3	63.8	64.3	61.2	60.1	59.2	63.3
18	79.1	79.9	76.4	81.2	77.8	77.8	78.5	25.4
19	51.8	49.3	50.8	50.8	165.8	124.0	52.2	57.1
20	48.8		48.6	48.7			48.1	50.3
21	12.2		13.2	13.2			12.6	13.8
1'	122.6	122.3	122.3	122.5	122.4	122.3	130.0	130.1
2', 6'	131.7	131.5	131.4	131.5	131.6	131.6	129.6	129.6
3', 5'	113.8	113.6	113.6	113.6	113.7	113.7	128.6	128.4
4'	163.5	163.3	163.3	163.3	163.4	163.4	133.2	133.0
7'								166.0
1-OMe	56.0	57.5			55.9	56.1	56.0	55.3
6-OMe	58.1	58.6	57.4	57.5	58.7	58.7	57.9	
16-OMe	58.8	57.7	58.7	58.7	57.1	57.1	61.2	
18-OMe	59.0	59.0	58.9	58.9	59.0	59.5	59.0	
8-O$\underline{C}$OCH$_3$	169.8	169.5	169.6	169.5	169.5	169.7	172.2	
8-OCO$\underline{C}$H$_3$	21.6	21.4	21.4	21.5	21.4	21.4	21.4	

续表

C	2-12-76[33]	2-12-77[32]	2-12-78[32]	2-12-79[32]	2-12-80[32]	2-12-81[32]	2-12-82[35]	2-12-83[17]
14-OC=O	166.1	165.7	165.6	165.7	165.8	168.0	165.9	
14-OMs								38.5
O-CH$_2$-O								93.5
4'-OMe	55.4	55.3	55.2	55.3	55.3	55.4		

表 2-12-25 二萜类生物碱的名称、分子式和测试溶剂（九）

编号	中文名称	英文名称	分子式	测试溶剂	参考文献
2-12-84	阿加新	ajacine	C$_{34}$H$_{48}$N$_2$O$_9$	C	[30]
2-12-85	氨茴酰牛扁碱	anthranoyllycoctonine	C$_{32}$H$_{46}$N$_2$O$_8$	C	[18]
2-12-86	赣乌碱	finaconitine	C$_{32}$H$_{44}$N$_2$O$_{10}$	C	[34]
2-12-87	刺乌头碱	lappaconitine	C$_{32}$H$_{44}$N$_2$O$_8$	C	[34~37]
2-12-88	去乙酰刺乌头碱	N-deacetyllappaconitine	C$_{30}$H$_{42}$N$_2$O$_7$	C	[38]
2-12-89	去乙酰冉乌头碱	N-deacetylranaconitine	C$_{30}$H$_{42}$N$_2$O$_8$	C	[38]
2-12-90	北方乌头碱	septentrionine	C$_{38}$H$_{54}$N$_2$O$_{11}$	C	[39]
2-12-91	北方乌头定碱	septentriodine	C$_{37}$H$_{52}$N$_2$O$_{11}$	C	[39]
2-12-92	德尔色明	delsemine	C$_{37}$H$_{53}$N$_3$O$_{10}$	C	[30]

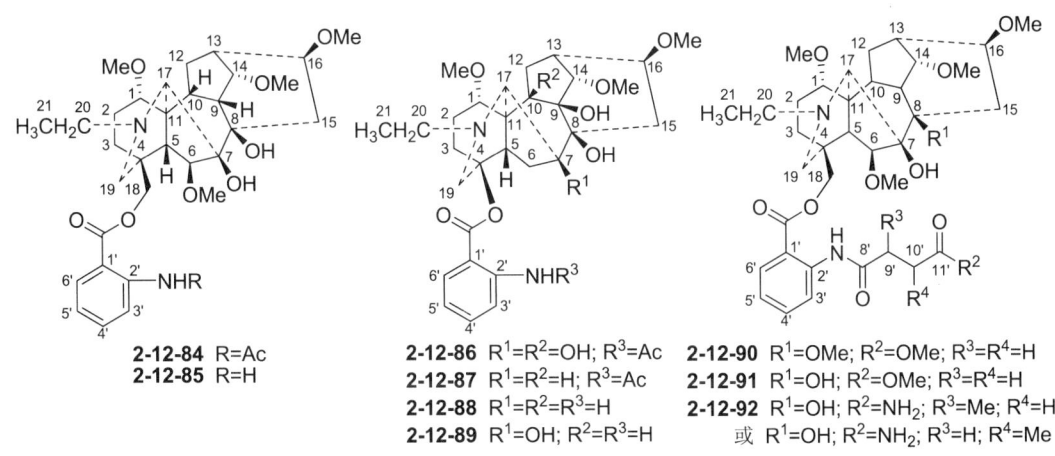

表 2-12-26 化合物 2-12-84~2-12-88 的 ^{13}C NMR 数据

C	2-12-84[30]	2-12-85[18]	2-12-86[34]	2-12-87[34~37]	2-12-88[38]	C	2-12-84[30]	2-12-85[18]	2-12-86[34]	2-12-87[34~37]	2-12-88[38]
1	83.9	84.0	77.1	84.0	82.0	10	37.6	46.0	78.5	49.7	48.9
2	26.1	26.1	26.5	26.0	26.1	11	49.1	49.0	57.0	50.8	50.7
3	32.2	32.3	31.5	31.7	31.8	12	28.6	28.6	37.1	24.0	23.9
4	38.2	37.5	84.6	84.5	84.5	13	46.1	38.1	34.8	36.1	36.2
5	43.5	50.3	44.0	48.3	48.6	14	83.9	83.9	87.7	89.9	90.0
6	91.0	90.8	32.9	26.6	26.7	15	33.8	33.5	37.6	44.6	44.6
7	88.6	88.4	76.6	47.7	47.4	16	82.6	82.5	82.7	82.7	82.8
8	77.5	77.5	84.9	75.3	75.4	17	64.5	64.5	64.3	61.3	61.5
9	50.5	43.2	79.5	78.4	78.4	18	69.8	68.5			

续表

C	2-12-84[30]	2-12-85[18]	2-12-86[34]	2-12-87[34~37]	2-12-88[38]	C	2-12-84[30]	2-12-85[18]	2-12-86[34]	2-12-87[34~37]	2-12-88[38]
19	52.5	52.4	55.1	55.3	55.5	6'	130.3	130.6	131.0	131.1	131.4
20	51.0	50.9	51.0	48.9	49.7	1-OMe	55.8	57.9	55.9	56.4	56.4
21	14.0	14.1	14.5	13.4	13.4	6-OMe	57.8	57.7			
1'	114.5	110.2	115.8	115.6	111.8	14-OMe	58.1	56.2	56.3	57.7	57.8
2'	141.9	150.7	141.6	141.4	150.1	16-OMe	56.3	55.7	56.3	55.9	56.0
3'	120.6	116.8	120.3	120.0	116.5	OC=O	168.1	167.7	167.4	167.2	167.2
4'	135.0	134.2	134.4	134.2	133.7	N-COCH₃	169.0		169.3	168.9	
5'	122.5	116.2	122.5	122.2	116.2	N-COCH₃	25.5		25.6	25.5	

表 2-12-27 化合物 2-12-89~2-12-92 的 ^{13}C NMR 数据

C	2-12-89[38]	2-12-90[39]	2-12-91[39]	2-12-92[30]	C	2-12-89[38]	2-12-90[39]	2-12-91[39]	2-12-92[30]
1	83.6	83.1	84.0	83.9	21	14.6	14.8	14.1	14.0
2	26.6	25.6	26.1	26.1	1'	111.8	115.1	114.7	144.7
3	31.7	31.9	31.6	32.2	2'	150.3	141.8	141.9	141.9
4	84.6	37.7	37.6	37.6	3'	116.6	120.6	120.8	120.7(a)
5	48.8	40.6	43.3	43.3	4'	133.7	134.9	135.2	134.9(b)
6	32.5	91.5	91.1	91.0	5'	116.1	122.7	122.8	122.5(a)
7	85.3	90.4	88.7	88.6	6'	131.4	130.8	130.5	130.3(b)
8	77.8	80.9	77.6	77.5	8'		170.6	170.6	174.1
9	78.2	51.9	—	50.5	9'		29.0	28.9	51.9
10	49.6	37.7	38.1	38.2	10'		32.7	32.7	39.0
11	51.2	47.6	49.1	49.1	11'		173.3	173.3	172.4
12	25.8	27.9	28.7	28.7	1-OMe	56.2	55.7	55.9	55.7
13	36.6	46.7	46.1	46.1	6-OMe		60.0	57.9	57.8
14	89.9	83.5	84.0	83.9	8-OMe		54.4		
15	37.8	27.9	33.3	33.8	14-OMe	57.8	57.7	58.1	58.1
16	82.7	82.8	82.7	82.6	16-OMe	56.1	56.5	56.4	56.3
17	63.1	66.2	64.6	64.5	9',10'-Me				17.1
18		70.6	69.9	69.8	11'-OMe			51.9	51.9
19	55.3	53.2	52.4	52.4	OC=O	167.3	168.4	168.3	168.1
20	51.1	51.9	51.0	50.9					

注：同列内(a)(b)表示数据可能互换。

表 2-12-28 二萜类生物碱的名称、分子式和测试溶剂（十）

编号	中文名称	英文名称	分子式	测试溶剂	参考文献
2-12-93	8-O-肉桂酰尼奥灵	8-O-cinnamoylneoline	$C_{33}H_{45}NO_7$	C	[40]
2-12-94		acotoxinine	$C_{33}H_{47}NO_9$	C	[41]
2-12-95		linearilobin	$C_{37}H_{46}N_2O_9$	C	[42]
2-12-96		(1α,6β,14α,16β,α20S)-α20,7,8-trihydroxy-1,6,14,16-tetramethoxy-α20-methyl-aconitane-4,20-dimethanol-α4-acetate-α20-(3-chlorobenzoate)	$C_{34}H_{46}ClNO_{11}$	C	[43]

续表

编号	中文名称	英文名称	分子式	测试溶剂	参考文献
2-12-97	N-去乙基高乌甲素	N-deethyllappaconitine	$C_{30}H_{40}N_2O_8$	C	[32]
2-12-98	N-去乙基-N,8,9-三乙酰基高乌甲素	N-deethyl-N,8,9-triacetyllappaconitine	$C_{36}H_{46}N_2O_{11}$	C	[32]
2-12-99	N-去乙基-N-乙酰基高乌甲素	N-deethyl-N-acetyllappaconitine	$C_{32}H_{42}N_2O_9$	C	[32]
2-12-100	N-去乙基高乌甲素亚胺	N-deethyllappaconitine imine	$C_{30}H_{38}N_2O_8$	C	[32]
2-12-101	N-去乙基-5"-溴代高乌甲素亚胺	N-deethyl-5"-bromolappaconitine imine	$C_{30}H_{37}BrN_2O_8$	C	[32]

表 2-12-29 化合物 2-12-93~2-12-96 的 ^{13}C NMR 数据

C	2-12-93[40]	2-12-94[41]	2-12-95[42]	2-12-96[43]	C	2-12-93[40]	2-12-94[41]	2-12-95[42]	2-12-96[43]
1	72.2	72.1	72.5	83.6	10	44.0	43.9	44.3	45.7
2	30.1	29.9	29.3	26.2	11	49.8	49.9	49.2	49.0
3	29.5	29.5	31.4	30.8	12	29.3	29.2	27.8	28.4
4	38.1	38.2	37.6	39.1	13	40.9	40.8	42.7	37.7
5	44.4	44.4	43.2	49.9	14	75.3	75.3	76.3	83.0
6	84.1	84.0	25.4	90.4	15	38.7	38.6	43.2	34.1
7	48.4	48.6	48.2	87.4	16	82.3	82.1	82.6	82.4
8	85.8	85.6	85.9	77.1	17	63.2	63.4	65.5	68.5
9	46.3	46.4	46.4	43.4	18	80.0	79.9	68.7	68.4

续表

C	2-12-93[40]	2-12-94[41]	2-12-95[42]	2-12-96[43]	C	2-12-93[40]	2-12-94[41]	2-12-95[42]	2-12-96[43]
19	56.9	56.9	57.7	55.3	2″			151.0	
20	48.3	48.5	48.6	97.6	3″			114.2	
21	13.0	12.7	13.2	19.0	4″			121.3	
1′	134.5	124.1	114.7	132.4	5″			118.6	
2′	129.0	112.1	151.9	129.6	6″			114.3	
3′	128.1	148.7	116.4	134.2	1-OMe				55.1
4′	130.2	153.0	135.8	129.3	6-OMe	56.2	58.2		57.7
5′	128.1	110.3	116.9	127.7	14-OMe				58.2
6′	129.0	123.4	130.6	132.7	16-OMe	58.3	56.6	57.4	56.3
7′	166.0	165.5	167.4	164.1	18-OMe	59.2	59.1		
8′	119.4	56.0	169.0		OCOCH$_3$				170.5
9′	144.7	56.0	51.0		OCOCH$_3$				20.6
1″			148.1						

表 2-12-30 化合物 2-12-97~2-12-101 的 ^{13}C NMR 数据[32]

C	2-12-97	2-12-98	2-12-99	2-12-100	2-12-101	C	2-12-97	2-12-98	2-12-99	2-12-100	2-12-101
1	82.5	81.0	82.8	82.3	82.3	20		170.2	169.2		
2	23.7	23.3	24.4	23.2	22.3	21		25.4	22.3		
3	29.6	31.1	31.1	27.0	29.6	1′	115.1	115.1	115.0	115.1	114.0
4	83.5	88.0	82.5	88.6	89.3	2′	141.5	141.9	141.7	141.8	140.8
5	52.3	46.4	53.4	48.1	52.3	3′	120.1	120.4	120.2	120.2	121.9
6	26.2	26.2	26.2	26.9	26.8	4′	134.3	134.7	134.5	134.7	137.4
7	44.2	45.9	49.7	41.3	41.2	5′	122.3	122.3	122.2	122.3	116.6
8	75.9	82.7	75.0	75.4	75.3	6′	130.9	130.6	130.8	130.8	133.1
9	77.3	83.9	77.7	88.0	76.5	7′	167.2	167.0	167.0	167.0	165.8
10	36.8	38.1	36.6	36.8	36.8	8′	169.0	169.2	169.1	169.0	169.0
11	52.7	50.6	50.9	53.8	53.9	9′	25.2	23.4	22.5	25.5	25.2
12	24.4	25.2	25.2	26.9	23.2	1-OMe	55.8	56.5	56.2	56.2	56.5
13	49.2	48.7	53.7	52.4	48.1	14-OMe	56.0	55.7	55.7	56.4	56.2
14	90.0	82.1	89.7	89.7	89.7	16-OMe	57.8	57.5	57.9	57.9	57.9
15	44.0	40.1	44.5	44.2	44.2	OCOCH$_3$		169.2			
16	82.3	80.6	80.9	81.3	82.6			169.0			
17	57.0	57.8	58.6	62.1	62.1	OCOCH$_3$		22.4			
19	50.8	46.6	47.0	159.2	158.8			22.3			

表 2-12-31 二萜类生物碱的名称、分子式和测试溶剂（十一）

编号	中文名称	英文名称	分子式	测试溶剂	参考文献
2-12-102	乌头胺	aconine	$C_{25}H_{41}NO_9$	C	[36]
2-12-103	一枝蒿乙素	bullatine B	$C_{24}H_{39}NO_6$	C	[25]
2-12-104	一枝蒿丙素	bullatine C	$C_{26}H_{41}NO_7$	C	[44]
2-12-105	展花乌头宁	chasmanine	$C_{25}H_{41}NO_6$	C	[45]

续表

编号	中文名称	英文名称	分子式	测试溶剂	参考文献
2-12-106	飞燕草定碱	consolidine	$C_{25}H_{41}NO_7$	C	[46]
2-12-107	硬飞燕草碱	delsoline	$C_{25}H_{41}NO_7$	C	[47]
2-12-108	瓜叶乌头碱	hemsleyatine	$C_{25}H_{42}N_2O_7$	C	[48]
2-12-109	塔拉乌头胺	talatisamine	$C_{24}H_{39}NO_5$	C	[49]
2-12-110	翠雀素	delphisine	$C_{28}H_{43}NO_8$	C	[50]

2-12-102 R^1=OMe; R^2=R^5=R^6=R^7=R^8=OH; R^3=α-OMe; R^4=H
2-12-103 R^1=R^5=R^6=OH; R^2=R^4=R^7=R^8=H; R^3=α-OMe
2-12-104 R^1=R^5=OH; R^2=R^4=R^7=R^8=H; R^3=α-OMe; R^6=OAc
2-12-105 R^1=OMe; R^2=R^4=R^7=R^8=H; R^3=α-OMe; R^5=R^6=OH
2-12-106 R^1=R^4=OH; R^2=R^7=R^8=H; R^3=α-OH; R^5=R^6=OMe
2-12-107 R^1=R^4=R^5=OH; R^2=R^7=R^8=H; R^3=β-OMe; R^6=OMe
2-12-108 R^1=OMe; R^2=R^6=R^7=OH; R^3=α-OMe; R^4=R^8=H; R^5=NH$_2$
2-12-109 R^1=OMe; R^2=R^3=R^4=R^7=R^8=H; R^5=R^6=OH
2-12-110 R^1=OH; R^2=R^4=R^7=R^8=H; R^3=α-OMe; R^5=R^6=OAc

表 2-12-32　化合物 2-12-102~2-12-105 的 ^{13}C NMR 数据

C	2-12-102[36]	2-12-103[25]	2-12-104[44]	2-12-105[45]	C	2-12-102[36]	2-12-103[25]	2-12-104[44]	2-12-105[45]
1	84.1	72.3	72.3	86.1	15	78.5	42.7	42.8	39.1
2	35.5	29.5	29.5	26.0	16	91.8	82.3	82.2	82.2
3	71.9	29.9	29.7	35.2	17	60.8	63.6	63.6	62.5
4	43.2	38.2	38.3	39.5	18	77.4	80.3	80.3	80.8
5	49.0	44.9	44.7	48.7	19	48.3	57.2	57.2	53.9
6	83.0	83.3	83.5	82.5	20	46.2	48.2	48.4	49.3
7	51.3	52.3	52.9	52.7	21	13.4	13.0	13.1	13.7
8	76.4	74.3	74.8	72.6	1-OCH$_3$	55.7			56.4
9	50.1	48.3	46.3	50.4	6-OCH$_3$	58.0	57.8	57.9	57.2
10	42.4	40.7	43.6	38.2	16-OCH$_3$	61.9	56.3	56.2	56.1
11	50.5	49.6	49.6	50.4	18-OCH$_3$	59.1	59.1	59.3	59.2
12	37.4	29.8	30.1	28.5	14-O$\underline{C}$OCH$_3$			171.4	
13	78.8	44.3	37.0	45.7	14-OCO$\underline{C}$H$_3$			21.3	
14	80.6	75.9	77.3	75.6					

表 2-12-33　化合物 2-12-106~2-12-110 的 ^{13}C NMR 数据

C	2-12-106[46]	2-12-107[47]	2-12-108[48]	2-12-109[49]	2-12-110[50]	C	2-12-106[46]	2-12-107[47]	2-12-108[48]	2-12-109[49]	2-12-110[50]
1	72.2	72.6	82.8	85.9	72.1	7	85.0	87.7	54.5	45.7	—
2	29.2	27.2	33.6	25.5	29.5	8	80.5	78.5	53.7	72.6	85.8
3	29.4	29.3	71.6	32.4	30.1	9	44.3	44.9	49.1	45.7	43.3
4	38.1	37.4	43.4	38.4	38.1	10	43.5	37.7	42.4	45.7	38.5
5	46.2	43.9	47.7	37.6	44.1	11	47.3	49.3	50.2	48.5	49.8
6	70.4	90.4	83.2	24.5	84.2	12	30.0	30.5	35.6	27.5	29.5

续表

C	2-12-106[46]	2-12-107[47]	2-12-108[48]	2-12-109[49]	2-12-110[50]	C	2-12-106[46]	2-12-107[47]	2-12-108[48]	2-12-109[49]	2-12-110[50]
13	38.1	43.3	76.7	46.7	43.3	6-OCH$_3$		57.2	57.6		58.0
14	83.8	84.5	79.3	75.2	75.5	8-OCH$_3$	55.3				
15	27.7	33.4	42.0	38.4	38.5	14-OCH$_3$	57.3	57.7			
16	83.2	82.9	84.7	82.0	82.7	16-OCH$_3$	56.5	56.3	58.1	56.2	56.5
17	63.2	66.0	61.9	62.4	62.7	18-OCH$_3$	59.1	59.0	59.1	59.2	59.0
18	80.5	77.3	77.0	79.2	79.8	8-OCOCH$_3$					170.4
19	56.4	57.2	47.4	53.0	56.8	8-OCOCH$_3$					21.2
20	50.5	50.3	48.9	49.2	48.0	14-OCOCH$_3$					169.3
21	13.9	13.5	13.5	13.4	12.9	14-OCOCH$_3$					22.2
1-OCH$_3$			55.9	55.9							

表 2-12-34　二萜类生物碱的名称、分子式和测试溶剂（十二）

编号	中文名称	英文名称	分子式	测试溶剂	参考文献
2-12-111	布氏翠雀花碱	browniine	C$_{25}$H$_{41}$NO$_7$	C	[30]
2-12-112	14-乙酰基布氏翠雀花碱	14-acetylbrowniine	C$_{27}$H$_{43}$NO$_8$	C	[30]
2-12-113	翠雀亭	delphatine	C$_{26}$H$_{43}$NO$_7$	C	[30]
2-12-114	飞燕草碱	delcosine	C$_{24}$H$_{39}$NO$_7$	C	[30]
2-12-115	乙酰飞燕草碱	acetyldelcosine	C$_{26}$H$_{41}$NO$_8$	C	[30]

2-12-111　R^1=OMe; R^2=OH
2-12-112　R^1=OMe; R^2=OAc
2-12-113　R^1=R^2=OMe
2-12-114　R^1=R^2=OH
2-12-115　R^1=OH; R^2=OAc

表 2-12-35　化合物 2-12-111～2-12-115 的 ^{13}C NMR 数据[30]

C	2-12-111	2-12-112	2-12-113	2-12-114	2-12-115	C	2-12-111	2-12-112	2-12-113	2-12-114	2-12-115
1	85.2	84.2	83.9(a)	72.7	72.6	13	46.1	45.7	46.1	45.3	42.6(c)
2	25.5	26.2	26.2	27.5	27.2	14	75.3	76.0	84.3(a)	75.8	76.3
3	32.5	32.4	32.4	29.4	29.9(b)	15	33.1	33.7	33.7	34.5	33.8
4	38.4	38.1	38.1	37.6	37.5	16	81.7	82.4	82.6	82.0	82.7
5	45.1	42.6	43.3	44.0	43.5(c)	17	65.4	64.8	64.8	66.3	66.1
6	90.1	90.3	90.6	90.1	90.2	18	78.0	78.0	78.1	77.4	77.3
7	89.1	88.3	88.4	87.9	87.6	19	52.7	52.7	52.8	57.1	57.2
8	76.3	77.1	77.5	78.1	78.4	20	51.3	48.8	51.1	50.4	50.3
9	49.6	51.2	49.8	45.3	44.9	21	14.3	14.2	14.2	13.7	13.6
10	36.4	38.1	38.1	39.4	38.0	1-OCH$_3$	56.0	55.8	55.7		
11	48.2	49.5	48.9	48.9	49.2	6-OCH$_3$	57.5	57.3	57.3	57.4	57.2
12	27.5	28.2	28.7	29.4	29.4(b)	14-OCH$_3$			57.8		

续表

C	2-12-111	2-12-112	2-12-113	2-12-114	2-12-115	C	2-12-111	2-12-112	2-12-113	2-12-114	2-12-115
16-OCH₃	56.5	56.2	56.3	56.4	56.3	14-OCOCH₃		171.9			171.4
18-OCH₃	59.1	59.0	59.0	59.1	59.1	14-OCOCH₃		21.5			21.4

注：同列内(a)(b)(c)表示数据可能互换。

表 2-12-36 二萜类生物碱的名称、分子式和测试溶剂（十三）

编号	中文名称	英文名称	分子式	测试溶剂	参考文献
2-12-116	白乌头原碱	bikhaconine	C₂₅H₄₁NO₇	C	[51]
2-12-117	假乌头原碱	pseudoaconine	C₂₅H₄₁NO₈	C	[51]
2-12-118	森布星A	senbusine A	C₂₃H₃₇NO₆	C	[51]
2-12-119	14-O-乙酰基森布星A	14-O-acetylsenbusine A	C₂₅H₃₉NO₇	C	[51]
2-12-120	1,6,14-tri-O-乙酰基森布星A	1,6,14-tri-O-acetylsenbusine A	C₂₉H₄₃NO₉	C	[51]
2-12-121	异塔拉萨定	isotalatisidine	C₂₃H₃₇NO₅	C	[51]
2-12-122	尼奥宁	neoline	C₂₄H₃₉NO₆	C	[52]
2-12-123	拳乌定乙	circinadine B	C₂₄H₃₉NO₇	C	[31]

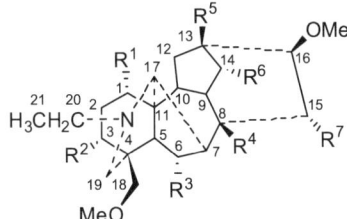

2-12-116 R¹=R³=OMe; R²=R⁷=H; R⁴=R⁵=R⁶=OH
2-12-117 R¹=R³=OMe; R²=R⁴=R⁵=R⁶=OH; R⁷=H
2-12-118 R¹=R³=R⁴=R⁶=OH; R²=R⁵=R⁷=H
2-12-119 R¹=R³=R⁴=OH; R²=R⁵=R⁷=H; R⁶=OAc
2-12-120 R¹=R³=R⁶=OAc; R²=R⁵=R⁷=H; R⁴=OH
2-12-121 R¹=R⁴=R⁶=OH; R²=R³=R⁵=R⁷=H
2-12-122 R¹=R⁴=R⁶=OH; R²=R⁵=R⁷=H; R³=OMe
2-12-123 R¹=OMe; R²=R⁴=R⁵=R⁶=OH; R³=R⁷=H

表 2-12-37 化合物 2-12-116~2-12-123 的 ¹³C NMR 数据

C	2-12-116[51]	2-12-117[51]	2-12-118[51]	2-12-119[51]	2-12-120[51]	2-12-121[51]	2-12-122[52]	2-12-123[31]
1	86.0	84.5	72.3	72.1	73.7	72.3	72.4	83.2
2	25.9	33.9	29.3	29.6	27.7	26.8	29.6	34.1
3	35.3	72.7	29.9	29.9	34.6	29.8	29.8	72.1
4	39.7	43.5	38.0	38.0	38.8	37.3	38.3	43.3
5	50.2	48.7	48.3	45.8	48.7	41.7	45.0	43.9
6	82.4	82.3	73.2	73.3	74.3	24.9	83.4	24.8
7	52.4	52.2	55.4	55.8	54.4	45.2	52.4	45.3
8	72.7	72.2	75.3	75.6	75.8	74.2	74.5	72.8
9	50.6	50.4	45.9	46.3	46.9	46.8	48.6	48.8
10	42.4	42.0	44.3	43.6	44.5	44.1	44.3	39.0
11	50.2	50.2	50.0	50.2	49.6	49.2	49.7	48.2
12	36.0	35.8	29.5	29.6	29.3	28.3	30.1	35.1
13	76.8	76.8	40.4	37.0	37.3	39.9	40.6	76.6
14	79.8	79.6	76.2	77.1	77.1	76.0	76.2	79.6
15	39.5	39.9	42.7	42.3	39.8	42.4	43.0	42.0
16	84.7	83.1	81.8	82.0	82.5	81.9	82.1	84.8
17	62.7	62.3	63.9	63.4	61.3	64.1	63.9	62.6

续表

C	2-12-116[51]	2-12-117[51]	2-12-118[51]	2-12-119[51]	2-12-120[51]	2-12-121[51]	2-12-122[52]	2-12-123[31]
18	80.8	77.4	80.6	80.5	80.3	79.1	80.5	77.3
19	53.8	47.4	57.2	57.1	55.1	56.5	57.2	46.5
20	49.4	49.2	48.6	48.3	49.6	48.6	48.5	49.4
21	13.8	13.7	13.1	13.1	13.5	13.1	13.3	13.6
1-OCH$_3$	56.3	56.2						56.3
6-OCH$_3$	57.4	57.8					58.1	
16-OCH$_3$	57.7	57.3	56.4	56.2	56.2	56.3	56.6	57.7
18-OCH$_3$	59.3	59.3	59.3	59.3	59.3	59.4	59.4	59.5
OCOCH$_3$				170.6	170.1			
					170.2			
					170.2			
OCOCH$_3$				21.3	21.4			
					21.7			
					22.0			

表 2-12-38　二萜类生物碱的名称、分子式和测试溶剂（十四）

编号	中文名称	英文名称	分子式	测试溶剂	参考文献
2-12-124	卡乌头原碱	cammaconine	C$_{23}$H$_{37}$NO$_5$	C	[53]
2-12-125	巨乌头碱	gigactonine	C$_{24}$H$_{39}$NO$_7$	C	[54]
2-12-126	牛扁碱	delsine	C$_{25}$H$_{41}$NO$_7$	C	[30]
2-12-127	三距矮翠雀花碱	tricornine	C$_{27}$H$_{43}$NO$_8$	C	[30]
2-12-128		columbianine	C$_{22}$H$_{35}$NO$_5$	C	[51]
2-12-129	去氢布氏翠雀花碱	dehydrobrowniine	C$_{25}$H$_{39}$NO$_7$	C	[36]
2-12-130	9-羟基变绿卵孢碱	9-hydroxyvirescenine	C$_{23}$H$_{37}$NO$_7$	C	[55]
2-12-131	飞燕草叶碱	delphinifoline	C$_{23}$H$_{37}$NO$_7$	C	[55]
2-12-132		budelphine	C$_{24}$H$_{35}$NO$_8$		[56]

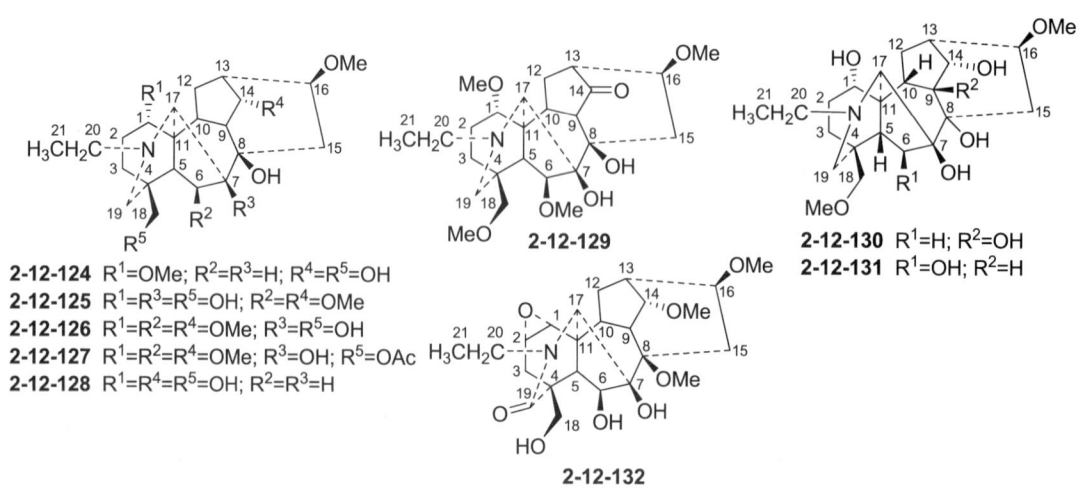

2-12-124 R^1=OMe; R^2=R^3=H; R^4=R^5=OH
2-12-125 R^1=R^3=R^5=OH; R^2=R^4=OMe
2-12-126 R^1=R^2=R^4=OMe; R^3=R^5=OH
2-12-127 R^1=R^2=R^4=OMe; R^3=OH; R^5=OAc
2-12-128 R^1=R^4=R^5=OH; R^2=R^3=H

2-12-130 R^1=H; R^2=OH
2-12-131 R^1=OH; R^2=H

表 2-12-39　化合物 2-12-124~2-12-128 的 ^{13}C NMR 数据

C	2-12-124[53]	2-12-125[54]	2-12-126[30]	2-12-127[30]	2-12-128[51]	C	2-12-124[53]	2-12-125[54]	2-12-126[30]	2-12-127[30]	2-12-128[51]
1	86.3	72.7	84.2(a)	84.0	72.4	15	38.3	33.5	33.7	33.7	42.4
2	25.8	29.4	26.1	26.1	26.4	16	82.3	83.0	82.7	82.6	81.9
3	33.2	30.5	31.6	31.9	29.9	17	63.0	66.1	64.8	64.6	64.1
4	39.1	38.2	38.6	37.2	38.0	18	68.8	66.8	67.6	69.1	68.4
5	46.0	44.7	43.3	43.3	41.3	19	53.1	57.3	52.9	52.4	56.5
6	24.6	90.6	90.6	90.9	24.8	20	49.5	50.4	51.1	51.0	48.6
7	45.9	87.8	88.3	88.5	45.3	21	13.7	13.6	14.1	14.1	13.1
8	73.0	78.5	77.5	77.5	74.2	1-OCH$_3$	56.5		55.7	55.7	
9	47.0	43.4	49.7	50.4	46.8	6-OCH$_3$		57.7	57.7	57.8	
10	37.6	44.0	38.0	38.1	44.2	14-OCH$_3$		57.7	58.0	58.0	
11	48.8	49.4	48.9	49.0	48.7	16-OCH$_3$	56.3	56.4	56.2	56.3	56.5
12	27.7	26.7	28.8	28.7	28.3	18-OCOCH$_3$				170.9	
13	45.6	37.8	46.1	46.1	39.9	18-OCOCH$_3$				20.8	
14	75.6	84.6	84.0(a)	84.0	76.0						

注：同列内(a)表示数据可能互换。

表 2-12-40　化合物 2-12-129~2-12-132 的 ^{13}C NMR 数据

C	2-12-129[36]	2-12-130[55]	2-12-131[55]	2-12-132[56]	C	2-12-129[36]	2-12-130[55]	2-12-131[55]	2-12-132[56]
1	85.5	72.7	73.3	87.5	15	33.1	37.6	35.3	32.9
2	25.5	29.1	30.1	82.5	16	85.5	82.4	83.7	80.4
3	32.5	26.7	28.5	24.6	17	65.9	64.9	67.0	67.0
4	38.5	37.6	38.2	37.9	18	77.9	79.0	78.9	65.9
5	46.1	40.7	51.2	37.7	19	52.7	56.3	57.9	179.8
6	89.8	32.3	80.7	77.1	20	51.4	50.5	50.8	50.0
7	88.9	85.6	88.6	86.8	21	14.3	13.8	13.9	13.2
8	85.5	78.0	79.0	76.9	1-OCH$_3$	56.1			
9	53.8	77.9	46.4	45.5	6-OCH$_3$	57.6			
10	43.9	48.5	45.1	42.1	8-OCH$_3$				57.9
11	49.0	49.7	49.3	48.3	14-OCH$_3$				57.6
12	29.7	26.4	30.8	29.6	16-OCH$_3$	56.3	56.5	55.8	56.2
13	49.5	39.5	40.7	44.6	18-OCH$_3$	59.2	59.4	59.0	
14	216.3	81.1	76.2	83.7					

表 2-12-41　二萜类生物碱的名称、分子式和测试溶剂（十五）

编号	名称	分子式	测试溶剂	参考文献
2-12-133	(1α,6β,14α,16β,20S)-4-[(acetyloxy)methyl]-20-ethyl-1,6,14,16-tetramethoxy-aconitane-7,8-diol-20-oxide	C$_{27}$H$_{43}$NO$_9$	C	[43]
2-12-134	(1α,6β,14α,16β)-4-[(acetyloxy)methyl]-20- ethyl-7,8-dihydroxy-1,6,14,16-tetramethoxy-aconitan-19-one	C$_{27}$H$_{41}$NO$_9$	C	[43]

编号	名称	分子式	测试溶剂	参考文献
2-12-135	(1α,6β,14α,16β)-4-[(acetyloxy)methyl]-7,8-dihydroxy-1,6,14,16-tetramethoxy-aconitan-19-one	$C_{25}H_{37}NO_9$	C	[43]
2-12-136	(1α,6β,14α,16β)-4-[(acetyloxy)methyl]-19,20-didehydro-1,6,14,16-tetramethoxy-aconitane-7,8-diol	$C_{25}H_{37}NO_8$	C	[43]
2-12-137	(1α,6β,14α,16β)-4-[(acetyloxy)methyl]-19,20-didehydro-7,8-dihydroxy-1,6,14,16-tetramethoxy-aconitane-7,8-diol-20-oxide	$C_{25}H_{37}NO_9$	C	[43]
2-12-138	(1α,6β,14α,16β)-4-[(acetyloxy)methyl]-17,20-didehydro-8-hydroxy-1,6,14,16-tetramethoxy-aconitan-7-on-20-oxide	$C_{25}H_{37}NO_9$	C	[43]
2-12-139	swatinine	$C_{25}H_{41}NO_8$	C	[57]
2-12-140	piepunensine A	$C_{22}H_{33}NO_6$	C	[58]
2-12-141	18-acetylcammaconine（18-乙酰基卡乌头原碱）	$C_{25}H_{39}NO_6$	C	[58]

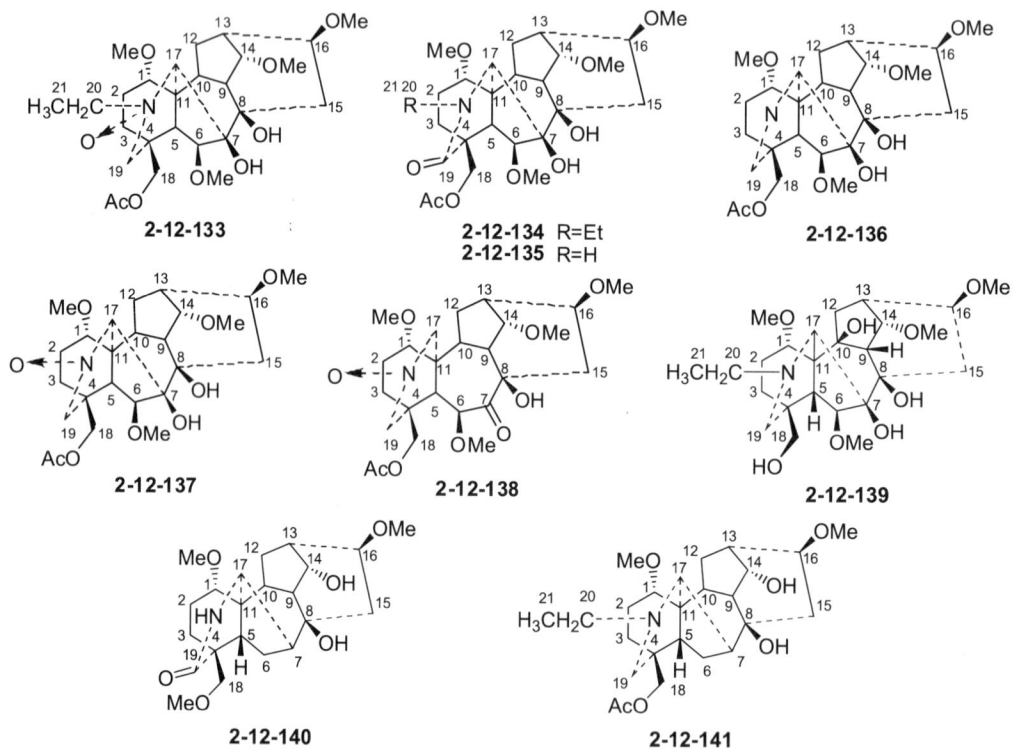

表 2-12-42　化合物 2-12-133~2-12-137 的 ^{13}C NMR 数据[43]

C	2-12-133	2-12-134	2-12-135	2-12-136	2-12-137	C	2-12-133	2-12-134	2-12-135	2-12-136	2-12-137
1	87.4	83.5	83.6	81.9	81.7	6	88.8	91.9	91.7	90.6	90.7
2	23.7	25.0	25.1	20.0	20.6	7	83.9	85.9	85.3	86.5	84.8
3	30.2	28.3	28.5	24.5	26.6	8	78.3	76.4	76.2	77.0	76.4
4	39.4	47.2	47.1	46.1	42.1	9	43.0	42.7	42.8	42.9	42.8
5	49.0	49.1	49.2	42.9	42.9	10	47.8	45.2	44.6	45.3	46.1

续表

C	2-12-133	2-12-134	2-12-135	2-12-136	2-12-137	C	2-12-133	2-12-134	2-12-135	2-12-136	2-12-137
11	50.0	48.7	48.5	50.5	50.6	20	68.6	43.6			
12	30.6	29.3	28.6	30.4	30.3	21	8.8	11.9			
13	36.1	37.5	37.7	38.0	38.0	1-OCH$_3$	56.1	55.1	55.7	56.3	56.3
14	83.0	81.9	81.7	83.9	83.9	6-OCH$_3$	57.5	57.8	57.8	57.7	57.8
15	33.5	33.2	33.1	33.1	33.3	14-OCH$_3$	58.2	58.5	58.5	58.6	58.7
16	81.5	81.3	81.4	80.7	80.0	16-OCH$_3$	56.8	56.3	56.4	56.4	56.5
17	76.9	63.2	59.2	64.2	77.7	18-O<u>C</u>OCH$_3$	170.3	170.3	170.2	170.4	170.3
18	71.2	66.2	65.6	65.7	66.2	18-OCO<u>C</u>H$_3$	20.5	20.7	20.7	20.6	20.6
19	69.4	169.9	173.3	167.5	136.2						

表 2-12-43　化合物 2-12-138~2-12-141 的 ^{13}C NMR 数据

C	2-12-138[43]	2-12-139[57]	2-12-140[58]	2-12-141[58]	C	2-12-138[43]	2-12-139[57]	2-12-140[58]	2-12-141[58]
1	91.7	77.4	84.3	86.0	15	33.5	34.6	36.7	38.3
2	23.5	25.9	26.3	25.6	16	84.2	82.4	81.9	82.2
3	33.1	31.2	30.3	32.4	17	136.6	65.1	56.2	62.6
4	39.2	38.3	51.1	37.8	18	67.7	67.7	74.4	70.0
5	49.5	45.3	36.9	37.5	19	62.8	52.6	174.5	52.7
6	88.6	91.1	26.1	24.8	20		51.1		49.3
7	207.7	87.6	54.8	45.9	21		14.0		13.5
8	74.8	75.7	71.5	72.7	1-OCH$_3$	56.3	55.5	55.9	56.2
9	40.6	53.6	45.7	46.9	6-OCH$_3$	58.4	58.0		
10	45.2	81.2	43.0	45.7	14-OCH$_3$	57.0	57.8		
11	46.0	54.4	47.1	48.7	16-OCH$_3$	58.1	56.1	56.5	56.4
12	28.1	39.2	27.0	27.6	18-OCH$_3$			59.4	
13	36.2	38.0	45.7	46.0	18-O<u>C</u>OCH$_3$	170.2			171.0
14	80.3	82.0	75.1	75.5	18-OCO<u>C</u>H$_3$	20.6			20.8

表 2-12-44　二萜类生物碱的名称、分子式和测试溶剂（十六）

编号	中文名称	英文名称	分子式	测试溶剂	参考文献
2-12-142	刺乌头原碱	lappaconine	C$_{23}$H$_{37}$NO$_6$	C	[36]
2-12-143	刺乌头尼定碱	lappaconidine	C$_{22}$H$_{35}$NO$_6$	C P	[36]
2-12-144	乙基三甲氧基乌头烷四醇	ranaconine	C$_{23}$H$_{37}$NO$_7$	C	[36]
2-12-145	萨柯乌头碱	sachaconitine	C$_{23}$H$_{37}$NO$_4$	C	[29]
2-12-146		bicoloridine	C$_{25}$H$_{39}$NO$_6$	C	[59]
2-12-147	多根乌头碱	karakoline	C$_{22}$H$_{35}$NO$_4$	C	[60, 61]
2-12-148	异叶乌头碱	heteratisine	C$_{22}$H$_{33}$NO$_5$	C	[59]
2-12-149	8-乙酰基异叶乌头辛碱	8-acetylheterophyllisine	C$_{24}$H$_{35}$NO$_5$	C	[62]
2-12-150		linearilin	C$_{24}$H$_{39}$NO$_8$	C	[42]

2-12-142 R^1=R^7=OMe; R^2=R^5=R^6=OH; R^3=R^4=H
2-12-143 R^1=R^2=R^5=R^6=OH; R^3=R^4=H; R^7=OMe
2-12-144 R^1=R^7=OMe; R^2=R^4=R^5=R^6=OH; R^3=H
2-12-145 R^1=OMe; R^2=Me; R^3=R^4=R^6=H; R^5=R^7=OH
2-12-146 R^1=R^7=OH; R^2=Me; R^3=OAc; R^4=R^6=H; R^5=OMe
2-12-147 R^1=R^5=R^7=OH; R^2=Me; R^3=R^4=R^6=H

2-12-148 R^1=R^2=OH
2-12-149 R^1=H; R^2=OAc

表 2-12-45　化合物 2-12-142~2-12-145 的 ^{13}C NMR 数据

C	2-12-142[36]	2-12-143[36]	2-12-143[36](P)	2-12-144[36]	2-12-145[29]	C	2-12-142[36]	2-12-143[36]	2-12-143[36](P)	2-12-144[36]	2-12-145[29]
1	85.2	72.5	73.0	84.9	86.7	13	49.0	48.4	47.9	51.1	45.9
2	26.6	29.8	30.7	27.1	26.3	14	90.3	90.4	90.8	90.2	75.7
3	36.3	33.5	34.6	36.8	37.8	15	44.7	45.1	44.2	38.1	38.0
4	71.1	70.7	70.0	71.1	34.7	16	85.1	83.0	83.9	83.0	82.3
5	50.8	48.2	48.3	51.1	49.5	17	61.7	63.1	62.9	63.2	62.5
6	26.9	27.4	27.9	32.4	25.2	18					26.3
7	47.8	47.0	47.6	78.0	45.9	19	58.0	60.4	61.5	56.8	57.5
8	75.7	76.3	75.5	86.5	72.9	20	49.9	46.5	50.2	50.0	49.5
9	78.8	77.6	78.2	78.7	47.1	21	13.5	13.1	13.2	14.5	13.7
10	37.4	36.3	37.1	37.5	38.5	1-OCH$_3$	56.5			56.3	56.3
11	51.0	50.4	51.0	51.4	51.0	14-OCH$_3$	58.0	58.1	57.6	57.9	
12	23.7	23.1	24.0	26.3	27.8	16-OCH$_3$	56.1	56.3	56.0	56.3	56.9

表 2-12-46　化合物 2-12-146~2-12-150 的 ^{13}C NMR 数据

C	2-12-146[59]	2-12-147[60,61]	2-12-148[59]	2-12-149[62]	2-12-150[42]	C	2-12-146[59]	2-12-147[60,61]	2-12-148[59]	2-12-149[62]	2-12-150[42]
1	72.6	72.4	83.5	84.6	84.7	14	75.9	75.7	176.0	172.0	84.7
2	29.7	29.6	26.9	26.5	29.9	15	37.8	42.2	29.1	28.8	33.8
3	31.6	31.1	36.8	37.2	37.7	16	83.3	82.0	29.2	29.5	83.1
4	32.8	32.8	34.7	34.8	70.8	17	65.5	63.3	62.2	60.7	66.4
5	42.3	46.4	50.9	49.5	44.2	18	27.2	27.5	26.2	26.4	
6	72.3	25.1	72.9	27.1	90.6	19	61.6	60.2	58.3	56.5	57.5
7	48.0	45.0	49.3	48.6	110.0	20	48.3	48.3	49.0	48.9	49.6
8	79.9	74.2	75.4	87.1	78.8	21	12.9	13.0	13.5	13.4	14.2
9	44.4	46.6	57.8	41.4	45.3	1-OCH$_3$			55.2	55.6	56.6
10	40.0	43.9	42.8	42.1	37.9	6-OCH$_3$					59.3
11	48.9	48.7	49.3	—	49.4	8-OCH$_3$		52.8			
12	30.6	28.5	33.1	29.1	30.8	14-OCH$_3$					57.9
13	44.4	40.0	75.8	75.2	43.6	16-OCH$_3$	56.4	56.2			57.6

续表

C	2-12-146[59]	2-12-147[60,61]	2-12-148[59]	2-12-149[62]	2-12-150[42]	C	2-12-146[59]	2-12-147[60,61]	2-12-148[59]	2-12-149[62]	2-12-150[42]
6-O$\underline{C}$OCH$_3$	170.9					8-O$\underline{C}$OCH$_3$				169.8	
6-OCO$\underline{C}$H$_3$	21.5					8-OCO$\underline{C}$H$_3$				22.3	

表 2-12-47　二萜类生物碱的名称、分子式和测试溶剂（十七）

编号	中文名称	英文名称	分子式	测试溶剂	参考文献
2-12-151	16β-羟基卵还定	16β-hydroxycardiopetaline	C$_{21}$H$_{33}$NO$_4$	C	[63]
2-12-152	8-乙氧基萨柯乌头碱	8-ethoxysachaconitine	C$_{23}$H$_{41}$NO$_4$	C	[63]
2-12-153	膝乌宁碱乙	genicunine B	C$_{23}$H$_{37}$NO$_5$	C	[63]
2-12-154	14-乙酰基膝乌宁碱乙	14-acetylgenicunine B	C$_{25}$H$_{39}$NO$_6$	C	[63]
2-12-155	14-去氢膝乌宁碱乙	14-dehydrogenicunine B	C$_{23}$H$_{35}$NO$_5$	C	[63]
2-12-156	N-去乙基-N-19-双去氢萨柯乌头碱	N-deethyl-N-19-didehydrosachaconitine	C$_{21}$H$_{31}$NO$_4$	C	[63]
2-12-157	卵还定甲	anthriscifoldine A	C$_{25}$H$_{37}$NO$_7$	C	[12]

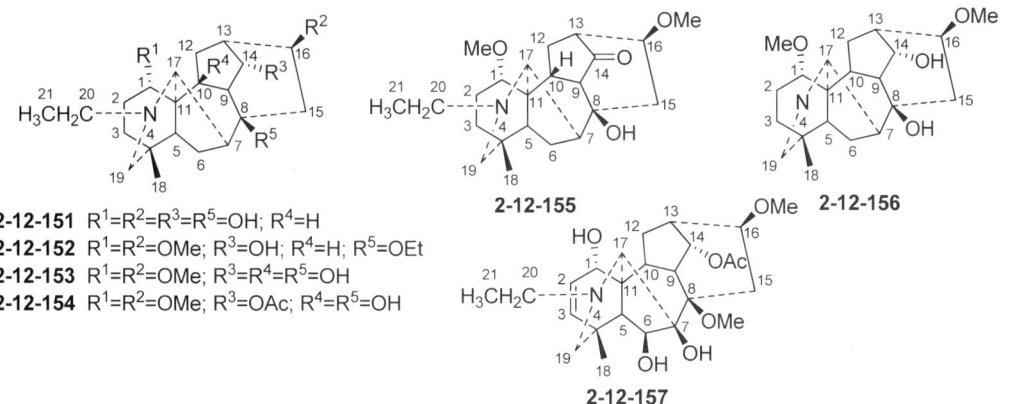

表 2-12-48　化合物 2-12-151~2-12-157 的 ^{13}C NMR 数据

C	2-12-151[63]	2-12-152[63]	2-12-153[63]	2-12-154[63]	2-12-155[63]	2-12-156[63]	2-12-157[12]
1	72.4	86.2	78.7	78.8	78.3	85.2	70.9
2	29.7	26.7	26.2	26.4	25.7	26.3	130.1
3	31.3	37.9	37.6	37.4	37.4	32.9	137.4
4	32.9	34.5	34.6	34.3	34.5	46.3	33.7
5	46.6	51.0	46.7	46.5	46.6	47.0	57.5
6	25.0	24.3	25.8	25.8	25.7	26.5	81.7
7	45.5	40.6	45.2	45.5	45.0	52.5	89.1
8	74.5	78.2	72.2	72.8	81.5	72.3	84.6
9	46.4	45.9	56.0	55.0	64.5	46.4	44.5
10	43.8	45.5	81.2	80.7	77.2	46.6	37.0
11	48.7	49.0	54.2	54.3	54.0	47.5	49.2
12	28.1	28.9	39.6	39.4	36.1	27.1	27.5

续表

C	2-12-151[63]	2-12-152[63]	2-12-153[63]	2-12-154[63]	2-12-155[63]	2-12-156[63]	2-12-157[12]
13	44.0	38.8	37.8	35.4	45.8	37.3	42.1
14	76.1	75.2	74.1	76.2	215.8	75.5	75.4
15	45.4	35.0	37.6	42.0	36.6	37.4	26.7
16	72.5	82.6	81.7	81.2	85.0	82.1	82.4
17	63.2	62.2	63.5	62.6	64.2	62.0	65.0
18	27.6	26.4	26.3	26.4	26.1	22.5	23.7
19	60.3	56.8	56.6	56.7	56.5	168.9	56.2
20	48.3	49.3	49.4	49.3	49.4		50.3
21	13.0	13.6	13.6	13.5	13.6		13.7
1-OCH$_3$		56.2	56.0	55.9	55.9	55.9	
8-OCH$_3$							57.6
16-OCH$_3$		56.3	56.4	56.1	56.1	56.5	56.2
8-OC$\underline{H_2}$CH$_3$		55.9					
8-OCH$_2$C$\underline{H_3}$		16.1					
14-OCOCH$_3$				170.7			170.1
14-OCOC$\underline{H_3}$				21.5			21.1

表 2-12-49 二萜类生物碱的名称、分子式和测试溶剂（十八）

编号	中文名称	英文名称	分子式	测试溶剂	参考文献
2-12-158	维特钦	veatchine	C$_{22}$H$_{33}$NO$_2$	C	[64]
2-12-159	(20R)-维特钦	(20R)-veatchine	C$_{22}$H$_{33}$NO$_2$	C	[64]
2-12-160	加山萜碱	garryine	C$_{22}$H$_{33}$NO$_2$	C	[64]
2-12-161	19,24-开环加山萜碱	19,24-secogarryine	C$_{22}$H$_{35}$NO$_2$	C	[64]
2-12-162	二氢维特钦双乙酸盐	dihydroveatchine diacetate	C$_{26}$H$_{39}$NO$_4$	C	[64]
2-12-163	维特钦偶氮甲碱	veatchine azomethine	C$_{20}$H$_{29}$NO	C	[64]
2-12-164	维特钦偶氮甲碱乙酸盐	veatchine azomethine acetate	C$_{22}$H$_{31}$NO$_2$	C	[64]
2-12-165	(15α)-4-甲基-16-亚甲基-维钦醇-15-醇	(15α)-4-methyl-16-methyleneveatchan-15-ol	C$_{20}$H$_{31}$NO	C	[64]
2-12-166	N-甲基二氢维特钦偶氮甲碱	N-methyldihydroveatchine azomethine	C$_{21}$H$_{33}$NO	C	[64]

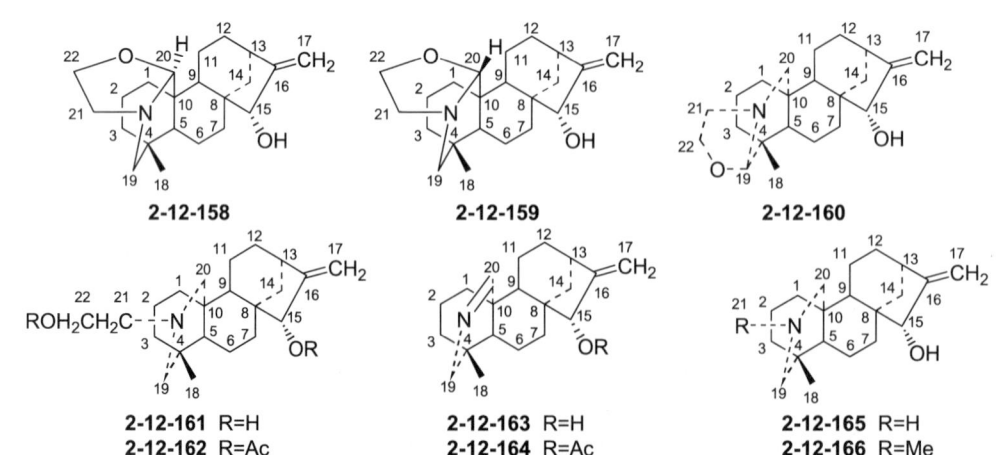

表 2-12-50 化合物 2-12-158~2-12-166 的 ^{13}C NMR 数据[64]

C	2-12-158	2-12-159	2-12-160	2-12-161	2-12-162	2-12-163	2-12-164	2-12-165	2-12-166
1	41.7	41.3	40.6	41.2	41.6	42.3	42.4	40.8	41.7
2	18.6	19.2	20.6	18.5	18.3	18.3	18.4	18.3	18.2
3	37.1	37.1	40.6	40.7	40.9	34.9	35.4	40.3	41.2
4	34.1	34.1	40.3	33.6	33.6	32.9	32.9	32.7	33.8
5	52.8	52.3	50.6	50.4	49.9	49.7	49.0	51.0	50.6
6	18.6	17.4	18.2	18.2	18.3	18.3	18.4	18.3	18.2
7	33.9	33.9	33.8	33.2	32.7	32.9	31.8	33.6	33.4
8	47.3	47.5	47.4	47.2	47.0	47.3	47.0	47.5	47.4
9	51.6	51.1	49.1	50.0	49.9	49.7	49.0	50.7	50.0
10	40.6	40.3	35.9	40.2	40.2	45.5	45.5	39.2	40.3
11	22.7	21.8	22.3	23.4	22.4	20.9	20.6	23.7	22.7
12	31.2	30.3	32.4	32.3	32.4	32.9	33.1	32.4	32.4
13	42.4	42.4	41.7	41.7	41.9	42.3	42.2	41.9	41.9
14	35.1	35.1	36.8	36.8	37.6	34.6	34.9	36.5	36.7
15	82.8	84.3	82.7	82.3	82.7	80.6	81.3	82.7	82.8
16	160.7	161.2	159.6	159.1	154.8	159.7	154.8	160.0	159.9
17	107.4	107.8	108.5	108.2	109.9	107.9	109.8	108.3	108.3
18	25.9	26.4	24.4	26.4	26.3	26.0	26.0	26.6	26.5
19	56.4	55.9	98.2	60.2	60.3	58.9	59.5	52.8	62.7
20	92.6	93.3	51.1	55.9	55.8	165.8	165.9	48.0	58.2
21	50.2	49.8	54.8	57.8	57.2				47.0
22	64.3	58.8	58.7	60.6	61.4				
OCOCH$_3$					170.2		170.1		
					170.2				
OCOCH$_3$					21.0		21.0		
					21.0				

表 2-12-51 二萜类生物碱的名称、分子式和测试溶剂（十九）

编号	中文名称	英文名称	分子式	测试溶剂	参考文献
2-12-167	16,17-二氢-12b,16b-环氧欧乌头碱	16,17-dihydro-12b,16b-epoxynapelline	$C_{22}H_{33}NO_3$	C	[65]
2-12-168	N-去乙基-N-甲基-12-表欧乌头碱	N-deethyl-N-methyl-12-epi-napelline	$C_{21}H_{31}NO_3$	C	[65]
2-12-169	准格尔乌头碱	songorine	$C_{22}H_{31}NO_3$	C	[66]
2-12-170	光泽乌头碱	lucidusculine	$C_{24}H_{35}NO_4$	C	[67]
2-12-171	去氢松果灵	songoramine	$C_{22}H_{29}NO_3$	C	[41]
2-12-172	一枝蒿甲素	denudatine	$C_{22}H_{33}NO_2$	C	[68, 69]
2-12-173	阿加康宁	ajaconine	$C_{22}H_{33}NO_3$	C	[46]
2-12-174	阿替生	atisine	$C_{22}H_{33}NO_2$	C	[64, 70]
2-12-175	7α-羟基异阿替生	7α-hydroxyisoatisine	$C_{22}H_{33}NO_3$	C	[71]

表 2-12-52　化合物 2-12-167~2-12-175 的 ^{13}C NMR 数据

C	2-12-167[65]	2-12-168[65]	2-12-169[66]	2-12-170[67]	2-12-171[41]	2-12-172[68, 69]	2-12-173[46]	2-12-174A[64,70]	2-12-174B[64,70]	2-12-175[71]
1	70.9	70.0	70.1	69.9	67.9	26.1	30.0	—	42.0	40.3
2	32.1	31.6	31.5	31.6	24.3	20.4	21.0	22.4	21.7	22.0
3	38.0	36.3	31.9	30.5	29.7	40.1	41.1	41.0	40.9	39.6
4	33.8	33.8	34.0	34.0	37.8	33.6	33.4	33.8	28.2	38.1
5	51.3	48.2	49.0	47.7	46.0	52.0	44.1	51.6	48.9	46.4
6	22.5	23.5	23.0	23.7	24.0	22.6	26.5	17.8	18.5	20.7
7	43.4	43.2	43.4	43.7	48.5	46.9	72.1	34.6	32.0	70.6
8	49.2	51.0	49.7	49.6	50.2	43.1	41.5	37.5	37.5	42.6
9	38.1	37.2	35.1	37.7	31.4	52.5	40.1	40.0	39.6	39.6
10	51.4	52.6	52.1	52.5	51.8	46.0	35.2	40.4	40.4	35.7
11	26.0	29.5	37.3	29.1	37.4	71.6	25.1	28.2	28.2	28.4
12	77.4	67.0	209.6	75.5	208.5	41.5	36.7	36.6	36.6	36.2
13	38.5	43.9	53.6	48.8	53.1	24.0	26.3	27.7	27.7	28.2
14	28.7	32.6	38.0	36.5	31.3	27.2	26.9	25.5	25.5	25.5
15	79.7	77.0	76.9	77.5	77.0	76.7	75.2	77.0	77.0	71.9
16	89.2	155.1	150.3	153.1	149.8	154.2	156.7	157.5	157.5	155.8
17	21.8	111.4	111.1	109.5	111.9	109.6	107.9	108.9	108.4	110.1
18	25.9	26.2	26.0	26.4	18.9	26.6	25.0	26.7	26.1	24.3
19	57.3	60.4	57.2	57.9	92.9	57.1	51.4	56.4	53.3	98.3

续表

C	2-12-167[65]	2-12-168[65]	2-12-169[66]	2-12-170[67]	2-12-171[41]	2-12-172[68,69]	2-12-173[46]	2-12-174A[64,70]	2-12-174B[64,70]	2-12-175[71]
20	66.4	67.7	65.8	65.7	66.2	71.0	87.7	93.9	94.2	49.5
21	50.9	44.0	50.8	50.8	48.5	50.2	57.9	50.3	50.3	54.9
22	13.6		13.5	13.4	14.2	13.5	57.1	64.1	59.2	58.8

注：上角标 A、B 表示该化合物两种差向异构体的 δ 值。

表 2-12-53　二萜类生物碱的名称、分子式和测试溶剂（二十）

编号	中文名称	英文名称	分子式	测试溶剂	参考文献
2-12-176	二氢阿替生	dihydroatisine	$C_{22}H_{35}NO_2$	C	[64]
2-12-177	二氢阿替生双乙酸盐	dihydroatisine diacetate	$C_{26}H_{39}NO_4$	C	[64]
2-12-178	阿替定	atidine	$C_{22}H_{33}NO_3$	C	[64]
2-12-179	阿替生双乙酸酯	atidine diacetate(ester)	$C_{26}H_{37}NO_5$	C	[64]
2-12-180		azitine	$C_{20}H_{29}NO$	C	[64]
2-12-181	阿替生偶氮甲碱乙酸盐	atisine azomethine acetate	$C_{22}H_{31}NO_2$	C	[64]
2-12-182	21-去羟乙基-7-去氧阿替定	21-de(2-hydroxyethyl)-7-deoxo-atidine	$C_{20}H_{31}NO$	C	[64]
2-12-183	N-甲基二氢阿替生偶氮甲碱	N-methyldihydroatisine azomethine	$C_{21}H_{33}NO$	C	[64]

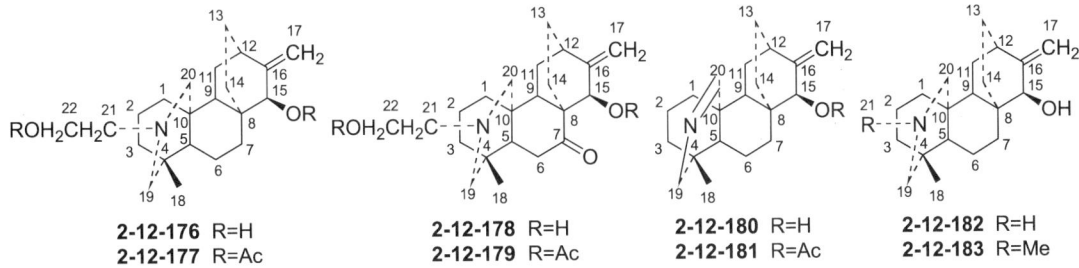

表 2-12-54　化合物 2-12-176~2-12-183 的 ^{13}C NMR 数据[64]

C	2-12-176	2-12-177	2-12-178	2-12-179	2-12-180	2-12-181	2-12-182	2-12-183
1	40.2	40.5	40.7	41.0	42.4	42.4	40.6	41.9
2	23.2	23.2	22.6	23.3	20.0	20.0	23.3	22.5
3	41.4	41.8	39.1	39.3	34.1	34.1	31.5	40.7
4	33.6	33.6	33.5	33.5	32.8	32.9	32.4	33.7
5	49.6	49.9	47.9	47.4	46.9	47.0	49.7	45.5
6	17.4	17.3	36.2	36.2	19.6	19.4	17.6	17.4
7	31.5	31.9	215.8	211.5	31.0	31.2	31.6	31.7
8	37.4	36.8	53.0	50.8	37.4	36.7	37.5	37.6
9	39.5	40.5	41.6	42.3	38.1	39.2	39.7	39.6
10	38.0	38.2	37.2	37.3	42.5	42.5	36.5	38.2
11	28.0	28.0	28.0	27.8	28.1	28.0	28.0	28.2
12	36.4	36.4	36.0	36.1	36.0	35.9	35.5	36.5
13	27.7	27.4	26.6	26.8	26.1	25.8	27.7	27.7
14	26.4	26.3	25.3	25.6	25.5	25.0	26.4	26.5

续表

C	2-12-176	2-12-177	2-12-178	2-12-179	2-12-180	2-12-181	2-12-182	2-12-183
15	76.8	77.2	72.8	73.6	75.2	76.2	76.7	77.0
16	156.3	151.3	151.5	149.2	156.2	151.1	156.4	156.8
17	109.6	110.7	109.5	110.8	108.9	110.1	109.5	109.5
18	26.4	26.3	25.8	25.6	25.8	25.8	26.4	26.4
19	60.2	60.4	58.9	59.1	60.2	60.7	51.8	62.7
20	54.0	53.9	53.5	52.9	166.4	165.1	45.6	56.2
21	58.0	57.2	58.0	57.0				46.9
22	60.7	61.6	60.5	61.1				
O$\underline{C}$OCH$_3$		170.9		170.3		170.8		
		170.6		169.9				
OCO$\underline{C}$H$_3$		21.3		21.9		21.2		
		20.9		21.0				

表 2-12-55　二萜类生物碱的名称、分子式和测试溶剂（二十一）

编号	中文名称	英文名称	分子式	测试溶剂	参考文献
2-12-184		macroyesoenline	C$_{23}$H$_{35}$NO$_6$	C	[55]
2-12-185		cochlearenine	C$_{22}$H$_{35}$NO$_4$	C	[55]
2-12-186		guanfu base S	C$_{24}$H$_{29}$NO$_5$	C	[72]
2-12-187	关附未素	guanfu base R	C$_{27}$H$_{35}$NO$_7$	C	[73]
2-12-188		variegatine	C$_{21}$H$_{27}$NO$_2$	C	[63]
2-12-189		11-*epi*-16α,17-dihydroxylepenine	C$_{22}$H$_{35}$NO$_5$	P	[65]

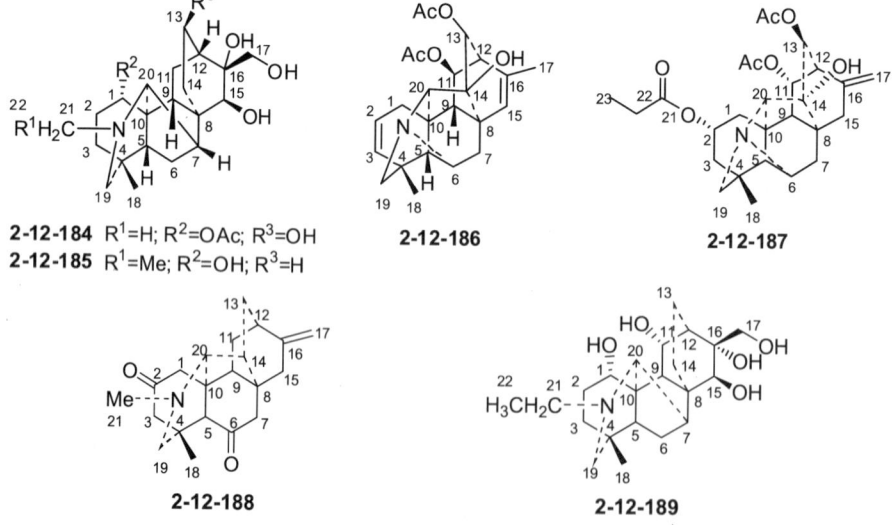

表 2-12-56　化合物 2-12-184~2-12-189 的 ^{13}C NMR 数据

C	2-12-184[55]	2-12-185[55]	2-12-186[72]	2-12-187[73]	2-12-188[63]	2-12-189[65]
1	74.3	70.9	28.1	29.9	49.1	69.6
2	26.5	31.6	122.3	67.9	209.3	30.5

续表

C	2-12-184[55]	2-12-185[55]	2-12-186[72]	2-12-187[73]	2-12-188[63]	2-12-189[65]
3	38.0	38.4	134.8	36.2	55.8	38.8
4	33.6	33.5	39.2	35.7	41.1	34.1
5	53.0	53.1	56.7	56.8	58.9	54.2
6	23.2	23.8	73.0	64.7	204.8	23.4
7	41.7	36.8	30.0	29.8	52.6	43.1
8	43.4	42.6	48.5	44.9	40.2	42.0
9	38.5	50.8	46.3	51.6	49.4	47.5
10	48.0	48.5	46.6	46.6	47.5	53.9
11	22.9	21.5	77.4	74.7	27.7	64.8
12	40.1	42.4	45.7	45.5	34.0	44.1
13	71.5	23.7	79.6	81.7	36.1	24.8
14	40.0	26.9	80.0	78.6	45.5	28.1
15	86.5	87.5	126.0	29.9	35.6	85.2
16	80.5	78.8	139.7	140.8	150.9	79.5
17	67.1	67.9	19.4	111.1	103.6	67.1
18	25.8	26.8	26.2	29.2	29.6	26.3
19	59.1	57.0	68.7	59.4	62.0	57.0
20	69.5	67.2	64.5	69.2	80.9	68.3
21	43.8	51.1		173.8	43.2	51.0
22		13.6		28.1		13.5
23				8.9		
1-O<u>C</u>O<u>C</u>H₃	170.9/21.9					
11-OAc			170.5/21.3	170.5/21.3		
13-OAc			169.7/21.2	169.2/21.0		

表 2-12-57 二萜类生物碱的名称、分子式和测试溶剂（二十二）

编号	英文名称	分子式	测试溶剂	参考文献
2-12-190	11,13-*O*-diacetyl-9-deoxyglanduline	$C_{31}H_{41}NO_9$	C	[74]
2-12-191	13-*O*-acetyl-9-deoxyglanduline	$C_{29}H_{39}NO_8$	C	[74]
2-12-192	14-*O*-acetyl-9-deoxyglanduline	$C_{29}H_{39}NO_8$	C	[74]
2-12-193	13-*O*-acetylglanduline	$C_{29}H_{39}NO_9$	C	[74]
2-12-194	glanduline	$C_{27}H_{37}NO_8$	C	[74]
2-12-195	cardiodine	$C_{38}H_{45}NO_{11}$	C	[74]
2-12-196	trichocarpinine	$C_{45}H_{60}N_2O_6$	C	[75]
2-12-197	tangutisine B	$C_{32}H_{35}NO_9$	C	[76]

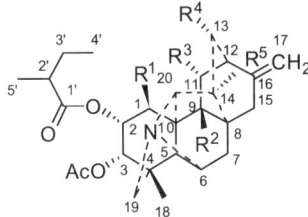

2-12-190　$R^1=R^2=H$; $R^3=R^4=OAc$; $R^5=OH$
2-12-191　$R^1=R^2=H$; $R^3=R^5=OH$; $R^4=OAc$
2-12-192　$R^1=R^2=H$; $R^3=R^4=OH$; $R^5=OAc$
2-12-193　$R^1=H$; $R^2=R^3=R^5=OH$; $R^4=OAc$
2-12-194　$R^1=H$; $R^2=R^3=R^4=R^5=OH$
2-12-195　$R^1=R^3=OAc$; $R^2=H$; $R^4=OBz$; $R^5=OH$

表 2-12-58 化合物 2-12-190~2-12-197 的 ^{13}C NMR 数据

C	2-12-190[74]	2-12-191[74]	2-12-192[74]	2-12-193[74]	2-12-194[74]	2-12-195[74]	2-12-196[75]	2-12-197[76]
1	29.9	29.7	31.1	28.8	29.7	72.4	31.6	31.8
2	67.9	68.0	67.2	68.1	67.9	65.8	68.7	68.1
3	73.9	74.1	73.1	74.2	73.5	70.9	28.4	34.3
4	42.2	42.2	41.1	41.8	41.2	42.5	37.6	44.1
5	61.1	61.6	60.4	55.7	55.0	58.0	60.1	58.3
6	62.5	62.6	63.2	61.8	62.6	62.5	63.0	61.1
7	31.3	31.6	31.3	26.4	26.1	31.3	31.3	69.6
8	44.9	44.7	44.0	50.6	50.7	44.9	44.2	50.3
9	51.3	53.2	53.3	80.9	81.0	49.7	52.2	52.5
10	45.6	45.9	46.1	47.3	46.7	49.5	46.2	50.3
11	75.1	74.7	75.6	84.0	85.3	74.9	82.1	63.6
12	46.1	49.7	51.6	48.4	51.0	47.9	48.6	60.3
13	80.5	81.1	80.8	80.4	79.7	80.4	79.8	205.3
14	78.6	78.8	80.2	77.3	78.5	78.6	80.1	57.4
15	30.6	30.7	30.5	27.9	28.0	30.7	31.0	71.0
16	141.8	143.3	143.0	143.1	143.6	141.5	144.7	136.2
17	110.6	109.5	108.7	109.5	108.8	110.6	108.1	123.8
18	25.4	25.4	22.5	25.7	25.8	25.3	29.7	26.2
19	59.6	59.6	58.6	59.9	59.4	59.1	62.9	198.6
20	69.3	69.5	69.2	68.0	67.7	67.0	68.8	70.9
1'	175.7	175.7	175.6	175.9	175.9	174.5	175.7	130.1
2'	41.4	41.4	41.5	41.3	41.6	39.6	41.5	129.5
3'	26.2	26.1	26.6	26.1	26.6	24.9	26.5	128.6
4'	11.6	11.6	11.5	11.5	11.6	10.7	11.6	133.7
5'	17.1	17.2	17.0	17.1	17.0	15.8	16.6	166.2
N-Me								33.7
3-OCOCH$_3$	170.2	170.3	170.0	170.6	170.2	169.9		
3-OCOCH$_3$	20.7	20.7	20.7	20.7	20.7	20.6		
7-OCOCH$_3$								169.5
7-OCOCH$_3$								21.5
11-OCOCH$_3$	170.4					171.0		
11-OCOCH$_3$	21.2					21.4		
13-OCOCH$_3$	169.3	169.6		169.8				
13-OCOCH$_3$	21.4	21.4		21.4				

续表

C	2-12-190[74]	2-12-191[74]	2-12-192[74]	2-12-193[74]	2-12-194[74]	2-12-195[74]	2-12-196[75]	2-12-197[76]
14-O$\underline{C}$OCH$_3$		177.6						
14-OCO$\underline{C}$H$_3$		20.6						
15-O$\underline{C}$OCH$_3$								169.4
15-OCO$\underline{C}$H$_3$								21.0

表 2-12-59 二萜类生物碱的名称、分子式和测试溶剂（二十三）

编号	英文名称	分子式	测试溶剂	参考文献
2-12-198	15-veratroyldictizine	$C_{30}H_{41}NO_6$	C	[63]
2-12-199	15-veratroyl-17-acetyldictizine	$C_{32}H_{43}NO_7$	C	[63]
2-12-200	N-ethyl-1a-hydroxy-17-veratroyldictizine	$C_{31}H_{43}NO_7$	C	[63]
2-12-201	15-veratroyl-17-acety-19-oxodictizine	$C_{32}H_{41}NO_8$	C	[63]
2-12-202	ouvrardiandine A	$C_{28}H_{37}NO_7$	C	[33]
2-12-203	ouvrardiandine B	$C_{30}H_{33}NO_7$	C	[33]
2-12-204	anopterine（阿诺碱）	$C_{31}H_{43}NO_7$	C	[77]
2-12-205	anopterimine	$C_{25}H_{33}NO_3$	C	[78]
2-12-206	staphigine	$C_{43}H_{58}N_2O_3$	C	[79]

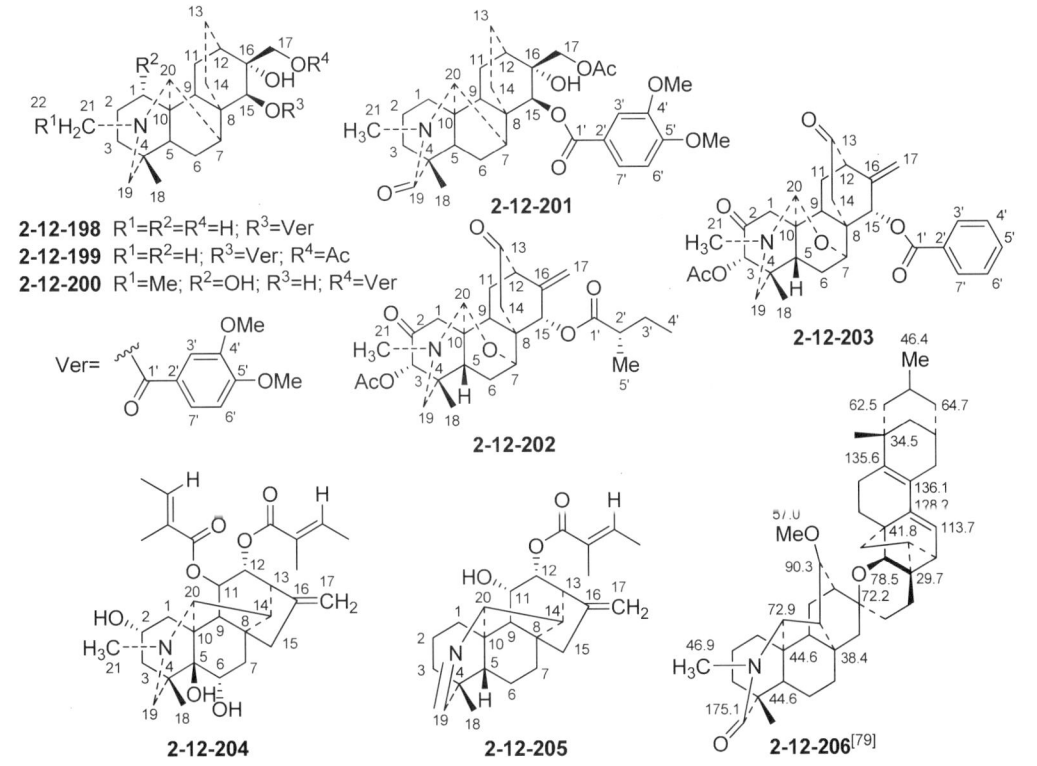

表 2-12-60 化合物 2-12-198~2-12-205 的 ^{13}C NMR 数据

C	2-12-198[63]	2-12-199[63]	2-12-200[63]	2-12-201[63]	2-12-202[33]	2-12-203[33]	2-12-204[77]	2-12-205[78]
1	26.3	26.2	68.3	26.1	47.7	47.7	46.1	40.5
2	20.6	24.4	29.2	20.8	202.6	202.5	71.4	21.6

续表

C	2-12-198[63]	2-12-199[63]	2-12-200[63]	2-12-201[63]	2-12-202[33]	2-12-203[33]	2-12-204[77]	2-12-205[78]
3	39.9	39.8	37.3	37.2	79.7	79.8	42.9	36.5
4	34.1	34.1	34.6	45.8	39.4	39.5	36.6	40.5
5	53.0	52.7	50.4	52.1	56.8	56.8	78.5	44.8
6	23.4	23.1	23.7	26.5	43.2	43.2	66.2	24.4
7	42.5	42.4	42.9	47.2	74.1	74.1	39.8	34.1
8	41.5	41.4	41.2	41.6	52.9	53.0	51.7	53.2
9	43.0	42.5	42.9	42.7	39.0	39.0	57.0	58.7
10	45.5	45.5	52.9	44.8	42.4	42.9	49.2	51.4
11	23.1	22.9	23.2	22.7	26.4	26.4	73.0	71.0
12	34.2	35.7	35.8	35.7	53.8	53.8	78.3	76.2
13	21.3	21.1	20.4	20.3	209.5	209.6	54.3	54.6
14	28.5	28.0	27.7	27.1	39.4	39.6	53.3	53.2
15	88.7	87.3	84.0	86.0	75.0	76.0	36.6	36.5
16	79.6	78.3	79.9	78.1	142.4	141.9	148.8	149.7
17	66.0	68.6	69.8	68.4	115.9	116.5	108.3	107.7
18	26.5	26.4	25.7	22.1	22.3	22.3	24.4	23.8
19	59.4	59.1	55.6	174.2	49.7	49.7	61.8	168.5
20	73.0	72.8	69.0	72.7	93.4	93.4	55.6	63.2
21	43.9	43.8	54.6	34.4	41.8	41.9		
22			10.3					
1'	168.2	167.3	167.1	167.3	176.5	166.4		
2'	121.8	122.0	122.0	121.8	41.4	129.2		
3'	111.8	111.8	112.1	111.9	26.5	129.8		
4'	148.8	148.7	148.9	148.9	11.7	128.6		
5'	153.5	153.3	153.5	153.6	16.7	133.6		
6'	110.5	110.5	110.4	110.6		128.6		
7'	123.8	123.8	123.7	123.8		129.8		
4'-OCH$_3$	55.7	55.7	56.1	56.1				
5'-OCH$_3$	55.9	55.9	56.1	55.9				
OCOCH$_3$		170.8		170.8	170.7	170.8		
OCOCH$_3$		20.5		20.5	21.1	21.2		

四、三萜类生物碱

表 2-12-61 三萜类生物碱的名称、分子式和测试溶剂（一）

编号	中文名称	英文名称	分子式	测试溶剂	参考文献
2-12-207	交让木胺 A	daphnezomine A	$C_{22}H_{35}NO_3$	M	[80]
2-12-208	交让木胺 B	daphnezomine B	$C_{23}H_{37}NO_3$	C	[80]
2-12-209	交让木胺 L	daphnezomine L	$C_{22}H_{33}NO_2$	C	[81]
2-12-210		homodaphniphyllate	$C_{22}H_{35}NO_2$	M	[83]
2-12-211	交让木胺 N	daphnezomine N	$C_{22}H_{33}NO_2$	C	[81]

续表

编号	中文名称	英文名称	分子式	测试溶剂	参考文献
2-12-212	交让木胺 R	daphnezomine R	$C_{25}H_{39}NO_4$	C	[82]
2-12-213		daphnipaxianine D	$C_{25}H_{39}NO_4$	C	[84]
2-12-214		daphnioldhanine K	$C_{23}H_{33}NO_4$	C	[85]
2-12-215		dehydrodaphnigraciline	$C_{23}H_{33}NO_3$	C	[85]
2-12-216	交让木内酯 A	daphnilactone A	$C_{23}H_{35}NO_2$	C	[86]

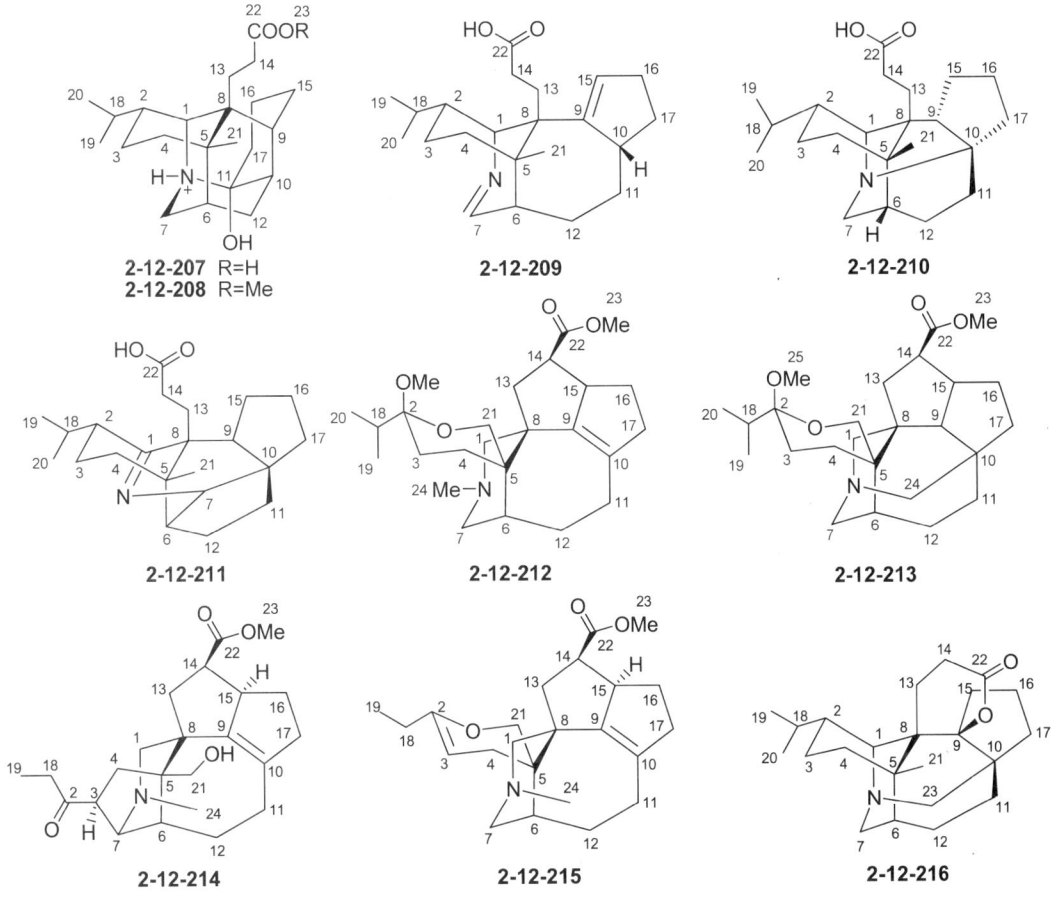

表 2-12-62 化合物 2-12-207~2-12-216 的 ^{13}C NMR 数据

C	2-12-207[80]	2-12-208[80]	2-12-209[81]	2-12-210[83]	2-12-211[81]	2-12-212[82]	2-12-213[84]	2-12-214[85]	2-12-215[85]	2-12-216[86]
1	59.8	59.7	66.3	66.2	176.7	57.6	61.1	60.0	62.1	61.5
2	39.5	39.2	42.8	39.1	57.6	102.2	100.5	214.6	156.0	40.5
3	26.1	25.6	22.2	27.1	23.8	23.2	21.6	46.2	92.0	18.9
4	34.7	34.5	41.9	37.3	37.0	23.2	21.9	33.7	27.3	37.4
5	36.0	35.8	38.0	38.8	58.6	37.1	36.0	51.4	36.6	37.8
6	38.7	38.3	50.9	40.4	52.0	33.6	32.5	42.1	34.3	46.4

续表

C	2-12-207[80]	2-12-208[80]	2-12-209[81]	2-12-210[83]	2-12-211[81]	2-12-212[82]	2-12-213[84]	2-12-214[85]	2-12-215[85]	2-12-216[86]
7	46.0	46.1	173.5	47.5	71.2	55.5	57.4	72.2	56.4	57.3
8	39.2	39.0	44.4	49.1	62.7	46.9	46.7	47.6	46.4	39.5
9	34.3	34.1	154.4	52.4	53.5	143.1	54.5	145.5	145.8	97.5
10	38.2	37.9	47.2	80.0	46.1	138.5	55.7	138.9	133.7	51.1
11	89.6	89.7	34.9	29.2	39.4	26.3	26.8	26.4	27.2	29.9
12	26.4	26.1	27.3	22.3	23.1	26.4	27.5	25.9	27.1	29.2
13	29.1	27.4	30.4	28.5	25.9	39.8	39.3	39.8	39.9	24.5
14	32.8	29.7	32.1	35.8	33.0	43.3	41.9	42.2	42.6	40.5
15	24.6	24.4	127.3	30.6	35.7	55.7	54.5	53.6	54.9	30.5
16	34.5	34.1	30.1	26.7	26.6	29.0	27.9	29.3	28.1	27.0
17	21.2	20.8	33.9	41.2	38.3	43.8	42.4	41.6	42.6	38.1
18	28.6	28.5	31.0	31.9	28.8	32.5	31.2	35.5	26.6	31.3
19	21.1	20.7	21.6	21.6	19.3	16.7	16.3	8.4	11.6	21.1
20	21.9	21.0	21.4	22.1	22.7	17.6	17.3			21.4
21	25.6	25.5	25.5	25.6	22.4	63.3	62.6	65.6	69.6	28.1
22	180.6	173.7	179.4	181.2	178.7	176.4	175.0	177.5	175.5	172.9
23		52.0				51.7	50.8	51.8	51.0	65.8
24						45.8	60.7	43.0	46.6	
25						46.2				

表 2-12-63 三萜类生物碱的名称、分子式和测试溶剂（二）

编号	中文名称	英文名称	分子式	测试溶剂	参考文献
2-12-217	交让木胺 C	daphnezomine C	$C_{30}H_{45}NO_4$	C	[87]
2-12-218	交让木胺 E	daphnezomine E	$C_{32}H_{49}NO_6$	C	[87]
2-12-219	交让木胺 V	daphnezomine V	$C_{30}H_{48}NO_5$	M	[89]
2-12-220		daphnioldhanin D	$C_{30}H_{47}NO_3$	C	[88]
2-12-221		daphnioldhanin E	$C_{32}H_{49}NO_4$	C	[88]
2-12-222		daphnioldhanin F	$C_{30}H_{49}NO_3$	C	[88]
2-12-223		daphnioldhanin G	$C_{32}H_{51}NO_4$	C	[88]
2-12-224	交让木胺 D	daphnezomine D	$C_{32}H_{49}NO_5$	C	[87]
2-12-225	交让木定	daphmacropodine	$C_{32}H_{51}NO_4$	M	[88]
2-12-226		daphnioldhanine H	$C_{32}H_{49}NO_6$	C	[85]
2-12-227		daphnioldhanine I	$C_{32}H_{47}NO_4$	C	[85]
2-12-228		daphnioldhanine I trifluoroacetate	$C_{34}H_{48}F_3NO_6$	C	[85]
2-12-229		daphnilongeranin D	$C_{30}H_{47}NO_4$	M	[90]
2-12-230	虎皮楠碱	daphniphylline	$C_{32}H_{49}NO_5$	C	[86]

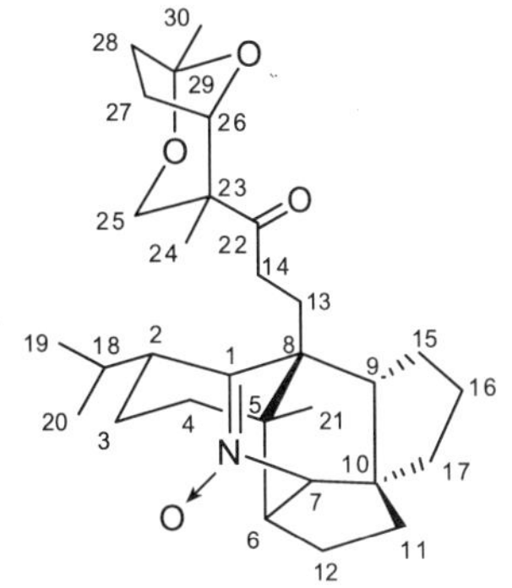

2-12-217

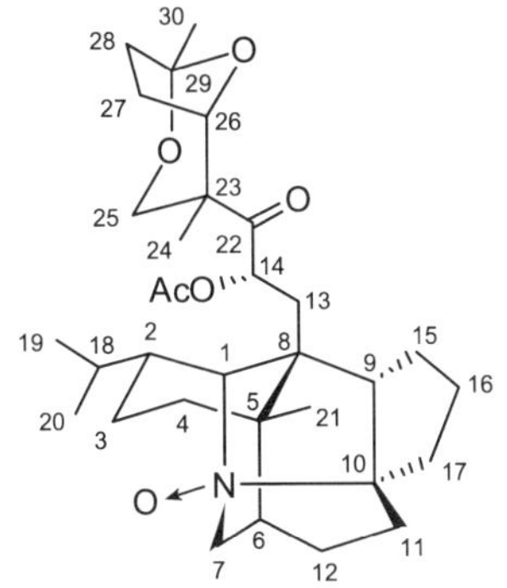

2-12-218

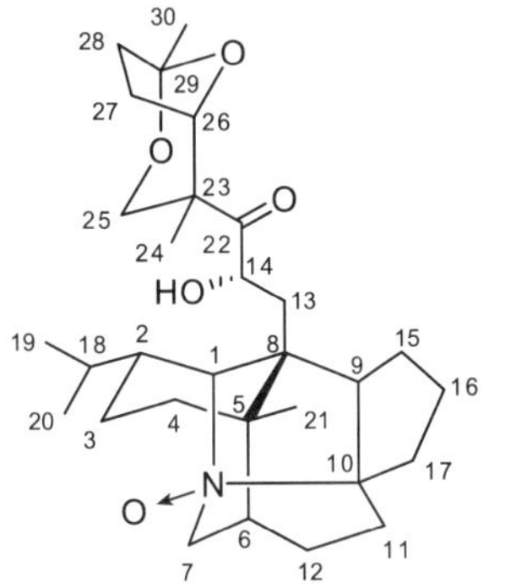

2-12-219

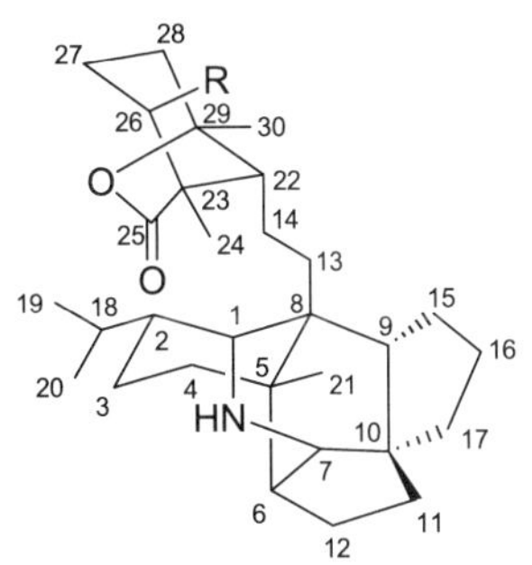

2-12-220 R=OH
2-12-221 R=OAc

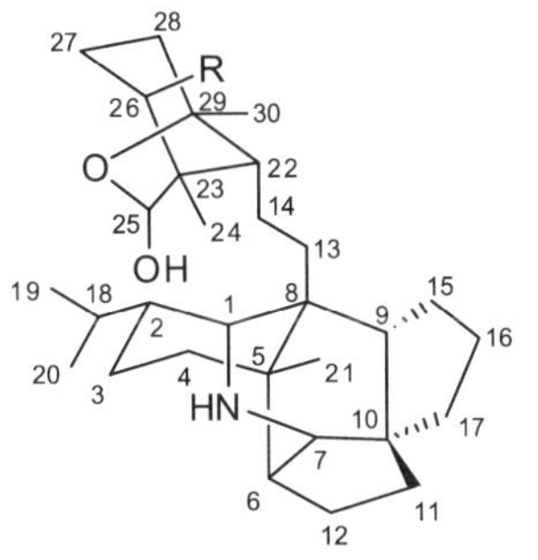

2-12-222 R=OH
2-12-223 R=OAc

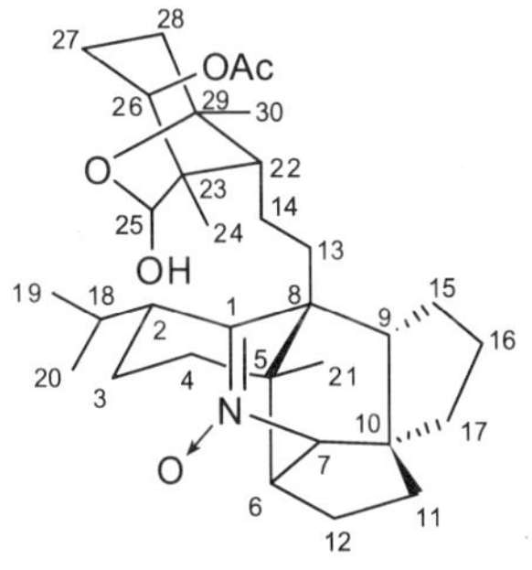

2-12-224

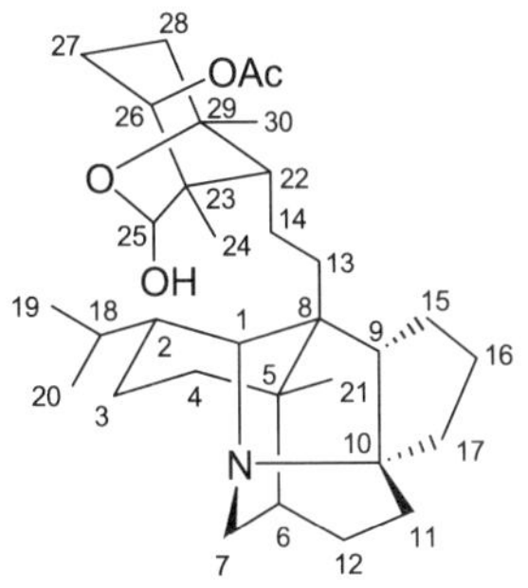

2-12-225

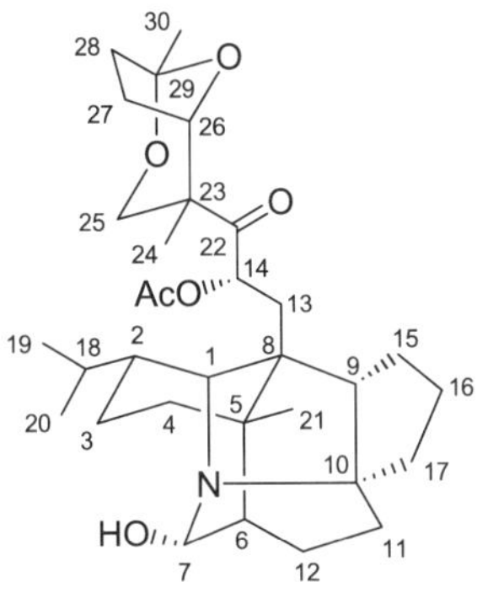

2-12-226

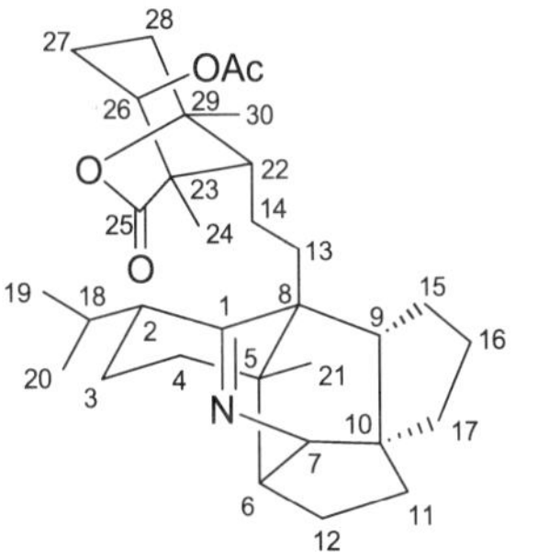

2-12-227

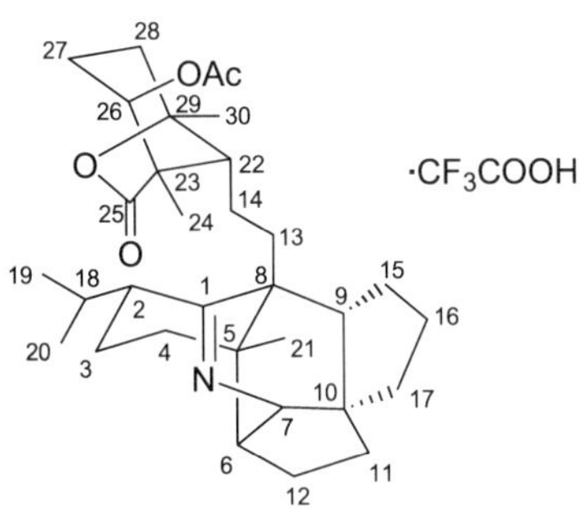

2-12-228 ·CF$_3$COOH

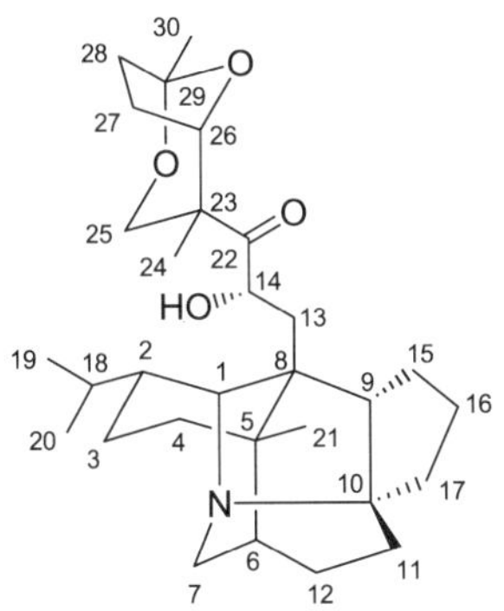

2-12-229

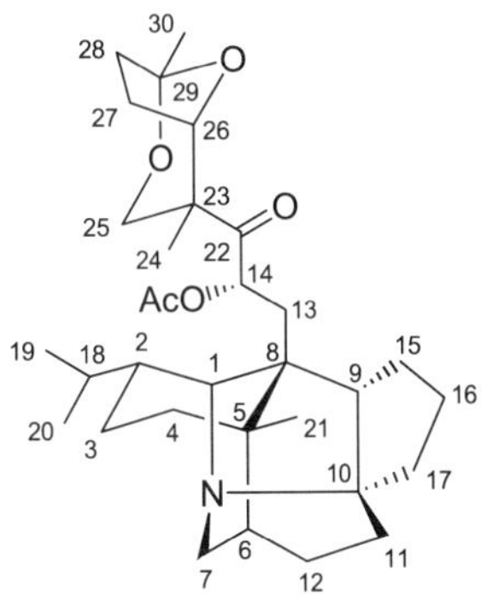

2-12-230

表 2-12-64　化合物 2-12-217~2-12-223 的 ^{13}C NMR 数据

C	2-12-217[87]	2-12-218[87]	2-12-219[89]	2-12-220[88]	2-12-221[88]	2-12-222[88]	2-12-223[88]
1	157.7	72.8	75.2	47.9	47.7	51.0	47.9
2	53.0	39.3	40.6	43.2	43.2	43.1	43.1
3	27.2	21.2	25.8	20.8	20.5	20.9	20.6
4	38.9	35.9	36.4	39.0	39.1	39.1	39.1
5	51.6	36.7	37.8	36.6	36.6	37.7	36.7
6	48.9	41.5	42.8	47.4	47.3	46.3	47.6
7	84.2	59.2	61.8	59.7	59.6	59.4	59.8
8	52.7	46.8	47.6	36.7	36.7	37.8	36.8
9	53.1	52.0	52.0	53.7	54.1	54.6	54.0
10	50.9	90.9	90.6	50.8	50.4	50.1	50.2
11	39.1	25.8	28.9	39.8	40.0	41.0	40.0
12	22.8	27.9	22.6	22.8	22.8	23.8	22.9
13	24.3	30.4	34.1	33.3	33.3	34.7	34.0
14	35.8	72.8	72.2	21.6	21.5	21.8	20.7
15	33.8	31.9	37.0	29.9	30.3	31.0	30.4
16	25.8	24.8	26.9	26.7	26.6	27.0	25.8
17	36.9	35.4	32.6	36.1	36.0	36.4	36.2
18	31.7	29.1	30.2	28.6	28.6	29.3	28.7
19	21.0	21.3	22.7	21.1	21.1	21.1	21.2
20	23.2	22.1	21.7	21.1	21.1	21.2	21.3
21	20.4	23.7	25.1	21.1	21.1	21.5	21.1
22	212.2	212.6	214.3	56.5	56.2	52.8	51.4
23	50.0	50.7	50.6	50.4	50.0	52.0	50.5
24	17.7	18.7	19.4	18.0	17.5	18.0	16.6
25	65.4	65.2	66.3	179.1	177.4	101.0	99.2
26	81.0	82.5	83.0	68.9	70.0	72.4	73.4
27	24.7	24.5	24.1	25.5	25.6	29.5	25.6
28	33.8	33.7	34.8	28.6	25.4	28.8	27.6
29	105.4	105.5	106.5	86.1	85.8	85.5	84.6
30	23.7	24.1	23.7	24.5	24.7	26.7	26.5
O$\underline{C}$OCH$_3$		170.1			169.8		170.3
OCO$\underline{C}$H$_3$		20.8			21.1		21.2

表 2-12-65　化合物 2-12-224~2-12-230 的 ^{13}C NMR 数据

C	2-12-224[87]	2-12-225[88]	2-12-226[85]	2-12-227[85]	2-12-228[85]	2-12-229[90]	2-12-230[86]
1	157.8	60.9	65.4	—	213.3	64.2	62.4
2	53.1	44.6	38.0	57.0	57.2	39.9	37.8
3	27.3	27.6	26.3	42.9	43.9	28.4	21.7
4	39.1	40.2	40.6	36.4	36.1	43.3	39.8
5	52.2	38.0	38.9	—	58.1	38.4	37.1
6	48.7	48.7	46.2	50.3	50.3	43.2	37.8

续表

C	2-12-224[87]	2-12-225[88]	2-12-226[85]	2-12-227[85]	2-12-228[85]	2-12-229[90]	2-12-230[86]
7	84.2	41.7	81.3	69.3	69.8	48.3	46.2
8	52.6	37.8	47.0	—	61.8	49.5	47.5
9	53.2	52.5	53.6	52.3	52.4	53.9	52.9
10	50.4	51.6	77.5	52.1	52.3	74.1	77.3
11	39.1	23.9	29.2	39.5	39.3	30.3	25.2
12	22.8	21.6	31.4	22.9	22.8	23.9	28.4
13	22.9	37.0	30.0	30.6	30.5	34.6	30.2
14	25.7	35.4	73.0	24.2	24.1	73.6	73.5
15	34.2	26.9	30.0	35.4	35.6	32.0	31.0
16	25.7	23.9	25.3	25.7	25.6	26.2	25.1
17	37.0	37.0	35.8	36.8	36.6	37.7	36.1
18	31.8	29.7	30.2	27.5	27.6	32.2	30.5
19	21.2	21.4	21.2	23.0	22.8	21.7	20.8
20	23.3	21.6	22.5	19.8	19.4	22.4	20.9
21	20.7	21.7	25.3	21.9	22.0	26.2	23.8
22	51.6	56.0	212.8	56.1	56.0	215.1	212.6
23	51.1	51.4	51.0	50.0	50.3	50.8	50.5
24	16.9	17.3	19.0	18.0	17.9	19.8	18.8
25	99.3	100.4	65.5	176.5	177.8	66.6	65.2
26	73.6	75.0	82.7	70.3	70.5	83.2	82.1
27	32.7	31.8	24.8	25.3	25.2	25.4	25.1
28	27.9	28.8	34.0	25.8	25.6	35.1	33.7
29	84.5	85.1	105.8	84.8	85.8	106.7	105.3
30	26.7	26.7	24.3	24.6	24.5	24.3	25.1
OCOCH$_3$	170.0	172.0	170.5	169.2	170.0		170.4
OCOCH$_3$	21.2	21.8	21.2	21.1	21.1		21.7

表 2-12-66 三萜类生物碱的名称、分子式和测试溶剂（三）

编号	中文名称	英文名称	分子式	测试溶剂	参考文献
2-12-231	交让木胺 H	daphnezomine H	$C_{22}H_{31}NO_3$	C	[91]
2-12-232	交让木胺 J	daphnezomine J	$C_{25}H_{34}NO_5$	C	[91]
2-12-233	交让木胺 S	daphnezomine S	$C_{22}H_{33}NO_4$	C	[82]
2-12-234	交让木胺 T	daphnezomine T	$C_{22}H_{29}NO_4$	C	[89]
2-12-235	9,10-环氧牛耳枫碱	9,10-epoxycalycinine A	$C_{23}H_{31}NO_4$	C	[83]
2-12-236		macropodumine J	$C_{28}H_{36}N_2O_6$	C	[92]
2-12-237		macropodumine K	$C_{26}H_{35}NO_7$	C	[92]
2-12-238	大交让木明	macrodaphniphyllamine	$C_{23}H_{33}NO_4$	C	[93]
2-12-239		yunnandaphnine A	$C_{23}H_{33}NO_3$	C	[93]
2-12-240		yunnandaphnine B	$C_{23}H_{33}NO_3$	C	[93]
2-12-241		yunnandaphnine C	$C_{23}H_{33}NO_3$	C	[93]
2-12-242		yunnandaphnine D	$C_{23}H_{33}NO_3$	C	[93]
2-12-243	脱氧交让木胺	deoxyyuzurimine	$C_{27}H_{37}NO_6$	C	[98]
2-12-244	交让木胺 K	daphnezomine K	$C_{23}H_{33}NO_5$	C	[98]

续表

编号	中文名称	英文名称	分子式	测试溶剂	参考文献
2-12-245	交让木胺 C	yuzurimine C	$C_{23}H_{29}NO_5$	C	[98]
2-12-246	O^{20}-去乙酰基-5-去乙酰氧基-4,5-双去氢-2-脱氧交让木胺甲磺酸酯	O^{20}-deacetyl-5-de(acetyloxy)-4,5-didehydro-2-deoxy-yuzurimine methanesulfonate (ester)	$C_{24}H_{33}NO_5S$	C	[98]
2-12-247		yunnandaphnine E	$C_{23}H_{33}NO_3$	C	[83]
2-12-248		yunnandaphnine E trifluoroacetate	$C_{24}H_{34}F_3NO_5$	C	[83]

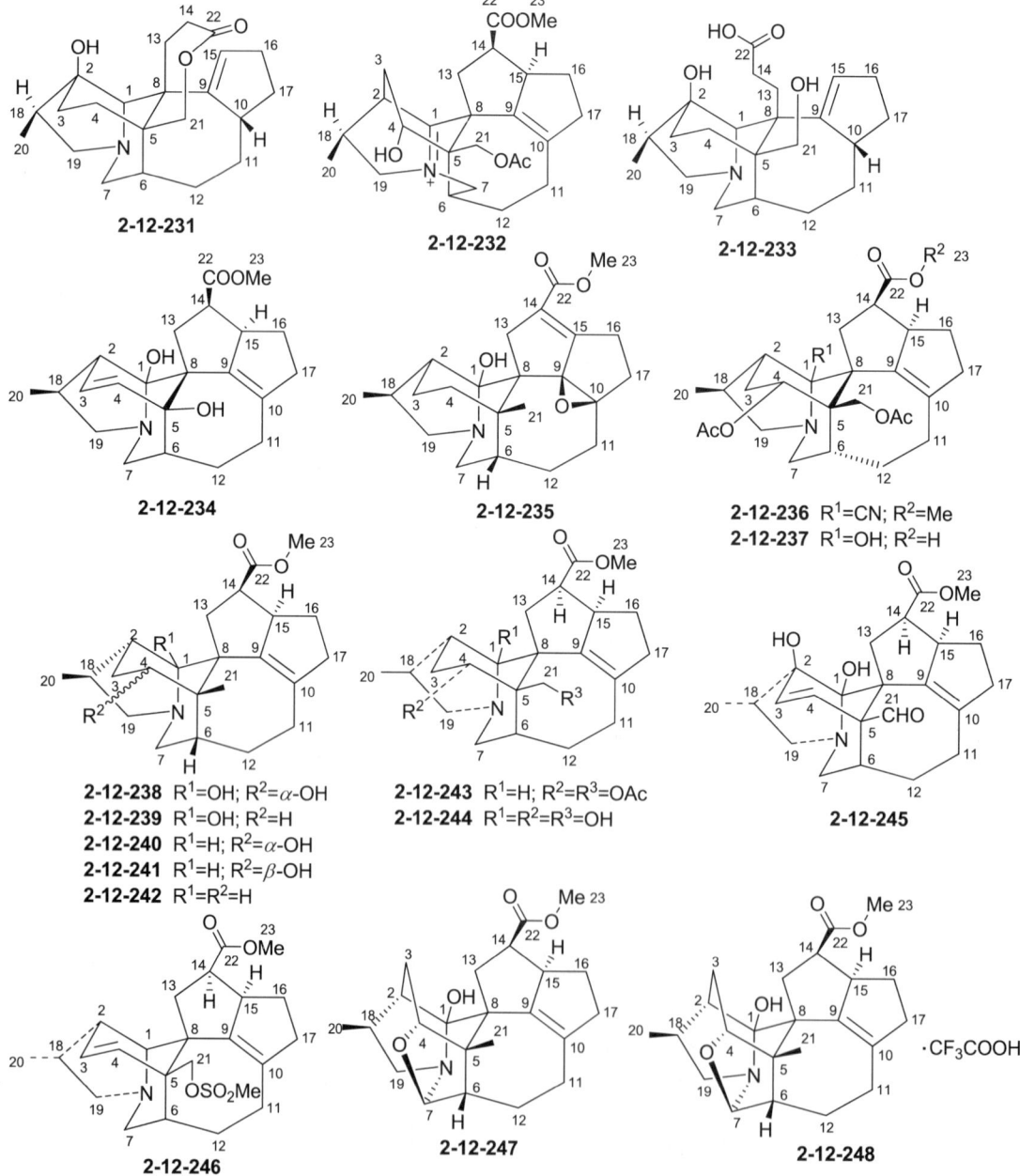

表 2-12-67 化合物 2-12-231~2-12-237 的 ^{13}C NMR 数据

C	2-12-231[91]	2-12-232[91]	2-12-233[82]	2-12-234[89]	2-12-235[83]	2-12-236[92]	2-12-237[92]
1	71.9	156.4	72.9	100.5	96.4	72.2	101.0
2	76.6	43.0	77.8	45.8	43.8	43.1	41.8
3	27.8	19.0	28.1	125.6	21.9	27.8	27.2
4	29.7	62.3	31.2	136.8	36.4	71.8	71.0
5	38.3	54.1	42.8	74.8	40.6	41.4	44.9
6	41.1	43.9	39.3	40.9	44.3	34.6	33.4
7	56.4	56.8	57.7	55.1	59.0	57.8	57.6
8	42.7	60.0	42.8	53.8	48.9	49.5	51.6
9	148.7	140.6	152.4	141.3	83.5	143.4	141.5
10	49.5	138.6	48.9	138.9	72.9	138.5	139.5
11	31.5	25.9	33.2	25.9	27.0	25.2	24.6
12	29.7	28.3	31.7	25.0	29.3	27.1	26.5
13	29.9	40.1	35.3	38.6	41.7	39.2	37.7
14	32.6	41.9	32.6	43.6	126.5	42.5	42.4
15	134.2	53.5	130.0	58.4	160.7	55.7	56.9
16	29.6	26.9	30.4	27.7	33.9	29.1	28.8
17	32.0	41.3	33.6	43.3	22.5	43.4	43.4
18	43.8	29.2	45.1	34.5	34.9	36.5	32.7
19	62.7	49.1	63.5	62.7	64.4	64.3	63.4
20	11.8	18.8	11.7	19.0	14.4	15.2	14.4
21	73.0	65.3	67.3		24.5	66.2	66.0
22	174.8	174.2	182.8	178.5	164.9	174.8	179.6
23		51.7		51.6	51.4	51.2	
CN						121.8	
OCOCH$_3$		171.0				170.0	169.8
						170.7	20.9
OCOCH$_3$		20.8				21.1	170.5
						21.0	20.8

表 2-12-68 化合物 2-12-238~2-12-242 的 ^{13}C NMR 数据[93]

C	2-12-238	2-12-239	2-12-240	2-12-241	2-12-242	C	2-12-238	2-12-239	2-12-240	2-12-241	2-12-242
1	96.9	97.9	65.7	65.5	67.1	13	36.8	38.1	37.9	38.9	39.2
2	42.8	43.4	37.4	35.0	38.5	14	43.1	43.0	42.1	41.9	42.3
3	30.5	21.9	30.8	28.8	22.4	15	57.1	58.1	53.5	51.2	54.2
4	75.4	38.7	75.6	77.2	39.1	16	29.8	29.5	28.2	28.2	27.6
5	44.1	39.7	39.9	39.0	35.0	17	43.0	43.1	42.7	42.4	42.6
6	33.3	42.8	33.5	39.5	43.5	18	34.0	34.4	36.7	37.1	38.6
7	58.1	58.6	57.3	57.1	58.7	19	64.6	65.1	65.0	65.7	65.5
8	53.0	52.6	46.5	44.9	46.1	20	14.4	14.5	14.8	13.9	15.1
9	143.8	144.2	142.5	142.4	145.0	21	21.1	25.0	20.5	18.5	24.7
10	136.2	135.8	135.7	135.1	132.6	22	176.0	176.5	175.6	175.8	175.9
11	25.5	25.3	25.3	24.7	25.3	23	54.0	51.0	51.3	51.9	51.1
12	27.8	28.8	27.8	27.3	29.0						

表 2-12-69　化合物 2-12-243~2-12-248 的 ^{13}C NMR 数据

C	2-12-243[98]	2-12-244[98]	2-12-245[98]	2-12-246[98]	2-12-247[93]	2-12-248[93]
1	67.0	97.3	91.6	66.8	—	109.9
2	38.3	42.5	80.1	39.2	44.1	44.4
3	28.2	30.7	125.0	127.8	24.3	23.0
4	73.4	71.7	132.5	131.5	84.7	87.6
5	41.1	45.9	48.7	39.9	47.8	47.0
6	35.1	32.3	36.0	32.9	51.5	49.8
7	64.8	64.8	56.8	63.7	93.8	95.5
8	46.4	51.7	55.2	42.9	—	53.9
9	133.4	136.7	125.0	138.6	—	137.5
10	144.5	144.0	136.9	140.2	141.9	146.5
11	42.8	43.3	42.4	43.3	24.7	24.4
12	26.9	27.4	25.6	25.6	26.0	23.3
13	27.2	29.7	29.6	27.7	38.7	38.6
14	54.0	57.9	55.9	54.8	41.9	41.8
15	42.8	43.6	43.0	42.9	53.9	52.7
16	25.4	25.6	24.8	25.1	28.8	29.5
17	39.1	36.7	35.5	39.9	40.6	39.9
18	37.6	34.4	40.6	35.1	34.0	32.7
19	58.1	59.2	49.1	51.7	58.2	57.1
20	15.5	14.9	11.4	18.4	15.4	14.6
21	67.1	66.7		71.6	22.4	21.4
22	175.0	177.6	175.6	175.2	175.6	177.4
23	51.1	51.5	51.2	51.3	51.2	52.4
CHO			207.0			
OCOCH$_3$	170.1					
	170.8					
OCOCH$_3$	21.1					
	21.1					
OSO$_2$Me			37.2			

表 2-12-70　三萜类生物碱的名称、分子式和测试溶剂（四）

编号	中文名称	英文名称	分子式	测试溶剂	参考文献
2-12-249		calydaphninone	$C_{23}H_{41}NO_4$	C	[94]
2-12-250		daphnicyclidin L	$C_{23}H_{29}NO_6$	D	[95]
2-12-251		longeracinphyllin A	$C_{21}H_{27}NO_2$	C	[96]
2-12-252		longeracinphyllin B	$C_{21}H_{29}NO_3$	C+M	[96]
2-12-253		daphnipaxianine A	$C_{21}H_{27}NO_3$	C	[84]
2-12-254		daphnipaxianine B	$C_{21}H_{27}NO_3$	C	[84]
2-12-255		daphnipaxianine C	$C_{21}H_{29}NO_2$	M	[84]
2-12-256		daphnioldhanine J	$C_{22}H_{31}NO_3$	C	[85]
2-12-257		daphnilongeranin A	$C_{23}H_{29}NO_4$	M	[90]
2-12-258		daphnilongeranin B	$C_{21}H_{27}NO_2$	M	[90]
2-12-259		daphnilongeranin C	$C_{22}H_{29}NO_3$	C	[90]
2-12-260		daphnicyclidin D	$C_{23}H_{27}NO_4$	C	[86]

续表

编号	中文名称	英文名称	分子式	测试溶剂	参考文献
2-12-261		daphnicyclidin H	$C_{23}H_{29}NO_5$	C	[86]
2-12-262	交让木胺 F	daphnezomine F	$C_{27}H_{35}NO_8$	C	[97]
2-12-263	交让木胺 G	daphnezomine G	$C_{27}H_{35}NO_7$	C	[97]
2-12-264	交让木胺 U	daphnezomine U	$C_{23}H_{29}NO_5$	C	[89]
2-12-265	交让木胺 Q	daphnezomine Q	$C_{39}H_{55}NO_{13}$	C	[82]

表 2-12-71　化合物 2-12-249~2-12-257 的 ^{13}C NMR 数据

C	2-12-249[94]	2-12-250[95]	2-12-251[96]	2-12-252[96]	2-12-253[84]	2-12-254[84]	2-12-255[84]	2-12-256[85]	2-12-257[90]
1	213.5	194.0	217.0	220.2	221.2	214.7	225.4	74.5	216.2
2	74.5	73.3	44.1	44.6	44.1	45.3	45.1	48.3	45.5
3	35.4	26.1	20.3	20.5	20.0	21.6	20.1	22.4	20.9
4	74.5	69.8	67.3	66.2	64.7	66.1	66.0	34.1	67.2
5	44.9	50.0	50.7	53.9	54.0	51.1	53.9	84.4	51.2
6	38.4	49.1	49.8	49.4	49.5	50.9	51.2	42.6	51.7
7	55.7	60.2	58.9	54.0	53.4	55.7	54.7	58.8	55.7
8	58.7	133.7	63.8	72.3	69.6	69.5	68.3	48.8	65.0
9	142.0	126.8	48.9	140.0	180.1	187.2	159.0	31.7	118.2
10	134.2	204.8	184.0	208.4	75.1	76.3	147.3	50.3	164.4
11	26.0	40.4	27.3	37.2	33.6	30.0	35.9	210.9	29.5
12	25.8	29.2	24.1	19.5	20.4	20.7	21.3	171.2	23.9
13	39.5	120.0	30.5	34.4	38.5	39.4	40.4	53.8	43.4
14	42.0	123.7	24.8	36.6	24.5	22.4	30.7	26.3	117.5
15	56.2	131.5	49.8	156.0	152.8	149.8	82.3	26.5	151.0
16	29.2	31.3	211.4	33.7	202.2	201.3	28.2	30.8	26.5
17	42.6	64.6	131.9	60.2	55.5	57.6	44.2	33.7	66.4
18	25.7	35.4	34.3	32.3	33.5	33.4	33.3	35.2	26.5
19	57.7	56.7	49.0	50.2	49.2	49.3	50.3	59.4	51.0
20	14.8	13.3	18.6	19.2	18.5	18.6	19.3	14.3	19.9
21	24.4	36.0	26.0	22.6	20.9	23.2	21.7	22.8	24.0
22	175.6	173.7						171.2	167.7
23	51.3	52.6							51.7

表 2-12-72　化合物 2-12-258~2-12-262 的 ^{13}C NMR 数据

C	2-12-258[90]	2-12-259[90]	2-12-260[86]	2-12-261[86]	2-12-262[97]	C	2-12-258[90]	2-12-259[90]	2-12-260[86]	2-12-261[86]	2-12-262[97]
1	216.1	215.8	197.3	195.7	173.8	15	45.8	51.4	129.8	130.2	54.5
2	45.2	43.6	47.6	47.8	26.3	16	42.2	28.9	22.6	29.7	26.9
3	20.5	19.5	17.1	17.7	30.2	17	212.1	40.5	69.1	64.9	43.1
4	66.9	66.2	65.4	66.9	74.3	18	34.1	29.8	28.1	28.2	32.5
5	52.7	51.5	51.3	49.7	53.9	19	50.7	48.2	52.6	54.3	45.0
6	53.3	49.7	47.7	47.9	43.5	20	19.2	19.2	18.1	17.4	20.9
7	55.4	56.5	59.3	59.9	175.5	21	22.9	25.7	33.4	34.8	67.3
8	65.2	63.0	137.1	131.4	45.5	22		178.9	166.9	171.9	174.8
9	185.0	140.7	121.0	125.9	140.7	23			51.7	51.8	51.4
10	140.7	139.5	179.8	203.0	136.1	OCOCH$_3$					170.5
11	20.3	25.0	31.2	38.8	25.5						169.2
12	25.2	28.4	30.2	29.4	25.2	OCOCH$_3$					21.1
13	39.4	41.1	134.8	122.9	37.2						21.0
14	32.6	42.9	123.4	121.2	42.9						

表 2-12-73　化合物 2-12-263~2-12-265 的 ^{13}C NMR 数据

C	2-12-263[97]	2-12-264[89]	2-12-265[82]	C	2-12-263[97]	2-12-264[89]	2-12-265[82]	C	2-12-263[97]	2-12-264[89]	2-12-265[82]
1	172.8	171.9	57.6	16	28.1	27.8	29.4	4'			71.6
2	24.6	210.2	100.4	17	41.3	42.1	43.9	5'			75.8
3	29.8	136.4	23.1	18	31.7	40.8	30.7	6'			64.5
4	70.2	135.5	23.2	19	51.5	55.9	8.0	1"			98.3
5	57.9	50.6	37.1	20	20.8	13.1	63.1	3"			153.3
6	125.1	36.6	33.6	21	62.7	66.5	175.7	4"			112.9
7	129.9	50.0	55.7	22	175.5	176.4	45.8	5"			36.8
8	46.3	55.9	46.9	23	51.6	51.5		6"			39.9
9	141.4	137.2	143.2	OCOCH$_3$	171.3			7"			128.9
10	134.4	135.3	138.5		170.4			8"			145.0
11	32.3	24.6	26.4	OCOCH$_3$	21.3			9"			46.7
12	26.5	24.1	26.5		21.2			10"			61.6
13	33.3	33.4	39.8	1'			100.2	11"			170.7
14	43.5	42.0	43.2	2'			74.8	12"			49.5
15	50.3	52.6	55.7	3'			76.6				

参 考 文 献

[1] Jones K, Escudero-Hernandez M L. Tetrahedron, 1998, 54: 2275.
[2] Bailleul F, Delaveau P, Rabaron A, et al. Phytochemistry, 1977, 16: 723.
[3] Cai X H, Tan Q G, Liu Y P, et al. Org Lett, 2008, 10: 577.
[4] Hassan E M, Shahat A A, Ibrahim N A, et al. Planta Med, 2008, 74: 1749.
[5] Ono M, Ishimatsu N, Masuoka C, et al. Chem Pharm Bull, 2007, 55: 632.
[6] Kuo Y H, Chen C H, King M L, et al. Phytochemistry, 1994, 35: 803.
[7] Duan H, Kawazoe K, Takaishi Y. Phytochemistry, 1997, 45: 617.
[8] de Almeida M T R, Rios-Luci C, Padron J M, et al. Phytochemistry, 2010, 71: 1741.
[9] Song L, Liang X X, Chen D L, et al. Chem Pharm Bull, 2007, 55: 918.
[10] Song L, Liu X Y, Chen Q H, et al. Chem Pharm Bull, 2009, 57: 158.
[11] 罗士德, 陈维新. 化学学报, 1981, 39(8): 808.
[12] 王锋鹏, 方起程. 药学学报, 1983, 18: 514.
[13] Csupor D, Forgo P, Wenzig E M, et al. J Nat Prod, 2008, 71: 1779.
[14] Pelletier S W, Mody N V, Dailey O D Jr. Can J Chem, 1980, 58: 1875.
[15] 何仰清, 马占营, 杨谦等. 药学学报, 2008, 43: 934.
[16] Shaheen F, Zeeshan M, Ahmad M, et al. J Nat Prod, 2006, 69: 823.
[17] Zou C L, Liu X Y, Wang F P, et al. Chem Pharm Bull, 2008, 56: 250.
[18] Hardick D J, Blagbrough I S, Cooper G, et al. J Med Chem, 1996, 39: 4860.
[19] Kulanthaivel P, Benn M. Heterocycles, 1985, 23: 2515.
[20] Batbayar N, Enkhzaya S, Tunsag J, et al. Phytochemistry, 2003, 62: 543.
[21] Manners G D, Panter K E, Pfister J A, et al. J Nat Prod, 1998, 61: 1086.
[22] Gardner D R, Manners G D, Panter K E, et al. J Nat Prod, 2000, 63: 1127.
[23] Atta-ur-Rahman, Fatima N, Akhtar F, et al. J Nat Prod, 2000, 63: 1393.
[24] Shim S H, Kim J S, Kang S S, et al. Arch Pharm Res, 2003, 26: 709.
[25] Pelletier S W, Djarmati Z. J Am Chem Soc, 1976, 98: 2626.
[26] Mori T, Bando H, Kanaiwa Y, et al. Chem Pharm Bull, 1983, 31: 2884.
[27] Bando H, Kanaiwa Y, Wada K, et al. Heterocycles, 1981, 16: 1723.

[28] Desai H K, Joshi B S, Pelletier S W. Heterocyles, 1986, 24: 1061.
[29] Pelletier S W, Mody N V, Katsui N. Tetrahedron Lett, 1977, 46: 4027.
[30] Pelletier S W, Mody N V, Sawhney R S, et al. Heterocycles, 1977, 7: 327.
[31] Gao F, Chen D L, Wang F P. Chem Pharm Bull, 2006, 54: 117.
[32] Wang J L, Shen X L, Chen Q H, et al. Chem Pharm Bull, 2009, 57: 801.
[33] Hou L H, Chen D L, Jian X X, et al. Chem Pharm Bull, 2007, 55: 1090.
[34] 蒋山好, 朱元龙, 朱任宏. 药学学报, 1982, 17: 283.
[35] Wang F P, Peng C S, Jian X X, et al. J Asian Nat Prod Res, 2001, 3: 15.
[36] Pelletier S W, Mody N V, Sawhney R S. Can J Chem, 1979, 57: 1652.
[37] Pelletier S W, Mody N V, Venkov A P, et al. Tetrahedron Lett, 1978, 5045.
[38] 彭崇胜, 王锋鹏. 天然产物研究与开发, 2000, 12(4): 45.
[39] Pelletier S W, Sawhney R S, Aasen A J. Heterocycles, 1979, 12: 377.
[40] Taki M, Niitu K, Omiya Y. Planta Med, 2003, 69: 800.
[41] Csupor D, Forgo P, Csedo K, et al. Helv Chim Acta, 2006, 89: 2981.
[42] Kolak U, Ozturk M, Ozgokce F, et al. Phytochemistry, 2006, 67: 2170.
[43] Shen X L, Wang F P. Chem Pharm Bull, 2005, 53: 267.
[44] De la Fuente G, Diaz Acosta R, Orribo T. Heterocycles, 1989, 29: 205.
[45] 罗士德, 刘茂明, 吴少波等. 化学学报, 1985, 43 (6): 577.
[46] Ulubelen A, Desai H K, Hart B P, et al. J Nat Prod, 1996, 59: 907 .
[47] 张树祥, 贾世山. 药学学报, 1999, 34: 762.
[48] Zhou X L, Chen Q H, Chen D L, et al. Chem Pharm Bull, 2003, 51: 592.
[49] 高黎明, 顾生玖, 魏小梅等. 西北师范大学学报, 1997, 33 (3): 53.
[50] Pelletier S W, Mody N V, Jones A J, et al. Tetrahedron Lett, 1976, 3025.
[51] Hanuman J B, Katz A. Phytochemistry, 1994, 36: 1528.
[52] 赵安幸, 彭崇胜, 张晨虹等. 中国天然药物, 2007, 5(5): 355.
[53] Khaimova M A, Palamareva M D, Mollov N M, et al. Tetrahedron, 1971, 27: 819.
[54] Sakai S I, Shinma N, Hasegawa S, et al. Yakugaku Zasshi, 1978, 98: 1376.
[55] Wada K, Kawahara N. Helv Chim Acta, 2009, 92: 629.
[56] Bitis L, Suzgec S, Sozer U, et al. Helv Chim Acta, 2007, 90: 2217.
[57] Shaheen F, Ahmad M, Khan M T H, et al. Phytochemistry, 2005, 66: 935.
[58] Cai L, Chen D L, Liu S Y, et al. Chem Pharm Bull, 2006,54: 779.
[59] Pelletier S W, Mody N V, Jones A J, et al. Tetrahedron Lett, 1976, 3025.
[60] Ulubelen A, Desai H K, Srivastava S K, et al. J Nat Prod, 1996, 59: 360.
[61] Konno C, Shirasaka M, Hikino H. J Nat Prod, 1982, 45: 128.
[62] Atta-ur-Rahman, Nasreen A, Akhtar F, et al. J Nat Prod, 1997, 60: 472.
[63] Diaz J G, Ruiza J G, Herz W. Phytochemistry, 2005, 66: 837.
[64] Mody N V, Pelletier S W. Tetrahedron, 1978, 34: 2421.
[65] Zhang F, Peng S L, Liao X, et al. Planta Med, 2005, 71: 1073.
[66] Takayama H, Tokita A, Ito M, et al. Yakugaku Zasshi, 1982, 102: 245.
[67] Wada K, Bando H, Amiya T. Heterocycles, 1985, 23: 2473.
[68] 王锋鹏. 药学学报, 1981, 16: 943.
[69] 冯锋, 柳文媛, 陈优生等. 中国药科大学学报, 2003, 34(1): 17.
[70] Pelletier S W, Mody N V. J Am Chem Soc, 1977, 99: 284.
[71] Pelletier S W, et al. J Amer Chem Soc, 1979, 101: 492.
[72] Yang C H, Wang X C, Tang Q F, et al. Helv Chim Acta, 2008, 91: 759.
[73] 蒋凯, 杨春华, 刘静涵等. 药学学报, 2006, 41: 128.
[74] Almanza G, Bastida J, Codina C, et al. Phytochemistry, 1997, 44: 739.
[75] Lin L, Chen D L, Liu X Y, et al. Helv Chim Acta, 2010, 93: 118.
[76] Wang Y B, Huang R, Zhang H B, et al. Helv Chim Acta, 2005, 88: 1081.
[77] Hart N K, Johns S R, Lamberton J A, et al. Australian J Chem, 1976, 29: 1295.
[78] Hart N K, Johns S R, Lamberton J A, et al. Australian J Chem, 1976, 29: 1319.
[79] Pelletier S W, Mody N V, Djarmati Z, et al. J Org Chem, 1976, 41: 3042.

[80] Morita H, Yoshida N, Kobayashi J. J Org Chem, 1999, 64: 7208.
[81] Morita H, Kobayashi J. Tetrahedron, 2002, 58: 6637.
[82] Morita H, Takatsu H, Kobayashi J. Tetrahedron, 2003, 59: 3575.
[83] Li Z Y, Peng S Y, Fang L, et al. Chem Biodivers, 2009, 6: 105.
[84] Mu S Z, Li C S, He H P, et al. J Nat Prod, 2007, 70: 1628.
[85] Mu S Z, Wang J S, Yang X S, et al. J Nat Prod, 2008, 71: 564.
[86] 张于, 何红平, 邸迎彤等. 天然产物研究与开发, 2009, 21: 435.
[87] Morita H, Yoshida N, Kobayashi J. Tetrahedron, 1999, 55: 12549.
[88] Mu S Z, Yang X W, Di Y T, et al. Chem Biodivers, 2007, 4: 129.
[89] Kubota T, Suzuki T, Ishiuchi K, et al. Chem Pharm Bull, 2009, 57: 504.
[90] Yang S P, Zhang H, Zhang C R, et al. J Nat Prod, 2006, 69: 79.
[91] Morita H, Yoshida N, Kobayashi J. Tetrahedron, 2000, 65: 2641.
[92] Li Z Y, Gu Y C, Irwin D, et al. Chem Biodivers, 2009, 6: 1744.
[93] Di Y T, He H P, Li C S, et al. J Nat Prod, 2006, 69: 1745.
[94] Di Y T, He H P, Wang Y S, et al. Org Lett, 2007, 9: 1355.
[95] Gan X W, Bai H Y, Chen Q G, et al. Chem Biodivers, 2006, 3: 1255.
[96] Di Y T, He H P, Lu Y, et al. J Nat Prod, 2006, 69: 1074.
[97] Morita H, Yoshida N, Kobayashi J. J Org Chem, 2000, 65: 3558.
[98] Yamamura S, Irikawa H, Okumura Y, et al. Bull Chem Soc Jpn, 1975, 48: 2120.

第十三节 甾类生物碱

一、一般甾体类生物碱

表 2-13-1　一般甾体类生物碱的名称、分子式和测试溶剂（一）

编号	中文名称	英文名称	分子式	测试溶剂	参考文献
2-13-1	番茄皂苷 C	esculeoside C	$C_{57}H_{93}NO_{29}$	P	[1]
2-13-2	番茄皂苷 D	esculeoside D	$C_{57}H_{93}NO_{30}$	P	[1]
2-13-3		lycoperoside F	$C_{58}H_{95}NO_{29}$	P	[2]
2-13-4		solaculine A	$C_{50}H_{81}NO_{21}$	M+C	[3]
2-13-5	去氢番茄碱苷	dehydrotomatine	$C_{50}H_{81}NO_{21}$	M	[4]
2-13-6	番茄碱苷	tomatine	$C_{50}H_{83}NO_{21}$	P/C	[5,6]
2-13-7	β-苦茄碱	β-solamarine	$C_{45}H_{73}NO_{15}$	M+C	[3]
2-13-8	澳洲茄边碱	solamargine	$C_{45}H_{73}NO_{15}$	M+C	[3]
2-13-9		robeneoside A	$C_{45}H_{73}NO_{16}$	P	[7]
2-13-10	澳洲茄碱	solasonine	$C_{45}H_{73}NO_{16}$	P	[8]
2-13-11		robeneoside B	$C_{45}H_{73}NO_{17}$	P	[7]
2-13-12		3β,16β-dihydroxy-pregn-5-en-20-one-16-O-(2,5-epimino-2-methoxy-4-pentanoic acid)-ester-3-O-β-chacotrioside	$C_{46}H_{73}NO_{18}$	P	[9]
2-13-13		(25S)-3β-{O-β-D-galactopyrano-syloxy}-22βN-spirosol-5-ene	$C_{33}H_{53}NO_7$	C	[3]
2-13-14		tomatidenol(25S)-3β-hydroxy-22βN-spirosol-5-ene	$C_{27}H_{43}NO_2$	C	[3]
2-13-15		isoesculeogenin A	$C_{27}H_{45}NO_4$	P	[2]
2-13-16		esculeogenin B	$C_{27}H_{45}NO_3$	P	[2]

续表

编号	中文名称	英文名称	分子式	测试溶剂	参考文献
2-13-17	7α-羟基番茄碱	7α-hydroxytomatine	$C_{27}H_{45}NO_4$	M	[10]
2-13-18	蜀羊泉次碱	solandulcidine	$C_{27}H_{45}NO_2$	C	[11]
2-13-19	澳洲茄胺	solasodine	$C_{27}H_{43}NO_2$	P	[8]
2-13-20	番茄碱	tomatidine	$C_{27}H_{45}NO_2$	C	[11]
2-13-21		solasodenone	$C_{27}H_{41}NO_2$	C	[11]
2-13-22	圆锥茄次碱	jurubidine	$C_{27}H_{45}NO_2$	C	[11]
2-13-23	茄啶	solanidine	$C_{27}H_{43}NO$	P	[12]
2-13-24	垂茄啶	demissidine	$C_{27}H_{45}NO$	C	[11]
2-13-25	辣茄碱	solanocapsine	$C_{27}H_{46}N_2O_2$	P	[11]
2-13-26	(22S,25S)-茄啶-5-烯-3β-醇	(22S,25S)-solanid-5-en-3β-ol	$C_{27}H_{43}NO$	P	[13]
2-13-27	(22S,25S)-茄啶-5,20(21)-二烯-3β-醇	(22S,25S)-solanid-5,20(21)-dien-3β-ol	$C_{27}H_{41}NO$	P	[13]

表 2-13-2　化合物 2-13-1~2-13-6 的 ^{13}C NMR 数据

C	2-13-1[1]	2-13-2[1]	2-13-3[2]	2-13-4[3]	2-13-5[4]	2-13-6[5,6](P)	2-13-6[5,6](C)
1	37.2	37.2	36.9	37.7	38.5	37.0	36.8
2	29.9	29.9	29.5	30.2	30.7	29.7	31.3
3	77.8(a)	77.8(a)	77.9	79.4	80.1	77.4	70.7
4	34.9	34.9	35.1	38.9	39.7	34.7	38.0
5	44.8	44.8	44.7	141.0	142.0	44.5	44.7
6	29.0	29.0	28.6	122.0	122.5	28.8	28.5
7	32.1	32.3	32.0	32.8	33.2	32.3	32.1
8	35.0	34.7	35.5	32.0	32.8	35.0	34.9
9	54.6	54.6	54.2	50.8	51.7	54.4	54.2
10	35.8	35.9	35.0	37.5	38.0	35.7	35.4
11	20.9	20.9	21.2	21.4	22.0	21.1	20.9
12	39.9	38.7	40.1	40.4	41.1	40.2	40.0
13	42.3	42.9	41.1	41.3	41.8	40.9	40.7
14	54.9	54.1	56.2	56.6	57.2	55.7	55.6
15	33.5	37.3	34.4	32.6	33.5	32.9	32.5
16	70.5	74.0	82.4	78.9	80.4	78.7	78.3
17	66.7	68.4	63.2	62.6	63.5	62.3	61.8
18	13.3	15.1	17.0	17.0	17.2	17.0	16.8
19	12.3	12.3	12.0	19.6	19.8	12.2	12.2
20	73.4	207.0	42.9	42.6	43.5	42.8	42.8
21	25.1	32.4	15.2	15.6	15.9	16.0	15.7

续表

C	2-13-1[1]	2-13-2[1]	2-13-3[2]	2-13-4[3]	2-13-5[4]	2-13-6[5,6](P)	2-13-6[5,6](C)
22	165.4	168.3	100.5	99.4	99.5	99.1	98.7
23	95.9	96.9	74.9	26.6	—	26.9	26.5
24	31.7	35.9	32.0	28.0	29.0	29.0	28.5
25	31.9	32.3	36.9	30.1	31.5	31.1	30.8
26	54.1	44.5	44.7	49.9	50.6	50.3	49.9
27	72.0	71.7	72.5	19.2	19.7	19.6	19.2
OCH$_3$	47.3	50.9					
OCOCH$_3$			170.2				
OCOCH$_3$			21.8				
1'	102.6	102.4	102.0	99.9	102.9	102.3	103.0
2'	73.2	73.2	73.0	78.4	73.2	73.0	71.3
3'	75.7(b)	75.7(b)	74.9	77.3	75.6	75.4	73.5
4'	79.9	79.9	79.1	80.4	80.0	79.7	79.1
5'	75.2(b)	75.1(b)	74.6	77.1	75.4	75.1	77.5
6'	60.7	60.7	61.8	61.5	61.1	60.5	59.4
1''	105.1	105.1	104.3	101.5	104.7	104.7	100.9
2''	81.3	81.3	80.4	71.8	81.1	81.2	85.1
3''	86.9	86.9	86.7	70.3	87.9	86.7	74.1
4''	70.8	70.8	70.4	73.4	70.5	70.3	68.7
5''	77.5	77.4	77.2	69.9	77.5	77.6	75.7
6''	62.9(c)	62.6	62.2	17.7	63.2	62.8	61.1
1'''	104.8	104.8	103.9	101.2	105.0	104.7	103.0
2'''	76.2	76.2	76.8	81.6	75.3	74.9	73.5
3'''	78.6(d)	78.6(c)	77.9	71.8	78.3	78.5	76.5
4'''	71.1	71.1	71.2	73.4	71.0	70.6	69.8
5'''	77.6(a)	77.6(a)	77.9	69.1	67.2	67.2	65.7
6'''	62.6	63.0	62.2	17.6			
1''''	105.1	105.0	104.3	106.6	104.3	104.9	102.2
2''''	75.4(b)	75.1(b)	75.3	74.4	75.9	76.0	73.5
3''''	78.7(d)	78.6(c)	77.6	75.9	71.6	77.2	76.5
4''''	70.5	70.5	70.1	71.3	78.0	70.8	69.2
5''''	67.4	67.4	66.6	66.4	78.5	78.5	76.5
6''''					62.7	62.3	61.3
1'''''	105.0	105.0	104.1				
2'''''	75.1	75.4	74.9				
3'''''	78.7(d)	78.7(c)	79.1				
4'''''	71.8	71.8	71.1				
5'''''	78.6(d)	78.7(c)	77.9				
6'''''	63.0(c)	63.0	63.2				

注：同列内(a),(b),(c),(d)表示数据可能互换。

表 2-13-3 化合物 2-13-7~2-13-15 的 ^{13}C NMR 数据

C	2-13-7[3]	2-13-8[3]	2-13-9[7]	2-13-10[8]	2-13-11[7]	2-13-12[9]	2-13-13[3]	2-13-14[3]	2-13-15[2]
1	37.9	37.9	37.4	37.4	37.5	37.5	37.9	36.9	37.5
2	31.0	30.5	30.2	30.1	30.2	30.2	30.2	31.6	32.3
3	79.7	79.0	78.1	78.3	77.7	78.2	79.5	71.7	70.6
4	38.9	40.4	39.0	38.8	39.0	39.0	39.2	42.3	39.2
5	141.0	141.1	140.9	140.7	141.2	140.9	141.1	141.0	45.2
6	122.0	122.2	122.0	121.6	121.9	121.8	122.2	121.0	29.1
7	32.7	32.5	32.4	32.5	32.5	32.1	33.0	32.1	32.6
8	32.0	32.1	32.0	32.5	32.1	31.4	32.0	31.4	35.3
9	50.9	50.7	44.5	50.3	44.5	50.6	50.8	50.1	54.8
10	37.5	37.5	37.0	37.1	37.0	37.1	37.4	37.3	35.9
11	21.4	21.4	29.4	21.1	29.4	20.8	21.4	20.9	21.5
12	40.4	38.9	71.4	40.1	71.7	38.3	40.4	40.0	40.7
13	41.2	41.1	45.3	40.6	45.3	42.5	41.3	40.6	40.1
14	56.6	57.1	48.2	56.7	48.2	54.3	56.6	56.0	56.7
15	33.0	30.1	32.7	31.7	32.7	37.7	32.7	32.8	34.3
16	79.0	79.7	79.2	78.7	78.8	74.6	79.5	78.5	82.7
17	62.6	63.2	54.2	63.5	54.2	67.8	62.7	61.9	63.7
18	17.1	16.8	17.3	16.5	17.3	14.8	17.1	16.8	17.3
19	19.6	19.6	19.3	19.3	19.3	19.4	19.7	19.4	12.5
20	43.2	42.0	42.0	41.5	42.0	206.5	43.3	43.0	44.1
21	15.7	15.4	15.6	15.6	15.5	31.2	15.9	15.9	16.5
22	99.3	98.9	98.5	98.2	98.2	167.5	99.4	99.1	102.5
23	27.0	34.4	34.5	34.6	34.5	97.2	27.1	26.7	72.2
24	28.6	32.7	30.8	31.1	30.8	40.7	28.8	28.6	32.4
25	30.1	31.3	31.3	31.7	31.3	26.0	30.1	31.1	35.3
26	50.2	47.8	47.9	47.9	48.0	49.0	50.1	50.2	45.9
27	19.5	19.6	19.7	19.7	19.6	18.0, 50.0	19.6	19.4	65.6
1'	99.9	99.9	100.2	100.3	100.5	100.3	101.8		
2'	79.0	79.5	78.0	76.3	76.3	77.9	70.5		
3'	75.6	77.3	77.8	84.8	85.0	76.9	77.2		
4'	77.9	75.7	78.6	70.2	70.3	78.9	76.8		
5'	78.4	78.6	76.9	74.9	75.0	78.0	74.2		
6'	61.4	61.4	61.3	62.4	62.5	61.4	62.2		
1"	101.5	102.4	102.0	105.7	105.7	102.0			
2"	71.6	71.8	72.6	74.8	75.0	72.5			
3"	71.3	71.5	72.8	78.7	78.5	72.8			
4"	73.4	73.3	74.2	71.4	71.6	74.2			
5"	70.2	69.1	69.5	78.3	78.3	69.5			
6"	17.6	17.7	18.7	61.8	62.7	18.6			
1'''	102.4	101.5	103.0	102.0	102.1	103.0			

续表

C	2-13-7[3]	2-13-8[3]	2-13-9[7]	2-13-10[8]	2-13-11[7]	2-13-12[9]	2-13-13[3]	2-13-14[3]	2-13-15[2]
2'''	71.8	71.6	72.6	72.4	72.5	72.7			
3'''	71.3	71.3	72.7	72.7	72.8	72.5			
4'''	73.4	73.0	73.9	74.0	74.2	73.9			
5'''	69.0	70.1	70.4	69.3	69.4	70.5			
6'''	17.7	17.6	18.5	18.5	18.6	18.6			

表 2-13-4 化合物 2-13-16~2-13-19 的 ^{13}C NMR 数据

C	2-13-16[2]	2-13-17[10]	2-13-18[11]	2-13-19[8]	C	2-13-16[2]	2-13-17[10]	2-13-18[11]	2-13-19[8]
1	37.6	37.7	37.0	37.8	15	33.8	37.5	32.1	31.8
2	32.1	31.8	31.5	32.5	16	70.6	79.9	80.0	78.9
3	70.6	71.5	71.1	71.3	17	62.7	63.2	62.6	63.6
4	39.3	38.2	38.2	43.3	18	15.4	17.1	16.5	16.5
5	45.4	40.2	44.9	140.0	19	12.6	11.6	12.4	19.6
6	29.1	32.6	28.6	121.0	20	27.6	43.5	41.6	41.7
7	32.6	68.3	23.3	32.5	21	17.8	15.9	15.0	15.6
8	35.3	38.0	35.2	32.4	22	63.0	99.7	98.3	98.3
9	54.8	46.7	54.4	50.6	23	96.8	27.3	33.3	34.6
10	35.9	35.6	35.6	37.0	24	39.3	29.0	29.6	31.0
11	21.4	21.7	21.1	21.3	25	25.2	31.4	30.3	31.6
12	40.7	40.6	40.1	40.2	26	43.8	50.5	46.9	48.1
13	42.1	41.7	41.0	40.7	27	65.4	20.0	19.1	19.6
14	53.6	50.6	56.3	56.8					

表 2-13-5 化合物 2-13-20~2-13-27 的 ^{13}C NMR 数据

C	2-13-20[11]	2-13-21[11]	2-13-22[11]	2-13-23[12]	2-13-24[11]	2-13-25[11]	2-13-26[13]	2-13-27[13]
1	36.8	35.7	37.7	38.0	37.1	37.5	38.4	38.3
2	31.3	33.9	30.9	32.8	31.6	32.5	30.5	30.5
3	70.7	199.2	50.9	71.4	71.3	51.1	71.9	71.9
4	38.0	123.8	37.6	43.6	38.3	39.3	43.5	43.4
5	44.7	170.9	45.5	142.1	45.0	45.7	142.5	142.5
6	28.5	32.8	28.6	121.4	28.8	28.7	121.9	121.7
7	32.1	32.1	32.3	32.5	32.3	31.9	32.7	32.6
8	34.9	35.2	35.2	32.2	35.4	35.0	31.6	31.6
9	54.2	53.8	54.5	50.7	54.6	55.0	51.1	50.7
10	35.4	38.6	35.6	37.0	35.6	35.7	37.7	37.7
11	20.9	20.8	21.0	21.4	21.1	20.5	21.7	21.8

续表

C	2-13-20[11]	2-13-21[11]	2-13-22[11]	2-13-23[12]	2-13-24[11]	2-13-25[11]	2-13-26[13]	2-13-27[13]
12	40.0	39.8	40.1	40.2	40.2	39.3	41.4	40.2
13	40.7	40.6	40.6	40.8	40.6	41.8	41.9	44.4
14	55.6	55.6	56.4	57.9	57.4	55.0	55.5	55.1
15	32.5	32.1	31.7	31.7	33.5	30.2	33.2	32.9
16	78.3	78.5	80.9	69.5	69.0	74.4	68.4	70.6
17	61.8	62.7	62.1	63.5	63.3	60.7	61.7	56.9
18	16.8	16.5	16.5	17.1	17.1	13.7	15.5	14.9
19	12.2	17.4	12.3	19.7	12.4	12.4	20.2	20.2
20	42.8	41.2	42.2	37.0	36.7	33.1	36.3	144.6
21	15.7	15.2	14.3	18.7	18.3	15.1	18.6	113.1
22	98.7	98.2	109.7	74.9	74.7	68.9	65.9	62.7
23	26.5	34.1	27.1	29.8	29.3	96.1	27.4	23.0
24	28.5	30.3	25.8	33.8	31.1	46.2	29.0	27.2
25	30.8	31.3	26.0	31.5	31.3	28.4	31.0	30.2
26	49.9	47.6	65.1	60.7	60.2	55.0	54.4	57.6
27	19.2	19.3	16.1	19.8	19.5	18.7	19.5	19.4

表 2-13-6 一般甾体类生物碱的名称、分子式和测试溶剂（二）

编号	中文名称	英文名称	分子式	测试溶剂	参考文献
2-13-28	旱莲草宾碱	ecliptalbine	$C_{27}H_{39}NO_2$	C	[14]
2-13-29	20-表-3-去羟基-3-酮-5,6-二氢-4,5-去氢藜芦生碱	20-*epi*-3-dehydroxy-3-oxo-5,6-dihydro-4,5-dehydroverazine	$C_{27}H_{41}NO$	C	[14]
2-13-30	藜芦嗪	verazine	$C_{27}H_{43}NO$	C	[14]
2-13-31	20-表藜芦嗪	20-*epi*-verazine	$C_{27}H_{43}NO$	C	[14]
2-13-32	20-表-4β羟基藜芦嗪	20-*epi*-4β-hydroxyverazine	$C_{27}H_{43}NO_2$	C	[14]
2-13-33	4β羟基藜芦嗪	4β-hydroxyverazine	$C_{27}H_{43}NO_2$	C	[14]
2-13-34	25β羟基藜芦嗪	25β-hydroxyverazine	$C_{27}H_{43}NO_2$	C	[14]
2-13-35	平贝宁	pingbeinine	$C_{28}H_{47}NO_3$	C	[15]
2-13-36	25-异密花茄碱	25-isosolafloridine	$C_{27}H_{45}NO_2$	C	[16]
2-13-37		solacallinidine	$C_{27}H_{46}N_2O$	C	[16]
2-13-38	N-去甲基蒲贝酮碱	N-demethylpuqietinone	$C_{27}H_{45}NO_2$	C	[17]
2-13-39	蒲贝酮碱苷	puqietinonoside	$C_{34}H_{57}NO_7$	P	[17]
2-13-40	平贝啶苷	pingbeidinoside	$C_{34}H_{59}NO_9$	P	[18]
2-13-41	平贝宁苷	pingbeininosine	$C_{34}H_{57}NO_8$	C+M	[15]
2-13-42	伊贝碱苷 C	yibeissine	$C_{39}H_{65}NO_{12}$	C+M	[19]

第二章 生物碱类化合物

[Structures 2-13-28 through 2-13-42 with substituent definitions:]

2-13-30 R¹=R³=H; R²=α-Me
2-13-31 R¹=R³=H; R²=β-Me
2-13-32 R¹=OH; R²=β-Me; R³=H
2-13-33 R¹=OH; R²=α-Me; R³=H
2-13-34 R¹=H; R²=α-Me; R³=OH

2-13-36 R=OH
2-13-37 R=NH₂

2-13-38 R¹=R²=H
2-13-39 R¹=Glu; R²=Me

表 2-13-7 化合物 2-13-28~2-13-34 的 ^{13}C NMR 数据[14]

C	2-13-28	2-13-29	2-13-30	2-13-31	2-13-32	2-13-33	2-13-34
1	37.0	35.7	37.3	37.3	37.0	37.0	37.0
2	31.4	34.0	31.6	31.6	25.3	25.3	31.1
3	71.2	199.7	71.6	71.7	72.2	72.3	71.1
4	41.7	123.7	42.3	42.3	77.2	77.2	41.8
5	140.7	171.6	140.9	140.8	142.8	142.8	140.6
6	121.4	32.9	121.5	121.6	128.3	128.3	121.1
7	31.6	32.0	31.8	31.8	32.0	32.0	31.7
8	31.7	35.6	31.8	31.9	31.9	31.8	31.6
9	49.9	53.8	50.1	50.1	50.2	50.3	49.9
10	36.3	38.6	36.5	36.5	36.0	36.0	36.3
11	20.9	21.0	21.0	21.1	20.5	20.5	20.1
12	39.5	37.9	39.7	38.1	38.0	39.6	39.7
13	42.2	42.3	42.4	42.2	42.2	42.4	42.3
14	56.2	55.4	56.4	56.3	56.4	56.7	56.3

C	2-13-28	2-13-29	2-13-30	2-13-31	2-13-32	2-13-33	2-13-34
15	24.0	24.0	24.3	24.0	24.0	24.3	24.1
16	27.2	27.8	27.7	26.4	27.3	27.2	26.8
17	29.6	53.5	53.1	53.6	53.5	53.1	52.9
18	12.0	11.8	12.0	11.8	11.8	12.0	11.6
19	19.3	17.4	19.3	19.4	20.1	20.9	19.1
20	54.3	46.6	47.0	46.6	46.3	46.8	46.3
21	19.3	18.0	18.3	18.1	18.1	18.3	17.6
22	151.7	174.4	175.3	174.5	175.0	175.5	178.2
23	151.7	26.4	26.5	27.3	26.5	26.6	31.7
24	122.9	27.4	27.2	27.8	27.8	27.6	30.9
25	130.9	27.7	27.4	27.6	27.6	27.4	65.4
26	139.9	56.9	56.4	56.9	56.6	56.3	59.1
27	30.6	19.5	19.1	19.5	19.4	19.1	26.7

表 2-13-8 化合物 2-13-35~2-13-42 的 ^{13}C NMR 数据

C	2-13-35[15]	2-13-36[16]	2-13-37[16]	2-13-38[17]	2-13-39[17]	2-13-40[18]	2-13-41[15]	2-13-42[19]
1	37.7	37.0	37.7	36.8	36.5	36.5	37.7	36.7
2	31.5	31.4	32.6	30.8	29.2	29.8	29.1	30.2
3	71.6	71.0	51.2	70.7	76.5	71.0	78.2	79.7
4	42.2	38.2	39.5	30.1	26.7	41.4	38.1	29.9
5	141.4	44.9	45.6	56.9	56.1	140.2	141.4	56.2
6	121.6	28.7	28.8	210.6	209.4	121.4	121.6	209.7
7	32.2	32.0	32.1	46.7	46.5	32.1	32.3	46.6
8	32.0	35.0	35.1	38.0	37.6	29.9	32.1	37.7
9	50.5	54.3	54.5	54.1	53.6	51.2	50.5	53.7
10	36.9	35.5	35.6	40.9	40.6	36.4	36.9	40.8
11	21.4	21.1	21.0	21.6	21.4	22.8	21.4	21.5
12	41.0	40.4	40.4	39.7	39.6	42.7	41.0	39.6
13	43.4	44.2	44.3	43.2	43.1	43.8	43.5	43.1
14	54.5	53.3	53.4	56.7	56.1	54.4	54.6	56.0
15	35.7	35.2	35.3	27.6	24.0	36.1	35.8	24.2
16	72.4	76.6	76.7	24.0	23.9	78.1	72.4	27.7
17	60.6	63.7	63.8	53.2	53.0	60.5	60.7	52.3
18	13.7	14.0	14.0	12.0	11.7	13.8	13.7	12.2
19	19.6	12.4	12.4	13.2	12.7	19.3	19.6	13.1
20	30.3	44.7	44.8	40.9	35.2	68.0	30.2	39.5
21	21.3	18.9	19.0	13.6	12.4	22.9	21.3	16.6
22	73.0	177.1	175.9	59.0	65.8	65.5	73.0	49.5
23	23.7	29.7	29.8	25.4	27.2	33.1	23.7	24.2
24	38.0	27.4	27.5	34.0	33.6	29.5	38.1	27.7
25	68.5	28.0	28.0	32.8	31.4	75.3	68.4	33.4
26	68.5	56.1	56.2	55.4	66.0	67.1	68.5	49.6
27	25.0	19.2	19.2	19.5	19.5	20.9	24.9	17.3

续表

C	2-13-35[15]	2-13-36[16]	2-13-37[16]	2-13-38[17]	2-13-39[17]	2-13-40[18]	2-13-41[15]	2-13-42[19]
N-Me	44.6				42.7	44.6	44.6	
1'					101.9	98.1	102.5	104.5
2'					75.0	75.2	75.2	70.9
3'					78.3	78.7	78.0	74.2
4'					71.6	71.7	71.6	78.0
5'					78.2	78.7	78.4	76.7
6'					62.7	62.8	62.7	62.3
1"								102.9
2"								74.3
3"								77.2
4"								70.9
5"								77.2
6"								62.3

表 2-13-9　一般甾体类生物碱的名称、分子式和测试溶剂（三）

编号	中文名称	英文名称	分子式	测试溶剂	参考文献
2-13-43	柳叶野扇花胺	salignamine	$C_{23}H_{37}NO$	C	[20]
2-13-44	N-[甲酰甲基氨基]柳酰宁碱-B	N-[Formyl(methyl)amino]salonine-B	$C_{24}H_{37}NO_2$	C	[20]
2-13-45	2-羟基柳叶野扇花胺	2-hydroxysalignamine	$C_{24}H_{39}NO_2$	C	[20]
2-13-46	5,6-二氢野扇花尼定碱-E	5,6-dihydrosarconidine E	$C_{24}H_{42}N_2$	C	[20]
2-13-47	3α-氨基-14β-羟基孕烷-20-酮	3α-amino-14β-hydroxypregnan-20-one	$C_{21}H_{35}NO_2$	C	[21]
2-13-48	15α-羟基止泻胺	15α-hydroxyholamine	$C_{21}H_{33}NO_2$	C	[21]
2-13-49	止泻胺	holamine	$C_{21}H_{33}NO$	C	[21]
2-13-50		hookerianamide H	$C_{24}H_{38}N_2O_2$	C	[22]
2-13-51		holadysenterine	$C_{23}H_{38}N_2O_3$	M	[23]

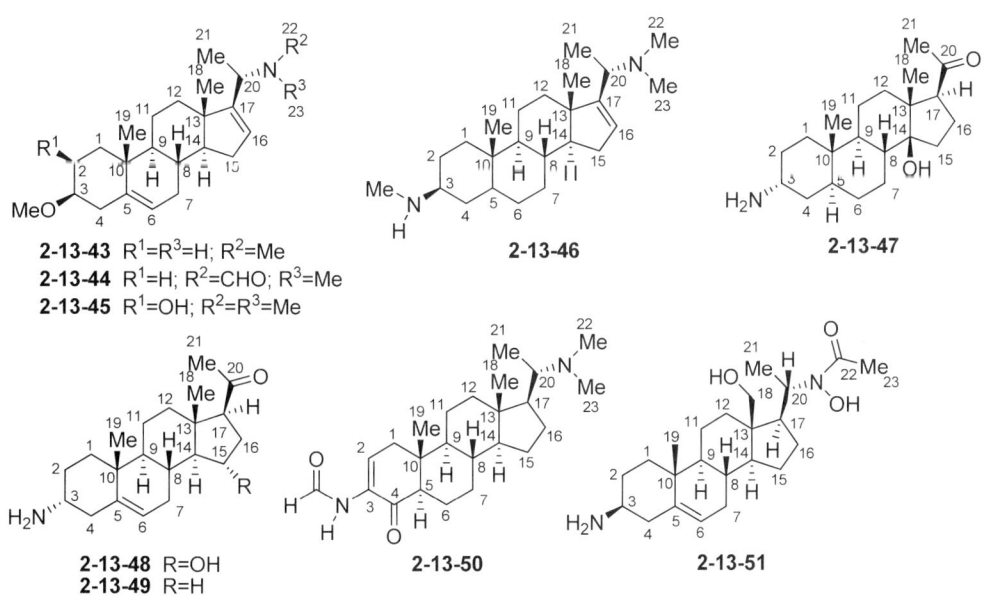

表 2-13-10　化合物 2-13-43~2-13-46 的 ^{13}C NMR 数据[20]

C	2-13-43	2-13-44	2-13-45	2-13-46	C	2-13-43	2-13-44	2-13-45	2-13-46
1	42.4	34.3	42.4	34.3	14	54.7	56.4	56.7	57.2
2	29.6	29.6	67.0	30.5	15	30.2	31.2	31.3	31.2
3	79.2	81.8	81.2	53.4	16	130.3	125.8	130.3	123.3
4	32.3	32.5	32.4	35.0	17	142.3	153.4	149.3	156.0
5	139.0	141.1	141.0	42.5	18	19.7	18.3	19.7	12.7
6	121.2	121.3	121.2	27.6	19	20.2	19.2	20.2	16.9
7	31.8	33.3	31.8	32.7	20	61.7	57.3	61.7	59.3
8	33.1	32.3	30.0	34.1	21	14.0	15.3	16.0	15.8
9	53.7	49.2	51.4	55.7	22	42.3	22.3	42.3	42.3
10	35.5	35.5	37.0	35.4	23			42.3	42.3
11	20.6	20.9	20.6	20.4	3-N-Me				30.3
12	34.6	31.9	34.6	31.9	N-CHO		168.6		
13	45.3	47.5	47.3	46.5	3-OMe	55.2	55.5	55.9	

表 2-13-11　化合物 2-13-47~2-13-51 的 ^{13}C NMR 数据

C	2-13-47[21]	2-13-48[21]	2-13-49[21]	2-13-50[22]	2-13-51[23]	C	2-13-47[21]	2-13-48[21]	2-13-49[21]	2-13-50[22]	2-13-51[23]
1	32.1	33.0	33.0	37.4	36.9	14	84.9	62.9	56.9	53.3	54.7
2	28.6	29.4	29.1	125.4	26.7	15	33.8	73.9	24.4	23.7	23.1
3	45.9	46.7	46.9	131.1	50.9	16	24.8	35.0	22.8	28.7	22.5
4	35.1	39.8	39.6	196.2	36.7	17	62.2	60.9	63.7	56.6	55.2
5	38.6	138.6	138.7	45.7	138.8	18	15.3	14.4	13.2	11.4	57.0
6	28.5	122.9	123.2	20.9	122.2	19	11.2	18.8	18.8	12.5	18.1
7	27.5	32.0	31.8	27.1	32.1	20	217.8	208.6	209.6	60.7	48.4
8	39.7	31.5	31.7	35.3	31.6	21	33.3	31.6	31.5	12.3	18.8
9	49.3	50.0	50.2	54.0	50.1	22				41.7	178.5
10	36.4	37.3	37.4	44.2	36.3	23					22.5
11	20.3	20.5	20.8	22.2	19.8	3-N-Me					
12	39.1	39.0	38.8	39.3	31.5	N-CHO				162.3	
13	49.2	44.6	44.0	39.0	46.1	3-OMe					

表 2-13-12　一般甾体类生物碱的名称、分子式和测试溶剂（四）

编号	中文名称	英文名称	分子式	测试溶剂	参考文献
2-13-52	止泻木枯亭醇碱	holacurtinol	$C_{28}H_{45}NO_6$	C	[21]
2-13-53	17-表止泻木枯亭碱	17-epi-holacurtine	$C_{29}H_{49}NO_5$	C	[21]
2-13-54	17-表-N-去甲基止泻木枯亭碱	17-epi-N-demethylholacurtine	$C_{28}H_{47}NO_5$	C	[21]
2-13-55	止泻木枯亭碱	holacurtine	$C_{29}H_{49}NO_5$	C	[21]
2-13-56	N-去甲基止泻木枯亭碱	N-demethylholacurtine	$C_{28}H_{47}NO_5$	C	[21]
2-13-57		3β-(propyloxycarbonylamino)-dictyophlebin-16-ene	$C_{27}H_{46}N_2O_2$	C	[24]

续表

编号	中文名称	英文名称	分子式	测试溶剂	参考文献
2-13-58	柳酰宁碱-C	salonine C	$C_{28}H_{44}N_2O$	C	[20]
2-13-59	2-羟基柳叶野扇花碱-E	2-hydroxysalignarine E	$C_{28}H_{46}N_2O_2$	C	[20]
2-13-60	柳叶野扇花碱-F	salignarine F	$C_{28}H_{46}N_2O_2$	C	[20]
2-13-61	左旋瓦咖宁碱	(−)-vaganine	$C_{30}H_{48}N_2O_3$	C	[25]
2-13-62	右旋尼巴胺 A	(+)-nepapakistamine A	$C_{31}H_{48}N_2O_5$	C	[25]
2-13-63	N-甲基表帕其沙明-D	N-methylepipachysamine D	$C_{31}H_{48}N_2O$	C	[26]
2-13-64		hookerianamide I	$C_{30}H_{46}N_2O$	C	[22]
2-13-65	野扇花胺	saligcinnamide	$C_{33}H_{50}N_2O$	C	[26]

表 2-13-13 化合物 2-13-52~2-13-57 的 ^{13}C NMR 数据

C	2-13-52[21]	2-13-53[21]	2-13-54[21]	2-13-55[21]	2-13-56[21]	2-13-57[24]
1	36.9	37.0	37.6	37.1	37.7	39.3
2	29.6	29.1	29.7	29.1	29.7	31.0
3	78.8	76.6	77.7	76.6	77.3	49.0
4	37.4	34.2	34.7	34.1	34.7	35.3
5	140.2	44.1	44.7	44.2	44.8	44.2
6	121.8	28.5	29.1	28.5	29.1	20.6
7	36.9	27.0	27.6	27.5	28.2	31.6
8	36.5	41.0	41.6	39.6	40.2	34.2
9	45.3	49.1	50.3	49.2	49.8	53.1
10	37.3	35.1	36.3	35.7	36.3	35.5
11	20.1	20.1	20.7	20.6	21.2	24.7
12	38.7	30.7	31.3	38.9	39.5	34.1
13	48.3	48.1	48.6	49.0	49.6	41.7
14	84.9	86.5	87.2	84.6	85.3	55.6
15	81.9	31.1	31.7	33.6	34.2	33.1
16	27.2	21.4	22.0	24.7	25.3	123.2
17	61.2	61.2	61.7	62.1	62.7	151.4
18	16.1	18.9	19.5	15.1	15.7	12.2
19	18.6	12.0	12.6	12.0	12.6	14.6
20	217.5	210.5	211.0	217.6	218.3	14.6
21	33.4	31.8	32.4	33.1	33.8	14.8
22, 23						39.3
1'	95.5	95.1	95.9	95.0	95.7	158.6
2'	34.7	33.8	34.9	33.8	35.1	61.0
3'	77.2	73.2	78.3	73.0	78.8	22.6
4'	56.3	63.8	56.5	63.7	56.6	12.1
5'	71.8	70.5	71.4	70.3	71.9	
6'	18.7	19.2	19.2	19.1	19.1	
3'-OMe	57.4	56.9	57.8	56.7	57.7	
4'-N-Me		33.9		33.8		

表 2-13-14 化合物 2-13-58~2-13-65 的 ^{13}C NMR 数据

C	2-13-58[20]	2-13-59[20]	2-13-60[20]	2-13-61[25]	2-13-62[25]	2-13-63[26]	2-13-64[22]	2-13-65[26]
1	34.5	33.3	34.5	37.1	40.6	39.5	36.2	39.7
2	37.4	69.6	36.5	31.1	71.6	28.7	28.4	29.7
3	45.5	50.7	45.2	49.7	49.8	52.1	52.6	52.9
4	126.4	115.3	68.8	75.5	74.1	37.3	32.4	37.4
5	149.4	151.8	140.5	49.3	48.8	47.9	44.6	52.6
6	30.3	41.8	129.1	20.3	25.0	24.1	21.0	24.3
7	31.6	34.4	30.2	25.5	30.9	27.4	27.6	27.5
8	33.5	32.8	35.5	33.9	33.4	35.0	35.9	35.9

续表

C	2-13-58[20]	2-13-59[20]	2-13-60[20]	2-13-61[25]	2-13-62[25]	2-13-63[26]	2-13-64[22]	2-13-65[26]
9	57.3	54.5	54.5	55.6	54.0	56.1	53.8	56.0
10	39.5	38.1	39.5	35.8	35.0	39.0	43.3	35.5
11	20.4	21.3	20.8	24.4	20.5	20.7	24.3	21.0
12	34.3	34.4	31.8	31.8	31.6	31.2	39.6	31.7
13	46.8	46.8	45.6	46.6	46.4	42.0	39.9	42.0
14	154.6	56.9	55.5	57.4	56.2	57.0	51.8	57.0
15	123.3	31.2	34.4	34.4	35.0	28.2	24.8	28.5
16	31.3	118.7	32.7	123.6	122.0	24.1	29.7	24.7
17	51.5	151.8	51.5	157.2	158.0	52.4	56.0	53.9
18	15.9	15.9	15.8	14.2	16.3	12.5	12.1	12.7
19	18.8	19.4	18.7	15.8	15.3	12.2	12.7	12.3
20	59.5	59.2	57.9	59.0	56.8	65.1	61.1	65.2
21	19.7	16.0	19.3	16.0	22.4	11.9	12.3	12.5
22	42.5	42.3	42.5	42.5	34.2	45.2		43.5
23	42.5	42.3	42.5	42.5		45.2	35.8	45.5
1'	168.3	169.0	168.3	166.2	168.3	166.5	167.9	166.0
2'	131.5	132.1	131.3	118.5	131.4	135.1	139.6	118.3
3'	130.3	130.3	130.8	150.9	131.2	126.8	128.4	118.6
4'	12.3	13.9	11.5	27.1	12.2	128.5	129.1	142.3
5'	13.9	12.5	13.1	19.8	14.0	131.2	129.4	127.8
6'						128.5	129.1	128.7
7'						126.8	128.4	129.4
8'								128.7
9'								127.8
3-N-Me						35.4	35.2	35.9
2-O<u>C</u>OCH₃					170.1			
2-OCO<u>C</u>H₃					21.0			
4-O<u>C</u>OCH₃				170.6	170.5			
4-OCO<u>C</u>H₃				21.1	21.3			

表 2-13-15　一般甾体类生物碱的名称、分子式和测试溶剂（五）

编号	名称	分子式	测试溶剂	参考文献
2-13-66	erythrophlesin E	$C_{44}H_{53}NO_{12}$	C	[27]
2-13-67	erythrophlesin D	$C_{45}H_{65}NO_{12}$	C	[27]
2-13-68	erythrophlesin F	$C_{42}H_{61}NO_{10}$	C	[27]
2-13-69	erythrophlesin C	$C_{43}H_{63}NO_{10}$	C	[27]
2-13-70	erythrophlesin G	$C_{44}H_{63}NO_{12}$	C	[27]
2-13-71	amaranzole A	$C_{36}H_{49}N_2Na_3O_{13}S_3$	M	[28]
2-13-72	3β-hydroxydinorerythrosuamide	$C_{23}H_{35}NO_7$	C	[27]
2-13-73	3β-hydroxynorerythrosuamide	$C_{24}H_{37}NO_7$	C	[27]
2-13-74	3β-acetoxydinorerythrosuamide	$C_{25}H_{37}NO_8$	C	[27]
2-13-75	3β-acetoxynorerythrosuamide	$C_{26}H_{39}NO_8$	C	[27]

续表

编号	名称	分子式	测试溶剂	参考文献
2-13-76	3β-tigloyloxydinorerythrosuamide	$C_{28}H_{41}NO_8$	C	[27]
2-13-77	3β-tigloyloxynorerythrosuamide	$C_{29}H_{43}NO_8$	C	[27]
2-13-78	6α-hydroxydinorerythrophlamide	$C_{22}H_{35}NO_7$	C	[27]
2-13-79	6α-hydroxydinorcassamide	$C_{23}H_{35}NO_6$	C	[27]

2-13-66 R^1=COOMe; R^2=O; R^3=β-OH,H; R^4=H
2-13-67 R^1=COOMe; R^2=O; R^3=β-OH,H; R^4=Me
2-13-68 R^1=R^4=H; R^2=O; R^3=β-OH,H
2-13-69 R^1=H; R^2=O; R^3=β-OH,H; R^4=Me
2-13-70 R^1=COOMe; R^2=α-OH,H; R^3=O; R^4=H

2-13-72 R^1=OH; R^2=H
2-13-73 R^1=OH; R^2=Me
2-13-74 R^1=OAc; R^2=H
2-13-75 R^1=OAc; R^2=Me

2-13-76 R=H
2-13-77 R=Me

2-13-78 R=OH
2-13-79 R=H

表 2-13-16 化合物 2-13-66~2-13-71 的 ^{13}C NMR 数据

C	2-13-66[27]	2-13-67[27]	2-13-68[27]	2-13-69[27]	2-13-70[27]	2-13-71[28]
1	36.5	36.5	36.5	36.5	37.1	42.7
2	23.0	23.8	26.4	26.4	23.9	76.8
3	78.2	78.2	76.6	76.6	78.1	78.9
4	45.7	45.7	30.9	31.0	49.4	26.1
5	64.7	64.6	60.6	60.6	57.9	52.1
6	208.1	208.1	209.6	209.6	75.1	78.1
7	75.8	75.8	75.5	75.6	209.5	40.0
8	51.3	51.2	52.4	52.3	51.7	35.1
9	46.4	46.4	43.7	43.7	47.0	55.7
10	43.0	43.0	43.0	43.0	37.4	37.9

C	2-13-66[27]	2-13-67[27]	2-13-68[27]	2-13-69[27]	2-13-70[27]	2-13-71[28]
11	26.2	26.2	26.4	26.4	27.2	22.1
12	23.2	24.3	23.4	24.5	23.3	40.9
13	160.7	157.1	160.9	157.4	159.9	43.6
14	40.3	39.8	40.3	39.9	39.4	57.2
15	115.6	115.0	115.5	114.9	115.5	25.1
16	168.0	169.9	168.1	170.0	167.9	29.0
17	13.7	13.8	13.5	13.7	14.9	57.4
18	25.8	25.8	16.1	16.1	26.4	12.6
19	172.7	172.6			174.1	15.9
20	14.4	14.4	13.6	13.6	13.6	36.1
21	42.3	51.1	42.3	51.2	42.3	18.8
22	62.6	61.7	62.7	61.8	62.7	33.1
23		37.3		37.3		30.4
COO<u>C</u>H₃	51.8	51.8			51.7	
1'	38.6	38.6	38.6	38.6	38.6	62.2
2'	18.9	18.9	18.9	19.0	19.0	144.8
3'	38.3	38.3	38.3	38.3	38.3	113.7
4'	41.9	41.9	41.9	42.0	42.0	19.9
5'	64.5	64.5	64.5	64.5	64.5	136.2
6'	208.5	208.5	208.6	208.6	208.6	124.4
7'	75.6	75.6	75.6	75.6	75.6	136.1
8'	50.2	50.2	50.3	50.3	50.3	119.8
9'	46.3	46.3	46.4	46.4	46.4	132.2
10'	42.9	42.9	42.8	42.8	43.0	116.5
11'	26.2	26.2	26.2	26.2	26.2	159.5
12'	23.7	23.7	23.7	23.7	23.7	116.5
13'	166.4	166.4	165.8	165.8	166.4	132.2
14'	40.4	40.4	40.3	40.4	40.3	
15'	113.1	113.1	113.4	113.4	113.5	
16'	166.0	166.0	166.6	166.6	166.1	
17'	13.6	13.6	13.7	13.7	13.6	
18'	28.6	28.6	28.6	28.6	28.6	
19'	175.4	175.4	175.4	175.4	175.4	
20'	15.1	15.1	15.1	15.1	15.1	
21'	51.6	51.6	51.6	51.6	51.6	

表 2-13-17　化合物 2-13-72~2-13-79 的 ¹³C NMR 数据[27]

C	2-13-72	2-13-73	2-13-74	2-13-75	2-13-76	2-13-77	2-13-78	2-13-79
1	37.1	37.1	36.5	36.5	36.5	36.5	37.9	39.8
2	27.6	27.5	23.7	23.7	23.7	23.7	27.8	19.2
3	78.1	78.0	78.7	78.8	78.7	78.7	78.0	39.6

续表

C	2-13-72	2-13-73	2-13-74	2-13-75	2-13-76	2-13-77	2-13-78	2-13-79
4	47.7	47.7	45.7	45.7	45.8	45.8	50.3	45.3
5	64.4	64.3	64.6	64.6	64.7	64.6	58.1	58.5
6	208.0	208.0	208.1	208.1	208.1	208.2	75.4	75.8
7	75.8	75.8	75.8	75.8	75.8	75.8	210.1	210.4
8	50.9	50.8	51.3	51.2	51.3	51.2	51.1	51.5
9	46.1	46.1	46.4	46.5	46.5	46.5	46.3	47.1
10	43.2	43.2	43.0	43.0	43.0	43.0	37.6	37.8
11	26.2	26.2	26.2	26.2	26.3	26.2	27.3	27.3
12	23.2	24.4	23.2	24.3	23.2	24.3	23.3	23.5
13	160.9	157.3	160.6	157.1	160.7	157.1	160.0	160.4
14	40.3	39.8	40.2	39.8	40.3	39.9	39.4	39.5
15	115.5	114.9	115.6	115.0	115.6	115.0	115.4	115.2
16	168.1	169.9	168.0	169.9	168.0	169.9	167.8	168.0
17	13.7	13.8	13.7	13.8	13.7	13.9	14.9	14.9
18	25.6	25.6	25.7	25.7	25.8	25.8	25.3	31.5
19	174.1	174.0	172.6	172.6	172.7	172.7	178.0	177.4
20	14.4	14.4	14.4	14.4	14.4	14.4	13.5	13.9
21	42.4	51.1	42.3	51.1	42.3	51.1	42.3	42.3
22	62.8	61.7	62.6	61.7	62.7	61.7	62.6	62.7
23		37.3		37.3				
24	51.8	51.8	51.8	51.8	51.7	51.7	51.7	51.6
OAc			170.4	170.4				
			21.0	21.0				
1'					167.1	167.1		
2'					128.3	128.3		
3'					137.9	137.9		
4'					14.4	14.4		
5'					11.8	11.8		

二、环孕甾烷类生物碱

表 2-13-18 环孕甾烷类生物碱的名称、分子式和测试溶剂（一）

编号	中文名称	英文名称	分子式	测试溶剂	参考文献
2-13-80	环原黄杨星 F	cycloprotobuxine F	$C_{26}H_{46}N_2$	C	[29]
2-13-81	环黄杨定 F	cyclobuxidine F	$C_{26}H_{46}N_2O_2$	C	[29]
2-13-82	环继黄杨碱 A	cyclovirobuxeine A	$C_{28}H_{48}N_2O$	C	[29]
2-13-83	环巴黄杨星	cyclobaleabuxine	$C_{27}H_{46}N_2O_2$	C	[29]
2-13-84	环氧黄杨定 F	cycloxobuxidine F	$C_{26}H_{44}N_2O_3$	C	[29]
2-13-85	环黄杨肖嗪 A	cyclobuxoxazine A	$C_{28}H_{48}N_2O_2$	C	[29]
2-13-86	环费黄杨嗪	cyclorolfoxazine	$C_{26}H_{41}NO_3$	C	[29]

表 2-13-19　化合物 2-13-80~2-13-86 的 ^{13}C NMR 数据[29]

C	2-13-80	2-13-81	2-13-82	2-13-83	2-13-84	2-13-85	2-13-86
1	31.0	31.4	31.0	30.9	30.4	31.5	31.4
2	32.5	32.7	18.3	18.5	33.4	23.9	23.9
3	61.3	59.0	71.2	73.4	57.9	71.9	71.6
4	39.7	42.0	41.5	42.2	42.3	38.7	38.7
5	47.8	44.8	48.6	45.2	44.8	44.5	44.5
6	21.3	20.9	128.2	129.3	18.3	20.1	20.0
7	26.9	25.9	127.4	125.6	27.8	25.6	25.8
8	47.8	47.9	43.2	43.2	41.4	47.2	46.5
9	19.7	19.0	20.8	20.7	34.2	19.0	18.8
10	26.0	25.9	28.8	27.9	37.6	25.6	25.8
11	26.0	25.9	24.8	24.8	210.2	25.6	25.3
12	35.1	34.6	31.8	31.9	51.4	32.6	32.5
13	44.1	44.8	45.1	45.2	44.4	44.8	48.4
14	48.9	47.2	49.7	49.6	47.0	47.2	47.6
15	32.5	44.8	41.5	41.6	42.7	44.8	45.7
16	26.1	79.0	79.1	78.4	78.3	79.0	71.6
17	50.6	62.5	62.5	61.5	61.8	62.4	70.4
18	18.2	19.0	18.3	18.5	17.7	18.7	20.4
19	29.5	30.4	19.9	18.5	24.5	30.7	30.2
20	59.2	57.0	56.7	58.9	55.8	57.1	209.5
21	9.3	9.6	10.0	18.5	9.8	9.6	31.4
22	39.7	40.6	40.0	33.7	40.5	40.6	
23	39.7	40.6	40.0		40.5	40.6	
30	14.0	73.9	16.5	73.7	71.7	78.1	78.0
31	25.8	9.6	26.0	12.1	9.8	13.8	13.7

C	2-13-80	2-13-81	2-13-82	2-13-83	2-13-84	2-13-85	2-13-86
32	19.2	20.9	15.3	15.5	20.7	20.9	20.4
3-N-Me			44.1	43.2		36.5	36.5
3-N-CH$_2$-O						88.8	88.7

表 2-13-20 环孕甾烷类生物碱的名称、分子式和测试溶剂（二）

编号	中文名称	英文名称	分子式	测试溶剂	参考文献
2-13-87	右旋-17-氧代环原黄杨碱	(+)-17-oxocycloprotobuxine	C$_{23}$H$_{37}$NO	C	[30]
2-13-88	环维黄杨星 D	cyclovirobuxine D	C$_{26}$H$_{46}$N$_2$O	C	[31]
2-13-89	环黄杨碱 D	cyclobuxine D	C$_{25}$H$_{42}$N$_2$O	C	[31]
2-13-90	小叶黄杨碱 K	buxmicrophyllines K	C$_{25}$H$_{43}$NO$_2$	C	[32]
2-13-91	去甲基环米冉宁	demethylcyclomikuranine	C$_{25}$H$_{41}$NO$_2$	C	[32]
2-13-92		N_b-dimethylcycloxobuxoviricine	C$_{26}$H$_{41}$NO$_2$	C	[33]
2-13-93	31-去甲基环黄杨维定	31-demethylcyclobuxoviridine	C$_{25}$H$_{39}$NO	C	[34]
2-13-94		buxhyrcamine	C$_{27}$H$_{44}$N$_2$O	C	[34]
2-13-95	右旋黄杨胺 F	(+)-buxamine F	C$_{26}$H$_{44}$N$_2$	C	[30]

表 2-13-21 化合物 2-13-87～2-13-91 的 ^{13}C NMR 数据

C	2-13-87[30]	2-13-88[31]	2-13-89[31]	2-13-90[32]	2-13-91[32]	C	2-13-87[30]	2-13-88[31]	2-13-89[31]	2-13-90[32]	2-13-91[32]
1	28.4	32.4	34.2	31.8	33.0	7	26.9	25.9	23.5	25.8	25.7
2	30.2	26.6	26.5	26.0	37.1	8	49.6	47.7	47.4	47.6	48.1
3	61.3	68.4	63.4	78.3	217.4	9	22.7	19.2	32.0	18.8	20.0
4	39.7	39.6	153.6	40.3	50.0	10	26.0	26.5	22.8	26.2	25.9
5	47.8	48.3	44.2	46.9	47.4	11	27.3	25.9	31.5	30.0	26.0
6	21.3	21.1	25.7	20.8	21.1	12	35.1	31.5	31.6	31.7	31.4

续表

C	2-13-87[30]	2-13-88[31]	2-13-89[31]	2-13-90[32]	2-13-91[32]	C	2-13-87[30]	2-13-88[31]	2-13-89[31]	2-13-90[32]	2-13-91[32]
13	44.2	44.9	45.0	45.8	45.7	20		58.6	58.6	58.9	58.8
14	45.6	47.1	47.1	47.4	47.2	21		18.2	18.0	14.6	14.5
15	32.5	44.5	44.6	46.8	46.7	22, 23		33.5	33.1	29.0	29.0
16	29.4	78.3	78.1	75.8	75.4	30	14.0	14.8	100.6	13.8	18.9
17	209.6	61.7	61.3	56.4	56.2	31	16.4	33.5		25.1	21.8
18	18.2	18.9	18.8	18.9	20.5	32	16.9	20.6	20.5	20.3	20.1
19	19.6	30.0	27.5	29.7	29.6	3-N-Me	44.7	35.4	34.3		

表 2-13-22　化合物 2-13-92~2-13-95 的 ^{13}C NMR 数据

C	2-13-92[33]	2-13-93[34]	2-13-94[34]	2-13-95[30]	C	2-13-92[33]	2-13-93[34]	2-13-94[34]	2-13-95[30]
1	153.2	153.5	39.9	34.4	14	47.8	45.9	48.6	45.7
2	126.9	126.9	26.6	30.1	15	44.3	31.2	32.8	33.0
3	204.8	201.1	62.8	69.2	16	77.7	29.2	28.9	27.0
4	46.0	49.8	42.8	40.9	17	57.1	49.6	49.8	51.4
5	44.7	49.2	48.4	49.5	18	19.1	11.1	12.9	14.3
6	31.5	24.5	25.4	25.4	19	30.2	19.4	130.1	129.8
7	27.4	27.6	25.9	27.7	20	63.0	55.5	60.5	62.0
8	44.1	44.2	48.9	49.8	21	10.3	18.6	14.0	9.8
9	23.9	19.1	138.0	138.2	22, 23	43.4	39.4	38.8	18.9
10	29.9	41.5	132.3	134.1	30	19.9	12.4	17.1	15.4
11	26.9	26.5	130.2	129.7	31	21.4		77.6	16.9
12	34.5	34.6	38.5	38.5	32	18.0	17.1	13.9	17.3
13	45.7	43.3	39.3	44.5	33			90.2	

表 2-13-23　环孕甾烷类生物碱的名称、分子式和测试溶剂（三）

编号	中文名称	英文名称	分子式	测试溶剂	参考文献
2-13-96	右旋-N-苯甲酰基细卡黄杨碱	(+)-N-benzoylbuxahyrcanine	$C_{33}H_{50}N_2O_2$	C	[35]
2-13-97	右旋锦熟黄杨醇碱	(+)-semperviraminol	$C_{35}H_{52}N_2O_4$	C	[30]
2-13-98		hyrcanone	$C_{33}H_{48}N_2O_2$	C	[33]
2-13-99		hyrcanol	$C_{35}H_{50}N_2O_2$	C	[33]
2-13-100		hyrcatrienine	$C_{33}H_{46}N_2O$	C	[33]
2-13-101		17-oxo-3-benzoylbuxadine	$C_{29}H_{37}NO_2$	C	[34]
2-13-102	小叶黄杨碱 J	buxmicrophylline J	$C_{36}H_{54}N_2O_3$	C	[32]
2-13-103		cimicifine A	$C_{35}H_{51}NO_8$		[36]
2-13-104	巴黄杨星	baleabuxine	$C_{30}H_{50}N_2O_2$	C	[29]
2-13-105	巴黄杨定	baleabuxidine	$C_{30}H_{50}N_2O_4$	C	[29]
2-13-106	巴黄杨定双乙酸盐	baleabuxidine diacetate	$C_{34}H_{54}N_2O_6$	C	[29]
2-13-107		hyrcamine	$C_{33}H_{54}N_2O_4$	C	[33]
2-13-108	右旋-N-巴豆酰基细卡黄杨碱	(+)-N-tigloylbuxahyrcanine	$C_{31}H_{52}N_2O_2$	C	[35]

表 2-13-24　化合物 2-13-96~2-13-101 的 ^{13}C NMR 数据

C	2-13-96[35]	2-13-97[30]	2-13-98[33]	2-13-99[33]	2-13-100[33]	2-13-101[34]
1	26.9	134.0	119.6	129.2	126.2	126.1
2	25.4	67.9	30.5	67.8	137.4	30.1
3	56.9	61.5	53.0	61.3	56.5	52.1
4	38.9	45.0	38.8	38.7	38.9	44.6
5	56.1	49.8	52.0	54.1	50.0	47.3

续表

C	2-13-96[35]	2-13-97[30]	2-13-98[33]	2-13-99[33]	2-13-100[33]	2-13-101[34]
6	27.1	77.9	24.7	76.9	26.7	27.0
7	28.2	35.6	26.9	32.4	30.3	27.5
8	49.3	41.2	47.8	40.6	49.7	49.0
9	136.5	41.3	52.8	137.2	138.4	125.9
10	73.0	134.5	138.9	136.4	138.8	133.8
11	124.9	25.9	211.2	119.1	133.7	125.1
12	38.1	14.6	50.6	37.0	29.1	29.7
13	43.1	39.4	47.0	43.3	43.1	49.4
14	49.7	49.3	48.4	48.8	49.4	46.1
15	32.9	26.7	33.2	32.2	33.0	36.8
16	42.0	27.1	25.7	29.4	25.2	29.9
17	49.2	53.5	49.8	48.8	49.2	202.5
18	16.0	12.3	14.5	14.9	15.9	15.1
19	52.7	44.6	36.9	43.5	136.9	45.1
20	61.6	66.3	62.9	61.6	61.3	
21	9.6	10.2	10.9	9.5	9.5	
22,23	39.9	37.4	39.8	39.4	39.9	
30	16.2	13.5	16.8	17.4	14.9	15.3
31	27.4	14.0	24.7	26.3	24.9	16.2
32	16.2	16.7	17.5	16.4	17.3	17.2
1'	135.3	131.8	135.1	134.3	135.2	132.4
2',6'	126.8	126.8	126.8	126.8	126.8	127.1
3',5'	128.5	128.6	128.5	128.5	128.6	129.1
4'	131.2	129.6	131.5	131.4	131.4	132.1
3-N-C=O	167.9	165.7	167.1	170.0	166.9	167.2
6-OCOCH₃		174.3		170.5		
6-OCOCH₃		21.7		21.3		

表 2-13-25　化合物 2-13-102~2-13-108 的 ¹³C NMR 数据

C	2-13-102[32]	2-13-103[36]	2-13-104[29]	2-13-105[29]	2-13-106[29]	2-13-107[33]	2-13-108[35]
1	32.3	29.5	29.3	30.6	30.3	32.2	26.9
2	26.2	27.8	28.5	27.8	28.1	25.8	25.4
3	57.5	88.5	55.1	50.7	49.6	50.3	56.9
4	37.4	40.8	39.5	41.3	42.6	42.3	38.9
5	45.0	44.0	48.2	44.5	43.0	47.8	56.1
6	19.8	22.1	19.8	18.3	18.7	21.1	27.1
7	25.2	115.0	27.7	27.8	27.6	26.1	28.2
8	46.9	146.4	41.1	41.3	41.3	47.8	49.3
9	18.9	27.4	33.9	34.4	33.9	20.5	136.5
10	25.9	29.9	37.6	37.8	37.4	29.7	73.0
11	27.5	63.1	208.9	211.4	210.7	25.6	124.9
12	33.1	44.5	51.9	51.5	51.9	32.1	38.1
13	44.9	48.7	44.0	44.5	44.5	45.7	43.1
14	47.8	51.4	48.2	47.1	47.4	47.4	49.7
15	44.5	44.2	33.6	42.8	42.6	41.9	32.9
16	80.4	162.5	26.7	78.3	78.0	79.0	42.0
17	56.6	141.9	49.2	62.0	59.5	64.0	49.2
18	18.9	24.4	16.9	17.9	17.8	19.1	16.0
19	30.4	18.9	24.3	24.3	24.0	30.0	52.7
20	59.8	142.6	60.6	55.8	55.1	57.1	61.6

续表

C	2-13-102[32]	2-13-103[36]	2-13-104[29]	2-13-105[29]	2-13-106[29]	2-13-107[33]	2-13-108[35]
21	9.6	18.4	9.6	9.9	9.8	10.6	9.6
22	40.4	122.9	39.5	40.6	39.5	45.9	39.9
23	40.4	160.3	39.5	40.6	39.5	45.9	39.9
24	84.1	79.6					
25	31.1	73.8					
26	21.2	27.8					
27		25.9					
30	71.5	14.6	15.0	64.1	65.4	11.9	16.2
31	10.8	26.0	25.7	11.2	11.3	65.7	27.4
32	19.6	28.7	19.4	20.8	20.0	19.4	16.2
1'	131.2	107.6	174.3	178.7	176.4	168.9	168.9
2'	128.2	75.6	35.5	35.4	35.7	132.6	132.5
3'	129.4	78.7	18.9	19.4	19.4	129.8	129.0
4'	132.4	71.3	18.9	20.3	19.4	12.5	13.8
5'	129.4	67.2				13.8	15.9
6'	128.2						
7'	165.9						
16-OCOCH$_3$					171.1	171.0	
16-OCOCH$_3$					21.0	20.9	
30-OCOCH$_3$					170.4		
30-OCOCH$_3$					21.0		

三、异甾体类生物碱

表 2-13-26 异甾体类生物碱的名称、分子式和测试溶剂（一）

编号	中文名称	英文名称	分子式	测试溶剂	参考文献
2-13-109	午贝丙素	shinonomenine	$C_{27}H_{43}NO$	C	[37]
2-13-110	脱二氢瑟烷二醇	veraflorizine	$C_{27}H_{43}NO_2$	C	[37]
2-13-111	藜芦玛碱	veramarine	$C_{27}H_{43}NO_3$	C	[37]
2-13-112	浙贝母碱	verticine	$C_{27}H_{45}NO_3$	C	[37]
2-13-113	贝母尼定碱	baimonidine	$C_{27}H_{45}NO_3$	C	[37]
2-13-114	异浙贝母碱	isoverticine	$C_{27}H_{45}NO_3$	C	[38]
2-13-115	皖贝甲素	wanpeinine A	$C_{27}H_{45}NO_3$	P	[38]
2-13-116	3-O-乙酰基浙贝母碱	3-O-acetylverticine	$C_{29}H_{47}NO_4$	C	[39]

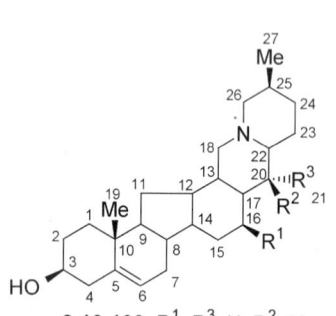

2-13-109 R^1=R^3=H; R^2=Me
2-13-110 R^1=H; R^2=OH; R^3=Me
2-13-111 R^1=R^2=OH; R^3=Me

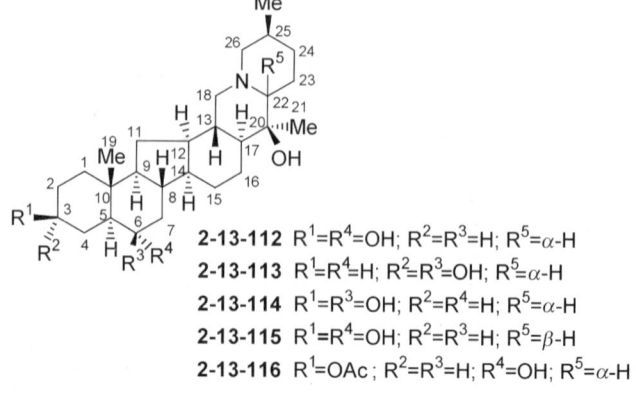

2-13-112 R^1=R^4=OH; R^2=R^3=H; R^5=α-H
2-13-113 R^1=R^4=H; R^2=R^3=OH; R^5=α-H
2-13-114 R^1=R^3=OH; R^2=R^4=H; R^5=α-H
2-13-115 R^1=R^4=OH; R^2=R^3=H; R^5=β-H
2-13-116 R^1=OAc; R^2=R^3=H; R^4=OH; R^5=α-H

表 2-13-27　化合物 2-13-109~2-13-116 的 ^{13}C NMR 数据

C	2-13-109[37]	2-13-110[37]	2-13-111[37]	2-13-112[37]	2-13-113[37]	2-13-114[38]	2-13-115[38]	2-13-116[39]
1	38.1	38.2	38.2	37.9	35.1	38.8	37.8	37.4
2	31.4(b)	31.5	31.5(b)	30.8	28.7	31.2	31.7	26.7
3	72.0	71.9	71.9	71.4	66.9	71.9	71.7	73.7
4	41.8	41.9	42.0	32.5	32.8	35.0	33.3	28.4
5	142.4	142.0	141.7	52.1	42.6	48.3	51.8	52.0
6	122.3	122.3	122.6	70.3	72.6	72.6	70.4	70.4
7	31.2(b)	31.5	31.3(b)	40.5	39.1	39.1	40.8	40.6
8	38.6	38.7	38.7	39.1	35.6	35.8	38.7	39.0
9	54.4	54.3	54.6	56.8	57.6	57.5	57.9	56.6
10	37.0	37.0	37.0	35.2	36.2	35.5	35.9	35.1
11	30.3(c)	29.5(b)	29.2(c)	29.4	29.5(b)	29.6	29.8	29.3
12	41.5	41.7	41.5	41.1	41.0	41.0	41.2	40.9
13	37.9	37.6	32.7	39.3	39.1	39.3	39.4	39.2
14	45.3(d)	44.7	43.7	44.0	43.8	43.8	44.2	43.4
15	25.1	25.2	30.8	24.8	24.8	24.9	24.8	24.7
16	24.9(e)	20.8	66.1	20.8	20.9	20.8	20.8	20.6
17	45.5(d)	49.0	50.4	49.0	49.0	49.0	45.9	48.9
18	62.6(f)	61.9(c)	61.6(d)	61.8(b)	62.0(c)	61.9	60.5	61.7
19	19.1	19.0	19.1	13.0	14.1	15.0	12.9	12.8
20	36.2	71.1	73.2	71.1	71.1	71.1	71.3	71.0
21	8.6	20.4	19.9	20.3	20.6	20.5	22.0	20.2
22	68.0	70.4	70.0	70.3	70.4	70.5	53.0	70.6
23	24.3(e)	19.2	18.7	19.1	19.1	19.1	18.9	19.0
24	28.9(c)	29.3(b)	28.8(c)	29.4	29.3(b)	29.5	28.2	29.3
25	28.3	27.8	27.6	27.7	27.8	27.7	27.4	27.6
26	63.9(f)	62.7(c)	62.2(d)	62.5(b)	62.5(c)	62.6	60.7	62.4
27	17.9	17.4	17.3	17.3	17.5	17.4	16.9	17.2
OCOCH$_3$								170.5
OCOCH$_3$								21.4

注：同列内相同的(b)、(c)、(d)、(e)、(f)表示数据可能互换。

表 2-13-28　异甾体类生物碱的名称、分子式和测试溶剂（二）

编号	中文名称	英文名称	分子式	测试溶剂	参考文献
2-13-117	梭砂贝母芬碱	delafrine	C$_{27}$H$_{45}$NO$_3$	P	[40]
2-13-118	鄂贝定碱	ebeiedine	C$_{27}$H$_{45}$NO$_2$	C	[41]
2-13-119	松贝甲素	songbeinine	C$_{27}$H$_{45}$NO$_2$	C	[42]
2-13-120	梭砂贝母碱	delavine	C$_{27}$H$_{45}$NO$_2$	C	[43]
2-13-121	平贝碱乙	pingbeimine B	C$_{27}$H$_{45}$NO$_6$	P	[44]
2-13-122	浙贝宁	zhebeinine	C$_{27}$H$_{45}$NO$_3$	C+M	[45]
2-13-123	浙贝酮	zhebeinone	C$_{27}$H$_{43}$NO$_3$	M	[46]
2-13-124	浙贝乙素	peiminine	C$_{27}$H$_{43}$NO$_3$	C	[38]
2-13-125	浙贝丙素	zhebeirine	C$_{27}$H$_{43}$NO$_2$	C	[47]
2-13-126	鄂贝乙素	ebeidinone	C$_{27}$H$_{43}$NO$_2$	C	[41,47]
2-13-127	新贝甲素	sinpeinine A	C$_{27}$H$_{43}$NO$_2$	P	[48]
2-13-128	川贝酮碱	chuanbeinone	C$_{27}$H$_{43}$NO$_2$	C	[49]
2-13-129	西贝母碱	sipeimine	C$_{27}$H$_{43}$NO$_3$	C	[50]
2-13-130	梭砂贝母芬酮碱	delafrinone	C$_{27}$H$_{43}$NO$_3$	C	[40]
2-13-131	3-O-乙酰氧基去氢贝母碱	3-O-acetoxyverticinone	C$_{29}$H$_{45}$NO$_4$	C	[39]
2-13-132	松贝乙素	songbeinone	C$_{27}$H$_{43}$NO$_2$	C	[51]

续表

编号	中文名称	英文名称	分子式	测试溶剂	参考文献
2-13-133	平贝碱丙	pingbeimine C	$C_{27}H_{43}NO_6$	P	[52]
2-13-134	西贝素氮氧化物	imperialine N-oxide	$C_{27}H_{43}NO_4$	P	[53]
2-13-135	浙贝宁苷	zhebeininoside	$C_{33}H_{55}NO_8$	M	[54]
2-13-136	伊贝碱苷 A	yibeissine	$C_{33}H_{53}NO_7$	P	[55]
2-13-137	伊贝碱苷 B	yibeissine	$C_{33}H_{53}NO_7$	C+M	[56]
2-13-138	湖贝苷	hupehemonoside	$C_{33}H_{53}NO_8$	D	[57]

2-13-117 R^1=OH; R^2=R^4=α-H; R^3=α-Me
2-13-118 R^1=H; R^2=R^4=α-H; R^3=α-Me
2-13-119 R^1=H; R^2=R^4=β-H; R^3=β-Me
2-13-120 R^1=H; R^2=β-H; R^3=α-Me; R^4=α-H

2-13-121

2-13-122

2-13-123 R^1=R^3=α-H; R^2=OH; R^4=α-Me
2-13-124 R^1=R^3=α-H; R^2=OH; R^4=β-Me
2-13-125 R^1=R^3=α-H; R^2=H; R^4=α-Me
2-13-126 R^1=R^3=α-H; R^2=H; R^4=β-Me
2-13-127 R^1=β-H; R^2=H; R^3=α-H; R^4=β-Me
2-13-128 R^1=R^3=β-H; R^2=H; R^4=β-Me
2-13-129 R^1=β-H; R^2=OH; R^3=α-H; R^4=β-Me

2-13-130

2-13-131

2-13-132

2-13-133

2-13-134

2-13-135

2-13-136 R^1=β-H; R^2=H; R^3=α-H
2-13-137 R^1=R^3=β-H; R^2=H
2-13-138 R^1=R^3=β-H; R^2=OH

表 2-13-29　化合物 2-13-117~2-13-122 的 ^{13}C NMR 数据

C	2-13-117[40]	2-13-118[41]	2-13-119[42]	2-13-120[43]	2-13-121[44]	2-13-122[45]	2-13-123[46]
1	39.4	38.1	38.4	39.4	37.8	38.2	38.5
2	32.4	31.2	31.2	31.4	32.0	31.7	31.6
3	71.7	71.7	71.9	71.9	71.3	72.1	72.2
4	36.0	34.9	31.2	34.8	33.8	33.1	31.0
5	49.5	48.3	48.3	48.1	51.1	53.3	52.7
6	72.2	72.8	72.7	73.2	70.6	71.1	212.0
7	39.7	39.1	40.1	39.6	38.5	41.3	46.9
8	41.0	35.0	40.4	36.7	44.1	39.6	42.4
9	58.8	57.7	57.6	57.9	53.3	58.3	57.6
10	36.5	35.5	35.2	35.5	35.3	36.3	40.0
11	30.5	30.2	29.6	30.8	36.2	29.9	31.0
12	38.0	40.4	40.7	39.1	78.9	42.0	42.4
13	37.3	40.3	40.6	39.1	37.5	39.0	40.0
14	43.5	44.0	39.7	41.2	81.0	44.8	45.8
15	32.9	26.9	29.2	28.7	37.0	25.2	26.2
16	64.8	25.6	24.2	17.7	67.1	21.7	21.7
17	50.5	46.5	43.8	41.6	45.8	48.8	50.1
18	62.3	61.8	60.3	59.2	57.3	60.9	62.8
19	15.0	15.0	12.8	15.7	12.5	13.1	13.0
20	36.5	43.3	38.4	38.9	73.6	72.2	72.2
21	14.6	14.8	14.8	14.7	21.9	21.6	21.7
22	69.6	69.0	68.7	62.5	70.1	71.5	71.6
23	25.8	24.8	29.2	25.0	19.0	21.0	21.4
24	29.9	29.2	31.2	30.3	29.7	31.7	32.6
25	28.7	28.4	29.6	28.4	28.1	29.9	30.2
26	62.7	62.0	64.3	61.7	62.6	61.0	62.8
27	18.2	18.3	19.4	18.3	17.6	18.9	19.0

表 2-13-30　化合物 2-13-124~2-13-129 的 ^{13}C NMR 数据

C	2-13-124[38]	2-13-125[47]	2-13-126[41,47]	2-13-127[48]	2-13-128[49]	2-13-129[50]	2-13-130[40]
1	37.1	36.6	36.8	37.6	37.6	37.6	36.9
2	30.5	30.4	30.3	30.6	30.6	30.2	30.5

续表

C	2-13-124[38]	2-13-125[47]	2-13-126[41,47]	2-13-127[48]	2-13-128[49]	2-13-129[50]	2-13-130[40]
3	70.9	70.7	70.5	70.8	70.9	71.9	71.0
4	30.1	30.0	29.9	30.4	30.3	30.2	30.2
5	56.5	56.8	56.7	56.8	56.4	56.6	56.9
6	211.0	210.0	211.4	210.0	211.1	211.0	211.3
7	46.0	45.7	45.9	47.0	46.8	46.9	45.9
8	42.1	40.8	41.2	41.0	38.2	40.3	43.0
9	56.7	56.6	56.5	56.8	54.8	56.7	56.9
10	38.4	38.3	38.3	38.2	38.2	36.1	38.3
11	29.4	29.6	30.0	30.3	32.0	30.2	29.4
12	41.1	40.0	40.3	47.0	36.6	39.9	40.2
13	39.3	44.0	44.2	39.8	37.7	40.6	36.9
14	43.5	42.2	43.5	39.6	43.3	42.1	43.4
15	24.7	24.7	25.1	26.8	24.4	27.0	31.5
16	20.6	24.1	24.5	24.9	24.8	18.8	65.1
17	48.8	45.5	46.2	35.7	48.0	46.6	49.6
18	61.8	60.0	61.5	59.3	65.7	59.9	61.4
19	12.8	12.7	12.7	12.6	12.4	12.5	12.9
20	71.0	40.0	39.9	39.3	37.4	72.0	36.0
21	20.4	14.2	14.6	18.3	11.4	21.4	14.0
22	70.3	68.6	68.8	62.3	66.9	63.5	68.3
23	19.1	28.6	24.8	17.1	30.1	19.7	25.1
24	29.2	32.4	28.8	30.0	33.6	29.1	28.9
25	27.7	29.4	28.2	28.4	31.1	28.0	28.4
26	62.3	63.2	61.8	61.6	59.9	61.5	61.5
27	17.3	19.0	18.3	15.5	19.8	17.6	18.2

表 2-13-31　化合物 2-13-130~2-13-134 的 ^{13}C NMR 数据

C	2-13-131[39]	2-13-132[51]	2-13-133[52]	2-13-134[53]	C	2-13-131[39]	2-13-132[51]	2-13-133[52]	2-13-134[53]
1	37.0	36.9	38.0	37.5	16	20.8	24.4	67.5	19.6
2	26.9	30.5	31.2	30.6	17	49.0	44.3	50.4	38.7
3	73.3	70.9	71.0	70.5	18	62.0	60.9	62.7	67.9
4	26.5	30.1	31.7	30.4	19	12.9	15.2	11.9	12.7
5	56.6	48.3	67.5	56.6	20	71.2	38.4	73.4	72.3
6	212.1	211.1	211.7	210.8	21	20.6	14.8	22.5	24.6
7	46.2	45.9	80.8	46.8	22	70.5	68.4	70.5	72.8
8	42.3	40.9	49.5	41.8	23	19.3	28.1	19.3	19.6
9	56.6	57.7	51.7	56.9	24	29.4	33.5	30.2	29.1
10	38.6	38.4	39.1	38.2	25	27.9	30.1	28.4	27.9
11	29.6	28.1	28.0	29.8	26	62.6	64.3	62.7	70.8
12	41.2	41.2	50.9	46.4	27	17.5	19.5	18.0	15.6
13	39.6	40.1	35.7	38.2	OCOCH$_3$	170.8			
14	44.2	40.1	76.5	39.2	OCOCH$_3$	21.6			
15	24.9	25.1	38.0	26.3					

表 2-13-32　化合物 2-13-135~2-13-138 的 ^{13}C NMR 数据

C	2-13-135[54]	2-13-136[55]	2-13-137[56]	2-13-138[57]	C	2-13-135[54]	2-13-136[55]	2-13-137[56]	2-13-138[57]
1	38.1	37.5	37.9	36.6	18	61.0	59.3	59.3	58.3
2	30.0	30.6	30.0	28.3	19	13.1	12.5	12.9	12.6
3	78.0	78.5	78.3	76.7	20	71.9	35.9	36.3	70.0
4	41.2	27.1	29.0	28.0	21	21.5	15.6	15.7	21.7
5	53.0	56.3	56.9	55.2	22	71.6	62.5	56.9	46.6
6	71.1	209.9	212.8	210.5	23	20.9	25.3	23.6	19.5
7	41.3	47.5	47.7	45.0	24	30.0	30.6	28.9	26.3
8	39.5	39.7	38.6	40.8	25	29.8	28.7	24.4	25.8
9	58.2	56.6	57.0	55.2	26	61.0	61.8	61.9	59.3
10	36.4	38.1	38.9	38.3	27	18.9	18.3	18.3	16.9
11	29.8	29.3	30.8	27.2	1'	102.2	102.1	101.4	100.6
12	41.8	40.1	41.4	37.9	2'	75.1	75.3	74.1	70.2
13	39.0	40.1	39.7	36.2	3'	77.3	78.5	76.7	73.5
14	44.7	41.2	41.4	41.2	4'	71.5	71.8	70.7	69.6
15	25.1	26.9	26.6	23.6	5'	79.6	77.0	76.7	76.0
16	21.7	17.4	17.4	17.1	6'	62.7	62.9	62.1	61.0
17	48.6	47.1	47.3	43.0					

表 2-13-33　异甾体类生物碱的名称、分子式和测试溶剂（三）

编号	中文名称	英文名称	分子式	测试溶剂	参考文献
2-13-139	胚芽碱	germine	$C_{27}H_{43}NO_8$	C+M	[58]
2-13-140	棋盘花碱	zygadenine	$C_{27}H_{43}NO_7$	C	[59]
2-13-141	藜芦瑟文	veracevine	$C_{27}H_{43}NO_8$	C	[58]
2-13-142	棋盘花辛碱	zygacine	$C_{29}H_{45}NO_8$	C+M	[58]
2-13-143	大理藜芦碱 A	neoverataline A	$C_{27}H_{41}NO_8$	M	[60]
2-13-144	大理藜芦碱 B	neoverataline B	$C_{27}H_{41}NO_9$	P	[60]
2-13-145		neogermine	$C_{27}H_{43}NO_8$	C	[61]
2-13-146	当归酰棋盘花碱	angeloylzygadenine	$C_{32}H_{49}NO_8$	C	[62,63]
2-13-147	藜芦碱	cevadine	$C_{32}H_{49}NO_9$	C	[62,64]
2-13-148	香草酰藜芦定	vanilloylveracevine	$C_{35}H_{49}NO_{11}$	C	[65]
2-13-149	香草酰棋盘花碱	vanilloylzygadenine	$C_{35}H_{49}NO_{10}$	C	[62]
2-13-150	藜芦定	veratridine	$C_{36}H_{51}NO_{11}$	C	[64,66]
2-13-151	藜芦酰棋盘花碱	veratroylzygadenine	$C_{36}H_{51}NO_{10}$	C	[62]

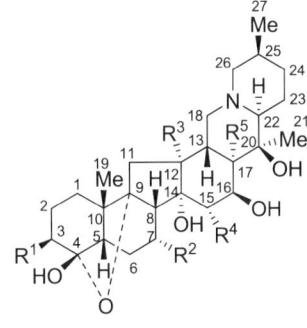

2-13-139　$R^1=R^2=R^4=OH$; $R^3=R^5=H$
2-13-140　$R^1=R^4=OH$; $R^2=R^3=R^5=H$
2-13-141　$R^1=R^3=R^5=OH$; $R^2=R^4=H$
2-13-142　$R^1=OAc$; $R^2=R^3=R^5=H$; $R^4=OH$

2-13-143 R=H
2-13-144 R=OH

2-13-145

2-13-146 R¹=R³=H; R²=OH
2-13-147 R¹=R³=OH; R²=H

2-13-148 R¹=R³=R⁴=OH; R²=H
2-13-149 R¹=R³=H; R²=R⁴=OH
2-13-150 R¹=R³=OH; R²=H; R⁴=OMe
2-13-151 R¹=R³=H; R²=OH; R⁴=OMe

表 2-13-34　化合物 2-13-139~2-13-145 的 ^{13}C NMR 数据

C	2-13-139[58]	2-13-140[59]	2-13-141[58]	2-13-142[58]	2-13-143[60]	2-13-144[60]	2-13-145[61]
1	32.2	32.2	32.1	32.5	32.8	30.0	32.2
2	28.6	27.8	28.3	26.6	33.0	30.6	26.9
3	72.7	73.6	73.4	75.3	181.2	178.1	69.0
4	106.5	106.3	106.4	104.4	179.7	176.0	87.8
5	44.0	44.5	44.7	44.0	49.6	45.5	45.7
6	29.5	18.8	18.9	18.9	21.2	32.5	35.2
7	67.5	17.4	16.9	—	18.6	66.6	74.7
8	44.8	43.8	44.4	44.2	44.5	45.9	52.8
9	93.1	96.2	94.0	96.2	100.4	98.0	40.6
10	46.8	46.1	45.7	45.7	48.0	47.5	32.1
11	33.2	33.2	41.9	33.2	33.6	34.0	29.0
12	45.9	46.2	75.9	46.0	47.4	46.4	48.5
13	33.4	34.1	36.9	33.9	33.2	34.0	35.9
14	82.3	81.2	80.6	80.9	80.6	82.3	78.0
15	69.9	69.9	31.1	69.9	71.7	70.8	40.0
16	70.4	70.4	71.1	69.9	73.0	71.4	66.6
17	47.7	44.3	81.8	46.2	43.8	44.6	49.0
18	61.7	61.6	51.3	61.5	61.0	62.3	61.3
19	18.7	19.1	18.5	18.4	14.7	14.0	22.0
20	73.4	73.3	72.1	73.3	73.1	73.5	72.9
21	20.7	19.9	16.0	20.2	22.7	22.3	20.2

续表

C	2-13-139[58]	2-13-140[59]	2-13-141[58]	2-13-142[58]	2-13-143[60]	2-13-144[60]	2-13-145[61]
22	70.4	69.7	64.1	70.3	71.6	71.0	69.8
23	19.2	18.5	19.0	19.0	18.7	19.2	18.3
24	29.3	29.0	29.2	29.0	28.6	30.0	28.9
25	27.6	27.4	27.6	27.4	27.8	28.3	27.3
26	61.9	61.4	61.6	61.5	60.4	62.3	61.6
27	17.3	17.1	17.2	17.2	16.6	17.9	17.0

表 2-13-35　化合物 2-13-146~2-13-151 的 ^{13}C NMR 数据

C	2-13-146[62,63]	2-13-147[62,64]	2-13-148[65]	2-13-149[62]	2-13-150[64,66]	2-13-151[62]
1	32.8	32.4	32.6	32.8	32.3	32.9
2	26.9	26.7	18.3	26.9	18.1	26.9
3	75.1	75.1	75.3	75.9	75.2	75.9
4	105.0	105.1	105.1	105.0	104.6	104.9
5	46.4	46.1	46.1	46.5	45.8	46.5
6	19.0	18.3	26.8	19.1	26.4	19.1
7	17.2	16.9	16.9	17.2	16.6	17.2
8	43.9	44.7	44.7	44.0	44.5	44.0
9	96.2	94.5	94.2	96.3	94.2	96.3
10	45.7	45.5	45.4	45.9	45.2	45.9
11	33.2	42.1	42.1	33.3	41.6	33.3
12	46.3	81.7	81.7	46.3	81.5	46.4
13	34.1	36.9	36.9	34.2	36.6	34.2
14	80.8	80.3	80.2	80.8	80.5	80.8
15	69.8	31.6	31.1	69.8	30.8	69.9
16	70.3	71.0	70.9	70.3	70.7	70.4
17	44.2	72.0	72.0	44.3	71.7	44.3
18	61.8	51.4	51.3	61.7	51.1	61.7
19	19.0	19.0	19.0	19.1	18.7	19.1
20	73.2	75.8	75.7	73.3	75.5	73.3
21	19.8	15.5	15.5	19.9	15.2	19.9
22	69.7	63.6	63.5	70.3	63.2	70.2
23	18.4	18.9	29.0	18.4	28.8	18.4
24	28.9	29.0	19.0	29.0	18.7	29.0
25	27.4	27.5	27.4	27.4	27.2	27.4
26	61.3	61.2	61.2	61.4	60.9	61.4
27	17.1	17.1	17.1	17.1	16.9	17.1
1'	168.4	168.7	—	167.3	166.3	167.2
2'	127.6	127.4	—	121.8	122.1	122.3
3'	138.9	139.5	—	112.1	112.1	110.2
4'	15.9	16.0	—	146.4	148.4	148.8
5'	20.6	20.6	—	150.6	153.1	153.4
6'			—	114.2	110.0	112.3
7'			—	124.4	123.5	123.8
4'-OMe				56.2	55.8	56.1
5'-OMe			—		55.8	56.0

表 2-13-36　异甾体类生物碱的名称、分子式和测试溶剂（四）

编号	中文名称	英文名称	分子式	测试溶剂	参考文献
2-13-152	贝母辛	peimisine	$C_{27}H_{41}NO_3$	C	[67]
2-13-153	伊贝辛	yibeissine	$C_{27}H_{41}NO_4$	C	[68]
2-13-154	西洛帕明	cyclopamine	$C_{27}H_{41}NO_2$	P	[53,69]
2-13-155	西洛泼辛碱	cycloposine	$C_{33}H_{51}NO_7$	P	[53,69]
2-13-156	平贝酮碱	pingbeinone	$C_{26}H_{41}NO_3$	C	[70]
2-13-157	新计巴丁	neogermbudine	$C_{37}H_{59}NO_{12}$	C	[71]

表 2-13-37　化合物 2-13-152~2-13-157 的 ^{13}C NMR 数据

C	2-13-152[67]	2-13-153[68]	2-13-154[53,69]	2-13-155[53,69]	2-13-156[70]	2-13-157[71]	C	2-13-155[53,69]	2-13-157[71]
1	38.7	38.1	37.7	36.8	37.2	32.4	1'	102.2	174.9
2	31.2	30.6	31.5	30.3	30.4	26.4	2'	72.2	77.1
3	70.2	70.1	71.4	78.5	70.8	—	3'	75.3	72.6
4	36.8	31.7	41.5	39.6	30.0	105.0	4'	71.9	17.3
5	56.4	54.4	142.8	142.4	56.4	46.4	5'	75.8	21.4
6	210.5	210.2	122.0	122.9	211.2	28.7	6'	63.0	
7	45.5	45.3	39.0	39.8	46.4	66.6	1"		175.8
8	45.8	41.1	42.7	43.6	47.9	47.9	2"		41.1
9	54.2	58.9	52.9	54.4	52.5	93.1	3"		26.8
10	38.2	39.2	37.4	38.2	38.3	46.0	4"		11.6
11	28.2	70.3	29.1	29.2	44.5	33.1	5"		16.8

续表

C	2-13-152[67]	2-13-153[68]	2-13-154[53,69]	2-13-155[53,69]	2-13-156[70]	2-13-157[71]	C	2-13-155[53,69]	2-13-157[71]
12	128.1	129.9	127.7	127.6	77.5	47.1			
13	140.8	141.3	141.8	140.9	73.1	33.5			
14	48.2	48.9	49.0	48.8	52.3	81.0			
15	23.8	25.2	25.2	25.0	26.9	70.0			
16	31.3	28.7	32.0	31.5	21.4	69.2			
17	84.8	85.5	85.5	85.5	42.0	45.4			
18	12.8	13.0	13.5	13.4		61.4			
19	12.2	12.6	19.1	19.0	12.6	19.2			
20	39.2	39.7	40.5	40.3	36.1	72.9			
21	10.4	10.4	11.2	11.1	13.5	20.1			
22	65.8	66.1	67.2	67.1	63.5	69.8			
23	75.1	75.5	76.5	76.9	23.8	18.4			
24	30.1	32.9	31.6	31.9	28.4	28.9			
25	30.8	30.0	31.7	31.7	30.6	27.3			
26	54.1	56.5	55.3	55.1	58.4	61.3			
27	18.8	18.7	18.0	17.5	20.0	17.1			

表 2-13-38　异甾体类生物碱的名称、分子式和测试溶剂（五）

编号	中文名称	英文名称	分子式	测试溶剂	参考文献
2-13-158		(3β,5α,13α,23β)-7,8,12,14-tetradehydro-5,6,12,13-tetrahydro-3,23- dihydroxyveratraman-6-one	$C_{27}H_{41}NO_3$	C	[39]
2-13-159		(3β,5α,13α,23β)-7,8,12,14-tetradehydro-5,6,12,13-tetrahydro-3,13,23- trihydroxyveratraman-6-one	$C_{27}H_{41}NO_4$	C	[39]
2-13-160		veratraman-3-ol	$C_{27}H_{43}NO$	M+C	[72]
2-13-161	蒲贝素 A	puqienine A	$C_{28}H_{47}NO_3$	D	[73]
2-13-162	蒲贝素 B	puqienine B	$C_{28}H_{45}NO_3$	D	[73]
2-13-163	蒲贝素 F	puqienine F	$C_{28}H_{45}NO_5$	P	[74]

2-13-158　R=H
2-13-159　R=OH

2-13-160

2-13-161

2-13-162

2-13-163

表 2-13-39　化合物 2-13-158~2-13-163 的 ^{13}C NMR 数据

C	2-13-158[39]	2-13-159[39]	2-13-160[72]	2-13-161[73]	2-13-162[73]	2-13-163[74]
1	37.6	37.5	38.1	39.1	36.8	37.2
2	31.5	31.3	30.1	31.3	30.2	31.5
3	70.7	70.6	71.6	70.3	69.2	70.3
4	31.9	31.9	41.6	35.4	30.6	31.3
5	54.9	54.9	143.1	48.1	55.8	56.4
6	199.7	199.3	122.2	70.6	210.5	210.0
7	113.3	114.5	30.1	38.7	45.4	45.8
8	171.5	171.0	43.6	41.2	47.0	46.8
9	53.7	53.8	56.5	52.0	53.4	58.5
10	40.4	40.3	36.8	35.0	38.1	38.6
11	33.8	30.9	22.0	28.1	27.8	25.6
12	163.4	163.0	35.5	125.9	127.1	98.9
13	35.2	73.4	135.7	138.9	137.5	80.9
14	135.5	135.4	31.9	47.4	47.6	47.6
15	22.9	22.8	20.5	25.4	25.2	38.7
16	23.2	24.1	32.8	22.7	22.5	80.2
17	40.0	43.1	140.0	36.0	36.0	57.0
18	13.4	21.5	10.7	17.0	17.1	21.8
19	12.3	12.3	19.1	14.5	12.3	12.5
20	37.8	29.5	40.2	31.3	31.4	31.5
21	14.6	15.4	12.1	13.0	13.0	12.5
22	70.4	71.0	59.3	63.3	63.4	70.1
23	68.7	68.6	31.5	65.9	65.9	66.8
24	45.2	43.1	24.1	42.6	42.7	43.0
25	32.3	32.4	29.0	18.1	18.1	23.5
26	55.1	55.3	51.5	63.3	63.2	65.7
27	19.3	19.2	18.5	19.2	19.3	19.5
28				37.2	37.2	41.4

参 考 文 献

[1] Ono M, Takara Y, Egami M, et al. Chem Pharm Bull, 2006, 54: 237.
[2] Yoshizaki M, Matsushita S, Fujiwara Y, et al. Chem Pharm Bull, 2005, 53: 839.
[3] Wanyonyi A W, Chhabra S C, Mkoji G, et al. Phytochemistry, 2002, 59: 79.
[4] Ono H, Kozuka D, Chiba Y, et al. J Agric Food Chem, 1997, 45: 3743.
[5] Yahara S, Uda N, Nohara T. Phytochemistry, 1996, 42: 169.
[6] Weston R J, Gottlieb H E, Hagaman E W, et al. Aust J Chem, 1977, 30: 917.
[7] Yoshikawa M, Nakamura S, Ozaki K, et al. J Nat Prod, 2007, 70: 210.
[8] Mahato S B, Sahu N P, Ganguly A N, et al. Phytochemistry, 1980, 19: 2017.
[9] Ono M, Nishimura K, Suzuki K, et al. Chem Pharm Bull, 2006, 54: 230.
[10] Weltring K M, Wessels J, Pauli G F. Phytochemistry, 1998, 48: 1321.
[11] Radeglia R, Adam G, Ripperger H. Tetrahedron Lett, 1977, 11: 903.
[12] Lawson D R, Green T P, Haynes L W, et al. J Agric Food Chem, 1997, 45: 4122.
[13] Shou Q Y, Tan Q, Shen Z W. Fitoterapia, 2010, 81: 81.

[14] Abdel-Kader M S, Bahler B D, Malone S, et al. J Nat Prod, 1998, 61: 1202.
[15] Xu D M, Xu M L, Wang S Q, et al. J Nat Prod, 1990, 53: 549.
[16] Bird G J, Collins D J, Eastwood F W, et al. Tetrahedron Lett, 1976, (40): 3653.
[17] Jiang Y, Li H, Li P, et al. J Nat Prod, 2005, 68: 264.
[18] 徐东铭, 王淑琴, 黄恩喜等. 药学学报, 1989, 24: 668
[19] 徐雅娟, 徐东铭, 崔东滨等. 药学学报, 1994, 29: 200
[20] Atta-ur-Rahman, Zaheer-ul-Haq, Feroz F, et al. Helv Chim Acta, 2004, 87: 439.
[21] Kam T S, Sim K M, Koyano T, et al. J Nat Prod, 1998, 61: 1332.
[22] Devkota K P, Lenta B N, Choudhary M I, et al. Chem Pharm Bull, 2007, 55: 1397.
[23] Kumar N, Singh B, Bhandari, P, et al. Chem Pharm Bull, 2007, 55: 912.
[24] Devkota K P, Choudhary M I, Nawaz S A, et al. Chem Pharm Bull, 2007, 55: 682.
[25] Kalauni S K, Choudhary M I, Shaheen F, et al. J Nat Prod, 2001, 64: 842.
[26] Atta-ur-Rahman, Anjum S, Farooq A, et al. J Nat Prod, 1998, 61: 202.
[27] Du D, Qu J, Wang M J, et al. phytochemistry, 2010, 71: 1749.
[28] Morinaka B I, Masuno M N, Pawlik J R, et al. Org Lett, 2007, 9: 5219.
[29] Sangare M, Khuong Huu Laine F, Herlem D, et al. Tetrahedron Lett, 1975, (22/23): 1791.
[30] Atta-ur-rahman, Ata A, Naz S, et al. J Nat Prod, 1999, 62: 665.
[31] 刘洁, 杭太俊, 张正行. 中草药, 2006, 37(11): 1614.
[32] Yan Y X, Chen J C, Sun Y, et al. Chem Biodiver, 2010, 7: 1822.
[33] Choudhary M I, Shahnaz S, Parveen S, et al. Chem Biodivers, 2006, 3: 1039.
[34] Ata A, Iverson C D, Kalhari K S, et al. Phytochemistry, 2010, 71: 1780.
[35] Choudhary M I, Shahnaz S, Parveen S, et al. J Nat Prod, 2003, 66: 739.
[36] Sun L R, Yan J, Lu L, et al. Helv Chim Acta, 2007, 90: 1313.
[37] Kaneko Ko, Tanaka M, Haruki K, et al. Tetrahedron Lett, 1979, (39): 3737.
[38] 李清华, 吴宗好. 药学学报, 1986, 21: 767.
[39] Zhang Y H, Yang X L, Zhang P, et al. Chem Biodiver, 2008, 5: 259.
[40] Kaneko K, Katsuhara T, Kitamura Y, et al. Chem Pharm Bull, 1988, 36: 4700.
[41] Lee P, Kitamura Y, Kaneko K, et al. Chem Pharm Bull, 1988, 36: 4316.
[42] 余世春, 肖培根. 植物学报, 1990, 32 (12): 929.
[43] Kaneko K, Katsuhara T, Mitsuhashi H, et al. Chem Pharm Bull, 1985, 33: 2614.
[44] 徐东铭, 王淑琴, 黄恩喜等. 药学学报, 1988, 23: 902.
[45] 张建兴, 马广恩, 劳爱娜等. 药学学报, 1991, 26: 231.
[46] 张建兴, 劳爱娜, 黄慧珠等. 药学学报, 1992, 27: 472.
[47] 张建兴, 马广恩, 劳爱娜等. 药学学报, 1991, 33: 923.
[48] 刘庆华, 贾晓光, 任永风等. 药学学报, 1984, 19: 894.
[49] Kaneko K, Katsuhara T, Mitsuhashi H, et al. Tetrahedron Lett, 1986, 27: 2387.
[50] Atta-Ur-Rahman, Akhtar M N, Choudhary M I, et al. Chem Pharm Bull, 2002, 50: 1013.
[51] 余世春, 肖培根, 孙南君等. 植物学报, 1992, 34(12): 945.
[52] 徐东铭, 贺存恒, 王淑琴等. 药学学报, 1990, 25: 127.
[53] 徐东铭, 黄恩喜, 王淑琴等. 植物学报, 1990, 32(10): 789.
[54] 张建兴, 劳爱娜, 徐任生. 植物学报, 1993, 35(3): 238.
[55] 徐东铭, 在原重倍, 庄子升等. 药学学报, 1990, 25: 795.
[56] 徐雅娟, 徐东铭, 崔东滨等. 药学学报, 1993, 28: 192.
[57] 吴继洲, 汤明, 王锐. 药学学报, 1991, 26: 829.
[58] Carey F A, Hutton W C, Schmidt J C. Org Magn Reson, 1980, 14: 141.
[59] Zhao W J, Tezuka Y, Kikuchi T. Chem Pharm Bull, 1989, 37: 2920.
[60] Zhou C X, Liu J Y, Ye W C, et al. Tetrahedron, 2003, 59: 5743.
[61] Cong Y, Guo L, Yang J Y, et al. Planta Med, 2007, 73: 1588.
[62] Kadota S, Chen S Z, Li J X, et al. Phytochemistry, 1995, 38: 777.
[63] Chung M I, Teng C M, Cheng K L, et al. Planta Med, 1992, 58: 274.
[64] De Marcano D, Mendez B, Parada H, et al. Org Magn Reson, 1981, 16: 314.
[65] Ujvary I, Casida J E. Phytochemistry, 1997, 44: 1257.

[66] Krishnamurthy V V, Casida J E. Magn Reson Chem, 1988, 26: 980.
[67] 王锋鹏, 张榕, 唐心曜. 药学学报, 1992, 27: 273.
[68] 徐雅娟, 徐东铭, 黄恩喜等. 药学学报, 1992, 27: 121.
[69] Gaffield W, Benson M, Lundin R E, et al. J Nat Prod, 1986, 49: 286.
[70] Kitamura Y, Nishizawa M, Kaneko K, et al. Tetrahedron Lett, 1989, 30: 4981.
[71] 赵伟杰, 孟庆伟, 王世盛. 中国中药杂志, 2003, 28 (9): 884.
[72] 赵朗, 欧志强, 王刊等. 中国中药杂志, 2009, 34(23): 3039.
[73] Jiang Y, Li H, Li P, et al. J Nat Prod, 2005, 68: 264.
[74] Li H J, Jiang Y, Li P, et al. Chem Pharm Bull, 2006, 54: 722.

第十四节 核苷类生物碱

一、腺嘌呤类生物碱

表 2-14-1 腺嘌呤类生物碱的名称、分子式和测试溶剂

编号	中文名称	英文名称	分子式	测试溶剂	参考文献
2-14-1	腺嘌呤	adenine	$C_5H_5N_5$	D	[1]
2-14-2	咖啡因	caffeine	$C_8H_{10}N_4O_2$	C	[2]
2-14-3	虫草素	cordycepin	$C_{10}H_{13}N_5O_3$	M	[3]
2-14-4	4'-羧基-5,6-二氢-1'H,3'H-嘧啶并[3,4,9-cd]嘌呤-2,6(1H)-二酮	4'-carboxy-5,6-dihydro-1'H,3'H-pyrimido[3,4,9-cd]purine-2,6(1H)-dione	$C_9H_9N_4O_4$	P	[6]
2-14-5	7,9-二氢-1-(3'-异丁基醇)-1H-嘌呤-6,8-二酮	7,9-dihydro-1-(3'-oxobutyl)-1H-purine-6,8-dione	$C_9H_9N_4O_3$	P	[6]
2-14-6	7-氢-9-(3'-异丁基醇)-1H-嘌呤-6,8-二酮	7-hydro-9-(3'-oxobutyl)-1H-purine-6,8-dione	$C_9H_9N_4O_3$	P	[6]
2-14-7		leucosolenamine A	$C_{17}H_{17}N_7O_4$	D	[7]
2-14-8		leucosolenamine B	$C_{18}H_{20}N_8O_3$	D	[7]
2-14-9	叶酸	folic acid	$C_{19}H_{19}N_7O_6$	W	[4]
2-14-10	益母草碱	leonurine	$C_{14}H_{21}N_3O_5$	D	[5]
2-14-11		clathridimine	$C_{16}H_{16}N_6O_3$	C	[8]
2-14-12		6-(9'-purine-6', 8'-diolyl)-2β-suberosanone	$C_{20}H_{26}N_4O_3$	C	[9]
2-14-13		oxocyclostylidol	$C_{11}H_{10}BrN_5O_3$	D	[10]

2-14-1[1] $R^1=R^2=R^3=R^4=R^5=H$; $R^6=NH_2$; $\Delta^{2,3}$; $\Delta^{4,9}$; $\Delta^{7,8}$; $\Delta^{5,6}$

2-14-2[2] $R^1=CH_3$; $R^2=H$; $R^3=CH_3$; $R^4=O$; $R^5=CH_3$; $R^6=NH_2$; $\Delta^{7,8}$; $\Delta^{4,5}$

2-14-3[3] $R^1=R^3=R^4=R^5=H$; $R^2=$ (sugar moiety); $R^6=NH_2$; $\Delta^{1,6}$; $\Delta^{2,3}$; $\Delta^{4,5}$; $\Delta^{7,8}$

表 2-14-2　化合物 2-14-1～2-14-8 的 ^{13}C NMR 数据

C	2-14-1	2-14-2	2-14-3	C	2-14-4	2-14-5	2-14-6	C	2-14-7	2-14-8
1				2	149.5	143.1	140.6	2	160.1	159.7
2	152.4	148.7	153.6	4	139.2	151.1	150.1	4	148.0	144.3
3				5	111.6	107.4	108.7	5	158.0	155.5
4	150.3	155.6	149.8	6	156.3	157.0	156.3	6	38.1	38.2
5	118.6	107.5	120.6	8	136.1	153.1	152.2	7	133.2	133.6
6	155.9	155.3	157.3	1'	42.6	41.8	38.3	8	109.7	110.0
7				2'	36.5	43.7	42.0	9	146.8	146.8
8	138.9	141.3	141.1	3'	39.9	205.9	206.5	10	145.3	145.3
R^1		27.8		4'	170.9	29.7	29.7	11	107.8	107.9
R^2								12	121.9	122.1
R^3		29.6						13	100.5	100.6
R^4								2'	150.8	150.8
R^5		33.4						4'	146.3	143.8
1'			93.5					5'	113.7	115.4
2'			76.6					6'	159.5	145.3
3'			64.2					1'N-CH$_3$	28.0	29.9
4'			82.5					3'N-CH$_3$	28.8	28.7
5'			31.5					6'N-CH$_3$		38.1

二、简单嘌呤衍生物类生物碱

表 2-14-3 简单嘌呤衍生物类生物碱的名称、分子式和测试溶剂

编号	中文名称	英文名称	分子式	测试溶剂	参考文献
2-14-14	9H-嘌呤	9H-purine	$C_5H_4N_4$	C	[11]
2-14-15	2-胺-9H-嘌呤	2-amine-9H-purine	$C_5H_5N_5$	C	[11]
2-14-16	2-氟-9H-嘌呤	2-fluoro-9H-purine	$C_5H_3FN_4$	C	[11]
2-14-17	2-氯-9H-嘌呤	2-chloro-9H-purine	$C_5H_3ClN_4$	C	[11]
2-14-18	6-甲基-9H-嘌呤	6-methyl-9H-purine	$C_5H_3ClN_4$	C	[11]
2-14-19	6-甲氧基-9H-嘌呤	6-methoxy-9H-purine	$C_6H_6N_4$	C	[11]
2-14-20	6-甲硫基-9H-嘌呤	6-methylthio-9H-purine	$C_6H_6N_4S$	C	[11]
2-14-21	6-氨基-9H-嘌呤	6-amine-9H-purine	$C_5H_5N_5$	C	[11]
2-14-22	6-氨基-N-甲基-9H-嘌呤	6-amine-N-methyl-9H-purine	$C_6H_7N_5$	C	[11]
2-14-23	6-氨基-N,N-二甲基-9H-嘌呤	6-amine-N,N-dimethyl-9H-purine	$C_7H_9N_5$	C	[11]
2-14-24	6-氨基-N,N-二乙基-9H-嘌呤	6-amine-N,N-diethyl-9H-purine	$C_9H_{13}N_5$	C	[11]
2-14-25	6-氯-9H-嘌呤	6-chloro-9H-purine	$C_5H_3ClN_4$	C	[11]
2-14-26	6-溴-9H-嘌呤	6-bromo-9H-purine	$C_5H_3BrN_4$	C	[11]
2-14-27	6-碘-9H-嘌呤	6-iodo-9H-purine	$C_5H_3IN_4$	C	[11]
2-14-28	6-腈-9H-嘌呤	6-carbonitrile-9H-purine	$C_6H_3N_5$	C	[11]
2-14-29	6-(三甲胺)-嘌呤	6-(trimethylammonio)purin-9-ide	$C_8H_{12}N_5$	C	[11]
2-14-30	2,6-二甲硫基-9H-嘌呤	2,6-bis(methylthio)-9H-purine	$C_7H_8N_4S_2$	C	[11]
2-14-31	2,6-二氨基-9H-嘌呤	2,6-diamine-9H-purine	$C_5H_6N_6$	C	[11]
2-14-32	2,6-二氯-9H-嘌呤	2,6-dichloro-9H-purine	$C_5H_2Cl_2N_4$	C	[11]
2-14-33	6-氨基-2-甲基-9H-嘌呤	6-amine-2-methyl-9H-purine	$C_6H_7N_5$	C	[11]
2-14-34	2-氨基-6-甲基-9H-嘌呤	2-amine-6-methyl-9H-purine	$C_6H_7N_5$	C	[11]
2-14-35	6-氨基-2-甲硫基-9H-嘌呤	6-amine-2-(methylthio)-9H-purine	$C_6H_7N_5S$	C	[11]
2-14-36	2-氨基-6-甲硫基-9H-嘌呤	2-amine-6-(methylthio)-9H-purine	$C_6H_7N_5S$	C	[11]
2-14-37	2-氯-2-甲氧基-9H-嘌呤	2-chloro-6-methoxy-9H-purine	$C_6H_5ClN_4O$	C	[11]
2-14-38	6-氨基-2-氟-9H-嘌呤	6-amine-2-fluoro-9H-purine	$C_5H_4FN_5$	C	[11]
2-14-39	6-氨基-2-氯-9H-嘌呤	6-amine-2-chloro-9H-purine	$C_5H_4ClN_5$	C	[11]
2-14-40	6-氯-2-乙基-9H-嘌呤	6-chloro-2-ethyl-9H-purine	$C_7H_7ClN_4$	C	[11]

2-14-14　$R^1=R^2$=H
2-14-15　$R^1=NH_2$; R^2=H
2-14-16　R^1=F; R^2=H
2-14-17　R^1=Cl; R^2=H
2-14-18　R^1=H; $R^2=CH_3$
2-14-19　R^1=H; $R^2=OCH_3$
2-14-20　R^1=H; $R^2=SCH_3$
2-14-21　R^1=H; $R^2=NH_2$
2-14-22　R^1=H; $R^2=NHCH_3$

2-14-23　R^1=H; $R^2=N(CH_3)_2$
2-14-24　R^1=H; $R^2=N(CH_2CH_3)_2$
2-14-25　R^1=H; R^2=Cl
2-14-26　R^1=H; R^2=Br
2-14-27　R^1=H; R^2=I
2-14-28　R^1=H; R^2=CN
2-14-29　R^1=H; $R^2=N(CH_3)_3^+$
2-14-30　$R^1=SCH_3$; $R^2=SCH_3$
2-14-31　$R^1=R^2=NH_2$

2-14-32　$R^1=R^2$=Cl
2-14-33　$R^1=CH_3$; $R^2=NH_2$
2-14-34　$R^1=NH_2$; $R^2=CH_3$
2-14-35　$R^1=SCH_3$; $R^2=NH_2$
2-14-36　$R^1=NH_2$; $R^2=SCH_3$
2-14-37　R^1=Cl; $R^2=OCH_3$
2-14-38　R^1=F; $R^2=NH_2$
2-14-39　R^1=Cl; $R^2=NH_2$
2-14-40　$R^1=CH_2CH_3$; R^2=Cl

表 2-14-4　化合物 2-14-14~2-14-22 的 ^{13}C NMR 数据[11]

C	2-14-14	2-14-15	2-14-16	2-14-17	2-14-18	2-14-19	2-14-20	2-14-21	2-14-22
2	152.1	160.6	158.3	152.7	151.3	151.3	151.6	152.4	152.4
4	154.8	155.1	158.2	157.7	153.9	155.1	150.2	151.3	150.0
5	130.5	125.5	128.8	129.1	129.6	118.1	129.4	117.6	118.2
6	145.5	147.7	147.2	146.9	155.7	159.3	158.7	155.3	154.7
8	146.1	141.6	150.0	147.8	144.5	142.6	143.1	139.3	138.8
CH$_3$					19.5	53.7	11.3		27.2

表 2-14-5　化合物 2-14-23~2-14-31 的 ^{13}C NMR 数据[11]

C	2-14-23	2-14-24	2-14-25	2-14-26	2-14-27	2-14-28	2-14-29	2-14-30	2-14-31
2	151.8	151.9	151.5	151.5	151.7	152.2	150.3	163.8	160.2
4	151.2	151.1	154.2	153.0	150.0	155.0	151.6	151.8	152.8
5	119.0	118.5	129.2	132.0	120.2	133.5	137.7	127.9	112.5
6	154.3	153.1	147.8	140.1	136.5	127.8	165.6	159.8	155.8
8	137.7	137.9	146.2	145.9	145.2	149.3	147.3	142.0	135.9
CH$_3$	37.8	13.5				114.3	54.3		

表 2-14-6　化合物 2-14-32~2-14-40 的 ^{13}C NMR 数据[11]

C	2-14-32	2-14-33	2-14-34	2-14-35	2-14-36	2-14-37	2-14-38	2-14-39	2-14-40
2	151.0	160.7	160.1	163.9	159.6	151.1	158.8	152.8	165.0
4	156.2	151.8	154.3	152.2	151.6	157.0	153.4	152.8	155.1
5	128.5	115.8	124.4	115.4	124.0	116.8	115.5	116.2	127.7
6	148.1	154.9	127.2	154.9	159.2	159.6	156.8	155.9	147.6
8	147.4	138.6	140.0	138.5	138.4	143.8	140.1	140.2	146.0
CH$_3$		25.3	19.0	16.6	10.8	54.7			12.6

三、吡咯并嘧啶类生物碱

表 2-14-7　吡咯并嘧啶类生物碱的名称、分子式和测试溶剂

编号	中文名称	英文名称	分子式	测试溶剂	参考文献
2-14-41	7H-吡咯[2,3-d]并嘧啶	7H-pyrrolo[2,3-d] pyrimidine	C$_6$H$_5$N$_3$	C	[12]
2-14-42	5'-羟甲基-2'-(7H-吡咯[2,3-d]并嘧啶)-3',4'-二醇-四氢呋喃	5'-hydroxymethyl-2'-(7H-pyrrolo[2,3-d]pyrimidin-7-yl)-3',4'-diol-tetrahydrofuran	C$_{11}$H$_{13}$N$_3$O$_4$	C	[12]
2-14-43	4-氨基-7H-吡咯[2,3-d]并嘧啶	4-amine-7H-pyrrolo[2,3-d] pyrimidine	C$_6$H$_6$N$_4$	C	[12]
2-14-44	4-氨基-7-甲基-7H-吡咯[2,3-d]并嘧啶	4-amine-7-methyl-7H-pyrrolo[2,3-d]pyrimidine	C$_7$H$_8$N$_4$	C	[12]
2-14-45	5'-羟甲基-2'-(4-氨基-7H-吡咯[2,3-d]并嘧啶)-3',4'-二醇-四氢呋喃	5'-hydroxymethyl-2'-(4-amino-7H-pyrrolo[2,3-d]pyrimidin-7-yl)-3',4'-diol-tetrahydrofuran	C$_{11}$H$_{14}$N$_4$O$_4$	C	[12]

续表

编号	中文名称	英文名称	分子式	测试溶剂	参考文献
2-14-46	2'-(5-氰基-4-氨基-7H-吡咯[2,3-d]并嘧啶)-5'-羟甲基-3',4'-二醇-四氢呋喃	5-carbonitrile-4-amino-7H-pyrrolo[2,3-d]pyrimidine-7-[3',4'-dihydroxy-5'-(hydroxylmethyl)-tetrahydrofuran-2-yl]	$C_{12}H_{13}N_5O_4$	C	[12]
2-14-47	4-氨基-7-(3',4'-二羟基-5'-(羟甲基)-四氢呋喃)-5-氰基-7H-吡咯[2,3-d]并嘧啶	4-amino-7-[3',4'-dihydroxy-5'-(hydroxymethyl)-tetrahydrofuran-2-yl]-5-caboxamide-7H-pyrrolo[2,3-d]pyrimidine	$C_{12}H_{15}N_5O_5$	C	[12]
2-14-48	3,7H-吡咯[2,3-d]并嘧啶-4-酮	3H-pyrrolo[2,3-d]pyrimidin-4(7H)-one	$C_6H_5N_3O$	C	[12]
2-14-49	7-(3',4'-二羟基-5'-羟甲基-四氢呋喃)-3,7H-吡咯[2,3-d]并嘧啶-4-酮	7-[3',4'-dihydroxy-5'-(hydroxymethyl)-tetrahydrofuran-2-yl]-3H-pyrrolo[2,3-d]pyramidin-4(7H)-one	$C_{11}H_{13}N_3O_5$	C	[12]
2-14-50	3,7H-吡咯[2,3-d]并嘧啶-4-硫酮	3H-pyrrolo[2,3-d]pyrimidine-4(7H)-thione	$C_6H_5N_3S$	C	[12]
2-14-51	7-(3',4'-二羟基-5'-羟甲基-四氢呋喃)-3,7H-吡咯[2,3-d]并嘧啶-4-硫酮	7-[3',4'-dihydroxy-5'-(hydroxymethyl)-tetrahydrofuran-2-yl]-3H-pyrrolo[2,3-d]pyrimidine-4(7H)-thione	$C_{11}H_{13}N_3O_4S$	C	[12]

2-14-41 $R^2=R^3=R^4=H$
2-14-42 $R^2=R^3=H$; $R^4=$Ribose
2-14-43 $R^2=NH_2$; $R^3=R^4=H$
2-14-44 $R^2=NH_2$; $R^3=H$; $R^4=CH_3$
2-14-45 $R^2=NH_2$; $R^3=H$; $R^4=$Ribose
2-14-46 $R^2=NH_2$; $R^3=CN$; $R^4=$Ribose
2-14-47 $R^2=NH_2$; $R^3=CONH_2$; $R^4=$Ribose
2-14-48 $R^1=H$; $R^2=O$; $R^3=R^4=H$
2-14-49 $R^1=H$; $R^2=O$; $R^3=H$; $R^4=$Ribose
2-14-50 $R^1=H$; $R^2=S$; $R^3=R^4=H$
2-14-51 $R^1=H$; $R^2=S$; $R^3=H$; $R^4=$Ribose

表 2-14-8 化合物 2-14-41~2-14-51 的 ^{13}C NMR 数据[12]

C	2-14-41	2-14-42	2-14-43	2-14-44	2-14-45	2-14-46	2-14-47	2-14-48	2-14-49	2-14-50	2-14-51
2	151.2	150.7	150.0	149.9	149.5	150.3	151.1	148.2	148.0	143.6	143.4
3	118.2	119.3	102.3	102.3	103.2	101.5	101.4	107.8	108.6	119.9	120.7
4	148.8	149.6	157.2	157.4	157.4	157.2	158.3	158.7	158.5	176.3	176.6
6	150.8	151.0	151.1	151.6	151.3	153.7	153.0	143.3	144.0	142.8	143.5
9	99.4	100.5	99.2	98.3	99.8	83.2	111.2	102.2	102.7	104.4	104.9
8	127.2	127.8	121.5	124.9	122.8	132.6	126.0	120.5	121.4	123.8	124.2
2'		86.9			87.8	88.1	87.7		87.3		87.1

C	2-14-41	2-14-42	2-14-43	2-14-44	2-14-45	2-14-46	2-14-47	2-14-48	2-14-49	2-14-50	2-14-51
3'		74.2			73.7	74.5	74.2		74.5		74.6
4'		70.8			70.7	70.4	70.9		70.8		70.7
5'		85.3			85.1	85.7	85.6		85.3		85.4
6'		61.8			61.8	61.4	62.1		61.8		61.1

四、多取代嘌呤类衍生物类生物碱

表 2-14-9　多取代嘌呤类衍生物类生物碱的名称、分子式和测试溶剂

编号	中文名称	英文名称	分子式	测试溶剂	参考文献
2-14-52	7-甲基-7H-嘌呤	7-methyl-7H-purine	$C_6H_6N_4$	C	[12]
2-14-53	9-甲基-9H-嘌呤	9-methyl-9H-purine	$C_6H_6N_4$	C	[12]
2-14-54	5'-羟甲基-2'-(9H-嘌呤)-3',4'-二醇-四氢呋喃	5'-hydroxymethyl-2'-(9H-purin-9-yl)-tetrahydrofuran-3,4-diol	$C_{10}H_{12}N_4O_4$	C	[12]
2-14-55	6-氨基-7-甲基-7H-嘌呤	6-amine-7-methyl-7H-purine	$C_6H_7N_5$	C	[12]
2-14-56	5'-羟甲基-2'-(6-氨基-7H-嘌呤)-3',4'-二醇-四氢呋喃	5'-hydroxymethyl-2'-(6-amino-7H-purin-7-yl)- tetrahydrofuran-3',4'-diol	$C_{10}H_{13}N_5O_4$	C	[12]
2-14-57	6-氨基-9-甲基-9H-嘌呤	6-amine-9-methyl-9H-purine	$C_6H_7N_5$	C	[12]
2-14-58	5'-羟甲基-2'-(6-氨基-9H-嘌呤)-3',4'-二醇-四氢呋喃	5'-hydroxymethyl-2'-(6-amino-9H-purin-9-yl)- tetrahydrofuran-3',4'-diol	$C_{10}H_{13}N_5O_4$	C	[12]
2-14-59	7-甲基-1H-嘌呤-6-酮	7-methyl-1H-purin-6(7H)-one	$C_6H_6N_4O$	C	[12]
2-14-60	7-[3',4'-二羟基-5'-(羟甲基)-四氢呋喃]-1,7H-嘌呤-6-酮	7-(3',4'-dihydroxy-5'-(hydroxymethyl)-tetrahydrofuran-2-yl]-1H-purin-6(7H)-one	$C_{10}H_{12}N_4O_5$	C	[12]
2-14-61	9-[3',4'-二羟基-5'-(羟甲基)-四氢呋喃]-1,9H-嘌呤-6-酮	9-[3',4'-dihydroxy-5'-(hydroxyl-methyl)-tetrahydrofuran-2-yl]-1H-purin-6(9H)-one	$C_{10}H_{12}N_4O_5$	C	[12]
2-14-62	9-(3',4'-二羟基-5'-(羟甲基)-四氢呋喃)-1,9H-1-甲基嘌呤6酮	9-(3',4'-dihydroxy-5'-(hydroxy-methyl)-tetrahydrofuran-2-yl)-1-methyl-1H-purin-6(9H)-one	$C_{11}H_{14}N_4O_5$	C	[12]
2-14-63	7-甲基-1,7H-嘌呤-6-硫酮	7-methyl-1H-purine-6(7H)-thione	$C_6H_6N_4S$	C	[12]
2-14-64	5'-羟甲基-2'-(6-甲氧基-9H-嘌呤-9-基)-3',4'-二羟基-四氢呋喃	5'-hydroxymethyl-2'-(6-methoxy-9H-purin-9-yl)-tetrahydrofuran-3',4'-diol	$C_{11}H_{14}N_4O_5$	C	[12]
2-14-65	7-(3',4'-二羟基-5'-羟甲基-四氢呋喃)-1,7H-嘌呤-6-酮	7-(3',4'-dihydroxy-5'-(hydroxy-methyl)-tetrahydrofuran-2-yl)-1H-purine-6(7H)-thione	$C_{10}H_{12}N_4O_4S$	C	[12]
2-14-66	9-(3',4'-二羟基-5'-羟甲基-四氢呋喃)-1,9H-嘌呤-6-酮	9-(3',4'-dihydroxy-5'-(hydroxy-methyl)-tetrahydrofuran-2-yl)-1H-purine-6(9H)-thione	$C_{10}H_{12}N_4O_4S$	C	[12]

编号	中文名称	英文名称	分子式	测试溶剂	参考文献
2-14-67	9-(3',4'-二羟基-5'-羟甲基-四氢呋喃)-1,9H-1-甲基-嘌呤-6-硫酮	9-(3',4'-dihydroxy-5'-(hydroxy-methyl)-tetrahydrofuran-2-yl)-1-methyl-1H-purine-6(9H)-thione	$C_{11}H_{14}N_4O_4S$	C	[12]
2-14-68	5'-羟甲基-2'-(6-甲硫基-9H-嘌呤)-3',4'-二羟基-四氢呋喃	5'-(hydroxymethyl)-2'-[6-(methylthio)-9H-purin-9-yl]-tetrahydrofuran-3',4'-diol	$C_{11}H_{14}N_4O_4S$	C	[12]

2-14-52 $R^2=R^4=H; R^3=CH_3$
2-14-53 $R^2=R^3=H; R^4=CH_3$
2-14-54 $R^2=R^3=H; R^4=Ribose$
2-14-55 $R^2=NH_2; R^3=CH_3; R^4=H$
2-14-56 $R^2=NH_2; R^3=Ribose; R^4=H$
2-14-57 $R^2=NH_2; R^3=H; R^4=CH_3$
2-14-58 $R^2=NH_2; R^3=H; R^4=Ribose$
2-14-59 $R^1=H; R^2=O; R^3=CH_3; R^4=H$
2-14-60 $R^1=H; R^2=O; R^3=Ribose; R^4=H$

2-14-61 $R^1=H; R^2=O; R^3=H; R^4=Ribose$
2-14-62 $R^1=CH_3; R^2=O; R^3=H; R^4=Ribose$
2-14-63 $R^2=OCH_3; R^3=H; R^4=Ribose$
2-14-64 $R^1=R^4=H; R^2=S; R^3=CH_3$
2-14-65 $R^1=R^4=H; R^2=S; R^3=Ribose$
2-14-66 $R^1=R^3=H; R^2=S; R^3=H; R^4=Ribose$
2-14-67 $R^1=CH_3; R^2=S; R^3=H; R^4=Ribose$
2-14-68 $R^2=SCH_3; R^3=H; R^4=Ribose$

表 2-14-10　化合物 2-14-52~2-14-60 的 ^{13}C NMR 数据[12]

C	2-14-52	2-14-53	2-14-54	2-14-55	2-14-56	2-14-57	2-14-58	2-14-59	2-14-60
CH_3	31.6	29.3		33.7		29.3		33.3	
2	152.0	151.8	152.2	152.3	152.8	152.5	152.6	144.3	144.8
4	159.8	151.3	151.0	159.7	160.7	149.9	149.2	157.0	157.7
5	125.7	133.4	134.2	111.7	110.2	118.7	119.5	115.4	114.7
6	140.7	147.4	148.3	151.9	151.7	155.9	156.3	154.6	154.1
8	149.7	147.4	145.5	145.9	144.6	141.4	140.3	144.3	142.4
2'			87.7		89.4		88.2		89.4
3'			73.9		75.0		73.7		75.1
4'			70.4		69.0		70.9		69.7
5'			85.8		86.4		86.1		85.4
6'			61.4		60.5		61.9		61.0

表 2-14-11　化合物 2-14-61~2-14-68 的 ^{13}C NMR 数据[12]

C	2-14-61	2-14-62	2-14-63	2-14-64	2-14-65	2-14-66	2-14-67	2-14-68
CH_3		33.5	54.0	34.6			40.4	11.2
2	146.1	148.7	151.6	144.7	144.9	145.4	148.4	151.5
4	148.1	147.6	151.8	152.6	153.3	144.1	142.0	148.0
5	124.6	123.6	121.2	125.8	125.3	135.6	135.7	131.3
6	156.8	156.4	160.4	170.4	169.8	176.1	177.4	160.4

续表

C	2-14-61	2-14-62	2-14-63	2-14-64	2-14-65	2-14-66	2-14-67	2-14-68
8	139.1	139.2	142.3	148.3	144.9	141.4	141.6	143.0
2'	87.8	87.5	87.8		89.1	87.9	87.6	88.0
3'	74.4	74.2	73.8		75.7	74.5	74.3	73.9
4'	70.5	70.4	70.5		68.9	70.4	70.2	70.3
5'	85.9	85.7	85.8		84.6	85.9	85.7	85.8
6'	61.5	61.4	61.4		60.3	61.3	61.2	61.3

参 考 文 献

[1] 陈泉, 吴立军, 阮丽军等. 沈阳药科大学学报, 2002, 19 (4): 257.
[2] 张雯洁, 刘玉清, 李兴从等. 云南植物研究, 1995, 17 (2): 204.
[3] Ahn Y J, Park S J, Lee S G, et al. J Agric Food Chem, 2000, 48: 2744.
[4] Lyon J A, Ellis P D, Dunlap R B. Biochemistry, 1973, 12: 2425.
[5] 丛悦. 中国药物化学杂志, 2003, 13 (6): 304.
[6] Qi S H, Zhang S, Gao C H, et al. Chem Pharm Bull, 2008, 56: 993.
[7] Paul R, Karen T, Frederick A V, et al. J Nat Prod, 2007, 70: 33.
[8] Mélanie R, Isabelle D C, Alexander E, et al. J Nat Prod, 2010, 73: 1277.
[9] Qi S H, Zhang S, Li X, et al. J Nat Prod, 2005, 68: 1288.
[10] Achim G, Matthias K. J Nat Prod, 2006, 69: 1212.
[11] Thorpe M C, Coburn W C, Montomery J. J Magn Reson, 1974, 15: 98.
[12] Chenon M T, Pugmire R J, Grant D M, et al. J Am Chem Soc, 1975, 97: 4627.

第十五节 环肽类和其他类型生物碱

一、环肽类生物碱

表 2-15-1 环肽类生物碱的名称、分子式和测试溶剂

编号	中文名称	英文名称	分子式	测试溶剂	参考文献
2-15-1	马甲子碱 G	paliurine G	$C_{36}H_{49}N_5O_6$	C	[1]
2-15-2		nummularine H	$C_{39}H_{47}N_5O_6$	C	[1]
2-15-3	马甲子碱 II	paliurine II	$C_{33}H_{31}N_3O_0$	C	[1]
2-15-4	无刺枣因 S3	daechuine S3	$C_{34}H_{53}N_5O_6$	C	[1]
2-15-5	马甲子碱 I	paliurine I	$C_{36}H_{49}N_5O_6$	C	[1]
2-15-6	枣碱	zizyphine	$C_{33}H_{49}N_5O_6$	C	[2]
2-15-7	枣碱 D	zizyphine D	$C_{25}H_{38}N_4O_5$	C	[2]
2-15-8	伏冉宁	frangulanine	$C_{28}H_{44}N_4O_4$	C	[3]
2-15-9	攀打胺	pandamine	$C_{31}H_{44}N_4O_5$	C+M	[4]
2-15-10	攀打宁	pandaminine	$C_{30}H_{42}N_4O_5$	C+M	[4]
2-15-11	来斯定碱 A	lasiodine A	$C_{39}H_{49}N_5O_7$	C+M	[4]
2-15-12	来斯定碱 B	lasiodine B	$C_{35}H_{47}N_5O_5$	C+M	[4]
2-15-13		hymenocardine	$C_{37}H_{50}N_6O_6$	C+M	[4]
2-15-14	水陆枣碱 A	discarine A	$C_{33}H_{43}N_5O_4$	C+M	[4]

续表

编号	中文名称	英文名称	分子式	测试溶剂	参考文献
2-15-15	水陆枣碱 B	discarine B	$C_{33}H_{43}N_5O_4$	C+M	[4]
2-15-16	水陆枣碱 L	discarine L	$C_{28}H_{46}N_4O_5$	D	[5]
2-15-17	水陆枣碱 M	discarine M	$C_{26}H_{37}N_3O_4$	D	[6]
2-15-18	水陆枣碱 N	discarine N	$C_{32}H_{33}N_3O_5$	D	[6]
2-15-19		chamaedrine	$C_{36}H_{41}N_5O_4$	C	[7]
2-15-20		waltherine A	$C_{31}H_{42}N_4O_4$	C	[8]
2-15-21		anorldianine 27-*N*-oxide	$C_{27}H_{40}N_4O_5$	C	[9]
2-15-22		scutianine K	$C_{34}H_{40}N_4O_5$	C	[10]
2-15-23		scutianine L	$C_{34}H_{40}N_4O_4$	C	[10]
2-15-24		scutianine M	$C_{33}H_{38}N_4O_4$	D	[11]
2-15-25		condaline A	$C_{33}H_{38}N_4O_4$	D	[12]
2-15-26	安木非宾碱 D	amphibine D	$C_{36}H_{49}N_5O_5$	C	[2]
2-15-27	安木非宾碱 E	amphibine E	$C_{38}H_{50}N_6O_5$	C	[2]
2-15-28	滇刺枣碱 J	mauritine J	$C_{37}H_{48}N_6O_5$	C	[13]
2-15-29	异莲心碱 B	lotusine B	$C_{36}H_{49}N_5O_5$	C	[14]
2-15-30	异莲心碱 C	lotusine C	$C_{35}H_{47}N_5O_5$	C	[14]
2-15-31	异莲心碱 D	lotusine D	$C_{29}H_{36}N_4O_4$	C	[14]
2-15-32	异莲心碱 E	lotusine E	$C_{36}H_{49}N_5O_6$	C	[14]
2-15-33	异莲心碱 F	lotusine F	$C_{29}H_{36}N_4O_5$	C	[14]
2-15-34	异莲心碱 G	lotusine G	$C_{24}H_{34}N_4O_4$	C	[15]
2-15-35		caryophllusin A	$C_{29}H_{35}N_5O_7$	P	[16]
2-15-36	王不留行环肽 A	vaccarin A	$C_{24}H_{32}N_6O_5$	D	[17]
2-15-37	王不留行环肽 B	vaccarin B	$C_{37}H_{49}N_7O_8$	D	[18]
2-15-38	王不留行环肽 C	vaccarin C	$C_{43}H_{56}N_8O_8$	D	[18]
2-15-39	王不留行环肽 D	vaccarin D	$C_{31}H_{43}N_7O_6$	D	[18]
2-15-40	刺果番荔枝环肽 A	annomuricatin A	$C_{27}H_{38}N_6O_7$	P	[19]
2-15-41	刺果番荔枝环肽 B	annomuricatin B	$C_{35}H_{49}N_9O_9$	P	[20]
2-15-42	太子参环肽 A	heterophyllin A	$C_{37}H_{57}N_7O_8$	M	[21]
2-15-43	太子参环肽 B	heterophyllin B	$C_{40}H_{58}N_8O_8$	P	[21]
2-15-44	千针万线草环肽 A	stellarin A	$C_{34}H_{41}N_7O_8$	D	[22]
2-15-45	千针万线草环肽 B	stellarin B	$C_{32}H_{42}N_6O_8$	D	[23]
2-15-46	千针万线草环肽 C	stellarin C	$C_{32}H_{42}N_6O_9$	D	[23]
2-15-47	千针万线草环肽 H	stellarin H	$C_{51}H_{73}N_9O_{12}$	P	[24]
2-15-48	四棱草环肽	schnabepeptide	$C_{42}H_{62}N_9O_9$	D	[25]
2-15-49	四棱草环肽 C	schnabepeptide C	$C_{47}H_{66}N_8O_{10}$	P	[26]
2-15-50	四棱草环肽 D	schnabepeptide D	$C_{44}H_{60}N_{12}O_9$	P	[26]
2-15-51	金铁锁环肽 A	psammosilenin A	$C_{51}H_{64}N_8O_8$	P	[27]
2-15-52	金铁锁环肽 B	psammosilenin B	$C_{45}H_{62}N_8O_9$	P	[27]
2-15-53		cherimolacyclopeptide D	$C_{29}H_{48}N_8O_7$	D	[28]
2-15-54		glaucacyclopeptide A	$C_{28}H_{47}N_7O_7$	D	[29]
2-15-55		annosquamosin A	$C_{39}H_{61}N_8O_{11}S$	P	[30]

续表

编号	中文名称	英文名称	分子式	测试溶剂	参考文献
2-15-56		japonicin A	$C_{50}H_{69}N_9O_{10}$	P	[31]
2-15-57		japonicin B	$C_{52}H_{64}N_8O_{11}$	P	[31]
2-15-58	沙质菌素 A	arenarin A	$C_{40}H_{53}N_8O_7$	D	[32]
2-15-59		squamin A	$C_{39}H_{60}N_8O_{11}S$	P	[33]
2-15-60		polycarponin A	$C_{48}H_{67}N_9O_9$	P	[34]
2-15-61		braehystemin A	$C_{37}H_{54}N_8O_9$	P	[35]
2-15-62		bandunamide	$C_{53}H_{76}N_{10}O_{10}S_3$	C	[36]
2-15-63		nostocyclamide M	$C_{20}H_{22}N_6O_4S_3$	C	[37]
2-15-64		westiellamide	$C_{27}H_{42}N_6O_6$	C	[38]
2-15-65		patellamide E	$C_{39}H_{50}N_8O_6S_2$	C	[39]
2-15-66		patellamide F	$C_{37}H_{46}N_8O_6S_2$	M	[40]
2-15-67		scleramide	$C_{38}H_{45}N_7O_7$	C	[41]
2-15-68		scleritodermin A	$C_{42}H_{54}N_7O_{10}S$	D	[42]
2-15-69		celogenamide A	$C_{55}H_{69}N_{11}O_{13}$	D	[43]
2-15-70		keenamide A	$C_{30}H_{49}N_6O_6S$	C	[44]
2-15-71	甲基硫霉素 I	methylsulfomycin I	$C_{55}H_{54}N_{16}O_{16}S_2$	D	[45]
2-15-72		callynormine A	$C_{61}H_{93}N_{11}O_{13}$	M	[46]
2-15-73		scyptolin A	$C_{45}H_{69}ClN_8O_{14}$	D	[47]
2-15-74		scyptolin B	$C_{45}H_{69}ClN_8O_{14}$	D	[47]
2-15-75		tiglicamide A	$C_{45}H_{59}N_7O_{13}$	DMF-d_7	[48]
2-15-76		tiglicamide B	$C_{44}H_{57}N_7O_{12}$	DMF-d_7	[48]
2-15-77		tiglicamide C	$C_{40}H_{57}N_7O_{13}S$	DMF-d_7	[48]
2-15-78		cherimolacyclopeptide E	$C_{33}H_{42}N_6O_7$	P	[49]
2-15-79		cherimolacyclopeptide F	$C_{45}H_{69}N_9O_{10}S_2$	D	[49]
2-15-80		unguisin C	$C_{40}H_{54}N_8O_8$	D	[50]
2-15-81		cyclolinopeptide F	$C_{55}H_{74}N_9O_{10}S_2$	D	[51]
2-15-82		cyclolinopeptide G	$C_{56}H_{76}N_9O_{10}S_2$	D	[51]
2-15-83		cyclolinopeptide H	$C_{56}H_{76}N_9O_9S_2$	D	[51]
2-15-84		cyclolinopeptide I	$C_{55}H_{74}N_9O_9S_2$	D	[51]
2-15-85	腐败菌素 A_1	destruxin A_1	$C_{30}H_{49}N_5O_7$	C	[52]
2-15-86	腐败菌素 Ed_1	destruxin Ed_1	$C_{30}H_{51}N_5O_9$	C	[52]
2-15-87	橙黄胡椒酰胺乙酸酯	aurantiamide acetate	$C_{27}H_{28}N_2O_4$	C	[53]
2-15-88	环（脯氨酸-酪氨酸）	cyclo(-pro-tyr)	$C_{14}H_{16}N_2O_3$	P	[54]

2-15-1[1]　　**2-15-2**[1]　　**2-15-3**[1]

2-15-4[1]

2-15-5[1]

2-15-6[2]

2-15-7[2]

2-15-8[3]

2-15-9[4]

2-15-10[4]

2-15-11[4]

2-15-12[4]

2-15-13[4]

2-15-14[4]

2-15-15[4]

第二章 生物碱类化合物

2-15-31[14]

2-15-32[14]

2-15-33[14]

2-15-34[15]

2-15-35[16]

2-15-36[17]

2-15-37[18]

2-15-38[18]

2-15-39[18]

2-15-40[19]

2-15-41[20]

2-15-42[21] **2-15-43**[21]

2-15-44[22] **2-15-45**[23] **2-15-46**[23]

2-15-47[24] **2-15-48**[25]

2-15-49[26] **2-15-50**[26]

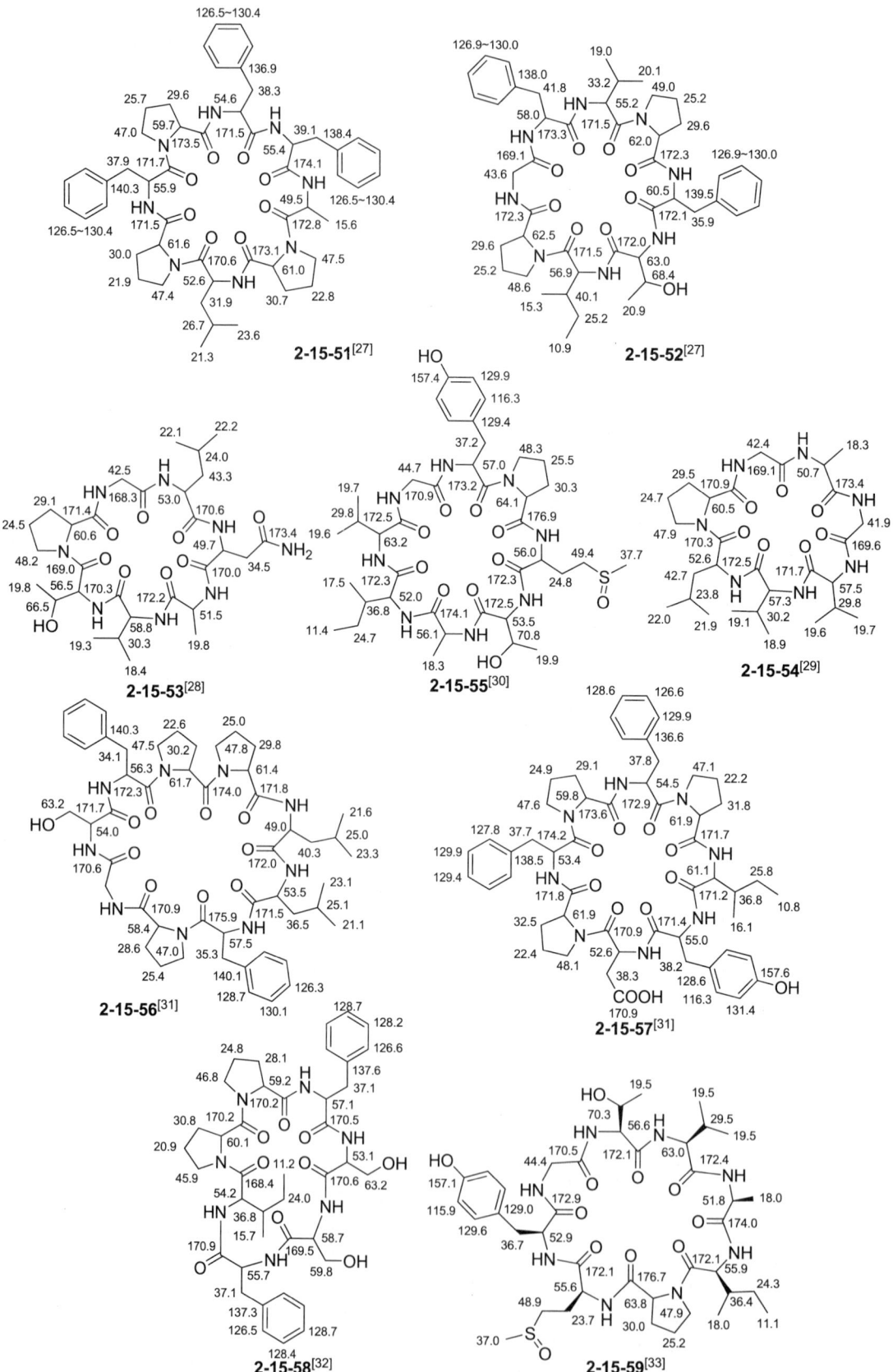

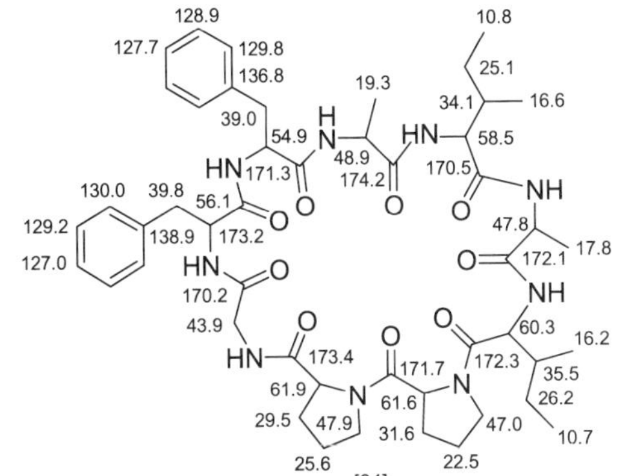

2-15-60[34]

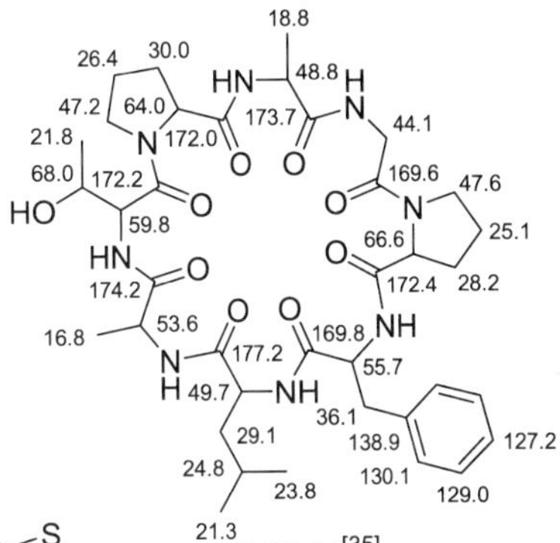

2-15-61[35]

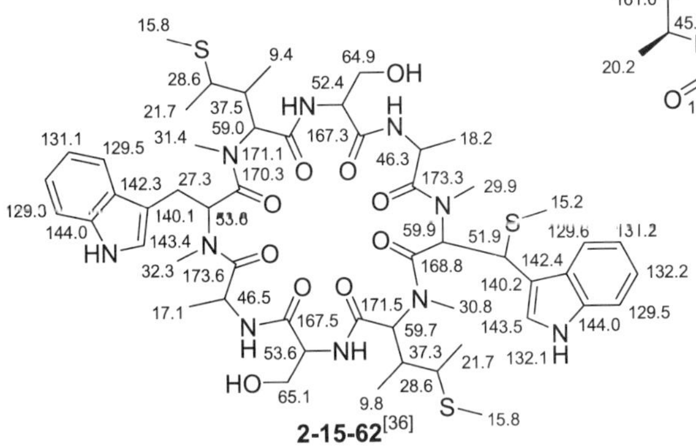

2-15-62[36]

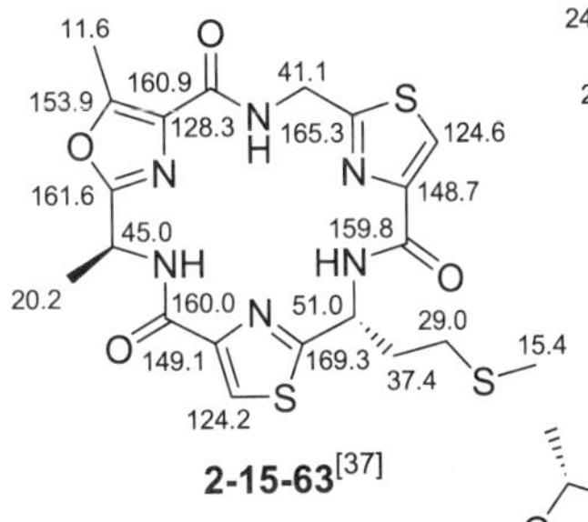

2-15-63[37]

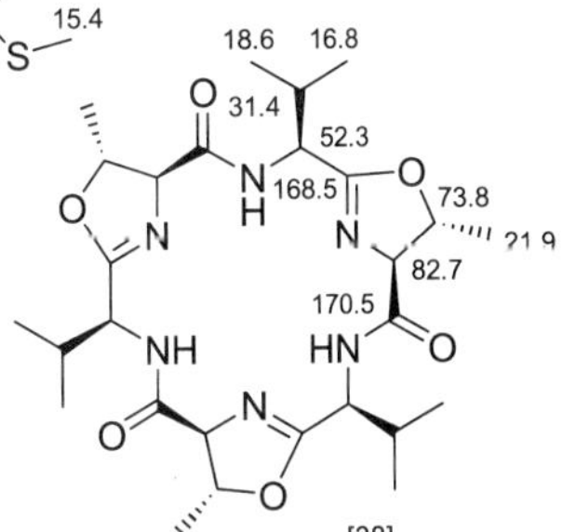

2-15-64[38]

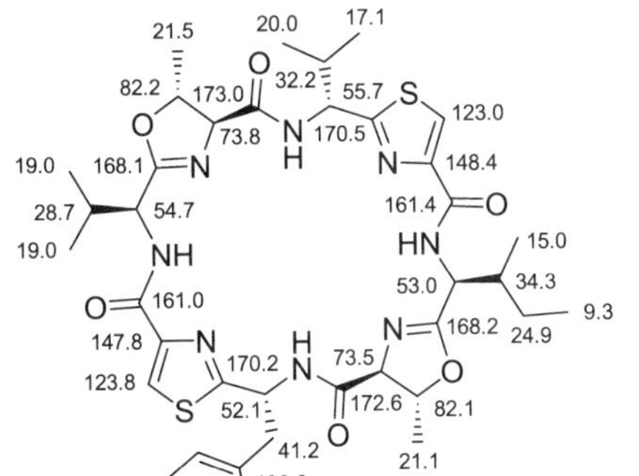

2-15-65[39]

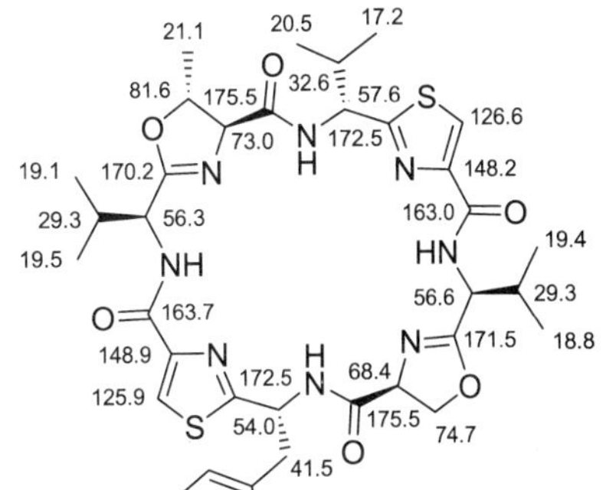

2-15-66[40]

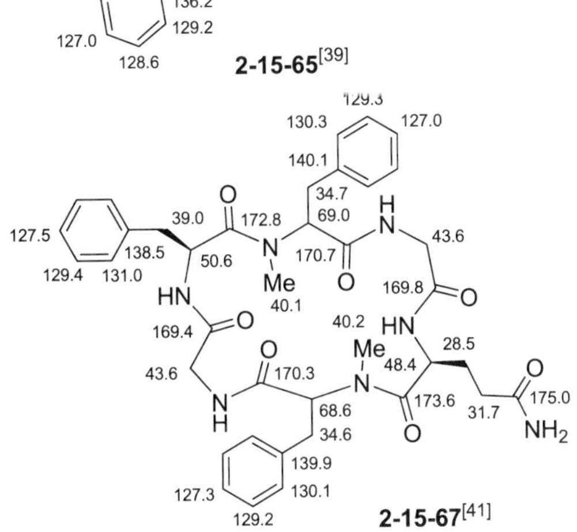

2-15-67[41]

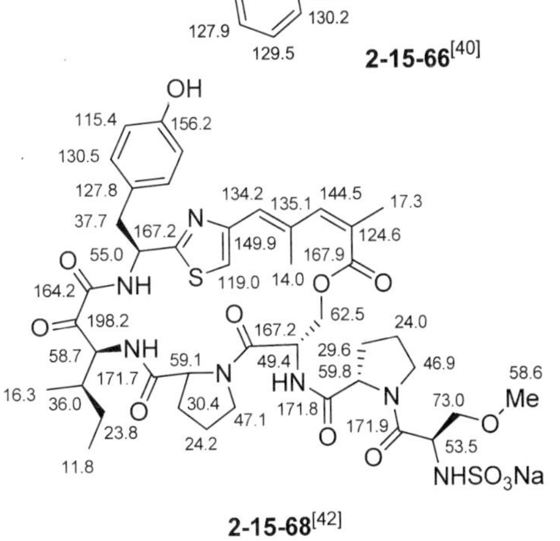

2-15-68[42]

2-15-69[43]

2-15-70[44]

2-15-71[45]

2-15-72[46]

2-15-73[47]

2-15-74[47]

第二章 生物碱类化合物

2-15-75[48]

2-15-76[48]

2-15-77[48]

2-15-78[49]

2-15-79[49]

7个羰基碳的信号：
173.0, 171.7, 171.6, 171.3, 171.2, 170.5, 170.3

2-15-80[50]

2-15-81[51]

2-15-82[51]

二、其他类型生物碱

表 2-15-2 其他类型生物碱的名称、分子式和测试溶剂（一）

编号	中文名称	英文名称	分子式	测试溶剂	参考文献
2-15-89	芽胺 G	budmunchiamine G	$C_{28}H_{58}N_4O$	C	[55]
2-15-90	6'ξ-羟基芽胺 K	6'ξ-hydroxybudmunchiamine K	$C_{31}H_{64}N_4O_2$	C	[55]
2-15-91	9-降甲基芽胺 K	9-normethylbudmunchiamine K	$C_{30}H_{62}N_4O$	C	[55]
2-15-92	二氢沼生木贼碱	dihydropalustrine	$C_{17}H_{33}N_3O_2$	C	[62]
2-15-93		meefarnine A	$C_{25}H_{31}N_3O_4$	M/D	[56]
2-15-94		meefarnine B	$C_{25}H_{31}N_3O_4$	M/D	[56]

表 2-15-3　化合物 2-15-89~2-15-92 的 ^{13}C NMR 数据

C	2-15-89[55]	2-15-90[55]	2-15-91[55]	2-15-92[62]	C	2-15-89[55]	2-15-90[55]	2-15-91[55]	2-15-92[62]
2	172.0	172.9	173.0	171.1	3'	29.9(a)	29.8(a)	29.8(a)	10.1
3	39.4	37.4	38.7	43.0	4'	29.8(a)	29.7(a)	29.8(a)	
4	56.0	61.5	61.8	58.1	5'	29.8(a)	37.9(b)	29.8(a)	
5				26.7	6'	29.8(a)	72.2	29.7(a)	
6	46.8	51.5	49.5	129.8	7'	29.7(a)	37.7(b)	29.7(a)	
7	26.2	25.8	24.6	123.3	8'	29.7(a)	29.6(a)	29.6(a)	
8	57.4	54.5	45.4	58.4	9'	29.6(a)	29.6(a)	29.5(a)	
10	56.8	56.7	48.1	53.0	10'	29.6(a)	29.8(a)	29.6(a)	
11	25.2	24.4	26.0	28.0	11'	32.1	29.8(a)	29.4(a)	
12	25.6	23.3	25.4	48.4	12'	22.9	29.8(a)	29.7(a)	
13	57.7	56.3	57.3		13'		32.0	32.1	
14				46.8	14'		22.9	22.9	
15,19	54.8	55.8	55.5	27.7	5-N-Me		35.7	37.3	
16,18	26.5	27.6	28.4	26.7	9-N-Me	43.4	42.5		
17	37.8	37.8	37.0	39.1	14-N-Me	42.8	42.5	40.6	
1'	33.3	29.9(a)	29.9(a)	70.8	末端 Me	14.3	14.3	14.3	
2'	26.1	27.4	27.2	19.4					

注：同列内相同(a)、(b)表示数据可能互换。

表 2-15-4　化合物 2-15-93~2-15-94 的 ^{13}C NMR 数据[56]

C	2-15-93(M)	2-15-93(D)	2-15-94(M)	2-15-94(D)	C	2-15-93(M)	2-15-93(D)	2-15-94(M)	2-15-94(D)
2	175.0	170.5	175.0	170.5	16,18	116.5	115.5	116.5	114.7
3	46.9	45.6	47.1	45.6	17	157.8	155.7	157.9	155.8
4	61.2	58.6	61.1	58.6	1'	172.0	167.6	169.4	165.3
6	43.8	42.1	43.7	42.2	2'	121.0	120.7	114.2	113.2
7	28.8	26.0	29.5	26.2	3'	134.3	131.3	144.4	138.4
8	43.3	43.2	45.4	43.1	4'	128.0	126.7	126.9	125.3
10	47.2	48.2	49.5	47.8	5'	131.1	129.4	130.9	128.5
11	25.5	24.4	26.4	24.6	6'	116.5	114.7	117.5	115.7
12	26.0	24.6	26.0	24.6	7'	160.0	157.6	163.0	159.5
13	40.0	37.4	40.0	37.4	8'	116.5	114.7	117.5	115.7
14	135.5	134.0	135.5	134.1	9'	131.1	129.4	130.9	128.5
15,19	128.4	126.7	128.5	126.7					

表 2-15-5　其他类型生物碱的名称、分子式和测试溶剂（二）

编号	中文名称	英文名称	分子式	测试溶剂	参考文献
2-15-95	麻黄根碱 A	ephedradine A	$C_{28}H_{36}N_4O_4$	M	[57]
2-15-96	麻黄根碱 A 二盐酸化物	ephedradine A dihydrochloride	$C_{28}H_{38}Cl_2N_4O_4$	M	[58]
2-15-97	麻黄根碱 A N,N,O-三乙酰化物	N,N,O-triacetylephedradine A	$C_{34}H_{42}N_4O_7$	M	[58]

续表

编号	中文名称	英文名称	分子式	测试溶剂	参考文献
2-15-98	麻黄根碱 B 二溴酸化物	ephedradine B dihydrochloride	$C_{29}H_{37}Br_2N_4O_5$	M	[59]
2-15-99	麻黄根碱 B N,N',O-三乙酰化物	N,N',O-triacetylephedradine B	$C_{35}H_{44}N_4O_8$	C	[59]
2-15-100	麻黄根碱 C 二溴酸化物	ephedradine C dihydrochloride	$C_{30}H_{41}Br_2N_4O_5$	W	[60]
2-15-101	麻黄根碱 C N,N-二乙酰化物	N,N'-diacetylephedradine C	$C_{34}H_{44}N_4O_7$	C	[60]
2-15-102	麻黄根碱 D 二溴酸化物	ephedradine D dihydrochloride	$C_{29}H_{39}Br_2N_4O_5$	W	[58]
2-15-103	麻黄根碱 D N,N',O-三乙酰化物	N,N',O-triacetylephedradine D	$C_{35}H_{44}N_4O_8$	C	[58]

2-15-95 $R^1=R^2=R^3=R^4=H$; $R^5=OH$
2-15-96 $R^1=R^2=R^3=R^4=H$; $R^5=OH$; $R^6=2HCl$
2-15-97 $R^1=R^2=Ac$; $R^3=R^4=H$; $R^5=OAc$
2-15-98 $R^1=R^2=R^3=H$; $R^4=OMe$; $R^5=OH$; $R^6=2HBr$
2-15-99 $R^1=R^2=R^3=H$; $R^4=OMe$; $R^5=OAc$
2-15-100 $R^1=R^2=R^3=H$; $R^4=R^5=OMe$; $R^6=2HBr$
2-15-101 $R^1=R^2=Ac$; $R^3=H$; $R^4=R^5=OMe$
2-15-102 $R^1=R^2=R^4=H$; $R^3=OMe$; $R^5=OH$; $R^6=2HBr$
2-15-103 $R^1=R^2=Ac$; $R^3=OMe$; $R^4=H$; $R^5=OAc$

表 2-15-6 化合物 2-15-95~2-15-99 的 ^{13}C NMR 数据

C	2-15-95[57]	2-15-96[58]	2-15-97[58]	2-15-98[59]	2-15-99[59]	C	2-15-95[57]	2-15-96[58]	2-15-97[58]	2-15-98[59]	2-15-99[59]
2	47.6	46.7*	51.1*	46.5*	51.0*	24	171.4	175.5	172.1	175.2	171.9
3	27.6	25.9*	29.5*	25.7*	29.6*	25	36.4	38.1*	37.5*	38.0*	37.0*
4	26.9	25.9	28.0	25.7	28.1	26	107.9	111.3	110.4	111.1	110.2
5	46.1	46.5*	46.6*	46.5*	46.6*	27	121.5	134.8	132.8	121.5	124.4
7	45.9	45.0*	45.3*	44.8*	45.3*	28	125.1	130.3	138.2	130.8	139.2
8	25.8	23.2	26.3	23.1	26.3	29	127.1	129.2	127.2	111.1	110.2
9	44.7	42.7*	44.8*	42.7*	44.6*	30	114.8	116.0	121.9	147.9	151.0
11	59.4	59.3	57.2	59.2	57.0	31	157.8	156.1	150.5	145.9	139.8
12	134.7	127.0	130.9	126.9	131.0	32	114.8	116.0	121.9	115.7	122.9
13	128.7	121.6	124.3	134.3	132.3	33	127.1	129.2	127.2	120.5	117.6
14	128.4	125.2	125.1	125.3	125.0	OMe				56.4	56.0
15	158.1	160.2	159.3	159.9	159.0	OCOCH$_3$			169.6		169.4
17	87.5	88.7	86.7	88.7	86.5				170.5		169.7
18	52.7	52.6	54.2	52.5	54.1				172.1		170.4
19	169.4	171.1	170.5	171.1	171.3	OCOCH$_3$			21.1		20.5
20	43.3	42.1*	44.3*	42.3*	44.2*				21.8		21.7
21	24.7	22.0	26.2	21.8	26.0				22.6		22.6
22	41.7	38.6*	39.4*	38.0*	39.0*						

注：*为碳的归属不确定。

表 2-15-7 化合物 2-15-100~2-15-103 的 ^{13}C NMR 数据

C	2-15-100[60]	2-15-101[60]	2-15-102[58]	2-15-103[58]	C	2-15-100[60]	2-15-101[60]	2-15-102[58]	2-15-103[58]
2	46.0*	51.0*	46.6*	51.1*	24	174.5	172.0	175.2	172.0
3	25.4*	29.4*	25.7*	29.6*	25	37.7*	37.4*	38.0*	37.1*
4	25.2	27.9	25.3	28.1	26	111.3	111.3	144.7	144.5
5	46.0*	46.5*	46.6*	46.7*	27	121.0	124.2	117.3	116.6
7	44.2*	45.3*	44.7*	45.3*	28	130.7	132.4	129.9	138.1
8	22.8	26.2	23.0	26.3	29	110.4	110.3	128.8	127.2
9	42.6*	44.7*	42.5*	44.9*	30	148.4	149.2	115.7	121.8
11	58.7	57.5	59.4	57.4	31	148.0	149.1	156.5	150.4
12	126.1	130.6	127.3	131.7	32	109.8	109.7	115.7	121.8
13	133.4	132.7	113.6	115.7	33	119.7	118.8	128.8	127.2
14	125.8	125.4	126.2	125.8	OMe	56.4	56.1	56.4	56.4
15	159.1	159.3	148.4	147.7		55.5	56.0		
17	88.0	87.6	88.9	87.1	OCOCH$_3$				169.5
18	52.0	53.8	53.1	54.4			169.6		169.9
19	170.7	171.5	170.7	171.5			170.6		170.7
20	41.9*	44.1*	42.0*	44.4*	OCOCH$_3$				21.1
21	21.4	26.2	21.7	26.1			21.8		21.7
22	37.9*	39.4*	38.3*	39.1*			22.6		22.6

注：*为碳的归属不确定。

表 2-15-8 其他类型生物碱的名称、分子式和测试溶剂（三）

编号	中文名称	英文名称	分子式	测试溶剂	参考文献
2-15-104	美坦辛	maytansine	C$_{34}$H$_{46}$ClN$_3$O$_{10}$	C	[61]
2-15-105	美坦布林	maytanprine	C$_{35}$H$_{48}$ClN$_3$O$_{10}$	C	[61]
2-15-106	美坦布亭	maytanbutine	C$_{36}$H$_{50}$ClN$_3$O$_{10}$	C	[61]
2-15-107	美登凡林	maytanvaline	C$_{37}$H$_{52}$ClN$_3$O$_{10}$	C	[61]
2-15-108	美登那辛	maytanacine	C$_{27}$H$_{33}$ClN$_2$O$_6$	C	[61]
2-15-109	美登醇	maytansinol	C$_{28}$H$_{37}$ClN$_2$O$_8$	C	[61]
2-15-110	美登森	maysine	C$_{28}$H$_{35}$ClN$_2$O$_7$	C	[61]
2-15-111	去甲美登森	normaysine	C$_{27}$H$_{33}$ClN$_2$O$_7$	C	[61]
2-15-112	美登瑟宁	maysenine	C$_{27}$H$_{33}$ClN$_2$O$_6$	C	[61]

表 2-15-9　化合物 2-15-104~2-15-112 的 ^{13}C NMR 数据[61]

C	2-15-104	2-15-105	2-15-106	2-15-107	2-15-108	2-15-109	2-15-110	2-15-111	2-15-112
2	32.5	32.5	32.5	32.6	32.8	35.6	121.9	118.8	116.9
3	78.2	78.1	78.2	78.2	77.0	75.8	147.5	150.0	148.0
4	60.1	60.1	60.1	60.1	60.3	63.1	59.7	59.8	135.0
5	67.2	67.2	67.3	67.2	66.4	66.6	66.9	66.9	140.9
6	39.1	39.0	39.1	39.1	38.5	37.9	38.7	39.1	39.2
7	74.2	74.2	74.3	74.2	74.3	75.4	75.0	74.8	75.5
8	36.5	36.4	36.5	36.4	36.0	35.8	35.5	35.8	35.5
9	81.0	81.0	81.0	81.0	81.1	81.3	81.2	81.1	81.0
10	88.9	88.8	88.9	88.9	88.3	89.0	88.6	88.5	88.3
11	127.8	127.9	127.8	127.8	128.3	127.1	127.2	127.9	128.0
12	133.3	133.3	133.4	133.3	132.2	133.3	133.0	132.4	132.5
13	125.4	125.6	125.6	125.5	124.5	125.2	124.6	125.8	125.5
14	139.1	139.0	139.1	139.1	139.9	138.9	140.3	139.2	139.3
15	46.7	46.5	46.5	46.6	47.2	47.1	46.7	46.6	47.2
16	142.4	142.3	142.3	142.4	142.7	142.5	142.0	139.6	138.9
17	122.5	122.4	122.9	122.7	122.2	123.7	122.2	120.8	118.0
18	141.2	141.2	141.1	141.1	140.1	140.2	140.5	135.7	136.4
19	119.1	119.0	119.1	119.2	119.0	119.0	119.3	115.6	114.4
20	156.1	156.1	156.1	156.1	156.2	155.8	156.4	156.0	155.8
21	113.4	113.4	113.5	113.5	113.1	112.9	112.7	111.4	111.0
C=O	152.2	152.2	152.2	152.1	152.2	152.7	152.1	152.4	152.5
C=O	168.8	168.7	168.8	168.7	168.7	171.8	164.3	164.6	166.3
C=O	170.2	171.0	171.1	171.0	169.1				
C=O	170.8	173.3	176.7	172.2					
4-CH$_3$	12.2	12.2	12.2	12.2	12.1	11.3	14.2	14.3	13.7
6-CH$_3$	14.5	14.5	14.6	14.5	14.5	14.5	14.8	14.9	15.7
14-CH$_3$	15.5	15.4	15.5	15.5	15.8	15.8	16.0	16.0	16.8
10-OCH$_3$	56.7	56.6	56.6	56.6	56.7	56.6	56.6	56.6	56.6
20-OCH$_3$	56.7	56.6	56.6	56.6	56.7	56.6	56.7	56.6	56.6
18-N-CH$_3$	35.4	35.3	35.3	35.4	35.6	36.0	36.0		
2'	52.2	52.3	52.6	52.6	20.9				
2'-CH$_3$	13.4	13.3	13.4	13.5					
2'-N-CH$_3$	31.7	30.6	30.7	31.2					
4'	21.7	26.7	30.5	42.5					
4'-CH$_3$		9.1	18.9						
			19.5						
5'				25.6					
5'-CH$_3$				22.8					
				25.6					

表 2-15-10　其他类型生物碱的名称、分子式和测试溶剂（四）

编号	中文名称	英文名称	分子式	测试溶剂	参考文献
2-15-113	加兰他敏	galanthamine	$C_{17}H_{21}NO_3$	C	[69]
2-15-114	石蒜宁碱	lycorenine	$C_{18}H_{23}NO_4$	C	[70]
2-15-115	小星蒜碱	hippeastrine	$C_{17}H_{17}NO_5$		[71]
2-15-116	直立百部碱 A	sessilistemonamine A	$C_{22}H_{33}NO_5$	C	[72]
2-15-117	直立百部碱 B	sessilistemonamine B	$C_{22}H_{33}NO_5$	C	[72]
2-15-118	直立百部碱 C	sessilistemonamine C	$C_{22}H_{33}NO_5$	C	[72]

续表

编号	中文名称	英文名称	分子式	测试溶剂	参考文献
2-15-119	直立百部碱 D	sessilistemonamine D	$C_{22}H_{33}NO_4$	C	[73]
2-15-120		stemosessifoine	$C_{22}H_{29}NO_5$	C	[74]
2-15-121	异羟基狭叶百部碱	isooxymaistemonine	$C_{23}H_{29}NO_7$	C	[74]
2-15-122	异狭叶百部碱	isomaistemonine	$C_{23}H_{29}NO_6$	C	[74]
2-15-123	薏苡素	coixol	$C_8H_7NO_3$	D	[63]
2-15-124	毒蝇醇	muscimol	$C_4H_6N_2O_2$	W	[64]
2-15-125		chamobtusin A	$C_{20}H_{31}NO_2$	M	[65]
2-15-126	酪胺	tyramine	$C_8H_{11}NO$	M	[66]
2-15-127	苦杏仁苷	amygdalin	$C_{20}H_{27}NO_{11}$	W+D	[67]
2-15-128	白芥子苷	sinalbin	$C_{30}H_{42}N_2O_{15}S_2$	W	[68]

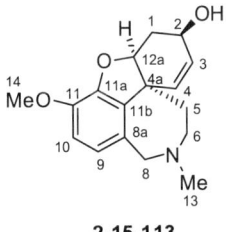
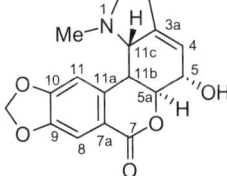
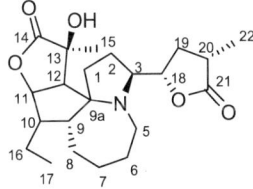

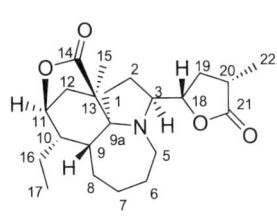
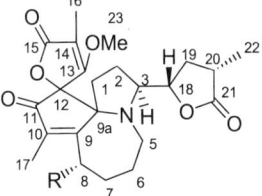

表 2-15-11 化合物 2-15-113~2-15-115 的 ^{13}C NMR 数据

C	2-15-113[69]	2-15-114[70]	2-15-115[71]	C	2-15-113[69]	2-15-114[70]	2-15-115[71]
1	29.7			9	122.1	148.0	151.8
2	62.1	57.1	56.1	10	111.2	148.0	147.9
3	126.9	28.3	27.9	11	145.8	109.8	108.7
3a		140.0	118.1	11a	144.1	126.9	139.3
4	127.6	115.3	118.5	11b	133.0	44.2	40.0
4a	48.2			11c		66.8	67.0
5	33.8	32.1	67.2	12a	88.2		
5a		67.7	82.0	13	42.1		
6	53.8			14	55.9		
7		91.1	164.6	OMe		56.5	
7a		129.9	145.9			56.3	
8	60.6	112.7	109.9	N-Me		44.2	43.5
8a	129.3			OCH$_2$O			102.1

表 2-15-12 化合物 2-15-116~2-15-122 的 ^{13}C NMR 数据

C	2-15-116[72]	2-15-117[72]	2-15-118[72]	2-15-119[73]	2-15-120[74]	2-15-121[74]	2-15-122[74]
1	—	28.9	42.5	30.5	203.8	36.1	35.8
2	25.4	26.4	24.1	26.3	40.4	26.5	26.6
3	66.8	62.0	67.9	63.2	61.1	63.4	63.6
5	40.7	43.5	44.8	44.5	53.6	45.6	47.2
6	29.6	22.0	29.7	21.7	27.3	19.3	25.5
7	24.2	23.3	30.6	28.4	31.3	32.8	25.0
8	26.9	28.4	26.0	27.3	25.5	68.6	28.4
9	56.3	55.1	52.8	44.3	125.2	170.3	173.3
9a	74.1	73.7	80.5	71.7	138.7	78.8	79.3
10	46.7	44.0	47.4	45.8	55.3	137.8	136.4
11	87.3	82.7	83.9	76.8	83.0	198.3	197.9
12	48.4	59.0	57.7	37.8	68.0	92.6	91.7
13	75.1	74.8	77.2	51.4	42.6	171.9	172.5
14	177.6	178.3	178.4	181.1	177.3	97.4	97.0
15	19.7	20.2	20.9	17.8	14.6	174.7	175.0
16	22.7	18.4	18.9	19.9	24.4	8.9	8.9
17	12.6	15.1	12.4	12.7	11.0	8.8	8.4
18	83.5	84.4	77.6	83.1	78.7	85.0	85.1
19	34.4	34.6	35.6	34.1	33.7	34.5	34.5
20	34.8	34.8	35.5	35.0	35.2	34.8	34.8
21	179.5	179.6	179.3	179.5	178.1	179.8	179.7
22	14.8	14.9	15.0	14.9	14.8	14.9	14.9
23						58.9	58.8

参 考 文 献

[1] Lee S S, Su W C, Liu KCSC. Phytochemistry, 2001, 58: 1271.
[2] Hindenlang D M, Shamma M, Miana G A, et al. Liebigs Ann Chem, 1980, (3): 447.

[3] Haslinger E. Tetrahedron, 1978, 34: 685.
[4] Pais M, Jarreau F X, Sierra M G, et al. Phytochemistry, 1979, 18: 1869.
[5] Morel A F, Machado E C S, Wessjohann L A. Phytochemistry, 1995, 39: 431.
[6] Giacomelli S R, Maldaner G, Gonzaga W A, et al. Phytochemistry, 2004, 65: 933.
[7] Dias G C D, Gressler V, Hoenzel S C S M, et al. Phytochemistry, 2007, 68: 668.
[8] Morel A F, Gehrke I T S, Mostardeiro M A, et al. Phytochemistry, 1999, 51: 473.
[9] El-Seedi H R, Gohil S, Perera P, et al. Phytochemistry, 1999, 52: 1739.
[10] Morel A F, Machado E C S, Moreira J J, et al. Phytochemistry, 1998, 47: 125.
[11] Morel A F, Maldaner G, Ilha V, et al. Phytochemistry, 2005, 66: 2571.
[12] Morel A F, Araujo C A, da Silva U F, et al. Phytochemistry, 2002, 61: 561.
[13] Jossang A, Zahir A, Diakite D. Phytochemistry, 1996, 42: 565.
[14] Ghedira K, Chemli R, Caron C, et al. Phytochemistry, 1995, 38: 767.
[15] Le Croueour G, Thepenier P, Richard B, et al. Fitoterapia, 2002, 73: 63.
[16] Li F, Zhang F M, Yang Y B, et al. Chinese Chem Lett, 2008, 19: 193.
[17] Zhang R P, Zou C, Chai Y K, et al. Chinese Chem Lett, 1995, 6: 681.
[18] 张荣平, 邹澄, 谭宁华等. 云南植物研究, 1998, 20(1): 105.
[19] 李朝明, 谭宁华, 吕瑜平等. 云南植物研究, 1995, 17(4): 459.
[20] Li C M, Tan N H, Zheng H L, et al. Phytochemistry, 1998, 48: 555.
[21] 谭宁华, 王德祖, 张宏杰等. 波谱学杂志, 1993, 10(1): 69.
[22] 赵玉瑞, 周俊, 王宪楷等. 云南植物研究, 1995, 17(3): 345.
[23] Zhao Y R, Zhou J, Wang X K, et al. Chinese Chem Lett, 1994, 5: 127.
[24] 赵玉瑞, 周俊, 王宪楷等. 云南植物研究, 1995, 17(4): 463.
[25] 张永洪, 窦辉, 毛希安. 波谱学杂志, 2003, 20(2): 113.
[26] 窦辉, 廖循, 陈昌祥等. 高等学校化学学报, 2004, 25(10): 1849.
[27] 丁中涛, 汪有初, 周俊等. 云南植物研究, 2000, 22(3): 331.
[28] Wele A, Ndoye I, Zhang Y J, et al. Phytochemistry, 2005, 66: 693.
[29] Wele A, Ndoye I, Zhang Y J, et al. Phytochemistry, 2005, 66: 1154.
[30] Li C M, Tan N H, Mu Q, et al. Phytochemistry, 1997, 45: 521.
[31] Jia A Q, Tan N H, Zhou J. Fitoterapia, 2009, 80: 192.
[32] Zhao Y R, Zhou J, Wang X K, et al. Chinese Chem Lett, 1994, 5: 751.
[33] Shi J X, Wu H M, He F H, et al. Chinese Chem Lett, 1999, 10: 299.
[34] Ding Z T, Zhou J, Cheng Y X, et al. Chinese Chem Lett, 2000, 11: 593.
[35] Cheng Y X, Zhou J, Tan N H, et al. Chinese Chem Lett, 2000, 11: 595.
[36] Tian X S, Xie S D, Jiang X B, et al. Chinese Chem Lett, 2003, 14: 1255.
[37] Juttner F, Todorova A K, Walch N, et al. Phytochemistry, 2001, 57: 613.
[38] Prinsep M R, Moore R E, Levine I A, et al. J Nat Prod, 1992, 55: 140.
[39] Mcdonald L A, Ireland C M. J Nat Prod, 1992, 55: 376.
[40] Rashid M A, Gustafson K R, Cardellina J H, et al. J Nat Prod, 1995, 58: 594.
[41] Whyte A C, Joshi B K, Gloer J B, et al. J Nat Prod, 2000, 63: 1006.
[42] Schmidt E W, Raventos-Suarez C, Bifano M, et al. J Nat Prod, 2004, 67: 475.
[43] Morita H, Suzuki H, Kobayashi J. J Nat Prod, 2004, 67: 1628.
[44] Wesson K J, Hamann M T. J Nat Prod, 1996, 59: 629.
[45] Kumar EKSV, Kenia J, Mukhopadhyay T, et al. J Nat Prod, 1999, 62: 1562.
[46] Berer N, Rudi A, Goldberg I, et al. Org Lett, 2004, 6: 2543.
[47] Matern U, Oberer L, Falchetto R A, et al. Phytochemistry, 2001, 58: 1087.
[48] Matthew S, Paul V J, Luesch H. Phytochemistry, 2009, 70: 2058.
[49] Wele A, Zhang Y J, Brouard J P, et al. Phytochemistry, 2005, 66: 2376.
[50] Malmstrom J, Ryager A, Anthoni U, et al. Phytochemistry, 2002, 60: 869.
[51] Matsumoto T, Shishido A, Morita H, et al. Phytochemistry, 2001, 57: 251.
[52] Jegorov A, Sedmera P, Havlicek V, et al. Phytochemistry, 1998, 49: 1815.
[53] 沈莉, 戴胜军, 赵大洲. 中国中药杂志, 2007, 32(1): 39.
[54] 熊江, 周俊, 戴好富等. 云南植物研究, 2002, 24(3): 401.

[55] Rukunga G M, Waterman P G. J Nat Prod, 1996, 59: 850.

[56] Murata T, Miyase T, Yoshizaki F. Chem Pharm Bull, 2010, 58: 696.

[57] Datwyler P, Bosshardt H, Johne S, et al. Helv Chim Acta, 1979, 62: 2712.

[58] Hikino H, Ogata M, Konno C. Heterocycles, 1982, 17: 155.

[59] Tamada M, Endo K, Hikino H. Heterocycles, 1979, 12: 783.

[60] Konno C, Tamada M, Endo K. Heterocycles, 1980, 14: 295.

[61] Wallace W A, Sneden A T. Org Magn Reson, 1982, 19: 31.

[62] Ruedi P, Eugster C H. Helv Chim Acta, 1978, 61: 899.

[63] Nagao T, Otsuka H, Kohda H, et al. Phytochemistry, 1985, 24: 2959.

[64] Oster T A, Harris T M, et al. J Org Chem, 1983, 48: 4307.

[65] Zhang Y M, Tan N H, Lu Y, et al. Org Lett, 2007, 9: 4579.

[66] 杨秀伟, 蒋玉梅, 李君山等. 中草药, 1996, 27(12): 707.

[67] Lu Y R, Foo Y. Food Chemistry, 1998, 61: 29.

[68] Olsen O, Sorensen H. J Agric Food Chem, 1980, 28: 43.

[69] Vlakhov R, Krikoryan D, Spasov G et al. Tetrahedron, 1989, 45: 3329.

[70] Crain W O Jr, Wildman W C, Roberts J D, et al. J Am Chem Soc, 1971, 93: 990.

[71] Abou-Donia A H, Toaima S M, Hammoda H M, et al. Chem Biodivers, 2008, 5: 332.

[72] Wang P, Liu A L, An Z, et al. Chem Biodivers, 2007, 4: 523.

[73] Wang P, Qin H L, Li Z H, et al. Chinese Chem Lett, 2007, 18: 152.

[74] Guo A B, Jin L, Deng Z W, et al. Chem Biodivers, 2008, 5: 598.

第三章 单萜、倍半萜和二萜类化合物

第一节 开环类单萜化合物

表 3-1-1 开环类单萜化合物的名称、分子式和测试溶剂

编号	名称	分子式	测试溶剂	参考文献
3-1-1	tetrahydrogeraniol	$C_{10}H_{22}O$	C	[1,2]
3-1-2	1-hydroxy-tetrahydrogeraniol	$C_{10}H_{22}O_2$	C	[3]
3-1-3	2-hydroxy-tetrahydrogeraniol	$C_{10}H_{22}O_2$	C	[1,2]
3-1-4	2 hydroxy-8-oxo-tetrahydrogeraniol	$C_{10}H_{20}O_2$	C	[1,2]
3-1-5	tetrahydrolinalool	$C_{10}H_{22}O$	C	[1,2]
3-1-6	6-acetyl-tetrahydrolinalyl	$C_{12}H_{24}O_2$	C	[1,2]
3-1-7	3,8-dihydroxy-1-tetrahydrolinalyl	$C_{12}H_{20}O_2$	C	[1,2]
3-1-8	(*E*)-8-bromo-3,7-dichloro-2,6-dimethylocta-1,5-diene	$C_{10}H_{15}BrCl_2$	C	[4]
3-1-9	3,8-dihydroxyl-costatol-1,6-diene	$C_{10}H_{18}O_2$	C	[4]
3-1-10	preplocamene A	$C_{10}H_{15}Br_2Cl$	C	[5, 6]
3-1-11	preplocamene B	$C_{10}H_{15}Cl_3$	C	[5,6]
3-1-12	preplocamene C	$C_{10}H_{15}Cl_3$	C	[5,6]
3-1-13	(2*Z*,6*S*)-3-chloromethyl-1-methoxylocta-2,7(10)-dien-6-ol	$C_{11}H_{19}ClO_2$	C	[7]
3-1-14	3,8-acetyl-5-carboxy preplocamene C	$C_{15}H_{22}O_6$	C	[8]
3-1-15	5,8-epidioxy-preplocamene C	$C_{10}H_{16}O$	C	[9]
3-1-16	3-methoxymethyl-6-methoxy-7-methylocta-1,7(10)-dien-3-ol	$C_{12}H_{22}O_3$	C	[7]
3-1-17	portuloside A	$C_{16}H_{26}O_7$	C	[10]
3-1-18	hotrienol	$C_{10}H_{16}O$	C	[11]
3-1-19	elymniafuran	$C_{10}H_{14}O_3$	C	[11]
3-1-20	citronellol	$C_{10}H_{20}O$	C	[1,2]
3-1-21	9-hydroxy-lavandulane	$C_{10}H_{18}O$	C	[1,2]
3-1-22	lavandulol	$C_{10}H_{18}O$	C	[1,2]
3-1-23	9-*O*-acetyl-lavandulyl	$C_{12}H_{20}O$	C	[1,2]
3-1-24	9-*O*-glucopyranosyl-6'-*O*-arabinoside-lavandulyl	$C_{21}H_{36}O_{11}$	C	[12]
3-1-25	4-hydroxy-artemisia	$C_{10}H_{18}O$	M	[13]
3-1-26	4-*O*-acetyl-artemisyl	$C_{12}H_{22}O_2$	C	[14]
3-1-27	4-oxo-artemisia	$C_{10}H_{16}O$	C	[15]
3-1-28	1,4-diacetyl-artemisia	$C_{14}H_{26}O_4$	C	[16]
3-1-29	2-hydroxy-yomogi	$C_{10}H_{18}O$	C	[13]
3-1-30	santolinolide A	$C_{10}H_{14}O_2$	C	[17]
3-1-31	3-oxo-8-*O*-acetyl-santolinane	$C_{12}H_{20}O_3$	C	[18]
3-1-32	8-hydroxy-santolina	$C_{10}H_{18}O$	C	[15]
3-1-33	8-*O*-acetyl-santolinyl	$C_{12}H_{20}O_2$	C	[15]

续表

编号	名称	分子式	测试溶剂	参考文献
3-1-34	lyratol	$C_{10}H_{16}O$	C	[15]
3-1-35	7-O-acetyl-lyratyl	$C_{12}H_{20}O_2$	C	[15]
3-1-36	isolyratol	$C_{10}H_{16}O$	C	[19]
3-1-37	2,3,8-trihydroxy-santolinane	$C_{10}H_{20}O_3$	C	[20]
3-1-38	1,3,4,6-tetrahydroxyoctane	$C_8H_{18}O_4$	P	[21]
3-1-39	1,7-dihydroxy-santolinane	$C_{10}H_{18}O_2$	C	[22]
3-1-40	geraniol	$C_{10}H_{20}O$	C	[1]
3-1-41	8-hydroxy-santolina	$C_{16}H_{28}O_7$	C	[24]
3-1-42	3-O-acetyl-santolina	$C_{23}H_{34}O_{11}$	C	[24]
3-1-43	lyratol	$C_{10}H_{16}O$	C	[24]
3-1-44	7-acetyl-lyratol	$C_{12}H_{14}O_2$	C	[24]
3-1-45	7-hydroxy-lyratol	$C_{10}H_{16}O$	C	[24]
3-1-46	4,5,6,7-tetrahydroxy-lyratol	$C_{10}H_{20}O_4$	C	[24]
3-1-47	3,6-hydroxy-1-O-glucopyranosyl-lyratol	$C_{16}H_{30}O_8$	C	[25]
3-1-48	4,6-dihydroxyl-lyratol	$C_{10}H_{16}O_2$	C	[25]
3-1-49	1,3,4,6-tetrahydroxy-lyratol	$C_{10}H_{16}O_4$	C	[25]
3-1-50	4-hydroxy-2-ene-isolyratol	$C_{16}H_{30}O_8$	C	[25]
3-1-51		$C_{21}H_{38}O_{11}$	M	[22]
3-1-52	rosiridin	$C_{28}H_{48}O_{12}$	C	[22]
3-1-53	sachalinoside A	$C_{23}H_{34}O_{11}$	C	[22]
3-1-54	(3S,6S)-6,7-dihydroxy-linalool	$C_{10}H_{20}O_3$	C	[22]
3-1-55	(3S,6R)-6,7-dihydroxy-linalool	$C_{10}H_{20}O_3$	C	[22]
3-1-56	(3S,6S)-6,7-dihydroxy-linalool	$C_{16}H_{30}O_8$	C	[22]
3-1-57	(3S,6R)-2,3-dihydroxy-6-O-β-D-glucopyranosyl-linalol	$C_{16}H_{30}O_8$	C	[22]
3-1-58	4-hydroxy-2,6-diene-1-O-β-D-glucopyranosyl-octadienyl	$C_{16}H_{28}O_8$	C	[22]
3-1-59	4-hydroxy-2,6-diene-octadienyl-1-O-β-D-glucopyranosyl-(1→6)-O-β-D-glucopyranoside	$C_{22}H_{38}O_{13}$	C	[22]
3-1-60	(2E,4R)-4-hydroxy-3,7-dimethyl-octadienyl-O-β-D-glucopyranosyl(1→3)-O-β-D-glucopyranoside	$C_{22}H_{38}O_{13}$	C	[22]
3-1-61	(2E,4R)-4,7-dihydroxy-3,7-diethyl-2-octenyl-O-β-D-glucopyranoside	$C_{16}H_{30}O_8$	C	[22]
3-1-62	(2E)-7-hydroxy-3,7-dimethyl-octenyl-α-L-arabinopyranosyl-(1→6)-O-β-D-glucopyranoside	$C_{21}H_{38}O_{12}$	C	[22]
3-1-63	(2E,6Z)-2,6-dimethyl-8-{[O-α-L-rhamnopyranosyl-(1→3)-[2-O-[(2E,6Z)-8-hydroxy-2,6-dimethyloctadienoyl]-α-L-rhamnopyranosyl]-(1→3)-α-L-rhamnopyranosyl]oxy}-octadien-1-yl α-L-rhamnopyranoside	$C_{25}H_{42}O_{14}$	D	[23]
3-1-64	(2E,6Z)-2,6-dimethyl-8-{[O-α-L-rhamnopyranosyl-(1→3)-[2-O-[(2E,6Z)-8-hydroxy-2,6-dimethyloctadienoyl]-α-L-rhamnopyranosyl]-(1→3)-4-O-acetyl-α-L-rhamnopyranosyl]oxy}-octadien-1-yl α-L-rhamnopyranoside	$C_{30}H_{46}O_{19}$	D	[23]
3-1-65	(2E,6Z)-2,6-dimethyl-8-{[O-α-L-rhamnopyranosyl-(1→3)-[2-O-[(2E,6Z)-8-hydroxy-26-dimethyloctadienoyl]-L-rhamnopyranosyl]-(1→3)-α-L-rhamnopyranosyl]oxy}-octadien-1-yl-O-β-D-glucopyranosyl-(1→2)-β-L-rhamnopyranoside	$C_{32}H_{54}O_{20}$	D	[23]

第三章 单萜、倍半萜和二萜类化合物

表 3-1-2　化合物 3-1-52~3-1-57 的 ^{13}C NMR 数据[22]

C	3-1-52	3-1-53	3-1-54	3-1-55	3-1-56	3-1-57	C	3-1-52	3-1-53	3-1-54	3-1-55	3-1-56	3-1-57
1	66.1	66.0	111.1	111.2	114.3	104.1	2'	75.0	75.0			75.4	75.4
2	122.9	124.5	147.4	147.5	144.9	145.1	3'	77.9	78.4			78.9	78.9
3	142.9	139.0	72.6	72.6	80.3	80.2	4'	71.6	71.6			71.8	71.9
4	78.0	79.6	41.2	41.1	39.6	39.8	5'	78.1	78.1			78.2	78.4
5	34.8	32.8	27.0	26.9	26.6	26.5	6'	62.8	62.7			62.9	63.2
6	121.6	120.2	79.7	79.8	79.5	79.6	Gall						
7	134.0	135.5	72.6	72.6	72.8	72.8	1"		121.8				
8	19.0	19.1	25.9	25.9	25.7	26.0	2",6"		110.6				
9	26.3	26.0	26.2	26.1	26.4	26.0	3",5"		140.6				
10	12.0	13.0	28.8	28.7	24.2	24.3	4"		146.5				
Glu							C=O		167.6				
1'	102.8	103.1			99.6	99.6							

第三章 单萜、倍半萜和二萜类化合物

3-1-58 R¹=OH; R²=H
3-1-59 R¹=H; R²=α-D-Glu
3-1-60
3-1-61 R¹=OH; R²=H
3-1-62 R¹=H; R²=α-L-Ara

表 3-1-3 化合物 3-1-58~3-1-62 的 ¹³C NMR 数据[22]

C	3-1-58	3-1-59	3-1-61	3-1-62	C	3-1-58	3-1-59	3-1-61	3-1-62
1	66.1	66.4	66.2	66.6	2'	75.1	75.1	75.2	75.1
2	122.9	122.7	123.0	121.7	3'	78.2	78.2	78.2	78.1
3	142.9	143.3	143.2	142.0	4'	71.7	71.4	71.8	71.7
4	77.6	78.0	78.5	41.1	5'	78.0	76.4	78.1	76.9
5	34.4	34.9	30.7	23.5	6'	62.8	67.3	62.9	69.5
6	122.7	121.6	40.1	44.4	1″		100.0		105.2
7	137.7	134.2	71.2	71.4	2″		73.9		72.4
8	68.9	18.1	29.3	29.3	3″		75.4		74.2
9	14.0	26.0	29.2	29.3	4″		73.6		69.5
10	12.1	12.2	11.9	16.5	5″		71.7		66.6
1'	102.9	103.1	103.0	103.1	6″		62.6		

3-1-63 R¹ = α-L-Rhap-(1→; R² = α-L-Rhap-(1→3)-α-L-Rhap-(1→
3-1-64 R¹ = β-D-Glup-(1→2)-α-L-Rhap-(1→; R² = α-L-Rhap-(1→3)-α-L-Rhap-(1→
3-1-65 R¹ = β-D-Glup-(1→2)-α-L-Rhap-(1→; R² = β-D-Glup-(1→2)-α-L-Rhap-(1→

表 3-1-4 化合物 3-1-63~3-1-65 的 ¹³C NMR 数据[23]

C	3-1-63	3-1-64	3-1-65	C	3-1-63	3-1-64	3-1-65
1	74.0	74.0	74.0	3	72.2	72.4	72.4
2	133.4	133.5	133.4	4	73.9	74.4	74.5
3	128.7	128.7	128.7	5	70.0	70.1	70.0
4	27.4	27.4	27.5	6	18.1	18.1	18.2
5	32.7	32.7	32.6	α-Rha-2			
6	142.2	142.2	142.1	1	100.3	104.1	99.8
7	122.4	122.4	122.5	2	72.2	72.4	82.6
8	64.0	64.0	64.3	3	79.8	74.2	74.2
9	14.2	14.2	14.3	4	73.3	74.2	74.5
10	23.7	23.7	23.8	5	69.9	70.1	70.0
α-Rha-1				6	18.1	18.0	18.2
1	104.1	99.6	99.6	α-Rha-3	α-Rha-3	β-Glu-1	
2	72.1	82.6	82.6	1	100.3	100.3	106.8

续表

C	3-1-63	3-1-64	3-1-65	C	3-1-63	3-1-64	3-1-65
2	72.4	72.4	75.6	1		106.8	106.8
3	72.5	79.8	78.0	2		75.5	75.6
4	74.1	73.3	71.3	3		77.9	78.0
5	70.1	69.8	78.2	4		71.2	71.3
6	18.0	18.0	62.5	5		77.9	78.2
		β-Glu-1	β-Glu-2	6		62.6	62.5

参 考 文 献

[1] Wehrli F W, Nishida T, Fortschritte der Chem Org Natur, 1979, 36: 1.
[2] Bohlmann F, Zeisberg R. Org Mag Res, 1975, 7: 426.
[3] Otsuka H, Kashima N, Hayashi T, et al. Phytochemistry, 1992, 31: 3129.
[4] Ahmed A A, Jakupovic J. Phytochemistry, 1990, 29: 3658.
[5] Naylor S, Hanke F J, Manes L V, et al. Chem Org Natur, 1983, 44: 189.
[6] Crews P, Kho-Wiseman E. J Org Chem, 1977, 42: 2812.
[7] Wright A D, König G M, Sticher O. Tetrahedron, 1991, 47: 5717.
[8] Manns D. Planta Med, 1993, 59: 171.
[9] Rucker G, Schenkel E, Manns D, et al. Phytochemistry, 1996, 41: 297.
[10] Sakai N, Inada K, Okamoto M, et al. Phytochemistry, 1996, 42: 1625.
[11] Schulz S, Steffensky M, Roisin Y. Ann Chem, 1996: 941.
[12] Yoshikawa K, Nagai M, Wakabayashi M, et al. Phytochemistry, 1993, 34:1431.
[13] Héthelyi E, Tétényi P, Kettenes-Van Den Bosch JJ, et al. Phytochemistry, 1981, 20: 1847.
[14] Abegaz B N, Herz W. Phytochemistry, 1991, 30: 1011.
[15] Weyerstahi P, Kaul V K, Weirauch M, Marschall-Weyerstahl H. Planta Med, 1987, 53: 66.
[16] Marco J A, Sanz-Cervera J F, Morante M D, et al. Phytochemistry, 1996, 41: 837.
[17] Epstein W W, Gaudioso L A. J Org Chem, 1979, 49: 3113.
[18] Näf-Müller R, Pickenhagen W, Wilhalon B. Chim Acta, 1981, 64: 1424.
[19] Epstein W W, Gaudioso L A. Phytochemistry, 1984, 23: 2257.
[20] Blunt J W, Hartshorn M P, Munro M H G, et al. Tetrahedron Lett, 1978, 19: 4417.
[21] Abe F, Chen R F, Yamauchi T. Phytochemistry, 1996,43:161.
[22] Abe F, Chen R F, Yamauchi T. Phytochemistry, 1996, 43: 1611.
[23] Aneroa R, Ollivier A D E. Phytochemistry, 2008, 69: 805.
[24] Ahmed A A, Jakupovic J, Seif El-Din A A, et al. Phytochemistry, 1990, 29: 1322.
[25] Abe F, Chen R F, Yamauchi T. Phytochemistry, 1996, 43: 161.
[26] Ahmed A A, Hussein N S, El-Faham H A, El-Bassuoni A. Pharmazie, 1995, 50: 641.
[27] Farooq A, Gordon J, Hanson J R, Takahashi J A. Phytochemistry, 1995, 38: 557.
[28] Miyazawa M, Nankai H, Kameoka H. Phytochemistry, 1995, 40: 1133.

第二节　单环类单萜化合物

表 3-2-1　单环类单萜化合物的名称、分子式和测试溶剂

编号	名称	分子式	测试溶剂	参考文献
3-2-1	dihydrodendranthenmoside A	$C_{19}H_{36}O_8$	C	[1]
3-2-2	dihydroalangionoside A	$C_{19}H_{36}O_8$	C	[1]
3-2-3	dihydroalangionoside G	$C_{13}H_{26}O_2$	M	[2]
3-2-4	dihydroalangionoside I	$C_{24}H_{44}O_{10}$	M	[2]

续表

编号	名称	分子式	测试溶剂	参考文献
3-2-5	alangionoside J	$C_{19}H_{36}O_7$	M	[2]
3-2-6	alangionoside K	$C_{24}H_{44}O_{11}$	M	[2]
3-2-7	scoropiroside	$C_{19}H_{34}O_8$	C	[3]
3-2-8	damascenone	$C_{13}H_{20}O$	C	[4]
3-2-9	blumenol C	$C_{14}H_{24}O_2$	C	[5]
3-2-10	9-O-β-D-glucopyranosyl-blumenol C	$C_{19}H_{32}O_7$	P	[6]
3-2-11	9-tetra-O-acetate-blumenol C	$C_{27}H_{40}O_{11}$	C	[5]
3-2-12	7,8-dihydroroseoside I	$C_{19}H_{32}O_8$	C	[7]
3-2-13	7,8-dihydroroseoside A	$C_{13}H_{22}O_3$	C	[8]
3-2-14	roseoside I	$C_{19}H_{30}O_8$	C	[9]
3-2-15	6'-O-xylose-roseoside I	$C_{24}H_{38}O_{12}$	M	[2]
3-2-16	blumenol A	$C_{13}H_{20}O_3$	M	[9]
3-2-17	inamoside	$C_{19}H_{32}O_7$	C	[7,10]
3-2-18	3-oxo-α-ionol	$C_{13}H_{20}O_2$	C	[11]
3-2-19	3-oxo-9-O-β-glucopyranosyl-α-ionol	$C_{19}H_{32}O_7$	C	[12]
3-2-20	3-oxo-9-O-α-glucopyranosyl-α-ionol	$C_{19}H_{32}O_7$	C	[13]
3-2-21	3-oxo-9-α-hydroxy-α-ionol	$C_{13}H_{20}O_2$	M	[6,14]
3-2-22	3-oxo-9-β-hydroxy-α-ionol	$C_{13}H_{20}O_2$	C	[14]
3-2-23	(7β)α-ionol	$C_{13}H_{20}O$	C	[14]
3-2-24	(7α)α-ionol	$C_{13}H_{20}O$	C	[15]
3-2-25	3-oxo-9-O-glucopyranosyl-α-ionol	$C_{19}H_{32}O_7$	C	[15]
3-2-26	3-oxo-9-O-glucopyranosyl-tetra-O-acetyl-α-ionol	$C_{27}H_{38}O_{11}$	C	[16]
3-2-27	3-oxo-6α-hydroxyl-9-O-aceyl-α-ionol	$C_{15}H_{22}O_4$	C	[5]
3-2-28	9α-O-glucopyranosyl-(6'-O-arabinose)-α-ionol	$C_{24}H_{40}O_{10}$	M	[17]
3-2-29	3-oxo-9-hydroxy-ionol	$C_{13}H_{20}O_2$	M	[15]
3-2-30	3α-hydroxy-9-oxo-ionol	$C_{13}H_{20}O_2$	P	[18]
3-2-31	linarionoside A	$C_{19}H_{34}O_7$	M	[19]
3-2-32	linarionoside B	$C_{19}H_{34}O_7$	M	[20]
3-2-33	linarionoside C	$C_{25}H_{44}O_{12}$	P	[20]
3-2-34	3,9-hydroxyl-5-diene-icariside	$C_{13}H_{24}O_2$	C	[21]
3-2-35	3β-hydroxyl-9-O-β-D-glucopyranosyl-5,7-diene-icariside	$C_{19}H_{32}O_7$	C	[5]
3-2-36	3β-hydroxyl-O-β-D-glucopyranosyl-5,7-diene-icariside	$C_{29}H_{44}O_{12}$	C	[5]
3-2-37	3-hydroxyl-9-O-acetyl-5,7-diene-icariside	$C_{15}H_{24}O_3$	C	[22]
3-2-38	4-hydroxyl-β-ionone	$C_{13}H_{20}O_2$	C	[14]
3-2-39	4-β-O-glucopyranosyl-6'-O-arabinose-β-ionone	$C_{24}H_{38}O_{11}$	C	[14]
3-2-40	4-oxo-β-ionol	$C_{13}H_{20}O_2$	C	[23]
3-2-41	4-oxo-9-O-glucopyranosyl-β-ionol	$C_{19}H_{30}O_7$	C	[23]
3-2-42	plucheoside B	$C_{19}H_{32}O_8$	C	[25]
3-2-43	hexaacetate-plucheoside B	$C_{35}H_{52}O_{18}$	M	[25]
3-2-44	alangionoside C	$C_{19}H_{32}O_8$	C	[25]
3-2-45	alangionoside D	$C_{19}H_{32}O_8$	P	[25]
3-2-46	alangionoside A	$C_{19}H_{34}O_8$	M	[1]
3-2-47	3α-acetyl-6α-hydroxyl-9-O-glucopyranosyl-tetra-O-acetyl-α-langionoside A	$C_{29}H_{44}O_{13}$	M	[1]

编号	名称	分子式	测试溶剂	参考文献
3-2-48	alangionoside B	$C_{23}H_{40}O_{12}$	C	[1]
3-2-49	hexaacetate-alangionoside B	$C_{38}H_{56}O_{19}$	C	[1]
3-2-50	alangionoside E	$C_{19}H_{32}O_8$	C	[1]
3-2-51	pentaacetate-alangionoside E	$C_{29}H_{42}O_{13}$	C	[25]
3-2-52	aglycone-alangionoside E	$C_{13}H_{22}O_3$	C	[25]
3-2-53	alangionoside F	$C_{24}H_{40}O_{14}$	M	[25]
3-2-54	alangionoside G	$C_{19}H_{34}O_7$	C	[25]
3-2-55	hexaacetate-alangionoside G	$C_{29}H_{46}O_{12}$	P	[25]
3-2-56	alangionoside H	$C_{24}H_{42}O_{11}$	C	[2]
3-2-57	alangionoside I	$C_{23}H_{40}O_{10}$	C	[2]
3-2-58	alangionoside L	$C_{19}H_{32}O_7$	M	[2]
3-2-59	alangionoside M	$C_{24}H_{40}O_{11}$	M	[2]
3-2-60	3,9-oxo-7-diene-blumenol A	$C_{13}H_{20}O_2$	C	[24]
3-2-61	3-α-hydroxy-9-oxo-blumenol A	$C_{13}H_{22}O_2$	C	[24]
3-2-62	prosopidione	$C_{13}H_{20}O_2$	C	[24]
3-2-63	menthane	$C_{10}H_{20}$	C	[10,11]
3-2-64	L-menthol	$C_{10}H_{20}O$	C	[10]
3-2-65	3-O-acetyl-L-menthane	$C_{12}H_{22}O_2$	C	[26]
3-2-66	neo-menthol	$C_{10}H_{20}O$	C	[10,11]
3-2-67	menthone	$C_{10}H_{18}O$	C	[11]
3-2-68	4β-hydroxy-menthone	$C_{10}H_{18}O_2$	C	[27]
3-2-69	1α-hydroxy-neo-menthone	$C_{10}H_{20}O_2$	C	[26]
3-2-70	8-hydroxy-L-menthol	$C_{10}H_{20}O_2$	C	[26]
3-2-71	1α-hydroxy-L-menthol	$C_{10}H_{20}O_2$	C	[26]
3-2-72	4β-hydroxy-L-menthol	$C_{10}H_{20}O_2$	C	[26]
3-2-73	3-O-acetyl-8-hydroxy-L-menthyl	$C_{12}H_{22}O_3$	C	[26]
3-2-74	acetyl-4β-hydroxyl-L-menthyl	$C_{12}H_{22}O_3$	C	[26]
3-2-75	8-hydroxyl-neo-menthol	$C_{10}H_{22}O_2$	C	[26]
3-2-76	3-β-acetyl-1-α-hydroxyl-L-menthyl	$C_{12}H_{22}O_3$	C	[26]
3-2-77	1-α-hydroxy-L-menthyl	$C_{10}H_{20}O$	C	[28]
3-2-78	2α-chloro-menthyl	$C_{10}H_{19}Cl$	C	[28]
3-2-79	3α-chloro-menthyl	$C_{10}H_{19}Cl$	C	[28]
3-2-80	8-chloro-menthyl	$C_{10}H_{19}Cl$	C	[28]
3-2-81	8-hydroxy-menthyl	$C_{10}H_{20}O$	C	[28]
3-2-82	1α,8-dihydroxy-neo-menthol	$C_{10}H_{20}O_3$	C	[29]
3-2-83	$trans$-terpin	$C_{10}H_{20}O_2$	P	[30]
3-2-84	8-hydroxy-menthone	$C_{10}H_{18}O_2$	C	[8]
3-2-85	3β-acetyl-1β-hydroxy-menthone	$C_{12}H_{22}O_3$	C	[31]
3-2-86	2α-hydroxy-menthone	$C_{10}H_{20}O$	C	[31]
3-2-87	2α-chloro-menthone	$C_{10}H_{19}Cl$	C	[31]
3-2-88	3α-chloro-menthone	$C_{10}H_{19}Cl$	C	[31]
3-2-89	neo-isomenthol	$C_{10}H_{20}O$	C	[26]

续表

编号	名称	分子式	测试溶剂	参考文献
3-2-90	2α-O-acetyl-neo-isomenthol	$C_{12}H_{22}O_2$	C	[28]
3-2-91	isomenthol	$C_{10}H_{20}O$	C	[28]
3-2-92	isomenthone	$C_{10}H_{18}O$	C	[28]
3-2-93	8-hydroxy-isomenthol	$C_{10}H_{20}O_2$	C	[26]
3-2-94	1,3α-hydroxy-isomenthol	$C_{10}H_{19}ClO$	C	[26]
3-2-95	1α-hydroxy-isomenthol	$C_{10}H_{20}O$	C	[26]
3-2-96	2α-hydroxy-isomenthol	$C_{10}H_{20}O$	C	[26]
3-2-97	7-hydroxy-isomenthol	$C_{10}H_{20}O$	C	[28]
3-2-98	1α-chloro-isomenthol	$C_{10}H_{19}Cl$	C	[28]
3-2-99	2α-chloro-isomenthol	$C_{10}H_{19}Cl$	C	[28]
3-2-100	3α-chloro-isomenthol	$C_{10}H_{19}Cl$	C	[28]
3-2-101	8-chloro-isomenthol	$C_{10}H_{19}Cl$	C	[28]
3-2-102	1,2α-epoxy-8-hydroxy-isomenthol	$C_{10}H_{18}O_2$	C	[32]
3-2-103	1β,3α-hydroxy-isomenthol	$C_{10}H_{20}O_2$	C	[29]
3-2-104	1β-hydroxy-isomenthol	$C_{10}H_{20}O$	C	[28]
3-2-105	2α-hydroxy-isomenthol	$C_{10}H_{20}O$	C	[28]
3-2-106	1β-chloro-isomenthol	$C_{10}H_{19}Cl$	C	[28]
3-2-107	2α-chloro-isomenthol	$C_{10}H_{19}Cl$	C	[28]
3-2-108	3α-chloro-isomenthol	$C_{10}H_{19}Cl$	C	[28]
3-2-109	1β,3β,8-trihydroxy-isomenthol	$C_{10}H_{20}O_3$	C	[29]
3-2-110	2β,3β-dihydroxy-isomenthol	$C_{10}H_{20}O_2$	C	[29]
3-2-111	3β,7-dihydroxy-isomenthol	$C_{10}H_{20}O_2$	C	[29]
3-2-112	schizonepetoside E	$C_{16}H_{28}O_7$	P	[33]
3-2-113	1β,2β-epoxy-8-hydroxy-paeonilactone C	$C_{10}H_{18}O_2$	C	[34]
3-2-114	Piperitone	$C_{10}H_{16}O_2$	M	[35]
3-2-115	4β-hydroxy-piperitone	$C_{10}H_{20}O$	M	[35]
3-2-116	4β-chloro-piperitone	$C_{10}H_{19}Cl$	M	[35]
3-2-117	eugenyl-β-rutinoside	$C_{22}H_{42}O_{12}$	C	[36]
3-2-118	isoeugenyl-β-gentiobioside	$C_{28}H_{54}O_{18}$	M	[36]
3-2-119	1,4-cineole	$C_{10}H_{18}O_2$	C	[26]
3-2-120	8-hydroxy-1,4-cineole	$C_{12}H_{20}O_2$	C	[26]
3-2-121	10-hydroxy-1,4-cineole	$C_{10}H_{18}O$	C	[26]
3-2-122	10-O-acetyl-1,4-cineole	$C_{12}H_{21}O_2$	C	[26]
3-2-123	2β-hydroxy-1,4-cineole	$C_{10}H_{18}O$	C	[26]
3-2-124	3β-hydroxy-1,4-cineole	$C_{10}H_{18}O$	C	[26]
3-2-125	2α-hydroxy-1,4-cineole	$C_{10}H_{18}O$	C	[26]
3-2-126	1,8-cineole	$C_{10}H_{18}O$	C	[26]
3-2-127	2β-hydroxy-1,8-cineole	$C_{10}H_{18}O_2$	C	[26]
3-2-128	2α-hydroxy-1,8-cineole	$C_{10}H_{18}O_2$	C	[26]
3-2-129	3α-hydroxy-1,8-cineole	$C_{10}H_{18}O_2$	C	[26]
3-2-130	3α-O-glucopyranosyl-1,8-cineole	$C_{16}H_{28}O_7$	C	[36]
3-2-131	3β-O-glucopyranosyl-1,8-cineole	$C_{16}H_{28}O_7$	P	[36]

续表

编号	名称	分子式	测试溶剂	参考文献
3-2-132	2α-O-glucopyranosyl-1,8-cineole	$C_{16}H_{28}O_7$	P	[36]
3-2-133	2α-O-glucopyranosyl-6'-o-glucopyranosyl-1,8-cineole	$C_{22}H_{38}O_{13}$	P	[36]
3-2-134	2β-O-glucopyranosyl-1,8-cineole	$C_{16}H_{28}O_7$	P	[36]
3-2-135	2-O-glucopyranosyl-1,8-cineole	$C_{16}H_{28}O_7$	P	[21]
3-2-136	foeniculoside Ⅴ	$C_{16}H_{28}O_8$	P	[37]
3-2-137	2-hydroxy-foeniculoside	$C_{10}H_{18}O_2$	P	[37]
3-2-138	foeniculoside Ⅵ	$C_{16}H_{28}O_8$	P	[37]
3-2-139	4,6-dihydroxyl-foeniculoside Ⅵ	$C_{10}H_{18}O_3$	P	[37]
3-2-140	foeniculoside Ⅶ	$C_{16}H_{28}O_8$	P	[37]
3-2-141	foeniculoside Ⅷ	$C_{16}H_{28}O_8$	P	[37]
3-2-142	2-hydroxy-foeniculoside Ⅷ	$C_{10}H_{18}O_2$	P	[37]
3-2-143	foeniculoside Ⅸ	$C_{16}H_{28}O_8$	P	[37]
3-2-144	2-hydroxy-foeniculoside Ⅸ	$C_{10}H_{18}O_3$	P	[38]
3-2-145	3-β-bromo-foeniculoside Ⅸ	$C_{10}H_{17}BrO$	P	[38]
3-2-146	3-α-bromo-foeniculoside Ⅸ	$C_{10}H_{17}BrO$	C	[38]
3-2-147	2-β-bromo-foeniculoside Ⅸ	$C_{10}H_{17}BrO$	C	[38]
3-2-148	2-α-bromo-foeniculoside Ⅸ	$C_{10}H_{17}BrO$	C	[38]
3-2-149	3β-hydoxy-1,8-cineole	$C_{10}H_{18}O_2$	C	[38]
3-2-150	3-oxo-1,8-cineole	$C_{10}H_{16}O_2$	C	[38]
3-2-151	3β-chloro-1,8-cineole	$C_{10}H_{17}ClO$	C	[39]
3-2-152	3α-chloro-1,8-cineole	$C_{10}H_{17}ClO$	C	[39]
3-2-153	2β-chloro-1,8-cineole	$C_{10}H_{17}ClO$	C	[39]
3-2-154	2α-chloro-1,8-cineole	$C_{10}H_{17}ClO$	C	[39]
3-2-155	4-chloro-1,8-cineole	$C_{10}H_{17}ClO$	C	[34]
3-2-156		$C_{10}H_{18}O_2$	C	[34]
3-2-157	3β,6β-dichloro-1,8-cineole	$C_{10}H_{16}Cl_2O$	C	[39]
3-2-158	3α,6β-dichloro-1,8-cineole	$C_{10}H_{16}Cl_2O$	C	[39]
3-2-159	2β,3α-dichloro-1,8-cineole	$C_{10}H_{16}Cl_2O$	C	[39]
3-2-160	3α,5β-dichloro-1,8-cineole	$C_{10}H_{16}Cl_2O$	C	[39]
3-2-161	3α,6α-dichloro-1,8-cineole	$C_{10}H_{16}Cl_2O$	C	[39]
3-2-162	2β,6α-dichloro-1,8-cineole	$C_{10}H_{16}Cl_2O$	C	[39]
3-2-163	3,3-dichloro-1,8-cineole	$C_{10}H_{16}Cl_2O$	C	[39]
3-2-164	3β,6α-dichloro-1,8-cineole	$C_{10}H_{16}Cl_2O$	C	[39]
3-2-165	1-bromo-dihydropinol	$C_{10}H_{17}BrO$	C	[38]
3-2-166	1-hydroxy-dihydropinol	$C_{10}H_{18}O$	C	[38]
3-2-167	1-chloro-dihydropinol	$C_{10}H_{17}ClO$	C	[38]
3-2-168	1,3-chloro-dihydropinol	$C_{10}H_{16}Cl_2O$	C	[38]
3-2-169	1-chloro-1-diene-1,8-cineole	$C_{10}H_{18}$	C	[40]
3-2-170	4-hydroxy-terpinen	$C_{10}H_{18}O$	C	[10,11]
3-2-171	α-terpineol	$C_{10}H_{18}O$	C	[10]
3-2-172	α-O-acetyl-terpinyl	$C_{12}H_{20}O_2$	C	[10]
3-2-173	4-hydroxy-piperitone	$C_{10}H_{16}O_2$	C	[41]

续表

编号	名称	分子式	测试溶剂	参考文献
3-2-174	3,8-dihydroxy-6-oxo-piperitone	$C_{10}H_{16}O_3$	C	[41]
3-2-175	7α-O-β-D-glucopyranosyl-phellandryl	$C_{16}H_{28}O_6$	C	[42]
3-2-176	7-O-β-D-glucopyranosyl-6'-O-acetyl-phellandryl	$C_{24}H_{36}O_{10}$	C	[42]
3-2-177	8-hydroxy-phellandryl	$C_{16}H_{28}O_7$	C	[42]
3-2-178	3β-hydroxy-α-terpineol	$C_{10}H_{18}O_2$	C	[43]
3-2-179	3α-hydroxy-α-terpineol	$C_{10}H_{18}O_2$	M	[43]
3-2-180	3β-hydroxyethyl-α-terpineol	$C_{12}H_{22}O_2$	C	[43]
3-2-181	3-oxo-α-terpineol	$C_{10}H_{16}O_2$	C	[43]
3-2-182	piperitone	$C_{10}H_{16}O$	C	[10,11]
3-2-183	3α-hydroxy-8,9-dihydrocarvone	$C_{10}H_{16}O_2$	C	[44]
3-2-184	3β-hydroxy-8,9-dihydrocarvone	$C_{10}H_{16}O_2$	C	[44]
3-2-185	3α,6α-dihydroxy-1-diene-piperitol	$C_{10}H_{18}O_2$	C	[44]
3-2-186	7-acetyl-piperitone	$C_{12}H_{18}O_3$	C	[45]
3-2-187	6α,8-dihydroxy-1-diene-piperitol	$C_{10}H_{18}O_2$	C	[10,11]
3-2-188	pinol	$C_{10}H_{16}O$	C	[46]
3-2-189	3-bromo-pinol	$C_{10}H_{15}BrO$	C	[46]
3-2-190	3-chloro-pinol	$C_{10}H_{15}ClO$	C	[46]
3-2-191	3,7-dichloro-pinol	$C_{10}H_{14}Cl_2O$	C	[46]
3-2-192	ρ-cymene	$C_{10}H_{16}$	C	[46]
3-2-193	thymol	$C_{10}H_{16}O$	C	[46]
3-2-194	carvacrol	$C_{10}H_{16}O$	C	[46]
3-2-195	3-O-glucopyranosyl-thymyl	$C_{16}H_{26}O_6$	C	[46]
3-2-196	eupatriol	$C_{10}H_{16}O_3$	C	[46]
3-2-197	cuminyl	$C_{10}H_{16}O$	C	[46]
3-2-198	7-O-β-D-glucopyranosyl-cuminyl	$C_{16}H_{26}O_6$	C	[46]
3-2-199	7-O-β-D-glucopyranosyl-terta-O-acetyl-cuminyl	$C_{24}H_{34}O_{10}$	C	[46]
3-2-200	2-O-β-D-glucopyranosyl-carvacrol	$C_{16}H_{26}O_6$	C	[46]
3-2-201	8-hydroxy-cymene	$C_{10}H_{16}O$	C	[46]
3-2-202	α-terpinene	$C_{10}H_{16}$	C	[10,11]
3-2-203	limonene	$C_{10}H_{16}$	C	[10,11]
3-2-204	4-hydroxy-limonene	$C_{10}H_{16}O$	C	[10]
3-2-205	5-β-hydroxy-limonene	$C_{10}H_{16}O$	C	[10]
3-2-206	6-acetyl-trans-carveyl	$C_{12}H_{18}O_2$	C	[10]
3-2-207	carvone	$C_{10}H_{14}O$	C	[10]
3-2-208	7-hydroxy-isopiperitenone	$C_{10}H_{14}O_2$	C	[47]
3-2-209	7-hydroxy-perill	$C_{10}H_{16}O$	C	[48]
3-2-210	7-O-acetyl-perilla	$C_{12}H_{18}O_2$	C	[49]
3-2-211	perillaldehyde	$C_{10}H_{14}O$	C	[10]
3-2-212	perilloside A	$C_{16}H_{26}O_6$	C	[48]
3-2-213	7-O-β-D-glucopyranosyl-6'-O-acetyl-perilloside A	$C_{24}H_{34}O_{10}$	C	[48]
3-2-214	perilloside B	$C_{16}H_{24}O_7$	C	[49]
3-2-215	3α-hydroxy-perillaldehyde	$C_{10}H_{14}O_2$	C	[50]

续表

编号	名称	分子式	测试溶剂	参考文献
3-2-216	dihydrocarvone	$C_{10}H_{16}O$	C	[10,11]
3-2-217	1β,2α-dihydroxy-dihydrocarvol	$C_{10}H_{18}O_2$	M	[35]
3-2-218	perilloside C	$C_{16}H_{28}O_6$	C	[51]
3-2-219	7-O-β-D-glucopyranosyl-6'-O-acetyl-perilloside A	$C_{24}H_{36}O_{10}$	C	[51]
3-2-220	1β,2-dihydroxy-dihydrocarvol	$C_{10}H_{18}O_2$	C	[52]
3-2-221	perilloside D	$C_{16}H_{28}O_6$	C	[51]
3-2-222	7-O-β-D-glucopyranosyl-6'-O-acetyl-perilloside D	$C_{24}H_{36}O_{10}$	C	[51]
3-2-223	7-O-β-D-glucopyranosyl-2,5-diene-4-one	$C_{16}H_{28}O_7$	C	[53]
3-2-224	7-O-β-D-glucopyranosyl-6'-O-acetyl-2,5-diene-4-one	$C_{24}H_{34}O_{10}$	C	[53]
3-2-225	7-O-β-D-glucopyranosyl-5-diene-4-one	$C_{16}H_{26}O_6$	C	[53]
3-2-226	7-O-β-D-glucopyranosyl-6'-O-acetyl-5-diene-4-one	$C_{24}H_{36}O_{10}$	C	[53]
3-2-227	β-cyclocitral	$C_{10}H_{14}O_2$	C	[10,11]
3-2-228	4,7-dihydroxy-cyclocitral	$C_{10}H_{16}O_3$	M	[54]
3-2-229	4-hydroxy-7-methoxy-cyclocitral	$C_{10}H_{18}O_2$	P	[54]
3-2-230	loliolide	$C_{11}H_{18}O_3$	C	[55]
3-2-231	3-acetyl-loliolide	$C_{11}H_{18}O_3$	C	[56]
3-2-232	5α,6β-hydroxy-1,3(8)diene-ochtodane	$C_{10}H_{16}O_2$	C	[57]
3-2-233	5α,6α-hydroxy-1,3(8)diene-ochtodane	$C_{10}H_{16}O_2$	C	[57]
3-2-234	4,7-oxo-7-hydroxy-2-diene-ferulane	$C_{10}H_{14}O_3$	C	[58]
3-2-235	5α,8,9-trichloro-2,7-diene-ochtodane	$C_{10}H_{27}Cl_3$	C	[59]
3-2-236	5α,8-dichloro-9-bromo-ochtodane	$C_{10}H_{27}BrCl_2$	C	[59]
3-2-237	5α,8-dichloro-2(9),7-diene-plocamene	$C_{10}H_{14}Cl_2$	C	[60]
3-2-238	plocamene D	$C_{10}H_{13}Cl_3$	C	[60]
3-2-239	plocamene D'	$C_{10}H_{13}BrCl_2$	C	[60]
3-2-240	epi-plocamene D	$C_{10}H_{13}Cl_3$	C	[59]
3-2-241	plocamene B	$C_{10}H_{13}Cl_3$	C	[61]
3-2-242	2α,3α,5β,8-tetrachloro-5,7-diene-plocamene B	$C_{10}H_{13}BrCl_2$	C	[62]
3-2-243	2α-bromo-3α,8-dichloro-5(10),7-diene-plocamene B	$C_{10}H_{13}BrCl_2$	C	[62]
3-2-244	plocamene E	$C_{10}H_{13}Cl_3$	C	[60]
3-2-245	plocamene C	$C_{10}H_{14}BrCl_3$	C	[63]
3-2-246	2α,5β-dibromo-3α,8-dichloro-7-diene-plocamene C	$C_{10}H_{14}Br_2Cl_2$	C	[64]
3-2-247	asarinol D	$C_{10}H_{18}O_3$	C	[65]
3-2-248	diacetate-asarinol D	$C_{14}H_{24}O_5$	C	[65]
3-2-249	curessoiropolone A	$C_{16}H_{22}O_7$	C	[66]
3-2-250	artemeseole	$C_{10}H_{16}O$	C	[67]
3-2-251	fraganol	$C_{10}H_{18}O$	C	[68]
3-2-252	γ-campholenol	$C_{10}H_{18}O$	C	[66]
3-2-253	7-O-β-D-glucopyranosyl-gentiobioside	$C_{16}H_{30}O_6$	C	[67]
3-2-254	7-oxo-2-diene-gentiobione	$C_{10}H_{16}O$	C	[10]
3-2-255	mussaenin A	$C_{10}H_{16}O_4$	C	[68]
3-2-256	mussaenin B	$C_{10}H_{14}O_4$	C	[68]
3-2-257	mussaenin C	$C_{12}H_{18}O_5$	C	[68]

续表

编号	名称	分子式	测试溶剂	参考文献
3-2-258	epoxycerberidol	$C_{10}H_{16}O_5$	C	[69]
3-2-259	9-O-β-D-allosyl-epoxycerberidol	$C_{16}H_{26}O_{10}$	C	[69]
3-2-260	cyclocerberidol	$C_{10}H_{16}O_5$	P	[69]
3-2-261	5α-hydroxy-6,9-diacetyl-cyclocerberidol	$C_{14}H_{20}O_7$	P	[69]
3-2-262	5α,6-oipro-9-hydroxyl-cyclocerberidol	$C_{15}H_{22}O_5$	P	[69]
3-2-263	9-O-β-D-allosyl-cyclocerberidol	$C_{16}H_{26}O_{10}$	P	[69]
3-2-264	cerberidol	$C_{10}H_{16}O_4$	P	[69]
3-2-265	9-O-β-D-allosyl-cerberidol	$C_{15}H_{24}O_7$	P	[69]
3-2-266	7,9-O-β-D-allosyl-cerberidol	$C_{22}H_{36}O_{14}$	P	[69]
3-2-267	3,5-dimethylene-1,4,4-trimethylcyclopentene	$C_{10}H_{14}$	C	[70]
3-2-268	5-methylene-2,3,4,4-tetramethylcyclopent-2-enone	$C_{10}H_{14}O$	C	[70]
3-2-269	3,4,5,5-tetramethyl-1,3-cyclopentadienecarboxylic acid	$C_{10}H_{14}O_2$	C	[70]
3-2-270	3,4,5,5-tetramethyl-1,3-cyclopentadienecarboxaldehyde	$C_{10}H_{14}O$	C	[70]
3-2-271	β-damascenone	$C_{12}H_{18}O$	C	[4]
3-2-272	blumenol C	$C_{12}H_{20}O_2$	C	[5]
3-2-273	9-O-β-D-glucopyranosyl-blumenol C	$C_{18}H_{28}O_8$	C	[6]
3-2-274	9-tetraacetate-blumenol C	$C_{26}H_{38}O_{16}$	C	[5]
3-2-275	icariside-B$_{10}$	$C_{18}H_{30}O_8$	C	[5]
3-2-276	7,8-dihydroroseoside I	$C_{18}H_{30}O_8$	C	[7]
3-2-277	7,8-dihydroroseoside A	$C_{12}H_{22}O_3$	C	[8]
3-2-278	roseoside I	$C_{18}H_{30}O_8$	C	[6]
3-2-279	roseoside II	$C_{18}H_{30}O_8$	C	[2]
3-2-280	6'-O-β-D-xylnosyl-roseoside I	$C_{23}H_{40}O_{13}$	M	[9]

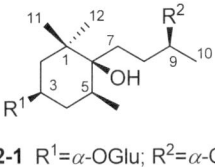

3-2-1 R^1=α-OGlu; R^2=α-OH
3-2-2 R^1=α-OH; R^2=α-OGlu
3-2-3 R^1=R^2=α-OH
3-2-4 R^1=α-OH; R^2=α-OGlu-(6'-OApi)
3-2-5 R^1=α-OGlu; R^2=α-OH
3-2-6 R^1=α-OGlu-(6'-OXyl); R^2=α-OH
3-2-7 R=β-OGlu
3-2-8[32]

3-2-9 R=OH
3-2-10 R=OGlu
3-2-11 R=OGlu(OAc)$_4$
3-2-12 R=α-OGlu
3-2-13 R=α-OH
3-2-14 R=α-OGlu
3-2-15 R=α-OGlu-(6'-OXyl)
3-2-16 R=α-OH
3-2-17

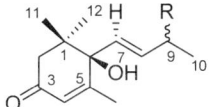
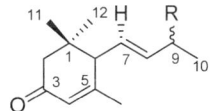
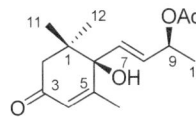

3-2-18 R=OH
3-2-21 R=α-OH
3-2-22 R=β-OH
3-2-19 R=β-OGlu
3-2-20 R=α-OGlu
3-2-23 R=β-H
3-2-24 R=α-H
3-2-25 R=OGlu
3-2-26 R=OGlu-(OAC)$_4$
3-2-28 R=α-OGlu-(6'-OAra)
3-2-27[33]

3-2-29[43] **3-2-30**[44]

3-2-31	$R^1=\beta$-OGlu; $R^2=\alpha$-OH	**3-2-35**	$R^1=\beta$-OH; R^2=OGlu
3-2-32	$R^1=\beta$-OH; $R^2=\alpha$-OGlu	**3-2-36**	$R^1=\beta$-OAc; R^2=OGlu-(OAc)$_4$
3-2-33	$R^1=\beta$-OGlu; $R^2=\alpha$-OGlu		
3-2-34	$R^1=R^2$=OH		

表 3-2-2　化合物 3-2-1~3-2-37 的 ^{13}C NMR 数据

C	1	2	3	4	5	6	7	8	9	10	11	12	13
3-2-1[1]	41.5	44.0	75.5	39.0	36.0	76.5	33.0	35.9	70.0	23.7	25.1	26.2	16.7
3-2-2[1]	41.5	47.5	67.5	40.9	35.5	76.6	32.4	34.2	76.8	20.0	25.2	26.5	16.7
3-2-3[2]	36.8	51.9	67.4	46.5	35.0	54.2	26.4	42.7	69.2	23.4	21.4	31.3	21.5
3-2-4[2]	36.9	51.9	67.5	46.5	34.9	54.3	26.1	40.7	76.4	20.0	21.5	31.5	21.6
3-2-5[2]	36.8	48.5	75.8	44.8	35.1	54.3	26.4	42.7	69.2	23.4	21.3	31.3	21.5
3-2-6[2]	36.8	48.6	76.0	44.8	35.0	54.3	26.4	42.7	69.2	23.4	21.5	31.3	21.4
3-2-7[3]	39.5	44.7	72.4	44.0	77.4	90.1	27.5	35.5	76.6	21.2	26.2	28.7	28.1
3-2-8[4]	39.5	26.2	146.1	129.8	31.7	33.9	201.1	128.1	127.3	26.2	18.6	19.5	19.5
3-2-9[5]	38.7	47.0	170.5	132.0	132.0	51.0	36.7	26.0	68.5	25.0.	27.0	29.0	22.0
3-2-10[6]	36.1	47.5	198.3	125.0	165.1	51.0	25.4	36.4	75.7	21.8	28.5	24.2	26.9
3-2-11[5]	38.7	47.0	170.5	132.0	132.0	51.0	36.7	26.0	68.5	20.5	27.0	29.0	22.0
3-2-12[7]	42.9	51.2	201.0	126.6	176.1	79.3	34.9	33.5	76.3	27.4	21.6	20.1	24.1
3-2-13[8]	42.7	51.0	200.3	126.4	171.3	78.9	35.2	35.0	68.8	21.7	24.6	24.0	23.5
3-2-14[9]	41.0	49.4	197.5	125.7	164.1	77.9	130.4	133.4	74.7	20.8	24.1	23.0	18.9
3-2-15[2]	42.5	50.9	201.3	127.2	167.4	80.0	131.8	135.2	77.0	21.2	23.5	24.7	19.8
3-2-16[9]	41.6	50.2	197.9	126.6	163.9	79.0	132.5	132.6	73.2	22.3	23.5	19.1	24.5
3-2-17[7,10]	42.5	50.7	201.1	127.2	167.3	80.0	131.6	135.3	77.3	21.2	23.5	24.7	19.6
3-2-18[11]	41.7	50.4	197.6	127.0	163.9	79.0	131.4	134.9	76.2	21.3	19.4	23.4	—
3-2-19[12]	42.5	50.9	201.3	127.2	167.2	80.1	131.9	135.1	77.6	21.2	24.8	23.5	19.7
3-2-20[13]	41.1	47.9	197.9	127.0	162.6	79.1	135.7	129.0	68.1	23.8	22.9	24.0	18.9
3-2-21[6,14]	37.9	49.7	202.8	123.1	168.8	52.9	138.8	129.6	77.8	21.8	28.3	28.6	64.9
3-2-22[14]	36.5	47.5	171.0	130.0	169/5	55.5	135.0	126.0	68.5	20.6	27.5	28.0	22.0
3-2-23[14]	37.2	48.5	202.0	126.1	125.5	56.9	131.1	137.1	74.8	22.2	27.3	28.1	23.8
3-2-24[15]	37.0	48.4	202.0	126.1	165.8	56.7	128.8	138.3	77.0	21.0	27.6	28.1	23.7
3-2-25[15]	35.9	47.8	198.3	135.5	161.2	55.4	125.5	129.2	73.1	22.1	27.4	22.9	26.8
3-2-26[16]	37.0	48.4	202.0	126.0	165.8	56.7	127.0	140.1	68.6	23.7	27.2	28.1	23.7
3-2-27[5]	37.0	48.4	202.0	126.0	126.0	56.7	127.3	140.3	68.8	23.7	27.2	28.1	23.7
3-2-28[17]	32.9	32.5	24.1	121.8	135.3	55.2	131.3	137.3	69.0	24.1	27.5	28.1	23.2
3-2-29[15]	32.9	32.5	24.1	121.6	135.3	55.2	131.3	137.3	69.0	24.1	27.5	28.1	23.2
3-2-30[18]	36.9	48.0	177.0	126.0	165.0	56.5	131.0	136.0	74.6	22.1	27.2	28.0	23.7
3-2-31[19]	36.5	47.5	171.0	130.0	169.5	55.5	135.0	126.0	68.5	20.6	27.5	28.0	22.0
3-2-32[20]	41.1	49.6	197.8	127.1	162.0	78.9	131.2	131.4	70.1	20.4	24.0	22.8	18.9
3-2-33[20]	32.9	32.5	24.0	121.9	135.3	55.4	133.8	135.1	76.6	21.4	28.4	27.4	23.2
3-2-34[21]	37.9	48.6	65.0	42.3	124.1	136.9	24.4	39.7	66.7	23.4	28.5	29.7	19.7

续表

C	1	2	3	4	5	6	7	8	9	10	11	12	13
3-2-35[5]	36.7	42.5	71.5	425	125.9	138.3	109.8	102.5	68.0	20.5	20.6	20.7	22.0
3-2-36[5]	36.7	42.5	71.5	42.5	125.9	138.3	109.8	102.6	68.0	20.5	20.6	20.7	22.0

表 3-2-3 化合物 3-2-37~3-2-45 的 ^{13}C NMR 数据

C	1	2	3	4	5	6	7	8	9	10	11	12	13
3-2-37[22]	36.7	48.1	96.4.	42.0	126.1	136.3	129.1	133.6	71.4	21.0	28.3	29.9	21.3
3-2-38[14]	35.5	36.0	29.2	70.4	136.1	140.1	144.6	133.8	200.8	27.2	29.2	28.1	18.7
3-2-39[14]	35.4	35.9	27.7	76.6	134.5	141.0	144.6	134.1	201.1	27.2	29.2	27.8	19.1
3-2-40[23]	36.5	38.2	35.0	201.6	130.6	163.8	125.8	142.3	69.0	23.6	27.6	27.6	13.5
3-2-41[23]	36.4	38.0	34.9	201.6	130.5	163.5	127.3	140.1	77.0	20.7	27.5	27.5	13.5
3-2-42[23]	37.9	40.0	76.1	70.1	127.9	143.0	126.7	140.7	69.5	23.8	27.8	30.3	19.9
3-2-43[23]	36.9	39.7	74.7	68.8	125.0	141.3	127.9	141.3	68.2	24.7	27.4	30.0	20.2
3-2-44[23]	36.8	40.3	74.5	69.9	124.3	143.5	128.0	134.9	71.1	21.3	27.0	30.0	18.6
3-2-45[23]	37.9	42.9	67.5	84.3	127.6	143.1	126.6	140.9	69.5	23.9	27.5	30.3	19.9

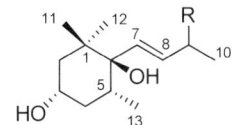

表 3-2-4 化合物 3-2-46~3-2-49 的 ^{13}C NMR 数据[1]

C	1	2	3	4	5	6	7	8	9	10	11	12	13
3-2-46	37.7	44.8	81.9	77.0	129.6	141.2	127.0	140.7	69.5	23.9	28.1	30.6	17.0
3-2-47	40.5	45.9	67.5	39.9	35.4	78.4	135.8	133.6	78.0	21.5	25.2	26.2	16.6
3-2-48	39.4	40.7	69.8	34.8	33.8	76.8	134.5	131.9	77.6	21.4	24.4	25.2	15.7
3-2-49	40.5	45.9	67.5	39.9	35.4	78.3	136.1	133.6	78.0	21.5	25.3	26.2	16.6

3-2-51 R=β-OGlu(OAc)₄

3-2-54 R¹=α-OGlu; R²=OH
3-2-55 R¹=α-OGlu(OAc)₄; R²=α-OAc
3-2-56 R¹=α-OGlu-(6'-OXyl); R²=α-OH
3-2-57 R¹=α-OH; R²=α-OGlu-(6'-OApi)

3-2-58 R=α-OGlu
3-2-59 R=α-OGlu-(6'-OXyl)
3-2-60 R= =O
3-2-61 R=α-OH

表 3-2-5 化合物 3-2-50~3-2-53 的 ¹³C NMR 数据

C	1	2	3	4	5	6	7	8	9	10	11	12	13
3-2-50	39.4	40.7	69.1	34.9	33.9	76.8	134.6	131.6	76.2	21.5	24.4	25.3	15.8
3-2-51	39.4	40.7	77.2	34.9	33.8	76.9	134.6	131.8	78.7	21.5	24.3	25.4	15.8
3-2-52	35.9	45.8	73.0	38.5	67.7	71.4	125.8	139.1	68.7	23.8	25.4	29.8	20.3
3-2-53	34.7	44.2	73.2	37.7	65.3	69.6	127.1	133.4	70.3	21.3	24.8	29.1	19.8

表 3-2-6 化合物 3-2-54~3-2-61 的 ¹³C NMR 数据

C	1	2	3	4	5	6	7	8	9	10	11	12	13
3-2-54[25]	35.1	44.8	71.5	37.8	67.1	69.9	143.0	133.3	197.1	27.7	29.0	22.5	20.2
3-2-55[25]	35.9	45.7	73.2	38.5	67.7	71.4	125.8	139.1	68.7	23.8	25.3	29.8	20.3
3-2-56[2]	35.9	47.9	75.7	43.9	32.2	58.7	131.2	138.5	69.4	24.1	21.7	31.9	21.7
3-2-57[2]	34.8	46.8	75.9	42.2	31.2	56.9	132.6	133.3	71.2	21.0	21.3	30.8	21.4
3-2-58[2]	35.8	48.0	76.0	44.0	32.2	58.6	131.3	138.4	69.4	24.1	21.8	31.9	21.8
3-2-59[2]	36.4	47.7	75.7	43.5	31.9	59.1	151.8	134.6	200.8	27.0	21.9	31.8	21.7
3-2-60[24]	38.5	55.6	209.8	48.8	33.1	57.2	146.8	134.3	197.7	27.3	21.3	30.5	21.2
3-2-61[24]	35.6	50.1	66.6	4.3	30.8	57.5	149.0	133.7	198.0	27.2	21.5	31.2	21.1

3-2-62[24]

3-2-63 R=H
3-2-64 R=β-OH
3-2-65 R=β-OAc
3-2-66 R=α-OH
3-2-67 R= =O

3-2-68 R= =O
3-2-72 R=OH
3-2-74 R=β-OAc

3-2-70 R¹=β-OH
3-2-73 R¹=β-OAc
3-2-75 R¹=α-OH

3-2-77 R=α-OH
3-2-78 R=α-Cl

3-2-79 R¹=α-Cl; R²=H
3-2-80 R²=α-Cl; R¹=H
3-2-81 R²=OH; R¹=H

3-2-69 R=α-OH
3-2-71 R=β-OH
3-2-76 R=β-OAc

3-2-82 R¹=R²=α-OH
3-2-83 R¹=α-OH; H
3-2-84 R²= =O; R¹=H

表 3-2-7　化合物 3-2-63~3-2-84 的 ^{13}C NMR 数据

C	1	2	3	4	5	6	7	8	9	10
3-2-63[10,11]	35.7	33.1	29.9	44.1	29.9	33.1	22.5	35.7	19.0	19.0
3-2-64[10]	31.7	45.2	71.4	50.2	23.2	34.7	2.3	25.7	21.1	16.1
3-2-65[26]	31.5	41.0	73.9	47.2	23.7	34.5	22.1	26.5	16.5	20.8
3-2-66[10,11]	29.1	42.8	67.5	48.2	24.2	35.3	22.3	25.9	21.2	20.7
3-2-67[11]	35.5	50.9	211.5	55.9	28.0	34.0	22.3	26.0	28.7	21.2
3-2-68[27]	33.1	44.4	214.8	80.7	32.2	27.9	18.8	30.2	15.5	16.2
3-2-69[26]	70.8	43.4	68.5	47.9	20.0	39.1	30.8	29.0	21.0	20.6
3-2-70[26]	31.4	44.6	72.8	53.2	27.0	34.5	22.0	74.9	29.8	23.7
3-2-71[26]	70.3	50.0	68.0	51.1	19.9	39.4	32.2	26.2	21.5	16.8
3-2-72[26]	31.0	39.4	71.0	75.1	29.1	27.3	22.0	33.3	17.8	16.4
3-2-73[26]	31.3	41.0	76.1	51.5	27.1	34.2	21.7	73.0	28.5	26.0
3-2-74[26]	30.8	35.5	74.5	74.5	27.9	28.9	21.8	34.2	17.6	16.3
3-2-75[26]	25.6	42.6	68.1	48.5	20.2	35.0	22.2	73.3	28.9	28.9
3-2-76[26]	70.8	44.5	72.0	46.9	19.3	37.7	31.3	26.3	20.7	16.5
3-2-77[28]	39.0	76.4	39.0	43.2	29.1	33.4	18.5	32.6	19.8	19.9
3-2-78[28]	41.3	68.0	41.3	44.6	28.9	34.7	20.1	32.5	19.7	19.7
3-2-79[28]	25.9	43.4	63.2	49.1	24.3	34.9	21.9	30.1	20.8	20.2
3-2-80[28]	32.6	35.3	28.1	50.3	28.1	35.3	22.4	74.6	30.4	30.4
3-2-81[28]	32.7	35.4	27.4	48.8	27.4	35.4	22.6	72.7	27.0	27.0
3-2-82[28]	70.4	42.7	69.3	47.7	16.2	38.7	30.6	73.3	28.5	29.0
3-2-83[30]	67.8	40.0	23.6	49.7	23.6	40.0	32.2	72.1	27.7	27.7
3-2-84[8]	35.5	51.5	215.1	58.7	34.0	28.7	22.2	71.4	25.7	28.5

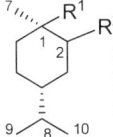

3-2-85　$R^1=\alpha$-OH; $R^2=\beta$-OAc
3-2-86　$R^2=\alpha$-OH; R^1=H
3-2-87　$R^2=\alpha$-Cl; R^1=H

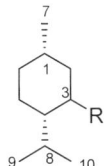

3-2-88　R=α-Cl
3-2-89　R=α-OH
3-2-90　R=α-OAc

表 3-2-8　化合物 3-2-85~3-2-90 的 ^{13}C NMR 数据

C	3-2-85[31]	3-2-86[31]	3-2-87[31]	3-2-88[31]	3-2-89[26]	3-2-90[28]
1	39.5	35.5	40.3	39.8	70.9	34.0
2	39.2	45.0	71.1	70.8	44.4	72.9
3	71.4	71.4	28.1	28.4	72.0	32.4
4	50.5	45.3	36.4	32.8	46.5	43.3
5	28.7	24.9	28.5	29.7	20.2	22.7
6	39.2	34.4	37.8	36.6	38.5	30.7
7	68.0	22.2	13.7	11.4	27.0	10.7
8	25.9	31.5	31.2	31.0	26.1	32.7
9	16.1	12.3	18.3	18.3	20.9	19.8
10	20.0	66.4	65.7	65.0	17.2	19.9

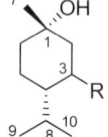

3-2-91 $R^1=\alpha$-OH; R^2=H
3-2-92 R^1==O; R^2=H
3-2-93 $R^1=\alpha$-OH; R^2=OH
3-2-97 R^1=H; R^2=OH
3-2-100 $R^1=\alpha$-Cl; R^2=H
3-2-101 R^1=H; $R^2=\alpha$-Cl

3-2-94

3-2-95 R^1=OH; R^2=H
3-2-96 R^1=H; R^2=OH
3-2-98 R^1=Cl; R^2=H
3-2-99 R^1=H; R^2=Cl

3-2-102

表 3-2-9　化合物 3-2-91~3-2-102 的 ^{13}C NMR 数据

C	1	2	3	4	5	6	7	8	9	10
3-2-91[28]	35.0	64.7	34.4	45.1	22.2	32.1	11.9	32.8	19.7	19.8
3-2-92[28]	27.6	39.8	62.2	49.1	20.4	31.5	21.2	29.6	20.6	20.8
3-2-93[28]	28.2	41.5	68.8	54.6	22.2	31.3	18.3	75.0	29.8	23.7
3-2-94[26]	71.2	43.9	69.6	48.5	18.9	37.7	29.0	25.9	21.2	21.2
3-2-95[26]	69.0	39.0	25.1	43.5	25.1	39.0	31.4	32.7	19.9	19.9
3-2-96[26]	37.2	72.0	34.1	39.2	25.2	27.4	17.6	30.0	20.3	20.3
3-2-97[28]	26.8	32.0	21.4	49.6	21.4	32.0	17.5	72.8	26.9	26.9
3-2-98[28]	72.3	41.5	25.6	43.2	25.6	41.5	34.3	32.6	19.8	19.8
3-2-99[28]	38.2	64.6	35.5	39.5	25.0	27.7	18.9	29.7	19.8	19.8
3-2-100[28]	27.3	40.9	61.6	49.8	20.4	30.2	18.1	27.9	19.7	21.0
3-2-101[28]	26.7	30.4	22.1	50.9	22.1	30.4	17.3	75.0	31.9	31.9
3-2-102[32]	57.6	61.2	27.2	40.2	22.8	29.4	24.4	75.2	26.6	27.3

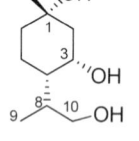

3-2-103 R=α-OH
3-2-104 R=H

3-2-106 $R^1=\beta$-Cl; R^2=H
3-2-108 R^1=H; $R^2=\alpha$-Cl

3-2-105 $R^1=\alpha$-OH; R^2=H
3-2-107 $R^1=\alpha$-Cl; R^2=H
3-2-110 $R^1=R^2=\beta$-OH

3-2-109

3-2-111

3-2-112

3-2-113

3-2-114

3-2-115 R=β-OH
3-2-116 R=β-Cl
3-2-117 R=OGlu-(6'-OGlu)
3-2-118 R=OGlu-(2',6'-OGlu)

表 3-2-10　化合物 3-2-103~3-2-113 的 ^{13}C NMR 数据

C	1	2	3	4	5	6	7	8	9	10
3-2-103[29]	71.5	48.2	68.5	50.0	19.0	38.5	31.6	25.7	16.2	21.0
3-2-104[28]	70.9	40.2	27.2	43.5	27.2	40.2	25.6	32.1	20.1	20.1
3-2-105[28]	36.5	71.0	37.3	36.7	29.3	28.3	18.3	32.6	19.6	19.8

C	1	2	3	4	5	6	7	8	9	10
3-2-106[28]	71.3	42.1	27.2	42.7	27.2	42.1	28.4	31.5	20.1	20.1
3-2-107[28]	36.4	67.2	38.3	37.3	29.1	28.1	20.1	32.2	19.8	19.8
3-2-108[28]	33.2	46.7	63.9	50.4	24.3	34.3	21.9	27.1	15.1	20.1
3-2-109[29]	70.4	42.7	69.3	47.7	16.2	38.7	30.6	73.3	28.5	29.0
3-2-110[29]	32.7	78.5	71.0	47.9	23.2	32.7	21.1	28.8	18.3	20.7
3-2-111[29]	26.0	42.5	66.0	46.0	25.3	35.4	22.0	38.0	15.8	64.4
3-2-112[33]	35.7	51.5	213.8	55.2	28.2	34.0	22.2	73.1	23.2	76.1
3-2-113[34]	57.8	59.3	25.9	44.2	20.1	30.9	23.0	72.4	27.2	26.2

表 3-2-11 化合物 3-2-114~3-2-118 的 ^{13}C NMR 数据

C	1	2	3	4	5	6	7	8	9	10
3-2-114[34]	79.7	48.1	213.0	47.9	35.7	97.3	21.9	47.3	101.0	61.2
3-2-115[34]	79.7	45.2	107.6	45.6	32.0	102.7	22.6	44.0	101.1	61.7
3-2-116[34]	79.7	43.9	110.9	43.9	32.0	102.9	22.7	40.5	101.1	68.3
3-2-117[35]	77.4	47.5	210.9	50.2	30.4	101.6	14.6	37.9	103.1	20.9
3-2-118[35]	78.3	46.8	210.1	49.6	34.3	101.3	13.3	38.4	103.0	21.1

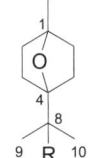

3-2-119 R=H
3-2-120 R=OH

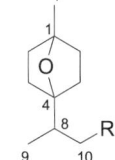

3-2-121 R=OH
3-2-122 R=OAc

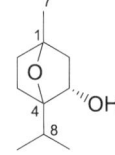

3-2-124

3-2-123 R=β-OH
3-2-125 R=α-OH

表 3-2-12 化合物 3-2-119~3-2-125 的 ^{13}C NMR 数据[26]

C	1	2	3	4	5	6	7	8	9	10
3-2-119	82.9	37.4	33.2	89.6	33.2	37.4	21.3	33.1	18.2	18.2
3-2-120	83.9	27.6	32.0	91.9	32.0	27.6	21.1	71.5	25.4	25.4
3-2-121	84.3	36.7	29.8	90.1	36.2	37.5	21.1	39.8	13.0	66.0
3-2-122	83.1	37.2	33.9	87.5	34.1	37.2	21.1	37.8	13.1	66.6
3-2-123	88.7	76.6	45.2	85.7	33.0	32.2	16.3	32.5	18.1	18.1
3-2-124	82.2	49.8	76.0	92.1	25.1	36.5	21.0	26.4	16.8	18.1
3-2-125	90.3	76.8	41.6	85.0	33.3	29.3	19.2	33.1	17.6	17.9

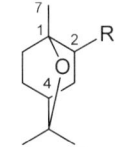

3-2-126 R=H
3-2-127 R=β-OH
3-2-128 R=α-OH

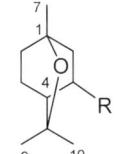

3-2-129 R=α-OH
3-2-130 R=α-OGlu
3-2-131 R=β-OGlu

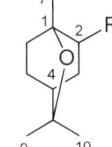

3-2-132 R=α-OGlu
3-2-133 R=α-OGlu-(6'-OGlu)
3-2-134 R=β-OGlu
3-2-135 R=OGlu

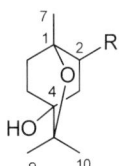

3-2-136 R=OGlu
3-2-137 R=OH

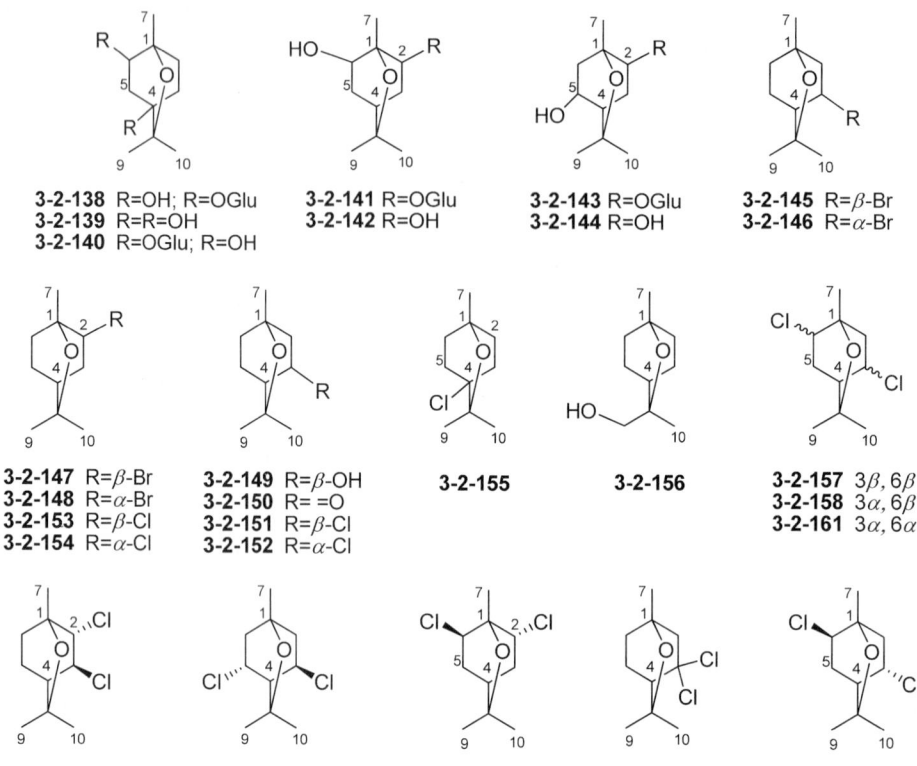

表 3-2-13 化合物 3-2-126~3-2-164 的 ^{13}C NMR 数据

C	1	2	3	4	5	6	7	8	9	10
3-2-126[26]	69.1	31.7	23.0	33.1	23.0	31.7	27.4	73.0	28.8	28.8
3-2-127[26]	72.6	70.5	35.4	33.5	22.2	29.2	23.2	74.0	28.3	29.1
3-2-128[26]	72.6	71.1	34.6	34.3	22.2	25.0	24.1	73.5	28.6	29.1
3-2-129[26]	71.1	42.8	64.9	40.4	13.9	31.1	27.1	73.4	28.4	29.1
3-2-130[36]	70.8	41.5	71.9	37.0	14.8	31.6	27.5	73.3	29.3	28.7
3-2-131[36]	70.6	40.9	73.0	39.4	15.3	31.6	27.6	73.3	29.2	28.7
3-2-132[36]	72.5	80.1	34.4	34.5	22.7	26.5	25.1	73.4	29.2	29.1
3-2-133[36]	72.4	80.3	34.5	34.5	22.7	26.5	25.0	73.4	29.5	29.1
3-2-134[36]	72.0	76.3	32.2	34.4	22.5	26.6	25.2	73.3	29.2	29.0
3-2-135[21]	73.9	75.0	31.0	34.8	22.7	31.7	23.6	75.7	28.4	29.3
3-2-136[37]	71.0	74.3	31.3	33.3	21.9	30.4	23.5	73.1	28.2	28.9
3-2-137[37]	71.6	76.7	39.5	69.5	30.4	32.1	23.4	77.5	25.9	25.0
3-2-138[37]	72.7	72.1	43.4	69.5	30.7	31.9	23.1	77.5	26.0	25.1
3-2-139[37]	71.6	29.3	30.6	69.9	40.1	78.1	24.5	76.9	25.7	25.6
3-2-140[37]	73.2	28.7	31.0	70.0	43.6	72.4	24.4	76.9	26.0	25.7
3-2-141[37]	73.0	28.3	26.3	77.2	41.3	72.2	24.3	76.5	26.3	26.0
3-2-142[37]	75.7	73.6	30.8	33.7	34.8	68.9	19.5	73.6	28.9	28.9
3-2-143[37]	76.6	68.9	34.9	34.0	34.9	68.9	19.3	73.6	28.9	28.9
3-2-144[37]	72.6	74.2	30.2	42.1	69.0	42.4	23.6	73.9	31.6	30.5
3-2-145[38]	73.5	69.6	34.1	42.6	69.2	41.9	23.4	73.8	31.6	30.5

续表

C	1	2	3	4	5	6	7	8	9	10
3-2-146[38]	71.2	44.9	47.7	41.6	24.6	29.7	26.7	74.4	30.6	30.4
3-2-147[38]	70.9	44.8	49.5	41.4	17.2	31.1	26.5	74.3	29.4	28.4
3-2-148[38]	71.5	56.4	37.3	34.4	22.2	31.0	27.2	74.3	28.6	28.6
3-2-149[38]	70.1	43.0	70.5	40.6	21.3	30.0	26.8	73.4	30.4	30.7
3-2-150[38]	73.6	49.1	213.1	51.9	18.3	30.4	26.3	73.6	26.9	30.6
3-2-151[39]	70.7	44.3	57.5	41.3	23.8	29.7	26.7	74.0	30.6	30.5
3-2-152[39]	70.9	44.1	56.5	41.0	15.5	31.0	26.7	74.2	29.2	28.4
3-2-153[39]	71.7	62.3	36.4	34.0	22.1	31.1	25.1	74.1	28.8	28.4
3-2-154[39]	73.3	59.6	36.2	34.5	21.8	25.3	25.1	74.0	28.8	28.3
3-2-155[34]	69.7	33.1	34.6	68.9	34.6	3.1	26.7	77.6	25.7	25.7
3-2-156[34]	71.8	27.6	22.2	33.0	22.2	27.6	51.6	74.4	28.5	28.5
3-2-157[39]	72.8	42.7	55.2	42.3	36.8	60.0	24.4	74.6	30.3	30.0
3-2-158[39]	72.8	43.8	54.8	41.6	29.1	60.4	24.2	74.7	28.8	28.3
3-2-159[39]	73.3	71.3	65.8	42.5	25.2	31.1	24.5	74.7	28.9	27.9
3-2-160[39]	71.5	43.0	55.2	49.2	50.6	43.7	25.8	74.9	30.7	29.7
3-2-161[39]	74.3	37.3	54.8	42.5	28.5	58.5	24.3	74.5	29.3	27.8
3-2-162[39]	75.4	56.7	35.4	35.2	35.6	58.9	23.0	74.5	29.1	27.7
3-2-163[39]	72.0	57.1	91.2	49.9	21.6	28.6	26.1	74.9	32.1	31.9
3-2-164[39]	74.0	38.5	54.9	42.8	36.9	57.2	24.2	74.3	29.9	29.7

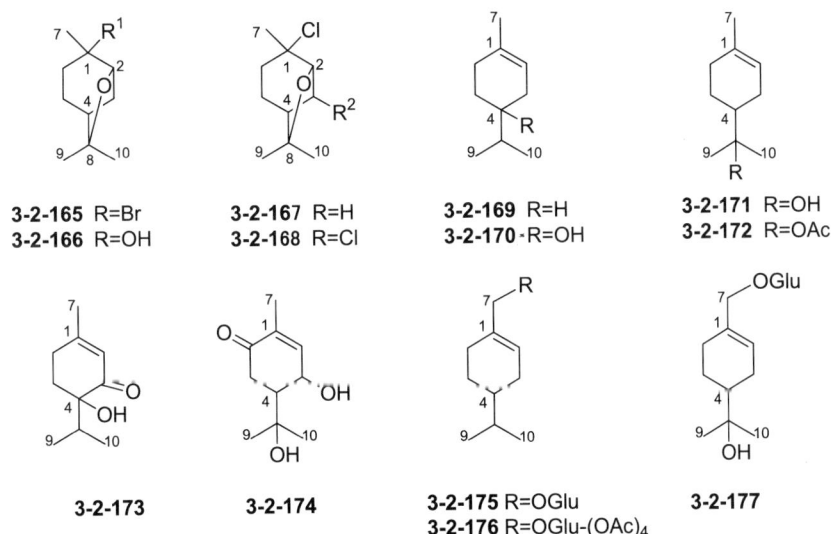

表 3-2-14　化合物 3-2-165~3-2-168 的 ^{13}C NMR 数据[38]

C	1	2	3	4	5	6	7	8	9	10
3-2-165	68.9	83.2	35.0	41.2	24.5	36.8	32.7	83.6	22.7	30.0
3-2-166	73.3	82.6	31.9	41.3	24.4	33.1	28.8	82.4	23.4	30.3
3-2-167	68.0	83.8	33.5	41.0	24.3	35.5	31.0	83.0	23.0	30.1
3-2-168	65.4	80.9	56.0	45.1	18.1	34.3	33.5	80.5	24.2	30.8

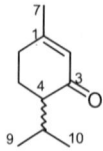
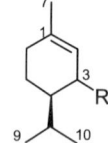
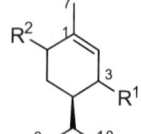
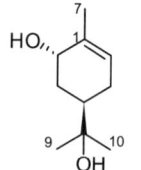

3-2-178 R=β-OH
3-2-179 R=α-OH
3-2-180 R=β-OEt

3-2-181 4β
3-2-182 4α

3-2-183 R=α-OH
3-2-184 R=β-OH

3-2-185 R¹=R²=α-OH
3-2-186 R¹==O; R²=OAc

3-2-187

3-2-188 R=H
3-2-189 R=Br
3-2-190 R=Cl

表 3-2-15　化合物 3-2-169~3-2-177 的 ^{13}C NMR 数据

C	1	2	3	4	5	6	7	8	9	10
3-2-169[40]	235.6	126.3	28.1	46.3	24.9	27.8	74.4	73.1	27.1	26.3
3-2-170[10,11]	133.3	125.8	26.6	44.8	23.4	26.6	73.5	72.5	27.3	26.3
3-2-171[10]	139.1	127.5	76.5	40.8	26.1	68.3	21.1	30.4	20.5	17.0
3-2-172[10]	136.1	125.3	69.8	54.1	24.2	30.8	22.8	74.8	24.1	30.1
3-2-173[41]	140.4	123.0	66.0	56.7	17.5	31.5	23.2	72.4	28.1	29.1
3-2-174[41]	137.7	121.1	78.2	48.7	24.4	30.9	23.0	73.2	24.7	29.5
3-2-175[42]	141.2	120.0	73.4	46.9	18.4	31.7	23.7	71.8	28.1	29.3
3-2-176[42]	163.8	127.2	203.1	54.7	25.3	31.3	25.3	72.3	25.3	28.2
3-2-177[42]	139.1	138.5	66.8	46.2	73.6	194.8	59.5	27.6	19.7	19.5

表 3-2-16　化合物 3-2-178~3-2-187 的 ^{13}C NMR 数据

C	1	2	3	4	5	6	7	8	9	10
3-2-178[43]	143.1	117.9	72.8	37.8	17.8	29.8	23.3	81.8	25.7	27.5
3-2-179[43]	138.9	119.5	74.3	44.0	21.5	30.2	22.7	85.8	22.7	28.1
3-2-180[43]	160.5	126.8	2000	51.6	23.2	30.5	23.9	25.9	18.5	20.6
3-2-181[43]	139.9	148.6	69.0	49.9	36.3	200.3	15.5	26.3	20.4	20.3
3-2-182[10,11]	136.9	143.1	64.1	45.9	36.8	200.3	16.5	28.4	20.4	20.3
3-2-183[44]	135.0	128.8	67.3	40.6	28.9	65.8	15.9	24.8	20.0	19.5
3-2-184[44]	143.8	120.4	30.8	40.9	25.7	30.7	23.2	73.4	21.0	69.8
3-2-185[44]	156.7	125.0	200.3	52.3	22.9	26.0	65.0	25.7	18.5	18.5
3-2-186[45]	134.1	119.9	27.5	40.2	25.0	30.1	23.4	59.1	53.3	18.1
3-2-187[10,11]	134.4	125.3	27.8	38.9	32.7	68.6	20.8	72.3	27.3	26.0

表 3-2-17　化合物 3-2-188~3-2-191 的 ^{13}C NMR 数据[46]

C	1	2	3	4	5	6	7	8	9	10
3-2-188	139.3	76.3	30.2	41.7	34.4	119.9	21.2	82.4	25.2	30.2
3-2-189	134.7	78.3	47.2	45.5	27.4	121.5	22.0	82.5	26.0	30.9
3-2-190	134.1	78.0	56.0	45.5	26.2	121.8	21.9	82.8	25.8	30.9
3-2-191	134.6	75.1	55.4	45.6	26.3	127.6	47.0	83.1	25.9	30.8

表 3-2-18 化合物 3-2-192~3-2-201 的 ^{13}C NMR 数据[46]

C	1	2	3	4	5	6	7	8	9	10
3-2-192	135.0	119.8	46.7	135.3	126.3	47.0	24.0	33.9	24.2	24.2
3-2-193	134.0	145.8	54.7	128.6	124.3	45.0	23.0	32.8	23.9	23.9
3-2-194	143.9	118.9	45.7	123.6	124.9	45.8	23.4	32.9	24.9	24.9
3-2-195	123.7	108.8	99.7	134.6	125.9	45.6	23.5	34.0	24.7	24.7
3-2-196	134.0	109.8	45.9	132.3	124.3	47.0	25.0	77.5	72.4	29.0
3-2-197	132.0	111.8	46.3	130.3	122.3	44.5	62.0	33.9	23.2	23.2
3-2-198	136.0	107.8	45.3	128.3	122.3	43.4	99.0	34.9	24.2	24.2
3-2-199	135.8	110.6	44.8	127.9	121.3	45.4	100.0	35.2	24.4	24.4
3-2-200	127.3	103.2	46.7	135.3	126.3	47.0	24.0	33.9	23.5	23.5
3-2-201	135.0	119.8	47.6	137.3	126.3	47.0	25.0	63.9	24.2	24.2

表 3-2-19 化合物 3-2-203~3-2-205 的 ^{13}C NMR 数据[10,11]

C	3-2-203	3-2-204	3-2-205	C	3-2-203	3-2-204	3-2-205
1	133.1	133.7	131.7	6	30.8	27.2	39.0
2	120.8	118.7	120.0	7	23.7	23.3	23.1
3	30.6	34.5	30.5	8	149.6	143.3	146.3
4	41.2	71.7	49.5	9	108.4	109.6	113.0
5	28.0	31.1	68.3	10	20.5	16.9	19.3

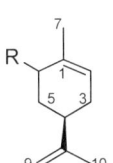

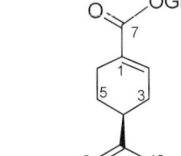

表 3-2-20 化合物 3-2-206~3-2-215 的 ^{13}C NMR 数据

C	1	2	3	4	5	6	7	8	9	10
3-2-206[10]	130.9	127.8	33.7	35.8	30.9	70.7	20.8	148.7	109.2	20.6
3-2-207[10]	135.2	143.8	31.2	42.7	43.1	197.6	15.3	147.2	110.3	20.2
3-2-208[47]	165.5	123.1	198.8	55.2	28.6	26.0	64.5	144.8	113.0	20.8
3-2-209[48]	137.1	122.5	30.3	41.0	27.5	26.1	67.3	149.8	108.5	20.7
3-2-210[49]	132.9	125.6	30.6	41.0	27.5	26.1	68.3	149.3	109.0	20.8
3-2-211[10]	141.2	150.5	31.2	40.8	26.4	21.6	193.8	148.3	109.6	20.7
3-2-212[48]	136.1	126.6	32.4	43.0	29.5	28.2	75.0	151.6	110.0	21.7
3-2-213[48]	135.4	125.9	31.6	42.3	28.7	27.4	74.3	150.9	109.2	21.0
3-2-214[49]	130.3	142.3	32.2	41.2	28.1	25.2	167.1	159.8	109.8	20.8
3-2-215[50]	128.6	142.5	31.2	39.7	26.7	24.2	164.8	148.3	109.3	20.5

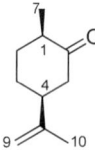

3-2-216

3-2-217 R=α-OH
3-2-220 R=OH

3-2-218 R=OGlu
3-2-219 R=OGlu-(OAc)$_4$

3-2-220 R=OGlu
3-2-221 R=OGlu-(OAc)$_4$

表 3-2-21 化合物 3-2-216~3-2-222 的 ^{13}C NMR 数据

C	1	2	3	4	5	6	7	8	9	10
3-2-216[10,11]	44.7	211.9	46.7	47.1	30.9	35.0	14.3	147.6	109.6	20.3
3-2-217[35]	71.4	73.8	33.8	37.3	25.9	3.5	26.2	149.5	109.0	20.7
3-2-218[51]	39.2	31.1	32.5	46.9	32.5	31.0	76.4	151.9	108.7	28.6
3-2-219[51]	37.7	29.7	31.0	45.2	31.0	29.5	75.6	150.6	108.0	20.6
3-2-220[52]	66.5	74.0	27.0	38.0	34.5	34.0	21.2	148.4	109.5	26.2
3-2-221[51]	33.5	26.5	26.8	43.7	26.6	26.5	72.1	149.7	108.7	21.4
3-2-222[51]	34.0	55.9	210.6	41.2	43.7	49.0	63.0	19.8	30.2	102.3

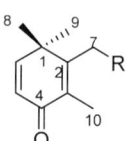 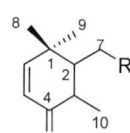 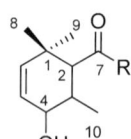 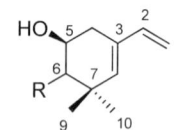

3-2-223 R=OGlu
3-2-224 R=OGlu-(OAc)$_4$

3-2-225 R=OGlu
3-2-226 R=OGlu-(OAc)$_4$
3-2-227 R==O

3-2-228 R=OH
3-2-229 R=OMe

3-2-230 R=α-OH
3-2-231 R=β-OH

3-2-232 R=β-OH
3-2-233 R=α-OH

表 3-2-22 化合物 3-2-223~3-2-229 的 ^{13}C NMR 数据

C	1	2	3	4	5	6	7	8	9	10
3-2-223[53]	41.2	160.5	126.0	187.1	133.6	156.3	66.3	25.5	25.5	11.6
3-2-224[53]	39.5	157.1	125.9	186.3	136.1	152.6	64.9	25.3	25.5	11.1
3-2-225[53]	36.5	35.2	38.4	201.8	135.3	160.0	66.5	26.7	27.0	11.8
3-2-226[53]	35.4	34.2	37.4	199.1	134.8	155.6	65.4	26.5	26.7	11.3

续表

C	1	2	3	4	5	6	7	8	9	10
3-2-227[10,11]	33.0	40.7	18.7	35.7	155.6	140.6	191.8	27.7	27.7	19.2
3-2-228[54]	33.7	35.4	29.7	68.4	133.6	139.1	172.6	28.1	28.7	18.6
3-2-229[54]	33.9	35.2	29.6	68.1	136.1	137.5	170.8	27.8	28.3	18.3

表 3-2-23　化合物 3-2-230~3-2-231 的 ^{13}C NMR 数据

C	1	2	3	4	5	6	7	8	9	10
3-2-230[55]	36.4	47.9	67.3	46.2	87.2	183.0	113.4	31.2	27.0	27.5
3-2-231[56]	—	42.8	68.6	44.1	—	—	113.5	25.9	26.5	30.5

表 3-2-24　化合物 3-2-232~3-2-233 的 ^{13}C NMR 数据[57]

C	1	2	3	4	5	6	7	8	9	10
3-2-232	113.1	120.3	135.9	38.8	71.7	80.1	34.8	138.4	19.0	27.8
3-2-233	112.6	128.4	136.9	33.6	68.2	75.6	34.9	139.7	24.8	27.2

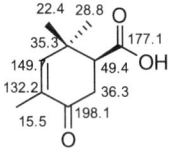

3-2-234[58]

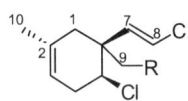

3-2-235 R=Cl
3-2-236 R=Br

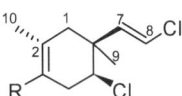

3-2-237 R = H　　3-2-239 R=α-Br
3-2-238 R=α-Cl　3-2-240 R=β-Cl

表 3-2-25　化合物 3-2-235~3-2-240 的 ^{13}C NMR 数据

C	1	2	3	4	5	6	7	8	9	10
3-2-235[59]	36.7	132.3	124.4	33.7	64.1	40.7	135.3	119.0	48.9	25.6
3-2-236[59]	37.2	133.0	124.6	33.9	64.0	40.7	135.3	119.0	37.2	25.6
3-2-237[60]	44.5	143.1	32.7	29.7	67.9	43.4	136.1	119.0	11.4	26.0
3-2-238[60]	45.5	140.8	58.2	43.5	65.0	43.4	133.3	120.8	113.5	26.2
3-2-239[60]	45.5	140.8	58.2	43.5	65.0	43.4	133.3	120.8	113.5	26.2
3-2-240[59]	45.2	140.6	49.2	44.0	65.5	43.4	133.5	120.5	116.0	26.2

3-2-241 R=α-Cl
3-2-242 R=α-Br

3-2-243 R=α-Br
3-2-244 R=α-Cl

3-2-245 R=α-Cl
3-2-246 R=α-Br

3-2-247 R¹=R²=OH
3-2-248 R¹=R²=OAc

3-2-249[66]

表 3-2-26　化合物 3-2-241~3-2-246 的 ^{13}C NMR 数据

C	1	2	3	4	5	6	7	8	9	10
3-2-241[61]	34.5	64.0	69.3	48.5	129.8	123.8	130.3	117.6	30.2	18.3
3-2-242[62]	35.7	57.4	69.1	48.2	124.5	130.0	130.1	117.6	32.0	18.6

C	1	2	3	4	5	6	7	8	9	10
3-2-243[62]	40.0	58.5	71.9	49.5	142.6	45.2	132.8	119.1	32.5	112.6
3-2-244[60]	67.4	52.4	65.0	35.0	71.1	57.0	131.3	120.6	31.8	28.0
3-2-245[63]	67.4	52.4	65.0	35.0	71.1	57.0	131.3	120.6	31.8	28.0
3-2-246[64]	36.4	58.0	71.1	57.2	67.5	53.7	131.3	121.0	33.7	28.1

表 3-2-27 化合物 3-2-247~3-2-248 的 ^{13}C NMR 数据[65]

C	1	2	3	4	5	6	7	8	9	10
3-2-247	54.1	34.1	80.7	69.6	144.9	137.9	201.2	22.4	27.3	18.7
3-2-248	78.3	33.9	53.9	199.6	139.1	139.3	70.0	19.0	23.3	27.1

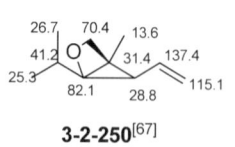

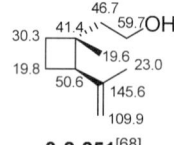

表 3-2-28 化合物 3-2-253~3-2-254 的 ^{13}C NMR 数据

C	1	2	3	4	5	6	7	8	9	10
3-2-253[67]	41.5	56.8	21.8	41.5	42.5	30.0	69.0	25.8	15.6	7.7
3-2-254[10]	46.9	147.8	121.7	35.6	44.3	45.1	202.1	20.0	25.6	12.5

表 3-2-29 化合物 3-2-255~3-2-256 的 ^{13}C NMR 数据[68]

C	1	2	3	4	5	6	7	8	9	10
3-2-255	80.1	39.1	29.7	35.4	49.2	67.2	23.4	45.5	175.3	60.9
3-2-256	80.3	38.7	28.0	36.5	52.3	172.2	24.9	45.6	68.1	170.6

表 3-2-30 化合物 3-2-258~3-2-266 的 ^{13}C NMR 数据[69]

C	1	2	3	4	5	6	7	8	9	10
3-2-258	80.1	39.1	28.5	28.1	53.2	173.0	25.2	34.2	101.7	—
3-2-259	44.6	23.3	30.1	69.3	72.4	61.6	63.0	31.3	66.5	—
3-2-260	43.5	33.7	27.2	85.9	83.5	62.5	71.7	33.8	59.0	—
3-2-261	43.7	33.8	27.2	85.0	82.0	65.8	71.5	29.5	61.3	—
3-2-262	43.9	33.1	26.6	82.6	90.7	65.5	71.2	33.4	58.8	—
3-2-263	43.4	33.9	27.1	85.1	83.8	62.3	71.4	30.8	66.4	—
3-2-264	51.5	26.3	35.2	138.8	139.6	57.5	65.6	33.0	60.4	—
3-2-265	51.0	26.3	35.1	137.8	139.5	57.4	65.4	29.7	67.8	—
3-2-266	47.7	26.5	34.8	137.7	139.6	57.1	73.4	29.6	67.9	—

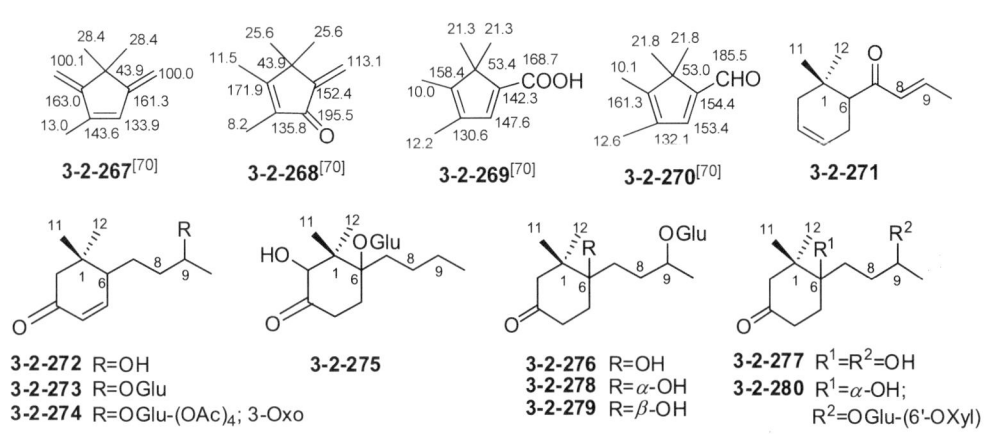

表 3-2-31 化合物 3-2-271~3-2-280 的 ^{13}C NMR 数据

C	1	2	3	4	5	6	7	8	9	10	11	12	13
3-2-271[4]	39.5	26.2	146.1	129.8	31.7	33.9	201.1	128.1	127.3	26.2	18.6	19.5	19.5
3-2-272[5]	38.7	47.0	170.5	132.0	132.0	51.0	36.7	26.0	68.5	20.5	27.0	29.0	22.0
3-2-273[6]	36.1	47.5	198.3	125.0	165.1	51.0	25.4	36.4	75.7	21.8	28.5	24.2	26.9
3-2-274[5]	38.7	47.0	170.5	132.0	132.0	51.0	36.7	26.0	68.5	20.5	27.0	29.0	22.0
3-2-275[5]	40.0	79.5	82.5	125.0	137.5	49.5	21.6	44.5	207.6	29.8	25.6	21.8	15.3
3-2-276[5]	42.9	51.2	201.0	126.6	171.6	79.3	34.9	33.5	76.3	24.7	21.6	20.1	24.1
3-2-277[8]	42.7	51.0	200.3	126.4	171.3	78.9	35.2	35.0	68.8	21.7	24.6	24.0	23.5
3-2-278[6]	41.0	49.4	197.5	125.7	164.1	77.9	130.4	133.4	74.9	20.8	24.1	23.0	18.9
3-2-279[2]	42.5	50.7	201.2	127.2	167.3	80.0	131.6	135.3	77.3	21.2	23.5	24.7	19.6
3-2-280[9]	42.5	50.9	201.3	127.2	167.2	80.1	131.9	135.1	77.6	21.2	24.8	23.5	19.7

参 考 文 献

[1] Hernández L R, Catalán C A N, Cerda-Garcia-Rojas C M, et al. Phytochemistry, 1994, 37: 1331.
[2] Otsuka H, Yao M, Kamada K, et al. Chem Pharm Bull, 1995, 43: 754.
[3] Abe F, Yamauchi T. Phytochemistry, 1993, 33: 1499.
[4] Pongprayoon U, Baeckström P, Jacobsson U, et al. Planta Med, 1992, 58: 19.
[5] Tazaki H, Ohta N, Nabeta K, et al. Phytochemistry, 1993, 34: 1067.
[6] Cui B, Nakamura M, Kinjo I, et al. Phytochemistry, 1993, 41: 178.

[7] Andersson R, Lundgren L N. Phytochemistry, 1988, 27: 559.
[8] Burkard S, Looser M, Borschberg H-J. Chim Acta, 1988, 71: 209.
[9] Schwa B W, Schreier P. Phytochemistry, 1990, 29: 161.
[10] González A G, Gillermo J A, Ravelo A G, et al. J Nat Prod, 1994, 57: 400.
[11] Aimi N, Hoshino H, Nishimura M, et al.Tetrahedron Lett, 1990, 31: 5169.
[12] Strauss C R, Wilson B, Williams P J. Phytochemistry, 1987, 26: 1995.
[13] Ito A, Yasumoto K, Kasai R, et al. Phytochemistry, 1994, 36: 1465.
[14] Pabst A, Barron D, Sémon E, et al. Phytochemistry, 1992, 31: 3105.
[15] Pabst A, Barron D, Sémon E, et al. Phytochemistry, 1992, 31: 2043.
[16] de Pascual Teresa J, Anaya J, Caballero E, et al. Planta Med, 1989, 55: 407.
[17] Della Greca M, Monaco P, Previtera L, et al. J Nat Prod, 1990, 53: 972.
[18] Fraga B M, Hernandez M G, Mestres T, et al. Phytochemistry, 1995, 39: 617.
[19] Machida K, Kikuchi M. Phytochemistry, 1996, 41: 1333.
[20] Otsuka H. Phytochemistry, 1994, 37: 461.
[21] Achenbach H, Lottes M, Waisel R, et al. Phytochemistry, 1995, 38: 1537.
[22] Winterhalter P, Harmsen S, Trani F. Phytochemistry, 1991, 30: 3021.
[23] Pabst A, Barron D, Sémon E, et al. Phytochemistry, 1992, 31: 4187.
[24] Weyerstahl P, Marschall H, Bork W R, et al. Ann Chem, 1994: 1043.
[25] Otsuka H, Kamada K, Yao M K. et al. Phytochemistry, 1995, 38: 1431.
[26] Asakawa Y, Matsuda R, Tori M, et al. Phytochemistry, 1988, 27: 3861.
[27] Suga T, Hirata T, Hamada H, Murakami S.Phytochemistry, 1988, 27: 1041.
[28] Dauzone D, Goasdoue N, Platzer N. Org Magn Res, 1981, 17: 18.
[29] Takahashi H, Noma Y, Toyota M, et al. Phytochemistry, 1994, 35: 1465.
[30] Guang-Yi L, Bates C D, Gray AI, et al. Planta Med, 1988, 54: 368.
[31] Asakawa Y, Takahashi H, Toyota M, et al. Phytochemistry, 1991, 30: 3981.
[32] Carman R M, Fletcher M T.Aust J Chem, 1984, 37: 1117.
[33] Oshima Y, Takata S, Hikino H. Planta Med, 1989, 55: 179.
[34] Carman R M, Fletcher M T. Aust J Chem, 1983, 36: 1483.
[35] Yoshikawa M, Harada E, Kawaguchi A, et al. Chem Pharm Bull, 1993, 41: 630.
[36] Akao T, Shu Y Z, Matsuda Y, et al. Chem Pharm Bull, 1988, 36: 3043.
[37] Ono M, Ito K, Ishikawa T, et al. Chem Pharm Bull, 1996, 44: 337.
[38] Carman R M, Fletcher M T. Aust J Chem, 1986, 39: 1661-1723.
[39] Brieskorn C H, Kraub G. Planta Med, 1986, 52: 305.
[40] Hashimoto H, Katsuhara T, Niitsu K, et al. Phytochemistry, 1994, 35: 969.
[41] Fujita T, Ohira K, Miyatake K, et al. Chem Pharm Bull, 1995, 43: 920.
[42] Burkard S, Looser M, Borschberg H J, et al. Chim Acta, 1988, 71: 209.
[43] Delgado G, Rios M Y, Rodríguez C. Planta Med, 1993, 59: 482.
[44] Delgado G, Rios M Y. Phytochemistry, 1991, 30: 3129.
[45] Carman R M, Fletcher M T. J Chem, 1986, 39: 1723.
[46] Park S H, Chae Y A, Lee H J, et al. Planta Med, 1994, 60: 374.
[47] Fujita T, Nakayama M. Phytochemistry, 1992, 31: 3265.
[48] Fujita T, Nakayama M. Phytochemistry, 1993, 34: 1545.
[49] Tada M, Matsumoto R, Chiba K. Phytochemistry, 1996, 43: 803.
[50] D'Agostino M, de Simone F, Zollo F, et al. Phytochemistry, 1990, 29: 3656.
[51] Labbe C, Castillo M, Connolly J D. Phytochemistry, 1993, 34: 441.
[52] Erdelmeier C A J, Sticher O. Phytochemistry, 1986, 25: 741.
[53] Sasaki H, Morota T, Nishimura H, et al. Phytochemistry, 1991, 30: 1997.
[54] N. Okada, K. Shirata, M. Niwano, et al. Phytochemistry , 1994,37: 281.
[55] Dietz H, Winterhalter P. Phytochemistry, 1996, 42: 1005.
[56] Paul V J, McConnell O J, Fenical W. J Org Chem, 1980, 45: 3401.
[57] Marco J A, Sanz J F, Yuste A, et al. Phytochemistry, 1991, 30: 3661.
[58] Stierle D B, Sims J J. Tetrahedron, 1979, 35: 1261.
[59] Crews P, Kho-Wiseman E, Montana P. J Org Chem, 1978, 43: 116.

[60] Crews P, Kho E. J Org Chem, 1975, 40: 2568.
[61] Higgs M D, Wanderah D J, Falkner D J. Tetrahedron , 1977, 33: 2775.
[62] Capon R J, Engelhardt L M, Ghisalberti E L, et al. J Chem, 1984, 37: 537.
[63] González A G, Arteaga J M, Martín J D, et al. Phytochemistry, 1978,17: 947.
[64] Hashimoto H, Katsuhara T, Niitsu K, et al. Phytochemistry, 1994, 35: 969.
[65] Madar Z, Gottlieb H E, Cojocaru M, et al. Phytochemistry, 1995, 38: 351.
[66] Noble T A, Epstein W W. Tetrahedron Lett, 1977, 45: 3931.
[67] Orihara Y, Noguchi T, Furuya T. Phytochemistry, 1994, 35: 941.
[68] Zhao W, Yang G, Xu R, Qin G. Phytochemistry, 1996, 41: 1553.
[69] Baldovini N, L K S, Ferrando G, et al. Phytochemistry, 2005, 66 : 1651.
[70] Teborg D, Junior P. Planta Med, 1989,55: 474.

第三节 双环类单萜化合物

表 3-3-1 双环类单萜化合物的名称、分子式和测试溶剂

编号	名称	分子式	测试溶剂	参考文献
3-3-1	α-thujone	$C_{10}H_{16}O$	C	[1]
3-3-2	thujol	$C_{10}H_{18}O$	C	[1]
3-3-3	*trans*-2-hydroxyl-abinene	$C_{10}H_{18}O$	C	[2]
3-3-4	dihydroumbellulone	$C_{10}H_{16}O$	C	[2]
3-3-5	3-*O*-acetyl-*neo*-isothujyl	$C_{12}H_{20}O_2$	C	[2]
3-3-6	*neo*-isothujol	$C_{10}H_{18}O$	C	[2]
3-3-7	3-*O*-acetyl-isothujyl	$C_{12}H_{22}O_2$	M	[3]
3-3-8	isothujol	$C_{10}H_{18}O$	C	[4]
3-3-9	isothujone	$C_{10}H_{16}O$	C	[5]
3-3-10	α-thujene	$C_{10}H_{16}$	C	[7]
3-3-11	4-oxo-10-hydroxyl-α-thujene	$C_{10}H_{14}O_2$	C	[6]
3-3-12	4-oxo-10-*O*-acetyl-α-thujene	$C_{12}H_{16}O_3$	C	[8]
3-3-13	umbellulone	$C_{10}H_{14}O$	C	[9]
3-3-14	sabinene	$C_{10}H_{16}$	C	[10]
3-3-15	3-*O*-acetyl-sabinol	$C_{12}H_{18}O_2$	C	[2]
3-3-16	sabinol	$C_{10}H_{16}O$	M	[9]
3-3-17	3-carene	$C_{10}H_{16}$	M	[7,10]
3-3-18	3,5-carenone	$C_{10}H_{14}O$	C	[11]
3-3-19	borneol	$C_{10}H_{18}O$	C	[12]
3-3-20	2α-*O*-acetyl-bornyl	$C_{12}H_{20}O_2$	C	[13]
3-3-21	2β-*O*-acetyl-bornyl	$C_{12}H_{20}O_2$	C	[14]
3-3-22	camphor	$C_{10}H_{16}O$	C	[14]
3-3-23	2α-*O*-β-D-glucopyranosyl-bornyl	$C_{16}H_{28}O_6$	C	[14]
3-3-24	2α-*O*-β-D-glucopyranosyl-(6'-*O*-β-D-glucopyranoside)-α-ionol	$C_{22}H_{36}O_{11}$	C	[15]
3-3-25	2α-*O*-β-D-glucopyranosyl-(2'-*O*-β-D-glucopyranoside)-α-ionol	$C_{22}H_{36}O_{11}$	C	[15]
3-3-26	2α-*O*-β-D-glucopyranosyl-(2',6'-*O*-β-D-glucopyranoside)-α-ionol	$C_{28}H_{48}O_{18}$	M	[16]
3-3-27	2α-*O*-β-D-glucopyranosyl-(6'-*O*-β-D-xylnoside)-α-ionol	$C_{21}H_{36}O_{11}$	M	[5]
3-3-28	2α-*O*-β-D-glucopyranosyl-(6'-*O*-α-D-aranoside)-α-ionol	$C_{21}H_{36}O_{11}$	C	[17]
3-3-29	2β-clorideoride-isobornyl	$C_{10}H_{17}Cl$	P	[15]

续表

编号	名称	分子式	测试溶剂	参考文献
3-3-30	2-oxo-3-bromo-ionol	$C_{10}H_{15}BrO$	P	[18]
3-2-31	2-oxo-3α,3β-dibromo-ionol	$C_{10}H_{14}Br_2O$	P	[19]
3-2-32	3-O-β-D-glucopyranosyl-camphor	$C_{16}H_{26}O_6$	C	[27]
3-2-33	2β,3β-dihydoxy-camphor	$C_{10}H_{18}O_2$	C	[27]
3-3-34	2β,3β-O-diacetyl-camphor	$C_{14}H_{22}O_4$	C	[20]
3-3-35	2α,3α-dihydoxy-camphor	$C_{10}H_{18}O_2$	C	[5]
3-3-36	2α,3α-O-diacetyl-camphor	$C_{14}H_{22}O_4$	C	[5]
3-3-37	2α,3β-dihydoxy-camphor	$C_{10}H_{18}O_2$	C	[21]
3-3-38	2α,3β-O-diacetyl-camphor	$C_{14}H_{22}O_4$	C	[14]
3-3-39	2β,3α-dihydoxy-camphor	$C_{10}H_{18}O_2$	C	[14]
3-3-40	2β,3α-O-diacetyl-camphor	$C_{14}H_{22}O_4$	C	[22, 23]
3-3-41	5β-hydoxyl-2α-O-β-D-glucopyranosyl-camphor	$C_{16}H_{28}O_7$	C	[22]
3-3-42	5β-hydoxyl-2α-O-β-D-glucopyranosyl-(6'-O-β-D-glucopyranoside)-camphor	$C_{22}H_{38}O_{12}$	C	[23]
3-3-43	5-O-β-D-glucopyranosyl camphor	$C_{16}H_{28}O_7$	C	[23]
3-3-44	5β-fluro-camphor	$C_{10}H_{15}FO$	C	[23]
3-3-45	5α-fluro-camphor	$C_{10}H_{15}FO$	C	[23]
3-3-46	5α,5β-difluro-camphor	$C_{10}H_{14}F_2O$	C	[1]
3-3-47	5β-bromo-camphor	$C_{10}H_{15}BrO$	C	[1]
3-3-48	5α-bromo-camphor	$C_{10}H_{15}BrO$	C	[1]
3-3-49	5β-hydoxy-camphor	$C_{10}H_{16}O$	C	[1]
3-3-50	5α-hydoxy-camphor	$C_{10}H_{16}O$	C	[1]
3-3-51	2,5-oxo-camphone	$C_{10}H_{14}O_2$	C	[23]
3-3-52	2α-O-β-D-glucopyranosyl-6β-hydroxy-camphor	$C_{16}H_{28}O_7$	C	[23]
3-3-53	6β-O-β-D-glucopyranosyl-camphor	$C_{16}H_{26}O_7$	C	[23]
3-3-54	6α-O-β-D-glucopyranosyl-camphor	$C_{16}H_{26}O_3$	C	[23]
3-3-55	2,9-oxo-9-hydroxy-vicodiol	$C_{10}H_{14}O_3$	C	[23]
3-3-56	vicodiol	$C_{10}H_{18}O_2$	C	[2]
3-3-57	9-fluro-camphor	$C_{10}H_{17}FO$	M	[2]
3-3-58	9-bromo-camphor	$C_{10}H_{17}BrO$	C	[2]
3-3-59	9-iodion-camphor	$C_{10}H_{17}IO$	C	[2]
3-3-60	9-hydroxy-camphor	$C_{10}H_{16}O_2$	C	[23]
3-3-61	9-O-β-D-glucopyranosyl-camphor	$C_{16}H_{26}O_7$	C	[23]
3-3-62	2,9-O-diacetyl-camphor	$C_{14}H_{22}O_4$	C	[23]
3-3-63	2α-O-β-D-glucopyranosyl-4,5β-dihydroxy-camphor	$C_{16}H_{28}O_8$	C	[10, 11]
3-3-64	2α,4,5β-trihydroxy-camphor	$C_{10}H_{18}O_3$	C	[10]
3-3-65	10α-isocamphane	$C_{10}H_{18}$	C	[24]
3-3-66	10β-isocamphane	$C_{10}H_{18}$	C	[10, 11]
3-3-67	2α-hydroxy-isocamphanol	$C_{10}H_{18}O$	C	[11]
3-3-68	10-hydroxy-isocamphanol	$C_{10}H_{18}O$	C	[25]
3-3-69	2β-hydroxy-isocamphanol	$C_{10}H_{18}O$	C	[24]
3-3-70	2β-chloro-isocamphanol	$C_{10}H_{17}Cl$	C	[24]

续表

编号	名称	分子式	测试溶剂	参考文献
3-3-71		$C_{10}H_{18}O$	C	[24]
3-3-72	10-O-β-D-glucopyranosyl-isocamphanol	$C_{16}H_{30}O_6$	C	[24]
3-3-73	shionoside B	$C_{21}H_{36}O_9$	C	[24]
3-3-74	shionoside A	$C_{21}H_{36}O_{10}$	C	[24]
3-3-75	α-fenchol	$C_{10}H_{18}O$	C	[33]
3-3-76	2α-O-acetyl-fenchol	$C_{12}H_{20}O_2$	C	[33]
3-3-77	β-fenchol	$C_{10}H_{18}O$	C	[33]
3-3-78	fenchone	$C_{10}H_{16}O$	C	[34]
3-3-79	5-*exo*-cloride-fenchone	$C_{10}H_{15}ClO$	C	[35]
3-3-80	6-*exo*-cloride-fenchone	$C_{10}H_{15}ClO$	C	[35]
3-3-81	7-*anti*-cloride-fenchone	$C_{10}H_{15}ClO$	C	[35]
3-3-82	8-cloride-fenchone	$C_{10}H_{15}ClO$	C	[35]
3-3-83		$C_{10}H_{16}$	C	[36]
3-3-84	*cis*-pinane	$C_{10}H_{18}$	C	[24]
3-3-85	*cis*-2-pinane	$C_{10}H_{18}O$	C	[24]
3-3-86	isoverbanone	$C_{10}H_{16}O$	C	[26]
3-3-87		$C_{21}H_{36}O_{11}$	C	[26]
3-3-88	paeonilactinone	$C_{10}H_{16}O_2$	C	[26]
3-3-89	*cis*-myrtanol	$C_{10}H_{18}O$	C	[26]
3-3-90	isopinocampheol	$C_{10}H_{18}O$	C	[26]
3-3-91	isocampheol	$C_{10}H_{18}O$	C	[27]
3-3-92	isopinocamphone	$C_{10}H_{16}O$	C	[31]
3-3-93	isopinoverbanol	$C_{10}H_{18}O$	C	[8]
3-3-94	isoverbanol	$C_{10}H_{18}O$	C	[29]
3-3-95	*cis*-myrtanal	$C_{10}H_{16}O$	C	[29]
3-3-96	2α-hydroxy-isopinocampheol	$C_{10}H_{18}O_2$	C	[29]
3-3-97	2α-hydroxy-isocampheol	$C_{10}H_{18}O_2$	C	[29]
3-3-98	2α-hydroxy-*cis*-myrtanal	$C_{10}H_{18}O_2$	C	[24]
3-3-99	α-pinene	$C_{10}H_{16}$	C	[26]
3-3-100	*cis*-verbenol	$C_{10}H_{16}O$	M	[26]
3-3-101	*trans*-verbenol	$C_{10}H_{16}O$	C	[26]
3-3-102	*trans*-4-O-β-D-glucopyranosyl-verbenol	$C_{16}H_{28}O_7$	C	[24]
3-3-103	*trans*-4-acetyl-verbenol	$C_{12}H_{20}O_2$	C	[24]
3-3-104	verbenone	$C_{10}H_{14}O$	C	[24]
3-3-105	myrtenol	$C_{10}H_{16}O$	C	[24]
3-3-106	myrtenal	$C_{10}H_{14}O$	C	[26]
3-3-107	10-O-acetyl-myrtenol	$C_{12}H_{18}O_2$	C	[26]
3-3-108	β-pinene	$C_{10}H_{16}$	C	[26]
3-3-109	10-O-β-D-glucopyranosyl-(6'-O-β-D-aranosyl)-β-pinene	$C_{21}H_{38}O_{10}$	C	[26]
3-3-110	*cis*-pinocarveol	$C_{10}H_{16}O$	C	[26]
3-3-111	*trans*-pinocarveol	$C_{10}H_{16}O$	M	[30]
3-3-112	3-O-acetyl-*trans*-pinocarvel	$C_{12}H_{18}O_2$	M	[27]

编号	名称	分子式	测试溶剂	参考文献
3-3-113	pinocarvone	$C_{10}H_{14}O$	C	[26]
3-3-114	7-oxo-*trans*-pinocarvel	$C_{10}H_{14}O_2$	C	[26]
3-3-115	3α-carboxyl-*trans*-pinocarvel	$C_{11}H_{16}O_2$	C	[26]
3-3-116	verbenene	$C_{10}H_{14}$	C	[26]
3-3-117	nopol	$C_{11}H_{18}O$	C	[26]
3-3-118	4β-hydroxy-nopol	$C_{11}H_{18}O_2$	C	[27]
3-3-119	4β,11-O-diacetyl-nopol	$C_{13}H_{20}O_3$	C	[27]
3-3-120	4-oxo-nopol	$C_{11}H_{16}O_2$	C	[27]
3-3-121	5-hydroxy-nopol	$C_{11}H_{18}O_2$	C	[31]
3-3-122	4β-methoxy-nopol	$C_{11}H_{16}O$	C	[32]
3-3-123	pinane	$C_9H_{14}O$	C	[37]
3-3-124	1,2-oxy-pinane	$C_{10}H_{16}O$	C	[37]
3-3-125	1,7-oxy-pinane	$C_{10}H_{16}O$	C	[37]
3-3-126	apopinane	$C_{10}H_{18}$	C	[38]
3-3-127	*trans*-nopinol	$C_{10}H_{18}O$	C	[38]
3-3-128	*cis*-nopinol	$C_{10}H_{18}O$	C	[38]
3-3-129	3α-hydroxy-*trans*-nopinol	$C_{10}H_{18}O_2$	C	[38]
3-3-130	3α-O-acetyl-*trans*-nopinol	$C_{14}H_{22}O_4$	C	[38]
3-3-131	2α,3α-epoxy-*trans*-nopinol	$C_{10}H_{16}O$	C	[38]
3-3-132	isonopinol	$C_{10}H_{18}O$	C	[38]
3-3-133	isonopinone	$C_{10}H_{16}O$	C	[38]
3-3-134	nopinone	$C_{10}H_{16}O$	C	[38]
3-3-135	nopinol	$C_{10}H_{18}O$	C	[38]
3-3-136	apoverbenone	$C_{10}H_{14}O$	C	[38]
3-3-137	apochrysanthenone	$C_{10}H_{14}O$	C	[38]
3-3-138		$C_{10}H_{18}O_2$	C	[36]
3-3-139		$C_{10}H_{16}O$	C	[36]

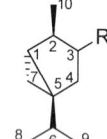 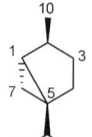 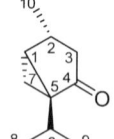 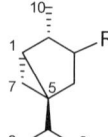

3-3-1 R= =O
3-3-2 R=β-OH
3-3-3
3-3-4
3-3-5 R=α-OAc
3-3-6 R=α-OH
3-3-7 R=β-OAc
3-3-8 R=β-OH
3-3-9 R= =O

表 3-3-2 侧柏烷（thujane）类化合物 3-3-1~3-3-9 的 ^{13}C NMR 数据

C	1	2	3	4	5	6	7	8	9	10
3-3-1[1]	25.6	47.4	180.6	39.7	29.7	33.0	18.7	19.7	20.0	18.2
3-3-2[1]	28.4	37.5	72.3	33.2	31.2	33.4	14.4	19.6	20.1	14.6
3-3-3[2]	34.4	80.5	36.7	26.0	34.7	32.2	13.3	20.0	20.1	25.0

续表

C	1	2	3	4	5	6	7	8	9	10
3-3-4[2]	31.7	25.9	40.8	186.1	43.5	28.4	13.4	19.5	19.7	18.1
3-3-5[2]	28.9	41.4	76.5	36.9	33.1	32.7	12.5	19.9	19.9	12.5
3-3-6[2]	28.8	40.4	74.4	38.6	33.1	32.8	13.3	19.9	19.9	12.1
3-3-7[3]	26.2	39.8	79.0	33.9	30.8	33.1	11.2	19.7	19.7	15.9
3-3-8[4]	26.7	42.7	77.0	37.0	30.1	33.1	11.0	19.7	19.7	15.9
3-3-9[5]	25.6	47.4	180.7	39.7	27.9	32.9	18.7	19.7	20.0	18.1

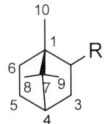

3-3-10[6]

3-3-11 R=OH
3-3-12 R=OAc
3-3-13 R=H

3-3-14 R=H
3-3-15 R=OAc
3-3-16 R=OH

3-3-17 R=H
3-3-18 R==O

表 3-3-3 侧柏烯类化合物 3-3-11~3-3-13 的 ^{13}C NMR 数据

C	1	2	3	4	5	6	7	8	9	10
3-3-11[5]	25.2	181.3	121.4	207.8	40.0	26.2	38.5	19.2	19.8	61.7
3-3-12[7]	25.2	173.6	122.6	205.8	39.7	26.2	37.5	19.0	19.6	62.0
3-3-13[8]	29.1	177.5	124.0	208.1	40.7	26.3	38.0	19.3	20.2	18.7

表 3-3-4 蒈烷（carane）类化合物 3-3-14~3-3-16 的 ^{13}C NMR 数据

C	1	2	3	4	5	6	7	8	9	10
3-3-14[9]	30.2	154.0	29.0	27.5	37.6	32.7	16.1	19.8	19.8	101.8
3-3-15[2]	28.9	156.5	74.7	37.2	37.5	32.5	20.0	19.6	19.6	106.3
3-3-16[9]	29.4	152.2	76.1	35.9	37.1	32.4	18.6	19.5	19.5	109.7

表 3-3-5 化合物 3-3-17~3-3-18 的 ^{13}C NMR 数据

C	1	2	3	4	5	6	7	8	9	10
3-3-17[7,9]	41.7	82.9	134.5	135.3	29.2	28.5	30.0	20.5	22.7	20.2
3-3-18[11]	40.7	82.5	134.5	137.6	29.6	25.8	32.9	20.7	22.8	20.3

3-3-19 R=α-OH
3-3-20 R=α-OAc
3-3-21 R=β-OAc
3-3-22 R= =O
3-3-23 R=α-OGlu
3-3-24 R=α-OGlu-(6'-OGlu)
3-3-25 R=α-OGlu-(2'-OGlu)
3-3-26 R=α-OGlu-(2',6'-OGlu)

3-3-27 R^1=OGlu-(6'-OXyl); R^2 = H
3-3-28 R^1=OGlu-(6'-[α]OAra); R^2 = H
3-3-29 R^1=β-Cl; R^2 = H
3-3-30 R^1= =O; R^2 = Br
3-3-31 R^1= =O; R^2 = β-Br, α-Br
3-3-32 R^1= =O; R^2 = β-OGlu
3-3-33 R^1=R^2=β-OH

3-3-34 R^1=R^2=β-OAc
3-3-35 R^1=R^2=α-OH
3-3-36 R^1=R^2=α-OAc
3-3-37 R^1=α-OH; R^2=β-OH
3-3-38 R^1=α-OAc; R^2=β-OAc
3-3-39 R^1=β-OH; R^2=α-OH
3-3-40 R^1=β-OAc; R^2=α-OAc

表 3-3-6 化合物 3-3-19~3-3-40 的 ^{13}C NMR 数据

C	1	2	3	4	5	6	7	8	9	10
3-3-19[12]	207.3	35.7	21.0	32.0	31.2	177.5	36.0	32.5	19.2	19.7
3-3-20[13]	16.7	24.8	131.1	119.5	20.8	18.7	23.6	16.7	13.1	28.3
3-3-21[14]	25.7	27.8	158.6	126.4	196.3	32.7	23.6	22.5	14.3	28.3
3-3-22[14]	49.4	77.0	38.9	45.2	28.2	26.0	47.9	18.7	20.2	13.3
3-3-23[14]	49.5	77.4	39.0	45.1	28.3	25.9	48.0	18.6	20.2	13.3
3-3-24[15]	48.7	79.9	36.7	45.0	28.1	27.1	47.8	18.9	19.7	13.5
3-3-25[15]	48.6	80.8	38.8	45.1	27.1	33.8	46.9	19.9	20.2	11.4
3-3-26[16]	57.4	218.6	43.2	43.5	27.2	30.2	46.7	19.2	19.8	9.5
3-3-27[5]	49.5	84.0	36.5	45.4	28.7	27.2	48.4	19.1	20.1	14.1
3-3-28[17]	49.5	83.5	36.5	45.5	28.7	27.2	48.4	19.3	20.1	14.3
3-3-29[15]	49.5	83.9	36.0	45.4	28.6	27.3	48.4	19.1	20.1	14.1
3-3-30[18]	49.7	83.5	36.0	45.5	28.6	27.3	48.4	19.3	20.1	14.6
3-3-31[19]	50.1	84.6	36.8	46.4	29.1	27.7	49.2	19.6	20.3	41.1
3-3-32[27]	49.9	86.0	38.2	45.4	28.6	27.2	47.5	18.8	19.8	14.1
3-3-33[27]	49.7	68.1	42.4	46.0	26.9	36.2	47.3	20.1	20.4	13.4
3-3-34[20]	57.5	206.8	53.7	49.5	22.3	30.5	45.7	19.7	19.8	9.5
3-3-35[5]	57.5	206.5	63.5	59.2	28.8	28.8	45.9	22.3	23.8	10.3
3-3-36[5]	57.5	216.1	82.0	47.2	25.1	29.2	47.5	20.1	20.3	9.6
3-3-37[21]	46.7	79.8	76.0	51.8	24.5	33.6	49.2	21.6	22.1	11.6
3-3-38[14]	47.0	79.4	76.7	49.1	23.4	32.5	48.1	19.9	20.5	10.4
3-3-39[14]	44.7	73.9	68.1	51.0	18.8	26.4	49.8	18.6	20.4	14.8
3-3-40[22]	44.8	74.8	69.8	48.3	18.5	26.3	48.4	18.3	19.1	13.4

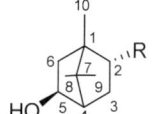

3-3-41 R=α-OGlu
3-3-42 R=α-OGlu-(6'-OGlu)

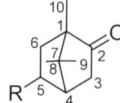

3-3-43 R=β-OGlu
3-3-44 R=β-F
3-3-45 R=α-F
3-3-46 R=α-F, β-F
3-3-47 R=β-Br

3-3-48 R=α-Br
3-3-49 R=β-OH
3-3-50 R=α-OH
3-3-51 R= =O

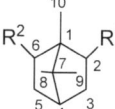

3-3-52 R^1=α-OGlu; R^2=β-OH
3-3-53 R^1= =O; R^2=β-OGlu
3-3-54 R^1= =O; R^2=α-OGlu

表 3-3-7 化合物 3-3-41~3-3-54 的 ^{13}C NMR 数据

C	1	2	3	4	5	6	7	8	9	10
3-3-41[22]	50.5	83.0	34.2	53.5	75.0	40.2	48.2	20.3	21.6	13.8
3-3-42[23]	50.5	82.5	34.2	53.5	75.0	40.2	48.2	20.7	21.5	13.8
3-3-43[23]	58.4	217.1	40.2	49.5	80.8	38.7	46.7	20.6	20.7	9.3
3-3-44[23]	57.7	215.3	37.9	47.7	94.0	40.5	40.2	10.3	16.7	10.3
3-3-45[23]	58.9	215.3	37.7	46.7	94.4	41.7	39.7	17.1	18.1	12.0
3-3-46[1]	44.2	214.6	36.2	51.2	127.0	43.0	43.2	19.7	20.2	8.8

C	1	2	3	4	5	6	7	8	9	10
3-3-47[1]	59.7	215.8	41.2	47.0	51.7	43.5	47.0	20.2	20.5	8.5
3-3-48[1]	53.5	83.0	36.0	45.2	41.7	70.3	48.4	20.3	21.8	10.6
3-3-49[1]	64.3	217.6	42.9	43.2	40.2	81.0	47.7	20.7	21.7	6.8
3-3-50[1]	62.7	214.6	43.2	42.0	35.9	82.3	48.5	20.1	20.2	8.3
3-3-51[23]	57.5	215.9	43.5	42.3	25.9	29.9	57.7	14.0	181.0	10.1
3-3-52[23]	51.5	78.0	39.4	43.4	28.0	29.6	55.0	15.7	65.7	14.6
3-3-53[23]	57.5	217.3	43.0	39.5	26.5	29.6	50.7	10.1	86.5	2.0
3-3-54[23]	58.2	217.0	42.5	40.9	29.5	26.2	50.9	16.5	39.2	9.5

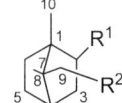

3-3-55 R¹=R²= =O
3-3-56 R¹=R²=OH
3-3-62 R¹=R²=OAc

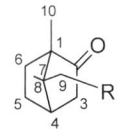

3-3-57 R=F
3-3-58 R=Br
3-3-59 R=I
3-3-60 R=OH
3-3-61 R=OGlu

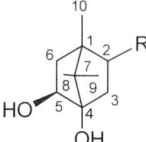

3-3-63 R=OGlu
3-3-64 R=OH

表 3-3-8 化合物 3-3-55~3-3-64 的 ¹³C NMR 数据

C	1	2	3	4	5	6	7	8	9	10
3-3-55[23]	57.5	206.8	42.7	43.0	26.2	29.3	50.2	15.5	17.5	9.3
3-3-56[2]	57.2	219.0	42.7	39.2	26.2	29.6	51.2	14.6	64.0	9.8
3-3-57[2]	57.5	217.3	43.0	40.4	27.0	30.1	51.0	15.6	72.3	10.6
3-3-58[2]	49.5	78.9	36.2	42.2	27.4	28.0	51.3	14.2	67.1	14.6
3-3-59[2]	56.7	211.6	53.5	48.9	29.7	21.7	45.2	19.3	19.3	9.0
3-3-60[23]	48.8	82.3	40.0	83.6	75.2	37.6	47.3	17.7	17.6	13.9
3-3-61[23]	48.6	74.0	43.5	83.5	75.4	38.4	47.9	18.8	18.0	14.7
3-3-62[23]	49.0	36.9	79.9	45.0	28.1	27.4	47.9	18.9	19.7	13.6
3-3-63[10]	48.9	79.5	47.2	45.4	26.7	31.2	51.9	21.1	21.3	9.8
3-3-64[10]	49.2	44.7	36.7	44.0	24.8	19.9	37.2	32.2	21.4	11.4

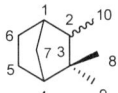

3-3-65 10α
3-3-66 10β

3-3-67 R¹=α-OH; R²=H
3-3-68 R¹=H; R²=OH

3-3-69 R=β-OH
3-3-70 R=β-Cl

3-3-71 R=OH
3-3-72 R=OGlu

3-3-73 R=OGlu-(6'-ORha)
3-3-74 R=OGlu-(6'-OApi)

表 3-3-9 化合物 3-3-65~3-3-68 的 ¹³C NMR 数据

C	1	2	3	4	5	6	7	8	9	10
3-3-65[24]	49.4	48.5	40.0	46.1	29.9	24.3	35.6	27.8	24.9	16.3
3-3-66[10]	51.0	78.8	42.0	49.8	24.0	21.1	34.7	26.4	27.0	21.8
3-3-67[11]	51.5	80.3	43.8	49.6	23.7	23.6	34.3	23.6	24.9	21.6
3-3-68[25]	40.6	56.5	39.7	49.2	23.9	29.5	35.8	28.0	23.7	63.4

表 3-3-10　化合物 3-3-69~3-3-74 的 ^{13}C NMR 数据[24]

C	1	2	3	4	5	6	7	8	9	10
3-3-69	41.1	52.5	40.2	49.3	23.9	29.4	36.0	28.0	23.9	68.0
3-3-70	39.7	52.5	36.7	49.1	24.5	20.2	37.0	20.4	32.5	60.8
3-3-71	40.4	48.9	37.3	49.0	24.5	20.5	37.3	20.9	32.5	66.2
3-3-72	40.9	50.1	37.0	49.5	24.8	21.0	37.4	20.7	32.6	68.6
3-3-73	40.8	49.9	37.0	49.6	24.9	20.9	37.4	20.7	32.6	68.4
3-3-74	40.8	50.0	37.0	49.6	24.9	20.9	37.4	20.7	32.6	68.7

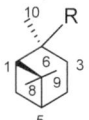

3-3-75 R = α-OH
3-3-76 R = α-OAc
3-3-77 R = β-OH

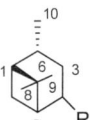

3-3-78 R^1=R^2=H
3-3-79 R^1=β-Cl; R^2=H
3-3-80 R^2=β-Cl; R^1=H

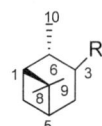

3-3-81 R^3=α-Cl; R^4=H
3-3-82 R^3=H; R^4=Cl

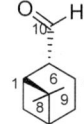

3-3-83[36]

表 3-3-11　化合物 3-3-75~3-3-82 的 ^{13}C NMR 数据

C	1	2	3	4	5	6	7	8	9	10
3-3-75[33]	49.1	84.8	39.0	48.0	25.1	26.1	41.1	20.4	30.7	19.6
3-3-76[33]	—	86.4	39.5	48.5	25.9	26.6	41.5	20.1	29.7	19.4
3-3-77[33]	49.1	86.2	43.5	48.3	25.6	33.8	40.9	23.2	26.4	17.1
3-3-78[34]	53.9	222.1	47.2	45.3	25.0	31.8	41.6	23.3	21.7	14.6
3-3-79[34]	54.2	220.0	47.1	54.7	58.0	43.9	38.1	23.7	21.2	13.9
3-3-80[34]	60.4	220.8	47.4	44.9	39.7	61.0	38.0	23.6	21.4	13.0
3-3-81[35]	58.8	218.2	48.7	52.3	22.0	28.7	68.1	22.9	21.9	11.8
3-3-82[35]	52.5	218.4	54.6	41.0	24.8	32.0	41.4	49.0	18.2	14.4

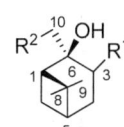

3-3-84 R=H
3-3-85 R=α-OH

3-3-86 R= =O
3-3-93 R=α-OH
3-3-94 R=β-OH

3-3-90 R=α-OH
3-3-91 R=β-OH
3-3-92 R= =O

3-3-95

3-3-96 R^1=α-OH; R^2=H
3-3-97 R^1=β-OH; R^2=H
3-3-98 R^1=H; R^2=OH

表 3-3-12　化合物 3-3-84~3-3-98 的 ^{13}C NMR 数据

C	1	2	3	4	5	6	7	8	9	10
3-3-84[24]	48.3	36.1	24.0	26.6	41.5	38.9	34.1	28.4	23.3	22.9
3-3-85[24]	54.5	74.8	31.8	25.0	40.8	38.3	27.4	27.7	23.5	31.4
3-3-86[26]	47.5	31.1	41.4	214.0	56.0	40.2	28.4	27.0	24.6	21.1
3-3-87[26]	51.4	82.4	24.7	24.3	49.1	45.0	35.6	26.1	22.2	73.6
3-3-88[26]	59.6	44.0	37.7	213.3	41.0	41.3	28.6	27.1	25.0	65.9
3-3-89[26]	43.0	44.4	18.9	26.1	41.6	38.7	33.2	28.0	23.4	67.6
3-3-90[26]	47.9	47.8	71.6	39.1	41.8	38.2	34.4	27.7	23.7	20.8

C	1	2	3	4	5	6	7	8	9	10
3-3-91[27]	48.0	40.4	64.2	37.6	40.8	39.0	30.3	27.8	22.3	15.2
3-3-92[28]	45.1	51.3	215.0	44.7	39.1	39.2	34.4	27.0	21.9	16.8
3-3-93[8]	47.9	33.9	35.5	69.9	48.1	38.9	27.1	28.0	22.7	22.3
3-3-94[29]	48.1	34.6	36.3	73.2	48.9	38.2	31.8	29.1	24.2	21.9
3-3-95[29]	42.4	52.7	13.1	24.6	40.7	—	29.4	26.8	23.1	205.8
3-3-96[29]	53.8	73.7	68.8	37.8	40.4	38.7	28.1	27.9	24.1	29.6
3-3-97[29]	54.8	77.1	74.0	34.6	40.9	39.1	25.4	27.5	22.8	24.7
3-3-98[24]	48.4	77.1	27.1	24.7	41.1	38.1	27.0	27.5	23.4	69.6

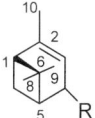 3-3-99 R=H
3-3-100 R=β-OH
3-3-101 R=α-OH
3-3-102 R=α-OGlu
3-3-103 R=α-OAc

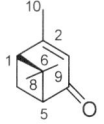 3-3-104

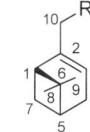 3-3-106

3-3-105 R=OH
3-3-107 R=OAc

表 3-3-13　化合物 3-3-99~3-3-107 的 ^{13}C NMR 数据

C	1	2	3	4	5	6	7	8	9	10
3-3-99[26]	47.2	144.4	116.1	31.3	40.9	38.0	31.5	26.4	20.8	23.0
3-3-100[26]	47.9	147.0	119.6	73.3	48.2	39.0	35.5	27.0	22.6	22.6
3-3-101[26]	48.0	148.3	118.9	70.3	47.0	46.1	28.6	26.6	20.4	22.6
3-3-102[24]	47.5	149.8	115.5	79.0	45.7	46.0	29.0	20.5	26.6	22.8
3-3-103[24]	47.7	150.4	115.3	73.8	44.4	46.2	29.4	26.5	20.5	22.8
3-3-104[24]	49.7	170.1	121.1	203.9	57.6	54.0	40.8	26.6	22.0	23.5
3-3-105[24]	43.4	147.8	117.5	31.6	41.0	37.9	31.1	26.2	21.1	65.6
3-3-106[26]	38.2	151.6	147.5	31.3	40.7	37.6	33.0	25.7	20.9	191.0
3-3-107[26]	43.4	147.8	117.0	31.6	41.0	38.0	31.2	21.1	26.2	65.8

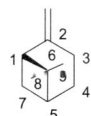 3-3-108 R=H
3-3-109 R=OGlu-(6'-OAra)

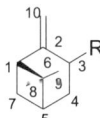 3-3-110 R=β-OH
3-3-111 R=α-OH
3-3-112 R=α-OAc
3-3-115 R=α-COOH

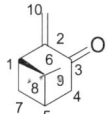 3-3-113

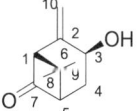 3-3-114

表 3-3-14　化合物 3-3-108~3-3-115 的 ^{13}C NMR 数据

C	1	2	3	4	5	6	7	8	9	10
3-3-108[26]	51.9	152.1	23.6	23.6	40.6	40.6	27.0	26.2	21.9	106.0
3-3-109[26]	42.2	120.6	23.5	21.5	40.7	40.7	26.2	18.7	25.7	136.6
3-3-110[26]	50.9	154.5	65.8	34.7	40.5	41.8	26.2	25.8	21.6	106.4
3-3-111[30]	50.7	155.4	66.7	34.7	39.9	40.4	27.9	26.0	22.0	111.6

续表

C	1	2	3	4	5	6	7	8	9	10
3-3-112[27]	50.8	150.3	68.4	33.4	39.6	40.4	27.9	25.9	27.0	114.1
3-3-113[26]	48.4	149.2	199.4	42.5	38.7	40.9	32.5	26.1	21.6	117.3
3-3-114[26]	72.4	152.5	67.0	35.2	60.9	33.1	205.9	18.1	26.9	114.1
3-3-115[26]	50.8	148.6	80.3	30.9	39.7	41.1	27.9	25.9	21.9	115.0

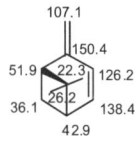
3-3-116[26]

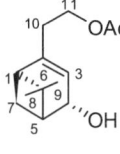
3-3-117 R=H
3-3-118 R=β-OH

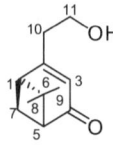
3-3-119

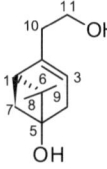
3-3-120

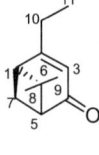
3-3-121

3-3-122

表 3-3-15 化合物 3-3-117~3-3-122 的 ^{13}C NMR 数据

C	1	2	3	4	5	6	7	8	9	10	11
3-3-117[26]	45.6	144.7	119.3	31.3	40.7	37.9	31.7	21.1	26.2	40.2	59.9
3-3-118[27]	46.8	148.7	121.1	70.2	47.1	46.3	28.9	20.8	26.6	39.7	60.0
3-3-119[27]	46.2	149.9	117.4	73.3	44.4	46.2	29.6	21.4	26.4	35.4	62.0
3-3-120[27]	48.7	170.5	121.5	204.2	57.8	54.2	41.2	22.2	26.5	40.0	59.5
3-3-121[31]	40.8	143.7	121.8	38.0	75.0	44.7	39.4	18.6	20.7	41.2	60.1
3-3-122[32]	46.6	148.7	118.4	79.2	43.2	29.1	45.5	20.7	26.6	39.8	59.9

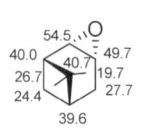
3-3-123[37]

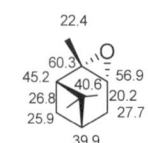
3-3-124[37]

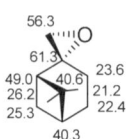
3-3-125[37]

3-3-126 R=H
3-3-127 R=α-OH
3-3-128 R=β-OH

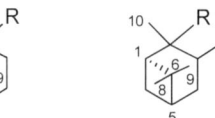
3-3-129 R=α-OH
3-3-130 R=α-OAc

3-3-131

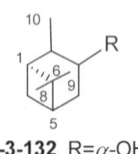
3-3-132 R=α-OH
3-3-133 R= =O

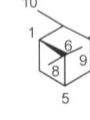
3-3-134

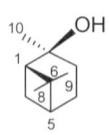
3-3-135

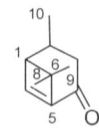
3-3-136

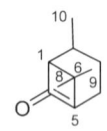
3-3-137

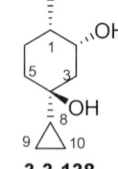
3-3-138

3-3-139

表 3-3-16 化合物 3-3-126~3-3-137 的 ^{13}C NMR 数据[38]

C	1	2	3	4	5	6	7	8	9	10
3-3-126	41.0	25.4	13.6	25.4	41.0	39.1	26.6	26.9	20.5	—
3-3-127	48.0	69.4	25.7	22.7	40.6	39.4	23.4	26.7	20.0	—
3-3-128	48.3	73.4	26.0	24.9	41.1	37.6	28.4	27.5	22.7	—
3-3-129	47.0	77.4	72.1	32.7	40.2	40.3	23.2	26.3	19.7	—
3-3-130	44.4	77.3	70.7	31.1	39.7	40.0	23.8	25.9	19.6	—

续表

C	1	2	3	4	5	6	7	8	9	10
3-3-131	40.0	54.5	49.7	27.7	39.8	40.7	24.4	26.7	19.7	—
3-3-132	40.2	38.0	63.1	38.0	40.2	37.6	28.2	26.3	20.8	—
3-3-133	38.2	44.8	211.2	44.8	38.2	39.0	32.6	26.3	20.3	—
3-3-134	57.9	214.4	32.8	21.4	40.5	41.1	25.2	25.9	22.1	—
3-3-135	48.3	73.6	28.4	24.8	41.0	37.5	26.0	22.7	27.4	—
3-3-136	44.0	157.2	125.8	204.2	58.8	55.1	42.1	26.7	22.4	—
3-3-137	63.5	129.0	126.4	35.1	63.2	27.0	208.6	27.4	15.0	—

表 3-3-17　化合物 3-3-138~3-3-139 的 ^{13}C NMR 数据[36]

C	1	2	3	4	5	6	7	8	9	10
3-3-138[36]	36.5	71.9	41.4	71.3	36.8	23.8	18.3	22.6	0.46	0.46
3-3-139[36]	133.9	118.5	37.8	68.6	31.1	27.4	23.3	20.6	0.21	0.21

参 考 文 献

[1] Hernández L R, Catalán C A N, Cerda-Garcia-Rojas C M, et al. Phytochemistry, 1994, 37: 1331.
[2] Otsuka H, Yao M, Kamada K, et al. Chem Pharm Bull, 1995, 43: 754.
[3] Abe F, Yamauchi T. Phytochemistry, 1993, 33: 1499.
[4] Pongprayoon U, Baeckström P, Jacobsson U, et al. Planta Med, 1992, 58: 19.
[5] Tazaki H, Ohta N, Nabeta K, et al. Phytochemistry, 1993, 34: 1067.
[6] Cui B, Nakamura M, Kinjo I, et al. Phytochemistry, 1993, 41: 178.
[7] Andersson R, Lundgren L N. Phytochemistry, 1988, 27: 559.
[8] Burkard S, Looser M, Borschberg H J, et al. Chim Acta, 1988, 71: 209.
[9] Schwab W, Schreier P. Phytochemistry, 1990, 29: 161.
[10] González A G, Gillermo J A, Ravelo A G, et al. J Nat Prod, 1994, 57: 400.
[11] Aimi N, Hoshino H, Nishimura M, et al. Tetrahedron Lett, 1990, 31: 5169.
[12] Strauss C R, Wilson B, Williams P J. Phytochemistry, 1987, 26: 1995.
[13] Ito A, Yasumoto K, Kasai R, et al. Phytochemistry, 1994, 36: 1465.
[14] Pabst A, Barron D, Sémon E, et al. Phytochemistry, 1992, 31: 3105.
[15] Pabst A, Barron D, Sémon E, et al. Phytochemistry, 1992, 31 : 2043.
[16] de Pascual Teresa J, Anaya J, Caballero E, et al. Planta Med, 1989, 55: 407.
[17] Della Greca M, Monaco P, Previtera L, et al. J Nat Prod, 1990, 53: 972.
[18] Fraga B M, Hernandez M G, Mestres T, et al. Phytochemistry, 1995, 39: 617.
[19] Machida K, Kikuchi M. Phytochemistry, 1996, 41: 1333.
[20] Achenbach H, Lottes M, Waisel R, et al. Phytochemistry, 1995, 38: 1537.
[21] Winterhalter P, Harmsen S, Trani F. Phytochemistry, 1991, 30: 3021.
[22] Pabst A, Barron D, Sémon E, et al. Phytochemistry, 1992, 31: 4187.
[23] Weyerstahl P, Marschall H, Bork W R, et al. Chem, 1994, 1043.
[24] Otsuka H, Kamada K, Yao M, et al. Phytochemistry, 1995, 38: 1431.
[25] Asakawa Y, Matsuda R, Tori M, et al. Phytochemistry, 1988, 27: 3861.
[26] Suga T, Hirata T, Hamada H, et al. Phytochemistry,1988, 27: 1041.
[27] Dauzone D, Goasdoue N, Platzer N. Org Magn Res, 1981, 17: 18.
[28] Takahashi H, Noma Y, Toyota M, et al. Phytochemistry, 1994, 35 : 1465.
[29] Guang-Yi L, Bates C D, Gray A I, et al. Planta Med, 1988, 54: 368.
[30] Asakawa Y, Takahashi H, Toyota M, et al. Phytochemistry, 1991, 30: 3981.
[31] Carman R M, Fletcher M T. J Chem, 1984, 37: 1117.
[32] Oshima Y, Takata S, Hikino H. Planta Med, 1989, 55: 179.

[33] Carman R M, Fletcher M T. J Chem, 1983, 36: 1483.
[34] Yoshikawa M, Harada E, Kawaguchi A, et al. Chem Pharm Bull, 1993, 41: 630.
[35] Akao T, Shu Y Z, Matsuda Y, et al. Chem Pharm Bull, 1988, 36: 3043.
[36] Kolehmainen E, Korvola K J, Kauppinen R, et al. Magn Res Chem, 1990, 28: 812.
[37] Mangoni L, Monaco P, Previtera L. Phytochemistry, 1982, 21: 811.
[38] James M, Graeme J, Peter J. J Chem Soc, Perkin Trans, 1984, 1351.

第四节 环烯醚萜化合物

表 3-4-1 环烯醚萜化合物的名称、分子式和测试溶剂

编号	名称	分子式	测试溶剂	参考文献
3-4-1	nepetaracemoside A	$C_{16}H_{24}O_8$	M	[1]
3-4-2	nepetaracemoside B	$C_{16}H_{22}O_8$	M	[1]
3-4-3	ovatolactone-7-O-(6'-O-p-hydroxybenzoyl)-β-D-glucopyranoside	$C_{22}H_{28}O_{10}$	M	[2]
3-4-4	iridolinaroside A	$C_{16}H_{22}O_9$	M	[3]
3-4-5	2'',3''-diacetylvalerosidate	$C_{25}H_{38}O_{13}$	M	[4]
3-4-6	2'',3''-diacetylisovalerosidate	$C_{25}H_{38}O_{13}$	M	[4]
3-4-7	viburtinoside I	$C_{25}H_{38}O_{13}$	M	[5]
3-4-8	7-O-p-coumaroylpatrinoside（7-O-p-香豆酰基败酱苷）	$C_{30}H_{40}O_{13}$	M	[6]
3-4-9	7,10,2''-tri-O-acetylpatrinoside	$C_{27}H_{40}O_{14}$	M	[6]
3-4-10	10-O-acetylpatrinoside	$C_{23}H_{36}O_{12}$	M	[6]
3-4-11	3''-O-acetylpatrinoside	$C_{23}H_{36}O_{12}$	M	[7]
3-4-12	2''-trans-p-coumaroyldihydropenstemide	$C_{30}H_{40}O_{12}$	M	[8]
3-4-13	4''-deoxykanokoside A	$C_{21}H_{32}O_{11}$	M	[9]
3-4-14	4''-deoxykanokoside C	$C_{27}H_{42}O_{16}$	M	[9]
3-4-15	isosuspensolid F	$C_{21}H_{34}O_{12}$	M	[4]
3-4-16	7,10,2'',3''-tetra-O-acetylisosuspensolide F	$C_{29}H_{42}O_{16}$	M	[4]
3-4-17	7,10,2'',6''-tetra-O-acetylisosuspensolide F	$C_{29}H_{42}O_{16}$	M	[4]
3-4-18	isosuspensolide E	$C_{23}H_{36}O_{13}$	M	[4]
3-4-19	isovibursinoside Ⅱ	$C_{32}H_{42}O_{15}$	M	[4]
3-4-20	isoviburtinoside Ⅲ	$C_{32}H_{42}O_{15}$	M	[4]
3-4-21	luzonoid E	$C_{25}H_{32}O_9$	M	[10]
3-4-22	luzonoid F	$C_{25}H_{32}O_9$	M	[10]
3-4-23	luzonoid G	$C_{25}H_{32}O_9$	W	[10]
3-4-24	7,10,2''-tri-O-acetylsuspensolide F	$C_{27}H_{40}O_{15}$	M	[11]
3-4-25	7,10,2'',3''-tetra-O-acetylsuspensolide F	$C_{29}H_{42}O_{16}$	M	[4]
3-4-26	viburtinoside V	$C_{25}H_{38}O_{14}$	M	[5]
3-4-27	luzonoside A	$C_{30}H_{40}O_{14}$	M	[10]
3-4-28	luzonoside B	$C_{30}H_{40}O_{14}$	M	[10]
3-4-29	viburtinoside Ⅱ	$C_{32}H_{42}O_{15}$	M	[10]
3-4-30	viburtinoside Ⅲ	$C_{32}H_{42}O_{15}$	M	[5]
3-4-31	viburtinoside Ⅳ	$C_{25}H_{38}O_{14}$	M	[5]
3-4-32	luzonoid A	$C_{24}H_{30}O_9$	M	[10]
3-4-33	luzonoid B	$C_{24}H_{30}O_9$	M	[10]

续表

编号	名称	分子式	测试溶剂	参考文献
3-4-34	luzonoid C	$C_{24}H_{30}O_9$	M	[10]
3-4-35	luzonoid D	$C_{24}H_{30}O_9$	M	[10]
3-4-36	clandonensine	$C_{12}H_{20}O_7$	W	[12]
3-4-37	viteoid II	$C_9H_{12}O_4$	M	[12]
3-4-38	10-O-benzoylglobularigenin	$C_{16}H_{18}O_5$	M	[13]
3-4-39	1β-methoxylmussaenin A	$C_{11}H_{18}O_5$	C	[18]
3-4-40	1α-methoxy-4-epi-mussaenin A	$C_{11}H_{18}O_5$	C	[18]
3-4-41	1β-methoxy-4-epi-mussaenin A	$C_{11}H_{18}O_5$	C	[18]
3-4-42	1β-methoxy-4-epi-gardendiol	$C_{11}H_{16}O_5$	C	[18]
3-4-43	1β-hydroxy-4-epi-gardendiol	$C_{10}H_{14}O_5$	C	[18]
3-4-44	1β-methoxygardendiol	$C_{11}H_{16}O_5$	C	[18]
3-4-45	artselaenin A	$C_{11}H_{16}O_3$	C	[18]
3-4-46	artselaenin B	$C_{11}H_{16}O_3$	C	[15]
3-4-47	kansuenin	$C_{14}H_{22}O_4$	C	[16]
3-4-48	shanzhigenin methyl ester	$C_{11}H_{16}O_6$	M	[17]
3-4-49	1-epi-shanzhigenin methyl ester	$C_{11}H_{16}O_6$	M	[17]
3-4-50	8-O-acetylshanzhigenin methyl ester	$C_{13}H_{18}O_7$	C	[17]
3-4-51	8-O-acetyl-1-epi-shanzhigenin methyl ester	$C_{13}H_{18}O_7$	C	[17]
3-4-52	macedonine	$C_{10}H_{14}O_5$	C	[18]
3-4-53	isounedoside	$C_{14}H_{20}O_9$	W	[19]
3-4-54	alatoside	$C_{14}H_{22}O_9$	W	[20]
3-4-55	3-O-β-glucopyranosylstilbericoside	$C_{20}H_{30}O_{15}$	M	[21]
3-4-56	mentzefoliol	$C_{15}H_{23}ClO_{10}$	C	[22]
3-4-57	glucosylmentzefoliol	$C_{21}H_{33}ClO_{15}$	C	[22]
3-4-58	angeloside	$C_{15}H_{24}O_9$	M	[23]
3-4-59	5-deoxyantirrhinoside	$C_{15}H_{22}O_9$	W	[24]
3-4-60	6'-O-(p-coumaroyl)antirrinoside	$C_{24}H_{28}O_{12}$	C	[25]
3-4-61	5-O-menthiafoloylkickxioside	$C_{35}H_{50}O_{14}$	C	[26]
3-4-62	8-epi-muralioside	$C_{15}H_{24}O_{10}$	W	[27]
3-4-63	6-O-acetylajugol	$C_{17}H_{26}O_{10}$	M	[28]
3-4-64	6-O-(3",4",5"-trimethoxybenzoyl)ajugol	$C_{25}H_{34}O_{13}$	M	[29]
3-4-65	6-O-caffeoylajugol	$C_{24}H_{30}O_{12}$	M	[30]
3-4-66	6-O-isoferuloyl ajugol	$C_{25}H_{32}O_{12}$	M	[30]
3-4-67	stegioside II	$C_{15}H_{24}O_9$	W	[31]
3-4-68	stegioside III	$C_{15}H_{24}O_{10}$	W	[31]
3-4-69	8-cinnamoylmyoporoside	$C_{24}H_{30}O_{10}$	M	[32]
3-4-70	6-epi-8-O-acetylharpagide	$C_{17}H_{26}O_{11}$	W	[33]
3-4-71	muralioside	$C_{15}H_{24}O_{11}$	W	[34]
3-4-72	6'-O-E-p-methoxycinnamoylharpagide	$C_{25}H_{32}O_{12}$	W	[35]
3-4-73	6'-O-Z-p-methoxycinnamoylharpagide（6'-O-Z-p-甲氧基肉桂酰基哈帕苷）	$C_{25}H_{32}O_{12}$	M	[35]
3-4-74	8-O-acetyl-6'-O-(p-coumaroyl)harpagide [8-O-乙酰基-6'-O-(p-香豆酰基)哈帕苷]	$C_{26}H_{32}O_{13}$	C	[25]

续表

编号	名称	分子式	测试溶剂	参考文献
3-4-75	8-O-E-p-methoxycinnamoylharpagide（8-O-E-p-甲氧基肉桂酰基哈帕苷）	$C_{25}H_{32}O_{12}$	M	[37]
3-4-76	8-O-Z-p-methoxycinnamoylharpagide（8-O-Z-p-甲氧基肉桂酰基哈帕苷）	$C_{25}H_{32}O_{12}$	M	[35]
3-4-77	8-O-feruloylharpagide（8-O-阿魏酸哈帕苷）	$C_{25}H_{32}O_{13}$	M	[36]
3-4-78	8-O-(2-hydroxycinnamoyl)harpagide[8-O-(2-羟基肉桂酰基)哈帕苷]	$C_{24}H_{30}O_{12}$	D	[36]
3-4-79	6-O-α-D-galctopyranosylharpagoside	$C_{30}H_{40}O_{16}$	C	[36]
3-4-80	clandonosid	$C_{15}H_{22}O_{10}$	W	[38]
3-4-81	clandonoside Ⅱ	$C_{17}H_{26}O_{12}$	W	[33]
3-4-82	8-O-acetylclandonoside	$C_{17}H_{24}O_{11}$	W	[38]
3-4-83	stegioside Ⅰ	$C_{15}H_{23}ClO_{9}$	M	[31]
3-4-84	unbuloside	$C_{31}H_{40}O_{16}$	M	[39]
3-4-85	6-O-[3-O-(trans-3,4-dimethoxycinnamoyl)-α-L-rhamnopyranosyl]-aucubin {6-O-[3-O-(反式-3,4-二甲氧基肉桂酰基)-α-L-吡喃鼠李糖基]-桃叶珊瑚苷}	$C_{32}H_{42}O_{16}$	M	[40]
3-4-86	6-O-[3-O-(trans-p-methoxycinnamoyl)-α-L-rhamnopyranosyl]-aucubin {6-O-[3-O-(反式-p-甲氧基肉桂酰基)-α-L-吡喃鼠李糖基]-桃叶珊瑚苷}	$C_{31}H_{40}O_{15}$	M	[40]
3-4-87	dumuloside	$C_{22}H_{26}O_{10}$	D	[41]
3-4-88	6-O-methyl-epi-aucubin（6-O-甲基-表-桃叶珊瑚苷）	$C_{16}H_{24}O_{9}$	M	[42]
3-4-89	6-O-p-coumaroylaucubin	$C_{24}H_{28}O_{11}$	M	[43]
3-4-90	6-O-butyl-epi-aucubin	$C_{19}H_{30}O_{9}$	D	[44]
3-4-91	6-O-butylaucubin	$C_{19}H_{30}O_{9}$	D	[44]
3-4-92	phlomoidoside	$C_{29}H_{36}O_{15}$	D	[45]
3-4-93	6-deoxymelittoside	$C_{21}H_{32}O_{14}$	W	[46]
3-4-94	sammangaoside C	$C_{27}H_{42}O_{20}$	M	[47]
3-4-95	scrolepidoside	$C_{32}H_{42}O_{16}$	M	[48]
3-4-96	10-O-caffeoylaucubin	$C_{24}H_{28}O_{12}$	M	[43]
3-4-97	acuminatuside	$C_{25}H_{30}O_{12}$	M	[49]
3-4-98	10-O-[3,4-dimethoxy-(E)-cinnamoyl]aucubin	$C_{26}H_{32}O_{12}$	D	[50]
3-4-99	sintenoside	$C_{24}H_{30}O_{10}$	M	[37]
3-4-100	3β-butoxy-3,4-dihydroaucubin	$C_{19}H_{32}O_{10}$	M	[44]
3-4-101	davisioside	$C_{22}H_{28}O_{10}$	M	[51]
3-4-102	5-hydroxydavisioside	$C_{22}H_{28}O_{11}$	M	[52]
3-4-103	picroside Ⅳ（胡黄连苦苷Ⅳ）	$C_{24}H_{28}O_{12}$	P	[53]
3-4-104	6-O-α-L-(4"-O-trans-cinnamoyl)rhamnopyranosylcatalpol [6-O-α-L-(4"-O-反-肉桂酰基)-吡喃鼠李糖基梓醇]	$C_{24}H_{28}O_{12}$	M	[54]
3-4-105	6-O-α-L-(2"-O-,3"-O-,4"-O-tribenzoyl)-rhamnopyranosylcatalpol [6-O-α-L-(2"-O-,3"-O-,4"-O-三苯甲酰基)-吡喃鼠李糖基梓醇]	$C_{42}H_{46}O_{17}$	M	[55]
3-4-106	6-O-α-L-(2"-O-,3"-O-dibenzoyl,4"-O-cis-p-coumaroyl)rhamno-pyranosylcatalpol [6-O-α-L-(2"-O-,3"-O-二苯甲酰基,4"-O-反式-p-香豆酰基)吡喃鼠李糖基梓醇]	$C_{44}H_{46}O_{18}$	M	[55]

续表

编号	名称	分子式	测试溶剂	参考文献
3-4-107	6-O-α-L-(2''-O-,3''-O-dibenzoyl,4''-O-trans-p-coumaroyl)rhamnopyranosylcatalpol [6-O-α-L-(2''-O-,3''-O-二苯甲酰基,4''-O-顺式-p-香豆酰基)吡喃鼠李糖基梓醇]	$C_{44}H_{46}O_{18}$	M	[55]
3-4-108	6-O-α-L-(2''-O-benzoyl,3''-O-trans-p-coumaroyl)rhamnopyranosylcatalpol [6-O-α-L-(2''-O-苯甲酰基,3''-O-反式-p-香豆酰基)吡喃鼠李糖基梓醇]	$C_{37}H_{42}O_{17}$	M	[55]
3-4-109	6-O-α-L-(2''-O-,3''-O-dibenzoyl)rhamnopyranosylcatalpol [6-O-α-L-(2''-O-,3''-O-二苯甲酰基)吡喃鼠李糖基梓醇]	$C_{35}H_{40}O_{16}$	M	[55]
3-4-110	scrophuloside A2	$C_{32}H_{40}O_{17}$	M	[56]
3-4-111	scrophuloside A3	$C_{32}H_{40}O_{17}$	M	[56]
3-4-112	scrophuloside A4	$C_{43}H_{50}O_{19}$	M	[56]
3-4-113	scrophuloside A5	$C_{33}H_{42}O_{17}$	M	[56]
3-4-114	scrophuloside A6	$C_{35}H_{44}O_{18}$	M	[56]
3-4-115	scrophuloside A7	$C_{35}H_{44}O_{18}$	M	[56]
3-4-116	scrophuloside A8	$C_{35}H_{44}O_{19}$	M	[56]
3-4-117	10-O-[3,4-dimethoxy-(E)-cinnamoyl]catalpol [10-O-(3,4-二甲氧基-(E)-肉桂酰基)梓醇]	$C_{26}H_{32}O_{13}$	M	[57]
3-4-118	10-O-[3,4-dimethoxy-(Z)-cinnamoyl]catalpol [10-O-(3,4-二甲氧基-(Z)-肉桂酰基)梓醇]	$C_{26}H_{32}O_{13}$	M	[57]
3-4-119	pcroside V	$C_{23}H_{28}O_{12}$	C	[58]
3-4-120	gmelinoside A	$C_{35}H_{38}O_{15}$	C	[59]
3-4-121	gmelinoside B	$C_{34}H_{42}O_{17}$	M	[59]
3-4-122	gmelinoside C	$C_{30}H_{38}O_{16}$	M	[59]
3-4-123	gmelinoside D	$C_{30}H_{38}O_{17}$	M	[59]
3-4-124	gmelinoside E	$C_{35}H_{44}O_{19}$	M	[59]
3-4-125	gmelinoside F	$C_{30}H_{38}O_{17}$	M	[59]
3-4-126	gmelinoside G	$C_{41}H_{48}O_{20}$	M	[59]
3-4-127	gmelinoside H	$C_{43}H_{50}O_{21}$	M	[59]
3-4-128	gmelinoside I	$C_{39}H_{44}O_{18}$	M	[59]
3-4-129	gmelinoside J	$C_{35}H_{40}O_{16}$	M	[60]
3-4-130	gmelinoside K	$C_{35}H_{40}O_{16}$	M	[59]
3-4-131	gmelinoside L	$C_{32}H_{40}O_{16}$	M	[59]
3-4-132	10-bisfoliamenthoylcatalpol	$C_{35}H_{50}O_{14}$	M	[61]
3-4-133	3'-O-β-D-glucopyranosylcatalpol（3'-O-β-D-葡萄糖基梓醇）	$C_{21}H_{32}O_{15}$	M	[62]
3-4-134	6-O-cis-p-coumaroylcatalpol（6-O-顺式-p-香豆酰基梓醇）	$C_{24}H_{28}O_{12}$	C	[63]
3-4-135	scorodioside	$C_{32}H_{40}O_{16}$	M	[64]
3-4-136	10-O-cis-p-coumaroylcatalpol（10-O-顺式-p-香豆酰基梓醇）	$C_{24}H_{30}O_{12}$	M	[65]
3-4-137	10-O-trans-p-methoxycinnamoylcatalpol（10-O-反式-p-甲氧基肉桂酰基梓醇）	$C_{25}H_{30}O_{12}$	M	[65]
3-4-138	10-O-cis-p-methoxycinnamoylcatalpol（10-O-顺式-p-甲氧基肉桂酰基梓醇）	$C_{25}H_{30}O_{12}$	M	[65]
3-4-139	10-O-trans-p-caffeoylcatalpol（10-O-反式-p-咖啡酰基梓醇）	$C_{24}H_{28}O_{13}$	M	[65]

续表

编号	名称	分子式	测试溶剂	参考文献
3-4-140	10-O-$trans$-isoferuloylcatalpol（10-O-反式-异阿魏酸基梓醇）	$C_{25}H_{30}O_{13}$	M	[65]
3-4-141	6'-O-p-hydroxybenzoylcatalposide（6'-O-p-羟基苯甲酰基梓苷）	$C_{29}H_{30}O_{14}$	M	[66]
3-4-142	verbaspinoside	$C_{30}H_{38}O_{15}$	M	[67]
3-4-143	3,4-dihydro-6-O-methylcatalpol	$C_{16}H_{26}O_{10}$	M	[48]
3-4-144	scrophuloside B$_4$	$C_{42}H_{48}O_{18}$	M	[67]
3-4-145	scrovalentinoside	$C_{35}H_{44}O_{18}$	M-B	[68]
3-4-146	6-O-p-hydroxybenzoylasystasioside	$C_{39}H_{44}O_{18}$	M	[63]
3-4-147	urphoside A	$C_{23}H_{30}O_{14}$	M	[69]
3-4-148	6-O-(4-methoxybenzoyl)-5,7-bisdeoxycynanchoside	$C_{23}H_{30}O_{12}$	M	[70]
3-4-149	urphoside B	$C_{23}H_{29}ClO_{13}$	M	[71]
3-4-150	10-O-$trans$-coumaroyleranthemoside	$C_{24}H_{38}O_{11}$	M	[72]
3-4-151	4''-methoxy-E-globularinin	$C_{25}H_{32}O_{13}$	M	[73]
3-4-152	4''-methoxy-Z-globularinin	$C_{25}H_{32}O_{13}$	M	[73]
3-4-153	4''-hydroxy-E-globularinin	$C_{24}H_{30}O_{13}$	M	[73]
3-4-154	4''-methoxy-E-globularimin	$C_{25}H_{32}O_{13}$	M	[73]
3-4-155	4''-methoxy-Z-globularimin	$C_{25}H_{32}O_{13}$	M	[73]
3-4-156	10-O-$trans$-p-methoxycinnamoylasystasioside E	$C_{25}H_{30}ClO_{12}$	M	[65]
3-4-157	10-O-cis-p-methoxycinnamoylasystasioside E	$C_{25}H_{30}ClO_{12}$	M	[65]
3-4-158	10-O-$trans$-p-coumaroylasystasioside E	$C_{24}H_{28}ClO_{12}$	M	[65]
3-4-159	10-O-cis-p-coumaroylasystasioside E	$C_{24}H_{28}ClO_{12}$	M	[65]
3-4-160	10-O-(4-methoxybenzoyl)-impetiginoside A	$C_{23}H_{28}O_{18}$	M	[74]
3-4-161	thunaloside	$C_{15}H_{24}O_9$	M	[20]
3-4-162	proceroside	$C_{15}H_{22}O_9$	W	[75]
3-4-163	crescentoside C	$C_{15}H_{22}O_9$	W	[76]
3-4-164	6-O-p-hydroxybenzoylglutinoside	$C_{22}H_{27}ClO_{12}$	C	[63]
3-4-165	pikuroside	$C_{23}H_{30}O_{14}$	D	[77]
3-4-166	rapulaside A	$C_{33}H_{46}O_{19}$	P	[78]
3-4-167	8-epi-grandifloric acid	$C_{15}H_{22}O_9$	M	[21]
3-4-168	10-O-acetyl-8α-hydroxydecapetaloside	$C_{18}H_{28}O_{10}$	M	[74]
3-4-169	7β-acetoxy-10-O-acetyl-8α-hydroxydecapetaloside	$C_{20}H_{30}O_{11}$	M	[74]
3-4-170	kansuenoside	$C_{16}H_{24}O_8$	M	[79]
3-4-171	nepetanudoside C	$C_{16}H_{22}O_8$	M	[80]
3-4-172	nepetacilicioside	$C_{16}H_{22}O_9$	M	[81]
3-4-173	5β,6β-dihydroxyboschnaloside	$C_{16}H_{25}O_{10}$	M	[82]
3-4-174	8-epi-tecomoside	$C_{16}H_{24}O_{10}$	M	[83]
3-4-175	2'-O-coumaroyl-8-epi-tecomoside（2'-O-香豆酰基-8-表-黄钟花苷）	$C_{25}H_{30}O_{12}$	M	[83]
3-4-176	2'-O-coumaroylplantarenaloside（2'-O-香豆酰基车前醚苷）	$C_{25}H_{30}O_{11}$	M	[84]
3-4-177	2'-O-foliamenthoylplantarenaloside	$C_{26}H_{38}O_{11}$	M	[83]
3-4-178	7-O-(p-methoxybenzoyl)-tecomoside [7-O-(p-甲氧基苯甲酰基)-黄钟花苷]	$C_{24}H_{30}O_{12}$	M	[84]
3-4-179	7β-coumaroyloxyugandoside	$C_{25}H_{28}O_{12}$	D	[85]
3-4-180	serratoside A	$C_{25}H_{28}O_{11}$	D	[85]

续表

编号	名称	分子式	测试溶剂	参考文献
3-4-181	nepetanudoside D	$C_{16}H_{22}O_8$	M	[80]
3-4-182	plicatoside A	$C_{22}H_{34}O_{14}$	W	[86]
3-4-183	serratoside B	$C_{25}H_{28}O_{11}$	P	[87]
3-4-184	scrophuloside A_1	$C_{26}H_{32}O_{12}$	M	[56]
3-4-185	2'-O-p-hydroxybenzoyl-6'-O-trans-caffeoyl-8-epi-loganic acid（2'-O-p-羟基苯甲酰基-6'-O-反式-咖啡基-8-表-马钱酸）	$C_{35}H_{34}O_{15}$	M	[87]
3-4-186	2'-O-p-hydroxybenzoyl-8-epi-loganic acid（2'-O-p-羟基苯甲酰基-8-表-马钱酸）	$C_{23}H_{28}O_{12}$	M	[87]
3-4-187	aquaticoside A	$C_{23}H_{28}O_{11}$	M	[88]
3-4-188	aquaticoside B	$C_{23}H_{28}O_{12}$	M	[88]
3-4-189	inerminoside B	$C_{31}H_{46}O_{16}$	M	[89]
3-4-190	agnucastoside C	$C_{34}H_{36}O_{15}$	M	[90]
3-4-191	loganic acid-6'-O-β-D-glucoside	$C_{22}H_{34}O_{15}$	W	[91]
3-4-192	alboside Ⅰ	$C_{26}H_{32}O_{13}$	C	[92]
3-4-193	alboside Ⅱ	$C_{27}H_{34}O_{13}$	C	[92]
3-4-194	alboside Ⅲ	$C_{26}H_{32}O_{13}$	C	[92]
3-4-195	6'-O-α-D-glucopyranosylloganic acid（6'-O-α-D-葡萄糖基马钱酸）	$C_{22}H_{34}O_{15}$	M	[93]
3-4-196	6β-dihydrocornic acid	$C_{16}H_{24}O_{10}$	M	[94]
3-4-197	6'-O-acetylloganic acid（6'-O-乙酰基马钱酸）	$C_{18}H_{26}O_{11}$	W	[95]
3-4-198	4'-O-acetylloganic acid（4'-O-乙酰基马钱酸）	$C_{18}H_{26}O_{11}$	W	[95]
3-4-199	3'-O-acetylloganic acid（3'-O-乙酰基马钱酸）	$C_{18}H_{26}O_{11}$	W	[95]
3-4-200	7-O-E-feruloylloganic acid（7-O-E-阿魏酰基马钱酸）	$C_{26}H_{32}O_{13}$	M	[96]
3-4-201	7-O-Z-feruloylloganic acid（7-O-Z-阿魏酰基马钱酸）	$C_{26}H_{32}O_{13}$	M	[96]
3-4-202	linearoside	$C_{25}H_{30}O_{12}$	M	[97]
3-4-203	6α-dihydrocornic acid	$C_{16}H_{24}O_{10}$	M	[94]
3-4-204	senburiside Ⅲ	$C_{47}H_{52}O_{23}$	M	[98]
3-4-205	senburiside Ⅳ	$C_{36}H_{42}O_{19}$	M	[98]
3-4-206	4''-O-glucoside of linearoside	$C_{31}H_{40}O_{17}$	M	[99]
3-4-207	7-ketologanic acid	$C_{16}H_{22}O_{10}$	W	[100]
3-4-208	inerminoside C	$C_{31}H_{46}O_{16}$	M	[101]
3-4-209	2'-O-apiosylgardoside	$C_{21}H_{30}O_{14}$	W	[102]
3-4-210	2'-O-p-hydroxybenzoyl-6'-O-trans-caffeoylgardoside（2'-O-p-羟基苯甲酰基-6'-O-反式-咖啡酰基栀子新苷）	$C_{32}H_{32}O_{15}$	M	[87]
3-4-211	2'-O-p-hydroxybenzoylgardoside	$C_{23}H_{26}O_{12}$	M	[87]
3-4-212	aquaticoside C	$C_{23}H_{26}O_{11}$	M	[88]
3-4-213	nepetanudoside B	$C_{16}H_{22}O_9$	M	[80]
3-4-214	7,8-epoxy-8-epi-loganic acid	$C_{16}H_{22}O_{10}$	M	[28]
3-4-215	6'-O-trans-feruloylnegundoside	$C_{33}H_{36}O_{15}$	M	[87]
3-4-216	6'-O-trans-caffeoylnegundoside	$C_{32}H_{34}O_{15}$	M	[87]
3-4-217	inerminoside A1	$C_{21}H_{32}O_{14}$	M	[101]
3-4-218	inerminoside D	$C_{28}H_{36}O_{16}$	M	[101]
3-4-219	2'-caffeoylmussaenosidic acid（2'-咖啡酰玉叶金华苷酸）	$C_{25}H_{30}O_{13}$	W	[103]
3-4-220	6'-O-menthiafoloylmussaenosidic acid	$C_{26}H_{38}O_{12}$	W	[103]

续表

编号	名称	分子式	测试溶剂	参考文献
3-4-221	agnucastoside A	$C_{26}H_{38}O_{12}$	M	[90]
3-4-222	agnucastoside B	$C_{26}H_{40}O_{12}$	M	[90]
3-4-223	6-O-β-D-apiofuranosylmussaenosidic acid	$C_{21}H_{32}O_{14}$	M	[104]
3-4-224	inerminoside A	$C_{31}H_{46}O_{16}$	M	[89]
3-4-225	8-O-cinnamoylmussaenosidic acid	$C_{25}H_{30}O_{11}$	M	[105]
3-4-226	caryoptosidic acid	$C_{16}H_{24}O_{11}$	M	[106]
3-4-227	lippioside Ⅰ	$C_{25}H_{30}O_{13}$	M	[106]
3-4-228	lippioside Ⅱ	$C_{25}H_{30}O_{14}$	M	[106]
3-4-229	7-O-(6'-O-malonyl)-cachinesidic acid	$C_{19}H_{24}O_{13}$	M	[106]
3-4-230	8-O-acetylshanzhiside	$C_{18}H_{26}O_{12}$	M	[107]
3-4-231	8-O-acetyl-6-O-trans-p-coumaroylshanzhiside [8-O-乙酰基-6-O-反式-p-香豆酰山栀(子)苷]	$C_{27}H_{32}O_{14}$	M	[108]
3-4-232	ipolamiidic acid	$C_{16}H_{24}O_{11}$	M	[109]
3-4-233	lamiidic acid	$C_{16}H_{24}O_{12}$	M	[109]
3-4-234	premnosidic acid	$C_{16}H_{22}O_{10}$	M	[110]
3-4-235	10-O-acetylgeniposidic acid（10-O-乙酰京尼平酸）	$C_{18}H_{24}O_{11}$	W	[111]
3-4-236	10-O-E-cinnamoylgeniposidic acid（10-O-E-香豆酰京尼平酸）	$C_{25}H_{28}O_{11}$	M	[112]
3-4-237	10-O-E-p-coumaroylgeniposidic acid（10-O-E-p-香豆酰京尼平酸）	$C_{25}H_{28}O_{12}$	M	[112]
3-4-238	10-O-E-caffeoylgeniposidic acid（10-O-E-咖啡酰京尼平酸）	$C_{25}H_{28}O_{13}$	M	[112]
3-4-239	humifusin A	$C_{25}H_{30}O_{13}$	W	[113]
3-4-240	humifusin B	$C_{27}H_{32}O_{14}$	W	[113]
3-4-241	6-O-acetylscandoside	$C_{18}H_{24}O_{12}$	M	[114]
3-4-242	6-O-epi-aetylscandoside	$C_{18}H_{24}O_{12}$	M	[115]
3-4-243	10-O-benzoyldeacetylasperulosidic acid（10-O-苯甲酰去乙酰基车叶草苷酸）	$C_{23}H_{26}O_{12}$	M	[116]
3-4-244	deacetylalpinoside	$C_{16}H_{22}O_{10}$	M	[117]
3-4-245	alpinoside	$C_{18}H_{24}O_{11}$	W	[118]
3-4-246	erinoside	$C_{16}H_{20}O_{11}$	W	[117]
3-4-247	6'-O-E-feruloylmonotropein（6'-O-E-阿魏酰水晶兰苷）	$C_{26}H_{30}O_{14}$	M	[119]
3-4-248	10-O-E-feruloylmonotropein（10-O-E-阿魏酰水晶兰苷）	$C_{26}H_{30}O_{14}$	M	[119]
3-4-249	10-O-acetylmonotropein（10-O-E-乙酰水晶兰苷）	$C_{18}H_{24}O_{12}$	M	[120]
3-4-250	officinosidic acid	$C_{26}H_{32}O_{13}$	C	[121]
3-4-251	formosinoside	$C_{16}H_{24}O_{11}$	M	[122]
3-4-252	blumeoside A	$C_{24}H_{28}O_{15}$	D	[123]
3-4-253	blumeoside C	$C_{24}H_{28}O_{14}$	D	[123]
3-4-254	6'-acetyldeacetylasperuloside	$C_{18}H_{22}O_{11}$	W	[124]
3-4-255	3,4-dihydro-3α-methoxypaederoside	$C_{19}H_{26}O_{12}S$	M	[116]
3-4-256	3,4-dihydro-3β-methoxypaederoside	$C_{19}H_{26}O_{12}S$	M	[125]
3-4-257	6'-O-trans-p-coumaroylloganin（6'-O-反式-p-香豆酰马钱子苷）	$C_{26}H_{32}O_{12}$	M	[126]
3-4-258	6'-O-cis-p-coumaroylloganin（6'-O-顺式-p-香豆酰马钱子苷）	$C_{26}H_{32}O_{12}$	M	[126]
3-4-259	5-hydroxyloganin	$C_{17}H_{26}O_{11}$	M	[127]
3-4-260	jashemsloside A	$C_{27}H_{40}O_{12}$	M	[126]

续表

编号	名称	分子式	测试溶剂	参考文献
3-4-261	jashemsloside B	$C_{27}H_{40}O_{12}$	M	[126]
3-4-262	jashemsloside C	$C_{33}H_{50}O_{17}$	M	[126]
3-4-263	jashemsloside D	$C_{33}H_{50}O_{17}$	M	[126]
3-4-264	jashemsloside E	$C_{38}H_{58}O_{21}$	M	[128]
3-4-265	7-*epi*-loganin	$C_{17}H_{26}O_{10}$	M	[129]
3-4-266	6β-hydroxy-7-*epi*-loganin	$C_{17}H_{26}O_{10}$	M	[100]
3-4-267	2'-(2,3-dihydroxybenzoyloxy)-7-ketologanin	$C_{24}H_{28}O_{13}$	M	[130]
3-4-268	1,5,9-*epi*-deoxyloganic acid glucosyl ester	$C_{22}H_{34}O_{14}$	M	[131]
3-4-269	gmephiloside	$C_{22}H_{34}O_{15}$	M	[55]
3-4-270	6'-*O*-α-D-galactopyranosylsyringo-picroside	$C_{30}H_{40}O_{16}$	M	[132]
3-4-271	6'-*O*-α-D-glucopyranosylsyringopicroside	$C_{30}H_{40}O_{16}$	M	[133]
3-4-272	3'-*O*-β-D-glucopyranosylsyringopicroside	$C_{30}H_{40}O_{16}$	M	[133]
3-4-273	4'-*O*-β-D-glucopyranosylsyringopicroside	$C_{30}H_{40}O_{16}$	M	[133]
3-4-274	(5α-H)-6α-8-*epi*-dihydrocornin	$C_{17}H_{26}O_{10}$	W	[134]
3-4-275	(5α-H)-6α-hydroxy-8-*epi*-loganin	$C_{17}H_{26}O_{11}$	W	[134]
3-4-276	caudatoside A	$C_{26}H_{32}O_{12}$	A	[135]
3-4-277	caudatoside B	$C_{26}H_{32}O_{12}$	A	[135]
3-4-278	caudatoside C	$C_{26}H_{32}O_{13}$	A	[135]
3-4-279	caudatoside D	$C_{26}H_{32}O_{13}$	A	[135]
3-4-280	caudatoside E	$C_{26}H_{32}O_{14}$	A	[135]
3-4-281	caudatoside F	$C_{26}H_{32}O_{14}$	A	[135]
3-4-282	3-*epi*-plomurin	$C_{18}H_{28}O_{11}$	P	[136]
3-4-283	phlomurin	$C_{18}H_{28}O_{11}$	P	[136]
3-4-284	5,9-*epi*-penstemoside	$C_{17}H_{26}O_{11}$	W	[137]
3-4-285	phlomiside	$C_{23}H_{36}O_{16}$	M	[138]
3-4-286	phlorigidoside C	$C_{17}H_{24}O_{11}$	M	[138]
3-4-287	nepetanudoside	$C_{17}H_{26}O_{10}$	P	[139]
3-4-288	plicatoside B	$C_{22}H_{34}O_{14}$	W	[86]
3-4-289	duranterectoside A	$C_{27}H_{34}O_{15}$	M	[140]
3-4-290	duranterectoside B	$C_{26}H_{32}O_{13}$	M	[140]
3-4-291	duranterectoside C	$C_{26}H_{32}O_{14}$	M	[140]
3-4-292	duranterectoside D	$C_{21}H_{30}O_{14}$	M	[140]
3-4-293	boucheoside	$C_{27}H_{34}O_{14}$	M	[141]
3-4-294	phlorigidoside A	$C_{19}H_{28}O_{13}$	M	[142]
3-4-295	brunneogaleatoside	$C_{27}H_{34}O_{13}$	M	[143]
3-4-296	8-*O*-acetylmussaenoside（8-*O*-乙酰基玉叶金花苷酸甲酯）	$C_{19}H_{28}O_{11}$	M	[108]
3-4-297	lupulinoside	$C_{25}H_{38}O_{16}$	W-M	[144]
3-4-298	chlorotuberoside	$C_{17}H_{25}ClO_{11}$	M	[145]
3-4-299	6-*O*-trans-*p*-coumaroyl-8-*O*-acetylshanzhiside methyl ester [6-*O*-反式-*p*-香豆酰基-8-*O*-乙酰基山栀(子)苷甲酯]	$C_{28}H_{34}O_{14}$	M	[146]
3-4-300	6-*O*-cis-*p*-coumaroyl-8-*O*-acetylshanzhiside methyl ester [6-*O*-顺式-*p*-香豆酰基-8-*O*-乙酰基山栀(子)苷甲酯]	$C_{28}H_{34}O_{14}$	M	[146]

续表

编号	名称	分子式	测试溶剂	参考文献
3-4-301	6,9-*epi*-8-*O*-acetylshanzhiside methyl ester [6,9-表-8-*O*-乙酰基山栀(子)苷甲酯]	$C_{19}H_{28}O_{12}$	M	[137]
3-4-302	saletpangponoside A	$C_{34}H_{44}O_{19}$	M	[108]
3-4-303	saletpangponoside B	$C_{34}H_{44}O_{19}$	M	[108]
3-4-304	saletpangponoside C	$C_{26}H_{34}O_{13}$	M	[108]
3-4-305	6-*O*-*p*-methoxy-*cis*-cinnamoyl-8-*O*-acetylshanzhiside methyl ester [6-*O*-*p*-甲氧基-顺式-肉桂酰基-8-*O*-乙酰基山栀(子)苷甲酯]	$C_{29}H_{36}O_{14}$	C-D	[146]
3-4-306	6-*O*-*p*-methoxy-*trans*-cinnamoyl-8-*O*-acetylshanzhiside methyl ester[6-*O*-*p*-甲氧基-反式-肉桂酰基-8-*O*-乙酰基山栀(子)苷甲酯]	$C_{29}H_{36}O_{14}$	C-D	[146]
3-4-307	phlorigidoside B	$C_{19}H_{28}O_{13}$	M	[142]
3-4-308	citrifolinin A	$C_{27}H_{30}O_{16}$	M	[147]
3-4-309	zaluzioside	$C_{17}H_{24}O_{11}$	W	[148]
3-4-310	5,9-*epi*-7,8-didehydropenstemoside	$C_{17}H_{24}O_{11}$	W	[137]
3-4-311	3'-*O*-β-D-glucopyranosyltheviridosid	$C_{23}H_{34}O_{16}$	P	[149]
3-4-312	6'-*O*-β-D-glucopyranosyltheviridoside	$C_{23}H_{34}O_{16}$	P	[150]
3-4-313	10-*O*-β-D-glucopyranosyltheviridoside	$C_{23}H_{34}O_{16}$	P	[149]
3-4-314	10-*O*-β-D-fructofuranosyltheviridoside	$C_{23}H_{34}O_{16}$	P	[150]
3-4-315	paederosidic acid methyl ester	$C_{19}H_{26}O_{12}S$	M	[125]
3-4-316	6α-hydroxygeniposide	$C_{17}H_{24}O_{11}$	M	[151]
3-4-317	6-*O*-sinapoyl scandoside methyl ester（6-*O*-芥子酰基鸡屎藤苷甲酯）	$C_{28}H_{34}O_{15}$	M	[152]
3-4-318	asperulosidic acid ethyl ester	$C_{20}H_{28}O_{12}$	W	[124]
3-4-319	cyanogenic glycoside of geniposidic acid	$C_{43}H_{51}NO_{21}$	M	[153]
3-4-320	arborescoside	$C_{17}H_{24}O_{10}$	W	[46]
3-4-321	10-acetoxymajoroside	$C_{19}H_{26}O_{12}$	W	[98]
3-4-322	hookerioside	$C_{24}H_{34}O_{16}$	W	[94]
3-4-323	desacetylhookerioside	$C_{22}H_{32}O_{15}$	W	[154]
3-4-324	8-*epi*-apodantheroside	$C_{17}H_{24}O_{10}$	M	[154]
3-4-325	10-hydroxy-(5α-H)-6-*epi*-dihydrocornin	$C_{17}H_{26}O_{11}$	W	[155]
3-4-326	6α-hydroxyadoxosi	$C_{17}H_{26}O_{11}$	M	[156]
3-4-327	5,6β-dihydroxyadoxoside	$C_{17}H_{26}O_{12}$	M	[157]
3-4-328	luzonoside C	$C_{26}H_{32}O_{12}$	M	[158]
3-4-329	luzonoside D	$C_{26}H_{32}O_{12}$	M	[158]
3-4-330	7-*O*-acetyl-10-*O*-acetoxyloganin	$C_{21}H_{30}O_{13}$	W	[159]
3-4-331	yopaaoside C	$C_{17}H_{26}O_{12}$	M	[120]
3-4-332	arborside D	$C_{24}H_{30}O_{13}$	—	[160]
3-4-333	7β,8β-epoxy-8α-dihydrogeniposide	$C_{17}H_{24}O_{11}$	M	[154]
3-4-334	6β,7β-epoxy-8-*epi*-splendoside	$C_{17}H_{24}O_{11}$	M	[156]
3-4-335	macrophylloside	$C_{17}H_{24}O_{11}$	M	[161]
3-4-336	myxopyroside	$C_{18}H_{26}O_{13}$	W	[162]
3-4-337	6-*O*-acetyl-7-*O*-(*E*)-*p*-methoxycinnamoyl-myxopyroside	$C_{30}H_{36}O_{16}$	M	[162]
3-4-338	6-*O*-acetyl-7-*O*-(*Z*)-*p*-methoxycinnamoyl-myxopyroside	$C_{30}H_{36}O_{16}$	M	[162]
3-4-339	7β-hydroxy-11-methylforsythide	$C_{17}H_{24}O_{12}$	W	[162]

续表

编号	名称	分子式	测试溶剂	参考文献
3-4-340	6'-O-acetylplumieride-p-E-coumarate（6'-O-乙酰基鸡蛋花苷-p-E-香豆酸）	$C_{32}H_{34}O_{15}$	M	[163]
3-4-341	dunnisinoside	$C_{26}H_{30}O_{13}$	D	[164]
3-4-342	citrifolinoside A	$C_{26}H_{28}O_{14}$	M	[165]
3-4-343	gaertneric acid	$C_{25}H_{26}O_{13}$	M	[166]
3-4-344	gaertneroside	$C_{26}H_{28}O_{13}$	M	[166]
3-4-345	acetylgaertneroside	$C_{28}H_{30}O_{14}$	M	[166]
3-4-346	dehydrogaertneroside	$C_{26}H_{26}O_{13}$	M	[166]
3-4-347	methoxygaertneroside	$C_{27}H_{30}O_{14}$	M	[166]
3-4-348	epoxygaertneroside	$C_{26}H_{28}O_{14}$	M	[166]
3-4-349	epoxymethoxygaertneroside	$C_{27}H_{30}O_{15}$	M	[166]
3-4-350	dehydromethoxygaertneroside	$C_{27}H_{28}O_{14}$	M	[166]
3-4-351	yopaaoside A	$C_{27}H_{28}O_{15}$	M	[120]
3-4-352	yopaaoside B	$C_{26}H_{28}O_{14}$	M	[120]
3-4-353	dunnisinin	$C_{11}H_{14}O_5$	C	[167]
3-4-354	6-O-trans-p-coumaroyl-7-deoxyrehmaglutin A（6-O-反式-p-香豆酰基-7-脱氧地黄素A）	$C_{18}H_{20}O_6$	M	[168]
3-4-355	6-O-cis-p-coumaroyl-7-deoxyrehmaglutin A（6-O-顺式-p-香豆酰基-7-脱氧地黄素A）	$C_{18}H_{20}O_6$	M	[168]
3-4-356	artselaenin C	$C_9H_{12}O_4$	D	[42]
3-4-357	GSIR-1	$C_{10}H_{16}O_3$	C	[164]
3-4-358	gelsemiol-6'-trans-caffeoyl-1-glucoside	$C_{25}H_{32}O_{12}$	M	[169]
3-4-359	ovatic acid methyl ester-7-O-(6'-O-p-hydroxybenzoyl)-β-D-glucopyranoside	$C_{23}H_{32}O_{11}$	M	[66]
3-4-360	syringafghanoside	$C_{25}H_{32}O_{11}$	M	[170]
3-4-361	6-O-(3,4-dimethoxybenzoyl)crescentin Ⅳ 3-O-β-D-glucopyranoside	$C_{24}H_{36}O_{12}$	M	[70]
3-4-362	6-O-(4-methoxybenzoyl)crescentin Ⅳ 3-O-β-D-glucopyranoside	$C_{23}H_{34}O_{11}$	M	[70]
3-4-363	3-O-(4-hydroxybenzoyl)-10-deoxyeucommiol-6-O-β-D-glucopyranoside [3-O-(4-羟苯甲酰基)-10-脱氧杜仲醇-6-O-β-D-吡喃葡萄糖苷]	$C_{22}H_{30}O_{10}$	P	[70]
3-4-364	patrinioside	$C_{21}H_{36}O_{10}$	M	[171]
3-4-365	7-O-p-hydroxybenzoylovatol-1-O-(6'-O-p-hydroxybenzoyl)-β-D-glucopyranoside	$C_{29}H_{34}O_{12}$	M	[66]
3-4-366	des-p-hydroxybenzoylkisasagenol B	$C_9H_{14}O_4$	M	[48]
3-4-367	lantanoside	$C_{16}H_{28}O_8$	W	[172]
3-4-368	crescentin Ⅰ	$C_9H_{14}O_4$	W	[76]
3-4-369	crescentin Ⅱ	$C_9H_{14}O_5$	W	[76]
3-4-370	crescentin Ⅲ	$C_{16}H_{20}O_6$	P	[76]
3-4-371	crescentin Ⅳ	$C_9H_{18}O_4$	W	[76]
3-4-372	(−)-ningpogenin	$C_9H_{14}O_3$	M	[48]
3-4-373	crescentoside A	$C_{15}H_{24}O_8$	W	[76]
3-4-374	crescentoside B	$C_{15}H_{22}O_8$	W	[76]
3-4-375	vteoid Ⅰ	$C_9H_{12}O_4$	W	[173]
3-4-376	crescentin Ⅴ	$C_9H_{12}O_3$	W	[76]

续表

编号	名称	分子式	测试溶剂	参考文献
3-4-377	pedicularis-lactone	$C_9H_{12}O_4$	D	[44]
3-4-378	premnaodoroside D	$C_{42}H_{66}O_{20}$	P	[174]
3-4-379	premnaodoroside E	$C_{42}H_{62}O_{20}$	M	[175]
3-4-380	iridolinarin A	$C_{25}H_{32}O_{13}$	M	[176]
3-4-381	iridolinarin B	$C_{26}H_{36}O_{14}$	M	[176]
3-4-382	iridolinarin C	$C_{25}H_{32}O_{12}$	M	[176]
3-4-383	kickxin	$C_{31}H_{44}O_{19}$	M	[26]
3-4-384	arcusangeloside	$C_{25}H_{32}O_{11}$	M	[177]
3-4-385	globuloside A	$C_{42}H_{50}O_{21}$	M	[178]
3-4-386	globuloside B	$C_{38}H_{46}O_{19}$	M	[178]
3-4-387	globuloside C	$C_{31}H_{42}O_{18}$	M	[53]
3-4-388	saprosmoside A	$C_{34}H_{44}O_{22}$	M	[116]
3-4-389	saprosmoside B	$C_{34}H_{44}O_{22}S$	M	[116]
3-4-390	saprosmoside C	$C_{34}H_{42}O_{21}S$	M	[116]
3-4-391	saprosmoside D	$C_{36}H_{44}O_{22}S_2$	M	[116]
3-4-392	saprosmoside E	$C_{36}H_{44}O_{22}S$	M	[116]
3-4-393	saprosmoside F	$C_{36}H_{46}O_{23}S$	M	[116]
3-4-394	saprosmoside G	$C_{32}H_{42}O_{21}$	M	[115]
3-4-395	saprosmoside H	$C_{34}H_{42}O_{21}S$	M	[115]
3-4-396	iridoid dimer of asperuloside and asperulosidic acid	$C_{36}H_{44}O_{22}$	M	[175]
3-4-397	picconioside	$C_{33}H_{48}O_{18}$	M	[100]
3-4-398	dimer of paederosidic acid and paederosidic acid methyl ester	$C_{37}H_{48}O_{23}S_2$	M	[125]
3-4-399	dimer of paederosidic acid and paederoside	$C_{36}H_{44}O_{22}S_2$	M	[125]
3-4-400	dimer of paederosidic acid	$C_{36}H_{46}O_{23}S_2$	M	[125]
3-4-401	paederoscandoside	$C_{36}H_{44}O_{22}S$	M	[179]
3-4-402	randinoside	$C_{33}H_{46}O_{20}$	M	[180]
3-4-403	asperuloide A	$C_{27}H_{38}O_{13}$	M	[181]
3-4-404	asperuloide B	$C_{27}H_{38}O_{13}$	M	[181]
3-4-405	asperuloide C	$C_{28}H_{42}O_{14}$	M	[181]
3-4-406	wulfenoside	$C_{40}H_{48}O_{20}$	M	[109]
3-4-407	blumeoside B	$C_{40}H_{50}O_{23}$	M	[123]
3-4-408	blumeoside D	$C_{40}H_{50}O_{24}$	M	[123]
3-4-409	secostrychnosin	$C_{10}H_{12}O_3$	C	[182]
3-4-410	secologanoside-7-methyl ester	$C_{17}H_{24}O_{11}$	M	[183]
3-4-411	adinoside A	$C_{20}H_{28}O_{11}$	M	[184]
3-4-412	adinoside B	$C_{21}H_{32}O_{11}$	M	[184]
3-4-413	adinoside C	$C_{21}H_{32}O_{11}$	M	[184]
3-4-414	loniceracetalide A	$C_{21}H_{32}O_{11}$	M	[185]
3-4-415	loniceracetalide B	$C_{21}H_{32}O_{11}$	M	[185]
3-4-416	gentiascabraside A	$C_{17}H_{24}O_{11}$	D	[186]
3-4-417	6β-hydroxyswertiajaposide A	$C_{17}H_{24}O_{11}$	M	[186]
3-4-418	scabran G_3	$C_{28}H_{40}O_{19}$	M	[186]

续表

编号	名称	分子式	测试溶剂	参考文献
3-4-419	scabran G$_4$	C$_{34}$H$_{50}$O$_{24}$	M	[186]
3-4-420	scabran G$_5$	C$_{40}$H$_{60}$O$_{29}$	M	[186]
3-4-421	chelonanthoside	C$_{21}$H$_{28}$O$_{11}$	M	[187]
3-4-422	dihydrochelonanthoside	C$_{21}$H$_{30}$O$_{11}$	M	[187]
3-4-423	jaspolyside	C$_{17}$H$_{24}$O$_{11}$	M	[188]
3-4-424	10-acetoxyoleoside dimethyl ester	C$_{20}$H$_{28}$O$_{13}$	C	[188]
3-4-425	6'-O-acetyl-10-acetoxyoleoside dimethyl ester	C$_{22}$H$_{30}$O$_{14}$	C	[189]
3-4-426	diderroside methyl ester	C$_{20}$H$_{30}$O$_{13}$	D	[190]
3-4-427	6'-O-acetyldiderroside	C$_{21}$H$_{30}$O$_{14}$	D	[190]
3-4-428	8-O-tigloyldeacetyldiderroside	C$_{22}$H$_{32}$O$_{13}$	D	[190]
3-4-429	gonocaryoside E	C$_{22}$H$_{32}$O$_{13}$	P	[191]
3-4-430	8-hydroxy-10-hydrosweroside	C$_{16}$H$_{24}$O$_{10}$	M	[192]
3-4-431	1-O-β-D-glucopyranosyl-4-epi-amplexine	C$_{16}$H$_{26}$O$_{9}$	M	[186]
3-4-432	alboside Ⅳ	C$_{25}$H$_{30}$O$_{13}$	C	[193]
3-4-433	7-O-(4-β-D-glucopyranosyloxy-3-methoxybenzoyl)-secologanolic acid	C$_{30}$H$_{40}$O$_{18}$	M	[193]
3-4-434	grandifloroside-11-methyl ester	C$_{26}$H$_{32}$O$_{13}$	M	[194]
3-4-435	depressine	C$_{30}$H$_{40}$O$_{18}$	M	[194]
3-4-436	3'-O-caffeoylsweroside（3'-O-咖啡酰基獐牙菜苷）	C$_{25}$H$_{28}$O$_{12}$	M	[194]
3-4-437	gentiotrifloroside	C$_{29}$H$_{36}$O$_{17}$	M	[195]
3-4-438	2'-O-acetyl-4'-O-trans-feruloylswertiamarin（2'-乙酰基-4'-O-反式-阿魏酰基獐牙菜苦苷）	C$_{28}$H$_{32}$O$_{14}$	M	[196]
3-4-439	2'-O-acetyl-4'-O-cis-feruloylswertiamarin（2'-乙酰基-4'-O-顺式-阿魏酰基獐牙菜苦苷）	C$_{28}$H$_{32}$O$_{14}$	M	[196]
3-4-440	2'-O-acetyl-4'-O-trans-p-coumaroylswertiamarin（2'-乙酰基-4'-O-反式-香豆酰基獐牙菜苦苷）	C$_{27}$H$_{30}$O$_{13}$	M	[196]
3-4-441	2'-O-acetyl-4'-O-cis-p-coumaroylswertiamarin（2'-乙酰基-4'-O-顺式-香豆酰基獐牙菜苦苷）	C$_{27}$H$_{30}$O$_{13}$	M	[196]
3-4-442	4'-O-trans-p-coumaroylswertiamarin（4'-O-反式-p-香豆酰基獐牙菜苦苷）	C$_{25}$H$_{28}$O$_{12}$	M	[196]
3-4-443	6'-O-(2,3-dihydroxybenzoyl)sweroside [6'-O-(2,3-二羟基苯酰基獐牙菜苦苷]	C$_{23}$H$_{26}$O$_{12}$	M	[197]
3-4-444	6'-O-(2,3-dihydroxybenzoyl)swertiamarin [6'-O-(2,3-二羟基苯酰基獐牙菜苦素]	C$_{23}$H$_{26}$O$_{13}$	M	[197]
3-4-445	7β-[(E)-4'-O-(β-D-glucopyranosyl)caffeoyloxy]sweroside	C$_{31}$H$_{38}$O$_{18}$	M	[198]
3-4-446	hydrachoside A	C$_{27}$H$_{34}$O$_{12}$	M	[199]
3-4-447	hydramacroside A	C$_{28}$H$_{36}$O$_{12}$	D	[200]
3-4-448	hydramacroside B	C$_{30}$H$_{38}$O$_{13}$	D	[200]
3-4-449	6'-O-trans-p-coumaroyl-8-epi-kingiside（6-O-反式-p-香豆酰基-8-表-金银花苷）	C$_{26}$H$_{30}$O$_{13}$	M	[189]
3-4-450	6-O-cis-p-coumaroyl-8-epi-kingiside（6-O-顺式-p-香豆酰基-8-表-金银花苷）	C$_{26}$H$_{30}$O$_{13}$	M	[189]

编号	名称	分子式	测试溶剂	参考文献
3-4-451	6"-O-β-D-glucopyranosyloleuropein	$C_{31}H_{42}O_{18}$	M	[201]
3-4-452	(8Z)-ligstroside	$C_{25}H_{32}O_{12}$	M	[201]
3-4-453	angustifoliside C	$C_{38}H_{48}O_{20}$	M	[202]
3-4-454	safghanoside A	$C_{32}H_{40}O_{17}$	M	[203]
3-4-455	safghanoside D	$C_{32}H_{38}O_{14}$	M	[203]
3-4-456	safghanoside E	$C_{38}H_{48}O_{19}$	M	[203]
3-4-457	safghanoside F	$C_{38}H_{48}O_{19}$	M	[203]
3-4-458	hydroxyframoside A	$C_{32}H_{38}O_{14}$	M	[204]
3-4-459	hydroxyframoside B	$C_{32}H_{38}O_{14}$	M	[205]
3-4-460	butyl isoligustrosidate	$C_{28}H_{38}O_{12}$	M	[206]
3-4-461	isojasminoside	$C_{26}H_{30}O_{13}$	M	[207]
3-4-462	jaslanceoside C	$C_{27}H_{32}O_{15}$	M	[208]
3-4-463	jaslanceoside D	$C_{26}H_{30}O_{14}$	M	[208]
3-4-464	jaslanceoside E	$C_{26}H_{30}O_{15}$	M	[208]
3-4-465	10-trans-(p-coumaroyloxy)oleoside dimethyl ester	$C_{27}H_{32}O_{14}$	M	[189]
3-4-466	10-cis-(p-coumaroyloxy)oleoside dimethyl ester	$C_{27}H_{32}O_{14}$	M	[189]
3-4-467	jaslanceoside A	$C_{27}H_{32}O_{15}$	M	[209]
3-4-468	jaslanceoside B	$C_{26}H_{30}O_{14}$	M	[209]
3-4-469	fraxicarboside A	$C_{34}H_{38}O_{16}$	M	[210]
3-4-470	fraxicarboside B	$C_{34}H_{38}O_{17}$	M	[210]
3-4-471	fraxicarboside C	$C_{36}H_{40}O_{18}$	M	[210]
3-4-472	strychoside A	$C_{28}H_{40}O_{15}$	M	[211]
3-4-473	(Z)-aldosecologanin	$C_{33}H_{46}O_{19}$	M	[212]
3-4-474	6'-O-(7α-hydroxyswerosyloxy)-loganin	$C_{33}H_{46}O_{19}$	M	[212]
3-4-475	jaspolyanoside	$C_{42}H_{54}O_{22}$	M	[200]
3-4-476	fraximalacoside	$C_{56}H_{66}O_{24}$	M	[206]
3-4-477	polyanoside	$C_{48}H_{64}O_{27}$	M	[200]
3-4-478	isojaspolyoside A	$C_{42}H_{54}O_{23}$	M	[200]
3-4-479	isojaspolyoside B	$C_{42}H_{54}O_{23}$	M	[200]
3-4-480	isojaspolyoside C	$C_{42}H_{54}O_{23}$	M	[200]
3-4-481	depresteroside	$C_{40}H_{52}O_{22}$	M	[213]
3-4-482	3'-glucosyldepresteroside	$C_{46}H_{62}O_{27}$	M	[194]
3-4-483	jaspolyoside	$C_{42}H_{54}O_{23}$	M	[214]
3-4-484	laustrosmoside	$C_{28}H_{40}O_{15}$	M	[211]
3-4-485	safghanoside G	$C_{49}H_{60}O_{23}$	M	[215]
3-4-486	safghanoside H	$C_{49}H_{60}O_{23}$	M	[203]
3-4-487	jaspolyoleoside A	$C_{59}H_{76}O_{33}$	M	[216]
3-4-488	cantleyoside-dimethyl-acetal	$C_{35}H_{52}O_{20}$	M	[217]
3-4-489	7-O-acetyllaciniatoside IV	$C_{29}H_{40}O_{15}$	M	[218]
3-4-490	7-O-acetyllaciniatoside V	$C_{29}H_{40}O_{15}$	M	[218]

续表

编号	名称	分子式	测试溶剂	参考文献
3-4-491	7-O-acetylabelioside B	$C_{27}H_{38}O_{13}$	M	[218]
3-4-492	korolkoside	$C_{36}H_{52}O_{20}$	P	[219]
3-4-493	adinoside D	$C_{33}H_{44}O_{20}$	M	[184]
3-4-494	adinoside E	$C_{33}H_{44}O_{20}$	M	[184]
3-4-495	caeruleoside A	$C_{34}H_{48}O_{19}$	M	[214]
3-4-496	caeruleoside B	$C_{33}H_{44}O_{18}$	M	[206]
3-4-497	jaspolyanthoside	$C_{35}H_{48}O_{22}$	M	[219]
3-4-498	tricoloroside methyl ester	$C_{34}H_{48}O_{20}$	M	[220]
3-4-499	asaolaside	$C_{28}H_{38}O_{15}$	M	[221]

表 3-4-2 化合物 3-4-1~3-4-4 的 ^{13}C NMR 数据

C	3-4-1[1]	3-4-2[1]	3-4-3[2]	3-4-4[3]	3-4-5[4]	C	3-4-1[1]	3-4-2[1]	3-4-3[2]	3-4-4[3]	3-4-5[4]
1	172.6	163.9	176.6	166.3	91.6	5'	77.9	78.2	75.1	78.2	22.6
3	141.5	148.9	69.8	70.5	139.6	6'	61.9	62.8	65.0	62.4	
4	113.5	158.0	31.0	43.6	116.2	1"				122.3	100.4
5	85.2	116.9	34.3	46.0	31.8	2"				132.9	73.2
6	37.9	84.9	38.1	28.0	38.0	3"				116.2	76.8
7	31.6	41.5	87.0	39.3	80.8	4"				163.7	69.3
8	38.5	37.9	43.9	162.3	80.9	5"				116.2	77.3
9	55.2	133.1	46.5	123.9	47.9	6"				132.9	62.1
10	17.9	20.4	15.7	16.6	22.8	7"				168.0	
11	11.4	12.8		171.4	69.9	Ac					20.8× 2,171.4, 172.1 (2×)
1'	99.9	106.0	103.3	95.7	173.0						
2'	74.7	75.3	75.5	73.9	44.1						
3'	78.1	78.0	78.0	78.9	26.6						
4'	70.8	71.6	72.1	71.1	22.6						

3-4-8 R^1=Glu; R^2=O-p-Coum; R^3=OH
3-4-9 R^1=Glu-2-OAc; R^2=Ac; R^3=OAc
3-4-10 R^1=Glu; R^2=OH; R^3=Ac
3-4-11 R^1=Glu-3-OAc; R^2=OH; R^3=OH
3-4-12 R^1=Glu-2-OAc-p-Coum; R^2=H; R^3=OH

表 3-4-3 化合物 3-4-6~3-4-13 的 ^{13}C NMR 数据

C	3-4-6[4]	3-4-7[5]	3-4-8[6]	3-4-9[6]	3-4-10[6]	3-4-11[7]	3-4-12[8]	3-4-13[9]
1	91.6	90.4	92.7	92.7	93.4	93.6	93.1	90.5
3	139.6	139.3	140.3	140.6	140.1	140.6	140.7	142.5
4	116.2	114.5	115.6	116.2	116.4	116.4	115.4	109.3
5	31.8	31.3	33.7	34.1	34.1	34.1	36.8	35.4
6	38.0	35.2	37.9	38.1	40.8	40.9	30.9	59.7
7	80.8	82.9	76.0	75.7	72.4	73.4	28.3	60.1
8	80.9	80.4	47.5	43.4	46.4	48.7	43.8	80.1
9	47.9	48.0	43.5	44.0	43.3	42.7	45.0	43.4
10	22.8	22.8	61.5	63.8	64.8	62.2	66.5	67.0
11	69.9	69.2	69.4	69.2	69.6	69.8	69.0	69.5
1'	176.6	73.0	173.0	173.0	173.0	173.3	173.6	173.0
2'	41.9	44.0	43.5	43.5	43.5	44.1	44.3	44.1
3'	27.5	26.5	26.0	26.0	26.0	26.8	26.9	26.8
4'	11.7	22.5	22.5	22.5	22.5	22.6	22.8	22.6
5'	16.5	22.5	22.5	22.5	22.5	22.6	22.8	22.6
1"	100.4	100.0	103.1	100.7	103.3	103.2	101.7	102.5
2"	73.2	74.3	74.9	75.3	75.1	73.4	75.4	76.9
3"	76.8	75.3	77.7	76.1	77.9	79.1	76.2	72.3
4"		70.9	71.5	71.7	71.7	69.4	71.9	36.5
5"		76.8	77.9	78.1	78.1	77.7	78.1	73.9
6"		62.0	62.6	62.6	62.2	62.4	62.8	65.6
Ac				20.7, 20.9, 21.1, 171.6, 172.0, 172.5	20.8, 172.9	21.2, 172.6		
1'''			127.2				127.3	
2'''			131.0				131.3	
3'''			116.6				117.0	
4'''			161.1				161.4	
5'''			116.6				117.0	
6'''			116.6				131.3	
7'''			146.4				146.9	
8'''			115.1				114.9	
9'''			168.7				168.4	

第三章 单萜、倍半萜和二萜类化合物

3-4-13 R=4-去氧Glu
3-4-14 R=4-去氧Glu-6-O-Glu

3-4-15 R¹=Glu; R²=H; R³=H
3-4-16 R¹=Glu-2,3-(OAc)₂; R²=Ac; R³=Ac
3-4-17 R¹=Glu-2,6-(OAc)₂; R²=Ac; R³=Ac
3-4-18 R¹=Glu; R²=H; R³=Ac

3-4-19 R¹=Glu-2-O-Ac-p-Coum; R²=Ac; R³=Ac
3-4-20 R¹=Glu-2-O-(Z)-p-Coum; R²=H; R³=Ac
3-4-21 R¹=H; R²=p-Coum; R³=H
3-4-22 R¹=H; R²=(Z)-p-Coum; R³=H
3-4-23 R¹=H; R²=H; R³=p-Coum

表 3-4-4　化合物 3-4-14~3-4-18 的 ¹³C NMR 数据

C	3-4-14[9]	3-4-15[4]	3-4-16[4]	3-4-17[4]	3-4-18[4]	C	3-4-14[9]	3-4-15[4]	3-4-16[4]	3-4-17[4]	3-4-18[4]
1	90.6	91.9	91.1	91.1	91.7	2″	76.9	75.1	74.8	74.8	74.9
3	142.7	140.1	140.7	140.7	140.0	3″	72.3	77.9	75.6	75.6	77.6
4	109.2	116.6	114.9	114.9	116.4	4″	36.7	71.7	71.2	71.2	71.4
5	35.5	33.1	33.8	33.8	32.9	5″	72.8	78.1	75.0	75.0	77.8
6	59.7	38.2	36.2	36.2	36.1	6″	72.6	62.8	64.3	64.3	62.6
7	60.2	79.5	80.6	80.6	78.5	Ac			20.7,20.8,	20.7,20.8,	20.8,173.1
8	80.1	83.9	81.9	81.9	82.8				21.0,21.1,	21.0,21.1,	
9	43.4	44.9	45.5	45.5	45.4				171.4,171.4,	171.4,171.4,	
10	67.0	66.4	67.7	67.7	68.7				172.3,	172.3,	
11	69.6	69.8	69.3	69.3	69.5				172.4×4	172.4×4	
1′	173.0	176.6	176.1	176.3	176.5	1‴	104.9				
2′	44.1	42.2	41.9	41.9	42.0	2‴	75.1				
3′	26.8	27.7	27.4	27.4	27.6	3‴	78.1				
4′	22.6	11.7	11.6	11.7	11.7	4‴	71.6				
5′	22.6	16.6	16.6	16.6	16.6	5‴	78.0				
1″	102.5	103.4	100.1	100.1	103.2	6‴	62.8				

表 3-4-5　化合物 3-4-19~3-4-23 的 ¹³C NMR 数据

C	3-4-19[4]	3-4-20[4]	3-4-21[10]	3-4-22[10]	3-4-23[10]	C	3-4-19[4]	3-4-20[4]	3-4-21[10]	3-4-22[10]	3-4-23[10]
1	91.6	91.5	91.6	91.5	91.8	2′	42.1	42.1	42.3	42.2	42.4
3	140.0	140.0	139.0	138.7	138.5	3′	27.7	27.7	33.1	33.1	33.2
4	116.0	115.8	119.1	119.2	119.7	4′	11.7	11.7	30.3	30.3	30.3
5	32.5	32.5	31.6	32.4	32.1	5′	16.6	16.6	11.6	11.6	11.6
6	38.4	38.4	36.0	35.9	38.4	6′			19.6	19.6	19.5
7	78.9	78.9	81.3	81.2	79.1	1″	101.1	101.2	127.1	127.8	127.2
8	82.7	82.7	83.6	83.5	83.0	2″	75.2	75.2	131.3	133.4	131.2
9	45.5	45.5	45.4	45.4	45.8	3″	76.2	76.2	116.8	115.9	116.8
10	68.9	68.9	65.9	65.7	69.2	4″	71.7	71.7	161.4	160.0	161.3
11	69.7	69.7	62.1	62.2	62.3	5″	78.0	78.0	116.8	115.9	116.8
1′	176.6	176.6	173.3	173.3	173.4	6″	62.7	62.7	131.3	133.4	131.2

C	3-4-19[4]	3-4-20[4]	3-4-21[10]	3-4-22[10]	3-4-23[10]	C	3-4-19[4]	3-4-20[4]	3-4-21[10]	3-4-22[10]	3-4-23[10]
7"			146.8	145.5	146.8	5‴	116.8	115.5			
8"			115.2	117.1	115.1	6‴	131.0	133.9			
9"			168.6	167.5	169.5	7‴	146.7	145.6			
1‴	127.2	127.4				8‴	115.3	115.9			
2‴	131.0	133.9				9‴	168.2	168.2			
3‴	116.8	115.5				Ac	20.8,173.0	20.8,173.0			
4‴	161.9	160.9									

3-4-24 R¹=Glu-2-OAc; R²=Ac; R³=Ac
3-4-25 R¹=Glu-2,3-(OAc)₂; R²=Ac; R³=Ac
3-4-26 R¹=Glu-2-OAc; R²=Ac; R³=H
3-4-27 R¹=Glu; R²=p-Coum; R³=H
3-4-28 R¹=Glu; R²=(Z)-p-Coum; R³=Ac
3-4-29 R¹=Glu-2-O-p-Coum; R²=H; R³=Ac

3-4-30 R¹=Glu-2-O-Coum-p-(Z); R²=H; R³=Ac
3-4-31 R¹=Glu-2-OAc; R²=H; R³=Ac
3-4-32 R¹=H; R²=p-Coum; R²=H
3-4-33 R¹=H; R²=(Z)-p-Coum; R³=H
3-4-34 R¹=H; R²=H; R³=p-Coum
3-4-35 R¹=H; R²=H; R³=(Z)-p-Coum

表 3-4-6 化合物 3-4-24~3-4-31 的 ¹³C NMR 数据

C	3-4-24[11]	3-4-25[4]	3-4-26[5]	3-4-27[10]	3-4-28[10]	3-4-29[10]	3-4-30[5]	3-4-31[5]
1	91.3	91.1	91.7	91.5	91.4	91.5	91.7	91.6
3	140.9	140.8	140.6	140.7	140.5	140.1	140.6	140.1
4	115.4	115.0	115.3	115.9	115.9	115.5	116.0	116.0
5	33.9	33.8	33.1	33.0	33.0	32.4	32.2	33.0
6	36.5	36.3	36.0	35.9	36.0	38.4	37.2	38.4
7	80.8	80.5	81.4	81.6	81.3	78.9	79.1	79.2
8	82.2	82.0	79.3	83.4	83.4	82.5	81.8	82.7
9	45.8	45.5	45.3	45.3	45.3	45.5	45.2	45.4
10	67.9	67.6	65.6	66.0	65.8	91.5	69.0	68.8
11	69.3	69.3	69.4	69.8	69.8	69.7	69.8	69.6
1'	172.9	172.6	173.0	173.1	173.1	173.0	173.0	173.0
2'	42.2	44.0	44.0	44.2	44.2	44.0	44.0	44.0
3'	26.8	27.5	26.5	26.8	26.8	26.5	26.5	26.5
4'	22.6	22.5	22.5	22.7	22.7	22.5	22.5	22.5
5'	22.7	22.5	22.5	22.7	22.7	22.5	22.5	22.5
1"	100.4	99.7	100.5	103.4	103.4	101.1	101.3	100.5
2"	75.3	73.1	75.2	75.2	75.1	75.2	74.6	75.2
3"	76.1	76.8	76.1	78.1	78.1	76.0	76.1	76.1
4"	71.7	69.3	68.8	71.7	71.8	71.7	71.9	68.8
5"	78.0	77.3	77.9	78.0	78.0	77.9	78.1	77.9

续表

C	3-4-24[11]	3-4-25[4]	3-4-26[5]	3-4-27[10]	3-4-28[10]	3-4-29[10]	3-4-30[5]	3-4-31[5]
6″	62.6	62.1	62.6	62.8	62.8	62.6	62.7	62.6
Ac	20.7,21.0, 21.1,171.6, 171.7,172.6(×3)	20.6,20.7×2,20.9,171.0,171.9,172.3(×4)						
1‴				127.8	128.0	127.2	127.4	
2‴				131.3	133.4	131.2	133.9	
3‴				116.8	115.1	116.8	115.9	
4‴				161.4	161.4	161.1	160.2	
5‴				116.8	115.9	116.8	115.9	
6‴				131.3	133.4	131.2	133.9	
7‴				146.9	145.4	146.8	145.5	
8‴				115.2	116.9	115.8	115.3	
9‴				167.7	168.7	167.6	168.2	

表 3-4-7 化合物 3-4-32~3-4-35 的 ^{13}C NMR 数据

C	3-4-32[10]	3-4-33[10]	3-4-34[10]	3-4-35[10]	C	3-4-32[10]	3-4-33[10]	3-4-34[10]	3-4-35[10]
1	91.6	91.5	91.8	91.8	3′	26.7	26.7	26.9	26.8
3	138.9	138.7	138.4	138.4	4′	22.7	22.7	22.7	22.7
4	119.0	119.1	119.7	119.8	5′	22.7	22.7	22.7	22.7
5	32.5	32.4	32.1	32.3	1″	127.1	127.8	127.2	127.6
6	36.0	35.9	38.4	38.4	2″	131.2	133.4	131.2	133.8
7	81.3	81.1	79.1	78.9	3″	116.8	115.9	116.8	115.8
8	83.5	83.5	83.0	83.0	4″	161.3	160.0	161.4	160.2
9	45.3	45.3	45.8	45.7	5″	116.8	115.9	116.8	115.8
10	65.8	65.7	69.1	68.5	6″	131.2	133.4	131.2	133.8
11	62.1	62.2	62.2	62.3	7″	146.8	145.5	146.8	145.4
1′	173.1	173.1	173.2	173.1	8″	115.1	117.1	115.1	116.5
2′	44.2	44.2	44.3	44.3	9″	168.6	167.5	169.5	168.4

3-4-36   3-4-37   3-4-38   3-4-39   3-4-40

表 3-4-8 化合物 3-4-36~3-4-40 的 ^{13}C NMR 数据

C	3-4-36[12]	3-4-37[12]	3-4-38[13]	3-4-39[14]	3-4-40[14]	C	3-4-36[12]	3-4-37[12]	3-4-38[13]	3-4-39[14]	3-4-40[14]
1	103.0	165.9	100.0	92.7	91.7	6	77.1	79.2	78.2	23.2	27.1
3	89.2	70.9	63.0	173.0	172.9	7	47.5	42.2	132.5	37.9	38.9
4	40.4	29.1	25.0	49.2	46.5	8	89.9	161.7	144.0	80.1	80.1
5	82.4	51.1	48.3	38.3	34.8	9	55.8	123.6	50.9	48.2	46.8

续表

C	3-4-36[12]	3-4-37[12]	3-4-38[13]	3-4-39[14]	3-4-40[14]	C	3-4-36[12]	3-4-37[12]	3-4-38[13]	3-4-39[14]	3-4-40[14]
10	24.4	60.4	64.2	24.1	25.0	6'				130.6	130.6
11				63.7	61.4	7'				167.2	167.2
1-OMe					51.9	1"			133.6		133.6
OMe		57.5		51.7		2"			111.3		111.3
Ac		176.3				3"			149.1		149.1
1'			131.3		131.3	4"			147.7		147.7
2'			130.6		130.6	5"			45.8		45.8
3'			129.7		129.7	6"			121.4		121.4
4'			134.4		134.4	3"-OMe			56.4		56.4
5'			129.7		129.7						

3-4-41

3-4-42 R=Me
3-4-43 R=H

3-4-44

3-4-52

3-4-45 R¹=Me; R²=CHO; R³=H; R⁴=H
3-4-47 R¹=CH₂CH₃CH₂CH₃; R²=CHO; R³=H; R⁴=OH
3-4-48 R¹=H; R²=COOMe; R³=OH; R⁴=OH
3-4-50 R¹=H; R²=COOMe; R³=OH; R⁴=OAc

3-4-46 R¹=Me; R²=CHO; R³=H; R⁴=H
3-4-49 R¹=H; R²=COOMe; R³=OH; R⁴=OH
3-4-51 R¹=H; R²=COOMe; R³=OH; R⁴=OAc

表 3-4-9 化合物 3-4-41~3-4-45 的 ^{13}C NMR 数据

C	3-4-41[14]	3-4-42[14]	3-4-43[14]	3-4-44[14]	3-4-45[14]	C	3-4-41[14]	3-4-42[14]	3-4-43[14]	3-4-44[14]	3-4-45[14]
1	94.6	95.2	92.9	98.7	102.5	8	79.7	143.1	143.2	144.8	32.0
3	173.6	173.9	173.7	172.4	161.2	9	49.9	50.9	50.9	50.7	42.9
4	47.7	43.6	39.5	40.9	125.0	10	25.5	60.1	60.3	61.4	16.3
5	38.3	39.6	38.3	40.5	36.1	11	61.0	63.6	63.7	62.3	190.5
6	27.3	35.9	29.7	30.9	30.4	1-OMe	51.0	51.9		51.6	
7	40.2	128.4	127.2	128.7	42.2	OMe					56.4

表 3-4-10 化合物 3-4-46~3-4-52 的 ^{13}C NMR 数据

C	3-4-46[15]	3-4-47[16]	3-4-48[17]	3-4-49[17]	3-4-50[17]	3-4-51[17]	3-4-52[18]
1	102.5	100.2	92.4	94.2	90.4	93.3	61.5
3	160.2	160.7	153.0	153.8	151.3	152.8	61.9
4	125.3	124.1	110.0	110.0	108.7	108.3	45.1
5	36.4	29.7	43.3	42.6	42.2	41.7	48.3

续表

C	3-4-46[15]	3-4-47[16]	3-4-48[17]	3-4-49[17]	3-4-50[17]	3-4-51[17]	3-4-52[18]
6	30.9	28.8	80.3	78.2	77.8	76.3	91.5
7	32.4	40.5	49.2	48.7	46.8	46.2	126.4
8	32.2	79.9	81.0	79.5	90.7	87.2	155.3
9	42.9	51.3	51.9	51.9	48.0	49.4	50.7
10	14.9	24.8	25.0	24.0	19.3	21.5	64.5
11	191.0	190.4	170.2	170.2	168.7	169.2	185.0
OMe	56.3		53.2	53.0	51.6	51.6	
1'		69.3					
2'		31.5					
3'		19.2					
4'		13.8					
Ac							171.1, 22.2

3-4-53 **3-4-54** **3-4-55** **3-4-56** R=H **3-4-57** R=Glu

表 3-4-11 化合物 3-4-53~3-4-57 的 ^{13}C NMR 数据

C	3-4-53[19]	3-4-54[20]	3-4-55[21]	3-4-56[22]	3-4-57[23]	C	3-4-53[19]	3-4-54[20]	3-4-55[21]	3-4-56[22]	3-4-57[23]
1	97.0	94.8	96.5	90.9	91.3	3'	76.7	76.5	87.4	72.7	72.5
3	141.8	140.3	143.1	140.19	140.3	4'	70.4	70.4	70.1	68.4	68.8
4	104.2	105.1	108.2	109.9	110.0	5'	77.0	77.0	77.9	73.0	73.1
5	37.2	41.9	73.6	37.0	37.0	6'	61.5	61.5	62.9	62.1	62.5
6	79.2	72.9	79.2	80.1	80.3	1"			105.3		
7	59.4	48.3	59.4	64.5	64.9	2"			75.6		
8	56.6	37.1	56.3	80.6	80.7	3"e			78.1		
9	42.8	40.0	50.7	44.8	45.27	4"			71.6		
11				63.4	68.8	5"			78.2		
1'	100.2	99.2	100.0	96.5	96.3	6"			62.7		
2'	73.7	73.5	74.1	71.0	70.9						

3-4-58

3-4-59 R^1=Glu; R^2=H; R^3=H
3-4-60 R^1=Glu-6-O-Coum; R^2=H; R^3=H
3-4-61 R^1=Glu; R^2=menthiafoloyl; R^3=menthiafoloyl

3-4-62

3-4-63

表 3-4-12　化合物 3-4-58~3-4-62 的 ^{13}C NMR 数据

C	3-4-58[23]	3-4-59[24]	3-4-60[25]	3-4-61[26]	3-4-62[27]	C	3-4-58[23]	3-4-59[24]	3-4-60[25]	3-4-61[26]	3-4-62[27]
1	95.0	95.8	94.1	92.6	93.4	5'	77.0	76.6	72.3	75.2	77.1
3	140.3	145.2	141.4	144.6	141.1	6'	61.5	61.5	61.7	62.8	61.5
4	105.7	104.2	106.7	103.1	107.7	1"				131.4	166.6
5	36.7	38.4	73.1	79.7	68.5	2"				129.4	127.5
6	80.0	78.9	78.0	76.2	76.1	3"e				122.2	144.8
7	77.4	66.0	63.1	63.8	73.3	4"				152.2	24.2
8	37.3	64.9	62.7	64.3	81.0	5"				12.2	41.1
9	38.7	45.5	52.0	49.3	56.7	6"				129.4	73.6
10	13.9	17.7	17.0	16.8	27.5	7"				117.2	143.5
1'	98.8	99.3	98.6	98.6	98.7	8"				144.8	113.0
2'	73.5	74.0	73.7	73.7	70.4	9"				166.3	12.5
3'	76.4	77.0	76.1	76.1	77.2	10"					27.6
4'	70.4	70.4	68.5	69.9	73.6						

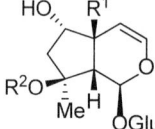

3-4-64　R=3,4,5-三甲氧基苯甲酰基
3-4-65　R=Caff
3-4-66　R=iFeru

3-4-67　R=H
3-4-68　R=OH

3-4-69　R^1=H; R^2=Cinn
3-4-70　R=OH; R^2=Ac

3-4-71

3-4-72

表 3-4-13　化合物 3-4-63~3-4-68 的 ^{13}C NMR 数据

C	3-4-63[28]	3-4-64[29]	3-4-65[30]	3-4-66[30]	3-4-67[31]	3-4-68[31]
1	93.5	93.5	94.3	93.5	93.9	93.5
3	141.3	141.3	141.0	141.1	137.6	138.9
4	104.4	104.4	104.6	104.6	109.3	105.8
5	39.6	39.6	39.3	39.4	25.3	34.9
6	81.2	81.2	80.3	80.4	36.3	77.0
7	47.4	47.7	47.8	47.9	78.3	78.4
8	79.2	79.2	77.9	78.2	78.9	77.7
9	51.8	51.8	51.6	51.7	48.0	47.9
10	26.2	26.2	26.0	26.1	21.4	21.8
1'	99.4	99.4	99.3	99.4	98.4	98.4
2'	74.8	74.8	74.7	74.7	73.2	73.1
3'	78.0	78.0	78.1	78.0	76.1	76.1
4'	71.7	71.7	71.6	71.7	70.1	70.1
5'	78.3	78.3	79.1	79.0	76.7	76.6
6'	62.9	62.9	62.8	62.9	61.2	61.2
1"	126.9	126.9	127.7	128.9		
2"	108.2	108.2	115.3	112.5		

续表

C	3-4-63[28]	3-4-64[29]	3-4-65[30]	3-4-66[30]	3-4-67[31]	3-4-68[31]
3"	154.4	154.4	146.9	151.5		
4"	143.7	143.7	149.5	148.0		
5"	154.4	154.4	116.6	116.4		
6"	108.2	108.2	122.9	122.8		
7"	167.4	167.4	146.7	146.6		
8"			115.1	115.6		
9"			169.0	168.8		
MeO					56.4	
3"-OMe	56.8	56.8				
4"-OMe	61.2	61.2				
5"-OMe	56.8	56.8				

表 3-4-14 化合物 3-4-69~3-4-72 的 ^{13}C NMR 数据

C	3-4-69[32]	3-4-70[33]	3-4-71[34]	3-4-72[35]	C	3-4-69[32]	3-4-70[33]	3-4-71[34]	3-4-72[35]
1	94.2	95.8	94.3	93.2	4'	71.7	72.3	71.6	71.8
3	142.1	145.3	143.3	141.0	5'	78.1	79.0	77.3	56.1
4	111.3	104.0	108.3	108.6	6'	63.1	63.3	62.6	62.9
5	37.2	74.6	69.6	72.9	1"	135.7			130.2
6	72.0	77.8	80.7	78.5	2"	129.3			131.2
7	47.5	46.1	78.9	47.2	3"	130.0			116.0
8	88.9	86.6	80.4	90.0	4"	131.6			162.4
9	49.5	56.7	56.3	59.7	5"	130.0			116.0
10	22.6	23.5	25..8	23,5	6"	129.3			131.2
OAc		176.8			7"	146.2			146.6
1'	100.2	100.1	100.0	99.6	8"				119.3
2'	74.8	75.2	74.4	74.6	9"				168.1
3'	78.2	78.1	78.1	78.1					

3-4-73 R¹=H; R²=6-O-Cinn p OMe(Z)
3-4-74 R¹=Ac; R²=6-O-p-Cinn
3-4-75 R¹=E-p-MeO-Cinn; R²=H
3-4-76 R¹=Z-p-MeO-Cinn; R²=H
3-4-77 R¹=E-Feru; R²=H
3-4-78 R¹=α-HO-Cinn; R²=H

表 3-4-15 化合物 3-4-73~3-4-78 的 ^{13}C NMR 数据

C	3-4-73[35]	3-4-74[25]	3-4-75[37]	3-4-76[35]	3-4-77[36]	3-4-78[36]
1	93.3	94.0	94.8	94.6	95.2	92.5
3	142.7	141.6	144.1	143.7	144.4	141.3
4	108.6	107.0	106.9	107.3	107.4	107.3

续表

C	3-4-73[35]	3-4-74[25]	3-4-75[37]	3-4-76[35]	3-4-77[36]	3-4-78[36]
5	72.9	71.4	73.6	73.5	73.9	71.5
6	78.5	77.6	77.7	77.8	78.2	75.7
7	47.2	43.3	46.4	46.2	46.8	44.6
8	89.1	86.0	88.2	88.3	88.9	86.6
9	59.7	54.5	55.9	55.8	56.2	54.3
10	25.2	22.1	22.9	22.7	23.4	22.3
8-OAc		22.4				
1'	99.5	96.4	100.1	99.9	100.6	97.2
2'	74.6	71.0	74.6	74.7	75.2	73.1
3'	78.3	72.0	77.8	77.8	78.2	76.1
4'	71.8	68.7	71.9	71.9	72.3	70.1
5'	56.0	72.0	77.8	77.8	78.7	77.2
6'	64.6	62.1	63.1	63.0	63.6	61.0
1"	129.4	132.1	128.4	131.1	128.1	120.8
2"	133.6	129.3	131.1	133.3	112.2	156.8
3"	114.7	122.1	115.1	114.7	147.1	116.1
4"	162.1	152.1	163.2	162.1	149.9	131.6
5"	114.7	122.1	115.5	114.7	117.0	119.5
6"	133.6	129.3	131.1	133.3	124.6	129.2
7"	145.1	117.5	146.0	143.9	144.4	139.9
8"	117.4	144.4	117.5	119.4	117.3	118.7
9"	167.5	166.3	169.2	168.8	169.6	166.5
3"-OMe					57.0	
4"-OMe			56.0	55.9		

3-4-79

3-4-80 R=H
3-4-81 R=Ac

3-4-82

表 3-4-16 化合物 3-4-79~3-4-82 的 ^{13}C NMR 数据

C	3-4-79[36]	3-4-80[38]	3-4-81[33]	3-4-82[38]	C	3-4-79[36]	3-4-80[38]	3-4-81[33]	3-4-82[38]
1	95.1	95.7	97.1	96.8	8	89.5	79.7	79.7	90.6
3	145.4	143.9	143.5	145.0	9	56.7	59.6	59.4	55.7
4	106.0	109.2	109.3	107.6	10	23.1	26.7	26.6	24.0
5	75.2	73.8	73.9	75.0	1'	101.0	102.2	102.8	102.6
6	87.8	79.0	79.0	78.9	2'	75.0	78.7	75.1	78.7
7	45.7	48.1	48.0	47.0	3'	78.0	208.7	175.0	208.7

C	3-4-79[36]	3-4-80[38]	3-4-81[33]	3-4-82[38]	C	3-4-79[36]	3-4-80[38]	3-4-81[33]	3-4-82[38]
4'	72.5	74.7	175.0	74.7	2'''	130.6			
5'	78.6	78.9	79.2	78.9	3'''	129.8			
6'	63.7	63.3	65.0	63.2	4'''	132.1			
1''	104.0				5'''	129.8			
2''	71.3				6'''	130.6			
3''	72.3				7'''	146.8			
4''	71.3				8'''	120.3			
5''	73.4				9'''	168.9			
6''	62.9				MeO		55.5, 55.6		
1'''	136.1						(×2)		

3-4-83

3-4-88

3-4-89

3-4-90

3-4-91

3-4-84 R=2-O-Feru
3-4-85 R=E-3,4-(OMe)$_2$-Coum-O-3-Rha
3-4-86 R=E-p-MeO-Coum-O-3-Rha
3-4-87 R=p-Coum

表 3-4-17 化合物 3-4-83~3-4-87 的 ^{13}C NMR 数据

C	3-4-83[31]	3-4-84[39]	3-4-85[40]	3-4-86[40]	3-4-87[41]	C	3-4-83[31]	3-4-84[39]	3-4-85[40]	3-4-86[40]	3-4-87[41]
1	92.1	98.0	98.0	98.0	98.4	3''	70.5	74.9	74.9		129.6
3	139.5	142.0	141.9	141.9	141.7	4''		74.3	71.6	71.6	134.4
4	110.9	105.5	105.5	105.5	105.6	5''		70.3	71.6	71.6	129.6
5	66.4	44.3	44.3	44.3	46.7	6''		18.1	18.0	18.0	130.6
6	48.7	89.2	89.0	89.0	83.0	7''					167.8
7	66.1	127.0	127.1	127.1	130.7	1'''		129.3	128.9	128.9	
8	80.2	149.4	149.6	149.6	147.7	2'''		1711	111.4	111.4	
9	59.3	48.4	48.0	18.0	47.7	3'''		149.4	150.5	150.5	
10	17.2	61.5	61.5	61.5	61.5	4'''		150.8	152.5	152.5	
1'	99.0	100.0	99.9	99.9	100.1	5'''		116.3	111.2	111.2	
2'	74.6	74.9	74.9	74.9	74.8	6'''		124.4	123.9	123.9	
3'	77.6	78.2	77.9	77.9	77.8	7'''		147.4	147.1	147.1	
4'	71.8	71.5	70.4	70.4	72.0	8'''		115.7	115.5	115.5	
5'	78.3	77.9	78.3	78.3	75.6	9'''		166.6	169.1	169.1	
6'	62.8	62.6	62.7	62.7	65.1	MeO			56.5(×2)	56.5(×2)	
1''		98.4	101.1	101.1	131.3	3'''-OMe		56.5			
2''		74.3	70.4	70.4	130.6						

表 3-4-18　化合物 3-4-88~3-4-91 的 ^{13}C NMR 数据

C	3-4-88[42]	3-4-89[43]	3-4-90[44]	3-4-91[44]	C	3-4-88[42]	3-4-89[43]	3-4-90[44]	3-4-91[44]
1	95.5	95.4	95.2	94.8	5'	76.6	77.1	76.6	76.6
3	140.6	140.6	140.7	140.2	6'	60.8	61.5	60.6	61.0
4	101.6	103.9	101.7	104.9	1"		125.9	13.9	13.9
5	38.4	41.2	38.4	41.1	2"		130.0	18.7	18.9
6	84.6	83.9	83.1	88.4	3"		115.7	34.7	31.7
7	125.8	124.8	126.4	125.7	4"		160.2	68.2	68.7
8	149.3	150.5	148.6	148.2	5"		115.7		
9	46.2	47.2	46.2	46.4	6"		130.0		
10	59.4	60.0	60.4	59.4	7"		145.5		
1'	98.2	98.6	98.2	98.0	8"		114.0		
2'	73.3	73.7	73.4	73.4	9"		167.9		
3'	77.0	76.7	77.0	77.1	MeO	56.3			
4'	69.9	70.4	70.0	70.1					

3-4-92　R^1=H; R^2=O-4-O-*p*-Coum-Xyl; R^3=H
3-4-93　R^1=O-Glu; R^2=H; R^3=H
3-4-94　R^1=O-Glu-3-O-Glu; R^2=OH; R^3=H
3-4-96　R^1=H; R^2=OH; R^3=Caff
3-4-97　R^1=H; R^2=OH; R^3=Feru

3-4-95　3,4-(MeO)$_2$-Cinn

表 3-4-19　化合物 3-4-92~3-4-97 的 ^{13}C NMR 数据

C	3-4-92[45]	3-4-93[46]	3-4-94[47]	3-4-95[48]	3-4-96[43]	3-4-97[49]
1	97.9	97.4	93.8	98.1	96.8	98.0
3	141.6	143.5	143.4	142.1	140.5	141.8
4	104.6	108.3	105.0	105.6	104.3	105.5
5	44.4	84.5	79.8	44.4	45.0	46.4
6	91.2	46.2	79.6	89.4	81.6	82.9
7	127.1	127.6	128.0	127.3	131.2	132.5
8	149.4	140.6	147.6	149.8	141.5	142.8
9	50.3	52.7	51.4	48.3	47.2	
10	61.4	60.6	60.9	61.6	62.2	63.4
1'	99.9	99.3	98.0	100.1	98.9	100.2
2'	75.1	73.5	74.9	75.1	73.5	74.9
3'	78.2	76.3	78.2	78.0	76.6	78.0
4'	71.5	70.3	71.6	71.7	70.2	71.6
5'	77.8	76.9	77.2	78.4	76.9	78.3
6'	62.6	61.5	62.8	62.8	61.5	62.8
1"	105.7	98.5	99.3	101.4	126.4	126.9
2"	73.1	73.9	74.4	70.5	115.3	111.7

C	3-4-92[45]	3-4-93[46]	3-4-94[47]	3-4-95[48]	3-4-96[43]	3-4-97[49]
3″	75.1	76.3	88.3	72.8	145.5	151.4
4″	74.8	70.2	69.3	75.7	148.4	149.6
5″	63.7	76.3	77.8	68.5	114.0	116.6
6″		61.3	62.0	18.1	121.9	124.4
7″					146.2	147.7
8″					113.2	114.9
9″					166.6	168.9
1‴		127.6		105.2	128.9	
2‴		131.2		75.5	111.8	
3‴		116.9		78.5	150.9	
4‴		161.3		71.7	153.0	
5‴		116.9		77.8	112.8	
6‴		131.2		62.6	124.2	
7‴		147.1			146.9	
8‴		114.7			116.6	
9‴		168.6			168.8	
MeO					56.6, 56.7(×2)	
3‴-OMe						56.4

3-4-98 R^1=H; R^2=OH; R^3=3,4-di-MeO-E-Cinn
3-4-99 R^1=H; R^2=OH; R^3=Cinn
3-4-101 R^1=H; R^2=OH; R^3=Bz
3-4-102 R^1=OH; R^2=OH; R^3=Bz

3-4-100

表 3-4-20 化合物 3-4-98~3-4-102 的 ^{13}C NMR 数据

C	3-4-98[50]	3-4-99[37]	3-4-100[44]	3-4-101[51]	3-4-102[52]	C	3-4-98[50]	3-4-99[37]	3-4-100[44]	3-4-101[51]	3-4-102[52]
1	95.7	99.4	98.6	95.5	96.5	5′	77.0	78.2	77.0	78.2	78.1
3	140.3	61.7	99.1	61.7	58.2	6′	61.6	62.9	61.8	62.8	62.8
4	104.6	25.3	30.2	25.3	33.3	1″	126.8	135.7	14.3	131.3	131.2
5	44.6	46.1	44.8	46.1	77.4	2″	111.5	129.3	19.8	130.6	130.7
6	80.5	79.3	80.6	79.3	79.3	3″	144.9	130.6	32.1	129.6	129.7
7	132.4	132.1	130.4	132.3	130.3	4″	151.0	131.6	70.3	134.4	134.4
8	139.8	143.8	147.5	143.8	143.5	5″	110.4	146.7		129.6	129.7
9	46.5	48.6	48.1	48.6	54.6	6″	148.9	129.3		130.6	130.7
10	61.7	63.5	60.8	63.9	63.5	7″	148.9	146.7		167.7	
1′	98.3	99.6	99.0	99.6	99.7	8″	115.2	118.6			
2′	73.3	75.0	74.1	74.9	74.7	9″	166.2	168.3			
3′	76.5	78.1	77.4	78.1	77.7	MeO	55.5, 55.6(×2)				
4′	70.0	71.6	70.8	71.6	71.7						

3-4-103 R=OH; R²=Glu-6-O-Cinn-p-OH(E)
3-4-104 R¹=4-O-Cinn-Rha; R²=Glu
3-4-105 R¹=2,3,4-(O-Bz)₃-Rha; R²=Glu

3-4-106 R¹=2,3-(O-Bz)₂-4-O-p-Coum-Rha
3-4-107 R¹=2,3-(O-Bz)₂-4-O-p-Coum-Rha
3-4-108 R¹=2-O-Bz-3-O-p-Coum-Rha
3-4-109 R¹=2,3-(O-Bz)₂-Rha

表 3-4-21 化合物 3-4-103~3-4-109 的 ^{13}C NMR 数据

C	3-4-103[53]	3-4-104[54]	3-4-105[55]	3-4-106[55]	3-4-107[55]	3-4-108[55]	3-4-109[55]
1	95.4	95.2	95.2	95.1	95.1	95.2	95.2
3	141.0	142.3	142.6	142.6	142.6	142.4	142.4
4	104.6	103.5	103.3	103.2	103.2	103.4	103.4
5	39.2	37.4	37.3	37.2	37.3	37.2	37.3
6	79.1	84.2	85.4	84.8	85.1	84.4	84.5
7	62.3	59.5	59.6	59.4	59.5	59.4	59.4
8	66.1	66.6	66.6	66.6	66.6	66.6	66.6
9	43.5	43.4	43.4	43.3	43.3	43.3	43.3
10	60.9	61.5	61.5	61.5	61.5	61.5	61.5
1'	100.4	99.8	99.8	99.7	99.7	99.7	99.7
2'	74.9	74.9	74.9	74.8	74.8	74.8	74.9
3'	78.1	77.7	77.7	77.7	77.7	77.7	77.7
4'	71.1	71.8	71.8	71.8	71.8	71.8	71.8
5'	75.9	78.6	78.7	78.7	78.7	78.7	78.7
6'	63.8	63.0	63.0	63.0	63.0	63.0	63.0
1"	126.1	100.5	98.1	97.7	97.9	97.7	97.8
2"	130.7	72.5	72.1	71.8	71.8	72.2	72.1
3"	116.7	70.3	71.6	71.8	71.8	73.0	73.8
4"	161.4	75.6	73.1	72.2	71.9	71.9	71.9
5"	116.7	68.3	68.3	68.1	68.4	70.3	70.4
6"	130.7	17.9	17.9	17.9	17.9	18.1	18.1
7"	145.4						
8"	115.0						
9"	167.4						
1'''		135.8	130.7	130.7	130.7	130.7	130.7
2'''		129.3	130.8	130.8	130.8	130.8	130.8
3'''		130.0	129.9	129.8	129.8	129.8	129.8
4'''		131.6	134.5	134.6	134.8	134.8	134.7
5'''		130.0	129.9	129.8	129.8	129.8	129.8
6'''		129.3	130.8	130.8	130.8	130.8	130.8
7'''		146.7	166.9	167.0	166.8	166.9	166.9
1''''			130.4	130.5	130.5	126.5	130.5
2''''			130.5	130.6	130.6	131.2	130.6

C	3-4-103[53]	3-4-104[54]	3-4-105[55]	3-4-106[55]	3-4-107[55]	3-4-108[55]	3-4-109[55]
3''''			129.4	129.5	129.5	117.1	129.4
4''''			134.5	134.6	134.5	162.5	134.3
5''''			129.4	129.5	129.5	117.1	129.4
6''''			130.5	130.5	130.6	131.2	130.6
7''''			166.8	166.8	166.8	147.2	167.3
8''''						114.2	
9''''						168.5	
1'''''			130.5	127.0	126.1	126.1	
2'''''			130.6	133.8	131.5	131.5	
3'''''			129.7	116.1	117.3	117.3	
4'''''			134.7	161.1	163.1	163.1	
5'''''			129.7	116.1	117.3	117.3	
6'''''			130.6	133.8	131.5	131.5	
7'''''			167.3	147.3	148.2	148.2	
8'''''				114.9	113.2	113.2	
9'''''				167.0	168.4	168.4	

3-4-110 R^1=Ac; R^2=H; R^3=*p*-Coum
3-4-111 R^1=H; R^2=Ac; R^3=*p*-Coum
3-4-112 R^1=Ac; R^2=*p*-MeO-Cinn; R^3=*p*-MeO-Cinn
3-4-113 R^1=Ac; R^2=Z-*p*-MeO-Cinn; R^3=H

3-4-114 R^1=Ac; R^2=Z-*p*-MeO-Cinn; R^3=Ac
3-4-115 R^1=Ac; R^2=Ac; R^3=Z-*p*-MeO-Cinn
3-4-116 R^1=Ac; R^2=Ac; R^3=*p*-Coum

表 3-4-22　化合物 3-4-110~3-4-116 的 ^{13}C NMR 数据

C	3-4-110[56]	3-4-111[56]	3-4-112[56]	3-4-113[56]	3-4-114[56]	3-4-115[56]	3-4-116[56]
1	95.1	95.1	95.1	95.1	95.1	95.1	95.1
3	142.4	142.3	142.4	142.3	142.4	142.4	142.4
4	103.0	103.0	103.2	103.3	103.2	103.1	103.4
5	37.2	37.2	37.1	37.2	37.1	37.1	37.1
6	84.8	84.3	84.9	84.3	84.8	84.6	84.9
7	59.5	59.4	59.4	59.3	59.4	59.3	59.4
8	66.5	66.5	66.5	66.5	66.5	66.5	66.5
9	43.3	43.3	43.2	43.3	43.2	43.2	43.2
10	61.4	61.4	61.4	61.4	61.4	61.3	61.4
1'	99.7	99.7	99.7	99.7	99.7	99.7	99.7
2'	75.1	74.8	74.8	74.8	74.8	74.8	74.8
3'	77.7	77.7	77.6	78.6	77.6	77.6	77.6

续表

C	3-4-110[56]	3-4-111[56]	3-4-112[56]	3-4-113[56]	3-4-114[56]	3-4-115[56]	3-4-116[56]
4'	71.8	71.8	71.7	71.8	71.7	71.7	71.7
5'	78.6	78.6	78.6	77.7	78.6	78.6	78.5
6'	62.9	62.9	62.9	62.9	62.9	62.9	62.9
1''	97.7	100.3	97.7	97.5	97.6		
2''	74.2	70.1	71.5	71.4	71.3		
3''	68.4	73.1	70.6	71.6	70.2		
4''	74.8	72.2	72.2	72.6	72.2		
5''	68.3	68.3	68.3	70.3	68.1		
6''	17.8	17.8	17.8	17.9	17.7		
2''-OAc	172.2		20.7,171.6	20.6,171.7	20.6,171.6	20.8,171.6	20.7,171.7
3''-OAc		172.0				20.6,171.5	20.0,171.6
4''-OAc					20.7,171.7		
1'''	127.1	127.0	128.0	128.7	128.5	128.6	128.6
2'''	131.2	131.3	131.2	133.3	133.6	133.4	114.9
3'''	116.8	116.8	115.3	114.4	114.5	114.4	148.6
4'''	161.3	161.5	163.3	162.1	162.2	162.2	151.7
5'''	116.8	116.8	115.3	114.4	114.2	114.4	112.5
6'''	131.2	131.1	131.1	113.3	113.6	113.4	123.1
7'''	147.1	147.3	147.2	144.9	146.0	146.5	147.7
8'''	114.9	114.3	115.0	117.1	116.3	116.5	115.0
9'''	168.6	168.2	167.7	167.3	166.7	166.7	167.9
4'''-OAc			55.8		55.8	55.8	56.4
1''''			128.0				
2''''			131.0				
3''''			115.3				
4''''			163.2				
5''''			115.3				
6''''			131.0				
7''''			147.7				
8''''			115.0				
9''''			168.0				

3-4-117 R^1=H; R^2=3,4-(MeO)$_2$-(E)Cinn
3-4-118 R^1=H; R^2=3,4-di-MeO-(Z)Cinn
3-4-119 R^1=m-MeO-Bz; R^2=H
3-4-120 R^1=Rha; R^2=Cinn
3-4-121 R^1=2,3-(OAc)$_2$-Rha; R^2=Cinn
3-4-122 R^1=Rha; R^2=p-Cinn
3-4-123 R^1=Ac; R^2=Caff
3-4-124 R^1=2,4-(OAc)$_2$-Rha; R^2=Feru

3-4-125 R^1=Glu-6-Ac; R^2=p-OBz; R^3=Rha
3-4-126 R^1=Glu; R^2=2,3-(O-Feru)$_2$-Rha; R^3=H
3-4-127 R^1=Glu; R^2=4-OAc-2,3-(O-Feru)$_2$-Rha; R^3=H
3-4-128 R^1=Glu; R^2=2,4-(O-p-Coum)$_2$-Rha; R^3=H
3-4-129 R^1=Glu; R^2=2,4-(O-Feru)$_2$-Rha; R^3=H

表 3-4-23 化合物 3-4-117~3-4-124 的 ^{13}C NMR 数据

C	3-4-117[57]	3-4-118[57]	3-4-119[58]	3-4-120[59]	3-4-121[59]	3-4-122[59]	3-4-123[59]	3-4-124[59]
1	95.6	95.6	94.7	95.2	95.1	95.2	95.6	95.1
3	141.8	141.8	141.5	142.4	142.5	142.2	142.4	142.7
4	103.7	103.7	102.6	103.5	103.2	103.4	103.5	103.4
5	37.4	37.4	35.5	37.4	37.2	37.2	37.3	37.4
6	79.5	79.5	80.2	84.2	84.2	84.1	84.4	84.6
7	62.8	62.8	59.3	59.5	59.4	59.6	59.6	59.1
8	63.6	63.6	63.1	63.2	63.1	63.1	63.3	63.1
9	43.7	43.7	42.1	43.3	43.6	43.6	43.5	43.3
10	64.4	64.4	61.7	64.9	64.1	64.1	64.1	64.9
1'	100.3	100.3	97.1	100.5	99.7	101.0	101.3	100.1
2'	74.8	74.8	71.1	75.5	74.9	74.4	74.6	74.4
3'	78.5	78.5	72.7	77.7	77.7	78.1	78.9	78.4
4'	71.5	71.5	68.7	71.9	71.8	71.9	71.4	71.1
5'	77.9	77.9	73.0	78.1	77.8	78.4	78.1	78.1
6'	63.0	63.0	62.7	61.7	62.4	62.9	62.5	62.1
1"	128.9	129.2	121.8	99.8	97.9	100.0	99.9	98.9
2"	117.7	112.1	112.3	72.3	72.3	72.8	72.7	73.9
3"	150.8	149.8	146.6	62.2	72.2	72.3	71.3	70.1
4"	152.9	151.8	114.5	73.6	72.8	73.1	73.5	75.0
5"	112.7	115.0	133.9	69.3	69.0	69.0	69.6	68.7
6"	124.1	126.2	125.1	18.3	17.8	18.3	18.1	17.9
7"	146.7	145.2	166.6					
8"	116.3	117.5						
9"	168.7	167.9						
3"-OAc			56.6					
OMe	56.6,56.7	56.4,56.4						
1'''				135.8	135.5	127.2	126.9	127.4
2'''				130.1	129.8	130.7	114.6	111.8
3'''				129.3	129.5	116.4	149.6	149.8
4'''				146.7	132.0	161.4	146.3	150.2
5'''				118.9	129.5	116.4	116.2	116.2
6'''				130.1	129.8	130.7	123.6	124.3
7'''				146.7	147.6	147.3	147.8	147.5
8'''				118.9	117.9	114.6	115.7	115.1
9'''				168.3	167.5	169.1	168.2	168.8
6'''-OAc								20.9,171.4(×2)
Ac			20.94, 21.02×2, 169.5, 169.7, 170.6, 170.9, 171.1(×5)					

表 3-4-24 化合物 3-4-125~3-4-129 的 ^{13}C NMR 数据

C	3-4-125[59]	3-4-126[59]	3-4-127[59]	3-4-128[59]	3-4-129[60]	C	3-4-125[59]	3-4-126[59]	3-4-127[59]	3-4-128[59]	3-4-129[60]
1	95.3	95.1	95.8	95.3	95.2	2'''	130.3	112.2	111.9	131.7	130.8
3	143.0	142.2	142.4	142.1	142.5	3'''	116.1	151.9	150.5	116.9	129.6
4	103.3	103.8	103.6	103.1	103.4	4'''	163.6	149.2	150.2	161.6	134.4
5	37.4	36.9	37.1	37.7	37.3	5'''	116.1	116.9	116.5	116.9	129.6
6	84.2	84.2	84.1	84.7	84.6	6'''	130.3	123.7	124.3	131.7	130.8
7	59.3	59.1	58.4	59.4	59.7	7'''	168.9	148.1	147.9	147.4	167.7
8	63.3	66.1	65.9	66.1	66.6	8'''		115.8	115.7	114.7	
9	43.5	43.7	43.2	43.6	43.3	9'''		168.4	168.0	168.4	
10	64.7	61.6	62.1	61.1	61.2	1''''		128.0	129.2	126.9	131.1
1'	102.4	101.8	100.1	102.2	99.7	2''''		112.0	111.1	131.3	130.6
2'	73.5	73.9	74.1	74.9	74.8	3''''		150.6	149.5	115.4	129.4
3'	77.2	78.6	77.8	77.5	77.7	4''''		148.9	150.5	159.6	134.4
4'	71.6	71.5	71.5	71.0	71.8	5''''		114.9	116.3	115.4	129.4
5'	74.4	77.8	78.0	78.6	78.6	6''''		123.4	124.0	131.3	130.6
6'	63.7	62.7	62.9	62.4	63.0	7''''		147.6	147.4	147.1	167.3
1''	100.7	98.3	97.7	98.2	98.9	8''''		115.5	115.2	114.5	
2''	70.5	71.6	71.8	73.7	73.9	9''''		167.9	166.6	167.8	
3''	71.1	71.2	70.9	69.8	70.2	OMe		56.4,56.5(×2)	56.1,56.8(×2)		
4''	71.9	72.1	72.9	74.1	74.6	Ac			20.7,17.2(×2)		
5''	68.5	69.7	68.8	68.6	68.4						
6''	18.6	17.8	18.4	17.2	18.1						
1'''	124.1	127.3	129.9	127.6	131.2						

3-4-130 R^1=Glu; R^2=3,4-(OBz)$_2$-Rha; R^3=H
3-4-131 R^1=Glu; R^2=3-OAc-4-O-Cinn-Rha; R^3=H
3-4-132 R^1=Glu; R^2=H; R^3=foliamenthoyl-O-8-foliamenthoyl
3-4-133 R^1=Glu-3-Glu; R^2=H; R^3=H
3-4-134 R^1=Glu; R^2=Z-p-Coum; R^3=H

表 3-4-25 化合物 3-4-130~3-4-134 的 ^{13}C NMR 数据

C	3-4-130[59]	3-4-131[59]	3-4-132[61]	3-4-133[62]	3-4-134[63]	C	3-4-130[59]	3-4-131[59]	3-4-132[61]	3-4-133[62]	3-4-134[63]
1	95.7	95.2	95.7	95.3	96.6	10	61.6	61.4	63.4	61.4	61.2
3	142.3	142.1	141.7	141.7	141.0	1'	99.8	100.3	100.4	99.4	102.4
4	103.2	103.4	103.1	104.0	108.5	2'	73.3	74.8	74.8	74.2	70.6
5	37.5	37.2	39.1	39.0	34.7	3'	77.2	78.6	77.8	87.1	72.3
6	83.4	84.1	79.4	79.5	77.6	4'	71.3	71.8	71.4	70.1	68.2
7	59.0	59.3	62.7	62.5	58.6	5'	77.4	77.7	78.4	77.7	72.6
8	66.2	66.6	63.6	66.2	62.6	6'	61.3	61.9	62.3	62.7	61.2
9	42.9	43.3	43.7	43.5	41.4	1''	98.9	99.7	169.4	105.1	132.2

续表

C	3-4-130[59]	3-4-131[59]	3-4-132[61]	3-4-133[62]	3-4-134[63]	C	3-4-130[59]	3-4-131[59]	3-4-132[61]	3-4-133[62]	3-4-134[63]
2"	70.1	70.1	128.9	75.5	141.0	5'''	128.8	129.4	39.0		
3"	73.3	73.2	143.2	78.0	121.3	6'''	129.2	130.1	138.4		
4"	72.4	72.5	28.0	71.5	151.3	7'''	167.2	147.3	125.7		
5"	68.0	68.3	39.0	78.1	121.3	8'''		118.1	59.4		
6"	17.3	17.8	142.4	62.6	141.0	9'''		167.6	12.6		
7"			120.7		143.9	10'''			16.5		
8"				63.0	118.8	1''''	129.1				
9"				12.5	165.9	2''''	129.2				
10"				16.2		3''''	128.5				
3"-OAc			20.6,171.3(×2)			4''''	133.4				
1'''	129.9	135.4	169.6			5''''	128.5				
2'''	129.2	130.1	129.0			6''''	129.2				
3'''	128.8	129.4	143.6			7''''	165.1				
4'''	133.5	131.8	28.0								

3-4-135 R¹=3-OAc-2-O-Cinn-Rha; R²=H
3-4-136 R¹=H; R²=Z-p-Coum
3-4-137 R¹=H; R²=E-p-MeO-Cinn
3-4-138 R¹=H; R²=Z-p-MeO-Cinn
3-4-139 R¹=H; R²=p-Caff

表 3-4-26 化合物 3-4-135~3-4-139 的 ^{13}C NMR 数据

C	3-4-135[64]	3-4-136[65]	3-4-137[65]	3-4-138[65]	3-4-139[65]	C	3-4-135[64]	3-4-136[65]	3-4-137[65]	3-4-138[65]	3-4-139[65]
1	95.2	95.7	95.6	95.7	95.7	1"	97.8	127.6	128.3	128.7	127.8
3	142.4	141.8	141.8	141.8	141.8	2"	71.5	133.8	131.1	133.4	114.9
4	103.4	103.7	103.7	103.7	103.8	3"	73.2	116.0	115.4	114.6	149.6
5	37.2	39.0	39.0	39.0	39.1	4"	71.5	160.3	163.2	162.1	146.8
6	84.4	79.5	79.5	79.5	79.5	5"	70.3	116.0	115.4	114.6	116.5
7	59.4	62.8	62.8	62.8	62.8	6"	18.0	133.8	131.1	133.4	123.1
8	66.6	63.5	63.6	63.5	63.7	7"		145.6	146.6	145.0	147.4
9	43.3	43.5	43.6	43.6	43.7	8"		116.3	115.9	117.3	115.3
10	61.5	63.1	63.0	63.1	64.2	9"		168.0	168.9	167.9	169.1
1'	99.7	100.3	100.3	100.3	100.4	4"-OMe			55.9	55.8	
2'	74.8	74.9	74.8	74.9	74.8	1'''	135.6				
3'	77.7	78.6	78.4	78.5	78.5	2'''	130.1				
4'	71.8	71.6	71.4	71.5	71.5	3'''	129.4				
5'	78.6	77.9	77.8	77.9	77.9	4'''	131.8				
6'	63.0	63.1	63.0	63.1	63.0	5'''	129.4				

续表

C	3-4-135[64]	3-4-136[65]	3-4-137[65]	3-4-138[65]	3-4-139[65]	C	3-4-135[64]	3-4-136[65]	3-4-137[65]	3-4-138[65]	3-4-139[65]
6'''	130.1					9'''	167.5				
7'''	147.3					OAc	20.9,				
8'''	118.2						172.3(×2)				

3-4-140 R¹=Glu; R²=H; R³=^{i}Feru
3-4-141 R¹=Glu-6-O-Bz-p-OH; R²=H; R³=p-O-Bz
3-4-142 R¹=Glu; R²=2-O-Cinn-Rha; R³=H
3-4-143 R¹=Glu; R²=Me; R³=H

表 3-4-27　化合物 3-4-140~3-4-143 的 ^{13}C NMR 数据

C	3-4-140[65]	3-4-141[66]	3-4-142[67]	3-4-143[48]	C	3-4-140[65]	3-4-141[66]	3-4-142[67]	3-4-143[48]
1	95.7	95.3	95.1	97.8	5'	77.9	76.1	70.3	78.6
3	141.8	142.3	142.3	60.3	6'	63.0	64.2	18.0	63.0
4	103.8	103.2	103.4	24.2	1''	128.9	121.9	135.7	
5	39.1	36.9	37.2	36.6	2''	112.5	132.9	129.3	
6	79.5	81.7	84.3	82.6	3''	151.6	116.3	130.0	
7	62.8	60.2	59.4	58.3	4''	148.0	163.7	131.6	
8	63.6	66.8	66.5	66.3	5''	114.9	116.3	130.0	
9	43.7	43.1	43.2	43.2	6''	122.9	132.9	129.3	
10	64.3	61.7	61.5	61.2	7''	146.9	167.8	146.9	
1'	100.4	99.9	99.7	99.4	8''	115.9		118.6	
2'	74.8	74.9	74.4	74.9	9''	168.9		168.0	
3'	78.5	77.6	70.4	77.9	OMe	56.4			57.9
4'	71.5	71.9	74.2	71.8					

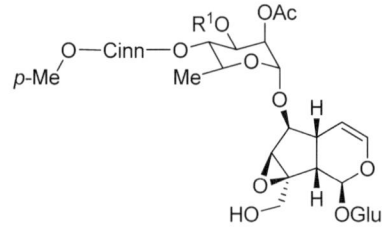

3-4-144 R=Cinn
3-4-145 R=Ac

3-4-146 R¹=p-OH-Bz; R²=Cl; R³=OH
3-4-147 R¹=Van; R²=OH; R³=H
3-4-148 R¹=4-MeO-Bz; R²=H; R³=H

3-4-149

表 3-4-28　化合物 3-4-144~3-4-149 的 ^{13}C NMR 数据

C	3-4-144[67]	3-4-145[68]	3-4-146[63]	3-4-147[69]	3-4-148[70]	3-4-149[70]
1	94.6	95.2	92.9	93.1	93.4	92.9
3	141.3	142.4	141.1	140.9	141.7	141.3
4	102.5	103.2	105.7	106.0	104.3	105.7
5	35.9	37.1	37.2	36.8	40.8	36.8

续表

C	3-4-144[67]	3-4-145[68]	3-4-146[63]	3-4-147[69]	3-4-148[70]	3-4-149[70]
6	83.6	85.1	85.1	86.2	80.8	85.3
7	58.4	59.5	69.7	84.4	42.8	69.7
8	65.0	66.5	80.9	80.8	82.5	81.0
9	42.4	43.3	49.3	48.5	51.6	48.5
10	60.9	61.6	63.7	64.4	68.0	63.6
1'	99.0	99.8	99.6	99.6	99.6	99.6
2'	73.2	74.8	74.8	74.8	74.8	74.8
3'	76.2	77.7	78.2	78.0	78.3	78.0
4'	69.6	71.7	71.7	71.7	71.7	71.7
5'	76.7	85.1	80.2	78.2	78.0	78.2
6'	61.4	59.5	62.9	62.9	62.7	62.9
1''	96.6	97.8	121.8	122.5	123.9	122.7
2''	70.4	71.4	133.1	113.8	132.7	113.7
3''	69.1	70.6	116.3	148.8	114.8	148.8
4''	71.7	72.1	163.9	153.1	165.2	153.3
5''	67.3	68.4	116.3	116.0	114.8	116.1
6''	17.5	18.0	133.1	125.3	132.7	125.4
7''	146.2	147.2	167.6	168.1	167.8	167.6
	117.0	115.1				
	166.1	167.9				
OMe	56.4	55.8				56.5
OAc	21.0,170.5(×2)					
3''-OMe				56.5		
4''-OMe					56.0	
1'''	134.1	127.9				
2'''	128.9	131.2				
3'''	129.0	115.5				
4'''	130.6	163.3				
5'''	128.6	115.5				
6'''	128.3	131.2				
7'''	146.2	147.2				
8'''	117.0	115.1				
9'''	166.1	167.9				
1''''	126.8					
2''''	130.2					
3''''	114.4					
4''''	161.7					
5''''	114.4					
6''''	130.2					
7''''	146.1					
8''''	114.3					
9''''	166.9					
4''''-OMe	55.5					

3-4-150

3-4-151 R=E-p-MeO-Cinn
3-4-152 R=Z-p-MeO-Cinn
3-4-153 R=E-p-OH-Cinn

3-4-154 R^1=OH; R^2=E-p-MeO-Cinn
3-4-155 R^1=OH; R^2=Z-p-MeO-Cinn
3-4-156 R^1=Cl; R^2=E-p-MeO-Cinn
3-4-157 R^1=Cl; R^2=Z-p-MeO-Cinn
3-4-158 R^1=Cl; R^2=p-Coum
3-4-159 R^1=Cl; R^2=Z-p-Coum

表 3-4-29 化合物 3-4-150~3-4-154 的 ^{13}C NMR 数据

C	3-4-150[72]	3-4-151[73]	3-4-152[72]	3-4-153[73]	3-4-154[73]	C	3-4-150[72]	3-4-151[73]	3-4-152[72]	3-4-153[73]	3-4-154[73]
1	94.4	96.4	96.4	96.4	93.8	5'	78.2	77.9	78.0	78.3	78.0
3	139.9	141.7	141.7	141.7	140.8	6'	62.5	62.5	62.6	62.5	62.9
4	105.9	106.6	106.5	106.6	106.0	1"	127.1	128.4	128.8	127.2	128.5
5	40.0	39.1	39.0	39.1	38.9	2"	131.3	131.1	133.6	131.3	131.0
6	138.2	78.9	79.0	79.0	84.3	3"	116.8	151.6	114.5	116.9	115.5
7	132.4	79.0	79.2	79.0	85.6	4"	161.3	163.2	162.2	161.4	163.2
8	85.0	81.6	81.4	81.7	80.6	5"	116.8	115.5	114.5	116.9	115.5
9	46.9	45.0	45.2	45.0	49.4	6"	131.3	131.1	133.6	131.3	131.0
10	70.1	69.2	69.2	69.1	66.6	7"	147.0	146.5	144.9	146.9	146.2
1'	99.7	101.0	100.8	101.1	100.1	8"	114.9	116.2	117.7	115.2	116.4
2'	74.7	74.9	74.8	74.8	74.8	9"	169.1	169.6	168.5	169.9	169.4
3'	77.9	78.3	78.3	77.9	78.1	4"-OMe		55.9	55.8		55.9
4'	71.4	71.2	71.4	71.2	71.5						

表 3-4-30 化合物 3-4-155~3-4-159 的 ^{13}C NMR 数据

C	3-4-155[73]	3-4-156[65]	3-4-157[65]	3-4-158[65]	3-4-159[65]	C	3-4-155[73]	3-4-156[65]	3-4-157[65]	3-4-158[65]	3-4-159[65]
1	93.8	93.0	92.9	93.1	93.0	5'	78.0	78.0	78.0	78.0	78.0
3	140.7	140.9	140.7	140.9	140.7	6'	62.9	62.7	62.8	62.7	62.8
4	106.1	105.8	105.9	105.8	105.9	1"	128.8	128.4	128.7	127.2	127.6
5	38.9	38.1	37.9	38.1	37.9	2"	133.5	131.1	133.6	131.3	133.9
6	84.3	83.5	83.4	83.5	83.4	3"	114.5	115.5	114.5	116.9	115.9
7	85.8	73.5	73.5	73.5	73.6	4"	162.1	163.3	162.2	161.4	160.2
8	80.5	79.5	79.4	79.5	79.4	5"	114.5	115.5	114.5	116.9	115.9
9	49.3	49.1	49.0	49.2	49.0	6"	133.5	131.1	133.6	131.3	133.9
10	66.6	66.2	65.7	66.1	65.7	7"	144.6	146.5	145.1	146.9	145.6
1'	100.1	99.9	99.8	99.1	99.8	8"	117.8	115.9	117.8	115.0	116.3
2'	74.9	74.8	74.8	74.8	74.8	9"	168.2	168.9	167.6	168.9	167.7
3'	78.2	78.1	78.1	78.1	71.6	4"-OMe	55.8	56.4	55.8	55.8	55.8
4'	71.6	71.4	71.6	71.4	78.0						

3-4-160

3-4-161

3-4-162

3-4-163

3-4-164

表 3-4-31 化合物 3-4-160~3-4-164 的 ^{13}C NMR 数据

C	3-4-160[74]	3-4-161[20]	3-4-162[75]	3-4-163[76]	3-4-164[63]	C	3-4-160[74]	3-4-161[20]	3-4-162[75]	3-4-163[76]	3-4-164[63]
1	92.4	96.8	93.6	93.0	94.4	4'	71.7	70.6	75.7	69.2	68.2
3	142.0	139.5	139.2	94.8	91.8	5'	78.0	77.2	76.4	75.2	72.1
4	101.5	107.7	106.2	32.4	32.8	6'	62.8	61.5	60.9	60.3	61.1
5	33.1	31.9	25.7	32.6	33.4	1"	123.5				126.9
6	58.9	42.2	44.6	138.2	86.1	2"	132.8				131.5
7	60.8	72.5	223.1	132.1	62.9	3"	114.9				121.7
8	74.9	48.2	50.7	83.1	85.8	4"	165.3				154.7
9	46.9	42.5	39.7	50.3	41.9	5"	114.9				121.7
10	68.3	61.8	58.9	65.2	61.1	6"	132.8				131.5
1'	99.5	99.2	98.4	97.2	95.1	7"	167.8				165.5
2'	74.7	73.9	69.8	72.3	70.9	4"-OMe	56.0				
3'	78.2	77.1	72.9	75.7	72.8						

3-4-165   3-4-166   3-4-167   3-4-168 R=H   3-4-169 R=OAc

表 3-4-32 化合物 3-4-165~3-4-169 的 ^{13}C NMR 数据

C	3-4-165[77]	3-4-167[21]	3-4-168[74]	3-4-169[74]	C	3-4-165[77]	3-4-167[21]	3-4-168[74]	3-4-169[74]
1	91.5	95.5	98.1	95.5	3'	76.7	78.1	78.0	77.9
3	94.1	140.7	136.2	135.8	4'	70.4	71.4	71.4	71.3
4	33.9	107.6	115.4	115.8	5'	77.3	77.9	78.4	78.2
5	32.0	34.6	40.9	37.1	6'	61.3	62.6	62.6	62.5
6	86.9	33.0	37.9	36.3	Ac			20.9,173.1	
7	80.3	29.0	30.4	80.4	1"	121.2			
8	78.4	45.8	81.9	83.0	2"	113.0			
9	46.3	46.4	47.8	47.0	3"	147.8			
10	60.1	179.5	71.4	67.8	4"	151.8			
11			16.2	16.2	5"	115.5			
1'	97.2	99.7	100.8	100.5	6"	124.1			
2'	73.4	74.7	74.8	74.7	7"	166.7			

表 3-4-33　化合物 3-4-166 的 ^{13}C NMR 数据[78]

	C	3-4-166		C	3-4-166		C	3-4-166		C	3-4-166
a 区	1	97.0	a 区	11	166.5	b 区	1	96.5	b 区	11	167.4
	3	153.0					3	151.5		OMe	51.0
	4	109.3		1'	100.7		4	112.5		1'	100.9
	5	27.2		2'	74.9		5	31.4		2'	74.7
	6	44.6		3'	79.1		6	39.6		3'	79.0
	7	200.9		4'	71.6		7	77.1		4'	71.4
	8	134.2		5'	78.6		8	39.8		5'	78.5
	9	44.8		6'	62.7		9	46.5		6'	62.7
	10	120.0					10	13.2			

3-4-170

3-4-171 R=H
3-4-172 R=OH

3-4-173

3-4-174 R^1=Glu; R^2=H; R^3=OH
3-4-175 R^1=Glu-2-O-Coum-p; R^2=H; R^3=OH
3-4-176 R^1=Glu-2-O-Coum-p; R^2=H; R^3=H
3-4-177 R^1=Glu-2-thoyl-O-foliamencoumaroyl-p; R^2=H; R^3=H
3-4-178 R^1=Glu; R^2=H; R^3=O-p-MeO-Bz

3-4-179 R^1=p-Coum
3-4-180 R^1=Cinn

表 3-4-34　化合物 3-4-170~3-4-174 的 ^{13}C NMR 数据

C	3-4-170[79]	3-4-171[80]	3-4-172[81]	3-4-173[82]	3-4-174[83]	C	3-4-170[79]	3-4-171[80]	3-4-172[81]	3-4-173[82]	3-4-174[83]
1	97.8	102.4	107.1	97.2	96.5	10	14.8	15.6	15.5	16.7	13.9
3	141.8	164.8	165.0	166.2	164.0	11	58.3	193.5	193.7	193.3	192.5
4	114.4	125.6	123.1	124.7	126.4	1'	98.8	104.6	104.7	100.1	98.8
5	133.4	32.7	41.9	73.8	70.4	2'	73.2	75.2	75.1	74.2	74.2
6	118.6	38.4	80.6	75.9	46.8	3'	76.7	78.4	78.4	77.3	77.3
7	40.6	128.1	130.6	40.4	77.7	4'	70.1	71.2	71.1	71.5	71.5
8	32.8	139.2	144.0	31.3	43.0	5'	77.2	78.1	77.8	78.3	78.4
9	48.6	50.5	49.8	49.6	51.1	6'	61.3	62.5	62.6	62.6	62.7

表 3-4-35　化合物 3-4-174~3-4-180 的 ^{13}C NMR 数据

C	3-4-174[83]	3-4-175[83]	3-4-176[84]	3-4-177[83]	3-4-178[84]	3-4-179[85]	3-4-180[85]
1	96.5	97.1	97.4	98.0	96.3	95.0	95.1
3	164.0	163.4	163.3	163.4	162.7	163.3	163.3
4	126.4	126.5	126.1	126.1	126.6	122.2	122.2
5	70.4	70.5	73.7	73.7	71.5	68.0	68.1
6	46.8	45.2	32.9	37.3	46.9	40.7	40.7

续表

C	3-4-174[83]	3-4-175[83]	3-4-176[84]	3-4-177[83]	3-4-178[84]	3-4-179[85]	3-4-180[85]
7	77.7	77.8	37.2	33.0	76.8	72.7	72.9
8	43.0	42.4	34.2	34.3	39.8	145.6	145.5
9	51.1	51.5	52.6	52.5	55.2	51.6	51.7
10	13.9	13.9	16.6	16.6	13.0	113.5	113.6
11	192.5	191.8	192.0	191.7	192.6	190.7	190.7
1'	98.8	98.3	98.3	98.0	100.2	98.7	98.9
2'	74.2	75.1	75.1	73.7	74.4	71.8	72.2
3'	77.3	75.3	75.3	75.3	78.6	77.4	77.5
4'	71.5	71.6	71.6	71.7	71.5	70.1	70.1
5'	78.4	78.6	78.5	78.5	77.5	75.6	75.6
6'	62.7	62.7	62.7	62.7	62.6	61.2	61.2
1"		126.5	127.0	169.3	128.3	125.0	134.0
2"		131.5	131.6	128.6	133.3	130.5	128.5
3"		117.1	116.9	144.1	116.2	114.9	129.0
4"		162.3	161.5	28.1	163.3	160.0	130.7
5"		117.3	116.9	39.1	116.2	114.9	129.0
6"		131.5	131.6	138.4	133.3	130.5	128.5
7"		148.4	148.3	125.7	168.6	145.2	145.1
8"		114.4	114.7	59.4		113.7	117.7
9"		169.5	169.5	12.5		166.5	166.1
10"				16.2			
OMe					55.9		

3-4-181 **3-4-182** **3-4-183** **3-4-184**

表 3-4-36 化合物 3-4-181~3-4-184 的 ^{13}C NMR 数据

C	3-4-181[80]	3-4-182[86]	3-4-183[87]	3-4-184[88]	C	3-4-181[80]	3-4-182[86]	3-4-183[87]	3-4-184[88]
1	101.9	96.4	99.6	95.9	1'	104.6	99.1	101.2	99.8
3	165.3	164.2	161.5	152.7	2'	75.2	79.1	74.8	74.8
4	123.3	125.0	126.6	114.0	3'	78.4	73.8	79.0	78.0
5	33.4	28.5	75.3	31.8	4'	71.2	70.2	71.5	71.7
6	30.1	28.6	46.8	39.1	5'	78.4	76.4	78.4	78.4
7	31.9	40.4	129.3	82.7	6'	71.2	61.5	62.8	62.9
8	150.1	80.2	136.7	43.1	1"	78.0	104.0	135.0	128.3
9	46.2	51.1	57.2	43.3	2"	62.5	73.4	128.7	131.0
10	110.2	23.8	62.8	14.3	3"		76.4	129.3	115.4
11	193.2	195.5	190.6	170.6	4"		70.4	130.7	163.3

续表

C	3-4-181[80]	3-4-182[86]	3-4-183[87]	3-4-184[88]	C	3-4-181[80]	3-4-182[86]	3-4-183[87]	3-4-184[88]
5"		76.7	129.3	115.4	8"			118.8	116.4
6"		61.5	128.7	131.0	9"			166.6	168.8
7"			145.2	146.1	4"-OMe				55.9

3-4-185 R=Caff
3-4-186 R=H

3-4-187 R=Glu-6-O-Bz
3-4-188 R=Glu-6-O-Bz-p-OH

3-4-189

3-4-190

表 3-4-37 化合物 3-4-185~3-4-190 的 ^{13}C NMR 数据

C	3-4-185[87]	3-4-186[87]	3-4-187[88]	3-4-188[88]	3-4-189[89]	3-4-190[90]
1	96.1	96.1	96.0	95.9	95.8	96.0
3	151.0		151.6	151.9	153.0	152.4
4	113.8		115.0	116.3		115.9
5	31.6	31.3	32.2	32.2	31.1	32.6
6	40.8	40.9	41.5	41.4	40.6	39.5
7	79.3	79.4	79.0	79.1	79.2	82.3
8	44.7	44.8	45.4	45.4	45.6	43.1
9	42.7	42.8	43.2	43.2	43.5	43.4
10	14.3	14.4	14.3	14.3	14.6	14.4
11			172.0	172.0	170.0	170.6
1'	97.9	98.0	99.8	99.8	98.2	99.9
2'	74.9	75.0	74.8	74.9	77.8	74.8
3'	75.8	76.3	77.9	78.0	78.3	77.8
4'	71.9	71.8	71.9	72.0	71.9	71.7
5'	76.0	78.5	75.9	75.7	78.4	75.7
6'	64.2	62.8	64.9	64.6	63.0	64.0
1"	122.2	122.3	131.4	131.2	110.2	127.7
2"	132.9	132.9	130.6	132.9	78.9	114.8
3"	116.2	116.2	129.7	116.3	79.2	149.6
4"	163.3	163.3	134.4	163.7	75.4	147.3

续表

C	3-4-185[87]	3-4-186[87]	3-4-187[88]	3-4-188[88]	3-4-189[89]	3-4-190[90]
5"	116.2	116.2	129.7	116.3	78.7	116.4
6"	132.9	132.9	130.6	132.9		123.2
7"	167.4	167.4	167.8	168.0		146.4
8"						115.4
9"						169.0
1'''	127.7				169.5	127.2
2'''	115.2				128.8	131.2
3'''	146.8				144.0	116.8
4'''	149.6				28.1	161.2
5'''	116.6				36.9	116.8
6'''	123.1				138.5	131.2
7'''	147.3				125.7	146.4
8'''	114.8				59.4	115.4
9'''	169.0				12.5	169.0
10'''					16.2	

3-4-191 R^1=Glu-6-O-Glu; R^2=H; R^3=OH
3-4-192 R^1=Glu-2-O-Feru; R^2=H; R^3=OH
3-4-192 R^1=Glu-2-O-Caff-(OMe)$_2$; R^2=H; R^3=OH
3-4-194 R^1=Glu-2-O-Coum-p-MeO(E); R^2=H; R^3=OH

表 3-4-38 化合物 3-4-191~3-4-194 的 ^{13}C NMR 数据

C	3-4-191[91]	3-4-192[92]	3-4-193[92]	3-4-194[92]	C	3-4-191[91]	3-4-192[92]	3-4-193[92]	3-4-194[92]
1	98.6	98.9	98.8	98.8	5'	78.1	77.4	77.3	77.3
3	147.7	150.2	150.5	150.5	6'	71.6	61.6	61.3	61.3
4	121.8	112.4	111.9	111.9	1"	105.8	127.7	126.7	126.9
5	33.4	31.6	31.5	31.5	2"	75.9	115.5	110.3	130.2
6	43.6	39.1	39.2	39.2	3"	78.6	148.1	151.0	114.4
7	77.3	77.0	76.4	76.4	4"	72.5	146.9	149.0	161.2
8	42.6	39.3	39.5	39.5	5"	78.8	121.3	111.5	114.4
9	48.2	45.5	45.3	45.3	6"	63.6	112.2	123.1	130.2
10	14.9	13.7	13.6	13.6	7"		144.8	144.8	144.3
11	178.6	168.6	168.2	168.2	8"		114.5	115.8	115.6
1'	101.2	96.0	95.9	95.9	9"		166.3	166.3	166.2
2'	75.2	73.4	73.2	73.2	OMe			55.3,55.6	55.7
3'	78.3	76.5	76.8	76.8	3"-OMe		55.9		
4'	72.3	70.3	70.2	70.2					

3-4-195 R^1=Glu-6-O-α-Glu; R^2=H; R^3=OH
3-4-196 R^1=Glu-6-OAc; R^2=OH; R^3=H
3-4-197 R^1=Glu-6-OAc; R^2=H; R^3=OH
3-4-198 R^1=Glu-4-OAc; R^2=H; R^3=OH

表 3-4-39　化合物 3-4-195~3-4-198 的 ^{13}C NMR 数据

C	3-4-195[93]	3-4-196[94]	3-4-197[95]	3-4-198[95]	C	3-4-195[93]	3-4-196[94]	3-4-197[95]	3-4-198[95]
1	98.3	97.5	99.5	99.4	3'	78.1	78.1	78.1	76.2
3	152.0	153.6	154.0	153.4	4'	71.6	71.7	72.1	73.5
4	114.3	110.8	115.6	116.2	5'	76.7	78.4	76.4	76.7
5	32.4	43.7	32.5	32.4	6'	67.9	62.8	65.7	62.8
6	42.7	78.8	43.0	42.9	Ac			22.9,176.8	23.1,176.4
7	70.5	42.7	77.1	77.1	1"	100.1			
8	42.3	34.3	42.8	42.7	2"	73.6			
9	46.6	47.9	47.6	47.6	3"	75.3			
10	13.7	21.0	14.7	14.7	4"	71.7			
11	171.0	171.0	174.0	174.3	5"	73.7			
1'	100.4	100.2	101.5	101.2	6"	62.6			
2'	74.7	74.8	75.3	75.2					

3-4-199　R¹=Glu-3-OAc; R²=H; R³=OH
3-4-200　R¹=Glu; R²=H; R³=O-Feru
3-4-201　R¹=Glu; R²=H; R³=O-Z-Feru
3-4-202　R¹=Glu; R²=H; R³=O-*p*-Coum

表 3-4-40　化合物 3-4-199~3-4-202 的 ^{13}C NMR 数据

C	3-4-199[95]	3-4-200[96]	3-4-201[96]	3-4-202[97]	C	3-4-199[95]	3-4-200[96]	3-4-201[96]	3-4-202[97]
1	99.3	97.7	97.6	97.4	5'	78.7	78.1	78.1	78.4
3	153.4	152.7	152.7	151.2	6'	63.1	62.8	62.8	62.8
4	116.2	113.3	113.4	115.0	Ac	23.0,175.9			
5	32.5	32.9	32.7	33.1	1"		127.4	128.4	127.1
6	42.9	40.5	40.5	40.6	2"		111.8	114.9	131.2
7	77.1	78.5	78.4	78.6	3"		150.7	149.7	116.8
8	42.6	41.2	41.0	41.1	4"		149.4	148.4	161.3
9	47.6	47.2	47.1	47.2	5"		114.9	115.8	116.8
10	14.6	13.9	13.8	13.8	6"		124.2	126.3	131.2
11	174.3	170.8	170.7	172.9	7"		146.8	145.4	146.5
1'	101.1	100.3	100.2	100.1	8"		116.5	117.2	115.4
2'	73.7	74.8	74.8	74.8	9"		168.9	168.1	168.9
3'	79.8	78.5	78.4	78.0	OMe		56.5	56.5	
4'	70.5	71.7	71.7	71.6					

3-4-203

3-4-204　R=Glu
3-4-205　R=Glu-2-O-sinapoyl

3-4-206

表 3-4-41　化合物 3-4-203~3-4-208 的 ^{13}C NMR 数据

C	3-4-203[94]	3-4-204[98]	3-4-205[98]	3-4-206[99]	3-4-207[100]	3-4-208[101]
1	101.2	95.8	96.5	97.6	95.4	96.1
3	155.9	151.5	152.1	152.7	153.3	151.6
4	107.4	113.6	113.6	113.3	110.7	
5	43.5	32.7	33.0	32.8	27.1	33.2
6	75.1	37.8	38.5	40.5	44.5	41.3
7	43.2	81.4	84.0	78.6	215.9	74.0
8	35.2	43.1	43.3	41.1	42.9	153.8
9	47.0	49.0	49.0	47.1	45.3	45.1
10	21.9	18.3	18.6	13.8	13.0	113.6
11	171.1	170.5	167.2	170.8		173.3
1'	100.4	98.3	100.4	100.2	99.4	98.3
2'	74.9	75.0	75.0	74.8	73.4	78.0
3'	78.1	76.2	78.2	77.9	76.4	78.3
4'	71.7	71.9	71.8	71.6	70.0	71.8
5'	78.5	78.8	78.6	78.3	78.6	78.5
6'	63.0	62.9	63.0	62.8	61.5	62.8
1"		127.1	132.1	129.9		110.2
2"		107.2	124.2	130.9		78.9
3"		149.6	152.7	118.0		79.2
4"		139.6	128.0	160.9		75.4
5"		149.6	131.1	118.0		68.6
6"		107.2	128.4	130.9		
7"		147.6	166.4	145.9		
8"		116.0		117.2		
9"		168.3		168.6		
OMe		57.1,57.1				
1'''		132.0	135.5	101.9		169.5
2'''		124.1	119.6	74.8		128.4
3'''		152.7	159.6	78.0		144.7
4'''		127.9	123.8	71.3		27.3
5'''		131.0	131.3	78.3		36.9
6'''		127.9	125.4	62.5		30.6
7'''		167.1	166.4			40.6
8'''						61.0
9'''						12.5
10'''						19.8
1''''		133.4	102.7			

续表

C	3-4-203[94]	3-4-204[98]	3-4-205[98]	3-4-206[99]	3-4-207[100]	3-4-208[101]
2''''		119.5	75.2			
3''''		159.5	78.2			
4''''		123.7	71.6			
5''''		131.3	78.6			
6''''		125.4	62.8			
1'''''		102.6				
2'''''		75.2				
3'''''		78.2				
4'''''		71.6				
5'''''		78.5				
6'''''		62.7				

3-4-209 R=Glu-2-O-Api
3-4-210 R=Glu-2-p-OH-Bz-6-O-Caff
3-4-211 R=Glu-2-p-OH-Bz
3-4-212 R=Glu-6-O-Bz

3-4-213

3-4-214

3-4-215 R=2-O-p-Bz-6-O-Feru
3-4-216 R=2-O-p-Bz-6-O-Caff
3-4-217 R=2-O-β-Api
3-4-218 R=2-O-p-β-Api-5'-O-Bz-p-OH
3-4-219 R=2-O-Caff

表 3-4-42 化合物 3-4-209~3-4-214 的 ^{13}C NMR 数据

C	3-4-209[102]	3-4-210[107]	3-4-211[107]	3-4-212[108]	3-4-213[80]	3-4-214[28]
1	95.8	96.8	96.5	96.8	101.9	95.6
3	148.7	151.5		151.6	153.4	148.5
4	116.4	113.0		114.0	113.1	116.6
5	30.3	31.7	30.7	32.5	35.7	32.9
6	38.6	40.4	40.5	41.1	39.6	36.2
7	743.2	73.8	73.9	73.9	127.9	63.9
8	152.1	152.7	153.2	152.9	140.2	65.8
9	44.4	44.8	45.2	44.8	50.5	45.4
10	111.9	112.7	112.5	113.1	16.2	18.1
11	175.0			173.0	171.3	175.3
1'	97.7	98.4	98.3	100.2	104.5	99.9
2'	78.1	74.9	75.1	74.8	75.2	75.1
3'	77.0	75.8	76.3	77.9	78.4	78.0
4'	70.3	71.8	71.8	72.0	71.4	71.8
5'	77.0	75.9	78.5	75.6	78.2	78.6
6'	61.5	64.3	62.7	65.0	62.5	63.0
1''	110.0	122.2	122.3	131.4		
2''	78.4	132.9	132.9	130.6		
3''	80.5	116.2	116.2	129.7		
4''	74.5	163.4	163.4	134.4		

续表

C	3-4-209[102]	3-4-210[107]	3-4-211[107]	3-4-212[108]	3-4-213[80]	3-4-214[28]
5"	64.6	116.2	116.2	129.7		
6"		132.9	132.9	130.6		
7"		167.4	167.5	167.8		
1'''		127.6				
2'''		115.2				
3'''		146.8				
4'''		149.7				
5'''		116.5				
6'''		123.1				
7'''		147.3				
8'''		114.8				
9'''		169.0				

表 3-4-43　化合物 3-4-215~3-4-219 的 ^{13}C NMR 数据

C	3-4-215[87]	3-4-216[87]	3-4-217[101]	3-4-218[101]	3-4-219[103]	C	3-4-215[87]	3-4-216[87]	3-4-217[101]	3-4-218[101]	3-4-219[103]
1	95.4	95.3	94.4	94.5	95.1	3"	116.1	116.1	83.0	79.3	146.7
3	150.6	151.3	149.8	147.5	151.2	4"	163.3	163.4	75.4	75.5	148.5
4	113.6	113.6			114.2	5"	116.1	116.1	66.1	67.7	116.5
5	31.8	31.8	31.9	32.9	31.5	6"	132.9	132.9			123.0
6	30.3	30.3	30.6	30.7	30.3	7"	167.3	167.3			147.2
7	40.7	40.8	41.2	41.1	41.3	8"					115.1
8	80.2	80.2	80.9	80.7	80.8	9"					168.2
9	52.2	52.2	52.5	52.9	52.6	1'''		127.6	127.6	119.1	
10	24.6	24.5	24.4	24.8	24.4	2'''		111.7	115.1	133.2	
11	170.0	170.1		175.7	170.4	3'''		151.3	146.8	118.1	
1'	97.9	97.9	98.2	98.4	97.8	4'''		149.3	149.6		
2'	74.8	74.8	77.8	78.1	76.1	5'''		116.5	116.5	118.1	
3'	75.8	75.9	78.2	78.6	74.8	6'''		124.2	123.1	133.2	
4'	71.7	71.7	71.9	71.9	71.8	7'''		147.2	147.3	168.9	
5'	75.8	75.9	78.5	78.5	78.6	8'''		115.2	114.7		
6'	64.2	64.1	63.0	63.0	62.8	9'''		169.0	169.0		
1"	122.2	122.1	100.5	110.4	128.0	3'''-OMe		56.4			
2"	132.9	132.9	79.1	78.6	115.4						

3-4-220

3-4-221 R=6-O-foliamenthoyl
3-4-222 R=6-O-(A)
3-4-223 R=6-O-Api
A=6,7-dihydrofolianmenthoyl

3-4-224

表 3-4-44 化合物 3-4-220~3-4-224 的 ^{13}C NMR 数据

C	3-4-220[103]	3-4-221[90]	3-4-222[90]	3-4-223[104]	3-4-224[89]	C	3-4-220[103]	3-4-221[90]	3-4-222[90]	3-4-223[104]	3-4-224[89]
1	95.1	95.4	95.4	95.6	94.5	3"	145.6	143.6	144.4	80.8	79.2
3	148.8	150.0	151.1	152.1	152.2	4"	24.2	28.0	27.2	75.0	75.5
4	116.5	116.4	114.5	113.5	113.4	5"	40.7	39.2	37.0	65.6	68.7
5	32.5	33.7	33.6	32.5	32.6	6"	74.4	138.3	30.6		
6	30.0	31.1	31.1	30.8	30.8	7"	144.6	125.8	40.6		
7	39.8	40.1	40.0	40.5	40.1	8"	113.2	59.4	61.0		
8	81.1	81.1	81.1	80.4	80.9	9"	12.5	12.6	12.5		
9	51.5	52.3	52.2	52.3	52.2	10"	27.0	16.2	19.8		
10	24.4	25.2	25.2	24.8	25.1	1'''					169.5
11	170.9	171.3	171.3	170.8	170.0	2'''					128.4
1'	98.8	99.7	99.7	99.9	98.4	3'''					144.7
2'	73.6	74.8	74.8	74.7	77.9	4'''					27.3
3'	76.4	77.8	77.9	78.0	78.3	5'''					36.9
4'	70.8	71.4	71.7	71.7	71.9	6'''					30.6
5'	74.8	75.7	75.7	77.3	78.3	7'''					40.6
6'	63.9	64.3	64.4	68.7	63.0	8'''					61.0
1"	170.9	169.3	169.4	110.0	110.2	9'''					12.5
2"	127.9	128.8	128.5	78.0	78.9	10'''					19.8

3-4-225 R¹=H; R²=H; R³=H; R⁴=Cinn
3-4-226 R¹=H; R²=H; R³=OH; R⁴=H
3-4-227 R¹=p-6-O-Coum; R²=H; R³=OH; R⁴=H
3-4-228 R¹=6-O-Caff; R²=H; R³=OH; R⁴=H

3-4-229

表 3-4-45 化合物 3-4-225~3-4-229 的 ^{13}C NMR 数据

C	3-4-225[105]	3-4-226[106]	3-4-227[106]	3-4-228[106]	3-4-229[106]	C	3-4-225[105]	3-4-226[106]	3-4-227[106]	3-4-228[106]	3-4-229[106]
1	96.0	94.4	94.5	94.8	97.3	12					166.5
3	151.2	152.0	152.5	152.5	152.6	13					42.7
4	112.1	112.4	112.8	112.8	112.5	14					167.9
5	30.1	27.2	27.1	27.1	34.2	1'	95.4	99.5	99.5	99.5	98.9
6	29.6	38.5	38.4	38.5	40.8	2'	70.3	74.8	74.6	74.6	72.3
7	40.7	78.8	78.8	78.8	83.3	3'	72.2	78.7	77.9	78.0	74.0
8	96.4	78.9	79.0	79.0	83.0	4'	68.3	71.3	71.4	71.4	71.4
9	51.0	48.9	48.9	48.9	51.3	5'	72.5	77.9	75.6	75.6	72.7
10	25.2	21.9	21.9	21.9	21.8	6'	61.7	62.4	64.4	64.4	63.5
11	169.4	171.5	171.2	171.3	170.6	1"	137.0		127.9	127.9	

续表

C	3-4-225[105]	3-4-226[106]	3-4-227[106]	3-4-228[106]	3-4-229[106]	C	3-4-225[105]	3-4-226[106]	3-4-227[106]	3-4-228[106]	3-4-229[106]
2"	129.7		131.2	115.6		6"	129.7		131.2	124.9	
3"	129.5		116.6	146.1		7"	145.9		146.8	146.1	
4"	131.8		160.1	149.3		8"	114.2		118.1	116.1	
5"	129.5		116.6	115.2		9"	169.1		168.7	167.2	

3-4-230 R¹=OH; R²=H; R³=OAc
3-4-231 R¹=O-p-Coum; R²=H; R³=OAc
3-4-232 R¹=H; R²=H; R³=H
3-4-233 R¹=H; R²=OH; R³=H

3-4-234

表 3-4-46 化合物 3-4-230~3-4-234 的 ¹³C NMR 数据

C	3-4-230[107]	3-4-231[108]	3-4-232[109]	3-4-233[109]	3-4-234[110]	C	3-4-230[107]	3-4-231[108]	3-4-232[109]	3-4-233[109]	3-4-234[110]
1	94.9	95.3	92.5	93.9	98.2	3'	77.9	77.8	77.3	77.4	78.4
3	147.9	154.6	148.4	146.8	153.2	4'	71.7	71.5	71.5	71.7	71.5
4	110.0	108.4	117.2	119.8	112.8	5'	78.3	78.2	78.1	78.3	77.8
5	43.6	39.8	71.5	70.7	36.7	6'	62.9	62.9	62.4	62.8	62.6
6	77.6	78.8	39.0	48.0	39.7	1"		127.0			
7	46.9	45.2	40.1	78.1	144.8	2"		131.1			
8	90.1	89.6	78.2	79.7	128.3	3"		115.4			
9	48.6	50.3	60.4	56.7	47.0	4"		161.1			
10	22.1	21.9	23.0	21.6	61.4	5"		146.5			
11	181.0	169.7	171.6	174.3	170.0	6"		131.1			
Ac	22.3, 172.9	22.2, 173.0				7"		146.5			
1'	100.6	100.3	98.4	99.4	100.3	8"		116.8			
2'	74.8	74.6	74.3	74.4	74.8	9"		168.5			

3-4-235 R¹=H; R²=Ac
3-4-236 R¹=H; R²=Cinn
3-4-237 R¹=H; R²=p-Coum
3-4-238 R¹=H; R²=Caff
3-4-239 R¹=OH; R²=7,8-2H-p-Coum
3-4-240 R¹=O-7,8-2H-p-Coum; R²=OAc
3-4-241 R¹=OAc; R²=H

表 3-4-47 化合物 3-4-235~3-4-241 的 ¹³C NMR 数据

C	3-4-235[101]	3-4-236[102]	3-4-237[102]	3-4-238[102]	3-4-239[103]	3-4-240[103]	3-4-241[104]
1	97.3	98.3	98.3	98.4	97.7	98.1	97.7
3	151.8	153.2	153.3	153.3	152.2	154.4	154.0
4	114.3	112.8	112.6	112.7	112.5	108.9	110.1
5	34.9	36.7	36.6	36.6	46.5	41.6	42.1
6	39.0	40.0	39.9	39.9	81.3	83.0	83.6

续表

C	3-4-235[101]	3-4-236[102]	3-4-237[102]	3-4-238[102]	3-4-239[103]	3-4-240[103]	3-4-241[104]
7	133.3	131.5	131.2	131.2	132.4	128.9	127.0
8	137.2	139.6	139.7	139.8	141.4	143.5	150.3
9	47.1	47.3	47.3	47.4	44.4	45.6	46.8
10	63.8	63.9	63.7	63.7	63.1	62.9	60.9
11		170.9	170.9	170.8	171.1	171.3	170.1
Ac	22.2/175.0						21.2,172.8
1'	99.5	100.5	100.5	100.5	99.6	99.6	100.2
2'	73.6	74.8	74.8	74.8	73.5	73.5	74.7
3'	76.5	77.9	77.9	77.9	76.5	76.9	77.8
4'	70.3	71.4	71.4	71.4	70.3	70.2	71.4
5'	77.0	78.4	78.3	78.4	77.0	76.4	78.3
6'	61.5	62.8	62.7	62.8	61.5	61.5	62.3
1"		135.7	127.1	127.8	133.0	132.7	
2"		129.3	131.2	115.2	130.5	103.3	
3"		130.0	116.8	147.2	116.2	116.0	
4"		131.5	161.3	149.6	154.7	154.8	
5"		130.0	116.8	116.5	116.2	116.0	
6"		129.3	131.3	123.0	130.5	130.3	
7"		146.5	146.8	146.8	30.3	30.2	
8"		118.7	114.9	114.9	36.4	36.1	
9"		168.4	169.1	169.1	176.2	175.8	
Ac					21.4/174.4		

3-4-242 R¹=OAc; R²=H
3-4-243 R¹=OH; R²=Bz

3-4-244 R=OH
3-4-245 R=OAc
3-4-246 R=COOH

3-4-247 R¹=6-O-Feru; R²=H
3-4-248 R¹=H; R²=Feru
3-4-249 R¹=H; R²=Ac

表 3-4-48 化合物 3-4-242~3-4-249 的 ^{13}C NMR 数据

C	3-4-242[105]	3-4-243[106]	3-4-244[107]	3-4-245[108]	3-4-246[107]	3-4-247[119]	3-4-248[119]	3-4-249[120]
1	97.4	101.2	92.0	91.5	92.1	95.9	95.6	94.7
3	153.0	154.8	149.3	146.8	150.4	152.5	152.9	152.4
4	111.2	109.0	117.5	119.3	115.4	112.5	112.6	111.0
5	42.1	42.7	39.7	39.2	38.8	40.0	40.1	39.0
6	83.8	75.5	32.2	31.4	31.2	138.9	139.4	138.2
7	127.0	132.0	34.8	34.6	34.5	134.5	133.8	132.7
8	150.5	146.0	132.4	137.5	139.9	86.8	85.2	84.1
9	47.0	46.6	141.7	133.6	138.1	46.3	47.3	46.5
10	60.9	64.3	59.1	61.5		69.1	70.0	70.6

C	3-4-242[105]	3-4-243[106]	3-4-244[107]	3-4-245[108]	3-4-246[107]	3-4-247[119]	3-4-248[119]	3-4-249[120]
11	171.2	170.0	173.7			169.9	169.8	170.7
1'	100.2	100.7	100.1	99.8	99.1	100.9	100.7	99.8
2'	74.7	75.0	74.7	73.5	73.5	75.4	75.4	74.6
3'	77.8	77.9	77.9	76.4	76.2	78.6	78.8	78.0
4'	71.5	71.6	71.5	70.3	70.4	72.2	72.2	71.4
5'	78.3	78.6	78.2	77.1	77.0	76.6	79.1	78.3
6'	62.7	63.0	62.7	61.5	61.5	65.4	63.3	62.5
OAc	21.2,172.7				21.1,174.7			20.8,172.8
1"		131.3				128.5	128.5	
2"		130.6				112.5	112.6	
3"		129.6				150.2	150.2	
4"		167.7				151.4	151.5	
5"		129.6				117.3	117.3	
6"		130.6				125.1	125.1	
7"		167.7				148.0	148.1	
8"						116.0	115.9	
9"						169.9	169.8	
3"-OMe						57.3	57.3	

3-4-250

3-4-251

3-4-252 R=OH
3-4-253 R=H

表 3-4-49 化合物 3-4-250~3-4-253 的 ^{13}C NMR 数据

C	3-4-250[121]	3-4-251[122]	3-4-252[123]	3-4-253[123]	C	3-4-250[121]	3-4-251[122]	3-4-252[123]	3-4-253[123]
1	96.2	98.1	96.4	96.4	4'	68.2	69.1	70.0	69.9
3	152.9	91.5	151.1	151.3	5'	72.5	74.1	77.1	77.2
4	113.3	46.6	110.6	110.6	6'	61.6	65.0	61.1	61.1
5	72.8	42.4	34.8	34.9	1"	129.9		119.3	113.6
6	38.4	136.6	31.8	32.0	2"	132.4		150.6	162.0
7	29.6	134.6	27.1	27.3	3"	114.3		117.6	117.1
8	43.1	39.4	39.0	39.0	4"	165.4		120.1	133.6
9	53.7	42.3	42.4	42.5	5"	114.3		152.0	117.7
10	61.7	67.2	68.0	67.6	6"	132.4		117.1	130.4
11	171.9	180.3	170.1	170.5	7"	146.8		167.1	168.0
1'	96.9	99.3	99.0	99.0	8"	117.6		167.8	165.5
2'	70.7	73.7	73.0	73.1	9"	169.4			
3'	72.1	76.1	76.7	76.7	4"-OMe		55.2		

3-4-254

3-4-255

3-4-256

3-4-257 R=6-O-Coum-*p*
3-4-258 R=6-O-Coum-*p-Z*
3-4-259 R=H

表 3-4-50　化合物 3-4-254~3-4-259 的 ^{13}C NMR 数据

C	3-4-254[124]	3-4-255[116]	3-4-256[125]	3-4-257[126]	3-4-258[126]	3-4-259[127]
1	95.7	96.7	96.7	98.5	98.5	96.0
3	152.6	98.6	98.5	152.4	152.4	152.4
4	107.4	44.4	44.4	113.8	113.8	115.4
5	38.6	37.7	37.6	32.7	32.6	72.9
6	89.4	87.7	87.7	43.0	43.0	49.0
7	127.6	126.8	126.8	75.0	75.0	74.4
8	149.9	151.6	151.6	42.5	42.5	41.4
9	45.9	46.3	46.3	46.4	46.5	55.0
10	61.3	65.2	65.2	13.8	13.7	13.1
11	176.5	177.0	177.0	169.5	169.5	168.2
12			173.0			
10-OCO		173.0				
OMe			56.5	51.7	51.7	51.6
SMe			13.6			
1'	101.3	99.6	99.6	100.5	100.4	99.9
2'	75.2	74.9	74.9	74.7	74.7	73.5
3'	78.0	78.0	78.0	78.0	77.9	77.6
4'	72.1	71.6	71.5	71.9	71.8	71.6
5'	76.5	78.2	78.2	75.7	75.6	78.5
6'	65.8	62.8	62.8	64.4	64.3	62.7
OAc	20.8/172.8					
6'-OAc	22.9/176.8					

3-4-260

3-4-261

3-4-262

3-4-263

第三章 单萜、倍半萜和二萜类化合物

Api(1→6)-Glu-O ... COOMe ...

3-4-264

表 3-4-51 化合物 3-4-260~3-4-264 的 ^{13}C NMR 数据

C	3-4-260[126]	3-4-261[126]	3-4-262[126]	3-4-263[126]	3-4-264[128]	C	3-4-260[126]	3-4-261[126]	3-4-262[126]	3-4-263[126]	3-4-264[128]
1	97.4	98.4	97.5	97.5	97.5	3"	144.0	144.2	144.4	144.4	144.4
3	152.5	152.4	152.6	152.6	152.6	4"	24.5	24.5	24.5	24.4	24.5
4	113.2	113.8	113.4	113.4	113.4	5"	41.7	41.8	41.2	39.5	41.2
5	32.5	32.6	32.6	32.6	32.6	6"	73.6	73.6	81.1	81.4	81.1
6	40.4	43.1	40.5	40.5	40.5	7"	145.9	145.9	144.3	144.4	144.2
7	78.7	74.9	78.8	78.8	78.8	8"	112.4	112.5	116.1	115.3	116.1
8	40.1	42.4	41.1	41.1	41.1	9"	12.5	12.5	12.5	12.6	12.6
9	47.2	46.4	47.3	47.2	47.3	10"	27.8	27.9	23.6	24.0	23.7
10	13.7	13.7	13.8	13.8	13.8	1‴			99.6	99.4	99.6
11	169.3	169.4	169.4	169.4	169.4	2‴			75.3	75.2	75.3
OMe					51.8	3‴			78.5	78.5	78.5
11-OMe	51.7	51.7	51.8	51.8	51.6	4‴			71.8	71.7	71.9
1'	100.1	100.3	100.3	100.3	100.2	5‴			77.7	77.7	76.6
2'	74.7	74.7	74.8	74.8	74.8	6‴			62.9	62.9	62.9
3'	77.9	77.9	78.1	78.0	78.1	1⁗					111.1
4'	71.5	71.8	71.7	71.6	71.7	2⁗					78.2
5'	78.3	75.7	78.3	78.3	78.3	3⁗					80.6
6'	62.7	64.5	62.9	62.8	62.8	4⁗					75.1
1"	169.2	169.3	169.4	169.4	169.4	5⁗					65.8
2"	128.8	128.5	128.9	128.9	128.9						

3-4-265 R=H
3-4-266 R=OH
3-4-267
3-4-268
3-4-269

表 3-4-52 化合物 3-4-265~3-4-269 的 ^{13}C NMR 数据

C	3-4-265[129]	3-4-266[100]	3-4-267[130]	3-4-268[131]	3-4-269[55]	C	3-4-265[129]	3-4-266[100]	3-4-267[130]	3-4-268[131]	3-4-269[55]
1	97.7	96.4	95.2	100.9	96.3	4	113.3	111.2	111.3	112.7	113.5
3	152.5	153.0	152.1	154.9	154.0	5	31.4	39.4	27.6	33.9	30.9

续表

C	3-4-265[129]	3-4-266[100]	3-4-267[130]	3-4-268[131]	3-4-269[55]	C	3-4-265[129]	3-4-266[100]	3-4-267[130]	3-4-268[131]	3-4-269[55]
6	42.0	84.3	42.9	32.2	40.9	4'	71.7	71.5	71.7	71.1	71.7
7	79.7	85.8	220.2	33.7	79.3	5'	78.4	78.3	78.6	78.0	78.5
8	44.0	42.6	44.2	37.1	45.1	6'	62.8	62.7	62.6	62.6	62.9
9	47.1	44.4	46.4	44.3	43.0	1"			113.6	95.4	95.4
10	17.7	17.2	13.1	16.7	14.4	2"			151.5	73.9	74.0
11	169.5	170.0	167.9	167.6	167.3	3"			147.0	78.7	78.0
OMe	51.7					4"			121.8	71.2	71.0
11-OMe				51.7		5"			120.0	78.2	78.8
1'	100.4	100.1	98.1	103.9	99.7	6"			121.3	62.4	62.3
2'	74.8	74.7	75.4	75.2	74.3	7"			170.6		
3'	78.4	78.0	75.5	78.3	78.0						

3-4-270 R=6-Gal
3-4-271 R=6-O-α-Glu
3-4-272 R=3-β-Glu
3-4-273 R=4-β-Glu

3-4-274 R=H
3-4-275 R=OH

3-4-276 R^1=Cinn; R^2=H
3-4-277 R^1=H; R^2=Cinn
3-4-278 R^1=Coum; R^2=H
3-4-279 R^1=H; R^2=Coum
3-4-280 R^1=Caff; R^2=H
3-4-281 R^1=H; R^2=Caff

表 3-4-53 化合物 3-4-270~3-4-275 的 ^{13}C NMR 数据

C	3-4-270[132]	3-4-271[133]	3-4-272[133]	3-4-273[133]	3-4-274[134]	3-4-275[134]
1	96.1	96.0	95.6	95.5	102.7	101.8
3	153.3	153.3	153.2	153.2	157.0	157.1
4	113.3	111.3	111.3	111.3	109.4	108.9
5	28.6	28.5	28.3	28.3	41.4	40.2
6	43.6	43.7	43.5	43.5	75.4	82.9
7	220.6	220.9	220.7	220.7	41.4	87.4
8	44.8	44.8	44.7	44.7	30.0	39.8
9	46.5	46.4	46.6	46.6	45.2	42.8
10	14.0	14.0	13.7	13.7	17.1	14.2
11	168.4	168.4	168.4	168.4	171.6	171.4
11-OMe					52.9	52.9
1'	100.8	100.7	100.0	100.1	100.7	100.7
2'	74.8	74.6	75.6	75.0	73.6	73.6
3'	78.1	78.1	87.5	76.4	76.8	76.7
4'	71.8	71.6	70.1	80.6	70.4	70.4
5'	76.8	76.8	78.2	77.0	77.3	77.3
6'	68.3	68.0	62.7	61.8	61.5	61.5

续表

C	3-4-270[132]	3-4-271[133]	3-4-272[133]	3-4-273[133]	3-4-274[134]	3-4-275[134]
1"	100.5	100.2	105.2	104.7		
2"	70.4	73.7	74.1	74.4		
3"	71.7	75.3	77.9	77.9		
4"	71.1	71.8	71.6	71.4		
5"	72.6	73.8	78.2	78.2		
6"	62.8	62.7	62.7	62.5		
1'''	130.2	130.2	130.2	130.2		
2'''	131.0	131.0	131.0	131.0		
3'''	116.4	116.3	116.4	116.4		
4'''	157.2	157.1	157.1	157.2		
5'''	116.4	116.3	116.4	116.4		
6'''	131.0	131.0	131.0	131.0		
7'''	35.4	35.4	35.4	35.4		
8'''	66.4	66.4	66.4	66.4		

3-4-282 **3-4-283** **3-4-284**

表 3-4-54 化合物 3-4-276~3-4-279 的 ^{13}C NMR 数据[135]

C	3-4-276	3-4-277	3-4-278	3-4-279	C	3-4-276	3-4-277	3-4-278	3-4-279
1	95.0	95.0	95.0	95.1	3'	77.8	77.6	77.6	77.7
3	152.9	152.9	152.8	152.8	4'	71.4	71.3	71.4	71.4
4	109.7	110.2	109.8	110.3	5'	77.6	77.7	77.8	77.8
5	36.8	39.0	36.8	39.0	6'	62.8	62.7	62.8	62.8
6	78.8	74.6	78.5	74.7	1"	135.3	135.1	126.9	126.8
7	78.1	81.6	78.2	81.4	2"	128.7	128.8	130.6	130.7
8	39.8	36.2	39.8	36.3	3"	129.6	129.6	116.5	116.5
9	40.0	39.2	40.0	39.3	4"	130.8	130.9	160.2	160.3
10	14.0	13.9	14.0	13.0	5"	129.6	129.6	116.5	116.5
11	166.9	167.5	166.9	167.4	6"	128.7	128.8	130.6	130.7
OMe	51.3	51.4	51.3	51.4	7"	144.7	145.0	144.8	145.0
1'	99.2	99.3	99.2	99.3	8"	119.4	118.9	116.0	115.5
2'	74.3	74.2	74.3	74.3	9"	166.0	166.6	166.4	167.0

表 3-4-55 化合物 3-4-280~3-4-284 的 ^{13}C NMR 数据

C	3-4-280[135]	3-4-281[135]	3-4-282[136]	3-4-283[136]	3-4-284[137]	C	3-4-280[135]	3-4-281[135]	3-4-282[136]	3-4-283[136]	3-4-284[137]
1	94.9	95.0	92.3	96.1	95.9	4	109.7	110.3	123.2	125.4	113.6
3	152.9	152.8	98.2	97.5	155.3	5	36.5	39.0	160.4	160.7	73.6

C	3-4-280[135]	3-4-281[135]	3-4-282[136]	3-4-283[136]	3-4-284[137]	C	3-4-280[135]	3-4-281[135]	3-4-282[136]	3-4-283[136]	3-4-284[137]
6	78.5	74.7	41.4	40.7	76.8	5'	77.8	77.8	78.9	78.5	78.5
7	78.2	81.3	76.2	76.8	40.6	6'	62.7	62.6	62.7	62.9	62.9
8	39.7	36.2	42.7	42.9	31.5	1"	127.3	127.2			
9	40.0	39.3	48.3	47.3	50.7	2"	115.0	115.1			
10	14.0	13.9	12.7	13.4	16.6	3"	146.2	146.2			
11	166.9	167.4	165.6	165.1	168.3	4"	148.2	148.8			
OMe	51.3	51.4	51.6(×2)	55.8(×2)	51.7	5"	116.3	116.3			
1'	99.1	99.3	100.6	100.2	99.8	6"	122.2	122.2			
2'	74.2	74.2	74.9	74.8	74.4	7"	145.4	145.6			
3'	77.5	77.6	78.6	78.5	77.5	8"	115.7	115.3			
4'	71.3	71.3	71.7	71.8	71.7	9"	166.6	167.0			

3-4-285

3-4-286

3-4-287

3-4-288 R^1=Glu(1→4')Xyl; R^2=H
3-4-289 R^1=Glu; R^2=O-iFeru

表 3-4-56　化合物 3-4-285~3-4-289 的 ^{13}C NMR 数据

C	3-4-285[138]	3-4-286[138]	3-4-287[139]	3-4-288[86]	3-4-289[140]	C	3-4-285[138]	3-4-286[138]	3-4-287[139]	3-4-288[86]	3-4-289[140]
1	95.6	96.5	99.5	95.2	94.1	3'	77.0	77.9	78.6	73.4	78.4
3	153.5	154.2	151.7	151.	152.3	4'	70.4	71.8	71.2	77.0	71.8
4	115.9	108.6	112.4	113.0	115.7	5'	76.2	78.7	79.0	76.5	77.5
5	29.5	38.5	31.3	30.4	69.1	6'	62.7	63.1	62.5	61.5	62.9
6	39.6	77.9	30.4	29.7	45.7	1"	106.2			99.1	129.1
7	78.3	64.8	41.4	40.3	80.6	2"	73.6			74.0	112.6
8	43.5	63.1	78.9	80.2	78.8	3"	76.8			76.6	151.5
9	41.7	45.2	52.3	51.2	58.5	4"	70.6			76.0	148.1
10	13.8	18.0	25.1	23.8	21.4	5"	76.6			63.3	114.8
11	168.1	170.9	167.5	170.1	167.9	6"	69.4				122.9
11-OMe	51.7				51.8	7"					146.7
OMe	51.7	52.3	50.9			8"					166.6
1'	99.6	99.9	104.1	99.0	99.7	9"					168.6
2'	73.2	74.9	75.4	73.4	74.5	4"-OMe					56.4

3-4-290 R^1=Glu; R^2=H; R^3=O-Cinn
3-4-291 R^1=Glu; R^2=H; R^3=O-Cinn-p-OH
3-4-292 R^1=Glu; R^2=OAc; R^3=OAc
3-4-293 R^1=Glu; R^2=H; R^3=O-Cinn-Z-p-MeO
3-4-294 R^1=Glu-2-O-Ac; R^2=OH; R^3=OH

表 3-4-57 化合物 3-4-290~3-4-294 的 ^{13}C NMR 数据

C	3-4-290[140]	3-4-291[140]	3-4-292[140]	3-4-293[141]	3-4-294[142]	C	3-4-290[140]	3-4-291[140]	3-4-292[140]	3-4-293[141]	3-4-294[142]
1	94.0	94.1	94.4	94.0	94.9	4'	71.7	71.7	71.7	70.4	71.5
3	152.3	152.3	153.1	152.2	152.5	5'	77.5	77.5	77.7	78.4	77.9
4	115.6	115.7	111.0	115.7	112.2	6'	62.9	62.9	62.9	62.8	62.9
5	69.0	69.0	34.9	69.0	37.3	Ac			20.7,20.8, 171.6 172.0(2×)		
6	45.4	45.5	78.0	45.5	77.7						
7	80.5	80.3	79.7	80.3	74.7						
8	78.7	78.7	76.8	78.7	79	1"	136.3	127.7		128.7	
9	58.2	58.3	48.5	58.2	51.9	2"	129.1	133.9		133.6	
10	21.3	21.4	22.3	21.3	22.0	3"	131.1	115.9		114.4	
11	167.9	167.6	168.6	167.9	169.0	4"	130.2	160.1		162.1	
11-OMe	51.7	51.8	51.9			5"	131.1	115.9		114.4	
OMe				51.7(2×)		6"	129.1	133.9		133.6	
1'	99.6	99.7	99.3	99.6	97.3	7"	145.0	145.5		145.0	
2'	74.5	74.5	74.7	74.5	75.8	8"	120.7	116.9		117.8	
3'	78.4	78.4	78.4	97.5	78.5	9"	167.1	168.9		166.5	

3-4-295 R^1=Glu-6-O-*p*-Coum; R^2=H; R^3=H; R^4=H
3-4-296 R^1=Glu; R^2=H; R^3=O-Cinn-*p*-OH; R^4=H
3-4-297 R^1=Glu-2-O-Glu; R^2=H; R^3=H; R^4=OAc
3-4-299 R^1=Glu; R^2=O-*p*-Coum; R^3=H; R^4=H

3-4-298

表 3-4-58 化合物 3-4-295~3-4-299 的 ^{13}C NMR 数据

C	3-4-295[143]	3-4-296[108]	3-4-297[144]	3-4-298[145]	3-4-299[146]	C	3-4-295[143]	3-4-296[108]	3-4-297[144]	3-4-298[145]	3-4-299[146]
1	92.5	95.5	95.5	93.0	95.5	1'	100.0	100.2	97.5	99.3	100.4
3	98.8	153.0	153.2	152.0	154.5	2'	74.5	74.7	77.8	74.1	74.7
4	123.4	112.2	112.1	111.3	108.6	3'	78.1	78.0	77.2	77.5	78.0
5	160.4	32.9	31.6	35.8	40.0	4'	72.5	71.6	70.3	71.7	71.7
6	29.9	29.7	28.7	82.1	78.9	5'	76.0	78.3	77.2	77.9	78.4
7	40.2	39.6	39.6	74.1	45.2	6'	65.1	62.9	61.6	62.3	63.0
8	79.3	91.0	90.6	77.3	89.6	1"	127.3		102.4		127.1
9	56.2	51.0	50.3	47.5	50.4	2"	131.4		74.6		131.2
10	21.9	21.2	20.8	18.6	21.8	3"	117.0		76.5		116.9
11	166.7	169.0	170.2	169.1	168.4	4"	161.4		71.2		161.4
3-OMe	56.6					5"	117.0		77.2		116.9
11-OMe	52.0		52.7			6"	131.4		62.4		131.2
OMe		51.7		51.6		7"	147.0				146.6
Ac			22.5 175.2			8"	115.1				115.4
						9"	169.1				168.4

3-4-300 R¹=O-Z-*p*-Coum; R²=H; R³=Ac
3-4-302 R¹=O-*p*-Coum-4-O-Glu; R²=H; R³=Ac
3-4-303 R¹=-O-Z-*p*-Coum-4-O-Glu; R²=H; R³=Ac
3-4-304 R¹=OH; R²=H; R³=*p*-Coum

表 3-4-59 化合物 3-4-300~3-4-304 的 ¹³C NMR 数据

C	3-4-300[146]	3-4-301[137]	3-4-302[108]	3-4-303[108]	3-4-304[108]	C	3-4-300[146]	3-4-301[137]	3-4-302[108]	3-4-303[108]	3-4-304[108]
1	95.4	95.9	95.4	95.4	95.7	1"	127.1		129.8	130.3	132.6
3	154.6	153.8	154.5	154.5	153.6	2"	133.6		130.8	132.9	130.3
4	108.6	106.9	108.5	108.4	109.8	3"	115.9		118.0	117.1	116.2
5	39.9	42.5	39.9	39.8	42.2	4"	160.1		160.9	159.7	156.7
6	78.7	76.1	78.9	78.8	76.0	5"	115.9		118.0	117.1	116.2
7	45.1	47.8	45.1	45.0	47.7	6"	133.6		130.8	132.9	130.3
8	89.6	89.9	89.6	89.6	89.7	7"	144.9		145.9	144.0	31.2
9	50.3	50.1	50.3	50.3	49.9	8"	116.9		117.2	118.8	38.2
10	21.9	22.4	21.8	21.8	22.2	9"	167.6		168.1	167.4	175.0
11	168.5	169.2	168.4	168.4	169.0	1'''			101.8	101.9	
11-OMe						2'''			74.8	74.8	
OMe	51.9	51.9	51.9	51.9	51.8	3'''			77.9	77.8	
1'	100.4	100.5	100.3	100.3	100.4	4'''			71.2	71.2	
2'	74.6	74.8	74.6	74.5	74.7	5'''			78.1	78.1	
3'	77.9	78.5	77.9	77.8	78.0	6'''			62.4	62.4	
4'	71.6	71.8	71.6	71.6	71.4	OAc	22.1	22.4	22.3	22.2	
5'	78.4	78.3	78.3	78.3	78.2		172.9	173.0	172.9	172.9	
6'	62.9	63.2	62.9	62.9	63.0						

3-4-305 R¹=O-Z-*p*-MeO-Cinn
3-4-306 R¹=O-E-*p*-MeO-Cinn

3-4-307

3-4-308

3-4-309

表 3-4-60 化合物 3-4-305~3-4-309 的 ¹³C NMR 数据

C	3-4-305[146]	3-4-306[146]	3-4-307[142]	3-4-308[147]	3-4-309[148]	C	3-4-305[146]	3-4-306[146]	3-4-307[142]	3-4-308[147]	3-4-309[148]
1	92.4	93.4	95.3	92.6	97.5	7	42.5	43.5	45.8	128.3	74.3
3	151.5	152.5	155.5	151.2	154.2	8	86.4	87.2	86.0	96.7	148.8
4	105.3	106.1	112.3	109.9	109.4	9	47.2	48.1	57.6	50.2	42.5
5	37.1	37.8	72.7	39.2	36.5	10	20.2	21.4	22.0	169.0	113.1
6	75.2	76.3	74.9	141.8	75.6	11	164.6	165.9	167.8	167.0	169.8

续表

C	3-4-305[146]	3-4-306[146]	3-4-307[142]	3-4-308[147]	3-4-309[148]	C	3-4-305[146]	3-4-306[146]	3-4-307[142]	3-4-308[147]	3-4-309[148]
C=O	169.2	170.2				2"	128.4	131.6		111.6	
11-OMe	49.8			51.0		3"	113.0	113.8		153.8	
OMe		50.6,54.7	51.8		52.7	4"	159.8	159.7		146.1	
Ac	19.8	20.8				5"	113.0	113.8		115.2	
1'	97.4	98.5	100.2	98.9	99.2	6"	128.4	131.6		125.9	
2'	71.6	72.5	74.3	73.8	73.3	7"	142.0	142.6		128.9	
3'	75.6	76.1	77.5	77.8	76.3	8"	114.0	116.3		158.1	
4'	68.7	69.8	71.6	70.7	70.4	9"	169.2	164.8		187.0	
5'	77.2	76.3	78.3	76.8	77.1	3"-OMe				55.4	
6'	60.2	61.3	62.8	61.9	61.5	4"-OMe	53.9				
1"	125.2	126.5		130.5							

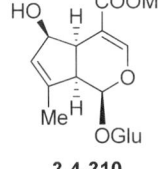

3-4-310

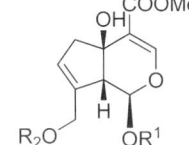

3-4-311 R¹=Glu-3-O-Glu; R²=H
3-4-312 R¹=Glu-6-O-β-Glu; R²=H
3-4-313 R¹=Glu; R²=Glu
3-4-314 R¹=Glu; R²=Fru*f*

表 3-4-61 化合物 3-4-310~3-4-314 的 ¹³C NMR 数据

C	3-4-310[137]	3-4-311[149]	3-4-312[150]	3-4-313[149]	3-4-314[150]	C	3-4-310[137]	3-4-311[149]	3-4-312[150]	3-4-313[149]	3-4-314[150]
1	95.1	98.9	99.7	98.4	97.8	1'	100.1	100.4	101.0	100.7	100.9
3	155.3	152.4	152.3	152.5	152.5	2'	74.5	73.5	74.5	74.8	74.6
4	112.9	115.3	115.1	115.0	114.8	3'	77.6	88.1	78.2	78.3	78.3
5	73.8	76.4	76.5	76.0	75.7	4'	71.8	69.6	71.6	71.6	71.3
6	79.0	47.5	47.7	47.3	47.3	5'	78.7	78.4	77.9	78.3	78.8
7	129.1	125.2	125.9	127.3	126.0	6'	63.0	62.1	69.8	62.7	62.5
8	143.6	143.2	143.2	139.0	139.4	1"		105.8	105.2	104.7	63.1
9	57.0	57.1	57.1	56.8	57.3	2"		75.6	75.3	75.2	105.5
10	15.9	60.8	60.9	68.2	60.7	3"		78.2	78.2	78.4	79.4
11	168.4	167.1	167.1	167.0	167.0	4"		71.6	71.7	71.5	77.1
11-OMe				50.8		5"		78.6	78.2	78.8	83.8
OMe	51.8	50.9	50.8		50.8	6"		62.5	62.7	62.7	64.0

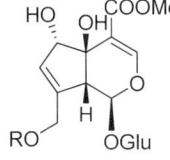

3-4-315 R=MeSCO
3-4-316 R=H

3-4-317

3-4-318

表 3-4-62 化合物 3-4-315~3-4-319 的 ^{13}C NMR 数据

C	3-4-315[155]	3-4-316[151]	3-4-317[152]	3-4-318[124]	3-4-319[153]	C	3-4-315[155]	3-4-316[151]	3-4-317[152]	3-4-318[124]	3-4-319[153]
1	101.3	101.6	98.1	103.9	99.2	6"			107.1		133.7
3	155.4	155.4	154.1	157.8	153.9	7"			147.1		167.7
4	108.1	108.3	110.1	110.0	112.2	8"			116.3		
5	42.4	42.7	42.4	43.2	36.9	9"			169.1		
6	75.3	75.4	83.8	76.7	39.7	2"-OMe					56.5
7	132.4	129.8	127.3	134.2	128.8	3"-OMe			57.0		
8	145.5	151.5	150.5	146.9	144.8	5"-OMe			57.0		
9	46.2	45.9	47.0	47.6	46.3	1‴					110.6
10	66.2	61.7	61.0	66.0	61.5	2‴					78.5
11	172.9	169.5	168.8	171.4	168.6	3‴					78.9
10-OAc	169.3			177.0, 23.3		4‴					75.0
11-CH$_2$				64.4		5‴					66.6
11-OMe			52.0			1⁗					102.6
OMe	51.9	51.6				2⁗					74.7
Me	13.5			16.4		3⁗					77.8
1'	100.7	100.5	100.4	102.0	100.6	4⁗					71.4
2'	74.9	75.0	74.9	75.9	74.8	5⁗					77.0
3'	77.9	77.9	78.5	79.2	77.6	6⁗					68.1
4'	71.6	71.9	71.6	72.6	71.9	1'''''					134.9
5'	78.6	78.5	78.0	78.4	75.7	2'''''					128.9
6'	63.0	62.9	62.8	63.9	64.7	3'''''					130.1
1"			126.8		120.7	4'''''					130.9
2"			107.1		160.7	5'''''					130.1
3"			149.6		113.6	6'''''					128.9
4"			138.2		135.3	7'''''					68.9
5"			149.6		121.3	CN					119.3

表 3-4-63　化合物 3-4-320~3-4-324 的 ^{13}C NMR 数据

C	3-4-320[46]	3-4-321[98]	3-4-322[94]	3-4-323[154]	3-4-324[154]	C	3-4-320[46]	3-4-321[98]	3-4-322[94]	3-4-323[154]	3-4-324[154]
1	92.3	99.1	97.0	92.5	95.4	1'	99.2	100.6	99.9	99.2	99.9
3	151.9	153.1	156.1	154.0	152.5	2'	73.5	74.7	73.3	73.5	74.8
4	114.1	113.0	110.6	113.1	112.2	3'	76.5	78.3	76.3	76.4	78.0
5	38.0	35.5	74.4	37.9	40.2	4'	70.4	71.5	70.4	70.3	71.7
6	31.5	73.2	76.2	31.5	132.9	5'	77.1	78.0	77.2	77.1	78.5
7	34.4	43.1	33.4	35.9	135.1	6'	61.5	62.7	61.5	61.5	62.8
8	143.8	42.4	39.0	143.9	51.0	1"					94.6
9	129.9	49.9	49.4	129.5	43.3	2"					72.8
10	58.2	62.3	65.9	58.2	63.8	3"					76.4
11	170.6	169.5	169.2	168.0	169.1	4"					70.0
OMe	52.6	51.7			51.7	5"					77.6
11-OMe			52.7		51.7	6"					61.6

3-4-325

3-4-326

3-4-327 R^1=OH; R^2=H=H
3-4-328 R^1=R^2=H; R^3=*p*-Coum
3-4-329 R^1=R^2=H; R^3=(Z)-*p*-Coum
3-4-330 R^1=H; R^2=OAc; R^3=Ac
3-4-332 R^1=OH; R^2=OH; R^3=Bz

3-4-331

3-4-333

3-4-334

表 3-4-64　化合物 3-4-325~3-4-329 的 ^{13}C NMR 数据

C	3-4-325[155]	3-4-326[156]	3-4-327[157]	3-4-328[158]	3-4-329[158]	C	3-4-325[155]	3-4-326[156]	3-4-327[157]	3-4-328[158]	3-4-329[158]
1	103.4	99.1	97.0	98.5	98.4	3'	76.6	78.3	76.3	78.0	78.0
3	157.2	153.1	156.1	153.5	153.5	4'	70.3	71.5	70.4	71.4	71.5
4	108.8	113.0	110.6	111.9	111.8	5'	77.2	78.0	77.2	78.3	78.4
5	45.5	35.5	74.4	36.6	36.8	6'	61.5	62.7	61.5	62.7	62.7
6	73.6	73.2	76.2	33.5	33.5	1"				127.1	127.8
7	36.1	43.1	33.4	28.8	28.6	2"				131.3	133.3
8	40.1	42.4	39.0	41.2	41.0	3"				116.9	115.9
9	44.0	49.9	49.4	44.4	44.3	4"				161.4	161.4
10	64.6	62.3	65.9	68.4	68.3	5"				116.9	115.9
11	171.1	169.5	169.2	169.5	169.6	6"				131.3	133.3
OMe	52.8	51.7		51.7	51.7	7"				146.7	144.9
1'	99.9	100.6	99.9	100.7	100.5	8"				115.1	117.0
2'	73.5	74.7	73.3	74.7	74.7	9"				169.5	169.6

表 3-4-65 化合物 3-4-330~3-4-334 的 ^{13}C NMR 数据

C	3-4-330[159]	3-4-331[120]	3-4-332[160]	3-4-333[154]	3-4-334[156]	C	3-4-330[159]	3-4-331[120]	3-4-332[160]	3-4-333[154]	3-4-334[156]
1	97.8	102.4	94.5	95.9	93.8	OMe	52.6	51.7	51.0	51.9	51.9
3	152.9	155.7	151.6	153.1	154.2	1'	99.7	101.1	96.0	100.1	99.9
4	112.0	107.4	108.7	110.5	107.7	2'	73.5	74.8	70.6	74.9	74.6
5	32.2	40.6	39.4	31.7	33.3	3'	76.5	77.9	72.1	77.7	78.4
6	39.1	79.3	76.4	35.1	57.9	4'	70.3	71.3	68.1	71.8	71.6
7	76.1	77.5	76.6	60.7	60.8	5'	77.0	78.2	72.4	78.8	78.0
8	42.0	48.8	35.3	68.5	80.7	6'	61.5	62.5	61.6	63.0	62.8
9	44.0	40.5	41.9	42.3	46.4	Ac	21.1, 21.3, 174.5, 174.8(2×)		20.0~21.0, 169.0~171.0(6×)		
10	63.8	62.0	63.9	61.7	65.2						
11	170.4	169.4	166.4	169.0	168.5						

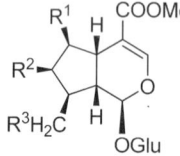

3-4-335

3-4-336 R^1=R^2=OH; R^3=COOMe
3-4-337 R^1=OAc; R^2=-Cinn-*E*-*p*-OMe; R^3=COOMe
3-4-338 R^1=OAc; R^2=-Cinn-*Z*-*p*-OMe; R^3=COOMe
3-4-339 R^1=H; R^2=OH; R^3=COOH

表 3-4-66 化合物 3-4-335~3-4-339 的 ^{13}C NMR 数据

C	3-4-335[151]	3-4-336[162]	3-4-337[162]	3-4-338[162]	3-4-339[162]	C	3-4-335[151]	3-4-336[162]	3-4-337[162]	3-4-338[162]	3-4-339[162]
1	94.0	97.5	97.2	97.1	97.8	2'	74.7	73.2	74.6	74.6	73.5
3	95.7	123.6	154.1	154.0	152.1	3'	78.1	76.4	77.9	77.9	76.4
4	49.6	110.1	109.5	109.5	113.4	4'	71.6	70.4	71.6	71.6	70.4
5	38.0	38.0	37.4	37.4	30.8	5'	78.2	77.1	78.5	78.5	77.1
6	135.2	78.9	78.7	78.6	41.4	6'	62.7	61.5	62.8	62.8	61.5
7	137.4	73.3	73.7	73.5	73.6	1"				128.1	128.6
8	84.5	49.4	48.1	48.1	55.0	2"				131.2	133.5
9	53.2	38.9	39.8	39.8	42.2	3"				115.5	114.5
10	67.1	174.3	171.8	171.8	180.0	4"				163.4	162.3
11	172.4	170.7	168.7	168.7	170.9	5"				115.5	114.5
10-OMe		53.4	52.8			6"				131.2	133.5
OMe	52.0	52.8	51.9	51.9	52.7	7"				147.1	146.2
Ac				171.8		8"				115.2	116.5
6-OAc			171.7, 20.7			9"				168.7	167.5
						4"-OMe				55.9	55.8
1'	99.1	99.6	100.5	100.5	99.6						

表 3-4-67　化合物 3-4-340~3-4-345 的 ^{13}C NMR 数据

C	3-4-340[163]	3-4-341[164]	3-4-342[165]	3-4-343[166]	3-4-344[166]	3-4-345[166]
1	94.5	93.3	92.6	94.0	94.5	94.4
3	152.9	151.7	153.3	148.1	152.6	152.5
4	110.8	107.9	108.1	116.3	110.9	111.1
5	40.9	39.0	33.3	51.3	40.4	39.9
6	142.6	139.6	58.2	143.4	141.6	141.4
7	129.3	129.2	58.2	128.7	130.03	130.1
8	98.0	96.7	92.8	98.7	98.1	98.0
9	51.0	47.0	45.2	41.8	51.8	51.0
10	152.1	69.5	69.1	151.1	150.2	150.1
11	134.7	47.6	168.1	137.4	137.9	138.3
12	171.8	173.9		172.8	172.4	172.5
13	66.0	30.6		69.9	69.9	69.8
14	19.6					
15	168.1	166.4		100.5	168.5	168.4
OMe	52.0	51.3	51.9		52.0	52.0
1'	100.4	99.1	99.3	100.5	100.6	100.6
2'	74.6	72.9	74.4	74.6	74.5	74.3
3'	77.7	76.3	78.1	77.9	77.9	77.7
4'	71.7	70.0	71.2	71.0	70.9	71.5
5'	75.9	76.9	77.6	78.3	78.4	75.7
6'	64.6	60.8	62.3	62.3	62.2	64.7
Ac	20.8,172.6					
C=O			172.9			
C-α			124.0			
C-β			144.0			
6'-OAc					20.7,173.0	20.7,173.0
1"	128.9	127.5	126.3	133.4	133.4	133.4
2"	131.3	131.0	134.8	116.3	116.4	116.4
3"	116.9	115.0	117.0	129.7	129.6	129.6
4"	161.4	155.0	162.2	158.6	158.6	158.6
5"	77.9	115.0	117.0	129.7	129.6	129.6

续表

C	3-4-340[163]	3-4-341[164]	3-4-342[165]	3-4-343[166]	3-4-344[166]	3-4-345[166]
6"	131.3	131.0	134.8	116.3	116.4	116.4
7"	147.3					
8"	114.8					
9"	168.4					

表 3-4-68　化合物 3-4-346~3-4-352 的 ^{13}C NMR 数据

C	3-4-346[166]	3-4-347[166]	3-4-348[166]	3-4-349[166]	3-4-350[166]	3-4-351[120]	3-4-352[120]
1	94.3	93.8	92.5	92.3	94.1	92.7	92.8
3	152.7	152.1	153.9	153.2	152.5	153.6	153.3
4	110.9	111.4	108.0	108.1	111.1	108.5	108.0
5	40.9	39.7	32.9	32.9	40.6	33.1	33.2
6	142.7	140.9	58.9	58.9	142.4	58.0	58.1
7	129.0	130.2	57.9	57.9	129.1	59.2	58.2
8	97.8	97.9	92.7	92.7	97.8	92.7	92.6
9	51.5	50.8	43.9	43.9	51.4	44.2	45.1
10	159.3	149.8	146.9	146.7	159.0	156.2	69.1
11	131.7	138.2	140.7	140.8	131.6	133.9	123.9
12	170.0		171.6	171.6	170.0	169.3	172.7
13	188.3		70.0	70.2	188.8	187.7	144.0
15	168.4	168.4	168.0	167.9	168.4	167.8	168.0
OMe	52.0	51.9	52.0	52.0	52.0	52.1	52.0
1'	100.2	100.1	99.6	99.5	100.0	99.6	99.3
2'	74.6	74.4	74.3	74.3	74.6	74.4	74.3
3'	77.9	77.9	77.8	77.8	77.8	77.8	77.6
4'	71.7	70.8	70.8	70.7	71.7	71.5	71.4

C	3-4-346[166]	3-4-347[166]	3-4-348[166]	3-4-349[166]	3-4-350[166]	3-4-351[120]	3-4-352[120]
5'	78.7	78.3.	78.1	78.1	78.7	78.5	77.9.
6'	62.9	62.1	61.8	61.7	62.9	62.7	62.3
1"		133.9	133.0	133.6	128.7	129.1	126.2
2"	116.4	111.7	116.2	111.3	112.6	113.0	134.8
3"	133.6	149.1	129.6	149.1	149.8	149.2	117.0
4"	165.5	147.6	158.6	147.7	155.5	154.8	162.1
5"	133.6	116.1	129.6	45.8	116.9	116.2	117.0
6"	131.0	121.2	116.2	121.4	127.3	126,8	134.8
3"-OMe		56.5		56.4	56.5	56.5	

3-4-353

3-4-354 R^1=H; R^2=p-Coum; R^3=H
3-4-355 R^1=H; R^2=Z-p-Coum; R^3=H
3-4-356 R^1=OH; R^2=R^3=H

3-4-357

3-4-358

表 3-4-69　化合物 3-4-346~3-4-352 的 ^{13}C NMR 数据

C	3-4-353[167]	3-4-354[168]	3-4-355[168]	3-4-356[42]	3-4-357[164]	3-4-358[169]
1	99.8	100.6	101.6	87.6	60.8	69.4
3	56.3	57.1	57.0	101.1	125.7	63.1
4	40.8	22.9	22.8	32.0	135.0	45.6
5	42.0	39.4	39.2	46.1	45.5	45.5
6	136.4	74.5	74.3	137.6	81.9	85.4
7	135.7	46.3	46.2	135.0	41.9	42.7
8	92.5	84.4	83.4	91.9	32.7	34.1
9	45.7	47.7	47.5	39.7	52.6	50.3
10	70.6	78.5	78.5	72.4	17.4	17.6
11	172.2				171.2	181.7
OMe	51.8					
1'		127.1	127.7			104.6
2'		131.3	133.6			75.0
3'		116.9	115.9			78.0
4'		161.6	160.3			71.8
5'		116.9	115.9			75.5
6'		131.3	133.6			64.6
7'		146.9	145.2			
8'		114.9	116.7			
9'		169.2	168.3			

续表

C	3-4-353[167]	3-4-354[168]	3-4-355[168]	3-4-356[42]	3-4-357[164]	3-4-358[169]
1"	133.6					127.7
2"	111.3					115.2
3"	149.1					146.9
4"	147.7					149.7
5"	45.8					116.5
6"	121.4					123.1
7"						147.3
8"						114.9
9"						169.1
3"-OMe	56.4					

表 3-4-70　化合物 3-4-359~3-4-366 的 ^{13}C NMR 数据

C	3-4-359[66]	3-4-360[170]	3-4-361[70]	3-4-362[70]	3-4-363[70]	3-4-364[171]	3-4-365[66]	3-4-366[48]
1	175.6	179.2	59.2	59.2	56.8	69.7	71.4	66.2
3	61.5	71.3	69.8	69.8	63.7	66.7	61.8	68.1
4	39.5	49.2	30.1	30.1	31.3	150.7	33.3	33.2
5	38.4	41.9	44.0	44.0	51.5	40.2	37.3	55.1
6	36.0	30.8	82.1	82.1	82.3	37.1	38.2	81.2
7	39.0	34.5	48.7	48.7	44.4	77.8	77.2	131.8
8	45.7	40.1	80.5	80.5	132.3	93.0	153.4	148.8
9	54.3	55.3	55.0	55.0	136.8	51.3	47.1	98.3
10	14.5	22.0	25.0	25.0	13.9	19.1	113.9	59.2
11		178.1				110.1		
1'	105.5	105.0	104.4	104.4	103.8	104.6	104.8	

续表

C	3-4-359[66]	3-4-360[170]	3-4-361[70]	3-4-362[70]	3-4-363[70]	3-4-364[171]	3-4-365[66]	3-4-366[48]
2'	75.4	74.9	75.1	75.1	75.1	75.2	75.2	
3'	78.1	71.9	78.0	78.0	78.5	78.1	78.1	
4'	72.3	77.8	71.6	71.6	71.8		72.1	
5'	75.4	75.4	77.8	77.8	78.4	76.6	75.5	
6'	65.1	64.9	62.7	62.7	63.1	62.7	64.9	
1"	122.4	135.8	124.3	124.1	122.0	174.3	122.3	
2"	133.0	129.3	113.7	132.7	132.4	45.3	132.8	
3"	116.3	130.0	150.2	114.7	116.1	26.9	116.2	
4"	163.6	131.6	154.8	165.1	163.4	22.8	163.6	
5"	116.3	130.0	112.0	114.7	116.1	22.8	116.2	
6"	133.0	129.3	125.1	132.7	132.4		132.8	
7"	168.0	146.5	168.2	168.2	166.8		168.1	
		118.8						
		168.5						
1'''							122.7	
2'''							132.9	
3'''							116.3	
4'''							163.7	
5'''							116.3	
6'''							132.8	
7'''							168.1	
OMe		51.4		56.6/56.6	56.6/56.6			56.6/56.6

3-4-367

3-4-368 R¹=OH; R²=Me
3-4-369 R¹=OH; R²=OH
3-4-370 R¹=O-Bz-*p*-OH; R²=OH

3-4-371

3-4-372

表 3-4-71 化合物 3-4-367~3-4-371 的 ^{13}C NMR 数据

C	3-4-367[172]	3-4-368[76]	3-4-369[76]	3-4-370[76]	3-4-371[76]	C	3-4-367[172]	3-4-368[76]	3-4-369[76]	3-4-370[76]	3-4-371[76]
1	71.9	175.4	175.0	56.9	57.8	10	67.2	14.5	60.9	58.4	23.5
3	108.1	59.6	59.5	61.1	60.5	11	66.2				
4	150.4	33.2	33.5	31.3	30.4	1'	104.2			122.1	
5	45.2	52.2	52.2	47.1	44.2	2'	75.2			132.3	
6	29.7	74.5	74.1	75.8	75.8	3'	78.0			116.1	
7	28.7	45.4	45.3	41.0	47.9	4'	71.6			163.5	
8	46.4	141.3	145.8	136.9	78.8	5'	77.9			116.1	
9	43.9	133.7	133.5	139.2	52.4	6'	62.7			132.3	

表 3-4-72 化合物 3-4-372~3-4-377 的 ^{13}C NMR 数据

C	3-4-372[48]	3-4-373[76]	3-4-374[76]	3-4-375[173]	3-4-376[76]	3-4-377[44]
1	88.3	66.9	67.1	172.7	67.3	59.3
3	68.4	58.8	141.8	61.4	142.0	177.5
4	28.9	27.1	105.3	35.7	105.6	29.8
5	44.3	42.0	39.8	47.5	39.8	38.6
6	49.8	86.5	87.1	84.1	86.9	87.3
7	150.2	124.8	124.7	38.7	124.7	122.3
8	127.0	146.9	147.0	174.3	147.8	154.0
9	62.3	46.0	46.1	137.2	47.0	48.4
10	61.0	68.7	68.7	71.2	60.3	58.9
1'		100.1	99.9			
2'		72.6	72.6			
3'		75.5	75.5			
4'		69.2	69.1			
5'		75.3	75.3			
6'		60.3	60.2			

表 3-4-73 化合物 3-4-378~3-4-379 的 ^{13}C NMR 数据

C	3-4-378[174]	3-4-379[174]	C	3-4-378[174]	3-4-379[174]
环烯醚萜葡萄糖苷单元			7	79.2, 79.3	73.9, 73.9
1	96.2, 96.3	95.7, 95.7	8	45.2, 45.3	152.8, 152.8
3	152.3, 152.4	153.5, 153.5	9	43.0, 43.0	45.0, 45.0
4	114.2, 114.3	111.9, 111.9	10	14.4, 14.4	113.3, 113.3
5	31.0, 31.1	31.9, 32.0	11	169.0, 169.1	168.9, 168.9
6	41.3, 41.4	40.7, 40.8	1'	99.8, 99.8	99.9, 99.9

续表

C	3-4-378[174]	3-4-379[174]	C	3-4-378[174]	3-4-379[174]
2'	74.7, 74.7	74.8, 74.8	3"	31.1	31.1
3'	78.4, 78.4	78.5, 78.5	4"	38.1	38.1
4'	71.8, 71.8	71.7, 71.7	5"	25.2	25.2
5'	78.0, 78.0	78.0, 78.0	6"	34.8	34.8
6'	63.0, 63.0	62.9, 62.9	7"	33.9	34.0
单萜单元			8"	70.0	70.1
1"	63.8	63.7	9"	18.9	20.0
2"	38.8	36.8	10"	17.5	17.5

表 3-4-74 化合物 3-4-380~3-4-382 的 ^{13}C NMR 数据

C	3-4-380[176]	3-4-381[176]	3-4-382[176]	C	3-4-380[176]	3-4-381[176]	3-4-382[176]
1	95.3	95.3	95.3	5'	78.6	78.0	78.0
3	142.63	142.3	142.6	6'	63.2	63.2	62.8
4	102.4	103.0	102.5	1"	165.9	167.6	166.2
5	36.9	37.5	36.8	3"	71.3	60.9	70.8
6	82.8	82.2	82.6	4"	44.0	51.9	44.0
7	62.7	62.7	62.7	5"	43.9	44.8	46.0
8	64.3	64.1	64.2	6"	37.0	37.0	28.2
9	45.8	46.0	45.8	7"	79.8	80.1	39.2
10	18.1	18.2	18.1	8"	158.9	158.8	162.0
11	99.7			9"	126.8	130.5	124.0
1'	99.7	99.7	99.7	10"	14.4	13.6	16.7
2'	75.0	75.0	75.0	11"	172.4	175.2	172.7
3'	78.0	78.6	78.6	1"-OMe		51.8	
4'	71.9	71.9	71.9				

表 3-4-75　化合物 3-4-383~3-4-388 的 ^{13}C NMR 数据

	C	3-4-383[45]	3-4-384[45]	3-4-385[177]	3-4-386[178]	3-4-387[178]	3-4-388[53]
a 区	1	94.4	72.7	95.4	96.9	96.5	101.4
	3	151.8	167.0	141.8	142.1	141.8	155.8
	4	112.0	169.4	103.8	104.8	105.0	107.9
	5	30.8	124.5	38.9	42.6	42.4	42.3
	6	29.6	40.9	79.4	84.6	84.7	75.5
	7	39.7	29.3	62.8	128.6	126.0	132.7
	8	79.4	48.9	63.5	146.0	151.6	145.3
	9	52.4	45.1	43.5	49.0	48.3	46.2
	10	23.5	175.7	64.8	63.7	61.1	66.3
	11	166.9	18.9				168.7
	SMe						13.6
	1'	98.8		97.9	100.0	99.8	100.7
	2'	73.6		74.6	74.8	74.9	75.0
	3'	76.9		76.4	77.9	78.0	77.9
	4'	70.7		71.7	71.5	71.6	71.6
	5'	77.4		78.7	78.3	78.3	78.5
	6'	61.8		62.9	62.8	62.6	63.0
	1"	98.8		136.0	131.0		
	2"	73.6		129.5	130.7		
	3"	76.9		129.9	129.7		
	4"	70.7		131.4	134.5		
	5"	77.4		129.9	129.7		
	6"	61.8		129.5	130.7		
	7"	98.8		146.4	167.6		
	8"	73.6		119.0			
	9"	76.9		168.6			
b 区	1	93.9	97.3	91.9	92.3	92.4	101.6
	3	142.1	143.7	152.2	152.4	152.3	154.1
	4	106.1	104.7	113.9	114.2	114.4	110.1
	5	73.6	38.3	39.0	39.0	39.1	43.1
	6	78.2	83.6	32.1	32.4	32.4	75.5
	7	63.6	65.3	35.0	34.8	34.8	130.4
	8	63.3	67.3	134.1	134.5	131.5	
	9	51.2	48.9	137.6	142.7	142.7	61.1
	10	16.4	19.4	60.9	59.1	59.1	172.4
	11			167.4	168.5	168.5	110.1
	OAc			172.2, 20.7			
	1'	98.6	101.1	99.9	100.1	100.2	100.6
	2'	73.6	75.5	74.7	74.6	74.7	75.0
	3'	76.6	78.5	78.0	77.9	77.9	77.6
	4'	70.6	72.2	71.4	71.4	71.4	71.5
	5'	77.2	78.9	78.3	78.3	78.3	75.6
	6'	61.8	63.4	62.6	62.6	62.5	64.0
	8'						151.1
	9'						46.0

3-4-389 R=OH
3-4-393 R=COSMe

3-4-390 R¹=OH; R²=H
3-4-391 R¹=H; R²=COSMe
3-4-392 R¹=OH; R²=COSMe

表 3-4-76　化合物 3-4-389~3-4-393 的 ^{13}C NMR 数据

	C	3-4-389[116]	3-4-390[116]	3-4-391[116]	3-4-392[116]	3-4-393[116]
a 区	1	101.4	101.6	101.3	101.6	101.3
	3	156.8	156.1	156.1	156.2	156.2
	4	107.8	108.1	107.9	107.7	108.0
	5	42.5	42.7	42.4	42.8	42.1
	6	75.2	75.8	75.7	75.2	75.7
	7	132.1	129.6	132.1	131.7	132.3
	8	145.8	151.6	145.6	145.9	145.2
	9	46.2	46.0	46.4	46.0	46.5
	10	66.2	61.7	66.2	66.3	66.2
	11	168.0	168.6	168.5	167.5	168.1
	SMe	13.5		13.5	13.6	13.5
	10-COO	172.8		172.8	172.9	172.8
	1'	100.7	100.1	100.6	100.9	100.7
	2'	74.9	74.9	74.9	74.9	74.9
	3'	77.8	77.5	77.8	77.7	77.8
	4'	71.6	71.6	71.5	71.5	71.5
	5'	78.5	77.8	78.5	78.6	78.6
	6'	62.9	62.4	63.0	63.0	63.0
b 区	1	101.9	99.3	93.3	94.0	101.3
	3	153.4	150.2	150.2	150.1	155.1
	4	111.1	106.1	106.0	106.2	108.5
	5	43.1	37.4	37.4	37.6	42.6
	6	75.7	86.1	86.1	86.0	75.3
	7	129.7	129.5	129.6	129.8	132.7
	8			143.6		145.3
	9			45.2		46.2
	10	61.7	64.3	64.3	64.3	66.2
	11	172.8	172.4	172.4	172.1	171.0
	1'	99.0	100.5	100.0	98.5	100.6

续表

	C	3-4-389[116]	3-4-390[116]	3-4-391[116]	3-4-392[116]	3-4-393[116]
b区	2'	74.8	73.0	72.9	74.4	74.9
	3'	76.1	78.7	78.8	75.5	75.7
	4'	71.5	69.9	69.9	71.6	72.3
	5'	78.5	78.0	77.9	78.4	76.6
	6'	62.6	62.8	62.4	62.6	62.6
	8'	151.2	143.7			
	9'	46.3	45.2			
	SMe		13.6	13.6	13.6	13.5
	10'-COO		172.6	172.6	172.6	172.8

表 3-4-77 化合物 3-4-394~3-4-398 的 ^{13}C NMR 数据

	C	3-4-394[116]	3-4-395[115]	3-4-396[116]	3-4-397[175]	3-4-398[100]
a区	1	101.7	101.6	93.4	97.5	101.5
	3	155.8	156.2	150.2	152.6	155.8
	4	108.1	107.7	106.4	113.2	108.0
	5	42.7	42.8	37.5	32.6	42.4
	6	75.6	75.1	86.3	40.5	75.5
	7	130.2	132.9	129.3	78.1	132.2
	8	151.2	146.1	144.2	40.9	145.3
	9	45.8	46.0	45.4	47.1	42.4
	10	61.7	66.2	61.9	13.8	66.3
	11	168.9	167.5	172.1	169.3	168.6
	12					172.2

续表

	C	3-4-394[116]	3-4-395[115]	3-4-396[116]	3-4-397[175]	3-4-398[100]
a区	SMe		13.6			13.6
	OMe				51.8	
	10-OOC		172.9			
	10-OAc			20.8		
	1'	100.5	100.1	100.1	100.1	100.7
	2'	75.0	74.8	74.7	74.7	74.9
	3'	77.8	78.6	78.0	77.9	77.8
	4'	71.6	71.6	71.7	71.5	71.6
	5'	78.4	77.7	76.0	78.3	78.6
	6'	62.8	62.9	64.4	62.7	63.0
b区	1	101.6	94.1	101.5	97.9	102.1
	3	155.4	150.0	155.8	152.6	155.4
	4	108.4	106.6	108.2	113.2	107.9
	5	42.7	37.6	42.6	35.1	42.3
	6	75.2	86.4	75.6	33.5	75.1
	7	130.6	128.6	132.0	34.2	132.7
	8			146.1	36.6	145.3
	9				49.1	42.3
	10	61.7	60.1	63.7	20.7	66.3
	11	170.8	172.0	168.7	168.8	169.3
	12					172.9
	OMe					51.9
	SMe					13.7
	1'	100.5	98.4	100.7		101.4
	2'	75.0	74.3	75.0		74.9
	3'	77.6	75.5	78.6		77.6
	4'	71.6	71.4	71.8		71.3
	5'	75.7	78.4	77.9		75.7
	6'	64.1	62.6	63.1		63.8
	8'	151.0	149.5	146.1		
	9'	45.8	44.7	46.4		

表 3-4-78 化合物 3-4-399~3-4-403 的 ^{13}C NMR 数据

	C	3-4-399[125]	3-4-400[125]	3-4-401[125]	3-4-402[179]	3-4-403[180]
a 区	1	101.6	100.3	93.2	94.3	97.7
	3	156.2	154.6	150.2	151.9	152.7
	4	107.7	105.2	106.3	115.9	112.8
	5	42.8	38.9	37.5	38.8	32.9
	6	72.5	76.8	86.3	135.6	40.4
	7	131.7	128.6	130.0	135.8	79.4
	8	146.0	146.6	143.6	86.2	40.8
	9	46.0	44.7	45.3	52.3	46.9
	10	66.3	64.4	64.5	67.1	13.8
	11	167.5	165.3	172.4	150.0	169.2
	12	172.9	171.1			
	SMe	13.6	13.5	13.6		
	COSMe			172.7		
	11-OMe				51.7	
	OMe					51.7
	1'	100.9	97.8	100.0	99.8	100.2
	2'	74.9	70.8	74.7	74.7	74.7
	3'	77.8	72.6	77.9	78.3	78.0
	4'	71.6	68.0	71.6	71.7	71.6
	5'	78.6	72.0	75.9	78.0	78.4
	6'	63.0	61.5	64.5	62.9	62.8
b 区	1	94.0	100.4	101.5	95.9	176.0
	3	150.1	154.6	155.8	150.0	66.0
	4	106.2	105.2	108.1	108.9	43.2
	5	37.6	38.6	42.7	32.2	38.5
	6	86.0	76.8	75.6	30.7	28.9
	7	129.8	128.6	132.5	40.8	36.1
	8	143.6	146.6	145.6	80.5	42.8
	9	45.0	45.1	46.4	52.4	51.3
	10	64.3	64.4	66.3	24.6	19.1
	11	172.6	170.5	168.6	169.9	171.6

续表

	C	3-4-399[125]	3-4-400[125]	3-4-401[125]	3-4-402[179]	3-4-403[180]
b区	12	172.1	171.1			
	COSMe			172.9		
	SMe	13.6	13.5			
	1'	98.6	97.7	100.8	99.8	
	2'	74.4	71.1	75.0	74.6	
	3'	75.5	72.4	77.8	77.9	
	4'	71.5	68.4	71.8	71.5	
	5'	78.5	72.1	78.6	78.3	
	6'	62.6	61.5	63.1	62.7	
	Ac		20.4×4, 20.7×3, 21.1×2, 169.3, 169.4×2, 169.5, 169.8, 170.5×2			

3-4-404   3-4-405   3-4-406

表 3-4-79 化合物 3-4-404~3-4-406 的 ^{13}C NMR 数据

	C	3-4-404[181]	3-4-405[181]	3-4-406[181]		C	3-4-404[181]	3-4-405[181]	3-4-406[181]
a区	1	97.5	97.1	95.4	a区	6'	62.8	62.7	62.4
	3	152.5	152.2	141.8		1"			136.1
	4	113.0	113.5	103.7		2"			129.1
	5	32.7	32.9	38.6		3"			129.8
	6	40.4	40.4	79.3		4"			131.3
	7	79.7	79.1	62.1		5"			129.8
	8	40.8	40.8	63.1		6"			129.1
	9	46.9	47.2	43.1		7"			146.6
	10	13.7	13.5	62.5		8"			118.5
	11	169.2	169.2			9"			168.5
	11-OMe		51.6		b区	1	176.3	177.4	92.0
	OMe	51.7				3	68.2	63.7	152.3
	1'	100.2	100.1	100.3		4	46.7	51.7	114.2
	2'	74.7	74.7	75.5		5	40.2	42.1	38.6
	3'	77.9	78.0	77.8		6	33.3	32.1	31.9
	4'	71.6	71.6	70.9		7	35.5	34.4	34.4
	5'	78.3	78.3	77.9		8	40.7	40.0	142.5

	C	3-4-404[181]	3-4-405[181]	3-4-406[181]		C	3-4-404[181]	3-4-405[181]	3-4-406[181]
b区	9	50.0	52.0	143.2	b区	1'	98.6		99.9
	10	20.0	21.9	58.9		2'	74.4		74.3
	11	172.7	175.4	169.0		3'	75.5		77.8
	12	172.1				4'	71.5		71.4
	SMe	13.6				5'	78.5		77.9
	1-OMe		51.4			6'	62.6		62.3

3-4-407　3-4-408

表 3-4-80　化合物 3-4-407~3-4-408 的 ^{13}C NMR 数据

	C	3-4-407[109]	3-4-408[123]		C	3-4-407[109]	3-4-408[123]
苷元	1	98.9, 98.7	98.8		3'	77.9	78.0
	3	153.4	153.2		4'	71.3, 71.5	71.4
	4	112.1	112.3		5'	78.4	78.4
	5	37.0	37.0		6'	62.8, 62.7	62.8
	6	33.8	33.8	酰基单元	1"	119.5	120.1
	7	28.8	28.8		2"	162.3	153.8
	8	41.0, 41.1	40.9		3"	121.0	118.8
	9	44.3	44.4		4"	137.8	120.1
	10	69.5, 69.8	69.9		5"	117.6	153.8
	11	171.0	171.2		6"	131.7	118.8
Glu	1'	100.8, 101.0	100.9		7"	170.6	170.0
	2'	74.5, 74.6	74.5		8"	167.0	170.0

3-4-409　3-4-410　3-4-411　3-4-412

第三章 单萜、倍半萜和二萜类化合物

结构式: 3-4-413, 3-4-414, 3-4-415, 3-4-416

表 3-4-81 化合物 3-4-409~3-4-416 的 ¹³C NMR 数据

C	3-4-409[182]	3-4-410[183]	3-4-411[184]	3-4-412[184]	3-4-413[184]	3-4-414[185]	3-4-415[185]	3-4-416[186]
1	67.1	97.5	97.4	97.7	97.7	97.8	97.7	94.4
3	157.0	153.5	154.2	153.3	153.2	153.1	153.2	100.5
4	103.1	111.2	109.5	111.8	111.8	111.7	111.5	66.2
5	34.5	29.2	39.6	30.2	29.7	29.5	29.5	132.3
6	26.1	35.3	133.6	36.1	35.8	35.5	35.4	124.2
7	71.1	174.9	126.5	102.2	102.0	102.6	103.2	67.5
8	133.9	134.8	135.8	135.9	135.9	135.8	135.7	135.8
9	43.9	45.5	46.3	45.4	45.3	45.3	45.2	46.9
10	119.9	120.3	118.9	111.5	119.7	119.7	120.0	118.6
11	169.0	170.5	168.8	169.3	169.3	169.2	169.2	168.4
OMe			51.8	51.7	51.7	51.7	51.7	55.0
7-OMe		52.0						
1'		100.0	100.3	100.1	100.1	100.1	100.1	97.9
2'		74.7	74.7	74.7	74.7	74.7	74.6	73.0
3'		78.1	78.1	78.0	78.1	78.0	78.0	76.7
4'		71.6	71.6	71.6	71.6	71.5	71.5	70.0
5'		78.5	78.5	78.4	78.4	78.4	78.4	77.0
6'		62.8	62.8	62.8	62.8	62.7	62.7	61.1
1"			174.0	67.7	67.5	14.6	15.7	
2"			38.3	34.2	34.2	75.2	75.7	
3"				74.0	74.2	75.3	75.9	
4"				22.0	22.0	14.6	15.8	

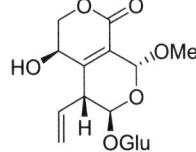

3-4-417

3-4-418 R=Glu-6-O-Glu-6-O-Glu
3-4-419 R=Glu-6-O-Glu-6-O-Glu-6-O-Glu
3-4-420 R=Glu-6-O-Glu-6-O-Glu-6-O-Glu-6-O-Glu

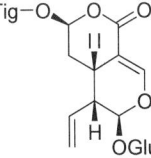

3-4-421

表 3-4-82 化合物 3-4-417~3-4-421 的 ¹³C NMR 数据

C	3-4-417[186]	3-4-418[186]	3-4-419[186]	3-4-420[186]	3-4-421[187]	C	3-4-417[186]	3-4-418[186]	3-4-419[186]	3-4-420[186]	3-4-421[187]
1	95.3	99.0	99.0	99.0	98.7	4	125.4	105.0	105.0	105.0	104.5
3	99.5	150.9	150.9	150.9	155.3	5	153.0	127.2	127.2	127.0	23.0

续表

C	3-4-417[186]	3-4-418[186]	3-4-419[186]	3-4-420[186]	3-4-421[187]	C	3-4-417[186]	3-4-418[186]	3-4-419[186]	3-4-420[186]	3-4-421[187]
6	61.8	117.2	117.2	117.2	29.0	1'''		104.9	105.1	104.9	
7	73.4	70.9	70.9	70.9	93.5	2'''		75.1	75.1	75.0	
8	134.6	135.0	135.0	134.9	133.0	3'''		77.9	78.0	77.9	
9	46.8	46.7	46.7	46.6	43.4	4'''		71.6	71.7	71.6	
10	121.6	118.8	118.8	118.8	121.4	5'''		78.0	77.0	76.9	
11	163.3	166.4	166.4	166.5	166.0	6'''		62.8	70.1	70.4	
OMe	56.7	51.7				1''''			104.9	104.9	104.9
1'	99.2	100.5	100.5	100.4	100.3	2''''			75.1	75.1	75.0
2'	74.7	74.6	74.6	74.4	74.7	3''''			77.9	77.9	77.9
3'	78.0	78.1	78.0	77.9	78.1	4''''			71.6	71.6	71.6
4'	71.7	71.7	71.7	71.6	71.4	5''''			78.0	78.0	77.9
5'	78.5	77.1	77.2	77.1	78.3	6''''			62.8	62.8	70.0
6'	62.8	70.6	70.7	70.6	62.6	1'''''					104.8
1''		105.2	105.1	104.9	166.9	2'''''					75.0
2''		75.1	75.1	75.0	128.8	3'''''					77.8
3''		78.1	78.0	77.9	141.1	4'''''					71.5
4''		71.7	71.7	71.6	14.7	5'''''					77.9
5''		77.1	77.1	77.0	12.0	6'''''					62.6
6''		70.1	70.5	70.5							

3-4-422

3-4-423

3-4-424 R=Glu
3-4-425 R=Glu-6-O-Glu

3-4-426 R¹=Glu; R²=Me; R³=Ac
3-4-427 R¹=Glu-6-O-Ac; R²=H; R³=Ac
3-4-428 R¹=Glu; R²=H; R³=Tig

表 3-4-83 化合物 3-4-422~3-4-428 的 ^{13}C NMR 数据

C	3-4-422[187]	3-4-423[188]	3-4-424[188]	3-4-425[189]	3-4-426[190]	3-4-427[190]	3-4-428[190]
1	98.7	93.8	93.6	93.3	94.9	95.0	94.1
3	155.3	154.1	153.4	153.0	152.5	152.1	152.1
4	104.4	112.6	107.9	108.2	108.7	109.1	109.1
5	153.0	33.8	31.1	30.9	28.6	28.0	28.0
6	61.8	38.2	40.0	39.9	34.7	34.6	34.4
7	93.1	176.6	171.5	171.1	172.0	173.0	173.0
8	133.0	125.9	123.5	124.0	68.6	68.5	68.6
9	43.4	132.6	132.1	131.6	42.4	42.0	42.1
10	121.5	13.5	60.5	60.6	18.7	18.6	18.8
11	165.9	168.8	166.4	166.4	166.3	166.2	166.2

续表

C	3-4-422[187]	3-4-423[188]	3-4-424[188]	3-4-425[189]	3-4-426[190]	3-4-427[190]	3-4-428[190]
OMe		51.8	51.6,51.9				50.9
7-OMe					51.4		
7-OAc						20.8,169.3	
11-OMe					51.1	50.9	
1'	100.4	100.0	99.8	99.5	98.9	99.1	98.4
2'	74.7	74.8	73.0	73.1	73.7	73.0	73.2
3'	78.1	78.5	76.1	74.5	76.7	76.3	77.3
4'	71.4	71.7	69.5	75.8	70.1	70.0	70.1
5'	78.3	78.1	76.1	69.5	77.2	73.6	76.7
6'	62.6	62.9	61.4	62.9	61.4	63.4	61.3
1"	175.9						166.3
2"	42.0						128.1
3"	27.6						137.4
4"	11.8						14.1
5"	16.8						11.8
Ac			20.8,171.0	20.8,166.4 171.8(×2)	20.9,169.8		

表 3-4-84 化合物 3-4-429~3-4-431 的 ^{13}C NMR 数据

C	3-4-429[191]	3-4-430[192]	3-4-431[186]	C	3-4-429[191]	3-4-430[192]	3-4-431[186]
1	95.3	95.7	70.9	1'	99.8	99.9	104.3
3	152.3	154.8	59.9	2'	73.9	74.7	75.1
4	109.5	106.5	44.6	3'	77.6	78.3	78.0
5	28.9	28.7	35.8	4'	70.6	71.5	71.7
6	34.9	26.3	31.6	5'	77.9	77.9	78.1
7	174.2	65.2	67.9	6'	61.9	62.8	62.9
8	68.8	70.0	138.3	1"	166.5		
9	42.7	44.5	43.3	2"	128.5		
10	18.6	24.2	117.7	3"	137.0		
11	166.3	167.8	176.2	4"	13.5		
OMe	50.3			5"	11.5		

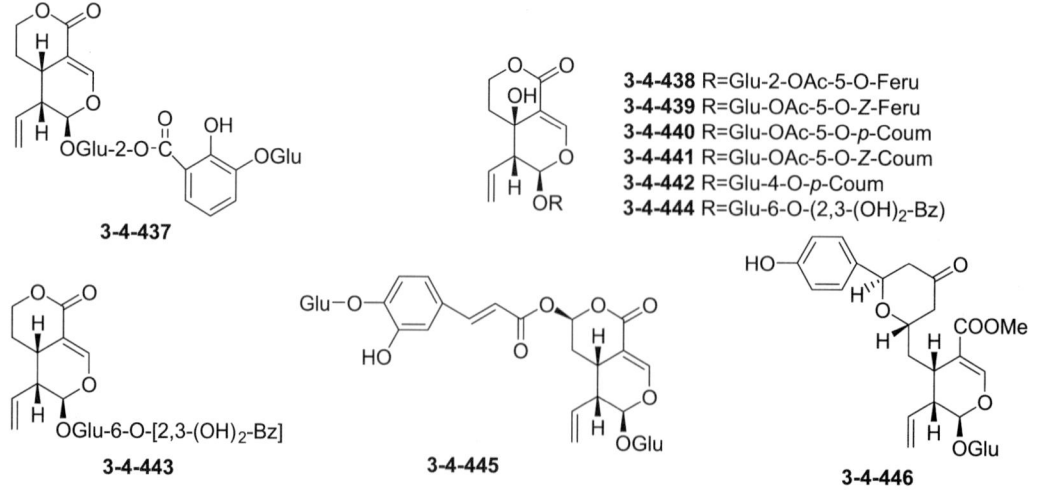

表 3-4-85 化合物 3-4-432~3-4-436 的 ^{13}C NMR 数据

C	3-4-432[193]	3-4-433[193]	3-4-434[194]	3-4-435[194]	3-4-436[194]	C	3-4-432[193]	3-4-433[193]	3-4-434[194]	3-4-435[194]	3-4-436[194]
1	98.7	97.7	97.7	98.0	98.9	1"	125.3	125.7	127.7	113.0	128.6
3	149.7	31.4	153.6	153.9	154.8	2"	113.8	114.3	115.1	152.7	115.9
4	112.2	30.2	111.5	108.0	106.7	3"	145.8	150.7	146.8	147.4	147.6
5	30.3	31.4	31.6	30.0	29.2	4"	148.8	152.2	149.6	125.0	150.3
6	29.1	30.2	30.2	31.7	26.7	5"	116.0	116.5	116.5	120.3	117.3
7	61.1	64.8	64.1	66.4	70.5	6"	121.4	124.7	122.9	124.2	123.7
8	135.1	136.0	135.7	136.9	134.0	7"	114.9	167.8	146.9	170.9	147.8
9	43.5	45.5	45.4	46.5	44.6	8"	145.1		115.1		116.1
10	118.6	119.5	119.6	118.0	121.7	9"	166.5		169.2		169.8
11	166.5		169.2	169.2	169.2	1'''		102.0		104.3	
OMe			51.8	50.2		2'''		74.7		75.1	
1'	95.4	100.2	100.2	101.0	100.5	3'''		78.4		77.8	
2'	73.1	74.8	74.7	75.1	74.0	4'''		71.3		71.9	
3'	76.8	78.5	78.0	77.7	79.5	5'''		78.0		78.4	
4'	70.1	71.7	71.6	71.9	70.6	6'''		62.5		62.7	
5'	77.3	78.1	78.4	78.3	79.0	3'''-OMe		56.8			
6'	62.7	62.9	62.8	62.8	63.2						

表 3-4-86　化合物 3-4-437~3-4-441 的 ^{13}C NMR 数据

C	3-4-437[195]	3-4-438[196]	3-4-439[196]	3-4-440[196]	3-4-441[196]	C	3-4-437[195]	3-4-438[196]	3-4-439[196]	3-4-440[196]	3-4-441[196]
1	97.7	99.6	99.6	99.6	99.6	2"		111.8	115.0	131.3	134.0
3	153.4	153.1	153.2	153.2	153.1	3"		149.4	148.4	116.9	115.9
4	105.7	110.4	110.4	110.5	110.4	4"		150.9	149.8	161.5	160.3
5	28.8	64.2	64.2	64.2	64.2	5"		116.5	115.6	116.9	115.9
6	25.7	33.4	33.4	33.4	33.4	6"		124.3	127.1	131.3	134.0
7	69.7	66.2	66.2	66.2	66.2	7"		147.8	146.8	147.6	146.4
8	132.7	133.2	133.2	133.2	133.2	8"		114.8	115.5	114.5	115.6
9	43.3	52.2	52.2	52.2	52.2	9"		168.2	167.0	168.3	167.0
10	121.0	121.5	121.5	121.5	121.4	Ac			21.0, 173.1	21.0, 173.1	21.0, 173.0
11	167.1	167.8	167.8	167.8	167.8	1‴				104.3	
1'	97.1	98.7	98.7	98.7	98.7	2‴				75.1	
2'	75.7	75.0	75.0	75.0	75.0	3‴				77.8	
3'	75.1	73.1	73.1	73.1	73.0	4‴				71.9	
4'	71.4	71.9	71.6	72.0	71.5	5‴				78.4	
5'	78.3	76.8	76.7	76.8	76.7	6‴				62.7	
6'	62.6	62.2	62.2	62.2	62.2	3"-OMe			56.5	56.4	
1"		127.6	129.3	127.1	127.4						

表 3-4-87　化合物 3-4-442~3-4-446 的 ^{13}C NMR 数据

C	3-4-442[196]	3-4-443[197]	3-4-444[197]	3-4-445[198]	3-4-446[199]	C	3-4-442[196]	3-4-443[197]	3-4-444[197]	3-4-445[198]	3-4-446[199]
1	99.2	98.6	99.3	98.6	97.9	2'	74.6	74.6	74.4	74.7	74.7
3	154.6	153.9	153.9	155.2	153.5	3'	75.6	75.5	75.4	77.7	78.5
4	109.0	106.6	109.3	104.6	112.0	4'	72.3	71.6	71.3	71.5	72.1
5	64.3	28.4	64.3	23.0	29.9	5'	76.7	77.7	77.6	78.4	78.0
6	33.8	25.9	33.6	29.0	36.0	6'	62.3	65.1	64.9	62.6	62.8
7	66.0	69.7	65.9	93.4	71.6	1"	127.1	115.2	114.0	130.8	
8	133.8	133.1	133.4	133.1	135.7	2"	131.3	151.3	151.2	116.1	
9	52.0	43.9	51.9	43.4	45.9	3"	116.9	147.3	147.6	149.3	
10	121.2	120.9	120.7	121.4	120.0	4"	161.5	121.8	121.9	148.5	
11	168.0	168.4	168.6	166.0	169.2	5"	116.9	120.1	120.3	116.1	
12					31.7	6"	131.3	121.2	121.2	116.1	
13					210.3	7"	147.4	171.5	171.4	122.7	
14					37.1	8"	114.7			148.0	
15					72.7	9"	168.5			166.4	
16					133.6	Ac				21.0,17	
17					130.5					3.1	
18					116.2	1‴				103.4	
19					156.5	2‴				75.1	
20					116.2	3‴				78.4	
21					130.5	4‴				71.5	
OMe					51.7	5‴				78.1	
1'	100.1	100.1	100.4	100.3	100.2	6‴				62.5	

表 3-4-88 化合物 3-4-447~3-4-451 的 ^{13}C NMR 数据

C	3-4-447[200]	3-4-448[200]	3-4-449[189]	3-4-450[189]	3-4-451[201]	C	3-4-447[200]	3-4-448[200]	3-4-449[189]	3-4-450[189]	3-4-451[201]
1	95.3	95.6	96.8	96.8	95.3	3"	114.9	115.2	115.9	116.8	148.6
3	151.4	151.7	154.4	154.4	155.2	4"	155.1	155.6	161.3	161.3	145.6
4	104.2	104.5	109.6	109.8	109.4	5"	114.9	155.2	115.9	116.8	119.5
5	26.3	26.2	28.1	28.1	31.9	6"	129.0	129.2	131.3	133.8	121.5
6	29.3	29.6	34.6	34.6	41.2	7"	30.3	28.3	145.3	147.2	35.5
7	74.1	74.4	174.7	174.5	173.2	8"	39.4	44.8	114.6	116.1	66.7
8	132.1	132.1	75.9	76.1	124.9	9"	65.8	208.8	168.0	167.8	
9	41.3	41.6	41.9	41.9	130.6	10"	30.3	50.1			
10	120.3	120.6	21.7	21.7	13.6	11"	206.7	63.5			
11	164.5	164.8	168.9	168.9	168.7	12"	48.3	50.6			
OMe					52.0	13"	206.7	206.5			
1'	97.8	98.1	101.0	101.0	101.0	14"	48.3	48.5			
2'	73.0	73.3	74.9	74.9	75.0	1'''					104.8
3'	76.1	76.4	78.5	78.5	77.7	2'''					74.8
4'	69.9	70.2	71.7	71.7	71.3	3'''					78.0
5'	77.2	77.5	77.9	77.9	78.3	4'''					71.6
6'	60.9	61.2	62.9	62.9	62.8	5'''					78.4
1"	132.0	131.4	126.8	127.4	135.4	6'''					62.5
2"	129.0	129.2	131.3	133.8	117.8						

3-4-454 R=6-O-Glu-2-O-Cinn
3-4-455 R=6-O-Glu-2-O-*p*-Cinn

3-4-456 R=H
3-4-457 R=Glu

表 3-4-89　化合物 3-4-452~3-4-457 的 ^{13}C NMR 数据

C	3-4-452[201]	3-4-453[202]	3-4-454[203]	3-4-455[203]	3-4-456[203]	3-4-457[203]
1	93.7	94.7	95.2	95.2	95.3	95.4
3	154.2	155.0	155.2	155.2	155.3	155.3
4	112.3	109.8	109.4	109.4	109.5	109.5
5	33.6	31.8	31.8	31.7	31.8	31.8
6	37.8	41.1	41.2	41.2	41.0	41.1
7	173.8	173.2	173.0	173.0	171.7	171.7
8	126.1	126.7	125.0	125.0	125.1	125.1
9	132.2	130.5	130.5	130.5	130.6	130.7
10	13.4	13.6	13.7	13.7	13.8	13.8
11	168.6	168.2	168.8	168.7	168.2	168.2
OMe	51.8		52.0	52.0		
1'	100.1	100.8	100.9	100.9	101.0	101.1
2'	74.7	74.7	74.0	73.9	74.8	74.8
3'	78.1	78.4	78.0	78.0	77.9	78.0
4'	71.6	71.4	71.2	71.2	71.4	71.5
5'	78.4	78.1	77.8	76.1	78.4	78.2
6'	62.8	62.7	62.8	62.7	62.7	62.7
1"	130.1	133.1	95.8	95.6	138.2	138.0
2"	131.0	116.6	74.7	74.7	131.0	131.0
3"	116.3	146.5	78.4	78.4	122.6	122.5
4"	157.1	148.2	71.5	71.5	150.5	150.6
5"	116.3	117.3	76.1	77.9	122.6	122.5
6"	131.0	121.0	64.7	64.7	131.0	131.0
7"	35.2	36.4			39.6	36.6
8"	66.7	67.3			64.1	71.5
1'''		131.9	135.6	136.0	131.0	104.4
2'''		117.9	129.5	131.3	116.4	75.2
3'''		145.2	130.1	129.1	146.3	78.0
4'''		144.8	131.9	130.4	144.9	71.7
5'''		119.8	130.1	129.1	117.0	78.4
6'''		122.9	129.5	131.3	121.3	62.8
7'''		36.0	147.8	146.3	35.5	
8'''		66.7	118.3	119.5	66.4	

续表

C	3-4-452[201]	3-4-453[202]	3-4-454[203]	3-4-455[203]	3-4-456[203]	3-4-457[203]
9'''			167.0	166.0		
1''''		104.5				131.0
2''''		74.9				116.4
3''''		78.2				146.3
4''''		71.3				145.0
5''''		77.9				117.0
6''''		62.5				121.3
7''''						35.6
8''''						66.4

3-4-458 R=OH
3-4-459 R=H
3-4-460
3-4-461

表 3-4-90 化合物 3-4-458~3-4-461 的 ^{13}C NMR 数据

C	3-4-458[204]	3-4-459[205]	3-4-460[206]	3-4-461[207]	C	3-4-458[204]	3-4-459[205]	3-4-460[206]	3-4-461[207]
1	94.5	94.5	95.2	94.0	2''	116.4	130.3	31.8	130.8
3	154.4	154.4	155.1	153.4	3''	145.5	115.6	20.2	129.1
4	108.8	108.9	109.5	109.9	4''	144.2	156.3	14.1	130.1
5	31.0	31.1	31.8	32.9	5''	115.8	115.6		129.1
6	40.5	40.5	41.2	40.9	6''	120.6	130.3		130.8
7	172.5	172.5	173.3	173.4	7''	34.7	34.8		144.2
8	124.1	124.1	124.7	123.6	8''	66.2	66.2		120.2
9	130.0	130.0	130.6	134.9	9''				167.6
10	12.9	12.9	13.7	61.8	1'''	129.7	129.8	130.2	
11	167.5	167.5	168.1	171.0	2'''	130.3	116.3	131.0	
1'	100.2	100.2	100.8	100.9	3'''	115.5	145.5	116.3	
2'	74.1	74.1	74.8	74.8	4'''	156.3	144.2	157.0	
3'	77.7	77.7	77.9	78.4	5'''	34.6	115.7	116.3	
4'	70.8	70.8	71.5	71.4	6'''	130.3	120.6	131.0	
5'	77.3	77.3	78.4	77.9	7'''	34.6	34.5	35.3	
6'	62.0	62.1	62.8	62.7	8'''	65.7	65.6	66.6	
1''	129.5	129.3	65.7	136.2					

3-4-462 R=OMe
3-4-463 R=H

3-4-464

3-4-465

3-4-466 R=Z-p-Coum
3-4-467 R=Feru
3-4-468 R=p-Coum

3-4-469 R=Glu-6-O-p-Coum
3-4-470 R=Glu-6-O-Caff
3-4-471 R=Glu-4-O-Ac-6-O-Caff

表 3-4-91　化合物 3-4-462~3-4-466 的 ^{13}C NMR 数据

C	3-4-462[208]	3-4-463[208]	3-4-464[208]	3-4-465[189]	3-4-466[189]	C	3-4-462[208]	3-4-463[208]	3-4-464[208]	3-4-465[189]	3-4-466[189]
1	94.2	94.2	94.0	94.2	94.2	4'	71.5	71.5	71.4	71.6	71.6
3	153.3	153.8	152.6	153.9	153.9	5'	78.0	78.0	77.9	78.0	78.0
4		112.2		110.0	110.0	6'	62.8	62.8	62.7	62.8	62.8
5	33.1	33.0	33.1	33.0	33.0	OMe		52.4			
6	41.2	41.1	41.1	41.1	41.1	1"	128.2	127.7	127.7	127.2	127.7
7	173.8	173.7	173.7	173.7	173.7	2"	112.0	133.8	114.9	131.3	133.8
8	123.9	124.0	123.8	124.0	124.0	3"	150.8	116.1	149.6	117.0	116.1
9	135.0	134.8	135.1	135.0	135.0	4"	149.6	160.2	147.1	161.4	160.2
10	61.8	61.7	61.9	62.0	62.0	5"	116.4	116.1	116.5	117.0	116.1
11	169.0	169.1	168.9	167.6	167.6	6"	126.9	133.8	123.0	131.3	133.8
7-OMe	52.9					7"	145.7	145.2	146.8	145.2	146.7
1'	101.0	101.0	100.9	101.0	101.0	8"	115.1	116.5	115.2	116.6	118.8
2'	74.8	74.8	74.8	74.9	74.9	9"	168.1	168.2	168.9	168.4	168.9
3'	78.5	78.5	78.4	78.6	78.6	3"-OMe	56.7				

表 3-4-92　化合物 3-4-467~3-4-471 的 ^{13}C NMR 数据

C	3-4-467[209]	3-4-468[209]	3-4-469[210]	3-4-470[210]	3-4-471[210]	C	3-4-467[209]	3-4-468[209]	3-4-469[210]	3-4-470[210]	3-4-471[210]
1	94.2	94.2	94.7	95.1	94.7	9	135.0	134.9	130.2	131.3	131.9
3	153.3	153.9	155.1	154.5	154.8	10	62.0	62.0	60.6	59.1	59.4
4			108.9	109.1	109.3	11	169.0	169.1	168.1	168.7	167.6
5	33.1	33.0	31.8	30.6	30.8	OMe			51.8	52.1	52.4
6	41.2	41.1	41.9	40.8	41.1	7-Ome	52.4	52.4			
7	173.8	173.7	173.0	171.8	173.2	1'	101.0	101.0	99.2	98.7	97.8
8	124.0	124.2	128.1	128.9	129.3	2'	74.8	74.8	74.5	75.3	74.9

续表

C	3-4-467[209]	3-4-468[209]	3-4-469[210]	3-4-470[210]	3-4-471[210]	C	3-4-467[209]	3-4-468[209]	3-4-469[210]	3-4-470[210]	3-4-471[210]
3'	78.5	78.5	77.4	77.1	79.5	9"	168.1	168.2	169.8	168.6	169.6
4'	71.5	71.5	71.1	70.5	68.6	3"-OMe	56.7				
5'	78.0	78.0	74.1	75.1	74.6	Ac					21.3, 171.0
6'	62.8	62.8	66.1	66.2	65.1						
1"	127.8	127.2	126.8	127.8	127.1	1'''			131.1	130.7	130.8
2"	112.0	131.3	130.6	115.1	115.2	2'''			115.8	116.2	116.8
3"	150.8	117.0	116.4	148.7	148.6	3'''			146.5	146.6	146.2
4"	149.5	161.4	160.3	146.9	74.9	4'''			145.1	145.9	144.8
5"	115.4	117.0	116.4	117.3	116.7	5'''			116.8	117.1	117.5
6"	124.2	131.3	130.6	122.7	123.4	6'''			122.1	121.3	121.8
7"	147.2	146.9	144.6	145.6	147.8	7'''			35.9	35.4	36.1
8"	116.6	115.1	115.8	115.9	116.5	8'''			71.1	72.1	72.6

3-4-472

3-4-473

3-4-474 (马钱苷单元, 獐牙菜苷单元)

表 3-4-93 化合物 3-4-472~3-4-473 的 ^{13}C NMR 数据

	C	3-4-472[211]	3-4-473[212]		C	3-4-472[211]	3-4-473[212]
a 区	1	97.6	97.7	a 区	4'	71.5	71.6
	3	154.2	153.9		5'	78.3	78.4
	4	110.5	110.3		6'	62.6	62.8
	5	33.8	34.0	b 区	1	97.3	97.5
	6	29.6	27.2		3	151.9	154.5
	7	156.2	150.7		4	109.9	110.0
	8	135.8	135.6		5	31.2	34.0
	9	45.4	45.2		6	143.3	141.0
	10	120.3	120.5		7	196.9	192.0
	11	169.0	168.9		8	135.5	135.2
	OMe	52.0	52.1		9	46.5	45.8
	1'	99.8	100.3		10	119.2	119.6
	2'	74.6	74.7		11	171.0	168.7
	3'	77.9	78.1		OMe		51.9

续表

	C	3-4-472[211]	3-4-473[212]		C	3-4-472[211]	3-4-473[212]
b 区	1'	100.1	100.0	b 区	4'	71.6	71.5
	2'	74.7	74.7		5'	78.3	78.4
	3'	78.0	78.1		6'	62.7	62.7

表 3-4-94　化合物 3-4-474 的 ^{13}C NMR 数据

	C	3-4-474[212]		C	3-4-474[212]
马钱苷单元	1	98.4	獐牙菜苷单元	1	98.0
	3	152.3		3	154.2
	4	114.0		4	105.1
	5	32.4		5	25.3
	6	43.0		6	31.8
	7	75.0		7	105.1
	8	42.4		8	133.1
	9	46.6		9	43.9
	10	13.7		10	121.2
	11	169.5		11	167.6
	OMe	51.7		1'	99.8
	1'	100.5		2'	74.7
	2'	74.6		3'	78.1
	3'	78.1		4'	71.6
	4'	71.8		5'	78.5
	5'	77.0		6'	62.7
	6'	70.6			

3-4-475

3-4-477

3-4-478

3-4-476

表 3-4-95 化合物 3-4-475、3-4-477 和 3-4-478 的 ^{13}C NMR 数据

	C	3-4-475[123]	3-4-477[206]	3-4-478[200]		C	3-4-475[123]	3-4-477[206]	3-4-478[200]
a 区	1	95.3	95.2	95.6	a 区	1'''		102.4	
	3	155.2	155.2	155.1		2'''		74.9	
	4	109.5	109.5	109.5		3'''		77.9	
	5	31.8	31.8	31.8		4'''		71.6	
	6	41.3	41.5	41.2		5'''		75.2	
	7	173.0	173.2	173.2		6'''		65.0	
	8	125.2	124.9	125.2	b 区	1	95.2	95.4	95.5
	9	130.3	130.5	130.3		3	155.2	155.2	155.3
	10	13.6	13.7	13.7		4	109.4	109.4	109.7
	11	168.7	168.6	168.6		5	31.9	31.9	31.4
	OMe	52.0	52.0	52.0		6	41.4	41.3	40.8
	1'	101.0	100.9	99.2		7	170.3	172.9	172.1
	2'	74.7	74.8	75.1		8	124.9	125.1	125.3
	3'	77.8	77.9	75.8		9	130.5	130.5	130.2
	4'	71.4	71.5	71.5		10	13.8	13.8	13.9
	5'	75.5	78.5	78.6		11	168.6	168.7	168.8
	6'	64.9	62.7	62.8		Me		52.1	
	1''	130.1	133.4	130.8		OMe	52.0		52.0
	2''	131.1	131.1	117.1		1'	100.9	101.1	101.0
	3''	116.4	118.0	146.3		2'	74.8	74.8	74.8
	4''	157.1	157.7	145.0		3'	78.0	78.0	78.0
	5''	116.4	118.0	116.5		4'	71.5	71.5	71.6
	6''	131.1	131.1	121.4		5'	78.4	78.4	78.5
	7''	35.3	35.2	35.4		6'	62.7	62.8	62.6
	8''	66.9	66.7	66.9					

表 3-4-96 化合物 3-4-476 的 ^{13}C NMR 数据

	C	3-4-476[200]		C	3-4-476[200]		C	3-4-476[200]		C	3-4-476[200]
a 区	1	95.4	a 区	1'	101.0	b 区	5''	122.7	b 区	7'''	35.5
	3	155.4		2'	74.7		6''	131.0		8'''	66.5
	4	109.4		3'	77.9		7''	35.3		1''''	138.2
	5	31.7		4'	71.4		8''	66.0		2''''	131.0
	6	41.0		5'	78.3		1'''	130.2		3''''	122.5
	7	171.2		6'	62.6		2'''	131.0		4''''	150.7
	8	125.2	b 区	1''	137.4		3'''	116.3		5''''	122.5
	9	130.5		2''	131.0		4'''	157.0		6''''	131.0
	10	13.9		3''	122.7		5'''	116.3		7''''	39.5
	11	168.1		4''	150.5		6'''	131.0		8''''	64.1

第三章 单萜、倍半萜和二萜类化合物

表 3-4-97 化合物 3-4-479~3-4-484 的 ^{13}C NMR 数据

	C	3-4-479[200]	3-4-480[200]	3-4-481[200]	3-4-482[213]	3-4-483[194]	3-4-484[214]
a 区	1	95.7	95.3	97.6	97.7	95.2	97.6
	3	155.1	155.1	152.5	152.7	155.2	153.7
	4	109.2	109.5	114.1	115.1	109.4	109.9
	5	31.8	31.9	32.7	32.7	31.8	28.8
	6	41.2	41.3	40.5	40.5	41.3	35.5
	7	173.2	173.3	80.1	80.3	173.0	173.8
	8	125.1	125.0	41.2	41.2	124.9	134.5
	9	130.5	130.5	47.1	47.2	130.5	45.4
	10	13.7	13.6	13.8	13.7	13.8	120.6
	11	169.0	168.7	168.9	169.2	168.7	168.7
	OMe	51.9	52.0			52.0	51.7
	1'	101.0	100.8	100.1	100.3	101.1	100.0
	2'	72.8	74.8	74.8	74.7	74.7	74.6
	3'	79.0	75.7	78.0	77.7	77.8	78.3
	4'	69.5	72.7	71.6	71.6	71.4	71.6
	5'	78.1	76.1	78.4	78.3	75.5	78.4

续表

	C	3-4-479[200]	3-4-480[200]	3-4-481[200]	3-4-482[213]	3-4-483[194]	3-4-484[214]
a区	6'	62.3	62.5	62.8	62.8	64.8	62.8
	1"	130.7	130.8	113.2	113.2	130.8	
	2"	117.1	117.1	151.5	153.0	116.6	
	3"	146.2	146.3	147.2	147.3	146.2	
	4"	144.9	145.0	121.8	124.6	144.9	
	5"	116.4	116.5	120.1	120.1	117.1	
	6"	121.3	121.4	121.1	124.0	121.4	
	7"	35.4	35.4		170.8	35.5	
	8"	66.9	66.9			66.9	
	1'''				103.3		
	2'''				74.8		
	3'''				77.7		
	4'''				71.4		
	5'''				77.9		
	6'''				62.5		
b区	1	95.4	95.5	97.7	97.7	95.4	64.8
	3	155.4	155.4	153.7	153.6	155.2	97.0
	4	109.4	109.4	111.4	111.5	109.5	54.0
	5	31.6	31.6	31.2	31.3	31.8	39.8
	6	40.7	40.8	30.0	30.1	41.4	38.3
	7	172.6	172.4	63.6	63.5	173.0	78.8
	8	125.0	125.4	135.7	135.6	125.2	38.6
	9	130.6	130.8	45.2	45.3	130.3	44.2
	10	13.6	13.8	119.6	119.5	13.6	12.3
	11	168.7	168.7	169.2	168.8	168.6	175.1
	OMe	52.0	52.0	51.9	51.8	52.0	52.3
	1'	100.9	101.2	100.3	100.2	100.9	
	2'	74.4	74.7	74.7	74.7	74.8	
	3'	78.0	78.0	77.9	77.7	78.0	
	4'	71.6	71.3	71.6	71.6	71.5	
	5'	78.3	78.4	78.4	78.3	78.4	
	6'	62.8	62.5	62.8	62.8	62.7	
minor part b	1						57.9
	3						91.8
	4						—
	5						32.3
	6						40.2
	7						78.7
	8						38.4
	9						43.6
	10						12.5
	11						173.6
	OMe						52.2

表 3-4-98 化合物 3-4-485~3-4-489 的 ^{13}C NMR 数据

	C	3-4-485[215]	3-4-486[203]	3-4-487[203]	3-4-488[216]	3-4-489[217]
a 区	1	95.2	95.4	95.1	98.3	97.7
	3	155.3	155.3	155.2	154.2	153.9
	4	109.5	109.4	109.4	114.2	111.5
	5	31.9	31.8	31.9	33.4	31.2
	6	41.3	41.1	41.4	41.2	30.1
	7	173.2	171.6	173.1	79.3	64.1
	8	125.0	125.2	125.0	41.9	135.6
	9	130.4	130.7	130.5	47.2	45.4
	10	13.6	13.9	13.6	14.7	119.6
	11	168.2	168.1	168.7	170.3	168.1
	OMe			52.0		
	Ac					20.9, 172.9
	1'	101.0	101.1	100.9	101.1	101.2
	2'	74.8	74.8	74.8	75.5	74.7
	3'	78.0	78.0	78.0	78.9	78.0
	4'	71.5	71.5	71.5	72.5	71.6
	5'	78.5	78.4	78.5	79.3	78.4
	6'	62.7	62.7	62.8	63.6	62.8
	1"	130.3	138.3	138.7		
	2"	131.1	131.0	124.5		
	3"	116.4	122.6	143.4		
	4"	157.1	150.6	142.2		
	5"	116.4	122.6	125.0		
	6"	131.1	113.0	128.4		
	7"	35.4	39.6	35.3		
	8"	66.5	64.1	66.1		

续表

	C	3-4-485[215]	3-4-486[203]	3-4-487[203]	3-4-488[216]	3-4-489[217]
b区	1	95.4	95.4	95.2	98.7	70.8
	3	155.2	155.4	155.4	153.4	171.9
	4	109.4	109.4	109.4	112.9	52.4
	5	31.8	31.8	31.7	30.4	37.8
	6	41.1	41.1	40.7	34.1	39.1
	7	171.6	171.7	170.7	105.7	80.1
	8	125.2	125.2	125.5	136.7	42.4
	9	130.6	130.6	130.5	46.3	43.4
	10	13.9	13.9	14.0	120.7	13.5
	11	168.7	168.7	168.6	169.2	170.3
	OMe	52.0	52.0	52.1	53.6,54.5	53.1
	1'	100.9	101.1	101.0	101.1	
	2'	74.8	74.8	74.8	75.5	
	3'	78.0	78.0	78.0	78.9	
	4'	71.6	71.5	71.6	72.5	
	5'	78.5	78.5	78.5	79.3	
	6'	62.9	62.7	62.7	63.6	
	1"	137.2	137.5			
	2"	131.0	131.1			
	3"	122.8	122.7			
	4"	150.8	150.8			
	5"	122.8	122.7			
	6"	131.0	131.1			
	7"	35.3	35.5			
	8"	66.5	66.0			
c区	1			95.2		
	3			155.4		
	4			109.4		
	5			31.7		
	6			40.7		
	7			170.8		
	8			125.5		
	9			130.5		
	10			14.0		
	11			168.6		
	OMe			52.1		
	1'			101.0		
	2'			74.8		
	3'			78.0		
	4'			71.6		
	5'			78.5		
	6'			62.8		

表 3-4-99　化合物 3-4-490~3-4-494 的 ^{13}C NMR 数据

	C	3-4-490[218]	3-4-491[218]	3-4-492[218]	3-4-493[219]	3-4-494[184]
a 区	1	97.8	97.8	97.3	97.9	97.9
	3	153.7	153.7	152.2	153.4	153.3
	4	111.7	111.6	110.8	110.5	110.6
	5	31.3	31.2	28.8	29.2	28.8
	6	30.1	30.0	32.6	36.1	36.1
	7	64.2	64.1	103.1	177.3	177.4
	8	135.7	135.6	135.2	134.6	134.6
	9	45.3	45.4	44.7	45.3	45.2
	10	119.6	119.6	119.2	120.5	120.7
	11	168.2	168.2	167.3	169.0	168.9
	OMe				51.6	51.6
	7-OMe			53.1, 51.9		
	11-OMe			51.0		
	Ac	20.8,173.0	20.9,172.9			
	1'	100.1	100.1	103.1	100.3	100.2
	2'	74.7	74.7	75.1	74.5	74.5
	3'	78.0	78.1	75.3	77.9	77.8
	4'	71.6	71.6	81.3	71.0	71.6
	5'	78.4	78.5	67.4	76.7	77.1
	6'	62.7	62.8	68.6	68.6	70.5
b 区	1	97.0	69.8	96.9	98.4	97.7
	3	153.9	176.3	152.9	154.3	154.1
	4	111.7	35.1	110.4	105.6	105.1
	5	33.7	34.2	29.7	22.9	25.3
	6	40.8	40.0	35.2	30.3	31.7
	7	78.2	79.9	101.9	102.0	105.2

续表

	C	3-4-490[218]	3-4-491[218]	3-4-492[218]	3-4-493[219]	3-4-494[184]
b 区	8	41.8	41.9	135.1	133.3	133.0
	9	48.6	43.9	44.5	43.5	43.8
	10	14.4	13.4	119.0	121.0	121.2
	11	169.7		167.2	167.4	167.6
	OMe	51.7		50.9		
	1'			100.5	100.0	99.7
	2'			74.6	74.6	74.6
	3'			78.4	78.1	78.0
	4'			71.4	71.5	71.8
	5'			79.0	78.4	78.4
	6'			62.5	62.7	62.7

3-4-495

3-4-496

3-4-497

3-4-498

3-4-499

表 3-4-100　化合物 3-4-495~3-4-499 的 ^{13}C NMR 数据

	C	3-4-495[184]	3-4-496[214]	3-4-497[206]	3-4-498[219]	3-4-499[220]
a 区	1	98.2	98.2	94.3	97.6	97.5
	3	152.1	153.7	155.0	152.5	153.7
	4	114.1	106.1	109.1	113.3	109.9
	5	32.3	28.5	32.5	32.6	28.8
	6	42.9	26.4	40.8	40.4	35.6
	7	75.0	69.8	173.4	78.9	173.8
	8	42.4	133.3	124.4	40.9	134.5
	9	46.5	44.0	134.0	47.0	45.6
	10	13.5	121.0	62.1	13.8	120.7

续表

	C	3-4-495[184]	3-4-496[214]	3-4-497[206]	3-4-498[219]	3-4-499[220]
a区	11	169.5	168.3	168.3	169.3	168.8
	OMe	51.7		52.0, 52.4	51.8	51.7
	1'	100.9	100.4	101.0	100.2	100.0
	2'	75.5	75.4	74.7	74.7	74.6
	3'	74.7	74.6	78.0	78.0	78.0
	4'	81.8	81.8	71.4	71.6	71.6
	5'	67.9	68.0	78.4	78.4	78.4
	6'	69.3	69.2	62.8	62.8	62.8
b区	1	97.7	97.7	95.3	97.5	70.8
	3	153.7	153.9	155.2	153.7	172.0
	4	111.5	111.5	109.4	109.9	53.1
	5	29.6	29.6	31.9	28.8	37.7
	6	35.2	35.2	41.2	35.5	39.0
	7	102.7	102.7	172.8	173.8	80.7
	8	135.8	135.8	125.1	134.3	42.2
	9	45.4	45.4	130.4	45.4	43.3
	10	119.8	119.8	13.8	120.8	13.4
	11	169.3	169.3	168.7	168.8	170.3
	OMe	51.8	51.8	52.0	51.8	53.1
	1'	100.0	100.0	101.0	99.9	
	2'	74.7	74.7	74.7	74.7	
	3'	78.0	78.0	78.0	78.0	
	4'	71.7	71.7	71.5	71.6	
	5'	78.5	78.5	78.5	78.4	
	6'	62.9	62.9	62.8	62.8	

参 考 文 献

[1] Takeda Y, Kiba Y, Masuda T, et al. Chem Pharm Bull, 1999, 47: 1433.
[2] Machida K, Ando M, Yaoita Y, et al. Chem Pharm Bull, 2001, 49: 732.
[3] Otsuka H, Phytochemistry, 1995, 39: 1111.
[4] Tomassini L, Foddai S, Nicoletti M, et al. Phytochemistry, 1997, 46: 901.
[5] Tomassini L, Cometa M F, Foddai S, et al. Phytochemistry, 1995, 38: 423.
[6] Tomassini L, Cometa M F, Foddai S, et al. Planta Med, 1999, 65: 195.
[7] Tomassini L, Brkic D. Planta Medica, 1997, 63: 485.
[8] Velazquez-Fiz M, Diaz-Lanza A M, Matellano L F, Pharma Biol, 2000, 38: 268.
[9] Kuruuzum-uz A, Guvenalp Z, Demirezer L O, et al. Phytochemistry, 2002, 61: 937.
[10] Fukuyama Y, Minoshima Y, Kishimoto Y, et al. J Nat Prod, 2004, 67: 1833.
[11] Tomassini L, Gao J, Serafini M, et al. Nat Prod Res, 2005, 19: 667.
[12] Ono M, Ito Y, Kubo S, et al. Chem Pharm Bull, 1997, 45: 1094.
[13] Kirmizibekmez H, Akbay P, Sticher O, et al. Z Naturforsch, 2003, 58c: 181.
[14] Dai J Q, Liu Z L, Yang L. Phytochemistry, 2002, 59: 537.
[15] Su B N, Ma L P, Jia Z J. Planta Med, 1998, 64: 720.
[16] Yuan C S, Zhang Q, Xie W D, et al. Pharmazie, 2003, 58: 428.
[17] Guo S J, Gao L M, Cheng D L. Pharmazie, 2001, 56: 178.

[18] Mitova M, Handjieva N, Spassov S, et al. Phytochemistry, 1996, 42: 1227.
[19] Ismail L D, El-Azizi M M, Khalifa T I, et al. Phytochemistry, 1996, 42: 1223.
[20] Damtoft S, Frederiksen L B, Jensen S R. Phytochemistry, 1994, 35: 1259.
[21] Kanchanapoom T, Kasai R, Yamasaki K. Phytochemistry, 2002, 60: 769.
[22] Catalano S, Flamini G, Bilia A R, Morelli I, et al. Phytochemistry, 1995, 38: 895.
[23] Poser G L V, Damtoft S, Schripsema J, et al. Phytochemistry, 1997, 46: 371.
[24] Ilieva E, Handjieva N, Popov S. Z Naturforsch, 1992, 47c:791.
[25] Zhang Y H, Yang L, Cheng D L. Pharmazie, 2000, 55: 845.
[26] Handjieva N, Tersieva L, Popov S, et al. Phytochemistry, 1995, 39: 925.
[27] Bianco A, Guiso M, Martino M, et al. J Nat Prod 1997, 60: 366.
[28] Tasdemir D, Scapozza L, Zerbe O, et al. J Nat Prod, 1999, 62: 811.
[29] Nakagawa H, Takaishi Y, Fujimoto Y, et al. J Nat Prod, 2004, 67:1919.
[30] Harinantenaina L R R, Kasai R, Rakotovao M, et al. Z Natural Med, 2001, 55: 187.
[31] Nass R, Rimpler H. Phytochemistry, 1996, 41: 489.
[32] Boje K, Lechtenberg M, Nahrstedt A. Planta Med, 2003, 69: 820.
[33] Hannedouche S, Stanislas E, Moulis C, et al. Phytochemistry, 2000, 54: 807.
[34] Bianco A, Guiso M, Pellegrini G, et al. Phytochemistry, 1997, 44: 1515.
[35] Kim S R, Lee K Y, Koo K A, et al. J Nat Prod, 2002, 65: 1696.
[36] Li Y M, Jiang S H, Gao W Y, et al. Phytochemistry, 1999, 50: 101.
[37] Kirmizibekmez H, Calis I, Piacente S, et al. Chim Acta, 2004, 87: 1172.
[38] Hannedouche S, Collet I J C, Fabre N, et al. Phytochemistry, 1999, 51: 767.
[39] Skaltsounis A L, Tsitsa-Tzardis E, Demetzos C, et al. J Nat Prod, 1996, 59: 673.
[40] Magiatis P, Melliou E, Tsitsa E, et al. Z Naturforsch, 2000, 55c: 667.
[41] Kirmizibekmez H, Akbay P, Sticher O, et al. Z Naturforsch, 2003, 58c: 181.
[42] Su B N, Ma L P, Jia Z J. Planta Med, 1998, 64: 720.
[43] Damtoft S, Jensen S R, Thorsen J, et al. Phytochemistry, 1994, 36: 927.
[44] Li Y, Changzeng W, Zhongjian J. Phytochemistry, 1995, 40: 491.
[45] Klimek B. Phytochemistry, 1996, 43: 1281.
[46] Ronsted N, Gobel E, Franzyk H, et al. Phytochemistry, 2000, 55: 337.
[47] Kanchanapoom T, Kasai R, Chumsri P, et al. Phytochemistry, 2001, 58: 333.
[48] Tasdemir D, Güner N D, Perozzo R, et al. Phytochemistry, 2005, 66: 355.
[49] Vesper T, Seifert K, Phytochemistry, 1994, 37: 1087.
[50] Yang X D, Xi Mei S, Zhao J F, et al. Chinese Chem Lett, 2003, 14: 936.
[51] Calis I, Kirmizibekmez H, Tasdemir D, et al. Chem Pharm Bull, 2002, 50: 678.
[52] Kirmizibekmez H, Calis I, Akbay P, et al. Z Naturforsch, 2003, 58c: 337.
[53] Li J X, Li P, Tezuka Y, et al. Phytochemistry, 1998, 48: 537.
[54] Helfrich E, Rimpler H. Phytochemistry, 1999, 50: 619.
[55] Helfrich E, Rimpler H. Phytochemistry, 2000, 54: 191.
[56] Miyase T, Mimatsu A. J Nat Prod, 1999, 62: 1079.
[57] Yang X D, Zhao J F, Xi Mei S, et al. Chinese Chem Lett, 2004, 15: 49.
[58] Mandal S, Mukhopadhyay S. Indian J Chem, 2004, 3B: 1023.
[59] Hosny M, Rosazza J P N. J Nat Prod, 1998, 61: 734.
[60] Kaneko T, Ohtani K, Kasai R, et al. Phytochemistry, 1997, 45: 907.
[61] Stermitz F R, Abdel-Kader M S, Foderaro T A, et al. Phytochemistry, 1994, 37: 997.
[62] Kanchanapoom T, Ruchirawat S, Kasai R, et al. Chem Pharm Bull, 2004, 52: 980.
[63] Machida M, Ogawa M, Kikuchi M. Chem Pharm Bull, 1998, 46: 1056.
[64] Fernandez L, Diaz A M, Ollivier E, et al. Phytochemistry, 1995, 40: 1569.
[65] Sudo H, Ide T, Otsuka H, et al. Phytochemistry, 1997, 46: 1231.
[66] Machida K, Ando M, Yaoita Y, et al. Chem Pharm Bull, 2001, 49: 732.
[67] Kalpoutzakis E, Aligiannis N, Mitakou S, et al. J Nat Prod, 1999, 62: 342.
[68] Stevenson P C, Simmonds M S J, Sampson J, et al. Phytother Res, 2002, 16: 32.
[69] Harput U S, Saracoglu I, Nagatsu A, et al. Chem Pharm Bull, 2002, 50: 1106.

[70] Warashina T, Nagatani Y, Noro T. Phytochemistry, 2005, 66: 589.
[71] Harput U S, Nagatsu A, Ogihara Y, et al. Z Naturforsch, 2003, 58c: 481.
[72] Kanchanapoom, Noiarsa P, Ruchirawat S, et al. Chem Pharm Bull, 2004, 52: 612.
[73] Sudo H, Ide T, Otsuka H, et al. Phytochemistry, 1998, 49: 783.
[74] Iwagawa T, Yaguchi S, Hase T. Phytochemistry, 1994, 35: 1369.
[75] Schneider M J, Green J C, McPeak D. Phytochemistry, 1997, 46: 1097.
[76] Kaneko T, Ohtani K, Kasai R, et al. Phytochemistry, 1997, 45: 907.
[77] Jia Q, Hong M F, Minter D. J Nat Prod, 1999, 62: 901.
[78] Zhang Y J, Liu Y Q, Pu X Y, et al. Phytochemistry, 1995, 38: 899.
[79] Yuan C S, Zhang Q, Xie W D, et al. Pharmazie, 2003, 58: 428.
[80] Takeda Y, Yagi T, Matsumoto T, et al. Phytochemistry, 1996, 42: 1085.
[81] Takeda Y, Matsumoto T, Ooiso Y, et al. J Nat Prod, 1996, 59: 518.
[82] Ersöz T, Ziver Berkman M, Tasdemir D, et al. J Nat Prod, 2000, 63: 1449.
[83] Stermitz F R, Blokhin A, Poley C S, et al. Phytochemistry, 1994, 37: 1283.
[84] Guiso M, Marra C, Piccioni F, et al. Phytochemistry, 1997, 45:193.
[85] Wei X M, Zhu Q X, Chen J C, et al. Chinese Chem Lett, 2000, 11: 415.
[86] Jia Z J, Gao J J, Liu Z M. Indian J Chem, 1994, 33B: 460.
[87] Sridhar C, Subbaraju G V, Venkateswarlu Y, et al. J Nat Prod, 2004, 67: 2012.
[88] Harput U S, Varel M, Nagatsu A, et al. Phytochemistry, 2004, 65: 2135.
[89] Calis I, Hosny M, Yuruker A, et al. J Nat Prod, 1994, 57: 494.
[90] Kuruuzum-uz A, Ströch K, Demirezer L O, et al. Phytochemistry, 2003, 63: 959.
[91] Tomita H, Mouri Y. Phytochemistry, 1996, 42: 239.
[92] Carbonezi C A, Martins D, Young M C M, et al. Phytochemistry, 1999, 51: 781.
[93] Itoh A, Tanahashi T, Tabata M, et al. Phytochemistry, 2001, 56: 623.
[94] Tanaka N, Tanaka T, Fujioka T, et al. Phytochemistry, 2001, 57: 1287.
[95] Zhang X, Xu Q, Xiao H, et al. Phytochemistry, 2003, 64: 1341.
[96] Otsuka H, Kashima N, Nakamoto K. Phytochemistry, 1996, 42: 1435.
[97] Bergeron C, Marston A, Gauthier R, Hostettmann K, Phytochemistry, 1997, 44: 633.
[98] Wang S S, Zhao W J, Han X W, et al. Chem Pharm Bull, 2005, 53: 674.
[99] Bergeron C, Marston A, Gauthier R, et al. Phytochemistry, 1997, 44: 633.
[100] Damtoft S, Franzyk H, Jensen S R. Phytochemistry, 1997, 45: 743.
[101] Calis I, Hosny M, Yuruker A. Phytochemistry, 1994, 37: 1083.
[102] Poser G L V, Schripsema J, Olsen C E, et al. Phytochemistry, 1998, 49: 1471.
[103] Taskova R, Handjieva N, Peev D, et al. Phytochemistry, 1998, 49: 1323.
[104] Kanchanapoom T, Kasai R, Yamasaki K. Phytochemistry, 2002, 61: 461.
[105] Chaari A, Jannet H B, Mighri Z, et al. J Nat Prod, 2002, 65: 618.
[106] Rastrelli L, Caceres A, Morales C, et al. Phytochemistry, 1998, 49: 1829.
[107] Ersoz T, Ivancheva S, Akbay P, et al. Z Naturforsch, 2001, 56c: 695.
[108] Kanchanapoom T, Kasai R, Yamasaki K. Phytochemistry, 2001, 58: 337.
[109] Kirmizibekmez H, Piacente S, Pizza C, et al. Z Natureforsch, 2004, 59b: 609.
[110] Negi S, Shukla V, Rawat M S M, et al. Indian J Chem, 2004, 43B: 1805.
[111] Jensen S R, Olsen C E, Rahn K, et al. Phytochemistry, 1996, 42: 1633.
[112] Shaker K H, Elgamal M H A, Seifert K. Z Naturforch, 2001, 56c: 965.
[113] Mitova M, Handjieva N, Anchev M, et al. Z Naturforsch, 1999, 54c: 488.
[114] Jensen, S R, Harborne J B, Tomas-Barberan F A. Ecological Chemistry and Biochemistry of Plant Terpenoids. Oxford: Clarendon Press, 1991: 133.
[115] Ling S K, Komorita A, Tanaka T, et al. Chem Pharm Bull, 2002, 50: 1035.
[116] Ling S K, Kamorita A, Tanaka T, et al. J Nat Prod, 2002, 65: 656.
[117] Taskova R M, Gotfredsen C H, Jensen S R. Phytochemistry, 2005, 66: 1440.
[118] Taskova R, Handjieva N, Evstatieva L, et al. Phytochemistry, 1999, 52: 1443.
[119] Kim Y L, Chin Y W, Kim J, et al. Chem Pharm Bull, 2004, 52: 1356.
[120] Kanchanapoom T, Kasai R, Yamasaki K. Phytochemistry, 2002, 59: 551.

[121] Sharma M, Garg H S. Indian J Chem, 1996, 35B: 459.

[122] Bolzani VDaS, Izumisawa C M, Young M C M, et al. Phytochemistry, 1997, 46: 305.

[123] Cuender M, Hostettmann K, Potterat O, et al. Helv Chim Acta, 1997, 80: 1142.

[124] Peng J N, Feng X Z, Liang X T. J Nat Prod, 1999, 62: 611.

[125] Quang D N, Hashimoto T, Tanaka M, et al. Phytochemistry, 2002, 60: 505.

[126] Tanahashi T, Shimada A, Nagakura N, et al. Chem Pharm Bull, 1995, 43: 729.

[127] Rodriguez V, Schripsema J, Jensen S R. Phytochemistry, 199, 45: 1427.

[128] Tanahashi T, Shimada A, Kai M, et al. J Nat Prod, 1996, 59: 798.

[129] Itoh A, Kumashiro T, Yamaguchi M, et al. J Nat Prod, 2005, 68: 848.

[130] Kumar V, Chand R, Auzi A, et al. Pharmazie, 2003, 58: 668.

[131] Takeda Y, Ooiso Y, Masuda T, et al. Phytochemistry, 1998, 49: 787.

[132] Machida K, Unagami E, Ojima H, et al. Chem Pharm Bull, 2003, 51: 883.

[133] Machida K, Kaneko A, Hosogai T, et al. Chem Pharm Bull, 2002, 50: 493.

[134] Krull R E, Stermitz F R. Phytochemistry, 1998, 49: 2413.

[135] Ayers S, Sneden A T. J Na Prod, 2002, 65: 1621.

[136] Kamel M S, Mohamed K M, Hassanean H A, et al. Phytochemistry, 2000, 55: 353.

[137] Delazar A, Byres M, Gibbons S, et al. J Nat Prod, 2004, 67: 1584.

[138] Aboutabl E A, Meselhy M R, Afifi M S. Pharmazie, 2002, 57: 646.

[139] Alipieva K I, Jensen S R, Franzyk H, et al. Z Naturforsch., 2000, 55c: 137.

[140] Takeda Y, Morimoto Y, Matsumoto T, et al. Phytochemistry, 1995, 39: 829.

[141] Schuquel I T A, Malheiros A, Sarragiotto M H, et al. Phytochemistry, 1998, 2409.

[142] Takeda Y, Matsumura H, Masuda T, et al. Phytochemistry, 2000, 53: 931.

[143] Kirmizibekmez H, Calis I, Perozzo R, et al. Planta Med, 2004, 70: 711.

[144] Suksamrarn S, Wongkrajang K, Kirtikara K, et al. Planta Med, 2003, 69, 877.

[145] Calis I, Kirmizibekmez H, Ersoz T, et al. Z Naturforsch, 2005, 60b: 1295.

[146] Tuntiwachwuttikul P, Pancharoen O, Taylor W C. Phytochemistry, 1998, 49: 163.

[147] Sang S, He K, Liu G, et al. Tetrahedron Lett, 2001, 42: 1823.

[148] Damtoft S. Phytochemistry, 1994, 36: 373.

[149] Abe F, Chen R F, Yamauchi T, et al. Chem Pharm Bull, 1995, 43: 499.

[150] Abe F, Yamauchi T, Yahara S, et al. Phytochemistry, 1995, 38: 793.

[151] Ishiguro K, Yamaki M, Tagaki S. J Nat Prod, 1983, 46: 532.

[152] Otsuka H. Natural Med, 2002, 56: 59.

[153] Schwarz B, Wray V, Proksch P. Phytochemistry, 1996, 42: 633.

[154] Machida K, Takehara E, Kobayashi H, et al. Chem Pharm Bull, 2003, 51: 1417.

[155] Krull R E, Stermitz F R, Franzyk H, et al. Phytochemistry, 1998, 49: 1605.

[156] Su B N, Pawlus A D, Jung H A, et al. J Nat Prod, 2005, 68: 592.

[157] Franzyk H, Jensen S R, Stermitz F R. Phytochemistry, 1998, 49: 2025.

[158] Fukuyama Y, Minoshima Y, Kishimoto Y, et al. J Nat Prod, 2004, 67: 1833.

[159] Handjieva N, Mitova M, Ancev M, et al. Phytochemistry, 1996, 43: 625.

[160] Singh K L, Roy R, Srivastava V, et al. J Nat Prod, 1995, 58: 1562.

[161] Ling S K, Tanaka T, Kouno I. J Nat Prod, 2001, 64: 796.

[162] Franzyk H, Jensen S R, Olsen C E. J Nat Prod, 2001, 64: 632.

[163] Siddiqui B S, Naeed A, Begum S, et al. Phytochemistry, 1994, 37: 769.

[164] Wei X, Xie H, Ge X, et al. Phytochemistry, 2000, 53: 837.

[165] Sang S, Cheng X, Zhu N, et al. J Nat Prod, 2001, 64: 799.

[166] Cimanga K, Hermans N, Apers S, et al. J Nat Prod, 2003, 66: 97.

[167] Tan R X, Kong L D, Wei H X. Phytochemistry, 1998, 47: 1223.

[168] Machida K, Hishinuma E, Kikuchi M. Chem Pharm Bull, 2004, 52: 618.

[169] Li Y, Ishibashi M, Satake M, et al. Chem Pharm Bull, 2003, 51: 1103.

[170] Takenaka Y, Okazaki N, Tanahashi T, et al. Phytochemistry, 2002, 59: 779.

[171] Kouno I, Koyama I, Jiang Z H, et al. Phytochemistry, 1995, 40: 1567.

[172] Calis I, Yuruker A, Ruegger H, et al. Phytochemistry, 1995, 38: 163.

[173] Ono M, Ito Y, Kubo S, et al. Chem Pharm Bull, 1997, 45: 1094.

[174] Sudo H, Takushi A, Hirata E, et al. Phytochemistry, 1999, 52: 1495.

[175] Takeda Y, Shimidzu H, Mizuno K,et al. Chem Pharm Bull, 2002, 50:1395.

[176] Otsuka H. J Nat Prod, 1994, 57: 357.

[177] Bianco A, Guiso M, Martino M, et al. Phytochemistry, 1996, 42: 89.

[178] Calis I, Kirmizibekmez H, Sticher O. J Nat Prod, 2001, 64: 60.

[179] Magiatis P, Skaltsounis A L, Tillequin F, et al. Phytochemistry, 2002, 60: 415.

[180] Hamerski L, Furlan M, Silva D H S, et al. Phytochemistry, 2003, 63: 397.

[181] Park A, Kim H J, Lee J S, et al. J Nat Prod, 2002, 65: 1363.

[182] Cheng M J, Tsai I L, Chen I S. J Chin Chem Soc, 2001, 48: 235.

[183] Machida K, Unagami E, Ojima H, et al. Chem Pharm Bull, 2003, 51: 883.

[184] Itoh A, Fujii K, Tomatsu S, et al. J Nat Prod, 2003, 66: 1212.

[185] Kakuda R, Imai M, Yaoita Y, et al. Phytochemistry, 2000, 55: 879.

[186] Kikuchi M, Kakuda R, Kikuchi M, et al. J Nat Prod, 2005, 68:751.

[187] Shiobara Y, Kato K, Ueda Y, et al. Phytochemistry, 1994, 37: 1649.

[188] Trujillo J M, Hernandez J M, Perez J A, et al. Phytochemistry, 1996, 42: 553.

[189] Lopez H, Perez J A, Hernandez J M,et al. J Nat Prod, 1997, 60:1334.

[190] Zuleta L M C, Cavalheiro A J, Silva D H S, et al. Phytochemistry, 2003, 64: 549.

[191] Chan Y Y, Leu Y L, Lin F W, et al. Phytochemistry, 1998, 47: 1073.

[192] Tan R X, Kong L D, Wei H X. Phytochemistry, 1998, 47: 1223.

[193] Carbonezi C A, Martins D, Young M C M, et al. Phytochemistry, 1999, 51: 781.

[194] Chulia A J, Vercauteren J, Mariotte A M. Phytochemistry, 1996, 42: 139.

[195] Jiang R W, Wong K L, Chan Y M, et al. Phytochemistry, 2005, 66: 2674.

[196] Kikuzaki H, Kawasaki Y, Kitamura S, et al. Planta Med, 1996, 62: 35.

[197] Tan R X, Hu J, Kong L D, et al. Planta Med, 1997, 63: 567.

[198] Rodriguez S, Wolfender J L, Hostettmann K, et al. Helv Chim Acta, 1996, 79: 363.

[199] Chang F R, Lee Y H, Yang Y L, et al. J Nat Prod, 2003, 66: 1245.

[200] Yoshikawa M, Ueda T, Matsuda H, et al. Chem Pharm Bull, 1994, 42: 1691.

[201] Machida K, Kaneko A, Hosogai T, et al. Chem Pharm Bull, 2002, 50: 493.

[202] Calis I, Hosny M, Lahloub M F. Phytochemistry, 1996, 41: 1557.

[203] Takenaka Y, Okazaki N, Tanahashi T, et al. Phytochemistry, 2002, 59: 779.

[204] Iossifova T, Vogler B, Kostova I. Phytochemistry, 1998, 49: 1329.

[205] Nguyen A T, Foutaine J, Malonne H, et al. Phytochemistry, 2005, 66: 1186.

[206] He Z D, Ueda S, Inoue K, et al. Phytochemistry, 1994, 35: 177.

[207] Shen Y C, Lin T T, Lu T Y, et al. Chinese Chem Soc, 1999, 46: 197.

[208] Shen Y C, Lin S L, Chein C C. Phytochemistry, 1997, 44: 891.

[209] Shen Y C, Lin S L. Planta Med, 1996, 62: 515.

[210] Hosny M, Phytochemistry, 1998, 47: 1569.

[211] Itoh A, Oya N, Kawaguchi E, et al. J Nat Prod, 2005, 68: 1434.

[212] Machida K, Sasaki H, Iijima T, et al. Chem Pharm Bull, 2002, 50: 1041.

[213] Chulia A J, Vercauteren J, Kaouadji M. Phytochemistry, 1994, 36: 377.

[214] Muller A A, Weigend M, Phytochemistry, 1999, 50: 615.

[215] Benkrief R, Ranarivelo Y, Skaltsounis A L, et al. Phytochemistry, 1998, 47: 825.

[216] Takenaka Y, Tanahashi T, Nagakura N. Phytochemistry, 1998, 48: 317.

[217] Skaltsounis A L, Sbahi S, Demetzos C, et al. Ann Pharm Fr, 1989, 47: 249.

[218] Tomassini L, Foddai S, Serafini M, et al. J Nat Prod, 2000, 63: 998.

[219] Tanahashi T, Takenaka Y, Nagakura N. Phytochemistry, 1996, 41: 1341.

[220] Muller A A, Weigend M. Phytochemistry, 1998, 49: 131.

第五节 无环倍半萜类化合物（直链）

表 3-5-1 无环倍半萜类化合物（直链）的名称、分子式和测试溶剂

编号	名称	分子式	测试溶剂	参考文献
3-5-1	(*E*)-6-ethyl-2,10-dimethyl-5,9-undecadienal	$C_{15}H_{26}O$	B	[1]
3-5-2	mucronatone	$C_{15}H_{26}O_2$	C	[2]
3-5-3	(3*E*,5*E*)-3,7,11-trimethyl-9-oxododeca-1,3,5-triene	$C_{15}H_{24}O$	C	[3]
3-5-4	(3*Z*,5*E*)-3,7,11-trimethyl-9-oxododeca-1,3,5-triene	$C_{15}H_{24}O$	C	[3]
3-5-5	(3*E*,5*E*)-7-hydroxy-3,7,11-trimethyldodeca-1,3,5,10-tetraene	$C_{15}H_{24}O$	C	[3]
3-5-6	caparratriene	$C_{15}H_{26}$	C	[4]
3-5-7	iso-dehydrodendrolasin	$C_{15}H_{20}O$	C	[5]
3-5-8	merrekentrone C	$C_{15}H_{16}O_4$	C	[6]
3-5-9	(3*Z*,6*E*)-1-bromo-2-hydroxy-3,7,11-trimethyldodeca-3,6,10-triene	$C_{15}H_{25}BrO$	C	[7]
3-5-10	amarantholidol A	$C_{15}H_{28}O_4$	M	[8]
3-5-11	amarantholidol B	$C_{15}H_{28}O_4$	M	[8]
3-5-12	amarantholidoside Ⅰ	$C_{21}H_{36}O_8$	M	[8]
3-5-13	amarantholidoside Ⅱ	$C_{21}H_{36}O_8$	M	[8]
3-5-14	amarantholidol C	$C_{15}H_{26}O_3$	M	[8]
3-5-15	amarantholidol D	$C_{15}H_{26}O_3$	M	[8]
3-5-16	amarantholidoside Ⅲ	$C_{21}H_{36}O_7$	M	[8]
3-5-17	12-acetoxy-5-hydroxynerolidol	$C_{17}H_{28}O_4$	C	[9]
3-5-18	(3*R*,6*E*,10*S**)-2,6,10-trimethyl-3-hydroxydodeca-6,11-diene-2,10-diol	$C_{15}H_{28}O_3$	C	[10]
3-5-19	amarantholidol A glycoside	$C_{21}H_{38}O_9$	M	[11]
3-5-20	amarantholidoside Ⅳ	$C_{21}H_{38}O_8$	M	[12]
3-5-21	amarantholidoside Ⅴ	$C_{21}H_{38}O_8$	M	[12]
3-5-22	amarantholidoside Ⅵ	$C_{42}H_{70}O_{15}$	M	[12]
3-5-23	amarantholidoside Ⅶ	$C_{42}H_{70}O_{15}$	M	[12]
3-5-24	(3*E*)-6-acetoxy-3,11-dimethyl-7-methylidendodeca-1,3,10-triene	$C_{17}H_{26}O_2$	C	[3]
3-5-25	(3*E*,5*E*,9*E*)-8,11-diacetoxy-3,7,11-trimethyldodeca-1,3,5,9-tetraene	$C_{19}H_{28}O_4$	C	[3]
3-5-26	methyl-(2*E*,6*E*)-10-oxo-3,7,11-trimethyldodeca-2,6-dienoate	$C_{16}H_{26}O_3$	C	[13]
3-5-27		$C_{16}H_{23}Cl_2N$	C	[14]
3-5-28	ulosin A	$C_{16}H_{23}Cl_2N$	C	[15]
3-5-29	ulosin B	$C_{16}H_{21}Cl_2NO$	B	[15]
3-5-30	sinularioperoxide A	$C_{15}H_{20}O_5$	C	[16]
3-5-31	sinularioperoxide B	$C_{15}H_{20}O_5$	C	[16]
3-5-32	sinularioperoxide C	$C_{15}H_{20}O_5$	C	[16]
3-5-33	sinularioperoxide D	$C_{15}H_{20}O_5$	C	[16]
3-5-34	glaciapyrrole A	$C_{19}H_{27}NO_4$	M	[17]
3-5-35	glaciapyrrole B	$C_{19}H_{27}NO_3$	M	[17]
3-5-36	glaciapyrrole C	$C_{19}H_{25}NO_2$	D	[17]
3-5-37	hydroxy bis-butenolide	$C_{15}H_{18}O_5$	C	[18]

续表

编号	名称	分子式	测试溶剂	参考文献
3-5-38	acetoxy bis-butenolide	$C_{17}H_{20}O_6$	C	[18]
3-5-39	bis-butenolide	$C_{15}H_{18}O_4$	C	[18]
3-5-40	acetoxy butenolide	$C_{17}H_{24}O_4$	C	[18]
3-5-41	4-hydroxyanthecotulide	$C_{15}H_{20}O_4$	C	[19]
3-5-42	4-O-acetylanthecotulide	$C_{17}H_{22}O_5$	C	[19]
3-5-43	anthecotuloide	$C_{15}H_{20}O_3$	C	[21]
3-5-44	megalanthine	$C_{24}H_{36}O_5$	C	[10]
3-5-45	(3R,6R*,7S*,10S*)-7,10-epoxy-2,6,10-trimethyl-3-(3-p-hydroxyphenylpropanoyloxy)-dodec-11-ene-2,6-diol	$C_{24}H_{36}O_6$	C	[10]
3-5-46	(3R,6S*,7R*,10S*)-7,10-epoxy-2,6,10-trimethyl-3-(3-p-hydroxyphenylpropanoyloxy)-dodec-11-ene-2,6-diol	$C_{24}H_{36}O_6$	C	[10]
3-5-47	pallidone C	$C_{25}H_{34}O_6$	C	[21]
3-5-48	pallidone D	$C_{25}H_{34}O_6$	C	[21]
3-5-49	pallidone E	$C_{25}H_{34}O_6$	C	[21]
3-5-50	pallidone F	$C_{25}H_{34}O_6$	C	[21]
3-5-51	pallidone G	$C_{25}H_{34}O_6$	C	[22]
3-5-52	pallidone H	$C_{25}H_{32}O_6$	C	[22]
3-5-53	fukanedone A	$C_{25}H_{34}O_5$	C	[23]
3-5-54	fukanedone B	$C_{24}H_{32}O_5$	C	[23]
3-5-55	fukanedone C	$C_{24}H_{30}O_6$	C	[23]
3-5-56	fukanedone D	$C_{24}H_{30}O_6$	C	[23]
3-5-57	fukanedone E	$C_{25}H_{30}O_6$	C	[23]
3-5-58	7-deacetoxyyanuthone A	$C_{22}H_{32}O_3$	C	[24]
3-5-59	2,3-hydro-7-deacetoxyyanuthone A	$C_{22}H_{34}O_4$	C	[24]
3-5-60	coniferylalcohol-4-O-farnesyl ether	$C_{25}H_{36}O_3$	C	[25]
3-5-61	2-(4',8'-dimethylnona-3',7'-dienyl)-8-hydroxy-2-methyl-2H-chromene-6-carboxylic methyl ester	$C_{23}H_{30}O_4$	C	[26]
3-5-62	2,6-dihydroxy-2-[3,7,11-trimethyl-2(E),6(E),10-dodecatrien-1-yl]-3(2H)-benzofuranone	$C_{23}H_{30}O_4$	C	[27]
3-5-63	crenulatoside A	$C_{27}H_{46}O_{10}$	M	[28]
3-5-64	crenulatoside B	$C_{29}H_{48}O_{11}$	M	[28]
3-5-65	crenulatoside C	$C_{29}H_{48}O_{11}$	M	[28]
3-5-66	crenulatoside D	$C_{31}H_{50}O_{12}$	M	[28]
3-5-67	pancherin A	$C_{25}H_{40}O_6$	C	[29]
3-5-68	pancherin B	$C_{25}H_{40}O_6$	C	[29]
3-5-69	kopetdaghin A	$C_{24}H_{32}O_4$	C	[30]
3-5-70	kopetdaghin B	$C_{24}H_{34}O_4$	C	[30]
3-5-71	kopetdaghin C	$C_{25}H_{32}O_6$	C	[30]
3-5-72	kopetdaghin D	$C_{25}H_{32}O_6$	C	[30]

续表

编号	名称	分子式	测试溶剂	参考文献
3-5-73	2,3-dihydro-7-hydroxy-2R*,3R*-dimethyl-2-[4,8-dimethyl-3(E),7-nonadien-6-onyl]furo[3,2-c]coumarin	$C_{24}H_{28}O_5$	C	[31]
3-5-74	fukanefuromarin A	$C_{24}H_{28}O_5$	C	[31]
3-5-75	fukanefuromarin B	$C_{24}H_{28}O_5$	C	[31]
3-5-76	fukanefuromarin C	$C_{24}H_{28}O_5$	C	[31]
3-5-77	fukanefuromarin D	$C_{24}H_{28}O_5$	C	[31]
3-5-78	fukanemarin A	$C_{24}H_{28}O_5$	C	[31]
3-5-79	pallidone A	$C_{25}H_{32}O_5$	C	[21]
3-5-80	pallidone B	$C_{25}H_{32}O_5$	C	[21]
3-5-81	E-ω-benzoyloxyferulenol	$C_{31}H_{34}O_5$	M	[32]
3-5-82	ochroketolate	$C_{31}H_{42}O_8$	C	[25]
3-5-83	2,3-dihydro-7-hydroxy-2S*,3R*-dimethyl-2-[4,8-dimethyl-3(E),7-nonadienyl]-furo[3,2-c]coumarin	$C_{24}H_{30}O_4$	C	[33]
3-5-84	2,3-dihydro-7-hydroxy-2R*,3R*-dimethyl-2-[4,8-dimethyl-3(E),7-nonadienyl]-furo[3,2-c]coumarin	$C_{24}H_{30}O_4$	C	[33]
3-5-85	2,3-dihydro-7-hydroxy-2S*,3R*-dimethyl-2-[4,8-dimethyl-3(E),7-nonadien-6-onyl]-furo[3,2-c]coumarin	$C_{24}H_{28}O_5$	C	[33]
3-5-86	2,3-dihydro-7-hydroxy-2S*,3R*-dimethyl-2-[4-methyl-5-(4-methyl-2-furyl)-3(E)- pentenyl]-furo[3,2-c]coumarin	$C_{24}H_{26}O_5$	C	[33]
3-5-87	2,3-dihydro-7-hydroxy-2R*,3R*-dimethyl-2-[4-methyl-5-(4-methyl-2-furyl)-3(E)-pentenyl]-furo[3,2-c]coumarin	$C_{24}H_{26}O_5$	C	[33]
3-5-88	2,3-dihydro-7-methoxy-2S*,3R*-dimethyl-2-[4,8-dimethyl-3(E),7-nonadienyl]-furo[3,2-c]coumarin	$C_{25}H_{32}O_4$	C	[33]
3-5-89	2,3-dihydro-7-methoxy-2R*,3R*-dimethyl-2-[4,8-dimethyl-3(E),7-nonadienyl]-furo[3,2-c]coumarin	$C_{25}H_{32}O_4$	C	[33]
3-5-90	2,3-dihydro-7-methoxy-2S*,3R*-dimethyl-2-[4,8-dimethyl-3(E),7-nonadien-6-onyl]-furo[3,2-c]coumarin	$C_{25}H_{30}O_5$	C	[33]
3-5-91	2,3-dihydro-7-methoxy-2S*,3R*-dimethyl-2-[4-methyl-5-(4-methyl-2-furyl)-3(E)-pentenyl]-furo[3,2-c]coumarin	$C_{25}H_{28}O_5$	C	[33]
3-5-92	kuhistanol D	$C_{22}H_{30}O_4$	M	[34]
3-5-93	kuhistanol G	$C_{22}H_{30}O_4$	C	[34]
3-5-94	kuhistanol H	$C_{22}H_{30}O_6$	M	[34]
3-5-95	clathrin A	$C_{22}H_{34}O_2$	C	[35]
3-5-96	5-methyl-2-[(2'E,6'E)-3',7',11'-trimethyl-2',6'-dodecadien-9'-onyl]benzo-1,4-quinone	$C_{22}H_{30}O_3$	C	[36]
3-5-97	5-methyl-2-[(2'E,7'Z)-3',7',11'-trimethyl-2',7'-dodecadien-9'-onyl]benzo-1,4-quinone	$C_{22}H_{30}O_3$	C	[36]
3-5-98	5-methyl-2-[(2'E,6'E)-3',7',11'-trimethyl-2',6'-dodecadien-9'-onyl]-1,4-dihydroxybenzene	$C_{22}H_{32}O_3$	C	[36]
3-5-99	5-methyl-2-[(2'E,7'Z)-3',7',11'-trimethyl-2',7'-dodecadien-9'-onyl]-1,4-dihydroxybenzene	$C_{22}H_{32}O_3$	C	[36]
3-5-100	1-acetoxy-5-methyl-2-[(2'E,7'Z)-3',7',11'-trimethyl-2',7'-dodecadien-9'-onyl]-4-hydroxybenzene	$C_{24}H_{34}O_4$	C	[36]
3-5-101	chromenol	$C_{22}H_{30}O_3$	C	[36]

续表

编号	名称	分子式	测试溶剂	参考文献
3-5-102	5-methyl-2-[(2'E,6'E)-9'-hydroxy-3',7',11'-trimethyl-2',6'-dodecadienyl]-1,4-dihydroxybenzene	$C_{22}H_{34}O_3$	C	[36]
3-5-103	ganomycin A	$C_{21}H_{28}O_5$	M	[37]
3-5-104	ganomycin B	$C_{21}H_{28}O_4$	M	[37]
3-5-105	nitropyrrolin A	$C_{19}H_{30}N_2O_4$	C	[38]
3-5-106	nitropyrrolin B	$C_{19}H_{28}N_2O_3$	C	[38]
3-5-107	nitropyrrolin C	$C_{19}H_{29}ClN_2O_3$	C	[38]
3-5-108	nitropyrrolin D	$C_{19}H_{28}N_2O_3$	C	[38]
3-5-109	nitropyrrolin E	$C_{19}H_{31}ClN_2O_5$	C	[38]
3-5-110	grifolinone A	$C_{22}H_{30}O_3$	C	[39]
3-5-111	grifolinone B	$C_{44}H_{54}O_7$	C	[39]
3-5-112	grifolin	$C_{22}H_{32}O_2$	C	[40]
3-5-113	neogrifolin	$C_{22}H_{32}O_2$	C	[40]
3-5-114	3-hydroxyneogrifolin	$C_{22}H_{32}O_3$	C	[40]
3-5-115	1-formylneogrifolin	$C_{23}H_{32}O_3$	C	[40]
3-5-116	1-formyl-3-hydroxyneogrifolin	$C_{23}H_{32}O_4$	C	[40]
3-5-117	methyl ethers	$C_{25}H_{38}O_3$	C	[40]
3-5-118	pallidone I	$C_{25}H_{32}O_5$	C	[22]
3-5-119	pallidone J	$C_{25}H_{32}O_5$	C	[22]
3-5-120	fukanefurochromone A	$C_{24}H_{28}O_5$	C	[42]
3-5-121	fukanefurochromone B	$C_{24}H_{28}O_5$	C	[42]
3-5-122	fukanefurochromone C	$C_{24}H_{28}O_5$	C	[42]
3-5-123	fukanefurochromone D	$C_{24}H_{28}O_5$	C	[42]
3-5-124	fukanefurochromone E	$C_{24}H_{28}O_5$	C	[42]
3-5-125	kopetdaghin E	$C_{25}H_{30}O_5$	C	[30]
3-5-126	3S*-(2,4-dihydroxybenzoyl)-4R*,5R*-dimethyl-5-[4,8-dimethyl-3(E),7(E)-nonadien-1-yl]tetrahydro-2-furanone	$C_{22}H_{32}O_2$	C	[43]
3-5-127	3S*-(2,4-dihydroxybenzoyl)-4R*,5R*-dimethyl-5-[4-methyl-5-(4-methyl-2-furyl)-3(E)-penten-1-yl]tetrahydro-2-furanone	$C_{22}H_{32}O_3$	C	[43]
3-5-128	3S*-(2,4-dihydroxybenzoyl)-4R*,5S*-dimethyl-5-[4-methyl-5-(4-methyl-2-furyl)-3(E)-penten-1-yl]tetrahydro-2-furanone	$C_{23}H_{32}O_3$	C	[43]

3-5-1

3-5-2

3-5-3

3-5-4

3-5-5

3-5-6

3-5-7

3-5-8

3-5-9

表 3-5-2　化合物 3-5-1~3-5-9 的 ^{13}C NMR 数据

C	3-5-1[1]	3-5-2[2]	3-5-3[3]	3-5-4[3]	3-5-5[3]	3-5-6[4]	3-5-7[5]	3-5-8[6]	3-5-9[7]
1	203.17	114.4	112.1	114.0	112.5	13.6	139.1	143.4	37.56
2	45.76	145.2	141.2	133.3	141.2	124.3	107.5	107.5	70.13
3	31.03	73.0	134.1	132.7	135.1	134.5	124.3	116.6	133.23
4	25.15	42.3	131.2	129.6	130.8	135.9	120.9	177.5	128.98
5	123.62	21.2	125.2	124.0	123.7	125.7	127.9	98.8	26.56
6	141.81	37.3	139.7	138.6	141.3	40.3	43.1	194.0	121.88
7	36.89	29.6	32.9	32.7	73.5	33.1	135.9	86.9	135.99
8	27.27	51.7	50.2	50.3	42.4	36.7	125.7	48.6	36.61
9	124.91	201.1	209.8	209.8	23.0	25.6	123.5	204.5	26.61
10	131.44	124.1	52.5	52.5	124.3	124.9	140.4	122.6	124.14
11	25.82	154.7	24.4	24.5	132.1	131.0	31.4	156.0	131.52
12	17.72	27.5	22.6	22.6	25.7	25.7	22.5	26.7	25.67
13	23.41	20.6	22.6	22.6	17.8	17.6	22.5	19.9	16.13
14	13.34	19.8	20.2	20.2	28.4	19.5	16.7	21.5	17.67
15	13.26	27.5	12.0	19.8	12.1	12.1	143.3	143.4	17.50

3-5-10

3-5-11

3-5-12 R=Glu
3-5-14 R=H

3-5-13 R=Glu
3-5-15 R=H

3-5-16

3-5-17

3-5-18

3-5-19

3-5-20

3-5-21

3-5-22 (10R,10'R) 或 (10S,10'S)
3-5-23 (10S,10'S) 或 (10R,10'R)

表 3-5-3　化合物 3-5-10~3-5-16 的 ^{13}C NMR 数据[8]

C	3-5-10	3-5-11	3-5-12	3-5-13	3-5-14	3-5-15	3-5-16
1	112.6	112.0	112.0	112.1	112.6	112.5	112.0
2	145.7	146.3	146.3	146.4	145.8	146.0	146.3
3	74.8	73.7	73.9	74.0	74.9	74.8	74.0
4	48.4	46.5	48.2	48.3	48.4	48.4	48.3
5	67.5	124.2	71.3	71.4	67.5	67.5	71.3
6	129.2	140.3	126.8	126.4	128.9	128.6	126.3
7	138.1	73.4	126.3	141.3	126.3	141.3	141.4
8	37.7	41.2	43.3	36.6	43.3	36.6	40.6
9	30.4	39.4	140.6	34.0	136.9	34.0	27.3
10	78.9	79.1	141.2	76.0	138.1	76.0	125.1
11	73.7	73.6	71.1	148.9	71.1	148.9	132.5
12	25.8	25.9	30.0	111.6	30.0	111.6	16.7
13	24.8	24.6	30.0	17.7	29.6	17.6	26.0
14	16.6	24.4	16.9	16.9	16.6	16.6	17.8
15	29.6	29.6	28.6	28.6	29.3	29.3	28.6
Glu							
1			100.0	100.0			99.9
2			75.1	75.1			75.1
3			78.1	78.2			78.2
4			71.8	71.9			71.8
5			78.1	78.1			78.1
6			62.9	62.9			62.9

表 3-5-4　化合物 3-5-17~3-5-21 的 ^{13}C NMR 数据

C	3-5-17[9]	3-5-18[10]	3-5-19[11]	3-5-20[12]	3-5-21[12]	C	3-5-17[9]	3-5-18[10]	3-5-19[11]	3-5-20[12]	3-5-21[12]
1	111.3	26.4	112.2	112.0	112.0	13	26.7	23.2	25.0	26.4	23.8
2	145.8	73.0	146.5	146.3	146.3	14	16.4	15.9	17.2	16.1	16.0
3	73.2	78.2	74.2	74.8	73.8	15	14.0	27.9	28.7	27.6	27.6
4	47.1	29.6	48.4	43.5	43.5	Glu					
5	66.2	36.8	71.6	23.7	23.7	1			100.2	106.4	98.6
6	128.1	135.3	126.4	126.1	126.0	2			75.3	76.0	75.1
7	137.2	125.0	141.8	136.0	135.9	3			78.3	77.9	77.7
8	38.7	22.7	37.9	37.0	37.8	4			72.0	71.4	71.6
9	25.7	41.9	30.5	37.0	30.7	5			78.2	78.4	77.7
10	128.8	73.5	79.0	90.3	78.1	6			63.1	62.6	62.6
11	130.3	144.9	73.9	73.8	81.8	1-OAc	171.4				
12	70.2	111.8	26.0	23.7	21.3	2-OAc	21.0				

表 3-5-5　化合物 3-5-22~3-5-23 的 ^{13}C NMR 数据[12]

C	3-5-22	3-5-23	C	3-5-22	3-5-23	C	3-5-22	3-5-23
1/1'	112.0	112.0	9/9'	30.1	30.1	Glu		
2/2'	146.4	146.4	10/10'	89.8	89.6	1/1'	100.0	100.1
3/3'	74.0	74.0	11/11'	145.5	145.9	2/2'	78.1	78.1
4/4'	48.1	48.1	12/12'	114.2	114.1	3/3'	75.1	75.1
5/5'	71.3	71.3	13/13'	17.7	17.1	4/4'	71.9	71.9
6/6'	126.6	126.8	14/14'	16.7	16.7	5/5'	78.1	78.1
7/7'	141.1	141.8	15/15'	28.6	28.6	6/6'	62.9	62.9
8/8'	36.7	36.5						

3-5-24　　　**3-5-25**　　　**3-5-26**

表 3-5-6　化合物 3-5-24~3-5-26 的 ^{13}C NMR 数据

C	3-5-24[3]	3-5-25[3]	3-5-26[13]	C	3-5-24[3]	3-5-25[3]	3-5-26[13]
1	111.3	112.3	167.4	11	132.0	79.8	41.1
2	141.2	141.2	115.5	12	25.7	26.8	18.4
3	136.2	134.2	160.0	13	17.7	26.8	18.4
4	127.2	131.2	41.0	14	111.5	15.8	16.3
5	32.2	127.5	26.1	15	11.9	12.0	19.0
6	76.1	135.7	123.5	1'	170.2	169.8	51.0
7	146.9	41.4	135.3	2'	21.2	21.3	
8	32.1	77.2	33.6	1"		170.2	
9	26.3	124.6	39.2	2"		22.2	
10	123.8	138.2	214.5				

3-5-27　　　**3-5-30**　　　**3-5-31**

3-5-28

3-5-29　　　**3-5-32**　　　**3-5-33**

表 3-5-7　化合物 3-5-27~3-5-29 的 ^{13}C NMR 数据

C	3-5-27[14]	3-5-28[15]	3-5-29[15]	C	3-5-27[14]	3-5-28[15]	3-5-29[15]
1	130.8	130.8	131.5	9	26.7	26.6	32.8
2	137.0	137.0	136.9	10	124.3	124.2	80.7
3	143.9	143.9	144.7	11	131.4	131.4	146.1
4	32.1	32.1	20.8	12	25.7	25.7	19.1
5	26.6	26.7	31.0	13	17.7	17.7	110.3
6	123.4	123.4	147.0	14	16.1	16.0	106.9
7	135.9	135.9	77.3	15	120.3	120.3	120.5
8	39.7	39.7	33.6	1'	125.2	125.2	124.9

表 3-5-8　化合物 3-5-30~3-5-33 的 ^{13}C NMR 数据[16]

C	3-5-30	3-5-31	3-5-32	3-5-33	C	3-5-30	3-5-31	3-5-32	3-5-33
1	170.7	170.7	170.6	170.2	9	84.8	80.2	83.8	84.5
2	129.1	129.2	129.6	131.6	10	135.4	136.0	136.0	135.6
3	138.7	138.6	138.7	136.8	11	127.5	129.7	126.7	127.3
4	146.2	146.2	146.8	148.8	12	59.1	58.5	59.3	59.2
5	117.5	117.3	116.4	115.8	13	10.5	10.5	10.5	10.8
6	81.0	81.1	80.3	79.5	14	25.2	25.4	22.6	24.0
7	34.0	33.7	31.6	34.0	15	14.0	19.5	13.8	13.7
8	25.4	25.4	23.1	23.7					

3-5-34　　　3-5-35　　　3-5-36

表 3-5-9　化合物 3-5-34~3-5-36 的 ^{13}C NMR 数据[17]

C	3-5-34	3-5-35	3-5-36	C	3-5-34	3-5-35	3-5-36
2	135.4	135.4		12	86.7	75.5	63.1
3	117.5	117.5	115.9	13	34.7	39.7	37.9
4	111.2	111.2	109.8	14	27.8	23.0	23.3
5	126.6	126.6	125.7	15	88.6	125.9	123.7
6	182.2	182.2	179.5	16	72.3	132.1	131.2
7	123.5	123.4	122.6	17	26.3	25.9	25.4
8	149.7	149.9	146.8	18	21.4	21.4	20.6
9	131.2	131.3	132.4	19	23.9	22.6	16.4
10	138.0	138.0	132.8	20	25.1	17.7	17.5
11	78.9	79.7	62.3				

表 3-5-10　化合物 3-5-37~3-5-43 的 ^{13}C NMR 数据

C	3-5-37[18]	3-5-38[18]	3-5-39[18]	3-5-40[18]	3-5-41[19]	3-5-42[19]	3-5-43[20]
1	174.0	173.3	173.9	174.0	170.9	170.9	170.69
2	115.5	117.7	115.5	115.4	134.3	135.0	137.84
3	167.2	165.0	169.9	170.1	44.2	42.2	38.60
4	36.4	33.7	28.2	28.3	69.2	71.9	70.47
5	66.4	68.1	25.6	25.5	128.4	128.1	32.08
6	130.4	125.6	126.4	125.1	135.5	138.1	123.80
7	134.1	136.6	131.7	133.2	54.4	54.9	133.63
8	43.1	42.6	43.2	45.0	198.2	198.0	54.95
9	79.2	79.1	79.5	69.5	122.9	125.6	198.37
10	148.3	147.8	148.3	123.3	157.5	157.0	122.79
11	130.3	130.3	130.0	137.2	27.7	27.8	156.36
12	10.6	10.4	10.5	25.5	20.8	21.0	27.67
13	174.2	173.7	174.0	18.3	17.5	15.1	20.69
14	17.1	17.8	16.7	16.4	67.8	67.8	16.89
15	74.0	77.7	73.0	73.3	124.6	125.2	122.23
OAc		169.8		170.2		168.0	
		20.9		21.1		20.9	

表 3-5-11　化合物 3-5-44~3-5-50 的 ^{13}C NMR 数据

C	3-5-44[10]	3-5-45[10]	3-5-46[10]	3-5-47[21]	3-5-48[21]	3-5-49[21]	3-5-50[21]
1	131.6	132.4	132.4	114.1	113.9	114.0	114.0
2	129.3	129.4	129.4	166.4	166.3	166.3	166.4
3	115.6	115.5	115.4	101.0	100.9	101.0	101.0
4	154.8	154.1	154.2	167.0	167.1	167.1	167.1
5	115.6	115.5	115.4	108.4	108.5	108.5	108.4

C	3-5-44[10]	3-5-45[10]	3-5-46[10]	3-5-47[21]	3-5-48[21]	3-5-49[21]	3-5-50[21]
6	129.3	129.4	129.4	133.2	133.0	133.1	133.0
7	30.0	30.1	30.1	196.2	195.9	196.0	196.0
8	36.1	36.1	36.0	54.6	54.5	54.5	54.6
9	173.5	173.1	173.0	171.3	171.0	171.1	171.1
1'	26.5	26.4	26.1	44.2	41.4	44.1	41.3
2'	72.6	72.6	72.7	87.7	87.6	87.4	87.7
3'	79.6	80.2	80.6	35.2	39.2	35.2	39.4
4'	27.8	23.4	23.4	22.2	21.6	22.3	22.6
5'	35.9	33.3	33.6	33.8	41.0	128.3	128.2
6'	134.3	72.5	72.5	158.1	157.0	130.4	130.2
7'	125.1	85.0	85.1	124.7	124.1	54.1	54.3
8'	22.7	25.9	26.0	200.9	201.4	209.3	209.3
9'	41.7	37.4	37.8	53.7	53.6	51.2	50.9
10'	73.9	82.9	82.6	25.2	25.2	24.6	24.6
11'	144.7	143.6	144.3	22.7	22.7	22.7	22.6
12'	111.9	111.4	111.7	22.7	22.7	22.7	22.6
13'	24.6	25.0	24.8	25.4	19.2	16.7	16.6
14'	15.8	23.9	24.0	24.1	20.6	23.8	20.7
15'	27.5	26.8	26.7	12.8	13.5	12.8	13.5
4-OMe				55.8	55.8	55.8	55.8

表 3-5-12 化合物 3-5-51~3-5-57 的 ^{13}C NMR 数据

C	3-5-51[22]	3-5-52[22]	3-5-53[23]	3-5-54[23]	3-5-55[23]	3-5-56[23]	3-5-57[23]
1	114.1	114.0	114.1	114.1	113.5	114.0	113.5
2	166.5	166.4	166.3	164.4	163.7	164.4	165.5
3	101.1	101.0	101.1	103.7	103.1	103.5	100.5
4	167.2	167.1	166.9	166.0	165.5	166.1	166.3
5	108.6	108.4	108.6	109.0	108.1	108.7	107.9
6	133.1	133.0	133.1	133.4	133.1	133.8	132.4
7	195.9	196.0	195.9	195.5	194.8	195.9	195.2
8	54.6	54.6	54.9	54.9	54.1	54.4	54.2
9	171.2	171.1	171.2	172.4	171.0	171.7	170.4
1'	44.1	41.3	44.5	41.8	43.8	44.1	43.9
2'	87.5	87.7	87.9	89.0	87.4	88.0	87.1
3'	34.9	39.5	35.9	40.2	34.4	35.0	35.1
4'	21.4	22.6	22.5	22.7	21.1	22.0	22.0
5'	41.3	127.8	123.2	123.0	41.0	33.6	124.8
6'	157.0	131.0	136.5	136.4	156.2	158.3	132.7
7'	124.2	55.3	40.2	40.1	125.7	126.7	38.2

续表

C	3-5-51[22]	3-5-52[22]	3-5-53[23]	3-5-54[23]	3-5-55[23]	3-5-56[23]	3-5-57[23]
8'	201.5	199.2	27.2	27.1	191.5	191.9	153.3
9'	53.7	123.0	124.3	124.3	125.7	126.4	108.6
10'	25.4	156.0	131.7	131.6	155.2	155.5	120.1
11'	22.8	20.8	26.3	26.2	27.8	27.8	137.3
12'	22.8	27.8	18.3	18.2	20.7	20.8	9.8
13'	19.4	16.6	16.7	16.6	19.1	25.4	16.0
14'	24.0	20.6	24.4	21.0	23.8	23.8	23.7
15'	12.9	13.5	13.3	13.9	12.7	12.6	12.7
4-OMe	55.9	55.8	56.2				55.5

3-5-58

3-5-59

表 3-5-13　化合物 3-5-58、3-5-59 的 ^{13}C NMR 数据[24]

C	3-5-58	3-5-59	C	3-5-58	3-5-59	C	3-5-58	3-5-59
1	26.0	32.3	9	26.7	26.7	1'	193.3	190.5
2	116.1	117.1	10	124.3	124.3	2'	61.6	123.9
3	139.8	140.5	11	131.3	131.5	3'	59.2	158.2
4	39.6	39.9	12	25.7	25.7	4'	67.6	68.8
5	26.4	26.3	13	17.7	17.7	5'	155.8	74.5
6	123.8	123.7	14	16.0	16.1	6'	123.6	68.4
7	135.2	135.5	15	16.3	16.5	5'-Me	20.1	20.2
8	39.7	39.7						

3-5-60

3-5-61

3-5-62

表 3-5-14　化合物 3-5-60~3-5-62 的 ^{13}C NMR 数据

C	3-5-60[25]	3-5-61[26]	3-5-62[27]	C	3-5-60[25]	3-5-61[26]	3-5-62[27]
1	65.9	122.2	34.7	15	16.7	27.0	16.4
2	119.6	129.7	114.4	1'	149.5	120.3	105.3
3	140.7	81.0	143.4	2'	148.2	143.7	196.8
4	39.5	41.5	39.9	3'	109.1	143.9	126.9
5	26.2	22.6	26.7	4'	129.7	116.3	112.0
6	124.3	123.4	123.7	5'	119.7	122.6	166.7
7	135.4	135.8	135.7	6'	113.1	119.9	98.9
8	39.7	39.6	39.7	7'			172.9
9	26.7	26.6	26.4	8'			112.1
10	123.7	124.2	124.4	2'-OMe	55.8		
11	131.3	131.4	131.4	1"	131.3	166.8	
12	17.7	25.7	25.7	2"	126.4	51.9	
13	25.7	17.7	17.7	3"	63.9		
14	16.0	16.0	16.0				

3-5-63 R^1=H; R^2=H
3-5-64 R^1=H; R^2=CH$_3$CO
3-5-65 R^1=CH$_3$CO; R^2=H
3-5-66 R^1=CH$_3$CO; R^2=CH$_3$CO

3-5-67

3-5-68

表 3-5-15　化合物 3-5-63~3-5-68 的 ^{13}C NMR 数据

C	3-5-63[28]	3-5-64[28]	3-5-65[28]	3-5-66[28]	3-5-67[29]	3-5-68[29]
1	66.0	66.0	66.1	66.1	65.6	65.6
2	121.3	121.2	121.4	121.3	119.4	119.7
3	142.4	142.6	142.4	142.5	141.9	142.0
4	40.7	40.7	40.7	40.7	39.6	39.9
5	27.4	27.4	27.4	27.4	26.3	26.6
6	125.1	125.2	125.1	125.2	123.7	124.0
7	136.3	136.3	136.3	136.3	135.4	135.4
8	40.9	40.9	40.9	40.9	39.7	40.0
9	27.8	27.8	27.8	27.8	26.7	26.7
10	125.4	125.4	125.4	125.4	124.3	124.6
11	132.1	132.1	132.1	132.1	131.4	131.3
12	25.9	25.9	25.9	25.9	25.8	25.7
13	17.8	17.8	17.8	17.8	17.7	17.7
14	16.1	16.1	16.1	16.1	16.0	16.0
15	16.6	16.6	16.6	16.6	16.5	16.0

续表

C	3-5-63[28]	3-5-64[28]	3-5-65[28]	3-5-66[28]	3-5-67[29]	3-5-68[29]
1'	102.4	102.3	102.5	102.5	101.5	101.8
2'	75.0	75.0	75.0	75.0	71.0	71.4
3'	78.1	78.1	78.1	78.1	77.3	77.2
4'	71.6	71.7	71.6	71.7	69.0	69.3
5'	76.8	76.9	77.0	76.9	65.1	65.6
6'	68.0	68.1	67.8	68.2		
1''	102.2	102.0	99.2	99.4	169.3	168.2
2''	72.2	69.8	74.0	71.2	140.1	115.2
3''	72.3	75.7	70.5	73.2	127.2	160.5
4''	74.0	71.3	74.2	71.4	16.0	27.6
5''	69.8	69.9	69.8	69.8	20.5	20.5
6''	18.1	18.1	18.1	18.0		
2''-CH$_3$			20.9	20.8		
2''-C=O			172.9	171.7		
3''-CH$_3$		21.1		20.7		
2''-C=O		172.5		172.1		

3-5-69

3-5-70

3-5-71

3-5-72

表 3-5-16 化合物 3-5-69~3-5-72 的 ^{13}C NMR 数据[30]

C	3-5-69	3-5-70	3-5-71	3-5-72	C	3-5-69	3-5-70	3-5-71	3-5-72
1	204.2	203.9			11	155.7	25.4	199.5	199.4
2	47.3	47.1	171.4	171.4	12	27.9	22.6	123.3	123.4
3	40.5	40.2	54.9	54.8	13	146.2	145.1	156.4	156.5
4	40.9	40.9	41.6	44.4	14	112.5	112.1	28.1	28.1
5	23.5	22.8	88.4	87.7	1'	115.2	114.7	114.3	114.3
6	129.6	33.8	39.8	35.5	2'	166.4	165.8	167.4	167.4
7	130.1	158.6	22.9	22.6	3'	101.4	100.8	101.3	101.3
8	55.8	124.3	128.1	128.2	4'	166.2	165.7	166.7	166.6
9	199.5	200.6	131.3	131.4	5'	107.6	107.3	108.8	108.7
10	123.3	53.4	55.6	55.4	6'	132.8	132.5	133.9	133.4

续表

C	3-5-69	3-5-70	3-5-71	3-5-72	C	3-5-69	3-5-70	3-5-71	3-5-72
7'			196.3	196.3	9-Me			16.9	17.0
3-Me	23.8	23.1			11-Me	21.0	22.6		
4-Me			13.8	13.1	13-Me			21.1	21.1
5-Me			20.9	24.2	OMe	55.6	55.5	56.1	56.1
7-Me	16.7	25.0							

表 3-5-17 化合物 3-5-73~3-5-77 的 ^{13}C NMR 数据[32]

C	3-5-73	3-5-74	3-5-75	3-5-76	3-5-77	C	3-5-73	3-5-74	3-5-75	3-5-76	3-5-77
2	96.6	97.1	96.6	97.4	96.1	2'	23.8	21.9	22.6	22.6	22.7
3	44.9	42.5	44.7	42.4	44.0	3'	129.1	41.6	41.9	33.9	33.5
3a	103.8	103.3	103.6	103.2	102.8	4'	130.7	157.2	157.3	157.0	157.4
4	162.8	162.4	162.4	162.3	161.7	5'	55.8	126.3	126.2	126.9	126.2
5a	157.3	156.8	156.8	156.7	156.0	6'	200.1	191.9	192.0	191.4	190.8
6	103.8	103.5	103.5	103.4	103.1	7'	123.3	126.3	126.3	126.4	125.8
7	161.6	161.3	161.3	161.1	160.3	8'	157.0	155.5	155.5	155.2	154.6
8	113.9	113.7	113.7	113.5	112.8	9'	28.6	28.4	28.4	28.4	27.7
9	124.5	124.3	124.3	124.3	123.7	2-CH$_3$	26.1	21.0	26.0	21.0	25.3
9a	106.1	105.7	105.9	105.9	105.4	3-CH$_3$	14.4	14.7	14.2	14.6	13.5
9b	166.2	166.0	165.9	166.0	165.1	4'-CH$_3$	17.3	19.6	19.8	26.0	25.4
1'	35.6	41.5	35.1	41.9	34.8	8'-CH$_3$	21.7	21.3	21.3	21.3	20.6

表 3-5-18 化合物 3-5-78~3-5-82 的 ^{13}C NMR 数据

C	3-5-78[31]	3-5-79[21]	3-5-80[21]	3-5-81[31]	3-5-82[25]	C	3-5-78[31]	3-5-79[21]	3-5-80[21]	3-5-81[31]	3-5-82[25]
2	164.2	167.0	165.6	165.0	160.6	5	123.9	124.0	123.8	123.0	103.6
3	103.8	104.3	106.1	105.3	115.2	6	112.7	112.1	112.3	124.0	150.7
4	161.7	162.8	160.6	160.7	143.5	7	159.6	164.0	163.3	131.5	144.9

C	3-5-78[31]	3-5-79[21]	3-5-80[21]	3-5-81[31]	3-5-82[25]	C	3-5-78[31]	3-5-79[21]	3-5-80[21]	3-5-81[31]	3-5-82[25]
8	102.2	100.2	100.7	116.3	141.8	12'	16.2	22.7	22.6	70.4	23.6
9	153.5	154.4	157.0	152.4	143.0	13'	17.0	25.4	16.4	12.9	23.6
10	108.5	109.4	106.2	116.8	114.4	14'	16.6	16.9	19.3	15.0	16.0
1'	37.8	34.0	89.7	22.5	70.21	15'	20.8	16.2	15.8	15.3	16.4
2'	140.0	140.5	47.1	121.0	119.7	7-OMe		55.8	55.8		
3'	124.6	126.0	38.0	136.3	142.4	6-OMe					56.3
4'	27.0	26.6	23.7	39.6	39.5	8-OMe					61.7
5'	125.7	23.1	129.6	26.1	26.3	1"				166.7	172.4
6'	130.8	157.2	129.0	124.6	124.3	2"				130.1	43.4
7'	54.9	125.0	54.4	134.3	134.2	3"				128.4	25.7
8'	198.8	200.8	209.4	38.9	33.4	4"				129.4	22.4
9'	122.4	53.6	50.7	26.2	34.7	5"				133.0	22.4
10'	156.3	25.2	24.5	129.3	208.6	6"				129.4	
11'	27.7	22.7	22.6	130.4	83.3	7"				128.4	

表 3-5-19 化合物 3-5-83~3-5-91 的 ^{13}C NMR 数据[33]

C	3-5-83	3-5-84	3-5-85	3-5-86	3-5-87	3-5-88	3-5-89	3-5-90	3-5-91
2	97.2	96.5	96.8	97.0	96.4	96.8	96.3	96.7	96.7
3	41.9	44.3	42.0	42.0	44.3	42.0	44.4	42.1	42.1
3a	103.2	103.7	103.6	103.4	103.7	103.6	104.0	103.6	103.6
4	162.4	162.0	161.9	162.0	162.0	161.3	161.3	161.3	161.2
5a	156.7	156.7	156.7	156.7	156.7	156.9	156.9	156.9	156.9
6	103.3	103.2	103.3	103.3	103.3	100.7	100.7	100.7	100.7
7	160.8	160.3	160.5	160.3	160.3	163.2	163.2	163.2	163.2
8	113.4	113.0	113.1	113.1	113.0	112.2	112.2	112.3	112.2
9	124.2	124.2	124.2	124.2	124.2	123.8	123.8	123.8	123.8
9a	105.8	106.2	106.1	106.1	106.2	106.4	106.4	106.2	106.3
9b	166.1	165.1	165.7	165.7	165.5	165.1	165.0	165.1	165.1
1'	41.7	35.5	41.1	41.5	35.0	41.8	35.2	41.5	41.4
2'	22.1	22.7	22.4	22.3	22.9	22.1	22.8	22.4	22.3
3'	123.1	123.5	128.1	125.4	125.8	123.2	123.6	128.0	125.4
4'	136.0	135.9	130.5	132.9	132.7	136.0	135.9	130.6	132.8
5'	39.6	39.6	55.1	38.4	38.4	39.6	39.7	55.1	38.4
6'	26.6	26.6	199.5	154.0	154.0	26.6	26.7	199.1	154.0
7'	124.2	124.2	122.9	108.9	109.0	124.2	124.2	122.9	108.9
8'	131.5	131.5	156.7	120.5	120.6	131.4	131.5	156.1	120.5
9'	25.7	25.7	27.8	137.8	137.8	25.7	25.7	27.7	137.8
2-Me	20.5	25.4	20.5	20.4	25.4	20.5	25.4	20.5	20.5
3-Me	14.1	13.5	14.1	14.1	13.6	14.1	13.5	14.1	14.1
4'-Me	16.0	16.0	16.5	15.9	16.0	16.0	16.0	16.5	15.9
8'-Me	17.7	17.7	20.8	9.8	9.8	17.7	17.7	20.7	9.8
OMe						55.7	55.7	55.8	55.7

表 3-5-21　化合物 3-5-92~3-5-95 的 ^{13}C NMR 数据

C	3-5-92[34]	3-5-93[34]	3-5-94[34]	3-5-95[35]	C	3-5-92[34]	3-5-93[34]	3-5-94[34]	3-5-95[35]
1	121.2	122.1	124.6	137.4	6'	125.4	124.1	87.5	137.8
2	133.1	127.6	128.8	24.3	7'	136.3	136.2	73.6	39.7
3	117.9	128.1	131.6	30.5	8'	40.8	40.0	40.4	135.4
4	158.9	164.6	165.7	31.1	9'	27.7	26.9	22.8	127.9
5	117.9	109.3	110.3	41.9	10'	125.4	124.5	125.9	42.0
6	130.5	132.2	133.8	142.0	11'	132.1	131.8	131.9	26.9
1'	31.9	29.9	73.7	28.4	12'	25.8	26.0	25.9	22.3
2'	68.2	90.4	98.3	28.8	13'	19.0	23.2	23.7	22.3
3'	80.9	73.9	84.7	139.2	14'	16.0	16.3	22.4	20.6
4'	38.9	37.3	35.0	124.0	15'	17.7	18.0	17.7	15.0
5'	22.5	22.2	27.2	124.8	COOH	170.0	171.9	169.8	172.8

3-5-103

3-5-104

表 3-5-21　化合物 3-5-96~3-5-100 的 ^{13}C NMR 数据[36]

C	3-5-96	3-5-97	3-5-98	3-5-99	3-5-100	C	3-5-96	3-5-97	3-5-98	3-5-99	3-5-100
1	187.8	1187.8	147.1	148.8	141.1	6'	128.9	33.5	128.8	33.1	33.0
2	148.4	148.5	125.3	124.8	130.4	7'	129.4	158.6	128.9	161.0	161.7
3	132.3	132.4	115.8	115.4	115.1	8'	54.3	124.3	53.7	123.9	123.8
4	188.3	188.4	148.0	146.4	153.3	9'	209.3	200.6	211.1	202.8	203.6
5	145.6	145.6	122.4	122.3	122.7	10'	50.7	53.5	51.1	53.7	53.8
6	133.5	133.5	117.8	117.7	123.5	11'	24.4	25.1	24.6	25.7	25.9
7	15.4	15.4	15.5	15.5	15.6	12'	22.5	22.7	22.5	22.6	22.6
1'	27.1	27.1	28.3	27.5	27.0	13'	22.5	22.7	22.5	22.6	22.6
2'	118.3	118.0	122.2	122.4	122.3	14'	16.4	25.5	17.0	25.2	25.1
3'	139.5	139.8	136.8	137.3	137.4	15'	16.0	16.1	15.9	15.8	15.7
4'	39.2	39.7	39.0	39.8	39.9	OAc					170.0
5'	26.5	26.5	25.8	25.4	25.1						20.8

表 3-5-22　化合物 3-5-101~3-5-104 的 ^{13}C NMR 数据

C	3-5-101[36]	3-5-102[36]	3-5-103[37]	3-5-104[37]	C	3-5-101[36]	3-5-102[36]	3-5-103[37]	3-5-104[37]
1	146.7	146.9	149.30	149.30	5'	22.9	25.3	28.49	28.49
2	119.5	125.3	128.04	128.04	6'	129.4	128.4	124.4	124.61
3	112.5	115.4	117.76	117.76	7'	129.2	132.4	136.73	136.73
4	147.5	148.2	151.17	151.17	8'	54.4	48.2	40.38	40.38
5	124.6	122.7	114.78	114.78	9'	209.6	66.5	27.7	27.27
6	118.1	118.2	116.91	116.91	10'	50.6	46.0	125.5	126.76
7	15.9	15.5			11'	24.4	24.7	132.0	135.75
1'	122.4	28.0	31.75	31.75	12'	22.5	23.3	17.8	69.03
2'	129.5	123.1	140.52	140.52	13'	22.5	22.3	25.9	13.73
3'	77.9	136.7	133.32	133.32	14'	16.3	16.2	16.15	16.15
4'	40.6	39.1	35.88	35.88	15'	26.1	15.6	172.32	172.32

3-5-105

3-5-106

3-5-107

3-5-108

3-5-109

表 3-5-23　化合物 3-5-105~3-5-109 的 ^{13}C NMR 数据[38]

C	3-5-105	3-5-106	3-5-107	3-5-108	3-5-109	C	3-5-105	3-5-106	3-5-107	3-5-108	3-5-109
2	137.5	137.4	137.5	137.5	137.4	7'	136.0	135.8	136.3	135.9	136.1
3	111.2	110.9	111.3	111.5	111.5	8'	39.7	26.7	39.7	39.6	36.9
4	124.3	123.0	124.0	123.7	123.9	9'	26.6	39.7	26.6	26.7	29.9
5	122.2	121.6	122.2	122.1	122.2	10'	124.1	124.2	124.1	124.2	78.2
1'	28.8	26.7	29.2	32.7	29.8	11'	131.6	131.6	131.5	131.5	73.2
2'	78.3	63.1	78.4	77.6	78.3	12'	25.7	25.8	25.7	25.7	26.2
3'	74.6	61.5	78.0	136.0	77.9	13'	17.7	17.8	17.7	17.7	23.6
4'	36.2	38.6	39.6	126.3	39.9	14'	16.1	16.1	16.1	16.1	16.1
5'	22.0	23.7	23.0	26.9	23.5	15'	23.4	16.8	25.6	11.8	25.9
6'	124.1	123.3	123.0	121.9	123.9						

3-5-110

3-5-111

3-5-112

3-5-113

3-5-114

3-5-115

3-5-116

3-5-117

表 3-5-24　化合物 3-5-110、3-5-111 的 ^{13}C NMR 数据[39]

C	3-5-110	3-5-111	C	3-5-110	3-5-111	C	3-5-111	C	3-5-111
1	110.6	110.5	12	26.3	27.8	1'	136.9	12'	26.7
2	154.9	154.9	13	128.7	25.4	2'	150.6	13'	129.3
3	108.9	108.8	14	129.9	131.3	3'	184.1	14'	129.3
4	137.6	137.4	15	55.2	111.1	4'	137.3	15'	55.1
5	108.9	108.8	16	200.2	154.8	5'	135.5	16'	200.3
6	154.9	154.9	17	123.0	114.1	6'	185.2	17'	123.0
7	21.1	21.1	18	156.2	137.3	7'	13.4	18'	156.4
8	22.1	22.1	19	20.8	20.3	8'	22.2	19'	20.8
9	122.4	122.4	20	27.7	27.2	9'	119.9	20'	27.8
10	137.3	137.5	21	16.4	140.4	10'	137.3	21'	16.4
11	39.2	39.3	22	16.1	16.0	11'	39.2	22'	16.2

表 3-5-25　化合物 3-5-112~3-5-121 的 ^{13}C NMR 数据[40]

C	3-5-112	3-5-113	3-5-114	3-5-115	3-5-116	3-5-117
1	109.3	109.9	109.3	113.8	112.9	109.3
2	137.2	154.1	141.6	164.4	149.7	151.0
3	109.3	101.2	129.9	101.3	128.4	140.3
4	154.6	155.2	142.7	162.4	149.5	151.8
5	111.0	118.4	118.1	119.4	119.9	126.3
6	154.6	138.7	127.8	142.0	133.1	132.0
7				193.6	194.2	
8	21.0	20.2	19.4	13.8	12.9	19.7
1'	22.3	25.2	25.7	24.6	24.4	25.5
2'	122.0	122.3	122.1	121.5	121.8	123.1
3'	138.4	137.3	137.7	137.5	135.7	134.8
4'	39.7	39.8	39.7	39.7	39.7	39.7
5'	26.7	26.6	26.3	26.3	26.5	26.6
6'	123.7	123.9	123.7	123.6	124.0	124.1
7'	135.4	135.4	135.5	135.4	135.0	135.0
8'	39.7	39.8	39.7	39.7	39.7	39.7
9'	26.7	26.8	26.7	26.7	26.7	26.7
10'	124.5	124.5	124.3	124.3	124.3	124.4
11'	131.0	131.4	131.4	131.3	131.3	131.3
12'	25.7	25.8	25.6	25.7	25.7	25.7
13'	17.7	17.8	17.7	17.7	17.6	17.7
14'	16.1	16.4	16.0	16.0	16.0	16.0
15'	16.0	16.2	16.2	16.3	16.2	16.2
2-OMe						61.0
3-OMe						55.9
4-OMe						60.8

表 3-5-26　化合物 3-5-118～3-5-121 的 ^{13}C NMR 数据

C	3-5-118[23]	3-5-119[23]	3-5-120[42]	3-5-121[42]	C	3-5-118[23]	3-5-119[23]	3-5-120[42]	3-5-121[42]
2	167.1	167.3	167.8	167.7	5'	128.5	124.0	128.0	128.3
3	99.1	98.7	99.0	99.4	6'	130.1	135.0	130.8	130.8
4	175.3	175.3	176.1	176.1	7'	54.3	42.3	55.5	55.5
5	126.9	126.9	126.9	127.0	8'	209.3	124.9	199.5	199.5
6	113.3	113.3	115.0	115.0	9'	50.9	139.7	123.0	123.1
7	163.1	163.1	161.7	161.5	10'	24.5	70.7	156.7	156.6
8	101.0	101.0	103.5	103.5	11'	22.6	29.9	28.3	28.3
9	155.0	154.9	155.0	155.1	12'	22.6	29.9	21.4	21.4
10	117.9	117.9	116.7	116.8	13'	16.6	16.2	17.0	17.1
1'	43.4	41.1	41.6	43.7	14'	25.4	20.5	20.7	25.8
2'	95.2	96.0	96.4	95.9	15'	14.1	14.6	15.1	14.7
3'	34.8	41.5	41.7	35.2	7-OMe	55.9	55.9		
4'	22.9	22.2	22.7	23.4					

表 3-5-27　化合物 3-5-121～3-5-125 的 ^{13}C NMR 数据

C	3-5-122[41]	3-5-123[41]	3-5-124[41]	3-5-125[30]	C	3-5-122[41]	3-5-123[41]	3-5-124[41]	3-5-125[30]
2	167.2	168.2	167.7	167.2	7	161.2	161.9	161.2	163.4
3	98.3	99.3	99.2	99.4	8	102.9	103.9	103.3	101.3
4	175.6	176.5	176.0	175.5	9	154.5	155.4	155.03	155.3
5	126.3	127.28	126.7	127.3	10	116.0	117.1	116.8	118.3
6	114.5	115.3	114.6	113.6	1'	41.1	42.1	43.2	43.7

C	3-5-122[41]	3-5-123[41]	3-5-124[41]	3-5-125[30]	C	3-5-122[41]	3-5-123[41]	3-5-124[41]	3-5-125[30]
2'	95.7	97.1	96.0	95.6	10'	154.7	155.5	154.96	156.3
3'	40.8	41.9	34.7	35.1	11'	27.7	28.7	27.8	28.1
4'	21.2	22.8	22.7	23.3	12'	20.6	21.6	20.7	21.1
5'	40.9	34.1	33.5	128.4	13'	19.0	26.3	25.5	16.9
6'	156.2	157.9	157.6	131.1	14'	20.1	21.2	25.3	25.7
7'	125.7	127.3	126.9	55.5	15'	14.5	15.5	14.1	14.4
8'	191.2	191.6	191.4	199.4	7-OMe				55.6
9'	125.7	126.8	126.2	123.3					

3-5-126

3-5-127

3-5-128

表 3-5-28　化合物 3-5-126~3-5-128 的 ^{13}C NMR 数据[42]

C	3-5-126	3-5-127	3-5-128	C	3-5-126	3-5-127	3-5-128
2	171.6	171.8	171.5	2"	22.0	22.1	22.4
3	54.5	54.5	54.6	3"	123.1	125.3	125.2
4	44.1	44.2	41.1	4"	136.5	133.3	133.1
5	87.9	87.9	88.1	5"	39.7	38.4	38.4
1'	114.2	114.0	114.1	6"	26.7	154.0	154.1
2'	166.1	166.1	166.1	7"	124.2	109.1	109.0
3'	103.6	103.5	103.7	8"	131.5	120.6	120.6
4'	163.9	164.5	164.0	9"	25.7	137.9	137.8
5'	108.6	108.8	108.7	4-CH$_3$	12.7	12.7	13.4
6'	133.6	133.5	133.8	5-CH$_3$	23.9	23.8	20.6
7'	195.8	195.7	195.6	4"-CH$_3$	16.2	16.1	16.0
1"	35.5	35.2	39.5	8"-CH$_3$	17.7	9.8	9.8

参 考 文 献

[1] Shimomura K, Koshino H, Yajima A, et al. Tetrahedron Lett, 2010, 51: 6860.

[2] Laphookhieo S, Karalai C, Ponglimanont C. Chem Pharm Bull, 2004, 52(7): 883.

[3] Rueda A, Zubia E, Ortega M, et al. J Nat Prod, 2001, 64(4): 401.

[4] Palomino E, Maldonado C. J Nat Prod, 1996, 59: 77.

[5] Clark R, Garson M, Brereton I, et al. J Nat Prod, 1999, 62: 915.

[6] Siems K, Siems K, Witte L, et al. J Nat Prod, 2001, 64: 1471.

[7] Kuniyoshi M, Marma M, Higa T, et al. J Nat Prod, 2001, 64: 696.

[8] D'Arosca B, Maria P, DellaGreca M, et al. Tetrahedron, 2006, 62: 640.

[9] Cui B, Lee Y, Chai H, et al. J Nat Prod, 1999, 62: 1545.

[10] Macías F, Simonet A, D'Abrosca B, et al. J Chem Ecol, 2009, 35: 39.

[11] Yang M, Kim S, Lee K, et al. Molecules, 2007, 12: 2270.

[12] Fiorentino A, DellaGreca M, D'Abrosca B, et al. Tetrahedron, 2006, 62: 8952.

[13] Seidel V, Bailleul F, Waterman P. J Nat Prod, 2000, 63: 6.

[14] Musman M, Tanaka J, Higa T. J Nat Prod, 2001, 64: 111.

[15] Kehraus S, Konig G, Wright A. J Nat Prod, 2001, 64: 939.

[16] Chao C, Hsieh C, Chen S, et al. Tetrahedron Lett, 2006, 47: 2175.

[17] Macherla V, Liu J, Bellows C, et al. J Nat Prod, 2005, 68: 780.

[18] Syah Y, Ghisalberti E, Skelton B, et al. J Nat Prod, 1997, 60: 49.

[19] Theodori R, Karioti A, Rancic A, et al. J Nat Prod, 2006, 69: 662.

[20] Klink J, Becher H, Andersson S, et al. Org Biomol Chem, 2003, 1: 1503.

[21] Su B, Takaishi Y, Honda G, et al. J Nat Prod, 2000, 63: 436.

[22] Su B, Takaishi Y, Honda G, et al. J Nat Prod, 2000, 63: 520.

[23] Motai T, Kitanaka S. J Nat Prod, 2005, 68: 365.

[24] Li X, Choi H, Kang J, et al. J Nat Prod, 2003, 66: 1499.

[25] Jandl B, Hofer O, Kalchhauser H, et al. Nat Prod Lett, 1997, 11: 17.

[26] Nunez V, Castro V, Murillo R, et al. Phytochemistry, 2005, 66: 1017.

[27] Kojima K, Isaka K, Purev O, et al. Chem Pharm Bull, 1999, 47(5): 690.

[28] Magid A, Nazabadioko L, Litaudon M, et al. Phytochemistry, 2005, 66: 2714.

[29] Eparvier V, Thoison O, Bousserouel H, et al. Phytochemistry, 2007, 68: 604.

[30] Iranshahi M, Shaki F, Mashlab A, et al. J Nat Prod, 2007, 70: 1240.

[31] Motai T, Daikonya A, Kitanaka S. J Nat Prod, 2004, 67: 432.

[32] Appendino G, Mercalli E, Fuzzati N, et al. J Nat Prod, 2004, 67: 2108.

[33] Isaka K, Nagatsu A, Ondognii P, et al. Chem Pham Bull, 2001, 49(9): 1072.

[34] Chen B, Takaishi Y, Kawazoe K, et al. Chem Pharm Bull, 2001, 49(6): 707.

[35] Capon R, Miller M, Rooney F. J Nat Prod, 2000, 63: 821.

[36] McPhail K, Davies-Coleman M, Starmer J. J Nat Prod, 2001, 64: 1183.

[37] Mothana R, Jansen R, Julich W, et al. J Nat Prod, 2000, 63: 416.

[38] Kwon H, Espindola A, Park J, et al. J Nat Prod, 2010, 2047.

[39] Quang D, Hashimoto T, Arakawa Y, et al. Bioorg Med Chem, 2006, 14: 164.

[40] Nukata M, Hashimoto T, Yamamoto I, et al. Phytochemistry, 2002, 59: 731.

[41] Motai T, Kitanaka S. J Nat Prod, 2005, 68: 1732.

[42] Kojima K, Isaka K, Ondognii P, et al. Chem Pharm Bull, 1999, 47(8): 1145.

第六节　单环倍半萜类化合物

表 3-6-1　单环倍半萜类化合物的名称、分子式和测试溶剂

编号	名称	分子式	测试溶剂	参考文献
3-6-1	sugikurojinol A	$C_{15}H_{22}O_2$	C	[1]
3-6-2	bisabol-1,4-diol	$C_{15}H_{26}O_2$	C	[2]
3-6-3	4-hydroxy-10-hydroperoxy-11-bisabolen-1-one	$C_{15}H_{24}O_4$	C	[2]
3-6-4	4-hydroxy-11-hydroperoxy-9-bisabolen-1-one	$C_{15}H_{24}O_4$	C	[2]
3-6-5	5-hydroxy-(±)-β-bisabolene	$C_{15}H_{24}O_2$	C	[3]
3-6-6	(9E)-4-oxo-7-hydroxy-11-hydroxy-bisabola-2,9-diene	$C_{15}H_{24}O_3$	C	[4]
3-6-7	(9E)-4-oxo-7-hydroxy-11-hydroperoxy-bisabola-2,9-diene	$C_{15}H_{24}O_4$	C	[4]
3-6-8	(+)-4β-hydroxybernandulcin	$C_{15}H_{24}O_3$	C	[5]

续表

编号	名称	分子式	测试溶剂	参考文献
3-6-9	(+)-(S)-ar-turmerone	$C_{15}H_{20}O$	C	[6]
3-6-10	(+)-(7S,9S)-ar-turmerol	$C_{15}H_{22}O$	C	[6]
3-6-11	(+)-(7S,9R)-ar-turmerol	$C_{15}H_{22}O$	C	[6]
3-6-12	(+)-(S)-ar-curcumene	$C_{15}H_{22}$	C	[6]
3-6-13	(+)-(S)-dihydro-ar-turmerone	$C_{15}H_{22}O$	C	[6]
3-6-14	(+)-(7S,9S)-dihydro-ar-turmerol	$C_{15}H_{24}O$	C	[6]
3-6-15	(+)-(7S,9R)-dihydro-ar-turmerol	$C_{15}H_{24}O$	C	[6]
3-6-16	(+)-(S)-dihydro-ar-curcumene	$C_{15}H_{24}$	C	[6]
3-6-17	(1R,7R)-1,12-dihyroxybisabola-3,10-diene	$C_{15}H_{26}O_2$	C	[7]
3-6-18	(1R,7S)-1,12-dihyroxybisabola-3,10-diene	$C_{15}H_{26}O_2$	C	[7]
3-6-19	7,12,13-trihydroxybisabola-3,10-diene	$C_{15}H_{26}O_3$	C	[7]
3-6-20	2-methyl-5-[4′(S)-hydroxy-1′(R),5′-dimethylhex-5′-enyl]-phenol	$C_{15}H_{22}O_2$	C	[8]
3-6-21	(Z)-7-hydroxynuciferol	$C_{15}H_{22}O_2$	C	[9]
3-6-22	(Z)-1β-hydroxy-2-hydrolanceol	$C_{15}H_{26}O_2$	C	[9]
3-6-23	(Z)-lanceol	$C_{15}H_{24}O$	C	[9]
3-6-24	(+)-hernandulcin	$C_{15}H_{24}O_2$	C	[10]
3-6-25	(−)-epihernandulcin	$C_{15}H_{24}O_2$	C	[10]
3-6-26	peroxylippidulcine A	$C_{15}H_{24}O_4$	C	[10]
3-6-27	lippidulcine A	$C_{15}H_{24}O_3$	C	[10]
3-6-28	epilippidulcine A	$C_{15}H_{24}O_3$	C	[10]
3-6-29	peroxylippidulcine B	$C_{15}H_{24}O_4$	C	[10]
3-6-30	peroxylippidulcine C	$C_{15}H_{24}O_4$	C	[10]
3-6-31	lippidulcine B	$C_{15}H_{24}O_3$	C	[10]
3-6-32	lippidulcine C	$C_{15}H_{24}O_3$	C	[10]
3-6-33	peroxyepilippidulcine B	$C_{15}H_{24}O_4$	C	[10]
3-6-34	epilippidulcine B	$C_{15}H_{24}O_3$	C	[10]
3-6-35	epilippidulcine C	$C_{15}H_{24}O_3$	C	[10]
3-6-36	7-deoxy-7,14-didehydrosydonic acid	$C_{15}H_{20}O_3$	C	[11]
3-6-37	7-deoxy-7,8-didehydrosydonic acid	$C_{15}H_{20}O_3$	C	[11]
3-6-38	(1S,6R)-2,7(14),10-bisabolatrien-1-ol-4-one	$C_{15}H_{22}O_2$	C	[12]
3-6-39	(+)-7(14),10-bisaboladien-1-ol-4-one	$C_{15}H_{24}O_2$	C	[12]
3-6-40	3,6-epidioxy-1,10-bisaboladiene	$C_{15}H_{24}O_2$	C	[13]
3-6-41	parahigginine	$C_{15}H_{22}O_3$	C	[14]
3-6-42	parahigginone	$C_{15}H_{20}O_2$	C	[14]
3-6-43	8,9-dehydrocurcuphenol	$C_{15}H_{22}O$	C	[14]
3-6-44	mochiquinone diacetate	$C_{20}H_{26}O_6$	C	[15]
3-6-45	12R-12,13-epoxyxanthorrhizol	$C_{15}H_{22}O_2$	C	[16]
3-6-46	12S-12,13-epoxyxanthorrhizol	$C_{15}H_{22}O_2$	C	[16]
3-6-47	12R-12,13-dihydro-12,13-dihydroxy-xanthorrizol	$C_{15}H_{24}O_3$	C	[16]
3-6-48	12S-12,13-dihydro-12,13-dihydroxy-xanthorrizol	$C_{15}H_{24}O_3$	C	[16]
3-6-49	6-hydroxy-2-methyl-5-[5′-hydroxy-1′(R),5′-dimethylhex-3′-enyl]-phenol	$C_{15}H_{22}O_3$	C	[8]

续表

编号	名称	分子式	测试溶剂	参考文献
3-6-50	(6S)-2-methyl-6-(4-hydroxyphenyl-3-methyl)-2-hepten-4-one	$C_{15}H_{20}O_2$	C	[17]
3-6-51	(6S)-2-methyl-6-(4-hydroxyphenyl)-2-hepten-4-one	$C_{14}H_{18}O_2$	C	[17]
3-6-52	(6S)-2-methyl-6-(4-formylphenyl)-2-hepten-4-one	$C_{15}H_{18}O_2$	C	[17]
3-6-53	(6R)-2-chloro-6-[(1S)-1,5-dimethylhex-4-en-1-yl]-3-methyl-cyclohex-2-en-1-one	$C_{15}H_{23}ClO$	C	[18]
3-6-54	(6R)-6-[(1S)-1,5-dimethylhex-4-en-1-yl]-3-methylcyclohex-2-en-1-one	$C_{15}H_{24}O$	C	[18]
3-6-55	4-hydroxy-bisabol-1-one	$C_{15}H_{24}O_2$	C	[2]
3-6-56	4-hydroxy-1-oxo-bisabol-13-al	$C_{15}H_{22}O_3$	C	[2]
3-6-57	4,13-dihydroxy-bisabol-1-one	$C_{15}H_{24}O_3$	C	[2]
3-6-58	3-formamidobisabolane-14(7),9-dien-8-one	$C_{16}H_{25}NO_2$	C	[19]
3-6-59	3-formamidobisabolane-14(7),9-dien-8-ol	$C_{16}H_{27}NO_2$	C	[19]
3-6-60	3-formamido-8-methoxybisabolan-9-en-10-ol	$C_{17}H_{31}NO_3$	C	[19]
3-6-61	3-formamidotheonellin	$C_{16}H_{27}NO$	C	[19]
3-6-62	(2S,3S,6R,9S)-3-bromo-2-chloro-2,3-dihydro-6,9-dihydroxy-β-bisabolene{(1R,3S,4S)-4-bromo-3-chloro-1-[(S)-4-hydroxy-6-methylhepta-1,5-dien-2-yl]-4-methylcyclohexanol}	$C_{15}H_{24}BrClO_2$	C	[20]
3-6-63	(2S*,3S*,6R*)-3-bromo-2-chloro-2,3-dihydro-6,10-dihydroxy-β-bisabolene[(1R*,3S*,4S*)-4-bromo-3-chloro-1-(5-hydroxy-6-methylhepta-1,6-dien-2-yl)-4-methylcyclohexanol]	$C_{15}H_{20}BrClO$	C	[20]
3-6-64	(2S*,3S*,6S*)-3-bromo-2-chloro-2,3-dihydro-6,10-dihydroxy-β-bisabolene[(1S*,3S*,4S*)-4-bromo-3-chloro-1-(5-hydroxy-6-methylhepta-1,6-dien-2-yl)-4-methylcyclohexanol]	$C_{15}H_{20}BrClO$	C	[20]
3-6-65	parahigginol A	$C_{15}H_{24}O_2$	C	[21]
3-6-66	parahigginol B	$C_{17}H_{24}O_4$	C	[21]
3-6-67	parahigginol C	$C_{17}H_{26}O_3$	C	[21]
3-6-68	parahigginol D	$C_{15}H_{18}O_3$	C	[21]
3-6-69	parahigginic acid	$C_{16}H_{20}O_3$	C	[21]
3-6-70	(3R,4R,6S)-3,4-epoxybisabola-7(14),10-dien-2-one	$C_{15}H_{22}O_2$	C	[22]
3-6-71	(1R,3R,4R,5S,6S)-1-acetoxy-8-angeloyloxy-3,4-epoxy-5-hydroxybisabola-7(14),10-dien-2-one	$C_{22}H_{30}O_7$	C	[22]
3-6-72	1α,5α-bisacetoxy-8-angeloyloxy-3β,4β-epoxy-bisabola-7(14),10-dien-2-one	$C_{24}H_{32}O_8$	C	[23]
3-6-73	2β-acetoxy-4α-chloro-1β,8-diangeloyloxy-3β,10-dihydroxy-11-methoxybisabol-7(14)-en	$C_{28}H_{43}ClO_9$	C	[24]
3-6-74	4α-chloro-2β,10-diacetoxy-1β,8-diangeloyloxy-11-methoxy-3β-hydroxybisabol-7(14)-ene	$C_{30}H_{47}ClO_{11}$	C	[24]
3-6-75	2β-acetoxy-4α-chloro-1β,8-diangeloyloxy-3β,10,11-trihydroxy-bisabol-7(14)-ene	$C_{27}H_{41}ClO_9$	C	[24]
3-6-76	2β-acetoxy-4α-chloro-1β,8-diangeloyloxy-3β,10-dihydroxy-bisabol-7(14), 11(12)-diene	$C_{27}H_{39}ClO_8$	C	[24]
3-6-77	2β-acetoxy-1β,8-diangeloyloxy-4,10-dichloro-3β,11-dihydroxy-bisabol-7(14)-ene	$C_{27}H_{40}Cl_2O_8$	C	[24]
3-6-78	2β-acetoxy-4α-chloro-1β,8-diangeloyloxy-3β-hydroxy-10,11-isopropoxybisabol-7(14)-ene	$C_{30}H_{45}ClO_9$	C	[24]

续表

编号	名称	分子式	测试溶剂	参考文献
3-6-79	1β-acetoxy-2β,8-diangeloyloxy-3β-hydroxy-4α-chloro-10,11-expoxy-bisabol-7(14)-ene	$C_{27}H_{39}ClO_8$	C	[25]
3-6-80	1β-acetoxy-2β,10-diangeloyloxy-3β,8,11-trihydroxy-4α-chloro-bisabol-7(14)-ene	$C_{27}H_{41}ClO_9$	C	[25]
3-6-81	1β-acetoxy-2β,8-diangeloyloxy-3β,10-dihydroxy-4α-chloro-11-expoxybisabol-7(14)-ene	$C_{29}H_{45}ClO_9$	C	[25]
3-6-82	1β-acetoxy-2β,8-diangeloyloxy-3β,10-dihydroxy-4α-chloro-11-methoxybisabol-7(14)-ene	$C_{28}H_{43}ClO_9$	C	[25]
3-6-83	1β-acetoxy-2β,8-diangeloyloxy-3β,10,11-trihydroxy-4α-chloro-bisabol-7(14)-ene	$C_{27}H_{41}ClO_9$	C	[25]
3-6-84	2α,8-diangeloyloxy-3β,4β,10,11-diepoxy-1α-hydroxybisabol-7(14)-ene	$C_{25}H_{36}O_7$	C	[26]
3-6-85	2β,8-diangeloyloxy-3α,4α,10,11-diepoxy-1α-hydroxybisabol-7(14)-ene	$C_{25}H_{36}O_7$	C	[26]
3-6-86	3β,4β,10,11-diepoxy-1β,2β,8-triangeloyloxybisabol-7(14)-ene	$C_{30}H_{42}O_8$	C	[26]
3-6-87	1β,8-diangeloyloxy-3β,4β,10,11-diepoxybisabol-7(14)-ene	$C_{25}H_{36}O_6$	C	[26]
3-6-88	1β,8-diangeloyloxy-3β,4β-epoxy-2β,10,11-trihydroxybisabol-7(14)-ene	$C_{25}H_{38}O_8$	C	[26]
3-6-89	1α,8-diangeloyloxy-10,11-dihydroxy-3β,4β-epoxybisabol-7(14)-en-2-one	$C_{25}H_{36}O_8$	C	[26]
3-6-90	10,11-epoxy-1β-hydroxy-2β,4β,8-triangeloyloxybisabol-7(14)-ene	$C_{30}H_{44}O_9$	C	[26]
3-6-91	4α-chloro-1β,8-diangeloyloxy-10,11-epoxy-2β-hydroxybisabol-7(14)-ene	$C_{25}H_{37}ClO_7$	C	[26]
3-6-92	2β-angeloyl-5α,8-diisobutyryl-1β,3α,4α,10, 11-pentahydroxy bisabolene	$C_{28}H_{46}O_{11}$	C	[27]
3-6-93	4α-acetyl-2β-angeloyl-5α,10-diisobutyryl-1β,3α,8,11-tetrahydroxy-bisabolene	$C_{30}H_{48}O_{12}$	C	[27]
3-6-94	4α-acetyl-2β-angeloyl-5α,8-diisobutyryl-1β,3α,10,11-tetrahydroxybisabolene	$C_{30}H_{48}O_{12}$	C	[27]
3-6-95	2β-angeloyl-5α,8-diisobutyryl-1β,3α,4α,9,10, 11-hexahydroxybisabolene	$C_{28}H_{46}O_{12}$	C	[27]
3-6-96	3-acetoxy-E-γ-bisabolene	$C_{17}H_{26}O_2$	C	[28]
3-6-97	caespitenone	$C_{15}H_{22}BrClO_2$	C	[29]
3-6-98	caespitane	$C_{15}H_{25}Br_2Cl$	C	[29]
3-6-99	caespitol	$C_{15}H_{25}Br_2ClO_2$	C	[30]
3-6-100	deschlorobromo caespitol	$C_{15}H_{25}BrO_2$	C	[30]
3-6-101	deschlorobromo caespitenone	$C_{15}H_{22}O_2$	C	[30]
3-6-102	(+)-methyl sydowate	$C_{16}H_{22}O_4$	C	[11]
3-6-103	carenone	$C_{15}H_{24}O_2$	C	[31]
3-6-104	1(10),4-germacradiene-2,6,12-triol	$C_{15}H_{26}O_3$	C	[32]
3-6-105	1,4-dihydroxy-germacra-5E-10(14)-diene	$C_{15}H_{26}O_2$	A	[33]
3-6-106	litseagermacrane	$C_{15}H_{24}O_2$	C	[34]
3-6-107	diacetyleleganodiol	$C_{19}H_{28}O_4$	C	[35]
3-6-108	(2R,5R,6R,7S)-germacra-1(10)E,4(15)-diene-5-hydroperoxy-2,6-diol	$C_{15}H_{26}O_4$	C	[36]

续表

编号	名称	分子式	测试溶剂	参考文献
3-6-109	(2R,5R,6R,7S)-germacra-1(10)E,4(15)-diene-5-hydroperoxy-2,6-diol-2-acetate	$C_{17}H_{28}O_5$	C	[36]
3-6-110	pulicanadiene A	$C_{19}H_{28}O_6$	B	[37]
3-6-111	pulicanadiene B	$C_{19}H_{28}O_5$	B	[37]
3-6-112	pulicanadiene C	$C_{19}H_{30}O_5$	B	[37]
3-6-113	pulicanone	$C_{15}H_{24}O_4$	C	[37]
3-6-114	pulicanol	$C_{17}H_{28}O_5$	C	[37]
3-6-115	pulicanadienal A	$C_{15}H_{24}O_3$	C	[37]
3-6-116	pulicanadienal B	$C_{17}H_{26}O_4$	C	[37]
3-6-117	pulicanadienol	$C_{15}H_{26}O_3$	C	[37]
3-6-118	pulicanaral A	$C_{19}H_{28}O_6$	C	[37]
3-6-119	pulicanaral B	$C_{19}H_{28}O_7$	C	[37]
3-6-120	pulicanaral C	$C_{17}H_{26}O_6$	C	[37]
3-6-121	erigeside E	$C_{21}H_{30}O_9$	M	[38]
3-6-122	(1R,2R,4S,5S,6R,7S)-4,5-epoxygermacra-9Z-en-1,2,6-triol	$C_{15}H_{26}O_4$	C	[36]
3-6-123	(3R,6R,7S)-3,6-dihydroxygermacra-4(5)E,10(14)-dien-1-one	$C_{15}H_{24}O_3$	C	[36]
3-6-124	(1Z,4Z)-7αH-11-aminogermacra-1(10),4-diene	$C_{15}H_{27}N$	C	[39]
3-6-125	madolin U	$C_{15}H_{20}O_3$	C	[40]
3-6-126	madolin X	$C_{15}H_{20}O_3$	C	[40]
3-6-127	neolindenenonelactone	$C_{16}H_{18}O_6$	C	[41]
3-6-128	cis-parthenolid-9-one	$C_{15}H_{18}O_4$	C	[42]
3-6-129	neobritannilactone B	$C_{15}H_{20}O_3$	M	[43]
3-6-130	(6S,7R,8S)-8,15-diacetoxy-14-hydroxymelampa-1(10),4,11(13)-trien-12,6-olide	$C_{19}H_{24}O_7$	C	[44]
3-6-131	(6S,7R,8S)-8,15-diacetoxy-14-oxomelampa-1(10),4,11(13)-trien-12,6-olide	$C_{19}H_{22}O_7$	C	[44]
3-6-132	spicatolide C	$C_{15}H_{20}O_7$	P	[45]
3-6-133	9α-hydroxyparthenolide	$C_{15}H_{20}O_4$	C	[46]
3-6-134	9β-hydroxyparthenolide	$C_{15}H_{20}O_4$	C	[46]
3-6-135	9β-hydroxy-1β,10α-epoxyparthenolide	$C_{15}H_{20}O_5$	C	[46]
3-6-136	9α-hydroxy-1β,10α-epoxyparthenolide	$C_{15}H_{20}O_5$	C	[46]
3-6-137	parthenolid-9-one	$C_{15}H_{18}O_4$	C	[46]
3-6-138	8α-acetoxy-3β-hydroxy-11(αH),13-dihydrocostunolide	$C_{17}H_{24}O_5$	C	[47]
3-6-139	3β-hydroxy-13-acetoxygermacra-1(10)E,4E,7(11)-trien-12,6-olide	$C_{17}H_{22}O_5$	C	[47]
3-6-140	3-((S)-2-methylbutyryloxy)-costu-1(10),4(5)-dien-12,6α-olide	$C_{20}H_{28}O_4$	C	[48]
3-6-141	lobatin D	$C_{18}H_{24}O_6$	C	[49]
3-6-142	nepalolide D	$C_{15}H_{24}O_5$	C	[50]
3-6-143	4,5-epoxy-13-methoxy-1(10)-germacren-12,6-olide	$C_{16}H_{24}O_4$	C	[51]
3-6-144	4,5-epoxy-13-acetoxy-1(10)-germacren-12,6-olide	$C_{17}H_{24}O_5$	C	[51]
3-6-145	2α-hydroxy-dihydroparthenolide	$C_{15}H_{22}O_4$	M	[51]
3-6-146	spicatolide F	$C_{16}H_{22}O_7$	C	[52]

续表

编号	名称	分子式	测试溶剂	参考文献
3-6-147	spicatolide G	$C_{18}H_{24}O_9$	C	[52]
3-6-148	eupakirunsin A	$C_{20}H_{22}O_6$	C	[53]
3-6-149	eupakirunsin B	$C_{20}H_{26}O_6$	C	[53]
3-6-150	eupakirunsin C	$C_{20}H_{26}O_7$	C	[53]
3-6-151	eupakirunsin D	$C_{20}H_{26}O_6$	C	[53]
3-6-152	eupakirunsin E	$C_{20}H_{26}O_6$	C	[53]
3-6-153	eupaheliangolide A	$C_{20}H_{24}O_6$	C	[53]
3-6-154	15-acetoxyheliangin	$C_{22}H_{28}O_8$	C	[53]
3-6-155	3-*epi*-heliangin	$C_{20}H_{26}O_6$	C	[53]
3-6-156	lychnostatin 2	$C_{21}H_{28}O_7$	C	[54]
3-6-157	lychnostatin 1	$C_{21}H_{28}O_8$	C	[54]
3-6-158	tomenphantin A	$C_{19}H_{24}O_6$	C	[55]
3-6-159	glaucolide K	$C_{23}H_{30}O_9$	M	[56]
3-6-160	glaucolide L	$C_{21}H_{28}O_8$	M	[56]
3-6-161	glaucolide M	$C_{23}H_{30}O_9$	M	[56]
3-6-162	hirsutinolide	$C_{21}H_{28}O_8$	C	[57]
3-6-163	helivypolide F	$C_{20}H_{22}O_6$	C	[58]
3-6-164	l,2-anhydroniveusin A	$C_{20}H_{26}O_7$	C	[58]
3-6-165	1-methoxy-4,5-dihydroniveusin A	$C_{21}H_{30}O_8$	C	[58]
3-6-166	helivypolide H	$C_{21}H_{28}O_7$	C	[58]
3-6-167	helivypolide I	$C_{21}H_{30}O_8$	C	[58]
3-6-168	helivypolide J	$C_{22}H_{32}O_8$	C	[58]
3-6-169	Inulacappolide	$C_{22}H_{30}O_7$	C	[59]
3-6-170	8α-O-(4-acetoxy-5-hydroxyangeloyl)-11β,13-dihydrocnicin	$C_{22}H_{30}O_8$	C	[60]
3-6-171	vernobockolide B	$C_{21}H_{28}O_9$	C	[61]
3-6-172	(1S*,4R*,8S*,10R*)-13-acetyloxy-1,4-epoxy-1,10-dihydroxy-8-isobutyryloxygermacra-5E,7(11)-dien-6,12-olide	$C_{21}H_{26}O_9$	C	[61]
3-6-173	piptocarphin F	$C_{21}H_{28}O_8$	C	[61]
3-6-174	vernolide C	$C_{21}H_{27}ClO_9$	C	[62]
3-6-175	vernolide D	$C_{22}H_{28}O_9$	C	[62]
3-6-176	vernolide A	$C_{21}H_{28}O_7$	C	[63]
3-6-177	vernolide B	$C_{23}H_{30}O_8$	C	[63]
3-6-178	spicatolide D	$C_{16}H_{22}O_7$	C	[52]
3-6-179	spicatolide E	$C_{21}H_{28}O_8$	C	[52]
3-6-180	8α-(4-hydroxymethacryloyloxy)-10α-hydroxy-1,13-dimethoxy-hirsutinolide	$C_{21}H_{28}O_9$	C	[64]
3-6-181	8α-(4-hydroxymethacryloyloxy)-10α-hydroxy-13-methoxy-hirsutinolide	$C_{20}H_{26}O_9$	C	[64]
3-6-182	8α-methacryloyloxy-10α-hydroxy-13-methoxy-hirsutinolide	$C_{20}H_{26}O_8$	C	[64]
3-6-183	8α-(4′-acetoxymethacryloyloxy)-3α,9β-dihydroxy-1(10)E,4-Z,11(13)-germacratrien-12,6α-olide	$C_{21}H_{26}O_8$	M	[65]

续表

编号	名称	分子式	测试溶剂	参考文献
3-6-184	8α-(2′E)-(2′-acetoxymethyl-2′-butenoyloxy)-3′,9β-dihydroxy-1(10)E,4Z,11(13)-germacratrien-12,6α-olide	$C_{22}H_{28}O_8$	M	[65]
3-6-185	8α-(2′,3′-epoxy-2′-methylbutyryloxy)-9β-hydroxygermacra-4E,1(10)E-dien-6β,12-olide	$C_{20}H_{26}O_6$	C	[66]
3-6-186	8α-(2′,3′-epoxy-2′-methylbutyryloxy)-9β-hydroxygermacra-4E,1(10)E-dien-6β,12-olide (diastereomer of **3-6-185**)	$C_{20}H_{26}O_6$	C	[66]
3-6-187	ineupatorolide A	$C_{20}H_{30}O_6$	C	[50]
3-6-188	nepalolide A	$C_{20}H_{28}O_6$	C	[50]
3-6-189	nepalolide B	$C_{20}H_{28}O_6$	C	[50]
3-6-190	nepalolide C	$C_{20}H_{28}O_6$	C	[50]
3-6-191	1α-hydroxytirotundin 3-O-methyl ether	$C_{20}H_{30}O_7$	C	[67]
3-6-192	1α-hydroxydiversifolin 3-O-methyl ether	$C_{20}H_{28}O_7$	C	[67]
3-6-193	(4S,6R,7S,8S,10R,11S,16R)-1-oxo-3(10),8(16)-diepoxy-16-methylprop-1Z-enyl-16-methoxygermacra-2-en-6(12)-olide	$C_{21}H_{28}O_6$	C	[68]
3-6-194	(4S,6R,7S,8S,10R,11S)-1-oxo-3,10-epoxy-8-angeloyl-oxygermacra-2-en-6(12)-olide	$C_{20}H_{26}O_6$	C	[68]
3-6-195	8β-isobutyloxy-14-oxo-(4Z)-acanthospermolide	$C_{21}H_{28}O_6$	C	[69]
3-6-196	9α-acetyloxy-8β-(2-methylbutanoyloxy)-14-oxo-(4Z)-acanthospermolide	$C_{22}H_{30}O_7$	C	[69]
3-6-197	15-hydroxy-14-oxo-8β-isovaleroyloxygermacra-acanthospermolide	$C_{20}H_{26}O_6$	C	[69]
3-6-198	9α-acetyloxy-14,15-dihydroxy-8β-angeloyloxy-acanthospermolide	$C_{22}H_{30}O_8$	C	[69]
3-6-199	9α-acetyloxy-14,15-dihydroxy-8β-(2-methylbutanoyloxy)-acanthospermolide	$C_{22}H_{32}O_7$	C	[69]
3-6-200	9α-acetyloxy-14-oxo-8β-isobutyloxy-acanthospermolide	$C_{21}H_{28}O_7$	C	[69]
3-6-201	9α-acetyloxy-14-hydroxy-8β-(2-methylbutanoyloxy)-acanthospermolide	$C_{22}H_{32}O_6$	C	[69]
3-6-202	8α-angeloyloxy-4β-hydroxy-5β-isobutyryloxy-9-oxo-germacran-7β,12α-olide	$C_{24}H_{34}O_8$	C	[70]
3-6-203	4β,8α-dihydroxy-5β-isobutyryloxy-9β-3-methylbutyryloxy-3-oxo-germacran-7β,12α-olide	$C_{24}H_{36}O_9$	M	[70]
3-6-204	4β,8α-dihydroxy-5β-2-methylbutyryloxy-9β-3-methylbutyryloxy-3-oxo-germacran-7β,12α-olide	$C_{25}H_{38}O_9$	M	[70]
3-6-205	4β,9β-dihydroxy-5β,8α-di(isobutyryloxy)-3-oxo-germacran-7β,12α-olide	$C_{23}H_{34}O_9$	M	[70]
3-6-206	eupachinilide H	$C_{20}H_{28}O_7$	C	[71]
3-6-207	eupachinilide I	$C_{22}H_{28}O_7$	C	[71]
3-6-208	eupachinilide J	$C_{20}H_{28}O_8$	C	[71]
3-6-209	11β,13-dihydrotaraxinic acid	$C_{15}H_{20}O_4$	C	[72]
3-6-210	taraxinic acid β-(6-O-acetyl)-glucopyranosyl ester	$C_{23}H_{30}O_{10}$	C	[72]
3-6-211	11β,13-dihydrotamaulipin A β-D-glucoside	$C_{21}H_{32}O_8$	P	[73]
3-6-212	cstanin C	$C_{17}H_{22}O_7$	A	[74]
3-6-213	cstanin D	$C_{17}H_{22}O_7$	A	[74]
3-6-214	cstanin E	$C_{15}H_{20}O_6$	A	[74]
3-6-215	cstanin F	$C_{15}H_{20}O_6$	A	[74]
3-6-216	1β,10α:4α,5β-diepoxy-6β,8β-diacetoxy glechomanolide	$C_{19}H_{24}O_8$	A	[74]

续表

编号	名称	分子式	测试溶剂	参考文献
3-6-217	1β,10α:4α,5β-diepoxy-6β,8α-diacetoxy glechomanolide	$C_{19}H_{24}O_8$	A	[74]
3-6-218	1β,10β:4α,5α-diepoxy-7(11)-enegermacr-8α,12-olide	$C_{15}H_{20}O_4$	C	[75]
3-6-219	4α,5α-epoxy-1(10),7(11)-dienegermacr-8α,12-olide	$C_{15}H_{20}O_3$	C	[75]
3-6-220	diacetyleleganolactone B	$C_{19}H_{22}O_7$	C	[35]
3-6-221	14-acetoxyartemisiifolin-6α-O-acetate	$C_{19}H_{24}O_7$	C	[76]
3-6-222	14-acetoxyartemisiifolin-6α,15-di-O-acetate	$C_{21}H_{26}O_8$	C	[76]
3-6-223	14-hydroxyartemisiifolin-6α-O-acetate	$C_{17}H_{22}O_6$	M	[76]
3-6-224	6α,14-diacetoxy-15-oxo-(Z)1(10),(Z)4-germacradien-8α,12-olide	$C_{19}H_{22}O_7$	C	[76]
3-6-225	11βH-11,13-dihydro-14-hydroxyartemisiifolin-6α-O-acetate	$C_{17}H_{24}O_6$	M	[76]
3-6-226	14-acetoxy-4α,5β-epoxyartemisiifolin-6α-O-acetate	$C_{19}H_{24}O_8$	D	[76]
3-6-227	1(10)E-(3S,4R,5R,7S,8S)-14-acetyloxy-3,4-epoxy-5-hydroxy-15-senecioyloxygermacra-1(10),11(13)-dien-8,12-olide	$C_{22}H_{28}O_8$	C	[77]
3-6-228	1(10)E-(3S,4R,5R,7S,8S)-14-acetyloxy-3,4-epoxy-5-hydroxy-15-isovaleroyloxygermacra-1(10),11(13)-dien-8,12-olide	$C_{22}H_{30}O_8$	C	[77]
3-6-229	1(10)E-(4R,5R,7S,8S)-4,5-epoxy-14-oxo-15-senecioyloxygermacra-1(10),11(13)-dien-8,12-olide	$C_{20}H_{24}O_6$	C	[77]
3-6-230	1(10)E-3Z-(5R,7S,8S)-14-acetyloxy-5-hydroxy-15-isovaleroyloxy-germacra-1(10),3,11(13)-trien-8,12-olide	$C_{22}H_{30}O_7$	C	[77]
3-6-231	8α-angeloxy-14,15-dihydroxy-3(4),11(13)-germacradien-6,12-olide	$C_{20}H_{28}O_6$	D	[78]
3-6-232	8α-methylacryloxy-14-hydroxy-15-al-3(4),11(13)-germacradien-6,12-olide	$C_{19}H_{24}O_6$	C	[78]
3-6-233	8α-methylacryloxy-14,15-dihydroxy-3(4),11(13)-germacradien-6,12-olide	$C_{19}H_{26}O_6$	C	[78]
3-6-234	cardivin A	$C_{25}H_{36}O_9$	C	[79]
3-6-235	cardivin B	$C_{24}H_{36}O_9$	C	[79]
3-6-236	cardivin C	$C_{25}H_{34}O_9$	C	[79]
3-6-237	cardivin D	$C_{23}H_{34}O_9$	C	[79]
3-6-238	sarcaglaboside E	$C_{26}H_{38}O_{12}$	M	[80]
3-6-239	acutotrine	$C_{15}H_{16}O_6$	A	[81]
3-6-240	zeylaninone	$C_{17}H_{18}O_6$	C	[81]
3-6-241	acutotrinone	$C_{15}H_{16}O_6$	A	[81]
3-6-242	acutotrinol	$C_{17}H_{18}O_7$	C	[81]
3-6-243	11β,13-dihydrodeoxymikanolide	$C_{15}H_{18}O_6$	A	[82]
3-6-244	2β,3β-dihydroxy-11β,13-dihydrodeoxymikanolide	$C_{15}H_{18}O_7$	A	[82]
3-6-245	mikamicranolide	$C_{15}H_{16}O_7$	P	[82]
3-6-246	11β,13-dihydromikamicranolide	$C_{15}H_{18}O_7$	P	[82]
3-6-247	neoliacinolide A	$C_{15}H_{16}O_7$	P	[83]
3-6-248	neoliacinolide B	$C_{15}H_{16}O_6$	C	[83]
3-6-249	neoliacinolide C	$C_{17}H_{22}O_8$	P	[83]
3-6-250	neoliacine	$C_{15}H_{14}O_6$	C	[84]
3-6-251	zeylanidinone	$C_{15}H_{14}O_6$	C	[84]
3-6-252	1β(2α),5α(6β)-diepoxy-1α,11-dimethyl-7β(15),9β(12)-diether-10β-acetyl-tricyclo[10.2.1.0]pentadeca-8(11)-ene-12,15-dione	$C_{17}H_{18}O_8$	C	[84]

续表

编号	名称	分子式	测试溶剂	参考文献
3-6-253	1β(2α),5α(6β)-diepoxy-1α,11-dimethyl-7β(15),9β(12)-diether-9α-hydroxy-10β-acetyl-tricyclo[10.2.1.0] pentadec-8(11)-ene-12,15-dione	$C_{17}H_{18}O_9$	C	[84]
3-6-254	chloranthatone	$C_{15}H_{20}O_3$	C	[85]
3-6-255	rel-1S,2S-epoxy-4R-furanogermacr-10(15)-en-6-one	$C_{15}H_{18}O_3$	C	[86]
3-6-256	zedoarofuran	$C_{15}H_{20}O_4$	C	[87]
3-6-257	rel-2R-methyl-5S-acetoxy-4R-furanogermacr-1(10)Z-en-6-one	$C_{18}H_{24}O_5$	C	[86]
3-6-258	curcuzederone	$C_{15}H_{20}O_5$	C	[88]
3-6-259	neolitrane	$C_{23}H_{30}O_8$	C	[89]
3-6-260	(+)-linderadine	$C_{15}H_{16}O_5$	C	[81]
3-6-261	zeylanane	$C_{17}H_{18}O_6$	C	[81]
3-6-262	zeylanine	$C_{17}H_{18}O_5$	C	[81]
3-6-263	zeylanidine	$C_{17}H_{18}O_7$	C	[90]
3-6-264	deacetylzeylanidine	$C_{15}H_{16}O_6$	C	[90]
3-6-265	zeylanicine	$C_{17}H_{18}O_6$	C	[90]
3-6-266	Linderane	$C_{15}H_{16}O_4$	C	[89]
3-6-267	pseudoneolinderane	$C_{15}H_{16}O_4$	C	[89]
3-6-268	parvigemone	$C_{15}H_{16}O_4$	C	[89]
3-6-269	zeylanidine	$C_{17}H_{18}O_7$	C	[84]
3-6-270	zerumbone	$C_{15}H_{22}O$	C	[91]
3-6-271	buddledone A	$C_{15}H_{24}O$	C	[92]
3-6-272	($\pm$)-humulene epoxide Ⅱ	$C_{15}H_{24}O$	C	[93]
3-6-273	(2R,3S,5R)-2,3-epoxy-6,9-humuladien-5-ol-8-one	$C_{15}H_{22}O_3$	C	[94]
3-6-274	(2R,3R,5R)-2,3-epoxy-6,9-humuladien-5-ol-8-one	$C_{15}H_{22}O_3$	C	[94]
3-6-275	(5R)-2,6,9-humulatrien-5-ol-8-one	$C_{15}H_{22}O_2$	C	[94]
3-6-276	2,9-humuladien-6-ol-8-one	$C_{15}H_{24}O_2$	C	[95]
3-6-277	mitissimol A	$C_{15}H_{22}O_2$	C	[96]
3-6-278	mitissimol B	$C_{15}H_{22}O_3$	C	[96]
3-6-279	mitissimol C	$C_{15}H_{22}O_3$	M	[96]
3-6-280	litseahumulane A	$C_{15}H_{24}O_2$	C	[43]
3-6-281	litseahumulane B	$C_{15}H_{24}O_2$	C	[43]
3-6-282	mitissimol A oleate	$C_{33}H_{54}O_3$	C	[96]
3-6-283	mitissimol A linoleate	$C_{33}H_{52}O_3$	C	[96]
3-6-284	8-O-(p-coumaroyl)-1(10)E,4(5)E-humuladien-8-ol	$C_{24}H_{32}O_3$	C	[97]
3-6-285	8-O-(p-coumaroyl)-5β-hydroperoxy-1(10)E,4(15)-humuladien-8α-ol	$C_{24}H_{32}O_5$	C	[97]
3-6-286	8-O-(3-nitro-p-coumaroyl)-1(10)E,4(15)-humuladien-5β,8α-diol	$C_{24}H_{31}NO_6$	M	[97]
3-6-287	kurubasch aldehyde	$C_{15}H_{24}O_2$	C	[98]
3-6-288	kurubasch aldehyde benzoate	$C_{23}H_{30}O_3$	C	[98]
3-6-289	manshurolide	$C_{15}H_{20}O_2$	C	[99]
3-6-290	buddledone B	$C_{15}H_{22}O_2$	C	[92]
3-6-291	6,8,11-trihydroxy-1,3-elemadiene-12,15-dioic acid	$C_{15}H_{22}O_7$	M	[100]
3-6-292	6α,11-dihydroxy-12,13-diacetoxyelem-1,3-diene	$C_{19}H_{30}O_6$	C	[101]

续表

编号	名称	分子式	测试溶剂	参考文献
3-6-293	8-(4-acetoxy-3-hydroxy-2-methylenebutanoyl)-6,8, 15-trihydroxy-1,3,11(13)-elematrien-12-oic acid ester	$C_{21}H_{30}O_8$	M	[100]
3-6-294	hierapolitanin A	$C_{21}H_{32}O_8$	D	[102]
3-6-295	hierapolitanin B	$C_{22}H_{34}O_{10}$	D	[102]
3-6-296	6α,14-diacetoxy-15-hydroxyeleman-8α,12-olide	$C_{19}H_{24}O_7$	C	[76]
3-6-297	3,4-epoxy-5-*epi*-elemasteriractinolide	$C_{15}H_{20}O_3$	C	[103]
3-6-298	3,4-epoxy-5,10-*epi*-elemasteriractinolide	$C_{15}H_{20}O_3$	C	[103]
3-6-299	3,4-epoxy-11α,13-dihydroelemen-12,8-olide	$C_{15}H_{22}O_3$	C	[103]
3-6-300	3,4-epoxy-7,11-dehydro-13-hydroxymethylelemen-12,8-olide	$C_{15}H_{20}O_4$	C	[103]
3-6-301	sarcaglaboside C	$C_{21}H_{30}O_8$	M	[80]
3-6-302	sarcaglaboside D	$C_{26}H_{38}O_{12}$	M	[80]
3-6-303	(8R*)-8-bromo-10-*epi*-β-snyderol	$C_{15}H_{24}Br_2O$	C	[104]
3-6-304	(8S)-8-bromo-β-snyderol	$C_{15}H_{24}Br_2O$	C	[104]
3-6-305	5-bromo-3-(3-hydroxy-3-methylpent-4-enylidene)-2,4,4-trimethyl-cyclohexanone	$C_{15}H_{23}BrO_2$	C	[104]
3-6-306	acetic acid 1-methyl-3-(2,2,6-trimethyl-7-oxa-bicyclo[4.1.0]hept-1-yl)-1-vinyl-allyl ester	$C_{17}H_{26}O_3$	C	[104]
3-6-307	crispatenine	$C_{21}H_{30}O_6$	C	[105]
3-6-308	isopalisol	$C_{15}H_{23}BrO$	C	[106]
3-6-309	luzonensol	$C_{15}H_{24}Br_2O$	C	[106]
3-6-310	luzonensol acetate	$C_{17}H_{26}Br_2O_2$	C	[106]
3-6-311	luzonensin	$C_{15}H_{23}Br$	C	[106]
3-6-312	luzonenone	$C_{15}H_{22}Br_2O_2$	C	[107]
3-6-313	luzofuran	$C_{15}H_{21}BrO_2$	C	[107]
3-6-314	(+)-7α,8α-epoxyblumenol B	$C_{13}H_{20}O_4$	C	[108]
3-6-315	(1R,6R,9S)-6,9,11-trihydroxy-4,7-megastigmadien-3-one 11-*O*-β-D-glucopyranoside	$C_{19}H_{30}O_9$	M	[109]
3-6-316	(3R,9S)-megastigman-5-en-3,9-diol 3-*O*-β-D-glucopyranoside	$C_{19}H_{34}O_7$	M	[109]
3-6-317	(3R,9S)-megastigman-5-en-3,9-diol 3-*O*-[α-L-arabinofuranosyl-(1→6)]-β-D-glucopyranoside	$C_{24}H_{42}O_{11}$	M	[109]
3-6-318	parvispinoside C	$C_{19}H_{30}O_9$	M	[110]
3-6-319	excoecarioside A	$C_{19}H_{32}O_8$	M	[111]
3-6-320	excoecarioside B	$C_{19}H_{28}O_8$	M	[111]
3-6-321	glochidionionoside A	$C_{19}H_{30}O_9$	M	[112]
3-6-322	glochidionionoside B	$C_{19}H_{32}O_8$	M	[112]
3-6-323	glochidionionoside C	$C_{19}H_{30}O_8$	M	[112]
3-6-324	glochidionionoside D	$C_{19}H_{32}O_8$	M	[112]
3-6-325	lauroside A	$C_{19}H_{32}O_8$	M	[113]
3-6-326	lauroside B	$C_{19}H_{32}O_9$	M	[113]
3-6-327	lauroside C	$C_{19}H_{32}O_9$	M	[113]
3-6-328	lauroside D	$C_{19}H_{34}O_8$	M	[113]
3-6-329	lauroside E	$C_{19}H_{30}O_9$	M	[113]
3-6-330	staphylionoside A	$C_{19}H_{30}O_8$	M	[114]

续表

编号	名称	分子式	测试溶剂	参考文献
3-6-331	staphylionoside B	$C_{19}H_{34}O_9$	M	[114]
3-6-332	staphylionoside C	$C_{19}H_{32}O_9$	M	[114]
3-6-333	staphylionoside D	$C_{19}H_{30}O_8$	M	[114]
3-6-334	staphylionoside E	$C_{19}H_{32}O_8$	M	[114]
3-6-335	staphylionoside F	$C_{19}H_{32}O_8$	M	[114]
3-6-336	staphylionoside G	$C_{25}H_{42}O_{12}$	M	[114]
3-6-337	staphylionoside H	$C_{19}H_{32}O_8$	M	[114]
3-6-338	staphylionoside I	$C_{20}H_{36}O_9$	M	[114]
3-6-339	staphylionoside J	$C_{19}H_{34}O_9$	M	[114]
3-6-340	staphylionoside K	$C_{25}H_{44}O_{12}$	M	[114]
3-6-341	4,5-dioxoxanth-1(10)-en-13β-methyl-12,8β-olide	$C_{15}H_{20}O_4$	C	[115]
3-6-342	4,5-dioxoxanth-1(10)-en-13α-methyl-12,8β-olide	$C_{15}H_{20}O_4$	C	[115]
3-6-343	1β,4β-epoxy-5β-hydroxy-10αH-xantha-11(13)-en-12,8β-olide	$C_{15}H_{22}O_4$	C	[116]
3-6-344	1β,4β,4α,5β-diepoxy-10α,11αH-xantha-12,8β-olide	$C_{15}H_{22}O_4$	C	[116]
3-6-345	4-acetoxy-1β,5β-epoxy-10αH-xantha-11(13)-en-12,8β-olide	$C_{17}H_{24}O_4$	C	[116]
3-6-346	9α-hydroxy-$seco$-ratiferolide-5α-O-angelate	$C_{20}H_{26}O_7$	C	[116]
3-6-347	(1S,5S,6R,7R,8S,9S,10S)-5-angeloyloxy-8,9-epoxy-1-hydroxy-2-oxoxantha-3,11-dien-6,12-olide	$C_{20}H_{24}O_7$	C	[117]
3-6-348	(1S,5S,6R,7S,10S)-5-angeloyloxy-1-hydroxy-2-oxoxantha-3,11-dien-6,12-olide	$C_{20}H_{26}O_6$	C	[117]
3-6-349	(1S,5S,6R,7R,8S,10S)-5-angeloyloxy-1,8-dihydroxy-2-oxoxantha-3,11-dien-6,12-olide	$C_{20}H_{26}O_7$	C	[117]
3-6-350	9α-hydroxy-$seco$-ratiferolide-5α-O-(2-methylbutyrate)	$C_{20}H_{28}O_7$	C	[117]
3-6-351	(1S,5S,6R,7S,9R,10S)-5-methylbutanoyloxy-1,4,9-trihydroxy-2-oxoxanth-11-en-6,12-olide	$C_{20}H_{30}O_8$	C	[117]
3-6-352	(1S,5S,6R,7S,10R)-1-hydroxy-4-methoxy-5-methylbutanoyloxy-2,9-dioxoxanth-11-en-6,12-olide	$C_{21}H_{32}O_7$	C	[117]
3-6-353	oligandrumin A	$C_{17}H_{24}O_7$	P	[118]
3-6-354	oligandrumin B	$C_{17}H_{24}O_7$	M	[118]
3-6-355	oligandrumin C	$C_{15}H_{22}O_6$	M	[118]
3-6-356	oligandrumin D	$C_{15}H_{20}O_6$	M	[118]
3-6-357	phyllaemblic acid B	$C_{15}H_{24}O_9$	M	[119]
3-6-358	phyllaemblic acid C	$C_{15}H_{24}O_8$	M	[119]
3-6-359	phyllaemblic acid D	$C_{21}H_{34}O_{13}$	M	[119]
3-6-360	glochicoccinoside A	$C_{33}H_{44}O_{20}$	M	[120]
3-6-361	glochicoccinoside B	$C_{33}H_{44}O_{20}$	M	[120]
3-6-362	(4S*,5S*)-dihydro-5-[(1R*,2S*)-2-hydroxy-2-methyl-5-oxo-3-cyclopenten-1-yl]-3-methylene-4-(3-oxobutyl)-2(3H)-furanone	$C_{15}H_{18}O_5$	C	[121]
3-6-363	(4S*,5R*)-dihydro-5-[(1R*,2S*)-2-hydroxy-2-methyl-5-oxo-3-cyclopenten-1-yl]-3-methylene-4-(3-oxobutyl)-2(3H)-furanone	$C_{15}H_{18}O_5$	C	[121]
3-6-364	(4R*,5R*)-dihydro-5-[(1R*,2S*)-2-hydroxy-2-methyl-5-oxo-3-cyclopenten-1-yl]-3-methylene-4-(3-oxobutyl)-2(3H)-furanone	$C_{15}H_{18}O_5$	C	[121]

编号	名称	分子式	测试溶剂	参考文献
3-6-365	(4R*,5S*)-dihydro-5-[(1R*,2S*)-2-hydroxy-2-methyl-5-oxo-3-cyclopenten-1-yl]-3-methylene-4-(3-oxobutyl)-2(3H)-furanone	$C_{15}H_{18}O_5$	C	[121]
3-6-366	gajutsulactone A	$C_{15}H_{22}O_2$	C	[87]
3-6-367	gajutsulactone B	$C_{15}H_{22}O_2$	C	[87]
3-6-368	cyperusol B1	$C_{15}H_{24}O_2$	C	[122]
3-6-369	cyperusol B2	$C_{15}H_{24}O_2$	C	[122]
3-6-370	caprariolide A	$C_{15}H_{18}O_3$	C	[123]
3-6-371	caprariolide B	$C_{15}H_{18}O_3$	C	[123]
3-6-372	caprariolide C	$C_{15}H_{18}O_3$	C	[123]
3-6-373	caprariolide D	$C_{15}H_{18}O_3$	C	[123]
3-6-374	rotundine A	$C_{15}H_{21}NO$	C+T	[124]
3-6-375	rotundine B	$C_{15}H_{23}NO$	C+T	[124]
3-6-376	rotundine C	$C_{15}H_{23}NO$	C+T	[124]
3-6-377	(R)-N-formyl-2-[(1S,3S,4R)-4-methyl-2-oxo-3-(3-oxobutyl)-cyclohexyl]propanamide	$C_{15}H_{23}NO_4$	C	[125]
3-6-378	(R)-N-formyl-N-methyl-2-[(1S,3S,4R)-4-methyl-2-oxo-3-(3-oxobutyl)-cyclohexyl]propanamide	$C_{16}H_{25}NO_4$	C	[125]
3-6-379	(R)-N-allyl-N-formyl-2-[(1S,3S,4R)-4-methyl-2-oxo-3-(3-oxobutyl)-cyclohexyl]propanamide	$C_{18}H_{27}NO_4$	C	[125]
3-6-380	boletunone A	$C_{16}H_{22}O_7$	D	[126]
3-6-381	boletunone B	$C_{15}H_{20}O_6$	D	[126]
3-6-382	9β-hydroxyartemether	$C_{16}H_{26}O_6$	C	[127]
3-6-383	ring-rearranged 9β-hydroxyartemether	$C_{16}H_{26}O_6$	C	[127]
3-6-384	3α-hydroxydeoxyartemether	$C_{16}H_{26}O_5$	C	[127]
3-6-385	9α-hydroxyartemether	$C_{16}H_{26}O_6$	C	[127]
3-6-386	14-hydroxyartemether	$C_{16}H_{26}O_6$	C	[127]
3-6-387	anhydrodeoxydihydroartemisinin	$C_{15}H_{22}O_3$	C	[128]
3-6-388	fabianane	$C_{15}H_{24}O_3$	C	[129]
3-6-389	3-β-hydroxyartemisinin	$C_{15}H_{22}O_6$	C	[130]
3-6-390	1,10-seco-4ζ-hydroxy-muurol-5-ene-1,10-diketone	$C_{15}H_{24}O_3$	C	[131]
3-6-391	heliannuol F	$C_{15}H_{20}O_4$	C	[132]
3-6-392	heliannuol I	$C_{15}H_{20}O_4$	C	[132]
3-6-393	heliannuol A	$C_{15}H_{22}O_3$	C	[132]
3-6-394	heliespirone B	$C_{15}H_{24}O_4$	C	[133]
3-6-395	heliespirone C	$C_{15}H_{20}O_4$	C	[133]
3-6-396	chabrolidione A	$C_{15}H_{24}O_2$	C	[134]
3-6-397	chabrolidione B	$C_{15}H_{24}O_3$	C	[134]
3-6-398	secobotrytriendiol	$C_{15}H_{24}O_2$	C	[135]
3-6-399	ferulsinaic acid	$C_{24}H_{30}O_5$	C	[136]
3-6-400	merrekentrone D	$C_{15}H_{18}O_3$	C	[137]
3-6-401	cananodine	$C_{15}H_{23}NO$	C	[138]

续表

编号	名称	分子式	测试溶剂	参考文献
3-6-402	hebelophyllene E	$C_{15}H_{24}O_3$	C	[139]
3-6-403	hebelophyllene F	$C_{16}H_{24}O_4$	C	[139]
3-6-404	rumphelloane A	$C_{15}H_{22}O_2$	C	[140]
3-6-405	spicatolide H	$C_{15}H_{20}O_4$	C	[52]
3-6-406	4,5-dioxo-10-*epi*-4,5-*seco*-γ-eudesmol 2′-*O*-acetyl-β-D-fucopyranoside	$C_{23}H_{38}O_8$	A	[141]
3-6-407	4,5-dioxo-10-*epi*-4,5-*seco*-γ-eudesmol 2′,3′,4′-*O*-triacetyl-β-D-fucopyranoside	$C_{27}H_{42}O_{10}$	C	[141]
3-6-408	8α-angeloxy-2β,10β-dihydroxy-4β-methoxymethyl-2,4-epoxy-6βH,7αH,11β-1(5)-guaien-12,6α-olide	$C_{21}H_{30}O_8$	C	[2]
3-6-409	6β-*O*-(2-methylbutyryl)britannilactone	$C_{20}H_{30}O_5$	C	[43]
3-6-410	neobritannilactone A	$C_{17}H_{26}O_5$	C	[43]
3-6-411	polydactin A	$C_{14}H_{22}O_2$	C	[142]
3-6-412	leitneridanin B	$C_{15}H_{22}O_2$	C	[143]

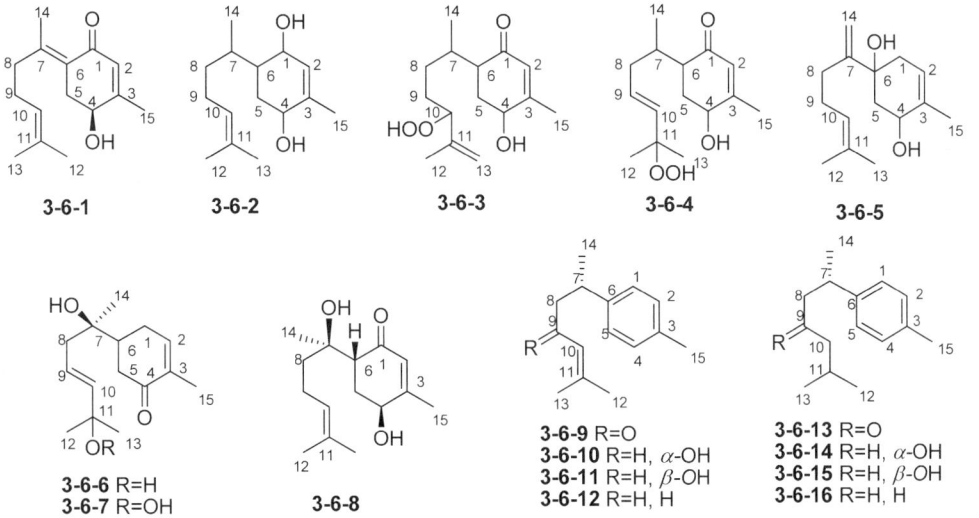

表 3-6-2 没药烷类化合物 3-6-1~3-6-8 的 ^{13}C NMR 数据

C	3-6-1[1]	3-6-2[2]	3-6-3[2]	3-6-4[2]	3-6-5[3]	3-6-6[4]	3-6-7[4]	3-6-8[5]
1	153.0	67.9	200.6	220.6	37.7	27.2	27.5	203.9
2	117.8	129.9	127.7	127.7	118.7	144.9	145.0	128.5
3	128.7	136.7	158.4	156.4	133.8	135.3	136.0	159.8
4	121.2	69.1	67.3	67.8	27.3	200.4	—	67.5
5	126.2	29.7	30.0	29.1	32.3	38.8	39.0	33.6
6	136.0	40.6	45.0	42.2	72.4	44.1	43.0	46.9

续表

C	3-6-1[1]	3-6-2[2]	3-6-3[2]	3-6-4[2]	3-6-5[3]	3-6-6[4]	3-6-7[4]	3-6-8[5]
7	27.0	30.5	30.6	29.7	154.0	72.8	73.0	74.3
8	46.8	35.2	32.3	37.4	30.9	42.3	45.0	40.5
9	68.6	26.0	28.2	130.0	27.5	121.0	126.5	21.9
10	47.1	124.6	89.6	135.7	124.3	143.0	138.5	124.7
11	24.7	131.4	143.7	81.7	131.0	70.7	82.5	132.0
12	21.0	17.7	17.4	22.2	25.7	29.8	24.5	26.1
13	23.1	25.7	114.3	25.3	17.9	29.7	24.5	18.0
14	22.4	14.4	16.0	15.9	108.3	15.6	15.9	24.2
15	21.6	20.5	21.3	21.4	23.3	23.9	24.0	22.0

注：—表示未观测到。

表 3-6-3　没药烷类化合物 3-6-9~3-6-16 的 ^{13}C NMR 数据[6]

C	3-6-9	3-6-10	3-6-11	3-6-12	3-6-13	3-6-14	3-6-15	3-6-16
1	126.7	126.8	126.9	126.9	126.6	126.7	126.9	126.8
2	129.1	129.1	129.1	128.9	129.1	129.2	129.1	128.9
3	135.5	135.6	135.4	135.1	143.3	135.6	135.4	135.1
4	129.1	129.1	129.1	128.9	129.1	129.2	129.1	128.9
5	143.7	144.1	143.9	144.7	126.6	126.7	126.9	126.8
6	126.7	126.8	126.9	126.9	135.7	144.4	143.7	145.0
7	35.3	36.1	35.8	39.0	34.9	36.4	36.0	39.5
8	52.7	46.1	45.9	38.5	51.7	46.9	46.1	39.0
9	199.9	67.0	66.9	26.2	209.9	68.4	67.9	38.7
10	124.1	128.0	128.4	124.6	52.5	47.1	47.3	32.0
11	155.1	135.4	134.6	131.4	24.4	24.5	24.6	27.8
12	20.7	18.3	18.1	25.7	22.5	23.5	22.3	22.7
13	27.6	25.8	25.7	17.7	22.5	22.0	23.2	22.6
14	22.0	22.9	23.0	22.5	22.0	22.1	23.4	22.4
15	21.0	21.0	21.0	21.0	21.0	21.0	21.0	21.0

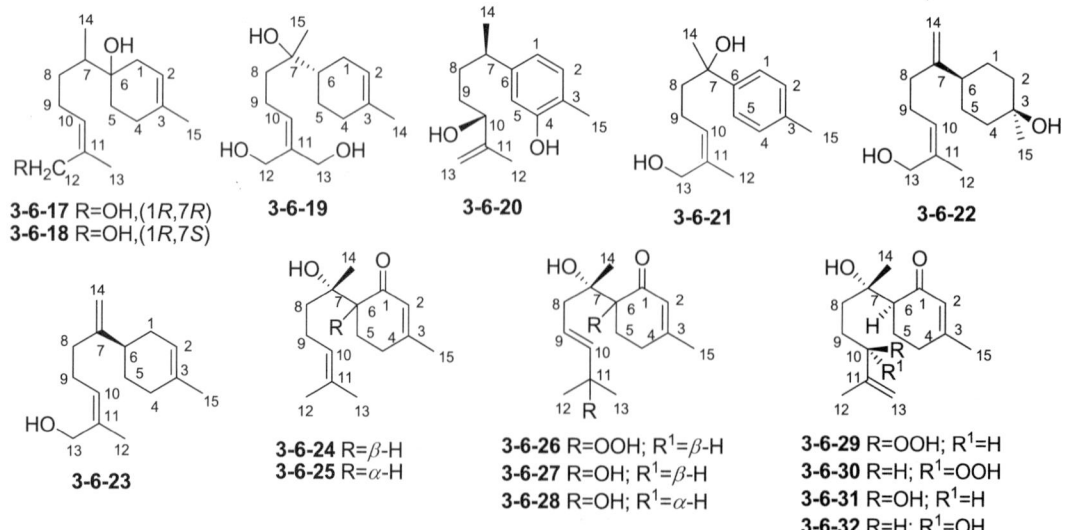

表 3-6-4　没药烷类化合物 3-6-17~3-6-23 的 ^{13}C NMR 数据

C	3-6-17[7]	3-6-18[7]	3-6-19[7]	3-6-20[8]	3-6-21[9]	3-6-22[9]	3-6-23[9]
1	33.8	35.1	27.0	118.8	124.7	27.4	31.4
2	118.3	118.4	120.3	130.4	128.9	38.9	120.7
3	134.1	134.0	134.3	121.0	136.2	69.0	133.8
4	26.9	27.0	31.0	154.2	128.9	38.9	30.7
5	31.2	30.4	23.3	114.0	124.7	27.4	28.3
6	72.3	72.1	43.3	146.8	144.7	43.6	39.8
7	41.8	41.6	74.7	40.0	74.9	153.9	153.9
8	31.1	31.2	39.6	36.0	43.8	34.9	35.0
9	26.1	26.1	21.6	32.9	22.6	26.4	26.4
10	128.7	128.7	131.8	77.2	128.4	128.1	128.1
11	134.4	134.4	136.9	147.3	134.6	134.5	134.5
12	61.6	61.7	59.9	112.4	21.4	21.3	21.3
13	21.4	21.3	67.6	17.0	61.5	61.6	61.6
14	13.8	13.7	23.3	21.8	30.8	107.6	107.5
15	23.3	23.2	23.0	20.4	21.0	31.4	23.4

表 3-6-5　没药烷类化合物 3-6-24~3-6-32 的 ^{13}C NMR 数据[10]

C	3-6-24	3-6-25	3-6-26	3-6-27	3-6-28	3-6-29	3-6-30	3-6-31	3-6-32
1	204.0	203.4	204.1	204.1	203.3	203.9	204.0	204.0	204.0
2	127.4	127.4	127.4	127.6	127.5	127.5	127.5	127.6	127.5
3	163.6	163.6	163.8	163.4	163.4	163.8	163.8	163.7	163.7
4	31.2	31.5	31.3	31.3	31.6	31.3	31.3	31.3	31.3
5	25.0	25.0	24.8	24.8	24.9	25.0	25.0	25.0	25.0
6	52.0	55.3	51.9	51.9	54.6	52.6	51.8	52.1	52.0
7	73.9	74.3	74.3	74.3	74.6	74.3	74.2	74.2	74.0
8	40.1	37.1	43.2	43.1	40.7	35.3	35.5	36.5	36.0
9	21.5	22.1	126.6	122.4	123.0	23.7	24.0	29.3	28.7
10	124.4	124.8	136.8	141.1	140.9	88.9	89.1	75.8	75.6
11	131.4	131.1	82.0	70.7	70.7	143.8	143.8	147.7	147.8
12	25.7	25.7	24.4	29.9	29.7	18.1	18.0	18.2	18.2
13	17.6	17.6	24.0	29.8	29.7	113.6	113.6	110.5	110.5
14	23.6	25.4	23.7	23.8	26.2	23.1	23.8	23.7	23.7
15	24.1	24.1	24.1	23.8	24.1	24.1	24.1	24.1	24.1

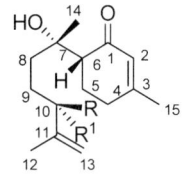

3-6-33 R = OOH; R¹ = H
3-6-34 R = OH; R¹ = H
3-6-35 R = H; R¹ = OH

3-6-36　　3-6-37　　3-6-38　　3-6-39

表 3-6-6　没药烷类化合物 3-6-33~3-6-40 的 ^{13}C NMR 数据

C	3-6-33[10]	3-6-34[10]	3-6-35[10]	3-6-36[11]	3-6-37[11]	3-6-38[12]	3-6-39[12]	3-6-40[13]
1	203.6	203.5	203.0	152.4	151.7	52.0	70.0	25.6
2	127.4	127.5	127.6	117.1	116.6	147.3	42.6	29.5
3	163.8	163.6	162.9	129.4	129.3	135.1	42.6	74.4
4	31.5	31.6	31.5	122.0	122.3	198.4	210.8	136.4
5	25.0	25.1	25.0	128.2	128.7	41.6	44.4	133.5
6	55.4	55.5	55.3	134.4	133.7	69.3	57.3	80.0
7	74.2	74.3	74.2	146.1	130.2	147.5	148.5	36.8
8	32.8	32.7	33.0	37.7	132.8	33.3	33.2	31.5
9	25.0	29.0	29.4	25.6	27.1	26.3	26.5	26.0
10	90.0	76.1	76.1	38.5	38.6	123.4	123.7	124.2
11	143.8	147.8	147.5	27.8	27.4	132.6	132.8	131.8
12	17.4	18.1	17.8	22.5	22.3	17.8	18.1	17.7
13	113.9	110.7	110.7	22.5	22.3	25.7	26.0	25.7
14	25.2	25.4	25.4	116.0	24.7	112.7	112.8	13.8
15	24.1	24.1	24.0	171.2	170.6	15.3	14.5	21.4

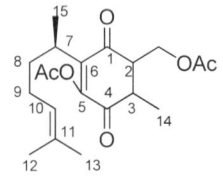

3-6-45 R=β-H; R^1, R^2=-O-
3-6-46 R=α-H; R^1, R^2=-O-
3-6-47 R=β-H; R^1=OH; R^2=OH
3-6-48 R=α-H; R^1=OH; R^2=OH

表 3-6-7　没药烷类化合物 3-6-41~3-6-49 的 ^{13}C NMR 数据

C	3-6-41[14]	3-6-42[14]	3-6-43[14]	3-6-44[15]	3-6-45[16]	3-6-46[16]	3-6-47[16]	3-6-48[16]	3-6-49[8]
1	155.1	143.7	152.8	185.2	118.9	118.9	118.9	119.2	118.3
2	117.3	118.5	116.4	143.4	130.8	130.8	130.7	130.8	123.5
3	135.8	130.2	131.6	137.6	121.4	121.4	121.5	121.5	122.0
4	127.7	121.7	121.8	180.4	154.0	154.0	153.9	154.0	142.0
5	127.2	126.1	126.9	148.9	113.3	113.5	113.3	113.4	141.4
6	139.8	137.2	136.4	140.1	146.2	146.2	146.2	146.2	131.4
7	27.9	25.6	31.5	30.5	39.2	39.3	39.3	39.5	39.3
8	46.4	54.1	26.2	34.6	34.7	35.1	34.9	35.3	37.5

续表

C	3-6-41[14]	3-6-42[14]	3-6-43[14]	3-6-44[15]	3-6-45[16]	3-6-46[16]	3-6-47[16]	3-6-48[16]	3-6-49[8]
9	68.7	202.1	37.4	26.5	26.8	27.2	29.6	29.8	124.7
10	47.0	123.1	124.8	123.9	64.6	64.9	78.6	78.8	138.2
11	24.7	157.9	130.4	132.1	58.7	58.8	73.4	73.4	72.6
12	23.0	21.1	17.7	17.7	22.4	22.5	23.1	23.2	29.4
13	21.3	20.9	25.7	25.7	24.8	24.8	26.4	26.4	30.1
14	22.4	27.8	21.2	18.6	18.6	18.6	22.3	22.3	22.0
15	192.0	21.3	20.8	12.1	15.4	15.4	15.5	15.5	18.7

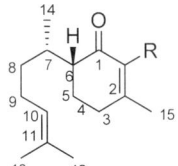

3-6-50 R=CH₃; R¹=OH
3-6-51 R=H; R¹=OH
3-6-52 R=H; R¹=CHO

3-6-53 R=Cl
3-6-54 R=H

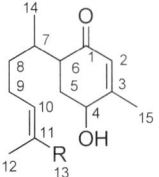

3-6-55 R=CH₃
3-6-56 R=CHO
3-6-57 R=CH₂OH

表 3-6-8 没药烷类化合物 3-6-50~3-6-57 的 ¹³C NMR 数据

C	3-6-50[17]	3-6-51[17]	3-6-52[17]	3-6-53[18]	3-6-54[18]	3-6-55[2]	3-6-56[2]	3-6-57[2]
1	129.4	138.4	134.7	192.4	200.9	200.8	200.1	200.8
2	123.5	127.8	127.6	129.4	127.0	127.6	127.6	127.1
3	152.1	115.2	130.1	155.0	161.0	158.3	158.2	158.2
4	114.8	154.0	154.0	32.7	30.9	67.3	67.2	67.3
5	125.1	115.2	130.1	21.7	22.4	31.1	31.3	30.7
6	138.7	127.8	127.6	51.0	49.8	45.1	45.1	44.4
7	35.0	35.1	35.7	30.9	30.3	30.4	30.5	30.6
8	52.9	52.8	51.8	34.6	34.7	34.4	33.0	33.8
9	200.3	200.5	198.8	25.9	26.0	25.8	26.9	25.6
10	124.1	124.0	123.8	124.1	124.4	124.3	124.3	126.1
11	155.3	155.6	156.0	131.4	131.2	131.5	139.4	134.7
12	27.7	27.7	27.7	25.7	25.7	17.6	9.2	68.8
13	20.7	20.8	20.8	17.7	17.7	25.7	195.3	13.7
14	22.2	22.2	21.7	15.6	15.6	15.9	15.8	16.0
15	15.9		192.1	24.1	30.4	21.3	21.3	21.4

3-6-58   **3-6-59**   **3-6-60**

3-6-61

3-6-62

3-6-63

3-6-64

表 3-6-9 没药烷类化合物 3-6-58~3-6-64 的 ^{13}C NMR 数据

C	3-6-58[19]	3-6-59[19]	3-6-60[19]	3-6-61[19]	3-6-62[20]	3-6-63[20]	3-6-64[20]
1	27.8	28.7	23.0	27.1	45.4	45.9	40.1
2	37.0	39.4	37.2	39.0	67.9	67.4	66.7
3	53.0	53.2	53.4	53.0	68.7	68.2	67.5
4	39.2	39.5	39.5	36.7	40.4	44.3	39.9
5	27.6	29.3	23.3	27.1	25.7	34.0	28.6
6	37.8	37.1	47.0	46.1	73.8	75.3	85.6
7	153.3	155.3	78.7	139.6	152.6	154.1	149.4
8	193.5	75.4	132.8	123.2	39.4	27.0	25.2
9	123.7	128.1	134.8	123.4	71.0	34.6	32.9
10	155.2	140.1	77.8	140.2	127.4	75.8	75.0
11	31.3	30.7	33.9	31.2	136.4	147.8	147.7
12	21.3	22.2	18.3	22.4	26.1	18.2	14.6
13	21.3	22.3	18.3	22.4	18.6	111.5	111.4
14	121.2	108.5	18.1	14.9	112.9	109.9	113.1
15	23.3	26.3	23.3	23.3	23.7	23.7	24.0
16	161.5	161.5	161.4	161.7			

3-6-65 R=CH$_3$; R^1=H; R^2=H
3-6-66 R=CHO; R^1=Ac; R^2=H
3-6-67 R=CH$_3$; R^1=Ac; R^2=H

3-6-68 R=CHO; R^1=OH; R^2=H
3-6-69 R=COOH; R^1=H; R^2=CH$_3$

3-6-70 R=H; R^1=H; R^2=H
3-6-71 R=OAc; R^1=OH; R^2=OAng

3-6-72

Ang =

表 3-6-10 没药烷类化合物 3-6-65~3-6-72 的 ^{13}C NMR 数据

C	3-6-65[21]	3-6-66[21]	3-6-67[21]	3-6-68[21]	3-6-69[21]	3-6-70[22]	3-6-71[22]	3-6-72[23]
1	153.0	154.5	153.5	141.7	153.5	40.9	71.4	72.9
2	117.8	115.6	116.8	148.1	117.0	208.4	200.3	199.9
3	128.7	135.4	129.3	118.7	129.3	59.4	61.4	61.8
4	121.2	123.1	121.4	123.9	122.2	64.9	68.2	66.1
5	126.2	127.5	126.5	118.7	126.9	29.7	73.7	73.0
6	136.0	140.5	136.6	140.4	136.8	43.9	54.0	48.9
7	27.0	28.6	27.7	35.9	27.0	150.3	148.2	72.9
8	46.8	42.5	43.1	133.7	133.5	33.8	78.4	146.1
9	68.6	72.1	72.4	126.2	127.9	26.5	31.8	75.3
10	47.1	44.0	44.0	124.8	124.4	123.6	119.1	32.2
11	24.7	24.7	24.7	134.3	135.4	132.1	134.8	119.4
12	21.0	22.5	20.7	18.3	18.4	25.7	25.8	134.9
13	23.1	22.7	22.6	25.9	26.0	17.8	18.0	18.4
14	22.4	21.9	22.1	19.7	19.5	109.5	110.8	26.1
15	21.6	192.0	22.6	196.2	166.9	14.9	14.7	114.4
OMe					52.1			
OAc		21.4	21.5					20.4
		172.1	172.1					169.5
1'								168.9
2'								127.2
3'								140.6
4'								15.9
5'								20.4

3-6-73 R=OH; R^1=Me,OCH$_3$
3-6-74 R=OAc; R^1=Me,OCH$_3$
3-6-75 R=OH; R^1=Me,OH
3-6-76 R=OH; R^1=CH$_2$
3-6-77 R=Cl; R^1=Me,OH

表 3-6-11 没药烷类化合物 3-6-73~3-6-78 的 ^{13}C NMR 数据[24]

C	3-6-73	3-6-74	3-6-75	3-6-76	3-6-77	3-6-78
1	70.5	70.3	70.2	70.5	70.6	70.6
2	70.8	70.8	70.7	70.7	70.8	70.8
3	74.2	74.1	73.8	74.2	74.1	74.2
4	64.4	64.2	64.2	64.3	64.5	64.4
5	29.7	29.6	29.5	29.8	30.4	29.6
6	35.1	35.4	35.5	35.1	33.6	34.8
7	146.0	146.0	146.0	146.6	142.4	145.3
8	73.9	73.3	73.2	73.5	76.3	74.8

续表

C	3-6-73	3-6-74	3-6-75	3-6-76	3-6-77	3-6-78
9	35.9	33.3	36.5	40.0	35.5	33.4
10	72.9	72.2	74.9	71.5	69.0	79.8
11	76.9	75.4	74.0	145.7	72.4	79.9
12	19.7	21.0	28.3	111.0	26.1	25.6
13	19.7	22.1	28.1	18.1	25.6	22.8
14	115.0	114.9	115.0	115.4	119.1	115.9
15	23.7	23.7	23.7	23.8	23.8	23.7
11-OMe	49.2	49.7				
2-OAc	169.7	169.7	169.6	169.7	169.6	169.7
	20.6	20.6	20.5	20.6	20.6	20.6
10-OAc		170.4				
		20.6				
1-OAng	165.5	165.4	165.3	165.6	165.5	165.4
	126.6	126.5	126.4	126.5	126.5	126.6
	138.7	138.5	138.9	139.3	139.5	138.4
	15.6	15.6	15.6	15.7	15.7	15.6
	20.5	20.4	20.4	20.5	20.5	20.4
8-OAng	167.3	166.7	167.3	167.7	166.4	166.7
	127.6	127.6	127.4	127.4	127.6	128.0
	139.7	139.7	139.9	139.9	139.5	139.5
	15.8	15.6	15.7	15.8	15.9	15.7
	20.6	20.4	20.5	20.5	20.8	20.5

3-6-79 R=Ang; R^1, R^2=-O-
3-6-80 R=H; R^1=Ang; R^2=H
3-6-81 R=Ang; R^1=H; R^2=C_2H_5
3-6-82 R=Ang; R^1=H; R^2=CH_3
3-6-83 R=Ang; R^1=H; R^2=H

表 3-6-12 没药烷类化合物 3-6-79~3-6-83 的 ^{13}C NMR 数据[25]

C	3-6-79	3-6-80	3-6-81	3-6-82	3-6-83	C	3-6-79	3-6-80	3-6-81	3-6-82	3-6-83
1	71.3	73.4	71.8	71.8	71.5	12	24.5	26.2	21.2	20.5	26.1
2	70.0	69.7	70.1	70.3	70.0	13	18.7	25.1	20.1	20.0	23.6
3	74.3	74.2	74.5	74.6	74.4	14	116.1	115.1	115.0	115.2	115.1
4	64.4	64.2	64.5	64.6	64.3	15	23.8	23.9	23.8	24.0	23.8
5	29.4	29.1	29.7	29.9	29.6	1'	166.5	165.9	167.1	167.4	168.0
6	34.3	33.2	34.8	35.0	35.0		166.0	167.7	166.1	166.2	166.1
7	144.7	147.4	146.1	146.2	145.8	2'	127.3	127.5	127.6	127.7	127.2
8	74.5	74.3	74.3	74.3	73.8		126.8	126.8	127.0	127.1	126.9
9	32.8	34.9	35.9	36.0	36.3	3'	139.2	139.5	139.5	139.7	139.6
10	60.7	76.7	73.0	73.0	73.7		139.4	138.4	138.8	138.9	139.6
11	57.9	72.1	77.0	77.2	72.3						

续表

C	3-6-79	3-6-80	3-6-81	3-6-82	3-6-83	C	3-6-79	3-6-80	3-6-81	3-6-82	3-6-83
4'	15.7	15.6	15.8	15.8	15.9	OAc	20.6	20.8	20.8	20.9	20.7
	15.6	15.6	15.7	15.9	15.7		168.3	170.0	168.4	168.6	168.6
5'	20.4	20.4	20.6	20.6	20.5	OMe				49.3	
	20.2	20.2	20.3	20.7	20.3	OEt			56.5		
									16.0		

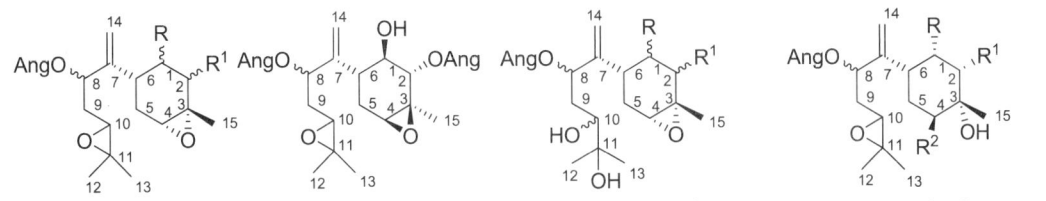

3-6-84 R=α-OH; R^1=α-OAng **3-6-85** **3-6-88** R=β-OAng; R^1=β-OH **3-6-90** R=OH; R^1=R^2=OAng
3-6-86 R=R^1=β-OAng **3-6-89** R=α-OAng; R^1==O **3-6-91** R=OAng; R^1=OH; R^2=Cl
3-6-87 R=β-OAng; R^1=2H

表 3-6-13　没药烷类化合物 3-6-84~3-6-91 的 ^{13}C NMR 数据[26]

C	3-6-84	3-6-85	3-6-86	3-6-87	3-6-88	3-6-89	3-6-90	3-6-91
1	69.8	70.1	67.5	73.6	70.2	73.9	72.9	72.6
2	72.8	72.1	71.9	30.8	71.7	201.8	73.3	70.3
3	60.6	58.5	56.3	58.1	58.3	61.4	73.7	74.8
4	61.2	61.0	59.5	61.0	60.5	64.1	75.7	64.5
5	25.5	25.1	25.7	31.0	24.7	31.4	24.6	29.4
6	39.7	39.0	38.1	35.3	40.0	45.0	40.4	35.4
7	146.9	146.5	145.8	151.0	147.9	148.7	148.1	145.4
8	74.1	74.0	74.3	73.2	73.0	72.0	69.0	73.2
9	33.6	33.4	33.3	33.9	36.8	36.8	34.8	32.7
10	60.8	61.0	60.7	60.8	74.6	75.0	60.7	61.0
11	58.2	58.5	58.2	58.4	72.5	74.4	58.5	58.3
12	18.8	18.9	19.5	18.9	23.7	27.3	19.0	18.9
13	24.5	24.6	24.5	24.6	25.9	29.6	25.7	24.2
14	114.8	114.7	115.1	111.0	113.5	110.6	115.9	115.5
15	19.0	19.7	18.8	19.1	19.6	14.9	22.3	24.6
OAng								
1'	167.1	167.8	166.7	166.7	168.0	167.2	167.8	167.0
	166.6	166.9	166.6	166.7	167.8	167.0	167.4	166.7
			166.6				166.4	
2'	127.3	127.4	127.6	127.6	127.4	127.4	127.6	127.5
	127.3	127.4	127.3	127.6	127.4	127.4	127.6	126.4
			127.1				127.1	
3'	139.0	139.4	139.1	138.8	139.7	139.4	140.1	140.8
	138.9	139.1	139.1	138.2	139.0	138.7	139.1	139.0
			138.0				139.1	

								续表
C	3-6-84	3-6-85	3-6-86	3-6-87	3-6-88	3-6-89	3-6-90	3-6-91
4'	15.8	15.9	15.7	15.8	15.9	15.9	15.9	15.8
	15.7	15.8	15.7	15.8	15.8	15.9	15.9	15.8
			15.5				15.9	
5'	20.4	20.7	20.6	20.6	20.7	20.5	20.7	20.7
	20.4	20.6	20.5	20.6	20.6	20.5	20.5	20.6
			20.2				20.5	

3-6-92 R^1=H; R^2=^{i}But; R^3=H; R^4=H
3-6-93 R^1=Ac; R^2=H; R^3=H; R^4=^{i}But
3-6-94 R^1=Ac; R^2=^{i}But; R^3=H; R^4=H
3-6-95 R^1=H; R^2=^{i}But; R^3=OH; R^4=H
R=O^{i}But

3-6-96

表 3-6-14 没药烷类化合物 3-6-92~3-6-96 的 ^{13}C NMR 数据

C	3-6-92[27]	3-6-93[27]	3-6-94[27]	3-6-95[27]	3-6-96[28]	C	3-6-92[27]	3-6-93[27]	3-6-94[27]	3-6-95[27]	3-6-96[28]
1	64.8	65.3	65.2	64.9	26.9	15	23.3	22.8	22.8	23.9	19.2
2	74.7	76.1	76.1	74.4	31.5	Ang		167.0	167.1		
3	74.3	74.0	74.3	72.8	134.1			15.8	20.5		
4	70.3	71.7	71.6	71.4	120.4			20.5	20.5		
5	76.4	70.4	71.4	76.2	29.8			127.3	127.3		
6	39.9	40.7	41.6	41.2	121.4			138.9	139.3		
7	143.9	140.9	145.9	144.3	131.6	^{i}But	177.9	176.6	177.7	177.3	
8	75.9	75.0	76.7	75.5	39.3		175.2	175.2	176.0	176.7	
9	34.1	35.4	35.5	73.2	70.8		34.4	34.5	34.2	34.1	
10	75.4	77.5	71.4	71.9	123.8		34.4	34.5	34.2	34.1	
11	72.0	72.6	72.2	72.1	136.6		19.1	18.4	18.8	19.1	
12	24.7	23.0	25.7	25.7	25.8		19.1	18.8	19.0	19.0	
13	26.1	25.7	25.9	25.9	18.3		19.0	19.0	19.0	18.7	
14	117.2	118.3	114.2	117.7	23.3		18.8	19.1	19.2	18.9	

3-6-97

3-6-98

3-6-99

3-6-100

3-6-101

3-6-102

表 3-6-15 没药烷类化合物 3-6-97~3-6-102 的 ^{13}C NMR 数据

C	3-6-97[29]	3-6-98[29]	3-6-99[30]	3-6-100[30]	3-6-101[30]	3-6-102[31]
1	24.0	23.3	22.7	22.5	24.0	124.5
2	42.2	42.7	42.9	30.9	30.6	120.7
3	71.6	71.7	72.0	134.5	133.9	130.5
4	63.6	63.9	63.7	119.8	120.6	118.3
5	34.6	36.0	36.3	25.9	25.1	157.0
6	46.3	51.1	45.8	41.4	41.6	136.0
7	80.7	74.3	77.2	77.8	81.9	77.6
8	198.5	35.2	70.8	71.4	199.9	33.8
9	122.6	28.2	36.2	35.8	122.8	16.6
10	155.1	58.2	53.2	53.9	154.7	36.7
11	71.5	75.1	75.4	75.3	71.2	75.2
12	30.5	31.1	24.0	24.0	29.7	24.7
13	28.8	23.6	31.0	31.2	30.0	31.9
14	19.2	22.7	22.7	19.2	23.4	31.3
15	23.4	24.0	24.0	23.4	23.4	166.9

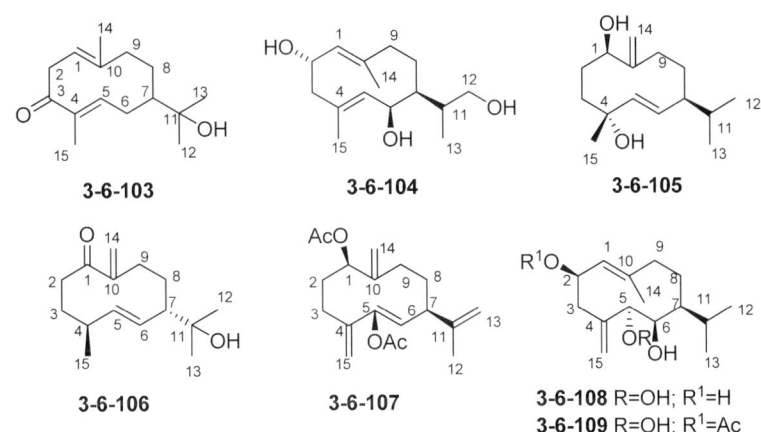

表 3-6-16 吉玛烷类化合物 3-6-103~3-6-109 的 ^{13}C NMR 数据

C	3-6-103[31]	3-6-104[32]	3-6-105[33]	3-6-106[34]	3-6-107[35]	3-6-108[36]	3-6-109[36]
1	113.8	128.5	80.0	69.7	76.0	121.6	123.8
2	41.7	71.2	28.9	23.7	29.6	69.5	71.9
3	204.5	47.0	39.4	38.3	24.8	43.4	41.0
4	136.0	132.3	72.2	61.4	145.0	138.8	138.8
5	129.7	132.4	139.9	62.5	78.5	90.6	90.7
6	32.2	67.1	128.0	66.5	34.4	70.0	70.1
7	51.4	50.5	49.6	158.2	40.5	42.0	42.0
8	29.4	25.9	29.3	106.5	31.2	29.5	29.7
9	41.4	40.9	27.2	46.7	30.4	35.5	35.6
10	141.9	135.3	148.0	56.9	145.1	139.7	142.5

续表

C	3-6-103[31]	3-6-104[32]	3-6-105[33]	3-6-106[34]	3-6-107[35]	3-6-108[36]	3-6-109[36]
11	74.1	40.4	33.3	130.0	147.0	31.3	31.6
12	26.9	64.8	20.8	172.0	19.4	21.2	21.2
13	26.7	16.1	20.8	11.2	110.6	21.3	21.3
14	16.0	17.6	110.9	19.4	116.7	21.4	21.4
15	19.5	18.4	29.8	16.7	117.0	117.5	119.0
OAc						21.1	
						170.5	

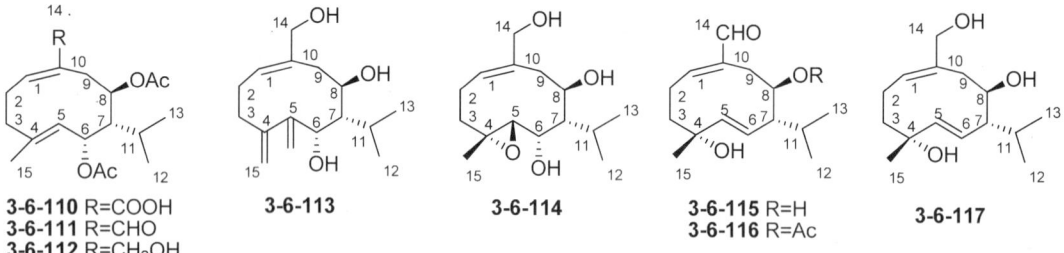

3-6-110 R=COOH
3-6-111 R=CHO
3-6-112 R=CH₂OH
3-6-113
3-6-114
3-6-115 R=H
3-6-116 R=Ac
3-6-117

表 3-6-17 吉玛烷类化合物 3-6-110~3-6-117 的 ^{13}C NMR 数据[37]

C	3-6-110	3-6-111	3-6-112	3-6-113	3-6-114	3-6-115	3-6-116	3-6-117
1	141.6	150.4	126.7	131.9	135.0	163.7	161.6	134.0
2	26.7	27.1	26.0	23.3	24.4	25.0	25.2	23.1
3	36.5	36.8	31.0	32.6	38.4	41.0	39.9	41.2
4	132.2	136.6	136.1	145.4	58.8	73.6	73.6	74.1
5	123.7	124.3	127.0	198.7	66.5	139.7	138.6	140.7
6	70.0	70.0	71.0	72.9	73.5	122.2	121.4	120.0
7	52.2	52.6	50.0	45.5	47.5	55.7	52.8	55.7
8	70.1	70.1	71.1	69.6	72.1	66.7	70.3	68.6
9	31.6	30.2	30.0	30.0	29.6	32.1	31.9	35.6
10	137.3	143.6	135.0	132.6	129.3	139.7	157.6	150.0
11	26.7	26.7	27.0	27.4	26.2	26.6	27.5	27.3
12	22.4	22.6	19.9	21.6	22.9	21.7	21.4	21.8
13	21.8	21.6	21.4	17.6	21.2	16.4	16.8	16.7
14	173.0	193.6	69.7	69.3	63.5	199.5	194.8	69.8
15	20.6	20.6	20.0	124.1	16.3	29.8	29.6	30.0
OAc	18.0	17.9	21.5		20.8		171.2	
	20.6	20.5	21.5		169.8		21.2	
	169.1	169.0	170.2					
	169.1	169.0	170.2					

3-6-118
3-6-119 R=Ac
3-6-120 R=H
3-6-121

表 3-6-18 吉玛烷类化合物 3-6-118~3-6-124 的 ^{13}C NMR 数据

C	3-6-118[37]	3-6-119[37]	3-6-120[37]	3-6-121[38]	3-6-122[36]	3-6-123[36]	3-6-124[39]
1	63.9	62.3	62.5	149.6	70.7	200.2	123.4
2	23.7	23.1	23.0	31.4	67.8	42.3	22.7
3	35.9	35.7	35.8	37.2	45.7	75.6	37.2
4	133.6	58.0	58.0	141.9	59.5	133.2	133.6
5	129.7	66.2	67.7	127.2	64.7	132.7	119.9
6	71.2	72.5	70.2	83.9	68.5	68.0	26.3
7	51.4	47.9	49.7	51.1	45.3	47.5	41.1
8	68.8	69.2	70.0	27.7	27.2	25.9	23.8
9	34.6	33.3	34.5	40.0	130.3	33.1	30.9
10	61.1	61.8	61.5	132.0	133.3	150.6	131.8
11	26.3	26.3	26.3	144.5	26.7	30.9	58.1
12	22.0	21.9	22.1	198.3	21.4	20.6	22.2
13	21.1	21.0	21.1	120.4	18.5	20.6	17.9
14	199.7	199.8	199.3	168.0	17.8	126.2	25.7
15	16.4	16.7	16.1	17.3	17.5	10.6	23.3
OAc	20.9	20.8	21.0				
	21.1	20.9	173.0				
	169.8	169.7					
	170.4	169.8					
Glu							
1				95.5			
2				74.0			
3				78.4			
4				71.2			
5				78.8			
6				62.4			

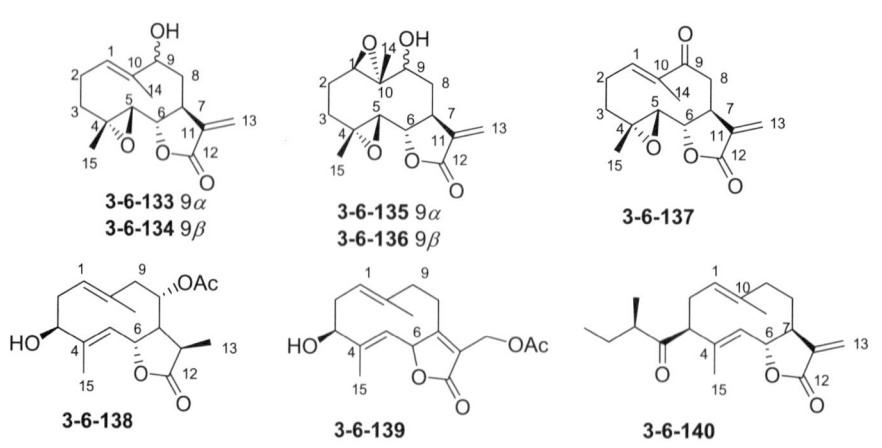

表 3-6-19 化合物 3-6-125~3-6-132 的 ^{13}C NMR 数据

C	3-6-125[40]	3-6-126[40]	3-6-127[41]	3-6-128[42]	3-6-129[43]	3-6-130[44]	3-6-131[44]	3-6-132[45]
1	75.2	66.9	63.6	135.5	129.2	127.6	150.4	214.9
2	35.8	23.9	22.0	22.5	26.1	26.0	27.6	40.6
3	20.2	20.7	21.8	36.6	39.4	34.0	32.9	35.8
4	138.2	137.5	133.8	59.6	142.6	138.2	138.1	71.4
5	148.8	152.9	146.2	62.7	127.5	128.0	129.3	43.7
6	82.8	83.3	76.8	81.2	75.1	75.4	75.2	106.3
7	52.0	50.3	147.0	41.1	53.6	48.1	48.6	165.0
8	32.2	25.6	201.4	42.6	71.7	72.5	72.6	64.8
9	24.8	129.4	54.9	203.5	47.8	30.2	28.6	42.2
10	147.6	136.3	56.2	136.9	135.8	139.1	143.6	82.8
11	152.2	146.0	130.6	138.1	138.3	136.6	136.0	126.1
12	112.2	112.9	166.0	168.4	170.2	170.7	170.5	170.7
13	21.3	21.6	14.2	120.4	120.4	122.8	123.8	54.2
14	113.6	16.9	18.0	20.7	19.5	67.9	193.6	25.6
15	174.3	174.0	171.1	17.5	17.4	62.1	62.0	31.8

表 3-6-20 吉玛烷类化合物 3-6-133~3-6-140 的 ^{13}C NMR 数据

C	3-6-133[46]	3-6-134[46]	3-6-135[46]	3-6-136[46]	3-6-137[46]	3-6-138[47]	3-6-139[47]	3-6-140[48]
1	121.7	126.1	57.4	63.2	139.9	128.0	126.3	124.2
2	23.5	23.8	23.1	23.4	23.6	34.9	34.9	32.2
3	36.2	37.0	34.9	34.8	35.3	70.8	74.4	78.6
4	61.4	61.5	60.1	60.6	60.8	141.6	142.0	139.4

续表

C	3-6-133[46]	3-6-134[46]	3-6-135[46]	3-6-136[46]	3-6-137[46]	3-6-138[47]	3-6-139[47]	3-6-140[48]
5	66.5	66.1	65.0	64.1	65.3	123.6	120.5	125.5
6	82.5	81.6	81.7	80.9	80.9	77.8	80.8	81.0
7	37.5	44.3	36.4	44.2	44.4	52.9	170.2	50.0
8	37.5	38.1	32.2	34.0	39.9	76.0	26.0	41.0
9	71.3	79.4	68.3	79.3	202.5	47.6	40.3	28.3
10	137.5	136.7	62.8	63.9	137.0	134.2	135.8	138.8
11	139.7	138.3	139.5	139.9	138.1	39.7	124.9	138.6
12	169.5	169.0	169.0	168.6	168.0	178.5	170.6	170.0
13	121.2	121.6	121.3	121.7	121.2	10.7	55.3	120.0
14	16.4	10.9	16.3	11.5	12.7	16.7	16.0	12.7
15	17.2	17.3	16.9	17.0	17.9	12.0	11.2	16.4

3-6-141

3-6-142

3-6-143 R^1=CH$_2$OCH$_3$; R^2=H
3-6-144 R^1=CH$_2$OAc; R^2=H
3-6-145 R^1=CH$_3$; R^2=OH

3-6-146

3-6-147

表 3-6-21 吉玛烷类化合物 3-6-141~3-6-147 的 ^{13}C NMR 数据

C	3-6-141[49]	3-6-142[50]	3-6-143[51]	3-6-144[51]	3-6-145[51]	3-6-146[52]	3-6-147[52]
1	210.7	19.0	124.9	125.1	130.1	213.5	108.6
2	36.1	31.4	23.8	24.0	67.8	40.7	32.1
3	121.4	34.6	36.3	36.6	46.6	35.2	34.6
4	136.7	74.6	61.2	61.3	62.2	72.0	78.0
5	42.9	78.3	65.7	66.3	67.0	43.7	69.8
6	72.5	75.2	82.1	82.2	83.5	105.7	90.2
7	41.7	41.5	47.0	48.6	52.9	165.7	157.5
8	76.5	45.3	29.5	29.9	30.2	64.4	69.1
9	76.5	214.3	40.7	41.0	42.2	42.5	40.9
10	80.5	46.3	134.2	134.5	137.2	82.8	84.2
11	134.4	41.5	45.7	45.5	43.4	121.9	134.2
12	168.0	177.7	173.7	175.0	180.3	168.0	166.7
13	124.4	13.4	59.7	68.4	13.3	64.6	64.2
14	25.4	17.4	16.9	17.1	18.6	25.7	25.7
15	22.2	23.7	16.6	16.8	17.6	31.1	31.1
OMe			59.3				

表 3-6-22　吉玛烷类化合物 3-6-148~3-6-155 的 ^{13}C NMR 数据[53]

C	3-6-148	3-6-149	3-6-150	3-6-151	3-6-152	3-6-153	3-6-154	3-6-155
1	76.3	127.5	76.6	76.6	58.2	160.6	60.4	59.4
2	49.8	139.6	46.2	46.2	65.7	129.6	33.9	34.4
3	65.2	77.0	208.0	208.0	193.7	197.1	69.2	66.5
4	66.3	139.5	41.9	41.9	137.2	139.1	139.7	141.7
5	51.7	131.1	50.7	50.7	141.5	137.4	129.6	124.3
6	77.0	74.7	78.4	78.4	75.3	76.2	76.2	72.9
7	48.5	47.9	53.0	53.0	49.9	43.3	48.1	48.7
8	68.3	77.0	65.8	65.8	73.5	74.8	73.6	75.9
9	37.9	43.6	40.9	40.9	42.4	48.5	43.6	43.3
10	140.8	87.1	44.3	44.3	70.1	72.0	58.6	56.9
11	134.0	139.4	133.7	133.7	135.5	136.1	136.8	136.8
12	169.4	169.0	169.5	169.5	169.0	169.9	169.4	169.0
13	122.6	124.2	120.2	120.2	125.1	124.7	125.4	125.2
14	120.4	31.6	13.9	13.9	26.0	28.9	19.7	18.5
15	18.5	20.6	13.8	13.8	20.3	19.8	66.7	17.0
OAc							170.5	
							20.9	
1'	167.3	166.6	167.2	167.2	167.1	167.0	166.6	166.4
2'	128.1	128.1	128.0	128.0	127.7	127.6	127.7	127.7
3'	138.4	138.9	138.9	138.9	139.7	139.4	139.1	139.3
4'	14.5	14.6	14.6	14.6	14.6	14.6	14.6	12.0
5'	12.1	12.0	12.2	12.2	11.9	12.0	11.2	14.6

表 3-6-23　吉玛烷类化合物 3-6-156~3-6-162 的 ^{13}C NMR 数据

C	3-6-156[54]	3-6-157[54]	3-6-158[55]	3-6-159[56]	3-6-160[56]	3-6-161[56]	3-6-162[57]
1	208.3	207.6	130.5	72.0	72.0	79.0	111.1
2	30.1	41.1	35.8	27.1	27.1	29.5	33.7
3	27.1	24.1	23.7	33.6	33.7	38.4	38.2
4	29.7	32.1	—	60.8	60.7	74.2	83.4
5	43.4	77.5	66.2	67.2	67.7	129.2	125.1
6	77.9	82.4	79.9	82.5	82.3	146.2	150.6
7	47.0	44.3	49.0	166.4	163.9	153.4	144.5
8	68.2	70.8	73.7	69.7	69.5	68.8	66.0
9	35.9	35.3	42.8	39.8	40.1	39.1	40.3
10	84.3	84.9	133.4	31.1	31.0	37.3	79.3
11	135.9	135.9	133.0	128.2	132.4	129.1	132.5
12	169.6	169.6	—	173.1	174.1	169.0	167.5
13	126.5	126.3	125.4	56.5	54.1	56.6	63.6
14	24.0	22.4	60.4	14.6	14.6	19.4	25.8
15	18.2	18.2	17.1	18.3	18.3	30.2	28.2
OAc				20.8	20.8	20.7	
				20.6	173.1	21.0	
				173.1		171.9	
				171.9		171.9	
1'			—	167.6	167.8	167.4	
2'			135.8	137.0	137.1	137.0	
3'			126.5	127.5	127.3	127.6	
4'			18.3	18.3	18.3	18.3	

3-6-168, **3-6-169**, **3-6-170**

表 3-6-24　吉玛烷类化合物 3-6-163~3-6-170 的 ^{13}C NMR 数据

C	3-6-163[58]	3-6-164[58]	3-6-165[58]	3-6-166[58]	3-6-167[58]	3-6-168[58]	3-6-169[59]	3-6-170[60]
1	150.0	126.7	86.7	86.9	78.3	78.3	30.1	129.3
2	127.3	140.0	37.6	42.7	38.3	38.4	78.1	26.0
3	189.4	108.6	106.7	103.4	109.3	109.3	78.1	34.5
4	143.8	141.3	43.3	150.5	40.4	40.9	140.2	142.9
5	79.3	134.7	31.9	39.9	31.8	31.8	127.0	128.7
6	76.2	76.5	77.5	81.8	77.6	77.6	80.1	75.9
7	47.1	47.8	46.7	48.1	46.5	46.5	45.5	57.9
8	65.4	74.0	46.3	69.3	66.4	66.4	28.6	73.6
9	46.8	43.6	35.6	32.9	35.6	35.6	78.7	49.0
10	80.4	87.7	81.7	82.2	82.0	81.9	19.0	132.6
11	134.5	138.7	136.9	169.1	137.0	137.0	138.2	39.8
12	168.3	169.5	169.5	137.0	169.5	169.5	169.6	177.8
13	122.6	124.5	119.2	122.0	119.2	119.1	120.1	16.9
14	32.9	31.3	25.8	24.0	24.2	24.3	20.5	16.5
15	128.5	66.2	65.6	117.6	65.4	65.6	12.5	61.3
1'	166.1	166.1	166.8	166.8	166.9	166.9	167.4	164.5
2'	122.4	126.7	127.3	127.3	127.3	127.3	127.7	131.5
3'	141.2	140.9	139.2	139.0	139.2	139.2	138.8	140.4
4'	15.8	15.8	15.9	15.7	15.9	15.9	15.9	62.7
5'	20.5	20.5	20.5	20.4	20.5	20.5	20.6	62.4
OMe			58.6	58.9	48.6			
OEt						56.7		
						15.3		

3-6-171 R^1=OH; R^2=CH$_3$CH$_2$
3-6-172 R^1=H; R^2=Ac
3-6-173 R^1=H; R^2=CH$_3$CH$_2$

3-6-174 R=
3-6-175 R=

3-6-176 R = H
3-6-177 R = Ac

表 3-6-25　吉玛烷类化合物 3-6-171~3-6-177 的 ^{13}C NMR 数据

C	3-6-171[61]	3-6-172[61]	3-6-173[61]	3-6-174[62]	3-6-175[62]	3-6-176[63]	3-6-177[63]
1	108.8	108.7	108.6	108.7	108.4	111.3	111.1
2	32.1	31.8	31.7	36.9	37.2	32.8	32.6
3	37.8	37.5	37.7	38.1	38.6	39.9	39.8
4	82.4	82.1	82.0	80.2	81.0	80.6	80.4
5	125.3	126.8	125.6	127.1	126.6	126.3	126.6
6	150.4	150.0	150.2	145.3	146.2	146.7	146.4
7	144.1	144.0	144.0	148.1	149.9	147.6	150.3
8	65.3	66.5	66.1	69.0	68.5	68.4	68.2
9	38.0	38.1	38.0	35.7	35.9	36.1	35.8
10	77.4	78.1	78.0	39.5	41.2	42.6	42.5
11	133.2	131.2	133.4	130.5	129.8	133.7	129.6
12	167.4	166.5	167.4	166.7	166.1	168.1	167.6
13	66.7	55.8	66.7	55.3	55.6	54.4	55.4
14	26.4	25.4	25.4	17.3	17.2	16.8	16.7
15	28.9	29.1	29.0	28.7	28.3	27.6	27.1
OAc		170.3		170.1	170.3		170.1
		20.7		20.7	20.8		20.6
1'	165.0	175.4	165.7	172.4	167.1	168.4	167.6
2'	138.9	34.1	135.8	75.2	128.0	128.4	128.3
3'	129.4	18.9	127.1	51.5	141.7	139.4	138.4
4'	62.3	18.4	18.1	23.6	60.0	14.6	14.3
5'					12.7	11.9	11.8
OMe						48.9	48.6
OEt	61.5		61.6				
	15.1		15.2				

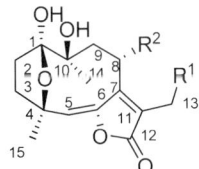

3-6-178 R^1=OCH$_3$; R^2=OH
3-6-179 R^1=OCH$_3$; R^2=OCOC(CH$_3$)CHCH$_3$ (E 型)

3-6-180 R^1=CH$_3$; R^2=4-OH-methacryloyl
3-6-181 R^1=H; R^2=4-OH-methacryloyl
3-6-182 R^1=H; R^2=methacryloyl

3-6-183 R = (2-oxo-3-methylenyl-4'-OCOCH$_3$)
3-6-184 R = (2-oxo-3'-methyl-CH$_2$-4'-OCOCH$_3$)

3-6-185 R = (epoxide acyl)
3-6-186 R = (epoxide acyl)

表 3-6-26 吉玛烷类化合物 3-6-178~3-6-186 的 ^{13}C NMR 数据

C	3-6-178[52]	3-6-179[52]	3-6-180[64]	3-6-181[64]	3-6-182[64]	3-6-183[65]	3-6-184[65]	3-6-185[66]	3-6-186[66]
1	110.1	108.6	108.9	108.9	108.6	123.3	124.0	130.5	130.7
2	32.3	31.7	32.1	32.1	31.8	32.6	32.7	25.1	25.0
3	37.5	37.7	37.9	37.9	38.1	67.9	67.9	38.8	38.8
4	83.1	81.9	82.5	82.5	82.1	134.0	133.8	138.2	136.4
5	123.6	125.6	125.4	125.4	125.7	124.8	125.0	123.1	123.1
6	144.1	146.8	144.1	144.1	144.1	75.5	75.6	74.9	75.1
7	154.6	154.2	150.4	150.4	150.6	48.6	48.9	46.3	46.4
8	64.0	65.8	65.5	65.5	66.2	73.1	74.0	73.9	74.2
9	38.2	38.0	38.1	38.1	38.1	80.8	81.0	77.7	78.1
10	77.7	78.0	77.6	77.6	78.1	134.0	134.5	136.6	138.2
11	129.1	128.4	133.1	133.1	133.2	139.0	138.7	136.2	135.7
12	167.6	169.2	167.3	167.3	167.5	170.1	170.2	169.7	169.0
13	63.1	63.5	63.6	63.6	63.6	126.0	126.2	126.0	126.1
14	26.1	25.6	26.3	26.3	25.5	11.0	11.3	19.6	19.7
15	29.3	28.9	29.0	29.0	29.0	17.4	17.5	17.0	17.0
OAc						21.0	21.5		
						173.0	172.0		
1'		166.4	165.0	165.0	165.8	168.0	167.5	169.1	169.0
2'		139.2	139.0	139.0	135.9	142.2	133.0	59.9	59.8
3'		139.4	129.4	129.4	127.1	128.4	142.2	60.5	60.2
4'			11.9	62.5	62.5	18.1	59.8	15.0	13.9	14.0
5'			14.6					60.0	19.4	19.2
OMe	58.8	58.9	59.0	59.0	59.0				
					59.0				

表 3-6-27　吉玛烷类化合物 3-6-187~3-6-194 的 ^{13}C NMR 数据

C	3-6-187[50]	3-6-188[50]	3-6-189[50]	3-6-190[50]	3-6-191[67]	3-6-192[67]	3-6-193[68]	3-6-194[68]
1	19.1	22.9	22.8	22.9	79.7	77.2	204.9	123.4
2	33.5	33.8	33.7	33.7	41.7	45.2	105.3	22.7
3	34.9	35.2	35.2	35.2	108.8	109.7	193.1	37.2
4	73.3	73.3	73.5	73.1	46.4	138.4	33.2	133.6
5	77.2	76.7	77.9	77.0	38.2	131.2	42.6	119.9
6	76.5	76.5	77.0	76.6	82.3	75.8	81.8	26.3
7	41.6	41.1	41.1	41.1	48.2	49.6	59.2	41.1
8	44.9	50.8	50.6	50.8	70.2	71.2	67.6	23.8
9	213.0	214.7	214.7	214.7	35.1	39.7	46.5	30.9
10	46.2	45.1	45.2	45.0	81.3	87.5	89.5	131.8
11	138.1	137.9	137.8	137.8	137.7	136.2	38.4	58.1
12	168.9	168.8	168.8	168.8	169.8	169.5	177.2	22.2
13	121.5	123.5	123.5	123.6	121.7	122.7	16.2	17.9
14	19.7	19.7	19.7	19.8	24.1	20.8	20.6	25.7
15	24.7	24.7	24.8	24.8	18.3	21.6	19.4	23.3
1'	177.8	166.1	167.8	167.5			166.5	
2'	41.7	114.5	127.6	126.7			126.2	
3'	26.6	160.1	139.1	140.1			141.5	
4'	11.6	27.5	14.5	20.4			15.9	
5'	16.7	20.5	12.2	15.8			20.3	

3-6-195 R=Ac; R^1=H; R^2=^{i}But
3-6-196 R=H; R^1=OAc; R^2=2-MeBut

3-6-197 R=CHO; R^1=CH$_2$OH; R^2= H; R^3=^{i}Val
3-6-198 R=CH$_2$OH; R^1=CH$_2$OH; R^2=OAc; R^3=Ang
3-6-199 R=CH$_2$OH; R^1=CH$_2$OH; R^2=OAc; R^3=2-MeBut
3-6-200 R=CHO; R^1=CH$_2$OH; R^2=OAc; R^3=^{i}But
3-6-201 R=CH$_2$OH; R^1=Me; R^2=OAc; R^3=2-MeBut

表 3-6-28　吉玛烷类化合物 3-6-195~3-6-201 的 ^{13}C NMR 数据[69]

C	3-6-195	3-6-196	3-6-197	3-6-198	3-6-199	3-6-200	3-6-201
1	153.2	158.9	153.8	134.5	134.5	158.5	134.3
2	25.0	24.9	27.0	26.3	26.5	27.6	26.5
3	26.1	27.3	32.6	33.1	33.1	32.4	37.7
4	135.0	139.3	140.4	139.9	141.8	140.9	139.1
5	129.2	127.0	128.4	127.9	128.0	128.5	125.9
6	73.2	73.5	73.8	72.3	72.3	73.4	72.8
7	46.8	46.4	49.4	50.9	51.0	51.1	50.8

续表

C	3-6-195	3-6-196	3-6-197	3-6-198	3-6-199	3-6-200	3-6-201
8	71.9	72.2	65.6	68.8	68.8	69.8	68.9
9	28.6	69.6	28.8	74.2	74.0	67.9	75.6
10	142.0	140.3	142.7	136.0	136.0	141.2	136.2
11	134.4	133.4	134.8	134.1	134.0	133.7	134.8
12	169.3	169.0	169.3	169.4	169.3	169.0	164.6
13	124.7	126.2	121.2	121.3	121.3	122.3	121.1
14	194.8	193.3	195.5	64.0	64.0	193.8	64.0
15	66.6	65.8	60.5	60.9	60.9	60.6	16.7

表 3-6-29　吉玛烷类化合物 3-6-202~3-6-208 的 ^{13}C NMR 数据

C	3-6-202[70]	3-6-203[70]	3-6-204[70]	3-6-205[70]	3-6-206[71]	3-6-207[71]	3-6-208[71]
1	25.0	26.6	26.6	24.2	134.6	134.1	126.2
2	32.8	33.4	33.4	35.2	69.4	69.1	74.6
3	35.3	217.8	217.8	217.8	48.6	48.6	83.5
4	73.1	80.6	80.6	80.4	142.6	142.7	143.7
5	77.2	78.9	78.9	78.2	129.7	129.2	131.6
6	71.0	80.1	80.1	80.2	74.8	75.4	74.9
7	45.3	41.3	41.3	40.4	52.9	52.9	52.6
8	78.1	70.6	70.6	76.4	74.2	71.7	71.6
9	211.2	78.3	78.3	75.3	44.2	43.7	43.9
10	41.9	30.0	30.0	31.0	134.3	134.6	136.3
11	132.6	133.0	133.0	132.7	135.3	136.2	135.9
12	168.3	169.8	169.8	169.6	169.2	169.3	170.8

C	3-6-202[70]	3-6-203[70]	3-6-204[70]	3-6-205[70]	3-6-206[71]	3-6-207[71]	3-6-208[71]
13	126.6	124.0	124.0	125.1	122.4	121.3	121.9
14	20.3	20.3	20.3	19.9	20.5	19.6	13.5
15	22.1	23.6	23.6	23.3	18.8	18.6	19.7
OAc						20.8	20.8
						170.7	169.4
1'	176.7	176.7	176.2	177.3	173.6	165.3	165.3
2'	33.7	34.2	41.8	34.1	77.3	127.3	127.3
3'	18.7	18.2	25.6	18.4	62.1	140.9	141.0
4'	18.7	18.2	16.0	18.2	18.0	62.8	62.9
5'			10.8		22.7	19.7	20.1
1''	165.3	173.5	173.4	176.8			
2''	125.5	43.2	43.2	34.0			
3''	142.4	25.6	25.6	18.2			
4''	20.3	21.7	21.7	17.8			
5''	15.8	21.7	21.7				

3-6-209 R=H; R^1=H, α-CH$_3$
3-6-210 R=6-O-Ac-Glu; R^1=CH$_2$

3-6-211

表3-6-30 吉玛烷类化合物 3-6-209~3-6-211 的 ^{13}C NMR 数据

C	3-6-209[72]	3-6-210[72]	3-6-211[73]	C	3-6-209[72]	3-6-210[72]	3-6-211[73]
1	148.3	148.2	141.5	9	36.9	36.9	42.2
2	26.6	26.7	75.1	10	130.9	130.9	129.5
3	39.3	39.3	47.5	11	42.5	143.0	43.2
4	141.8	139.9	130.6	12	178.5	170.4	180.1
5	126.1	126.1	142.5	13	13.2	120.0	13.3
6	81.5	82.0	83.0	14	172.5	172.5	17.3
7	54.7	50.3	56.2	15	16.8	17.0	18.5
8	30.4	30.2	29.1				

3-6-212 R=Ac; R^1=β-OH
3-6-213 R=Ac; R^1=α-OH
3-6-214 R=H; R^1=β-OH
3-6-215 R=H; R^1=α-OH
3-6-216 R=Ac; R^1=α-OAc
3-6-217 R=Ac; R^1=β-OAc

3-6-218

3-6-219

3-6-220

表 3-6-31　吉玛烷类化合物 3-6-212~3-6-220 的 ^{13}C NMR 数据

C	3-6-212[74]	3-6-213[74]	3-6-214[74]	3-6-215[74]	3-6-216[74]	3-6-217[74]	3-6-218[75]	3-6-219[75]	3-6-220[35]
1	68.1	69.1	69.1	69.7	67.5	68.9	67.8	130.4	68.4
2	25.0	23.0	25.7	23.7	24.8	22.7	25.6	37.0	29.2
3	37.9	37.6	38.4	38.3	38.1	37.4	35.3	24.9	23.6
4	63.8	60.0	64.3	61.4	63.8	59.7	57.6	61.3	146.0
5	62.9	59.7	65.7	62.5	63.2	59.4	60.9	63.4	199.2
6	67.4	66.8	67.5	66.5	66.8	65.9	26.7	25.9	72.1
7	153.0	152.8	158.2	158.2	151.9	150.5	128.4	128.3	47.5
8	106.5	107.0	108.9	106.5	106.1	106.5	81.3	82.9	74.7
9	50.2	46.0	51.0	46.7	49.4	44.3	44.1	47.4	125.9
10	58.7	56.4	59.4	56.9	57.9	55.7	61.1	128.6	140.3
11	131.5	129.0	130.5	130.0	134.2	132.3	158.0	159.8	136.0
12	168.9	170.2	170.6	172.0	169.2	170.2	172.8	173.2	170.0
13	9.1	11.0	9.4	11.2	9.4	11.0	9.1	9.0	125.0
14	18.0	17.0	17.4	19.4	18.5	16.9	24.7	17.1	17.3
15	19.4	16.3	18.8	16.7	19.0	16.1	16.9	16.8	128.7
1-OAc									170.0
									21.0
6-OAc	168.8	168.0			169.2	168.2			170.0
	20.3	20.6			20.6	19.9			20.3
8-OAc					168.7	168.4			
					22.0	21.4			

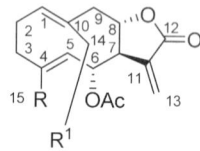

3-6-221　R=CH$_2$OH; R^1=OAc
3-6-222　R=CH$_2$OAc; R^1=OAc
3-6-223　R=CH$_2$OH; R^1=OH
3-6-224　R=CHO; R^1=OAc

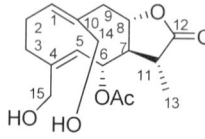

表 3-6-32　吉玛烷类化合物 3-6-221~3-6-226 的 ^{13}C NMR 数据[76]

C	3-6-221	3-6-222	3-6-223	3-6-224	3-6-225	3-6-226
1	136.0	134.9	134.3	136.0	135.0	134.0
2	26.1	26.0	26.6	25.6	26.9	26.3
3	34.2	34.5	35.0	29.9	35.2	33.1
4	143.9	139.0	145.2	142.2	144.1	63.2
5	129.0	130.1	130.3	145.9	130.7	64.4
6	77.0	77.1	79.2	74.6	78.1	78.8
7	52.8	52.8	53.9	51.9	59.1	47.7
8	72.6	72.6	74.6	72.0	74.8	72.8
9	45.0	45.2	45.6	—	46.7	44.8
10	130.0	131.4	137.4	131.1	136.1	128.3
11	135.3	135.9	135.4	133.7	41.4	134.1
12	169.8	169.5	171.9	168.6	180.9	170.1

续表

C	3-6-221	3-6-222	3-6-223	3-6-224	3-6-225	3-6-226
13	125.4	125.6	125.1	126.0	17.2	124.8
14	62.0	62.2	60.3	61.8	60.1	60.2
15	61.1	61.9	61.0	188.5	61.0	60.0
OAc	171.0	170.9	172.1	170.2	171.7	170.2
	21.1	21.1	21.2	20.8	21.1	20.9
	169.6	170.5		169.4		169.0
	21.0	20.3		20.7		20.6
		169.4				
		20.9				

表 3-6-33 吉玛烷类化合物 3-6-227~3-6-233 的 ^{13}C NMR 数据

C	3-6-227[77]	3-6-228[77]	3-6-229[77]	3-6-230[77]	3-6-231[78]	3-6-232[78]	3-6-233[78]
1	127.3	126.8	157.7	130.0	131.4	157.1	131.3
2	27.2	27.5	26.8	27.1	26.5	27.8	26.4
3	60.5	60.7	32.1	71.2	30.2	30.1	30.1
4	61.8	61.9	59.9	134.7	42.2	41.9	41.9
5	69.4	69.1	60.1	130.9	40.4	40.4	40.3
6	35.5	35.5	31.8	38.7	79.2	79.0	79.2
7	36.7	36.8	39.2	39.0	47.7	48.5	47.6
8	84.3	84.2	79.2	84.3	76.2	74.9	77.4
9	31.0	31.2	28.1	32.5	30.9	27.3	30.7
10	134.6	135.0	139.2	132.7	133.3	138.7	133.2
11	140.2	140.4	137.5	140.3	136.8	135.9	136.8
12	169.6	169.3	168.9	169.6	169.8	169.4	170.0
13	121.4	121.4	123.8	121.2	123.7	124.3	123.9
14	68.4	68.3	194.4	66.5	67.6	194.3	67.4
15	66.0	66.3	62.6	68.7	67.8	67.5	67.6

续表

C	3-6-227[77]	3-6-228[77]	3-6-229[77]	3-6-230[77]	3-6-231[78]	3-6-232[78]	3-6-233[78]
OAc	170.5	170.4		170.7			
	20.6	20.8		20.8			
1'	165.4	172.3	165.8	172.9	167.0	166.0	166.7
2'	114.6	43.0	114.6	43.4	127.6	135.6	135.5
3'	159.3	27.5	159.8	25.7	139.8	126.4	126.8
4'	20.3	22.4	20.5	22.4	20.3	18.1	18.0
5'	27.4	22.4	27.6	22.4	15.7		

表 3-6-34 吉玛烷类化合物 3-6-234~3-6-238 的 ^{13}C NMR 数据

C	3-6-234[79]	3-6-235[79]	3-6-236[79]	3-6-237[79]	C	3-6-238[80]
1	34.0	34.0	34.0	34.1	1	131.3
2	71.7	72.0	72.0	72.0	2	27.1
3	25.7	25.7	25.6	25.7	3	35.9
4	29.7	29.7	29.9	29.7	4	134.0
5	215.1	214.9	214.7	214.6	5	129.6
6	78.5	78.7	78.7	78.6	6	27.8
7	42.4	42.1	42.2	42.2	7	165.5
8	78.7	79.1	79.1	79.0	8	84.5
9	78.5	78.7	78.7	78.6	9	48.1
10	81.3	81.3	81.3	81.3	10	134.0
11	132.8	132.7	132.7	132.7	11	126.8
12	168.4	168.3	168.2	168.1	12	176.1
13	124.5	124.5	124.5	124.5	13	8.8
14	25.4	25.5	25.8	25.3	14	16.7
15	20.8	20.8	20.6	20.8	15	68.2
1'	177.8	174.2	168.8	178.1	Glu	
2'	41.2	34.3	127.4	34.3	1	104.2
3'	26.8	19.0	139.5	19.0	2	75.1
4'	11.6	19.0	15.9	19.0	3	78.2
5'	16.7		20.9		4	71.8
1''	168.4	177.8	176.0	178.1	5	77.1

续表

C	3-6-234[79]	3-6-235[79]	3-6-236[79]	3-6-237[79]	C	3-6-238[80]
2"	127.0	41.4	34.3	34.3	6	68.6
3"	140.0	26.8	19.0	19.1	Api	
4"	16.7	11.6	19.0	19.0	1	111.0
5"	20.6	17.0			2	78.0
					3	80.5
					4	75.0
					5	65.6

3-6-239

3-6-240 R=H
3-6-241 R=OH

3-6-242

3-6-243 R=R¹=H; R²=OH
3-6-244 R=R¹=OH; R²=H

3-6-245 R=R¹=CH₂
3-6-246 R=H; R¹=CH₃

表 3-6-35　吉玛烷类化合物 3-6-239~3-6-246 的 ¹³C NMR 数据

C	3-6-239[81]	3-6-240[81]	3-6-241[81]	3-6-242[81]	3-6-243[82]	3-6-244[82]	3-6-245[82]	3-6-246[82]
1	64.1	68.7	62.9	70.2	60.4	62.2	45.2	45.1
2	22.3	21.9	24.4	23.3	32.9	68.8	88.4	88.2
3	23.3	20.8	a	21.0	66.5	68.9	115.8	115.7
4	60.8	129.9	58.9	130.3	134.9	135.1	38.5	38.4
5	64.6	149.8	63.4	149.3	148.7	148.9	81.4	80.7
6	76.3	74.3	71.9	74.7	80.3	81.3	90.2	91.1
7	155.0	152.7	151.7	148.9	54.4	54.7	46.6	50.3
8	78.7	75.8	76.5	105.7	78.4	78.1	75.9	75.7
9	45.5	128.7	124.2	129.3	43.6	44.0	43.6	44.1
10	57.6	137.4	145.8	138.9	57.5	58.0	84.4	83.9
11	131.0	130.9	132.1	133.4	40.6	40.5	136.9	39.3
12	170.4	171.7	170.9	169.7	176.3	176.3	169.1	177.7
13	9.3	9.3	8.9	9.1	13.5	13.5	123.3	16.2
14	17.0	20.4	17.1	20.2	20.7	21.3	30.9	31.0
15	171.7	172.4	173.2	172.5	171.1	171.4	174.9	174.6
OAc		17.3		17.8				
		169.4		172.4				

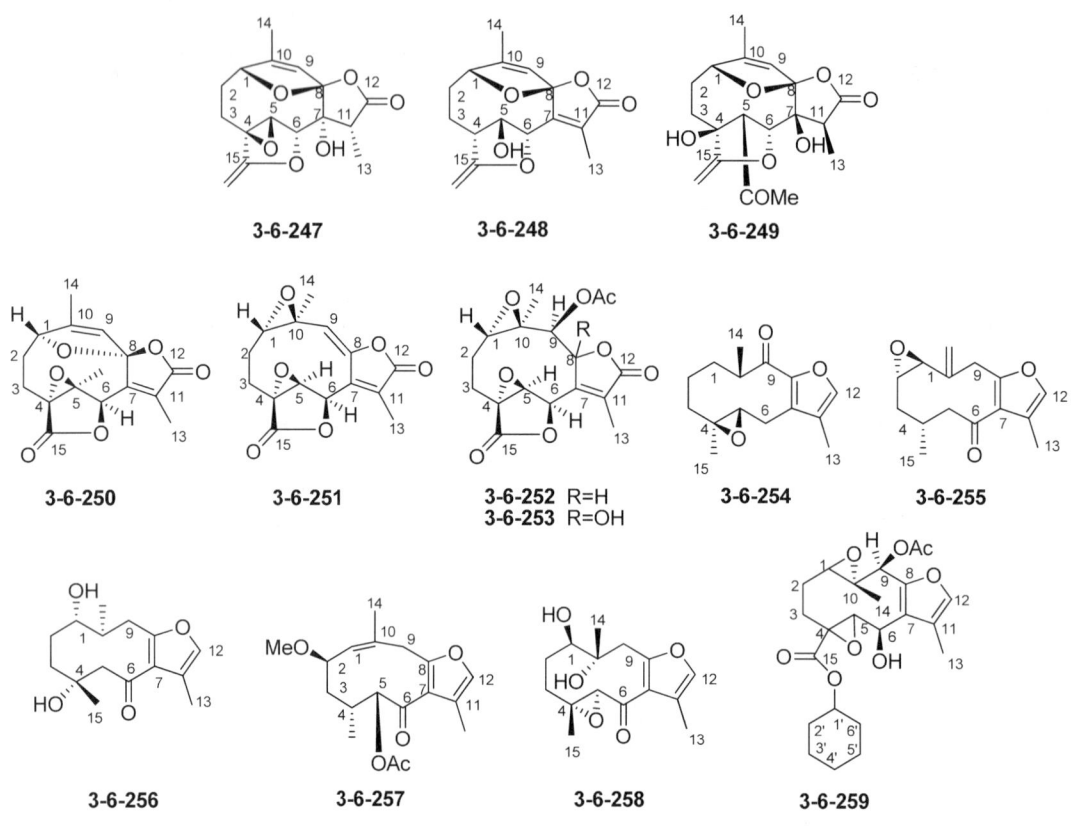

表 3-6-36　吉玛烷类化合物 3-6-247~3-6-253 的 ^{13}C NMR 数据

C	3-6-247[83]	3-6-248[83]	3-6-249[83]	3-6-250[84]	3-6-251[84]	3-6-252[84]	3-6-253[84]
1	89.6	87.3	126.6	88.1	61.8	56.8	54.7
2	26.0	28.3	30.8	27.2	20.3	21.1	20.0
3	21.1	21.7	35.8	18.4	22.6	21.4	21.8
4	58.5	47.6	75.0	55.5	55.8	58.9	59.9
5	61.9	71.6	52.4	60.3	62.2	59.6	60.6
6	76.7	81.8	74.1	71.1	71.6	74.4	72.6
7	80.6	150.2	79.7	147.9	140.4	152.8	147.4
8	120.4	115.4	118.4	115.1	146.1	82.1	107.2
9	122.3	122.0	125.2	122.9	115.2	70.5	73.5
10	146.8	146.5	143.6	147.2	61.1	59.3	57.0
11	41.4	129.4	43.9	132.9	137.9	130.9	140.2
12	176.3	170.7	174.8	169.3	167.2	169.1	169.2
13	7.0	8.7	6.7	8.9	10.0	10.0	9.8
14	12.0	12.3	12.6	12.3	19.2	15.3	16.9
15	171.1	180.0	179.9	172.1	169.4	170.4	170.4
OAc						169.8	169.6
						20.4	20.3

表 3-6-37 吉玛烷类化合物 3-6-254~3-6-259 的 ^{13}C NMR 数据

C	3-6-254[85]	3-6-255[86]	3-6-256[87]	3-6-257[86]	3-6-258[88]	3-6-259[89]
1	33.7	59.7	78.4	130.1	69.1	57.5
2	20.7	61.4	26.8	76.9	23.8	23.4
3	39.2	39.9	38.3	39.6	36.1	24.7
4	61.2	29.3	69.8	32.0	63.7	63.7
5	63.0	53.4	59.8	76.7	63.3	71.2
6	22.4	200.7	198.0	192.1	189.8	63.3
7	130.2	123.3	118.7	123.9	122.6	126.2
8	148.6	157.1	165.3	157.5	156.1	148.2
9	192.3	32.5	39.1	34.7	39.6	68.9
10	39.8	141.4	45.6	120.2	57.9	59.2
11	123.0	118.0	120.4	118.3	123.4	120.4
12	143.7	138.5	139.5	139.5	138.4	138.7
13	8.4	10.1	8.8	10.9	10.5	8.3
14	15.6	110.3	12.7	24.3	16.8	14.7
15	16.8	24.1	31.2	14.6	15.3	168.0
OAc						168.2
						20.8
1'						48.0
2'						32.9
3'						25.5
4'						30.3
5'						24.9
6'						32.1

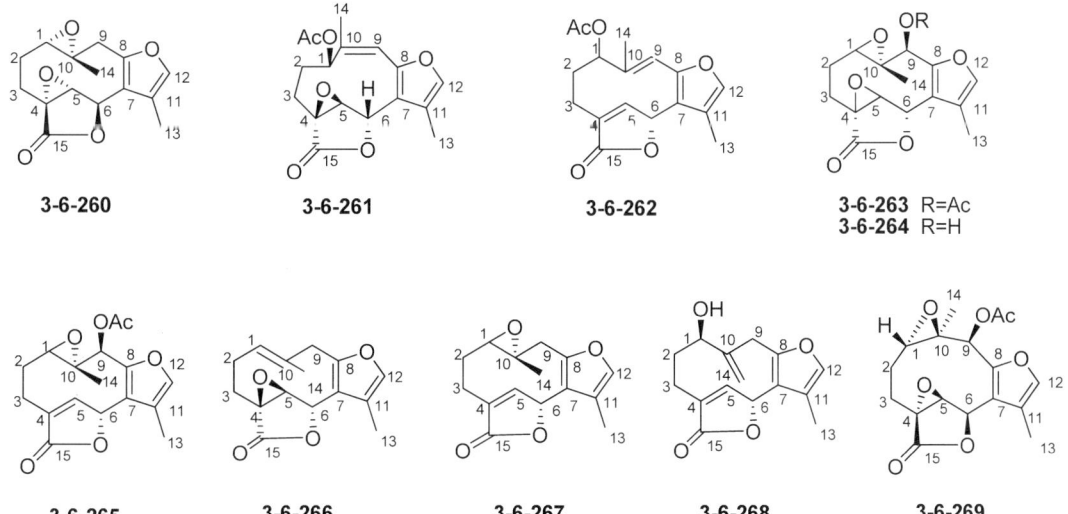

表 3-6-38 吉玛烷类化合物 3-6-260~3-6-269 的 ^{13}C NMR 数据

C	3-6-260[81]	3-6-261[81]	3-6-262[81]	3-6-263[90]	3-6-264[90]	3-6-265[90]	3-6-266[89]	3-6-267[89]	3-6-268[89]	3-6-269[84]
1	62.4	69.3	70.5	56.7	56.4	58.5	130.0	65.7	76.7	56.7
2	21.8	25.8	24.5	21.0	21.2	19.2	23.0	23.9	34.9	21.0
3	23.4	20.5	20.9	21.3	21.1	23.0	26.5	18.7	19.6	21.3
4	60.6	58.4	130.6	61.5	62.6	132.0	61.4	131.5	135.4	61.4
5	67.2	63.2	149.7	60.4	61.9	147.2	65.5	147.3	147.6	60.4
6	73.2	71.3	74.1	72.6	72.8	73.6	73.3	74.3	75.1	72.6
7	114.8	118.0	120.4	116.6	115.7	117.6	113.8	115.3	115.5	116.4
8	149.8	146.6	146.9	150.6	152.9	150.0	153.3	150.4	154.0	150.6
9	38.1	122.2	122.3	68.8	69.5	68.7	40.4	37.4	28.7	68.3
10	58.0	142.0	139.8	60.9	60.7	60.0	131.6	58.6	150.2	60.8
11	122.4	121.0	120.7	121.6	121.8	121.3	122.2	120.8	121.8	121.5
12	137.6	139.5	139.7	139.0	138.6	139.0	137.2	137.4	138.3	139.0
13	8.0	7.9	8.1	8.3	8.4	8.4	8.27	8.4	8.1	8.4
14	16.1	17.4	17.6	16.4	16.2	16.2	15.8	16.4	117.0	16.4
15	170.6	169.8	172.1	172.0	171.4	174.5	171.2	174.9	175.8	171.8
OAc		20.7	20.9	20.5		20.5			20.6	
		168.7	168.8	169.3		169.3			169.5	

3-6-270   3-6-271   3-6-272   3-6-273

3-6-274   3-6-275   3-6-276

表 3-6-39 律草烷类化合物 3-6-270~3-6-276 的 ^{13}C NMR 数据

C	3-6-270[91]	3-6-271[92]	3-6-272[93]	3-6-273[94]	3-6-274[94]	3-6-275[94]	3-6-276[95]
1	148.8	32.8	62.0	133.8	144.5	145.6	73.1
2	24.4	22.3	24.8	67.1	64.9	64.9	30.7
3	39.5	40.9	36.6	46.2	47.7	49.2	37.7
4	136.2	137.4	131.9	58.2	59.3	133.1	137.8
5	125.0	122.7	125.7	58.9	62.7	126.7	122.2
6	42.4	42.1	40.2	39.8	42.6	42.5	41.3
7	37.9	40.0	36.5	160.0	161.2	162.4	152.0

续表

C	3-6-270[91]	3-6-271[92]	3-6-272[93]	3-6-273[94]	3-6-274[94]	3-6-275[94]	3-6-276[95]
8	160.8	152.4	143.1	129.3	128.7	127.3	128.1
9	127.2	127.1	122.1	200.9	202.7	204.2	201.0
10	204.4	205.8	42.5	139.9	142.5	140.6	54.3
11	128.0	205.8	63.2	36.4	35.9	38.5	39.9
12	11.8	26.8	25.6	29.6	29.7	24.2	28.9
13	15.2	26.3	29.0	24.0	24.1	29.3	23.0
14	24.2	14.5	17.2	20.9	12.6	12.2	6.1
15	29.4	17.0	15.1	19.5	16.8	16.5	16.1

3-6-277 R=R¹=H
3-6-279 R=H; R¹=OH
3-6-278
3-6-280 R=α-CH₃
3-6-281 R=β-CH₃
3-6-282 R= (acyl chain)
3-6-283 R= (acyl chain)

表 3-6-40 律草烷类化合物 3-6-277~3-6-283 的 ^{13}C NMR 数据

C	3-6-277[96]	3-6-278[96]	3-6-279[96]	3-6-280[43]	3-6-281[43]	3-6-282[96]	3-6-283[96]
1	148.1	147.0	147.8	203.6	203.0	148.3	148.3
2	24.6	24.5	65.6	36.0	36.7	24.6	24.6
3	39.5	38.0	50.2	33.3	33.8	39.4	39.4
4	138.6	155.9	135.8	36.4	41.2	140.9	140.9
5	128.0	65.8	130.9	134.6	123.4	124.1	124.1
6	75.6	76.1	76.0	136.8	137.3	76.4	76.4
7	42.0	40.4	43.8	40.2	41.0	41.1	41.1
8	157.0	155.9	161.4	78.5	76.5	155.6	155.6
9	127.2	129.2	128.0	30.3	30.1	127.8	127.8
10	203.7	202.5	206.5	31.2	31.9	203.3	203.3
11	137.8	139.2	140.7	149.8	150.0	137.8	137.8
12	26.6	26.8	26.9	19.3	16.5	26.3	26.3
13	17.1	17.1	17.6	26.2	27.1	18.1	18.1
14	11.7	12.0	12.1	123.9	123.4	11.6	11.6
15	16.0	16.7	17.3	20.6	21.7	15.9	15.9
1'						173.2	173.2
2'						34.4	34.4
3'						24.9	24.9

续表

C	3-6-277[96]	3-6-278[96]	3-6-279[96]	3-6-280[43]	3-6-281[43]	3-6-282[96]	3-6-283[96]
4'~7'						29.0~29.7	29.0~29.7
8'						27.1	27.1
9'						129.6	127.8
10'						129.9	128.0
11'						27.1	25.5
12'						29.0~29.7	129.9
13'						29.0~29.7	130.1
14'						29.0~29.7	27.1
15'						29.0~29.7	29.0~29.7
16'						31.8	31.4
17'						22.6	22.5
18'						14.0	14.0

表 3-6-41 律草烷类化合物 3-6-284~3-6-290 的 ^{13}C NMR 数据

C	3-6-284[97]	3-6-285[97]	3-6-286[97]	3-6-287[98]	3-6-288[98]	3-6-289[98]	3-6-290[92]
1	127.6	127.4	129.3	123.6	124.5	130.3	33.2
2	25.1	30.0	30.4	24.8	26.0	25.2	24.6
3	39.3	37.5	36.8	25.6	25.7	39.0	32.2
4	134.6	152.3	157.0	143.9	147.1	135.5	203.7
5	124.4	85.2	72.2	151.3	147.1	125.1	101.7
6	38.8	40.2	45.1	74.5	73.1	24.5	100.8
7	33.6	32.3	33.5	37.4	38.2	25.6	39.0
8	42.7	43.7	44.5	36.2	36.1	150.6	153.9
9	72.7	70.2	72.1	23.7	24.8	80.9	124.9
10	46.2	46.2	46.8	35.5	36.1	40.7	207.9
11	131.7	131.5	132.1	136.8	137.1	128.7	43.2

续表

C	3-6-284[97]	3-6-285[97]	3-6-286[97]	3-6-287[98]	3-6-288[99]	3-6-289[99]	3-6-290[92]
12	30.8	28.5	29.4	22.7	24.2	133.1	26.3
13	27.1	27.6	28.6	22.6	23.2	173.8	28.3
14	17.9	17.1	17.6	19.5	19.8	18.9	15.6
15	15.9	115.0	112.3	195.7	196.1	14.9	19.0
1'	127.0	127.0	128.0				
2'	130.0	130.0	126.6				
3'	115.9	115.9	136.3				
4'	158.0	158.0	157.0				
5'	115.9	115.9	121.8				
6'	130.0	130.0	136.1				
7'	144.4	144.5	143.4				
8'	116.0	115.7	119.6				
9'	167.5	167.2	169.7				

表 3-6-42 榄烷类化合物 3-6-291~3-6-295 的 ^{13}C NMR 数据

C	3-6-291[100]	3-6-292[101]	3-6-293[100]	3-6-294[102]	3-6-295[102]	C	3-6-291[100]	3-6-292[101]	3-6-293[100]	3-6-294[102]	3-6-295[102]
1	148.0	147.9	147.0	143.8	143.8	12	173.0	66.6	169.0	169.2	169.8
2	114.0	110.8	113.0	113.1	114.5	13	13.5	65.5	121.3	117.8	119.5
3	110.0	114.4	111.0	112.5	116.0	14	15.0	175	15.0	66.5	65.5
4	145.5	143.4	140.5	145.1	138.2	15	175.0	25.6	140.5	65.5	66.5
5	48.0	60.8	52.0	51.9	51.8	OAc					170.6
6	79.6	70.3	72.6	78.7	78.5						21.3
7	56.0	48.5	56.0	52.3	51.2	1'				166.2	165.5
8	69.3	21.7	72.3	70.5	70.3	2'				136.7	141.5
9	44.5	38.8	44.2	42.2	41.8	3'				17.7	60.3
10	42.0	40.6	40.0	46.3	46.4	4'				125.4	124.8
11	44.0	74.4	138.0	138.6	139.7						

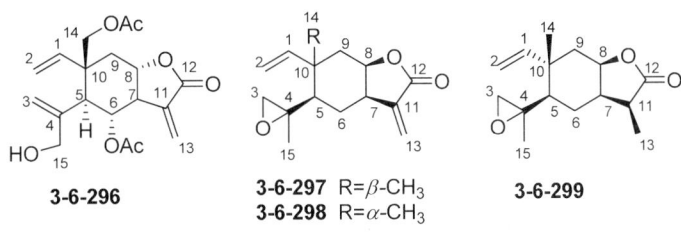

3-6-296

3-6-297 R=β-CH₃
3-6-298 R=α-CH₃

3-6-299

表 3-6-43 榄烷类化合物 3-6-296~3-6-302 的 ^{13}C NMR 数据

C	3-6-296[76]	3-6-297[103]	3-6-298[103]	3-6-299[103]	3-6-300[103]	3-6-301[80]	3-6-302[80]
1	141.6	146.2	147.3	149.1	145.3	148.2	148.1
2	114.9	111.9	112.2	111.1	112.9	112.6	112.7
3	115.8	56.5	56.2	52.5	56.1	115.4	115.6
4	142.9	57.0	57.5	57.8	56.8	147.3	147.2
5	50.6	47.3	50.4	45.5	54.1	48.8	48.8
6	78.4	22.9	27.3	23.3	25.1	29.3	29.3
7	51.7	38.7	40.0	35.4	163.5	165.2	165.4
8	69.1	75.5	76.0	77.1	78.2	79.8	79.8
9	40.7	44.1	44.1	39.6	46.8	47.0	47.0
10	44.3	39.2	37.9	38.0	40.2	42.0	42.0
11	136.5	136.7	141.2	39.2	123.4	120.6	120.5
12	169.1	170.4	170.4	179.4	173.7	177.3	177.3
13	120.2	121.0	121.2	10.4	54.9	8.1	8.2
14	67.2	17.0	19.4	20.6	18.0	16.7	16.7
15	66.3	19.3	19.5	24.0	19.5	74.7	75.0
OAc	170.0						
	21.0						
	170.4						
	21.0						
Glu							
1						104.3	104.3
2						75.2	75.1
3						78.2	78.1
4						71.8	71.8
5						78.0	77.0
6						62.8	68.8
Api							
1							111.0
2							78.0
3							80.5
4							75.0
5							65.5

3-6-303 R=β-Br; R¹=α-Br
3-6-304 R=α-Br; R¹=β-Br
3-6-305
3-6-306
3-6-307

表 3-6-44　单环麝子油烷类化合物 3-6-303~3-6-307 的 ^{13}C NMR 数据

C	3-6-303[104]	3-6-304[104]	3-6-305[104]	3-6-306[104]	3-6-307[105]	C	3-6-303[104]	3-6-304[104]	3-6-305[104]	3-6-306[104]	3-6-307[105]
1	112.0	112.4	111.7	112.6	136.8	10	63.0	62.9	66.3	35.0	36.0
2	144.7	143.7	148.1	144.2	109.5	11	40.3	42.7	40.8	40.0	34.5
3	73.6	70.1	72.2	74.4	120.8	12	16.5	16.8	19.7	16.5	28.3
4	40.8	39.2	40.8	125.8	68.6	13	29.2	29.5	29.5	28.1	26.1
5	31.2	29.8	120.1	136.9	30.3	14	111.9	114.6	31.0	26.3	109.8
6	47.6	46.9	136.8	58.2	49.7	15	28.1	28.1	31.0	29.7	132.9
7	147.5	149.2	43.5	62.3	148.0	OAc				23.9	
8	74.6	71.5	203.0	30.2	32.2					171.6	
9	42.3	42.7	53.5	25.8	23.5						

3-6-308
3-6-309 R= (HO, Br)
3-6-310 R= (AcO, Br)
3-6-311 R=
3-6-312
3-6-313
3-6-314

表 3-6-45　单环麝子油烷类化合物 3-6-308~3-6-313 的 ^{13}C NMR 数据

C	3-6-308[106]	3-6-309[106]	3-6-310[106]	3-6-311[106]	3-6-312[107]	3-6-313[107]
1	38.5	36.9	31.2	113.7	32.0	32.9
2	76.5	70.1	71.9	133.6	200.5	72.7
3	133.4	133.1	132.0	132.4	117.2	63.9
4	128.4	129.9	129.8	130.6	156.9	64.1
5	25.2	24.7	24.8	24.8	42.5	25.4
6	52.4	53.2	52.9	52.2	48.9	44.4

续表

C	3-6-308[106]	3-6-309[106]	3-6-310[106]	3-6-311[106]	3-6-312[107]	3-6-313[107]
7	145.5	145.3	145.6	145.6	83.9	78.9
8	32.4	37.2	37.4	37.4	41.9	38.3
9	123.1	35.6	35.8	35.8	32.2	32.7
10	136.9	66.7	67.0	67.2	64.7	65.8
11	37.1	41.6	42.0	42.1	40.6	40.4
12	25.1	16.6	16.5	28.4	29.9	30.5
13	30.3	28.4	28.3	16.2	17.2	18.2
14	109.7	110.0	109.9	110.1	20.4	22.3
15	12.2	17.4	17.5	19.7	13.8	19.2
OAc			20.1			
			170.0			

3-6-315
3-6-316 R=H
3-2-2-317 R=α-L-Ara
3-6-318
3-6-319

表 3-6-46　单环麝子油烷类化合物 3-6-314~3-6-320 的 ^{13}C NMR 数据

C	3-6-314[108]	3-6-315[109]	3-6-316[109]	3-6-317[109]	3-6-318[110]	3-6-319[111]	3-6-320[111]
1	41.8	46.3	38.8	38.8	42.0	41.3	42.7
2	49.2	45.5	47.5	47.6	50.7	44.1	50.6
3	197.0	200.9	73.3	73.8	201.2	201.4	201.3
4	128.5	127.8	39.8	39.9	126.9	125.5	124.4
5	161.2	167.2	125.1	125.1	167.0	169.1	165.1
6	74.9	79.4	138.6	138.6	80.0	46.1	79.1
7	54.2	129.8	25.5	25.6	132.6	26.2	130.0
8	56.9	137.2	40.7	40.7	131.4	39.2	137.1
9	64.1	68.7	69.2	69.2	71.8	68.5	68.7
10	18.8	23.8	23.2	23.3	74.5	24.3	23.8
11	23.3	74.6	28.8	28.9	23.1	76.4	23.4
12	24.0	20.1	30.3	30.3	24.2	23.1	24.1
13	19.5	19.5	20.0	20.0	19.0	21.9	67.8
Glu							
1		104.6	102.4	102.6	104.5	104.3	103.7
2		75.1	75.2	75.2	74.9	74.8	75.0

续表

C	3-6-314[108]	3-6-315[109]	3-6-316[109]	3-6-317[109]	3-6-318[110]	3-6-319[111]	3-6-320[111]
3		78.0	78.1	78.1	77.8	77.8	78.0
4		71.5	71.7	72.0	71.5	71.3	71.6
5		78.0	77.9	76.6	77.7	77.6	77.9
6		62.7	62.8	68.0	62.3	62.2	62.7
Ara							
1				109.9			
2				83.2			
3				79.0			
4				86.1			
5				63.1			

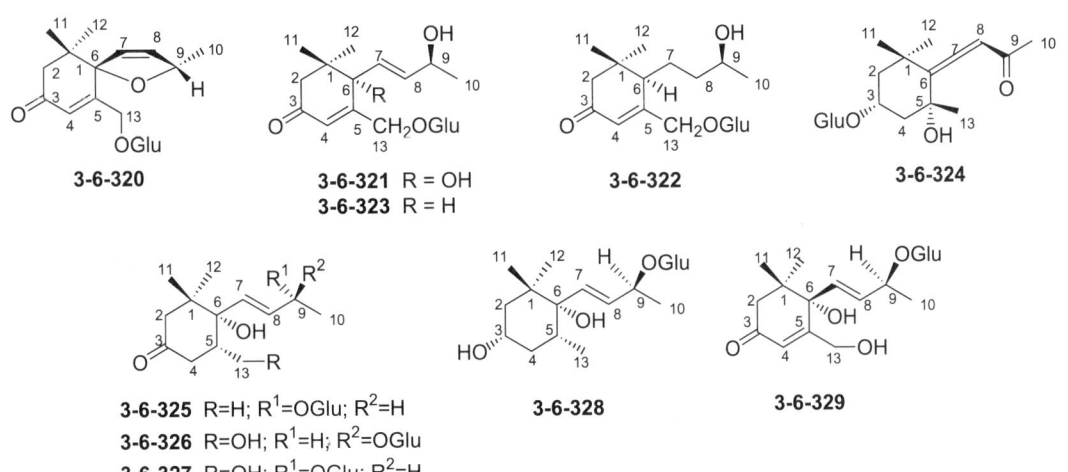

表 3-6-47　单环麝子油烷类化合物 3-6-321~3-6-329 的 ^{13}C NMR 数据

C	3-6-321[112]	3-6-322[112]	3-6-323[112]	3-6-324[112]	3-6-325[113]	3-6-326[113]	3-6-327[113]	3-6-328[113]	3-6-329[113]
1	42.8	37.8	37.1	32.7	43.5	43.3	43.4	40.6	37.3
2	50.8	48.6	49.0	45.2	52.0	51.8	52.0	45.9	48.1
3	201.3	202.2	202.0	73.4	214.3	214.3	214.3	67.5	198.9
4	124.8	123.2	124.1	48.1	45.6	40.5	40.3	39.9	124.7
5	165.0	167.9	164.0	72.5	37.8	42.7	42.6	35.4	152.6
6	79.2	47.8	52.0	123.8	77.7	78.0	78.1	78.0	51.8
7	130.2	27.8	127.3	202.0	136.5	132.8	135.9	136.4	27.2
8	137.2	39.8	140.5	102.8	133.3	134.6	133.1	133.1	37.0
9	68.8	68.9	68.9	211.5	74.8	77.0	74.0	74.7	75.5
10	23.9	23.6	23.8	26.7	21.9	20.5	21.0	21.9	19.6
11	23.5	27.6	27.6	29.9	24.6	23.7	23.9	25.2	28.8
12	24.2	28.9	28.9	32.7	24.7	24.1	24.2	26.2	27.4
13	68.1	70.8	70.1	30.5	16.4	63.9	64.0	16.7	65.6
Glu									
1	103.9	103.5	103.5	102.8	100.4	102.2	101.0	102.4	100.8

续表

C	3-6-321[112]	3-6-322[112]	3-6-323[112]	3-6-324[112]	3-6-325[113]	3-6-326[113]	3-6-327[113]	3-6-328[113]	3-6-329[113]
2	75.2	75.1	75.0	75.2	74.8	74.7	74.9	75.2	74.8
3	78.2	78.2	78.2	78.1	78.0	77.9	77.8	78.1	77.7
4	71.8	71.7	71.7	71.7	71.2	71.1	71.2	71.5	71.2
5	78.1	78.1	78.1	78.0	77.6	77.5	77.6	78.0	77.6
6	62.9	62.8	62.8	62.9	62.5	62.5	62.5	62.6	62.4

3-6-330

3-6-331

3-6-332 R=OH
3-6-337 R=H

3-6-333

3-6-334 R=Glu; R^1=OH; R^2=H
3-6-335 R=H; R^1=OH; R^2=Glu
3-6-336 R=Glu; R^1=H; R^2=Glu

3-6-338

3-6-339

3-6-340

表 3-6-48 单环麝子油烷类化合物 3-6-330~3-6-340 的 ^{13}C NMR 数据[114]

C	3-6-330	3-6-331	3-6-332	3-6-333	3-6-334	3-6-335	3-6-336	3-6-337	3-6-338	3-6-339	3-6-340
1	38.6	35.2	35.3	37.0	37.9	37.7	37.6	35.9	43.0	35.5	38.8
2	47.0	44.2	40.5	46.7	40.1	41.8	47.2	47.9	46.4	43.3	47.6
3	70.5	69.0	66.7	72.7	76.2	68.0	73.2	64.6	65.4	67.0	73.4
4	201.9	41.8	73.3	48.2	70.2	72.2	39.8	41.6	46.6	78.4	39.9
5	129.0	77.5	69.7	72.4	128.0	129.4	127.1	68.1	78.5	76.1	125.2
6	162.4	80.3	71.6	120.2	143.0	142.2	138.2	71.1	86.4	53.4	138.7
7	129.2	136.3	129.6	200.9	126.7	131.0	131.4	129.6	129.9	132.2	25.1
8	140.0	132.4	136.2	101.2	140.7	137.5	136.8	136.1	137.1	137.0	38.0
9	75.2	75.7	74.7	211.5	69.4	75.6	75.7	74.8	76.3	75.6	77.9
10	22.3	27.6	22.4	26.6	23.9	22.4	22.4	22.5	22.6	22.6	21.8
11	26.0	27.6	29.8	29.5	30.3	30.7	21.8	30.1	28.3	23.6	28.9
12	31.3	28.9	24.9	32.3	27.8	27.8	28.7	25.1	26.5	33.1	30.0
13	14.0	22.6	17.8	30.9	19.9	20.2	31.0	20.7	28.7	28.6	20.2
Glu											
1	101.6	100.5	101.4	102.8	102.7	101.7	102.5	101.4	101.1	100.9	102.4
2	75.1	75.1	75.1	75.2	75.4	75.1	75.1	75.1	75.1	75.1	75.3
3	78.4	78.3	78.1	78.2	78.1	78.1	78.0	78.3	78.3	77.9	78.2
4	71.9	71.8	71.8	71.7	71.7	71.9	71.7	71.8	71.8	71.8	71.8

续表

C	3-6-330	3-6-331	3-6-332	3-6-333	3-6-334	3-6-335	3-6-336	3-6-337	3-6-338	3-6-339	3-6-340
5	78.3	77.9	78.3	77.9	78.1	78.4	78.0	78.1	78.4	78.3	77.9
6	63.0	62.8	62.9	62.8	62.8	62.9	62.8	62.9	62.9	62.6	62.9
1'							100.9				103.9
2'							75.2				75.4
3'							78.0				78.3
4'							71.9				71.8
5'							78.0				77.9
6'							62.9				62.9
OMe											55.6

表 3-6-49 苍耳烷类化合物 3-6-341~3-6-345 的 ^{13}C NMR 数据

C	3-6-341[115]	3-6-342[115]	3-6-343[116]	3-6-344[116]	3-6-345[116]	C	3-6-341[115]	3-6-342[115]	3-6-343[116]	3-6-344[116]	3-6-345[116]
1	138.1	139.5	91.0	91.0	63.3	9	37.7	38.8	35.3	35.8	32.8
2	23.1	23.3	24.9	21.6	32.3	10	143.5	147.8	37.3	30.6	30.7
3	42.4	42.5	35.5	37.1	31.9	11	38.2	40.5	138.9	38.3	138.9
4	208.2	207.9	78.0	109.8	70.1	12	177.9	178.0	169.6	178.6	169.2
5	201.5	199.1	77.5	85.9	61.7	13	10.3	14.8	122.8	11.9	122.8
6	39.1	44.4	33.3	24.1	30.8	14	29.7	29.7	18.4	16.3	17.6
7	36.9	39.9	38.8	39.4	39.2	15	23.5	24.4	20.5	18.8	19.6
8	76.3	77.6	80.5	80.7	79.4						

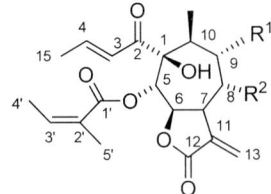

3-6-346 R^1=OH; R^2 = H
3-6-347 R^1, R^2=−O−
3-6-348 R^1=H; R^2=H
3-6-349 R^1=H; R^2=OH

3-6-350 R=α-OH, β-H

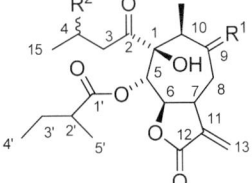

3-6-351 R^1=α-OH, β-H; R^2=OH
3-6-352 R^1=H; R^2=OCH$_3$

表 3-6-50　苍耳烷类化合物 3-6-346~3-6-352 的 ^{13}C NMR 数据[117]

C	3-6-346	3-6-347	3-6-348	3-6-349	3-6-350	3-6-351	3-6-352
1	82.5	83.9	83.4	83.6	82.2	83.1	81.8
2	197.4	199.2	199.3	200.9	196.8	211.8	211.9
3	125.2	125.1	125.2	126.2	125.3	47.7	47.7
4	145.9	146.8	145.8	144.9	145.6	63.9	73.0
5	78.4	78.6	78.7	78.8	78.6	77.9	75.5
6	78.4	76.0	77.9	78.8	77.0	76.2	75.8
7	41.4	41.8	38.9	45.2	34.1	34.2	36.1
8	37.1	56.8	28.7	64.9	37.1	37.8	44.0
9	71.1	56.3	27.6	38.3	70.9	70.4	207.1
10	34.2	39.9	35.0	33.9	41.4	42.4	48.8
11	137.6	136.4	137.9	134.8	137.6	137.8	137.0
12	168.9	168.0	169.3	168.2	168.8	176.6	167.8
13	123.9	125.7	123.1	126.5	123.8	124.1	124.2
14	12.8	11.9	15.3	15.5	12.7	12.6	11.4
15	18.6	18.7	18.5	18.5	18.4	22.6	18.9
1'	166.9	168.0	167.7	169.9	175.6	168.6	175.5
2'	126.3	126.3	126.4	127.9	40.9	40.9	41.0
3'	141.0	141.7	141.0	141.1	26.2	26.5	26.7
4'	15.8	15.9	15.8	16.1	11.4	11.3	9.0
5'	19.9	20.0	20.2	20.5	16.1	16.2	16.1
OCH$_3$							56.0

表 3-6-51　苍耳烷类化合物 3-6-353~3-6-356 的 ^{13}C NMR 数据[118]

C	3-6-353	3-6-354	3-6-355	3-6-356	C	3-6-353	3-6-354	3-6-355	3-6-356
1	97.1	99.3	99.5	98.7	10	39.5	38.2	38.1	37.4
2	36.2	35.9	36.0	35.1	11	174.9	178.4	179.1	177.6
3	36.2	34.0	34.8	34.1	12	16.8	18.7	21.2	28.5
4	86.1	88.2	88.5	88.7	13	18.7	16.1	15.9	19.5
5	48.0	50.1	50.3	57.8	14	66.3	71.1	71.5	69.9
6	80.4	72.6	69.1	215.3	15	21.9	21.7	25.0	24.8
7	173.0	175.5	176.5	174.1	OAc	170.6	172.1		
8	36.2	37.8	37.9	37.1		24.9	25.0		
9	57.4	56.3	54.6	56.4					

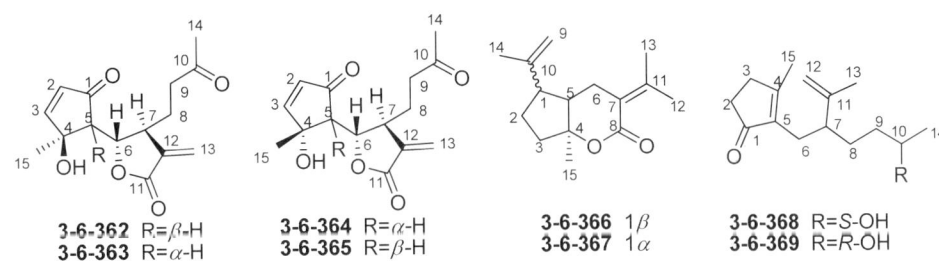

表 3-6-52　prezizaane 类化合物 3-6-357~3-6-361 的 ¹³C NMR 数据

C	3-6-357[119]	3-6-358[119]	3-6-359[119]	3-6-360[120]	3-6-361[120]	C	3-6-357[119]	3-6-358[119]	3-6-359[119]	3-6-360[120]	3-6-361[120]
1	66.7	21.5	21.5	71.5	71.7	15	62.0	62.1	69.2	168.0	167.9
2	34.8	26.9	26.9	32.2	32.1	Glu					
3	37.4	38.3	38.3	32.1	32.3	1			104.3		
4	29.9	30.7	30.6	29.3	29.3	2			75.1		
5	75.8	75.3	75.3	76.2	76.5	3			78.0		
6	53.0	43.9	43.9	75.5	75.4	4			71.6		
7	85.5	85.6	85.6	213.8	214.0	5			77.9		
8	108.6	108.9	108.8	100.6	100.6	6			62.7		
9	36.4	37.6	37.4	32.8	32.9	1'				123.1	122.9
10	66.3	66.6	66.2	70.4	70.1	2'				133.1	133.3
11	43.3	43.4	41.1	34.3	34.3	3',7'				116.6	116.7
12	59.6	59.8	59.5	63.5	63.5	4',6'				163.2	163.5
13	179.7	180.2	180.1	176.0	176.9	5'				71.5	71.7
14	65.9	65.7	65.7	13.1	12.9						

表 3-6-53　愈创木烷类化合物 3-6-362~3-6-369 的 ¹³C NMR 数据

C	3-6-362[121]	3-6-363[121]	3-6-364[121]	3-6-365[121]	3-6-366[87]	3-6-367[87]	3-6-368[122]	3-6-369[122]
1	203.4	204.8	202.4	205.0	47.5	42.6	209.6	209.5
2	132.5	133.3	131.0	133.7	26.7	26.3	34.3	34.3
3	166.3	165.8	166.5	167.4	36.7	38.2	31.6	31.6
4	78.6	78.3	78.8	77.5	85.2	85.3	170.8	170.7
5	59.9	58.4	62.8	56.9	45.7	45.9	139.2	139.2
6	78.7	80.8	80.3	79.9	26.9	25.8	27.9	27.8
7	41.6	41.1	52.0	39.9	119.7	120.5	45.7	46.0
8	26.3	28.6	28.6	26.3	167.2	167.4	28.8	29.0
9	40.0	39.7	39.7	39.7	110.5	111.9	36.9	37.2

续表

C	3-6-362[121]	3-6-363[121]	3-6-364[121]	3-6-365[121]	3-6-366[87]	3-6-367[87]	3-6-368[122]	3-6-369[122]
10	208.2	207.7	207.7	207.4	145.8	145.3	68.0	68.3
11	169.9	169.5	169.7	169.3	152.1	151.6	146.9	147.0
12	138.4	138.0	137.5	138.0	23.3	23.3	112.0	111.9
13	122.2	124.5	125.0	122.9	23.6	23.5	18.2	18.2
14	30.2	30.2	30.0	30.2	19.5	25.1	23.7	23.4
15	24.5	29.1	25.4	27.4	19.5	20.0	17.6	17.6

3-6-370　3-6-371　3-6-372　3-6-373

表 3-6-54　其他类化合物 3-6-370~3-6-373 的 ^{13}C NMR 数据[123]

C	3-6-370	3-6-371	3-6-372	3-6-373	C	3-6-370	3-6-371	3-6-372	3-6-373
1	90.3	89.8	92.3	92.1	9	179.2	179.8	178.9	179.2
2	114.3	111.9	116.3	114.3	10	122.9	122.6	123.1	122.7
3	143.9	143.5	143.1	144.5	11	110.2	110.2	110.4	110.4
4	38.4	37.5	39.8	39.3	12	143.0	143.0	143.1	143.1
5	30.5	29.0	31.2	31.0	13	141.1	140.9	141.5	141.4
6	45.2	47.3	47.9	49.1	14	19.9	20.6	19.7	20.2
7	44.5	42.9	40.7	39.5	15	15.1	15.7	15.3	16.5
8	35.6	34.3	36.2	36.3					

3-6-374　3-6-375　3-6-376

表 3-6-55　其他类化合物 3-6-374~3-6-376 的 ^{13}C NMR 数据[124]

C	3-6-374	3-6-375	3-6-376	C	3-6-374	3-6-375	3-6-376
1	148.8	149.3	149.3	9	17.2	17.5	17.5
2	144.7	140.7	140.7	10	22.9	22.7	22.7
3	116.1	117.8	117.8	11	25.9	23.9	23.9
4	171.9	171.6	171.6	12	23.1	25.1	25.4
5	46.6	47.5	47.5	13	42.3	37.8	38.0
6	49.9	50.5	50.5	14	208.1	67.9	68.2
7	34.0	33.7	33.8	15	30.0	25.6	25.6
8	139.7	139.7	139.7				

3-6-377 R = H
3-6-378 R = Me
3-6-379 R = CH₂CH=CH₂ (1' 2' 3')

3-6-380

3-6-381

表 3-6-56　其他类化合物 3-6-377~3-6-379 的 ¹³C NMR 数据[125]

C	3-6-377	3-6-378	3-6-379	C	3-6-377	3-6-378	3-6-379
1	54.5	54.8	57.3	11	38.3	37.1	37.7
2	20.0	20.1	20.5	12	174.8	177.9	178.0
3	41.0	41.2	41.5	13	14.8	16.7	17.4
4	208.8	208.8	209.2	14	20.4	20.4	20.0
5	162.2	162.4	162.5	15	29.3	29.4	30.2
6	213.8	212.1	212.4	N-Me		26.8	
7	56.3	56.6	55.2	1'			42.6
8	34.2	34.4	34.0	2'			132.3
9	28.9	30.9	31.5	3'			117.8
10	40.2	40.6	41.0				

表 3-6-57　其他类化合物 3-6-380~3-6-381 的 ¹³C NMR 数据[126]

C	3-6-380	3-6-381	C	3-6-380	3-6-381	C	3-6-380	3-6-381
1	198.7	198.6	6	76.2	71.9	11	73.2	77.4
2	133.1	131.7	7	45.9	46.0	12	106.3	107.0
3	146.5	145.0	8	29.8	27.6	13	68.6	15.2
4	28.1	30.1	9	71.5	66.6	14	21.7	21.0
5	56.0	54.5	10	171.3	173.0	15	17.0	15.0

3-6-382[127]

3-6-383[127]

3-6-384[127]

3-6-385[127]

3-6-386[127]

3-6-387[128]

3-6-388[129]

3-6-389[130]

3-6-390[131]　　3-6-391[132]　　3-6-392[132]　　3-6-393[132]

3-6-394[133]　　3-6-395[133]　　3-6-396[134]　　3-6-397[134]

3-6-398[135]　　3-6-399[136]　　3-6-400[137]　　3-6-401[138]

3-6-402[139]　　3-6-403[139]　　3-6-404[140]　　3-6-405[52]

3-6-406[141]　　3-6-407[141]　　3-6-408[2]

3-6-409[43]　　3-6-410[43]　　3-6-411[142]　　3-6-412[143]

参 考 文 献

[1] Arihara S, Umeyama A, Bando S, et al. Chem Pharm Bull (Tokyo), 2004, 52: 463.
[2] Todorova M, Trendafilova A, Mikhova B, et al. Phytochemistry, 2007, 68: 1722.
[3] Kladi M, Vagias C, Papazafiri P, et al. Tetrahedron, 2007, 63: 7606.
[4] Trifunovic S, Vajs V, Juranic Z, et al. Phytochemistry, 2006, 67: 887.
[5] Kaneda N, Lee I, Gupta M P, et al. J Nat Prod, 1992, 55: 1136.
[6] Fujiwara M, Yagi N, Miyazawa M. J Agric Food Chem, 2010, 58: 2824.
[7] Kim T H, Ito H, Hatano T, et al. J Nat Prod, 2005, 68: 1805.
[8] Manguro L O, Ugi I, Lemmen P. Chem Pharm Bull (Tokyo), 2003, 51: 479.
[9] Ochi T, Shibata H, Higuti T, et al. J Nat Prod, 2005, 68: 819.
[10] Ono M, Tsuru T, Abe H, et al. J Nat Prod, 2006, 69: 1417.
[11] Wei M Y, Wang C Y, Liu Q A, et al. Mar Drugs, 2010, 8: 941.
[12] Kashiwagi T, Wu B, Iyota K, et al. Biosci Biotechnol Biochem, 2007, 71: 966.
[13] Nishikawa K, Aburai N, Yamada K, et al. Biosci Biotechnol Biochem, 2008, 72: 2463.
[14] Shen Y, Chen C, Duh C. J Chin Chem Soc(Taip), 1999, 46: 201.
[15] D'Armas H T, Mootoo B S, Reynolds W F. J Nat Prod, 2000, 63: 1593.
[16] Aguilar M A I, Delgado G, Hernã Ndez M A D L, et al. Nat Prod Lett, 2001, 15: 93.
[17] Zeng Y, Qiu F, Takahashi K, et al. Chem Pharm Bull (Tokyo), 2007, 55: 940.
[18] Shi H M, Long B S, Cui X M, et al. J Asian Nat Prod Res, 2005, 7: 857.
[19] Li C, Schmitz F J, Kelly M. J Nat Prod, 1999, 62: 1330.
[20] Davyt D, Fernandez R, Suescun L, et al. J Nat Prod, 2006, 69: 1113.
[21] Chen C, Shen Y, Chen Y, et al. J Nat Prod, 1999, 62: 573.
[22] Yaoita Y, Suzuki N, Kikuchi M. Chem Pharm Bull (Tokyo), 2001, 49: 645.
[23] Ryu J, Jeong Y S, Sohn D H. J Nat Prod, 1999, 62: 1437.
[24] Zhu Y, Yang L, Jia Z. J Nat Prod, 1999, 62: 1479.
[25] Liao J, Zhu Q, Yang L, et al. J Chin Chem Soc(Taip), 1999, 46: 185.
[26] Liu C, Fei D, Wu Q, et al. J Nat Prod, 2006, 69: 695.
[27] Chen H, Zhu Y, Shen X, et al. J Nat Prod, 1996, 59: 1117.
[28] König G M, Wright A D. J Nat Prod, 1997, 60: 967.
[29] Wessels M, König G M, Wright A D. J Nat Prod, 2000, 63: 920.
[30] Brito I, Dias T, Daz-Marrero A R, et al. Tetrahedron, 2006, 62: 9655.
[31] Rao R J, Kumar U S, Reddy S V, et al. Nat Prod Res, 2005, 19: 763.
[32] Eilbert F, Engler-Lohr M, Anke H, et al. J Nat Prod, 2000, 63: 1286.
[33] Sosa S, Tubaro A, Kastner U, et al. Planta Med, 2001, 67: 654.
[34] Zhang H J, Tan G T, Santarsiero B D, et al. J Nat Prod, 2003, 66: 609.
[35] Triana J, Lopez M, Rico M, et al. J Nat Prod, 2003, 66: 943.
[36] Appendino G, Aviello G, Ballero M, et al. J Nat Prod, 2005, 68: 853.
[37] Triana J, Lopez M, Perez F J, et al. J Nat Prod, 2005, 68: 523.
[38] Chen B, Li B G, Zhang G L. Nat Prod Res, 2003, 17: 37.
[39] Satitpatipan V, Suwanborirux K. J Nat Prod, 2004, 67: 503.
[40] Wu T, Chan Y, Leu Y. J Nat Prod, 2001, 64: 71.
[41] Cheng X L, Ma S C, Wei F, et al. Chem Pharm Bull (Tokyo), 2007, 55: 1390.
[42] Abdel-Sattar E, Mcphail A T. J Nat Prod, 2000, 63: 1587.
[43] Bai N, Lai C, He K, et al. J Nat Prod, 2006, 69: 531.
[44] Barrero A F, Oltra J E, Rodríguez-García I, et al. J Nat Prod, 2000, 63: 305.
[45] Issa H H, Chang S M, Yang Y L, et al. Chem Pharm Bull (Tokyo), 2006, 54: 1599.
[46] Abdel Sattar E, Galal A M, Mossa G S. J Nat Prod, 1996, 59: 403.
[47] Trendafilova A, Todorova M, Mikhova B, et al. Phytochemistry, 2006, 67: 764.
[48] Bang M H, Han M W, Song M C, et al. Chem Pharm Bull (Tokyo), 2008, 56: 1168.
[49] Passreiter C M, Sandoval-Ramirez J, Wright C W. J Nat Prod, 1999, 62: 1093.
[50] Lin Y, Ou J, Kuo Y, et al. J Nat Prod, 1996, 59: 991.

[51] Wu S H, Luo X D, Ma Y B, et al. J Asian Nat Prod Res, 2001, 3: 95.
[52] Yang Y, Chang S, Wu C, et al. J Nat Prod, 2007, 70: 1761.
[53] Shen Y C, Lo K L, Kuo Y H, et al. J Nat Prod, 2005, 68: 745.
[54] Pettit G R, Herald D L, Cragg G M, et al. J Nat Prod, 1990, 53: 382.
[55] Hayashi T, Nakano T, Kozuka M, et al. J Nat Prod, 1999, 62: 302.
[56] Williams R B, Norris A, Slebodnick C, et al. J Nat Prod, 2005, 68: 1371.
[57] Martínez-Vázquez M, Sepúlveda S, Belmont M A, et al. J Nat Prod, 1992, 55: 884.
[58] Macías F A, Fernández A, Varela R M, et al. J Nat Prod, 2006, 69: 795.
[59] Xie H G, Chen H, Cao B, et al. Chem Pharm Bull (Tokyo), 2007, 55: 1258.
[60] Djeddi S, Karioti A, Sokovic M, et al. J Nat Prod, 2007, 70: 1796.
[61] Huo J, Yang S P, Xie B J, et al. J Asian Nat Prod Res, 2008, 10: 571.
[62] Chea A, Hout S, Long C, et al. Chem Pharm Bull (Tokyo), 2006, 54: 1437.
[63] Kuo Y H, Kuo Y J, Yu A S, et al. Chem Pharm Bull (Tokyo), 2003, 51: 425.
[64] Kos O, Castro V, Murillo R, et al. Phytochemistry, 2006, 67: 62.
[65] Braca A, Cioffi G, Morelli I, et al. Planta Med, 2001, 67: 774.
[66] Muller S, Murillo R, Castro V, et al. J Nat Prod, 2004, 67: 622.
[67] Kuroda M, Yokosuka A, Kobayashi R, et al. Chem Pharm Bull (Tokyo), 2007, 55: 1240.
[68] Sakamoto H T, Flausino D, Castellano E E, et al. J Nat Prod, 2003, 66: 693.
[69] Cartagena E, Bardón A, Catalán C A N, et al. J Nat Prod, 2000, 63: 1323.
[70] Gao X, Lin C, Jia Z. J Nat Prod, 2007, 70: 830.
[71] Yang S P, Huo J, Wang Y, et al. J Nat Prod, 2004, 67: 638.
[72] Michalska K, Marciniuk J, Kisiel W. Fitoterapia, 2010, 81: 434.
[73] Mondranondra I O, Che C T, Rimando A M, et al. Pharm Res, 1990, 7: 1269.
[74] Xu G, Peng L, Hou A, et al. Tetrahedron, 2008, 64: 9490.
[75] Chaturvedula V S, Schilling J K, Miller J S, et al. J Nat Prod, 2004, 67: 895.
[76] Del R. Cuenca M, Catalán C A N, Kokke W C M C. J Nat Prod, 1990, 53: 686.
[77] Catalan C A, Del R C M, Hernandez L R, et al. J Nat Prod, 2003, 66: 949.
[78] Chen W, Tang W, Zhang R, et al. J Nat Prod, 2007, 70: 567.
[79] Kim D K, Baek N I, Choi S U, et al. J Nat Prod, 1997, 60: 1199.
[80] Li Y, Zhang D, Li J, et al. J Nat Prod, 2006, 69: 616.
[81] Li W. J Nat Prod, 1992, 55: 1614.
[82] Huang H, Ye W, Wu P, et al. J Nat Prod, 2004, 67: 734.
[83] Takaoka D, Tani H, Nozaki H, et al. Nat Prod Lett, 1993, 3: 203.
[84] Chen K, Chang F, Chiang M, et al. J Nat Prod, 1999, 62: 622.
[85] Wang X, Wu W, Ma S, et al. Chin J Nat Med, 2008, 6: 404.
[86] Zhu N, Kikuzaki H, Sheng S, et al. J Nat Prod, 2001, 64: 1460.
[87] Matsuda H, Morikawa T, Toguchida I, et al. Chem Pharm Bull (Tokyo), 2001, 49: 1558.
[88] Eun S, Choi I, Shim S H. Bull Korean Chem Soc, 2010, 31: 1387.
[89] Chen K, Chang F, Jong T, et al. J Nat Prod, 1996, 59: 704.
[90] Li W, Mcchesney J D. J Nat Prod, 1990, 53: 1581.
[91] Dai J, Cardellina J H, Mahon J M, et al. Nat Prod Lett, 1997, 10: 115.
[92] Liao Y, Houghton P J, Hoult J R S. J Nat Prod, 1999, 62: 1241.
[93] Tsui W, Brown G D. J Nat Prod, 1996, 59: 1084.
[94] Usia T, Iwata H, Hiratsuka A, et al. J Nat Prod, 2004, 67: 1079.
[95] Subehan, Usia T, Kadota S, et al. Chem Pharm Bull (Tokyo), 2005, 53: 333.
[96] Luo D, Gao Y, Gao J, et al. J Nat Prod, 2006, 69: 1354.
[97] Tang G H, Sun C S, Long C L, et al. Bioorg Med Chem Lett, 2009, 19: 5737.
[98] Traore M, Zhai L, Chen M, et al. Nat Prod Res, 2007, 21: 13.
[99] Wu T, Chan Y, Leu Y, et al. J Nat Prod, 1999, 62: 415.
[100] Braca A, De Tommasi N, Morelli I, et al. J Nat Prod, 1999, 62: 1371.
[101] Luo X D, Wu S H, Ma Y B, et al. Planta Med, 2001, 67: 354.
[102] Karamenderes C, Bedir E, Pawar R, et al. Phytochemistry, 2007, 68: 609.

[103] Su B, Takaishi Y, Yabuuchi T, et al. J Nat Prod, 2001, 64: 466.
[104] Topcu G, Aydogmus Z, Imre S, et al. J Nat Prod, 2003, 66: 1505.
[105] Gavagnin M, Mollo E, Castelluccio F, et al. Nat Prod Lett, 1997, 10: 151.
[106] Kuniyoshi M, Marma M S, Higa T, et al. J Nat Prod, 2001, 64: 696.
[107] Kuniyoshi M, Wahome P G, Miono T, et al. J Nat Prod, 2005, 68: 1314.
[108] Su B N, Park E J, Nikolic D, et al. J Nat Prod, 2003, 66: 1089.
[109] Nakanishi T, Iida N, Inatomi Y, et al. Chem Pharm Bull (Tokyo), 2005, 53: 783.
[110] Perrone A, Plaza A, Bloise E, et al. J Nat Prod, 2005, 68: 1549.
[111] Giang P M, Son P T, Matsunami K, et al. Chem Pharm Bull (Tokyo), 2005, 53: 1600.
[112] Otsuka H, Kijima H, Hirata E, et al. Chem Pharm Bull (Tokyo), 2003, 51: 286.
[113] De Marino S, Borbone N, Zollo F, et al. J Agric Food Chem, 2004, 52: 7525.
[114] Yu Q, Matsunami K, Otsuka H, et al. Chem Pharm Bull (Tokyo), 2005, 53: 800.
[115] Martínez-Vázquez M, Cárdenas J, Godoy L, et al. J Nat Prod, 1999, 62: 920.
[116] Yang C, Yuan C, Jia Z. J Nat Prod, 2003, 66: 1554.
[117] Cui B, Lee Y H, Chai H, et al. J Nat Prod, 1999, 62: 1545.
[118] Zhu Q, Tang C, Ke C, et al. J Nat Prod, 2009, 72: 238.
[119] Zhang Y, Tanaka T, Iwamoto Y, et al. J Nat Prod, 2001, 64: 870.
[120] Xiao H T, He H P, Peng J, et al. J Asian Nat Prod Res, 2008, 10: 1.
[121] Kawazoe K, Tsubouchi Y, Abdullah N, et al. J Nat Prod, 2003, 66: 538.
[122] Xu F, Morikawa T, Matsuda H, et al. J Nat Prod, 2004, 67: 569.
[123] Collins D O, Gallimore W A, Reynolds W F, et al. J Nat Prod, 2000, 63: 1515.
[124] Jeong S, Miyamoto T, Inagaki M, et al. J Nat Prod, 2000, 63: 673.
[125] Galal A M, Ahmad M S, El-Feraly F S, et al. J Nat Prod, 1999, 62: 54.
[126] Kim W G, Kim J W, Ryoo I J, et al. Org Lett, 2004, 6: 823.
[127] Abourashed E A, Hufford C D. J Nat Prod, 1996, 59: 251.
[128] Galal A M, Ahmad M S, El-Feraly F S, et al. J Nat Prod, 1996, 59: 917.
[129] Brown G D. J Nat Prod, 1994, 57: 328.
[130] Acton N. J Nat Prod, 1999, 62: 790.
[131] Ngo K, Wong W, Brown G D. J Nat Prod, 1999, 62: 549.
[132] Macías F A, Varela R M, Torres A, et al. J Nat Prod, 1999, 62: 1636.
[133] Macias F A, Galindo J L, Varela R M, et al. Org Lett, 2006, 8: 4513.
[134] Su J H, Dai C F, Huang H H, et al. Chem Pharm Bull (Tokyo), 2007, 55: 594.
[135] Durán-Patrón R, Hernández-Galán R, Collado I G. J Nat Prod, 2000, 63: 182.
[136] Ahmed A A, Hegazy M E, Zellagui A, et al. Phytochemistry, 2007, 68: 680.
[137] Jenett-Siems K, Siems K, Witte L, et al. J Nat Prod, 2001, 64: 1471.
[138] Hsieh T, Chang F, Chia Y, et al. J Nat Prod, 2001, 64: 616.
[139] Wichlacz M, Ayer W A, Trifonov L S, et al. J Nat Prod, 1999, 62: 484.
[140] Chung H, Chen Y, Lin M, et al. Tetrahedron Lett, 2010, 51: 6025.
[141] Barrero A F, Arteaga P, Quílez J F, et al. J Nat Prod, 1997, 60: 1026.
[142] Zhang C X, Zhu C C, Yan S J, et al. J Asian Nat Prod Res, 2008, 10: 307.
[143] Xu Z, Chang F, Wang H, et al. J Nat Prod, 2000, 63: 1712.

第七节 双环倍半萜类化合物

表 3-7-1 双环倍半萜类化合物的名称、分子式和测试溶剂

编号	名称	分子式	测试溶剂	参考文献
3-7-1	7-methoxyisocalamenene	$C_{16}H_{24}O$	C	[1]
3-7-2	(+)-(1S,4R)-$trans$-7-hydroxyisocalamenene	$C_{15}H_{22}O$	C	[1]
3-7-3	erectathiol	$C_{15}H_{22}S$	C	[2]

续表

编号	名称	分子式	测试溶剂	参考文献
3-7-4	(−)-(7S,9S,10S)-3,9,12-trihydroxycalamenene	$C_{15}H_{22}O_3$	M	[3]
3-7-5	(−)-(7S,9R,10S)-3,9,12-trihydroxycalamenene	$C_{15}H_{22}O_3$	M	[3]
3-7-6	(+)-(7S,10S)-3,12-dihydroxycalamenene	$C_{15}H_{22}O_2$	M	[3]
3-7-7	3,12-dihydroxycadalene	$C_{15}H_{18}O_2$	M	[3]
3-7-8	3,11,12-trihydroxycadalene	$C_{15}H_{18}O_3$	M	[3]
3-7-9		$C_{16}H_{22}O_3$	C	[4]
3-7-10	dihydroartemisinic acid	$C_{15}H_{24}O_2$	C	[5]
3-7-11	dihydroartemisinic acid-(tertiary)hydroperoxide	$C_{15}H_{24}O_4$	C	[6]
3-7-12	dysodensiol D	$C_{15}H_{24}O_3$	C	[7]
3-7-13	5α-hydroxy-9α,10α-epoxycadinan-3-en-2β,14-olide	$C_{15}H_{20}O_4$	C	[8]
3-7-14	10α-hydroxyamorphan-4-en-3-one	$C_{15}H_{24}O_2$	C	[9]
3-7-15	4α-methylcadinane-4R-methyl-1α,2α,10α-triol	$C_{15}H_{28}O_3$	C	[9]
3-7-16	10α-hydroxycadinan-4-en-3-one	$C_{15}H_{24}O_2$	C	[9]
3-7-17	cadina-1(10)-ene	$C_{15}H_{26}$	C	[10]
3-7-18	4β,14-dihydroxy-6α,7β-1(10)-cadinene	$C_{15}H_{26}O_2$	C	[11]
3-7-19	1(10),4-cadinadiene	$C_{15}H_{24}$	C	[11]
3-7-20	scortechterpene A	$C_{16}H_{26}O_2$	M	[12]
3-7-21	scortechterpene B	$C_{16}H_{26}O_2$	M	[12]
3-7-22	10α-hydroxyamorph-4-en-3-one	$C_{15}H_{24}O_2$	C	[13]
3-7-23	10α,11-dihydroxyamorph-4-ene	$C_{15}H_{26}O_2$	C	[13]
3-7-24	trichotomol	$C_{15}H_{26}O_2$	C	[13]
3-7-25	10α,15-dihydroxyamorph-4-en-3-one	$C_{15}H_{24}O_3$	C	[13]
3-7-26	5α,10α,11-trihydroxyamorphan-3-one	$C_{15}H_{26}O_4$	C	[13]
3-7-27	strobilol A	$C_{15}H_{22}O_5$	M	[14]
3-7-28	strobilol B	$C_{15}H_{22}O_4$	C	[14]
3-7-29	strobilol C	$C_{15}H_{24}O_6$	M	[14]
3-7-30	strobilol D	$C_{15}H_{22}O_5$	C	[14]
3-7-31	furanosesquiterpene	$C_{15}H_{16}O_2$	C	[15]
3-7-32	bombamalone A	$C_{16}H_{16}O_6$	W	[16]
3-7-33	bombamalone C	$C_{15}H_{16}O_5$	W	[16]
3-7-34	bombamalone D	$C_{15}H_{14}O_6$	W	[16]
3-7-35	axiplyn C	$C_{16}H_{25}NOS$	C	[17]
3-7-36	axiplyn D	$C_{16}H_{25}NO_3S$	C	[17]
3-7-37	axiplyn E	$C_{16}H_{25}NO_3S$	C	[17]
3-7-38	(1R,6S,7S,10S)-10-isothiocyanato-4-amorphene	$C_{16}H_{25}NS$	C	[17]
3-7-39	stereumin A	$C_{15}H_{22}O_4$	C	[18]
3-7-40	stereumin B	$C_{15}H_{22}O_4$	C	[18]
3-7-41	stereumin C	$C_{16}H_{22}O_4$	C	[18]
3-7-42	stereumin D	$C_{15}H_{20}O_3$	C	[18]
3-7-43	stereumin E	$C_{15}H_{18}O_4$	C	[18]
3-7-44	chlomultin C	$C_{15}H_{18}O_3$	C	[19]
3-7-45	chlomultin D	$C_{16}H_{20}O_2$	C	[19]

续表

编号	名称	分子式	测试溶剂	参考文献
3-7-46	1α-hydroxyl-8,12-epoxyeudesma-4,7,11-triene-3,6-dione	$C_{15}H_{24}O_3$	C	[20]
3-7-47	changweikangic acid A	$C_{14}H_{22}O_3$	D	[21]
3-7-48	changweikangic acid B	$C_{15}H_{22}O_3$	D	[21]
3-7-49	fetidone A	$C_{15}H_{20}O_2$	C	[22]
3-7-50	fetidone B	$C_{15}H_{20}O_2$	C	[22]
3-7-51	3-keto-drimenol	$C_{15}H_{24}O_2$	C	[23]
3-7-52	2α,9α,11-trihydroxy-6-oxodrim-7-ene	$C_{15}H_{24}O_4$	D	[24]
3-7-53	2α,11-dihydroxy-6-oxodrim-7-ene	$C_{15}H_{24}O_3$	D	[24]
3-7-54	ustusol A	$C_{15}H_{24}O_4$	D	[25]
3-7-55	ustusol B	$C_{15}H_{24}O_4$	D	[25]
3-7-56	ustusol C	$C_{16}H_{28}O_4$	D	[25]
3-7-57		$C_{18}H_{30}O_4$	C	[26]
3-7-58		$C_{17}H_{24}O_4$	C	[26]
3-7-59		$C_{17}H_{24}O_4$	C	[26]
3-7-60		$C_{15}H_{24}O_2$	C	[26]
3-7-61		$C_{16}H_{28}O_2$	C	[26]
3-7-62		$C_{16}H_{28}O_4$	C	[26]
3-7-63	danilol	$C_{15}H_{24}O_3$	C	[27]
3-7-64	elongatol B	$C_{17}H_{24}O_6$	C	[28]
3-7-65	mono(6-strobilactone-B) ester of (E,E)-2,4-hexadienedioic acid	$C_{21}H_{26}O_7$	D	[24]
3-7-66	(6-strobilactone-B) ester of (E,E)-6-oxo-2,4-hexadienoic acid	$C_{21}H_{26}O_6$	D	[24]
3-7-67	(6-strobilactone-B) ester of (E,E)-6,7-dihydroxy-2,4-octadienoic acid	$C_{23}H_{32}O_7$	D	[24]
3-7-68	(6-strobilactone B) ester of (E,E)-6,7-dihydroxy-2,4-octadienoic acid	$C_{23}H_{32}O_7$	D	[24]
3-7-69	ustusolate A	$C_{23}H_{34}O_5$	D	[25]
3-7-70	ustusolate B	$C_{23}H_{34}O_6$	D	[25]
3-7-71	ustusolate C	$C_{23}H_{32}O_6$	D	[25]
3-7-72	ustusolate D	$C_{23}H_{32}O_7$	D	[25]
3-7-73	ustusolate E	$C_{21}H_{26}O_6$	D	[25]
3-7-74	1β-O-(p-methoxy-E-cinnamoyl)-6α-hydroxypolygodial	$C_{25}H_{30}O_6$	C	[29]
3-7-75	1β-O-E-cinnamoyl-6α-hydroxy-9-epi-polygodial	$C_{24}H_{28}O_5$	C	[29]
3-7-76	1β-O-E-cinnamoyl-5α-hydroxypolygodial	$C_{24}H_{28}O_5$	C	[29]
3-7-77	1β-O-E-cinnamoylpolygodial	$C_{24}H_{28}O_4$	C	[29]
3-7-78		$C_{46}H_{66}O_9$	C	[29]
3-7-79	1β-O-E-cinnamoyl-6α-hydroxyisodrimeninol	$C_{24}H_{30}O_5$	C	[29]
3-7-80	1β-O-p-methoxy-E-cinnamoyl-6α-hydroxy-isodrimeninol	$C_{25}H_{32}O_6$	C	[29]
3-7-81	muzigadial	$C_{15}H_{20}O_3$	C	[30]
3-7-82	hemiacetal of muzigadial	$C_{15}H_{22}O_3$	C	[30]
3-7-83	epoxyhemiacetal of muzigadial	$C_{15}H_{22}O_4$	C	[30]

编号	名称	分子式	测试溶剂	参考文献
3-7-84	lactone of muzigadial	$C_{15}H_{20}O_3$	C	[30]
3-7-85	polyfibrospongol A	$C_{24}H_{34}O_4$	C	[31]
3-7-86	polyfibrospongol	$C_{24}H_{34}O_5$	C	[31]
3-7-87	dictyoceratin A	$C_{23}H_{32}O_3$	C	[31]
3-7-88	limaquinone epoxide	$C_{22}H_{30}O_5$	C	[31]
3-7-89	5-*epi*-ilimaquinone epoxide	$C_{22}H_{30}O_5$	C	[31]
3-7-90	nakijiquinone J	$C_{26}H_{39}NO_3$	C	[32]
3-7-91	nakijiquinone K	$C_{26}H_{39}NO_3$	C	[32]
3-7-92	nakijiquinone L	$C_{26}H_{39}NO_3$	C	[32]
3-7-93	nakijiquinone M	$C_{29}H_{37}NO_3$	C	[32]
3-7-94	nakijiquinone N	$C_{26}H_{39}NO_3$	C	[32]
3-7-95	nakijiquinone O	$C_{25}H_{37}NO_3$	C	[32]
3-7-96	nakijiquinone P	$C_{29}H_{37}NO_3$	C	[32]
3-7-97	nakijiquinone Q	$C_{29}H_{37}NO_3$	C	[32]
3-7-98	nakijiquinone R	$C_{23}H_{33}NO_6$	C	[32]
3-7-99	isofeterin	$C_{26}H_{32}O_6$	C	[33]
3-7-100	lehmannolol	$C_{24}H_{30}O_4$	C	[33]
3-7-101	szowitsiacoumarin A	$C_{24}H_{30}O_4$	C	[34]
3-7-102	szowitsiacoumarin B	$C_{24}H_{30}O_4$	C	[34]
3-7-103	1β,9β-dihydroxy-4rH-eudesma-5,11(13)-dien-12-oic acid	$C_{15}H_{22}O_4$	P	[35]
3-7-104	1β,3α-dihydroxyeudesma-5,11(13)-dien-12-oic acid	$C_{15}H_{22}O_4$	P	[35]
3-7-105	2β-hydroxyillicic acid	$C_{15}H_{24}O_4$	P	[35]
3-7-106	liguducin A	$C_{15}H_{24}O_2$	C	[36]
3-7-107	chlorantene G	$C_{15}H_{24}O_2$	C	[37]
3-7-108	1β,4β,7α-trihydroxy-8,9-eudesmene	$C_{15}H_{26}O_3$	D	[38]
3-7-109	1β,4β,7α-trihydroxyeudesmane	$C_{15}H_{28}O_3$	M	[38]
3-7-110	4β-hydroxy-11,12,13-trinor-5-eudesmen-1,7-dione	$C_{12}H_{16}O_3$	P	[38]
3-7-111	1β,4β-dihydroxy-11,12,13-trinor-8,9-eudesmen-7-one	$C_{12}H_{18}O_3$	M	[38]
3-7-112	5β,8β-epidioxy-11-hydroxy-6-eudesmene	$C_{15}H_{24}O_3$	C	[39]
3-7-113	5β,8β-epidioxy-11-hydroperoxy-6-eudesmene	$C_{15}H_{24}O_4$	C	[39]
3-7-114	isocostic acid	$C_{15}H_{22}O_2$	C	[40]
3-7-115	(−)-7-hydroxyeudesm-4-en-6-one	$C_{15}H_{24}O_2$	P	[41]
3-7-116	(−)-(5R,7R,10S)-eudesm-4(15)-en-6-one	$C_{15}H_{24}O$	P	[41]
3-7-117	(−)-(7R,10S)-eudesm-4-en-6-one	$C_{15}H_{24}O$	P	[41]
3-7-118	1β,4α,13-trihydroxy-eudesm-11(12)-ene	$C_{15}H_{26}O_3$	M	[42]
3-7-119	libocedrine D	$C_{15}H_{26}O_3$	M	[43]
3-7-120	eudesmane-1β,5α,11-triol	$C_{15}H_{28}O_3$	C	[44]
3-7-121	4β,7β,11-enantioeudesmantriol	$C_{15}H_{28}O_3$	C	[45]
3-7-122	canusesnol A	$C_{15}H_{22}O_3$	M	[46]
3-7-123	canusesnol B	$C_{15}H_{24}O_4$	M	[46]
3-7-124	canusesnol C	$C_{15}H_{24}O_4$	M	[46]

续表

编号	名称	分子式	测试溶剂	参考文献
3-7-125	canusesnol D	$C_{15}H_{26}O_3$	M	[46]
3-7-126	canusesnol E	$C_{15}H_{24}O_3$	M	[46]
3-7-127	canusesnol F	$C_{15}H_{22}O_4$	M	[46]
3-7-128	canusesnol J	$C_{15}H_{24}O_2$	M	[46]
3-7-129	canusesnol H	$C_{14}H_{22}O_3$	M	[46]
3-7-130	canusesnol I	$C_{15}H_{26}O_2$	M	[46]
3-7-131	canusesnol K	$C_{15}H_{22}O_3$	M	[46]
3-7-132	4(15)-eudesmene-1β,7,11-triol	$C_{15}H_{26}O_3$	C	[47]
3-7-133	3-eudesmene-1β,7,11-triol	$C_{15}H_{26}O_3$	C	[47]
3-7-134	rhombidiol	$C_{15}H_{26}O_2$	C	[48]
3-7-135	rhombitriol	$C_{15}H_{26}O_3$	C	[48]
3-7-136	3α,7α,12-trihydroxyeudesm-4(15),11(13)-diene	$C_{15}H_{24}O_3$	M	[49]
3-7-137	3β-hydroxycosfic acid	$C_{15}H_{22}O_3$	C	[50]
3-7-138	3β-acetoxycostic acid	$C_{17}H_{24}O_4$	C	[50]
3-7-139	3β-angeloyloxycostic acid	$C_{20}H_{30}O_3$	C	[50]
3-7-140	3β-(3-methyl)butanoyloxycostic acid	$C_{20}H_{32}O_3$	C	[50]
3-7-141	eudesm-4(15)-en-6β-acetoxy-7β-ol	$C_{17}H_{28}O_3$	C	[1]
3-7-142	lyratol C	$C_{15}H_{26}O_4$	P	[51]
3-7-143	(4R*,5S*,6Z,10R*)-8-oxoeudesm-6-en-5α,11-diol	$C_{15}H_{24}O_3$	C	[52]
3-7-144	pterodontoside A	$C_{21}H_{32}O_8$	P	[35]
3-7-145	pterodontoside B	$C_{21}H_{32}O_8$	P	[35]
3-7-146	pterodontoside C	$C_{21}H_{38}O_7$	P	[35]
3-7-147	pterodontoside D	$C_{21}H_{38}O_7$	P	[35]
3-7-148	pterodontoside E	$C_{21}H_{38}O_8$	P	[35]
3-7-149	pterodontoside F	$C_{21}H_{38}O_8$	P	[35]
3-7-150	pterodontoside G	$C_{21}H_{36}O_7$	P	[35]
3-7-151	pterodontoside H	$C_{21}H_{36}O_7$	P	[35]
3-7-152	6α-(4-O-methyl-7E-coumaryloxy)eudesm-4(14)-ene	$C_{25}H_{34}O_3$	C	[53]
3-7-153	6α-(4-O-stearyl-7E-coumaryloxy)eudesm-4(14)-ene	$C_{42}H_{66}O_4$	C	[53]
3-7-154	6α-(4-O-palmityl-7E-coumaryloxy)eudesm-4(14)-ene	$C_{40}H_{62}O_4$	C	[53]
3-7-155	6α-(4-O-[9Zhexadecenoyl]-7E-coumaryloxy)eudesm-4(14)-ene	$C_{40}H_{60}O_4$	C	[53]
3-7-156	6α-(7Z-coumaryloxy)eudesm-4(14)-ene	$C_{24}H_{32}O_3$	C	[53]
3-7-157	6α-(4-acetoxy-7Z-coumaryloxy)eudesm-4(14)-ene	$C_{26}H_{34}O_4$	C	[53]
3-7-158	1,4-epoxy-11(13)-eudesmen-12,6-olide	$C_{15}H_{24}O_3$	C	[54]
3-7-159	1β,6α,12-trihydroxy-3,11(13)-eudesmadiene	$C_{15}H_{24}O_3$	C	[54]
3-7-160	1β,6α,12-trihydroxy-4(15),11(13)-eudesmadiene	$C_{15}H_{26}O_3$	C	[54]
3-7-161	septuplinolide	$C_{15}H_{22}O_3$	C	[55]
3-7-162	11-hydroxyldrim-8,12-en-14-oic acid	$C_{15}H_{16}O_4$	C	[20]
3-7-163	sarcandralactone B	$C_{15}H_{20}O_3$	C	[56]
3-7-164	sarcaglaboside A	$C_{21}H_{30}O_8$	A	[57]
3-7-165	sarcaglaboside B	$C_{21}H_{28}O_8$	M	[57]

编号	名称	分子式	测试溶剂	参考文献
3-7-166	chlorantene B	$C_{15}H_{19}NO_5$	C	[37]
3-7-167	4α-hydroxy-8,12-epoxyeudesma-7,11-diene-1,6-dione	$C_{15}H_{18}O_4$	C	[37]
3-7-168	chlorantene C	$C_{15}H_{18}O_4$	C	[37]
3-7-169	chlorantene D	$C_{15}H_{16}O_4$	C	[37]
3-7-170	chlomultin B	$C_{15}H_{18}O_3$	C	[19]
3-7-171	eudesmanolide lactone 1	$C_{23}H_{32}O_9$	C	[58]
3-7-172	eudesmanolide lactone 2	$C_{23}H_{32}O_9$	M	[58]
3-7-173	eudesmanolide lactone 3	$C_{23}H_{32}O_9$	C	[58]
3-7-174	(1S,4S,5S,6S,7S,10R)-1-hydroxy-15-acetoxyeudesm-11(13)-en-6,12-olide	$C_{17}H_{24}O_5$	C	[59]
3-7-175	(1S,4S,5S,6S,7S,10R)-1,4-dihydroxy-15-acetoxyeudesm-11(13)-en-6,12-olide	$C_{17}H_{24}O_6$	C	[59]
3-7-176	(1R,4S,5S,6S,7S,10R)-1,4-dihydroxy-15-acetoxyeudesm-11(13)-en-6,12-olide	$C_{17}H_{24}O_6$	C	[59]
3-7-177	(1R,4S,5S,6S,7S,10R)-1-hydroxy-4,15-diacetoxyeudesm-11(13)-en-6,12-olide	$C_{19}H_{26}O_7$	C	[59]
3-7-178	(1S,4R,5S,6S,7S,10R)-1,15-diacetoxy-4-hydroxyeudesm-11(13)-en-6,12-olide	$C_{19}H_{26}O_7$	C	[59]
3-7-179	(1S,5S,6S,7S,10R)-1-hydroxy-15-acetoxyeudesma-4(15),11(13)-dien-6,12-olide	$C_{17}H_{22}O_5$	C	[59]
3-7-180	(1S,5S,6S,7S,10R)-1,15-diacetoxyeudesma-3,11(13)-dien-6,12-olide	$C_{19}H_{24}O_6$	C	[59]
3-7-181	(1S,2R,5S,6S,7S,10R)-1,2,15-triacetoxyeudesma-3,11(13)-dien-6,12-olide	$C_{21}H_{26}O_8$	C	[59]
3-7-182	(1R,6S,7S,10R)-1,15-diacetoxyeudesma-4,11(13)-dien-6,12-olide	$C_{19}H_{24}O_6$	C	[59]
3-7-183	1-oxo-8α-hydroxy-11α-eudesm-4-en-12,6α-olide	$C_{15}H_{20}O_4$	C	[60]
3-7-184	2β-hydroxy-11β,13-dihydrodouglanin	$C_{15}H_{22}O_4$	C	[61]
3-7-185	helieudesmanolide A	$C_{15}H_{20}O_5$	C	[62]
3-7-186	1β,2β-epoxy-3β-senecioyloxy-5β,6α,7α,10αMe-eudesma-4(15),11(13)-dien-6,12-olide	$C_{20}H_{24}O_5$	C	[63]
3-7-187	3-methylbutanoate of 1β,2β-epoxy-3β-senecioyloxy-5β,6α,7α,10αMe-eudesma-4(15),11(13)-dien-6,12-olide	$C_{20}H_{26}O_5$	C	[63]
3-7-188	1β,2β:11α,13-diepoxy-3β-senecioyloxy-5β,6α,7α,10αMe-eudesm-4(15)-en-6,12-olide	$C_{20}H_{24}O_6$	C	[63]
3-7-189	1β,2β-epoxy-3β-senecioyloxy-5β,6α,7α,10αMe,11αMe-eudesm-4(15)-en-6,12-olide	$C_{20}H_{28}O_5$	C	[63]
3-7-190	3β-angeloyloxy-1β,2β-epoxy-5β,6α,7α,10αMe,11αMe-eudesm-4(15)-en-6,12-olide	$C_{20}H_{26}O_5$	C	[63]
3-7-191	1β,2β-epoxy-3β-(3-methylbutanoyloxy)-5β,6α,7α,10αMe,11αMe-eudesm-4(15)-en-6,12-olide	$C_{20}H_{28}O_5$	C	[63]
3-7-192	11α-angeloyloxy-1β,2β-epoxy-3β-senecioyloxy-5β,6α,7α,10αMe-eudesm-4(15)-en-6,12-olide	$C_{25}H_{32}O_7$	C	[63]
3-7-193	11α-angeloyloxy-1β,2β-epoxy-3β-angeloyloxy-5β,6α,7α,10αMe-eudesm-4(15)-en-6,12-olide	$C_{25}H_{32}O_7$	C	[63]

续表

编号	名称	分子式	测试溶剂	参考文献
3-7-194	11α-angeloyloxy-1β,2β-epoxy-3β-3-methylbutanoate-5β,6α,7α,10αMe-eudesm-4(15)-en-6,12-olide	$C_{25}H_{34}O_7$	C	[63]
3-7-195	ligudentatol	$C_{14}H_{18}O$	C	[64]
3-7-196	acetate of ligudentatol	$C_{16}H_{20}O_2$	C	[64]
3-7-197	ligujapone	$C_{14}H_{16}O_2$	C	[64]
3-7-198	acetate of ligujapone	$C_{16}H_{18}O_3$	C	[64]
3-7-199	methylligujapone	$C_{15}H_{18}O_2$	C	[64]
3-7-200	tetrahydroligujapone	$C_{14}H_{20}O$	C	[64]
3-7-201	acetate of tetrahydroligujapone	$C_{16}H_{22}O_2$	C	[64]
3-7-202	methyl tetrahydroligujapone	$C_{15}H_{22}O$	C	[64]
3-7-203	ligucyperonol	$C_{15}H_{22}O_2$	C	[64]
3-7-204	acetate of ligucyperonol	$C_{17}H_{24}O_3$	C	[64]
3-7-205	(+)-α-cyperone	$C_{15}H_{22}O$	C	[64]
3-7-206	eudesma-1,4,11-trien-3-one	$C_{15}H_{20}O$	C	[64]
3-7-207	eudesma-1,4,6-trien-3-one	$C_{15}H_{20}O$	C	[64]
3-7-208	β-cyperone	$C_{15}H_{22}O$	C	[64]
3-7-209	6α-acetoxy-9β-benzoyloxy-1β-cinnamoyloxy-8β-butanoyloxy-β-dihydroagarofuran	$C_{37}H_{44}O_9$	C	[65]
3-7-210	6α-acetoxy-9β-benzoyloxy-1β-cinnamoyloxy-8β-(2-methylbutanoyloxy)-β-dihydroagarofuran	$C_{38}H_{46}O_9$	C	[65]
3-7-211	6α-acetoxy-1β,8β-dibenzoyloxy-9β-hydroxy-β-dihydroagarofuran	$C_{31}H_{36}O_8$	C	[65]
3-7-212	celastrine A	$C_{30}H_{38}O_{11}$	C	[66]
3-7-213	celastrine B	$C_{35}H_{40}O_7$	C	[66]
3-7-214	orbiculin B	$C_{29}H_{34}O_8$	C	[67]
3-7-215	orbiculin C	$C_{29}H_{34}O_8$	C	[67]
3-7-216	orbiculin D	$C_{27}H_{32}O_9$	C	[67]
3-7-217	orbiculin E	$C_{31}H_{36}O_{10}$	C	[67]
3-7-218	orbiculin F	$C_{34}H_{36}O_{11}$	C	[67]
3-7-219	orbiculin G	$C_{38}H_{40}O_9$	C	[67]
3-7-220	1β,9β-bis(benzoyloxy)-2β,6R,12-triacetoxy-8β-(β-nicotinoyloxy)-β-dihydroagarofuran	$C_{41}H_{43}NO_{13}$	C	[68]
3-7-221	1β-hydroxy-2β,6R,12-triacetoxy-8β-(β-nicotinoyloxy)-9β-(benzoyloxy)-β-dihydroagarofuran	$C_{34}H_{39}NO_{12}$	C	[68]
3-7-222	angulatin D	$C_{30}H_{38}O_{15}$	C	[69]
3-7-223	6β,8β,15-triacetoxy-1R,9R-dibenzoyloxi-4β-hydroxy-β-dihydroagarofuran	$C_{35}H_{40}O_{12}$	C	[70]
3-7-224	1α,6β,8β,15-tetraacetoxy-9r-(benzoyloxy)-4β-hydroxy-β-dihydroagarofuran	$C_{30}H_{38}O_{12}$	C	[70]
3-7-225	(1S,4S,6R,7S,8S,9R)-1,6,15-triacetoxy-8α,9β-dibenzoyloxy)-4β-hydroxy-β-dihydroagarofuran	$C_{35}H_{40}O_{12}$	C	[70]
3-7-226	1α,2α-diacetoxy-6β,9β,15-tribenzoyloxy-β-dihydroagarofuran	$C_{40}H_{42}O_{11}$	C	[71]

续表

编号	名称	分子式	测试溶剂	参考文献
3-7-227	1α-acetoxy-6β,9β,15-tribenzoyloxy-β-dihydroagarofuran	$C_{38}H_{40}O_9$	C	[71]
3-7-228	1α-acetoxy-2α-hydroxy-6β,9β,15-tribenzoyloxy-β-dihydroagarofuran	$C_{38}H_{40}O_9$	C	[71]
3-7-229	2α-acetoxy-1α-hydroxy-6β,9β,15-tribenzoyloxy-β-dihydroagarofuran	$C_{38}H_{40}O_{10}$	C	[71]
3-7-230	celangulatin C	$C_{32}H_{42}O_{13}$	C	[72]
3-7-231	celangulatin D	$C_{31}H_{36}O_{15}$	C	[72]
3-7-232	celangulatin E	$C_{32}H_{42}O_{15}$	C	[72]
3-7-233	celangulatin F	$C_{32}H_{42}O_{15}$	C	[72]
3-7-234	(4R,5R,8R)-4,5:8,13-diepoxycaryophyllane	$C_{15}H_{24}O_2$	C	[73]
3-7-235	(4R,5R,8R)-4,5-epoxycaryophyllan-8-ol	$C_{15}H_{24}O_2$	P	[73]
3-7-236	(4R,5R,8S)-4,5:8,13-diepoxycaryophyllane	$C_{15}H_{24}O_2$	C	[73]
3-7-237	(4R,5R,7S)-4,7-epoxycaryophyll-8(13)-en-5-ol	$C_{15}H_{24}O_2$	C	[73]
3-7-238	(4R,5R,11S)-4,5-epoxycaryophyllan-8(13)-en-14-ol	$C_{15}H_{24}O_2$	C	[73]
3-7-239	(4R,5R,8R)-4,5:8,13-diepoxycaryophyllan-7-one	$C_{15}H_{22}O_3$	C	[73]
3-7-240	(4R,5R)-4,5-epoxycaryophyll-8(13)-en-7-one	$C_{15}H_{22}O_2$	C	[73]
3-7-241	(4R,5R,8R)-4,5-epoxycaryophyllan-13-ol	$C_{15}H_{26}O_2$	C	[73]
3-7-242	(4R,5R,8S)-4,5-epoxycaryophyllan-13-ol	$C_{15}H_{26}O_2$	C	[73]
3-7-243	(4R,5R,8S)-4,5-epoxycaryophyllan-8-ol	$C_{15}H_{26}O_2$	C	[73]
3-7-244	humifusane A	$C_{15}H_{22}O_2$	M	[74]
3-7-245	humifusane B	$C_{15}H_{24}O_3$	M	[74]
3-7-246	rumphellolide A	$C_{15}H_{24}O_3$	C	[75]
3-7-247	rumphellolide B	$C_{15}H_{24}O_3$	C	[75]
3-7-248	rumphellolide C	$C_{14}H_{22}O_3$	C	[75]
3-7-249	rumphellolide D	$C_{14}H_{22}O_3$	C	[75]
3-7-250	rumphellolide E	$C_{14}H_{22}O_3$	C	[75]
3-7-251	rumphellatin A	$C_{14}H_{23}ClO_2$	C	[76]
3-7-252	12-hydroxy-β-caryophyllene	$C_{15}H_{24}O$	C	[77]
3-7-253	12-hydroxy-β-caryophyllene acetate	$C_{17}H_{26}O_2$	C	[77]
3-7-254	12-hydroxy-β-caryophyllene-4,5-oxide acetate	$C_{17}H_{26}O_3$	C	[77]
3-7-255	artarborol	$C_{14}H_{24}O_2$	P	[78]
3-7-256	rumphellolide G	$C_{14}H_{24}O_3$	C	[79]
3-7-257	algoane	$C_{17}H_{27}Br_2ClO_4$	C	[80]
3-7-258	1-deacetoxyalgoane	$C_{15}H_{25}Br_2ClO_2$	C	[80]
3-7-259	1-deacetoxy-8-deoxyalgoane	$C_{15}H_{25}Br_2ClO$	C	[80]
3-7-260	ibhayinol	$C_{15}H_{24}BrClO_2$	C	[80]
3-7-261	2-oxobazzanene	$C_{15}H_{22}O$	C	[81]
3-7-262	bazzanenoxide	$C_{15}H_{22}O_2$	C	[81]
3-7-263	monoacetate of bazzanenoxide	$C_{15}H_{24}O_2$	C	[81]
3-7-264	monoalcohol of bazzanenoxide	$C_{17}H_{26}O_3$	C	[81]
3-7-265	3,7-dihydroxy-dihydrolaurene	$C_{15}H_{22}O_2$	C	[82]
3-7-266	laur-11-en-2,10-diol	$C_{15}H_{20}O_2$	A	[83]

续表

编号	名称	分子式	测试溶剂	参考文献
3-7-267	laur-11-en-10-ol	$C_{15}H_{20}O$	A	[83]
3-7-268	laur-11-en-1,10-diol	$C_{15}H_{20}O_2$	A	[83]
3-7-269	4-bromo-1,10-epoxylaur-11-ene	$C_{15}H_{17}BrO_2$	A	[83]
3-7-270	10-hydroxyepiaplysin	$C_{15}H_{19}BrO_2$	A	[84]
3-7-271	10-hydroxylaplysin	$C_{15}H_{19}BrO_2$	A	[84]
3-7-272	10-hydroxyldebromoepiaplysin	$C_{15}H_{20}O_2$	A	[84]
3-7-273	aplysin-9-ene	$C_{15}H_{17}BrO$	A	[84]
3-7-274	epiaplysinol	$C_{15}H_{19}BrO_2$	A	[84]
3-7-275	debromoepiaplysinol	$C_{15}H_{20}O_2$	A	[84]
3-7-276	aplysinol	$C_{15}H_{19}BrO_2$	A	[84]
3-7-277	12-hydroxychiloscyphone	$C_{15}H_{22}O_2$	C	[85]
3-7-278	chiloscypha-2,7-dione	$C_{15}H_{22}O_2$	C	[85]
3-7-279	12-hydroxychiloscypha-2,7-dione	$C_{15}H_{20}O_3$	C	[85]
3-7-280	chiloscypha-2,7,9-trione	$C_{15}H_{18}O_3$	C	[85]
3-7-281	rivulalactone	$C_{12}H_{18}O_3$	C	[85]
3-7-282	cycloparvifloralone	$C_{15}H_{24}O_6$	M	[86]
3-7-283	cycloparviflorolide	$C_{15}H_{22}O_7$	A	[86]
3-7-284	parviflorolide	$C_{15}H_{22}O_6$	A	[86]
3-7-285	4,7-hemiketal of pseudoanisatin	$C_{15}H_{22}O_6$	P	[86]
3-7-286	(11)7,14-ortholactone of 14-hydroxy-3-oxofloridanolide	$C_{15}H_{22}O_8$	A	[86]
3-7-287	brasilamide A	$C_{15}H_{19}NO_5$	A	[87]
3-7-288	brasilamide B	$C_{15}H_{21}NO_4$	A	[87]
3-7-289	brasilamide C	$C_{15}H_{21}NO_4$	A	[87]
3-7-290	brasilamide D	$C_{17}H_{23}NO_5$	A	[87]
3-7-291	paralemnolin D	$C_{17}H_{26}O_3$	C	[88]
3-7-292	paralemnolin E	$C_{19}H_{28}O_4$	C	[88]
3-7-293	paralemnolin F	$C_{19}H_{28}O_5$	C	[88]
3-7-294	paralemnolin G	$C_{17}H_{24}O_4$	C	[88]
3-7-295	paralemnolin H	$C_{19}H_{28}O_4$	C	[88]
3-7-296	paralemnolin I	$C_{19}H_{28}O_4$	C	[88]
3-7-297		$C_{15}H_{23}Br_2Cl$	C	[89]
3-7-298	acetyldeschloroelatol	$C_{15}H_{25}BrO_2$	C	[89]
3-7-299	acetylelatol	$C_{17}H_{24}BrClO_2$	C	[89]
3-7-300	β-chamigrenealcohol	$C_{15}H_{24}O$	C	[90]
3-7-301	β-chamigrene-10-ol	$C_{15}H_{24}O$	C	[90]
3-7-302	isochamigrene	$C_{15}H_{24}$	C	[91]
3-7-303	(+)-(1R,5S,6S,9R)-3-acetyl-1-hydroxy-6-isopropyl-9-methylbicyclo[4.3.0]non-3-ene	$C_{15}H_{24}O_2$	A	[92]
3-7-304	(+)-(1R,3S,4S,5R,6S,9R)-3-acetyl-1,4-dihydroxy-6-isopropyl-9-methylbicyclo[4.3.0]nonane	$C_{15}H_{26}O_3$	A	[92]
3-7-305	(+)-(1R,3R,4R,5R,6S,9R)-3-acetyl-1,4-dihydroxy-6-isopropyl-9-methylbicyclo[4.3.0]nonane	$C_{15}H_{26}O_3$	A	[92]

续表

编号	名称	分子式	测试溶剂	参考文献
3-7-306	(+)-(1S,2R,6S,9R)-1-hydroxy-2-(1-hydroxyethyl)-6-isopropyl-9-methylbicyclo[4.3.0]non-4-en-3-one	$C_{15}H_{24}O_3$	A	[92]
3-7-307	(−)-(5S,6R,9S)-2-acetyl-5-hydroxy-6-isopropyl-9-methylbicyclo[4.3.0]non-1-en-3-one	$C_{15}H_{22}O_3$	A	[92]
3-7-308	(−)-(1S,6S,9R)-4-acetyl-1-hydroxy-6-isopropyl-9-methylbicyclo[4.3.0]non-4-en-3-one	$C_{15}H_{22}O_3$	A	[92]
3-7-309	4,12-bis-*n*-butanoylalcyopterosin O	$C_{23}H_{34}O_4$	C	[93]
3-7-310	13-acetoxy-12-acetylalcyopterosin D	$C_{19}H_{25}ClO_4$	C	[93]
3-7-311	4,12-bis(acetyl)alcyopterosin O	$C_{19}H_{26}O_4$	C	[93]
3-7-312	12-acetyl-13-*n*-butanoxyalcyopterosin D	$C_{21}H_{29}ClO_4$	C	[93]
3-7-313	12-acetyl-4-*n*-butanoylalcyopterosin O	$C_{21}H_{30}O_4$	C	[93]
3-7-314	12-acetylalcyopterosin D	$C_{17}H_{23}ClO_2$	C	[93]
3-7-315	12-*n*-butanoylalcyopterosin D	$C_{19}H_{27}ClO_2$	C	[93]
3-7-316	13-hydroxyalcyopterosin D	$C_{15}H_{21}ClO_2$	C	[93]
3-7-317	alcyopterosin P	$C_{15}H_{17}ClO_2$	C	[93]
3-7-318	russujaponol E	$C_{15}H_{22}O_3$	P	[94]
3-7-319	russujaponol D	$C_{15}H_{22}O_2$	P	[94]
3-7-320	puraquinonic acid	$C_{14}H_{16}O_5$	C	[95]
3-7-321	pholiotic acid	$C_{15}H_{20}O_2$	C	[96]
3-7-322	multifidoside A	$C_{29}H_{34}O_{10}$	P	[97]
3-7-323	multifidoside B	$C_{29}H_{34}O_{10}$	P	[97]
3-7-324	multifidoside C	$C_{29}H_{34}O_9$	P	[97]
3-7-325	haterumadysin A	$C_{17}H_{22}O_3$	C	[98]
3-7-326	haterumadysin B	$C_{17}H_{20}O_3$	C	[98]
3-7-327	haterumadysin C	$C_{17}H_{24}O_5$	C	[98]
3-7-328	haterumadysin D	$C_{17}H_{24}O_5$	C	[98]
3-7-329	spirodysin	$C_{17}H_{24}O_3$	C	[98]
3-7-330	7-hydroxy-10-methoxydeacetyldihydrobotrydial	$C_{16}H_{28}O_5$	M	[99]
3-7-331	7-hydroxy-10-oxodehydrodihydrobotrydial	$C_{15}H_{18}O_3$	C	[99]
3-7-332	7,10-dihydroxydehydrodihydrobotrydial	$C_{15}H_{20}O_3$	C	[99]
3-7-333	7-hydroxy-10-methoxydehydrodihydrobotrydial	$C_{16}H_{22}O_3$	C	[99]
3-7-334	7-hydroxy-10-ethoxydehydrodihydrobotrydial	$C_{17}H_{24}O_3$	C	[99]
3-7-335	7-hydroxy-10-dehydroxydehydrodihydrobotrydial	$C_{15}H_{22}O_3$	C	[99]
3-7-336	7-hydroxydeacetylbotryenalol	$C_{15}H_{24}O_4$	M	[99]
3-7-337	7,10-dihydroxydeacetyldihydrobotrydial-1(10)-ene	$C_{15}H_{24}O_4$	C	[99]
3-7-338	4,10-didehydro-7-hydroxydeacetyldihydrobotrydial-1(10),5(9)-diene	$C_{15}H_{22}O_2$	C	[99]
3-7-339	7-hydroxy-10-dehydroxydeacetyldihydrobotrydial-1(10),5(9)-diene	$C_{15}H_{22}O_3$	C	[99]
3-7-340	3-deoxypseudoanisatin	$C_{15}H_{22}O_5$	M	[100]
3-7-341	3-deoxypseudoanisatin	$C_{15}H_{22}O_5$	M	[100]
3-7-342	8α-hydroxy-10-deoxycyclomerrillianolide	$C_{15}H_{22}O_7$	M	[100]
3-7-343	10β-hydroxypseudoanisatin	$C_{15}H_{22}O_5$	M	[100]

续表

编号	名称	分子式	测试溶剂	参考文献
3-7-344	10β-hydroxycyclopseudoanisatin	$C_{15}H_{22}O_5$	M	[100]
3-7-345	1,6-dihydroxy-3-deoxyminwanensin	$C_{15}H_{24}O_6$	M	[100]
3-7-346	8-deoxymerrilliortholactone	$C_{15}H_{24}O_6$	M	[100]
3-7-347	1-hydroxyeremophil-7(11),9(10)-dien-8-one	$C_{15}H_{22}O_3$	P	[101]
3-7-348	(3S)-3-acetoxyeremophil-7(11),9(10)-dien-8-one	$C_{17}H_{24}O_3$	P	[101]
3-7-349	(3S)-3-acetoxyeremophil-1(2),7(11),9(10)-trien-8-one	$C_{17}H_{22}O_3$	P	[101]
3-7-350	peribysin J	$C_{15}H_{26}O_5$	M	[102]
3-7-351	peribysin F	$C_{15}H_{26}O_4$	M	[103]
3-7-352	peribysin G	$C_{15}H_{26}O_4$	M	[103]
3-7-353	argutosine A	$C_{15}H_{22}O_2$	C	[104]
3-7-354	argutosine B	$C_{15}H_{22}O_2$	C	[104]
3-7-355	argutosine C	$C_{15}H_{22}O_2$	C	[104]
3-7-356	kanaitzensol	$C_{15}H_{24}O_2$	P	[105]
3-7-357	8-oxo-11S-eremophil-6-en-12-oic acid	$C_{15}H_{22}O_3$	P	[105]
3-7-358	8-oxo-11R-eremophil-6-en-12-oic acid	$C_{15}H_{22}O_3$	P	[105]
3-7-359	peribysin I	$C_{15}H_{24}O_4$	M	[106]
3-7-360	1β-hydroxy-8α-eremophil-7(11),9-dien-8β,12-olide	$C_{15}H_{20}O_3$	C	[107]
3-7-361	1β,8α-dihydroxyeremophil-7(11),9-dien-8β,12-olide	$C_{15}H_{20}O_4$	C	[107]
3-7-362	1β-hydroxy-8α-methoxyeremophil-7(11),9-dien-8β,12-olide	$C_{16}H_{22}O_4$	C	[107]
3-7-363	1-oxo-8α-methoxy-10R-eremophil-7(11)-en-8β,12-lactam	$C_{15}H_{23}NO_3$	C	[107]
3-7-364	1β,10β-epoxy-8α-hydroxyeremophil-7(11)-en-8β,12-olide	$C_{15}H_{18}O_3$	C	[107]
3-7-365	1β,10β-epoxy-8α-methoxyeremophil-7(11)-en-8β,12-olide	$C_{16}H_{22}O_4$	C	[107]
3-7-366	1α,8β,10β-trihydroxy eremophil-7(11)-en-8α,12-olide	$C_{15}H_{22}O_5$	D	[108]
3-7-367	eremofarfugin C	$C_{15}H_{22}O_3$	P	[105]
3-7-368	8β,10β-dihydroxy-6β-isobutyryloxyeremophil-7(11)-en-12,8-olide	$C_{19}H_{28}O_6$	P	[105]
3-7-369	3α-tigloyloxyeremophila-9,11-dien-8-one	$C_{20}H_{28}O_3$	P	[105]
3-7-370	armatin A	$C_{15}H_{24}O_3$	C	[109]
3-7-371	armatin B	$C_{15}H_{22}O_3$	C	[109]
3-7-372	armatin C	$C_{16}H_{26}O_3$	C	[109]
3-7-373	armatin D	$C_{16}H_{26}O_3$	C	[109]
3-7-374	armatin E	$C_{16}H_{24}O_3$	C	[109]
3-7-375	lemnal-1(10)-ene-2,12-dione	$C_{15}H_{20}O_3$	C	[109]
3-7-376	elongatol C	$C_{15}H_{24}O_3$	C	[28]
3-7-377	elongatol D	$C_{15}H_{24}O_4$	C	[28]
3-7-378	elongatol E	$C_{15}H_{24}O_3$	C	[28]
3-7-379	elongatol F	$C_{15}H_{24}O_3$	C	[28]
3-7-380	elongatol G	$C_{15}H_{22}O_3$	C	[28]
3-7-381	8β-hydroxyeremophil-3,7(11)-diene-8α,12:6α,15-diolide	$C_{15}H_{16}O_5$	C	[110]

编号	名称	分子式	测试溶剂	参考文献
3-7-382	8β-methoxyeremophil-3,7(11)-diene-8α,12(6α,15)-diolide	$C_{16}H_{18}O_5$	C	[110]
3-7-383	8β-ethoxyeremophil-3,7(11)-diene-8α,12(6α,15)-diolide	$C_{17}H_{20}O_5$	C	[110]
3-7-384	8β-eremophil-3,7(11)-dien-12,8α(14,6α)-diolide	$C_{15}H_{16}O_4$	C	[111]
3-7-385	10β,11α-7α-hydroxy-8-oxoeremophilan-12,6-olide	$C_{15}H_{22}O_4$	P	[112]
3-7-386	peribysin H	$C_{15}H_{24}O_4$	M	[106]
3-7-387	subspicatin A	$C_{20}H_{28}O_4$	P	[112]
3-7-388	subspicatin B	$C_{20}H_{28}O_4$	P	[112]
3-7-389	subspicatin C	$C_{20}H_{28}O_3$	P	[112]
3-7-390	subspicatin D	$C_{20}H_{28}O_6$	P	[112]
3-7-391	1α-angeloyloxy-8β-hydroxy-remophil-7(11),9-dien-8α,12-olide	$C_{21}H_{28}O_4$	C	[108]
3-7-392	1β-hydroxy-2β-methylsenecioyloxyeremophil-7(11)-en-8β(12)-olide	$C_{21}H_{30}O_5$	C	[113]
3-7-393	1β-hydroxy-2β-methylsenecioyloxy-8α-methoxy-eremophil-7(11)-en-8β(12)-olide	$C_{22}H_{32}O_6$	C	[113]
3-7-394	3β-(2'-methylbutanoyloxy)-8β-eremophil-7(11)-ene-12,8α(14,6α)-diolide	$C_{20}H_{26}O_6$	C	[111]
3-7-395	6β-(2-methylbutyryloxy)eremophil-3,7(11),8-trien-8,12-olide-15-oic acid methyl ester	$C_{21}H_{26}O_6$	C	[110]
3-7-396	6β-sarracinoyloxy-1β,10β-epoxyfuranoeremophilane	$C_{20}H_{26}O_5$	C	[114]
3-7-397	6α-angeloyloxy-10β-furanoeremophil-1-one	$C_{20}H_{26}O_4$	C	[114]
3-7-398	3α-propionyloxy-7β-eremophila-9,11-dien-8-one	$C_{19}H_{28}O_6$	P	[105]
3-7-399	4α-[2'-hydroxymethylacryloxy]-1β-hydroxy-14-(5→6)-abeo-eremophilan-12,8-olide	$C_{19}H_{26}O_6$	D	[115]
3-7-400	3β-angeloyloxy-8-oxoeremophi-6(7)-ene-12,15-dioicacid methyl ester	$C_{22}H_{30}O_7$	C	[110]
3-7-401	6β-acetoxyfuranoeremophilan-10β-ol	$C_{17}H_{24}O_4$	P	[105]
3-7-402	6β-ethoxyfranoeremophilan-10β-ol	$C_{17}H_{26}O_3$	P	[105]
3-7-403	3-hydroxycacalolide	$C_{15}H_{18}O_4$	C	[116]
3-7-404	*epi*-3-hydroxycacalolide	$C_{15}H_{18}O_4$	C	[116]
3-7-405	cacalone	$C_{15}H_{18}O_3$	C	[116]
3-7-406	epicacalone	$C_{15}H_{18}O_3$	C	[116]
3-7-407	cacalol	$C_{15}H_{18}O_2$	C	[116]
3-7-408	1α-hydroxy-9-deoxycacalol	$C_{15}H_{18}O_2$	C	[114]
3-7-409	1β-hydroxy-11(R,S)-8-oxoeremophil-6,9-dien-12-al	$C_{15}H_{20}O_3$	C	[114]
3-7-410	paralemnolin J	$C_{17}H_{26}O_3$	C	[117]
3-7-411	paralemnolin K	$C_{17}H_{26}O_3$	C	[117]
3-7-412	paralemnolin L	$C_{19}H_{28}O_4$	C	[117]
3-7-413	paralemnolin M	$C_{19}H_{28}O_4$	C	[117]
3-7-414	paralemnolin N	$C_{19}H_{28}O_4$	C	[117]
3-7-145	paralemnolin O	$C_{17}H_{26}O_4$	C	[117]
3-7-416	paralemnolin P	$C_{16}H_{24}O_3$	C	[117]
3-7-417	paralemnolin K（文献中命名重名）	$C_{14}H_{20}O_3$	C	[118]

续表

编号	名称	分子式	测试溶剂	参考文献
3-7-418	paralemnolin L（文献中命名重名）	$C_{17}H_{26}O_3$	C	[118]
3-7-419	1α-isopropyl-4α,8-dimethylspiro[4.5]dec-8-ene-2β,7α-diol	$C_{15}H_{26}O_2$	C	[119]
3-7-420	1α-isopropyl-4α,8-dimethylspiro[4.5]dec-8-ene-3β,7α-diol	$C_{15}H_{26}O_2$	C	[119]
3-7-421	2β-hydroxy-1α-isopropyl-4α,8-dimethylspiro[4,5]dec-8-en-7-one	$C_{15}H_{24}O_2$	C	[119]
3-7-422	ligulactone A	$C_{19}H_{24}O_7$	C	[119]
3-7-423	ligulactone B	$C_{19}H_{24}O_7$	C	[119]
3-7-424	1β,10β-epoxy-6β-isobutyryloxy-9-oxo-furanoeremophilane	$C_{19}H_{24}O_5$	C	[119]
3-7-425	(2R,7R)-2,12,13-trihydroxy-10-campherene	$C_{15}H_{26}O_3$	C	[120]
3-7-426	(2S,7R)-2,12,13-trihydroxy-10-campherene	$C_{15}H_{26}O_3$	C	[120]
3-7-427	(2S^*,7S^*)-2,12,13-trihydroxy-10-campherene	$C_{15}H_{26}O_3$	C	[120]
3-7-428	(2R,3R)-13-hydroxysandalnol	$C_{15}H_{26}O_3$	C	[120]
3-7-429	(2R^*,3R^*)-10(E)-sandalnol-13-al	$C_{15}H_{24}O_2$	C	[120]
3-7-430	(2S^*,3R^*)-13-hydroxyneosandalnol	$C_{15}H_{26}O_3$	C	[120]
3-7-431	penifulvin A	$C_{15}H_{20}O_4$	C	[121]
3-7-432	penifulvin B	$C_{15}H_{20}O_5$	C	[122]
3-7-433	penifulvin C	$C_{15}H_{20}O_5$	C	[122]
3-7-434	penifulvin D	$C_{15}H_{20}O_5$	C	[122]
3-7-435	penifulvin E	$C_{15}H_{20}O_5$	C	[122]
3-7-436	(Z)-2β-hydroxy-14-hydro-β-santalol	$C_{15}H_{26}O_2$	C	[123]
3-7-437	(Z)-2α-hydroxyalbumol	$C_{15}H_{26}O_2$	C	[123]
3-7-438	2R-(Z)-campherene-2,13-diol	$C_{15}H_{26}O_2$	C	[123]
3-7-439	(Z)-campherene-2β,13-diol	$C_{15}H_{26}O_2$	C	[123]
3-7-440	9(E)-11-hydroxy-α-santalol	$C_{15}H_{24}O_2$	C	[124]
3-7-441	10(E)-α-santalic acid	$C_{15}H_{22}O_2$	C	[124]
3-7-442	(3R^*,4S^*,5R^*,7R^*,10R^*)-3,4-epoxy-11-hydroxy-1-pseudoguaiene	$C_{15}H_{24}O_2$	C	[39]
3-7-443	curcumol	$C_{15}H_{24}O_2$	C	[125]
3-7-444	3β-hydroxy curcumol	$C_{15}H_{24}O_3$	C	[125]
3-7-445	12-hydroxy curcumol	$C_{15}H_{24}O_3$	M	[125]
3-7-446	1α-hydroxy-10β,14-epoxycurcumol	$C_{15}H_{24}O_4$	A	[125]
3-7-447	guaia-6a,7a-epoxy-4a,10a-diol	$C_{15}H_{26}O_3$	C	[44]
3-7-448	libocedrine A	$C_{15}H_{22}O_2$	C	[43]
3-7-449	libocedrine B	$C_{15}H_{22}O$	C	[43]
3-7-450	libocedrine C	$C_{15}H_{22}O$	M	[43]
3-7-451	1S^*,4R^*,5S^*,6R^*,7S^*,10S^*-1(5),6(7)-diepoxy-4-guaiol	$C_{15}H_{24}O_3$	C	[126]
3-7-452	1S^*,4S^*,5S^*,10R^*-4,10-guaianediol	$C_{15}H_{26}O_2$	C	[126]
3-7-453	11β,13-dihydro-15-hydroxyhypocretenolide	$C_{15}H_{18}O_4$	W	[127]
3-7-454	15-hydroxyhypocretenolide	$C_{15}H_{16}O_4$	W	[127]
3-7-455	11β,13-dihydro-15-hydroxyhypocretenolide-β-glucopyranoside	$C_{21}H_{28}O_9$	W	[127]
3-7-456	15-hydroxyhypocretenolide-β-glucopyranoside	$C_{21}H_{26}O_9$	W	[127]
3-7-457	hydroxycolorenone	$C_{15}H_{24}O_2$	A	[128]

编号	名称	分子式	测试溶剂	参考文献
3-7-458	methoxycolorenone	$C_{16}H_{26}O_2$	A	[128]
3-7-459	pogostol-O-methyl ether	$C_{16}H_{28}O$	C	[129]
3-7-460	liguducin B	$C_{15}H_{24}O_2$	C	[36]
3-7-461	leptocladol A	$C_{15}H_{26}O_3$	C	[130]
3-7-462	leptocladol B	$C_{15}H_{26}O_3$	C	[130]
3-7-463	3α-hydroxy-1α,5α,7α(H)-guaia-4(15),10(14),11(13)-trien-12-oic acid β-glucopyranosyl ester	$C_{21}H_{30}O_8$	P	[131]
3-7-464	ethoxyvalerianol	$C_{19}H_{34}O_4$	C	[132]
3-7-465	lanicepomine A	$C_{20}H_{27}NO_6$	W	[133]
3-7-466	dysodensiol E	$C_{15}H_{24}O_3$	C	[7]
3-7-467	artabotrol	$C_{15}H_{26}O_2$	C	[129]
3-7-468	lsodauc-7(14)-en-6α,10β-diol	$C_{15}H_{26}O_2$	C	[134]
3-7-469	10β-hydroxyisodauc-6-en-14-al	$C_{15}H_{24}O_2$	C	[134]
3-7-470	6α,7α,10α-trihydroxyisoducane	$C_{15}H_{28}O_3$	M	[135]
3-7-471	(3R,3aS,4S,8aR-3-(1'-hydroxy-1'-methylethyl)-5,8α-dimethyldecahrdroazulen-4-ol	$C_{15}H_{28}O_2$	C	[136]
3-7-472	(1R,4R)-4-hydroxydauc-7-en-6-one	$C_{15}H_{24}O_2$	C	[137]
3-7-473	(1R,4R)-4-hydroxydauc-7-ene-6,9-dione	$C_{15}H_{22}O_3$	C	[137]
3-7-474	schisanwilsonene A	$C_{15}H_{26}O_2$	C	[138]
3-7-475	schisanwilsonene B	$C_{17}H_{28}O_3$	C	[138]
3-7-476	schisanwilsonene C	$C_{15}H_{24}O$	C	[138]
3-7-477	furanoguaian-4-ene	$C_{15}H_{20}O$	C	[139]
3-7-478	americanolide D	$C_{15}H_{20}O_2$	C	[139]
3-7-479	americanolide E	$C_{15}H_{20}O_3$	C	[139]
3-7-480	methoxyamericanolide E	$C_{16}H_{22}O_3$	C	[139]
3-7-481	americanolide F	$C_{15}H_{20}O_2$	C	[139]
3-7-482	methoxyamericanolide G	$C_{16}H_{20}O_3$	C	[139]
3-7-483	isoechinofuran	$C_{15}H_{18}O$	P	[140]
3-7-484	8,9-dihydrolinderazulene	$C_{15}H_{16}O$	P	[140]
3-7-485	Echinofuran	$C_{15}H_{18}O$	P	[140]
3-7-486	chlomultin A	$C_{15}H_{16}O_3$	C	[19]
3-7-487	nubenolide	$C_{15}H_{16}O_4$	C	[141]
3-7-488	monoacetate of nubenolide	$C_{17}H_{18}O_5$	C	[141]
3-7-489	11-carbomethoxylinderazulene	$C_{16}H_{14}O_3$	C	[142]
3-7-490	11-formyllinderazulene	$C_{15}H_{12}O_2$	C	[142]
3-7-491	hedyosumin A	$C_{15}H_{16}O_4$	C	[143]
3-7-492	hedyosumin B	$C_{15}H_{18}O_4$	C	[143]
3-7-493	hedyosumin C	$C_{15}H_{20}O_4$	C	[143]
3-7-494	hedyosumin D	$C_{15}H_{20}O_4$	C	[143]
3-7-495	hedyosumin E	$C_{15}H_{20}O_4$	C	[143]
3-7-496	10α-hydroxy-1,5α-guaia-3,7(11)-dien-8α,12-olide	$C_{21}H_{30}O_8$	C	[143]
3-7-497	5α,6α-epoxy-2α-acetoxy-4-hydroxy-1β,7α-guaia-11(13)-en-12,8α-olide	$C_{17}H_{22}O_6$	C	[144]

续表

编号	名称	分子式	测试溶剂	参考文献
3-7-498	2α-acetoxy-4α-hydroxy-1β-guai-11(13),10(14)-dien-12,8α-olide	$C_{17}H_{22}O_5$	C	[144]
3-7-499	parthenin	$C_{15}H_{18}O_4$	C	[145]
3-7-500		$C_{17}H_{24}O_5$	C	[145]
3-7-501		$C_{17}H_{24}O_5$	C	[145]
3-7-502		$C_{17}H_{20}O_5$	C	[145]
3-7-503		$C_{17}H_{20}O_5$	C	[145]
3-7-504	dichrocepholide A	$C_{15}H_{20}O_5$	M	[146]
3-7-505	dichrocepholide B	$C_{15}H_{20}O_6$	M	[146]
3-7-506	dichrocepholide C	$C_{15}H_{20}O_6$	M	[146]
3-7-507	10α-hydroxy-3-oxoguai-11(13)-eno-12,6α-lactone	$C_{15}H_{20}O_4$	C	[147]
3-7-508	3β-chlorodehydrocostuslactone	$C_{15}H_{17}ClO_2$	M	[148]
3-7-509	9α-acetoxyartecanin	$C_{17}H_{20}O_7$	C	[149]
3-7-510	3α-chloro-4β,10α-dihydroxy-1β,2β-epoxy-5α,7α-guai-11(13)-en-12,6α-olide	$C_{15}H_{19}ClO_5$	C	[149]
3-7-511	3α-chloro-9a-acetoxy-4β,10α-dihydroxy-1β,2β-epoxy-5α,7α-guai-11(13)-en-12,6α-olide	$C_{17}H_{21}ClO_7$	C	[149]
3-7-512	9α-acetoxyandalucin	$C_{17}H_{21}ClO_7$	C	[149]
3-7-513	5α-hydroxymatricarin	$C_{15}H_{20}O_6$	C	[150]
3-7-514	1α-hydroperoxy-4β,8α,10α,13-tetrahydroxyguai-2-en-12,6α-olide	$C_{15}H_{22}O_8$	M	[151]
3-7-515	11β-hydroxy-11,13-dihydrolactucin	$C_{15}H_{18}O_6$	C	[61]
3-7-516	3β,8α-dihydroxy-13-methoxyl-4(14),10(15)-dien-(1α,5α,6β,11β)-12,6-olide	$C_{16}H_{22}O_5$	C	[152]
3-7-517	3β,8α-dihydroxy-13-methoxyl-4(14),10(15)-dien-(1α,5α,6β,11α)-12,6-olide	$C_{16}H_{22}O_5$	C	[152]
3-7-518	dentatin A	$C_{21}H_{32}O_9$	P	[153]
3-7-519	dentatin B	$C_{21}H_{30}O_9$	P	[153]
3-7-520	dentatin C	$C_{21}H_{30}O_9$	P	[153]
3-7-521	8-O-isobutyryl-9-O-acetylanthemolide B	$C_{21}H_{28}O_9$	P	[154]
3-7-522	9α-acetoxycumambrin B	$C_{17}H_{22}O_6$	C	[154]
3-7-523	9α-hydroxycumambrin A	$C_{17}H_{22}O_6$	C	[154]
3-7-524	9α-acetoxycumambrin A	$C_{19}H_{24}O_7$	C	[154]
3-7-525	2α-hydroperoxy-8-O-isobutyryl-9α-acetoxycumambrin B	$C_{21}H_{28}O_9$	C	[154]
3-7-526	anthemolide C	$C_{17}H_{22}O_6$	C	[154]
3-7-527	anthemolide D	$C_{19}H_{24}O_8$	C	[154]
3-7-528	1β,5β,6R,7R-11α-angeloyloxyguaia-3(4),10(14)-dien-6,7-olide	$C_{20}H_{26}O_4$	C	[63]
3-7-529	1β,5β,6α,7α-3-acetyloxy-11α-angeloyloxy-4α-hydroxyguaia-3(4),10(14)-dien-6,7-olide	$C_{22}H_{30}O_7$	C	[63]
3-7-530	1β,5β,6R,7R-3R-acetyloxy-11α-tigloyloxy-4α-hydroxyguaia-3(4),10(14)-dien-6,7-olide	$C_{22}H_{30}O_7$	C	[63]
3-7-531	1α-hydroperoxy-4α,10α-dihydroxy-9-angeloyloxy-guaia-2,11(13)-dien-12,6α-olide	$C_{20}H_{26}O_8$	C	[151]

续表

编号	名称	分子式	测试溶剂	参考文献
3-7-532	guaiaglehnin A	$C_{22}H_{26}O_8$	C	[155]
3-7-533	2-deoxo-5-deoxy-8-O-acetyl-17,18-epoxy pumilin	$C_{22}H_{26}O_7$	C	[156]
3-7-534	2-deoxo-8-O-acetyl pumilin	$C_{22}H_{26}O_7$	C	[156]
3-7-535	methyl-9β-(epoxyangeloyloxy)-5α,6α-dihydroxy-2-oxo-3,4-dehydro-δ-guaien-12-oate	$C_{23}H_{28}O_{10}$	C	[156]
3-7-536	8α-tigloyloxy-11β,13-dihydro-10-epi-tanaparthin-α-peroxide	$C_{20}H_{26}O_7$	C	[150]
3-7-537	4α,10β-dihydroxy-8α-tigloyloxy-2-oxo-6β,7α,11β-1(5)-guaien-12,6α-olide	$C_{20}H_{26}O_7$	C	[150]
3-7-538	8α-tigloyloxy-11β,13-dihydro-10-epi-artecanin	$C_{20}H_{26}O_7$	C	[150]
3-7-539	8α-tigloyloxy-11βH,13-dihydro-10-epi-canin	$C_{20}H_{26}O_7$	C	[150]
3-7-540	1α,2α,3α,4α-diepoxy-8α-angeloyloxy-10β-hydroxy-(6βH,7α,11β)-12,6-guaianolide	$C_{20}H_{26}O_7$	C	[150]
3-7-541	eupachinilide A	$C_{20}H_{26}O_7$	C	[157]
3-7-542	eupachinilide B	$C_{20}H_{24}O_7$	C	[157]
3-7-543	eupachinilide C	$C_{20}H_{25}ClO_7$	M	[157]
3-7-544	eupachinilide D	$C_{20}H_{22}O_6$	C	[157]
3-7-545	eupachinilide E	$C_{20}H_{25}ClO_8$	C+M	[157]
3-7-546	eupachinilide F	$C_{20}H_{27}ClO_9$	C	[157]
3-7-547	eupachinilide J	$C_{20}H_{22}O_7$	C	[157]
3-7-548	annuolide H	$C_{20}H_{26}O_6$	C	[62]
3-7-549	3α,8α-dihydroxy-1α,5α,6β,11β-guaia-4(15),10(14)-dien-12,6-olide 8-O-2-hydroxymethylacrylate	$C_{19}H_{24}O_6$	M	[49]
3-7-550	3α,8α-dihydroxy-1α,5α,6β,11β-guaia-4(15),10(14)-dien-12,6-olide 8-O-2-methylacrylate	$C_{19}H_{24}O_5$	M	[49]
3-7-551	bacciferin A	$C_{15}H_{26}O_2$	C	[158]
3-7-552	bacciferin B	$C_{15}H_{26}O_2$	C	[158]
3-7-553	sinularianin A	$C_{15}H_{20}O_3$	C	[159]
3-7-554	perforenol B	$C_{15}H_{23}OBr$	C	[82]
3-7-555	godotol B	$C_{15}H_{24}O_2$	C	[160]
3-7-556	anthecularin	$C_{15}H_{18}O_3$	C	[161]
3-7-557		$C_{17}H_{24}O_3$	C	[162]
3-7-558	godotol A	$C_{15}H_{24}O_2$	C	[160]
3-7-559	hyrtiosenolide A	$C_{16}H_{22}O_4$	C	[163]
3-7-560	hyrtiosenolide B	$C_{16}H_{22}O_4$	C	[163]
3-7-561	10-O-(E)-cinnamoyl-2-oxo-6-deoxyneoanisatin	$C_{24}H_{24}O_8$	P	[164]
3-7-562	10-O-(Z)-cinnamoyl-2-oxo-6-deoxyneoanisatin	$C_{24}H_{24}O_8$	P	[164]
3-7-563	tussilagonone	$C_{21}H_{30}O_3$	C	[165]
3-7-564	tussilagone	$C_{23}H_{34}O_5$	C	[165]

续表

编号	名称	分子式	测试溶剂	参考文献
3-7-565	7β-(3-ethyl-*cis*-crotonoyloxy)-1α-(2-methylbutyryloxy)-3(14)-dehydro-*Z*-notonipetranone	$C_{27}H_{42}O_5$	C	[165]
3-7-566	sinularianin B	$C_{15}H_{20}O_3$	C	[159]
3-7-567	*E*-(−)-3β,4β-epoxyvalerenal	$C_{15}H_{22}O_2$	C	[166]
3-7-568	*E*-(−)-3β,4β-epoxyvalerenyl acetate	$C_{17}H_{26}O_3$	C	[166]
3-7-569	mononorvalerenone	$C_{14}H_{22}O_2$	C	[166]
3-7-570	reticulidin A	$C_{16}H_{22}Cl_3NO$	C	[167]
3-7-571	reticulidin B	$C_{16}H_{22}Cl_3NO$	C	[167]
3-7-572	expansolide B	$C_{17}H_{22}O_5$	C	[168]
3-7-573	expansolide B	$C_{17}H_{22}O_5$	C	[168]
3-7-574	pentalenolactone F	$C_{16}H_{20}O_5$	C	[169]
3-7-575	picrotoximaesin	$C_{15}H_{22}O_5$	C	[170]
3-7-576	wedelolide A	$C_{24}H_{34}O_8$	C	[171]
3-7-577	wedelolide B	$C_{24}H_{32}O_8$	C	[171]
3-7-578	carabrone	$C_{15}H_{20}O_3$	C	[40]
3-7-579	(−)-chenopodanol	$C_{15}H_{26}O$	C	[172]
3-7-580	epoxysesquithujene	$C_{15}H_{24}O$	C	[173]
3-7-581	sesquithujenol	$C_{15}H_{26}O$	C	[173]
3-7-582	8α,10α-di-*O*-acetyl-lactarorufin A	$C_{19}H_{26}O_7$	C	[174]
3-7-583	psilosamuiensin A	$C_{15}H_{26}O_4$	C	[175]
3-7-584	psilosamuiensin B	$C_{16}H_{28}O_4$	C	[175]
3-7-585	subvellerolactone B	$C_{15}H_{22}O_5$	M	[176]
3-7-586	subvellerolactone D	$C_{15}H_{20}O_5$	M	[176]
3-7-587	subvellerolactone E	$C_{15}H_{20}O_5$	M	[176]
3-7-588	hololeucin	$C_{20}H_{22}O_9$	C	[177]
3-7-589	8α-matricarinyl 3-[4-(1-β-D-glucopyranosyloxy)-phenyl]propanoate	$C_{30}H_{36}O_{11}$	M	[178]
3-7-590	10α-hydroxy-3β-*O*-[2,6-di(*p*-hydroxyphenylacetyl)-β-glucopylanosyl]guaia-4(15),11(13)-dien-12,6α-lactone	$C_{37}H_{42}O_{13}$	C	[147]

表 3-7-2 化合物 3-7-1~3-7-9 的 ^{13}C NMR 数据

C	3-7-1[1]	3-7-2[1]	3-7-3[2]	3-7-4[3]	3-7-5[3]	3-7-6[3]	3-7-7[3]	3-7-8[3]	3-7-9[4]
1	32.9	32.6	32.7	40.1	40.6	32.4	128.1	125.9	27.8
2	30.7	30.8	30.6	67.8	69.1	28.5	126.7	124.8	23.6
3	30.7	30.8	21.4	24.6	27.5	19.9	120.7	120.7	27.3
4	43.0	43.1	43.8	36.5	34.1	38.1	138.6	139.3	74.7
5	130.3	130.5	128.7	128.1	129.0	130.2	125.9	129.1	115.8
6	123.4	120.5	135.7	121.9	120.9	121.1	127.7	124.6	127.0
7	155.4	151.3	126.1	152.9	152.9	151.6	155.1	153.3	144.0
8	108.4	113.0	127.0	114.7	114.3	114.6	106.9	105.5	142.9
9	141.3	142.1	142.1	141.1	139.0	142.1	134.7	130.6	125.1
10	131.6	132.2	140.2	127.4	128.4	125.8	131.3	133.7	139.5
11	31.8	31.8	31.9	38.4	38.8	39.3	37.7	75.3	31.2
12	17.4	17.2	17.4	10.8	12.5	12.5	18.4	26.6	18.5
13	21.3	21.2	21.3	64.4	64.5	66.8	69.0	69.4	17.8
14	22.5	22.2	22.3	16.7	21.5	23.2	19.7	19.4	67.9
15	16.0	15.5	32.9	15.9	15.8	15.5	17.2	17.2	16.1
OMe		55.2							60.7

表 3-7-3 化合物 3-7-10~3-7-18 的 ^{13}C NMR 数据

C	3-7-10[5]	3-7-11[6]	3-7-12[7]	3-7-13[8]	3-7-14[9]	3-7-15[9]	3-7-16[9]	3-7-17[10]	3-7-18[11]
1	27.6	38.5	72.3	56.5	71.3	74.7	71.2	124.2	136.3
2	25.7	32.7	41.9	58.5	34.1	32.1	41.6	31.8	27.9
3	26.5	35.4	22.1	24.6	19.4	23.7	21.5	21.3	21.7

续表

C	3-7-10[5]	3-7-11[6]	3-7-12[7]	3-7-13[8]	3-7-14[9]	3-7-15[9]	3-7-16[9]	3-7-17[10]	3-7-18[11]
4	41.7	47.1	45.7	40.4	43.1	37.3	45.0	46.8	46.0
5	119.2	120.1	142.6	66.4	150.5	30.3	146.0	43.1	47.5
6	135.9	80.6	130.2	144.1	134.9	41.0	135.4	33.0	70.9
7	27.3	22.6	24.8	120.4	199.2	28.7	200.1	36.1	41.0
8	35.2	28.7	21.9	74.5	37.1	74.0	38.3	29.7	26.8
9	43.6	44.9	48.9	36.4	45.8	72.1	51.1	132.5	129.5
10	42.1	146.3	40.7	36.9	35.6	42.7	40.8	40.8	38.5
11	36.3	41.1	26.1	30.2	27.8	25.5	26.2	27.5	27.5
12	15.0	15.6	21.4	21.7	21.3	21.5	21.4	22.0	21.3
13	183.0	180.7	15.2	22.1	15.7	15.0	15.9	17.0	16.7
14	19.6	19.9	20.5	173.1	28.7	28.2	26.2	19.1	62.7
15	23.7	24.4	172.4	19.5	16.0	14.1	15.1	22.5	25.6

表 3-7-4　化合物 3-7-19~3-7-26 的 ^{13}C NMR 数据

C	3-7-19[11]	3-7-20[12]	3-7-21[12]	3-7-22[13]	3-7-23[13]	3-7-24[13]	3-7-25[13]	3-7-26[13]
1	124.1	75.0	74.8	71.7	72.0	72.1	71.2	71.9
2	32.3	30.3	34.9	34.6	34.7	42.3	34.1	35.0
3	21.2	19.2	21.0	20.5	24.1	27.1	19.3	21.4
4	45.4	43.0	45.0	44.4	50.1	53.0	45.4	45.9
5	124.6	151.0	146.2	153.2	124.9	124.7	151.8	83.5
6	133.9	134.7	135.3	135.7	136.1	134.3	137.3	50.5
7	31.9	199.6	200.4	201.7	30.9	30.6	200.0	210.7
8	26.7	36.9	38.3	37.9	20.4	22.7	35.4	39.7
9	129.9	42.6	47.8	46.9	46.7	49.8	43.1	44.3
10	39.5	35.4	40.5	36.9	34.1	40.8	37.2	41.0
11	26.7	27.8	26.2	29.1	76.6	74.2	27.8	82.1
12	21.7	15.7	15.2	16.1	24.7	32.1	15.7	24.1
13	15.6	21.4	21.5	21.7	29.9	24.1	21.3	30.0
14	18.4	21.5	17.9	28.6	29.0	20.7	28.8	28.7
15	23.5	16.0	15.9	16.0	23.5	24.1	62.2	11.4
OMe		48.9	48.2					

3-7-27　　3-7-28　　3-7-29　　3-7-30　　3-7-31

表 3-7-5 化合物 3-7-27~3-7-31 的 ^{13}C NMR 数据

C	3-7-27[14]	3-7-28[14]	3-7-29[14]	3-7-30[14]	3-7-31[15]	C	3-7-27[14]	3-7-28[14]	3-7-29[14]	3-7-30[14]	3-7-31[15]
1	31.3	30.4	34.8	31.9	126.5	9	37.9	35.4	36.4	37.4	138.6
2	62.7	124.3	75.6	126.5	113.2	10	40.3	39.3	38.5	41.7	140.5
3	63.7	133.8	75.3	140.7	157.0	11	150.8	148.0	150.9	150.4	116.7
4	73.9	71.5	74.1	69.5	124.4	12	110.7	109.5	110.6	110.9	142.1
5	45.7	49.3	47.1	51.5	35.7	13	69.4	68.0	69.4	69.7	11.3
6	80.4	77.9	80.0	80.1	29.9	14	20.0	18.7	20.6	20.0	24.2
7	106.6	104.3	106.8	106.7	58.8	15	20.3	18.8	24.4	64.4	21.5
8	41.9	40.2	42.3	42.9	200.0						

3-7-32 **3-7-33** **3-7-34** **3-7-35** **3-7-36**

表 3-7-6 化合物 3-7-32~3-7-34 的 ^{13}C NM 数据 [16]

C	3-7-32	3-7-33	3-7-34	C	3-7-32	3-7-33	3-7-34
1	149.7	153.1	185.0	9	123.5	123.8	132.1
2	142.2	153.5	158.6	10	111.9	128.1	124.3
3	77.9	134.6	137.5	11	164.6		177.6
4	196.8	126.7	191.3	12	29.7	30.8	31.5
5	163.2	168.1	156.9	13	22.9	22.9	25.3
6	113.4	121.3	121.2	14	23.0	22.9	25.3
7	162.8	183.0	159.1	15	26.5	17.1	11.8
8	103.6	181.1	129.3	OMe	60.5	62.1	63.5

3-7-37 **3-7-38** **3-7-39** **3-7-40**

3-7-41 **3-7-42** **3-7-43** **3-7-44** **3-7-45**

表 3-7-7 化合物 3-7-35~3-7-38 的 ^{13}C NMR 数据[17]

C	3-7-35	3-7-36	3-7-37	3-7-38	C	3-7-35	3-7-36	3-7-37	3-7-38
1	66.5	64.7	86.9	35.8	9	47.6	55.9	66.6	42.5
2	39.9	39.6	48.8	42.0	10	142.9	81.8	104.0	61.2
3	22.3	18.8	25.5	23.9	11	27.0	24.8	24.8	28.8
4	47.6	49.5	42.6	27.4	12	17.7	18.0	19.3	20.5
5	126.5	72.5	72.4	48.4	13	22.1	24.2	24.2	21.6
6	77.7	214.0	48.0	118.3	14	25.8	29.6	29.3	28.8
7	31.5	51.7	19.0	137.0	15	25.6	32.3	24.7	24.4
8	20.0	27.3	39.3	22.8	16	130.0	131.9	132.0	126.0

表 3-7-8 化合物 3-7-39~3-7-45 的 ^{13}C NMR 数据

C	3-7-39[18]	3-7-40[18]	3-7-41[19]	3-7-42[19]	3-7-43[18]	3-7-44[18]	3-7-45[18]
1	33.9	35.7	140.5	133.0	35.5	35.1	38.1
2	42.6	40.7	48.0	110.2	49.2	47.9	52.4
3	106.2	105.0	103.2	154.2	211.7	211.8	202.1
4	77.0	78.5	156.2	124.7	77.0	78.7	151.2
5	126.1	71.5	44.4	38.6	73.9	74.7	75.1
6	135.6	135.9	142.6	72.3	137.1	133.4	58.8
7	68.0	124.3	33.5	31.7	121.1	125.6	60.2
8	36.6	30.6	24.9	24.3	32.3	32.1	29.2
9	36.5	39.8	49.5	127.8	43.4	40.1	40.3
10	47.5	49.6	73.7	128.2	55.5	52.2	40.0
11	148.0	148.3	122.7	115.9	145.8	144.8	124.4
12	67.5	68.3	171.8	140.7	99.5	70.8	13.4
13	110.9	110.0	10.1	11.3	113.9	113.3	165.5
14	18.5	19.1	116.0	20.4	18.6	19.4	20.1
15	20.7	19.3	112.6	22.9	17.4	21.0	19.7

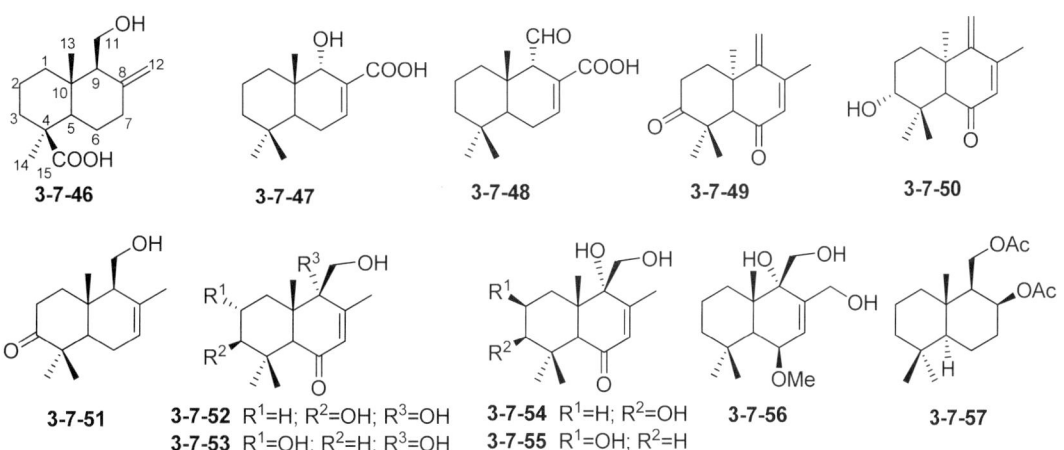

表 3-7-9　化合物 3-7-46~3-7-53 的 ^{13}C NMR 数据

C	3-7-46[20]	3-7-47[21]	3-7-48[21]	3-7-49[22]	3-7-50[22]	3-7-51[23]	3-7-52[24]	3-7-53[24]
1	40.7	33.6	37.2	36.6	35.8	34.5	30.6	41.0
2	21.2	18.1	18.1	34.0	26.8	38.5	26.8	62.4
3	39.5	42.2	41.8	214.1	78.8	216.7	77.5	51.7
4	44.8	32.3	32.6	47.0	38.1	47.5	38.1	33.4
5	57.4	40.1	43.1	60.6	60.3	51.1	56.2	54.7
6	27.3	22.9	24.4	197.8	199.1	23.8	200.5	199.6
7	39.6	140.8	142.3	128.2	128.2	123.7	128.8	128.1
8	148.4	132.2	126.3	150.3	149.7	132.9	158.8	157.6
9	59.2	71.4	60.6	154.2	155.5	56.0	75.6	74.6
10	40.6	36.9	36.7	42.3	42.6	35.8	45.3	46.2
11	59.0		203.7	113.0	112.3	60.6	62.1	61.9
12	107.5	168.0	167.5	20.3	20.2	21.7	20.0	19.3
13	14.3	18.4	21.1	22.5	23.3	25.2	18.7	18.9
14	29.7	21.4	21.4	24.8	28.2	22.3	29.8	33.8
15	182.0	32.6	32.5	21.9	15.0	14.5	16.3	22.7

表 3-7-10　化合物 3-7-54~3-7-57 的 ^{13}C NMR 数据

C	3-7-54[25]	3-7-55[25]	3-7-56[25]	3-7-57[26]	C	3-7-54[25]	3-7-55[25]	3-7-56[25]	3-7-57[26]
1	29.6	41.0	32.2	39.5	10	44.5	46.2	42.0	37.0
2	26.3	62.4	18.2	18.3	11	61.7	61.9	61.9	61.0
3	76.7	51.7	43.1	41.8	12	19.2	19.3	61.1	
4	37.1	33.4	32.8	33.2	13	28.9	33.8	17.5	13.0
5	55.3	54.7	45.7	55.3	14	15.5	22.7	36.2	21.7
6	199.5	199.6	77.1	17.3	15	18.1	18.9	23.3	33.6
7	128.2	128.1	125.1	31.5	OMe			53.8	
8	157.5	157.6	140.6	69.2	OAc				171.3/21.4
9	74.6	74.6	74.4	51.5	OAc				170.5/21.0

表 3-7-11　化合物 3-7-58~3-7-64 的 ^{13}C NMR 数据

C	3-7-58[26]	3-7-59[26]	3-7-60[26]	3-7-61[26]	3-7-62[26]	3-7-63[27]	3-7-64[28]
1	34.5	38.7	37.2	41.9	41.3	37.6	33.1
2	18.2	18.1	18.2	18.3	18.4	27.1	19.1
3	41.4	42.0	42.3	41.9	41.7	79.0	45.9
4	33.3	32.9	33.1	33.0	32.9	38.8	34.7
5	50.9	49.3	55.5	52.4	52.2	49.2	46.7
6	18.0	25.0	21.2	17.9	18.7	23.5	67.7
7	21.4	137.6	28.7	23.9	30.9	116.9	134.9
8	128.4	126.3	38.3	34.1	76.9	136.3	135.3
9	165.6	56.1	57.4	58.8	65.1	61.4	77.0
10	37.3	33.9	35.7	34.3	35.0	37.6	40.2
11	90.7	93.5	175.8	107.2	105.4	99.2	100.5
12	170.9	166.6	71.2	72.2	102.2	68.8	169.2
13	21.7	14.2	15.5	16.0	15.3	14.1	19.9
14	21.4	21.2	21.2	22.0	21.9	27.7	25.1
15	33.3	33.0	33.5	33.5	33.5	14.9	33.5
OMe				54.3	54.3		
OAc	169.1/20.9	169.1/20.9					

表 3-7-12　化合物 3-7-65~3-7-68 的 ^{13}C NMR 数据[24]

C	3-7-65	3-7-66	3-7-67	3-7-68	C	3-7-65	3-7-66	3-7-67	3-7-68
1	29.6	30.3	29.3	29.4	13	18.3	18.4	18.1	18.1
2	17.4	17.7	17.2	17.5	14	32.2	32.4	31.9	32.0
3	44.5	44.8	44.2	44.0	15	24.4	24.8	24.0	24.1
4	33.3	33.9	32.9	33.1	1'	164.8	164.6	165.2	165.3
5	44.2	44.7	43.9	44.0	2'	127.7	129.5	119.7	119.7
6	66.4	67.3	65.6	65.1	3'	142.3	141.2	145.2	145.1
7	121.1	123.2	121.1	121.2	4'	140.3	146.7	126.9	127.1
8	136.9	135.5	136.2	136.4	5'	130.5	137.4	145.9	145.1
9	73.1	74.6	72.8	72.9	6'	166.8	192.8	74.7	74.4
10	37.3	37.8	36.9	37.0	7'			69.4	69.1
11	174.4	174.7	174.1	174.3	8'			19.0	18.1
12	68.2	68.9	68.1	68.1					

表 3-7-13　化合物 3-7-69~3-7-73 的 ^{13}C NMR 数据[25]

C	3-7-69	3-7-70	3-7-71	3-7-72	3-7-73	C	3-7-69	3-7-70	3-7-71	3-7-72	3-7-73
1	31.8	29.6	29.6	30.3	30.3	14	24.5	24.3	24.3	24.8	24.9
2	18.2	17.4	17.5	17.8	17.7	15	18.3	18.3	18.3	18.5	18.5
3	44.1	44.4	44.5	44.8	44.8	1'	165.7	165.4	165.5	165.8	164.6
4	33.3	33.3	33.3	33.9	33.9	2'	120.4	119.7	119.1	123.0	129.5
5	44.7	44.2	44.2	44.8	44.8	3'	144.8	145.7	145.8	143.9	141.3
6	66.2	65.7	65.8	66.6	67.4	4'	127.6	127.8	129.7	130.9	146.7
7	120.0	121.4	121.4	123.5	123.1	5'	141.4	142.1	142.9	138.2	137.5
8	144.5	136.6	136.6	135.2	135.6	6'	131.4	131.3	42.6	101.3	192.8
9	74.1	73.1	73.2	74.6	74.6	7'	135.3	138.1	65.5		
10	40.1	37.3	37.3	37.9	37.9	8'	18.7	42.5	23.3		
11	61.7	174.4	174.4	174.9	174.7	9'		65.7			
12	60.6	68.2	68.3	69.0	69.0	10'		23.2			
13	32.6	32.2	32.2	32.5	32.5	OMe				52.8×2	

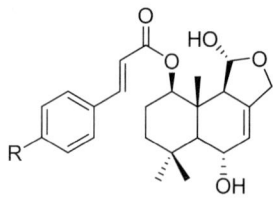

表 3-7-14　化合物 3-7-74~3-7-80 的 ^{13}C NMR 数据[29]

C	3-7-74	3-7-75	3-7-76	3-7-77	3-7-78	3-7-79	3-7-80
1	80.8	76.3	77.3	81.6	75.4	80.7	80.3
2	23.9	24.0	24.0	24.1	23.6	24.5	24.6
3	40.5	40.0	34.3	39.2	39.8	40.6	40.6
4	33.2	33.1	38.0	32.7	33.3	33.2	33.2
5	55.9	51.2	78.0	48.8	51.6	57.6	57.7
6	68.1	67.9	32.1	24.4	67.7	68.0	68.2
7	153.4	152.4	148.1	151.9	149.1	120.1	120.0
8	139.7	137.0	141.2	140.2	138.4	139.5	139.9
9	58.4	54.0	55.0	59.2	45.1	60.1	60.2
10	44.9	44.3	46.6	42.2	42.0	42.4	42.0
11	199.89	201.6	201.2	200.2	104.5	99.7	99.6
12	192.3	192.6	192.1	192.2	192.9	68.0	68.1
13	11.4	17.2	13.5	10.6	17.9	10.8	10.8
14	35.9	34.8	27.1	32.5	34.5	35.2	35.2

续表

C	3-7-74	3-7-75	3-7-76	3-7-77	3-7-78	3-7-79	3-7-80
15	22.8	22.5	25.5	22.1	22.5	22.4	22.3
1'	166.2	166.2	166.0	166.0	166.0	166.2	166.4
2'	114.9	117.7	117.8	117.8	115.9	118.5	115.9
3'	145.6	145.7	145.7	145.6	144.1	144.4	144.1
4'	128.6	134.1	134.1	134.1	127.1	134.3	127.0
5', 9'	130.0	128.2	128.8	129.7	128.7	128.8	114.3
6', 8'	114.3	128.9	128.8	128.8	114.3	128.8	114.3
7'	161.6	130.5	130.4	120.4	161.3	130.3	161.4
OMe	55.3				55.3		55.3

3-7-81 **3-7-82** **3-7-83** **3-7-84**

表 3-7-15　化合物 3-7-81~3-7-84 的 ^{13}C NMR 数据[30]

C	3-7-81	3-7-82	3-7-83	3-7-84	C	3-7-81	3-7-82	3-7-83	3-7-84
1	31.0	31.4	30.6	29.8	9	77.7	77.4	76.9	74.2
2	31.9	32.6	29.9	32.2	10	42.5	40.0	40.0	39.6
3	38.3	38.6	37.0	38.6	11	151.6	98.8	98.4	175.3
4	151.6	153.1	61.6	152.5	12	192.4	67.0	66.8	69.7
5	40.4	40.9	38.9	39.8	13	105.9	104.8	45.3	105.5
6	27.7	26.4	22.4	26.2	14	18.5	18.6	14.2	18.6
7	155.2	122.0	121.7	126.3	15	15.5	14.8	15.4	14.0
8	140.1	137.4	137.2	131.4					

3-7-85 R^1=R^3=H; R^2=Me
3-7-86 R^1=OH; R^2=Me; R^3=H
3-7-87 R^1=R^2=R^3=H

3-7-88 5β-Me
3-7-89 5α-Me

表 3-7-16　化合物 3-7-85~3-7-89 的 ^{13}C NMR 数据[31]

C	3-7-85	3-7-86	3-7-87	3-7-88	3-7-89	C	3-7-85	3-7-86	3-7-87	3-7-88	3-7-89
1	23.1	24.1	23.2	22.7	22.5	4	160.3	159.8	160.1	65.4	60.9
2	27.9	28.3	27.9	27.1	23.8	5	40.2	40.1	40.2	37.9	36.3
3	33.1	33.1	33.0	29.7	30.0	6	36.6	36.9	36.6	30.8	32.1

续表

C	3-7-85	3-7-86	3-7-87	3-7-88	3-7-89	C	3-7-85	3-7-86	3-7-87	3-7-88	3-7-89
7	27.7	28.0	27.7	30.0	31.2	16	124.4	124.3	125.1	117.1	117.4
8	36.4	36.7	36.3	37.3	38.1	17	149.2	149.2	127.3	153.5	153.4
9	42.1	46.6	42.1	42.9	44.3	18	145.8	146.0	120.4	182.3	182.4
10	48.0	49.5	48.0	46.8	48.3	19	109.0	109.3	113.9	102.1	102.0
11	102.6	103.2	102.7	49.9	55.9	20	120.4	120.6	142.4	161.8	161.8
12	20.6	20.9	20.6	19.7	29.6	21	127.5	127.8	148.7	182.2	182.0
13	17.6	19.0	17.6	17.8	19.2	OMe	56.1	56.1		56.9	56.9
14	17.6	64.5	17.7	17.2	18.2	COOMe	167.2	167.1	167.5		
15	36.8	37.3	36.9	32.0	32.6		51.9	51.2	52.0		

表 3-7-17 化合物 3-7-90~3-7-98 的 ^{13}C NMR 数据[32]

C	3-7-90	3-7-91	3-7-92	3-7-93	3-7-94	3-7-95	3-7-96	3-7-97	3-7-98
1	30.6	19.9	23.2	30.6	20.1	19.9	30.5	19.9	19.4
2	22.8	27.1	28.7	22.8	27.0	27.1	22.8	27.0	26.3
3	41.4	120.8	33.0	41.4	120.7	120.8	41.3	120.8	120.8
4	36.3	144.1	160.5	36.4	144.0	144.1	36.4	144.1	143.1
5	146.5	38.5	40.4	146.5	38.4	38.5	146.5	38.5	37.8
6	114.9	36.0	36.7	114.9	35.9	36.0	114.8	36.0	35.4
7	31.6	27.9	28.0	31.6	27.9	27.9	31.6	28.0	27.5
8	36.4	37.7	37.9	36.3	37.6	37.7	36.3	37.7	37.1
9	40.6	42.7	42.9	40.6	42.6	42.6	40.6	42.7	41.8
10	41.6	47.6	50.0	41.6	47.5	47.6	41.6	47.6	47.0
11	29.7	18.1	102.5	29.7	18.1	18.1	29.7	18.2	17.9
12	28.0	19.9	20.5	18.0	19.8	20.1	28.0	20.1	19.9
13	16.6	17.7	17.9	16.6	17.7	17.7	16.5	17.7	17.8
14	15.9	17.3	17.2	16.0	17.7	17.3	15.9	17.3	17.2
15	32.8	32.4	32.5	32.7	32.4	32.4	32.7	32.4	32.0
16	114.5	113.8	113.5	114.5	113.8	113.9	114.7	113.9	113.6
17	156.7	157.2	157.3	156.7	157.2	157.1	156.5	156.9	158.8

续表

C	3-7-90	3-7-91	3-7-92	3-7-93	3-7-94	3-7-95	3-7-96	3-7-97	3-7-98
18	178.3	178.1	178.1	178.3	178.0	178.1	178.5	178.3	178.0
19	91.5	91.5	91.6	91.5	91.5	91.6	91.8	91.8	91.6
20	150.5	150.6	150.5	150.1	150.3	150.5	149.9	150.9	
21	183.1	182.9	182.9	183.1	182.8	182.9	183.0	182.8	182.7
22	48.7	48.7	48.7	41.1	41.1	50.3	44.0	44.0	39.2
23	34.0	34.0	34.0	36.9	36.8	27.6	34.2	34.3	
24	27.2	27.2	27.2	25.9	25.9	20.2	137.4	137.4	
25	11.1	11.1	11.1	22.3	22.3		128.5	128.6	
26	17.3	17.4	17.4				128.9	128.9	
27							127.0	127.1	

表 3-7-18 化合物 3-7-99~3-7-102 的 ^{13}C NMR 数据

C	3-7-99[33]	3-7-100[33]	3-7-101[34]	3-7-102[34]	C	3-7-99[33]	3-7-100[33]	3-7-101[34]	3-7-102[34]
1	31.9	21.0	23.6	29.6	13	110.3	14.8	14.9	15.2
2	25.3	36.4	41.4	23.1	14	31.3	9.9	7.1	24.5
3	77.0	71.7	212.5	76.5	15	22.6	14.2	14.4	26.0
4	37.7	52.9	58.3	42.1	1'	162.0	162.5	162.2	162.9
5	71.7	32.4	32.3	119.8	2'	113.1	113.0	113.1	113.0
6	43.3	25.1	25.4	31.5	3'	128.7	128.6	128.7	128.6
7	142.6	35.3	35.7	37.9	4'	112.5	112.4	112.6	112.4
8	53.9	39.1	39.5	38.4	5'	155.9	155.9	155.9	155.9
9	38.7	44.6	44.0	31.7	6'	101.3	101.4	101.2	101.4
10	51.2	37.9	41.9	142.5	7'	143.4	143.4	143.3	143.4
11	16.9	19.9	20.2	20.7	8'	113.1	112.9	113.0	112.9
12	65.7	76.1	75.9	72.5	9'	161.2	161.2	161.2	161.2

表 3-7-19　化合物 3-7-103~3-7-107 的 ^{13}C NMR 数据

C	3-7-103[35]	3-7-104[35]	3-7-105[35]	3-7-106[36]	3-7-107[37]	C	3-7-103[35]	3-7-104[35]	3-7-105[35]	3-7-106[36]	3-7-107[37]
1	79.4	77.2	50.2	31.9	41.8	9	81.4	38.8	45.9	35.2	35.4
2	26.5	36.7	67.8	31.5	23.4	10	44.3	40.5	34.8	33.8	43.9
3	30.3	70.0	47.8	68.7	38.2	11	146.8	147.1	148.4	26.7	31.4
4	38.4	46.6	70.9	138.5	142.3	12	170.0	170.0	121.5	20.9	16.9
5	147.4	147.4	55.6	130.9	54.4	13	123.1	123.0	170.0	21.5	16.6
6	125.5	130.0	27.4	116.6	211.1	14	24.0	21.6	25.6	16.9	111.2
7	37.7	39.4	41.4	107.1	80.5	15	15.0	16.9	20.9	18.5	17.1
8	30.3	27.2	27.6	68.5	32.1						

表 3-7-20　化合物 3-7-108~3-7-116 的 ^{13}C NMR 数据

C	3-7-108[38]	3-7-109[38]	3-7-110[38]	3-7-111[38]	3-7-112[39]	3-7-113[39]	3-7-114[40]	3-7-115[41]	3-7-116[41]
1	74.1	80.6	212.0	75.0	35.6	35.6	27.3	38.8	40.8
2	27.2	27.7	33.9	27.6	21.0	21.0	22.8	18.9	23.9
3	39.6	40.7	36.9	40.0	29.3	29.7	121.0	33.7	38.8
4	69.8	72.1	70.2	71.1	32.7	32.7	134.6	141.8	142.5
5	44.2	46.1	170.5	49.4	81.5	81.6	46.7	139.2	60.0
6	22.7	30.1	122.8	35.6	124.2	128.9	40.0	202.4	212.0
7	82.9	74.9	199.3	203.4	149.5	145.7	40.1	78.9	57.8
8	124.0	29.4	33.8	126.5	71.4	71.0	37.7	26.7	26.5
9	142.0	35.8	33.0	161.3	41.6	41.0	29.3	35.8	42.3
10	40.7	40.1	49.5	43.4	35.0	34.9	32.3	37.5	44.1
11	32.4	40.5			70.7	81.8	145.1	32.8	26.7
12	16.7	17.5			28.0	22.7	125.0	16.5	19.1
13	17.6	17.4			28.1	21.0	172.0	18.6	21.8
14	13.5	12.2	24.9	13.6	25.5	25.4	21.0	25.4	17.9
15	29.8	29.9	27.2	29.1	16.1	16.1	15.5	22.1	112.6

表 3-7-21 化合物 3-7-117~3-7-121 的 ^{13}C NMR 数据

C	3-7-117[41]	3-7-118[42]	3-7-119[43]	3-7-120[44]	3-7-121[45]	C	3-7-117[41]	3-7-118[42]	3-7-119[43]	3-7-120[44]	3-7-121[45]
1	39.1	80.3	40.5	76.8	40.8	9	40.8	42.1	45.8	34.6	40.0
2	19.1	29.4	28.9	25.7	20.2	10	38.4	40.3	35.6	43.7	34.4
3	33.2	41.9	80.5	27.3	43.7	11	26.5	155.5	155.4	81.1	75.7
4	135.8	72.3	76.5	39.7	72.3	12	18.9	107.9	65.3	22.6	24.6
5	140.4	54.2	54.3	89.1	48.6	13	21.4	65.2	107.9	30.2	24.7
6	205.5	27.6	27.6	37.1	26.2	14	25.5	13.8	19.3	15.5	22.3
7	59.1	43.0	43.2	43.9	76.6	15	21.4	22.6	16.5	17.6	17.6
8	22.6	28.3	28.5	24.7	26.7						

表 3-7-22 化合物 3-7-122~3-7-126 的 ^{13}C NMR 数据[46]

C	3-7-122	3-7-123	3-7-124	3-7-125	3-7-126	C	3-7-122	3-7-123	3-7-124	3-7-125	3-7-126
1	159.7	206.8	78.2	72.9	72.2	9	34.4	31.1	30.6	36.3	31.3
2	126.5	126.0	201.4	128.0	41.1	10	41.6	50.5	46.7	37.5	43.2
3	188.5	151.4	126.6	137.6	68.2	11	80.0	73.1	72.7	73.7	151.8
4	132.4	73.4	162.7	69.8	155.4	12	24.7	27.2	26.3	26.4	21.2
5	162.7	79.9	76.7	44.3	76.7	13	25.0	27.5	27.2	27.1	109.0
6	34.2	28.7	33.5	23.4	37.1	14	23.5	23.2	17.5	19.6	13.5
7	75.9	43.8	47.7	51.0	40.7	15	10.8	23.8	19.5	29.5	105.6
8	26.9	22.2	23.0	23.7	27.1						

表 3-7-23 化合物 3-7-127~3-7-131 的 ^{13}C NMR 数据

C	3-7-127	3-7-128	3-7-129	3-7-130	3-7-131	C	3-7-127	3-7-128	3-7-129	3-7-130	3-7-131
1	75.6	27.2	75.5	38.3	121.9	9	128.8	123.3	127.9	27.5	34.0
2	36.9	30.9	36.9	69.4	202.1	10	141.5	140.2	141.5	49.0	172.4
3	66.1	70.0	65.8	42.3	43.9	11	147.2	75.2	214.4	143.4	152.5
4	49.0	49.0	49.0	42.8	40.6	12	123.1	69.0	—	105.2	108.4
5	40.5	40.1	39.8	47.9	50.2	13	170.7	21.1	28.5	23.2	65.8
6	47.6	40.2	42.3	42.3	42.7	14	9.1	10.1	9.4	19.0	16.1
7	35.4	39.9	47.9	49.0	43.5	15	32.4	30.3	31.8	63.7	61.8
8	31.5	31.1	27.8	34.7	34.5						

表 3-7-24 化合物 3-7-132~3-7-136 的 ^{13}C NMR 数据

C	3-7-132[47]	3-7-133[47]	3-7-134[48]	3-7-135[48]	3-7-136[49]	C	3-7-132[47]	3-7-133[47]	3-7-134[48]	3-7-135[48]	3-7-136[49]
1	78.9	75.9	34.8	34.4	51.9	9	32.1	30.6	75.2	42.7	37.5
2	31.5	32.2	23.3	21.3	68.9	10	39.8	37.1	40.0	37.2	36.2
3	34.2	119.8	36.7	31.4	47.8	11	75.5	75.4	72.6	73.3	157.9
4	148.7	135.2	151.1	151.5	149.9	12	24.8	24.6	27.5	28.9	109.4
5	41.9	40.9	42.4	76.0	44.9	13	24.8	24.7	27.0	28.7	63.5
6	28.8	28.6	24.9	26.4	36.3	14	9.1	8.4	16.8	22.4	17.3
7	75.6	75.6	42.1	43.9	75.2	15	106.7	20.8	115.3	107.9	108.5
8	26.3	26.4	29.7	69.1	32.9						

表 3-7-25 化合物 3-7-137~3-7-141 的 ^{13}C NMR 数据

C	3-7-137[50]	3-7-138[50]	3-7-139[50]	3-7-140[50]	3-7-141[1]	C	3-7-137[50]	3-7-138[50]	3-7-139[50]	3-7-140[50]	3-7-141[1]
1	40.3	40.1	40.8	40.4	44.3	12	167.0	167.0	171.2	170.2	16.3
2	29.4	29.2	33.0	29.2	22.7	13	125.1	125.1	124.6	125.1	16.3
3	74.4	74.0	73.4	74.6	22.7	14	16.3	16.3	16.5	16.3	19.8
4	147.7	147.7	152.6	147.5	147.4	15	103.3	103.4	102.4	103.4	106.9
5	48.1	48.1	48.3	48.1	47.2	OAc					21.4/170.0
6	27.0	27.0	27.3	27.1	72.7	1'			175.7	172.6	
7	39.0	39..0	39.5	39.1	74.6	2'			127.9	41.4	
8	29.7	29.7	30.1	29.7	27.1	3'			137.9	26.7	
9	39.3	39.4	39.9	39.3	36.0	4'			20.6	11.7	
10	35.5	35.5	35.7	35.5	35.2	5'			15.8	16.8	
11	144.8	144.8	145.1	144.8	31.8						

3-7-144 R¹=O-β-D-Glu; R³=H
3-7-145 R¹=H; R²=O-β-D-Glu

3-7-146 R¹=O-β-D-Glu; R²=R³=H
3-7-147 R¹=R³=H; R²=O-β-D-Glu
3-7-148 R¹=O-β-D-Glu; R²=H; R³=OH
3-7-149 R¹=R²=H; R³=O-β-D-Glu

3-7-150 R¹=O-β-D-Glu; R²=H
3-7-151 R¹=H; R²=O-β-D-Glu

表 3-7-26 化合物 3-7-142~3-7-146 的 ^{13}C NMR 数据[35]

C	3-7-142[51]	3-7-143[52]	3-7-144	3-7-145	3-7-146	C	3-7-142[51]	3-7-143[52]	3-7-144	3-7-145	3-7-146
1	84.5	32.8	85.9	38.4	42.1	12	22.0	28.5	169.7	169.5	29.8
2	711.8	20.2	23.0	17.5	20.9	13	69.0	29.2	122.7	122.6	30.6
3	44.3	29.9	30.3	33.9	40.4	14	11.9	21.7	23.0	21.2	19.4
4	149.0	32.5	39.0	37.9	81.3	15	107.8	14.9	22.1	23.8	19.7
5	48.6	72.6	147.8	147.5	48.4	1″			102.4	106.5	98.6
6	25.2	141.7	126.2	123.5	22.0	2″			75.3	75.9	75.6
7	45.0	144.3		38.4	43.0	3″			78.3	78.1	78.0
8	21.5	202.6	26.8	33.0	22.0	4″			72.1	71.9	72.1
9	38.1	49.9	38.2	87.8	42.8	5″			78.8	78.7	79.0
10	40.0	40.6	40.1	40.2	34.7	6″			63.2	63.7	63.1
11	74.2	71.8	147.5	146.8	71.8						

表 3-7-27 化合物 3-7-147~3-7-151 的 ^{13}C NMR 数据

C	3-7-147	3-7-148	3-7-149	3-7-150	3-7-151	C	3-7-147	3-7-148	3-7-149	3-7-150	3-7-151
1	42.1	80.0	90.7	79.1	89.9	12	25.9	29.8	29.6	20.2	20.3
2	20.4	29.6	28.7	29.4	28.3	13	26.9	30.6	30.6	19.1	19.1
3	40.3	38.4	39.3	38.3	42.0	14	19.2	14.9	14.6	13.6	13.8
4	73.8	79.5		78.7	70.6	15	22.7	19.5	19.4	20.5	23.0
5	48.4	47.2	48.4	53.2	54.8	1″	98.1	98.1	106.5	98.0	106.6
6	21.8	21.7	21.7	25.7	25.7	2″	75.7	75.9	75.5	75.7	75.9
7	42.5	42.7	42.6	120.9	120.3	3″	77.7	78.7	78.0	79.0	78.9
8	21.8	21.6	21.6	25.3	25.1	4″	72.0	71.9	71.9	72.1	
9	42.6	42.2	42.2	42.5	42.0	5″	78.8	79.0	79.0	78.0	78.2
10	34.6	39.9	39.7	40.0	40.0	6″	63.0	63.0	63.0	63.3	63.1
11	79.7	74.0	74.0	132.2	132.4						

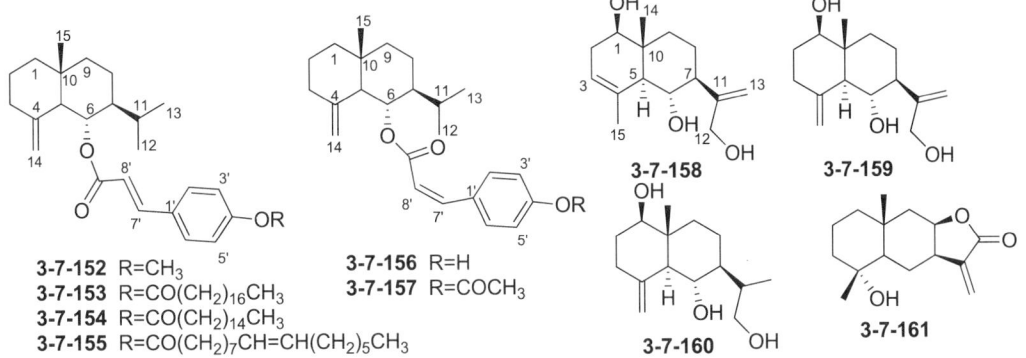

3-7-152 R=CH₃
3-7-153 R=CO(CH₂)₁₆CH₃
3-7-154 R=CO(CH₂)₁₄CH₃
3-7-155 R=CO(CH₂)₇CH=CH(CH₂)₅CH₃

3-7-156 R=H
3-7-157 R=COCH₃

3-7-158
3-7-159
3-7-160
3-7-161

表 3-7-28　化合物 3-7-152~3-7-155 的 ^{13}C NMR 数据[53]

C	3-7-152	3-7-153	3-7-154	3-7-155	C	3-7-152	3-7-153	3-7-154	3-7-155
1	40.3	40.3	40.3	40.3	8'	116.2	118.8	118.8	116.0
2	24.2	24.4	24.3	24.2	9'	167.5	167.1	167.1	167.8
3	42.3	42.3	42.3	42.2	1"		172.1	172.1	179.4
4	146.4	146.4	146.4	146.4	2"		34.5	34.5	34.0
5	56.0	56.0	56.0	56.0	3"		25.0	25.0	24.7
6	71.2	71.5	71.5	71.4	4"-6"		29.3~29.8	29.3~29.8	29.2~29.8
7	49.7	49.6	49.6	49.7	7"		29.3~29.8	29.3~29.8	31.9
8	18.4	18.4	18.4	18.4	8"		29.3~29.8	29.3~29.8	27.2
9	38.2	38.1	38.2	38.1	9"		29.3~29.8	29.3~29.8	130.1
10	38.3	38.2	38.3	38.2	10"		29.3~29.8	29.3~29.8	130.1
11	26.2	26.2	26.2	26.2	11"		29.3~29.8	29.3~29.8	27.2
12	17.7	17.7	17.7	17.7	12"		29.3~29.8	29.3~29.8	31.9
13	21.5	21.5	21.5	21.5	13"		29.3~29.8	32.0	29.2~29.8
14	106.9	106.8	106.8	106.8	14"		29.3~29.8	22.8	22.7
15	16.2	16.2	16.2	16.2	15"		32.0	14.2	14.2
1'	127.4	132.3	132.3	127.4	16"		22.8		
2',6'	129.8	129.2	129.2	130.0	17"		14.2		
3',5'	114.3	122.1	122.1	115.8	18"		29.3~29.8	29.3~29.8	130.1
4'	161.3	152.1	152.1	152.7	OCH$_3$	55.4			
7'	144.3	146.4	146.4	144.5					

3-7-162　　3-7-163　　3-7-164　　3-7-165

3-7-166　　3-7-167　　3-7-168　　3-7-169

3-7-170　　3-7-171　　3-7-172　　3-7-173

表 3-7-29　化合物 3-7-156~3-7-163 的 ^{13}C NMR 数据

C	3-7-156[53]	3-7-157[53]	3-7-158[54]	3-7-159[54]	3-7-160[54]	3-7-161[55]	3-7-162[20]	3-7-163[56]
1	40.3	40.3	76.0	78.8	78.9	41.2	72.1	74.9
2	24.3	24.3	32.9	31.8	31.8	19.3	42.0	32.3

续表

C	3-7-156[53]	3-7-157[53]	3-7-158[54]	3-7-159[54]	3-7-160[54]	3-7-161[55]	3-7-162[20]	3-7-163[56]
3	42.2	42.2	121.8	34.9	35.0	43.3	199.5	121.1
4	146.5	146.4	135.2	145.3	146.0	71.6	138.3	132.9
5	55.9	56.0	52.0	55.3	55.8	51.2	151.1	47.3
6	71.1	71.6	71.2	70.1	67.4	24.6	187.1	25.3
7	49.5	49.6	52.0	48.7	44.8	41.1	120.5	162.9
8	18.4	18.4	26.9	26.6	20.6	76.8	165.3	78.4
9	38.2	38.2	34.7	36.4	36.1	44.2	36.1	42.0
10	38.3	38.3	39.7	41.8	41.5	33.1	47.9	38.9
11	26.2	26.2	151.0	151.3	36.4	141.0	119.1	120.6
12	17.6	17.6	65.7	66.5	66.8	120.1	8.5	8.3
13	21.4	21.4	113.0	112.5	12.9	170.7	140.2	174.8
14	106.7	118.8	10.8	11.6	11.5	19.6	17.4	10.0
15	16.2	16.2	24.4	108.3	107.9	22.5	13.0	20.8
1'	127.6	132.4						
2',6'	132.4	129.3						
3',5'	115.0	122.1						
4'	156.4	152.0						
7'	143.3	143.5						
8'	114.9	115.9						
9'	166.6	167.1						
OCOCH$_3$		169.2/21.2						

表 3-7-30 化合物 3-7-164~3-7-165 的 ^{13}C NMR 数据

C	3-7-164[57]	3-7-165[57]	C	3-7-164[57]	3-7-165[57]	C	3-7-164[57]	3-7-165[57]	C	3-7-164[57]	3-7-165[57]
1	84.1	81.8	7	163.3	164.6	12	8.3	8.3	2'	75.3	75.5
2	29.0	128.4	8	79.0	80.6	13	174.8	174.8	3'	78.1	78.1
3	31.7	132.1	9	41.8	41.8	14	17.1	17.1	4'	71.7	71.7
4	150.0	145.8	10	42.5	40.2	15	107.0	107.0	5'	77.3	78.0
5	43.9	40.6	11	120.1	120.1	1'	105.6	105.	6'	63.0	62.8
6	25.7	25.9									

表 3-7-31 化合物 3-7-166~3-7-170 的 ^{13}C NMR 数据

C	3-7-166[37]	3-7-167[37]	3-7-168[37]	3-7-169[37]	3-7-170[19]	C	3-7-166[37]	3-7-167[37]	3-7-168[37]	3-7-169[37]	3-7-170[19]
1	92.9	210.9	212.8	72.9	74.7	9	40.1	35.5	34.7	36.6	36.2
2	23.4	34.6	33.6	43.0	31.6	10	43.2	51.0	52.5	45.5	43.5
3	37.4	38.8	39.5	198.5	121.6	11	119.2	119.2	118.6	119.6	119.0
4	70.5	70.2	69.6	138.2	131.9	12	140.1	140.1	140.0	141.1	139.3
5	61.9	62.0	60.6	150.7	58.3	13	8.9	8.9	8.7	8.8	8.9
6	194.9	195.3	196.1	187.0	194.3	14	24.2	23.7	30.2	13.2	11.3
7	119.0	118.9	120.3	120.9	121.0	15	16.2	20.2	20.0	18.0	22.6
8	164.8	165.7	164.9	165.7	163.9						

表 3-7-32 化合物 3-7-171~3-7-173 的 ^{13}C NMR 数据

C	3-7-171[58]	3-7-172[58]	3-7-173[58]	C	3-7-171[58]	3-7-172[58]	3-7-173[58]
1	72.9	75.8s	68.4	12	118.9	120.2	122.6
2	23.8	25.9	21.8	13	168.9	171.0	169.0
3	41.0	43.6	34.9	14	14.1	15.8	31.7
4	70.4	70.5	70.4	15	26.1	27.2	22.3
5	43.2	45.7	54.2	1'	175.9	178.3	177.8
6	67.9	69.8	73.1	2'	34.2	36.5	34.6
7	44.6	46.6	42.8	3'	18.2	19.7	18.5
8	71.9	74.9	73.0	4'	18.7	20.2	18.9
9	70.5	73.4	71.8	OAc	169.3/20.1	170.0/21.4	169.0/20.5
10	41.3	43.5	40.5	OAc	170.4/20.8	172.5/21.9	170.4/21.2
11	133.9	137.3	135.8				

3-7-174 R^1=α-OH; R^2=α-OH
3-7-175 R^1=α-OH; R^2=β-OH
3-7-176 R^1=β-OH; R^2=β-OH
3-7-177 R^1=β-OH; R^2=β-OAc
3-7-178 R^1=β-OAc; R^2=α-OH

3-7-179

3-7-180 R^1=Ac; R^2=H
3-7-181 R^1=Ac; R^2=OAc

3-7-182

3-7-183

3-7-184

3-7-185

表 3-7-33 化合物 3-7-174~3-7-179 的 ^{13}C NMR 数据

C	3-7-174[59]	3-7-175[59]	3-7-176[59]	3-7-177[59]	3-7-178[59]	3-7-179[59]
1	73.5	74.4	78.6	77.7	74.6	74.4
2	24.4	24.5	26.4	26.4	23.5	29.0
3	20.2	28.8	34.1	29.2	29.2	20.0
4	32.5	72.8	72.8	81.9	72.4	121.1
5	43.2	45.9	52.2	50.4	51.3	45.0
6	80.4	80.1	79.6	79.0	81.0	79.5
7	50.5	50.4	51.0	50.8	50.6	49.4
8	21.4	21.3	21.7	21.4	21.2	21.3
9	35.8	35.7	38.1	38.6	36.3	33.0
10	40.0	41.2	42.6	42.3	40.6	42.7
11	139.5	139.1	139.0	138.7	137.7	139.2
12	170.8	170.3	170.0	170.0	169.3	170.3
13	117.0	117.0	117.5	117.4	118.4	117.0
14	20.8	20.1	13.5	13.8	19.9	18.3
15	62.9	73.3	73.4	66.5	67.6	130.1
15-OAc	171.4/20.9	171.7/20.8	171.9/21.0	169.9/20.9	171.0/21.2	168.1/20.8
4-OAc				169.2/22.1	170.3/20.9	

表 3-7-34 化合物 3-7-180~3-7-185 的 ^{13}C NMR 数据

C	3-7-180[59]	3-7-181[59]	3-7-182[59]	3-7-183[60]	3-7-184[61]	3-7-185[62]
1	74.3	76.2	78.7	212.7	72.5	69.5
2	29.1	68.8	23.3	32.8	80.2	39.9
3	123.4	120.0	27.8	35.4	126.1	76.7
4	131.8	136.7	125.8	127.9	135.3	144.4
5	43.5	43.0	134.6	127.5	51.0	50.6
6	80.6	80.2	82.0	78.5	81.6	74.7
7	50.6	50.6	49.3	58.5	53.7	52.3
8	20.9	20.4	22.8	68.9	22.1	65.3
9	33.2	33.3	33.7	40.5	34.8	40.3
10	39.3	38.3	41.2	47.5	43.0	42.7
11	138.6	138.2	138.2	43.9	40.1	134.3
12	170.0	169.5	169.2	178.7	178.6	169.6
13	117.1	117.6	119.2	14.0	11.9	119.9
14	17.2	17.1	19.8	24.6	11.5	13.5
15	66.7	65.3	63.8	19.5	22.6	107.5
1-OAc	170.6/21.3		170.9/21.2			
2-OAc		169.7/21.1	170.2/21.0			
15-OAc	170.6/21.0	169.7/20.9				

3-7-186 R=Sen
3-7-187 R=3-MeBut
3-7-188
3-7-189 R^1=Sen; R^2=Me; R^3=H
3-7-190 R^1=Ang; R^2=Me; R^3=H
3-7-191 R^1=3-MeBut; R^2=Me; R^3=H
3-7-192 R^1=Sen; R^2=AngO; R^3=Me
3-7-193 R^1=Ang; R^2=AngO; R^3=Me
3-7-194 R^1=3-MeBut; R^2=AngO; R^3=Me

表 3-7-35 化合物 3-7-186~3-7-194 的 ^{13}C NMR 数据[63]

C	3-7-186	3-7-187	3-7-188	3-7-189	3-7-190	3-7-191	3-7-192	3-7-193	3-7-194
1	61.7	61.5	61.9	61.9	61.3	61.7	61.8	61.8	62.2
2	52.5	52.3	53.0	52.2	52.5	52.5	52.8	53.2	52.7
3	69.2	69.8	69.4	70.1	70.1	70.6	69.3	70.1	69.3
4	138.5	138.4	138.4	139.2	139.2	139.2	138.7	138.5	138.8
5	42.5	42.6	43.7	41.2	40.4	41.2	41.3	41.2	41.6
6	75.5	75.5	75.0	74.2	73.8	75.5	74.5	74.1	74.5
7	39.0	38.9	35.0	41.5	41.7	41.9	37.7	37.4	38.1
8	19.3	19.3	20.6	19.2	18.8	19.4	18.0	18.5	18.3
9	29.8	29.9	31.3	29.6	29.9	29.9	29.8	32.8	32.1
10	35.7	35.6	36.0	36.0	35.3	36.1	35.4	35.7	35.6

续表

C	3-7-186	3-7-187	3-7-188	3-7-189	3-7-190	3-7-191	3-7-192	3-7-193	3-7-194
11	136.6	136.5	56.5	35.8	35.3	35.3	79.5	79.2	79.5
12	169.9	169.9	173.0	177.4	177.4	177.4	174.0	174.0	175.1
13	120.3	120.2	53.0	13.5	13.5	13.7	20.3	20.6	21.0
14	14.2	14.2	15.1	14.5	14.2	14.8	15.9	15.4	16.2
15	118.2	118.5	119.0	117.2	116.9	117.9	118.5	118.8	118.9
1'	165.9	172.7	166.1	166.0	167.7	172.5	160.0	167.8	172.8
2'	115.8	43.3	116.0	117.5	127.8	43.5	115.0	127.0	43.7
3'	157.7	25.8	158.3	156.2	140.0	26.2	159.0	138.2	26.0
4'	20.3	27.4	20.6	20.2	20.5	22.4	20.6	20.6	21.8
5'	27.4	27.4	27.7	26.8	15.7	22.4	27.4	15.9	21.8
1''							166.9	166.8	166.9
2''							127.0	126.7	127.0
3''							140.7	140.8	140.9
4''							20.3	21.1	20.7
5''							16.1	15.9	15.8

表 3-7-36 化合物 3-7-195~3-7-204 的 ^{13}C NMR 数据[64]

C	3-7-195	3-7-196	3-7-197	3-7-198	3-7-199	3-7-200	3-7-201	3-7-202	3-7-203	3-7-204
1	126.7	127.0	126.9	126.2	126.9	121.9	126.9	124.7	74.4	75.4
2	112.6	118.1	113.8	120.6	108.5	112.4	118.7	108.3	42.5	40.1
3	151.3	147.0	158.8	153.2	161.6	151.3	146.9	155.5	197.3	195.5
4	121.8	128.1	121.6	128.3	123.8	126.6	128.2	126.3	129.5	130.0
5	136.4	136.1	144.0	143.9	143.1	137.0	137.3	136.7	161.7	160.4
6	32.8	32.8	32.3	32.4	32.3	31.1	31.0	31.1	37.8	37.5
7	42.1	41.8	41.8	41.6	41.8	41.0	40.7	41.0	45.2	45.0
8	27.8	27.6	43.1	43.2	43.3	26.2	25.8	26.3	26.6	26.4
9	29.6	30.0	198.2	197.3	197.3	30.1	30.3	30.0	32.9	32.7
10	128.8	134.4	125.8	130.5	125.8	129.6	135.0	129.5	41.4	39.2
11	149.8	149.6	147.0	146.7	147.0	32.6	32.6	32.6	148.9	148.7
12	109.1	109.3	110.0	111.0	110.7	19.7	19.7	19.7	109.4	109.4
13	20.6	20.6	20.6	20.5	20.6	19.8	19.8	19.8	20.6	20.6
14	10.9	12.0	11.2	12.2	11.2	10.4	11.9	11.0	10.9	11.0
15									16.3	17.6
OAc		169.7/20.8		168.7/20.8			169.7/20.9			170.1
OMe					55.6			55.8		21.0

表 3-7-37　化合物 3-7-205~3-7-208 的 ^{13}C NMR 数据[64]

C	3-7-205	3-7-206	3-7-207	3-7-208	C	3-7-205	3-7-206	3-7-207	3-7-208
1	37.5	156.4	154.8	37.2	10	35.9	40.2	37.6	33.2
2	33.8	126.2	118.4	33.9	11	149.0	148.5	35.8	36.1
3	198.7	186.2	186.8	199.0	12	109.2	109.6	21.6	21.1
4	128.9	129.4	127.4	126.4	13	20.6	20.8	21.3	21.1
5	161.8	159.4	154.6	156.1	14	10.9	10.5	10.0	10.1
6	33.0	38.0	127.2	118.3	15	22.6	23.6	25.2	21.5
7	46.0	46.6	153.4	155.9	AcO				
8	27.0	26.3	23.7	23.7	MeO				
9	42.0	32.9	32.5	36.5					

3-7-209

3-7-211

3-7-212

3-7-210

3-7-213

3-7-214　R^1=Fu; R^2=Bz
3-7-215　R^1=Bz; R^2=Fu
3-7-216　R^1=Fu; R^2=Fu

3-7-217　R^1=Ac; R^2=Fu; R^3=Bz
3-7-218　R^1=Fu; R^2=Fu; R^3=Fu
3-7-219　R^1=Bz; R^2=Bz; R^3=Bz

3-7-220

3-7-221

3-7-222

表 3-7-38　化合物 3-7-209~3-7-213 的 ^{13}C NMR 数据

C	3-7-209[65]	3-7-210[65]	3-7-211[65]	3-7-212[66]	3-7-213[66]	C	3-7-209[65]	3-7-210[65]	3-7-211[65]	3-7-212[66]	3-7-213[66]
1	67.8	79.6	78.9	79.3	71.1	9	72.9	73.2	74.3	72.2	73.5
2	70.5	22.3	22.2	23.0	71.1	10	54.2	49.0	48.9	50.9	47.1
3	41.9	26.7	26.6	26.3	31.1	11	83.2	81.3	81.7	81.0	82.1
4	69.8	33.8	33.8	33.3	39.4	12	24.5	30.7	30.6	30.3	30.2
5	91.5	91.0	91.0	90.7	87.2	13	25.5	24.1	24.1	24.4	24.1
6	75.2	75.1	75.1	74.7	36.0	14	29.4	16.8	16.9	60.3	20.6
7	53.3	52.5	52.5	53.0	43.7	15	65.6	11.3	12.1	15.1	19.3
8	76.5	74.1	71.2	70.1	31.0						

表 3-7-39　化合物 3-7-214~3-7-219 的 ^{13}C NMR 数据[67]

C	3-7-214[67]	3-7-215[67]	3-7-216[67]	3-7-217[67]	3-7-218[67]	3-7-219[67]
1	73.7	73.6	73.5	71.1	71.2	71.3
2	21.5	21.6	21.6	69.9	70.2	70.7
3	26.8	26.8	26.8	31.0	31.2	31.2
4	34.3	34.4	34.3	34.1	34.0	34.1
5	90.0	90.0	89.9	89.8	89.7	90.0
6	79.6	80.3	79.6	79.3	79.3	79.9
7	49.0	49.0	49.0	48.9	49.0	49.9
8	32.1	32.2	32.1	31.6	31.7	31.8
9	73.6	72.9	72.8	73.1	73.0	73.1
10	50.6	50.5	50.4	50.0	49.9	50.9
11	82.6	82.5	82.5	82.9	83.0	83.0
12	26.0	25.9	25.9	26.0	26.1	26.1
13	30.7	30.8	30.7	30.8	30.8	30.9
14	17.5	17.6	17.5	18.6	18.9	19.1
15	18.8	18.8	18.8	20.4	20.4	20.4
C=O	170.0	170.2	170.2	170.0	169.7	169.7
C=O	165.5	165.7	162.2	169.6	165.5	166.1
C=O	162.2	162.2	162.1	165.5	162.3	165.7
C=O				162.1	162.1	165.5
Ac	20.8	21.0	21.0	20.4	20.6	20.8
Ac				21.3		

表 3-7-40　化合物 3-7-220~3-7-222 的 ^{13}C NMR 数据

C	3-7-220[68]	3-7-221[68]	3-7-222[69]	C	3-7-220[68]	3-7-221[68]	3-7-222[69]
1	77.4	77.0	78.9	C=O			170.0
2	69.3	72.2	22.3	Ac	21.1		20.0, 20.5, 21.1
3	31.3	31.2	26.6	Ac	21.3(×3)	21.2(×3)	21.2(×2), 21.5
4	32.9	33.2	33.9	OBz	132.7	129.5	161.0 (1')
5	90.3	89.9	91.1		132.6	128.3(×2)	149.0 (2')
6	74.7	74.7	75.0		129.5	133.1	117.8 (3')
7	53.4	53.3	52.6		129.2	129.9	109.7 (4')
8	72.5	73.7	70.9		128.0	165.2	144.1 (5')
9	71.6	73.5	74.6		127.7(×2)		
10	51.7	51.0	48.9		129.5(×2)		
11	81.2	81.3	81.7		128.9(×2)		
12	24.6	24.4	30.7		165.0		
13	30.3	30.3	24.2		164.8(×2)		
14	61.1	17.8	16.9	ONic	153.6	153.7	
15	16.6	63.7	12.2		151.0	151.1	
C=O	169.4	170.5	169.5		137.1	137.1	
C=O	169.6	169.8	169.6		123.2	123.3	
C=O	170.7(×3)	169.6(×3)	169.7		126.1	125.9	
C=O			169.9		164.8	164.6	

3-7-223 $R^1=R^4=OBz$; $R^2=R^5=H$; $R^3=OAc$
3-7-224 $R^1=R^3=OAc$; $R^4=OBz$; $R^2=R^5=H$
3-7-225 $R^1=OAc$; $R^2=R^5=OBz$; $R^3=R^4=H$

Bz = PhCO
Cinn = PhCH=CHCO

表 3-7-41 化合物 3-7-223~3-7-225 的 ^{13}C NMR 数据

C	3-7-223[70]	3-7-224[70]	3-7-225[70]	C	3-7-223[70]	3-7-224[70]	3-7-225[70]
1	76.9	76.9	72.7	C=O	169.7	170.4	169.4
2	24.8	24.4	23.3		169.8	169.8	169.8
3	37.9	37.9	37.8		170.5	169.7(×2)	170.5
4	70.2	70.1	70.4	Ac	20.7	21.3	21.4
5	92.4	92.3	91.6		21.2	21.1	21.1
6	75.3	75.2	75.4		21.4	20.8	21.0
7	52.1	52.0	53.5	OBz	165.1	165.5	165.2
8	73.8	73.9	76.8		165.0	133.3	164.3
9	75.1	75.4	72.8		132.7	128.6(×2)	133.6
10	50.8	50.4	53.8		132.4	129.5(×2)	133.3
11	84.1	83.9	83.0		129.2	129.4	130.0
12	29.6	29.6	29.5		129.1(×3)		129.7(×2)
13	25.6	25.6	25.6		128.0(×2)		129.4
14	61.1	61.0	65.2		127.6(×2)		
15	23.3	23.3	22.7				

表 3-7-42 化合物 3-7-226~3-7-233 的 ^{13}C NMR 数据

C	3-7-226[71]	3-7-227[71]	3-7-228[71]	3-7-229[71]	3-7-230[72]	3-7-231[72]	3-7-232[72]	3-7-233[72]
1	69.2	69.6	69.2	69.3	75.4	70.6	72.7	72.0
2	34.7	34.6	34.7	34.7	74.2	70.7	76.1	77.2
3	48.8	48.7	48.7	48.7	53.5	53.0	54.0	54.1

续表

C	3-7-226[71]	3-7-227[71]	3-7-228[71]	3-7-229[71]	3-7-230[72]	3-7-231[72]	3-7-232[72]	3-7-233[72]
4	79.4	79.6	79.3	79.4	76.9	76.6	75.1	75.7
5	89.4	89.7	89.4	89.5	91.5	91.0	91.5	91.4
6	33.7	34.0	33.5	33.6	72.1	72.5	69.8	69.8
7	30.9	26.5	32.4	30.8	41.2	41.3	42.0	42.0
8	69.6	22.6	68.4	73.2	67.3	67.7	67.9	67.9
9	71.7	73.6	74.4	69.6	75.1	75.3	70.5	70.6
10	53.7	53.5	53.5	54.5	50.7	54.3	53.4	53.1
11	82.8	82.6	82.8	82.8	84.5	83.8	83.3	83.2
12	26.0	26.0	26.0	30.6	26.2	26.1	25.5	25.4
13	30.6	30.6	30.6	26.0	30.0	30.2	29.5	29.5
14	66.0	65.6	65.8	65.8	61.7	65.1	65.6	65.6
15	18.1	16.9	18.0	18.2	24.2	23.8	24.4	24.5
OBz	129.7	129.6	129.7	129.6	129.5			
	129.6	129.5	129.6	129.5	129.3			
	128.8	128.8	128.8	128.7	128.6			
	133.4	133.4	133.4	133.4	133.4			
	129.9	129.8	129.9	129.8	165.6			
	130.1	130.2	130.2	130.1				
	128.3	128.3	128.3	128.3				
	133.5	133.5	133.5	133.5				
	129.1	129.2	129.1	129.2				
	130.0	129.9	130.0	129.7				
	128.7	128.7	128.7	128.5				
	133.4	133.3	133.4	133.3				
C=O	169.5	169.7	169.4	171.1	169.5	169.7	169.6	169.6
	170.0	165.4	165.4	165.5	169.4	169.6	169.4	169.5
	165.4	165.3	165.3	165.3	169.9	170.3	170.4	169.7
	165.2	166.7	166.8	166.7			169.6	169.7
	166.8							
Ac	20.4	20.8	20.7	21.4	20.4	20.4	20.4	21.5
	21.4				21.0	21.0	21.0	21.0
					20.8	21.0	21.1	21.1
							21.4	21.4
iBut					19.0		18.7	18.9
					19.1		18.7	19.1
					34.3		33.9	34.0
					176.6		175.8	176.9
Fu					109.8/109.8	109.7	109.7	
					143.9/143.9	143.9	144.0	
					148.3/148.9	148.9	148.9	
					118.0/118.9	117.8	117.8	
					160.7/161.4	160.9	160.9	

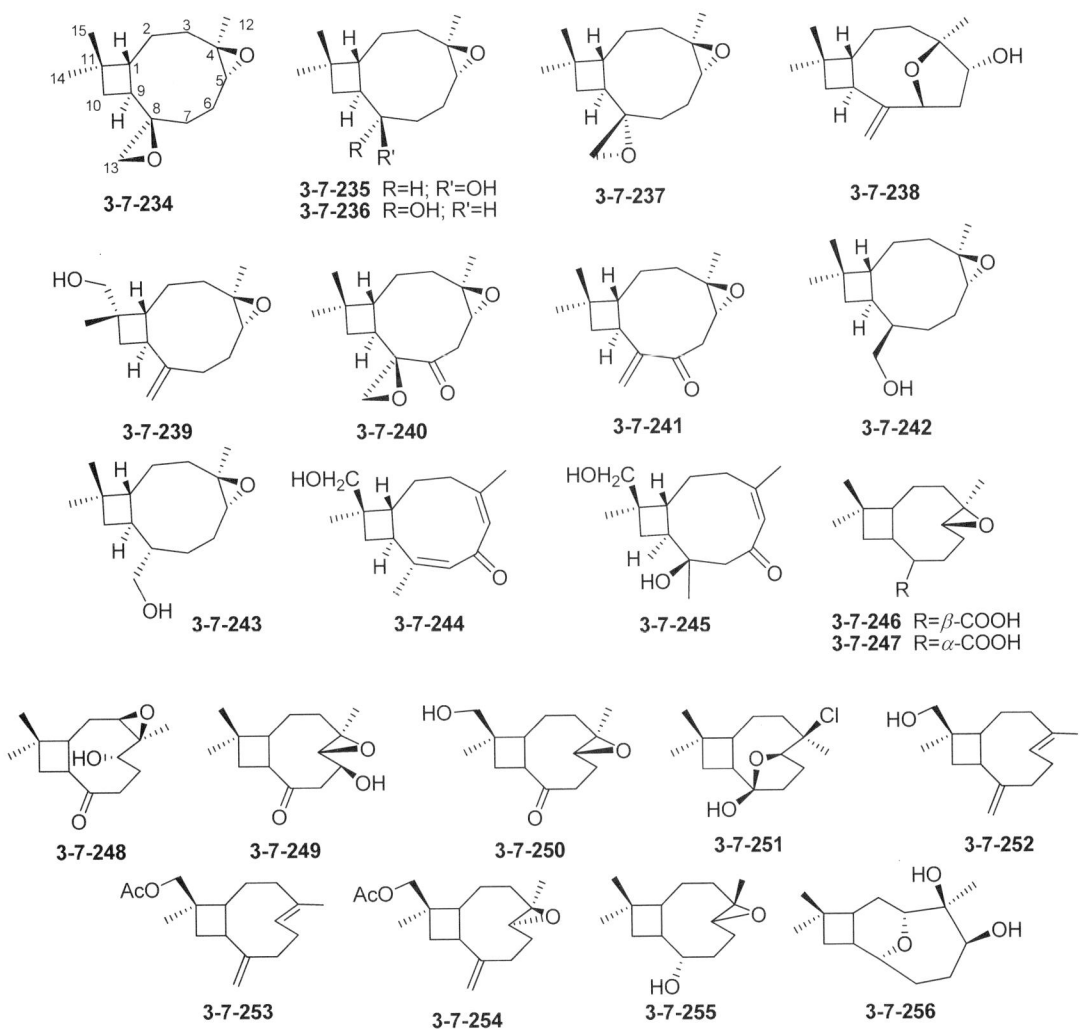

表 3-7-43　化合物 3-7-234~3-7-240 的 ^{13}C NMR 数据

C	3-7-234[73]	3-7-235[73]	3-7-236[73]	3-7-237[73]	3-7-238[73]	3-7-239[73]	3-7-240[73]
1	47.9	45.9	49.3	57.3	51.6	48.4	57.7
2	27.5	28.5	27.3	23.4	26.3	26.1	26.3
3	40.3	40.9	39.5	40.3	39.3	39.5	39.1
4	58.4[a]	58.5	58.9	84.8	59.5	59.3	59.3
5	61.8	60.7	62.6	79.2	63.5	55.0	57.8
6	25.5	25.4	24.8	43.5	30.3	40.8	42.8
7	30.4	36.1	31.1	78.0	29.8	214.0	214.0
8	57.9	71.7	59.8	158.2	151.7	64.2	156.2
9	46.8	52.6	47.1	40.6	48.3	39.7	40.8
10	35.1	38.6	35.5	35.4	35.2	33.4	37.5
11	33.3	32.1	33.4	34.7	38.6	33.6	33.5
12	16.4	16.4	16.2	22.1	16.9	16.2	16.2
13	56.0	31.8	50.1	102.9	112.9	50.1	112.1
14	29.4	29.5	29.9	29.9	24.8	29.0	29.7
15	21.6	22.6	21.9	21.8	67.0	21.7	22.1

表 3-7-44 化合物 3-7-241~3-7-248 的 ^{13}C NMR 数据

C	3-7-241[73]	3-7-242[73]	3-7-243[73]	3-7-244[74]	3-7-245[74]	3-7-246[75]	3-7-247[75]	3-7-248[75]
1	46.1	42.4	47.2	42.0	40.9	45.7	45.6	45.7
2	27.8	21.1	25.0	21.6	27.4	27.2	27.2	29.0
3	40.1	38.4	40.5	28.9	31.1	38.3	38.3	64.3
4	59.3	60.3	58.4	156.3	157.9	60.1	60.0	64.7
5	61.6	65.7	60.1	130.3	130.6	64.7	64.7	72.2
6	28.0	27.2	29.0	194.9	201.6	28.1	28.1	37.5
7	29.9	29.0	35.5	128.8	56.7	21.1	21.2	30.1
8	53.1	49.9	74.1	158.5	73.8	45.9	45.7	212.7
9	45.5	42.0 b	52.5	34.1	45.0	42.5	42.6	49.0
10	39.5	34.2	40.7	31.3	29.7	35.3	35.4	33.2
11	34.1	35.1	31.8	38.3	35.6	34.5	34.5	34.8
12	16.3	17.5	16.5	25.2	26.7	17.1	17.1	16.4
13	66.4	66.4	20.7	22.4	22.9	180.4	178.6	
14	29.8	29.9	23.3	18.6	19.5	29.8	29.8	29.4
15	21.8	21.3	30.1	75.4	76.3	21.2	21.2	22.2

表 3-7-45 化合物 3-7-249~3-7-256 的 ^{13}C NMR 数据

C	3-7-249[75]	3-7-250[75]	3-7-251[76]	3-7-252[77]	3-7-253[77]	3-7-254[77]	3-7-255[78]	3-7-256[79]
1	51.6	45.3	48.9	48.3	48.6	48.2	43.9	39.6
2	26.4	27.1	26.0	29.9	29.7	27.6	28.1	34.9
3	39.0	38.8	41.3	39.7	39.7	38.8	40.3	79.0
4	58.5	59.0	76.1	135.4	135.4	59.6	58.3	81.9
5	67.0	61.6	83.9	124.4	124.4	63.7	61.2	69.8
6	69.0	24.6	26.3	28.1	28.1	30.0	25.1	24.2
7	46.9	37.9	32.6	34.5	34.8	29.8	30.8	21.7
8	213.1	214.5	109.5	154.5	154.2	151.3	71.4	70.6
9	52.6	51.6	47.9	47.9	47.8	45.7	47.4	43.0
10	35.1	30.0	35.6	34.5	35.5	34.7	36.9	35.0
11	34.6	38.9	48.9	37.6	35.7	36.7	32.9	36.4
12	17.2	16.3	28.9	16.3	16.3	17.0	16.5	23.0
13				112.0	112.1	113.4		
14	29.3	70.1	20.7	17.9	18.1	17.2	22.5	21.1
15	22.1	17.7	29.7	71.5	72.7	71.7	29.7	30.2

3-7-257 R^1=OAc; R^2=OH
3-7-258 R^1=H; R^2=OH
3-7-259
3-7-260
3-7-261

3-7-262 **3-7-263** **3-7-264** **3-7-265**

3-7-266 **3-7-267** **3-7-268** **3-7-269**

表 3-7-46　化合物 3-7-257~3-7-264 的 ^{13}C NMR 数据

C	3-7-257[80]	3-7-258[80]	3-7-259[80]	3-7-260[80]	3-7-261[81]	3-7-262[81]	3-7-263[81]	3-7-264[81]
1	74.3	30.3	29.5	75.4	33.7	38.5	38.9	39.1
2	41.4	37.6	38.2	41.1	143.7	75.3	71.2	71.5
3	69.9	71.1	70.8	71.0	134.2	48.2	37.1	38.8
4	60.6	61.5	60.6	60.3	200.7	211.9	69.0	67.4
5	41.3	43.9	43.2	41.3	45.7	53.4	40.4	42.8
6	78.9	79.8	78.9	80.2	42.2	39.1	31.3	31.4
7	52.6	52.3	50.2	55.5	50.0	50.7	49.5	49.7
8	81.7	81.0	30.7	34.7	158.6	156.7	158.9	159.2
9	44.1	44.4	30.8	31.9	36.7	33.8	35.8	35.5
10	60.9	61.3	63.8	46.8	23.3	30.0	31.7	31.0
11	47.1	47.7	47.6	91.4	37.0	79.9	80.8	80.8
12	22.1	23.7	22.2	19.5	108.0	109.0	109.0	49.7
13	23.5	23.7	22.2	14.8	23.7	21.9	23.2	23.2
14	20.3	20.4	23.3	17.2	19.0	26.4	28.7	28.6
15	27.5	23.3	23.2	26.5	15.4	10.9	13.4	13.4
OAc	168.8/21.5							

表 3-7-47　化合物 3-7-265~3-7-269 的 ^{13}C NMR 数据

C	3-7-265[82]	3-7-266[83]	3-7-267[83]	3-7-268[83]	3-7-269[83]	C	3-7-265[82]	3-7-266[83]	3-7-267[83]	3-7-268[83]	3-7-269[83]
1	124.8	118.1	127.0	128.9	127.3	9	37.3	39.8	39.8	40.1	37.8
2	120.6	131.0	129.4	120.2	114.7	10	85.1	79.0	78.9	79.1	83.8
3	137.1	122.0	135.6	137.4	137.3	11	46.6	167.3	167.4	167.3	155.8
4	115.7	155.7	129.4	118.0	118.5	12	7.4	108.1	108.2	108.1	101.8
5	153.0	113.9	127.0	155.9	153.6	13	20.6	30.7	30.7	28.1	18.4
6	127.4	148.6	146.7	131.7	134.4	14	23.1	29.0	29.0	28.8	21.0
7	42.3	50.8	50.8	50.0	46.0	15	21.0	15.6	20.8	20.7	22.4
8	44.7	40.0	39.9	37.2	42.2						

3-7-270 R=α-OH; X=Br
3-7-271 R=β-OH; X=Br
3-7-272 R=α-OH; X=H

3-7-273

3-7-274 R¹=OH; R²=β-Me; X=Br
3-7-275 R¹=OH; R²=β-Me; X=H
3-7-276 R¹=OH; R²=α-Me; X=Br

表 3-7-48　化合物 3-7-270~3-7-276 的 ^{13}C NMR 数据[84]

C	3-7-270	3-7-271	3-7-272	3-7-273	3-7-274	3-7-275	3-7-276
1	158.2	158.5	158.6	158.1	160.0	160.5	158.4
2	112.1	111.9	110.3	112.6	111.4	109.6	110.7
3	137.6	137.5	138.5	137.7	138.0	138.1	137.1
4	114.9	114.6	122.1	114.6	114.4	121.6	114.7
5	127.2	127.3	123.3	127.6	127.0	123.1	126.4
6	138.3	138.1	135.0	138.9	137.3	134.7	136.3
7	52.8	54.7	52.5	53.6	55.4	55.0	54.6
8	40.4	41.6	40.4	45.9	43.1	43.0	42.5
9	38.0	37.7	38.2	126.5	32.2	32.2	31.7
10	81.0	82.3	81.2	142.1	41.7	41.8	42.4
11	100.9	102.5	99.9	102.7	101.2	99.9	100.3
12	15.9	15.2	16.0	12.0	62.9	63.0	63.9
13	23.1	23.1	21.4	23.0	23.1	21.6	23.1
14	23.5	23.5	23.7	23.0	23.1	23.3	22.9
15	23.0	22.3	22.9	18.2	13.9	13.9	13.8

3-7-277

3-7-278 R=H
3-7-279 R=OH

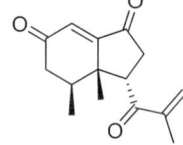

3-7-280

3-7-281

表 3-7-49　化合物 3-7-277~3-7-281 的 ^{13}C NMR 数据[85]

C	3-7-277	3-7-278	3-7-279	3-7-280	3-7-281	C	3-7-277	3-7-278	3-7-279	3-7-280	3-7-281
1	117.4	124.9	121.5	122.9	66.5	9	29.0	29.9	29.9	203.6	28.1
2	25.3	199.0	199.0	199.4	29.9	10	146.2	177.9	177.6	160.0	92.5
3	26.9	41.2	41.2	41.9	23.6	11	147.8	145.2	147.4	145.0	
4	32.9	33.4	33.4	35.2	32.7	12	63.1	17.6	62.5	17.3	
5	50.0	51.0	51.2	48.3	51.2	13	124.8	121.4	125.6	126.7	
6	52.8	51.8	52.2	47.1	51.8	14	20.6	18.2	18.3	18.7	17.1
7	207.2	204.7	205.1	204.3	177.8	15	17.6	16.6	16.8	16.0	11.3
8	26.0	26.7	26.7	41.1	21.5						

表 3-7-50 化合物 3-7-282~3-7-286 的 ^{13}C NMR 数据[86]

C	3-7-282	3-7-283	3-7-284	3-7-285	3-7-286	C	3-7-282	3-7-283	3-7-284	3-7-285	3-7-286
1	39.9	46.0	41.5	44.2	36.4	9	51.8	55.2	51.7	52.6	49.7
2	30.8	32.4	31.2	44.4	44.5	10	70.5	75.7	77.1	33.7	75.7
3	31.8	27.5	33.0	73.0	212.3	11	97.4	172.4	171.4	175.0	113.7
4	89.6	95.8	89.0	91.9	84.0	12	16.0	18.8	18.2	18.9	21.0
5	47.0	51.9	47.5	51.7	48.1	13	15.5	17.7	14.5	16.8	14.8
6	81.2	79.8	78.6	79.8	79.0	14	68.6	69.0	69.6	71.5	67.8
7	99.2	109.2	206.0	109.5	79.0	15	13.4	13.6	14.0	14.1	13.6
8	37.6	38.5	42.9	39.7	29.8						

表 3-7-51 化合物 3-7-287~3-7-290 的 ^{13}C NMR 数据[87]

C	3-7-287	3-7-288	3-7-289	3-7-290	C	3-7-287	3-7-288	3-7-289	3-7-290
1	43.6	44.8	88.8	86.8	10	12.9	32.8	49.8	49.7
2	45.9	40.8	28.6	28.6	11	44.1	24.8	201.4	201.2
3	172.6	69.4	23.3	23.1	12	200.0	36.3	128.8	128.8
4			41.1	41.0	13	129.3	136.3	145.6	145.6
5	103.9	97.1	23.3	23.1	14	145.0	131.1		
6	41.7	42.8	48.3	49.1	15	170.7	170.6	170.6	170.8
7	36.4	38.4	53.6	53.5	16	14.8	12.7	14.8	14.8
8	36.4	37.0	72.0	72.1	OAc				170.8/20.6
9	44.4	15.2	67.3	68.6					

表 3-7-52　化合物 3-7-291~3-7-294 的 ^{13}C NMR 数据[88]

C	3-7-291	3-7-292	3-7-293	3-7-294	C	3-7-291	3-7-292	3-7-293	3-7-294
1	43.0	43.0	40.9	42.2	10	23.4	23.2	25.3	25.6
2	138.3	138.8	71.8	142.0	11	26.3	26.2	25.9	24.2
3	129.6	129.0	58.7	126.6	12	38.2	38.1	42.8	40.2
4	76.3	72.5	73.6	77.2	13	23.1	23.1	17.0	18.6
5	72.1	74.0	71.9	201.4	14	20.1	20.1	20.7	17.6
6	31.3	28.5	30.2	40.8	15	15.1	14.9	16.2	17.1
7	30.3	31.0	29.8	32.7	OAc	170.8/20.9	170.3/20.8	170.0/20.9	170.3/20.6
8	142.1	141.0	140.4	66.1			170.8/21.2	169.9/21.1	
9	125.7	126.4	127.8	59.6					

3-7-298　　3-7-299　　3-7-300　　3-7-301　　3-7-302

表 3-7-53　化合物 3-7-295~3-7-303 的 ^{13}C NMR 数据

C	3-7-295[88]	3-7-296[88]	3-7-297[89]	3-7-298[89]	3-7-299[89]	3-7-300[90]	3-7-301[90]	3-7-302[91]	3-7-303[92]
1	49.9	47.2	139.7	141.0	140.6	148.6	150.2	37.3	82.9
2	135.6	136.7	123.0	36.7	36.8	35.7	74.8	18.5	42.9
3	129.2	130.6	36.3	74.0	73.7	23.7	29.8	41.2	145.0
4	77.6	76.3	60.9	64.0	63.0	39.8	32.1	36.6	144.3
5	77.2	75.3	43.0	43.5	43.4	37.8	37.2	161.3	56.6
6	31.7	26.5	47.3	46.9	49.0	49.4	44.2	37.6	42.4
7	32.0	35.9	31.7	30.2	38.6	72.6	27.1	33.5	28.7
8	147.7	68.3	42.3	27.8	29.4	39.2	29.1	27.6	31.0
9	123.9	60.7	67.8	132.7	124.1	131.3	133.6	133.1	35.4
10	26.0	26.7	69.5	119.4	129.4	120.4	120.1	120.1	196.2
11	24.8	22.4	38.0	26.0	25.6	32.1	30.0	39.2	25.7
12	39.4	41.4	24.0	23.1	19.4	22.5	23.2	23.2	31.3
13	17.3	14.2	26.0	115.7	115.8	111.0	114.9	107.1	21.2
14	18.2	18.1	17.1	20.1	20.1	25.0	24.7	31.8	21.7
15	18.3	17.4	24.6	24.3	24.2	24.9	23.0	31.2	15.6
AcO	170.1/21.1	170.1/21.0		170.2/21.0	170.1/21.0				
	169.9/21.2	169.7/21.2							

3-7-303　　3-7-304　　3-7-305　　3-7-306

3-7-309 R¹=COCH₂CH₂CH₃; R²=COCH₂CH₂CH₃
3-7-311 R¹=COCH₃; R²=COCH₃
3-7-313 R¹=COCH₃; R²=COCH₂CH₂CH₃

表 3-7-54　化合物 3-7-304~3-7-308 的 ¹³C NMR 数据[92]

C	3-7-304	3-7-305	3-7-306	3-7-307	3-7-308	C	3-7-304	3-7-305	3-7-306	3-7-307	3-7-308
1	83.5	80.4	80.9	189.8	79.3	9	41.7	41.6	45.2	32.9	41.4
2	40.9	37.9	58.6	138.0	48.7	10	208.6	212.7	68.1	197.8	198.5
3	61.0	60.0	206.1	203.5	202.2	11	30.3	29.3	21.0	31.0	31.5
4	75.7	80.4	126.4	48.0	142.0	12	28.3	28.1	29.1	29.5	29.3
5	54.3	58.5	186.7	79.3	184.2	13	21.4	16.3	19.2	18.4	22.3
6	37.4	41.9	44.2	50.6	45.5	14	16.2	21.8	21.9	23.4	22.1
7	25.1	25.3	30.2	29.3	24.2	15	15.6	15.3	15.6	21.7	14.3
8	30.7	30.8	30.2	20.3	23.7						

3-7-314 R=COCH₃
3-7-315 R=COCH₂CH₃

3-7-310 R¹=COCH₃; R²=COCH₃
3-7-312 R¹=COCH₃; R²=COCH₂CH₃
3-7-316 R¹=H; R²=H

3-7-317

表 3-7-55　化合物 3-7-309~3-7-317 的 ¹³C NMR 数据[93]

C	3-7-309	3-7-310	3-7-311	3-7-312	3-7-313	3-7-314	3-7-315	3-7-316	3-7-317
1	46.5	46.6	46.4	47.1	46.5	46.4	46.4	47.7	87.9
2	142.3	142.4	142.4	143.4	142.4	141.9	142.5	143.4	139.9
3	135.5	133.5	135.5	134.6	135.6	134.3	134.6	137.1	
4	63.7	44.0	63.9	44.0	63.7	43.2	44.5	44.8	44.7
5	28.6	32.6	29.7	32.6	28.6	33.2	31.6	32.1	30.4
6	132.8	134.3	132.8	135.2	132.9	133.1	133.3		133.7
7	130.4	130.9	130.3	131.1	130.3	130.3	130.5	134.2	
8	127.9	127.9	127.7	127.8	127.7	127.7	127.7	125.9	132.0
9	142.3	145.6	142.4	145.6	142.4	142.5	142.5	142.9	139.4
10	47.7	47.6	47.6	46.7	47.7	47.6	47.7	46.5	49.1
11	39.7	39.8	39.7	40.4	39.7	40.3	39.7	39.6	54.9
12	61.9	65.1	62.1	65.1	62.1	62.1	61.9	64.0	161.7
13	20.0	61.7	20.0	61.5	21.0	20.9	21.4	60.2	19.3
14	28.9	28.9	29.0	28.9	29.0	28.9	28.9	29.0	26.4
15	28.9	28.9	29.0	28.9	29.0	28.9	28.9	29.0	18.7
1'	173.3	170.6	170.6	171.1	170.2	170.8	173.6		
2'	36.2	21.0	21.0	21.1	22.3	19.8	36.2		
3'	18.4						18.1		

续表

C	3-7-309	3-7-310	3-7-311	3-7-312	3-7-313	3-7-314	3-7-315	3-7-316	3-7-317
4'	13.6						13.4		
1"	173.1	171.1	170.9	173.5	172.7				
2"	36.2	21.0	21.0	36.1	36.2				
3"	18.4				18.4	18.4			
4"	13.6				13.7	13.7			

表 3-7-56 化合物 3-7-318~3-7-321 的 ^{13}C NMR 数据

C	3-7-318[94]	3-7-319[94]	3-7-320[95]	3-7-321[96]	C	3-7-318[94]	3-7-319[94]	3-7-320[95]	3-7-321[96]
1	42.7	42.7	42.3[	47.1	9	140.6	140.5	145.7	142.3
2	142.0	140.3	145.4	140.6	10	43.5	43.4	42.3	48.0
3	133.2	132.9	186.2	133.1	11	45.0	45.0	46.9	39.2
4	61.8	61.6	61.4	176.2	12	15.9	16.1		16.3
5	33.1	34.1	29.9	34.7	13	63.8	20.5	12.1	20.5
6	134.0	133.7	141.4	128.3	14	69.9	69.9	25.7	29.3
7	140.0	134.1	142.8	135.0	15	25.1	25.2	181.5	29.3
8	123.3	124.6	185.7	124.2					

表 3-7-57 化合物 3-7-322~3-7-324 的 ^{13}C NMR 数据

C	3-7-322[97]	3-7-323[97]	3-7-324[97]	C	3-7-322[97]	3-7-323[97]	3-7-324[97]
1	205.7	207.4	209.5	15	13.8	11.9	16.6
2	132.0	131.7	132.3	1'	105.6	104.2	104.6
3	136.7	137.1	137.5	2'	75.4	75.3	75.3
4	60.8	60.8	68.3	3'	76.4	76.7	76.5
5	33.0	33.1	29.5	4'	72.4	72.7	72.6
6	136.7	138.9	135.5	5'	75.8	75.8	76.0
7	144.6	144.4	144.4	6'	62.0	62.4	62.3
8	126.2	126.7	126.0	1"	167.1	167.2	167.2
9	150.8	151.2	152.6	2"	115.0	115.0	114.9
10	84.2	76.3	33.7	3"	145.7	145.7	145.7
11	52.3	49.1	42.6	4"	126.0	126.1	125.9
12	14.0	13.9	13.5	5",9"	130.7	130.7	130.7
13	21.1	21.2	21.0	6",8"	116.7	116.7	116.7
14				7"	161.3	161.4	161.5

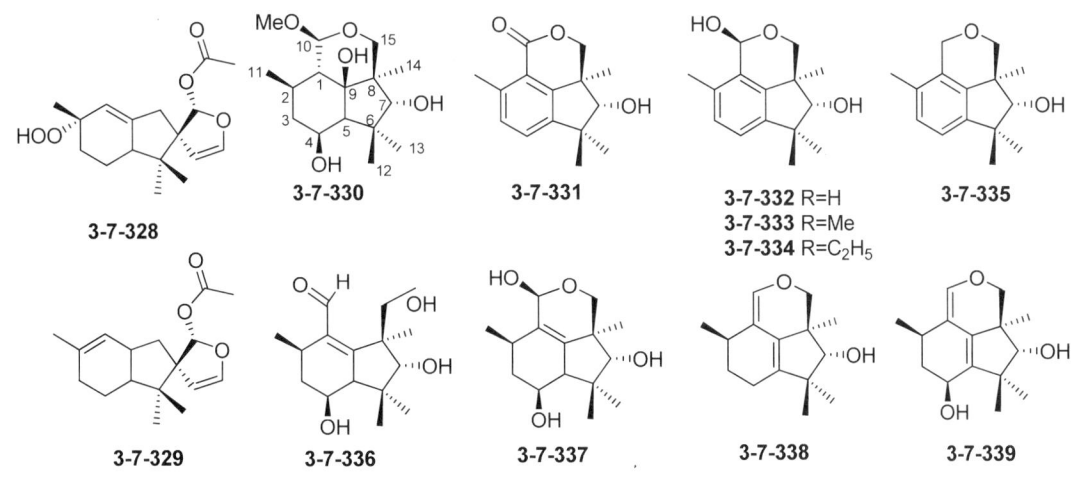

表 3-7-58　化合物 3-7-325~3-7-329 的 ^{13}C NMR 数据[98]

C	3-7-325	3-7-326	3-7-327	3-7-328	3-7-329	C	3-7-325	3-7-326	3-7-327	3-7-328	3-7-329
1	47.4	47.7	45.6	45.7	46.9	10	20.6	23.5	19.3	19.3	21.9
2	67.6	64.9	61.3	61.2	63.1	11	20.3	23.8	19.6	19.6	22.9
3	118.9	35.8	32.7	32.8	35.9	12	106.1	107.8	105.8	105.9	107.1
4	143.5	139.7	146.9	148.6	35.3	13	143.8	142.9	143.5	143.4	142.5
5	119.5	125.0	121.7	120.4	125.0	14	98.2	98.9	99.1	99.0	99.3
6	141.9	136.2	83.6	80.1	133.0	15	23.9	21.3	25.0	25.0	23.9
7	31.1	127.7	32.2	32.0	28.5	OAc	21.1	21.1	21.2	21.2	21.1
8	22.1	121.8	21.9	19.3	21.3		170.0	169.9	169.9	169.9	170.1
9	50.4	147.8	49.6	50.2	44.5						

表 3-7-59　化合物 3-7-330~3-7-334 的 ^{13}C NMR 数据[99]

C	3-7-330	3-7-331	3-7-332	3-7-333	3-7-334	C	3-7-330	3-7-331	3-7-332	3-7-333	3-7-334
1	55.4	120.0	134.5	134.5	134.5	10	99.1	164.0	92.3	96.1	94.9
2	28.7	140.3	130.2	130.1	130.2	11	19.4	20.5	19.0	19.1	19.1
3	44.3	131.9	130.7	130.7	130.6	12	19.5	23.8	24.2	24.1	24.2
4	68.9	127.9	123.3	123.4	123.4	13	33.6	28.1	29.3	29.4	29.4
5	62.7	144.0	144.6	144.7	144.7	14	16.0	17.4	18.5	18.3	18.5
6	41.2	47.4	46.0	46.0	46.0	15	66.5	79.0	69.3	69.3	69.3
7	82.0	85.0	85.8	85.8	85.8	OMe	54.1				
8	48.0	43.7	44.1	44.1	44.1	OC$\underline{H_2}$CH$_3$					64.3
9	79.3	148.0	142.0	141.9	142.1	OCH$_2$C$\underline{H_3}$					15.7

表 3-7-60　化合物 3-7-335~3-7-339 的 ^{13}C NMR 数据

C	3-7-335	3-7-336	3-7-337	3-7-338	3-7-339	C	3-7-335	3-7-336	3-7-337	3-7-338	3-7-339
1	129.6	139.5	130.3	115.5	114.6	9	140.9	167.7	143.6	135.8	135.5
2	131.8	31.6	31.8	29.0	24.7	10	65.0	195.9	97.5	135.6	137.6
3	130.6	42.9	44.3	33.2	37.0	11	19.0	21.9	19.4	17.9	16.9
4	121.2	69.0	69.3	20.5	71.6	12	24.3	17.0	16.6	21.2	22.5
5	145.3	58.9	54.7	130.6	133.5	13	29.0	28.9	30.1	26.4	26.4
6	45.7	44.3	42.3	42.5	42.3	14	17.8	22.6	19.6	15.8	15.9
7	85.9	82.9	84.1	85.4	85.5	15	74.9	71.2	78.1	77.6	78.2
8	44.0	50.1	43.6	47.6	47.0						

3-7-340 R^1=R^2=H; R^3=OH
3-7-341 R^1=OH; R^2=R^3=H

3-7-342

3-7-343

3-7-344

3-7-345

3-7-346

3-7-347

3-7-348

3-7-349

3-7-350

3-7-351

3-7-352

3-7-353

3-7-354

3-7-355

3-7-356

3-7-357　R^1=Me; R^2=H
3-7-358　R^1=H; R^2=Me

表 3-7-61　化合物 3-7-340~3-7-348 的 ^{13}C NMR 数据[100]

C	3-7-340	3-7-341	3-7-342	3-7-343	3-7-344	3-7-345	3-7-346	3-7-347[101]	3-7-348[101]
1	41.6	44.8	87.7	40.2	43.7	82.7	83.3	72.1	26.8
2	28.7	70.8	38.8	43.4	44.6	38.6	38.2	32.7	30.4
3	30.3	41.1	23.3	72.8	71.6	31.6	30.9	24.9	72.9
4	88.2	82.4	93.9	87.2	95.0	91.1	82.4	42.2	43.9
5	48.5	46.6	50.6	48.5	52.6	49.7	48.0	40.9	40.9

续表

C	3-7-340	3-7-341	3-7-342	3-7-343	3-7-344	3-7-345	3-7-346	3-7-347[101]	3-7-348[101]
6	79.2	47.2	77.7	79.6	80.3	76.8	77.9	42.2	41.8
7	208.2	211.3	108.7	207.9	110.4	85.5	79.4	128.4	127.9
8	36.4	45.8	75.6	42.9	39.4	23.7	25.1	190.9	190.1
9	50.1	48.1	57.7	52.9	57.6	51.0	50.3	129.0	126.8
10	43.2	36.4	35.6	77.0	75.1	38.6	39.9	164.1	164.9
11	176.4	174.4	171.1	173.7	174.6	173.4	111.6	142.4	141.9
12	17.7	7.7	18.3	17.4	18.4	21.2	21.3	21.8	21.6
13	14.2	17.9	17.0	14.7	17.7	15.3	14.8	22.5	22.6
14	70.9	68.9	68.7	70.2	70.3	65.2	68.2	15.2	11.1
15	13.9	7.4	24.2	13.7	13.4	24.0	23.0	17.8	18.1
AcO									169.2/20.4

表 3-7-62 化合物 3-7-349~3-7-352 的 ^{13}C NMR 数据

C	3-7-349[101]	3-7-350[102]	3-7-351[103]	3-7-352[103]	C	3-7-349[101]	3-7-350[102]	3-7-351[103]	3-7-352[103]
1	130.8	37.4	29.3	28.5	9	128.7	35.4	33.8	32.5
2	131.0	67.2	22.0	22.2	10	157.2	38.8	38.3	37.6
3	69.4	41.0	31.7	32.2	11	144.3	150.3	151.7	154.7
4	39.9	33.2	33.3	30.7	12	22.1	117.2	116.8	115.8
5	37.5	42.3	42.5	42.1	13	22.9	64.5	64.7	65.1
6	39.7	77.3	74.7	79.0	14	10.0	17.5	17.1	17.3
7	128.2	80.4	80.5	80.9	15	18.4	17.5	18.5	18.1
8	189.8	75.8	76.2	70.2					

表 3-7-63 化合物 3-7-353~3-7-356 的 ^{13}C NMR 数据

C	3-7-353[104]	3-7-354[104]	3-7-355[104]	3-7-356[105]	C	3-7-353[104]	3-7-354[104]	3-7-355[104]	3-7-356[105]
1	133.9	135.6	135.5	27.3	9	202.7	203.7	203.3	44.4
2	25.7	25.5	22.7	20.5	10	144.6	144.2	142.0	41.5
3	26.1	26.5	25.2	30.3	11	151.7	151.4	151.3	139.5
4	39.3	38.6	38.9	30.1	12	65.0	64.9	65.1	62.8
5	38.3	35.9	35.9	36.9	13	109.5	109.7	109.5	17.7
6	42.1	41.9	41.3	40.3	14	20.3	24.9	33.2	21.4
7	33.5	34.7	35.6	133.5	15	15.8	15.9	15.0	15.8
8	45.8	43.4	44.1	204.8					

3-7-359

3-7-360 R=H
3-7-361 R=OH
3-7-362 R=OMe

3-7-363

3-7-364 R=H
3-7-365 R=OMe
3-7-366
3-7-367
3-7-368
3-7-369

表 3-7-64　化合物 3-7-357~3-7-365 的 ^{13}C NMR 数据

C	3-7-357[105]	3-7-358[105]	3-7-359[106]	3-7-360[107]	3-7-361[107]	3-7-362[107]	3-7-363[107]	3-7-364[107]	3-7-365[107]
1	27.0	27.3	36.6	73.2	72.0	73.4	211.0	63.6	63.7
2	20.5	20.7	66.6	33.1	32.5	37.7	42.2	23.8	24.0
3	30.2	30.5	41.2	25.4	25.2	25.3	34.2	23.0	23.6
4	35.6	36.0	30.6	44.1	42.7	43.6	41.6	39.7	40.1
5	39.4	39.2	42.1	45.3	45.5	45.8	41.1	38.3	38.8
6	156.0	155.8	70.2	39.2	39.1	33.0	36.7	36.0	36.5
7	136.8	136.8	136.9	159.9	151.6	151.8	150.0	156.0	156.4
8	197.9	197.6	85.4	78.5	104.0	102.8	88.0	102.0	105.7
9	39.4	39.6	37.5	121.9	126.0	122.0	31.2	43.8	43.3
10	39.4	39.7	37.2	150.9	158.2	156.7	53.6	61.9	61.7
11	38.8	38.9	132.2	121.3	125.1	124.8	129.0	122.7	126.0
12	179.1	178.7	56.4	174.8	170.0	169.4	172.0	170.0	171.7
13	16.3	16.6	77.4	8.3	15.4	8.4	7.9	7.6	8.3
14	20.3	20.7	16.4	20.3	18.7	19.8	11.5	17.3	17.6
15	15.8	16.1	17.1	15.4	14.0	15.4	14.7	15.5	15.9
OMe						50.4	49.4		50.5

表 3-7-65　化合物 3-7-366~3-7-369 的 ^{13}C NMR 数据

C	3-7-366[108]	3-7-367[105]	3-7-368[105]	3-7-369[105]	C	3-7-366[108]	3-7-367[105]	3-7-368[105]	3-7-369[105]
1	71.8	27.3	34.8	30.2	10	77.6	35.1	71.8	164.8
2	29.0	20.5	21.7	31.8	11	103.5	39.0	130.0	144.3
3	30.6	29.7	29.8	73.2	12	171.9	180.0	171.4	113.7
4	33.4	31.4	33.2	47.6	13	8.4	14.3	8.7	20.7
5	47.2	40.4	47.4	39.8	14	15.1	17.3	10.6	16.5
6	31.5	66.7	74.2	41.9	15	16.4	15.0	16.3	10.4
7	158.9	116.4	152.0	50.4	OAc			169.5/20.2	
8	123.1	149.6	103.5	196.6	Et				65.2/15.4
9	37.3	25.3	43.9	125.0					

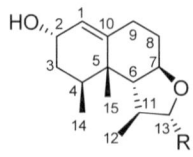

3-7-370 R=α-OH
3-7-371 R=α-OMe
3-7-372 R=β-OMe

3-7-373

3-7-374

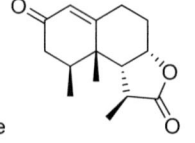

3-7-375

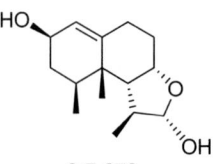

3-7-376

表 3-7-66　化合物 3-7-370~3-7-374 的 ^{13}C NMR 数据[109]

C	3-7-370	3-7-371	3-7-372	3-7-373	3-7-374	C	3-7-370	3-7-371	3-7-372	3-7-373	3-7-374
1	123.3	124.5	123.2	123.1	125.6	9	27.4	26.6	27.5	27.9	29.0
2	63.5	63.6	63.8	63.9	196.9	10	147.8	146.6	148.5	149.6	173.4
3	38.0	37.6	37.8	38.1	43.7	11	44.1	38.7	42.8	40.6	40.8
4	26.3	26.1	26.4	26.1	32.9	12	18.6	16.2	16.6	13.6	13.3
5	40.3	40.6	40.2	41.0	42.3	13	107.0	179.4	113.8	108.9	108.8
6	59.9	56.7	59.6	54.8	54.8	14	18.9	18.9	19.0	18.3	18.2
7	76.3	75.4	76.4	78.7	78.1	15	19.9	19.3	20.0	19.3	19.0
8	29.8	29.3	29.6	32.0	31.2	OMe			55.6	54.9	54.8

表 3-7-67　化合物 3-7-375~3-7-381 的 ^{13}C NMR 数据

C	3-7-375[109]	3-7-376[28]	3-7-377[28]	3-7-378[28]	3-7-379[28]	3-7-380[28]	3-7-381[110]
1	128.0	127.8	122.6	130.3	125.8	125.5	21.5
2	197.8	67.5	64.1	128.3	67.2	198.9	21.8
3	41.6	36.9	35.7	31.6	39.1	43.5	137.2
4	35.6	33.3	27.5	30.8	31.8	33.2	129.7
5	42.3	40.9	39.6	38.2	40.1	40.9	44.0
6	49.4	54.9	51.1	46.4	59.9	59.4	82.1
7	75.0	78.6	75.0	77.2	76.7	75.8	154.1
8	27.2	31.1	30.5	31.1	30.1	29.4	103.0
9	27.9	29.7	28.9	25.4	27.3	28.5	36.4
10	165.1	141.9	145.9	78.4	148.8	172.6	33.3
11	36.9	41.9	78.3	39.0	44.0	44.0	126.8
12	18.0	19.2	23.2	15.6	18.5	18.1	171.4
13	179.8	107.5	108.7	102.0	176.9	106.7	9.0
14	15.5	21.2	21.4	14.4	21.2	19.6	26.8
15	19.0	16.1	16.8	13.1	18.7	18.7	168.8

表 3-7-68 化合物 3-7-382~3-7-386 的 ^{13}C NMR 数据[103]

C	3-7-382[110]	3-7-383[110]	3-7-384[111]	3-7-385[112]	3-7-386[106]	C	3-7-382[110]	3-7-383[110]	3-7-384[111]	3-7-385[112]	3-7-386[106]
1	21.4	21.5	21.8	28.9	38.3	10	32.9	33.0	33.6	36.2	38.5
2	21.7	21.7	22.0	20.6	68.2	11	128.6	128.3	125.4	46.5	136.3
3	137.0	137.0	136.9	29.8	39.1	12	170.4	170.5	9.4	174.0	78.3
4	130.0	130.0	129.6	31.2	36.6	13	9.1	9.1	173.4	9.3	56.4
5	44.0	44.0	44.0	39.1	43.9	14	26.8	26.9	168.3	17.0	17.8
6	82.1	82.3	81.8	88.3	91.8	15	168.5	168.5	27.0	16.4	15.6
7	152.2	152.8	155.9	81.4	137.0	OMe	50.8				
8	105.2	105.1	77.4	212.3	64.3	OC$_2$H$_5$		59.2/15.1			
9	35.2	35.6	33.0	39.9	36.1						

3-7-387 R^1=OH; R^2=H
3-7-388 R^1=H; R^2=OH
3-7-389 R^1=H; R^2=H

3-7-390

3-7-391

3-7-392 R=H
3-7-393 R=OMe

3-7-394

3-7-395

3-7-396

3-7-397

3-7-398

3-7-399

3-7-400

3-7-401 R=
3-7-402 R=

表 3-7-69 化合物 3-7-387~3-7-391 的 ^{13}C NMR 数据

C	3-7-387[112]	3-7-388[112]	3-7-389[112]	3-7-390[112]	3-7-391[108]	C	3-7-387[112]	3-7-388[112]	3-7-389[112]	3-7-390[112]	3-7-391[108]
1	72.4	71.7	72.4	71.2	70.1	7	115.0	118.8	115.7	66.6	157.8
2	27.0	26.7	26.9	26.7	28.2	8	148.5	149.1	147.8	86.7	115.6
3	27.2	26.9	27.3	26.4	26.7	9	21.3	21.4	21.5	19.3	149.3
4	37.4	31.4	37.4	31.3	32.7	10	40.5	42.2	40.5	39.1	122.6
5	37.3	42.2	37.3	42.1	46.4	11	125.5	120.4	119.7	40.5	99.9
6	30.3	67.9	30.2	66.6	36.9	12	139.0	139.0	138.1	175.9	171.6

C	3-7-387[112]	3-7-388[112]	3-7-389[112]	3-7-390[112]	3-7-391[108]	C	3-7-387[112]	3-7-388[112]	3-7-389[112]	3-7-390[112]	3-7-391[108]
13	55.8	9.3	8.2	11.5	8.1	2'	128.4	127.6	127.6	128.2	127.4
14	24.7	18.8	14.7	18.5	15.0	3'	137.6	137.7	137.4	138.2	139.4
15	14.7	14.6	14.6	14.2	18.2	4'	15.8	15.8	15.8	15.9	15.8
1'	167.3	166.9	167.0	166.9	166.5	5'	20.8	20.8	20.9	31.3	20.5

表 3-7-70 化合物 3-7-392~3-7-398 的 ^{13}C NMR 数据

C	3-7-392[113]	3-7-393[113]	3-7-394[111]	3-7-395[110]	3-7-396[114]	3-7-397[114]	3-7-398[105]
1	68.2	68.0	21.0	22.5	62.9	210.7	30.2
2	71.6	71.6	25.1	22.8	19.8	35.1	31.8
3	31.1	31.1	64.4	142.6	23.5	30.7	72.9
4	36.9	37.3	42.5	131.7	32.0	41.3	47.4
5	40.5	41.3	44.2	42.2	40.8	45.6	39.8
6	28.5	31.3	82.8	67.2	69.6	68.8	41.8
7	161.8	157.8	154.0	148.5	116.6	116.3	50.4
8	77.4	105.8	77.4	143.8	148.4	152.4	196.5
9	34.5	33.8	32.1	108.5	30.5	20.7	125.0
10	38.4	38.5	34.8	37.2	63.2	49.7	164.6
11	122.3	126.5	126.2	126.7	119.6	119.6	144.2
12	8.0	8.1	9.3	171.3	8.5	8.6	113.7
13	174.8	171.6	171.1	8.9	139.1	138.3	20.6
14	18.1	18.6	173.1	23.4	15.2	14.7	16.5
15	24.3	23.7	23.2	166.5	16.6	11.2	10.3
1'	166.9	166.7	175.5	175.5	166.9	166.9	175.7
2'	113.8	114.0	41.3	41.4	131.2	128.0	34.3
3'	163.5	163.1	26.7	26.7	142.3	137.5	18.9
4'	33.7	33.7	11.4	11.3	15.8	15.7	18.7
5'	11.8	11.8	16.4	16.4	65.2	20.6	
6'	18.8	18.8					
OMe		50.2		51.7			

表 3-7-71 化合物 3-7-399~3-7-402 的 ^{13}C NMR 数据

C	3-7-399[115]	3-7-400[110]	3-7-401[105]	3-7-402[105]	C	3-7-399[115]	3-7-400[110]	3-7-401[105]	3-7-402[105]
1	81.0	25.0	33.5	34.3	7	49.9	137.8	115.6	117.0
2	29.8	26.3	22.3	22.8	8	81.4	196.3	151.9	151.9
3	28.9	70.5	29.2	29.1	9	26.5	39.6	34.1	35.3
4	78.7	53.9	33.8	33.8	10	46.5	35.5	75.0	74.9
5	57.7	39.6	45.5	45.6	11	41.2	38.0	119.6	119.5
6	147.9	150.0	70.5	77.8	12	12.6	174.3	139.1	138.4

续表

C	3-7-399[115]	3-7-400[110]	3-7-401[105]	3-7-402[105]	C	3-7-399[115]	3-7-400[110]	3-7-401[105]	3-7-402[105]
13	178.1	15.4	8.2	8.6	3'	119.7	139.4	136.9	9.3
14	23.8	24.7	10.0	11.3	4'	62.6	15.5	14.2	
15	110.4	171.8	16.1	15.7	5'		20.1	12.2	
1'	172.8	166.5	167.1	173.2	OMe		51.2, 51.8		
2'	147.7	127.2	129.3	27.8					

3-7-403 R¹=OH; R²=CH₃
3-7-404 R¹=CH₃; R²=OH
3-7-405 R¹=OH; R²=CH₃
3-7-406 R¹=CH₃; R²=OH
3-7-407
3-7-408
3-7-409

表 3-7-72 化合物 3-7-403~3-7-409 的 ^{13}C NMR 数据

C	3-7-403[116]	3-7-404[116]	3-7-405[116]	3-7-406[116]	3-7-407[116]	3-7-408[114]	3-7-409[114]
1	178.0	178.7	144.3	144.3	140.7	141.9	73.7
2	74.5	74.4	120.3	120.2	117.0	116.3	34.3/34.4
3	124.5	124.7	140.4	140.4	126.0	129.6	24.9
4	124.8	124.9	70.5	72.2	120.1	129.2	41.4
5	138.5	138.2	161.6	161.6	135.5	134.4	44.0
6	28.6	28.7	27.2	28.5	28.9	28.9	154.2
7	29.4	29.6	30.1	30.2	30.0	28.3	134.9/135.0
8	16.1	16.2	15.6	16.0	16.6	28.7	185.4
9	23.0	23.2	20.7	21.6	22.9	70.6	125.5
10	126.6	126.6	130.6	130.6	118.7	136.3	165.9
11	135.5	134.9	175.1	175.0	136.2	107.6	45.4/45.5
12	136.8	137.0	145.2	145.1	142.1	154.3	210.1
13	24.6	24.0	9.0	8.8	11.2	11.4	12.9/13.0
14	12.6	12.6	25.7	27.2	13.7	14.7	18.9/19.0
15	20.8	20.7	20.7	21.3	21.3	21.7	16.1/16.2

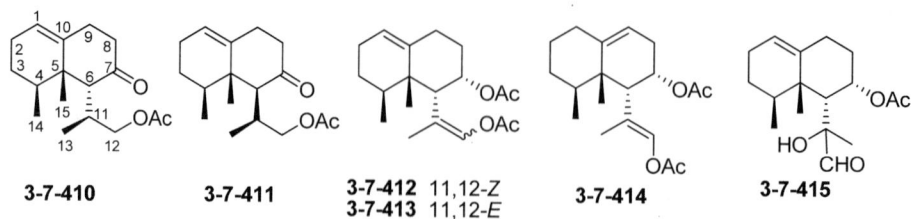

3-7-410
3-7-411
3-7-412 11,12-Z
3-7-413 11,12-E
3-7-414
3-7-415

3-7-416 **3-7-417** **3-7-418** **3-7-419** **3-7-420**

3-7-421 **3-7-422** **3-7-423** **3-7-424**

表 3-7-73　化合物 3-7-410~3-7-414 的 ^{13}C NMR 数据

C	3-7-410[117]	3-7-411[117]	3-7-412[117]	3-7-413[117]	3-7-414[117]	C	3-7-410[117]	3-7-411[117]	3-7-412[117]	3-7-413[117]	3-7-414[117]
1	123.9	123.4	122.5	122.6	32.7	11	31.4	31.1	120.3	120.3	116.7
2	25.6	25.9	25.8	25.7	26.4	12	66.2	68.2	134.2	134.0	134.5
3	26.7	26.9	26.7	26.6	30.5	13	17.7	14.0	17.8	13.2	12.5
4	32.9	33.1	35.5	35.2	35.6	14	15.2	15.2	15.3	15.2	15.8
5	42.8	42.6	40.8	40.8	41.7	15	21.7	22.0	21.0	21.0	21.8
6	62.0	58.5	43.4	49.5	49.4	OAc	170.8	170.9	168.3	168.0	168.0
7	212.9	213.6	71.3	71.7	69.8		20.8	20.9	20.7	20.8	20.8
8	40.6	41.2	28.6	28.3	29.2				170.5	170.6	170.0
9	30.7	30.7	30.2	30.3	117.0				21.3	21.3	21.3
10	137.7	138.1	139.8	139.7	144.4						

表 3-7-74　化合物 3-7-415~3-7-418 的 ^{13}C NMR 数据

C	3-7-415[117]	3-7-416[117]	3-7-417[118]	3-7-418[118]	C	3-7-415[117]	3-7-416[117]	3-7-417[118]	3-7-418[118]
1	124.9	122.7	62.1	119.9	10	140.3	137.4	65.3	141.9
2	25.5	25.3	22.5	25.3	11	80.5	210.2	207.6	73.9
3	26.9	26.6	25.7	29.9	12	203.5	34.9	34.2	70.1
4	35.7	35.6	34.3	37.4	13	23.7	15.8		24.2
5	43.2	42.1	45.3	38.1	14	15.6		14.4	20.9
6	50.2	58.1	69.4	129.7	15	21.5	19.8	18.3	15.7
7	71.9	72.0	206.3	137.8	OAc	170.0	170.2		171.1
8	27.8	26.5	38.7	27.3		21.5	21.3		20.7
9	30.8	29.9	30.2	27.6					

表 3-7-75　化合物 3-7-419~3-7-421 的 ^{13}C NMR 数据[120]

C	3-7-419[119]	3-7-420[119]	3-7-421[119]	C	3-7-419[119]	3-7-420[119]	3-7-421[119]
1	68.5	57.3	65.3	3	41.1	76.7	41.8
2	73.8	37.3	73.4	4	43.3	55.6	44.4

续表

C	3-7-419[119]	3-7-420[119]	3-7-421[119]	C	3-7-419[119]	3-7-420[119]	3-7-421[119]
5	46.7	46.0	49.3	11	27.6	29.9	27.2
6	33.8	33.2	39.6	12	25.1	23.3	24.8
7	68.0	66.4	200.0	13	21.7	22.9	20.8
8	135.2	134.7	134.9	14	14.0	11.8	15.9
9	124.5	124.7	144.1	15	19.1	18.5	15.1
10	36.3	35.4	38.1				

表 3-7-76 化合物 3-7-422~3-7-424 的 ^{13}C NMR 数据

C	3-7-422[119]	3-7-423[119]	3-7-424[119]	C	3-7-422[119]	3-7-423[119]	3-7-424[119]
1	62.7	63.6	62.4	11	82.4	82.0	121.5
2	26.3	26.0	24.7	12	12.5	15.0	146.5
3	23.3	23.1	18.8	13	166.5	170.7	8.4
4	40.2	39.3	31.5	14	9.5	10.8	16.1
5	41.1	40.5	45.2	15	15.9	15.5	15.2
6	75.6	79.2	68.6	1'	175.2	174.9	176.6
7	65.0	64.9	136.8	2'	34.2	34.1	34.2
8	205.1	204.7	146.4	3'	18.4	18.6	18.5
9	67.7	67.5	181.1	4'	18.5	18.9	19.3
10	64.4	62.0	65.4				

表 3-7-77 化合物 3-7-425~3-7-433 的 ^{13}C NMR 数据[120]

C	3-7-425	3-7-426	3-7-427	3-7-428	3-7-429	3-7-430	3-7-431[121]	3-7-432[122]	3-7-433[122]
1	50.4	50.0	49.9	49.0	49.0	52.2	103.7	103.9	103.8
2	77.3	79.7	80.2	83.3	83.9	81.4	168.3	169.4	168.5
3	38.8	39.9	40.1	42.1	42.2	46.7	43.9	43.5	44.5
4	42.1	42.0	42.0	46.8	46.0	47.7	41.9	42.3	42.2
5	28.0	27.1	27.0	26.2	26.2	24.0	55.4	53.9	51.0
6	26.1	34.4	34.1	25.4	25.3	23.2	40.2	45.9	45.4
7	51.3	49.4	49.3	40.9	40.8	34.2	60.7	56.2	59.2

C	3-7-425	3-7-426	3-7-427	3-7-428	3-7-429	3-7-430	3-7-431[121]	3-7-432[122]	3-7-433[122]
8	32.4	33.2	33.7	42.2	41.1	37.7	66.7	66.7	66.4
9	23.7	23.1	23.1	22.6	24.1	24.5	46.2	46.7	46.4
10	131.7	132.2	132.0	132.1	155.2	131.7	29.9	31.4	30.4
11	136.7	136.6	136.6	136.6	139.1	136.7	28.0	27.6	27.6
12	60.0	59.4	60.1	59.9	14.1	60.1	32.6	72.5	27.9
13	67.6	67.3	67.7	67.8	195.3	67.7	27.4	22.8	69.4
14	13.4	11.4	11.3	19.4	19.4	22.3	27.4	27.6	27.5
15	16.6	16.8	16.5	16.7	16.6	19.8	177.8	177.9	177.9

表 3-7-78 化合物 3-7-434~3-7-441 的 ^{13}C NMR 数据

C	3-7-434[122]	3-7-435[122]	3-7-436[123]	3-7-437[123]	3-7-438[123]	3-7-439[123]	3-7-440[124]	3-7-441[124]
1	103.1	104.3	52.2	48.9	50.4	49.3	44.8	44.7
2	167.7	168.7	23.2	25.5	26.1	34.4	23.6	23.7
3	44.6	44.3	24.0	26.2	28.0	27.1	29.6	29.6
4	42.9	42.6	47.6	46.6	42.0	41.9	46.8	46.7
5	56.7	54.1	46.2	42.2	38.8	39.9	165.3	165.7
6	39.8	40.6	81.3	83.4	77.4	79.7	44.9	44.7
7	59.9	60.8	34.2	40.9	51.3	50.0	36.9	37.1
8	66.6	66.8	38.1	42.7	32.8	33.6	43.8	39.3
9	84.8	55.1	24.7	22.6	23.8	23.3	127.7	24.7
10	39.5	76.8	129.5	129.3	129.1	129.4	135.9	145.5
11	24.3	38.2	134.0	133.9	134.0	133.9	73.2	126.4
12	33.3	33.0	61.7	61.4	61.5	61.3	70.1	172.5
13	27.2	28.3	21.8	21.4	21.3	21.4	24.4	12.0
14	25.1	28.7	22.3	19.5	13.4	11.4	23.0	22.6
15	176.8	175.9	19.9	16.7	16.6	16.8	100.1	100.1

表 3-7-79　化合物 3-7-442~3-7-448 的 ^{13}C NMR 数据

C	3-7-442[39]	3-7-443[125]	3-7-444[125]	3-7-445[125]	3-7-446[125]	3-7-447[44]	3-7-448[56]
1	145.3	54.5	52.7	55.9	80.5	50.5	46.4
2	116.3	28.2	41.0	29.2	33.9	23.8	33.7
3	54.0	30.9	74.9	32.0	29.8	40.0	123.0
4	62.1	39.4	44.6	40.6	37.3	79.3	141.5
5	34.6	88.1	88.5	89.0	89.1	54.5	51.3
6	37.6	34.7	34.6	35.0	30.1	72.1	36.2
7	46.8	56.5	56.2	50.7	56.6	86.4	37.1
8	17.6	104.5	105.1	105.7	105.1	29.1	40.4
9	34.5	38.8	38.9	39.8	40.8	31.8	76.2
10	40.3	144.7	143.9	146.5	60.4	83.1	154.7
11	72.8	28.7	28.8	37.7	30.8	32.5	154.8
12	26.9	21.5	21.3	68.0	21.6	17.1	64.8
13	28.6	23.1	23.2	16.3	23.7	18.6	108.3
14	21.0	112.9	114.0	113.3	55.3	23.1	102.9
15	23.5	12.3	6.6	12.7	12.5	25.2	14.6

表 3-7-80　化合物 3-7-449~3-7-456 的 ^{13}C NMR 数据

C	3-7-449[56]	3-7-450[56]	3-7-451[126]	3-7-452[126]	3-7-453[127]	3-7-454[127]	3-7-455[127]	3-7-456[127]
1	50.7	55.6	76.3	50.7	137.8	136.5	137.7	136.3
2	34.3	34.0	28.8	21.5	194.8	194.7	195.4	194.9
3	123.3	123.8	35.8	40.4	133.3	133.0	134.8	134.8
4	142.0	143.2	69.8	80.2	173.6	173.2	169.4	169.0

续表

C	3-7-449[56]	3-7-450[56]	3-7-451[126]	3-7-452[126]	3-7-453[127]	3-7-454[127]	3-7-455[127]	3-7-456[127]
5	49.8	47.0	80.4	50.3	90.2	90.3	90.4	90.2
6	36.6	37.9	56.1	121.3	35.6	35.1	35.3	34.1
7	40.0	42.3	67.9	149.6	38.9	38.0	38.9	38.6
8	29.8	27.7	26.3	25.1	26.2	33.5	25.8	33.8
9	37.6	46.8	25.1	42.6	33.0	32.9	33.0	33.1
10	152.6	75.3	37.5	75.2	156.0	156.9	156.2	157.0
11	154.0	156.7	36.3	37.3	36.3	138.3	35.9	138.5
12	65.1	65.0	17.7	21.4	176.5	166.5	176.8	166.8
13	108.5	108.0	18.0	21.3	14.1	130.4	13.8	130.6
14	106.6	22.2	18.9	21.2	21.5	21.5	21.3	21.7
15	14.9	14.9	22.4	22.5	58.2	57.9	64.5	64.5

表 3-7-81　化合物 3-7-457~3-7-461 的 ^{13}C NMR 数据

C	3-7-457[128]	3-7-458[128]	3-7-459[129]	3-7-460[36]	3-7-461[130]	C	3-7-457[128]	3-7-458[128]	3-7-459[129]	3-7-460[36]	3-7-461[130]
1	46.2	46.1	52.7	32.3	83.8	9	37.6	37.5	30.5	30.3	26.4
2	41.8	41.8	26.1	76.2	36.3	10	36.4	36.5	78.9	151.3	39.4
3	207.0	206.9	30.4	37.7	39.3	11	72.5	77.4	153.0	32.3	39.5
4	137.8	137.9	39.0	73.7	79.7	12	26.3	22.0	107.8	20.7	17.5
5	175.7	175.2	45.9	131.3	155.6	13	27.4	22.5	20.2	20.4	16.1
6	34.3	34.0	27.7	137.6	131.4	14	12.4	12.4	25.1	110.1	14.9
7	48.9	44.9	45.3	51.7	75.0	15	8.0	8.0	16.5	28.9	25.8
8	27.7	27.3	28.4	27.6	25.8						

表 3-7-82　化合物 3-7-462~3-7-465 的 ^{13}C NMR 数据

C	3-7-462[130]	3-7-463[131]	3-7-464[132]	3-7-465[133]	C	3-7-462[130]	3-7-463[131]	3-7-464[132]	3-7-465[133]
1	80.9	47.0	83.5	46.9	4	79.6	153.0	86.3	155.2
2	36.0	38.7	45.1	40.7	5	160.4	45.6	146.6	52.9
3	38.4	74.2	78.7	75.3	6	128.6	39.6	133.8	82.9

C	3-7-462[130]	3-7-463[131]	3-7-464[132]	3-7-465[133]	C	3-7-462[130]	3-7-463[131]	3-7-464[132]	3-7-465[133]
7	74.3	42.7	44.7	52.4	15	28.3	114.0	16.1	114.7
8	35.1	38.0	30.4	73.9	1'		96.5	OEt	177.3
9	28.6	36.6	34.8	42.8	2'		74.3	56.4/15.9	63.9
10	42.3	150.6	40.8	145.8	3'		78.7	OEt	21.6
11	40.0	147.2	76.3	140.8	4'		71.0	55.9/16.0	26.4
12	17.1	166.3	22.9	126.0	5'		79.6		48.8
13	16.6	124.0	23.0	175.8	6'		62.2		
14	17.1	119.2	17.7	119.4					

3-7-466　3-7-467　3-7-468　3-7-469　3-7-470　3-7-471

表 3-7-83　化合物 3-7-466~3-7-474 的 ^{13}C NMR 数据

C	3-7-466[7]	3-7-467[129]	3-7-468[134]	3-7-469[134]	3-7-470[135]	3-7-471[136]	3-7-472[137]	3-7-473[137]	3-7-474[138]
1	47.0	49.8	48.1	49.3	47.5	43.8	43.8	42.9	44.8
2	40.0	24.3	40.2	39.4	39.3	42.5	40.8	40.9	42.0
3	27.5	38.2	20.9	24.9	23.4	28.0	35.4	34.4	27.4
4	55.9	50.4	50.5	50.2	50.3	54.5	86.2	86.7	53.2
5	52.8	55.7	49.9	49.6	50.6	48.2	62.8	63.8	50.3
6	151.4	78.9	78.9	159.8	75.3	74.5	205.3	203.0	26.5
7	129.8	149.4	153.1	143.6	72.7	40.1	130.3	135.2	127.5
8	22.4	27.1	26.9	19.4	33.7	34.6	158.2	148.5	140.7
9	27.1	29.9	35.1	28.8	28.4	18.8	32.8	201.1	26.0
10	76.1	77.7	81.1	83.2	74.3	40.8	40.1	58.9	41.1
11	19.8	29.7	29.1	32.1	31.4	72.4	38.7	38.0	74.4
12	33.2	22.8	14.5	19.3	16.3	24.5	18.4	18.4	27.1
13	20.1	17.5	21.8	21.5	21.5	31.2	18.0	18.0	32.5
14	22.0	30.6	11.7	13.4	18.6	28.1	22.7	23.0	17.7
15	171.6	113.2	114.3	193.1	25.0	13.1	28.9	21.6	70.6

3-7-472　3-7-473　3-7-474　3-7-475　3-7-476

第三章 单萜、倍半萜和二萜类化合物

表 3-7-84 化合物 3-7-475~3-7-483 的 ^{13}C NMR 数据

C	3-7-475[138]	3-7-476[138]	3-7-477[139]	3-7-478[139]	3-7-479[139]	3-7-480[139]	3-7-481[139]	3-7-482[139]	3-7-483[140]
1	44.5	44.5	54.3	52.4	52.5	52.5	53.5	152.0	50.9
2	42.0	40.1	26.3	24.9	25.1	25.2	27.8	121.4	28.6
3	27.4	27.2	36.7	36.1	38.6	36.0	36.9	43.9	32.0
4	53.2	53.9	132.4	131.3	132.1	132.1	129.1	133.2	156.1
5	50.1	49.3	133.8	136.8	136.8	136.6	136.7	137.5	105.6
6	26.7	28.3	21.5	24.8	23.8	23.9	26.4	23.2	45.9
7	131.0	157.0	120.1	162.0	160.3	159.1	163.2	157.6	29.8
8	135.8	144.7	151.0	83.8	105.7	108.3	80.7	108.7	120.0
9	26.3	20.2	32.1	33.6	36.0	37.0	40.1	45.9	149.0
10	41.0	41.9	34.6	29.3	27.8	27.2	34.1	27.7	116.8
11	74.3	74.3	117.8	119.7	120.9	122.6	122.8	125.4	137.3
12	27.1	26.9	135.6	175.0	172.6	172.4	174.6	171.5	136.0
13	32.5	33.0	8.3	8.4	8.6	8.6	8.5	8.3	7.8
14	17.7	17.7	16.3	19.9	19.8	19.7	14.1	19.6	22.2
15	72.0	196.1	13.9	14.3	14.6	14.6	13.9	13.4	105.6
AcO	171.1/21.1								
OCH$_3$						50.3		50.4	

表 3-7-85 化合物 3-7-484~3-7-490 的 ^{13}C NMR 数据

C	3-7-484[140]	3-7-485[140]	3-7-486[19]	3-7-487[141]	3-7-488[141]	3-7-489[142]	3-7-490[142]
1	138.1	140.5	27.3	135.4	133.9	139.3	141.7
2	125.6	29.9	45.0	195.8	194.8	116.1	117.5
3	125.6	30.2	40.0	135.3	137.0	137.0	141.3
4	144.1	156.3	163.4	173.1	167.5	136.3	135.1

续表

C	3-7-484[140]	3-7-485[140]	3-7-486[19]	3-7-487[141]	3-7-488[141]	3-7-489[142]	3-7-490[142]
5	133.2	46.0	133.5	53.3	50.5	116.4	117.4
6	122.4	32.8	185.5	75.1	75.4	130.7	131.5
7	119.5	119.3	130.4	164.6	158.5	126.3	126.6
8	158.1	149.2	148.4	77.6	77.0	159.0	159.4
9	34.1	33.7	192.1	41.7	42.0	115.7	117.4
10	31.5	124.5	49.6	141.7	143.3	141.1	141.5
11	120.6	121.1	124.1	122.7	122.5	120.3	120.4
12	137.3	135.7	144.5	172.6	172.9	141.1	141.8
13	7.4	8.8	9.9	10.5	9.6	25.2	25.2
14	19.8	21.3	12.2	21.0	20.7	8.0	8.0
15	12.2	105.6	17.8	20.1	19.9	166.3	187.1

表 3-7-86 化合物 3-7-491~3-7-498 的 ^{13}C NMR 数据

C	3-7-491[143]	3-7-492[143]	3-7-493[143]	3-7-494[143]	3-7-495[143]	3-7-496[143]	3-7-497[144]	3-7-498[144]
1	48.7	48.7	52.6	48.9	53.2	53.5	51.0	51.1
2	36.1	36.1	34.7	34.5	35.0	75.3	75.6	75.3
3	206.5	206.8	79.2	124.9	124.9	44.7	48.0	36.3
4	138.2	137.7	136.2	141.2	145.3	70.9	78.5	72.9
5	165.6	166.6	133.0	50.7	49.7	73.4	53.5	51.1
6	32.9	33.9	31.7	25.8	27.9	56.3	27.1	76.5
7	84.2	86.5	87.3	170.5	164.8	50.8	49.3	52.4
8	85.2	85.0	86.0	83.6	82.9	78.0	83.5	76.1
9	39.1	38.8	38.9	39.9	38.6	43.9	42.1	44.0
10	87.8	87.6	86.6	142.9	82.0	34.1	141.8	30.2
11	136.5	43.4	43.7	120.6	123.2	137.7	139.6	138.6
12	168.4	176.8	177.8	170.2	178.7	168.8	169.9	168.8
13	125.5	8.2	8.2	54.7	8.7	121.9	119.1	120.0
14	8.0	8.0	10.6	14.9	15.6	19.9	116.5	15.9
15	24.5	24.6	24.2	116.4	27.9	24.9	24.6	20.4
OAc				172.4/20.8		170.3/2.1	172.6/21.2	172.6/21.2
								172.6/21.2

表 3-7-87　化合物 3-7-499~3-7-506 的 ^{13}C NMR 数据

C	3-7-499[145]	3-7-500[145]	3-7-501[145]	3-7-502[145]	3-7-503[145]	3-7-504[146]	3-7-505[146]	3-7-506[146]
1	84.8	87.5	88.8	154.1	156.2	84.0	85.0	85.0
2	163.4	138.4	139.1	125.6	125.7	32.4	166.2	166.2
3	131.5	125.1	135.4	73.6	73.8	34.2	131.6	131.6
4	211.2	83.7	85.1	207.2	207.8	218.5	213.7	213.6
5	59.2	58.0	58.0	58.0	56.6	59.0	60.0	60.4
6	78.8	83.8	85.9	80.0	80.5	83.7	80.6	80.2
7	44.7	46.5	44.5	43.3	43.0	170.3	52.9	48.6
8	28.4	24.6	21.3	23.5	25.3	24.0	21.5	20.5
9	30.2	27.6	31.2	29.8	28.8	31.0	32.7	32.1
10	40.0	42.9	40.9	38.9	38.5	43.3	41.3	41.6
11	140.5	41.7	38.6	138.1	139.4	127.1	78.7	78.1
12	170.8	179.9	179.9	169.4	169.7	176.1	177.9	180.0
13	121.6	15.4	10.7	120.1	120.7	53.6	63.2	67.8
14	17.7	13.1	14.2	14.6	17.5	18.3	18.0	18.0
15	18.2	16.7	17.9	20.7	21.4	11.3	20.4	19.8
OAc		171.0	171.0	170.1	168.9			
		21.3	20.0	20.6	20.6			

表 3-7-88　化合物 3-7-507~3-7-513 的 ^{13}C NMR 数据

C	3-7-507[147]	3-7-508[148]	3-7-509[149]	3-7-510[149]	3-7-511[149]	3-7-512[149]	3-7-513[150]
1	48.3	51.9	75.7	73.0	74.2	74.4	135.1

续表

C	3-7-507[147]	3-7-508[148]	3-7-509[149]	3-7-510[149]	3-7-511[149]	3-7-512[149]	3-7-513[150]
2	39.0	40.9	56.5	63.5	62.9	62.2	192.8
3	217.2	73.8	57.2	64.0	83.4	77.8	135.9
4	50.0	152.4	71.1	80.0	78.2	86.7	169.8
5	47.1	46.4	42.3	50.0	49.2	58.0	78.4
6	81.3	85.8	82.1	78.5	79.6	79.4	82.8
7	44.0	45.7	40.7	43.5	41.0	41.1	50.7
8	24.4	32.3	31.0	22.5	30.8	28.0	71.2
9	33.0	36.4	73.8	33.5	73.6	78.6	42.3
10	74.0	148.0	72.4	72.0	71.4	71.7	148.1
11	140.0	139.6	138.5	140.5	139.1	140.1	40.5
12	169.9	170.6	169.5	170.5	169.5	169.2	176.6
13	119.6	122.3	119.1	119.0	119.6	120.6	15.0
14	32.0	113.2	24.6	28.0	22.8	23.0	15.5
15	11.6	116.4	19.4	24.0	23.9	24.7	21.9
OAc			170.0/21.2		169.9/21.0	170.9/21.1	

3-7-514 **3-7-515** **3-7-516** **3-7-517**

3-7-518 **3-7-519** **3-7-520**

表 3-7-89 化合物 3-7-514~3-7-520 的 ^{13}C NMR 数据

C	3-7-514[151]	3-7-515[61]	3-7-516[152]	3-7-517[152]	3-7-518[153]	3-7-519[153]	3-7-520[153]
1	91.0	132.6	43.5	44.3	43.1	44.5	35.6
2	136.0	194.6	38.6	38.7	38.4	38.3	37.2
3	141.4	132.4	73.5	73.6	87.3	80.6	80.6
4	84.3	174.5	152.7	152.7	45.4	143.8	154.4
5	66.2	48.3	50.0	50.2	51.5	50.6	48.9
6	81.0	80.5	80.5	79.1	80.6	78.6	83.9
7	53.7	62.9	52.8	55.9	56.2	54.0	44.4
8	71.5	64.4	69.6	73.2	63.6	64.4	40.0
9	48.2	48.5	43.6	41.6	45.2	44.4	72.8
10	75.8	146.7	143.4	143.0	144.2	144.6	150.6
11	44.4	74.2	44.9	48.0	36.9	36.7	42.2

续表

C	3-7-514[151]	3-7-515[61]	3-7-516[152]	3-7-517[152]	3-7-518[153]	3-7-519[153]	3-7-520[153]
12	178.5	176.5	176.2	174.2	179.0	179.0	178.9
13	58.1	22.9	69.4	72.0	13.4	13.4	12.8
14	25.2	20.5	115.9	116.4	115.4	115.5	117.7
15	24.1	62.1	112.2	112.7	18.6	115.4	110.6
OMe			59.2	59.2			
1'					105.8	104.6	105.0
2'					75.4	75.4	75.0
3'					78.6	78.6	78.9
4'					71.6	71.7	70.9
5'					78.5	78.5	77.8
6'					62.8	62.8	62.2

3-7-521

3-7-522 R=H; R¹=H; R²=Ac
3-7-523 R=H; R¹=Ac; R²=H
3-7-524 R=H; R¹=Ac; R²=Ac
3-7-525 R=OOH; R¹=^{i}But; R²=Ac

3-7-526 R=H; R¹=H
3-7-527 R=H; R¹=OAc

表 3-7-90 化合物 3-7-521~3-7-527 的 ^{13}C NMR 数据[154]

C	3-7-521	3-7-522	3-7-523	3-7-524	3-7-525	3-7-526	3-7-527
1	51.2	56.4	43.0	53.7	49.0	49.0	48.2
2	133.5	34.2	33.0	33.2	91.7	35.0	35.0
3	137.8	125.0	127.0	126.2	124.6	80.0	80.2
4	96.2	143.1		141.8	150.9	144.4	145.0
5	47.7	55.5	54.0	53.7	52.5	132.5	131.6
6	78.5	80.3	81.0	79.8	80.0	80.0	77.9
7	42.9	50.0	42.0	45.0	43.0	40.0	41.0
8	72.7	73.5	73.0	71.7	72.0	30.0	71.5
9	79.2	71.8	78.0	71.7	79.0	77.5	77.9
10	73.6			77.1		75.5	73.9
11	137.0						
12	169.7	169.8	169.8	169.0	170.3		170.0
13		122.9	125.0	122.0	124.6	120.0	124.6
14	23.0	27.8	14.0	25.0	22.7	21.0	20.4
15	20.3	19.2	17.5	17.3	17.5	14.5	13.6
OAc	170.8	169.8	169.8	169.8	170.3	170.3	170.4
	20.9	21.0		20.5	21.0	22.0	20.4
^{i}But	175.8				175.0		
	34.2				34.5		
	18.9						
	18.7				18.7		

表 3-7-91　化合物 3-7-528~3-7-535 的 ^{13}C NMR 数据

C	3-7-528[63]	3-7-529[63]	3-7-530[63]	3-7-531[151]	3-7-532[155]	3-7-533[156]	3-7-534[156]	3-7-535[156]
1	44.2	37.2	37.4	90.8	144.0	126.3	129.9	133.3
2	35.0	30.3	30.4	134.2	37.2	38.0	35.8	193.0
3	126.6	78.2	77.7	139.1	126.1	126.6	127.4	135.3
4	131.3	77.8	78.5	75.9	139.9	139.9	142.4	143.9
5	138.7	48.2	48.4	65.2	57.1	54.7	81.8	81.8
6	66.7	78.6	78.2	78.2	79.0	82.1	83.4	77.2
7	56.3	42.5	42.2	38.6	55.4	53.8	45.7	52.4
8	22.6	23.6	22.6	31.0	66.1	70.3	69.7	70.6
9	35.7	35.7	35.8	82.3	33.1	74.6	72.7	71.3
10	147.0	144.5	144.3	76.5	1243	140.1	138.8	146.8
11	78.9	78.5	78.6	138.0	135.1	137.1	137.0	138.5
12	175.0	174.6	174.7	166.6	168.8	169.0	168.8	168.5
13	20.6	20.7	20.8	120.6	120.0	120.6	120.5	128.3
14	112.0	111.8	111.9	23.1	66.8	15.4	15.7	11.7
15	17.2	26.0	26.4	22.6	17.7	17.9	13.9	16.5
C=O		170.8	170.6		171.3	169.6	169.9	170.0
Ac-Me		20.9	21.1		20.9	21.2	20.5	20.8
MeO								52.4
1'	166.7	166.2	166.2	169.5	165.9	169.9	166.5	173.9
2'	126.8	126.6	127.5	126.9	131.6	59.6	126.8	59.5
3'	140.5	140.6	139.3	139.1	144.4	61.2	141.5	60.2
4'	20.4	20.1	14.5	20.3	59.2	14.3	20.5	13.7
5'	15.9	15.8	11.8	15.3	57.2	19.9	16.0	19.3

表 3-7-92　化合物 3-7-536~3-7-540 的 ^{13}C NMR 数据[150]

C	3-7-536	3-7-537	3-7-538	3-7-539	3-7-540	C	3-7-536	3-7-537	3-7-538	3-7-539	3-7-540
1	99.0	143.8	71.8	72.0	71.7	11	42.1	41.9	41.2	41.3	41.4
2	134.1	206.5	56.1	56.6	56.7	12	176.9	177.3	172.2	177.2	177.5
3	136.1	53.6	57.5	58.3	58.3	13	14.2	14.9	14.8	15.2	15.5
4	94.3	76.6	67.5	75.1	70.5	14	23.6	29.7	29.7	29.3	29.3
5	69.6	164.8	44.3	49.7	49.9	15	13.7	27.6	19.8	20.4	20.3
6	75.5	76.6	77.2	74.7	78.9	1'	166.6	166.7	166.7	166.8	168.1
7	51.7	53.9	57.9	53.8	53.8	2'	138.9	139.3	138.2	139.1	141.0
8	81.8	73.8	68.5	71.2	70.5	3'	128.1	129.9	128.2	128.1	126.7
9	42.5	42.6	50.1	42.9	43.4	4'	14.6	16.3	14.5	14.6	20.8
10	71.2	71.7	78.2	78.8	78.2	5'	12.0	12.6	12.1	12.0	15.9

表 3-7-93　化合物 3-7-541~3-7-550 的 ^{13}C NMR 数据

C	3-7-541[157]	3-7-542[157]	3-7-543[157]	3-7-544[157]	3-7-545[157]	3-7-546[157]	3-7-547[157]	3-7-548[62]	3-7-549[49]	3-7-550[49]
1	141.3	51.5	56.5	160.5	48.3	49.3	160.9	63.2	45.4	43.2
2	38.0	75.9	76.0	125.8	70.8	72.9	125.6	77.7	40.1	37.8
3	78.7	65.1	130.9	151.4	64.0	60.9	151.7	129.7	74.4	72.1
4	82.6	66.2	150.1	82.6	65.6	65.1	82.6	146.6	154.9	151.9
5	54.6	49.5	53.3	61.6	49.6	47.4	61.6	54.5	51.7	49.5
6	76.8	77.2	84.3	76.2	77.5	76.7	75.7	80.6	81.2	79.0
7	54.5	48.2	49.1	53.0	47.3	46.3	52.8	47.3	54.4	52.3
8	65.2	68.7	69.1	63.6	67.1	66.6	64.4	66.1	78.0	75.7
9	34.3	37.5	37.6	29.1	35.8	36.3	28.7	40.4	41.5	39.4
10	130.0	140.5	75.0	128.6	73.1	74.1	127.8	73.1	144.9	141.9

续表

C	3-7-541[157]	3-7-542[157]	3-7-543[157]	3-7-544[157]	3-7-545[157]	3-7-546[157]	3-7-547[157]	3-7-548[62]	3-7-549[49]	3-7-550[49]
11	135.0	133.9	137.2	134.7	134.5	134.0	134.2	134.7	42.6	40.6
12	170.0	169.5	172.0	168.6	170.0	169.1	169.0	169.4	180.9	178.5
13	120.7	122.7	122.6	121.7	121.6	122.1	121.3	121.9	16.3	14.5
14	65.9	120.4	55.9	190.1	54.9	54.9	189.8	29.7	117.5	116.1
15	23.8	18.3	18.7	25.3	18.8	18.7	25.3	17.4	111.6	110.4
1'	167.1	166.8	168.7	166.4	167.0	166.4	160.9	167.0	166.9	166.1
2'	127.4	127.7	129.1	127.1	127.2	127.6	59.4	127.2	142.4	135.5
3'	138.9	141.2	143.5	139.0	141.6	141.4	59.7	139.1	62.1	125.8
4'	15.8	59.5	60.2	15.9	58.9	59.6	13.7	20.5	126.0	17.3
5'	20.6	12.7	13.2	20.4	12.3	12.8	19.1	15.8		

表 3-7-94 化合物 3-7-551~3-7-556 的 ^{13}C NMR 数据

C	3-7-551[158]	3-7-552[158]	3-7-553[159]	3-7-554[82]	3-7-555[160]	3-7-556[161]
1	21.7	38.7	42.7	124.6	41.6	119.8
2	27.2	18.2	31.6	74.6	40.5	142.3
3	137.0	42.2	121.6	62.4	74.5	27.6
4	127.4	33.3	130.7	39.9	32.6	30.2
5	43.0	48.9	37.1	45.5	52.0	60.2
6	38.2	128.0	31.8	39.4	137.8	52.8
7	41.3	141.3	33.3	120.6	129.8	76.2
8	19.7	25.6	160.0	138.4	70.0	32.5
9	36.3	31.6	130.5	33.7	49.0	134.0
10	76.0	86.0	202.7	24.5	149.3	127.5
11	51.9	39.8	54.2	141.9	48.1	77.7
12	32.6	13.7	24.9	16.3	112.7	22.4
13	33.3	22.6	20.9	14.0	21.8	176.8
14	26.7	33.3	26.6	22.0	29.6	66.5
15	67.7	68.4		26.3	21.2	24.0

第三章 单萜、倍半萜和二萜类化合物

参 考 文 献

[1] Chang R, Wu C, J Chinese Chem Soc, 1999, 46: 191.
[2] Cheng S, Huang Y, Wen Z, et al. Tetrahedron Lett, 2009, 50: 802.
[3] Silva G, Teles H, Zanardi L, et al. Phytochemistry, 2006, 67: 1964.
[4] Cutillo F, Abrosca B, DellaGreca M, et al. Phytochemistry, 2006, 67: 481.
[5] Wallaart T, van Uden W, Lubberink H, et al. J Nat Prod, 1999, 62: 430.
[6] Wallaart T, Pras N, Quax W, J Nat Prod, 1999, 62: 1160.
[7] Xie B, Yang S, Yue J, Phytochemistry, 2008, 69: 2993.
[8] Zhang Y, Guo D, Wang L, et al. Chinese J Nat Med, 2010, 8: 177.
[9] He K, Zeng L, Shi G, et al. J Nat Prod, 1997, 60:38.
[10] Narita H, Furihata K, Kuga S, et al. Phytochemistry, 2007, 68: 587.
[11] Liu D, Wang F, Yang L, et al. J Antibiot, 2007, 60:332.
[12] Sukpondma Y, Rukachaisirikul V, Phongpaichit S, J Nat Prod, 2005, 68: 1019.
[13] Wu, S, Fotso S, Li F, et al. J Nat Prod, 2007, 70:304.
[14] Hiramatsu F, Murayama T, Koseki T, et al.Phytochemistry, 2007, 68: 1267.
[15] Barreira E, Queiroz Monte F, Braz-filho R, et al. Nat Prod Lett, 1996, 8: 284.
[16] Zhang X, Zhu H, Zhang S, et al. J Nat Prod, 2007, 70:1526.
[17] Sorek H, Zelikoff A, Benayahu Y, et al. Tetrahedron Lett, 2008,49:2200.
[18] Li G, Duan M, Yu Z, et al. Phytochemistry, 2008, 69: 1439.
[19] Zhang S, Su Z, Yang S, et al. J Asian Nat Prod Res, 2010, 12: 522.
[20] Gan X, Ma L, Chen Q, Planta Med, 2009, 75: 1344.
[21] Liu M, Liu C, Zhang X, et al. Chem Pharm Bull, 2010, 58: 1224.
[22] Appendino G, Maxia L, Bascope M, et al. J Nat Prod, 2006, 69: 1101.

[23] Xu D, Sheng Y, Zhou Z, et al. Chem Pharm Bull, 2009, 57: 433.

[24] Liu H, Edrada-Ebel R, Ebel R, et al. J Nat Prod, 2009, 72: 1585.

[25] Lu Z, Wang Y, Miao C, et al. J Nat Prod, 2009, 72: 1761.

[26] Paul V, Seo Y, Cho K, et al. J Nat Prod, 1997, 60: 1115.

[27] Echeverri F, Luis J, Torres F, et al. Nat Prod Lett, 1997, 10: 295.

[28] Wang S, Duh C, et al. Chem Pharm Bull, 2007, 55:762.

[29] Allouche N, Apel C, Martin M, et al. Phytochemistry, 2009, 70: 546.

[30] Jurgens T, Hufford C, Clark A. Xenobiotica, 1992, 22: 569.

[31] Shen Y, Hsieh P, J Nat Prod, 1997, 60: 93.

[32] Takahashi Y, Ushio M, Kubota T, et al. J Nat Prod, 2010, 73: 467.

[33] Yang J, An Z, Li Z, et al. Chem Pharm Bull, 2006, 54: 1595.

[34] Iranshahi M, Arfa P, Ramezani, M, et al. Phytochemistry, 2007, 68: 554.

[35] Zhao Y, Yue J, He Y, et al. J Nat Prod, 1997, 60: 545.

[36] Gao K, Yang L, Jia Z, J Chinese Chem Soc, 1999, 46: 619.

[37] Yuan T, Zhang C, Yang S, et al. J Nat Prod, 2008, 71: 2021.

[38] Henchiri H, Bodo B, Deville A, et al. Phytochemistry, 2009, 70: 1435.

[40] Fontana, G, Rocca S, Passannanti S, et al. Nat Prod Res, 2007, 21: 824.

[41] Hackl T, Kö̈nig W, Muhle H, et al. Phytochemistry, 2006, 67: 778.

[42] Yang X, Wong M, Wang N, et al. Chem Pharm Bull, 2006, 54: 676.

[43] Zhang Y, Litaudon M, Borsseroue H, et al. J Nat Prod, 2007, 70: 1368.

[44] Shen T, Wan W, Yuan H, et al. Phytochemistry, 2007, 68: 1331.

[45] Shan Y, Wang X, Zhou X, et al. Chem Pharm Bull, 2007, 55: 376.

[46] Kawaguchi Y, Ochi T, Takaishi Y, et al. J Nat Prod, 2004, 67:1893.

[47] Okasaka M, Takaishi Y, Kashiwada Y, et al. Phytochemistry, 2006, 67: 2635.

[48] Rukachaisirikul V, Kaewbumrung C, Phongpaichit S, et al. Chem Pharm Bull, 2005, 53: 1338.

[49] Wang H, Zhang H, Zhou Y, et al. J Nat Prod, 2005: 68:762.

[50] Faini F, Labbe C, Torres R, et al. Nat Prod Lett, 1997, 11: 1.

[51] Ren Y, Shen L, Zhang D, Chem. Pharm. Bull. 2009, 57: 408.

[52] Cheng S, Wang S, Wen Z, et al. J Asian Nat Prod Res, 2009, 11: 967.

[53] Prakash Chaturvedula V, Farooq A, Schilling J, et al. J Nat Prod, 2004, 67: 2053.

[54] Lu T, Fischer N, Spectroscopy Lett, 1996, 29: 437.

[55] Vargas D, Fronczek F, Ober A, et al. Spectroscopy Lett, 1991, 24: 1353.

[56] He X, Yin S, Ji Y, et al. J. Nat. Prod. 2010, 73: 45.

[57] Li, Zhang D, Li J, et al. J Nat Prod, 2006, 69: 616.

[58] Ferreira D, Levorato A, Faria T, et al. Nat Prod Lett, 1994, 4: 1.

[59] Krautmann M, de Riscala E, Burgueño-Tapia E, et al. J Nat Prod, 2007, 70: 1173.

[60] Zheng W, Tan R, Liu Z, Spectroscopy Lett, 1996, 29: 1589.

[61] Wang X, Gao X, Jia Z, Fitoterapia, 2010, 81: 42.

[62] Macís F, Ferna´ndez A, Varela R, et al. J Nat Prod, 2006, 69: 795.

[63] Rubal J, Guerra M, Moreno-Dorado F, et al. J Nat Prod, 2006, 69: 1566.

[64] Naya K, Okayama T, Fujiwara M, Bull Chem Soc Jpn, 1990, 63: 2239.

[65] Guo Y, Li X, Xu J, Chem Pharm Bull, 2004, 52: 1134.

[66] Wang M, Chen F, J Nat Prod, 1997, 60: 602.

[67] Kim S, Kim H, Hong Y, et al. J Nat Prod, 1999, 62: 697.

[68] Wang Y, Yang L, Tu Y, et al. J Nat Prod, 1997, 60: 178.

[69] Wu M, Zhao T, Shang Y, et al. Chinese Chem Lett, 2004, 15:41.

[70] Chávez H, Callo N, Estévez-Braun A, et al. J Nat Prod, 1999, 62: 1576.

[71] Chen J, Chou T, Peng C, et al. J Nat Prod, 2007, 70:202.

[72] Ji Z, Wu W, Yang H, et al.Nat Prod Res, 2007, 21: 334.

[73] Duran R, Corrales E, Hernández-Galán R, et al. J Nat Prod, 1999, 62: 41.

[74] Tian Y, Sun L, Li B, et al. Fitoterapia, 2011, 82: 251.

[75] Sung P, Chuang L, Kuo J, et al. Chem Pharm Bull, 2007, 55: 1296.

[76] Sung P, Chuang L, Kuo J, et al. Tetrahedron Lett, 2007, 48: 3987.
[77] Williams H, Moyn G, Vinson S, et al. Nat Prod Lett, 1997, 11: 25.
[78] Fattorusso C, Stendardo E, Appendino G, et al. Org Lett, 2007, 9: 2377.
[79] Sung P, Chuang L, Fan T, et al. Chem Lett, 2007, 36: 1322.
[80] McPhail K, Davies-Coleman M, Copley R, et al. J Nat Prod, 1999, 62: 1618.
[81] Nagashima F, Toyata M, Asakawa y, et al. Chem Pharm Bull, 2006, 54: 1347.
[82] Kladi M, Xenaki H, Vagias C, et al. Tetrahedron, 2006, 62: 182.
[83] Sun J, Shi D, Ma, M, et al. J Nat Prod, 2005, 68: 915.
[84] Sun J, Shi D, Li S, et al. J Asian Nat Prod Res, 2007, 9: 725.
[85] Wu C, Gunatilaka A, McCabe F, et al. J Nat Prod, 1997, 60: 1281.
[86] Schmidt T, J Nat Prod, 1999, 62: 684.
[87] Liu L, Gao H, Chen X, et al. Eur J Org Chem, Online.
[88] Huang H, Chao C, Su J, et al. Chem Pharm Bull, 2007, 55: 876.
[89] Dias T, Brito I, Moujir L, et al. J Nat Prod, 2005, 68:1677.
[90] Furusawa M, Hashimoto T, Noma Y, et al. Chem Pharm Bull, 2006, 54: 996.
[91] Cane D, Xue, Q, Van Epp, J. J Am Chem Soc, 1996, 118: 8499.
[92] Song F, Xu X, Li S, et al. J Nat Prod, 2006, 69: 1261.
[93] Carbone M, Núněz-Pons L, Castelluccio F, et al. J Nat Prod, 2009, 72, 1357.
[94] Yoshikawa K, Kaneko A, Matsumoto, Y, et al. J Nat Prod, 2006, 69: 1267.
[95] Becker U, Erkel G, Anke T, et al. Nat Prod Lett, 1997, 9: 229.
[96] Becker U, Anke T, Sterner O, et al. Nat Prod Lett, 1994, 5: 171.
[97] Ge X, Ye G, Li P, et al. J Nat Prod, 2008, 71:227.
[98] Ueda K, Kadekaru T, Siwu E, et al. J Nat Prod, 2006, 69: 1077.
[99] KrohnK, Dai J, Flörke U, et al. J Nat Prod, 2005, 68: 400.
[100] Huang J, Yang C, Zhao R, et al. Chem Pharm Bull, 2004, 52: 104.
[101] Sørensen D, Raditsis A, Trimble L, J Nat Prod, 2007, 70: 121.
[102] Yamada T, Minoura K, Tanaka, R, et al. J Antibiot, 2006, 59: 345.
[103] Yamada T, Doi M, Miura A, et al. J Antibiot, 2005, 58: 185.
[104] Fu J, Qin J, Zeng Q, et al. Chem Pharm Bull, 2010, 58:1263.
[105] Tori M, Watanabe A, Matsuo S, et al. Tetrahedron, 2008, 64: 4486.
[106] Yamada T, Minoura K, Tanaka, R, et al. J Antibiot, 2006, 59: 345.
[107] Mohamed A, Ahmed A, J Nat Prod, 2005, 68: 439.
[108] Delgadoa G, Garciab P, Roldanb R, et al. Nat Prod Lett, 1996, 8: 145.
[109] El-Gamal A, Wang S, Dai C, et al. J Nat Prod, 2004, 67:1455.
[110] Fei D, Li S, Liu C, et al. J Nat Prod, 2007, 70: 241.
[111] Han Y, Pan J, Gao K, et al. Chem Pharm Bull, 2005,53: 1338.
[112] Tori M, Okamoto Y, Tachikawa K, et al. Tetrahedron, 2008, 64: 9136.
[113] Li E, Gao K, Jia Z, Chinese Chem Lett, 2005, 16:1230.
[114] Wang Q, Mu Q, Shibano M, et al. J Nat Prod, 2007, 70: 1259.
[115] Ndom J, Mbafor J, Azebaze A, et al. Phytochemistry, 2006, 67: 838.
[116] Inman W, Luo J, Jolad S, et al. J Nat Prod, 1999, 62: 1088.
[117] Wang G, Huang H, Su J, et al. Chem Pharm Bull, 2010, 58: 30.
[118] Cheng S, Lin E, Huang J, et al. Chem Pharm Bull, 2010, 58: 381.
[119] Zhang W, Li X, Shi Y, J Nat Prod, 2010, 73: 143.
[120] Kim T, Ito H, Hatano T, et al. Tetrahedron, 2006, 62: 6981.
[121] Shim S, Swenson D, Gloer J, et al. Org Lett, 2006, 8: 1225.
[122] Shim S, Gloer J, Wicklow D, J Nat Prod, 2006, 69: 1601.
[123] Ochi T, Shibata H, Higuti T, et al. J Nat Prod, 2005: 68: 819.
[124] Kim T, Ito H, Hatano T, et al. J Nat Prod, 2005, 68: 1805.
[125] Zhang H, Kang N, Qiu F, et al.Chem Pharm Bull, 2007, 55: 451.
[126] Zhang G, Ma X, Su J, et al. Nat Prod Res, 2006, 20: 659.
[127] Zidorn C, Spitaler R, Grass S, et al. Biochem Syst Ecol, 2007, 35: 301.

[128] Handayani D, Edrada R, Proksch P, et al. J Nat Prod, 1997, 60: 716.
[129] Fleischer T, Waigh R, Waterman P, J Nat Prod, 1997, 60: 1054.
[130] Su J, Chiang M, Wen Z, et al. Chem Pharm Bull, 2010, 58: 250.
[131] Michalska K, Kisiel W, et al. Molecules, 2008, 13: 444.
[132] Qi H, Wei X, Shi Y, J Asian Nat Prod Res, 2009, 11: 33.
[133] Wang H, Zuo J, Qin G, Fitoterapia, 2010, 81: 937.
[134] Xie W, Niu Y, Lai P, et al. Chem Pharm Bull, 2010, 58: 991.
[135] Hu Y, Yang Z, Wang H, et al. Nat Prod Res, 2009, 23: 1279.
[136] Kodani S, Hayashi K, Hashimoto, et al. Biosci Biotechnol Biochem, 2009, 73: 228.
[137] Lhuillier A, Fabre N, Cheble E, et al. J Nat Prod, 2005: 68: 468.
[138] Ma W, Huang H, Zhou P, et al. J Nat Prod, 2009, 72:676.
[139] Rodríguez A, Boulanger A, J Nat Prod, 1997, 60:207.
[140] Manzo E, Ciavatta M, Gresa M, et al. Tetrahedron Lett, 2007, 48: 2569.
[141] Ali M, Ahmed W, Armstrong A, et al. Chem Pharm Bull, 2006, 54: 1235.
[142] Reddy N, Reed J, Longley R, et al. J Nat Prod, 2005, 68: 248.
[143] Su Z, Yin S, Zhou Z, et al. J Nat Prod, 2008, 71: 1410.
[144] Nie L, Qin J, Huang Y, et al. J Nat Prod, 2010, 73: 1117.
[145] Das B, Saidi Reddy V, Krishnaiah, et al. Phytochemistry, 2007, 68: 2029.
[146] Morikawa T, Abdel-Halim O, Matsuda H, et al. Tetrahedron, 2006, 62: 6435.
[147] Zhang S, Zhao M, Bai L, et al.J Nat Prod, 2006, 69: 1425.
[148] Dall'acqua S, Viol G, Giorgetti M, et al. Chem Pharm Bull, 2006, 54: 1187.
[149] Trifunovicá S, Vajs V, Juranic Z, et al. Phytochemistry, 2006, 67: 887.
[150] Trendafilova A, Todorova M, Mikhova, et al. Phytochemistry, 2006, 67: 764.
[151] Li H, Meng C, Cheng C, et al. J Nat Prod, 1999, 62: 1053.
[152] Ren G, Yu M, Chen Y, et al. Nat Prod Res, 2007, 21: 221.
[153] Chung H, Woo W, Lim S, Arch Pharm Res, 1994, 17: 323
[154] Bulatovic V, Vajs V, Macura S, et al. J Nat Prod, 1997, 60: 1222.
[155] Tori M, Morishita N, Hirota N, Chem Pharm Bull, 2008, 56: 677.
[156] Mohamed A, Ahmed A, Wollenweber E, et al. Chem Pharm Bull, 2006, 54: 152.
[157] Yang S, Huo J, Wang Y, et al. J Nat Prod, 2004, 67: 638.
[158] Lin L, Tang C, Ke C, J Nat Prod, 2008, 71: 628.
[159] Chao C, Hsieh C, Chen, S, et al. Tetrahedron Lett, 2006, 47: 5889.
[160] Fatope M, Nair R, Marwah R, et al. J Nat Prod, 2004, 67: 1925.
[161] Karioti A, Skaltsa H, Linden A, et al. J Org Chem, 2007, 72: 8103.
[162] Guo Y, Xu J, Li Y, et al. Chem Pharm Bull, 2006, 54:123.
[163] Youssef D, Singab A, van Soest R, et al. J Nat Prod, 2004, 67: 1736.
[164] Moriyama M, Huang J, Yang C, et al. Chem Pharm Bull, 2008, 56: 1201.
[165] Park H, Yoo M, Seo J, et al. J Agric Food Chem, 2008, 56: 10493.
[166] Wang P, Hu J, Ran X, et al. J Nat Prod, 2009, 72:1682.
[167] Tanaka J, Higa T, J Nat Prod, 1999, 62: 1339.
[168] Massias M, Rebuffat S, Molho L, et al. J Am Chem Soc, 1990, 1: 8112.
[169] Cane D, Sohng J, Williard P, J Org Chem, 1992, 57: 844.
[170] Tane P, Ayafor J, Farrugi L, et al. Nat Prod Lett, 1996, 9: 39.
[171] That Q, Jossang J, Jossang A et al. J Org Chem 2007, 72: 7102.
[172] Tori M, Hamaguchi T, Aoki M, et al. Can J Chem, 1997, 75: 634.
[173] Mathela C, Chanotiya C, Sati S, et al. Fitoterapia, 2007, 78: 279.
[174] Daniewski W, Gumuika M, Skibicki P, et al. Nat Prod Lett, 1994, 5: 123.
[175] Pornpakakula S, Suwancharoena S, Petsom A, J Asian Nat Prod Res, 2009, 11: 12.
[176] Kim K, Noh H, Choi S, et al. Bioorg Med Chem Lett, 2010: 20: 5385.
[177] Rosselli S, Maggio A, Bellone, et al. Tetrahedron Lett, 2006, 47: 7047.
[178] Tsevegsuren N, Edrada R, Lin W, et al. J Nat Prod, 2007, 70: 962.

第八节 三环倍半萜类化合物

表 3-8-1 三环倍半萜类化合物的名称、分子式和测试溶剂

编号	名称	分子式	测试溶剂	参考文献
3-8-1	patchoulol	$C_{15}H_{26}O$	C	[1]
3-8-2	(5R)-5-hydroxypatchoulol	$C_{15}H_{26}O_2$	C	[1]
3-8-3	(7S)-7-hydroxypatchoulol	$C_{15}H_{26}O_2$	C	[1]
3-8-4	(8S)-8-hydroxypatchoulol	$C_{15}H_{26}O_2$	C	[1]
3-8-5	(8S)-8-acetoxypatchoulol	$C_{17}H_{28}O_3$	C	[1]
3-8-6	(8R)-8-hydroxypatchoulol	$C_{15}H_{26}O_2$	C	[1]
3-8-7	(8R)-8-acetoxypatchoulol	$C_{17}H_{28}O_3$	C	[1]
3-8-8	(9R)-9-hydroxypatchoulol	$C_{15}H_{26}O_2$	C	[1]
3-8-9	(9R)-9-acetoxypatchoulol	$C_{17}H_{28}O_3$	C	[1]
3-8-10	(3R)-3-hydroxypatchoulol	$C_{15}H_{26}O_2$	C	[1]
3-8-11	13-hydroxypatchoulol	$C_{15}H_{26}O_2$	C	[1]
3-8-12	(2S)-2,14-dihydroxypatchoulol	$C_{15}H_{26}O_3$	C	[1]
3-8-13	(−)-petasitene	$C_{15}H_{24}$	B	[2]
3-8-14	(+)-(3R)-petasitenepoxide	$C_{15}H_{24}O$	C	[2]
3-8-15	(−)-albene	$C_{12}H_{18}$	C	[2]
3-8-16	(−)-albenone	$C_{12}H_{16}O$	B	[2]
3-8-17	(−)-albanone	$C_{12}H_{18}O$	B	[2]
3-8-18	(+)-(3S)-petasitan-3-ol	$C_{15}H_{26}O$	B	[2]
3-8-19	(1S*, 2R*, 6R*, 8S*,9R*)-8-bromo-2,5,6,9-tetramethyl-tricycloundec-4-en-3-one	$C_{15}H_{21}BrO$	C	[3]
3-8-20	(1S*,2S*,4S*,5S*,6S*,8R*)-4-hydroxy-2,5,6-trimethyl-11-methylenetricycloundecan-3-one (1,4-hydroxy-1,8-epiisotenerone)	$C_{15}H_{22}O_2$	C	[4]
3-8-21	4,8,11,11-tetramethyl-8-tricyclo-undecen-4-ol	$C_{15}H_{24}O$	C	[5]
3-8-22	macrocarp-11(15)-en-8-ol	$C_{15}H_{24}O$	C	[6]
3-8-23	(−)-pethybrene	$C_{15}H_{24}$	B	[2]
3-8-24	fascicularone B	$C_{15}H_{22}O_4$	C	[7]
3-8-25	5,12-dihydroxysterpuren	$C_{15}H_{24}O_2$	C	[8]
3-8-26	ent-cyclopropanecuparenol	$C_{15}H_{26}O$	C	[9]
3-8-27	9(E)-11-hydroxy-α-santalol	$C_{15}H_{24}O_2$	C	[10]
3-8-28		$C_{15}H_{24}O_2$	C	[11]
3-8-29	tenuipesine A	$C_{17}H_{24}O_6$	C	[12]
3-8-30	heterogorgiolide	$C_{16}H_{20}O_3$	C	[13]
3-8-31	(−)-9-acetoxygymnomitr-8(12)-ene	$C_{17}H_{26}O_2$	B	[14]
3-8-32	cubebenone	$C_{15}H_{22}O$	C	[15]
3-8-33		$C_{15}H_{24}O$	C	[15]
3-8-34	(1S*,2S*,5S*,6S*,7R*,8S*)-13-isothiocyanatocubebane	$C_{16}H_{25}NS$	C	[16]
3-8-35	paesslerin A	$C_{17}H_{26}O_2$	C	[17]
3-8-36	paesslerin B	$C_{19}H_{28}O_4$	C	[17]
3-8-37	gomerone A	$C_{15}H_{21}ClO_3$	B	[18]

续表

编号	名称	分子式	测试溶剂	参考文献
3-8-38	gomerone B	$C_{15}H_{18}Cl_2O_2$	C	[18]
3-8-39	gomerone C	$C_{15}H_{18}Cl_2O_2$	C	[18]
3-8-40	2-(formylamino)trachyopsane	$C_{16}H_{27}NO$	C	[19]
3-8-41	N-phenethyl-N'-2-trachyopsanylurea	$C_{24}H_{36}N_2O$	C	[19]
3-8-42	britanlin A	$C_{15}H_{26}O_2$	A	[20]
3-8-43	britanlin B	$C_{15}H_{24}O$	C	[20]
3-8-44	britanlin C	$C_{15}H_{24}O_3$	C	[20]
3-8-45	9,15-dihydroxypresilphiperfolan-4-oic acid	$C_{15}H_{24}O_4$	D	[21]
3-8-46	15-acetoxy-9-hydroxy-presilphiperfolan-4-oic acid	$C_{17}H_{26}O_5$	C	[21]
3-8-47	10α-hydroxy-$\Delta^{9(15)}$-africanene	$C_{15}H_{24}O$	C	[22]
3-8-48	9α,15-epoxyafricanane	$C_{15}H_{24}O$	C	[22]
3-8-49	9α,15-dihydroxyafricanane	$C_{15}H_{26}O_2$	C	[22]
3-8-50	2,6,6,9-tetramethyltricycloundecane-5,9-diol	$C_{15}H_{26}O_2$	C	[5]
3-8-51	2,6,6,9-tetramethyltricycloundecane-5,9-diol	$C_{15}H_{26}O_2$	C	[5]
3-8-52	4,8,11,11-tetramethyltricyclo-undecane-5,9-diol	$C_{15}H_{26}O_2$	C	[5]
3-8-53	omphadiol	$C_{15}H_{26}O_2$	C	[23]
3-8-54		$C_{15}H_{22}O_3$	C	[24]
3-8-55		$C_{15}H_{22}O_3$	A	[24]
3-8-56		$C_{15}H_{22}O_3$	A	[24]
3-8-57	ophioceric acid	$C_{15}H_{20}O_3$	C	[25]
3-8-58	african-1-ene	$C_{15}H_{24}$	C	[26]
3-8-59	africa-1,5-diene	$C_{15}H_{22}$	C	[26]
3-8-60	1-africanen-6-ol	$C_{15}H_{24}O$	C	[26]
3-8-61	dendroside A	$C_{21}H_{36}O_8$	P	[27]
3-8-62	10β,12,14-trihydroxyalloaromadendrane	$C_{15}H_{26}O_3$	P	[27]
3-8-63	aromadendrane-4b,10b-diol	$C_{15}H_{26}O_2$	C	[28]
3-8-64	(−)-alloaromadendrane-4β,10α,13,15-tetrol	$C_{15}H_{26}O_4$	M	[29]
3-8-65	halichonadin F	$C_{15}H_{27}N$	C	[30]
3-8-66		$C_{15}H_{26}O_3$	C	[11]
3-8-67		$C_{15}H_{22}O_2$	C	[11]
3-8-68	orivalerianol	$C_{15}H_{26}O_3$	C	[31]
3-8-69	10(14)-aromadendrene-4β,15-diol	$C_{15}H_{24}O_2$	C	[32]
3-8-70		$C_{15}H_{24}O$	C	[33]
3-8-71		$C_{14}H_{22}O_2$	C	[33]
3-8-72	1,2-dehydro-3-oxo-β-gurjunene	$C_{15}H_{20}O$	C	[34]
3-8-73	halichonadin E	$C_{31}H_{52}N_2O$	C	[35]
3-8-74	russujaponol A	$C_{15}H_{24}O_4$	P	[36]
3-8-75	russujaponol B	$C_{17}H_{26}O_4$	P	[36]
3-8-76	russujaponol C	$C_{15}H_{24}O_2$	P	[36]

续表

编号	名称	分子式	测试溶剂	参考文献
3-8-77	russujaponol D	$C_{15}H_{24}O_2$	P	[36]
3-8-78	sterelactone A	$C_{19}H_{22}O_6$	C	[37]
3-8-79	sterelactone B	$C_{21}H_{26}O_6$	C	[37]
3-8-80	sterelactone C	$C_{23}H_{30}O_6$	C	[37]
3-8-81	sterelactone D	$C_{25}H_{34}O_6$	C	[37]
3-8-82	xeromphalinone A	$C_{15}H_{20}O_3$	C	[38]
3-8-83	xeromphalinone B	$C_{15}H_{18}O_3$	C	[38]
3-8-84	xeromphalinone C	$C_{14}H_{20}O_3$	ACN	[38]
3-8-85	xeromphalinone D	$C_{15}H_{22}O_3$	C	[38]
3-8-86	chlorostereone	$C_{15}H_{17}ClO_3$	C	[38]
3-8-87	connatusin A	$C_{15}H_{22}O_4$	C	[39]
3-8-88	connatusin B	$C_{15}H_{22}O_4$	C	[39]
3-8-89	chloriolin B	$C_{23}H_{35}ClO_7$	M	[40]
3-8-90	chloriolin C	$C_{23}H_{35}ClO_6$	C	[40]
3-8-91	xeromphalinone E	$C_{29}H_{38}O_7$	C	[38]
3-8-92	xeromphalinone F	$C_{29}H_{36}O_6$	C	[38]
3-8-93	lemnalol	$C_{15}H_{24}O$	C	[41]
3-8-94	isolemnalol	$C_{15}H_{24}O$	C	[41]
3-8-95	cervicol	$C_{15}H_{24}O$	C	[41]
3-8-96	4-oxo-*α*-ylangene	$C_{15}H_{22}O$	C	[41]
3-8-97	phomalairdenone B	$C_{15}H_{22}O_2$	C	[42]
3-8-98	phomalairdenone C	$C_{15}H_{22}O_2$	B	[42]
3-8-99	phomalairdenone D	$C_{15}H_{22}O_2$	B	[42]
3-8-100	phomalairdenol A	$C_{15}H_{24}O_2$	C	[42]
3-8-101	phomalairdenol B	$C_{15}H_{24}O_2$	B	[42]
3-8-102	phomalairdenol C	$C_{15}H_{24}O_2$	B	[42]
3-8-103	phomalairdenol D	$C_{15}H_{24}O$	B	[42]
3-8-104	repraesentin A	$C_{15}H_{24}O$	C	[43]
3-8-105	repraesentin B	$C_{15}H_{22}O$	C	[43]
3-8-106	repraesentin C	$C_{15}H_{24}O_3$	C	[43]
3-8-107	tsugicoline E	$C_{15}H_{24}O_5$	D	[44]
3-8-108	arnamial	$C_{24}H_{29}ClO_6$	C	[45]
3-8-109	*α*-cedren-3*β*-ol	$C_{15}H_{24}O$	C	[46]
3-8-110	*α*-cedren-12-ol	$C_{15}H_{24}O$	C	[46]
3-8-111	debenzoyl-7-deoxo-1*R*,7*R*-dihydroxytashironin	$C_{15}H_{24}O_6$	C	[47]
3-8-112	debenzoyl-7-deoxo-7*R*-hydroxytashironin	$C_{15}H_{24}O_5$	C	[47]
3-8-113	debenzoyl-7-deoxo-7*R*-hydroxy-3-oxotashironin	$C_{15}H_{22}O_6$	C	[47]
3-8-114	(−)-myltayl-8(12)-ene	$C_{15}H_{24}$	B	[14]
3-8-115	myltayl-4(12)-ene-2-caffeate	$C_{24}H_{30}O_4$	C	[48]

续表

编号	名称	分子式	测试溶剂	参考文献
3-8-116		$C_{17}H_{26}O_2$	C	[33]
3-8-117		$C_{15}H_{24}O$	C	[33]
3-8-118	(−)-*ent*-prelacinan-7*S*-ol	$C_{15}H_{26}O$	P	[9]
3-8-119	*ent*-prelacinan-7-one	$C_{15}H_{24}O$	C	[9]
3-8-120	hebelophyllene D	$C_{15}H_{24}O_4$	C	[49]
3-8-121	fascicularone A	$C_{14}H_{20}O_4$	C	[7]
3-8-122	9-thiocyanatopupukeanane	$C_{16}H_{25}SN$	C	[50]
3-8-123	9-*epi*-9-thiocyanatopupukeanane	$C_{16}H_{25}SN$	C	[50]
3-8-124	lactapiperanol A	$C_{16}H_{26}O_4$	C	[51]
3-8-125	lactapiperanol B	$C_{18}H_{28}O_5$	C	[51]
3-8-126	lactapiperanol C	$C_{16}H_{26}O_4$	C	[51]
3-8-127	lactapiperanol D	$C_{18}H_{28}O_5$	C	[51]
3-8-128	8α,13-dihydroxy-marasm-5-oic acid γ-lactone	$C_{15}H_{22}O_3$	C	[52]
3-8-129	13-hydroxy-marasm-7(8)-en-5-methoxy γ-acetal	$C_{16}H_{24}O_2$	C	[52]
3-8-130	10-hydroxy-isovelleral	$C_{15}H_{20}O_3$	C	[53]
3-8-131	hydrogrammic acid methyl ester	$C_{16}H_{18}O_4$	C	[53]
3-8-132	longipinane-7β,8α,9α-triol-1-one 7-angelate-8-methyl-butyrate	$C_{25}H_{38}O_6$	C	[54]
3-8-133	longipin-2-ene-7β,8α,9α-triol-1-one 8,9-diangelate	$C_{25}H_{34}O_6$	C	[54]
3-8-134	longipin-2-ene-7β,8α,9α-triol-1-one 8-angelate-9-methyl-butyrate	$C_{25}H_{36}O_6$	C	[54]
3-8-135	(−)-marsupellol acetate	$C_{17}H_{26}O_2$	B	[14]
3-8-136	(−)-4-*epi*-marsupellol acetate	$C_{17}H_{26}O_2$	B	[14]
3-8-137	(+)-5-hydroxymarsupellol acetate	$C_{17}H_{26}O_3$	B	[14]
3-8-138	illudin F	$C_{15}H_{20}O_4$	C	[55]
3-8-139	illudin G	$C_{15}H_{20}O_4$	C	[55]
3-8-140	illudin H	$C_{15}H_{22}O_5$	A	[55]
3-8-141	illudin B	$C_{15}H_{22}O_5$	A	[55]
3-8-142	illudinic acid	$C_{15}H_{18}O_4$	M	[56]
3-8-143	illudin I	$C_{15}H_{22}O_3$	C	[57]
3-8-144	illudin I$_2$	$C_{15}H_{22}O_3$	C	[57]
3-8-145	illudin J$_2$	$C_{15}H_{22}O_3$	C	[57]
3-8-146	ptaquiloside Z	$C_{21}H_{32}O_8$	ACN	[58]
3-8-147	taedolidol	$C_{16}H_{24}O_4$	C	[59]
3-8-148	6-epitaedolidol	$C_{16}H_{24}O_4$	C	[59]
3-8-149	kanshone F	$C_{20}H_{30}O_3$	C	[60]
3-8-150	kanshone G	$C_{15}H_{24}O_2$	M	[60]
3-8-151	terebanene	$C_{15}H_{22}$	B	[61]
3-8-152	teredenene	$C_{15}H_{22}$	B	[61]
3-8-153	terebinthene	$C_{15}H_{24}$	B	[61]
3-8-154	suberosenol A	$C_{15}H_{24}O$	C	[62]

续表

编号	名称	分子式	测试溶剂	参考文献
3-8-155	suberosenol B	$C_{15}H_{24}O$	C	[62]
3-8-156	suberosanone	$C_{15}H_{24}O$	C	[62]
3-8-157	suberosenol A acetate	$C_{17}H_{26}O_2$	C	[62]
3-8-158	suberosenol B acetate	$C_{17}H_{26}O_2$	C	[62]
3-8-159	(+)-5(6)-dihydro-6-methoxyterrecyclic acid A	$C_{16}H_{24}O_4$	C	[63]
3-8-160	(+)-5(6)-dihydro-6-hydroxyterrecyclic acid A	$C_{15}H_{22}O_4$	C	[63]
3-8-161	6-(9'-purine-6',8'-diolyl)-2β-suberosanone	$C_{20}H_{26}N_4O_3$	C	[64]
3-8-162	alertenone	$C_{30}H_{44}O_2$	C	[65]
3-8-163	tinosinenside	$C_{26}H_{40}O_{11}$	M	[66]
3-8-164	tinocordiside	$C_{21}H_{32}O_7$	A	[67]

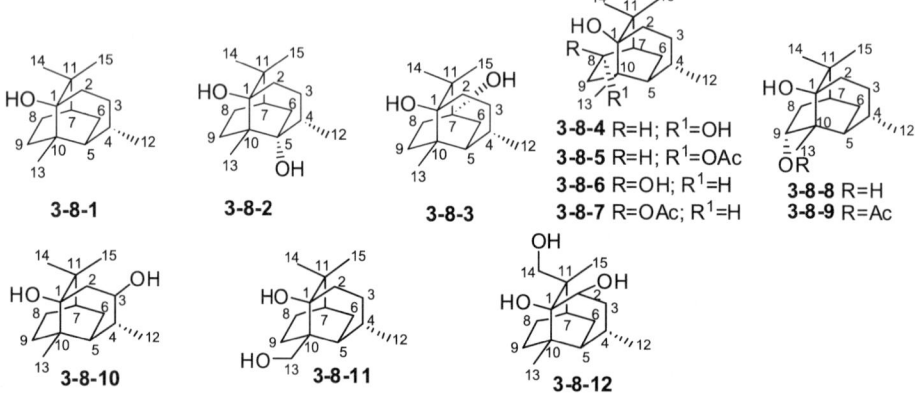

表 3-8-2　patchoulol 型倍半萜类化合物 3-8-1~3-8-6 的 ^{13}C NMR 数据[1]

C	3-8-1	3-8-2	3-8-3	3-8-4	3-8-5	3-8-6	C	3-8-1	3-8-2	3-8-3	3-8-4	3-8-5	3-8-6
1	75.6	75.6	75.9	74.4	74.1	77.2	10	37.7	43.4	37.7	38.8	38.4	
2	32.7	31.7	32.8	32.8	32.8	32.5	11	40.1	39.4	44.7	40.0	40.6	40.4
3	28.6	22.8	28.3	28.6	28.6	28.5	12	18.5	14.0	18.5	18.4	18.2	18.8
4	28.1	34.6	27.9	28.0	28.0	27.7	13	20.6	14.8	20.4	20.2	20.0	20.1
5	43.7	76.4	43.3	42.8	42.3	42.8	14	26.8	27.0	18.3	26.1	26.1	28.1
6	24.6	34.5	32.1	15.5	16.4	24.1	15	24.3	24.3	21.7	24.6	24.3	25.4
7	39.1	39.0	72.9	45.6	42.8	46.7	OAc					170.9	
8	24.3	23.5	32.0	66.1	70.6	72.5						21.5	
9	28.8	29.6	29.9	40.7	37.1	39.4							

表 3-8-3　patchoulol 型倍半萜类化合物 3-8-7~3-8-12 的 ^{13}C NMR 数据[1]

C	3-8-7	3-8-8	3-8-9	3-8-10	3-8-11	3-8-12	C	3-8-7	3-8-8	3-8-9	3-8-10	3-8-11	3-8-12
1		75.3	71.5	75.9			6	25.0	24.4	24.2	25.0	22.9	24.6
2	32.6	33.4	33.1	42.6	32.8	72.3	7	43.3	35.3	33.8	38.6	38.9	36.8
3	28.5	28.1	28.0	72.4	28.6	35.8	8	74.5	36.0	36.4	25.9	23.6	23.2
4	27.8	27.5	27.4	37.2	27.5	24.5	9	35.9	69.1	72.8	28.9	24.4	30.1
5	42.4	39.2	39.0	43.7	41.1	42.3	10		43.4	42.8			

续表

C	3-8-7	3-8-8	3-8-9	3-8-10	3-8-11	3-8-12	C	3-8-7	3-8-8	3-8-9	3-8-10	3-8-11	3-8-12
11		40.1	40.0				15	23.5	24.3	24.2	24.1	24.1	21.5
12	18.7	18.6	18.2	15.0	18.4	18.2	OAc	170.8		170.9			
13	20.0	15.9	15.7	20.3	68.5	18.9		21.6		21.3			
14	27.6	27.2	27.1	26.3	26.8	71.2							

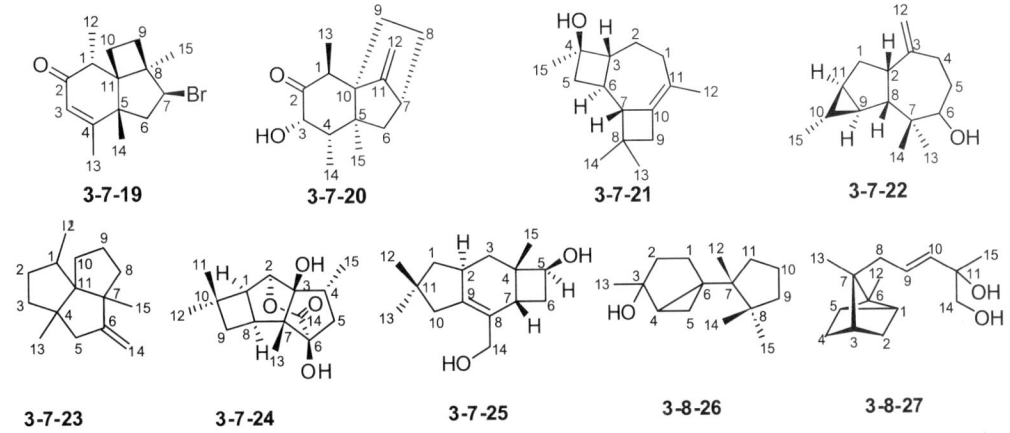

表 3-8-4 化合物 3-8-13~3-8-18 的 ^{13}C NMR 数据[2]

C	3-8-13	3-8-14	3-8-15	3-8-16	3-8-17	3-8-18	C	3-8-13	3-8-14	3-8-15	3-8-16	3-8-17	3-8-18
1	24.40	22.31	23.77	23.30	23.65	25.27	9	50.63	44.53	139.59	168.98	35.29	38.58
2	24.17	21.45	23.79	22.48	22.79	23.34	10	47.84	48.91	56.33	54.49	46.10	53.01
3	51.39	50.01	50.27	44.07	51.10	46.41	11	27.42	24.76	20.65	14.25	16.13	33.25
4	34.89	33.26	34.16	33.91	36.33	37.85	12	25.61	18.31	18.09	16.33	20.93	17.61
5	45.75	42.62	47.02	45.08	45.08	44.62	13	25.41	19.69				19.06
6	59.08	52.93	46.55	52.94	56.41	53.59	14	17.17	13.89				19.00
7	156.91	77.61	51.75	213.53	223.01	88.55	15	21.14	20.98				20.71
8	121.47	62.57	128.30	134.08	36.18	36.58							

表 3-8-5 化合物 3-8-19~3-8-27 的 ^{13}C NMR 数据

C	3-8-19[3]	3-8-20[4]	3-8-21[5]	3-8-22[6]	3-8-23[2]	3-8-24[7]	3-8-25[8]	3-8-26[9]	3-8-27[10]
1	42.1	37.6	27.03	42.7	37.03	56.3	37.3	27.8	19.5
2	199.7	213.0	35.02	57.8	27.59	88.0	34.3	37.6	31.0
3	128.3	79.1	58.26	146.0	40.14	89.5	34.4	80.2	38.5

续表

C	3-8-19[3]	3-8-20[4]	3-8-21[5]	3-8-22[6]	3-8-23[2]	3-8-24[7]	3-8-25[8]	3-8-26[9]	3-8-27[10]
4	162.0	43.5	73.43	34.0	45.60	38.5	37.1	33.0	31.2
5	50.2	42.0	42.81	31.1	48.66	42.5	67.9	14.0	19.6
6	43.7	46.2	34.05	77.4	162.37	81.0	48.2	34.6	27.0
7	60.5	42.1	59.77	59.1	48.95	56.1	37.6	46.4	46.2
8	50.5	28.4	32.32	32.4	44.00	36.7	130.7	44.7	37.3
9	26.3	27.0	41.68	24.4	21.26	33.5	141.3	41.1	127.9
10	21.7	56.3	133.51	48.6	30.31	33.0	43.8	19.4	134.9
11	56.0	156.7	128.69	24.6	62.32	23.9	44.1	34.5	73.2
12	9.1	100.8	20.98	105.7	17.90	33.9	29.2	21.8	10.7
13	18.9	8.8	30.48	13.8	24.89	7.7	21.4	24.8	17.5
14	16.3	11.1	23.62	21.9	99.17	178.5	62.5	26.2	70.1
15	23.0	17.7	21.34	21.8	19.53	14.4	30.1	25.0	24.4

3-8-28   **3-8-29**   **3-8-30**   **3-8-31**

表 3-8-6   化合物 3-8-28~3-8-31 的 ^{13}C NMR 数据

C	3-8-28[11]	3-8-29[12]	3-8-30[13]	3-8-31[14]	C	3-8-28[11]	3-8-29[12]	3-8-30[13]	3-8-31[14]
1	22.2	67.6	109.8	37.7	10	77.5	73.2	159.4	27.7
2	16.4	21.1	51.4	54.8	11	210.2	78.9	128.1	27.7
3	32.5	12.5	38.6	56.9	12	25.6	211.1	173.0	107.6
4	19.5	15.1	30.0	149.2	13	19.7	7.7	21.3	24.1
5	20.4	25.8	17.1	70.4	14	28.2	63.3	106.4	23.3
6	22.1	19.4	24.6	45.4	15	16.0	26.3	8.2	47.0
7	18.6	51.4	153.3	45.2	OAc		172.4		170.1
8	28.1	58.0	56.3	55.8			20.8		20.6
9	34.0	81.7	23.3	36.3	1-OMe			50.7	

3-8-32   **3-8-33**   **3-8-34**   **3-8-35**   **3-8-36**

3-8-37   **3-8-38**   **3-8-39**

第三章 单萜、倍半萜和二萜类化合物

表 3-8-7 化合物 3-8-32~3-8-34 的 ^{13}C NMR 数据

C	3-8-32[15]	3-8-33[15]	3-8-34[16]	C	3-8-32[15]	3-8-33[15]	3-8-34[16]
1	54.2	27.1	16.7	9	26.3	16.7	20.8
2	35.5	37.6	31.8	10	45.2	44.7	44.9
3	177.9	29.6	34.7	11	32.8	33.6	65.1
4	123.4	40.9	29.2	12	19.6	20.2	26.8
5	209.0	215.9	31.6	13	19.6	19.9	27.5
6	42.8	45.0	30.8	14	18.8	19.9	18.3
7	26.3	25.3	30.9	15	19.7	18.2	20.3
8	30.5	30.6	33.1	NCS			128.7

表 3-8-8 化合物 3-8-35、3-8-36 的 ^{13}C NMR 数据[17]

C	3-8-35	3-8-36	C	3-8-35	3-8-36	C	3-8-35	3-8-36
1	44.7	47.5	7	38.1	38.2	13	31.1	31.2
2	31.6	32.7	8	41.8	47.5	14	30.5	30.7
3	26.5	22.2	9	44.5	44.0	15	18.1	17.8
4	80.1	79.2	10	130.7	130.6	1-OAc		171.3/21.0
5	37.8	37.8	11	130.3	130.3	4-OAc	169.6/21.5	169.5/21.5
6	47.7	41.2	12	21.5	66.6			

表 3-8-9 halogenated 型倍半萜类化合物 3-8-37~3-8-39 的 ^{13}C NMR 数据[18]

C	3-8-37	3-8-38	3-8-39	C	3-8-37	3-8-38	3-8-39
1	39.0	43.9	42.0	9	197.4	204.6	199.8
2	72.9	79.9	79.4	10	48.7	48.9	49.0
3	85.6	70.8	73.6	11	37.5	38.4	38.4
4	34.5	40.2	39.0	12	24.8	24.3	24.3
5	28.9	29.9	29.4	13	22.9	24.0	23.9
6	51.4	48.0	47.9	14	73.8	196.3	198.2
7	168.2	155.0	154.3	15	25.6	29.7	27.8
8	125.3	125.0	125.1				

表 3-8-10 nitrogenous 型倍半萜类化合物 3-8-40、3-8-41 的 ^{13}C NMR 数据[19]

C	3-8-40	3-8-41	C	3-8-40	3-8-41	C	3-8-40	3-8-41
1	45.1	46.0	9	45.0	45.1	17		41.5
2	67.5	66.5	10	34.6	34.8	18		36.3
3	51.3	51.8	11	31.8	31.8	19		139.3
4	24.9	25.1	12	20.8	20.9	20		128.9
5	46.6	46.5	13	21.5	21.6	21		128.6
6	31.4	31.5	14	19.6	20.4	22		126.4
7	37.4	37.5	15	27.7	27.9			
8	38.8	39.0	16	160.1	156.9			

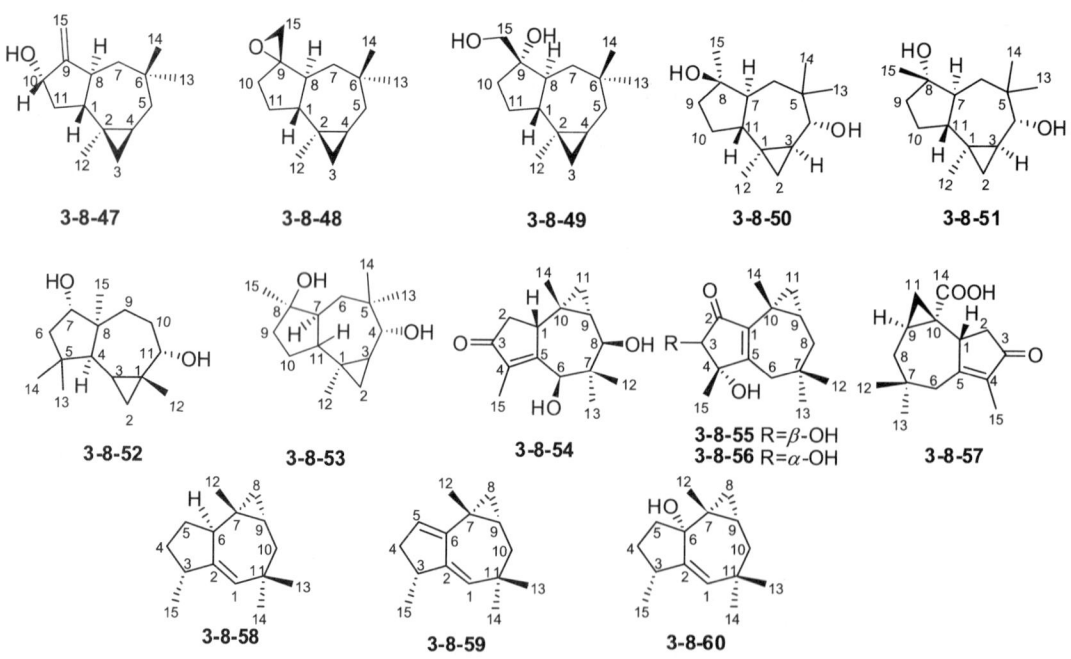

表 3-8-11 presilphiperfolane 型倍半萜类化合物 3-8-42~3-8-46 的 ^{13}C NMR 数据

C	3-8-42[20]	3-8-43[20]	3-8-44[20]	3-8-45[21]	3-8-46[21]	C	3-8-42[20]	3-8-43[20]	3-8-44[20]	3-8-45[21]	3-8-46[21]
1	57.0	49.3	56.5	58.3	58.2	9	53.7	58.4	58.2	76.2	76.5
2	34.2	33.0	33.0	30.7	31.1	10	43.8	47.9	46.4	38.9	26.6
3	33.9	35.0	33.3	42.2	42.8	11	94.7	161.5	98.0	26.2	39.8
4	49.2	43.3	46.7	52.2	52.7	12	28.6	29.1	28.0	180.1	183.7
5	37.9	35.8	36.9	53.9	54.0	13	22.0	20.06	21.2	20.1	20.2
6	35.3	31.9	33.7	46.2	46.9	14	72.5	70.8	183.2	27.1	27.1
7	27.6	39.3	26.3	58.9	59.3	15	22.9	20.9	21.6	63.3	67.2
8	47.5	126.0	47.5	56.8	57.8	AC					171.3/20.9

表 3-8-12 africanene 型倍半萜类化合物 3-8-47~3-8-53 的 ^{13}C NMR 数据

C	3-8-47[22]	3-8-48[22]	3-8-49[22]	3-8-50[5]	3-8-51[5]	3-8-52[5]	3-8-53[23]
1	48.9	49.8	50.1	19.34	19.51	20.96	22.64
2	18.9	19.7	19.7	22.62	22.56	23.14	22.62
3	23.5	23.6	23.8	29.76	29.73	20.59	29.8

续表

C	3-8-47[22]	3-8-48[22]	3-8-49[22]	3-8-50[5]	3-8-51[5]	3-8-52[5]	3-8-53[23]
4	22.1	21.8	23.3	80.95	81.15	57.56	80.9
5	43.3	43.2	43.5	37.96	38.13	35.34	38.0
6	33.9	33.3	33.5	42.13	43.53	47.62	42.1
7	51.6	44.4	44.4	48.19	48.83	79.81	48.2
8	41.3	44.4	48.2	81.07	79.91	48.37	81.1
9	161.0	82.9	82.6	41.37	41.8	40.37	41.4
10	75.5	29.6	29.6	23.13	22.74	30.09	23.1
11	36.3	37.3	36.8	49.12	48.76	78.03	49.1
12	24.2	24.2	23.6	19.43	19.55	12.46	19.1
13	20.4	19.7	21.7	28.68	28.67	28.11	28.7
14	33.9	33.9	34.0	19.05	18.75	33.95	19.4
15	108.6	68.9	65.3	25.64	22.27	18.12	25.6

表 3-8-13 africane 型倍半萜类化合物 3-8-54~3-8-60 的 ^{13}C NMR 数据

C	3-8-54[24]	3-8-55[24]	3-8-56[24]	3-8-57[25]	3-8-58[26]	3-8-59[26]	3-8-60[26]
1	41.4	140.5	139.24	43.4	129.0	129.5	134.6
2	39.8	203.9	203.48	39.1	145.9	145.6	
3	210.5	76.3	82.54	208.6	40.9	39.8	40.5
4	136.5	73.2	78.40	136.8	37.3	39.4	38.4
5	170.1	171.2	173.68	171.6	26.4	134.7	32.6
6	77.5	38.2	37.83	42.9	46.4	149.2	80.8
7	40.9	30.9	31.88	34.4	22.6	19.5	24.9
8	78.2	42.4	43.65	41.6	21.8	22.8	16.4
9	28.0	17.6	18.63	25.5	20.6	20.6	19.7
10	19.9	14.1	15.53	26.0	40.6	44.1	39.9
11	18.4	19.0	19.29	24.0	37.3	35.6	37.0
12	26.8	22.0	22.80	31.3	28.0	28.4	21.2
13	23.2	30.8	31.59	29.2	33.0	35.0	24.8
14	18.7	28.3	29.61	178.6	21.1	27.6	32.9
15	7.6	23.4	23.15	8.22	18.8	28.0	27.9

3-8-61 R=Glu
3-8-62 R=H

3-8-63

3-8-64

3-8-65

3-8-66

3-8-67

3-8-68

3-8-69

表 3-8-14　aromandendrane 型倍半萜类化合物 3-8-61~3-8-67 的 ^{13}C NMR 数据

C	3-8-61[27]	3-8-62[27]	3-8-63[28]	3-8-64[29]	3-8-65[30]	3-8-66[11]	3-8-67[11]
1	54.4	54.5	56.4	56.5	54.2	52.1	86.8
2	24.4	24.9	23.8	24.7	27.1	31.9	44.5
3	29.4	29.8	41.1	38.6	34.6	77.8	120.0
4	38.4	38.9	80.3	81.4	36.1	79.7	141.9
5	40.1	40.4	48.4	47.5	39.2	45.1	56.6
6	23.6	24.0	28.3	27.0	28.5	28.3	28.8
7	29.6	29.9	26.6	25.0	26.4	26.8	24.8
8	18.5	19.1	20.1	20.8	19.4	20.1	21.2
9	33.0	33.1	44.4	42.4	40.2	44.6	33.2
10	75.1	76.1	75.0	77.4	60.1	75.0	150.9
11	25.1	25.4	19.5	27.8	20.3	19.7	18.4
12	62.8	63.2	28.6	73.6	15.8	28.7	28.6
13	24.5	24.8	16.4	12.9	28.5	16.4	15.8
14	79.8	71.3	24.4	24.3	16.0	22.3	15.4
15	16.6	17.0	20.3	62.6	16.9	20.7	112.9

注：3-8-61 中 Glu 的碳谱信号为 106.0(C-1')，75.1(C-2')，78.4(C-3')，71.4(C-4')，78.3(C-5')，62.4(C-6')。

表 3-8-15　aromandendrane 型倍半萜类化合物 3-8-68~3-8-73 的 ^{13}C NMR 数据

C	3-8-68[31]	3-8-69[32]	3-8-70[33]	3-8-71[33]	3-8-72[34]	3-8-73[35]	C	3-8-73[35]
1	58.0	53.9	56.5	57.9	184.18	53.6	1'	47.4
2	24.4	27.2	26.0	21.0	128.89	26.8	2'	57.8
3	36.8	37.5	29.7	40.9	196.31	34.5	3'	146.2
4	82.6	82.9	157.6	80.1	149.26	36.6	4'	38.6
5	48.0	52.4	42.3	49.6	44.94	38.7	5'	24.3
6	28.0	28.46	28.3	26.6	31.57	28.7	6'	42.3
7	26.7	27.6	28.4	26.3	29.39	26.9	7'	29.7
8	19.9	24.4	19.2	20.2	24.36	20.2	8'	40.6
9	44.3	38.6	38.9	44.0	35.50	40.3	9'	18.8
10	74.7	152.7	74.7	211.2	40.47	58.1	10'	37.8
11	19.8	20.5	19.1	18.8	20.51	19.8	11'	26.4
12	16.2	16.1	29.2	28.7	28.50	16.2	12'	16.6
13	28.4	28.54	16.1	16.1	16.35	28.7	13'	21.8
14	67.3	68.3	103.2	27.3	114.24	15.9	14'	108.2
15	20.4	107.0	31.4		19.79	18.9	15'	17.3
							C=O	157.1

表 3-8-16 illudoid 型倍半萜类化合物 3-8-74~3-8-77 的 ^{13}C NMR 数据[36]

C	3-8-74	3-8-75	3-8-76	3-8-77	C	3-8-74	3-8-75	3-8-76	3-8-77
1	47.3	37.5	36.6	38.0	9	62.2	87.7	50.5	39.1
2	87.5	57.0	46.4	44.8	10	40.5	48.4	42.5	43.4
3	52.3	45.1	45.9	45.2	11	46.6	44.8	45.7	44.3
4	24.4	37.3	36.5	25.4	12	18.0	20.2	20.6	22.2
5	27.7	25.6	25.2	34.0	13	8.1	13.0	12.2	18.1
6	78.3	140.3	140.4	72.0	14	70.1	71.3	71.4	72.2
7	48.1	122.8	129.0	136.2	15	26.8	24.0	23.3	27.3
8	214.3	78.8	73.4	128.4	OAc1		171.2/20.7		

表 3-8-17 isolactarane 型倍半萜类化合物 3-8-78~3-8-81 的 ^{13}C NMR 数据[37]

C	3-8-78	3-8-79	3-8-80	3-8-81	C	3-8-78	3-8-79	3-8-80	3-8-81
1	76.1	76.1	76.1	76.1	14	21.3	21.3	21.3	21.4
2	157.6	157.6	157.6	157.6	15	27.6	27.6	27.6	27.6
3	128.1	128.1	128.1	128.1	1'	172.9	173.1	173.1	173.1
4	97.6	97.5	97.4	97.4	2'	36.0	34.1	34.2	34.2
5	27.8	27.9	27.9	27.8	3'	18.4	24.5	31.6	31.8
6	32.7	32.7	32.7	32.7	4'	13.7	22.2	29.1	29.4
7	26.5	26.6	26.6	26.6	5'		31.2	28.8	29.2
8	20.0	20.0	20.0	20.0	6'		13.9	24.9	29.2
9	133.4	133.3	133.3	133.3	7'			22.6	29.1
10	152.1	152.1	152.1	152.1	8'			14.0	24.9
11	49.2	49.2	49.2	49.2	9'				22.6
12	189.5	189.4	189.4	189.4	10'				14.1
13	175.0	175.1	175.0	175.1					

表 3-8-18 hirsutane 型倍半萜类化合物 3-8-82~3-8-88 的 ^{13}C NMR 数据

C	3-8-82[38]	3-8-83[38]	3-8-84[38]	3-8-85[38]	3-8-86[38]	3-8-87[39]	3-8-88[39]
1	39.8	41.1	47.2	47.0	37.0	81.0	79.5
2	49.8	52.5	43.3	43.0	48.7	54.1	51.1
3	50.5	61.9	183.8	185.3	50.9	55.0	54.5
4	150.1	145.6	135.9	133.3	151.0	152.2	84.6
5	197.1	195.5	209.0	207.7	189.8	145.5	209.0
6	60.8	59.0	51.3	51.0	126.7	202.8	119.2
7	76.3	74.8	85.3	85.5	180.2	85.5	194.2
8	31.7	32.1	42.1	41.7	30.8	46.6	33.1
9	39.3	40.4	46.5	45.9	44.9	34.6	38.9
10	48.7	48.5	49.2	48.8	46.2	44.2	47.2
11	42.9	43.1	43.5	43.3	54.9	43.2	45.8
12	29.1	28.8	28.7	28.6	24.4	22.6	20.3
13	26.9	27.0	26.6	26.7	182.9	28.5	26.8
14	63.9	200.2			23.6	10.3	65.8
15	115.7	124.8	55.7	65.1	115.7	16.6	22.6
15-OMe				59.1			

表 3-8-19 hirsutane 型倍半萜类化合物 3-8-89~3-8-92 的 ^{13}C NMR 数据

C	3-8-89[40]	3-8-90[40]	3-8-91[38]	3-8-92[38]	C	3-8-89[40]	3-8-90[40]	3-8-91[38]	3-8-92[38]
1	82.6	81.9	44.1	43.6	9	46.3	45.9	38.5	39.9
2	48.9	48.8	45.5	53.3	10	36.1	36.6	48.1	48.1
3	54.9	54.5	62.0	59.6	11	45.9	45.1	42.3	42.6
4	87.2	85.1	81.0	146.6	12	24.0	23.6	29.1	28.9
5	205.6	202.1	209.1	195.8	13	67.1	65.9	26.8	26.9
6	125.3	124.4	58.7	61.2	14	27.3	26.9	172.6	170.6
7	184.3	181.2	74.3	75.0	15	22.4	22.1	34.9	126.5
8	67.2	66.7	33.6	32.3	1'	175.8	174.8	46.4	46.7

续表

C	3-8-89[40]	3-8-90[40]	3-8-91[38]	3-8-92[38]	C	3-8-89[40]	3-8-90[40]	3-8-91[38]	3-8-92[38]
2'	71.7	34.6	42.5	42.6	9'			46.0	45.9
3'	35.4	25.1	185.4	186.6	10'			48.5	48.7
4'	26.0	28.9	135.7	130.6	11'			43.4	43.4
5'	30.0	29.2	211.3	206.5	12'			28.5	28.4
6'	32.8	31.7	50.5	50.6	13'			26.9	26.3
7'	23.5	22.6	84.6	85.3	14'			18.0	56.7
8'	14.3	14.1	41.1	41.6	15'			46.4	46.7

3-8-93, **3-8-94**, **3-8-95**, **3-8-96**

表 3-8-20　ylangene 型倍半萜类化合物 3-8-93~3-8-96 的 ^{13}C NMR 数据[41]

C	3-8-93	3-8-94	3-8-95	3-8-96	C	3-8-93	3-8-94	3-8-95	3-8-96
1	42.3	43.0	48.8	56.9	9	21.4	24.2	22.7	22.1
2	47.2	48.5	44.7	46.7	10	36.5	36.8	36.9	36.7
3	154.8	147.8	147.6	169.6	11	20.2	19.7	18.9	20.4
4	66.5	36.4	119.9	122.3	12	111.4	107.2	23.0	24.0
5	34.0	68.1	70.6	203.3	13	32.3	32.5	32.5	32.0
6	47.6	55.6	54.5	64.3	14	20.0	21.6	19.9	19.7
7	42.0	37.4	42.0	56.4	15	19.4	20.1	19.4	19.5
8	44.3	44.0	44.9	44.9					

3-8-97, **3-8-98**, **3-8-99**, **3-8-100**, **3-8-101**, **3-8-102**

表 3-8-21　silphinene 型倍半萜类化合物 3-8-97~3-8-99 的 ^{13}C NMR 数据[42]

C	3-8-97	3-8-98	3-8-99	C	3-8-97	3-8-98	3-8-99
1	35.5	39.4	38.6	7	132.1	128.1	130.3
2	46.4	36.8	36.6	8	170.8	170.2	168.8
3	75.7	26.9	28.4	8a	70.0	68.1	67.9
3a	69.1	58.5	59.1	9	28.4	20.3	69.9
4	43.0	47.1	45.0	10	32.5	29.6	25.1
5	51.8	85.3	46.6	11	17.2	16.5	16.1
5a	59.0	59.7	56.7	12	22.5	14.3	21.2
6	217.0	215.4	215.1				

表 3-8-22　selinene 型倍半萜类化合物 3-8-100~3-8-103 的 ^{13}C NMR 数据[42]

C	3-8-100	3-8-101	3-8-102	3-8-103	C	3-8-100	3-8-101	3-8-102	3-8-103
1	46.4	39.4	39.6	39.6	7	128.5	129.0	128.7	128.7
2	80.3	37.7	38.4	38.2	8	143.2	143.3	143.5	143.5
3	36.1	27.0	27.6	27.1	8a	70.3	72.5	72.4	73.0
3a	57.0	61.5	58.5	63.0	9	32.5	70.0	22.9	27.9
4	39.9	44.3	45.1	39.7	10	28.0	26.8	73.0	32.3
5	57.9	53.1	53.6	58.8	11	13.7	16.8	16.6	16.7
5a	54.0	53.8	52.8	53.3	12	19.4	20.0	19.6	19.4
6	85.3	86.4	85.4	85.9					

3-8-103

3-8-104

3-8-105 R=CH$_2$OH; R^1=H
3-8-106 R=COOH; R^1=OH

3-8-107

3-8-108

表 3-8-23　protoilludene 型倍半萜类化合物 3-8-104~3-8-108 的 ^{13}C NMR 数据

C	3-8-104[43]	3-8-105[43]	3-8-106[43]	3-8-107[44]	3-8-108[45]	C	3-8-104[43]	3-8-105[43]	3-8-106[43]	3-8-107[44]	3-8-108[45]
1	35.9	36.8	38.4	43.1	46.2	13	17.4	19.7	17.9	72.9	190.9
2	46.3	58.6	59.6	46.0	46.2	14	22.9	26.7	27.3	32.4	27.3
3	45.9	48.2	49.6	35.5	40.4	15	72.7	72.7	182.8	32.5	29.7
4	36.7	32.5	44.4	73.4	45.5	1'					169.9
5	25.7	29.0	72.2	107.5	70.3	2'					105.4
6	141.6	222.3	219.8	55.6	169.7	3'					163.5
7	123.0	46.22	51.7	80.3	133.2	4'					98.6
8	34.0	48.5	42.2	73.7	72.4	5'					160.2
9	39.9	35.2	35.1	42.8	48.4	6'					116.0
10	43.2	40.6	42.7	43.0	39.7	7'					139.4
11	44.6	44.4	48.7	35.4	40.9	5'-OMe					56.4
12	20.5	18.5	18.5	19.2	21.5	7'-CH$_3$					20.1

3-8-109

3-8-110

3-8-111 R=OH; R^1=H
3-8-112 R=H; R^1=H
3-8-113 R=H; R^1= =O

3-8-114

3-8-115

表 3-8-24 cedrane 型倍半萜类化合物 3-8-109、3-8-110 的 ^{13}C NMR 数据[46]

C	3-8-109	3-8-110	C	3-8-109	3-8-110	C	3-8-109	3-8-110
1	45.9	50.6	6	55.1	55.0	11	140.3	140.8
2	79.2	31.5	7	41.0	41.1	12	24.8	24.8
3	33.3	25.3	8	52.1	52.7	13	27.5	27.5
4	57.0	60.2	9	40.0	38.2	14	26.0	25.8
5	47.5	47.8	10	119.1	118.5	15	9.5	63.3

表 3-8-25 *allo*-cedrane 型倍半萜类化合物 3-8-111~3-8-113 的 ^{13}C NMR 数据[47]

C	3-8-111	3-8-112	3-8-113	C	3-8-111	3-8-112	3-8-113	C	3-8-111	3-8-112	3-8-113
1	80.4	39.0	35.0	6	49.5	49.5	49.5	11	105.9	106.4	105.5
2	40.4	31.3	44.9	7	70.1	71.2	71.0	12	12.7	13.2	12.6
3	31.5	33.2	214.0	8	32.0	38.2	35.8	13	15.8	16.9	17.3
4	87.3	86.7	81.8	9	54.4	51.5	48.9	14	72.8	73.2	71.5
5	49.2	49.8	47.2	10	77.6	77.6	77.1	15	20.7	14.0	12.9

表 3-8-26 myltaylane 型倍半萜类化合物 3-8-114、3-8-115 的 ^{13}C NMR 数据

C	3-8-114[14]	3-8-115[48]	C	3-8-114[14]	3-8-115[48]	C	3-8-115[48]
1	28.1	38.1	9	19.5	18.5	2'	116.2
2	27.8	77.8	10	30.4	30.1	3'	144.4
3	58.0	62.7	11	47.2	47.0	4'	127.6
4	154.5	158.7	12	102.0	105.6	5'	122.3
5	40.6	39.1	13	23.4	28.6	6'	115.5
6	53.1	53.9	14	28.9	23.2	7'	148.2
7	33.7	33.3	15	19.4	20.1	8'	146.1
8	36.6	35.7	1'		167.0	9'	114.3

表 3-8-27 maaliane 型倍半萜类化合物 3-8-116、3-8-117 的 ^{13}C NMR 数据[33]

C	3-8-116	3-8-117	C	3-8-116	3-8-117	C	3-8-116	3-8-117
1	75.4	73.5	7	19.7	19.8	13	15.5	15.6
2	28.8	31.6	8	15.4	15.5	14	21.0	21.0
3	116.5	116.4	9	31.5	31.5	15	17.7	18.1
4	135.7	136.0	10	34.8	35.9	OAc	171.0	
5	35.9	35.4	11	18.1	18.2		21.4	
6	22.1	22.1	12	28.5	28.5			

表 3-8-28　prelacinane 型倍半萜类化合物 3-8-118~3-8-119 的 ^{13}C NMR 数据[9]

C	3-8-118	3-8-119	C	3-8-118	3-8-119	C	3-8-118	3-8-119
1	39.3	38.8	6	84.6	220.0	11	49.8	46.8
2	31.6	31.1	7	46.0	52.9	12	25.8	24.6
3	21.9	21.4	8	30.0	35.5	13	33.9	29.3
4	58.7	59.2	9	23.2	22.0	14	16.9	21.6
5	38.7	45.9	10	53.5	53.3	15	14.6	14.3

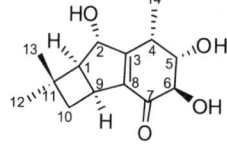
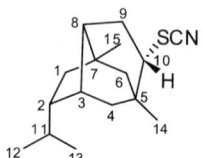
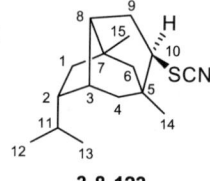

3-8-120　**3-8-121**　**3-8-122**　**3-8-123**

表 3-8-29　caryophyllene 型倍半萜类化合物 3-8-120~3-8-121 的 ^{13}C NMR 数据

C	3-8-120[49]	3-8-121[7]	C	3-8-120[49]	3-8-121[7]	C	3-8-120[49]	3-8-121[7]
1	57.9	54.5	6	47.1	74.2	11	33.6	34.2
2	79.6	81.3	7	214.1	196.3	12	25.0	32.1
3	92.9	167.5	8	61.5	141.4	13	33.9	25.5
4	43.3	36.4	9	36.6	35.1	14	12.0	12.4
5	71.0	74.1	10	35.3	38.6	15	16.4	

表 3-8-30　化合物 3-8-122~3-8-123 的 ^{13}C NMR 数据[50]

C	3-8-122	3-8-123	C	3-8-122	3-8-123	C	3-8-122	3-8-123
1	48.3	48.3	7	39.1	38.9	13	21.6	21.6
2	49.3	49.6	8	44.3	43.7	14	26.5	26.8
3	38.3	38.3	9	28.9	28.9	15	26.0	26.2
4	35.5	27.3	10	56.5	56.2	SCN	113.5	113.5
5	33.1	33.0	11	29.7	29.6			
6	46.9	55.0	12	21.6	21.6			

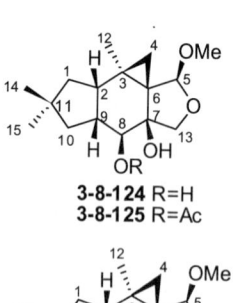
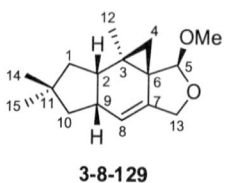

3-8-124 R=H　**3-8-126** R=H　**3-8-128**
3-8-125 R=Ac　**3-8-127** R=Ac

3-8-129　**3-8-130**　**3-8-131**

表 3-8-31 marasmane 型倍半萜类化合物 3-8-124~3-8-127 的 ^{13}C NMR 数据[51]

C	3-8-124	3-8-125	3-8-126	3-8-127	C	3-8-124	3-8-125	3-8-126	3-8-127
1	45.1	44.9	44.9	44.7	10	42.2	42.1	41.9	41.8
2	45.2	45.2	45.8	45.9	11	37.1	36.7	37.1	36.7
3	22.4	22.2	23.7	23.7	12	21.2	21.1	23.0	22.9
4	17.6	17.7	20.6	20.6	13	77.7	76.9	79.0	78.3
5	106.4	106.0	109.9	109.5	14	31.8	31.5	31.9	31.8
6	42.0	42.1	42.2	42.5	15	32.3	31.8	32.3	32.0
7	77.6	77.4	78.1	77.9	5-OMe	54.6	54.7	54.6	54.4
8	73.2	75.1	73.9	75.7	OAc		170.9		170.6
9	38.7	36.2	40.1	37.4			21.0		21.0

表 3-8-32 marasmane 型倍半萜类化合物 3-8-128~3-8-131 的 ^{13}C NMR 数据

C	3-8-128[52]	3-8-129[52]	3-8-130[53]	3-8-131[53]	C	3-8-128[52]	3-8-129[52]	3-8-130[53]	3-8-131[53]
1	41.8	44.2	44.45	43.73	9	44.8	39.1	81.02	126.32
2	45.2	42.4	36.11	40.17	10	44.7	48.2	39.81	157.44
3	28.4	34.5	35.00	32.58	11	37.0	37.4	25.74	16.89
4	29.0	26.1	26.41	27.91	12	17.4	21.3	30.20	165.24
5	177.9	109.0	35.26	34.73	13	71.5	69.0	192.53	192.49
6	29.5	24.9	141.06	140.15	14	31.8	31.9	197.82	197.49
7	43.8	139.1	147.09	146.97	15	32.4	32.0	17.73	18.35
8	73.6	115.2	44.65	45.08	OMe		54.5		51.44

表 3-8-33 longipinane 型倍半萜类化合物 3-8-132~3-8-137 的 ^{13}C NMR 数据

C	3-8-132[54]	3-8-133[54]	3-8-134[54]	3-8-135[14]	3-8-136[14]	3-8-137[14]	C	3-8-132[54]	3-8-133[54]	3-8-134[54]
1	211.7	202.6	202.6	36.8	34.9	80.1	1'	166.5	167.0	167.2
2	42.0	122.8	122.7	68.7	68.0	79.6	2'	127.4	127.4	126.9
3	26.8	170.1	170.2	152.3	152.0	149.0	3'	140.3	140.5	140.1

C	3-8-132[54]	3-8-133[54]	3-8-134[54]	3-8-135[14]	3-8-136[14]	3-8-137[14]	C	3-8-132[54]	3-8-133[54]	3-8-134[54]
4	44.3	48.1	48.2	50.5	50.5	49.9	4'	16.0	15.9	15.9
5	46.4	65.8	65.9	54.1	52.5	52.2	5'	20.7	20.7	20.4
6	35.3	36.9	36.9	32.9	32.9	31.1	1"	175.1	166.7	175.5
7	70.4	71.0	70.6	39.7	39.7	38.1	2"	41.2	126.9	41.3
8	71.2	71.5	71.6	22.0	21.8	20.5	3"	26.3	139.3	26.7
9	75.3	74.0	73.9	41.3	41.9	40.6	4"	11.6	15.9	11.7
10	45.8	54.9	54.9	42.1	43.6	39.9	5"	16.3	20.3	16.6
11	51.6	53.4	53.2	38.9	39.4	44.3				
12	19.7	23.3	23.3	112.3	107.5	109.5				
13	20.5	21.0	21.0	24.3	23.4	24.6				
14	20.1	18.7	18.7	27.9	28.4	26.3				
15	27.1	26.7	26.6	28.3	27.9	26.6				
1-OAc				170.0	170.1	173.1				
2-OAc				21.2	21.0	19.3				

表 3-8-34 illudane 型倍半萜类化合物 3-8-138~3-8-142 的 ^{13}C NMR 数据

C	3-8-138[55]	3-8-139[55]	3-8-140[55]	3-8-141[55]	3-8-142[56]	C	3-8-138[55]	3-8-139[55]	3-8-140[55]	3-8-141[55]	3-8-142[56]
1	202.1	202.1	202.2	201.3	188.14	9	136.3	136.3	135.7	134.7	135.32
2	75.4	75.4	76.2	74.9	149.80	10	25.3	25.3	26.4	27.7	116.89
3	30.5	30.5	34.0	30.0	34.21	11	4.8	4.8	3.8	3.5	5.33
4	142.9	142.9	71.7	71.3	70.87	12	13.6	13.6	6.8	6.8	13.51
5	160.2	160.2	161.4	163.9	183.85	13	115.3	115.3	24.1	24.9	26.08
6	83.4	83.4	82.0	82.7	45.89	14	26.0	26.0	15.9	20.4	172.86
7	46.0	46.0	49.1	47.8	27.05	15	16.8	16.8	25.3	21.3	27.04
8	78.6	78.6	79.2	78.7	43.08						

表 3-8-35　illudane 型倍半萜类化合物 3-8-143~3-8-146 的 ^{13}C NMR 数据

C	3-8-143[57]	3-8-144[57]	3-8-145[57]	3-8-146[58]	C	3-8-143[57]	3-8-144[57]	3-8-145[57]	3-8-146[58]
1	198.9	199.0	200.0	124.0	9	135.0	135.0	136.0	81.4
2	44.9	47.8	48.2	142.5	10	9.5	13.7	14.0	19.0
3	30.0	30.8	30.0	29.6	11	5.1	5.5	5.5	5.5
4	70.5	70.1	70.5	71.2	12	2.9	9.2	9.5	9.4
5	164.8	163.8	164.0	61.9	13	24.5	24.6	24.8	26.6
6	42.1	42.4	42.4	209.4	14	24.6	24.9	70.5	26.6
7	42.3	42.7	42.4	46.4	15	70.7	70.5	24.6	25.7
8	39.7	39.7	39.7	51.1					

注：**3-8-146** 中 Glu 的碳谱数据为 98.2(C-1')，74.5(C-2')，77.4(C-3')，71.3(C-4')，76.5(C-5')，62.5(C-6')。

表 3-8-36　化合物 3-8-147~3-8-148 的 ^{13}C NMR 数据[59]

C	3-8-147	3-8-148	C	3-8-147	3-8-148	C	3-8-147	3-8-148
1	95.6	95.5	7	75.9	76.7	13	22.3	24.4
2	72.5	71.3	8	48.9	59.6	14	87.3	83.7
3	45.1	40.4	9	37.2	33.7	15	30.3	30.1
4	78.9	75.9	10	36.3	40.4	6-OCH$_3$	56.5	57.6
5	50.7	56.9	11	37.7	37.3			
6	86.9	89.1	12	24.5	26.4			

表 3-8-37　aristolane 型倍半萜类化合物 3-8-149~3-8-150 的 ^{13}C NMR 数据[60]

C	3-8-149	3-8-150	C	3-8-149	3-8-150	C	3-8-149	3-8-150
1	70.1	118.8	5	39.9	40.3	9	120.8	67.6
2	32.2	64.5	6	39.5	33.9	10	163.0	152.0
3	28.1	36.6	7	35.0	19.4	11	24.4	19.8
4	38.4	32.4	8	195.9	30.9	12	29.7	30.0

续表

C	3-8-149	3-8-150	C	3-8-149	3-8-150	C	3-8-149	3-8-150
13	16.6	17.6	1'	171.9		4'	22.3	
14	23.2	22.9	2'	43.4		5'	22.4	
15	15.9	15.9	3'	25.7				

表 3-8-38　spirocyclopropane 型倍半萜类化合物 3-8-151~3-8-153 的 ^{13}C NMR 数据[61]

C	3-8-151	3-8-152	3-8-153	C	3-8-151	3-8-152	3-8-153	C	3-8-151	3-8-152	3-8-153
1	145.5	123.0	139.0	6	137.9	139.0	41.5	11	17.1	13.0	7.3
2	134.1	138.0	126.1	7	33.4	31.7	38.6	12	102.6	14.5	13.8
3	53.0	44.3	46.3	8	37.5	38.4	34.5	13	30.2	30.0	29.7
4	32.0	43.5	37.2	9	26.0	26.4	24.7	14	30.9	30.4	31.4
5	47.6	138.5	48.7	10	9.7	9.6	6.5	15	17.8	17.6	17.3

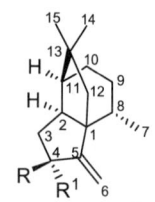

3-8-154 R=OH; R^1=H
3-8-155 R=H; R^1=OH
3-8-156 R=OAc; R^1=H
3-8-157 R=H; R^1=OAc

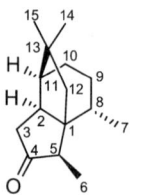

3-8-158

3-8-159

3-8-160

3-8-161

3-8-162

表 3-8-39　suberosane 型倍半萜类化合物 3-8-154~3-8-158 的 ^{13}C NMR 数据[62]

C	3-8-154	3-8-155	3-8-156	3-8-157	3-8-158	C	3-8-154	3-8-155	3-8-156	3-8-157	3-8-158
1	58.2	59.1	56.9	58.1	59.0	7	17.5	17.8	17.0	17.4	17.5
2	46.0	49.0	43.8	45.6	49.3	8	38.2	36.9	35.6	37.8	37.4
3	39.0	37.8	40.7	35.0	35.8	9	26.3	26.5	26.9	26.2	26.5
4	77.5	76.4	220.5	77.8	78.5	10	28.1	27.9	28.3	27.9	27.8
5	162.6	162.2	50.0	157.1	157.5	11	49.3	49.7	49.6	49.4	49.5
6	104.1	107.5	8.1	105.7	110.7	12	55.5	54.9	47.7	55.1	55.0

续表

C	3-8-154	3-8-155	3-8-156	3-8-157	3-8-158	C	3-8-154	3-8-155	3-8-156	3-8-157	3-8-158
13	39.1	39.6	39.2	39.1	39.6	OAc-1				171.0	170.7
14	26.9	26.9	27.0	26.9	26.9	OAc-2				21.3	21.5
15	35.1	34.8	34.3	35.1	34.9						

表 3-8-40　suberosane 型倍半萜类化合物 3-8-159~3-8-162 的 ^{13}C NMR 数据

C	3-8-159[63]	3-8-160[63]	3-8-161[64]	3-8-162[65]	C	3-8-159[63]	3-8-160[63]	3-8-161[64]	3-8-162[65]	C	3-8-162[65]
1	50.5	48.7	36.6	36.7	12	34.1	34.2	27.0	27.1	6'	40.9
2	22.2	22.0	27.0	26.5	13	27.1	27.1	34.4	34.6	7'	220.7
3	28.5	28.6	27.9	27.9	14	71.7	60.6	41.3	115.5	8'	52.1
4	49.3	48.8	49.7	48.5	15	175.5	178.3	16.7	17.4	9'	56.9
5	45.3	45.2	44.0	53.4	14-OMe	59.5				10'	47.5
6	40.7	40.9	40.8	48.2	1'			150.2	35.6	11'	39.3
7	213.8	218.3	216.5	210.3	2'			140.6	26.9	12'	34.1
8	56.6	57.9	52.4	151.9	3'			155.8	28.1	13'	26.8
9	53.8	53.3	56.7	55.1	4'			108.1	49.6	14'	16.8
10	47.7	47.6	48.5	54.4	5'			151.9	43.6	15'	25.4
11	39.9	40.4	39.7	39.9							

表 3-8-41　化合物 3-8-163~3-8-164 的 ^{13}C NMR 数据

C	3-8-163[66]	3-8-164[67]	C	3-8-163[66]	3-8-164[67]	C	3-8-163[66]	3-8-164[67]
1	207.3	203.0	10	56.0	57.0	4'	71.9	74.5
2	121.8	122.0	11	20.3	23.5	5'	76.5	76.5
3	174.2	169.0	12	23.8	22.8	6'	68.7	62.5
4	58.5	54.8	13	81.6	80.0	1"	110.9	
5	55.8	53.5	14	24.5	19.5	2"	78.1	
6	49.8	48.5	15	22.5	22.0	3"	80.5	
7	21.5	21.0	1'	98.2	97.0	4"	75.0	
8	37.7	36.0	2'	75.2	71.5	5"	65.9	
9	58.4	55.0	3'	78.5	77.5			

参 考 文 献

[1] Aleu J, Hanson J, Galan R, et al. J Nat Prod, 1999, 62: 437.
[2] Saritas Y, Reuβ S, Konig W. Phytochemistry, 2002, 59: 795.

[3] Kladi M, Xenaki H, Vagias C, et al. Tetrahedron, 2006, 62: 182.
[4] Wright A, Goclik E, Konig G. J Nat Prod, 2003, 66: 435.
[5] Yang X, Deinzer M. J Org Chem, 1992, 57: 4717.
[6] Chaves M, Lago J, Roque N. J Braz Chem Soc, 2003, 14(1): 16.
[7] Shiono Y, Matsuzaka R, Wakamatsu H, et al. Phytochemistry, 2004, 65: 491.
[8] Xie J, Li L, Dai Z. J Org Chem, 1992, 57: 2313.
[9] Nagashima F, Suzuki M, Takaoka S, et al. J Nat Prod, 2001, 64: 1309.
[10] Kim T, Ito H, Hatano T, et al. J Nat Prod, 2005, 68: 1805.
[11] Wang S, Huang M, Duh C. J Nat Prod, 2006, 69: 1411.
[12] Kikuchi H, Miyagawa Y, Nakamura K, et al. Org Lett, 2004, 6(24): 4531.
[13] Maia L, Epifanio R, Eve T, et al. J Nat Prod, 1999, 62: 1322.
[14] Adio A, Paul C, Konig W, et al. Phytochemistry, 2002, 61: 79.
[15] McPhail K, Davies-Coleman M, Starmer J. J Nat Prod, 2001, 64: 1183.
[16] Mitome H, Shirato N, Miyaoka H, et al. J Nat Prod, 2004, 67: 833.
[17] Brasco M, Seldes A, Palermo J. Org Lett, 2001, 3(10): 1415.
[18] Diaz-Marrero A, Brito I, Rosa J, et al. Tetrahedron, 2008, 64: 10821.
[19] Patil A, Freyer A, Reichwein R, et al. J Nat Prod, 1997, 60: 507.
[20] Yang L, Liu L, Shi Y. Tetrahedron Lett, 2009, 50: 6315.
[21] Silva G, Oliveira C, Teles H, et al. Phytochem Lett, 2010, 3: 164.
[22] Ramesh P, Reddy N, Rao T, et al. J Nat Prod, 1999, 62: 1019.
[23] McMorris T, Lira R, Gantzel P, et al. J Nat Prod, 2000, 63: 1557.
[24] Mitre G, Kamiya N, Bardon A, et al. J Nat Prod, 2004, 67: 31.
[25] Reategui R, Gloer J, Gampbell J, et al. J Nat Prod, 2005, 68: 701.
[26] Fricke C, Hardt I, Konig W, et al. J Nat Prod, 1999, 62: 694.
[27] Zhao W, Ye Q, Tan X, et al. J Nat Prod, 2001, 64: 1196.
[28] Wu T, Chan Y, Leu Y. Chem Pharm Bull, 2000, 48(3): 357.
[29] Miao C, Wu S, Luo B, et al. Fitoterapia, 2010, 81: 1088.
[30] Ishiyama H, Kozawa S, Aoyama K, et al. J Nat Prod, 2008, 71: 1301.
[31] Zhou Y, Fang Y, Gong Z, et al. Chin J Nat Med, 2009, 7(4): 270.
[32] Marques C, Simoes M, Rodriguez B. J Nat Prod, 2004, 67: 614.
[33] Iguchi K, Fukaya T, Yasumoto A, et al. J Nat Prod, 2004, 67: 577.
[34] Tazaki H, Okihara T, Koshino H, et al. Phytochemistry, 1998, 48(1): 147.
[35] Kozawa S, Ishiyama H, Fromont J, et al. J Nat Prod, 2008, 71: 445.
[36] Yoshikawa K, Kaneko A, Matsumoto Y, et al. J Nat Prod, 2006, 69: 1267.
[37] Opatz T, Kolshorn H, Anke H. J Antibiot, 2008, 61(9): 563.
[38] Liermann J, Schuffler A, Wollinsky B, et al. J Org Chem, 2010, 75: 2955.
[39] Rukachaisirikul V, Tansakul C, Saithong S, et al. J Nat Prod, 2005, 68: 1674.
[40] Cheng X, Varoglu M, Abrell L, et al. J Org Chem, 1994, 59: 6344.
[41] Duh C, El-Gamal A, Song P, et al. J Nat Prod, 2004, 67: 1650.
[42] Pedras M, Chumala P, Venkatesham U. Bioorg Med Chem, 2005, 13: 2469.
[43] Hirota M, Shimizu Y, Kamo T, et al. Biosci Biotechnol Biochem, 2003, 67(7): 1597.
[44] Arnone A, Gregorio C, Meille S, et al. J Nat Prod, 1999, 62: 51.
[45] Misiek M, Williams J, Schmich K, et al. J Nat Prod, 2009, 72: 1888.
[46] Barrero A, Quilez J, Lara A, et al. Planta Med, 2005, 71: 67.
[47] Schmidt T, Muller E, Fronczek F. J Nat Prod, 2001, 64: 411.
[48] Harinantenaina L, Asakawa Y. J Nat Prod, 2007, 70: 856.
[49] Wichlacz M, Ayer W, Trifonov L, et al. J Nat Prod, 1999, 62: 484.
[50] Yasman, Edrada R, Wray V, et al. J Nat Prod, 2006, 66: 1512.
[51] Yaoita Y, Machida K, Kikuchi M. Chem Pharm Bull, 1999, 47(6): 894.
[52] Wang X, Shen J, Du J, et al. J Antibiot, 2006, 59(10): 669.
[53] Arnone A, Nasini G, Pava O. Phytochemistry, 1997, 46(6): 1099.

[54] Sanchez-Arreola E, Cerda-Garcia-Rojas C, Roman L, et al. J Nat Prod, 2000, 63: 12.
[55] Burgess M, Zhang Y, Barrow K. J Nat Prod, 1999, 62: 1542.
[56] Dufresne C, Young K, Pelaez F, et al. J Nat Prod, 1997, 60: 188.
[57] Reina M, Orihuela J, Gonzalez-Coloma A, et al. Phytochemistry, 2004, 65: 381.
[58] Castillo U, Ojika M, Alonso-Amelot M, et al. Bioorg Med Chem, 1998, 6: 2229.
[59] Magnani R, Rodrigues-Fo E, Daolio C, et al. Z Naturforsch, 2003, 58: 319.
[60] Tanitsu M, Takaya Y, Akasaka M, et al. Phytochemistry, 2002, 59: 845.
[61] Richter R, Reuß S, Kongig W. Phytochemistry, 2010, 71: 1371.
[62] Sheu J, Hung K, Wang G, et al. J Nat Prod, 2000, 63: 1603.
[63] Wijeratne E, Turbyville T, Zhang Z, et al. J Nat Prod, 2003, 66: 1567.
[64] Qi S, Zhang S, Li X, et al. J Nat Prod, 2005, 68: 1288.
[65] Bokesch H, Blunt J, Westergaard C, et al. J Nat Prod, 1999, 62: 633.
[66] Li W, Wei K, Fu H, et al. J Nat Prod, 2007, 70: 1971.
[67] Ghosal S, Vishwakarma R. J Nat Prod, 1997, 60: 839.

第九节 无环二萜类化合物

表 3-9-1 无环二萜类化合物的名称、分子式和测试溶剂

编号	名称	分子式	测试溶剂	参考文献
3-9-1	chrysochlamic acid	$C_{27}H_{40}O_5$	C	[1]
3-9-2	bifurcanol	$C_{20}H_{34}O_2$	C	[2]
3-9-3	(2E,6E,14E)-1-(1'-hydroxy-4'-methoxy-6'-methyl-phenyl)-5,12-dihydroxy-13-one-3,7,11,15-tetramethyl-hexadeca-2,6,14-triene	$C_{28}H_{42}O_5$	—	[3]
3-9-4	(4E,6E,10E)-3-hydroxy-3,7,11,15-tetramethyl-1,4,6,10,14-hexadecapenten-13-one	$C_{20}H_{30}O_2$	C	[4]
3-9-5	(4E,6E,11Z)-3-hydroxy-3,7,11,15-tetramethyl-1,4,6,10,14-hexadecapenten-13-one	$C_{20}H_{30}O_2$	C	[4]
3-9-6	(4E,6E,10E)-3-hydroxy-3,7,11,15-tetramethyl-1,4,6,10-hexadecatetraen-13-one	$C_{20}H_{32}O_2$	C	[4]
3-9-7	3,7,11,15-tetramethyl-1,6,10,14-hexadecatetraene-3,5,9-triol	$C_{20}H_{34}O_3$	C	[5]
3-9-8	epoxylactone	$C_{24}H_{32}O_7$	C	[6]
3-9-9	peucelinenoxide acetate (7-acetoxymethyl-2,6,10,14-tetramethyl-10,17-epoxypentadeca-2,5E,13-triene)	$C_{22}H_{36}O_3$	B	[7]
3-9-10	actiniarin A	$C_{20}H_{28}O_6$	P	[8]
3-9-11	actiniarin B	$C_{20}H_{28}O_7$	P	[8]
3-9-12	actiniarin C	$C_{20}H_{26}O_6$	P	[8]
3-9-13	verrucosin 4	$C_{25}H_{40}O_5$	C	[9]

表 3-9-2 化合物 3-9-1~3-9-7 的 ^{13}C NMR 数据

C	3-9-1[1]	3-9-2[2]	3-9-3[3]	3-9-4[4]	3-9-5[4]	3-9-6[4]	3-9-7[5]
1	22.5	59.4	22.5	111.76	111.95	112.02	112.6
2	31.4	123.4	31.4	143.86	143.95	143.93	144.0
3	75.3	139.7	75.3	73.04	73.26	73.29	73.9
4	39.5	39.6	39.5	136.35	136.14	136.44	46.8
5	26.5	26.3	26.5	124.17	124.51	124.41	66.7
6	124.5	123.9	124.5	124.08	124.04	124.21	130.9
7	134.9	135.3	134.9	138.70	139.52	139.01	134.1
8	22.1	39.6	22.1	39.37	39.88	39.50	47.8
9	29.7	26.7	29.7	26.36	26.31	26.45	66.0
10	125.1	125.2	125.1	128.46	33.26	29.02	127.3
11	133.7	133.7	133.7	129.72	158.01	129.29	138.1
12	38.0	42.4	38.0	55.16	126.36	54.40	39.5
13	27.5	125.4	27.5	199.23	191.01	209.50	26.4
14	144.9	139.2	144.9	122.60	126.22	50.53	123.9
15	126.8	70.7	126.8	155.55	154.10	24.41	131.6
16	172.9	29.8	172.9	27.56	27.68	22.55	25.6
17	12.0	29.8	12.0	20.51	20.51	22.55	17.7
18	15.8	16.0	15.8	16.18	25.37	16.40	16.6
19	15.9	16.0	15.9	16.49	16.59	16.66	16.5
20	24.1	16.3	24.1	27.87	28.05	28.09	29.9
1'	147.7		147.7				
2'	121.2		121.2				
3'	115.6		115.6				
4'	145.9		145.9				
5'	112.6		112.6				
6'	127.3		127.3				
7'	16.0		16.0				
OMe		55.6					

表 3-9-3　化合物 3-9-8~3-9-12 的 ^{13}C NMR 数据

C	3-9-8[6]	3-9-9[7]	C	3-9-10[8]	3-9-11[8]	3-9-12[8]
1	136.5	17.6	1	174.7	174.6	174.9
2	108.6	131.6	3	195.4	195.5	188.9
3	118.4	123.4	4	139.9	140.0	114.0
4	73.2	26.8	4a	33.8	35.7	32.4
5	27.7	127.2	5	44.5	42.8	45.1
6	58.0	133.6	6	201.3	174.6	202.3
7	54.8	48.4	7	207.7	207.5	207.7
8	30.6	24.7	8	42.8	43.0	42.9
9	23.0	31.7	9	21.9	22.0	21.9
10	122.6	58.5	10	34.5	34.4	34.5
11	136.5	34.7	11	146.2	146.3	146.8
12	39.6	23.3	11a	54.9	54.7	55.0
13	26.6	124.5	12	156.0	155.2	175.0
14	124.0	131.5	13	122.5	123.0	119.7
15	131.5	17.7	14	156.0	155.2	150.0
16	25.5	25.8	15	70.3	70.3	94.0
17	17.5	51.9	16	30.0	30.2	25.4
18	16.0	66.2	17	30.2	30.2	25.6
19	168.5	12.5	18	29.6	29.6	29.6
20	132.4	25.7	19	114.3	114.3	114.1
OAc	166.4/20.5	170.0/20.5				
OAc	167.5/20.5					

参 考 文 献

[1] Deng J Z, Sun D A, Starck S R, et al. J Chem Res, 1999: 1147.

[2] Valls R, Banaigs B, Piovetti L, et al. Phytochemistry, 1993, 34: 1585.

[3] Banaigs B, Marcos B, Francisco C, et al. Phytochemistry, 1983, 22: 2865.

[4] Albrizio S, Faitorusso E, Magno S, et al. J Nat Prod, 1992, 55: 1287.

[5] Hussein A A, Rodriguez B. J Nat Prod, 2000, 63: 419.
[6] Paul V J, Ciminiello P, Fenical W. Phytochemistry, 1998, 47: 363.
[7] Muckensturm B, Boulanger A, Ouahabi S, et al. Phytochem Commun, 2005, 76: 768.
[8] Cao S, Foster C, Lazo J S, et al. Bioorg Med Chem, 2005, 13: 5830.
[9] Gavagnin M, Ungur N, Castelluccio F, et al. Tetrahedron, 1997, 53: 1491.

第十节　单环二萜类化合物

表 3-10-1　单环二萜类化合物的名称、分子式和测试溶剂

编号	名称	分子式	测试溶剂	参考文献
3-10-1	neovibsanin O	$C_{24}H_{32}O_6$	B	[1]
3-10-2	neovibsanin M	$C_{27}H_{40}O_6$	B	[1]
3-10-3	neovibsanin L	$C_{27}H_{40}O_6$	B	[1]
3-10-4	(8Z)-neovibsanin M	$C_{27}H_{40}O_6$	B	[1]
3-10-5	15-O-methylvibsanin H	$C_{26}H_{38}O_6$	B	[1]
3-10-6	epi-15-O-methylvibsanin H	$C_{26}H_{38}O_6$	B	[1]
3-10-7	15-O-methyl-vibsanol	$C_{26}H_{38}O_6$	C	[2]
3-10-8	phorbasin G	$C_{22}H_{36}NNaO_4S$	M	[3]
3-10-9	phorbasin H	$C_{20}H_{32}O_2$	M	[3]
3-10-10	phorbasin I	$C_{20}H_{32}O_2$	M	[3]
3-10-11	hookerianolide A	$C_{20}H_{28}O_6$	—	[4]
3-10-12	hookerianolide B	$C_{20}H_{28}O_5$	—	[4]
3-10-13	hookerianolide C	$C_{22}H_{32}O_6$	—	[4]
3-10-14	hookerianolide A triacetate	$C_{26}H_{34}O_9$	—	[4]
3-10-15	dilopholide	$C_{22}H_{32}O_4$	C	[5]
3-10-16	xeniaoxolane	$C_{20}H_{30}O_3$	C	[6]
3-10-17	infuscatrienol	$C_{20}H_{34}O$	C	[7]
3-10-18	gyrosanol B	$C_{20}H_{32}O$	C	[8]
3-10-19	incensole-oxide	$C_{20}H_{34}O_3$	C	[9]
3-10-20	acetyl incensole-oxide	$C_{22}H_{34}O_4$	C	[9]
3-10-21	incensole	$C_{20}H_{34}O_2$	C	[9]
3-10-22	acetyl incensole	$C_{22}H_{36}O_3$	C	[9]
3-10-23	lobophynins A	$C_{22}H_{34}O_3$	C	[10]
3-10-24	(7E,11E)-(1S,3S,4R)-3,4:15,17-diepoxycembra-7,11-diene	$C_{20}H_{32}O_2$	C	[11]
3-10-25	12,13-bisepieupalmerin	$C_{20}H_{30}O_4$	C	[12]
3-10-26	12,13-bisepieupalmerin acetate	$C_{22}H_{32}O_5$	C	[12]
3-10-27	12-epi-eupalmerin acetate	$C_{22}H_{32}O_5$	C	[12]
3-10-28	succinolide	$C_{20}H_{28}O_4$	C	[12]
3-10-29	12-epi-eupalmerone	$C_{20}H_{28}O_4$	C	[12]
3-10-30	pseudoplexauric acid methy1 ester	$C_{21}H_{32}O_3$	C	[11]
3-10-31	pseudoplexaural	$C_{20}H_{30}O_2$	C	[13]
3-10-32	uproeunioloic acid methyl ester	$C_{21}H_{32}O_4$	C	[13]
3-10-33	(−)-eunicenone	$C_{20}H_{30}O_2$	C	[11]

续表

编号	名称	分子式	测试溶剂	参考文献
3-10-34	eupalmerone	$C_{20}H_{28}O_4$	C	[11]
3-10-35	leptodienone A	$C_{20}H_{30}O_2$	C	[14]
3-10-36	leptodienone B	$C_{20}H_{30}O_2$	C	[14]
3-10-37	epoxycembrane A	$C_{20}H_{32}O$	C	[15]
3-10-38	bipinnatin K	$C_{23}H_{26}O_9$	C	[16]
3-10-39	bipinnatin L	$C_{25}H_{30}O_{13}$	C	[16]
3-10-40	bipinnatin M	$C_{25}H_{30}O_{12}$	C	[16]
3-10-41	bipinnatin N	$C_{20}H_{24}O_6$	C	[16]
3-10-42	bipinnatin O	$C_{23}H_{26}O_{10}$	C	[16]
3-10-43	lobophynin B	$C_{22}H_{32}O_4$	C	[10]
3-10-44	sarcophytoxide	$C_{20}H_{30}O_2$	C	[10]
3-10-45	asperdiol	$C_{20}H_{32}O_3$	C	[13]
3-10-46	asperdiol acetate	$C_{22}H_{34}O_4$	C	[13]
3-10-47	7(S),8(S)-cpoxy-13(R)-hydroxy-1(R)-cembrene-A	$C_{20}H_{32}O_2$	C	[13]
3-10-48	(+)-12-carboxy-11Z-sarcophytoxide	$C_{20}H_{28}O_4$	C	[17]
3-10-49	lobophynin C	$C_{21}H_{30}O_4$	C	[17]
3-10-50	(+)-12-methoxycarbonyl-11Z-sarcophine	$C_{21}H_{28}O_5$	C	[17]
3-10-51	ehrenberoxide A	$C_{22}H_{34}O_4$	C	[17]
3-10-52	bipinnatin P	$C_{25}H_{28}O_{11}$	C	[16]
3-10-53	13,18,20-epiiso-chandonanthone	$C_{20}H_{30}O_4$	C	[18]
3-10-54	ehrenberoxide A	$C_{22}H_{34}O_4$	B	[17]
3-10-55	ehrenberoxide B	$C_{20}H_{34}O_3$	B	[17]
3-10-56	(8E)-4α-acetoxy-12α,13α-epoxycembra-1(15),8-diene	$C_{22}H_{34}O_4$	C	[18]
3-10-57	isosarcophytoxide	$C_{20}H_{30}O_2$	C	[10]
3-10-58	lobophynin C	$C_{21}H_{30}O_4$	C	[10]
3-10-59	sinularectin	$C_{20}H_{25}ClO_{10}$	D	[19]
3-10-60	briaviodiol A	$C_{21}H_{32}O_6$	C	[20]
3-10-61	sarcophyolide A	$C_{21}H_{32}O_6$	D	[21]
3-10-62	7α,8β-dihydroxydeepoxysarcophine	$C_{20}H_{30}O_5$	D	[21]
3-10-63	sarcophydiol	$C_{20}H_{30}O_4$	C	[22]
3-10-64	(3E,7S,11Z)-7-hydroxy-3,11,15-cembratrien-20,8-olide	$C_{20}H_{30}O_3$	C	[23]
3-10-65	4-methylene-5-hydroxyovatodiolide	$C_{20}H_{24}O_5$	P	[24]
3-10-66	4-methylene-5-hydroperoxyovatodiolide	$C_{20}H_{24}O_6$	P	[24]
3-10-67	4-methylene-5-oxovatodiolide	$C_{20}H_{22}O_6$	P	[24]
3-10-68	4α-hydroxy-5-enovatodiolide	$C_{20}H_{24}O_5$	P	[24]
3-10-69	4α-hydroperoxy-5-enovatodiolide	$C_{20}H_{24}O_6$	P	[24]
3-10-70	bipinnatin Q	$C_{23}H_{26}O_{11}$	C	[16]
3-10-71	(3E,7E,11E)-11,12-dihydroxy-1-isopropyl-4,8,12-trimethylcyclotetradeca-1,3,7-triene	$C_{20}H_{34}O_2$	C	[15]
3-10-72	4,8,12-trimethyl-1-(1-methylethenyl)-3,7-cyclotetradecadien-10-one	$C_{20}H_{32}O$	C	[15]

续表

编号	名称	分子式	测试溶剂	参考文献
3-10-73	sinulariol D	$C_{20}H_{32}O$	B	[25]
3-10-74	(−)-(1R,2E,4Z,7E,11E)-cembra-2,4,7,11-tetrene	$C_{20}H_{32}$	C	[26]
3-10-75	calyculaglycoside D	$C_{28}H_{46}O_7$	C	[27]
3-10-76	calyculaglycoside E	$C_{28}H_{46}O_7$	C	[27]
3-10-77	calyculaglycoside A	$C_{30}H_{48}O_8$	C	[27]
3-10-78	calyculaglycoside B	$C_{30}H_{48}O_8$	C	[27]
3-10-79	calyculaglycoside C	$C_{30}H_{48}O_8$	C	[27]
3-10-80	gyrosanol C	$C_{20}H_{32}O$	C	[8]
3-10-81	atranone A	$C_{24}H_{32}O_6$	C	[28]
3-10-82	atranone B	$C_{25}H_{34}O_7$	C	[28]
3-10-83	atranone C	$C_{24}H_{32}O_6$	C	[28]
3-10-84	rhyacophiline	$C_{20}H_{20}O_5$	C	[29]
3-10-85	salvianduline C	$C_{22}H_{24}O_7$	C	[30]
3-10-86	jamesoniellide H	$C_{20}H_{24}O_6$	C	[31]
3-10-87	jamesoniellide I	$C_{20}H_{22}O_6$	C	[31]
3-10-88	jamesoniellide J	$C_{21}H_{28}O_6$	C	[31]
3-10-89	15,16-epoxy-5,10-$seco$-clerodan-1(10),2,4,13(16),14-penten-18,19-olide	$C_{20}H_{24}O_3$	C	[32]
3-10-90	methyl 7-acetyl-8,17-bisnor-8-oxagrindelate	$C_{21}H_{34}O_5$	C	[33]
3-10-91	2β-hydroxysaudinolide	$C_{20}H_{22}O_9$	D	[34]
3-10-92	3,4-seco-halimen-5(13),9(14)-diolide	$C_{21}H_{28}O_6$	C	[35]

表 3-10-2 化合物 3-10-1~3-10-7 的 ^{13}C NMR 数据[1, 2]

C	3-10-1	3-10-2	3-10-3	3-10-4	3-10-5	3-10-6	3-10-7[2]
1	36.2	36.1	33.0	38.0	36.5	38.7	43.5
2	121.9	120.8	120.3	120.7	136.8	138.9	128.7
3	135.7	138.2	137.8	139.6	142.4	144.0	145.1
4	80.5	91.6	90.6	90.6	204.7	203.4	202.3

续表

C	3-10-1	3-10-2	3-10-3	3-10-4	3-10-5	3-10-6	3-10-7[2]
5	80.3	86.5	87.6	89.1	47.7	48.4	128.5
6	42.5	46.5	45.4	47.5	43.9	44.1	154.8
7	205.1	108.9	110.8	109.5	206.3	205.6	74.1
8	139.2	137.9	137.4	136.2	138.0	137.7	81.6
9	110.4	112.8	112.7	110.0	112.8	111.9	123.5
10	45.8	48.5	48.5	47.7	44.3	47.6	143.0
11	33.0	36.3	35.7	36.0	40.9	41.1	41.3
12	47.3	43.9	42.1	37.4	43.1	45.9	40.6
13	66.2	127.4	128.0	127.8	125.6	124.8	125.1
14	49.8	139.1	139.4	139.1	139.9	140.8	139.1
15	204.8	74.8	74.7	74.7	74.7	74.7	74.8
16	30.1	26.5	26.2	26.2	25.9	26.2	25.9
17	—	26.2	26.4	26.4	26.1	26.2	26.1
18	68.3	70.5	70.1	70.1	63.6	64.1	64.9
19	30.3	23.3	23.9	23.9	29.5	29.7	18.4
20	28.7	25.7	26.2	26.2	23.7	24.5	23.2
1'	163.0	163.2	163.1	163.1	163.1	163.2	167.2
2'	115.1	115.1	115.1	115.1	114.8	114.9	115.2
3'	159.7	159.9	159.6	159.6	160.4	160.3	159.5
4'	20.2	20.2	20.2	20.2	20.2	20.3	20.5
5'	27.0	27.0	27.0	27.0	27.0	27.0	27.6
7-OCH$_3$		50.2	49.9	49.9			
15-OCH$_3$		48.9	50.2	50.2	50.2	50.2	50.9

表 3-10-3 化合物 3-10-8~3-10-10 的 ^{13}C NMR 数据[3]

C	3-10-8	3-10-9	3-10-10	C	3-10-8	3-10-9	3-10-10
1	32.0	31.9	31.9	12	38.5	38.5	133.3
2	30.7	30.5	30.5	13	26.9	26.9	27.2
3	46.3	44.5	44.5	14	125.8	125.8	40.0
4	30.7	30.5	31.9	15	132.1	132.1	28.9
5	32.0	31.9	30.5	16	25.9	25.9	22.9
6	47.9	48.0	48.2	17	17.8	17.8	22.9
7	141.2	141.2	142.6	18	21.4	21.4	12.5
8	124.6	124.7	125.3	19	15.0	15.0	15.1
9	126.5	126.5	123.8	20	178.8	180.2	180.2
10	139.4	139.4	137.2	1'	36.5		
11	38.0	38.0	135.3	2'	51.4		

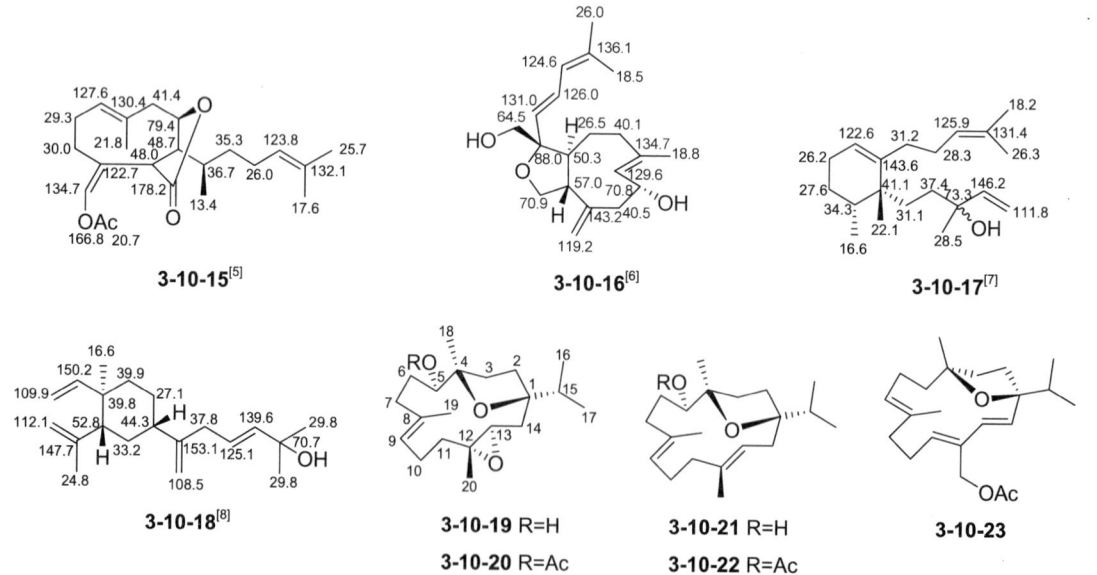

3-10-11 $R^1=R^2=H$; $R^3=OH$
3-10-12 $R^1=R^2=R^3=H$
3-10-13 $R^1=R^2=H$; $R^3=OC_2H_5$
3-10-14 $R^1=R^2=Ac$; $R^3=OAc$

表 3-10-4 化合物 3-10-11~3-10-14 的 ^{13}C NMR 数据[4]

C	3-10-11	3-10-12	3-10-13	3-10-14	C	3-10-11	3-10-12	3-10-13	3-10-14
1	32.4	30.9	30.5	30.9	14	21.6	20.4	21.8	20.0
2	28.7	28.8	26.9	26.8	15	23.3	21.7	21.8	22.6
3	130.6	128.4	128.7	133.8	16	16.3	15.5	15.5	15.5
4	136.4	133.9	135.5	128.7	17	29.7	28.8	28.6	28.6
5	83.3	81.0	81.9	79.6	18	12.4	11.8	11.4	11.7
6	72.5	71.2	71.0	69.4	19	20.3	17.9	19.7	19.1
7	65.0	64.8	63.3	60.4	20	173.9	173.5	170.7	170.0
8	62.1	59.8	60.0	59.9	5-OAc				169.9/20.7
9	49.5	44.5	48.6	47.8	6-OAc				169.6/21.1
10	103.7	78.5	107.7	104.2	10-OAc				167.8/21.8
11	148.7	148.6	145.7	143.6	10-O$\underline{C}$H$_2$CH$_3$			59.6	
12	137.0	135.5	137.8	136.9	10-OCH$_2$$\underline{C}H_3$			15.2	
13	28.0	27.2	26.8	26.5					

3-10-19 R=H
3-10-20 R=Ac
3-10-21 R=H
3-10-22 R=Ac
3-10-23

表 3-10-5 化合物 3-10-19~3-10-23 的 ^{13}C NMR 数据[9, 10]

C	3-10-19	3-10-20	3-10-21	3-10-22	3-10-23[10]	C	3-10-19	3-10-20	3-10-21	3-10-22	3-10-23[10]
1	88.3	88.7	88.5	89.2	78.6	3	36.7	35.3	36.3	38.4	23.3
2	29.8	29.5	30.6	30.1	24.1	4	84.5	83.2	84.1	82.9	73.9

续表

C	3-10-19	3-10-20	3-10-21	3-10-22	3-10-23[10]	C	3-10-19	3-10-20	3-10-21	3-10-22	3-10-23[10]
5	77.8	77.8	75.5	77.4	45.0	14	36.0	35.5	32.3	31.9	137.4
6	30.4	29.5	30.7	27.7	35.4	15	32.8	32.8	33.6	33.2	38.9
7	32.9	32.7	32.3	35.4	126.3	16	18.5	17.0	18.0	18.0	16.6
8	135.6	135.1	134.2	135.2	136.8	17	16.8	16.8	16.1	15.9	17.7
9	123.5	123.8	125.0	125.3	33.2	18	20.0	21.5	20.6	22.0	29.6
10	23.9	23.7	24.8	24.7	36.2	19	18.8	18.3	18.1	18.0	14.9
11	38.2	37.9	34.7	34.7	134.3	20	16.9	17.0	17.9	17.9	61.2
12	59.0	59.3	134.1	133.1	131.6	OAc		171.3		171.2	170.1
13	60.0	59.9	121.7	120.9	129.9			21.3		21.3	21.0

表 3-10-6 化合物 3-10-24~3-10-30 的 ^{13}C NMR 数据

C	3-10-24[11]	3-10-25[12]	3-10-26[12]	3-10-27[12]	3-10-28[12]	3-10-29[12]	3-10-30[11]
1	38.94	39.37	39.41	41.97	39.17	40.72	34.75
2	28.95	30.79	31.56	27.25	31.96	30.23	34.25
3	63.06	60.01	58.50	57.40	59.75	57.83	62.81
4	61.07	59.83	60.18	60.33	60.77	58.95	60.74
5	38.52	37.98	37.12	38.57	37.58	37.93	38.22
6	23.69	23.47	22.92	22.63	23.48	22.40	23.61
7	124.48	124.56	125.44	126.18	125.33	125.98	124.62
8	134.72	136.01	135.55	135.21	134.12	135.12	135.06
9	39.72	37.19	36.33	35.99	36.08	37.03	39.50
10	24.35	23.24	21.76	24.68	23.45	21.28	24.48
11	124.16	31.43	31.31	32.37	29.99	28.38	123.86
12	132.25	31.61	30.43	36.28	43.58	41.18	133.15
13	34.38	71.94	74.21	71.82	207.96	211.62	34.98
14	30.98	78.52	77.90	76.92	81.17	81.40	30.74
15	59.36	138.96	138.82	138.68	137.11	136.83	144.64
16	16.62	169.96	169.48	169.60	168.87	169.03	167.39
17	55.13	123.59	124.14	117.17	123.02	123.68	124.08
18	16.89	16.44	17.14	17.42	17.32	17.46	16.88

续表

C	3-10-24[11]	3-10-25[12]	3-10-26[12]	3-10-27[12]	3-10-28[12]	3-10-29[12]	3-10-30[11]
19	16.52	15.61	15.66	16.54	15.84	15.53	16.88
20	15.47	12.19	12.35	15.77	14.32	14.81	15.63
OAc			170.01/20.79	169.64/20.95			
OMe							51.69

表 3-10-7 化合物 3-10-31~3-10-37 的 ^{13}C NMR 数据

C	3-10-31[13]	3-10-32[13]	3-10-33[11]	3-10-34[11]	3-10-35[14]	3-10-36[14]	3-10-37[15]
1	31.2	37.7	38.40	40.89	42.6	41.6	40.3
2	33.7	34.9	31.09	26.42	32.8	33.6	33.6
3	62.5	61.3	60.36	58.69	60.6	62.4	63.3
4	60.7	60.3	59.49	62.05	58.8	58.6	60.8
5	38.3	40.9	38.19	36.35	53.7	54.6	23.7
6	23.6	126.6	23.54	23.58	197.7	197.1	38.3
7	124.9	137.9	124.06	126.52	126.2	123.7	123.9
8	135.1	73.0	135.40	131.25	160.2	160.8	135.2
9	39.4	37.8	38.99	35.76	31.4	40.9	39.6
10	24.5	23.0	29.24	25.41	25.0	24.3	24.4
11	123.9	122.5	134.46	20.01	121.7	123.3	124.3
12	133.1	135.3	137.30	42.19	135.6	135.8	133.3
13	35.2	39.8	186.66	208.60	34.9	34.9	34.7
14	30.3	27.4	44.89	79.15	30.0	30.4	29.8
15	154.5	142.8	147.25	137.18	148.1	147.5	148.6
16	194.2	167.4	21.72	169.15	110.9	111.5	110.7
17	133.5	124.4	110.49	119.29	19.1	18.3	18.5
18	16.9	16.4	16.71	13.87	19.1	17.2	17
19	16.9	27.2	16.71	13.87	24.3	19.4	15.8
20	15.7	17.7	20.54	13.87	17.5	17.5	17.2
OMe		51.8					

表 3-10-8　化合物 3-10-38~3-10-42 的 ^{13}C NMR 数据[16]

C	3-10-38	3-10-39	3-10-40	3-10-41	3-10-42	C	3-10-38	3-10-39	3-10-40	3-10-41	3-10-42
1	39.2	36.5	32.3	46.3	37.9	13	65.7	67.7	66.5	24.7	67.5
2	74.0	76.2	77.6	76.4	77.4	14	32.9	37.0	37.7	26.5	31.2
3	143.8	103.0	109.3	196.8	196.4	15	137.5	140.0	139.1	144.2	139.1
4	124.3	64.8	140.3	135.2	135.3	16	122.4	129.0	129.3	111.6	126.3
5	111.6	62.2	131.0	138.4	19.0	17	168.5	167.5	167.2	23.6	166.8
6	152.3	99.8	105.6	92.8	92.7	18	9.7	13.1	12.9	14.8	14.7
7	85.5	58.5	63.1	65.6	65.6	19	19.0	19.8	17.2	21.1	20.8
8	72.7	58.7	59.2	55.7	55.3	20	169.6	169.5	169.9	175.1	172.1
9	41.8	42.0	44.3	41.5	40.6	OAc	170.3/21.0	171.2/0.7	171.5/20.9		170.0/21.0
10	78.4	77.2	77.5	78.4	78.4	OAc			170.5/20.6	170.1/20.6	
11	156.0	151.0	152.7	146.2	149.8	OMe	58.0	51.6	52.4		52.3
12	128.3	133.2	130.7	136.7	133.4						

表 3-10-9　化合物 3-10-43~3-10-47 的 ^{13}C NMR 数据

C	3-10-43[10]	3-10-44[10]	3-10-45[13]	3-10-46[13]	3-10-47[13]	C	3-10-43[10]	3-10-44[10]	3-10-45[13]	3-10-46[13]	3-10-47[13]
1	127.3	133.5	50.4	50.3	40.6	6	25.3	25.4	26.4	26.5	33.5
2	83.8	83.8	68.3	68.3	24.0	7	61.9	61.9	64.7	64.6	63.3
3	125.2	126.4	128.5	132.1	123.1	8	59.8	59.8	60.2	60.2	60.7
4	140.3	139.2	139.3	135.4	135.1	9	39.8	39.7	37.3	37.4	38.0
5	37.7	37.6	25.7	26.2	38.8	10	23.6	23.5	23.9	24.0	24.1

续表

C	3-10-43[10]	3-10-44[10]	3-10-45[13]	3-10-46[13]	3-10-47[13]	C	3-10-43[10]	3-10-44[10]	3-10-45[13]	3-10-46[13]	3-10-47[13]
11	124.0	123.7	124.5	124.8	127.2	17	58.1	10.1	113.5	113.9	111.0
12	136.4	136.7	135.4	134.5	135.8	18	15.7	15.6	65.4	67.0	16.2
13	36.7	36.7	35.9	36.0	75.2	19	16.9	17.0	16.5	16.6	16.7
14	26.4	26.0	27.9	28.0	37.2	20	15.2	15.2	15.7	15.8	13.0
15	139.0	127.5	145.7	145.5	147.6	OAc	170.9			170.7	
16	75.8	78.4	22.2	22.5	18.4		20.8			20.9	

3-10-48 R=H
3-10-49 R=Me
3-10-50
3-10-51
3-10-52

表 3-10-10 化合物 3-10-48~3-10-52 的 ^{13}C NMR 数据

C	3-10-48[17]	3-10-49[17]	3-10-50[17]	3-10-51[17]	3-10-52[16]	C	3-10-48[17]	3-10-49[17]	3-10-50[17]	3-10-51[17]	3-10-52[16]
1	132.1	132.3	160.7	144.8	36.5	13	25.1	25.4	26.9	29.0	66.5
2	83.2	83.3	78.2	122.2	74.4	14	25.4	25.5	25.2	28.1	31.6
3	127.3	127.4	121.0	124.3	207.9	15	129.3	129.3	124.2	78.4	139.4
4	139.6	139.5	144.6	136.7	155.8	16	78.0	78.1	174.4	24.5	128.8
5	37.8	37.9	37.6	38.3	122.2	17	9.9	9.9	8.6	27.9	166.1
6	22.8	22.8	22.8	26.0	195.5	18	14.7	14.7	15.3	16.1	23.0
7	62.9	62.9	62.3	62.5	64.9	19	16.6	16.6	16.7	16.0	23.1
8	61.4	61.4	61.3	61.2	60.6	20	172.5	167.9	167.4	168.0	168.6
9	38.3	38.5	38.1	40.4	39.6	OAc					170.0/20.9
10	26.0	25.8	25.8	27.4	77.8	OAc					169.7/20.6
11	144.0	141.6	142.4	141.3	153.8	OMe		52.0	50.5	51.8	52.6
12	131.3	131.7	130.8	134.7	130.2	OMe				51.7	

3-10-53
3-10-54
3-10-55
3-10-56
3-10-57
3-10-58

表 3-10-11 化合物 3-10-53~3-10-58 的 ^{13}C NMR 数据

C	3-10-53[18]	3-10-54[17]	3-10-55[17]	3-10-56[18]	3-10-57[10]	3-10-58[10]
1	146.9	151.5	150.5	146	132.7	132.4
2	23.2	118.1	120.1	23.1	84.6	83.3
3	39.0	123.7	122.5	37.3	125.5	127.4
4	83.2	132.9	137.8	84.1	140.8	139.5
5	36.2	39.5	40.4	35.5	39.7	38.0
6	32.9	31.1	26.7	21.4	24.6	25.6
7	117.8	79.2	88.2	37.5	125.5	141.6
8	41.3	75.3	69.8	135.7	133.1	131.8
9	38.6	43.9	41.0	125.2	37.0	25.5
10	73.2	29.9	24.2	22.1	24.2	22.9
11	40.0	79.4	80.4	35.5	61.2	62.9
12	61.8	80.5	73.5	63.2	60.7	61.4
13	64.7	38.2	41.6	63.9	35.4	38.6
14	199.0	24.6	24.4	198.4	20.4	25.9
15	133.2	37.3	35.6	133.1	128.4	129.4
16	22.3	21.9	22.4	22.4	78.3	78.1
17	22.6	22.2	23.0	22.5	10.2	9.9
18	26.4	18.3	17.6	23.9	15.1	14.8
19	16.7	21.4	20.4	17.2	15.1	167.9
20	18.6	18.6	24.3	17.8	7.7	16.7
OAc				170.4/23.4		
OMe						51.8

表 3-10-12 化合物 3-10-59~3-10-64 的 ^{13}C NMR 数据

C	3-10-59[19]	3-10-60[20]	3-10-61[21]	3-10-62[21]	3-10-63[22]	3-10-64[23]
1	41.7	158.1	153.2	164.8	162.7	46.60
2	42.1	108.5	147.2	79.3	79.1	32.85
3	106.2	47.2	119.3	121.2	121.0	126.20
4	41.1	129.9	72.2	144.3	144.0	134.30

续表

C	3-10-59[19]	3-10-60[20]	3-10-61[21]	3-10-62[21]	3-10-63[22]	3-10-64[23]
5	75.8	131.5	40	35.6	36.5	33.92
6	214.8	30.5	25.9	26.7	26.8	29.91
7	50.6	32.5	74.1	70.8	125.2	67.66
8	78.2	38.3	79.0	74.1	134.8	82.92
9	40.6	84.7	33.1	37.4	35.5	35.02
10	78.3	38.2	21.9	23.6	26.9	27.19
11	66.4	24.6	129.2	125.8	72.8	139.90
12	61.6	85.4	130.7	133.5	75.4	133.60
13	67.5	76.2	38.4	36.2	37.1	34.82
14	32.4	68.4	21.9	26.3	23.5	29.38
15	88.2	130.6	122.7	121.5	122.8	148.70
16	48.0	10.4	170.8	174.7	174.8	110.70
17	170.8	171.3	8.9	9.1	8.9	18.57
18	24.0	18.9	31.0	16.0	16.4	16.94
19	169.7	16.3	19.5	24.8	15.4	22.44
20		23.0	16.0	16.0	24.2	167.10
OMe	53.3	50.8	49.2			

3-10-65 R=OH
3-10-66 R=OOH

3-10-67

3-10-68 R=OH
3-10-69 R=OOH

3-10-70

表 3-10-13 化合物 3-10-65~3-10-70 的 ^{13}C NMR 数据

C	3-10-65[24]	3-10-66[24]	3-10-67[24]	3-10-68[24]	3-10-69[24]	3-10-70[16]
1	45.8	45.3	43.8	47.7	47.3	29.3
2	31.3	30.8	32.8	24.7	23.5	45.7
3	31.8	31.9	26.7	39.4	35.3	202.1
4	153.1	148.2	147.5	71.8	83.4	61.3
5	70.3	83.4	200.2	141.6	136.7	75.8
6	32.8	28.3	33.8	123.6	126.0	211.7
7	23.8	23.6	20.6	27.9	28.5	50.5
8	134.2	133.7	133.1	134.0	133.8	80.1
9	149.2	149.5	149.7	147.0	147.0	41.9
10	79.7	79.8	79.2	78.8	79.0	77.9
11	40.7	40.6	41.4	47.6	41.3	66.6
12	134.7	135.0	135.5	134.7	135.1	59.9
13	129.3	129.0	127.7	129.1	128.7	67.3

续表

C	3-10-65[24]	3-10-66[24]	3-10-67[24]	3-10-68[24]	3-10-69[24]	3-10-70[16]
14	79.3	78.8	78.0	79.8	79.0	34.1
15	140.4	140.1	140.7	140.9	140.4	152.0
16	170.2	170.1	170.3	170.7	170.5	135.6
17	120.8	120.8	121.2	120.4	120.3	193.6
18	109.0	111.7	126.5	30.6	24.2	167.7
19	173.5	173.4	173.4	173.3	173.2	26.3
20	19.3	19.4	18.8	18.8	19.2	168.8
OAc						169.8/20.8
OMe						52.6

3-10-71   3-10-72   3-10-73   3-10-74

表 3-10-14 化合物 3-10-71~3-10-74 的 ^{13}C NMR 数据

C	3-10-71[15]	3-10-72[15]	3-10-73[25]	3-10-74[26]	C	3-10-71[15]	3-10-72[15]	3-10-73[25]	3-10-74[26]
1	145.3	32.8	42.2	48.2	11	70.3	48.2	122.3	125.7
2	119.5	33.7	33.3	131.0	12	76.4	29.6	133.6	132.6
3	123.3	124.6	124.3	130.4	13	26.2	32.8	34.3	36.5
4	135.2	134.9	133.2	135.2	14	24.7	28.5	29.2	27.7
5	38.8	39.0	39.1	125.4	15	31.3	148.9	153.1	32.8
6	26.5	24.9	25.1	26.2	16	23.6	110.2	64.6	20.8
7	124.9	128.8	126.2	126.5	17	26.3	19.4	108.2	19.9
8	138.3	129.9	134.8	131.2	18	20.8	15.4	15.4	19.9
9	31.1	53.6	39.6	38.8	19	14.9	17.0	15.1	14.3
10	36.2	209.6	24.0	23.5	20	23.5	22.2	17.9	14.3

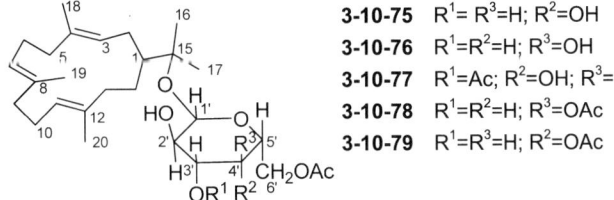

3-10-75 R¹= R³=H; R²=OH
3-10-76 R¹=R²=H; R³=OH
3-10-77 R¹=Ac; R²=OH; R³=H
3-10-78 R¹=R²=H; R³=OAc
3-10-79 R¹=R³=H; R²=OAc

表 3-10-15 化合物 3-10-75~3-10-79 的 ^{13}C NMR 数据[27]

C	3-10-75	3-10-76	3-10-77	3-10-78	3-10-79	C	3-10-75	3-10-76	3-10-77	3-10-78	3-10-79
1	47.7	47.8	47.8	47.7	47.7	6	24.7	24.7	24.7	24.7	24.7
2	28.1	28.2	28.2	28.2	28.2	7	125.7	125.7	125.7	125.7	125.7
3	125.9	125.9	125.8	125.8	125.8	8	133.1	133.0	133.1	133.1	133.1
4	133.5	133.4	133.5	133.5	133.6	9	37.8	37.9	37.9	37.8	37.8
5	38.8	38.9	38.9	38.8	38.8	10	24.0	24.0	24.0	24.0	24.0

C	3-10-75	3-10-76	3-10-77	3-10-78	3-10-79	C	3-10-75	3-10-76	3-10-77	3-10-78	3-10-79
11	125.0	124.8	125.0	125.1	125.0	20	15.5	15.5	15.6	15.5	15.6
12	134.2	134.3	134.2	134.1	134.1	1'	97.2	96.8	97.1	96.7	97.2
13	39.4	39.4	39.4	39.4	39.4	2'	72.2	73.9	72.2	74.5	72.0
14	28.2	28.2	28.2	28.3	28.2	3'	73.3	76.5	78.0	74.7	72.3
15	81.4	81.4	81.7	81.6	81.6	4'	68.3	70.5	69.7	70.9	69.1
16	23.8	24.1	23.8	24.0	23.8	5'	71.9	73.4	73.9	71.6	70.8
17	24.8	24.6	24.8	24.5	24.8	6'	62.8	63.8	63.5	62.8	62.1
18	15.6	15.6	15.6	15.6	15.6	OAc	171.0	171.4	172.4	170.6	171.1
							20.8	20.8	21.0	20.9	20.8
19	15.3	15.3	15.3	15.3	15.3	OAc			171.3	170.7	170.5
									20.8	20.7	20.7

表 3-10-16 化合物 3-10-81~3-10-83 的 ^{13}C NMR 数据[28]

C	3-10-81	3-10-82	3-10-83	C	3-10-81	3-10-82	3-10-83
1	84.7	84.0	86.6	14	163.5	160.1	168.9
2	39.2	39.2	39.1	15	20.8	20.5	28.2
3	26.8	26.5	27.2	16	14.9	14.8	14.7
4	111.4	111.3	111.3	17	17.6	17.6	17.8
5	145.7	145.7	145.4	18	29.5	29.1	29.7
6	47.8	47.8	47.8	19	21.8	20.1	19.6
7	80.7	80.9	80.9	20	22.8	20.4	20.0
8	134.3	134.3	133.3	21	57.5	57.4	57.4
9	128.9	128.9	128.9	22	105.1	105.0	105.1
10	23.4	24.4	25.6	23	25.6	25.6	25.6
11	44.0	43.4	129.5	24	170.3	170.1	170.4
12	166.8	143.6	135.5	OMe		58.9	
13	114.7	142.5	29.3				

表 3-10-17　化合物 3-10-84~3-10-91 的 ^{13}C NMR 数据

C	3-10-84[29]	3-10-85[30]	3-10-86[31]	3-10-87[31]	3-10-88[31]	3-10-89[32]	3-10-90[33]	3-10-91[34]
1	129.62	135.4	23.3	26.9	25.1	123.9	32.7	73.6
2	131.65	128.7	21.7	20.7	21.7	133.2	18.3	61.9
3	124.32	124.2	136.6	136.3	22.3	119.7	41.3	36.1
4	127.24	126	130.4	122.2	51.8	123.3	32.7	45.0
5	142.07	145.2	38.7	44.7	44.2	158.4	44	91.0
6	19.18	20.1	80.3	86.8	35.8	28.7	23.8	100.6
7	82.89	68.7	36.9	42.9	33.0	33.2	76.6	172.9
8	52.14	42.3	77.2	130.7	68.2	35.2	210.4	48.8
9	62.33	60.9	58.8	149.0	119.5	41.9	112.8	71.7
10	143.32	136.5	68.3	69.2	160.9	144.7	39.8	40.4
11	40.4	39.8	34.1	35.1	36.8	40.7	31.6	41.4
12	75.76	72.2	72.5	70.4	70.2	19.8	35.4	108.4
13	125.53	126.9	125.2	125.5	125.2	125.3	82.9	125.9
14	108.42	109	108.6	108.2	108.3	110.9	47.1	109.5
15	143.63	143.9	139.5	143.9	143.9	142.7	171.1	144.8
16	139.54	140.2	143.5	139.7	139.8	138.4	25.9	142.6
17	11.62	10	20.0	169.0	23.9	17.3	25.9	15.6
18	170.75	170.2	169.8	169.5	174.5	174.9	32.9	18.4
19	69.94	71.3	24.3	28.8	24.0	71.6	21.7	177.4
20	112.28	99.4	98.9	17.6	171.0	13.9	17	17.5
OMe					51.4		51.3	
OAc		170.2/20.7				170.0/21.3		

参 考 文 献

[1] Kubo M, Kishimoto Y, Harada K, et al. Bioorg Med Chem Lett, 2010, 20: 2566.
[2] Chen X Q, Li Y, He J, et al. Chem Pharm Bull, 2011, 59: 496.
[3] Lee H S, Park S Y, Sim C J, et al. Chem Pharm Bull, 2008, 56: 1198.
[4] Bai Y, Yang Y, Ye Y. Tetrahedron Lett, 2006, 47: 6637.
[5] Aicha N B, Pesando D A, Puel D. J Nat Prod, 1993, 56: 1747.
[6] Miyaoka H, Mitome H, Nakano M, et al. Tetrahedron, 2000, 56: 7737.
[7] Nagashima F, Tamada A, Fujii N, et al. Phytochemistry, 1997, 46: 1203.
[8] Cheng S Y, Chuang C T, Wang S K. J Nat Prod, 2010, 73: 1184.
[9] 王峰，李占林，刘涛等. 中国中药杂志, 2009, 34: 247.

[10] Yamada K, Ryu K, Miyamoto T, et al. J Nat Prod, 1997, 60: 798.
[11] Rodriguez A D, Li Y, Dhasmana H. J Nat Prod, 1993, 56: 1101.
[12] Rodrfguez A D, Dhasmana H. J Nat Prod, 1993, 56: 564.
[13] Rodriguez A D, Acosta A L. J Nat Prod, 1997, 60: 1134.
[14] Ortega M J, Zubia E, Sanchez C, et al. J Nat Prod, 2008, 71: 1637.
[15] 王长云，刘海燕，孙雪萍等. 中国海洋大学学报, 2009, 39: 735.
[16] Marrero J, Benítez J, Rodríguez A D, et al. J Nat Prod, 2008, 71: 381.
[17] Cheng S Y, Wang S K, Chiou S F, et al. J Nat Prod, 2010, 73: 197.
[18] Komala I, Ito T, Nagashima F, et al. Phytochemistry, 2010, 71: 1387.
[19] Rudi A, Shmul G, Benayahu Y, et al. Tetrahedron Lett, 2006, 47: 2937.
[20] Chang Y C, Huang I C, Chiang M Y, et al. Chem Pharm Bull, 2010, 58: 1666.
[21] Bie W, Deng Z, Xu M, et al. J Chinese Pharm Sci, 2008, 17: 221.
[22] 马祥全，闫素君，苏镜娱等. 高等学校化学学报, 2004, 25: 479.
[23] Govindan M. J Nat Prod, 1995, 58: 1174.
[24] Chen Y L, Lan Y H, Hsieh P W, et al. J Nat Prod, 2008, 71: 1207.
[25] 张艳玲，唐旭利，李国强等. 青岛科技大学学报, 2005, 26: 215.
[26] 张文，郭跃伟，Ernestomollo, et al. 中国天然药物, 2005, 3: 280.
[27] Shi Y, Rodriguez A D, Padilla O L. J Nat Prod, 2001, 64: 1439.
[28] Hinkley S F, Jiang J, Mazzola E P, et al. Tetrahedron Lett, 1999, 40: 2725.
[29] Fernandez M D C, Esquivel B, Cardenas J, et al. Tetrahedron, 1991, 47: 7199.
[30] Maldonado E, Cardenas J, Salazar B. Phytochemistry, 1992, 31: 217.
[31] Tazaka H, Becker H, Nabeta K. Phytochemistry, 1999, 51: 743.
[32] Hikawczuk V E J, Rossomando P C, Giordano O S, et al. Phytochemistry, 2002, 61: 389.
[33] Hoffmann J, Jolad S D, Timmermann B N, et al. Phytochemistry, 1988, 27: 493.
[34] Muhammad I, Mossa J S, Mirza H H, et al. Phytochemistry, 1999, 50: 1225.
[35] Toyota M, Nakamura I, Takaoka S, et al. Phytochemistry, 1996, 41: 575.

第十一节 双环二萜类化合物

表 3-11-1 双环二萜类化合物的名称、分子式和测试溶剂

编号	名称	分子式	测试溶剂	参考文献
3-11-1	$2\alpha,3\alpha$-dihydroxycativic acid	$C_{20}H_{34}O_4$	—	[1]
3-11-2	$2\alpha,3\alpha$-diacetylcativic acid methyl ester	$C_{25}H_{40}O_6$	—	[1]
3-11-3	methyl havardate A (labd-7-en-15,17-dioic acid dimethyl ester)	$C_{22}H_{36}O_4$	C	[2]
3-11-4	methyl havardate B (labd-7-en-15-ol-17-oic acid methyl ester)	$C_{21}H_{36}O_3$	C	[2]
3-11-5	methyl havardate C (labd-7-en-6α,15-diol-17-oic acid methyl ester)	$C_{21}H_{36}O_4$	C	[2]
3-11-6	methyl havardate D (labd-7-en-6-oxo-15,17-dioic acid methyl ester)	$C_{22}H_{34}O_5$	C	[2]
3-11-7	4β-hydroxymethyllabd-7-en-15-oic acid methyl ester	$C_{21}H_{36}O_3$	C	[3]
3-11-8	sclareol	$C_{20}H_{36}O_2$	C	[3]
3-11-9	3β-hydroxylabd-7-en-15-oic acid methyl ester	$C_{21}H_{36}O_3$	C	[4]
3-11-10	ent-14-labden-3β,8β-diol 13α-[O-β-D-quinovopyranosyl-(1→2)-α-L-rhamnopyranoside]	$C_{32}H_{56}O_{11}$	M	[4]
3-11-11	ent-14-labden-8β-ol 13α-O-β-D-glucopyranoside	$C_{26}H_{46}O_7$	M	[4]

续表

编号	名称	分子式	测试溶剂	参考文献
3-11-12	ent-14-labden-8β,19-diol 13α-O-β-D-glucopyranoside	$C_{26}H_{46}O_8$	M	[4]
3-11-13	ent-14-labden-8α,19-diol 13α-O-β-D-glucopyranoside	$C_{26}H_{46}O_8$	M	[4]
3-11-14	ent-14-labden-8β,18-diol 13α-O-β-D-glucopyranoside	$C_{26}H_{46}O_8$	M	[4]
3-11-15	ent-14-labden-8α,18-diol 13α-O-β-D-glucopyranoside	$C_{26}H_{46}O_8$	M	[4]
3-11-16	ent-14-labden-8β,19-diol 13α-O-α-L-rhamnopyranoside	$C_{26}H_{46}O_7$	M	[4]
3-11-17	ent-14-labden-8α,13-diol 19-O-β-D-glucopyranoside	$C_{26}H_{46}O_8$	M	[4]
3-11-18	ent-14-labden-8β,19-diol 13α-O-[β-D-quinovopyranosyl-(1→2)-α-L-rhamnopyranoside]	$C_{32}H_{56}O_{11}$	M	[4]
3-11-19	ent-14-labden-8β,13α-diol 19-O-β-D-glucopyranoside	$C_{26}H_{46}O_8$	M	[4]
3-11-20	ent-14-labden-8β-ol 13α-O-β-D-glucopyranosyl-19-O-α-L-rham-nopyranoside	$C_{32}H_{56}O_{12}$	M	[4]
3-11-21	ent-14-labden-8β-ol 13α-O-α-L-rhamnopyranosyl-19-O-α-L-rhamnopyranoside	$C_{32}H_{56}O_{11}$	M	[4]
3-11-22	ent-14-labden-8β-ol 13α-O-[-D-quinovopyranosyl-(1→2)-α-L-rhamnopyranosyl]-19-O-α-L-rhamnopyranoside	$C_{38}H_{66}O_{15}$	M	[4]
3-11-23	ent-14-labden-8β-ol 13α-O-[β-D-quinovopyranosyl-(1→2)-3-O-acetyl-α-L-rhamnopyranosyl]-19-O-α-L-rhamnopyranoside	$C_{40}H_{68}O_{16}$	M	[4]
3-11-24	ent-14-labden-8β-ol·19-acetyl 13α-O-[2,3,4-tri-O-acetyl-β-D-quinovopyranosyl-(1→2)-3,4-di-O-acetyl-α-L-rhamnopyrano-side]	$C_{44}H_{68}O_{17}$	C	[4]
3-11-25	ent-14-labden-8β-ol 13α-O-[2,3,4-tri-O-acetyl-β-D-quinovopy-ranosyl-(1→2)-3,4-di-O-acetyl-α-L-rhamnopyranosyl]-19-O-2,3,4-tri-O-acetyl-α-L-rhamnopyranoside	$C_{54}H_{82}O_{23}$	C	[5]
3-11-26	viteagnusin D	$C_{20}H_{36}O_2$	C	[6]
3-11-27	viteagnusin C	$C_{20}H_{36}O_2$	C	[5]
3-11-28	8,15-dihydroxy-13E-labdane	$C_{20}H_{36}O_2$	C	[7]
3-11-29	methyl 6β,8-dihydroxy-ent-13E-labden-15-oate	$C_{21}H_{36}O_4$		[8]
3-11-30	tricalysioside U	$C_{26}H_{46}O_8$	C	[9]
3-11-31	cordobic acid 18-acetate methyl ester	$C_{23}H_{36}O_5$	C	[10]
3-11-32	松叶酸（pinifolic acid）	$C_{20}H_{36}O_4$	C	[11]
3-11-33	15-oxo-8(17)-labden-18-oic acid	$C_{20}H_{34}O_3$	C	[11]
3-11-34	15-acetoxy-labd-8(17)-en-18-oic acid	$C_{22}H_{38}O_4$	C	[11]
3-11-35	15,19-二羟基-8(17),13(E)-赖伯当二烯	$C_{20}H_{32}O_2$	C	[12]
3-11-36	19-O-β-D-glucopyranosyl-ent-labda-8(17),13-dien-15,16,19-triol	$C_{26}H_{44}O_8$	D	[13]
3-11-37	crotonadiol	$C_{20}H_{34}O_2$	C	[14]
3-11-38	15-hydroxy-12-oxolabda-8(17),13E-dien-19-oic acid	$C_{20}H_{30}O_4$	M	[15]
3-11-39	12R,15-dihydroxylabda-8(17),13E-dien-19-oic acid	$C_{20}H_{32}O_4$	M	[15]
3-11-40	12R,15-dihydroxylabda-8(17),13Z-dien-19-oic acid	$C_{20}H_{32}O_4$	M	[15]
3-11-41	19-乙酰氧基-13-羟基半日花-8(17),14-二烯 (19-acetoxy-13-hydroxylabada-8(17),14-diene)	$C_{22}H_{38}O_2$	C	[16]
3-11-42	13-羟基半日花-8(17),14-二烯-19-醛 (13-epi-torulosal)	$C_{20}H_{36}O_2$	C	[16]

续表

编号	名称	分子式	测试溶剂	参考文献
3-11-43	7β,13S-dihydroxylabda-8(17)-dien-19-oic acid	$C_{20}H_{32}O_4$	M	[15]
3-11-44	(+)-labda-8(17),14-diene-9R*,13S*-diol	$C_{20}H_{34}O_2$	C	[17]
3-11-45	(+)-labda-8(17),14-diene-10R*,13S*-diol	$C_{20}H_{34}O_2$	C	[18]
3-11-46	ent-13-epi-manool	$C_{20}H_{34}O$	C	[18]
3-11-47	半日花烷-12,14-二烯-6β,7α,8β,17-四醇 (labda-12,14-dien-6β, 7α, 8β, 17-tetrol)	$C_{20}H_{34}O_4$	A	[19]
3-11-48	15-hydroxy-7,13E-labdadien-17-oic acid	$C_{20}H_{32}O_3$	C	[20]
3-11-49	calcaratarin A	$C_{22}H_{36}O_3$	C	[21]
3-11-50	calcaratarin B	$C_{20}H_{32}O_2$	C	[21]
3-11-51	14R,15-dihydroxylabda-8(17),12Z-dien-19-oic acid	$C_{20}H_{32}O_4$	M	[15]
3-11-52	14S,15-dihydroxylabda-8(17),12Z-dien-19-oic acid	$C_{20}H_{32}O_4$	M	[15]
3-11-53	2-acetoxy-3-hydroxy-labda-8(17),12(E)-14-triene	$C_{22}H_{34}O_3$	C	[22]
3-11-54	3-acetoxy-2-hydroxy-labda-8(17),12(E)-14-triene	$C_{22}H_{34}O_3$	C	[22]
3-11-55	2,3-dihydroxy-labda-8(17),12(E),14-triene	$C_{20}H_{32}O_2$	C	[22]
3-11-56	labda-8(17),12E,14-triene-2R,18-diol	$C_{20}H_{32}O_2$	C	[23]
3-11-57	2R-hydroxylabda-8(17),12E,14-trien-18-oic acid	$C_{20}H_{30}O_3$	C	[23]
3-11-58	16-hydroxy communic acid	$C_{20}H_{30}O_3$	C	[24]
3-11-59	4 19-羧基-8(17),13(16),14-赖伯当三烯	$C_{20}H_{30}O_2$	C	[12]
3-11-60	vitexilactone B (rel-3S,5S,8R,9R,10S)-3-acetoxy-9-hydroxy-13(14)-labden-15,16-olide)	$C_{22}H_{34}O_5$	C	[25]
3-11-61	viteagnusin H	$C_{23}H_{36}O_6$	C	[26]
3-11-62	vitexlactam	$C_{22}H_{35}NO_4$	C	[27]
3-11-63	8-甲基新穿心莲内酯苷元 (8-methylandrograpanin)	$C_{20}H_{30}O_3$	P	[28]
3-11-64	19-hydroxygaleospin	$C_{22}H_{32}O_6$	C	[29]
3-11-65	baiyunol	$C_{20}H_{30}O_2$	P	[30]
3-11-66	15,16-epoxy-8,13(16),14-labdatrien-19-oic acid	$C_{20}H_{28}O_3$	P	[30]
3-11-67	糙苏苷 F（phlomisoside F）	$C_{26}H_{36}O_9$	C	[31]
3-11-68	益母草酮 A（heteronone A）	$C_{20}H_{26}O_4$	C	[32]
3-11-69	isocoronarin D	$C_{20}H_{30}O_3$	C	[33]
3-11-70	calcaratarin D	$C_{20}H_{30}O_3$	C	[21]
3-11-71	12S,13S-hydroxyandrographilide	$C_{20}H_{32}O_6$	P	[34]
3-11-72	12R,13R-hydroxyandrographilide	$C_{20}H_{32}O_6$	P	[34]
3-11-73	7R-hydroxy-14-deoxyandrographolide	$C_{20}H_{30}O_5$	P	[34]
3-11-74	7S-hydroxy-14-deoxyandrographolide	$C_{20}H_{30}O_5$	P	[34]
3-11-75	3-脱氢脱氧穿心莲内酯 (3-dehydrodeoxyandrographolide)	$C_{20}H_{28}O_4$	M	[28]
3-11-76	labda-8(17),11, 13-trien-15(16)-olide	$C_{20}H_{28}O_2$	C	[33]
3-11-77	calcaratarin C	$C_{20}H_{30}O_3$	C	[21]
3-11-78	19-hydroxy-8(17),13-labdadien-15,16-olide	$C_{20}H_{30}O_3$	P	[35]
3-11-79	microtropioside A	$C_{26}H_{44}O_9$	M	[36]
3-11-80	microtropioside B	$C_{26}H_{46}O_9$	M	[36]
3-11-81	microtropioside C	$C_{32}H_{56}O_{14}$	M	[36]

续表

编号	名称	分子式	测试溶剂	参考文献
3-11-82	microtropioside D	$C_{32}H_{56}O_{14}$	M	[36]
3-11-83	microtropioside E	$C_{32}H_{54}O_{13}$	M	[36]
3-11-84	microtropioside F	$C_{32}H_{54}O_{13}$	M	[36]
3-11-85	13-*epi*-manoyl oxide-18-ol	$C_{20}H_{34}O_2$	C	[37]
3-11-86	13-*epi*-manoyl oxide-18-oic acid	$C_{20}H_{32}O_3$	C	[37]
3-11-87	13-*epi*-manoyl oxide-18-*O*-α-L-2',5'-diacetoxy-arabinofuranosidc	$C_{29}H_{46}O_4$	C	[37]
3-11-88	16-hydroxy-13-*epi*-manoyloxide	$C_{20}H_{34}O_2$	C	[38]
3-11-89	*ent*-2α-hydroxy-8,13β-epoxylabd-14-ene	$C_{20}H_{34}O_2$	C	[39]
3-11-90	*ent*-13-*epi*-12α-acetoxy manoyl oxide	$C_{22}H_{36}O_3$	C	[40]
3-11-91	6-乙酰佛司可林	$C_{24}H_{36}O_8$	P	[41]
3-11-92	1,6-二乙酰-7-去乙酰佛司可林	$C_{24}H_{36}O_8$	C	[41]
3-11-93	1,6-二乙酰-9-去氧佛司可林	$C_{26}H_{38}O_8$	C	[41]
3-11-94	异佛司可林	$C_{22}H_{34}O_7$	C	[41]
3-11-95	forskolin G	$C_{24}H_{36}O_7$	C	[41]
3-11-96	forskolin H	$C_{24}H_{36}O_6$	C	[41]
3-11-97	6β-hydroxy-8,13-epoxylabd-14-en-11-one	$C_{20}H_{32}O_2$	C	[41]
3-11-98	7-deacetylforskolin A	$C_{24}H_{36}O_8$	C	[42]
3-11-99	9-dehydroxyforskolin A	$C_{26}H_{38}O_8$	C	[42]
3-11-100	1-deacetylforskolin A	$C_{24}H_{36}O_8$	P	[42]
3-11-101	forskolin L	$C_{20}H_{32}O_3$	C	[42]
3-11-102	philadephinone	$C_{25}H_{38}O_6$	C	[43]
3-11-103	dimethyl 17-carboxygrindelate	$C_{22}H_{34}O_5$	C	[44]
3-11-104	methy grindelate	$C_{21}H_{34}O_3$	C	[45]
3-11-105	18-hydroxy-6-oxogrindelic acid	$C_{20}H_{30}O_5$	C	[46]
3-11-106	12,15-epoxy-8(17),13-labdadien-19-ol	$C_{20}H_{32}O_2$	M	[47]
3-11-107	12*R*,13*R*,14*S*-trihydroxylabd-12,15-epoxy-8(17)-en-19-oic acid	$C_{20}H_{32}O_5$	C	[15]
3-11-108	12*S*,13*S*,14*R*-trihydroxylabd-12,15-epoxy-8(17)-en-19-oic acid	$C_{20}H_{32}O_5$	C	[15]
3-11-109	peregrinone	$C_{20}H_{26}O_5$	C	[48]
3-11-110	9α,13α,15,16-bisepoxy-15α-hydroxy-3-oxolabdan-6β,19-olide	$C_{20}H_{28}O_6$	C	[48]
3-11-111	9α,13α,15,16-bisepoxy-15β-hydroxy-3-oxolabdan-6β,19-olide	$C_{20}H_{28}O_6$	C	[48]
3-11-112	viteagnusin F	$C_{23}H_{38}O_7$	C	[26]
3-11-113	viteagnusin G	$C_{23}H_{38}O_7$	C	[26]
3-11-114	alpindenoside A	$C_{32}H_{48}O_{13}$	M	[49]
3-11-115	alpindenoside B	$C_{32}H_{48}O_{13}$	M	[49]
3-11-116	alpindenoside C	$C_{32}H_{50}O_{14}$	M	[49]
3-11-117	alpindenoside D	$C_{34}H_{52}O_{15}$	M	[49]

续表

编号	名称	分子式	测试溶剂	参考文献
3-11-118	(5S,6R,8R,9R,10S,13R,15R)-6-acetoxy-9,13:15,16-diepoxy-15-methoxylabdane	$C_{23}H_{38}O_5$	C	[50]
3-11-119	(5S,6R,8R,9R,10S,13R,15S)-6-acetoxy-9,13:15,16-diepoxy-15-methoxylabdane	$C_{23}H_{38}O_5$	C	[50]
3-11-120	(5S,6R,8R,9R,10S,13S,15S)-6-acetoxy-9,13:15,16-diepoxy-15-methoxylabdane	$C_{23}H_{38}O_5$	C	[50]
3-11-121	(5S,6R,8R,9R,10S,13S,15R)-6-acetoxy-9,13:15,16-diepoxy-15-methoxylabdane	$C_{23}H_{38}O_5$	C	[50]
3-11-122	(5S,6R,8R,9R,10S,13S,15S,16R)-6-acetoxy-9,13:15,16-diepoxy-15,16-dimethoxylabdane	$C_{24}H_{40}O_6$	C	[50]
3-11-123	(5S,6R,8R,9R,10S,13S,15R,16R)-6-acetoxy-9,13:15,16-diepoxy-15,16-dimethoxylabdane	$C_{24}H_{40}O_6$	C	[50]
3-11-124	(5S,6R,8R,9R,10S,13S,15S,16S)-6-acetoxy-9,13:15,16-diepoxy-15,16-dimethoxylabdane	$C_{24}H_{40}O_6$	C	[50]
3-11-125	(5S,6R,8R,9R,10S,13S,15R,16S)-6-acetoxy-9,13:15,16-diepoxy-15,16-dimethoxylabdane	$C_{24}H_{40}O_6$	C	[50]
3-11-126	leucasdine A	$C_{25}H_{38}O_8$	C	[51]
3-11-127	leoheteronone A	$C_{23}H_{36}O_6$	C	[52]
3-11-128	leoheteronone B	$C_{20}H_{32}O_4$	C	[52]
3-11-129	15-epileoheteronone B	$C_{20}H_{32}O_4$	C	[52]
3-11-130	leoheteronone C	$C_{23}H_{36}O_6$	C	[52]
3-11-131	leoheteronone D	$C_{20}H_{32}O_4$	C	[52]
3-11-132	15-epileoheteronone D	$C_{20}H_{32}O_4$	C	[52]
3-11-133	leoheteronone E	$C_{22}H_{34}O_6$	C	[52]
3-11-134	15-epileoheteronone E	$C_{22}H_{34}O_6$	C	[52]
3-11-135	viteagnusin E	$C_{26}H_{42}O_6$	C	[5]
3-11-136	19-acetoxypregaleopsin	$C_{24}H_{34}O_7$	C	[53]
3-11-137	8β-acetoxy-9α,13α,15,16-bisepoxy-15-hydroxy-7-oxo-labdan-6β-19-olide	$C_{22}H_{30}O_8$	C	[54]
3-11-138	5β-hydroxyrichardianidin 1	$C_{22}H_{24}O_8$	C	[55]
3-11-139	4-过氧羟基-13-羟基-19-降碳半日花-8(17),14-二烯 (4-hydroxyperoxide of nortorulosal)	$C_{19}H_{32}O_3$	C	[16]
3-11-140	4-差向过氧羟基-13-羟基-19-降碳半日花-8(17),14-二烯 (4-epi-hydroxyperoxide of nortorulosal)	$C_{19}H_{32}O_3$	C	[16]
3-11-141	4,5-dehydro-6-oxo-18-norgrindelic acid	$C_{19}H_{26}O_4$	C	[46]
3-11-142	methyl-4β-hydroxy-6-oxo-19-norgrindeloate	$C_{20}H_{30}O_5$	C	[46]
3-11-143	methyl havardate F (labd-8-en-7-oxo-15-oic acid methyl ester)	$C_{20}H_{32}O_3$	C	[2]
3-11-144	havardiol (labd-8-en-7-oxo-15-ol)	$C_{19}H_{32}O_2$	C	[2]
3-11-145	methyl havardate E (labd-7-en-12-acetyl-17-oic acid methyl ester)	$C_{19}H_{30}O_3$	C	[2]
3-11-146	(−)-15,16-dinorlabd-8(17)-en-3β,13-diol	$C_{18}H_{32}O_2$	C	[56]
3-11-147	leucasdine B	$C_{20}H_{30}O_6$	C	[51]
3-11-148	(−)-ambrox	$C_{16}H_{28}O$	C	[57]

续表

编号	名称	分子式	测试溶剂	参考文献
3-11-149	3β-hydroxyambroxide	$C_{16}H_{28}O_2$	C	[57]
3-11-150	12-n-butoxy-3β-hydroxyambroxide	$C_{20}H_{36}O_4$	C	[57]
3-11-151	3β,6β-dihydroxyambroxide	$C_{16}H_{28}O_3$	C-M	[57]
3-11-152	sclareolide	$C_{16}H_{26}O_2$	C	[57]
3-11-153	3-oxosclareolide	$C_{16}H_{24}O_3$	C	[57]
3-11-154	3β-hydroxysclareolide	$C_{16}H_{26}O_3$	C-D	[57]
3-11-155	3β,6β-dihydroxysclareolide	$C_{16}H_{26}O_4$	C	[57]
3-11-156	oidiolactone A	$C_{17}H_{20}O_6$	—	[58]
3-11-157	oidiolactone C	$C_{16}H_{18}O_5$	—	[58]
3-11-158	oidiolactone D	$C_{16}H_{18}O_6$	—	[58]
3-11-159	oidiolactone B	$C_{17}H_{20}O_5$	—	[58]
3-11-160	oidiolactone E	$C_{16}H_{22}O_5$	—	[58]
3-11-161	oidiolactone F	$C_{16}H_{22}O_5$	—	[58]
3-11-162	acetoxyhydrohalimic acid	$C_{22}H_{36}O_4$	C	[59]
3-11-163	hydrohalimiic acid	$C_{20}H_{34}O_3$	C	[59]
3-11-164	methyl 15-acetoxy-1(10)-ent-halimen-18-oate	$C_{23}H_{38}O_4$	C	[59]
3-11-165	methyl 15-hydroxy-1(10)-ent-halimen-18-oate	$C_{21}H_{36}O_3$	C	[59]
3-11-166	methyl 15-methoxy-1(10)-ent-halimen-18-oate	$C_{22}H_{38}O_3$	C	[59]
3-11-167	methyl 15-Z-cinnamoyloxy-1(10)-ent-halimen-18-oate	$C_{30}H_{32}O_4$	C	[59]
3-11-168	methyl 15-cinnamoyloxy-1(10)-ent-halimen-18-oate	$C_{30}H_{32}O_4$	C	[59]
3-11-169	methyl 15-cinnamoyloxy-2-oxo-1(10)-ent-halimen-18-oate	$C_{21}H_{34}O_4$	C	[59]
3-11-170	methyl 2,15-diacetoxy-1(10)-ent-halimen-18-oate	$C_{25}H_{40}O_6$	C	[59]
3-11-171	methyl 15-acetoxy-2-oxo-1(10)-ent-halimen-18-oate	$C_{23}H_{36}O_5$	C	[59]
3-11-172	3ξ-hydroxy-5(10),13E-halimadien-15-al	$C_{20}H_{32}O_2$	B	[60]
3-11-173	dimethyl 1(10),13E-ent-halimadien-15,18-dioate	$C_{22}H_{34}O_4$	C	[61]
3-11-174	methyl 15-acetoxyl(10),13E-ent-halimadien-18-oate	$C_{23}H_{36}O_4$	C	[61]
3-11-175	methyl 15-al-1(10),13E-ent-halimadien-18-oate	$C_{21}H_{32}O_3$	C	[61]
3-11-176	dimethyl 1(10),13Z-ent-halimadien-15,18-dioate	$C_{22}H_{34}O_4$	C	[61]
3-11-177	methyl 15-al-1(10),13Z-ent-halimadien-18-oate	$C_{21}H_{32}O_3$	C	[61]
3-11-178	viteagnusin A	$C_{22}H_{36}O_3$	C	[62]
3-11-179	viteagnusin B	$C_{22}H_{36}O_3$	C	[62]
3-11-180	15-acetoxy-1(10)-ent-halimen-18,2β-olide	$C_{22}H_{34}O_4$	C	[59]
3-11-181	compound 1	$C_{22}H_{30}O_6$	C	[63]
3-11-182	methyl 12-acetoxyl-13,14,15,16-tetranor-1(10)-ent-halimadien-18-oate	$C_{19}H_{30}O_4$	C	[61]
3-11-183	methyl 13-oxo-14,15-dinor-1(10)-ent-halimen-18-oate	$C_{19}H_{30}O_3$	C	[61]
3-11-184	18-acetoxycis-clerroda-3-en-15-oic acid	$C_{22}H_{36}O_4$	C	[64]
3-11-185	(13E)-2-oxo-5α-cis-17α,20α-clerroda-3,13-dien-15-oic acid	$C_{20}H_{30}O_3$		[65]
3-11-186	amphiacrolide G	$C_{20}H_{30}O_4$	C	[66]
3-11-187	amphiacrolide G diacetate	$C_{22}H_{32}O_5$	C	[66]
3-11-188	amphiacrolide H diacetate	$C_{24}H_{34}O_6$	C	[66]

续表

编号	名称	分子式	测试溶剂	参考文献
3-11-189	amphiacrolide O	$C_{25}H_{36}O_8$	C	[66]
3-11-190	amphiacric acid B	$C_{20}H_{28}O_4$	C	[66]
3-11-191	amphiacrolide O triacetate	$C_{31}H_{42}O_{11}$	C	[66]
3-11-192	amphiacrolide P	$C_{25}H_{36}O_8$	C	[66]
3-11-193	amphiacric acid A	$C_{20}H_{28}O_4$	C	[66]
3-11-194	amphiacrolide P triacetate	$C_{31}H_{42}O_{11}$	C	[66]
3-11-195	limbatolide B	$C_{21}H_{30}O_5$	C	[67]
3-11-196	limbatolide C	$C_{20}H_{28}O_4$	C	[67]
3-11-197	caseanigrescen A	$C_{30}H_{42}O_{10}$	B	[68]
3-11-198	caseanigrescen B	$C_{28}H_{40}O_9$	B	[68]
3-11-199	caseanigrescen C	$C_{30}H_{42}O_{10}$	B	[68]
3-11-200	caseanigrescen D	$C_{28}H_{40}O_8$	B	[68]
3-11-201	caseargrewiin E	$C_{28}H_{40}O_7$	C	[69]
3-11-202	caseargrewiin F	$C_{28}H_{40}O_8$	C	[69]
3-11-203	caseargrewiin G	$C_{28}H_{40}O_7$	C	[69]
3-11-204	caseargrewiin H	$C_{30}H_{44}O_7$	C	[69]
3-11-205	caseargrewiin I	$C_{29}H_{44}O_7$	C	[69]
3-11-206	caseargrewiin J	$C_{30}H_{44}O_8$	C	[69]
3-11-207	caseargrewiin K	$C_{29}H_{44}O_8$	C	[69]
3-11-208	caseargrewiin L	$C_{29}H_{42}O_8$	C	[69]
3-11-209	floribundic acid	$C_{20}H_{24}O_4$	C	[70]
3-11-210	crotomacrine	$C_{21}H_{22}O_6$	C	[71]
3-11-211	amphiacrolide F	$C_{20}H_{26}O_4$	C	[66]
3-11-212	ventricosenediolide	$C_{22}H_{28}O_7$		[72]
3-11-213	limbatolide A	$C_{21}H_{28}O_5$	C	[67]
3-11-214	amphiacrolide E	$C_{22}H_{32}O_6$	C	[66]
3-11-215	amphiacrolide I	$C_{21}H_{30}O_6$	C	[66]
3-11-216	amphiacrolide I acetate	$C_{23}H_{32}O_7$	C	[66]
3-11-217	antadiosbulbin A	$C_{21}H_{24}O_8$	M	[73]
3-11-218	antadiosbulbin B	$C_{21}H_{24}O_8$	M	[73]
3-11-219	amoenolide L	$C_{29}H_{38}O_5$	C	[74]
3-11-220	amoenolide M	$C_{29}H_{36}O_7$	C	[74]
3-11-221	amoenolide M diacetate	$C_{33}H_{40}O_9$	C	[74]
3-11-222	peniankerine	$C_{19}H_{22}O_5$	C	[75]
3-11-223	(−)-methy-16-hydroxy-19-nor-2-oxo-*cis*-cleroda-3,13-dien-15,16-olide-20-oate	$C_{20}H_{26}O_6$	C	[76]
3-11-224	*ent*-3β,4β-epoxyclerod-13*E*-en-15-ol	$C_{20}H_{34}O_2$	C	[77]
3-11-225	3*R**,4*R**-dihydroxyclerod-13*E*-en-15-al	$C_{20}H_{34}O_3$	B	[77]
3-11-226	3*R**,4*R**-dihydroxyclerod-13*Z*-en-15-al	$C_{20}H_{34}O_3$	B	[77]
3-11-227	ballodiolic acid	$C_{20}H_{34}O_4$	C	[78]

续表

编号	名称	分子式	测试溶剂	参考文献
3-11-228	roseostachone (3-oxo-13-hydroxy-4α-*neo*-clerod-14-ene)	$C_{20}H_{34}O_2$	C	[79]
3-11-229	6a-*O*-(β-D-glucopyranosyl)-15,16-dihydroxy-cleroda-3,13(14)-dien	$C_{28}H_{44}O_8$	M	[80]
3-11-230	6a-*O*-(6-*O*-acetyl-β-D-glucopyranosyl)-15,16-dihydroxy-cleroda-3,13(14)-dien	$C_{28}H_{46}O_9$	M	[80]
3-11-231	6a-*O*-(6-*O*-acetyl-β-D-glucopyranosyl)-15,16,18-trihydroxy-cleroda-3,13(14)-dien	$C_{28}H_{46}O_{10}$	M	[80]
3-11-232	2β-acetoxy-19-carboxymethyl-cleroda-3,13-dien-15-oic acid	$C_{23}H_{34}O_6$	C	[81]
3-11-233	bincatriol	$C_{20}H_{34}O_3$	C	[82]
3-11-234	2-oxokolavenic acid methyl ester	$C_{21}H_{32}O_3$	C	[83]
3-11-235	bacchasalicylic acid	$C_{20}H_{32}O_3$	C	[84]
3-11-236	cleroda-3,13-(*E*)-dien-15-al-17-oic acid	$C_{20}H_{30}O_3$	C	[85]
3-11-237	cleroda-3,13-(*E*)-dien-15,17-dial	$C_{20}H_{30}O_2$	C	[85]
3-11-238	kolavenic acid	$C_{20}H_{32}O_2$	C	[86]
3-11-239	cleroda-3,13-(*Z*)-dien-15-al-17-oic acid	$C_{20}H_{30}O_3$	C	[85]
3-11-240	cleroda-3,13-(*Z*)-diene-15,17-dial	$C_{20}H_{30}O_2$	C	[85]
3-11-241	3,14-clerodadien 6α-*O*-β-D-quinovopyranosyl-13α-*O*-β-D-glucopyranoside	$C_{32}H_{54}O_{11}$	M	[87]
3-11-242	roseostachenone (2-oxo-13-hydroxy-neoclerod-3,14-diene)	$C_{20}H_{32}O_2$	C	[79]
3-11-243	agelasine K	$C_{26}H_{41}CrN_5^+$	M	[88]
3-11-244	agelasine L	$C_{26}H_{40}CrN_5^+$	M	[88]
3-11-245	(−)-cleroda-7,13*E*-dien-15-oic methyl ester	$C_{21}H_{34}O_2$		[89]
3-11-246	(−)-7β-hydroxy-cleroda-8(17),13*E*-dien-15-oic acid methyl ester	$C_{21}H_{34}O_3$	C	[83]
3-11-247	16-acetoxy-cleroda-3,13-dien-15,16-olide	$C_{20}H_{32}O_3$	P	[90]
3-11-248	heteroscyphic acid C [(12*Z*)-3,4-epoxy-6-acetoxy-5,20-*trans*-cleroda-12,14-dien-20-oic acid]	$C_{22}H_{32}O_5$	C	[91]
3-11-249	heteroscyphol	$C_{22}H_{32}O$	—	[92]
3-11-250	6α-hydroxy-3,12*E*,14-clerodatriene	$C_{20}H_{32}O$	C	[93]
3-11-251	heteroscyphic acid A [(12*Z*)-5,10-*trans*-cleroda-3,12,14-trien-20-oic acid]	$C_{20}H_{30}O_2$	C	[91]
3-11-252	heteroscyphic acid B [(12*Z*)-6-acetoxy-5,10-*trans*-cleroda-3,12,14-trien-20-oic acid]	$C_{22}H_{32}O_4$	C	[91]
3-11-253	*ent*-cleroda-3,13(16),14-triene	$C_{20}H_{32}$	C	[84]
3-11-254	cleroda-3,13(16),14-trien-17-oic acid	$C_{20}H_{30}O_2$	C	[86]
3-11-255	cleroda-3,13(16),14-trien-17-al	$C_{20}H_{30}O$	C	[85]
3-11-256	7α-hydroxysolidagolactone I	$C_{20}H_{30}O_3$	C	[94]
3-11-257	3-hydroxy-cleroda-4(18),13*Z*-dien-15-oic acid	$C_{22}H_{32}O_4$	C	[90]
3-11-258	scutebarbatine X	$C_{34}H_{38}N_2O_{10}$	C	[95]
3-11-259	scutebata A	$C_{36}H_{40}O_{10}$	D	[98]

续表

编号	名称	分子式	测试溶剂	参考文献
3-11-260	scutebata B	$C_{35}H_{39}NO_{10}$	D	[98]
3-11-261	scutebata C	$C_{28}H_{35}NO_{9}$	D	[98]
3-11-262	scutebarbatine Z	$C_{26}H_{33}NO_{5}$	C	[95]
3-11-263	lasianthin	$C_{22}H_{30}O_{5}$	C	[96]
3-11-264	barbatin C	$C_{20}H_{28}O_{5}$	C	[97]
3-11-265	6-(2,3-epoxy-2-isopropyl-*n*-propoxyl)barbatin C	$C_{26}H_{38}O_{6}$	C	[99]
3-11-266	scutelinquanine C	$C_{31}H_{39}NO_{8}$	C	[100]
3-11-267	scutebarbatine B	$C_{33}H_{35}NO_{7}$	C	[97]
3-11-268	scutebarbatine Y	$C_{33}H_{35}NO_{7}$	C	[95]
3-11-269	scutebaicalin	$C_{34}H_{38}O_{7}$	C	[101]
3-11-270	ballotenic acid	$C_{20}H_{30}O_{4}$	C	[78]
3-11-271	ptycho-6α,7α-diol	$C_{21}H_{32}O_{5}$	C	[94]
3-11-272	2β-methoxy-cleroda-3,13-dien-18-carboxy-15,16-olide	$C_{21}H_{30}O_{5}$	P	[102]
3-11-273	16-oxo-15,16*H*-hardwikiic acid methyl ester	$C_{21}H_{30}O_{4}$	C	[83]
3-11-274	(−)-6β-hydroxy-5β,8β,9β,10α-cleroda-3,13-dien-16,15-olid-18-oic acid	$C_{20}H_{28}O_{5}$	M	[103]
3-11-275	15ξ-methoxy-cleroda-3,12-dien-18-carboxy-15,16-olide	$C_{21}H_{30}O_{5}$	P	[102]
3-11-276	6α,7α-dihydroxyannonene	$C_{20}H_{30}O_{3}$	C	[94]
3-11-277	7α,20-dihydroxyannonene	$C_{20}H_{30}O_{3}$	C	[94]
3-11-278	(+)-7α-acetoxybacchotriciuneatin D	$C_{22}H_{32}O_{4}$	C	[104]
3-11-279	6α-*O*-(6-*O* acetyl-β-D-glucopyranosyl)-15,16-epoxycleroda-3,13(16),14-trien	$C_{28}H_{42}O_{8}$	M	[80]
3-11-280	divinatorin D	$C_{23}H_{32}O_{6}$	C	[105]
3-11-281	divinatorin E	$C_{21}H_{28}O_{5}$	C	[105]
3-11-282	bacchalineol-18-acetate	$C_{22}H_{32}O_{3}$	C	[82]
3-11-283	bacchalineol-18,19-diacetate	$C_{24}H_{34}O_{5}$	C	[82]
3-11-284	hautriwaic acid	$C_{20}H_{28}O_{4}$	C	[106]
3-11-285	heteroscyphone A	$C_{22}H_{32}O_{7}$	C	[92]
3-11-286	heteroscyphone B	$C_{22}H_{32}O_{6}$		[92]
3-11-287	heteroscyphone C	$C_{22}H_{32}O_{5}$		[92]
3-11-288	heteroscyphone D	$C_{22}H_{32}O_{7}$		[92]
3-11-289	argutin A	$C_{34}H_{48}O_{8}$	C	[107]
3-11-290	argutin B	$C_{34}H_{48}O_{8}$	C	[107]
3-11-291	argutin C	$C_{34}H_{48}O_{9}$	C	[107]
3-11-292	argutin D	$C_{34}H_{48}O_{9}$	C	[107]
3-11-293	argutin E	$C_{34}H_{48}O_{8}$	C	[107]
3-11-294	argutin F	$C_{34}H_{48}O_{10}$	C	[107]
3-11-295	argutin G	$C_{34}H_{48}O_{11}$	C	[107]
3-11-296	argutin H	$C_{34}H_{48}O_{11}$	C	[107]
3-11-297	ajugamarin A1	$C_{31}H_{42}O_{11}$	C	[108]
3-11-298	金疮小草素 H (ajugacumbin H)	$C_{33}H_{44}O_{13}$	C	[108]

续表

编号	名称	分子式	测试溶剂	参考文献
3-11-299	4α,18-epoxy-6α-*trans*-cinnamoyloxy-neoclerod-13-en-15,16-olide	$C_{29}H_{36}O_5$	C	[109]
3-11-300	ajugamacrin A	$C_{30}H_{42}O_{11}$	C	[110]
3-11-301	scutorientalin E	$C_{33}H_{40}O_{10}$	C	[111]
3-11-302	3α-hydroxyajugamarin F4	$C_{29}H_{42}O_{10}$	C	[112]
3-11-303	teucretol	$C_{24}H_{34}O_8$	C	[113]
3-11-304	teucrolin B	$C_{24}H_{34}O_8$	C	[114]
3-11-305	teucrolin C	$C_{26}H_{34}O_9$	B	[114]
3-11-306	6α,12-diacetylteucrolin B	$C_{28}H_{38}O_{11}$	C	[114]
3-11-307	teucrolivin C	$C_{22}H_{30}O_8$	C	[114]
3-11-308	8β-hydroxy-teucrolivin B	$C_{24}H_{32}O_{10}$	C	[115]
3-11-309	scutehenanine H	$C_{37}H_{46}N_2O_8$	C	[99]
3-11-310	scutelinquanine A	$C_{28}H_{35}NO_8$	C	[100]
3-11-311	barbatin A	$C_{34}H_{38}O_8$	C	[97]
3-11-312	scutebarbatine W	$C_{33}H_{37}NO_8$	C	[95]
3-11-313	scutebata D	$C_{31}H_{38}O_9$	C	[98]
3-11-314	scutebata E	$C_{28}H_{38}O_9$	C	[98]
3-11-315	scutebata F	$C_{30}H_{37}NO_9$	C	[98]
3-11-316	scutebata G	$C_{40}H_{41}NO_9$	C	[98]
3-11-317	barbatin B	$C_{34}H_{38}O_8$	C	[97]
3-11-318	scuteselerin	$C_{29}H_{40}O_{10}$	C	[116]
3-11-319	2α-hydroxy-7α-acetoxy-12-oxo-15,6-epoxy-neocleroda-3,13(16),14-trien-18:19-olide	$C_{22}H_{26}O_7$	C	[117]
3-11-320	15,16-epoxy-neocleroda-1,3,13(16),14-tetraen-18,19-olide	$C_{20}H_{24}O_3$	C	[118]
3-11-321	gaudicbaudone	$C_{20}H_{26}O_4$	C	[119]
3-11-322	articulin acetate	$C_{22}H_{28}O_6$	M	[119]
3-11-323	articulin	$C_{20}H_{26}O_5$	C	[119]
3-11-324	semiatrin	$C_{20}H_{26}O_6$	D	[120]
3-11-325	korberin B	$C_{23}H_{28}O_7$	C	[121]
3-11-326	teupernin D	$C_{21}H_{26}O_7$	P	[122]
3-11-327	teulamifin B	$C_{20}H_{26}O_6$	P	[123]
3-11-328	ptychonolide	$C_{20}H_{26}O_3$	C	[124]
3-11-329	20-*O*-methylptychonal acetal	$C_{21}H_{30}O_3$	C	[124]
3-11-330	teucrolin E	$C_{22}H_{30}O_8$	C	[114]
3-11-331	3β,4β:15,16-diepoxy-13(16),14-clerodadiene	$C_{20}H_{30}O_2$	C	[125]
3-11-332	thysaspathone	$C_{20}H_{28}O_3$	C	[125]
3-11-333	salvinorin J	$C_{23}H_{30}O_8$	C	[126]
3-11-334	2-*epi*-8-*epi*-salvinorin A	$C_{23}H_{28}O_8$	C	[127]
3-11-335	salvinorin G	$C_{23}H_{26}O_8$	C	[105]
3-11-336	2,9,15,16-diepoxy-neocleroda-3,13(16),14-trien-18-oic acid	$C_{20}H_{26}O_4$	C	[118]

续表

编号	名称	分子式	测试溶剂	参考文献
3-11-337	auropolin	$C_{24}H_{30}O_9$	C	[128]
3-11-338	teurasiolide	$C_{26}H_{30}O_{11}$	C	[129]
3-11-339	12-epiteupolin II	$C_{22}H_{28}O_7$	C	[132]
3-11-340	teupolin II	$C_{22}H_{28}O_7$	C	[132]
3-11-341	teumarin	$C_{22}H_{28}O_8$	C	[133]
3-11-342	2,6-diacetylteumarin	$C_{26}H_{32}O_{16}$	C	[133]
3-11-343	teuflavin	$C_{22}H_{28}O_8$	P	[134]
3-11-344	19-acetylteupolin IV	$C_{24}H_{28}O_9$	P	[135]
3-11-345	teutrifidin	$C_{22}H_{24}O_9$	C	[136]
3-11-346	teuctosin	$C_{22}H_{28}O_8$	P	[130]
3-11-347	montanin H	$C_{22}H_{28}O_8$	P	[131]
3-11-348	15β-甲氧基-6-O-乙酰基-19-O-丙酰基-4α,18:11;16:15,16-环氧-新克罗烷二萜	$C_{26}H_{40}O_8$	C	[137]
3-11-349	chamaepitin	$C_{31}H_{46}O_{13}$	C	[128]
3-11-350	ajugorientin	$C_{29}H_{42}O_{10}$	C	[138]
3-11-351	14,15-dehydroajugareptansin	$C_{29}H_{42}O_{10}$	C	[112]
3-11-352	scutalpin A	$C_{29}H_{42}O_{10}$	C	[139]
3-11-353	11-deacetylscutalpin D	$C_{27}H_{38}O_9$	C	[140]
3-11-354	scutorientalin D	$C_{28}H_{40}O_{10}$	C	[141]
3-11-355	teucrolivin A	$C_{24}H_{30}O_9$	C	[113]
3-11-356	teucrolin A	$C_{20}H_{34}O_{10}$	B	[114]
3-11-357	12-O-methylteucrolivin A	$C_{25}H_{32}O_9$	B	[114]
3-11-358	12-O-methylteucrolin A	$C_{27}H_{36}O_{10}$	C	[114]
3-11-359	12-O-ethylteucrolin A	$C_{28}H_{38}O_{11}$	B	[114]
3-11-360	3-epi-teucrolin A	$C_{20}H_{34}O_{10}$	B	[114]
3-11-361	6-deacetyl-teucrolivin A	$C_{22}H_{28}O_8$	C	[115]
3-11-362	teucrolivin H	$C_{22}H_{26}O_7$	C	[115]
3-11-363	tinosporicide	$C_{20}H_{22}O_8$	D	[142]
3-11-364	fibleucin	$C_{20}H_{22}O_6$	C	[70]
3-11-365	salviacoccin	$C_{20}H_{20}O_6$	P	[143]
3-11-366	salviarin	$C_{20}H_{24}O_5$	C	[70]
3-11-367	bidentatin	$C_{20}H_{22}O_7$	P	[144]
3-11-368	6-keto-teuscordin	$C_{20}H_{22}O_6$	P	[144]
3-11-369	teeucrin H2	$C_{20}H_{24}O_6$	P	[144]
3-11-370	teulamioside	$C_{28}H_{38}O_{12}$	C	[145]
3-11-371	diacetylteukotschyn	$C_{24}H_{30}O_8$	C	[145]
3-11-372	dihydroteuin	$C_{20}H_{24}O_7$	P	[146]
3-11-373	teuscordinon	$C_{20}H_{20}O_6$	P	[144]
3-11-374	6-acetyl teucrin F	$C_{22}H_{24}O_8$	C	[147]
3-11-375	korberin A	$C_{23}H_{28}O_8$	C	[121]

续表

编号	名称	分子式	测试溶剂	参考文献
3-11-376	2-keto-19-hydroxyteuscordin	$C_{20}H_{22}O_7$	P	[148]
3-11-377	teugnaphalodin	$C_{20}H_{26}O_7$	P	[149]
3-11-378	scutecyprol B	$C_{27}H_{38}O_9$	C	[150]
3-11-379	scutecolumnin C	$C_{22}H_{32}O_7$	C	[151]
3-11-380	11-episcutecolumnin C	$C_{22}H_{32}O_7$	C	[151]
3-11-381	teucrolin D	$C_{22}H_{30}O_9$	B	[114]
3-11-382	norhardwikiic acid methyl ester	$C_{19}H_{30}O_4$	C	[83]
3-11-383	bis-norinfuscaic acid	$C_{18}H_{28}O_3$	C	[84]
3-11-384	scutelinquanine B	$C_{32}H_{38}N_2O_9$	C	[100]
3-11-385	diosbulbin K	$C_{20}H_{24}O_7$	M	[152]
3-11-386	diosbulbin L	$C_{19}H_{22}O_7$	M	[152]
3-11-387	diosbulbin F	$C_{20}H_{24}O_7$	M	[152]
3-11-388	diosbullbin J	$C_{19}H_{22}O_8$	A	[153]
3-11-389	diosbulbin M	$C_{19}H_{20}O_7$	D	[152]
3-11-390	diosbulbinoside G	$C_{25}H_{30}O_{12}$	M	[152]
3-11-391	diosbulbin E	$C_{19}H_{22}O_6$	M	[152]
3-11-392	diosbullbin I	$C_{29}H_{30}O_8$	A	[153]
3-11-393	diosbulbin G	$C_{19}H_{22}O_6$	M	[152]
3-11-394	teuflin	$C_{19}H_{20}O_5$	P	[144]
3-11-395	isoteuflidin	$C_{19}H_{20}O_6$	C	[147]
3-11-396	teucvin	$C_{19}H_{20}O_5$	C	[147]
3-11-397	teucrin A	$C_{19}H_{20}O_6$	P	[146]
3-11-398	teuflidin	$C_{19}H_{20}O_6$	C	[147]
3-11-399	neoclerodan-5,10-en-19,6β:20,12-diolide	$C_{20}H_{22}O_3$	C	[154]
3-11-400	aparisthman	$C_{21}H_{28}O_5$	C	[155]
3-11-401	salvigenolide	$C_{22}H_{22}O_7$	C	[156]
3-11-402	robustolide A	$C_{26}H_{35}ClO_9$	C	[157]
3-11-403	robustolide B	$C_{26}H_{33}ClO_9$	C	[157]
3-11-404	robustolide C	$C_{28}H_{36}O_{11}$	C	[157]
3-11-405	junceellolide D	$C_{28}H_{32}O_{11}$	C	[158]
3-11-406	junceellin A	$C_{28}H_{35}ClO_{11}$	C	[158]
3-11-407	praelolide	$C_{28}H_{35}ClO_{12}$	C	[158]
3-11-408	junceellolide A	$C_{28}H_{35}ClO_{12}$	C	[158]
3-11-409	junceellolide C	$C_{26}H_{33}ClO_{10}$	C	[158]
3-11-410	briaexcavatolide X	$C_{26}H_{34}O_{13}$	C	[159]
3-11-411	briaexcavatolide Y	$C_{26}H_{34}O_{12}$	C	[159]
3-11-412	briaexcavatolide Z	$C_{32}H_{46}O_{14}$	C	[159]
3-11-413	junceellolide H	$C_{20}H_{28}O_6$	C	[160]
3-11-414	junceellolide I	$C_{24}H_{36}O_9$	C	[161]
3-11-415	junceellolide B	$C_{26}H_{33}ClO_9$	C	[158]
3-11-416	junceellolide G	$C_{26}H_{33}ClO_{12}$	C	[162]
3-11-417	pachyclavulide E	$C_{24}H_{29}ClO_{10}$	C	[163]

续表

编号	名称	分子式	测试溶剂	参考文献
3-11-418	pachyclavulide F	$C_{28}H_{37}ClO_{10}$	C	[163]
3-11-419	pachyclavulide G	$C_{28}H_{38}O_{12}$	C	[163]
3-11-420	pachyclavulide H	$C_{28}H_{38}O_{11}$	C	[163]
3-11-421	pachyclavulide I	$C_{27}H_{36}O_{11}$	C	[163]
3-11-422	briaexcavatin N	$C_{26}H_{34}O_{11}$	C	[164]
3-11-423	briaexcavatin O	$C_{30}H_{42}O_{13}$	C	[164]
3-11-424	briaexcavatin P	$C_{28}H_{38}O_{13}$	C	[164]
3-11-425	briaexcavatin M	$C_{26}H_{34}O_{10}$	C	[164]
3-11-426	excavatoid L	$C_{26}H_{36}O_{11}$	C	[165]
3-11-427	excavatoid M	$C_{30}H_{42}O_{13}$	C	[165]
3-11-428	excavatoid N	$C_{30}H_{42}O_{13}$	C	[165]
3-11-429	juncin A	$C_{26}H_{33}ClO_{10}$	C	[166]
3-11-430	juncin C	$C_{31}H_{41}ClO_{12}$	C	[166]
3-11-431	juncin D	$C_{28}H_{35}ClO_{12}$	C	[166]
3-11-432	juncin E	$C_{30}H_{37}ClO_{14}$	C	[166]
3-11-433	briarein A	$C_{30}H_{39}ClO_{13}$	C	[167]
3-11-434	briarein B	$C_{32}H_{43}ClO_{13}$	C	[167]
3-11-435	briarein C	$C_{30}H_{41}ClO_{12}$	C	[167]
3-11-436	briarein D	$C_{30}H_{39}ClO_{14}$	C	[167]
3-11-437	briarein E	$C_{28}H_{38}ClO_{13}$	C	[167]
3-11-438	briarein G	$C_{32}H_{43}ClO_{14}$	C	[167]
3-11-439	briarein F	$C_{28}H_{37}ClO_{14}$	C	[167]
3-11-440	briarein H	$C_{30}H_{40}O_{14}$	C	[167]
3-11-441	briarein I	$C_{36}H_{52}O_{14}$	C	[167]
3-11-442	briarein A	$C_{28}H_{37}ClO_{12}$	C	[167]
3-11-443	briarein K	$C_{38}H_{56}O_{14}$	C	[167]
3-11-444	briarein L	$C_{34}H_{46}O_{15}$	C	[167]
3-11-445	excavatolide G	$C_{26}H_{34}O_{9}$	C	[168]
3-11-446	excavatolide H	$C_{34}H_{48}O_{13}$	A	[168]
3-11-447	excavatolide I	$C_{32}H_{44}O_{13}$	C	[168]
3-11-448	excavatolide J	$C_{32}H_{44}O_{13}$	C	[168]
3-11-449	excavatolide K	$C_{30}H_{40}O_{13}$	C	[168]
3-11-450	excavatolide M	$C_{24}H_{34}O_{10}$	C	[168]
3-11-451	briaexcavatolide O	$C_{30}H_{42}O_{13}$	P	[169]
3-11-452	briaexcavatolide P	$C_{30}H_{42}O_{13}$	P	[169]
3-11-453	briaexcavatolide Q	$C_{32}H_{44}O_{14}$	P	[169]
3-11-454	excavatolide F	$C_{30}H_{40}O_{11}$	C	[168]
3-11-455	briaexcavatolide R	$C_{38}H_{56}O_{14}$	C	[169]
3-11-456	junceellolide F	$C_{33}H_{47}ClO_{12}$	C	[162]
3-11-457	2,9-diacetyl-2-debutyrylstecholide H	$C_{26}H_{34}O_{10}$	C	[170]
3-11-458	13-dehydroxystecholide J	$C_{29}H_{36}O_{11}$	C	[170]
3-11-459	palmonine F	$C_{24}H_{38}O_{6}$	C	[171]

续表

编号	名称	分子式	测试溶剂	参考文献
3-11-460	dieunicellin E	$C_{22}H_{36}O_6$	C	[172]
3-11-461	simplexin B	$C_{26}H_{44}O_7$	C	[173]
3-11-462	simplexin C	$C_{32}H_{52}O_{11}$	C	[173]
3-11-463	simplexin D	$C_{34}H_{56}O_{11}$	C	[173]
3-11-464	simplexin E	$C_{33}H_{52}O_{11}$	C	[173]
3-11-465	simplexin F	$C_{28}H_{46}O_{10}$	C	[173]
3-11-466	simplexin G	$C_{28}H_{46}O_{10}$	C	[173]
3-11-467	simplexin H	$C_{28}H_{46}O_9$	C	[173]
3-11-468	simplexin I	$C_{26}H_{42}O_9$	C	[173]
3-11-469	patagonicol	$C_{22}H_{38}O_4$	B	[174]
3-11-470	hirsutalin H	$C_{26}H_{42}O_7$	C	[175]
3-11-471	labiatamide A	$C_{29}H_{43}NO_9$	C	[176]
3-11-472	labiatamide B	$C_{27}H_{41}NO_7$	C	[176]
3-11-473	labiatin B	$C_{26}H_{36}O_6$	C	[176]
3-11-474	labiatin C	$C_{26}H_{38}O_8$	C	[176]
3-11-475	simplexin A	$C_{26}H_{42}O_6$	C	[173]
3-11-476	dieunicellin D	$C_{20}H_{32}O_5$	C	[172]
3-11-477	hirsutalin E	$C_{24}H_{40}O_5$	C	[175]
3-11-478	hirsutalin B	$C_{30}H_{46}O_9$	C	[175]
3-11-479	hirsutalin C	$C_{28}H_{44}O_7$	C	[175]
3-11-480	hirsutalin D	$C_{26}H_{40}O_7$	C	[175]
3-11-481	dieunicellin A	$C_{20}H_{32}O_3$	C	[172]
3-11-482	dieunicellin B	$C_{20}H_{32}O_4$	C	[172]
3-11-483	hirsutalin A	$C_{28}H_{44}O_7$	C	[175]
3-11-484	hirsutalin G	$C_{22}H_{34}O_5$	C	[175]
3-11-485	litophynol B	$C_{24}H_{40}O_6$	C	[177]
3-11-486	litophynol E	$C_{24}H_{40}O_5$	C	[177]
3-11-487	sclerophytin C	$C_{22}H_{36}O_6$	C	[177]
3-11-488	litophynin I monoacetate	$C_{26}H_{42}O_7$	C	[177]
3-11-489	litophynol A	$C_{24}H_{38}O_5$	C	[177]
3-11-490	litophynol H	$C_{24}H_{38}O_5$	C	[177]
3-11-491	cladiellisin	$C_{20}H_{32}O_3$	C	[178]
3-11-492	cladiellaperoxide	$C_{20}H_{32}O_4$	C	[178]
3-11-493	(6E)-2α,9α-epoxyeunicella-6,11(12)-dien-3β-ol	$C_{20}H_{32}O_2$	M	[179]
3-11-494	sarcodictyin A	$C_{28}H_{36}N_2O_6$	P	[180]
3-11-495	eleuthoside A	$C_{36}H_{48}N_2O_{11}$	C	[180]
3-11-496	eleuthoside B	$C_{36}H_{48}N_2O_{11}$	C	[180]
3-11-497	labiatins A	$C_{26}H_{40}O_8$	C	[176]
3-11-498	hirsutalin F	$C_{28}H_{44}O_8$	C	[175]
3-11-499	pachyclavulariaenone D	$C_{20}H_{28}O_4$	C	[181]
3-11-500	pachyclavulariaenone E	$C_{24}H_{34}O_8$	P	[181]
3-11-501	pachyclavulariaenone F	$C_{22}H_{32}O_7$	P	[181]

续表

编号	名称	分子式	测试溶剂	参考文献
3-11-502	pachyclavulariaenone G	$C_{20}H_{30}O_6$	A	[181]
3-11-503	dieunicellin C	$C_{22}H_{34}O_5$	C	[172]
3-11-504	magdalenic acid	$C_{20}H_{20}O_2$	C	[182]
3-11-505	(1S*,2Z,6E,10R*,11S*,12S*,13S*,14R*)-12,13-diacetoxycladiella-2,6-dien-11-ol	$C_{24}H_{38}O_5$	C	[183]
3-11-506	asbestinin-12	$C_{24}H_{36}O_6$	C	[184]
3-11-507	asbestinin-11	$C_{30}H_{48}O_6$	C	[184]
3-11-508	asbestinin-18	$C_{30}H_{48}O_7$	C	[184]
3-11-509	11-acetoxy-4-deoxyusbestinin E	$C_{24}H_{36}O_6$	C	[184]
3-11-510	asbestinin-21	$C_{22}H_{34}O_6$	C	[184]
3-11-511	asbestinin-22	$C_{24}H_{38}O_6$	C	[184]
3-11-512	asbestinin-23	$C_{22}H_{34}O_5$	C	[184]
3-11-513	asbestinin-20	$C_{22}H_{34}O_5$	C	[184]
3-11-514	11-acetoxy-4-deoxyusbestinin F	$C_{22}H_{34}O_5$	C	[184]
3-11-515	4-deoxyasbestinin G	$C_{24}H_{38}O_5$	C	[184]
3-11-516	asbestinin-17	$C_{24}H_{36}O_7$	C	[184]
3-11-517	asbestinin-14	$C_{28}H_{44}O_7$	C	[184]
3-11-518	asbestinin-13	$C_{30}H_{48}O_7$	C	[184]
3-11-519	asbestinin-7	$C_{30}H_{48}O_7$	C	[184]
3-11-520	asbestinin-15	$C_{24}H_{36}O_6$	C	[184]
3-11-521	asbestinin-16	$C_{30}H_{46}O_7$	C	[184]
3-11-522	asbestinin-19	$C_{24}H_{34}O_7$	C	[184]
3-11-523	ent-verticillanediol	$C_{20}H_{34}O_2$	C	[185]
3-11-524	ent-5-epi-verticillanedil	$C_{20}H_{34}O_2$	C	[185]
3-11-525	ent-verticillol	$C_{20}H_{34}O$	C	[185]
3-11-526	ent-5-epi-verticillol	$C_{20}H_{34}O$	C	[185]
3-11-527	ent-isoverticillenol	$C_{20}H_{32}O$	C	[185]
3-11-528	ent-verticilla-4(18),9,13-trien-12α-ol	$C_{20}H_{32}O$	C	[186]
3-11-529	ent-12α-actoxyverticilla-4(18),9,13-triene	$C_{22}H_{34}O_2$	C	[186]
3-11-530	ent-verticilla-4,9,13-trien-2α-ol	$C_{20}H_{32}O$	C	[186]
3-11-531	(13S,14S)-ent-13,14-epoxyverticillol	$C_{20}H_{34}O_2$	C	[186]
3-11-532	(13S,14S)-ent-13,14-epoxy-5-epi-verticillol	$C_{20}H_{34}O_2$	C	[186]
3-11-533	(9S,10S)-ent-9,10-epoxyverticillol	$C_{20}H_{34}O_2$	C	[186]
3-11-534	(9S,10S)-ent-9,10-epoxy-5-epi-verticillol	$C_{20}H_{34}O_2$	C	[186]
3-11-535	(9S,10S:13S,14S)-ent-9,10:13,14-diepoxyverticillol	$C_{20}H_{34}O_3$	C	[186]
3-11-536	(9S,10S:13S,14S)-ent-9,10:13,14-diepoxy-5-epi-verticillol	$C_{20}H_{34}O_3$	C	[186]
3-11-537	(1S,12S)-ent-1-hydroxyverticilla-3E,7E-dien-18-ol	$C_{20}H_{32}O_2$	C	[187]
3-11-538	(6S,12R)-ent-verticilla-3,7-diene-6,12-diol	$C_{20}H_{32}O_2$	C	[187]
3-11-539	(1S,3R,4R)-ent-3,4-epoxyverticilla-7,12(18)-dien-1-ol	$C_{20}H_{32}O_2$	C	[187]
3-11-540	cespitularin R	$C_{22}H_{30}O_3$	C	[188]
3-11-541	cespitularin S	$C_{24}H_{32}O_6$	C	[188]
3-11-542	lemnabourside	$C_{26}H_{42}O_6$	C	[189]

续表

编号	名称	分子式	测试溶剂	参考文献
3-11-543	lemnaloside A	$C_{28}H_{46}O_7$	C	[190]
3-11-544	lemnaloside B	$C_{28}H_{46}O_7$	C	[190]
3-11-545	lemnaloside C	$C_{28}H_{46}O_9$	A	[190]
3-11-546	lemnaloside D	$C_{26}H_{42}O_7$	C	[190]
3-11-547	20-acetoxy-8-hydroxyserrulat-14-en-19-oic acid	$C_{22}H_{30}O_5$	M	[191]
3-11-548	dictyotin D methyl ether	$C_{21}H_{36}O$	C	[189]
3-11-549	saculaplagin	$C_{24}H_{38}O_7$	C	[192]
3-11-550	(5S,9S,10R,13S)-11,13-epoxy-8(12),17-sacculatadiene-13β,15ξ-diol[(13S)-15ξ-hydroxysacculaporellin]	$C_{20}H_{32}O_3$	C	[193]
3-11-551	7,8-seco-para-ferruginone	$C_{20}H_{28}O_3$	C	[194]
3-11-552	hanagokenol B	$C_{20}H_{26}O_5$	P	[195]
3-11-553	12-isopentenyl-3-oxosalvipisone	$C_{25}H_{30}O_4$	C	[196]
3-11-554	4-hydroxysaprorthoquinone	$C_{20}H_{26}O_3$	C	[194]
3-11-555	3-keto-4-hydroxysaprorthoquinone	$C_{20}H_{24}O_4$	C	[194]
3-11-556	1-(7-hydroxy-2,6-dimethyl-1-naphthyl)-4-methyl-3-pentanone	$C_{18}H_{22}O_2$	C	[197]
3-11-557	salvonitin	$C_{22}H_{28}O_3$	C	[198]
3-11-558	de-O-ethylsalvonitin	$C_{20}H_{24}O_3$	C	[199]
3-11-559	salprionin	$C_{20}H_{24}O_3$	C	[199]
3-11-560	obtuanhydride	$C_{20}H_{26}O_4$	C	[200]
3-11-561	castanolide	$C_{19}H_{24}O_4$	C	[201]
3-11-562	epi-castanolide	$C_{19}H_{24}O_4$	C	[201]
3-11-563	verrucosin 3	$C_{20}H_{30}O$	C	[202]
3-11-564	verrucosin 8	$C_{20}H_{30}O$	C	[202]
3-11-565	verrucosin 5	$C_{25}H_{40}O_5$	C	[202]
3-11-566	anhydroaplysiadiol	$C_{20}H_{29}BrO$	C	[203]
3-11-567	aplysiadiol	$C_{20}H_{31}BrO_2$	C	[203]
3-11-568	gyrosanol A	$C_{20}H_{32}O$	C	[204]
3-11-569	pilosanone C	$C_{20}H_{30}O_4$	M	[205]
3-11-570	pilosanone A	$C_{21}O_{34}O_3$	C	[205]
3-11-571	pilosanone B	$C_{21}O_{34}O_4$	M	[205]
3-11-572	(1R,6R,11R,12R)-6,12-hydroxydolabella-3E,7E-diene	$C_{20}H_{34}O_2$	—	[206]
3-11-573	(1R,6R,11R,12R)-6-acetoxy-12,16-hydroxydolabella-3E,7E-diene	$C_{22}H_{36}O_4$	—	[206]
3-11-574	(1R,6R,11R,12R)-6,16-diacetoxy-12-hydroxydolabella-3E,7E-diene	$C_{24}H_{38}O_5$	—	[206]
3-11-575	(1R,6R,11R,12R)-6-acetoxy-12-hydroxydolabella-3E,7E-diene	$C_{20}H_{36}O_3$	—	[206]
3-11-576	chrozophoroside B	$C_{26}H_{44}O_9$	P	[207]
3-11-577	chrozophoroside A1	$C_{26}H_{44}O_9$	P	[207]
3-11-578	chrozophoroside A	$C_{26}H_{44}O_9$	P	[207]
3-11-579	chrozophorogenin C	$C_{20}H_{34}O_5$	P	[207]
3-11-580	dolabellanone 1	$C_{20}H_{30}O_2$	C	[208]

续表

编号	名称	分子式	测试溶剂	参考文献
3-11-581	dolabellanone 2	$C_{22}H_{32}O_4$	C	[208]
3-11-582	palominol	$C_{20}H_{32}O$	C	[209]
3-11-583	(1R,6R,11R,12R)-6-acetoxydolabella-3E,7E,12-triene	$C_{22}H_{34}O_2$		[206]
3-11-584	isopalominol [13(R*)-hydroxy-(1R*,11S*)-dolabella-3(E),7(E),12(18)-triene]	$C_{20}H_{32}O$	C	[209]
3-11-585	13(S*)-hydroxy-(1R*,11S*)-dolabella-3(E),7(E),12(18)-triene	$C_{20}H_{32}O$	C	[209]
3-11-586	(1R,3E,7E,11S,12R)-dolabella-3,7,18-trien-9-one	$C_{20}H_{30}O$	C	[210]
3-11-587	palominol	$C_{20}H_{32}O$	C	[211]
3-11-588	dolabellanone 6	$C_{20}H_{30}O_3$	C	[208]
3-11-589	dolabellanone 9	$C_{20}H_{30}O_3$	C	[208]
3-11-590	dolabellanone 3	$C_{22}H_{32}O_3$	C	[208]
3-11-591	dolabellanone 4	$C_{20}H_{30}O_2$	C	[208]
3-11-592	(1R,3S,4S,6R,11R,12R)-6-acetoxy-3,4-epoxy-12-hydroxydolabell-7E-en-16-al	$C_{22}H_{34}O_5$	—	[206]
3-11-593	(1R,3S,4S,6R,11R,12R)-6-acetoxy-3,4-epoxy-12-hydroxydolabell-7E-ene	$C_{22}H_{36}O_4$	—	[206]
3-11-594	(1R,3S,4S,6R,7S,8S,11R,12R)-6-acetoxy-3,4:7,8-diepoxy-12-hydroxydolabellane	$C_{22}H_{36}O_5$	—	[206]
3-11-595	dolabellanone 7	$C_{20}H_{30}O_3$	C	[208]
3-11-596	16-acetoxy-7,8-epoxy-3,12-dolabelladien-13-one	$C_{22}H_{32}O_4$	C	[212]
3-11-597	6-acetoxy-7,8-epoxy-3,12-dolabelladien-13-one	$C_{22}H_{32}O_4$	C	[212]
3-11-598	7,8-epoxy-3,12-dolabelladien-l4-one	$C_{20}H_{30}O_2$	C	[212]
3-11-599	dolabellanone 8	$C_{20}H_{30}O_2$	C	[208]
3-11-600	dolabellanone 5	$C_{22}H_{32}O_4$	C	[208]
3-11-601	19,20-diacetoxy-7,8-epoxy-3,12,13-dolabellatriene	$C_{24}H_{34}O_5$	C	[212]
3-11-602	euphopeplin A	$C_{45}H_{55}NO_{15}$	C	[213]
3-11-603	3β,5α,8α,15β-tetraacetoxy-7β-benzoyloxyjatropha-6(17),11E-dien-9,14-dione	$C_{35}H_{42}O_{12}$	C	[214]
3-11-604	3β,5α,7β,8α,15β-pentaacetoxyjatropha-6(17),11E-dien-9,14-dione	$C_{30}H_{40}O_{12}$	C	[214]
3-11-605	2α,3β,5α,8α,9α,15β-hexaacetoxy-7β-benzoyloxy-jatropha-6(17),11E-dien-14-one	$C_{39}H_{48}O_{15}$	C	[214]
3-11-606	3β,5α,8α,9α,15β-pentaacetoxy-7β-benzoyloxy-jatropha-6(17),11E-dien-14-one	$C_{37}H_{46}O_{13}$	C	[214]
3-11-607	3β,5α,7β,8α,9α,15β-hexaacetoxy-2α-benzoyloxy-jatropha-6(17),11E-dien-14-one	$C_{39}H_{48}O_{15}$	C	[214]
3-11-608	esulatin B	$C_{30}H_{40}O_{12}$	C	[215]
3-11-609	3,5,7,15-tetraacetoxy-9-nicotinoyloxy-14-oxojatropha-6(17),11-diene	$C_{34}H_{43}NO_{11}$	C	[216]
3-11-610	14b-acetoxy-3b-benzoyloxy-7b,9α,15b-trihydroxy-jatropha-5E,11E-diene	$C_{29}H_{40}O_7$	C	[217]
3-11-611	7b,9α,14b-triacetoxy-3b-benzoyloxy-15b,17-dihydroxyjatropha-5E,11E-diene	$C_{33}H_{44}O_{10}$	C	[217]
3-11-612	14α,15b-diacetoxy-3b,7b-dibenzoyloxy-17-hydroxy-9-oxo-2bH,13bHjatropha-5E,11E-diene	$C_{38}H_{44}O_{10}$	C	[217]

续表

编号	名称	分子式	测试溶剂	参考文献
3-11-613	euphoheliosnoid D	$C_{29}H_{36}O_8$	C	[218]
3-11-614	15-O-acetyl japodagrone	$C_{22}H_{30}O_5$	C	[219]
3-11-615	kansuinin D1（甘遂宁 D1）	$C_{40}H_{49}NO_{14}$	C	[220]
3-11-616	esulatin C	$C_{36}H_{50}O_{17}$	C	[215]
3-11-617	esulatin A	$C_{36}H_{50}O_{16}$	C	[215]
3-11-618	7β,9α,14b-triacetoxy-3b-benzoyloxy-12b,15b-epoxy-11b-hydroxyjatropha-5E-ene	$C_{33}H_{44}O_{10}$	C	[217]
3-11-619	3α,4α-cpoxy-18-hydroxysphenoloba-13E(15),16E-diene	$C_{20}H_{32}O_2$	C	[221]
3-11-620	3α,4α-epoxysphenoloba-13E(15),17-diene	$C_{20}H_{30}O$	C	[221]
3-11-621	3α,4α-epoxysphenoloba-13E(15),16E,18-triene	$C_{20}H_{30}O$	C	[221]
3-11-622	3α,4α-epoxy-5α-hydroxysphenoloba-13E(15),16E,18-triene	$C_{20}H_{30}O_2$	C	[221]
3-11-623	3α,4α-epoxy-18-hydroxysphenoloba-13Z(15),16E-diene	$C_{20}H_{32}O_2$	C	[221]
3-11-624	3α,4α-epoxy-5α-hydroxysphenoloba-13,15E,17-triene	$C_{20}H_{30}O_2$	C	[221]
3-11-625	deacetylpseudolaric acid A	$C_{20}H_{26}O_5$	D	[222]
3-11-626	11S-deacetylpseudolaric acid	$C_{20}H_{26}O_5$	D	[222]
3-11-627	deacetylpseudolaric acid A,O-β-D-glucopyranoside	$C_{26}H_{36}O_{10}$	D	[222]
3-11-628	deacetylpseudolaric acid A2,3-dihydroxypropyl ester	$C_{23}H_{32}O_7$	D	[222]
3-11-629	deacetylpseudolaric acid B2,3-dihydroxypropyl ester	$C_{24}H_{32}O_9$	D	[222]
3-11-630	umbellactal	$C_{20}H_{28}O_5$	C	[223]
3-11-631	brassicolene	$C_{22}H_{32}O_2$	C	[224]
3-11-632	hookerianolide A	$C_{20}H_{28}O_6$		[225]
3-11-633	hookerianolide B	$C_{20}H_{28}O_5$		[225]
3-11-634	hookerianolide C	$C_{22}H_{32}O_6$		[225]
3-11-635	hookerianolide A triacetate	$C_{26}H_{34}O_9$		[225]
3-11-636	10-oxo-11,12-dihydroxydepressin	$C_{20}H_{30}O_2$	C	[226]
3-11-637	1-epi-10-oxo-11,12-dihydroxydepressin	$C_{20}H_{30}O_2$	C	[226]
3-11-638	2-epi-10-oxo-11,12-dihydroderessin	$C_{20}H_{30}O_2$	C	[226]
3-11-639	depressin	$C_{20}H_{30}O$	C	[226]
3-11-640	1-epi-depressin	$C_{20}H_{30}O$	C	[226]
3-11-641	10-hydroxydepressin	$C_{20}H_{30}O_2$	C	[226]
3-11-642	1-epi-10-hydroxy-depressin	$C_{20}H_{30}O_2$	C	[226]
3-11-643	1-epi-10-oxodepressin	$C_{20}H_{28}O_2$	C	[226]
3-11-644	10-oxodepressin	$C_{20}H_{28}O_2$	C	[226]
3-11-645	8,10-dihydroxy-isodepressin	$C_{20}H_{30}O_3$	C	[226]
3-11-646	gibberosin G	$C_{20}H_{30}O_4$	C	[227]
3-11-647	gibberosin H	$C_{22}H_{32}O_5$	C	[227]
3-11-648	gibberosin I	$C_{24}H_{36}O_5$	C	[227]
3-11-649	gibberosin J	$C_{20}H_{30}O_3$	C	[227]
3-11-650	gibberosin K	$C_{20}H_{30}O_5$	C	[227]
3-11-651	gibberosin L	$C_{20}H_{30}O$	C	[227]

续表

编号	名称	分子式	测试溶剂	参考文献
3-11-652	gibberosin M	$C_{19}H_{28}O_2$	C	[227]
3-11-653	sinugibberoside F	$C_{20}H_{30}O_4$	C	[228]
3-11-654	gibberosin O	$C_{21}H_{32}O_4$	C	[228]
3-11-655	gibberosin P	$C_{19}H_{30}O_3$	C	[228]
3-11-656	gibberosin Q	$C_{22}H_{34}O_4$	C	[228]
3-11-657	gibberosin R	$C_{20}H_{32}O_2$	C	[228]
3-11-658	gibberosin S	$C_{24}H_{36}O_5$	C	[228]
3-11-659	pimelotide A	$C_{30}H_{42}O_9$	C	[229]
3-11-660	pimelotide B	$C_{32}H_{44}O_{11}$	C	[229]

3-11-1 $R^1=R^2=OH$; $R^3=R^4=R^5=H$; $R^6=Me$; $R^7=COOH$; $R^8=\beta$-Me
3-11-2 $R^1=R^2=OAc$; $R^3=R^4=R^5=H$; $R^6=Me$; $R^7=COOMe$; $R^8=\beta$-Me
3-11-3 $R^1=R^2=R^3=R^5=H$; $R^4=\alpha$-H; $R^6=COOMe$; $R^7=COOMe$; $R^8=\beta$-Me
3-11-4 $R^1=R^2=R^3=R^5=H$; $R^4=\alpha$-H; $R^6=COOMe$; $R^7=CH_2OH$; $R^8=\beta$-Me
3-11-5 $R^1=R^2=R^3=H$; $R^4=\alpha$-H; $R^5=OH$; $R^6=COOMe$; $R^7=CH_2OH$; $R^8=\beta$-Me
3-11-6 $R^1=R^2=R^3=H$; $R^4=\alpha$-H; $R^5=O$; $R^6=R^7=COOMe$; $R^8=\beta$-Me
3-11-7 $R^1=R^2=R^5=H$; $R^3=OH$; $R^4=\alpha$-H; $R^6=R^8=Me$; $R^7=COOMe$
3-11-8 $R^1=R^3=R^5=H$; $R^2=OH$; $R^4=\alpha$-H; $R^6=R^8=Me$; $R^7=COOMe$

表 3-11-2 化合物 3-11-1~3-11-8 的 ^{13}C NMR 数据

C	3-11-1[1]	3-11-2[1]	3-11-3[2]	3-11-4[2]	3-11-5[2]	3-11-6[2]	3-11-7[3]	3-11-8[3]
1	39.3	36.9	39.6	39.6	39.5	38.9	39.3	39.4
2	65.8	68.0	18.5	18.5	18.3	18.0	18.4	27.4
3	78.3	77.3	42.1	42.1	43.5	42.9	39.1	79.2
4	37.3	37.7	32.7	32.8	33.1	32.2	35.3	38.7
5	42.4	44.0	49.5	49.5	56.7	52.4	51.1	49.7
6	22.8	22.7	23.9	23.9	68.7	199.8	24.6	24.5
7	121.6	121.8	136.7	136.7	139.4	131.6	122.0	122.1
8	134.7	134.8	135.4	135.6	135.7	150.2	135.3	135.2
9	54.3	54.4	51.2	51.2	50.9	63.9	55.4	55.2
10	37.6	37.7	36.9	36.9	39.6	42.6	36.8	36.5
11	24.3	24.4	25.5	25.7	25.7	25.8	23.3	23.5
12	38.8	38.9	38.0	38.3	38.5	38.2	37.9	37.3
13	30.6	30.9	31.2	30.6	30.5	30.9	31.2	31.3
14	41.4	41.4	41.4	39.7	39.6	41.2	41.3	41.4
15	175.2	173.3	173.6	61.1	60.9	173.3	173.6	173.7
16	19.4	19.4	19.7	19.7	19.6	19.7	19.8	19.9
17	21.5	21.8	169.6	169.8	169.5	168.4	26.6	27.9
18	21.4	21.3	21.9	21.9	22.4	21.5	64.8	15.1
19	27.8	27.2	33.1	33.1	36.4	33.2	21.9	21.9
20	14.0	14.1	14.3	14.3	15.4	15.0	14.5	13.6

续表

C	3-11-1[1]	3-11-2[1]	3-11-3[2]	3-11-4[2]	3-11-5[2]	3-11-6[2]	3-11-7[3]	3-11-8[3]
OMe		51.1	51.1	51.3	51.4	51.2	51.3	51.4
			51.0			52.4		
OAc		170.2/20.7						
		170.3/20.9						

3-11-9 $R^1=R^2=H; R^3=R^5=OH; R^4=CH_3; R^6=\beta\text{-D-Qui-}(1\to 2)\text{-}\alpha\text{-L-Rha}$
3-11-10 $R^1=R^2=R^5=H; R^3=OH; R^4=CH_3; R^6=\beta\text{-D-Glu}$
3-11-11 $R^1=R^5=H; R^2=R^3=OH; R^4=CH_3; R^6=\beta\text{-D-Glu}$
3-11-12 $R^1=R^5=H; R^2=R^4=OH; R^3=CH_3; R^6=\beta\text{-D-Glu}$
3-11-13 $R^1=R^3=OH; R^2=R^5=H; R^4=CH_3; R^6=\beta\text{-D-Glu}$
3-11-14 $R^1=R^4=OH; R^2=R^5=H; R^3=CH_3; R^6=\beta\text{-D-Glu}$
3-11-15 $R^1=R^5=H; R^2=R^3=OH; R^4=CH_3; R^6=\alpha\text{-D-Glu}$
3-11-16 $R^1=R^5=R^6=H; R^2=O\text{-}\beta\text{-D-Glu}; R^3=CH_3; R^4=OH$
3-11-17 $R^1=R^5=H; R^2=R^3=OH; R^4=CH_3; R^6=\beta\text{-D-Qui-}(1\to 2)\text{-}\alpha\text{-L-Rha}$
3-11-18 $R^1=R^5=R^6=H; R^2=O\text{-}\beta\text{-D-Glu}; R^3=OH; R^4=CH_3$
3-11-19 $R^1=R^5=H; R^2=O\text{-}\alpha\text{-L-Rha}; R^3=OH; R^4=CH_3; R^6=\beta\text{-D-Glu}$
3-11-20 $R^1=R^5=H; R^2=O\text{-}\alpha\text{-L-Rha}; R^3=OH; R^4=CH_3; R^6=\alpha\text{-D-Glu}$
3-11-21 $R^1=R^5=H; R^2=O\text{-}\alpha\text{-L-Rha}; R^3=OH; R^4=CH_3;$
   $R^6=\beta\text{-D-Qui-}(1\to 2)\text{-}\alpha\text{-L-Rha}$
3-11-22 $R^1=R^5=H; R^2=O\text{-}\alpha\text{-L-Rha}; R^3=OH; R^4=CH_3;$
   $R^6=\beta\text{-D-Qui-}(1\to 2)\text{-}3'\text{-OAc-}\alpha\text{-L-Rha}$
3-11-23 $R^1=R^5=H; R^2=OAc; R^3=OH; R^4=CH_3;$
   $R^6=2'',3'',4''\text{-}(OAc)_3\text{-}\beta\text{-D-Qui-}(1\to 2)\text{-}3',4'\text{-di-}\alpha\text{-L-Rha}$
3-11-24 $R^1=R^5=H; R^2=O\text{-}2'',3'',4''\text{-}(OAc)_3\text{-}\alpha\text{-L-Rha}; R^3=OH; R^4=CH_3;$
   $R^6=2'',3'',4''\text{-tri-OAc-}\beta\text{-D-Qui-}(1\to 2)\text{-}3',4'\text{-}(oAc)_3\text{-}\alpha\text{-L-Rha}$

表 3-11-3 化合物 3-11-9~3-11-16 的 ^{13}C NMR 数据[4]

C	3-11-9	3-11-10	3-11-11	3-11-12	3-11-13	3-11-14	3-11-15	3-11-16
1	38.9	40.7	40.6	41.3	40.2	40.7	40.7	41.3
2	27.6	19.3	18.9	20.4	18.7	18.9	18.9	19.2
3	79.8	43.3	36.6	36.8	36.5	36.5	36.6	37.7
4	39.9	34.0	39.7	39.7	38.6	38.6	39.7	38.9
5	56.5	57.5	58.2	58.2	49.9	50.2	58.2	58.3
6	19.3	19.6	19.4	19.1	19.1	21.1	19.4	20.9
7	43.2	43.1	43.5	44.8	427	44.5	43.5	45.6
8	73.7	74.0	73.9	75.1	74.0	75.2	73.9	75.2
9	60.6	60.8	60.9	63.2	60.7	63.1	60.9	62.9
10	40.1	40.4	40.3	40.4	40.2	40.4	40.3	40.5
11	20.2	20.4	20.6	21.6	20.4	20.2	20.4	21.9
12	47.1	46.6	46.5	45.2	46.6	44.8	47.3	46.7
13	81.1	82.1	82.1	81.8	82.1	81.9	80.9	74.4
14	143.9	144.6	144.5	145.2	144.6	145.2	143.8	146.7
15	116.0	116.1	116.1	115.2	116.1	115.2	116.1	111.8
16	22.8	22.5	22.5	23.1	22.5	23.1	22.6	27.4
17	30.9	31.1	31.0	23.9	31.1	24.0	30.9	23.8

续表

C	3-11-9	3-11-10	3-11-11	3-11-12	3-11-13	3-11-14	3-11-15	3-11-16
18	16.2	22.2	64.9	65.1	16.1	17.8	64.9	74.1
19	28.8	34.2	27.7	27.7	72.0	72.0	27.7	28.3
20	15.8	15.7	16.5	16.6	18.1	16.5	16.5	16.5
	Rha	Glu	Glu	Glu	Glu	Glu	Rha	Glu
	96.0	99.5	99.5	99.4	99.5	99.4	96.7	105.0
	83.6	75.3	75.2	75.2	75.3	75.2	73.4	75.2
	72.3	78.3	78.2	78.3	78.3	78.3	72.5	78.3
	74.6	71.7	71.7	71.7	71.7	71.7	74.4	71.7
	69.5	77.6	77.6	77.6	77.6	77.6	69.6	77.8
	18.0	62.8	62.8	62.8	62.8	62.8	18.0	62.8

表 3-11-4　化合物 3-11-17~3-11-24 的 ^{13}C NMR 数据[4]

C	3-11-17	3-11-18	3-11-19	3-11-20	3-11-21	3-11-22	3-11-23	3-11-24
1	40.7	40.7	40.7	40.6	40.7	40.7	39.1	39.2
2	18.9	19.0	19.1	19.1	19.1	19.1	17.7	17.8
3	36.6	37.4	37.8	37.8	37.8	37.8	36.3	36.6
4	39.7	39.0	38.6	38.6	38.6	38.6	36.9	37.5
5	58.2	58.3	58.0	58.0	58.0	58.1	56.6	56.5
6	19.4	19.7	19.8	19.8	19.8	19.8	19.2	19.3
7	43.5	43.5	43.5	43.5	43.5	43.5	42.5	42.6
8	73.9	73.9	73.9	74.3	73.8	73.9	73.0	73.0
9	60.9	61.0	60.9	60.9	60.9	60.9	59.1	59.2
10	40.3	40.3	0.4	40.3	40.3	40.4	39.0	39.0
11	20.4	20.8	20.6	20.4	20.4	20.4	18.4	18.5
12	47.2	47.6	46.6	47.3	47.2	47.3	45.7	45.7
13	81.0	74.3	82.1	80.9	81.1	81.2	80.2	80.3
14	143.8	146.2	144.5	143.7	143.8	143.5	141.2	141.3
15	116.0	112.2	116.1	116.1	116.0	116.2	116.2	116.1
16	22.8	27.3	22.6	22.6	22.8	22.9	21.9	21.8
17	30.9	30.9	31.0	30.9	30.9	30.9	30.5	30.5
18	64.9	73.9	71.5	71.5	71.5	71.5	67.1	71.2
19	27.7	28.2	28.3	28.3	28.3	28.3	27.4	27.6
20	16.6	16.4	16.4	16.4	16.4	16.4	15.6	15.7
OAc						172.6/21.0		
	Rha	Glu	Glu	Rha	Rha	Rha	Rha	Rha
	96.0	105.1	99.5	96.7	96.0	96.2	94.2	94.2
	83.6	75.3	75.3	72.4	83.6	79.6	77.8	77.8
	72.3	78.2	78.3	72.5	72.3	75.1	71.3	71.3
	74.6	71.7	71.7	73.8	74.6	71.5	71.7	71.7
	69.5	77.7	77.6	69.8	69.5	69.5	66.0	66.0
	18.0	62.7	62.8	18.0	18.0	18.0	17.4	17.4

续表

C	3-11-17	3-11-18	3-11-19	3-11-20	3-11-21	3-11-22	3-11-23	3-11-24
Rha			101.8	101.8	101.8	101.8		97.7
			72.4	73.4	72.4	72.4		69.9
			72.7	72.6	72.6	72.7		69.3
			73.9	73.9	73.9	73.9		71.0
			69.9	69.6	69.8	69.8		66.4
			18.0	18.0	18.0	18.0		17.4
Qui	106.6				106.6	106.3	101.8	101.8
	75.6				75.6	75.3	71.4	71.4
	77.6				77.6	77.6	72.3	72.3
	76.7				76.8	76.9	73.4	73.4
	73.3				73.3	73.2	69.9	70.0
	18.2				18.2	78.2	17.2	17.2

3-11-25

3-11-26

3-11-27

3-11-28

3-11-29

3-11-30

表 3-11-5　化合物 3-8-25~3-8-30 的 ^{13}C NMR 数据

C	3-11-25[5]	3-11-26[6]	3-11-27[5]	3-11-28[7]	3-11-29[8]	3-11-30[9]
1	32.4	39.7	36.6	39.2	40.19	38.3
2	18.8	18.4	18.6	18.4	18.31	26.6
3	41.8	42.0	42.3	42.8	43.53	89.0
4	33.4	33.2	33.0	33.3	33.82	39.7
5	46.4	56.1	46.3	56.1	60.86	55.8
6	21.7	20.5	21.0	20.6	69.06	20.5
7	31.5	44.4	38.0	44.5	54.29	45.1
8	36.8	74.8	74.2	74.0	73.69	73.0
9	76.8	61.7	61.2	61.1	61.59	61.9
10	43.6	39.3	39.0	39.2	39.39	38.9
11	28.0	19.1	20.8	23.9	23.61	24.6
12	37.5	45.0	45.1	42.8	43.78	43.7
13	73.5	73.6	73.7	140.8	160.70	138.9
14	145.4	145.9	146.1	123.2	115.12	125.4

C	3-11-25[5]	3-11-26[6]	3-11-27[5]	3-11-28[7]	3-11-29[8]	续表 3-11-30[9]
15	111.7	111.2	111.2	59.2	167.27	59.0
16	27.9	27.4	27.6	16.5	19.04	16.7
17	16.6	24.3	32.1	16.4	25.72	24.5
18	22.0	21.5	21.4	21.4	22.09	16.8
19	33.8	33.4	33.2	33.2	36.07	28.3
20	16.3	15.4	24.8	15.4	16.54	15.9
OMe					50.68	

注:3-11-30 中 Glu 的碳谱信号为 106.9,75.8,78.8,71.9,78.3,63.0。

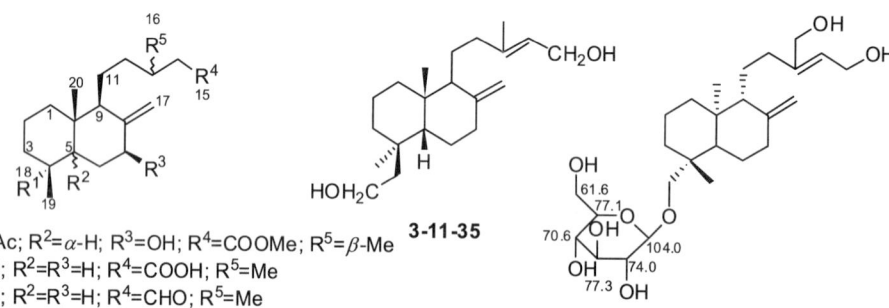

3-11-31 R¹=CH₂OAc; R²=α-H; R³=OH; R⁴=COOMe; R⁵=β-Me
3-11-32 R¹=COOH; R²=R³=H; R⁴=COOH; R⁵=Me
3-11-33 R¹=COOH; R²=R³=H; R⁴=CHO; R⁵=Me
3-11-34 R¹=COOH; R²=R³=H; R⁴=CH₂OAc; R⁵=Me

表 3-11-6 化合物 3-11-31~3-11-36 的 ¹³C NMR 数据

C	3-11-31[10]	3-11-32[11]	3-11-33[11]	3-11-34[11]	3-11-35[12]	3-11-36[13]
1	38.6	37.9	38.0	38.0	39.06	39.0
2	18.9	18.5	18.4	18.4	18.82	19.0
3	35.4	37.0	37.1	37.1	35.21	36.2
4	36.8	47.8	47.5	47.5	38.61	38.5
5	48.2	49.9	49.5	49.5	56.12	56.0
6	30.8	26.8	26.8	26.8	24.23	24.5
7	73.7	38.1	37.8	37.9	38.03	38.4
8	149.2	148.0	147.9	148.0	148.17	148.5
9	51.3	57.2	57.1	57.2	56.24	56.4
10	39.7	39.1	39.0	39.0	39.34	39.2
11	20.7	20.8	20.8	20.7	21.73	22.4
12	36.3	35.8	35.9	35.9	38.20	33.7
13	31.1	31.1	28.9	30.5	139.40	141.2
14	41.4	41.7	50.8	35.8	122.96	126.8
15	173.6	173.3	203.1	63.1	58.93	58.8
16	19.9	20.0	20.2	19.7	16.16	57.4
17	110.0	106.9	106.9	106.9	106.34	106.9
18	66.8	179.3	185.2	185.2	26.01	71.5
19	27.2	16.6	16.3	16.3	64.39	28.1
20	14.1	14.7	14.7	14.7	15.15	15.7
OAc	171.3/20.9			171.3/21.0		
OMe	51.3					

3-11-37 R^1=Me; R^2=α-OH; R^3=H$_2$
3-11-38 R^1=COOH; R^2=H; R^3=O

3-11-39 12R,13E
3-11-40 12R,13Z

3-11-41 R^1=CH$_2$OAc; R^2=H; R^3=Me; R^4=OH
3-11-42 R^1=CHO; R^2=H; R^3=Me; R^4=OH
3-11-43 R^1=COOH; R^2=R^3=OH; R^4=Me

3-11-44 R^1=α-H; R^2=α-OH; R^3=OH; R^4=Me
3-11-45 R^1=β-OH; R^2=β-H; R^3=Me; R^4=OH
3-11-46 R^1=H; R^2=β-H; R^3=Me; R^4=OH

3-11-47

3-11-48

3-11-49 R^1=CHO; R^2=CH(OMe)$_2$
3-11-50 R^1=Me; R^2=COOH

表 3-11-7　化合物 3-11-37~3-11-43 的 ^{13}C NMR 数据

C	3-11-37[14]	3-11-38[15]	3-11-39[15]	3-11-40[15]	3-11-41[16]	3-11-42[16]	3-11-43[15]
1	39.3	41.1	40.7	40.7	38.9	34.4	40.8
2	19.1	21.6	21.6	21.6	18.9	19.2	21.7
3	43.7	39.8	39.9	39.9	36.3	38.4	39.9
4	33.9	45.7	45.7	45.7	37.3	48.6	45.3
5	60.5	57.8	59.7	58.0	56.3	55.8	50.4
6	71.7	27.6	28.1	28.1	24.5	24.0	34.4
7	49.2	39.7	40.4	40.4	38.5	38.4	75.3
8	145.5	151.1	150.8	150.9	147.9	147.5	151.5
9	55.5	53.2	53.7	53.6	57.3	55.9	52.0
10	39.4	41.3	41.7	41.7	39.7	40.2	42.2
11	22.1	34.7	32.0	31.5	17.8	17.9	19.2
12	38.4	203.9	76.4	69.0	41.3	41.3	42.6
13	140.3	138.4	143.0	142.8	73.6	73.6	74.8
14	123.2	142.6	125.2	126.5	145.1	145.0	146.9
15	59.4	60.6	59.7	59.1	111.7	111.7	112.5
16	16.3	12.3	14.0	18.6	27.5	28.1	28.4
17	108.2	107.2	107.5	107.3	106.8	107.3	110.0
18	22.4	30.1	28.1	30.1	66.8	205.7	182.1
19	36.6	181.8	181.8	181.8	28.1	24.3	29.9
20	16.1	14.2	12.6	14.0	15.2	13.5	12.9
OAc					171.3/20.9		

表 3-11-8　化合物 3-11-44~3-11-50 的 ^{13}C NMR 数据

C	3-11-44[17]	3-11-45[18]	3-11-46[18]	3-11-47[19]	3-11-48[20]	3-11-49[21]	3-11-50[21]
1	32.1	31.9	39.1	42.8	39.53	39.20	39.10
2	19.2	18.8	19.4	19.4	18.6	19.32	19.38
3	41.7	36.3	42.2	44.3	42.1	42.06	42.12
4	33.5	38.6	33.5	34.7	32.8	33.56	33.55
5	45.9	77.4	55.6	56.1	49.44	55.46	55.39
6	24.0	28.9	24.5	72.2	24.2	24.14	24.23
7	33.3	32.7	38.4	83.3	139.56	37.91	38.10
8	149.1	148.4	148.7	76.3	134.82	148.27	148.56
9	79.7	48.6	57.4	60.4	50.64	56.58	57.10
10	43.6	43.7	39.9	39.8	37.02	39.58	39.51
11	23.3	17.7	17.7	23.9	26.85	24.54	22.76
12	36.0	41.3	41.5	138.5	41.09	159.93	130.24
13	73.4	73.6	73.6	132.1	140.66	138.16	126.63
14	145.5	145.3	145.3	142.9	122.83	29.06	37.39
15	111.7	111.5	111.5	109.8	59.13	103.91	177.21
16	27.7	27.7	27.7	11.9	16.17	194.98	23.87
17	109.9	106.6	106.5	65.0	173.78	107.86	107.37
18	22.0	24.4	21.7	24.1	21.98	21.74	21.75
19	33.9	28.0	33.5	33.5	33.17	33.61	33.62
20	16.4	17.8	14.5	17.4	14.47	14.41	14.38
OMe						54.30	

3-11-53　R^1=OAc; R^2=OH; R^3=R^4=R^6=Me; R^5=H
3-11-54　R^1=OH; R^2=OAc; R^3=R^4=R^6=Me; R^5=H
3-11-55　R^1=R^2=OH; R^3=R^4=R^6=Me; R^5=H
3-11-56　R^1=OH; R^2=H; R^3=CH$_2$OH; R^4=R^6=Me; R^5=α-H
3-11-57　R^1=OH; R^2=H; R^3=COOH; R^4=R^6=Me; R^5=α-H
3-11-58　R^1=R^2=H; R^3=Me; R^4=COOH; R^5=α-H; R^6=CH$_2$OH

3-11-51　14R
3-11-52　14S

表 3-11-9　化合物 3-11-51~3-11-58 的 ^{13}C NMR 数据

C	3-11-51[15]	3-11-52[15]	3-11-53[22]	3-11-54[22]	3-11-55[22]	3-11-56[23]	3-11-57[23]	3-11-58[24]
1	41.1	41.2	42.3	46.3	45.0	47.8	47.4	39.49
2	21.8	21.7	73.2	67.8	69.1	65.5	32.0	20.12
3	40.0	39.9	80.5	84.5	83.2	44.6	45.4	38.14
4	45.8	45.8	39.9	39.4	39.3	39.4	48.4	44.40
5	58.0	58.0	54.4	54.4	54.1	47.4	49.2	56.44
6	27.9	27.9	23.5	23.5	23.4	23.5	25.7	26.07
7	40.3	40.3	37.6	37.6	37.4	37.5	37.3	38.70
8	150.0	150.2	146.3	146.9	146.6	147.4	146.6	147.95
9	58.8	58.9	56.6	56.6	56.5	56.8	56.9	56.82
10	42.0	41.9	40.2	40.1	39.9	40.7	40.3	40.70
11	23.8	23.7	23.4	23.3	23.3	23.3	23.1	23.18

续表

C	3-11-51[15]	3-11-52[15]	3-11-53[22]	3-11-54[22]	3-11-55[22]	3-11-56[23]	3-11-57[23]	3-11-58[24]
12	130.7	130.8	133.1	133.0	132.8	133.4	133.0	137.47
13	135.5	135.8	133.7	133.8	133.8	133.6	133.8	136.69
14	72.4	72.0	141.4	141.5	141.3	141.5	141.4	138.91
15	66.0	65.8	110.1	110.2	110.1	110.0	110.2	111.67
16	18.8	18.8	11.9	11.9	11.9	11.9	11.9	57.28
17	108.6	108.3	108.8	108.8	108.9	108.5	109.1	108.09
18	30.2	30.1	16.5	17.5	16.6	71.4	182.9	29.25
19	182.5	182.3	28.7	28.7	28.8	18.6	17.4	183.59
20	14.0	13.9	15.2	15.4	15.4	15.9	15.6	13.10
OAc			171.6/21.4	172.4/21.2				

表 3-11-10　化合物 3-11-59~3-11-66 的 ^{13}C NMR 数据

C	3-11-59[12]	3-11-60[25]	3-11-61[26]	3-11-62[27]	3-11-63[28]	3-11-64[29]	3-11-65[30]	3-11-66[30]
1	39.10	29.8	33.7	33.7	37.3	35.5	35.5	37.6
2	19.86	23.2	18.6	18.8	19.2	17.6	29.2	20.3
3	37.78	80.2	43.6	43.8	35.9	35.5	78.1	38.4
4	44.11	37.7	34.0	33.9	39.3	44.5	39.1	44.0
5	56.33	45.9	47.7	47.5	52.9	50.0	51.4	53.6
6	26.02	20.9	69.9	70.6	19.6	36.3	19.5	21.6
7	38.87	31.0	36.1	36.3	34.3	206.9	34.1	34.6
8	147.95	36.8	31.9	32.1	139.8	88.3	126.6	127.3
9	55.78	76.4	76.6	76.4	127.1	81.7	140.1	139.5
10	40.07	42.9	43.8	44.0	39.3	44.4	39.5	40.2
11	22.23	31.7	31.2	32.3	26.5	32.2	29.2	29.4
12	28.96	23.5	24.5	21.7	26.8	21.3	26.1	26.1
13	146.99	171.2	168.1	140.6	134.0	124.6	126.1	126.2
14	139.02	114.9	117.8	137.1	145.5	110.8	111.4	111.5

续表

C	3-11-59[12]	3-11-60[25]	3-11-61[26]	3-11-62[27]	3-11-63[28]	3-11-64[29]	3-11-65[30]	3-11-66[30]
15	115.48	174.0	170.4	46.6	70.8	143.2	143.3	143.3
16	113.13	73.2	104.4	175.3	174.8	138.8	139.1	139.2
17	106.41	16.1	16.0	16.4	19.7	26.8	19.2	19.9
18	28.06	16.6	23.7	23.7	64.2	17.1	16.5	29.1
19	184.23	28.3	33.6	33.6	27.8	65.9	28.7	180.1
20	12.75	16.9	19.0	18.9	20.9	15.1	20.3	18.4
OAc		170.7/21.2	170.4/21.9	170.5/21.9		169.1/21.4		
OMe			57.0					

3-11-65 R¹=α-H,β-OH; R²=Me; R³=R⁴=H; R⁵=H₂
3-11-66 R¹=R⁵=H₂; R²=COOH; R³=R⁴=H
3-11-67 R¹=R⁵=H₂; R²=COOGlu; R³=R⁴=H
3-11-68 R¹=R⁵=O; R²=Me; R³=α-H; R⁴=α-OH

表 3-11-11 化合物 3-11-67~3-11-70 的 ¹³C NMR 数据

C	3-11-67[31]	3-11-68[32]	3-11-69[33]	3-11-70[21]	C	3-11-67[31]	3-11-68[32]	3-11-69[33]	3-11-70[21]
1	36.0	33.1	39.6	39.24	11	30.6	19.9	25.0	25.15
2	18.9	31.1	19.6	19.31	12	24.2	24.4	150.1	149.87
3	37.3	216.4	42.3	41.98	13	124.3	124.0	128.0	127.88
4	43.8	47.3	33.9	33.58	14	110.5	110.5	66.5	66.54
5	50.6	54.2	55.7	55.41	15	143.1	143.4	74.6	74.21
6	36.6	71.4	24.4	24.13	16	138.7	138.8	170.4	169.96
7	201.2	200.2	38.1	37.84	17	11.5	12.1	108.3	107.49
8	130.6	128.2	148.2	148.19	18	27.5	19.9	22.0	21.69
9	167.2	164.4	56.7	56.46	19	175.7	30.8	33.8	33.54
10	41.7	41.2	39.9	39.75	20	15.9	18.8	14.7	14.42

注：3-11-67 中 Glu 的碳谱信号为：94.1(C–1'),72.5(C–2'),76.4(C–3'),69.6(C–4'),76.4(C–5'),61.6(C–6')。

3-11-71 12S,13S
3-11-72 12R,13R

3-11-73 R¹=α-OH,β-H; R²=β-H; R³=α-OH
3-11-74 R¹=α-OH,β-H; R²=β-H; R³=β-OH
3-11-75 R¹=O; R²=R³=H

3-11-76

3-11-77

3-11-78

表 3-11-12　化合物 3-11-71~3-11-78 的 ^{13}C NMR 数据

C	3-11-71[34]	3-11-72[34]	3-11-73[34]	3-11-74[34]	3-11-75[28]	3-11-76[33]	3-11-77[21]	3-11-78[35]
1	37.4	37.4	37.2	37.4	39.5	40.8	39.06	39.1
2	29.1	29.1	29.1	29.2	36.8	19.1	19.24	19.4
3	80.0	79.9	79.9	80.2	216.8	42.2	41.94	35.9
4	43.3	43.3	43.2	42.9	55.7	33.5	33.60	39.4
5	55.6	55.5	53.2	47.9	58.3	54.7	55.50	56.1
6	24.7	24.7	34.7	32.0	26.1	23.3	24.34	24.7
7	39.1	38.7	73.6	73.1	39.2	36.7	38.18	38.7
8	148.7	148.8	151.4	151.1	148.0	149.4	148.69	148.2
9	51.7	53.2	54.6	50.5	56.8	62.2	51.97	56.6
10	38.9	39.7	39.2	39.7	40.3	39.3	39.43	39.9
11	30.2	30.4	22.3	21.9	23.4	136.8	67.40	21.6
12	66.3	70.6	24.8	24.6	25.4	120.6	31.16	27.6
13	51.7	54.1	134.1	134.1	134.4	129.4	172.98	172.1
14	69.6	73.3	145.5	145.6	147.6	142.4	114.52	114.9
15	75.4	74.1	70.7	70.7	72.0	69.6	173.45	174.3
16	178.4	177.3	174.7	174.7	176.6	172.4	70.98	73.3
17	107.7	107.4	104.2	108.4	108.3	108.4	106.51	106.7
18	64.3	64.3	64.3	64.5	65.8	21.9	21.64	63.8
19	23.8	23.8	23.8	23.7	20.8	33.5	33.35	28.0
20	15.8	15.5	15.5	14.6	15.3	15.0	14.63	15.3

表 3-11-13　化合物 3-11-79~3-11-86 的 ^{13}C NMR 数据[36]

C	3-11-79	3-11-80	3-11-81	3-11-82	3-11-83	3-11-84	3-11-85[37]	3-11-86[37]
1	38.3	38.4	38.5	38.5	38.5	37.8	38.9	38.4
2	24.2	24.1	24.1	24.1	24.2	24.2	17.1	16.1
3	85.7	85.8	85.8	85.9	85.9	85.9	35.4	36.9
4	39.3	39.3	39.3	39.3	39.3	39.3	36.8	47.2
5	57.4	57.5	57.4	57.3	57.2	56.6	49.8	50.6
6	20.8	20.9	20.9	20.9	20.7	20.7	19.7	22.5
7	39.2	45.0	44.9	45.0	43.6	43.4	42.8	42.5

C	3-11-79	3-11-80	3-11-81	3-11-82	3-11-83	3-11-84	3-11-85[37]	3-11-86[37]
8	77.4	76.6	76.4	76.7	77.7	78.1	75.9	76.2
9	58.3	56.7	58.0	57.4	59.1	49.6	58.5	58.5
10	37.6	38.0	37.9	37.9	37.8	37.3	37.6	36.1
11	17.8	15.7	16.0	15.8	25.7	20.2	16.2	15.8
12	35.9	32.8	34.6	33.4	89.1	74.7	34.9	34.7
13	77.0	76.8	76.9	76.3	77.2	77.9	73.3	73.5
14	75.4	77.8	88.9	75.5	143.4	148.6	147.7	147.5
15	71.7	64.3	64.0	72.6	116.2	111.3	109.5	109.6
16	28.4	24.6	25.2	24.9	29.8	28.2	32.7	32.6
17	73.3	25.7	25.6	25.8	26.0	25.0	23.9	23.9
18	16.8	17.0	16.9	16.9	16.8	16.8	17.9	17.6
19	28.7	28.8	28.7	28.8	28.7	28.7	72.1	184.2
20	15.7	14.7	16.2	16.1	16.7	16.5	15.9	15.8
1'	102.0	102.5	102.0	102.0	102.0	101.3		
2'	75.2	75.2	75.2	75.2	75.2	75.1		
3'	78.3	78.7	78.3	78.4	78.4	78.3		
4'	72.0	72.1	72.0	72.0	72.0	72.0		
5'	77.7	78.5	77.8	77.8	77.8	77.7		
6'	63.1	63.3	63.1	63.1	63.1	63.0		
1"			105.9	104.4	106.5	102.0		
2"			75.4	75.2	75.5	75.0		
3"			78.1	78.1	78.4	78.1		
4"			71.9	72.0	71.8	71.9		
5"			77.9	78.0	77.8	77.9		
6"			62.9	62.8	62.9	63.0		

表 3-11-14　化合物 3-11-87~3-11-90 的 ^{13}C NMR 数据

C	3-11-87[37]	3-11-88[38]	3-11-89[39]	3-11-90[40]	C	3-11-87[37]	3-11-88[38]	3-11-89[39]	3-11-90[40]	C	3-11-87[37]
1	38.8	39.27	48.5	39.0	11	15.8	15.23	16.1	21.4	1'	106.4
2	17.8	18.60	65.3	18.4	12	34.8	28.36	34.7	71.5	2'	85.1
3	36.0	42.12	51.3	42.1	13	73.3	76.67	73.4	77.0	3'	77.1
4	36.9	33.31	34.8	31.9	14	147.6	144.09	147.5	146.7	4'	81.3
5	49.9	56.45	55.9	56.4	15	109.5	113.42	109.6	110.0	5'	63.5
6	19.8	19.83	19.5	19.9	16	32.6	69.59	32.6	27.1	OAc	171.2/20.8
7	42.7	42.92	42.9	42.6	17	23.8	23.96	24.0	23.9		170.7/20.8
8	75.8	76.07	75.9	74.7	18	29.6	21.25	22.1	21.2		
9	58.4	58.39	58.4	50.1	19	76.8	33.31	33.4	33.2		
10	36.7	36.88	38.5	36.2	20	17.3	15.89	16.9	15.6		

3-11-91 R¹=R⁶=OH; R²=H; R³=R⁴=β-OAc; R⁵=R⁷=β-Me
3-11-92 R¹=OAc; R²=H; R³=β-OAc; R⁴=β-OH; R⁵=R⁷=β-Me; R⁶=OH
3-11-93 R¹=OAc; R²=R⁶=H; R³=R⁴=β-OAc; R⁵=R⁷=β-Me
3-11-94 R¹=R⁶=OH; R²=H; R³=β-OAc; R⁴=β-OH; R⁵=R⁷=β-Me
3-11-95 R¹=OH; R²=R⁶=H; R³=R⁴=β-OAc; R⁵=R⁷=β-Me
3-11-96 R¹=OAc; R²=R⁶=H; R³=β-OAc; R⁴=β-OH; R⁵=R⁷=β-Me
3-11-97 R¹=R²=R⁶=H; R³=β-OH; R⁴=H; R⁵=R⁷=β-Me
3-11-98 R¹=R³=OAc; R²=α-H; R⁴=R⁶=OH; R⁵=β-Me; R⁷=Me
3-11-99 R¹=R³=R⁴=OAc; R²=α-H; R⁵=β-Me; R⁶=H; R⁷=Me
3-11-100 R¹=R⁶=OH; R²=H; R³=R⁴=OAc; R⁵=R⁷=Me
3-11-101 R¹=R⁴=R⁶=H; R²=α-H; R³=OH; R⁵=R⁷=Me

表 3-11-15 化合物 3-11-91~3-11-97 的 ^{13}C NMR 数据[41]

C	3-11-91	3-11-92	3-11-93	3-11-94	3-11-95	3-11-96	3-11-97
1	74.6	77.6	74.8	73.6	71.0	75.1	41.6
2	28.1	22.9	21.7	26.6	25.5	21.7	18.5
3	37.9	37.1	36.8	36.3	36.3	37.0	44.1
4	35.2	33.8	33.8	34.0	33.9	33.7	34.2
5	43.7	43.2	47.4	42.0	46.2	49.1	56.6
6	71.2	70.9	69.4	71.3	69.9	69.5	68.0
7	76.6	73.6	78.6	74.4	78.6	46.3	50.6
8	82.3	81.5	77.5	82.1	77.9	75.8	76.6
9	83.8	82.4	57.5	82.1	57.8	58.3	67.0
10	44.4	43.7	40.7	43.2	41.9	40.5	37.5
11	207.7	204.8	205.0	205.5	207.1	206.2	207.2
12	50.7	48.6	49.2	48.7	49.6	49.1	50.2
13	76.8	75.5	74.7	75.2	74.8	74.6	74.8
14	148.6	146.3	146.4	146.4	145.8	146.8	146.8
15	110.1	110.3	112.9	110.6	112.8	112.3	112.1
16	31.9	30.7	31.8	30.8	31.5	31.7	31.4
17	24.7	23.1	24.0	23.3	24.0	29.5	29.5
18	24.5	22.9	22.9	22.6	22.8	22.9	24.1
19	33.8	32.7	32.6	32.8	32.6	32.9	33.4
20	21.0	19.8	17.2	19.7	17.8	17.4	16.9
OAc	171.2/21.9	170.6/21.6	170.2/20.8	170.8/21.6	170.0/20.9	169.5/21.3	
	171.4/22.2	167.9/21.5	169.8/20.8		170.2/21.3	169.8/21.7	
			169.3/21.3				

表 3-11-16 化合物 3-11-98~3-11-101 的 ^{13}C NMR 数据[42]

C	3-11-98	3-11-99	3-11-100	3-11-101	C	3-11-98	3-11-99	3-11-100	3-11-101
1	77.59	78.61	73.16	41.64	6	70.82	69.39	69.72	68.07
2	22.88	21.68	26.58	18.51	7	73.56	74.89	75.08	50.22
3	37.07	36.85	36.40	44.17	8	81.47	77.52	80.88	74.86
4	33.74	33.81	33.77	34.20	9	82.29	57.49	82.31	67.09
5	43.16	47.40	42.20	56.71	10	43.58	40.75	42.90	37.53

续表

C	3-11-98	3-11-99	3-11-100	3-11-101	C	3-11-98	3-11-99	3-11-100	3-11-101
11	204.91	204.92	206.21	207.10	18	22.94	22.93	23.08	24.07
12	48.55	49.22	49.25	50.61	19	32.74	32.69	32.30	33.37
13	75.47	74.69	75.36	74.86	20	19.82	17.25	19.58	16.91
14	146.13	146.40	147.14	146.90	OAc	170.7/21.7	170.18/21.68	169.93/20.80	
15	110.37	112.85	109.58	112.00		167.98/21.6	169.75/21.27	169.72/20.42	
16	30.62	31.83	30.44	31.41				169.28/20.84	
17	23.13	23.99	23.21	29.50					

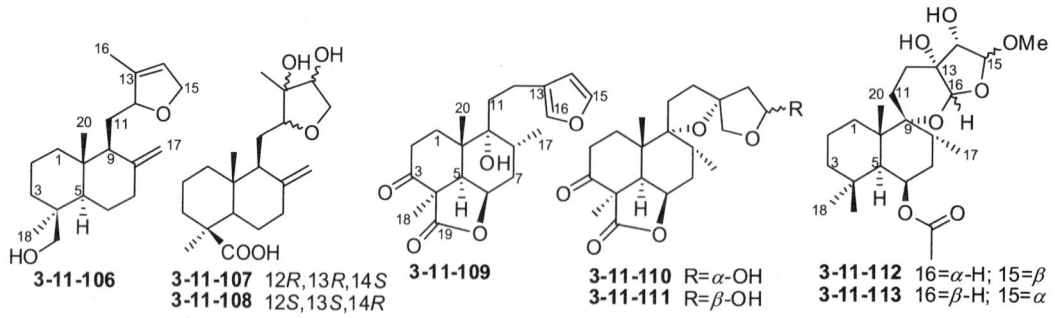

表 3-11-17 化合物 3-11-102~3-11-105 的 ^{13}C NMR 数据

C	3-11-102[43]	3-11-103[44]	3-11-104[45]	3-11-105[46]	C	3-11-102[43]	3-11-103[44]	3-11-104[45]	3-11-105[46]
1	216.5	31.7	32.8	32.2	12	38.6	37.6	38.2	38.7
2	39.1	18.5	18.7	17.5	13	83.1	82.0	81.5	82.8
3	39.2	41.7	42.0	36.8	14	40.0	47.1	47.9	48.8
4	32.2	33.1	33.1	37.5	15	60.7	172.0	171.4	174.5
5	43.4	41.6	42.6	54.6	16	27.6	27.1	27.3	27.3
6	68.7	24.2	24.1	202.4	17	22.7	169.8	21.2	21.2
7	65.8	137.5	126.5	129.1	18	26.4	21.9	22.3	74.2
8	64.6	135.4	134.8	157.5	19	33.9	32.6	32.8	31.5
9	88.2	88.4	90.5	89.7	20	17.0	16.7	16.6	17.4
10	54.3	40.6	40.5	45.4	OMe		51.2	51.2	
11	29.2	27.9	28.4	28.3			51.7		

表 3-11-18 化合物 3-11-106~3-11-108 的 ^{13}C NMR 数据

C	3-11-106[47]	3-11-107[15]	3-11-108[15]	C	3-11-106	3-11-107	3-11-108
1	38.9	39.0	39.0	3	35.4	37.9	37.7
2	18.8	19.8	19.7	4	38.8	44.1	44.0

C	3-11-106[47]	3-11-107[15]	3-11-108[15]	C	3-11-106	3-11-107	3-11-108
5	56.5	56.1	55.9	13	141.3	77.6	77.7
6	24.4	26.0	25.9	14	123.5	76.6	77.1
7	38.6	38.6	38.4	15	58.0	72.7	72.2
8	149.0	147.9	147.8	16	10.9	19.4	19.1
9	52.8	52.1	50.7	17	106.0	107.0	106.9
10	39.1	40.1	40.4	18	26.7	29.0	28.8
11	30.2	23.5	23.5	19	63.7	182.6	182.3
12	74.7	81.0	80.4	20	14.8	12.7	12.1

表 3-11-19 化合物 3-11-109~3-11-113 的 ^{13}C NMR 数据

C	3-11-109[48]	3-11-110[48]	3-11-111[48]	3-11-112[26]	3-11-113[26]	C	3-11-109[48]	3-11-110[48]	3-11-111[48]	3-11-112[26]	3-11-113[26]
1	34.6	34,7	37.6	35.5	33.5	12	20.9	29.3	29.2	29.6	30.7
2	34.0	34.1	34.2	18.9	18.9	13	124.7	89.3	90.2	74.6	76.2
3	206.8	206.4	205.6	44.2	44.0	14	110.5	47.4	46.1	80.1	78.8
4	53.1	53.51	53.52	34.2	33.9	15	143.2	99.3	99.1	108.7	109.8
5	46.6	47.9	48.1	47.6	46.5	16	138.6	77.6	77.6	107.1	105.6
6	74.8	74.6	74.9	71.0	70.9	17	15.9	17.01	16.9	16.6	19.6
7	31.0	31.1	31.1	35.9	36.8	18	18.0	19.0	19.0	24.1	23.7
8	31.5	31.4	31.5	34.4	32.8	19	174.7	174.3	174.5	33.3	33.3
9	75.2	90.4	90.7	82.8	81.9	20	20.5	20.4	20.5	18.8	19.1
10	40.0	39.4	39.2	45.9	45.1	OAc				170.7	170.5
11	28.7	29.35	29.36	21.8	20.3					22.0	22.0

3-11-114

3-11-115

3-11-116 R=Glu^2-Rha
3-11-117 R=Glu^6-OAc(^{2}-Rha)

表 3-11-20 化合物 3-11-114~3-11-117 的 ^{13}C NMR 数据[49]

C	3-11-114	3-11-115	3-11-116	3-11-117	C	3-11-114	3-11-115	3-11-116	3-11-117
1	36.6	35.3	38.4	38.4	8	126.3	126.2	42.6	42.6
2	27.7	27.5	27.5	27.4	9	135.9	136.2	53.1	53.0
3	89.9	90.1	90.1	90.4	10	37.8	37.9	36.8	36.8
4	40.4	40.2	40.3	40.4	11	27.6	28.9	30.6	30.8
5	52.8	52.8	56.0	56.0	12	70.2	71.1	71.4	71.4
6	18.9	19.0	21.4	21.7	13	135.0	135.5	135.4	135.3
7	28.2	27.8	29.6	29.7	14	149.0	148.7	148.7	148.8

C	3-11-114	3-11-115	3-11-116	3-11-117	C	3-11-114	3-11-115	3-11-116	3-11-117
15	175.9	174.9	174.9	174.9		72.0	72.1	72.2	72.3
16	73.9	72.5	72.4	72.3		77.6	77.6	77.6	74.9
17	69.2	69.9	101.9	101.8		62.7	62.7	62.8	64.8
18	20.6	19.5	18.0	28.5	Rha	101.8	101.8	101.8	101.9
19	28.4	28.4	28.5	18.0		72.1	72.0	72.1	72.0
20	17.1	17.1	14.7	14.7		72.1	72.0	72.1	72.0
OAc				172.7/20.8		74.0	74.0	74.0	74.0
Glu	105.6	105.6	105.4	105.5		70.0	70.0	70.0	70.0
	78.9	78.9	79.0	78.7		18.0	18.0	18.0	18.0
	79.4	79.4	79.5	79.3					

3-11-118 R^1=OCH$_3$; R^2=H
3-11-119 R^1=H; R^2=OCH$_3$

3-11-120 R^1=OCH$_3$; R^2=R^3=R^4=H
3-11-121 R^1=R^3=R^4=H; R^2=OCH$_3$
3-11-122 R^1=R^3=OCH$_3$; R^2=R^4=H
3-11-123 R^1=R^4=H; R^2=R^3=OCH$_3$
3-11-124 R^1=R^4=OCH$_3$; R^2=R^3=H
3-11-125 R^1=R^3=H; R^2=R^4=OCH$_3$

3-11-126

3-11-127 R^1=OAc; R^2=α-OMe
3-11-128 R^1=H; R^2=β-OH
3-11-129 R^1=H; R^2=α-OH

表 3-11-21　化合物 3-11-118~3-11-125 的 ^{13}C NMR 数据[50]

C	3-11-118	3-11-119	3-11-120	3-11-121	3-11-122	3-11-123	3-11-124	3-11-125
1	34.0	33.9	33.1	33.7	32.1	32.0	34.1	34.2
2	18.8	18.8	18.8	18.8	19.1	19.0	19.0	18.9
3	44.0	44.1	43.9	44.0	43.8	43.8	44.1	44.0
4	34.2	34.1	34.1	33.7	34.1	34.1	34.1	34.1
5	48.4	48.7	48.7	48.7	48.6	48.7	48.9	48.9
6	70.7	70.8	70.8	70.8	70.9	70.8	70.8	70.8
7	36.8	36.6	36.4	36.6	36.3	36.2	36.5	36.6
8	31.0	31.5	31.6	31.4	31.7	31.6	31.5	31.4
9	92.0	92.4	91.7	92.3	93.2	93.0	92.7	93.1
10	43.1	42.9	42.9	42.9	42.8	42.8	43.1	43.1
11	28.9	29.7	29.6	29.7	29.2	29.4	30.2	29.7
12	39.8	38.4	39.7	37.9	37.5	38.0	32.8	31.2
13	89.1	89.9	89.3	89.4	89.3	88.1	90.3	92.3

续表

C	3-11-118	3-11-119	3-11-120	3-11-121	3-11-122	3-11-123	3-11-124	3-11-125
14	46.9	47.6	46.6	46.9	41.7	41.8	45.3	44.6
15	105.2	105.8	104.4	104.9	103.5	103.1	102.1	105.1
16	75.3	78.0	74.7	77.4	105.3	106.6	108.3	108.3
17	16.8	17.3	17.2	17.3	16.9	16.8	17.4	17.7
18	23.7	23.8	23.8	23.8	23.8	23.7	23.8	23.9
19	33.1	33.1	33.1	33.1	32.8	32.7	33.1	33.1
20	19.9	19.8	19.6	19.9	19.6	19.6	19.8	19.9
OAc	170.5/22.0	170.5/22.0	170.5/22.0	170.5/22.0	170.5/22.0	170.4/21.8	170.5/21.9	170.5/22.0
OMe	55.2	54.8	55.0	54.9	55.3,54.5	55.3,54.6	56.6,54.9	55.6,55.1

表 3-11-22　化合物 3-11-126~3-11-129 的 ^{13}C NMR 数据

C	3-11-126[51]	3-11-127[52]	3-11-128[52]	3-11-129[52]	C	3-11-126[51]	3-11-127[52]	3-11-128[52]	3-11-129[52]
1	30.3	33.2	32.5	32.5	13	89.3	90.8	90.7	90.2
2	23.6	17.9	17.6	17.7	14	34.7	46.8	47.4	47.5
3	80.2	41.1	41.5	41.6	15	65.7	104.2	98.8	99.0
4	38.4	34.2	33.5	33.6	16	96.7	74.4	78.0	76.5
5	48.1	49.5	50.3	50.3	17	16.9	15.4	9.0	9.3
6	70.4	36.0	35.0	35.0	18	17.5	21.4	21.1	21.0
7	36.5	205.5	210.9	210.1	19	27.5	32.7	32.9	32.6
8	31.3	87.6	46.7	45.8	20	19.7	18.0	18.5	18.5
9	92.9	96.6	97.7	96.2	OAc		170.5/21.2	168.9/21.3	
10	42.3	43.6	42.6	42.6			171.2/21.2		
11	29.2	28.2	29.8	29.5	OMe			55.0	
12	36.9	39.8	38.9	38.7	CHO	160.8			

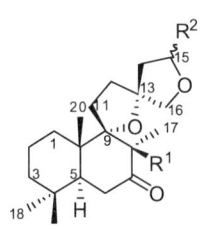

3-11-130 R^1=OAc; R^2=α-OMe
3-11-131 R^1=H; R^2=β-OH
3-11-132 R^1=H; R^2=α-OH
3-11-133 R^1=OAc; R^2=β-OH
3-11-134 R^1=OAc; R^2=α-OH

3-11-135

3-11-136

3-11-137

表 3-11-23　化合物 3-11-130~3-11-134 的 ^{13}C NMR 数据[52]

C	3-11-130	3-11-131	3-11-132	3-11-133	3-11-134	C	3-11-130	3-11-131	3-11-132	3-11-133	3-11-134
1	33.3	32.4	32.7	33.5	33.8	12	39.9	34.9	34.9	39.8	37.3
2	17.9	17.8	18.0	18.5	18.6	13	90.7	90.3	90.8	91.1	91.8
3	41.3	41.7	41.5	41.8	41.7	14	46.1	46.2	47.4	47.3	46.9
4	34.5	33.7	33.8	35.0	34.9	15	104.4	98.6	98.8	98.7	98.8
5	50.3	47.5	46.9	50.8	51.0	16	74.4	77.8	76.7	78.5	76.1
6	35.9	39.2	39.2	36.5	36.4	17	15.9	9.3	9.6	16.4	16.7
7	205.6	211.1	210.8	206.5	206.6	18	21.6	21.3	21.3	22.0	22.1
8	87.5	50.2	50.4	88.2	88.1	19	32.7	32.7	32.8	33.3	33.3
9	96.7	96.4	98.0	98.2	97.4	20	18.1	18.6	18.6	18.6	18.6
10	43.5	42.5	42.9	44.1	44.1	OAc	169.0 21.4			171.0 21.9	169.6 21.9
11	28.1	30.0	29.4	29.1	28.7	OMe	55.0				

表 3-11-24　化合物 3-11-135~3-11-137 的 ^{13}C NMR 数据

C	3-11-135[5]	3-11-136[53]	3-11-137[54]	C	3-11-135[5]	3-11-136[53]	3-11-137[54]
1	32.5	33.7	29.8	11	28.7	28.9	29.4
2	18.9	17.8	17.8	12	37.0	38.4	35.6
3	43.8	35.9	31.2	13	86.1	94.7	90.7
4	34.1	37.9	41.6	14	39.3	106.8	46.7
5	48.7	50.5	47.6	15	173.9	148.5	99.4
6	70.5	35.7	75.8	16	107.2	80.3	75.1
7	36.4	205.1	199.9	17	16.9	15.8	26.8
8	31.5	87.5	89.8	18	23.7	26.8	23.4
9	94.8	96.7	97.4	19	33.1	66.9	179.1
10	42.8	42.9	41.3	20	19.7	18.2	17.1
OAc	170.4/21.9	169.0/21.4 171.2/20.9	168.6/21.9				

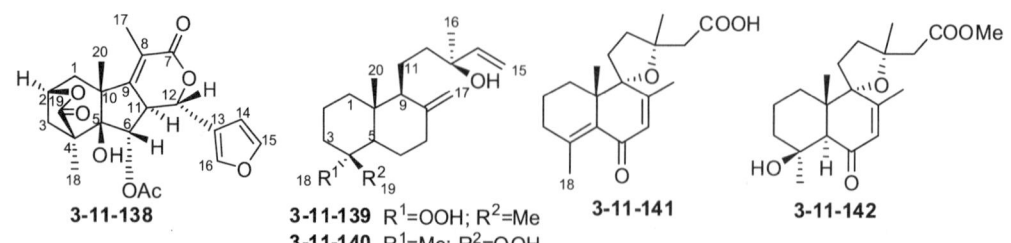

表 3-11-25　化合物 3-11-138~3-11-142 的 ^{13}C NMR 数据

C	3-11-138[55]	3-11-139[16]	3-11-140[16]	3-11-141[46]	3-11-142[46]	C	3-11-138[55]	3-11-139[16]	3-11-140[16]	3-11-141[46]	3-11-142[46]
1	39.9	34.5	34.5	30.3	32.7	3	41.6	35.4	35.4	34.7	39.7
2	75.0	19.3	19.3	18.1	17.1	4	47.0	79.9	79.9	149.9	70.2

续表

C	3-11-138[55]	3-11-139[16]	3-11-140[16]	3-11-141[46]	3-11-142[46]	C	3-11-138[55]	3-11-139[16]	3-11-140[16]	3-11-141[46]	3-11-142[46]
5	84.2	51.0	51.0	132.9	55.0	14	108.7	140.7	140.7	48.4	47.5
6	80.5	25.0	25.0	190.3	203.4	15	143.7	102.8	102.8	174.7	171.1
7	165.9	37.1	37.1	130.4	128.2	16	142.3	20.2	20.2	27.2	27.6
8	121.2	143.7	143.7	156.5	156.5	17	12.9	107.3	107.3	21.2	20.9
9	159.2	52.0	52.0	89.3	89.8	18	16.2		14.1	23.2	31.5
10	50.9	37.1	37.1	44.3	45.4	19	179.2	23.8			
11	49.1	13.5	13.5	28.6	28.5	20	25.0	10.3	10.3	24.8	18.2
12	74.4	33.9	33.9	38.4	38.4	OMe					51.4
13	121.6	69.3	69.3	82.6	82.8	OAc	168.4/25.0				

3-11-143 R=COOMe
3-11-144 R=CH$_2$OH
3-11-145
3-11-146
3-11-147

表 3-11-26 化合物 3-11-143~3-11-147 的 ^{13}C NMR 数据

C	3-11-143[2]	3-11-144[2]	3-11-145[2]	3-11-146[56]	3-11-147[51]	C	3-11-143[2]	3-11-144[2]	3-11-145[2]	3-11-146[56]	3-11-147[51]
1	35.4	35.3	39.3	37.16	30.4	13	30.4	29.6	208.8	68.90	176.9
2	18.6	18.5	18.4	27.98	23.2	14	41.3	39.8			
3	41.5	41.3	42.0	78.94	79.5	15	173.1	60.9			
4	33.4	33.4	32.7	39.18	38.5	16	19.7	19.5	29.7	23.60	
5	51.0	51.0	49.4	54.69	47.8	17			169.2	106.78	15.3
6	35.4	35.3	23.9	24.06	69.5	18	21.4	21.4	21.9	14.47	17.7
7	200.2		137.9	38.23	36.0	19	32.6	32.6	33.0	15.46	27.5
8	123.8	123.6	134.7	148.19	31.8	20	18.5	18.4	14.0	28.38	18.2
9	175.2	176.0	50.4	56.80	92.7	OMe		51.3		52.0	
10	40.4	40.3	37.0	39.52	41.9	OAc					170.5
11	28.0	28.0	21.9	20.05	24.6						21.2
12	34.7	35.1	45.4	38.54	29.4	CHO					160.5

3-11-148 R^1=R^2=R^3=H
3-11-149 R^1=OH; R^2=R^3=H
3-11-150 R^1=OH; R^2=H; R^3=OBu
3-11-151 R^1=R^2=OH; R^3=H

3-11-152 R^1=H$_2$; R^2=H
3-11-153 R^1=O; R^2=H
3-11-154 R^1=α-H, β-OH; R^2=H
3-11-155 R^1=α-H, β-OH; R^2=OH

表3-11-27　化合物 3-11-148~3-11-155 的 ^{13}C NMR 数据[57]

C	3-11-148	3-11-149	3-11-150	3-11-151	3-11-152	3-11-153	3-11-154	3-11-155
1	39.9	38.1	37.9	39.7	39.5	37.7	37.6	39.3
2	18.4	27.1	27.1	26.5	18.1	33.4	26.8	26.4
3	42.4	78.9	79.0	78.9	42.1	215.5	78.6	78.7
4	33.1	38.7	38.7	39.2	33.1	47.3	38.8	39.4
5	57.2	55.9	55.7	57.1	56.6	54.3	55.3	56.9
6	20.6	20.4	20.2	68.3	20.5	21.4	20.2	67.7
7	39.7	39.5	39.8	47.3	38.7	37.7	38.4	46.4
8	79.9	79.8	80.9	79.6	86.4	85.6	86.1	86.4
9	60.1	59.9	60.1	60.4	59.1	58.1	58.8	59.4
10	36.2	35.9	35.8	35.9	36.0	35.5	35.7	35.6
11	22.6	22.6	30.8	22.6	28.7	28.6	28.7	28.7
12	65.0	64.9	104.4	64.3	176.9	175.9	176.5	177.4
17	21.1	21.0	23.4	21.5	21.5	21.1	21.5	22.3
18	21.1	15.1	15.2	16.3	20.9	20.7	15.1	16.3
19	33.6	28.2	28.1	27.1	33.1	26.6	27.8	26.8
20	15.0	15.1	15.1	15.9	15.0	14.5	15.1	16.0
OBu			13.9					
			19.4					
			31.9					
			68.2					

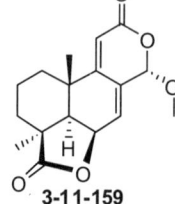

3-11-156 R=α-OMe
3-11-157 R=H
3-11-158 R=β-OH
3-11-159
3-11-160
3-11-161

表3-11-28　化合物 3-11-156~3-11-159 的 ^{13}C NMR 数据[58]

C	3-11-156	3-11-157	3-11-158	3-11-159	C	3-11-156	3-11-157	3-11-158	3-11-159
1	29.9	28.4	30.0	28.1	10	36.3	35.9	36.1	35.4
2	17.9	17.5	18.0	17.8	11	118.8	118.4	117.6	112.2
3	28.7	29.6	28.8	30.3	12	162.6	162.5	163.0	163.1
4	42.3	41.9	42.3	43.2	13	99.9	71.9		101.6
5	44.1	43.8	44.4	48.4	14	25.6	25.3	24.5	25.1
6	72.3	72.2	72.4	71.7	15	180.6	180.2	180.6	181.2
7	53.4	53.2	54.1	124.4	16	24.5	24.0	24.5	24.2
8	56.6	55.5	57.4	133.3	17	58.1			57.9
9	157.5	157.6	156.5	157.9					

3-11-162 $R^1=R^2=H; R^3=OAc$
3-11-163 $R^1=R^2=H; R^3=OH$
3-11-164 $R^1=Me; R^2=H; R^3=OAc$
3-11-165 $R^1=Me; R^2=H; R^3=OH$
3-11-166 $R^1=Me; R^2=H; R^3=OMe$
3-11-167 $R^1=Me; R^2=H; R^3=OCOCH=^ZCHC_6H_5$
3-11-168 $R^1=Me; R^2=H; R^3=OCOCH=^ECHC_6H_5$
3-11-169 $R^1=Me; R^2==O; R^3=OH$
3-11-170 $R^1=Me; R^2=R^3=OAc$
3-11-171 $R^1=Me; R^2==O; R^3=OAc$

表 3-11-29 化合物 3-11-160~3-11-166 的 ^{13}C NMR 数据[59]

C	3-11-160[58]	3-11-161[58]	3-11-162	3-11-163	3-11-164	3-11-165	3-11-166
1	37.7	30.1	119.5	119.3	119.3	119.0	119.2
2	19.2	19.4	22.7	22.7	22.7	22.4	22.7
3	37.5	38.3	30.2	30.1	30.6	30.3	30.8
4	42.9	43.9	44.6	44.6	44.8	44.5	44.9
5	51.7	43.2	38.1	38.0	38.2	38.0	38.3
6	134.4	24.6	23.0	23.0	22.8	22.6	22.9
7	122.7	126.2	28.4	28.4	28.1	28.1	28.4
8	84.2	130.9	38.6	38.5	38.3	38.1	38.4
9	49.7	72.9	42.9	42.7	42.7	42.4	42.8
10	36.5	40.3	141.4	147.5	141.4	141.2	141.5
11	31.7	37.3	35.4	35.8	35.4	36.0	36.6
12	176.4	174.7	30.8	30.5	30.8	30.6	31.0
13	69.0	69.8	30.5	29.8	30.5	29.8	30.4
14	28.0	28.2	36.6	39.1	36.5	39.3	36.6
15	177.9	180.2	63.2	60.9	63.1	60.5	71.2
16	21.1	15.1	19.6	19.7	19.6	19.5	19.9
17			15.6	15.5	15.5	15.3	15.6
18			184.7	184.1	178.5	178.4	178.6
19			20.2	20.3	19.9	19.7	19.9
20			22.4	22.3	22.5	22.2	22.6
COOMe					51.6	51.4	51.7
OMe							58.6
OAc			171.3		171.1		
			21.0		21.0		

表 3-11-30 化合物 3-11-167~3-11-171 的 ^{13}C NMR 数据[59]

C	3-11-167	3-11-168	3-11-169	3-11-170	3-11-171	C	3-11-167	3-11-168
1	119.4	119.4	124.8	119.9	124.8	1'	166.3	167.1
2	22.7	22.7	197.2	69.1	197.1	2'	142.9	144.5
3	30.8	30.8	43.0	33.5	43.1	3'	120.0	118.3
4	44.9	44.9	46.2	44.7	46.2	4'	135.0	134.5
5	38.3	38.3	40.5	38.2	40.5	5'	128.0	128.0

C	3-11-167	3-11-168	3-11-169	3-11-170	3-11-171	C	3-11-167	3-11-168
6	22.9	22.9	23.4	23.7	23.4	6'	129.6	128.8
7	28.4	28.4	28.2	28.8	28.2	7'	128.9	130.2
8	38.4	38.4	41.0	39.4	41.0	8'	129.6	128.8
9	42.8	42.8	45.2	43.4	45.2	9'	128.0	128.0
10	141.5	141.5	169.9	147.0	169.7			
11	35.4	35.6	36.4	35.3	35.2			
12	30.9	30.9	30.9	30.8	31.0			
13	30.5	30.6	30.2	30.6	30.5			
14	36.5	36.6	39.4	36.2	36.6			
15	63.1	63.3	60.9	63.1	62.9			
16	19.6	19.8	19.6	19.6	19.5			
17	15.6	15.6	15.5	15.5	15.5			
18	178.6	178.6	176.8	177.3	176.7			
19	19.9	19.9	21.2	21.9	21.1			
20	22.6	22.6	21.9	23.6	21.9			
COOMe	51.7	51.7	52.4	52.0	52.4			
OAc				171.2/21.0 170.8/21.5	171.1/21.0			

表 3-11-31　化合物 3-11-172~3-11-177 的 ^{13}C NMR 数据

C	3-11-172[60]	3-11-173[61]	3-11-174[61]	3-11-175[61]	3-11-176[61]	3-11-177[61]
1	24.6	120.15	119.71	120.44	119.88	120.58
2	27.9	22.96	22.83	23.08	22.75	23.03
3	75.9	30.05	30.50	30.12	29.72	30.45
4	40.2	44.82	44.86	45.01	45.07	45.04
5	137.8	38.28	38.37	38.42	37.91	38.57
6	25.9	23.16	22.99	23.25	22.80	23.18
7	27.4	28.52	28.41	28.61	28.33	28.56
8	33.7	38.79	38.47	38.90	38.57	38.75
9	40.8	42.95	42.81	43.13	43.07	43.46
10	131.2	141.04	141.31	141.08	141.28	140.92
11	33.9	37.39	37.55	37.15	37.67	38.90
12	35.5	35.56	33.94	35.42	31.24	27.78
13	162.7	161.74	143.20	165.66	161.96	166.03

续表

C	3-11-172[60]	3-11-173[61]	3-11-174[61]	3-11-175[61]	3-11-176[61]	3-11-177[61]
14	127.4	114.74	117.90	127.13	115.37	128.09
15	189.8	167.13	61.30	191.19	166.37	191.23
16	17.2	19.00	16.51	17.81	25.31	25.19
17	16.1	15.51	15.47	15.57	15.69	15.61
18	25.3	178.02	178.06	178.24	178.65	178.31
19	20.2	20.71	20.06	20.80	19.31	20.46
20	21.1	22.19	22.24	22.22	22.54	22.28
OAc			170.59/20.76			
OMe		51.54	51.54	51.56	51.69	51.77
		50.46			50.70	

表3-11-32 化合物3-11-178~3-11-185的 ^{13}C NMR数据

C	3-11-178[62]	3-11-179[62]	3-11-180[59]	3-11-181[63]	3-11-182[61]	3-11-183[61]	3-11-184[64]	3-11-185[65]
1		23.3	12.8	18.3	120.24	120.19	22.1	35.4
2	27.8	24.1	72.2	23.7	22.89	23.12	33.9	198.9
3	79.7	78.4	37.4	76.0	30.44	29.83	121.5	128.4
4	41.0	38.5	44.7	37.9	45.00	44.95	141.2	168.7
5	143.9	134.5	41.2	86.4	38.42	38.26	40.1	39.5
6	118.0	24.3	22.3	29.7	23.04	23.34	36.0	36.4
7	31.1	28.2	28.1	28.9	28.52	28.62	32.2	27.0
8	32.8	38.4	38.8	33.4	38.75	39.02	33.3	35.2
9	35.6	39.7	42.6	55.3	42.06	42.73	37.4	38.8
10	39.9	132.0	149.6	46.3	140.78	141.31	40.5	46.7
11	29.7	29.3	35.3	24.2	37.39	38.95	27.2	30.0
12	36.1	38.8	30.7	19.5	62.08	32.63	29.5	34.5
13	73.5	73.4	30.2	133.5		209.65	31.6	160.7
14	145.3	145.1	35.5	144.1			41.8	115.2
15	111.8	111.9	63.0	70.4			178.6	167.1
16	27.8	27.7	19.1	174.0		29.87	20.2	18.9
17	14.5	16.5	15.3	16.0	15.22	15.60	15.4	14.4
18	24.6	25.2	181.9	23.9	178.32	178.18	70.2	22.8
19	21.0	22.0	19.5	20.1	20.18	21.00	25.2	32.0
20	22.2	27.3	21.8	177.5	22.70	22.10	16.3	20.7
OAc	170.7/21.3	171.0/21.4	171.2/21.0	170.6/21.1	171.04/21.03		171.1/21.3	
OMe					51.70	51.54		

3-11-182 R=OAc
3-11-183 R=COMe

3-11-184

3-11-185

3-11-186 R^1=CH$_2$OH; R^2=Me; R^3=β-OH
3-11-187 R^1=CH$_2$OAc; R^2=Me; R^3=β-OAc
3-11-188 R^1=R^2=CH$_2$OAc; R^3=H
3-11-189 R^1=Me; R^2=COOX,Y=H; R^3=H
3-11-190 R^1=Me; R^2=COOH; R^3=H
3-11-191 R^1=Me; R^2=COOX,Y=Ac; R^3=H
3-11-192 R^1=COOX,Y=H; R^2=Me; R^3=H
3-11-193 R^1=COOH; R^2=Me; R^3=H
3-11-194 R^1=COOX,Y=Ac; R^2=Me; R^3=H

3-11-195 R=OMe
3-11-196 R=H

表 3-11-33 化合物 3-11-186~3-11-189 的 ^{13}C NMR 数据

C	3-11-186[66]	3-11-187[66]	3-11-188[66]	3-11-189[66]	C	3-11-186[66]	3-11-187[66]	3-11-188[66]	3-11-189[66]
1	17.21	17.03	17.19	22.40	16	73.27	73.17	73.16	73.93
2	23.75	23.59	23.93	26.24	17	15.71	15.59	15.96	16.94
3	129.53	129.73	132.99	125.75	18	67.81	67.03	66.39	19.51
4	141.53	136.29	134.14	135.30	19	31.28	29.71	72.17	176.38
5	42.65	41.40	40.14	51.54	20	17.88	17.77	17.54	21.24
6	79.93	80.79	30.81	25.29	OAc		170.62	170.97	
7	37.68	33.70	27.99	26.52			21.37	21.19	
8	36.20	36.06	37.20	35.03			170.89	170.79	
9	40.20	40.27	40.14	39.01			21.27	21.24	
10	45.77	45.46	38.98	43.22	1'				95.21
11	35.26	35.27	35.36	37.60	2'				21.24
12	22.16	22.15	22.14	23.50	3'				73.35
13	171.21	170.73	170.89	172.83	4'				69.13
14	115.19	115.30	115.42	114.69	5'				66.94
15	174.34	174.04	174.04	175.64					

表 3-11-34 化合物 3-11-190~3-11-196 的 ^{13}C NMR 数据

C	3-11-190[66]	3-11-191[66]	3-11-192[66]	3-11-193[66]	3-11-194[66]	3-11-195[67]	3-11-196[67]
1	21.53	22.14	17.07	17.13	17.02	18.2	18.1
2	25.60	25.82	24.37	24.47	24.34	28.3	27.3
3	126.81	126.89	142.10	142.34	142.57	142.1	142.3
4	134.46	133.82	137.42	137.65	137.03	139.5	139.1
5	50.75	51.37	36.60	36.51	36.57	38.2	38.5
6	27.86	26.26	36.73	36.92	36.69	36.1	36.0
7	27.04	26.62	28.52	28.68	28.59	27.2	26.5
8	36.37	34.30	37.95	38.06	37.93	37.1	38.3
9	39.31	39.10	40.39	40.45	40.42	39.9	40.1

续表

C	3-11-190[66]	3-11-191[66]	3-11-192[66]	3-11-193[66]	3-11-194[66]	3-11-195[67]	3-11-196[67]
10	41.60	42.42	45.52	45.70	45.53	45.2	45.4
11	37.29	37.20	35.38	35.44	35.39	35.7	36.9
12	23.12	23.26	22.34	22.40	22.36	20.3	21.3
13	171.77	171.69	171.41	171.16	170.95	133.3	136.1
14	115.08	114.77	115.19	115.29	115.32	142.3	144.4
15	174.72	174.40	174.43	174.23	174.08	103.4	71.4
16	73.49	73.33	73.36	73.25	73.19	173.1	173.7
17	16.68	16.51	16.09	16.09	16.08	16.3	16.8
18	20.10	19.71	165.93	173.27	164.92	171.8	171.5
19	182.61	175.32	33.63	33.53	33.33	32.3	33.1
20	20.10	20.16	18.08	18.05	17.93	23.1	16.8
OMe						57.6	
OAc		169.16/20.69			169.26/20.78		
		169.98/20.72			169.99/20.80		
		170.13/20.95			170.24/21.03		
1'		93.22	94.63		91.90		
2'		67.87	70.76		68.35		
3'		70.24	73.42		69.88		
4'		67.50	68.28		67.27		
5'		65.00	66.90		63.78		

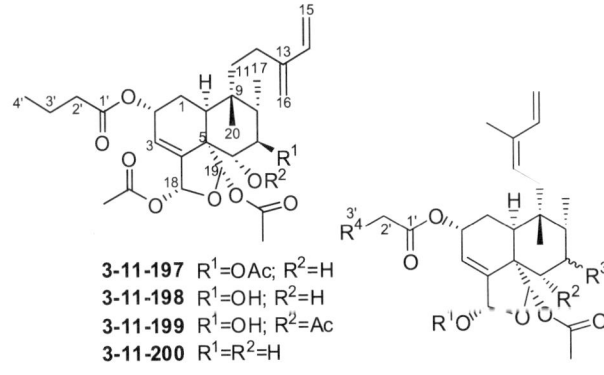

3-11-197 R¹=OAc; R²=H
3-11-198 R¹=OH; R²=H
3-11-199 R¹=OH; R²=Ac
3-11-200 R¹=R²=H

3-11-201 R¹=Ac; R²=R³=H; R⁴=C₂H₅
3-11-202 R¹=Ac; R²=OH; R³=H; R⁴=C₂H₅
3-11-203 R¹=Me; R²=OH; R³=H; R⁴=C₂H₅
3-11-204 R¹=Ac; R²=H; R³=β-H; R⁴=C₄H₉
3-11-205 R¹=Ac; R²=OH; R³=β-H; R⁴=C₄H₉
3-11-206 R¹=Me; R²=OH; R³=β-H; R⁴=C₄H₉
3-11-207 R¹=Me; R²=OH; R³=β-OH; R⁴=C₄H₉
3-11-208 R¹=Ac; R²=OH; R³=β-H; R⁴=CH(CH₃)₂

表 3-11-35 化合物 3-11-197~3-11-202 的 ¹³C NMR 数据

C	3-11-197[68]	3-11-198[68]	3-11-199[68]	3-11-200[68]	3-11-201[69]	3-11-202[69]
1	27.1	27.2	27.1	27.1	26.2	26.8
2	66.4	66.5	66.2	66.5	66.4	66.2
3	121.9	122.0	123.6	121.4	120.5	121.7
4	145.7	145.4	144.0	146.4	147.0	145.3
5	54.3	53.5	53.1	54.1	49.1	53.5
6	75.0	77.1	77.0	72.8	29.3	72.8
7	75.6	72.8	71.2	36.8	27.4	37.2

| | | | | | | 续表 |
C	3-11-197[68]	3-11-198[68]	3-11-199[68]	3-11-200[68]	3-11-201[69]	3-11-202[69]
8	41.9	43.3	43.2	36.8	36.6	36.6
9	37.1	38.8	38.6	37.4	37.6	37.7
10	36.4	36.5	37.3	37.1	34.7	36.7
11	29.2	29.5	29.3	28.3	29.2	29.1
12	24.2	24.3	24.2	24.2	126.8	126.6
13	144.8	145.3	145.3	145.6	133.5	133.5
14	140.9	140.9	140.7	140.8	133.4	133.4
15	112.0	112.1	112.3	112.2	114.1	114.3
16	116.6	116.2	115.9	115.9	20.4	20.4
17	11.3	11.3	11.2	15.6	15.7	15.6
18	96.1	96.2	95.1	96.1	96.4	95.7
19	98.7	99.0	98.6	98.3	99.1	97.3
20	25.6	25.7	25.7	25.2	25.6	24.9
OAc	171.2/20.8	170.3/20.7	170.6/20.9	169.6/20.7	170.3/21.2	170.2/21.3
	169.7/20.8	169.2/21.4	169.6/20.6	169.1/21.5	169.5/21.2	169.3/21.2
	168.9/21.4		168.9/21.5			
1'	172.5	172.4	172.3	172.4	173.2	173.1
2'	36.2	36.2	36.1	36.2	36.5	36.5
3'	18.8	18.8	18.7	18.8	18.7	18.6
4'	13.5	13.5	13.5	13.5	13.6	13.6

表 3-11-36　化合物 3-11-203~3-11-209 的 ^{13}C NMR 数据[69]

C	3-11-203	3-11-204	3-11-205	3-11-206	3-11-207	3-11-208	3-11-209[70]
1	27.0	27.4	26.8	26.4	27.0	26.7	17.4
2	66.2	66.3	66.2	66.8	66.0	66.3	23.4
3	121.7	120.4	121.6	121.3	125.0	121.8	138.8
4	146.4	146.9	145.3	146.8	144.9	145.5	137.5
5	53.5	49.0	53.5	53.4	51.0	53.5	38.1
6	73.2	29.2	72.9	72.1	75.9	72.9	35.5
7	37.4	27.3	37.1	36.6	73.2	37.3	20.0
8	36.7	36.4	36.5	36.2	40.8	36.8	49.0
9	37.8	37.6	37.7	37.5	38.7	37.8	36.1
10	36.5	34.7	36.7	36.7	36.6	36.7	52.3
11	29.2	29.3	29.1	28.8	30.0	126.6	45.7
12	127.0	126.8	126.8	126.8	126.6	133.5	70.2
13	133.3	133.5	133.4	133.3	133.6	133.4	124.5
14	133.4	133.4	133.4	133.1	133.4	114.3	108.6
15	114.3	114.3	114.2	113.5	114.5	20.4	139.5
16	20.4	20.4	20.3	19.3	20.4	15.6	143.6

C	3-11-203	3-11-204	3-11-205	3-11-206	3-11-207	3-11-208	3-11-209[70]
17	15.6	15.6	15.6	14.7	11.0	95.7	21.9
18	104.8	94.6	95.8	104.6	104.1	97.3	167.9
19	97.1	99.7	97.5	98.0	98.0	24.9	32.8
20	25.6	25.6	24.9	24.2	24.7	21.2	174.5
OMe	56.2			54.3	56.3		
OAc	170.1/21.5	170.3/21.2	170.2/21.4	170.1/20.5	169.5/21.4	170.1/21.2	
		169.5/21.2	169.3/21.2			169.2/21.3	
1'	173.4	173.3	173.3	173.4	173.1	172.5	
2'	36.5	34.6	34.5	34.0	34.5	43.6	
3'	18.6	31.1	31.1	31.0	31.3	26.1	
4'	13.6	24.8	24.8	24.6	26.5	22.3	
5'		22.3	22.2	22.0	22.4	22.4	
6'		13.9	13.9	13.0	13.8		

表 3-11-37 化合物 3-11-210~3-11-213 的 ^{13}C NMR 数据

C	3-11-210[71]	3-11-211[66]	3-11-212[72]	3-11-213[67]	C	3-11-210[71]	3-11-211[66]	3-11-212[72]	3-11-213[67]
1	125.4	17.73	25.4	19.4	12	71.9	22.17	25.2	21.3
2	132.8	24.64	68.3	28.5	13	125.3	170.53	174.2	139.7
3	132.6	136.26	131.3	132.1	14	108.9	115.27	114.8	142.3
4	137.1	133.45	139.2	140.3	15	144.1	174.03	171.3	100.8
5	34.1	39.56	39.0	40.5	16	140.1	73.16	73.3	173.6
6	40.8	85.06	84.4	85.2	17	170.9	15.31	26.0	15.9
7	171.9	34.83	41.2	30.3	18	167.3	169.81	169.1	170.8
8	100.5	32.14	76.2	37.5	19	21.9	30.63	29.6	31.7
9	37.2	39.16	42.2	40.9	20	19.3	16.33	21.2	22.5
10	50.2	41.51	43.7	45.6	OAc			170.7	
								21.0	
11	43.8	35.16	33.5	37.8	OMe	52.0			55.7

3-11-214 R¹=OEt; R²=OH
3-11-215 R¹=OMe; R²=OH
3-11-216 R¹=OMe; R²=OAc

3-11-217 R=α-H
3-11-218 R=β-H

3-11-219

3-11-220 R=H
3-11-221 R=Ac

3-11-222

3-11-223

表3-11-38　化合物 3-11-214~3-11-217 的 ^{13}C NMR 数据

C	3-11-214[66]	3-11-215[66]	3-11-216[66]	3-11-217[73]	C	3-11-214[66]	3-11-215[66]	3-11-216[66]	3-11-217[73]
1	18.10	18.05	17.73	28.1	13	172.29	172.63	170.27	125.9
2	26.65	26.62	26.28	74.3	14	114.89	114.48	115.52	109.7
3	57.40	57.23	56.92	40.2	15	174.69	174.88	173.85	145.1
4	69.55	69.61	68.57	76.5	16	73.47	73.55	73.06	141.6
5	46.25	46.01	44.99	53.4	17	16.94	16.98	16.34	176.7
6	20.13	20.00	20.50	24.1	18	103.82	104.64	104.64	174.0
7	25.58	25.42	25.38	19.7	19	103.47	103.16	101.07	177.2
8	35.48	35.68	32.13	48.0	20	21.92	22.12	21.58	20.6
9	37.70	37.52	37.84	37.2	OMe		56.10	56.67	53.3
10	37.98	37.76	39.63	47.8	OAc	64.98		170.04	
11	39.46	39.28	38.23	44.0	OEt	15.33		20.58	
12	23.80	23.77	23.57	71.6					

表3-11-39　化合物 3-11-218~3-11-224 的 ^{13}C NMR 数据

C	3-11-218[73]	3-11-219[74]	3-11-220[74]	3-11-221[74]	3-11-222[75]	3-11-223[76]	3-11-224[77]	C	3-11-218[73]	3-11-219[74]	3-11-220[74]	3-11-221[74]	3-11-222[75]	3-11-223[76]	3-11-224[77]
1	28.0	24.70	25.09	24.58	28.2	37.3	15.7	5	53.3	135.29	136.53	132.09	46.4	38.9	37.5
2	74.1	36.97	36.64	36.84	68.3	199.0	28.6	6	21.6	69.13	69.11	70.46	22.4	21.0	37.4
3	39.8	213.52	212.55	211.04	45.5	126.0	61.8	7	19.9	38.41	38.19	33.16	18.7	27.4	28.5
4	77.0	51.32	51.42	51.11	213.3	168.2	65.7	8	48.1	31.05	31.22	30.94	48.2	31.8	36.3

续表

C	3-11-218[73]	3-11-219[74]	3-11-220[74]	3-11-221[74]	3-11-222[75]	3-11-223[76]	3-11-224[77]	C	3-11-218[73]	3-11-219[74]	3-11-220[74]	3-11-221[74]	3-11-222[75]	3-11-223[76]	3-11-224[77]
9	36.3	42.48	42.36	42.04	35.8	52.0	39.2	1'	53.4	173.27	172.75	172.05			
10	38.8	141.13	139.87	144.09	40.0	38.5	48.2	2'		36.57	36.88	36.17			
11	42.2	35.28	33.51	34.10	40.4	33.7	37.2	3'		30.34	30.32	30.36			
12	72.3	27.00	23.74	23.61	70.5	22.6	33.5	4'		132.22	132.09	138.19			
13	126.5	140.22	170.61	170.21	124.9	165.8	138.9	5',9'		129.44	129.30	129.29			
14	109.6	123.83	115.35	115.68	108.4	117.6	124.6	6',8'		115.56	115.73	121.98			
15	144.9	58.90	174.42	173.68	143.8	170.6	59.4	7'			154.82	155.07	149.47		
16	141.5	23.73	73.15	72.94	139.6	98.8	16.4	OAc				169.71			
17	174.5	16.06	16.01	16.07	171.5	18.2	16.1					21.80			
18	174.0	23.75	23.78	22.51		22.8	17.2					169.66			
19	177.0	66.49	66.23	66.42	74.2		19.9					21.28			
20	24.0	20.89	20.73	20.68	21.8	174.6	18.9	OMe							51.6

表 3-11-40 化合物 3-11-225~3-11-228 的 ^{13}C NMR 数据

C	3-11-225[77]	3-11-226[77]	3-11-227[78]	3-11-228[79]	C	3-11-225[77]	3-11-226[77]	3-11-227[78]	3-11-228[79]
1	16.8	16.9	17.5	23.0	11	36.6	38.1	35.8	31.9
2	30.9	30.9	27.4	39.2	12	34.5	26.9	24.9	35.3
3	76.4	76.5	140.0	213.0	13	163.1	163.8	39.8	73.4
4	75.9	75.9	141.3	58.1	14	127.6	127.6	29.7	144.9
5	41.6	41.6	37.5	41.8	15	189.8	189.2	66.3	112.1
6	32.6	32.6	35.6	41.5	16	17.1	24.7	61.1	27.9
7	26.9	26.7	27.2	27.3	17	16.1	16.1	15.9	15.7
8	36.4	36.3	36.1	36.5	18	17.4	17.4	172.0	6.9
9	38.9	39.3	38.6	38.8	19	21.7	21.7	20.5	18.3
10	40.8	40.7	46.6	48.7	20	18.4	18.3	18.4	14.3

3-11-229 R^1=H; R^2=Me; R^3=OX,Y=H; R^4=OH; R^5=CH$_2$OH
3-11-230 R^1=H; R^2=Me; R^3=OX,Y=Ac; R^4=OH; R^5=CH$_2$OH
3-11-231 R^1=H; R^2=CH$_2$OH; R^3=OX,Y=Ac; R^4=OH; R^5=CH$_2$OH
3-11-232 R^1=OAc; R^2=COOMe; R^3=R^4=H; R^5=COOH

3-11-233 R¹=H₂; R²=Me; R³=R⁴=R⁵=CH₂OH
3-11-234 R¹=O; R²=R⁴=R⁵=Me; R³=COOMe
3-11-235 R¹=H₂; R²=COOH; R³=CH₂OH; R⁴=R⁵=Me
3-11-236 R¹=H₂; R²=COOH; R³=CHO; R⁴=R⁵=Me
3-11-237 R¹=H₂; R²=R³=CHO; R⁴=R⁵=Me
3-11-238 R¹=H₂; R²=R⁴=R⁵=Me; R³=COOH

表 3-11-41　化合物 3-11-229~3-11-236 的 ^{13}C NMR 数据

C	3-11-229[80]	3-11-230[80]	3-11-231[80]	3-11-232[81]	3-11-233[82]	3-11-234[83]	3-11-235[84]	3-11-236[85]
1	19.0	19.0	18.7	24.7	18.0	35.6	17.9	17.8
2	27.7	27.7	27.5	67.5	26.4	199.8	26.6	26.5
3	122.7	122.8	129.1	133.2	121.8	125.5	120.7	120.6
4	145.9	145.8	148.0	144.0	147.6	167.0	143.7	143.6
5	45.5	45.5	44.8	36.9	37.6	39.8	37.8	37.7
6	87.0	87.1	87.1	36.7	36.9	34.9	35.6	35.4
7	36.6	36.7	36.7	28.2	27.2	26.8	21.6	21.4
8	35.6	35.7	35.6	37.2	36.2	36.6	48.9	49.0
9	39.3	39.3	39.3	39.8	38.5	38.7	38.6	38.6
10	47.3	47.3	46.9	48.5	46.2	45.6	46.3	46.3
11	38.4	38.4	38.3	35.7	38.5	34.0	38.5	37.7
12	28.9	28.9	28.9	34.6	28.8	35.6	32.8	34.2
13	143.7	143.7	143.6	163.8	144.2	160.2	140.4	165.2
14	127.3	127.3	127.4	114.9	125.8	115.2	123.2	127.4
15	58.8	58.8	58.8	171.3	60.4	172.2	59.4	191.5
16	60.2	60.2	60.2	19.4	58.1	18.9	16.4	17.7
17	23.8	23.8	66.0	19.2	15.8	15.8	179.7	180.4
18	16.9	16.8	18.4	168.2	62.5	18.3	20.0	19.9
19	16.2	16.3	16.5	34.2	21.2	19.1	17.8	17.9
20	18.4	18.4	18.3	15.9	18.2	17.6	20.1	20.0
OMe				51.7		50.7		
1'	104.3	104.3	103.4					
2'	75.7	75.6	75.7					
3'	78.7	78.5	78.6					
4'	71.8	72.0	71.8					
5'	77.7	75.1	75.1					
6'	62.9	65.0	65.0					
OAc		172.6	172.6	170.8				
		20.9	20.9	21.2				

表 3-11-42　化合物 3-11-237~3-11-240 的 ^{13}C NMR 数据

C	3-11-237[85]	3-11-238[86]	3-11-239[85]	3-11-240[85]	C	3-11-237[85]	3-11-238[86]	3-11-239[85]	3-11-240[85]
1	17.2	18.3	18.0	17.4	5	37.7	38.2	37.7	37.7
2	26.4	26.9	26.5	26.6	6	35.1	36.8	35.3	35.0
3	120.7	120.4	120.4	120.7	7	19.0	27.5	21.3	19.0
4	143.4	144.4	143.5	143.4	8	54.7	36.3	48.8	54.7

C	3-11-237[85]	3-11-238[86]	3-11-239[85]	3-11-240[85]	C	3-11-237[85]	3-11-238[86]	3-11-239[85]	3-11-240[85]
9	38.8	38.3	38.9	39.2	16	17.7	172.1	25.1	25.2
10	46.4	46.5	46.2	46.4	17	206.1	16	179.1	206.1
11	37.6	36.3	39.1	39.1	18	19.6	20	19.76	19.5
12	34.2	35	26.5	26.4	19	17.9	18	17.8	17.9
13	164.2	164.6	165.9	164.6	20	19.9	18.3	19.84	19.9
14	127.5	114.8	127.9	128.0	OMe				
15	191.2	19.5	191.3	190.5					

表 3-11-43　化合物 3-11-241~3-11-244 的 ^{13}C NMR 数据

C	3-11-241[87]	3-11-242[79]	3-11-243[88]	3-11-244[88]	C	3-11-241[87]	3-11-242[79]	3-11-243[88]	3-11-244[88]
1	18.9	34.8	24.8	121.3	18	23.8	18.9	17.3	17.3
2	27.6	200.4	126.5	27.0	19	16.8	18.3	115.5	115.2
3	122.7	125.4	133.0	27.6	20	18.5	18.0	48.8	48.7
4	145.9	172.5	47.4	43.0	13-O-Glu			(2'-)157.2	(2'-)157.2
5	45.4	39.7	36.7	38.0	1	99.9		(4'-)151.3	(4'-)154.3
6	87.1	34.8	40.7	39.6	2	75.4		(5'-)111.2	(5'-)111.3
7	36.6	26.8	28.4	28.1	3	78.7		(6'-)154.3	(6'-)151.0
8	35.5	35.8	38.3	37.2	4	71.7		(8')141.8	(8')142.1
9	39.0	38.3	40.0	43.5	5	77.6		(10'-)32.1	(10'-)32.1
10	47.1	45.5	46.5	149.3	6	62.9			
11	33.0	31.1	14.9	16.0	6-O-Qui				
12	35.5	35.5	14.0	21.2	1	104.3			
13	81.9	73.0	16.4	16.9	2	75.6			
14	144.6	144.9	18.4	26.8	3	77.9			
15	115.9	112.0	37.3	37.7	4	77.0			
16	22.8	27.6	34.1	35.2	5	72.8			
17	16.1	15.8	150.0	150.2	6	18.3			

表 3-11-44 化合物 3-11-245~3-11-251 的 ^{13}C NMR 数据

C	3-11-245[89]	3-11-246[83]	3-11-247[90]	3-11-248[91]	3-11-249[92]	3-11-250[93]	3-11-251[91]
1	26.8	27.2	21.0	16.7	20.1	18.2	21.0
2	25.3	34.4	38.3	27.8	26.6	26.7	27.6
3	19.5	20.4	68.9	63.0	120.8	122.5	121.5
4	36.9	36.6	163.7	64.8	143.9	143.5	144.0
5	38.2	39.3	40.4	42.0	38.5	44.0	39.2
6	34.7	37.5	38.0	76.6	36.2	75.4	37.6
7	122.1	69.5	27.6	33.1	28.6	37.9	27.9
8	141.2	161.2	36.8	34.4	36.0	35.1	37.8
9	38.2	40.2	39.5	50.5	46.8	40.1	51.5
10	44.2	48.4	48.8	48.4	46.8	46.3	49.3
11	31.8	36.2	36.7	32.0	74.9	36.7	32.6
12	34.7	37.4	34.5	124.8	132.6	128.8	127.1
13	161.2	162.2	159.5	137.3	136.1	135.2	137.0
14	114.3	114.9	117.4	141.2	141.6	141.9	142.1
15	166.6	167.2	169.2	111.2	112.7	110.5	111.8
16	18.9	19.1	19.0	12.2	12.5	11.9	12.6
17	18.9	99.4	16.0	16.2	16.7	16.0	17.4
18	14.9	15.7	100.1	10.7	18.1	22.4	18.6
19	20.8	21.2	21.6	21.6	19.6	14.8	18.0
20	18.6	17.9	18.2	181.2	13.8	17.4	183.1
OMe	50.1	50.8					
OAc				170.7/21.8			

表 3-11-45 化合物 3-10-252~3-11-255 的 ^{13}C NMR 数据

C	3-11-252[91]	3-1-253[84]	3-11-254[86]	3-11-255[85]	C	3-11-252[91]	3-1-253[84]	3-11-254[86]	3-11-255[85]
1	19.9	18.3	18.0	17.3	3	123.5	120.4	120.7	120.7
2	26.8	26.9	26.6	26.5	4	141.5	144.5	143.8	143.7

续表

C	3-11-252[91]	3-1-253[84]	3-11-254[86]	3-11-255[85]	C	3-11-252[91]	3-1-253[84]	3-11-254[86]	3-11-255[85]
5	42.8	38.2	37.9	37.7	14	141.3	139.0	139.0	138.7
6	77.9	36.8	35.6	35.2	15	111.8	112.9	115.9	113.3
7	33.0	27.5	21.7	19.0	16	12.1	115.5	113.2	116.1
8	34.4	36.3	49.1	54.8	17	16.2	16.1	181.0	206.2
9	50.2	38.8	38.9	38.9	18	21.1	20.2	20.1	19.8
10	47.5	46.5	46.4	46.4	19	13.8	18.0	18.0	18.0
11	32.0	37.5	39.5	39.3	20	181.2	18.4	20.1	19.9
12	125.4	24.7	24.8	24.9	OAc	170.7			
13	137.1	147.6	147.1	146.6		21.8			

3-11-256 R¹=α-OH; R²=H
3-11-257 R¹=H; R²=β-OAc

3-11-264 R¹=R²=H
3-11-265 R¹=a; R²=H
3-11-266 R¹=Nic; R²=b
3-11-267 R¹=Nic; R²=Bz
3-11-268 R¹=Bz; R²=Nic

3-11-258 R¹=ONic; R²=ONic
3-11-259 R¹=OBz; R²=OBz
3-11-260 R¹=ONic; R²=OBz
3-11-261 R¹=ONic; R²=OH

3-11-262 R¹=H₂; R²=α-ONic; R³=OH
3-11-263 R¹=O; R²=H; R³=α-OAc

3-11-269

表 3-11-46 化合物 3-11-256~3-11-258 和 3-11-262 的 ^{13}C NMR 数据

C	3-11-256[94]	3-11-257[90]	3-11-258[95]	3-11-262[95]	C	3-11-256[94]	3-11-257[90]	3-11-258[95]	3-11-262[95]
1	21.53	18.3	19.9	17.9	12	23.12	21.1	29.6	22.0
2	25.60	26.8	26.2	26.3	13	171.77	167.9	129.7	170.0
3	126.81	120.3	124.0	123.2	14	115.08	118.1	140.6	115.4
4	134.46	144.3	141.5	141.5	15	174.72	169.8	171.1	173.8
5	50.75	38.2	43.6	43.4	16	73.49	93.8	69.6	73.0
6	27.86	36.7	76.9	82.5	17	16.68	16.0	21.6	11.0
7	27.04	27.3	77.5	73.6	18	182.61	17.9	20.7	20.6
8	36.37	36.4	77.9	42.7	19	20.10	19.9	17.5	17.6
9	39.31	38.7	48.2	39.1	20	20.10	18.2	16.5	18.9
10	41.60	46.5	41.1	45.3	OAc		169.0/20.6		
11	37.29	35.0	76.3	35.7					

表 3-11-47 化合物 3-11-259~3-11-261 和 3-11-263~3-11-267 的 ^{13}C NMR 数据

C	3-11-259[98]	3-11-260[98]	3-11-261[98]	3-11-263[96]	3-11-264[97]	3-11-265[99]	3-11-266[100]	3-11-267[97]
1	18.9	18.9	18.8	35.64	19.5	19.4	19.2	19.2
2	25.4	26.4	25.4	198.91	26.4	26.2	26.1	26.1
3	123.2	123.4	122.7	125.25	122.6	123.0	124.0	123.3
4	140.9	140.8	141.4	169.99	142.4	141.1	140.4	140.7
5	42.6	42.5	42.1	38.62	43.4	43.0	43.4	43.4
6	74.9	75.7	78.3	34.78	76.5	81.4	76.3	76.3
7	75.3	75.3	72.2	74.10	74.9	73.9	76.9	75.8
8	76.9	76.8	77.8	37.91	77.0	77.5	77.2	77.1
9	47.0	47.0	46.4	38.43	47.9	47.6	48.3	48.3
10	40.1	40.1	39.9	45.72	42.7	42.5	42.6	42.8
11	75.1	75.0	75.3	35.74	147.8	147.8	146.5	146.6
12	28.2	28.2	28.0	22.12	121.5	121.5	122.1	121.9
13	129.9	129.9	130.2	173.67	162.3	162.3	162.0	162.0
14	138.3	138.3	138.1	115.32	114.7	114.6	114.8	115.0
15	169.7	169.8	169.6	171.73	174.1	173.9	173.7	173.9
16	68.7	68.7	68.6	73.05	70.7	70.7	70.1	70.6
17	20.5	20.5	21.0	12.00	22.5	22.5	22.3	22.5
18	19.8	19.8	19.9	19.91	22.0	20.8	20.2	20.1
19	17.0	16.9	16.8	19.01	16.1	17.5	17.4	17.3
20	16.1	16.1	15.9	18.09	15.5	15.4	15.2	15.4
OAc	170.6/20.6	170.6/20.7	170.4/21.6	170.32/19.19				
1'	165.2	164.2	164.4			61.6	165.0	164.5
2'	128.9	125.4	126.8			78.4	125.9	125.2
3'	128.8	149.6	149.6			38.3	148.7	150.3
4'	128.1					34.9		
5'	133.1	153.6	152.9			17.1	153.7	152.9
6'	128.1	123.7	124.0			16.9	123.5	123.2
7'	128.8	136.6	137.2				137.1	137.0
1"	165.7	165.7					173.9	165.5
2"	129.8	128.7					75.7	128.6
3"	129.5	129.4					31.6	128.3
4"	128.4	128.2					15.8	128.3
5"	133.2	133.4					19.0	133.4
6"	128.4	128.2						128.3
7"	129.5	129.4						128.3

表 3-11-48 化合物 3-11-268~3-11-269 的 ^{13}C NMR 数据

C	3-11-268[95]	3-11-269[101]	C	3-11-268[95]	3-3-3-269[101]	C	3-3-3-269[101]
1	19.3	22.25	11	147.0	35.03	OBz-1'	165.96
2	26.1	28.36	12	121.9	25.02	2'	130.10
3	123.1	33.10	13	162.2	171.66	3',5'	129.78
4	140.7	153.95	14	114.9	114.39	4',6'	128.24
5	43.4	45.98	15	174.1	174.13	7'	133.15
6	75.4	74.42	16	70.7	73.21	OBz-1"	166.11
7	76.7	76.14	17	22.4	21.67	2"	129.02
8	76.8	79.49	18	20.1	104.65	3",5"	129.41
9	48.4	43.24	19	17.4	16.92	4",6"	128.05
10	42.7	43.81	20	15.4	21.61	7"	132.66

3-11-276 R¹=R⁴=Me; R²=R³=α-OH
3-11-277 R¹=Me; R²=H; R³=α-OH; R⁴=CH₂OH
3-11-278 R¹=CH₂OH; R²=H; R³=α-OAc; R⁴=Me
3-11-279 R¹=R⁴=Me; R²=α-OX; R³=H

表 3-11-49　化合物 3-11-270~3-11-275 的 ^{13}C NMR 数据

C	3-11-270[78]	3-11-271[94]	3-11-272[102]	3-11-273[83]	3-11-274[103]	3-11-275[102]	C	3-11-270[78]	3-11-271[94]	3-11-272[102]	3-11-273[83]	3-11-274[103]	3-11-275[102]
1	17.4	17.4	23.9	18.0	17.2	18.5	12	22.6	18.9	19.2	17.4	18.8	138.2
2	27.4	26.4	74.1	27.2	27.3	27.5	13	39.6	139.1	134.8	134.9	134.9	127.3
3	140.5	121.4	132.5	136.7	142.7	137.0	14	29.6	141.2	145.4	142.3	143.9	33.3
4	141.1	144.3	147.0	143.4	140.8	143.4	15	66.4	102.5	71.0	70.0	70.2	103.2
5	37.5	43.5	38.9	37.6	44.7	38.3	16	172.8	171.3	175.0	174.1	174.3	170.0
6	35.7	75.6	36.3	35.8	74.4	36.0	17	15.9	22.1	16.3	15.8	15.6	16.6
7	27.2	77.4	27.8	27.1	35.7	27.7	18	171.0	16.4	170.5	167.6	173.7	170.0
8	36.1	38.4	36.8	36.0	33.9	38.1	19	20.5	12.3	19.5	20.6	16.6	20.9
9	38.7	37.9	39.0	38.7	38.9	41.4	20	18.3	19.5	18.6	19.0	17.4	17.9
10	46.5	45.4	42.6	46.6	45.6	49.1	OMe		57.1	56.9	50.1		56.7
11	36.0	36.8	36.4	36.3	36.1	39.4							

表 3-11-50　化合物 3-11-276~3-11-279 的 ^{13}C NMR 数据

C	3-11-276[94]	3-111-277[94]	3-11-278[104]	3-11-279[80]	C	3-11-276[94]	3-111-277[94]	3-11-278[104]	3-11-279[80]
1	17.4	19.0	17.9	19.0	9	37.9	43.6	38.4	39.3
2	26.5	27.0	26.4	27.7	10	45.4	46.5	46.1	47.3
3	121.4	119.5	121.9	122.7	11	39.7	33.7	39.5	40.0
4	144.5	145.5	148.0	145.8	12	18.1	18.2	18.5	18.8
5	43.5	37.0	37.0	45.6	13	125.4	125.3	125.4	126.8
6	75.7	43.3	39.3	87.0	14	110.7	111.0	111.0	111.8
7	77.5	72.6	75.1	36.6	15	142.7	142.8	142.2	143.9
8	38.4	39.1	38.1	35.6	16	138.4	138.5	138.5	139.6

续表

C	3-11-276[94]	3-111-277[94]	3-11-278[104]	3-11-279[80]	C	3-11-276[94]	3-111-277[94]	3-11-278[104]	3-11-279[80]
17	22.2	18.6	12.2	23.8	2'				75.6
18	16.4	21.6	62.8	16.3	3'				78.4
19	12.3	13.2	23.0	16.8	4'				71.9
20	19.6	65.4	19.6	18.2	5'				75.0
OAc			170.8/21.5	172.5/20.8	6'				64.9
1'				104.3					

3-11-280 R=CH₂OAc
3-11-281 R=CHO

3-11-282 R¹=CH₂OAc; R²=Me
3-11-283 R¹=R²=CH₂OAc
3-11-284 R¹=COOH; R²=CH₂OH

3-11-285

3-11-286 R¹=H; R²=β-OH
3-11-287 R¹=R²=H
3-11-288 R¹=R²=β-OH

表 3-11-51 化合物 3-11-280~3-11-284 的 ¹³C NMR 数据

C	3-11-280[105]	3-11-281[105]	3-11-282[82]	3-11-283[82]	3-11-284[106]	C	3-11-280[105]	3-11-281[105]	3-11-282[82]	3-11-283[82]	3-11-284[106]
1	64.2	63.8	17.8	17.1	17.0	14	110.8	110.8	110.7	110.8	110.9
2	38.0	38.0	26.4	25.9	26.9	15	142.9	143.0	138.1	138.2	142.8
3	133.3	133.5	125.6	128.4	139.4	16	138.5	138.6	142.4	142.6	138.5
4	141.3	140.9	142.4	139.0	141.0	17	65.9	205.8	15.8	15.7	15.9
5	37.1	37.0	37.5	40.4	38.8	18	167.2	167.0	64.6	65.4	172.9
6	37.8	36.8	35.9	31.7	31.4	19	21.4	21.3	20.9	67.9	65.5
7	22.3	19.0	26.9	26.8	26.8	20	20.7	21.4	17.9	18.3	18.6
8	41.4	55.1	36	36.2	36.3	OAc	171.3	170.5	170.8	170.8	
9	39.1	39.7	38.4	38.4	42.1		21.0	20.9	21.1	20.9	
10	48.7	48.6	45.9	46.1	46.4					170.8	
11	39.1	40.8	38.3	38.5	38.6					20.9	
12	18.2	18.4	17.9	18.1	18.3	OMe	51.3	51.4			
13	124.8	124.4	125.3	125.2	125.3						

表 3-11-52 化合物 3-11-285~3-11-288 的 ¹³C NMR 数据[92]

C	3-11-285	3-11-286	3-11-287	3-11-288	C	3-11-285	3-11-286	3-11-287	3-11-288
1	36.9	37.4	35.2	38.0	5	37.9	40.1	40.0	40.1
2	201.2	201.2	198.8	198.8	6	35.9	36.1	35.3	42.8
3	63.4	125.6	126.0	125.2	7	28.6	28.1	27.9	72.9
4	72.2	171.6	170.5	170.6	8	35.9	35.8	35.0	40.0

续表

C	3-11-285	3-11-286	3-11-287	3-11-288	C	3-11-285	3-11-286	3-11-287	3-11-288
9	56.5	55.7	51.8	55.8	16	25.5	25.3	25.0	25.8
10	50.3	46.7	45.9	47.3	17	18.2	18.5	18.3	15.9
11	74.4	74.4	76.4	74.5	18	19.5	19.2	19.2	18.8
12	87.3	87.1	85.9	87.5	19	16.5	18.5	17.8	20.7
13	73.3	73.1	74.4	73.1	20	101.2	101.4	69.4	101.5
14	139.4	139.5	139.6	140.9	OAc	169.9/20.7	169.9/20.7	170.0/20.9	169.5/20.4
15	115.3	115.1	114.4	101.5					

3-11-289 R^1=X; R^2=OH; R^3=H
3-11-290 R^1=OH; R^2=X; R^3=H
3-11-291 R^1=X; R^2=R^3=OH
3-11-292 R^1=OH; R^2=X; R^3=OH
3-11-293 R^1=X; R^2=H; R^3=OH

3-11-294 R^1=X; R^2=OH; R^3=H
3-11-295 R^1=X; R^2=R^3=OH
3-11-296 R^1=R^3=OH; R^2=X

表3-11-53　化合物 3-11-289~3-11-293 的 ^{13}C NMR 数据[107]

C	3-11-289	3-11-290	3-11-291	3-11-292	3-11-293	C	3-11-289	3-11-290	3-11-291	3-11-292	3-11-293
1	27.2	29.6	27.1	30.1	36.5	18	96.0	95.7	95.6	95.7	94.6
2	66.0	64.1	65.6	64.3	65.9	19	97.4	94.8	97.5	98.3	99.1
3	122.1	126.4	122.4	127.6	121.3	20	25.1	25.3	25.4	26.3	25.9
4	156.2	142.7	144.2	141.6	145.8	1'	166.2	166.0	165.9	166.3	166.2
5	53.6	52.3	52.6	52.8	49.7	2'	115.6	114.7	115.2	114.6	115.5
6	73.1	73.4	76.7	76.9	37.8	3'	146.3	147.5	146.7	148.8	146.3
7	37.5	33.4	73.6	72.8	69.4	4'	127.0	127.0	126.8	127.6	127.0
8	36.7	36.4	42.2	43.9	43.8	5'	146.7	147.3	146.7	148.2	146.9
9	37.8	37.8	39.0	39.4	39.4	6'	33.0	33.2	33.1	33.7	33.3
10	37.1	36.6	36.5	37.1	34.6	7'	28.7	28.6	28.5	28.8	28.8
11	30.6	30.5	31.6	32.3	31.9	8'	31.6	31.6	31.5	31.6	31.7
12	129.3	129.4	128.6	129.5	128.7	9'	22.7	22.7	22.5	23.3	22.7
13	135.8	135.8	135.8	135.9	136.1	10'	14.2	14.2	14.0	14.9	14.2
14	141.5	141.4	141.2	141.7	141.4	18-OAc	170.4	170.3	170.3	170.1	170.5
15	111.1	111.2	111.2	112.0	111.3		21.5	21.5	21.3	21.7	21.5
16	12.1	12.1	12.0	12.8	12.2	19-OAc	169.8	169.7	169.4	169.4	169.9
17	15.8	15.7	11.0	11.9	11.0		21.9	22.0	22.3	22.3	21.7

表 3-11-54　化合物 3-11-294~3-11-296 的 ^{13}C NMR 数据[107]

C	3-11-294	3-11-295	3-11-296	C	3-11-294	3-11-295	3-11-296
1	27.5	27.5	29.5	17	16.2	10.7	10.7
2	66.4	65.5	63.6	18	96.0	95.4	95.0
3	122.2	122.3	127.0	19	98.1	97.9	98.0
4	145.3	146.8	141.9	20	24.2	24.6	24.8
5	54.0	52.8	53.2	1'	166.2	166.1	166.5
6	73.8	77.0	76.3	2'	115.7	115.4	114.2
7	38.1	73.2	71.7	3'	146.8	146.7	148.4
8	36.6	42.2	43.0	4'	127.4	127.2	127.1
9	38.6	39.0	39.4	5'	147.0	147.3	147.4
10	42.6	41.8	40.8	6'	33.6	33.3	33.5
11	38.9	39.7	39.3	7'	29.0	28.6	28.8
12	83.4	82.8	82.7	8'	31.9	31.7	31.9
13	146.2	146.2	146.1	9'	22.9	22.6	23.0
14	135.6	135.6	135.5	10'	14.7	14.0	13.8
15	116.7	116.3	116.6	18-OAc	171.1/21.6	170.8/21.4	170.5/21.2
16	117.5	117.3	117.1	19-OAc	169.9/22.2	170.0/21.7	169.8/21.8

3-11-297 R=H
3-11-298 R=OAc

3-11-300 R^1=β-OAc; R^2=R^3=H; R^4=α-COCH(Me)$_2$; R^5=OAc
3-11-301 R^1=R^4=H; R^2=β-OAc; R^3=β-OH; R^5=X

3-11-299

3-11-302

表 3-11-55　化合物 3-11-297~3-11-304 的 ^{13}C NMR 数据

C	3-11-297[108]	3-11-298[108]	3-11-299[109]	3-11-300[110]	3-11-301[111]	3-11-302[112]	3-11-303[113]	3-11-304[114]
1	70.1	69.5	20.64	70.4	21.3	20.4	22.7	17.17
2	40.3	40.8	24.97	31.7	24.8	32.0	25.2	30.24
3	66.7	66.8	32.00	30.4	32.3	65.7	32.9	76.46
4	64.2	65.0	66.66	64.0	65.1	67.5	65.3	65.11
5	45.9	45.5	42.03	46.0	45.9	45.3	45.3	44.76

续表

C	3-11-297[108]	3-11-298[108]	3-11-299[109]	3-11-300[110]	3-11-301[111]	3-11-302[112]	3-11-303[113]	3-11-304[114]
6	71.3	71.3	73.75	71.2	70.5	71.7	72.4	74.98
7	30.3	31.3	32.86	32.6	74.9	32.5	33.2	34.01
8	35.0	35.0	34.65	35.2	78.6	35.4	35.6	35.01
9	38.9	39.0	38.68	39.5	42.5	39.5	43.2	39.39
10	50.9	50.9	47.46	50.8	42.8	48.7	49.4	47.87
11	32.0	42.5	35.03	41.7	34.9	40.7	40.4	45.02
12	32.4	64.1	21.96	66.3	25.1	66.0	63.2	63.12
13	172.3	172.2	170.15	169.3	171.3	168.5	130.5	130.90
14	115.8	116.0	115.32	115.9	114.5	116.0	108.2	108.20
15	168.4	170.0	173.79	172.4	174.1	172.4	143.3	143.75
16	70.6	70.4	73.01	70.4	73.2	70.4	138.1	138.21
17	15.3	15.2	15.39	15.5	21.6	15.3	16.8	15.56
18	48.4	47.0	52.07	48.6	49.8	42.5	48.6	47.46
19	61.4	61.3	14.48	61.0	62.2	61.5	62.2	63.65
20	16.8	16.8	17.58	17.0	20.5	17.0	63.5	18.17
OAc	169.4/21.1	169.5/21.0		169.4/21.8	170.8/20.6	170.5/21.0	171.1/21.2	170.93/21.24
	169.8/21.0	169.4/21.0		169.6/21.0	169.9/21.2	169.7/21.0	170.0/21.1	170.04/21.20
	169.0/21.0	170.2/21.0		170.4/21.0				
		166.3/20.7						
1'		168.0	168.2	COCH(Me)$_2$		175.6		
2'		129.3	129.2	177.8		40.7		
3'		138.2	138.5	34.2		26.8		
4'		14.5	14.4	19.5		11.5		
5'		12.2	12.2	18.4		15.8		

3-11-303 R^1=R^4=H; R^2=Ac; R^3=H$_2$; R^5=CH$_2$OH; R^6=OH
3-11-304 R^1=α-OAc; R^2=R^4=H; R^3=H$_2$; R^5=Me; R^6=OH
3-11-305 R^1=α-OAc; R^2=Ac; R^3=H$_2$; R^4=H; R^5=Me; R^6==O
3-11-306 R^1=α-OAc; R^2=Ac; R^3=H$_2$; R^4=H; R^5=Me; R^6=OAc
3-11-307 R^1=β-OH; R^2=R^4=R^6=H; R^3=O; R^5=Me
3-11-308 R^1=β-OAc; R^2=R^6=H; R^3=O; R^4=OH; R^5=Me

表 3-11-56 化合物 3-11-305~3-11-308 的 ^{13}C NMR 数据

C	3-11-305[114]	3-11-306[114]	3-11-307[114]	3-11-308[115]	C	3-11-305[114]	3-11-306[114]	3-11-307[114]	3-11-308[115]
1	17.82	17.22	27.06	27.45	8	35.43	35.19	45.29	84.33
2	30.31	30.22	26.92	25.09	9	40.94	39.22	49.83	49.58
3	76.86	76.49	63.35	66.30	10	47.49	48.68	81.81	82.27
4	63.54	63.48	66.56	61.29	11	45.88	42.34	38.98	31.31
5	45.46	45.11	54.72	55.53	12	193.05	64.65	21.79	22.31
6	73.09	73.09	75.44	71.54	13	129.58	126.09	125.14	124.98
7	33.48	32.79	209.00	208.56	14	108.47	108.47	110.60	110.74

C	3-11-305[114]	3-11-306[114]	3-11-307[114]	3-11-308[115]	C	3-11-305[114]	3-11-306[114]	3-11-307[114]	3-11-308[115]
15	146.91	143.56	143.13	142.90	20	17.53	17.53	18.22	19.00
16	144.46	139.88	138.53	138.56	OAc	170.22/21.03	170.85/21.45	170.16/21.00	171.15/20.85
17	15.39	15.39	8.10	17.04		169.08/21.03	169.85/21.27		169.74/20.95
18	47.13	46.91	46.42	46.10		168.96/20.95	169.81/21.19		
19	62.68	62.43	63.73	63.26			169.81/21.15		

3-11-309 R¹=Bz; R²=OH; R³=Nic
3-11-310 R¹=Ac; R²=H; R³=Nic
3-11-311 R¹=R³=Bz; R²=H

3-11-312

表 3-11-57 化合物 3-11-309~3-11-312 的 ^{13}C NMR 数据

C	3-11-309[99]	3-11-310[100]	3-11-311[97]	3-11-312[95]	C	3-11-309[99]	3-11-310[100]	3-11-311[97]	3-11-312[95]
1	18.3	28.6	28.8	71.1	17	18.0	20.4	19.8	20.4
2	26.2	32.8	33.1	32.7	18	20.9	20.7	20.1	20.3
3	123.1	119.8	121.1	120.4	19	17.2	16.2	16.7	16.3
4	141.5	143.8	143.9	143.4	20	17.0	21.1	22.3	21.4
5	42.8	43.6	44.8	43.8	1'	164.8	164.3	166.7	165.62
6	77.7	75.9	73.0	77.2	2'	125.9	126.1	128.9	126.4
7	74.7	74.4	69.8	74.6	3'	150.7	150.2	130.0	150.9
8	84.7	81.5	83.7	82.1	4'			129.2	
9	43.3	38.3	39.1	38.3	5'	153.6	153.4	133.4	153.5
10	40.3	43.3	43.7	43.5	6'	123.5	123.7	129.2	123.4
11	75.6	72.1	72.5	28.3	7'	137.5	137.2	130.0	137.2
12	30.7	29.1	29.6	29.4	1"	167.5		168.3	165.66
13	79.9	76.6	76.8	76.2	2"	130.7		129.4	133.4
14	76.2	44.2	43.9	42.2	3"/7"	129.7		129.8	129.4
15	175.3	173.4	174.2	174.5	4"/6"	128.4		128.6	128.6
16	75.8	75.9	76.3	79.6	5"	133.1		133.7	130.0

3-11-313 R¹=Bz; R²=R³=Ac
3-11-314 R¹=MePr; R²=R³=Ac
3-11-315 R¹=Nic; R²=R³=Ac
3-11-316 R¹=R³=Bz; R²=Nic

3-11-317

3-11-318

表 3-11-58　化合物 3-11-313~3-11-318 的 ^{13}C NMR 数据

C	3-11-313[98]	3-11-314[98]	3-11-315[98]	3-11-316[98]	3-11-317[97]	3-11-318[116]
1	70.8	70.3	71.6	70.9	22.5	72.6
2	33.0	32.8	33.0	33.1	28.6	25.5
3	120.2	120.1	119.9	120.5	32.9	26.9
4	143.1	143.4	143.2	143.1	154.6	152.1
5	44.2	44.1	44.2	44.7	46.1	44.0
6	73.2	73.1	73.0	74.6	74.1	72.0
7	74.1	74.0	73.9	74.5	67.7	74.5
8	80.8	80.7	80.7	81.2	85.0	83.1
9	38.7	38.6	38.6	38.9	43.8	43.9
10	43.1	43.1	43.0	43.5	43.6	44.8
11	28.5	28.3	28.5	28.6	74.5	71.9
12	29.3	29.3	29.2	29.3	31.2	34.5
13	76.5	76.3	76.4	77.0	77.9	77.4
14	44.3	44.2	44.2	44.5	42.4	42.6
15	173.7	173.7	173.4	173.7	174.3	174.1
16	76.5	76.4	76.3	76.6	79.2	79.1
17	19.6	19.6	19.5	19.8	16.5	20.2
18	20.0	20.0	20.0	20.2	104.9	107.5
19	16.6	16.4	16.6	16.8	17.7	18.2
20	21.1	21.1	21.0	21.2	20.2	17.8
1'	165.6	176.3	164.3	165.7	166.5	OAc
2'	130.3	34.3	125.8	128.9	128.6	170.9,20.5
3'	129.4	18.5	150.7	129.5	129.9	170.2,21.6
4'	128.7	19.2		128.3	128.9	
5'	133.4		153.8	133.3	133.1	
6'	128.7		123.5	128.3	128.9	
7'	129.4		136.7	129.5	129.9	
1"	OAc	OAc	OAc	163.5	167.8	
2"	169.9,21.5	169.8,21.4	169.7,21.4	125.9	129.6	
3"	170.9,20.8	170.9,20.8	170.8,20.7	150.7	129.7	
4"					128.4	
5"				153.3	133.6	
6"				123.1	128.4	
7"				136.7	129.7	
1'''				166.3		
2'''				130.0		
3'''/7'''				129.8		
4'''/6'''				128.7		
5'''				133.5		

表 3-11-59　化合物 3-11-319~3-11-322 的 ^{13}C NMR 数据

C	3-11-319[117]	3-11-320[118]	3-11-321[119]	3-11-322[119]	C	3-11-319[117]	3-11-320[118]	3-11-321[119]	3-11-322[119]
1	30.3	136.6	128.4	24.7	12	193.7	19.7	19.1	21.4
2	69.5	121.8	68.2	66.4	13	128.9	124.6	126.9	169.6
3	140.1	128.6	29.8	128.2	14	108.5	110.6	111.9	115.3
4	137.3	131.5	39.2	143.9	15	144.6	143.0	143.8	173.5
5	44.5	39.8	39.9	45.4	16	147.0	138.3	139.6	72.8
6	37.5	22.3	30.1	33.9	17	11.9	16.2	16.1	15.5
7	73.2	23.8	28.2	27.4	18	168.7	169.3	175.2	168.2
8	39.6	35.5	37.6	36.4	19	72.1	77.4	69.9	70.5
9	39.9	37.5	40.3	37.8	20	19.2	22.2	16.8	17.5
10	42.3	46.1	153.8	40.3	OAc	169.8/21.2			169.6/20.9
11	45.9	41.9	41.1	34.6					

表 3-11-60　化合物 3-11-323~3-11-330 的 ^{13}C NMR 数据

C	3-11-323[119]	3-11-324[120]	3-11-325[121]	3-11-326[122]	3-11-327[123]	3-11-328[124]	3-11-329[124]	3-11-330[114]
1	29.5	27.38	19.1	19.8	20.9	18.4	18.6	27.18
2	63.6	63.80	25.2	26.5	25.6	25.2	25.6	25.80
3	131.9	133.10	127.9	140.0	129.4	119.4	118.7	68.72
4	142.3	140.90	141.3	137.5	140.8	145.2	146.3	84.08
5	45.7	45.40	42.0	49.2	42.0	38.1	38.5	58.24
6	34.1	33.28	75.9	66.9	70.0	38.2	40.6	75.02
7	27.6	27.38	31.4	35.4	37.0	82.4	84.1	210.87
8	36.5	37.10	38.0	35.5	30.9	47.9	46.6	43.79
9	37.8	43.80	50.9	52.5	50.4	50.2	52.3	48.28
10	39.2	40.45	50.9	46.0	36.9	47.5	47.1	90.10
11	34.4	38.26	43.7	44.5	37.9	27.0	26.8	38.68
12	21.5	62.60	71.5	72.2	62.1	18.6	19.2	21.08
13	171.4	173.30	125.3	127.0	132.6	124.2	125.3	125.32
14	114.4	113.30	107.9	108.7	109.4	110.6	110.9	110.63
15	174.4	175.60	144.0	144.5	143.4	143.0	142.7	142.67
16	73.3	70.90	139.3	140.5	138.6	138.5	138.5	123.83
17	15.6	15.71	16.1	17.4	16.8	18.0	18.0	7.71
18	169.2	168.70	170.1	169.8	64.5	23.9	23.5	68.63
19	70.9	70.28	15.9	65.0	75.5	14.4	15.1	61.75
20	17.7	16.40	175.9	178.0	173.5	179.4	106.0	18.60
OAc				170.0/21.2				169.73/20.77
OMe			51.5	51.6			55.4	

表 3-11-61　化合物 3-11-331~3-11-336 的 ^{13}C NMR 数据

C	3-11-331[125]	3-11-332[125]	3-11-333[126]	3-11-334[127]	3-11-335[105]	3-11-336[118]
1	15.3	15.7	69.2	204.4	68.5	28.2
2	28.1	27.8	67.1	76.1	192.9	66.2
3	62.1	62.0	135.3	30.6	127.9	139.3
4	66.4	65.3	141.9	50.0	161.2	143.1
5	37.2	44.2	38.0	42.9	38.2	39.6
6	37.1	53.1	38.2	34.1	35.3	18.3
7	28.2	212.1	17.6	17.5	18.2	27.0
8	36.0	50.0	50.1	45.4	52.6	36.4
9	39.1	41.4	36.8	34.2	36.8	39.3
10	47.9	47.7	53.7	62.1	53.8	38.3
11	38.6	39.1	45.6	47.8	43.2	39.7
12	18.3	18.8	66.3	69.9	71.8	28.9
13	135.5	124.5	126.4	123.4	125.1	125.3
14	110.9	110.7	108.8	108.4	108.3	110.9
15	142.7	143.0	143.2	143.6	143.9	142.7

续表

C	3-11-331[125]	3-11-332[125]	3-11-333[126]	3-11-334[127]	3-11-335[105]	3-11-336[118]
16	138.3	138.5	139.2	139.7	139.5	138.3
17	16.0	8.1	94.4	173.7	169.7	15.7
18	19.7	19.5	166.5	172.5	166.2	165.3
19	16.8	19.6	22.2	14.9	22.8	68.0
20	18.5	17.8	15.8	24.5	16.0	16.5
OMe			51.6	51.7	52.1	51.5
OAc			171.7/21.3	169.6/21.1	170.9/21.3	

3-11-341 R¹=OH; R²=H₂; R³=α-H, β-OH; R⁴=H; R⁵=O
3-11-342 R¹=OAc; R²=H₂; R³=α-H, β-OAc; R⁴=H; R⁵=O
3-11-343 R¹=H₂; R²==O; R³=α-H, β-OH; R⁴=H; R⁵=H,OH
3-11-344 R¹=H₂; R²=H₂; R³=O; R⁴=OAc; R⁵=O

3-11-348 R¹=R³=H; R²=H₂; R⁴=CH₂CH₃; R⁵=β-OCH₃, α-H
3-11-349 R¹=H; R²=α-OH, β-H; R³=MeCH(OAc)CH(Me)COO; R⁴=CH₃; R⁵=H,OH
3-11-350 R¹=COC(Me)=CH(Me); R²=H₂; R³=OH; R⁴=CH₃; R⁵=H₂

表 3-11-62 化合物 3-11-337~3-11-338, 化合物 3-11-346~3-11-347 的 ¹³C NMR 数据

C	3-11-337[128]	3-11-338[129]	3-11-346[130]	3-11-347[131]	C	3-11-337[128]	3-11-338[129]	3-11-346[130]	3-11-347[131]
1	21.2	21.9	23.1	24.0	5	52.8	53.1	49.9	47.1
2	24.7	24.8	29.5	24.5	6	204.2	202.6	68.1	78.4
3	31.7	31.5	62.0	32.6	7	90.9	90.5	37.2	209.0
4	62.6	62.1	60.0	62.0	8	46.5	48.9	36.9	46.9

续表

C	3-11-337[128]	3-11-338[129]	3-11-346[130]	3-11-347[131]	C	3-11-337[128]	3-11-338[129]	3-11-346[130]	3-11-347[131]
9	53.6	57.3	42.0	47.9	17	99.6	15.0	16.2	8.8
10	51.3	55.8	29.6	44.7	18	15.4	49.0	49.7	51.6
11	31.5	136.3	36.9	36.1	19	49.1	62.3	71.5	55.9
12	62.4	120.8	68.4	65.7	20	63.1	96.3	172.1	94.2
13	125.3	131.8	132.5	127.3	OAc	171.3/21.1	170.6/21.1	169.4/20.1	170.3/21.2
14	108.8	140.7	109.2	109.4		170.2/21.1	169.6/20.9		
15	143.7	92.0	138.6	144.1			168.8/20.6		
16	140.1	168.4	143.3	140.7					

表 3-11-63　化合物 3-11-339~3-11-345 的 ^{13}C NMR 数据

C	3-11-339[132]	3-11-340[132]	3-11-341[133]	3-11-342[133]	3-11-343[134]	3-11-344[135]	3-11-345[136]
1	22.1	22.8	30.9	28.5	22.7	23.6	22.4
2	24.9	24.9	66.0	69.7	42.5	24.9	39.0
3	31.9	31.8	40.4	37.0	206.5	32.9	202.2
4	65.5	65.2	59.1	58.3	68.8	61.6	63.8
5	46.2	46.3	45.3	44.4	47.6	54.5	53.0
6	73.9	73.7	65.4	69.0	66.2	200.7	206.3
7	32.7	32.4	35.3	31.0	37.5	75.3	72.9
8	40.7	37.9	32.4	33.3	35.9	44.8	48.4
9	51.2	50.8	51.8	51.4	54.1	53.4	53.0
10	50.7	52.8	39.6	41.9	45.4	54.4	52.6
11	43.6	43.2	44.8	44.7	46.2	43.4	43.5
12	71.4	71.5	72.2	71.8	70.2	73.0	72.8
13	125.3	125.1	125.3	125.1	127.1	125.6	124.4
14	107.9	108.1	108.2	108.1	110.0	109.0	107.8
15	144.2	144.2	144.2	144.3	143.7	145.1	144.6
16	139.1	139.6	139.8	139.8	139.9	140.9	139.7
17	16.8	16.5	16.4	16.2	17.5	13.7	13.5
18	47.4	47.3	54.3	51.9	56.8	48.9	50.6
19	61.5	60.8	63.7	62.4	63.0	62.6	63.2
20	176.1	176.3	178.1	176.7	100.0	177.5	176.1
OAc	169.6/21.3	169.5/21.2	171.5/21.2	170.5/21.5	170.2/20.7	170.8/21.0	169.3/20.5
				170.0/21.2		169.6/20.5	
				169.2/21.0			

表 3-11-64　化合物 3-11-348~3-11-351 的 ^{13}C NMR 数据

C	3-11-348[137]	3-11-349[128]	3-11-350[138]	3-11-351[112]	C	3-11-348[137]	3-11-349[128]	3-11-350[138]	3-11-351[112]
1	22.1	30.0	69.6	69.3	5	45.5	45.6	44.8	44.7
2	24.9	72.7	37.8	33.9	6	71.9	32.8	71.4	71.4
3	32.7	71.3	64.1	63.6	7	33.3	33.1	32.8	32.5
4	65.0	62.8	66.7	66.6	8	36.1	35.7	33.8	33.3

续表

C	3-11-348[137]	3-11-349[128]	3-11-350[138]	3-11-351[112]	C	3-11-348[137]	3-11-349[128]	3-11-350[138]	3-11-351[112]
9	40.0	41.0	41.8	40.7	20	13.9	16.5	14.4	19.0
10	48.5	42.2	52.0	51.7	OAc	170.1/21.2	171.1/20.9	170.2/21.2	170.2/21.0
11	83.5	83.2	84.1	83.3				170.0/20.8	169.8/21.1	169.7/21.0
12	32.1	32.2	33.6	38.1				171.0/21.0		
13	39.9	40.1	41.9	46.0	OMe	54.6			
14	38.0	33.3	32.8	101.8	1'	174.2	172.2	166.5	175.5
15	104.8	98.6	67.8	146.6	2'	29.6	61.1	129.2	40.9
16	107.2	109.1	108.5	108.2	3'	9.1	12.6	137.6	26.9
17	16.4	13.7	17.9	15.8	4'		MeCH(OAc)	14.5	11.3
18	48.3	43.5	43.8	43.3	5'		82.8/16.4	12.1	14.4
19	62.0	61.4	61.7	61.3					

3-11-352   3-11-353   3-11-354

表 3-11-65 化合物 3-11-352~3-11-354 的 ^{13}C NMR 数据

C	3-11-352[139]	3-11-353[140]	3-11-354[141]	C	3-11-352[139]	3-11-353[140]	3-11-354[141]
1	27.4	22.1	21.7	15	173.2	173.3	172.7
2	25.0	25.1	25.1	16	76.5	77.4	77.1
3	32.2	32.6	32.4	17	19.8	24.1	24.1
4	65.1	64.9	64.8	18	49.8	48.6	48.4
5	45.6	45.4	45.2	19	62.3	62.3	61.7
6	68.8	68.4	67.6	20	19.5	16.7	16.1
7	73.6	38.5	38.4	OAc	170.7/21.0	171.2/21.2	170.2/21.2
8	80.6	81.3	81.7		170.7/20.8		171.0/21.2
9	37.7	42.5	42.2	1'	175.0	166.9	175.6
10	41.6	43.0	42.8	2'	40.9	128.9	34.1
11	20.6	71.6	72.5	3'	25.9	136.8	18.7
12	28.9	37.7	34.8	4'	11.5	14.2	18.7
13	76.2	77.7	77.7	5'	16.1	12.0	
14	44.2	43.9	43.7				

3-11-355 R^1==O; R^2=Ac; R^3=H
3-11-356 R^1=α-OAc; R^2=Ac; R^3=H
3-11-357 R^1==O; R^2=Ac; R^3=Me
3-11-358 R^1=α-OAc; R^2=Ac; R^3=Me
3-11-359 R^1=α-OAc; R^2=Ac; R^3=Et
3-11-360 R^1=β-OAc; R^2=Ac; R^3=H
3-11-361 R^1==O; R^2=R^3=H

表 3-11-66　化合物 3-11-355~3-11-361 的 ^{13}C NMR 数据

C	3-11-355[114]	3-11-356[114]	3-11-357[114]	3-11-358[114]	3-11-359[114]	3-11-360[114]	3-11-361[115]
1	28.21	24.40	28.42	24.65	24.65	27.43	28.20
2	36.17	25.68	35.97	25.49	25.44	26.41	36.43
3	205.32	76.45	205.08	76.38	76.58	67.47	204.26
4	63.00	60.93	61.90	60.75	60.78	62.41	64.39
5	48.76	47.20	48.72	47.21	47.30	48.40	48.62
6	68.75	70.13	68.81	69.70	69.97	68.88	68.86
7	32.89	32.74	32.93	32.67	32.74	33.03	33.62
8	33.76	33.70	33.73	33.67	33.72	33.58	33.85
9	49.18	48.48	48.91	47.90	47.82	48.41	49.29
10	90.14	91.73	90.47	92.10	90.08	91.62	89.81
11	50.58	49.40	51.50	51.40	49.19	50.52	50.58
12	100.81	101.08	104.47	104.75	104.29	101.05	100.82
13	131.91	132.27	127.88	128.00	128.77	132.92	132.00
14	108.16	108.37	108.68	108.68	108.82	108.65	108.14
15	143.97	143.79	144.08	143.83	142.77	143.72	143.93
16	138.49	138.56	140.15	140.20	139.33	138.88	138.26
17	15.94	16.18	15.97	16.08	16.14	15.76	16.04
18	52.51	50.64	52.35	49.15	51.73	44.53	52.51
19	61.03	62.32	61.90	62.18	62.27	60.91	60.89
20	15.04	13.96	15.07	14.05	14.13	13.19	15.28
OAc	170.21/21.26	170.84/21.33	170.19/21.3	170.74/21.62	170.85/21.32	170.34/21.11	169.90/20.48
	169.97/20.56	170.01/21.27	169.89/20.54	170.02/21.24	170.08/21.32	169.48/20.99	
		170.01/21.19		169.90/21.18	170.02/21.26	169.14/20.63	
OMe			51.31	51.21			
OEt					58.98/14.90		

表 3-11-67 化合物 3-11-362~3-11-369 的 ^{13}C NMR 数据

C	3-11-362[115]	3-11-363[142]	3-11-364[70]	3-11-365[143]	3-11-366[70]	3-11-367[144]	3-11-368[144]	3-11-369[144]
1	29.67	70.03	73.8	29.2	18.9	22.5	22.1	23.0
2	25.23	51.10	130.6	126.8	128.8	24.1	23.7	24.8
3	203.74	49.22	137.0	121.1	121.2	24.3	23.9	25.3
4	64.69	80.42	80.3	51.2	52.1	42.1	41.6	44.5
5	48.48	40.60	35.6	45.8	41.4	56.0	55.5	48.2
6	65.20	26.23	37.1	34.3	32.4	208.5	207.9	67.7
7	25.76	26.66	142.1	132.6	21.9	48.8	41.0	35.1
8	86.07	45.80	134.3	135.9	49.0	76.3	40.5	33.2
9	52.25	38.79	42.4	41.2	35.1	56.5	51.0	51.7
10	82.96	71.85	55.9	72.5	38.2	44.7	49.2	41.8
11	46.21	34.91	42.1	40.6	40.8	39.7	41.7	42.1
12	103.02	70.50	69.7	72.9	70.5	72.5	72.3	72.2
13	121.38	125.68	125.0	124.7	124.7	125.9	124.8	126.2
14	108.65	108.99	109.1	109.2	108.3	108.9	108.0	109.0
15	143.27	139.92	140.4	143.8	143.8	145.0	144.5	144.7
16	140.33	143.84	143.8	140.3	139.6	140.9	139.6	140.6
17	24.89	171.40	163.2	169.2	175.4	26.2	17.2	16.9
18	52.59	172.98	174.6	175.4	171.4	180.0	176.8	178.8
19	61.03	22.76	26.4	73.7	70.0	69.5	69.4	71.0
20	12.86	20.12	20.4	28.1	23.7	177.6	176.8	177.9
OAc	169.96 20.58							

3-11-367 R^1=R^3==O; R^2=OH; R^4=H
3-11-368 R^1=R^3==O; R^2=R^4=H
3-11-369 R^1=α-H, β-OH; R^2=R^4=H; R^3==O
3-11-370 R^1=α-H, β-OAc; R^2=R^4=H; R^3=α-H, β-Glu
3-11-371 R^1=R^3=α-H, β-OAc; R^2=R^4=H
3-11-372 R^1=α-H, β-OH; R^2=H; R^3==O; R^4=OH

表 3-11-68 化合物 3-11-370~3-11-373 的 ^{13}C NMR 数据

C	3-11-370[145]	3-11-371[145]	3-11-372[146]	3-11-373[144]	C	3-11-370[145]	3-11-371[145]	3-11-372[146]	3-11-373[144]
1	23.2	23.2	30.5	21.8	2	25.3	25.1	64.1	27.1

C	3-11-370[145]	3-11-371[145]	3-11-372[146]	3-11-373[144]	C	3-11-370[145]	3-11-371[145]	3-11-372[146]	3-11-373[144]
3	26.1	26.9	32.4	136.5	16	139.5	139.5	140.2	141.2
4	44.6	44.5	41.3	133.2	17	16.5	16.5	17.0	16.7
5	47.8	48.1	48.1	59.0	18	102.2	102.6	179.1	167.0
6	73.2	73.3	67.7	206.8	19	70.8	71.8	70.7	71.9
7	31.1	31.4	35.0	42.8	20	176.8	176.9	177.9	177.2
8	33.2	33.2	33.1	40.9	OAc	171.9/21.4	171.0/21.4		
9	51.1	51.2	51.3	50.5			169.9/21.3		
10	47.1	47.8	35.0	50.1	1'	97.0			
11	42.4	42.6	41.8	40.7	2'	73.4			
12	71.8	70.3	72.0	72.3	3'	76.1			
13	125.3	125.2	126.0	125.4	4'	70.5			
14	108.0	108.1	108.7	108.9	5'	75.4			
15	144.1	144.2	144.4	145.0	6'	62.4			

表 3-11-69　化合物 3-11-374~3-11-377 的 ^{13}C NMR 数据

C	3-11-374[147]	3-11-375[121]	3-11-376[148]	3-11-377[149]	C	3-11-374[147]	3-11-375[121]	3-11-376[148]	3-11-377[149]
1	25.3	16.9	29.8	22.6	13	124.8	125.2	125.6	132.2
2	125.7	26.4	206.3	23.7	14	108.1	107.8	108.7	109.4
3	129.9	57.5	38.0	30.2	15	144.4	144.0	144.7	143.5
4	76.0	64.2	42.7	81.6	16	139.7	139.3	140.7	138.9
5	48.0	41.6	47.6	47.8	17	16.5	16.0	16.1	16.6
6	68.2	75.0	78.2	107.2	18	177.5	170.0	177.1	76.9
7	32.0	31.4	37.0	40.1	19	69.0	11.9	58.3	67.4
8	33.0	38.0	32.9	35.5	20	176.1	175.4	178.7	172.7
9	51.7	50.7	47.8	49.3	OAc	170.2	169.3		
10	37.3	51.3	43.9	43.0		21.5	21.0		
11	42.7	43.5	40.9	37.5	OMe		52.0		
12	72.2	71.4	71.9	62.7					

3-11-378

3-11-379

3-11-380

3-11-381

3-11-382　R^1=COOMe; R^2=Me; R^3=OMe

3-11-383　R^1=Me; R^2=COOH; R^3=Me

表 3-11-70　化合物 3-11-378~3-11-380 的 ^{13}C NMR 数据

C	3-11-378[150]	3-11-379[151]	3-11-380[151]	C	3-11-378[150]	3-11-379[151]	3-11-380[151]
1	8.5	28.8	28.7	14	38.8	33.5	33.4
2	67.2	66.8	66.5	15	98.7	68.3	66.1
3	36.9	36.7	36.5	16	107.9	108.3	107.7
4	60.6	60.8	60.6	17	16.6	16.8	17.3
5	41.6	42.5	42.4	18	50.1	49.7	49.6
6	68.3	69.9	69.7	19	91.5	93.1	93.0
7	33.0	32.7	31.1	20	14.0	13.9	12.2
8	35.4	35.0	34.5	OAc	170.0/20.9	169.3/21.4	169.1/21.3
9	41.1	41.4	41.4	1'	166.3		
10	41.0	40.4	41.2	2'	128.9		
11	84.4	85.9	83.4	3'	138.3		
12	33.1	32.9	32.2	4'	14.5		
13	39.7	41.8	42.5	5'	11.9		

表 3-11-71　化合物 3-11-381~3-11-384 的 ^{13}C NMR 数据

C	3-11-381[114]	3-11-382[83]	3-11-383[84]	3-11-384[100]	C	3-11-381[114]	3-11-382[83]	3-11-383[84]	3-11-384[100]	C	3-11-384[100]
1	24.70	18.0	17.8	17.9	13		167.7	209.4	97.6	1'	164.7
2	25.27	27.0	26.6	26.2	14			30.0	69.7	2'	125.4
3	75.39	136.8	120.6	123.7	15					3'	150.7
4	60.35	142.3	143.6	140.5	16					5'	152.9
5	46.69	37.5	37.8	43.2	17	16.36	15.8	179.5	20.6	6'	123.2
6	69.30	32.9	35.5	76.1	18	49.48	174.6	17.9	20.5	7'	136.9
7	32.19	28.0	21.5	76.2	19	62.16	20.6	19.9	17.3	1"	164.6
8	35.28	36.3	49.2	82.4	20	13.30	17.3	19.8	16.6	2"	125.8
9	44.98	38.4	38.2	43.6	OAc	170.54/21.29			170.1/21.3	3"	150.5
10	93.22	46.6	46.5	40.1		169.75/29.20				5"	153.3
11	42.80	35.8	33.2	73.3		169.66/21.15				6"	123.3
12	173.95	27.1	37.5	32.6	OMe		51.0			7"	137.5

3-11-384

3-11-385

3-11-386　R¹=R²=H
3-11-387　R¹=CH₃; R²=H
3-11-388　R¹=H; R²=OH

表 3-11-72　化合物 3-11-385~3-11-388 的 ^{13}C NMR 数据

C	3-11-385[152]	3-11-386[152]	3-11-387[152]	3-11-388[153]	C	3-11-385[152]	3-11-386[152]	3-11-387[152]	3-11-388[153]
1	33.3	32.9	34.3	27.9	11	40.2	41.6	42.9	43.3
2	65.0	65.3	66.0	65.6	12	71.2	70.5	71.9	70.6
3	35.0	34.3	35.7	28.5	13	125.2	124.3	125.0	126.1
4	37.5	37.0	38.0	45.3	14	108.6	108.3	109.4	109.8
5	49.6	49.7	51.3	76.1	15	143.9	143.6	144.8	144.6
6	207.7	208.0	208.6	209.0	16	140.2	140.0	140.9	141.0
7	37.2	36.6	37.9	29.3	17	172.1	174.6	175.2	173.7
8	49.0	44.2	45.6	42.9	18	175.0	176.3	176.1	175.8
9	34.7	34.9	36.3	35.7	20	21.0	17.2	19.1	20.4
10	31.8	39.9	41.2	44.6	OMe		51.8		52.4

表 3-11-73　化合物 3-11-389~3-11-392 的 ^{13}C NMR 数据

C	3-11-389[152]	3-11-390[152]	3-11-391[152]	3-11-392[153]	C	3-11-389[152]	3-11-390[152]	3-11-391[152]	3-11-392[153]
1	29.4	34.2	29.5	28.7	14	109.0	110.1	109.8	108.4
2	75.9	66.8	79.8	76.2	15	143.7	145.2	145.1	143.7
3	33.2	35.7	39.8	39.0	16	140.1	141.5	141.4	139.5
4	44.6	38.1	44.7	42.1	17	171.4	174.4	177.6	173.4
5	73.6	118.8	44.5	41.7	18	175.7	177.9	181.4	175.8
6	205.6	145.2	70.1	69.2	20	27.1	17.4	18.8	18.4
7	34.7	33.2	30.6	27.1	Glu		102.7		
8	45.8	75.0	42.3	41.8			75.3		
9	32.9	39.5	37.1	35.7			78.4		
10	42.9	32.4	40.8	40.9			71.7		
11	41.6	34.8	43.4	42.2			78.3		
12	69.6	73.6	71.9	70.1			63.1		
13	125.2	127.7	126.0	124.0					

表 3-11-74 化合物 3-11-393~3-11-398 的 ^{13}C NMR 数据

C	3-11-393[152]	3-11-394[144]	3-11-395[147]	3-11-396[147]	3-11-397[146]	3-11-398[147]	C	3-11-393[152]	3-11-394[144]	3-11-395[147]	3-11-396[147]	3-11-397[146]	3-11-398[147]
1	31.8	18.8	19.6	21.6	21.8	17.7	11	42.5	43.3	40.7	40.6	42.2	38.8
2	66.5	23.3	30.9	19.7	19.8	29.8	12	71.9	71.7	71.9	71.9	72.4	72.2
3	30.2	23.4	58.1	24.7	24.8	58.7	13	126.0	123.9	125.0	124.9	124.6	125.3
4	43.1	124.6	127.8	126.1	128.1	128.7	14	109.8	108.0	108.1	108.0	108.6	107.9
5	40.9	166.4	165.1	162.1	158.7	165.7	15	145.1	144.4	144.2	144.2	144.8	144.2
6	78.0	76.8	78.0	78.3	81.1	76.2	16	141.3	140.0	139.7	139.6	141.0	139.5
7	25.0	32.0	35.2	35.3	74.9	35.6	17	176.6	17.7	16.9	17.0	13.8	14.3
8	43.5	36.1	35.7	35.7	38.6	36.2	18	180.7	173.7	172.1	173.0	173.4	172.0
9	36.0	51.2	53.9	53.5	56.9	52.1	20	18.3	176.0	175.5	175.9	180.8	177.5
10	38.4	42.9	42.2	41.9	41.9	38.6							

表 3-11-75 化合物 3-11-399~3-11-401 的 ^{13}C NMR 数据

C	3-11-399[154]	3-11-400[155]	3-11-401[156]	C	3-11-399	3-11-400	3-11-401
1	26.8	21.1	25.1	10	133.5	52.5	39.4
2	20.7	28.2	25.5	11	40.0	45.8	133.8
3	28.3	145.6	141.9	12	72.3	194.7	75.2
4	46.1	131.2	133.6	13	125.5	129.2	124.9
5	141.1	70.2	48.8	14	107.9	108.5	109.2
6	75.3	41.5	71.8	15	139.0	143.9	145.1
7	25.9	26.7	30.4	16	144.2	146.6	140.7
8	35.6	36.9	39.6	17	15.3	16.9	177.0
9	49.3	42.6	134.6	18	15.5	42.4	169.0

续表

C	3-11-399[154]	3-11-400[155]	3-11-401[156]	C	3-11-399	3-11-400	3-11-401
19	176.4	168.5	69.2	OMe		51.7	
20	176.5	16.5	15.4	OAc			169.0/20.8

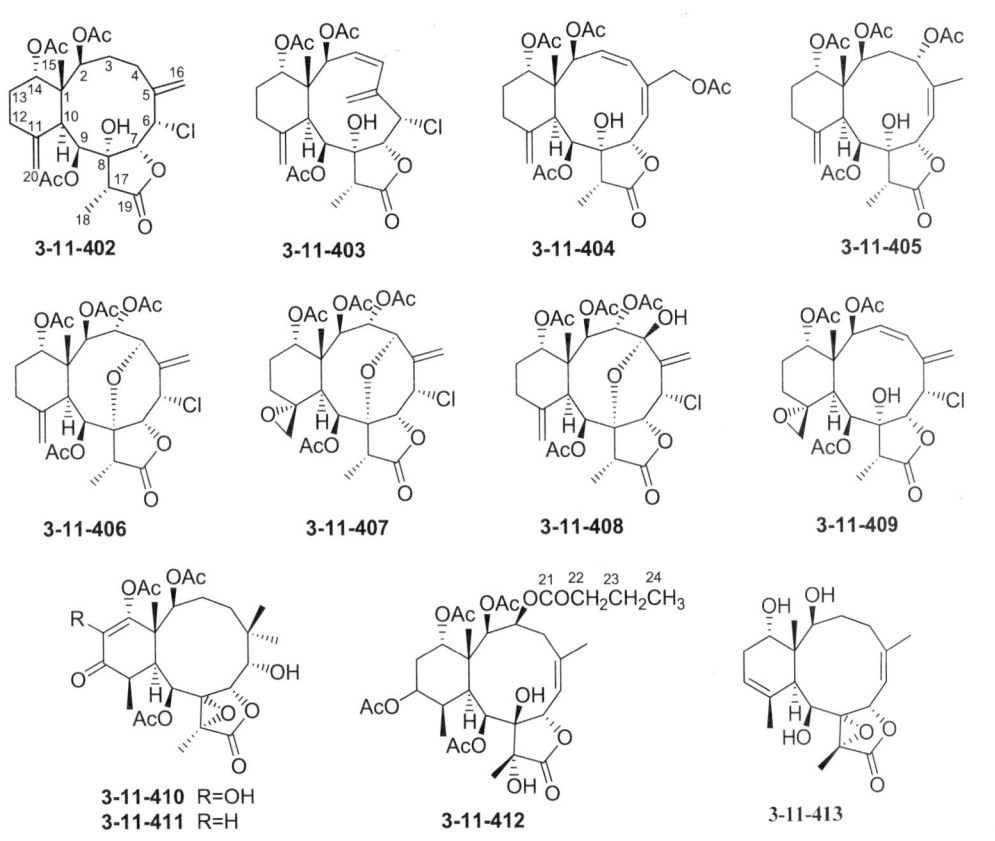

表 3-11-76　化合物 3-11-402~3-11-407 的 ^{13}C NMR 数据

C	3-11-402[157]	3-11-403[157]	3-11-404[157]	3-11-405[158]	3-11-406[158]	3-11-407[158]
1	48.4	47.9	47.5	47.6	47.5	46.8
2	73.4	71.3	74.7	72.8	72.8	72.8
3	28.9	131.1	133.2	38.1	63.9	63.8
4	33.4	128.6	127.4	72.0	78.8	78.8
5	146.7	138.1	140.0	144.8	134.3	134.3
6	53.4	63.2	122.8	123.8	53.9	53.9
7	81.6	78.8	79.0	77.3	79.1	79.0
8	81.5	83.8	83.0	82.9	82.7	82.9
9	80.2	75.4	69.0	71.4	77.5	70.8
10	44.0	42.9	42.5	42.5	44.0	41.0
11	150.0	148.8	150.6	151.2	147.2	56.2
12	33.0	27.9	27.2	26.0	32.6	29.7
13	27.5	27.1	28.1	27.6	27.5	24.6

C	3-11-402[157]	3-11-403[157]	3-11-404[157]	3-11-405[158]	3-11-406[158]	3-11-407[158]
14	74.9	73.8	74.0	73.8	74.5	73.9
15	14.5	15.1	15.1	15.1	15.0	15.8
16	121.2	117.6	63.6	26.2	119.5	119.5
17	51.4	46.0	43.4	42.4	49.9	49.4
18	6.7	7.7	6.6	6.4	7.1	7.3
19	175.0	175.4	175.9	175.8	174.1	174.2
20	110.2	113.0	114.0	112.9	111.8	51.2
OAc	171.3/21.6	170.4/21.6	170.9/22.0	169.3/20.8	169.7/20.3	169.5/20.3
	171.0/21.5	170.0/21.2	170.4/21.4	170.0/21.1	169.8/20.4	169.8/20.4
	170.2/21.5	169.8/21.1	170.1/21.2	170.2/21.1	170.0/20.9	169.9/20.9
			169.9/21.1	170.2/21.8	170.4/21.0	170.2/21.1

表 3-11-77 化合物 3-11-408~3-11-413 的 ^{13}C NMR 数据

C	3-11-408[158]	3-11-409[158]	3-11-410[159]	3-11-411[159]	3-11-412[159]	3-11-413[160]
1	47.5	48.9	45.6	43.2	42.7	44.1
2	72.9	81.0	80.0	80.6	72.5	80.0
3	40.6	133.0	70.6	70.7	73.1	30.3
4	97.2	129.0	38.2	33.2	33.0	26.6
5	137.8	141.3	59.3	59.4	142.1	145.9
6	55.3	63.5	62.7	62.7	125.0	118.4
7	78.6	75.6	76.4	76.4	85.6	76.1
8	81.2	82.5	68.7	68.8	81.7	71.8
9	78.2	74.1	65.8	66.2	65.0	65.5
10	43.6	39.0	39.7	41.8	43.2	36.0
11	147.0	57.2	42.6	40.0	34.8	133.6
12	27.5	25.0	193.1	200.7	71.1	118.1
13	32.6	30.1	130.0	126.4	31.9	32.4
14	74.2	72.2	150.2	154.5	73.8	74.9
15	14.6	14.9	17.5	17.5	19.6	16.5
16	117.7	115.6	21.6	21.0	22.8	22.8
17	50.3	50.1	60.1	59.8	76.9	58.8
18	6.9	6.9	10.4	10.4	16.7	21.7
19	174.0	174.5	170.1	170.3	175.8	176.2
20	111.6	50.0	14.5	14.5	15.0	22.2
21					173.2	
22					35.8	
23					17.9	
24					13.6	
OAc	173.4/21.3	170.4/21.2	168.8/21.7	169.8/21.5	168.0/22.0	
	169.9/21.2	170.2/21.1	170.2/21.4	170.3/21.7	170.7/20.9	
	169.3/20.3	170.0/20.8	170.1/20.9	168.9/21.8	170.1/20.6	
	170.4/21.0				169.2/20.9	

表 3-11-78　化合物 3-11-414~3-11-420 的 ^{13}C NMR 数据

C	3-11-414[161]	3-11-415[158]	3-11-416[162]	3-11-417[163]	3-11-418[163]	3-11-419[163]	3-11-420[163]
1	51.6	48.0	48.1	45.8	45.9	44.6	44.4
2	77.4	80.9	71.0	77.7	77.3	73.9	74.7
3	32.6	131.0	56.8	129.3	129.2	40.3	31.7
4	28.9	130.8	63.5	131.8	128.9	66.8	25.1
5	146.2	141.5	85.0	89.4	137.1	144.0	143.7
6	119.0	63.5	65.1	64.1	61.9	123.6	117.3
7	77.6	76.0	82.7	81.3	78.9	79.2	78.0
8	80.9	83.3	91.9	91.7	83.0	81.8	81.9
9	68.3	75.8	69.9	74.5	69.1	69.5	69.9
10	49.9	42.1	40.2	50.2	39.2	39.7	40.1
11	89.1	147.5	57.2	74.1	75.4	135.2	134.3
12	29.2	27.6	29.9	201.1	72.8	119.9	120.7
13	27.9	30.0	25.4	122.4	121.4	26.4	26.6
14	82.1	74.1	80.1	155.7	142.5	73.3	73.2
15	15.4	14.5	16.0	16.4	14.8	14.3	14.2
16	26.5	116.5	62.8	66.2	116.8	67.0	67.4
17	42.0	49.5	45.6	45.2	45.5	43.8	43.1
18	6.6	6.8	175.4	10.4	6.9	6.7	7.0
19	176.2	174.2	8.9	175.7	175.0	178.9	176.0
20	23.2	112.6	49.9	24.2	23.5	24.4	24.3
21					172.4		
22					36.3		
23					18.4		

续表

C	3-11-414[161]	3-11-415[158]	3-11-416[162]	3-11-417[163]	3-11-418[163]	3-11-419[163]	3-11-420[163]
24					13.7		
OAc	169.4/21.1	170.4/21.4	169.4/21.2	169.5/21.2	170.1/22.0	170.9/21.2	170.7/21.1
	170.3/21.4	170.1/21.2	169.2/21.4	168.9/21.5	172.0/20.9	171.2/21.3	169.6/21.5
		170.0/20.9	171.1/21.1		175.0/23.4	172.2/21.3	171.3/21.3
						170.9/21.2	170.4/20.9

表 3-11-79　化合物 3-11-421~3-11-426 的 ^{13}C NMR 数据

C	3-11-421[163]	3-11-422[164]	3-11-423[164]	3-11-424[164]	3-11-425[164]	3-11-426[165]
1	43.0	45.4	44.8	43.2	45.4	43.2
2	75.2	77.8	81.9	87.9	75.6	89.7
3	132.2	41.7	74.5	73.6	126.8	73.8
4	127.4	71.1	64.8	66.9	137.4	35.5
5	144.5	147.8	137.7	139.9	141.9	142.1
6	120.0	122.1	126.2	123.3	116.9	119.4
7	79.8	73.4	73.7	74.2	76.7	74.5
8	81.2	70.1	69.5	70.8	68.2	70.4
9	68.6	66.9	66.5	66.2	73.6	66.6
10	39.6	44.0	39.5	40.5	37.9	40.2
11	138.4	73.4	36.2	37.0	42.6	36.7
12	123.2	73.4	66.0	66.7	67.3	66.8
13	66.2	120.4	33.4	30.3	29.5	30.4
14	76.3	142.0	79.4	80.5	74.6	80.3
15	14.5	18.3	17.8	18.6	16.3	18.9
16	72.3	25.7	16.8	17.1	23.6	22.6
17	44.4	62.3	61.0	62.4	63.1	61.9
18	7.3	9.7	10.0	10.3	10.1	10.3
19	175.7	170.3	171.3	170.8	170.2	170.2
20	24.7	27.8	9.2	8.9	9.2	8.9
21			171.7			
22			36.1			
23			18.5			

续表

C	3-11-421[163]	3-11-422[164]	3-11-423[164]	3-11-424[164]	3-11-425[164]	3-11-426[165]
24			13.7			
OAc	169.5/21.3	169.8/21.0	171.2/21.2	172.5/21.1	169.9/21.2	173.1/21.4
	169.8/21.5	169.2/21.7	171.8/21.7	169.8/21.5	170.1/21.3	170.1/21.3
	170.7/21.1	169.3/21.1	170.3/21.7	170.1/21.5	170.1/21.3	169.4/21.3
				170.0/21.2		
OMe	58.6					

3-11-427 R=α-OH
3-11-428 R=β-OH

3-11-429 R¹=R²=H
3-11-430 R¹=OH; R²=H
3-11-431 R¹=OAc; R²=H
3-11-432 R¹=R²=OAc

3-11-433 R¹=R²=Ac
3-11-434 R¹=COC$_3$H$_7$; R²=Ac
3-11-435 R¹=COC$_3$H$_7$; R²=H

3-11-436 R¹=R²=Ac
3-11-437 R¹=Ac; R²=H
3-11-438 R¹=COC$_3$H$_7$; R²=Ac

表 3-11-80 化合物 3-11-427~3-11-432 的 ^{13}C NMR 数据

C	3-11-427[165]	3-11-428[165]	3-11-429[166]	3-11-430[166]	3-11-431[166]	3-11-432[166]
1	44.3	44.3	47.8	47.6	47.7	47.1
2	78.9	78.8	71.6	70.7	70.6	70.8
3	70.2	70.2	130.5	130.4	130.5	130.0
4	124.5	125.9	128.2	128.2	128.3	128.5
5	139.3	136.6	137.0	137.3	137.2	137.2
6	75.3	87.7	62.2	63.8	62.2	64.0
7	81.9	78.1	78.6	78.7	78.7	78.7
8	68.8	69.1	81.3	80.0	80.0	80.4
9	66.5	66.4	70.4	72.6	73.0	73.1
10	40.5	40.6	38.3	33.4	33.3	32.8
11	37.4	37.4	59.3	57.9	57.8	57.1
12	66.9	66.9	25.0	72.4	72.9	73.5
13	30.0	30.0	29.6	29.8	29.6	66.8
14	81.1	81.2	74.1	72.6	73.0	74.7
15	18.8	18.7	14.4	14.3	14.3	14.4
16	19.5	19.9	116.9	116.8	117.0	117.1
17	62.8	62.4	47.8	48.4	48.0	48.4
18	10.2	10.1	7.4	8.3	8.4	8.4
19	170.1	169.9	174.9	175.6	175.6	173.1
20	9.7	9.7	50.5	49.7	49.5	49.5
21	172.1	172.2				
22	36.0	36.0				

C	3-11-427[165]	3-11-428[165]	3-11-429[166]	3-11-430[166]	3-11-431[166]	3-11-432[166]
23	18.0	18.1				
24	13.6	13.6				
OAc	170.8/1.8	170.8/21.8	169.6/21.1	169.0/21.1	169.0/21.0	164.3/20.5
	170.2/1.8	170.2/21.7	170.2/21.2	169.9/21.3	169.7/21.0	164.4/20.7
	169.7/1.4	172.2/21.4	170.2/21.4	170.1/22.8	169.7/21.2	169.5/20.9
					170.3/21.2	169.7/21.1
						169.5/20.9

表 3-11-81　化合物 3-11-433~3-11-438 的 ^{13}C NMR 数据[167]

C	3-11-433	3-11-434	3-11-435	3-11-436	3-11-437	3-11-438
1	46.1	46.0	45.8	45.1	44.6	45.2
2	71.8	71.5	72.9	71.0	72.7	71.1
3	130.6	130.6	130.0	60.3	60.6	60.2
4	127.8	127.7	128.2	61.2	59.1	61.2
5	137.0	137.0	136.7	134.1	133.9	134.2
6	64.8	64.8	62.9	63.3	61.6	63.3
7	79.4	79.4	78.9	78.3	77.7	78.3
8	84.3	84.3	81.2	83.9	81.5	84.0
9	83.4	83.3	75.5	82.4	75.7	82.4
10	38.5	38.4	38.9	38.4	38.8	38.4
11	79.4	79.3	74.7	79.5	74.7	79.5
12	70.7	70.4	74.0	70.5	74.2	70.3
13	25.8	25.9	26.5	26.0	26.1	26.1
14	72.2	72.2	73.0	72.0	72.5	72.1
15	16.0	16.0	14.6	16.9	15.0	16.9
16	116.2	116.1	116.4	116.2	118.0	116.1
17	49.1	49.1	47.6	48.3	47.7	48.3
18	10.7	10.6	8.1	10.9	8.4	10.8
19	176.5	176.5	175.7	176.0	175.2	176.0
20	19.7	19.6	24.5	19.5	25.0	19.5
21		171.4	174.0			171.3
22		36.3	36.6			36.4
23		18.2	18.3			18.2
24		13.7	13.7			13.7
OAc	168.7/20.8	168.3/20.8	170.2/21.2	168.3/22.0	169.2/20.9	168.3/20.9
	168.9/20.9	170.2/21.3	169.4/21.3	168.7/21.3	169.4/21.2	170.2/20.9
	170.3/21.3	168.5/21.4	169.8/21.4	170.2/20.9	171.7/21.4	168.9/21.3
	168.5/21.4	169.8/22.0		168.9/20.9	170.4/21.4	169.4/22.0
	168.5/21.4			169.4/20.8		

表 3-11-82　化合物 3-11-439~3-11-444 的 ^{13}C NMR 数据[167]

C	3-11-439	3-11-440	3-11-441	3-11-442	3-11-443	3-11-444
1	44.9	45.4	45.3	45.4	45.4	45.9
2	75.2	75.3	75.6	75.2	75.4	75.1
3	59.0	132.3	132.1	127.3	132.1	132.3
4	59.1	127.5	127.4	127.8	127.6	127.9
5	133.6	139.0	139.0	139.1	139.0	140.5
6	131.8	124.0	123.8	131.9	123.9	123.4
7	75.9	80.0	80.0	81.1	79.9	80.2
8	82.0	81.1	81.0	79.7	81.0	87.9
9	69.0	69.1	69.0	69.1	69.1	69.2
10	38.3	38.1	37.9	38.1	38.0	39.6
11	72.5	76.3	75.3	76.0	76.2	81.8
12	73.7	73.8	73.5	73.7	73.4	69.9
13	26.0	26.3	26.2	26.3	26.4	25.5
14	72.1	72.9	72.9	72.9	72.9	72.5
15	14.3	14.1	14.0	14.0	14.2	15.0
16	76.5	63.8	63.6	46.1	63.6	63.7
17	44.4	44.8	44.7	44.8	44.8	44.6
18	6.7	6.6	6.5	6.6	6.6	7.3
19	174.9	176.1	176.3	175.9	176.1	175.2
20	25.8	25.6	25.0	25.7	25.4	22.5
21					174.0	171.7
22					36.6	36.2
23					18.3	18.2
24					13.7	13.7
25			173.0		175.5	
26			34.0		34.2	
27			24.8		24.9	
28			28.8		28.9	
29			28.9		29.1	
30			31.5		31.6	
31			22.4		22.5	
32			13.9		14.0	
OAc	169.6/21.6	168.8/21.5	172.1/21.0	172.8/21.5	170.6/21.1	175.2/22.5
	170.6/21.2	172.9/21.3	170.4/21.2	170.4/21.3	168.8/21.3	167.1/21.5
	173.0/21.3	170.5/21.3	168.7/21.2	169.1/21.3	169.3/20.9	170.0/21.3
	169.3/21.0	169.5/21.2	169.6/21.4	169.5/21.2		168.7/21.2
		170.3/20.9				169.3/20.9

3-11-439

3-11-445

3-11-446 R=OCO(CH$_2$)$_2$CH$_3$
3-11-447 R=Ac

3-11-448 R=COCH$_2$CH$_2$CH$_3$
3-11-449 R=Ac

3-11-440 R^1=Ac; R^2=H; R^3=OAc
3-11-441 R^1=Ac; R^2=H; R^3=OCO(CH$_2$)$_6$CH$_3$
3-11-442 R^1=Ac; R^2=H; R^3=Cl
3-11-443 R^1=OCO(CH$_2$)$_6$CH$_3$; R^2=H; R^3=OCO(CH$_2$)$_2$CH$_3$
3-11-444 R^1=OCO(CH$_2$)$_2$CH$_3$; R^2=R^3=OAc

3-11-450

3-11-451 R^1=R^3=H; R^2=Ac
3-11-452 R^1=Ac; R^2=R^3=H
3-11-453 R^1=R^3=Ac; R^2=H

3-11-454

表 3-11-83　化合物 3-11-445~3-11-450 的 ^{13}C NMR 数据[168]

C	3-11-445	3-11-446	3-11-447	3-11-448	3-11-449	3-11-450
1	45.8	44.0	43.9	44.0	44.0	45.3
2	75.0	81.1	80.8	81.1	80.9	83.4
3	28.6	73.4	73.5	73.4	73.6	76.1
4	26.0	34.1	33.8	34.1	33.9	35.0
5	144.9	140.0	139.9	139.9	139.9	140.8
6	118.4	122.5	122.4	122.5	122.5	123.3
7	74.7	74.2	74.1	74.2	74.2	74.4
8	70.8	69.0	69.9	69.1	69.0	71.1
9	73.6	64.9	64.7	64.8	64.9	66.9
10	41.1	40.1	40.0	40.1	40.1	42.3
11	29.7	32.9	32.8	32.8	32.8	35.7
12	69.7	69.9	69.8	70.1	70.1	67.2
13	31.7	27.0	26.9	26.9	27.0	31.5
14	75.6	81.5	81.4	81.4	81.5	80.6
15	15.5	18.0	17.9	18.0	18.1	21.3
16	27.3	22.7	22.0	22.2	20.8	21.3
17	64.9	60.5	60.4	60.5	60.6	59.6
18	9.9	10.1	10.0	10.1	10.3	9.4
19	170.6	172.8	172.7	172.3	172.4	173.1
20	11.1	10.3	10.2	10.3	10.1	9.1
OAc	168.1/21.1	170.2/21.5	169.7/20.7	170.1/21.0	169.8/21.0	170.1/22.0
	170.1/21.3	170.8/22.2	170.1/20.7	170.4/21.5	170.2/21.4	170.3/23.0
	170.3/21.4	172.0/22.3	170.7/22.2	170.7/22.3	170.4/22.1	
	170.6/21.5		171.9/22.6	171.9/22.7	170.5/22.4	
					170.8/22.8	

表 3-11-84 化合物 3-11-451~3-11-454 的 ^{13}C NMR 数据

C	3-11-451[169]	3-11-452[169]	3-11-453[169]	3-11-454[168]	C	3-11-451[169]	3-11-452[169]	3-11-453[169]	3-11-454[168]
1	44.8	44.0	44.4	45.6	15	20.1	18.3	18.4	16.1
2	83.1	87.2	87.3	75.5	16	18.7	17.2	17.6	23.6
3	75.0	74.1	74.5	126.6	17	60.4	62.8	63.2	63.2
4	65.8	67.9	68.3	137.5	18	10.0	10.7	11.1	9.9
5	139.4	141.0	141.8	141.7	19	172.1	171.6	171.8	170.6
6	127.3	124.1	123.5	116.8	20	9.5	9.6	10.8	10.0
7	74.4	75.2	75.5	76.6	21	172.2	173.0	173.5	172.9
8	69.8	71.6	70.9	68.1	22	36.1	35.9	36.3	36.2
9	65.4	66.8	66.8	73.3	23	18.6	18.7	19.1	18.3
10	41.7	41.4	41.7	37.6	24	13.4	13.7	14.1	13.6
11	36.3	38.0	35.0	39.0	OAc	171.6/21.7	172.1/21.8	172.4/22.2	169.9/20.8
12	66.3	66.1	71.8	69.9		171.0/21.6	170.9/21.3	171.3/21.7	170.0/21.1
13	31.3	31.2	30.4	26.2		170.8/20.7	170.1/20.3	170.5/21.7	170.2/21.2
14	82.3	81.6	81.2	74.1				170.4/21.4	

表 3-11-85 化合物 3-11-455~3-11-458 的 ^{13}C NMR 数据

C	3-11-455[169]	3-11-456[162]	3-11-457[170]	3-11-458[170]	C	3-11-455	3-11-456	3-11-457	3-11-458
1	44.3	47.8	46.0	43.9	19	172.3	6.6	171.5	171.3
2	81.2	72.5	72.9	72.6	20	10.4	50.5	27.6	20.7
3	73.5	28.3	24.1	72.5	21	172.6	176.7		
4	34.4	33.4	25.5	33.8	22	14.3	34.0		
5	140.0	146.6	145.5	142.5	23	19.2	19.2		
6	122.3	51.7	119.5	121.6	24	36.5	18.2		
7	74.1	81.2	73.1	73.5	25	174.3	171.6		
8	68.8	81.3	68.9	73.9	26	34.5	43.5		
9	64.8	72.2	74.3	72.6	27	31.9	25.5		
10	40.3	35.6	40.3	44.0	28	31.6	22.3		
11	33.0	57.4	72.1	135.1	29	31.5	22.4		
12	70.0	73.0	120.7	122.1	30	25.1			
13	27.2	29.2	141.2	28.2	31	19.1			
14	81.5	73.3	79.3	76.0	32	14.1			
15	18.1	14.0	21.1	17.0	OAc	171.7/22.1	169.3/21.2	169.9/21.2	169.3/20.7
16	22.1	121.2	25.6	23.5		170.7/21.9	170.2/21.2	169.9/21.8	169.6/20.9
17	60.5	51.7	62.4	62.2		170.2/21.8		169.9/21.7	169.9/21.7
18	9.9	174.5	10.1	10.5					170.2/23.5

3-11-460 $R^1=R^4=R^5=H$; $R^2=O$; $R^3=Ac$
3-11-461 $R^1=COC_3H_7$; $R^2=\beta\text{-OH},\alpha\text{-H}$; $R^3=Ac$; $R^4=R^5=H$
3-11-462 $R^1=COC_3H_7$; $R^2=\beta\text{-OAc},\alpha\text{-H}$; $R^3=H$; $R^4=\beta\text{-OAc}$; $R^5=\alpha\text{-OCOC}_3H_7$
3-11-463 $R^1=COC_3H_7$; $R^2=\beta\text{-OCOC}_3H_7,\alpha\text{-H}$; $R^3=H$; $R^4=\beta\text{-OAc}$; $R^5=\alpha\text{-OCOC}_3H_7$
3-11-464 $R^1=COC_3H_7$; $R^2=\beta\text{-OCOCH=CH}_2,\alpha\text{-H}$; $R^3=H$; $R^4=\beta\text{-OAc}$; $R^5=\alpha\text{-OCOC}_3H_7$
3-11-465 $R^1=COC_3H_7$; $R^2=\beta\text{-OAc},\alpha\text{-H}$; $R^3=H$; $R^4=\beta\text{-OAc}$; $R^5=\alpha\text{-OH}$
3-11-466 $R^1=COC_3H_7$; $R^2=\beta\text{-OH},\alpha\text{-H}$; $R^3=H$; $R^4=\beta\text{-OAc}$; $R^5=\alpha\text{-OAc}$
3-11-467 $R^1=COC_3H_7$; $R^2=\beta\text{-OAc},\alpha\text{-H}$; $R^3=Ac$; $R^4=H$; $R^5=\alpha\text{-OH}$
3-11-468 $R^1=Ac$; $R^2=\beta\text{-OAc},\alpha\text{-H}$; $R^3=Ac$; $R^4=H$; $R^5=\alpha\text{-OH}$

表 3-11-86 化合物 3-11-459~3-11-464 的 ^{13}C NMR 数据

C	3-11-459[171]	3-11-460[172]	3-11-461[173]	3-11-462[173]	3-11-463[173]	3-11-464[173]
1	41.5	42.8	42.2	42.9	43.0	43.0
2	90.4	90.0	92.1	92.9	93.0	93.0
3	84.8	72.7	86.0	85.8	85.9	85.9
4	29.7	37.7	36.3	35.8	35.9	35.8
5	32.5	29.8	30.5	29.1	29.1	29.1
6	73.7	213.3	80.6	84.6	84.5	85.0
7	150.2	78.0	77.1	75.6	75.7	75.8
8	41.3	47.8	47.6	47.5	47.5	47.5
9	78.8	75.0	75.6	75.5	75.5	75.5
10	45.8	52.8	53.1	56.5	56.5	56.5
11	82.2	82.1	82.2	72.6	72.7	72.7
12	35.5	31.0	31.9	76.6	76.7	76.7
13	18.1	17.7	17.6	70.2	70.2	70.2
14	43.0	41.5	42.6	47.3	47.3	47.9
15	22.5	29.0	23.1	23.0	23.1	23.1
16	116.8	25.7	22.8	23.7	23.8	23.9
17	25.5	24.7	24.7	25.6	25.7	25.8
18	22.5	28.6	29.0	30.1	30.2	30.2
19	16.2	15.0	15.3	16.0	16.1	16.1
20	21.7	21.5	21.8	23.3	23.3	23.4
OAc	170.2/22.5	170.2/22.6	170.1/22.5	171.9/21.4	169.9/20.7	169.9/20.7
	170.0/22.5			169.9/20.7		
3-n-丁烯酰基			13.6	13.8	13.7	13.8
			18.6	18.2	18.5	18.3
			37.3	37.2	37.3	37.3

续表

C	3-11-459[171]	3-11-460[172]	3-11-461[173]	3-11-462[173]	3-11-463[173]	3-11-464[173]
			172.6	172.2	172.2	172.2
6-n-丁烯酰基					13.8	
					18.3	
					36.6	
					174.5	
13-n-丁烯酰基				13.6	13.7	13.7
				18.1	18.1	18.1
				36.6	36.6	36.6
				172.9	172.8	172.8
6-丙烯酰基						128.8
						130.7
						166.9

表 3-11-87 化合物 3-11-465~3-11-472 的 ^{13}C NMR 数据

C	3-11-465[173]	3-11-466[173]	3-11-467[173]	3-11-468[173]	3-11-469[174]	3-11-470[175]	3-11-471[176]	3-11-472[176]
1	43.1	44.9	44.2	44.2	45.3	45.0	40.6	41.7
2	92.8	93.3	93.2	93.1	91.1	92.3	89.8	91.1
3	85.9	85.8	85.7	86.0	74.4	86.3	84.8	84.7
4	35.9	36.4	36.0	35.8	40.9	36.2	29.5	30.2
5	29.7	30.4	29.1	29.1	27.2	30.5	29.5	30.2
6	84.7	80.5	85.0	84.9	88.4	80.3	70.9	71.4
7	75.7	77.0	75.8	75.8	76.1	76.9	141.9	143.9
8	47.7	47.5	47.6	47.5	45.1	45.7	42.6	43.1
9	75.6	75.7	75.9	76.0	78.6	78.4	78.8	79.4
10	56.8	56.8	52.0	51.3	53.8	53.7	43.8	43.8
11	72.7	72.6	83.6	83.6	148.4	147.0	80.8	82.1
12	79.0	76.7	42.0	42.3	31.9	31.9	73.2	32.1
13	69.4	70.5	66.4	66.4	25.2	25.2	22.6	18.4
14	50.0	47.4	50.2	50.1	44.0	38.8	36.5	43.8
15	23.1	23.3	23.2	23.1	29.9	23.3	22.2	22.1
16	23.7	22.7	23.8	23.8	24.8	22.7	120.1	119.6
17	25.9	25.7	24.7	24.6	109.2	109.8	21.6	22.4
18	30.8	30.2	30.4	30.4	29.3	34.1	26.9	27.7
19	24.5	23.4	23.8	24.5	22.1	67.8	15.0	15.4
20	15.9	16.0	16.1	16.2	15.7	10.8	21.5	21.9
OAc	172.0/21.4	170.0/20.6	172.0/21.4	169.8/22.2		171.2/21.1	169.8/22.6	169.4/25.5
	171.3/20.9	170.2/13.7	169.9/22.4	172.0/22.5			169.7/22.5	169.1/22.4
				170.1/22.5			169.5/21.2	169.0/19.3
							169.4/19.6	
1″	13.7	13.7	13.6		64.8	172.2	43.8	46.5
2″	18.3	18.3	18.6		15.3	37.3		
3″	37.3	37.2	37.2			18.4		
4″	172.2	172.1	172.5			13.7		

3-11-471 $R^1=\alpha\text{-N(Ac)Me},\beta\text{-H}; R^2=\text{OAc}$
3-11-472 $R^1=\alpha\text{-N(Ac)Me},\beta\text{-H}; R^2=\text{H}$
3-11-473 $R^1=\text{O}; R^2=\text{OAc}$
3-11-474 $R^1=\alpha\text{-OH},\beta\text{-H}; R^2=\text{OAc}$

表 3-11-88 化合物 3-11-473~3-11-476 的 ^{13}C NMR 数据

C	3-11-473[176]	3-11-474[176]	3-11-475[173]	3-11-476[172]	C	3-11-473[176]	3-11-474[176]	3-11-475[173]	3-11-476[172]
1	42.2	41.0	41.5	43.4	15	21.4	21.7	22.6	26.6
2	89.5	89.4	90.5	83.5	16	119.4	118.5	116.8	25.5
3	84.3	84.7	84.6	75.3	17	22.6	22.7	25.4	22.9
4	33.5	29.9	29.7	76.3	18	27.5	26.9	27.5	27.6
5	35.2	29.9	35.4	33.7	19	14.8	15.0	15.2	15.1
6	205.4	87.4	73.7	212.2	20	21.3	21.5	21.7	21.7
7	148.2	145.1	150.3	78.1	Ac	170.1/22.1	170.3/22.5	170.1/22.5	
8	41.4	41.7	41.3	48.0		169.7/22.5	169.9/22.3		
9	77.8	78.1	78.8	80.0		169.6/21.3	169.7/21.2		
10	47.3	43.9	46.1	50.2					
11	80.3	80.8	82.3	131.5	1'			172.7	
12	73.3	73.4	32.3	121.4	2'			37.7	
13	22.8	22.8	18.1	22.6	3'			18.5	
14	34.7	35.9	43.1	38.1	4'			13.6	

3-11-477

3-11-478 $R^1=\text{H}; R^2=\alpha\text{-O-a}; R^3=\text{Ac}$
3-11-479 $R^1=\text{a}; R^2=R^3=\text{H}$
3-11-480 $R^1=\text{b}; R^2=R^3=\text{H}$

3-11-481 R=H
3-11-482 R=OH

表 3-11-89 化合物 3-11-477~3-11-480 的 ^{13}C NMR 数据

C	3-11-477[175]	3-11-478[175]	3-11-479[175]	3-11-480[175]	C	3-11-477[175]	3-11-478[175]	3-11-479[175]	3-11-480[175]
1	40.3	43.1	43.6	43.7	6	75.9	69.9	72.3	86.3
2	86.7	91.3	90.6	90.6	7	75.8	149.0	150.7	146.3
3	86.1	73.6	86.3	86.0	8	46.7	38.1	38.9	39.6
4	31.4	74.5	28.7	28.1	9	76.9	80.3	80.1	79.9
5	30.4	41.0	35.4	29.7	10	48.4	46.8	47.2	47.5

续表

C	3-11-477[175]	3-11-478[175]	3-11-479[175]	3-11-480[175]	C	3-11-477[175]	3-11-478[175]	3-11-479[175]	3-11-480[175]
11	132.2	145.4	145.5	145.4	1'	172.5	170.2	169.1	169.0
12	121.9	31.7	31.5	31.4	2'	37.4	73.8	73.7	73.9
13	22.8	25.8	25.9	25.9	3'	18.4	24.4	24.4	24.4
14	39.3	39.8	38.8	38.6	4'	13.6	9.4	9.6	9.6
15	23.4	23.4	22.1	22.2	1"		173.6	173.4	
16	22.8	117.8	116.8	118.0	2"		35.7	35.8	
17	21.9	111.9	111.7	111.8	3"		18.3	18.3	
18	29.0	32.7	36.2	36.2	4"		13.6	13.6	
19	20.0	68.1	66.5	66.5	OAc		171.3/21.0		170.8/20.6
20	21.5	10.3	10.7	10.6					

3-11-483

3-11-484

3-11-485 R^1=H; R^2=α-OH; R^3=Me; R^4=OH; R^5=CH$_2$CH$_2$Me
3-11-486 R^1=α-H; R^2=H; R^3=OH; R^4=Me; R^5=CH$_2$CH$_2$Me
3-11-487 R^1=H; R^2=α-OH; R^3=Me; R^4=OH; R^5=Me
3-11-488 R^1=α-OAc; R^2=H; R^3=OH; R^4=Me; R^5=CH$_2$CH$_2$Me

表 3-11-90　化合物 3-11-481~3-11-488 的 ^{13}C NMR 数据

C	3-11-481[172]	3-11-482[172]	3-11-483[175]	3-11-484[175]	3-11-485[177]	3-11-486[177]	3-11-487[177]	3-11-488[177]
1	41.0	40.0	40.5	39.5	45.2	45.5	45.0	44.3
2	89.2	87.9	88.3	89.8	91.9	92.1	91.4	90.5
3	74.1	75.0	86.9	77.0	86.1	86.5	86.2	86.4
4	33.4	69.3	27.0	74.1	35.2	36.2	34.5	35.3
5	33.0	39.7	33.2	29.0	29.6	30.5	29.5	30.5
6	73.6	72.7	73.0	123.4	77.3	80.2	77.0	79.4
7	150.6	148.7	149.8	131.5	79.8	76.9	79.6	77.2
8	41.4	40.1	41.4	44.4	79.7	45.9	79.5	45.9
9	82.5	82.0	82.8	81.2	81.2	78.3	81.1	78.9
10	44.9	44.6	44.5	46.8	52.9	53.7	52.5	51.5
11	131.4	131.9	131.1	132.7	148.8	147.6	148.6	143.0
12	122.9	122.5	122.3	121.2	31.7	31.5	31.6	72.6

续表

C	3-11-481[172]	3-11-482[172]	3-11-483[175]	3-11-484[175]	3-11-485[177]	3-11-486[177]	3-11-487[177]	3-11-488[177]
13	23.0	22.9	23.4	22.1	24.9	24.6	24.8	28.9
14	39.5	39.5	34.8	32.6	43.9	44.0	43.7	37.0
15	27.1	22.2	21.9	22.3	23.1	23.2	23.0	23.3
16	115.6	115.1	116.3	19.1	17.6	22.7	17.7	22.7
17	23.1	22.4	23.1	21.9	110.3	109.4	109.9	115.3
18	27.8	28.5	32.6	36.4	29.1	29.1	29.0	28.8
19	16.8	19.2	67.8	66.3	16.1	15.7	16.2	16.0
20	21.8	21.5	12.2	15.7	22.0	22.0	21.9	21.8
1'					172.4	172.3		172.2
2'					37.4	37.4		37.4
3'					18.4	18.4		18.4
4'					13.7	13.7		13.7
OAc							169.5/21.7	170.3/21.5

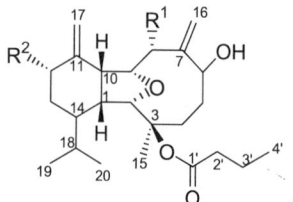
3-11-489 R^1=OH; R^2=H
3-11-490 R^1=H; R^2=OH

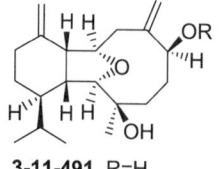
3-11-491 R=H
3-11-492 R=OH

3-11-493

表3-11-91 化合物 3-11-489~3-11-493 的 ^{13}C NMR 数据

C	3-11-489[177]	3-11-490[177]	3-11-491[178]	3-11-492[178]	3-11-493[179]	C	3-11-489[177]	3-11-490[177]	3-11-491[178]	3-11-492[178]	3-11-493[179]
1	44.0	43.6	44.42	44.42	41.0	13	25.3	31.1	25.30	25.28	23.6
2	91.4	90.2	91.87	91.77	90.8	14	44.4	35.9	44.12	44.01	39.4
3	84.6	84.7	74.09	74.09	77.8	15	22.2	22.1	27.03	27.09	27.0
4	35.2	35.6	35.58	34.76	36.6	16	118.2	116.6	116.62	117.95	18.9
5	28.7	28.5	31.81	29.68	23.3	17	111.6	116.0	111.18	111.25	22.0
6	66.8	72.2	72.86	86.34	130.1	18	27.5	26.9	27.92	27.91	30.4
7	152.1	151.0	152.20	147.68	127.8	19	15.5	15.5	15.17	15.14	21.8
8	77.4	38.5	39.27	40.04	45.5	20	21.9	21.7	21.88	21.97	21.9
9	83.7	81.9	79.72	79.56	81.9	1'	172.6	172.2			
10	48.0	45.8	47.71	47.98	48.1	2'	37.4	37.4			
11	146.0	146.6	146.29	146.16	134.3	3'	18.5	18.6			
12	31.6	71.7	35.12	31.78	122.2	4'	13.6	13.6			

表 3-11-92　化合物 3-11-494～3-11-496 的 ^{13}C NMR 数据[180]

C	3-11-494	3-11-495	3-11-496	C	3-11-494	3-11-495	3-11-496
1	34.92	34.3	34.3	18	29.04	29.1	29.1
2	143.91	137.9	138.0	19	20.38	20.5	22.2
3	135.54	133.3	133.3	20	22.23	22.2	21.9
4	112.28	112.3	112.0	1'	167.18	166.8	166.0
5	134.66	133.2	133.2	2'	115.31	115.9	116.0
6	132.97	132.1	132.0	3'	138.04	136.4	136.0
7	89.64	90.3	90.3	4'	138.32	138.0	138.0
8	81.77	81.1	81.1	5'	124.5	122.7	139.2
9	32.24	31.6	31.6	6'	140.36	139.2	122.0
10	39.22	38.7	38.6	7'	33.26	71.9	33.6
11	134.33	134.1	134.0	1"		95.5	95.4
12	121.78	121.3	121.0	2"		67.9	71.3
13	24.58	24.4	24.4	3"		69.9	66.4
14	42.09	42.1	42.2	4"		67.9	72.0
15	167.95	71.9	71.9	5"		62.2	60.5
16	25.88	25.6	24.8	OAc		170.5/20.8	170.0/21.1
17	22.14	22.0	21.9			170.5/20.8	170.0/21.0

表 3-11-93　化合物 3-11-497～3-11-501 的 ^{13}C NMR 数据

C	3-11-497[176]	3-11-498[175]	3-11-499[181]	3-11-500[181]	3-11-501[181]	C	3-11-497[176]	3-11-498[175]	3-11-499[181]	3-11-500[181]	3-11-501[181]
1	48.5	54.4	39.1	38.6	38.0	7	92.7	85.0	129.9	73.4	73.6
2	78.1	77.4	85.4	85.2	84.6	8	44.2	48.1	38.6	44.9	45.5
3	83.7	83.0	78.6	76.8	77.9	9	204.6	211.1	81.6	79.1	79.0
4	27.5	27.8	72.5	71.7	69.7	10	55.4	56.7	48.7	51.7	51.7
5	19.5	19.6	33.1		35.7	11	80.5	147.2	156.6	156.9	158.6
6	78.0	80.8	127.3	77.3	77.4	12	32.1	31.1	126.9	128.3	128.2

续表

C	3-11-497[176]	3-11-498[175]	3-11-499[181]	3-11-500[181]	3-11-501[181]	C	3-11-497[176]	3-11-498[175]	3-11-499[181]	3-11-500[181]	3-11-501[181]
13	19.8	26.1	198.0	197.3	197.1	19	14.6	67.3	18.1	17.3	17.3
14	36.5	32.8	48.4	49.4	49.3	20	21.6	9.9	65.1	64.7	64.7
15	23.6	23.3	19.0	18.3	17.1	OAc	170.9/22.1			170.1/21.1	170.2/21.1
16	19.6	23.0	29.7	29.7	26.6		169.8/21.9			170.2/21.1	
17	24.5	109.5	21.9	21.2	21.1		169.1/21.9				
18	27.2	35.9	31.9	31.2	30.8						

3-11-503

3-11-504

3-11-505

3-11-506 R=CH₃
3-11-507 R=C₇H₁₅

3-11-508 R¹=β-O-COC₇H₁₅; R²=OH
3-11-509 R¹=H; R²=OAc

3-11-510 R¹=CH₃; R²=OH
3-11-511 R¹=C₃H₇; R²=OH
3-11-512 R¹=CH₃; R²=H

表 3-11-94 化合物 3-11-502~3-11-505 的 ^{13}C NMR 数据

C	3-11-502[181]	3-11-503[172]	3-11-504[182]	3-11-505[183]	C	3-11-502[181]	3-11-503[172]	3-11-504[182]	3-11-505[183]
1	37.2	40.0	51.2	34.9	12	127.6	61.4	37.4	77.4
2	83.3	88.5	130.1	131.1	13	198.0	22.9	26.6	72.5
3	77.5	84.7	132.3	135.5	14	48.3	35.7	48.2	47.5
4	69.8	27.8	32.2	34.1	15	16.9	21.7	21.6	24.9
5	40.0	34.5	29.7	25.0	16	22.9	115.8	173.5	17.9
6	71.6	72.7	140.9	126.0	17	21.5	24.3	104.5	23.9
7	75.0	150.5	135.3	137.1	18	30.6	26.7	28.7	27.4
8	44.8	41.2	27.3	39.7	19	16.9	21.6	21.6	22.3
9	79.0	80.5	29.7	24.9	20	64.0	16.3	15.6	17.3
10	51.4	42.4	49.9	45.4	OAc		169.8/22.6		170.5/21.4
11	158.6	55.6	153.6	75.7					170.4/20.8

3-11-513 $R^1=\beta$-OH; $R^2=R^3=H$; $R^4=Me$
3-11-514 $R^1=R^3=H$; $R^2=OH$; $R^4=Me$
3-11-515 $R^1=R^3=H$; $R^2=OH$; $R^4=C_3H_7$
3-11-516 $R^1=\beta$-OAc; $R^2=H$; $R^3=OH$; $R^4=Me$
3-11-517 $R^1=\beta$-OCOC$_5$H$_{11}$; $R^2=H$; $R^3=OH$; $R^4=Me$
3-11-518 $R^1=\beta$-OCOC$_7$H$_{15}$; $R^2=H$; $R^3=OH$; $R^4=Me$
3-11-519 $R^1=\beta$-OCOC$_7$H$_{15}$; $R^2=OH$; $R^3=H$; $R^4=Me$
3-11-520 $R^1=\beta$-OAc; $R^2=OH$; $R^3=H$; $R^4=Me$
3-11-521 $R^1=\beta$-OCOC$_7$H$_{15}$; $R^2=R^3=O$; $R^4=Me$
3-11-522 $R^1=\beta$-OAc; $R^2=R^3=O$; $R^4=Me$

3-11-523 $R^1=CH_3$; $R^2=OH$; $R^3=OH$
3-11-524 $R^1=OH$; $R^2=CH_3$; $R^3=OH$
3-11-525 $R^1=CH_3$; $R^2=OH$; $R^3=H$
3-11-526 $R^1=OH$; $R^2=CH_3$; $R^3=H$

表 3-11-95　化合物 3-11-506~3-11-513 的 ^{13}C NMR 数据[184]

C	3-11-506	3-11-507	3-11-508	3-11-509	3-11-510	3-11-511	3-11-512	3-11-513
1	40.76	40.74	37.72	38.27	38.03	37.96	40.65	38.43
2	91.32	91.46	93.71	93.26	93.64	93.54	93.23	93.79
3	76.73	76.76	77.15	77.75	77.21	77.21	77.20	76.39
4	79.21	78.79	71.54	32.18	210.78	210.59	213.70	75.37
5	33.42	33.40	38.02	27.06	36.19	36.21	39.27	27.06
6	126.69	126.77	66.80	73.72	34.03	34.01	35.42	29.04
7	131.65	131.50	138.41	133.59	76.29	76.26	37.42	48.07
8	36.91	36.98	127.29	129.18	49.33	49.33	42.92	38.78
9	81.72	81.72	82.70	82.46	78.23	78.13	79.62	82.64
10	44.94	44.99	49.99	50.31	47.73	47.73	48.30	45.97
11	73.61	73.67	73.69	73.41	72.79	72.47	73.11	73.66
12	31.33	31.36	31.27	31.40	31.51	31.52	31.10	31.04
13	31.41	31.43	31.29	31.40	31.51	31.52	31.73	31.26
14	38.28	38.28	38.68	37.23	38.03	38.15	37.23	37.71
15	37.57	37.57	36.78	36.64	36.52	36.54	36.65	36.43
16	67.77	67.70	68.02	67.86	68.17	68.19	68.30	67.14
17	10.78	10.28	10.95	10.91	10.91	10.89	11.00	10.59
18	19.29	19.35	18.59	22.14	22.50	22.44	24.29	23.12
19	29.56	29.51	17.15	17.96	27.66	27.61	17.51	14.48
20	18.16	18.16	17.23	17.25	17.25	17.32	17.96	17.16
21	171.29	171.24	171.21	171.19	170.84	173.39	171.01	71.01
22	21.62	21.27	21.34	21.37	21.34	36.68	21.17	20.91
23	170.78	173.48	172.89	170.24		18.37		
24	21.30	34.79	34.60	21.24		13.63		
25		25.09	25.17					
26		28.94	29.06					
27		28.94	29.05					
28		31.70	31.71					
29		22.58	22.63					
30		14.04	14.06					

表 3-11-96　化合物 3-11-514~3-11-517 的 ^{13}C NMR 数据[184]

C	3-11-514	3-11-515	3-11-516	3-11-517	C	3-11-514	3-11-515	3-11-516	3-11-517
1			39.14	39.21	15	36.57	36.62	36.73	36.77
2	94.01	93.84	92.88	92.95	16	68.24	68.23	67.41	67.32
3	77.10	77.19	76.37	76.41	17	10.94	10.91	10.65	10.76
4			72.42	72.26	18	29.69	29.22	17.54	17.61
5			36.85	30.96	19	116.08	115.84	115.55	115.63
6	91.05	91.05	73.78	73.86	20	17.39	17.48	17.47	17.51
7	146.40	146.43	147.46	147.53	21	171.21	173.79	172.43	171.20
8			38.97	39.03	22	21.32	36.66	21.35	21.24
9	82.51	82.35	82.94	83.01	23		18.45	171.15	171.20
10	46.74	46.67	45.69	45.73	24		13.70	21.20	34.72
11	73.56	73.27	73.91	73.97	25				24.74
12	31.27	31.29	31.49	31.25	26				29.01
13	31.70	31.73	31.21	31.50	27				22.30
14	37.87	37.94	38.32	38.37	28				13.88

表 3-11-97　化合物 3-11-518~3-11-522 的 ^{13}C NMR 数据[184]

C	3-11-518	3-11-519	3-11-520	3-11-521	3-11-522	C	3-11-518	3-11-519	3-11-520	3-11-521	3-11-522
1	39.20	38.95	38.82	39.59	39.63	16	67.32	67.87	67.99	67.57	67.78
2	92.93	93.63	93.47	92.44	92.44	17	10.75	10.83	10.75	10.92	10.87
3	76.39	77.16	77.20	77.17	77.21	18	17.61	17.51	17.43	18.09	18.15
4	72.27	69.54	69.67	71.34	71.70	19	115.62	117.25	117.39	115.19	115.21
5	31.24	34.71	34.71	45.17	45.18	20	17.51	17.34	17.30	18.29	18.35
6	73.85	87.07	86.94	200.61	200.53	21	171.18	171.08	171.19	171.04	171.07
7	147.51	144.45	144.40	145.40	145.49	22	21.25	21.22	21.31	21.15	21.19
8	39.04	38.78	38.34	41.41	41.17	23	175.43	172.99	170.33	173.13	170.37
9	82.99	83.38	83.39	79.90	79.93	24	34.75	34.71	21.31	34.41	21.14
10	45.66	47.25	47.07	48.38	48.43	25	25.06	25.21		25.07	
11	73.95	73.68	73.57	72.86	72.89	26	28.94	28.99		28.93	
12	31.24	31.41	31.28	31.04	31.11	27	28.78	28.96		28.89	
13	31.49	31.59	31.47	31.17	31.19	28	31.66	31.75		31.64	
14	38.35	38.51	38.34	37.61	37.66	29	22.60	22.60		22.62	
15	36.76	36.84	36.70	36.70	36.77	30	14.03	13.98		14.02	

表 3-11-98　化合物 3-11-523~3-11-526 的 ^{13}C NMR 数据[185]

C	3-11-523	3-11-524	3-11-525	3-11-526	C	3-11-523	3-11-524	3-11-525	3-11-526
1	41.7	37.2	36.4	42.1	6	42.9	44.8	42.1	42.8
2	77.0	43.3	43.8	76.8	7	20.8	20.8	20.3	19.8
3	35.4	28.8	26.9	38.9	8	40.1	41.2	41.3	37.7
4	38.2	41.3	38.8	34.5	9	133.0	133.0	133.0	133.9
5	73.0	75.8	73.7	147.3	10	129.7	129.9	129.9	128.1

续表

C	3-11-523	3-11-524	3-11-525	3-11-526	C	3-11-523	3-11-524	3-11-525	3-11-526
11	26.6	26.6	26.6	26.3	16	21.2	26.0	26.5	19.2
12	40.9	41.1	40.3	40.7	17	22.4	28.0	27.9	22.1
13	134.5	133.3	133.1	134.3	18	31.8	24.1	32.2	106.7
14	124.5	127.7	127.7	124.3	19	16.1	15.9	16.2	15.6
15	42.7	34.1	34.1	42.0	20	15.4	15.2	15.2	15.1

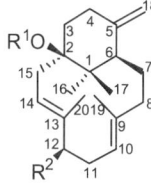

3-11-527 R^1=OH; R^2=H
3-11-528 R^1=H; R^2=OH
3-11-529 R^1=H; R^2=OAc

3-11-530

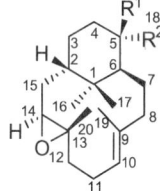

3-11-531 R^1=CH$_3$; R^2=OH
3-11-532 R^1=OH; R^2=CH$_3$

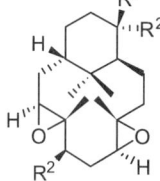

3-11-533 R^1=CH$_3$; R^2=OH
3-11-534 R^1=OH; R^2=CH$_3$

3-11-535 R^1=CH$_3$; R^2=OH
3-11-536 R^1=OH; R^2=CH$_3$

表 3-11-99　化合物 3-11-527~3-11-530 的 ^{13}C NMR 数据

C	3-11-527[185]	3-11-528[186]	3-11-529[186]	3-11-530[186]	C	3-11-527[185]	3-11-528[186]	3-11-529[186]	3-11-530[186]
1	42.1	37.7	37.7	40.7	12	40.7	80.4	81.4	40.4
2	76.8	45.0	45.0	75.7	13	134.3	134.8	130.9	133.7
3	38.9	29.9	29.8	40.4	14	124.3	129.5	131.6	123.1
4	34.5	36.1	36.0	120.4	15	42.0	32.9	32.8	42.7
5	147.3	149.0	148.9	136.3	16	19.2	27.6	27.6	21.1
6	42.8	42.5	42.6	40.5	17	22.1	24.3	24.2	18.3
7	19.8	20.0	20.0	21.6	18	106.7	105.6	105.7	23.0
8	37.7	37.4	37.5	39.2	19	15.6	15.8	15.9	15.8
9	133.9	135.6	136.5	132.9	20	15.1	9.6	10.4	15.3
10	128.1	123.5	122.5	129.7	OAc			170.2/21.4	
11	26.3	34.7	31.9	26.7					

表 3-11-100　化合物 3-11-531~3-11-535 的 ^{13}C NMR 数据[186]

C	3-11-531	3-11-532	3-11-533	3-11-534	3-11-535	C	3-11-531	3-11-532	3-11-533	3-11-534	3-11-535
1	36.8	36.1	37.4	37.1	36.9	5	75.4	73.2	75.5	73.4	75.1
2	42.9	43.3	43.9	44.2	42.5	6	46.1	43.5	45.2	43.6	46.6
3	28.2	26.3	28.1	26.6	27.5	7	21.7	21.3	21.1	20.4	21.3
4	41.1	38.7	41.4	39.2	41.4	8	40.4	39.8	39.9	40.5	39.1

C	3-11-531	3-11-532	3-11-533	3-11-534	3-11-535	C	3-11-531	3-11-532	3-11-533	3-11-534	3-11-535
9	133.9	133.6	62.1	62.0	61.7	15	34.9	34.9	33.6	33.9	34.3
10	129.6	129.8	66.3	66.9	65.5	16	28.9	28.7	29.4	29.3	30.6
11	24.4	24.4	26.3	26.1	24.0	17	25.6	26.0	24.8	25.6	24.4
12	40.5	40.7	38.7	38.8	37.9	18	24.5	32.1	24.9	33.0	25.4
13	63.5	63.4	133.1	133.4	63.2	19	16.4	16.7	16.6	16.4	16.9
14	64.3	64.3	128.0	127.8	64.7	20	15.8	15.8	15.2	15.3	15.8

3-11-537   **3-11-538**   **3-11-539**   **3-11-540**   **3-11-541**

表 3-11-101 化合物 3-11-536~3-11-539 的 ^{13}C NMR 数据[187]

C	3-11-536[86]	3-11-537	3-11-538	3-11-539	C	3-11-536[86]	3-11-537	3-11-538	3-11-539
1	36.7	76.6	43.9	76.8	11	23.8	40.0	44.8	43.6
2	42.7	42.2	34.0	42.2	12	38.1	45.6	75.8	145.9
3	26.2	124.3	129.8	62.8	13	63.0	22.0	41.3	34.7
4	39.0	134.3	130.0	63.7	14	64.4	35.0	28.7	38.1
5	72.9	40.6	50.0	39.5	15	34.6	41.3	37.0	41.9
6	45.5	26.4	67.6	24.4	16	30.4	20.2	25.9	18.8
7	20.5	128.9	132.2	127.3	17	25.3	22.2	28.0	22.5
8	40.0	132.9	137.7	134.4	18	32.8	205.7	24.3	108.1
9	61.5	37.4	41.2	37.0	19	16.8	15.2	16.4	16.2
10	66.4	20.6	20.9	20.8	20	15.8	15.5	16.4	15.8

表 3-11-102 化合物 3-11-540~3-11-541 的 ^{13}C NMR 数据[188]

C	3-11-540	3-11-541	C	3-11-540	3-11-541	C	3-11-540	3-11-541
1	43.2	44.1	9	38.0	46.8	17	26.4	24.8
2	32.1	17.7	10	144.0	108.2	18	113.4	114.9
3	30.0	33.3	11	126.5	164.3	19	17.5	17.1
4	147.1	145.1	12	124.1	130.6	20	134.7	169.6
5	41.0	40.7	13	17.6	32.2	OAc	170.1/21.3	167.8/22.2
6	72.1	71.2	14	26.0	24.1			169.9/21.2
7	125.6	132.1	15	34.4	37.3			
8	136.2	132.7	16	33.6	33.9			

表 3-11-103　化合物 3-11-542~3-11-550 的 ^{13}C NMR 数据

C	3-11-542[189]	3-11-543[190]	3-11-544[190]	3-11-545[190]	3-11-546[190]	3-11-547[191]	3-11-548[189]	3-11-549[192]	3-11-550[193]
1	25.1	21.6	21.6	22.0	21.7	156.9	20.8	41.0	37.0
2	30.8	31.4	31.3	32.0	31.3	114.2	31.6	19.1	19.0
3	134.4	134.7	134.7	135.1	135.1	130.8	133.1	36.6	30.9
4	123.9	124.5	124.5	125.5	124.2	123.6	125.4	36.7	39.9
5	36.4	36.5	36.5	37.1	36.5	144.2	34.0	49.6	45.3
6	39.0	42.4	42.4	43.3	42.9	44.2	42.2	70.8	23.5
7	24.6	18.3	18.6	18.9	18.5	21.0	19.6	37.1	35.3
8	121.5	32.8	32.9	33.5	32.9	23.1	31.8	142.2	149.7
9	136.5	80.5	805	79.4	80.2	34.0	76.1	63.8	51.5
10	39.6	44.5	44.8	45.3	44.7	130.4	42.2	45.4	51.1
11	31.9	31.5	31.4	32.3	32.0	39.6	31.7	104.7	64.7
12	36.0	36.1	36.1	32.6	30.9	35.0	36.0	113.0	106.8
13	24.6	26.5	26.5	30.0	36.3	27.7	26.4	74.5	102.4
14	32.1	125.0	125.1	89.4	202.8	126.1	125.2	19.2	18.3
15	37.9	131.3	131.3	146.0	144.8	132.8	130.9	38.7	75.5
16	101.6	25.9	25.9	113.6	124.5	26.3	25.7	22.9	29.6
17	14.1	17.9	17.9	17.2	17.9	18.2	17.7	79.8	121.7
18	13.4	13.6	13.5	13.8	13.4	19.6	13.6	72.5	136.0
19	24.0	23.8	23.8	23.9	23.8	171.0	23.6	25.2	26.0
20	21.7	24.4	24.5	24.5	24.6	66.9	22.5	26.6	17.9
OAc		171.1/21.1	170.8/21.3	170.9/20.9		173.7/21.3		170.7/20.9	
1'	101.1	97.1	97.6	98.1	97.1			171.4/21.7	
2'	80.1	72.2	69.8	72.5	72.4				

续表

C	3-11-542[189]	3-11-543[190]	3-11-544[190]	3-11-545[190]	3-11-546[190]	3-11-547[191]	3-11-548[189]	3-11-549[192]	3-11-550[193]
3'	66.4	73.8	75.3	74.8	73.9				
4'	78.5	68.7	68.6	69.8	69.5				
5'	76.3	72.3	74.3	73.0	74.5				
6'	67.6	63.1	62.8	64.3	62.9				

表 3-11-104 化合物 3-11-551~3-11-560 的 ^{13}C NMR 数据

C	3-11-551[194]	3-11-552[195]	3-11-553[196]	3-11-554[194]	3-11-555[194]	3-11-556[197]	3-11-557[198]	3-11-558[199]	3-11-559[199]	3-11-560[200]
1	36.0	38.5	38.1	30.6	24.9	40.28	73.81	67.3	73.3	42.1
2	18.7	18.8	30.2	23.8	23.2	23.56	74.27	77.6	79.3	18.8
3	40.3	33.8	201.7	44.2	213.6	213.58	120.45	120.0	46.0	40.6
4	34.0	42.7	145.5	71.1	76.4	41.27	138.56	132.4	80.3	34.4
5	42.1	56.6	133.4	148.6	146.2	133.05	132.91	132.7	132.7	59.2
6	42.7	177.3	136.3	140.3	134.0	126.94	126.5	126.9	126.3	166.8
7	202.2	173.7	125.4	136.7	137.0	126.20	127.54	127.6	127.2	165.8
8	188.2	123.9	131.5	128.2	128.6	128.79	126.25	126.3	126.0	119.5
9	154.1	143.8	126.4	134.9	135.0	133.05	110.81	119.1	119.2	151.0
10	43.5	38.8	145.5	140.0	140.0	132.83	122.36	124.3	121.5	40.8
11	135.0	115.7	184.5	182.3	182.4	105.26	139.77	139.4	134.3	114.3
12	187.7	154.7	153.2	181.4	181.2	155.62	139.77	140.0	140.0	157.4
13	152.8	132.8	126.4	144.6	144.9	126.52	136.28	136.7	135.9	133.7
14	133.0	128.8	183.2	128.1	128.6	130.54	115.7	116.2	115.9	132.1
15	26.2	26.7	25.7	26.9	26.9	16.53	27.71	27.7	27.5	26.7

续表

C	3-11-551[194]	3-11-552[195]	3-11-553[196]	3-11-554[194]	3-11-555[194]	3-11-556[197]	3-11-557[198]	3-11-558[199]	3-11-559[199]	3-11-560[200]
16	21.1	22.2	19.8	21.5	21.4		22.15	22.9	22.3	22.0
17	21.4	22.2	20.2	21.5	21.4		22.91	22.3	22.3	22.2
18	23.0	81.8	110.2	29.2	26.5	18.48	18.66	18.7	29.7	32.9
19	33.5	20.5	22.4	29.2	26.5	18.48	25.66	25.1	28.7	22.3
20	20.6	20.7	22.4	19.8	19.7	20.02	18.24	17.1	17.4	23.0

3-11-563 R¹=H; R²=Ac
3-11-564 R¹=Ac; R²=H

表 3-11-105 化合物 3-11-561~3-11-562 的 ¹³C NMR 数据[201]

C	3-11-561	3-11-562	C	3-11-561	3-11-562	C	3-11-561	3-11-562
1	32.7	32.6	8	86.0	85.5	15	171.8	171.8
2	19.2	19.2	9	162.9	163.6	16	10.7	10.5
3	40.5	40.7	10	40.3	40.4	17	21.9	21.7
4	32.9	33.2	11	116.5	113.1	18	33.1	33.4
5	46.4	49.2	12	163.4	163.5	19	70.0	69.6
6	16.9	17.6	13	149.0	150.8			
7	34.9	34.2	14	131.7	128.2			

表 3-11-106 化合物 3-11-563~3-11-565 的 ¹³C NMR 数据[202]

C	3-11-563	3-11-564	3-11-565	C	3-11-563	3-11-564	3-11-565
1	30.25	30.27	39.07	13	30.04	30.04	163.04
2	26.56	26.61	19.36	14	53.04	53.08	114.26
3	124.68	124.70	42.10	15	175.32	175.06	168.85
4	131.42	131.44	33.59	16	20.94	20.92	19.13
5	120.37	120.44	55.48	17	18.56	18.59	106.34
6	22.11	22.06	24.42	18	17.70	17.71	21.70
7	30.04	30.04	38.28	19	25.70	25.70	33.59
8	37.87	37.87	148.29	20	24.61	24.62	15.46
9	41.14	41.18	56.23	1'	64.57	61.74	64.48
10	141.12	141.13	39.71	2'	68.36	72.57	68.47
11	30.77	30.81	21.51	3'	65.35	61.53	65.38
12	31.66	31.67	39.96	OAc	171.03/20.77	170.62/20.77	171.09/20.80

3-11-566

3-11-567

3-11-568

表 3-11-107　化合物 3-11-566~3-11-568 的 ^{13}C NMR 数据

C	3-11-566[203]	3-11-567[203]	3-11-568[204]	C	3-11-566	3-11-567	3-11-568
1	63.75	63.72	76.4	11	143.12	142.56	154.6
2	34.04	34.05	32.3	12	123.98	123.02	34.8
3	32.57	32.59	119.4	13	125.46	123.02	26.9
4	149.56	149.41	135.3	14	133.94	139.67	124.3
5	76.85	76.85	46.8	15	142.41	70.96	131.6
6	36.47	36.47	28.9	16	115.87	29.96	25.7
7	41.70	41.55	44.9	17	18.66	29.96	17.7
8	25.82	25.81	26.9	18	15.38	15.25	107.3
9	32.74	32.77	35.2	19	14.89	14.89	9.6
10	43.09	43.11	37.5	20	109.66	109.62	20.9

表 3-11-108　化合物 3-11-569~3-11-571 的 ^{13}C NMR 数据[205]

C	3-11-569	3-11-570	3-11-571	C	3-11-569	3-11-570	3-11-571
1	18.7	26.8	28.0	11	36.1	35.3	37.0
2	24.2	26.6	28.2	12	28.4	28.2	29.0
3	83.8	126.1	128.8	13	143.1	143.6	143.5
4	143.5	137.5	149.1	14	127.6	126.1	127.8
5	123.8	31.8	29.1	15	58.7	58.6	59.4
6	94.1	49.1	51.3	16	60.2	61.0	60.9
7	45.3	46.4	47.9	17	15.8	15.7	17.4
8	40.0	38.5	40.4	18	12.7	25.6	68.7
9	39.7	40.1	41.7	19	208.3	211.2	213.9
10	48.3	51.7	53.7	20	17.0	16.4	16.7

3-11-569

3-11-570 R=Me
3-11-571 R=CH$_2$OH

3-11-572 R^1=R^2=R^3=H
3-11-573 R^1=Ac; R^2=OH; R^3=H
3-11-574 R^1=Ac; R^2=OAc; R^3=H
3-11-575 R^1=Ac; R^2=H; R^3=α-H

3-11-577 R^1=Glu; R^2=R^3=H
3-11-578 R^1=R^2=H; R^3=Glu
3-11-579 R^1=R^3=H; R^2=α-OH

表 3-11-109　化合物 3-11-572~3-11-579 的 ^{13}C NMR 数据

C	3-11-572[206]	3-11-573[206]	3-11-574[206]	3-11-575[206]	3-11-576[207]	3-11-577[207]	3-11-578[207]	3-11-579[207]
1	44.3	44.2	43.8	44.2	51.6	51.6	51.9	51.7
2	40.8	40.9	40.7	40.8	74.6	73.5	74.2	73.2
3	129.6	131.1	133.7	127.4	131.2	129.6	129.3	129.2
4	132.7	135.4	130.0	131.7	138.6	140.2	140.3	140.8
5	49.0	40.9	40.7	45.5	32.4	32.5	30.0	31.8
6	66.3	70.2	69.8	69.5	34.8	32.2	34.0	34.9
7	126.3	125.5	125.2	125.4	89.4	81.7	74.2	73.0
8	137.1	140.3	140.3	139.9	136.2	149.8	153.2	155.7
9	35.7	36.1	36.0	36.0	131.9	34.1	35.6	72.1
10	25.9	25.7	25.4	25.9	26.9	29.0	29.5	38.6
11	46.0	46.3	46.0	46.2	46.9	42.1	42.7	40.8
12	87.5	87.8	87.4	87.3	59.6	59.9	59.6	59.8
13	30.4	30.6	30.2	30.4	26.8	27.5	26.7	27.9
14	43.3	42.8	42.7	44.4	42.3	40.9	41.9	40.9
15	23.6	23.5	23.1	23.7	16.8	16.4	15.9	16.7
16	16.7	59.8	62.0	16.6	58.7	59.8	60.5	60.3
17	17.9	17.9	17.6	17.9	12.1	110.5	108.7	110.3
18	34.9	35.0	34.6	35.0	72.6	72.6	80.9	73.0
19	18.8	18.9	18.4	18.9	26.6	25.5	22.9	25.0
20	19.5	19.6	19.3	19.8	30.6	32.1	26.5	32.7
OAc		170.8	170.3	170.4				
		21.3	20.7	21.3				
			170.7					
			20.7					
Glu								
1'					103.2	103.1	98.5	
2'					75.6	75.3	75.5	
3'					78.8	78.6	78.8	
4'					72.0	71.9	72.4	
5'					78.1	78.2	77.7	
6'					63.1	63.0	63.5	

3-11-582 R¹=H; R²=α-H; R³=β-Me; R⁴=α-OH
3-11-583 R¹=β-OAc; R²=R⁴=H; R³=Me

3-11-584 R=α-H,β-OH
3-11-585 R=α-OH,β-H

3-11-586

表 3-11-110　化合物 3-11-580~3-11-586 的 ^{13}C NMR 数据

C	3-11-580[208]	3-11-581[208]	3-11-582[209]	3-11-583[206]	3-11-584[209]	3-11-585[209]	3-11-586[210]
1	40.5	38.1	47.30	46.3	46.40	47.79	45.2
2	40.3	45.3	40.63	41.8	40.76	40.12	42.4
3	125.1	70.9	125.34	128.7	125.66	126.00	124.8
4	135.7	145.8	134.49	132.3	134.94	134.81	135.6
5	35.6	30.7	39.93	45.9	39.88	39.91	39.3
6	40.3	37.2	24.34	69.6	24.27	24.35	24.0
7	215.2	211.7	128.53	127.7	129.53	129.57	141.2
8	47.2	45.8	133.29	139.6	132.17	132.17	134.8
9	30.9	31.9	38.06	38.1	38.29	38.28	207.5
10	28.6	27.0	26.05	25.7	29.04	27.97	45.4
11	44.4	43.2	45.97	47.5	42.06	43.06	46.1
12	137.6	136.6	153.91	153.9	145.46	147.79	58.3
13	206.6	205.9	122.55	118.9	71.81	71.77	30.6
14	55.3	54.6	47.74	48.5	51.62	49.98	43.3
15	21.3	23.0	22.62	23.4	23.88	23.43	23.7
16	15.6	118.7	16.11	15.9	15.37	15.49	15.3
17	18.0	14.5	15.39	17.3	15.96	16.19	12.2
18	146.9	150.4	71.50	27.3	129.06	129.91	146.5
19	24.3	25.0	31.72	21.5	20.89	21.71	111.2
20	21.5	21.3	31.72	22.3	21.52	22.06	20.3
OAc		170.7		170.6			
		21.4		21.3			

3-11-587

3-11-588

3-11-589

3-11-590 R=Ac
3-11-591 R=H

表 3-11-111 化合物 3-11-587~3-11-594 的 ^{13}C NMR 数据

C	3-11-587[211]	3-11-588[208]	3-11-589[208]	3-11-590[208]	3-11-591[208]	3-11-592[206]	3-11-593[206]	3-11-594[206]
1	47.4	39.3	53.5	38.0	40.4	43.1	42.9	43.6
2	40.8	42.8	33.8	43.8	41.0	42.1	42.1	41.8
3	125.5	125.1	122.9	74.4	76.8	63.9	62.6	63.0
4	134.5	133.8	134.8	148.7	153.9	63.6	60.4	58.4
5	38.3	38.5	27.1	35.1	34.5	37.4	44.2	43.4
6	24.5	28.0	30.6	28.5	34.4	67.6	68.0	69.1
7	128.6	80.6	80.6	127.7	123.5	123.7	123.9	60.9
8	133.4	137.5	138.8	134.6	136.7	142.1	141.5	63.7
9	47.9	129.3	134.0	37.9	37.9	36.3	35.7	36.9
10	122.5	30.0	23.6	27.5	30.2	24.2	24.3	23.4
11	154.2	47.9	46.7	42.4	44.0	47.2	46.8	48.3
12	46.2	137.0	187.2	137.9	137.6	87.8	87.7	86.4
13	26.2	205.5	123.6	206.9	206.3	32.2	31.6	32.4
14	40.0	57.5	212.4	55.7	56.0	42.2	43.5	43.2
15	22.7	23.1	24.2	23.0	22.1	22.5	23.3	21.7
16	16.2	15.5	22.9	115.0	110.7	199.8	17.1	17.6
17	15.5	11.2	10.1	16.8	15.9	17.6	17.8	17.6
18	71.6	145.9	29.4	148.1	147.8	36.0	35.7	36.5
19	31.9	23.8	21.7	24.7	24.1	18.3	18.6	18.6
20	31.9	21.4	20.7	21.3	21.6	18.4	19.0	21.0
OAc				170.6 21.4		169.9/21.2	170.3/21.3	170.0/21.2

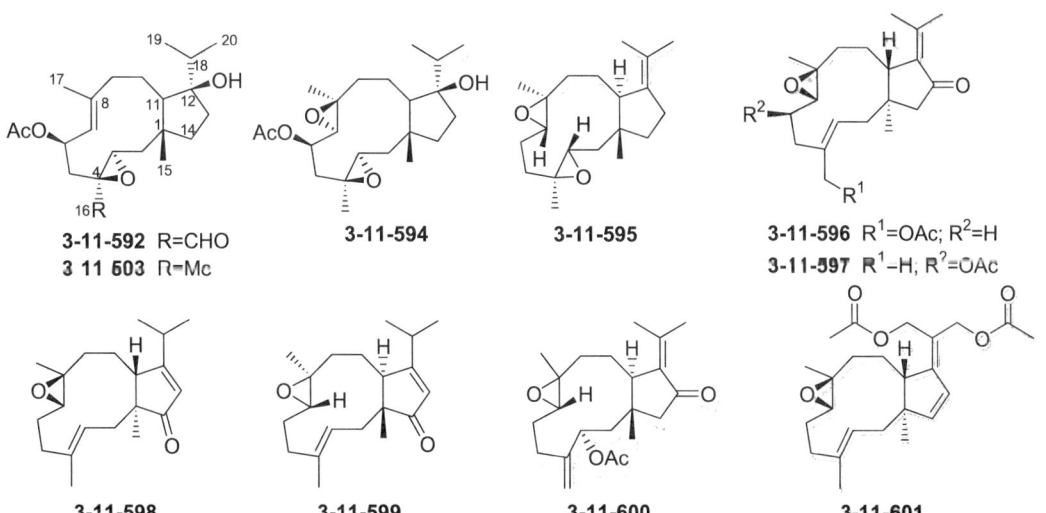

表 3-11-112 化合物 3-11-595~3-11-601 的 ^{13}C NMR 数据

C	3-11-595[208]	3-11-596[212]	3-11-597[212]	3-11-598[212]	3-11-599[208]	3-11-600[208]	3-11-601[212]
1	37.9	40.58	40.95	53.30	50.8	38.3	54.02
2	40.3	39.74	39.91	38.02	36.4	43.5	39.56

C	3-11-595[208]	3-11-596[212]	3-11-597[212]	3-11-598[212]	3-11-599[208]	3-11-600[208]	3-11-601[212]
3	63.0	130.90	128.30	123.00	122.4	75.0	123.70
4	60.3	136.90	131.00	136.20	136.7	148.3	135.90
5	37.3	36.78	44.42	37.77	28.9	33.6	37.98
6	23.4	27.43	66.64	23.38	24.1	29.3	22.91
7	63.8	65.49	65.82	67.34	67.8	64.4	66.52
8	60.6	60.43	62.03	60.42	60.6	60.7	60.41
9	36.7	33.30	36.66	36.17	35.9	36.3	36.64
10	27.9	23.00	27.28	27.20	23.6	28.0	29.77
11	43.0	42.07	42.40	48.03	45.5	42.1	44.25
12	137.1	134.80	137.20	189.90	190.4	137.4	158.40
13	205.4	205.80	206.20	123.90	125.6	206.2	126.40
14	54.8	54.31	54.38	213.00	213.4	54.8	150.80
15	23.6	23.42	23.45	15.52	21.1	23.2	20.19
16	15.6	60.22	17.12	16.15	23.9	117.4	15.49
17	17.5	17.61	18.06	17.30	17.5	17.3	17.57
18	149.5	150.10	149.70	29.53	29.0	148.6	118.80
19	25.2	24.82	24.93	22.60	22.5	25.1	62.82
20	21.7	21.78	22.01	21.57	21.2	21.9	62.77
OAc		171.00/20.90	170.4/21.09			170.5/21.4	171.1/20.90
							171.1/21.02

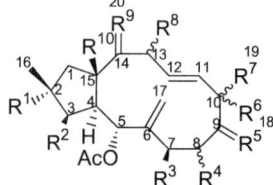

3-11-602 R^1=OAc; R^2=OBz; R^3=O^{t}But; R^4=α-OAc; R^5=α-ONic, β-H; R^6=α-Me; R^7=R^8=β-Me; R^9=α-H,β-OAc; R^{10}=OH

3-11-603 R^1=H; R^2=R^{10}=OAc; R^3=OBz; R^4=α-OAc; R^5=R^9=O; R^6=α-Me; R^7=R^8=β-Me

3-11-604 R^1=H; R^2=R^3=R^{10}=OAc; R^4=α-OAc; R^5=R^9=O; R^6=α-Me; R^7=R^8=β-Me

3-11-605 R^1=R^2=R^{10}=OAc; R^3=OBz; R^4=α-OAc; R^5=α-OAc, β-H; R^6=α-Me; R^7=R^8=β-Me; R^9=O

3-11-606 R^1=H; R^2=R^{10}=OAc; R^3=OBz; R^4=α-OAc; R^5=α-OAc,β-H; R^6=α-Me; R^7=R^8=β-Me; R^9=O

3-11-607 R^1=OBz; R^2=R^3=R^{10}=OAc; R^4=α-OAc; R^5=α-OAc, β-H; R^6=α-Me; R^7=R^8=β-Me; R^9=O

3-11-608 R^1=R^2=R^3=R^{10}=OAc; R^4=H; R^5=R^9=O; R^6=R^7=Me; R^8=α-Me

3-11-609 R^1=R^4=H; R^2=R^3=R^{10}=OAc; R^5=α-ONic, β-H; R^6=R^7=Me; R^8=α-Me; R^9=O

表 3-11-113 化合物 3-11-602~3-11-605 的 ^{13}C NMR 数据

C	3-11-602[213]	3-11-603[214]	3-11-604[214]	3-11-605[214]	C	3-11-602[213]	3-11-603[214]	3-11-604[214]	3-11-605[214]
1	50.1	44.8	44.7	48.7	6	143.9	136.7	136.9	138.8
2	88.4	38.5	38.5	87.3	7	66.9	63.9	63.7	66.8
3	80.3	76.7	76.5	77.3	8	70.9	73.9	73.6	70.0
4	44.8	49.5	49.5	46.4	9	82.0	204.6	205.1	81.1
5	71.7	72.3	71.8	71.1	10	41.1	49.2	49.2	40.1

续表

C	3-11-602[213]	3-11-603[214]	3-11-604[214]	3-11-605[214]	C	3-11-602[213]	3-11-603[214]	3-11-604[214]	3-11-605[214]
11	133.9	135.2	135.0	133.3	OBz				
12	131.8	133.4	133.5	130.5	1'	130.1	129.2		130.5
13	37.4	43.3	43.3	43.7	2',6	129.6	129.9		129.7
14	79.3	204.0	203.9	204.2	3',5'	128.4	128.5		128.7
15	84.2	90.3	90.3	90.6	4'	133.1	133.5		
16	23.6	13.6	13.6	18.8	7'	164.8	165.8		165.2
17	109.6	123.7	123.0	121.0	ONic				
18	27.0	23.8	23.7	25.4	1"	164.0			
19	23.1	25.8	25.7	23.5	2"	153.8			
20	23.5	20.3	20.7	20.1	3"	151.5			
OAc	170.9/22.5	170.1/20.6	170.2/21.2	170.2/22.3	4"	137.5			
	170.5/20.9	169.3/20.4	170.2/20.9	170.0/21.3	5"	125.2			
	169.8/20.6	169.0/21.2	169.8/20.7	169.6/20.9	6"	123.3			
	168.1/20.5	169.8/20.7	169.0/20.5	169.0/20.4	O^{i}But	174.8			
			168.8/20.1	169.0/20.2		33.5			
						18.8			
						17.7			

表 3-11-114　化合物 3-11-606~3-11-609 的 ^{13}C NMR 数据

C	3-11-606[214]	3-11-607[214]	3-11-608[215]	3-11-609[216]	C	3-11-606[214]	3-11-607[214]	3-11-608[215]	3-11-609[216]
1	43.8	46.6	46.6	46.3	18	25.4	25.0	26.7	26.5
2	38.0	88.6	86.2	38.3	19	23.8	23.4	23.0	23.3
3	77.0	78.6	78.3	76.7	20	20.4	19.5	20.2	19.4
4	49.6	46.4	49.7	52.9	OAc	170.2/21.4	169.9/21.5	170.1/20.9	169.9/21.2
5	71.1	70.5	68.2	68.5		170.0/20.9	169.5/21.3	169.0/21.4	169.6/21.2
6	139.2	139.1	147.0	146.9		169.6/20.7	169.4/21.3	169.7/20.8	169.7/20.5
7	67.0	66.8	69.5	69.1		168.9/20.5	169.4/20.9	169.6/21.2	169.9/21.2
8	70.2	69.6	45.4	34.0		166.4/20.2	169.3/20.9	170.4/22.1	
9	81.2	81.3	209.4	75.9			168.5/20.6		
10	40.1	40.0	49.3	40.7	OBz	OBz	OBz		ONic
11	133.5	134.8	137.2	137.9		130.5	130.7		164.1
12	130.7	130.6	133.2	130.3		129.7	130.1		151.1
13	44.4	43.5	44.7	43.3		128.8	128.4		125.7
14	204.4	203.7	211.1	212.6		135.3	133.2		136.8
15	91.3	91.1	92.1	92.9		128.8	128.4		123.5
16	14.1	18.9	17.8	13.3		129.7	130.1		153.8
17	120.6	120.4	110.1	110.2		165.2	165.3		

3-11-610 R¹=H; R²=R⁶=OH; R³=α-OH,β-H; R⁴=β-Me; R⁵=β-OAc
3-11-611 R¹=R⁶=OH; R²=OAc; R³=α-OAc,β-H; R⁴=β-Me; R⁵=β-OAc
3-11-612 R¹=OH; R²=OBz; R³=O; R⁴=α-Me; R⁵=α-OAc; R⁶=OAc

3-11-615 R¹=H; R²=β-OBz; R³=α-OAc; R⁴=α-ONic; R⁵=R⁸=α-Me; R⁶=β-Me; R⁷=α-H
3-11-616 R¹=R³=R⁴=OAc; R²=OⁱBut; R⁵=R⁶=R⁸=Me; R⁷=H

表 3-11-115 化合物 3-11-610~3-11-613 的 ¹³C NMR 数据

C	3-11-610[217]	3-11-611[217]	3-11-612[217]	3-11-613[218]	C	3-11-610[217]	3-11-611[217]	3-11-612[217]	3-11-613[218]
1	45.4	46.4	43.7	47.1	16	13.5	13.4	19.2	13.8
2	36.7	36.4	37.9	39.4	17	16.2	60.3	63.0	16.0
3	81.2	81.8	86.2	81.4	18	18.7	20.5	25.5	20.2
4	48.0	47.1	43.9	51.3	19	22.7	22.6	24.7	22.4
5	117.9	124.2	127.4	117.7	20	18.9	19.2	23.2	11.9
6	139.3	138.2	139.9	142.5	OBz				
7	72.3	70.8	72.6	73.8	C=O	168.1	166.3	165.2	165.8
8	36.3	33.7	43.5	40.3	1'	130.0	129.8	130.0	130.4
9	72.5	73.4	207.7	219.5	2',6'	129.4	129.8	129.2	129.6
10	39.7	39.8	49.1	52.7	3',5'	128.4	128.5	128.0	128.5
11	140.5	139.0	133.0	73.1	4'	132.9	133.1	132.6	133.0
12	127.6	128.5	134.2	135.5	OAc	171.0/20.8	169.2/19.8	170.1/22.1	170.6/21.7
13	39.7	39.5	37.7	138.9			169.8/21.0	169.9/21.0	
14	80.7	80.5	75.3	201.8			171.0/20.9		
15	83.9	83.2	92.2	92.7					

表 3-11-116 化合物 3-11-614~3-11-618 的 ¹³C NMR 数据

C	3-11-614[219]	3-11-615[220]	3-11-616[215]	3-11-617[215]	3-11-618[217]	C	3-11-614[219]	3-11-615[220]	3-11-616[215]	3-11-617[215]	3-11-618[217]
1	150.3	40.0	43.6	46.2	38.6	5	139.7	69.4	69.4	67.6	123.0
2	144.7	38.9	88.5	86.7	35.0	6	81.6	145.1	147.0	141.7	132.1
3	195.2	74.2	74.2	78.0	77.0	7	37.6	69.7	67.8	68.5	73.9
4	132.5	51.8	49.7	49.8	50.6	8	25.5	71.1	70.9	69.0	32.2

续表

C	3-11-614[219]	3-11-615[220]	3-11-616[215]	3-11-617[215]	3-11-618[217]	C	3-11-614[219]	3-11-615[220]	3-11-616[215]	3-11-617[215]	3-11-618[217]
9	88.1	83.4	82.6	77.3	70.7			169.4/22.0	170.5/21.2	169.5/20.5	
10	35.7	41.7	41.4	39.6	43.0				169.6/22.2	169.1/20.8	
11	34.4	77.7	77.1	58.4	77.4				167.5/21.2	170.0/21.2	
12	30.9	214.1	213.6	57.1	84.4	OBz					
13	43.5	51.0	21.6	37.0	43.4	C=O		165.8			165.7
14	204.6	106.7	105.7	210.3	80.3	1'		128.7			130.4
15	88.9	90.8	89.9	92.6	92.9	2',6'		129.4			129.8
16	10.7	13.3	18.3	18.1	13.9	3',5'		128.2			128.3
17	24.0	109.6	107.9	111.9	15.5	4'		133.4			132.6
18	28.2	22.0	18.9	23.5	17.6			ONic	O^iBut		
19	23.4	18.8	22.4	17.5	17.8			163.7	176.6		
20	20.6	9.2	9.6	15.3	12.8			150.3	34.2		
OAc	169.3/22.1	170.1/21.3	169.6/21.1	169.7/22.2	169.4/20.0			124.9	18.8		
		169.1/21.0	168.9/22.8	168.6/21.2	169.3/21.1			137.0	19.8		
		170.5/20.9	168.6/21.8	168.3/21.3	170.5/20.7			123.0			
								153.0			

表 3-11-117 化合物 3-11-619~3-11-626 的 ^{13}C NMR 数据[221]

C	3-11-619	3-11-620	3-11-621	3-11-622	3-11-623	3-11-624	3-11-625[222]	3-11-626[222]
1	23.1	23.0	23.2	23.0	23.1	23.9	33.2	33.9
2	36.1	36.2	36.2	34.7	36.2	34.7	24.3	21.6
3	60.1	60.2	60.3	62.1	60.1	62.3	138.4	138.3
4	61.0	61.1	61.1	62.2	61.0	62.3	123.5	123.6
5	41.4	41.5	41.5	69.3	41.4	69.3	26.7	26.3
6	43.9	43.4	44.1	48.1	44.1	48.3	54.5	54.8
7	39.9	39.9	40.1	35.6	40.1	35.4	34.3	35.0
8	26.2	27.1	26.4	25.7	25.6	28.3	26.4	26.3
9	52.7	52.5	53.0	52.4	43.6	47.2	53.0	53.7

续表

C	3-11-619	3-11-620	3-11-621	3-11-622	3-11-623	3-11-624	3-11-625[222]	3-11-626[222]
10	57.5	57.2	57.8	46.3	57.8	45.1	78.7	78.6
11	23.4	23.4	23.5	23.9	23.4	23.9	26.5	26.3
12	17.5	17.7	17.6	15.9	17.7	16.0	174.2	173.6
13	140.1	131.3	141.0	141.3	139.9	149.6	82.8	82.6
14	13.2	12.2	13.2	13.1	19.2	111.9	27.8	29.1
15	125.2	123.4	126.3	126.2	126.9	125.3	146.0	148.0
16	122.9	26.0	125.5	125.5	122.1	125.7	120.0	122.5
17	139.2	124.8	133.7	133.5	139.4	131.7	136.5	136.8
18	70.8	136.0	142.0	142.5	70.9	135.8	127.4	127.3
19	29.9	26.6	115.5	115.5	30.0	26.1	12.5	12.5
20	29.9	17.6	18.7	18.6	30.0	18.5	168.9	169.0

3-11-625 R¹=Me; R²=R³=H; R⁴=β-Me
3-11-626 R¹=Me; R²=R³=H; R⁴=α-Me
3-11-627 R¹=Me; R²=H; R³=Glu; R⁴=β-Me
3-11-628 R¹=Me; R²=H; R³=CH₂CH(OH)CH₂OH; R⁴=β-Me
3-11-629 R¹=COOMe; R²=H; R³=CH₂CH(OH)CH₂OH; R⁴=β-Me

表 3-11-118 化合物 3-11-627~3-11-629 的 ¹³C NMR 数据[222]

C	3-11-627	3-11-628	3-11-629	C	3-11-627	3-11-628	3-11-629	C	3-11-627	3-11-628	3-11-629
1	33.2	33.2	33.2	10	78.6	78.7	78.5	19	12.3	12.5	12.6
2	24.2	24.3	19.7	11	26.4	26.5	167.6	20	166.0	167.3	167.4
3	138.2	138.4	133.9	12	174.1	174.2	174.0	OMe			51.8
4	123.4	123.5	142.7	13	82.8	82.8	83.5	1'	94.6	65.9	66.0
5	26.6	26.7	27.1	14	27.7	27.7	27.8	2'	72.5	69.3	69.4
6	54.5	54.5	54.6	15	147.4	146.7	146.3	3'	77.7	62.6	62.7
7	36.3	34.3	34.4	16	119.6	119.7	119.9	4'	69.5		
8	26.4	26.4	24.3	17	138.4	137.0	137.0	5'	7.3		
9	52.9	52.9	53.1	18	125.9	126.6	126.9	6'	60.5		

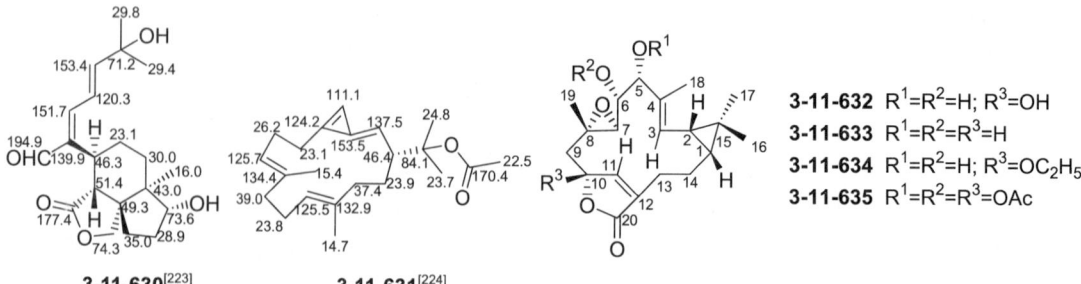

3-11-630[223]

3-11-631[224]

3-11-632 R¹=R²=H; R³=OH
3-11-633 R¹=R²=R³=H
3-11-634 R¹=R²=H; R³=OC₂H₅
3-11-635 R¹=R²=R³=OAc

3-11-636 R¹=R²=α-H
3-11-637 R¹=α-H; R²=β-H
3-11-638 R¹=β-H; R²=α-H

3-11-639 R¹=α-H,β-H; R²=α-H
3-11-640 R¹=α-H,β-H; R²=β-H
3-11-641 R¹=α-H,β-OH; R²=α-H
3-11-642 R¹=α-H,β-OH; R²=β-H
3-11-643 R¹=O; R²=β-H
3-11-644 R¹=O; R²=α-H

3-11-645

表 3-11-119　化合物 3-11-632~3-11-638 的 ^{13}C NMR 数据

C	3-11-632[225]	3-11-633[225]	3-11-634[225]	3-11-635[225]	3-11-636[226]	3-11-637[226]	3-11-638[226]
1	32.4	30.9	30.5	30.9	35.9	38.8	39.7
2	28.7	28.8	26.9	26.8	27.8	32.6	33.6
3	130.6	128.4	128.7	133.8	144.4	148.3	147.5
4	136.4	133.9	135.5	128.7	136.0	134.6	134.2
5	83.3	81.0	81.9	79.6	199.3	200.2	200.9
6	72.5	71.2	71.0	69.4	40.7	41.0	40.7
7	65.0	64.8	63.3	60.4	125.1	126.1	124.7
8	62.1	59.8	60.0	59.9	130.4	131.4	131.7
9	49.5	44.5	48.6	47.8	53.6	56.0	55.8
10	103.7	78.5	107.7	104.2	207.1	209.1	208.7
11	148.7	148.6	145.7	143.6	50.1	49.5	50.8
12	137.0	135.5	137.8	136.9	27.2	27.9	27.6
13	28.0	27.2	26.8	26.5	39.9	35.7	35.6
14	21.6	20.4	21.8	20.0	24.5	27.5	24.5
15	23.3	21.7	21.8	22.6	25.2	29.5	27.9
16	16.3	15.5	15.5	15.5	29.0	21.7	21.6
17	29.7	28.8	28.6	28.6	16.0	23.8	23.5
18	12.4	11.8	11.4	11.7	11.7	11.6	11.6
19	20.3	17.9	19.7	19.1	16.8	16.4	16.7
20	173.9	173.5	170.7	170.0	23.1	22.4	18.7
OEt			59.6/15.2				
OAc				167.8/21.8			
				169.6/21.1			
				169.9/20.7			

表 3-11-120　化合物 3-11-639~3-11-645 的 ^{13}C NMR 数据[226]

C	3-11-639	3-11-640	3-11-641	3-11-642	3-11-643	3-11-644	3-11-645
1	35.2	37.5	35.2	37.0	37.2	34.5	34.6
2	27.6	31.9	28.6	35.2	31.6	27.8	27.9
3	143.1	149.4	142.9	148.1	148.1	141.9	156.9
4	136.6	132.8	136.2	133.0	133.9	137.7	137.7
5	199.9	201.2	200.0	200.4	199.6	199.3	195.1

续表

C	3-11-639	3-11-640	3-11-641	3-11-642	3-11-643	3-11-644	3-11-645
6	39.4	40.4	39.8	40.6	40.6	39.3	128.4
7	119.4	121.7	120.5	122.9	125.6	124.2	143.6
8	137.1	135.1	134.5	133.0	130.1	132.8	83.0
9	39.0	38.4	46.7	46.4	56.6	55.9	43.4
10	23.9	24.0	67.5	68.7	198.3	200.1	67.6
11	124.4	125.4	127.8	129.2	122.9	122.8	124.5
12	135.9	133.5	140.8	140.1	158.2	158.4	139.5
13	39.9	38.8	39.2	40.1	41.1	41.1	37.1
14	26.3	24.4	25.8	25.4	24.0	26.8	22.9
15	25.4	28.1	25.3	29.7	28.3	26.1	27.2
16	29.0	22.0	29.0	22.0	21.6	29.0	29.1
17	15.8	23.7	15.7	23.0	23.3	15.8	16.3
18	11.6	11.2	11.5	11.1	11.1	11.9	11.5
19	15.6	14.7	18.5	19.0	15.6	16.6	26.0
20	15.3	14.8	18.3	14.8	17.8	18.1	18.8

表 3-11-121　化合物 3-11-646~3-11-654 的 ^{13}C NMR 数据[227]

C	3-11-646	3-11-647	3-11-648	3-11-649	3-11-650	3-11-651	3-11-652	3-11-653[228]	3-11-654[228]
1	45.2	45.3	44.9	48.5	48.4	48.6	48.6	44.5	47.0
2	28.1	28.2	27.6	30.2	30.1	30.0	29.9	30.5	27.5
3	38.5	38.6	38.7	39.5	39.5	39.5	39.4	39.6	30.2
4	59.6	59.6	59.6	135.2	135.2	135.1	135.0	135.3	48.3
5	63.6	63.6	63.9	124.7	124.6	124.8	124.7	124.5	216.8
6	30.0	30.0	30.2	28.1	28.1	28.3	28.2	28.3	41.6
7	29.6	29.7	29.4	34.7	34.6	34.6	34.5	34.7	32.3
8	150.6	150.7	151.3	153.6	153.6	153.5	153.4	154.2	151.9

续表

C	3-11-646	3-11-647	3-11-648	3-11-649	3-11-650	3-11-651	3-11-652	3-11-653[228]	3-11-654[228]
9	47.3	47.3	48.0	47.2	47.1	47.2	47.1	47.4	41.7
10	35.1	35.2	34.8	35.6	35.5	35.6	35.4	34.0	34.0
11	47.7	47.8	40.2	47.1	47.0	47.8	47.4	41.2	48.1
12	203.2	203.1	78.7	203.9	203.9	213.6	213.2	99.9	213.3
13	123.3	123.1	27.8	123.7	120.4	36.6	30.6	126.8	32.5
14	149.9	148.8	125.9	149.6	153.1	116.5	36.8	131.5	29.5
15	73.7	72.6	132.4	73.8	71.2	134.9	207.4	80.4	70.3
16	69.2	70.5	62.9	69.4	29.5	18.2		19.4	
17	23.9	24.7	21.5	23.9	29.5	25.8	30.0	66.8	20.1
18	17.0	17.1	15.7	17.9	17.9	17.8	17.8	16.8	17.0
19	114.1	114.1	113.6	112.9	112.8	113.0	112.9	112.6	112.5
20	16.8	16.9	17.1	16.4	16.3	16.4	16.3	16.3	16.4
OAc		171.1/20.9	170.6/20.9						170.8/21.3
			171.0/21.0						

表 3-11-122 化合物 3-11-655~3-11-658 的 ^{13}C NMR 数据[228]

C	3-11-655	3-11-656	3-11-657	3-11-658	C	3-11-655	3-11-656	3-11-657	3-11-658
1	47.4	46.9	49.9	44.5	12	213.3	213.6	36.9	77.6
2	27.5	27.4	27.5	26.8	13	32.7	32.2	35.3	28.0
3	30.2	30.0	30.5	29.8	14	29.3	34.8	215.1	126.1
4	48.3	48.7	47.8	47.5	15	67.6	81.4	40.8	132.2
5	216.8	217.4	217.1	217.2	16		25.7	18.4	63.0
6	41.6	41.9	42.3	42.8	17	23.9	25.7	18.4	21.5
7	32.3	32.2	32.1	31.7	18	17.1	17.0	19.3	16.3
8	151.9	152.0	152.8	152.6	19	112.7	112.5	111.6	112.1
9	41.7	42.0	43.3	43.0	20	16.5	16.3	16.5	16.0
10	34.0	34.2	36.9	33.4	OAc		170.4/22.4		170.8/21.0
11	48.1	48.2	36.6	40.5					171.1/21.1

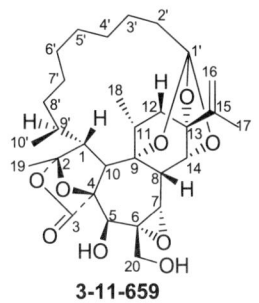

3-11-659

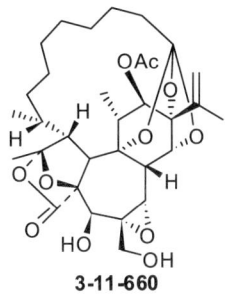

3-11-660

表 3-11-127　化合物 3-11-659~3-11-660 的 ^{13}C NMR 数据[229]

C	3-11-659	3-11-660	C	3-11-659	3-11-660	C	3-11-659	3-11-660
1	55.4	53.9	11	36.0	45.1	1'	119.9	120.0
2	112.8	112.4	12	36.6	77.8	2'	31.3	33.6
3	174.1	172.4	13	83.3	83.0	3'	22.7	19.9
4	86.5	85.9	14	80.7	78.9	4'	25.0	28.8
5	68.7	67.8	15	146.0	142.7	5'	24.0	23.9
6	59.3	58.9	16	111.1	112.7	6'	26.8	24.2
7	59.0	59.4	17	18.7	18.1	7'	26.6	25.1
8	35.4	34.1	18	22.0	18.5	8'	32.8	25.6
9	81.2	79.8	19	19.8	19.5	9'	37.5	29.1
10	54.5	48.4	20	63.0	63.4	10'	19.7	18.2
						OAc		169.7/20.8

参 考 文 献

[1] Gianello J C, Pestchanker M J, Tonn C E, et al. Phytochemistry, 1990, 29: 656.
[2] Jolad S D, Timmermann B N, Hoffmann J J, et al. Phytochemistry, 1987, 26: 483.
[3] Timmermann B N, Hoffmann J J, Jolad S D, et al. Phytochemistry, 1986, 25: 723.
[4] Socolsky C, Asakawa Y, Bardón A. J Nat Prod, 2007, 70: 1837.
[5] Ono M, Yamasaki T, Konoshita M, et al. Chem Pharm Bull, 2008, 56: 1621.
[6] Xue-Ting L, Yao S, Jing-Yu L, et al. Chinese J Nat Med, 2009, 7: 341.
[7] Rojatkar S R, Chiplunkar Y G, Nagasampagi B A. Phytochemistry, 1994, 37: 1213.
[8] de Teresa J P, Urones J G, Marcos I S, et al. Phytochemistry, 1986, 25: 1185.
[9] Otsuka H, Shitamoto J, Matsunami K, et al. Chem Pharm Bull, 2007, 55: 1600.
[10] Timmermann B N, Hoffmann J J, Jolad S D, et al. Phytochemistry, 1986, 25: 1389.
[11] 张蓉, 段宏泉, 姚智等. 中国中药杂志, 2006: 1956.
[12] 陈红英, 林南英, 徐定学等. 中草药, 2004, 35: 368.
[13] Zou Q Y, Li N, Dan C, et al. Chinese Chem Lett, 2010, 21: 1091.
[14] Ngadjui B T, Folefoc G G, Keumedjio F, et al. Phytochemistry, 1999, 51: 171.
[15] Wang Y Z, Tang C P, Ke C Q, et al. Phytochemistry, 2008, 69: 518.
[16] 周宝石. 陕西师范大学学报（自然科学版）, 2005, 33: 68.
[17] Nagashima F, Tanaka H, Takaoka S, et al. Phytochemistry, 1997, 45: 353.
[18] Nagashima F, Tanka H, Asakawa Y. Phytochemistry, 1996, 42: 93.
[19] Xiao-Na F, Sheng L, Cheng-Gen Z, et al. 药学学报, 2010, 4: 82.
[20] de Teresa J P, Urones J G, Marcos I S, et al. Phytochemitry, 1986, 25: 711.
[21] Kong L, Qin M, Niwa M. J Nat Prod, 2000, 63: 939.
[22] Roengsumran S, Petsom A, Kuptiyanuwat N, et al. Phytochemistry, 2001, 56: 103.
[23] Hussein A A, Meyer J J M, Jimeno M L, et al. J Nat Prod, 2007, 70: 293.
[24] Kuo Y J, Hwang S Y, Wu M D, et al. Chem Pharm Bull, 2008, 56: 585.
[25] Zheng C, Huang B, Wu Y, et al. Biochem Syst Ecol, 2010, 38: 247.
[26] Ono M, Nagasawa Y, Ikeda T, et al. Chem Pharm Bull, 2009, 57: 1132.
[27] Li S H, Zhang H J, Qiu S X, et al. Tetrahedron Lett, 2002, 43: 5131.
[28] 王国才, 胡永美, 张晓琦等. 中国药科大学学报, 2005, 36: 405.
[29] Papanov G, Malakov P, Tomova K. Phytochemistry, 1998, 47: 139.
[30] Katagiri M, Ohtani K, Kasai R, et al. Phytochemistry, 1994, 35: 439.
[31] 赵斌, 梁恒兴, 余娅芳等. 药学学报, 2009, 44: 60.
[32] 张娴, 彭国平. 天然产物化学, 2004, 16: 104.
[33] 刘丽娟, 郭万成, 彭勤龙等. 中山大学学报, 2004, 43: 58.

[34] Chen L X, Zhu H J, Wang R, et al. J Nat Prod, 2008, 71: 852.
[35] 陈丽霞，曲戈霞，邱峰. 中国中药杂志, 2006, 31: 1594.
[36] Koyama Y, Matsunami K, Otsuka H, et al. Photochemistry, 2010, 71: 675.
[37] 刘雪婷，施瑶，张琼等. 中国天然药物, 2006, 4: 87.
[38] Dolmazon R, Fruchier A, Kolodziejczyk K. Phytochemistry, 1995, 40: 1573.
[39] Sezik L, Ezer N, Hueso-Rodriguez J A, et al. Phytochemistry, 1983, 24: 273.
[40] Villar A, Valverde S, de Heras B L, et al. Phytochemistry, 1993, 34: 575.
[41] 许玲玲，孔令义. 中国天然药物, 2004, 2: 344.
[42] 杨为民，金歧端，许云龙等. 天然产物研究与开发, 2007, 19: 991.
[43] Iijima T, Yaoita Y, Kikuchi M. Chem Pharm Bull, 2003, 51: 545.
[44] Hoffmann J, Jolad S D, Timmermann B N, et al. Phytochemistry, 1988, 27: 493.
[45] Sierra M G, Colombo M I, Zudenigo M E, et al. Phytochemistry, 1984, 23: 1685.
[46] Mahmoud A A, Ahmed A A, Tanaka T, et al. J.Nat.Prod, 2000, 63: 378.
[47] Lu K, Jian-Xia Z, Zheng-Wu S. 药学学报, 2007, 42: 58.
[48] Lil A T K, Gedara S R, Lahloub M F, et al. Phytochemistry, 1996, 41: 1569.
[49] Kuo Y J, Hsiao P C, Zhang L J, et al. J Nat Prod, 2009, 72: 1097.
[50] Ono M, Yamamoto M, Masuoka C, et al. J Nat Prod, 1999, 62: 1532.
[51] Miyaichi Y, Segawa A, Tomimori T. Chem Pharm Bull, 2006, 54: 1370.
[52] Giang P M, Son P T, Matsunami K, et al. Chem Pharm Bull, 2005, 53: 1475.
[53] Papanov G Y, Malakov P Y, Rodriguez B, et al. Phytochemistry, 1998, 47: 1149.
[54] Malakov P, Papanov G, Jakupovic J, et al. Phytochemistry, 1985, 24: 2341.
[55] Mossa J S, Muhammad I, Al-Yahya M A. J. Nat. Prod, 1996, 59: 224.
[56] Monti H, Tiliacos N, Faure R. Phytochemistry, 1999, 51: 1013.
[57] Hanson J R, Truneh A. Phytochemistry, 1996, 42: 1201.
[58] John M, Krohn K, Florke U, et al. J Nat Prod, 1999, 62: 1218.
[59] de Mendonca DIMD, Rodilla J M L, Lithgow A M, et al. Phytochemistry, 1997, 44: 1301.
[60] Nagashima F, Tanaka H, Huneck Y S, et al. Phytochemistry, 1995, 40: 209.
[61] Urones J G, de Teresa J P, Marcos I S. Phytochemistry, 1987, 26: 1077.
[62] Ono M, Yamasaki T, Konoshita M, et al. Chem Pharm Bull, 2008, 56: 1621.
[63] Toyota M, Nakamura I, Takaoka S, et al. Phytochemistry, 1996, 41: 575.
[64] A AUU, Jara F, Tojo E, et al. 2006: 103, 297.
[65] Avila D, Medina J D. 1991: 30, 3474.
[66] Harraz F M, Pcolinski M J, Doskotch R W. 1996: 59, 5.
[67] Ahmad V U, Khan A, Farooq U, et al. Chem Pharm Bull, 2005, 53: 378.
[68] Williams R B, Norris A, Miller J S, et al. J Nat Prod, 2007, 70: 206.
[69] Kanokmedhakul S, Kanokmedhakul K, Buayairaksa M. J Nat Prod, 2007, 70: 1122.
[70] Hanuman J B, Bhatt R K, Sabata B K. 1986: 25, 1677.
[71] Tane P, Tatsimob S, Connolly J D. 2004: 45, 6997.
[72] Tori M, Nagai T, Asakawa Y, et al. 1993: 34, 181.
[73] Rakotobe L, Mambu L, Deville A, et al. 2010: 71, 1007.
[74] Pcolinski M J, Omathuna D P, Doskotch R W. 1995: 58, 209.
[75] Tane P, Wabo H K, Ayafor J F, et al. Phytochemistry, 1997, 46: 165.
[76] Puebla P, Correa S X, Guerrero M, et al. Chem Pharm Bull, 2005, 53: 328.
[77] Nagashima F, Tanaka H, Huneck Y S, et al. Phytochemistry, 1995, 40: 209.
[78] Ahmad V U, Farooq U, Hussain J, et al. Chem Pharm Bull, 2004, 52: 441.
[79] Fazio C, Passannanti S, Paternostro M P, et al. Phytochemistroy, 1992, 31: 3147.
[80] Kawahara N, Tamura T, Inoue M, et al. 2004: 65, 2577.
[81] Tazaki H, Hayashida T, Furuki T, et al. Phytochemistry, 1999, 52: 1551.
[82] San-Martin A, Givovich A, Castillo M. Phytochemistry, 1986, 25: 264.
[83] Avila D, Medina J D. 1992: 55, 845.
[84] Nagashima F, Takaoka S, Asakawa Y. Phytochemistry, 1998, 49: 601.
[85] Toyota M, Nagashima F, Asakawa Y. Phytochemistry, 1989, 28: 3415.

[86] Toyota M, Nagashima F, Asakawa Y. 1989, 28: 2507.
[87] Socolsky C, Asakawa Y, Bardón A. J Nat Prod, 2007, 70: 1837.
[88] Appenzeller J, Mihci G, Martin M T, et al. J Nat Prod, 2008, 71: 1451.
[89] Avila D. 1993: 56, 1586.
[90] Wijerathne E M K, De Silva L B, Tezuka Y, et al. Phytochemistry, 1995, 39: 443.
[91] Nabeta K, Oohata T, Izumi N, et al. 1994: 37, 1263.
[92] Hashimoto T, Nakamura I, Tori M, et al. Phytochemistry, 1995, 38: 119.
[93] F N, S T, S T, et al. 2004: 52, 556.
[94] Tang W, Kubo M, Harada K, et al. 2009: 19, 882.
[95] Fei W, Ren F C, Li Y J, et al. Chem Pharm Bull, 2010, 58: 1267.
[96] Sanchez A, Esquivel B, Pera A, et al. Phytochemistry, 1987, 26: 479.
[97] Dai S, Tao J, Liu K, et al. 2006, 67: 1326.
[98] Zhu F, Di Y T, Liu L L, et al. J Nat Prod, 2010, 73: 233.
[99] Dai S, Qu G, Yu Q, et al. 2010, 81: 737.
[100] Nie X, Qu G, Yue X, et al. 2010, 3: 190.
[101] Hussein A A, De La Torre M C, Jimeno M L, et al. Phytochemistry, 1996, 43: 835.
[102] Wang W, Ali Z, Li X, et al. 2009, 80: 404.
[103] Kiran I, Malik A, Mukhtar N, et al. Chem Pharm Bull, 2004, 52: 785.
[104] Monti H, Tiliacos N, Faure R. Phytochemistry, 1996, 42: 1653.
[105] Lee D Y W, Ma Z, Liu C L, et al. Bioorgan Med Chem, 2005, 13: 5635.
[106] Arriaga-Giner F J, Wollenweber E, Schober I, et al. 1986: 25, 719.
[107] Whitson E L, Thomas C L, Henrich C J, et al. J Nat Prod, 2010, 73: 2013.
[108] 桑已曙，黄祖华，闵知大. 2005: 3, 284.
[109] Bruno M, Rosselli S, Maggio A, et al. 2004: 32, 755.
[110] Shen X, Isogai A, Furihata K, et al. Phytochemistry, 1993, 33: 887.
[111] Malakov P Y, Bozov P I, Papanov G Y. Phytochemistry, 1997, 46: 587.
[112] Bremner P D, Simmonds M S J, Blaney W M, et al. Phytochemistry, 1998, 47: 1227.
[113] Savona G, Piozzi F, Bruno M, et al. 1987: 26, 3285.
[114] Al-Yahya M A, Muhammad I A, Mirza H, et al. J Nat Prod, 1993, 56: 830.
[115] Bruno M, Rosselli S, Maggio A, et al. Chem Pharm Bull, 2004, 52: 1497.
[116] Esquivel B, Calderon J, Flores E. Phytochemistry, 1998, 47: 135.
[117] Sanchez A A, Esquivel B, Ramamoorthy T P, et al. Phytochemistry, 1995, 38: 171.
[118] Hikawczuk V E J, Rossomando P C, Giordano O S, et al. Phytochemistry, 2002, 61: 389.
[119] Ulias F F, Hussain R A, Chaj H, et al. 1994: 57, 801.
[120] Esquivel B, Hernandez M, Ramamoorthy T P, et al. Phytochemistry, 1986, 25: 1484.
[121] Cai Y, Chen Z P, Phillipson J D. 1993: 34, 265.
[122] Di-An S, Guang-Yi L. Phytochemistry, 1993, 33: 716.
[123] Malakov P Y, Boneva I M, Papanov G Y, et al. Phytochemistry, 1988, 27: 1143.
[124] Tang W X, Hioki H, Harada K, et al. J Nat Prod, 2008, 71: 1760.
[125] Harinantenaina L, Takahara Y, Nishizawa T, et al. Chem Pharm Bull, 2006, 54: 1046.
[126] Kutrzeba L M, Ferreira D, Zjawiony J K. J Nat Prod, 2009, 72: 1361.
[127] Ma Z, Deng G, Lee D Y W. Tetrahedron Lett, 2001, 51: 5207.
[128] Camps F, Coll J, Dargallo O, et al. 1987: 26, 1475.
[129] Rodriguez B, Torre M C, Bruno M, et al. Phytochemistry, 1997, 45: 383.
[130] Kumari G N K, Aravind S, Balachandran J, et al. 2003: 64, 1119.
[131] Malakov P Y, Papanov G Y, Boneva I M. Phytochemistry, 1992, 31: 4029.
[132] Boneva I V, Malakov P Y, Papanov G Y. Phytochemistry, 1988, 27: 295.
[133] Savona C, Servettaz F P, Fernandez-Gadea F, et al. Phytochemistry, 1984, 23: 611.
[134] Savona G, Piozzi F, Servettaz O, et al. Phytochemistry, 1984, 23: 843.
[135] DE L A Torre M C, Piozzi F, Rizk A, et al. Phytochemistry, 1986, 25: 2239.
[136] Davies-Coleman M T, Hanson T R, Rivett D E A. Phytochemistry, 1994: 36, 1549.
[137] 朱锋，刘玲丽，邸迎彤等. 2009, 31: 474.

[138] Torre M C, Rodriguez B, Bruno M, et al. Phytochemistry, 1997, 45: 121.
[139] Bozov P, Malakov P Y, Papanov G Y, et al. Phytochemistry, 1993, 34: 453.
[140] Munoz D M, De La Torre M C, Rodriguez B, et al. Phytochemistry, 1997, 44: 593.
[141] Malakov P Y, Papanov G Y, Spassov S L. Phytochemistry, 1997, 44: 121.
[142] Atta-Ur-Rahman, Ahmad S, Choudhary M I, et al. 1991, 30: 356.
[143] Savona G, Bruno M, Paternostro M, et al. Phytochemistry, 1982, 21: 2563.
[144] Handong S, Xingliang C, Tianen W, et al. Phytochemistry, 1991, 30: 1721.
[145] Maiakov P Y, Papanov G Y, Boneva I M, et al. Phytochemistry, 1993, 34: 1095.
[146] Savona G, Garcia-Alvarez M C, Rodeiguez B. Phytochemistry, 1982, 21: 721.
[147] Rodriguez M, Barluenga J, Savona G, et al. Phytochemistry, 1984, 23: 1465.
[148] Papanov G Y, Malakov P Y. Phytochemistry, 1985, 24: 297.
[149] DE L A Torre M C, Rdriguez B, Savona G, et al. Phytochemistry, 1986, 25: 171.
[150] Bruno M, Vassallo N, Simmonds M S J. Phytochemistry, 1999, 50: 973.
[151] Malakov P Y, Papanov G Y, Deltchev V B. Phytochemistry, 1998, 49: 811.
[152] Liu H, Chou G, Guo Y, et al. Phytochemistry, 2010, 71: 1174.
[153] Wang G, Liu J S, Lin B B, et al. Chem Pharm Bull, 2009, 57: 625.
[154] Kapingu M C, Guillaume D, Mbwambo Z H, et al. Phytochemistry, 2000, 54: 767.
[155] Muller A H, Oster B, Schukmann W K, et al. 1986: 25, 1415.
[156] Esquivel B, Cardenas J, Toscano A, et al. Phytochemistry, 1985, 41: 3213.
[157] Sung P J, Tsai W T, Chiang M Y, et al. Tetrahedron, 2007, 63: 7582.
[158] 温燕梅，漆淑华，张偲．天然产物研究与开发，2006, 18: 234.
[159] Sung P J, Hu W P, Wu S L, et al. Tetrahedron, 2004, 60: 8975.
[160] Sung P J, Fan T, Fang L S, et al. Chem Pharm Bull, 2003, 51: 1429.
[161] Sung P J, Lin M R, Fang L S. Chem Pharm Bull, 2004, 52: 1504.
[162] Lin Y C, Huang Y L, Khalil A T, et al. Chem Pharm Bull, 2005, 53: 128.
[163] Ito H, Iwasaki J, Sato Y, et al. Chem Pharm Bull, 2007, 55: 1671.
[164] Sung P J, Lin M R, Hwang T L, et al. Chem Pharm Bull, 2008, 56: 930.
[165] Su J H, Chen B Y, Hwang T L, et al. Chem Pharm Bull, 2010, 58: 662.
[166] Ismcs S, Carmely S, Ashman Y K, et al. J Nat Prod, 1990, 53: 596.
[167] Rodriguez A D, Ramirez C, Cobar O M. J Nat Prod, 1996, 59: 15.
[168] Sung P J, Su J H, Wang G H, et al. J Nat Prod, 1999, 62: 457.
[169] Wu S L, Sung P J, Chiang M Y, et al. J Nat Prod, 2001, 64: 1415.
[170] Rodriguez J, Nieto R M, Jimenez C. J Nat Prod, 1998, 61: 313.
[171] Ortega M J, Zubfa E, Salva J. J Nat Prod, 1994, 57: 1584.
[172] Chen Y H, Tai C Y, Kuo Y H, et al. Chem Pharm Bull, 2011, 59: 353.
[173] Wu S L, Su J H, Wen Z H, et al. J Nat Prod, 2009, 72: 994.
[174] Su J, Zheng Y, Zeng L. J Nat Prod, 1993, 56: 1601.
[175] Chen B W, Chang S M, Huang C Y, et al. J Nat Prod, 2010, 73: 1785.
[176] Roussis V, Fenical W, Vagias C, et al. Tetrahedron, 1996, 52: 2735.
[177] Miyamoto T, Yamada K, Ikeda N, et al. J Nat Prod, 1994, 57: 1212.
[178] Yamada K, Ogata N, Ryu K, et al. J Nat Prod, 1997, 60: 393.
[179] Maia L F, de Epifanio R A, Eve T, et al. J Nat Prod, 1999, 62: 1322.
[180] Ketzinel S, Rudi A, Schleyer M, et al. J Nat Prod, 1996, 59: 873.
[181] Wang G, Sheu J, Duh C, et al. J Nat Prod, 2002, 65: 1475.
[182] Pinto A C, Pizzolatti M G, de A. Epifanio R, et al. Tetrahedron, 1997, 53: 2005.
[183] Ortega M J, Eva Zubia J S. J Nat Prod, 1997, 60: 485.
[184] Rodriguez A D, Bar O M, Martinez N. J Nat Prod, 1994, 57: 1638.
[185] Nagashima F, Tamada A, Fujii N, et al. Phytochemistry, 1997, 46: 1203.
[186] Nagashima F, Kishi K, Hamada Y, et al. Phytochemistry, 2005, 66: 1662.
[187] Nagashima F, Wakayama K, Ioka Y, et al. Chem Pharm Bull, 2008, 56: 1184.
[188] Cheng S Y, Lin E H, Wen Z H, et al. Chem Pharm Bull, 2010, 58: 848.
[189] Zhang M. J Nat Prod, 1994, 57: 155.

[190] Yao G M, Vidor N B, Foss A P, et al. J Nat Prod, 2007, 70: 901.
[191] Ndi C P, Semple S J, Griesser H J, et al. Phytochemistry, 2007, 68: 2684.
[192] Hashimoto T, Tori M, Asakaw Y. Tetrahedron Lett, 1987, 28: 6293.
[193] Buchanan M S, Connolly J D, Rycroft D S. Phytochemistry, 1996, 43: 1249.
[194] Chen X, Ding J, Ye Y, et al. J Nat Prod, 2002, 65: 1016.
[195] Yoshiawa K, Kokudo N, Tanaka M, et al. Chem Pharm Bull, 2008, 56: 89.
[196] G G, T G, S U, et al. Phytochemistry, 1997, 46: 799.
[197] Yuan W, Lu Z M, Liu Y, et al. Chem Pharm Bull, 2005, 53: 1610.
[198] Lin L, Cordell G A. Phytochemistry, 1989, 28: 2846.
[199] Lin L Z, Cordell G A, Lin P. Phytochemistry, 1995, 40: 1469.
[200] Kuo Y, Chen C, Huang S, et al. J Nat Prod, 1998, 61: 829.
[201] Pan Z, He J, Li Y, et al. Tetrahedron Lett, 2010, 51: 5083.
[202] Ponomarenko L P, Kalinovsky A I, Afiyatullov S S, et al. J Nat Prod, 2007, 70: 1110.
[203] Takahashi Y, Suzuki M, Abe T, et al. Phytochemistry, 1998, 48: 987.
[204] Cheng S Y, Chuang C T, Wang S K. J Nat Prod, 2010, 73: 1184.
[205] Ohsaki A, Kasetani Y, Asaka Y, et al. Phytochemistry, 1995, 40: 205.
[206] Matsuo A, Kamio K, Uohama K, et al. Phytochemistry, 1988, 27: 1153.
[207] Mohamed K M, Ohtani K, Kasai R. Phytochemistry, 1994, 37: 495.
[208] Wei X, Rodriguez A D, Baran P, et al. J Nat Prod, 2010, 73: 925.
[209] Rodrfguez A D, Acosta A L, Dhasmana H. J Nat Prod, 1993, 56: 1843.
[210] Almeida M T R, Siless G E, Perez C D, et al. J Nat Prod, 2010, 73: 1714.
[211] Caceres J, Rivera M E, Rodriguez A D. Tetrahedron, 1990, 46: 341.
[212] Govindan M. J Nat Prod, 1995, 58: 1174.
[213] Zhiqin S, Shuzhen M, D I YingTong. Chinese J Nat Med, 2010, 8: 81.
[214] Liu L G, Tan R X. J Nat Prod, 2001, 64: 1064.
[215] Hohmann J, Vasas A, Gunther G, et al. J Nat Prod, 1997, 60: 331.
[216] Hohmann J, Vasas A, Gunther G, et al. Phytochemistry, 1999, 51: 673.
[217] Lu Z Q, Guan S H, Li X N, et al. J Nat Prod, 2008, 71: 873.
[218] Zhang W, Guo Y W. Chem Pharm Bull, 2006, 54: 1037.
[219] Das B, Ravikanth B, Laxminarayana K, et al. Chem Pharm Bull, 2009, 57: 318.
[220] 陈云利, 袁丹, 徐鑫等. 中国中药杂志, 2008, 33: 1836.
[221] Zapp J, Burkhardt G, Becker H. Phytochemistry, 1994, 37: 787.
[222] Liu P, Guo H Z, Wang W X, et al. J Nat Prod, 2007, 70: 533.
[223] Ei-Gamal A A H, Wang S K, Duh C Y. Tetrahedron Lett, 2005, 46: 6095.
[224] Duh C Y, Wang S K, Weng Y L. Tetrahedron Lett, 2000, 41: 1401.
[225] Bai Y, Yang Y, Ye Y. Tetrahedron Lett, 2006, 47: 6637.
[226] Li Y, Carbone M, Vitale R M, et al. J Nat Prod, 2010, 73: 133.
[227] Chen S P, Su J H, Ahmed A F, et al. Chem Pharm Bull, 2007, 55: 1471.
[228] Chen S P, Su J H, Yeh H C, et al. Chem Pharm Bull, 2009, 57: 162.
[229] Py H, S C, Mj S, et al. J Nat Prod, 2009, 72: 2081.

第十二节　三环二萜类化合物

表 3-12-1　三环二萜类化合物的名称、分子式和测试溶剂

编号	名称	分子式	测试溶剂	参考文献
3-12-1	auriculatoside A	$C_{26}H_{44}O_9$	M	[1]
3-12-2	auriculatoside B	$C_{31}H_{52}O_{11}$	M	[1]
3-12-3	8β-hydroxypimar-15-en-19-oic acid	$C_{20}H_{32}O_3$	C	[2]

续表

编号	名称	分子式	测试溶剂	参考文献
3-12-4	(−)-thermarol	$C_{20}H_{34}O_2$	C	[2]
3-12-5	9α-hydroxy-1,8(14),15-isopimaratrien-3,7,11-trione	$C_{20}H_{24}O_4$	C	[3]
3-12-6	9α-hydroxy-1,8(14),15-isopimaratrien-3,11-dione	$C_{20}H_{26}O_3$	C	[3]
3-12-7	lonchophylloid A	$C_{20}H_{28}O_4$	A	[4]
3-12-8	lonchophylloid B	$C_{20}H_{32}O_3$	C	[4]
3-12-9	darutigenol（豨莶精醇）	$C_{20}H_{36}O_3$	C	[5]
3-12-10	hythiemoside B	$C_{28}H_{46}O_9$	M	[6]
3-12-11	*ent*-(15*R*),16,19-trihydroxypimar-8(14)-ene 19-*O*-β-D-glucopyranoside	$C_{26}H_{44}O_8$	M	[6]
3-12-12	*ent*-3α,7β,15,16-tetrahydroxypimar-8(14)-ene	$C_{20}H_{34}O_4$	D	[7]
3-12-13	*ent*-2β,15,16-trihydroxypimar-8(14)-en-19-oic acid	$C_{20}H_{32}O_5$	A	[7]
3-12-14	leucophleol	$C_{20}H_{32}O_3$	C	[8]
3-12-15	leucophleoxol	$C_{20}H_{32}O_3$	C	[8]
3-12-16	15,16-isopropylidene-darutoside (15,16-异亚丙基-豨莶苷)	$C_{29}H_{48}O_8$	C	[5]
3-12-17	*ent*-3α,15,16-trihydroxypimar-8(14)-en-15,16-acetonide	$C_{23}H_{38}O_3$	C	[7]
3-12-18	*ent*-3α,15,16-trihydroxypimar-8(14)-en-3α-*O*-β-D-glucopyranoside-15,16-acetonide	$C_{29}H_{48}O_8$	C	[7]
3-12-19	akhdardiol (isopimara-15-en-8β,19-diol)	$C_{20}H_{34}O_3$	C	[9]
3-12-20	isopimar-15-en-3β,8β,19-triol	$C_{20}H_{34}O_3$	C	[9]
3-12-21	toonaciliatin M	$C_{20}H_{32}O_3$	C	[10]
3-12-22	akhdardiol	$C_{20}H_{34}O_2$	C	[11]
3-12-23	diacetylakhdartriol	$C_{24}H_{38}O_5$	C	[11]
3-12-24	orthosiphol A	$C_{38}H_{44}O_{11}$	C	[12]
3-12-25	orthosiphol B	$C_{38}H_{44}O_{11}$	C	[12]
3-12-26	4-*epi*-sandaracopimaric acid	$C_{20}H_{30}O_2$	C	[13]
3-12-27	3β-hydroxysandaracopimaric acid	$C_{20}H_{30}O_3$	P	[14]
3-12-28	8(14),15-isopimaradiene-7α,18-diol	$C_{21}H_{32}O_3$	M	[15]
3-12-29	7α-acetyl-isopimara-8(14),15-dien-18-yland methyl malonate	$C_{26}H_{38}O_6$	B	[16]
3-12-30	isopimara-8(14),15-diene-7-keto-2α-ol	$C_{20}H_{30}O_2$	C	[17]
3-12-31	salvipimarone	$C_{20}H_{28}O_4$	C	[18]
3-12-32	18,19-*O*-isopropylidene-18,19-dihydroxy-isopimara-8(14),15-diene	$C_{23}H_{36}O_2$	C	[19]
3-12-33	4-*epi*-isopimaric acid	$C_{20}H_{30}O_2$	C	[13]
3-12-34	14α-hydroxy-7,15-isopimaradien-18-oic acid	$C_{20}H_{30}O_3$	C	[20]

续表

编号	名称	分子式	测试溶剂	参考文献
3-12-35	3β-hydroxy-7,15-isopimaradien-18-oic acid methyl ester	$C_{21}H_{32}O_3$	C	[20]
3-12-36	acetylakhdarenol	$C_{22}H_{34}O_2$	C	[11]
3-12-37	isopimara-8,15-dien-7α,18-diol	$C_{20}H_{32}O_2$	B	[16]
3-12-38	isopimara-8,15-dien-7α,18-diol diacetate	$C_{24}H_{36}O_4$	B	[16]
3-12-39	isopimara-8,15-dien-7β,18-diol	$C_{20}H_{32}O_2$	B	[16]
3-12-40	methyl1α,7α-diacetoxy-14-oxo-8,15-isopimaradien-18-oate	$C_{25}H_{34}O_7$	C	[21]
3-12-41	methyl14α-acetoxy-7α,11α-dihydroxy-8,15-isopimaradien-18-oate	$C_{23}H_{34}O_6$	C	[21]
3-12-42	methyl7α-acetoxy-11α-hydroxy-14oxo-8,15-isopimaradien-18-oate	$C_{23}H_{32}O_6$	C	[21]
3-12-43	methyl7α-acetoxy-1α,11α,14α-trihydroxy-8,15-isopimaradien-18-oate	$C_{23}H_{34}O_7$	C	[21]
3-12-44	(1R,2R)-ent-1,2-dihydroxyisopimara-8(14),15-diene	$C_{20}H_{32}O_2$	C	[22]
3-12-45	(2R)-ent-2-hydroxyisopimara-8(14),15-diene	$C_{20}H_{30}O$	C	[22]
3-12-46	(1R,2R)-ent-1,2-diacetoxyisopimara-8(14),15-diene	$C_{24}H_{36}O_4$	C	[22]
3-12-47	leucoxol	$C_{20}H_{28}O_3$	P	[23]
3-12-48	ent-1α-hydroxysandaracopimara-8(14),15-diene	$C_{20}H_{32}O_2$	B	[24]
3-12-49	ent-8(14),15-isopimaradien-2-one	$C_{20}H_{30}O$	C	[22]
3-12-50	leucasdine C	$C_{20}H_{32}O_4$	C	[25]
3-12-51	3β-(β-glucopyransyl)-15,16,17,19-tetrahydroxy-7-abietene	$C_{26}H_{44}O_{10}$	M	[26]
3-12-52	hebeiabinin B (3α,15,16,17,18-pentahydroxy-ent-abieta-7-ene)	$C_{20}H_{34}O_5$	P	[27]
3-12-53	4-epi-abietol	$C_{20}H_{32}O$	—	[28]
3-12-54	4-表-松香醛	$C_{20}H_{20}O$	C	[29]
3-12-55	7,13-松香二烯-3-酮	$C_{20}H_{30}O$	C	[29]
3-12-56	4-epi-abietic acid	$C_{20}H_{30}O_2$	C	[30]
3-12-57	abieta-7,13-diene-12α-methoxy-18-oic acid	$C_{21}H_{32}O_3$	M	[31]
3-12-58	methyl 8α(9α),13α(14α)-diepoxyabietan-18-oate	$C_{21}H_{32}O_4$	C	[32]
3-12-59	eriocasin C	$C_{22}H_{32}O_6$	P	[33]
3-12-60	eriocasin D	$C_{22}H_{32}O_6$	P	[33]
3-12-61	3-acetyleriocasin C	$C_{24}H_{34}O_7$	C	[33]
3-12-62	3β-acetoxyeriocasin D	$C_{24}H_{34}O_7$	P	[33]
3-12-63	eriocasin E	$C_{22}H_{34}O_5$	P	[33]
3-12-64	xemphinoid C	$C_{26}H_{42}O_8$	P	[34]
3-12-65	parvifoline L	$C_{20}H_{32}O_4$	P	[35]

续表

编号	名称	分子式	测试溶剂	参考文献
3-12-66	parvifoline M	$C_{21}H_{34}O_4$	P	[35]
3-12-67	parvifoline N	$C_{21}H_{34}O_4$	P	[35]
3-12-68	eriocasin B	$C_{20}H_{28}O_4$	P	[33]
3-12-69	hebeiabinin A	$C_{20}H_{26}O_5$	P	[27]
3-12-70	melissoidesin L	$C_{21}H_{28}O_6$	P	[36]
3-12-71	7β,15-dihydroxyabietatriene	$C_{20}H_{30}O_2$	P	[37]
3-12-72	雷酚萜 (L-3-*epi*-triptobenzene B)	$C_{20}H_{30}O_2$	C	[38]
3-12-73	plectranthol B	$C_{32}H_{40}O_7$	C	[39]
3-12-74	sugikurojin D	$C_{23}H_{34}O_5$	C	[40]
3-12-75	sugikurojin E	$C_{33}H_{32}O_4$	C	[40]
3-12-76	sugikurojin G	$C_{35}H_{54}O_2$	C	[40]
3-12-77	sugikurojin H	$C_{35}H_{54}O_3$	C	[40]
3-12-78	12-*O*-β-D-glucopyranosyl-3,11,16-trihydroxyabieta-8,11,13-triene	$C_{26}H_{40}O_9$	M	[41]
3-12-79	3,12-*O*-β-D-diglucopyranosyl-11,16-dihydroxy-abieta-8,11,13-triene	$C_{32}H_{50}O_{14}$	M	[41]
3-12-80	19-*O*-β-D-carboxyglucopyranosyl-12-*O*-β-glucopyranosyl-11,16-dihydroxy-abieta-8,11,13-triene	$C_{32}H_{50}O_{14}$	M	[41]
3-12-81	euroabienol	$C_{25}H_{34}O_8$	C	[42]
3-12-82	4-*epi*-7,15-dihydroxydehydroabietic acid	$C_{20}H_{28}O_4$	C	[43]
3-12-83	4-*epi*-abieta-8,11,13-triene-7a,15,18-triol	$C_{20}H_{30}O_3$	C	[43]
3-12-84	4-*epi*-dehydroabietic acid	$C_{20}H_{28}O_2$	C	[30]
3-12-85	去氢松香酸 (dehydroabietic acid)	$C_{20}H_{28}O_2$	C	[44]
3-12-86	7α-羟基去氢松香酸 (7α-hydroxydehydroabietic acid)	$C_{20}H_{30}O_3$	C	[44]
3-12-87	7β-羟基去氢松香酸 (7β-hydroxydehydroabietic acid)	$C_{20}H_{30}O_3$	C	[44]
3-12-88	12-hydroxydehydroabietic acid	$C_{20}H_{28}O_3$	C	[45]
3-12-89	7α-methoxy-dehydroabietic acid	$C_{21}H_{30}O_3$	P	[31]
3-12-90	3β,12-dihydroxyabieta-8,11,13-triene-1-one	$C_{20}H_{28}O_3$	P	[28]
3-12-91	triptobenzene O	$C_{21}H_{30}O_4$	C	[46]
3-12-92	雷酚萜甲醚 (triptonoterpene methylether)	$C_{21}H_{30}O_3$	C	[47]
3-12-93	雷酚萜 (triptonoterpene)	$C_{20}H_{28}O_2$	C	[47]
3-12-94	11,14-dihydroxy-8,11,13-abietatrien-7-one	$C_{20}H_{28}O_3$	C	[48]
3-12-95	11,12,14-trihydroxy-8,11,13-abietatriene-3,7-dione	$C_{20}H_{26}O_5$	M	[49]

续表

编号	名称	分子式	测试溶剂	参考文献
3-12-96	11-羟基-12-甲氧基松香烷-8,11,13-三烯-3,7-二酮（11-hydroxy-12-methoxy-abieta-8,11,13-triene-3,7-di-one）	$C_{21}H_{28}O_4$	D	[50]
3-12-97	forskalinone	$C_{21}H_{28}O_6$	C	[51]
3-12-98	leonubiastrin	$C_{23}H_{28}O_7$	C	[52]
3-12-99	6-hydroxysalvinolone	$C_{20}H_{26}O_4$	C	[53]
3-12-100	coleon U 11-acetate	$C_{22}H_{26}O_6$	C	[54]
3-12-101	16-acetoxycoleon U 11-acetate	$C_{24}H_{30}O_8$	C	[54]
3-12-102	8,11,13,15-abietatetraen-19-oic acid	$C_{20}H_{26}O_2$	C	[30]
3-12-103	3,20-epoxy-12-methoxy-8,11,13-abieta-triene-3,7,11-triol	$C_{21}H_{30}O_5$	C	[55]
3-12-104	hanagokenol A	$C_{20}H_{26}O_3$	P	[56]
3-12-105	rosmanol	$C_{20}H_{28}O_5$	C	[57]
3-12-106	carnosol	$C_{20}H_{28}O_4$	C	[57]
3-12-107	(15R)-12, 16-epoxy-11,14-dihydroxy-8,11,13-abietatrien-7-one	$C_{20}H_{26}O_4$	A	[58]
3-12-108	8α,14-dihydro-7-oxohelioscopinolide A	$C_{20}H_{28}O_4$	C	[59]
3-12-109	antiquorineA	$C_{20}H_{28}O_3$	C	[60]
3-12-110	helioscopinolide A	$C_{20}H_{28}O_3$	C	[61]
3-12-111	helioscopinolide C	$C_{20}H_{26}O_4$	C	[61]
3-12-112	helioscopinolide E	$C_{20}H_{26}O_3$	C	[61]
3-12-113	jolkinolide A	$C_{20}H_{26}O_3$	C	[62]
3-12-114	caudicifolin	$C_{20}H_{26}O_4$	C	[61]
3-12-115	hebeiabinin C	$C_{20}H_{28}O_3$	P	[27]
3-12-116	jolkinolide B	$C_{20}H_{26}O_4$	D+C	[62]
3-12-117	17-hydroxyjolkinolide B	$C_{20}H_{26}O_5$	D+C	[62]
3-12-118	19-hydroxy-7α-acetoxyroleanone	$C_{22}H_{30}O_6$	C	[63]
3-12-119	12-deoxy-7,7-dimethoxy-6-ketoroyleanone	$C_{22}H_{30}O_5$	C	[64]
3-12-120	12-methyl-5-dehydrohorminone	$C_{21}H_{28}O_4$	C	[65]
3-12-121	12-methyl-5-dehydroactylhorminone	$C_{23}H_{30}O_5$	C	[65]
3-12-122	xanthanthusin H	$C_{24}H_{30}O_8$	C	[54]
3-12-123	12-deoxy-6-hydroxy-6,7-dehydroroyleanone	$C_{20}H_{26}O_3$	C	[64]
3-12-124	7-hydroxytaxodione	$C_{20}H_{26}O_4$	C	[53]
3-12-125	agastaquinone	$C_{20}H_{20}O_5$	C	[66]
3-12-126	atuntzensin A	$C_{20}H_{24}O_6$	—	[57]
3-12-127	6-deoxysalviphlomone	$C_{20}H_{28}O_3$	C	[64]
3-12-128	sugikurojin F	$C_{21}H_{30}O_3$	C	[40]
3-12-129	1-oxomiltirone	$C_{19}H_{20}O_3$	C	[67]
3-12-130	rosmaquinone A	$C_{21}H_{26}O_5$	C	[68]

续表

编号	名称	分子式	测试溶剂	参考文献
3-12-131	rosmaquinone B	$C_{21}H_{26}O_5$	C	[68]
3-12-132	cryptotanshinone	$C_{19}H_{20}O_3$	C	[67]
3-12-133	1β-hydroxycryptotanshinone	$C_{19}H_{20}O_4$	C	[67]
3-12-134	1-oxocryptotanshinone	$C_{19}H_{18}O_4$	C	[67]
3-12-135	makinin	$C_{21}H_{26}O_3$	C	[69]
3-12-136	incanone	$C_{20}H_{28}O_5$	A	[70]
3-12-137	xanthanthusin F	$C_{24}H_{30}O_9$	C	[54]
3-12-138	xanthanthusin G	$C_{27}H_{36}O_9$	C	[54]
3-12-139	teuvincenone A	$C_{20}H_{22}O_6$	C	[71]
3-12-140	四棱草内酯 A [17(15→16)-*abeo*-20-*nor*-abieta-12,16-epoxy-7,17-dihydroxy-5(10),6,15-pentaen-11,14-dion-18(1)-olide]	$C_{19}H_{14}O_7$	D	[72]
3-12-141	四棱草内酯 B [17(15→16)-*abeo*-20-*nor*-abieta-12,16-epoxy-7-hydroxy-5(10),6,8,12,15-pentaen-11,14-dion-18(1)olide]	$C_{19}H_{14}O_6$	D+C	[72]
3-12-142	雷酚新内酯苷 (11-*O*-β-D-glucopyranosylneotritophenolide)	$C_{27}H_{36}O_9$	C	[73]
3-12-143	雷公藤内酯三醇 (triptriolide)	$C_{20}H_{26}O_7$	P	[73]
3-12-144	16-羟基雷公藤内酯醇 (16-hydroxyriptolide)	$C_{20}H_{24}O_7$	C	[74]
3-12-145	15-羟基雷公藤内酯醇 (15-hydroxytriptolidenol)	$C_{20}H_{24}O_7$	C	[74]
3-12-146	雷公藤乙素 (tripdiolide)	$C_{20}H_{24}O_7$	C	[74]
3-12-147	2-表雷公藤乙素 (2-epitripdiolide)	$C_{20}H_{24}O_7$	C	[74]
3-12-148	11,16-dihydroxy-12-*O*-β-D-glucopyranosyl-17(15→16),18(4→3)-*abeo*-4-carboxy-3,8,11,13-abietatetraen-7-one	$C_{32}H_{48}O_{15}$	A-D	[41]
3-12-149	(16*S*)-plectrinone A	$C_{20}H_{22}O_6$	C	[71]
3-12-150	teuvincenone E	$C_{20}H_{20}O_5$	C	[71]
3-12-151	19-hydroxyteuvincenone F	$C_{20}H_{18}O_6$	M	[41]
3-12-152	3β-acetoxy-6β,7α,12-trihydroxy-17(15→16);18(4→3)-bisabeo-abieta-4(19),8,12,16-tetraene-11,14-dione	$C_{22}H_{26}O_7$	C	[75]
3-12-153	danshexinkun A	$C_{18}H_{16}O_4$	C+M	[76]
3-12-154	dihydrotanshinone I	$C_{18}H_{14}O_3$	C	[76]
3-12-155	19-*nor*-abieta-4(18),8,11,13-tetraen-7-one	$C_{19}H_{24}O$	C	[45]
3-12-156	3β-acetoxy-12-methoxy-13-methyl-podocarp α-8,11,13-trien-7-one	$C_{21}H_{28}O_4$	C	[77]
3-12-157	3β,12-dihydroxy-13-methyl-podocarpane-8,10,13-triene	$C_{18}H_{26}O_2$	C	[77]

续表

编号	名称	分子式	测试溶剂	参考文献
3-12-158	3β,12-dihydroxy-13-methyl-6,8,11,13-podocarpatetraen	$C_{18}H_{24}O_2$	C	[77]
3-12-159	3β,12-dihydroxy-13-methyl-5,8,11,13-podocarpatetraen-7-one	$C_{18}H_{22}O_3$	C	[77]
3-12-160	neocryptotanshinone	$C_{17}H_{18}O_3$	C	[78]
3-12-161	plectranthol A	$C_{27}H_{30}O_6$	C	[39]
3-12-162	standishinal	$C_{20}H_{28}O_3$	C	[79]
3-12-163	salvibretol	$C_{20}H_{26}O_2$	C	[53]
3-12-164	1-oxosalvibretol	$C_{20}H_{24}O_3$	C	[53]
3-12-165	anastomosine	$C_{30}H_{20}O_5$	C	[80]
3-12-166	anisodorin 5	$C_{24}H_{40}O_5$	C	[81]
3-12-167	15,16-diacetoxy-11-oxo-*ent*-isocopal-l2-ene	$C_{24}H_{36}O_5$	C	[82]
3-12-168	15-hydroxy-*ent*-isocopal-12-en-16-al	$C_{20}H_{32}O_2$	C	[82]
3-12-169	15,17-diacetoxy-*ent*-isocopal-l2-en-16-al	$C_{22}H_{32}O_3$	C	[82]
3-12-170	methyl-*ent*-15,16-dinorisocopal-12-en-13-ol-19-oate	$C_{24}H_{36}O_5$	C	[82]
3-12-171	*ent*-15,16-dinorisocopal-12-en-13-ol-19-oic acid	$C_{19}H_{28}O_4$	C	[83]
3-12-172	12-deacetyl-aplysillin	$C_{22}H_{34}O_4$	C	[83]
3-12-173	19-acetoxyspongia-13(16),14-diene	$C_{22}H_{32}O_3$	C	[83]
3-12-174	19-acetoxyspongia-13(16),14-dien-3-one	$C_{22}H_{30}O_4$	C	[84]
3-12-175	3β,19-diacetoxyspongia-13(16),14-diene	$C_{24}H_{34}O_5$	C	[84]
3-12-176	3β-acetoxyspongia-13(16),14-diene	$C_{22}H_{32}O_3$	C	[84]
3-12-177	3α-acetoxyspongia-13(16),14-diene	$C_{22}H_{32}O_3$	C	[84]
3-12-178	anisodorin 1	$C_{25}H_{40}O_5$	C	[81]
3-12-179	anisodorin 2	$C_{25}H_{40}O_5$	C	[81]
3-12-180	anisodorin 3	$C_{25}H_{42}O_6$	C	[81]
3-12-181	anisodorin 4	$C_{25}H_{42}O_6$	C	[81]
3-12-182	verrucosin 7	$C_{25}H_{41}ClO_5$	C	[85]
3-12-183	verrucosin 9	$C_{25}H_{41}ClO_5$	C	[85]
3-12-184	verrucosin 1	$C_{25}H_{40}O_5$	C	[85]
3-12-185	verrucosin 6	$C_{25}H_{40}O_5$	C	[85]
3-12-186	verrucosin 2	$C_{25}H_{40}O_5$	C	[85]
3-12-187	5,15-rosadiene-3,11-dione	$C_{20}H_{28}O_2$	C	[86]
3-12-188	rimuene	$C_{20}H_{32}$	—	[87]
3-12-189	*ent*-5,15-rosadiene	$C_{20}H_{32}$	—	[87]
3-12-190	(3R)-*ent*-1(10),15-rosadien-3-ol	$C_{20}H_{32}O$	C	[88]
3-12-191	(3R,15R)-*ent*-15,16-epoxy-1(10)-rosen-3-ol	$C_{20}H_{32}O_2$	C	[88]
3-12-192	19-hydroxy-1(10),15-rosadiene	$C_{20}H_{32}O$	C	[89]
3-12-193	18-O-α-L-2',5'-diacetoxyarabinofuranosyl-5α-hydroxy-*ent*-ros-15-ene	$C_{29}H_{46}O_8$	C	[90]

续表

编号	名称	分子式	测试溶剂	参考文献
3-12-194	显脉香茶菜丙素 (rabdonervosin C)	$C_{22}H_{32}O_6$	P	[91]
3-12-195	显脉香茶菜乙素 (rabdonervosin B)	$C_{21}H_{30}O_6$	P	[91]
3-12-196	显脉香茶菜甲素 (rabdonervosin A)	$C_{20}H_{28}O_6$	P	[91]
3-12-197	表毛萼甲素 (*epi*-eriocalyxin A)	$C_{20}H_{24}O_5$	P	[92]
3-12-198	表毛萼甲素 (*epi*-eriocalyxin A)	$C_{20}H_{24}O_5$	P	[92]
3-12-199	毛萼晶 N (maoecrystal N)	$C_{20}H_{24}O_6$	C	[92]
3-12-200	毛萼晶 O (maoecrystal O)	$C_{22}H_{30}O_7$	P	[92]
3-12-201	毛萼晶 L (maoecrystal L)	$C_{22}H_{30}O_6$	P	[92]
3-12-202	贵州冬凌草乙素 (guidongnin B)	$C_{20}H_{26}O_5$	P	[93]
3-12-203	贵州冬凌草丙素 (guidongnin C)	$C_{20}H_{26}O_6$	P	[93]
3-12-204	贵州冬凌草丁素 (guidongnin D)	$C_{20}H_{26}O_7$	P	[93]
3-12-205	贵州冬凌草戊素 (guidongnin E)	$C_{20}H_{28}O_5$	P	[93]
3-12-206	贵州冬凌草己素 (guidongnin F)	$C_{20}H_{28}O_5$	P	[93]
3-12-207	贵州冬凌草庚素 (guidongnin G)	$C_{20}H_{28}O_6$	P	[93]
3-12-208	贵州冬凌草辛素 (guidongnin H)	$C_{21}H_{30}O_5$	P	[93]
3-12-209	毛叶晶 E (maoyecrystal E)	$C_{22}H_{30}O_7$	P	[94]
3-12-210	sculponin C	$C_{20}H_{26}O_7$	P	[95]
3-12-211	lushanrubescensin H	$C_{22}H_{32}O_6$	P	[96]
3-12-212	lushanrubescensin I	$C_{22}H_{30}O_7$	P	[96]
3-12-213	isodojaponin C	$C_{24}H_{32}O_8$	P	[97]
3-12-214	isodojaponin D	$C_{24}H_{32}O_8$	P	[97]
3-12-215	isodojaponin E	$C_{24}H_{30}O_8$	P	[97]
3-12-216	毛叶晶 D (maoyecrystal D)	$C_{20}H_{28}O_7$	P	[94]
3-12-217	sculponin A	$C_{20}H_{22}O_6$	P	[95]
3-12-218	sculponin B	$C_{20}H_{26}O_7$	P	[95]
3-12-219	nodosin	$C_{20}H_{28}O_6$	M	[98]
3-12-220	maoesin A	$C_{22}H_{28}O_8$	P	[99]
3-12-221	3α-acetoxy-maoesin A	$C_{22}H_{28}O_8$	P	[99]
3-12-222	(1α, 6β, 11β, 14α)-1, 7:6, 20-diepoxy-6,11-dihydr-oxy-6,7-*seco-ent*-kaur-16-ene-7,15-dione-14-acetate	$C_{22}H_{28}O_8$	P	[100]
3-12-223	1α,6,11β,15β-四乙酰基-6,7-断裂-7,20-内酯-对映-贝壳杉-16-烯 (1α,6,11β,15-tetraacetoy-6,7-*seco*-7,20-olide-*ent*-kaur-16-en)	$C_{28}H_{38}O_{10}$	D	[101]
3-12-224	secoexsertifolin A	$C_{24}H_{34}O_8$	C	[102]
3-12-225	secoexsertifolin B	$C_{24}H_{32}O_8$	C	[102]
3-12-226	6β,11α-二羟基-6,7-断裂-6,20-环氧-1α,7-内酯-对映-贝壳杉-16-烯-15-酮 (6β,11α-dihydroxy-6,7-*seco*-6,20-epoxy-1α,7-olide-*ent*-kaur-16-en-15-one)	$C_{20}H_{26}O_6$	—	[101]
3-12-227	6β,11α,15α-三羟基-6,7-断裂-6,20-环氧-1α,7-内酯-对映-贝壳杉-16-烯 (6β,11α,15α-trihydroxy-6,7-seco-6,20-epoxy-1α,7-olide-*ent*-kaur-16-en)	$C_{20}H_{28}O_6$	—	[101]

续表

编号	名称	分子式	测试溶剂	参考文献
3-12-228	maoesin F	$C_{26}H_{34}O_9$	C	[99]
3-12-229	*ent*-2,3-*seco*-kaur-16-en-2,3-dioic acid	$C_{22}H_{34}O_4$	C	[103]
3-12-230	luanchunin B	$C_{20}H_{30}O_4$	P	[104]
3-12-231	agallochaol K	$C_{20}H_{30}O_3$	C	[105]
3-12-232	agallochaol L	$C_{29}H_{36}O_6$	M	[105]
3-12-233	agallochaol M	$C_{29}H_{36}O_5$	M	[105]
3-12-234	agallochaol N	$C_{20}H_{30}O_3$	C	[105]
3-12-235	caesaljapin	$C_{21}H_{28}O_5$	C	[106]
3-12-236	14-deoxy-ε-caeslpin	$C_{24}H_{34}O_6$	—	[107]
3-12-237	caesaldecan	$C_{25}H_{38}O_5$	C	[108]
3-12-238	3β-hydroxydinorerythrosuamide	$C_{23}H_{35}NO_7$	C	[109]
3-12-239	3β-acetoxydinorerythrosuamide	$C_{25}H_{37}NO_8$	C	[109]
3-12-240	3β-acetoxynorerythrosuamide	$C_{26}H_{39}NO_8$	C	[109]
3-12-241	3β-tigloyloxydinorerythrosuamide	$C_{28}H_{41}NO_8$	C	[109]
3-12-242	3β-tigloyloxynorerythrosuamide	$C_{29}H_{43}NO_8$	C	[109]
3-12-243	6α-hydroxydinorerythrophlamide	$C_{23}H_{35}NO_7$	C	[109]
3-12-244	6α-hydroxydinorcassamide	$C_{23}H_{35}NO_6$	C	[109]
3-12-245	auricularic acid (cleistanth-13,15-dien-18-oic acid)	$C_{20}H_{30}O_2$	—	[110]
3-12-246	3α,5α,8β-trihydroxycleistanth-13(17),15-dien-18-oic acid	$C_{20}H_{30}O_5$	C	[111]
3-12-247	8β-hydroxy-18-norcleistanth-4(5),13(17),15-trien-3-one	$C_{19}H_{26}O_2$	C	[111]
3-12-248	nimbosodione	$C_{19}H_{24}O_3$	C	[112]
3-12-249	gaultheric acid	$C_{19}H_{24}O_4$	C	[113]
3-12-250	monoacetyl nimbidiol	$C_{19}H_{24}O_4$	C	[114]
3-12-251	diacetyl nimbidiol	$C_{21}H_{26}O_5$	C	[114]
3-12-252	dimethyl ether of nimbidiol	$C_{19}H_{26}O_3$	C	[114]
3-12-253	3β-12-dihydroxy-13-acetyl-4(18),8,11,13-podocarpatetraene	$C_{18}H_{22}O_3$	C	[113]
3-12-254	austrodorin A	$C_{27}H_{42}O_8$	C	[115]
3-12-255	austrodorin B	$C_{27}H_{42}O_8$	C	[115]
3-12-256	sarcophytin	$C_{21}H_{30}O_5$	C	[116]
3-12-257	chatancin	$C_{21}H_{28}O_5$	C	[116]
3-12-258	7-dehydrosarcophytin	$C_{21}H_{28}O_5$	C	[116]
3-12-259	taibaihenryiin C	$C_{22}H_{30}O_5$	C	[117]
3-12-260	伊莉莎白素 (elisabatin B)	$C_{20}H_{20}O_2$	—	[118]
3-12-261	crotobarin	$C_{22}H_{28}O_5$	A	[119]
3-12-262	crotogoudin	$C_{20}H_{26}O_3$	C	[119]
3-12-263	紫杉宁 (taxinine)	$C_{36}H_{44}O_9$	C	[120]
3-12-264	10-去乙酰基紫杉宁	$C_{34}H_{42}O_8$	C	[121]
3-12-265	9-去乙酰基紫杉宁	$C_{34}H_{42}O_8$	C	[121]
3-12-266	5-cinnamoyl-9-acetyltaxicin-I	$C_{31}H_{38}O_8$	C	[122]
3-12-267	5-cinnamoyl-10-acetyltaxicin-I	$C_{31}H_{38}O_8$	C	[122]
3-12-268	1-deoxydiacetyltaxine B	$C_{37}H_{49}NO_9$	C	[123]
3-12-269	2-deacetyltaxinine A	$C_{25}H_{36}O_7$	C	[124]
3-12-270	2α-acetoxybrevifoliol	$C_{33}H_{42}O_{11}$	C	[123]

续表

编号	名称	分子式	测试溶剂	参考文献
3-12-271	5α-羟基-$9\alpha,10\beta,13\alpha$-三乙酰氧紫杉烷-4(20),11-二烯 [5α-hydroxy-$9\alpha,10\beta,13\alpha$-triacetoxy-taxa-4(20),11-diene]	$C_{26}H_{38}O_7$	C	[120]
3-12-272	2-去乙酰氧-5α-羟基紫杉宁 J (2-deacetoxy-decinnamoyl taxinine J)	$C_{28}H_{40}O_9$	C	[120]
3-12-273	5-去桂皮酰基紫杉宁 J	$C_{30}H_{42}O_{11}$	C	[122]
3-12-274	云南紫杉宁 C (taxuyunnanine C)	$C_{28}H_{40}O_8$	C	[120]
3-12-275	taxuyunnanine G	$C_{24}H_{36}O_6$	C	[125]
3-12-276	taxuyunnanine H	$C_{25}H_{38}O_6$	C	[125]
3-12-277	taxuyunnanine I	$C_{28}H_{40}O_6$	C	[125]
3-12-278	taxuyunnanine J	$C_{22}H_{34}O_4$	C	[125]
3-12-279	2-去乙酰氧紫杉宁 J (2-deacetoxytaxinine J)	$C_{37}H_{46}O_{10}$	C	[120]
3-12-280	13-二氢紫杉宁，13-去乙酰基紫杉宁 E，紫杉佐匹定	$C_{35}H_{44}O_9$	C	[121]
3-12-281	$9\alpha,10\beta$-diacetoxy-5α-cinnamoyloxytaxa-4(20),11-dien-13α-ol	$C_{33}H_{42}O_7$	C	[126]
3-12-282	$5\alpha,10\beta$-dihydroxy-$2\alpha,6\alpha,14\beta$-triacetoxy-4(20),11-taxadiene	$C_{26}H_{38}O_8$	C	[127]
3-12-283	6α-hydroxy-$2\alpha,5\alpha,10\beta,14\beta$-tetraacetoxy-4(20),11-taxadiene	$C_{28}H_{40}O_9$	C	[127]
3-12-284	$5\alpha,6\alpha,10\beta$-diacetoxy-4(20),11-taxadiene	$C_{24}H_{36}O_7$	C	[127]
3-12-285	$5\alpha,10\beta,14\beta$-trihydroxy-2α-acetoxy-4(20),11-taxadiene	$C_{22}H_{34}O_5$	C	[127]
3-12-286	$5\alpha,6\alpha,10\beta,14\beta$-tetrahydroxy-$2\alpha$-acetoxy-4(20),11-taxadiene	$C_{22}H_{34}O_6$	C	[127]
3-12-287	2-deacetoxytaxinine B	$C_{35}H_{42}O_9$	C	[128]
3-12-288	$5\alpha,7\beta,9\alpha,10\beta,13$-pentaacetoxy-$2\alpha$-benzoyloxy-$4\alpha,20$-dihydroxytax-11-ene	$C_{37}H_{48}O_{14}$	C	[129]
3-12-289	$7\beta,9\alpha,10\beta,13\alpha,20$-pentaacecoxy-$2\alpha$-benzoyloxy-$4\alpha,5\alpha$-dihydroxytax-11-ene	$C_{37}H_{48}O_{14}$	C	[129]
3-12-290	(12α)-2-acetoxy-$5\alpha,9\alpha,10\beta$-trihydroxy-3,11-cyclotax-4(20)-en-13-one	$C_{22}H_{32}O_6$	C	[126]
3-12-291	taxinine A 11,12-epoxide	$C_{26}H_{36}O_9$	C	[130]
3-12-292	$2\alpha,9\alpha,10\beta$-三乙酰氧基-5α-桂皮酰氧基-13α-羟基-13,16-环氧-紫杉烷-4(20),11-二烯（taxezopidine J）	$C_{35}H_{42}O_{10}$	C	[121]
3-12-293	紫杉平（taxuspine D）	$C_{39}H_{48}O_{13}$	C	[121]
3-12-294	紫杉吉酚（taxagifine）	$C_{37}H_{44}O_{13}$	C	[121]
3-12-295	19-去苯甲酰基-19-乙酰基紫杉宁 M	$C_{30}H_{40}O_{14}$	C	[121]
3-12-296	10-去乙酰基-10β羟基丁酸酯基紫杉醇 A	$C_{49}H_{55}NO_{15}$	C	[131]
3-12-297	$2\alpha,9\alpha,10\beta,13$-tetraacetoxy-20-cinnamoyloxy-taxa-4(5),11(12)-diene	$C_{37}H_{46}O_{10}$	C	[132]
3-12-298	9-二氢-13-乙酰基-巴卡亭 III	$C_{33}H_{42}O_{12}$	C	[121]
3-12-299	13-epi-10-deacetylbaccatin III	$C_{29}H_{36}O_{10}$	D	[133]
3-12-300	2-debenzoyl-2-tigloyl-10-deacetylbaccatin III	$C_{27}H_{38}O_{10}$	D	[133]

续表

编号	名称	分子式	测试溶剂	参考文献
3-12-301	13-acetyl-9-dihydrobaccatin Ⅲ	$C_{33}H_{42}O_{12}$	C	[134]
3-12-302	7β,9α,10β-三去乙酰基-1β-羟基-巴卡亭Ⅰ(南方红豆杉醇)(taxumairol C)	$C_{26}H_{38}O_{11}$	C	[121]
3-12-303	taxuspine V	$C_{30}H_{42}O_{13}$	C	[135]
3-12-304	7,9-dideacetyltaxayuntin	$C_{31}H_{40}O_{11}$	C	[136]
3-12-305	紫杉云亭(taxayuntin)	$C_{32}H_{44}O_{11}$	C	[137]
3-12-306	taxayuntin A	$C_{30}H_{42}O_{11}$	C	[138]
3-12-307	taxayuntin B	$C_{31}H_{40}O_{11}$	C	[138]
3-12-308	taxayuntin C	$C_{42}H_{48}O_{14}$	C	[138]
3-12-309	taxayuntin D	$C_{47}H_{50}O_{14}$	C	[138]
3-12-310	tasumatrol B	$C_{26}H_{38}O_{11}$	C	[139]
3-12-311	taxayuntin E	$C_{33}H_{42}O_{12}$	C	[132]
3-12-312	7,9,10-三去乙酰基重排巴卡亭Ⅵ	$C_{31}H_{40}O_{11}$	C	[121]
3-12-313	7,13-dideacetyl-9,10-debenzoyltaxchinin C	$C_{29}H_{38}O_{10}$	C	[140]
3-12-314	taxumairol K	$C_{31}H_{40}O_{11}$	C	[141]
3-12-315	13α-acetylbrevifoliol	$C_{33}H_{42}O_{10}$	C	[132]
3-12-316	taxacustone	$C_{24}H_{34}O_{8}$	C	[124]
3-12-317	5α-O-(β-D-glucopyranosyl)-10-β-benzoyl-taxacustone	$C_{37}H_{48}O_{14}$	C	[124]
3-12-318	9-deacetyl-9-benzoyl-10-debenzoylbrev-ifoliol	$C_{29}H_{38}O_{8}$	C	[140]
3-12-319	yunantaxusin A	$C_{35}H_{46}O_{14}$	C	[142]
3-12-320	brevitaxin	$C_{30}H_{30}O_{7}$	C	[128]
3-12-321	tasumatrol A	$C_{29}H_{34}O_{11}$	C	[139]
3-12-322	acetyltaxinine B	$C_{26}H_{36}O_{9}$	C	[132]
3-12-323	taxuspine W	$C_{26}H_{36}O_{9}$	C	[135]
3-12-324	2α,7β,13α-trihydroxy-5α,9-dihydroxy-2(3→20)abeotaxa-4(20),11-dien-10-one	$C_{26}H_{36}O_{9}$	C	[126]
3-12-325	5-epi-canadensene	$C_{30}H_{42}O_{12}$	C	[132]
3-12-326	taxachitriene B	$C_{30}H_{42}O_{12}$	C	[132]
3-12-327	(3E,8E)-7β,9,10β,13α,20-pentaacetoxy-3,8-secotaxa-3,8,11-triene-2α,5α-diol (2-deacetyltaxachitriene A)	$C_{30}H_{42}O_{12}$	C	[143]
3-12-328	(3E,7E)-2α,10β,13α-triacetoxy-5α,20-dihydroxy-3,8-secotaxa-3,7,11-trien-9-one	$C_{26}H_{36}O_{9}$	C	[143]
3-12-329	(3E,7E)-2α,10β-diacetoxy-5α,13α,20-trihydroxy-3,8-secotaxa-3,7,11-trien-9-one	$C_{24}H_{34}O_{8}$	C	[143]
3-12-330	taxuspine U	$C_{26}H_{36}O_{9}$	C	[135]
3-12-331	mulinolic acid	$C_{20}H_{32}O_{3}$	C	[144]
3-12-332	13-epimulinolic acid	$C_{20}H_{32}O_{3}$	C	[145]
3-12-333	mulinol	$C_{20}H_{34}O_{2}$	C	[146]

续表

编号	名称	分子式	测试溶剂	参考文献
3-12-334	mulin-11-ene-13α,14α-dihydroxy-20-oic acid	$C_{20}H_{30}O_3$	C	[147]
3-12-335	mulinolic	$C_{20}H_{30}O_3$	C	[147]
3-12-336	mulin-11,13-dien-20-oic acid	$C_{20}H_{30}O_2$	C	[148]
3-12-337	epimulin-11,13-dien-20-oic acid	$C_{20}H_{30}O_2$	C	[149]
3-12-338	epimulin-11,13-dien-17-hydroxy-20-oic acid	$C_{20}H_{30}O_3$	C	[149]
3-12-339	mulin-12,14-dien-11-on-20-oic acid	$C_{20}H_{28}O_3$	C	[150]
3-12-340	mulin-12-ene-11,14-dion-20-oic acid	$C_{20}H_{28}O_4$	C	[150]
3-12-341	mulin-12-ene-14-one-20-oic acid	$C_{20}H_{30}O_3$	C	[147]
3-12-342	13β,17-epoxy-mulin-11-en-20-oic acid	$C_{20}H_{30}O_3$	C	[151]
3-12-343	11,12-epoxy-mulin-13-en-20-oic acid	$C_{20}H_{30}O_3$	C	[152]
3-12-344	isomulinic acid	$C_{20}H_{30}O_4$	C	[152]
3-12-345	scabronine A	$C_{22}H_{34}O_6$	C	[153]
3-12-346	bishomoisomandapamate	$C_{25}H_{34}O_8$	C	[154]
3-12-347	isomandapamate	$C_{23}H_{30}O_8$	C	[154]
3-12-348	nigernin A	$C_{20}H_{30}O_2$	C	[155]
3-12-349	nigernin B	$C_{20}H_{30}O_2$	C	[155]
3-12-350	rameswaralide	$C_{21}H_{24}O_7$	C	[156]
3-12-351	dihydrorameswaralide	$C_{21}H_{26}O_7$	C	[156]
3-12-352	yuanhuahine	$C_{33}H_{44}O_{10}$	C	[157]
3-12-353	yuanhualine	$C_{34}H_{46}O_{10}$	C+M	[157]
3-12-354	trigochinin D	$C_{40}H_{46}NaO_{13}$	C	[158]
3-12-355	trigochinin E	$C_{42}H_{48}NaO_{14}$	C	[158]
3-12-356	trigochinin F	$C_{37}H_{46}NaO_{14}$	C	[158]
3-12-357	trigoxyphin B	$C_{34}H_{36}O_9$	C	[159]
3-12-358	trigoxyphin C	$C_{36}H_{38}O_{10}$	C	[159]
3-12-359	trigoxyphin F	$C_{40}H_{46}O_{13}$	C	[159]
3-12-360	trigochinin G	$C_{32}H_{38}NaO_9$	C	[158]
3-12-361	trigochinin H	$C_{34}H_{34}O_{10}$	C	[158]
3-12-362	trigochinin I	$C_{35}H_{36}O_{11}$	C	[158]
3-12-363	trigoxyphin A	$C_{34}H_{34}O_9$	C	[159]
3-12-364	trigoxyphin D	$C_{40}H_{46}O_{13}$	C	[159]
3-12-365	trigoxyphin E	$C_{42}H_{48}O_{14}$	C	[159]
3-12-366	wikstroelide C	$C_{51}H_{76}O_{11}$	C	[160]
3-12-367	wikstroelide D	$C_{52}H_{80}O_{11}$	C	[160]
3-12-368	wikstroelide E	$C_{30}H_{44}O_8$	C	[160]
3-12-369	wikstroelide F	$C_{37}H_{48}O_{10}$	C	[160]
3-12-370	wikstroelide G	$C_{53}H_{78}O_{11}$	C	[160]
3-12-371	rediocide F	$C_{45}H_{52}O_{13}$	C	[161]
3-12-372	rediocide G	$C_{46}H_{54}O_{13}$	C	[162]
3-12-373	19-deoxyicetexone	$C_{20}H_{24}O_4$	C	[163]
3-12-374	19-deoxyisocetexone	$C_{20}H_{24}O_4$	C	[163]
3-12-375	7,20-dihydroanastomosine	$C_{20}H_{22}O_5$	C	[163]

续表

编号	名称	分子式	测试溶剂	参考文献
3-12-376	przewalskin C	$C_{21}H_{30}O_3$	C	[164]
3-12-377	przewalskin D	$C_{20}H_{26}O_2$	C	[164]
3-12-378	fusicoauritone	$C_{20}H_{32}O_2$	C	[165]
3-12-379	fusicoauritone 6α-methyl ether	$C_{21}H_{34}O_2$	C	[166]
3-12-380	6β,10β-epoxy-5β-hydroxfusicocc-2-ene	$C_{20}H_{32}O_2$	C	[166]
3-12-381	9,11-cyclic-(5E)-jatrogrossidentadione	$C_{20}H_{28}O_3$	C	[167]
3-12-382	tilifolidione	$C_{21}H_{22}O_5$	—	[168]
3-12-383	spirocaesalmin	$C_{25}H_{34}O_{10}$	M	[169]
3-12-384	limbatenolide D	$C_{20}H_{22}O_4$	C	[170]
3-12-385	limbatenolide D	$C_{20}H_{22}O_4$	C	[170]
3-12-386	pierisformotoxin E	$C_{31}H_{40}O_{13}$	C	[171]
3-12-387	pierisformotoxin F	$C_{31}H_{40}O_{13}$	C	[171]
3-12-388	pierisformotoxin G	$C_{31}H_{40}O_{13}$	C	[171]
3-12-389	jolkinol B	$C_{29}H_{36}O_5$	C	[172]
3-12-390	15-O-acetyl-15-epi-(4E)-jatrogrossi-dentadion	$C_{22}H_{30}O_5$	C	[173]
3-12-391	14-O-acetyl-(14E)-5,6-epoxy-jatogrossidentadion	$C_{22}H_{30}O_4$	C	[173]
3-12-392	12-O-acetylingol 3,8-ditiglate	$C_{32}H_{44}O_9$	C	[174]
3-12-393	8,12-O-diacetylingol 3,7-ditiglate	$C_{34}H_{46}O_{10}$	C	[174]
3-12-394	12-O-acetyl-7-O-benzoylingol 3,8-ditiglate	$C_{39}H_{48}O_{10}$	C	[174]
3-12-395	8,12-O-diacetylingol 3,7-dibenzoate	$C_{38}H_{42}O_{10}$	C	[174]
3-12-396	3,8,12-O-triacetylingol 7-benzoate	$C_{34}H_{42}O_9$	C	[174]
3-12-397	12-O-acetyl-8-O-benzoylingol 3-tiglate	$C_{34}H_{42}O_9$	C	[174]
3-12-398	12-O-acetylingol 3,8-dibenzoate	$C_{36}H_{40}O_9$	C	[174]
3-12-399	12-O-acetyl-3-O-benzoylingol 8-tiglate	$C_{34}H_{42}O_9$	C	[174]
3-12-400	12-O-acetyl-2-epi-ingol 3,8-dibenzoate	$C_{36}H_{40}O_9$	C	[174]
3-12-401	12-O-acetyl-3-O-benzoyl-2-epi-ingol 8-tiglate	$C_{34}H_{42}O_9$	C	[174]
3-12-402	noralpindenoside A	$C_{31}H_{52}O_{12}$	M	[175]
3-12-403	noralpindenoside B	$C_{31}H_{52}O_{11}$	M	[175]
3-12-404	sarcoglane	$C_{20}H_{32}O_2$	C	[176]

3-12-1 R=H

3-12-2

3-12-3

3-12-4

3-12-5 R^1=R^2=O
3-12-6 R^1=R^2=H

表 3-12-2 化合物 3-12-1~3-12-8 的 ^{13}C NMR 数据

C	3-12-1[1]	3-12-2[1]	3-12-3[2]	3-12-4[2]	3-12-5[3]	3-12-6[3]	3-12-7[4]	3-12-8[4]
1	39.1	37.5	40.0	39.5	150.12	152.37	124.4	36.8
2	20.5	19.5	19.5	18.1	129.54	129.89	145.6	27.4
3	42.8	42.5	38.1	35.6	202.53	204.05	200.7	78.9
4	34.5	34.5	43.7	38.7	44.06	44.67	44.7	39.0
5	53.7	53.1	55.7	56.5	39.76	43.90	52.7	54.0
6	28.0	22.6	19.0	18.1	36.99	22.58	22.4	22.0
7	80.6	82.6	41.8	42.3	198.38	31.77	35.9	35.6
8	77.0	77.7	73.2	72.5	137.72	137.62	140.6	142.3
9	62.0	61.8	57.2	57.2	78.43	78.50	48.9	50.7
10	44.3	43.5	36.4	36.4	43.94	42.66	39.9	38.3
11	77.9	68.7	17.6	17.4	210.26	211.89	21.0	20.1
12	46.8	49.2	36.4	36.1	52.44	53.12	33.1	32.6
13	37.5	37.4	37.8	37.1	42.74	44.38	47.6	46.8
14	49.5	50.4	53.1	53.4	145.69	131.61	126.9	123.2
15	149.8	149.5	147.3	147.5	140.77	143.00	214.3	214.7
16	109.8	109.4	112.7	111.9	115.7	113.84	66.4	65.8
17	32.6	32.1	32.4	32.3	27.48	28.47	27.3	28.4
18	34.6	34.7	28.9	27.0	21.62	22.24	22.8	15.7
19	22.5	22.9	182.0	65.1	25.39	27.45	26.4	27.4
20	64.3	65.8	13.6	16.1	18.63	20.40	17.3	14.5
Glu								
1'	106.0	100.0						
2'	75.5	75.1						
3'	78.9	78.1						
4'	71.5	71.8						
5'	78.7	77.8						
6'	62.7	62.9						

3-12-7

3-12-8

3-12-9

3-12-10

3-12-11

3-12-12

表 3-12-3 化合物 3-12-9~3-12-12 的 ^{13}C NMR 数据

C	3-12-9[5]	3-12-10[6]	3-12-11[6]	3-12-12[7]	C	3-12-9[5]	3-12-10[6]	3-12-11[6]	3-12-12[7]
1	37.1	36.9	40.3	36.7	15	77.3	79.5	77.5	75.2
2	27.6	24.2	19.5	27.5	16	63.4	62.1	64.3	62.6
3	79.1	85.8	37.2	77.1	17	23.1	23.2	23.0	22.3
4	39.0	39.2	39.2	38.2	18	28.5	28.9	28.2	28.3
5	54.2	55.1	57.3	45.9	19	14.8	17.1	73.6	16.1
6	22.2	23.6	23.6	29.7	20	15.7	15.1	16.4	13.9
7	36.0	37.8	37.5	71.1	Glu				
8	139.6	140.9	139.9	139.8	1'		101.7	105.0	
9	50.4	51.7	52.5	45.3	2'		74.9	75.2	
10	38.0	38.9	39.0	37.7	3'		78.0	78.2	
11	18.4	19.2	19.7	17.4	4'		71.7	71.6	
12	31.5	33.3	33.3	31.6	5'		77.4	77.7	
13	37.3	37.8	38.4	37.1	6'		62.8	62.7	
14	127.4	127.8	129.4	131.9	OAc		172.8/20.9	170.9/20.8	

表 3-12-4 化合物 3-12-13~3-12-21 的 ^{13}C NMR 数据

C	3-12-13[7]	3-12-14[8]	3-12-15[8]	3-12-16[5]	3-12-17[7]	3-12-18[7]	3-12-19[9]	3-12-20[9]	3-12-21[10]
1	48.1	79.2	76.1	37.0	37.1	36.9	39.59	37.75	39.7
2	62.5	30.0	28.1	24.0	27.5	23.7	18.07	27.73	18.9
3	46.8	39.7	39.8	85.1	79.0	85.7	35.74	80.94	37.9
4	44.3	33.3	33.2	38.6	38.1	37.9	38.68	43.07	43.7
5	54.3	54.0	55.2	54.8	54.1	54.7	57.21	56.33	57.0
6	23.8	22.3	24.3	22.5	22.1	22.2	18.35	17.81	19.2
7	36.0	36.2	36.6	36.3	36.0	35.9	43.99	43.99	43.4
8	136.6	140.0	139.9	139.9	139.6	139.4	72.49	72.28	72.4
9	49.3	51.7	55.8	50.0	50.1	50.1	58.21	56.97	56.2
10	40.1	43.9	47.4	38.2	38.9	38.3	36.43	35.65	37.7
11	18.0	21.9	69.4	18.5	18.2	18.3	17.18	17.50	17.3
12	31.8	29.2	38.2	32.3	32.0	32.0	38.13	38.18	38.2
13	36.9	37.8	36.8	36.2	35.8	35.8	37.20	36.91	36.4

续表

C	3-12-13[7]	3-12-14[8]	3-12-15[8]	3-12-16[5]	3-12-17[7]	3-12-18[7]	3-12-19[9]	3-12-20[9]	3-12-21[10]
14	129.1	128.1	123.7	127.0	126.7	126.9	51.57	51.70	51.5
15	75.4	79.6	59.3	80.4	79.8	79.8	151.59	151.53	151.6
16	62.6	62.7	44.9	65.6	65.4	65.3	108.57	108.72	108.6
17	22.5	22.7	24.9	23.0	22.4	22.5	24.28	24.39	24.3
18	28.7	33.2	33.5	28.9	28.4	28.6	27.08	22.69	28.9
19	178.4	21.7	21.4	17.2	15.7	16.7	65.25	64.42	183.5
20	14.3	8.5	12.4	15.0	14.9	14.9	16.21	16.26	13.7
Glu									
1'				102.4		100.4			
2'				75.2		73.5			
3'				78.3		76.3			
4'				72.0		70.3			
5'				78.7		75.1			
6'						62.3			
C(Me)$_2$				25.6	25.2	25.2			
				26.6	26.2	26.2			
				106.6	108.5	108.5			

3-12-19 R=H
3-12-20 R=OH
3-12-21
3-12-22 R^1=R^2=H
3-12-23 R^1=R^2=Ac
3-12-24 R^1=Ac; R^2=H
3-12-25 R^1=H; R^2=Ac

表 3-12-5 化合物 3-12-22~3-12-25 的 ^{13}C NMR 数据

C	3-12-22[11]	3-12-23[11]	3-12-24[12]	3-12-25[12]	C	3-12-22[11]	3-12-23[11]	3-12-24[12]	3-12-25[12]
1	39.59	40.74	74.2	78.9	19	65.25	66.90	22.3	22.6
2	18.07	18.22	67.8	66.2	20	16.21	16.63	16.8	16.4
3	35.74	35.91	77.4	78.4	2-OAc			170.1/20.9	
4	38.68	38.76	38.3	37.2	3-OAc				170.6/20.3
5	57.21	56.61	35.5	36.7	7-OAc			168.9/21.0	168.6/21.0
6	18.35	17.62	21.4	21.5	11-OAc		169.86/20.91		
7	43.99	44.10	70.6	70.9	19-OAc		171.13/21.90		
8	72.49	74.19	75.8	75.5	1-OBz			164.0	167.7
9	58.21	59.09	42.1	41.2				132.9	133.5
10	36.43	36.62	43.7	44.0				130.8	130.3
11	17.18	70.45	68.8	68.8				129.7	130.0
12	38.13	44.17	39.7	40.1				128.2	128.1
13	37.20	37.39	47.8	47.9	11-OBz			166.2	166.2
14	51.57	51.31	208.6	208.5				132.2	132.8
15	151.59	150.05	142.0	141.5				130.2	130.1
16	108.57	108.92	113.1	114.1				129.6	129.6
17	24.28	25.87	26.6	25.9				127.8	128.1
18	27.08	27.77	28.9	27.8					

表 3-12-6 化合物 3-12-26~3-12-32 的 ^{13}C NMR 数据

C	3-12-26[13]	3-12-27[14]	3-12-28[15]	3-12-29[16]	3-12-30[17]	3-12-31[18]	3-12-32[19]
1	39.6	35.7	38.9	38.61	47.86	39.1	38.8
2	19.9	25.8	24.6	18.1	64.87	34.3	17.9
3	38.2	76.4	37.8	35.83	50.74	214.0	33.3
4	44.2	55.3	39.4	36.57	34.78	42.1	38.0
5	56.4	51.6	51.9	42.38	50.97	46.2	53.2
6	24.5	29.1	26.2	27.92	33.96	29.3	22.8
7	36.8	36.8	88.8	75.24	199.88	73.4	35.9
8	136.9	138.0	138.3	137.06	134.58	144.1	136.3
9	49.8	51.5	57.5	46.48	49.31	78.0	49.9
10	39.5	38.5	44.9	38.13	38.59	39.1	38.3
11	19.1	20.0	20.5	18.14	19.04	210.1	18.8
12	34.8	34.5	36.2	34.31	36.98	42.1	34.3
13	37.6	37.2	39.0	37.61	37.61	37.3	37.3
14	128.8	130.2	130.6	134.23	144.89	134.0	129.0
15	149.0	149.4	150.4	147.72	146.15	148.3	148.9
16	110.5	111.4	111.3	111.26	111.79	110.6	110.1
17	26.5	27.2	27.0	25.95	25.74	25.6	25.9
18	29.3	181.5	64.5	73.61	32.56	33.4	71.1
19	183.4	13.2	23.9	17.53	22.00	21.9	62.2
20	14.3	16.3	16.6	15.06	14.72	14.2	16.0
OAc				170.12/21.61			

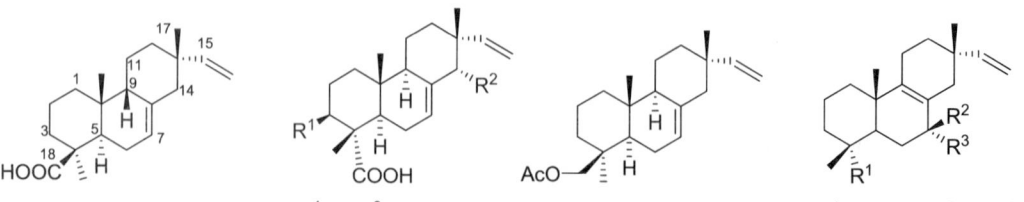

第三章 单萜、倍半萜和二萜类化合物

表 3-12-7 化合物 3-12-33~3-12-39 的 ^{13}C NMR 数据

C	3-12-33[13]	3-12-34[20]	3-12-35[20]	3-12-36[11]	3-12-37[16]	3-12-38[16]	3-12-39[16]
1	40.0	38.7	37.4	39.73	35.90	35.43	35.99
2	19.8	18.0	26.6	18.40	18.38	18.09	18.19
3	38.2	36.8	75.6	36.19	35.90	35.58	34.87
4	44.0	46.2	53.0	35.31	37.23	36.43	37.35
5	52.0	44.5	45.8	51.22	38.83	41.23	43.27
6	24.5	25.1	24.9	23.10	28.11	26.07	29.67
7	121.7	127.2	120.7	121.29	69.39	71.68	72.94
8	134.9	136.9	135.6	135.38	126.36	122.96	127.13
9	51.5	46.9	52.2	52.21	142.43	144.60	141.46
10	36.1	34.7	35.0	29.74	38.36	38.08	38.35
11	21.2	19.2	20.1	20.38	21.16	21.49	21.58
12	36.6	27.3	36.0	36.42	34.70	34.44	34.66
13	37.1	41.0	36.8	36.73	34.90	34.97	34.87
14	46.4	79.3	46.3	46.10	39.56	38.50	37.65
15	150.6	146.3	150.2	150.01	146.18	145.95	145.69
16	109.5	113.8	109.4	109.18	111.26	111.14	111.13
17	21.7	22.0	21.5	21.49	27.63	27.70	28.57
18	184.8	183.8	178.0	66.77	17.84	17.39	17.55
19	29.4	17.1	11.2	27.42	70.90	72.63	71.89
20	14.5	15.1	15.3	16.03	18.47	18.41	20.19
OAc				170.92/20.81	170.99/20.94		
OMe			51.8				

3-12-40 R^1=OAc; R^2=Ac; R^3=H,H; R^4=O
3-12-41 R^1=H; R^2=H; R^3=α-OH,β-H; R^4=α-OAc,β-H
3-12-42 R^1=H; R^2=Ac; R^3=α-OH, β-H; R^4=O
3-12-43 R^1=OH; R^2=Ac; R^3=α-OH, β-H; R^4=α-OH,β-H

3-12-44 R^1=R^2=OH
3-12-45 R^1=H; R^2=OH
3-12-46 R^1=R^2=OAc

3-12-47

3-12-48

3-12-49

表 3-12-8 化合物 3-12-40~3-12-46 的 ^{13}C NMR 数据

C	3-12-40[21]	3-12-41[21]	3-12-42[21]	3-12-43[21]	3-12-44[22]	3-12-45[22]	3-12-46[22]
1	72.4	34.8	34.2	69.9	83.8	48.6	80.5
2	21.7	18.1	17.9	24.1	69.5	65.4	70.9
3	29.9	36.3	36.3	29.6	47.4	51.1	44.5
4	46.4	47.2	46.5	46.8	34.3	35.0	34.2

续表

C	3-12-40[21]	3-12-41[21]	3-12-42[21]	3-12-43[21]	3-12-44[22]	3-12-45[22]	3-12-46[22]
5	34.8	40.2	40.0	34.2	54.3	54.1	54.1
6	26.6	29.7	27.3	27.3	22.3	22.3	22.1
7	64.3	67.6	64.3	71.3	36.2	35.8	36.1
8	129.6	131.1	128.6	135.5	136.2	136.4	135.3
9	164.9	149.5	165.4	148.8	51.8	50.6	50.7
10	42.8	38.5	39.2	43.4	44.1	39.9	44.0
11	21.7	63.0	63.3	62.6	22.3	18.9	20.1
12	35.2	41.6	44.4	39.9	34.7	34.5	34.6
13	47.5	40.8	47.2	42.1	37.1	37.4	36.8
14	199.7	79.0	199.6	76.5	130.4	129.3	131.0
15	140.5	143.6	145.6	145.0	149.2	149.0	149.1
16	114.6	114.1	115.1	113.4	109.9	110.1	110.0
17	23.6	26.1	25.0	26.6	25.5	26.0	25.3
18	177.5	178.5	178.0	178.0	33.4	33.8	33.2
19	16.4	16.5	16.6	16.1	22.8	23.1	22.5
20	18.5	18.6	19.2	18.4	9.9	15.9	10.7
OAc	170.4/21.3	171.1/21.5	169.8/21.0	170.9/21.4			170.5/21.1
OAc	170.1/21.0						170.8/21.1
OMe	52.0	52.0	51.9	51.9			

表 3-12-9 化合物 3-12-47~3-12-49 的 ^{13}C NMR 数据

C	3-12-47[23]	3-12-48[24]	3-12-49[22]	C	3-12-47[23]	3-12-48[24]	3-12-49[22]
1	78.4	79.4	54.0	11	68.8	23.4	18.8
2	30.9	31.0	211.7	12	38.5	36.1	34.3
3	40.0	40.7	56.4	13	34.9	38.3	37.4
4	33.6	30.9	39.5	14	128.3	130.3	129.9
5	54.5	55.0	54.5	15	74.8	150.3	148.5
6	23.2	23.5	22.7	16	65.4	110.9	110.5
7	36.4	37.5	35.5	17	25.8	26.6	26.2
8	140.9	138.0	135.8	18	33.5	34.1	33.5
9	57.4	52.6	50.4	19	21.9	22.5	23.4
10	44.8	45.0	44.4	20	11.3	9.8	15.4

3-12-50 R^1=R^5=R^6=R^7=H
R^2=COOH; R^3=R^4=OH
3-12-51 R^1=OGlu; R^2=CH$_2$OH
R^3=R^4=H; R^5=R^6=R^7=OH

3-12-52

3-12-53 R¹=H₂; R²=Me; R³=CH₂OH; R⁴=R⁵=R⁶=H
3-12-54 R¹=H₂; R²=Me; R³=CHO; R⁴=R⁵=R⁶=H
3-12-55 R¹=O; R²=R³=Me; R⁴=R⁵=R⁶=H
3-12-56 R¹=H₂; R²=Me; R³=COOH; R⁴=R⁵=α-H; R⁶=H
3-12-57 R¹=H₂; R²=COOH; R³=Me; R⁴=R⁵=α-H; R⁶=α-OMe

表 3-12-10 化合物 3-12-50~3-12-57 的 ^{13}C NMR 数据

C	3-12-50[25]	3-12-51[26]	3-12-52[27]	3-12-53[28]	3-12-54[29]	3-12-55[29]	3-12-56[30]	3-12-57[31]
1	39.4	38.8	38.1	39.2	38.8	38.3	39.4	39.5
2	18.5	23.6	27.9	18.4	19.9	35.0	19.8	19.2
3	37.9	80.6	73.6	35.4	35.4	217.0	38.4	38.6
4	46.5	43.5	43.0	26.9	47.8	47.8	44.1	47.5
5	45.4	42.9	43.0	51.0	49.5	50.2	51.7	46.4
6	25.9	36.1	23.4	23.4	23.3	24.4	24.9	25.9
7	121.6	121.0	120.3	121.0	120.2	120.9	121.6	125.1
8	135.5	138.5	138.1	135.4	135.6	135.5	134.7	136.1
9	51.3	53.9	53.0	51.2	51.7	51.6	50.2	45.3
10	35.2	35.1	35.3	37.9	35.5	34.9	36.6	35.1
11	29.9	24.4	26.0	22.4	22.9	22.9	23.4	26.9
12	71.5	27.1	26.8	27.5	27.7	27.6	27.8	77.0
13	75.6	42.7	42.3	145.3	145.7	145.9	145.2	143.2
14	37.5	36.7	35.9	122.3	122.5	122.3	122.6	127.6
15	33.9	76.2	75.5	34.8	35.2	35.1	35.1	34.0
16	17.0	64.9	65.0	20.8	21.6	22.4	21.1	22.0
17	18.4	64.9	65.0	21.4	21.0	21.6	21.7	22.6
18	181.2	13.5	67.6	26.7	24.3	21.1	29.1	182.9
19	18.0	64.6	13.1	64.7	206.4	25.2	183.8	17.5
20	15.6	16.1	15.9	14.7	13.9	13.6	13.0	14.7
Glu								
1'		102.9						
2'		74.9						
3'		77.5						
4'		72.6						
5'		78.3						
6'		63.5						
OMe								56.6

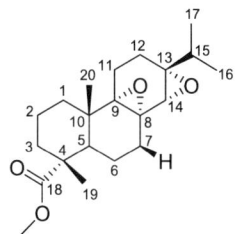

3-12-58

3-12-59 R¹=R³=H; R²=β-OH; R⁴=CHO; R⁵=OAc
3-12-60 R¹=OH; R²=R³=H; R⁴=CHO; R⁵=OAc
3-12-61 R¹=R³=H; R²=β-OAc; R⁴=CHO; R⁵=OAc
3-12-62 R¹=OH; R²=β-OAc; R³=H; R⁴=CHO; R⁵=OAc
3-12-63 R¹=R²=R⁵=H; R³=OAc; R⁴=CH₂OH

表 3-12-11　化合物 3-12-58~3-12-66 的 ^{13}C NMR 数据

C	3-12-58[32]	3-12-59[33]	3-12-60[33]	3-12-61[33]	3-12-62[33]	3-12-63[33]	3-12-64[34]	3-12-65[35]	3-12-66[35]
1	32.7	32.2	76.8	32.1	72.2	40.1	38.8	38.3	38.1
2	17.5	26.2	30.0	22.5	34.6	18.5	24.4	28.7	27.9
3	36.1	71.0	33.8	74.5	74.1	43.7	80.5	80.6	73.6
4	46.9	43.2	38.3	41.3	42.1	34.5	43.5	42.5	43.0
5	37.5	55.3	58.8	55.7	55.8	59.5	42.4	51.1	43.0
6	21.0	75.3	74.9	74.2	74.4	76.2	23.6	23.4	23.3
7	25.8	211.4	211.2	210.9	210.8	212.1	121.2	124.1	126.6
8	65.2	47.8	47.8	47.5	47.7	43.6	138.2	141.2	135.6
9	62.5	55.2	56.6	55.1	56.2	56.4	53.6	48.6	48.6
10	36.8	37.6	44.0	37.4	43.8	38.1	35.9	35.0	35.1
11	19.4	26.2	29.3	25.8	29.3	68.8	26.7	23.8	24.3
12	23.0	31.4	31.8	30.6	31.7	36.7	32.9	25.8	25.4
13	58.4	34.7	34.8	34.2	34.7	33.6	42.6	47.4	46.0
14	57.4	31.6	31.9	31.0	31.8	32.5	42.1	74.6	83.9
15	33.4	154.8	154.9	153.9	154.9	154.6	155.0	152.7	152.3
16	16.7	133.0	133.0	133.3	132.9	107.9	65.2	64.8	64.9
17	16.3	194.5	194.6	194.4	194.5	64.5	107.9	110.8	109.6
18	173.3	36.5	30.0	25.2	24.5	37.0	13.6	64.5	13.2
19	17.5	67.5	67.0	66.0	66.4	22.1	64.5	23.7	67.6
20	18.0	16.2	11.4	16.0	11.3	17.6	16.2	16.4	15.9
OAc		171.1/20.8	171.1/20.9	171.2/21.2	170.9/21.0	169.9/21.4			
OAc				170.3/21.0	170.3/20.7				
OMe	51.4								55.0

表 3-12-12　化合物 3-12-67~3-12-70 的 ^{13}C NMR 数据

C	3-12-67[35]	3-12-68[33]	3-12-69[27]	3-12-70[36]	C	3-12-67[35]	3-12-68[33]	3-12-69[27]	3-12-70[36]
1	37.0	35.6	77.1	33.0	4	42.7	40.6	34.1	36.7
2	27.9	28.1	30.5	23.7	5	41.6	56.2	56.0	50.5
3	75.0	77.6	40.2	77.4	6	29.1	73.9	73.1	127.4

续表

C	3-12-67[35]	3-12-68[33]	3-12-69[27]	3-12-70[36]	C	3-12-67[35]	3-12-68[33]	3-12-69[27]	3-12-70[36]
7	81.9	201.1	200.2	131.7	15	155.4	153.7	152.0	154.5
8	136.5	127.6	135.9	137.0	16	64.3	133.6	193.4	64.2
9	46.7	166.8	48.6	57.5	17	108.2	194.6	134.5	108.4
10	38.6	41.3	56.6	39.2	18	12.7	31.5	33.2	27.3
11	22.5	24.4	27.5	68.0	19	68.4	16.3	21.1	22.2
12	30.0	26.8	29.1	41.0	20	14.7	20.3	206.4	14.8
13	40.1	31.0	35.0	39.9	OAc				170.4/21.1
14	131.9	28.2	140.4	129.6	OMe	54.8			

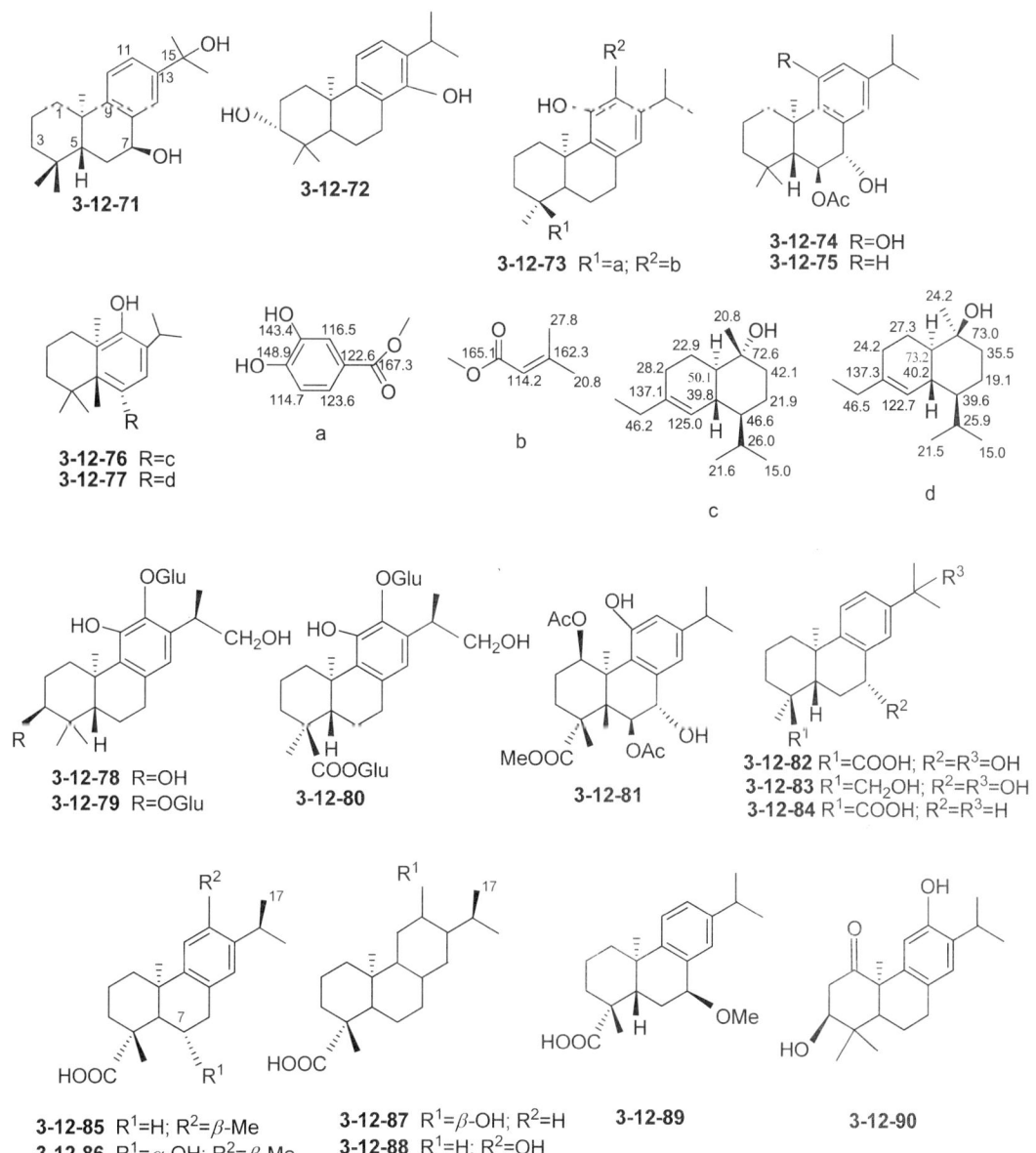

表 3-12-13 化合物 3-12-71~3-12-77 的 ^{13}C NMR 数据

C	3-12-71[37]	3-12-72[38]	3-12-73[39]	3-12-74[40]	3-12-75[40]	3-12-76[40]	3-12-77[40]
1	39.23	31.5	36.2	36.3	38.8	38.7	38.2
2	19.52	25.9	19.4	18.8	18.6	19.4	19.4
3	41.77	75.6	36.4	42.9	43.3	41.7	41.7
4	33.25	37.6	37.8	33.2	33.4	33.4	33.3
5	49.82	43.0	53.5	52.7	52.2	44.7	44.8
6	30.90	18.0	19.7	75.9	79.0	21.6	21.4
7	70.98	24.2	33.2	76.6	76.7	35.3	35.4
8	139.63	120.5	135.0	133.7	133.1	131.6	131.4
9	147.85	148.6	133.8	131.6	148.0	148.6	148.7
10	38.62	37.2	39.3	42.5	39.4	37.9	37.9
11	123.49	116.3	145.8	145.8	117.1	110.7	110.8
12	124.04	123.3	137.9	144.1	148.0	150.8	150.9
13	151.10	130.0	134.4	139.0	138.2	131.5	131.6
14	124.68	150.2	118.4	116.1	127.4	129.1	127.1
15	71.49	26.8	27.5	26.6	27.3	27.0	27.0
16	32.56	22.5	23.0	23.7	22.9	22.7	22.7
17	32.56	22.8	23.0	23.6	22.8	22.5	22.5
18	33.25	24.7	28.0	36.0	35.7	33.8	33.9
19	21.75	28.1	68.4	22.8	22.1	21.5	21.4
20	25.47	22.0	20.5	21.1	25.8	25.0	25.0
OMe				61.7			
OAc				172.1/21.8	172.7/20.9		

表 3-12-14 化合物 3-12-78~3-12-84 的 ^{13}C NMR 数据

C	3-12-78[41]	3-12-79[41]	3-12-80[41]	3-12-81[42]	3-12-82[43]	3-12-83[43]	3-12-84[30]
1	36.2	36.2	37.5	74.6	38.7	38.5	39.5
2	29.1	39.3	21.1	22.1	19.7	18.8	20.1
3	79.9	91.1	39.1	31.3	37.1	35.2	37.6

续表

C	3-12-78[41]	3-12-79[41]	3-12-80[41]	3-12-81[42]	3-12-82[43]	3-12-83[43]	3-12-84[30]
4	40.8	41.0	45.8	47.6	43.3	38.1	44.1
5	54.7	54.9	57.4	37.3	45.4	45.0	53.1
6	20.4	20.2	22.6	75.2	29.5	28.5	21.2
7	34.3	34.2	35.0	70.2	68.4	68.0	32.2
8	135.4	135.4	135.8	136.2	135.6	135.5	135.2
9	134.8	134.8	133.7	127.5	146.5	148.1	145.6
10	40.8	40.5	41.5	42.5	38.3	37.8	38.7
11	149.4	149.4	149.6	153.3	124.7	124.4	125.6
12	143.4	143.3	143.5	114.6	125.3	124.6	124.3
13	136.7	136.7	136.8	148.3	146.7	146.6	145.6
14	118.5	118.5	118.3	121.8	125.8	125.8	127.1
15	35.1	35.1	35.1	33.1	72.3	72.0	33.7
16	69.4	69.4	69.4	23.4	31.5	31.3	24.2
17	18.6	18.6	18.7	23.8	31.5	31.5	24.2
18	17.0	17.7	29.8	178.1	28.4	26.5	28.9
19	29.5	29.3	178.5	18.2	182.7	65.1	184.1
20	20.1	20.1	18.1	21.7	21.9	24.5	23.4
COOMe				52.4			
OAc				171.4/21.2			
OMe				170.4/21.4			
Glu							
1'	108.0	107.9	108.0				
2'	75.9	75.8	75.9				
3'	79.2	79.2	79.2				
4'	7108	71.7	71.8				
5'	78.2	78.1	78.2				
6'	63.2	63.2	63.3				
1"		107.0	95.8				
2"		75.9	74.5				
3"		78.5	78.9				
4"		71.8	71.5				
5"		77.8	78.7				
6"		63.0	62.8				

表 3-12-15 化合物 3-12-85~3-12-93 的 ^{13}C NMR 数据

C	3-12-85[44]	3-12-86[44]	3-12-87[44]	3-12-88[45]	3-12-89[31]	3-12-90[28]	3-12-91[46]	3-12-92[47]	3-12-93[47]
1	36.7	37.7	37.9	37.9	39.1	211.7	37.3	35.43	35.43
2	18.5	18.6	18.4	18.5	19.8	46.4	35.0	34.40	34.70
3	21.7	36.3	36.3	36.6	37.7	77.1	220.7	219.61	217.30
4	47.4	47.0	47.0	47.3	48.5	39.2	51.0	47.14	47.30
5	44.6	39.7	43.4	44.6	41.4	49.6	51.9	51.84	49.96

续表

C	3-12-85[44]	3-12-86[44]	3-12-87[44]	3-12-88[45]	3-12-89[31]	3-12-90[28]	3-12-91[46]	3-12-92[47]	3-12-93[47]
6	37.9	30.7	32.8	21.9	26.1	19.0	19.1	19.97	19.55
7	30.0	67.8	70.7	29.2	78.6	31.0	24.8	26.44	24.61
8	134.7	135.6	137.5	127.1	135.2	126.4	123.0	131.56	120.81
9	146.8	146.1	146.6	147.7	148.7	140.1	147.8	131.38	146.29
10	36.8	37.3	37.6	36.8	38.6	52.8	37.0	37.99	37.03
11	124.1	126.2	125.2	110.8	125.1	116.4	116.3	150.83	117.19
12	123.9	124.1	124.2	150.7	127.6	153.1	124.2	111.74	123.53
13	145.7	146.9	146.6	131.7	147.2	133.8	124.5	139.37	130.37
14	126.9	128.4	125.9	126.7	129.8	126.8	152.9	148.64	150.60
15	33.4	33.4	33.7	26.8	34.9	27.4	80.1	26.01	26.79
16	24.0	24.0	24.1	22.5	24.3	23.0	26.3	23.81	22.47
17	24.0	23.8	23.9	22.7	24.4	23.1	26.6	23.74	22.70
18	185.0	183.7	182.9	183.4	183.2	29.3	22.2	28.44	26.56
19	16.2	16.6	16.3	16.3	17.4	17.6	65.8	19.97	24.36
20	25.1	24.2	25.5	25.0	24.8	25.8	25.6	20.40	21.15
OMe					56.3		50.9	60.73	

表 3-12-16 化合物 3-12-94~3-12-97 的 ^{13}C NMR 数据

C	3-12-94[48]	3-12-95[49]	3-12-96[50]	3-12-97[51]	C	3-12-94[48]	3-12-95[49]	3-12-96[50]	3-12-97[51]
1	36.4	37.79	35.0	35.8	12	123.9	160.96	150.5	153.2
2	19.0	35.94	34.1	19.0	13	135.8	120.94	139.7	144.6
3	41.0	219.46	215.5	41.1	14	155.6	156.80	115.1	152.1
4	33.3	48.61	46.5	36.4	15	25.9	26.28	26.2	26.0
5	49.7	50.90	48.4	49.6	16	22.0	21.01	23.4	21.5
6	35.9	37.23	35.6	184.2	17	22.2	21.03	23.5	21.5
7	206.8	205.17	197.1	200.6	18	33.0	27.79	26.6	32.8
8	115.5	109.69	127.7	134.1	19	21.5	21.77	20.4	20.3
9	136.0	139.14	137.3	138.0	20	17.9	18.93	17.2	70.5
10	40.1	40.67	38.6	40.1	OMe			61.1	62.0
11	144.1	136.66	148.0	161.0					

3-12-98

3-12-99 R^1=OH; R^2=R^3=H
3-12-100 R^1=OAc; R^2=OH;R^3=H
3-12-101 R^1=R^3=OAc; R^2=OH

3-12-102

3-12-103

3-12-104　　　3-12-105　　　3-12-106　　　3-12-107

表 3-12-17　化合物 3-12-98~3-12-102 的 ^{13}C NMR 数据

C	3-12-98[52]	3-12-99[53]	3-12-100[54]	3-12-101[54]	3-12-102[30]	C	3-12-98[52]	3-12-99[53]	3-12-100[54]	3-12-101[54]	3-12-102[30]
1	159.3	36.6	32.3	32.2	39.5	14	122.6	116.6	160.1	160.0	126.3
2	125.6	17.9	18.6	18.6	20.1	15	33.4	27.4	24.5	29.1	143.2
3	197.6	30.4	36.4	36.4	37.6	16	23.7	22.4	20.0	68.5	111.9
4	58.3	37.6	36.7	36.8	44.1	17	23.6	22.4	20.0	14.9	22.0
5	41.9	170.8	143.3	143.6	53.1	18	18.0	28.0	27.7	27.8	28.9
6	73.4	141.0	142.0	142.0	21.1	19	172.9	22.6	27.0	27.0	184.1
7	69.7	180.0	182.3	182.4	32.3	20	25.6	27.9	30.4	30.3	23.3
8	135.9	123.2	106.0	105.9	135.9	OMe	53.0				
9	125.3	132.9	143.8	144.9	147.6	OAc	170.2		169.7	170.9	
10	40.2	38.3	41.1	41.3	38.7		21.4		21.3	21.2	
11	152.8	143.4	129.4	129.9	125.6	OAc				169.2	
12	115.1	145.6	152.8	153.8	123.3					20.9	
13	149.6	138.3	120.4	115.9	138.5						

表 3-12-18　化合物 3-12-103~3-12-107 的 ^{13}C NMR 数据

C	3-12-103[55]	3-12-104[56]	3-12-105[57]	3-12-106[57]	3-12-107[58]	C	3-12-103[55]	3-12-104[56]	3-12-105[57]	3-12-106[57]	3-12-107[58]
1	29.9	38.4	28.5	30.4	37.7	12	144.4	161.5	145.3	145.3	158.2
2	29.1	20.3	19.7	19.7	20.2	13	140.4	134.8	125.4	123.1	117.0
3	98.3	35.1	38.4	41.5	42.4	14	119.2	127.3	118.9	112.1	157.1
4	39.9	40.5	31.9	34.8	34.5	15	26.4	27.7	27.7	27.7	36.4
5	41.1	56.8	55.6	46.0	51.4	16	23.4	23.0	22.2	23.3	81.6
6	27.8	77.1	70.9	30.1	36.4	17	23.4	23.0	22.9	23.4	19.2
7	68.8	195.7	80.3	78.3	205.8	18	18.1	84.1	31.6	31.9	33.9
8	132.1	124.0	131.2	123.7	111.6	19	26.3	18.6	23.3	20.1	22.4
9	122.0	155.3	136.8	135.5	133.3	20	66.2	22.3	178.9	176.5	18.5
10	41.6	38.6	48.8	49.3	42.0	OMe	61.8				
11	147.9	111.3	144.3	133.7	141.7						

3-12-109 R^1=OH; R^2=R^3=R^4=R^5=R^6=H
3-12-110 R^1=R^2=R^3=R^5=H; R^4=OH; R^6=α-H
3-12-111 R^1=R^5=H; R^2=R^3=O; R^4=OH; R^6=α-H
3-12-112 R^1=R^2=R^3=H; R^4=R^5=O; R^6=α-H

3-12-113 R=H
3-12-114 R=CH_2OH

表 3-12-19　化合物 3-12-108~3-12-114 的 ^{13}C NMR 数据

C	3-12-108[59]	3-12-109[60]	3-12-110[61]	3-12-111[61]	3-12-112[61]	3-12-113[62]	3-12-114[61]
1	28.2	77.8	37.4	51.2	37.3	39.8	40.3
2	26.8	30.3	27.5	209.4	34.3	18.4	18.8
3	78.1	39.4	78.5	82.4	215.5	41.5	41.9
4	37.2	33.4	39.0	45.0	47.5	33.5	33.9
5	43.8	54.7	54.3	53.4	54.6	53.4	54.0
6	35.7	23.8	23.4	23.0	24.5	20.8	21.2
7	209.4	37.1	36.8	36.3	36.5	34.1	34.3
8	49.4	152.3	151.4	149.4	150.2	61.1	61.7
9	53.0	52.7	51.5	51.3	50.5	51.8	52.2
10	39.1	47.2	41.2	46.9	40.8	41.4	41.9
11	23.8	30.7	27.5	27.6	27.7	104.0	106.9
12	77.0	76.4	75.9	75.3	75.6	147.0	147.8
13	160.4	157.0	156.0	155.0	155.5	145.0	147.0
14	38.5	114.2	114.2	115.2	114.6	54.4	54.8
15	122.0	116.1	116.4	117.5	116.9	125.0	127.8
16	174.8	175.7	175.3	174.9	175.0	170.0	169.6
17	8.4	8.2	8.2	8.3	8.3	8.7	56.8
18	27.6	33.4	28.6	29.5	26.4	33.4	33.9
19	14.9	21.3	15.6	16.4	21.7	21.9	22.3
20	13.1	11.1	16.7	17.3	37.3	39.8	40.3

3-12-118 R^1=CH_2OH; R^2=H_2; R^3=OAc; R^4=H; R^5=OH; R^6=Me
3-12-119 R^1=Me; R^2=O; R^3=R^4=OMe; R^5=H; R^6=β-Me

表 3-12-20　化合物 3-12-115~3-12-117 的 ^{13}C NMR 数据

C	3-12-115[27]	3-12-116[62]	3-12-117[62]	C	3-12-115[27]	3-12-116[62]	3-12-117[62]
1	37.6	39.1	39.1	11	24.0	60.9	61.5
2	27.3	18.4	18.4	12	29.0	85.2	85.4
3	72.3	41.2	41.3	13	46.0	148.0	151.0
4	55.7	33.4	33.5	14	83.5	55.3	55.2
5	41.5	53.4	53.5	15	154.7	130.0	133.0
6	25.0	20.8	20.9	16	69.7	169.0	168.1
7	128.6	35.5	35.6	17	103.3	8.7	56.6
8	135.6	66.0	66.8	18	206.5	33.5	33.5
9	49.2	47.9	47.8	19	9.5	21.8	21.9
10	34.2	39.2	39.3	20	15.0	15.4	15.5

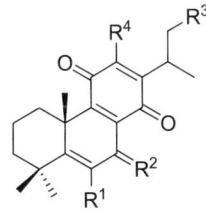

3-12-120　R^1=R^3=H; R^2=α-OH,β-H; R^4=OMe
3-12-121　R^1=R^3=H; R^2=α-OAc,β-H; R^4=OMe
3-12-122　R^1=OH; R^2=O; R^3=R^4=OAc

3-12-123

3-12-124

表 3-12-21　化合物 3-12-118~3-12-124 的 ^{13}C NMR 数据

C	3-12-118[63]	3-12-119[64]	3-12-120[65]	3-12-121[65]	3-12-122[54]	3-12-123[64]	3-12-124[53]
1	36.14	36.0	37.4	37.5	30.8	36.9	42.3
2	19.75	18.3	18.2	18.2	17.8	18.5	18.7
3	35.58	41.6	40.8	40.7	36.4	42.5	36.7
4	39.01	32.4	33.4	33.4	36.4	42.8	32.9
5	46.72	59.8	127.7	127.6	143.9	62.9	62.2
6	25.29	203.2	106.7	108.0	146.4	144.9	182.0
7	64.68	96.9	77.8	76.9	177.1	133.9	142.3
8	149.88	147.6	124.7	124.8	126.9	149.8	126.5
9	139.42	143.6	142.6	142.6	158.1	125.5	141.9
10	38.28	44.1	41.2	41.2	42.0	32.7	41.8
11	183.82	180.3	183.2	183.2	179.8	200.9	145.4
12	151.04	132.4	154.5	154.4	150.2	136.1	183.4
13	124.94	148.9	129.4	129.5	135.8	145.2	138.4
14	185.44	181.2	181.4	182.0	183.5	181.6	133.1
15	26.96	27.5	26.4	25.9	31.0	27.1	26.9
16	18.86	21.1	21.4	21.5	66.3	21.1	21.4
17	18.68	21.4	21.6	21.5	15.2	21.6	21.4
18	21.03	32.2	33.4	33.0	29.4	33.2	32.5

续表

C	3-12-118[63]	3-12-119[64]	3-12-120[65]	3-12-121[65]	3-12-122[54]	3-12-123[64]	3-12-124[53]
19	65.94	21.5	21.6	22.0	27.1	21.8	21.8
20	24.30	21.4	20.1	20.2	27.6	22.0	21.0
OAc	169.44/19.33			172.6/22.3	167.8/20.2		
					170.9/21.3		
OMe		51.5, 52.5	55.9	55.9			

表 3-12-22 化合物 3-12-125~3-12-131 的 ^{13}C NMR 数据

C	3-12-125[66]	3-12-126[57]	3-12-127[64]	3-12-128[40]	3-12-129[67]	3-12-130[68]	3-12-131[68]
1	139.66	25.5	35.7	35.8	198.84	25.1	25.1
2	126.33	18.5	18.6	18.9	36.15	18.2	18.3
3	201.67	37.9	40.9	41.0	36.58	37.8	38.0
4	48.31	31.3	32.9	33.1	34.93	31.8	31.1
5	157.17	50.6	49.3	45.5	153.78	55.3	50.2
6	121.82	65.5	28.7	22.1	130.94	72.7	72.4
7	162.54	75.8	71.3	70.9	131.87	78.1	77.6
8	113.89	140.6	145.3	139.6	132.82	146.6	145.6
9	122.31	144.2	146.8	151.9	135.51	137.9	138.2
10	128.44	46.2	39.0	39.1	138.03	46.6	45.8
11	183.39	181.5	180.8	188.2	183.14	179.5	179.5
12	159.87	151.2	181.5	187.1	183.76	180.2	180.0
13	137.44	125.2	147.6	153.6	146.47	149.7	150.1
14	190.87	187.5	134.9	131.7	137.85	132.7	133.5
15	24.29	24.1	27.2	26.3	27.00	27.5	27.5
16	20.25	19.6	21.4	21.4	21.56	21.6	21.3
17	20.25	19.8	21.4	21.3	21.56	21.9	21.2
18	27.78	31.4	33.2	33.1	28.83	31.6	31.4
19	27.78	21.9	21.7	21.9	28.83	21.3	21.9
20	—	175.4	20.1	18.5	—	175.0	175.5
OMe	60.89			57.3		57.1	59.5

表 3-12-23　化合物 3-12-132~3-12-134 的 ^{13}C NMR 数据[67]

C	3-12-132	3-12-133	3-12-134	C	3-12-132	3-12-133	3-12-134
1	29.68	63.38	198.92	11	184.28	186.31	183.70
2	19.09	26.91	36.22	12	175.73	175.37	177.39
3	37.83	31.92	36.49	13	118.32	118.49	119.37
4	34.86	35.13	35.23	14	170.77	170.71	169.10
5	152.39	152.11	155.70	15	34.64	34.59	34.69
6	132.58	134.09	129.67	16	81.47	81.81	81.86
7	122.52	124.54	126.60	17	18.84	19.13	18.84
8	126.30	126.93	127.29	18	31.92	31.19	28.77
9	128.44	129.83	128.29	19	31.92	31.57	28.77
10	143.70	143.13	138.04	20	—	—	—

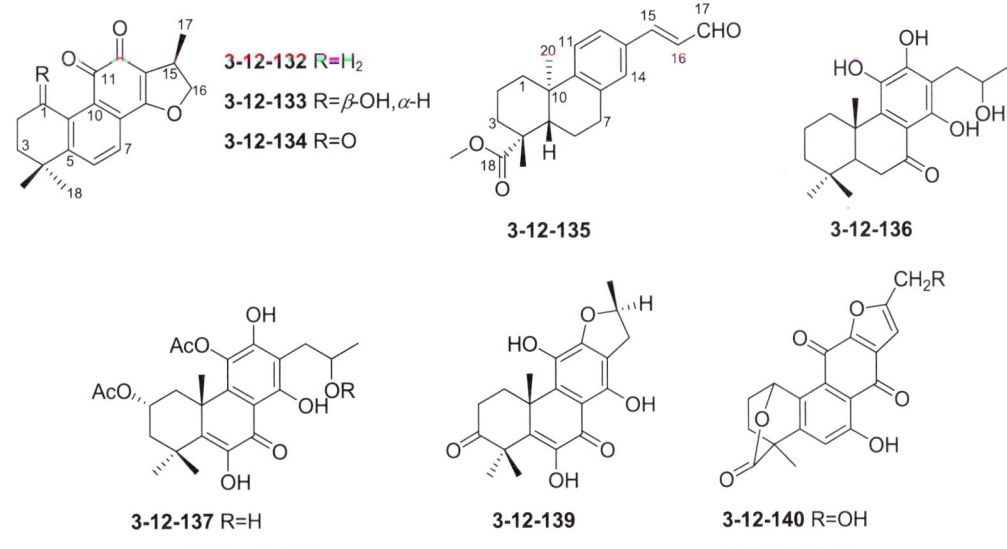

表 3-12-24　化合物 3-12-135~3-12-141 的 ^{13}C NMR 数据

C	3-12-135[69]	3-12-136[70]	3-12-137[54]	3-12-138[54]	3-12-139[71]	3-12-140[72]	3-12-141[72]
1	39.2	37.2	38.0	38.0	27.05	72.3	72.8
2	19.9	19.6	68.5	68.5	33.08	25.2	25.7
3	37.5	41.8	41.6	41.7	214.50	28.2	28.7
4	44.0	33.9	36.0	36.0	48.68	44.8	45.2
5	52.5	50.8	140.6	141.4	139.99	149.8	150.3
6	20.8	35.8	141.5	140.4	140.03	118.3	118.7
7	31.9	204.9	182.2	182.3	182.92	162.0	161.9
8	136.4	109.2	105.3	105.1	107.14	113.6	113.9
9	152.0	136.5	143.2	143.1	135.20	126.0	126.3
10	38.9	40.9	40.9	40.8	40.60	131.4	131.9
11	126.5	136.5	130.5	130.5	131.20	174.0	174.2

C	3-12-135[69]	3-12-136[70]	3-12-137[54]	3-12-138[54]	3-12-139[71]	3-12-140[72]	3-12-141[72]
12	125.8	158.1	155.9	156.4	153.80	163.7	162.7
13	131.2	111.3	112.2	112.4	111.50	129.8	131.1
14	129.7	153.2	160.0	159.9	154.83	186.1	186.6
15	152.9	31.7	30.8	30.8	34.35	104.4	104.9
16	127.9	69.6	70.3	74.2	83.54	151.6	151.6
17	193.8	22.8	22.7	19.0	21.98	55.7	14.1
18	177.7	33.4	28.0	28.0	21.08	173.5	174.0
19	28.5	21.8	27.2	27.2	20.11	15.8	16.2
20	22.8	17.9	29.4	29.1	24.36	—	—
OMe	51.3						
OAc			168.7/20.9	168.4/20.9			
OAc			170.3/21.3	170.2/21.3			
OC$\underline{H}$(Me)$_2$				70.1			
OCH($\underline{Me}$)$_2$				23.3			
				21.1			

3-12-142

3-12-143

3-12-144 R^1=R^2=H; R^3=OH
3-12-145 R^1=R^3=H; R^2=OH
3-12-146 R^1=β-OH; R^2=R^3=H
3-12-147 R^1=α-OH; R^2=R^3=H

表 3-12-25 化合物 3-12-142~3-12-147 的 ^{13}C NMR 数据

C	3-12-142[73]	3-12-143[73]	3-12-144[74]	3-12-145[74]	3-12-146[74]	3-12-147[74]
1	31.4	30.6	29.8	29.8	34.1	38.8
2	18.7	17.5	17.0	17.2	57.1	61.4
3	125.1	124.9	125.6	125.8	124.5	127.1
4	164.3	161.7	159.8	160.8	162.0	161.3
5	44.2	40.2	40.5	40.6	39.3	40.8
6	19.3	23.6	23.5	23.7	21.2	23.4
7	25.5	61.7	60.1	60.3	58.6	59.9
8	131.7	62.6	60.6	60.8	59.5	65.5
9	130.7	66.3	64.0	64.1	64.3	60.7
10	37.4	35.9	35.8	35.9	37.4	39.2
11	152.5	59.5	56.7	56.6	55.4	54.5
12	110.7	69.8	54.4	55.4	53.0	57.0
13	139.6	76.0	66.4	66.4	63.6	65.8
14	150.3	77.4	74.1	74.2	71.3	73.5
15	26.3	28.5	37.2	63.2	29.2	28.2
16	23.9	16.1	64.0	16.3	18.3	17.7

续表

C	3-12-142[73]	3-12-143[73]	3-12-144[74]	3-12-145[74]	3-12-146[74]	3-12-147[74]
17	23.6	16.4	12.3	17.1	17.4	16.9
18	175.4	173.6	173.2	173.2	171.4	172.5
19	71.1	70.4	70.0	70.0	68.4	69.9
20	17.7	14.4	13.6	13.7	16.2	14.8
Glu						
1'	100.4					
2'	73.6					
3'	75.7					
4'	69.8					
5'	77.0					
6'	61.7					
OMe	51.4					

表 3-12-26 化合物 3-12-148~3-12-155 的 ^{13}C NMR 数据

C	3-12-148[41]	3-12-149[71]	3-12-150[71]	3-12-151[41]	3-12-152[75]	3-12-153[76]	3-12-154[76]	3-12-155[45]
1	31.1	45.7	45.37	48.0	34.9	125.98	125.08	37.4
2	28.2	196.5	197.30	200.3	32.4	130.46	130.36	23.6
3	127.7	131.1	131.02	138.6	83.2	129.58	128.85	36.0
4	132.5	146.1	146.15	149.4	145.8	135.76	134.98	148.0
5	41.6	161.2	160.58	161.7	44.7	133.98	132.16	46.6
6	37.8	123.8	123.92	125.3	70.2	132.36	131.82	38.0
7	202.1	189.7	188.86	191.9	67.8	122.57	120.31	198.4
8	129.3	107.4	108.76	109.9	140.9	130.84	128.27	148.0
9	139.4	136.2	134.18	136.5	147.9	125.37	126.15	151.5
10	39.5	42.5	42.60	44.2	38.8	135.64	134.79	39.2
11	148.5	136.5	136.17	131.3	183.1	184.43	184.26	124.8

续表

C	3-12-148[41]	3-12-149[71]	3-12-150[71]	3-12-151[41]	3-12-152[75]	3-12-153[76]	3-12-154[76]	3-12-155[45]
12	149.3	152.0	154.58	156.3	151.7	156.31	175.72	132.4
13	131.6	112.0	111.83	120.6	117.9	122.74	118.41	147.0
14	121.8	157.0	154.72	158.2	188.4	186.54	170.45	125.2
15	38.9	31.4	34.33	101.5	26.9	33.37	34.83	33.6
16	67.7	69.6	83.44	154.5	133.6	65.36	81.68	23.8
17	22.1	22.5	21.96	14.4	116.5	14.94	18.8	23.8
18	19.8	11.6	11.97	11.6	25.7			
19	178.6	17.1	17.42	60.2	107.8	19.85	19.8	108.0
20	15.2	24.5	24.89	27.8	20.6			21.3
Glu								
1'	105.7							
2'	73.8							
3'	76.8							
4'	69.3							
5'	76.1							
6'	60.5							
OAc					169.6/22.5			

3-12-156 R^1=OAc; R^2=O; R^3=OMe
3-12-157 R^1=OH; R^2=H$_2$; R^3=OH

表 3-12-27 化合物 3-12-156~3-12-161 的 ^{13}C NMR 数据

C	3-12-156[77]	3-12-157[77]	3-12-158[77]	3-12-159[77]	3-12-160[78]	3-12-161[39]
1	35.9	37.0	34.14	35.52	30.0	125.0
2	24.0	27.9	27.53	32.74	19.4	27.4
3	79.8	78.8	78.86	76.38	37.9	22.7
4	37.7	38.9	34.14	43.95	34.4	36.7
5	49.0	49.8	50.32	171.93	155.6	43.0
6	35.3	18.9	126.21	125.89	131.2	131.6
7	197.6	29.7	127.68	184.32	124.2	125.6
8	125.3	126.8	125.63	123.53	130.3	124.7
9	123.6	121.2	146.84	154.60	128.6	116.4
10	38.0	37.3	37.43	41.32	140.1	137.7

续表

C	3-12-156[77]	3-12-157[77]	3-12-158[77]	3-12-159[77]	3-12-160[78]	3-12-161[39]
11	104.2	110.6	109.15	114.0	181.5	141.6
12	162.6	148.3	153.66	160.62	151.4	140.4
13	155.6	151.9	120.95	124.41	121.7	133.4
14	129.8	131.1	129.11	129.11	187.9	116.0
15	16.1	15.3	15.28	15.71	9.0	27.0
16	—	—	—	—	—	22.6
17	—	—	—	—	—	22.2
18	27.5	28.1	27.73	23.09	31.9	20.0
19	15.6	15.3	16.45	27.91	31.9	70.8
20	23.4	24.8	20.20	32.74		21.6
OAc	170.8/21.2					
OMe	55.6					

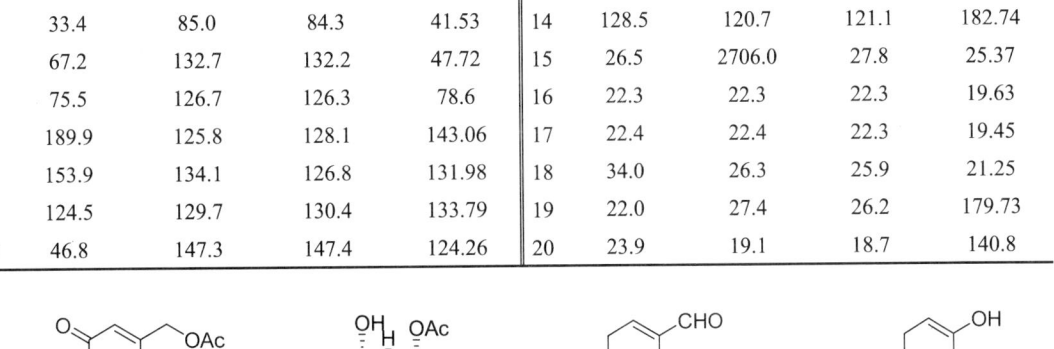

3-12-162   3-12-163 R=H,H   3-12-164 R==O   3-12-165   3-12-166

表 13-12-28 化合物 3-12-162~3-12-165 的 ^{13}C NMR 数据

C	3-12-162[79]	3-12-163[53]	3-12-164[53]	3-12-165[80]	C	3-12-162[79]	3-12-163[53]	3-12-164[53]	3-12-165[80]
1	38.4	26.5	210.8	141.57	11	127.2	41.6	41.2	181.39
2	19.9	23.0	41.2	23.08	12	157.3	202.9	202.3	155.12
3	41.0	33.3	35.1	25.03	13	134.5	134.9	136.3	129.16
4	33.4	85.0	84.3	41.53	14	128.5	120.7	121.1	182.74
5	67.2	132.7	132.2	47.72	15	26.5	2706.0	27.8	25.37
6	75.5	126.7	126.3	78.6	16	22.3	22.3	22.3	19.63
7	189.9	125.8	128.1	143.06	17	22.4	22.4	22.3	19.45
8	153.9	134.1	126.8	131.98	18	34.0	26.3	25.9	21.25
9	124.5	129.7	130.4	133.79	19	22.0	27.4	26.2	179.73
10	46.8	147.3	147.4	124.26	20	23.9	19.1	18.7	140.8

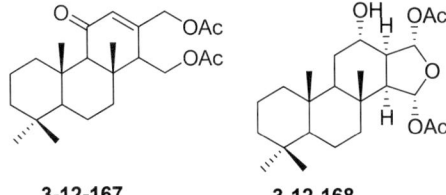

3-12-167   3-12-168   3-12-169 R^1=H; R^2=CH$_2$OH   3-12-171 R^1=COOMe
                         3-12-170 R^1=OAc; R^2=CH$_2$OAc   3-12-172 R^1=COOH

表 3-12-29 化合物 3-12-166~3-12-172 的 ^{13}C NMR 数据

C	3-12-166[81]	3-12-167[82]	3-12-168[82]	3-12-169[82]	3-12-170[82]	3-12-171[83]	3-12-172[83]
1	39.9	39.8	39.7	39.8	39.8	38.2	37.8
2	18.1	18.3	18.4	18.4	18.4	18.9	18.9
3	42.0	41.9	41.9	41.7	41.6	39.8	39.7
4	33.3	33.2	33.3	—	33.1	43.8	43.7
5	56.4	55.6	56.7	56.0	56.5	56.4	56.4
6	18.5	18.1	18.1	18.6	18.6	21.0	21.0
7	41.2	40.6	42.7	40.2	35.6	34.5	34.6
8	38.4	42.5	34.7	35.6	38.5	44.6	44.7
9	60.3	67.7	49.6	53.7	53.8	53.6	53.7
10	37.5	37.2	37.0	37.3	37.4	37.9	38.4
11	18.8	199.4	26.9	24.9	23.6	19.5	19.5
12	38.1	127.5	65.1	158.1	152.7	116.6	116.6
13	73.1	151.2	48.9	140.0	139.7	144.6	144.6
14	59.8	53.0	57.1	55.2	48.5	201.9	201.9
15	61.6	61.2	100.0	60.8	60.2		
16	67.3	63.4	101.3	197.6	193.5		
17	17.2	16.6	17.2	15.6	63.0	18.2	18.3
18	21.4	33.5	33.3	33.4	33.3	28.7	28.8
19	33.3	21.7	21.4	21.6	21.6	177.7	182.2
20	16.2	16.2	16.1	14.8	16.0	14.6	14.8
OAc	171.4/21.0	170.6/21.0	170.6/21.3		170.9/20.8		
OAc	171.0/21.4	170.2/20.8	169.8/21.3		170.7/20.9		
OMe					51.4		

3-12-173 R^1=H$_2$; R^2=R^3=R^4=H
3-12-174 R^1=O; R^2=OAc; R^3=R^4=α-H
3-12-175 R^1=α-H,β-OAc; R^2=OAc; R^3=R^4=α-H
3-12-176 R^1=α-H,β-OAc; R^2=H; R^3=R^4=α-H
3-12-177 R^1=α-OAc,β-H; R^2=H; R^3=R^4=α-H

3-12-178 R^1=H; R^2=Ac
3-12-179 R^1=Ac; R^2=H

表 3-12-30 化合物 3-12-173~3-12-179 的 ^{13}C NMR 数据

C	3-12-173[83]	3-12-174[84]	3-12-175[84]	3-12-176[84]	3-12-177[84]	3-12-178[81]	3-12-179[81]
1	36.5	39.8	38.3	38.0	33.7	40.0	40.0
2	18.3	34.6	23.5	23.5	22.7	18.5	18.5
3	41.5	213.1	80.1	80.8	78.3	42.0	42.0
4	37.5	52.0	41.2	37.9	36.9	33.3	33.3
5	56.5	27.4	56.2	55.6	50.4	56.7	56.7
6	18.2	19.8	19.6	18.4	18.3	18.6	18.7
7	40.0	40.8	41.4	41.0	41.1	40.5	40.5
8	34.5	34.1	34.2	34.2	34.3	39.8	39.8

续表

C	3-12-173[83]	3-12-174[84]	3-12-175[84]	3-12-176[84]	3-12-177[84]	3-12-178[81]	3-12-179[81]
9	57.4	55.5	56.2	56.0	55.9	59.2	59.2
10	38.8	37.1	37.1	37.2	37.3	37.8	37.8
11	19.1	18.7	18.5	18.3	18.0	22.1	22.1
12	20.8	20.6	20.7	20.6	20.6	36.1	36.1
13	119.8	119.4	119.6	119.7	119.7	143.4	143.1
14	137.5	136.6	137.0	137.3	137.6	63.2	63.2
15	135.2	135.1	135.1	135.1	135.0	171.6	171.6
16	136.9	136.9	136.9	136.8	136.8	108.2	108.2
17	26.2	26.0	26.0	26.2	26.2	15.0	15.0
18	27.5	20.7	22.5	16.4	21.6	21.5	21.5
19	67.2	65.9	65.4	28.0	27.9	33.4	33.4
20	16.8	16.3	16.1	16.4	16.1	16.2	16.2
1'						64.6	61.6
2'						68.3	72.4
3'						65.3	61.4
OAc	167.9/21.1	170.9/20.8	171.0/21.1 170.5/21.2	170.1/21.3	170.1/21.3	171.0/20.8	171.0/20.8

3-12-180 R¹=H; R²=Ac; R³=OH
3-12-181 R¹=Ac; R²=H; R³=OH
3-12-182 R¹=H; R²=Ac; R³=Cl
3-12-183 R¹=Ac; R²=H; R³=Cl

3-12-184 R¹=H; R²=Ac
3-12-185 R¹=Ac; R²=H

3-12-18

表 3-12-31　化合物 3-12-180~3-12-186 的 ¹³C NMR 数据

C	3-12-180[81]	3-12-181[81]	3-12-182[85]	3-12-183[85]	3-12-184[85]	3-12-185[85]	3-12-186[85]
1	40.1	40.0	39.91	39.92	39.19	39.16	18.09
2	18.6	18.5	18.49	18.51	18.40	18.44	27.13
3	42.1	42.0	42.05	42.07	42.13	42.10	120.56
4	33.3	33.3	33.29	33.29	33.23	33.23	144.44
5	56.7	56.7	56.75	56.79	56.20	56.19	38.33
6	18.1	18.0	17.82	17.87	18.24	18.25	31.04
7	42.3	42.2	41.46	41.43	39.11	39.10	30.65
8	38.7	38.6	38.95	38.95	37.39	37.39	39.18
9	59.7	59.6	60.08	60.04	58.59	58.56	38.77
10	37.7	37.6	37.54	37.54	37.16	37.16	40.70
11	17.2	17.2	17.77	17.77	125.49	125.17	33.05
12	40.1	40.0	45.16	45.13	132.17	132.20	29.27
13	70.4	70.3	67.73	67.73	32.14	32.13	30.61

C	3-12-180[81]	3-12-181[81]	3-12-182[85]	3-12-183[85]	3-12-184[85]	3-12-185[85]	3-12-186[85]
14	64.2	64.1	66.41	66.18	61.96	61.91	51.90
15	175.2	175.1	170.64	170.64	174.36	174.36	175.18
16	30.9	30.8	34.16	34.14	19.83	19.82	21.00
17	16.9	16.9	16.79	16.69	14.78	14.79	18.99
18	21.4	21.3	21.30	21.23	21.15	21.16	20.74
19	33.3	33.2	33.29	33.27	33.16	33.16	17.94
20	16.3	16.3	16.31	16.31	16.46	16.47	21.30
1′	64.9	62.0	64.84	61.77	64.75	61.77	64.56
2′	68.3	72.1	68.23	72.34	68.41	72.42	68.37
3′	65.2	61.7	65.16	61.67	65.27	61.61	65.27
OAc	171.0/20.8	171.0/21.0	171.01/20.79	171.00/21.00	170.97/20.74	170.97/20.99	170.98/20.74

表 3-12-32 化合物 3-12-187~3-12-193 的 ^{13}C NMR 数据

C	3-12-187[86]	3-12-188[87]	3-12-189[87]	3-12-190[88]	3-12-191[88]	3-12-192[89]	3-12-193[90]
1	25.2	26.5	26.5	115.2	115.4	118.2	20.9
2	37.8	21.9	21.9	31.9	31.8	22.9	21.5
3	214.6	40.8	40.8	75.1	75.0	32.0	30.8
4	51.0	35.8	36.3	36.9	36.9	35.8	42.9
5	144.2	145.8	145.7	43.6	43.6	42.3	75.4
6	118.2	116.2	116.2	18.6	18.5	19.1	33.3
7	29.0	30.2	30.2	25.7	25.7	26.0	24.9
8	38.2	36.7	36.1	31.5	31.0	31.4	41.7
9	49.4	34.5	34.7	37.0	37.1	37.2	36.9
10	38.6	47.3	47.3	148.9	148.6	148.7	49.6
11	214.4	35	34.3	35.3	34.7	35.6	34.9
12	48.5	33.5	32.4	32.9	28.1	33.0	31.9

续表

C	3-12-187[86]	3-12-188[87]	3-12-189[87]	3-12-190[88]	3-12-191[88]	3-12-192[89]	3-12-193[90]
13	41.7	36.9	35.8	36.4	33.3	36.5	36.3
14	38.4	40.3	39.1	39.8	37.2	39.9	39.2
15	147.7	146.8	151.3	151.3	61.0	151.5	151.3
16	110.3	111.6	108.4	108.7	43.4	108.8	108.6
17	23.5	31.6	22.4	22.3	19.4	22.5	23.1
18	29.4	29.4	29.3	23.9	23.8	24.3	71.2
19	22.8	29.7	29.7	12.9	12.8	65.5	19.3
20	12.0	12.6	12.4	20.8	20.7	21.1	12.3

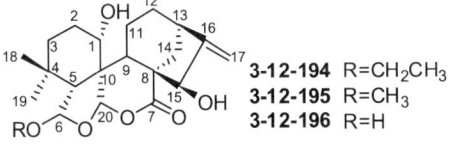
3-12-194 R=CH₂CH₃
3-12-195 R=CH₃
3-12-196 R=H

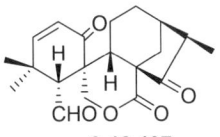
3-12-197

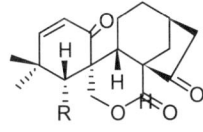
3-12-198 R=CHO
3-12-199 R=COOH

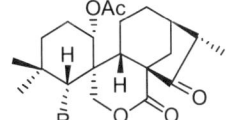
3-12-200 R=COOH
3-12-201 R=CHO

表 3-12-33 化合物 3-12-194~3-12-201 的 ¹³C NMR 数据

C	3-12-194[91]	3-12-195[91]	3-12-196[91]	3-12-197[92]	3-12-198[92]	3-12-199[92]	3-12-200[92]	3-12-201[92]
1	73.6	75.5	76.4	198.0	198.1	198.2	75.8	75.3
2	24.1	23.7	24.2	125.1	125.0	124.6	24.7	24.3
3	37.5	37.4	37.6	157.5	157.5	157.2	39.5	39.8
4	31.1	31.0	31.2	36.2	36.2	35.9	34.0	34.1
5	54.8	54.1	55.2	57.6	57.5	54.3	58.6	61.6
6	102.3	104.1	102.4	201.7	201.7	172.4	173.9	203.8
7	175.6	175.8	175.8	169.7	169.6	169.6	170.2	170.0
8	52.3	52.2	52.5	59.2	59.9	59.1	59.4	59.3
9	31.9	31.8	32.1	42.8	42.6	43.1	45.2	43.6
10	49.2	49.8	49.5	50.4	50.6	50.2	43.1	43.7
11	19.3	19.2	19.5	20.0	18.1	18.0	17.8	17.5
12	33.7	33.9	34.0	17.6	30.0	29.9	29.8	29.4
13	37.2	37.1	37.3	32.6	35.7	35.4	35.6	35.5
14	32.8	32.1	32.0	32.8	30.0	29.4	28.8	28.8
15	78.1	77.9	78.2	217.0	216.7	216.2	216.5	216.1
16	159.8	158.9	159.4	48.9	51.0	51.0	51.2	50.9
17	108.0	108.0	108.2	11.4	16.7	16.6	16.7	16.0
18	32.9	32.9	33.0	31.1	31.2	31.9	33.5	32.6
19	28.2	28.1	28.2	24.1	24.0	24.7	23.3	23.8
20	102.8	102.3	97.7	69.5	69.3	69.3	68.8	68.0
OAc							170.2/20.8	170.1/21.3
OCH₂CH₃	68.3							
OCH₂CH₃	15.6							
OMe		54.7						

	3-12-202	R¹==O; R²=H; R³==O; R⁴=β-CH₃; R⁵=H
	3-12-203	R¹==O; R²=OH; R³==O; R⁴=β-CH₃; R⁵=H
	3-12-204	R¹==O; R²=OH; R³==O; R⁴=β-CH₂OH; R⁵=H
	3-12-205	R¹=α-OH; R²=H; R³==O; R⁴=β-CH₃; R⁵=H
	3-12-206	R¹=β-OH; R²=H; R³==O; R⁴=β-CH₃; R⁵=H
	3-12-207	R¹=β-OH; R²=OH; R³=β-OH; R⁴==CH₂; R⁵=H
	3-12-208	R¹=R²=H; R³==O; R⁴=β-CH₃; R⁵=OCH₃

表 3-12-34　化合物 3-12-202~3-12-208 的 ¹³C NMR 数据[93]

C	3-12-202	3-12-203	3-12-204	3-12-205	3-12-206	3-12-207	3-12-208
1	25.5	27.7	28.0	25.9	25.9	27.8	24.8
2	17.4	18.6	18.7	19.1	17.9	19.6	18.1
3	31.9	32.6	32.8	35.0	32.4	33.5	31.6
4	38.8	38.4	38.4	37.8	37.6	36.4	36.9
5	48.9	46.9	47.1	50.5	55.6	52.0	43.6
6	176.0	175.1	175.3	100.3	100.6	100.4	68.5
7	171.6	172.2	172.4	172.7	172.0	177.2	172.2
8	56.6	54.9	55.4	55.2	56.1	50.3	55.0
9	42.3	42.9	41.5	42.0	42.3	39.5	41.1
10	39.1	40.1	40.2	39.1	41.4	42.2	44.3
11	17.2	64.3	64.8	18.0	17.7	65.3	17.8
12	19.6	31.7	33.0	19.5	19.9	45.8	19.4
13	32.7	32.6	31.6	32.8	32.9	36.8	32.8
14	33.2	35.7	36.0	34.0	33.9	35.0	33.9
15	215.7	214.7	211.9	215.2	215.5	81.4	214.7
16	48.5	48.4	56.6	49.1	49.0	158.5	49.0
17	11.0	11.7	59.0	10.8	10.8	108.8	10.8
18	26.3	21.7	22.2	25.4	25.4	21.2	20.9
19	76.1	75.5	75.6	81.4	79.0	80.5	13.1
20	69.5	71.8	71.9	71.6	71.7	75.2	72.0
OMe							54.8

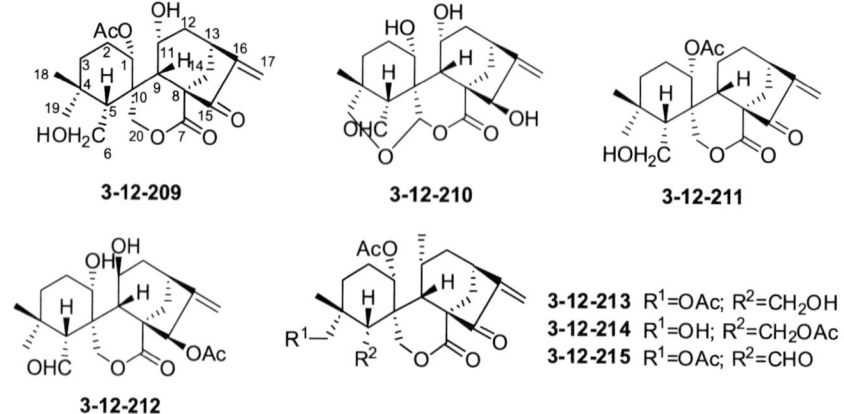

3-12-213　R¹=OAc; R²=CH₂OH
3-12-214　R¹=OH; R²=CH₂OAc
3-12-215　R¹=OAc; R²=CHO

表 3-12-35　化合物 3-12-209~3-12-215 的 ^{13}C NMR 数据

C	3-12-209[94]	3-12-210[95]	3-12-211[96]	3-12-212[96]	3-12-213[97]	3-12-214[97]	3-12-215[97]
1	70.1	68.0	77.0	76.2	76.8	76.9	75.3
2	24.2	32.8	24.3	24.4	24.6	24.6	24.0
3	40.2	39.0	39.9	40.3	34.5	35.2	34.8
4	33.9	33.3	33.8	34.4	38.2	39.6	39.1
5	53.5	63.7	53.5	61.5	53.7	50.8	60.9
6	59.2	205.4	58.8	205.1	58.0	62.4	201.1
7	171.5	174.7	170.9	175.4	170.8	170.2	170.3
8	58.7	53.9	58.6	53.3	58.6	58.0	58.6
9	46.1	44.1	42.2	42.6	42.4	43.0	43.1
10	45.5	45.3	44.3	43.8	44.6	44.3	43.6
11	64.4	66.7	17.8	65.5	17.9	17.9	17.4
12	42.4	40.8	30.1	44.7	30.1	29.8	30.6
13	35.2	42.8	35.2	36.0	35.3	35.2	35.0
14	30.0	32.1	29.2	30.6	29.3	29.0	29.1
15	202.6	78.0	205.5	83.5	202.5	202.1	201.9
16	151.4	157.8	151.3	159.7	151.4	151.4	150.8
17	117.8	104.7	118.3	109.6	118.4	118.8	119.1
18	33.7	23.7	33.5	33.3	28.1	29.5	28.1
19	23.7	69.0	23.5	24.1	67.4	67.6	68.8
20	68.7	96.6	68.9	67.1	69.3	68.8	67.6
OAc	170.2/21.6		170.2/21.4	170.4/21.4	170.6/20.7	169.9/20.9	170.3/20.4
					170.3/21.5	170.6/21.4	17032/21.3

表 3-12-36　化合物 3-12-216~3-12-222 的 ^{13}C NMR 数据

C	3-12-216[94]	3-12-217[95]	3-12-218[95]	3-12-219[98]	3-12-220[99]	3-12-221[99]	3-12-222[100]
1	77.1	78.5	79.2	80.0	77.7	77.6	78.2
2	23.9	25.4	24.1	24.5	23.8	27.1	24.0
3	37.0	29.8	37.5	38.1	28.7	72.5	7.2
4	31.6	42.2	31.5	32.3	36.6	40.9	31.6
5	54.0	46.0	55.9	56.3	46.1	41.2	55.7
6	102.2	99.8	102.2	102.8	91.4	91.5	102.0
7	170.2	170.3	171.7	174.4	171.0	169.6	167.9
8	57.8	57.8	56.6	57.2	55.3	54.9	61.3
9	53.0	39.4	46.4	48.1	38.5	38.2	51.9
10	50.8	34.3	49.7	50.6	41.0	40.7	50.2
11	63.0	66.2	69.5	66.8	61.1	61.2	65.8
12	32.7	36.9	81.8	41.8	37.8	37.7	42.2
13	31.1	36.5	39.8	36.3	35.2	35.2	41.2
14	34.8	33.0	32.8	34.8	31.5	30.9	74.5
15	213.0	198.4	215.3	202.2	202.2	202.2	199.5
16	59.0	146.1	54.1	152.2	150.5	150.4	149.2
17	58.4	118.9	71.8	118.6	118.8	118.7	119.6
18	32.9	22.3	33.0	33.3	26.9	21.8	23.2

C	3-12-216[94]	3-12-217[95]	3-12-218[95]	3-12-219[98]	3-12-220[99]	3-12-221[99]	3-12-222[100]
19	23.1	105.9	23.4	23.6	66.9	66.7	33.1
20	73.8	65.8	75.0	74.4	61.6	61.1	74.1
OAc					171.0/20.7	170.9/21.3	170.8/21.1
						170.9/20.6	
OMe							

表 3-12-37　化合物 3-12-223~3-12-228 的 ^{13}C NMR 数据

C	3-12-223[101]	3-12-224[102]	3-12-225[102]	3-12-226[101]	3-12-227[101]	3-12-228[99]
1	76.4	75.7	74.6	75.8	78.5	21.0
2	23.3	66.7	66.8	23.1	24.8	22.5
3	39.8	38.5	38.7	36.1	37.8	71.8
4	34.1	33.0	33.0	31.2	32.5	41.9
5	48.8	44.1	44.3	51.0	54.9	56.6
6	62.1	96.3	96.1	101.0	102.9	201.9
7	172.2	61.8	60.7	170.2	177.0	173.7
8	50.5	56.2	56.5	55.4	53.9	50.0
9	39.0	65.9	67.1	52.9	46.4	37.9
10	43.0	46.1	46.3	49.8	51.5	40.1

续表

C	3-12-223[101]	3-12-224[102]	3-12-225[102]	3-12-226[101]	3-12-227[101]	3-12-228[99]
11	68.3	50.3	50.5	61.9	63.7	16.6
12	40.1	23.3	31.1	40.5	45.4	31.8
13	34.9	31.1	32.8	34.1	37.9	37.0
14	31.0	39.4	37.5	32.5	34.9	32.7
15	82.8	216.8	202.8	200.4	77.5	81.5
16	153.3	47.7	147.8	150.4	158.0	152.5
17	111.4	11.2	121.5	118.1	109.2	110.2
18	34.0	32.8	32.9	32.7	33.3	22.8
19	23.7	25.4	25.3	22.8	23.4	67.6
20	66.4	15.5	14.8	72.2	73.8	68.7
OAc	170.5/21.3	169.1/20.8	169.2/20.8			170.1/21.0
	169.6/21.2	170.6/20.9	170/320.9			170.1/21.0
	169.5/21.1					169.8/20.7
	168.9/20.9					

表3-12-38 化合物 3-12-229~3-12-234 的 ^{13}C NMR 数据

C	3-12-229[103]	3-12-230[104]	3-12-231[105]	3-12-232[105]	3-12-233[105]	3-12-234[105]	C	3-12-229[103]	3-12-230[104]	3-12-231[105]	3-12-232[105]	3-12-233[105]	3-12-234[105]
1	41.8	61.5	33.8	34.2	34.6	33.9	17	103.1	115.2	61.3	61.9	61.9	15.5
2	172.0	26.6	28.5	28.4	28.5	28.5	18	27.4	23.6	113.6	112.7	112.6	113.6
3	179.9	26.1	179.3	179.4	179.3	179.6	19	23.9	24.9	23.2	22.4	22.6	23.3
4	46.4	33.4	147.4	148.3	147.7	147.9	20	21.1	108.2	21.7	21.1	21.2	21.9
5	47.6	48.8	50.3	50.0	50.0	50.5	21					126.3	126.8
6	18.9	34.3	25.3	25.0	25.1	25.4	22					121.7	129.8
7	39.2	71.1	37.6	37.3	37.3	37.9	23					115.1	115.5
8	44.2	60.1	48.5	48.6	48.6	48.9	24					145.4	159.0
9	48.2	47.1	38.6	38.2	38.2	39.1	25					147.6	115.5
10	43.3	146.7	41.0	40.7	40.7	41.1	26					113.6	129.8
11	22.9	19.9	18.7	18.3	18.3	18.8	27					145.7	145.3
12	33.3	28.4	25.2	24.9	25.0	24.4	28					113.7	113.7
13	43.6	46.5	41.0	41.5	41.7	44.9	29					167.7	167.7
14	39.7	74.4	43.9	43.5	43.6	43.8	OMe	50.8					
15	48.6	205.4	135.2	138.2	138.8	135.1	OMe	51.7					
16	155.5	148.9	146.1	141.2	141.2	142.7							

表 3-12-39 化合物 3-12-235~3-12-237 的 ^{13}C NMR 数据

C	3-12-235[106]	3-12-236[107]	3-12-237[108]	C	3-12-235[106]	3-12-236[107]	3-12-237[108]
1	36.6	75.0	33.7	13	122.7	122.6	129.6
2	19.3	67.5	22.8	14	31.4	31.3	136.4
3	36.7	35.8	76.6	15	109.6	109.5	135.7
4	47.9	40.3	50.6	16	140.7	140.6	111.2
5	50.4	76.8	46.1	17	17.2	17.4	16.3
6	23.4	25.6	70.1	18	178.4	28.2	19.8
7	30.0	23.9	40.7	19	15.1	26.0	181.0
8	35.6	34.3	36.7	20	180.9	17.4	17.5
9	43.8	32.7	54.5	OAc		169.0/20.9	
10	48.7	44.9	37.0			170.3/21.1	
11	24.2	22.1	21.6	OMe	51.9		
12	148.2	148.6	26.8				

表 3-12-40 化合物 3-12-238~3-12-242 的 ^{13}C NMR 数据[109]

C	3-12-238	3-12-239	3-12-240	3-12-241	3-12-242	C	3-12-238	3-12-239	3-12-240	3-12-241	3-12-242
1	37.1	36.5	36.5	36.5	36.5	8	50.9	51.3	51.2	51.3	51.2
2	27.6	23.7	23.7	23.7	23.7	9	46.1	46.4	46.5	46.5	46.5
3	78.1	78.7	78.8	78.7	78.7	10	43.2	43.0	43.0	43.0	43.0
4	47.7	45.7	45.7	45.8	45.8	11	26.2	26.2	26.2	26.3	26.2
5	64.4	64.6	64.6	64.7	64.6	12	23.2	23.2	24.3	23.2	24.3
6	208.0	208.1	208.1	208.1	208.2	13	160.9	160.6	157.1	160.7	157.1
7	75.8	75.8	75.8	75.8	75.8	14	40.3	40.2	39.8	40.3	39.9

续表

C	3-12-238	3-12-239	3-12-240	3-12-241	3-12-242	C	3-12-238	3-12-239	3-12-240	3-12-241	3-12-242
15	115.5	115.6	115.0	115.6	115.0	23	—	—	37.3	—	37.3
16	168.1	168.0	169.9	168.0	169.9	24	51.8	51.8	51.8	51.7	51.7
17	13.7	13.7	13.8	13.7	13.9	1'		170.4	170.4	167.1	167.1
18	25.6	25.7	25.7	25.8	25.8	2'		21.0	21.0	128.3	128.3
19	174.1	172.6	172.6	172.7	172.7	3'				137.9	137.9
20	14.4	14.4	14.4	14.4	14.4	4'				14.4	14.4
21	42.4	42.3	51.1	42.3	51.1	5'				11.8	11.8
22	62.8	62.6	61.7	62.7	61.7						

表 3-12-41　化合物 3-12-243、3-12-244 的 ^{13}C NMR 数据[109]

C	3-12-243	3-12-244	C	3-12-243	3-12-244	C	3-12-243	3-12-244	C	3-12-243	3-12-244
1	37.9	39.8	7	210.1	210.4	13	160.0	160.4	19	178.0	177.4
2	27.8	19.2	8	51.1	51.5	14	39.4	39.5	20	13.5	13.9
3	78.0	39.6	9	46.3	47.1	15	115.4	115.2	21	42.3	42.3
4	50.3	45.3	10	37.6	37.8	16	167.8	168.0	22	62.6	62.7
5	58.1	58.5	11	27.3	27.3	17	14.9	14.9	23	51.7	51.6
6	75.4	75.8	12	23.3	23.5	18	25.3	31.5			

3-12-245　　　　**3-12-246**　　　　**3-12-247**

表 3-12-42　化合物 3-12-245~3-12-247 的 ^{13}C NMR 数据

C	3-12-245[110]	3-12-246[111]	3-12-247[111]	C	3-12-245[110]	3-12-246[111]	3-12-247[111]
1	31.5	28.8	35.9	11	27.4	23.3	23.3
2	19.5	27.6	33.3	12	38.0	37.4	35.7
3	39.7	75.3	198.8	13	152.2	150.5	148.1
4	43.9	52.4	128.0	14	54.7	61.9	59.7
5	56.4	81.4	163.6	15	137.7	137.9	134.6
6	23.2	26.8	23.9	16	115.7	117.6	118.6
7	32.7	33.8	37.1	17	106.5	109.8	111.5
8	40.9	74.8	72.9	18	184.0	183.5	—
9	48.9	49.7	54.8	19	29.0	20.9	11.1
10	37.7	43.3	39.4	20	12.8	18.2	18.9

3-12-248 R¹=R⁶=Me; R²=H; R³=O; R⁴=Ac; R⁵=OH
3-12-249 R¹=COOH; R²=α-H; R³=H₂; R⁴=Ac; R⁵=OH; R⁶=β-Me
3-12-250 R¹=Me; R²=α-H; R³=O; R⁴=OAc; R⁵=OH; R⁶=β-Me
3-12-251 R¹=Me; R²=α-H; R³=O; R⁴=R⁵=OAc; R⁶=β-Me
3-12-252 R¹=Me; R²=α-H; R³=O; R⁴=R⁵=OMe; R⁶=β-Me

表 3-12-43 化合物 3-12-248~3-12-253 的 ¹³C NMR 数据

C	3-12-248[112]	3-12-249[113]	3-12-250[114]	3-12-251[114]	3-12-252[114]	3-12-253[113]
1	37.95	39.0	37.80	37.84	38.04	26.3
2	18.90	19.8	18.75	18.68	18.84	29.2
3	41.37	37.2	41.20	41.15	41.28	72.8
4	33.31	43.9	33.20	33.24	33.21	151.8
5	49.58	52.3	49.29	49.13	49.90	45.7
6	36.03	20.9	35.70	35.86	35.85	21.3
7	198.60	31.1	198.40	197.42	198.20	32.9
8	157.08	126.2	124.45	129.50	124.20	125.7
9	159.08	157.9	152.85	154.90	147.34	156.3
10	33.31	39.4	38.03	38.14	38.04	39.9
11	109.62	114.7	112.40	119.16	105.64	114.9
12	159.15	160.1	156.50	146.42	153.84	160.1
13	157.42	118.1	136.90	140.40	151.27	117.9
14	130.78	131.1	121.90	122.30	108.67	131.3
15		—	—	—	—	
16		—	—	—	—	
17		—	—	—	—	
18	15.10	183.1	32.45	32.44	32.40	103.9
19	23.22	28.7	21.28	21.23	21.25	—
20	21.31	22.9	23.16	23.31	23.16	22.5
Ac	198.62/32.59	203.9/26.6				203.9/26.5
OAc			169.35/20.8	167.63/20.49		
				168.09/20.63		
OMe					56.90	

表 3-12-44 化合物 3-12-254、3-12-255 的 ¹³C NMR 数据[115]

C	3-12-254	3-12-255	C	3-12-254	3-12-255	C	3-12-254	3-12-255	C	3-12-254	3-12-255
1	45.07	33.55	5	56.66	50.85	9	59.15	58.87	13	143.00	143.19
2	67.96	22.19	6	18.60	18.36	10	39.11	37.25	14	63.05	63.05
3	41.18	73.38	7	40.38	40.31	11	22.37	22.47	15	171.29	171.35
4	38.64	40.60	8	39.61	39.67	12	35.82	35.89	16	108.69	108.52

续表

C	3-12-254	3-12-255	C	3-12-254	3-12-255	C	3-12-254	3-12-255	C	3-12-254	3-12-255
17	14.94	14.90	20	17.54	16.43	1'	62.63	62.66	3'	62.50	62.54
18	66.98	66.52	OAc	170.36/21.39	170.45/21.26	2'	74.68	74.61			
19	27.64	22.19	OAc	171.10/20.91	171.19/20.93						

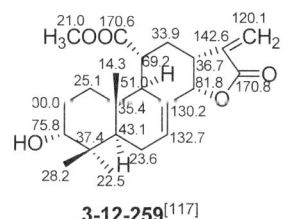

3-12-254 R¹=OAc; R²=H
3-12-255 R¹=H; R²=OAc

3-12-256

3-12-257

3-12-258

表 3-12-45 化合物 3-12-256~3-12-258 的 ^{13}C NMR 数据

C	3-12-256[116]	3-12-257[116]	3-12-258[116]	C	3-12-256[116]	3-12-257[116]	3-12-258[116]
1	209.9	99.9	210.2	9	145.9	144.5	145.9
2	56.0	50.8	55.5	10	130.9	137.0	131.7
3	40.9	19.3	40.4	10a	49.8	54.4	48.5
4	105.6	30.0	105.6	11	25.9	26.4	25.6
4a	51.9	37.3	50.9	12	19.0	18.7	18.8
4b	48.7	49.1	44.7	13	21.3	23.5	21.0
5	21.3	28.5	23.1	14	16.8	24.4	16.8
6	33.8	36.0	41.1	15	22.2	22.8	23.8
7	29.9	30.9	131.1	16	165.9	167.2	165.6
8	43.7	43.5	121.4	17	51.3	52.8	51.7
8a	79.3	77.0	77.6				

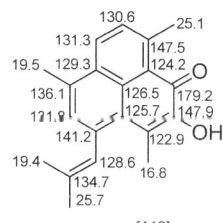

3-12-259[117]

3-12-260[118]

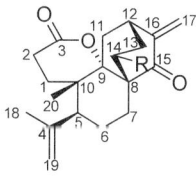

3-12-261 R=OCOCH₃
3-12-262 R=H

表 3-12-46 化合物 3-12-261、3-12-262 的 ^{13}C NMR 数据[119]

C	3-12-261	3-12-262	C	3-12-261	3-12-262	C	3-12-261	3-12-262	C	3-12-261	3-12-262
1	28.6	28.0	7	23.5	25.3	13	36.0	25.2	19	115.6	115.1
2	26.6	26.2	8	55.8	50.1	14	67.2	24.4	20	20.3	19.9
3	169.7	170.3	9	89.3	89.9	15	195.1	198.8	OAc	170.5/20.9	
4	146.7	144.5	10	39.7	38.7	16	145.8	145.4			
5	44.2	43.4	11	39.6	39.5	17	117.3	118.0			
6	21.6	22.9	12	35.5	35.6	18	23.7	23.3			

3-12-263 R^1=H; R^2=R^3=R^4=Ac; R^5=Cinn
3-12-264 R^1=R^4=H; R^2=R^3=Ac; R^5=Cinn
3-12-265 R^1=R^3=H; R^2=R^4=Ac; R^5=Cinn
3-12-266 R^1=OH; R^2=R^4=H; R^3=Ac; R^5=Cinn
3-12-267 R^1=OH; R^2=R^3=H; R^4=Ac; R^5=Cinn
3-12-268 R^1=H; R^2=R^3=R^4=Ac; R^5=B
3-12-269 R^1=R^2=R^5=H; R^3=R^4=Ac

表 3-12-47 化合物 3-12-263~3-12-270 的 ^{13}C NMR 数据

C	3-12-263[120]	3-12-264[121]	3-12-265[121]	3-12-266[122]	3-12-267[122]	3-12-268[123]	3-12-269[124]	3-12-270[123]
1	48.5	48.7	48.6	78.0	77.8	48.47	51.52	75.58
2	69.6	69.5	69.6	71.4	71.4	69.47	68.44	67.50
3	43.1	43.0	43.0	46.6	46.7	42.99	43.03	42.11
4	141.9	142.2	142.5	143.6	144.2	141.61	148.60	143.76
5	78.2	78.4	78.4	78.0	78.0	77.77	76.22	74.41
6	28.3	28.3	28.3	28.7	29.0	28.25	31.22	37.20
7	27.5	27.2	26.0	27.5	26.3	27.42	26.70	69.31
8	44.4	44.2	45.0	44.8	45.4	44.43	45.02	68.52
9	75.8	79.2	75.4	78.5	75.2	75.77	75.60	76.10
10	73.4	72.1	76.7	71.8	76.6	73.30	73.44	69.64
11	150.6	154.8	151.9	156.8	153.4	151.80	149.78	132.02
12	137.9	135.7	137.8	137.1	139.1	137.83	138.21	152.93
13	199.4	200.1	199.9	199.9	199.9	199.00	200.21	76.95
14	36.0	35.9	35.9	44.4	44.4	35.94	35.82	40.43
15	37.6	37.9	37.9	42.5	42.2	37.60	37.78	45.22
16	25.2	37.4	36.9	20.0	20.4	37.31	25.49	27.67
17	37.4	25.3	25.5	34.5	34.1	25.12	37.73	25.61
18	13.9	13.9	13.9	13.8	13.8	14.05	14.39	12.19
19	17.4	17.7	17.7	17.8	17.8	17.41	17.43	13.37
20	117.8	117.2	116.7	118.3	117.6	117.55	114.70	112.92
1'	166.4	166.6	166.6	166.4	166.4	170.85		
2'	117.6	118.2	118.2	117.6	117.6	38.33		
3'	145.9	146.0	146.0	145.9	145.9	66.31		
4'	134.4	134.4	134.4	134.4	134.4	128.34		
5'	128.9	128.7	128.8	128.9	128.9	128.56		
6'	128.5	128.5	128.3	128.5	128.5	128.02		
7'	130.4	130.3	130.5	130.4	130.4	127.40		

续表

C	3-12-263[120]	3-12-264[121]	3-12-265[121]	3-12-266[122]	3-12-267[122]	3-12-268[123]	3-12-269[124]	3-12-270[123]
8'	128.5	128.5	128.3	128.5	128.5	128.02		
9'	128.9	128.7	128.8	128.9	128.9	128.56		
10',11'						42.22		
OAc	169.3/20.6	172.0/20.9	170.5/20.8	170.1/21.0	170.2/21.2	169.3/20.6	170.2/20.9	171.3/21.7
OAc	170.9/21.2	170.9/21.2	170.1/21.0			169.6/20.8	169.6/20.6	170.0/21.3
OAc	170.5/20.8					169.8/21.3		169.6/20.6

3-12-271 R^1=H; R^2=H
3-12-272 R^1=OAc; R^2=H

3-12-273

3-12-274 R^1=OAc; R^2=R^3=R^4=Ac
3-12-275 R^1=OAc; R^2=Ac; R^3=R^4=H
3-12-276 R^1=OAc; R^2=R^3=H; R^4= OCOCH$_2$CH$_3$ (1' 2' 3')
3-12-277 R^1=OAc; R^2=R^3=H; R^4= OCOCH(CH$_3$)$_2$ (1' 2' 3' 4')
3-12-278 R^1=R^3=R^4=H; R^2=Ac

表 3-12-48 化合物 3-12-271~3-12-278 的 ^{13}C NMR 数据

C	3-12-271[120]	3-12-272[120]	3-12-273[122]	3-12-274[120]	3-12-275[125]	3-12-276[125]	3-12-277[125]	3-12-278[125]
1	39.6	39.6	40.6	58.9	63.7	59.4	59.6	55.9
2	32.3	26.9	69.5	70.6	71.4	71.2	71.2	26.6
3	36.1	35.4	47.8	42.1	41.9	39.8	39.9	37.0
4	153.4	151.4	144.8	142.3	142.9	148.0	147.9	149.7
5	77.4	73.3	75.8	78.2	78.8	76.4	76.5	76.5
6	26.5	36.0	37.1	28.9	28.9	30.9	31.0	28.1
7	29.1	69.7	69.5	33.8	33.8	33.2	33.3	34.0
8	43.5	46.7	48.1	39.5	39.7	40.0	40.1	38.4
9	74.4	77.0	75.4	43.9	47.2	47.1	47.2	47.7
10	72.9	72.1	71.9	70.1	67.3	67.6	67.6	67.8
11	136.1	135.9	134.0	135.3	138.8	138.0	138.1	140.4
12	137.4	137.7	138.3	134.7	132.9	133.6	133.6	132.8
13	70.2	70.0	70.3	39.7	42.3	39.5	39.5	42.7
14	26.1	32.3	32.0	70.6	67.8	70.7	70.6	71.4
15	38.7	38.8	37.2	37.3	37.9	37.6	37.6	39.5
16	27.5	26.2	26.1	25.4	31.8	32.1	32.2	31.8
17	32.6	32.1	28.6	31.8	25.7	25.4	25.5	26.2
18	15.8	15.9	16.0	20.9	21.1	21.0	21.0	21.2
19	17.2	12.5	13.0	22.4	22.4	22.3	22.3	21.7
20	111.2	112.5	116.6	116.9	116.7	113.4	113.5	112.6

C	3-12-271[120]	3-12-272[120]	3-12-273[122]	3-12-274[120]	3-12-275[125]	3-12-276[125]	3-12-277[125]	3-12-278[125]
1'						173.6	176.3	
2'						28.1	34.1	
3'						9.2	18.9	
4'							18.9	
OAc	169.7/21.7	170.1/21.0	169.9/21.4	169.7/20.7	169.6/21.5	169.9/21.4	169.8/21.4	169.6/21.5
OAc	169.6/21.9	172.0/20.9	169.6/21.5	169.6/21.6	169.6/21.9			
OAc	169.6/21.9	169.6/21.9	169.9/21.9	169.9/21.9				
OAc		169.6/21.5	169.6/21.5	169.7/21.5				
OAc				169.7/21.7				

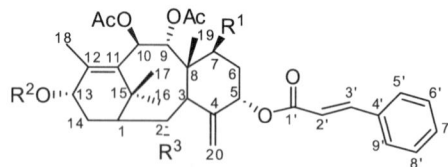

3-12-279 R¹=OAc; R²=Ac; R³=H
3-12-280 R¹=H; R²=H; R³=OAc
3-12-281 R¹=R²=R³=H

3-12-282 R¹=R³=OH; R²=R⁴=OAc
3-12-283 R¹=R³=R⁴=OAc; R²=OH
3-12-284 R¹=R²=R³=OH; R⁴=OAc
3-12-285 R¹=R³=R⁴=OH; R²=H
3-12-286 R¹=R²=R³=R⁴=OH

表 3-12-49　化合物 3-12-279~3-12-286 的 ¹³C NMR 数据

C	3-12-279[120]	3-12-280[121]	3-12-281[126]	3-12-282[127]	3-12-283[120]	3-12-284[121]	3-12-285[126]	3-12-286[127]
1	39.9	48.0	40.6	59.0	58.8	59.0	63.5	63.9
2	27.0	71.5	28.5	70.6	70.2	70.6	71.7	73.0
3	37.2	43.9	39.2	39.1	41.6	40.9	39.9	40.6
4	146.1	141.9	149.2	143.5	138.5	144.0	148.2	146.0
5	74.5	79.0	77.6	77.6	81.6	80.6	76.5	81.4
6	34.3	28.0	28.1	73.8	70.0	72.2	31.1	73.4
7	69.8	27.2	30.4	39.2	41.3	40.0	33.1	41.5
8	46.1	44.5	43.8	39.6	37.3	39.5	40.0	40.9
9	76.4	76.6	78.2	47.1	44.3	47.4	47.0	48.6
10	71.4	72.8	73.9	67.5	70.0	67.5	67.5	68.0
11	134.8	132.5	135.1	137.8	35.5	137.9	137.8	139.1
12	137.0	141.5	142.0	133.6	134.6	133.6	134.2	134.9
13	70.3	67.6	68.9	37.9	39.4	39.2	42.2	42.6
14	31.6	32.5	37.4	70.7	70.5	70.8	68.0	68.3
15	39.1	37.2	39.5	37.5	39.5	37.5	37.9	39.0
16	27.0	31.9	27.1	25.3	25.4	25.3	25.7	26.3
17	30.9	26.1	32.7	32.1	31.7	32.2	31.9	32.4
18	15.0	15.8	16.8	20.8	21.5	20.9	21.1	21.2
19	12.9	17.8	18.2	24.5	25.3	25.3	22.2	25.9
20	115.7	118.4	114.9	117.0	120.4	117.2	113.3	116.6
1'	166.4	166.1	167.1					
2'	117.6	117.9	118.7					
3'	145.9	145.3	146.3					
4'	134.4	134.3	135.2					

续表

C	3-12-279[120]	3-12-280[121]	3-12-281[126]	3-12-282[127]	3-12-283[120]	3-12-284[121]	3-12-285[126]	3-12-286[127]
5'	128.9	128.7	129.7					
6'	128.5	128.9	128.9					
7'	130.4	130.1	131.0					
8'	128.5	128.4	128.9					
9'	128.9	128.8	129.7					
OAc	169.6/21.7	169.9/21.9	171.2/21.9	170.0/21.4	170.1/21.0	169.8/21.4	169.4/21.5	171.9/21.5
	169.6/21.6	169.6/21.7	170.8/21.9	170.2/21.0	169.9/20.9	169.8/21.4		
	169.9/21.9	169.6/21.6		169.8/21.3	169.4/21.4			
	169.7/21.5							

3-12-287

3-12-288 R¹=Ac; R²=H
3-12-289 R¹=H; R²=Ac

表 3-12-50　化合物 3-12-287~3-12-289 的 ^{13}C NMR 数据

C	3-12-287[128]	3-12-288[129]	3-12-289[129]	C	3-12-287[128]	3-12-288[129]	3-12-289[129]
1	40.9	48.08	48.04	18	14.1	15.50	15.94
2	25.7	71.99	72.39	19	12.8	14.48	14.52
3	36.9	45.87	43.31	20	114.6	64.48	65.43
4	146.9	75.42	75.80	1'	166.1	165.32	165.13
5	74.4	73.00	70.70	2'	145.9	129.85	129.8
6	34.0	30.90	31.46	3'	117.5	129.89	129.90
7	69.8	68.62	68.39	4'	134.5	128.82	128.74
8	46.6	46.07	46.20	5'	128.5	133.66	133.64
9	75.7	75.20	75.48	6'	128.9		
10	72.9	71.59	72.13	7'	130.4		
11	152.2	134.80	134.47	8'	128.9		
12	138.2	137.98	139.20	9'	128.5		
13	200.0	70.71	69.99	OAc	169.8/20.8	169.24/20.90	169.18/20.45
14	39.5	27.67	27.52		170.1/20.9	169.76/21.09	169.51/20.92
15	39.8	38.04	37.72		169.1/21.4	170.23/21.55	169.99/21.11
16	25.6	26.04	25.91			170.80/21.81	170.08/21.27
17	37.1	31.91	32.50			172.50/22.03	170.23/21.56

表3-12-51 化合物 3-12-290~3-12-295 的 ^{13}C NMR 数据

C	3-12-290[126]	3-12-291[130]	3-12-292[121]	3-12-293[121]	3-12-294[121]	3-12-295[121]
1	48.7	51.0	48.3	50.4	49.3	48.8
2	77.7	70.3	69.8	68.2	68.6	69.4
3	66.7	41.2	42.5	40.8	39.6	38.3
4	149.2	145.4	141.7	142.3	140.3	144.4
5	75.7	76.5	78.7	67.3	74.3	72.6
6	28.5	29.5	28.0	32.5	37.1	39.2
7	30.6	25.9	27.7	70.2	68.2	68.4
8	45.1	43.7	43.7	43.1	46.3	49.0
9	85.0	76.7	76.1	74.5	76.2	70.3
10	82.6	71.6	69.6	76.6	73.8	64.0
11	59.0	64.2	130.6	78.5	80.2	80.1
12	53.7	59.8	141.4	124.1	91.7	91.2
13	212.6	208.4	96.0	144.1	204.8	204.3
14	39.8	37.9	35.2	25.8	35.1	33.9
15	42.8	38.2	37.4	41.3	49.7	49.5
16	29.6	25.0	74.3	31.3	82.1	82.2
17	27.6	28.7	17.2	24.0	15.7	14.9
18	17.3	14.5	11.8	11.5	11.9	12.1
19	27.0	17.5	17.4	14.7	13.7	61.4
20	125.6	116.4	117.7	110.8	115.6	112.8
1'			166.1	165.2	166.5	
2'			118.2	117.6	118.2	
3'			145.2	144.9	145.9	
4'			134.5	134.5	134.4	
5',9'			128.5	128.3	128.4	
6',8'			128.9	128.7	128.7	
7'			130.4	129.9	130.1	
OAc	170.5/22.2	169.0/20.4	170.0/20.4	170.5/21.4	168.3/20.7	170.3/20.7

续表

C	3-12-290[126]	3-12-291[130]	3-12-292[121]	3-12-293[121]	3-12-294[121]	3-12-295[121]
OAc		169.3/20.6	169.5/20.9	169.3/20.5	172.4/20.8	169.8/21.3
OAc		169.6/21.2	169.3/20.7	170.4/21.1	169.8/21.4	168.0/21.1
OAc				170.0/21.1	168.4/21.5	172.1/20.6
OAc						168.5/20.6

表 3-12-52 化合物 3-12-296~3-12-301 的 ^{13}C NMR 数据

C	3-12-296[131]	3-12-297[132]	3-12-298[121]	3-12-299[133]	3-12-300[133]	3-12-301[134]
1	79.0	46.1	78.5	81.7	77.2	78.47
2	74.8	71.9	73.5	71.1	74.6	73.47
3	45.7	44.5	45.9	46.8	47.0	47.04
4	81.1	141.4	81.8	81.0	80.4	82.05
5	84.3	125.2	83.8	83.9	84.2	84.00
6	35.8	22.5	35.9	37.1	37.0	37.94
7	72.2	28.3	72.5	71.3	71.4	73.98
8	58.7	42.1	42.0	57.8	57.4	44.89
9	204.6	76.1	77.2	210.1	210.8	76.79
10	75.6	72.3	72.5	75.4	74.8	73.20
11	132.9	135.8	64.2	138.6	134.9	134.84
12	142.3	137.9	140.2	139.4	141.9	139.63
13	72.3	69.1	69.5	68.2	66.5	69.74
14	35.7	29.0	35.3	38.2	39.2	35.30
15	43.2	38.0	42.4	42.1	42.8	43.00

续表

C	3-12-296[131]	3-12-297[132]	3-12-298[121]	3-12-299[133]	3-12-300[133]	3-12-301[134]
16	26.8	33.1	27.6	19.2	20.6	22.56
17	21.9	25.6	22.0	32.0	27.2	28.27
18	14.8	15.6	146.0	18.2	15.2	14.87
19	9.5	17.5	12.6	9.8	10.1	12.48
20	76.5	67.0	76.2	75.7	75.9	76.56
1'	170.9	166.7	166.5	165.5	167.1	167.01
2'	73.2	117.9	130.6	130.6	129.0	133.71
3'	55.0	144.8	129.9	129.9	137.9	130.07
4'	167.6	134.5	129.1	129.1	14.7	129.18
5'		128.2	133.7	133.7	12.3	128.63
6'		129.1	129.1	129.1		129.18
7'		130.2	129.9	129.9		130.07
8'		129.1				
9'		128.2				
1"	173.1					
2"	44.2					
3"	64.4					
4"	24.4					
OAc		20.9/170.5	170.3/21.0	170.3/22.3	169.9/22.6	170.45/22.86
		20.9/169.1	170.3/21.0			170.23/21.34
		21.8/169.5	169.6/22.3			169.30/21.25
OBz	—					

表 3-12-53 化合物 3-12-302、3-12-303 的 ^{13}C NMR 数据

C	3-12-302[121]	3-12-303[135]	C	3-12-302[121]	3-12-303[135]	C	3-12-302[121]	3-12-303[135]	C	3-12-302[121]	3-12-303[135]
1	76.0	75.5	8	44.0	47.0	15	43.2	42.9	OAc	168.7/21.5	169.8/21.5
2	72.7	71.8	9	80.5	75.3	16	28.2	20.5		169.6/20.8	169.8/21.0
3	39.7	39.5	10	72.5	71.3	17	21.3	28.9		169.8/21.2	169.7/21.0
4	58.5	60.5	11	138.2	136.6	18	15.7	16.0			169.5/20.9
5	77.8	76.3	12	137.5	140.8	19	13.8	13.2			168.5/20.7
6	31.5	32.7	13	71.1	71.1	20	49.6	50.0			
7	69.4	68.5	14	38.3	38.6						

第三章 单萜、倍半萜和二萜类化合物

3-12-304 R¹=OAc; R²=R³=R⁵=H; R⁴=Bz
3-12-305 R¹=OAc; R²=R³=Ac; R⁴=Bz; R⁵=H
3-12-306 R¹=OBz; R²=Bz; R³=R⁴=R⁵=H
3-12-307 R¹=OAc; R²=Bz; R³=R⁴=R⁵=H
3-12-308 R¹=OBz; R²=R³=R⁵=Ac; R⁴=Bz
3-12-309 R¹=OBz; R²=R⁵=Ac; R³=R⁴=Bz

3-12-310 R¹=OAc; R²=Ac; R³=R⁴=R⁵=H
3-12-311 R¹=OBz; R²=R³=Ac; R⁴=R⁵=H
3-12-312 R¹=OBz; R²=R³=R⁴=H; R⁵=Ac
3-12-313 R¹=OBz; R²=R³=R⁴=R⁵=H
3-12-314 R¹=OAc; R²=R⁴=R⁵=H; R³=Bz

表 3-12-54 化合物 3-12-304~3-12-309 的 ¹³C NMR 数据

C	3-12-304[136]	3-12-305[137]	3-12-306[138]	3-12-307[138]	3-12-308[138]	3-12-309[138]
1	66.7	68.0	67.5	68.6	68.3	68.0
2	68.1	68.9	68.5	68.3	68.6	68.9
3	44.1	44.4	43.8	45.0	44.6	44.4
4	80.3	80.1	80.0	79.5	79.3	80.1
5	85.0	85.2	85.4	84.5	84.9	85.2
6	37.9	34.9	34.7	34.8	34.9	34.9
7	72.6	72.0	71.6	70.6	70.7	72.0
8	43.0	43.5	43.4	43.7	44.1	43.5
9	78.3	78.8	78.6	76.5	77.6	78.8
10	71.5	68.3	68.2	68.6	68.7	68.3
11	135.1	137.1	136.6	136.1	136.4	137.1
12	150.0	147.5	147.6	148.0	147.8	147.5
13	77.6	77.9	77.7	78.7	78.9	77.9
14	39.7	39.9	39.7	36.7	36.9	39.9
15	76.0	76.0	75.9	75.6	75.8	76.0
16	25.9	24.5	24.2	25.6	25.1	24.5
17	27.7	27.6	27.4	27.8	27.9	27.6
18	11.8	11.3	11.2	11.8	11.9	11.3
19	11.8	13.5	13.5	12.5	13.2	13.5
20	74.9	75.0	75.1	74.5	74.6	75.0
	10-OBz	10-OBz	2-OBz	7-OBz	2-OBz	2-OBz
1'	165.2	164.0	166.1	165.8	165.8	165.8
2'	129.6	129.2	130.1	130.9	130.0	130.2
3',7'	129.5	129.5	129.6	129.7	129.6	129.7
4',6'	128.7	128.7	128.6	128.2	128.6	128.6
5'	133.4	133.3	133.5	132.7	133.4	133.4
			7-OBz		10-OBz	9-OBz
1'			165.8		164.1	166.5
2'			130.9		129.2	130.2
3',7'			129.6		129.5	129.3

续表

C	3-12-304[136]	3-12-305[137]	3-12-306[138]	3-12-307[138]	3-12-308[138]	3-12-309[138]
4',6'			128.3		128.7	128.0
5'			132.7		133.3	132.8
						10-OBz
1'						164.4
2'						130.2
3',7'						129.7
4',6'						128.3
5'						132.9
OAc	170.7/21.6	169.6/20.6	171.1/22.4	171.3/22.0	170.5/21.9	170.5/21.9
	171.2/22.0	169.6/21.3		170.6/21.5	169.7/21.3	169.9/21.6
		170.1/21.3			169.6/21.0	168.9/21.0
		171.0/22.3			168.9/20.5	

表 3-12-55　化合物 3-12-310~3-12-314 的 ^{13}C NMR 数据

C	3-12-310[139]	3-12-311[132]	3-12-312[121]	3-12-313[140]	3-12-314[141]
1	68.3	68.4	68.9	67.7	66.6
2	69.2	70.1	68.2	68.8	70.2
3	45.5	46.3	44.8	44.5	43.7
4	80.2	80.1	81.7	80.4	79.7
5	85.6	86.3	84.6	85.1	85.4
6	37.1	35.8	35.7	37.2	34.7
7	70.5	72.9	71.7	72.4	70.2
8	43.0	44.5	39.7	42.6	43.4
9	78.8	80.9	80.8	80.7	80.8
10	69.5	67.7	69.7	68.7	68.7
11	138.3	138.1	137.5	137.2	137.9
12	147.4	148.0	144.8	146.8	146.2
13	77.4	77.5	79.0	77.6	77.6
14	38.5	40.2	36.7	39.4	39.5
15	76.3	76.5	75.8	76.4	76.6
16	25.0	25.6	27.6	24.7	25.6
17	28.4	28.3	24.3	27.7	27.5
18	11.5	11.4	11.3	11.4	11.3
19	12.5	13.0	12.0	12.2	14.0
20	75.0	75.6	74.5	74.7	75.1
		2-OBz	2-OBz	2-OBz	9-OBz
1'		167.7	165.8	166.2	167.7
2'		130.7	130.9	129.9	130.4
3',7'		129.8	129.6	129.6	129.8
4',6'		128.5	128.3	128.6	128.3
5'		134.2	132.7	133.9	133.0
OAc	170.0/21.9	172.7/21.4	170.5/21.0	171.1/22.4	170.4/21.7
OAc	170.5/22.0	172.1/21.8	169.2/21.9		171.3/22.4
OAc	171.6/22.7	171.8/22.3			

表3-12-56　化合物 3-12-315~3-12-319 的 ^{13}C NMR 数据

C	3-12-315[132]	3-12-316[124]	3-12-317[124]	3-12-318[140]	3-12-319[142]	C	3-12-315[132]	3-12-316[124]	3-12-317[124]	3-12-318[140]	3-12-319[142]
1	62.9	65.07	65.02	61.2	69.3	20	111.4	109.46	115.60	111.8	64.6
2	29.0	68.90	68.09	28.9	68.7			10-OBz		10-OBz	9-OBz	10-OBz
3	37.3	45.18	44.69	37.1	43.8	1'	164.2		164.79	167.0	164.2
4	149.9	142.84	142.33	150.0	75.9	2'	129.3		129.57	130.6	129.2
5	72.4	80.29	78.82	72.9	70.4	3',7'	128.7		128.78	129.6	129.5
6	35.7	31.49	28.89	35.6	30.4	4',6'	128.7		128.78	128.2	128.7
7	69.6	31.49	27.10	71.0	68.1	5'	133.1		133.63	132.7	133.3
8	43.4	42.92	42.41	45.5	43.6				5-OGlu		
9	77.0	68.90	76.03	80.2	76.4	1'			98.12		
10	70.0	68.48	68.62	68.0	69.3	2'			73.09		
11	136.3	150.24	161.32	137.4	135.1	3'			76.74		
12	147.3	135.80	147.33	145.9	150.2	4'			69.70		
13	79.5	207.57	209.67	78.0	77.0	5'			75.49		
14	44.0	44.06	44.49	46.4	36.2	6'			61.92		
15	75.3	75.59	76.01	76.5	76.6	OAc	169.7/21.1	170.75/21.03	170.04/20.49	170.8/21.6	170.2/20.6
16	26.8	27.91	27.90	27.1	26.8		170.2/21.3	171.17/21.64	171.33/21.82		169.2/21.3
17	24.7	27.91	26.92	25.9	27.9		170.7/20.8				170.7/20.8
18	11.7	8.32	8.98	11.9	12.0						171.4/21.0
19	12.6	26.55	17.48	12.8	14.6						

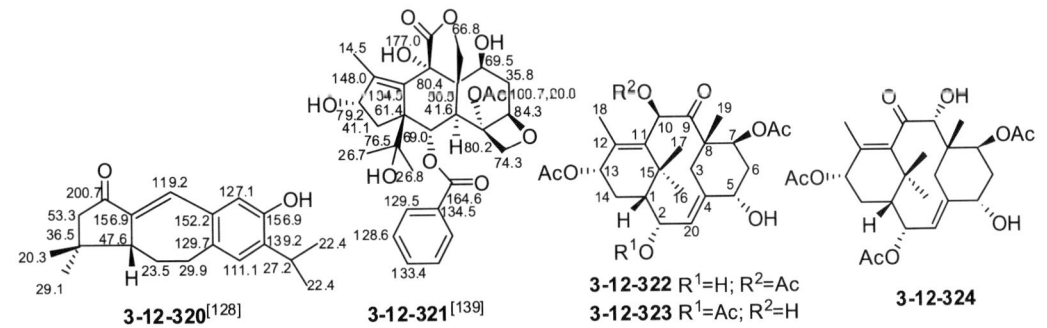

表3-12-57　化合物 3-12-322~3-12-324 的 ^{13}C NMR 数据

C	3-12-322[132]	3-12-323[135]	3-12-324[126]	C	3-12-322[132]	3-12-323[135]	3-12-324[126]
1	49.3	47.0	46.7	3	35.8	35.7	33.3
2	67.1	70.7	71.5	4	131.6	138.4	140.1

续表

C	3-12-322[132]	3-12-323[135]	3-12-324[126]	C	3-12-322[132]	3-12-323[135]	3-12-324[126]
5	68.9	68.4	67.1	15	37.5	37.4	35.8
6	35.2	21.4	36.5	16	35.2	24.1	24.7
7	70.5	70.7	73.4	17	24.6	35.4	32.9
8	52.8	52.7	45.2	18	18.6	18.4	19.4
9	205.7	213.1	77.0	19	20.8	21.4	16.0
10	77.8	77.4	207.5	20	127.4	125.0	119.8
11	137.2	135.5	141.6	OAc	169.7/21.0	170.1/21.0	170.0/21.5
12	136.5	134.1	142.2		170.2/20.8	170.1/21.2	170.0/21.1
13	69.9	69.9	67.9		170.1/20.5	170.0/20.8	170.4/21.1
14	26.5	26.7	26.8				

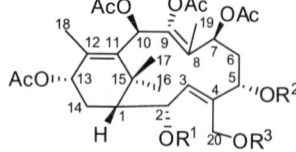

3-12-325 R¹=Ac; R²=R³=H
3-12-326 R¹=R³=H; R²=Ac
3-12-327 R¹=R²=H; R³=Ac

3-12-328 R=Ac
3-12-329 R=H

3-12-330

表 3-12-58 化合物 3-12-325~3-12-330 的 ¹³C NMR 数据

C	3-12-325[132]	3-12-326[132]	3-12-327[143]	3-12-328[143]	3-12-329[143]	3-12-330[135]
1	46.7	48.1	47.68	46.92	47.42	48.0
2	70.7	66.3	69.10	69.15	67.08	66.7
3	121.9	127.3	130.20	120.27	120.90	127.5
4	142.4	134.9	133.83	145.46	144.89	135.4
5	68.0	70.2	69.10	69.18	69.53	71.0
6	37.2	34.6	37.16	33.69	34.30	36.3
7	67.5	66.9	68.05	134.92	136.50	63.7
8	123.2	124.2	122.95	139.43	137.41	128.8
9	144.2	143.3	144.63	194.75	194.73	139.9
10	67.8	68.3	67.42	76.16	76.55	68.3
11	135.3	135.3	135.67	140.10	140.38	136.5
12	135.5	135.5	136.15	133.95	134.81	136.0
13	68.9	69.8	65.87	70.12	70.40	69.8
14	24.9	24.9	24.76	23.83	23.84	25.1
15	35.7	36.2	35.89	37.15	37.23	36.2
16	34.2	32.5	34.03	34.36	34.74	32.5
17	24.2	25.5	24.13	24.69	27.12	29.7
18	17.6	16.1	16.85	17.56	18.07	15.9
19	20.8	12.3	11.99	11.79	11.83	11.3
20	57.5	58.1	59.38	57.37	57.55	58.8

续表

C	3-12-325[132]	3-12-326[132]	3-12-327[143]	3-12-328[143]	3-12-329[143]	3-12-330[135]
OAc	170.7/21.4	170.1/21.4	171.54/20.99	171.40/21.33	171.54/20.99	169.8/20.8
	171.6/21.3	167.7/20.3	171.12/21.27	169.69/20.92	169.73/21.82	169.8/21.5
	168.0/21.1	170.1/21.4	168.05/21.59	170.38/21.72		169.4/20.4
	168.1/20.5	169.3/21.1	170.63/21.02			170.2/21.5
	168.0/20.0	167.8/20.7	171.12/21.27			

3-12-331 R^1=COOH; R^2=β-H; R^3=Me; R^4=OH; R^5=H
3-12-332 R^1=COOH; R^2=α-H; R^3=OH; R^4=Me; R^5=H
3-12-333 R^1=CH$_2$OH; R^2=α-H; R^3=Me; R^4=OH; R^5=H
3-12-334 R^1=COOH; R^2=α-H; R^3=Me; R^4=R^5=OH
3-12-335 R^1=COOH; R^2=α-H; R^3=Me; R^4=OH; R^5=H

3-12-336 R^1=Me; R^2=β-H; R^3=β-Me
3-12-337 R^1=R^3=Me; R^2=α-H
3-12-338 R^1=CH$_2$OH; R^2=α-H; R^3=Me

表 3-12-59　化合物 3-12-331~3-12-338 的 ^{13}C NMR 数据

C	3-12-331[144]	3-12-332[145]	3-12-333[146]	3-12-334[147]	3-12-335[147]	3-12-336[148]	3-12-337[149]	3-12-338[149]
1	25.2	24.7	24.3	24.8	25.0	25.2	24.6	24.5
2	28.9	28.7	28.4	28.7	28.7	29.4	28.7	28.7
3	57.7	57.4	57.9	57.4	57.4	58.2	57.6	57.6
4	32.0	31.7	31.7	31.7	31.8	32.3	31.7	31.7
5	58.5	57.8	47.7	58.0	58.1	59.1	58.5	58.1
6	32.4	32.5	29.6	32.1	32.1	33.2	32.6	32.1
7	42.2	41.9	39.9	41.9	41.9	36.9	41.4	38.4
8	35.9	35.6	35.8	36.1	35.6	35.4	34.8	35.1
9	48.7	48.0	47.3	47.0	48.4	51.0	55.0	54.2
10	51.6	50.9	50.9	50.7	51.3	55.6	50.3	45.0
11	133.8	138.1	133.7	136.2	133.5	133.2	132.7	132.7
12	136.6	127.0	136.3	132.4	136.3	128.4	127.8	128.3
13	71.4	74.1	71.2	72.2	71.1	132.3	131.7	131.9
14	36.2	36.8	36.1	75.2	35.9	125.9	125.3	124.0
15	30.5	30.7	30.2	36.6	30.2	41.7	36.3	32.6
16	33.7	28.4	33.4	29.3	33.5	26.2	25.6	25.4
17	27.5	27.5	27.6	27.3	27.3	27.7	27.9	70.3
18	22.9	22.1	23.4	22.7	22.7	23.3	22.6	22.7
19	22.6	22.5	23.3	22.3	22.3	22.9	22.4	22.4
20	180.2	177.0	59.8	180.1	179.9	182.1	181.0	179.8

表 3-12-60　化合物 3-12-339~3-12-344 的 ^{13}C NMR 数据

C	3-12-339[150]	3-12-340[150]	3-12-341[147]	3-12-342[151]	3-12-343[152]	3-12-344[152]
1	24.1	24.9	24.8	25.0	25.6	24.2
2	28.9	29.3	28.6	28.5	28.2	28.4
3	57.4	57.7	58.1	57.7	58.0	57.3
4	31.7	32.3	31.8	31.6	31.5	31.7
5	56.9	57.7	57.2	57.0	56.2	57.5
6	33.7	33.1	33.1	32.0	37.5	43.1
7	40.4	41.4	40.3	35.8	33.2	32.5
8	39.4	36.3	37.4	36.9	43.6	33.7
9	60.3	63.4	44.3	50.2	46.8	45.6
10	46.8	48.8	48.7	50.1	51.0	48.8
11	201.1	203.8	28.2	131.9	48.7	59.1
12	128.5	133.5	135.2	136.6	51.1	60.2
13	146.1	148.1	140.6	71.1	149.3	56.0
14	127.4	203.8	206.1	33.2	132.5	60.5
15	147.8	53.2	54.7	25.9	34.4	32.5
16	27.2	20.4	19.5	29.1	14.9	22.5
17	24.5	28.9	30.1	74.8	32.8	27.7
18	22.7	22.9	22.6	22.7	22.6	22.6
19	22.3	22.5	22.2	22.4	22.5	22.4
20	179.0	176.2	180.3	179.4	181.5	179.9

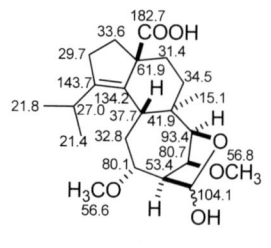

3-12-345[153]　　3-12-346　　3-12-347

表 3-12-61　化合物 3-12-346、3-12-347 的 ^{13}C NMR 数据[154]

C	3-12-346	3-12-347	C	3-12-346	3-12-347	C	3-12-346	3-12-347	C	3-12-346	3-12-347
1	43.4	43.4	3	110.9	111.2	5	150.1	150.5	7	52.8	52.8
2	33.8	33.5	4	135.5	135.0	6	84.7	84.8	8	77.5	77.5

续表

C	3-12-346	3-12-347	C	3-12-346	3-12-347	C	3-12-346	3-12-347	C	3-12-346	3-12-347
9	51.5	51.5	14	43.4	43.4	19	27.1	27.0	24	14.1	
10	67.8	67.6	15	144.5	144.5	20	166.5	166.8	25	15.4	
11	47.2	47.2	16	113.5	113.6	21	60.1	51.1			
12	133.9	133.6	17	19.8	19.8	22	61.3	51.9			
13	143.4	143.2	18	162.8	162.0	23	51.8	51.8			

3-12-348 **3-12-349** **3-12-350** **3-12-351**

表 3-12-62 化合物 3-12-348、3-12-349 的 ^{13}C NMR 数据[155]

C	3-12-348	3-12-349	C	3-12-348	3-12-349	C	3-12-348	3-12-349	C	3-12-348	3-12-349
1	38.1	41.5	6	38.5	37.0	11	26.9	28.1	16	17.1	17.3
2	28.6	30.6	7	39.9	39.1	12	136.3	137.5	17	24.1	20.8
3	139.5	44.6	8	37.1	37.0	13	145.1	141.3	18	26.7	150.6
4	138.7	51.8	9	49.3	42.2	14	43.4	44.4	19	21.7	25.2
5	52.1	48.8	10	26.5	24.6	15	172.7	170.4	20	21.8	109.3

表 3-12-63 化合物 3-12-350、3-12-351 的 ^{13}C NMR 数据[156]

C	3-12-350	3-12-351	C	3-12-350	3-12-351	C	3-12-350	3-12-351	C	3-12-350	3-12-351
1	41.7	39.1	7	68.3	69.0	13	135.2	135.8	19	26.6	26.6
2	34.2	39.7	8	78.3	78.7	14	40.1	42.1	20	169.8	169.5
3	173.8	65.1	9	46.2	46.5	15	143.0	145.2	OMe	51.2	52.6
4	95.5	49.7	10	79.3	79.4	16	115.6	114.7			
5	46.0	47.4	11	41.8	42.2	17	18.1	19.0			
6	210.5	211.0	12	131.8	131.5	18	170.8	170.0			

3-12-352 R=CH$_2$CH$_3$
3-12-353 R=CH$_2$CH$_2$CH$_3$

表 3-12-64 化合物 3-12-352、3-12-353 的 ^{13}C NMR 数据[157]

C	3-12-352	3-12-353	C	3-12-352	3-12-353	C	3-12-352	3-12-353	C	3-12-352	3-12-353
1	160.7	159.4	3	209.7	208.9	5	72.4	70.2	7	64.3	63.8
2	137.1	136.8	4	72.7	72.7	6	60.7	61.5	8	35.6	35.2

C	3-12-352	3-12-353	C	3-12-352	3-12-353	C	3-12-352	3-12-353	C	3-12-352	3-12-353
9	78.3	78.3	16	113.6	113.2	3'	135.3	135.0	10'	14.2	13.7
10	47.7	47.3	17	18.9	18.4	4'	128.8	128.4	1"	173.4	172.9
11	44.3	43.8	18	18.5	18.0	5'	139.6	139.3	2"	28.0	36.2
12	78.3	78.1	19	10.1	9.6	6'	32.9	32.5	3"	9.2	18.0
13	83.9	83.6	20	65.2	64.7	7'	28.9	28.5	4"		13.3
14	80.7	80.3	1'	117.2	116.9	8'	31.5	31.2			
15	143.3	143.0	2'	122.5	122.2	9'	22.7	22.3			

3-12-354 R^1=H; R^2=R^4=Bz; R^3=Ac
3-12-355 R^1=R^3=Ac; R^2=R^4=Bz
3-12-356 R^1=R^2=R^4=Ac; R^3=Bz

3-12-357 R=H
3-12-358 R=Ac

3-12-359

表 3-12-65　化合物 3-12-354~3-12-359 的 ^{13}C NMR 数据

C	3-12-354[158]	3-12-355[158]	3-12-356[158]	3-12-357[159]	3-12-358[159]	3-12-359[159]
1	35.0	34.7	34.7	32.5	32.8	35.7
2	32.7	31.0	30.9	44.3	44.2	36.2
3	72.1	73.8	72.6	218.8	214.8	79.3
4	92.7	91.0	91.0	77.8	74.6	83.8
5	73.6	73.9	73.1	75.1	71.7	78.7
6	84.8	84.0	83.7	60.5	58.8	85.1
7	78.9	79.3	79.2	70.1	67.2	73.4
8	39.2	39.2	39.1	35.6	35.6	33.7
9	76.7	76.8	76.7	81.0	80.6	80.3
10	49.5	49.6	49.6	42.0	42.5	51.9
11	40.0	40.0	40.3	39.2	39.1	40.4
12	73.5	73.5	72.6	72.1	72.1	68.5
13	80.7	80.6	81.7	86.6	86.7	88.5
14	75.1	75.1	75.2	82.3	82.4	81.5
15	140.1	140.1	139.1	142.0	162.1	142.1
16	119.2	119.2	119.7	113.3	113.3	113.5
17	20.1	20.1	19.6	19.4	19.4	19.1
18	11.8	11.8	11.6	11.8	11.8	11.1
19	15.4	15.8	15.8	12.0	11.7	13.0
20	19.6	19.8	20.0	22.7	21.3	21.7
3-OAc		170.3/20.7	170.1/20.5		170.1/21.0	
5-OAc			170.2/20.8	169.6/20.6	171.0/20.9	

C	3-12-354[158]	3-12-355[158]	3-12-356[158]	3-12-357[159]	3-12-358[159]	3-12-359[159]
7-OAc	170.0/21.3	170.0/21.4	170.0/21.2		169.7/21.3	170.0/21.3
12-OAc			169.3/20.8			
13-OAc	167.9/21.3	167.9/21.3				167.9/21.3
14-OAc	168.7/21.4	168.7/21.4	169.0/21.5			168.7/21.4
	5-OBz	5-OBz	13-OBz	C-Ph	C-Ph	C-Ph
1'	166.0	165.9	164.0	118.3	118.4	117.3
2'	129.8	129.9	129.9	135.4	135.5	135.7
3'	129.8	129.6	129.5	128.0	128.1	125.9
4'	128.6	128.6	128.5	126.1	126.2	127.9
5'	133.3	133.3	133.2	129.4	129.5	129.5
6'	128.6	128.6	128.5	126.1	126.2	127.9
7'	129.8	129.6	129.5	128.0	128.1	125.9
	12-OBz	12-OBz		12-OBz	12-OBz	6-OBz
1"	165.7	165.7		166.0	165.9	165.1
2"	129.4	129.5		129.5	129.6	130.9
3"	129.5	129.5		129.8	129.8	129.5
4"	128.5	128.5		128.5	128.5	128.7
5"	133.3	133.3		133.3	133.3	133.3
6"	128.5	128.5		128.5	128.5	128.7
7"	129.5	129.5		129.8	129.8	129.5

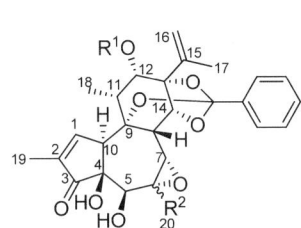

3-12-360 R¹=COCH₂CH(CH₃)₂; R²=Me
3-12-361 R¹=COC₆H₄(4-OH); R²=Me
3-12-362 R¹=COC₆H₃(3-OMe)(4-OH); R²=Me
3-12-363 R¹=Bz; R²=β-Me

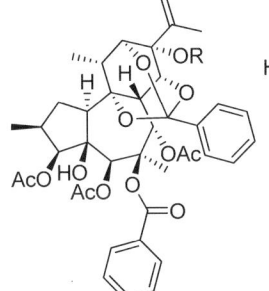

3-12-364 R=H
3-12-365 R=Ac

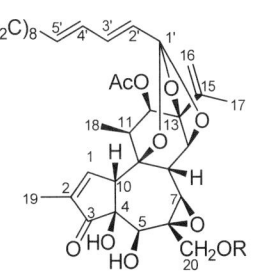

3-12-366 R=trans-5-十五烯酸
3-12-367 R=棕榈酸

表 3-12-66 化合物 3-12-360~3-12-365 的 ¹³C NMR 数据

C	3-12-360[158]	3-12-361[158]	3-12-362[158]	3-12-363[159]	3-12-364[159]	3-12-365[159]
1	160.0	160.4	160.0	159.9	34.6	34.7
2	137.0	137.1	137.1	137.1	35.9	36.0
3	209.5	209.6	209.6	209.5	80.6	80.7
4	72.4	72.4	72.4	72.4	83.2	83.3
5	72.6	72.6	72.6	72.6	78.5	78.5
6	59.6	59.8	59.7	59.7	85.4	85.5
7	67.3	67.4	67.3	67.3	75.6	75.6

续表

C	3-12-360[158]	3-12-361[158]	3-12-362[158]	3-12-363[159]	3-12-364[159]	3-12-365[159]
8	35.2	35.3	35.3	35.3	35.8	35.1
9	80.7	80.7	80.7	80.7	76.6	76.7
10	47.9	48.0	48.0	48.0	51.3	51.4
11	38.9	39.2	39.2	39.1	38.0	38.1
12	70.9	71.5	71.7	71.8	83.3	78.4
13	86.8	87.1	87.1	87.0	70.4	78.5
14	82.2	82.0	82.0	82.1	79.9	78.1
15	142.1	142.1	142.2	142.0	142.1	138.8
16	113.2	113.2	113.1	113.3	115.2	118.7
17	19.5	19.5	19.5	19.5	18.0	18.3
18	11.2	11.2	11.2	11.3	17.6	17.5
19	9.9	9.9	9.9	9.9	13.0	13.0
20	21.4	21.4	21.4	21.4	21.9	21.9
OMe			56.0			
3-OAc						169.7/22.6
5-OAc					171.4/21.0	171.4/21.0
7-OAc					171.2/20.8	171.2/20.8
13-OAc					169.4/21.0	169.4/21.0
	C-Ph	C-Ph	C-Ph	C-Ph	C-Ph	C-Ph
1'	118.2	118.2	118.2	118.3	107.4	107.2
2'	135.2	135.3	135.3	135.3	138.5	138.7
3'	128.0	128.0	128.0	128.0	125.1	125.1
4'	126.2	126.2	126.2	126.2	128.0	127.9
5'	129.6	129.6	129.6	129.6	129.4	129.2
6'	126.2	126.2	126.2	126.2	128.0	127.9
7'	128.0	128.0	128.0	128.0	125.1	125.1
	12-OR[1]	12-OR[1]	12-OR[1]	12-OBz	6-OBz	6-OBz
1"	172.4	165.5	165.6	165.8	165.1	164.9
2"	43.1	121.7	121.5	129.5	131.0	131.1
3"	25.5	132.2	111.8	129.8	129.7	129.7
4"	22.4	115.3	146.2	128.5	128.5	128.4
5"	22.4	160.0	150.4	133.3	133.2	133.2
6"		115.3	114.2	128.5	128.5	128.4
7"		132.2	124.6	129.8	129.7	129.7

表 3-12-67 化合物 3-12-366、3-12-367 的 ^{13}C NMR 数据[160]

C	3-12-366	3-12-367	C	3-12-366	3-12-367	C	3-12-366	3-12-367
1	160.1	160.1	8	35.3	35.3	15	143.2	143.2
2	136.8	136.8	9	78.2	78.2	16	113.3	113.3
3	209.2	209.2	10	47.3	47.3	17	18.7	18.7
4	72.3	72.3	11	44.0	44.0	18	18.2	18.2
5	69.9	70.0	12	78.3	78.3	19	9.9	9.9
6	59.4	59.4	13	83.6	83.6	20	65.5	65.5
7	64.0	64.0	14	80.4	80.4	OAc	169.6/21.1	169.6/21.1

续表

C	3-12-366	3-12-367	C	3-12-366	3-12-367	C	3-12-366	3-12-367
1'	117.1	117.1	7'~13'	32.6~22.7	31.9~22.7		31.9(4")	14.1(16")
2'	122.3	122.3	14'	14.1	14.1		131.8(5")	
3'	135.0	135.0	R	R	R		128.6(6")	
4'	128.6	128.4		173.3(1")	173.4(1")		32.6(7")	
5'	139.2	139.2		33.5(2")	34.2(2")		32.6~22.7(8"~14")	
6'	32.7	32.7		30.9(3")	31.9~22.7(3"~15")		14.1(15")	

3-12-368 R¹=R²=R³=H
3-12-369 R¹=H; R²=OBz; R³=β-H
3-12-370 R¹=棕榈酸; R²=OBz; R³=β-H

3-12-371

3-12-372

表 3-12-68 化合物 3-12-368~3-12-370 的 ¹³C NMR 数据[160]

C	3-12-368	3-12-369	3-12-370	C	3-12-368	3-12-369	3-12-370
1	49.0	48.2	48.1	20	65.3	65.2	66.2
2	42.5	42.6	42.6	1'	119.8	119.9	120.0
3	219.8	219.8	219.3	2'	33.6	33.5	33.4
4	75.8	75.7	75.7	3'~7'	28.4~20.7	29.3~20.5	29.7~20.5
5	71.7	71.7	70.0	8'	38.2	38.1	38.1
6	60.9	60.9	59.6	9'	29.7	30.1	30.0
7	64.3	63.9	64.0	10'	12.5	12.5	12.6
8	36.7	36.1	35.9			18-OBz	18-OBz
9	80.8	79.9	79.8	1"		166.5	166.5
10	43.3	43.1	43.1	2"		130.4	130.4
11	35.1	41.7	41.6	3",7"		129.6(×2)	129.6(×2)
12	36.3	32.0	31.9	4",6"		128.3(×2)	128.4(×2)
13	83.4	83.4	83.4	5"		132.9	132.9
14	80.8	82.6	82.5				棕榈酸
15	146.6	146.0	146.1	1'''			173.6
16	110.9	111.3	111.3	2'''			34.1
17	18.8	18.8	18.8	3'''~15'''			29.7~20.5
18	21.3	69.3	69.3	16'''			14.1
19	13.5	13.7	13.6				

表3-12-69　化合物3-12-371、3-12-372的^{13}C NMR数据

C	3-12-371[161]	3-12-372[162]	C	3-12-371[161]	3-12-372[162]	C	3-12-371[161]	3-12-372[162]	C	3-12-371[161]	3-12-372[162]
1	29.37	35.3	12	84.53	84.6	3'	139.02	136.6	2"	138.81	139.2
2	29.10	35.4	13	71.70	72.0	4'	130.70	129.6	3",7"	125.20	125.2
3	79.71	80.3	14	80.80	80.1	5'	136.60	135.3	4",6"	128.18	127.5
4	82.14	80.9	15	76.17	76.0	6'	73.96	78.1	5"	129.36	128.7
5	73.21	70.6	16	36.43	42.9	7'	51.58	36.2	1'''	165.83	165.2
6	60.36	62.0	17	28.35	28.1	8'	27.33	29.9	2'''	130.42	129.5
7	64.58	64.0	18	18.68	19.3	9'	31.71	31.2	3''',7''''	129.66	129.1
8	35.55	35.1	19		13.4	10'	40.61	35.7	4''',6'''	128.39	128.7
9	78.11	76.9	20	64.10	63.2	11'	37.55	33.3	5'''	133.00	133.4
10	48.77	46.2	1'	168.90	164.8	12'	17.01	32.4			
11	37.00	37.0	2'	124.84	124.9	1"	108.83	107.6			

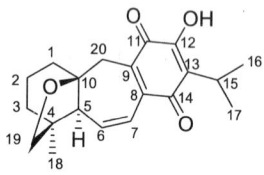

3-12-373　　　3-12-374　　　3-12-375

表3-12-70　化合物3-12-373~3-12-375的^{13}C NMR数据[163]

C	3-12-373	3-12-374	3-12-375	C	3-12-373	3-12-374	3-12-375
1	39.8	38.7	123.7	11	183.3	182.6	183.3
2	20.2	20.0	21.3	12	150.7	154.7	150.0
3	39.1	38.0	24.4	13	124.4	126.0	128.2
4	43.9	46.0	41.8	14	186.5	184.5	185.1
5	59.3	55.2	57.4	15	24.3	25.0	24.7
6	141.8	25.3	78.5	16	19.9	19.4	19.8
7	124.1	145.1	30.8	17	19.9	19.4	19.8
8	135.5	126.0	139.7	18	19.5	19.5	20.1
9	138.6	132.0	142.4	19	77.6	73.8	180.2
10	92.9	86.0	125.6	20	33.2	143.8	33.0

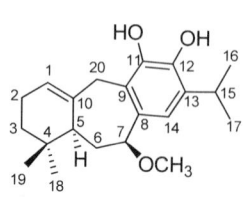

3-12-376

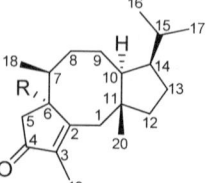

3-12-377

3-12-378 R=OH
3-12-379 R=OCH$_3$

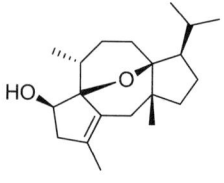

3-12-380

表 3-12-71 化合物 3-12-376~3-12-377 的 ^{13}C NMR 数据[164]

C	3-12-376	3-12-377	C	3-12-376	3-12-377	C	3-12-376	3-12-377
1	120.7	129.4	8	122.3	122.4	15	27.3	27.3
2	23.2	127.8	9	131.9	133.6	16	22.6	22.4
3	30.6	37.0	10	137.7	143.1	17	22.6	22.3
4	31.7	30.9	11	140.6	140.1	18	27.6	28.8
5	43.7	45.6	12	140.2	139.4	19	26.6	26.0
6	36.5	34.0	13	130.9	133.1	20	33.2	120.0
7	82.5	32.3	14	116.0	117.9	OMe	56.7	

表 3-12-72 化合物 3-12-378~3-12-380 的 ^{13}C NMR 数据

C	3-12-378[165]	3-12-379[166]	3-12-380[166]	C	3-12-378[165]	3-12-379[166]	3-12-380[166]
1	40.3	40.2	36.3	12	44.3	44.4	36.7
2	173.3	170.7	128.1	13	24.5	23.2	22.6
3	139.7	142.4	132.4	14	47.3	48.5	48.1
4	212.8	207.5	44.4	15	28.1	27.9	27.6
5	44.0	38.4	57.9	16	20.0	20.0	19.3
6	83.1	88.2	86.5	17	24.5	24.6	24.8
7	33.4	33.1	38.6	18	17.6	18.1	15.7
8	30.2	29.3	29.5	19	9.5	9.3	13.8
9	22.9	24.3	28.2	20	19.6	19.7	24.0
10	48.6	47.0	87.0	OMe		50.4	
11	46.9	46.9	44.4				

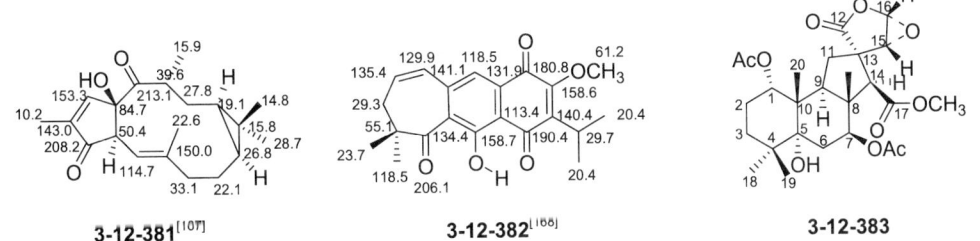

表 3-12-73 化合物 3-12-383 的 ^{13}C NMR 数据[169]

C	3-12-383	C	3-12-383	C	3-12-383	C	3-12-383
1	74.54	7	75.63	13	48.90	19	24.98
2	23.52	8	43.10	14	48.52	20	17.34
3	34.68	9	34.92	15	72.68	1-OAc	170.56/21.77
4	38.79	10	46.81	16	106.49	7-OAc	171.72/22.01
5	80.27	11	30.28	17	174.24	OMe	57.35
6	33.56	12	178.78	18	28.61		

表 3-12-74 化合物 3-12-384~3-12-385 的 ^{13}C NMR 数据[170]

C	3-12-384	3-12-385	C	3-12-384	3-12-385	C	3-12-384	3-12-385
1	38.4	37.1	8	136.1	127.1	15	144.1	170.6
2	20.4	20.9	9	152.6	145.9	16	150.6	156.7
3	32.4	33.0	10	42.3	40.3	17	184.3	118.2
4	44.1	42.6	11	25.4	24.8	18	25.2	27.0
5	53.1	51.9	12	28.6	27.2	19	180.1	181.9
6	83.5	80.3	13	135.9	150.1	20	18.5	19.3
7	29.2	35.6	14	113.4	114.1			

表 3-12-75 化合物 3-12-386~3-12-388 的 ^{13}C NMR 数据[171]

C	3-12-386	3-12-387	3-12-388	C	3-12-386	3-12-387	3-12-388
1	54.1	54.1	54.6	15	88.5	88.4	87.0
2	32.2	32.2	32.3	16	89.7	19.2	88.1
3	174.4	174.5	174.6	17	19.2	112.5	18.9
4	148.0	148.0	147.9	18	112.5	19.6	112.2
5	91.0	91.0	90.9	19	19.6	32.3	19.2
6	69.8	69.8	69.9	20	32.3	20.6	33.3
7	67.2	67.4	68.2	6-OAc	169.1/20.6	169.1/21.5	169.1/20.5
8	54.9	55.0	55.8	7-OPr		9.4	
9	55.4	55.4	47.9	7-OAc	173.2/28.2	169.9/21.5	169.8/21.9
10	75.8	75.8	76.8	14-OPr			9.3
11	129.6	129.5	20.2	14-OAc	170.9/22.0	174.4/28.2	170.7/21.9
12	132.3	132.4	25.3	15-OAc	172.9/21.1	172.9/21.1	172.1/20.9
13	45.5	45.7	45.0	16-OAc	170.5/22.8	170.5/22.9	170.1/22.8
14	76.7	76.5	79.0				

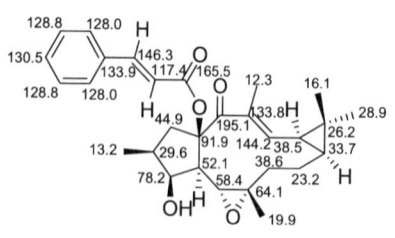

表 3-12-76 化合物 3-12-390~3-12-391 的 ^{13}C NMR 数据[173]

C	3-12-390	3-12-391	C	3-12-390	3-12-391	C	3-12-390	3-12-391
1	149.5	149.5	8	20.1	19.2	15	90.4	125.2
2	147.3	142.0	9	27.6	27.7	16	11.0	10.6
3	193.8	204.0	10	17.1	17.2	17	29.7	24.3
4	131.9	45.0	11	19.4	18.9	18	28.4	28.9
5	148.0	61.7	12	30.3	28.6	19	15.0	15.1
6	75.4	59.2	13	38.6	35.2	20	16.7	17.1
7	41.3	40.7	14	202.0	147.0	OAc	168.8/21.6	168.9/20.6

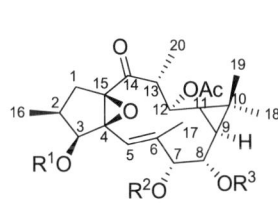

3-12-392 R^1=Tig; R^2=H; R^3=Tig
3-12-393 R^1=Tig; R^2=Tig; R^3=Ac
3-12-394 R^1=Tig; R^2=Bz; R^3=Tig
3-12-395 R^1=Bz; R^2=Bz; R^3=Ac
3-12-396 R^1=Ac; R^2=Bz; R^3=Ac
3-12-397 R^1=Tig; R^2=H; R^3=Bz
3-12-398 R^1=Bz; R^2=H; R^3=Bz
3-12-399 R^1=Bz; R^2=H; R^3=Tig

表 3-12-77 化合物 3-12-392~3-12-399 的 ^{13}C NMR 数据[174]

C	3-12-392	3-12-393	3-12-394	3-12-395	3-12-396	3-12-397	3-12-398	3-12-399
1	31.9	31.6	31.7	31.8	31.6	31.9	32.0	31.9
2	30.0	29.7	29.7	30.0	29.5	30.1	30.2	30.0
3	77.0	76.7	76.9	77.6	76.9	77.4	78.0	78.0
4	73.9	73.5	73.5	73.5	73.3	74.0	73.9	73.9
5	116.7	117.1	117.3	117.5	117.2	117.0	116.9	116.6
6	141.4	139.6	139.6	139.5	139.5	141.1	141.7	141.7
7	76.3	76.2	76.8	76.6	76.9	76.4	76.4	76.3
8	74.2	71.7	71.7	71.9	71.8	75.0	74.9	74.2
9	23.5	25.2	25.2	24.9	24.9	23.6	23.6	23.5
10	19.1	19.3	19.3	19.4	19.4	19.3	19.3	19.1
11	30.9	30.8	30.8	30.7	30.7	31.0	31.0	30.9
12	70.8	70.7	70.7	70.6	70.6	70.8	70.8	70.8
13	43.3	43.3	43.3	43.3	43.2	43.4	43.4	43.3
14	207.7	207.7	207.7	207.6	207.6	207.6	207.5	207.7
15	71.4	71.2	71.2	71.4	71.2	71.5	71.6	71.5
16	17.1	16.9	16.9	17.1	16.9	17.1	17.2	17.2
17	17.4	17.5	17.5	17.7	17.6	17.4	17.5	17.5
18	29.1	29.1	29.2	29.2	29.2	29.2	29.2	29.1
19	16.4	16.0	16.1	16.1	16.1	16.4	16.4	16.3
20	13.3	13.2	13.1	13.4	13.4	13.1	13.4	13.4
OAc	170.5/1.0	170.1/20.9 170.2/20.9	170.3/20.9	170.5/21.0 170.4/21.0	170.5/21.0 170.5/21.0 170.4/20.9	170.4/21.0	170.4/21.0	170.5/21.1

续表

C	3-12-392	3-12-393	3-12-394	3-12-395	3-12-396	3-12-397	3-12-398	3-12-399
OTig	167.5	167.4	167.3			167.5		167.4
	167.4	166.4	167.1					
	138.3	138.2	138.2			138.3		138.2
	138.2	137.8	137.9					
	128.3	128.4	128.1			128.1		128.3
	128.0	127.8	127.8					
	14.5	14.4	14.4			14.5		14.5
	14.5	14.4	14.4					
	12.0	12.1	11.9			12.0		12.0
	12.0	11.9	11.9					
OBz			165.0	166.0	165.2	166.1	166.0(×2)	166.0
			165.0					
			133.1	133.3	133.3	133.3	133.3(×2)	133.3
				133.2				
			130.0	130.0	129.9	129.9	129.9 (×2)	129.7
				129.7				
			129.5(×2)	129.6 (×2)	129.6 (×2)	129.7(×2)	129.7(×2)	129.5(×2)
				129.4 (×2)				
			128.5(×2)	128.5 (×2)	128.6(×2)	128.5(×2)	128.5(×2)	128.5(×2)
				128.4 (×2)				

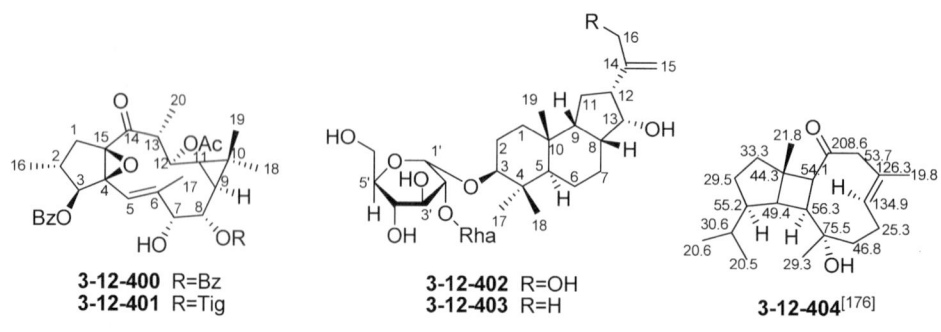

3-12-400 R=Bz
3-12-401 R=Tig
3-12-402 R=OH
3-12-403 R=H
3-12-404[176]

表 3-3-78　化合物 3-12-400~3-12-401 的 ^{13}C NMR 数据[174]

C	3-12-400	3-12-401	C	3-12-400	3-12-401	C	3-12-400	3-12-401
1	32.0	32.6	12	71.2	70.9			138.0
2	33.0	31.0	13	43.9	43.4			128.4
3	82.2	81.9	14	207.8	207.3			14.4
4	72.3	71.9	15	71.1	70.7	OBz	166.6	166.2
5	117.1	116.5	16	16.9	16.4		166.5	
6	142.1	141.8	17	17.8	17.3		133.8	133.3
7	76.6	76.2	18	29.6	29.1		133.7	
8	75.1	74.0	19	16.8	16.4		130.2(×4)	129.7(×2)
9	23.9	23.6	20	13.8	13.3		130.1(×4)	128.5(×2)
10	19.7	19.1	OAc	170.9/21.4	170.4/21.0		128.9(×2)	129.7
11	31.4	31.7	OTig		167.4			

表 3-12-79　化合物 3-12-402~3-12-403 的 ^{13}C NMR 数据[175]

C	3-12-402	3-12-403	C	3-12-402	3-12-403	C	3-12-402	3-12-403
1	38.5	38.5	13	83.5	82.0	4'	72.1	72.1
2	37.5	27.5	14	153.3	148.5	5'	77.6	77.6
3	90.4	9.4	15	108.1	110.3	6'	62.8	62.7
4	40.3	40.3	16	65.7	20.4	Rha		
5	56.9	56.7	17	28.6	28.6	1"	101.9	101.8
6	22.3	22.4	18	17.0	17.0	2"	72.1	72.0
7	31.4	31.5	19	14.0	13.9	3"	72.0	72.0
8	47.7	47.5	20	—	—	4"	74.0	73.9
9	55.3	55.3	Glu			5"	70.0	70.0
10	36.9	36.9	1'	105.6	105.6	6"	18.0	18.0
11	27.5	28.7	2'	79.0	79.0			
12	50.3	54.5	3'	79.5	79.5			

参 考 文 献

[1] Wang C Z Y D. Phytochemistry, 1997, 45: 1483.

[2] Ramos A R, Escamilla E M, Calderon J. Phytochemistry, 1984, 23: 1329.

[3] Findlay J A, Li G, Penner P E. J Nat Prod, 1995, 58: 197.

[4] Ma G, Wang T, Yin L, et al. J Nat Prod, 1998, 61: 112.

[5] 欧志强, 赵朗, 王刊等. 中国中药杂志, 2009, 34: 2754.

[6] Giang P M, Son P T, Otsuka H. Chem Pharm Bull, 2005, 53: 232.

[7] Wang R, Chen W H, Shi Y P. J Nat Prod, 2010, 73: 17.

[8] Rojas MDCA, Cano F H, Rodriguez B. J Nat Prod, 2001, 64: 899.

[9] Piozzi F, Paternostro M, Passannanti S. Phytochemistry, 1985, 24: 1113.

[10] Chen H D, Yang S P, Wu Y, et al. J Nat Prod, 2009, 72: 685.

[11] Passannanti S, Paternostro M, Piozzi F N. J Nat Prod, 1984, 47: 885.

[12] Masuda T, Masuda K, Shiragami S. Tetrahedron, 1992, 48: 6787.

[13] Ping H, Gloriakaragianis, Gwaterma P. 天然产物研究与开发, 2005, 17: 309.

[14] 杨亚滨, 杨雪琼, 徐艳群. 中国中药杂志, 2009, 34: 987.

[15] 王继栋, 董美玲, 张文等. 天然产物研究与开发, 2006, 18: 945.

[16] Urones I G, Marcos I S, Ferreras J F, et al. Phytochemistry, 1988, 27: 523.

[17] Chiplunkar Y G, Nagasampagi B A. J Nat Prod, 1992, 55: 1328.

[18] Ulubelen A, Topcu G, Johansson C B. J Nat Prod, 1997, 60: 1275.

[19] Kuo Y, Chen C, Huang S. J Nat Prod, 1998, 61: 829.

[20] Bruno M, Savona G, Fernandez-Gadea F, et al. Phytochemistry, 1986, 25: 475.

[21] Hussein A A, Rodriguez B. J Nat Prod, 2000, 63: 419.

[22] Nagashima F, Murakami M, Takaoka S, et al. Phytochemistry, 2003, 64: 1319.

[23] Rojas M D C A, Cano F H, Rodriguez B. J Nat Prod, 2001, 64: 899.

[24] Lorimer S D, Perry N B, Burgess E J, et al. J Nat Prod, 1997, 60: 421.

[25] Y M, A S, T T. Chem Pharm Bull, 2006, 54: 1370.

[26] Shen X, Isogai A, Furihata K, et al. Phytochemistry, 1993, 34: 1595.

[27] Sx H, Jx P, Wl X, et al. Phytochemistry, 2007, 68: 616.

[28] Mossa J S, Muhammad I, El-Feraly F S, et al. Phytochemistry, 1992, 31: 2789.

[29] 朱海云, 李广泽, 廉应江等. 西北农林科技大学学报, 2005, 33: 80.

[30] Ping H, Gloriakaragianis, Gwaterman P. 天然产物研究与开发, 2005, 17: 309.

[31] Wu L, Li Y L, Li S M, et al. Chem Pharm Bull, 2010, 58: 1646.

[32] Delgado G, Hernandez J, Chavez M I, et al. Phytochemistry, 1994, 37: 1119.

[33] Xn L, Jx P, Du X, et al. J Nat Prod, 2010, 73: 1803.

[34] 翁稚颖, 黄胜雄, 韩全斌等. 云南植物研究, 2007, 29: 256.

[35] Li L M, Huang S X, Peng L Y, et al. Chem Pharm Bull, 2006, 54: 1050.

[36] Zhao A H, Han Q B, Li S H, et al. Chem Pharm Bull, 2003, 51: 845.

[37] Pereda-Miranda R, Delgado G, de Vivar AR. Phytochemistry, 1986, 25: 1931.

[38] 姚智, 高文远, 高石喜久. 中草药, 2007, 38: 1603.

[39] Narukawa Y, Shimizu N, Shimotohno K, et al. Chem Pharm Bull, 2001, 49: 1182.

[40] Yoshikawa K, Tanaka T, Umeyama A, et al. Chem Pharm Bull, 2006, 54: 315.

[41] Liu S S, Zhu H L, Zhang S W, et al. J Nat Prod, 2008, 71: 755.

[42] Radulovic N, Denic M, Stojanovic-Radic Z. Bioorg Med Chem Lett, 2010, 20: 4988.

[43] Okasaka M, Takaishi Y, Kashiwada Y, et al. Phytochemistry, 2006, 67: 2635.

[44] 张蓉, 段宏泉, 姚智等. 中国中药杂志, 2006, 31: 1956.

[45] Kinouchi Y, Ohtsu H, Tokuda H, et al. J Nat Prod, 2000, 63: 817.

[46] Tanaka N, Ooba N, Duan H, et al. Phytochemistry, 2004, 65: 2071.

[47] 傅萌萌, 周效贤, 谢狄霖等. 波谱学杂志, 1994, 11: 165.

[48] Kuo Y, Chen C, Huang S, et al. J Nat Prod, 1998, 61: 829.

[49] Canigueral S, Iglesias J, Sanchez-Ferrando F, et al. Phytochemistry, 1988, 27: 221.

[50] 李亚男, 王文泽, 吴立军等. 沈阳药科大学学报, 2009, 26: 785.

[51] Ulubelen A, Sonmez U, Topcu G, et al. Phytochemistry, 1996, 42: 145.

[52] Malakov P Y, Papanov G Y, Tomova K N, et al. Phytochemistry, 1998, 48: 557.

[53] Topcu G, Ulubelen A. Jf Nat Prad, 1996, 59: 734.

[54] Mei S, Jiang B, Niu X, et al. J Nat Prod, 2002, 65: 633.

[55] Salciccioli K, Discosmo F, Reynolds W F. Phytochemistry, 1998, 49: 1475.

[56] Yoshiawa K, Kokudo N, Tanaka M, et al. Chem Pharm Bull, 2008, 56: 89.

[57] Shun-Hua W, Hong-Jie Z, Zhong-Wen L, et al. Phytochemistry, 1993, 34: 1176.

[58] 杨亚滨, 杨雪琼, 徐艳群等. 中国中药杂志, 2009, 34: 987.

[59] Appendino G, Jakupovic S, Tron G C, et al. J Nat Prod, 1998, 61: 749.

[60] 陈玉, 田学军, 李芸芳等. 药学学报, 2009, 44: 1118.

[61] Wang Huan, Xiao-Feng Z, Yun-Bao M, et al. 中草药, 2004, 35: 611.

[62] 耿珠峰, 欧阳捷, 邓志威等. 波谱学杂志, 2009, 26: 424.

[63] Hernandez M, Esquivel B, Cardenas J, et al. Phytochemistry, 1987, 26: 3297.

[64] Nagy G, Gunther G, Mathe I, et al. Phytochemistry, 1999, 51: 809.

[65] Ulubelen A, Topcu G, Johansson C B. J Nat Prod, 1997, 60: 1275.

[66] Lee H, Oh S, Kim J. J Nat Prod, 1995, 48: 1718.

[67] Sairafianpour M, Christensen J, Stærk D, et al. J Nat Prod, 2001, 64: 1398.

[68] Mahmoud A A, Al-Shiry S S, Son B W. Phytochemitry, 2005, 66: 1685.

[69] Liu H J, Wu C L. Phytochemistry, 1997, 44: 1523.

[70] Gao J J, Han G Q. Phytochemistry, 1997, 44: 759.

[71] Bruno M, de La Torre MC, Savona G, et al. Phytochemistry, 1990, 29: 2710.

[72] 窦辉, 彭树林, 李帮经等. 有机化学, 2004, 24: 1469.

[73] 陈玉, 杨光忠, 赵松等. 林场化学与工业, 2005, 25: 35.

[74] 林绥, 于贤勇, 阙慧卿等. 药学学报, 2005, 40: 632.

[75] Batista O, Simoes M F, Nascimento J, et al. Phytochemistry, 1996, 41: 571.

[76] Ikeshiro Y, Hashimoto I, Iwamoto Y, et al. Phytochemistry, 1991, 30: 2791.

[77] Ravindranath N, Reddy M R, Ramesh C, et al. Chem Pharm Bull, 2004, 52: 608.

[78] Lin H C, Chang W L. Phytochemistry, 2000, 53: 951.

[79] Manabu H, Ohishi I H, Matsunaga S, et al. Phytochemistry, 1999, 40: 6419.

[80] Sanchez C, Cardenas J, Rodriguez-Hahn L, et al. Phytochemistry, 1989, 28: 1681.

[81] Gavagnin M, Ungur N, Castelluccio F, et al. J Nat Prod, 1999, 62: 269.

[82] Zubia E, Gavagnin M, Scognamiglio G, et al. J Nat Prod, 1994, 57: 725.

[83] Chaturvedula VSP, Gao Z J, Thomas S H, et al. Tetrahedron, 2004, 60: 9991.

[84] Gavagnin M, Ungur N, Castelluccio F, et al. Tetrahedron, 1997, 53: 1491.

[85] Ponomarenko L P, Kalinovsky A I, Afiyatullov S S, et al. J Nat Prod, 2007, 70: 1110.

[86] Feld H, Zapp J, Becker H. Phytochemistry, 2003, 64: 1335.

[87] Salasoo I. Phytochemistry, 1984, 23: 192.

[88] Nagashima F, Takashi S, Takaoka S, et al. Chem Pharm Bull, 2004, 52: 556.

[89] Khiev P, Oh S R, Chae H S, et al. Chem Pharm Bull, 2011, 59: 382.

[90] Xue-Ting L, Yao S, Jing-Yu L, et al. Chin J Nat Med, 2009, 7: 341.

[91] 高幼衡，程怡，叶会呈. 中草药, 2000, 31: 645.

[92] 王佳，赵勤实，林中文等. 云南植物研究, 1997, 19: 191.

[93] 韩全斌，赵勤实，黎胜红等. 化学学报, 2003, 61: 1077.

[94] 韩全斌，张积霞，沈云亨等. 中国天然药物, 2003, 1: 16.

[95] Li L M, Li G Y, Ding L S, et al. Tetrahedron Lett, 2007, 48: 9100.

[96] Han Q B, Li M L, Li S H, et al. Chem Pharm Bull, 2003, 51: 790.

[97] Hong S S, Lee S A, Han X H, et al. J Nat Prod, 2008, 71: 1055.

[98] 确生、赵玉英，周勇等. 中国中药杂志, 2009, 34: 1523.

[99] Li X N, Pu J X, Du X, et al. J Nat Prod, 2010, 73: 1803.

[100] 石浩，何山，何兰等. 高等学校化学学报, 2007, 28: 100.

[101] 丁兰，王炜，汪涛等. 广西植物, 2008, 28: 265.

[102] Nagashima F, Tanka H, Takaoka S, et al. Phytochemistry, 1996, 41: 1129.

[103] Konishi T, Yamazoe K, Kanzato M, et al. Chem Pharm Bull, 2003, 51: 1142.

[104] Zhang H B, D u X, Pu J X, et al. Tetrahedron Lett, 2010, 51: 4225.

[105] Li Y X, Liu J, Yu S J, et al. Phytochemistry, 2010, 71: 2124.

[106] Ogawa K, Aoki I, Sashida Y. Phytochemistry, 1992, 31: 2897.

[107] Roengsumran S, Limsuwankesorn S, Ngamrojnavanich N, et al. Phytochemistry, 2000, 53: 841.

[108] Kiem P V, Minh C V, Huong H T, et al. Chem Pharm Bull, 2005, 53: 428.

[109] Du D, Qu J, Wang J, et al. Phytochemistry, 2010, 71: 1749.

[110] Prakash O, Roy R, Agarwal S, et al. Tetrahedron Lett, 1987, 28: 685.

[111] Zy Z, R L, My J, et al. Chem Pharm Bull, 2009, 57: 975.

[112] Ara I, Siddiqui B S, Faizi S, et al. J Nat Prod, 1990, 53: 816.

[113] Zhang Z, Guo D, Li C, et al. J Nat Prod, 1999, 62: 297.

[114] Majumder P L, Maiti D C, Kraus W, et al. Phytochemistry, 1987, 26: 3021.

[115] Gavagnin M, De Napoli A, Castelluccio F, et al. Tetrahedron Lett, 1999, 40: 8471.

[116] Anjaneyulu ASR, Gowri P M, Murthy MVRK. J Chem Res-S, 1999: 140.

[117] Li B L, Pan Y J, Yu K B. Tetrahedron Lett, 2002, 43: 3845.

[118] 师彦平，吴亲娟，D Abimael, 等. 波谱学杂志, 2002, 19: 395.

[119] Li X N, Pu J X, Du X, et al. J Nat Prod, 2010, 73: 1803.

[120] 李亚男，王文泽，吴立军等. 沈阳药科大学学报, 2009, 26: 785.

[121] 李力更，张嫚丽，赵永明等. 中草药, 2009, 40: 18.

[122] 张娜，路金才，王晶等. 沈阳药科大学学报, 2009, 26: 789.

[123] Appendino G, Tagliapietra I, Ozen H C. J Nat Prod, 1993, 56: 514.

[124] Tong X J, Fang W S, Zhou J Y, et al. J Nat Prod, 1995, 58: 233.

[125] Zhang H J, Sun H D. J Nat Prod, 1995, 58: 1153.

[126] Shi Q W, Oritani T, Kiyota H, et al. Phytochemistry, 2000, 54: 829.

[127] Hu S H, Tian X F, Zhu W H, et al. J Nat Prod, 1996, 59: 1006.

[128] Liang J, Huang K, Gunatilaka AAL, et al. Phytochemistry, 1998, 47: 69.

[129] Liang J Y, Kingston DGI. J Nat Prod, 1993, 56: 594.

[130] Murakami R, Shi Q W, Qritani T. Phytochemistry, 1999, 52: 1577.

[131] 张娜，潘英，韩凌等. 中国药物化学杂志, 2010, 20: 53.

[132] 李作平，霍长虹，张丽等. 中草药, 2006, 37: 175.

[133] Gabetta B, De Bellis P, Pace R. J Nat Prod, 1995, 58: 1508.

[134] Ketchum REB, Tandon M, Gibson D M, et al. J Nat Prod, 1999, 62: 1395.

[135] Hosoyama H, Inubushi A, Katsui T, et al. Phytochemistry, 1996, 52: 13145.

[136] 钟世舟，花振新，樊劲松. 分析测试学报, 1996, 15: 61.

[137] 饶畅，周金云，陈未名等. 药学学报, 1994, 29: 355.

[138] 陈未名，张佩玲，周金云等. 药学学报, 1997, 32: 363.

[139] Shen Y C, Pan Y L, Lo K L, et al. Chem Pharm Bull, 2003, 51: 867.

[140] Chen R, Kingston DGI. J Nat Prod, 1994, 57: 1017.

[141] Shen Y C, Chen C Y, Kuo Y H. J Nat Prod, 1998, 61: 838.

[142] Xing Z S, Lee CTL, Kashiwada Y, et al. J Nat Prod, 1994, 57: 1580.

[143] Shi Q W, Oritani T, Sugiyama T, et al. J Nat Prod, 1998, 61: 1437.

[144] Loyola L A, Borquez J, Morales G, et al. Phytochemistry, 1996, 43: 165.

[145] Loyala L A, Borquez J, Morales G, et al. Phytochemistry, 2000, 53: 961.

[146] Loyola L A, Borquez J, Morales G, et al. Phytochemistry, 1997, 45: 1465.

[147] Chiaramello A I, Ardanaz C E, Garcia E E, et al. Phytochemistry, 2003, 63: 883.

[148] Loyola L A, Borquez J, Morales G, et al. Phytochemistry, 1997, 44: 649.

[149] Nicoleti M, Di Fabio A, D'Andrea A, et al. Phytochemistry, 1996, 43: 1065.

[150] Wachter G A, Matooq G, Hoffmann J J, et al. J Nat Prod, 1999, 62: 1319.

[151] Loyola L A, Morales G. J Nat Prod, 1991, 54: 1404.

[152] Loyola L A, Borquez J, Morales G, et al. Phytochemistry, 1998, 49: 1091.

[153] Ohta S, Kita T, Kobayashi N, et al. Tetrahedron Lett, 1998, 39: 6229.

[154] Ammanamanchi, Anjaneylulu S R, Sarada P. J Chem Res-S, 1999: 600.

[155] Fang S T, Zhang L, Li Z H, et al. Chem Pharm Bull, 2010, 58: 1176.

[156] Ramesh P, Reddy N S, Venkateswarlu Y. Phytochemistry, 1998, 39: 8217.

[157] Hong J Y, Nam J W, Seo E K, et al. Chem Pharm Bull, 2010, 58: 234.

[158] Chen H, Yang S, He X, et al. Tetrahedron, 2010, 66: 5065.

[159] Bd L, Ml H, Yc J, et al. J Nat Prod, 2010, 73: 532.

[160] A F, I Y, Y T, et al. Phytochemistry, 1997, 44: 643.

[161] N S, M SMI. Chem Pharm Bull, 2005, 53: 241.

[162] A T, N T, C P, et al. Chem Pharm Bull, 2005, 53: 1321.

[163] Esquivel B, Calderon J S, Flores E, et al. Phytochemistry, 1997, 46: 531.

[164] Xu G, Peng L Y, Zhao Y, et al. Chem Pharm Bull, 2005, 53: 1575.

[165] Zapp J, Burkhardt G, Becker H. Phytochemistry, 1994, 37: 787.

[166] Komala S, Ito T, Nagashima F, et al. Phytochemistry, 2010, 71: 1387.

[167] Das B, Ravikanth B, Laxminarayana K, et al. Chem Pharm Bull, 2009, 57: 318.

[168] Luis J G, Quinones W, Echeverri F. Phytochemistry, 1994, 36: 115.

[169] Jiang R W, Ma S C, But P P H, et al. J Chem Soc, 2001: 2920.

[170] Farooq U, Khan A, Ahmad V U, et al. Chem Pharm Bull, 2007, 55: 471.

[171] Wu Z Y, Li Y D, Wu G S, et al. Chem Pharm Bull, 2011, 59: 492.

[172] Huan W, Xiao-Feng Z, Yun-Bao M, et al. 中草药, 2004, 35: 611.

[173] Ravindranath N, Reddy M R, Ramesh C, et al. Chem Pharm Bull, 2004, 52: 608.

[174] Li X L, Li Y, Wang S F, et al. J Nat Prod, 2009, 72: 1001.

[175] Kuo Y J, Hsiao P C, Zhang L J, et al. J Nat Prod, 2009, 72: 1097.

[176] Fridkovsky E, Rudi A, Benayahu Y, et al. Tetrahedron Lett, 1996, 37: 6909.

第十三节 四环二萜类化合物

表 3-13-1 四环二萜类化合物的名称、分子式和测试溶剂

编号	名称	分子式	测试溶剂	参考文献
3-13-1	gesneroidin C	$C_{28}H_{38}O_{10}$	P	[1]
3-13-2	rosthornin A	$C_{22}H_{32}O_5$	P	[2]
3-13-3	rosthornin B	$C_{24}H_{34}O_7$	P	[2]
3-13-4	7-乙酰基-鲁山冬凌草甲素 (diterpenoid 7-acetyl-lushanrubescensin A)	$C_{30}H_{40}O_{11}$	P	[2]
3-13-5	鲁山冬凌草甲素 (lushanrubescensin A)	$C_{28}H_{38}O_{10}$	P	[2]
3-13-6	鲁山冬凌草乙素 (lushanrubescensin B)	$C_{26}H_{36}O_9$	P	[2]
3-13-7	紫萼香茶菜甲素 (rabdoforrestin A)	$C_{28}H_{38}O_{10}$	P	[2]
3-13-8	lungshengenin F	$C_{26}H_{36}O_8$	P	[3]
3-13-9	rabdokunmin A	$C_{22}H_{32}O_6$	P	[4]
3-13-10	rabdokunmin B	$C_{20}H_{30}O_4$	P	[4]
3-13-11	rabdokunmin C	$C_{20}H_{30}O_5$	P	[4]
3-13-12	rabdokunmin D	$C_{20}H_{30}O_5$	P	[4]
3-13-13	rabdokunmin E	$C_{20}H_{30}O_6$	P	[4]
3-13-14	rabdoloxin B	$C_{20}H_{30}O_5$	P	[4]
3-13-15	道孚香茶菜甲素 (dowoensin A)	$C_{26}H_{36}O_8$	P	[4]
3-13-16	lungshengenin G	$C_{26}H_{34}O_9$	P	[5]
3-13-17	灰岩香茶菜甲素 (calcicolin A)	$C_{28}H_{38}O_{10}$	P	[6]
3-13-18	道孚香茶菜素 (dowoensin)	$C_{26}H_{36}O_8$	P	[7]
3-13-19	1α,7α,12α,14β,20-pentahydroxy-*ent*-kaur-16-en-15-one	$C_{20}H_{30}O_6$	P	[8]
3-13-20	1α,7α,12α,14β-tetrahydroxy-*ent*-kaur-16-en-15-one	$C_{20}H_{30}O_5$	P	[8]
3-13-21	1α,7α,14β,trihydroxy-12α-acetoxy-*ent*-kaur-16-en-15-one	$C_{22}H_{32}O_6$	P	[8]
3-13-22	kamebakaurin	$C_{20}H_{30}O_5$	P	[8]
3-13-23	coetsoidin B	$C_{20}H_{30}O_5$	P	[9]
3-13-24	melissoidesin A	$C_{24}H_{34}O_8$	P	[10]
3-13-25	melissoidesin B	$C_{26}H_{36}O_9$	P	[10]
3-13-26	*ent*-20-acetoxy-11α-hydroxy-16-kauren-15-one	$C_{22}H_{32}O_4$	C	[11]
3-13-27	*ent*-11α-acetoxy-7β,14α-dihydroxy-16-kauren-15-one	$C_{22}H_{32}O_5$	C	[11]
3-13-28	*ent*-1α-acetoxy-7β,14α-dihydroxy-kaur-16-en-15-on	$C_{22}H_{32}O_5$	C	[12]
3-13-29	*ent*-1α,14α-diacetoxy-7β-hydroxykaur-16-en-15-one	$C_{24}H_{34}O_6$	C	[13]
3-13-30	*ent*-1α,7β-diacetoxy-14α-hydroxykaur-16-en-15-one	$C_{24}H_{34}O_6$	C	[13]
3-12-31	*ent*-18-acetoxy-14α-hydroxykaur-16-en-15-one	$C_{22}H_{32}O_4$	C	[13]
3-12-32	*ent*-7β-acetoxy-11α-hydroxykaur-16-en-15-one	$C_{22}H_{32}O_4$	C	[14]
3-13-33	*ent*-18-acetoxy-11α-hydroxykaur-16-en-15-one	$C_{22}H_{32}O_4$	C	[14]

续表

编号	名称	分子式	测试溶剂	参考文献
3-13-34	ent-11α,18-diacetoxy-7β-hydroxykaur-16-en-15-one	$C_{24}H_{34}O_6$	C	[14]
3-12-35	nervonin B	$C_{26}H_{36}O_9$	C	[15]
3-13-36	isolushinin G	$C_{22}H_{32}O_7$	P	[16]
3-13-37	isolushinin H	$C_{22}H_{32}O_6$	C	[16]
3-13-38	isolushinin I	$C_{22}H_{32}O_7$	C	[16]
3-13-39	isolushinin J	$C_{20}H_{30}O_6$	A	[16]
3-13-40	尾叶香茶菜素（I）	$C_{20}H_{30}O_4$	M	[17]
3-13-41	1α,7α,14β-三羟基-对映-贝壳杉-16-烯-15-酮（kamebanin）	$C_{20}H_{30}O_4$	—	[18]
3-13-42	1α,7α,14β,18-四羟基-对映-贝壳杉-16-烯-15-酮（excisanin K）	$C_{20}H_{30}O_5$	—	[18]
3-13-43	pharicunin N (1α,7α,14β-trihydroxy-3β, 19-diacetoxy-16-ent-kaur-15-one)	$C_{24}H_{34}O_8$	A	[19]
3-13-44	pharicunin O 1α,7α,12α,14β-tetrahydroxy-3β, 19-diacetoxy-16-ent-kaur-15-one	$C_{24}H_{34}O_9$	A	[19]
3-13-45	lungshengenin C excisanin F	$C_{26}H_{36}O_8$	P	[20]
3-13-46	对映-18,20-二氧化-贝壳杉-16-烯-15-酮(ent-1α,7α,14β,20-tetrahydroxy-kaur-16-en-18-aldo-15-one)	$C_{20}H_{28}O_6$	P	[21]
3-13-47	albopilosin H	$C_{20}H_{28}O_4$	P	[22]
3-13-48	albopilosin I	$C_{20}H_{28}O_5$	P	[22]
3-13-49	1α,7β,14β-三羟基-18-醛基-对映-贝壳杉-16-烯-15-酮 (weisiensin B)	$C_{20}H_{28}O_5$	—	[18]
3-13-50	7α,14β,20-三羟基-18-醛基-对映-贝壳杉-16-烯-15-酮 (macrocalyxin D)	$C_{20}H_{28}O_5$	—	[18]
3-13-51	11α-羟基-15-氧-16-烯-对映贝壳杉烷-19-酸 (ent-11α-hydroxy-15-oxo-kaur-16-en-19-oic-acid)	$C_{20}H_{28}O_4$	A	[23]
3-13-52	信阳冬凌草甲素（xindongnin A）	$C_{24}H_{32}O_7$	P	[5]
3-13-53	7β,11α,15β,20-tetrahydroxy-ent-kaur-16-en-6,5-dione	$C_{20}H_{26}O_6$	P	[24]
3-13-54	腺花素	$C_{26}H_{34}O_9$	C	[6]
3-13-55	isodoglutinosin A	$C_{22}H_{30}O_6$	P	[25]
3-13-56	xerophilusin I	$C_{20}H_{26}O_6$	C	[26]
3-13-57	xerophilusin II	$C_{20}H_{26}O_6$	C	[26]
3-13-58	ent-1β-hydroxy-9(11),16-kauradien-15-one	$C_{20}H_{28}O_2$	C	[27]
3-13-59	ent-9(11),16-kauradiene-12,15-dione	$C_{20}H_{26}O_2$	C	[27]
3-13-60	1α,6α-diacetoxy-ent-kaura-9(11),16-dien-12,15-dione	$C_{24}H_{30}O_6$	C+M(1:1)	[28]
3-13-61	12β-hydroxy-1α,6α-diacetoxy-ent-kaura-9(11),16-dien-15-one	$C_{24}H_{32}O_6$	C	[28]
3-13-62	1α,12β-dihydroxy-6α-acetoxy-ent-kaura-9(11),16-dien-15-one	$C_{22}H_{30}O_5$	A	[28]
3-13-63	ent-7β-hydroxy-15-oxokaur-16-en-18-ol	$C_{20}H_{30}O_3$	C	[29]

续表

编号	名称	分子式	测试溶剂	参考文献
3-13-64	siderol	$C_{22}H_{32}O_3$	C	[30]
3-13-65	crotonkinin B	$C_{22}H_{32}O_4$	C	[31]
3-13-66	doianoterpene C (*ent*-19-hydroxykaur-15-en-17-al)	$C_{20}H_{30}O_2$	C	[32]
3-13-67	agallochaol O (*ent*-17-caffeoyloxykaur-15-en-3-one)	$C_{29}H_{36}O_5$	C	[33]
3-13-68	agallochaol P (*ent*-kaur-15-en-3b,17-diol-2-one)	$C_{20}H_{30}O_3$	C	[33]
3-13-69	*ent*-kaur-16(17)-en-19→20-olide	$C_{20}H_{28}O_2$	C	[34]
3-13-70	nervonin C	$C_{26}H_{36}O_9$	C	[15]
3-13-71	nervonin D	$C_{28}H_{40}O_{10}$	C	[15]
3-13-72	nervonin E	$C_{24}H_{34}O_8$	C	[15]
3-13-73	nervonin F	$C_{24}H_{36}O_8$	C	[15]
3-13-74	nervonin G	$C_{26}H_{38}O_9$	C	[15]
3-13-75	nervonin H	$C_{24}H_{36}O_7$	C	[15]
3-13-76	nervonin I	$C_{24}H_{36}O_8$	C	[15]
3-13-77	nervonin J	$C_{22}H_{32}O_6$	C	[15]
3-13-78	6α-hydroxy-15β-acetoxy-*ent*-kaura-9(11),16-diene	$C_{22}H_{32}O_3$	C	[22]
3-13-79	6α,15β-diacetoxy-*ent*-kaura-9(11),16-diene	$C_{24}H_{34}O_4$	C+M(1:1)	[22]
3-13-80	6α,15β-diacetoxy-*ent*-kaura-9(11),16-dien-12-one	$C_{24}H_{32}O_5$	C	[22]
3-13-81	albopilosin B	$C_{22}H_{34}O_6$	P	[28]
3-13-82	albopilosin C	$C_{22}H_{34}O_6$	P	[28]
3-13-83	albopilosin D	$C_{22}H_{34}O_5$	P	[28]
3-13-84	albopilosin G	$C_{20}H_{32}O_4$	P	[28]
3-13-85	candicandiol	$C_{22}H_{34}O_4$	C	[30]
3-13-86	epoxysiderol	$C_{20}H_{32}O_2$	C	[30]
3-13-87	melissoidesin C	$C_{24}H_{36}O_8$	P	[10]
3-13-88	*ent*-14α,15α-dihydroxy-16-kaurene	$C_{20}H_{32}O_2$	C	[11]
3-13-89	*ent*-11α-hydroxy-16-kaurene	$C_{20}H_{32}O$	C	[11]
3-13-90	*ent*-11α-acetoxykaur-16-en-18-oic acid	$C_{22}H_{32}O_4$	C	[14]
3-13-91	*ent*-15α,18-dihydroxykaur-16-ene	$C_{20}H_{32}O_2$	C	[14]
3-13-92	crotonkinin A	$C_{20}H_{30}O_2$	C	[31]
3-13-93	*ent*-2β-hydroxyl kaur 16 en-19-oic acid	$C_{20}H_{30}O_3$	M	[35]
3-13-94	对映-13-羟基-贝壳杉-16-烯-19-羧酸 (*ent*-13-hydroxy-kaur-16-en-19-oic acid)	$C_{20}H_{30}O_3$	C	[36]
3-13-95	pterokaurane M_1	$C_{20}H_{32}O_3$	D	[37]
3-13-96	pterokaurane M_2	$C_{20}H_{32}O_4$	P	[37]
3-13-97	*ent*-kaur-15(16)-en-19→20-olide	$C_{20}H_{28}O_2$	C	[34]
3-13-98	蓝萼香茶菜丙素 (glaucocalyxin C)	$C_{20}H_{30}O_4$	P	[38]
3-13-99	maoesin E	$C_{24}H_{34}O_7$	P	[39]
3-13-100	蓝萼香茶菜甲素 (glaucocalyxin A)	$C_{20}H_{28}O_4$	C	[38]
3-13-101	蓝萼香茶菜乙素 (glaucocalyxin B)	$C_{22}H_{30}O_5$	C	[38]
3-13-102	pharicunin P (1α,7α,14β-trihydroxy-3β,19-diacetoxy-16-*ent*-kaur-12,15-dione)	$C_{24}H_{32}O_9$	A	[19]

续表

编号	名称	分子式	测试溶剂	参考文献
3-13-103	3,18-acetonide of foliol	$C_{22}H_{34}O_3$	C	[30]
3-13-104	lungshengenin B	$C_{28}H_{38}O_{10}$	P	[20]
3-13-105	lungshengenin E	$C_{28}H_{38}O_9$	P	[20]
3-13-106	cussoracoside B	$C_{31}H_{48}O_{12}$	P	[40]
3-13-107	cussoracoside C	$C_{32}H_{48}O_{13}$	P	[40]
3-13-108	cussoracoside D	$C_{31}H_{48}O_{12}$	P	[40]
3-13-109	cussoracoside E	$C_{26}H_{40}O_9$	P	[40]
3-13-110	cussoracoside F	$C_{31}H_{48}O_{12}$	P	[40]
3-13-111	对映-贝壳杉-16-烯-19-酸-13-O-β-D-葡萄糖苷 (*ent*-kaur-16-en-19-oic-13-O-β-D-glucoside)	$C_{26}H_{40}O_8$	D	[36]
3-13-112	rubusoside	$C_{32}H_{50}O_{13}$	D	[41]
3-13-113	pharoside A	$C_{26}H_{40}O_8$	M	[42]
3-13-114	pharoside B	$C_{26}H_{40}O_8$	M	[42]
3-13-115	rebaudioside F	$C_{43}H_{68}O_{22}$	P	[43]
3-13-116	对映-16β,17,18-三羟基-贝壳杉烷-19-羧酸 (*ent*-16β,17, 18-tirhydroxy-kauran-19-oic acid)	$C_{20}H_{32}O_5$	P	[44]
3-13-117	3,16α,17-三羟基-贝壳杉烷 (3,16α,17-tydroxykaurane)	$C_{20}H_{34}O_3$	—	[45]
3-13-118	毛萼鞘蕊花甲素 (esquironin A)	$C_{22}H_{36}O_9$	C	[46]
3-13-119	对映-贝壳杉烷-16β,17-二醇 (*ent*-kauran-16β,17-diol)	$C_{21}H_{34}O_8$	P	[46]
3-13-120	泽泻二萜醇 (oriediterpenone)	$C_{20}H_{30}O_2$	C	[47]
3-13-121	oriediterpenol	$C_{20}H_{32}O_2$	C	[47]
3-13-122	abeokutone	$C_{20}H_{32}O_3$	C	[48]
3-13-123	*ent*-trachyloban-18-oic acid	$C_{20}H_{30}O_2$	C	[49]
3-13-124	*ent*-trachyloban-19-oic acid	$C_{20}H_{30}O_2$	C	[49]
3-13-125	ent-18-hydroxytrachyloban-19-oic acid	$C_{20}H_{30}O_3$	C	[49]
3-13-126	(16R)-*ent*-kauran-17,19-diol	$C_{21}H_{34}O_2$	P	[50]
3-13-127	(16R)-17-hydroxy-*ent*-lauran-19-oic acid	$C_{20}H_{32}O_3$	P	[50]
3-13-128	(16R)-17-dimethoxy-*ent*-kauran-19-oic acid	$C_{22}H_{36}O_4$	P	[50]
3-13-129	(16S)-17-hydroxy-*ent*-lauran-19-oic acid	$C_{20}H_{32}O_3$	P	[50]
3-13-130	(16S)-*ent*-kauran-17,19-diol	$C_{21}H_{34}O_2$	P	[50]
3-13-131	6β,7β,16α,17-tetrahydroxy-*ent*-kauranoic acid	$C_{20}H_{32}O_6$	M	[42]
3-13-132	6β,7β,16β,17-tetrahydroxy-*ent*-kauranoic acid	$C_{20}H_{32}O_6$	M	[41]
3-13-133	pterokaurane M$_3$	$C_{20}H_{34}O_4$	P	[37]
3-13-134	16α-羟基-17-乙酰氧基-对映-贝壳杉烷-19-羧酸	$C_{22}H_{34}O_5$	D	[51]
3-13-135	dipterinoid A	$C_{29}H_{38}O_6$	A	[52]
3-13-136	*ent*-kaurane-3-oxo-16α-17-diol	$C_{20}H_{30}O_3$	C	[53]
3-13-137	对映-贝壳杉烷-3α,16α,17,19-四醇	$C_{20}H_{34}O_4$	D	[54]
3-13-138	对映贝壳杉-2α, 16α-二醇	$C_{20}H_{34}O_2$	C	[55]
3-13-139	doianoterpene D	$C_{20}H_{32}O_3$	P	[32]
3-13-140		$C_{23}H_{38}O_4$	C	[56]

续表

编号	名称	分子式	测试溶剂	参考文献
3-13-141	annosquamosin C	$C_{19}H_{32}O_2$	P	[57]
3-13-142	annosquamosin D	$C_{21}H_{34}O_4$	P	[57]
3-13-143	annosquamosin E	$C_{22}H_{34}O_5$	C	[57]
3-13-144	annosquamosin F	$C_{21}H_{34}O_5$	C	[57]
3-13-145	annosquamosin G	$C_{19}H_{32}O_4$	P	[57]
3-13-146	annoglabasin C	$C_{23}H_{34}O_6$	C	[58]
3-13-147	annoglabasin D	$C_{23}H_{34}O_5$	C	[58]
3-13-148	annoglabasin E	$C_{20}H_{32}O_3$	P	[58]
3-13-149	annoglabasin F	$C_{22}H_{34}O_5$	C	[58]
3-13-150	17-异丁酰氧基-18-羟基-贝壳杉烷-19-羧酸 (17-isobuthyloxy-18-hydroxy-kauran-19-oic acid)	$C_{24}H_{38}O_4$	—	[59]
3-13-151	*ent*-18-acetoxy-17-hydroxy-16βH-kauran-19-oic acid	$C_{22}H_{34}O_5$	D	[60]
3-13-152	*ent*-18-acetoxy-17-isobutyryloxy-16βH-kauran-19-oic acid	$C_{26}H_{40}O_6$	C	[60]
3-13-153	*ent*-18-acetoxy-16α,17-dihydroxykauran-19-oic acid	$C_{22}H_{34}O_6$	D	[60]
3-13-154	*ent*-18-acetoxy-16α-hydroxy-17-isobutyryloxykauran-19-oic acid	$C_{26}H_{40}O_7$	C	[60]
3-13-155	*ent*-7-oxo-16α,17-dihydroxykauran-19-oic acid	$C_{20}H_{30}O_5$	D	[61]
3-13-156	melissoidesin D	$C_{26}H_{40}O_9$	P	[10]
3-13-157	(16*R*)-*ent*-3α-hydroxykauran-15-one	$C_{20}H_{32}O_2$	C	[11]
3-13-158	*ent*-(16*S*)-18-acetoxy-7β-hydroxykauran-15-one	$C_{22}H_{34}O_4$	C	[13]
3-13-159	*ent*-(16*S*)-1α,14α-diacetoxy-7β-hydroxy-17-methoxykauran-15-one	$C_{25}H_{38}O_7$	C	[14]
3-13-160	albopilosin F	$C_{22}H_{34}O_7$	P	[22]
3-13-161	pharicunin Q	$C_{23}H_{34}O_8$	A	[19]
3-13-162	pharicunin R	$C_{23}H_{34}O_8$	A	[19]
3-13-163	calliterpenone	$C_{20}H_{32}O_3$	C	[48]
3-13-164	16(*R*)-1α,6β-diacetoxy-*ent*-9(11)-kauren-12,15-dione	$C_{24}H_{32}O_6$	C-M (1:1)	[28]
3-13-165	7β,16β,17-trihydroxy-*ent*-kauran-6a,19-olide	$C_{20}H_{30}O_5$	M	[42]
3-13-166	albopilosin E	$C_{20}H_{32}O_5$	P	[22]
3-13-167	*ent*-16α-hydroxykaur-11-en-18-oic acid	$C_{20}H_{30}O_3$	M	[62]
3-13-168	*ent*-1α,16α-dihydroxykaur-11-en-18-oic acid	$C_{20}H_{30}O_4$	P	[62]
3-13-169	*ent*-1α-hydroxy-16α-methoxykaur-11-en-18-oic acid	$C_{21}H_{32}O_4$	M	[62]
3-13-170	3α-16α-二羟基贝壳杉烷-17-*O*-β-D-葡萄糖苷 (3,16-dihydroxykaurane-17-*O*-β-D-glucoside)	$C_{26}H_{44}O_7$	—	[45]
3-13-171	16α-羟基贝壳杉-3-酮-17-*O*-β-D-葡萄糖苷 (16-hydroxykaur-3-one-17-*O*-β-D-glucoside)	$C_{26}H_{42}O_7$	—	[45]
3-13-172	tricalysioside R	$C_{28}H_{46}O_{10}$	C	[63]
3-13-173	tricalysioside S	$C_{28}H_{46}O_{10}$	C	[63]
3-13-174	Pharoside E	$C_{26}H_{42}O_{11}$	M	[42]
3-13-175	*ent*-7β-hydroxy-15-oxokaur-16-en-18-ol	$C_{20}H_{30}O_3$	C	[54]
3-13-176	3α,16α-二羟基贝壳杉烷-19-*O*-β-D-葡萄糖苷 (3α,16α-dihydroxykaurane-19-*O*-β-D-glucoside)	$C_{26}H_{44}O_8$	P	[64]

续表

编号	名称	分子式	测试溶剂	参考文献
3-13-177	cussovantoside B	$C_{26}H_{42}O_{10}$	P	[65]
3-13-178	paniculoside IV	$C_{26}H_{42}O_9$	P	[40]
3-13-179	tricalysioside T	$C_{26}H_{46}O_9$	C	[63]
3-13-180	cussovantoside A	$C_{26}H_{42}O_{10}$	P	[65]
3-13-181	pharoside D	$C_{26}H_{42}O_{11}$	M	[42]
3-13-182	oriediterpenoside	$C_{25}H_{42}O_5$	C	[47]
3-13-183	cussovantoside C	$C_{31}H_{52}O_{12}$	P	[65]
3-13-184	cussovantoside D	$C_{32}H_{54}O_{12}$	P	[65]
3-13-185	3α,16α-二羟基贝壳杉烷-20-O-$β$-D-葡萄糖苷（3α,16α-dihyroxykaurane-20-O-$β$-D-glucoside）	$C_{26}H_{44}O_8$	P	[64]
3-13-186	17-hydroxy-ent-kauran-19-oate-16-O-$β$-D-glucopyranoside	$C_{32}H_{52}O_{14}$	P	[66]
3-13-187	tricalysioside V	$C_{39}H_{56}O_{16}$	P	[67]
3-13-188	tricalysioside W	$C_{42}H_{60}O_{17}$	P	[67]
3-13-189	cussoracoside A	$C_{26}H_{42}O_9$	P	[40]
3-13-190	tricalysioside P	$C_{26}H_{42}O_9$	C	[63]
3-13-191	tricalysioside Q	$C_{26}H_{42}O_{11}$	C	[63]
3-13-192	pharoside C	$C_{27}H_{44}O_{11}$	M	[42]
3-13-193	pharoside F	$C_{26}H_{42}O_{11}$	M	[42]
3-13-194	albopilosin J	$C_{26}H_{42}O_{10}$	P	[37]
3-13-195	冬凌草丙素 (rubescensin C)	$C_{20}H_{30}O_5$	A	[68]
3-13-196	冬凌草辛素 (rubescensin H)	$C_{21}H_{30}O_7$	A	[68]
3-13-197	adenolin B	$C_{22}H_{30}O_6$	P	[9]
3-13-198	longikaurin F	$C_{22}H_{30}O_6$	P	[9]
3-13-199	coetsoidin G	$C_{20}H_{28}O_5$	P	[9]
3-13-200	lasiodonin	$C_{20}H_{28}O_4$	P	[69]
3-13-201	enanderianin A	$C_{24}H_{32}O_9$	P	[70]
3-13-202	enanderianin B	$C_{22}H_{30}O_9$	P	[70]
3-13-203	isodojaponin A	$C_{24}H_{32}O_9$	P	[71]
3-13-204	isodojaponin B	$C_{24}H_{32}O_9$	P	[71]
3-13-205	isolushinin B	$C_{22}H_{32}O_6$	P	[16]
3-13-206	isolushinin C	$C_{20}H_{30}O_5$	P	[16]
3-13-207	isolushinin D	$C_{23}H_{32}O_6$	A	[16]
3-13-208	isolushinin E	$C_{23}H_{34}O_6$	A	[16]
3-13-209	isolushinin F	$C_{21}H_{30}O_6$	P	[16]
3-13-210	maoesin B	$C_{22}H_{32}O_7$	P	[39]
3-13-211	maoesin C	$C_{24}H_{32}O_9$	P	[39]
3-13-212	xerophilusin III	$C_{20}H_{28}O_7$	C	[26]
3-13-213	xerophilusin IV	$C_{20}H_{28}O_6$	C	[26]
3-13-214	xerophilusin V	$C_{20}H_{30}O_7$	C	[26]
3-13-215	xerophilusin VI	$C_{22}H_{30}O_9$	C	[26]

续表

编号	名称	分子式	测试溶剂	参考文献
3-13-216	xerophilusin Ⅶ	$C_{22}H_{30}O_9$	C	[26]
3-13-217	xerophilusin Ⅷ	$C_{22}H_{30}O_9$	C	[26]
3-13-218	xerophilusin Ⅸ	$C_{20}H_{28}O_7$	C	[26]
3-13-219	xerophilusin Ⅹ	$C_{24}H_{34}O_8$	C	[26]
3-13-220	xerophilusin Ⅻ	$C_{21}H_{30}O_7$	C	[26]
3-13-221	xerophilusin ⅩⅢ	$C_{23}H_{32}O_8$	C	[26]
3-13-222	kamebacetal A	$C_{21}H_{30}O_5$	C	[72]
3-13-223	冬凌草甲素	$C_{20}H_{28}O_5$	M	[73]
3-13-224	3-乙酰毛萼结晶 S (3-acetylmaoecrystal S)	$C_{24}H_{34}O_8$	C	[74]
3-13-225	maoecrystal S	$C_{22}H_{32}O_6$	C	[74]
3-13-226	6β,7β,14β-三羟基-1α-乙酰氧基-7α,20-环氧-对映-贝壳杉-16-烯-15-酮 (6β,7β,14β-trihydroxy-1α-acetoxy-7α,20-epoxy-*ent*-kaur-16-en-15-one)	$C_{22}H_{30}O_6$	D	[75]
3-13-227	1α,6β,7β,14β-四羟基-7α,20-环氧-对映-贝壳杉-16-烯-15-酮 (1α,6β,7β,14β-tetrahydroxy-7α-20-epoxy-*ent*-kaur-16-en-15-one)	$C_{20}H_{28}O_5$	D	[75]
3-13-228	kamebacetal A	$C_{21}H_{30}O_5$	P	[76]
3-13-229	maoesin D	$C_{24}H_{32}O_9$	C	[39]
3-13-230	isolushinin A	$C_{20}H_{28}O_3$	C	[16]
3-13-231	lihsienin A	$C_{24}H_{36}O_7$	P	[69]
3-13-232	adenolin D	$C_{25}H_{38}O_8$	P	[69]
3-13-233	lushanrubescensin F	$C_{21}H_{32}O_7$	P	[77]
3-13-234	lushanrubescensin G	$C_{20}H_{32}O_8$	P	[77]
3-13-235	taihangexcisoidesin D	$C_{25}H_{36}O_8$	P	[78]
3-13-236	taihangexcisoidesin C	$C_{22}H_{32}O_8$	P	[78]
3-13-237	xerophilusin Ⅺ	$C_{23}H_{34}O_8$	C	[26]
3-13-238	epoxysiderol	$C_{22}H_{34}O_4$	C	[30]
3-13-239	coetsoidin A	$C_{21}H_{26}O_6$	P	[79]
3-13-240	毛萼晶 P (maoecrstal P)	$C_{20}H_{22}O_5$	P	[79]
3-13-241	coetsoidin A	$C_{20}H_{28}O_5$	P	[9]
3-13-242	doianoterpene A (*ent*-kaur-15-en-20,19-olide)	$C_{20}H_{28}O_2$	C	[32]
3-13-243	doianoterpene B (*ent*-kaur-16-en-20,19-olide)	$C_{20}H_{28}O_2$	C	[32]
3-13-244	lungshengenin D	$C_{22}H_{32}O_5$	P	[20]
3-13-245	isodoglutinosin B	$C_{20}H_{32}O_3$	P	[25]
3-13-246	melissoidesin I	$C_{22}H_{34}O_6$	P	[80]
3-13-247	melissoidesin J	$C_{24}H_{36}O_7$	P	[80]
3-13-248	melissoidesin K	$C_{24}H_{36}O_8$	P	[80]
3-13-249	16α-hydroxy-*ent*-kauran-19→20-olide	$C_{20}H_{30}O_3$	C	[34]
3-13-250	*ent*-16,17-epoxykauran-15-one	$C_{20}H_{30}O_2$	C	[11]
3-13-251	luanchunin A	$C_{20}H_{28}O_5$	C	[81]
3-13-252	jungermannenone A	$C_{20}H_{28}O_2$	C	[27]

续表

编号	名称	分子式	测试溶剂	参考文献
3-13-253	1α,6α-diacetoxyjungermannenone C	$C_{22}H_{32}O_6$	C	[28]
3-13-254	1α-acetoxy-6α-hydroxyjungermannenone C	$C_{22}H_{30}O_5$	A	[28]
3-13-255	jungermatrobrunin A	$C_{24}H_{32}O_8$	A	[28]
3-13-256	ent-1α-hydroxyrhizop-15-en-18-oic acid	$C_{20}H_{28}O_3$	C	[62]
3-13-257	3-methyl-2-butenoyl derivative of 3-hydroxy-15-beyeren-19-oic acid	$C_{25}H_{36}O_4$	C	[82]
3-13-258	excoecarin D	$C_{20}H_{30}O_3$	C	[83]
3-13-259	excoecarin V1	$C_{20}H_{30}O_4$	C	[84]
3-13-260	excoecarin E	$C_{20}H_{30}O_2$	C	[83]
3-13-261	excoecarin E	$C_{20}H_{30}O_2$	C	[83]
3-13-262	excoecarin K	$C_{20}H_{30}O_2$	C	[85]
3-13-263	isosteviol	$C_{20}H_{30}O_4$	M	[85]
3-13-264	7β-hydroxyisosteviol	$C_{20}H_{30}O_4$	M	[85]
3-13-265	ent-atisane-3β,16α,17-triol	$C_{20}H_{34}O_3$	C	[86]
3-13-266	ent-16α,17-dihydroxyatisan-3-one	$C_{20}H_{32}O_3$	C	[86]
3-13-267	ent-3β,(13S)-dihydroxyatis-16-en-14-one	$C_{20}H_{30}O_3$	C	[86]
3-13-268	ent-2-hydroxy-atisa-1, 16(17)-dien-3,14-dione	$C_{20}H_{30}O_3$	C	[86]
3-13-269	eriocatisin A	$C_{22}H_{32}O_5$	P	[87]
3-13-270	alboatisin A	$C_{20}H_{30}O_5$	P	[88]
3-13-271	alboatisin B	$C_{20}H_{28}O_5$	P	[88]
3-13-272	alboatisin C	$C_{20}H_{30}O_4$	P	[88]
3-13-273	xanthanthusin I	$C_{24}H_{28}O_8$	C	[89]
3-13-274	xanthanthusin J	$C_{24}H_{28}O_8$	C	[89]
3-13-75	xanthanthusin K	$C_{22}H_{24}O_6$	C	[89]
3-13-276	15-bromoparguer-9(11)-en-16-ol	$C_{20}H_{31}BrO$	C	[90]
3-13-277	15-bromoparguer-7-en-16-ol	$C_{20}H_{31}BrO$	C	[90]
3-13-278	pharoside G	$C_{26}H_{38}O_9$	M	[91]
3-13-279	scopadulcic acid C	$C_{27}H_{36}O_5$	C	[92]
3-13-280	16β,17-dihydroxyaphidicolan-18-oic acid	$C_{20}H_{32}O_4$	C	[93]
3-13-281	isoparguerol I	$C_{22}H_{30}O_4$	C	[94]
3-13-282	isoparguerol V	$C_{20}H_{30}O$	C	[94]
3-13-283	isoparguerol VI	$C_{20}H_{30}O$	C	[94]
3-13-284	craiobiotoxinI IX	$C_{20}H_{32}O_6$	P	[95]
3-13-285	pierisformoside A	$C_{26}H_{42}O_9$	P	[96]
3-13-286	grayanoside D	$C_{26}H_{42}O_9$	P	[96]
3-13-287	pierisformosin D	$C_{25}H_{40}O_9$	P	[96]
3-13-288	asebotoxin VIII	$C_{25}H_{40}O_9$	P	[96]
3-13-289	asebotoxin V	$C_{25}H_{40}O_9$	P	[96]
3-13-290	asebotoxin III	$C_{22}H_{34}O_7$	P	[97]
3-13-291	grayanotoxin XVIII	$C_{20}H_{32}O_4$	A	[97]
3-13-292	16-benzoyloxy-20-deoxyingenol 5-benzoate	$C_{34}H_{36}O_7$	C	[98]

续表

编号	名称	分子式	测试溶剂	参考文献
3-13-293	ingenol-3,20-dibenzoate	$C_{34}H_{36}O_7$	C	[98]
3-13-294	13,16-dibenzoyloxy-20-deoxyingeno-3-benzoate	$C_{41}H_{40}O_9$	C	[98]
3-13-295	巨大戟二萜-20-肉豆蔻酸酯 (ingenol-20-myristinate)	$C_{34}H_{54}O_6$	C	[99]
3-13-296	巨大戟二萜-3-肉豆蔻酸酯 (ingenol-3-myristinate)	$C_{34}H_{54}O_6$	C	[100]
3-3-5-297	2'E,4'Z-十四二烯酸基	$C_{38}H_{54}O_8$	C	[100]
3-13-298	12-O-palmityl-13-O-acetyl-16-hydroxyphorbal	$C_{38}H_{60}O_9$	C	[101]
3-13-299	12-deoxyphorbol 13-(3E,5E-decadienoate)	$C_{30}H_{42}O_6$	C	[102]
3-13-300	12-O-benzoylphorbol 13-nonanoate	$C_{36}H_{48}O_8$	C	[103]
3-13-301	$6\alpha,7\alpha$-epoxy-5β-hydroxy-12-deoxyphorbol-13-tetradecanoate	$C_{34}H_{54}O_8$	C	[104]
3-13-302	$6\alpha,7\alpha$-epoxy-$4\beta,5\beta,9\alpha$-trihydroxy-13α-hexadecanoate-20-dode-canoate-1-tiglien-3-one	$C_{48}H_{80}O_9$	C	[104]
3-13-303	$4\beta,9\alpha,20$-trihydroxy-13α-pentanoate-1,6-tigliadien-3-one	$C_{32}H_{46}O_4$	C	[104]
3-13-304	$4\beta,9\alpha$-dihydroxy-20-hexadecanoate-13α-dodecanoate-1,6-tiglia-dien-3-one	$C_{44}H_{70}O_4$	C	[104]
3-13-305	20-acetoxy-8-hydroxyserrulat-14-en-19-oic acid	$C_{22}H_{30}O_5$	M	[105]
3-13-306	13β-hydroxyazorellane	$C_{20}H_{34}O$	C	[105]
3-13-307	azorellanol	$C_{22}H_{36}O_3$	C	[106]
3-13-308	(+)-13-epi-neoverrucosan-5β-ol	$C_{20}H_{34}O$	C	[107]
3-12-309	ent-15,16-dinorisocopal-12-en-13-ol-19-oic acid	$C_{22}H_{30}O_3$	C	[108]
3-12-310	9,12-cyclomulin-13-ol	$C_{20}H_{34}O$	C	[109]

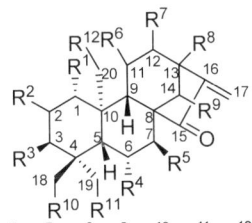

3-13-1 $R^1=OH; R^2=R^7=R^8=R^9=R^{10}=R^{11}=R^{12}=H; R^3=R^4=R^5=R^6=OAc$
3-13-2 $R^1=R^2=R^3=R^4=R^5=R^6=R^9=R^{10}=R^{12}=H; R^7=OAc; R^8=R^{11}=OH$
3-13-3 $R^1=R^2=R^3=R^4=R^6=R^9=R^{10}=R^{12}=H; R^5=R^8=OH; R^7=R^{11}=OAc$
3-13-4 $R^1=R^7=R^8=R^9=R^{10}=R^{11}=R^{12}=H; R^2=R^3=R^4=R^5=R^6=OAc$
3-13-5 $R^1=R^7=R^8=R^9=R^{10}=R^{11}=R^{12}=H; R^2=R^3=R^4=R^6=OAc; R^5=OH$
3-13-6 $R^1=R^7=R^8=R^9=R^{10}=R^{11}=R^{12}=H; R^2=R^3=R^4=OAc; R^5=R^6=OH$
3-13-7 $R^1=R^7=R^8=R^9=R^{10}=R^{11}=R^{12}=H; R^2=R^3=R^4=R^5=OAc; R^6=OH$
3-13-8 $R^1=OH; R^2=R^3=R^6=OAc; R^4=R^5=R^7=R^8=R^9=R^{10}=R^{11}=R^{12}=H$
3-13-9 $R^1=R^2=R^3=R^4=R^8=R^{10}=R^{11}=R^{12}=H; R^5=R^6=R^7=OH; R^9=OAc$
3-13-10 $R^1=R^2=R^3=R^4=R^6=R^8=R^{11}=R^{12}=H; R^5=R^7=R^9=R^{10}=OH$
3-13-11 $R^1=R^2=R^3=R^4=R^5=R^6=R^8=R^{11}=R^{12}=H; R^7=R^9=R^{10}=OH$
3-13-12 $R^1=R^2=R^3=R^4=R^7=R^8=R^{11}=R^{12}=H; R^5=R^6=R^9=R^{10}=OH$
3-13-13 $R^1=R^2=R^3=R^4=R^8=R^{11}=R^{12}=H; R^5=R^6=R^7=R^9=R^{10}=OH$
3-13-14 $R^1=R^2=R^3=R^4=R^8=R^{10}=R^{11}=R^{12}=H; R^5=R^6=R^7=R^9=OH$
3-13-15 $R^1=R^2=R^7=R^8=R^9=R^{10}=R^{11}=R^{12}=H; R^3=R^4=R^5=OAc; R^6=OH$
3-13-16 $R^1=OH; R^2=R^3=R^6=OAc; R^4==O; R^5=R^7=R^8=R^9=R^{10}=R^{11}=R^{12}=H$
3-13-17 $R^1=R^4=R^6=OAc; R^3=OH; R^2=R^5=R^7=R^8=R^9=R^{10}=R^{11}=R^{12}=H$
3-13-18 $R^1=R^2=R^5=R^7=R^8=R^9=R^{10}=R^{11}=R^{12}=H; R^3=R^4=R^5=OAc; R^6=OH$
3-13-19 $R^1=R^5=R^7=R^9=R^{12}=OH; R^2=R^3=R^4=R^6=R^8=R^{10}=R^{11}=H$
3-13-20 $R^1=R^5=R^7=R^9=OH; R^2=R^3=R^4=R^6=R^8=R^{10}=R^{11}=R^{12}=H$

3-13-21 $R^1=R^5=R^9=OH$; $R^7=OAc$; $R^2=R^3=R^4=R^6=R^8=R^{10}=R^{11}=R^{12}=H$
3-13-22 $R^1=R^5=R^9=R^{12}=OH$; $R^2=R^3=R^4=R^6=R^7=R^8=R^{10}=R^{11}=H$
3-13-23 $R^3=R^5=R^9=R^{12}=OH$; $R^1=R^2=R^4=R^6=R^7=R^8=R^{10}=R^{11}=H$
3-13-24 $R^1=R^5=R^6=OH$; $R^3=R^4=OAc$; $R^2=R^7=R^8=R^9=R^{10}=R^{11}=R^{12}=H$
3-13-25 $R^1=R^6=OH$; $R^3=R^4=R^5=OAc$; $R^2=R^7=R^8=R^9=R^{10}=R^{11}=R^{12}=H$
3-13-26 $R^1=R^2=R^3=R^4=R^5=R^7=R^8=R^9=R^{10}=R^{11}=H$; $R^6=OH$; $R^{12}=OAc$
3-13-27 $R^1=R^2=R^3=R^4=R^7=R^8=R^{10}=R^{11}=R^{12}=H$; $R^5=R^9=OH$; $R^6=OAc$
3-13-28 $R^1=OAc$; $R^2=R^3=R^4=R^6=R^7=R^8=R^{10}=R^{11}=R^{12}=H$; $R^5=R^9=OH$
3-13-29 $R^1=R^9=OAc$; $R^2=R^3=R^4=R^6=R^7=R^8=R^{10}=R^{11}=R^{12}=H$; $R^5=OH$
3-13-30 $R^1=R^5=OAc$; $R^2=R^3=R^4=R^6=R^7=R^8=R^{10}=R^{11}=R^{12}=H$; $R^9=OH$
3-13-31 $R^1=R^2=R^3=R^4=R^5=R^6=R^7=R^8=R^{11}=R^{12}=H$; $R^9=R^{10}=OAc$
3-13-32 $R^1=R^2=R^3=R^4=R^7=R^8=R^9=R^{10}=R^{11}=R^{12}=H$; $R^5=R^6=OAc$
3-13-33 $R^1=R^2=R^3=R^4=R^7=R^8=R^9=R^{10}=R^{11}=R^{12}=H$; $R^6=OH$; $R^{10}=OAc$
3-13-34 $R^1=R^2=R^3=R^4=R^7=R^8=R^9=R^{11}=R^{12}=H$; $R^6=R^{10}=OAc$; $R^5=OH$
3-13-35 $R^1=R^3=OH$; $R^2=R^7=R^8=R^9=R^{10}=R^{11}=R^{12}=H$; $R^4=R^5=R^6=OAc$
3-13-36 $R^5=R^6=R^7=R^9=OH$; $R^{12}=OAc$; $R^1=R^2=R^3=R^4=R^8=R^{10}=R^{11}=H$
3-13-37 $R^5=R^9=R^{10}=OH$; $R^{12}=OAc$; $R^1=R^2=R^3=R^4=R^6=R^7=R^8=R^{11}=H$
3-13-38 $R^5=R^6=R^9=R^{10}=OH$; $R^{12}=OAc$; $R^1=R^2=R^3=R^4=R^7=R^8=R^{11}=H$
3-13-39 $R^5=R^6=R^7=R^9=R^{12}=OH$; $R^1=R^2=R^3=R^4=R^8=R^{10}=R^{11}=H$
3-13-40 $R^1=R^5=R^9=OH$; $R^2=R^3=R^4=R^6=R^7=R^8=R^{10}=R^{11}=R^{12}=H$
3-13-41 $R^1=R^5=R^9=OH$; $R^2=R^3=R^4=R^6=R^7=R^8=R^{10}=R^{11}=R^{12}=H$
3-13-42 $R^1=R^5=R^9=R^{10}=OH$; $R^2=R^3=R^4=R^6=R^7=R^8=R^{11}=R^{12}=H$
3-13-43 $R^1=R^5=R^9=OH$; $R^2=R^4=R^6=R^7=R^8=R^{10}=R^{12}=H$; $R^3=R^{11}=OAc$
3-13-44 $R^1=R^5=R^7=R^9=OH$; $R^2=R^4=R^6=R^8=R^{10}=R^{12}=H$; $R^3=R^{11}=OAc$
3-13-45 $R^1=R^5=R^7=R^8=R^9=R^{10}=R^{11}=R^{12}=H$; $R^2=R^3=R^4=OAc$; $R^6=OH$

表 3-13-2 化合物 3-13-1~3-13-8 的 ^{13}C NMR 数据[1-3]

C	3-13-1	3-13-2	3-13-3	3-13-4	3-13-5	3-13-6	3-13-7	3-13-8
1	76.7	35.9	36.2	40.9	40.7	40.8	40.8	76.7
2	33.4	18.3	18.1	67.5	67.6	67.8	67.3	72.7
3	78.8	33.9	36.8	77.5	77.6	77.7	77.7	77.9
4	36.7	39.1	39.1	38.3	38.2	38.2	37.4	37.6
5	42.1	55.9	52.6	43.3	41.9	42.1	13.3	49.0
6	70.7	19.0	29.2	69.7	71.2	71.4	70.0	18.2
7	71.2	39.7	69.8	71.2	73.1	73.7	71.5	34.6
8	48.5	53.5	59.7	48.4	50.0	49.8	48.4	51.1
9	55.7	59.3	58.9	55.4	55.0	59.1	59.1	60.4
10	43.8	39.0	38.6	39.7	39.7	39.4	38.2	45.3
11	70.1	69.7	69.6	68.0	68.2	64.9	64.9	71.5
12	37.9	46.5	47.1	38.1	38.2	40.8	40.8	38.2
13	36.6	74.9	75.1	36.7	37.3	38.1	36.5	37.3
14	35.4	45.0	39.2	35.0	34.5	35.2	35.5	37.1
15	204.9	207.3	206.8	204.4	212.7	213.6	204.6	208.4
16	150.5	154.1	154.6	150.1	150.1	150.9	151.0	151.3
17	112.0	112.7	112.2	113.2	114.5	112.8	111.4	111.9
18	27.7	27.9	27.3	28.0	27.9	28.0	27.9	28.1
19	23.1	64.2	66.8	22.9	23.2	23.2	22.9	21.4
20	14.7	18.2	18.1	20.4	20.6	20.6	20.5	15.7

续表

C	3-13-1	3-13-2	3-13-3	3-13-4	3-13-5	3-13-6	3-13-7	3-13-8
OAc	169.9/20.9	169.0/21.2	170.6/21.1	170.4/21.2	170.6/21.2	170.5/21.3	170.3/21.7	170.8/21.3
	169.5/21.0		168.9/20.5	170.3/21.1	170.3/20.9	170.3/21.3	170.3/21.3	170.7/20.9
	169.4/20.9			169.5/21.1	169.7/20.6	169.86/21.0	169.6/21.1	169.5/20.6
	169.2/20.5			169.3/20.9	169.0/20.6		169.4/20.5	
				169.0/20.5				

表 3-13-3　化合物 3-13-9~3-13-16 的 ^{13}C NMR 数据[4, 5]

C	3-13-9	3-13-10	3-13-11	3-13-12	3-13-13	3-13-14	3-13-15	3-13-16
1	39.4	39.5	39.7	39.2	39.1	39.4	35.6	75.6
2	18.8	18.3	18.4	18.3	18.5	18.7	22.6	73.0
3	41.9	35.6	35.9	35.4	35.8	41.8	78.5	78.0
4	33.4	38.7	39.0	40.4	39.1	33.3	36.8	36.9
5	52.5	46.5	48.7	46.9	46.9	53.2	43.7	59.0
6	29.0	29.7	18.6	29.3	29.9	30.5	70.5	209.9
7	73.3	74.5	27.1	76.0	75.0	74.8	71.6	50.4
8	61.4	61.7	59.4	60.0	60.3	60.1	48.5	54.6
9	68.9	57.2	57.4	64.3	68.0	67.6	59.2	60.0
10	39.2	38.0	38.2	38.6	38.2	39.0	38.5	51.0
11	70.8	26.5	26.0	66.3	71.2	71.0	64.0	70.5
12	79.8	72.5	73.6	37.8	79.4	79.2	40.9	37.4
13	53.9	55.6	55.7	45.9	54.8	54.7	37.0	36.9
14	72.9	71.3	68.6	74.5	71.9	71.7	34.5	36.9
15	206.7	209.0	210.9	207.6	208.1	208.0	205.0	205.0
16	146.3	147.7	147.5	150.3	147.8	147.7	151.2	150.1
17	115.4	117.0	115.9	114.7	116.0	115.9	111.1	113.6
18	33.6	71.3	71.6	71.1	71.6	33.5	28.1	26.7
19	21.9	18.0	17.9	18.5	18.2	21.8	23.3	21.6
20	17.2	17.0	16.9	17.9	18.1	17.4	19.3	17.2
OAc	171.4/21.9						160.4/21.2	170.8/21.3
							169.6/21.3	170.6/20.8
							169.9/20.8	169.4/20.5

表 3-13-4　化合物 3-13-17~3-13-23 的 ^{13}C NMR 数据

C	3-13-17[6]	3-13-18[7]	3-13-19[8]	3-13-20[8]	3-13-21[8]	3-13-22[8]	3-13-23[9]
1	86.3	36.5	83.5	82.1	80.3	81.4	28.7
2	31.7	22.8	30.1	30.3	29.8	30.8	26.8
3	75.4	78.5	39.6	40.7	39.6	39.1	74.8
4	36.1	36.8	33.9	34.1	33.2	33.0	43.7
5	49.5	43.7	52.8	52.9	51.9	52.3	47.6
6	78.5	38.5	29.7	29.7	29.7	30.4	29.8
7	79.0	59.3	73.9	75.7	74.4	74.9	75.3
8	50.6	48.5	62.1	62.6	61.8	62.2	62.1
9	49.8	71.6	56.1	59.3	56.5	56.9	55.7
10	48.8	70.4	47.5	45.0	44.3	48.2	38.0
11	68.0	64.9	28.6	28.6	25.3	21.5	18.9

续表

C	3-13-17[6]	3-13-18[7]	3-13-19[8]	3-13-20[8]	3-13-21[8]	3-13-22[8]	3-13-23[9]
12	39.3	40.6	72.1	73.9	75.2	31.6	31.1
13	37.7	37.0	55.0	55.6	51.6	48.1	47.4
14	33.8	34.3	75.0	72.3	71.6	76.6	76.7
15	206.9	205.0	209.1	210.5	208.3	209.4	209.0
16	150.7	151.2	147.7	147.8	146.8	150.9	150.8
17	107.1	111.1	117.0	118.2	118.1	115.3	115.8
18	26.2	28.1	33.2	33.6	33.2	33.4	29.6
19	22.3	23.3	22.8	21.9	21.6	22.4	23.2
20	14.4	14.6	63.3	18.6	12.9	62.2	60.3
OAc	170.9/21.6	169.9/21.3			170.0/21.3		
	170.4/21.4	169.6/21.2					
	169.8/20.4	169.2/20.8					
	169.5/21.7						

表 3-13-5　化合物 3-13-24~3-13-30 的 ^{13}C NMR 数据

C	3-13-24[10]	3-13-25[10]	3-13-26[11]	3-13-27[11]	3-13-28[12]	3-13-29[13]	3-13-30[13]
1	77.3	77.3	34.3	39.4	72.3	72.7	72.7
2	34.0	33.6	18.0	18.4	22.3	22.7	22.6
3	79.6	79.4	41.3	41.3	34.7	35.0	34.9
4	37.1	37.1	33.0	33.3	32.6	32.9	33.0
5	41.5	42.5	55.8	53.4	46.8	47.6	46.9
6	72.5	71.0	18.3	27.6	28.6	27.3	25.0
7	73.6	71.6	33.6	75.1	72.9	72.9	75.9
8	50.0	50.5	50.1	60.1	60.0	61.6	60.9
9	60.5	60.3	63.9	61.7	46.3	48.1	47.0
10	44.5	44.4	41.4	39.1	42.1	43.0	42.3
11	67.1	67.0	66.0	67.2	16.6	16.6	16.6
12	41.5	41.2	39.9	37.3	30.6	32.3	31.0
13	37.1	37.9	36.8	44.5	45.7	44.2	45.7
14	36.2	36.4	37.8	74.6	74.4	76.1	74.3
15	214.2	205.7	209.4	206.7	207.1	206.5	205.0
16	156.1	151.0	150.0	148.2	148.3	146.0	146.7
17	111.7	110.5	113.1	116.6	116.8	117.7	118.3
18	28.0	28.0	34.0	33.6	33.1	33.2	33.0
19	23.8	23.5	22.4	21.6	21.3	21.4	21.2
20	15.5	15.2	63.2	18.3	18.0	18.6	18.5
OAc	170.3/21.5	170.1/21.4	170.7/21.1	169.3/21.4	169.7/21.0	170.1/21.2	170.1/21.2
	170.3/20.9	169.5/20.6				170.6/21.4	168.1/21.2
		169.7/20.6					

表 3-13-6 化合物 3-13-31~3-13-37 的 ^{13}C NMR 数据

C	3-13-31[13]	3-13-32[14]	3-13-33[14]	3-13-34[14]	3-13-35[15]	3-3-5-36[16]	3-13-37[16]
1	39.1	39.3	38.9	38.7	75.9	37.3	34.3
2	17.8	18.3	17.6	17.6	34.8	19.6	17.8
3	35.5	41.5	35.5	35.2	76.7	41.7	34.5
4	36.5	33.3	36.5	36.5	37.7	33.4	37.3
5	49.2	52.1	48.8	45.9	40.0	53.4	45.7
6	17.8	24.5	18.3	27.8	70.4	30.1	27.8
7	25.0	73.6	33.2	70.8	70.3	75.1	74.5
8	58.8	54.5	50.4	58.3	48.2	59.8	61.5
9	54.9	63.6	64.1	59.0	56.2	67.0	53.6
10	39.9	38.6	38.6	39.0	43.8	40.4	41.2
11	18.2	65.6	66.1	68.5	71.1	70.3	17.7
12	32.3	41.7	41.3	38.9	37.7	78.7	30.0
13	46.5	36.4	36.6	36.4	36.4	54.3	46.2
14	73.6	29.3	36.8	27.4	35.7	71.6	76.1
15	208.8	206.5	209.6	208.1	205.0	208.1	208.6
16	146.9	149.6	150.2	149.8	139.3	147.8	147.3
17	117.2	113.5	113.1	113.5	113.4	115.9	118.6
18	72.6	33.4	72.3	71.1	28.3	33.5	70.7
19	17.5	21.6	17.5	17.4	23.6	21.3	18.5
20	18.2	17.9	17.9	18.4	16.3	67.4	64.0
OAc		169.7/21.1	171.4/21.1	169.3/21.0	172.1/21.5	170.6/21.3	170.8/21.2
				171.1/21.3	169.6/21.4		
					169.0/21.3		

表 3-13-7 3-13-38~3-13-45 的 ^{13}C NMR 数据

C	3-13-38[16]	3-13-39[16]	3-13-40[17]	3-13-41[18]	3-13-42[18]	3-13-43[19]	3-13-44[19]	3-13-45[20]
1	33.4	34.2	81.9	79.0	80.2	75.5	75.9	40.6
2	17.5	18.9	30.6	29.0	30.0	33.7	34.2	67.8
3	34.2	42.3	40.7	39.2	33.7	75.1	75.0	77.7
4	37.7	34.2	34.3	32.6	37.8	40.5	41.2	38.5
5	44.9	52.9	53.4	50.9	45.4	46.4	47.4	48.7
6	27.7	27.8	30.1	30.9	29.4	27.4	29.5	68.8
7	74.0	71.8	75.7	73.9	74.4	74.8	74.2	38.7
8	58.9	61.2	63.2	62.2	62.7	62.2	62.3	49.2
9	64.6	63.2	57.8	55.3	56.6	55.1	58.7	63.5
10	41.1	43.2	46.6	44.4	45.4	44.9	44.3	39.9
11	65.2	68.6	20.9	19.1	20.3	19.6	28.7	65.0
12	37.2	78.8	32.8	32.9	31.9	31.1	73.0	41.3
13	44.9	51.1	38.3	46.0	47.3	46.5	56.0	38.0
14	76.2	67.7	77.1	74.6	75.9	73.2	71.6	37.9
15	208.3	209.1	209.8	207.5	208.8	208.3	209.7	207.9

C	3-13-38[16]	3-13-39[16]	3-13-40[17]	3-13-41[18]	3-13-42[18]	3-13-43[19]	3-13-44[19]	3-13-45[20]
16	148.4	145.7	150.5	149.9	150.5	147.7	148.3	150.8
17	116.2	115.5	117.4	115.5	115.4	118.0	116.7	111.7
18	70.0	34.2	33.9	32.9	70.9	22.3	22.3	28.0
19	18.6	22.9	22.0	21.2	17.9	66.0	66.6	22.7
20	63.6	61.2	15.4	14.7	15.6	14.4	13.8	20.0
OAc	170.2/21.0					171.1/21.2	170.9/21.0	170.5/21.5
						170.3/20.8	170.4/20.5	170.3/21.0
								170.0/20.6

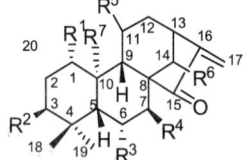

3-13-46 R¹=R²=OH; R³=CHO
3-13-47 R¹=R²=H; R³=CHO
3-13-48 R¹=R²=H; R³=COOH
3-13-49 R¹=OH; R²=H; R³=CHO
3-13-50 R¹=H; R²=OH; R³=CHO

3-13-51

表 3-13-8 化合物 3-13-46~3-13-49 的 ¹³C NMR 数据

C	3-13-46[21]	3-13-47[22]	3-13-48[22]	3-13-49[18]	C	3-13-46[21]	3-13-47[22]	3-13-48[22]	3-13-49[18]
1	80.5	38.5	39.2	79.1	11	21.5	17.1	17.6	15.1
2	30.2	17.0	18.4	28.5	12	31.6	30.8	31.4	32.1
3	32.7	31.9	37.3	44.6	13	47.9	45.9	47.0	47.2
4	47.1	49.4	47.6	31.7	14	76.7	74.9	75.6	75.8
5	44.8	45.5	48.1	49.7	15	209.0	207.4	207.7	208.2
6	29.4	30.4	32.8	30.3	16	150.7	147.3	149.8	149.9
7	74.2	73.9	74.2	73.5	17	115.9	118.3	116.4	115.8
8	62.1	61.8	62.2	62.6	18	205.7	205.7	181.3	205.7
9	56.6	53.9	55.2	56.0	19	15.0	14.1	17.2	20.4
10	49.4	38.5	39.5	44.7	20	62.2	18.2	18.4	14.0

3-13-52 R¹=R⁶=H; R²=R⁴=OAc; R³= =O; R⁵=OH; R⁷=CH₃
3-13-53 R¹=R²=H; R³= =O; R⁴= R⁵= R⁶=OH; R⁷=CH₂OH
3-13-54 R¹=R⁵=OAc; R²=OH; R³= =O; R⁴= R⁶=OH; R⁷=CH₃
3-13-55 R¹=R⁶=OH; R²=R⁵=H; R³=OAc; R⁴= =O; R⁷=CH₃
3-13-56 R¹=R²=H; R³= =O; R⁴= R⁵= R⁶=OH; R⁷=CHO
3-13-57 R¹=R²=H; R³= R⁵= R⁶=OH; R⁴= =O; R⁷=CHO

表 3-13-9 3-13-50~3-13-57 的 ¹³C NMR 数据

C	3-13-50[18]	3-13-51[23]	3-13-52[5]	3-13-53[24]	3-13-54[6]	3-13-55[25]	3-13-56[26]	3-13-57[26]
1	34.2	39.9	25.5	23.6	78.5	78.8	34.3	36.3
2	17.5	19.2	22.6	19.5	31.5	30.1	19.2	19.6
3	32.0	37.1	77.2	41.3	75.2	39.7	41.7	43.1
4	49.5	43.5	35.8	33.6	36.1	34.2	32.4	35.8
5	45.7	50.6	54.8	64.0	50.5	53.7	54.9	59.2

续表

C	3-13-50[18]	3-13-51[23]	3-13-52[5]	3-13-53[24]	3-13-54[6]	3-13-55[25]	3-13-56[26]	3-13-57[26]
6	32.0	20.4	202.2	204.5	201.3	76.1	210.3	75.3
7	73.9	38.1	80.4	90.1	79.7	199.3	76.3	211.3
8	61.9	49.1	53.4	47.5	52.6	70.9	60.4	70.2
9	54.9	56.3	59.1	62.5	54.3	57.0	59.8	62.2
10	41.9	39.1	44.8	60.2	49.1	47.0	58.7	57.5
11	18.5	65.2	64.7	65.1	68.3	19.5	63.8	65.8
12	30.7	41.0	40.7	43.4	37.7	32.3	38.3	41.9
13	47.3	37.5	36.8	43.8	35.7	47.1	46.6	44.7
14	76.5	34.5	24.4	73.2	33.6	74.7	75.4	79.0
15	208.3	208.7	236.5	211.7	205.7	202.1	208.3	201.7
16	150.3	151.3	151.1	152.5	149.3	149.0	149.9	148.6
17	115.9	110.9	112.6	117.1	113.9	116.9	115.1	118.6
18	205.6	28.8	27.0	33.6	26.1	35.0	30.9	35.4
19	14.8	178.8	22.0	23.6	22.2	22.3	21.0	21.6
20	60.4	15.6	18.5	80.8	15.0	15.1	204.9	206.1
OAc			169.7/20.9		170.4/21.6	171.0/21.0		
			169.6/20.8		169.7/21.1			
					169.2/21.0			

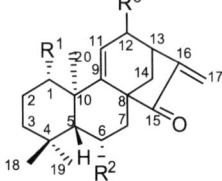

3-13-58 R¹=OH; R²= R³=H
3-13-59 R¹=R²=H; R³= =O
3-13-60 R¹=R²=OAc; R³= =O
3-13-61 R¹=R²=OAc; R³=OH
3-13-62 R¹=R³=OH; R²=OAc

3-13-63

表 3-13-10　化合物 3-13-58~3-13-63 的 ¹³C NMR 数据[27, 28]

C	3-13-58	3-13-59[27]	3-13-60	3-13-61	3-13-62	3-13-63[29]
1	78.5	39.2	78.9	79.3	18.6	38.9
2	28.9	18.8	25.0	25.8	30.0	17.6
3	39.7	41.6	40.2	40.1	42.8	34.8
4	33.3	33.9	33.8	33.6	34.5	37.5
5	43.2	42.4	47.5	48.5	47.7	45.3
6	18.0	17.1	68.1	68.5	67.9	27.4
7	24.3	23.6	34.5	35.2	34.4	70.6
8	50.0	53.5	52.9	49.7	50.9	58.5
9	149.0	176.1	170.2	149.5	149.8	51.9
10	44.7	40.4	44.1	42.8	44.8	39.6
11	120.3	121.1	125.2	128.1	127.9	17.7
12	36.4	197.3	196.8	69.8	71.2	32.8
13	36.7	53.2	52.3	42.9	44.8	37.4
14	39.6	45.6	45.2	42.1	44.8	27.9
15	203.9	201.8	200.5	202.7	204.5	210.5
16	151.9	139.9	138.2	142.5	145.6	149.2

续表

C	3-13-58	3-13-59[27]	3-13-60	3-13-61	3-13-62	3-13-63[29]
17	115.3	120.0	122.0	118.7	120.5	115.1
18	31.9	32.4	32.1	32.7	32.3	71.3
19	21.4	21.9	23.9	22.8	24.6	17.6
20	17.5	23.0	19.4	19.9	19.9	18.2
OAc			170.6/21.4 170.4/21.2	171.1/21.8	170.4/21.7	

3-13-64

3-13-65 R¹=OAc; R²=β-CH₃
3-13-66 R¹=H; R²=α-CH₃

3-13-67 R¹=H; R²==O; R³=Caff
3-13-68 R¹==O; R²=OH; R³=H

3-13-69

表 3-13-11　化合物 3-13-64~3-13-69 的 ¹³C NMR 数据

C	3-13-64[30]	3-13-65[31]	3-13-66[32]	3-13-67[33]	3-13-68[33]	3-13-69[34]
1	42.0	39.1	40.6	39.3	55.5	41.0
2	18.3	17.7	18.3	34.2	210.9	20.8
3	35.2	35.1	35.7	218.4	82.9	22.6
4	37.0	37.3	38.7	47.3	46.2	33.1
5	44.5	48.4	56.5	54.4	54.2	50.0
6	23.5	18.3	19.1	20.4	18.9	21.5
7	78.2	42.3	43.0	38.1	38.6	41.5
8	51.8	49.4	51.0	48.9	49.0	43.9
9	44.8	55.3	47.1	47.1	48.2	53.1
10	39.1	38.8	39.8	38.7	45.5	49.0
11	17.9	34.5	18.6	19.1	19.2	19.1
12	24.7	37.6	25.3	25.9	25.2	31.0
13	39.8	36.1	38.1	41.6	41.0	45.7
14	39.8	68.5	38.7	43.6	43.5	39.3
15	129.8	162.5	162.0	138.2	134.9	132.6
16	143.8	150.7	148.6	141.4	146.8	144.1
17	15.3	189.2	189.6	62.4	61.2	15.2
18	71.4	17.5	27.1	27.1	29.6	23.8
19	17.3	71.8	65.6	21.0	16.4	175.1
20	17.7	18.1	18.2	17.5	18.6	76.7
OAc	170.8/21.4	169.3/21.4				
Caff 1'				127.6		

续表

C	3-13-64[30]	3-13-65[31]	3-13-66[32]	3-13-67[33]	3-13-68[33]	3-13-69[34]
2'				122.4		
3'				115.5		
4'				144.0		
5'				146.4		
6'				114.3		
7'				145.0		
8'				115.5		
9'				167.3		

3-13-70 $R^1=R^2=OH$; $R^3==O$; $R^4=R^5=R^6=OAc$
3-13-71 $R^1=R^4=R^5=R^6=OAc$; $R^2=R^3=OH$
3-13-72 $R^1=R^5=OAc$; $R^2=R^4=R^6=OH$; $R^3==O$
3-13-73 $R^1=R^4=OAc$; $R^2=R^3=R^5=R^6=OH$
3-13-74 $R^1=R^3=R^4=OAc$; $R^2=R^5=R^6=OH$
3-13-75 $R^1=R^2=R^6=OH$; $R^3=H$; $R^4=R^5=OAc$
3-13-76 $R^1=R^2=R^3=R^6=OH$; $R^4=R^5=OAc$
3-13-77 $R^1=R^2=R^5=OH$; $R^3==O$; $R^4=H$; $R^6=OAc$

表 3-13-12 化合物 3-13-70~3-13-77 的 ^{13}C NMR 数据[15]

C	3-13-70	3-13-71	3-13-72	3-13-73	3-3-5-74	3-13-75	3-13-76	3-13-77
1	75.1	80.0	78.85	81.2	81.0	76.1	76.3	74.8
2	34.9	32.1	32.2	32.4	32.2	38.1	35.8	35.7
3	76.2	76.6	76.0	76.4	76.0	75.8	77.3	76.7
4	36.2	37.8	36.3	37.9	37.7	37.7	37.9	36.8
5	19.6	41.1	48.7	41.2	40.3	39.3	41.1	57.4
6	207.2	68.5	211.0	69.1	73.4	25.1	69.8	210.2
7	86.7	82.0	86.0	81.6	76.3	79.3	81.3	52.8
8	51.1	44.6	51.3	45.3	45.7	48.1	45.6	47.9
9	50.2	49.7	48.5	52.0	51.4	50.9	50.2	57.1
10	50.2	42.1	48.3	42.0	42.4	43.9	43.2	47.8
11	70.2	69.2	69.7	66.5	66.3	82.1	71.7	65.8
12	38.7	39.5	39.4	42.5	42.0	39.7	39.3	42.8
13	37.8	38.5	37.9	38.9	38.7	38.8	38.5	37.7
14	33.9	36.6	32.9	36.2	35.5	35.5	35.5	36.5
15	79.2	79.8	82.6	81.3	80.7	81.5	81.7	82.1
16	150.1	151.3	154.9	156.0	155.7	158.8	156.0	152.4
17	107.9	106.1	106.8	106.9	106.9	105.4	106.3	109.6
18	26.4	28.5	26.1	28.6	28.5	29.0	28.6	26.8
19	22.6	24.2	22.4	24.4	23.6	22.4	24.4	22.0
20	13.4	14.9	14.7	14.7	14.6	13.9	14.0	13.7
OAc	172.3/21.6	171.0/21.8	170.4/21.6	171.2/21.7	171.1/21.7	170.8/21.7	170.8/21.7	170.8/21.3
	170.0/21.4	170.8/21.6	168.3/21.4		170.1/21.4	169.1/21.6	170.5/21.4	
	169.4/20.4	170.3/21.4			169.2/21.3			
		170.0/21.1						

表 3-13-13　化合物 3-13-78~3-13-84 的 ^{13}C NMR 数据[22, 28]

C	3-13-78	3-13-79	3-13-80	3-13-81	3-13-82	3-13-83	3-13-84
1	41.0	41.5	40.3	40.5	39.5	40.5	40.4
2	19.0	19.4	19.6	18.6	17.2	18.7	18.5
3	45.1	45.3	44.9	35.8	32.2	35.7	35.8
4	34.1	34.2	34.4	38.0	49.7	37.9	38.7
5	49.1	48.1	46.9	46.6	45.3	46.8	46.8
6	65.8	69.2	68.2	30.6	33.2	30.4	30.8
7	40.9	38.0	37.4	75.7	74.9	75.4	78.4
8	42.9	42.6	45.7	54.4	54.5	54.6	52.6
9	153.2	153.1	178.2	51.8	51.4	50.2	60.2
10	38.5	37.8	39.4	38.5	37.3	39.4	38.1
11	116.7	117.6	122.6	26.4	26.1	17.8	26.2
12	37.8	38.9	198.4	73.9	73.6	33.0	73.6
13	37.8	38.0	55.1	59.3	59.3	50.6	62.0
14	41.4	41.8	46.2	72.8	72.7	76.9	74.2
15	86.0	86.7	82.4	76.2	76.1	75.3	41.5
16	155.0	155.6	145.4	152.3	151.9	154.7	153.2
17	108.0	108.8	114.3	109.6	109.8	108.9	106.6
18	32.2	32.6	32.6	71.4	206.2	71.2	71.4
19	24.0	24.3	24.3	18.2	14.4	18.3	18.2
20	27.0	24.3	26.1	17.4	17.0	18.9	17.3
OAc	171.1/21.3	170.4/21.7	170.1/21.7	171.2/21.0	171.3/21.1	171.3/21.1	
		170.3/21.8	170.0/21.5				

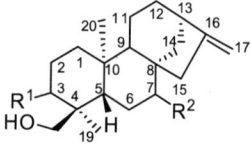

3-13-85　R^1=OAc; R^2=β-OH
3-13-86　R^1=H; R^2=α-OH

3-13-87

3-13-88

3-13-89　R^1=OH; R^2=H; R^3=CH$_3$
3-13-90　R^1=OAc; R^2=H; R^3=COOH
3-13-91　R^1=H; R^2=OH; R^3=CH$_2$OH

3-13-92

表 3-13-14　化合物 3-13-85~3-13-92 的 ^{13}C NMR 数据

C	3-13-85[30]	3-13-86[30]	3-13-87[10]	3-13-88[11]	3-13-89[11]	3-13-90[14]	3-13-91[14]	3-13-92[31]
1	38.4	39.7	77.5	40.4	39.9	39.2	39.9	40.4
2	23.4	17.9	35.4	19.5	18.6	17.6	18.1	18.4
3	77.0	38.3	79.6	41.9	41.9	36.9	35.2	41.7
4	41.7	37.1	37.3	33.3	33.4	47.6	37.6	33.0
5	37.3	38.6	41.4	55.6	56.1	49.9	48.7	53.8
6	26.6	26.9	74.1	18.7	20.1	23.1	19.7	37.9
7	74.5	77.3	77.5	29.9	41.0	40.4	38.5	212.9
8	48.0	48.2	46.8	50.9	43.0	43.2	45.7	62.5
9	50.1	50.5	53.8	48.6	65.1	61.9	46.4	59.9
10	38.5	38.9	43.7	39.0	38.1	37.5	38.8	39.2
11	17.9	17.8	66.4	17.8	67.1	68.8	18.0	16.8
12	33.6	33.6	43.3	33.3	43.3	39.8	33.3	32.3
13	43.6	43.7	40.5	48.8	42.3	42.4	40.1	50.4
14	38.2	34.9	34.5	75.3	39.6	39.0	36.5	77.6
15	45.0	45.2	83.0	79.3	49.0	47.9	82.6	38.2
16	155.0	155.1	157.2	156.3	156.8	154.9	158.3	151.7
17	103.5	103.4	105.8	107.8	105.2	103.3	104.9	108.3
18	64.0	70.6	28.1	33.6	33.7	184.0	72.2	32.8
19	12.6	17.7	23.9	21.6	21.8	16.2	17.6	21.0
20	17.9	17.7	15.1	17.7	17.2	17.8	18.2	16.7
OAc	171.8/21.2		170.3/21.5 170.2/21.0			170.1/21.7		

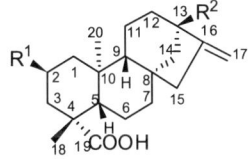

3-13-93　R^1=OH; R^2=H
3-13-94　R^1=H; R^2=OH

3-13-95　R=H
3-13-96　R=OH

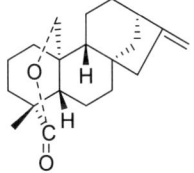

3-13-97

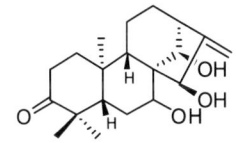

3-13-98

表 3-13-15　化合物 3-13-93~3-13-98 的 ^{13}C NMR 数据

C	3-13-93[35]	3-13-94[36]	3-13-95[37]	3-13-96[37]	3-13-97[34]	3-13-98[38]	C	3-13-93[35]	3-13-94[36]	3-13-95[37]	3-13-96[37]	3-13-97[34]	3-13-98[38]
1	50.7	40.5	49.3	50.3	40.8	40.5	8	45.8	41.7	47.1	52.8	43.9	52.8
2	65.0	19.0	62.8	64.3	20.7	33.7	9	56.4	53.9	54.0	56.7	53.1	49.0
3	48.5	37.7	44.8	46.1	20.4	215.5	10	42.1	39.3	40.5	41.4	48.3	38.0
4	45.3	43.6	38.6	39.5	33.1	46.2	11	19.6	20.4	18.0	18.3	19.8	17.6
5	57.6	56.9	47.8	48.8	50.1	50.0	12	34.1	39.5	32.6	28.2	31.0	32.1
6	22.8	21.8	18.5	19.2	21.5	30.6	13	45.2	80.4	41.8	51.3	44.7	46.6
7	42.4	41.2	34.8	32.9	21.5	73.6	14	40.8	46.9	36.0	76.6	39.3	71.6

C	3-13-93[35]	3-13-94[36]	3-13-95[37]	3-13-96[37]	3-13-97[34]	3-13-98[38]	C	3-13-93[35]	3-13-94[36]	3-13-95[37]	3-13-96[37]	3-13-97[34]	3-13-98[38]
15	50.1	47.4	81.4	83.5	48.2	75.8	18	29.4	28.8	70.0	71.4	23.8	27.8
16	156.0	155.7	159.6	160.0	156.2	157.8	19	181.2	183.4	18.5	18.9	174.6	21.9
17	103.8	103.1	107.8	110.6	102.5	106.5	20	17.4	15.4	19.1	19.7	76.7	18.0

表 3-13-16 化合物 3-13-99~3-13-105 的 ^{13}C NMR 数据

C	3-13-99[39]	3-13-100[38]	3-13-101[38]	3-13-102[19]	3-13-103[30]	3-13-104[20]	3-13-105[20]
1	79.7	37.8	37.6	75.8	39.7	76.4	39.1
2	29.6	33.4	33.2	33.9	24.4	72.9	67.9
3	34.8	217.1	216.3	73.9	78.3	78.0	77.1
4	37.9	46.4	46.3	41.5	42.9	36.8	37.5
5	53.1	51.1	51.4	46.8	42.1	58.3	58.6
6	75.6	29.1	28.1	28.9	27.4	209.4	209.3
7	205.9	73.3	72.0	75.7	77.5	54.1	53.1
8	59.9	60.9	61.4	62.1	49.0	49.5	48.9
9	47.4	52.5	53.8	51.3	51.0	54.5	53.5
10	45.8	38.4	38.5	45.2	36.9	49.5	44.7
11	19.5	17.8	17.4	37.6	18.3	70.0	67.9
12	33.7	30.4	31.6	207.4	34.2	38.9	39.6
13	40.1	45.6	43.7	64.7	44.4	39.1	38.8
14	35.5	74.6	75.1	74.0	38.9	37.0	36.5
15	75.5	207.2	205.6	204.9	45.8	81.4	81.4
16	158.0	147.1	145.7	146.0	155.2	151.5	151.4
17	105.6	117.8	117.3	118.7	104.5	106.8	107.8
18	29.6	27.4	27.1	22.4	73.3	26.7	27.0
19	67.2	20.7	20.5	64.7	13.0	21.9	21.9
20	15.1	17.9	17.9	13.7	19.4	16.8	19.8
21					99.6		
22					30.5		
23					20.0		
OAc	171.0/21.2		170.3/21.1	171.0/20.7		171.1/21.7	169.6/20.4
	170.7/20.7			170.4/20.9		170.7/20.8	171.1/21.5
						170.4/20.8	170.5/20.9
						170.3/20.4	170.4/20.8

第三章 单萜、倍半萜和二萜类化合物

3-13-104 R=OH
3-13-105 R=H

3-13-106 R¹=H; R²=CH₃; R³=COOGlu⁶-Api; R⁴=OH
3-13-107 R¹=H; R²=CH₃; R³=COOGlu; R⁴=OGlu
3-13-108 R¹=H; R²=COOGlu⁶-Api; R³=CH₃; R⁴=OH
3-13-109 R¹=α-OH; R²=CH₃; R³=COOGlu; R⁴=OH
3-13-110 R¹=β-OH; R²=CH₂OGlu⁶-Api; R³=CH₃; R⁴=H

3-13-111 R=H
3-13-112 R=Glu

表 3-13-17　化合物 3-13-106~3-13-112 的 ^{13}C NMR 数据

C	3-13-106[40]	3-13-107[40]	3-13-108[40]	3-13-109[40]	3-13-110[40]	3-13-111[36]	3-13-112[41]
1	40.6	40.6	39.0	38.8	38.7	40.1	40.1
2	19.5	19.5	17.9	28.7	27.2	18.8	18.6
3	38.2	38.3	36.5	78.2	72.0	37.6	37.3
4	44.0	44.1	48.0	49.8	43.0	42.8	43.2
5	56.3	56.0	50.0	56.3	47.5	55.9	56.4
6	22.1	22.1	23.0	21.8	20.1	21.6	21.1
7	40.8	40.4	39.2	40.4	40.7	41.3	41.0
8	44.1	43.8	44.0	43.7	44.1	40.9	41.5
9	57.1	57.1	57.1	56.6	55.6	53.1	53.0
10	39.5	39.4	38.3	39.1	39.0	38.9	39.1
11	29.4	26.3	28.9	29.4	18.3	19.8	19.9
12	71.2	80.9	71.2	71.0	33.3	37.3	36.7
13	51.9	49.6	51.9	51.8	44.2	85.3	85.0
14	39.8	38.8	39.6	39.5	39.8	43.5	43.4
15	49.4	49.4	49.3	49.1	49.1	47.4	47.2
16	151.0	150.1	150.7	150.8	155.9	152.4	153.0
17	106.3	107.6	106.4	106.4	103.4	104.4	104.1
18	28.6	28.5	177.6	24.2	74.4	28.5	28.1
19	176.7	176.8	18.2	176.3	12.8	178.4	175.5
20	16.3	16.2	16.8	16.0	18.3	15.2	15.2
	19-O-Glu	19-O-Glu	18-O-Glu	19-O-Glu	18-O-Glu		19-O-Glu
1'	95.5	95.8	96.0	95.9	105.3		94.0
2'	73.9	74.0	74.2	73.9	74.8		72.5
3'	79.0	79.3	78.8	79.5	78.5		77.0
4'	71.1	71.0	71.0	70.8	72.0		69.5
5'	77.6	79.1	77.6	78.9	76.9		77.6
6'	67.8	62.1	68.0	61.8	69.1		60.5
	Api	12-O-Glu	Api		Api	13-O-Glu	13-O-Glu
1'	110.8	104.4	110.9		111.1	97.4	97.8
2'	77.9	75.3	77.9		77.6	73.7	73.6
3'	80.4	78.5	80.4		80.4	76.9	76.4
4'	75.1	71.7	75.1		75.0	70.2	70.4
5'	65.8	78.2	65.8		65.5	76.6	76.9
6'		62.9				61.1	61.2

3-13-113 R¹=Glu; R²=β-OH
3-13-114 R¹=Glu; R²=α-OH
3-13-115

表 3-13-18 化合物 3-13-113~3-13-115 的 ^{13}C NMR 数据

C	3-13-113[42]	3-13-114[42]	3-13-115[43]	C	3-13-113	3-13-114	3-13-115
1	41.8	41.9	40.8	4'	71.2	71.1	70.6
2	20.3	20.1	19.5	5'	78.8	78.8	77.3
3	39.2	40.9	38.4	6'	62.5	62.4	62.6
4	44.8	44.9	44.0	Glu'			
5	50.5	53.3	57.3	1"			104.8
6	30.3	34.6	22.1	2"			75.2
7	78.1	72.2	41.7	3"			79.0
8	49.5	49.9	42.5	4"			71.5
9	48.8	54.7	54.0	5"			78.6
10	40.6	41.5	39.8	6"			62.3
11	19.2	19.3	20.6	Xyl			
12	34.7	34.0	37.0	1'''			105.4
13	45.3	45.1	86.4	2'''			75.9
14	37.7	30.0	44.3	3'''			78.6
15	46.7	46.8	47.7	4'''			71.2
16	157.0	156.3	154.2	5'''			67.5
17	103.8	104.0	104.6	Glu''			
18	28.9	32.6	28.3	1''''			95.8
19	178.7	179.0	177.0	2''''			73.9
20	16.4	17.6	15.5	3''''			79.2
Glu				4''''			71.0
1'	95.8	95.9	97.9	5''''			78.5
2'	74.2	74.0	80.7	6''''			62.1
3'	78.8	78.7	88.3				

3-13-116 R¹=R²=R³=R⁴=R⁵=H; R⁶=OH; R⁷=R⁸=CH₂OH; R⁹=COOH; R¹⁰=CH₃
3-13-117 R¹=R²=R⁴=R⁵=H; R³=OH; R⁶=OH; R⁷=CH₂OH; R⁸=R⁹=R¹⁰=CH₃
3-13-118 R¹=R²=R³=R⁴=R⁵=H; R⁶=OH; R⁷=CH₂OAc; R⁸=R⁹=R¹⁰=CH₃
3-13-119 R¹=R²=R³=R⁴=R⁵=H; R⁶=H; R⁷=CH₂OH; R⁸=R⁹=R¹⁰=CH₃
3-13-120 R¹=R³=R⁴=H; R²=R⁵==O; R⁶=H; R⁷=R⁸=R⁹=R¹⁰=CH₃
3-13-121 R¹=R²=R⁴=H; R³=OH; R⁵==O; R⁶=H; R⁷=R⁸=R⁹=R¹⁰=CH₃
3-13-122 R¹=R²=R⁴=R⁵=H; R³==O; R⁶=OH; R⁷=CH₂OH; R⁸=R⁹=R¹⁰=CH₃
3-13-123 R¹=R²=R³=R⁴=R⁵=R⁶=H; R⁷=CH₃; R⁸=COOH; R⁹=R¹⁰=CH₃
3-13-124 R¹=R²=R³=R⁴=R⁵=R⁶=H; R⁷=CH₃; R⁸=R¹⁰=CH₃; R⁹=COOH
3-13-125 R¹=R²=R³=R⁴=R⁵=R⁶=H; R⁷=CH₃; R⁸=COOH; R⁹=COOH; R¹⁰=CH₃
3-13-126 R¹=R²=R³=R⁴=R⁵=R⁷=H; R⁶=R⁹=CH₂OH; R⁸=R¹⁰=CH₃
3-13-127 R¹=R²=R³=R⁴=R⁵=R⁷=H; R⁶=CH₂OH; R⁸=R¹⁰=CH₃; R⁹=COOH

3-13-128 $R^1=R^2=R^3=R^4=R^5=R^7=H$; $R^6=CHO(CH_3)_2$; $R^8=R^{10}=CH_3$; $R^9=COOH$
3-13-129 $R^1=R^2=R^3=R^4=R^5=H$; $R^6=R^8=R^{10}=CH_3$; $R^7=OH$; $R^9=COOH$
3-13-130 $R^1=R^2=R^3=R^4=R^5=H$; $R^6=R^8=R^{10}=CH_3$; $R^7=OH$; $R^9=CH_2OH$
3-13-131 $R^1=R^2=R^3=R^4=R^5=H$; $R^6=OH$; $R^7=CH_2OH$; $R^8=R^{10}=CH_3$; $R^9=COOH$
3-13-132 $R^1=R^2=R^3=R^4=R^5=H$; $R^6=CH_2OH$; $R^7=OH$; $R^8=R^{10}=CH_3$; $R^9=COOH$
3-13-133 $R^1==R^3=R^5=H$; $R^2=R^4=R^6=OH$; $R^7=CH_2OH$; $R^8=R^9=R^{10}=CH_3$
3-13-134 $R^1=R^2=R^3=R^4=R^5=H$; $R^6=OH$; $R^7=CH_2OAc$; $R^8=R^{10}=CH_3$; $R^9=COOH$
3-13-135 $R^1=R^2=R^3=R^4=R^5=H$; $R^6=OH$; $R^7=CH_2OB$; $R^8=R^{10}=CH_3$; $R^9=COOH$
3-13-136 $R^1=R^2=R^4=R^5=H$; $R^3==O$; $R^6=CH_2OH$; $R^7=OH$; $R^8=R^9=R^{10}=CH_3$
3-13-137 $R^1=R^2=R^4=R^5=H$; $R^3=OH$; $R^6=OH$; $R^7=CH_2OH$; $R^8=R^{10}=CH_3$; $R^9=CH_2OH$
3-13-138 $R^1=R^3=R^4=R^5=H$; $R^2=OH$; $R^6=R^8=R^9=R^{10}=CH_3$; $R^7=OH$
3-13-139 $R^1=R^2=R^4=R^5=H$; $R^3=OH$; $R^6=CH_3$; $R^7=CH_2OH$; $R^8=R^{10}=CH_3$; $R^9=COOH$
3-13-140 $R^1=R^2=R^4=R^5=H$; $R^3=OAc$; $R^6=CH_2OH$; $R^7=OCH_3$; $R^8=R^9=R^{10}=CH_3$
3-13-141 $R^1=R^2=R^3=R^4=R^5=R^6=H$; $R^7=CH_2OH$; $R^8=R^{10}=CH_3$; $R^9=OH$
3-13-142 $R^1=R^2=R^3=R^4=R^5=H$; $R^6=CH_2OH$; $R^7=OAc$; $R^8=R^{10}=CH_3$; $R^9=OH$
3-13-143 $R^1=R^2=R^3=R^4=R^5=H$; $R^6=CH_2OAc$; $R^7=OH$; $R^8=R^{10}=CH_3$; $R^9=OCHO$
3-13-144 $R^1=R^2=R^3=R^4=R^5=H$; $R^6=CH_2OAc$; $R^7=OH$; $R^8=OOH$; $R^9=R^{10}=CH_3$
3-13-145 $R^1=R^2=R^3=R^4=R^5=H$; $R^6=CH_2OH$; $R^7=OH$; $R^8=OOH$; $R^9=R^{10}=CH_3$
3-13-146 $R^1=R^2=R^3=R^4=R^5=H$; $R^6=OAc$; $R^7=COOCH_3$; $R^8=R^{10}=CH_3$; $R^9=COOH$
3-13-147 $R^1=R^2=R^3=R^4=R^5=H$; $R^6=OAc$; $R^7=COOCH_3$; $R^8=R^{10}=CH_3$; $R^9=CHO$
3-13-148 $R^1=R^2=R^3=R^4=R^5=R^6=H$; $R^7=COOH$; $R^8=R^{10}=CH_3$; $R^9=CH_2OH$
3-13-149 $R^1=R^2=R^3=R^4=R^5=H$; $R^6=OAc$; $R^7=COOCH_3$; $R^8=R^{10}=CH_3$; $R^9=OH$
3-13-150 $R^1=R^2=R^3=R^4=R^5=R^7=H$; $R^6=CH_2OAc$; $R^8=CH_2OH$; $R^9=COOH$; $R^{10}=CH_3$
3-13-151 $R^1=R^2=R^3=R^4=R^5=R^7=H$; $R^6=CH_2OH$; $R^8=CH_2OAc$; $R^9=COOH$; $R^{10}=CH_3$
3-13-152 $R^1=R^2=R^3=R^4=R^5=R^7=H$; $R^6=CH_2OAc$; $R^8=CH_2OAc$; $R^9=COOH$; $R^{10}=CH_3$
3-13-153 $R^1=R^2=R^3=R^4=R^5=H$; $R^6=OH$; $R^7=CH_2OH$; $R^8=CH_2OAc$; $R^9=COOH$; $R^{10}=CH_3$
3-13-154 $R^1=R^2=R^3=R^4=R^5=H$; $R^6=OH$; $R^7=CH_2OAc$; $R^8=CH_2OAc$; $R^9=COOH$; $R^{10}=CH_3$
3-13-155 $R^1==O$; $R^2=R^3=R^4=R^5=H$; $R^6=OH$; $R^7=CH_2OH$; $R^8=R^{10}=CH_3$; $R^9=COOH$

表 3-13-19　化合物 3-13-116~3-13-121 的 ^{13}C NMR 数据

C	3-13-116[44]	3-13-117[45]	3-13-118[46]	3-13-119[46]	3-13-120[47]	3-13-121[47]
1	40.9	39.1	41.9	43.3	44.0	38.0
2	19.1	28.2	18.2	18.7	210.4	26.9
3	33.1	78.2	43.1	42.5	55.1	78.8
4	50.5	39.1	33.2	33.3	38.5	38.9
5	51.4	57.1	56.2	56.3	54.8	54.8
6	22.8	20.8	20.5	20.8	20.7	20.3
7	42.6	42.7	37.2	37.7	38.7	39.5
8	44.8	44.8	44.8	44.8	45.3	45.2
9	56.4	55.5	56.7	57.1	56.2	57.3
10	39.9	39.4	39.4	39.6	39.9	39.1
11	19.6	18.9	18.6	18.9	38.7	36.3
12	26.9	26.7	26.3	26.8	213.9	215.4
13	40.9	46.1	46.1	46.0	59.5	59.9
14	37.8	37.8	40.3	40.5	35.9	36.6
15	53.9	54.0	53.2	54.0	45.0	50.5
16	81.7	81.6	79.9	81.5	34.6	34.9
17	66.5	66.5	68.6	68.4	22.7	23.0
18	70.5	28.9	33.6	33.7	33.2	28.2
19	179.0	18.2	21.6	21.7	17.1	15.4
20	16.3	16.4	17.8	18.0	16.2	16.2
OAc		171.0/21.4				

表 3-13-20 化合物 3-13-122~3-13-128 的 ^{13}C NMR 数据

C	3-13-122[48]	3-13-123[49]	3-13-124[49]	3-13-125[49]	3-13-126[50]	3-13-127[50]	3-13-128[50]
1	39.2	38.4	38.8	39.5	40.7	41.0	41.0
2	33.9	17.2	18.0	18.7	18.7	19.7	19.7
3	218.2	37.0	32.1	37.8	36.1	38.5	38.5
4	47.1	47.2	49.6	43.7	39.4	43.7	43.7
5	54.2	53.2	51.6	57.0	57.0	56.9	56.9
6	21.6	23.0	21.6	21.8	21.2	23.0	23.0
7	40.8	38.3	38.9	39.2	42.3	41.9	41.8
8	44.3	40.9	40.4	40.8	44.8	44.8	45.1
9	55.3	50.2	52.7	52.2	56.6	55.6	55.3
10	38.5	37.6	38.6	38.9	39.2	39.7	39.8
11	18.8	19.6	19.8	19.7	18.9	19.0	18.8
12	26.0	20.5	20.5	20.6	31.9	31.7	31.6
13	45.2	24.2	24.2	24.3	38.8	38.5	38.0
14	36.8	33.5	33.1	33.1	37.3	37.2	37.9
15	52.6	50.3	50.3	50.4	45.8	45.6	44.3
16	81.7	22.5	22.4	22.4	44.0	43.9	107.8
17	66.1	20.5	20.5	20.6	66.8	66.7	29.2
18	27.2	185.0	71.4	28.9	28.0	29.2	179.4
19	20.9	16.2	181.3	184.7	63.9	179.9	15.8
20	17.7	14.9	12.7	12.5	18.2	15.8	52.6
OCH$_3$							52.8

表 3-13-21 化合物 3-13-129~3-13-135 的 ^{13}C NMR 数据

C	3-13-129[50]	3-13-130[50]	3-13-131[42]	3-13-132[42]	3-13-133[37]	3-13-134[51]	3-13-135[52]
1	41.0	40.6	41.9	41.9	50.5	41.6	41.5
2	19.7	18.6	19.9	19.5	63.8	18.5	19.9
3	38.5	36.0	40.7	40.9	54.8	37.8	38.8
4	43.7	39.1	45.3	45.1	36.2	43.0	44.0
5	56.9	56.9	51.2	50.9	60.9	56.1	57.4
6	22.8	20.9	72.9	72.4	68.3	21.6	22.6
7	42.4	42.7	83.2	83.0	38.7	37.7	42.6
8	44.3	44.2	49.6	49.6	451	43.5	44.5
9	56.6	57.6	52.6	52.5	56.7	55.9	57.1
10	39.8	39.3	42.0	41.9	43.1	39.2	40.4
11	19.3	19.1	20.3	20.1	18.8	18.7	19.5
12	26.2	26.1	27.5	28.2	26.8	26.5	27.5
13	37.5	37.6	41.9	41.9	46.2	41.2	42.4
14	40.7	40.5	38.3	38.1	54.0	40.5	38.8
15	44.4	44.5	49.6	49.6	54.3	52.5	53.6
16	43.8	43.6	79.3	80.5	81.3	77.0	78.5
17	63.1	63.1	64.1	70.6	66.4	70.9	71.6

续表

C	3-13-129[50]	3-13-130[50]	3-13-131[42]	3-13-132[42]	3-13-133[37]	3-13-134[51]	3-13-135[52]
18	29.2	27.9	33.3	33.1	37.8	28.7	29.2
19	180.0	63.8	182.6	182.3	23.2	178.7	178.9
20	15.9	18.3	17.3	17.1	20.1	15.4	16.0
OAc						170.1/21.0	
1″							167.1
2″							116.8
3″							144.1
4″							127.4
5″,9″							133.6
6″,8″							115.7
7″							159.6

表 3-13-22　化合物 3-13-136~3-13-142 的 ^{13}C NMR 数据

C	3-13-136[53]	3-13-137[54]	3-13-138[55]	3-13-139[32]	3-13-140[56]	3-13-141[57]	3-13-142[57]
1	37.8	38.4	49.9	40.1	38.5	39.9	40.2
2	34.0	26.0	65.5	21.3	23.8	19.2	20.2
3	218.2	68.6	51.5	42.9	81.1	40.7	43.7
4	47.1	42.9	35.1	34.2	39.2	71.1	71.0
5	55.6	48.9	55.9	57.1	55.3	57.3	57.4
6	21.2	20.2	27.0	21.2	20.3	19.7	19.3
7	39.2	36.9	42.2	42.5	36.9	41.9	41.9
8	43.3	44.3	44.5	46.0	44.4	44.2	44.1
9	54.3	56.6	57.2	55.5	56.6	57.8	58.0
10	38.5	39.1	41.4	48.8	37.9	39.8	40.1
11	19.3	18.2	19.3	18.9	18.7	19.9	19.4
12	26.6	25.4	20.0	25.9	26.1	26.2	27.3
13	40.6	44.9	47.1	49.1	41.7	37.6	42.4
14	40.8	42.6	39.0	36.5	42.1	43.4	38.6
15	52.2	53.0	57.8	59.0	48.8	44.5	53.6
16	79.6	80.7	77.8	77.9	87.1	43.7	77.8
17	69.8	65.4	32.7	25.0	60.6	63.2	72.0
18	27.3	23.0	33.9	33.5	28.5	23.2	23.5
19	20.9	64.1	22.7	23.0	16.8	17.3	17.3
20	17.6	18.1	18.9	179.1	18.1		
OAc						171.3/21.6	171.1/20.8
OCH$_3$				49.2			

表 3-13-23　化合物 3-13-143~3-13-149 的 ^{13}C NMR 数据[57, 58]

C	3-13-143	3-13-144	3-13-145	3-13-146	3-13-147	3-13-148	3-13-149
1	41.3	40.8	41.5	41.6	41.5	40.8	42.8
2	18.5	18.8	19.4	18.9	18.2	18.4	19.0
3	36.3	35.3	36.3	37.7	34.2	36.1	37.7
4	84.3	84.8	83.2	43.7	48.3	39.1	72.2
5	56.1	50.4	50.9	56.5	56.2	57.6	57.2

续表

C	3-13-143	3-13-144	3-13-145	3-13-146	3-13-147	3-13-148	3-13-149
6	19.5	19.0	19.6	21.9	19.9	21.0	19.4
7	39.6	39.1	39.7	37.8	37.9	42.4	39.1
8	43.5	43.6	43.8	44.8	44.6	44.6	44.6
9	56.3	56.7	57.4	55.2	54.7	57.0	55.8
10	39.3	40.0	40.2	39.6	39.4	39.3	39.7
11	17.6	18.8	19.3	17.0	16.8	18.7	16.9
12	26.6	26.6	27.5	26.3	26.1	27.9	26.2
13	41.4	41.4	41.8	46.1	46.0	40.1	46.1
14	38.3	38.3	38.6	40.4	39.2	40.6	40.9
15	52.5	52.4	53.5	51.1	51.1	42.7	51.2
16	78.5	78.5	79.7	89.1	89.0	46.9	89.1
17	71.2	71.2	70.5	170.5	170.4	176.9	171.3
18	26.3	18.1	18.8	28.8	24.1	28.0	22.6
19	17.3	17.2	17.5	184.0	205.7	64.1	16.8
20				15.4	16.3	18.4	
OAc	171.3/20.9	171.4/20.9		171.0/21.2	170.8/21.0		170.8/21.0
OCHO		160.6					
OCH$_3$				52.2	52.1		52.1

表 3-13-24 化合物 3-13-150~3-13-155 的 ^{13}C NMR 数据

C	3-13-150[59]	3-13-151[60]	3-13-152[60]	3-13-153[60]	3-13-154[60]	3-13-155[61]
1	40.2	40.3	40.0	39.7	39.9	39.4
2	18.4	18.4	18.2	18.0	18.1	19.1
3	31.9	32.2	32.2	31.9	32.7	38.1
4	49.0	46.9	47.4	46.6	47.4	45.2
5	51.7	51.2	52.2	50.8	52.0	46.4
6	22.2	22.4	22.2	21.8	22.0	34.2
7	41.2	41.1	41.0	41.4	41.2	213.1
8	44.6	44.2	44.5	43.7	44.4	56.7
9	55.3	55.0	55.2	55.3	55.6	53.2
10	39.4	39.1	39.3	38.9	39.4	38.1
11	18.7	18.7	18.6	18.1	18.4	18.6
12	31.1	31.3	31.1	25.8	26.1	26.2
13	38.5	37.7	38.4	44.5	45.8	43.4
14	37.1	36.8	37.0	36.7	36.9	37.2
15	44.9	45.0	44.7	52.7	52.6	44.6
16	39.5	43.2	39.5	80.5	80.2	81.7
17	68.3	65.8	68.2	65.3	68.2	66.5
18	71.2	71.7	72.1	71.3	71.9	29.0
19	181.1	176.2	181.2	175.8	179.7	180.2
20	15.7	15.5	15.3	15.2	15.4	15.6
OAc		170.4/20.9	170.8/20.7	170.1/20.6	170.8/20.7	
1'	177.3		177.4		177.2	
2'	34.1		34.0		34.0	
3'	19.0		18.9		18.9	
4'	19.0		18.7		19.0	

第三章 单萜、倍半萜和二萜类化合物

3-13-156 $R^1=R^4=R^5=OH$; $R^2=R^3=OAc$; $R^6=R^7=R^9=H$; $R^8=OCH_2CH_3$
3-13-157 $R^1=R^3=R^4=R^5=R^6=R^7=R^8=R^9=H$; $R^2=OH$
3-13-158 $R^1=R^2=R^3=R^5=R^6=R^7=R^8=H$; $R^4=OH$; $R^9=OAc$
3-13-159 $R^1=R^7=OAc$; $R^2=R^3=R^5=R^6=R^9=H$; $R^4=OH$; $R^8=OCH_3$
3-13-160 $R^1=R^2=R^4=R^5=H$; $R^3=R^6=R^7=R^8=OH$; $R^9=OAc$
3-13-161 $R^1=R^4=R^7=OH$; $R^2=OAc$; $R^3=R^5=R^9=H$; $R^6==O$; $R^8=OCH_3$

表 3-13-25 化合物 3-13-156~3-13-162 的 ^{13}C NMR 数据

C	3-13-156[10]	3-13-157[11]	3-13-158[13]	3-13-159[14]	3-13-160[22]	3-13-161[19]	3-13-162[19]
1	77.3	32.3	48.7	73.2	38.9	75.4	76.0
2	34.0	25.0	17.5	22.7	17.9	32.8	33.8
3	79.6	75.9	35.5	35.1	35.7	73.8	77.6
4	37.1	37.5	36.4	32.9	36.6	36.4	36.7
5	41.3	48.1	46.5	47.7	47.6	45.7	45.8
6	73.4	18.4	28.3	27.9	30.0	27.5	28.5
7	72.5	34.0	71.3	72.6	74.8	73.8	73.7
8	50.7	52.6	58.4	61.5	61.6	60.8	63.3
9	59.1	52.0	51.8	48.5	57.1	51.3	49.4
10	44.7	39.5	39.2	42.7	38.6	43.9	44.8
11	66.3	18.0	17.8	16.8	27.0	37.7	36.5
12	34.0	24.8	25.3	25.4	66.7	211.9	208.9
13	30.3	34.9	34.4	38.7	52.7	51.8	52.1
14	33.9	37.4	28.4	76.7	71.6	72.1	74.3
15	224.1	224.7	224.8	217.4	220.4	215.9	217.1
16	57.2	47.7	48.4	49.9	49.5	58.4	58.7
17	66.3	10.1	9.98	68.5	58.7	67.8	71.1
18	27.9	28.3	72.3	33.2	72.7	27.4	27.7
19	23.7	21.9	17.5	21.5	17.5	21.3	21.5
20	15.6	17.4	18.2	18.6	17.0	12.9	13.0
OAc	170.3/21.5		171.2/21.1	170.2/21.3	170.8/20.6	170.8/20.9	170.4/21.2
OAc	170.0/20.9						
OCH$_3$				59.1		58.9	59.5
OEt	69.3/15.5						

表 3-13-26　化合物 3-13-163~3-13-169 的 ^{13}C NMR 数据

C	3-13-163[48]	3-13-164[28]	3-13-165[42]	3-13-166[22]	3-13-167[62]	3-13-168[62]	3-13-169[62]
1	38.0	78.8	38.6	39.9	40.3	82.2	82.8
2	33.9	25.2	17.9	18.3	18.8	28.8	29.4
3	216.2	44.3	29.4	35.6	38.3	36.5	36.6
4	46.4	33.7	43.2	38.0	48.7	48.3	48.8
5	55.1	47.8	52.9	46.7	50.7	50.0	50.5
6	21.3	68.1	85.4	30.6	24.2	23.9	23.9
7	40.9	35.3	72.5	76.1	41.8	42.7	42.7
8	43.9	52.6	46.9	56.2	44.9	45.0	44.9
9	55.8	169.7	57.4	47.3	63.9	64.2	64.5
10	37.0	43.9	35.1	39.1	38.9	56.0	45.2
11	19.8	126.1	18.5	38.7	127.8	132.4	132.9
12	26.5	200.4	22.0	214.0	134.1	132.3	132.1
13	44.3	49.6	38.8	66.2	51.2	51.1	45.6
14	48.5	45.7	34.7	75.6	35.2	36.0	35.4
15	44.9	212.8	45.9	71.7	59.7	59.9	57.0
16	84.1	41.9	83.0	37.1	84.4	83.5	90.3
17	65.5	14.1	7102	10.6	25.9	26.9	19.7
18	26.7	32.2	26.0	71.0	183.1	181.9	183.8
19	21.3	23.6	185.2	18.0	17.2	17.7	17.3
20	14.3	19.3	21.1	17.7	18.4	15.1	14.5
OAc		170.7/21.3					
		170.5/21.1					
OCH$_3$							49.9

表 3-13-27　化合物 3-13-170~3-13-175 的 ^{13}C NMR 数据

C	3-13-170[45]	3-13-171[45]	3-13-172[63]	3-13-173[63]	3-13-174[42]	3-13-175[54]
1	39.2	39.1	36.1	40.5	40.3	55.1
2	27.6	34.2	28.1	18.7	18.8	211.5
3	78.6	216.7	78.0	36.6	38.3	55.9
4	39.6	47.2	39.4	39.8	48.7	38.6
5	57.1	54.3	55.1	56.7	50.7	54.3

续表

C	3-13-170[45]	3-13-171[45]	3-13-172[63]	3-13-173[63]	3-13-174[42]	3-13-175[54]
6	20.8	21.9	19.7	20.1	24.2	20.6
7	42.6	41.3	39.6	36.2	41.8	36.5
8	44.8	44.5	47.5	47.6	44.9	44.1
9	55.6	55.6	55.6	55.8	63.9	55.1
10	39.6	38.7	38.9	39.2	38.9	44.3
11	18.7	19.0	18.8	18.9	127.8	18.2
12	28.3	26.7	26.0	26.3	134.1	25.9
13	46.5	46.2	44.8	43.6	51.2	45.0
14	37.7	37.2	36.7	36.8	35.2	41.2
15	53.5	52.9	84.0	82.7	59.7	51.9
16	80.9	80.8	81.2	81.3	84.4	79.6
17	75.6	75.4	75.5	66.2	25.9	73.9
18	29.0	27.4	28.8	28.3	17.2	33.2
19	18.2	21.2	16.4	73.2	183.1	23.2
20	16.1	17.8	18.0	18.4	18.4	19.0
OAc			171.2/21.0	171.2/21.1		
Glu						
1'	106.5	106.5	105.4	105.5	105.1	104.4
2'	75.4	75.6	75.6	75.4	75.3	73.8
3'	78.7	78.6	78.6	78.8	78.0	76.3
4'	71.7	71.8	71.7	71.9	71.7	70.2
5'	78.5	78.4	78.3	78.3	78.1	77.0
6'	62.8	63.0	62.7	63.0	62.8	61.2

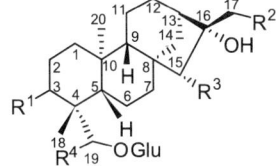

3-13-176 R¹=OH; R²=R³=H; R⁴=H
3-13-177 R¹=R²=OH; R³=H; R⁴==O
3-13-178 R¹=R³=H; R²=OH; R⁴==O
3-13-179 R¹=H; R²=R³=OH; R⁴=H

3-13-180 R¹=OH; R²==O
3-13-181 R¹=H; R²==O

表 3-13-28 化合物 3-13-176~3-13-181 的 ¹³C NMR 数据

C	3-13-176[64]	3-13-177[65]	3-13-178[40]	3-13-179[63]	3-13-180[65]	3-13-181[42]
1	40.2	39.6	40.9	40.7	39.7	42.0
2	28.0	28.8	19.5	18.7	28.9	19.7
3	78.2	78.3	38.5	36.2	78.4	40.6
4	43.4	49.8	44.2	38.4	49.9	45.7
5	55.5	56.2	57.5	57.1	56.6	50.6
6	20.5	22.2	22.6	20.4	21.9	72.0
7	42.3	42.6	42.8	37.3	42.4	83.4
8	44.5	44.6	44.9	48.0	43.6	49.6
9	57.0	56.8	56.3	56.4	56.9	53.2
10	39.3	39.5	40.1	39.8	39.7	41.8
11	20.5	19.0	19.0	18.9	19.6	20.1
12	26.4	26.6	26.7	26.3	27.3	28.3

续表

C	3-13-176[64]	3-13-177[65]	3-13-178[40]	3-13-179[63]	3-13-180[65]	3-13-181[42]
13	46.5	45.8	45.9	43.6	41.6	42.0
14	37.5	37.4	37.6	36.8	38.2	37.7
15	53.5	53.5	53.7	82.7	53.1	49.8
16	81.0	81.6	81.7	81.3	79.7	80.6
17	16.2	66.4	66.5	66.2	70.4	70.7
18	28.2	24.2	28.6	28.3	24.3	32.5
19	75.5	176.4	176.9	73.2	176.4	178.9
20	17.9	15.8	15.9	18.4	15.7	17.4
glu						
1'	106.2	95.9	95.8	105.5	95.9	95.9
2'	75.1	73.9	74.1	75.4	74.0	74.0
3'	78.0	79.5	79.3	78.8	79.7	78.7
4'	71.8	70.8	71.2	71.9	70.9	71.7
5'	78.3	79.0	79.3	78.3	79.0	78.8
6'	62.6	61.8	62.2	63.0	61.8	62.3

3-13-182 R^1=OXyl; R^2==O; R^3=R^4=R^5=H
3-13-183 R^1=R^2=H; R^3=R^4=OH; R^5=OGlu^6-Rha
3-13-184 R^1=R^2=H; R^3=R^4=OH; R^5=OGlu^2-Api

3-13-185 R^1=R^3=OH; R^2=R^4=H; R^5=OGlu
3-13-186 R^1=R^5=H; R^2=OH; R^3=R^4=OGlu

3-13-187 R= (acyl with 3-methoxy-4-hydroxyphenyl)
3-13-188 R= (sinapoyl: 3,5-dimethoxy-4-hydroxycinnamoyl)

表 3-13-29 化合物 3-13-182~3-13-188 的 ^{13}C NMR 数据

C	3-13-182[47]	3-13-183[65]	3-13-184[65]	3-13-185[64]	3-13-186[66]	3-13-187[67]	3-13-188[67]
1	37.0	40.7	40.5	40.3	41.0	37.9	37.9
2	22.4	18.6	18.8	28.7	19.4	24.3	24.3
3	83.5	36.6	36.0	77.9	38.3	82.5	82.6
4	37.6	38.2	38.3	39.8	44.0	53.1	53.1
5	54.4	57.7	57.6	57.3	57.2	57.6	57.5
6	19.8	20.6	20.2	22.1	22.1	21.4	21.4
7	38.8	42.7	42.5	44.0	42.2	42.4	42.4
8	44.6	43.8	43.8	46.0	44.1	44.6	44.6
9	56.1	57.0	57.1	59.0	56.5	55.3	55.3
10	38.2	39.5	39.4	41.0	40.8	39.1	39.1
11	35.8	19.1	19.1	20.2	18.8	19.1	19.1

续表

C	3-13-182[47]	3-13-183[65]	3-13-184[65]	3-13-185[64]	3-13-186[66]	3-13-187[67]	3-13-188[67]
12	213.5	27.4	27.4	28.0	26.5	26.6	26.6
13	59.2	41.7	41.7	47.0	40.0	46.0	45.9
14	35.9	38.4	38.4	38.8	37.7	37.7	37.7
15	49.6	53.3	53.3	54.4	48.4	53.7	53.7
16	33.7	79.6	79.6	82.8	87.0	81.8	81.8
17	22.6	70.4	70.4	16.3	66.6	66.6	66.5
18	28.0	28.2	28.4	29.8	28.6	22.1	22.1
19	15.6	72.8	72.6	19.2	176.9	206.4	206.5
20	16.3	18.3	18.5	75.9	15.7	18.7	18.7
	Xyl	Glu	Glu	Glu	6-O-Glu	Glu	Glu
1'	105.4	104.9	103.5	105.1	99.8	101.9	102.0
2'	75.9	75.0	79.2	75.0	75.1	75.2	75.1
3'	78.6	78.6	78.1	77.9	78.8	78.7	78.6
4'	71.2	71.8	72.0	71.6	71.9	72.1	72.0
5'	67.5	76.9	77.3	79.6	78.4	77.5	77.4
6'		68.7	62.7	62.7	63.0	69.2	69.0
		Rha	Api		19-O-Glu	Api	Api
1"		110.9	101.6		95.7	110.1	110.8
2"		77.7	72.1		74.1	78.4	78.3
3"		80.4	72.4		79.3	78.9	78.8
4"		75.1	74.1		71.0	75.1	75.1
5"		65.7	69.4		79.1	67.9	67.7
6"			18.6		62.1	110.1	110.8
						R	R
1'''						121.7	125.3
2'''						113.7	107.0
3'''						148.5	149.4
4'''						153.4	140.9
5'''						116.3	149.4
6'''						125.0	107.0
7'''						166.7	146.4
8'''						56.0	115.3
9'''							167.5
10'''							56.6
11'''							56.6

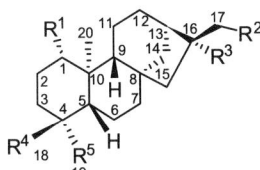

3-13-189 R¹=H; R²=R³=OH; R⁴=COOGlu; R⁵=CH₃
3-13-190 R¹=OGlu; R²=OH; R³=H; R⁴=CH₃; R⁵=COOH
3-13-191 R¹=OGlu; R²=R³=OH; R⁴=CH₃; R⁵=COOH
3-13-192 R¹=H; R²=OH; R³=OGlu; R⁴=CH₃; R⁵=COOCH₃
3-13-193 R¹=H; R²=OH; R³=OGlu; R⁴=CH₃; R⁵=COOH

3-13-194

表 3-13-30　化合物 3-13-189~3-13-194 的 ^{13}C NMR 数据

C	3-13-189[40]	3-13-190[63]	3-13-191[63]	3-13-192[42]	3-13-193[42]	3-13-194[37]
1	37.7	92.6	92.5	41.8	42.0	38.3
2	17.9	28.3	28.4	19.0	18.8	18.0
3	36.8	36.7	36.6	41.0	41.5	35.9
4	48.0	43.6	43.6	45.6	45.8	38.7
5	50.3	56.2	56.0	52.0	52.9	45.9
6	23.6	23.2	21.9	72.2	73.5	29.9
7	41.8	43.6	37.6	83.3	82.6	74.9
8	44.9	46.1	49.1	49.7	49.6	60.7
9	56.9	55.2	54.8	50.7	51.8	56.4
10	38.9	45.8	45.9	42.0	42.4	37.6
11	18.4	21.7	21.41313	20.2	20.6	36.5
12	26.7	32.5	26.9	27.7	27.8	66.6
13	46.0	44.9	43.3	41.5	41.6	51.0
14	39.5	38.5	37.4	37.5	38.5	71.5
15	53.8	45.7	82.3	46.0	46.1	222.1
16	81.6	38.7	81.9	87.5	87.7	43.4
17	66.4	67.2	66.1	66.9	66.9	9.8
18	177.7	29.4	29.3	32.7	35.0	78.6
19	18.3	180.8	180.1	180.4	185.5	18.0
20	16.8	12.9	13.0	17.2	17.1	17.1
OMe				52.8		
Glu						
1'	96.1	104.6	104.5	100.0	100.0	105.5
2'	74.3	75.8	75.7	75.7	75.8	74.8
3'	79.5	79.1	78.9	78.5	78.5	78.5
4'	71.0	71.7	71.7	71.6	71.6	71.5
5'	78.9	78.4	78.3	78.1	78.1	78.6
6'	62.1	62.9	62.8	62.9	63.0	62.9

3-13-195　$R^1=R^2=R^8=R^9=R^{10}$=H; $R^3=R^5=\beta$-OH; $R^4=R^6=R^7$=OH

3-13-196　$R^1=R^2=R^8=R^9=R^{10}$=H; $R^3=\beta$-OH; $R^4=R^6=R^7$=OH; R^5=OCHO

3-13-197　$R^1=R^5=\alpha$-OH; $R^2=R^6=R^8$=H; $R^3=\beta$-OH; R^4=OH; R^7==O; R^9=OAc

3-13-198　$R^1=R^2=R^6=R^8=R^{10}$=H; $R^3=\beta$-OH; R^4=OH; $R^5=\alpha$-OH; R^7==O; R^9=OAc

3-13-199　$R^1=R^4=R^5=R^8=R^9$=H; $R^2=R^3=\beta$-OH; $R^6=R^{10}$=OH; R^7==O

3-13-200　$R^1=\alpha$-OH; $R^2=R^3=R^6=R^8=R^9=R^{10}$=H; R^4=OH; $R^5=\beta$-OH; R^7==O

3-13-201　$R^1=R^3=\beta$-OH; R^4=OH; $R^5=\alpha$-OAc; R^9=OAc; $R^2=R^6=R^8=R^{10}$=H

3-13-202　$R^1=R^3=\beta$-OH; $R^2=R^6=R^8=R^{10}$=H; R^4=OH; $R^5=\alpha$-OH; R^7==O; R^9=OAc

3-13-203　$R^1=\alpha$-OAc; $R^2=R^8=R^{10}$=H; $R^3=\beta$-OH; $R^4=R^6=R^7$=OH; R^7==O; R^9=OAc

3-13-204　$R^1=\alpha$-OH; $R^2=R^6=R^8=R^{10}$=H;$R^3=\beta$-OH; R^4=OH; $R^5=\alpha$-OAc; R^7==O; R^9=OAc

3-13-205　$R^1=R^2=R^5=R^6=R^8=R^{10}$=H; $R^3=\beta$-OH; $R^4=R^7$=OH; R^9=OAc

3-13-206　$R^1=R^2=R^3=R^4=R^5=R^9=R^{10}$=H; $R^6=R^7=R^8$=OH;

3-13-207　$R^1=R^2=R^3=R^4=R^8=R^9$=H; $R^5=\beta$-OAc; R^6=OH; R^7==O; R^{10}=OMe

3-13-208　$R^1=R^2=R^3=R^4=R^8=R^9$=H; $R^5=\beta$-OAc; $R^6=R^7$=OH; R^{10}=OMe

3-13-209　$R^1=R^3=R^4=R^8=R^9$=H; $R^2=\alpha$-OH; $R^5=\beta$-OAc; R^6=OH; R^7==O; R^{10}=OMe

3-13-210 R^1=β-OH; R^2=R^6=R^8=R^{10}=H; R^3=α-OH; R^4=R^7=OH; R^9=OAc
3-13-211 R^1=R^6=R^9=R^{10}=H; R^2=β-OAc; R^3=β-OH; R^4=OH; R^5=α-OH; R^7==O; R^8=OAc
3-13-212 R^1=R^3=β-OH; R^2=R^5=R^8=R^{10}=H; R^4=R^6=R^9=OH; R^7==O
3-13-213 R^1=R^2=R^5=R^8=R^{10}=H; R^3=β-OH; R^4=R^6=R^9=OH; R^7==O
3-13-214 R^1=R^3=β-OH; R^2=R^5=R^8=R^{10}=H; R^4=R^6=R^7=R^9=OH
3-13-215 R^1=R^3=R^5=β-OH; R^2=R^8=R^{10}=H; R^4=R^6=OH; R^7==O; R^9=OAc
3-13-216 R^1=R^3=β-OH; R^2=α-OH; R^5=R^8=R^{10}=H; R^4=R^6=OH; R^7==O; R^9=OAc
3-13-217 R^1=R^3=β-OH; R^2=α-OH; R^6=R^8=R^{10}=H; R^4=R^5=OH; R^7==O; R^9=OAc
3-13-218 R^1=R^8=R^9=R^{10}=H; R^2=α-OH; R^3=R^5=β-OH; R^4=R^6=OH; R^7==O
3-13-219 R^1=R^2=R^8=R^9=R^{10}=H; R^3=R^5=β-OAc; R^4=R^6=R^7=OH
3-13-220 R^1=R^2=R^8=R^9=H; R^3=R^5=β-OH; R^4=R^6=OH; R^7==O; R^{10}=OMe
3-13-221 R^1=R^2=R^8=R^9=H; R^3=β-OH; R^4=R^6=OH; R^5=β-OAc; R^7==O; R^{10}=OMe
3-13-222 R^1=α-OH; R^2=R^3=R^4=R^5=R^8=R^9=H; R^6=OH; R^7==O; R^{10}=OMe
3-13-223 R^1=α-OH; R^2=R^5=R^8=R^9=R^{10}=H; R^3=β-OH; R^4=R^6=OH; R^7==O
3-13-224 R^1==O; R^2=α-OAc; R^3=β-OH; R^4=OH; R^5=R^6=R^8=R^9=R^{10}=H; R^7=β-OAc
3-13-225 R^1==O; R^2=R^5=R^6=R^8=R^9=R^{10}=H; R^3=β-OH; R^4=OH; R^7=β-OAc
3-13-226 R^1=α-OAc; R^2=R^5=R^8=R^9=R^{10}=H; R^3=β-OH; R^4=R^6=OH; R^7==O
3-13-227 R^1=α-OH; R^2=R^5=R^8=R^9=R^{10}=H; R^4=R^6=OH; R^7==O
3-13-228 R^1=α-OH; R^2=R^4=R^5=R^8=R^9=H; R^3=β-OH; R^6=OH; R^7==O; R^{10}=OMe

表 3-13-31　化合物 3-13-195~3-13-201 的 ^{13}C NMR 数据

C	3-13-195[68]	3-13-196[68]	3-13-197[9]	3-13-198[9]	3-13-199[9]	3-13-200[69]	3-13-201[70]
1	30.8	30.4	73.2	30.9	25.7	74.3	66.0
2	18.6	18.3	29.0	18.5	23.6	28.4	27.6
3	41.1	40.8	33.8	36.0	74.4	39.0	28.1
4	33.8	33.7	37.6	37.2	39.8	34.3	37.3
5	58.1	57.7	62.3	60.9	53.5	57.6	56.7
6	72.8	72.0	74.2	74.0	70.0	73.3	74.3
7	99.1	98.9	96.4	96.3	70.0	95.7	96.5
8	53.3	52.9	59.9	59.1	62.9	60.1	58.7
9	50.1	46.7	54.8	53.2	52.1	61.2	48.7
10	37.0	37.0	43.1	37.3	39.8	42.8	42.1
11	60.6	65.0	67.0	69.4	20.1	63.1	69.7
12	43.0	39.7	39.4	37.9	31.8	39.8	38.4
13	45.9	45.1	34.8	34.2	44.6	35.0	34.2

C	3-13-195[68]	3-13-196[68]	3-13-197[9]	3-13-198[9]	3-13-199[9]	3-13-200[69]	3-13-201[70]
14	75.6	75.7	27.2	27.7	71.0	27.4	27.9
15	72.2	71.8	211.4	209.7	212.1	210.7	210.1
16	157.8	156.4	154.3	153.0	153.8	153.8	153.2
17	110.1	111.1	115.7	117.6	118.5	115.8	117.2
18	32.7	32.5	27.9	28.6	29.9	33.1	29.0
19	22.0	21.7	66.6	67.0	23.3	22.6	67.9
20	66.2	66.0	66.4	68.6	94.2	64.5	68.4
COOH		162.5					
OAc			170.8/20.8	169.9/21.7			170.8/20.8
				170.9/20.8			170.0/21.6

表 3-13-32 化合物 3-13-202~3-13-208 的 ^{13}C NMR 数据

C	3-13-202[70]	3-13-203[71]	3-13-204[71]	3-13-205[16]	3-13-206[16]	3-13-207[16]	3-13-208[16]
1	66.1	75.4	73.2	35.9	31.7	29.0	25.6
2	27.5	25.1	30.3	18.7	18.8	18.2	18.4
3	28.4	32.9	34.2	30.7	35.7	40.5	40.7
4	37.7	37.5	37.2	36.2	35.1	34.0	34.0
5	57.3	61.3	60.0	59.2	42.6	48.3	48.1
6	74.5	73.3	74.4	73.5	33.5	24.5	29.4
7	96.7	98.4	96.4	97.4	99.1	66.2	69.4
8	59.6	62.4	59.3	52.3	53.7	57.5	52.7
9	50.0	52.4	54.1	42.1	45.0	52.5	46.1
10	42.7	40.2	43.1	37.5	39.1	39.8	39.1
11	66.4	18.4	70.3	15.6	15.1	68.2	68.3
12	41.8	30.3	38.5	32.7	32.9	37.8	39.9
13	35.1	43.7	34.3	36.9	45.6	41.8	43.8
14	28.0	73.4	27.3	27.0	75.3	71.6	73.6
15	211.7	209.2	209.2	75.2	73.2	204.9	74.6
16	154.6	152.9	153.3	162.1	163.6	150.3	160.3
17	115.3	119.6	118.1	107.3	107.1	118.0	110.0
18	28.5	27.0	29.1	27.2	71.3	32.7	32.8
19	67.8	66.2	67.4	66.7	17.3	20.5	21.0
20	68.9	64.0	65.5	66.3	67.0	101.2	101.7
OAc	170.8/20.8	170.9/21.3	170.2/22.1	170.9/20.7		170.0/21.4	170.3/21.6
		170.1/20.7	170.8/20.8				
OMe						55.9	55.8

表 3-13-33 化合物 3-13-209~3-13-215 的 ^{13}C NMR 数据

C	3-13-209[16]	3-13-210[39]	3-13-211[39]	3-13-212[26]	3-13-213[26]	3-13-214[26]	3-13-215[26]
1	29.6	64.9	23.5	65.1	31.0	65.5	65.0
2	27.1	27.4	22.6	27.7	19.0	27.6	26.2
3	77.9	28.5	73.1	28.2	35.9	28.1	28.4

C	3-13-209[16]	3-13-210[39]	3-13-211[39]	3-13-212[26]	3-13-213[26]	3-13-214[26]	3-13-215[26]
4	40.6	37.8	41.1	39.1	36.6	39.2	38.3
5	47.2	54.3	57.5	56.6	61.5	53.6	56.3
6	25.2	73.7	73.9	73.4	73.1	72.4	73.1
7	67.2	97.9	96.5	99.0	98.6	100.5	98.8
8	58.5	52.0	60.0	62.4	62.7	53.1	62.0
9	57.6	36.6	54.1	48.4	52.8	38.8	54.2
10	40.5	41.1	37.3	41.3	38.9	41.0	43.2
11	64.6	15.1	65.4	16.5	16.9	14.6	61.1
12	43.3	27.4	41.3	30.4	30.2	32.6	41.1
13	44.0	37.2	34.8	44.0	43.8	46.4	44.0
14	70.8	32.6	27.5	73.9	73.5	73.2	73.7
15	206.7	75.4	211.3	209.3	208.7	76.6	209.0
16	153.9	162.3	154.1	153.1	153.0	161.2	152.0
17	115.9	107.2	115.7	119.5	119.6	109.3	119.9
18	28.9	27.2	22.6	28.4	28.2	27.7	27.2
19	15.6	67.1	67.0	65.1	64.5	64.7	67.0
20	101.9	66.3	69.4	67.0	67.2	66.6	67.2
OAc		171.0/20.8	170.7/21.0				170.9/20.7
			170.5/20.6				
OMe	55.4						

表 3-13-34　化合物 3-13-216~3-13-222 的 ^{13}C NMR 数据[26, 72]

C	3-13-216	3-13-217	3-13-218	3-13-219	3-13-220	3-13-221	3-13-222[72]
1	66.8	68.8	29.1	29.2	30.2	31.9	76.0
2	31.3	31.4	28.3	18.4	18.7	20.2	30.7
3	71.4	71.7	77.7	40.7	41.6	42.1	39.1
4	43.1	43.1	40.6	33.9	34.3	33.2	34.0
5	51.8	51.8	61.9	54.9	61.5	58.5	48.8
6	73.4	73.4	73.6	73.7	74.6	73.9	25.7
7	98.9	98.9	98.7	97.3	99.7	99.8	67.0
8	62.3	62.3	62.9	53.6	62.8	62.7	58.5
9	48.1	48.1	59.2	46.5	60.7	56.6	51.1
10	41.9	41.9	37.8	37.0	40.6	41.5	43.9
11	16.3	74.0	61.0	64.2	63.5	66.4	23.4
12	30.2	30.2	42.0	38.8	42.4	37.7	32.2
13	44.0	44.0	44.4	44.8	44.7	43.2	43.6
14	74.0	16.3	73.8	76.3	74.3	72.7	70.3
15	209.5	209.5	209.3	71.7	210.0	207.2	206.2
16	152.8	152.8	152.5	156.1	152.6	151.6	154.2
17	119.7	119.7	119.4	111.9	119.5	121.1	115.4

续表

C	3-13-216	3-13-217	3-13-218	3-13-219	3-13-220	3-13-221	3-13-222[72]
18	22.2	22.2	29.3	32.1	33.9	35.9	32.0
19	67.4	67.4	16.4	22.2	22.7	23.2	20.6
20	66.5	66.5	67.4	66.6	103.7	104.8	101.9
OAc	170.8/20.7	170.2/20.7		170.4/21.4		169.9/21.4	
				168.9/21.4			
OMe					55.9	55.0	54.9

表 3-13-35 化合物 3-13-223~3-13-230 的 ^{13}C NMR 数据

C	3-13-223[73]	3-13-224[74]	3-13-225[74]	3-13-226[75]	3-13-227[75]	3-13-228[76]	3-13-229[39]	3-13-230[16]
1	75.0	209.6	213.3	74.7	73.2	76	22.6	22.5
2	30.5	48.3	36.0	24.8	30.0	30.7	22.2	23.1
3	39.8	77.0	39.2	37.4	38.4	39.1	72.0	77.8
4	34.6	37.0	32.9	33.2	33.4	34.0	40.8	35.8
5	61.1	49.4	56.2	59.2	59.4	48.8	57.2	41.4
6	74.3	72.0	73.8	72.9	72.5	25.7	72.8	24.8
7	98.3	96.9	97.6	96.8	97.0	67.0	96.4	69.1
8	63.1	51.3	52.2	61.1	61.6	58.5	59.5	50.9
9	55.2	42.2	42.9	51.3	53.0	51.1	51.2	48.3
10	42.4	48.6	49.3	39.0	40.5	43.9	37.2	34.5
11	20.8	17.2	18.0	17.3	19.3	23.4	122.5	16.8
12	31.6	31.7	32.5	29.6	30.0	32.2	137.3	41.7
13	44.8	35.1	36.1	42.6	42.7	43.6	37.1	46.0
14	75.0	26.9	27.2	72.4	71.7	70.3	31.8	31.3
15	209.9	74.5	75.2	208.4	208.6	206.2	207.4	74.4
16	153.2	156.9	159.4	151.6	152.0	154.2	148.1	156.4
17	120.4	109.5	109.1	119.4	119.4	115.4	117.0	107.7
18	33.2	23.9	31.2	32.3	32.8	32.0	20.5	30.4
19	22.2	21.6	23.7	21.5	21.7	20.6	65.6	26.4
20	64.6	64.8	64.9	62.4	62.7	101.9	67.6	94.8
OAc		170.1/21.0	170.8/22.1	169.5/21.2			171.0/21.2	
		171.7/21.7					170.3/20.9	
OMe						54.9		

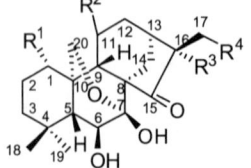

3-13-231 R^1=R^3=H; R^2=α-OAc; R^4=OCH$_2$CH$_3$
3-13-232 R^1=R^3=H; R^2=α-OAc; R^4=OMe
3-13-233 R^1=OH; R^2=β-OH; R^3=H; R^4=OH
3-13-234 R^1=OH; R^2=β-OH; R^3=R^4=OH

表 3-13-36　化合物 3-13-231~3-13-237 的 ^{13}C NMR 数据

C	3-13-231[69]	3-13-232[69]	3-13-233[77]	3-13-234[77]	3-13-235[78]	3-13-236[78]	3-13-237[26]
1	30.2	30.1	73.2	73.4	75.5	75.7	29.2
2	18.8	18.5	28.3	28.5	25.5	25.4	18.9
3	41.6	41.3	39.8	39.9	38.4	38.4	41.3
4	34.1	33.8	34.2	34.4	33.8	32.9	34.1
5	61.6	61.2	61.5	61.2	61.4	60.1	60.4
6	74.8	74.5	74.3	74.7	74.3	74.3	73.7
7	96.0	95.7	95.5	95.8	97.8	97.8	92.0
8	60.4	60.1	61.1	61.2	62.2	63.2	62.4
9	53.4	53.0	58.3	58.3	52.6	51.9	54.1
10	37.1	37.0	42.5	42.7	39.8	39.9	37.8
11	68.9	68.6	63.3	63.5	17.5	18.2	65.0
12	28.5	28.3	30.4	32.3	20.4	30.7	38.1
13	29.1	28.9	29.8	37.8	38.0	38.7	39.3
14	29.7	29.4	29.2	26.5	73.8	75.3	76.2
15	223.5	222.9	224.3	223.3	224.6	222.3	220.5
16	57.6	57.1	58.4	82.7	50.6	60.7	56.7
17	67.0	68.9	68.9	63.7	20.0	63.2	74.4
18	34.2	34.0	32.9	33.1	32.7	33.6	33.3
19	22.5	22.6	22.3	22.5	21.3	21.9	22.4
20	68.6	68.3	64.6	64.7	63.5	63.3	66.7
21					41.4		
22					207.4		
23					29.6		
OAc	170.0/21.7	169.6/21.5			169.9/21.3	169.8/21.2	169.9/21.3
OMe		58.6	58.6				58.3
OCH$_2$CH$_3$	66.7						
OCH$_2$CH$_3$	15.4						

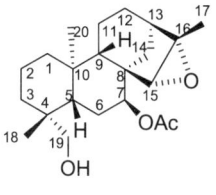

3-13-238　　3-13-239　　3-13-240

[结构式: 3-13-241, 3-13-242, 3-13-243]

表 3-13-37 化合物 3-13-238~3-13-243 的 ^{13}C NMR 数据

C	3-13-238[30]	3-13-239[79]	3-13-240[79]	3-13-241[9]	3-13-242[32]	3-13-243[32]
1	39.8	206.2	205.4	30.4	39.6	39.4
2	17.6	42.0	41.9	35.1	20.9	20.9
3	35.1	77.9	78.0	98.0	41.1	40.9
4	36.9	40.8	40.9	40.7	33.2	33.2
5	39.4	133.1	133.4	48.7	50.1	50.2
6	23.1	146.1	147.0	31.0	21.6	22.7
7	75.4	194.4	192.9	72.8	37.4	31.1
8	46.6	54.4	59.7	61.2	49.1	44.1
9	46.5	28.0	32.6	48.5	45.8	53.2
10	38.8	53.9	54.9	37.2	48.4	48.1
11	17.8	19.7	19.6	18.4	19.9	19.3
12	27.2	32.1	30.8	30.9	22.5	20.9
13	38.9	41.6	38.0	46.4	45.5	44.9
14	30.9	38.1	38.1	76.5	41.6	37.5
15	63.5	76.4	203.4	207.5	132.7	48.4
16	78.4	152.5	149.0	149.7	144.2	156.3
17	17.4	108.5	116.0	116.5	15.3	102.6
18	17.5	23.613	23.4	27.3	23.9	23.9
19	71.1	21.913	22.0	19.5	77.1	77.1
20	14.4	67.4	66.9	68.1	175.2	174.8
OAc	170.8/21.4	170.5/20.7				

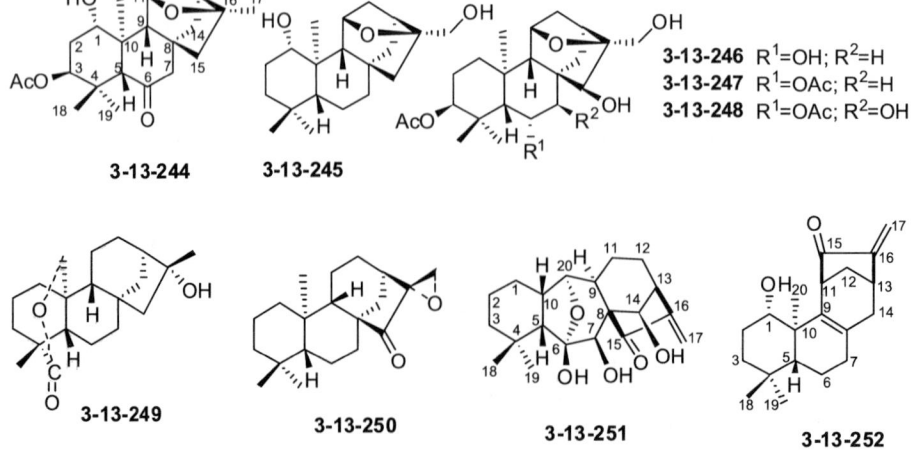

3-13-244   3-13-245   3-13-246 R^1=OH; R^2=H
3-13-247 R^1=OAc; R^2=H
3-13-248 R^1=OAc; R^2=OH

3-13-249   3-13-250   3-13-251   3-13-252

表 3-13-38　化合物 3-13-244~3-13-250 的 ^{13}C NMR 数据

C	3-13-244[20]	3-13-245[25]	3-13-246[80]	3-13-247[80]	3-13-248[80]	3-13-249[34]	3-13-250[11]
1	74.3	80.9	37.4	37.1	37.2	40.6	39.4
2	33.0	29.7	23.1	22.9	22.9	20.5	18.3
3	79.3	40.1	79.4	78.6	78.9	23.9	41.8
4	35.9	33.1	36.7	36.7	36.9	32.9	33.2
5	60.6	56.0	51.3	50.2	42.9	49.7	55.2
6	210.2	20.4	66.5	69.9	72.8	22.5	18.2
7	57.7	38.9	43.8	39.3	76.1	39.7	33.2
8	48.3	43.8	44.6	44.2	45.1	44.7	52.3
9	59.8	61.1	52.7	52.0	48.1	53.1	52.6
10	48.7	46.0	37.6	37.3	36.7	47.7	40.1
11	79.4	80.1	76.7	76.3	76.3	18.8	18.7
12	44.6	44.2	39.4	39.3	39.7	35.2	26.7
13	46.1	43.0	39.7	39.5	39.7	49.2	34.2
14	40.3	40.8	40.1	39.2	37.0	39.1	34.0
15	53.5	53.9	79.3	78.9	80.4	56.6	218.5
16	85.1	89.5	87.2	87.2	87.5	79.3	63.3
17	23.4	65.9	63.0	62.9	62.7	24.3	54.5
18	27.0	33.7	29.2	28.7	28.7	23.6	33.5
19	22.4	22.1	24.1	23.4	23.9	174.8	21.5
20	14.5	13.5	21.1	21.2	21.0	76.5	17.8
OAc	170.3/20.9		170.4/21.5	170.3/21.7	170.2/21.6		
				170.2/21.0	170.2/21.5		

表 3-13-39　化合物 3-13-251~3-13-256 的 ^{13}C NMR 数据

C	3-13-251[81]	3-13-252[27]	3-13-253[28]	3-13-254[28]	3-13-255[28]	3-13-256[62]
1	37.4	75.8	79.3	80.4	75.8	82.5
2	24.5	28.6	24.6	25.4	24.9	27.8
3	30.5	40.4	40.1	40.9	42.1	35.4
4	34.3	33.0	33.7	34.4	34.5	47.3
5	39.9	51.8	51.2	53.8	47.9	48.6
6	100.2	18.6	67.4	65.7	67.4	21.4

C	3-13-251[81]	3-13-252[27]	3-13-253[28]	3-13-254[28]	3-13-255[28]	3-13-256[62]
7	72.0	33.0	37.6	43.6	125.4	33.9
8	63.6	130.7	126.1	127.5	136.6	41.1
9	42.3	138.4	133.3	134.0	94.3	55.0
10	41.5	45.3	42.9	42.4	44.2	41.5
11	21.5	45.7	52.7	52.6	66.8	19.4
12	31.7	32.5	74.6	74.6	73.5	21.7
13	45.1	37.6	44.9	45.8	47.9	16.9
14	74.8	41.0	40.9	42.4	39.6	32.5
15	208.2	204.9	200.1	201.5	113.2	131.2
16	147.6	150.8	148.1	151.6	156.5	130.1
17	117.1	116.7	118.7	117.2	108.5	21.1
18	25.4	33.1	33.0	33.5	32.4	182.0
19	28.2	21.7	22.8	23.6	25.0	16.8
20	81.0	15.1	16.6	16.8	14.4	11.4
OAc			170.6/22.4	169.9/22.3	170.4/21.8	
			170.4/21.7		170.1/21.6	

3-13-257

3-13-258 R=H
3-13-259 R=OH

3-13-260

3-13-261

3-13-262 R¹=H; R²=H
3-13-263 R¹=OH; R²=H
3-13-264 R¹=H; R²=OH

3-13-265

3-13-266

3-13-267

表 3-13-40　化合物 3-13-257~3-13-264 的 ^{13}C NMR 数据

C	3-13-257[82]	3-13-258[83]	3-13-259[84]	3-13-260[83]	3-13-261[83]	3-13-262[85]	3-13-263[85]	3-13-264[85]
1	37.5	32.4	43.3	38.2	53.4	40.72	40.71	40.73
2	24.3	30.1	66.7	34.3	211.0	21.13	20.04	20.01
3	78.2	98.0	96.2	217.1	82.8	38.48	38.27	39.06
4	48.2	43.9	43.3	47.6	45.3	44.64	44.39	44.65
5	56.6	47.3	44.8	55.5	55.4	58.16	55.00	58.19

续表

C	3-13-257[82]	3-13-258[83]	3-13-259[84]	3-13-260[83]	3-13-261[83]	3-13-262[85]	3-13-263[85]	3-13-264[85]
6	21.4	21.1	20.4	19.5	20.1	22.94	32.01	22.89
7	37.3	35.5	35.2	35.3	39.2	42.47	75.83	42.04
8	48.8	48.4	48.1	44.1	45.5	48.16	46.80	41.21
9	52.4	45.6	45.0	55.5	55.4	55.88	54.70	50.70
10	37.7	34.7	34.3	37.0	44.3	39.25	39.31	38.84
11	20.5	21.8	21.8	20.8	18.4	21.44	21.25	29.97
12	33.0	32.4	32.0	32.6	32.8	39.08	38.86	72.05
13	43.7	44.0	43.4	39.1	43.7	41.05	39.33	55.67
14	60.9	60.2	59.8	46.5	40.5	55.18	50.04	48.14
15	134.6	132.9	133.4	60.0	48.7	49.85	41.40	48.25
16	136.8	13713.5	136.5	55.6	154.9	225.08	224.97	223.13
17	24.8	24.6	24.5	21.4	103.6	20.20	20.24	17.51
18	24.1	70.7	65.1	26.3	29.7	29.54	29.42	29.48
19	179.2	12.9	13.7	21.7	8.6	181.50	181.21	181.59
20	13.5	67.2	67.3	15.5	16.4	13.97	13.91	13.47

3-13-268   3-13-269   3-13-270   3-13-271

3-13-272   3-13-273   3-13-274   3-13-275

表 3-13-41 化合物 3-13-265~3-13-272 的 ^{13}C NMR 数据

C	3-13-265[86]	3-13-266[86]	3-13-267[86]	3-13-268[86]	3-13-269[87]	3-13-270[88]	3-13-271[88]	3-13-272[88]
1	38.0	37.9	36.3	124.9	39.1	39.0	38.2	39.4
2	27.9	34.0	26.8	144.1	17.9	18.2	17.0	18.0
3	78.2	217.5	78.8	200.7	36.5	35.7	3.4	35.8
4	39.2	47.6	38.6	43.8	36.8	37.8	49.4	37.9
5	55.7	55.6	54.5	53.2	53.0	46.0	44.8	46.0
6	18.9	19.6	18.8	19.1	38.4	29.0	31.5	27.9
7	40.1	38.7	30.7	31.0	211.5	71.9	71.2	69.8
8	37.7	32.8	47.4	48.0	60.3	56.6	56.8	51.7
9	52.1	50.8	51.9	48.8	44.6	28.0	47.7	47.6
10	33.0	37.2	37.8	39.1	37.1	39.0	37.9	39.2
11	23.6	23.2	25.2	28.0	28.7	20.7	20.6	20.7
12	32.8	32.1	44.8	38.0	37.3	43.9	43.9	44.8
13	23.8	23.4	75.0	44.5	38.2	76.8	76.7	66.7

续表

C	3-13-265[86]	3-13-266[86]	3-13-267[86]	3-13-268[86]	3-13-269[87]	3-13-270[88]	3-13-271[88]	3-13-272[88]
14	27.7	27.4	218.4	216.4	66.0	75.7	75.7	28.7
15	53.5	52.4	43.8	42.5	66.8	200.8	200.3	202.5
16	73.7	74.2	142.7	146.5	155.6	145.6	145.5	146.5
17	69.3	68.9	110.7	107.6	108.8	118.0	118.3	118.1
18	28.6	26.1	28.4	26.9	26.5	71.3	206.0	71.4
19	16.3	21.6	15.6	21.9	66.7	18.1	16.3	18.1
20	14.2	13.4	14.0	17.2	14.8	16.6	14.4	16.8
OAc					170.8/20.7			

表 3-13-42 化合物 3-13-273~3-13-275 的 ^{13}C NMR 数据[89]

C	3-13-273	3-13-274	3-13-275	C	3-13-273	3-13-274	3-13-275
1	35.1	33.9	124.2	12	77.3	78.4	77.6
2	66.9	66.9	135.3	13	34.3	35.3	35.1
3	41.0	45.4	40.7	14	190.4	199.7	199.7
4	34.8	36.5	33.3	15	22.3	21.2	21.0
5	139.3	139.9	137.2	16	25.6	29.4	30.4
6	145.8	188.1	179.5	17	12.6	13.8	14.1
7	176.8	153.3	155.7	18	27.5	28.8	27.0
8	130.5	120.3	117.4	19	26.2	27.4	24.9
9	161.5	52.1	51.1	20	29.1	29.9	28.0
10	40.7	152.0	148.9	OAc	169.9/20.1	169.9/20.1	169.8/20.2
11	194.7	198.9	199.1	OAc	169.9/21.0	169.9/21.0	

表 3-13-43 化合物 3-13-276~3-13-277 的 ^{13}C NMR 数据[90]

C	3-13-276	3-13-277	C	3-13-276	3-13-277	C	3-13-276	3-13-277
1	31.2	30.3	8	30.7	136.3	15	70.1	76.6
2	19.5	19.3	9	147.2	50.3	16	64.6	63.9
3	19.4	20.6	10	37.6	32.4	17	25.0	19.4
4	16.4	15.1	11	114.5	24.6	18	21.5	19.7
5	50.2	38.6	12	39.3	37.2	19	24.3	24.7
6	25.5	27.1	13	35.6	39.6	20	18.0	19.5
7	35.9	121.2	14	41.9	46.9			

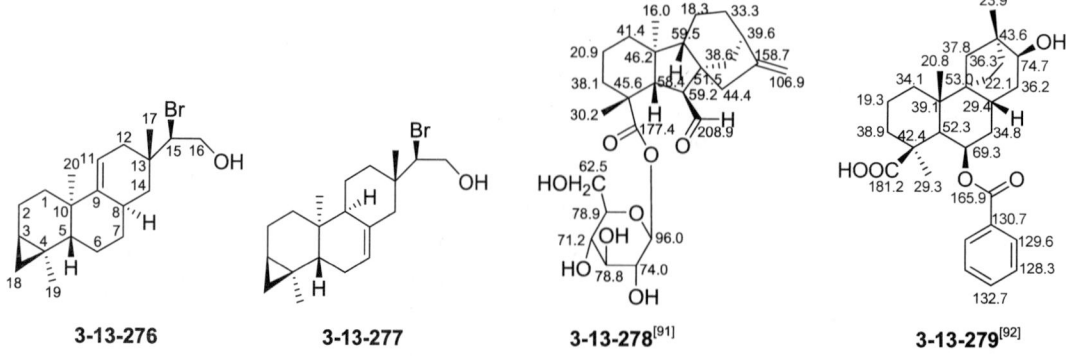

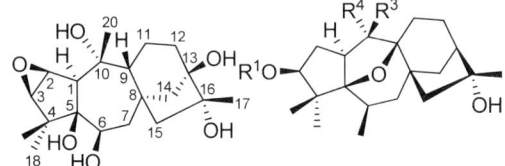

表 3-13-44　化合物 3-13-281~3-13-283 的 ^{13}C NMR 数据[94]

C	3-13-281	3-13-282	3-13-283	C	3-13-281	3-13-282	3-13-283
1	37.9	31.1	31.2	12	32.6	33.2	39.0
2	70.0	19.5	19.5	13	36.2	31.5	31.7
3	45.0	19.4	19.3	14	38.6	42.6	43.7
4	73.1	16.4	16.3	15	56.9	57.0	50.2
5	47.4	49.9	50.1	16	45.6	45.6	204.0
6	35.0	25.5	25.5	17	25.8	25.4	28.6
7	77.2	35.9	35.8	18	15.6	21.4	21.4
8	39.2	30.9	31.0	19	29.9	24.1	24.1
9	144.8	147.6	147.3	20	21.5	18.3	18.0
10	31.3	37.5	37.5	OAc	170.5/21.6		
11	118.2	115.4	114.8				

表 3-13-45　化合物 3-13-284~3-13-289 的 ^{13}C NMR 数据

C	3-13-284[95]	3-13-285[96]	3-13-286[96]	3-13-287[96]	3-13-288[96]	3-13-289[96]
1	54.4	49.5	48.0	50.2	51.9	51.5
2	60.3	32.4	31.7	35.7	35.6	35.5
3	64.4	85.7	91.1	82.7	82.7	82.7
4	47.9	48.8	47.8	52.3	51.8	52.0
5	80.1	95.9	93.4	83.6	82.9	83.1
6	74.4	72.6	69.6	77.2	80.5	78.8
7	50.3	33.7	31.7	80.3	74.9	77.6
8	42.1	46.7	46.7	56.2	56.2	56.6
9	52.2	88.9	89.0	54.5	55.2	54.6
10	77.5	37.5	36.4	77.6	77.5	77.6
11	24.3	26.0	25.8	22.3	22.7	22.6
12	33.6	25.9	25.8	27.1	27.3	27.0
13	82.2	46.6	46.2	55.1	55.3	56.5
14	41.5	40.8	40.6	82.0	83.2	80.1

C	3-13-284[95]	3-13-285[96]	3-13-286[96]	3-13-287[96]	3-13-288[96]	3-13-289[96]
15	58.4	51.1	51.9	53.5	52.1	51.8
16	76.7	79.8	79.9	78.7	78.5	79.5
17	21.3	24.2	24.3	23.3	24.0	24.0
18	21.3	22.9	24.8	23.0	23.0	23.1
19	20.6	19.8	19.8	20.3	19.7	19.7
20	31.0	15.5	14.3	28.2	28.6	28.5
OAc				171.3/21.7	171.2/21.7	169.8/21.6
丙酰基						
CH₃				9.4	9.1	9.2
CH₂				28.6	28.2	28.3
C=O				173.5	173.8	174.3
Glu						
1'		100.8	105.8			
2'		75.4	75.8			
3'		78.9	78.1			
4'		72.6	71.9			
5'		78.4	78.1			
6'		63.6	63.0			

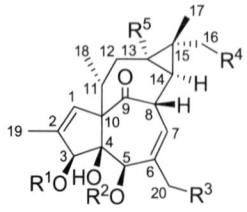

3-13-290

3-13-291

表 3-13-46 化合物 3-13-290~3-13-291 的 ¹³C NMR 数据[97]

C	3-13-290	3-13-291	C	3-13-290	3-13-291	C	3-13-290	3-13-291
1	54.2	44.2	9	55.4	53.6	17	23.7	24.0
2	60.7	39.3	10	77.3	153.1	18	20.5	19.0
3	64.2	81.7	11	22.2	24.1	19	21.2	25.3
4	47.9	46.3	12	27.1	26.0	20	30.6	112.4
5	79.8	83.4	13	55.3	47.9	1'	174.9	
6	73.2	71.0	14	82.0	36.0	2'	68.2	
7	43.9	44.6	15	60.1	62.7	3'	21.5	
8	50.8	50.8	16	78.7	80.1			

3-13-292 R¹=H; R²=Bz; R³=H; R⁴=OBz; R⁵=H
3-13-293 R¹=Bz; R²=H; R³=OBz; R⁴=H; R⁵=H
3-13-294 R¹=Bz; R²=H; R³=H; R⁴=OBz; R⁵=OBz

表 3-13-47　化合物 3-13-292~3-13-294 的 ^{13}C NMR 数据[98]

C	3-13-292	3-13-293	3-13-294	C	3-13-292	3-13-293	3-13-294
1	130.1	132.5	122.2	20	21.4	66.2	21.8
2	139.5	137.9	138.3		5-OBz	3-OBz	3-OBz
3	80.2	83.7	83.6	1'	166.2	167.1	167.2
4	85.3	85.3	85.3	2'	130.4	130.3	130.1
5	77.3	77.2	77.3	3',6'	130.1	130.0	129.8
6	135.5	135.9	136.3	4',5'	128.4	128.3	128.6
7	125.0	123.1	132.1	7'	132.9	133.4	133.2
8	43.7	43.1	42.9		16-OBz	20-OBz	13-OBz
9	202.6	206.1	205.1	1'	169.9	166.8	166.2
10	72.9	72.0	72.0	2'	129.2	129.5	130.2
11	39.6	39.1	38.6	3',6'	129.6	129.9	129.7
12	31.0	31.0	35.3	4',5'	128.6	128.3	128.4
13	24.1	24.1	69.3	7'	133.5	133.4	133.2
14	27.9	23.8	28.9				16-OBz
15	30.9	27.8	34.4	1'			166.7
16	66.3	24.5	65.6	2'			129.5
17	24.5	30.9	18.7	3',6'			129.8
18	17.0	17.0	18.0	4',5'			128.4
19	15.4	15.7	15.6	7'			132.9

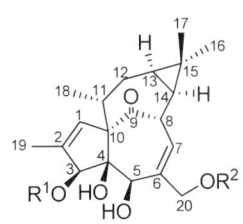

3-13-295　R^1=H; R^2=OC(CH$_2$)$_{12}$CH$_3$
3-13-296　R^1=OC(CH$_2$)$_{12}$CH$_3$; R^2=H

3-13-297

表 3-13-48　化合物 3-13-295~3-13-297 的 ^{13}C NMR 数据

C	3-13-295[99]	3-13-296[100]	3-13-297[100]	C	3-13-295	3-13-296	3-13-297
1	129.60	131.95	132.05	10	72.80	71.58	72.07
2	139.15	135.86	135.72	11	39.77	38.34	38.61
3	80.45	82.48	82.12	12	32.12	31.78	31.19
4	84.41	84.83	85.97	13	23.39	23.12	23.18
5	73.99	75.70	74.95	14	23.13	22.81	22.96
6	136.96	139.57	133.34	15	24.06	23.95	24.32
7	127.88	127.68	128.22	16	28.70	28.36	28.41
8	44.21	43.32	43.67	17	15.67	15.45	15.51
9	207.41	207.10	205.61	18	17.59	17.00	17.09

续表

C	3-13-295[99]	3-13-296[100]	3-13-297[100]	C	3-13-295	3-13-296	3-13-297
19	15.60	15.38	15.35	8'	29.56	29.40	29.49
20	66.50	66.70	65.92	9'	29.50	29.21	29.41
1'	174.54	174.65	168.57	10'	29.41	29.01	29.27
2'	34.54	34.47	118.28	11'	29.32	28.96	29.16
3'	25.11	24.80	146.49	12'	31.15	30.88	31.86
4'	29.89	29.52	131.74	13'	22.89	22.54	22.65
5'	29.89	29.52	146.03	14'	14.33	13.98	14.08
6'	29.85	29.52	33.05	OAc			170.8/20.0
7'	29.68	29.40	28.66	OAc			170.9/20.8

3-13-298

3-13-299

3-13-300

表 3-13-49 化合物 3-13-298~3-13-300 的 ^{13}C NMR 数据

C	3-13-298[101]	3-13-299[102]	3-13-300[103]	C	3-13-298	3-13-299	3-13-300
1	160.56	161.2	160.5	11	42.94	36.3	44.7
2	133.17	132.8	134.7	12	76.32	32.2	79.3
3	209.55	209.1	210.3	13	65.83	63.8	79.9
4	73.36	73.8	74.8	14	36.49	32.5	37.6
5	38.15	38.7	38.5	15	31.66	22.9	27.5
6	140.81	139.8	143.0	16	62.08	23.2	24.2
7	128.79	130.3	129.3	17	14.09	15.4	17.7
8	38.97	39.2	40.1	18	14.50	18.6	15.0
9	78.10	75.9	67.0	19	10.00	10.1	10.3
10	55.79	55.8	57.4	20	67.94	68.3	68.0

3-13-301 R¹=CH₃(CH₂)₁₂COO; R²=OH

3-13-302 R¹=CH₃(CH₂)₁₄COO; R²=CH₃(CH₂)₁₀COO

3-13-303 R¹=CH₃(CH₂)₁₃COO; R²=OH

3-13-304 R¹=CH₃(CH₂)₁₄COO; R²=CH₃(CH₂)₁₀COO

表 3-13-50　化合物 3-13-301~3-13-304 的 ^{13}C NMR 数据[104]

C	3-13-301	3-13-302	3-13-303	3-13-304	C	3-13-301	3-13-302	3-13-303	3-13-304
1	163.9	163.6	161.2	161.5	4'	29.1	29.1	24.8	29.1
2	134.2	134.3	132.8	132.8	5'	19.2	29.3	29.1	29.2
3	210.0	209.8	209.3	209.1	6'	29.3	29.4	29.2	29.2
4	72.6	72.5	73.8	73.7	7'	29.4	29.6	29.3	29.3
5	71.6	69.6	38.7	39.0	8'	29.6	29.6	29.3	29.4
6	61.9	60.7	139.8	135.0	9'~11'	29.6	29.6	29.4	29.6
7	65.7	65.7	130.3	133.8	12'	32.0	29.6	29.6	29.6
8	36.3	36.2	39.2	39.5	13'	22.7	29.6	29..6	29.6
9	75.4	75.3	76.0	75.9	14'	14.1	32.0	29.7	31.9
10	49.7	49.8	55.8	55.8	15'		22.7	22.7	22.8
11	38.2	38.1	36.3	36.4	16'		14.1	14.1	14.1
12	31.9	31.9	31.8	31.8	1"		173.4		173.6
13	64.1	64.2	63.4	43.3	2"		34.2		34.3
14	31.8	31.9	32.6	32.5	3"		24.9		24.9
15	23.9	24.0	22.7	22.7	4"		29.1		29.2
16	22.8	22.8	23.2	23.2	5"		29.2		29.2
17	15.7	15.8	15.3	15.3	6"		29.3		29.3
18	19.0	19.0	15.3	18.5	7"		29.5		29.4
19	9.7	9.8	18.5	10.1	8"		29.6		29.6
20	64.8	65.7	10.1	69.5	9"		29.6		29.6
1'	175.4	175.3	68.3	175.9	10"		29.7		29.7
2'	34.4	34.4	176.0	34.6	11"		22.7		22.7
3'	24.8	24.8	34.6	24.8	12"		14.1		14.1

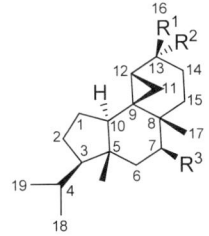

3-13-305 R¹=OH; R²=Me; R³=H
3-13-306 R¹=Me; R²=OH; R³=H
3-13-307 R¹=Me; R²=OH; R³=OAc

3-13-308[107]

3-13-309[108]

3-13-310[109]

表 3-13-51　化合物 3-13-305~3-13-307 的 ^{13}C NMR 数据

C	3-13-305[105]	3-13-306[105]	3-13-307[106]	C	3-13-305	3-13-306	3-13-307
1	20.5	20.5	20.9	12	26.3	25.3	25.9
2	27.7	27.8	27.7	13	70.8	70.1	69.6
3	59.1	59.1	59.2	14	33.4	31.2	30.9
4	31.5	31.5	31.7	15	39.4	35.3	31.9
5	41.7	42.0	42.4	16	29.5	30.1	30.2
6	33.9	33.9	39.5	17	25.0	25.1	19.0
7	33.5	37.6	78.5	18	22.6	22.6	22.7
8	30.7	30.5	34.4	19	22.5	22.5	22.5
9	29.3	26.1	26.6	20	17.8	17.8	17.7
10	48.2	48.3	47.4	OAc			170.9/21.5
11	9.9	10.5	10.7				

参 考 文 献

[1] 王建忠, 王锋朋. 天然产物研究与开发, 1998, 10: 15.
[2] Xu Y L, Yu Y B. Phytochemistry, 1989, 28: 3235.
[3] 赵勤实, 林中文, 孙汉董. 云南植物研究, 1996, 18: 234.
[4] Zhang H J, Sun H D. Phytochemistry, 1989, 28: 3405.
[5] 赵清治, 王桂红, 郑治安等. 云南植物研究, 1991, 13: 205.
[6] 王艳红, 陈耀祖, 孙汉董. 中山大学学报 (自然科学版), 1998, 37: 122.
[7] 薛华珍, 张雁冰, 赵清治. 河南医科大学学报, 1991, 26: 321.
[8] 王艳红, 陈耀祖, 金东史等. 中山大学学报 (自然科学版), 1997, 36: 109.
[9] Sun H D, Lin Z W, Di Niu F, et al. Phytochemistry, 1995, 38: 437.
[10] Zhao Q S, Tian J, Yue J, et al. Phytochemistry, 1998, 47: 1089.
[11] Nagashima F, Kondoh M, Uematsu T, et al. Chem Pharm Bull, 2002, 50: 808.
[12] Minh PTH, Ngoc P H, Quang D N, et al. Chem Pharm Bull, 2003, 51: 590.
[13] Giang P M, Son P T, Lee J J, et al. Chem Pharm Bull, 52: 978.
[14] Giang P M, Son P T, Hamada Y, et al. Chem Pharm Bull, 2005, 53: 296.
[15] Li M L, Li G Y, Ding L S, et al. J Nat Prod, 2008, 71: 684.
[16] Luo X, Pu J X, Xiao W L, et al. J Nat Prod, 2010, 73: 1112.
[17] 张崇禧, 王雪, 那微等. 中成药, 2008, 30: 102.
[18] 杨东娟, 马瑞君, 王莱等. 四川大学学报, 2005, 42: 1038.
[19] Zhao Y, Pu J X, Li L M, et al. Chin J Nat Med, 2009, 7: 409.
[20] Jiang B, Lu Z Q, Hou A J, et al. J Nat Prod, 1999, 62: 941.
[21] 王艳红, 陈耀祖, 孙汉董等. 中山大学学报 (自然科学版), 1997, 36: 122.
[22] Huang S X, Zhao Q S, Xu G, et al. J Nat Prod, 2005, 68: 1758.
[23] 吕应年, 龚先玲, Chen G G, et al. 化学与生物工程, 2009, 26: 72.
[24] 张焜, 王艳红, 陈耀祖等. 中山大学学报 (自然科学版), 1998, 37: 49.
[25] Huang H, Chen T P, Zhang H J, et al. Phytochemistry, 1997, 45: 559.
[26] Li L M, Weng Z Y, Huang S X, et al. J Nat Prod, 2007, 70: 1295.
[27] Nagashima F, Kasai W, Konoh M, et al. Chem Pharm Bull, 2003, 51: 1189.
[28] Qu J B, Zhu R L, Zhang Y L, et al. J Nat Prod, 2008, 71: 1418.
[29] Minh PTH, Ngoc P H, Taylor W C, et al. Fitoterapia, 2004, 75: 552.
[30] Baser KHC, Bondi M L, Bruno M, et al. Phytochemistry, 1996, 43: 1293.
[31] Kuo P C, Shen Y C, Yang M L, et al. J Nat Prod, 2007, 70: 1906.

[32] Tanaka N, Ooba N, Duan H Q, et al. Phytochemistry, 2004, 65: 2071.

[33] Li Y X, Liu J, Yu S J, et al. Phytochemistry, 2010, 71: 2124.

[34] Pradhan B P, Chakraborty S, Ghosh R K, et al. Phytochemistry, 1995, 39: 1399.

[35] 张鹏涛, 何隽, 许刚等. 云南植物研究, 2009, 31: 193.

[36] 王剑霞, 吕华冲. 中药材, 2007, 30: 800.

[37] Ge X, Ye G, Li P, et al. J Nat Prod, 2008, 71: 227.

[38] 白素平, 马兴科, 张积霞. 新乡医学学报, 2005, 22: 297.

[39] Li X N, Pu J X, Du X, et al. J Nat Prod, 2010, 73: 1803.

[40] Harinantenaina LRR, Kasai R, Yamasaki K. Chem Pharm Bull, 2002, 50: 268.

[41] 王剑霞, 吕华冲. 时珍国医国药, 2008, 19: 665.

[42] Kim K H, Choi S U, Lee K R. J Nat Prod, 2009, 72: 1121.

[43] Starratt A N, Kirby C W, Pocs R, et al. Phytochemistry, 2002, 59: 367.

[44] 高辉, 李平亚, 李德坤. 波谱学杂志, 2000, 17: 335.

[45] 张德志, 李铣, 朱廷儒. 波谱学杂志, 1990, 7: 349.

[46] 李朝明, 张桂华, 林中文等. 云南植物研究, 1991, 13: 216.

[47] 彭国平, 楼凤昌. 药学学报, 2002, 37: 950.

[48] Agrawal P K, Bishnoi V, Singh A K. Phytochemistry, 1995, 39: 929.

[49] Leong Y W, Harrison L J. Phytochemistry, 1997, 45: 1457.

[50] Miyashita H, Nishida M, Okawa M, et al. Chem Pharm Bull, 2010, 58: 765.

[51] 蒯玉花, 毕志明, 李萍等. 林产化学与工业, 2006, 26: 13.

[52] 王扣, 李明明, 成晓等. 云南植物研究, 2009, 31: 279.

[53] 梁志, 王映红, 李志宏等. 天然产物研究与开发, 2005, 17: 409.

[54] 张敏, 曹庸, 杜方麓等. 药学学报, 2007, 42: 1155.

[55] Suo Mao Rong, Tian Ze, Yang Jun Shan 等. 药学学报, 2007, 42: 166.

[56] Shou Q Y, Tan Q, Shen Z W. Tetrahedron Lett, 2009, 50: 4185.

[57] Yang Y L, Chang F R, Wu C C. J Nat Prod, 2002, 65: 1462.

[58] Chen C Y, Chang F R, Cho C P, et al. J Nat Prod, 2000, 63: 1000.

[59] 傅宏征, 林文翰. 波谱学杂志, 1997, 14: 299.

[60] Wang R, Chen W H, Shi Y P. J Nat Prod, 2010, 73: 17.

[61] Ndom J C, Mbaf J T, Meva L M, et al. Phyto Lett, 2010, 154: 6.

[62] Leverrier A, Martin M T, Servy C, et al. J Nat Prod, 2010, 73: 1121.

[63] Otsuka H, Shitamoto J, Matsunami K, et al. Chem Pharm Bull, 2007, 55: 1600.

[64] 张德志. 天然产物研究与开发, 1997, 10: 34.

[65] Harinantenaina L, Kasai R, Yamasaki K. Phytochemistry, 2002, 61: 367.

[66] Harinantenaina L, Kasai R, Yamasaki K. Chem Pharm Bull, 2002, 50: 1122.

[67] Xu W H, Jacob M R, Agarwal A K, et al. Chem Pharm Bull, 2010, 58: 261.

[68] 刘延泽, 侯建军, 吴养洁. 天然产物研究与开发, 1999, 12: 4.

[69] Li W W, Li B G, Chen Y Z. Phytochemistry, 1998, 49: 2433.

[70] Wang Y H, Chen T Z, Lin Z W, et al. Phytochemistry, 1998, 48: 1267.

[71] Hong S S, Lee S A, Han X H, et al. J Nat Prod, 2008, 71: 1055.

[72] Wang T, Tang F M, Zhang Y H, et al. J Mol Struct, 2010, 975: 317.

[73] 确生, 赵玉英, 周勇等. 中国中药杂志, 2009, 34: 1523.

[74] 徐亮, 季红, 陈巧鸿等. 天然产物研究与开发, 2006, 18: 1.

[75] 丁兰, 王炜, 汪涛等. 广西植物, 2008, 28: 265.

[76] 杨东娟, 赵锐明, 蔡梓华等. 西北林学院学报, 2010, 25: 179.

[77] Han Q B, Li M L, Li S T, et al. Chem Pharm Bull, 2003, 51: 790.

[78] Wang Y X, Zhu L L, Zhi H A. Chinese Chem Lett, 2010, 21: 610.
[79] 王佳，林中文，孙汉董. 云南植物研究, 1997, 19: 438.
[80] Zhao A H, Han Q B, Li S H, et al. Chem Pharm Bull, 2003, 51: 845.
[81] Zhang H B, Du X, Pu J X, et al. Tetrahedron Lett, 2010, 51: 4225.
[82] Wellsow J, Grayer REJ, Veitch N C, et al. Phytochemistry, 2006, 67: 1818.
[83] Konishi T, Konoshima T, Fujiwara Y, et al. J Nat Prod, 2000, 63: 344.
[84] Konishi T, Yamazoe K, Kanzato M, et al. Chem Pharm Bull, 2003, 51: 1142.
[85] De Oliveira B H, Starpasson R A. Phytochemsitry, 1996, 43: 393.
[86] Wang H, Zhang X F, Ma Y B, et al. 中草药, 2004, 35.
[87] Li X N, Pu J X, Du X, et al. J Nat Prod, 2010, 73: 1803.
[88] Huang S X, Zhou Y, Yang L B, et al. J Nat Prod, 2007, 70: 1053.
[89] Mei S, Jiang B, Niu X, et al. J Nat Prod, 2002, 65: 633.
[90] Wang R, Chen W H, Shi Y P. J Nat Prod, 2010, 73: 17.
[91] Kim K H, Choi S U, Lee K R. J Nat Prod, 2009, 72: 1121.
[92] Giang P M, Son P T, Matsunami K, et al. Chem Pharm Bull, 2006, 54: 546.
[93] Hanson J, Truhen A. Phytochemistry, 1998, 47: 423.
[94] Kurata K, Taniguchi K, Agatsuma Y, et al. Phytochemistry, 1998, 47: 363.
[95] Zhang W D, Jin H Z, Chen G, et al. Phytochem Commun, 2008, 2008: 602.
[96] Wang L, Chen S, Qin G, et al. J Nat Prod, 1998, 61: 1473.
[97] 李蓉涛，李晋玉，王京昆等. 云南植物研究, 2005, 27: 565.
[98] Yu-Bo W, Ping J, Hong-Bing W, et al. Chinese Journal of Natural Medicines, 2010, 8: 94.
[99] 李玉林，索有瑞. 中草药, 2005, 36: 1763.
[100] 师彦平，杨立，贾忠建. 波谱学杂志, 1997, 14: 217.
[101] Yu-Feng X, Zheng-Ming T, Hong-Bing W, et al. 中国天然药物, 2010, 8: 264.
[102] Erickson K L, Beutler J A, John H C, et al. J Nat Prod, 1995, 58: 769.
[103] Liang S, Shen Y H, Feng Y, et al. Chem Pharm Bull, 2010, 73: 532.
[104] Kirira P G, Rukunga G M, Wanyonyi A W, et al. J Nat Prod, 2007, 70: 842.
[105] Loyola L A, Borquez J, Morales G, et al. Phytochemistry, 2001, 56: 177.
[106] Loyola L A, Borquez J, Morales G. Tetrahedron, 1998, 54: 15533.
[107] Fukuyma Y, Masuya T, Tori M, et al. Phytochemistry, 1988, 27: 1797.
[108] Ponomarenko L P, Kalinovsky A I, Afiyatullov S S, et al. J Nat Prod, 2007, 70: 1110.
[109] Wachter G A, Franzblau S G, Montenegro G, et al. J Nat Prod, 1998, 61: 965.

第十四节　五环二萜类化合物

表 3-14-1　五环二萜类化合物的名称、分子式和测试溶剂

编号	名称	分子式	测试溶剂	参考文献
3-14-1	ent-trachyloban-4β-ol	$C_{19}H_{30}O$	C	[1]
3-14-2	ent-17-hydroxytrachyloban-18-oic acid	$C_{20}H_{30}O_3$	M	[1]
3-14-3	ent-1α-hydroxytrachyloban-18-oic acid	$C_{20}H_{30}O_3$	M	[1]
3-14-4	nervonin A	$C_{28}H_{38}O_{10}$	C	[2]
3-14-5	atropurpuran	$C_{20}H_{24}O_3$	—	[3]

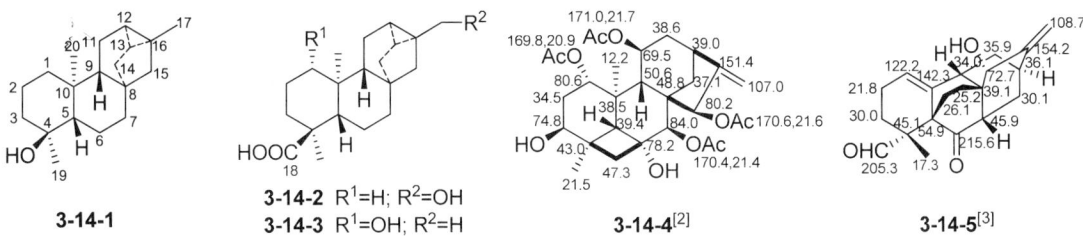

表.3-14-2 化合物 3-14-1~3-14-3 的 ^{13}C NMR 数据[1]

C	3-14-1	3-14-2	3-14-3	C	3-14-1	3-14-2	3-14-3
1	28.6	39.9	82.3	11	20.0	20.7	23.7
2	19.7	18.5	28.9	12	20.8	20.1	22.2
3	43.2	38.4	36.6	13	24.5	23.3	25.7
4	72.4	48.6	48.5	14	33.7	34.2	35.1
5	57.8	51.9	51.3	15	50.7	47.1	51.9
6	19.4	24.1	23.9	16	22.7	30.7	23.9
7	38.6	38.9	40.6	17	20.8	67.9	20.9
8	40.9	42.1	42.9	18	—	183.1	183.0
9	53.3	55.0	55.6	19	23.2	17.9	17.2
10	39.2	39.0	44.5	20	14.4	15.7	12.1

参 考 文 献

[1] Leverrier A, Martin M T, Servy C, et al. J Nat Prod, 2010, 73: 1121.
[2] Li M L, Li G Y, Ding L S, et al. J Nat Prod, 2008, 71: 684.
[3] Tang P, Chen Q H, Wang F P. Tetrahedron Lett, 2009, 50: 460.

第十五节 二聚二萜类化合物

表 3-15-1 二聚二萜类化合物的名称、分子式和测试溶剂

编号	名称	分子式	测试溶剂	参考文献
3-15-1	mayotolide A	$C_{40}H_{44}O_{12}$	C	[1]
3-15-2	bismagdalenic acid dimethyl ester	$C_{42}H_{64}O_4$	C	[2]
3-15-3	erythrophlesin E	$C_{44}H_{63}NO_{12}$	C	[3]
3-15-4	erythrophlesin F	$C_{42}H_{61}NO_{10}$	C	[3]
3-15-5	erythrophlesin G	$C_{44}H_{63}NO_{12}$	C	[3]
3-15-6	formosadimer A	$C_{41}H_{58}O_3$	C	[4]
3-15-7	formosadimer B	$C_{46}H_{68}O_4$	C	[4]
3-15-8	formosadimer C	$C_{48}H_{70}O_5$	C	[4]
3-15-9	11,11'-didehydro-7,7'-dihydroxytaxodione	$C_{40}H_{50}O_6$	C	[5]
3-15-10	grandione	$C_{40}H_{56}O_6$	C	[6]
3-15-11	hebeiabinin D	$C_{40}H_{60}O_{11}$	P	[7]
3-15-12	hebeiabinin E	$C_{40}H_{56}O_9$	P	[7]
3-15-13	exsertifolin A annomosin A	$C_{44}H_{62}O_{10}$	C	[8]
3-15-14	16β-hydroxy-19-al-*ent*-kauran-17-yl16β-hydro-19-al-*ent*-kauran-17-oate	$C_{40}H_{60}O_5$	C	[9]
3-15-15	双冬凌草丁素(bisrubescensin D)	$C_{40}H_{56}O_{13}$	P	[10]

3-15-3 R¹=COOCH₃; R²=O; R³=β-OH,H; R⁴=H

3-15-4 R¹=H; R²=O; R³=β-OH,H; R⁴=H

3-15-5 R¹=COOCH₃; R²=α-OH,H; R³=O; R⁴=H

表 3-15-2　化合物 3-15-3~3-15-5 的 ^{13}C NMR 数据[3]

C	3-15-3	3-15-4	3-15-5	C	3-15-3	3-15-4	3-15-5
1	36.5	36.5	37.1	18	25.8	16.1	26.4
2	23.0	26.4	23.9	19	172.7	—	174.1
3	78.2	76.6	78.1	20	14.4	13.6	13.6
4	45.7	30.9	49.4	21	42.3	42.3	42.3
5	64.7	60.6	57.9	22	62.6	62.7	62.7
6	208.1	209.6	75.1	23	51.8	—	51.7
7	75.8	75.5	209.5	1'	38.6	38.6	38.6
8	51.3	52.4	51.7	2'	18.9	18.9	19.0
9	46.4	43.7	47.0	3'	38.3	38.3	38.3
10	43.0	43.0	37.4	4'	41.9	41.9	42.0
11	26.2	26.4	27.2	5'	64.5	64.5	64.5
12	23.2	23.4	23.3	6'	208.5	208.6	208.6
13	160.7	160.9	159.9	7'	75.6	75.6	75.6
14	40.3	40.3	39.4	8'	50.2	50.3	50.3
15	115.6	115.5	115.5	9'	46.3	46.4	46.4
16	168.0	169.1	167.9	10'	42.9	42.8	43.0
17	13.7	13.5	14.9	11'	26.2	26.2	26.2

续表

C	3-15-3	3-15-4	3-15-5	C	3-15-3	3-15-4	3-15-5
12'	23.7	23.7	23.7	17'	13.6	13.7	13.6
13'	166.4	165.8	166.4	18'	28.6	28.6	28.6
14'	40.4	40.3	40.3	19'	175.4	175.4	175.4
15'	113.1	113.4	113.5	20'	15.1	15.1	15.1
16'	166.0	166.6	166.1	21'	51.6	51.6	51.6

3-15-6 R¹=CH₃; R²=H
3-15-7 R¹=H; R²=CH₂CH₂OCH₂CH₂CH₃
3-15-8 R¹=Ac; R²=CH₂CH₂OCH₂CH₂CH₃

表 3-15-3 化合物 3-15-6~3-15-12 的 ¹³C NMR 数据

C	3-15-6[4]	3-15-7[4]	3-15-8[4]	3-15-9[5]	3-15-10[6]	3-15-11[7]	3-15-12[7]
1	39.1	39.6	39.5	42.3	42.8	38.1	37.9
2	18.8	19.1	19.1	18.6	18.9	28	27.9
3	42.9	42.8	42.7	36.7	42.3	72.1	71.8
4	34.0	34.3	34.3	33.5	24.4	42.3	42.4
5	56.0	55.9	55.5	62.1	58.3	43.2	42.8
6	79.4	78.2	78.1	181.1	24.0	23.2	23.5

续表

C	3-15-6[4]	3-15-7[4]	3-15-8[4]	3-15-9[5]	3-15-10[6]	3-15-11[7]	3-15-12[7]
7	73.5	80.5	80.6	141.0	35.8	119.7	130.1
8	128.9	125.0	130.4	126.7	140.8	138.6	134.4
9	149.2	150.8	150.6	145.5	159.7	53.7	50.4
10	38.5	38.1	38.1	41.7	40.0	35.3	35
11	105.1	110.4	117.2	136.8	71.0	26.1	23.8
12	156.7	153.1	148.4	200.4	186.2	26.7	29.1
13	133.8	130.7	136.7	144.8	191.5	42.2	45.6
14	127.7	129.5	129.4	133.1	86.3	36.1	83.6
15	26.1	26.6	27.0	27.0	78.1	75.3	154.1
16	22.1	22.7	22.9	21.4	30.6	64.9	69.4
17	22.2	22.9	23.1	21.2	16.1	64.9	103.7
18	34.9	34.9	35.0	32.8	16.8	71.9	71.9
19	22.4	22.5	22.8	21.5	32.2	13.2	12.8
20	25.0	24.7	24.6	21.0	21.6	16	15.2
1'	36.0	36.2	36.2	42.3	42.6	75.4	75.5
2'	18.8	19.1	19.2	18.6	18.3	31	31.1
3'	40.9	41.1	41.1	36.7	42.3	39.4	39.5
4'	32.6	32.9	32.9	33.5	34.4	34.1	34.1
5'	51.1	51.1	51.0	62.1	58.1	59.8	59.8
6'	126.7	127.4	127.4	181.1	24.0	74.6	74.6
7'	127.4	127.3	127.2	141.0	36.0	99.7	99.7
8'	125.5	125.6	125.6	126.7	136.9	62.1	2
9'	147.0	147.0	146.9	145.5	121.5	53.3	53.6
10'	38.1	38.2	38.1	41.7	40.3	43.9	43.8
11'	106.9	106.6	106.5	136.8	70.8	23.2	23.5
12'	153.5	153.1	152.9	200.4	141.1	31.3	31.4
13'	134.2	135.0	135.0	144.8	137.8	44.3	44.2
14'	124.5	124.7	124.7	133.1	134.8	73.6	73.8
15'	25.3	25.7	25.5	27.0	119.4	210.2	210.2
16'	22.9	23.1	23.2	21.4	27.7	153.2	153.4
17'	22.4	23.1	23.2	21.2	21.9	119	119
18'	32.1	32.6	32.6	32.8	22.5	33.5	33.6
19'	22.0	22.6	22.6	21.5	32.1	22.3	22.3
20'	19.7	20.4	20.4	21.0	21.6	102.3	102
OMe	54.9						
OAc			169.7/21.0				
1"		70.0	69.9				
2"		66.4	66.7				
3"		71.0	71.0				
4"		31.7	31.7				
5"		19.2	19.2				
6"		13.9	13.9				

表 3-15-4　化合物 3-15-13~3-15-15 的 ^{13}C NMR 数据

C	3-15-13[8]	3-15-14[9]	3-15-15[10]	C	3-15-13	3-15-14	3-15-15
1	75.1	39.8	72.8	1'	40.1	39.7	72.3
2	66.7	18.3	30.5	2'	18.3	18.3	30.2
3	38.6	34.2	39.4	3'	41.4	34.1	40.0
4	33.3	48.4	34.1	4'	33.3	48.4	33.5
5	45.6	56.5	61.5	5'	54.9	56.5	63.5
6	95.1	19.6	74.6	6'	18.4	20.4	73.2
7	93.3	41.7	98.1	7'	33.7	40.9	102.0
8	61.4	44.9	62.7	8'	50.7	43.6	57.5
9	65.4	54.5	53.9	9'	61.8	55.5	45.6
10	46.6	39.4	41.5	10'	38.3	39.3	48.5
11	50.9	18.7	19.4	11'	70.9	18.5	20.3
12	22.9	30.9	20.2	12'	39.7	26.6	21.4
13	31.9	41.1	38.0	13'	36.8	41.3	43.0
14	29.4	38.3	74.1	14'	36.8	38.4	70.5
15	217.2	44.7	224.7	15'	209.5	52.4	211.1
16	47.2	45.4	52.2	16'	149.8	78.8	81.6
17	10.7	177.6	20.2	17'	112.8	71.0	29.6
18	32.7	24.3	33.1	18'	33.4	24.3	31.0
19	25.0	205.9	21.9	19'	21.8	205.8	23.2
20	15.7	16.2	64.1	20'	18.0	16.3	97.5
OAc	169.1/20.9			OAc	170.4/20.9		

参 考 文 献

[1] Rudi A, Dayan T L, Aknin M. J Nat Prod, 1998, 61: 872.
[2] Pinto A C, Pizzolatti M G, de A. Epifanio R, et al. Tetrahedron, 1997, 53: 2005.
[3] Du D, Qu J, Wang J, et al. Phytochemistry, 2010, 71: 1749.
[4] Hsieh C L, Tseng M H, Kuo Y H. Chem Pharm Bull, 2005, 53: 1463.
[5] Topcu G, Ulubelen A. J Nat Prod, 1996, 59: 734.
[6] Galli B, Gasparrini F, Lanzotti V, et al. Tetrahedron, 1999, 55: 11385.
[7] Sx H, Jx P, Wl X, et al. Phytochemistry, 68: 616.
[8] Nagashima F, Tanka H, Takaoka S, et al. Phytochemistry, 1996, 41: 1129.
[9] Yang Y L, Chang F R, Wu C C. J Nat Prod, 2002, 65: 1462.
[10] 卢海英, 梁敬钰, 陈荣等. 林场化学与工业, 2008, 28: 7.

第四章 二倍半萜、三萜和多萜类化合物

第一节 二倍半萜类化合物

表 4-1-1 二倍半萜类化合物的名称、分子式和测试溶剂

编号	名称	分子式	测试溶剂	参考文献
4-1-1	2E-3,7,11,15,19-pentamethyleicos-2-1-ol	$C_{25}H_{50}O$	D	[1]
4-1-2	ceriferol I	$C_{25}H_{40}O$	D	[2]
4-1-3	ceriferic acid I (Me)	$C_{26}H_{40}O_2$	D	[2]
4-1-4	cericerene	$C_{25}H_{40}$	D	[2]
4-1-5	ceriferol	$C_{25}H_{40}O$	D	[2]
4-1-6	ceriferic acid (Me)	$C_{26}H_{40}O_2$	D	[2]
4-1-7	18-dihydro-19-hydroxy-cericeroic acid methyl ester	$C_{26}H_{42}O_3$	D	[3]
4-1-8	cericerene-15,24-diol	$C_{25}H_{42}O_2$	D	[3]
4-1-9	cericerol Ⅱ	$C_{25}H_{42}O_2$	D	[4]
4-1-10	13-methoxy cericerene	$C_{26}H_{42}O$	D	[4]
4-1-11	13-ethoxy cericerene	$C_{27}H_{44}O$	D	[4]
4-1-12	methyl ciceroate	$C_{26}H_{40}O_2$	D	[4]
4-1-13	9-O-methyl-methyllauricepyron	$C_{27}H_{36}O_7$	D	[5]
4-1-14	leucosceptrine	$C_{25}H_{36}O_7$	D	[6]
4-1-15	leucosesterterpenone	$C_{25}H_{36}O_7$	D	[6]
4-1-16	leucosesterlactone	$C_{25}H_{36}O_6$	D	[6]
4-1-17	salvileucolide methyl ester	$C_{26}H_{40}O_6$	D	[7]
4-1-18	salvimirzacolide	$C_{25}H_{38}O_5$	D	[7]
4-1-19	yosgadensolide A	$C_{25}H_{38}O_5$	D	[8]
4-1-20	yosgadensolide B	$C_{25}H_{38}O_5$	D	[8]
4-1-21	6-dehydroxyyosgadensonol	$C_{23}H_{38}O_2$	D	[9]
4-1-22	6-dehydroxy-13-epi-yosgadensonol	$C_{23}H_{38}O_2$	D	[9]
4-1-23	(2Z,6Z,10E)-cericerene-15,24-diol	$C_{25}H_{42}O_2$	D	[10]
4-1-24	8α-hydroxy-13-hydroperoxylabd-14,17-dien-19,16:23,6α-diolide	$C_{25}H_{36}O_7$	D	[11]
4-1-25	salvileucolide-6,23-lactone	$C_{25}H_{36}O_5$	D	[11]
4-1-26	17,18,19,20-tetranor-13-epi-manoyloxide-14-en-16-oic acid-23,6α-olide	$C_{21}H_{30}O_5$	D	[11]
4-1-27	leucosceptroid C	$C_{25}H_{36}O_6$	A	[12]
4-1-28	leucosceptroid D	$C_{25}H_{36}O_5$	A	[12]
4-1-29	leucosceptroid A	$C_{25}H_{36}O_5$	D	[13]
4-1-30	leucosceptroid B	$C_{25}H_{36}O_5$	D	[13]
4-1-31	yosgadensonol	$C_{23}H_{38}O_3$	D	[14]
4-1-32	13-epi-yosgadensonol	$C_{23}H_{38}O_3$	D	[14]
4-1-33	salviaethiopisolide	$C_{26}H_{40}O_5$	D	[15]
4-1-34	3-epi-salviaethiopisolide	$C_{26}H_{40}O_5$	D	[15]

续表

编号	名称	分子式	测试溶剂	参考文献
4-1-35	salvisyriacolide	$C_{25}H_{40}O_6$	D	[16]
4-1-36	cheilanthenetriol	$C_{25}H_{44}O_3$	D	[17]
4-1-37	(17Z)-13,19-epoxycheilanth-17-en-6α-ol	$C_{25}H_{42}O_2$	D	[17]
4-1-38	cheilanthenediol	$C_{25}H_{44}O_2$	D	[18]
4-1-39	nitiol	$C_{25}H_{40}O$	D	[19]
4-1-40	alborosin	$C_{25}H_{38}O_3$	D	[20]
4-1-41	(17Z)-cheilantha-13(24),17-diene-6α,19-diol	$C_{25}H_{42}O_2$	D	[21]
4-1-42	(17Z)-cheilantha-13(24),17-diene-1β,6α,19-triol	$C_{25}H_{42}O_3$	D	[21]
4-1-43	(17Z)-19-acetoxycheilantha-13(24),17-diene-1β,6α-diol	$C_{27}H_{44}O_4$	D	[21]
4-1-44	17-oxo-18,19-bisnorcheilanth-13(24)-en-6α-ol	$C_{23}H_{38}O_2$	D	[21]
4-1-45	13,17-dioxo-18,19,24-trisnorcheilanth-6α-ol	$C_{22}H_{36}O_3$	D	[21]
4-1-46	25-O-acetylvulgaroside	$C_{27}H_{42}O_7$	M	[22]
4-1-47	24,25-O-diacetylvulgaroside	$C_{29}H_{44}O_8$	M	[22]
4-1-48	24-O-acetyl-25-O-cinnamoylvulgaroside	$C_{36}H_{48}O_8$	M	[22]
4-1-49	25-O-cinnamoylvulgaroside	$C_{34}H_{46}O_7$	M	[22]
4-1-50	simarinolide	$C_{27}H_{36}O_8$	D	[23]
4-1-51	heliocide H_2	$C_{25}H_{30}O_5$	D	[24]
4-1-52	18-epi-scalar-16-ene-6α,19-diol	$C_{25}H_{42}O_2$	D	[17]
4-1-53	16α,19-epidioxy-18-episcalar-17(25)-en-6α-ol	$C_{25}H_{40}O_3$	D	[17]
4-1-54	nitidasin	$C_{25}H_{40}O_3$	D	[25]

4-1-1[1]

4-1-2 R¹=CH₂OH; R²=Me; R³=H
4-1-3 R¹=COOMe; R²=Me; R³=H
4-1-4 R¹=R²=Me; R³=H

4-1-5 R¹=CH₂OH; R²=Me; R³=H
4-1-6 R¹=COOMe; R²=Me; R³=H

表 4-1-2 化合物 4-1-2~4-1-6 的 ^{13}C NMR 数据[2]

C	4-1-2	4-1-3	4-1-4	4-1-5	4-1-6	C	4-1-2	4-1-3	4-1-4	4-1-5	4-1-6
1	30.6	30.7	30.5	29.6	29.8	8	36.1	36.2	36.2	35.8	36.0
2	127.4	141.9	125.1	127.6	142.4	9	30.7	31.8	31.4	29.9	31.2
3	137.8	131.3	134.1	137.6	131.3	10	124.8	124.3	125.0	125.0	125.4
4	27.3	26.8	31.1	27.2	26.9	11	132.9	132.6	132.9	133.1	132.9
5	24.5	26.4	24.6	24.6	26.0	12	40.2	40.1	40.3	40.2	40.3
6	125.2	125.3	125.1	124.7	125.3	13	24.6	24.3	24.6	24.5	24.5
7	133.3	133.6	133.0	133.3	133.7	14	44.3	43.4	44.6	46.4	49.9

C	4-1-2	4-1-3	4-1-4	4-1-5	4-1-6	C	4-1-2	4-1-3	4-1-4	4-1-5	4-1-6
15	152.5	151.9	153.0	136.8	136.4	21	17.7	17.6	17.8	17.7	17.7
16	33.5	33.8	33.7	123.5	123.4	22	109.2	109.5	108.9	12.1	12.3
17	26.4	25.8	26.6	26.9	26.9	23	66.6	168.2	22.5	66.6	168.4
18	124.7	124.2	124.6	124.8	124.6	24	15.5	15.3	15.6	15.4	15.6
19	131.5	131.1	131.3	131.2	131.1	25	15.5	15.1	15.5	15.6	15.3
20	25.7	25.5	25.7	25.6	25.7						

表 4-1-3 化合物 4-1-21~4-1-22 的 ^{13}C NMR 数据[9]

C	4-1-21	4-1-22	C	4-1-21	4-1-22	C	4-1-21	4-1-22	C	4-1-21	4-1-22
1	39.8	39.2	7	42.2	42.6	13	73.0	72.5	21	28.8	25.3
2	18.2	18.2	8	74.7	75.6	14	154.2	154.6	22	26.8	28.8
3	43.5	43.6	9	54.7	57.6	15	125.3	125.2	23	36.4	37.5
4	32.9	32.7	10	37.5	37.9	16	195.3	199.3	24	21.8	21.8
5	62.0	61.9	11	16.0	16.0	17	33.8	35.1	25	16.6	17.2
6	18.6	18.7	12	34.3	36.4	18	8.3	8.1			

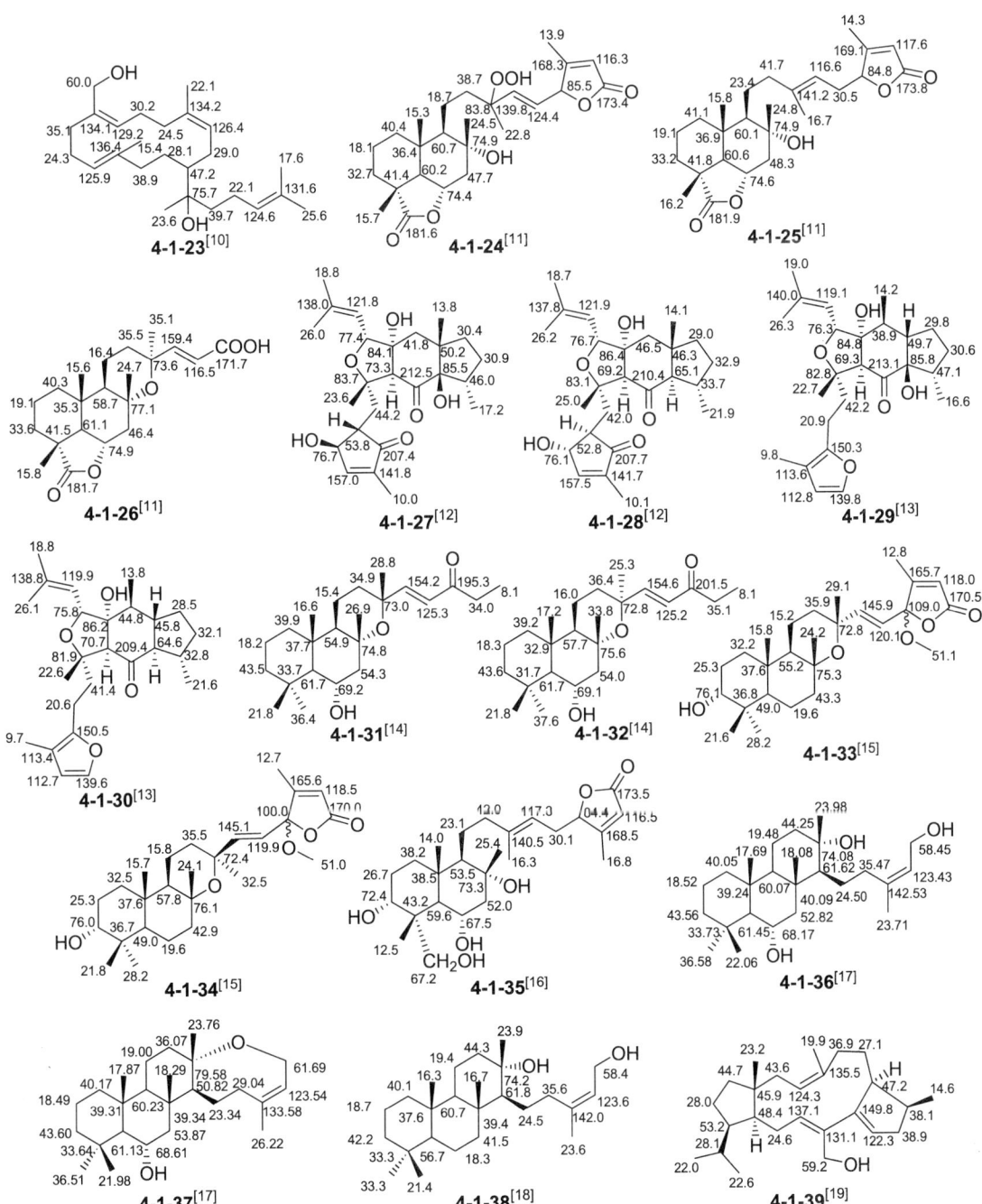

参考文献

[1] Catalan C A N, de Heluani C S, Kotowicz C, et al. Phytochemistry, 2003, 64: 625.
[2] Pawlak J K, Tempesta M S, Iwashita T, et al. Chem Lett, 1983, (7): 1069.
[3] Miyamoto F, Naoki H, Naya Y, et al. Tetrahedron, 1980, 36: 3481.
[4] Miyamoto F, Naoki H, Takemoto T, et al. Tetrahedron, 1979, 35: 1913.
[5] Haensel R, Cybulski E M, Cubukcu B, et al. Phytochemistry, 1980, 19: 639.
[6] Choudhary M I, Ranjit R, Atta-ur-Rahman, et al. J Org Chem, 2004, 69: 2906.
[7] Moghaddam F M, Amiri R, Alam M, et al. J Nat Prod, 1998, 61: 279.
[8] Topcu G, Ulubelen A, Tam TCM, et al. Phytochemistry, 1996, 42: 1089.

[9] Ulubelen A, Topcu G, Sonmez U, et al. Phytochemistry, 1996, 43: 431.
[10] Toki M, Ooi T, Kusumi T. J Nat Prod, 1999, 62: 1504.
[11] Moghaddam F M, Farimani M M, Seirafi M, et al. J Nat Prod, 2010,73: 1601.
[12] Luo S H, Weng L H, Xie M J, et al. Org Lett, 2011, 13: 1864.
[13] Luo S H, Luo Q, Niu X M, et al. Angew Chem, Int Ed, 2010, 49: 4471.
[14] Topcu G, Ulubelen A, Tam TCM, et al. J Nat Prod, 1996, 59: 113.
[15] Gonzalez M S, San Segundo J M, Garnde M C, et al. Tetrahedron, 1989, 45: 3575.
[16] Rustaiyan A, Sadjadi A. Phytochemistry, 1987, 26: 3078.
[17] Kamaya R, Masuda K, Suzuki K, et al. Chem Pharm Bull, 1996, 44: 690.
[18] Kamaya R, Ageta H. Chem Pharm Bull, 1990, 38: 342.
[19] Kawahara N, Nozawa M, Kurata A, et al. Chem Pharm Bull, 1999, 47: 1344.
[20] Kawahara N, Nozawa M, Flores D, et al. Phytochemistry, 2000, 53: 881.
[21] Kamaya R, Masuda K, Ageta H, et al. Chem Pharm Bull, 1996, 44: 695.
[22] De Tommasi N, De Simone F, Pizza C, et al. J Nat Prod, 1996, 59: 267.
[23] Polonsky J, Varon Z, Prange T, et al. Tetrahedron Lett, 1981, 22: 3605.
[24] Stipanovic R D, Bell A A, O'Brien D H, et al. Tetrahedron Lett, 1977, 6: 567.
[25] Kawahara N, Nozawa M, Flores D, et al. Chem Pharm Bull, 1997, 45: 1717.

第二节　无环三萜类化合物

表 4-2-1　无环三萜类化合物的名称、分子式和测试溶剂

编号	名称	分子式	测试溶剂	参考文献
4-2-1	sapelenin E	$C_{30}H_{52}O_2$	C	[1]
4-2-2	sapelenin F	$C_{30}H_{54}O_4$	C	[1]
4-2-3	sapelenin B	$C_{30}H_{54}O_4$	C	[1]
4-2-4	sapelenin A	$C_{32}H_{58}O_7$	C	[1]
4-2-5	ekebergin D_1	$C_{32}H_{56}O_5$	C	[2]
4-2-6	ekebergin D_2	$C_{30}H_{54}O_5$	C	[2]
4-2-7	ekebergin D_3	$C_{30}H_{54}O_5$	C	[2]
4-2-8	ekebergin D_4	$C_{30}H_{54}O_6$	C	[2]
4-2-9	ekebergin D_5	$C_{32}H_{56}O_6$	C	[2]
4-2-10	2,3,22,23-tetrahydroxy-2,6,10,15,19,23-hexamethyl-6,10,14,18-tetracosatetraene	$C_{30}H_{54}O_4$	C	[3]
4-2-11	2-hydroxymethyl-2,3,22,23-tetrahydroxy-6,10,15,19,23-pentamethyl-6,10,14,18-tetracosatetraene	$C_{30}H_{54}O_5$	C	[3]

表 4-2-2　化合物 4-2-1~4-2-4 的 ^{13}C NMR 数据[1]

C	4-2-1	4-2-2	4-2-3	4-2-4	C	4-2-1	4-2-2	4-2-3	4-2-4
1t'	25.6	25.6	26.6	25.8	1c	15.9	16.0	23.3	23.5
1c'	17.6	17.6	17.8	17.8	2	131.1	131.1	74.5	73.0
2'	131.1	131.4	131.1	131.4	3	124.2	124.3	78.7	78.7
3'	124.2	124.3	124.3	124.5	4	22.0	22.0	25.2	23.0
4'	26.7	26.6	26.6	26.9	5	38.7	38.8	32.8	35.3
5'	39.7	39.5	38.6	39.9	6	74.8	74.4	73.2	73.7
6'	135.2	135.1	135.1	135.1	7	76.8	77.4	78.6	80.5
7'	124.0	124.0	124.0	123.9	8	29.5	24.8	28.4	24.8
8'	26.6	26.7	26.5	26.8	9	36.8	35.7	36.8	39.6
9'	39.7	39.5	38.6	39.8	10	134.6	75.0	134.8	74.6
10'	135.1	136.2	135.1	136.2	11	124.8	77.7	124.8	78.6
11'	124.0	123.8	124.1	124.3	12	28.1	31.5	28.2	31.9
12'	28.2	25.1	28.1	25.4	14	21.0	20.09	23.2	24.8
14'	15.9	16.0	15.8	16.1	15	15.9	20.09	15.8	21.6
15'	15.9	16.0	15.8	16.3	OAc				171.1/21.1
1t	25.6	25.6	26.4	26.2						

表 4-2-3　化合物 4-2-10~4-2-11 的 ^{13}C NMR 数据[3]

C	4-2-10	4-2-11	C	4-2-10	4-2-11	C	4-2-10	4-2-11
1	23.4	19.6	7	125.2	125.1	13	28.3	28.2
2	73.0	74.1	8	26.6	26.5	14	124.5	124.6
3	78.3	75.9	9	39.7	39.6	15	135.0	135.0
4	29.7	29.2	10	134.9	135.0	16	39.7	39.7
5	36.8	36.4	11	124.5	124.5	17	26.6	26.5
6	134.9	135.0	12	28.3	28.2	18	125.2	125.1

续表

C	4-2-10	4-2-11	C	4-2-10	4-2-11	C	4-2-10	4-2-11
19	135.0	135.0	23	73.0	73.0	27	15.9	15.9
20	36.8	36.8	24	23.4	23.3	28	15.9	15.9
21	29.7	29.7	25	26.4	69.2	29	16.0	16.0
22	78.3	78.3	26	16.0	15.9	30	26.4	26.4

参 考 文 献

[1] Ngnokama D, Nuzillard J M, Bliard C, et al. Bull Chem Soc Ethiop, 2005, 19: 227.
[2] Murata T, Miyase T, Muregi F W, et al. J Nat Prod, 2008, 71: 167.
[3] Nishiyama Y, Moriyasu M, Ichimar M, et al. Phytochemistry, 1996, 42: 803.

第三节　单环三萜类化合物

表 4-3-1　单环三萜类化合物的名称、分子式和测试溶剂

编号	名称	分子式	测试溶剂	参考文献
4-3-1	mispyric acid	$C_{30}H_{46}O_4$	C	[1]
4-3-2	camelliol C	$C_{30}H_{50}O$	C	[2]
4-3-3	camelliol C acetate	$C_{32}H_{52}O_2$	C	[2]
4-3-4	achilleol A	$C_{30}H_{50}O$	C	[3]
4-3-5	(6R,10S,11S)-17,29-didehydroiridal	$C_{30}H_{48}O_3$	B	[4]
4-3-6	6S,10R,11R-10-desoxyiridal	$C_{30}H_{50}O_2$	C	[5]
4-3-7	iridobelamal A	$C_{30}H_{50}O_2$	C	[6]
4-3-8	iridotectoral A	$C_{30}H_{46}O_5$	C	[6]
4-3-9	(6R,10S,11R)-26-ζ-hydroxyl-(13R)-oxaspiroirid-16-enal	$C_{30}H_{46}O_5$	C	[6]
4-3-10	18,19-epoxy-10-deoxyiridal	$C_{30}H_{50}O_3$	C	[7]
4-3-11	(6R,10S,11S)-22,23-epoxy-21-hydroxyiridal	$C_{30}H_{50}O_5$	C	[8]
4-3-12	(6R,10S,11S)-22, 23-epoxy-iridal	$C_{30}H_{50}O_4$	C	[8]
4-3-13	(6S,10R,11R)-22,23-epoxy-10-deoxy-21-hydroxyiridal	$C_{30}H_{50}O_4$	C	[8]

表 4-3-2　化合物 4-3-1~4-3-5 的 ^{13}C NMR 数据

C	4-3-1[1]	4-3-2[2]	4-3-3[2]	4-3-4[3]	4-3-5[4]	C	4-3-1[1]	4-3-2[2]	4-3-3[2]	4-3-4[3]	4-3-5[4]
1	172.1	118.3	117.6	33.2	190.1	17	145.6	124.3	124.3	124.4	127.2
2	114.8	31.8	28.8	32.3	132.0	18	130.6	135.4	135.4	135.0	134.8
3	164.1	75.1	76.7	77.4	63.6	19	34.5	39.8	29.8	39.9	146.9
4	40.2	38.1	36.8	40.6	38.2	20	27.9	26.8	26.8	26.8	27.7
5	23.0	49.0	48.9	51.0	23.4	21	123.4	124.4	124.4	124.4	24.5
6	53.3	27.2	27.4	23.8	44.0	22	132.4	131.3	131.3	131.4	126.2
7	148.5	42.0	41.8	38.7	162.4	23	25.6	25.4	25.6	26.0	133.9
8	37.5	135.2	135.2	135.5	37.8	24	19.2	16.2	18.2	25.8	26.5
9	30.2	124.7	124.7	124.5	33.4	25	106.5	22.6	22.7	108.5	11.8
10	48.6	137.1	130.7	147.3	75.1	26	15.0	16.0	16.0	15.6	18.6
11	39.7	28.3	28.3	28.4	45.5	27	26.6	16.1	16.1	16.2	26.7
12	29.1	28.3	28.3	28.3	28.0	28	16.0	16.1	16.1	16.1	16.9
13	125.3	124.3	124.3	124.5	33.6	29	173.4	17.7	17.7	16.1	114.8
14	134.5	134.9	134.9	135.2	125.5	30	17.7	25.7	25.7	17.8	18.4
15	39.2	39.8	39.8	39.8	135.1	OAc			170.8/21.3		
16	28.1	26.7	26.7	26.9	44.1						

表 4-3-3　化合物 4-3-6~4-3-13 的 ^{13}C NMR 数据

C	4-3-6[5]	4-3-7[6]	4-3-8[6]	4-3-9[6]	4-3-10[7]	4-3-11[8]	4-3-12[8]	4-3-13[8]
1	190.0	11.6	11.5	190.8	189.9	190.1	190.0	190.1
2	133.3	132.7	131.8	132.7	133.3	133.1	133.6	133.3
3	63.0	62.9	62.0	62.1	62.9	63.0	63.1	63.0
4	31.5	31.7	30.8	31.0	31.5	32.7	32.7	31.5
5	24.0	26.8	28.5	28.6	24.0	26.6	26.6	23.9
6	43.3	47.0	46.6	42.8	43.3	43.4	43.3	43.3
7	163.3	163.1	162.0	161.9	163.3	163.0	163.3	163.4
8	27.4	19.7	19.7	23.9	27.4	23.9	23.8	27.4
9	30.5	37.7	39.2	38.4	30.5	37.0	36.3.	30.5
10	35.7	74.8	73.7	73.9	35.7	75.1	75.1	35.7
11	40.1	44.9	59.9	59.9	40.1	44.7	44.7	40.1
12	31.8	36.6	41.7	42.7	31.7	37.1	37.0	31.7
13	21.1	22.6	73.3	73.6	21.1	22.1	22.1	21.1
14	124.4	125.4	129.5	129.9	124.9	124.6	123.9	125.0

续表

C	4-3-6[5]	4-3-7[6]	4-3-8[6]	4-3-9[6]	4-3-10[7]	4-3-11[8]	4-3-12[8]	4-3-13[8]
15	135.2	136.6	137.0	137.2	134.3	135.1	135.4	134.7
16	39.7	76.4	133.7	134.0	36.3	39.4	37.2	39.4
17	26.6	33.9	125.0	125.4	27.2	26.2	26.5	26.3
18	124.2	119.6	124.6	125.0	63.4	129.2	124.8	129.3
19	134.9	138.5	139.6	139.9	60.8	130.9	134.1	130.8
20	39.7	39.5	39.8	40.1	38.8	45.6	27.4	45.6
21	26.8	26.2	26.3	26.6	23.8	66.7	39.6	66.7
22	124.4	123.8	123.6	123.9	123.7	66.0	64.2	66.0
23	131.2	131.3	131.5	131.8	131.8	59.0	58.3	59.0
24	25.7	25.4	25.4	25.7	25.7	24.8	24.9	24.8
25	10.2	190.4	190.7	11.1	10.8	10.9	10.9	10.8
26	24.2	17.5	99.7	99.3	24.2	17.9	17.9	24.2
27	15.2	26.0	27.4	27.9	15.2	26.3	26.3	15.2
28	15.9	11.6	12.9	13.3	15.9	15.7	15.9	15.7
29	16.0	16.0	16.6	16.9	16.5	16.0	16.0	15.9
30	17.7	17.4	17.4	17.7	17.7	18.8	18.7	18.8

参 考 文 献

[1] Sun D A, Deng J Z, Starck S R, et al, J Am Chem Soc, 1999, 121: 6120.
[2] Toshihiro Akihisa, Koichi Arai, Yumiko Kimura, et al, J Nat Prod 1999, 62: 265.
[3] Barrero A F, Cuerva J M, Alvarez-Manzaneda E J, Tetrahedron. Lett, 2002, 43: 2793.
[4] Warner F J, Simic K, Scholz B, et al, J Nat Prod, 1995, 58(2): 299.
[5] Ritzdorf I, Bartels M, Kerp B, et al, Phytochemistry, 1999, 50: 995.
[6] Takahashia K, Hoshinoa Y, Suzukib S, et al, Phytochemistry, 2000, 53: 925.
[7] Bonfils J P, Marner F J, Sauvaire Y, Phytochemiistry, 1998, 48(4): 751.
[8] Taillet L, Bonfils J P, Marner F J, et al, Phytochemistry, 1999, 52: 1597.

第四节 双环三萜类化合物

表 4-4-1 双环三萜类化合物的名称、分子式和测试溶剂

编号	名称	分子式	测试溶剂	参考文献
4-4-1	pouoside A	$C_{42}H_{66}O_{13}$	M	[1]
4-4-2	pouoside	$C_{40}H_{64}O_{11}$	M	[1]
4-4-3	pouoside C	$C_{40}H_{64}O_{11}$	M	[1]
4-4-4	siphonellinol D	$C_{30}H_{52}O_4$	C	[2]
4-4-5	siphonellinol E	$C_{30}H_{52}O_6$	C	[2]
4-4-6	siphonellinol C-23-hydroperoxide	$C_{30}H_{52}O_6$	C	[2]
4-4-7	limonoate A-ring lactone	$C_{26}H_{32}O_9$	M	[3]
4-4-8	nomilinoate A-ring lactone	$C_{26}H_{32}O_{10}$	M	[3]
4-4-9	11β-hydroxy-7α-obacunyl acetate	$C_{28}H_{34}O_9$	C	[4]
4-4-10	11-oxo-7α-obacunyl acetate	$C_{28}H_{32}O_9$	C	[4]

续表

编号	名称	分子式	测试溶剂	参考文献
4-4-11	11-oxo-7α-obacunol	$C_{26}H_{30}O_8$	C	[4]
4-4-12	11β-hydroxycneorin G	$C_{30}H_{38}O_{11}$	C	[4]
4-4-13	11-oxocneorin G	$C_{30}H_{36}O_{11}$	C	[4]
4-4-14	(11β)-21,23-dihydro-11,21-dihydroxy-23-oxoobacunone	$C_{26}H_{30}O_{10}$	D	[5]
4-4-15	(11β)-21,23-dihydro-11,23-dihydroxy-21-oxoobacunone	$C_{26}H_{30}O_{10}$	D	[5]
4-4-16	(1α,11β)-1,2,21,23-tetrahydro-1,11,23-trihydroxy-21-oxoobacunone	$C_{26}H_{32}O_{11}$	D	[5]
4-4-17	(1α,11β)-23-ethoxy-1,2,21,23-tetrahydro-1,11-dihydroxy-21-oxoobacunone	$C_{26}H_{36}O_{11}$	D	[5]
4-4-18	(11β)-1,2,21,23-tetrahydro-11,23-dihydroxy-21-oxoobacunoic acid	$C_{26}H_{34}O_{12}$	D	[5]
4-4-19	harrisonin	$C_{27}H_{32}O_{10}$	C	[6]
4-4-20	12β-acetoxyharrisonin	$C_{29}H_{34}O_{12}$	C	[6]
4-4-21	deoxyobacunone	$C_{26}H_{30}O_6$	C	[7]

4-4-1 R^1=OAc; R^2=Ac   4-4-2 R^1=OAc; R^2=H   4-4-3 R^1=H; R^2=Ac

表 4-4-2 化合物 4-4-1~4-4-3 的 ^{13}C NMR 数据[1]

C	4-4-1	4-4-2	4-4-3	C	4-4-1	4-4-2	4-4-3	C	4-4-1	4-4-2	4-4-3
1	50.5	50.0	50.5	14	142.2	141.0	141.7	27	18.5	18.3	18.8
2	218.1	218.0	218.0	15	45.5	45.5	45.5	28	30.2	30.1	30.1
3	40.6	40.5	40.7	16	28.0	28.0	28.2	29	18.5	18.3	18.3
4	121.2	121.0	121.3	17	56.1	56.1	56.0	30	22.3	22.7	22.8
5	140.9	140.8	143.0	18	43.9	43.6	43.6	OAc	173.2/23.0	173.4/22.1	173.6/22.0
6	52.5	52.5	55.7	19	90.5	90.4	90.4		173.3/24.9	173.6/24.5	173.8/24.5
7	37.2	37.5	31.6	20	29.8	29.7	29.8	1'	108.7	108.7	108.7
8	80.0	79.8	37.8	21	38.0	38.0	38.4	2'	74.6	74.6	74.6
9	140.9	138.0	141.7	22	89.9	89.7	89.7	3'	76.6	76.6	76.8
10	129.1	133.0	126.11	23	28.3	28.0	28.7	4'	71.7	71.8	71.8
11	73.6	70.3	74.2	24	23.5	23.2	24.5	5'	77.8	78.0	78.0
12	35.8	32.3	36.0	25	25.8	25.7	25.1	6'	63.9	64.0	64.0
13	121.1	122.0	121.1	26	14.9	14.8	18.2				

4-4-4

4-4-5

4-4-6

表 4-4-3　化合物 4-4-4~4-4-6 的 ^{13}C NMR 数据[2]

C	4-4-4	4-4-5	4-4-6	C	4-4-4	4-4-5	4-4-6	C	4-4-4	4-4-5	4-4-6
1	42.9	43.0	43.0	12	26.6	26.7	26.5	22	124.9	90.2	135.7
2	34.5	34.5	34.6	13	32.5	32.2	32.6	23	131.4	143.5	82.1
3	25.3	25.3	25.3	14	135.7	135.4	135.6	24	17.8	114.6	24.6
4	77.1	77.1	77.1	15	128.6	129.0	129.0	25	25.8	17.3	24.6
5	77.8	77.9	77.9	16	30.5	30.5	30.6	26	13.1	13.2	13.2
7	76.5	76.5	76.4	17	26.7	26.8	26.9	27	29.2	29.2	29.2
8	26.7	26.9	26.7	18	71.6	71.6	72.8	28	21.4	21.4	21.4
9	39.4	39.4	39.5	19	43.4	43.1	44.0	29	31.1	31.0	31.1
10	72.3	72.3	72.4	20	37.9	33.2	41.5	30	20.7	20.7	20.7
11	56.0	55.9	56.0	21	22.9	25.2	128.9	31	21.5	21.6	20.4

4-4-7

4-4-8

4-4-9 R^1=Ac; R^2=H; R^3=OH
4-4-10 R^1=Ac; R^2=R^3=O
4-4-11 R^1=H; R^2=R^3=O

4-4-12 R^1=H; R^2=OH
4-4-13 R^1=R^2=O

表 4-4-4　化合物 4-4-7~4-4-8 的 ^{13}C NMR 数据[3]

C	4-4-7	4-4-8	C	4-4-7	4-4-8	C	4-4-7	4-4-8
1	79.6	72.5	10	47.2	45.1	19	65.6	14.1
2	36.9	36.4	11	19.0	17.2	20	127.9	127.9
3	175.7	175.4	12	31.8	31.7	21	142.9	142.9
4	82.1	86.7	13	45.6	44.5	22	112.2	112.1
5	62.3	48.9	14	72.9	73.0	23	142.8	142.8
6	38.0	41.8	15	56.1	62.5	24	22.3	20.9
7	211.1	213.7	16	173.7	171.5	25a	30.6	32.7
8	53.2	53.5	17	72.5	72.5	25b	23.2	23.1
9	47.2	44.2	18	20.3	20.7	OAc		173.2/22.2

表 4-4-5　化合物 4-4-9~4-4-13 的 ^{13}C NMR 数据[4]

C	4-4-9	4-4-10	4-4-11	4-4-12	4-4-13	C	4-4-9	4-4-10	4-4-11	4-4-12	4-4-13
1	151.4	156.0	157.2	71.8	70.7	7	74.3	72.3	69.4	74.3	72.9
2	118.5	120.4	120.3	34.9	35.3	8	42.2	42.8	44.2	41.8	43.9
3	167.2	167.0	167.7	169.7	169.8	9	46.4	57.2	56.4	40.8	51.7
4	84.3	83.5	84.2	85.1	84.6	10	46.3	42.5	42.7	45.7	43.4
5	49.4	48.5	47.5	44.7	42.9	11	65.6	205.2	206.8	64.7	205.3
6	26.9	26.7	30.8	26.1	25.8	12	39.5	45.6	46.1	39.7	46.2

续表

C	4-4-9	4-4-10	4-4-11	4-4-12	4-4-13	C	4-4-9	4-4-10	4-4-11	4-4-12	4-4-13
13	38.0	38.6	38.5	38.0	39.1	22	109.9	109.2	109.5	109.9	109.2
14	69.1	68.2	68.8	69.2	68.1	23	143.2	143.5	143.6	143.3	143.7
15	55.6	55.5	56.5	55.8	55.0	28	31.7	32.1	32.3	34.6	34.3
16	167.1	166.0	167.3	167.2	166.2	29	25.2	26.6	27.1	23.6	23.8
17	78.1	76.8	77.4	78.1	77.0	30	20.3	19.9	20.1	20.3	19.9
18	16.6	18.3	18.3	16.2	18.5	1-OAc				170.1	169.3
19	20.2	18.0	18.3	17.9	16.9					21.1	21.0
20	120.1	119.2	119.6	120.2	119.3	7-OAc	169.9	169.4		170.1	169.1
21	141.2	141.1	141.3	141.2	141.1		21.2	20.9		21.0	21.0

表 4-4-6　化合物 4-4-14~4-4-18 的 ^{13}C NMR 数据[5]

C	4-4-14	4-4-15	4-4-16	4-4-17	4-4-18	C	4-4-14	4-4-15	4-4-16	4-4-17	4-4-18
1	156.2	156.3	72.8	72.7	36.4	13	36.1	36.3	37.6	37.4	37.1
2	120.6	120.5	35.8	35.7	42.4	14	64.4	64.3	65.4	65.2	63.7
3	166.3	166.5	170.2	169.6	174.2	15	52.5	53.0	54.5	54.4	54.0
4	83.9	83.8	85.0	84.6	73.9	16	166.5	166.6	167.8	167.8	167.7
5	55.2	55.1	51.8	52.4	55.9	17	78.4	75.3	76.6	76.5	76.8
6	39.4	39.5	39.7	39.5	39.7	18	19.6	19.2	20.1	20.0	20.1
7	207.6	207.8	208.3	207.8	210.4	19	18.1	18.0	17.8	16.6	18.5
8	51.1	50.9	52.6	51.5	52.2	20	163.9	131.8	133.1	133.8	133.3
9	49.2	49.3	47.2	48.8	47.0	21	98.3	170.1	169.9	169.6	170.8
10	43.5	43.6	45.7	47.0	48.0	22	122.0	153.5	153.8	151.0	153.9
11	65.2	65.1	65.3	65.1	67.0	23	169.0	98.2	99.0	102.3	99.6
12	42.2	41.4	43.4	43.5	43.5	28	31.5	31.5	33.7	31.3	33.4

续表

C	4-4-14	4-4-15	4-4-16	4-4-17	4-4-18	C	4-4-14	4-4-15	4-4-16	4-4-17	4-4-18
29	26.5	26.1	23.2	23.0	29.4	Et				66.1	
30	19.4	18.9	20.7	19.9	19.6					13.7	

表 4-4-7　化合物 4-4-19~4-4-20 的 ^{13}C NMR 数据[6]

C	4-4-19	4-4-20	C	4-4-19	4-4-20	C	4-4-19	4-4-20
1	153.9	153.0	11	15.2	26.0	21	141.1	141.2
2	123.1	123.4	12	26.3	72.5	22	109.9	109.0
3	166.7	166.6	13	39.5	42.4	23	143.0	143.6
4	80.9	81.0	14	68.5	66.7	28	24.1	23.9
5	216.9	216.5	15	57.3	55.6	29	27.4	27.3
6	88.6	88.3	16	167.8	167.1	30	14.7	14.2
7	108.2	108.2	17	78.4	75.1	OAc		169.9/21.3
8	49.9	49.3	18	18.3	16.9	OMe	52.0	52.0
9	46.8	45.9	19	17.3	17.1			
10	49.7	49.6	20	121.0	119.9			

参 考 文 献

[1] Ksebati M B, Schmitz F J, Gunasekera S P. J Org Chem, 1988, 53: 3917.
[2] Jain S, Abraham I, Carvalho P, et al. J Nat Prod, 2009, 72: 1291.
[3] Zukas A A, Breksa III A P, Manners G D. Phytochemistry, 2004, 65: 2705.
[4] Mitsui K, Maejima M, Fukaya H, et al. Phytochemistry, 2004, 65: 3075.
[5] He H P, Zhang J X, Shen Y M, et al. Helv Chim Acta, 2002, 85: 671.
[6] Rajab M S, Rugutt J K, Fronczek F R. J Nat Prod, 1997, 60: 822.
[7] Rugutt J K, Rugutt K J, Berner D K J. Nat Prod, 2001, 64: 1434.

第五节　三环三萜类化合物

表 4-5-1　三环三萜类化合物的名称、分子式和测试溶剂

编号	名称	分子式	测试溶剂	参考文献
4-5-1	samaderine A	$C_{18}H_{18}O_6$	C	[1]
4-5-2	2-chlorosamaderine A	$C_{18}H_{17}ClO_6$	C	[1]
4-5-3	samaderolactone A	$C_{20}H_{22}O_8$	C	[1]
4-5-4	5β,6-dihydrosamaderine A	$C_{18}H_{20}O_6$	C	[1]
4-5-5	3ε,4ε-epoxy-5,6-dehydroeurycomalactone	$C_{19}H_{22}O_7$	C	[2]
4-5-6	5α-hydroxyeurycomalactone	$C_{19}H_{24}O_7$	C	[2]
4-5-7	5-dehydro-3-hydro-7β-hydroxy-6-oxoeurycolactone E	$C_{19}H_{26}O_7$	P	[2]
4-5-8	$\Delta^{4(18)}$-isomer of eurycolactone E	$C_{19}H_{26}O_6$	P	[2]
4-5-9	3,4β-dihydrosamaderine C	$C_{19}H_{26}O_7$	C	[1]
4-5-10	cedronin	$C_{19}H_{24}O_7$	C	[1]
4-5-11	3α,4α-epoxyeurycomalide B	$C_{19}H_{24}O_7$	M	[2]
4-5-12	laurycolactone A	$C_{18}H_{22}O_5$	P	[3]

续表

编号	名称	分子式	测试溶剂	参考文献
4-5-13	samaderine B	$C_{19}H_{22}O_7$	P	[4]
4-5-14	samaderine C	$C_{19}H_{24}O_7$	P	[4]
4-5-15	2-O-glucosylsamaderine C	$C_{25}H_{34}O_{12}$	P	[4]
4-5-16	eurycolactone D	$C_{18}H_{22}O_5$	P	[5]
4-5-17	eurycolactone E	$C_{19}H_{26}O_6$	P	[5]
4-5-18	laurycolactone B	$C_{18}H_{20}O_5$	C	[3]
4-5-19	3-deacetylsalannin	$C_{32}H_{42}O_8$	C	[6]
4-5-20	salannol	$C_{32}H_{44}O_8$	C	[6]

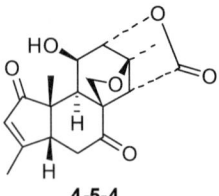

4-5-1 $R^1=O; R^2=H$
4-5-2 $R^1=O; R^2=Cl$
4-5-3 $R^1=\beta\text{-OH},\alpha\text{-CO}_2\text{Me}; R^2=H$

4-5-4

表 4-5-2 化合物 4-5-1~4-5-4 的 ^{13}C NMR 数据[1]

C	4-5-1	4-5-2	4-5-3	4-5-4	C	4-5-1	4-5-2	4-5-3	4-5-4
1	203.5	195.6	88.6	209.2	12	81.8	81.6	81.0	83.1
2	134.1	138.3	142.0	127.9	13	89.2	89.2	89.3	89.1
4	163.3	156.6	142.4	175.9	14	58.1	58.0	58.2	59.6
5	168.8	165.1	175.7	53.1	15	171.1	170.9	171.2	171.4
6	116.8	116.8	115.3	41.1	18	20.9	20.9	21.0	20.7
7	193.8	193.1	192.5	206.3	19	21.4	21.3	23.0	21.2
8	57.4	57.7	56.7	56.4	28	13.7	11.8	12.4	17.0
9	40.2	40.1	41.1	39.3	30	76.1	76.1	75.9	74.7
10	48.2	47.5	54.9	48.9	COO$\underline{C}$H$_3$			53.9	
11	69.0	68.9	70.0	69.1	$\underline{C}$OOCH$_3$			174.6	

4-5-5   4-5-6   4-5-7   4-5-8

表 4-5-3 化合物 4-5-5~4-5-8 的 ^{13}C NMR 数据[2]

C	4-5-5	4-5-6	4-5-7	4-5-8	C	4-5-5	4-5-6	4-5-7	4-5-8
1	76.7	76.7	80.3	82.5	3	61.8	124.9	40.7	43.6
2	204.9	198.2	66.7	72.6	4	63.9	161.1	133.8	145.2

续表

C	4-5-5	4-5-6	4-5-7	4-5-8	C	4-5-5	4-5-6	4-5-7	4-5-8
5	158.4	77.9	139.5	50.7	13	31.8	32.5	32.7	32.7
6	128.7	44.1	206.1	37.4	14	52.8	52.9	56.1	53.7
7	197.8	206.0	81.8	207.9	15	176.1	176.6	177.8	176.8
8	47.6	51.1	45.1	43.6	18	20.5	19.8	20.2	108.7
9	46.7	39.2	48.9	50.9	19	17.2	16.4	20.5	23.6
10	50.0	49.2	47.9	51.8	20	23.0	22.7	20.4	12.8
11	69.3	70.3	69.6	70.1	21	16.5	16.7	16.8	16.8
12	83.3	83.4	85.1	84.1					

表 4-5-4 化合物 4-5-9~4-5-12 的 ^{13}C NMR 数据

C	4-5-9[1]	4-5-10[1]	4-5-11[2]	4-5-12[3]	C	4-5-9[1]	4-5-10[1]	4-5-11[2]	4-5-12[3]
1	81.8	82.8	79.1	212.3	11	70.4	70.2	70.0	67.5
2	70.9	197.6	71.9	127.1	12	83.5	85.0	85.9	85.1
3	41.5	124.1	64.3		13	87.8	87.5	32.9	31.9
4	29.8	164.8	59.3	177.5	14	56.7	59.7	53.5	54.5
5	50.8	42.5	164.5	52.1	15	172.1	174.2	179.1	177.2
6	40.2	29.1	127.7	42.5	18	20.6	21.0	21.6	17.2
7	205.2	71.3	200.9	210.1	19	12.0	11.4	15.1	24.6
8	60.2	54.4	48.7	48.5	28	18.9	22.7	23.3	21.3
9	50.3	44.1	46.7	37.7	30	75.8	74.9	16.9	16.7
10	42.4	48.0	46.3	49.4					

表 4-5-5　化合物 4-5-13~4-5-15 的 ^{13}C NMR 数据[4]

C	4-5-13	4-5-14	4-5-15	C	4-5-13	4-5-14	4-5-15	C	4-5-15
1	82.1	81.5	79.9	11	70.8	71.2	70.8	Glu	
2	197.8	72.8	84	12	84.9	85.1	84.8	1'	106.4
3	125.3	127	124.6	13	87.9	87.8	87.6	2'	75.6
4	160.6	133	133.8	14	56.7	57.1	56.7	3'	78.2
5	47.7	47.9	47.3	15	172.8	172.8	172.9	4'	71.2
6	39.1	39.6	39.1	17	75.6	76.3	76	5'	78.4
7	204.9	206.1	205.9	18	21.5	20.7	19.9	6'	62.4
8	61.5	61.6	61.4	19	10.4	11.1	10.7		
9	50.2	50.5	50	20	20.7	20.2	20.5		
10	47.6	43.9	43.5						

表 4-5-6　化合物 4-5-16~4-5-18 的 ^{13}C NMR 数据

C	4-5-16[5]	4-5-17[5]	4-5-18[3]	C	4-5-16[5]	4-5-17[5]	4-5-18[3]
1	214.2	82.4	205.2	11	67.2	70.2	67.9
2		74.2		12	84.7	84.2	83.5
3	45.1	126.8	132.9	13	32.3	32.8	32.1
4	32.6	133.7	166.3	14	52.9	53.8	40.7
5	173.2	49.2	164.8	15	177.1	176.9	176.3
6	118.8	37.0	116.2	4-Me	15.3	20.4	21.5
7	198.3	207.5	198.0	8-Me	22.4	24.1	13.8
8	47.5	51.8	47.6	10-Me	19.0	11.6	23.1
9	41.7	49.9	53.1	13-Me	16.9	16.8	16.8
10	52.7	44.2	48.6				

表 4-5-7　化合物 4-5-19~4-5-20 的 ^{13}C NMR 数据[6]

C	4-5-19	4-5-20	C	4-5-19	4-5-20	C	4-5-19	4-5-20	C	4-5-19	4-5-20
1	77.2	72.5	9	39.4	39.4	17	49.3	49.5	29	19.8	19.8
2	30.4	30.9	10	40.9	40.7	18	13.0	12.9	30	16.8	16.9
3	70.7	71.0	11	30.4	30.0	19	15.1	15.5	1'	166.2	171.9
4	44.1	44.2	12	175.5	173.0	20	127.0	127.2	2'	128.6	43.5
5	38.7	38.9	13	134.8	134.8	21	138.6	139.0	3"	137.7	25.4
6	72.4	72.5	14	146.6	146.6	22	110.5	110.9	4'	12.1	22.7
7	85.8	85.9	15	87.8	88.0	23	142.8	142.9	5'	14.4	22.6
8	48.9	48.9	16	41.2	41.1	28	77.7	77.9	COOCH$_3$	51.3	51.0

参 考 文 献

[1] Coombes P H, Naidoo D, Mulholland D A, et al. Phytochemistry, 2005, 66: 2734.
[2] Miyake K, Tezuka Y, Awale S, et al. J Nat Prod, 2009, 72: 2135.
[3] Itokawa H, Qin X, Morita H, et al. J Nat Prod, 1993, 56: 1766.
[4] Kitagawa I, Mahmud T, Yokota K, et al. Chem Pharm Bull, 1996, 44: 2009.
[5] Ang H H, Hitotsuyanagi Y, Fukaya H, et al. Phytochemistry, 2002, 59: 833.
[6] Wolfgang K. Cramer R. Liebigs Ann L Chem, 1981, 1: 181.

第六节 四环三萜-羊毛脂烷型化合物

表 4-6-1 四环三萜-羊毛脂烷型化合物的名称、分子式和测试溶剂

编号	名称	分子式	测试溶剂	参考文献
4-6-1	marianine	$C_{31}H_{50}O_3$	C	[1]
4-6-2	marianoside A	$C_{36}H_{62}O_7$	P	[1]
4-6-3	marianoside B	$C_{36}H_{62}O_6$	P	[1]
4-6-4	lanosta-8-en-3,29-diol-23-oxo-3,29-disodium sulfate	$C_{30}H_{49}Na_2O_9S_2$	M	[2]
4-6-5	24-ethyl-3β-methoxylanost-9(11)-en-25-ol	$C_{33}H_{58}O_2$	C	[3]
4-6-6	3β-methoxy-24-methylenelanost-9(11)-en-25-ol	$C_{32}H_{54}O_2$	C	[3]
4-6-7	3β-methoxy-25-methyl-24-methylenelanost-9(11)-en-21-ol	$C_{33}H_{56}O_2$	C	[3]
4-6-8	24-methylene-lanosta-9(11)-en-3β-ol	$C_{31}H_{52}O$	C	[4]
4-6-9	24-methylene-lanosta-9(11)-en-3-one	$C_{31}H_{50}O$	C	[4]
4-6-10	3β-methoxy-24-methyllanosta-9(11),25-dien-24-ol	$C_{32}H_{54}O_2$	C	[3]
4-6-11	lanosta-9(11),25-diene-3β,24β-diol	$C_{30}H_{50}O_2$	C	[5]
4-6-12	aeruginosol C	$C_{30}H_{52}O_4$	C	[6]
4-6-13	lanost-9(11),23Z(24)-diene-3β,25-diol	$C_{30}H_{50}O_2$	C	[5]
4-6-14	(24S)-24-methyl-25,32-cyclo-5α-lanosta-9(11)-en-3β-ol	$C_{32}H_{54}O$	C	[8]
4-6-15	25,26,27-trinor-3α-hydroxy-lanost-9(11)-en-24-oic acid	$C_{27}H_{44}O_3$	C	[9]
4-6-16	25,26,27-trinor-3α-methoxy-lanost-9(11)-en-24-oic acid	$C_{28}H_{46}O_3$	C	[9]
4-6-17	25,26,27-trinor-3β-methoxy-lanost-9(11)-en-24-oic acid	$C_{28}H_{46}O_3$	C	[9]
4-6-18	25,26,27-trinor-3-oxo-lanost-9(11)-en-24-oic acid	$C_{27}H_{42}O_3$	C	[9]
4-6-19	mollisoside B_1	$C_{53}H_{82}O_{25}S$	P	[10]
4-6-20	nobiliside C	$C_{37}H_{56}O_{12}$	P+W	[11]
4-6-21	24-methylenelanosta-7,9(11)-diene-3-one	$C_{31}H_{48}O$	C	[12]
4-6-22	29-hydroxypolyporenic acid C	$C_{31}H_{46}O_5$	P	[13]
4-6-23	dehydropachymic acid	$C_{33}H_{50}O_5$	P	[14]
4-6-24	3-*epi*-dehydropachymic acid	$C_{33}H_{50}O_5$	P	[14]
4-6-25	3-*epi*-dehydrotumulosic acid	$C_{31}H_{48}O_4$	p	[14]
4-6-26	dehydrotumulosic acid	$C_{31}H_{48}O_4$	p	[14]
4-6-27	polyporenic acid C	$C_{31}H_{46}O_4$	p	[14]
4-6-28	poriacosone A	$C_{30}H_{46}O_5$	P	[15]
4-6-29	poriacosone B	$C_{30}H_{46}O_5$	P	[15]
4-6-30	3α,16α-dihydroxylanosta-7,9(11),24-trien-21-oic acid	$C_{30}H_{46}O_4$	D	[16]
4-6-31	3α,16α,26-trihydroxylanosta-7,9(11),24-trien-21-oic acid	$C_{30}H_{46}O_5$	D	[16]
4-6-32	lucialdehyde A	$C_{30}H_{46}O_2$	C	[17]
4-6-33	5α-lanosta-7,9(11),24-triene-3β-hydroxy-26-al	$C_{30}H_{46}O_2$	C	[18]
4-6-34	5α-lanosta-7,9(11),24-triene-15α-hydroxy-3-one	$C_{30}H_{46}O_3$	C	[18]
4-6-35	colossolactone I	$C_{31}H_{48}O_3$	C	[19]
4-6-36	colossolactone II	$C_{30}H_{46}O_4$	P	[19]
4-6-37	astrapteridone	$C_{30}H_{48}O_3$	B	[20]
4-6-38	astrapteridiol	$C_{30}H_{50}O_3$	P	[20]
4-6-39	3-*epi*-astrapteridiol	$C_{30}H_{50}O_3$	P	[20]

续表

编号	名称	分子式	测试溶剂	参考文献
4-6-40	colossolactone III	$C_{31}H_{46}O_4$	C	[19]
4-6-41	3α-acetoxy-16α-hydroxy-24-methylene-5α-lanost-8-en-21-oic acid	$C_{33}H_{52}O_5$	P	[21]
4-6-42	3α-(3-hydroxy-5-methoxy-3-methyl-1,5-dioxopentyloxy)-24-methylene-5α-lanost-8-en-21-oic acid	$C_{38}H_{60}O_7$	P	[21]
4-6-43	pachymic acid	$C_{33}H_{52}O_5$	P	[14]
4-6-44	tumulosic acid	$C_{31}H_{50}O_4$	P	[14]
4-6-45	24-methylenelanost-8-ene-3β,15α,21-triol	$C_{31}H_{52}O_3$	P	[22]
4-6-46	fomitoside D	$C_{38}H_{60}O_8$	P	[23]
4-6-47	fomitoside G	$C_{38}H_{60}O_8$	P	[23]
4-6-48	fomitoside J	$C_{37}H_{60}O_8$	P	[23]
4-6-49	25-hydroxypachymic acid	$C_{33}H_{52}O_6$	P	[13]
4-6-50	3β,23β-dimethoxy-5R-lanost-24(24^1)-ene	$C_{33}H_{56}O$	C	[24]
4-6-51	pisosteral	$C_{33}H_{52}O_5$	C	[25]
4-6-52	inonotsulide A	$C_{30}H_{48}O_4$	C	[26]
4-6-53	inonotsulide B	$C_{30}H_{48}O_4$	C	[26]
4-6-54	inonotsulide C	$C_{30}H_{46}O_3$	C	[26]
4-6-55	inonotsutriol A	$C_{30}H_{48}O_4$	C	[27]
4-6-56	inonotsutriol B	$C_{30}H_{48}O_4$	C	[27]
4-6-57	inonotsutriol C	$C_{30}H_{48}O_3$	C	[27]
4-6-58	cucurbita-5,23(E)-diene-3β,7β,25-triol	$C_{30}H_{48}O_2$	C	[28]
4-6-59	3β-acetoxy-7β-methoxycucurbita-5,23(E)-dien-25-ol	$C_{33}H_{54}O_4$	C	[28]
4-6-60	karavilagenin A	$C_{32}H_{54}O_3$	P	[29]
4-6-61	karavilagenin B	$C_{31}H_{52}O_3$	P	[29]
4-6-62	3β,25-dihydroxy-7β-methoxycucurbita-5,23(E)-diene	$C_{31}H_{52}O_3$	C	[30]
4-6-63	3β-hydroxy-7β,25-dimethoxycucurbita-5,23(E)-diene	$C_{32}H_{54}O_3$	C	[30]
4-6-64	kuguacin A	$C_{30}H_{46}O_4$	P	[31]
4-6-65	kuguacin B	$C_{30}H_{48}O_3$	C	[31]
4-6-66	(23E)-3β-hydroxy-7β,25-dim-ethoxycucurbita-5,23-dien-19-al	$C_{32}H_{52}O_4$	P	[32]
4-6-67	(23E)-25-methoxycucurbit-23-ene-3β,7β-diol	$C_{31}H_{52}O_3$	C	[33]
4-6-68	(23E)-25-hydroxycucurbita-5,23-diene-3,7-dione	$C_{30}H_{46}O_3$	C	[33]
4-6-69	karavilagenin C	$C_{31}H_{52}O_3$	P	[29]
4-6-70	lanosta-8,24-diene-3β,15α,21-triol	$C_{30}H_{50}O_3$	P	[22]
4-6-71	(23E)-3β-hydroxy-7β-methoxycucurbita-5,23,25-trien-19-al	$C_{31}H_{48}O_3$	P	[32]
4-6-72	(23E)-cucurbita-5,23,25-triene-3β,7β-diol	$C_{30}H_{48}O_2$	C	[33]
4-6-73	(23E)-cucurbita-5,23,25-triene-3,7-dione	$C_{30}H_{44}O_2$	C	[33]
4-6-74	cucurbita-5,24-diene-3,7,23-trione	$C_{30}H_{44}O_3$	C	[28]
4-6-75	kuguacin C	$C_{27}H_{42}O_3$	P	[31]
4-6-76	kuguacin D	$C_{27}H_{40}O_4$	P	[31]
4-6-77	16-deoxycucurbitacin B	$C_{32}H_{46}O_7$	CD_2Cl_2	[35]
4-6-78	18-deoxyleucopaxillone A	$C_{34}H_{54}O_6$	C	[35]
4-6-79	cucurbitacin B 2-sulfate	$C_{32}H_{46}O_{11}S$	P	[36]

续表

编号	名称	分子式	测试溶剂	参考文献
4-6-80	endecaphyllacin A	$C_{22}H_{30}O_4$	P	[37]
4-6-81	endecaphyllacin B	$C_{22}H_{28}O_4$	p	[37]
4-6-82	16-hydroxy-22,23,24,25,26,27-hexanorcucurbit-5-en-11,20-dione-3-O-α-L-rhamnopyranosyl-(1→2)-β-D-glucopyranoside	$C_{36}H_{56}O_{13}$	P	[38]
4-6-83	bryonioside A	$C_{36}H_{60}O_9$	P	[39]
4-6-84	bryonioside B	$C_{42}H_{70}O_{13}$	P	[39]
4-6-85	bryonioside C	$C_{44}H_{72}O_{14}$	P	[39]
4-6-86	bryonioside D	$C_{36}H_{60}O_{10}$	P	[39]
4-6-87	bryonioside F	$C_{36}H_{58}O_9$	P	[39]
4-6-88	bryonioside G	$C_{42}H_{68}O_{13}$	P	[39]
4-6-89	khekadaengoside M	$C_{48}H_{82}O_{18}$	P	[40]
4-6-90	khekadaengoside N	$C_{48}H_{80}O_{18}$	P	[40]
4-6-91	jinfushanoside B	$C_{36}H_{58}O_9$	P	[41]
4-6-92	jinfushanoside C	$C_{42}H_{68}O_{14}$	P	[41]
4-6-93	jinfushanoside D	$C_{42}H_{68}O_{14}$	P	[41]
4-6-94	20-hydroxy-11-oxomogroside ⅠA$_1$	$C_{36}H_{62}O_{10}$	P	[42]
4-6-95	11-oxomogroside ⅡE	$C_{42}H_{70}O_{14}$	P	[42]
4-6-96	bryonioside E	$C_{36}H_{60}O_{10}$	P	[39]
4-6-97	cucurbitacin G 2-O-β-D-glucopyranoside	$C_{36}H_{56}O_{13}$	P	[36]
4-6-98	11-oxomogroside Ⅲ	$C_{48}H_{80}O_{19}$	P	[43]
4-6-99	11-dehydroxymogroside Ⅲ	$C_{48}H_{82}O_{18}$	P	[43]
4-6-100	11-oxomogroside Ⅳ	$C_{54}H_{90}O_{24}$	P	[43]
4-6-101	ananosic acid B	$C_{32}H_{48}O_4$	C	[44]
4-6-102	ananosic acid C	$C_{30}H_{44}O_3$	C	[44]
4-6-103	3-oxolanost-9βH-7-en-24S,25-diol	$C_{30}H_{50}O_3$	C	[45]
4-6-104	(22R,25)-epoxycholest-7-ene-2β,3β,4β-triol	$C_{27}H_{44}O_4$	C	[46]
4-6-105	(22R,25)-epoxycholest-7-ene-3β,4β-diol	$C_{27}H_{44}O_3$	C	[46]
4-6-106	7,14,22Z,24-mariesatetraen-26,23-olide-α-3-ol	$C_{30}H_{42}O_3$	C	[47]
4-6-107	7,14,24-mariesatrien-26,23-olide-3α,23-diol	$C_{30}H_{44}O_4$	C	[47]
4-6-108	3α-hydroxy-7,14,24E-mariesatrien-23-oxo-26-oic acid	$C_{30}H_{44}O_4$	C	[47]
4-6-109	fomitellic acid A	$C_{30}H_{46}O_6$	M	[48]
4-6-110	fomitellic acid B	$C_{30}H_{46}O_5$	M	[48]
4-6-111	fomitellic acid C	$C_{31}H_{48}O_6$	M	[48]
4-6-112	fomitellic acid D	$C_{30}H_{46}O_5$	M	[48]
4-6-113	ganoderic acid γ	$C_{30}H_{44}O_7$	C+M	[49]
4-6-114	ganoderic acid δ	$C_{30}H_{44}O_7$	C+M	[49]
4-6-115	ganoderic acid ξ	$C_{30}H_{44}O_7$	C+M	[49]
4-6-116	ganoderic acid ζ	$C_{30}H_{42}O_7$	C+M	[49]
4-6-117	ganoderic acid η	$C_{30}H_{44}O_8$	C+M	[49]
4-6-118	ganoderic acid θ	$C_{30}H_{42}O_8$	C+M	[49]
4-6-119	lucialdehyde B	$C_{30}H_{44}O_3$	C	[17]
4-6-120	lucialdehyde C	$C_{30}H_{46}O_3$	C	[17]

编号	名称	分子式	测试溶剂	参考文献
4-6-121	lucialdehyde D	$C_{30}H_{42}O_4$	C	[58]
4-6-122	ganoderone A	$C_{30}H_{46}O_3$	C	[58]
4-6-123	ganoderone C	$C_{30}H_{46}O_4$	C	[58]
4-6-124	3β-hydroxy-4α,14α-dimethyl-5α-ergosta-8,24(28)-dien-11-one	$C_{30}H_{48}O_2$	C	[50]
4-6-125	3β,11α-dihydroxy-4α,14α-dimethyl-5α-ergosta-8,24(28)-dien-7-one	$C_{30}H_{48}O_3$	C	[50]
4-6-126	3β,7α-dihydroxy-4α,14α-dimethyl-5α-ergosta-8,24(28)-dien-11-one	$C_{30}H_{48}O_3$	C	[50]
4-6-127	20-hydroxylucidenic acid D_2	$C_{29}H_{38}O_9$	C	[59]
4-6-128	20-hydroxylucidenic acid F	$C_{27}H_{36}O_7$	C	[59]
4-6-129	20-hydroxylucidenic acid E_2	$C_{29}H_{40}O_9$	C	[59]
4-6-130	20-hydroxylucidenic acid N	$C_{27}H_{40}O_7$	C	[59]
4-6-131	20-hydroxylucidenic acid P	$C_{29}H_{42}O_9$	C	[59]
4-6-132	lucidenic acid P	$C_{29}H_{42}O_8$	C	[51]
4-6-133	methy lucidenate P	$C_{28}H_{44}O_6$	C	[51]
4-6-134	methy lucidenate Q	$C_{28}H_{42}O_8$	C	[51]
4-6-135	fomitopinic acid A	$C_{30}H_{48}O_5$	P	[23]
4-6-136	fomitopinic acid B	$C_{32}H_{52}O_6$	P	[23]
4-6-137	fomitoside A	$C_{35}H_{54}O_8$	P	[23]
4-6-138	fomitoside E	$C_{37}H_{58}O_9$	P	[23]
4-6-139	fomitoside B	$C_{35}H_{54}O_8$	P	[23]
4-6-140	fomitoside C	$C_{35}H_{54}O_7$	P	[23]
4-6-141	fomitoside F	$C_{37}H_{58}O_8$	P	[23]
4-6-142	fomitoside H	$C_{42}H_{66}O_{11}$	P	[23]
4-6-143	fomitoside I	$C_{36}H_{58}O_8$	P	[23]
4-6-144	saponaceoic acid I	$C_{30}H_{48}O_4$	C	[52]
4-6-145	saponaceoic acid II	$C_{30}H_{48}O_4$	C	[52]
4-6-146	saponaceoic acid III	$C_{30}H_{48}O_4$	C	[52]
4-6-147	3β,7β,20,23ξ-tetrahydroxy-11,15-dioxolanost-8-en-26-oic acid	$C_{30}H_{46}O_8$	C	[53]
4-6-148	7β,20,23ξ-trihydroxy-3,11,15-trioxolanost-8-en-26-oic acid	$C_{30}H_{44}O_8$	C	[53]
4-6-149	7β,23ξ-dihydroxy-3,11,15-trioxolanosta-8,20E(22)-dien-26-oic acid	$C_{30}H_{42}O_6$	C	[53]
4-6-150	7β-hydroxy-3,11,15,23-tetraoxolanosta-8,20E(22)-dien-26-oic acid methyl ester	$C_{31}H_{42}O_7$	C	[53]
4-6-151	ganoderic acid AP_2	$C_{35}H_{52}O_8$	C	[54]
4-6-152	23S-hydroxy-3,7,11,15-tetraoxolanost-8,24E-dien-26-oic acid	$C_{30}H_{40}O_7$	D	[55]
4-6-153	ganoderic acid AP_3	$C_{30}H_{42}O_8$	C	[54]
4-6-154	23S-hydroxy-3,7,11,15-tetraoxolanost-8,24E-diene-26-oic acid	$C_{30}H_{40}O_7$	C	[55]
4-6-155	daedaleanic acid B	$C_{30}H_{48}O_5$	P	[56]
4-6-156	daedaleanic acid C	$C_{34}H_{52}O_8$	P	[56]
4-6-157	eryloside F_1	$C_{42}H_{68}O_{12}$	P	[57]
4-6-158	eryloside F_2	$C_{41}H_{66}O_{13}$	P	[57]

续表

编号	名称	分子式	测试溶剂	参考文献
4-6-159	eryloside F_3	$C_{41}H_{66}O_{13}$	P	[57]
4-6-160	eryloside F_4	$C_{41}H_{64}O_{13}$	P	[57]
4-6-161	eryloside M	$C_{47}H_{76}O_{16}$	P	[57]
4-6-162	eryloside N	$C_{46}H_{74}O_{16}$	P	[57]
4-6-163	eryloside O	$C_{54}H_{86}NO_{20}$	P	[57]
4-6-164	eryloside P	$C_{64}H_{104}O_{30}$	P	[57]
4-6-165	eryloside Q	$C_{63}H_{102}O_{30}$	P	[57]
4-6-166	argentatin E	$C_{30}H_{50}O_2$	C	[60]
4-6-167	cucurbita-5(10),6,23(*E*)-triene-3β,25-diol	$C_{30}H_{48}O_2$	C	[17]
4-6-168	cucurbitacin L 2-*O*-β-glucopyranoside	$C_{36}H_{54}O_{12}$	P	[40]
4-6-169	25-*O*-acetyl-cucurbitacin L 2-*O*-β-glucopyranoside	$C_{38}H_{56}O_{13}$	P	[40]
4-6-170	khekadaengoside A	$C_{42}H_{64}O_{16}$	P	[40]
4-6-171	khekadaengoside B	$C_{42}H_{64}O_{17}$	P	[40]
4-6-172	khekadaengoside C	$C_{36}H_{52}O_{11}$	P	[40]
4-6-173	khekadaengoside D	$C_{36}H_{54}O_{12}$	P	[40]
4-6-174	khekadaengoside E	$C_{36}H_{54}O_{12}$	P	[40]
4-6-175	cucurbitacin J 2-*O*-β-glucopyranoside	$C_{36}H_{54}O_{13}$	P	[40]
4-6-176	cucurbitacin K 2-*O*-β-glucopyranoside	$C_{36}H_{54}O_{13}$	P	[40]
4-6-177	khekadaengoside F	$C_{36}H_{54}O_{13}$	P	[40]
4-6-178	khekadaengoside G	$C_{36}H_{52}O_{10}$	P	[40]
4-6-179	khekadaengoside I	$C_{36}H_{52}O_{11}$	P	[40]
4-6-180	khekadaengoside H	$C_{36}H_{52}O_{10}$	P	[40]
4-6-181	khekadaengoside J	$C_{42}H_{64}O_{16}$	P	[40]
4-6-182	khekadaengoside K	$C_{30}H_{42}O_{10}$	P	[40]
4-6-183	khekadaengoside L	$C_{34}H_{48}O_{13}$	P	[40]
4-6-184	aoibaclyin	$C_{36}H_{52}O_{10}$	C	[61]
4-6-185	colocynthoside A	$C_{38}H_{54}O_{14}$	M	[62]
4-6-186	colocynthoside B	$C_{42}H_{62}O_{15}$	M	[62]
4-6-187	cucurbitaglycoside A	$C_{46}H_{65}N_5O_{16}$	P	[63]
4-6-188	cucurbitaglycoside B	$C_{41}H_{57}N_5O_{12}$	P	[63]
4-6-189	bacobitacin A	$C_{32}H_{44}O_9$	M	[64]
4-6-190	bacobitacin B	$C_{34}H_{46}O_9$	M	[64]
4-6-191	bacobitacin C	$C_{54}H_{80}O_{24}$	M	[64]
4-6-192	bacobitacin D	$C_{54}H_{80}O_{25}$	M	[64]
4-6-193	elfvingic acid B	$C_{30}H_{40}O_8$	C	[65]
4-6-194	elfvingic acid C	$C_{30}H_{42}O_8$	C	[65]
4-6-195	elfvingic acid D	$C_{30}H_{42}O_9$	C	[65]
4-6-196	elfvingic acid E	$C_{30}H_{42}O_9$	C	[65]
4-6-197	elfvingic acid F	$C_{30}H_{42}O_9$	C	[65]
4-6-198	(23*E*)-5β,19-epoxycucurbita-6,23-diene-3β,25-diol	$C_{30}H_{48}O_3$	C	[33]
4-6-199	(19*R*,23*E*)-β,19-epoxy-19-methoxycucurbita-6,23,25-trien-3β-ol	$C_{31}H_{48}O_3$	P	[32]
4-6-200	kuguacin E	$C_{27}H_{42}O_4$	P	[31]

续表

编号	名称	分子式	测试溶剂	参考文献
4-6-201	$8\alpha,9\alpha$-epoxy-4,4,14α-trimethyl-3,5,11,15,20-pentaoxo-5α-pregnane	$C_{24}H_{30}O_6$	C	[18]
4-6-202	garcihombronane F	$C_{30}H_{46}O_4$	—	[66]
4-6-203	garcihombronane G	$C_{30}H_{46}O_4$	—	[66]
4-6-204	garcihombronane H	$C_{30}H_{48}O_4$	—	[66]
4-6-205	garcihombronane I	$C_{32}H_{38}O_{11}$	—	[66]
4-6-206	alisolide	$C_{26}H_{36}O_4$	C	[67]
4-6-207	alisol O	$C_{30}H_{48}O_5$	C	[67]
4-6-208	alisol P	$C_{30}H_{48}O_7$	C	[67]
4-6-209	25-anhydroalisol F	$C_{30}H_{46}O_4$	C	[68]
4-6-210	11-anhydroalisol F	$C_{30}H_{46}O_4$	C	[68]
4-6-211	alisol O	$C_{32}H_{48}O_5$	C	[69]
4-6-212	garcihombronane J	$C_{31}H_{48}O_4$	—	[66]
4-6-213	(2S)-24-hydroxystigmast-4-en-3-one	$C_{29}H_{48}O_2$	C	[70]
4-6-214	leucastrin A	$C_{31}H_{54}O_2$	C	[71]
4-6-215	leucastrin B	$C_{30}H_{52}O_3$	C	[71]
4-6-216	8β,9α-dihydroganoderic acid J	$C_{30}H_{44}O_7$	C	[72]
4-6-217	methyl 8β,9α-dihydroganoderate J	$C_{31}H_{46}O_7$	C	[72]
4-6-218	16-deacetoxy-7β-hydroxyfusidic acid	$C_{29}H_{46}O_5$	C	[73]
4-6-219	hemistriterpene ether(泥胡三萜醚)	$C_{30}H_{50}O$	D	[74]
4-6-220	3,4-$seco$-4(28),6,8(14),24-mariesatetraen-26,23-olide-23-hydroxy-3-oic acid	$C_{30}H_{42}O_5$	C	[47]
4-6-221	3,4-$seco$-4(28),7,24-lanostatrien-26,23-olide-23-hydroxy-3-oic acid	$C_{30}H_{44}O_5$	C+M	[47]
4-6-222	3,4-$seco$-4(28),7,12,24-mariesatetraen-26,23-olide-23-hydroxy-3-oic acid	$C_{30}H_{42}O_5$	C	[75]
4-6-223	ethyl 3,4-$seco$-8(14→13R)$abeo$-17,13-$friedo$-4(28),7,14,24-lanostatetraen-26,23-olide-23-hydroxy-3-oate	$C_{32}H_{46}O_5$	C	[75]
4-6-224	$seco$-coccinic acid A	$C_{30}H_{48}O_3$	P	[75]
4-6-225	$seco$-coccinic acid B	$C_{30}H_{46}O_3$	P	[75]
4-6-226	$seco$-coccinic acid C	$C_{30}H_{48}O_4$	P	[75]
4-6-227	$seco$-coccinic acid D	$C_{30}H_{48}O_3$	P	[75]
4-6-228	$seco$-coccinic acid E	$C_{30}H_{48}O_3$	P	[75]
4-6-229	$seco$-coccinic acid F	$C_{30}H_{46}O_4$	P	[75]
4-6-230	spongiporic acid A	$C_{31}H_{44}O_6$	P	[77]
4-6-231	spongiporic acid B	$C_{31}H_{44}O_5$	P	[77]
4-6-232	methyl (23R,25R)-3,4-$seco$-9βH-lanosta-4(28),7-dien-26,23-olid-3-oate	$C_{31}H_{48}O_4$	C	[45]
4-6-233	(23R,25R)-3,4-$seco$-17,14-$friedo$-9βH-lanosta-4(28),6,8(14)-trien-26,23-olid-3-oic acid	$C_{30}H_{44}O_4$	C	[45]
4-6-234	elfvingic acid H	$C_{30}H_{42}O_8$	C	[65]
4-6-235	methyl ester of elfvingic acid H	$C_{31}H_{44}O_8$	C	[65]
4-6-236	daedaleanic acid A	$C_{31}H_{46}O_4$	P	[56]

续表

编号	名称	分子式	测试溶剂	参考文献
4-6-237	daedaleaside A	$C_{39}H_{58}O_{10}$	P	[56]
4-6-238	colossolactone Ⅳ	$C_{30}H_{44}O_5$	C	[19]
4-6-239	colossolactone Ⅳ	$C_{30}H_{44}O_5$	C	[77]
4-6-240	coccinilactone A	$C_{30}H_{48}O_3$	P	[76]
4-6-241	longipedlactone J	$C_{32}H_{40}O_7$	P	[78]
4-6-242	kadlongilactone C	$C_{31}H_{40}O_6$	P	[79]
4-6-243	kadlongilactone D	$C_{30}H_{38}O_6$	P	[79]
4-6-244	kadlongilactone E	$C_{31}H_{40}O_6$	P	[79]
4-6-245	kadlongilactone F	$C_{30}H_{37}O_7$	P	[79]
4-6-246	kadlongilactone A	$C_{30}H_{38}O_6$	P	[80]
4-6-247	kadlongilactone B	$C_{30}H_{36}O_6$	P	[80]
4-6-248	heteraclitalactont D	$C_{32}H_{42}O_6$	C	[81]
4-6-249	heteraclitalactont E	$C_{32}H_{40}O_7$	C	[81]
4-6-250	colossolactone Ⅴ	$C_{35}H_{54}O_9$	C	[77]
4-6-251	colossolactone Ⅵ	$C_{35}H_{52}O_9$	C	[77]
4-6-252	colossolactone Ⅶ	$C_{35}H_{50}O_7$	C	[77]
4-6-253	preschisanartanin	$C_{31}H_{40}O_{11}$	P	[82]
4-6-254	schindilactone A	$C_{29}H_{34}O_{10}$	P	[82]
4-6-255	schindilactone B	$C_{29}H_{34}O_{10}$	P	[82]
4-6-256	schindilactone C	$C_{29}H_{36}O_{11}$	P	[82]
4-6-257	schintrilactone A	$C_{29}H_{36}O_9$	A	[83]
4-6-258	schintrilactone B	$C_{29}H_{36}O_9$	A	[83]
4-6-259	lancifodilactone I	$C_{29}H_{36}O_{10}$	P	[84]
4-6-260	lancifodilactone J	$C_{31}H_{38}O_{11}$	P	[84]
4-6-261	lancifodilactone K	$C_{29}H_{34}O_9$	P	[84]
4-6-262	lancifodilactone L	$C_{29}H_{36}O_{11}$	P	[84]
4-6-263	lancifodilactone M	$C_{29}H_{34}O_{10}$	P	[84]
4-6-264	lancifodilactone N	$C_{29}H_{34}O_{10}$	P	[84]
4-6-265	propindilactone E	$C_{29}H_{42}O_8$	P	[85]
4-6-266	propindilactone F	$C_{29}H_{42}O_9$	P	[85]
4-6-267	propindilactone G	$C_{29}H_{38}O_8$	P	[85]
4-6-268	propindilactone H	$C_{29}H_{44}O_{10}$	P	[85]
4-6-269	propindilactone	$C_{29}H_{44}O_9$	P	[85]
4-6-270	propindilactone J	$C_{31}H_{42}O_9$	P	[85]
4-6-271	rubriflorin A	$C_{30}H_{38}O_{10}$	P	[86]
4-6-272	rubriflorin B	$C_{30}H_{34}O_{10}$	P	[86]
4-6-273	rubriflorin C	$C_{31}H_{36}O_{10}$	P	[86]
4-6-274	rubriflorin D	$C_{29}H_{36}O_{10}$	P	[87]
4-6-275	rubriflorin E	$C_{31}H_{38}O_{11}$	P	[87]
4-6-276	rubriflorin F	$C_{31}H_{38}O_{12}$	P	[87]
4-6-277	rubriflorin G	$C_{31}H_{40}O_{10}$	P	[87]
4-6-278	rubriflorin H	$C_{31}H_{40}O_{11}$	P	[87]

续表

编号	名称	分子式	测试溶剂	参考文献
4-6-279	rubriflorin I	$C_{31}H_{40}O_{12}$	P	[87]
4-6-280	rubriflorin J	$C_{30}H_{38}O_{10}$	P	[87]
4-6-281	wilsonianadilactone A	$C_{33}H_{42}O_{11}$	P	[88]
4-6-282	wilsonianadilactone B	$C_{29}H_{36}O_{10}$	P	[88]
4-6-283	wilsonianadilactone C	$C_{29}H_{36}O_{11}$	P	[88]
4-6-284	kadcoccilactone A	$C_{30}H_{44}O_{7}$	P	[89]
4-6-285	kadcoccilactone B	$C_{29}H_{42}O_{7}$	P	[89]
4-6-286	kadcoccilactone C	$C_{30}H_{44}O_{7}$	P	[89]
4-6-287	kadcoccilactone D	$C_{30}H_{40}O_{7}$	P	[89]
4-6-288	kadcoccilactone E	$C_{29}H_{40}O_{7}$	P	[89]
4-6-289	kadcoccilactone F	$C_{31}H_{44}O_{10}$	P	[89]
4-6-290	kadcoccilactone G	$C_{30}H_{42}O_{8}$	P	[89]
4-6-291	kadcoccilactone H	$C_{31}H_{44}O_{10}$	P	[89]
4-6-292	kadcoccilactone I	$C_{31}H_{44}O_{10}$	P	[89]
4-6-293	kadcoccilactone J	$C_{28}H_{36}O_{10}$	P	[89]
4-6-294	sphenadilactone A	$C_{29}H_{36}O_{12}$	P	[90]
4-6-295	sphenadilactone B	$C_{28}H_{36}O_{12}$	P	[90]
4-6-296	sphenadilactone C	$C_{31}H_{39}NO_{12}$	P	[91]
4-6-297	pseudolarolide Q	$C_{30}H_{42}O_{7}$	C	[92]
4-6-298	pseudolarolide R	$C_{30}H_{40}O_{7}$	C	[92]
4-6-299	pseudolarolide S	$C_{30}H_{44}O_{7}$	C	[92]
4-6-300	pseudolarolide O	$C_{30}H_{42}O_{5}$	C	[93]
4-6-301	pseudolarolide P	$C_{30}H_{40}O_{6}$	C	[93]
4-6-302	sutherlandioside A	$C_{36}H_{60}O_{10}$	P	[94]
4-6-303	argenteanol D	$C_{30}H_{50}O_{3}$	C	[95]
4-6-304	cycloart-24-ene-3β,28-diol	$C_{30}H_{50}O_{2}$	C	[96]
4-6-305	genipatriol	$C_{30}H_{50}O_{3}$	P	[97]
4-6-306	cycloart-24-en-1α,2α,3β-triol	$C_{30}H_{50}O_{3}$	C	[98]
4-6-307	3β-acetoxycycloart-24-ene-1α,2α-diol	$C_{32}H_{52}O_{4}$	C	[99]
4-6-308	1α-acetoxycycloart-24-ene-2α,3β-diol	$C_{32}H_{52}O_{4}$	P	[99]
4-6-309	3β-isovale-royloxycycloart-24-ene-1α,2α-diol	$C_{35}H_{58}O_{4}$	C	[99]
4-6-310	cycloart-24-ene-1α,3β-diol	$C_{30}H_{50}O_{2}$	C	[99]
4-6-311	aquilegioside L	$C_{54}H_{90}O_{24}$	P	[100]
4-6-312	aquilegioside K	$C_{55}H_{90}O_{24}$	P	[100]
4-6-313	16R-hydroxymollic acid	$C_{30}H_{48}O_{5}$	C	[102]
4-6-314	15R-hydroxymollic acid	$C_{30}H_{48}O_{5}$	C	[102]
4-6-315	heteroclic acid	$C_{32}H_{48}O_{5}$	C	[101]
4-6-316	argenteanone C	$C_{30}H_{48}O_{3}$	C	[95]
4-6-317	vaticinone	$C_{29}H_{44}O_{2}$	C	[103]
4-6-318	kahiricoside II	$C_{36}H_{60}O_{9}$	P	[104]
4-6-319	kahiricoside III	$C_{38}H_{62}O_{9}$	P	[104]
4-6-320	kahiricoside IV	$C_{38}H_{62}O_{9}$	P	[104]

续表

编号	名称	分子式	测试溶剂	参考文献
4-6-321	kahiricoside V	$C_{42}H_{70}O_{14}$	P	[104]
4-6-322	(22E)-25,26,27-trisnor-3-oxocycloart-22-en-24-al	$C_{27}H_{40}O_2$	C	[105]
4-6-323	(24E)-3-oxocycloart-24-en-26-al	$C_{30}H_{46}O_2$	C	[105]
4-6-324	24-hydroxycycloart-25-en-3-one	$C_{30}H_{48}O_2$	C	[105]
4-6-325	(23E)-25-methoxycycloart-23-en-3-one	$C_{31}H_{50}O_2$	C	[105]
4-6-326	(23E)-25-hydroperoxycycloart-23-en-3-one	$C_{29}H_{44}O_3$	C	[105]
4-6-327	(23E)-cycloart-23-ene-3β,25-diol	$C_{27}H_{44}O_2$	C	[105]
4-6-328	25,26,27-trisnor-24-hydroxycycloartan-3-one	$C_{32}H_{56}O_2$	C	[105]
4-6-329	(23E)-25-methoxycycloart-23-en-3β-ol	$C_{33}H_{58}O_2$	C	[105]
4-6-330	scandenoside R8	$C_{42}H_{68}O_{13}$	P	[106]
4-6-331	hexanorcucurbitacin F 3-O-β-D-glucopyranoside	$C_{30}H_{46}O_{10}$	P	[106]
4-6-332	scandenoside R10	$C_{36}H_{56}O_{12}$	P	[106]
4-6-333	scandenoside R11	$C_{48}H_{80}O_{19}$	P	[106]
4-6-334	cycloart-23(Z)-ene-3β,25-diol	$C_{30}H_{50}O_2$	C	[96]
4-6-335	cycloart-23-ene-3β,25,28-triol	$C_{30}H_{50}O_3$	C	[96]
4-6-336	(23Z)-3β-acetoxycycloart-23-en-25-ol	$C_{32}H_{52}O_3$	C	[107]
4-6-337	cycloart-23E-ene-1α,2α,3β,25-tetrol	$C_{30}H_{50}O_4$	P	[99]
4-6-338	cycloart-23Z-ene-3β,25-diol-3β-trans-ferulate	$C_{40}H_{58}O_5$	C	[108]
4-6-339	(24S)-cycloart-25-ene-3β,24-diol-3β-trans-ferulate	$C_{40}H_{58}O_5$	C	[108]
4-6-340	(24R)-cycloart-25-ene-3β,24-diol-3β-trans-ferulate	$C_{40}H_{58}O_5$	C	[108]
4-6-341	argenteanone D	$C_{32}H_{50}O_4$	C	[95]
4-6-342	argenteanol C	$C_{30}H_{48}O_4$	C	[95]
4-6-343	argenteanone E	$C_{30}H_{44}O_4$	C	[95]
4-6-344	24(E)-ethylidenecycloartanone	$C_{32}H_{52}O$	C	[109]
4-6-345	24(E)-ethylidenecycloartan-3α-ol	$C_{32}H_{54}O$	C	[109]
4-6-346	24-methylenecycloartan-3,28-diol	$C_{31}H_{52}O_2$	C	[110]
4-6-347	4-epicycloeucalenone	$C_{30}H_{48}O$	C	[111]
4-6-348	3β,23β-dimethoxycycloart-24(24^1)-ene	$C_{33}H_{56}O_2$	C	[24]
4-6-349	7β,16β-dihydroxy-1,23-dideoxyjessic acid	$C_{31}H_{50}O_5$	C	[102]
4-6-350	3-O-(13-hydroxy-9Z,11E,15E-octadecatrienoyl) cycloeucalenol	$C_{48}H_{78}O_3$	P	[113]
4-6-351	tarecilioside A	$C_{36}H_{62}O_{10}$	P	[112]
4-6-352	tarecilioside B	$C_{36}H_{62}O_{11}$	P	[112]
4-6-353	tarecilioside C	$C_{42}H_{72}O_{15}$	P	[112]
4-6-354	tarecilioside D	$C_{41}H_{70}O_{15}$	P	[112]
4-6-355	tarecilioside E	$C_{41}H_{70}O_{14}$	P	[112]
4-6-356	tarecilioside F	$C_{42}H_{70}O_{15}$	P	[112]
4-6-357	tarecilioside G	$C_{42}H_{70}O_{15}$	P	[112]
4-6-358	argenteanol B	$C_{29}H_{48}O_4$	C	[95]
4-6-359	argenteanol E	$C_{30}H_{50}O_4$	C	[95]
4-6-360	(24RS)-3β-acetoxycyloart-25-en-24-ol	$C_{32}H_{52}O_3$	C	[107]
4-6-361	(24RS)-cycloart-25-en-3β,24-diol	$C_{34}H_{54}O_4$	C	[107]
4-6-362	argentatin G diacetate	$C_{34}H_{50}O_5$	C	[60]

编号	名称	分子式	测试溶剂	参考文献
4-6-363	argentatin H diacetate	$C_{34}H_{52}O_5$	C	[60]
4-6-364	4-epicyclomusalenone [(24S)-24-methyl-28-norcycloart-25-en-3-one]	$C_{30}H_{48}O$	C	[111]
4-6-365	(21,24RS)-dihydroxycycloart-25-en-3-one	$C_{30}H_{48}O_3$	C	[96]
4-6-366	(24R)-28,29-dinor-cycloartane-3β,24,25-triol	$C_{28}H_{48}O_3$	C	[114]
4-6-367	(23R, 24S)-23, 24, 25-trihydroxycycloartan-3-one	$C_{30}H_{50}O_4$	C	[115]
4-6-368	sutherlandioside B	$C_{36}H_{60}O_{10}$	P	[94]
4-6-369	sutherlandioside C	$C_{36}H_{58}O_{10}$	P	[94]
4-6-370	sutherlandioside D	$C_{36}H_{58}O_9$	P	[94]
4-6-371	cimiracemoside L	$C_{39}H_{60}O_{11}$	C	[116]
4-6-372	cimiracemoside M	$C_{39}H_{60}O_{11}$	C	[116]
4-6-373	beesioside P	$C_{37}H_{62}O_{11}$	P	[117]
4-6-374	(24R)-3β,7β,24,25-tetrahydroxycycloartane 3-O-β-D-glucopyranosyl-24-O-β-D-glucopyranoside	$C_{42}H_{72}O_{14}$	P	[118]
4-6-375	(24R)-3β,7β,24,25-tetrahydroxycycloartane 3-O-β-D-glucopyranosyl-(1→2)-β-D-glucopyranosyl-24-O-β-D-glucopyranoside	$C_{48}H_{82}O_{19}$	P	[118]
4-6-376	astramembranoside B	$C_{41}H_{70}O_{14}$	P	[119]
4-6-377	macrophyllosaponin A	$C_{43}H_{72}O_{14}$	M	[120]
4-6-378	macrophyllosaponin B	$C_{41}H_{70}O_{13}$	M	[120]
4-6-379	macrophyllosaponin C	$C_{42}H_{72}O_{14}$	M	[120]
4-6-380	macrophyllosaponin D	$C_{46}H_{78}O_{17}$	M	[120]
4-6-381	(24R)-3β,7β,24,25,30-pentahydroxycycloartane-3-O-β-D-glucopyranosyl-(1→4)-[α-L-arabinopyranosyl-(1→2)-β-D-glucopyranosyl]-24-O-β-D-glucopyranoside	$C_{53}H_{90}O_{24}$	P	[121]
4-6-382	(24R)-3β,7β,24,25,30-pentahydroxycycloartane-3-O-β-D-glucopyranosyl-(1→4)-[β-D-galactopyranosyl-(1→4)-β-D-glucopyranosyl]-24-O-β-D-glucopyranoside	$C_{54}H_{92}O_{25}$	P	[121]
4-6-383	(24R)-3β,7β,24,25,30-pentahydroxycycloartane-30-O-coumaroyl-3-O-β-D-glucopyranosyl-24-O-β-D-glucopyranosyl-(1→2)-β-D-glucopyranoside	$C_{57}H_{88}O_{22}$	P	[121]
4-6-384	cyclopassifloic acid E	$C_{31}H_{52}O_8$	P	[122]
4-6-385	cyclopassifloic acid E	$C_{31}H_{52}O_7$	P	[122]
4-6-386	cyclopassifloic acid F	$C_{31}H_{52}O_7$	P	[122]
4-6-387	cyclopassifloside Ⅶ	$C_{37}H_{62}O_{13}$	P	[122]
4-6-388	cyclopassifloside Ⅷ	$C_{37}H_{62}O_{12}$	P	[122]
4-6-389	cyclopassifloside Ⅸ	$C_{43}H_{72}O_{17}$	P	[122]
4-6-390	cyclopassifloside Ⅹ	$C_{37}H_{62}O_{12}$	P	[122]
4-6-391	cyclopassifloside Ⅺ	$C_{43}H_{72}O_{17}$	P	[122]
4-6-392	cyclopassifloic acid C	$C_{31}H_{52}O_6$	P	[122]
4-6-393	cyclopassifloic acid B	$C_{31}H_{52}O_5$	P	[122]
4-6-394	bugbanoside C	$C_{37}H_{56}O_{12}$	P	[123]

续表

编号	名称	分子式	测试溶剂	参考文献
4-6-395	bugbanoside D	$C_{37}H_{54}O_{11}$	P	[123]
4-6-396	bugbanoside E	$C_{37}H_{54}O_{10}$	P	[123]
4-6-397	podocarpaside A	$C_{35}H_{54}O_9$	P	[124]
4-6-398	podocarpaside B	$C_{35}H_{56}O_9$	P	[124]
4-6-399	podocarpaside C	$C_{35}H_{56}O_{10}$	P	[124]
4-6-400	podocarpaside D	$C_{35}H_{56}O_9$	P	[124]
4-6-401	podocarpaside E	$C_{35}H_{54}O_{11}$	P	[124]
4-6-402	podocarpaside F	$C_{35}H_{54}O_9$	P	[124]
4-6-403	podocarpaside G	$C_{35}H_{52}O_9$	P	[124]
4-6-404	7,8-dihydroactaeaepoxide 3-O-β-D-xylopyranoside	$C_{35}H_{54}O_9$	P	[129]
4-6-405	12-deacetoxyactaeaepoxide 3-O-β-D-xylopyranoside	$C_{35}H_{54}O_9$	P	[129]
4-6-406	20(S),22(R),23(R),24(S)-16β:23β,23α:24α-diepoxy-3β,22β,25-trihydroxy-9,19-cyclolanostane 3-O-β-D-xylpyranoside	$C_{35}H_{56}O_9$	P	[130]
4-6-407	bicusposide A	$C_{31}H_{48}O_8$	P	[125]
4-6-408	bicusposide B	$C_{31}H_{52}O_8$	P	[125]
4-6-409	cimilactone A	$C_{33}H_{50}O_9$	P	[126]
4-6-410	cimilactone B	$C_{33}H_{48}O_9$	P	[126]
4-6-411	deacetyltomentoside I	$C_{33}H_{54}O_8$	P	[127]
4-6-412	tomentoside III	$C_{39}H_{59}O_{10}$	P	[127]
4-6-413	tomentoside IV	$C_{41}H_{66}O_{14}$	P	[127]
4-6-414	eremophiloside E	$C_{36}H_{56}O_{12}$	M	[128]
4-6-415	eremophiloside F	$C_{36}H_{54}O_{12}$	M	[128]
4-6-416	cimifoetiside VI	$C_{38}H_{60}O_{11}$	P	[131]
4-6-417	24-epi-24-O-acetyl-7,8-didehydroshengmanol-3-O-β-D-galactopyranoside	$C_{38}H_{60}O_{12}$	P	[132]
4-6-418	24-epi-24-O-acetylhydroshengmanol-3-O-β-D-galactopyranoside	$C_{38}H_{62}O_{12}$	P	[132]
4-6-419	24-epi-7β-hydroxy-24-O-acetylhydroshengmanol-3-O-β-D-xylopyranoside	$C_{37}H_{60}O_{12}$	P	[133]
4-6-420	24-O-acetyldahurinol-3-O-β-D-xylopyranoside	$C_{37}H_{58}O_{10}$	P	[134]
4-6-421	25-O-methyl-24-O-acetylhydroshengmanol-3-O-β-D-xylopyranoside	$C_{38}H_{62}O_{11}$	P	[133]
4-6-422	25-O-methyl-7β-hydroxy-24-O-acetylhydroshengmanol-3-O-β-D-xylopyranoside	$C_{38}H_{62}O_{12}$	P	[133]
4-6-423	25-O-methyl-1α-hydroxy-24-O-acetylhydroshengmanol-3-O-β-D-xylopyranoside	$C_{38}H_{62}O_{12}$	P	[133]
4-6-424	cimifoetiside VII	$C_{43}H_{70}O_{16}$	P	[131]
4-6-425	(23R,24S)-16β,23;16α,24-diepoxy-cycloartane-3β,12β,25-triol 3-O-β-D-xylopyranoside	$C_{35}H_{56}O_9$	P	[135]
4-6-426	(23R,24S)-16β,23;16α,24-diepoxy-cycloart-7-en-3β,11β,25-triol 3-O-β-D-xylopyranoside	$C_{35}H_{54}O_9$	P	[135]

续表

编号	名称	分子式	测试溶剂	参考文献
4-6-427	(23R,24R)-16β,23;16α,24-diepoxy-cycloart-7-en-3β,12β,15α, 25-tetrol 3-O-β-D-xylopyranoside	$C_{35}H_{54}O_{10}$	P	[135]
4-6-428	(23R,24R)-16β,23;16α,24-diepoxy-12β-acetoxy-cycloart-7-en-3β,15α,25-triol 3-O-β-D-xylopyranoside	$C_{37}H_{56}O_{11}$	P	[135]
4-6-429	(23R,24R)-16β,23;16α,24-diepoxy-cycloartane-3β,15α,25-triol 3-O-β-D-xylopyranoside	$C_{35}H_{56}O_9$	P	[135]
4-6-430	bugbanoside F	$C_{35}H_{54}O_{10}$	P	[123]
4-6-431	3-O-α-L-arabinopyranosyl cimigenol 15-O-β-D-glucopyranoside	$C_{41}H_{60}O_{14}$	P	[136]
4-6-432	7,8-didehydrocimigenol-3-O-β-D-galactopyranoside	$C_{36}H_{56}O_{10}$	P	[132]
4-6-433	cimigenol-3-O-β-D-galactopyranoside	$C_{36}H_{58}O_{10}$	P	[132]
4-6-434	25-O-methylcimigenol-3-O-β-D-galactopyranoside	$C_{37}H_{60}O_{10}$	P	[132]
4-6-435	25-O-acetylcimigenol-3-O-β-D-galactopyranoside	$C_{38}H_{60}O_{11}$	P	[132]
4-6-436	25-O-acetylcimigenol-3-O-β-D-glucopyranoside	$C_{38}H_{60}O_{11}$	P	[132]
4-6-437	12β-hydroxycimigenol-3-O-β-D-xylopyranosyl-(1→3)-β-D-xylopyranoside	$C_{40}H_{64}O_{14}$	P	[134]
4-6-438	25-anhydrocimicigenol-3-O-β-D-(2'-O-acetyl) xylopyranoside	$C_{37}H_{56}O_9$	P	[134]
4-6-439	cimiracemoside J	$C_{37}H_{56}O_{10}$	C	[116]
4-6-440	cimiracemoside K	$C_{37}H_{56}O_{10}$	C	[116]
4-6-441	neocimicigenoside A	$C_{37}H_{58}O_{10}$	P+HCl①	[137]
4-6-442	neocimigenol	$C_{32}H_{50}O_6$	P+HCl①	[137]
4-6-443	neocimicigenoside B	$C_{37}H_{58}O_{10}$	P+HCl①	[137]
4-6-444	2'-O-acetylactein	$C_{39}H_{58}O_{11}$	P	[138]
4-6-445	2'-O-acetyl-27-deoxyactein	$C_{39}H_{58}O_{10}$	P	[138]
4-6-446	26-deoxyactein	$C_{37}H_{56}O_{10}$	C	[139]
4-6-447	cimiracemoside O	$C_{39}H_{58}O_{12}$	P	[116]
4-6-448	cimiracemoside P	$C_{37}H_{54}O_{11}$	P	[116]
4-6-449	23-epi-26-deoxyactein	$C_{37}H_{56}O_{10}$	C	[139]
4-6-450	cimiracemoside I	$C_{35}H_{52}O_8$	P	[116]
4-6-451	cimiracemoside N	$C_{35}H_{56}O_{10}$	P	[116]
4-6-452	12-deacetyloxy-15α-hydroxy-23-epi-26-deoxyactein	$C_{35}H_{54}O_9$	P	[134]
4-6-453	12-deacetyloxy-23-epi-26-deoxyactein	$C_{35}H_{54}O_8$	P	[134]
4-6-454	bicusposide C	$C_{35}H_{52}O_{10}$	P	[125]
4-6-455	3-O-[α-L-arabinopyranosyl-(1→2)-β-D-xylopyranosyl]-3β,6α,16β,23α,25-pentahydroxy-20(R),24(S)-epoxycycloartane	$C_{40}H_{66}O_{14}$	M	[140]
4-6-456	3-O-[α-L-arabinopyranosyl-(1→2)-β-D-xylopyranosyl]-16-O-hydroxyacetoxy-23-O-acetoxy-3β,6α,16β,23α,25-pentahydroxy-20(R),24(S)-epoxycycloartane	$C_{44}H_{70}O_{17}$	M	[140]
4-6-457	3-O-[α-L-arabinopyranosyl-(1→2)-β-D-xylopyranosyl]-25-O-β-D-glucopyranosyl-3β,6α,16β,25-tetrahydroxy-20(R),24(S)-epoxycycloartane	$C_{46}H_{76}O_{18}$	M	[140]
4-6-458	beesioside G	$C_{36}H_{60}O_{10}$	P	[141]
4-6-459	beesioside H	$C_{42}H_{70}O_{15}$	P	[141]

续表

编号	名称	分子式	测试溶剂	参考文献
4-6-460	beesioside J	$C_{39}H_{62}O_{12}$	P	[141]
4-6-461	beesioside M	$C_{37}H_{60}O_{10}$	P	[141]
4-6-462	beesioside N	$C_{35}H_{58}O_{10}$	P	[141]
4-6-463	beesioside A	$C_{35}H_{58}O_{9}$	P	[142]
4-6-464	beesioside B	$C_{35}H_{58}O_{10}$	P	[142]
4-6-465	beesioside C	$C_{35}H_{58}O_{10}$	P	[142]
4-6-466	beesioside D	$C_{37}H_{60}O_{11}$	P	[142]
4-6-467	beesioside E	$C_{35}H_{58}O_{10}$	P	[142]
4-6-468	beesioside F	$C_{37}H_{60}O_{10}$	P	[142]
4-6-469	trojanoside I	$C_{47}H_{74}O_{17}$	P	[143]
4-6-470	trojanoside J	$C_{50}H_{80}O_{19}$	P	[143]
4-6-471	astrasieversianin IX	$C_{48}H_{78}O_{18}$	P	[143]
4-6-472	astrasieversianin XV	$C_{46}H_{76}O_{17}$	P	[143]
4-6-473	trojanoside K	$C_{47}H_{78}O_{19}$	P	[143]
4-6-474	cycloascauloside A	$C_{44}H_{72}O_{16}$	P	[144]
4-6-475	cyclogaleginoside D	$C_{43}H_{70}O_{15}$	P	[34]
4-6-476	astramembranoside A	$C_{42}H_{70}O_{15}$	P	[119]
4-6-477	schisanterpene B	$C_{27}H_{40}O_{4}$	C	[7]
4-6-478	beesioside K	$C_{37}H_{58}O_{11}$	P	[141]
4-6-479	beesioside L	$C_{37}H_{58}O_{10}$	P	[141]
4-6-480	3-O-[α-L-arabinopyranosyl-(1→2)-β-D-xylopyranosyl]-3β,6α,16β,23α,25-tetrahydroxy-20(R),24(R)-16β,24:20,24-diepoxycycloartane	$C_{40}H_{64}O_{14}$	M	[140]

① 测试溶剂为吡啶+盐酸蒸气。

4-6-1 $R^1=R^2=H$; $R^3=O$; $R^4=OH$; $R^5=H_2$
4-6-2 $R^1=Glu$; $R^2=R^4=OH$; $R^3=R^5=H_2$
4-6-3 $R^1=Glu$; $R^2=R^4=H$; $R^3=R^5=H_2$
4-6-4 $R^1=SO_3Na$; $R^2=OSO_3Na$; $R^3=H_2$; $R^4=H$; $R^5=O$

4-6-6 $R^1=OCH_3$, $R^2=H$; $R^3=OH$
4-6-7 $R^1=OCH_3$; $R^2=OH$; $R^3=CH_3$
4-6-8 $R^1=OH$; $R^2=R^3=H$
4-6-9 $R^1=O$; $R^2=R^3=H$

表 4-6-2 化合物 4-6-1~4-6-4 的 ^{13}C NMR 数据

C	4-6-1[1]	4-6-2[1]	4-6-3[1]	4-6-4[2]	C	4-6-1[1]	4-6-2[1]	4-6-3[1]	4-6-4[2]
1	35.8	30.7	30.9	35.2	6	37.9	37.3	37.0	21.0
2	27.8	23.5	23.8	24.2	7	202.7	26.2	25.9	26.0
3	78.9	78.1	79.9	79.6	8	152.0	134.1	134.3	135.1
4	38.7	36.8	38.8	41.8	9	149.8	134.9	135.0	134.4
5	49.1	44.4	49.5	43.2	10	39.7	37.7	37.9	36.9

续表

C	4-6-1[1]	4-6-2[1]	4-6-3[1]	4-6-4[2]	C	4-6-1[1]	4-6-2[1]	4-6-3[1]	4-6-4[2]
11	21.1	21.0	21.1	17.8	25	72.6	72.8	33.8	24.6
12	30.7	30.9	30.2	31.2	26	30.0	30.3	21.9	21.9
13	44.3	44.7	44.2	44.8	27	30.0	30.01	22.0	21.8
14	50.0	50.1	50.0	50.2	28	28.0	65.3	28.2	12.4
15	31.4	31.1	31.3	30.9	29	16.0	13.2	14.5	69.0
16	28.5	28.4	28.6	28.4	30	17.2	18.1	17.1	23.5
17	50.5	50.9	50.7	50.7	31	106.2	106.1	106.1	
18	16.0	15.7	16.1	15.4	1'		100.7	101.0	
19	20.8	20.9	20.8	18.9	2'		70.0	70.0	
20	36.0	36.3	36.1	33.4	3'		76.7	76.3	
21	18.5	18.5	18.5	19.2	4'		73.4	73.0	
22	33.3	34.8	33.0	50.5	5'		76.6	76.0	
23	31.3	31.3	38.0	213.0	6'		61.0	61.3	
24	157.8	156.8	156.9	152.3					

4-6-10

4-6-11

4-6-12

4-6-13

4-6-14

4-6-15 R=α-OH
4-6-16 R=α-OCH$_3$
4-6-17 R=β-OCH$_3$
4-6-18 R=O

表 4-6-3 化合物 4-6-5~4-6-11 的 ^{13}C NMR 数据

C	4-6-5[3]	4-6-6[3]	4-6-7[3]	4-6-8[4]	4-6-9[4]	4-6-10[3]	4-6-11[5]
1	36.2	36.2	36.2	36.1	36.7	36.2	36.3
2	22.8	.22.8	22.7	27.8	35.0	22.8	28.0
3	88.8	88.8	88.8	78.9	217.1	88.8	79.1
4	39.2	39.3	39.3	39.3	47.0	39.2	39.3
5	53.2	53.2	53.2	52.5	53.5	53.2	52.7
6	21.5	21.5	21.5	21.3	22.6	21.5	21.5
7	28.4	28.4	28.4	28.1	27.7	28.5	28.2
8	42.3	42.0	42.1	41.8	41.9	42.0	42.0
9	148.9	148.9	149.2	148.5	147.1	148.9	148.7
10	36.9	39.7	39.7	39.0	39.0	39.6	39.6
11	115.0	115.0	114.7	114.9	116.3	115.0	115.5

续表

C	4-6-5[3]	4-6-6[3]	4-6-7[3]	4-6-8[4]	4-6-9[4]	4-6-10[3]	4-6-11[5]
12	37.3	37.3	36.7	37.2	37.2	37.3	37.3
13	44.5	44.6	44.3	44.3	44.3	44.5	44.5
14	47.3	47.3	47.3	47.0	47.6	47.2	47.2
15	34.1	34.1	34.0	33.9	33.9	34.2	34.1
16	28.3	28.3	27.8	27.9	27.9	28.2	28.3
17	51.0	51.1	45.0	50.9	50.9	51.0	51.0
18	14.6	14.6	14.9	14.3	14.4	14.6	18.6
19	22.5	22.5	22.5	22.2	22.0	22.5	22.4
20	37.2	36.6	43.3	36.1	36.1	36.3	36.1
21	18.7	18.7	62.8	18.4	18.4	18.7	18.5
22	36.7	36.1	30.1	35.1	34.8	30.2	31.8
23	27.5	28.2	28.4	31.2	31.3	37.0	32.1
24	52.3	157.1	158.8	156.7	156.7	75.8	76.5
25	74.5	73.8	36.5	33.8	33.8	150.6	147.9
26	27.6	29.5	29.6	21.9	21.7	109.8	111.0
27	27.7	29.5	29.6	21.8	21.8	19.7	17.8
28	16.7	16.7	16.7	15.5	22.0	16.7	15.8
29	28.5	28.5	28.5	28.2	25.7	28.5	14.6
30	18.7	18.7	18.7	18.3	18.3	18.7	28.4
31	24.0	106.9	106.3	105.9	106.0	28.1	
32	14.0						
OMe	57.8	57.8	57.8			57.8	

表 4-6-4 化合物 4-6-12~4-6-18 的 ^{13}C NMR 数据

C	4-6-12[6]	4-6-13[7]	4-6-14[8]	4-6-15[9]	4-6-16[9]	4-6-17[9]	4-6-18[9]
1	44.3	36.3	36.1	30.5	30.8	36.0	36.7
2	69.4	28.0	27.8	25.7	20.4	22.5	34.9
3	83.7	79.1	78.9	76.3	85.9	88.6	217.2
4	39.3	39.3	39.1	37.9	38.1	39.0	47.7
5	52.8	52.7	52.5	46.7	47.3	53.0	53.4
6	21.4	21.5	21.4	27.9	27.9	27.9	22.6
7	28.1	28.2	28.1	28.0	27.9	28.1	27.7
8	41.4	42.0	41.8	41.9	41.9	41.8	41.9
9	147.6	148.7	148.5	148.5	148.6	148.7	147.1
10	40.6	39.6	39.4	39.4	39.4	39.4	39.1
11	115.4	115.5	115.0	114.6	114.2	114.7	116.2
12	37.1	37.3	37.1	37.1	37.1	37.1	37.2
13	44.3	44.5	44.3	44.3	44.3	44.4	44.3
14	47.0	47.2	47.0	47.2	47.2	47.1	47.0
15	33.8	34.1	33.9	33.9	33.9	33.9	33.9
16	27.9	28.3	27.8	21.3	21.2	21.2	27.9
17	51.1	50.9	51.0	50.7	50.7	50.8	50.8

续表

C	4-6-12[6]	4-6-13[7]	4-6-14[8]	4-6-15[9]	4-6-16[9]	4-6-17[9]	4-6-18[9]
18	14.5	18.6	14.4	14.4	14.4	14.4	14.5
19	23.2	22.4	22.3	22.1	22.2	22.3	21.8
20	25.9	36.6	36.6	35.7	35.7	35.7	35.7
21	18.3	18.5	18.5	18.0	18.0	18.0	18.0
22	33.2	39.3	33.5	31.1	31.1	31.1	31.1
23	28.2	125.7	33.6	30.9	30.9	30.9	30.9
24	78.7	139.5	23.6	178.6	178.6	178.4	178.6
25	73.2	70.9	19.8				
26	23.3	30.2	22.8				
27	26.6	30.1	22.4				
28	28.4	15.8	28.2	22.5	22.9	16.4	22.0
29	16.7	14.6	15.7	28.4	28.4	28.3	25.6
30	18.5	28.4	18.5	18.5	18.5	18.5	18.4
31			19.6				
32			27.1				
OMe						57.0	57.5

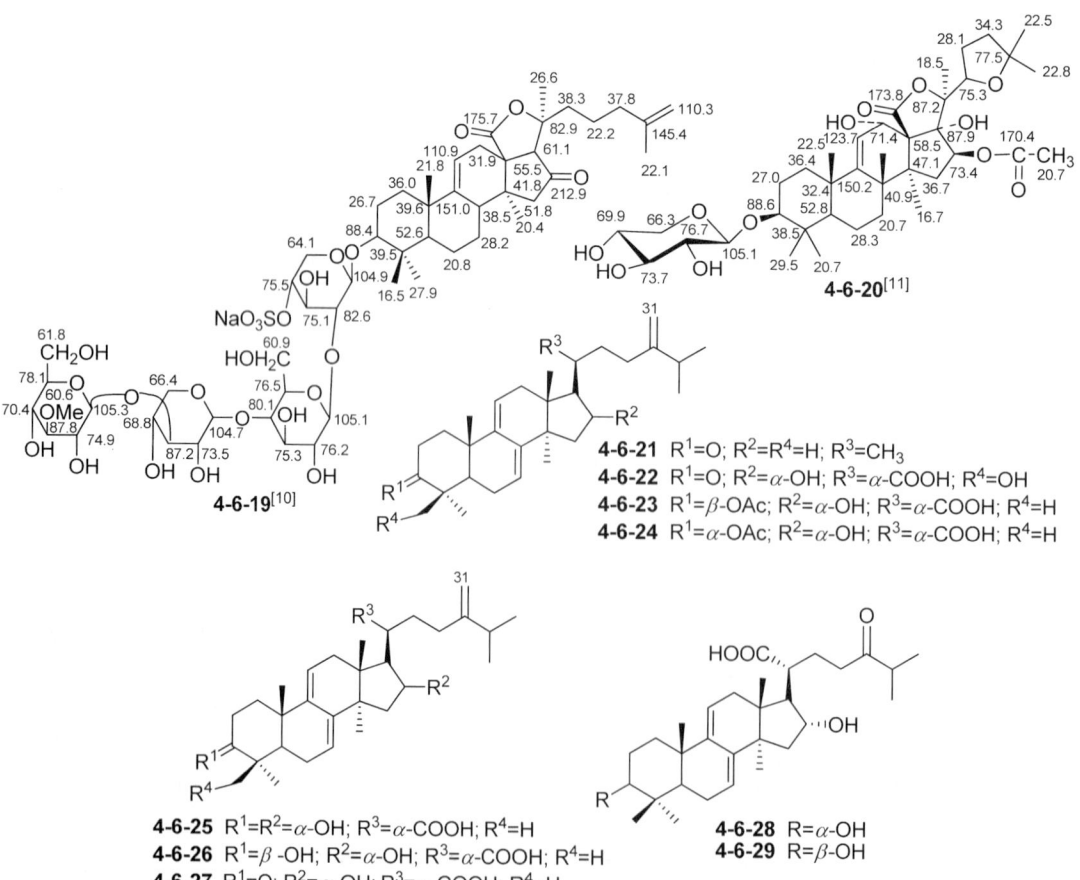

4-6-30 $R^1=\alpha$-OH; $R^2=R^5=H$; $R^3=\alpha$-OH; $R^4=\alpha$-COOH; $R^6=CH_3$
4-6-31 $R^1=\alpha$-OH; $R^2=R^5=H$; $R^3=\alpha$-OH; $R^4=\alpha$-COOH; $R^6=CH_2OH$
4-6-32 $R^1=\beta$-OH; $R^2=R^5=H$; $R^3=H$; $R^4=\alpha$-CH$_3$; $R^6=CHO$
4-6-33 $R^1=\beta$-OH; $R^2=R^3=H$; $R^4=\alpha$-CH$_3$; $R^5=CHO$; $R^6=CH_3$
4-6-34 $R^1=O$; $R^2=\alpha$-OH; $R^3=H$; $R^4=\alpha$-CH$_3$; $R^5=CH_2OH$; $R^6=CH_3$

4-6-35 R=H
4-6-36 R=β-OH

4-6-37 R=O
4-6-38 R=β-OH,H
4-6-39 R=α-OH,H

4-6-40

4-6-41 $R^1=\alpha$-OAc; $R^2=H$; $R^3=\alpha$-OH; $R^4=\alpha$-COOH
4-6-42 $R^1=\alpha$-B; $R^2=H$; $R^3=\alpha$-H; $R^4=\alpha$-COOH
4-6-43 $R^1=\alpha$-OAc; $R^2=H$; $R^3=\alpha$-OH; $R^4=\alpha$-COOH
4-6-44 $R^1=\beta$-OH; $R^2=H$; $R^3=\alpha$-OH; $R^4=\alpha$-COOH
4-6-45 $R^1=\beta$-OH; $R^2=\alpha$-OH; $R^3=H$; $R^4=\alpha$-CH$_2$OH
4-6-46 $R^1=O$; $R^2=R^3=H$; $R^4=\alpha$-COOXyl
4-6-47 $R^1=\alpha$-OAc; $R^2=R^3=H$; $R^4=\alpha$-COOXyl
4-6-48 $R^1=\beta$-OH; $R^2=R^3=H$; $R^4=\alpha$-COOGlu

B= H$_3$CO-C(5')-CH$_2$(4')-C(OH)(CH$_3$)(3')-CH$_2$(2')-C(1')O-

4-6-49

4-6-50

4-6-51[25]

表 4-6-5 化合物 4-6-21~4-6-29 的 ^{13}C NMR 数据

C	4-6-21[12]	4-6-22[13]	4-6-23[14]	4-6-24[14]	4-6-25[14]	4-6-26[14]	4-6-27[14]	4-6-28[15]	4-6-29[15]
1	37.8	36.1	35.6	31.1	30.7	36.2	36.8	30.5	36.3
2	37.2	35.2	24.5	23.5	26.7	28.6	34.9	26.6	28.6
3	216.9	215.5	80.6	78.0	75.2	78.0	215.2	75.0	78.0
4	47.5	52.7	37.8	36.9	38.0^b	39.1	47.5	37.7	39.3
5	50.7	43.0	49.6	45.0	43.8	49.7	51.0	43.6	49.8
6	23.7	23.7	23.1	23.4	23.5	23.5	23.8	23.3	23.5
7	119.8	120.7	120.7	121.2	121.3	121.2	120.7	121.1	121.3
8	142.9	142.8	142.7	142.7	142.8	142.6	142.8	142.7	142.7
9	144.5	144.2	145.7	146.4	146.7	146.4	144.7	146.5	146.4
10	37.2	37.1	37.6	37.7	37.9^b	37.6	37.5	37.8	37.8
11	117.3	117.7	117.0	116.5	116.2	116.4	117.6	116.0	116.5
12	37.9	36.2	36.2	36.2	36.3	36.2	36.2	36.1	36.2
13	43.7	45.1	45.0	45.2	45.2	45.1	45.0	45.0	45.0

续表

C	4-6-21[12]	4-6-22[13]	4-6-23[14]	4-6-24[14]	4-6-25[14]	4-6-26[14]	4-6-27[14]	4-6-28[15]	4-6-29[15]
14	50.3	49.3	49.4	49.6	49.5	49.2	49.3	49.5	49.4
15	27.9	44.4	44.4	44.6	44.5	44.3	44.3	44.3	44.4
16	31.5	76.4	76.4	76.7	76.5	76.3	76.4	76.1	76.2
17	50.9	57.7	57.6	57.6	57.6	57.5	57.6	57.1	57.3
18	15.7	17.6	17.6	17.6	17.7	17.6	17.6	17.6	17.7
19	22.0	22.4	20.8	22.9	23.0	23.0	22.3	23.0	23.0
20	36.2	48.5	48.5	48.6	48.6	48.4	48.5	47.8	47.7
21	18.5	178.8	178.7	178.8	178.7	178.6	178.6	178.9	178.4
22	34.9	31.7	31.4	31.6	31.5	31.5	31.4	26.5	26.0
23	31.3	33.3	33.2	33.5	33.2	33.1	33.2	38.5	38.6
24	156.8	156.1	156.0	156.1	156.1	156.1	156.0	213.7	213.7
25	33.8	34.1	34.1	34.2	34.2	34.1	34.1	40.8	40.9
26	21.9	22.0	22.0[a]	22.1[a]	22.1[a]	22.0[a]	22.0[a]	18.2	18.3
27	22.0	21.8	21.8[a]	22.0[a]	21.9[a]	21.8[a]	21.8[a]	18.3	18.4
28	22.5	66.7	28.1	27.9	29.2	28.4	22.0	22.8	16.6
29	25.4	18.6	17.1	22.5	23.2	16.7	26.3	29.1	28.8
30	25.3	26.1	26.5	26.8	26.7	26.6	25.6	26.5	26.6
31	106.0	106.9	107.0	107.0	107.1	107.0	107.0		
OAc			170.7	170.6					
			21.1	21.2					

注：同一列中标注相同的a或b的碳谱数据可以交换。

表4-6-6 化合物4-6-30~4-6-34的 ^{13}C NMR 数据

C	4-6-30[16]	4-6-31[16]	4-6-32[17]	4-6-33[18]	4-6-34[18]	C	4-6-30[16]	4-6-31[16]	4-6-32[17]	4-6-33[18]	4-6-34[18]
1	29.8	29.7	35.7	35.6	35.8	16	75.1	75.0	27.8	27.7	40.1
2	25.7	25.6	28.0	27.8	34.8	17	56.2	56.2	50.9	50.7	48.8
3	73.8	73.8	78.9	78.8	216.6	18	16.9	16.9	15.7	15.7	15.9
4	37.2	37.0	38.7	38.6	47.3	19	22.7	22.7	22.7	22.6	22.1
5	42.8	42.8	49.1	49.0	50.4	20	46.9	46.9	36.2	36.0	35.8
6	22.6	22.6	23.0	22.9	23.6	21	177.2	177.2	18.3	18.2	18.3
7	120.6	120.6	120.4	120.3	121.0	22	31.9	31.7	34.7	34.2	36.6
8	142.0	141.9	142.5	142.4	141.0	23	26.0	25.4	26.1	25.9	25.4
9	146.0	145.9	146.0	145.9	144.7	24	124.3	123.1	155.4	155.4	126.6
10	37.1	37.1	37.4	37.3	37.2	25	131.2	135.7	139.1	139.1	134.6
11	115.1	115.1	116.1	116.0	117.0	26	25.7	66.5	195.4	195.3	69.0
12	35.3	35.3	37.8	37.7	38.5	27	17.7	13.6	9.2	9.1	13.5
13	43.9	43.9	43.8	43.7	44.3	28	22.8	22.8	15.8	25.4	16.9
14	48.5	48.4	50.3	50.2	51.9	29	28.7	28.7	28.1	28.0	25.4
15	43.4	43.3	31.5	31.4	74.6	30	26.2	26.1	25.6	15.5	22.1

注：同一列中标注a的碳谱数据可以交换。

表 4-6-7　化合物 4-6-35~4-6-39 的 ^{13}C NMR 数据

C	4-6-35[19]	4-6-36[19]	4-6-37[20]	4-6-38[20]	4-6-39[20]	C	4-6-35[19]	4-6-36[19]	4-6-37[20]	4-6-38[20]	4-6-39[20]
1	35.4	73.8	36.5	36.5	30.2	16	27.7	28.7	31.8	31.5	31.5
2	27.7	39.8	34.9	28.2	26.8	17	45.7	46.6	47.3	47.3	47.3
3	78.8	75.5	215.1	78.5	75.4	18	15.5	16.2	16.4	16.3	16.2
4	38.8	40.2	47.7	39.9	38.5	19	19.1	15.5	19.0	19.8	19.7
5	50.2	49.1	51.8	51.3	44.9	20	40.4	40.7	41.9	42.0	42.0
6	18.2	17.6	20.0	19.1	18.9	21	13.3	13.8	13.8	13.8	13.8
7	26.4	26.0	28.3	29.1	28.2	22	80.2	80.5	70.3	69.8	69.8
8	134.1	134.1	134.2	134.8	134.5	23	27.7	28.7	23.8	24.0	24.0
9	134.4	137.0	135.7	135.5	135.5	24	139.7	140.5	24.7	25.1	25.1
10	36.9	44.1	37.4	37.7	37.7	25	128.1	127.8	32.4	33.1	33.1
11	20.9	25.1	21.7	21.7	21.7	26	166.6	166.2	97.0	96.6	96.6
12	30.7	32.0	27.0	27.2	27.2	27	17.1	18.7	16.9	17.1	17.1
13	44.4	44.3	45.0	44.9	44.9	28	15.4	15.4	21.7	16.7	22.9
14	49.8	50.4	50.7	50.4	50.4	29	27.9	28.2	26.7	29.0	29.3
15	30.7	31.6	31.9	31.8	31.8	30	24.3	24.9	25.2	24.9	24.8

表 4-6-8　化合物 4-6-40~4-6-47 的 ^{13}C NMR 数据

C	4-6-40[19]	4-6-41[21]	4-6-42[21]	4-6-43[14]	4-6-44[14]	4-6-45[22]	4-6-46[23]	4-6-47[23]
1	29.7	31.1	31.3	35.3	36.1	36.2	36.1	31.4
2	22.8	23.6	23.6	24.5	28.7	28.8	34.7	23.9
3	77.5	77.8	78.3	80.7	78.1	78.1	216.4	78.0
4	36.4	37.0	37.0	38.0	39.6	39.5	47.3	37.3
5	47.7	45.8	46.0	50.7	51.0	50.9	51.2	46.0
6	20.4	18.3	18.4	18.4	18.8	18.9	19.6	18.6
7	25.7	26.4	26.3	26.7	27.0	27.8	27.2	26.6
8	137.6	134.7	134.4	134.4[b]	134.7[b]	135.1	135.0	134.3
9	128.3	134.9	135.1	pyr[b]	pyr[b]	135.1	133.8	135.6
10	39.4	37.2	37.3	37.1	37.4	37.5	37.1	37.5
11	22.5	21.0	21.2	20.9	21.0	21.3	21.3	21.8
12	31.0	29.6	30.8	29.7	29.8	31.7	29.0	29.3
13	44.3	46.2	45.0	46.2	46.3	45.3	44.9	45.2
14	50.4	48.8	49.9	48.8	48.8	52.4	49.8	50.0
15	31.1	43.6	27.5	43.6	43.8	72.6	30.9	31.2
16	27.6	76.6	29.4	76.6	76.7	39.9	27.2	27.5
17	45.7	57.3	47.7	57.3	57.4	44.0	47.6	47.9
18	15.7	17.8	16.4	17.8	17.9	16.9	16.6	16.9
19	104.0	19.0	19.1	19.2	19.4	19.4	18.7	19.4
20	40.4	48.7	49.1	48.7	48.8	44.1	48.4	48.6
21	13.3	178.8	178.5	178.8	178.7	61.9	175.9	175.9
22	80.1	31.6	31.9	31.6	31.6	29.3	32.0	32.4
23	27.9	33.2	32.8	33.2	33.3	31.8	32.2	32.5

续表

C	4-6-40[19]	4-6-41[21]	4-6-42[21]	4-6-43[14]	4-6-44[14]	4-6-45[22]	4-6-46[23]	4-6-47[23]
24	139.0	156.1	156.0	156.1	156.2	157.0	155.8	155.8
25	128.0	34.1	34.3	34.1	34.2	34.1	34.2	34.5
26	166.5	21.9	22.0	22.0^a	22.1^a	22.1	22.1	22.2
27	17.2	21.9	21.9	21.9^a	21.9^a	22.0	21.9	22.3
28	25.7	22.0	21.9	16.8	16.3	18.2	21.3	24.7
29	23.8	27.8	28.0	28.0	28.7	28.6	26.4	28.1
30	23.2	25.7	24.5	25.4	25.5	16.4	24.5	22.4
31		107.0	107.1	107.0	107.0	106.5	107.3	107.3
OMe	55.2			51.2				
OAc		170.4		170.7				170.0
		21.1		21.1				21.1
1'			171.2				96.4	96.6
2'			46.4				73.7	73.9
3'			69.9				78.8	79.0
4'			46.1				70.9	71.1
5'			171.9				68.1	68.3
3'-Me			28.4					

注：同一列中标注相同a或b的碳谱数据可以交换。pyr表示化合物信号被吡啶溶剂峰掩盖。

表 4-6-9　化合物 4-6-48~4-6-50，4-6-52 和 4-6-53 的 ^{13}C NMR 数据

C	4-6-48[23]	4-6-49[13]	4-6-50[24]	4-6-52[26]	4-6-53[26]	C	4-6-48[23]	4-6-49[13]	4-6-50[24]	4-6-52[26]	4-6-53[26]
1	36.3	35.3	35.6	35.5	35.6	21	176.0	178.3	18.6	174.9	174.7
2	29.0	24.4	22.7	27.8	27.8	22	32.2	30.0	43.2	23.2	23.1
3	78.2	80.6	88.8	78.9	78.9	23	32.6	30.3	81.8	20.5	21.7
4	39.8	38.0	37.1	38.8	38.9	24	155.8	158.0	156.7	84.9	84.4
5	51.1	50.6	51.3	50.3	50.4	25	34.5	72.5	107.4	71.5	71.8
6	19.1	18.3	18.2	18.2	18.2	26	22.4	30.0	29.9	23.9	23.8
7	27.1	26.7	28.3	26.4	26.4	27	22.3	30.0	22.5	25.9	25.6
8	135.4	134.9	134.4	133.8	133.7	28	16.8	16.7	23.5	15.4	15.4
9	134.6	134.3	134.6	134.8	134.9	29	29.0	27.9	28.0	27.9	28.0
10	37.7	37.1	38.9	37.0	37.1	30	24.8	25.4	16.2	24.5	24.4
11	21.8	20.9	21.1	20.8	20.7	31	107.2	106.9	3-OMe		
12	29.4	29.6	26.5	29.0	28.1	OMe					
13	45.3	46.2	44.7	22.5	44.7	OAc		170.6	57.5		
14	50.0	48.7	49.9	49.6	49.6			21.1			
15	31.2	43.6	31.2	30.3	30.3	1'	95.9		23-OMe		
16	27.6	76.4	30.8	25.7	26.6	2'	74.2		56.3		
17	47.9	57.4	51	43.5	45.5	3'	79.4				
18	16.7	17.7	15.9	26.5	16.1	4'	71.5				
19	19.8	19.1	19.2	19.1	19.1	5'	79.2				
20	48.8	48.7	33.4	39.6	42.0	6'	62.8				

表 4-6-10　化合物 4-6-54~4-6-58 的 ^{13}C NMR 数据

C	4-6-54[26]	4-6-55[27]	4-6-56[27]	4-6-57[27]	4-6-58[28]	C	4-6-54[26]	4-6-55[27]	4-6-56[27]	4-6-57[27]	4-6-58[28]
1	35.7	35.6	35.6	35.8	20.9	16	25.9	26.5	26.5	26.8	27.7
2	27.3	27.9	27.8	27.8	28.7	17	44.1	49.0	50.5	49.9	49.9
3	78.9	79.0	79.0	79.0	76.7	18	16.2	15.4	16.4	16.8	15.4
4	38.7	38.9	38.9	38.7	41.5	19	22.7	19.1	19.1	22.7	29.5
5	49.1	50.4	50.4	49.1	146.8	20	39.8	47.8	48.9	47.8	36.2
6	23.0	18.2	18.2	23.0	122.5	21	174.7	79.1	81.4	79.2	18.7
7	120.3	26.5	26.5	120.0	68.2	22	23.3	24.5	23.9	24.5	39.1
8	142.5	134.3	134.3	142.9	53.1	23	20.6	27.4	27.3	27.7	125.3
9	145.5	134.6	134.4	145.9	33.9	24	84.9	57.6	56.0	57.8	139.4
10	37.3	37.1	37.0	37.4	38.5	25	71.5	73.5	73.5	73.7	70.7
11	116.9	20.9	20.9	116.5	32.5	26	24.0	24.1	30.3	24.1	29.8
12	36.0	29.0	30.6	35.6	30.0	27	26.0	30.7	24.2	30.8	29.9
13	43.8	44.5	45.4	43.8	45.8	28	15.8	17.0	15.4	15.8	25.4
14	50.2	49.4	48.6	50.6	48.2	29	28.1	28.0	28.0	28.1	27.8
15	31.0	30.8	31.4	31.5	34.6	30	25.7	24.4	24.3	25.6	17.8

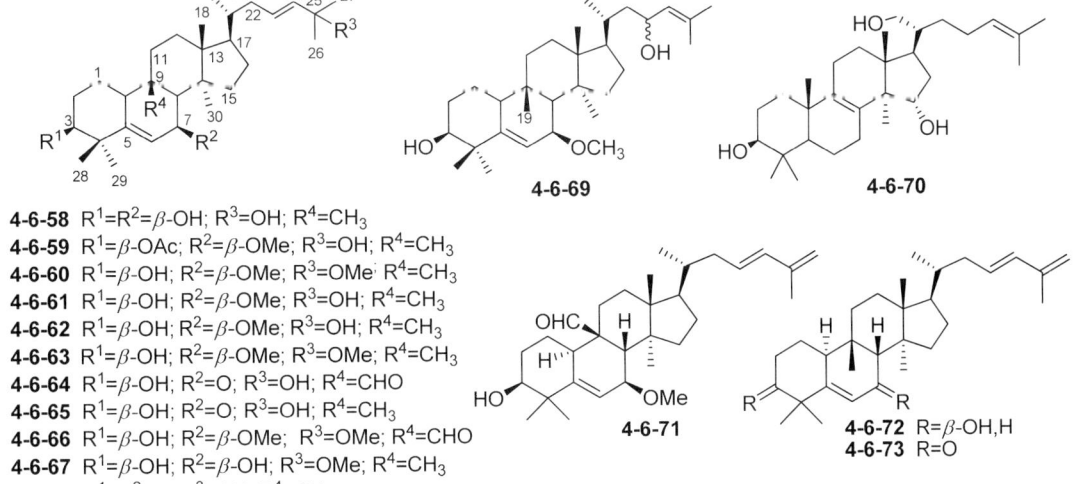

4-6-58 $R^1=R^2=\beta$-OH; R^3=OH; R^4=CH$_3$
4-6-59 $R^1=\beta$-OAc; $R^2=\beta$-OMe; R^3=OH; R^4=CH$_3$
4-6-60 $R^1=\beta$-OH; $R^2=\beta$-OMe; R^3=OMe; R^4=CH$_3$
4-6-61 $R^1=\beta$-OH; $R^2=\beta$-OMe; R^3=OH; R^4=CH$_3$
4-6-62 $R^1=\beta$-OH; $R^2=\beta$-OMe; R^3=OH; R^4=CH$_3$
4-6-63 $R^1=\beta$-OH; $R^2=\beta$-OMe; R^3=OMe; R^4=CH$_3$
4-6-64 $R^1=\beta$-OH; R^2=O; R^3=OH; R^4=CHO
4-6-65 $R^1=\beta$-OH; R^2=O; R^3=OH; R^4=CH$_3$
4-6-66 $R^1=\beta$-OH; $R^2=\beta$-OMe; R^3=OMe; R^4=CHO
4-6-67 $R^1=\beta$-OH; $R^2=\beta$-OH; R^3=OMe; R^4=CH$_3$
4-6-68 $R^1=R^2$=O; R^3=OH; R^4=CH$_3$

表 4-6-11 化合物 4-6-59~4-6-63 的 ^{13}C NMR 数据

C	4-6-59[28]	4-6-60[29]	4-6-61[29]	4-6-62[30]	4-6-63[30]	C	4-6-59[28]	4-6-60[29]	4-6-61[29]	4-6-62[30]	4-6-63[30]
1	21.6	21.0	21.0	21.0	21.0	20	36.2	36.1	36.1	36.2	36.2
2	26.4	28.4	28.5	28.5	28.6	21	18.6	18.0	18.6	18.7	18.7
3	78.6	76.8	76.5	77.2	77.2	22	39.0	39.5	39.0	39.0	39.4
4	39.9	41.6	41.6	41.7	41.7	23	125.2	128.4	125.0	125.2	128.5
5	146.8	146.7	146.8	146.7	146.7	24	139.4	136.6	139.4	139.4	136.7
6	119.2	120.7	120.6	120.9	120.9						(−2.7)
7	77.3	77.1	77.1	76.7	76.7	25	70.6	74.7	70.5	70.7	74.8
8	47.7	47.8	47.7	47.8	47.9						(+4.1)
9	33.9	33.9	33.8	33.9	34.0	26	29.8	26.0	29.8	30.0	26.1
10	38.6	38.5	38.6	38.6	38.6						(−4.1)
11	32.3	32.5	32.6	32.6	32.6	27	29.9	25.7	29.7	29.9	25.8
12	30.0	29.9	29.9	29.8	30.0						(−3.9)
13	46.0	46.0	46.1	46.0	46.1	28	24.8	25.3	25.3	25.3	25.8
14	47.8	47.7	47.7	47.9	47.9	29	27.9	27.7	27.6	27.5	27.7
15	34.6	34.6	34.6	34.6	34.6	30	17.9	17.8	17.9	17.9	17.9
16	27.6	27.5	27.5	27.5	27.6	7-OMe	56.3	56.1	56.1	56.2	56.3
17	49.9	49.8	49.8	49.9	49.9	25-OMe		50.1			50.2
18	15.4	15.3	15.3	15.3	15.4	OAc	170.9				
19	28.5	28.5	28.8	28.7	28.8		21.2				

表 4-6-12 化合物 4-6-64~4-6-72 的 ^{13}C NMR 数据

C	4-6-64[31]	4-6-65[31]	4-6-66[32]	4-6-67[33]	4-6-68[33]	4-6-69[29]	4-6-70[35]	4-6-71[32]	4-6-72[33]
1	21.6	20.8	21.6	20.9	23.6	21.0	36.2	21.6	21.0
2	28.7	29.7	29.8	28.6	38.1	28.9	28.8	29.8	28.7
3	76.1	76.6	75.6	76.7	211.6	76.6	78.1	75.6	76.7
4	43.6	42.8	42.0	41.5	51.4	41.6	39.5	42.0	41.5

续表

C	4-6-64[31]	4-6-65[31]	4-6-66[32]	4-6-67[33]	4-6-68[33]	4-6-69[29]	4-6-70[35]	4-6-71[32]	4-6-72[33]
5	168.1	169.0	147.7	146.8	167.6	146.7	50.9	147.7	146.7
6	127.1	125.9	121.1	122.6	125.4	120.8	18.9	121.1	122.5
7	199.4	202.8	75.7	68.2	202.4	77.1	27.8	75.7	68.2
8	51.2	59.8	45.8	53.2	59.2	47.8	135.1	45.8	53.1
9	51.2	35.8	50.3	33.9	36.8	33.9	135.2	50.3	33.9
10	37.9	40.3	36.8	38.5	41.2	38.6	37.5	36.7	38.6
11	22.3	31.3	22.6	32.4	31.3	32.6	21.3	22.6	32.5
12	28.4	28.6	29.4	30.0	29.7	30.1	31.7	29.3	30.0
13	45.3	45.7	45.9	45.9	48.5	46.1	45.3	45.9	45.9
14	48.2	48.5	47.9	48.2	45.7	47.8	52.4	48.0	48.2
15	34.5	34.5	35.1	34.6	34.5	34.5	72.6	35.1	34.6
16	27.4	27.8	27.7	27.7	27.7	27.8	39.9	27.8	27.8
17	49.5	49.5	50.3	49.9	49.4	50.7	43.8	50.5	50.1
18	14.9	15.4	15.0	15.4	15.4	15.3	16.9	15.0	15.4
19	203.4	27.8	207.2	29.5	27.2	28.8	19.4	207.2	29.6
20	36.2	36.2	36.4	36.1	36.2	32.6	44.1	36.8	36.6
21	18.8	18.7	19.0	18.7	18.7	18.7	62.0	18.9	18.8
22	39.0	39.0	39.7	39.4	39.0	44.4	30.7	40.1	39.7
23	124.9	125.1	128.4	128.5	125.0	65.8	25.5	129.1	129.4
24	139.8	139.6	137.8	136.7	139.6	129.0	126.1	134.8	134.1
25	70.7	70.7	74.9	74.8	70.7	133.6	130.8	142.5	142.2
26	29.9	29.9	26.1	25.8	30.0	18.0	17.7	114.7	18.7
27	30.0	29.9	26.5	26.1	29.9	25.6	25.8	19.0	114.0
28	24.9	24.8	27.3	25.4	23.0	25.3	28.6	27.3	27.7
29	27.2	27.8	26.2	27.7	28.4	27.7	18.2	26.2	25.4
30	18.3	18.0	18.2	17.7	17.9	17.9	16.4	18.3	17.8
7-OMe			55.9			56.2		55.9	
19-OMe			55.9					55.9	
25-OMe			50.2	50.2				55.9	

表 4-6-13 化合物 4-6-73~4-6-77 的 ^{13}C NMR 数据

C	4-6-73[33]	4-6-74[28]	4-6-75[31]	4-6-76[31]	4-6-77[35]	C	4-6-73[33]	4-6-74[28]	4-6-75[31]	4-6-76[31]	4-6-77[35]
1	23.6	23.5	20.8	22.5	36.8	9	36.8	36.7	35.8	51.1	48.9
2	38.1	38.1	28.6	29.8	72.4	10	41.2	41.2	40.2	39.2	34.5
3	211.6	211.5	76.7	75.6	213.3	11	31.3	31.2	31.2	23.0	214.0
4	51.4	51.4	42.8	43.4	51.1	12	29.7	29.7	29.8	29.1	49.6
5	167.6	167.7	169.0	169.3	141.0	13	48.5	48.6	45.8	45.4	50.9
6	125.4	125.4	125.9	126.9	121.4	14	45.8	45.9	48.5	48.8	54.7
7	202.3	202.6	202.7	199.0	24.5	15	34.5	34.5	34.5	35.1	34.6
8	59.2	59.1	59.7	52.0	48.9	16	27.8	27.7	28.0	27.8	21.6

C	4-6-73[33]	4-6-74[28]	4-6-75[31]	4-6-76[31]	4-6-77[35]	C	4-6-73[33]	4-6-74[28]	4-6-75[31]	4-6-76[31]	4-6-77[35]
17	49.6	50.0	49.8	50.0	43.2	25	142.1	155.0			79.7
18	15.4	15.4	15.4	14.8	18.7	26	18.7	27.7			27.1
19	27.2	27.2	27.8	204.7	20.4	27	114.2	20.7			26.7
20	36.6	33.2	32.8	32.9	79.5	28	28.4	23.1	24.8	25.6	30.3
21	18.9	19.8	19.8	20.0	24.6	29	23.0	28.4	27.8	27.1	19.6
22	39.6	51.6	51.1	50.8	202.5	30	18.0	18.0	18.0	18.5	21.8
23	129.0	201.2	209.1	208.1	119.7	25-OAc					170.4
24	134.3	124.2	30.5	30.4	154.1						23.4

表 4-6-14 化合物 4-6-78~4-6-81 的 ^{13}C NMR 数据

C	4-6-78[35]	4-6-79[36]	4-6-80[37]	4-6-81[37]	C	4-6-78[35]	4-6-79[36]	4-6-80[37]	4-6-81[37]
1	25.9	34.9	37.0	115.6	18	15.7	20.5	24.2	24.2
2	38.8	77.5	72.3	147.4	19	18.1	19.8	20.0	20.0
3	215.3	210.5	213.1	198.8	20	38.7	79.7		
4	49.1	51.1	51.0	48.6	21	13.4	25.4		
5	142.7	140.7	141.2	137.6	22	72.4	204.3		
6	120.5	120.5	119.6	120.0	23	26.6	122.5		
7	24.7	24.2	24.4	24.1	24	75.9	150.0		
8	47.4	42.9	43.0	42.2	25	72.5	79.9		
9	46.7	49.0	50.2	50.6	26	25.3	26.7		
10	38.7	34.5	34.2	35.2	27	28.8	26.2		
11	32.3	212.8	210.9	211.7	28	27.4	28.8	21.8	20.9
12	30.5	49.2	46.1	46.3	29	22.8	18.8	29.2	27.8
13	35.1	51.8	44.4	44.5	30	27.3		19.1	18.4
14	51.1	48.9	45.3	45.5	22-OAc	171.0/21.5			
15	26.3	46.3	50.2	50.4	24-OAc	170.9/21.1			
16	34.9	70.6	215.7	215.6	25-OAc		170.0/21.9		
17	43.4	59.4	49.4	49.4					

表 4-6-15　化合物 4-6-83~4-6-88 的 ^{13}C NMR 数据[39]

C	4-6-83	4-6-84	4-6-85	4-6-86	4-6-87	4-6-88	C	4-6-83	4-6-84	4-6-85	4-6-86	4-6-87	4-6-88
1	21.3	22.4	22.3	20.5	22.1	22.4	24	75.8	79.1	79.0	79.1	216.4	216.0
2	29.8	28.9	28.8	29.7	28.5	28.8	25	80.6	72.7	72.7	72.2	76.8	76.8
3	75.6	86.1	86.5	86.4	87.2	86.1	26	22.6	25.5	25.3	26.0	27.3	27.3
4	41.9	42.1	42.0	41.0	42.0	42.1	27	23.0	25.9	26.0	26.2	27.3	27.3
5	141.5	140.0	140.9	64.8	141.2	140.0	28	26.3	28.3	28.4	20.8	28.3	28.2
6	119.0	120.0	118.6	51.5	118.5	120.0	29	28.0	26.2	26.1	25.4	25.9	25.5
7	24.2	24.3	24.6	23.1	24.1	24.3	30	18.2	18.4	18.3	19.8	18.2	18.3
8	44.1	44.2	44.0	42.7	43.9	44.1	3-Glu						
9	49.2	49.0	48.8	48.6	49.0	49.0	1		105.0	105.2	106.8	107.4	105.0
10	36.0	35.9	35.9	33.7	35.9	35.9	2		80.4	80.3	75.6	75.5	80.4
11	213.9	214	213.6	213.8	213.6	213.9	3		76.4	76.5	78.6	78.8	76.3
12	48.8	48.8	48.7	48.7	48.7	48.7	4		72.1	71.8	71.7	71.8	72.0
13	49.7	49.2	49.0	49.1	49.1	49.1	5		78.1	78.2	78.5	78.3	78.2
14	49.7	49.6	49.5	49.1	49.6	49.5	6		62.8	62.6	62.9	63.0	62.7
15	34.4	34.6	34.4	34.5	34.5	34.5		25-Glu	Rha	Rha			Rha
16	28.2	28.7	28.8	28.7	27.9	28.0	1	97.6	101	100.9			101
17	50.0	49.9	49.9	50.2	49.7	49.6	2	75.6	72.4	72.5			72.3
18	17.0	17.0	16.9	16.7	16.9	16.9	3	79.0	72.6	69.8			72.6
19	20.2	20.5	20.3	19.4	20.3	20.5	4	71.8	74.2	76.2			74.1
20	36.3	36.0	36.0	36.0	35.8	35.8	5	78.5	69.6	67.1			69.6
21	18.6	18.6	18.6	18.6	18.4	18.4	6	62.8	19.3	19.0			19.4
22	34.6	34.0	33.9	34.0	30.4	30.3	OAc		170.8				
23	28.9	28.1	28.1	27.7	33.3	33.2			21.4				

4-6-89 R=α-OH
4-6-90 R=O

表 4-6-16　化合物 4-6-89~4-6-90 的 ^{13}C NMR 数据[40]

C	4-6-89	4-6-90	C	4-6-89	4-6-90	C	4-6-89	4-6-90	C	4-6-89	4-6-90
1	26.7	22.1	7	24.5	24.1	13	47.4	49.6	19	26.3	20.3
2	29.5	28.4	8	43.5	43.9	14	49.7	48.9	20	36.1	35.9
3	87.8	84.1	9	40.1	49.0	15	34.5	34.5	21	18.9	18.7
4	42.3	41.9	10	36.8	35.9	16	28.3	28.1	22	33.9	33.7
5	144.2	141.2	11	77.8	213.8	17	51.2	50.1	23	28.9	32.8
6	118.4	118.5	12	41.6	48.7	18	17.0	17.0	24	77.3	77.3

续表

C	4-6-89	4-6-90	C	4-6-89	4-6-90	C	4-6-89	4-6-90	C	4-6-89	4-6-90
25	81.6	81.6	1'	107.2	107.2	1"	97.1	97.2	1'''	101.7	101.7
26	23.8	23.8	2'	75.4	75.5	2"	79.8	79.8	2'''	72.3	72.3
27	21.8	21.9	3'	78.0	78.0	3"	77.5	77.5	3'''	72.6	72.6
28	27.6	28.3	4'	71.7	71.7	4"	72.1	72.1	4'''	74.2	74.2
29	26.2	25.8	5'	78.6	78.7	5"	78.0	78.2	5'''	69.5	69.5
30	19.2	18.2	6'	32.7	62.7	6"	63.0	62.9	6'''	18.6	18.6

4-6-91 R^1=Glu; R^2=H
4-6-92 R^1=R^2=Glu
4-6-93 R^1=H; R^2=Glu(1→6)Glu

4-6-94 R^1=H; R^2=OH
4-6-95 R^1=Glu; R^2=H

表 4-6-17 化合物 4-6-91~4-6-95 的 ^{13}C NMR 数据

C	4-6-91[41]	4-6-92[41]	4-6-93[41]	4-6-94[42]	4-6-95[42]	C	4-6-91[41]	4-6-92[41]	4-6-93[41]	4-6-94[42]	4-6-95[42]
1	22.0	22.1	21.3	22.4	22.1	26	64.6	72.8	71.6	25.4	25.4
2	28.0	28.0	29.8	29.8	29.4	27	57.9	58.2	58.3	27.0	26.9
3	86.9	87.3	75.6	75.6	87.1	28	18.6	18.4	18.4	28.0	28.3
4	42.0	42.0	41.9	41.9	42.0	29	28.4	28.3	27.9	26.1	25.8
5	141.2	141.2	141.4	141.4	141.3	30	25.9	25.9	26.3	18.5	18.5
6	118.3	118.5	119.0	119.1	118.5	3-Glu					
7	24.1	24.1	24.2	24.2	24.1	1'	106.6	107.4		105.8	107.2
8	43.9	43.9	44.0	43.5	44.0	2'	75.1	75.5		75.4	75.3
9	49.0	49.5	49.1	49.0	49.0	3'	78.3	78.7		78.6	78.6
10	35.8	35.9	35.9	36.0	36.0	4'	71.3	71.7		71.8	71.8
11	214.1	213.8	213.9	214.2	213.7	5'	77.8	78.5		78.4	78.2
12	48.8	48.7	48.7	49.4	48.7	6'	62.5	63.0		62.7	63.0
13	48.8	48.9	49.1	49.3	49.0			26-Glu	26-Glu		24-Glu
14	49.5	49.0	49.5	50.4	49.7	1"		103.4	103.5		105.8
15	34.5	34.5	34.5	34.2	34.6	2"		75.2	75.0		75.5
16	28.2	28.4	28.0	21.2	28.4	3"		78.7	78.5		78.7
17	49.6	49.5	49.6	52.7	49.9	4"		71.7	71.6		72.0
18	17.0	16.9	16.9	19.2	16.9	5"		78.2	77.2		78.4
19	20.3	20.3	20.2	20.2	20.2	6"		62.8	70.0		62.8
20	35.6	35.8	35.9	74.4	36.2	1'''			105.4		
21	18.3	18.2	18.2	26.3	18.2	2'''			75.3		
22	36.7	36.5	36.5	41.4	33.3	3'''			78.6		
23	24.3	24.6	24.6	27.2	28.0	4'''			71.7		
24	127.1	131.6	131.9	91.1	90.5	5'''			78.4		
25	140.3	137.1	136.9	72.2	72.0	6'''			62.7		

第四章 二倍半萜、三萜和多萜类化合物

表 4-6-18 化合物 4-6-98～4-6-100 的 ^{13}C NMR 数据[43]

C	4-6-98	4-6-99	4-6-100	C	4-6-98	4-6-99	4-6-100	C	4-6-98	4-6-99	4-6-100
1	22.0	22.7	22.2	19	20.2	28.1	20.3	1″	107.2	107.3	106.9
2	29.6	29.7	29.7	20	36.0	36.2	36.0	2″	75.5	75.5	75.3
3	87.1	87.7	86.6	21	18.4	18.9	18.3	3″	78.5	78.5	78.6
4	41.9	41.8	42.0	22	32.9	33.2	33.0	4″	71.5	71.5	71.5
5	141.2	141.3	41.4	23	27.9	29.0	28.6	5″	78.1	78.1	77.3
6	118.5	118.8	118.5	24	92.5	92.7	92.6	6″	63.2	63.2	70.5
7	24.1	24.6	24.1	25	72.6	72.7	72.7	1‴	104.8	104.7	104.9
8	43.9	43.9	44.0	26	24.2	24.2	24.7	2‴	75.4	75.5	75.4
9	49.0	34.7	49.0	27	26.9	27.0	27.0	3‴	78.7	78.7	78.7
10	36.0	38.6	36.0	28	28.3	28.2	28.3	4‴	71.8	71.9	72.2
11	213.7	32.6	213.7	29	25.8	26.0	25.8	5‴	78.4	78.6	78.4
12	48.7	30.8	48.8	30	18.2	18.1	18.6	6‴	62.6	62.6	62.6
13	49.0	46.5	49.0	1′	106.2	106.3	106.3	1⁗			105.5
14	49.6	49.5	49.7	2′	75.0	75.1	75.1	2⁗			75.5
15	34.6	35.1	34.6	3′	78.0	78.0	78.5	3⁗			78.1
16	28.4	28.4	28.6	4′	72.0	72.1	72.2	4⁗			71.9
17	49.9	51.2	50.1	5′	76.4	76.4	76.4	5⁗			77.9
18	16.9	15.7	17.0	6′	70.3	70.4	70.4	6⁗			62.9

表 4-6-19　化合物 4-6-101~4-6-105 的 ^{13}C NMR 数据

C	4-6-101[44]	4-6-102[44]	4-6-103[45]	4-6-104[46]	4-6-105[46]	C	4-6-101[44]	4-6-102[44]	4-6-103[45]	4-6-104[46]	4-6-105[46]
1	30.3	35.8	34.1	45.1	37.3	17	47.8	47.5	53.0	54.3	53.7
2	22.6	34.8	34.3	73.0	25.6	18	111.3	111.3	22.4	12.1	11.8
3	78.8	216.8	219.2	72.7	72.6	19	23.4	22.6	23.1	18.5	15.2
4	36.1	47.5	46.9	76.0	73.2	20	31.0	31.2	36.5	39.2	38.5
5	40.3	46.7	52.3	45.9	44.4	21	18.3	18.3	18.5	13.0	12.4
6	22.6	23.6	22.9	27.2	26.0	22	33.2	33.2	33.3	80.6	80.2
7	114.5	113.9	121.3	119.2	117.9	23	26.7	26.7	28.6	25.7	24.8
8	151.2	151.5	148.7	138.0	139.0	24	146.6	146.8	79.5	39.1	38.9
9	51.0	50.4	45.4	52.8	50.7	25	126.3	126.2	73.1	79.6	79.7
10	34.0	34.3	35.7	34.4	34.2	26	173.0	173.3	23.1	28.2	28.0
11	30.9	30.4	20.8	21.3	21.0	27	20.6	20.6	26.5	29.0	28.6
12	151.0	150.3	34.2	39.8	39.4	28	28.2	25.7	28.0		
13	50.6	50.4	43.9	44.2	43.9	29	22.5	22.6	21.2		
14	44.0	43.6	51.8	54.9	54.6	30	23.8	23.9	27.3		
15	30.1	30.2	33.0	23.6	23.1	OAc	21.3				
16	24.6	24.5	28.2	27.6	27.3		170.7				

表 4-6-20　化合物 4-6-106~4-6-108 的 ^{13}C NMR 数据[47]

C	4-6-106	4-6-107	4-6-108	C	4-6-106	4-6-107	4-6-108	C	4-6-106	4-6-107	4-6-108
1	28.7	28.7	28.7	11	25.0	25.3	25.3	21	17.4	17.4	16.6
2	25.1	25.2	25.2	12	32.0	33.6	33.9	22	118.4	41.3	48.7
3	76.6	76.6	76.3	13	51.8	51.5	51.7	23	146.8	106.3	202.0
4	37.1	37.1	37.1	14	153.0	153.1	152.8	24	138.0	147.7	134.2
5	37.9	38.0	38.0	15	114.5	114.0	115.1	25	128.8	131.6	139.4
6	23.1	23.1	23.1	16	44.6	45.0	45.0	26	171.3	171.6	171.7
7	121.0	121.7	120.8	17	50.5	51.6	50.5	27	10.6	10.4	14.1
8	136.4	136.7	136.6	18	17.1	16.8	17.1	28	28.2	28.2	28.2
9	53.0	52.9	52.9	19	22.3	22.3	22.3	29	23.0	23.0	23.0
10	34.7	34.7	34.7	20	36.4	33.3	33.6	30	19.2	19.1	19.3

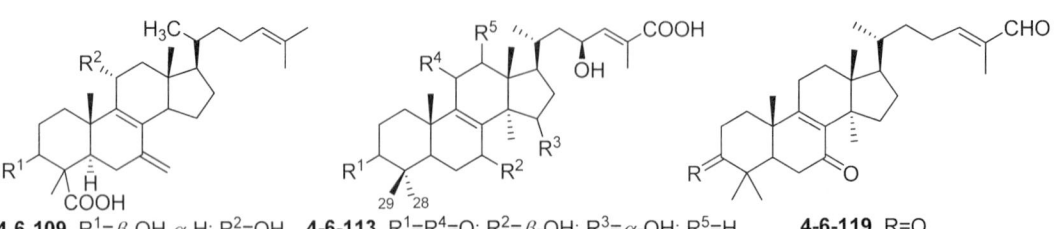

4-6-109　R^1=β-OH,α-H; R^2=OH
4-6-110　R^1=β-OH,α-H; R^2=H
4-6-111　R^1=β-OH,α-H; R^2=OMe
4-6-112　R^1=α-OH,β-OH; R^2=H

4-6-113　R^1=R^4=O; R^2=β-OH; R^3=α-OH; R^5=H
4-6-114　R^1=R^4=O; R^2=R^3=α-OH; R^5=H
4-6-115　R^1=R^2=β-OH; R^3=R^4=O; R^5=H
4-6-116　R^1=β-OH; R^2=R^3=R^4=O; R^5=H
4-6-117　R^1=R^2=β-OH; R^3=R^4=O; R^5=β-OH
4-6-118　R^1=β-OH; R^2=R^3=R^4=O; R^5=β-OH

4-6-119　R=O
4-6-120　R=β-OH,H

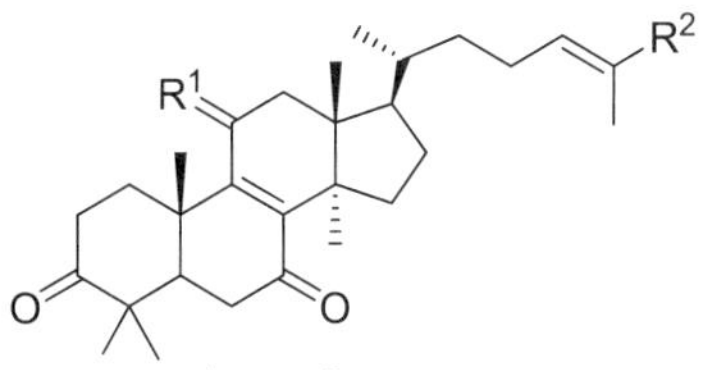

第四章 二倍半萜、三萜和多萜类化合物

4-6-121 R^1=O; R^2=CHO
4-6-122 R^1=H_2; R^2=CH_2OH
4-6-123 R^1=H_2; R^2=CH_2OH, 24,25-环氧

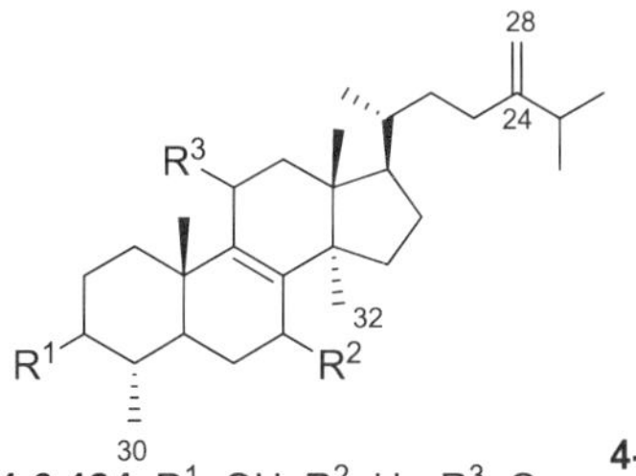

4-6-124 R^1=OH; R^2=H_2; R^3=O
4-6-125 R^1=H; R^2=O; R^3=α-OH
4-6-126 R^1=OH; R^2=α-OH; R^3=O

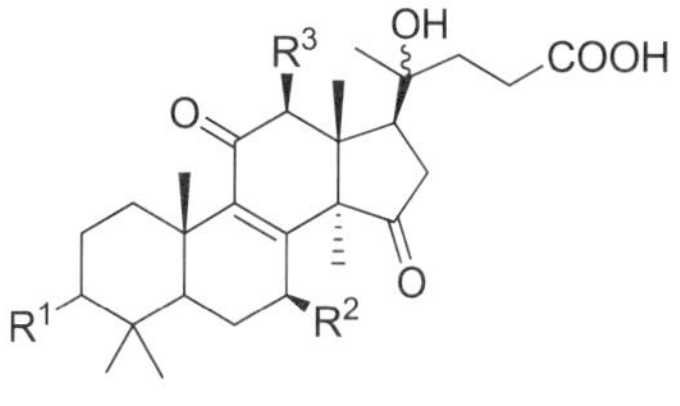

4-6-127 R^1=O; R^2=β-OH; R^3=OAc
4-6-128 R^1=O; R^2=β-OH; R^3=H
4-6-129 R^1=β-OH; R^2=O; R^3=OAc
4-6-130 R^1=β-OH; R^2=β-OH; R^3=H
4-6-131 R^1=β-OH; R^2=β-OH; R^3=OAc

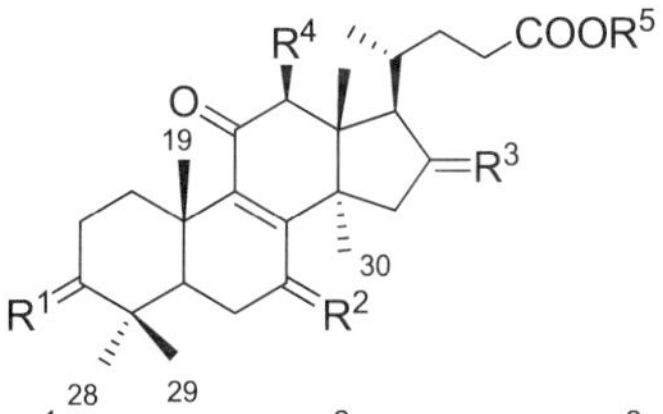

4-6-132 R^1=α-H, β-OH; R^2=α-H, β-OH; R^3=O; R^4=OAc; R^5=H
4-6-133 R^1=α-H, β-OH; R^2=α-H, β-OH; R^3=O; R^4=OAc; R^5=CH_3
4-6-134 R^1=O; R^2=α-H, β-OH; R^3=α-OH, β-H; R^4=H; R^5=CH_3

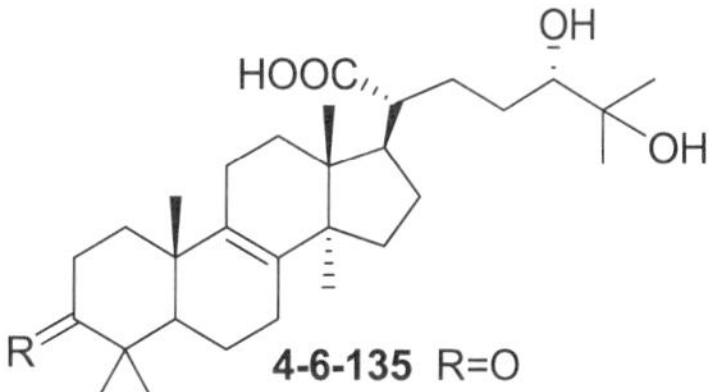

4-6-135 R=O
4-6-136 R^1=α-OAc,β-H

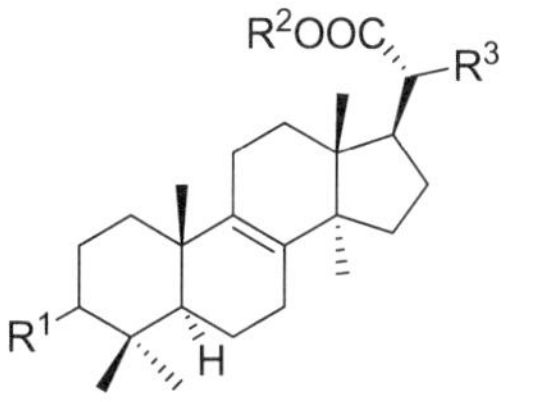

4-6-137 R^1=O; R^2=Xyl; R^3=c
4-6-138 R^1=α-OAc; R^2=Xyl; R^3=c
4-6-139 R^1=O; R^2=Xyl; R^3=d
4-6-140 R^1=O; R^2=Xyl; R^3=a
4-6-141 R^1=α-OAc; R^2=Xyl; R^3=a
4-6-142 R^1=α-A; R^2=Xyl; R^3=b
4-6-143 R^1=β-OH; R^2=Glu; R^3=a

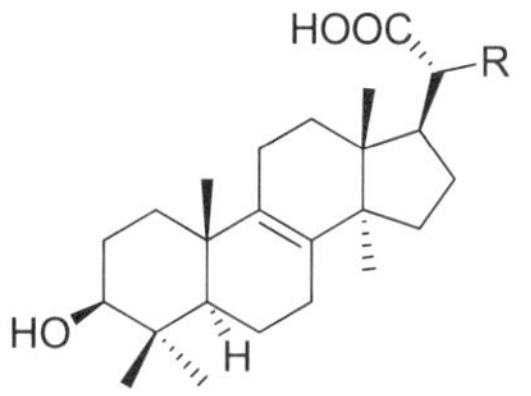

4-6-144 R=c
4-6-145 R=d
4-6-146 R=e

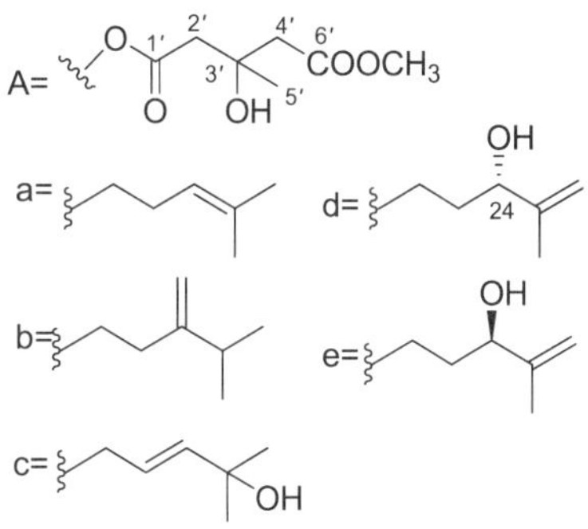

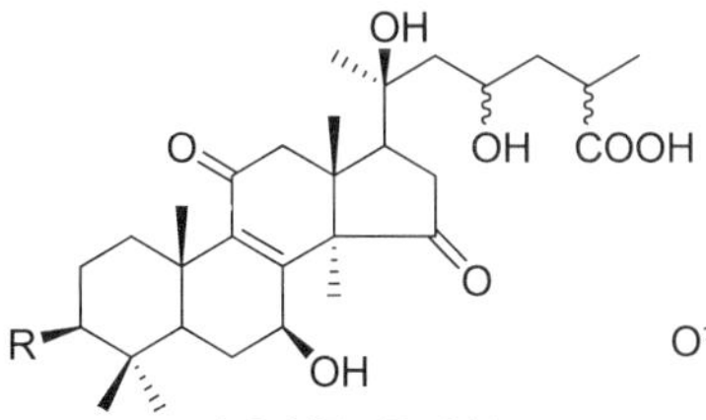

4-6-147 R=OH
4-6-148 R=O

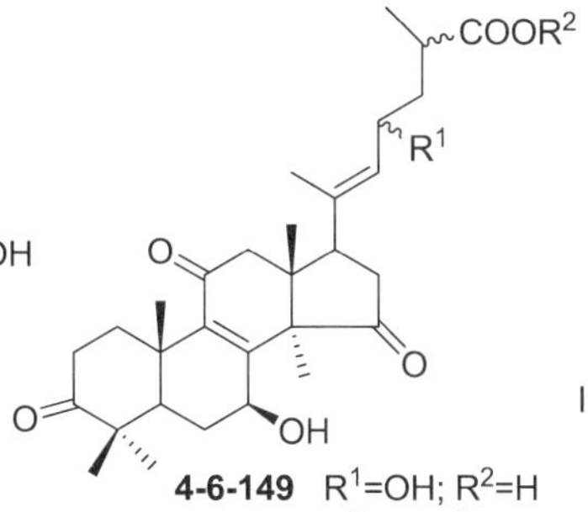

4-6-149 R^1=OH; R^2=H
4-6-150 R^1=O; R^2=CH_3

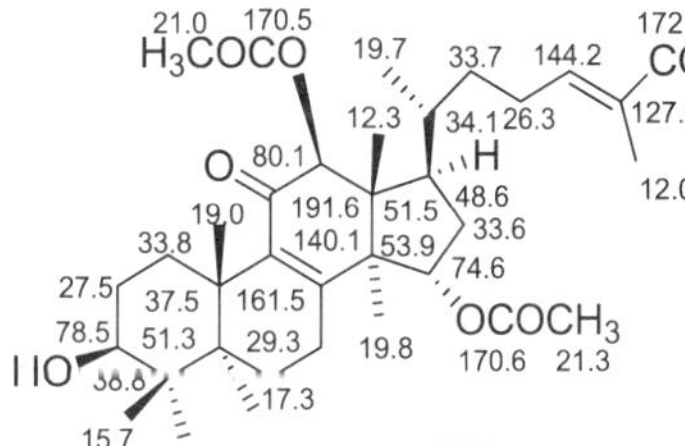

4-6-151[54]

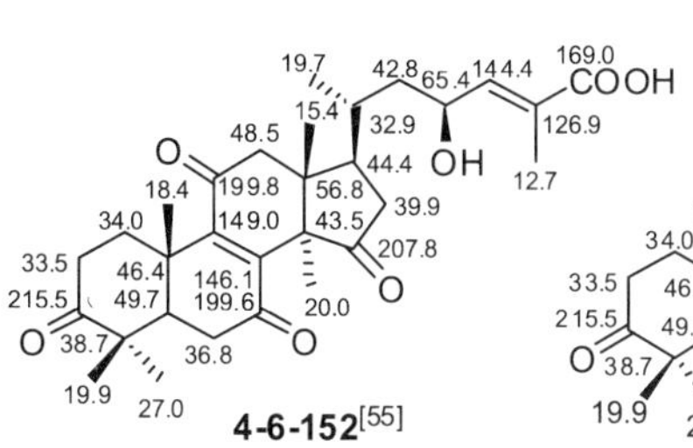

4-6-152[55]

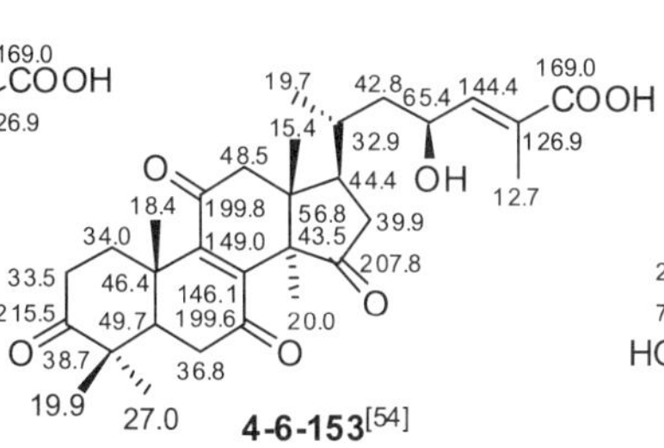

4-6-153[54]

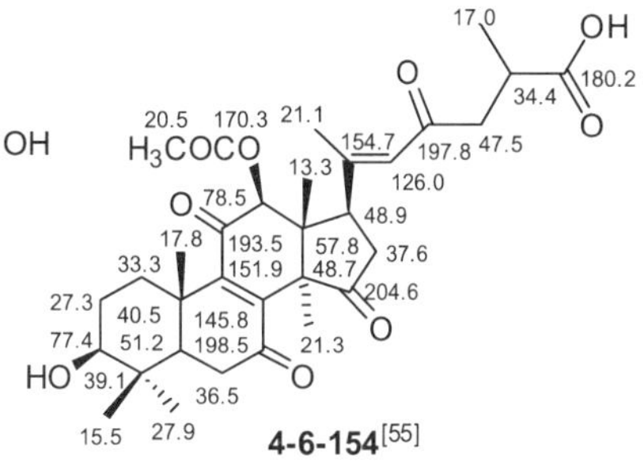

4-6-154[55]

表 4-6-21　化合物 4-6-109~4-6-112 的 ^{13}C NMR 数据[48]

C	4-6-109	4-6-110	4-6-111	4-6-112	C	4-6-109	4-6-110	4-6-111	4-6-112	C	4-6-109	4-6-110	4-6-111	4-6-112
1	73.0	73.1	71.7	70.4	12	43.0	31.5	40.4	31.4	23	25.7	25.8	25.8	25.8
2	36.9	38.4	38.2	35.2	13	49.5	45.6	48.2	45.4	24	126.0	126.1	126.1	126.1
3	72.9	72.7	72.7	72.1	14	47.6	49.2	49.4	49.2	25	131.8	131.8	131.8	131.8
4	54.9	54.5	54.5	54.5	15	33.9	33.4	34.2	33.5	26	25.9	25.9	25.9	25.9
5	45.2	45.1	45.4	41.0	16	28.7	29.8	29.0	29.7	27	17.7	17.7	17.7	17.7
6	38.9	38.6	38.9	38.8	17	50.7	50.2	51.4	50.5	28	11.5	10.8	10.8	11.2
7	201.8	200.1	201.5	210.0	18	16.7	16.2	17.5	16.5	29	180.2	180.5	179.7	180.5
8	142.8	140.0	143.2	141.2	19	15.0	14.4	16.5	18.9	30	25.8	25.5	25.0	25.3
9	160.9	169.3	162.6	166.5	20	37.1	37.4	37.2	37.4	OMe			56.1	
10	47.4	46.3	46.5	46.2	21	19.1	19.3	19.0	19.2					
11	66.3	27.4	74.6	23.8	22	37.2	37.3	37.3	37.4					

表 4-6-22　化合物 4-6-113~4-6-117 的 ^{13}C NMR 数据[49]

C	4-6-113	4-6-114	4-6-115	4-6-116	4-6-117	C	4-6-113	4-6-114	4-6-115	4-6-116	4-6-117
1	35.2	34.9	35.7	33.6	34.4	16	35.6	37.5	42.0	45.6	36.8
2	33.9	34.3	28.0	26.9	27.1	17	48.5	49.7	47.2	42.7	46.2
3	218.6	219.5	78.7	77.2	78.0	18	16.6	17.3	17.6	15.9	11.9
4	46.4	46.6	39.7	39.0	38.4	19	18.9	17.5	18.8	17.6	18.6
5	48.3	45.2	50.0	50.8	49.0	20	33.1	33.5	34.0	33.1	28.5
6	28.1	27.7	27.6	36.2	26.5	21	19.0	19.2	20.0	19.3	22.0
7	68.2	66.6	67.7	199.9	66.2	22	42.9	43.3	43.7	40.4	41.3
8	160.4	160.9	158.4	148.6	156.6	23	65.9	66.4	66.8	65.9	67.0
9	139.6	139.7	143.9	151.8	142.0	24	143.2	142.4	144.2	142.8	142.7
10	37.6	37.9	39.4	40.4	38.1	25	128.4	130.2	129.6	128.8	129.3
11	200.3	200.1	200.1	200.1	199.5	26	170.2	172.0	171.2	170.8	170.8
12	51.5	52.0	51.2	49.6	78.2	27	12.3	13.1	13.1	12.6	12.8
13	46.3	47.0	46.4	44.2	51.7	28	27.0	27.5	28.6	27.5	27.9
14	53.7	53.4	60.3	57.0	60.1	29	20.1	20.5	16.1	15.3	15.2
15	71.6	71.7	218.5	209.0	217.4	30	19.0	21.0	24.9	21.6	22.9

表 4-6-23　化合物 4-6-118~4-6-126 的 ^{13}C NMR 数据

C	4-6-118[49]	4-6-119[17]	4-6-120[17]	4-6-121[58]	4-6-122[58]	4-6-123[58]	4-6-124[50]	4-6-125[50]	4-6-126[50]
1	33.2	35.4	34.8	35.0	35.3	35.4	33.5	33.9	33.4
2	26.7	34.3	28.8	34.1	34.3	34.3	31.2	30.7	31.1

续表

C	4-6-118[49]	4-6-119[17]	4-6-120[17]	4-6-121[58]	4-6-122[58]	4-6-123[58]	4-6-124[50]	4-6-125[50]	4-6-126[50]
3	76.8	214.6	78.0	215.5	214.6	214.6	76.5	75.2	76.3
4	40.0	47.2	39.8	46.9	47.2	47.2	38.3	39.5	37.6
5	51.2	50.4	50.7	49.8	50.4	50.4	48.5	47.0	42.9
6	36.4	37.1	36.7	37.1	37.1	37.1	19.4	39.5	30.1
7	199.5	198.0	199.0	201.3	198.1	198.0	29.0	199.2	67.5
8	146.2	139.8	138.9	151.5	139.6	139.5	164.4	142.3	160.5
9	151.0	162.6	164.7	149.8	162.7	162.6	138.5	160.1	140.6
10	38.8	39.4	38.9	38.8	39.4	39.4	35.7	39.5	37.3
11	210.4	23.8	23.6	201.8	23.8	23.8	199.4	66.1	200.8
12	77.6	30.1	30.2	51.2	30.1	30.1	51.8	44.2	51.8
13	49.5	45.0	45.0	46.7	44.9	44.9	47.3	47.6	47.6
14	57.5	47.8	49.0	48.7	47.8	47.8	51.6	48.2	50.9
15	207.6	28.7	27.5	31.9	31.9	31.9	30.9	32.7	30.0
16	36.7	31.8	32.0	27.4	28.7	28.7	27.0	27.9	27.2
17	45.5	49.0	49.9	49.1	49.0	49.0	50.1	49.8	50.1
18	10.6	15.9	15.3	16.9	15.9	15.9	16.7	16.9	16.6
19	17.6	17.9	18.4	17.9	17.9	17.9	17.5	19.1	16.1
20	29.4	36.2	36.3	36.1	36.2	36.2	36.2	36.2	36.3
21	21.3	18.6	18.6	18.3	18.7	18.7	18.4	18.6	18.4
22	41.8	34.7	34.8	34.5	35.9	32.6	34.7	34.7	34.7
23	66.5	26.0	26.0	25.9	24.5	25.0	31.2	31.2	31.2
24	142.2	155.2	155.3	154.6	126.8	60.3	156.6	156.6	156.5
25	129.0	139.2	139.2	139.4	134.4	60.7	33.8	33.7	33.8
26	175.0	195.3	195.3	195.2	69.0	65.5	21.8	21.8	21.8
27	12.6	9.2	9.2	9.2	13.6	14.2	22.0	22.0	22.0
28	27.4	25.4	27.5	27.4	25.4	25.4	106.1	106.1	106.1
29	15.2	21.4	15.8	20.3	21.4	21.4			
30	20.1	24.9	25.0	25.9	24.9	24.9	15.2	14.6	15.2
31							25.8	25.3	27.6

表 4-6-24 化合物 4-6-127~4-6-134 的 ^{13}C NMR 数据

C	4-6-127[17]	4-6-128[17]	4-6-129[50]	4-6-130[50]	4-6-131[50]	4-6-132[51]	4-6-133[51]	4-6-134[51]
1	34.0	34.6	33.2	34.8	34.4	34.4	34.4	35.6
2	33.6	33.8	27.3	27.6	27.4	27.2	27.2	34.3
3	214.9	215.1	77.4	78.2	78.1	78.0	78.0	216.9
4	46.9	47.0	40.5	38.6	38.6	38.5	38.5	46.8
5	50.9	50.9	51.4	49.1	49.1	49.1	49.1	48.8
6	37.4	37.2	36.6	26.6	26.7	26.6	26.6	29.0
7	198.4	199.1	198.0	66.0	66.1	66.1	66.1	68.8
8	145.6	146.2	151.4	156.5	155.9	155.9	155.9	159.2
9	149.6	149.6	145.4	142.6	142.9	142.9	142.9	140.3

续表

C	4-6-127[17]	4-6-128[17]	4-6-129[50]	4-6-130[50]	4-6-131[50]	4-6-132[51]	4-6-133[51]	4-6-134[51]
10	39.3	34.6	39.1	38.9	38.6	38.5	38.5	38.0
11	193.3	198.0	193.0	197.0	191.0	192.3	192.3	199.6
12	78.6	48.8	78.9	50.2	79.1	79.8	79.8	51.8
13	47.9	44.3	48.2	45.4	49.8	50.4	50.4	46.6
14	58.9	57.1	58.9	59.3	61.0	60.6	60.6	53.9
15	203.8	204.9	203.9	215.7	214.5	216.7	216.7	72.6
16	35.4	34.3	35.7	35.7	37.1	37.4	37.4	36.6
17	48.8	48.1	49.2	49.5	50.2	46.0	46.0	48.5
18	13.0	17.4	13.2	18.8	14.2	13.1	13.1	117.3
19	18.7	18.6	17.9	18.3	18.5	18.6	18.6	19.4
20	86.4	86.0	86.6	85.9	86.7	31.8	31.8	35.7
21	26.1	26.3	26.1	25.9	25.2	20.4	20.4	18.1
22	34.5	34.2	34.5	34.2	34.6	29.5	29.5	30.0
23	28.0	27.3	28.1	27.5	28.3	30.0	30.0	31.0
24	175.6	175.8	175.6	175.9	175.5	178.2	178.2	174.3
25								
26								
27								
28	27.6	27.6	27.9	28.1	28.1	28.0	28.0	27.4
29	20.4	20.3	15.5	15.4	15.4	15.3	15.3	20.7
30	21.1	21.3	21.6	24.7	24.5	24.0	24.0	19.4
32			25.8	25.3	27.6			
OAc	170.1/21.0		170.1/21.0		170.3/21.2	170.5/20.7	170.5/20.7	
Me							51.6	51.6

表 4-6-25　化合物 4-6-135~4-6-138 的 ^{13}C NMR 数据[23]

C	4-6-135	4-6-136	4-6-137	4-6-138	C	4-6-135	4-6-136	4-6-137	4-6-138
1	36.1	31.4	36.1	31.1	15	30.8	31.1	31.2	31.4
2	34.6	23.9	35.0	23.9	16	27.4	27.7	27.3	28.1
3	216.3	78.0	216.1	78.0	17	47.8	48.0	47.6	47.5
4	47.3	37.2	47.6	37.2	18	16.4	16.7	16.9	16.8
5	51.2	46.0	51.5	46.0	19	18.6	19.4	19.0	19.4
6	19.5	18.6	19.9	18.6	20	49.8	50.1	49.4	49.3
7	26.4	26.5	26.8	26.5	21	179.1	179.1	175.0	175.4
8	133.6	134.4	135.1	134.2	22	31.0	31.1	36.4	36.2
9	135.0	135.0	134.3	134.2	23	30.5	30.9	123.1	123.1
10	37.0	37.5	37.3	37.5	24	79.4	79.7	142.5	142.4
11	21.2	21.6	21.7	21.7	25	72.6	72.9	70.0	70.0
12	29.3	29.6	29.2	29.2	26	25.8	26.2	30.7	30.7
13	44.8	45.1	45.2	45.2	27	25.9	26.3	30.7	30.7
14	49.8	50.1	50.1	50.0	28	26.3	28.1	26.7	22.2

续表

C	4-6-135	4-6-136	4-6-137	4-6-138	C	4-6-135	4-6-136	4-6-137	4-6-138
29	21.1	22.2	21.7	28.1	2			73.9	73.9
30	24.4	24.7	24.8	24.7	3			78.9	78.9
OAc		170.0/21.1		170.0/21.1	4			71.1	71.1
Xyl					5			68.2	68.2
1			96.5	96.4					

表 4-6-26　化合物 4-6-139~4-6-146 的 ^{13}C NMR 数据

C	4-6-139[23]	4-6-140[23]	4-6-141[23]	4-6-142[23]	4-6-143[23]	4-6-144[52]	4-6-145[52]	4-6-146[52]
1	36.4	36.4	31.4	31.5	36.3	36.4	36.4	36.5
2	35.0	35.0	23.9	23.9	28.9	29.0	28.9	29.0
3	216.2	216.2	78.0	78.1	78.2	78.2	78.2	78.3
4	47.6	47.6	37.3	37.2	39.8	39.8	39.8	39.9
5	51.5	51.5	46.0	46.1	51.5	51.1	51.1	51.2
6	19.0	19.9	18.6	18.6	19.0	19.1	19.0	19.1
7	26.8	26.8	26.7	26.5	27.1	27.6	27.1	27.2
8	135.2	133.9	134.2	134.1	135.2	134.0	134.0	134..0
9	133.9	135.0	135.2	135.2	134.1	134.3	134.3	134.3
10	37.4	37.4	37.5	37.5	37.6	37.7	37.7	37.7
11	21.7	21.7	21.8	21.7	21.7	21.6	21.6	21.7
12	29.3	29.3	29.3	29.3	29.3	29.7	29.9	29.6
13	45.2	45.2	45.2	45.2	45.2	45.2	45.1	45.2
14	50.1	50.1	50.5	50.0	50.0	50.1	50.1	50.2
15	31.2	31.2	31.2	31.1	31.2	31.2	31.2	31.3
16	27.5	27.6	27.6	27.6	27.6	27.1	27.7	27.8
17	48.0	47.9	47.8	47.8	47.9	47.7	48.1	48.2
18	16.9	16.9	16.8	16.8	16.7	16.7	16.7	16.8
19	19.9	19.0	19.4	19.4	19.7	19.8	19.7	19.8
20	49.0	48.6	48.6	48.6	48.8	50.1	49.6	50.2
21	176.0	175.8	175.9	175.9	175.8	178.3	178.3	178.3
22	29.7	33.8	33.8	33.8	33.8	36.2	29.8	29.8
23	33.8	26.7	26.5	26.7	26.8	123.1	34.3	34.3
24	75.5	124.8	124.8	124.7	124.8	141.9	75.8	75.2
25	150.0	132.0	132.0	131.9	131.9	69.9	150.0	150.0
26	110.5	26.1	26.1	26.1	26.1	30.9	110.8	110.3
27	18.4	18.2	18.2	18.2	18.1	31.0	18.0	18.8
28	26.7	26.7	24.7	28.3	28.9	29.0	28.9	29.0
29	21.7	21.7	28.1	22.2	16.8	16.8	16.8	16.9
30	24.8	24.8	22.2	24.7	24.7	24.8	24.8	24.9
OAc				170.0/21.1				
1'				171.3				
2'				46.4				
3'				69.9				

续表

C	4-6-139[23]	4-6-140[23]	4-6-141[23]	4-6-142[23]	4-6-143[23]	4-6-144[52]	4-6-145[52]	4-6-146[52]
5'				171.9				
6'				28.4				
OMe				51.5				
糖基			Xyl	Xyl	Glu			
1			96.5	96.4	95.9			
2			73.9	73.7	74.2			
3			79.0	78.8	79.4			
4			71.1	70.9	71.5			
5			68.3	68.1	79.2			
6					62.7			

表 4-6-27　化合物 4-6-147~4-6-150 的 ^{13}C NMR 数据[53]

C	4-6-147	4-6-148	4-6-149	4-6-150	C	4-6-147	4-6-148	4-6-149	4-6-150
1	35.1	35.9	35.9	35.6	17	50.2	50.4	48.3	49.7
2	28.0	34.5	34.5	34.2	18	19.1	19.4	19.2	19.0
3	78.6	216.8	216.7	216.4	19	18.6	18.4	18.4	18.1
4	39.1	47.0	47.0	46.7	20	73.4	73.3	138.5	153.3
5	49.4	49.2	49.2	48.8	21	26.4	26.3	18.3	21.0
6	26.9	27.9	27.9	27.6	22	48.5	48.5	126.9	124.7
7	67.1	66.5	66.5	66.2	23	74.8	74.8	74.5	197.9
8	156.9	157.9	157.8	157.3	24	36.8	36.8	37.2	47.7
9	142.7	141.3	141.4	141.2	25	33.8	33.7	34.5	34.8
10	38.9	38.5	38.6	38.3	26	178.8	178.8	179.8	176.3
11	198.0	197.8	197.5	196.8	27	16.1	16.1	16.0	17.2
12	51.1	50.9	49.2	48.9	28	28.4	27.2	27.3	27.0
13	46.0	45.7	45.9	45.9	29	15.7	21.0	21.0	20.8
14	59.8	59.8	58.8	58.6	30	25.1	25.3	24.8	24.7
15	217.9	218.0	217.3	216.6	OMe				51.9
16	36.2	36.4	38.1	37.8					

表 4-6-28　化合物 4-6-157~4-6-165 苷元部分的 ^{13}C NMR 数据[57]

C	4-6-157	4-6-158	4-6-159	4-6-160	4-6-161	4-6-162	4-6-163	4-6-164	4-6-165
1	35.3	35.3	35.3	35.3	35.3	35.3	35.3	35.3	35.3
2	26.8	26.8	26.8	26.8	26.9	26.9	26.9	26.9	26.9
3	88.4	88.4	88.4	88.4	88.5	88.4	88.8	88.6	88.6
4	39.4	39.4	39.4	39.4	39.6	39.6	39.5	39.6	39.6
5	50.1	50.2	50.2	50.2	50.3	50.2	50.3	50.2	50.3
6	18.4	18.4	18.4	18.4	18.4	18.4	18.4	18.4	18.6
7	27.9	27.9	27.9	27.9	27.9	27.9	27.9	27.9	27.9
8	128.0	128.0	128.0	128.0	128.0	127.9	128.0	127.9	127.9
9	139.8	139.8	139.8	139.8	139.9	139.9	139.9	139.9	139.9
10	37.4	37.4	37.4	37.4	37.4	37.4	37.4	37.4	37.4
11	22.5	22.5	22.5	22.5	22.5	22.5	22.5	22.5	22.5
12	31.7	31.7	31.7	31.6	31.7	31.7	31.7	31.7	31.7
13	47.0	46.9	46.9	46.9	47.0	46.9	47.0	46.9	46.9
14	62.8	62.8	62.8	62.7	62.8	62.8	62.8	62.8	62.8
15	28.3	28.3	28.3	28.3	28.3	28.3	28.3	28.3	28.3
16	29.5	29.5	29.5	29.4	29.5	29.5	29.5	29.5	29.5
17	51.0	51.2	51.1	51.0	51.0	51.0	51.0	51.0	51.0
18	17.9	17.9	17.9	17.9	17.9	17.9	17.9	17.9	17.9
19	19.6	19.6	19.6	19.5	19.6	19.6	19.5	19.6	19.6
20	36.3	36.3	36.4	36.0	36.3	36.0	36.3	36.3	36.0
21	18.6	18.8	18.8	18.4	18.6	18.5	18.6	18.6	18.6
22	35.0	32.3	32.4	31.1	35.0	36.3	35.0	35.0	36.3
23	31.4	32.6	32.5	34.7	31.4	25.0	31.4	31.4	25.0
24	156.4	75.4	75.9	202.0	156.5	125.5	156.5	156.4	125.5

C	4-6-157	4-6-158	4-6-159	4-6-160	4-6-161	4-6-162	4-6-163	4-6-164	4-6-165
25	33.8	149.7	149.7	144.4	33.8	130.6	33.8	33.8	130.6
26	21.7	109.9	110.2	124.3	21.7	17.4	21.7	21.7	17.4
27	21.9	17.9	17.5	17.6	21.9	25.5	21.8	21.9	25.6
28	27.6	27.6	27.6	27.6	27.6	27.5	27.5	27.5	27.5
29	16.4	16.4	16.4	16.4	16.4	16.4	16.4	16.4	16.4
30	178.3	178.2	178.2	178.2	178.2	178.3	178.2	178.2	178.2
31	106.4				106.4		106.4	106.4	

表 4-6-29　化合物 4-6-157~4-6-160 糖部分的 ^{13}C NMR 数据[57]①

C		C	
Ara(1→C-3)		Gal(1→2Ara)	
1	104.6(162.6)	1	106.7(156.9)
2	81.3	2	73.7
3	73.2	3	75.0
4	68.0	4	69.4
5	64.7	5	76.6
		6	61.1

① 所有碳谱数据取自化合物 **4-6-157**，化合物 **4-6-158~4-6-160** 的化学位移与化合物 **4-6-157** 相比，仅有略微差别。

表 4-6-30　化合物 4-6-161~4-6-162 糖部分的 ^{13}C NMR 数据[57]①

C		C		C	
Ara1(1→C-3)		Ara2(1→3Ara1)		Gal(1→2Ara1)	
1	104.9	1	104.7	1	105.0
2	77.0	2	72.3	2	73.2
3	81.3	3	74.2	3	75.3
4	68.0	4	69.0	4	69.5
5	65.1	5	66.2	5	76.1
				6	61.3

① 所有碳谱数据取自化合物 **4-6-161**，化合物 **4-6-162** 的化学位移与化合物 **4-6-157** 相比，仅有略微差别。

表 4-6-31　化合物 4-6-163 糖部分的 ^{13}C NMR 数据[57]

C		C		C		C	
Ara1(1→C-3)		Ara2(1→3Ara1)		Ara3(1→4Ara2)		NAc-Glu(1→2Ara1)	
1	105.1	1	106.2	1	107.6	1	101.6
2	76.1	2	73.2	2	72.9	2	57.2
3	84.6	3	74.6	3	74.5	3	78.1
4	69.3	4	79.8	4	69.6	4	72.9
5	66.4	5	66.7	5	67.4	5	76.6
						6	63.2
						NH	23.5
						Ac	170.3

表 4-6-32　化合物 4-6-164~4-6-165 糖部分的 ^{13}C NMR 数据[57]①

C		C		C	
Ara1(1→C-3)		Ara2(1→3Ara1)		Xyl(1→2Glu)	
1	105.1	1	104.6	1	107.7
2	77.0	2	71.0	2	76.3
3	81.9	3	83.2	3	77.6
4	68.3	4	68.3	4	70.1
5	65.3	5	66.3	5	66.9
Gal(1→3Ara2)		Glu(1→4Gal1)		Gal2(1→2Ara1)	
1	106.2	1	105.0	1	104.8
2	73.4	2	86.2	2	73.3
3	75.0	3	77.7	3	75.2
4	80.1	4	72.0	4	69.4
5	75.3	5	77.8	5	76.0
6	60.0	6	63.0	6	61.2

① 所有碳谱数据取自化合物 4-6-164，化合物 4-6-165 的化学位移与化合物 4-6-164 相比，仅有略微差别。

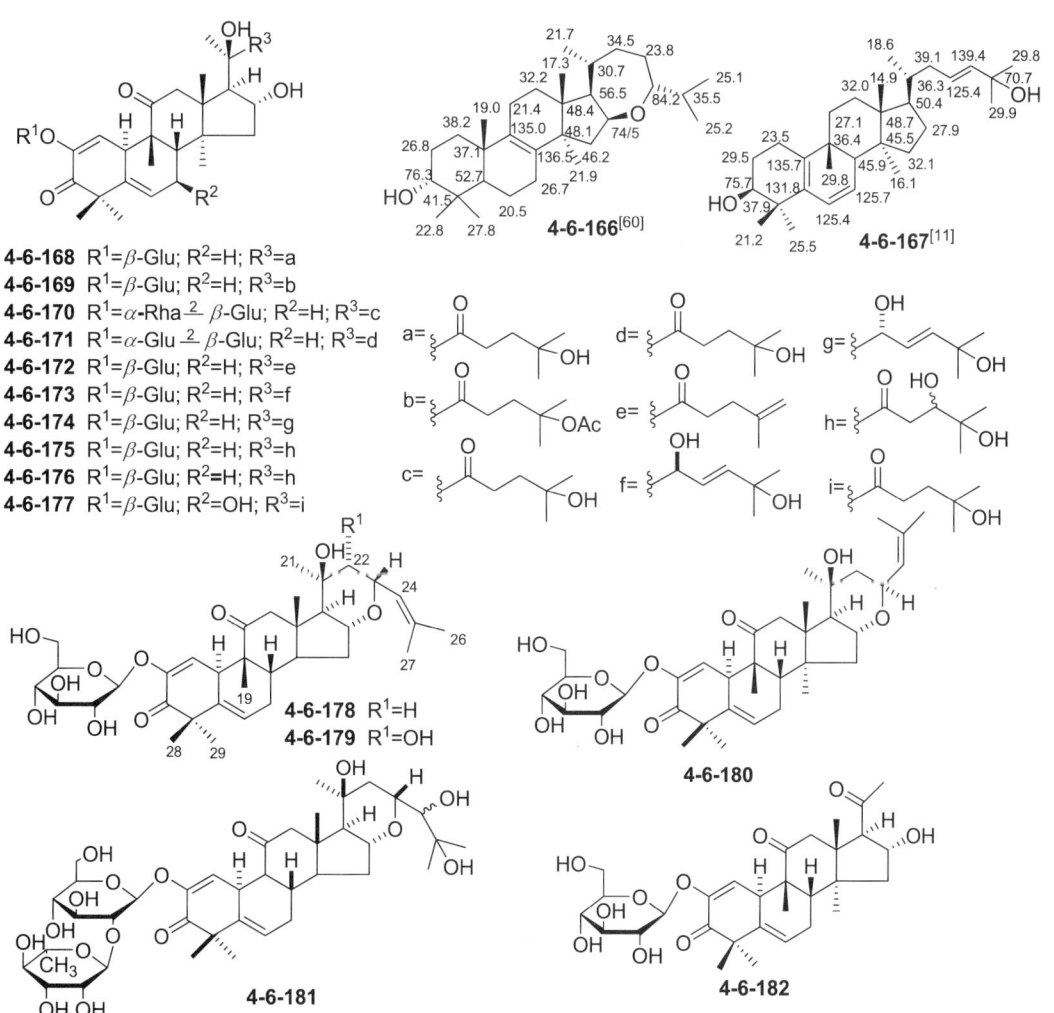

4-6-189 R¹=R³=H; R²=OH
4-6-190 R¹=R²=H; R³=Ac
4-6-191 R¹=B; R²=R³=H
4-6-192 R¹=B; R²=OH; R³=H

4-6-187 R= 核糖
4-6-188 R=H

表 4-6-33　化合物 4-6-168~4-6-175 的 ^{13}C NMR 数据[40]

C	4-6-168	4-6-169	4-6-170	4-6-171	4-6-172	4-6-173	4-6-174[40]	4-6-175[40]
1	120.9	120.8	120.0	120.0	120.9	120.6	120.9	120.8
2	146.8	146.5	146.9	146.6	146.8	146.8	146.8	146.8
3	197.1	197.0	196.5	196.9	197.0	197.1	197.1	197.1
4	49.4	49.3	49.5	49.4	49.4	49.5	49.4	49.4
5	137.0	136.7	137.0	136.9	137.0	137.0	137.0	137.0
6	120.8	120.7	120.8	120.9	120.7	121.1	121.2	120.8
7	23.8	23.7	23.9	23.8	23.9	23.9	23.9	23.8
8	41.8	41.7	41.8	41.8	41.8	41.8	41.9	41.8
9	50.9	50.7	50.9	50.8	50.9	51.1	51.0	51.0
10	35.5	35.4	35.5	35.5	35.6	35.5	35.6	35.5
11	214.0	213.9	213.8	213.9	213.9	214.4	214.5	213.9
12	49.6	49.5	49.7	49.6	49.6	50.0	49.8	49.5
13	49.3	49.1	49.1	49.2	49.1	49.1	49.2	49.2
14	48.6	48.4	48.5	48.6	48.7	48.4	48.5	48.7
15	46.5	46.3	46.5	46.4	46.5	45.6	46.8	46.2
16	70.3	70.4	70.3	70.3	70.4	71.4	71.4	70.6
17	58.9	59.0	59.0	58.9	59.1	56.9	57.2	57.7
18	20.1	20.0	20.1	20.1	20.2	20.1	20.2	20.1
19	18.3	18.1	18.3	18.3	18.3	18.1	18.0	18.3

C	4-6-168	4-6-169	4-6-170	4-6-171	4-6-172	4-6-173	4-6-174	4-6-175
20	80.1	80.0	80.1	80.1	80.0	76.3	76.8	80.3
21	25.5	25.5	25.5	25.5	25.5	24.7	21.8	24.8
22	216.1	215.1	216.1	216.1	214.8	81.6	76.5	216.0
23	32.7	32.1	32.8	32.7	32.2	126.0	126.8	41.0
24	38.4	35.2	38.4	38.3	35.8	141.7	142.1	75.8
25	69.1	81.5	69.1	69.1	145.5	69.9	69.8	72.0
26	29.8	25.8	29.7	29.7	110.3	30.7	30.7	24.7
27	30.0	25.9	30.0	30.0	22.7	30.8	30.7	27.4
28	20.3	20.2	20.4	20.3	20.4	20.3	20.4	20.3
29	27.5	27.4	27.3	27.5	27.5	27.6	27.5	27.5
30	20.8	20.6	20.7	20.7	20.8	20.8	20.8	20.8
1'	100.6	100.3	98.5	100.1	100.6	100.7	100.7	100.6
2'	74.4	74.1	79.3	75.4	74.4	74.4	74.4	74.4
3'	78.4	78	78.1	77.5	78.4	78.4	78.4	78.4
4'	70.7	70.2	70.8	80.1	70.7	70.7	70.7	70.7
5'	78.6	78.3	78.5	76.9	78.6	78.7	78.7	78.6
6'	61.9	61.9	61.8	61.0	62.0	62.0	20.0	61.9
1"			102.3	103.0				
2"			72.7	73.8				
3"			72.4	75.2				
4"			74.2	71.8				
5"			69.8	74.4				
6"			18.8	62.7				
CH$_3$CO		22.1						
CH$_3$CO		170.1						

表 4-6-34 化合物 4-6-176~4-6-179 的 ^{13}C NMR 数据[40]

C	4-6-176	4-6-177	4-6-178	4-6-179	C	4-6-176	4-6-177	4-6-178	4-6-179
1	120.8	121.2	120.8	120.8	14	48.5	47.9	48.3	48.0
2	146.8	147.0	146.8	146.8	15	46.4	46.5	41.6	41.7
3	197.1	196.9	197.0	197.1	16	70.4	70.3	76.5	76.7
4	49.4	49.0	49.4	49.4	17	58.8	59.0	56.1	49.9
5	136.9	139.3	137.0	137.0	18	20.1	20.3	20.2	20.4
6	120.8	124.7	120.7	120.8	19	18.2	19.0	18.3	18.6
7	23.8	64.8	23.9	23.9	20	80.2	80.1	71.3	74.8
8	41.7	52.9	41.5	41.7	21	25.4	25.5	29.5	26.3
9	51.0	50.3	49.7	49.8	22	215.5	216.1	49.6	78.2
10	35.5	36.3	35.3	35.4	23	41.8	32.8	73.6	76.4
11	214.0	214.5	213.8	214.0	24	74.7	38.4	127.3	125.3
12	49.2	49.6	49.3	49.3	25	72.2	69.1	133.8	139.9
13	49.2	49.2	48.7	48.9	26	27.0	29.8	25.6	25.8

C	4-6-176	4-6-177	4-6-178	4-6-179	C	4-6-176	4-6-177	4-6-178	4-6-179
27	25.1	30.0	20.5	20.6	2'	74.4	74.4	74.4	74.4
28	20.4	21.5	20.4	20.6	3'	78.3	78.4	78.4	78.4
29	27.5	28.0	27.4	27.3	4'	70.7	70.8	70.7	70.8
30	20.7	20.7	20.8	20.7	5'	78.6	78.7	78.6	78.7
1'	100.6	100.8	100.6	100.6	6'	61.9	62.1	61.9	62.0

表 4-6-35　化合物 4-6-180~4-6-184 的 ^{13}C NMR 数据[40]

C	4-6-180[40]	4-6-181[40]	4-6-182[40]	4-6-183[40]	4-6-184[61]	C	4-6-180[40]	4-6-181[40]	4-6-182[40]	4-6-183[40]	4-6-184[61]
1	120.9	119.8	120.4	119.1	128.4	22	46.3	42.2			48.8
2	146.8	146.9	146.8	146.9	144.6	23	71.6	71.6			73.0
3	197.0	196.5	196.9	196.2	199.6	24	127.6	78.6			124.9
4	49.4	49.5	49.4	49.5	49.2	25	133.6	73.0			136.6
5	137.0	137.1	137.0	137.0	135.3	26	25.9	26.4			25.8
6	120.7	120.8	120.7	120.3	121.6	27	20.4	26.4			18.4
7	23.9	24.0	23.7	24.1	23.8	28	20.3	20.4	20.8		20.3
8	41.6	41.5	42.1	42.0	41.2	29	27.4	27.2	27.4		27.7
9	49.7	49.6	50.2	50.5	49.8	30	20.8	20.8	19.9		20.2
10	35.3	35.5	35.5	35.5	35.4	1'	100.6	98.6	100.5	98.6	101.2
11	213.9	213.6	212.8	211.8	215.3	2'	74.4	79.4	74.3	79.3	71.9
12	49.3	49.3	47.8	49.4	48.5	3'	78.4	78.1	78.4	78.1	75.5
13	48.7	48.8	49.6	45.3	48.2	4'	70.0	70.8	70.6	70.8	69.0
14	48.6	48.6	49.0	44.4	48.0	5'	78.7	78.7	78.6	78.6	77.0
15	42.0	41.8	46.1	46.5	41.0	6'	61.9	61.8	61.9	61.7	61.5
16	70.4	76.2	71.4	215.5	76.0	1"		102.3		102.3	
17	56.3	56.1	67.8	50.3	55.3	2"		72.8		72.8	
18	20.1	20.3	20.1	20.8	19.7	3"		72.4		72.4	
19	17.8	20.0	18.3	18.3	20.2	4"		74.3		74.3	
20	72.4	71.5	208.4		72.1	5"		69.9		69.8	
21	30.2	29.7	32.6		29.0	6"		18.8		18.8	

表 4-6-36　化合物 4-6-185~4-6-186 的 ^{13}C NMR 数据[62]．

C	4-6-185	4-6-186	C	4-6-185	4-6-186	C	4-6-185	4-6-186
1	123.2	120.9	9	50.1	49.7	17	60.2	56.5
2	147.1	147.1	10	36.9	35.4	18	20.8	20.1
3	199.2	196.4	11	216.4	213.8	19	21.7	20.3
4	48.1	49.6	12	50.2	49.4	20	80.2	72.4
5	140.8	137.2	13	49.5	48.8	21	25.5	30.2
6	124.3	119.9	14	50.8	48.7	22	205.3	46.5
7	65.8	24.0	15	46.4	42.1	23	122.6	71.5
8	53.3	41.7	16	71.7	71.0	24	151.6	126.3

C	4-6-185	4-6-186	C	4-6-185	4-6-186	C	4-6-185	4-6-186
25	81.0	138.2	Glu			Rha		
26	26.4	67.7	1'	101.1	98.7	1"		102.3
27	26.8	14.0	2'	74.2	79.4	2"		72.5
28	20.7	20.8	3'	77.5	78.1	3"		72.9
29	28.7	27.3	4'	70.6	70.6	4"		74.4
30	19.3	20.5	5'	78.1	78.6	5"		69.8
25-OAc	21.9/171.9		6'	61.9	62.0	6"		18.8

表 4-6-37 化合物 4-6-187~4-6-188 的 ^{13}C NMR 数据[63]

C	4-6-187	4-6-188	C	4-6-187	4-6-188	C	4-6-187	4-6-188
1	120.7	121.0	17	58.9	58.7	2'	74.5	74.7
2	146.9	146.9	18	20.3	20.4	3'	78.7	78.8
3	197.0	197.4	19	20.2	20.2	4'	70.7	70.8
4	49.7	49.3	20	80.3	80.5	5'	78.5	78.4
5	137.0	137.1	21	28.1	25.1	6'	62.0	62.1
6	120.9	120.2	22	214.0	213.4	1"	156.2	
7	23.9	23.9	23	39.3	38.1	3"	152.9	153.1
8	41.8	41.9	24	55.9	61.0	5"	149.2	149.5
9	48.7	49.2	25	72.9	72.4	7"	140.5	142.2
10	35.6	35.7	26	25.2	28.3	9"	123.2	120.4
11	213.9	213.9	27	27.6	27.8	1'''	90.9	
12	49.5	49.5	28	20.8	20.9	2'''	75.4	
13	50.9	50.8	29	27.6	27.8	3'''	70.4	
14	48.6	48.7	30	18.3	18.3	4'''	87.9	
15	46.5	46.3	Glu			5'''	63.1	
16	72.4	70.5	1'	100.6	100.7			

表 4-6-38 化合物 4-6-189~4-6-192 的 ^{13}C NMR 数据[64]

C	4-6-189	4-6-190	4-6-191	4-6-192	C	4-6-189	4-6-190	4-6-191	4-6-192
1	115.3	114.8	122.9	123.6	13	50.4	51.0	51.5	51.7
2	145.3	144.4	147.5	146.5	14	48.8	48.8	49.0	49.5
3	198.5	198.7	198.7	198.7	15	45.2	45.5	45.2	45.8
4	48.5	47.6	48.5	48.5	16	70.5	78.8	71.3	71.0
5	138.3	138.5	138.5	138.5	17	58.6	58.2	58.9	58.6
6	124.9	120.8	120.5	124.5	18	20.5	20.1	20.5	20.6
7	65.4	23.6	23.9	65.9	19	19.3	19.8	19.3	19.3
8	52.6	41.6	41.8	52.7	20	78.8	78.2	78.9	78.2
9	50.2	48.8	48.5	50.4	21	24.6	24.0	24.0	24.6
10	36.7	34.7	4.7	36.2	22	203.7	202.4	202.0	203.7
11	214.8	212.4	212.4	212.7	23	120.3	120.3	120.5	120.4
12	48.5	48.8	49.5	48.7	24	150.5	151.9	150.5	150.2

C	4-6-189	4-6-190	4-6-191	4-6-192	C	4-6-189	4-6-190	4-6-191	4-6-192
25	79.6	79.0	79.2	79.6	29	28.7	27.9	27.7	28.8
26	25.5	25.9	25.5	25.0	30	18.9	18.3	18.3	18.6
27	27.0	26.4	27.2	27.2	OAc	174.5/21.9	21.7/174.4	21.5/174.4	21.8/176.2
28	21.5	20.3	20.3	21.8	OAc		21.7/174.5		

表 4-6-39 化合物 4-6-191~4-6-192 的糖部分 ^{13}C NMR 数据[64]

C	4-6-191	4-6-192	C	4-6-191	4-6-192	C	4-6-191	4-6-192	C	4-6-191	4-6-192
Ara			Rha			Ara			Rha		
1'	104.1	104.3	1"	102.5	102.2	1'''	108.9	108.7	1''''	102.5	102.2
2'	78.8	79.2	2"	72.6	72.8	2'''	93.7	93.8	2''''	72.6	72.8
3'	72.6	72.7	3"	72.4	72.7	3'''	74.7	74.3	3''''	72.4	72.7
4'	78.2	78.8	4"	74.7	74.5	4'''	84.1	84.4	4''''	74.7	74.5
5'	65.9	64.8	5"	69.9	69.7	5'''	62.0	62.3	5''''	69.9	69.7
			6"	18.9	18.6				6''''	18.9	18.6

4-6-193 R^1=H; R^2=O; R^3=R^4=CH$_3$
4-6-194 R^1=H; R^2=β-OH; R^3=R^4=CH$_3$
4-6-195 R^1=OH; R^2=β-OH; R^3=R^4=CH$_3$
4-6-196 R^1=H; R^2=β-OH; R^3=CH$_2$OH; R^4=CH$_3$
4-6-197 R^1=H; R^2=β-OH; R^3=CH$_3$; R^4=CH$_2$OH

4-6-198

4-6-199

4-6-200

4-6-201

表 4-6-40 化合物 4-6-193~4-6-197 的 ^{13}C NMR 数据[65]

C	4-6-193	4-6-194	4-6-195	4-6-196	4-6-197	C	4-6-193	4-6-194	4-6-195	4-6-196	4-6-197
1	37.3	37.3	46.1	37.2	31.7	12	204	204.2	204.1	204.3	204.0
2	34.2	28.2	68.1	27.9	28.2	13	63.6	63.9	63.9	63.9	64.0
3	213.2	77.4	82.8	71.3	77.5	14	47.8	48.1	48.1	48.0	48.1
4	47.8	40.3	40.4	44.3	40.3	15	79.6	79.9	79.8	79.8	80.0
5	49.8	49.2	49.2	41.4	49.8	16	127.3	127.3	127.2	127.2	127.0
6	21.9	21.8	21.9	21.5	21.5	17	158.8	159.0	158.9	158.9	159.0
7	57.6	58.5	58.3	58.5	58.6	18	27.8	28.3	28.3	28.3	28.2
8	63.2	63.4	63.4	63.5	64.1	19	20.6	21.8	23.2	22.6	60.0
9	163.5	165.4	164.7	165.6	160.4	20	72.3	72.5	72.5	72.4	72.4
10	38.2	38.9	40.1	38.7	45.4	21	29.7	30.0	29.9	29.9	29.9
11	126.2	125.9	125.9	125.8	130.1	22	54.8	55.1	55.1	55.0	55.1

续表

C	4-6-193	4-6-194	4-6-195	4-6-196	4-6-197	C	4-6-193	4-6-194	4-6-195	4-6-196	4-6-197
23	208.2	208.1	208.9	208.1	208.0	27	17.7	17.7	18.1	18.1	18.0
24	48.9	49.1	49.1	49.1	49.1	28	24.7	28.6	29.1	65.3	28.7
25	35.6	35.9	35.9	35.9	35.8	29	21.9	16.2	17.3	13.0	17.0
26	178.5	178.5	178.5	178.4	178.4	30	25.3	25.6	25.6	25.5	25.7

表 4-6-41 化合物 4-6-198~4-6-201 的 ^{13}C NMR 数据

C	4-6-198[33]	4-6-199[32]	4-6-200[31]	4-6-201[18]	C	4-6-198[33]	4-6-199[32]	4-6-200[31]	4-6-201[18]
1	17.6	17.4	18.5	32.4	18	14.9	14.7	15.5	19.6
2	27.3	27.2	27.3	32.2	19	79.8	112.1	79.2	16.3
3	76.1	76.2	76.4	214.1	20	36.1	36.6	32.8	205.2
4	37.2	37.3	38.5	47.0	21	18.6	18.8	19.9	31.2
5	87.5	86.8	89.1	43.5	22	39.1	39.8	50.8	26.9
6	131.9	131.0	50.9	36.7	23	125.1	129.3	208.2	20.3
7	131.5	132.8	212.8	198.3	24	139.6	134.2	30.5	17.5
8	52.0	41.7	63.0	66.8	25	71.0	142.2		
9	45.4	48.0	47.0	68.1	26	29.8	114.1		
10	38.8	40.5	41.0	37.4	27	29.9	18.7		
11	23.5	23.2	22.3	200.6	28	20.5	24.1	21.2	
12	30.8	30.6	30.7	46.0	29	24.5	20.5	26.2	
13	45.4	45.1	46.1	45.5	30	20.0	19.8	21.5	
14	48.8	48.3	49.0	54.8	7-OMe			58.2	
15	33.1	33.5	34.7	205.9	19-OMe			58.2	
16	28.0	28.1	28.1	36.4	25-OMe			58.2	
17	50.0	50.3	49.7	52.4					

表 4-6-42 化合物 4-6-202~4-6-205 的 ^{13}C NMR 数据[66]

C	4-6-202	4-6-203	4-6-204a	4-6-205a	C	4-6-202	4-6-203	4-6-204a	4-6-205a
1	23.5	23.6	24.3	23.6	9	75.6	77.2	77.0	76.0
2	25.0	25.0	22.7	28.8	10	42.2	42.6	42.6	42.5
3	76.1	76.2	78.1	80.1	11	29.5	35.4	35.1	35.3
4	37.5	37.5	36.6	37.6	12	27.5	116.6	115.5	115.5
5	38.9	39.2	40.5	45.2	13	49.2	154.9	156.9	156.8
6	25.0	21.1	20.9	21.0	14	153.5	45.2	45.2	45.0
7	20.6	23.2	23.1	23.0	15	119.9	38.8	38.7	38.8
8	39.1	47.3	47.3	47.2	16	44.1	34.2	34.0	34.1

C	4-6-202	4-6-203	4-6-204a	4-6-205a	C	4-6-202	4-6-203	4-6-204a	4-6-205a
17	53.7	48.0	48.7	48.7	25	126.2	125.5	126.6	126.5
18	15.6	26.4	26.4	26.2	26	173.1	172.0	172.3	172.3
19	16.3	16.8	16.9	17.0	27	12.1	12.2	12.1	12.1
20	36.9	41.7	41.9	41.9	28	22.0	22.2	21.8	28.1
21	17.7	16.9	15.4	15.4	29	28.4	28.5	28.0	16.4
22	144.1	144.6	30.7	30.7	30	18.7	19.2	19.7	19.8
23	121.9	123.6	27.6	27.6	OAc			170.9/21.4	171.0/21.3
24	135.0	135.8	145.7	145.7					

表 4-6-43 化合物 4-6-206~4-6-212 的 ^{13}C NMR 数据

C	4-6-206[67]	4-6-207[67]	4-6-208[67]	4-6-209[68]	4-6-210[68]	4-6-211[69]	4-6-212[66]
1	32.4	31.0	42.9	30.9	31.3	31.2	30.5
2	33.7	33.7	173.9	33.8	33.8	33.5	25.6
3	218.9	220.2	183.5	220.7	220.7	219.5	76.2
4	46.9	47.0	45.2	47.2	46.6	47.2	37.9

续表

C	4-6-206[67]	4-6-207[67]	4-6-208[67]	4-6-209[68]	4-6-210[68]	4-6-211[69]	4-6-212[66]
5	48.3	48.4	44.8	48.4	47.4	46.4	46.7
6	20.2	20.0	18.8	20.1	19.5	19.3	21.1
7	33.3	34.2	28.7	34.1	32.4	32.3	27.9
8	44.4	40.5	38.7	40.8	38.3	38.1	40.0
9	55.3	49.3	52.3	49.8	47.4	47.4	149.4
10	37.2	37.0	38.3	37.2	36.1	35.9	39.6
11	199.0	70.0	76.7	70.7	130.2	120.9	114.2
12	124.2	33.8	30.1	34.0	121.2	130.2	31.1
13	166.3	138.6	136.3	136.7	139.0	139.1	50.9
14	51.3	57.0	56.6	55.5	55.2	55.1	46.7
15	30.1	30.5	30.2	39.6	37.4	37.0	40.8
16	35.9	28.9	29.0	80.6	80.6	81.0	120.3
17	93.8	134.9	139.2	133.8	135.1	134.3	155.7
18	24.4	24.2	20.3	24.6	25.0	22.6	19.4
19	25.1	25.6	29.2	25.7	25.0	24.7	21.9
20	37.8	28.4	28.3	26.8	27.3	27.3	28.0
21	15.8	20.3	20.3	18.5	18.0	17.3	21.1
22	36.9	36.3	39.9	34.8	36.4	35.8	49.5
23	174.7	74.7	69.9	74.0	73.3	72.8	208.2
24		46.9	77.4	79.5	77.3	77.3	46.6
25		181.5	74.4	143.8	73.6	72.8	34.5
26		22.9	27.2	114.9	26.8	26.6	176.3
27		18.2	26.2	17.7	27.6	27.9	17.1
28	29.4	29.6	29.7	29.8	29.5	29.3	22.5
29	19.4	20.1	20.9	20.2	19.5	19.2	28.4
30	22.4	23.1	21.2	23.9	22.8	24.6	19.9
31							51.8
OAc							171.1/20.7

表 4-6-44 化合物 4-6-213~4-6-219 的 ^{13}C NMR 数据

C	4-6-213[70]	4-6-214[67]	4-6-215[71]	4-6-216[72]	4-6-217[72]	4-6-218[73]	4-6-219[74]
1	35.7	32.9	32.9	37.2	36.3	30.0	30.8
2	34.0	29.2	29.2	35.2	34.0	29.9	27.1
3	199.7	79.4	79.4	217.5	214.2	71.4	24.2
4	123.8	39.2	39.2	49.0	47.8	37.3	38.6
5	171.7	47.7	47.7	53.6	52.8	36.2	55.4
6	33.0	18.5	18.5	40.9	40.0	34.1	17.8
7	32.0	35.1	35.1	215.6	212.8	70.9	22.1
8	35.6	40.0	40.0	55.0	54.0	45.6	48.6
9	53.8	45.5	45.5	60.4	59.5	50.8	50.1
10	38.6	36.8	36.8	38.0	36.5	36.7	36.6

C	4-6-213[70]	4-6-214[67]	4-6-215[71]	4-6-216[72]	4-6-217[72]	4-6-218[73]	4-6-219[74]
11	21.0	23.9	23.9	210.1	207.6	68.7	38.6
12	39.6	26.3	26.2	53.7	52.6	36.7	76.8
13	42.2	43.5	43.4	51.0	50.0	46.0	49.8
14	55.9	50.0	50.0	51.3	49.7	49.6	38.6
15	24.2	32.5	32.4	75.5	74.1	33.4	22.1
16	28.2	25.9	26.0	39.0	38.4	33.0	21.8
17	55.9	48.3	48.8	49.0	47.7	160.4	41.5
18	12.0	22.1	22.1	17.1	16.6	15.9	17.4
19	17.9	22.5	22.5	13.7	13.1	24.4	15.9
20	36.4	75.2	75.1	33.5	32.0	125.0	72.9
21	18.7	27.4	27.1	20.0	19.4	173.8	25.1
22	29.0	40.2	37.2	50.5	49.6	28.5	34.9
23	31.8	29.5	29.4	211.2	208.3	29.4	41.0
24	76.0	41.8	76.0	47.8	46.8	124.0	125.1
25	33.9	149.9	147.6	36.1	34.6	132.2	129.8
26	16.8	109.6	110.9	179.6	176.2	18.0	28.0
27	16.7	18.9	17.9	17.8	17.1	25.9	25.4
28	28.4	29.1	29.1	25.9	25.2	16.0	15.2
29	7.7	16.1	16.1	21.9	21.2		16.3
30		17.4	17.5	12.8	12.5	14.6	15.7
Me		19.9			51.9		

表 4-6-45 化合物 4-6-220~4-6-223 的 ^{13}C NMR 数据

C	4-6-220[47]	4-6-221[47]	4-6-222[75]	4-6-223[75]	C	4-6-220[47]	4-6-221[47]	4-6-222[75]	4-6-223[75]
1	28.4	29.5	29.4	30.0	17	49.5	54.0	48.6	52.7
2	29.4	29.6	28.9	29.5	18	15.7	21.9	28.0	21.1
3	178.7	177.9	179.9	174.4	19	21.8	24.3	23.9	24.2
4	145.8	150.3	148.8	149.2	20	33.0	33.1	36.3	35.1
5	50.6	45.8	45.1	44.4	21	17.9	20.8	17.6	20.2
6	126.7	30.1	29.4	30.2	22	40.9	44.5	40.6	40.5
7	125.0	118.5	118.6	120.5	23	106.4	105.1		
8	125.2	147.0	147.2	144.1	24	147.5	149.0		
9	39.4	39.3	43.8	47.7	25	131.9	131.4		
10	37.1	36.7	36.0	36.5	26	171.8	173.5	171.7	171.8
11	19.7	19.0	22.2	24.9	27	10.5	10.4		
12	32.0	34.5	118.3	29.3	28	115.5	112.1	112.4	112.2
13	47.4	44.1	155.8	66.0	29	24.8	26.1	27.9	25.8
14	146.6	52.2	48.0	148.7	30	21.7	27.6		14.9
15	23.7	34.4	38.1	121.9	OCH$_2$CH$_3$				60.3/14.2
16	35.9	29.0	32.9	40.5					

表 4-6-46 化合物 4-6-224~4-6-228 的 ^{13}C NMR 数据[76]

C	4-6-224	4-6-225	4-6-226	4-6-227	4-6-228	C	4-6-224	4-6-225	4-6-226	4-6-227	4-6-228
1	30.0	30.0	30.0	30.0	30.0	8	146.9	147.0	146.9	147.1	147.1
2	29.9	30.0	30.0	30.0	30.0	9	39.2	39.2	39.1	39.2	39.2
3	176.9	176.9	177.0	176.9	176.9	10	36.7	36.7	36.7	36.7	36.7
4	149.7	149.7	149.5	149.5	150.4	11	18.9	18.9	18.9	18.9	18.9
5	45.7	45.7	45.7	45.7	45.7	12	34.1	34.1	34.1	34.1	34.3
6	29.7	29.7	29.7	29.7	29.7	13	44.0	44.0	44.0	43.9	44.0
7	118.3	118.3	118.3	118.2	118.2	14	51.9	51.9	51.9	51.8	51.9

续表

C	4-6-224	4-6-225	4-6-226	4-6-227	4-6-228	C	4-6-224	4-6-225	4-6-226	4-6-227	4-6-228
15	34.4	34.4	34.4	34.5	34.4	23	210.2	200.7	211.3	124.6	32.8
16	28.6	28.6	28.6	28.5	28.6	24	52.5	123.8	56.0	141.7	75.7
17	53.2	53.5	53.2	53.0	53.5	25	24.7	153.9	69.5	69.7	149.5
18	21.8	21.8	21.8	21.9	21.9	26	22.7	27.3	30.4	30.9	110.1
19	24.3	24.3	24.3	24.3	24.3	27	22.6	20.6	30.2	30.9	18.2
20	33.1	33.7	33.0	36.9	36.4	28	112.2	112.2	112.1	112.2	112.1
21	19.7	19.7	19.8	18.6	18.8	29	26.0	26.0	26.0	26.0	26.0
22	50.4	51.7	52.1	39.3	32.5	30	27.5	27.6	27.5	27.5	27.6

表 4-6-47 化合物 4-6-229~4-6-237 的 ^{13}C NMR 数据

C	4-6-229[76]	4-6-230[77]	4-6-231[77]	4-6-232[45]	4-6-233[45]	4-6-234[65]	4-6-235[65]	4-6-236[56]	4-6-237[56]
1	29.7	31.0	30.7	28.9	28.4	37.9	37.4	23.8	23.8
2	33.4	37.2	36.2	29.2	29.6	30.1	30.1	39.1	39.1
3	176.8	177.5	177.9	175.1	179.6	176.1	173.9	213.3	213.3
4	148.2	150.1	149.2	149.7	145.8	145.6	145.5	40.9	40.9
5	49.4	51.5	51.2	45.3	50.5	44.3	44.2	133.2	133.1
6	28.2	29.4	28.8	29.6	126.6	27.9	27.8	128.3	128.1
7	27.0	118.8	117.7	117.9	125.2	63.7	63.9	123.3	123.2
8	42.7	142.7	142.1	146.3	125.0	67.0	67.0	144.8	145.8
9	143.0	138.4	137.6	38.7	39.5	164.1	163.6	133.4	133.3
10	42.9	39.5	38.4	36.3	37.1	44.4	44.2	138.2	138.0
11	118.8	121.1	120.0	18.6	23.8	130.3	130.4	23.4	23.4
12	37.9	39.6	38.9	34.0	32.4	203.6	203	29.3	29.7
13	44.2	45.4	44.8	43.8	47.5	60.3	60.3	45.0	45.4
14	47.5	51.3	50.6	51.6	146.7	53.9	53.8	49.0	49.4
15	33.9	32.0	31.2	34.0	19.7	76.9	76.5	45.0	45.1
16	28.2	29.0	22.3	28.3	36.2	40.3	40.3	49.0	76.6
17	51.2	52.3	53.5	53.5	49.0	47.1	47.1	42.2	57.3
18	14.9	17.6	17.9	21.7	15.6	19.8	19.8	79.3	18.0
19	27.2	23.1	21.4	24.1	21.8	24.1	24.1	53.8	19.7
20	36.3	34.7	75.3	33.1	34.4	141.8	141.7	48.5	46.8
21	18.4	20.5	26.0	18.2	15.2	19.8	19.8	178.7	175.2
22	35.5	45.7	49.4	42.6	38.7	127.0	127.0	31.5	31.1
23	26.0	202.3	202.3	76.0	76.6	75.9	76.0	33.1	31.8
24	142.5	151.0	150.3	36.4	36.5	37.4	37.2	156.0	155.7
25	129.0	42.0	41.5	34.2	34.1	35.0	35.0	34.1	34.4
26	170.7	177.4	177.7	180.2	179.9	179.9	179.9	21.9	22.0
27	12.9	17.6	15.5	15.9	15.8	16.1	16.1	22.0	22.0
28	114.1	25.1	33.9	112.0	115.4	23.8	23.6	18.2	18.3
29	23.6	113.0	111.4	25.9	24.8	115.5	115.6	18.3	18.4

C	4-6-229[76]	4-6-230[77]	4-6-231[77]	4-6-232[45]	4-6-233[45]	4-6-234[65]	4-6-235[65]	4-6-236[56]	4-6-237[56]
30	18.5	23.0	21.1	27.4	21.7	21.4	21.4	29.2	28.7
31		125.2	125.5	51.6			51.7	107.0	106.9

注：化合物 **4-6-237** 中，OAc 的碳谱信号为 170.5/21.3；Glu 的碳谱信号：95.9(1 位)，74.0(2 位)，78.9(3 位)，71.2(4 位)，79.3(5 位)，62.5(6 位)。

表 4-6-48　化合物 4-6-238~4-6-241 的 ^{13}C NMR 数据

C	4-6-238[19]	4-6-239[77]	4-6-240[76]	4-6-241[78]	C	4-6-238[19]	4-6-239[77]	4-6-240[76]	4-6-241[78]
1	27.5	143.8	34.9	145.7	11	33.0	26.3	117.4	51.2
2	27.1	118.0	32.3	19.2	12	30.7	31.1	37.6	53.1
3	177.3	167.0	174.4	166.5	13	44.5	44.3	44.3	148.2
4	74.5	77.8	85.9	79.8	14	50.5	54.9	47.5	43.6
5	55.1	48.9	52.9	50.4	15	30.1	77.8	34.0	37.6
6	33.8	35.8	25.7	68.9	16	27.1	38.5	27.4	125.8
7	27.1	27.1	28.4	32.0	17	45.5	44.8	51.5	140.2
8	139.2	146.0	42.2	50.4	18	15.5	16.7	14.7	108.5
9	121.7	147.0	147.2	79.2	19	41.5	142.8	23.7	148.2
10	91.5	142.8	42.2	140.4	20	40.3	35.8	33.0	40.0

续表

C	4-6-238[19]	4-6-239[77]	4-6-240[76]	4-6-241[78]	C	4-6-238[19]	4-6-239[77]	4-6-240[76]	4-6-241[78]
21	13.3	12.8	19.7	15.0	27	17.1	16.8	22.7	17.1
22	80.1	84.0	50.7	80.7	28	32.0	28.5	25.4	27.0
23	27.9	63.6	210.2	26.4	29	25.2	26.6	33.0	29.8
24	139.7	143.8	52.5	139.5	30	24.5	26.6	18.6	26.1
25	128.0	127.7	24.7	128.2	OAc		170.4/21.4		170.5/21.1
26	166.5	164.0	22.6	166.0					

表 4-6-49 化合物 4-6-242~4-6-245 的 ^{13}C NMR 数据[79]

C	4-6-242	4-6-243	4-6-244	4-6-245	C	4-6-242	4-6-243	4-6-244	4-6-245
1	144.0	144.3	144.2	144.2	17	128.4	130.2	127.8	63.6
2	119.2	119.0	119.1	119.2	18	32.1	32.9	32.6	35.1
3	166.5	166.6	166.6	166.5	19	147.7	148.4	148.4	149.6
4	80.1	80.2	80.2	80.3	20	34.2	37.3	37.0	32.6
5	48.5	48.7	48.8	48.2	21	14.7	14.6	14.0	8.8
6	28.5	28.5	28.1	27.9	22	79.9	79.8	79.5	81.4
7	27.9	27.4	27.5	27.3	23	33.0	33.3	33.2	33.2
8	57.7	54.5	53.8	58.8	24	145.9	146.0	145.9	145.0
9	78.8	79.7	79.6	79.3	25	127.8	127.8	127.7	128.1
10	145.7	145.3	145.9	145.6	26	166.6	166.6	166.6	166.1
11	47.4	51.9	52.3	44.4	27	17.1	17.2	17.1	17.3
12	50.8	51.1	50.6	53.0	28	25.8	30.0	29.9	28.9
13	134.0	136.4	137.8	74.0	29	25.7	25.7	25.8	25.8
14	40.0	42.5	42.4	43.6	30	29.3	29.3	29.4	29.4
15	37.7	44.0	35.4	36.0	16-OMe	56.1		55.3	
16	73.8	67.0	76.8	54.3					

表 4-6-50 化合物 4-6-246~4-6-249 的 ^{13}C NMR 数据

C	4-6-246[80]	4-6-247[80]	4-6-248[81]	4-6-249[81]	C	4-6-246[80]	4-6-247[80]	4-6-248[81]	4-6-249[81]
1	144.2	143.8	143.4	141.4	14	40.9	43.7	51.4	49.2
2	119.2	119.6	118.1	119.1	15	45.7	52.0	31.9	32.2
3	166.5	166.4	167.1	166.6	16	64.1	200.5	23.4	23.5
4	80.3	80.2	80.01	78.7	17	131.3	132.2	38.9	40.8
5	48.5	48.5	49.1	51.5	18	32.1	31.6	16.5	18.6
6	28.4	28.3	26.2	123.4	19	148.2	146.5	142.0	134.9
7	27.8	27.8	27.8	124.7	20	34.4	32.9	39.4	75.9
8	56.0	57.8	151.0	149.4	21	14.7	14.0	12.5	21.7
9	79.1	79.5	126.8	130.8	22	80.1	78.8	80.3	84.3
10	145.6	146.1	140.4	127.5	23	33.3	32.8	23.3	24.5
11	49.2	45.2	35.1	37.2	24	146.1	145.0	139.0	139.1
12	51.0	50.9	73.8	73.9	25	127.9	128.5	128.5	128.3
13	133.2	151.1	48.1	50.8	26	166.7	166.3	166.3	165.4

续表

C	4-6-246[80]	4-6-247[80]	4-6-248[81]	4-6-249[81]	C	4-6-246[80]	4-6-247[80]	4-6-248[81]	4-6-249[81]
27	17.2	17.1	17.0	16.9	30	25.8	25.8	27.6	27.4
28	27.4	24.8	29.0	29.14	OAc			169.9/21.4	171.4/21.5
29	29.4	29.4	26.2	25.14					

表 4-6-51　化合物 4-6-250~4-6-252 的 ^{13}C NMR 数据[77]

C	4-6-250	4-6-251	4-6-252	C	4-6-250	4-6-251	4-6-252
1	28.8	28.8	29.7	18	15.7	16.0	15.8
2	27.7.	25.5	28.3	19	67.2	61.6	67.2
3	175.6	174.5	175.5	20	40.1	40.0	40.2
4	75.2	75.0	74.8	21	12.9	12.6	13.3
5	47.9	48.0	47.8	22	75.6	75.5	80.1
6	24.3	21.5	24.8	23	33.1	33.1	27.3
7	24.3	117.9	26.0	24	141.0	140.9	142.9
8	143.1	134.1	139.6	25	128.2	128.1	128.0
9	126.1	141.1	126.1	26	172.4	171.7	166.3
10	45.4	42.2	45.7	27	20.6	20.5	17.0
11	22.6	120.4	22.5	28	33.7	33.5	28.7
12	31.2	39.4	31.2	29	26.1	25.8	23.8
13	51.4	43.7	44.1	30	24.3	24.3	22.5
14	51.8	49.9	51.4	19-OAc	170.6/20.7	170.5/21.1	170.4/20.7
15	30.5	31.5	30.8	22-OAc	170.9/21.1	170.8/21.2	
16	28.5	26.0	26.6	OMe	51.8	51.8	51.4
17	46.9	47.5	47.8				

表 4-6-52　化合物 4-6-253~4-6-256 的 ^{13}C NMR 数据[82]

C	4-6-253	4-6-254	4-6-255	4-6-256	C	4-6-253	4-6-254	4-6-255	4-6-256
1	79.4	108.3	108.3	109.0	16	31.3	45.7	46.7	53.8
2	35.4	44.0	43.9	43.1	17	34.5	220.4	221.5	221.9
3	175.5	173.3	173.2	173.6	18	28.4	26.4	26.7	28.0
4	84.2	83.9	83.9	84.7	19	70.7	40.8	41.2	40.2
5	62.4	58.4	58.5	58.1	20	31.5	44.9	33.4	46.3
6	23.8	23.6	23.6	36.9	21	17.8	14.8	12.7	15.6
7	27.1	135.2	134.7	69.9	22	76.4	40.3	41.3	46.4
8	56.6	138.0	138.3	59.7	23	82.6	75.3	74.7	80.2
9	82.6	81.9	82.2	83.6	24	147.0	68.5	71.0	151.3
10	98.4	96.5	96.4	97.5	25	130.7	42.4	42.6	131.5
11	38.4	39.7	39.7	43.5	26	174.3	178.2	177.9	174.6
12	24.8	31.5	30.7	32.8	27	10.5	8.5	8.5	10.8
13	26.1	50.6	50.3	50.5	29	21.9	24.4	24.4	25.5
14	216.0	198.8	198.9	215.1	30	28.6	29.0	29.0	30.1
15	99.1	99.0	98.2	101.2					

表 4-6-53　化合物 4-6-257~4-6-258 的 ^{13}C NMR 数据[83]

C	4-6-257	4-6-258	C	4-6-257	4-6-258	C	4-6-257	4-6-258
1	81.4	81.3	11	44.5	44.5	21	19.8	18.6
2	35.5	35.6	12	38.2	38.4	22	114.1	113.0
3	174.6	174.7	13	50.1	50.5	23	148.5	148.9
4	84.9	85.0	14	83.0	83.6	24	139.2	139.0
5	61.3	60.0	15	169.7	169.9	25	131.1	130.9
6	21.9	21.8	16	34.5	34.7	26	171.1	170.6
7	24.2	24.1	17	211.2	211.1	27	10.6	11.0
8	58.1	56.8	18	22.0	21.9	29	22.1	22.4
9	79.4	80.1	19	40.9	41.0	30	28.8	28.9
10	99.3	99.6	20	39.1	39.8			

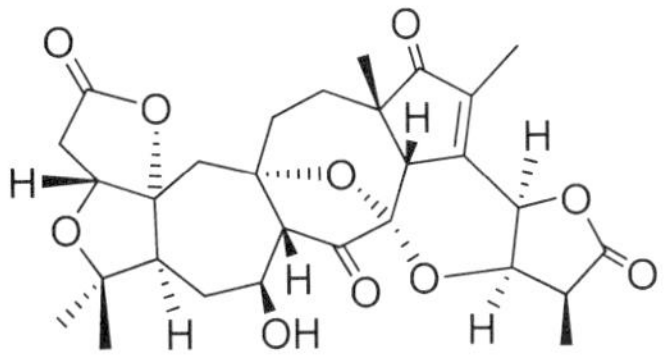

第四章 二倍半萜、三萜和多萜类化合物

4-6-263

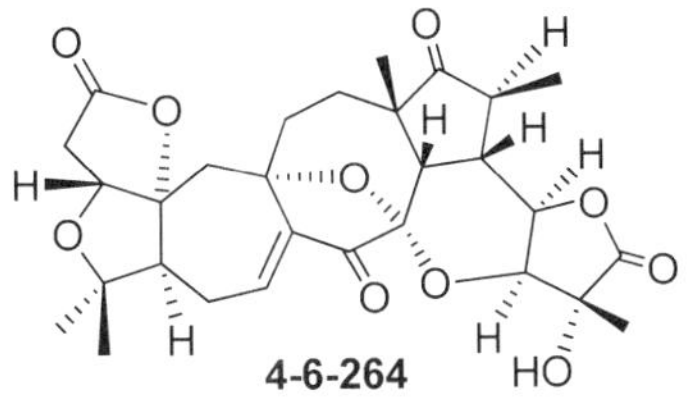

4-6-264

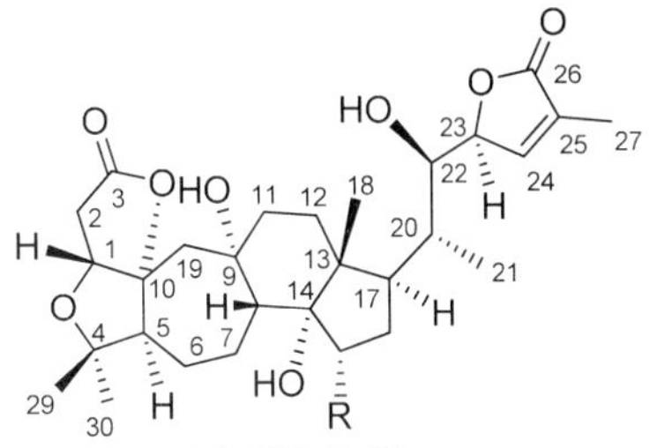

4-6-265 R=H
4-6-266 R=OH

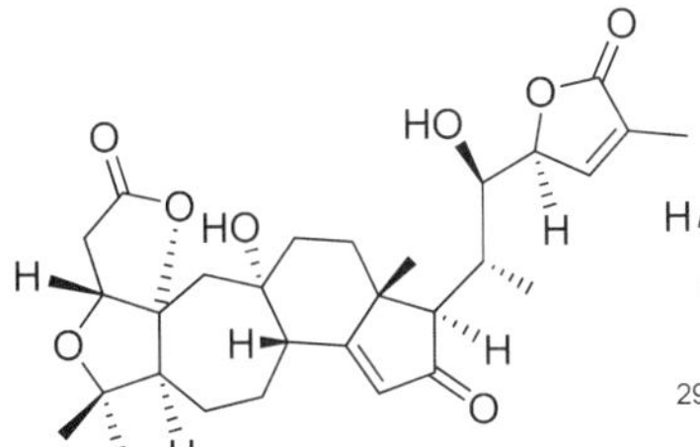

4-6-267

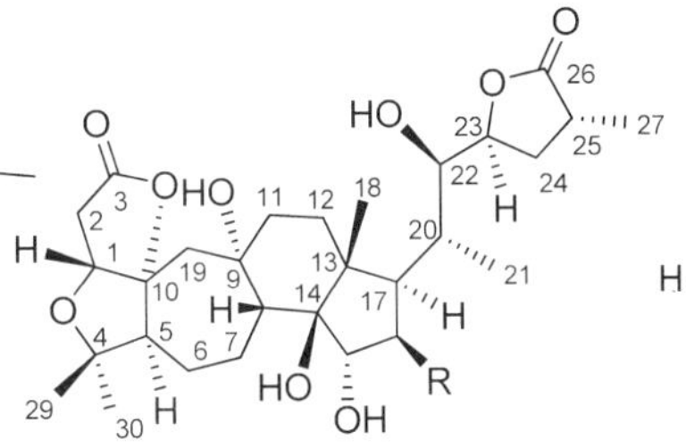

4-6-268 R=OH
4-6-269 R=H

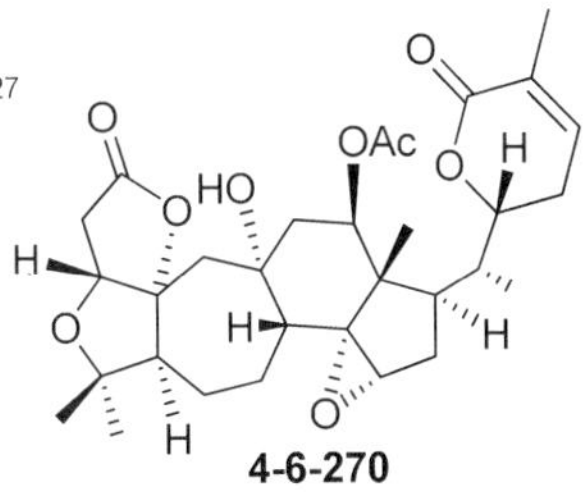

4-6-270

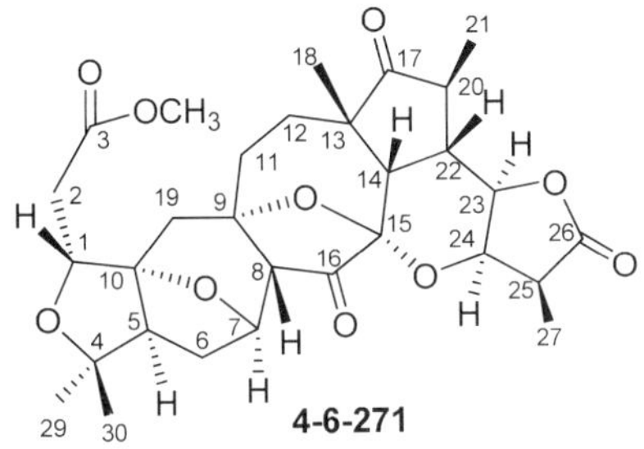

4-6-271

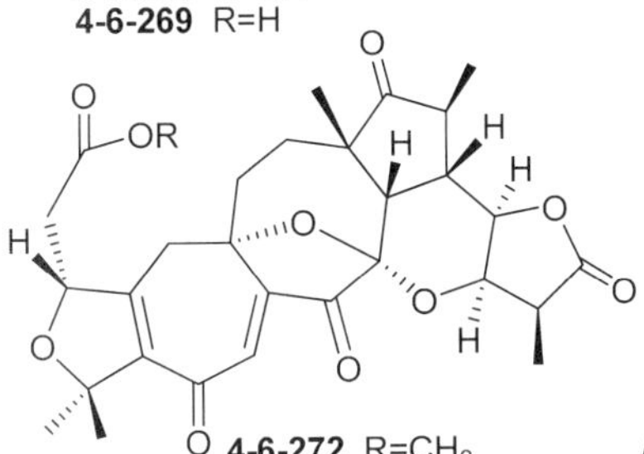

4-6-272 R=CH$_3$
4-6-273 R=C$_2$H$_5$

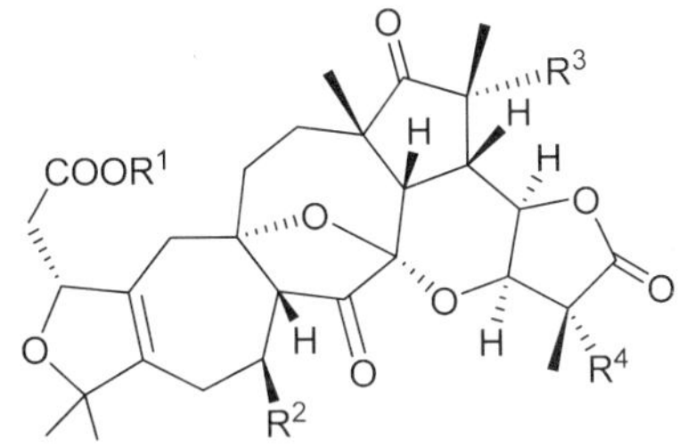

4-6-274 R^1=R^3=R^4=H; R^2=OH
4-6-275 R^1=R^3=R^4=H; R^2=OAc
4-6-276 R^1=R^3=H; R^2=OAc; R^4=OH
4-6-277 R^1=Et; R^2=OH; R^3=R^4=H
4-6-278 R^1=Et; R^2=R^4=OH; R^3=H
4-6-279 R^1=Et; R^2=R^3=R^4=OH
4-6-280 R^1=Me; R^2=OH; R^3=R^4=H

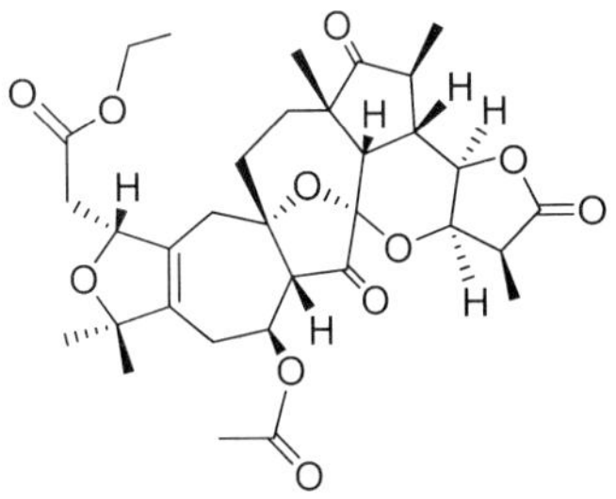

4-6-281

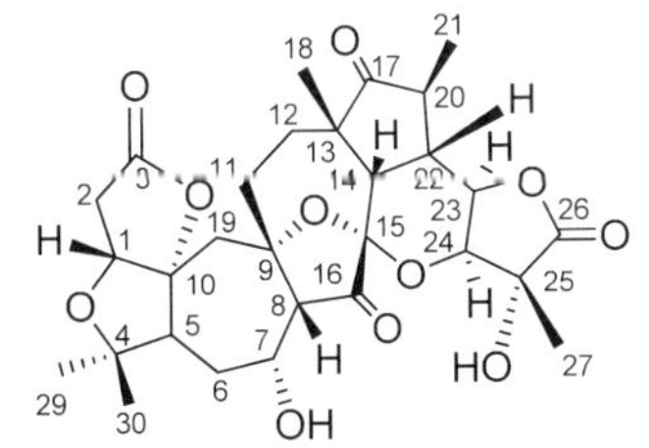

4-6-282

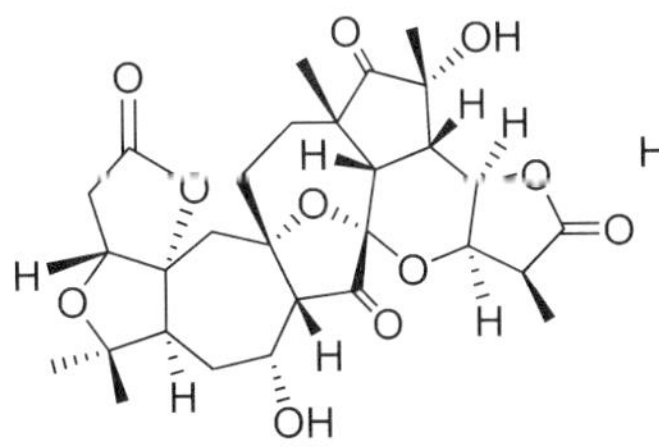

4-6-283

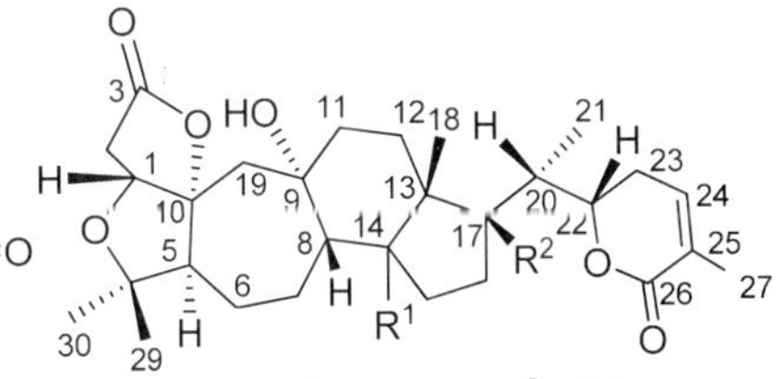

4-6-284 R^1=28α-Me; R^2=OH
4-6-285 R^1=β-OH; R^2=H
4-6-286 R^1=28α-CH$_2$OH; R^2=OH

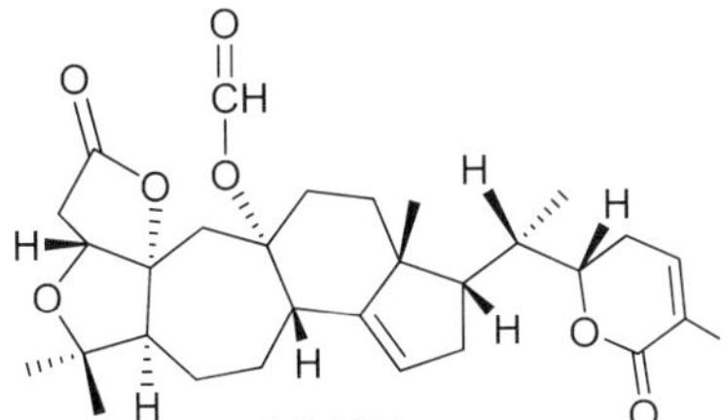

4-6-287

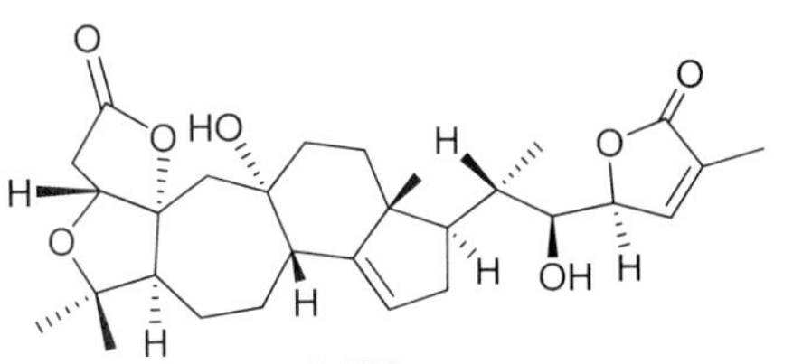

4-6-288

表 4-6-54　化合物 4-6-259~4-6-266 的 ^{13}C NMR 数据[84]

C	4-6-259	4-6-260	4-6-261	4-6-262	4-6-263	4-6-264	4-6-265[85]	4-6-266[85]
1	82.0	81.8	80.7	81.5	81.5	80.5	82.1	82.0
2	35.7	35.5	35.5	35.4	35.4	35.6	36.9	36.8
3	175.0	174.5	175.5	175.5	175.4	175.3	175.6	175.6
4	84.2	83.9	83.4	83.9	83.8	83.3	85.1	85.0
5	58.5	55.4	57.6	58.5	58.3	57.7	59.0	59.3

续表

C	4-6-259	4-6-260	4-6-261	4-6-262	4-6-263	4-6-264	4-6-265[85]	4-6-266[85]
6	36.9	32.4	23.6	36.4	36.3	23.7	27.9	27.7
7	69.0	71.6	133.3	67.9	67.7	135.5	25.2	24.6
8	59.8	57.6	139.3	60.2	60.0	138.0	49.8	49.6
9	80.0	79.6	79.9	81.4	81.0	82.2	74.8	75.5
10	96.4	95.8	95.4	95.8	95.7	94.9	99.7	99.7
11	43.2	42.7	40.2	41.9	42.6	39.2	38.6	38.5
12	32.7	33.3	32.1	31.3	30.6	31.3	29.7	30.2
13	50.7	50.4	50.7	50.2	46.3	50.6	48.0	48.3
14	53.9	53.7	54.6	45.0	54.4	45.6	86.4	85.1
15	101.2	101.1	101.7	99.1	100.4	99.4	33.1	73.9
16	214.8	213.3	203.9	209.5	208.2	198.5	27.3	40.2
17	222.2	221.7	221.6	220.4	210.2	220.3	47.8	46.4
18	28.1	30.1	28.0	26.0	27.8	26.3	16.3	15.6
19	42.1	41.8	41.7	42.6	42.0	42.3	46.9	46.7
20	46.4	46.1	45.5	40.3	140.2	44.7	42.3	42.1
21	15.7	15.6	15.8	14.9	8.2	14.7	15.2	15.2
22	46.6	46.3	47.1	44.6	156.2	40.2	73.2	73.0
23	83.7	83.4	83.8	73.2	72.4	74.8	82.3	82.2
24	151.7	151.2	151.6	75.1	75.7	72.5	148.9	149.0
25	131.7	131.5	130.6	76.8	41.5	76.9	130.1	130.1
26	176.1	175.7	174.2	177.5	178.2	177.7	174.9	175.0
27	10.9	10.8	11.0	17.5	8.2	18.0	10.6	10.6
29	28.1	27.9	27.7	27.8	27.8	27.5	23.5	23.4
30	21.2	20.9	20.6	20.9	20.9	20.4	29.9	29.8
OAc		170.0/21.1						

表 4-6-55 化合物 4-6-267~4-6-270 的 ^{13}C NMR 数据[85]

C	4-6-267	4-6-268	4-6-269	4-6-270	C	4-6-267	4-6-268	4-6-269	4-6-270
1	81.8	82.1	82.2	82.0	16	211.2	79.7	35.8	31.4
2	36.1	36.8	37.2	36.6	17	57.8	60.7	54.5	45.8
3	175.3	75.7	175.9	175.3	18	27.9	18.8	18.6	11.3
4	85.7	85.1	85.2	84.9	19	45.6	46.9	47.5	46.0
5	60.1	59.2	58.8	59.1	20	36.5	35.8	37.0	36.8
6	26.5	28.7	28.8	27.0	21	14.1	17.4	18.9	15.1
7	26.8	25.0	24.5	23.6	22	72.2	76.7	76.5	80.0
8	50.1	56.7	56.7	44.4	23	82.3	78.1	78.3	24.1
9	75.7	72.1	72.3	74.7	24	149.3	33.9	34.0	140.1
10	99.4	99.8	99.9	99.2	25	130.1	34.7	34.7	127.8
11	38.0	37.9	38.4	44.5	26	175.3	181.0	181.1	166.0
12	28.4	40.2	39.0	75.1	27	10.8	16.8	16.8	17.1
13	45.7	46.3	46.1	46.2	29	22.5	23.4	23.7	23.0
14	191.1	87.2	87.2	73.5	30	29.0	29.8	30.2	30.0
15	127.2	79.7	77.0	54.0					

表 4-6-56　化合物 4-6-271~4-6-273 的 ^{13}C NMR 数据[86]

C	4-6-271	4-6-272	4-6-273	C	4-6-271	4-6-272	4-6-273
1	80.0	84.6	84.7	17	219.8	220.2	220.0
2	36.8	39.9	40.1	18	26.8	27.1	27.0
3	171.7	170.8	170.9	19	26.4	37.5	37.5
4	81.2	90.6	90.7	20	45.0	45.4	45.3
5	56.3	140.9	141.1	21	14.5	14.9	14.9
6	29.4	185.5	185.6	22	40.3	40.5	40.5
7	79.5	130.4	130.3	23	74.9	75.1	75.2
8	51.9	142.5	142.5	24	69.5	69.4	69.4
9	80.0	83.3	83.2	25	42.1	42.8	42.9
10	93.7	150.2	150.1	26	177.3	180.0	177.9
11	40.8	36.1	36.0	27	8.5	8.8	8.7
12	30.3	31.9	31.9	29	30.0	29.3	29.2
13	50.5	51.3	51.2	30	23.3	27.7	27.7
14	45.6	46.1	46.1	OCH$_3$	51.6	51.5	
15	99.8	101.1	101.0	OC$_2$H$_5$			61.4/14.7
16	210.0	200.8	200.7				

表 4-6-57　化合物 4-6-274~4-6-280 的 ^{13}C NMR 数据[87]

C	4-6-274	4-6-275	4-6-276	4-6-277	4-6-278	4-6-279	4-6-280
1	83.6	83.5	83.3	83.2	83.5	83.3	83.2
2	42.3	42.7	42.4	42.3	42.6	42.1	42.3
3	174.3 s	173.3	173.7	171.6	172.2	171.5	172.0
4	89.1	88.8	88.7	89.2	89.8	89.3	89.3
5	136.0	135.5	135.5	136.3	136.5	136.3	136.4
6	33.1	30.4	30.5	33.0	32.5	32.7	32.9
7	69.3	69.7	69.9	69.3	69.7	69.5	69.3
8	58.7	55.2	55.3	58.7	58.9	58.8	58.7
9	85.2	85.2	85.3	85.2	85.7	85.8	85.2
10	128.8	129.3	129.5	128.4	128.7	128.1	128.3
11	40.9	40.0	41.1	41.0	41.2	40.8	41.0
12	30.7	30.6	30.7	30.7	31.0	30.3	30.7
13	50.5	50.4	50.4	50.5	50.9	49.8	50.5
14	45.3	45.2	45.2	45.3	45.6	45.3	45.3
15	99.7	99.8	100.0	99.7	100.3	99.4	99.7
16	211.1	209.8	209.4	211.1	211.6	210.8	211.1
17	220.3	220.1	219.7	220.2	221.2	219.9	220.2
18	26.9	26.8	26.4	26.8	27.1	27.3	26.8
19	34.1	34.2	34.3	34.2	34.5	34.1	34.1
20	44.9	44.9	44.8	44.9	45.2	74.6	44.9
21	14.6	14.6	14.6	14.4	15.0	24.6	14.7
22	40.3	40.3	40.5	40.4	40.7	42.1	40.4

C	4-6-274	4-6-275	4-6-276	4-6-277	4-6-278	4-6-279	4-6-280
23	75.1	75.0	73.4	75.0	73.4	73.2	75.0
24	69.0	69.2	74.5	69.0	75.1	76.4	69.0
25	43.1	42.2	76.8	43.2	77.2	76.6	42.2
26	177.7	177.7	176.9	177.7	17.5	176.9	177.6
27	8.3	8.3	18.2	8.3	18.3	18.1	8.3
29	29.3	26.3	26.7	29.3	26.8	26.8	29.3
30	26.4	28.7	28.6	26.4	29.6	29.3	26.4
MeO							51.5
EtO				60.5	61.1	60.4	
				14.7	14.7	14.3	
AcO		169.7/20.9	169.6/20.9				

表 4-6-58 化合物 4-6-281~4-6-283 的 ^{13}C NMR 数据[88]

C	4-6-281	4-6-282	4-6-283	C	4-6-281	4-6-282	4-6-283
1	83.0	80.3	80.3	17	220.0	220.0	220.1
2	41.8	35.8	35.6	18	26.7	27.8	26.8
3	171.4	174.6	174.2	19	34.2	44.5	44.8
4	89.0	84.3	84.1	20	44.9	40.0	74.6
5	135.5	53.6	53.7	21	14.4	15.1	25.8
6	30.5	31.5	31.4	22	40.2	44.0	41.4
7	69.1	63.0	63.1	23	74.9	74.7	73.5
8	55.1	56.2	55.2	24	69.1	73.2	72.1
9	85.2	80.6	81.2	25	42.8	76.6	41.8
10	128.7	97.0	96.8	26	177.6	177.2	177.7
11	41.8	36.4	36.5	27	8.3	18.0	8.2
12	30.5	33.8	33.7	29	26.3	27.8	27.7
13	49.7	49.9	50.0	30	28.5	21.0	21.0
14	45.1	44.5	44.3	AcO	20.9/169.7		
15	99.7	99.1	98.5	EtO	14.6/60.6		
16	210.0	208.6	208.6				

表 4-6-59 化合物 4-6-284~4-6-288 的 ^{13}C NMR 数据[89]

C	4-6-284	4-6-285	4-6-286	4-6-287	4-6-288	C	4-6-284	4-6-285	4-6-286	4-6-287	4-6-288
1	81.9	81.8	82.0	81.9	82.2	9	73.1	73.4	73.2	83.6	73.2
2	36.7	36.3	36.7	35.6	36.3	10	100.0	100.1	99.9	98.0	99.8
3	175.3	175.3	175.6	175.1	175.2	11	39.7	38.4	39.3	33.2	39.2
4	85.1	84.7	85.0	84.6	84.8	12	26.9	39.2	30.0	36.4	35.9
5	59.6	60.0	59.5	60.6	59.8	13	52.5	47.3	47.1	47.0	47.6
6	28.3	28.7	28.9	27.0	27.4	14	48.3	84.6	53.5	151.2	153.2
7	25.1	23.9	26.0	25.9	26.6	15	34.4	27.6	30.8	120.4	119.4
8	54.4	55.9	53.3	49.6	48.9	16	36.5	34.0	28.2	35.0	36.9

续表

C	4-6-284	4-6-285	4-6-286	4-6-287	4-6-288	C	4-6-284	4-6-285	4-6-286	4-6-287	4-6-288
17	84.9	54.3	46.3	54.8	56.2	25	127.4	128.0	128.0	128.0	130.3
18	18.8	17.2	17.2	16.8	16.7	26	166.9	166.4	166.3	166.2	175.0
19	48.1	47.0	47.7	39.8	45.8	27	17.0	17.2	17.2	17.2	10.7
20	43.9	38.7	39.4	37.6	40.6	28	20.3		64.1		
21	11.3	15.4	13.6	13.5	15.4	29	23.1	22.6	23.2	22.0	22.7
22	81.2	80.7	80.4	80.3	73.4	30	29.6	29.2	29.7	28.7	29.3
23	28.5	24.6	23.6	23.4	81.9	CHO				162.0	
24	142.0	140.3	140.1	140.1	148.9						

表 4-6-60　化合物 4-6-289~4-6-293 的 ^{13}C NMR 数据[89]

C	4-6-289	4-6-290	4-6-291	4-6-292	4-6-293	C	4-6-289	4-6-290	4-6-291	4-6-292	4-6-293
1	109.0	81.9	82.1	82.2	81.9	17	132.1	89.7	52.7	53.3	43.0
2	43.0	37.0	36.2	37.7	35.7	18	24.0	15.8	24.5	27.0	
3	173.6	175.4	175.0	175.9	175.0	19	44.8	47.7	47.0	49.3	46.6
4	85.0	85.2	84.7	85.5	84.3	20	35.0	40.3	35.0	34.1	36.4
5	61.3	58.4	52.1	52.8	52.5	21	16.5	10.9	12.1	11.4	11.6
6	28.1	28.5	31.6	30.0	33.2	22	76.3	72.0	91.7	90.6	84.4
7	25.9	25.4	70.2	71.6	69.2	23	79.2	84.6	76.3	75.5	81.1
8	57.2	50.3	58.5	62.3	46.7	24	33.2	148.6	34.1	34.5	147.0
9	73.4	72.7	72.3	69.6	78.6	25	34.7	130.3	34.1	34.8	130.6
10	99.7	100.2	99.2	99.8	98.6	26	180.8	174.7	180.7	180.9	174.2
11	40.7	38.7	39.8	42.2	42.6	27	16.4	10.7	16.5	16.6	10.7
12	18.0	27.1	35.1	39.2	70.2	28		73.7			
13	138.6	49.9	94.2	93.9	92.1	29		23.7	23.1	24.7	22.2
14	53.3	52.2	55.5	53.8	70.8	30			29.1	30.8	28.4
15	81.5	32.8	79.3	83.5	55.2	OAc				170.8/21.0	170.3/21.6
16	39.4	34.3	33.4	30.4	27.2						

表 4-6-61　化合物 4-6-294~4-6-296 的 ^{13}C NMR 数据

C	4-6-294[90]	4-6-295[90]	4-6-296[91]	C	4-6-294[90]	4-6-295[90]	4-6-296[91]
1	80.4	80.5	80.4	13	53.3	64.4	50.5
2	35.6	35.7	35.4	14	39.3	46.9	44.9
3	174.8	174.6	174.8	15	100.6	100.8	103.2
4	87.7	87.7	84.1	16	102.9	80.2	153.9
5	51.9	51.7	55.7	17	221.3	219.1	220.6
6	22.7	23.1	28.2	18	23.8	20.3	28.1
7	18.9	22.8	45.2	19	41.6	44.0	41.8
8	43.7	46.9	108.8	20	76.5	75.3	74.8
9	83.8	80.9	88.2	21	25.8	26.4	24.2
10	96.8	97.1	95.7	22	41.4	42.9	42.5
11	33.2	51.4	39.7	23	73.8	73.8	73.6
12	77.3	206.6	31.5	24	72.3	71.8	75.6

续表

C	4-6-294[90]	4-6-295[90]	4-6-296[91]	C	4-6-294[90]	4-6-295[90]	4-6-296[91]
25	42.1	42.4	77.3	29	67.8	67.7	20.7
26	178.2	178.1	177.9	30	16.7	16.8	27.9
27	8.6	8.6	18.4	乙酰胺基			173.3/22.1
28							

表 4-6-62 化合物 4-6-297~4-6-299 的 ^{13}C NMR 数据[92]

C	4-6-297	4-6-298	4-6-290	C	4-6-297	4-6-298	4-6-299	C	4-6-297	4-6-298	4-6-299
1	146.1	146.1	76.8	11	27.4	27.4	33.7	21	19.2	19.5	19.1
2	119.3	119.3	39.1	12	29.6	29.6	30.0	22	44.1	42.3	44.3
3	166.1	166.0	170.0	13	43.3	43.4	43.2	23	107.2	106.7	107.2
4	84.2	84.2	82.2	14	47.7	47.6	48.3	24	42.7	146.8	42.8
5	54.3	54.3	51.8	15	40.4	40.5	41.4	25	34.2	132.3	34.1
6	27.9	27.9	26.8	16	77.6	79.0	77.3	26	179.6	171.8	179.5
7	27.6	27.6	28.5	17	55.2	54.9	55.9	27	15.0	10.5	14.9
8	52.1	52.0	50.6	18	17.8	17.8	18.4	28	21.3	21.3	26.5
9	87.5	87.5	83.7	19	59.3	59.3	40.1	29	30.6	30.6	30.3
10	86.1	86.1	34.8	20	30.0	30.3	30.1	30	21.9	22.0	22.2

表 4-6-63 化合物 4-6-300~4-6-301 的 ^{13}C NMR 数据[93]

C	4-6-300	4-6-301	C	4-6-300	4-6-301	C	4-6-300	4-6-301
1	119.5	166.4	11	115.2	31.3	21	19.3	20.0
2	37.5	92.3	12	36.2	33.3	22	44.4	44.6
3	171.8	171.8	13	42.6	44.8	23	107.3	106.6
4	81.6	79.0	14	47.6	46.7	24	42.9	42.7
5	55.4	133.0	15	38.4	44.0	25	34.2	34.2
6	30.9	134.0	16	77.2	74.7	26	179.6	179.5
7	27.2	23.8	17	54.2	59.5	27	15.0	15.0
8	46.0	35.8	18	16.6	17.2	28	20.7	23.0
9	139.8	89.0	19	47.4	142.7	29	26.2	26.0
10	141.6	133.0	20	30.2	29.9	30	29.1	27.2

4-6-303 $R^1=R^2=H$; $R^3=\beta$-OH; $R^4=R^7=CH_3$; $R^5=R^6=\alpha$-CH$_3$
4-6-304 $R^1=R^2=R^5=R^6=H$; $R^3=\beta$-OH; $R^4=CH_2OH$; $R^7=CH_3$
4-6-305 $R^1=R^5=R^6=H$; $R^2=\alpha$-CH$_3$; $R^3=\beta$-OH; $R^4=CH_3$; $R^7=CH_2OH$
4-6-306 $R^1=R^2=\alpha$-OH; $R^3=\beta$-OH; $R^4=R^7=CH_3$; $R^5=R^6=H$
4-6-307 $R^1=R^2=\alpha$-OH; $R^3=\beta$-OAc; $R^4=R^7=CH_3$; $R^5=R^6=H$
4-6-308 $R^1=\alpha$-OAc; $R^2=\alpha$-OH; $R^3=\beta$-OH; $R^4=R^7=CH_3$; $R^5=R^6=H$
4-6-309 $R^1=R^2=\alpha$-OH; $R^3=\beta$-OA; $R^4=R^7=CH_3$; $R^5=R^6=H$
4-6-310 $R^1=\alpha$-OH; $R^2=R^5=R^6=H$; $R^3=\beta$-OH; $R^4=R^7=CH_3$
4-6-311 $R^1=R^2=R^6=H$; $R^3=\beta$-OB; $R^4=CH_3$; $R^5=\beta$-OH$_3$; $R^7=CH_2O$-Glu

4-6-312 R=B

4-6-313 R¹=H; R²=α-OH
4-6-314 R¹=α-OH; R²=H

4-6-315 R¹=OAc; R²=H; R³=COOH
4-6-316 R¹=R²=OH; R³=CH₃

4-6-317

4-6-318 R=H; R¹=H; R²=H
4-6-319 R=H; R¹=Ac; R²=H
4-6-320 R=H; R¹=H; R²=Ac
4-6-321 R=Glu; R¹=Ac; R²=H

4-6-322 R=a
4-6-323 R=b
4-6-324 R=c
4-6-325 R=d
4-6-326 R=e
4-6-327 R=f

4-6-328 R=g
4-6-329 R=h

a= 〜〜〜/=/CHO
b= 〜〜〜/=/CHO
c= 〜〜〜OH /=
d= 〜〜〜/=/OMe
e= 〜〜〜/=/OOH
f= 〜〜〜/OH
g= 〜〜〜/=/OH
h= 〜〜〜/=/OMe

表 4-6-64　化合物 4-6-303~4-6-309 的 ¹³C NMR 数据

C	4-6-303[95]	4-6-304[96]	4-6-305[97]	4-6-306[98]	4-6-307[99]	4-6-308[99]	4-6-309[99]
1	32.3	31.7	41.5	75.3	75.8	77.8	75.8
2	30.4	30.2	71.6	72.5	71.6	71.9	71.6
3	79.1	77.0	83.8	78.1	80.5	77.8	80.2
4	40.8	43.7	41.4	40.1	40.0	40.8	40.0
5	47.4	42.5	47.8	39.3	38.9	41.5	38.9
6	21.4	21.0	21.7	20.6	20.6	21.4	20.6
7	26.3	25.7		25.6	25.5	25.9	25.4
8	48.1	47.9	48.2	47.9	47.9	47.5	47.9
9	20.2	20.0	26.0	20.3	20.4	21.2	20.3
10	26.3	25.4	19.6	29.0	29.4	30.3	28.7
11	26.7	26.4	27.1	26.1	26.1	27.3	26.0
12	33.2	32.9	33.4	32.7	32.7	33.7	32.6
13	45.9	45.2	45.8	48.1	45.2	45.9	45.1
14	48.8	48.8	49.4	48.8	48.8	49.8	48.7
15	36.0	35.6	36.0	35.7	35.7	36.2	35.7
16	28.1	28.1	28.7	28.1	28.1	28.7	28.1
17	41.3	52.3	52.8	52.2	52.3	53.0	52.2
18	17.8	18.0	18.5	18.1	18.1	18.3	18.1
19	30.1	30.0	30.2	29.4	29.7	28.5	29.4

续表

C	4-6-303[95]	4-6-304[96]	4-6-305[97]	4-6-306[98]	4-6-307[99]	4-6-308[99]	4-6-309[99]
20	48.7	35.9	36.4	35.9	35.9	36.7	35.8
21	13.6	18.2	18.7	18.2	18.2	18.6	18.2
22	76.5	36.3	37.3	36.3	36.3	37.1	36.3
23	68.8	24.9	25.1	24.9	24.9	25.5	24.9
24	125.2	125.3	127.7	125.2	125.2	126.0	125.2
25	136.3	130.9	149.6	131.0	130.9	131.3	130.9
26	25.2	17.6	61.1	17.7	17.7	17.7	17.6
27	18.8	25.7	22.1	25.7	25.7	25.9	25.7
28	25.7	10.1	19.8	14.2	15.3	14.9	15.4
29	14.3	71.1	26.9	25.6	25.6	26.3	25.5
30	19.4	19.3	16.3	19.4	19.4	19.4	19.4
OAc					172.8/21.2	170.2/21.3	
1'							175.0
2'							43.8
3'							29.7
4'							22.4
5'							22.5

表 4-6-65 化合物 4-6-310~4-6-316 的 ^{13}C NMR 数据

C	4-6-310[99]	4-6-311[100]	4-6-312[102]	4-6-313[102]	4-6-314[101]	4-6-315[95]	4-6-316[103]
1	73.7	31.8	31.5	73.4	73.7	33.9	32.9
2	36.6	29.7	29.6	37.8	37.7	37.4	36.9
3	73.8	88.7	88.6	71.4	71.5	216.6	216.8
4	40.5	41.1	41.1	55.9	55.9	50.2	49.7
5	39.5	47.3	47.2	38.3	38.1	48.3	47.8
6	20.8	20.8	20.6	24.0	24.1	21.4	20.9
7	25.8	26.1	26.0	26.7	26.5	25.9	25.3
8	48.0	47.8	47.4	50.0	50.7	47.8	47.1
9	20.8	19.2	19.2	21.5	22.4	20.9	20.5
10	30.3	26.1	26.3	30.4	30.2	25.9	25.4
11	26.1	26.5	26.6	26.8	26.4	26.8	26.1
12	32.8	32.9	31.3	33.8	34.9	35.5	32.3
13	45.1	46.6	44.1	48.0	51.5	45.8	45.1
14	48.7	47.6	49.1	48.4	46.9	48.3	47.8
15	35.7	47.1	45.1	49.0	79.7	32.7	35.2
16	28.1	75.5	119.4	78.1	40.4	26.6	27.2
17	52.3	58.2	69.1	62.6	51.8	49.2	40.4
18	18.2	19.5	19.2	19.8	18.9	19.3	17.0
19	30.0	29.7	30.2	31.4	31.3	29.5	28.8
20	35.9	39.0	34.6	35.6	36.9	39.3	47.8
21	18.2	12.6	17.6	19.1	18.7	12.6	12.8

C	4-6-310[99]	4-6-311[100]	4-6-312[102]	4-6-313[102]	4-6-314[101]	4-6-315[95]	4-6-316[103]
22	36.3	73.2	86.6	36.7	37.4	75.5	75.6
23	24.9	33.1	30.8	26.5	25.8	27.5	68.0
24	125.2	128.3	128.3	126.4	126.1	141.0	124.3
25	131.0	132.8	132.8	131.8	131.9	128.8	135.9
26	17.6	67.2	67.1	25.9	25.9	12.2	25.5
27	25.7	21.9	21.8	17.8	17.7	172.7	18.0
28	13.0	15.2	15.1	9.2	9.2	22.1	21.6
29	25.1	25.4	25.5	180.9	181.1	20.7	20.0
30	19.4	20.3	19.2	20.6	12.0	18.0	18.5
OMe			49.9				
OAc							170.5/21.3

表 4-6-66　化合物 4-6-311、4-6-312 的糖基部分 ^{13}C NMR 数据[102]

C	4-6-311	4-6-312	C	4-6-311	4-6-312	C	4-6-311	4-6-312	C	4-6-311	4-6-312
3-O-	Gal	Gal		Glu	Glu		Glu	Glu	26-O-	Glu	Glu
1'	105.0	105.1	1"	102.6	102.6	1'''	105.8	105.8	1''''	102.5	102.4
2'	79.9	79.9	2"	85.2	85.2	2'''	76.0	76.1	2''''	74.7	74.7
3'	74.8	74.8	3"	78.0	78.1	3'''	77.3	77.3	3''''	78.0	78.1
4'	69.9	69.9	4"	71.1	71.1	4'''	70.8	70.8	4''''	71.3	71.3
5'	76.3	76.3	5"	77.5	77.5	5'''	78.7	78.7	5''''	78.0	78.1
6'	62.4	62.4	6"	62.1	62.1	6'''	61.8	61.7	6''''	62.3	62.4

表 4-6-67　化合物 4-6-317~4-6-324 的糖部分 ^{13}C NMR 数据

C	4-6-317[103]	4-6-318[104]	4-6-319[104]	4-6-320[104]	4-6-321[104]	4-6-322[105]	4-6-323[105]	4-6-324[105]
1	33.4	32.4	32.3	32.5	32.5	33.4	33.4	33.4
2	37.5	30.2	30.1	30.2	30.2	37.4	37.4	37.4
3	216.6	89.1	89.4	89.3	89.1	216.5	216.4	216.5
4	50.2	42.6	42.3	42.6	42.7	50.2	50.2	50.2
5	48.4	54.1	54.0	54.2	54.1	48.4	48.4	48.4
6	21.5	68.1	68.0	67.9	68.0	21.5	21.5	21.5
7	25.8	38.5	38.6	38.5	38.5	25.8	25.8	25.8
8	47.9	46.9	46.9	46.9	46.9	47.8	47.9	47.9
9	21.0	21.3	21.3	21.4	21.3	21.0	21.1	21.1
10	26.0	29.2	29.2	29.3	29.3	26.1	26.0	26.0
11	26.6	26.4	26.3	26.4	26.4	26.7	26.7	26.7
12	32.6	33.3	33.3	33.3	33.3	32.7	32.8	32.8
13	45.4	45.8	45.8	45.8	45.8	45.9	45.5	45.3
14	48.8	47.0	47.1	47.0	47.1	48.8	48.8	48.7
15	35.5	49.2	49.3	49.2	49.7	35.6	35.5	35.5
16	28.2	71.3	71.3	71.3	71.4	28.2	28.2	28.1
17	52.2	57.0	57.0	57.0	57.0	51.3	52.2	52.2

续表

C	4-6-317[103]	4-6-318[104]	4-6-319[104]	4-6-320[104]	4-6-321[104]	4-6-322[105]	4-6-323[105]	4-6-324[105]
18	18.1	19.0	19.1	19.0	19.1	18.4	18.1	18.1
19	29.6	29.9	30.0	29.9	30.0	29.6	29.5	29.5
20	36.1	30.8	30.8	30.8	30.8	40.7	36.0	35.9
21	18.6	18.2	18.2	18.3	18.3	18.6	18.1	18.3
22	39.6	36.8	36.9	36.9	36.6	164.3	34.8	31.9
23	147.6	25.6	26.5	25.6	25.6	130.9	26.1	31.5,31.7
24	132.6	125.9	125.8	125.8	129.6	194.4	155.6	76.7,76.3
25	198.2	135.3	135.3	135.3	131.8		139.2	147.8,147.5
26	27.0	14.0	14.0	14.0	14.3		195.4	111.3,110.8
27		68.3	68.3	68.3	75.3		9.2	17.6,17.2
28	20.8	29.0	28.7	28.9	29.0	19.3	19.3	19.3
29	22.2	16.7	16.6	16.7	16.8	22.2	22.2	22.2
30	19.3	20.2	20.2	20.2	20.3	20.8	20.7	20.7
3-Glu								
1'		107.0	104.0	107.0	107.0			
2'		76.0	75.9	75.8	76.0			
3'		78.8	76.3	78.5	78.8			
4'		71.9	71.9	71.7	71.9			
5'		78.2	78.4	74.9	78.2			
6'		63.1	62.7	64.8	62.9			
OAc			21.3/170.1	21.4/170.8				

注：化合物 **4-6-321** 中 27-Glu 基团上的碳谱信号为：103.5(1"位), 75.3(2"位), 78.7(3"位), 78.5(5"位), 71.8(4"位), 63.0(6"位)。

表 4-6-68 化合物 4-6-325~4-6-329 的 ^{13}C NMR 数据[105]

C	4-6-325	4-6-326	4-6-327	4-6-328	4-6-329	C	4-6-325	4-6-326	4-6-327	4-6-328	4-6-329
1	33.4	33.4	33.4	32	31.9	17	52.0	52.1	52.2	52.0	51.9
2	37.5	37.4	37.4	30.4	30.4	18	18.1	18.1	18.1	18.0	18.1
3	216.5	216.5	216.5	78.9	78.8	19	29.5	29.6	29.5	29.9	29.8
4	50.2	50.2	50.2	40.5	40.5	20	36.3	36.3	35.8	36.4	36.3
5	48.4	48.4	48.4	47.1	47.1	21	18.4	18.3	18.3	18.3	18.3
6	21.5	21.5	21.5	21.1	21.1	22	39.3	39.3	32.1	39.0	39.3
7	25.8	25.8	25.8	26.0	26.2	23	128.6	130.6	29.6	125.6	128.7
8	47.9	47.8	47.9	47.9	47.9	24	136.7	134.5	63.6	139.3	136.6
9	21.1	21.1	21.1	20.0	20.0	25	74.9	82.3		70.8	74.9
10	26.0	26.0	26.0	26.1	26.0	26	26.2	24.4		29.9	26
11	26.7	26.7	26.7	26.5	26.4	27	25.9	24.3		29.7	25.7
12	32.7	32.7	32.8	32.8	32.8	28	19.3	19.3	19.3	19.3	19.3
13	45.4	45.4	45.3	45.3	45.3	29	22.2	22.2	22.2	25.4	25.4
14	48.7	48.8	48.8	48.8	48.8	30	20.8	20.8	20.8	14.0	14.0
15	35.6	35.5	35.5	35.6	35.6	OMe	50.2				50.2
16	28.1	28.1	28.1	28.1	28.0						

表 4-6-69 化合物 4-6-330~4-6-333 ^{13}C NMR 数据[106]

C	4-6-330	4-6-331	4-6-332	4-6-333	C	4-6-330	4-6-331	4-6-332	4-6-333
1	22.0	33.8	33.8	24.9	27	14.2		58.5	14.2
2	28.3	78.7	71.2	30.6	28	18.4	19.1	21.3	20.7
3	87.1	93.8	93.8	87.1	29	28.0	23.3	23.3	21.4
4	41.9	42.5	42.5	41.3	30	25.8	25.3	25.3	25.8
5	141.2	141.8	141.9	67.1	3-Glu				
6	118.4	119.2	119.3	53.0	1'	107.2	107.2	107.2	106.5
7	24.0	24.2	24.2	23.5	2'	75.4	76.3	76.3	75.7
8	43.8	43.3	42.8	42.4	3'	78.6	78.7	78.7	78.8
9	49.0	49.0	49.2	39.9	4'	71.7	71.6	71.6	71.7
10	35.9	34.0	33.8	34.5	5'	78.4	78.6	78.6	78.3
11	213.6	211.8	213	78.8	6'	62.8	62.8	62.8	62.7
12	48.6	47.4	49.2	40.8	26-Glu				
13	49.0	50.4	48.7	46.3	内侧糖基				
14	49.5	49.1	48.6	49.7	1"	103.3			103.3
15	34.5	46.0	41.6	34.3	2"	74.9			75.2
16	28.3	71.1	70.6	27.9	3"	78.6			78.3
17	49.5	67.9	56.0	50.8	4"	71.7			71.6
18	16.8	19.9	20.1	17.0	5"	78.2			77.3
19	20.2	20.3	20.5	25.0	6"	62.8			70.0
20	35.9	208.5	72.3	36.1	末端糖基				
21	18.1	31.6	30.1	18.7	1'''				
22	36		46.6	36.3	2'''				105.4
23	24.7		70.9	24.9	3'''				75.0
24	128.7		128.2	128.9	4'''				78.3
25	132.1		142.6	132.1	5'''				71.6
26	75.3		64.9	78.5	6'''				78.2

4-6-334 R¹=R²=H; R³=OH; R⁴=CH₃
4-6-335 R¹=R²=H; R³=OH; R⁴=CH₂OH
4-6-336 R¹=R²=H; R³=OAc; R⁴=CH₃
4-6-337 R¹=R²=α-OH; R³=OH; R⁴=CH₃
4-6-338 R¹=R²=H; R³=OA; R⁴=CH₃

4-6-339 R¹=OA; R²=α-OH
4-6-340 R¹=OA; R²=β-OH

表 4-6-70　化合物 4-6-334~4-6-337 的 ¹³C NMR 数据

C	4-6-334[96]	4-6-335[96]	4-6-336[107]	4-6-337[99]	C	4-6-334[96]	4-6-335[96]	4-6-336[107]	4-6-337[99]
1	32.0	31.7	31.6	76.0	17	52.0	52.0	52.0	52.3
2	30.4	30.1	24.5	73.1	18	18.1	18.1	18.0	18.3
3	78.8	77.0	80.7	77.7	19	29.9	29.8	29.8	29.3
4	40.5	43.6	39.5	40.8	20	36.4	36.3	36.4	36.7
5	47.1	42.4	47.2	39.8	21	18.3	18.3	18.3	18.5
6	21.1	21.0	20.9	21.1	22	39.0	39.0	39.1	39.7
7	26.0	25.7	25.8	25.9	23	125.6	125.6	125.6	128.5
8	48.0	47.9	47.8	48.0	24	139.4	139.3	139.3	137.1
9	20.0	19.9	20.1	20.0	25	70.7	70.8	70.8	81.1
10	26.1	25.3	26.0	30.0	26	30.0	30.0	29.8	25.1
11	26.5	26.3	26.8	26.1	27	29.9	29.9	30.0	25.3
12	32.8	32.7	32.8	32.9	28	25.4	71.1	25.4	15.1
13	45.3	45.2	45.3	45.4	29	14.0	10.1	15.1	26.5
14	48.8	48.7	48.8	49.1	30	19.3	19.3	19.3	19.4
15	35.6	35.5	35.5	35.8	30			21.4/171.0	
16	28.1	28.0	28.1	28.2					

表 4-6-71　化合物 4-6-338~4-6-340 的 ¹³C NMR 数据[108]

C	4-6-338	4-6-339	4-6-340	C	4-6-338	4-6-339	4-6-340
1	31.7	31.7	31.6	13	45.3	45.3	45.3
2	27.0	27.0	27.9	14	48.8	48.8	48.8
3	80.5	80.5	80.5	15	32.8	32.9	32.9
4	39.7	39.7	39.7	16	26.5	26.5	26.5
5	47.2	47.2	47.2	17	52.0	52.2	52.1
6	21.0	21.0	21.0	18	18.1	18.0	18.0
7	28.1	28.1	28.2	19	30.0	29.8	29.8
8	47.9	47.9	47.9	20	36.4	36.0	35.9
9	20.1	20.2	20.2	21	18.3	18.4	18.3
10	26.0	26.0	26.0	22	39.1	31.9	31.9
11	25.9	25.9	25.9	23	139.4	31.5	31.6
12	35.6	35.5	35.5	24	125.6	76.7	76.4

续表

C	4-6-338	4-6-339	4-6-340	C	4-6-338	4-6-339	4-6-340
25	70.8	147.5	147.8	3'	144.4	144.4	144.4
26	29.8	111.5	111.0	4'	127.1	127.2	127.2
27	29.9	17.2	17.6	5'	109.3	109.3	109.2
28	25.5	25.5	25.5	6'	146.8	146.8	146.8
29	15.4	15.4	15.4	7'	147.9	147.8	147.8
30	19.3	19.3	19.3	8'	114.7	114.7	114.7
1'	167.1	167.1	167.1	9'	123.1	123.1	123.1
2'	116.3	116.3	116.3	OMe	56.0	56.0	56.0

4-6-341 R^1=O; R^2=β-OC$_2$H$_5$
4-6-342 R^1=H,β-OH; R^2=β-OH
4-6-343 R^1=R^2=O

4-6-344 R=O
4-6-345 R=α-OH,H

表 4-6-72 化合物 4-6-341~4-6-343 的 ^{13}C NMR 数据[95]

C	4-6-341	4-6-342	4-6-343	C	4-6-341	4-6-342	4-6-343
1	33.5	32.1	33.4	17	45.0	44.6	45.5
2	37.5	30.4	37.5	18	19.4	19.3	18.4
3	216.4	77.6	216.9	19	29.7	30.1	29.6
4	50.3	40.6	50.3	20	57.8	58.3	52.1
5	48.5	47.2	48.4	21	105.6	101.0	177.4
6	21.0	21.1	21.2	22	77.4	78.9	74.9
7	26.0	26.1	25.9	23	79.5	79.9	79.0
8	48.0	48.0	47.8	24	121.3	121.1	117.1
9	20.9	19.9	21.0	25	137.5	138.4	141.5
10	26.2	29.8	26.1	26	26.3	26.1	26.1
11	27.5	26.4	26.4	27	18.6	19.3	19.1
12	32.6	32.6	30.2	28	22.3	25.5	22.3
13	45.9	45.9	45.7	29	20.9	13.2	20.8
14	48.8	50.0	48.8	30	19.4	19.4	19.4
15	35.6	35.6	35.1	OC$\underline{H}_2$CH$_3$	63.0		
16	27.5	27.7	28.4	OCH$_2$C$\underline{H}_3$	15.4		

表 4-6-73 化合物 4-6-344~4-6-345 的 ^{13}C NMR 数据[109]

C	4-6-344	4-6-345	C	4-6-344	4-6-345	C	4-6-344	4-6-345	C	4-6-344	4-6-345
1	33.3	27.5	5	48.4	41.0	9	21.0	19.8	13	45.3	45.3
2	37.4	28.5	6	21.5	21.1	10	25.9	26.4	14	48.7	48.9
3	216.4	77.0	7	25.8	28.2	11	26.7	26.2	15	35.5	35.4
4	50.2	39.5	8	47.8	48.0	12	32.7	32.8	16	28.1	25.9

续表

C	4-6-344	4-6-345	C	4-6-344	4-6-345	C	4-6-344	4-6-345	C	4-6-344	4-6-345
17	52.2	52.0	21	18.3	18.1	25	28.5	29.5	29	20.7	20.8
18	18.0	19.3	22	36.2	34.7	26	21.0	21.9	30	19.2	19.3
19	29.4	29.7	23	28.2	26.8	27	21.0	21.9	31	116.4	116.4
20	36.4	35.9	24	145.8	149.5	28	22.1	22.2	32	12.7	12.8

4-6-346 R^1=β-OH,α-H; R^2=CH$_2$OH; R^3=R^4=H
4-6-347 R^1=O; R^2=R^3=R^4=H
4-6-348 R^1=β-OCH$_3$,α-H; R^2=CH$_3$; R^3=H; R^4=β-OCH$_3$
4-6-349 R^1=β-OH,α-H; R^2=COOH; R^3=β-OH; R^4=H

4-6-350[99]

4-6-351 R^1=R^4=R^5=H; R^2=β-OH,H; R^3=OH
4-6-352 R^1=R^5=H; R^2=β-OH,H; R^3=R^4=OH
4-6-353 R^1=R^4=R^5=H; R^2=β-OH,H; R^3=OGlu
4-6-354 R^1=OH; R^2=β-OH,H; R^3=OXyl; R^4=R^5=H
4-6-355 R^1=R^4=R^5=H; R^2=β-OH,H; R^3=OXyl
4-6-356 R^1=R^4=R^5=H; R^2=O; R^3=OGlu
4-6-357 R^1=R^4=H; R^2=O; R^3=OH; R^5=Glu

表 4-6-74 化合物 4-6-346~4-6-349 的 ^{13}C NMR 数据

C	4-6-346[110]	4-6-347[111]	4-6-348[24]	4-6-349[102]	C	4-6-346[110]	4-6-347[111]	4-6-348[24]	4-6-349[102]
1	31.8	33.1	31.6	32.2	18	18.0	18.1	18.0	18.5
2	30.4	37.4	25.2	30.3	19	30.2	29.4	29.5	28.8
3	77.1	216.4	88.3	76.1	20	36.1	26.1	32.8	31.6
4	43.8	51.7	40.3	55.3	21	18.3	18.3	18.0	18.7
5	42.5	42.6	47.5	43.8	22	35.1	35.0	42.9	36.4
6	21.0	25.7	20.7	33.7	23	31.3	31.3	81.5	32.7
7	25.9	25.2	28	70.7	24	156.9	156.9	156.4	158.1
8	47.9	48.2	47.7	55.2	25	33.8	23.8	29.6	35.0
9	19.9	20.1	20.0	21.2	26	21.8	21.9	23.3	22.5
10	26.5	24.8	26.1	26.9	27	21.9	22.0	22.3	22.4
11	28.1	26.7	25.7	27.6	28	71.3		25.3	180.6
12	35.7	32.8	32.8	33.8	29	10.1	12.9	14.6	9.8
13	45.2	45.4	45.2	47.5	30	19.2	19.3	19.1	20.0
14	49.0	48.8	48.7	46.8	31	104.1	106.0	107.2	106.6
15	32.8	35.6	35.3	50.4	3-OMe			57.4	
16	26.5	28.1	26.3	73.1	26-OMe			56.2	
17	52.2	52.3	52.8	56.8					

表 4-6-75　化合物 4-6-351~4-6-357 的 ^{13}C NMR 数据[112]

C	4-6-351	4-6-352	4-6-353	4-6-354	4-6-355	4-6-356	4-6-357
1	31.8	31.8	31.9	32.3	31.9	31.8	31.8
2	29.8	29.8	29.7	29.8	29.8	29.8	29.8
3	88.6	88.6	88.6	88.5	88.6	88.6	88.7
4	40.9	41.0	40.9	41.0	41.0	41.0	41.0
5	46.4	46.4	46.4	47.0	46.4	46.4	46.4
6	31.9	32.0	31.8	32.0	31.8	32.0	31.9
7	70.3	70.3	70.3	70.6	70.3	700.3	70.3
8	55.3	55.3	55.1	55.3	55.2	55.2	55.1
9	20.3	20.3	20.3	20.3	20.3	20.3	20.2
10	26.9	26.9	26.9	27.1	26.9	26.9	26.9
11	26.8	26.8	26.8	26.7	26.8	26.8	26.8
12	33.2	33.2	33.1	30.1	33.2	33.2	33.2
13	46.1	46.2	46.1	47.2	46.2	46.2	46.2
14	47.1	47.1	47.0	51.4	47.1	47.0	47.1
15	50.7	50.8	50.6	52.1	50.8	50.5	50.3
16	72.2	72.2	72.1	72.6	72.1	71.9	72.1
17	56.8	56.8	56.9	55.5	56.9	56.9	56.8
18	18.8	18.8	18.7	65.0	18.9	18.8	18.7
19	28.6	28.6	28.5	29.9	28.5	28.6	28.5
20	31.6	31.6	31.5	31.6	31.6	30.5	30.5
21	18.9	18.9	18.9	19.1	18.8	18.4	18.3
22	35.0	35.0	35.1	34.4	35.0	30.9	30.8
23	29.4	29.1	29.3	29.1	29.3	34.4	34.1
24	80.5	77.9	79.0	78.9	79.1	215.5	218.8
25	72.8	74.8	80.9	81.0	81.0	82.9	76.9
26	26.1	69.3	21.5	21.4	21.2	23.8	27.2
27	25.8	20.0	24.2	24.0	24.2	24.7	27.2
28	15.3	15.4	15.3	15.4	15.3	15.4	15.3
29	25.8	25.9	25.8	25.8	25.8	25.8	25.8
30	20.0	20.2	20.0	22.7	20.0	20.0	20.0
1'	106.7	106.8	106.7	106.7	106.8	106.8	104.8
2'	75.7	75.8	75.7	75.7	75.8	75.8	83.3
3'	78.7	78.8	78.1	78.7	78.8	78.8	78.4
4'	71.8	71.9	71.9	71.9	71.9	71.8	71.8
5'	78.1	78.2	78.1	78.2	78.2	78.2	78.0
6'	63.0	63.1	63.0	63.0	63.1	63.1	62.9
1"			98.6	99.4	99.4	99.6	105.9
2"			75.3	75.2	75.2	75.3	77.0
3"			78.7	78.6	78.6	78.8	78.2
4"			71.8	71.1	71.1	72.1	71.6
5"			78.1	67.0	67.0	78.2	78.0
6"			62.8			62.8	62.8

4-6-358 R^1= R^4=β-OH; R^2=H; R^3=β-COOH
4-6-359 R^1=β-OH; R^2=CH$_3$; R^3=α-COOH; R^4=α-OH
4-6-360 R^1=β-OAc; R^2=CH$_3$; R^3=OH; R^4=H
4-6-361 R^1=β-OH; R^2=CH$_3$; R^3=OH; R^4=H

4-6-362 R^1=CH$_3$; R^2=β-OAc; R^3=OAc; R^4=CH$_2$,Δ^{20}
4-6-363 R^1=R^4=CH$_3$; R^2=β-OAc; R^3=OAc
4-6-364 R^1=R^2=H; R^3=α-CH$_3$; R^4=CH$_3$
4-6-365 R^1=CH$_3$; R^2=H; R^3=OH; R^4=α-CH$_2$OH

表 4-6-76　化合物 4-6-358~4-6-361 的 ^{13}C NMR 数据

C	4-6-358[95]	4-6-359[95]	4-6-360[107]	4-6-361[107]	C	4-6-358[95]	4-6-359[95]	4-6-360[107]	4-6-361[107]
1	31.8	32.0	31.6	32.0	19	28.0	29.8	30.0	29.9
2	35.4	30.0	26.5	30.4	20	33.0	32.4	35.9	35.9
3	77.0	78.6	80.7	78.9	21	18.3	17.6	18.3	18.3
4	44.7	40.4	39.4	40.5	22	40.6	39.2	31.9	31.9
5	45.3	47.1	47.2	47.1	23	68.5	67.7	31.6	31.6
6	25.7	21.1	20.2	21.1	24	95.4	94.5	76.8(24R)	76.4
7	26.2	25.9	25.8	26.0				76.3 (24S)	
8	48.3	47.9	47.8	48.0	25	143.7	144.2	147.8(24R)	147.5
9	24.5	19.9	20.1	20.0				147.5(24S)	
10		27.4	26.0	26.1	26	116.3	116.2	110.9(24R)	110.9(24R)
11	27.9	26.4	26.8	26.5				111.4(24S)	111.4(24S)
12	34.0	32.9	32.8	32.9	27	18.0	17.6	17.6(24R)	17.6(24R)
13	46.5	45.4	45.3	45.3				17.2(24S)	17.2(24S)
14		48.7	48.8	48.8	28	14.8	25.3	25.4	25.4
15	36.3	35.5	35.5	35.6	29		13.9	15.2	14.0
16	28.9	28.1	28.1	28.1	30	19.6	19.2	19.3	19.3
17	54.1	52.9	52.1	52.2	OAc			21.4/171.0	
18	18.4	18.0	18.0	18.0					

表 4-6-77　化合物 4-6-362~4-6-365 的 ^{13}C NMR 数据

C	4-6-362[60]	4-6-363[60]	4-6-364[111]	4-6-365[96]	C	4-6-362[60]	4-6-363[60]	4-6-364[111]	4-6-365[96]
1	33.4	33.3	33.1	33.4	11	25.9	25.9	26.7	26.6
2	37.4	37.4	37.4	37.4	12	33.2	32.4	32.7	32.1
3	216.3	216.3	216.4	216.5	13	45.8	45.7	45.3	45.1
4	50.2	50.2	51.7	50.2	14	46.8	47.0	48.8	48.8
5	48.3	48.3	42.6	48.4	15	44.9	45.9	35.6	35.4
6	21.6	21.4	25.8	21.4	16	74.7	75.4	28.0	27.5
7	26.1	26.4	25.1	25.8	17	54.1	54.9	52.2	46.4
8	48.2	47.9	48.2	47.8	18	19.9	18.0	18.0	18.3
9	20.9	20.7	20.1	21.0	19	29.7	29.9	29.4	29.5
10	26.4	26.3	24.8	26.0	20	143.7	30.7	36.0	42.4

C	4-6-362[60]	4-6-363[60]	4-6-364[111]	4-6-365[96]	C	4-6-362[60]	4-6-363[60]	4-6-364[111]	4-6-365[96]
21	114.9	19.9	18.3	62.5	28	20.8	20.8		22.2
22	35.9	31.6	33.9	25.0	29	21.3	22.2	12.9	20.7
23	29.2	30.7	31.5	30.7	30	20.8	18.1	19.3	19.7
24	76.8	77.6	41.6	76.2	16-Ac	170.3/21.3	170.4/21.3		
25	143.0	143.2	150.2	147.6	24-Ac	170.3/21.2	170.6/21.1		
26	112.8	112.7	109.6	110.9	24-Me			20.2	
27	21.5	18.6	18.6	17.7					

表 4-6-78 化合物 4-6-368~4-6-370 的 ^{13}C NMR 数据[94]

C	4-6-368	4-6-369	4-6-370	C	4-6-368	4-6-369	4-6-370	C	4-6-368	4-6-369	4-6-370
1	210.7	205.6	200.9	13	45.9	46.7	45.8	25	81.3	81.3	81.3
2	48.8	47.1	129.6	14	50.1	49.3	49.8	26	21.6	21.7	21.6
3	78.5	80.5	159.1	15	34.5	34.2	33.4	27	24.6	24.6	24.6
4	39.9	40.8	37.0	16	28.4	28.4	29.6	28	25.6	26.0	28.0
5	38.7	43.8	42.5	17	52.4	51.7	52.5	29	21.7	21.5	21.4
6	31.5	30.8	31.5	18	16.0	17.0	16.3	30	18.9	19.1	19.1
7	68.4	23.8	68.0	19	24.4	25.6	29.1	1'	99.0	99.1	99.0
8	51.5	39.6	52.8	20	37.4	37.2	37.5	2'	75.7	75.7	75.7
9	28.7	33.5	31.9	21	19.3	19.3	19.3	3'	79.0	79.1	79.0
10	39.4	48.6	35.9	22	34.4	34.7	34.9	4'	72.0	72.1	72.0
11	29.2	209.3	25.8	23	29.5	29.6	28.5	5'	78.4	78.7	78.6
12	33.6	52.6	34.9	24	78.7	78.6	78.7	6'	63.0	63.1	63.0

表 4-6-79　化合物 4-6-371~4-6-373 的 ^{13}C NMR 数据

C	4-6-371[116]	4-6-372[116]	4-6-373[117]	C	4-6-371[116]	4-6-372[116]	4-6-373[117]
1	32.2	32.2	32.4	20	28.0	28.0	76.4
2	30.1	30.0	30.0	21	20.4	20.4	26.0
3	88.8	88.5	88.5	22	37.0	37.0	42.3
4	41.4	41.4	41.3	23	72.1	72.1	27.2
5	47.5	47.4	47.6	24	65.2	65.2	80.3
6	21.0	21.1	21.1	25	58.6	58.6	72.8
7	26.7	26.4	26.2	26	24.7	24.7	26.0
8	48.3	48.3	47.8	27	19.4	19.4	26.0
9	20.1	20.1	19.8	28	12.0	12.0	25.8
10	26.8	26.8	26.5	29	25.7	25.7	15.4
11	26.0	26.7	26.1	30	15.5	15.4	13.5
12	33.1	33.1	34.2	1'	107.6	107.4	107.4
13	41.6	41.6	48.7	2'	73.2	75.0	75.4
14	46.1	46.1	47.6	3'	72.6	75.8	78.4
15	83.0	83.0	90.8	4'	72.1	73.2	71.2
16	220.0	220.0	79.9	5'	64.4	63.2	67.0
17	60.0	60.0	54.1	OAc	170.9/21.0	170.5/20.9	171.6/21.3
18	19.8	19.8	21.4		170.7/21.2	170.5/21.0	
19	30.5	30.0	30.5				

4-6-374 R^1=Glu; R^2=Glu
4-6-375 R^1=Glu-(1→2)-Glu; R^2=Glu
4-6-376
4-6-377 R=Ac
4-6-378 R=H

表 4-6-80　化合物 4-6-374~4-6-376 的 ^{13}C NMR 数据

C	4-6-374[118]	4-6-375[118]	4-6-376[119]	C	4-6-374[118]	4-6-375[118]	4-6-376[119]
1	32.1	29.9	32.5	6	32.1	32.1	67.7
2	30.0	29.9	30.4	7	67.7	67.7	38.3
3	88.8	88.8	88.6	8	47.5	47.8	46.7
4	41.3	41.3	42.8	9	20.0	20.0	21.4
5	47.9	47.5	54.0	10	26.7	26.7	29.1

续表

C	4-6-374[118]	4-6-375[118]	4-6-376[119]	C	4-6-374[118]	4-6-375[118]	4-6-376[119]
11	28.0	28.5	26.3	30	19.5	19.5	20.1
12	33.4	33.4	33.2	1'	106.9	105.0	105.7
13	45.7	45.7	45.7	2'	76.0	83.6	83.4
14	49.1	49.1	46.8	3'	78.8	77.2	77.9
15	35.8	35.7	48.3	4'	71.8	71.4	71.0
16	26.3	26.2	72.0	5'	78.3	78.0	66.7
17	53.7	53.7	57.3	6'	63.0	62.8	
18	18.4	18.3	18.8	1"	107.1	106.2	106.2
19	29.6	29.6	29.6	2"	75.8	76.0	77.1
20	43.0	43.0	28.6	3"	78.6	78.6	78.3
21	18.3	18.3	18.3	4"	71.6	71.6	71.7
22	32.8	32.8	33.0	5"	78.3	78.3	78.0
23	28.5	28.5	27.9	6"	62.8	62.8	62.8
24	94.1	94.1	77.2	1'''		107.1	
25	73.4	73.4	72.5	2'''		76.0	
26	26.4	26.4	25.8	3'''		78.6	
27	27.0	27.0	26.5	4'''		71.7	
28	15.5	15.4	28.8	5'''		78.3	
29	25.8	25.8	16.6	6'''		62.8	

表 4-6-81　化合物 4-6-377~4-6-380 的 ^{13}C NMR 数据[120]

C	4-6-377	4-6-378	4-6-379	4-6-380	C	4-6-377	4-6-378	4-6-379	4-6-380
1	74.7	74.7	74.8	74.8	8	57.0	57.0	57.0	57.0
2	38.0	38.0	38.0	38.0	9	23.0	23.0	23.0	23.0
3	86.1	86.1	86.1	86.1	10	32.4	32.1	32.4	32.4
4	42.5	42.5	42.5	42.5	11	28.0	28.0	28.0	28.0
5	41.1	41.1	41.1	41.1	12	35.0	35.0	35.0	35.0
6	33.1	33.1	33.1	33.1	13	47.9	47.9	47.9	47.9
7	72.1	72.1	72.1	72.1	14	50.7	50.7	50.7	50.7

续表

C	4-6-377	4-6-378	4-6-379	4-6-380	C	4-6-377	4-6-378	4-6-379	4-6-380
15	39.5	39.5	39.5	39.5	1'	105.3	105.4	105.4	105.4
16	30.6	30.7	30.6	30.7	2'	73.5	73.5	73.5	73.5
17	54.0	54.1	54.2	54.0	3'	73.6	73.6	73.6	73.6
18	19.2	19.3	19.3	19.3	4'	75.1	75.1	75.1	75.1
19	30.3	30.3	30.3	30.1	5'	70.9	71.0	71.0	71.0
20	38.7	38.7	38.3	38.9	6'	18.8	18.9	18.8	18.8
21	19.9	19.9	19.9	19.9	1"	106.2	106.4	99.0	104.9
22	35.4	35.4	35.7	30.3	2"	75.0	76.2	76.4	84.3
23	30.4	30.5	30.0	30.3	3"	76.3	78.9	79.3	78.6
24	90.0	90.2	79.0	89.7	4"	74.5	72.1	72.7	71.9
25	74.0	74.5	82.5	74.6	5"	64.6	68.0	78.8	67.5
26	26.4	26.2	24.0	26.3	6"			63.8	
27	27.4	27.5	23.6	27.3	1'''				107.5
28	27.0	27.0	27.0	27.0	2'''				76.8
29	15.5	15.5	15.5	15.5	3'''				78.7
30	20.2	20.3	20.2	20.4	4'''				72.2
OAc	21.8/173.2				5'''				68.2

4-6-381 R^1=-Glu(1→4)[Ara(1→2)]Glu; R^2=Glu; R^3=H
4-6-382 R^1=-Glu(1→4)[Gal(1→2)]Glu; R^2=Glu; R^3=H
4-6-383 R^1=-Glu; R^2=Glu(1→4)Glu; R^3=Coum

表 4-6-82　化合物 4-6-381~4-6-383 的 ^{13}C NMR 数据[121]

C	4-6-381	4-6-382	4-6-383	C	4-6-381	4-6-382	4-6-383
1	31.9	31.8	32.8	14	49.0	48.9	48.7
2	31.9	31.8	32.8	15	33.3	33.2	33.4
3	91.1	91.0	90.3	16	26.9	26.4	27.0
4	44.4	44.3	45.2	17	53.8	53.7	53.8
5	47.7	47.6	48.4	18	18.5	18.5	18.3
6	30.1	29.9	30.0	19	30.0	29.6	29.7
7	67.6	67.6	67.8	20	43.2	42.9	43.0
8	48.4	48.3	48.4	21	18.5	18.2	18.6
9	21.6	21.2	23.0	22	32.7	32.7	32.8
10	25.4	25.3	25.7	23	26.4	26.4	26.8
11	28.4	28.4	28.6	24	93.4	93.9	93.9
12	35.9	35.8	35.9	25	73.8	73.4	73.5
13	45.6	45.5	45.7	26	26.7	26.4	26.5

C	4-6-381	4-6-382	4-6-383	C	4-6-381	4-6-382	4-6-383
27	27.0	26.9	27.0	1'''	106.9	107.0	105.6
28	19.6	19.5	19.7	2'''	75.8	75.9	75.5
29	20.8	20.7	20.5	3'''	78.5	78.5	78.1
30	63.7	63.6	64.7	4'''	71.2	71.5	72.3
Glu				5'''	78.2	78.2	78.3
1'	104.4	104.3	107.4	6'''	61.6	61.7	62.9
2'	80.2	80.0	75.6	Gal	Ara	Gal	Coum
3'	76.5	78.1	78.6	1''''	104.4	104.8	167.5
4'	80.4	80.4	71.9	2''''	74.8	74.7	115.3
5'	78.5	78.2	78.6	3''''	75.1	75.7	145.4
6'	61.8	62.7	62.9	4''''	70.0	69.7	126.2
1''	104.9	104.3	107.1	5''''	65.0	76.8	130.8
2''	75.8	76.3	76.0	6''''		61.5	116.8
3''	78.4	78.3	78.6	7''''			161.5
4''	71.4	71.3	71.7	8''''			116.8
5''	78.2	78.1	78.3	9''''			130.8
6''	62.2	62.1	71.1				

4-6-384 $R^1=R^4=H$; $R^2=\beta\text{-OH}$; $R^3=\text{OH}$
4-6-385 $R^1=R^3=R^4=H$; $R^2=\beta\text{-OH}$
4-6-386 $R^1=R^3=R^4=H$; $R^2=\alpha\text{-OH}$
4-6-387 $R^1=\text{Glu}$; $R^2=\beta\text{-OH}$; $R^3=\text{OH}$; $R^4=H$
4-6-388 $R^1=\text{Glu}$; $R^2=\beta\text{-OH}$; $R^3=R^4=H$
4-6-389 $R^1=R^4=\text{Glu}$; $R^2=\beta\text{-OH}$; $R^3=H$
4-6-390 $R^1=\text{Glu}$; $R^2=\alpha\text{-OH}$; $R^3=R^4=H$
4-6-391 $R^1=R^4=\text{Glu}$; $R^2=\alpha\text{-OH}$; $R^3=H$
4-6-392 $R^1=R^2=R^4=H$; $R^3=\text{OH}$
4-6-393 $R^1=R^2=R^3=R^4=H$

表 4-6-83 化合物 4-6-384~4-6-393 的 ^{13}C NMR 数据[122]

C	4-6-384	4-6-385	4-6-386	4-6-387	4-6-388	4-6-389	4-6-390	4-6-391	4-6-392	4-6-393
1	72.4	72.6	72.6	72.1	72.3	72.3	72.4	72.3	72.4	72.4
2	38.6	38.7	38.9	38.5	38.4	38.3	38.3	38.4	38.3	38.4
3	70.7	70.9	70.8	70.8	70.8	70.9	70.8	70.8	70.6	70.7
4	55.6	55.7	55.8	56.4	56.4	56.5	56.4	56.5	56.4	55.6
5	37.8	37.8	37.9	37.8	37.7	37.8	37.7	37.8	37.5	37.6
6	23.3	23.3	23.5	23.0	23.1	23.1	23.2	23.2	23.3	23.4
7	26.1	26.1	26.4	26.0	25.9	26.0	26.0	26.0	26.0	26.0
8	48.0	48.4	48.5	48.0	48.4	48.4	48.5	48.5	47.9	48.0
9	20.8	20.9	20.5	20.5	20.9	21.1	20.5	20.5	20.9	21.0
10	30.4	30.4	30.5	30.3	30.2	30.4	30.2	30.3	30.2	30.3
11	26.1	26.1	26.4	25.9	26.0	26.0	26.0	26.3	26.4	26.4
12	33.8	33.5	33.3	33.7	32.1	31.9	33.2	33.3	33.5	33.4
13	46.7	45.7	48.0	46.7	45.6	45.8	47.9	47.9	46.2	45.6
14	47.4	47.2	47.2	47.4	47.2	47.2	47.1	47.0	49.3	49.2
15	49.6	49.1	48.5	49.4	49.1	49.1	48.5	48.5	35.4	36.0

续表

C	4-6-384	4-6-385	4-6-386	4-6-387	4-6-388	4-6-389	4-6-390	4-6-391	4-6-392	4-6-393
16	73.6	71.8	77.2	73.5	71.0	72.1	77.2	77.1	23.0	28.5
17	55.3	57.4	61.0	55.2	57.3	57.4	60.9	61.8	55.1	52.8
18	21.9	18.7	19.2	21.3	18.7	18.7	19.2	18.6	19.8	18.4
19	29.9	30.2	29.2	30.5	30.3	30.4	29.2	29.6	30.2	30.1
20	76.9	33.5	35.3	76.9	33.6	33.5	35.3	36.1	74.7	37.4
21	26.1	19.5	19.5	26.3	19.6	19.6	19.6	19.3	26.1	19.8
22	38.3	32.1	30.5	38.4	32.0	32.3	30.6	32.3	38.1	32.0
23	29.9	30.4	30.0	30.1	30.5	30.7	30.4	30.6	29.2	31.7
24	75.9	76.6	76.0	75.7	76.4	76.1	76.1	76.1	76.0	76.1
25	33.5	33.5	34.1	33.6	33.3	33.5	34.1	34.3	33.6	33.7
26	17.5	17.4	17.7	17.6	17.5	17.4	17.7	17.5	17.4	17.7
27	17.6	17.8	17.8	17.7	17.8	17.6	17.8	17.5	17.6	17.8
28	180.6	180.7	180.1	176.7	176.7	176.6	176.7	176.8	180.0	180.1
29	9.7	9.8	9.9	9.7	9.7	9.8	9.8	9.8	9.7	9.8
30	20.5	20.3	20.5	20.7	20.3	20.4	20.5	20.5	20.3	18.7
31	66.0	66.2	66.1	66.0	66.3	75.1	66.1	75.2	66.3	66.3
28-Glu										
1				96.5	96.5	96.5	96.5	96.5		
2				74.8	74.7	74.8	74.7	74.7		
3				78.5	78.5	78.5	78.5	78.5		
4				70.9	71.7	71.7	71.1	71.7		
5				79.7	79.6	79.5	79.4	79.6		
6				62.0	62.1	62.4	62.4	62.1		
31-Glu										
1						105.5		105.7		
2						75.5		75.5		
3						78.5		78.5		
4						71.7		71.7		
5						78.5		78.5		
6						62.8		62.8		

4-6-394

4-6-395 R=H
4-6-396 R=α-OH

表 4-6-84　化合物 4-6-394~4-6-396 的 ^{13}C NMR 数据[123]

C	4-6-394	4-6-395	4-6-396	C	4-6-394	4-6-395	4-6-396
1	30.06	30.08	30.09	19	29.21	29.12	29.20
2	29.21	29.28	29.29	20	26.52	26.66	26.07
3	87.80	87.81	87.82	21	23.21	23.00	23.00
4	40.25	40.29	40.35	22	46.12	46.36	46.50
5	42.30	42.30	42.34	23	213.65	205.27	205.48
6	21.64	21.68	21.81	24	83.68	65.55	65.67
7	115.18	115.34	114.94	25	72.27	60.90	60.97
8	145.08	145.11	145.87	26	25.90	24.37	24.45
9	21.57	21.55	21.37	27	27.63	18.08	18.16
10	28.86	28.83	28.97	28	18.34	18.35	26.46
11	35.84	35.94	35.85	29	25.62	25.65	25.69
12	76.99	76.90	75.91	30	14.12	14.15	14.18
13	44.01	44.11	47.65	OAc	170.76/21.32	170.73/21.31	170.87/21.11
14	49.10	49.27	46.42	1'	107.76	107.25	107.23
15	80.40	80.31	49.51	2'	72.64	72.72	72.73
16	218.96	219.10	217.38	3'	74.34	74.41	74.42
17	59.46	59.26	62.06	4'	69.29	69.36	69.37
18	14.88	14.79	14.69	5'	66.66	66.71	66.72

4-6-397

4-6-398 R^1=H; R^2=H; R^3=OH
4-6-399 R^1=H; R^2=OH; R^3=OH
4-6-400 R^1=OH; R^2=H; R^3=H

4-6-401

4-6-402

4-6-403

表 4-6-85　化合物 4-6-397~4-6-403 的 ^{13}C NMR 数据[123]

C	4-6-397	4-6-398	4-6-399	4-6-400	4-6-401	4-6-402	4-6-403
1	68.9	32.9	32.9	42.1	25.3	39.1	36.0
2	37.4	30.5	30.5	27.1	26.3	32.3	30.5
3	82.9	88.0	88.0	89.0	84.7	87.7	85.5
4	41.4	40.3	40.3	40.9	38.4	42.5	42.9
5	140.3	44.8	45.0	56.8	139.3	51.2	146.3

续表

C	4-6-397	4-6-398	4-6-399	4-6-400	4-6-401	4-6-402	4-6-403
6	27.0	32.9	33.0	28.3	76.7	25.4	126.1
7	25.1	26.2	24.9	30.3	32.0	30.3	27.4
8	44.6	47.8	48.6	48.1	39.2	49.9	48.9
9	138.2	144.8	145.7	140.0	139.8	140.0	141.2
10	131.8	41.6	41.6	72.6	128.0	136.6	133.7
11	121.0	125.2	125.1	121.8	126.2	129.1	127.6
12	36.6	37.1	38.4	37.3	37.7	40.0	37.6
13	44.9	44.3	40.5	44.5	41.2	40.3	41.0
14	41.6	42.7	45.8	42.6	44.2	45.6	44.7
15	49.0	48.9	81.8	49.1	81.4	81.8	81.9
16	219.0	219.1	220.5	219.2	219.8	20.4	220.0
17	59.7	59.8	57.4	59.9	57.5	57.4	58.3
18	16.1	16.8	17.5	17.0	16.9	17.5	17.4
19	40.3	82.7	82.9	53.9	85.5	130.3	132.2
20	27.6	27.7	27.8	27.9	27.8	27.8	27.8
21	20.8	20.6	21.5	20.7	21.6	21.4	21.4
22	514	51.5	50.9	51.5	50.8	50.9	50.8
23	211.1	211.0	211.0	211.2	210.8	211.0	211.0
24	56.1	56.2	56.1	56.2	56.1	56.1	56.2
25	69.8	69.9	69.7	69.8	69.8	69.8	69.8
26	30.4	30.4	30.4	30.4	30.5	30.4	30.4
27	30.7	30.8	30.8	30.8	30.7	30.8	30.8
28	20.2	15.3	15.2	16.6	22.1	15.3	24.0
29	24.7	26.6	26.6	27.7	25.9	24.9	24.3
30	18.5	17.7	10.4	17.7	11.3	10.6	10.0
1'	107.8	107.7	107.6	107.8	107.5	107.7	107.7
2'	73.2	73.3	73.3	74.3	73.3	73.3	73.3
3'	74.9	74.9	74.9	75.0	75.3	75.0	75.0
4'	69.9	69.9	69.8	69.9	70.0	70.0	70.0
5'	67.2	67.1	67.1	67.1	67.4	67.3	67.4

4-6-404 R=OAc
4-6-405 R=H; Δ^7
4-6-406 R=R^1=H

表 4-6-86　化合物 4-6-404~4-6-406 的 ^{13}C NMR 数据

C	4-6-404[129]	4-6-405[129]	4-6-406[130]	C	4-6-404[129]	4-6-405[129]	4-6-406[130]
1	32.3	30.7	32.5	19	30.0	28.7	30.5
2	30.2	29.9	30.4	20	34.7	35.0	35.1
3	88.4	88.5	88.8	21	17.7	17.8	17.8
4	41.5	40.7	41.6	22	87.0	87.1	87.2
5	47.3	43.0	47.8	23	105.9	106.4	106.3
6	20.8	22.2	21.3	24	83.6	83.6	83.6
7	26.1	113.6	26.6	25	83.9	83.9	83.9
8	45.9	150.0	47.8	26	25.1	25.2	25.1
9	20.3	21.4	20.1	27	28.1	28.2	28.1
10	27.0	28.6	26.9	28	20.0	27.1	26.1
11	37.1	25.6	26.7	29	26.0	26.1	15.7
12	77.3	33.5	33.8	30	15.6	14.6	20.0
13	49.7	45.0	45.6	OAc	170.8/21.9		
14	48.5	50.7	47.2	1'	107.7	107.8	107.8
15	43.3	42.2	43.6	2'	75.8	75.9	75.9
16	72.4	72.9	72.7	3'	78.8	78.9	78.9
17	52.8	53.2	52.7	4'	71.5	71.6	71.6
18	14.0	23.3	20.9	5'	67.3	67.4	67.4

4-6-407　$R^1=\alpha$-OH; R^2=H; R^3=O
4-6-408　$R^1=\alpha$-OH; R^2=H; $R^3=\alpha$-OCH$_3$
4-6-409　R^1=H; $R^2=\beta$-OAc; R^3=O
4-6-410　R^1=H; $R^2=\beta$-OAc; R^3=O, $\Delta^{7}_{1",2"}$
4-6-411　$R^1=\alpha$-OH; R^2=H; $R^3=\alpha$-OCH$_2$CH$_3$

表 4-6-87　化合物 4-6-407~4-6-411 的 ^{13}C NMR 数据

C	4-6-407[125]	4-6-408[125]	4-6-409[126]	4-6-410[126]	4-6-411[127]	C	4-6-407[125]	4-6-408[125]	4-6-409[126]	4-6-410[126]	4-6-411[127]
1	32.3	32.4	31.5	30.2	32.4	12		33.3	76.2	76.2	33.3
2	30.2	30.3	29.5	29.5	30.3	13	46.6	46.1	48.2	47.8	44.8
3	88.5	88.6	87.7	87.8	88.6	14	44.8	44.8	47.9	50.8	46.1
4	42.6	42.7	40.8	40.4	42.7	15	43.4	43.5	43.4	42.7	43.5
5	53.7	53.9	46.5	42.3	56.7	16	80.6	70.7	80.0	80.4	70.6
6	67.0	67.4	20.0	21.3	67.1	17	54.1	56.6	53.2	54.0	46.2
7	37.8	37.9	25.2	114.5	38.2	18	19.4	19.5	12.9	14.7	20.2
8	45.7	46.2	45.5	147.2	53.9	19	29.0	29.6	29.2	28.4	29.6
9	21.1	21.2	19.7	21.4	21.2	20	27.3	25.6	26.4	26.8	25.6
10	29.1	29.2	26.4	28.9	29.2	21	21.2	20.5	21.6	21.9	20.6
11	26.0	26.2	36	36.3	26.2	22	38.8	38.5	38.2	38.5	33.3

C	4-6-407[125]	4-6-408[125]	4-6-409[126]	4-6-410[126]	4-6-411[127]	C	4-6-407[125]	4-6-408[125]	4-6-409[126]	4-6-410[126]	4-6-411[127]
23	173.9	100.4	173.3	173.5	99.1	1'	107.6	107.6	107.2	107.5	107.7
28	28.6	28.7	19.1	26.7	19.5	2'	75.6	75.6	75.2	75.6	75.7
29	16.6	16.6	25.3	25.6	28.7	3'	78.6	78.6	78.3	78.6	78.6
30	19.9	20.3	14.9	14.2	16.6	4'	71.3	71.3	71.9	71.2	71.3
OMe		54.6				5'	67.1	67.1	66.8	67.1	67.4
OAc			170.2/21.0	170.7/21.8		1"					62.7
						2"					15.7

表 4-6-88 化合物 4-6-412~4-6-415 的 ^{13}C NMR 数据

C	4-6-412[127]	4-6-413[127]	4-6-414[128]	4-6-415[128]	C	4-6-412[127]	4-6-413[127]	4-6-414[128]	4-6-415[128]
1	31.9	31.8	33.0	31.1	28	19.3	19.3	28.2	26.7
2	29.9	30.0	30.3	29.4	29	26.7	26.8	15.9	15.0
3	87.6	87.4	89.5	88.4	30	16.7	16.3	19.6	18.6
4	42.2	42.3	42.8	41.8		Xyl	Xyl	Xyl	Xyl
5	56.6	56.5	54.4	58.8	1	107.4	106.3	105.1	105.1
6	70.3	70.2	68.8	215.0	2	75.1	83.6	83.1	83.1
7	38.1	38.1	38.3	42.0	3	75.7	78.1	76.6	76.6
8	49.9	49.8	47.8	43.5	4	72.9	71.0	70.7	70.7
9	21.0	21.0	21.8	22.4	5	63.4	66.8	65.8	65.8
10	28.1	28.0	30.6	30.9		Glu	Glu	Ara	Ara
11	25.9	26.0	26.6	26.9	1		105.6	106.2	106.2
12	33.0	32.9	33.1	32.6	2		77.1	73.2	73.2
13	44.8	44.2	45.6	45.8	3		78.4	73.8	73.8
14	46.0	46.0	47.2	48.3	4		71.7	69.2	69.2
15	43.3	43.2	44.4	42.1	5		78.1	66.8	66.8
16	70.5	70.5	82.3	81.6	6		70.2		
17	44.5	44.8	55.2	54.3	1"	62.7	62.7		
18	19.8	19.8	20.3	17.9	2"	15.7	15.7		
19	27.8	27.5	31.0	21.9	OAc	21.7/170.2	21.7/170.3		
20	25.6	25.6	28.0	27.7	1'''	17.6			
21	20.6	20.6	21.3	21.8	2'''	145.2			
22	33.2	33.2	39.0	38.6	3'''	122.9			
23	99.1	99.1	177.1	177.3	4'''	166.1			

表 4-6-89　化合物 4-6-416~4-6-420 的 ^{13}C NMR 数据

C	4-6-416[131]	4-6-417[132]	4-6-418[132]	4-6-419[133]	4-6-420[134]	C	4-6-416[131]	4-6-417[132]	4-6-418[132]	4-6-419[133]	4-6-420[134]
1	32.4	30.4	32.3	31.4	32.8	20	33.2	27.1	27.1	27.5	33.4
2	30.0	29.5	30.0	31.4	30.4	21	20.0	21.6	21.5	21.9	20.3
3	88.5	88.3	88.6	88.8	88.7	22	38.6	32.8	33.0	33.4	38.2
4	41.2	40.4	41.3	41.6	41.6	23	78.9	74.3	74.1	74.3	80.1
5	47.3	42.8	47.5	47.1	47.8	24	79.8	81.4	81.2	81.9	80.5
6	20.9	21.9	21.2	34.4	21.2	25	72.0	72.2	72.8	72.7	72.0
7	25.9	113.5	26.5	70.6	26.2	26	26.8	27.1	26.8	27.6	27.3
8	43.6	149.5	48.9	56.8	44.0	27	27.0	27.4	27.1	27.6	27.4
9	20.2	21.2	20.0	19.6	20.3	28	15.4	14.3	15.4	15.9	15.7
10	27.0	28.5	27.4	27.6	27.3	29	25.7	25.9	25.8	26.2	26.0
11	26.0	25.4	26.6	26.8	26.4	30	17.6	18.1	11.8	12.2	17.6
12	31.2	33.9	34.0	32.9	31.5	OAc	171.1/	170.4/	170.3/	171.4/	170.6/
13	39.9	41.6	42.2	43.4	40.3		20.7	21.1	21.1	21.8	21.2
14	55.0	50.1	46.8	47.6	55.4	1'	107.5	107.4	107.4	108.0	107.8
15	213.9	80.1	82.1	82.4	214.0	2'	73.2	73.3	73.2	75.9	75.9
16	84.2	103.2	103.0	103.6	84.4	3'	75.5	75.5	75.5	78.8	78.9
17	52.2	60.8	60.9	61.7	52.8	4'	70.3	70.3	70.3	71.6	71.6
18	19.8	22.6	20.4	21.0	20.6	5'	76.8	76.8	76.8	67.5	67.4
19	31.1	28.4	30.7	30.5	31.7	6'	62.4	62.5	62.5		

4-6-438 R¹=(2'-OAc)Xyl; R²=H
4-6-439 R¹=Ara; R²=β-OAc
4-6-440 R¹=Xyl; R²=β-OAc

4-6-425 R¹=Xyl; R²=β-H; R³=β-OH; R⁴=R⁶=H; R⁵=α-H
4-6-426 R¹=Xyl; R²=β-OH; R³=β-H; R⁴=R⁶=H; R⁵=α-H; Δ⁷
4-6-427 R¹=Xyl; R²=R⁶=H; R³=β-OH; R⁴=α-OH; R⁵=β-H; Δ⁷
4-6-428 R¹=Xyl; R²=R⁶=H; R³=β-OAc; R⁴=α-OH; R⁵=β-H; Δ⁷
4-6-429 R¹=Xyl; R²=R⁶=H; R³=β-OH; R⁴=α-OH; R⁵=β-H
4-6-430 R¹=Ara; R²=R⁶=H; R³=β-OH; R⁴=α-OH; R⁵=α-H
4-6-431 R¹=Ara; R²=R³=R⁶=H; R⁴=-α-O-Glu; R⁵=α-H
4-6-432 R¹=Gal; R²=R³=R⁶=H; R⁴=α-OH; R⁵=α-H; Δ⁷
4-6-433 R¹=Gal; R²=R³=R⁶=H; R⁴=α-OH; R⁵=α-H
4-6-434 R¹=Gal; R²=R³=H; R⁴=α-OH; R⁵=α-H; R⁶=CH₃
4-6-435 R¹=Gal; R²=R³=H; R⁴=α-OH; R⁵=α-H; R⁶=Ac
4-6-436 R¹=Glu; R²=R³=H; R⁴=α-OH; R⁵=α-H; R⁶=Ac
4-6-437 R¹=Xyl(1→3)Xyl; R²=R⁶=H; R³=OH; R⁴=α-OH; R⁵=α-H

表 4-6-90　化合物 4-6-425~4-6-429 的 ^{13}C NMR 数据[135]

C	4-6-425	4-6-426	4-6-427	4-6-428	4-6-429	C	4-6-425	4-6-426	4-6-427	4-6-428	4-6-429
1	32.3	27.5	30.6	30.1	32.5	20	24.0	23.9	23.4	23.3	23.5
2	30.2	29.5	29.7	29.6	30.2	21	22.0	20.8	20.8	19.8	19.6
3	88.4	88.4	88.3	88.0	88.6	22	38.8	38.1	30.3	30.3	29.7
4	41.5	40.8	40.5	40.5	41.4	23	72.0	71.9	73.7	73.5	73.7
5	47.4	43.9	42.8	42.5	47.7	24	90.3	90.6	84.1	84.1	84.1
6	20.9	22.1	21.9	21.8	21.2	25	71.2	71.0	68.7	68.6	68.6
7	26.2	114.2	114.4	114.9	26.4	26	28.1	27.9	30.8	30.9	30.8
8	45.8	148.8	147.5	146.1	48.7	27	25.1	24.7	26.1	26.1	26.0
9	20.8	27.7	22.0	21.4	20.1	28	19.7	27.6	18.4	18.4	11.7
10	27.0	29.2	28.1	28.4	26.7	29	26.0	25.9	25.9	25.3	25.8
11	41.0	63.4	40.3	37.2	26.6	30	15.6	14.6	14.4	14.4	15.5
12	72.4	48.4	72.4	76.8	34.0	OAc				170.5/	
13	45.9	45.6	47.0	47.0	41.8					21.8	
14	52.3	48.2	51.5	51.4	47.5	1'	107.6	107.5	107.5	107.5	107.6
15	47.0	45.4	78.6	77.9	80.8	2'	75.7	75.5	75.6	75.7	75.6
16	115.0	114.6	112.6	112.3	112.3	3'	78.7	78.6	78.6	78.7	78.6
17	61.5	61.1	61.1	60.7	60.8	4'	71.4	71.2	71.3	71.3	71.3
18	12.0	19.8	13.2	13.9	19.6	5'	67.3	67.1	67.2	67.2	67.1
19	30.0	18.8	28.7	28.7	30.2						

表 4-6-91 化合物 4-6-430 和 4-6-431 的 ^{13}C NMR 数据

C	4-6-430[123]	4-6-431[136]	C	4-6-430[123]	4-6-431[136]	C	4-6-430[123]	4-6-431[136]
1	30.4	33.0	16	112.4	111.8	Ara		
2	29.3	30.5	17	59.7	59.7	1'	107.1	107.6
3	88.3	88.9	18	13.2	20.1	2'	72.6	73.1
4	40.3	41.4	19	28.5	31.4	3'	74.3	74.9
5	42.5	47.9	20	23.7	24.3	4'	69.2	69.7
6	21.8	21.9	21	21.3	20.2	5'	66.5	66.9
7	114.2	26.8	22	38.4	38.3	Glu		
8	147.4	49.1	23	72.0	71.6	1"		105.3
9	21.8	20.7	24	90.0	89.8	2"		75.9
10	27.9	27.0	25	71.2	71.0	3"		78.7
11	39.9	26.3	26	25.4	26.1	4"		72.7
12	72.4	34.2	27	26.4	27.8	5"		78.1
13	47.0	41.5	28	18.2	13.1	6"		62.3
14	51.0	47.8	29	25.7	26.1			
15	77.9	88.3	30	14.2	15.8			

表 4-6-92 化合物 4-6-432~4-6-436 的 ^{13}C NMR 数据[132]

C	4-6-432	4-6-433	4-6-434	4-6-435	4-6-436	C	4-6-432	4-6-433	4-6-434	4-6-435	4-6-436
1	30.4	32.4	32.0	32.1	32.1	21	19.8	19.5	19.2	19.2	19.3
2	29.5	30.9	29.6	29.7	29.7	22	38.3	38.2	37.8	37.6	37.7
3	88.4	90.2	88.4	88.4	88.6	23	72.1	71.9	71.3	71.4	71.4
4	40.4	41.3	40.9	40.9	41.0	24	90.3	88.7	87.8	86.5	86.6
5	42.7	47.6	47.2	47.2	47.3	25	71.0	71.0	78.7	83.0	83.0
6	21.8	21.1	20.7	20.7	20.8	26	25.5	25.8	19.2	21.3	21.3
7	114.3	26.4	26.0	26.1	26.2	27	27.1	26.7	21.6	23.0	23.1
8	148.0	48.6	48.3	48.3	48.4	28	18.4	11.8	11.5	11.5	11.6
9	21.3	20.0	19.5	19.2	19.7	29	25.9	25.5	25.4	25.4	25.6
10	28.4	27.2	26.3	26.3	26.4	30	14.3	15.4	15.1	15.1	15.3
11	25.6	26.5	26.1	26.1	26.1	OAc				170.2/	170.2/
12	34.1	34.1	33.7	33.7	33.8					22.1	22.1
13	41.3	41.9	41.5	41.5	41.6	OMe			49.0		
14	50.7	47.4	46.8	46.9	47.0	1'	107.4	107.4	106.9	107.2	
15	78.2	80.2	79.6	79.7	79.8	2'	73.2	73.3	72.6	73.1	
16	112.3	112.0	111.6	112.1	112.2	3'	75.5	75.5	74.9	75.5	
17	59.5	59.6	59.0	59.1	59.2	4'	70.3	70.3	69.6	70.0	
18	21.7	19.6	19.2	19.2	19.3	5'	76.8	76.8	76.1	76.7	
19	28.2	30.1	30.6	30.7	30.8	6'	62.5	62.5	61.8	62.3	
20	24.0	24.1	23.7	23.6	23.7						

表 4-6-93　化合物 4-6-437~4-6-440 的 ^{13}C NMR 数据[134]

C	4-6-437[134]	4-6-438[134]	4-6-439[116]	4-6-440[116]	C	4-6-437[134]	4-6-438[134]	4-6-439[116]	4-6-440[116]
1	32.5	32.5	32.4	32.4	19	30.7	30.9	30.9	30.9
2	30.0	30.1	30.1	30.0	20	24.1	23.9	23.9	23.9
3	88.7	88.6	88.3	88.3	21	21.1	19.5	19.8	19.8
4	41.3	41.4	41.3	41.3	22	38.8	38.1	37.5	37.5
5	47.2	47.7	47.2	47.2	23	71.8	75.0	74.7	74.6
6	20.9	21.1	20.8	20.8	24	90.0	86.7	86.5	86.5
7	26.1	26.4	26.0	26.0	25	71.0	145.9	145.8	145.8
8	47.3	48.6	47.2	47.2	26	25.6	113.0	113.2	113.2
9	20.8	20.1	20.1	20.1	27	27.1	18.2	18.1	18.1
10	26.6	26.7	26.8	26.8	28	11.8	11.9	12.0	12.0
11	40.9	26.5	38.5	38.5	29	25.7	25.8	25.7	25.7
12	72.8	34.1	77.3	77.3	30	15.4	15.5	15.4	15.4
13	47.9	41.8	48.4	48.4	OAc		170.0/ 21.3	170.6/21.7	170.6/21.7
14	48.4	47.3	46.1	46.1	1'	107.1	104.7	107.4	107.5
15	80.0	80.4	79.3	79.3	2'	74.5	75.6	73.0	75.6
16	112.3	112.3	112.3	112.3	3'	87.5	76.3	74.7	78.6
17	59.9	59.9	59.6	59.6	4'	69.4	71.3	69.5	71.6
18	12.0	19.5	12.7	12.7	5'	66.6	67.1	66.7	67.1

4-6-441　R=Ara
4-6-442　R=H
4-6-443　R=Xyl

表 4-6-94　化合物 4-6-441~4-6-443 的 ^{13}C NMR 数据[137]

C	4-6-441	4-6-442	4-6-443	C	4-6-441	4-6-442	4-6-443
1	32.3	32.6	32.3	15	82.8	82.9	82.8
2	29.7	31.2	30.0	16	106.1	106.2	106.1
3	88.5	78.0	88.5	17	61.7	61.8	61.8
4	41.2	41.0	41.3	18	19.8	20.0	19.9
5	47.4	47.4	47.5	19	30.8	31.1	30.9
6	21.0	21.4	21.0	20	26.0	26.1	26.1
7	26.3	26.4	26.3	21	20.4	20.5	20.5
8	48.8	49.0	48.9	22	29.7	29.8	29.8
9	19.9	19.9	19.9	23	67.5	67.6	67.5
10	26.5	26.9	26.5	24	74.9	75.0	75.0
11	26.3	26.5	26.3	25	75.1	75.2	75.1
12	34.0	34.2	34.1	26	26.5	26.6	26.5
13	40.7	40.8	40.8	27	33.8	33.9	33.8
14	46.7	46.9	46.8	28	15.3	14.8	15.4

C	4-6-441	4-6-442	4-6-443	C	4-6-441	4-6-442	4-6-443
29	25.6	26.1	25.6	2'	72.7		75.5
30	11.8	11.9	11.8	3'	74.5		78.5
OAc	170.5/20.5	170.5/20.6	170.5/20.6	4'	69.3		71.2
1'	107.1		107.4	5'	66.5		66.9

4-6-444 R=β-OH
4-6-445 R=H

4-6-446 R¹=Xyl; R²=H₂
4-6-447 R¹=(4'-OAc)Xyl; R²=OH,H
4-6-448 R¹=Xyl; R²=O

4-6-449

4-6-450 R¹=H; R²=Xyl, Δ⁷,23S
4-6-451 R¹=OAc; R²=Ara; 23S

4-6-452 R=OH
4-6-453 R=H

4-6-454

表 4-6-95　化合物 4-6-444~4-6-448 的 ¹³C NMR 数据

C	4-6-444[138]	4-6-445[138]	4-6-446[139]	4-6-447[116]	4-6-448[116]	C	4-6-444[138]	4-6-445[138]	4-6-446[139]	4-6-447[116]	4-6-448[116]
1	32.0	32.0	32.0	31.9	32.9	15	43.9	44.3	43.7	43.5	43.2
2	30.0	29.9	29.9	29.5	29.9	16	73.7	74.7	73.0	73.0	75.6
3	88.6	88.5	88.1	88.2	88.1	17	56.7	56.4	56.5	56.4	55.6
4	41.1	41.0	41.2	41.2	41.2	18	13.8	14.5	13.5	13.5	13.5
5	47.1	47.0	47.0	46.9	45.7	19	29.8	29.7	29.6	29.8	29.6
6	20.4	20.3	20.5	20.4	20.4	20	26.3	23.5	26.0	26.0	25.3
7	25.7	25.8	25.7	25.6	25.7	21	21.6	21.5	21.0	21.0	20.7
8	46.1	45.9	45.8	45.7	47.0	22	37.8	37.7	36.7	37.6	35.6
9	20.7	20.3	20.2	20.1	20.1	23	106.2	106.1	105.9	105.8	106.2
10	26.9	26.8	26.8	26.7	26.8	24	63.7	62.5	63.3	63.4	62.7
11	37.0	36.8	36.7	36.7	36.6	25	65.9	62.7	63.3	65.8	58.6
12	77.4	77.1	77.1	77.0	76.8	26	98.7	68.3	68.8	98.4	172.4
13	48.1	48.0	48.8	48.7	48.8	27	13.4	13.7	13.8	13.1	11.1
14	49.0	49.0	48.0	47.8	48.0	28	15.4	15.3	15.4	15.3	15.3

续表

C	4-6-444[138]	4-6-445[138]	4-6-446[139]	4-6-447[116]	4-6-448[116]	C	4-6-444[138]	4-6-445[138]	4-6-446[139]	4-6-447[116]	4-6-448[116]
29	26.0	25.6	25.7	25.6	25.7	1'	104.8	104.8	107.5	107.3	107.6
30	19.8	19.8	19.6	19.5	19.5	2'	75.9	75.8	75.6	75.7	75.4
12-OAc	172.7/	170.9/	170.6/	170.6/	170.5/	3'	76.4	76.4	78.7	75.0	78.7
	22.0	21.8	20.7	21.6	21.6	4'	71.6	71.5	71.3	73.1	71.3
糖-OAc	170.5/	170.3/		170.6/		5'	67.3	67.3	67.1	63.2	67.2
	21.6	21.5		20.9							

表 4-6-96 化合物 4-6-449~4-6-454 的 ^{13}C NMR 数据

C	4-6-449[139]	4-6-450[116]	4-6-451[116]	4-6-452[134]	4-6-453[134]	4-6-454[125]
1	32.0	30.9	31.9	32.5	32.1	32.4
2	30.0	29.6	29.8	30.2	30.0	30.3
3	88.1	88.1	88.1	88.5	88.4	88.3
4	41.2	40.4	41.2	41.4	41.3	42.6
5	47.0	42.7	47.0	47.5	47.5	53.7
6	20.4	21.8	20.3	21.1	20.8	67.4
7	25.7	113.5	25.6	26.2	26.2	38.2
8	45.6	149.2	45.6	48.9	47.3	46.1
9	20.2	21.0	20.1	20.7	19.8	21.1
10	26.8	23.7	26.7	26.6	26.6	29.2
11	36.7	25.3	36.6	26.3	26.4	26.1
12	77.1	32.9	77.1	34.1	33.3	33.2
13	48.8	44.1	48.8	44.6	46.4	46.2
14	47.9	49.8	47.8	48.0	44.8	44.7
15	44.2	43.0	44.1	84.2	44.4	43.7
16	74.5	74.9	74.7	83.9	74.8	74.5
17	56.2	56.9	56.2	54.9	56.7	56.4
18	13.5	22.9	13.5	20.9	20.7	19.5
19	29.5	28.3	29.5	30.6	30.0	29.7
20	23.3	23.7	23.3	23.3	23.7	26.2
21	21.7	20.8	21.3	20.3	20.6	20.6
22	37.6	37.5	37.5	37.7	37.7	42.5
23	105.9	106.2	105.9	106.4	106.2	105.9
24	62.5	62.6	62.5	62.4	62.5	64.1
25	62.3	62.1	62.2	62.1	62.1	63.7
26	67.1	68.0	68.1	68.0	68.0	97.7
27	14.3	14.3	14.3	14.2	14.3	13.2
28	19.7	26.9	19.6	12.7	19.7	20.2
29	25.7	25.8	25.7	25.7	25.7	16.6
30	15.3	14.3	15.3	15.4	15.4	28.7
12-OAc	170.7/21.4					

续表

C	4-6-449[139]	4-6-450[116]	4-6-451[116]	4-6-452[134]	4-6-453[134]	4-6-454[125]
1'	107.5	107.6	107.5	107.5	107.5	107.6
2'	75.6	75.6	72.9	75.6	75.6	75.6
3'	78.7	78.7	74.5	78.6	78.6	78.5
4'	71.3	71.3	69.6	71.3	71.3	71.3
5'	67.2	67.2	66.8	67.1	67.1	67.0

4-6-455 R^1=R^3=H; R^2=OH
4-6-456 R^1=COCH$_2$OH; R^2=OCOCH$_3$; R^3=H
4-6-457 R^1=R^2=H; R^3=Glu

表 4-6-97 化合物 4-6-455~4-6-457 的 ^{13}C NMR 数据[140]

C	4-6-455	4-6-456	4-6-457	C	4-6-455	4-6-456	4-6-457	C	4-6-455	4-6-456	4-6-457
1	33.1	33.2	32.9	19	31.9	31.7	31.8	2	83.2	83.2	83.1
2	30.5	30.3	30.2	20	87.9	86.0	88.4	3	76.7	76.7	76.7
3	89.5	89.4	89.4	21	29.7	28.3	28.2	4	70.8	70.8	70.7
4	42.9	43.0	43.2	22	46.6	44.8	35.3	5	65.8	65.8	65.7
5	54.6	54.3	54.6	23	74.2	76.0	26.1	α-L-Ara			
6	69.2	69.1	69.1	24	90.4	85.6	82.9	1	106.4	106.4	106.2
7	38.8	38.5	38.8	25	71.5	71.0	79.8	2	73.4	73.4	73.3
8	48.5	48.3	48.5	26	26.1	26.0	23.0	3	73.9	73.9	73.8
9	21.5	21.2	21.5	27	27.7	27.0	25.2	4	69.3	69.3	69.3
10	30.2	30.1	30.2	28	28.4	28.3	28.4	5	67.0	67.0	66.9
11	26.6	26.7	26.6	29	15.9	16.0	16.1	β-D-Glu			
12	33.7	33.3	33.6	30	20.0	20.5	20.2	1			98.2
13	45.3	46.3	45.8	OAc		172.1/		2			74.8
14	46.4	46.7	46.9			20.7		3			77.9
15	46.5	46.8	46.3	-OCOCH$_2$OH		173.8/		4			71.1
16	74.3	74.6	74.3			61.3		5			77.3
17	59.4	58.5	58.9	β-D-Xyl				6			62.4
18	21.9	21.1	22.0	1	105.8	105.8	105.6				

4-6-458 R¹=Glu; R²=R⁵=α-H; R³=R⁴=OH
4-6-459 R¹=Glu(1→6)Glu; R²=R⁵=α-H; R³=R⁴=OH
4-6-460 R¹=Xyl; R²=α-H; R³=α-OH; R⁴=R⁵=OAc
4-6-461 R¹=Xyl; R²=α-H; R³=H; R⁴=OH; R⁵=OAc
4-6-462 R¹=Xyl; R²=α-OH; R³=H; R⁴=R⁵=OH
4-6-463 R¹=Xyl; R²=H; R³=OH; R⁴=OH; R⁵=H
4-6-464 R¹=Xyl; R²=β-OH; R³=OH; R⁴=OH; R⁵=H
4-6-465 R¹=Xyl; R²=α-OH; R³=OH; R⁴=OH; R⁵=H
4-6-466 R¹=Xyl; R²=α-OH; R³=OH; R⁴=OAc; R⁵=H
4-6-467 R¹=Xyl; R²=H; R³=OH; R⁴=OH; R⁵=OH
4-6-468 R¹=Xyl; R²=β-OH; R³=H; R⁴=OAc; R⁵=H

4-6-469 R¹=R²=R⁵=Ac; R³=H; R⁴=Glu
4-6-470 R¹=Rha; R²=R³=Ac; R⁴=Xyl; R⁵=H
4-6-471 R¹=Rha; R²=Ac; R³=R⁵=H; R⁴=Xyl
4-6-472 R¹=Rha; R²=R³=R⁵=H; R⁴=Xyl
4-6-473 R¹=R²=R³=H; R⁴=Glu

4-6-474 R¹=α-L-Rha(1→6)-β-D-(2-OAc)-Glu; R²=H
4-6-475 R¹=(2-O-Ac)Xyl; R²=β-D-Glu

4-6-476

4-6-477

4-6-478 R=OH
4-6-479 R=H

4-6-480

表 4-6-98 化合物 4-6-458~4-6-462 的 ¹³C NMR 数据[141]

C	4-6-458	4-6-459	4-6-460	4-6-461	4-6-462	C	4-6-458	4-6-459	4-6-460	4-6-461	4-6-462
1	32.2	32.2	32.2	32.4	32.6	8	47.5	47.6	47.4	48.0	49.5
2	29.9	30.0	30.3	30.1	30.2	9	20.1	20.1	19.8	19.6	20.2
3	88.7	88.6	88.3	88.5	88.6	10	26.7	26.5	26.2	26.8	27.0
4	41.3	41.3	41.2	41.3	41.4	11	26.6	26.7	26.0	26.0	37.3
5	47.9	47.8	46.8	47.5	47.8	12	29.1	29.1	29.6	37.5	73.7
6	20.9	20.9	20.5	21.1	21.5	13	51.8	51.7	52.7	48.0	48.9
7	26.5	26.4	26.6	26.1	26.1	14	46.9	46.9	48.6	47.6	51.7

续表

C	4-6-458	4-6-459	4-6-460	4-6-461	4-6-462	C	4-6-458	4-6-459	4-6-460	4-6-461	4-6-462
15	49.1	49.0	84.8	90.0	89.3	OAc			21.7/	21.5/	
16	72.7	72.7	79.2	79.2	80.9				171.5	171.2	
17	55.7	55.6	53.5	54.3	48.5	OAc			21.4/		
18	65.7	65.7	64.9	21.7	20.7				170.8		
19	30.4	30.4	29.9	30.5	29.7	1'	106.8	106.7	107.3	107.7	107.6
20	86.4	86.4	84.3	86.1	86.5	2'	75.8	75.6	75.3	75.6	75.8
21	26.0	26.0	27.2	28.3	28.6	3'	78.2	78.3	78.4	78.6	78.6
22	36.8	36.8	36.6	34.1	35.8	4'	71.9	71.7	71.1	71.2	71.3
23	24.6	24.5	25.4	24.3	26.1	5'	78.8	77.1	66.9	67.1	67.2
24	85.3	85.2	84.2	84.8	83.5	6'	63.1	70.3			
25	70.8	70.8	70.0	70.1	70.2	1"		105.3			
26	28.2	28.2	27.6	26.5	27.7	2"		75.2			
27	26.5	26.4	28.0	26.4	27.6	3"		78.5			
28	25.8	25.7	25.7	25.7	13.8	4"		71.7			
29	15.4	15.4	15.3	15.4	25.8	5"		78.3			
30	22.6	22.6	14.3	13.5	15.6	6"		62.8			

表 4-6-99　化合物 4-6-463~4-6-468 的 ^{13}C NMR 数据[142]

C	4-6-463	4-6-464	4-6-465	4-6-466	4-6-467	4-6-468
1	32.2	32.4	32.3	32.2	32.4	32.2
2	30.1	30.0	30.1	30.0	30.1	30.0
3	88.5	88.5	88.5	88.4	88.5	88.4
4	41.4	41.3	41.4	41.3	41.3	41.3
5	47.9	47.8	48.0	47.8	47.8	47.5
6	20.9	20.9	21.1	21.1	21.1	20.6
7	26.5	26.3	26.4	26.6	26.8	26.0
8	47.6	46.4	47.4	47.4	48.5	46.4
9	20.2	21.5	20.3	20.0	20.5	20.3
10	26.8	27.0	26.6	26.2	26.7	26.6
11	26.7	39.0	37.8	36.9	26.6	38.1
12	29.2	73.8	69.0	67.9	29.7	72.4
13	51.8	55.6	55.7	55.8	53.1	53.0
14	47.0	49.0	47.4	47.4	49.7	48.3
15	49.1	50.1	50.7	47.0	87.0	45.7
16	72.8	72.8	72.5	75.4	82.6	75.3
17	55.7	58.6	51.1	50.4	53.4	57.8
18	65.8	61.5	63.9	63.3	65.9	13.7
19	30.4	30.9	29.4	29.2	30.5	30.4
20	86.4	86.1	86.5	85.4	86.4	85.0
21	26.0	27.6	28.0	28.7	26.4	28.1
22	36.8	34.0	34.7	34.2	37.0	35.0

续表

C	4-6-463	4-6-464	4-6-465	4-6-466	4-6-467	4-6-468
23	24.6	25.7	26.2	26.0	24.7	25.7
24	85.3	82.7	83.3	83.3	85.4	82.7
25	70.8	70.1	70.4	70.2	70.6	69.7
26	28.3	28.1	27.7	28.2	26.5	28.8
27	26.5	27.3	27.5	27.3	28.4	27.7
28	25.8	25.8	25.8	25.8	25.7	25.8
29	15.4	15.4	15.5	15.4	15.4	15.4
30	22.6	22.5	23.6	22.8	13.6	20.1
OAc				21.6/170.3		21.5/170.2
1'	107.5	107.4	107.5	107.4	107.4	107.5
2'	75.5	75.5	75.6	75.5	75.5	75.5
3'	78.5	78.5	78.5	78.5	78.4	78.5
4'	71.3	71.2	71.3	71.2	71.2	71.2
5'	67.1	67.0	67.1	67.0	67.0	67.0

表 4-6-100 化合物 4-6-469~4-6-473 的 ^{13}C NMR 数据[143]

C	4-6-469	4-6-470	4-6-471	4-6-472	4-6-473	C	4-6-469	4-6-470	4-6-471	4-6-472	4-6-473
1	32.3	32.7	32.7	32.6	32.4	22	37.3	35.8	35.8	35.1	38.8
2	30.2	30.4	30.8	30.2	30.3	23	27.1	27.2	27.3	26.7	25.9
3	89.6	89.2	88.8	87.6	88.8	24	83.3	82.5	82.5	81.8	84.5
4	42.7	43.2	43.3	42.7	42.8	25	71.3	72.1	72.1	71.5	72.0
5	52.6	52.8	52.8	52.1	52.7	26	28.5	29.0	29.5	28.3	27.6
6	79.1	78.5	78.1	77.2	80.1	27	27.2	28.0	28.0	27.4	26.5
7	34.0	34.3	34.4	33.7	35.1	28	28.5	28.7	29.0	27.5	28.9
8	45.4	44.6	44.0	42.7	46.1	29	16.9	17.3	17.5	17.0	16.8
9	22.1	22.1	22.1	21.4	20.3	30	20.3	20.5	20.0	19.6	20.3
10	29.1	29.0	28.8	28.0	29.4	1'	104.5	104.5	106.6	105.8	107.8
11	26.3	27.2	27.1	26.5	26.7	2'	73.6	75.2	77.4	78.0	75.8
12	33.3	34.1	33.6	33.7	33.2	3'	77.3	72.6	79.0	79.6	78.7
13	46.8	46.1	46.1	45.4	46.9	4'	69.3	70.3	69.9	71.2	71.4
14	47.1	47.0	47.0	46.3	46.9	5'	67.2	61.7	67.7	67.0	67.2
15	45.7	46.6	46.4	45.4	47.4	1"	105.4	102.9	103.1	102.0	105.7
16	76.6	74.3	74.3	73.6	83.7	2"	76.1	71.5	72.8	72.6	75.7
17	58.0	59.0	58.9	58.1	59.9	3"	79.7	73.3	73.3	72.6	79.4
18	20.8	21.2	20.9	20.0	21.3	4"	72.3	74.6	74.6	74.3	72.2
19	28.2	27.3	26.3	24.8	29.6	5"	78.8	72.9	71.4	69.8	78.1
20	86.2	88.2	88.2	87.5	87.2	6"	63.5	19.5	19.5	18.9	63.0
21	27.2	29.5	28.4	28.8	26.4	1'''		106.6	106	106	106.6

C	4-6-469	4-6-470	4-6-471	4-6-472	4-6-473	C	4-6-469	4-6-470	4-6-471	4-6-472	4-6-473
2'''		76.2	76.3	75.6	75.7	OAc	170.4/	171.0/	171.5/		
3'''		79.3	79.2	78.4	79.0		21.2	21.2	22.0		
4'''		71.9	72.0	71.6	72.0		170.8/	171.1/			
5'''		67.8	67.1	67.0	78.5		21.3	21.7			
6'''					63.4		171.0/				
							21.7				

表 4-6-101　化合物 4-6-474~4-6-477 的 ^{13}C NMR 数据

C	4-6-474[144]	4-6-475[34]	4-6-476[119]	4-6-477[7]	C	4-6-474[144]	4-6-475[34]	4-6-476[119]	4-6-477[7]
1	32.7	33.1	32.6	32.9	24	85.0	86.3	82.1	177.6
2	29.6	30.3	31.3	37.2	25	70.1	78.9	78.7	
3	88.1	91.6	78.3	216.2	26	27.5	24.9	22.9	
4	42.7	42.7	42.5	49.7	27	28.1	23.4	25.7	
5	53.8	54.3	52.5	46.7	28	20.3	20.8	29.1	22.2
6	68.4	69.7	79.6	31.4	29	29.2	28.7	16.1	20.1
7	37.8	38.9	34.5	70.7	30	16.0	16.3	19.9	19.0
8	46.3	48.6	46.0	54.5	OAc	19.7/170.0	21.1/169.5		
9	20.3	21.8	21.1	20.5		Glu	Xyl	6-Glu	
10	29.6	30.5	29.5	26.6	1'	104.6	104.8	105.0	
11	26.2	27.0	26.3	26.8	2'	79.0	76.0	75.6	
12	33.7	34.1	33.5	32.6	3'	78.5	75.0	79.4	
13	45.5	47.7	45.3	46.5	4'	72.0	71.3	71.9	
14	46.3	47.4	46.2	48.3	5'	77.8	66.6	78.2	
15	47.4	49.1	45.8	36.5	6'	67.6		63.0	
16	73.3	74.4	73.6	22.9		Rha	Glu	25-Glu	
17	58.8	56.2	58.1	54.8	1"	101.0	99.1	99.0	
18	21.7	21.4	21.3	19.0	2"	72.0	75.1	75.2	
19	30.3	32.2	39.4	28.3	3"	71.7	77.7	78.6	
20	86.9	88.7	87.2	88.5	4"	74.8	71.8	71.4	
21	28.8	24.0	27.8	26.5	5"	68.9	77.6	78.1	
22	34.7	27.9	35.1	34.1	6"	17.8	62.8	62.8	
23	26.2	24.2	26.1	28.0					

表 4-6-102　化合物 4-6-478~4-6-480 的 ^{13}C NMR 数据

C	4-6-478[141]	4-6-479[141]	4-6-480[140]	C	4-6-478[141]	4-6-479[141]	4-6-480[140]
1	32.5	32.1	33.1	8	48.6	46.9	48.0
2	30.9	30.9	30.4	9	19.7	18.9	21.3
3	88.5	88.3	89.3	10	27.7	27.5	30.1
4	41.4	41.3	43.0	11	26.5	26.5	27.2
5	47.5	47.4	54.6	12	28.3	28.3	34.2
6	20.5	20.5	69.3	13	46.3	44.3	45.0
7	26.6	26.5	39.1	14	51.4	52.6	45.8

续表

C	4-6-478[141]	4-6-479[141]	4-6-480[140]	C	4-6-478[141]	4-6-479[141]	4-6-480[140]
15	81.6	43.0	43.7	29	15.4	15.4	16.0
16	78.5	73.2	75.5	30	14.6	22.2	20.2
17	56.9	59.3	61.7	OAc	21.4/171.0	21.4/170.3	
18	66.9	66.7	23.5	1'	107.5	107.6	105.8
19	31.9	31.1	33.1	2'	75.6	75.6	83.2
20	87.0	87.2	84.6	3'	78.5	78.6	76.7
21	32.6	32.6	30.1	4'	71.3	71.2	70.8
22	38.0	37.8	43.6	5'	67.1	67.1	65.8
23	30.1	30.0	77.6	1"			106.4
24	114.1	114.1	108.6	2"			73.4
25	72.8	72.8	75.0	3"			73.9
26	25.7	25.7	24.3	4"			69.3
27	25.7	25.7	25.7	5"			67.0
28	25.7	25.8	28.5				

参 考 文 献

[1] Ahmed, Malik A, Ferheen S, et al. Chem Pharm Bull 2006, 54: 103.

[2] Jiang R W, Lane A L, Mylacraine L, et al. J Nat Prod 2008, 71: 1616.

[3] Chen C R, Cheng C W, Pan M H, et al. Chem Pharm Bull, 2007,55: 908.

[4] Majumder P L, Majumder S, S Sen. Phytochemistry, 2003, 62: 591.

[5] Wang X X, Lin C J, Jia Z J. Planta Med, 2006, 72: 764.

[6] Shiono Y, Wara H S, Nazarova M, et al. J Nat Prod, 2007, 70: 948.

[7] Xu L J, Huang F, Chen S B, et al. Chem Pharm Bull, 2006, 54: 542.

[8] Inada A, Ikeda Y, Murata H, et al. Phytochemistry, 2005, 66: 2729.

[9] Wada S, Tanaka R. J Nat Prod, 2000, 63: 1055.

[10] Moraes G, Northcote P T, Silchenko A S, et al. J Nat Prod, 2005, 68: 842.

[11] Wu J, Yi Y H, Tang H F, et al. Planta Med, 2006, 72: 932.

[12] Lan Y H, Wang H Y, Wu C C, et al. Chem Pharm Bull, 2007, 55: 1597.

[13] Zheng Y, Yang X W, J Asian Nat Prod Res, 2008, 10: 289.

[14] Zhou L, Zhang Y, Gapter L A, et al. Chem Pharm Bull, 2008, 56: 1459.

[15] Zheng Y, Yang X W. J Asian Nat Prod Res, 2008, 10: 640.

[16] de Silva E D, van der Sar S A, Santha R G L, et al. J Nat Prod, 2006, 69: 1245.

[17] Gao J J, Min B S, Ahn E M, et al. Chem Pharm Bull, 2002, 50: 837.

[18] Gonz'alez A G, Le'on F, Rivera A, et al. J Nat Prod, 2002, 65, 417.

[19] El dine R S, El halawany A M, NakamurA N, et al. Chem Pharm Bull, 2008, 56: 642.

[20] Stanikunaite R, Radwan M M, Trappe J M, et al. J Nat Prod, 2008, 71: 2077.

[21] Niu X M, Li S H, Xiao W L, et al. J Asian Nat Prod Res, 2007, 9: 659.

[22] Shen C C, Shenm Y C, Wang Y H, et al. Planta Med, 2006, 72: 199.

[23] Yoshikawa K, Inoue M, Matsumoto Y, et al. J Nat Prod, 2005, 68: 69.

[24] Su H J, Day S H, Yang S Z, et al. J Nat Prod, 2002, 65: 79.

[25] Zamuner M L M, Cortez D A G, Dias Filho B P, et al. J Braz Chem Soc, 2005, 16: 863.

[26] Tajia S, Yamadaa T, Ina Y, et al. Helv Chim Acta, 2007, 90: 2047.

[27] Taji S, Yamada T, Tanaka R. Helv Chim Acta, 2008, 91: 1513.

[28] Chang C I, Chen C R, Liao Y W, et al. J Nat Prod, 2008, 71: 1327.

[29] Nakamura S, Murakami T, Nakamura J, et al. Chem Pharm Bull, 2006, 54: 1545.

[30] Harinantenaina L, Tanaka M, Takaoka S, et al. Chem Pharm Bull, 2006, 54: 1017.

[31] Chen J, Tian R, Qiu M, et al. Phytochemistry, 2008, 69: 1043.

[32] Kimura Y, Akihisa T, Yuasa N, et al. J Nat Prod, 2005, 68: 807.

[33] Chang C I, Chen C R, Liao Y W, et al. J Nat Prod, 2006, 69: 1168.

[34] Alaniya M D, Gigoshvili T I, Kavtaradze N S. Chem Nat Compd, 2006, 42: 310.

[35] Clericuzio M, Tabasso S, Bianco M A, et al. J Nat Prod, 2006, 69: 1796.

[36] Chen Z T, Lee S W, C M. Chen Chem Pharm Bull, 2006, 54: 1605.

[37] Chen J C, Zhang G H, Zhang Z Q, et al. J Nat Prod, 2008, 71: 153.

[38] Wang D C, Pan H Y, Deng X M, et al. J Asian Nat Prod Res, 2007, 9: 525.

[39] Ukiya M, Akihisa T, Yasukawa K, et al. J Nat Prod, 2002, 65: 179.

[40] Kanchanapoom T, Kasai R, Yamasaki K. Phytochemistry, 2002, 59: 215.

[41] Chen J C, Niu X M, Li Z R, et al. Planta Med, 2005, 71: 983.

[42] Lim D, Ikeda T, Matsuoka N, et al. Chem Pharm Bull, 2006, 54: 1425.

[43] Li D, Ikeda T, Nohara T, et al. Chem Pharm Bull, 2007, 55: 1082.

[44] Chen Y G , Hai L N, Liao X R, et al. J Nat Prod, 2004, 67: 875.

[45] Wada S I, Iida A, Tanaka R. J Nat Prod, 2002, 65: 1657.

[46] Weber S, Puripattanavong J, Brecht V, et al. J Nat Prod, 2000, 63: 636.

[47] Gao H Y, Wu L J, Nakane T, et al. Chem Pharm Bull, 2008, 56: 554.

[48] Tanaka N, Kitamura A, Mizushina Y, et al. J Nat Prod, 1998, 61: 193.

[49] Min B S, Gao J J, Nakamura N, et al. Chem Pharm Bull, 2000, 48: 1026.

[50] Tanaka R, Kasubuchi K, Kita S, et al. J Nat Prod, 2000, 63: 99.

[51] Iwatsuki K, Akihisa T, Tokuda H, et al. J Nat Prod. 2003, 66: 1582.

[52] Yoshikawa K, Kuroboshi M, Arihara S,et al. Chem Pharm Bull, 2002, 50: 1603.

[53] Shim S H, Ryu J, Kim J S, et al. J Nat Prod, 2004, 67: 1110.

[54] Wang D C, Xiang H, Li D, et al. Phytochemistry, 2008, 69: 1434.

[55] Chang C I, Chen C R, Liao Y W, et al. J Nat Prod, 2008, 71: 1327.

[56] Yoshikawa K,Kouso K,Takahshi T, et al. J Nat Prod, 2005, 68: 911.

[57] Antonov A S, Kalinovsky A I, Stonik V A, et al. J Nat Prod, 2007, 70: 169.

[58] Niedermeyer T H J, Lindequist U, Mentel R, et al. J Nat Prod, 2005, 68: 1728.

[59] Akihisa T, Tagata M, Ukiya M, et al. J Nat Prod, 2005, 68: 559.

[60] Maatooq G T, El Gamal A A H, Furbacher T R, et al. Phytochemistry, 2002, 60: 755.

[61] Sekine T, Kurihara H, Waku M, et al. Chem Pharm Bull, 2002, 50: 645.

[62] Yoshikawa M, Morikawa T, Kobayashi H, et al. Chem Pharm Bull, 2007, 68: 1248.

[63] Wang D C, Xiang H, Li D, et al. Phytochemistry, 2008, 69: 434.

[64] Bhandari P, Kumar N, Singh B, et al. Phytochemistry, 2007, 68: 1248.

[65] Yoshikawa K, Nishimura N, Bando S, et al. J Nat Prod, 2002, 65: 548.

[66] Rukachaisirikul V, Saelim S, Karnsomchoke P, et al. J Nat Prod, 2005, 68: 1222.

[67] Zhao M, Xu L J, Che C T. Phytochemistry, 2008, 69: 527.

[68] Hu X Y, Guo Y Q, Gao W Y, et.al. J Asian Nat Prod Res, 2008, 10: 487.

[69] Jiang Z Y, Zhang X M, Zhang F X, et al. J Chinese Planta Med, 2006, 72: 951.

[70] Kitajima J, Kimizuka K, Tanaka Y. Chem Pharm Bull, 1998,46: 1408.

[71] Miyaichi Y, Segawa A, Tomimori T. Chem Pharm Bull, 2006, 54: 1370.

[72] Ma J, Ye Q, Hua Y, et al. J Nat Prod, 2002, 65: 72.

[73] Evans L, Hedger J N, Brayford D, et al. Phytochemistry, 2006, 67: 2110.

[74] Ren Y L, Yang J S. Yaoxue Xuebao, 2002, 37:440.

[75] Gao H Y, Wu L J, Nakane T, et al. Chem Pharm Bull, 2008, 56: 1352.

[76] Wang N, Li Z L, Song D D, et al. J Nat Prod, 2008, 71: 990.

[77] Ziegenbeinm F C, Hanssen H P, Konig W A. Phytochemistry, 2006, 67: 202.

[78] Pu J X, Yang L M, Xiao W L, et al. Phytochemistry, 2009, 69: 1266.

[79] Pu J X, Huang S X, Ren J, et al. J Nat Prod 2007, 70: 1706.

[80] Pu J X, Xiao W L, Lu Y, et al. Org Lett, 2005, 7: 5079.

[81] Wang W, Liu J, Han J, et al. Planta Med, 2006, 72: 450.

[82] Huang S X, Li R T, Liu J P, et al. Org Lett, 2007, 9: 2079.

[83] Huang S X, Yang J, Huang H, et al. Org Lett, 2007, 9: 4175.
[84] Xiao W L, Huang S X, Zhang L, et al. J Nat Prod, 2006, 69: 650.
[85] Lei C, Huang S X, Chen J J, et al. J Nat Prod, 2008, 71: 1228.
[86] Xiao W L, Li X L, Wang R R, et al. J Nat Prod, 2007, 70:1056.
[87] Xiao W L, Pu J X, Wang R R, et al. Helv Chim Acta, 2007, 90: 1505.
[88] Yang G Y, Xia W L, Chang Y, et al. Helv Chim Acta, 2008, 91: 1871.
[89] Gao X M, Pu J X, Huang S X, et al. J Nat Prod, 2008, 71: 1182.
[90] Xiao W L, Pu J X, Chang Y, et al. Org Lett, 2006, 8: 1475.
[91] Xiao W L, Huang S X, Wang R R, et al. Phytochemistry, 2008, 69: 2862.
[92] Zhou T, Zhang H, Zhu N, et al. Tetrahedron, 2004, 60: 4931.
[93] Chen G F, Tan C H, Li Z L, et al. Helv Chim Acta, 2003, 86: 787.
[94] Fu X, Li X C, Smillie T J, et al. J Nat Prod, 2008, 71: 1749.
[95] Mohamad K, Martin M T, Leroy E. J Nat Prod, 1997, 60: 81.
[96] Weber S, Puripattanavong J, Brecht V, et al. J Nat Prod, 2000, 63: 636.
[97] Hossain C F, Jacob M R, Clark A M, et al. J Nat Prod, 2003, 66: 398.
[98] Shen T, Wan W Z, Yuan H Q, et al. Phytochemistry, 2007, 68: 1331.
[99] Shen T, Yuan H Q, Wan W Z, et al. J Nat Prod, 2008, 71: 81.
[100] Yoshimitsu H, Nishida M, Nohara T. Chem Pharm Bull, 2008, 56: 1625.
[101] Wang W, Liu J, Han J, et al. Planta Med, 2006, 72: 450.
[102] Gutierrez-Lugo M T, Singh M P, Maiese W M, et al. J Nat Prod, 2002, 65: 872.
[103] Zhang H J, Tan G T, Hoang V D, et al. J Nat Prod, 2003, 66: 263.
[104] Radwan M M, Ei-Sebakhy N A, Asaad A M, et al. Phytochemistry, 2004, 65: 2909.
[105] Cabrera G M, Gallo M, Seldes A M. J Nat Prod, 1996, 59: 343.
[106] Kubo H, Ohtani K, Kasai R, et al. Phytochemistry, 1996, 41: 1169.
[107] Kitajima J, Kimizuka K, Tanaka Y, Chem Pharm Bull, 1998,46: 1408.
[108] Luo H L, Li Q L, Yu S G, et al. J Nat Prod, 2005, 68: 94.
[109] Manoharan K P, Benny T K H, Yang D. Phytochemistry, 2005, 66: 2304.
[110] Haba H, Lavaud C, Harkat H, et al. Phytochemistry, 2007, 68: 1255.
[111] Akihisa T, Kimura Y, Kokke W C M C, et al. Chem Pharm Bull, 1997, 45: 744.
[112] Zhao Z, Matsunamik K, Otsuka H, et al. Chem Pharm Bull, 2008, 56: 1153.
[113] Xiang W S, Wang J D, Wang X J, et al. J Asian Nat Prod Res, 2008, 10: 1071.
[114] Zhang C R, Yang S P, Zhu Q, et al. J Nat Prod, 2007, 70: 1616.
[115] Joycharat N, Greger H, Hofer O, et al. Phytochemistry, 2008, 69: 206.
[116] Chen S N, Fabricant D S, Lu Z Z, et al. J Nat Prod, 2002, 65: 1391.
[117] Ju J H, Lin G, Yang J S, et al. Yaoxue Xuebao, 2002, 37: 788.
[118] Li N, Li X, Li X Z, et al. J Asian Nat Prod Res, 2008, 10: 119.
[119] Kim J S, Yean M H, Lee E J, et al. Chem Pharm Bull, 2008, 56: 105.
[120] Calis M, Zar I, Saracoglu A, et al. J Nat Prod, 1996, 59: 1019.
[121] Zhang P, Cheng Y Y, Ma Z J. J Asian Nat Prod Res, 2008, 10: 1069.
[122] Yoshikawa K, Katsuta S, Mizumor J, et al. J Nat Prod, 2000, 63: 1377.
[123] Kusano A, Shibano M, Tsukamoto D, et al. Chem Pharm Bull, 2001, 49: 437.
[124] Ali Z, Khan S I, Fronczek F R, et al. Phytochemistry, 2007, 68: 373.
[125] Choudhary M I, Jan S, Abbaskhan A, et al. J Nat Prod, 2008, 71: 1557.
[126] Liu Y, Chen D, Si J, et al. J Nat Prod, 2002, 65: 1486.
[127] Radwan M M, Farooq A, El-Sebakhy N A, et al. J Nat Prod, 2004, 67: 487.
[128] Perrone A, Masullo M, Bassarello C, et al. Tetrahedron, 2008, 64: 5061.
[129] Ali Z, Khan S I, Pawar R S, et al. J Nat Prod, 2007, 70: 107.
[130] Ali Z, Khan S I, Khan I A. Planta Med, 2006, 72: 1350.
[131] Pan R L, Chen D H, Si J Y, et al. J Asian Nat Prod Res, 2007, 9: 97.
[132] Kusanno A, Shibano M, Kusano G, et al. Chem Pharm Bull, 1996, 44: 2078.
[133] Kusanno A, Shibano M, Kusano G. Chem Pharm Bull, 1996, 44: 167.
[134] Zhou L, Yang J S, Tu G Z, et al. Chem Pharm Bull, 2006, 54: 823.

[135] Yoshimitsu H, Nishida M, Sakaguchi M, et al. Chem Pharm Bull, 2006, 54: 1322.

[136] Zhang Q W, Ye W C, Hsiao W W L, et al. Chem Pharm Bull, 2001, 49: 1468.

[137] Mimaki Y, Nadaoka I, Yasue M, et al. J Nat Prod, 2006, 69: 829.

[138] Zhu N, Jiang Y, Wang M, et al. J Nat Prod, 2001, 64: 627.

[139] Chen S N, Li W, Fabricant D S, et al. J Nat Prod, 2002, 65: 601.

[140] Calıs I, Donmez A A, Perrone A, et al. Phytochemistry, 2008, 69: 2634.

[141] Ju J H, Liu D, Lin G , et al. J Nat Prod, 2002, 65: 147.

[142] Ju J H, Liu D, Lin G , et al. J Nat Prod, 2002, 65: 42.

[143] Bedir E, Tatli I I, Calis I, et al. Chem Pharm Bull, 2001, 49: 1482.

[144] Alaniya M D, Chkadua N F, Gigoshvili T I, et al. Chem Nat Compd, 2006, 42: 445.

第七节　四环三萜-达玛烷型化合物

表 4-7-1　四环三萜-达玛烷型化合物的名称、分子式和测试溶剂

编号	名称	分子式	测试溶剂	参考文献
4-7-1	methylisofoveolate B	$C_{31}H_{54}O_5$	C	[1]
4-7-2	methylfoveolate B	$C_{31}H_{54}O_5$	C	[1]
4-7-3	aglasilvinic acid	$C_{32}H_{56}O_6$	C	[1]
4-7-4	silvaglin A	$C_{30}H_{48}O_4$	C	[1]
4-7-5	isosilvaglin A	$C_{30}H_{48}O_4$	C	[1]
4-7-6	pregnacetal	$C_{23}H_{38}O_5$	C	[1]
4-7-7	cylindrictone A	$C_{30}H_{48}O_3$	C	[2]
4-7-8	24(Z)-3-oxodammara-20(21),24-dien-27-oic acid	$C_{30}H_{46}O_3$	C	[3]
4-7-9	(20S)-dammara-13(17),24-dien-3-one	$C_{30}H_{48}O$	C	[4]
4-7-10	(20R)-dammara-13(17),24-dien-3-one	$C_{30}H_{48}O$	C	[4]
4-7-11	(11R,20R)-11,20-dihydroxy-24-dammaren-3-one	$C_{30}H_{50}O_3$	C	[5]
4-7-12	15α-hydroxymansumbinone	$C_{22}H_{34}O_2$	C	[6]
4-7-13	28-acetoxy-15α-hydroxymansumbinone	$C_{24}H_{36}O_4$	C	[6]
4-7-14	meliastatin 1	$C_{30}H_{48}O_3$	C	[7]
4-7-15	meliastatin 2	$C_{31}H_{49}O_5$	C	[7]
4-7-16	meliastatin 3	$C_{31}H_{48}O_6$	C	[7]
4-7-17	meliastatin 4	$C_{31}H_{48}O_5$	C	[7]
4-7-18	meliastatin 5	$C_{30}H_{48}O_3$	C	[7]
4-7-19	3,24-dioxotirucall-7-en	$C_{30}H_{48}ClO_2$	C	[8]
4-7-20	5α-acetoxy-1β,8α-bis-cinnamoyl-4α-hydroxydihydroagarofuran	$C_{35}H_{40}O_8$	C	[8]
4-7-21	cylindrictone B	$C_{27}H_{40}O_4$	C	[3]
4-7-22	cylindrictone C	$C_{28}H_{46}O_4$	C	[3]
4-7-23	cylindrictone D	$C_{27}H_{42}O_3$	C	[3]
4-7-24	cylindrictone E	$C_{24}H_{38}O_3$	C	[3]
4-7-25	cylindrictone F	$C_{22}H_{32}O_2$	C	[3]
4-7-26	(20S,24S)-20,24-epoxy-24-methoxy-23(24→25) abeodammaran-3-one	$C_{31}H_{52}O_3$	C	[9]
4-7-27	24,25-epoxy-3-oxotirucall-8-en-23-ol	$C_{30}H_{48}O_4$	C	[10]
4-7-28	20,22-epoxyeupha-24-en-3-one	$C_{30}H_{48}O_2$	C	[11]

续表

编号	名称	分子式	测试溶剂	参考文献
4-7-29	3,23-dioxotirucalla-7,24-dien-21-al	$C_{30}H_{44}O_3$	C	[12]
4-7-30	turrapubesol B	$C_{38}H_{52}O_6$	C	[13]
4-7-31	turrapubesol C	$C_{38}H_{52}O_6$	C	[13]
4-7-32	octa-*nor*-13-hydroxydammar-1-en-3,17-dione	$C_{22}H_{32}O_3$	C	[3]
4-7-33	munronoside Ⅰ	$C_{48}H_{76}O_{20}$	M	[14]
4-7-34	munronoside Ⅲ	$C_{50}H_{78}O_{21}$	P	[14]
4-7-35	munronoside Ⅱ	$C_{48}H_{78}O_{20}$	M	[14]
4-7-36	munronoside Ⅳ	$C_{50}H_{80}O_{21}$	M	[14]
4-7-37	azadironolide	$C_{28}H_{36}O_6$	C	[15]
4-7-38	isoazadironolide	$C_{28}H_{36}O_6$	C	[15]
4-7-39	azadiradionolide	$C_{28}H_{34}O_6$	C	[15]
4-7-40	walsurin	$C_{27}H_{34}O_5$	C	[16]
4-7-41	20,22-dihydro-22,23-epoxywalsuranolide	$C_{26}H_{30}O_7$	C	[16]
4-7-42	isowalsuranolide	$C_{26}H_{30}O_7$	P	[16]
4-7-43	walsuranolide	$C_{26}H_{30}O_7$	P	[16]
4-7-44	11β-acetoxywalsuranolide	$C_{28}H_{32}O_9$	P	[16]
4-7-45	11β-hydrocedrelone	$C_{26}H_{30}O_6$	C	[16]
4-7-46	11β-hydroxydihydrocedrelone	$C_{26}H_{32}O_5$	P	[16]
4-7-47	11β-acetoxydihydrocedrelone	$C_{28}H_{34}O_7$	C	[16]
4-7-48	21α,25-dimethylmelianodiol	$C_{32}H_{52}O_5$	$(CD_3)_2SO$	[17]
4-7-49	21β,25-dimethylmelianodiol	$C_{32}H_{52}O_5$	$(CD_3)_2SO$	[17]
4-7-50	alismaketone-A 23-acetate	$C_{32}H_{50}O_6$	C	[18]
4-7-51	alisol H	$C_{30}H_{46}O_4$	C	[19]
4-7-52	alisol I	$C_{30}H_{46}O_3$	C	[19]
4-7-53	alisol J-23-acetate	$C_{32}H_{46}O_6$	C	[19]
4-7-54	alisol K-23-acetate	$C_{32}H_{46}O_6$	C	[19]
4-7-55	alisol L-23-acetate	$C_{32}H_{46}O_5$	C	[19]
4-7-56	alisol M-23-acetate	$C_{32}H_{48}O_7$	C	[19]
4-7-57	alisol N-23-acetate	$C_{32}H_{50}O_6$	C	[19]
4-7-58	isofouquierone peroxide	$C_{30}H_{50}O_4$	C	[20]
4-7-59	fouquierone	$C_{30}H_{50}O_3$	C	[20]
4-7-60	dyvariabilin A	$C_{30}H_{46}O_3$	C	[21]
4-7-61	dyvariabilin B	$C_{30}H_{48}O_4$	C	[21]
4-7-62	dyvariabilin C	$C_{30}H_{48}O_4$	A	[21]
4-7-63	dyvariabilin D	$C_{30}H_{46}O_4$	A	[21]
4-7-64	dyvariabilin E	$C_{30}H_{48}O_4$	A	[21]
4-7-65	dyvariabilin F	$C_{31}H_{50}O_4$	A	[21]
4-7-66	dyvariabilin H	$C_{30}H_{46}O_2$	A	[21]
4-7-67	elabunin	$C_{30}H_{48}O_2$	C	[22]
4-7-68	aglaiabbreviatin E	$C_{30}H_{48}O_2$	C	[23]
4-7-69	(11R,20R)-11,20-dihydroxy-24-dammaren-3-one	$C_{30}H_{52}O_4$	C	[5]

续表

编号	名称	分子式	测试溶剂	参考文献
4-7-70	(17S,20R,24R)-17,25-dihydroxy-20,24-epoxy-14(18)-malabaricen-3-one	$C_{30}H_{52}O_5$	C	[5]
4-7-71	(17R,20S,24R)-17,25-dihydroxy-20,24-epoxy-14(18)-malabaricen-3-one	$C_{30}H_{50}O_4$	C	[5]
4-7-72	cordianol E	$C_{30}H_{46}O_5$	C	[24]
4-7-73	cordianol G	$C_{30}H_{48}O_4$	C	[24]
4-7-74	cordianol H	$C_{30}H_{48}O_4$	C	[24]
4-7-75	panaxadione	$C_{30}H_{48}O_5$	C	[25]
4-7-76	aglaiabbreviatin A	$C_{27}H_{40}O_3$	C	[23]
4-7-77	aglaiabbreviatin D	$C_{30}H_{48}O_2$	C	[23]
4-7-78	gentirigenic acid	$C_{30}H_{50}O_7$	P	[26]
4-7-79	gentirigeoside A	$C_{36}H_{60}O_{12}$	P	[26]
4-7-80	gentirigeoside B	$C_{42}H_{70}O_{17}$	P	[26]
4-7-81	gentirigeoside C	$C_{42}H_{70}O_{17}$	P	[26]
4-7-82	dubione A	$C_{30}H_{44}O_4$	C	[7]
4-7-83	dubione B	$C_{30}H_{44}O_4$	C	[7]
4-7-84	gentirigeoside D	$C_{36}H_{60}O_{13}$	P	[26]
4-7-85	gentirigeoside E	$C_{42}H_{70}O_{16}$	P	[26]
4-7-86	(3α,20S,24S)-20,24-epoxy-24-methoxy-23(24→25)abeo-dammaran-3-ol-acetate	$C_{33}H_{56}O_4$	C	[9]
4-7-87	oligantha A	$C_{46}H_{82}O_4$	C	[27]
4-7-88	21,25-cyclodammar-20(22)-ene-3β,24α-diol	$C_{30}H_{50}O_2$	C	[28]
4-7-89	santolin A	$C_{30}H_{50}O_5$	C	[29]
4-7-90	santolin B	$C_{30}H_{48}O_4$	C	[29]
4-7-91	santolin C	$C_{37}H_{54}O_8$	C	[29]
4-7-92	3-acetyl-24-*epi*-polacandrin	$C_{32}H_{54}O_6$	C	[30]
4-7-93	1,3-diacetyl-24-*epi*-polacandrin	$C_{34}H_{56}O_7$	C	[30]
4-7-94	ovalifoliolide B	$C_{30}H_{48}O_4$	C	[31]
4-7-95	(21R,23S)-epoxy-21α-methoxy-7α,24,25-trihydroxy-4α,4β,8β,10β-tetramethyl-25-dimethyl-14,18-cyclo-5α,13α,14α,17α-cholestan-3β-N-methylanthranilic acid ester	$C_{39}H_{59}NO_7$	$(CD_3)_2SO$	[17]
4-7-96	(21R,23S)-epoxy-21α-methoxy-7α,24,25-trihydroxy-4α,4β,8β,10β-tetramethyl-25-dimethyl-14,18-cyclo-5α,13α,14α,17α-cholestan-3β-N-methylanthranilic acid ester	$C_{39}H_{59}NO_7$	$(CD_3)_2SO$	[17]
4-7-97	(21,23S)-epoxy-7α,21,24,25-tetrahydroxy-4R,4β,8β,10β-tetramethyl-25-dimethyl-14,18 -cyclo-5α,13α,14α,17α-cholestan-3β-N-methylanthranilicacid ester	$C_{38}H_{57}NO_7$	$(CD_3)_2SO$	[17]
4-7-98	acutissimatriterpene A	$C_{40}H_{50}O_8$	C	[32]
4-7-99	acutissimatriterpene B	$C_{39}H_{50}O_6$	C	[32]
4-7-100	acutissimatriterpene C	$C_{40}H_{50}O_8$	C	[32]
4-7-101	acutissimatriterpene D	$C_{39}H_{50}O_6$	C	[32]
4-7-102	acutissimatriterpene E	$C_{40}H_{52}O_9$	C	[32]
4-7-103	argentinic acid A methyl ester	$C_{37}H_{60}O_7$	C	[33]

编号	名称	分子式	测试溶剂	参考文献
4-7-104	argentinic acid B methyl ester	$C_{36}H_{58}O_7$	C	[33]
4-7-105	argentinic acid C methyl ester	$C_{37}H_{58}O_7$	C	[33]
4-7-106	argentinic acid D methyl ester	$C_{43}H_{68}O_{10}$	C	[33]
4-7-107	argentinic acid E methyl ester	$C_{42}H_{68}O_{10}$	C	[33]
4-7-108	argentinic acid F methyl ester	$C_{42}H_{68}O_{10}$	C	[33]
4-7-109	argentinic acid G methyl ester	$C_{43}H_{70}O_{10}$	C	[33]
4-7-110	argentinic acid H methyl ester	$C_{43}H_{68}O_{10}$	C	[33]
4-7-111	argentinic acid I methyl ester	$C_{35}H_{52}O_7$	C	[33]
4-7-112	meliavolkinin	$C_{35}H_{42}O_7$	C	[34]
4-7-113	melianin C	$C_{37}H_{48}O_8$	C	[34]
4-7-114	melianin B	$C_{41}H_{58}O_9$	C	[34]
4-7-115	agladupol A	$C_{31}H_{52}O_6$	C	[35]
4-7-116	agladupol B	$C_{33}H_{54}O_7$	C	[35]
4-7-117	agladupol C	$C_{33}H_{54}O_7$	C	[35]
4-7-118	agladupol D	$C_{31}H_{52}O_5$	C	[35]
4-7-119	agladupol E	$C_{31}H_{52}O_5$	C	[35]
4-7-120	ambylone	$C_{27}H_{42}O_4$	C	[36]
4-7-121	cleoamblynol A	$C_{31}H_{46}O_7$	C	[36]
4-7-122	3α-cleoamblynol A	$C_{31}H_{46}O_7$	C	[36]
4-7-123	cleoamblynol B	$C_{33}H_{48}O_9$	C	[36]
4-7-124	simaroubin A	$C_{30}H_{48}O_5$	C	[10]
4-7-125	simaroubin B	$C_{37}H_{48}O_9$	C	[10]
4-7-126	simaroubin C	$C_{34}H_{46}O_9$	C	[10]
4-7-127	simaroubin D	$C_{34}H_{46}O_9$	C	[10]
4-7-128	octanorsimaroubin A	$C_{22}H_{30}O_3$	C	[10]
4-7-129	luvungin A	$C_{32}H_{48}O_7$	C	[37]
4-7-130	luvungin B	$C_{33}H_{50}O_7$	C	[37]
4-7-131	1α-acetoxyluvungin A	$C_{34}H_{50}O_9$	C	[37]
4-7-132	luvungin C	$C_{30}H_{46}O_5$	C	[37]
4-7-133	luvungin D	$C_{34}H_{52}O_9$	C	[37]
4-7-134	luvungin E	$C_{32}H_{48}O_7$	C	[37]
4-7-135	luvungin F	$C_{32}H_{48}O_7$	C	[37]
4-7-136	luvungin G	$C_{34}H_{50}O_8$	C	[37]
4-7-137	sapimukoside E	$C_{54}H_{88}O_{20}$	P	[38]
4-7-138	sapimukoside F	$C_{54}H_{88}O_{20}$	P	[38]
4-7-139	sapimukoside G	$C_{53}H_{86}O_{20}$	P	[38]
4-7-140	sapimukoside H	$C_{55}H_{90}O_{20}$	P	[38]
4-7-141	sapimukoside I	$C_{54}H_{88}O_{20}$	P	[38]
4-7-142	sapinmusaponins Q	$C_{43}H_{70}O_{13}$	M	[39]
4-7-143	sapinmusaponins R	$C_{49}H_{80}O_{17}$	M	[39]
4-7-144	3β-acetyl-20S,24R-dammar-25-ene-24-hydroperoxy-20-ol	$C_{32}H_{54}O_5$	C	[40]
4-7-145	20S,24R-dammar-25-ene-24-hydroperoxy-3β,20-diol	$C_{30}H_{52}O_4$	C	[40]

编号	名称	分子式	测试溶剂	参考文献
4-7-146	foliasalacin A1	$C_{31}H_{54}O_2$	C	[41]
4-7-147	foliasalacin A2	$C_{31}H_{54}O_2$	C	[41]
4-7-148	foliasalacin A3	$C_{31}H_{52}O_2$	C	[41]
4-7-149	foliasalacin A4	$C_{31}H_{54}O_2$	C	[41]
4-7-150	sapinmusaponin O	$C_{42}H_{72}O_{12}$	M	[42]
4-7-151	sapinmusaponin P	$C_{42}H_{72}O_{12}$	M	[42]
4-7-152	floralginsenoside A	$C_{42}H_{72}O_{16}$	P	[43]
4-7-153	floralginsenoside B	$C_{42}H_{72}O_{16}$	P	[43]
4-7-154	floralginsenoside C	$C_{41}H_{70}O_{15}$	P	[43]
4-7-155	floralginsenoside D	$C_{41}H_{70}O_{15}$	P	[43]
4-7-156	floralginsenoside E	$C_{42}H_{72}O_{15}$	P	[43]
4-7-157	floralginsenoside F	$C_{42}H_{72}O_{15}$	P	[43]
4-7-158	bruguierin A	$C_{48}H_{86}O_4$	C	[44]
4-7-159	bruguierin B	$C_{48}H_{86}O_4$	C	[44]
4-7-160	bruguierin C	$C_{48}H_{86}O_4$	C	[44]
4-7-161	cereotagaloperoxide	$C_{30}H_{52}O_4$	C	[45]
4-7-162	cereotagalol A	$C_{30}H_{52}O_4$	C	[45]
4-7-163	cereotagalol B	$C_{30}H_{52}O_4$	C	[45]
4-7-164	3β,20(S),24(S)-trihydroxyldammar-25-ene 3-caffeate	$C_{39}H_{58}O_6$	D	[46]
4-7-165	3β,20(S),24(R)-trihydroxyldammar-25-ene 3-caffeate	$C_{39}H_{58}O_6$	D	[46]
4-7-166	3β,20(S),25-trihydroxyldammar-23(Z)-ene 3-caffeate	$C_{39}H_{58}O_6$	D	[46]
4-7-167	3β,20S-dihydroxydammar-24-en-21,28-dioic acid 3-O-[β-D-glucopyranosyl(1→3)-α-L-arabinopyranosyl]-21-O-β-D-glucopyranoside	$C_{47}H_{76}O_{20}$	P	[47]
4-7-168	3β,20S-dihydroxydammar-24-en-21,28-dioic acid 3-O-{[α-L-rhamnopyranosyl(1→2)][α-L-rhamnopyranosyl(1→6)-β-D-glucopyranosyl-(13)]-α-L-arabinopyranosyl}-21-O-β-D-glucopyranoside	$C_{59}H_{96}O_{28}$	P	[47]
4-7-169	3β,20S-dihydroxydammar-24-en-21,28-dioic acid 3-O-{[α-L-rhamnopyranosyl(1→2)][β-D-glucopyranosyl(1→3)]-α-L-arabinopyranosyl}-21-O-β-D-glucopyranoside	$C_{53}H_{86}O_{24}$	P	[47]
4-7-170	methyl 3α,24S-dihydroxytirucalla-8,25-dien-21-oate	$C_{31}H_{50}O_4$	C	[48]
4-7-171	methyl 3α-hydroxy-24-oxotirucalla-8,25-dien-21-oate	$C_{31}H_{48}O_4$	C	[48]
4-7-172	3α,24S,25-trihydroxytirucall-8-en-21-oic acid	$C_{30}H_{50}O_5$	C	[48]
4-7-173	3α,24R,25-trihydroxytirucall-8-en-21-oic acid	$C_{30}H_{50}O_5$	C	[48]
4-7-174	3α,25-dihydroxytirucall-8-en-21-oic acid	$C_{30}H_{50}O_4$	C	[48]
4-7-175	methyl 3α,25-dihydroxytirucall-8-en-21-oate	$C_{31}H_{52}O_4$	C	[48]
4-7-176	methyl 3α-hydroxy-25,26,27-trinor-24-oxotirucall-8-en-21-oate	$C_{28}H_{44}O_4$	C	[48]
4-7-177	3α,25-dihydroxy-24-(2-hydroxyethyl)-tirucall-8-en-21-oic acid	$C_{32}H_{54}O_5$	C	[48]
4-7-178	3β,20S,25-trihydroxydammar-23-en-21,28-dioic acid 3-O-{[α-L-rhamnopyranosyl(1→2)][α-L-rhamnopyranosyl(1→6)-β-D-glucopyranosyl(1→3)]-α-L-arabinopyranosyl}-21-O-β-D-glucopyranoside	$C_{59}H_{96}O_{29}$	P	[47]

续表

编号	名称	分子式	测试溶剂	参考文献
4-7-179	3β,20S,24S-trihydroxydammar-25-ene-21,28-dioic acid 3-O-{-[α-L-rhamnopyranosyl(1→2)][α-L-rhamnopyranosyl(1→6)-β-D-glucopyranosyl(1→3)]-α-L-arabinopyranosyl}-21-O-β-D-glucopyranoside	$C_{59}H_{96}O_{29}$	P	[47]
4-7-180	*trans*-securinegin	$C_{40}H_{62}O_5$	C	[49]
4-7-181	*cis*-securinegin	$C_{40}H_{62}O_5$	C	[49]
4-7-182	3β-acetoxy-(20R,22E,24RS)-20,24-dimethoxydammar-22-en-25-ol	$C_{34}H_{58}O_3$	C	[50]
4-7-183	3β-acetoxy-(20S,22E,24RS)-20,24-dimethoxydammar-22-en-25-ol	$C_{34}H_{58}O_3$	C	[50]
4-7-184	floralginsenoside M	$C_{56}H_{96}O_{22}$	P	[43]
4-7-185	floralginsenoside N	$C_{53}H_{90}O_{22}$	P	[43]
4-7-186	floralginsenoside O	$C_{53}H_{90}O_{24}$	P	[43]
4-7-187	floralginsenoside P	$C_{53}H_{90}O_{23}$	P	[43]
4-7-188	3β-acetoxy-16β,20(S),25-trihydroxydammar-23-ene	$C_{30}H_{54}O_5$	C	[51]
4-7-189	(20S)-3β-acetoxy-12β,16β-trihydroxydammar-24-ene	$C_{32}H_{54}O_5$	C	[52]
4-7-190	(20S)-3β-acetoxy-12β,16β-tetrahydroxydammar-23-ene	$C_{33}H_{56}O_6$	C	[52]
4-7-191	(20S)-3β,12β,16β,25-pentahydroxydammar-23-ene	$C_{31}H_{54}O_5$	C	[52]
4-7-192	trilocularol A	$C_{31}H_{54}O_5$	M	[53]
4-7-193	notoginsenoside Rw1	$C_{46}H_{78}O_{17}$	P	[43]
4-7-194	notoginsenoside Rw2	$C_{41}H_{70}O_{14}$	P	[43]
4-7-195	notoginsenoside FP1	$C_{47}H_{80}O_{18}$	P	[54]
4-7-196	notoginsenoside FP2	$C_{58}H_{98}O_{26}$	P	[54]
4-7-197	probosciderol A	$C_{30}H_{52}O_4$	C	[55]
4-7-198	probosciderol B	$C_{30}H_{52}O_4$	C	[55]
4-7-199	probosciderol C	$C_{30}H_{50}O_4$	C	[55]
4-7-200	probosciderol D	$C_{30}H_{52}O_5$	C	[55]
4-7-201	probosciderol E	$C_{30}H_{52}O_5$	C	[55]
4-7-202	probosciderol F	$C_{30}H_{52}O_6$	C	[55]
4-7-203	probosciderol G	$C_{30}H_{52}O_6$	C	[55]
4-7-204	probosciderol H	$C_{30}H_{52}O_6$	C	[55]
4-7-205	probosciderol I	$C_{30}H_{52}O_6$	C	[55]
4-7-206	probosciderol J	$C_{30}H_{52}O_5$	C	[55]
4-7-207	probosciderol K	$C_{30}H_{52}O_5$	C	[55]
4-7-208	probosciderol L	$C_{30}H_{52}O_6$	C	[55]
4-7-209	3β,16β,20(S),25-tetrahydroxydammar-23-ene	$C_{30}H_{52}O_4$	C	[51]
4-7-210	turrapubesol A	$C_{30}H_{50}O_3$	C	[13]
4-7-211	ginsenoside-Rh5	$C_{36}H_{60}O_9$	P	[56]
4-7-212	ginsenoside-Rh6	$C_{36}H_{62}O_{11}$	P	[56]
4-7-213	ginsenoside-Rh7	$C_{36}H_{60}O_9$	P	[56]
4-7-214	ginsenoside-Rh8	$C_{36}H_{60}O_9$	P	[56]

续表

编号	名称	分子式	测试溶剂	参考文献
4-7-215	ginsenoside-Rh9	$C_{36}H_{60}O_9$	P	[56]
4-7-216	ginsenoside-Rg7	$C_{42}H_{72}O_{14}$	P	[56]
4-7-217	dyvariabilin G	$C_{30}H_{50}O_3$	C	[21]
4-7-218	sinetirucallol	$C_{31}H_{52}O$	C	[57]
4-7-219	ginsenoside Rh5	$C_{37}H_{62}O_9$	P	[58]
4-7-220	vina-ginsenoside R25	$C_{42}H_{70}O_{15}$	P	[58]
4-7-221	notoginsenoside L	$C_{53}H_{90}O_{22}$	P	[59]
4-7-222	notoginsenoside M	$C_{48}H_{82}O_{19}$	P	[59]
4-7-223	notoginsenoside N	$C_{48}H_{82}O_{19}$	P	[59]
4-7-224	betulatriterpene C 3-acetate	$C_{32}H_{54}O_5$	C	[55]
4-7-225	3α,6β,25-trihydroxy-20(S),24(S)-epoxydammarane	$C_{30}H_{52}O_4$	C	[60]
4-7-226	3α-acetoxy-6β,25-dihydroxy-20(S),24(S)-epoxydammarane	$C_{30}H_{54}O_5$	C	[60]
4-7-227	dammara-17Z, 21-diene	$C_{30}H_{50}$	C	[61]
4-7-228	(E)-25-hydroperoxy-3β-hydroxydammar-20,23-diene	$C_{30}H_{50}O_3$	C	[62]
4-7-229	(20S)-3β,20,23ε-trihydroxydammar-24-en-2l-oic acid-21,23-lactone	$C_{47}H_{76}O_{17}$	C	[63]
4-7-230	(20R)-3β,20,23ε-trihydroxydammar-24-en-2l-oic acid-21,23-lactone	$C_{47}H_{76}O_{17}$	C	[63]
4-7-231	(20S)-dammar-23-ene-3β-20,25,25-tetrol	$C_{53}H_{96}O_{22}$	C	[63]
4-7-232	hovenidulcioside A1	$C_{44}H_{68}O_{16}$	C	[64]
4-7-233	hovenidulcioside A2	$C_{38}H_{58}O_{12}$	C	[64]
4-7-234	hovenidulcioside B1	$C_{44}H_{70}O_{16}$	C	[64]
4-7-235	hovenidulcioside B2	$C_{38}H_{60}O_{12}$	C	[64]
4-7-236	gentinone A	$C_{35}H_{52}O_7$	C	[65]
4-7-237	gentinone B	$C_{37}H_{54}O_8$	C	[65]
4-7-238	gentinone C	$C_{35}H_{54}O_8$	C	[65]
4-7-239	gentinone D	$C_{37}H_{56}O_9$	C	[65]
4-7-240	gentinin	$C_{35}H_{54}O_9$	C	[65]
4-7-241	foliasalacin B2	$C_{30}H_{50}O_2$	C	[41]
4-7-242	foliasalacin C	$C_{30}H_{50}O_2$	C	[41]
4-7-243	24-hydroxychiisanogenin	$C_{30}H_{44}O_6$	P	[66]
4-7-244	22α-hydroxychiisanogenin	$C_{30}H_{44}O_6$	P	[66]
4-7-245	alismalactone 23-acetate	$C_{32}H_{48}O_7$	C	[18]
4-7-246	ovalifoliolide A	$C_{30}H_{48}O_3$	C	[31]
4-7-247	viburnudienone B1 methyl ester	$C_{31}H_{46}O_5$	C	[67]
4-7-248	viburnudienone B2 methyl ester	$C_{31}H_{46}O_5$	C	[67]
4-7-249	viburnudienone H1	$C_{30}H_{46}O_4$	C	[67]
4-7-250	viburnudienone H2	$C_{30}H_{46}O_4$	C	[67]
4-7-251	viburnenone B1 methyl ester	$C_{31}H_{48}O_6$	C	[67]
4-7-252	viburnenone B2 methyl ester	$C_{31}H_{48}O_6$	C	[67]
4-7-253	3β-acetoxy-22,23,24,25,26,27-hexanordammaran-20-one	$C_{26}H_{42}O_3$	C	[50]
4-7-254	3β-acetoxy-20,21,22,23,24,25,26,27-octanordammaran-20-one	$C_{24}H_{40}O_3$	C	[50]
4-7-255	polacandrin	$C_{30}H_{52}O_5$	C	[68]
4-7-256	aglaiabbreviatin B	$C_{27}H_{40}O_3$	C	[23]

续表

编号	名称	分子式	测试溶剂	参考文献
4-7-257	(20R)-dammar-25-ene-3β,20,21,24ξ-tetrol	$C_{54}H_{92}O_{22}$	M	[63]
4-7-258	3β,16β,20(S),25-tetrahydroxydammar-23-ene	$C_{30}H_{52}O_4$	C	[69]
4-7-259	3β-acetoxy-16β,20(S),25-trihydroxydammar-23-ene	$C_{32}H_{54}O_5$	C	[69]
4-7-260	aglaiabbreviatin C	$C_{24}H_{40}O_2$	C	[23]
4-7-261	aglaiabbreviatin F	$C_{32}H_{54}O_5$	C	[23]
4-7-262	gouanogenin A	$C_{30}H_{46}O_4$	C	[70]
4-7-263	ebelin lactone	$C_{30}H_{46}O_3$	C	[70]
4-7-264	gouanogenin B	$C_{30}H_{48}O_5$	C	[70]
4-7-265	gouanoside A	$C_{42}H_{66}O_{13}$	C	[70]
4-7-266	gouanoside B	$C_{42}H_{68}O_{14}$	C	[70]
4-7-267	progouanogenin B	$C_{36}H_{58}O_9$	C	[70]
4-7-268	jujubogenin 3-O-α-L-arabinofuranosyl(1→2)-[β-D-glucopyranosyl-(1→3)]-α-L-arabinopyranoside	$C_{46}H_{74}O_{17}$	P	[71]
4-7-269	jujubogenin 3-O-α-L-arabinofuranosyl(1→2)-[2-O-($trans,cis$)-p-coumaroyl-β-D-glucopyranosyl(1→3)]-α-L-arabinopyranoside	$C_{55}H_{80}O_{19}$	P	[71]
4-7-270	jujubogenin 3-O-(5-O-malonyl)-α-L-arabinofuranosyl(1→2)-[β-D-glucopyranosyl(1→3)]-α-L-arabinopyranoside	$C_{49}H_{76}O_{20}$	P	[71]
4-7-271	cordianol A	$C_{30}H_{50}O_6$	C	[24]
4-7-272	cordianol I	$C_{31}H_{52}O_6$	C	[24]
4-7-273	cordianol B	$C_{30}H_{48}O_5$	C	[24]
4-7-274	cordianol C	$C_{31}H_{52}O_6$	C	[24]
4-7-275	cordianol D	$C_{30}H_{48}O_5$	C	[24]
4-7-276	cordianol F	$C_{30}H_{50}O_6$	C	[24]
4-7-277	cordialin A	$C_{30}H_{46}O_5$	C	[24]
4-7-278	neoalsoside A	$C_{48}H_{82}O_{18}$	P	[72]
4-7-279	neoalsoside A2	$C_{36}H_{62}O_{10}$	P	[72]
4-7-280	neoalsoside A3	$C_{42}H_{72}O_{14}$	P	[72]
4-7-281	neoalsoside A4	$C_{42}H_{72}O_{14}$	P	[72]
4-7-282	neoalsoside A5	$C_{48}H_{82}O_{19}$	P	[72]
4-7-283	neoalsoside C1	$C_{48}H_{82}O_{19}$	P	[72]
4-7-284	neoalsoside C2	$C_{48}H_{82}O_{20}$	P	[72]
4-7-285	neoalsoside D1	$C_{48}H_{82}O_{17}$	P	[72]
4-7-286	neoalsoside E1	$C_{48}H_{82}O_{19}$	P	[72]
4-7-287	neoalsoside F1	$C_{48}H_{82}O_{16}$	P	[72]
4-7-288	neoalsoside G1	$C_{48}H_{80}O_{17}$	P	[72]
4-7-289	neoalsoside H 1	$C_{48}H_{82}O_{17}$	P	[72]
4-7-290	neoalsoside 11	$C_{48}H_{84}O_{18}$	P	[73]
4-7-291	neoalsoside 12	$C_{54}H_{94}O_{13}$	P	[73]
4-7-292	neoalsoside J1	$C_{48}H_{84}O_{19}$	P	[73]
4-7-293	neoalsoside K1	$C_{48}H_{84}O_{17}$	P	[73]
4-7-294	neoalsoside L1	$C_{48}H_{82}O_{18}$	P	[73]

续表

编号	名称	分子式	测试溶剂	参考文献
4-7-295	neoalsoside M1	$C_{42}H_{72}O_{14}$	P	[73]
4-7-296	neoalsoside M2	$C_{48}H_{82}O_{18}$	P	[73]
4-7-297	neoalsoside M3	$C_{54}H_{92}O_{23}$	P	[73]
4-7-298	neoalsoside N1	$C_{48}H_{80}O_{18}$	P	[73]
4-7-299	neoalsoside O1	$C_{42}H_{70}O_{13}$	P	[73]
4-7-300	neoalsoside O2	$C_{48}H_{80}O_{17}$	P	[73]
4-7-301	(20S)-3β,20-dihydroxydammar-24-en-21,29-dioic acid 3-O-{[α-L-rhamnopyranosyl(1→6)-β-D-glucopyranosyl-(1→3)]-α-L-arabinopyranosyl}-21-O-β-D-glucopyranoside	$C_{53}H_{86}O_{24}$	P	[74]
4-7-302	(20S)-3β,20-dihydroxydammar-24-en-21,29-dioic acid-3-O-{[β-D-glucopyranosyl(1→3)]-α-L-arabinopyranosyl}-21-O-β-D-glucopyranoside	$C_{47}H_{76}O_{20}$	P	[74]
4-7-303	(20S)-3β,20-dihydroxydammar-24-en-21,29-dioic acid 3-O-[α-L-arabinopyranosyl]-21-O-β-D-glucopyranoside	$C_{41}H_{66}O_{15}$	P	[74]
4-7-304	(20S)-3β,20-dihydroxydammar-24-en-21,29-dioic acid 21-O-[β-D-glucopyranoside(1→2)][α-L-rhamnopyranosyl-(1→6)]-β-D-glucopyranoside	$C_{48}H_{78}O_{20}$	P	[74]
4-7-305	(20S)-3β,20-dihydroxydammar-24-en-29-aldehyde-21-carboxylic acid-3-O-{[α-L-rhamnopyranosyl(1→2)]{[β-D-glucopyranosyl(1→2)][α-L-rhamnopyranosyl(1→6)]-β-D-glucopyranosyl(1→3)}-α-L-arabinopyranosyl}-21-O-β-D-glucopyranoside	$C_{65}H_{106}O_{32}$	P	[74]
4-7-306	(20S)-3β,20,29-trihydroxydammar-24-en-21-carboxylic acid-3-O-{[α-L-rhamnopyranosyl(1→2)]{[β-D-glucopyranosyl(1→2)][α-L-rhamnopyranosyl(1→6)]-β-D-glucopyranosyl(1→3)}-β-D-glucopyranosyl}-21-O-β-D-glucopyranoside	$C_{66}H_{110}O_{33}$	P	[74]
4-7-307	(20S)-3β,20,29-trihydroxydammar-24-en-21-carboxylic acid-3-O-{[α-L-rhamnopyranosyl(1→2)][α-L-rhamnopyranosyl(1→6)-β-D-glucopyranosyl(1→3)]-α-L-arabinopyranosyl}-21-O-β-D-glucopyran-oside	$C_{59}H_{98}O_{27}$	P	[74]
4-7-308	(20S)-3β,20,25-trihydroxydammar-23-en-21,29-dioic acid-3-O-{[α-L-rhamnopyranosyl(1→6)-β-D-glucopyranosyl(1→3)]-α-L-arabinopyranosyl}-21-O-β-D-glucopyranoside	$C_{53}H_{86}O_{25}$	P	[74]

4-7-1

4-7-2 R^1=COOCH$_3$; R^2=H; R^3=OH; R^4=α-CH$_3$

4-7-3 R^1=R^2=OCH$_3$; R^3=COOH; R^4=β-CH$_3$

第四章 二倍半萜、三萜和多萜类化合物

表 4-7-2 化合物 4-7-1~4-7-3 的 ^{13}C NMR 数据[1]

C	4-7-1	4-7-2	4-7-3	C	4-7-1	4-7-2	4-7-3
1	34.6	34.6	41.0	17	49.5	50.0	49.7
2	28.9	28.9	101.4	18	15.3	15.3	15.6
3	175.6	175.7	183.1	19	20.5	20.5	20.6
4	75.8	75.8	46.3	20	86.3	86.4	86.5
5	51.9	51.6	49.3	21	23.4	21.8	21.9
6	22.6	22.6	20.5	22	35.9	37.4	37.5
7	34.6	34.6	35.0	23	26.1	25.8	25.9
8	40.0	40.0	40.1	24	83.3	84.4	84.4
9	42.4	42.3	43.3	25	71.4	71.1	71.1
10	41.2	41.2	41.9	26	27.4	27.7	27.8
11	21.3	21.2	22.7	27	24.3	24.3	24.3
12	27.4	27.1	26.8	28	34.1	34.1	28.3
13	43.1	43.0	42.8	29	27.4	27.4	23.3
14	50.4	50.3	50.3	30	16.2	15.9	15.9
15	31.4	31.2	31.1	OMe	51.6	51.9	54.2
16	25.7	25.8	25.9				49.9

4-7-4 21α
4-7-5 21β

4-7-6[1]

表 4-7-3 化合物 4-7-4~4-7-5 的 ^{13}C NMR 数据[1]

C	4-7-4	4-7-5	C	4-7-4	4-7-5	C	4-7-4	4-7-5
1	75.6	75.6	11	24.9	24.8	21	23.5	21.6
2	201.0	200.9	12	26.8	26.5	22	35.8	37.5
3	217.4	217.5	13	42.7	42.6	23	26.1	25.7
4	46.2	46.2	14	50.1	50.0	24	83.3	84.4
5	59.4	59.4	15	31.5	31.2	25	71.4	71.1
6	17.2	17.2	16	25.5	25.6	26	27.0	27.6
7	34.5	34.5	17	49.0	49.2	27	24.0	24.3
8	41.6	41.6	18	15.0	15.9	28	27.9	27.9
9	49.6	50.1	19	15.6	15.5	29	21.0	21.0
10	47.1	47.1	20	86.2	86.2	30	16.5	16.3

4-7-7

4-7-8

4-7-9 R=β-CH$_3$
4-7-10 R=α-CH$_3$

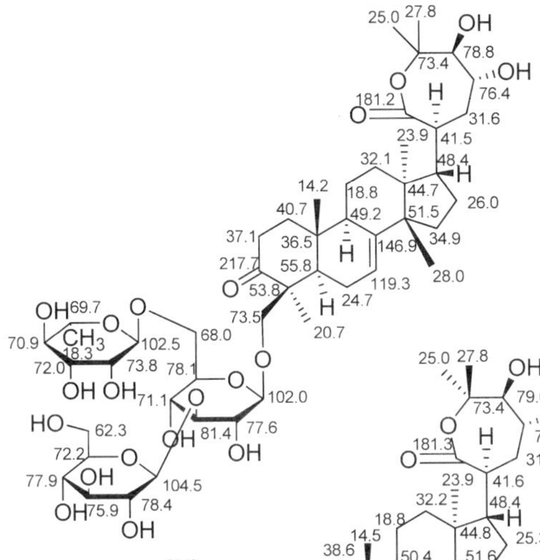

4-7-33[14] 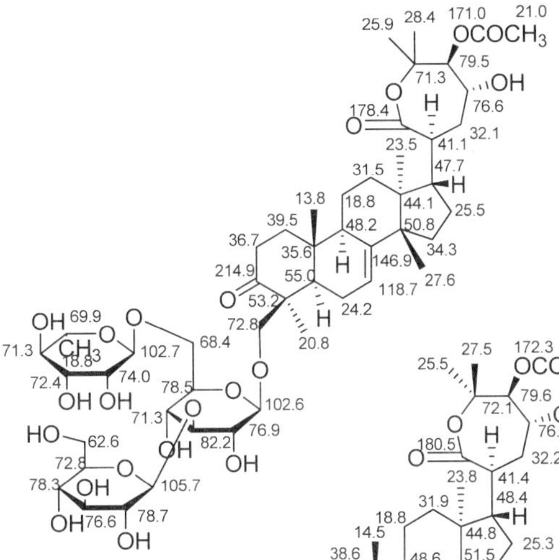　　4-7-34[14]

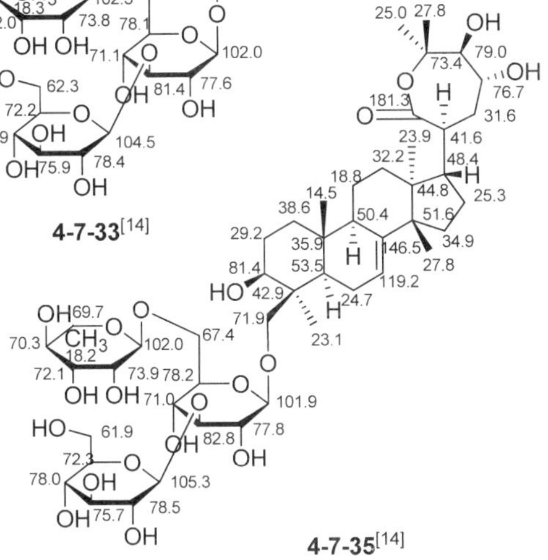

4-7-35[14] 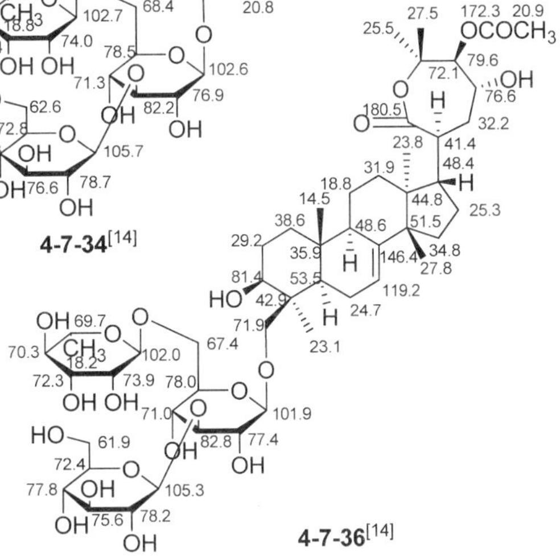　　4-7-36[14]

表 4-7-4　化合物 4-7-7~4-7-9 的 ^{13}C NMR 数据

C	4-7-7[2]	4-7-8[3]	4-7-9[4]	C	4-7-7[2]	4-7-8[3]	4-7-8[3]	C	4-7-7[2]	4-7-8[3]	4-7-8[3]
1	39.7	39.3	39.9	11	31.4	21.9	22.5	21	27.7	111.8	20.1
2	34.0	34.1	34.1	12	70.7	24.9	23.1	22	39.0	33.7	35.7
3	217.9	218.3	218.4	13	48.3	45.5		23	125.3	28.9	26.4
4	47.4	47.5	47.3	14	51.6	49.4	56.4	24	136.8	146.2	125.0
5	55.2	55.3	55.2	15	30.8	31.3	30.7	25	141.7	137.8	131.0
6	19.6	19.7	19.7	16	26.4	28.4	29.1	26	115.4	20.5	25.7
7	34.0	34.7	35.7	17	52.3	47.4	135.1	27	18.7	172.2	17.6
8	39.6	40.4	41.3	18	15.3	16.0	22.9	28	26.7	26.7	26.4
9	49.3	50.3	50.9	19	15.9	15.3	16.4	29	21.0	21.0	21.1
10	36.8	36.9	37.1	20	74.4	151.6	31.6	30	16.7	15.8	16.6

表 4-7-5　化合物 4-7-10~4-7-13 的 ^{13}C NMR 数据

C	4-7-10[4]	4-7-11[5]	4-7-12[6]	4-7-13[6]	C	4-7-10[4]	4-7-11[5]	4-7-12[6]	4-7-13[6]
1	39.9	42.0	40.0	38.6	7	35.6	35.1	35.7	35.5
2	34.1	34.2	34.1	35.1	8	41.3	40.6	40.4	40.3
3	218.3	218.7	218.0	215.0	9	50.9	54.7	50.5	50.3
4	47.3	47.7	47.5	50.3	10	37.2	38.2	37.1	36.8
5	55.2	55.3	55.3	48.7	11	22.5	71.2	22.3	22.2
6	19.7	19.6	19.6	19.6	12	23.0	39.8	24.4	24.3

续表

C	4-7-10[4]	4-7-11[5]	4-7-12[6]	4-7-13[6]	C	4-7-10[4]	4-7-11[5]	4-7-12[6]	4-7-13[6]
13		40.9	46.2	46.2	23	26.4	22.3		
14	56.4	49.7	58.7	58.7	24	125.0	124.5		
15	30.7	30.7	79.1	79.0	25	131.0	131.9		
16	29.1	25.5	133.9	133.9	26	25.8	25.8		
17	135.1	49.0	134.6	134.6	27	17.6	17.8		
18	22.9	16.1	17.9	18.0	28	26.2	27.5	26.8	67.7
19	16.4	16.8	16.1	15.9	29	21.3	20.8	21	17.3
20	31.6	75.7			30	16.6	16.3	9.7	9.7
21	23.8	23.4			OAc				170.8/21.0
22	35.7	41.9							

表 4-7-6 化合物 4-7-14~4-7-20 的 ^{13}C NMR 数据

C	4-7-14[7]	4-7-15[7]	4-7-16[7]	4-7-17[7]	4-7-18[7]	4-7-19[8]	4-7-20[8]
1	38.5	38.5	38.5	38.5	38.5	28.6	38.6
2	35.1	34.9	34.9	34.9	34.9	35.0	35.0
3	216.8	216.7	216.7	216.7	216.8	216.9	216.9
4	47.9	47.9	47.9	47.9	47.9	48.0	48.0
5	52.4	52.4	52.4	52.4	52.4	52.4	52.4
6	24.4	24.4	24.4	24.4	24.4	24.5	24.5
7	118.2	118.6	118.7	118.6	118.1	117.9	118.0
8	145.0	144.6	144.5	144.6	145.2	146.0	146.0
9	47.9	47.9	47.9	47.9	47.9	48.5	48.5
10	34.9	35.1	35.1	35.1	35.6	35.1	35.1
11	18.2	18.0	18.0	18.0	18.2	18.4	18.4
12	33.2	33.1	33.0	33.0	33.2	33.8	33.7
13	45.4	45.5	45.5	45.5	45.4	43.7	43.6
14	49.9	49.9	49.9	49.8	49.9	51.4	51.4
15	45.7	44.5	44.6	44.7	45.7	34.1	34.1
16	77.9	76.4	77.2	77.1	78.1	28.5	29.0
17	62.1	58.2	57.9	58.9	62.6	53.3	53.0
18	23.6	23.7	23.6	23.5	23.5	22.3	22.1
19	12.8	12.8	12.8	12.8	12.8	12.9	12.9
20	34.3	47.9	48.1	47.5	34.2	36.5	35.7
21	18.7	176.8	177.0	177.5	18.6	18.9	18.6
22	38.0	34.0	34.2	27.3	30.9	32.3	28.5
23	125.4	123.0	127.7	32.2	32.0	29.0	37.9
24	139.7	140.8	136.4	75.8	76.4	80.0	215.2
25	70.7	70.6	81.8	147.1	147.6	77.1	40.9
26	29.9	29.8	24.4	111.6	111.3	29.4	18.4
27	30.0	29.9	24.2	17.3	17.4	27.1	18.5
28	24.5	24.5	24.5	24.5	24.5	27.5	27.6
29	21.6	21.6	21.6	21.6	21.6	24.7	24.7
30	27.9	27.8	27.8	27.9	27.8	21.7	21.7
OMe		51.6	51.8	51.8			

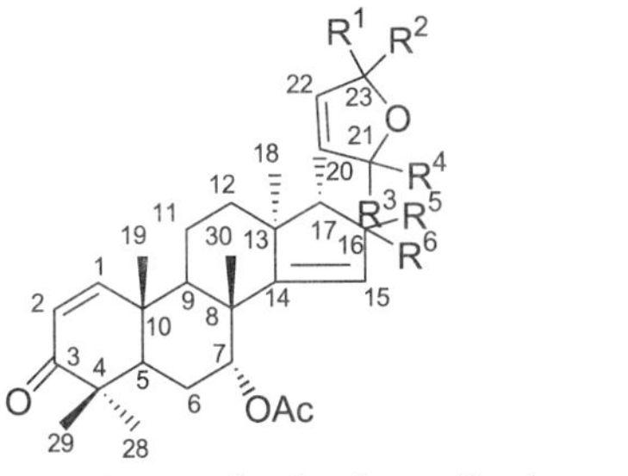

第四章 二倍半萜、三萜和多萜类化合物

4-7-37 R^1=OH; R^2=R^5=R^6=H; R^3+R^4=-O-
4-7-38 R^1+R^2=-O-; R^3=R^5=R^6=H; R^4=OH
4-7-39 R^1=R^2=H; R^3+R^4=-O-; R^5+R^6=-O-

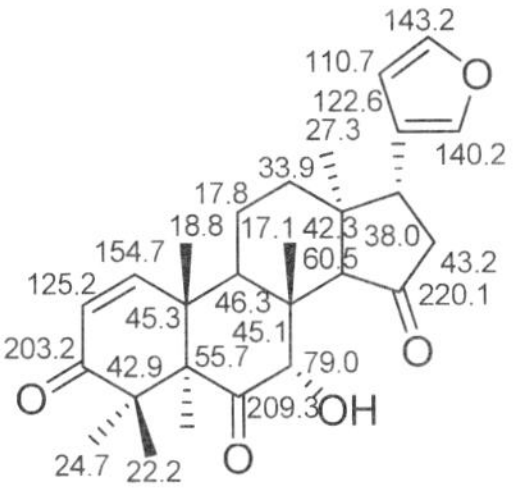

4-7-40[16]

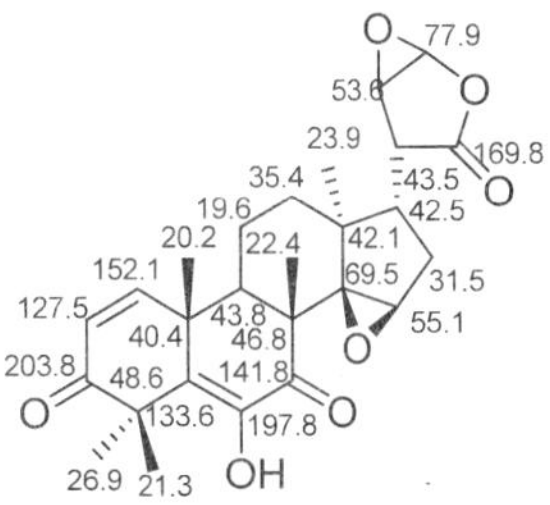

4-7-41[16]

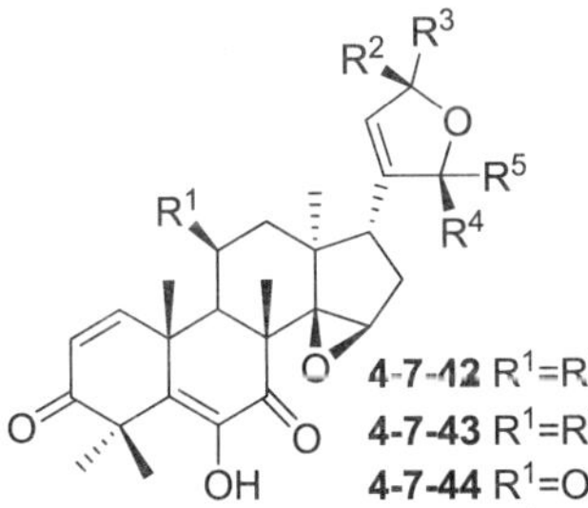

4-7-42 R^1=R^5=H; R^2+R^3=-O-; R^4=OH
4-7-43 R^1=R^3=H; R^2=OH; R^4+R^5=-O-
4-7-44 R^1=OAc; R^2=OH; R^3=H; R^4+R^5=-O-
4-7-45 R^1=OH; R^2=R^3=R^4=R^5=H

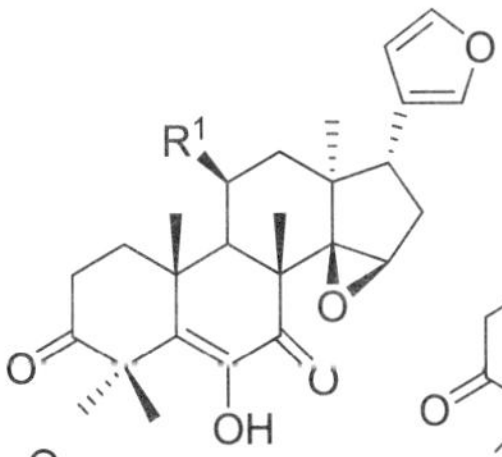

4-7-46 R^1=OH
4-7-47 R^1=OAc

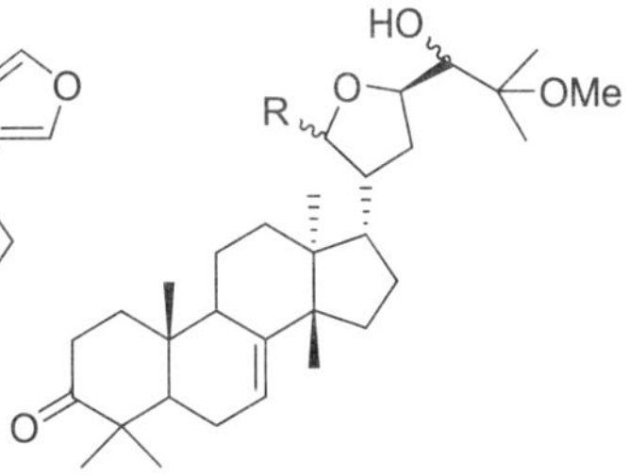

4-7-48 R=α-OCH$_3$
4-7-49 R=β-OCH$_3$

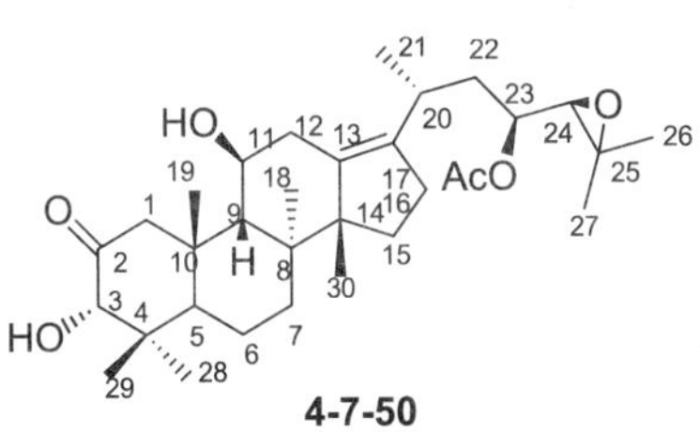

4-7-50

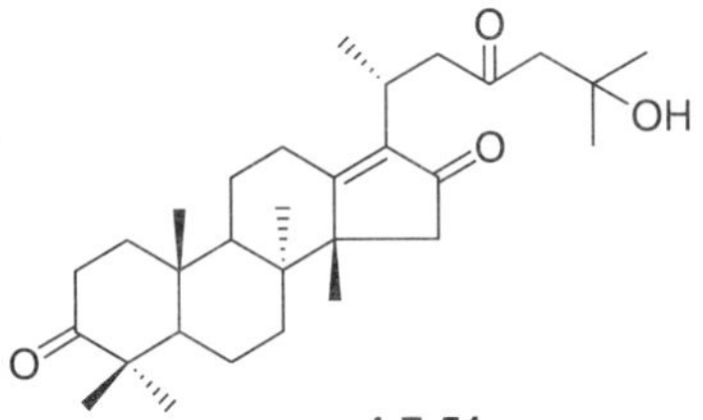

4-7-51

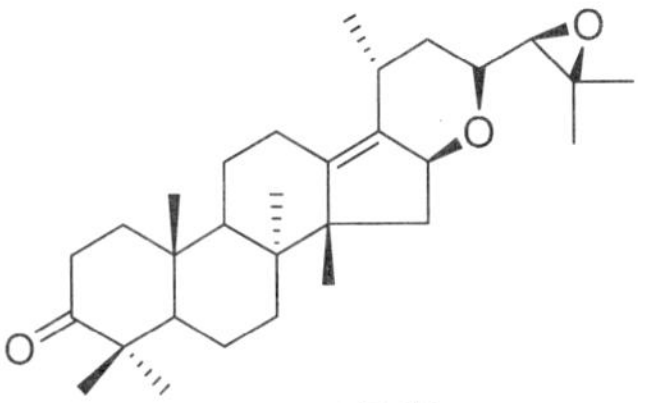

4-7-52

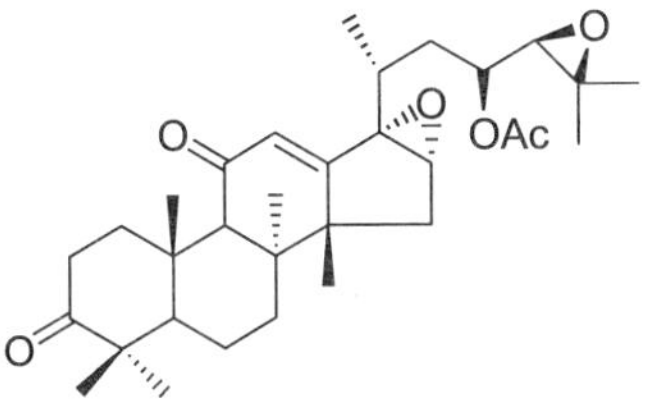

4-7-53

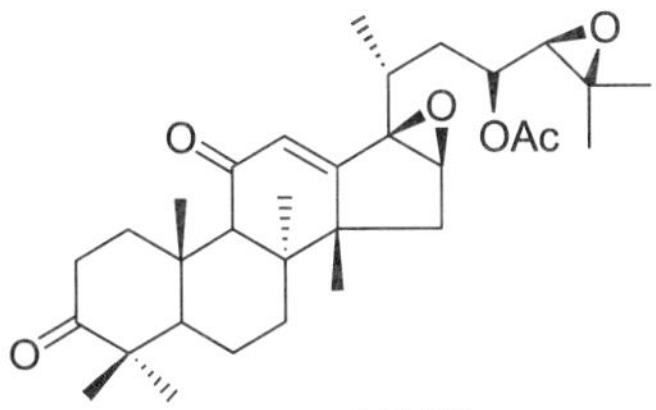

4-7-54

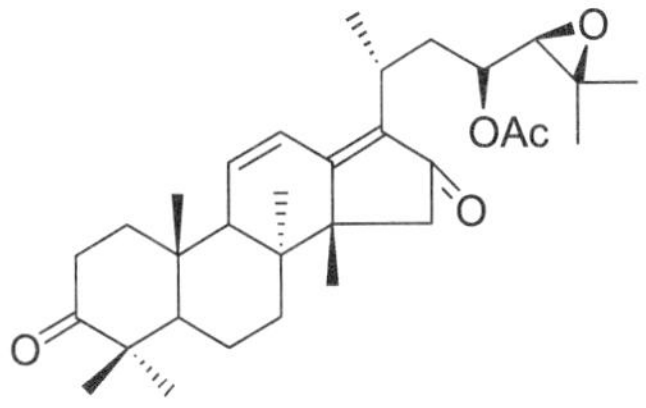

4-7-55

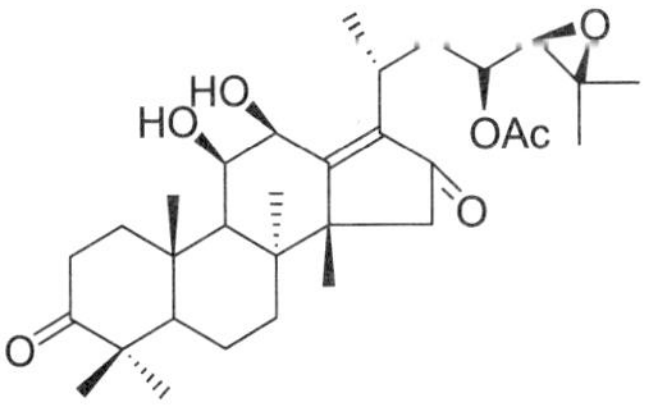

4-7-56

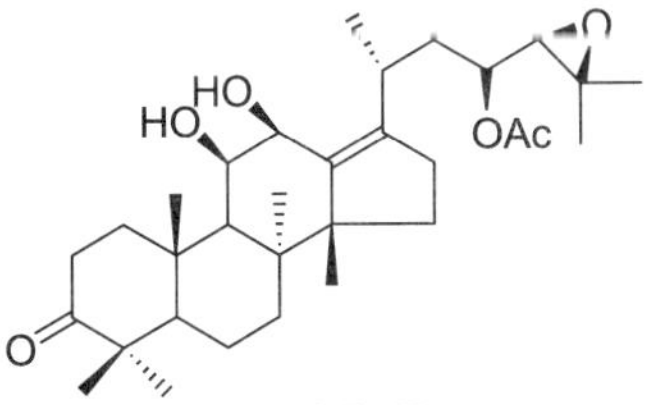

4-7-57

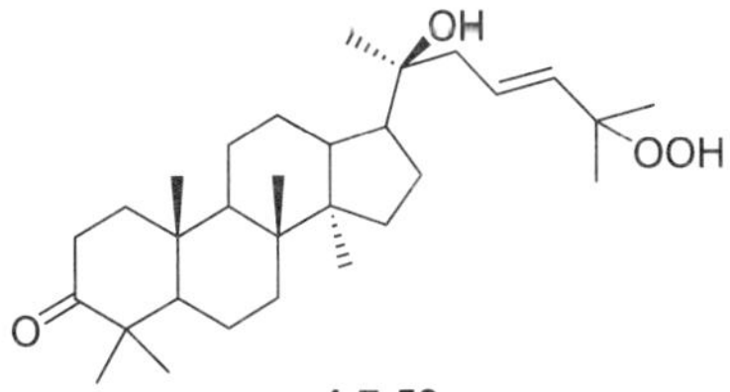

4-7-58

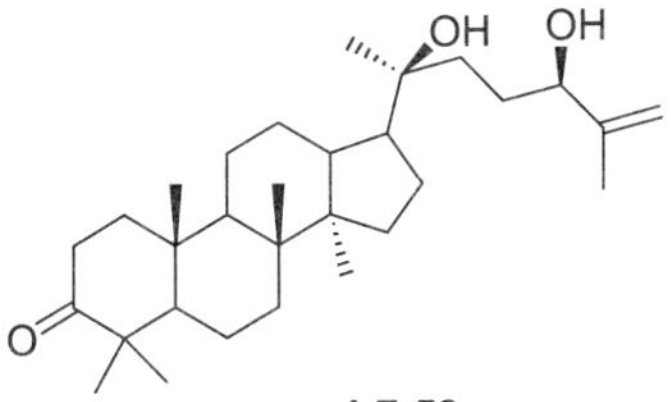

4-7-59

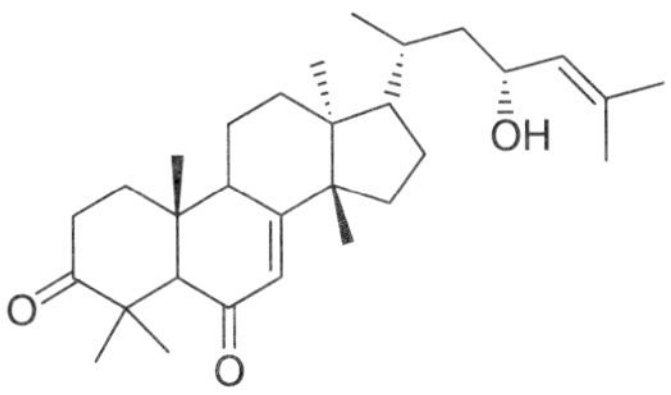

4-7-60

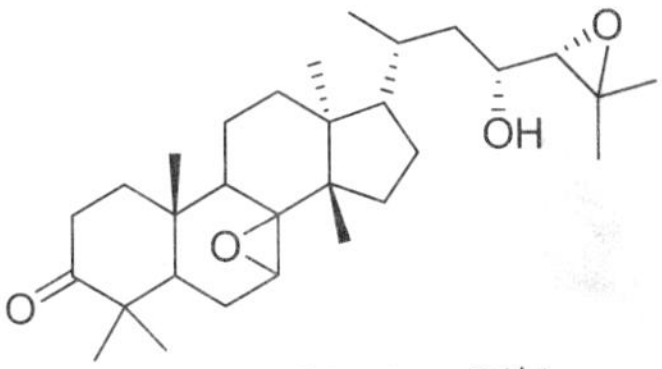

4-7-61 7,8-β-环氧
4-7-62 7,8-α-环氧

1091

表 4-7-7 化合物 4-7-37~4-7-39, 4-7-42 的 ^{13}C NMR 数据[15]

C	4-7-37	4-7-38	4-7-39	4-7-42[16]	C	4-7-37	4-7-38	4-7-39	4-7-42[16]
1	158.1	158.1	156.7	153.4	15	119.9	119.9	123.5	55.1
2	125.5	125.1	126.0	127.3	16	34.6	34.9	203.8	31.3
3	204.0	203.8	203.6	203.8	17	51.9	54.4	59.5	43.7
4	45.3	45.3	44.1	49.1	18	19.9	20.0	26.2	24.0
5	46.2	46.6	46.3	133.7	19	19.0	19.0	19.0	19.9
6	23.8	23.9	23.5	143.9	20	130.8	158.7	128.7	170.0
7	71.6	72.0	74.1	198.2	21	169.5	97.4	174.6	99.9
8	42.7	42.8	44.9	47.8	22	145.6	119.2	150.1	119.6
9	38.6	38.6	38.1	44.7	23	97.4	169.7	71.1	171.2
10	40.0	41.1	40.0	40.5	28	21.2	21.3	27.0	27.2
11	16.3	16.3	15.9	19.6	29	27.1	27.1	21.3	21.7
12	33.9	34.0	30.6	35.2	30	29.7	29.7	26.6	24.5
13	48.9	46.9	47.9	42.9	OAc	170.0/21.2	170.0/21.1	169.4/20.9	
14	156.9	157.6	193.2	70.0					

表 4-7-8 化合物 4-7-43~4-7-47 的 ^{13}C NMR 数据[16]

C	4-7-43	4-7-44	4-7-45	4-7-46	4-7-47	C	4-7-43	4-7-44	4-7-45	4-7-46	4-7-47
1	153.4	152.1	151.5	35.8	35.6	15	55.1	55.9	58.8	57.0	55.9
2	127.2	127.6	127.6	33.2	32.4	16	32.0	31.4	31.3	31.8	31.4
3	203.7	203.5	203.2	214.4	213.6	17	43.6	43.1	42.6	42.7	42.0
4	49.1	49.1	48.6	48.4	47.8	18	23.4	23.0	22.1	23.5	23.1
5	133.6	133.3	134.6	139.6	138.9	19	20.1	21.1	25.5	17.5	16.3
6	143.8	143.7	140.8	142.4	140.1	20	136.5	136.2	122.7	124.2	122.8
7	198.3	197.8	197.2	199.1	198.0	21	172.1	171.8	139.5	140.0	139.5
8	47.9	47.1	45.9	46.7	45.6	22	148.9	149.1	110.5	111.4	110.6
9	45.9	44.1	45.5	48.6	46.5	23	98.3	98.3	143.2	143.5	143.1
10	40.5	40.8	40.9	39.8	39.2	28	27.1	27.2	26.9	24.7	24.4
11	19.8	68.7	67.3	66.1	67.7	29	21.6	21.6	21.2	21.1	21.4
12	35.6	43.2	46.5	46.7	42.5	30	24.0	24.9	22.6	22.6	22.2
13	42.7	42.9	41.2	41.2	40.4	OAc		170.2/22.3			170.4/20.4
14	70.2	68.9	69.5	69.6	68.5						

表 4-7-9　化合物 4-7-48 和 4-7-49 的 ^{13}C NMR 数据[17]

C	4-7-48	4-7-49	C	4-7-48	4-7-49	C	4-7-48	4-7-49
1	38.5	38.5	12	31.1	31.0	23	75.1	77.8
2	35.1	35.0	13	43.6	43.6	24	76.4	76.7
3	216.7	216.7	14	51.0	51.0	25	77.2	77.7
4	47.9	47.9	15	34.9	34.9	26	20.3	22.3
5	52.3	52.3	16	27.9	29.7	27	24.4	24.4
6	24.5	24.5	17	50.7	44.9	28	27.3	27.4
7	118.1	118.0	18	22.8	23.2	29	55.7	54.9
8	145.6	145.3	19	12.7	12.7	30	49.4	49.2
9	48.3	48.3	20	47.8	49.3	OMe	38.5	38.5
10	34.2	34.9	21	109.7	104.7		35.1	35.0
11	18.0	17.8	22	31.8	32.5			

表 4-7-10　化合物 4-7-50~4-7-57 的 ^{13}C NMR 数据

C	4-7-50[18]	4-7-51[19]	4-7-52[19]	4-7-53[19]	4-7-54[19]	4-7-55[19]	4-7-56[19]	4-7-57[19]
1	47.7	31.7	31.6	32.3	32.5	32.3	30.8	31.0
2	214.3	33.6	33.7	33.7	33.7	33.3	33.7	33.8
3	80.0	219.5	220.1	219.5	219.3	219.1	219.6	220.2
4	40.8	47.0	47.0	47.0	47.0	47.2	46.9	47.0
5	49.8	48.0	47.8	48.0	48.3	46.1	48.8	48.9
6	20.5	19.9	20.0	19.7	20.1	19.3	20.0	20.2
7	34.0	34.6	33.7	32.9	33.4	31.2	34.7	34.0
8	40.4	40.4	40.8	41.5	44.7	47.7	40.2	41.3
9	51.7	42.8	43.9	55.7	55.2	47.7	44.4	45.9
10	38.3	36.2	36.3	37.1	37.2	36.0	36.7	36.8
11	70.0	22.1	23.0	199.5	199.5	121.6	70.7	71.2
12	34.5	24.5	22.4	123.3	124.7	138.5	66.3	66.4
13	137.0	179.2	139.6	167.1	167.1	171.5	175.8	141.4
14	56.7	50.0	55.3	56.8	50.2	39.3	49.2	56.9
15	30.2	45.8	40.0	36.0	33.2	44.6	46.7	31.3
16	28.9	208.3	79.8	64.0	63.2	207.6	208.6	29.1
17	134.7	138.8	131.7	70.7	69.4	137.7	140.1	140.4
18	23.1	22.9	24.4	25.5	25.3	23.8	25.2	26.5
19	28.3	23.7	23.5	25.1	25.1	24.8	25.5	25.5
20	27.9	25.8	26.6	28.8	26.9	26.1	27.4	28.1
21	20.1	19.3	18.4	15.4	18.3	19.8	20.2	20.6
22	36.8	48.2	34.9	35.8	34.4	35.7	35.9	37.5
23	71.5	212.6	72.5	71.9	72.0	71.9	73.8	72.5
24	65.1	53.4	65.7	64.6	64.9	65.0	64.3	64.5
25	58.5	69.6	57.1	59.2	59.1	58.5	59.0	59.0
26	19.4	29.2	19.3	19.8	19.7	19.4	19.1	19.2
27	24.7	29.3	25.0	24.6	24.7	24.7	24.6	24.7

续表

C	4-7-50[18]	4-7-51[19]	4-7-52[19]	4-7-53[19]	4-7-54[19]	4-7-55[19]	4-7-56[19]	4-7-57[19]
28	25.3	29.4	29.3	29.4	29.4	29.3	29.6	29.1
29	23.1	19.7	19.7	19.4	19.4	19.2	20.1	20.2
30	23.8	22.0	22.7	24.9	24.7	21.9	22.9	23.7
OAc	170.0/21.2			170.3/21.2	170.3/21.2	170.0/21.1	173.1/21.4	172.6/21.3

表 4-7-11 化合物 4-7-58~4-7-66 的 ^{13}C NMR 数据

C	4-7-58[20]	4-7-59[20]	4-7-60[21]	4-7-61[21]	4-7-62[21]	4-7-63[21]	4-7-64[21]	4-7-65[21]	4-7-66[21]
1	39.9	29.9	37.6	40.4	38.8	37.5	48.8	36.3	38.8
2	34.1	34.1	34.0	34.1	34.9	35.1	69.6	34.6	35.1
3	218.2	218.2	214.8	216.0	214.7	214.6	216.2	215.8	215.0
4	47.4	47.4	47.1	48.0	47.2	47.1	47.7	47.7	48.1
5	55.4	55.3	65.3	52.0	47.3	42.6	53.5	55.6	52.9
6	19.7	19.6	198.5	24.0	24.1	23.8	24.8	77.4	24.9
7	34.5	34.5	124.9	57.5	55.2	53.3	118.4	118.9	118.6
8	40.3	40.3	170.9	67.1	63.5	61.6	146.4	150.1	146.6
9	50.0	50.0	49.7	48.4	49.4	143.2	49.3	47.9	49.0
10	36.8	36.8	43.2	36.7	35.2	36.9	36.1	33.6	35.6
11	22.0	22.0	17.7	18.4	18.6	127.0	18.9	18.8	18.7
12	27.5	27.5	32.5	35.4	33.6	39.4	34.2	34.1	34.1
13	42.6	42.5	43.1	44.3	45.6	44.8	44.2	44.0	44.1
14	50.3	50.3	52.4	50.3	49.9	48.6	51.8	51.8	51.9
15	31.1	31.1	33.0	31.5	28.3	26.7	34.6	34.4	34.6
16	24.9	24.8	29.7	28.6	28.2	28.3	29.2	29.1	29.1
17	50.1	50.0	52.3	54.4	54.1	52.5	54.1	53.9	53.4
18	15.2	15.2	21.9	23.9	20.6	23.1	22.0	22.0	22.3
19	16.0	16.0	13.9	15.5	14.5	16.8	13.9	13.9	12.8
20	75.1	75.3	36.4	33.5	34.0	34.0	34.3	34.3	41.0
21	25.8	25.3	19.0	20.0	20.3	20.3	20.5	20.5	20.5
22	43.4	36.2	43.2	40.5	41.7	41.8	41.9	41.9	139.0
23	127.1	25.1	67.3	69.3	69.9	69.9	69.9	69.9	128.3
24	137.5	89.7	127.9	68.3	69.1	69.1	69.1	69.1	79.8
25	82.1	143.7	135.9	60.2	58.8	58.8	58.8	58.8	72.7
26	24.1	114.0	25.9	19.8	20.0	20.0	20.0	20.0	24.6
27	24.5	17.6	18.3	24.9	25.0	25.0	25.0	25.0	26.2
28	26.7	26.7	25.2	24.2	25.2	25.6	24.7	29.4	24.9
29	21.0	21.0	21.7	20.4	22.9	22.8	21.6	22.4	21.6
30	16.3	16.4	24.9	21.3	22.9	21.4	27.6	27.1	27.7
OMe								52.9	

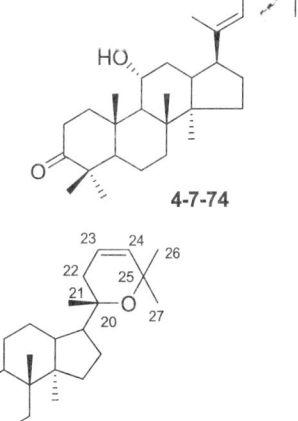

表 4-7-12　化合物 4-7-67～4-7-74 的 ^{13}C NMR 数据

C	4-7-67[22]	4-7-68[23]	4-7-69[5]	4-7-70[5]	4-7-71[5]	4-7-72[24]	4-7-73[24]	4-7-74[24]
1	39.8	40.0	42.0	39.1	39.1	35.2	41.9	41.9
2	34.0	34.1	34.2	34.2	34.2	36.5	34.1	34.1
3	217.8	218.1	218.7	217.7	217.7	214.3	218.6	218.6
4	47.3	47.5	47.7	47.5	47.5	48.9	47.6	47.6
5	55.3	55.4	55.3	55.3	55.3	55.5	55.2	55.2
6	19.6	19.7	19.6	20.3	20.3	18.6	19.5	19.5
7	34.6	34.9	35.1	35.8	35.8	35.0	35.2	35.2
8	40.1	40.4	40.6	45.1	45.1	40.7	40.7	40.7
9	49.8	50.3	54.7	54.6	54.6	57.9	54.8	54.8
10	36.9	36.9	38.2	36.2	36.2	54.5	38.2	38.3
11	21.7	21.9	71.2	20.8	20.8	70.6	71.1	71.7
12	26.7	25.0	39.8	27.6	27.5	35.9	37.1	37.1

C	4-7-67[22]	4-7-68[23]	4-7-69[5]	4-7-70[5]	4-7-71[5]	4-7-72[24]	4-7-73[24]	4-7-74[24]
13	45.0	47.5	40.9	55.8	55.8	42.8	43.0	43.1
14	48.2	49.4	49.7	154.2	154.2	48.8	49.0	49.0
15	34.2	31.4	30.7	36.1	36.0	31.3	31.0	31.0
16	77.6	28.9	25.5	30.1	30.6	27.6	27.5	27.7
17	58.3	45.4	49.0	75.9	76.4	49.0	49.3	49.2
18	15.9	15.8	16.1	109.6	109.6	18.4	16.3	16.3
19	15.7	15.4	16.8	15.1	15.1	206.7	16.7	16.8
20	149.8	151.3	75.7	86.2	86.4	142.1	142.4	144.2
21	109.6	109.3	23.4	24.0	23.6	14.5	14.1	14.4
22	41.7	37.2	41.9	31.2	31.4	122.5	122.6	123.3
23	24.4	125.6	22.3	26.6	27.0	67.6	67.6	69.9
24	124.2	139.5	124.5	87.8	84.3	67.3	67.3	79.0
25	131.7	70.7	131.9	70.4	72.1	59.8	59.8	142.8
26	25.7	29.9	25.8	24.0	25.4	24.8	24.8	113.4
27	17.7	29.9	17.8	27.7	27.5	19.5	19.5	18.6
28	26.8	26.8	27.5	26.6	26.6	24.3	27.4	27.5
29	30.0	21.0	20.8	21.1	21.1	21.6	20.6	20.6
30	17.5	16.1	16.3	24.2	24.2	15.8	15.6	15.6

表 4-7-13　化合物 4-7-75~4-7-77 的 ^{13}C NMR 数据

C	4-7-75[25]	4-7-76[23]	4-7-77[23]	C	4-7-75[25]	4-7-76[23]	4-7-77[23]
1	38.8	39.9	39.8	16	24.6	25.2	24.7
2	32.4	34.1	34.0	17	42.5	43.6	49.9
3	220.8	217.8	218.0	18	14.7	16.0	15.1
4	47.0	47.4	47.3	19	16.4	15.2	15.9
5	58.0	55.4	55.3	20	85.2	92.3	74.9
6	66.7	19.6	19.6	21	24.1	23.8	25.6
7	43.3	34.5	34.5	22	34.2	159.4	43.3
8	40.7	40.3	40.2	23	26.1	121.3	126.2
9	52.8	49.9	49.8	24	83.9	172.5	133.0
10	38.0	36.9	36.8	25	71.3		70.6
11	39.5	21.8	21.9	26	24.9		29.9
12	212.3	26.7	27.4	27	24.4		29.8
13	56.4	47.4	42.5	28	18.4	27.1	26.7
14	55.6	50.2	50.2	29	30.9	21.0	20.9
15	31.8	31.1	31.0	30	15.6	16.1	16.3

表 4-7-14 化合物 4-7-78~4-7-81 的 ^{13}C NMR 数据[26]

C	4-7-78	4-7-79	4-7-80	4-7-81	C	4-7-78	4-7-79	4-7-80	4-7-81
1	39.4	39.6	39.2	39.5	15	31.7	31.7	31.8	31.6
2	28.1	27.0	26.9	28.5	16	26.0	26.0	26.0	25.9
3	80.4	89.0	90.8	83.8	17	45.7	45.8	45.8	45.7
4	43.4	44.6	43.9	42.9	18	15.6	15.5	15.5	15.5
5	56.9	56.0	56.7	57.2	19	16.9	16.2	16.4	16.7
6	19.1	18.8	18.6	18.8	20	81.1	81.1	81.3	81.0
7	36.2	36.0	35.8	35.9	21	178.7	178.6	178.7	179.2
8	40.7	39.3	40.6	40.6	22	33.2	33.2	33.2	33.1
9	51.4	51.2	51.0	51.2	23	77.6	77.4	77.5	77.4
10	37.3	36.8	36.7	37.2	24	79.7	79.6	79.7	79.7
11	30.0	28.1	28.1	28.5	25	71.8	72.0	71.9	72.7
12	22.1	22.1	22.1	21.9	26	27.8	27.7	27.8	27.8
13	44.8	44.8	44.8	44.7	27	27.2	27.2	27.2	27.2
14	50.2	50.2	50.2	50.0	28	22.2	22.1	22.7	23.4

C	4-7-78	4-7-79	4-7-80	4-7-81	C	4-7-78	4-7-79	4-7-80	4-7-81
29	64.5	63.4	63.5	71.8	6'		63.1	61.7	61.9
30	16.3	18.0	16.3	16.3	Glu				
Glu					1"			105.1	105.4
1'		106.3	104.6	102.3	2"			75.9	76.1
2'		75.7	82.4	72.3	3"			79.0	78.5
3'		78.8	78.7	78.9	4"			70.1	70.9
4'		71.9	71.3	70.0	5"			78.4	78.3
5'		78.7	78.4	77.4	6"			62.8	62.4

表 4-7-15　化合物 4-7-82~4-7-83 的 ^{13}C NMR 数据[7]

C	4-7-82	4-7-83	C	4-7-82	4-7-83	C	4-7-82	4-7-83
1	38.5	38.5	11	18.3	18.2	21	176.3	178.1
2	34.9	34.9	12	33.8	33.5	22	25.3	22.9
3	216.7	216.7	13	46.2	45.9	23	27.4	26.1
4	47.9	47.9	14	49.4	49.9	24	83.8	80.0
5	52.4	52.4	15	44.1	43.9	25	142.7	141.6
6	24.3	24.4	16	77.6	77.6	26	113.0	113.6
7	118.8	118.7	17	58.8	58.2	27	18.0	18.1
8	144.6	144.5	18	23.0	23.2	28	24.5	24.5
9	48.1	48.1	19	12.8	12.8	29	21.6	21.6
10	35.0	35.1	20	44.4	41.9	30	28.0	27.4

第四章 二倍半萜、三萜和多萜类化合物

表 4-7-16　化合物 4-7-89~4-7-93 的 ^{13}C NMR 数据

C	4-7-89[29]	4-7-90[29]	4-7-91[29]	4-7-92[30]	4-7-93[30]	C	4-7-89[29]	4-7-90[29]	4-7-91[29]	4-7-92[30]	4-7-93[30]
1	47.6	47.6	45.5	75.5	78.4	6	19.6	19.7	19.3	18.2	18.1
2	70.0	70.1	69.9	34.1	29.2	7	34.2	34.2	34.2	34.5	34.3
3	80.2	80.2	81.9	78.8	77.9	8	39.7	39.4	39.4	40.6	40.4
4	44.0	44.0	40.5	36.5	36.5	9	42.6	42.6	42.4	51.1	50.6
5	47.9	47.9	44.1	49.8	49.9	10	40.4	40.3	40.3	43.5	42.2

1099

续表

C	4-7-89[29]	4-7-90[29]	4-7-91[29]	4-7-92[30]	4-7-93[30]	C	4-7-89[29]	4-7-90[29]	4-7-91[29]	4-7-92[30]	4-7-93[30]
11	24.2	24.6	24.5	33.4	33.1	27	24.1	16.2	24.1	26.1	26.1
12	123.7	123.2	123.2	71.1	70.6	28	23.7	23.7	24.0	27.5	27.3
13	145.0	145.0	145.1	48.8	48.6	29	65.6	65.7	65.6	21.5	21.4
14	40.1	40.1	40.1	51.8	51.7	30	24.1	24.1	24.1	18.2	18.0
15	34.6	34.6	34.6	32.8	32.8	1'			130.9		
16	28.2	28.3	28.3	28.4	28.3	2'			111.4		
17	41.3	40.5	41.3	48.2	48.2	3'			148.1		
18	17.5	17.5	17.5	15.6	15.6	4'			149.5		
19	17.7	17.7	17.6	11.9	13.2	5'			123.7		
20	81.2	79.9	81.2	86.4	86.3	6'			115.7		
21	26.3	23.5	26.3	28.0	28.1	7'			175.0		
22	38.3	34.1	38.3	31.2	31.3	OAc				170.6/	170.5/
23	25.5	21.3	25.4	25.0	25.1					20.3	21.9
24	84.3	146.0	84.2	85.3	85.4						170.4/
25	72.1	99.2	72.1	70.1	69.9						21.2
26	23.2	19.3	23.1	27.6	27.7						

表 4-7-17 化合物 4-7-95~4-7-97 的 ^{13}C NMR 数据[17]

C	4-7-95	4-7-96	4-7-97	C	4-7-95	4-7-96	4-7-97
1	38.1	38.3	38.1	20	49.5	49.5	49.8
2	25.4	25.4	25.4	21	108.5	104.8	96.5/97.0
3	80.4	80.5	80.3	22	26.3	26.2	27.2
4	36.1	37.0	36.1	23	77.6	79.8	79.1/78.0
5	46.1	46.1	45.8	24	77.9	78.0	77.7/75.8
6	23.6	23.6	23.5	25	72.0	71.4	71.2/72.5
7	74.1	74.3	74.0	26/27	26.5/25.0	27.6/25.2	26.9/26.5 26.4/25.5
8	37.6	37.6	37.6	28/29	27.8/15.8	27.9/17.0	27.7/16.8
9	43.8	44.0	44.8	30	19.3	19.5	19.3
10	37.1	37.2	37.1	21-OMe	55.5	54.8	
11	16.2	16.4	16.2	1'	168.2	168.3	167.2
12	24.0	24.1	24.0	2'	110.4	110.6	109.6
13	28.4	28.4	28.5	3'	152	152.1	151.1
14	38.8	38.8	39.5	4'	110.6	110.6	110.5
15	25.7	27.5	26.0	5'	134.3	134.4	134.2
16	32.5	28.8	27.7/30.1	6'	114.1	114.2	114.1
17	48.5	44.8	48.6/43.9	7'	131.3	131.4	131.1
18	13.5	13.6	13.6	N-Me	29.5	29.5	29.3
19	15.7	15.9	15.8				

表 4-7-18　化合物 4-7-98~4-7-101 的 ^{13}C NMR 数据[32]

C	4-7-98	4-7-99	4-7-100	4-7-101	C	4-7-98	4-7-99	4-7-100	4-7-101
1	40.1	40.1	40.2	40.2	21	171.1	171.1	170.9	170.9
2	118.0	118.0	118.0	117.9	22	143.2	143.1	142.5	142.5
3	139.5	139.5	139.6	139.8	23	113.3	113.3	113.7	112.6
4	38.3	38.3	38.3	38.4	24	46.9	46.8	45.1	45.1
5	43.7	43.6	43.7	43.8	25	83.4	83.3	82.3	82.3
6	23.8	23.8	23.9	23.9	26	77.2	77.3	79.3	79.3
7	73.9	73.9	73.9	73.9	27	20.1	20.1	22.1	22.2
8	38.6	38.5	38.6	38.6	28	23.8	23.8	23.8	23.8
9	42.4	42.4	42.5	42.5	30	14.1	14.1	14.2	14.2
10	36.7	36.6	36.7	36.7	2'	72.6	72.6	72.6	72.6
11	16.3	16.2	16.3	16.3	5'	40.7	40.7	40.8	40.8
12	25.3	25.2	25.5	25.5	6'	81.6	81.7	81.6	81.8
13	27.9	27.9	27.8	27.9	1"	136.7	142.6	136.7	142.7
14	35.3	35.3	35.4	35.5	2"	106.6	125.8	106.6	125.8
15	26.8	26.8	26.9	26.9	3"	147.6	128.3	147.6	128.4
16	27.7	27.7	27.7	27.8	4"	146.8	127.4	146.8	127.5
17	43.0	42.9	43.1	43.1	5"	108.0	128.3	108.0	128.4
18	19.7	19.7	19.7	19.7	6"	119.2	125.8	119.2	125.8
19	16.7	16.7	16.7	16.7	7"	100.9		100.9	
20	138.4	138.4	139.1	139.2	25-OCH$_3$	50.8	50.8	51.3	51.3

表 4-7-19　化合物 4-7-103~4-7-110 的 ^{13}C NMR 数据[33]

C	4-7-103	4-7-104	4-7-105	4-7-106	4-7-107	4-7-108	4-7-109	4-7-110
1	34.2	34.2	34.1	36.8	36.7	36.7	36.7	35.8
2	28.9	29.0	28.7	29.8	29.7	29.8	29.7	29.3
3	175.4		175.5	177.0	177.1	176.9	176.9	177.2
4			75.2	75.5	74.7	75.3	75.3	75.3
5	44.4	44.5	44.2	43.4	43.4	43.1	42.3	43.2
6	26.7	26.8	26.7	26.2	26.2	26.1	26.2	26.3
7	76.9	76.8	77.1	76.2	76.1	75.7	75.8	76.2
8	41.6	41.6	41.5	41.0	40.5	41.0	40.2	40.9
9	35.0	35.1	34.7	39.7	39.7	39.9	39.8	39.3
10	41.6	41.6	41.4	42.4	42.4	42.4	42.3	42.2
11	16.2	16.3	16.2	71.6	71.4	71.3	71.3	72.3
12	33.4	33.3	33.3	43.5	43.5	43.4	43.3	43.3
13	46.9	46.9	46.8	45.7	45.7	45.5	45.6	45.5
14	159.1	159.1	159.2	158.4	158.4	158.3	158.1	158.2
15	118.5	118.6	118.1	118.2	118.1	118.3	118.4	118.1
16	35.5	35.5	35.6	35.4	35.5	35.1	35.2	35.4
17	58.6	58.5	58.5	58.5	58.5	58.2	58.3	58.4
18	18.6	18.6	18.5	18.8	18.8	18.8	18.8	18.9
19	19.8	19.9	19.8	21.2	21.1	21.1	21.1	20.9
20	40.6	40.6	40.7	40.5	40.5	40.2	40.2	40.4

C	4-7-103	4-7-104	4-7-105	4-7-106	4-7-107	4-7-108	4-7-109	4-7-110
21	72.4	72.4	72.4	72.2	72.1	71.9	72.0	72.2
22	38.4	38.4	38.4	38.3	38.3	38.1	38.1	38.2
23	74.6	74.6	74.6	74.7	74.6	74.4	74.5	74.7
24	126.8	126.8	126.8	126.5	126.5	126.3	126.4	126.6
25	135.4	135.3	135.4	135.6	135.6	135.5	135.3	135.5
26	25.9	25.9	25.9	25.9	25.9	25.7	25.7	25.9
27	18.2	18.2	18.2	18.2	18.2	18.0	18.0	18.2
28	27.4	27.4	27.5	27.8	27.8	27.6	27.6	27.4
29	34.1	34.1	34.0	34.5	34.4	34.2	34.3	34.3
30	27.7	27.8	27.5	29.3	29.3	29.4	29.3	29.0
COOMe	52.0	52.0	51.9	52.3	52.3	52.1	52.1	52.3
	a			a		a	a	c*
1'	174.6			174.4		174.5	174.5	172.8
2'	73.3			73.8		73.6	73.0	77.5
3'	38.4			38.9		31.6	38.3	132.6
4'	26.4			26.4		26.0	26.0	125.1
5'	12.1			11.9		11.6	11.7	13.4
5"	13.0			14.1		14.0	12.9	12.3
		b			b	b		
1'		174.2			173.3	174.1		
2'		75.4			77.5	75.1		
3'		31.7			132.9	31.6		
4'		19.5			126.1	19.3		
4"		15.2			13.7	15.3		
			c	c	c		a*	c
1'			173.4	173.3	173.7		174.1	173.3
2'			77.5	77.5	76.2		73.7	77.5
3'			132.9	132.7	32.3		38.7	133
4'			125.9	126.2	19.4		26.2	126.2
5'			13.7	13.6	17.0		11.9	13.7
5"			11.3	11.3	11.3		14.0	11.3

注：a,b,c 对应于相应结构式中的基团。其中，星号"*"代表处于不同的取代位置上，如 a 如 a* 表示同一基团 a，但在结构中所处位置不同。

4-7-115 R¹=α-OH; R²=β-OCH₃
4-7-116 R¹=α-OAc; R²=β-OCH₃
4-7-117 R¹=α-OAc; R²=α-OCH₃

4-7-118 R=β-OCH₃
4-7-119 R=α-OCH₃

4-7-120

第四章 二倍半萜、三萜和多萜类化合物

4-7-121 $R^1=\beta$-OAc; $R^2=H$
4-7-122 $R^1=\alpha$-OAc; $R^2=H$
4-7-223 $R^1=\beta$-OAc; $R^2=\beta$-OAc

4-7-124

4-7-125

4-7-126

4-7-127

4-7-128

4-7-129 R=H
4-7-130 R=OAc

4-7-131

4-7-132

4-7-133

4-7-134

4-7-135

4-7-136

4-7-137 R^1=Ara; R^2=Ara; $R^3=CH_2CH_3$
4-7-138 R^1=Xyl; R^2=Ara; $R^3=CH_2CH_3$
4-7-139 R^1=Xyl; R^2=Ara; R^3=Me
4-7-140 R^1=Ara; R^2=Rha; $R^3=CH_2CH_3$
4-7-141 R^1=Ara; R^2=Rha; R^3=Me

4-7-142[39]

4-7-143[39]

表 4-7-20　化合物 4-7-115~4-7-119 的 ^{13}C NMR 数据[35]

C	4-7-115	4-7-116	4-7-117	4-7-118	4-7-119	C	4-7-115	4-7-116	4-7-117	4-7-118	4-7-119
1	32.5	32.5	32.5	31.1	31.6	18	19.8	19.9	19.3	23.1	22.5
2	25.0	25.0	25.0	25.3	25.3	19	15.2	15.3	15.3	12.9	12.9
3	76.2	75.9	75.8	76.1	76.1	20	44.6	44.7	45.8	46.2	47.7
4	37.0	36.9	36.8	37.3	37.3	21	104.6	104.7	109.4	104.8	108.9
5	40.4	41.8	41.7	44.5	44.5	22	31.4	31.3	33.6	31.5	33.7
6	23.6	23.2	23.1	23.8	23.8	23	78.7	78.7	76.7	78.7	76.6
7	72.2	75.5	75.4	118.1	118.1	24	76.6	76.5	75.4	76.5	75.4
8	44.3	42.2	42.1	145.7	145.6	25	72.9	72.9	72.9	72.9	73.0
9	41.6	43.0	43.0	48.4	48.3	26	26.3	26.4	26.3	26.3	26.4
10	37.6	37.4	37.3	34.7	34.7	27	26.3	26.2	26.3	26.2	26.3
11	16.3	16.4	16.3	17.4	17.4	28	28.0	28.0	27.9	27.7	27.7
12	32.8	33.2	33.2	31.1	31.1	29	22.1	21.9	21.8	21.7	21.7
13	46.6	46.4	46.6	43.4	43.5	30	27.7	27.5	27.4	27.2	27.1
14	162.0	159.7	159.9	50.7	50.9	OMe	55.1	55.1	55.5	55.1	55.6
15	119.5	118.2	117.8	34.1	34.3	OAc		170.4/	170.4/		
16	34.9	35.0	34.6	27.2	27.3			21.3	21.2		
17	52.3	52.2	57.4	44.9	50.2						

表 4-7-21　化合物 4-7-120~4-7-123 的 ^{13}C NMR 数据[36]

C	4-7-120	4-7-121	4-7-122	4-7-123	C	4-7-120	4-7-121	4-7-122	4-7-123
1	35.9	34.7	34.7	35.2	10	35.9	36.6	34.7	35.2
2	29.5	30.4	30.6	30.8	11	23.0	23.4	23.5	23.8
3	98.5	78.7	78.7	79.1	12	27.4	30.2	30.5	30.8
4	40.9	41.4	41.5	40.2	13	40.9	41.6	43.8	42.4
5	50.2	51.1	51.1	51.1	14	50.6	46.4	48.2	51.1
6	20.2	23.1	23.4	32.9	15	31.6	72.8	73.8	73.8
7	30.1	28.6	31.3	76.8	16	25.4	48.7	47.9	51.6
8	39.7	32.1	32.1	42.8	17	49.7	84.5	84.9	84.7
9	45.6	48.7	48.2	51.1	18	15.7	14.3	14.3	14.7

续表

C	4-7-120	4-7-121	4-7-122	4-7-123	C	4-7-120	4-7-121	4-7-122	4-7-123
19	68.4	15.7	15.6	17.7	28	27.3	30.3	30.0	30.8
20	90.2	91.0	90.6	90.7	29	18.8	21.6	21.2	21.5
21	23.0	17.0	16.9	17.7	30	16.2	21.4	21.6	21.8
22	35.9	159.4	159.5	158.6	OAc		170.5/23.1	170.7/21.2	170.7/22.0
23	27.3	121.0	120.8	122.3			170.3/24.8	170.3/21.8	170.8/23.8
24	176.8	172.0	172.1	172.2						171.8/21.6

表 4-7-22 化合物 4-7-124~4-7-128 的 ^{13}C NMR 数据[10]

C	4-7-124	4-7-125	4-7-126	4-7-127	4-7-128	C	4-7-124	4-7-125	4-7-126	4-7-127	4-7-128
1	157.3	156.3	70.7	71.0	157.3	20	139.4	138.3	138.8	136.9	
2	122.0	117.8	35.4	34.8	121.9	21	114.5	172.2	173.0	173.0	
3	167.3	167.5	170.3	170.3	167.3	22	33.7	141.9	141.6	144.0	
4	84.2	84.2	85.6	85.4	84.2	23	81.0	81.2	81.3	81.3	
5	55.9	48.7	43.4	44.2	56.0	24	65.7	62.8	62.9	63.0	
6	39.1	26.9	26.3	26.3	39.1	25	57.4	57.6	57.6	57.4	
7	212.4	74.1	74.8	74.3	212.5	26	19.4	19.5	24.7	24.7	
8	49.8	39.1	37.9	42.6	49.9	27	24.9	24.7	19.5	19.5	
9	48.9	48.9	37.0	35.7	48.7	28	32.1	26.0	34.4	34.4	32.1
10	43.1	43.6	44.3	44.3	43.1	29	26.8	24.7	23.8	23.6	26.8
11	19.9	68.4	16.8	16.2	19.8	30	19.5	20.1	19.9	27.4	19.4
12	28.2	34.1	25.9	32.7	27.5	31		169.9	169.8	169.8	
13	29.2	27.8	28.7	47.4	44.8	32		21.4	21.4	21.4	
14	34.0	35.1	35.6	158.6	36.2	33		167.1	169.6	169.6	
15	28.0	26.9	27.1	118.5	29.3	34		138.6	20.9	20.9	
16	26.9	28.2	27.9	34.0	28.0	35		128.4			
17	44.2	42.9	43.2	50.7	29.7	36		14.3			
18	15.5	13.7	15.0	20.9	15.1	37		12.2			
19	15.7	17.7	15.5	15.2	15.6						

表 4-7-23 化合物 4-7-129~4-7-136 的 ^{13}C NMR 数据[37]

C	4-7-129	4-7-130	4-7-131	4-7-132	4-7-133	4-7-134	4-7-135	4-7-136
1	37.5	71.1	71.0	37.6	70.9	156.3	156.1	70.9
2	31.9	34.9	34.8	31.9	34.9	120.1	119.7	34.9
3	174.8	170.5	170.5	175.0	170.4	167.8	167.8	170.4
4	85.8	86.0	85.9	86.0	85.6	84.9	85.0	85.6
5	46.1	42.7	42.7	46.0	44.0	49.2	49.2	44.1
6	27.9	26.9	26.9	27.9	26.3	27.5	27.4	26.3
7	71.6	71.13	71.1	71.6	74.5	74.7	74.5	74.4
8	43.8	44.0	43.9	43.8	41.8	42.1	42.1	41.8
9	41.1	34.0	33.8	41.4	35.8	41.1	40.9	35.7
10	40.2	44.4	44.3	40.1	44.1	43.9	44.0	44.1

续表

C	4-7-129	4-7-130	4-7-131	4-7-132	4-7-133	4-7-134	4-7-135	4-7-136
11	16.5	16.2	16.1	16.5	16.5	18.6	18.4	16.5
12	32.4	32.4	32.1	32.7	34.7	35.4	34.4	33.9
13	46.3	46.8	46.4	46.7	46.1	46.2	46.1	46.1
14	161.2	161.6	161.4	161.5	158.9	158.5	158.7	159.1
15	119.7	119.7	119.9	119.5	119.5	120	119.5	119.1
16	35.1	34.7	35.0	34.7	34.8	34.9	35.0	34.9
17	52.6	57.8	52.4	57.9	52.0	52.4	54.1	53.9
18	19.7	18.7	18.9	19.5	19.2	20.8	20.3	18.9
19	16.3	15.0	14.9	16.4	15.2	15.9	15.9	15.2
20	44.2	47.1	44.0	46.0	35.7	35.8	36.3	36.4
21	96.6	108.8	96.5	102.0	69.9	70.0	64.1	64.2
22	31.3	38.7	31.3	39.1	36.1	36.2	37.9	37.8
23	79.7	73.8	79.7	74.2	64.3	64.3	67.8	68.0
24	66.7	124.4	66.6	124.5	86.4	86.6	80.6	80.6
25	57.2	137.4	57.2	137.2	74.0	74.2	76.2	76.2
26	19.3	25.9	19.3	25.8	28.4	28.6	22.4	22.3
27	24.9	18.4	24.9	18.3	23.8	24.0	26.2	26.2
28	31.91	34.4	33.4	31.8	34.3	32.0	31.9	34.3
29	26.0	23.7	23.6	26.1	23.5	26.2	26.2	23.5
30	26.9	27.7	27.8	26.7	27.1	26.9	26.9	27.2
OCOCH$_3$	170.0	170.3	169.9		170.0	170.2	170.2	170.1
			169.8		169.8			169.8
OCOCH$_3$	21.5	21.0	21.4		20.8	21.1	21.2	21.1
			20.8		21.1			20.8
OCH$_3$			55.5					

表 4-7-24　化合物 4-7-137~4-7-141 的 ^{13}C NMR 数据[38]

C	4-7-137	4-7-138	4-7-139	4-7-140	4-7-141	C	4-7-137	4-7-138	4-7-139	4-7-140	4-7-141
1	37.5	37.7	37.4	37.6	37.7	17	49.2	49.2	49.2	49.2	49.2
2	27.4	27.3	27.4	27.3	27.3	18	23.1	23.5	23.0	23.1	23.0
3	89.4	89.4	89.4	89.3	89.3	19	13.5	13.4	13.4	13.4	13.4
4	39.8	39.7	39.7	39.7	39.7	20	48.9	48.9	48.9	48.9	48.9
5	51.9	51.9	51.9	51.9	51.8	21	107.3	107.3	108.7	107.3	107.2
6	24.4	24.3	24.3	24.3	24.3	22	37.7	37.7	37.7	37.5	37.4
7	118.5	118.5	118.7	118.5	118.5	23	75.8	75.7	75.7	75.6	75.7
8	146.0	145.8	145.8	145.9	145.9	24	129.4	129.4	129.3	129.4	129.2
9	49.0	49.0	48.9	49.0	48.8	25	133.4	133.3	133.5	133.3	133.5
10	35.0	34.9	35.0	34.9	34.9	26	25.9	25.8	25.8	25.8	25.8
11	18.1	18.1	18.1	18.1	18.1	27	18.0	17.9	18.0	18.0	17.9
12	32.8	32.8	32.7	32.8	32.8	28	27.9	27.8	27.8	27.9	27.8
13	44.2	44.2	44.2	44.2	44.2	29	16.4	16.4	16.4	16.3	16.3
14	51.6	51.5	51.9	51.5	51.5	30	27.4	27.3	27.4	27.4	27.3
15	34.3	34.3	34.3	34.3	34.3	1'	15.8	15.8	54.9	15.8	54.9
16	28.1	28.1	28.1	28.1	28.1	2'	63.1	63.1		63.1	

续表

C	4-7-137	4-7-138	4-7-139	4-7-140	4-7-141	C	4-7-137	4-7-138	4-7-139	4-7-140	4-7-141
Glu						Ara	Ara	Ara	Ara	Rha'	Rha'
1	105.1	105.2	105.2	104.9	104.9	1	105.0	105.0	105.0	103.8	103.9
2	76.3	76.2	76.2	76.8	76.8	2	73.1	73.0	73.0	72.5	72.5
3	88.6	88.6	88.6	88.4	88.4	3	74.6	74.5	74.5	70.9	70.9
4	70.0	69.9	70.0	70.4	70.4	4	69.5	69.4	69.4	73.6	73.6
5	78.1	76.2	78.1	78.0	78.0	5	67.8	67.8	67.8	69.6	69.7
6	62.7	62.7	62.7	62.6	62.0	6				18.5	18.5
Rha							Ara'	Xyl	Xyl	Ara'	Ara'
1	101.4	101.4	101.4	101.7	101.7	1	107.2	107.5	107.5	107.2	107.2
2	72.2	72.3	72.2	71.7	71.7	2	73.2	75.7	75.7	73.3	73.3
3	82.3	82.5	82.4	82.8	82.8	3	74.5	78.5	78.5	74.6	74.6
4	72.4	72.4	72.4	73.1	73.1	4	69.5	71.2	71.2	69.6	69.7
5	69.6	69.6	69.6	69.6	69.6	5	67.1	67.4	67.4	67.3	67.3
6	18.6	18.5	18.6	18.6	18.6						

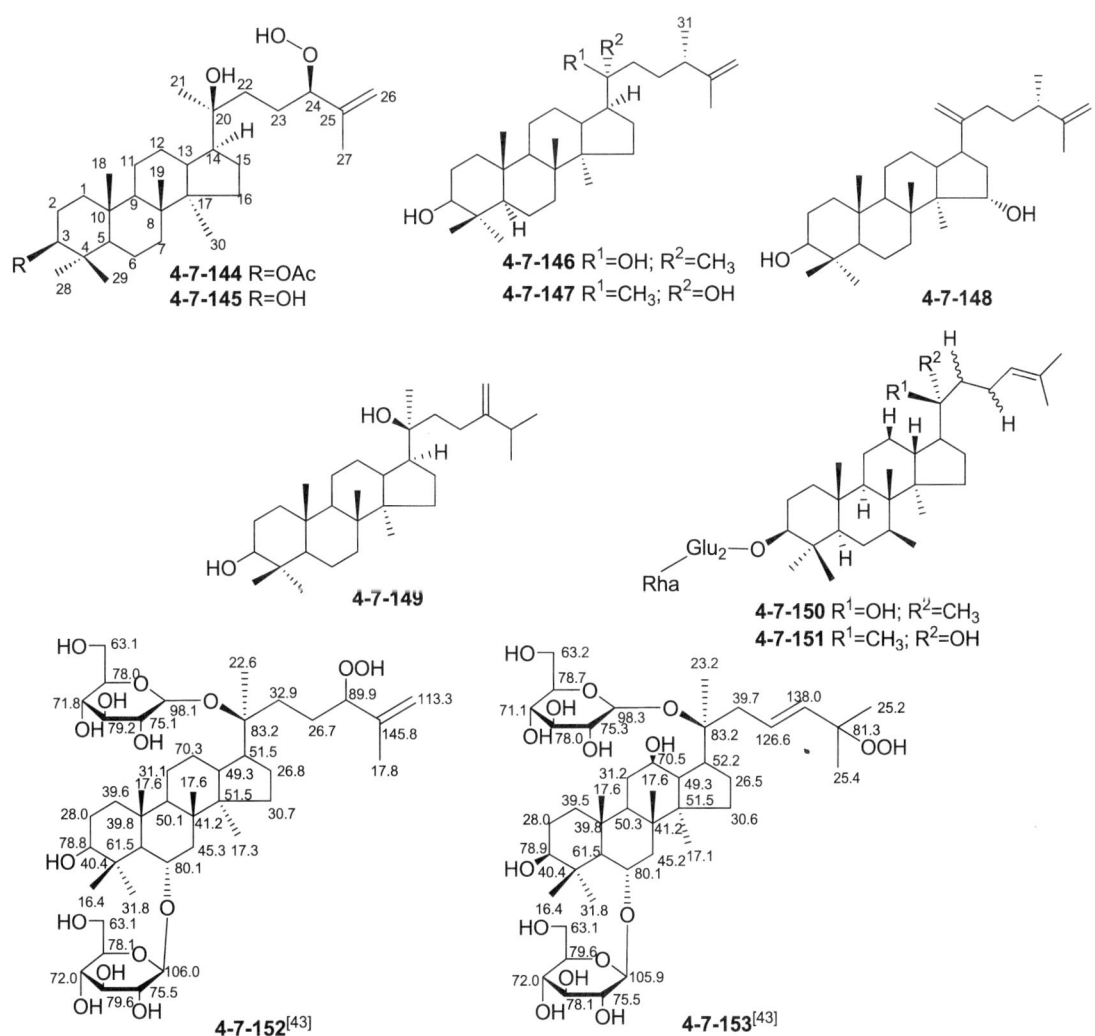

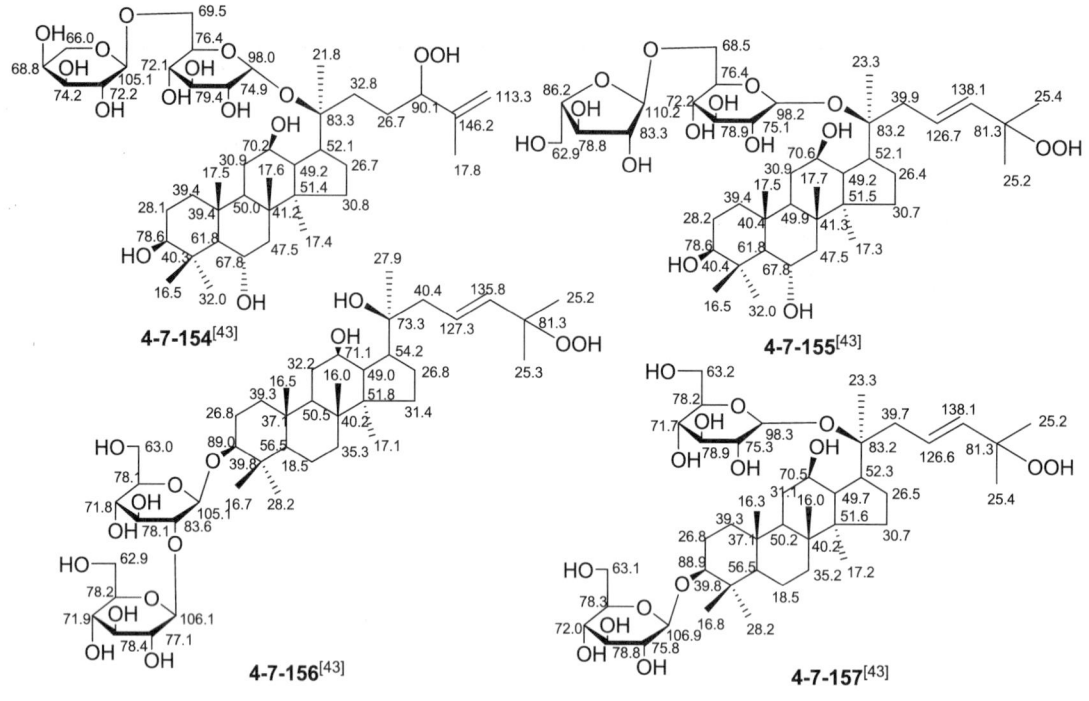

表 4-7-25　化合物 4-7-144~4-7-151 的 ^{13}C NMR 数据

C	4-7-144[40]	4-7-145[40]	4-7-146[41]	4-7-147[41]	4-7-148[41]	4-7-149[41]	4-7-150[42]	4-7-151[42]
1	38.7	39.0	39.1	39.1	39.2	39.1	40.2	40.2
2	23.7	24.9	27.4	27.4	27.4	27.4	27.4	27.4
3	80.9	78.9	79.0	79.0	78.9	79.0	90.0	90.0
4	37.9	39.0	39.0	39.0	39.0	39.0	40.3	40.3
5	55.9	55.9	55.9	55.9	55.7	55.9	55.4	55.4
6	18.1	18.3	18.3	18.3	18.2	18.3	29.0	29.0
7	35.2	35.2	35.2	35.3	36.3	35.2	75.8	75.9
8	40.4	40.4	40.4	40.4	40.9	40.4	47.2	47.3
9	50.6	50.6	50.7	50.6	51.4	50.7	51.8	51.8
10	37.1	37.1	37.1	37.1	37.3	37.1	37.8	37.8
11	21.5	21.5	21.6	21.5	21.3	21.6	22.6	22.5
12	27.4	27.4	24.7	25.4	24.9	24.8	26.1	26.6
13	42.4	42.4	42.3	42.2	43.5	42.4	44.3	44.2
14	50.3	50.3	50.4	50.0	50.5	50.4	50.9	50.6
15	31.2	31.2	31.2	31.1	74.0	31.2	35.6	35.4
16	25.2	25.3	27.6	27.6	38.7	27.5	28.7	28.6
17	49.7	49.7	49.5	49.3	45.3	49.8	49.7	49.7
18	15.4	15.3	16.5	16.4	9.1	16.5	10.4	10.4
19	16.4	16.4	16.2	16.2	16.4	16.2	16.9	16.9
20	75.1	75.1	75.3	75.7	152.2	75.4	76.0	76.3
21	24.7	24.8	25.5	23.8	107.8	25.4	25.3	23.4
22	36.3	36.3	39.1	40.2	32.3	39.4	42.2	43.1
23	24.9	24.9	28.9	28.4	33.6	28.4	23.5	23.2

续表

C	4-7-144[40]	4-7-145[40]	4-7-146[41]	4-7-147[41]	4-7-148[41]	4-7-149[41]	4-7-150[42]	4-7-151[42]
24	89.7	89.8	41.7	41.7	41.0	156.5	125.9	125.8
25	143.7	143.6	149.9	149.9	149.8	34.0	131.8	131.9
26	114.1	114.2	109.6	109.6	109.6	21.9	25.9	25.9
27	17.5	17.5	18.8	18.8	18.9	22.0	17.7	17.7
28	16.2	28.0	28.0	28.0	28.0	28.0	28.3	28.3
29	27.9	15.5	15.4	15.4	15.4	15.4	17.0	17.1
30	16.4	16.2	15.5	15.5	15.7	15.5	16.7	16.6
31			20.0	20.0	19.8	106.2		
OAc	171.0							
	21.2							
Glu								
1'							105.5	105.6
2'							78.9	78.9
3'							79.4	79.4
4'							72.1	72.1
5'							77.5	77.5
6'							62.7	62.7
Rha								
1"							101.8	101.8
2"							71.9	72.0
3"							71.9	72.0
4"							73.9	73.9
5"							69.9	69.9
6"							17.9	17.9

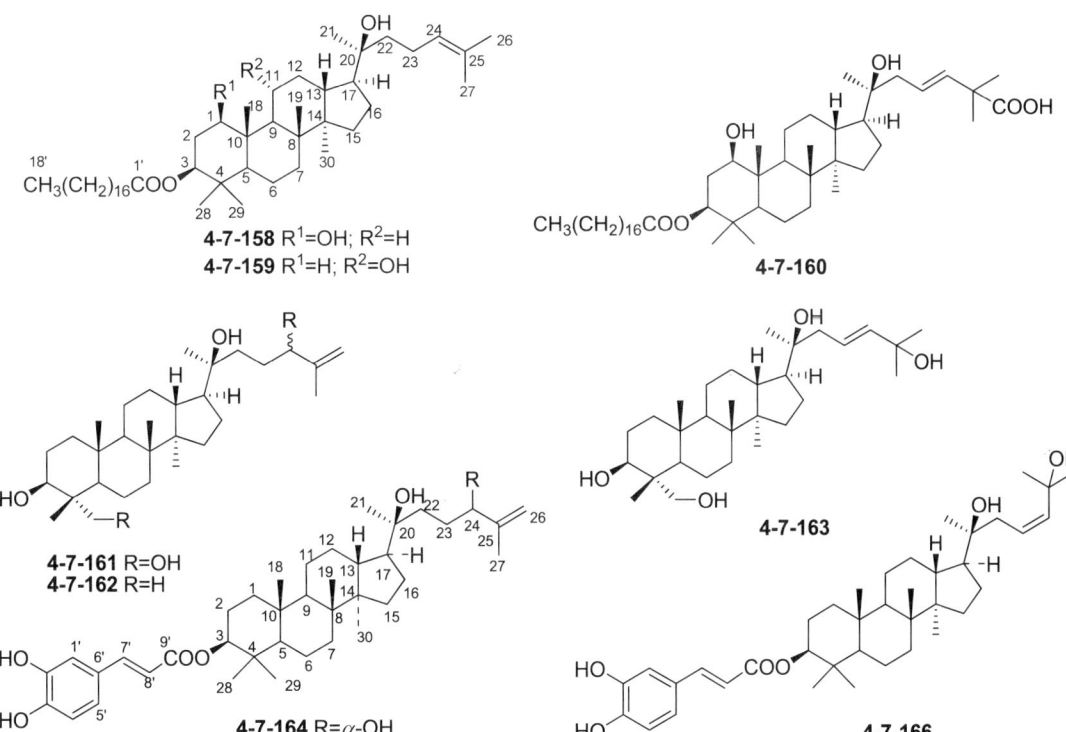

4-7-158 R¹=OH; R²=H
4-7-159 R¹=H; R²=OH

4-7-160

4-7-161 R=OH
4-7-162 R=H

4-7-163

4-7-164 R=α-OH
4-7-165 R=β-OH

4-7-166

表 4-7-26 化合物 4-7-158~4-7-163 的 ^{13}C NMR 数据

C	4-7-158[44]	4-7-159[44]	4-7-160[44]	4-7-161[45]	4-7-162[45]	4-7-163[45]
1	78.5	40.5	78.7	39.0	38.7	38.7
2	34.5	24.1	34.7	27.4	27.0	27.0
3	77.1	80.4	77.3	78.8	76.6	76.6
4	38.1	39.1	38.3	38.9	42.0	42.0
5	53.8	56.4	54.0	55.8	50.6	50.6
6	18.1	18.2	18.3	18.2	18.4	18.4
7	35.1	36.1	35.3	35.2	35.0	35.0
8	41.2	41.0	41.4	40.3	40.4	40.4
9	51.7	55.9	51.8	50.6	50.4	50.4
10	43.7	38.6	43.8	37.0	37.0	37.0

续表

C	4-7-158[44]	4-7-159[44]	4-7-160[44]	4-7-161[45]	4-7-162[45]	4-7-163[45]
11	22.8	71.4	25.1	21.5	21.5	21.5
12	25.3	40.3	28.0	24.8	24.9	24.8
13	41.9	40.9	42.3	42.3	42.3	42.4
14	50.5	50.3	50.7	50.3	50.3	50.3
15	31.6	31.0	32.3	31.1	31.2	31.1
16	27.8	25.2	25.5	27.0	27.5	27.5
17	50.1	49.9	50.7	49.6	50.1	49.9
18	15.9	17.0	16.1	15.3	15.1	15.5
19	12.3	16.9	12.5	16.1	16.5	16.6
20	75.6	75.3	75.5	75.1	75.1	75.1
21	25.5	26.0	26.0	24.6	25.4	25.8
22	41.0	40.8	44.0	36.5	36.6	43.4
23	22.9	22.8	127.6	24.6	29.3	22.4
24	124.9	124.8	137.7	89.5	76.5	42.1
25	131.8	132.0	82.4	144.1	147.6	70.8
26	25.9	25.8	24.5	113.7	110.9	30.0
27	17.9	17.9	24.9	17.1	17.8	29.9
28	28.0	28.5	28.2	27.8	71.9	71.9
29	16.3	16.5	16.5	15.3	11.3	11.3
30	16.6	16.8	16.8	16.4	16.5	16.5
1'	173.7	173.9	173.9			
2'	34.9	35.1	35.1			
3'~17'	29.8~29.9	29.8~29.9	30.0~30.1			
18'	14.3	14.3	14.5			

表 4-7-27 化合物 4-7-164~4-7-169 的 ^{13}C NMR 数据

C	4-7-164[46]	4-7-165[46]	4-7-166[46]	4-7-167[47]	4-7-168[47]	4-7-169[47]	C	4-7-167[47]	4-7-168[47]	4-7-169[47]
1	38.9	38.9	38.4	40.0	39.9	39.9	3-Ara			
2	24.2	24.2	24.2	26.3	26.2	26.2	1	107.3	103.9	104.0
3	80.4	80.7	80.5	88.9	88.6	88.6	2	74.3	75.4	75.4
4	38.4	38.4	39.0	50.0	50.0	50.0	3	81.1	80.9	81.1
5	55.9	55.9	56.0	57.6	57.4	57.4	4	68.5	67.2	67.3
6	18.4	18.4	18.4	20.7	20.7	20.7	5	65.3	62.7	62.9
7	35.5	35.5	35.3	36.1	36.1	36.1	6			
8	40.6	40.6	40.8	40.8	40.8	40.8	Rha			
9	50.7	50.7	50.7	50.9	50.9	50.9	1		101.8	101.9
10	37.3	37.3	37.3	37.9	37.9	37.8	2		72.8	72.8
11	21.9	21.9	21.9	22.5	22.5	22.4	3		72.6	72.6
12	25.1	25.1	24.9	24.3	24.3	24.3	4		74.1	74.3
13	42.4	42.2	42.1	41.5	41.5	41.5	5		70.2	70.2
14	50.6	50.6	50.7	50.1	50.0	50.5	6		18.8	18.8

续表

C	4-7-164[46]	4-7-165[46]	4-7-166[46]	4-7-167[47]	4-7-168[47]	4-7-169[47]	C	4-7-167[47]	4-7-168[47]	4-7-169[47]
15	31.6	31.6	31.5	31.0	31.0	31.0	Glu			
16	27.9	27.9	27.9	27.5	27.4	27.4	1	105.8	106.1	105.9
17	49.8	49.6	49.6	49.1	49.0	49.1	2	75.6	75.6	75.6
18	17.2	17.2	17.2	16.2	16.2	16.2	3	78.6	78.6	78.7
19	15.9	15.9	16.0	14.8	14.7	14.7	4	72.2	74.3	72.6
20	73.6	73.6	74.0	79.3	79.3	79.3	5	78.6	78.1	78.6
21	26.0	26.1	26.8	176.2	176.1	176.1	6	62.4	68.1	62.4
22	37.7	37.8	44.9	40.1	40.1	40.1	Rha'			
23	30.0	30.0	122.6	23.3	23.3	23.3	1		102.8	
24	75.5	74.7	142.0	125.5	125.6	123.5	2		72.3	
25	149.4	149.7	69.6	131.6	131.5	131.6	3		72.9	
26	110.6	110.0	30.8	25.9	25.9	25.9	4		74.1	
27	18.3	18.1	30.8	18.0	18.1	18.0	5		70.0	
28	28.4	28.4	28.4	177.4	177.7	177.8	6		18.9	
29	16.7	16.7	16.7	24.7	24.7	24.6	21-Glu			
30	17.1	17.1	17.0	16.7	16.7	16.7	1	94.5	94.4	94.5
1'	115.5	115.5	115.5				2	70.1	70.9	70.9
2'	146.3	146.3	146.3				3	78.7	78.6	78.6
3'	149.0	149.0	149.0				4	72.3	72.3	72.3
4'	116.4	116.4	116.5				5	79.4	78.6	79.3
5'	121.9	121.9	121.9				6	63.4	63.5	63.4
6'	126.2	126.2	126.2							
7'	145.5	145.5	145.4							
8'	115.1	115.2	115.2							
9'	167.0	167.0	167.0							

表 4-7-28 化合物 4-7-170~4-7-175 的 ^{13}C NMR 数据[48]

C	4-7-170	4-7-171	4-7-172	4-7-173	4-7-174	4-7-175
1	30.9	30.4	30.6	30.7	30.7	30.9
2	25.8	23.4	26.0	26.0	26.1	26.8
3	75.9	78.0	75.8	75.9	75.9	75.9
4	37.7	36.8	37.6	37.6	37.6	37.6
5	44.8	45.8	44.5	44.7	44.7	44.8
6	18.8	18.6	18.7	18.7	18.8	18.7
7	26.5	25.8	25.7	25.8	25.8	26.0
8	132.9	133.1	133.1	133.1	133.2	133.1
9	134.4	134.4	134.3	134.3	134.3	134.4
10	37.2	37.1	37.1	37.2	37.7	37.2
11	21.3	21.3	21.3	21.4	21.3	21.4
12	30.9	30.8	30.0	30.0	30.0	29.8

续表

C	4-7-170	4-7-171	4-7-172	4-7-173	4-7-174	4-7-175
13	44.8	44.4	44.1	44.5	44.4	44.3
14	49.9	49.9	49.7	49.7	49.8	49.9
15	28.3	27.1	27.1	29.8	29.8	27.2
16	28.7	29.8	29.8	27.2	27.1	29.8
17	46.5	46.3	44.7	46.3	46.3	46.5
18	15.9	16.0	15.5	15.6	15.6	16.0
19	19.9	20.0	19.8	19.9	19.9	20.0
20	49.1	48.5	43.2	49.6	43.4	48.5
21	176.8	176.4	175.2	175.2	175.2	176.7
22	34.8	27.6	30.0	30.0	30.0	29.7
23	32.4	35.0	29.7	28.0	32.4	29.0
24	75.9	201.1	83.0	85.7	39.2	44.3
25	147.1	144.4	71.0	71.6	71.0	73.1
26	17.1	17.6	24.2	23.9	23.9	23.2
27	111.7	124.5	26.0	26.1	26.2	26.5
28	28.1	27.6	28.0	28.0	28.1	28.1
29	22.2	21.9	21.7	22.2	22.2	22.2
30	24.4	24.5	24.2	24.3	24.2	24.3
COOMe	51.2	51.2				51.2

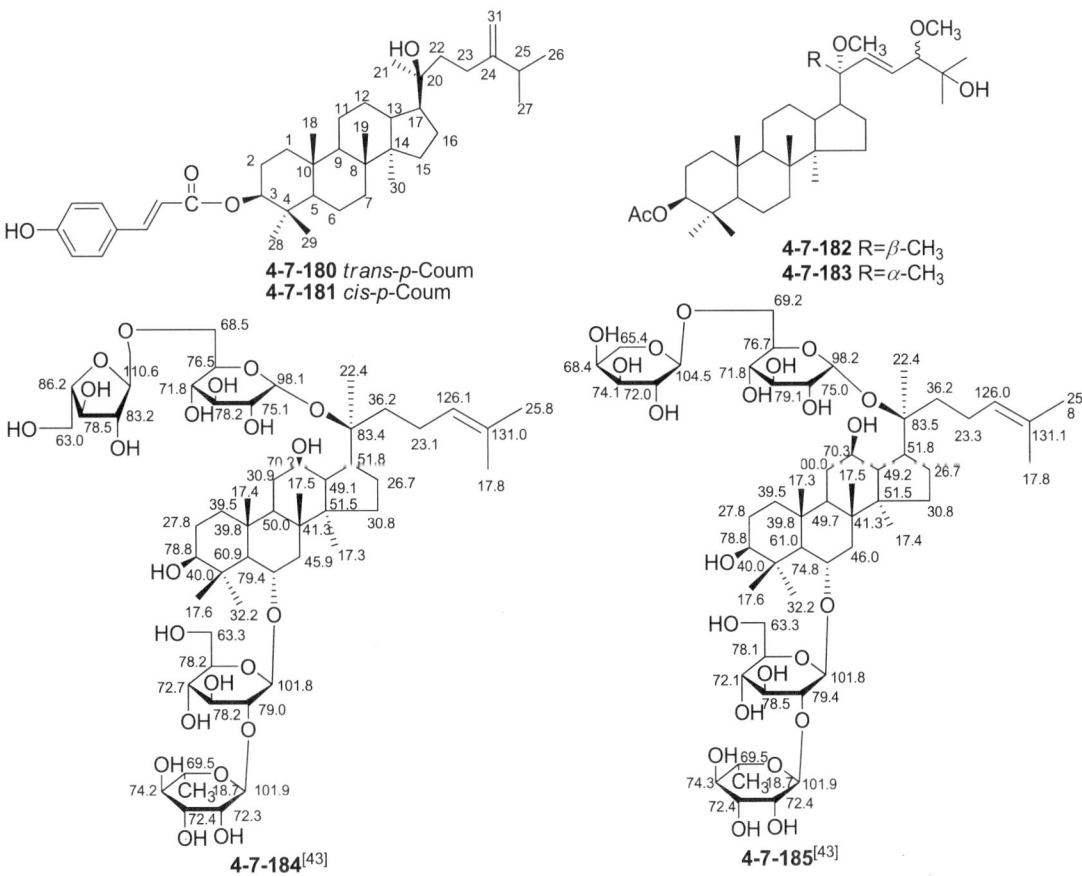

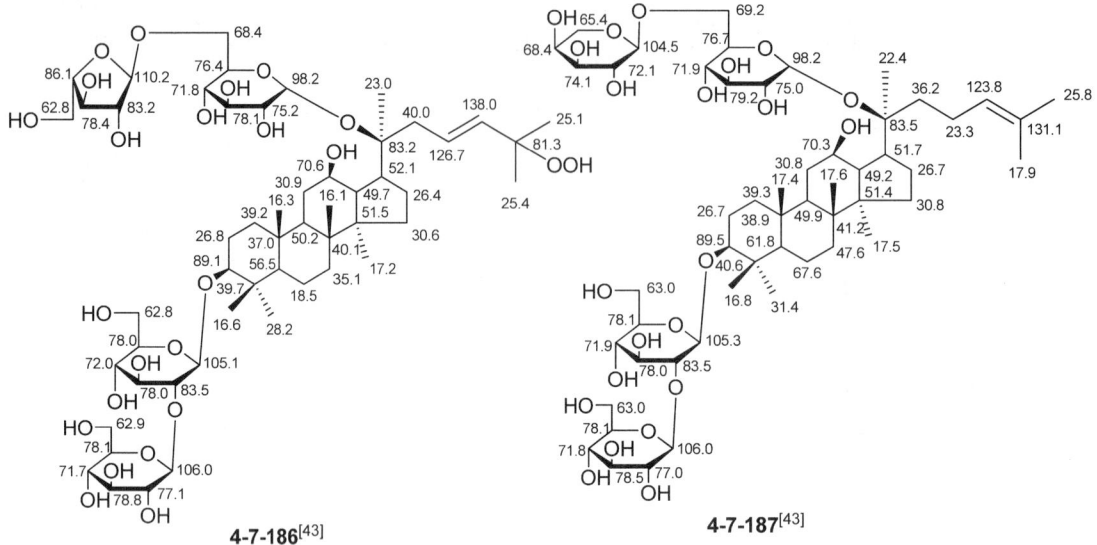

表 4-7-29 化合物 4-7-180~4-7-183 的 ^{13}C NMR 数据

C	4-7-180[49]	4-7-181[49]	4-7-182[50]	4-7-183[50]	C	4-7-180[49]	4-7-181[49]	4-7-182[50]	4-7-183[50]
1	35.1	35.1	38.7	38.7	22	39.4	39.4	140.9	139.2
2	27.5	27.4	23.7	23.6	23	28.4	28.6	127.1	128.0
3	78.4	78.4	80.9	80.9	24	156.5	156.5	89.7	89.7
4	37.0	37.3	37.8	37.8	25	34.0	34.0	72.2	72.2
5	51.0	51.0	55.9	55.8	26	21.9	21.9	24.3	24.3
6	18.1	18.1	18.1	18.1	27	21.9	21.9	26.2	26.2
7	34.4	34.4	35.2	35.2	28	28.0	28.0	27.9	27.9
8	40.6	40.6	40.4	40.4	29	21.7	21.7	16.5	16.5
9	50.5	50.6	50.6	50.6	30	16.7	16.7	16.2	16.2
10	37.2	37.2	37.1	37.0	31	106.2	106.2		
11	21.4	21.4	21.5	21.5	1'	167	166.4		
12	24.8	24.9	25.0	25.0	2'	116.5	118.1		
13	42.3	42.3	43.0	43.0	3'	143.9	142.8		
14	50.5	50.5	49.1	49.1	4'	127.5	127.7		
15	31.2	31.1	30.8	30.7	5', 9'	130.0	132.2		
16	23.0	23.0	26.9	26.9	6', 8'	115.8	115.8		
17	49.8	49.8	49.7	49.7	7'	130.0	156.6		
18	16.1	16.1	15.5	15.5	OAc			171.0/21.4	171.0/21.4
19	15.5	15.5	16.3	16.3	20-OCH$_3$			50.0	49.9
20	75.5	75.5	80.2	80.2	24-OCH$_3$			56.7	56.7
21	25.3	25.3	18.3	20.6					

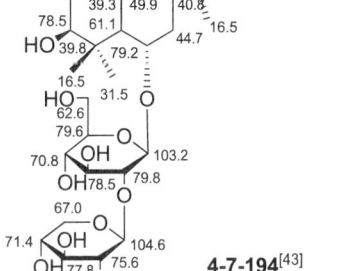
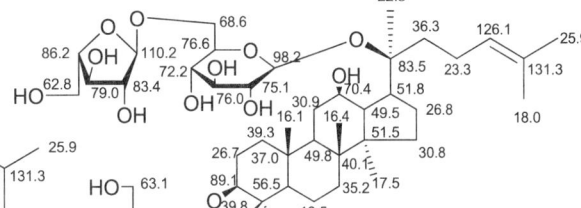
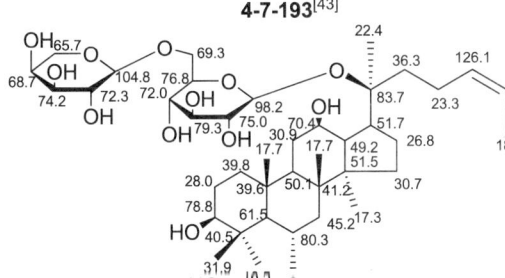

表 4-7-30 化合物 4-7-188~4-7-192 的 ^{13}C NMR 数据

C	4-7-188[51]	4-7-189[52]	4-7-190[52]	4-7-191[52]	4-7-192[53]	C	4-7-188[51]	4-7-189[52]	4-7-190[52]	4-7-191[52]	4-7-192[53]
1	39.1	38.4	39.1	38.5	40.1	4	39.6	42.4	42.8	43.0	40.5
2	30.5	26.3	27.4	26.2	27.8	5	56.0	53.3	54.7*	55.3	62.8
3	76.4	74.2	74.5	77.2	79.6	6	19.2	20.1	18.9	19.6	68.9

C	4-7-188[51]	4-7-189[52]	4-7-190[52]	4-7-191[52]	4-7-192[53]	C	4-7-188[51]	4-7-189[52]	4-7-190[52]	4-7-191[52]	4-7-192[53]
7	34.7	35.1	34.5	35.3	47.8	20	77.3	76.2	77.8	76.3	75.2
8	40.6	40.4	42.1	41.2	42.4	21	26.3	26.1	25.8	25.9	25.3
9	50.5	51.5	49.8	50.4	50.8	22	35.2	44.6	45.4	43.8	43.0
10	37.0	37.4	37.3	38.1	40.3	23	127.6	21.3	28.2	29.4	22.9
11	21.6	22.0	22.3	21.9	22.4	24	140.3	28.3	40.1	38.4	129.3
12	26.8	74.3	76.3	76.4	27.7	25	81.3	38.4	81.2	82.6	135.5
13	49.0	49.3	49.7	50.3	42.9	26	26.3	25.7	25.0	25.3	21.5
14	50.3	46.5	46.8	47.1	50.0	27	24.8	18.1	25.1	25.5	61.4
15	41.0	44.5	43.9	43.5	42.3	28	18.3	26.6	26.4	26.7	31.4
16	74.4	75.5	73.2	74.7	74.8	29	21.5	19.4	20.7	20.3	16.1
17	41.7	41.4	41.3	40.7	59.4	30	15.2	16.6	16.2	15.9	18.1
18	17.7	18.1	17.7	18.3	17.8	OAc	170.4/	170.4/	170.3/	171.2/	
19	15.8	16.3	15.8	15.6	17.6		21.0	24.7	23.0	21.3	

4-7-197

4-7-198

4-7-199

4-7-200

4-7-201

4-7-202

4-7-203

4-7-204

4-7-205

4-7-206 24R
4-7-207 24S

4-7-208

表 4-7-31　化合物 4-7-197~4-7-204 的 ^{13}C NMR 数据[55]

C	4-7-197	4-7-198	4-7-199	4-7-200	4-7-201	4-7-202	4-7-203	4-7-204
1	35.1	76.1	79.2	33.6	33.6	35.1	35.0	75.6
2	25.5	35.9	45.2	25.3	25.4	25.5	25.5	36.2
3	75.9	76.6	215.3	76.2	76.2	75.9	76.0	76.3
4	37.9	37.4	51.7	37.6	37.6	37.9	37.9	37.4
5	49.3	48.1	47.2	49.5	49.5	49.3	49.3	48.3
6	18.0	18.1	19.5	18.2	18.2	18.1	18.0	18.3
7	35.6	34.6	33.6	34.7	34.6	35.6	35.6	34.6
8	41.0	40.5	40.1	39.9	39.9	41.2	41.1	40.6
9	53.5	50.7	50.2	49.9	49.9	53.6	53.5	50.8
10	39.1	43.3	42.8	37.2	37.2	39.2	39.2	43.3
11	76.7	34.3	33.1	30.9	30.9	76.7	76.7	34.2
12	77.1	72.1	71.0	71.4	71.3	77.6	77.5	71.8
13	45.2	46.7	47.5	47.6	48.0	45.0	45.5	46.9
14	50.9	51.2	51.4	51.8	51.8	51.1	51.2	51.3
15	30.7	30.9	31.0	31.4	31.9	30.7	30.7	31.1
16	26.5	26.1	26.3	26.5	26.5	26.6	26.6	26.3
17	53.8	54.4	53.6	53.9	52.7	53.8	52.8	54.0
18	17.1	15.9	15.6	16.0	16.0	17.1	17.1	15.9
19	16.3	11.7	11.7	15.7	15.6	16.4	16.4	11.9
20	73.9	73.4	74.2	73.7	73.9	73.5	73.8	73.4
21	26.4	26.2	26.8	26.9	28.1	26.4	27.4	26.4
22	34.5	35.3	34.5	30.5	38.6	30.5	38.5	31.2
23	22.3	22.4	22.3	25.4	127.3	25.3	27.3	25.1
24	125.1	125.3	124.9	89.9	137.4	89.9	37.2	89.7
25	131.5	131.2	131.9	144.0	81.8	144.1	81.7	144.5
26	25.7	25.8	25.8	113.7	24.1	113.7	24.0	113.5
27	17.7	17.7	17.7	17.7	24.9	17.7	25.0	17.7
28	28.8	28.0	27.8	28.3	28.3	28.8	28.8	27.9
29	22.3	22.1	20.0	22.1	22.1	22.3	22.3	21.9
30	17.1	16.5	16.7	17.0	16.9	17.1	17.1	16.8

表 4-7-32　化合物 4-7-205~4-7-208 的 ^{13}C NMR 数据[55]

C	4-7-205	4-7-206	4-7-207	4-7-208	C	4-7-205	4-7-206	4-7-207	4-7-208
1	75.8	75.7	75.6	75.5	9	50.5	50.8	50.8	50.6
2	36.3	36.2	36.2	36.3	10	43.2	43.4	43.4	43.4
3	76.5	76.8	76.8	76.3	11	33.5	34.3	33.9	33.8
4	37.3	37.5	37.5	37.4	12	71.1	71.8	71.6	71.2
5	48.2	48.2	48.2	48.3	13	47.1	46.7	46.8	47.2
6	18.2	18.2	18.2	18.3	14	51.3	51.3	51.3	51.2
7	34.4	34.3	34.3	34.6	15	31.0	31.1	31.1	30.9
8	40.5	40.6	40.6	40.6	16	26.1	26.5	26.5	25.9

续表

C	4-7-205	4-7-206	4-7-207	4-7-208	C	4-7-205	4-7-206	4-7-207	4-7-208
17	53.1	54.3	53.7	53.3	24	136.9	75.5	76.9	141.4
18	15.7	15.9	15.9	16.0	25	81.4	147.8	148.1	70.5
19	11.6	11.7	11.9	11.8	26	23.5	110.5	110.4	30.1
20	73.6	73.3	73.3	73.6	27	25.1	18.5	18,0	29.1
21	27.7	26.4	26.5	27.8	28	26.7	28.9	28.9	27,0
22	38.6	34.6	33.9	38.1	29	21.8	21.9	21.9	21.9
23	127	30.1	32.7	122.9	30	16.5	16.8	16.8	16.9

4-7-209   **4-7-210**   **4-7-211**

4-7-212   **4-7-213**   **4-7-214**

4-7-215   **4-7-216**

表 4-7-33　化合物 4-7-209~4-7-216 的 ^{13}C NMR 数据

C	4-7-209[51]	4-7-210[13]	4-7-211[56]	4-7-212[56]	4-7-213[56]	4-7-214[56]	4-7-215[56]	4-7-216[56]
1	38.2	37.2	39.5	39.4	39.8	40.5	39.6	39.2
2	27.4	27.6	28.0	28.2	27.2	27.9	28.1	26.8
3	75.0	79.2	78.6	78.5	77.6	78.2	78.4	88.8
4	40.0	38.9	40.2	40.4	42.7	40.4	40.4	39.7
5	55.3	50.6	61.5	61.8	147.5	61.5	61.9	56.4
6	19.5	23.9	80.1	67.7	127.4	67.7	67.7	18.3
7	35.3	117.9	45.4	47.4	71.2	47.0	47.5	35.1
8	41.2	145.7	41.4	41.2	42.4	41.9	40.9	40.0
9	51.3	48.9	50.5	49.8	47.5	54.4	50.3	50.2
10	36.5	34.9	39.8	39.4	38.4	39.0	39.4	37.0
11	22.0	18.1	32.6	31.0	33.3	40.3	30.1	30.9

续表

C	4-7-209[51]	4-7-210[13]	4-7-211[56]	4-7-212[56]	4-7-213[56]	4-7-214[56]	4-7-215[56]	4-7-216[56]
12	27.1	33.8	72.6	70.5	69.8	211.2	79.8	70.3
13	51.1	43.5	50.6	49.2	50.6	56.1	49.3	49.4
14	52.0	51.1	50.7	51.5	51.0	56.0	51.2	51.5
15	43.2	34.0	32.5	30.7	34.5	32.3	32.5	31.1
16	74.6	28.4	26.8	26.4	28.4	24.6	25.5	26.8
17	42.0	53.7	51.0	52.2	51.1	42.6	46.9	52.4
18	18.3	21.8	17.4	17.6	10.8	17.8	16.5	16.3
19	16.0	13.1	17.7	17.5	20.4	17.5	16.8	15.9
20	76.3	34.5	142.4	83.1	83.5	81.3	81.9	83.3
21	25.9	19.5	13.2	23.3	22.5	22.6	24.6	22.8
22	34.4	39.6	122.2	39.7	36.5	39.5	51.8	32.8
23	27.5	70.8	35.3	126.5	23.3	24.0	72.5	31.1
24	38.4	77.3	75.2	138.1	126.0	125.8	129.2	76.2
25	81.6	145.1	149.9	81.3	130.9	130.9	131.4	149.4
26	25.3	112.9	110.0	25.2	25.8	25.8	25.7	110.2
27	25.0	18.7	18.5	25.4	17.8	17.6	17.7	18.5
28	19.0	27.6	31.8	32.0	29.1	31.8	31.9	28.2
29	22.2	14.7	16.4	16.5	23.5	16.4	17.7	16.8
30	14.0	27.2	16.8	17.2	18.2	17.1	17.1	17.3
6-Glu								
1			106.1					107.0
2			75.5					75.8
3			79.9					78.8
4			71.9					72.0
5			78.2					78.7
6			63.1					63.2
20-Glu								
1				98.3	98.4	98.5	99.3	98.4
2				75.3	75.2	75.7	75.4	75.4
3				78.9	79.3	78.2	79.0	79.0
4				71.6	71.7	71.9	72.0	71.8
5				78.3	78.4	78.0	78.2	78.4
6				63.0	62.9	63.0	63.1	63.1

4-7-217　　　　4-7-218　　　　4-7-219

表 4-7-34　化合物 4-7-217~4-7-223 的 ^{13}C NMR 数据

C	4-7-217[21]	4-7-218[57]	4-7-219[58]	4-7-220[58]	4-7-221[59]	4-7-222[59]	4-7-223[59]
1	31.9	39.3	39.5	39.4	39.5	39.7	39.7
2	26.4	28.1	27.8	27.9	26.9	27.8	27.9
3	75.6	79.1	78.6	78.6	89.1	78.7	78.6
4	37.9	39.2	40.3	40.3	39.8	40.2	40.4
5	45.0	44.5	61.4	61.4	56.6	61.4	61.4
6	24.5	19.0	80.0	80.1	18.5	79.6	80.3
7	118.9	19.5	45.1	45.1	35.3	45.7	44.9
8	146.6	40.5	41.0	41.1	40.1	41.3	41.1
9	49.5	150.4	49.8	50.0	50.3	50.0	50.0
10	35.3	37.5	39.7	39.7	37.0	39.5	39.4
11	18.6	116.9	31.0	30.9	30.9	30.8	30.9
12	34.5	37.8	70.3	70.2	70.2	70.3	70.3
13	44.2	44.0	48.6	49.1	49.6	49.1	49.1
14	51.9	46.6	51.3	51.4	51.5	51.7	51.4
15	34.6	33.3	30.7	30.6	30.8	30.8	30.7
16	29.2	36.7	26.2	26.7	26.7	26.7	26.6
17	54.1	50.8	46.9	52.0	51.8	51.4	51.6
18	22.0	17.0	17.5	17.5	10.5	17.7	17.5
19	13.3	25.2	17.4	17.4	16.3	17.5	17.5
20	34.4	36	79.8	83.1	83.5	83.4	83.3
21	20.5	18.4	21.1	21.9	22.5	22.3	22.4
22	41.9	27.9	35.1	29.8	36.3	35.8	36.1

续表

C	4-7-217[21]	4-7-218[57]	4-7-219[58]	4-7-220[58]	4-7-221[59]	4-7-222[59]	4-7-223[59]
23	69.9	26.5	22.7	32.8	23.3	23.1	23.3
24	69.1	25.2	125.5	202.4	126.0	126.0	126.0
25	58.8	28.1	130.2	144.4	131.1	130.9	131
26	20.0	20.0	25.8	124.9	25.8	25.7	25.8
27	25.0	27.7	17.7	17.8	18.0	17.8	18.0
28	28.4	27.4	31.6	31.7	27.9	31.6	31.7
29	22.1	15.0	16.3	16.3	16.3	16.6	16.3
30	27.6	14.9	16.8	17.1	16.1	17.3	17.2
31		19.6					
OMe			48.8				
1'			105.9	105.9	105.0	106.1	105.7
2'			75.3	75.4	84.1	75.4	74.9
3'			79.5	79.3	78.5	79.3	78.9
4'			71.8	71.8	71.8	71.6	81.3
5'			78.0	78.1	78.1	76.2	76.5
6'			63.1	62.9	63.0	69.1	62.2
1"				98.0	107.0	101.3	103.0
2"				75.0	76.5	73.9	74.4
3"				79.6	78.2	75.2	75.3
4"				71.6	71.2	72.2	72.0
5"				78.2	67.5	74.0	75.5
6"				63.0		62.7	62.9
1'''					98.1	98.2	98.3
2'''					74.9	75.1	75.2
3'''					79.2	79.2	79.2
4'''					71.7	71.5	71.6
5'''					77.0	78.2	78.2
6'''					70.3	62.7	62.9
1''''					105.3		
2''''					75.3		
3''''					78.4		
4''''					71.9		
5''''					78.3		
6''''					62.9		

4-7-224

4-7-225 R^1=H
4-7-226 R^1=OAc

4-7-227

4-7-228

表 4-7-35 化合物 4-7-224~4-7-228 的 ^{13}C NMR 数据

C	4-7-224[55]	4-7-225[60]	4-7-226[60]	4-7-227[61]	4-7-228[62]	C	4-7-224[55]	4-7-225[60]	4-7-226[60]	4-7-227[61]	4-7-228[62]
1	34.2	35.8	36.4	40.6	37.5	17	48.0	49.5	49.7	126.4	47.9
2	22.9	25.3	22.8	18.7	27.7	18	15.4	16.3	16.3	136.9	16.4
3	78.2	77.6	79.7	42.2	79.2	19	16.1	17.5	17.4	33.7	15.9
4	36.7	38.4	37.6	33.4	392	20	86.5	86.6	86.6	28.1	151.4
5	50.9	49.7	50.8	57.0	56.1	21	27.6	27.3	27.3	124.7	109.8
6	18.1	69.4	68.9	18.6	21.7	22	31.2	34.6	34.6	131.1	37.5
7	34.7	42.9	42.9	35.5	36.1	23	25.0	26.3	26.3	33.4	130.6
8	39.9	39.6	39.6	40.1	49.7	24	85.4	86.3	86.4	21.5	134.9
9	50.3	51.1	51.1	50.7	51	25	70.1	70.2	70.3	16.4	82.5
10	37.2	36.9	36.8	37.4	39.3	26	26.1	24.0	24.0	15.7	25.1
11	31.2	21.7	21.7	21.5	24.5	27	27.9	27.8	27.8	16.6	25.1
12	71.0	27.1	27.0	27.1	24.6	28	21.6	28.1	27.7	20.8	15.6
13	49.3	41.7	41.7	46.9	45.4	29	27.9	24.3	24.0	17.7	28.3
14	52.1	50.1	50.1	50.0	40.7	30	18.3	16.7	16.0	25.8	16.1
15	32.6	31.5	31.5	30.1	31.6	OAc	170.7		170.8		
16	28.6	25.8	25.8	29.7	29.1		21.4		21.4		

表 4-7-36 化合物 4-7-229~4-7-231 的 ^{13}C NMR 数据[63]

C	4-7-229	4-7-230	4-7-231	C	4-7-229	4-7-230	4-7-231
1	39.1	40.7	39.8	10	37.9	37.6	38.1
2	27.2	27.4	27.4	11	22.4	22.6	22.6
3	89.5	89.4	89.7	12	26.5	26.0	24.9
4	40.4	40.7	40.6	13	45.5	43.2	42.6
5	57.6	57.9	57.8	14	50.9	51.0	52.0
6	19.1	19.3	19.3	15	32.3	32.4	32.0
7	36.4	36.6	36.5	16	28.3	27.7	28.6
8	41.5	41.5	41.7	17	45.6	46.5	46.9
9	52.1	52.0	52.0	18	16.3	16.1	16.6

C	4-7-229	4-7-230	4-7-231	C	4-7-229	4-7-230	4-7-231
19	16.5	16.9	16.8	2	75.1	75.3	75.1
20	81.8	79.6	82.0	3	78.1	78.0	77.8
21	179.2	180.7	24.6	4	71.4	71.8	71.6
22	40.5	41.4	40.5	5	78.1	78.0	77.8
23	76.4	75.5	127.3	6	62.6	62.4	62.2
24	123.6	124.7	138.4	Rha			
25	141.1	140.4	78.0	1	101.8	102.0	101.8
26	25.7	25.7	75.2	2	72.2	72.1	72.4
27	18.3	18.2	24.9	3	72.3	72.1	72.8
28	28.4	28.7	28.4	4	75.1	75.1	74.9
29	15.8	15.9	16.0	5	70.4	70.3	70.1
30	16.9	17.1	17.0	6	17.9	18.0	17.8
Ara				Glu			
1	104.9	104.9	104.8	1			105.0
2	81.7	82.1	82.2	2			75.1
3	74.0	73.8	73.7	3			77.8
4	68.2	68.5	68.2	4			71.0
5	64.3	64.6	64.4	5			77.8
Glu				6			62.7
1	104.2	105.0	104.8				

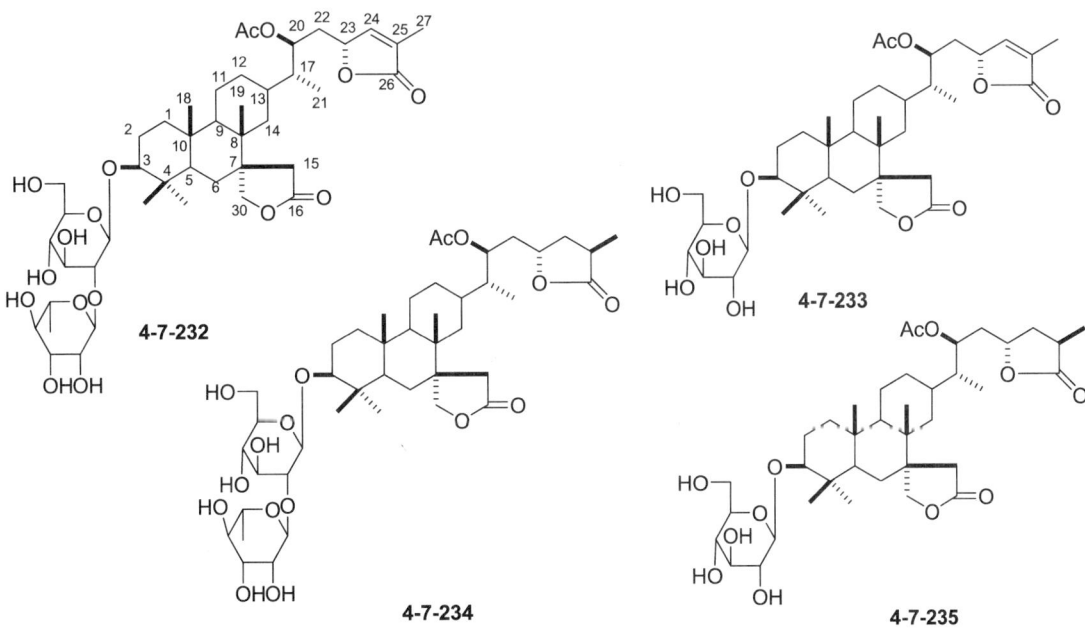

表 4-7-37 化合物 4-7-232~4-7-235 的 ^{13}C NMR 数据[64]

C	4-7-232	4-7-233	4-7-234	4-7-235	C	4-7-232	4-7-233	4-7-234	4-7-235
1	39.7	39.5	39.8	39.4	4	40.3	40.3	40.3	40.2
2	27.3	26.7	27.4	27.0	5	56.6	56.4	56.7	56.3
3	89.9	90.5	89.9	90.3	6	18.9	19.0	19.0	19.0

续表

C	4-7-232	4-7-233	4-7-234	4-7-235	C	4-7-232	4-7-233	4-7-234	4-7-235
7	35.4	35.4	35.5	35.4	27	10.6	10.6	16.0	16.0
8	42.3	42.3	42.3	42.2	28	28.3	28.4	28.3	28.3
9	54.0	54.0	54.1	54.0	29	17.0	16.8	17.0	16.8
10	37.9	37.9	37.9	37.9	30	71.8	71.9	71.8	71.8
11	21.6	21.6	21.6	21.6	OAc	21.2	21.2	21.2	21.2
12	25.8	25.9	25.6	25.6		172.4	172.8	172.4	172.6
13	39.0	39.1	39.0	39.0	Glu				
14	53.6	53.1	53.4	53.4	1'	105.6	106.7	105.5	106.5
15	34.8	34.8	34.9	34.9	2'	78.9	75.7	78.9	75.7
16	179.9	180.1	179.9	179.9	3'	79.4	78.7	79.4	78.7
17	37.0	37.1	37.0	37.0	4'	72.0	71.7	72.1	71.7
18	18.6	18.6	18.6	18.6	5'	77.6	77.7	77.6	77.9
19	16.7	16.6	16.6	16.6	6'	62.8	62.8	62.8	62.8
20	74.8	74.8	76.4	76.4	Rha				
21	11.9	11.9	12.3	12.3	1"	101.8		101.7	
22	35.0	35.0	37.5	37.4	2"	72.0	28.4	72.0	
23	80.6	80.6	78.3	78.3	3"	72.1	16.8	72.2	
24	151.0	151.0	36.5	36.4	4"	73.9	71.9	73.9	
25	130.4	130.5	36.5	36.4	5"	69.8	21.2	69.8	
26	176.2	176.2	182.3	182.3	6"	18.0	172.5	18.0	

4-7-236 R=OH
4-7-237 R=OAc

4-7-238 R=OH
4-7-239 R=OAc

4-7-240

表 4-7-38 化合物 4-7-236~4-7-240 的 ^{13}C NMR 数据[65]

C	4-7-236	4-7-237	4-7-238	4-7-239	4-7-240	C	4-7-236	4-7-237	4-7-238	4-7-239	4-7-240
1	158.6	158.5	158.2	157.6	153.2	11	70.6	70.6	70.3	69.8	70.1
2	124.0	126.9	123.6	123.1	116.9	12	42.0	42.1	42.1	42.1	42.6
3	204.7	204.2	204.4	203.4	167.8	13	46.0	45.6	45.6	45.9	45.8
4	44.8	44.5	44.3	43.8	84.8	14	161.3	159.5	160.9	158.1	160.6
5	44.4	45.7	44.5	45.4	47.3	15	120.4	119.1	120.2	118.5	120.8
6	24.4	23.9	24.1	23.1	27.7	16	35.3	35.9	34.9	34.5	35.2
7	71.6	74.1	71.2	73.5	71.4	17	52.9	52.7	52.4	51.9	52.8
8	44.6	44.5	44.3	45.2	44.3	18	20.3	20.1	20.0	19.4	20.5
9	43.8	45.2	43.9	44.5	46.1	19	20.5	20.5	20.1	19.9	18.9
10	41.2	42.0	40.9	40.2	45.4	20	45.6	46.1	43.6	44.2	44.8

续表

C	4-7-236	4-7-237	4-7-238	4-7-239	4-7-240	C	4-7-236	4-7-237	4-7-238	4-7-239	4-7-240
21	97.6	97.6	96.2	95.9	96.5	30	30.4	30.3	30.4	29.6	30.0
22	31.8	31.7	30.2	29.8	30.5	1'	176.6	176.6	176.2	175.4	176.3
23	78.0	78.9	79.0	78.3	79.1	2'	42.5	42.0	42.1	41.8	42.0
24	68.0	68.0	75.4	76.6	75.2	3'	26.8	26.8	26.4	25.9	26.4
25	58.3	57.6	74.0	76.2	74.4	4'	12.4	12.4	12.1	11.7	12.4
26	25.3	25.3	26.6	26.0	27.0	4"	17.1	17.2	16.8	16.5	17.3
27	19.6	19.8	26.6	26.0	27.0	OAc		170.4/		169.2/	
28	26.4	26.3	26.0	25.6	25.6			20.1		20.8	
29	21.9	21.5	21.5	21.0	32.2						

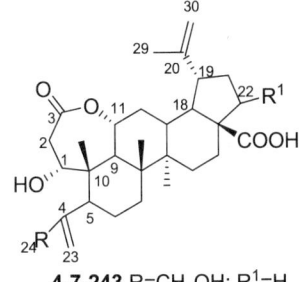

4-7-241   **4-7-242**

表 4-7-39 化合物 4-7-241~4-7-242 的 ^{13}C NMR 数据[41]

C	4-7-241	4-7-242	C	4-7-241	4-7-242	C	4-7-241	4-7-242
1	39.5	38.8	11	21.5	21.7	21	23.8	35.1
2	34.1	27.3	12	27.0	25.1	22	39.7	39.0
3	218.3	79.0	13	37.8	133.6	23	26.7	28.0
4	47.3	38.8	14	43.1	50.7	24	21.0	15.5
5	54.8	55.0	15	27.3	67.0	25	16.0	16.3
6	19.7	18.6	16	35.3	46.2	26	15.8	18.1
7	33.7	37.9	17	43.0	36.2	27	14.4	13.8
8	40.8	42.4	18	48.6	133.4	28	17.8	24.2
9	49.3	50.5	19	43.5	39.0	29	81.8	32.3
10	36.8	37.4	20	42.0	33.3	30	17.1	24.1

4-7-243 R=CH₂OH; R¹=H
4-7-244 R=CH₃; R¹=α-OH

4-7-245

4-7-246

表 4-7-40　化合物 4-7-243~4-7-246 的 ^{13}C NMR 数据

C	4-7-243[66]	4-7-244[66]	4-7-245[18]	4-7-246[31]	C	4-7-243[66]	4-7-244[66]	4-7-245[18]	4-7-246[31]
1	70.9	70.4	42.9	39.1	17	56.3	62.4	137.6	51.0
2	38.4	38.7	173.6	29.7	18	49.6	49.6	21.5	17.0
3	172.8	173.1	184.7	176.3	19	47.8	47.9	28.9	18.8
4	152.9	147.6	45.3	146.6	20	150.5	150.9	27.7	74.8
5	45.4	49.4	44.8	57.3	21	31.0	41.8	20.1	25.3
6	26.9	25.1	18.8	25.0	22	37.3	75.2	36.7	40.9
7	32.6	32.4	28.8	33.5	23	111.0	113.8	71.1	22.6
8	41.6	42.1	38.9	40.5	24	67.2	23.5	65.1	124.4
9	44.2	44.0	52.2	52.1	25	18.6	19.0	58.5	131.8
10	44.6	44.1	38.3	39.4	26	17.9	17.8	19.5	25.7
11	75.5	75.4	76.6	76.5	27	13.7	13.7	24.7	17.7
12	33.5	33.6	29.8	35.8	28	178.7	178.4	29.2	114.1
13	35.3	35.0	137.0	38.8	29	18.9	18.7	20.9	23.7
14	42.2	41.6	56.7	49.8	30	110.6	110.9	20.2	15.6
15	29.6	29.0	30.2	30.6	OAc			170.0/21.1	
16	32.9	26.9	28.9	24.9					

表 4-7-41 化合物 4-7-247~4-7-251 的 ^{13}C NMR 数据[67]

C	4-7-247	4-7-248	4-7-249	4-7-250	4-7-251	C	4-7-247	4-7-248	4-7-249	4-7-250	4-7-251
1	48.2	48.2	55.9	55.9	48.2	17	50.5	40.5	51.2	41.1	50.6
2	169.7	169.8	212.1	212.1	169.6	18	15.4	15.4	16.4	16.4	15.4
3	179.0	178.9	82.4	82.4	179.0	19	17.9	17.8	17.7	17.7	17.9
4	45.4	45.4	45.3	45.3	45.4	20	158.5	157.7	158.4	158.4	161.4
5	55.3	55.2	55.4	55.4	55.3	21	16.5	20.2	16.5	20.2	16.9
6	19.9	19.9	18.3	18.3	19.9	22	126.3	128.8	126.3	128.6	124.3
7	35.2	35.2	35.7	35.7	35.2	23	191.4	191.0	191.4	191.4	202.2
8	39.7	39.7	41.4	41.4	39.7	24	126.0	126.6	125.7	126.4	54.2
9	47.6	47.5	55.1	55.1	47.6	25	154.7	154.5	154.5	154.5	70.0
10	38.2	38.2	44.9	44.9	38.2	26	27.8	27.7	27.8	27.8	29.5
11	77.2	77.3	70.4	70.4	76.8	27	20.6	20.6	20.6	20.6	29.4
12	32.5	32.5	37.2	37.2	32.5	28	22.7	22.7	29.5	29.5	22.7
13	43.8	44.0	43.6	43.6	43.9	29	27.9	27.9	16.6	16.6	27.9
14	49.3	49.3	49.5	49.5	49.4	30	15.8	16.1	15.9	16.2	15.8
15	31.4	31.4	31.5	31.5	31.4	COO$\underline{C}$H$_3$	52.0	52.0			52.0
16	27.7	27.0	27.9	27.9	27.7						

4-7-255

4-7-256

4-7-257

4-7-258

4-7-259

4-7-260

4-8-261

表 4-7-42 化合物 4-7-252、4-7-255~4-7-257 的 ^{13}C NMR 数据

C	4-7-252	4-7-255[68]	4-7-256[23]	4-7-257[63]	C	4-7-252	4-7-255[68]	4-7-256[23]	4-7-257[63]
1	48.2	74.7	35.0	40.1	4	45.4	37.3	36.8	40.1
2	169.6	36.4	22.9	27.2	5	55.3	48.3	50.7	57.6
3	179.0	76.5	78.3	89.5	6	19.9	18.4	18.0	19.1

C	4-7-252	4-7-255[68]	4-7-256[23]	4-7-257[63]	C	4-7-252	4-7-255[68]	4-7-256[23]	4-7-257[63]
7	35.2	34.6	34.3	36.4	Ara				
8	39.7	40.6	40.5	41.6	1				104.8
9	47.6	50.9	50.3	52.0	2				82.2
10	38.2	43.4	37.2	38.0	3				73.7
11	76.8	34.3	21.4	22.5	4				68.2
12	32.5	70.9	25.2	25.0	5				64.4
13	43.9	48.2	47.5	42.4	Glu				
14	49.4	52.0	50.3	51.1	1				104.8
15	31.4	32.4	31.1	32.0	2				75.1
16	27.7	28.3	27.0	28.4	3				77.8
17	40.9	49.0	43.4	46.6	4				71.5
18	15.4	15.7	16.4	16.6	5				77.8
19	17.9	12.3	16.0	16.8	6				62.2
20	161.4	87.1	92.3	77.4	Rha				
21	20.4	28.8	23.7	75.2	1				101.8
22	126.9	31.7	159.4	32.5	2				72.3
23	202.2	25.5	121.2	26.0	3				72.8
24	54.2	87.5	172.5	90.9	4				74.9
25	70.0	70.6		146.6	5				70.1
26	29.5	27.3		114.1	6				17.8
27	29.4	23.8		17.1	Glu'				
28	22.7	28.0	27.9	28.4	1'				105.0
29	27.9	21.9	21.7	16.0	2'				75.1
30	15.8	17.9	15.5	16.9	3'				77.8
OAc	52.0		21.2		4'				71.0
			170.7		5'				77.8
					6'				62.7

表 4-7-43 化合物 4-7-258~4-7-262 的 ^{13}C NMR 数据

C	4-7-258[69]	4-7-259[69]	4-7-260[23]	4-7-261[23]	4-7-262[70]	C	4-7-258[69]	4-7-259[69]	4-7-260[23]	4-7-261[23]	4-7-262[70]
1	38.2	39.1	33.7	34.3	38.3	13	51.1	49.0	45.2	42.4	38.1
2	27.4	30.5	25.4	22.9	27.1	14	52.0	50.3	50.2	50.0	52.3
3	75.0	76.4	76.2	78.4	78.5	15	43.2	41.0	31.5	31.1	34.2
4	40.0	39.6	37.6	36.7	38.7	16	74.6	74.4	26.0	24.9	177.0
5	55.3	56.0	49.6	50.7	54.9	17	42.0	41.7	54.3	50.0	44.0
6	19.5	19.2	18.2	18.0	17.9	18	18.3	17.7	15.6	15.5	18.3
7	35.3	34.7	35.5	35.0	34.4	19	16.0	15.8	16.0	16.0	15.3
8	41.2	40.6	40.7	40.6	40.9	20	76.3	77.3	212.4	75.2	203.2
9	51.3	50.5	50.5	50.4	52.8	21	25.9	26.3	30.3	25.5	13.8
10	36.5	37.0	37.3	37.1	36.9	22	34.4	35.2		43.4	125.0
11	22.0	21.6	21.1	22.4	20.3	23	127.5	127.6		126.8	140.2
12	27.1	26.8	25.6	27.4	24.9	24	138.4	140.3		137.6	124.2

续表

C	4-7-258[69]	4-7-259[69]	4-7-260[23]	4-7-261[23]	4-7-262[70]	C	4-7-258[69]	4-7-259[69]	4-7-260[23]	4-7-261[23]	4-7-262[70]
25	81.6	81.3		81.8	149.0	29	22.2	21.5	22.1	21.3	15.0
26	25.3	26.3		24.1	26.7	30	14.0	15.2	16.0	16.6	70.3
27	25.0	24.8		24.5	19.1	OAc		170.4/		170.8/	
28	19.0	18.3	28.3	27.9	27.9			21.0		21.8	

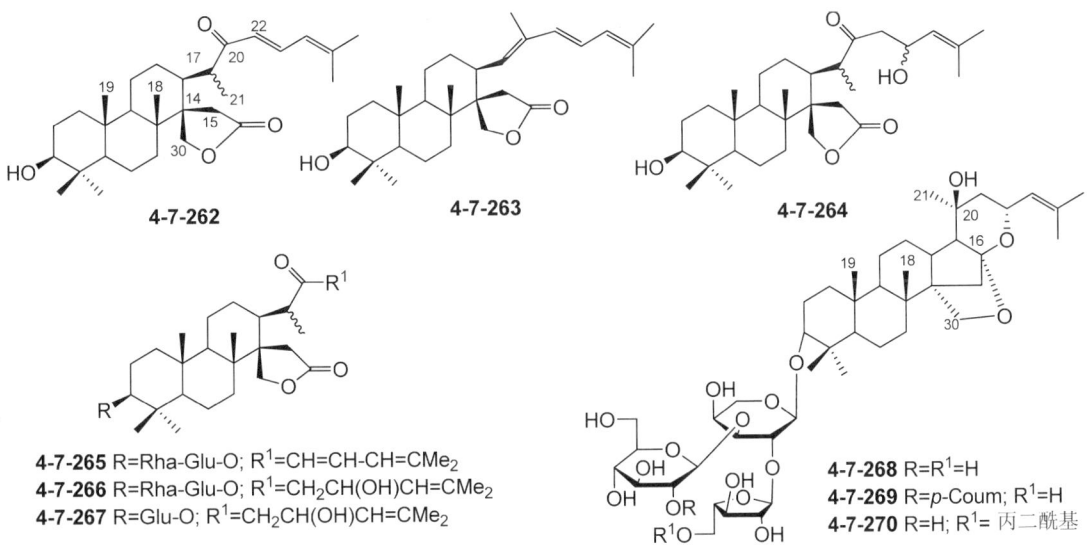

4-7-262　　4-7-263　　4-7-264

4-7-265 R=Rha-Glu-O; R¹=CH=CH-CH=CMe₂
4-7-266 R=Rha-Glu-O; R¹=CH₂CH(OH)CH=CMe₂
4-7-267 R=Glu-O; R¹=CH₂CH(OH)CH=CMe₂

4-7-268 R=R¹=H
4-7-269 R=p-Coum; R¹=H
4-7-270 R=H; R¹=丙二酰基

表 4-7-44　化合物 4-7-263~4-7-267 的 ¹³C NMR 数据[70]

C	4-7-263	4-7-264	4-7-265	4-7-266	4-7-267	C	4-7-263	4-7-264	4-7-265	4-7-266	4-7-267
1	38.7	38.5	38.9	39.0	38.9	17	131.6	46.4	44.7	47.1	47.0
2	28.0	27.3	26.9	26.9	26.7	18	18.3	18.3	18.6	18.3	18.2
3	77.8	78.6	90.1	90.1	90.1	19	16.1	15.4	16.3	16.4	16.2
4	39.4	38.9	39.8	39.8	39.7	20	135.2	213.2	204.9	213.4	213.2
5	55.2	55.0	55.6	55.6	55.4	21	13.3	12.4	13.9	12.0	11.8
6	18.1	18.1	18.7	18.6	18.5	22	134.9	48.0	124.8	49.1	49.0
7	34.5	34.7	35.0	35.1	35.0	23	124.7	65.4	140.5	65.8	65.6
8	40.2	41.1	41.9	41.9	41.8	24	126.3	125.9	126.6	127.9	127.4
9	52.7	53.0	53.2	53.3	53.2	25	137.0	135.7	149.9	135.2	135.4
10	37.3	37.1	37.5	37.5	37.4	26	26.1	25.8	26.8	25.9	25.8
11	20.1	20.4	21.2	21.1	21.0	27	18.3	18.6	19.3	18.7	18.5
12	28.6	24.6	25.3	24.9	24.8	28	28.6	28.1	28.1	28.2	28.0
13	39.5	37.4	39.3	37.8	37.7	29	16.2	16.0	16.7	16.8	16.6
14	52.0	51.9	53.1	52.9	52.9	30	69.6	70.1	71.5	71.3	71.3
15		35.0	34.3	34.9	34.9	34.9	Glu					
16	176.7	176.9	178.6	178.8	179.2	1			106.1	106.1	105.7

C	4-7-263	4-7-264	4-7-265	4-7-266	4-7-267	C	4-7-263	4-7-264	4-7-265	4-7-266	4-7-267
2			74.9	74.8	74.7	2				71.4	71.4
3			77.4	77.3	77	3				71.9	71.9
4			70.9	70.8	70.6	4				73.4	73.4
5			75.7	75.5	76.6	5				69.1	69.1
6			67.7	67.5	62	6				18.2	18.2
Rha											
1			101.4	101.3							

表 4-7-45 化合物 4-7-268~4-7-270 的 ^{13}C NMR 数据[71]

C	4-7-268	4-7-269	4-7-270	C	4-7-268	4-7-269	4-7-270
1	38.8	38.8	39.0	Ara			
2	26.8	26.7	27.0	1	104.9	105.1	105.9
3	88.7	88.4	88.9	2	77.0	75.1	77.4
4	39.8	39.8	40.0	3	83.8	81.0	83.8
5	56.2	56.3	56.5	4	68.5	68.4	68.8
6	18.4	18.4	18.5	5	65.9	65.1	66.0
7	36.0	36.1	36.3	Glu			
8	37.5	37.6	37.7	1	105.7	101.7	105.2
9	53.0	53.1	53.2	2	75.2	75.5	75.4
10	37.2	37.3	37.4	3	78.0	76.6	78.2
11	21.8	21.8	21.9	4	71.4	71.9	71.6
12	28.5	28.6	28.7	5	78.0	79.0	78.7
13	37.2	37.2	37.3	6	62.5d	62.5	62.7
14	53.7	53.8	53.9	Ara			
15	36.9	36.9	37.0	1	110.3	109.2	110.4
16	110.6	110.7	110.8	2	83.5	84.0	83.9
17	53.9	54.1	54.2	3	78.4	78.5	78.9
18	18.4	19.0	19.1	4	84.9	85.4	81.4
19	16.4	16.5	16.6	5	62.1d	62.5	65.4
20	68.5	68.6	68.7	p-Coum			
21	30.0	30.2	30.3	1		126.4	168.6
22	45.4	45.6	45.7	2,6		130.9	43.4
23	68.5	68.6	68.7	3,5		116.7	170.3
24	127.1	127.2	127.3	4		161.3	
25	134.1	134.2	134.3	α-C		115.8	
26	25.6	25.7	25.8	β-C		145.7	
27	18.9	18.4	18.5	C=O		167.6	
28	27.8	28.1	28.0	丙二酰基			
29	16.6	16.7	16.7	1	38.8	38.8	39.0
30	65.9	65.9	66.1	2	26.8	26.7	27.0
				3	88.7	88.4	88.9

4-7-271 R=OH
4-7-272 R=OMe

4-7-273

4-7-274

4-7-275 R=OH
4-7-276 R=OMe

4-7-278 R¹=H; R²=R³=Rha
4-7-279 R¹=R²=R³=H
4-7-280 R¹=R³=H; R²=Rha
4-7-281 R¹=R²=H; R³=Rha
4-7-282 R¹=H; R²=Rha; R³=Glu
4-7-283 R¹=OH; R²=R³=Rha
4-7-284 R¹=OH; R²=Rha; R³=Glu

4-7-277

4-7-285 R¹=β-OH; R²=H; 24S
4-7-286 R¹=β-OH; R²=H; 24R
4-7-287 R¹=H₂; R²=H; 24R
4-7-288 R¹=O; R²=H; 24R
4-7-289 R¹=H₂; R²=OH; 24R; 25R

表 4-7-46 化合物 4-7-271~4-7-277 的 ^{13}C NMR 数据[24]

C	4-7-271	4-7-272	4-7-273	4-7-274	4-7-275	4-7-276	4-7-277
1	38.8	30.5	38.8	38.8	38.8	37.3	37.1
2	30.5	23.2	30.5	30.5	30.5	29.6	29.9
3	99.5	99.1	99.5	99.5	99.5	98.1	98.3
4	41.9	36.8	41.9	41.9	41.9	42.7	40.8
5	52.1	54.1	52.1	52.1	52.1	50.6	50.8
6	20.4	20.6	20.4	20.4	20.4	19.2	19.3
7	35.2	35.2	35.2	35.2	35.2	33.9	34.2
8	40.9	40.3	40.8	40.0	40.9	40.0	39.8
9	51.2	49.8	51.2	51.2	51.2	47.5	51.2
10	37.1	40.5	37.1	37.1	37.1	35.8	36.0
11	71.5	71.8	71.4	71.4	71.4	73.0	70.8
12	37.6	34.1	37.6	37.5	37.5	32.2	37.7
13	44.5	43.7	45.0	44.5	44.6	42.7	44.5
14	49.5	49.0	49.6	49.5	49.6	48.3	48.9
15	32.1	31.1	32.1	32.1	32.1	31.0	31.5

C	4-7-271	4-7-272	4-7-273	4-7-274	4-7-275	4-7-276	4-7-277
16	28.4	27.4	28.9	28.6	28.6	27.6	27.7
17	50.6	49.1	50.5	50.6	50.7	50.6	50.0
18	16.9	16.8	16.9	16.9	16.9	16.5	17.1
19	68.7	101.4	68.7	68.7	68.7	67.7	66.2
20	40.3	141.9	142.6	140.1	143	141.9	164.2
21	14.1	14.2	14.9	14.1	14.3	14.1	16.7
22	127.2	124.5	125.1	127.4	127.2	123.1	120.2
23	68.4	68.2	71.1	68.1	69.0	67.7	195.6
24	80.2	77.9	80.7	79.7	68.9	67.3	67.8
25	74.1	73.4	146.3	79.1	59.9	59.6	60.9
26	26.4	26.1	113.7	22.5	25.0	24.8	24.8
27	26.9	27.0	18.5	21.3	19.7	19.5	18.7
28	26.7	29.2	26.7	26.7	26.7	26.2	26.2
29	19.3	24.2	19.2	19.2	19.2	18.6	18.6
30	15.6	15.7	15.6	15.7	15.6	15.2	15.3
OAc						169.7/21.8	
OMe		54.7		49.6			

表 4-7-47 化合物 4-7-278~4-7-284 的 ^{13}C NMR 数据[72]

C	4-7-278	4-7-279	4-7-280	4-7-281	4-7-282	4-7-283	4-7-284
1	39.6	39.3	39.7	39.3	39.7	39.7	39.7
2	26.8	26.8	27.0	26.7	26.9	26.5	26.5
3	88.6	88.8	88.8	89.0	88.7	81.4	81.3
4	39.9	39.7	39.7	39.7	39.8	43.7	43.7
5	56.6	56.5	56.8	56.4	56.9	48.5	48.7
6	18.5	18.5	18.6	18.5	18.6	18.2	18.2
7	35.1	35.2	35.3	35.2	35.3	34.9	34.9
8	39.9	40.0	40.0	40.0	40.2	39.7	40.0
9	50.5	50.6	50.7	50.6	50.7	50.7	50.7
10	37.0	37.0	37.1	37.0	37.2	36.9	36.9
11	32.5	32.6	32.6	32.6	32.6	32.5	32.5
12	70.7	70.6	70.7	70.5	70.7	70.7	70.5
13	49.6	49.7	49.8	49.7	49.8	49.7	49.5
14	52.3	52.3	52.4	52.3	52.4	52.4	52.4
15	32.5	32.5	32.5	32.5	32.6	32.6	32.6
16	28.6	28.6	28.6	28.5	28.6	28.6	28.6
17	49.9	50.0	50.0	50.0	50.2	50.0	50.0
18	15.5	15.6	15.7	15.6	15.7	15.6	15.6
19	16.7	16.6	16.7	16.6	16.7	17.2	17.2
20	85.2	85.2	85.3	85.2	85.3	85.2	85.2
21	27.6	27.7	27.5	27.7	27.4	27.7	27.7

续表

C	4-7-278	4-7-279	4-7-280	4-7-281	4-7-282	4-7-283	4-7-284
22	42.1	42.2	42.3	42.2	42.4	42.0	42.1
23	70.8	70.8	70.9	70.8	70.9	70.9	70.8
24	91.5	91.6	91.5	91.6	91.5	91.5	91.5
25	70.2	70.2	70.3	70.2	70.4	70.2	70.2
26	26.6	26.6	26.6	26.6	26.6	26.6	26.6
27	29.7	29.8	29.7	29.8	29.7	29.8	29.7
28	27.9	28.1	28.1	28.0	28.1	63.8	63.9
29	16.7	16.8	16.9	16.7	16.8	13.8	13.8
30	18.2	18.1	18.2	18.1	18.2	18.2	18.2
3-O-Glu							
1'	105.0	107.0	105.4	106.0	104.0	104.3	104.2
2'	78.0	75.8	79.8	76.0	78.6	78.0	78.7
3'	87.3	78.8	78.0	83.8	89.4	87.0	89.6
4'	70.5	71.9	72.3	69.9	70.1	70.6	69.7
5'	77.9	78.4	78.0	78.3	78.4	77.8	78.4
6'	62.5	63.1	63.0	62.8	62.9	62.4	62.6
2'-O-Rha							
1"	102.1		101.7		101	102.2	101.6
2"	71.9		72.4		72.5	71.9	72.5
3"	72.4		72.6		72.3	72.5	72.4
4"	73.5		74.2		74.0	73.6	74.0
5"	70.2		69.5		69.7	70.2	69.7
6"	18.4		18.6		18.5	18.4	18.6
	3'-O-Rha			3'-O-Rha	3'-O-Glu	3'-O-Rha	3'-O-Glu
1'''	103.6			103.0	104.0	103.7	104.0
2'''	72.6			72.8	75.2	72.6	75.1
3'''	72.4			72.6	77.8	72.6	77.9
4'''	73.7			74.2	71.6	73.7	71.4
5'''	70.3			69.9	77.2	70.2	76.5
6'''	18.5			18.7	62.5	18.5	62.3

表 4-7-48　化合物 4-7-285~4-7-289 的 ^{13}C NMR 数据[72]

C	4-7-285	4-7-286	4-7-287	4-7-288	4-7-289	C	4-7-285	4-7-286	4-7-287	4-7-288	4-7-289
1	39.7	39.6	39.6	39.9	39.6	9	50.6	50.8	51.0	54.6	51.0
2	27.0	26.9	26.0	27.0	26.9	10	37.1	37.0	37.0	37.4	37.0
3	88.7	88.5	88.7	88.3	88.8	11	32.7	31.7	21.7	39.1	21.8
4	39.7	39.7	39.7	39.6	39.7	12	70.4	71.2	26.0	210.0	26.5
5	56.7	56.7	56.5	56.3	56.6	13	49.5	48.4	43.1	57.3	43.3
6	18.5	18.4	18.4	18.5	18.4	14	52.3	52.2	50.2	55.9	50.2
7	35.2	35.1	35.6	34.6	35.6	15	32.3	32.4	31.7	32.3	31.7
8	40.0	40.0	40.6	40.7	40.6	16	25.8	25.5	27.5	25.1	27.4

C	4-7-285	4-7-286	4-7-287	4-7-288	4-7-289	C	4-7-285	4-7-286	4-7-287	4-7-288	4-7-289
17	49.5	49.8	50.2	43.2	50.2	4'	70.8	70.8	70.7	70.8	70.4
18	15.7	15.5	15.5	15.6	15.6	5'	78.0	78.0	77.8	78.0	78.0
19	16.7	16.7	16.5	16.2	16.5	6'	62.6	62.6	62.5	62.6	62.6
20	87.1	86.8	86.2	85.4	86.4	2'-O-Rha					
21	26.9	26.9	23.1	25.2	23.1	1"	102.0	102.0	102.1	102.0	102.2
22	32.7	32.9	36.2	35.8	36.5	2"	72.0	72.0	72.0	72.1	72.1
23	28.7	28.8	26.9	26.7	27.3	3"	72.6	72.5	72.4	72.5	72.6
24	88.5	85.6	84.2	84.7	81.6	4"	73.6	73.6	73.5	73.6	73.7
25	70.0	70.4	71.1	71.2	73.5	5"	70.0	70.2	70.1	70.2	70.2
26	26.6	27.2	26.1	26.5	68.9	6"	18.4	18.4	18.4	18.4	18.4
27	29.1	27.6	26.8	27.0	21.9	3'-O-Rha					
28	27.9	27.9	27.9	27.8	27.9	1'''	103.7	103.7	103.7	103.7	103.7
29	16.8	16.7	16.6	16.7	16.6	2'''	72.5	72.6	72.4	72.6	72.5
30	18.2	18.4	16.8	16.9	16.8	3'''	72.6	72.5	72.6	72.5	72.4
3-O-Glu						4'''	73.8	73.8	73.7	73.7	73.6
1'	105.1	105.0	105.0	105.0	105.0	5'''	70.2	70.4	70.3	70.4	70.8
2'	78.1	78.0	78.0	78.1	78.0	6'''	18.6	18.6	18.5	18.6	18.6
3'	87.4	87.4	87.4	87.4	87.5						

4-7-290 $R^1=\beta$-OH; $R^2=H$; $R^3=H$
4-7-291 $R^1=\beta$-OH; $R^2=H$; $R^3=Glu$
4-7-292 $R^1=\beta$-OH; $R^2=OH$; $R^3=H$
4-7-293 $R^1=H_2$; $R^2=R^3=H$
4-7-294 $R^1=O$; $R^2=R^3=H$

4-7-295 $R^1=R^2=OH$; $R^3=$-O-Glu^2-Rha
4-7-296 $R^1=R^2=OH$; $R^3=$-O-Glu^2-Rha $|^3$ Rha
4-7-297 $R^1=O$-Glu; $R^2=OH$; $R^3=$-O-Glu^2-Rha $|^3$ Rha

4-7-298 $R^1=OH$; $R^2=Rha$, 23S
4-7-299 $R^1=H$; $R^2=H$
4-7-300 $R^1=H$; $R^2=Rha$

表 4-7-49 化合物 4-7-290~4-7-294 的 ^{13}C NMR 数据[73]

C	4-7-290	4-7-291	4-7-292	4-7-293	4-7-294	C	4-7-290	4-7-291	4-7-292	4-7-293	4-7-294
1	39.5	39.4	39.6	39.6	39.9	4	39.6	39.7	43.6	39.3	39.6
2	27.0	26.9	26.4	26.9	27.0	5	56.6	56.6	48.5	56.5	56.3
3	88.7	88.7	81.4	88.8	88.3	6	18.0	18.5	18.1	18.6	18.0

续表

C	4-7-290	4-7-291	4-7-292	4-7-293	4-7-294	C	4-7-290	4-7-291	4-7-292	4-7-293	4-7-294
7	35.2	35.2	34.9	35.3	34.5	2'	78.0	78.0	77.9	77.9	78.0
8	40.0	40.1	40.0	40.6	40.7	3'	87.3	87.3	87.0	87.4	87.2
9	50.4	50.3	50.6	50.5	54.4	4'	70.7	70.8	70.6	70.7	70.2
10	37.0	37.0	36.8	37.6	37.4	5'	77.9	77.9	77.8	78.0	78.0
11	32.0	32.5	32.1	21.8	39.0	6'	62.6	62.6	62.4	62.6	62.5
12	71.0	71.2	71.1	25.5	211.9	2'-Rha					
13	48.5	48.8	48.4	42.6	56.6	1''	102.1	102.2	102.2	102.1	102.2
14	51.8	51.7	51.8	50.0	55.0	2''	72.0	72.0	71.9	72.0	71.9
15	31.5	31.2	31.5	31.6	32.0	3''	72.4	72.4	72.4	72.4	72.4
16	26.8	26.8	27.0	28.4	24.6	4''	73.55	73.5	73.5	73.5	73.5
17	54.5	55.1	54.5	51.7	44.5	5''	70.2	70.2	70.2	70.1	70.2
18	15.8	16.1	15.8	15.4	15.8	6''	18.4	18.0	18.4	18.4	18.0
19	16.5	16.4	17.0	16.3	16.2	3'-Rha					
20	73.3	73.6	73.3	74.3	73.5	1'''	103.7	103.7	103.6	103.7	103.7
21	27.5	27.7	27.4	26.3	26.8	2'''	72.6	72.6	72.6	72.5	72.5
22	33.8	31.0	33.8	39.3	39.5	3'''	72.4	72.4	72.4	72.4	73.4
23	26.7	26.8	26.8	26.6	26.7	4'''	73.75	73.7	73.6	73.7	73.7
24	80.1	90.9	80.1	80.0	79.8	5'''	70.4	70.4	70.2	70.4	70.3
25	72.8	73.7	72.8	72.7	72.8	6'''	18.6	18.6	18.5	18.4	18.6
26	25.9	24.4	25.9	25.9	25.9	23, 24-O-Glu					
27	26.1	26.6	26.1	26.1	26.1	1''''		106.1			
28	27.9	28.0	63.7	27.8	27.8	2''''		76.0			
29	16.8	16.8	13.8	16.7	16.6	3''''		78.7			
30	17.1	17.0	17.1	16.8	17.2	4''''		71.3			
3-O-糖基						5''''		78.0			
Glu						6''''		62.6			
1'	105.0	105.0	104.3	105.0	105.0						

表 4-7-50 化合物 4-7-295~4-7-300 的 ^{13}C NMR 数据[73]

C	4-7-295	4-7-296	4-7-297	4-7-298	4-7-299	4-7-300
1	39.4	39.6	39.5	39.6	39.5	39.6
2	26.8	26.8	26.8	26.9	27.0	26.9
3	88.6	88.6	88.6	88.7	88.7	88.6
4	39.5	39.6	39.6	39.7	39.7	39.7
5	56.5	56.6	56.5	56.6	56.5	56.4
6	18.4	18.5	18.4	18.4	18.4	18.4
7	34.9	35.1	35.0	35.0	35.0	35.0
8	39.9	40.0	40.0	40.1	40.0	39.9
9	50.2	50.3	50.3	50.0	50.0	50.0
10	36.8	36.9	36.9	37.2	37.0	37.1
11	32.0	32.1	31.7	28.9	29.6	29.6

C	4-7-295	4-7-296	4-7-297	4-7-298	4-7-299	4-7-300
12	70.4	70.7	70.5	74.0	73.7	73.7
13	49.3	49.5	49.5	49.5	48.9	49.0
14	52.2	52.3	52.2	48.8	49.3	49.3
15	31.7	31.8	32.1	32.0	32.0	32.0
16	27.6	27.8	27.8	23.2	23.5	23.5
17	52.3	52.5	52.3	52.8	53.1	53.1
18	15.5	15.6	15.7	16.0	16.1	16.1
19	16.4	16.6	16.6	16.2	16.1	16.1
20	79.3	79.2	78.6	86.0	88.1	88.1
21	27.4	27.6	27.3	28.2	27.6	27.6
22	37.2	37.3	36.0	39.6	30.0	30.0
23	67.0	67.1	78.6	72.9	36.1	36.1
24	80.7	80.9	80.3	109.3	113.0	13.0
25	79.1	79.4	79.5	73.7	73.9	74.0
26	30.3	30.4	30.2	25.3	25.7	25.6
27	24.5	24.6	24.3	25.2	25.1	25.0
28	27.8	27.9	27.8	28.0	28.0	28.0
29	16.8	16.7	16.7	17.0	17.0	16.8
30	17.8	18.0	17.9	18.2	17.6	17.7
3-O-糖基						
Glu						
1'	105.3	105.0	104.9	105.0	105.0	104.9
2'	79.7	78.0	78.6	78.0	78.0	77.0
3'	78.1	87.4	87.3	87.7	78.3	87.0
4'	72.0	70.6	70.7	70.5	72.3	70.0
5'	77.7	78.0	77.9	78.0	77.7	78.0
6'	62.7	62.6	62.5	62.7	63.0	62.0
2'-Rha						
1"	101.6	103.7	102.1	102.1	101.7	102.1
2"	72.3	72.6	72.0	72.1	72.5	72.0
3"	72.4	72.4	72.4	72.6	72.6	72.0
4"	74.0	73.5	73.5	73.8	74.2	73.0
5"	69.5	70.4	70.0	70.2	69.6	70.1
6"	18.5	18.5	18.4	18.4	18.7	18.0
3'-Rha						
1'''		102.1	103.7	103.7		103.0
2'''		72.0	72.6	72.5		72.0
3'''		72.4	72.4	72.5		72.4
4'''		73.5	73.7	73.6		73.0
5'''		70.2	70.3	70.8		70.8
6'''		18.4	18.5	18.6		18.0
23 或 24-O-Glu						

续表

C	4-7-295	4-7-296	4-7-297	4-7-298	4-7-299	4-7-300
1''''			106.2			
2''''			76.1			
3''''			78.7			
4''''			71.5			
5''''			78.0			
6''''			62.6			

4-7-301 R^1=H; R^2=Rha; R^3=Glu
4-7-302 R^1=R^2=H; R^3=Glu
4-7-303 R^1=Glu
4-7-304 R^1=Glu; R^2=Rha
4-7-305 R^1=R^3=Rha; R^2=R^4=Glu
4-7-306 R^1=R^3=Rha; R^2=R^4=Glu
4-7-307 R^1=R^2=Rha; R^3=Glu
4-7-308 R^1=Rha; R^2=Glu

表 4-7-51　化合物 4-7-301~4-7-308 的 ^{13}C NMR 数据[74]

C	4-7-301	4-7-302	4-7-303	4-7-304	4-7-305	4-7-306	4-7-307	4-7-308
1	40.1	40.2	40.3	40.2	38.7	40.2	39.2	40.0
2	26.2	26.5	26.6	26.3	26.1	26.4	26.2	26.1

续表

C	4-7-301	4-7-302	4-7-303	4-7-304	4-7-305	4-7-306	4-7-307	4-7-308
3	89.1	89.1	89.2	78.6	85.9	90.2	91.5	90
4	50.1	50.3	50.3	49.7	49.8	50.6	50.5	50.2
5	57.7	57.9	57.9	57.6	58.2	57.8	57.1	57.5
6	20.8	21.0	21.0	21.0	19.6	18.8	18.8	20.6
7	36.2	36.4	36.4	36.3	35.6	36.7	36.3	36.0
8	40.9	41.0	41.0	41.1	40.6	41.2	41.0	41.1
9	50.9	51.2	51.2	50.9	50.4	51.6	51.2	51.1
10	38.0	38.1	38.1	38.3	37.2	37.5	37.2	38.3
11	22.5	22.6	22.4	22.7	22.5	22.5	22.5	22.3
12	24.3	24.5	24.7	24.5	24.1	24.5	24.4	24.1
13	41.6	41.8	41.8	41.7	41.3	41.7	41.6	41.4
14	50.6	50.7	50.9	50.7	49.9	50.7	50.6	50.6
15	31.0	31.2	31.5	31.2	30.9	31.3	31.1	30.8
16	27.7	27.8	27.7	29.6	27.4	27.1	26.4	27.5
17	49.1	49.3	49.4	49.1	49.1	49.3	49.1	48.5
18	16.2	16.4	16.1	16.3	16.1	16.4	16.3	16.0
19	14.8	15.0	14.9	15.0	17.2	17.0	16.8	14.6
20	79.4	79.6	79.4	79.5	79.3	79.6	79.4	80.1
21	176.2	176.5	177.0	176.4	176.0	176.4	176.2	175.9
22	40.1	40.3	40.7	40.4	40.1	40.2	40.2	42.8
23	23.3	23.5	23.6	23.4	23.3	19.0	19.4	121.4
24	125.6	125.7	125.7	125.8	125.5	125.7	125.7	143.9
25	131.5	132.0	132.0	131.7	131.5	131.8	131.6	70.6
26	26.0	26.3	26.3	26.2	25.9	26.2	26.1	30.6
27	18.1	18.3	18.3	18.3	18.0	18.3	18.2	30.6
28	24.8	24.9	24.9	25.0	21.7	23.0	23.4	24.6
29	177.5	178.1	178.1	181.1	206.7	63.5	63.4	178
30	16.8	17.0	17.0	16.9	38.7	40.2	39.2	40.0
	3-Ara	3-Ara	3-Ara		3-Ara	3-Glu	3-Ara	3-Ara
1	107.2	107.3	107.0		104.8	104.9	102.0	107.8
2	74.3	74.4	74.4		74.7	76.7	76.5	74.7
3	81.0	80.8	79.4		82.4	89.2	80.8	82.1
4	68.2	68.6	68.7		68.4	71.0	66.3	68.4
5	65.2	65.5	65.5		65.3	78.7	61.5	65.7
6						63.0		
Rha								
1					102.1	101.1	101.7	
2					72.4	72.5	72.4	
3					72.6	72.6	73.0	
4					74.2	74.2	74.2	
5					70.2	70.5	71.0	
6					18.8	19.0	18.9	
1'	102.8				102.7	102.9	102.8	103.2
2'	72.4				72.7	72.5	72.6	72.6
3'	72.9				72.9	73.0	72.8	73.3
4'	74.2				74.1	74.4	74.2	74.5

续表

C	4-7-301	4-7-302	4-7-303	4-7-304	4-7-305	4-7-306	4-7-307	4-7-308
5'	70.0				70.0	70.2	70.0	70.3
6'	102.8				18.9	18.8	18.7	18.8
Glu								
1	105.8	105.6			104.9	104.3	105.7	106.5
2	75.6	75.8			75.1	75.4	75.7	76.2
3	78.7	78.7			78.6	80.7	78.7	82.1
4	71.0	71.0			72.3	71.9	72.8	72.7
5	78.7	78.7			78.4	78.7	78.2	79.0
6	68.1	63.5			68.0	68.2	68.2	68.5
1'					106.0	105.6		
2'					75.6	75.8		
3'					78.7	78.8		
4'					71.7	70.3		
5'					78.7	78.8		
6'					62.7	62.8		
21-Glu								
1″	94.5	94.7	97.0	94.6	94.4	94.7	94.5	94.8
2″	71.0	71.0	71.6	78.8	70.9	70.3	70.4	71.2
3″	78.2	78.7	78.9	78.7	78.2	78.3	78.2	78.6
4″	72.2	72.4	72.4	72.4	72.4	72.5	72.6	72.4
5″	78.7	79.5	79.4	78.3	78.6	78.9	78.7	79.0
6″	63.5	62.6	62.9	68.2	63.4	63.0	63.5	63.7
21-Glu-Glu								
				105.6				
				75.7				
				78.7				
				71.0				
				78.3				
				63.5				
21-Glu-Rha								
				102.8				
				72.4				
				73.0				
				74.2				
				70.1				
				19.0				

参 考 文 献

[1] Pointinger S, Promdang S, Vajrodaya S, et al. Phytochemistry, 2008, 69: 2696.
[2] Tu L, Zhao Y, Yu Z Y, et al. Helv Chim Acta, 2008, 91: 1578.
[3] Torpocco V, Chávez, H, Estévez-Braun A, et al. Chem Pharm Bull, 2007, 55: 812.
[4] Kakuda T, Iijima Y, Yaoita K. Machida and M Kikuchi, Phytochemistry, 2002, 59: 791.
[5] Ziegler H L, Steark D, Christensen J, et al J Nat Prod, 2002, 65: 1764.

[6] Dekebo A, Dagne E, Hansen L K, et al. Phytochemistry, 2002, 59: 399.
[7] Pettit G R, Numata A, Iwamoto C, et al. J Nat Prod, 2002, 65: 1886.
[8] Tanaka. N, Duan. H, Takaishi Y, et al. Phytochemistry, 2002, 61: 93.
[9] Yang S M, Tan C H, Luo H F, et al. Helv Chim Acta, 2008, 91: 333.
[10] Grosvenor S N J, Mascoll K, McLean S, et al. J Nat Prod, 2006, 69: 1315.
[11] Singh T, Bhakuni R S, Indian J. Chem Sect B, 2006, 45: 976.
[12] Orisadipe A T, Adesomoju A A, AmbrosioM D A, et al. Phytochemistry, 2005, 66: 2324.
[13] Wang X N, Fan C Q, Yin S, et al. Helv Chim Acta, 2008, 91: 510.
[14] Cai X H, Du Z Z, Luo X D. Helv Chim Acta, 2007, 90: 1980.
[15] Siddiqui B S, Ghiasuddin, Faizi S and Rasheed M. J Nat Prod, 1999, 62: 1006.
[16] Luo X D, Wu S H and Wu D G. J Nat Prod, 2000, 63: 947.
[17] Biavatti M W, Vieira P C, M F G F da Silva, et al. J Nat Prod, 2002, 65: 562.
[18] Yoshikawa M, Murakami T, Ikebata A, et al. Chem Pharm Bull,1997, 45: 756.
[19] Yoshikawa M, Tomohiro N, Murakami T, et al. Chem Pharm Bull. 1999,47: 524.
[20] Lee I S, Oh S R, Ahn K S and Lee H K. Chem Pharm Bull, 2001, 49: 1024.
[21] Liu H, Heilmann J, Rali T, et al. J Nat Prod, 2001, 64: 159.
[22] Kubo I, Fukuhara K. J Nat Prod, 1990, 53: 968.
[23] Zhang F, Wang J S, Gu Y C, et al. J Nat Prod, 2010, 73: 2042.
[24] Kuroyanagi M, Kawahara N, Sekita S, et al. J Nat Prod, 2003, 66: 1307.
[25] Sugimoto S, Nakamura S, Matsuda H, et al. Chem Pharm Bull, 2009, 57: 283.
[26] Xu M, Wang D, Zhang Y J. et al. J Nat Prod, 2007, 70: 880.
[27] Li X H, Qi H Y, Shi Y P. J Asian Nat Prod, Res, 2008, 10: 397.
[28] Cai X H, Luo X D, Zhou J and Hao X J. Org Lett, 2005, 7: 2877.
[29] Ahmad Z, Fatima I, Mehmood S, et al. Helv Chim Acta, 2008, 91: 73.
[30] Simirgiotis M J, Jim´enez C Rodr´lguez J, Giordano O S, et al. J Nat Prod, 2003, 66: 1586.
[31] Fuchino H, Satoh T, Yokochi M and Tanaka N. Chem Pharm Bull, 1998, 46: 169.
[32] Tuchinda P, Kornsakulkarn J, Pohmakotr M, et al. J Nat Prod, 2008, 71: 655.
[33] Mohamad K, Martin M. T, Najar H, Gaspard C, Sévenet T et al. J Nat Prod, 1999, 62: 868.
[34] Rogers L L, Zeng L, Kozlowski J F, et al. J Nat Prod, 1998, 61: 64.
[35] Xie B J, Yang S P Chen H D et al. J Nat Prod, 2007, 70: 1532.
[36] Harraz F M, Ullubelen A, Ökzüz S and Tan N, Phytochemistry, 1995, 39: 175.
[37] Lien T P, Kamperdick C, Schmidt J, Adam G and Sung T V. Phytochemistry, 2002, 60: 747.
[38] Ni W, Hua Y, Liu H Y, Teng R W, Kong Y C, Hu X Y and Chen C X. Chem Pharm Bull, 2006, 54: 1443.
[39] Huang H C, Tsai W J, Liaw C C, et al. Chem Pharm Bull, 2007, 55: 1412.
[40] Xu X H, Yang N Y, Qian S H, et al. J Asian Nat Prod Res, 2008, 10: 33.
[41] Yoshikawa M, Zhang Y, Wang T, et al. Chem Pharm Bull, 2008, 56: 915.
[42] Huang H C, Wu M D, Tsai W J, et al. Phytochemistry, 2008, 69: 1609.
[43] Yoshikawa M, Sugimoto S, Nakamura S, et al. Chem Pharm Bull, 2007, 55: 571.
[44] Homhual S, Bunyapraphatsar N, Kondratyuk T, et al. J Nat Prod, 2006, 69: 421.
[45] Pakhathirathien C, Karalai C, Ponglimanont C, et al. J Nat Prod, 2005, 68: 1787.
[46] Wang K W, Sunm X R, Wu X D and Pan Y J. Planta Med, 2006, 72: 370.
[47] Yin F, Zhang Y, Yang Z, et al. J Nat Prod, 2006, 69: 1394.
[48] Liu Y and Abreu P, Phytochemistry, 2006, 67: 1309.
[49] Schütz B, Orjala J, Sticher O and Rali T. J Nat Prod, 1998, 61:96.
[50] Kitajima J, Kimijuma K and Tanaka Y. Chem Pharm Bull, 1999,47: 1138.
[51] Manguro L O A, Ugi I and Lemmen P, Chem Pharm Bull, 2003, 51: 479.
[52] Manguro L O A, Ugi I and Lemmen P. Chem Pharm Bull, 2003, 51: 483.
[53] Ahmed A, Asim M, Zahid M, et al. Chem Pharm Bull, 2003, 51: 851.
[54] Wang X Y, Wang D, Ma X X, et al. Helv Chim Acta, 2008, 91: 60.
[55] Asai T, Hara N, Fujimoto Y. Phytochemistry, 2010, 71: 877.
[56] Dou D Q, Chen Y J, Liang L H, Pamg F G, et al. Chem Pharm Bull, 2001, 49: 442.
[57] Lin Y L, Wang W Y, Kuo Y H and Liu Y H. Chem Pharm Bull, 2001, 49: 1098.

[58] Tran Q L, Adnyana I K, Tezuka Y, et al, J Nat Prod, 2001, 64: 456.
[59] Yoshikawa M, Morikawa T, Yashiro K, et al. Chem Pharm Bull, 2001, 49: 1452.
[60] Nakamura N, Kojima S, Lim Y A, et al. Phytochemistry, 1997, 46: 1141.
[61] Toyota M, Masuda K, Asakawa Y. Phytochemistry, 1998, 48: 297.
[62] Sarker S D, Armstrong J A, Waterman P G. Phytochemistry, 1995, 39: 801.
[63] Piacente S, Pizza C, Tommasi N de and Simone F. de. J Nat Prod, 1995, 58: 512.
[64] Yoshikawa M, Murakami T, Ueda T, Matsuda H, Yamahara J and Murakami N. Chem. Pharm Bull, 1996, 44: 1736.
[65] Omubuwajo O R, Martin M T, Perromat G, Sévenet T, et al. J Nat Prod, 1996, 59: 614.
[66] Oh O J, Chang S Y, Yook C S, Yang K S, et al. Chem Pharm Bull, 2000, 48: 879.
[67] Machida K and Kikuchi M. Chem Pharm Bull, 1999, 47: 692.
[68] Shi Q, Chen K, Fujioka T, et al. J Nat Prod, 1992, 55: 1488.
[69] Manguro l O A, Ugll, Lemmen P. Chem Pharm Bull, 2003,51: 479.
[70] Kennelly E J, Lewis W H. J Nat Prod, 1993, 56: 402.
[71] Li X C, ElSohly H N, Nimrod A C. J Nat Prod, 1999, 62: 674.
[72] Fujita S, Kasai r, Ohtani K, et al. Phytochemistry, 1995, 38: 465.
[73] Fujita S, Kasai r, Ohtani K, et al. Phytochemistry, 1995, 39: 591.
[74] Zheng Y, Chen Y Q, Hu L H. Phytochemistry , 2007, 68, 1752.

第八节 四环三萜-四去甲型化合物

表 4-8-1 四环三萜-四去甲型化合物的名称、分子式和测试溶剂

编号	名称	分子式	测试溶剂	参考文献
4-8-1	zumketol	$C_{30}H_{36}O_9$	C	[1]
4-8-2	zumsenin	$C_{30}H_{36}O_8$	C	[1]
4-8-3	zumsenol	$C_{30}H_{38}O_8$	C	[1]
4-8-4	zumsin	$C_{30}H_{36}O_9$	C	[2]
4-8-5	musidunin	$C_{31}H_{38}O_{11}$	C	[3]
4-8-6	musiduol	$C_{30}H_{38}O_{10}$	C	[3]
4-8-7	xylogranatin A	$C_{34}H_{42}O_{12}$	C	[4]
4-8-8	xylogranatin B	$C_{34}H_{42}O_{12}$	C	[4]
4-8-9	xylogranatin C	$C_{29}H_{34}O_{10}$	C	[4]
4-8-10	xylogranatin D	$C_{29}H_{34}O_{10}$	C	[4]
4-8-11	xyloccensin Y	$C_{33}H_{42}O_{15}$	M	[5]
4-8-12	xyloccensin Z_1	$C_{33}H_{42}O_{14}$	M	[5]
4-8-13	xyloccensin Z_2	$C_{31}H_{40}O_{12}$	M	[3]
4-8-14	swietephragmin A	$C_{38}H_{46}O_{13}$	C	[6]
4-8-15	swietephragmin B	$C_{39}H_{48}O_{13}$	C	[6]
4-8-16	swietephragmin C	$C_{37}H_{46}O_{12}$	C	[6]
4-8-17	swietephragmin D	$C_{36}H_{44}O_{12}$	C	[6]
4-8-18	swietephragmin E	$C_{37}H_{46}O_{13}$	C	[6]
4-8-19	swietephragmin F	$C_{35}H_{42}O_{12}$	C	[6]
4-8-20	swietephragmin G	$C_{34}H_{40}O_{12}$	C	[6]
4-8-21	granaxylocarpin C	$C_{32}H_{40}O_{11}$	C	[7]
4-8-22	granaxylocarpin D	$C_{35}H_{44}O_{15}$	C	[7]
4-8-23	granaxylocarpin E	$C_{35}H_{44}O_{14}$	C	[7]
4-8-24	1-O-acetylkhayanolide A	$C_{29}H_{34}O_{11}$	C	[8]
4-8-25	khayanolide D	$C_{27}H_{34}O_9$	C	[9]

续表

编号	名称	分子式	测试溶剂	参考文献
4-8-26	khayanolide E	$C_{29}H_{34}O_{11}$	C	[9]
4-8-27	xylogranatin B	$C_{34}H_{42}O_{11}$	C	[10]
4-8-28	xylogranatin C	$C_{34}H_{44}O_{11}$	M	[10]
4-8-29	xylogranatin D	$C_{33}H_{42}O_{11}$	M	[10]
4-8-30	grandifolide A	$C_{29}H_{38}O_{11}$	P	[11]
4-8-31	deacetylkhayanolide E	$C_{27}H_{32}O_{10}$	P	[11]
4-8-32	6S-hydroxykhayalactone	$C_{27}H_{34}O_{10}$	P	[11]
4-8-33	anthothecanolide	$C_{26}H_{32}O_{10}$	C+M	[12]
4-8-34	3-O-acetylanthothecanolide	$C_{28}H_{34}O_{11}$	C+M	[12]
4-8-35	2,3-di-O-acetylanthothecanolide	$C_{30}H_{36}O_{12}$	C	[12]
4-8-36	2-hydroxyseneganolide	$C_{26}H_{30}O_{10}$	C	[13]
4-8-37	domesticulide E	$C_{27}H_{32}O_{10}$	C+M	[14]
4-8-38	6α,8α-dihydroxycarapin	$C_{27}H_{32}O_{9}$	C+M	[15]
4-8-39	2α-hydroxyswietenolide	$C_{27}H_{34}O_{9}$	C	[16]
4-8-40	8β,14α-dihydroswietenolide	$C_{37}H_{46}O_{13}$	C	[17]
4-8-41	3-O-tigloylswietenolide	$C_{32}H_{40}O_{10}$	C	[18]
4-8-42	xylogranatin A	$C_{32}H_{40}O_{9}$	C	[19]
4-8-43	cipadesin B	$C_{32}H_{42}O_{11}$	C	[20]
4-8-44	3-angeloyl-3-detigloylruageanin B	$C_{32}H_{40}O_{10}$	C	[16]
4-8-45	quivisianolide A	$C_{32}H_{38}O_{11}$	C	[16]
4-8-46	quivisianolide B	$C_{32}H_{38}O_{10}$	C	[16]
4-8-47	quivisianone	$C_{33}H_{42}O_{11}$	C	[16]
4-8-48	tigloylseneganolide A	$C_{32}H_{38}O_{8}$	C	[21]
4-8-49	2'R-methylbutanoylproceranolide	$C_{32}H_{42}O_{8}$	C	[21]
4-8-50	2'S-methylbutanoylproceranolide	$C_{32}H_{42}O_{8}$	C	[21]
4-8-51	2'R-cipadesin A	$C_{32}H_{42}O_{9}$	C	[21]
4-8-52	xylocarpin	$C_{29}H_{36}O_{9}$	C	[22]
4-8-53	ruageanin A	$C_{31}H_{40}O_{9}$	C	[22]
4-8-54	ruageanin B	$C_{32}H_{40}O_{10}$	C	[22]
4-8-55	ruageanin C	$C_{29}H_{36}O_{10}$	C	[22]
4-8-56	2'S-cipadesin A	$C_{32}H_{42}O_{8}$	C	[21]
4-8-57	cedrodorin	$C_{27}H_{34}O_{9}$	D	[23]
4-8-58	6-acetoxycedrodorin	$C_{29}H_{36}O_{10}$	D	[23]
4-8-59	6-deoxy-9α-hydroxycedrodorin	$C_{27}H_{34}O_{9}$	D	[23]
4-8-60	9α-hydroxycedrodorin	$C_{27}H_{34}O_{10}$	D	[23]
4-8-61	swietenin B	$C_{30}H_{38}O_{9}$	C	[24]
4-8-62	swietenin C	$C_{31}H_{40}O_{9}$	C	[24]
4-8-63	swietenin D	$C_{31}H_{38}O_{9}$	C	[24]
4-8-64	swietenin E	$C_{32}H_{42}O_{9}$	C	[24]
4-8-65	swietenin F	$C_{34}H_{38}O_{9}$	C	[24]
4-8-66	3-O-acetylswietenilide	$C_{29}H_{36}O_{9}$	C	[24]
4-8-67	6-O-acetylswietenilide	$C_{29}H_{36}O_{9}$	C	[24]
4-8-68	3-O-tigloyl-6-O-acetylswietenilide	$C_{34}H_{42}O_{10}$	C	[24]
4-8-69	swietemahonin A	$C_{30}H_{38}O_{10}$	C	[25]

续表

编号	名称	分子式	测试溶剂	参考文献
4-8-70	swietemahonin B	$C_{32}H_{40}O_{11}$	C	[25]
4-8-71	swietemahonin C	$C_{33}H_{42}O_{11}$	C	[25]
4-8-72	swietemahonin D	$C_{29}H_{36}O_{10}$	C	[25]
4-8-73	swietemahonin E	$C_{32}H_{40}O_{10}$	C	[25]
4-8-74	swietemahonin F	$C_{34}H_{42}O_{11}$	C	[25]
4-8-75	swietemahonin G	$C_{32}H_{40}O_{11}$	C	[25]
4-8-76	swietemahonolide	$C_{32}H_{40}O_{9}$	C	[25]
4-8-77	azadirachtin O	$C_{35}H_{46}O_{15}$	C	[26]
4-8-78	azadirachtin P	$C_{33}H_{44}O_{14}$	C	[26]
4-8-79	azadirachtin Q	$C_{32}H_{40}O_{15}$	C	[26]
4-8-80	7,14-epoxy-azedarachin B	$C_{32}H_{42}O_{11}$	C	[27]
4-8-81	cipadesin A	$C_{33}H_{42}O_{13}$	C	[28]
4-8-82	cipadesin B	$C_{31}H_{40}O_{11}$	C	[28]
4-8-83	toonacilin	$C_{33}H_{42}O_{9}$	C	[29]
4-8-84	12-deacetoxytoonacilin	$C_{31}H_{40}O_{7}$	C	[29]
4-8-85	1-O-methylichangensin	$C_{26}H_{34}O_{7}$	C	[30]
4-8-86	sudachinoid A	$C_{26}H_{34}O_{9}$	C	[30]
4-8-87	sudachinoid B	$C_{25}H_{32}O_{9}$	C	[30]
4-8-88	7-isovaleroylcycloseverinolide	$C_{31}H_{38}O_{9}$	C	[31]
4-8-89	7-isovaleroylcycloepiatalantin	$C_{31}H_{36}O_{9}$	C	[31]
4-8-90	1,2-dihydro-3β-hydroxy-7-deacetoxy-7-oxogedunin	$C_{26}H_{34}O_{6}$	C	[32]
4-8-91	11α-hydroxygedunin	$C_{28}H_{34}O_{8}$	C	[33]
4-8-92	11β-hydroxygedunin	$C_{28}H_{34}O_{8}$	C	[33]
4-8-93	7-deacetoxy-7α,11α-dihydroxygedunin	$C_{26}H_{32}O_{7}$	C	[33]
4-8-94	7-deacetoxy-7α,11β-dihydroxygedunin	$C_{26}H_{32}O_{7}$	C	[33]
4-8-95	nilotin	$C_{40}H_{52}O_{14}$	C	[34]
4-8-96	28-nor-4α-carbomethoxy-11β-acetoxy-12α-(2-methyl-butanoyloxy)-14,15-deoxyhavanensin-1,7-diacetate	$C_{38}H_{52}O_{12}$	C	[35]
4-8-97	28-nor-4α-carbomethoxy-11β-hydroxy-12α-(2-methyl-butanoyloxy)-14,15-deoxyhavanensin-1-acetate	$C_{34}H_{48}O_{10}$	C	[35]
4-8-98	18-nor-4α-carbomethoxy-11β-acetoxy-12α-(2-methyl-butanoyloxy)-14,15-deoxyhavanensin-1-acetate	$C_{36}H_{50}O_{11}$	C	[35]
4-8-99	28-nor-4α-carbomethoxy-7-deoxy-7-oxo-11β-aceto-12α-(2-methylbutanoyloxy)-14,15-deoxyhavanensin-1-acetate	$C_{36}H_{48}O_{11}$	C	[35]
4-8-100	6-O-deacetylsecomahoganin	$C_{27}H_{34}O_{8}$	C	[36]
4-8-101	khayanoside	$C_{33}H_{44}O_{13}$	C	[37]
4-8-102	turrapubesin A	$C_{31}H_{39}ClO_{9}$	C	[38]
4-8-103	turrapubesin B	$C_{33}H_{41}NO_{10}$	C	[38]
4-8-104	domesticulide A	$C_{27}H_{34}O_{8}$	C	[39]
4-8-105	domesticulide B	$C_{29}H_{36}O_{9}$	C	[39]
4-8-106	domesticulide C	$C_{29}H_{36}O_{11}$	C+M	[39]
4-8-107	domesticulide D	$C_{29}H_{36}O_{11}$	C+M	[39]
4-8-108	hirtin	$C_{32}H_{36}O_{11}$	C	[40]
4-8-109	deacetylhirtin	$C_{30}H_{34}O_{10}$	C	[40]

续表

编号	名称	分子式	测试溶剂	参考文献
4-8-110	methyl 6-hydroxy-11β-acetoxy-12α-(2-methylpropanoyloxy)-3,7-dioxo-14β,15β-epoxy-1,5-meliacadien-29-oate	$C_{33}H_{38}O_{11}$	C	[40]
4-8-111	methyl 6,11β-dihydroxy-12α-(2-methylpropanoyloxy)-3,7-dioxo-14β,15β-epoxy-1,5-meliacadien-29-oate	$C_{34}H_{40}O_{11}$	C	[40]
4-8-112	22,23-dihydronimocinol	$C_{28}H_{38}O_5$	C	[41]
4-8-113	desfurano-6α-hydroxyazadiradione	$C_{24}H_{32}O_5$	C	[41]
4-8-114	7-deacetylnimolicinol	$C_{26}H_{32}O_6$	C	[42]
4-8-115	1α,2α-epoxy-17β-hydroxyazadiradione	$C_{28}H_{34}O_7$	C	[42]
4-8-116	1α,2α-epoxynimolicinol	$C_{28}H_{34}O_8$	C	[42]
4-8-117	6α-acetoxy-14β,15β-epoxyazadirone	$C_{30}H_{38}O_7$	C	[43]
4-8-118	perforatinolone	$C_{26}H_{28}O_{11}$	C	[44]
4-8-119	mahonin	$C_{30}H_{36}O_7$	C	[45]
4-8-120	secomahoganin	$C_{29}H_{36}O_9$	C	[45]
4-8-121	granaxylocarpin A	$C_{34}H_{44}O_{12}$	C	[46]
4-8-122	granaxylocarpin B	$C_{32}H_{38}O_{10}$	C	[46]
4-8-123	toonaciliatin A	$C_{25}H_{28}O_{10}$	M	[47]
4-8-124	toonaciliatin F	$C_{25}H_{32}O_{10}$	M	[47]
4-8-125	toonaciliatin G	$C_{25}H_{32}O_9$	M	[47]
4-8-126	trijugin D	$C_{28}H_{32}O_{11}$	P	[48]
4-8-127	trijugin E	$C_{28}H_{32}O_{12}$	P	[48]
4-8-128	trijugin F	$C_{26}H_{30}O_{10}$	P	[48]
4-8-129	trijugin G	$C_{32}H_{40}O_{11}$	P	[48]
4-8-130	trijugin H	$C_{32}H_{40}O_{11}$	P	[48]
4-8-131	methyl 8α-hydroxy-8,30-dihydroangolensate	$C_{27}H_{36}O_8$	C	[48]
4-8-132	17-epi-methyl-6-hydroxyangolensate	$C_{27}H_{34}O_8$	C	[49]
4-8-133	sandoricin	$C_{31}H_{40}O_{11}$	C	[50]
4-8-134	6-hydroxysandoricin	$C_{31}H_{40}O_{12}$	C	[50]
4-8-135	cipadesin D	$C_{33}H_{40}O_{13}$	C	[51]
4-8-136	cipadesin E	$C_{31}H_{38}O_{12}$	C	[51]
4-8-137	cipadesin F	$C_{31}H_{40}O_{11}$	C	[51]
4-8-138	cipadesin C	$C_{31}H_{38}O_{11}$	C	[52]
4-8-139	3-acetoxy-8,14-dien-8,30-$seco$-khayalactone	$C_{29}H_{34}O_{10}$	C	[53]
4-8-140	hortiolide A	$C_{27}H_{32}O_7$	C	[54]
4-8-141	hortiolide B	$C_{27}H_{30}O_8$	C	[54]
4-8-142	malleastrone A	$C_{32}H_{38}O_{10}$	C	[55]
4-8-143	malleastrone B	$C_{33}H_{40}O_{10}$	C	[55]
4-8-144	malleastrone C	$C_{32}H_{40}O_{11}$	C	[55]
4-8-145	dysoxylin A	$C_{35}H_{48}O_{10}$	C	[56]
4-8-146	dysoxylin B	$C_{37}H_{46}O_{10}$	C	[56]
4-8-147	dysoxylin C	$C_{37}H_{46}O_{10}$	C	[56]
4-8-148	dysoxylin D	$C_{37}H_{46}O_{10}$	C	[56]
4-8-149	21,23-dihydro-23-hydroxy-21-oxodeacetylnomilin	$C_{26}H_{32}O_{10}$	M	[57]
4-8-150	11β,19-diacetoxy-1-deacetyl-1-epidihydronomilin	$C_{30}H_{38}O_{12}$	C	[58]
4-8-151	odoralide	$C_{33}H_{44}O_{13}$	C	[58]
4-8-152	3-O-methyl-21,23-dihydro-2-3-hydroxy-21-oxo-nomilinic acid	$C_{29}H_{38}O_{12}$	C	[57]

续表

编号	名称	分子式	测试溶剂	参考文献
4-8-153	amotsangin G	$C_{35}H_{46}O_{11}$	C	[59]
4-8-154	11β-acetoxyobacunol	$C_{28}H_{34}O_9$	C	[58]
4-8-155	11β-acetoxyobacunyl acetate	$C_{30}H_{36}O_{10}$	C	[58]
4-8-156	rubralin D	$C_{41}H_{58}O_{14}$	C	[60]
4-8-157	rubralin A	$C_{42}H_{60}O_{13}$	C	[61]
4-8-158	rubralin B	$C_{42}H_{60}O_{13}$	C	[61]
4-8-159	rubralin C	$C_{42}H_{60}O_{13}$	C	[61]
4-8-160	cipadessalide	$C_{33}H_{42}O_{12}$	C	[60]
4-8-161	amotsangin A	$C_{34}H_{44}O_{10}$	C	[62]
4-8-162	amotsangin B	$C_{33}H_{42}O_{10}$	C	[62]
4-8-163	amotsangin C	$C_{35}H_{46}O_{11}$	C	[62]
4-8-164	amotsangin D	$C_{32}H_{40}O_{10}$	C	[62]
4-8-165	amotsangin E	$C_{36}H_{40}O_{10}$	C	[62]
4-8-166	amotsangin F	$C_{35}H_{38}O_{10}$	C	[62]
4-8-167	haperforin C	$C_{25}H_{26}O_7$	C	[63]
4-8-168	sudachinoid C	$C_{26}H_{30}O_9$	C	[64]
4-8-169	haperforin G	$C_{25}H_{28}O_6$	C	[63]
4-8-170	haperforin F	$C_{27}H_{32}O_{10}$	C	[63]
4-8-171	trichiconnarin A	$C_{13}H_{12}O_4$	C	[65]
4-8-172	trichiconnarin B	$C_{16}H_{16}O_4$	C	[65]
4-8-173	9α-hydroxy-12α-acetoxyfraxinellone	$C_{16}H_{18}O_6$	C	[66]
4-8-174	9α-hydroxyfraxinellone-9-O-β-D-glucoside	$C_{20}H_{26}O_9$	D	[67]
4-8-175	dictamnusine	$C_{21}H_{28}O_{10}$	D	[67]
4-8-176	dictamdiol A	$C_{15}H_{18}O_5$	D	[67]
4-8-177	dictamdiol B	$C_{15}H_{18}O_5$	D	[67]
4-8-178	isodictamdiol	$C_{15}H_{18}O_5$	A	[68]

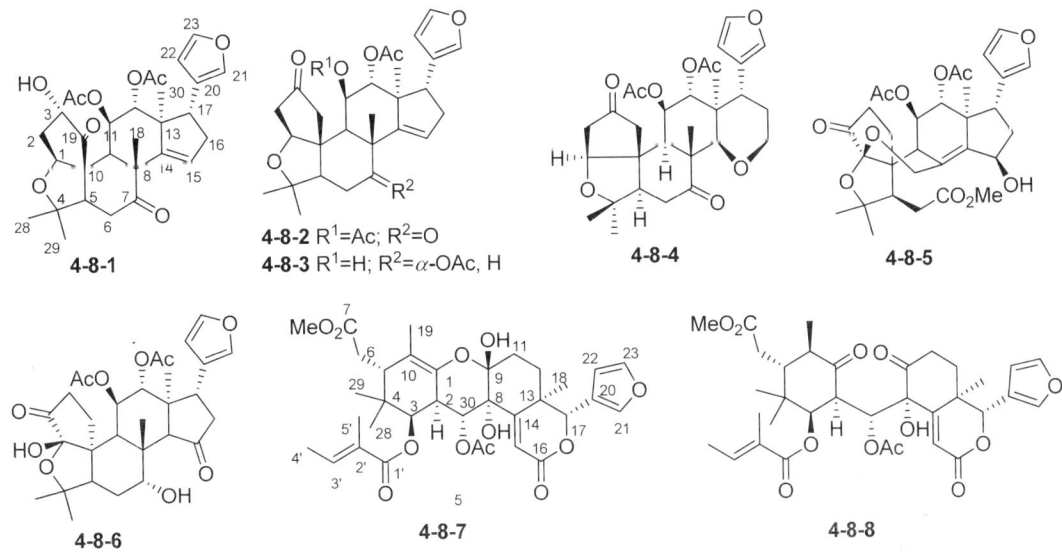

表 4-8-2 化合物 4-8-1~4-8-6 的 ^{13}C NMR 数据

C	4-8-1[1]	4-8-2[1]	4-8-3[1]	4-8-4[2]	4-8-5[3]	4-8-6[3]
1	83.5	84.4	84.7	84.0	108.8	104.9
2	33.0	45.2	45.7	44.9	210.7	210..0
3	83.5	216.5	217.3	215.2	34.3	31.5
4	80.9	80.8	80.7	80.4	89.9	85.3
5	60.7	59.9	54.4	61.9	54.7	48.9
6	36.1	38.1	26.0	37.9	34.4	28.2
7	207.9	206.8	75.8	207.4	172.6	71.3
8	50.4	51.3	43.0	45.4	127.9	39.5
9	49.9	47.6	45.0	46.8	39.3	43.5
10	57.2	53.5	53.6	52.5	57.8	55.7
11	74.3	76.1	75.4	77.1	69.1	71.5
12	82.0	83.1	91.0	80.4	75.3	71.2
13	51.3	51.3	50.3	51.1	49.1	44.5
14	149.6	147.9	154.5	67.5	145.0	57.9
15	129.6	131.4	124.0	56.7	68.5	219.9
16	37.5	37.8	36.6	32.8	41.0	43.1
17	50.7	50.8	51.5	41.5	43.4	37.9
18	17.0	17.2	16.0	15.3	17.1	21.5
19	219.8	41.5	42.5	41.5	30.1	35.2
20	124.1	124.4	124.3	122.2	122.6	122.9
21	140.4	140.7	140.4	140.9	140.0	139.9
22	111.4	111.7	111.8	111.6	110.6	110.4
23	142.5	142.7	142.2	142.8	142.6	143.6
28	23.3	31.5	31.3	30.8	26.1	28.1
29	29.8	24.1	23.4	23.1	31.9	32.0
30	30.2	30.6	29.0	21.9	64.3	19.4
7-OAc			169.6/21.2			
11-OAc	171.2/22.4	171.3/21.4		169.7/21.0	171.4/21.0	171.0/21.9
12-OAc	171.8/21.1	171.2/21.6	173.7/21.1	169.5/20.9	171.4/20.5	169.5/20.9
CO$_2$Me				52.1		

表 4-8-3 化合物 4-8-7~4-8-10 的 ^{13}C NMR 数据[4]

C	4-8-7	4-8-8	4-8-9	4-8-10	C	4-8-7	4-8-8	4-8-9	4-8-10
1	137.6	208.4	198.8	198.6	6	32.7	34.2	34.6	34.6
2	38.4	48.2	128.4	128.4	7	174.8	173.4	173.4	173.4
3	73.6	80.6	162.0	162.0	8	74.6	80.6	80.0	200.8
4	37.8	39.5	36.8	36.6	9	99.2	209.4	208.6	79.6
5	40.2	46.5	45.2	45.2	10	117.3	47.0	42.8	43.1

续表

C	4-8-7	4-8-8	4-8-9	4-8-10	C	4-8-7	4-8-8	4-8-9	4-8-10
11	28.1	33.5	33.0	29.2	23	142.9	143.1	143.2	143.3
12	30.6	25.2	25.5	28.3	28	25.5	24.7	27.8	28.0
13	38.8	38.4	38.4	41.4	29	20.4	20.5	20.5	20.5
14	163.0	105.3	164.1	156.2	30	71.0	68.7	67.3	66.4
15	116.5	119.0	118.1	121.6	7-OMe	51.9	52.0	52.0	52.0
16	165.1	163.2	163.3	163.3	30-OAc	170.4/21.4	171.0/21.3	169.9/21.0	168.9/20.7
17	81.9	79.9	80.1	81.7	1'	167.7	166.7		
18	19.2	18.7	18.4	18.5	2'	128.8	127.6		
19	12.8	11.7	11.6	12.2	3'	137.4	138.6		
20	119.7	119.6	119.5	119.2	4'	14.5	14.6		
21	141.2	141.1	141.4	141.4	5'	12.2	12.0		
22	110.1	109.6	109..8	109.7					

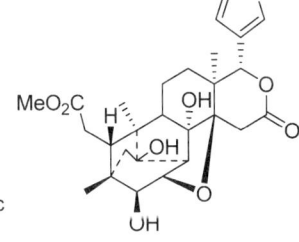

4-8-11 R^1=Ac; R^2=R^3=OH
4-8-12 R^1=R^2=H; R^3=OAc
4-8-13 R^1=R^2=R^3=H

4-8-14 R^1=Ac; R^2=H; R^3=CH(CH$_3$)$_2$
4-8-15 R^1=Ac; R^2=H; R^3=CH(CH$_3$)CH$_2$CH$_3$
4-8-16 R^1=R^2=H; R^3=CH(CH$_3$)CH$_2$CH$_3$
4-8-17 R^1=R^2=H; R^3=CH(CH$_3$)$_2$
4-8-18 R^1=H; R^2=OH; R^3=CH(CH$_3$)CH$_2$CH$_3$
4-8-19 R^1=R^2=H; R^3=CH$_2$CH$_3$
4-8-20 R^1=R^2=H; R^3=CH$_3$

4-8-21

4-8-22 R^1=H; R^2=OAc; R^3=R^4=Ac
4-8-23 R^1=R^3=R^4=Ac; R^2=H
4-8-24 R^1=R^2=R^3=H; R^4=Ac

4-8-25

4-8-26

表 4-8-4 化合物 4-8-11~4-8-13 的 ^{13}C NMR 数据[5]

C	4-8-11	4-8-12	4-8-13	C	4-8-11	4-8-12	4-8-13
1	82.6	82.1	82.4	7	172.6	177.6	177.8
2	53.1	53.7	53.9	8	78.2	75.5	76.0
3	78.3	78.7	78.9	9	80.0	50.6	58.0
4	46.8	47.0	47.0	10	55.2	47.1	47.8
5	46.4	46.0	46.2	11	36.3	30.0	25.4
6	73.6	72.1	72.3	12	71.3	72.9	36.5

续表

C	4-8-11	4-8-12	4-8-13	C	4-8-11	4-8-12	4-8-13
13	42.0	37.1	37.1	23	145.0	145.2	144.7
14	43.7	47.8	52.6	28	16.5	16.5	16.6
15	28.8	29.3	29.3	29	45.7	45.4	45.5
16	173.1	1172.3	173.3	30	71.7	71.7	72.3
17	79.3	78.6	79.5	7-OMe	53.5	53.0	52.9
18	20.1	19.4	24.3	3-OAc	171.2/21.6	171.3/21.6	171.5/21.5
19	15.9	24.2	24.6	6-OAc	172.2/21.7		
20	123.1	122.5	123.2	12-OAc		171.6/20.9	
21	142.0	142.0	141.7	30-OAc	171.4/21.0	172.3/21.7	172.4/21.6
22	110.8	110.5	110.7				

表 4-8-5 化合物 4-8-14~4-8-20 的 ^{13}C NMR 数据[6]

C	4-8-14	4-8-15	4-8-16	4-8-17	4-8-18	4-8-19	4-8-20
1	84.7	84.6	84.6	84.6	84.6	84.7	84.6
2	84.0	84.0	75.7	75.7	75.6	75.7	75.7
3	84.8	84.7	86.6	86.6	87.5	86.7	86.7
4	44.7	44.7	43.7	43.7	43.4	43.7	43.8
5	39.6	39.6	40.1	40.1	45.5	40.1	40.2
6	33.7	33.7	33.7	33.7	71.6	33.7	33.8
7	173.9	173.9	173.9	173.9	174.5	173.9	173.6
8	83.9	83.7	83.6	83.8	83.6	83.8	84.0
9	85.7	85.7	86.6	86.7	87.0	86.9	87.2
10	48.1	48.0	47.2	47.2	48.4	47.3	47.3
11	26.9	26.0	25.7	25.7	25.6	25.9	26.2
12	29.3	29.3	29.0	29.0	29.4	29.0	29.2
13	37.7	37.7	37.7	37.7	37.8	37.7	37.9
14	151.8	151.8	153.1	153.0	153.1	153.0	152.7
15	123.4	123.4	122.5	122.5	122.1	122.6	122.5
16	163.6	163.6	163.2	163.2	162.7	163.1	162.8
17	79.8	79.8	79.7	79.7	80.0	79.7	79.7
18	19.2	19.2	19.8	19.8	19.8	19.8	20.1
19	15.4	15.4	15.5	15.4	17.4	15.4	15.6
20	119.9	119.9	119.8	119.8	119.6	119.8	119.4
21	142.0	142.0	142.0	142.0	141.4	142.1	141.9
22	110.2	110.2	110.1	110.1	109.8	110.1	110.0
23	143.3	143.2	143.2	143.2	143.2	143.2	143.1
28	13.8	13.8	14.4	14.4	15.6	14.4	14.6
29	39.0	39.0	38.5	38.5	39.8	38.6	38.7
30	73.9	73.7	77.9	78.0	77.7	78.1	78.1
OMe	52.1	52.1	52.1	52.1	52.3	52.1	52.2
OAc	170.3	170.2					
	21.8	21.8					
Tig							
1'	167.9	167.9	168.1	168.2	167.7	168.2	167.9
2'	130.8	130.8	130.0	130.0	130.2	130.1	129.9

续表

C	4-8-14	4-8-15	4-8-16	4-8-17	4-8-18	4-8-19	4-8-20
3'	136.1	136.1	139.9	139.9	139.0	139.9	139.8
4'	13.5	13.5	14.2	14.2	14.4	14.2	14.4
2'-Me	12.9	12.8	12.3	12.3	12.5	12.3	12.4
原酸酯							
1"	122.9	123.0	122.9	122.8	122.5	121.3	119.7
2"	28.9	35.4	35.5	28.9	35.5	23.2	16.6
3"	16.6	23.6	23.6	16.6	23.7	7.6	
4"		13.5	11.4		11.6		
2"-Me	16.6	12.8	13.1	16.6	13.3		

表 4-8-6　化合物 4-8-21~4-8-26 的 ^{13}C NMR 数据

C	4-8-21[7]	4-8-22[7]	4-8-23[7]	4-8-24[8]	4-8-25[9]	4-8-26[9]
1	96.7	87.9	88.0	90.6	84.7	91.4
2	41.6	46.3	46.2	209.8	72.5	74.0
3	75.1	76.3	76.0	85.2	78.4	204.8
4	36.8	45.1	45.2	44.1	43.8	52.3
5	35.3	43.1	42.4	43.7	34.7	42.1
6	31.9	71.1	71.9	72.2	34.0	71.7
7	173.7	175.1	170.2	174.7	174.7	174.9
8	63.6	73.3	73.6	75.2	87.5	87.7
9	44.9	49.1	55.5	54.4	55.6	47.6
10	41.7	47.1	47.9	58.8	57.1	62.1
11	17.6	28.6	23.3	18.9	16.4	16.7
12	31.7	71.5	34.4	31.3	26.0	32.9
13	39.9	39.2	35.6	36.3	38.0	37.5
14	72.0	46.2	50.6	63.9	81.6	83.3
15	39.2	28.0	28.5	36.3	32.3	32.5
16	168.9	169.6	170.3	169.4	169.8	170.0
17	78.3	77.3	77.7	76.8	80.6	79.9
18	19.4	18.7	23.7	16.1	14.4	14.2
19	15.0	23.4	22.8	18.3	17.3	20.1
20	120.2	120.8	121.7	120.4	120.8	120.6
21	141.3	140.3	140.1	141.1	141.1	141.1
22	110.3	109.0	109.4	109.9	110.2	110.1
23	142.8	143.7	143.2	143.3	142.7	142.9
28	15.0	15.6	15.7	18.8	18.7	15.9
29	67.2	40.7	40.9	40.6	44.9	40.7
30	60.6	69.7	70.2	57.6	64.4	59.7
7-COOMe	52.1	53.1	52.9	52.6	52.0	52.5
		(1,3,12,30)-OAc	(1,3,6,30)-OAc	(1,30)-OAc		1-OAC
		169.9/20.9	168.5/22.1	170.0/21.7		170.0/21.8
		169.3/21.1	169.5/21.2	170.0/21.7		
		170.6/21.3	170.6/21.4			
		168.4/22.0	169.7/21.0			
1'	167.5					
2'	127.2					
3'	140.5					
4'	14.6					
5'	12.1					

4-8-27 R¹=H; R²=Tig; R³=Ac
4-8-28 R¹=H; R²=2-甲基乙酰基; R³=Ac
4-8-29 R¹=H; R²=异丁酰基; R³=Ac
4-8-30 R¹=OH; R²=Ac; R³=H

4-8-31

4-8-32

4-8-33 R¹=R²=H
4-8-34 R¹=Ac; R²=H
4-8-35 R¹=R²=Ac

4-8-36

表 4-8-7 化合物 4-8-27~4-8-29 的 ^{13}C NMR 数据[10]

C	4-8-27	4-8-28	4-8-29	C	4-8-27	4-8-28	4-8-29
1	107.4	109.0	109.0	18	19.4	19.9	19.9
2	53.0	54.5	54.3	19	20.5	21.0	20.9
3	74.2	76.0	75.8	20	120.0	121.4	121.5
4	37.6	38.7	38.9	21	141.3	142.8	142.8
5	40.8	42.0	42.0	22	110.0	110.9	111.0
6	32.0	32.9	32.9	23	142.8	144.6	144.5
7	174.0	175.9	175.9	28	22.0	22.4	22.5
8	81.1	82.2	82.2	29	24.5	25.1	25.2
9	51.4	52.4	52.8	30	76.5	77.6	78.2
10	43.0	44.2	44.2	7-OMe	51.9	52.9	52.4
11	14.8	16.0	15.9	R²			
12	25.0	26.4	26.2	1	167.0	177.3	177.4
13	39.0	40.3	40.0	2	127.9	42.4	35.5
14	160.3	162.6	163.2	3	138.6	27.1	19.5
15	117.3	118.3	118.0	4	11.9	12.1	19.2
16	164.0	165.8	165.8	5	14.5	17.2	
17	81.5	83.0	83.0	30-OAc	170.2/20.9	171.5/21.0	172.0/21.4

表 4-8-8 化合物 4-8-30~4-8-32 的 ^{13}C NMR 数据[11]

C	4-8-30	4-8-31	4-8-32	C	4-8-30	4-8-31	4-8-32
1	110.3	84.8	118.1	7	175.8	175.9	176.7
2	80.2	75.8	204.4	8	79.2	88.5	83.0
3	84.4	207.3	86.7	9	64.3	56.8	55.7
4	38.5	51.8	47.3	10	46.2	59.4	56.6
5	46.7	43.1	44.1	11	22.0	17.1	17.8
6	71.4	72.7	73.4	12	36.3	26.6	29.9

续表

C	4-8-30	4-8-31	4-8-32	C	4-8-30	4-8-31	4-8-32
13	35.7	38.4	39.7	21	141.5	141.7	141.6
14	45.8	84.3	54.6	22	110.9	110.9	111.0
15	28.5	34.2	30.5	23	143.2	143.4	143.5
16	170.5	170.4	172.7	28	24.5	16.2	25.0
17	78.4	80.7	80.0	29	25.5	46.5	49.8
18	22.9	14.6	24.3	30	41.4	65.1	38.6
19	22.7	21.0	20.8	COOMe	51.8	52.2	52.1
20	122.7	121.9	121.6				

表 4-8-9 化合物 4-8-33~4-8-36 的 ^{13}C NMR 数据

C	4-8-33[12]	4-8-34[12]	4-8-35[12]	4-8-36[13]	C	4-8-33[12]	4-8-34[12]	4-8-35[12]	4-8-36[13]
1	110.0	109.2	108.0	111.2	15	38.6	31.2	38.0	27.9
2	82.5	82.7	93.8	89.6	16	173.1	172.8	175.5	169.4
3	82.1	83.6	76.1	204.7	17	79.4	79.3	77.4	78.6
4	43.1	42.2	40.7	44.9	18	17.1	16.8	25.0	23.4
5	38.3	39.3	37.7	42.5	19	75.5	73.5	73.6	73.3
6	31.6	31.2	30.1	29.4	20	122.3	122.6	120.8	120.6
7	177.6	177.5	173.5	172.3	21	144.7	144.6	141.2	141.0
8	83.4	81.2	81.5	79.0	22	117.7	111.6	110.3	109.9
9	55.0	54.9	52.9	57.2	23	143.0	143.1	143.6	143.2
10	46.6	46.8	47.8	51.1	28	22.4	22.3	22.4	19.3
11	23.6	21.9	20.9	19.0	29	26.2	24.8	25.7	25.2
12	32.6	32.2	30.8	32.9	30	42.1	43.2	40.3	40.3
13	32.8	39.1	39.2	37.0	OAc		172.9/21.2	170.4/21.2	
14	73.6	73.4	72.2	49.5				169.4/21.2	

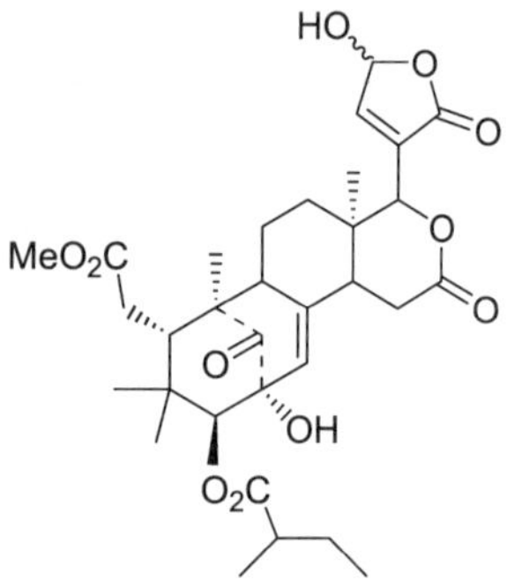

4-8-43

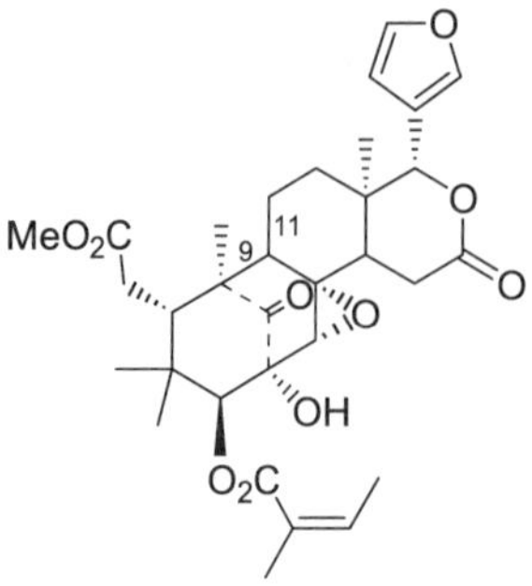

4-8-44
4-8-45 9α,11α-环氧
4-8-46 9,11-二去氢

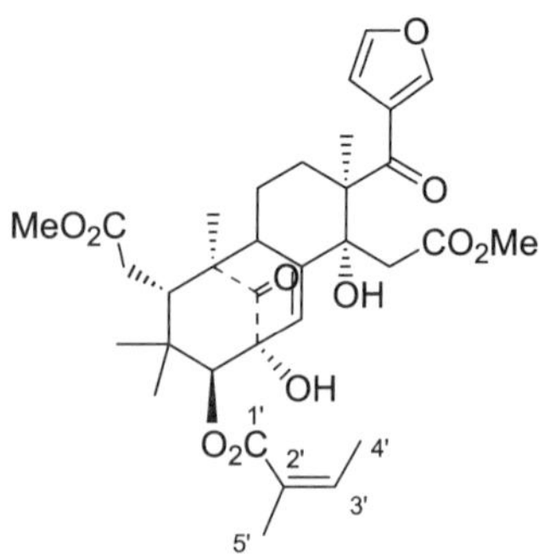

4-8-47

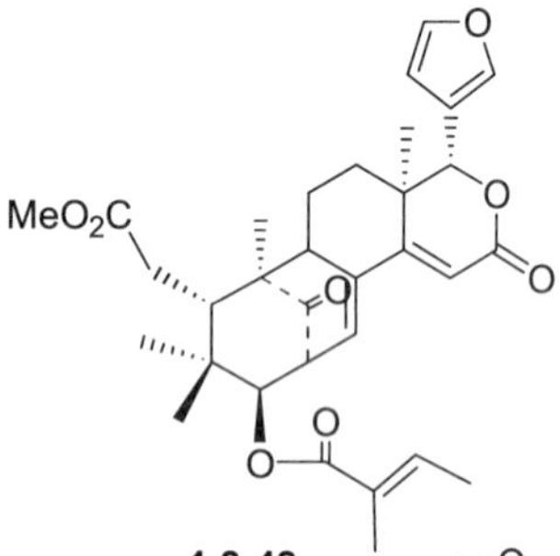

4-8-48

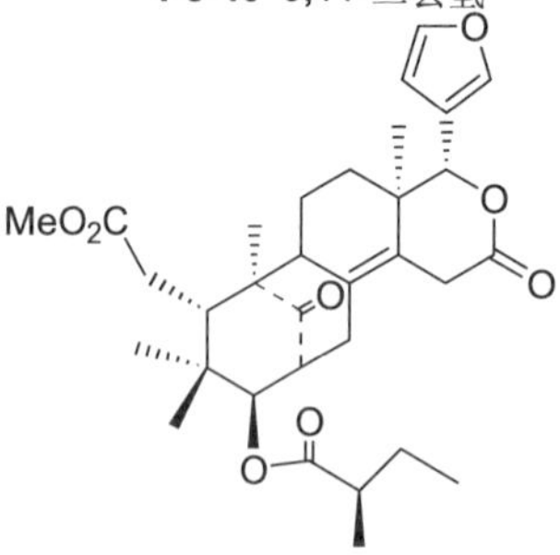

4-8-49

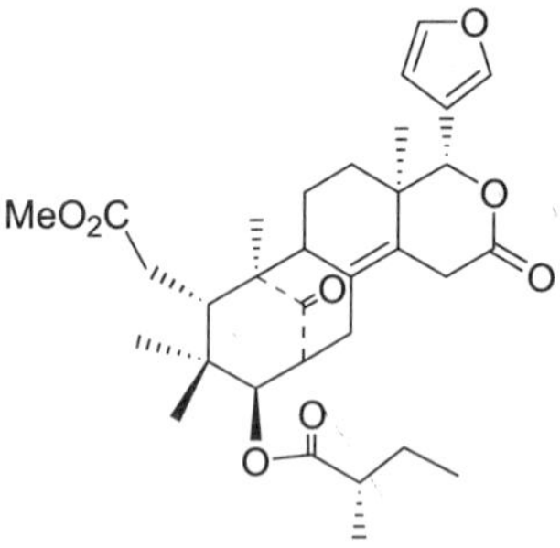

4-8-50

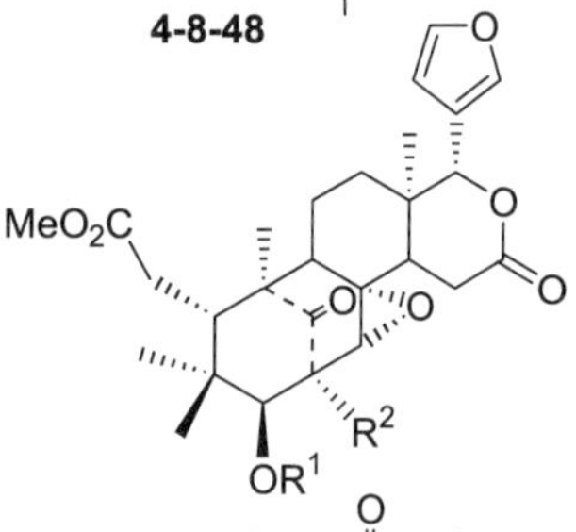

4-8-51 R¹ = [sec-butyryl group]; R² = H
4-8-52 R¹ = Ac; R² = H
4-8-53 R¹ = ^{i}PrCO; R² = H
4-8-54 R¹ = Ac; R² = OH
4-8-55 R¹ = Ac; R² = OH

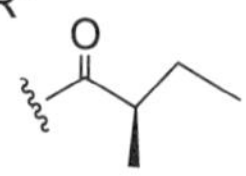

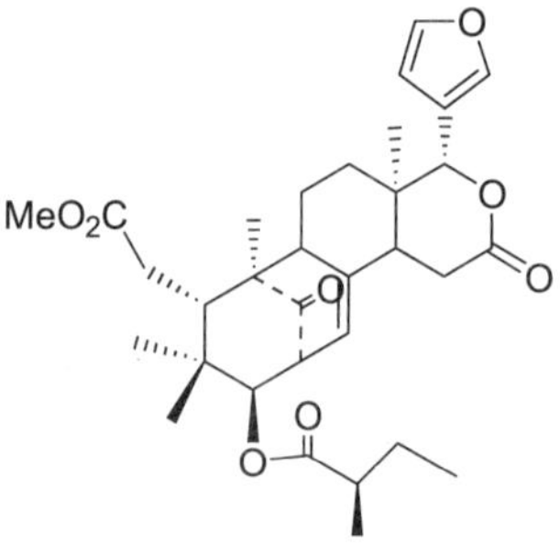

4-8-56

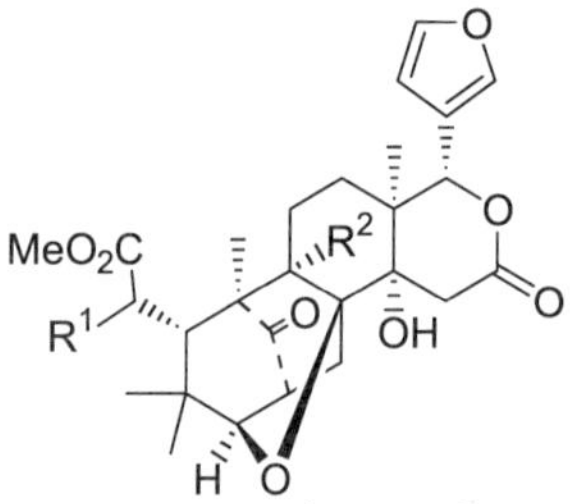

4-8-57 R¹ = OH; R² = H
4-8-58 R¹ = OAc; R² = H
4-8-59 R¹ = H; R² = OH
4-8-60 R¹ = R² = OH

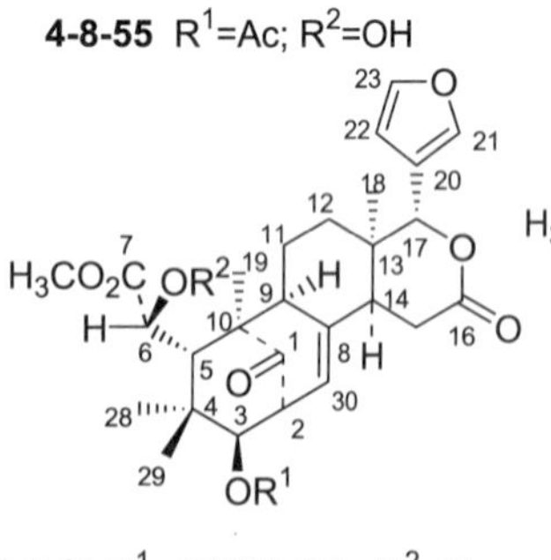

4-8-61 R¹ = COCH$_2$CH$_3$; R² = H
4-8-62 R¹ = COCH(CH$_3$)$_2$; R² = H
4-8-63 R¹ = CO(CH$_3$)C=CH$_2$; R² = H
4-8-64 R¹ = COCH(CH$_3$)CH$_2$CH$_3$; R² = H
4-8-65 R¹ = COC$_6$H$_5$; R² = H

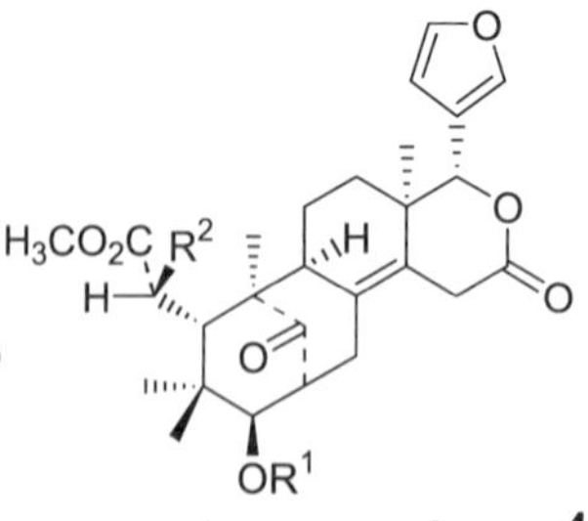

4-8-66 R¹ = COCH$_3$; R² = OH
4-8-67 R¹ = H; R² = OAc
4-8-68
R¹ = O=C−C=CH
        | |
        CH$_3$ CH$_3$
R² = OAc

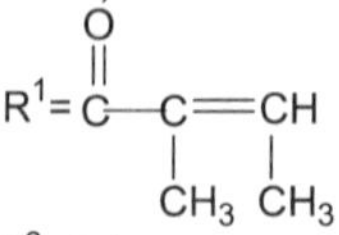

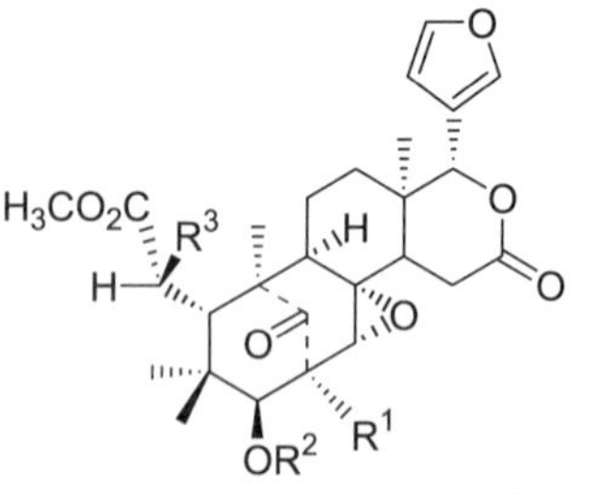

4-8-69 R¹ = H; R² = COCH$_2$CH$_3$; R³ = OH
4-8-70 R¹ = H; R² = COCH$_2$CH$_3$; R³ = OAc
4-8-71 R¹ = H; R² = COCH(CH$_3$)$_2$; R³ = OAc
4-8-72 R¹ = H; R² = Ac; R³ = OH
4-8-73 R¹ = H; R² = CO(CH$_3$)C=CH(CH$_3$); R³ = OH
4-8-74 R¹ = H; R² = CO(CH$_3$)C=CH(CH$_3$); R³ = OAc
4-8-75 R¹ = OH; R² = CO(CH$_3$)C=CH(CH$_3$); R³ = OH
4-8-76 R¹ = H; R² = CO(CH$_3$)C=CH(CH$_3$); R³ = H

表 4-8-10 化合物 4-8-37~4-8-40 的 ^{13}C NMR 数据

C	4-8-37[14]	4-8-38[15]	4-8-39[16]	4-8-40[17]	C	4-8-37[14]	4-8-38[15]	4-8-39[16]	4-8-40[17]
1	214.1	216.1	219.0	221.3	15	33.1	116.6	33.5	30.5
2	57.1	48.4	79.6	48.8	16	170.0	167.6	171.1	171.2
3	210.4	212.0	87.1	78.7	17	78.4	81.4	80.6	76.6
4	49.5	42.2	40.2	39.8	18	18.2	23.5	18.1	21.8
5	43.6	43.0	44.3	43.9	19	17.2	20.6	18.1	17.0
6	72.4	74.3	73.5	73.2	20	132.5	121.6	120.9	121.4
7	175.6	177.4	175.8	177.0	21	169.5	144.6	141.3	140.7
8	125.7	73.2	126.8	35.2	22	150.6	112.0	110.0	109.7
9	52.7	51.5	52.8	59.1	23	97.9	143.5	143.2	143.4
10	53.4	53.3	53.1	51.4	28	20.5	23.0	23.7	23.6
11	18.9	20.1	18.9	21.3	29	20.4	21.5	22.8	22.5
12	29.6	28.1	29.2	35.3	30	36.7	58.4	44.7	36.6
13	38.3	39.9	38.2	35.6	7-OMe	53.1	58.4	53.6	53.4
14	132.6	169.9	132.5	45.4					

表 4-8-11 化合物 4-8-41~4-8-43 的 ^{13}C NMR 数据

C	4-8-41[18]	4-8-42[19]	4-8-43[20]	C	4-8-41[18]	4-8-42[19]	4-8-43[20]
1	217.2	218.2	214.3	17	80.9	79.8	77.0
2	77.9	44.8	48.8	18	17.7	23.1	26.4
3	87.5	78.2	77.3	19	17.7	18.6	15.7
4	39.7	39.9	39.4	20	120.7	119.8	133.4
5	45.0	41.4	42.5	21	141.1	141.6	171.8
6	73.1	33.0	33.1	22	109.7	110.0	150.2
7	175.3	173.9	174.4	23	143.2	142.9	96.9
8	126.4	72.1	60.5	28	22.2	23.3	22.5
9	53.0	60.4	55.7	29	23.3	22.8	21.1
10	52.5	48.3	48.3	30	44.7	35.0	63.5
11	18.8	20.6	19.4	7-OMe	53.2	52.0	52.4
12	29.6	33.6	33.1	1'	167.0	166.8	175.8
13	38.2	38.4	36.6	2'	129.2	128.0	41.5
14	132.8	168.8	46.0	3'	138.7	138.6	26.7
15	33.2	115.7	34.3	4'	14.5	12.2	17.3
16	169.0	165.4	171.4	5'	12.4	14.6	11.9

表 4-8-12 化合物 4-8-44~4-8-47 的 ^{13}C NMR 数据[16]

C	4-8-44	4-8-45	4-8-46	4-8-47	C	4-8-44	4-8-45	4-8-46	4-8-47
1	213.2	208.9	210.2	214.3	8	63.6	62.1	61.4	140.1
2	78.5	78.5	79.2	77.0	9	55.5	62.4	136.9	55.0
3	84.7	84.6	84.8	85.6	10	49.5	50.8	51.7	50.3
4	40.2	39.2	39.5	39.6	11	19.8	56.7	127.1	22.4
5	42.8	43.3	47.6	40.5	12	33.5	27.7	32.0	33.7
6	33.4	32.1	31.4	33.1	13	36.6	34.4	35.4	55.2
7	174.0	173.6	173.1	172.9	14	45.5	38.7	39.2	77.0

C	4-8-44	4-8-45	4-8-46	4-8-47	C	4-8-44	4-8-45	4-8-46	4-8-47
15	33.8	29.0	29.2	42.4	29	21.1	21.5	23.7	22.6
16	171.6	169.0	169.5	170.2	30	67.5	64.8	64.4	127.7
17	79.3	82.8	82.2	201.9	7-CO$_2$Me	52.7	52.9	52.5	52.2
18	26.8	23.6	23.5	19.2	16-CO$_2$Me				51.8
19	16.4	24.0	14.5	15.8	1'	166.7	166.4	166.4	167.6
20	120.4	122.0	120.1	124.5	2'	126.7	126.4	126.5	127.7
21	141.1	140.8	140.8	148.5	3'	141.4	141.9	141.9	141.1
22	110.4	109.5	109.6	110.8	4'	16.4	16.3	16.3	16.3
23	143.4	143.9	143.9	142.9	5'	21.2	21.2	21.2	20.8
28	22.3	10.9	20.7	20.6						

表 4-8-13　化合物 4-8-48~4-8-51 的 ^{13}C NMR 数据[21]

C	4-8-48	4-8-49	4-8-50	4-8-51	C	4-8-48	4-8-49	4-8-50	4-8-51
1	214.4	218.1	218.2	214.2	17	79.6	80.7	80.7	78.9
2	49.1	48.1	48.1	48.8	18	22.2	17.6	17.6	26.4
3	78.3	78.1	78.0	76.8	19	15.6	16.6	16.6	15.9
4	38.9	38.3	38.5	39.2	20	120.2	120.7	120.7	120.1
5	40.3	40.9	40.9	42.5	21	141.4	141.7	141.7	141.0
6	32.9	33.6	33.5	33.1	22	110.2	109.9	109.9	110.3
7	173.7	174.1	174.2	174.2	23	143.1	142.8	142.8	143.1
8	136.1	127.7	127.7	60.6	28	22.5	23.4	23.4	22.6
9	54.1	52.1	52.1	55.9	29	21.0	20.8	20.8	20.9
10	52.0	53.0	53.0	48.2	30	129.5	33.0	33.0	63.3
11	21.8	18.8	18.8	19.3	COOMe	52.0	52.0	52.0	52.3
12	32.9	29.0	29.0	33.4	1'	166.8	176.3	176.3	175.7
13	37.5	38.2	38.2	36.4	2'	128.2	41.1	41.5	41.2
14	160.7	131.7	131.7	45.9	3'	139.3	27.1	26.3	26.9
15	112.4	33.2	33.2	34.0	4'	14.7	11.4	11.7	11.6
16	164.9	169.8	169.8	172.0	5'	12.2	16.1	16.6	16.7

表 4-8-14　化合物 4-8-52~4-8-56 的 ^{13}C NMR 数据

C	4-8-52[22]	4-8-53[22]	4-8-54[22]	4-8-55[22]	4-8-56[21]	C	4-8-52[22]	4-8-53[22]	4-8-54[22]	4-8-55[22]	4-8-56[21]
1	214.0	214.2	213.0	213.2	217.1	11	19.4	19.4	19.4	19.3	20.6
2	48.6	48.9	78.4	78.0	48.8	12	33.4	33.4	33.2	33.3	34.4
3	77.2	76.7	84.3	84.7	76.9	13	36.4	36.4	36.2	36.3	36.9
4	39.2	39.4	40.1	39.7	38.5	14	45.9	45.8	45.2	45.6	45.2
5	42.5	42.6	42.3	42.3	41.4	15	33.7	33.9	33.5	33.3	29.7
6	33.1	33.1	32.9	32.8	32.9	16	172.1	171.9	171.2	171.7	169.3
7	174.2	174.2	173.9	174.0	174.0	17	78.8	78.8	78.9	78.7	76.9
8	60.55	60.7	63.1	62.9	138.4	18	26.3	26.4	26.3	26.1	21.8
9	55.8	55.8	55.1	55.2	56.7	19	16.0	15.9	16.1	16.2	15.7
10	48.2	48.3	49.1	49.0	49.9	20	120.1	120.1	120.2	120.1	120.7

续表

C	4-8-52[22]	4-8-53[22]	4-8-54[22]	4-8-55[22]	4-8-56[21]	C	4-8-52[22]	4-8-53[22]	4-8-54[22]	4-8-55[22]	4-8-56[21]
21	141.0	140.9	140.9	141.1	141.9	2'		34.2	127.8		41.2
22	110.2	110.2	110.1	110.2	109.7	3'		19.5	139.8		26.9
23	143.1	143.1	143.1	143.1	142.9	4'					11.6
28	20.7	21.0	20.5	20.0	22.5	5'			—		16.7
29	22.5	22.5	22.0	21.8	20.6	2'-CH$_3$			18.9	12.6	
30	63.6	63.3	67.4	67.7	122.8	3'-CH$_3$				14.6	
OCH$_3$	52.3	52.3	52.4	52.4	52.3	Ac	169.8/20.8			169.5/20.8	
1'		176.0	166.9		175.7						

表 4-8-15 化合物 4-8-57~4-8-60 的 ^{13}C NMR 数据[23]

C	4-8-57	4-8-58	4-8-59	4-8-60	C	4-8-57	4-8-58	4-8-59	4-8-60
1	213.6	212.7	213.6	212.6	15	36.2	36.1	36.0	35.9
2	48.4	48.3	48.3	48.2	16	169.4	169.3	169.0	169.0
3	92.4	92.0	90.7	92.5	17	75.4	75.3	75.5	75.5
4	37.3	37.6	37.0	37.5	18	16.1	16.1	16.1	16.1
5	47.3	46.4	45.0	49.5	19	17.6	17.5	10.3	10.7
6	70.1	71.6	32.7	70.3	20	121.2	121.1	121.1	121.41
7	174.8	169.9	173.8	174.8	21	140.4	140.5	140.5	140.5
8	85.2	85.3	85.2	85.6	22	110.0	110.0	110..0	110.0
9	52.1	52.2	81.7	82.0	23	143.5	143.5	143.6	143.6
10	50.1	50.1	56.7	45.2	28	20.7	20.7	18.7	20.3
11	17.6	17.6	22.8	22.7	29	29.5	29.1	27.5	29.5
12	28.5	28.5	24.9	24.9	30	42.8	42.6	37.2	37.5
13	29.8	39.7	39.9	39.7	7-OMe	51.3	52.2	51.6	51.2
14	73.0	73..0	74.4	74.4	OAc		169.2/20.2		

表 4-8-16 化合物 4-8-61~4-8-65 的 ^{13}C NMR 数据[24]

C	4-8-61	4-8-62	4-8-63	4-8-64	4-8-65	C	4-8-61	4-8-62	4-8-63	4-8-64	4-8-65
1	216.3	216.5	216.4	216.5	216.2	20	23.0	121.2	121.2	121.2	121.4
2	48.7	48.8	48.8	48.9	49.0	21	140.6	140.5	140.6	140.5	140.7
3	78.6	78.4	78.8	78.2	78.5	22	109.3	109.2	109.3	109.2	109.3
4	38.8	39.1	39.0	39.1	39.5	23	143.1	143.2	143.2	143.2	143.2
5	45.6	45.5	45.5	45.5	45.5	28	23.0	23.0	22.9	23.1	22.9
6	72.8	72.8	72.8	72.8	72.9	29	22.8	22.8	22.9	22.8	22.8
7	175.9	176.0	175.9	176.0	175.9	30	123.5	123.4	123.4	123.5	123.6
8	138.1	138.2	138.5	138.2	138.5	COOCH$_3$	53.4	53.4	53.4	53.4	53.4
9	57.3	57.5	57.5	57.5	57.6	3-OR^1					
10	50.4	50.4	50.4	50.4	50.5	1'	173.8	176.2	166.5	175.7	165.6
11	21.1	21.2	21.2	21.2	21.4	2'	27.2	33.9	135.4	40.7	
12	34.6	34.6	34.6	34.6	34.6	3'	8.8	18.4	126.7	26.2	
13	36.6	36.6	36.6	36.7	36.8	4'				11.4	
14	45.1	45.1	45.1	45.1	45.1	2'-CH$_3$		18.9	16.5	16.0	
15	29.9	29.8	29.6	29.7	29.5	Ar					128.7
16	169.2	169.2	168.7	169.1	168.1						129.1
17	77.2	77.2	77.2	77.2	77.2						129.5
18	21.6	21.5	21.4	21.4	21.3						133.5
19	16.5	16.5	17.9	16.5	16.5						

表 4-8-17 化合物 4-8-66~4-8-68 的 ^{13}C NMR 数据[24]

C	4-8-66	4-8-67	4-8-68	C	4-8-66	4-8-67	4-8-68
1	217.6	218.8	217.3	18	18.4	17.7	17.5
2	47.9	50.0	48.2	19	17.5	17.0	16.8
3	79.9	78.4	80.1	20	120.7	120.8	120.8
4	38.7	39.8	39.3	21	141.1	141.5	141.5
5	45.2	43.1	44.2	22	109.7	110.0	109.9
6	73.3	73.6	73.1	23	143.1	142.8	143.0
7	175.5	171.4	171.4	28	23.3	23.2	23.1
8	128.5	128.2	127.7	29	23.1	23.6	23.7
9	53.6	52.7	53.1	30	33.9	33.7	33.9
10	53.2	54.1	53.6	COOMe	53.2	53.1	53.1
11	29.8	18.6	18.7	6-OAc		170.3/21.0	169.8/21.0
12	19.0	28.9	29.5	3-OR^1			
13	38.1	38.0	38.2	1'	170.3		167.3
14	131.5	131.8	132.5	2'	21.1		129.0
15	33.6	33.2	33.1	3'			139.4
16	169.4	171.4	169.4	2'-CH$_3$			12.3
17	80.9	80.4	81.0	3'-CH$_3$			14.6

表 4-8-18 化合物 4-8-69~4-8-72 的 ^{13}C NMR 数据[25]

C	4-8-69	4-8-70	4-8-71	4-8-72	C	4-8-69	4-8-70	4-8-71	4-8-72
1	213.5	212.9	213.0	213.4	18	26.9	26.5	26.6	26.8
2	48.7	48.5	48.7	48.5	19	17.0	16.0	15.9	17.0
3	78.4	77.9	77.8	78.7	20	120.6	120.1	120.1	120.6
4	39.8	39.8	40.0	39.7	21	140.7	141.0	141.0	140.7
5	46.3	45.5	45.5	46.3	22	109.9	110.2	110.2	109.9
6	72.4	72.3	72.2	72.5	23	143.4	143.2	143.3	143.5
7	175.6	171.2	171.1	175.6	28	23.1	23.2	23.3	23.0
8	60.2	60.1	60.3	60.1	29	22.7	22.5	22.5	22.7
9	55.5	56.1	56.0	55.5	30	63.2	63.4	63.3	63.3
10	48.5	48.5	48.6	48.5	COOCH$_3$	53.5	53.3	53.3	53.5
11	20.4	19.8	19.9	20.4	6-OAc		169.6/20.9	169.7/20.9	
12	32.9	33.4	33.3	33.0	3-OR^2				
13	35.2	36.3	36.3	36.0	1'	173.1	173.3	176.0	171.3
14	44.3	45.5	45.3	44.5	2'	27.5	27.4	34.2	20.8
15	32.7	33.5	33.5	32.7	3'	9.2	9.2	19.5①	
16	171.2	171.8	171.6	169.7	2'-CH$_3$			18.8①	
17	80.4	79.1	79.3	80.3					

① 这两个数据可互换。

表 4-8-19 化合物 4-8-73~4-8-76 的 ^{13}C NMR 数据[25]

C	4-8-73	4-8-74	4-8-75	4-8-76	C	4-8-73	4-8-74	4-8-75	4-8-76
1	213.7	213.1	212.5	214.4	3	79.1	78.6	86.4	77.4
2	49.0	48.9	78.2	49.0	4	40.1	40.1	40.7	39.5

续表

C	4-8-73	4-8-74	4-8-75	4-8-76	C	4-8-73	4-8-74	4-8-75	4-8-76
5	46.2	45.4	46.0	42.5	20	120.9	120.4	121.0	120.3
6	72.4	72.3	72.1	33.2	21	140.6	140.9	140.6	141.0
7	175.9	171.1	175.7	174.2	22	109.8	110.1	109.6	110.3
8	60.3	60.3	62.8	60.7	23	143.5	143.3	143.6	143.1
9	55.1	55.9	54.2	55.8	28	23.2	23.4	22.5	21.1
10	48.7	48.6	49.3	48.3	29	23.2	23.0	22.5	22.9
11	20.6	20.0	20.7	19.5	30	63.0	63.2	67.1	63.4
12	32.6	33.1	32.3	33.4	COOCH$_3$	53.5	53.3	53.6	52.4
13	35.7	36.1	35.5	36.4	6-OAc		169.7/20.9		
14	43.5	44.8	42.9	45.6	3-OR^2				
15	32.5	33.4	32.2	33.9	1'	166.8	166.8	166.5	166.9
16	170.8	171.3	170.3	171.7	2'	127.9	127.7	128.2	127.6
17	80.9	79.5	81.3	78.8	3'	139.5	140.2	139.1	140.1
18	27.1	26.6	27.1	26.4	4'	14.7	14.8	14.6	14.8
19	17.1	16.0	17.2	16.0	2'-CH$_3$	12.3	12.4	12.6	12.4

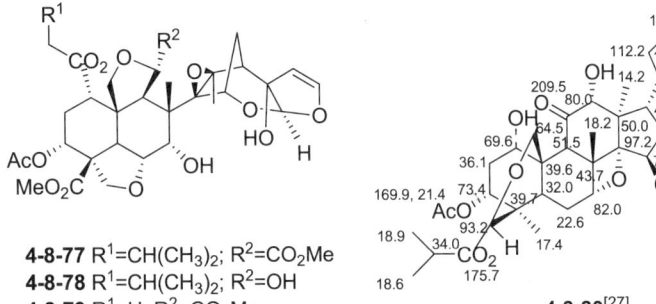

4-8-77 R^1=CH(CH$_3$)$_2$; R^2=CO$_2$Me
4-8-78 R^1=CH(CH$_3$)$_2$; R^2=OH
4-8-79 R^1=H; R^2=CO$_2$Me

4-8-80[27]

表 4-8-20 化合物 4-8-77~4-8-79 的 ^{13}C NMR 数据[26]

C	4-8-77	4-8-78	4-8-79	C	4-8-77	4-8-78	4-8-79
1	70.3	73.1	70.7	19	70.0	70.4	70.0
2	30.3	30.6	29.9	20	83.7	83.5	83.7
3	67.0	67.2	67.0	21	108.8	108.7	108.8
4	52.4	52.3	52.4	22	107.5	107.5	107.5
5	37.0	36.9	36.7	23	147.0	147.1	147.0
6	73.7	74.1	73.8	28	73.2	73.1	73.1
7	73.2	72.4	73.2	29	173.2	173.4	173.2
8	44.0	42.9	44.4	30	21.1	21.1	21.2
9	44.6	48.4	44.0	1-OAc			169.8/21.0
10	48.9	47.4	49.0	3-OAc	169.8/21.1	169.8/21.1	169.7/21.1
11	79.4	101.0	79.4	12-OMe	52.8		52.8
12	172.4		172.4	29-OMe	52.8	52.7	52.8
13	66.5	66.6	66.4	1'	171.9	172.0	
14	69.3	69.8	69.2	2'	43.3	43.5	
15	76.0	76.1	76.0	3'	24.9	24.8	
16	25.2	25.4	25.2	4'	22.6	22.5	
17	48.5	48.5	48.5	5'	22.5	22.4	
18	18.2	18.9	18.0				

4-8-81 R=OAc
4-8-82 R=H

4-8-83 R=OAc
4-8-84 R=H

表 4-8-21 化合物 4-8-81~4-8-84 的 ^{13}C NMR 数据

C	4-8-81[28]	4-8-82[28]	4-8-83[29]	4-8-84[29]	C	4-8-81[28]	4-8-82[28]	4-8-83[29]	4-8-84[29]
1	76.6	76.3	151.9	153.4	17	79.0	79.8	38.4	39.1
2	66.1	66.4	126.4	125.8	18	16.2	21.6	14.1	18.7
3	75.0	75.3	202.5	203.0	19	18.3	18.4	19.8	19.9
4	39.4	39.1	45.8	45.9	20	121.0	121.1	122.7	122.7
5	36.9	37.0	44.0	43.9	21	141.8	142.0	139.9	139.3
6	29.8	29.9	31.7	31.8	22	109.7	110.5	111.3	110.7
7	173.8	174.0	173.8	173.9	23	143.2	143.0	142.2	142.9
8	44.2	44.5	135.3	136.9	28	22.1	21.9	22.8	23.0
9	209.5	212.0	57.0	55.4	29	28.1	28.1	22.5	22.6
10	46.9	45.4	44.5	41.9	30	10.3	10.5	120.7	119.8
11	64.5	57.6	74.5	70.9	OMe	52.3	52.3	51.8	51.9
12	70.0	29.2	70.1	37.2	2-OAc	170.7/20.8	170.6/20.9		
13	45.6	40.4	41.7	40.9	3-OAc	170.9/20.5	170.8/20.6		
14	79.9	80.2	72.2	71.5	11-OAc			168.7/20.7	169.2/21.2
15	38.8	38.7	60.2	60.3	12-OAc	169.1/20.7		169.6/20.8	
16	168.1	168.9	32.6	30.7					

4-8-85

4-8-86 R^1=Me; R^2=H
4-8-87 R^1=H; R^2=H

4-8-88 R^1=OH; R^2=H
4-8-89 R^1=R^2=O

表 4-8-22 化合物 4-8-85~4-8-89 的 ^{13}C NMR 数据

C	4-8-85[30]	4-8-86[30]	4-8-87[30]	4-8-88[31]	4-8-89[31]	C	4-8-85[30]	4-8-86[30]	4-8-87[30]	4-8-88[31]	4-8-89[31]
1	108.4	108.5	108.3	170.6	169.0	4	80.0	80.0	80.0	85.5	86.0
2	17.9	18.0	18.7	131.3	130.2	5	53.9	53.5	53.8	77.3	77.6
3				213.9	200.2	6	36.9	37.0	37.0	71.1	195.1

续表

C	4-8-85[30]	4-8-86[30]	4-8-87[30]	4-8-88[31]	4-8-89[31]	C	4-8-85[30]	4-8-86[30]	4-8-87[30]	4-8-88[31]	4-8-89[31]
7	209.0	209.1	209.0	74.7	72.9	20	120.7	135.0	134.0	120.2	120.0
8	50.2	49.7	49.7	62.4	43.0	21	141.2	169.9	169.7	143.1	143.2
9	40.5	40.2	40.4	35.8	34.5	22	110.0	151.0	151.5	109.7	109.7
10	50.1	50.1	50.2	59.7	61.1	23	142.9	98.0	97.5	141.2	141.3
11	16.5	16.2	16.2	17.0	16.7	28	30.8	30.9	31.0	28.1	28.4
12	27.5	25.9	25.9	25.3	25.5	29	23.6	23.7	23.8	24.9	24.9
13	39.8	40.8	40.8	38.5	38.5	30	19.3	19.8	19.7	18.4	15.5
14	69.3	69.8	69.8	43.4	68.4	Me	48.9	48.0			
15	55.9	55.9	56.0	56.7	56.4	1'				171.6	169.9
16	168.0	168.1	169.8	166.7	166.2	2'				43.0	42.9
17	78.1	76.1	76.0	77.6	75.5	3'				24.7	25.1
18	19.6	18.9	18.7	18.0	17.9	4'				22.4	22.4
19	15.1	14.9	18.7	69.2	69.9	5'				22.4	22.4

4-8-90 R^1=O; R^2=H$_2$
4-8-91 R^1=α-OAc; R^2=α-OH, H
4-8-92 R^1=α-OAc; R^2=β-OH, H
4-8-93 R^1=α-OH; R^2=α-OH, H
4-8-94 R^1=α-OH; R^2=β-OH, H

4-8-95

4-8-96 R^1=OAc; R^2=α-OAc, H
4-8-97 R^1=OH; R^2=α-OH, H
4-8-98 R^1=Ac; R^2=α-OH, H
4-8-99 R^1=OAc; R^2=O

表 4-8-23 化合物 4-8-90~4-8-94 的 ^{13}C NMR 数据

C	4-8-90[32]	4-8-91[33]	4-8-92[33]	4-8-93[33]	4-8-94[33]	C	4-8-90[32]	4-8-91[33]	4-8-92[33]	4-8-93[33]	4-8-94[33]
1	38.3	161.4	156.7	161.9	157.2	15	53.6	57.7	56.0	59.1	56.6
2	26.9	123.9	125.9	123.9	125.8	16	167.3	167.4	167.3	168.1	167.9
3	78.2	204.1	203.8	204.5	204.2	17	78.1	77.7	78.0	77.8	78.3
4	39.5	44.2	43.9	44.4	44.1	18	20.9	17.0	16.6	17.3	16.8
5	56.8	45.3	47.1	44.0	45.7	19	16.9	21.0	22.6	22.1	22.8
6	36.5	22.8	23.8	26.9	28.0	20	120.4	120.2	120.2	120.5	120.5
7	210.0	72.9	74.5	69.2	71.5	21	141.0	141.2	141.3	141.2	141.3
8	52.9	42.4	42.5	43.5	43.5	22	109.9	109.9	109.9	110.0	110.1
9	52.4	46.7	44.2	45.5	42.7	23	143.0	143.3	143.2	143.2	143.1
10	37.5	41.0	41.3	41.2	41.4	28	27.4	27.2	26.9	27.5	27.1
11	16.8	65.7	64.9	66.2	65.3	29	14.8	21.3	21.4	21.6	21.6
12	32.4	39.8	39.5	40.1	40.2	30	17.1	19.9	20.5	20.3	20.8
13	37.6	38.6	38.2	38.3	37.7	7-OAc		169.9/21.0	169.7/21.1		
14	65.7	70.1	69.3	70.2	69.5						

表 4-8-24　化合物 4-8-95~4-8-99 的 ^{13}C NMR 数据

C	4-8-95[34]	4-8-96[35]	4-8-97[35]	4-8-98[35]	4-8-99[35]	C	4-8-95[34]	4-8-96[35]	4-8-97[35]	4-8-98[35]	4-8-99[35]
1	73.9	74.4	74.8	73.9	73.0	19	16.5	17.2	17.2	17.2	16.7
2	24.8	27.0	26.1	27.2	26.8	20	128.0	123.9	124.2	123.9	123.9
3	2.4	73.3	73.5	73.3	74.0	21	140.6	140.3	140.2	140.3	140.3
4	40.1	41.7	41.4	41.0	37.8	22	112.3	111.4	111..6	111.4	111.5
5	33.4	40.4	39.7	39.2	38.1	23	142.3	169.1	142.1	142.1	142.0
6	24.2	26.0	27.1	27.0	26.9	28	170.7	17.4	169.2	169.1	169.0
7	74.0	74.5	74.0	74.4	209.0	29	16.5	17.4	18.1	17.4	17.3
8	49.6	50.6	50.1	50.6	51.3	30	23.6	28.2	28.6	28.3	29.7
9	40.3	41.3	41.2	41.3	41.2	OMe		52.1	52.0	52.1	52.3
10	40.1	40.8	43.9	43.9	40.4	1-OAc	169.7/21.4	175.3/21.5	175.0/21.5	175.4/21.4	175.2/21.6
11	74.4	76.5	74.7	74.6	74.5	3-OAc	169.5/21.9	175.0/21.6			
12	79.6	84.0	91.2	83.8	83.7	7-OAc	169.2/20.9	170.1/21.4			
13	48.7	51.5	51.4	51.4	51.8	11-OAc	165.7/20.9			175.4/21.7	174.7/21.4
14	73.7	154.2	157.4	156.4	147.5	1'	174.0	168.4	169.2	168.6	168.3
15	63.2	123.7	123.7	124.2	130.5	2'	128.5	32.3	31.1	31.2	44.4
16	32.5	37.3	36.9	37.3	37.7	3'	137.8	25.7	27.6	25.9	25.9
17	40.3	50.9	51.6	50.8	50.9	4'	11.6	11.9	11.9	11.8	11.8
18	17.9	16.6	16.6	16.8	16.8	5'	14.3	15.7	16.5	15.6	15.6

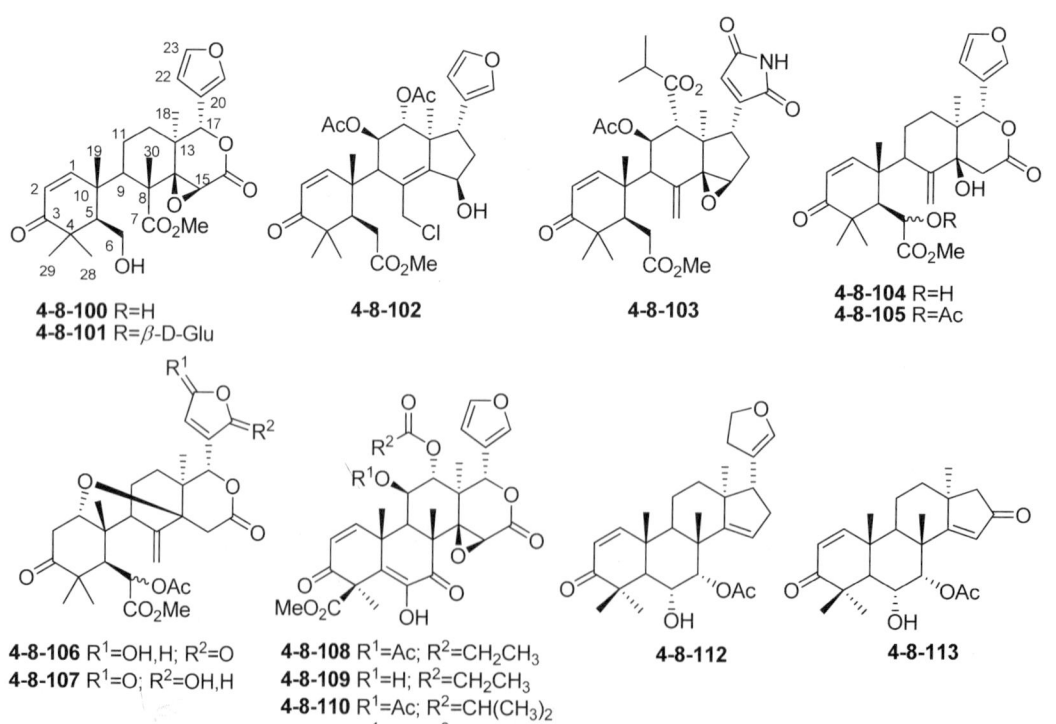

表 4-8-25　化合物 4-8-100~4-8-103 的 ^{13}C NMR 数据

C	4-8-100[36]	4-8-101[37]	4-8-102[38]	4-8-103[38]	C	4-8-100[36]	4-8-101[37]	4-8-102[38]	4-8-103[38]
1	152.6	152.3	152.8	151.9	18	19.3	19.5	17.0	13.8
2	126.5	126.5	123.9	126.0	19	18.2	17.9	23.4	21.2
3	203.6	203.1	203.5	203.8	20	120.0	120.0	122.5	148.1
4	44.9	45.1	46.2	46.2	21	141.2	141.0	140.2	170.5
5	51.5	50.2	45.0	45.2	22	109.9	109.9	110.6	130.4
6	61.1	67.2	32.5	31.3	23	1743.3	143.2	142.5	169.4
7	176.7	176.6	174.3	174.1	28	24.2	24.2	25.0	23.0
8	43.1	50.9	128.7	136.1	29	23.2	23.5	23.2	22.7
9	43.1	43.1	46.7	52.6	30	15.1	14.9	46.3	121.5
10	50.8	43.6	44.5	42.0	COOMe	53.3	53.6	52.2	52.1
11	21.5	21.8	70.5	71.2	OAc			169.6/20.8	169.5/20.8
12	32.5	32.7	73.2	74.6	1'		101.7		
13	37.8	38.1	50.2	46.8	2'		73.9		
14	68.2	68.1	154.7	71.0	3'		76.5		
15	51.4	51.5	69.7	59.5	4'		71.0		
16	166.9	166.4	40.8	31.6	5'		76.3		
17	78.4	78.4	43.2	38.7	6'		63.0		

表 4-8-26　化合物 4-8-104~4-8-107 的 ^{13}C NMR 数据[39]

C	4-8-104	4-8-105	4-8-106	4-8-107	C	4-8-104	4-8-105	4-8-106	4-8-107
1	154.2	153.9	77.8	78.2	5	47.9	47.6	46.3	46.6
2	125.4	125.5	39.1	38.9	6	71.4	71.1	72.4	72.2
3	204.8	203.9	211.6	211.6	7	177.0	171.3	170.7	170.8
4	46.7	46.5	48.8	48.7	8	145.5	145.6	145.2	144.7

C	4-8-104	4-8-105	4-8-106	4-8-107	C	4-8-104	4-8-105	4-8-106	4-8-107
9	47.7	47.3	50.5	50.4	19	20.5	19.4	22.8	22.6
10	44.9	44.5	44.2	44.4	20	120.6	120.6	133.9	163.5
11	19.9	19.9	24.1	24.0	21	140.9	140.3	170.5	98.2
12	27.5	27.5	28.4	28.7	22	109.9	109.9	150.1	121.6
13	39.6	39.6	41.8	41.8	23	142.9	142.9	97.6	169.4
14	72.8	72.7	80.2	80.3	28	25.1	25.1	23.6	23.8
15	39.7	39.5	33.7	33.4	29	21.3	21.3	24.7	24.7
16	170.6	170.8	170.1	169.0	30	118.2	118.6	112.0	112.5
17	79.4	79.5	78.2	79.9	OMe	53.3	53.0	53.0	53.2
18	15.5	15.5	13.6	14.2	6-OAc		169.9/20.9	170.0/21.1	170.5/21.1

表 4-8-27　化合物 4-8-108~4-8-111 的 ^{13}C NMR 数据[40]

C	4-8-108	4-8-109	4-8-110	4-8-111	C	4-8-108	4-8-109	4-8-110	4-8-111
1	150.7	151.4	150.5	151.5	18	15.6	15.3	15.6	15.7
2	126.8	126.5	126.9	126.8	19	25.4	26.5	25.3	25.2
3	195.6	195.7	195.5	195.5	20	121.7	121.9	121.5	121.5
4	59.3	59.3	59.3	59.3	21	140.5	140.1	140.5	140.6
5	129.4	129.6	129.3	129.3	22	111.1	111.0	111.2	111.5
6	141.9	141.9	141.9	142	23	142.7	142.9	142.7	142.6
7	196.2	196.5	196.2	196.3	28	22.9	22.8	22.9	22.9
8	46.2	45.9	46.2	46.2	29	170	170.2	170	170
9	42.9	43.9	42.9	42.8	30	22.5	22.5	22.5	22.5
10	39.9	40.5	39.9	40	1'	172.2	173.9	174.4	174.2
11	72.5	73.2	72.4	72.4	2'	27.7	27.8	34.1	41
12	78.5	82.8	77.9	77.9	3'	8.9	9.0	18.6	16.3
13	45.1	44.8	45.3	45.3	4'			18.7	26.6
14	67.7	68.3	67.6	67.6	5'				11.5
15	55.1	56.5	55.1	55.1	OAc	169.4		169.3	169.3
16	32.1	31.6	32.2	32.3		21.1		21.1	21.1
17	41.6	42.2	41.5	41.5	COOMe	53.0	52.9	53.0	53.0

表 4-8-28　化合物 4-8-112~4-8-116 的 ^{13}C NMR 数据

C	4-8-112[41]	4-8-113[41]	4-8-114[42]	4-8-115[42]	4-8-116[42]	C	4-8-112[41]	4-8-113[41]	4-8-114[42]	4-8-115[42]	4-8-116[42]
1	157.0	156.2	157.1	62.9	62.6	9	37.3	37.9	46.5	44.4	44.2
2	124.0	125.9	125.2	56.5	56.4	10	34.5	39.5	42.3	41.4	42.1
3	205.0	204.5	204.7	211.3	211.4	11	16.0	16.5	18.2	16.2	15.3
4	40.0	44.5	44.1	44.1	44.1	12	32.0	33.0	35.6	38.8	38.8
5	50.3	46.2	40.8	39.9	39.3	13	46.0	45.2	44.1	44.42	44.6
6	67.3	65.0	25.3	25.1	24.1	14	158.0	193.5	173.2	193	170.7
7	79.0	78.5	70.6	73.8	73.2	15	119.0	123.0	111.2	120	110.9
8	46.0	43.2	46.5	47	44	16	33.8	208.0	164.4	206.2	164.9

续表

C	4-8-112[41]	4-8-113[41]	4-8-114[42]	4-8-115[42]	4-8-116[42]	C	4-8-112[41]	4-8-113[41]	4-8-114[42]	4-8-115[42]	4-8-116[42]
17	51.0	57.0	104.7	80.5	104.4	23	67.0		141.8	141.3	141.7
18	21.8	28.5	23.5	23.4	23.8	28	27.0	27.0	21.5	21.2	20.8
19	21.8	18.3	19.1	21.3	20.3	29	24.0	21.5	27.2	27.3	26.9
20	123.0		126	125.7	125	30	20.0	25.9	23.2	24.9	23.2
21	142.0		143.1	142.7	142.7	7-OAc	172.0/21.0	169.5/21.6		169.8/21.0	170.1/20.8
22	29.5		110	109.5	110.1						

表 4-8-29 化合物 4-8-117~4-8-120 的 ^{13}C NMR 数据

C	4-8-117[43]	4-8-118[44]	4-8-119[45]	4-8-120[45]	C	4-8-117[43]	4-8-118[44]	4-8-119[45]	4-8-120[45]
1	157.6	450.9	155.8	151.8	16	29.1	168.1	204.6	166.6
2	126.1	118.8	126.7	126.4	17	39.0	76.0	60.9	78.4
3	204.6	161.0	204.0	202.9	18	21.5	18.7	26.7	19.5
4	40.5	80.2	44.9	45.3	19	21.8	19.5	20.7	17.9
5	48.4	89.2	36.9	48.1	20	123.6	133.5	118.3	120.0
6	70.1	202.2	62.3	62.8	21	139.5	170.0	141.7	141.0
7	73.5	99.9	73.4	175.4	22	110.8	150.9	111.1	110.0
8	42.8	51.6	44.7	50.7	23	142.9	97.8	142.8	143.1
9	39.3	35.2	48.0	43.2	28	20.1	27.5	31.7	24.4
10	45.1	44.3	40.8	43.4	29	31.5	27.8	20.5	23.3
11	16.3	15.4	15.8	32.4	30	18.8	15.1	25.7	15.5
12	32.1	24.8	30.1	22.1	OMe				53.1
13	41.7	40.6	47.8	38.0	6-OAc	169.9/21.1		170.2/21.3	170.4/21.2
14	72.7	70.4	190.7	68.2	7-OAc	169.8/21.2		169.6/20.8	
15	57.1	57.9	123.6	51.5					

4-8-121

4-8-122

表 4-8-30 化合物 4-8-121~4-8-122 的 ^{13}C NMR 数据[46]

C	4-8-121	4-8-122	C	4-8-121	4-8-122	C	4-8-121	4-8-122
1	208.1	198.7	3	80.3	161.8	5	46.3	45.2
2	48.2	128.8	4	39.3	36.8	6	34.2	34.6

续表

C	4-8-121	4-8-122	C	4-8-121	4-8-122	C	4-8-121	4-8-122
7	173.3	173.4	16	163.1	163.5	29	20.6	20.5
8	80.6	80.2	17	79.8	80.0	30	69.0	67.5
9	209.1	208.8	18	18.7	18.5	OMe	51.9	52.0
10	47.0	42.8	19	11.6	11.6	OAc	171.0/21.4	
11	33.6	33.0	20	119.6	119.6	1'	175.3	166.8
12	25.1	25.5	21	141.4	141.4	2'	40.6	127.7
13	38.5	38.3	22	109.8	109.8	3'	26.0	139.9
14	165.5	163.5	23	143.1	143.3	4'	11.4	14.7
15	119.0	118.4	28	24.7	27.8	5'	15.6	12.1

4-8-123

4-8-124 R=OH
4-8-125 R=H

4-8-126 R=H
4-8-127 R=OH

4-8-128

表 4-8-31　化合物 4-8-123~4-8-125 的 ^{13}C NMR 数据[47]

C	4-8-123	4-8-124	4-8-125	C	4-8-123	4-8-124	4-8-125
1	191.8	87.1	86.7	14	74.3	74.6	74.6
2	97.7	36.9	38.8	15	57.2	57.2	57.4
3	193.8	71.4	71.4	16	32.8	32.7	32.9
4	86.3	95.8	95.6	17	43.6	43.5	43.2
5	82.0	83.9	84.0	18	16.1	16.3	24.8
6	77.3	77.8	77.7	19	23.3	19.2	18.8
7	174.9	178.0	177.8	20	124.7	124.9	124.6
8	77.3	76.5	76.5	21	141.4	141.3	141.4
9	47.0	50.3	55.1	22	112.7	112.7	112.2
10	53.6	52.8	52.9	23	144.4	144.4	144.8
11	85.3	79.0	75.6	28	22.6	15.5	15.8
12	73.4	73.3	48.9	30	23.3	23.5	23.3
13	48.6	48.4	43.5				

表 4-8-32　化合物 4-8-126~4-8-128 的 ^{13}C NMR 数据[48]

C	4-8-126	4-8-127	4-8-128	C	4-8-126	4-8-127	4-8-128
1	80.0	82.3	84.9	4	47.7	47.6	47.4
2	51.6	78.8	62.0	5	45.2	45.5	46.7
3	208.0	210.0	209.4	6	74.4	74.3	75.2

C	4-8-126	4-8-127	4-8-128	C	4-8-126	4-8-127	4-8-128
7	170.0	169.9	171.3	18	15.8	15.9	18.8
8	89.6	95.2	102.0	19	18.7	16.4	19.4
9	175.4	175.4	176.8	20	121.3	121.2	128.4
10	43.0	43.2	44.9	21	139.9	140.0	135.9
11	41.7	34.4	38.3	22	108.4	108.4	110.9
12	33.4	33.2	36.6	23	143.3	143.4	140.8
13	47.9	48.7	51.9	28	26.2	25.8	27.5
14	92.9	91.5	100.2	29	21.9	23.0	22.5
15	36.8	37.0	41.0	OMe	52.8	52.7	52.8
16	168.3	167.9	175.6	8-OAc	170.4/21.6	173.6/21.4	
17	80.7	79.8	69.7				

表 4-8-33　化合物 4-8-129~4-8-133 的 ^{13}C NMR 数据

C	4-8-129[48]	4-8-130[48]	4-8-131[48]	4-8-132[49]	4-8-133[50]	C	4-8-129[48]	4-8-130[48]	4-8-131[48]	4-8-132[49]	4-8-133[50]
1	81.8	81.1	76.5	78.2	78.3	10	55.0	56.6	42.6	44.7	42.9
2	200.4	97.3	41.9	39.1	28.7	11	54.4	54.9	18.2	24.1	29.9
3	81.8	76.4	213.5	211.9	74.2	12	36.9	39.0	29.0	28.6	69.3
4	39.7	37.8	48.0	48.7	38.5	13	45.8	45.6	41.4	41.3	47.1
5	53.7	46.7	46.0	47.5	42.3	14	89.4	88.3	77.6	80.4	80.3
6	75.8	73.4	33.3	72.3	33.3	15	34.7	33.0	35.3	33.7	68.7
7	174.1	173.6	173.9	176.6	173.8	16	168.1	168.1	170.8	169.9	174.2
8	146.0	146.9	73.4	145.9	140.8	17	79.4	78.1	81.2	79.4	79.0
9	108.2	210.9	48.3	50.7	49.7	18	18.0	19.3	15.2	13.7	9.8

续表

C	4-8-129[48]	4-8-130[48]	4-8-131[48]	4-8-132[49]	4-8-133[50]	C	4-8-129[48]	4-8-130[48]	4-8-131[48]	4-8-132[49]	4-8-133[50]
19	17.0	27.6	24.6	23.7	21.8	7-OMe	51.9	51.4	52.1	53.3	51.6
20	123.1	122..7	120.9	120.9	120.7	3-OAc					169.0/21.1
21	140.5	140.4	140.8	140.7	142.2	12-OAc					170.0/20.0
22	109.2	109.2	110.2	109.9	110.2	1'	175.0	177.0			
23	144.1	143.8	142.7	142.7	142.8	2'	41.2	40.8			
28	29.4	32.0	30.2	23.4	26.7	3'	26.9	25.9			
29	17.7	24.3	20.8	24.7	15.4	4'	11.7	11.4			
30	115.0	116.1	29.7	111.5	114.7	5'	16.8	16.6			

4-8-135   4-8-136   4-8-137

表 4-8-34 化合物 4-8-134~4-8-137 的 ^{13}C NMR 数据[51]

C	4-8-134[50]	4-8-135	4-8-136	4-8-137	C	4-8-134[50]	4-8-135	4-8-136	4-8-137
1	78.8	74.0	73.6	74.8	16	174.3	168.1	168.4	169.9
2	29.3	65.5	65.3	66.4	17	78.9	78.3	79.5	80.0
3	74.4	74.5	74.2	76.2	18	9.7	11.5	17.6	13.6
4	39.1	39.2	39.1	39.2	19	25.9	19.7	19.3	16.2
5	47.6	35.6	37.2	36.3	20	120.7	121.1	121.8	121.2
6	71.1	28.4	29.3	31.1	21	142.3	140.4	139.7	140.1
7	177.7	173.7	173.9	175.0	22	110.2	108.8	108.5	109.5
8	141.0	142.2	147.0	149.2	23	142.8	143.4	143.6	143.0
9	50.2	205.3	210.7	78.6	28	23.9	27.4	27.6	27.1
10	43.8	56.5	53.4	50.7	29	18.0	22.8	22.8	21.7
11	30.0	69.1	85.9	34.8	30	114.9	114.8	114.1	109.5
12	69.0	76.5	47.2	30.2	7-OMe	52.9	52.0	52.0	51.9
13	47.2	49.5	45.0	41.2	2-OAc	169.0/21.0	170.4/20.8	170.4/20.8	170.2/21.4
14	82.7	88.2	87.3	81.7	3-OAc	170.0/20.0	170.8/20.4	170.8/20.4	170.7/20.8
15	68.8	33.8	33.7	33.7	12-OAc		168.8/20.4		

4-8-138   4-8-139   4-8-140

4-8-141

4-8-142 R=CH₃
4-8-143 R=CH₂CH₃

4-8-144

表 4-8-35 化合物 4-8-138~4-8-141 的 ^{13}C NMR 数据

C	4-8-138[52]	4-8-139[53]	4-8-140[54]	4-8-141[54]	C	4-8-138[52]	4-8-139[53]	4-8-140[54]	4-8-141[54]
1	86.3	117.2	179.7	116.7	16	165.8	165.8	164.3	168.7
2	66.2	205.6	101.3	70.6	17	78.0	80.7	78.9	79.1
3	75.5	80.4	202.2	202.7	18	11.3	16.3	20.9	16.8
4	39.7	44.3	44.3	45.2	19	20.9	15.8	25.8	25
5	36.2	46.8	42.3	45.9	20	122.6	120.1	119.6	120.1
6	31.1	31.8	32.6	30.3	21	141.4	141.1	142.0	141.6
7	175.2	173.4	173.2	174	22	109.7	109.9	110.4	110.2
8	101.9	141.9	89.3	64.7	23	145.1	143.1	143.0	143.2
9	160.1	130.6	56.4	141.4	28	26.3	18.5	22.7	22.7
10	48.3	57.6	48.0	43.6	29	21.8	46.9	27.0	28.3
11	55.5	16.8	21.8	131.5	30	9.8	28.7	31.1	24.3
12	69.6	31.8	30.3	42	OMe	52.1	52.0	50.0	52.1
13	44.2	38.0	37.7	48.5	2-OAc	170.4/20.8			
14	162.6	150.8	167.1	175.7	3-OAc	170.6/20.8		170.4/20.6	
15	105.4	108.6	116.0	116.6					

4-8-145 R=
4-8-146 R=
4-8-147 R=
4-8-148 R=

表 4-8-36 化合物 4-8-142~4-8-144 的 ^{13}C NMR 数据[55]

C	4-8-142	4-8-143	4-8-144	C	4-8-142	4-8-143	4-8-144
1	155.4	155.3	71.9	4	51.8	51.8	52.8
2	128.4	128.4	46.4	5	63.2	63.2	56.1
3	201.3	201.3	212.4	6	106.1	106.1	109.4

续表

C	4-8-142	4-8-143	4-8-144	C	4-8-142	4-8-143	4-8-144
7	202.3	202.3	199.6	20	123.2	123.2	122.7
8	49.1	49.1	49.5	21	140.9	140.9	140.4
9	43.0	43.0	41.0	22	112.5	112.6	111.9
10	38.4	38.4	40.4	23	142.0	142.0	142.3
11	75.6	75.6	75.2	28	77.8	77.8	78.9
12	85.9	85.8	85.3	29	28.0	28.0	26.7
13	46.3	46.3	45.4	30	25.6	25.6	23.0
14	74.6	74.6	70.9	6-OAc	170.7/21.0	170.7/21.0	170.8/21.4
15	59.8	59.8	57.3	1'	179.7	179.4	178.2
16	33.5	33.6	32.3	2'	33.9	40.9	34.1
17	38.7	38.7	41.2	3'	18.1	25.8	18.4
18	16.1	16.1	14.8	4'	19.1	11.8	18.9
19	26.8	26.8	17.3	5'		16.9	

表 4-8-37　化合物 4-8-145~4-8-148 的 ^{13}C NMR 数据[56]

C	4-8-145	4-8-146	4-8-147	4-8-148	C	4-8-145	4-8-146	4-8-147	4-8-148
1	74.0	73.9	73.9	74.0	19	15.0	14.9	15.1	15.1
2	30.1	30.0	30.3	30.3	20	37.6	37.5	37.7	37.7
3	70.9	70.6	71.0	71.1	21	73.1	72.9	73.1	73.0
4	43.3	43.3	43.4	43.4	22	34.0	33.8	34.0	34.0
5	39.9	40.0	40.1	40.3	23	176.3	176.2	176.2	176.2
6	72.4	72.4	72.2	72.2	28	77.9	77.9	77.8	78.0
7	73.7	74.4	73.4	73.1	29	19.6	19.5	19.8	19.6
8	44.2	44.2	44.2	44.5	30	26.6	26.4	26.7	26.5
9	35.3	35.2	35.4	35.3	1-OAc	168.9/21.3	169.0/21.3	168.9/21.3	168.9/21.4
10	39.3	39.3	39.3	39.3	12-OAc	170.2/21.6	170.1/21.5	170.2/21.6	170.2/21.5
11	25.0	25.0	25.1	25.4	1'	165.6	164.9	171.6	165.9
12	77.6	77.6	77.6	77.8	2'	128.5	130.3	25.6	113.7
13	51.1	51.1	51.2	51.1	3'	137.5	129.3	44.0	165.0
14	154.9	154.8	155.2	154.9	4'	14.4	128.2	22.6	38.1
15	123.0	123.1	122.9	123.4	5'	12.1	132.8	22.5	20.8
16	35.3	35.2	35.3	35.4	6'		128.2		16.6
17	56.0	55.9	56.1	56.3	7'		129.3		21.6
18	15.3	15.4	15.1	15.1					

第四章 二倍半萜、三萜和多萜类化合物

4-8-152

4-8-153

4-8-154 R^1=OAc; R^2=R^3=H
4-8-155 R^1=OAc; R^2=Ac; R^3=H

4-8-156 R^1= [结构] R^2= [结构]
4-8-157 R^1=R^2= [结构]
4-8-158 R^1= [结构] R^2= [结构]
4-8-159 R^1= [结构] R^2=H

4-8-160

4-8-161 R^1= [结构] R^2=OAc
4-8-162 R^1= [结构] R^2=OAc
4-8-163 R^1= [结构] R^2=OAc

4-8-164 R^1=CH$_2$CH$_3$; R^2=OAc
4-8-165 R^1=Ph; R^2=OAc
4-8-166 R^1=Ph; R^2=OCHO

4-8-167   **4-8-168**   **4-8-169**   **4-8-170**

表 4-8-38 化合物 4-8-149~4-8-152 的 ^{13}C NMR 数据

C	4-8-149[57]	4-8-150[58]	4-8-151[58]	4-8-152[57]	C	4-8-149[57]	4-8-150[58]	4-8-151[58]	4-8-152[57]
1	70.7	79.4	76.4	76.0	5	51.2	54.7	46.4	52.9
2	40.1	34.4	35.1	35.3	6	40.1	24.0	26.5	38.9
3	174.3	169.3	172.1	171.8	7	210.3	74.2	75.1	209.5
4	86.3	80.6	74.9	74.3	8	54.0	42.7	41.6	52.2

续表

C	4-8-149[57]	4-8-150[58]	4-8-151[58]	4-8-152[57]	C	4-8-149[57]	4-8-150[58]	4-8-151[58]	4-8-152[57]
9	45.5	45.9	39.7	44.5	21	172.0	141.4	141.4	170.6
10	46.1	45.3	48.3	46.1	22	153.3	109.6	109.8	152.1
11	18.1	68.7	69.9	18.7	23	99.1	143.5	143.4	97.0
12	30.9	36.8	37.9	29.7	28	23.6	21.3	26.7	27.4
13	39.3	37.9	36.9	37.5	29	33.7	30.5	34.9	33.8
14	67.1	67.7	68.9	65.1	30	17.3	20.5	20.2	16.5
15	54.6	55.0	54.9	52.8	3-OMe			52.1	52.2
16	168.8	166.4	167.3	170.6	1-OAc			170.9/20.6	170.6/21.1
17	77.1	78.0	78.3	75.6	7-OAc			169.8/21.0	
18	20.3	17.9	17.9	21.0	11-OAc		169.7/21.1	169.9/21.5	
19	16.9	67.3	17.9	16.5	19-OAc		168.8/21.2		
20	133.8	120.0	120.0	133.1					

表 4-8-39 化合物 4-8-153~4-8-156 的 ^{13}C NMR 数据

C	4-8-153[59]	4-8-154[58]	4-8-155[58]	4-8-156[60]	C	4-8-153[59]	4-8-154[58]	4-8-155[58]	4-8-156[60]
1	70.9	151.5	149.8	70.4	22	111.7	109.8	109.7	111.5
2	34.8	120.2	120.0	35.0	23	142.3	143.2	143.4	142.2
3	169.3	166.8	166.4	169.1	28	23.2	26.0	25.5	65.4
4	84.2	84.3	83.9	85.3	29	33.8	31.9	31.8	29.7
5	50.9	43.9	45.5	44.3	30	21.2	20.3	20.1	29.1
6	38.6	31.2	27.0	26.3	1-OAc	168.5/20.9			169.4/20.7
7	207.1	71.5	74.1	75.1	7-OAc			169.7/21.5	
8	45.1	43.0	42.0	41.4	11-OAc		169.1/21.2	169.9/21.6	
9	44.0	48.3	49.5	37.2	12-OAc				170.8/21.3
10	44.4	45.3	45.5	44.1	1'	174.9			173.9
11	75.5	68.2	67.7	25.3	2'	40.8			75.9
12	80.6	37.3	36.5	76.5	3'	26.1			74.5
13	45.1	37.2	37.6	51.2	4'	11.4			31.3
14	67.8	69.0	68.6	155.0	5'	15.5			8.0
15	56.2	55.4	55.2	122.4	6'				22.1
16	33.5	167.6	166.7	36.7	1"				172.9
17	41.5	78.4	78.0	49.7	2"				75.4
18	14.8	17.6	17.2	14.6	3"				31.7
19	17.0	19.2	19.4	15.4	4"				15.7
20	121.9	120.2	119.7	124.1	5"				19.3
21	141.1	141.2	141.3	140.2					

表 4-8-40 化合物 4-8-157~4-8-160 的 ^{13}C NMR 数据

C	4-8-157[61]	4-8-158[61]	4-8-159[61]	4-8-160[60]	C	4-8-157[61]	4-8-158[61]	4-8-159[61]	4-8-160[60]
1	70.4	70.4	71.0	80.9	3	168.6	168.5	169.5	170.6
2	34.9	35.0	34.9	40.3	4	85.1	85.0	85.5	80.6

续表

C	4-8-157[61]	4-8-158[61]	4-8-159[61]	4-8-160[60]	C	4-8-157[61]	4-8-158[61]	4-8-159[61]	4-8-160[60]
5	44.4	44.4	44.2	39.4	28	29.0	29.1	23.8	75.3
6	26.3	26.4	26.1	31.2	29	65.6	65.6	34.5	24.0
7	75.3	75.2	73.2	173.7	30	28.2	28.1	27.9	69.2
8	41.4	41.4	41.8	127.5	1-OAc	169.4/20.7			
9	37.2	37.2	37.1	53.2	11-OCHO				160.8
10	44.1	44.2	44.0	49.5	12-OAc	170.8/21.9			
11	25.4	25.4	25.4	69.6	1'	173.9	173.9	166.7	174.7
12	76.5	76.5	73.6	75.0	2'	75.0	75.0	128.6	74.7
13	51.2	51.2	51.2	49.4	3'	38.4	31.8	137.6	38.2
14	155.1	155.1	155.6	148.2	4'	22.8	19.3	12.0	23.5
15	122.3	122.4	122	68.8	5'	11.7	15.7	14.4	11.6
16	36.7	36.7	36.7	41.2	6'	15.3			15.2
17	49.9	49.9	50.0	43.4	1"	170.8	170.8		
18	15.0	14.7	15.0	17.0	2"	21.9	21.3		
19	15.3	15.3	15.3	18.5	3"	174.7	174.7		
20	124.1	124.1	124.4	122.4	4"	75.7	75.5		
21	140.2	140.3	140.3	140.3	5"	39.0	39.0		
22	111.5	111.5	111.7	110.5	6"	23.7	23.7		
23	142.2	142.2	142.1	142.8					

表 4-8-41 化合物 4-8-161~4-8-166 的 ^{13}C NMR 数据[62]

C	4-8-161	4-8-162	4-8-163	4-8-164	4-8-165	4-8-166
1	148.5	148.5	148.4	148.5	148.5	148.2
2	122.0	122.0	122.2	122.0	122.1	122.6
3	166.5	166.5	166.5	166.6	166.5	166.9
4	83.5	83.5	83.7	83.5	83.5	83.5
5	50.0	50.0	50.0	49.9	50.0	50.6
6	34.9	34.9	34.9	34.9	35.0	35.0
7	173.5	173.5	173.4	173.5	173.4	173.5
8	136.7	136.7	136.5	136.6	136.8	136.6
9	53.2	53.2	53.5	53.2	53.3	53.3
10	46.2	46.2	46.3	46.2	46.3	46.2
11	70.9	71.0	70.4	71.0	71.1	71.1
12	73.6	73.7	72.9	74.0	75.1	74.7
13	45.5	45.4	45.6	45.1	45.4	45.5
14	71.0	71.0	71.0	71.0	71.2	71.1
15	59.4	59.4	59.5	59.5	59.7	59.7
16	34.0	33.8	34.0	33.5	33.3	33.5
17	37.6	37.6	37.7	37.7	38.0	37.9
18	13.6	13.6	13.6	13.5	13.6	13.7
19	22.6	22.6	22.8	22.6	22.4	22.4

C	4-8-161	4-8-162	4-8-163	4-8-164	4-8-165	4-8-166
20	122.1	122.1	121.9	121.1	122.1	122.6
21	140.5	140.4	140.5	140.3	140.3	140.4
22	111.3	111.2	111.0	111.1	111.0	111.0
23	142.3	142.4	142.7	142.4	142.3	142.3
28	30.2	30.2	30.2	30.2	30.2	30.2
29	22.3	22.4	22.3	22.3	22.7	22.9
30	120.8	120.9	121.1	120.9	121.0	121.2
OMe	52.3	52.3	52.3	52.3	52.3	52.3
OAc	170.4/20.6	170.3/20.5	170.3/20.8	170.3/20.3	170.4/20.2	
1'	174.8	175.3	175.0	173.0	165.6	165.5
2'	41.1	33.9	75.3	27.4	129.7	129.5
3'	25.9	18.2	37.8	8.7	129.5	129.6
4'	11.7	18.4	26.2		128.2	128.2
5'	15.3		11.6		132.8	132.9
6'			3.0		128.2	128.2
7'					129.5	129.6

表 4-8-42　化合物 4-8-167~4-8-170 的 ^{13}C NMR 数据

C	4-8-167[63]	4-8-168[64]	4-8-169[63]	4-8-170[63]	C	4-8-167[63]	4-8-168[64]	4-8-169[63]	4-8-170[63]
1	149.0	156.8	118.8	174.2	15		52.8		209.0
2	123.6	123.1	145.4	46.0	16	174.7	165.7	168.8	172.0
3	165.4	167.2	48.2	56.1	17	72.1	78.4	83.6	196.5
4	83.1	84.2	85.3	81.6	18	20.2	21.6	21.4	21.7
5	83.4	57.4	38.3	50.1	19	27.7	16.6	168.1	27.8
6	64.3	39.9	82.8	32.3	20	121.3	162.9	119.8	124.9
7	197.0	207.5	46.3	172.1	21	144.6	97.8	143.1	145.8
8	150.5	53.2	151.8	59.5	22	109.0	123.3	108.0	110.0
9	53.9	49.1	46.9	59.3	23	140.5	169.2	139.3	142.8
10	48.5	43.2	61.3	94.6	28	25.0	32.1	27.4	27.6
11	28.2	19.5	18.6	24.1	29	26.8	26.9	28.6	27.6
12	37.0	32.3	31.3	35.2	30	126.8	16.8	23.4	26.5
13	47.9	37.9	42.4	56.6	OCH$_3$				53.1
14	58.3	65.0	125.6	87.7					

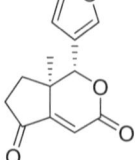

4-8-171　　　4-8-172　　　4-8-173　R^1=H; R^2=α-OAc
　　　　　　　　　　　　　　4-8-174　R^1=Glu; R^2=H

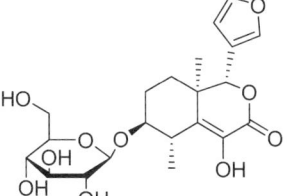

4-8-175

4-8-176 R¹=β-OH; R²=α-OH
4-8-177 R¹=α-OH; R²=β-OH

4-8-178

表 4-8-43　化合物 4-8-171~4-8-174 的 ^{13}C NMR 数据

C	4-8-171[65]	4-8-172[65]	4-8-173[66]	4-8-174[67]	C	4-8-171[65]	4-8-172[65]	4-8-173[66]	4-8-174[67]
8	203.6	192.0	146.7	145.3	20	120.0	120.3	120.0	120.1
9			69.8	75.9	21	140.4	140.5	141.1	143.8
11	36.4	130.8	33.8	25.7	22	108.4	108.6	109.3	109.0
12	30.5	37.8	70.6	26.6	23	143.8	143.6	143.2	140.2
13	42.9	39.8	47.1	42.7	30			15.3	15.0
14	158.8	62.9	128.6	129.8	OAc			170.3/21.2	
15	115.8	114.9	168.4	168.9	1'		156.1		
16	163.9	164.3			2'		21.5		
17	83.0	82.0	81.9	82.1	3'		24.8		
18	17.6	19.5	15.0	18.7					

注：化合物 **4-8-174** 中葡萄糖基的碳谱信号如下：105.7(1 位)，73.7(2 位)，76.7(3 位)，70.0(4 位)，76.7(5 位)，61.1(6 位)。

表 4-8-44　化合物 4-8-175~4-8-178 的 ^{13}C NMR 数据

C	4-8-175[67]	4-8-176[67]	4-8-177[67]	4-8-178[68]	C	4-8-175[67]	4-8-176[67]	4-8-177[67]	4-8-178[68]
8	31.7	135.8	138.9	137.4	17	80.8	80.6	79.3	79.6
9	76.9	66.6	69.2	67.7	18	19.7	16.3	19.2	17.5
11	27.4	27.7	28.6	27.8	20	120.0	121.7	120.8	121.7
12	21.4	27.3	32.0	28.0	21	141.4	142.2	142.4	142.2
13	36.2	38.8	39.5	40.0	22	110.2	110.9	110.9	110.9
14	135.3	134.6	134.4	136.0	23	143.1	144.2	144.2	144.0
15	135.5	65.8	67.0	67.6	30	18.3	17.9	15.0	17.1
16	162.2	174.3	171.6	171.1					

注：化合物 **4-8-175** 中葡萄糖基的碳谱信号如下：101.8(1 位)，73.3(2 位)，76.7(3 位)，70.1(4 位)，76.7(5 位)，61.1(6 位)。

参 考 文 献

[1] Nihei K, Asaka Y, Mine Y, et al, J Nat Prod, 2005, 68: 244.

[2] Nihei K I, Hanke F J, Asaka Y, et al, J Agric Food Chem, 2002, 50: 5048.

[3] Nihei K, Asaka Y, Mine Y, et al. J Nat Prod, 2006, 69: 975.

[4] Yin S, Fan C Q, Wang X N, et al. Org Lett, 2006, 8: 4935.

[5] Zhou Y, Cheng F, Wu J and Zou K. J Nat Prod, 2006, 69: 1083.

[6] Abdelgaleil S A M, Doe M, Morimoto Y and Nakatani M. Phytochemistry, 2006, 67: 452.

[7] Yin S, Wang X N, Fan C Q, et al. J Nat Prod, 2007, 70: 682.

[8] Nakatani M, Abdelgaleil S A M, Kurawaki J, et al. J Nat Prod, 2001, 64: 1261.
[9] Nakatani M, Abdelgaleil S A M, Kassem S M I, et al. J Nat Prod, 2002, 65: 1219.
[10] Wu J, Zhang S, Li M, Zhou Y, et al. Chem Pharm Bull, 2006, 54: 1582.
[11] Zhang H, Odeku O A, Wang X N, et al. Phytochemistry, 2008, 69: 271.
[12] Tchimene M K, Tane P, Ngamga D, Connolly J D, et al. Phytochemistry, 2005, 66: 1088.
[13] Nakatani M, Abdelgaleil S A M, Kurawaki J, et al. J Nat Prod, 2001, 64: 1261.
[14] Saewan N, Sutherland J D and Chantrapromma K. Phytochemistry, 2006, 67: 2288.
[15] Tchimene M K, Tane P, Ngamga D, Connolly J D , et al. Phytochemistry, 2005, 66: 1088.
[16] Coombes P H, Mulholland D A and Randrianarivelojosia M. Phytochemistry, 2005, 66: 1100.
[17] Kipassa N T, Iwagawa T, Okamura H, et al. Phytochemistry, 2008, 69: 1782.
[18] Abdelgaleil S A M, Doc M, Morimoto Y and Nakatani M. Phytochemistry, 2006, 67: 452.
[19] Wu J, Zhang S, Li M, Zhou Y, et al. Chem Pharm Bull, 2006, 54: 1582.
[20] Leite A C, Bueno F C, Oliveira C G, et al. J Braz Chem Soc, 2005, 16: 1391.
[21] Gan L S, Wang X N, Wu Y, et al. J Nat Prod, 2007, 70: 1344.
[22] Mootoo B S, Ramsewak R, Khan A, et al. J Nat Prod, 1996, 59: 544.
[23] Veitch N C, Wright G A and Stevenson P C. J Nat Prod, 1999,62:1260.
[24] Kadota S, Marpaung L, Kikuchi T, et al. Chem Pharm Bull, 1990, 38: 639.
[25] Kadota S, Marpaung L, Kikuchi T, et al. Chem Pharm Bull, 1990, 38: 894.
[26] Kanokmedhakul S, Kanokmedhakul K, Prajuabsuk T, et al. J Nat Prod, 2005, 68: 1047.
[27] Fukuyama Y, Nakaoka M, Yamamoto T, et al. Chem Pharm Bull, 2006, 54: 1219.
[28] Yuan X H, Li B G, Zhou M, et al. Org. Lett, 2005, 7: 5051.
[29] Neto J O, Agostinho S M M, M F das G F da Silva, et al. Phytochemistry, 1995, 38:397.
[30] Nakagawa H, Duan H and Takaishi Y. Chem Pharm Bull, 2001,49: 649.
[31] Wu T S, Chen C M and Lin F W, J Nat Prod, 2001, 64: 1040.
[32] Ambrozin A R P, Leite A C, Bueno F C, et al. J Braz Chem Soc, 2006, 17: 542.
[33] Mitsui K, Saito H, Yamamura R, et al. J Nat Prod, 2006, 69: 1310.
[34] Bentley M D, Adul G O, Alford A R, et al. J Nat Prod, 1995, 58: 748.
[35] Torto B, Bentley M D, Cole B J W, et al. Phytochemistry, 1995, 40: 239.
[36] Abdelgaleil S A M, Doc M, Morimoto Y and Nakatani M, Phytochemistry, 2006, 67: 452.
[37] Nakatani M, Abdelgaleil S A M, Kassem S M I, et al. J Nat Prod, 2002, 65: 1219.
[38] Wang X N, Yin S, Fan C Q, et al. Org Lett, 2006, 8: 3845.
[39] Saewan N, Sutherland J D and Chantrapromma K. Phytochemistry, 2006, 67: 2288.
[40] Simmonds M S J, Stevenson P C, Porter E A, et al. J Nat Prod, 2001, 64: 1117.
[41] Siddiqui B S, Afshan F, Faizi S, et al. J Nat Prod, 2002, 65: 1216.
[42] Hallur G, Sivramakrishnan A and Bhat S V, J Nat Prod, 2002, 65: 1177.
[43] Neto J O, Agostinho S M M, M F das G F da Silva, et al. Phytochemistry, 1995, 38: 397.
[44] Sung T V, Phuong N M, Kamperdick C and Adam G. Phytochemistry, 1995, 38: 213.
[45] Kadota S, Marpoung L, Kikuchi T, et al. Chem Pharm Bull, 1990, 38: 1495.
[46] Yin S, Wang X N, Fan C Q, et al. J Nat Prod, 2007, 70: 682.
[47] Liao S G, Yang S P, Yuan T, et al. J Nat Prod, 2007, 70: 1268.
[48] Wang X N, Fan C Q, Yin S, et al. Phytochemistry, 2008, 69: 1319.
[49] Atta-ur-Rahman, Zareen S, Choudhary M I. J Nat Prod, 2008, 71: 910.
[50] Powell R G, Mikolajczak K L, Zilkowski B W, et al. J Nat Prod, 1991, 54: 241.
[51] Yuan X H, Li B G, Xu C X, et al. Chem Pharm Bull, 2007, 55: 902.
[52] Yuan X H, Li B G, Zhou M, et al. Org. Lett, 2005, 7: 5051.
[53] Ferreira I C P, Cortez D A G, M F das G F da Silva, et al. J Nat Prod, 2005, 68: 413.
[54] Cuca Suarez L E, Menichini F and Delle Monache F. J Braz Chem Soc, 2002, 13: 339.
[55] Murphy B T, Brodie P, Slebodnick C, et al. J Nat Prod, 2008, 71: 325.
[56] Chen J L, Kernan M R, Jolad S D, et al. J Nat Prod, 2007, 70: 312.
[57] Nakagawa H, Takaishi Y, Tanaka N, et al. J Nat Prod, 2006, 69: 1177.
[58] T Kipassa N, Iwagawa T, Okamura H, et al. Phytochemistry, 2008, 69: 1782.
[59] Chen H D, Yang S P, Liao S G, et al. J Nat Prod, 2008, 71: 93.

[60] Lin L G, Tang C P, Ke C Q, et al. J Nat Prod, 2008, 71: 628.
[61] Musza L M, Killar L M, Speight P, et al. Phytochemistry, 1995, 39:621.
[62] Chen H D, Yang S P, Liao S G, et al. J Nat Prod, 2008, 71:93.
[63] Khuong-Huu Q, Chiaroni A, Riche C, et al. J Nat Prod, 2001, 64: 634.
[64] Nakagawa H, Duan H and Takaishi Y, Chem Pharm Bull, 2001,49:649.
[65] Wang X N, Fan C Q, Yin S, et al. Phytochemistry, 2008, 69:1319.
[66] Fukuyama Y, Nakaoka M, Yamamoto T, et al. Chem Pharm Bull, 2006, 54:1219.
[67] Yoon J S, Sung S H and Kim Y C, J Nat Prod, 2008, 71: 208.
[68] Zhao P H, Sun L M, Liu X J, et al. Chem Pharm Bull, 2008, 56: 102.

第九节 苦木素类三萜化合物

表 4-9-1 苦木素类三萜化合物的名称、分子式和测试溶剂

编号	名称	分子式	测试溶剂	参考文献
4-9-1	casteloside B	$C_{26}H_{38}O_{13}$	P	[1]
4-9-2	iandonoside A	$C_{26}H_{38}O_{13}$	P	[1]
4-9-3	iandonoside B	$C_{26}H_{38}O_{14}$	P	[1]
4-9-4	iandonol	$C_{20}H_{28}O_9$	P	[1]
4-9-5	iandonone	$C_{20}H_{24}O_9$	P	[1]
4-9-6	ailantinol B	$C_{20}H_{26}O_8$	P	[2]
4-9-7	ailanthone	$C_{20}H_{24}O_7$	P	[2]
4-9-8	13,18-dehydroglaucarubinone	$C_{25}H_{32}O_{10}$	C+P	[3]
4-9-9	6α-tigloyloxychaparrinone	$C_{25}H_{32}O_9$	P	[4]
4-9-10	6α-tigloyloxychaparrin	$C_{25}H_{34}O_9$	P	[4]
4-9-11	6α-hydroxychaparrinone	$C_{20}H_{26}O_8$	P	[4]
4-9-12	14-epi-13,21-dihydroeurycomanone	$C_{20}H_{26}O_9$	P	[5]
4-9-13	glaucarubinone（乐园树酮）	$C_{25}H_{34}O_{10}$	D	[6]
4-9-14	chaparrin（恰帕壬）	$C_{20}H_{28}O_7$	P	[42]
4-9-15	ailantinol A	$C_{21}H_{26}O_8$	P	[2]
4-9-16	vilmorinine B	$C_{21}H_{26}O_8$	P	[7]
4-9-17	vilmorinine C	$C_{20}H_{24}O_8$	P	[7]
4-9-18	vilmorinine D	$C_{20}H_{26}O_8$	P	[7]
4-9-19	vilmorinine E	$C_{20}H_{24}O_8$	P	[7]
4-9-20	vilmorinine F	$C_{20}H_{24}O_8$	P	[7]
4-9-21	shinjudilactone	$C_{21}H_{26}O_7$	P	[2]
4-9-22	Δ^5-chaparrinone	$C_{20}H_{24}O_7$	P	[1]
4-9-23	samaderine X	$C_{22}H_{28}O_9$	M	[8]
4-9-24	samaderine Y	$C_{20}H_{26}O_6$	P	[8]
4-9-25	samaderine Z	$C_{20}H_{26}O_8$	P	[8]
4-9-26	samaderine E	$C_{20}H_{26}O_8$	D	[8]
4-9-27	indaquassin X	$C_{20}H_{26}O_{10}$	P	[8]
4-9-28	indaquassin C	$C_{20}H_{26}O_9$	M	[8]
4-9-29	bruceanol A	$C_{28}H_{30}O_{11}$	C	[9]
4-9-30	bruceanol B	$C_{27}H_{36}O_{11}$	C	[9]
4-9-31	isobruceine B	$C_{23}H_{28}O_{11}$	C	[9]
4-9-32	yadanzioside I	$C_{29}H_{38}O_{16}$	P	[10]
4-9-33	yadanzioside L	$C_{34}H_{46}O_{17}$	P	[10]
4-9-34	bruceanol D	$C_{28}H_{36}O_{11}$	P	[11]

续表

编号	名称	分子式	测试溶剂	参考文献
4-9-35	bruceantin（鸦胆亭）	$C_{28}H_{36}O_{11}$	P	[11]
4-9-36	isobruceine B	$C_{23}H_{28}O_{11}$	P	[11]
4-9-37	cedronolactone A	$C_{25}H_{34}O_9$	P	[12]
4-9-38	simalikalactone D	$C_{20}H_{26}O_8$	P	[12]
4-9-39	bruceantinol B	$C_{29}H_{36}O_{13}$	M	[13]
4-9-40	bruceine J	$C_{25}H_{32}O_{11}$	M	[13]
4-9-41	delaumonone A	$C_{25}H_{32}O_{11}$	M	[14]
4-9-42	delaumonone B	$C_{26}H_{34}O_{11}$	M	[14]
4-9-43	simalikilactone D（苦木内酯 D）	$C_{25}H_{34}O_9$	C	[15]
4-9-44	bruceine B（鸦胆子素 B）	$C_{23}H_{28}O_{11}$	P	[16]
4-9-45	bruceine C（鸦胆子素 C）	$C_{28}H_{36}O_{12}$	P	[16]
4-9-46	bruceine D（鸦胆子素 D）	$C_{20}H_{26}O_9$	D	[17]
4-9-47	bruceine E（鸦胆子素 E）	$C_{20}H_{28}O_9$	D	[18]
4-9-48	brusatol（鸦胆子苦醇）	$C_{26}H_{32}O_{11}$	P	[19]
4-9-49	javanicoside J	$C_{34}H_{40}O_{16}$	P	[20]
4-9-50	javanicoside K	$C_{34}H_{48}O_{17}$	P	[20]
4-9-51	javanicolide D	$C_{28}H_{38}O_{12}$	P	[21]
4-9-52	bruceanol G	$C_{30}H_{40}O_{13}$	P	[22]
4-9-53	bruceantinoside B（抗痢鸦胆子苷 B）	$C_{34}H_{46}O_{16}$	P	[23]
4-9-54	bruceanol E	$C_{28}H_{38}O_{11}$	P	[22]
4-9-55	bruceanol H	$C_{28}H_{40}O_{10}$	P	[22]
4-9-56	bruceanol D	$C_{28}H_{36}O_{11}$	P	[11]
4-9-57	bruceoside D	$C_{31}H_{40}O_{16}$	P	[25]
4-9-58	bruceoside E	$C_{31}H_{42}O_{16}$	P	[25]
4-9-59	bruceoside F	$C_{35}H_{46}O_{18}$	P	[25]
4-9-60	bruceoside A	$C_{32}H_{42}O_{16}$	P	[25]
4-9-61	yadanzioside A	$C_{32}H_{44}O_{16}$	P	[25]
4-9-62	yadanzioside G	$C_{36}H_{48}O_{18}$	P	[25]
4-9-63	yadanzioside F	$C_{29}H_{38}O_{16}$	P	[10]
4-9-64	yadanzioside J	$C_{32}H_{44}O_{17}$	P	[10]
4-9-65	javanicin Z	$C_{22}H_{32}O_7$	P	[26]
4-9-66	hemiacetaljavanicin Z	$C_{22}H_{34}O_7$	P	[26]
4-9-67	nigakilactone B	$C_{22}H_{32}O_6$	P	[26]
4-9-68	javanicin R	$C_{21}H_{30}O_7$	C	[27]
4-9-69	javanicoside D	$C_{35}H_{48}O_{17}$	P	[21]
4-9-70	javanicoside E	$C_{36}H_{50}O_{18}$	P	[21]
4-9-71	javanicoside F	$C_{33}H_{44}O_{16}$	P	[21]
4-9-72	bruceantinoside A（抗痢鸦胆子苷 A）	$C_{34}H_{46}O_{16}$	P	[23]
4-9-73	bruceanol F	$C_{28}H_{36}O_{11}$	P	[22]
4-9-74	bruceanol F	$C_{28}H_{36}O_{11}$	P	[11]
4-9-75	yadanzioside N	$C_{34}H_{46}O_{16}$	P	[11]

续表

编号	名称	分子式	测试溶剂	参考文献
4-9-76	dehydrobruceantino	$C_{30}H_{36}O_{13}$	P	[22]
4-9-77	javanicoside C	$C_{32}H_{40}O_{16}$	P	[21]
4-9-78	javanicin O	$C_{21}H_{28}O_6$	C	[27]
4-9-79	nigakihemiacetal A（苦木半缩醛 A）	$C_{22}H_{34}O_7$	P	[28]
4-9-80	$1\alpha,11\alpha$-epoxy-$2\beta,11\beta,12\beta,20$-tetrahydroxypicrasa-3,13(21)-dien-16-one	$C_{20}H_{26}O_7$	D	[29]
4-9-81	cedphiline	$C_{28}H_{38}O_8$	C	[30]
4-9-82	javanicin T	$C_{21}H_{28}O_6$	C	[27]
4-9-83	$6\alpha,14,15\beta$-trihydroxyklaineanone	$C_{20}H_{28}O_9$	M	[5]
4-9-84	cedronolactone D	$C_{20}H_{26}O_8$	P	[12]
4-9-85	ailantinol E	$C_{21}H_{24}O_7$	P	[31]
4-9-86	javanicolide C	$C_{26}H_{36}O_{11}$	P	[20]
4-9-87	javanicoside L	$C_{32}H_{46}O_{16}$	P	[20]
4-9-88	picrasinol D	$C_{22}H_{32}O_7$	P	[32]
4-9-89	eurycolactone F	$C_{21}H_{28}O_8$	P	[39]
4-9-90	javanicoside B	$C_{32}H_{44}O_{16}$		[21]
4-9-91	javanicoside I	$C_{32}H_{42}O_{16}$	P	[20]
4-9-92	javanicin K	$C_{35}H_{38}O_{10}$	P	[27]
4-9-93	javanicin S	$C_{28}H_{34}O_9$	C	[27]
4-9-94	dihydrojavanicin Z	$C_{22}H_{34}O_7$	P	[26]
4-9-95	ailantinol F	$C_{20}H_{26}O_6$	C	[31]
4-9-96	nigakilactone D（苦木苦素）	$C_{22}H_{28}O_6$	C	[43]
4-9-97	11-O-trans-p-coumaroyl amarolide	$C_{20}H_{28}O_6$	P	[33]
4-9-98	amarolide	$C_{20}H_{28}O_6$	P	[33]
4-9-99	eurylactone A	$C_{19}H_{26}O_8$	P	[34]
4-9-100	ailantinol G	$C_{24}H_{32}O_{10}$	P	[31]
4-9-101	(+)-polyandrol	$C_{19}H_{24}O_8$	P	[33]
4-9-102	eurylactone B	$C_{19}H_{22}O_9$	P	[34]
4-9-103	cedronolactone B	$C_{19}H_{24}O_7$	P	[12]
4-9-104	cedronolactone C	$C_{19}H_{24}O_8$	P	[12]
4-9-105	ailanquassin A	$C_{19}H_{24}O_7$	P	[12]
4-9-106	5,6-dehydrodesepoxyharperforin C2	$C_{25}H_{26}O_6$	C	[35]
4-9-107	harrpernoid B	$C_{25}H_{28}O_7$	C	[35]
4-9-108	harrpernoid C	$C_{25}H_{28}O_7$	C	[35]
4-9-109	salannin（沙兰素）	$C_{34}H_{44}O_9$	C	[36]
4-9-110	azadirachtin（印苦楝子素）	$C_{35}H_{44}O_{16}$	C	[37]
4-9-111	toonacilin（缘毛椿素）	$C_{21}H_{28}O_8$	P	[38]
4-9-112	eurycolactone F	$C_{31}H_{38}O_9$	P	[39]
4-9-113	acetoxytoonacilin（乙酰氧缘毛椿素）	$C_{33}H_{40}O_7$	C	[40]
4-9-114	cedronolactone E	$C_{19}H_{24}O_8$	P	[42]

4-9-1　$R^1=\beta$-OH; $R^2=\alpha$-OGlu, β-H; $R^3=R^6$=H; $R^4=\alpha$-CH$_3$, β-H; $R^5=\beta$-OH

4-9-2　$R^1=\beta$-OH; $R^2=\alpha$-OGlu, β-H; $R^3=R^6$=H; $R^4=\alpha$-CH$_3$, β-H; $R^5=\alpha$-OH

4-9-3　$R^1=\beta$-OH; $R^2=\alpha$-OGlu, β-H; R^3=H; $R^4=\alpha$-CH$_3$, β-H; $R^5=\alpha$-OH; R^6=OH

4-9-4　$R^1=\beta$-OH; $R^2=\alpha$-OH, β-H; R^3=H; $R^4=\alpha$-CH$_3$, β-H; $R^5=\alpha$-OH; R^6=OH

4-9-5　$R^1=\beta$-OH; R^2=O; R^3=H; $R^4=\alpha$-CH$_3$, β-H; $R^5=\alpha$-OH; R^6=OH

4-9-6　$R^1=\beta$-OH; R^2=O; $R^3=R^5=R^6$=H; $R^4=\beta$-OH, α-CH$_3$

4-9-7　$R^1=\beta$-OH; R^2=O; $R^3=R^5=R^6$=H; R^4=CH$_2$

4-9-8　$R^1=\alpha$-OH; R^2=O; $R^3=R^6$=H; R^4=CH$_2$; $R^5=(\beta)$ [2-hydroxy-2-methylbutanoate ester]

4-9-9　$R^1=\beta$-OH; R^2=O; R^3=OTig; $R^4=\alpha$-CH$_3$, β-H; $R^5=R^6$=H

4-9-10　$R^1=\beta$-OH; $R^2=\alpha$-OH, β-H; R^3=OTig; $R^4=\alpha$-CH$_3$, β-H; $R^5=R^6$=H

4-9-11　$R^1=\beta$-OH; R^2=O; R^3=OH; $R^4=\alpha$-CH$_3$, β-H; $R^5=R^6$=H

4-9-12　$R^1=\beta$-OH; R^2=O; R^3=OH; $R^4=\alpha$-CH$_3$, β-H; $R^5=\beta$-OH; $R^6=\alpha$-OH

4-9-13　$R^1=\beta$-OH; R^2=O; $R^3=R^6$=H; $R^4=\alpha$-CH$_3$, β-H; $R^5=(\beta)$ [2-hydroxybutanoate ester]

4-9-14　$R^1=\beta$-OH; $R^2=\alpha$-OH, β-H; $R^3=R^5=R^6$=H; $R^4=\alpha$-CH$_3$, β-H

表 4-9-2　化合物 4-9-1~4-9-5 的 ^{13}C NMR 数据[1]

C	4-9-1	4-9-2	4-9-3	4-9-4	4-9-5	C	4-9-1	4-9-2	4-9-3	4-9-4	4-9-5
1	82.6	82.8	82.8	84.1	84.8	15	68.7	65.4	76.1	76.5	75.9
2	84.1	83.7	83.8	72.6	197.4	16	174.3	171.2	172.0	172.1	171.9
3	124.6	124.9	124.8	127.1	126.2	18	21.0	21.1	21.1	21.3	22.4
4	136.0	135.7	135.5	135	162.2	19	10.3	10.7	10.9	11.1	10.6
5	41.3	41.6	41.2	41.4	42.5	20	71.8	72.3	67.9	67.9	67.7
6	26.0	26.0	25.7	25.9	25.9	21	16.3	13.0	10.1	10.2	10.1
7	78.6	79.3	71.5	70.8	70.9	Glu					
8	47.4	44.8	50.0	50.1	49.0	1	106.4	106.3	106.2		
9	45.5	45.9	44.8	45	45.3	2	76.1	76.2	76.3		
10	42.0	42.3	42.3	42.3	45.7	3	78.6	78.6	78.5		
11	111.0	110.9	110.3	110.5	110.1	4	71.6	71.6	70.7		
12	80.5	78.3	78.8	79.1	78.7	5	78.5	78.5	78.5		
13	33.1	31.9	41.4	41.9	41.1	6	62.7	62.7	62.7		
14	49.6	48.5	76.6	76.7	76.6						

表 4-9-3　化合物 4-9-6~4-9-8 和 4-9-12~4-9-14 的 ^{13}C NMR 数据

C	4-9-6[2]	4-9-7[2]	4-9-8[3]	4-9-12[5]	4-9-13[6]	4-9-14[42]
1	84.6	84.4	83.2	84.3	82.6	83.8
2	197.6	197.3	196.8	197.4	196.8	72.8
3	126.3	126.2	125.4	125.9	124.8	127.0
4	162.3	162.1	162.3	161.5	162.5	134.9
5	42.6	44.8	45	42.7	43.9	41.9
6	26.1	26.2	25.3	25.2	24.7	26.2
7	78.2	78.5	78.4	72.9	77.4	79.2
8	46.5	45.7	47.1	50.8	46.8	46.3
9	44.8	48	41.8	46.4	41.1	42.9
10	45.3	45.5	45.1	45.6	44.5	41.8
11	110.7	110.3	109.1	110.4	108.9	110.7
12	83	80.6	79.4	81.3	78.4	79.7
13	74.2	147.4	141.4	32.7	31.4	31.8
14	49	42.5	51.4	78.3	44.5	44.6
15	31.8	35.3	69.3	73.8	69.8	30.6
16	170.2	169.4	166.6	172.3	166.8	170.5
18	22.4	22.5	121.7	22.5	14.8	21.2
19	10.7	10.3	9.8	9.4	9.9	10.7
20	71.0	72.3	71.6	71.4	70.0	71.8
21	26.2	118.2		10.3		13.3
4-Me			26.7		22.1	
1'			175.8		174.4	
2'			75		73.9	
3'			33.1		32.5	
4'			7.9		7.6	
5'			25.8		24.7	

表 4-9-4　化合物 4-9-9~4-9-11 的 ^{13}C NMR 数据[4]

C	4-9-9	4-9-10	4-9-11	C	4-9-9	4-9-10	4-9-11
1	84.6	83.9	84.7	14	42.7	42.6	42.9
2	197.2	73	197.5	15	30.6	30.5	30.8
3	128.7	129.8	128.1	16	169.9	169.9	170.3
4	162	134.6	165.5	18	13.2	13.1	13.2
5	45.6	45.1	48.7	19	11.8	11.7	11.7
6	68.3	68.9	65.9	30	70.7	71	71
7	79.3	79.9	83.2	4-Me	25.3	24.6	27
8	47.1	47.2	47.2	2'-Me	12.3	12.2	
9	43.4	43.1	43.5	3'-Me	14.5	14.3	
10	48.2	49.7	48.2	1'	167	167.2	
11	110.8	111	110.9	2'	128.8	129	
12	79.8	79.9	79.8	3'	139.8	139.1	
13	31.6	31.6	31.6				

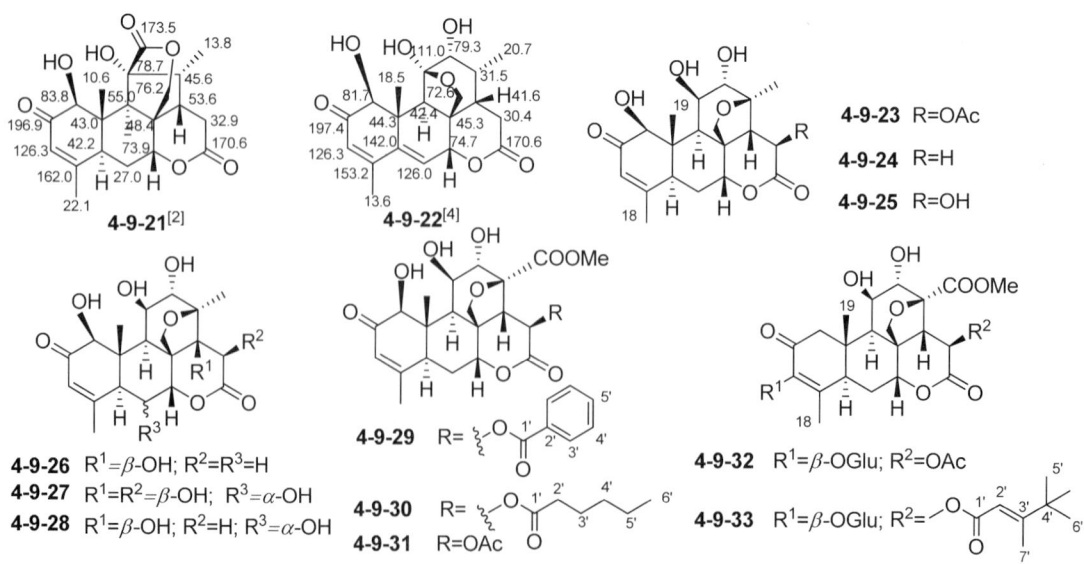

4-9-16 $R^1=\beta$-OH; $R^2=\alpha$-H; R^3=Me; $R^4=\beta$-Me
4-9-17 $R^1=\beta$-OH; $R^2=\alpha$-H; R^3=H; $R^4=\beta$-Me
4-9-18 $R^1=\alpha$-OH; $R^2=\alpha$-H; R^3=H; $R^4=\beta$-Me
4-9-19 $R^1=\beta$-OH; $R^2=\beta$-H; R^3=H; $R^4=\beta$-Me
4-9-20 $R^1=\beta$-OH; $R^2=\beta$-H; R^3=H; $R^4=\alpha$-Me

表 4-9-5 化合物 4-9-15 和 4-9-16~4-9-20 的 ^{13}C NMR 数据

C	4-9-15[2]	4-9-16[7]	4-9-17[7]	4-9-18[7]	4-9-19[7]	4-9-20[7]
1	84.7	84.6	84.6	76.0	75.2	74.8
2	197.5	197.5	197.5	196.9	198.1	198.3
3	126.9	126.9	126.8	125.6	124.9	124.8
4	160.3	160.3	160.5	159.9	160.9	161.0
5	40.6	40.9	41.0	34.6	47.2	47.3
6	26.0	26.0	26.0	26.1	30.8	31.5
7	75.7	75.6	75.8	76.4	79.5	79.1
8	45.8	45.7	45.8	44.9	46.2	30.0
9	54.3	54.2	54.3	48.3	45.7	46.2
10	45.0	45.0	45.0	42.3	43.0	42.8
11	175.6	172.7	176.0	176.7	174.7	175.2
12	172.8	175.5	174.8	174.9	174.4	170
13	36.9	31.3	32.0	32.2	31.4	34.5
14	40.9	40.6	40.6	41.6	32.2	35.0
15	31.4	36.9	31.3	36.9	36.7	40.8
16	172.3	172.2	172.5	172.3	172.4	171.5
18	22.2	22.2	22.2	22.2	22.3	22.4
19	10.7	10.7	10.7	14.8	18.1	18.0
20	69.4	69.4	69.7	72.8	67.4	67.3
21	10.7	13.7	13.9	13.7	14.9	15.2
13-COOMe	52.2					
OMe		54.2				

表 4-9-6 化合物 4-9-23~4-9-28 的 ^{13}C NMR 数据[8]

C	4-9-23	4-9-24	4-9-25	4-9-26	4-9-27	4-9-28
1	83.8	83.9	83.9	83.7	83.9	83.8
2	200.8	200.7	200.7	200.6	200.3	200.3
3	126.0	126.0	126.0	125.9	127.9	127.9
4	166.3	166.3	166.3	166.3	168.8	168.7
5	45.5	44.5	45.6	45.4	50.6	50.4
6	29.8	29.6	30.0	29.8	69.4	69.7
7	86.2	86.3	85.7	82.4	85.8	86.1

续表

C	4-9-23	4-9-24	4-9-25	4-9-26	4-9-27	4-9-28
8	47.9	45.8	43.8	45.9	51.8	65.1
9	44.2	43.2	44.5	47.5	45.7	46.2
10	49.7	48.1	47.5	47.5	52.3	52.3
11	76.4	76.7	76.7	76.3	76.1	76.2
12	81.0	81.6	81.8	82.2	82.5	82.6
13	82.6	82.3	83.1	84.9	85.4	84.6
14	53.9	51.3	57.3	83.7	83.1	82.1
15	70.2	30.3	68.0	38.0	71.6	38.4
16	171	173.9	176.2	174	176.1	172.9
17	73.7	74.4	73.7	71.7	70.5	71
18	23.4	23.4	23.4	23.3	27.9	27.9
19	12.3	12.3	12.3	12.3	13.3	13.1
20	24.2	22.9	24.8	17.9	19.1	17.8
OAc	172.2/21.5					

表 4-9-7 化合物 4-9-29~4-9-31 的 ^{13}C NMR 数据[9]

C	4-9-29	4-9-30	4-9-31	C	4-9-29	4-9-30	4-9-31
1	80.7	80.6	81.3	15	67.4	66.5	67.8
2	196.7	196.9	197.6	16	166.7	166.9	167.6
3	124.3	124.3	124.5	17	73.3	73.3	73.0
4	163.0	162.9	162.6	18	172.0	172.4	169.5
5	43.5	43.5	43.4	OMe	52.9	52.8	49.8
6	28.6	28.5	28.2	4-Me	22.5	22.5	22.4
7	81.3	81.1	81.7	10-Me	11.6	11.5	11.3
8	45.8	45.7	45.8	1'	164.8	171.9	170.7
9	42.8	42.7	42.4	2'	128.7	33.6	20.5
10	47.6	47.5	47.7	3'	128.5	31.2	
11	72.7	72.5	74.3	4'	130.0	24.2	
12	75.8	75.8	75.1	5'	133.8	22.2	
13	82.9	82.8	81.7	6'		13.8	
14	51.4	51.5	52.3				

表 4-9-8 化合物 4-9-32~4-9-33 的 ^{13}C NMR 数据[10]

C	4-9-32	4-9-33	C	4-9-32	4-9-33	C	4-9-32	4-9-33
1	51.0	51.1	13	82.7	82.7	4'		73.2
2	193.6	193.6	14	50.3	50.5	5'		28.9
3	146.8	146.6	15	68.7	68.3	6'		28.9
4	148	147.9	16	168.0	168.2	7'		15.5
5	43.4	43.4	18	15.3	15.3	1"	104.8	104.9
6	29.3	29.4	19	15.8	15.9	2"	75.9	75.9
7	83.5	83.4	20	73.5	73.6	3"	78.5	78.6
8	46.0	46.0	21	171.3	171.2	4"	71.5	71.6
9	42.1	42.1	OMe	52.4	52.4	5"	78.3	78.4
10	40.8	40.8	1'	169.8	166.4	6"	62.8	62.9
11	72.9	73.0	2'	20.6	112.8			
12	76.0	76.0	3'		168.2			

表 4-9-9 化合物 4-9-34~4-9-38 的 ^{13}C NMR 数据[11]

C	4-9-34	4-9-35	4-9-36	4-9-37[12]	4-9-38[12]	C	4-9-34	4-9-35	4-9-36	4-9-37[12]	4-9-38[12]
1	83.1	50.2	82.9	82.9	81.1	15	68.6	68.4	69	68.9	67.1
2	198.4	193.1	198.4	198.4	196.6	16	167.4	167.4	168.1	168.7	166.8
3	125.2	146.1	125.2	125.1	123.2	17	78.6	73.8	73.5		
4	163.0	128.4	162.9	162.9	161.1	18	22.2	13.4	22.2	22.1	22.2
5	43.8	42.5	43.7	43.7	42	19	11.5	15.8	11.4	11.4	10
6	28.5	29.6	28.4	28.3	26.5	20	171.3	171.3	171.4	72.3	70.5
7	83.9	83.7	83.6	84.3	82.4	21	52.4	52.4	52.4	23.9	15
8	48.4	46.1	48.4	46.6	46.5	1'	166	165.9	179	171.6	173.3
9	42.7	42.1	42.8	43	41.3	2'	113.5	113.4	20.7	43.4	39.7
10	46.5	41.4	46.5	48.3	44.8	3'	168.4	168.4		25.9	26.5
11	75.5	73.1	75.4	75.5	78.3	4'	38.2	38.2		22.4	20.3
12	75.9	75.8	75.9	80.1	73.7	5'	16.7	16.7		22.4	9.6
13	82.6	82.7	82.7	81.2	79.5	6'	20.7	20.7			
14	50	50.1	50.5	53.1	51.4	7'	20.7	20.7			

表 4-9-10 化合物 4-9-39~4-9-42 的 ^{13}C NMR 数据

C	4-9-39[13]	4-9-40[13]	4-9-41[14]	4-9-42[14]	C	4-9-39[13]	4-9-40[13]	4-9-41[14]	4-9-42[14]
1	50.2	50.2	81.5	76.3	16	169.5	169.3	168.2	169.6
2	194.5	194.6	198.4	199.8	18	13.4	13.4	21.2	22.5
3	145.8	145.8	123.9	125.1	19	16	16.1	10.1	14.8
4	130.4	130.5	164	164.6	20	74.4	74.5	72.9	74.7
5	43.2	43.2	42.4	39.3	21	172.1	178.2	172.1	172.4
6	30.1	30.1	27.8	28.9	1'	166.9	173.5	173.8	173.1
7	84.9	85.1	83.3	83.2	2'	114.4	43.5	41.9	44.8
8	46.3	46	45.7	46.9	3'	164	26.4	25.2	26.7
9	42.8	42.8	41.6	35.3	4'	84	22.7	21.4	22.7
10	42.2	42.1	49	44.7	5'	26.5	22.7	21.4	22.7
11	71.1	70.9	73.8	72.5	6'	26.7			
12	78.5	78.5	75	76.4	7'	14.9			
13	84	83.4	81	84	8'	171.8			
14	51.3	51.6	51.2	51.2	9'	21.7			
15	67.7	67.4	68.7	66	OMe				53.1

表 4-9-11 化合物 4-9-43~4-9-49 的 ^{13}C NMR 数据

C	4-9-43[15]	4-9-44[16]	4-9-45[16]	4-9-46[17]	4-9-47[18]	4-9-48[19]	4-9-49[20]
1	81.6	42.4	48.7	47.8	73.0	82.7	50.2
2	197.5	193.0	192.9	193.0	166.5	73.6	190.3
3	124.2	145.9	144.1	144.3	107.1	126.4	146
4	163.7	128.3	128.3	129.4	138.6	134.9	128.3
5	43.5	42.1	39.9	42.1	41.8	43.3	42.5
6	28.2	29.6	28.7	29.1	29.6	28.3	29.6
7	83.1	83.6	82.8	83.2	63.1	80.6	83.6
8	47.7	46.1	44.7	45.5	46.9	50.7	41.4

续表

C	4-9-43[15]	4-9-44[16]	4-9-45[16]	4-9-46[17]	4-9-47[18]	4-9-48[19]	4-9-49[20]
9	42.2	42.1	40.4	41.6	42.9	46.6	42.1
10	45.8	41.4	40.9	41.1	46.1	45.1	46.2
11	74.3	73.1	71.4	71.2	70.8	76.3	73.2
12	79.1	75.8	74.7	75.4	71.7	81.6	75.9
13	80.5	82.7	81.4	81.6	72.6	84.6	82.8
14	52.3	52.4	48.7	49.7	74.4	82.7	51.6
15	67	68.3	67.3	66.7	66.9	70.6	68.3
16	167.8	168.3	167	168	146.9	175.4	168.3
18	23	72.3	72.3	73.6	62.7	70.5	73.8
19	11.4	13.4	13.3	13.1	25.6	24.2	13.4
29	22.6	15.7	15	15.2	16.7	12.7	15.8
30	71.7	171.3	169.9	168	22.6	19.6	171.3
20-OMe		50.1	52.3	52.7			52.4
1'	175.5	165.8					
2'	41.0	113.4	168.7	165.9			165.4
3'	26.5	167.2	20.4	111.5			116.0
4'	11.6	38.1		171.3			158.4
5'	16.3	20.7		73.6			20.2
6'		20.7		27.9			27.0
7'		16.7		27.9			
				15.2			

表 4-9-12 化合物 4-9-50~4-9-53 的 ^{13}C NMR 数据

C	4-9-50[20]	4-9-51[21]	4-9-52[22]	4-9-53[23]	C	4-9-50[20]	4-9-51[21]	4-9-52[22]	4-9-53[23]
1	51.0	81.3	82.3	44.1	20	73.7	74.2	74.1	18.9
2	193.6	84.9	73.2	199.7	21	171.2	171.5	171.4	171.1
3	146.6	124.3	126.5	146.4	OMe	52.3	52.3	52.3	50.7
4	147.9	135.9	134.3	125.8	1'	165.3	166.5	166.6	165.9
5	43.3	43.1	43.3	40.8	2'	130.3	112.9	112.9	113.4
6	29.3	28.4	28.6	29.6	3'	130.1	168	168.1	167.3
7	83.7	84.3	84.3	83	4'	128.8	73.2	73.1	38.1
8	46.2	46.7	46.7	46.6	5'	133.6	28.9	28.9	20.7
9	42.2	42.9	43.2	42.1	6'	128.8	28.9	28.8	20.7
10	40.8	44.4	44.6	48.8	7'	130.1	15.6	15.5	16.7
11	73.0	75.7	75.9	71.3	Glu				
12	75.7	75.7	75.7	76.2	1"	104.9	107		100.7
13	82.8	82.5	82.5	82.6	2"	76.1	76.1		74.5
14	50.5	50.5	50.9	52.3	3"	78.7	78.6		78.7
15	69.2	68.7	68.4	68.7	4"	71.5	71.7		71.3
16	168	168.3	168.4	168.4	5"	78.4	78.8		78.3
18	15.3	20.8	21.0	73.6	6"	62.8	62.8		62.4
19	15.8	12.2	12.3	14.5					

4-9-53 R¹=OH; R²=O; R³=a

4-9-54 R¹=OH; R²=O; R³=b

4-9-55 R¹=H; R²=α-OH, β-H; R³=b

4-9-56 R¹=OH; R²=O; R³=b

4-9-57 R¹=H; R²=c
4-9-58 R¹=H; R²=d
4-9-59 R¹=H; R²=a
4-9-60 R¹=Me; R²=c
4-9-61 R¹=Me; R²=d
4-9-62 R¹=Me; R²=a
4-9-63 R¹=Me; R²=COCH₃
4-9-64 R¹=Me; R²=e

表 4-9-13　化合物 4-9-53~4-9-56 的 ^{13}C NMR 数据

C	4-9-53[23]	4-9-54[22]	4-9-55[22]	4-9-56[11]	C	4-9-53[23]	4-9-54[22]	4-9-55[22]	4-9-56[11]
1	83.9	83.1	212.2	83.9	16	168.3	167.1	167	167.1
2	209.4	209.5	73.1	209.5	17	73.2	73.2	73.9	73.2
3	47.5	47.5	45.3	47.5	18	19.8	19.8	20.0	19.8
4	32.1	32.1	32.6	32.1	19	12.6	12.6	14.4	12.6
5	44.7	44.7	38.7	44.7	20	171.3	171.3	171.5	171.3
6	29.5	29.5	29.5	29.5	OMe	52.6	52.3	52.4	52.3
7	83.6	83.8	83.6	83.8	1'	165.8	166.2	166	166.2
8	48.7	57.0	46.5	48.7	2'	113.6	113.5	113.5	113.5
9	43.2	43.2	34.7	43.2	3'	169.6	168.4	168.2	168.4
10	47.0	48.7	44.7	47.0	4'	82.5	38.1	38.2	38.1
11	75.7	75.7	76.4	75.7	5'	25.8	20.7	20.7	20.7
12	75.9	76.0	78.5	76.0	6'	26.4	20.7	20.7	20.7
13	82.3	82.5	83.0	82.5	7'	14.5	16.7	16.7	16.7
14	51.0	50.5	50.2	50.5	4'-OAc	163.5/21.4	—	—	—
15	69.0	68.5	68.6	68.5					

表 4-9-14　化合物 4-9-57~4-9-62 的 ^{13}C NMR 数据[25]

C	4-9-57	4-9-58	4-9-59	4-9-60	4-9-61	4-9-62
1	129.3	129.2	129.4	129.1	128.9	129.0
2	148.4	148.8	148.8	148.6	148.6	148.7
3	194.6	194.6	194.7	194.6	194.4	194.4
4	41.4	41.4	41.4	41.1	41.0	43.9
5	43.8	43.7	43.8	43.5	43.4	43.5
6	30.1	30.1	30.1	29.8	29.7	29.8
7	83.7	83.8	83.6	83.2	83.3	83.5
8	46.7	46.7	46.7	46.4	46.4	46.4
9	40.6	40.7	40.6	40.2	40.1	40.4
10	39.7	39.6	39.7	39.4	39.3	39.4
11	73.2	73.3	73.2	73.2	73.2	73.3
12	76.7	76.6	76.8	75.6	75.6	76
13	82.5	82.6	82.7	82.4	82.4	82.3

续表

C	4-9-57	4-9-58	4-9-59	4-9-60	4-9-61	4-9-62
14	50.2	50.2	50.2	50.5	50.2	50.5
15	68.3	68.5	69.0	68.0	68.3	68.5
16	168.2	168.4	168.4	168.1	168.0	168
17	73.8	73.7	73.7	73.5	73.5	73.7
18	12.6	12.6	12.6	12.5	12.2	12.3
19	18	17.9	18.0	17.6	17.6	17.6
20	173.5	173.4	173.4	171.0	171.0	171
OMe				52.1	52.1	52.6
1'	174.0	174.0	162.6	165.1	171.5	165.6
2'	116.3	43.3	113.9	115.7	43.0	113.3
3'	157.7	25.6	169.5	158.2	25.6	169.3
4'	26.9	22.4	82.3	26.8	22.2	82
3'-Me	20.1	22.5	14.5	19.9	22.1	14.2
4'-Me			25.8			26.4
4'-Me			25.8			25.8
4'-OAc			166.0/21.4			162.3/21.1
Glu						
1"	101.9	101.9	101.9	101.7	101.7	101.8
2"	74.7	74.7	74.7	74.4	74.4	74.4
3"	78.5	78.5	78.5	78.6	78.7	78.7
4"	71.2	71.2	71.2	71.0	71.0	71.0
5"	78.9	78.9	78.9	78.2	78.2	78.2
6"	62.3	62.3	62.3	62.1	62.0	62.0

表 4-9-15 化合物 4-9-63~4-9-64 的 ^{13}C NMR 数据[10]

C	4-9-63	4-9-64	C	4-9-63	4-9-64	C	4-9-63	4-9-64
1	129.5	129.5	13	82.7	82.7	4'		29.7
2	148.8	148.9	14	50.5	50.5	5'		29.8
3	194.5	194.5	15	68.8	68.7	6'		
4	43.9	43.8	16	168	168.1	7'		
5	40.6	40.7	18	12.6	12.5	1"	102.0	102.1
6	30.0	30.0	19	18.0	17.9	2"	74.7	74.7
7	83.6	83.6	20	73.7	73.7	3"	78.8	78.8
8	46.6	46.8	21	171.3	171.2	4"	71.3	71.4
9	41.4	41.4	OMe	52.3	52.4	5"	78.5	78.5
10	39.6	39.6	1'	169.7	170.7	6"	62.4	62.4
11	73.4	73.5	2'	20.6	48.6			
12	76.1	76.0	3'		69.2			

4-9-65 R^1+R^2 =-O-; R^3=OH; R^4=CH$_3$
4-9-66 R^1=R^3=OH; R^2=H; R^4=CH$_3$
4-9-67 R^1+R^2 =-O-; R^3=H; R^4=CH$_3$
4-9-68 R^1+R^2 =-O-; R^3=H; R^4=OH

表 4-9-16　化合物 4-9-65~4-9-68 的 ^{13}C NMR 数据

C	4-9-65[26]	4-9-66[26]	4-9-67[26]	4-9-68[27]	C	4-9-65[26]	4-9-66[26]	4-9-67[26]	4-9-68[27]
1	205.0	206.2	205.4	204	12	88.5	89.6	88.7	88.4
2	147.8	148.0	148.5	149.4	13	34.9	35.1	35	34.8
3	120.4	120.5	118.5	114.4	14	44.6	48.2	44.7	46
4	32.9	33.3	32.0	68.6	15	28.7	31.3	28.6	28.2
5	49.7	50.8	43.7	44.6	16	170	98.2	170.2	170.1
6	68.5	68.9	25.6	24.1	18	23.7	23.8	19.1	
7	87.8	83.9	82.2	82.1	19	14.3	14.5	12.6	12.5
8	36.8	38.2	36.1	36.1	20	23.7	21.2	21.3	21.5
9	37	37.8	37.6	37.5	21	14.5	15.4	14.6	14.4
10	49.9	50.4	48.1	49.2	2-OCH$_3$	55	55.1	55	55.5
11	74.1	74.7	74.2	73.8	12-OCH$_3$	61.2	60.9	61.4	61.8

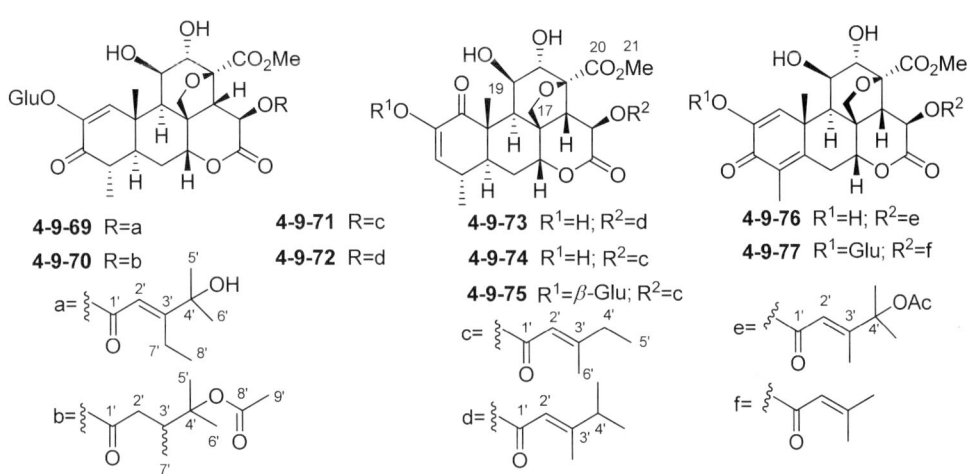

表 4-9-17　化合物 4-9-69~4-9-72 的 ^{13}C NMR 数据

C	4-9-69[21]	4-9-70[21]	4-9-71[21]	4-9-72[21]	C	4-9-69[21]	4-9-70[21]	4-9-71[21]	4-9-72[23]
1	129.3	129.1	129.3	129.6	13	82.6	82.7	82.6	82.5
2	148.9	148.9	148.9	148.8	14	50.4	50.2	50.3	52.3
3	194.5	194.5	194.5	194.8	15	68.4	68.2	68.5	68.3
4	41.4	41.4	41.4	43.8	16	168.2	168.2	168.3	168.2
5	43.8	43.7	43.8	40.4	18	12.5	12.5	12.6	73.3
6	30.0	30.0	30.0	29.9	19	17.9	17.9	17.9	12.5
7	83.5	83.8	83.5	83.4	20	73.7	73.7	73.7	17.85
8	46.6	46.7	46.6	46.6	21	171.2	171.2	171.2	171.1
9	40.4	40.6	40.6	41.3	OMe	52.4	52.4	52.3	50.2
10	39.6	39.6	39.5	39.6	1'	166	167.5	165.8	165.7
11	73.6	73.6	73.5	71.3	2'	112.6	36.8	114.3	113.4
12	76.1	75.9	76.0	76.0	3'	168.3	39.5	163.7	167.1

续表

C	4-9-69[21]	4-9-70[21]	4-9-71[21]	4-9-72[21]	C	4-9-69[21]	4-9-70[21]	4-9-71[21]	4-9-72[23]
4'	73.5	83.8	33.6	38.1	1"	102.1	102.0	102.0	102.0
5'	29.3	22.2	11.7	20.7	2"	74.7	74.7	74.7	74.6
6'	29.2	23.5	18.8	20.7	3"	78.6	78.5	78.5	78.8
7'	22.9	14.5		16.7	4"	71.3	71.3	71.4	71.3
8'	15.0	170.0			5"	78.9	79.0	78.9	78.3
9'		22.1			6"	62.3	62.3	62.3	62.3

表 4-9-18 化合物 4-9-73~4-9-75 的 ^{13}C NMR 数据

C	4-9-73[22]	4-9-74[11]	4-9-75[11]	C	4-9-73[22]	4-9-74[11]	4-9-75[11]
1	201.5	201.5	199.8	18	15.0	15.0	18.9
2	146.3	146.3	146.4	19	19.5	19.5	14.6
3	120.8	120.8	124.9	20	171.3	171.3	171.2
4	31.0	31.0	31.5	OMe	52.4	52.4	52.4
5	44.5	44.5	44.1	1'	166.0	166.0	166.1
6	28.8	28.8	28.7	2'	113.6	113.6	113.5
7	83.2	83.2	83.0	3'	168.4	168.4	168.3
8	48.4	48.4	48.9	4'	38.2	38.2	38.2
9	37.2	37.2	36.9	3'-Me	16.7	16.7	16.8
10	47.0	47.0	46.7	4'-Me	20.7	20.7	20.7
11	75.3	75.3	75.1	1"			100.7
12	76.5	76.5	76.3	2"			74.6
13	83.0	83.0	83.0	3"			78.6
14	50.7	50.7	51.0	4"			71.4
15	68.6	68.9	68.9	5"			79
16	167.3	167.3	167.4	6"			62.4
17	73.8	73.8	73.7				

表 4-9-19 化合物 4-9-76~4-9-77 的 ^{13}C NMR 数据

C	4-9-76[22]	4-9-77[21]	C	4-9-76[22]	4-9-77[21]	C	4-9-76[22]	4-9-77[21]
1	124.3	128.6	14	49.5	49.4	4'-Me	25.6	
2	148.3	148.9	15	69	68.4	4'-Me	26.5	
3	183	180.2	16	167.7	167.6	4'-OAc	163.5	
4	130.9	131.9	17	72.9	11.2		21.4	
5	157.5	155.6	18	11.2	24.0	Glu		
6	32.9	32.7	19	24.3	72.9	1"		101.8
7	85.2	84.8	20	171.1	170.9	2"		74.7
8	46.7	46.7	OMe	52.8	52.4	3"		78.5
9	41.9	41.5	1'	166	165.6	4"		71.7
10	44.3	44.3	2'	113.5	115.9	5"		78.9
11	75.9	75.8	3'	169.6	158.6	6"		62.3
12	76.0	76.2	4'	83.1	27.0			
13	82.3	83.0	3'-Me	14.5	20.1			

表 4-9-20　化合物 4-9-78~4-9-84 和 4-9-88 的 ^{13}C NMR 数据

C	4-9-78[28]	4-9-79[28]	4-9-80[29]	4-9-81[30]	4-9-82[27]	4-9-83[5]	4-9-84[12]	4-9-88[39]
1	203.6	206.9	82.3	81.0	209.7	86.1	84.3	199
2	149.3	148.7	71.0	80.6	79.3	200.8	198.7	149.3
3	112	118.5	125.6	37.5	34.6	127.3	124.7	115.2
4	28.1	32.3	133.6	29.1	24.9	169.3	164.8	32.3
5	36.2	52.6	40.3	44.2	41.5	51.7	43.6	44.5
6	28.7	34.0	25.0	25.4	29.1	66.4	31.3	26.3
7	78.0	97.3	77.9	78.8	82.2	85.9	72.8	78.3
8	39.2	38.2	44.5	39.1	36.8	44.9	50.3	40
9	43.1	39.6	43.5	53.8	47.2	43.4	44.6	38.6
10	47.3	48.9	40.8	42.1	49.4	49.6	48.7	47.6
11	73.2	72.1	108.6	70.7	190.8	73.8	72.9	76.1
12	92.8	90.8	79.0	41.5	148.3	77.9	87	85.4
13	39.2	76.6	146.3	39.6	140.0	36	76.9	74.3
14	149.2	44.8	46	172.4	47.3	78.1	58.1	54.3
15	110.9	25.9	34.1	116.4	31.5	71.1	66.5	31.3
16	168.3	77.9	169.0	164.9	168.8	176.6	173.7	91.4
17				42.5				19.4
18		19.4	20.8	31.2		26.2	22.5	13.4

续表

C	4-9-78[28]	4-9-79[28]	4-9-80[29]	4-9-81[30]	4-9-82[27]	4-9-83[5]	4-9-84[12]	4-9-88[39]
19	10.6	12.9	9.5	11.8	13.9	13	11.9	12
20	20.1	26.8	71.2	164.2	23.1	17.5	74.7	26.1
21	13.5	24.0	117.5	74.5	15.7	13.2	22.8	
22				120.1				
23				173.1				
28				20				
30				23				
2-OMe	55.3	55.0		56.6	57.7			54.8
12-OMe	61.9	62.4			59.7			
11-OAc				21.8/170.8				
OCH$_2$O								95.7

表 4-9-21 化合物 4-9-85~4-9-87 和 4-9-89 的 ^{13}C NMR 数据

C	4-9-85[31]	4-9-86[20]	4-9-87[20]	4-9-89[39]	C	4-9-85[31]	4-9-86[20]	4-9-87[20]	4-9-89[39]
1	88.4	41.1	37.8	83.1	20	61.1	74.1	74.1	21.1
2	195.9	68.3	77.6	199.4	21	14.1	171.5	171.5	15.2
3	127.2	74.8	73.5	127.5	20-OCH$_3$	51.5			
4	167.5	34.2	33.7	162.1	OMe		52.3	52.3	
5	52.2	38.5	38.4	47.2	1'		165.3	165.3	
6	31.4	29.6	29.4	68.5	2'		116	116	
7	65.6	84.4	84.3	82.4	3'		158.2	158.2	
8	49.5	46.5	46.5	43.5	4'		27.0	26.9	
9	54.1	43.7	43.6	41.7	5'		20.1	20.1	
10	55.6	39	38.8	50.2	Glu				
11	211.2	73.5	73.2	73.2	1"			103.8	
12	94.5	76	76.1	75.7	2"			75.2	
13	55.1	82.7	82.7	27.6	3"			78.3	
14	40.9	50.4	49.9	56	4"			71.6	
15	33.1	68.3	68.7		5"			78.4	
16	174.8	168.3	168.2	176.3	6"			62.7	
18	22.6	16.6	16.5	23.4	6-OAc				170.3
19	13.8	16	15.8	12.5					21.2

表 4-9-22　化合物 4-9-90~4-9-91 的 ^{13}C NMR 数据

C	4-9-90[21]	4-9-91[20]	C	4-9-90[21]	4-9-91[20]	C	4-9-90[21]	4-9-91[20]
1	199.6	199.7	12	76.2	76.2	2'	43.3	115.9
2	146.2	146.2	13	83	82.9	3'	25.9	158.5
3	124.8	124.8	14	50.8	50.5	4'	22.5	26.9
4	31.4	31.4	15	68.9	68.7	5'	22.4	20.1
5	44.0	44.0	16	168.1	168.2	1''	100.5	100.6
6	28.6	28.6	18	18.8	18.8	2''	74.6	74.5
7	83.1	82.9	19	14.4	14.4	3''	78.6	78.9
8	46.7	46.6	20	71.4	73.5	4''	71.4	71.3
9	37.1	36.8	21	171.2	171.1	5''	78.9	78
10	48.8	48.8	OMe	52.3	52.2	6''	62.4	62.3
11	75.1	75	1'	171.9	165.4			

4-9-92　R^1= (benzoyl, 1'-7'); R^2=H; R^3= (piperonyl, 1''-8'')

4-9-93　$R^1=R^2$=H; R^3= (piperonyl, 1''-8'')

4-9-94　$R^1 = R^2$=Me; R^3=H

表 4-9-23　化合物 4-9-92~4-9-94 的 ^{13}C NMR 数据

C	4-9-92[27]	4-9-93[27]	4-9-94[26]	C	4-9-92[27]	4-9-93[27]	4-9-94[26]
1	207.9	214.3	213.7	20	21.8	22.0	21.5
2	73.5	73.2	79.5	21	14.4	14.3	14.6
3	33.7	39.2	46.5	2-OMe			57
4	25.2	25	30.5	12-OMe		61	60.7
5	42.9	42.6	53.8	1'	125.4		
6	28.3	29.0	68.6	2',6'	130.1		
7	82.4	82.5	88.1	3',5'	128.6		
8	36	35.1	35.8	4'	133.2		
9	36.2	35.8	36.3	7'	164.9		
10	51.4	49.8	51.6	1''	125.8	123.6	
11	73.9	70.3	72.6	2''	110.6	109.7	
12	85.8	85.6	88.1	3''	148.0	147.9	
13	34.9	33.0	34.9	4''	151.8	152	
14	45.3	45.2	45.6	5''	108.0	108.1	
15	29.5	28.0	28.7	6''	126.5	125.9	
16	169.9	170	170.1	7''	165.5	165.3	
18			22.5	8''	102.2	101.8	
19	12.4	12.6	14.4				

表 4-9-24　化合物 4-9-95~4-9-96 的 ^{13}C NMR 数据

C	4-9-95[31]	4-9-96[43]	C	4-9-95[31]	4-9-96[43]	C	4-9-95[31]	4-9-96[43]
1	213.2	197.8	9	45.6	46.3	18	18.3	19.4
2	69.8	148	10	48.0	45.9	19	14.8	12.7
3	47.5	116.3	11	191	191.0	20	23.2	22.4
4	28.2	31.2	12	142.9	148.4	21	15.2	15.4
5	47.0	43.2	13	125.2	137.4	16-OMe		59.3
6	26.1	25.9	14	46.9	46.7	20-OMe		55.0
7	81.9	82.1	15	31.5	31.7			
8	37.1	37.1	16	169.1	169			

表 4-9-25　化合物 4-9-97~4-9-98 的 ^{13}C NMR 数据[33]

C	4-9-97	4-9-98	C	4-9-97	4-9-98	C	4-9-97	4-9-98
1	214.4	215.9	10	50.3	50.4	19	13.0	13.1
2	70.9	70.8	11	75.4	74.8	30	21.5	21.5
3	49.6	50.4	12	203.7	210.6	1'	166.5	
4	29.1	29.1	13	43.1	42.7	2'	114.2	
5	48.2	47.8	14	47.5	47.8	3'	146.6	
6	26.9	26.7	15	29.2	29.1	4'	126.2	
7	81.9	82.0	16	168.7	169.1	5',9'	130.9	
8	35.7	35.4	17	18.5	18.5	6',8'	116.7	
9	37.3	40.3	18	10.6	10.6	7'	161.5	

表 4-9-26　化合物 4-9-99~4-9-100 的 ^{13}C NMR 数据

C	4-9-99[34]	4-9-100[31]	C	4-9-99[34]	4-9-100[31]	C	4-9-99[34]	4-9-100[31]
2	172.8	172.6	10	50.4	46.2	19	19.8	18.3
3	119.9	119	11	74.1	111.2	20	17.8	72.1
4	168.8	169.9	12	79.2	80.7	21	13.4	14.9
5	94.6	92.1	13	37.8	34.1	1'		176.4
6	43.3	45.7	14	77.0	43.4	2'		75.2
7	87.4	83.7	15	70.1	70.8	3'		33.8
8	44.6	58.2	16	175.5	167.9	4'		8.4
9	47.9	45.3	18	16.2	16.0	5'		25.8

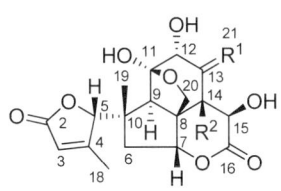

4-9-101　R^1=α-CH$_3$, β-H; R^2=H

4-9-102　R^1=CH$_2$; R^2=OH

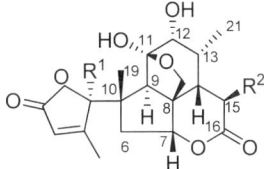

4-9-103　R^1=α-H; R^2=H

4-9-104　R^1=α-H; R^2=OH

4-9-105　R^1=β-H; R^2=H

表 4-9-27　化合物 4-9-101~4-9-102 的 ^{13}C NMR 数据

C	4-9-101[33]	4-9-102[33]	C	4-9-101[33]	4-9-102[34]	C	4-9-101[33]	4-9-102[34]
2	172.6	172.6	8	58.2	63.0	15	68.5	71.9
3	119.0	119.1	9	45.7	48.0	16	174.2	173.6
4	170.0	170.0	10	46.5	47.4	18	16.1	18.4
5	92.1	92.1	12	81.1	82.8	19	18.4	16.2
6	46.2	46.1	13	34.6	149.2	20	72.3	68.6
7	83.5	82.8	14	46.3	77.9	21	15.6	119.3

表 4-9-28　化合物 4-9-103~4-9-105 的 ^{13}C NMR 数据[12]

C	4-9-103	4-9-104	4-9-105	C	4-9-103	4-9-104	4-9-105
2	172.5	172.5	172.6	12	80.2	81.0	83.8
3	120.5	120.6	119.0	13	33.3	34.6	33.4
4	168.2	168.0	169.9	14	38.9	47.1	38.6
5	91.8	91.7	92.2	15	30.5	68.5	30.5
6	47.1	46.1	46.5	16	169.6	173.9	170.0
7	83.7	83.4	80.5	18	16.5	16.5	16.1
8	55.6	56.7	57.0	19	20.8	20.6	18.4
9	45	46.3	44.1	20	72.1	72.3	72
10	46.1	45.8	46.5	21	12.9	15.9	12.7
11	111.7	112	111.3				

表 4-9-29　化合物 4-9-106~4-9-108 的 ^{13}C NMR 数据[35]

C	4-9-106	4-9-107	4-9-108	C	4-9-106	4-9-107	4-9-108
1	149.5	160.9	160.8	14	58.0	125.6	126.6
2	123.7	119.9	119.9	15	174.4	168.2	168.4
3	166	172.4	172.3	17	82.7	83.4	81.9
4	83.1	83.7	83.6	18	20	21.2	22.9
5	154.1	52.5	52.9	19	32.2	23.7	23.8
6	130.1	38.7	37.1	20	120.7	119.9	119.8
7	191	111.4	110.7	21	144.2	139.8	140.1
8	150	146.1	152.4	22	108.5	108.2	108.7
9	51.7	77.9	75.1	23	140.1	143.6	143.5
10	47.3	87.2	87.3	28	26.6	24.8	25.3
11	26.6	25.0	28.2	29	29.6	31.4	31.8
12	36.2	30.6	28.7	30	129.7	38.2	39.4
13	48.6	43.5	43.7				

表 4-9-30　化合物 4-9-109~4-9-110 的 ^{13}C NMR 数据

C	4-9-109[36]	4-9-110[37]	C	4-9-109[36]	4-9-110[37]	C	4-9-109[36]	4-9-110[37]
1	72.6	70.5	7	85.6	76.4	13	134.8	70.0
2	27.5	29.4	8	49.1	50.2	14	146.4	68.5
3	71.3	67.0	9	39.4	44.7	15	87.7	73.8
4	42.7	45.4	10	40.6	52.5	16	41.4	25.1
5	39.9	37.1	11	30.7	104.1	17	49.4	48.7
6	71.3	74.4	12	172.7	169.5	18	15.1	20.9

续表

C	4-9-109[36]	4-9-110[37]	C	4-9-109[36]	4-9-110[37]	C	4-9-109[36]	4-9-110[37]
19	16.7	18.4	29	19.6	166.1	5'	14.3	14.3
20	127.0	83.6	30	13	69.1	12-OMe	51.2	53.5
21	138.7	107.3	1'	166.2	171.1	31-OMe		52.7
22	110.5	108.7	2'	129	128.6	OAc	170.2/20	173.2/21.3
23	412.8	147.0	3'	137.1	137.5			
28	77.6	73	4'	11.4	11.9			

4-9-111[42]

4-9-112 R=OAc
4-9-113 R=H

表 4-9-31 化合物 4-9-112、4-9-113 的 ^{13}C NMR 数据[34]

C	4-9-112[39]	4-9-113[40]	C	4-9-112[39]	4-9-113[40]	C	4-9-112[39]	4-9-113[40]
1	151.8	150.2	12	70.3	70.0	23	142.3	142.3
2	126.7	127	13	41.9	42.7	28	23.0	25.2
3	202.5	202	14	72.4	72.3	29	22.7	21.5
4	46	46.7	15	60.3	60.2	30	120.7	121.2
5	44.3	47.2	16	32.8	32.8	OAc	168.9/20.6	168.6/20.4
6	31.9	71.1	17	38.6	38.7		168.7/20.8	169.5/20.7
7	174.0	170.8	18	4.3	14.2			170.3/20.9
8	135.7	135.2	19	20.0	19.5	COOMe	51.9	
9	57.2	57.6	20	122.9	122.8	7-OMe		52.5
10	44.7	44.7	21	140.1	140.1			
11	74.6	74.6	22	111.5	111.5			

参 考 文 献

[1] Kanchanapoom T, Kasai R, Chumsri P, et al. Phytochemistry, 2001, 57: 1205.
[2] Kubota K, Fukamiya N, Hamada T, et al. J Nat Prod, 1996, 59: 683.
[3] Polonsky J, Varon Z, Jacquemin H, et al. Separatum Experientia, 1978, 34: 1122.
[4] Carter C A G, Tinto W F, Reynolds, W F, et al. J Nat Prod, 1993, 56: 130.
[5] Miyake K, Tezuka Y, Awale S, et al. J Nat Prod, 2009, 72: 2135.
[6] Peter G W, Stephen A A. Planta Med, 1984, 50: 261.
[7] Takeya K, Kobata H, Ozeki A, et al. Phytochemistry, 1998, 48: 565.
[8] Kitagawa I, Mahmud T, Yokota K, et al. Chem Pharm Bull, 1996, 44: 2009.
[9] Okano M, Fukamiya N, Aratani T. J Nat Prod, 1985, 48: 972.
[10] Yoshimura S, Sakaki T, Ishibashi M, et al. Bull Chem Soc Jpn, 1985, 58: 2673.
[11] Imamura K, Fukamiya N, Okano M, et al. J Nat Prod, 1993, 56: 2091.

[12] Ozeki A, Hitotsuyanagi Y, Hashimoto E, et al. J Nat Prod, 1998, 61: 776.
[13] Subeki, Matsuua H, Takahashi K, et al. J Nat Prod, 2007, 70: 1654.
[14] Oshimi S, takasaki A, Hirasawa Y, et al. Chem Pharm Bull, 2009, 57: 867.
[15] Edson R F, Joao B F, Paulo C V, et al. Phytochemistry, 1993, 34: 501.
[16] 于德泉, 杨峻山. 分析化学手册. 第五分册. 北京: 化学工业出版社, 1989.
[17] Lee K H, Imakura Y, Sumida Y, et al. J Org Chem, 1979, 44: 2180.
[18] Li X, Wu L. J heterocycl Chem, 1989, 26: 493.
[19] Rahman S, Fukamiya N, Tokuda H, et al. Bull Chem Soc Jpn, 1999, 72:751.
[20] Kim I H, Hitotsuyanagi Y, Takeya K, et al. Phytochemistry, 2004, 65: 3167.
[21] Kim I H, Takashima S, Hitotsuyanagi Y, et al. J Nat Prod, 2004, 57: 863.
[22] Imamura K, Fukamiya N, Nakamura M, et al. J Nat Prod, 1995, 58: 1915.
[23] Okano M, Lee K, Hall I H. J Nat Prod, 1981, 44: 470.
[24] Grieco P A, Roest J M V, Campaigni M M P E E, et al. Phytochemistry, 1995, 38: 1463.
[25] Ohnishi S, Fukamiya N, Okano M, et al. J Nat Prod, 1995, 58: 1032.
[26] Koike K, Yokoh M, Furukawa M, et al. Phytochemistry, 1995, 40: 233.
[27] Koike K, Ishii K, Mitsunaga K, et al. J Nat Prod, 1991, 54: 837.
[28] Masayuki D, Nobuhiro O, I Kazunori M, et al. Biosci Biotechnol Biochem, 1995, 59: 974.
[29] 吕金顺, 熊波, 郭迈等. 中山大学学报（自然科学版）, 2002, 41: 37.
[30] Mulholland D A, Naidoo D, Randrianarivelojosia M, et al. Phytochemistry, 2003, 64: 631.
[31] Tamura S, Fukamiya N, Okano M, et al. Chem Pharm Bull, 2003, 51: 385.
[32] Daido M, Fukamiya N, Okano M, et al. J Nat Prod, 1995, 58: 605.
[33] Dou J, McChesney J D, Sindelar R D, et al. J Nat Prod, 1996, 59, 73..
[34] Itokawa H, Qin X, Morita H, et al. J Nat Prod, 1993, 56: 1766.
[35] Yan X, Di Y, Fang X, et al. Phytochemsitry, 2011, 72: 508.
[36] Wolfgang K, Rudolf C. Liebigs Ann Chem, 1981, 1: 181.
[37] Morgan E D, Thornton M D. Phytochemistry. 1973, 12: 391.
[38] Kraus W, Grimminger W. Angew Chem, 1978, 90: 476.
[39] Ang H H, Hitotsuyanagi Y, Fukaya H, et al. Phytochemistry, 2002, 59: 833.
[40] Krains W, Grimminger W, Sawitzki G. Angew Chem Ed Engl, 1978, 17: 452.
[41] Hitotsuyanagi Y, Ozeki A, Itokawa H, et al. J Nat Prod, 2001, 64: 1583.
[42] Yoshimura S, Ishibashi M, Tsuyuki T, et al. Bull Chem Soc Jpn, 1984, 57: 2496.
[43] Kazuo K, Katsuyoshi M, Taichi O. Chem Pharm Bull, 1990, 38: 2746.

第十节 五环三萜-齐墩果烷型化合物

表 4-10-1 五环三萜-齐墩果烷型化合物的名称、分子式和测试溶剂

编号	名称	分子式	测试溶剂	参考文献
4-10-1	$3\beta,16\alpha$-di-O-acetyl-13β,28-epoxyoleanane	$C_{34}H_{54}O_5$	C	[1]
4-10-2	3β-acetyl-16-oxo-13β,28-epoxyoleanane	$C_{32}H_{50}O_4$	C	[1]
4-10-3	3β-acetyl-16α-hydroxy-13β,28-epoxyoleanane	$C_{32}H_{52}O_4$	C	[1]
4-10-4	3β-acetyl-16α-hydroxyolean-13β,28-olide	$C_{32}H_{50}O_5$	C	[1]
4-10-5	3β-acetyl-16α, 28α-dihydroxy-13β,28-oxydooleanane	$C_{32}H_{54}O_5$	C+D	[1]
4-10-6	3β,28α-dihydroxy-16-oxo-13β,28-oxydooleanane	$C_{30}H_{48}O_4$	C+D	[1]
4-10-7	3β,12α-dihydroxyoleanan-28,13β-olide	$C_{30}H_{48}O_4$	C	[2]
4-10-8	microfokienoxane D	$C_{30}H_{46}O_3$	P	[3]
4-10-9	6β-hydroxy-3-oxo-11α,12α-epoxyolean-28,13β-olide	$C_{30}H_{44}O_5$	C	[4]
4-10-10	3β,6β-dihydroxy-11α,12α-epoxyolean-28,13β-olide	$C_{30}H_{46}O_5$	P	[4]
4-10-11	melliferone	$C_{30}H_{46}O_3$	C	[5]

续表

编号	名称	分子式	测试溶剂	参考文献
4-10-12	rotundioside O	$C_{48}H_{76}O_{17}$	P	[6]
4-10-13	rotundioside Q	$C_{47}H_{76}O_{17}$	P	[6]
4-10-14	rotundioside S	$C_{48}H_{78}O_{17}$	P	[6]
4-10-15	capilliposide D	$C_{57}H_{94}O_{24}$	P	[7]
4-10-16	3-O-{β-D-xylopyranosyl-(1→2)-O-β-D-glucopyranosyl-(1→4)[O-β-D-glucopyranosyl-(1→2)]-α-L-arabinosyl}-16α-hydroxy-13β,28-epoxyoleanane	$C_{52}H_{86}O_{21}$	P	[8]
4-10-17	3β-O-{β-D-rhamnopyranosyl-(1→2)-O-β-D-glucopyranosyl-1-(1→4)-[O-β-D-glucopyranosyl]-α-L-arabinopyranosyl}-16α-hydroxy-13β,28-epoxyoleanane	$C_{53}H_{88}O_{21}$	P	[8]
4-10-18	3β-hydroxy-12-oxo-13$H\alpha$-olean-28,19β-olide	$C_{30}H_{46}O_4$	P	[9]
4-10-19	serrulatin A	$C_{33}H_{50}O_4$	A	[10]
4-10-20	serrulatin C	$C_{30}H_{46}O_4$	P	[10]
4-10-21	ilekudinoside K	$C_{42}H_{64}O_{13}$	P	[11]
4-10-22	ilekudinoside N	$C_{42}H_{64}O_{14}$	P	[11]
4-10-23	ilekudinoside O	$C_{41}H_{62}O_{13}$	P	[11]
4-10-24	ilekudinoside P	$C_{41}H_{62}O_{13}$	P	[11]
4-10-25	ilekudinoside L	$C_{41}H_{64}O_{14}$	P	[11]
4-10-26	ilekudinoside Q	$C_{42}H_{66}O_{14}$	P	[11]
4-10-27	ilekudinoside R	$C_{41}H_{64}O_{13}$	P	[11]
4-10-28	ilekudinoside M	$C_{41}H_{64}O_{13}$	P	[11]
4-10-29	ilekudinoside S	$C_{42}H_{64}O_{14}$	P	[11]
4-10-30	albiziasaponin A	$C_{46}H_{72}O_{17}$	P	[12]
4-10-31	albiziasaponin B	$C_{47}H_{74}O_{18}$	P	[12]
4-10-32	albiziasaponin C	$C_{52}H_{82}O_{22}$	P	[12]
4-10-33	3β,6β-dihydroxy-11-oxo-olean-12-en-28-oic acid	$C_{30}H_{46}O_5$	P	[13]
4-10-34	3α-hydroxy-11-oxoolean-12-en-28-oic acid	$C_{30}H_{46}O_4$	P	[13]
4-10-35	3β,27-dihydroxy-11-oxoolean-12-en-28-oic acid	$C_{30}H_{46}O_5$	P	[14]
4-10-36	27-hydroxy-3,11-dioxoolean-12-en-28-oic acid	$C_{30}H_{44}O_5$	P	[14]
4-10-37	krukovine A	$C_{30}H_{46}O_3$	C	[15]
4-10-38	krukovine C	$C_{30}H_{46}O_4$	C	[15]
4-10-39	3β-acetoxy-12,19-dioxo-13(18)-oleanene	$C_{32}H_{48}O_4$	C	[16]
4-10-40	lantanoic acid	$C_{30}H_{44}O_5$	C	[17]
4-10-41	camaranoic acid	$C_{30}H_{44}O_5$	C	[17]
4-10-42	camarilic acid	$C_{36}H_{54}O_6$	C	[18]
4-10-43	camaracinic acid	$C_{36}H_{54}O_6$	C	[18]
4-10-44	glycyrrhizic acid	$C_{43}H_{64}O_{15}$	P	[19]
4-10-45	phlomisone	$C_{29}H_{46}O_6$	P	[20]
4-10-46	phlomistetraol A	$C_{29}H_{48}O_4$	M	[20]
4-10-47	phlomistetraol B	$C_{29}H_{48}O_4$	M	[20]
4-10-48	phlomistetraol C	$C_{29}H_{48}O_4$	P	[20]
4-10-49	phlomispentaol	$C_{29}H_{48}O_5$	M	[20]
4-10-50	phlomishexaol A	$C_{29}H_{48}O_6$	P	[20]
4-10-51	phlomishexaol B	$C_{29}H_{48}O_6$	P	[20]

续表

编号	名称	分子式	测试溶剂	参考文献
4-10-52	$(2\alpha,3\alpha,17R,18\beta)$-19(18→17)-*abeo*-28-norolean-12-ene-2,3,18,23,24-pentol	$C_{28}H_{48}O_5$	P	[21]
4-10-53	$(2\alpha,3\alpha,17R,18\beta)$-19(18→17)-*abeo*-28-norolean-12-ene-2,3,18,23,24,29-hexol	$C_{29}H_{48}O_6$	P	[21]
4-10-54	$(2\alpha,3\alpha,12\alpha,17R)$-12-methoxy-19(18→17)-*abeo*-28-norolean-13(18)-ene-2,3,23,24-tetrol	$C_{30}H_{50}O_5$	P	[21]
4-10-55	$(2\alpha,3\alpha,12\alpha,17R)$-12-methoxy-19(18→17)-*abeo*-28-norolean-13(18)-ene-2,3,23,24,29-pentol	$C_{28}H_{45}O_5$	P	[21]
4-10-56	Phlomisin	$C_{29}H_{46}O_6$	P	[20]
4-10-57	$2\alpha,3\beta,19\alpha,23,24$-pentahydroxy-11-oxoolean-12-en-28-oic acid 28-*O*-β-D-glucopyranosyl ester	$C_{36}H_{56}O_{13}$	M	[22]
4-10-58	$2\alpha,3\beta,19\beta,23,24$-pentahydroxy-11-oxoolean-12-en-28-oic acid 28-*O*-β-D-glucopyranosyl ester	$C_{36}H_{56}O_{13}$	M	[22]
4-10-59	$2\alpha,3\beta,19\alpha,23$-tetrahydroxy-11-oxoolean-12-en-28-oic acid 28-*O*-β-D-glucopyranosyl ester	$C_{36}H_{56}O_{12}$	M	[22]
4-10-60	$2\alpha,3\beta,6\beta,19\alpha,24$-pentahydroxy-11-oxoolean-12-en-28-oic acid 28-*O*-β-D-glucopyranosyl ester	$C_{36}H_{56}O_{13}$	M	[22]
4-10-61	hibicusin	$C_{48}H_{60}O_9$	M	[23]
4-10-62	3β-*O*-*trans*-caffeoyl-2α-hydroxyolean-12-en-28-oic acid	$C_{39}H_{54}O_7$	M	[24]
4-10-63	*cis*-hydroxycinnamoyl ester of amyrin	$C_{39}H_{56}O_3$	C	[25]
4-10-64	trans-hydroxycinnamoyl ester of amyrin	$C_{39}H_{56}O_3$	C	[25]
4-10-65	27-*trans*-feruloyloxy-3-hydroxylean-12-en-28-oic acid	$C_{40}H_{56}O_7$	M	[26]
4-10-66	$3\beta,23,28$-trihydroxy-12-oleanene 23-caffeate	$C_{39}H_{56}O_6$	M	[27]
4-10-67	$3\beta,23,28$-trihydroxy-12-oleanene 3β-caffeate	$C_{39}H_{56}O_6$	M	[27]
4-10-68	(23Z)-coumaroylhederagenin	$C_{39}H_{54}O_6$	C	[28]
4-10-69	(23E)-coumaroylhederagenin	$C_{39}H_{54}O_6$	C	[28]
4-10-70	(3Z)-coumaroylhederagenin	$C_{39}H_{54}O_6$	C	[28]
4-10-71	3α-(E)-caffeoyloxyolean-12-en-30-oic acid	$C_{39}H_{54}O_6$	C	[29]
4-10-72	3α-(E)-coumaroyloxyolean-12-en-30-oic acid	$C_{39}H_{54}O_5$	C	[29]
4-10-73	3β-[(2E,4E)-5-oxo-decadienoyloxy]-olean-12-ene	$C_{40}H_{62}O_3$	C	[30]
4-10-74	methyl 3β-*O*-[4″-*O*-methyl-ecoumaroyl]-arjunolate	$C_{41}H_{58}O_7$	C	[31]
4-10-75	anemoclemoside A	$C_{35}H_{56}O_8$	P	[32]
4-10-76	anemoclemoside B	$C_{41}H_{66}O_{12}$	P	[32]
4-10-77	2α-hydroxyaleuritolic acid 3-*p*-hydroxybenzoate	$C_{37}H_{52}O_6$	C+M	[33]
4-10-78	2α-hydroxyaleuritolic acid 2-*p*-hydroxybenzoate	$C_{37}H_{52}O_6$	C+M	[33]
4-10-79	aleuritolic acid 3-*p*-hydroxycinnamate	$C_{39}H_{54}O_5$	C+M	[33]
4-10-80	3α-hydroxyuleuritolic acid 2β-*p*-hydroxybenzoate	$C_{37}H_{52}O_6$	C+M	[33]
4-10-81	3β-acetoxy-$11\alpha,12\alpha$-epoxy-16-oxo-14-taraxerene	$C_{32}H_{48}O_4$	C	[34]
4-10-82	$11\alpha,12\alpha$-epoxy-3β-hydroxytaraxer-14-en-28-oic acid	$C_{30}H_{46}O_4$	P	[35]
4-10-83	24-*nor*-2,3-dihydroxyolean-4(23),12-ene	$C_{29}H_{46}O_2$	M	[36]
4-10-84	$3\beta,22\alpha$-dihydroxyolean-12-en-30-oic acid	$C_{30}H_{48}O_4$	M	[37]
4-10-85	$2\alpha,3\beta,19\alpha$-trihydroxyolean-12-ene-23,28-dioic acid	$C_{30}H_{46}O_7$	D	[38]
4-10-86	kalidiunin	$C_{31}H_{50}O_5$	P	[39]
4-10-87	22-angeloyl-21-epoxyangeloylbarringtogenol	$C_{40}H_{62}O_8$	C	[40]
4-10-88	kalidiumoside D	$C_{36}H_{58}O_{10}$	P	[41]

续表

编号	名称	分子式	测试溶剂	参考文献
4-10-89	kalidiumoside C	$C_{41}H_{62}O_{14}$	P	[41]
4-10-90	23-galloylterminolic acid	$C_{37}H_{52}O_{10}$	P	[42]
4-10-91	3'α-(olean-12-ene-28-oyl-3β-oxy) dihydronepetalactone	$C_{40}H_{62}O_5$	C	[43]
4-10-92	serrulatin E	$C_{30}H_{50}O_6$	C+M	[44]
4-10-93	2,3-dihydroxyolean-28-oic acid	$C_{30}H_{50}O_4$	M	[45]
4-10-94	machaeroceric acid	$C_{30}H_{50}O_4$	P	[46]
4-10-95	vicogenin	$C_{29}H_{48}O_5$	M	[47]
4-10-96	3β-acetyl-28-hydroxy-16-oxo-12-oleanene	$C_{32}H_{50}O_4$	C	[48]
4-10-97	3β,28-di-O-acetyl-16α-hydroxy-12-oleanene	$C_{34}H_{54}O_5$	C	[48]
4-10-98	3β-acetyl-11α,28-dihydroxy-16-oxo-12-oleanene	$C_{32}H_{50}O_5$	C	[48]
4-10-99	3β,11α,16α,28-tetrahydroxy-12-oleanene	$C_{30}H_{50}O_4$	C+D	[48]
4-10-100	3β-acetoxy-1β-(2-hydroxy-2-propoxy)-11α-hydroxyolean-12-ene	$C_{35}H_{58}O_5$	A	[49]
4-10-101	3β-acetoxy-1β-hydroxy-11α-methoxyolean-12-ene	$C_{33}H_{54}O_4$	C	[49]
4-10-102	3β-acetoxy-11α-ethoxy-1β-hydroxyolean-12-ene	$C_{34}H_{56}O_4$	A	[49]
4-10-103	21β, 22α-O-diangeloyl protoaescigenin	$C_{40}H_{62}O_8$	C	[50]
4-10-104	21β, 22α-O-diangeloyl barringtogenol C	$C_{40}H_{62}O_7$	C	[50]
4-10-105	21β, 22α-O-diangeloyl camelliagenin D	$C_{40}H_{60}O_8$	C	[50]
4-10-106	taraxeryl-cis-p-hydroxycinnamate	$C_{39}H_{56}O_3$	C	[51]
4-10-107	isomultiflorenyl acetate	$C_{32}H_{52}O_2$	C	[52]
4-10-108	2α,3α,23,29-tetrahydroxyolean-12-en-28-oic acid	$C_{30}H_{48}O_6$	M	[53]
4-10-109	3-O-β-D-glucuronopyranosyl-2β,3β,16β-trihydroxy-28-norolean-12-en-15-on-23-oic acid	$C_{35}H_{52}O_{11}$	P	[53]
4-10-110	21-O-β-D-glucopyranosyl-3β,21α,30-trihydroxyolean-13(18)-en-24-oic acid	$C_{36}H_{58}O_{10}$	P	[53]
4-10-111	3β,23,24-trihydroxyolean-12-en-28-oic acid	$C_{30}H_{48}O_5$	P	[54]
4-10-112	3β,6β,24-trihydroxyolean-12-en-28-oic acid	$C_{30}H_{48}O_5$	P	[54]
4-10-113	3β,6β,19α,24-tetrahydroxyurs-12-en-28-oic acid	$C_{30}H_{48}O_6$	P	[54]
4-10-114	cincholic acid 3β-O-β-D-fucopyranoside	$C_{36}H_{56}O_9$	P	[54]
4-10-115	pyrocincholic acid	$C_{29}H_{46}O_3$	C	[55]
4-10-116	pyrocincholic acid 3β-O-β-D-fucopyranoside	$C_{35}H_{56}O_7$	P	[54]
4-10-117	pyrocincholic acid 3β-O-α-L-rhamnopyranoside	$C_{35}H_{56}O_7$	P	[54]
4-10-118	3α,11α,21-trihydroxyolean-12-ene	$C_{30}H_{50}O_3$	C	[56]
4-10-119	3α,21β-dihydroxy-11α-methoxyolean-12-ene	$C_{31}H_{52}O_3$	C	[56]
4-10-120	3α,21β-dihydroxy-olean-12-ene	$C_{30}H_{50}O_2$	C	[56]
4-10-121	3α,23-isopropylidenedioxyoelan-12-en-27-oic acid	$C_{33}H_{52}O_4$	C	[57]
4-10-122	3-oxo-11-methoxyolean-12-ene-30-oic acid	$C_{31}H_{48}O_4$	C	[58]
4-10-123	3-oxo-11-hydroxyolean-12-ene-30-oic acid	$C_{30}H_{46}O_4$	A	[58]
4-10-124	21β-hydroxyolean-12-en-3-one	$C_{30}H_{48}O_2$	C	[59]
4-10-125	3-oxo-11β-hydroxyolean-12-ene	$C_{30}H_{48}O_2$	C	[60]
4-10-126	3-oxo-23-hydroxyolean-12-en-27-oic acid	$C_{30}H_{46}O_4$	C	[56]
4-10-127	11β,21β-dihydroxyolean-12-en-3-one	$C_{30}H_{48}O_3$	C	[61]
4-10-128	3-oxo-16β-hydroxyolean-12-en-28-al	$C_{30}H_{46}O_3$	C	[62]
4-10-129	camaldulenic acid	$C_{30}H_{46}O_4$	M	[63]

续表

编号	名称	分子式	测试溶剂	参考文献
4-10-130	methyl ester camaldulenic acid	$C_{31}H_{48}O_4$	M	[63]
4-10-131	3α-hydroxy-13(18)-oleanene-27,28-dioic acid	$C_{32}H_{50}O_5$	C	[64]
4-10-132	3-oxo-olean-9(11),12-diene-30-oic acid	$C_{30}H_{44}O_3$	M	[58]
4-10-133	3α,21β-diacetoxy-11α-methoxy-urs-12-ene	$C_{30}H_{48}O_2$	C	[61]
4-10-134	eucalyptanoic acid	$C_{30}H_{46}O_3$	P	[65]
4-10-135	20-*epi*-koetjapic acid	$C_{30}H_{46}O_4$	C	[58]
4-10-136	secobryononic acid	$C_{30}H_{46}O_4$	C	[66]
4-10-137	secoisobryononic acid	$C_{30}H_{46}O_4$	C	[66]
4-10-138	(1*S*,5α*R*,7α*R*,7β*R*,9α*R*,10*S*,11*S*,13α*S*,15β*R*)-1,5α,6,7α,7β, 8,9,9α,10,11,12,13,13α,15,15α,15β-hexadecahydro-1,10,11-trihydroxy-5,5,7α,7β,9α,12,12,15β-octamethylchryseno[2,1-*c*]oxepine-3,7(2*H*,5*H*)-dione	$C_{30}H_{46}O_6$	C	[67]
4-10-139	dzununcanone	$C_{30}H_{42}O_5$	C	[59]
4-10-140	maytefolin B	$C_{30}H_{48}O_3$	C	[68]
4-10-141	acridocarpusic acid A	$C_{30}H_{46}O_4$	C	[69]
4-10-142	acridocarpusic acid B	$C_{32}H_{48}O_5$	C	[69]
4-10-143	acridocarpusic acid C	$C_{30}H_{44}O_4$	C	[69]
4-10-144	acridocarpusic acid D	$C_{30}H_{48}O_3$	C	[69]
4-10-145	acridocarpusic acid E	$C_{32}H_{50}O_4$	C	[69]
4-10-146	moronic acid	$C_{30}H_{46}O_3$	C	[70]
4-10-147	sandorinic acid A	$C_{30}H_{46}O_5$	P	[71]
4-10-148	sandorinic acid B	$C_{30}H_{46}O_5$	P	[71]
4-10-149	sandorinic acid C	$C_{30}H_{46}O_4$	P	[71]
4-10-150	3-oxo-11,13(18)-oleanadien-28-oic acid	$C_{30}H_{44}O_3$	C	[72]
4-10-151	24-hydroxy-3-oxo-11,13(18)-oleanadien-28-oic acid	$C_{30}H_{44}O_4$	C	[72]
4-10-152	6-hydroxy-3-oxo-11,13(18)-oleanadien-28-oic acid	$C_{30}H_{44}O_4$	C	[72]
4-10-153	mussaendoside R	$C_{42}H_{68}O_{14}$	P	[73]
4-10-154	mussaendoside S	$C_{42}H_{66}O_{15}$	P	[73]
4-10-155	polyandraside A	$C_{44}H_{70}O_{17}$	P	[74]
4-10-156	polyandraside B	$C_{43}H_{64}O_{17}$	P	[74]
4-10-157	longispinogenin 3,16-di-*O*-β-D-glucopyranoside	$C_{42}H_{70}O_{13}$	M	[75]
4-10-158	sigmoiside A	$C_{36}H_{60}O_7$	D	[76]
4-10-159	sigmoiside B	$C_{36}H_{60}O_7$	D	[76]
4-10-160	chionaeoside C	$C_{41}H_{64}O_{14}$	P	[77]
4-10-161	chionaeoside D	$C_{35}H_{54}O_9$	P	[77]
4-10-162	platycoside K	$C_{42}H_{68}O_{17}$	P	[78]
4-10-163	platycoside L	$C_{42}H_{68}O_{17}$	P	[78]
4-10-164	wistariasaponin D	$C_{47}H_{74}O_{17}$	P	[79]
4-10-165	wistariasaponin G	$C_{49}H_{76}O_{20}$	P	[79]
4-10-166	3-*O*-β-D-xylopyranosyl(1→2)-β-D-galactopyranosyl(1→2)-6-*O*-methyl-β-D-glucuronopyranosyl sophoradiol	$C_{48}H_{78}O_{17}$	P	[80]
4-10-167	3-*O*-α-L-rhamnopyranosyl(1→2)[β-D-glucopyranosyl(1→6)]β-D-galactopyranosyl(1→2)-6-*O*-methyl-β-D-glucuronopyranosyl soyasapogenol B	$C_{55}H_{90}O_{23}$	P	[80]

续表

编号	名称	分子式	测试溶剂	参考文献
4-10-168	acanthopanaxoside B	$C_{61}H_{98}O_{27}$	P	[81]
4-10-169	acanthopanaxoside C	$C_{41}H_{64}O_{13}$	P	[81]
4-10-170	amaranthus-saponin I	$C_{49}H_{78}O_{19}$	P	[82]
4-10-171	amaranthus-saponin II	$C_{49}H_{76}O_{20}$	P	[82]
4-10-172	amaranthus-saponin III	$C_{48}H_{74}O_{19}$	P	[82]
4-10-173	amaranthus-saponin IV	$C_{48}H_{72}O_{20}$	P	[82]
4-10-174	mutongsaponin A	$C_{35}H_{54}O_{10}$	P	[83]
4-10-175	acanthopanaxoside E	$C_{42}H_{66}O_{15}$	P	[84]
4-10-176	atriplicosaponin A	$C_{41}H_{66}O_{13}$	P	[85]
4-10-177	atriplicosaponin B	$C_{42}H_{70}O_{14}S$	P	[85]
4-10-178	dipteroside E	$C_{43}H_{66}O_{13}$	C	[86]
4-10-179	28-O-acetyl-21-O-(4-O-angeloyl)-6-deoxy-β-glucopyranosyl-3-O-[β-glucopyranosyl(1→2)-O-[β-glucopyranosyl(1→4)]-β-glucuronopyranosyl] protoaescigenin	$C_{61}H_{96}O_{28}$	P	[87]
4-10-180	21-O-(4-O-angeloyl)-6-deoxy-β-glucopyranosyl-3-O-[β-glucopyranosyl(1→2)-O-[β-glucopyranosyl(1→4)]-β-glucuronopyranosyl] protoaescigenin	$C_{59}H_{94}O_{27}$	P	[87]
4-10-181	albiziatrioside A	$C_{48}H_{77}NO_{16}$	M	[88]
4-10-182	acacioside A	$C_{48}H_{77}NO_{17}$	M	[88]
4-10-183	acacioside B	$C_{57}H_{83}NO_{19}$	M	[88]
4-10-184	3-O-[α-L-Arabinopyranosyl (1→2)-α-L-arabinopyranosyl-(1→6)-2-acetamido-2-deoxy-β-D-glucopyranosyl] oleanolic acid	$C_{30}H_{47}NO_{3}$	M	[88]
4-10-185	3-O-[α-L-arabinopyranosyl-(1→2)-α-L-arabinopyranosyl-(1→6)-2-acetamido-2-deoxy-β-D-glucopyranosyl] echinocystic acid	$C_{48}H_{77}NO_{17}$	M	[88]
4-10-186	acacioside C	$C_{57}H_{83}NO_{19}$	M	[88]
4-10-187	21-O-trans-cinnamoylacacic acid	$C_{39}H_{54}O_{6}$	M	[88]
4-10-188	periandradulcin A	$C_{56}H_{82}O_{22}$	P	[89]
4-10-189	periandradulcin C	$C_{48}H_{76}O_{18}$	P	[89]
4-10-190	periandradulcin B	$C_{47}H_{74}O_{17}$	P	[89]
4-10-191	24-O-[α-L-rhamnopyranosyl(1→2)-β-D-glucopyranosyl]-28-O-[β-D-glucopyranosyl(1→2)-β-D-glucopyranosyl]-protoaescigenin	$C_{54}H_{90}O_{25}$	M	[90]
4-10-192	24-O-[α-L-rhamnopyranosyl-(1→2)-β-D-glucopyranosyl]-28-O-[β-D-glucopyranosyl-(1→2)-β-D-glucopyranosyl]-16-desoxyprotoaescigenin	$C_{54}H_{90}O_{24}$	M	[90]
4-10-193	24-O-[α-L-rhamnopyranosyl-(1→2)-β-D-glucopyranosyl]-28-O-[β-D-glucopyranosyl-(1→2)-β-D-glucopyranosyl]-24-oxo-camelliagenin D	$C_{54}H_{88}O_{26}$	M	[90]
4-10-194	asteryunnanoside A	$C_{42}H_{68}O_{14}$	P	[91]
4-10-195	asteryunnanoside B	$C_{42}H_{68}O_{15}$	P	[91]
4-10-196	asteryunnanoside C	$C_{42}H_{68}O_{13}$	P	[91]
4-10-197	asteryunnanoside D	$C_{42}H_{68}O_{14}$	P	[91]
4-10-198	asteryunnanoside H	$C_{62}H_{100}O_{29}$	P	[92]

编号	名称	分子式	测试溶剂	参考文献
4-10-199	patensin	$C_{42}H_{68}O_{14}$	P	[93]
4-10-200	bersimoside II methyl ester	$C_{61}H_{100}O_{28}$	P	[94]
4-10-201	dehydroazukisaponin V methyl ester	$C_{49}H_{78}O_{18}$	P	[94]
4-10-202	3-O-β-D-galactopyranosyl(1→2)-[β-D-xylopyranosyl-(1→3)]-β-D-glucuronopyranosyl quillaic acid methyl ester	$C_{48}H_{74}O_{20}$	P	[95]
4-10-203	3-O-β-D-galactopyranosyl(1→2)-[β-D-xylopyranosyl-(1→3)]-β-D-glucuronopyranosyl gypsogenin methyl ester	$C_{48}H_{74}O_{19}$	P	[95]
4-10-204	esculentoside L_1	$C_{48}H_{76}O_{20}$	P	[96]
4-10-205	esculentoside R	$C_{54}H_{86}O_{24}$	P	[96]
4-10-206	phytolaccageninc acid	$C_{31}H_{48}O_{6}$	P	[96]
4-10-207	3-O-α-L-arabinopyranosyl(1→3)-α-L-arabinopyranosyl-hederagenin	$C_{35}H_{56}O_{8}$	M	[97]
4-10-208	3-O-β-D-xylopyranosyl(1→3)-α-L-arabinopyranosyl-hederagenin	$C_{40}H_{64}O_{12}$	M	[97]
4-10-209	28-O-β-D-apiosyl(1→2)-β-D-glucopyranosylhederagenin	$C_{41}H_{66}O_{13}$	M	[97]
4-10-210	3-O-α-L-arabinofuranosyl(1→3)[α-L-rhamnopyranosyl-(1→2)]-β-D-xylopyranosylhederagenin	$C_{46}H_{74}O_{16}$	M	[97]
4-10-211	3-O-β-D-apiosyl(1→3)[α-L-rhamnopyranosyl(1→2)]-β-D-glucopyranosylhederagenin	$C_{47}H_{76}O_{17}$	M	[97]
4-10-212	3-O-α-L-arabinofuranosyl(1→3)[α-L-rhamnopyranosyl(1→2)-β-Larabinopyranosylhederagenin	$C_{46}H_{74}O_{16}$	M	[97]
4-10-213	3-O-β-D-xylopyranosyl(1→3)[α-L-rhamnopyranosyl(1→2)]-α-L-arabinopyranosylhederagenin	$C_{46}H_{74}O_{16}$	M	[97]
4-10-214	3-O-β-D-xylopyranosyl(1→3)[α-L-rhamnopyranosyl(1→2)]-β-D-glucopyranosylhederagenin	$C_{47}H_{76}O_{17}$	M	[97]
4-10-215	3-O-β-D-galactopyranosyl(1→3)[α-L-rhamnopyranosyl(1→2)]-β-D-glucopyranosyl hederagenin	$C_{48}H_{78}O_{18}$	M	[97]
4-10-216	mazusaponin I	$C_{47}H_{76}O_{18}$	P	[98]
4-10-217	mazusaponin II	$C_{47}H_{76}O_{18}$	P	[98]
4-10-218	mazusaponin III	$C_{53}H_{86}O_{22}$	P	[98]
4-10-219	mazusaponin IV	$C_{53}H_{86}O_{22}$	P	[98]
4-10-220	3-O-(β-D-galactopyranosyl(1→3)-O-β-D-glucopyranosyl)-serjanic acid 28-O-β-D-glucopyranosyl ester	$C_{44}H_{70}O_{14}$	P	[99]
4-10-221	3-O-(β-Dglucopyranosyl(1→3)-O-[β-D-galactopyranosyl-(1→4)]-O-β-D-glucopyranosyl) serjanic acid 28-O-β-D-glucopyranosyl ester	$C_{50}H_{80}O_{19}$	P	[99]
4-10-222	3-O-(α-L-rhamnopyranosyl(1→2)-O-β-D-glucopyranosyl-(1→2)-O-β-D-glucopyranosyl) serjanic acid 28-O-β-D-glucopyranosyl ester	$C_{50}H_{80}O_{18}$	P	[99]
4-10-223	3-O-(β-D-glucopyranosyl(1→3)-O-β-D-galactopyranosyl-(1→3)-O-β-D-glucopyranosyl) serjanic acid 28-O-β-D-glucopyranosyl ester	$C_{50}H_{80}O_{19}$	P	[99]
4-10-224	3-O-(β-D-galactopyranosyl(1→4)-O-[β-D-glucopyranosyl-(1→3)]-O-β-D-glucopyranosyl) serjanic acid	$C_{44}H_{70}O_{14}$	P	[99]
4-10-225	polygalasaponin I	$C_{42}H_{68}O_{15}$	P	[100]

续表

编号	名称	分子式	测试溶剂	参考文献
4-10-226	polygalasaponin II	$C_{48}H_{78}O_{19}$	P	[100]
4-10-227	polygalasaponin III	$C_{53}H_{86}O_{23}$	P	[100]
4-10-228	polygalasaponin IV	$C_{58}H_{94}O_{27}$	P	[100]
4-10-229	polygalasaponin V	$C_{58}H_{94}O_{27}$	P	[100]
4-10-230	polygalasaponin VI	$C_{48}H_{78}O_{20}$	P	[100]
4-10-231	polygalasaponin VII	$C_{54}H_{88}O_{24}$	P	[100]
4-10-232	polygalasaponin VIII	$C_{59}H_{96}O_{28}$	P	[100]
4-10-233	polygalasaponin IX	$C_{59}H_{96}O_{28}$	P	[100]
4-10-234	polygalasaponin X	$C_{64}H_{104}O_{32}$	P	[100]
4-10-235	polygalasaponin XI	$C_{54}H_{88}O_{25}$	P	[101]
4-10-236	polygalasaponin XII	$C_{42}H_{66}O_{15}$	P	[101]
4-10-237	polygalasaponin XIII	$C_{42}H_{66}O_{15}$	P	[101]
4-10-238	polygalasaponin XIV	$C_{48}H_{76}O_{20}$	P	[101]
4-10-239	polygalasaponin XV	$C_{54}H_{86}O_{25}$	P	[101]
4-10-240	polygalasaponin XVI	$C_{59}H_{94}O_{29}$	P	[101]
4-10-241	polygalasaponin XVII	$C_{54}H_{86}O_{24}$	P	[101]
4-10-242	polygalasaponin XVIII	$C_{59}H_{94}O_{28}$	P	[101]
4-10-243	polygalasaponin XIX	$C_{64}H_{102}O_{32}$	P	[101]
4-10-244	hacquetiasponin 1	$C_{54}H_{86}O_{22}$	P	[102]
4-10-245	hacquetiasponin 2	$C_{56}H_{88}O_{24}$	P	[102]
4-10-246	hacquetiasponin 3	$C_{54}H_{86}O_{23}$	P	[102]
4-10-247	hacquetiasponin 4	$C_{56}H_{88}O_{25}$	P	[102]
4-10-248	*E*-senegasaponin a	$C_{74}H_{110}O_{35}$	P	[103]
4-10-249	*Z*-senegasaponin a	$C_{74}H_{110}O_{35}$	P	[103]
4-10-250	*E*-senegasaponin b	$C_{69}H_{102}O_{31}$	P	[103]
4-10-251	*Z*-senegasaponin b	$C_{69}H_{102}O_{31}$	P	[103]
4-10-252	*Z*-senegin II	$C_{70}H_{104}O_{32}$	P	[103]
4-10-253	*Z*-senegin III	$C_{75}H_{112}O_{35}$	P	[103]
4-10-254	asterbatanoside F	$C_{56}H_{90}O_{25}$	P	[104]
4-10-255	asterbatanoside G	$C_{54}H_{88}O_{24}$	P	[104]
4-10-256	asterbatanoside H	$C_{54}H_{88}O_{25}$	P	[104]
4-10-257	asterbatanoside I	$C_{56}H_{90}O_{26}$	P	[104]
4-10-258	asterbatanoside J	$C_{59}H_{94}O_{28}$	P	[105]
4-10-259	asterbatanoside K	$C_{64}H_{102}O_{32}$	P	[105]
4-10-260	asteryunnanoside E	$C_{48}H_{78}O_{20}$	P	[106]
4-10-261	bellidiastroside C_2	$C_{53}H_{86}O_{23}$	M	[107]
4-10-262	lindernioside A	$C_{42}H_{64}O_{17}$	P	[108]
4-10-263	lindernioside B	$C_{41}H_{58}O_{18}$	P	[108]
4-10-264	acanjaposide D	$C_{48}H_{76}O_{20}$	P	[109]
4-10-265	acanjaposide E	$C_{48}H_{76}O_{20}$	P	[109]
4-10-266	acanjaposide F	$C_{48}H_{76}O_{20}$	P	[109]
4-10-267	acanjaposide G	$C_{48}H_{76}O_{19}$	P	[109]
4-10-268	acanjaposide H	$C_{48}H_{76}O_{19}$	P	[109]
4-10-269	acanjaposide I	$C_{48}H_{74}O_{20}$	P	[109]

续表

编号	名称	分子式	测试溶剂	参考文献
4-10-270	calendulaglycoside A 6'-O-methyl ester	$C_{55}H_{88}O_{24}$	P	[110]
4-10-271	calendulaglycoside A 6'-O-n-butyl ester	$C_{58}H_{94}O_{24}$	P	[110]
4-10-272	calendulaglycoside B 6'-O-n-butyl ester	$C_{52}H_{84}O_{19}$	P	[110]
4-10-273	calendulaglycoside C 6'-O-n-butyl ester	$C_{52}H_{84}O_{19}$	P	[110]
4-10-274	solidagosaponin I	$C_{41}H_{66}O_{15}$	P	[111]
4-10-275	solidagosaponin II	$C_{45}H_{72}O_{17}$	P	[111]
4-10-276	solidagosaponin III	$C_{47}H_{76}O_{19}$	P	[111]
4-10-277	solidagosaponin IV	$C_{51}H_{82}O_{21}$	P	[111]
4-10-278	solidagosaponin V	$C_{46}H_{74}O_{19}$	P	[111]
4-10-279	solidagosaponin VI	$C_{50}H_{80}O_{21}$	P	[111]
4-10-280	solidagosaponin VII	$C_{46}H_{74}O_{19}$	P	[111]
4-10-281	solidagosaponin VIII	$C_{50}H_{80}O_{21}$	P	[111]
4-10-282	solidagosaponin IX	$C_{42}H_{68}O_{16}$	P	[111]
4-10-283	rotundioside N	$C_{48}H_{78}O_{18}$	P	[112]
4-10-284	rotundioside P	$C_{48}H_{80}O_{18}$	P	[112]
4-10-285	rotundioside R	$C_{49}H_{82}O_{18}$	P	[112]
4-10-286	rotundioside X	$C_{48}H_{80}O_{17}$	P	[112]
4-10-287	rotundioside Y	$C_{49}H_{82}O_{17}$	P	[112]
4-10-288	rotundioside L	$C_{47}H_{76}O_{17}$	P	[112]
4-10-289	rotundioside M	$C_{48}H_{78}O_{17}$	P	[112]
4-10-290	theasaponin A_1	$C_{57}H_{90}O_{26}$	P	[113]
4-10-291	theasaponin A_2	$C_{59}H_{92}O_{27}$	P	[113]
4-10-292	theasaponin A_3	$C_{61}H_{94}O_{28}$	P	[113]
4-10-293	theasaponin F_1	$C_{58}H_{90}O_{27}$	P	[113]
4-10-294	theasaponin F_2	$C_{60}H_{92}O_{28}$	P	[113]
4-10-295	theasaponin F_3	$C_{60}H_{92}O_{28}$	P	[113]
4-10-296	tragopogonsaponin A	$C_{36}H_{56}O_{10}$	P	[114]
4-10-297	tragopogonsaponin B	$C_{50}H_{70}O_{16}$	P	[114]
4-10-298	tragopogonsaponin C	$C_{51}H_{72}O_{17}$	P	[114]
4-10-299	tragopogonsaponin D	$C_{57}H_{82}O_{22}$	P	[114]
4-10-300	tragopogonsaponin E	$C_{57}H_{82}O_{22}$	P	[114]
4-10-301	tragopogonsaponin F	$C_{56}H_{80}O_{21}$	P	[114]
4-10-302	tragopogonsaponin G	$C_{56}H_{82}O_{21}$	P	[114]
4-10-303	tragopogonsaponin H	$C_{56}H_{80}O_{21}$	P	[114]
4-10-304	tragopogonsaponin I	$C_{56}H_{82}O_{21}$	P	[114]
4-10-305	tragopogonsaponin J	$C_{57}H_{84}O_{22}$	P	[114]
4-10-306	tragopogonsaponin K	$C_{50}H_{72}O_{15}$	P	[114]
4-10-307	tragopogonsaponin L	$C_{49}H_{72}O_{15}$	P	[114]
4-10-308	tragopogonsaponin M	$C_{50}H_{74}O_{16}$	P	[114]
4-10-309	tragopogonsaponin N	$C_{62}H_{90}O_{26}$	P	[114]
4-10-310	tragopogonsaponin O	$C_{62}H_{92}O_{26}$	P	[114]
4-10-311	tragopogonsaponin P	$C_{62}H_{92}O_{26}$	P	[114]
4-10-312	tragopogonsaponin Q	$C_{56}H_{84}O_{20}$	P	[114]
4-10-313	tragopogonsaponin R	$C_{63}H_{94}O_{27}$	P	[114]

第四章 二倍半萜、三萜和多萜类化合物

4-10-1 R¹=β-OAc, H; R²=H; R³=H₂; R⁴=α-OAc, H
4-10-2 R¹=β-OAc, H; R²=H; R³=H₂; R⁴=O
4-10-3 R¹=β-OAc, H; R²=H; R³=H₂; R⁴=α-OH, H
4-10-4 R¹=β-OAc, H; R²=H; R³=O; R³=R⁴=α-OH, H
4-10-5 R¹=β-OAc, H; R²=H; R³=α-OH, H; R⁴=α-OH, H
4-10-6 R¹=H₂; R²=H; R³=α-OH, H; R⁴=O
4-10-7 R¹=β-OH, H; R²=OH; R³=O; R⁴=H₂

4-10-8

4-10-9 R=O
4-10-10 R=β-OH, H

4-9-11

4-10-12 R¹=B; R²=O; R³=R⁴=H
4-10-13 R¹=A; R²=α-OH, H; R³=R⁴=H
4-10-14 R¹=B; R²=α-OH, H; R³=R⁴=H
4-10-15 R¹=C; R²=H₂; R³=OH; R⁴=E
4-10-16 R¹=C; R²=H₂; R³=R⁴=H
4-10-17 R¹=D; R²=H₂; R³=R⁴=H

表 4-10-2 化合物 4-10-1~4-10-6 的 ¹³C NMR 数据[1]

C	4-10-1	4-10-2	4-10-3	4-10-4	4-10-5	4-10-6
1	39.5	39.6	38.9	38.9	38.7	39.5
2	28.9	26.6	27.4	28.4	27.5	27.6
3	80.3	81.0	80.4	80.0	80.0	74.4
4	40.5	42.3	39.3	39.4	39.1	39.0
5	55.4	57.8	56.6	56.0	54.9	55.7
6	18.1	18.4	18.2	18.6	18.0	18.2
7	32.2	33.2	32.7	33.4	33.8	32.9
8	42.4	41.6	42.0	42.6	43.1	42.0
9	50.2	40.4	51.4	49.9	50.3	50.3
10	37.1	36.5	37.0	37.0	32.9	36.9

续表

C	4-10-1	4-10-2	4-10-3	4-10-4	4-10-5	4-10-6
11	19.4	19.5	20.1	20.1	19.3	18.6
12	33.0	32.6	34.7	34.2	33.4	33.6
13	86.0	85.9	86.4	96.4	87.2	86.3
14	49.4	47.0	44.0	44.1	44.1	44.0
15	44.8	44.4	35.9	36.2	35.9	35.4
16	78.4	213.1	76.8	73.4	69.4	212.7
17	57.0	55.0	43.6	46.5	53.0	53.3
18	52.6	53.4	51.2	51.3	46.6	46.0
19	40.0	39.6	39.1	40.0	37.9	38.8
20	32.2	32.0	31.7	32.1	36.9	30.9
21	35.6	36.0	36.8	37.3	37.2	37.4
22	34.8	33.8	32.7	33.1	33.6	34.0
23	27.4	27.2	28.4	28.4	28.2	27.6
24	16.7	20.1	16.6	16.6	16.2	15.9
25	15.8	16.2	16.0	15.8	16.5	15.7
26	19.0	18.9	18.5	18.6	18.7	17.7
27	22.4	22.1	19.5	19.9	19.1	18.8
28	76.1	77.5	78.2	180.1	99.6	100.4
29	33.2	34.0	33.6	33.4	32.8	31.3
30	23.7	24.2	23.6	25.0	24.5	25.3
OAc	171.0/25.6 170.4/24.7	169.9/23.5	170.4/24.3		170.2/23.6	

表 4-10-3 化合物 4-10-7~4-10-11 的 ^{13}C NMR 数据

C	4-10-7[2]	4-10-8[3]	4-10-9[4]	4-10-10[4]	4-10-11[5]	C	4-10-7[2]	4-10-8[3]	4-10-9[4]	4-10-10[4]	4-10-11[5]
1	38.8	39.0	41.3	39.8	39.0	16	21.2	26.0	21.2	21.7	21.3
2	27.5	34.2	34.3	28.0	34.3	17	44.7	41.9	43.8	44.1	44.0
3	78.8	215.9	215.3	78.6	216.8	18	51.1	51.1	49.6	49.9	50.5
4	38.9	47.6	49.1	40.6	47.6	19	39.4	32.4	37.8	38.2	37.3
5	55.2	54.5	56.3	56.1	54.6	20	31.6	36.7	31.5	31.5	31.4
6	17.7	19.2	69.1	67.5	18.8	21	34.1	30.9	33.9	34.5	30.4
7	34.0	30.9	39.5	40.8	33.8	22	27.2	30.6	26.7	27.7	25.4
8	42.1	41.7	40.8	41.2	41.4	23	28.0	26.2	23.5	28.0	26
9	44.6	52.8	50.9	52.0	52.5	24	15.4	21.0	24.5	17.6	20.8
10	36.4	36.3	35.9	36.6	36.1	25	15.9	17.3	17.8	19.0	17.3
11	28.8	132.3	52.5	53.1	135.2	26	18.5	19.4	20.9	21.3	18.6
12	76.4	131.3	57.0	57.5	127.4	27	18.6	19.6	19.1	19.1	18.1
13	90.5	84.9	87.2	87.7	89.5	28	179.9	77.1	179.2	179.0	179.9
14	42.3	44.2	40.8	41.3	41.5	29	33.3	65.0	33.2	33.1	33.3
15	28.0	25.7	26.9	27.1	27.1	30	23.9	28.9	23.5	23.5	23.5

表 4-10-4　化合物 4-10-12~4-10-17 的 ^{13}C NMR 数据

C	4-10-12[6]	4-10-13[6]	4-10-14[6]	4-10-15[7]	4-10-16[8]	4-10-17[8]
1	38.6	38.6	38.6	40.3	39.2	39.2
2	26.5	26.5	26.5	27.3	26.6	26.4
3	89.4	88.7	89.4	90.4	91.4	88.7
4	39.9	39.8	39.9	40.9	42.5	42.1
5	55.5	55.4	55.5	56.8	55.7	55.6
6	17.9	17.9	17.9	19.1	19.6	19.6
7	31.8	31.9	31.8	35.4	33.8	33.9
8	42.4	41.8	41.9	43.8	42.6	42.1
9	52.9	52.9	52.9	51.4	50.6	50.4
10	36.4	36.3	36.4	38.0	37.0	36.5
11	131.2	131.5	131.5	20.4	19.3	19.3
12	132.5	132.2	132.3	34.4	32.9	32.8
13	84.8	85.0	85.0	88.9	86.4	86.2
14	43.6	43.5	43.5	45.0	44.0	44.2
15	34.4	33.4	33.4	37.8	34.5	34.4
16	75.5	74.7	74.7	70.9	77.2	77.2
17	50.9	46.1	46.1	52.6	44.6	44.3
18	49.7	50.5	50.5	48.5	51.6	51.6
19	38.3	34.1	34.1	39.5	39.7	39.3
20	44.2	37.0	37.1	34.5	31.9	31.5
21	213.5	72.6	72.7	42.8	36.9	36.5
22	45.8	38.3	38.3	73.8	31.8	31.5
23	28.0	27.9	28.0	29.1	28.1	27.7
24	16.1	16.2	16.1	17.7	16.5	16.3
25	18.1	18.3	18.2	17.5	16.6	16.4
26	19.7	19.4	19.4	19.8	18.0	18.3
27	18.9	17.7	17.7	20.9	18.6	18.5
28	75.1	78.2	78.2	98.9	77.6	77.6
29	26.2	25.6	25.6	34.4	24.8	24.7
30	26.6	29.1	29.1	26.7	33.8	33.8
	Fuc	Fuc	Fuc	Ara	Ara	Ara
1	105.2	104.9	105.2	105.6	105.6	103.9
2	78.1	80.5	77.3	80.5	79.4	77.8
3	76.2	75.5	76.2	74.5	74.3	74.6
4	72.9	72.6	72.9	80.1	80.3	78.8
5	70.8	71.1	70.8	65.8	65.8	63.2
6	17.3	17.2	17.3			
Glu						
1	102.1	103.1	102.2	105.4	104.8	102.8
2	79.4	84.7	78.1	86.3	85.1	83.6
3	77.3	77.6	79.4	79.0	75.9	74.1
4	72.8	71.8	72.8	72.0	72.0	71.8
5	77.1	77.4	77.0	78.3	77.6	76.7

C	4-10-12[6]	4-10-13[6]	4-10-14[6]	4-10-15[7]	4-10-16[8]	4-10-17[8]
6	63.3	62.8	63.5	63.2	63.3	62.1
		Xyl		Glu'		
1		106.5		105.9	104.3	101.3
2		75.8		77.1	76.0	75.9
3		77.9		78.6	78.0	77.7
4		70.7		72.8	71.1	71.4
5		67.4		79.2	77.9	77.3
6				64.0	62.6	62.2
	Rha		Rha	Xyl	Xyl	Rha
1	101.9		101.8	108.6	107.3	105.0
2	72.7		72.7	77.0	77.9	77.7
3	72.5		72.5	79.2	77.6	74.6
4	74.3		74.3	71.7	70.9	72.1
5	69.4		69.5	68.5	67.4	71.1
6	19.0		18.9			18.4

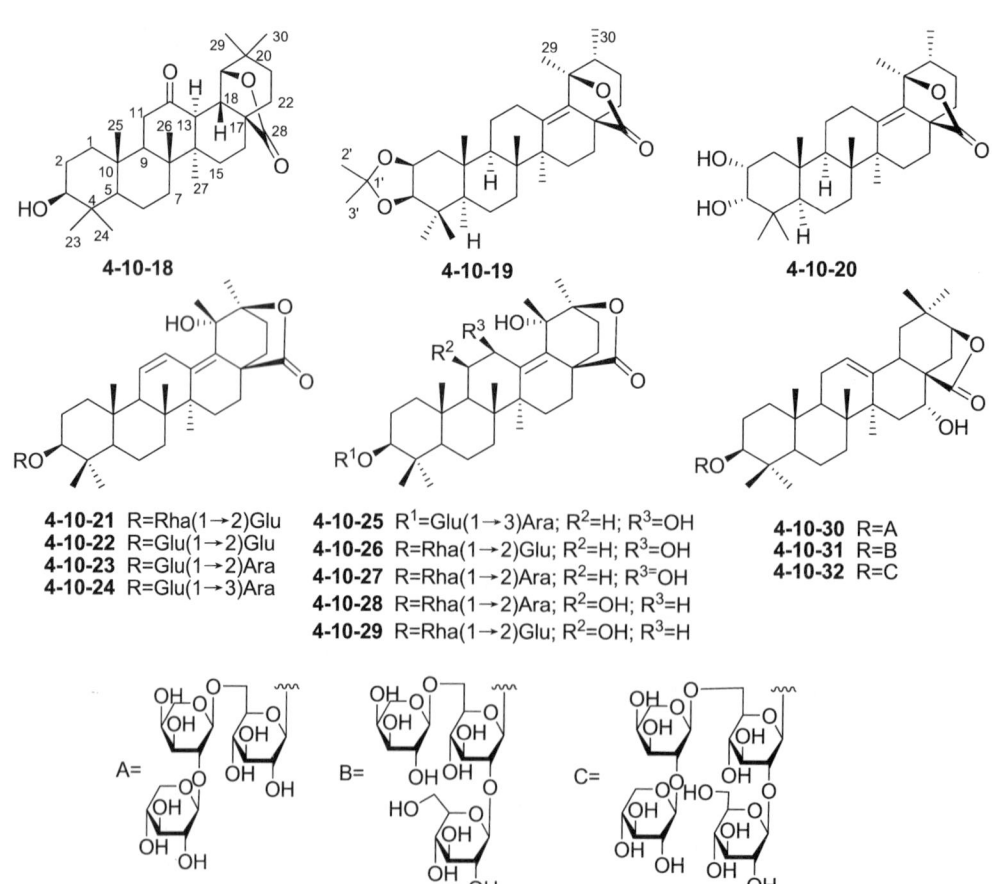

4-10-18

4-10-19

4-10-20

4-10-21 R=Rha(1→2)Glu
4-10-22 R=Glu(1→2)Glu
4-10-23 R=Glu(1→2)Ara
4-10-24 R=Glu(1→3)Ara

4-10-25 R¹=Glu(1→3)Ara; R²=H; R³=OH
4-10-26 R=Rha(1→2)Glu; R²=H; R³=OH
4-10-27 R=Rha(1→2)Ara; R²=H; R³=OH
4-10-28 R=Rha(1→2)Ara; R²=OH; R³=H
4-10-29 R=Rha(1→2)Glu; R²=OH; R³=H

4-10-30 R=A
4-10-31 R=B
4-10-32 R=C

表 4-10-5　化合物 4-10-18~4-10-20 的 ^{13}C NMR 数据

C	4-10-18[9]	4-10-19[10]	4-10-20[10]	C	4-10-18[9]	4-10-19[10]	4-10-20[10]
1	38.5	43.8	43.5	18	45.8	134.0	133.1
2	27.8	72.5	66.3	19	87.2	91.3	91.1
3	77.9	83.4	79.3	20	32.4	40.3	39.8
4	39.4	36.2	38.9	21	33.6	27.5	27.0
5	55.6	50.7	48.8	22	26.8	32.7	32.1
6	18.4	19.1	18.5	23	39.4	28.7	29.4
7	34.8	35.1	35.0	24	28.6	23.8	22.1
8	41.7	43.0	43.2	25	15.9	19.2	18.0
9	49.8	51.9	51.9	26	17.7	17.0	18.9
10	38.3	39.2	39.1	27	25.8	24.6	24.6
11	38.5	26.8	26.6	28	180.1	177.8	178.2
12	214.9	28.4	26.2	29	30.5	23.1	22.9
13	54.4	137.3	136.8	30	22.7	15.7	15.4
14	44.8	43.0	42.6	1'		107.5	
15	26.1	26.8	27.9	2'		29.2	
16	26.0	22.6	22.1	3'		26.9	
17	42.0	48.9	48.8				

表 4-10-6　化合物 4-10-21~4-10-24 的 ^{13}C NMR 数据[11]

C	4-10-21	4-10-22	4-10-23	4-10-24	C	4-10-21	4-10-22	4-10-23	4-10-24
1	38.3	38.2	38.5	38.5	23	27.6	27.8	28.2	28.1
2	26.6	26.8	26.7	26.9	24	16.4	16.5	16.5	16.7
3	88.8	88.9	89.1	88.9	25	18.3	18.3	18.7	18.7
4	39.5	39.6	39.9	40.0	26	16.5	16.2	16.8	16.9
5	55.3	55.1	55.5	55.5	27	18.6	18.6	18.7	19.0
6	18.2	18.3	18.9	18.7	28	175.2	175.2	175.6	175.6
7	32.8	32.8	33.2	33.3	29	23.6	23.7	24.0	24.0
8	42.1	42.1	42.5	42.5	30	19.4	19.5	19.8	19.8
9	54.4	54.4	54.8	54.9	3-O-糖基	Glu	Glu	Ara	Ara
10	36.4	36.5	36.9	36.9	1	105.1	105.2	105.2	107.7
11	127.0	127.1	127.5	127.5	2	79.4	83.5	81.4	72.3
12	128.4	128.5	128.8	128.8	3	77.9	78.0	74.5	84.4
13	140.7	140.7	141.1	141.1	4	71.8	71.6	68.6	69.7
14	42.0	42.1	42.5	42.5	5	77.4	78.0	65.3	67.4
15	25.8	25.8	26.2	26.2	6	62.5	62.7		
16	26.2	26.4	26.7	26.7	(末端糖基)	Rha	Glu	Glu	Glu
17	43.8	43.8	44.2	44.2	1	101.3	106.1	106.3	106.7
18	134.9	135.3	135.3	135.4	2	72.5	77.1	76.7	76.0
19	74.0	74.1	73.7	74.4	3	77.9	78.3	78.5	79.0
20	85.9	85.9	86.3	86.2	4	71.8	71.6	71.9	71.9
21	28.5	28.5	28.9	28.9	5	77.4	78.3	78.5	78.7
22	32.8	32.8	33.2	33.3	6	62.5	62.7	62.9	63.0

表 4-10-7　化合物 4-10-25~4-10-27 的 ^{13}C NMR 数据[11]

C	4-10-25	4-10-26	4-10-27	C	4-10-25	4-10-26	4-10-27
1	38.9	38.8	39.4	23	28.1	27.6	28.4
2	28.8	26.4	29.2	24	16.9	16.6	17.3
3	88.7	88.5	89.2	25	16.6	16.2	17.0
4	39.6	39.1	39.9	26	18.2	17.6	18.5
5	56.0	55.8	56.5	27	23.4	23.0	23.8
6	18.5	18.0	18.9	28	175.4	175.3	175.7
7	35.5	35.0	35.8	29	25.2	24.8	25.6
8	41.7	41.3	42.1	30	19.4	19.0	19.8
9	44.9	44.3	44.3	3-O-糖基	Ara	Glu	Ara
10	37.0	36.5	37.3	1	107.4	104.9	105.2
11	26.8	26.4	26.6	2	71.9	79.2	76.3
12	66.0	65.8	66.4	3	84.1	77.5	74.7
13	146.3	145.9	146.7	4	69.3	71.6	69.1
14	44.1	43.8	44.4	5	67.0	77.4	65.1
15	26.2	28.5	29.2	6		62.2	
16	26.7	25.8	26.9		Glu	Rha	Rha
17	43.9	43.5	45.2	1	106.4	101.2	102.1
18	137.5	136.9	137.8	2	75.7	71.8	72.8
19	74.3	73.5	74.2	3	78.4	71.6	72.8
20	85.6	85.4	86.0	4	71.5	73.8	74.4
21	28.3	27.8	28.7	5	78.6	69.2	70.2
22	32.8	32.2	33.2	6	62.6	18.2	18.9

表 4-10-8　化合物 4-10-28~4-10-29 的 ^{13}C NMR 数据[11]

C	4-10-28	4-10-29	C	4-10-28	4-10-29	C	4-10-28	4-10-29
1	39.3	38.8	16	27.2	26.6	3-O-糖基	Ara	Glu
2	27.2	26.6	17	45.8	45.2	1	105.1	105.1
3	88.9	88.5	18	135.8	135.1	2	76.3	79.4
4	39.8	39.1	19	74.1	72.9	3	74.3	77.8
5	56.1	55.6	20	85.7	85.1	4	69.0	71.2
6	18.8	18.1	21	29.6	28.9	5	64.9	77.4
7	35.5	34.8	22	32.8	32.1	6		62.5
8	43.1	42.4	23	28.3	27.7	(末端糖基)	Rha	Rha
9	50.4	49.7	24	17.1	16.6	1	102.0	101.3
10	37.4	36.7	25	17.1	16.4	2	72.8	72.1
11	71.8	71.8	26	17.4	17.4	3	72.7	72.0
12	33.8	32.9	27	21.9	21.2	4	73.6	73.7
13	143.9	143.5	28	175.8	175.3	5	70.2	69.3
14	46.5	45.9	29	26.9	26.2	6	18.7	18.3
15	29.5	28.8	30	20.5	19.8			

表 4-10-9 化合物 4-10-30~4-10-32 的 ^{13}C NMR 数据[12]

C	4-10-30	4-10-31	4-10-32	C	4-10-30	4-10-31	4-10-32
1	38.7	38.6	38.7	29	28.6	28.6	28.6
2	26.8	26.6	26.9	30	24.3	24.3	24.3
3	88.5	89	88.6	Glu-1			
4	39.6	39.5	39.6	1	106.8	105.1	105.1
5	56.0	55.8	56.0	2	75.7	83.2	83.2
6	18.5	18.4	18.5	3	78.4	78.2	78.0
7	32.6	32.5	32.6	4	72.3	72.3	72.0
8	40.4	40.3	40.4	5	76.3	76.4	76.0
9	47.3	47.2	47.3	6	69.6	69.7	69.3
10	37.0	36.9	37.0	Ara			
11	23.8	23.7	23.8	1	102.4	105.3	102.5
12	124.6	124.6	124.6	2	80.7	71.6	80.8
13	140.1	140.1	140.1	3	72.7	74.3	72.7
14	43.4	43.3	43.4	4	67.4	69.1	67.4
15	38.3	38.2	38.2	5	64.4	66.5	64.4
16	66.8	66.7	66.8	Xyl			
17	50.0	50.0	50.0	1	106.4		106.5
18	41.8	41.7	41.8	2	75.5		75.6
19	43.0	42.9	43.0	3	77.9		78.0
20	34.2	34.2	34.2	4	70.9		70.9
21	83.5	83.4	83.5	5	67.5		67.5
22	27.2	26.7	27.2	Glu-2			
23	28.2	28.1	28.2	1		106.1	106.1
24	17.1	16.8	16.8	2		77.1	77.3
25	15.8	15.7	15.8	3		78.0	78.0
26	16.3	16.2	16.3	4		71.6	71.6
27	28.9	28.7	28.9	5		78.3	78.4
28	181.3	181.3	181.3	6		62.7	62.7

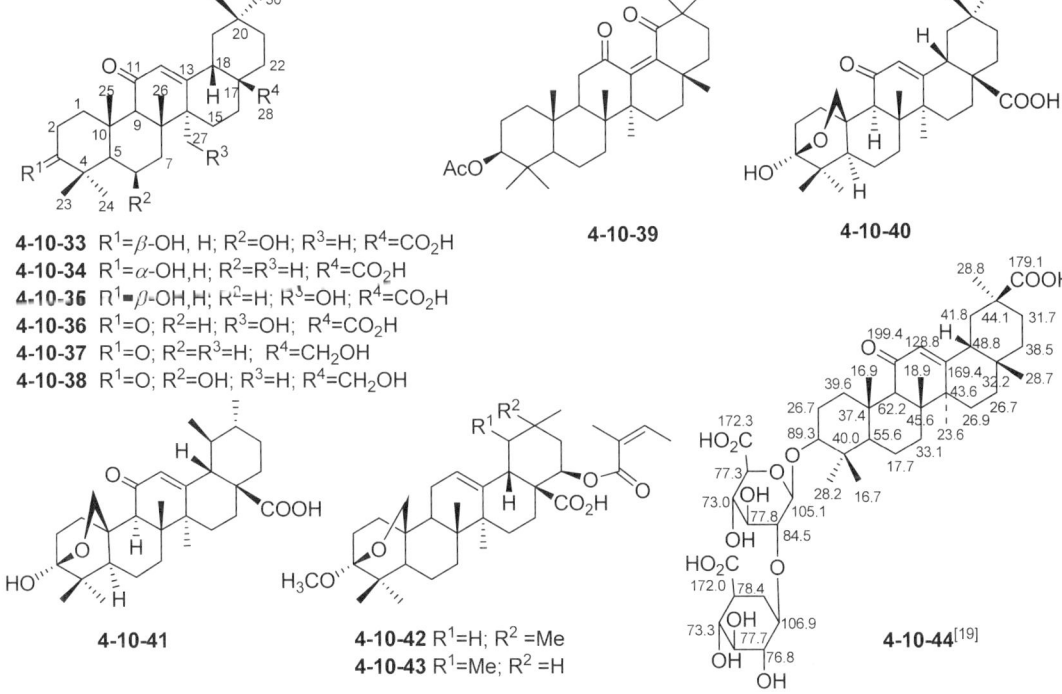

4-10-33 R^1=β-OH, H; R^2=OH; R^3=H; R^4=CO$_2$H
4-10-34 R^1=α-OH,H; R^2=R^3=H; R^4=CO$_2$H
4-10-35 R^1=β-OH,H; R^2=H; R^3=OH; R^4=CO$_2$H
4-10-36 R^1=O; R^2=H; R^3=OH; R^4=CO$_2$H
4-10-37 R^1=O; R^2=R^3=H; R^4=CH$_2$OH
4-10-38 R^1=O; R^2=OH; R^3=H; R^4=CH$_2$OH

4-10-39

4-10-40

4-10-41

4-10-42 R^1=H; R^2=Me
4-10-43 R^1=Me; R^2=H

4-10-44[19]

表 4-10-10 化合物 4-10-33~4-10-40 的 ^{13}C NMR 数据

C	4-10-33[13]	4-10-34[13]	4-10-35[14]	4-10-36[14]	4-10-37[15]	4-10-38[15]	4-10-39[16]	4-10-40[17]
1	41.8	33.4	39.9	40.3	39.8	39.8	37.9	34.6
2	28.3	25.4	28.2	32.9	34.2	34.2	23.4	29.3
3	78.5	75.8	77.9	216.2	217.1	217.1	80.3	98.7
4	40.9	37.5	39.7	47.4	47.8	47.8	37.7	40.7
5	56.0	48.4	55.5	55.2	55.5	55.5	55.3	51.1
6	66.6	17.3	18.0	19.2	18.8	18.9	18.0	19.1
7	41.1	32.8	33.8	34.4	32.1	32.2	34.6	30.8
8	44.8	45.2	45.9	45.6	45.3	45.0	41.3	43.6
9	62.8	61.6	62.4	61.7	61.1	60.8	49.8	55.4
10	37.8	37.4	38.1	37.4	36.7	37.0	37.3	35.1
11	200.1	200.6	201.8	201.3	199.3	198.9	39.3	198.4
12	128.6	128.1	131.8	131.6	128.2	130.5	205.2	127.8
13	169.2	168.3	163.1	163.6	169.0	164.2	145.1	169.4
14	44.5	43.5	49.5	49.6	43.6	43.7	45.1	43.8
15	28.5	27.7	25.0	25.0	25.9	26.7	24.8	28.1
16	23.4	22.7	23.5	23.5	30.6	22.7	36.6	22.9
17	46.2	45.9	46.2	46.2	37.0	38.4	40.1	45.9
18	42.4	41.4	42.4	42.4	42.7	54.0	148.0	41.8
19	44.7	44.1	43.5	43.5	45.0	39.0	211.4	44.3
20	30.9	30.7	30.7	30.7	31.1	39.2	46.3	30.8
21	32.3	33.6	33.9	33.9	33.9	30.3	36.3	33.6
22	34.0	31.6	32.3	32.3	21.6	34.8	33.7	31.4
23	28.5	28.5	28.7	26.8	21.4	21.5	27.9	27.4
24	18..0	22.3	16.5	20.8	26.5	26.4	16.5	18.4
25	18.3	16.1	17.1	16.4	15.7	15.8	15.9	65.7
26	20.1	19.2	21.2	21.3	18.5	18.3	16.9	19.1
27	23.8	23.8	63.6	63.7	23.4	20.5	20.6	23.1
28	179.7	181.7	179.8	179.8	69.6	69.7	23.1	180.7
29	32.9	32.8	32.9	32.9	23.3	17.4	24.7	32.8
30	23.4	23.4	23.6	23.6	32.9	21.1	24.5	23.3
OAc							170.9/21.2	

表 4-10-11 化合物 4-10-41~4-10-43 的 ^{13}C NMR 数据

C	4-10-41[17]	4-10-42[18]	4-10-43[18]	C	4-10-41[17]	4-10-42[18]	4-10-43[18]
1	34.7	34.6	34.9	8	43.5	40.7	40.5
2	29.3	27.9	27.7	9	55.3	42.0	41.9
3	98.5	100.2	100.4	10	35.0	35.0	34.8
4	40.7	38.5	38.7	11	198.1	23.8	23.2
5	51.1	50.7	50.8	12	130.6	122.8	126.1
6	19.1	19.6	19.7	13	163.5	143.4	137.2
7	31.0	31.0	31.2	14	43.8	42.0	42.2

续表

C	4-10-41[17]	4-10-42[18]	4-10-43[18]	C	4-10-41[17]	4-10-42[18]	4-10-43[18]
15	28.7	29.5	29.6	26	19.1	18.2	18.3
16	23.9	24.3	24.7	27	21.0	26.3	23.2
17	47.4	50.8	51.5	28	180.6	179.7	180.2
18	52.9	39.2	49.3	29	17.0	33.7	17.6
19	38.8	45.9	39.2	30	20.7	25.4	21.2
20	38.6	30.2	38.7	OMe		49.5	49.4
21	30.3	37.8	34.8	1'		166.5	166.4
22	35.8	75.1	75.6	2'		127.8	127.9
23	27.4	27.3	27.1	3'		138.4	138.2
24	18.5	17.2	16.9	4'		14.7	14.8
25	65.8	67.6	67.8	5'		20.5	20.4

4-10-45 $R^1=\alpha$-OH; $R^2=R^3$=OH; R^4=H; R^5=O
4-10-46 $R^1=\alpha$-OH; $R^2=R^4$=H; R^3=OH; $R^5=H_2$
4-10-47 $R^1=\beta$-OH; $R^2=R^4$=H; R^3=OH; $R^5=H_2$
4-10-48 $R^1=\beta$-OH; R^2=OH; $R^3=R^4$=H; $R^5=H_2$
4-10-49 $R^1=\beta$-OH; $R^2=R^3$=OH; R^4=H; $R^5=H_2$
4-10-50 $R^1=\alpha$-OH; $R^2=R^3=R^4$=OH; $R^5=H_2$
4-10-51 $R^1=\alpha$-OH; $R^2=R^3$=OH; R^4=H; $R^5=\alpha$-OH, H

4-10-52 R=H
4-10-53 R=OH
4-10-54 R=H
4-10-55 R=OH

表 4-10-12 化合物 4-10-45~4-10-48 的 ^{13}C NMR 数据[20]

C	4-10-45	4-10-46	4-10-47	4-10-48	C	4-10-45	4-10-46	4-10-47	4-10-48
1	43.8	42.6	48.3	48.2	16	36.0	37.0	37.0	31.6
2	66.8	67.3	69.8	69.4	17	43.6	51.2	51.1	49.6
3	74.2	78.8	78.2	80.2	18	75.4	76.4	76.4	28.4
4	48.0	42.7	44.2	48.2	19	50.9	53.1	53.1	49.3
5	45.3	44.4	48.3	48.9	20	45.6	39.8	39.8	37.5
6	19.4	19.0	19.1	19.7	21	222.5	43.1	43.0	31.6
7	35.1	34.7	34.6	34.0	22	41.7	30.8	30.7	26.8
8	40.2	40.8	40.7	40.5	23	69.6	71.4	66.3	63.3
9	48.4	48.5	48.7	48.6	24	64.6	17.7	14.1	64.8
10	38.7	39.2	39.0	38.7	25	17.8	17.9	18.1	17.7
11	23.9	24.1	24.1	24.8	26	18.1	18.2	18.2	18.2
12	119.8	119.2	119.2	122.9	27	23.4	23.6	23.6	26.1
13	142.6	143.6	143.6	146.1	29	29.4	30.5	30.4	24.5
14	44.5	45.3	45.3	42.5	30	26.0	30.6	30.4	33.3
15	28.2	28.2	28.1	26.1					

表 4-10-13 化合物 4-10-49~4-10-51 和 4-10-56 的 ^{13}C NMR 数据[20]

C	4-10-49	4-10-50	4-10-51	4-10-56[20]	C	4-10-49	4-10-50	4-10-51	4-10-56[20]
1	48.2	43.8	43.8	43.8	16	37.0	28.3	38.0	75.1
2	70.0	66.9	66.8	66.8	17	51.2	51.8	49.6	47.1
3	79.5	74.2	74.2	74.2	18	76.3	73.6	74.6	29.3
4	48.0	48.0	48.0	48.0	19	53.1	82.6	49.7	31.8
5	48.9	45.3	45.3	45.3	20	39.8	43.0	44.8	36.5
6	19.7	19.5	19.5	19.4	21	43.1	38.7	81.2	44.7
7	35.0	35.2	35.1	35.0	22	29.6	29.2	39.6	45.0
8	40.7	40.3	40.3	40.2	23	62.8	69.5	69.6	69.6
9	48.5	48.5	48.5	48.4	24	64.6	64.6	64.6	64.6
10	38.8	38.7	38.7	38.7	25	18.0	17.9	17.8	17.8
11	24.3	24.1	23.9	23.9	26	18.0	18.3	18.1	18.1
12	119.1	119.1	119.6	119.5	27	23.6	23.6	23.4	23.3
13	143.6	144.1	143.3	139.4	29	30.5	29.7	29.3	23.0
14	45.2	44.4	44.5	44.6	30	30.4	22.4	24.8	100.3
15	28.2	27.2	28.1	28.1					

表 4-10-14 化合物 4-10-52~4-10-55 的 ^{13}C NMR 数据[21]

C	4-10-52	4-10-53	4-10-54	4-10-55	C	4-10-52	4-10-53	4-10-54	4-10-55
1	43.8	43.8	43.8	42.8	16	36.6	36.6	34.3	34.4
2	66.9	66.9	66.9	67.3	17	50.9	50.9	44.9	45.7
3	74.2	74.2	74.2	73.9	18	75.3	75.9	140.5	141.2
4	48.0	48.0	48.1	48.0	19	52.9	49.0	57.2	52.9
5	45.3	45.3	45.4	45.2	20	39.6	45.2	39.7	45.5
6	19.5	19.5	19.4	19.5	21	42.9	38.0	41.1	36.3
7	35.2	35.2	35.7	35.9	22	29.6	29.4	29.5	30.9
8	40.3	40.3	41.4	41.8	23	69.6	39.6	39.6	68.9
9	48.5	48.5	46.9	47.2	24	64.6	64.6	64.5	64.7
10	38.7	38.7	38.9	39.2	25	17.8	17.9	18.3	18.0
11	24.0	24.0	38.9	39.0	26	18.3	18.2	18.8	18.8
12	118.8	118.8	84.3	85.2	27	23.6	23.6	22.4	22.3
13	143.4	143.4	136.3	136.8	29	30.8	26.9	31.4	26.7
14	44.6	44.6	43.3	44.0	30	30.6	71.7	30.8	71.8
15	28.2	28.2	29.5	30.0					

4-10-57 R^1=R^2=OH; R^3=H; R^4=α-OH
4-10-58 R^1=R^2=OH; R^3=H; R^4=β-OH
4-10-59 R^1=R^3=H; R^2=OH; R^4=α-OH
4-10-60 R^1=R^3=OH; R^2=H; R^4=α-OH

表 4-10-15 化合物 4-10-57~4-10-60 的 ^{13}C NMR 数据[22]

C	4-10-57	4-10-58	4-10-59	4-10-60	C	4-10-57	4-10-58	4-10-59	4-10-60
1	48.1	48.0	48.0	50.1	19	81.1	75.7	81.2	81.0
2	69.4	69.1	69.0	69.4	20	36.5	36.1	36.5	36.4
3	78.9	78.7	78.0	78.1	21	29.2	35.1	28.8	29.2
4	49.0	48.7	45.1	45.0	22	32.2	31.6	32.3	32.4
5	48.1	47.8	48.0	48.7	23	64.4	64.2	65.4	23.7
6	18.7	18.7	18.5	67.0	24	62.2	62.0	13.4	65.4
7	33.8	33.6	33.6	40.9	25	19.3	18.4	19.6	15.0
8	46.3	45.8	48.3	47.3	26	18.0	19.4	18.0	20.7
9	63.6	62.6	63.0	63.5	27	22.6	21.7	23.4	22.0
10	36.5	38.0	36.0	38.1	28	178.3	177.0	178.0	178.1
11	203.0	203.0	203.0	203.0	29	27.9	30.0	27.9	28.1
12	128.9	131.7	128.0	129.0	30	24.5	17.5	24.7	24.0
13	174.0	164.0	174.2	174.0	1'	95.7	95.7	95.8	95.8
14	39.3	44.5	39.6	39.9	2'	73.7	73.6	73.7	73.7
15	29.2	28.7	29.7	29.2	3'	78.1	78.0	78.6	77.6
16	27.8	25.2	27.6	28.0	4'	71.0	70.9	71.0	71.0
17	45.0	49.0	45.3	45.2	5'	78.7	78.6	78.0	78.7
18	46.3	50.0	46.0	46.0	6'	62.2	62.0	62.0	62.3

4-10-61 $R^1=R^4=H$; $R^2=A$, $R^3=C$; $R^5=COOH$; $R^6=CH_3$
4-10-62 $R^1=OH$; $R^2=C$; $R^3=R^4=H$; $R^5=COOH$; $R^6=CH_3$
4-10-63 $R^1=R^3=R^4=H$; $R^2=B$; $R^5=R^6=CH_3$
4-10-64 $R^1=R^3=R^4=H$; $R^2=A$; $R^5=R^6=CH_3$
4-10-65 $R^1=R^3=H$; $R^2=OH$; $R^4=D$; $R^5=COOH$; $R^6=CH_3$
4-10-66 $R^1=R^4=H$; $R^2=OH$; $R^3=C$; $R^5=CH_2OH$; $R^6=CH_3$
4-10-67 $R^1=R^4=H$; $R^2=C$; $R^3=OH$; $R^5=CH_2OH$; $R^6=CH_3$
4-10-68 $R^1=R^4=H$; $R^2=OH$; $R^3=B$; $R^5=COOH$; $R^6=CH_3$
4-10-69 $R^1=R^4=H$; $R^2=OH$; $R^3=A$; $R^5=COOH$; $R^6=CH_3$
4-10-70 $R^1=R^4=H$; $R^2=B$; $R^3=OH$; $R^5=COOH$; $R^6=CH_3$
4-10-71 $R^1=R^3=R^4=H$; $R^2=E$; $R^5=CH_3$; $R^6=COOH$
4-10-72 $R^1=R^3=R^4=H$; $R^2=A$; $R^5=CH_3$; $R^6=COOH$
4-10-73 $R^1=R^3=R^4=H$; $R^2=F$; $R^5=R^6=CH_3$
4-10-74 $R^1=R^3=OH$; $R^4=H$; $R^2=G$; $R^5=CO_2Me$; $R^6=CH_3$

4-10-75 R=H
4-10-76 R=Rha

4-10-77 $R^1=OH$; $R^2=\beta$-M
4-10-78 $R^1=M$; $R^2=\beta$-OH
4-10-79 $R^1=H$; $R^2=\beta$-A
4-10-80 $R^1=M$; $R^2=\alpha$-OH

表 4-10-16　化合物 4-10-61~4-10-64 的 ^{13}C NMR 数据

C	4-10-61[23]	4-10-62[24]	4-10-63[25]	4-10-64[25]	C	4-10-61[23]	4-10-62[24]	4-10-63[25]	4-10-64[25]	C	4-10-61[23]
1	39.4	48.5	38.2	38.2	21	35.3	34.9	34.7	34.1	1″	127.5
2	28.6	67.5	23.5	23.8	22	34.4	33.8	37.1	37.4	2″	115.0
3	82.3	85.4	81.1	81.1	23	28.6	29.1	28.0	28.6	3″	147.0
4	39.0	40.6	36.8	38.6	24	17.4	18.2	15.5	15.8	4″	150.0
5	56.8	56.4	55.3	55.6	25	16.1	17.0	16.7	17.1	5″	116.7
6	19.4	19.4	18.2	18.5	26	19.3	17.7	16.8	17.1	6″	122.9
7	34.2	33.7	32.5	32.9	27	66.9	26.3	25.6	26.1	7″	146.9
8	41.2	40.5	39.8	40.1	28	185.4	182.5	28.4	28.4	8″	115.4
9	50.1	48.9	47.5	47.8	29	33.8	33.5	33.3	33.6	9″	169.1
10	38.3	39.2	37.7	37.4	30	24.2	23.9	23.7	23.9		
11	25.1	24.5	23.5	23.8	1′	133.4	127.8	127.3	127.8		
12	127.0	123.0	121.6	121.9	2′	131.1	115.0	132.2	130.1		
13	140.1	145.5	145.2	145.5	3′	116.9	146.7	115.1	116.1		
14	46.8	42.8	41.7	42.0	4′	161.5	149.4	156.8	157.7		
15	24.6	28.8	26.1	26.4	5′	116.9	116.4	115.1	116.1		
16	24.2	24.0	26.9	27.2	6′	131.1	122.7	132.2	130.1		
17	48.4	47.8	32.5	32.7	7′	146.4	146.5	143.5	144.1		
18	43.2	42.9	47.2	47.5	8′	115.5	115.7	117.5	116.7		
19	47.1	47.3	46.8	47.1	9′	169.3	169.5	166.8	167.4		
20	31.7	31.6	31.1	31.3							

表 4-10-17　化合物 4-10-65~4-10-72 的 ^{13}C NMR 数据

C	4-10-65[26]	4-10-66[27]	4-10-67[27]	4-10-68[28]	4-10-69[28]	4-10-70[28]	4-10-71[29]	4-10-72[29]
1	39.9	39.8	39.2	37.9	38.1	38.0	33.9	33.8
2	27.9	27.4	24.2	25.7	25.8	29.7	22.8	22.8
3	79.6	72.7	75.8	73.6	72.9	74.6	78.7	78.2
4	39.8	43.2	43.0	41.9	42.3	42.4	36.8	36.8
5	56.7	49.0	47.8	48.4	48.4	46.7	50.4	50.3
6	19.5	19.2	18.8	18.2	18.2	17.7	18.2	18.2
7	34.5	33.4	33.1	32.2	32.4	32.2	32.6	32.5
8	41.3	41.0	41.0	39.2	39.2	39.3	40.0	39.9
9	50.0	49.4	49.0	47.6	47.8	47.5	47.6	47.5
10	38.4	37.8	38.1	36.9	36.9	36.8	36.9	36.9
11	24.0	24.6	24.7	23.3	23.3	23.4	23.4	23.4
12	128.2	123.4	123.4	122.5	122.6	122.4	122.9	122.9
13	139.1	145.7	145.8	143.6	143.5	143.8	144.0	144.1
14	46.8	42.8	43.0	40.9	41.5	41.7	41.6	41.6
15	25.1	26.5	26.6	27.6	27.6	27.7	26.1	26.1
16	24.7	22.8	22.9	22.8	22.9	23.0	27.0	27.0
17	47.5	38.1	38.1	45.8	46.5	45.9	32.0	32.0
18	42.6	43.8	43.8	41.4	41.0	40.9	48.1	48.0
19	46.3	47.7	47.9	46.5	45.8	46.5	42.7	42.7

续表

C	4-10-65[26]	4-10-66[27]	4-10-67[27]	4-10-68[28]	4-10-69[28]	4-10-70[28]	4-10-71[29]	4-10-72[29]
20	31.6	31.8	31.8	30.7	30.7	30.7	44.1	44.0
21	34.8	35.2	35.3	33.7	33.8	33.8	31.1	31.1
22	33.8	32.2	32.3	32.4	32.4	32.4	38.3	38.3
23	28.7	12.7	13.9	12.1	12.0	12.8	28.2	28.2
24	16.4	66.5	64.7	68.3	67.4	64.2	21.9	21.9
25	16.2	16.4	16.5	15.8	15.9	16.0	15.3	15.3
26	18.9	17.3	17.4	17.3	17.1	17.1	16.8	16.8
27	66.8	26.4	26.6	25.9	25.9	26.0	26.1	26.1
28	181.8	69.7	69.8	183.6	182.8	182.4	28.7	28.7
29	33.5	33.7	33.8	33.1	33.0	30.0	28.0	28.0
30	24.1	24.0	24.0	23.6	23.5	23.6	182.7	182.2
OMe	56.5							
1'	127.6	127.6	127.7	127.1	126.9	127.3	127.5	127.4
2'	111.5	115.0	115.1	132.0	130.1	132.4	115.5	129.9
3'	150.8	146.8	146.9	115.2	115.9	115.0	144.2	115.8
4'	149.5	149.7	149.6	157.3	158.1	157.0	146.5	157.5
5'	116.6	116.5	116.5	115.2	115.9	115.0	116.2	115.8
6'	124.2	123.0	122.9	132.0	130.1	132.4	122.3	129.9
7'	146.8	146.9	146.9	144.0	145.2	144.3	144.8	144.4
8'	115.8	115.0	115.6	116.7	114.9	117.0	114.5	116.5
9'	168.9	169.0	169.2	167.2	167.8	167.5	167.5	167.0

表 4-10-18 化合物 4-10-73~4-10-76 的 ^{13}C NMR 数据

C	4-10-73[30]	4-10-74[31]	4-10-75[32]	4-10-76[32]	C	4-10-73[30]	4-10-74[31]	4-10-75[32]	4-10-76[32]
1	38.2	46.7	38.8	38.8	25	15.6	17.3	16.4	16.4
2	23.6	66.6	23.6	23.7	26	16.8	16.9	17.2	17.3
3	81.6	79.9	85.6	86.0	27	25.9	26.0	26.1	26.1
4	37.9	43.7	37.1	36.9	28	28.4	178.2	180.1	180.1
5	55.2	46.6	51.5	51.5	29	33.3	33.1	33.2	33.2
6	18.3	17.8	17.6	17.8	30	23.7	23.6	23.7	23.7
7	32.6	32.4	32.6	32.6	OMe			51.5	
8	39.8	39.4	39.8	39.8	1'	165.7	126.8	103.7	103
9	47.6	47.5	47.9	47.9	2'	129.6	130.0	71.6	78.2
10	36.8	38.0	37.3	37.3	3'	141.1	114.4	71.8	72.1
11	23.5	23.5	23.5	23.6	4'	138.3	161.7	72.6	72.2
12	121.6	121.9	122.3	122.2	5'	135.3	114.4	65.4	65.1
13	145.2	144.0	144.8	144.8	6'	200.2	130.0		
14	41.7	41.8	42.1	42.1	7'	41.0	146.0		
15	26.1	27.6	28.2	28.3	8'	26.1	114.5		
16	26.9	23.0	23.6	23.6	9'	22.3	169.1		
17	32.5	46.7	46.5	46.5	10'	13.9			
18	47.2	41.3	42.0	42.0	Rha				
19	46.8	45.8	46.6	46.6	1				103.3
20	31.1	30.7	30.9	30.9	2				72.3
21	34.7	33.8	34.2	34.2	3				72.9
22	37.1	32.2	33.1	33.1	4				74.1
23	28.1	64.6	78.3	78.3	5				69.9
24	16.8	13.8	13.7	13.6	6				18.5

表 4-10-19　化合物 4-10-77~4-10-80 的 ^{13}C NMR 数据[33]

C	4-10-77	4-10-78	4-10-79	4-10-80	C	4-10-77	4-10-78	4-10-79	4-10-80
1	46.8	43.7	37.8	37.8	21	33.9	34.1	33.7	34.1
2	66.9	73.6	23.9	71.5	22	31.2	31.4	31.4	31.4
3	84.6	80.8	81.5	77.0	23	28.6	28.6	28.2	28.6
4	40.0	40.2	39.3	39.1	24	17.9	16.8'	16.9	22.0
5	55.6	55.2	56.1	48.8	25	16.7	16.7'	15.7	16.6
6	18.9	19.1	19.0	18.7	26	26.1	26.0	26.1	26.2
7	41.0	41.3	41.3	41.3	27	22.5	22.6	22.5	22.4
8	39.2	39.5	38.3	39.7	28	181.0	180.4	181.2	181.2
9	50.5	49.4	49.4	48.6	29	32.1	32.3	32.3	32.3
10	39.1	39.2	38.2	39.5	30	28.8	28.9b	29.0	28.9
11	17.6	17.8	17.7	17.7	1'	168.1	167.0	126.4	167.1
12	33.5	33.6	35.8	33.7	2'	121.8	121.2	130.3	121.9
13	37.6	37.7	37.7	37.7	3'	132.0	131.4	116.1	132.2
14	161.3	161.4	160.7	160.7	4'	115.3	114.7	159.8	115.4
15	117.1	116.5	117.1	117.1	5'	160.6	159.8	116.1	162.1
16	31.9	32.1	32.1	32.1	6'			130.3	
17	49.0	50.5	51.3	51.3	7'			145.2	
18	41.3	42.1	42.0	42.0	8'			115.3	
19	35.7	35.8	34.1	35.8	9'			168.4	
20	29.4	29.5	29.5	29.5					

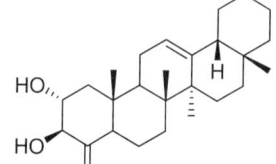

4-10-81　R^1=Ac; R^2=O; R^3=CH$_3$
4-10-82　R^1=H; R^2=H$_2$; R^3=COOH

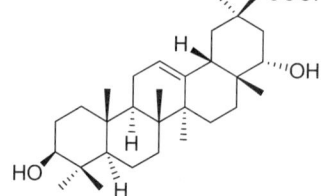

4-10-83　　　　　　4-10-84

表 4-10-20　化合物 4-10-81~4-10-82 的 ^{13}C NMR 数据

C	4-10-81[34]	4-10-82[35]	C	4-10-81[34]	4-10-82[35]	C	4-10-81[34]	4-10-82[35]
1	37.7	39.0	12	55.4	58.7	23	27.8	28.5
2	23.1	27.8	13	37.6	37.8	24	16.5	16.3
3	80.4	78.1	14	173.9	160.1	25	17.1	17.1
4	37.7	39.2	15	120.4	118.5	26	26.0	27.3
5	54.4	55.0	16	206.5	33.3	27	26.0	20.9
6	18.6	19.2	17	45.1	50.8	28	30.9	179.9
7	39.5	40.5	18	45.1	41.8	29	33.9	32.5
8	40.0	39.3	19	32.2	35.8	30	30.6	29.5
9	52.6	54.2	20	28.1	29.3	OAc	170.8/21.2	
10	36.6	37.0	21	36.3	34.4			
11	51.4	52.0	22	27.2	31.6			

4-10-85 R^1=OH; R^2=R^7=CH$_3$; R^3=R^5=R^6=R^8=H; R^4=COOH
4-10-86 R^1=R^3=R^5=R^6=R^8=H; R^2=R^7=CH$_2$OH; R^4=COOCH$_3$
4-10-87 R^1=R^8=H; R^2=R^7=CH$_3$; R^3=OH; R^4=CH$_2$OH; R^5=A; R^6=B
4-10-88 R^1=R^3=R^5=R^6=R^8=H; R^2=R^7=CH$_2$OH; R^4=CO$_2$Glu
4-10-89 R^1=R^3=R^5=R^6=R^8=H; R^2=COOCH$_3$; R^4=CO$_2$Glu; R^7=C
4-10-90 R^1=R^8=OH; R^3=R^5=R^6=H; R^2=D; R^4=CO$_2$H; R^7=CH$_3$

4-10-92 R^1=R^2=R^3=OH; R^4=H
4-10-93 R^1=OH; R^2=R^3=R^4=H
4-10-94 R^1=R^2=R^3=H; R^4=OH

表 4-10-21　化合物 4-10-83~4-10-86 的 ^{13}C NMR 数据

C	4-10-83[36]	4-10-84[37]	4-10-85[38]	4-10-86[39]	C	4-10-83[36]	4-10-84[37]	4-10-85[38]	4-10-86[39]
1	43.8	38.7	47.2	39.5	17	21.0	37.5	44.7	47.5
2	70.0	26.7	66.5	27.4	18	47.8	48.1	43.1	40.5
3	78.9	78.5	82.2	74.1	19	46.8	42.4	80.0	41.5
4	144.0	38.7	48.9	42.9	20	31.5	43.4	34.8	36.6
5	46.0	55.5	55.2	49.6	21	34.8	38.6	28.5	29.3
6	21.0	18.3	19.8	19.1	22	37.2	76.2	32.2	33.1
7	34.0	32.6	32.5	33.5	23	110.0	27.5	24.1	12.6
8	40.0	39.9	38.9	40.6	24		14.8	17.5	67.6
9	46.5	47.8	46.7	45.9	25	14.0	15.1	14.3	16.2
10	38.9	36.9	38.0	36.7	26	18.0	16.2	16.7	17.8
11	25.3	23.4	23.3	24.5	27	26.0	25.4	23.9	26.4
12	123.0	122.9	122.1	123.6	28	27.5	24.1	179.0	178.0
13	145.9	143.8	143.4	144.0	29	33.0	27.9	28.0	19.5
14	41.0	42.1	41.2	41.5	30	24.0	179.9	24.5	74.5
15	27.3	25.6	27.8	27.4	OMe				52.0
16	26.2	19.6	27.2	24.1					

表 4-10-22　化合物 4-10-87~4-10-91 的 ^{13}C NMR 数据

C	4-10-87[40]	4-10-88[41]	4-10-89[41]	4-10-90[42]	4-10-91[43]	C	4-10-87[40]	4-10-88[41]	4-10-89[41]	4-10-90[42]	4-10-91[43]
1	39.1	39.5	38.8	49.9	38.8	6	18.8	19.3	21.6	67.5	18.9
2	28.1	24.5	28.4	68.4	27.3	7	33.2	32.3	32.7	41.1	34.0
3	78.1	73.0	79.3	78.0	78.2	8	40.1	40.6	40.3	39.1	39.8
4	39.4	41.5	54.8	43.8	40.1	9	47.1	47.5	40.7	48.9b	47.9
5	55.8	49.3	52.1	49.5	56.9	10	37.3	36.7	47.0	38.0	37.1

续表

C	4-10-87[40]	4-10-88[41]	4-10-89[41]	4-10-90[42]	4-10-91[43]	C	4-10-87[40]	4-10-88[41]	4-10-89[41]	4-10-90[42]	4-10-91[43]
11	23.9	23.9	23.2	23.5	23.8	1		95.1	95.7		
12	124.1	123.8	123.0	122.5	122.3	2		73.8	74.0		
13	142.7	144.0	143.6	144.1	145.8	3		78.6	78.8		
14	41.6	36.7	42.0	42.6	42.5	4		78.2	71.1		
15	34.8	27.3	27.5	27.8	28.0	5		71.0	78.9		
16	68.7	23.2	23.7	23.8c	23.9	6		62.3	62.1		
17	48.3	48.6	47.3	46.6	47.0	1'	167.6		167.0	121.3	174.2
18	40.1	42.9	40.6	42.0	42.5	2'	128.6		41.8	109.9	103.2
19	47.1	41.3	41.6	46.3	48.2	3'	139.5		167.5	147.6	
20	36.6	35.6	36.7	30.8	30.8	4'	15.8		52.2	140.9	39.5
21	80.7	28.8	28.8	34.1	34.2	5'	20.9			147.6	39.9
22	73.1	29.2	31.9	33.0	33.0	6'				109.9	34.1
23	28.7	12.6	11.8	66.8	26.4	7'				167.1	36.8
24	16.6	67.4	178.7	15.4	19.1	8'					49.1
25	16.1	16.5	16.0	18.8	16.2	9'					15.5
26	17.0	17.7	17.3	18.6	34.1	10'					20.1
27	27.6	26.5	26.0	26.0	25.1	1"	169.8				
28	63.4	178.0	176.1	180.1	183.2	2"	60.2				
29	29.5	19.5	19.0	33.1	28.2	3"	59.9				
30	20.2	74.8	75.3	23.6	16.7	4"	14.0				
OMe			51.8			5"	20.0				
Glu											

表 4-10-23　化合物 4-10-92~4-10-95 的 ^{13}C NMR 数据

C	4-10-92[44]	4-10-93[45]	4-10-94[46]	4-10-95[47]	C	4-10-92[44]	4-10-93[45]	4-10-94[46]	4-10-95[47]
1	46.4	45.8	39.1	45.2	16	21.3	29.8	35.5	72.2
2	69.0	69.4	28.3	66.3	17	45.7	48.0	52.3	74.9
3	83.7	84.5	78.0	73.4	18	51.9	50.0	46.5	48.7
4	39.4	40.0	39.5	42.7	20	31.8	31.5	37.6	31.6
5	55.3	56.0	55.8	50.2	21	33.9	30.2	36.2	35.7
6	17.7	20.2	18.8	18.8	22	27.5	36.0	34.4	33.7
7	34.3	34.1	34.9	31.6	23	28.4	28.0	28.7	67.4
8	42.6	43.0	41.4	40.9	24	16.5	16.8	16.3	14.1
9	44.8	49.0	50.6	48.4	25	18.0	16.0	16.4	18.0
10	37.8	37.5	37.3	37.8	26	18.9	16.7	16.5	17.5
11	29.5	21.6	21.9	24.7	27	20.2	15.4	15.2	27.1
12	64.8	27.6	28.8	124.0	28	179.1	182.5	178.8	33.2
13	91.5	38.6	39.9	144.6	29	33.2	33.4	30.8	24.6
14	43.2	42.2	42.9	44.8	30	23.6	23.8	21.0	74.9
15	29.0	26.7	29.7	37.1					

4-10-96　R^1=Ac; R^2=O; R^3=OH; R^4=R^5=H
4-10-97　R^1=Ac; R^2=α-OH,H; R^3=OAc; R^4=R^5=H
4-10-98　R^1=Ac; R^2=O; R^3=R^4=OH; R^5=H
4-10-99　R^1=R^5=H; R^2=α-OH, H; R^3=R^4=OH
4-10-100　R^1=Ac; R^2=H_2; R^3=H; R^4=OH; R^5=
4-10-101　R^1=Ac; R^2=H_2; R^3=H; R^4=Me; R^5=OH
4-10-102　R^1=Ac; R^2=H_2; R^3=H; R^4=Et; R^5=OH

表 4-10-24 化合物 4-10-96~4-10-99 的 ^{13}C NMR 数据[48]

C	4-10-96	4-10-97	4-10-98	4-10-99	C	4-10-96	4-10-97	4-10-98	4-10-99
1	39.4	39.0	39.5	38.9	17	54.9	44.1	57.8	41.5
2	27.2	28.4	28.0	27.6	18	47.9	42.3	51.9	46.3
3	79.6	79.9	78.9	76.3	19	47.2	48.4	48.5	45.6
4	39.7	38.8	39.3	39.0	20	31.9	31.7	30.8	32.0
5	55.6	596.0	56.0	55.8	21	36.7	37.6	36.0	36.8
6	18.0	17.9	18.3	18.7	22	29.4	30.8	29.9	31.2
7	32.2	32.4	33.0	33.3	23	28.1	28.0	27.4	28.2
8	40.7	41.0	40.5	41.0	24	17.0	16.4	16.4	16.0
9	48.3	48.6	49.1	47.8	25	16.4	16.1	15.9	15.7
10	37.4	36.9	36.7	37.1	26	18.3	18.6	17.8	17.8
11	23.8	24.4	70.5	71.8	27	27.1	27.8	27.0	26.9
12	122.4	123.4	121.7	123.0	28	62.0	76.5	63.0	61.5
13	145.6	146.3	146.0	145.6	29	34.0	34.1	33.1	33.8
14	46.8	42.8	43.3	42.3	30	25.4	25.2	25.8	25.3
15	44.3	35.1	36.6	36.0	OAc	171.4/25.6	168.2/23.6	170.0/23.6	
16	212.2	75.4	212.4	72.8			170.8/24.5		

表 4-10-25 化合物 4-10-100~4-10-102 的 ^{13}C NMR 数据[49]

C	4-10-100	4-10-101	4-10-102	C	4-10-100	4-10-101	4-10-102
1	76.3	76.5	76.6	19	46.7	47.1	47.4
2	31.2	32.2	33.0	20	31.1	31.5	31.7
3	77.9	77.9	78.1	21	34.7	34.9	35.2
4	38.2	38.2	38.5	22	37.2	37.2	37.6
5	52.0	52.7	52.8	23	28.3	28.3	28.2
6	18.4	18.0	18.5	24	16.1	16.5	16.5
7	32.4	33.4	33.7	25	14.4	13.3	13.4
8	43.3	44.2	44.7	26	17.4	18.4	18.5
9	56.1	49.7	50.6	27	26.3	24.7	24.9
10	42.3	44.9	45.4	28	27.3	28.8	28.9
11	66.8	74.1	74.0	29	33.0	33.6	33.6
12	124.0	121.5	123.0	30	23.4	24.0	24.0
13	149.0	152.6	152.0	OAc	171.0	171.2	170.7
14	41.2	41.8	42.2		20.5	21.6	21.1
15	26.1	27.0	27.4	1'	100.0	51.4	15.7
16	26.8	27.0	27.4	2'	25.2		59.3
17	32.5	32.6	33.0	3'	24.8		
18	46.8	47.4	47.8				

4-10-103 R=CH$_2$OH
4-10-104 R=CH$_3$
4-10-105 R=CHO

4-10-106

4-10-107

表 4-10-26　化合物 4-10-103~4-10-106 的 ^{13}C NMR 数据

C	4-10-103[50]	4-10-104[50]	4-10-105[50]	4-10-106[51]	C	4-10-103[50]	4-10-104[50]	4-10-105[50]	4-10-106[51]
1	38.3	38.5	38.4	37.7	24	64.4	15.8	207.9	16.6
2	27.5	27.1	28.0	23.6	25	16.1	14.1	14.7	15.6
3	80.6	78.9		81.2	26	16.6	16.7	16.8	26.0
4	42.6	38.7	52.6	38.1	27	26.9	27	26.9	30.0
5	55.7	55.1	56.3	55.9	28	63.5	63.6	63.7	30.0
6	18.3	18.2	18.3	18.8	29	29.0	29.0	29.0	33.4
7	32.9	32.7	32.9	33.3	30	19.5	19.5	19.5	21.3
8	39.6	39.7	39.5	39.1		Ang	Ang	Ang	
9	46.5	46.5	45.4	49.4	1'	167.5	167.5	167.6	118.1
10	36.5	36.8	37.1	37.6	2'	128.0	128.0	128.0	132.2
11	23.7	23.4	23.8	17.6	3'	137.5	137.5	137.6	115.1
12	124.5	124.7	124.6	36.8	4'	15.5	15.5	15.6	156.7
13	140.7	140.7	140.8	37.9	5'	20.4	20.4	20.4	115.1
14	40.9	40.9	41.1	158.2	6'				132.2
15	33.5	33.6	33.5	117.0	7'				142.9
16	69.6	69.8	69.8	33.9	8'				115.1
17	47.7	47.7	47.8	35.9	9'				166.5
18	39.2	39.2	39.3	49.1	1"	169.2	169.2	169.2	
19	46.3	46.3	46.3	41.4	2"	127	127	127	
20	35.7	35.7	35.8	28.9	3"	140.1	140.1	140.3	
21	77.4	77.3	77.2	35.3	4"	15.5	15.5	15.8	
22	73.1	73.1	73.1	37.9	5"	20.6	20.6	20.6	
23	22.4	28	19.1	28.1					

表 4-10-27　化合物 4-10-107~4-10-110 的 ^{13}C NMR 数据

C	4-10-107[52]	4-10-108[53]	4-10-109[53]	4-10-110[53]	C	4-10-107[52]	4-10-108[53]	4-10-109[53]	4-10-110[53]
1	34.9	42.2	44.4	39.8	11	20.9	24.1	23.9	22.4
2	24.4	67.2	70.5	29.2	12	31.0	123.6	125.1	25.6
3	81.1	78.7	86.1	78.0	13	37.5	45.3	142.2	135.5
4	37.9	42.5	52.8	49.2	14	41.1	43	54.6	41.1
5	51.1	44.2	52.3	56.6	15	26.6	28.8	214.7	26.6
6	19.3	19	21.2	20.8	16	37.1	24.6	76.0	36.7
7	27.5	33.5	36.1	35.2	17	31.1	47.9	44.1	36.2
8	135.4	40.6	41.6	44.7	18	44.3	42	45.8	131.8
9	133.6	49.3	47.8	50.4	19	34.3	41.4	46.8	33.6
10	37.7	39.2	36.9	38.0	20	28.4	36.8	30.9	43.1

续表

C	4-10-107[52]	4-10-108[53]	4-10-109[53]	4-10-110[53]	C	4-10-107[52]	4-10-108[53]	4-10-109[53]	4-10-110[53]
21	43.0	29.3	34.5	76.2	30	23.2	19.5	23.2	68.4
22	36.9	33.1	21.2	44.9	OAc	170.9/21.3			
23	16.8	71.3	180.4	24.7				β-GluA	β-Glu
24	28.1	17.8	14.2	180.6	1'			105.9	104.4
25	20.0	17.2	17.0	14.8	2'			74.9	75.0
26	18.9	17.6	18.1	18.0	3'			77.7	78.7
27	25.0	26.5	20.6	21.4	4'			73.2	72.7
28	31.6	181.8		24.6	5'			77.4	78.2
29	34.7	74.4	33.3	14.7	6'			172.8	63.6

4-10-111 R¹=R⁴=R⁶=R⁷=H; R²=R³=OH; R⁵=R⁸=Me
4-10-112 R¹=R²=R⁶=R⁷=H; R³=R⁴=OH; R⁵=R⁸=Me
4-10-113 R¹=R²=R⁸=H; R³=R⁴=R⁶=OH; R⁵=R⁷=Me
4-10-114 R¹=Fuc; R²=R³=R⁴=R⁶=R⁷=H; R⁵=COOH; R⁸=Me

4-10-115 R=H
4-10-116 R=Fuc
4-10-117 R=Rha

4-10-118 R=OH
4-10-119 R=OMe
4-10-120 R=H

4-10-121

4-10-122 R¹=R⁴=H; R²=β-OMe; R³=CH₃; R⁵=COOH
4-10-123 R¹=R⁴=H; R²=α-OH; R³=CH₃; R⁵=COOH
4-10-124 R¹=R²=H; R³=CH₃; R⁴=OH; R⁵=CH₃
4-10-125 R¹=R⁴=H; R²=β-OH; R³=R⁵=CH₃
4-10-126 R¹=OH; R²=R⁴=H; R³=COOH, R⁵=CH₃
4-10-127 R¹=H; R²=β-OH; R³=R⁵=CH₃; R⁴=OH

4-10-128

表 4-10-28 化合物 4-10-111～4-10-114 的 ¹³C NMR 数据[54]

C	4-10-111	4-10-112	4-10-113	4-10-114	C	4-10-111	4-10-112	4-10-113	4-10-114
1	38.6	40.1	41.3	39.3	7	33.0	40.4	41.6	37.2
2	28.0	27.3	28.1	25.2	8	39.6	38.5	39.9	39.3a
3	74.1	72.6	73.9	88.2	9	48.1	48.0	48.5	47.3
4	46.8	43.4	44.0	39.7	10	36.8	36.3	37.1	36.9
5	48.3	48.7	49.9	55.7	11	23.5	23.2	24.4	23.3
6	19.0	66.9	68.0	18.4	12	122.3	122.3	128.5	125.8

C	4-10-111	4-10-112	4-10-113	4-10-114	C	4-10-111	4-10-112	4-10-113	4-10-114
13	144.6	143.5	139.5	138.0	22	33.2	32.6	38.6	32.7
14	41.8	42.0	42.5	56.4	23	63.1	14.1	14.6	27.9
15	28.1	27.6	29.4	26.6	24	63.1	66.4	68.0	16.9b
16	23.9	23.1	26.7	24.8	25	15.7	16.8	17.6	16.4b
17	46.3	46.0	48.5	47.6	26	17.1	17.9	18.5	18.6
18	41.9	41.4	54.9	44.1	27	25.9	25.6	24.8	178.4
19	46.5	45.8	73.0	43.9	28	180.0	179.5	180.9	180.1
20	30.8	30.3	42.8	30.8	29	33.0	32.6	27.3	33.0
21	34.0	33.5	27.1	33.9	30	23.6	23.1	16.8	23.6

表 4-10-29　化合物 4-10-115~4-10-117 的 ^{13}C NMR 数据[54]

C	4-10-115[55]	4-10-116[54]	4-10-117[54]	C	4-10-115[55]	4-10-116[54]	4-10-117[54]
1	38.1	38.5	38.2	19	41.4	41.7	41.7
2	27.2	26.8	26.0	20	30.5	30.8	30.8
3	79.1	88.9	88.8	21	34.0	34.6	34.6
4	39.0	39.6	39.3	22	31.7	31.7	31.7
5	55.1	55.8	55.4	23	27.9	28.2	28.2
6	18.5	18.7	18.8	24	16.3	16.6	16.5
7	39.2	39.6	39.5	25	15.3	16.6	16.5
8	37.2	37.9	37.9	26	20.4	20.8	20.8
9	56.1	56.5	56.3	27	183.3		
10	37.5	37.2	37.2	28	32.7	180.2	180.2
11	17.2	18.1	18.1	29	24.6	32.5	32.5
12	31.6	32.2	32.1	30	45.0	25.1	25.1
13	130.3	130.7	130.7	1'		107.0	107.3
14	136.5	136.9	136.8	2'		72.6	72.5
15	20.4	21.2	21.2	3'		75.3	75.5
16	22.9	24.1	24.5	4'		72.5	72.8
17	45.0	45.2	45.2	5'		71.0	71.2
18	38.7	39.8	39.8	6'		17.3	17.5

表 4-10-30　化合物 4-10-118~4-10-121 的 ^{13}C NMR 数据

C	4-10-118[56]	4-10-119[56]	4-10-120[56]	4-10-121[57]	C	4-10-118[56]	4-10-119[56]	4-10-120[56]	4-10-121[57]
1	34.9	33.8	32.5	36.7	13	148.0	148.3	143.7	137.7
2	25.2	25.5	26.0	23.4	14	41.8	41.8	41.7	55.9
3	76.0	76.1	76.1	72.7	15	26.0	26.1	26.0	22.3
4	37.4	37.5	37.3	40.0	16	28.0	28.1	32.5	27.6
5	48.7	48.8	47.3	42.8	17	34.7	34.8	25.2	33.0
6	18.3	18.3	18.3	17.8	18	45.8	46.3	35.0	47.2
7	33.0	33.2	32.5	32.9	19	46.7	46.7	46.6	44.0
8	43.6	43.3	37.0	36.1	20	36.3	36.3	50.0	31.1
9	56.4	51.2	48.9	49.2	21	73.9	73.9	36.3	34.3
10	38.2	38.3	33.0	35.0	22	45.1	45.2	74.0	36.5
11	67.6	75.9	23.4	22.6	23	28.3	28.6	45.4	68.2
12	126.1	122.5	122.6	126.1	24	22.3	22.4	28.2	17.4

续表

C	4-10-118[56]	4-10-119[56]	4-10-120[56]	4-10-121[57]	C	4-10-118[56]	4-10-119[56]	4-10-120[56]	4-10-121[57]
25	16.7	16.7	22.3	16.8	30	16.9	16.9	29.0	23.6
26	18.1	18.2	16.8	18.2	OMe		53.7		
27	26.3	25.2	15.2	177.3	1'				98.1
28	28.5	28.4	26.0	28.3	2'				29.1
29	28.9	28.9	28.3	33.2	3'				19.3

表 4-10-31 化合物 4-10-122~4-10-125 的 ^{13}C NMR 数据

C	4-10-122[58]	4-10-123[58]	4-10-124[59]	4-10-125[60]	C	4-10-122[58]	4-10-123[58]	4-10-124[59]	4-10-125[60]
1	40.6	42.5	39.3	40.3	16	27.3	28.0	28.2	26.6
2	34.8	35.3	34.2	34.2	17	32.3	33.1	35.0	33.1
3	218.6	217.0	217.8	217.8	18	48.1	49.0	46.7	47.0
4	48.4	48.6	47.5	47.7	19	42.6	43.3	47.0	46.7
5	55.9	56.0	55.3	55.3	20	43.3	44.8	36.3	31.1
6	20.1	20.9	19.6	19.7	21	33.3	34.2	74.0	34.6
7	31.5	32.2	32.1	32.6	22	38.6	39.5	45.3	36.9
8	44.4	44.3	39.7	43.2	23	27.0	27.4	26.5	26.9
9	50.7	55.4	46.8	48.5	24	21.9	22.2	21.5	32.5
10	38.1	38.9	36.7	37.5	25	16.7	17.0	15.2	18.0
11	76.6	68.3	23.7	82.0	26	18.4	18.9	16.7	16.2
12	122.8	128.7	122.4	121.2	27	25.5	26.3	25.8	24.7
13	148.9	147.2	143.8	152.8	28	29.0	29.3	28.3	28.5
14	42.2	43.0	41.8	42.3	29	29.3	29.3	29.1	33.2
15	26.5	27.3	26.0	27.9	30	183.3	178.9	16.9	23.6

表 4-10-32 化合物 4-10-126~4-10-128 的 ^{13}C NMR 数据

C	4-10-126[56]	4-10-127[61]	4-10-128[62]	C	4-10-126[56]	4-10-127[61]	4-10-128[62]
1	38.4	40.3	39.1	16	27.8	28.1	65.5
2	35.7	34.4	32.1	17	33.1	34.9	52.5
3	219.6	218.2	217.6	18	46.0	46.5	43.0
4	52.4	47.8	47.3	19	44.0	46.9	45.2
5	47.7	55.4	55.2	20	31.2	36.5	30.3
6	19.5	19.8	19.4	21	35.8	74.0	34.0
7	34.5	32.7	32.4	22	36.7	45.2	21.7
8	39.6	43.2	39.6	23	17.3	26.7	26.4
9	49.2	48.7	45.9	24	67.2	21.6	21.4
10	36.5	37.6	36.6	25	16.2	16.4	15.0
11	23.2	81.7	23.5	26	18.2	18.2	17.0
12	125.3	122.3	123.6	27	178.5	24.7	26.4
13	138.2	150.8	141.8	28	28.3	28.5	209.5
14	55.9	42.0	43.8	29	33.3	29.1	33.0
15	22.3	26.3	36.6	30	23.7	17.0	21.4

表 4-10-33　化合物 4-10-129~4-10-132 的 ^{13}C NMR 数据

C	4-10-129[63]	4-10-130[63]	4-10-131[64]	4-10-132[58]	C	4-10-129[63]	4-10-130[63]	4-10-131[64]	4-10-132[58]
1	47.7	47.6	33.2	42.4	16	41.5	41.4	33.4	27.1
2	69.5	69.4	25.2	34.4	17			48.4	31.6
3	84.5	84.6	76.0	217.7	18	135.6	135.5	131.3	46.2
4	38.9	38.8	37.4	47.2	19	38.3	38.2	41.4	38.2
5	56.3	56.4	48.4	51.7	20	43.3	43.2	33.6	42.9
6	19.5	19.6	18.4	19.5	21	33.6	33.5	37.0	31.2
7	34.2	34.4	35.5	30.9	22	30.7	30.8	35.5	37.7
8	40.5	40.5	42.3	40.4	23	28.9	28.8	28.2	26.8
9	55.7	55.7	52.3	152.5	24	17.4	17.3	22.3	21.2
10	37.2	37.4	37.7	34.0	25	19.6	19.7	16.0	19.9
11	127.0	127.1	20.4	117.4	26	16.9	16.8	18.2	20.5
12	126.3	126.2	26.6	121.3	27	24.6	24.6	177.0	25.1
13	136.6	136.5	133.0	146.4	28	178.9	177.6	176.5	28.4
14	41.8	41.9	59.1	44.4	29	32.8	32.6	32.1	28.5
15	26.3	26.4	23.9	25.6	30	23.8	23.7	24.0	182.0

表 4-10-34　化合物 4-10-133~4-10-135 的 ^{13}C NMR 数据

C	4-10-133[61]	4-10-134[65]	4-10-135[58]	C	4-10-133[61]	4-10-134[65]	4-10-135[58]
1	31.6	37.7	29.3	5	44.9	51.8	50.8
2	25.9	28.5	34.1	6	18.2	18.6	24.9
3	75.7	78.1	181.5	7	31.9	32.5	31.7
4	37.7	39.6	147.7	8	40.7	42.3	39.9

续表

C	4-10-133[61]	4-10-134[65]	4-10-135[58]	C	4-10-133[61]	4-10-134[65]	4-10-135[58]
9	154.9	155.3	38.1	20	36.3	29.4	42.9
10	38.8	39.2	39.5	21	73.9	34.1	28.9
11	115.3	115.4	24.2	22	45.3	33.5	36.2
12	121.4	123.4	123.1	23	28.3	28.6	23.8
13	145.2	144.6	144.2	24	22.4	16.4	114.0
14	42.8	43	42.7	25	25.1	21.2	20.0
15	25.5	27.8	26.3	26	20.9	21.3	17.3
16	28.5	23.7	27.3	27	20.1	26	26.2
17	34.5	46.5	32.8	28	28.6	179.7	28.6
18	44.9	41.9	46.4	29	28.9	33.1	19..5
19	47.1	46.4	40.4	30	16.9	23.6	186.2

表 4-10-35 化合物 4-10-136~4-10-139 的 ^{13}C NMR 数据

C	4-10-136[66]	4-10-137[66]	4-10-138[67]	4-10-139[59]	C	4-10-136[66]	4-10-137[66]	4-10-138[67]	4-10-139[59]
1	31.6	31.7	69.1	116.0	17	30.9	31.2	39.9	30.4
2	29.7	28.1	39.8	166.1	18	44.6	47.3	48.8	44.6
3	174.7	174.8	171.8		19	30.0	30.7	44.8	31.1
4	147.4	147.5	84.5	197.9	20	40.4	40.4	36.1	40.4
5	46.4	49.0	46.5	135.5	21	30.7	29.6	77.5	29.7
6	25.1	30.3	42.1	136.0	22	36.9	36.9	79.9	34.4
7	26.5	117.2	215.1	118.6	23	113.8	113.8	33.6	18.1
8	138.9	145.7	45.6	168.3	24	23.1	22.5	22.6	
9	129.5	40.3	41.7	39.2	25	23.3	15.9	15.6	25.6
10	41.2	37.1	44.2	165.9	26	21.6	23.9	17.6	24.0
11	20.9	17.5	23.7	31.2	27	18.1	24.8	27.4	20.3
12	30.3	35.7	124.2	29.2	28	31.3	31.4	25.4	31.5
13	37.1	36.0	142.9	38.3	29	179.2	179.4	30.0	32.8
14	47.8	42.5	55.0	47.6	30	32.7	33.2	14.5	179.1
15	24.8	29.2	27.3	28.5	OMe				51.8
16	34.4	32.9	21.2	36.6					51.8

4-10-140 R^1=OH; R^2=O; R^3=CH$_3$; R^4=CH$_2$OH
4-10-141 R^1=H; R^2=O; R^3=CH$_2$OH; R^4=COOH
4-10-142 R^1=H; R^2=O; R^3=CH$_2$OAc; R^4=COOH
4-10-143 R^1=H; R^2=O; R^3=CHO; R^4=COOH
4-10-144 R^1=H; R^2=α-OH; R^3=CH$_3$; R^4=COOH
4-10-145 R^1=H; R^2=α-OAc; R^3=CH$_3$; R^4=COOH
4-10-146 R^1=H; R^2=O; R^3=CH$_3$; R^4=COOH

4-10-147 R=OH
4-10-148 R=OH; Δ^7
4-10-149 R=H

4-10-150 R^1=R^2=H
4-10-151 R^1=OH; R^2=H
4-10-152 R^1=H; R^2=OH

表 4-10-36　化合物 4-10-140~4-10-142 的 ^{13}C NMR 数据

C	4-10-140[68]	4-10-141[69]	4-10-142[69]	C	4-10-140[68]	4-10-141[69]	4-10-142[69]
1	50.1	39.6	40.6	16	31.2	33.8	33.5
2	69.4	34.2	34.5	17	39.5	47.9	47.9
3	216.6	221.5	213.6	18	138.2	136.6	136.5
4	47.8	50.5	52.1	19	134.8	133.5	133.7
5	58.0	55.2	57.6	20	32.3	32.1	32.1
6	19.0	19.1	19.6	21	33.2	33.4	33.4
7	34.3	33.5	34.8	22	31.6	33.3	33.3
8	41.0	40.4	40.6	23	24.6	22.2	20.4
9	50.8	50.2	50.7	24	21.4	65.8	66.1
10	38.0	36.7	37.0	25	17.2	17.5	16.7
11	21.3	21.8	21.4	26	16.3	15.7	16.0
12	26.0	26..0	25.9	27	14.6	14.8	14.9
13	38.5	41.5	41.3	28	65.6	179.5	178.8
14	43.3	42.6	42.6	29	31.3	30.3	30.4
15	27.3	29.3	29.4	30	29.2	29.1	29.1

表 4-10-37　化合物 4-10-143~4-10-146 的 ^{13}C NMR 数据

C	4-10-143[69]	4-10-144[69]	4-10-145[69]	4-10-146[70]	C	4-10-143[69]	4-10-144[69]	4-10-145[69]	4-10-146[70]
1	40.0	34.4	34.2	39.7	17	48.0	48.0	47.9	47.8
2	34.3	25.4	22.9	33.9	18	136.3	136.9	136.9	136.4
3	201.2	76.2	78.3	218.3	19	133.6	133.3	133.5	133
4	63.6	37.6	36.7	47.1	20	32.1	32.1	32.1	31.9
5	57.5	49.2	50.4	54.7	21	33.5	33.5	33.4	33.3
6	19.6	18.2	18.0	19.5	22	33.3	33.5	33.4	33.2
7	35.9	33.5	34.3	33.4	23	17.4	28.2	27.8	26.7
8	40.5	40.9	40.9	40.4	24	201.2	22.1	21.7	20.8
9	49.7	50.9	51.0	50.3	25	15.7	16.5	16.5	16.4
10	37.3	37.4	37.2	36.8	26	16.0	16.0	16.0	15.7
11	21.6	20.8	20.7	21.4	27	14.8	15.0	15.1	14.7
12	25.9	26.0	26.0	25.9	28	179.8	179.9	179.0	182.8
13	41.3	41.4	41.4	41.3	29	30.4	30.4	30.3	30.2
14	42.7	42.7	42.7	42.4	30	29.1	29.1	29.1	29.0
15	29.3	29.3	29.4	29.2	OAc			170.9/21.4	
16	33.5	33.4	33.5	33.6					

表 4-10-38　化合物 4-10-147~4-10-149 的 ^{13}C NMR 数据[71]

C	4-10-147	4-10-148	4-10-149	C	4-10-147	4-10-148	4-10-149
1	35.4	34.5	35.3	3	216.5	215.1	216.8
2	34.5	34.8	30.5	4	47.1	47.5	47.0

续表

C	4-10-147	4-10-148	4-10-149	C	4-10-147	4-10-148	4-10-149
5	51.1	51.8	50.9	18	80.9	79.8	38.0
6	27.0	24.7	27.3	19	44.8	45.0	30.9
7	20.7	117.1	20.6	20	43.8	43.8	40.5
8	136.6	147.1	135.5	21	29.6	28.9	29.8
9	129.8	47.2	130.8	22	37.3	38.1	37.3
10	37.3	31.0	37.1	23	26.7	24.5	26.6
11	33/1	37.9	34.4	24	21.1	21.1	21.0
12	72.6	76.7	70.6	25	19.5	12.6	19.3
13	45.2	45.1	41.4	26	24.2	28.0	23.1
14	42.2	43.1	31.2	27	21.2	26.8	19.4
15	27.9	31.6	27.3	28	27.6	27.8	31.6
16	35.7	34.7	31.8	29	181.6	181.8	181.8
17	38.2	34.9	35.2	30	34.2	35.0	33.2

表 4-10-39　化合物 4-10-150~4-10-152 的 ^{13}C NMR 数据[72]

C	4-10-150	4-10-151	4-10-152	C	4-10-150	4-10-151	4-10-152
1	38.7	38.4	41.4	16	32.5	32.5	32.5
2	33.9	34.1	34.1	17	48.0	48.0	47.9
3	217.5	220.4	216.1	18	131.6	132.6	132
4	47.5	51.4	49.1	19	40.6	40.4	40.5
5	54.7	55	56.2	20	32.6	32.5	32.6
6	19.5	19.2	69.7	21	36.8	36.7	36.7
7	31.5	31.7	40.3	22	35.5	35.4	35.4
8	40.5	40.3	39.6	23	26.3	21.5	24.3
9	53.7	53.4	54.2	24	20.8	65.1	23.3
10	36.4	36.1	36.2	25	17.7	18.2	18.7
11	125.6	125.7	125.6	26	16.1	15.8	17.1
12	126.6	125.8	126.1	27	19.7	19.6	19.7
13	136.8	136	136.4	28	180.8	179.1	180.7
14	42.0	41.9	42.5	29	24.0	24.0	24.0
15	24.9	24.9	24.8	30	32.3	32.1	32.2

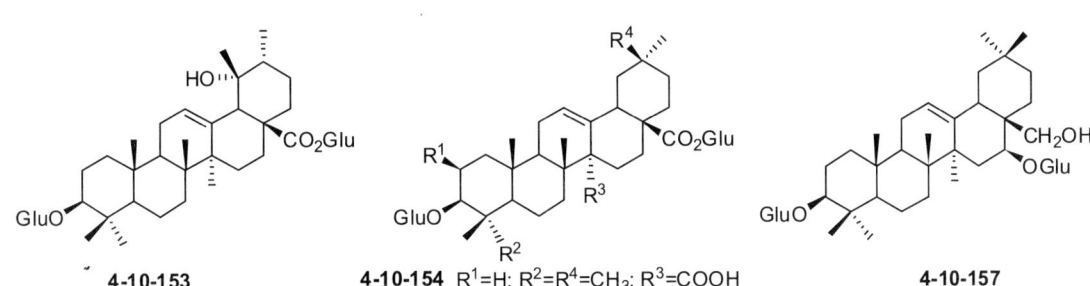

4-10-153

4-10-154　R^1=H; R^2=R^4=CH$_3$; R^3=COOH
4-10-155　R^1=OH; R^2=CH$_2$OH; R^3=CH$_3$; R^4=CH$_2$OAc
4-10-156　R^1=OH; R^2=CH$_2$OH; R^3=CH$_3$; R^4=CO$_2$Me

4-10-157

表 4-10-40　化合物 4-10-153~4-10-157 的 ^{13}C NMR 数据

C	4-10-153[73]	4-10-54[73]	4-10-55[74]	4-10-156[74]	4-10-157[75]	C	4-10-153[73]	4-10-54[73]	4-10-55[74]	4-10-156[74]	4-10-157[75]
1	38.7	39.2	44.0	44.0	40.1	24	15.5	16.7	14.9	15.0	16.9
2	26.5	25.5	71.4	71.5	24.6	25	17.3	17.3	17.4	17.5	16.1
3	88.9	89.0	82.9	82.9	90.7	26	16.6	19.1	17.2	17.2	17.4
4	39.4	39.6	41.1	41.1	38.0	27	24.5	178.7	26.1	26.1	28.5
5	55.8	56.1	48.4	48.4	56.9	28	176.9	176.8	176.8	176.8	66.8
6	18.5	18.8	17.9	18.0	19.7	29	26.9	33.3	28.1	28.0	33.5
7	33.4	37.5	32.8	32.8	35.2	30	16.9	24.0	67.5	176.0	24.2
8	40.4	40.3	39.8	40.0	40.0	OMe				51.6	
9	47.6	47.8	47.6	47.6	48.0	OAc			170.8/20.3		
10	36.8	37.3	37.0	36.9	35.5	Glu					
11	23.9	23.7	23.8	23.9	24.6	1	106.8	106.9	105.5	105.6	106.1
12	128.3	126.7	123.8	123.8	123.8	2	75.6	75.9	75.4	75.4	77.6
13	139.1	137.6	143.5	143.7	144.0	3	79.1	79.4	78.4	78.5	78.2
14	42.0	56.9	42.7	42.7	42.9	4	71.7	72.1	70.3	70.4	71.7
15	29.1	26.9	28.0	28.2	35.1	5	78.6	78.9	78.7	78.8	78.1
16	26.0	25.0	23.5	23.4	75.6	6	62.9	63.2	62.5	62.5	62.8
17	48.5	48.2	46.4	46.4	41.1	Glu'					
18	54.3	44.3	43.1	43.1	44.7	1	95.7	95.9	95.7	95.7	106.7
19	72.5	44.1	42.1	42.3	47.9	2	73.9	74.4	74.0	74.0	77.6
20	42.0	31.0	43.9	43.9	31.7	3	78.7	79.1	79.2	79.2	78.2
21	26.5	34.1	29.5	30.5	33.7	4	71.1	71.5	70.9	70.8	71.7
22	37.6	32.4	34.0	34.0	27.0	5	78.1	78.2	78.1	78.2	78.1
23	28.1	28.3	65.3	65.4	27.5	6	62.2	62.6	62.0	61.8	62.8

4-10-158　R^1=H; R^2=OH
4-10-159　R^1=OH; R^2=H
4-10-160　R=Glu
4-10-161　R=H
4-10-162　R=Glu(1→3)Glu
4-10-163　R=Glu(1→6)Glu

表 4-10-41　化合物 4-10-158~4-10-161 的 ^{13}C NMR 数据

C	4-10-158[76]	4-10-159[76]	4-10-160[77]	4-10-161[77]	C	4-10-158[76]	4-10-159[76]	4-10-160[77]	4-10-161[77]
1	38.3	39.1	38.5	38.4	7	32.5	33.2	33.5	33.7
2	27.1	27.3	25.9	27.8	8	41.6	40.9	39.8	39.6
3	80.9	81.8	85.5	85.3	9	47.1	47.9	47.8	47.8
4	38.4	38.5	53.3	53.3	10	37.3	37.3	36.2	36.2
5	54.8	55.6	51.6	51.6	11	23.1	23.4	23.0	23.2
6	18.0	18.8	23.5	23.4	12	121.0	122.6	122.2	121.9

续表

C	4-10-158[76]	4-10-159[76]	4-10-160[77]	4-10-161[77]	C	4-10-158[76]	4-10-159[76]	4-10-160[77]	4-10-161[77]
13	143.9	144.7	143.9	144.5	29	32.3	33.2	32.7	32.9
14	42.0	42.4	41.7	41.8	30	20.6	21.3	23.3	23.4
15	27.6	27.7	27.7	27.8	3-O-糖基	Glu	Ara	Ara	Ara
16	77.1	77.8	20.9	20.8	1	100.7	101.5	105.2	105.3
17	46.1	46.7	46.7	46.3	2	73.6	74.4	72.1	72.1
18	44.9	42.4	41.3	41.5	3	76.8	77.8	73.4	73.4
19	45.9	45.7	45.8	46.1	4	70.3	71.2	68.7	68.7
20	30.6	30.8	30.3	30.5	5	76.8	77.5	66.1	66.1
21	36.4	37.2	32.4	32.9	6	61.3	63.5		
22	32.3	33.1	32.0	32.5	28-O-糖基			Glu	
23	28.3	29.0	183.0	182.0	1			95.2	
24	16.1	16.8	12.6	12.5	2			73.3	
25	15.4	16.1	15.6	15.5	3			77.9	
26	16.8	17.6	17.0	16.9	4			70.5	
27	25.1	25.8	25.8	25.8	5			78.6	
28	28.2	28.4	176.2	180.2	6			61.6	

表 4-10-42 化合物 4-10-162 和 4-10-163 的 ^{13}C NMR 数据[78]

C	4-10-162	4-10-163	C	4-10-162	4-10-163	C	4-10-162	4-10-163
1	45.0	45.2	16	74.0	74.7	1	105.7	106.1
2	69.7	68.7	17	49.0	49.7	2	74.7	75.5
3	85.3	87.6	18	41.6	41.7	3	88.6	78.6
4	48.1	48.1	19	47.2	47.5	4	69.7	72.1
5	47.2	47.3	20	31.1	31.1	5	78.2	76.5
6	19.2	19.3	21	36.2	36.2	6	62.2	70.6
7	33.7	33.6	22	32.9	32.8	Glu（外侧）		
8	40.2	40.4	24	67.4	67.4	1	105.7	105.0
9	47.2	49.0	25	18.0	19.0	2	75.5	74.8
10	37.4	38.0	26	17.6	17.6	3	78.7	78.6
11	24.2	24.0	27	27.2	27.1	4	71.6	71.4
12	122.6	122.8	28	180.0	180.0	5	78.3	77.9
13	145.1	145.0	29	33.3	33.3	6	62.5	62.5
14	42.3	42.5	30	24.7	24.7			
15	36.1	36.0	Glu（内侧）					

4-10-164 R^1=A; R^2=O; R^3=CH$_3$
4-10-165 R^1=A; R^2=OAc,H; R^3=COOH
4-10-166 R^1=B; R^2=H
4-10-167 R^1=C; R^2=OH
4-10-168 R^1=D; R^2=H; R^3=E; R^4=CH$_3$
4-10-169 R^1=D; R^2=R^3=H; R^4=COOH

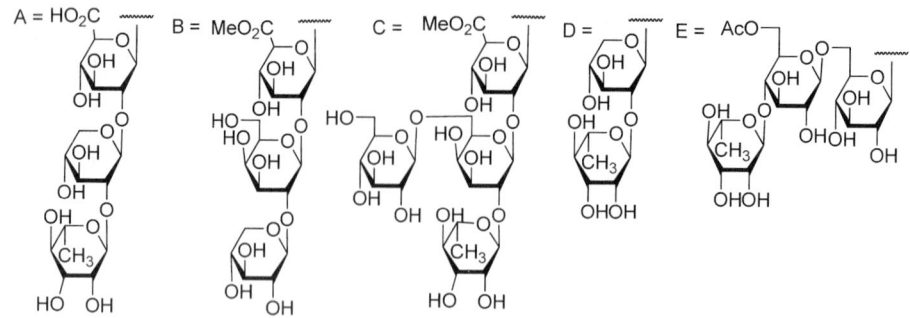

表 4-10-43 化合物 4-10-164~4-10-167 的 ^{13}C NMR 数据

C	4-10-164[79]	4-10-165[79]	4-10-166[80]	4-10-167[80]	C	4-10-164[79]	4-10-165[79]	4-10-166[80]	4-10-167[80]
1	38.8	38.8	38.9	38.6	OAc		169.7		
2	26.7	26.6	26.6	26.7			20.9		
3	91.1	91.0	89.4	91.4		Glu	Glu	GluUA	GluUA
4	44.4	44.3	39.6	43.8	1	105.5	105.3	104.9	105.5
5	56.4	56.3	55.9	56.1	2	78.6	78.5	83.3	78.6
6	18.6	18.6	18.5	18.5	3	76.9	76.7	76.9	76.4
7	33.1	32.8	33.2	33.2	4	73.7	73.5	72.3	74.3
8	39.8	40.9	40.0	39.9	5	77.6	77.6	77.9	77.6
9	47.6	47.6	47.9	47.8	6	170.5	170.2	170.4	170.6
10	36.6	36.5	36.8	36.4	COOMe			52.1	52.1
11	24.0	24.0	23.8	24.0		Xyl	Xyl	Gal	Gal
12	124.0	123.6	122.5	122.3	1	102.6	102.4	104.0	102.5
13	141.9	143.6	144.9	144.8	2	79.5	79.4	83.1	77.0
14	42.1	41.8	42.4	42.2	3	78.2	78.2	76.0	75.0
15	25.4	26.2	26.5	26.4	4	70.9	70.8	69.1	71.5
16	27.4	26.2	28.7	28.6	5	66.9	66.9	76.5	76.0
17	47.8	36.2	38.0	38.0		Rha	Rha	Xyl	Rha
18	47.9	44.2	45.3	45.2	1	102.4	102.2	106.7	101.6
19	46.7	41.3	46.8	46.7	2	72.4	72.3	75.1	72.3
20	34.1	40.1	30.9	30.9	3	72.8	72.7	77.8	72.7
21	50.9	35.2	42.3	42.3	4	74.4	74.2	70.6	73.7
22	215.1	77.5	75.6	75.5	5	69.5	69.4	67.4	69.3
23	23.1	23.1	28.5	23.0	6	19.0	18.9		18.9
24	62.9	62.7	15.8	63.5	1				Glu
25	15.6	15.5	16.9	15.8	2				105.3
26	16.8	16.8	17.2	16.9	3				75.0
27	25.5	26.6	25.8	25.6	4				78.3
28	25.3	21.2	28.2	28.6	5				70.5
29	31.9	29.5	33.3	33.3	6				78.1
30	21.0	177.1	21.2	21.1					62.7

表 4-10-44 化合物 4-10-168~4-10-169 的 ^{13}C NMR 数据[81]

C	4-10-168	4-10-169	C	4-10-168	4-10-169	C	4-10-168	4-10-169
1	38.8	38.9	25	15.6	15.5	5'		69.9
2	26.5	26.5	26	17.5	17.4	6'		18.6
3	88.9	88.8	27	26.1	26.1	28-Glu（内侧）		
4	39.5	39.5	28	176.5	180.0	1'	95.6	
5	55.9	55.9	29	33.2	181.1	2'	73.9	
6	18.6	18.5	30	23.8	20.1	3'	78.8	
7	33.2	33.2	3-Ara			4'	71.0	
8	39.9	39.8	1'	104.8	104.8	5'	78.2	
9	48.1	48.0	2'	81.0	75.9	6'	69.4	
10	37.0	37.1	3'	73.4	73.8	28-Glu（外侧）		
11	23.8	23.8	4'	68.3	68.6	1'	104.8	
12	122.9	123.1	5'	64.9	64.6	2'	75.1	
13	144.1	144.3	3-Glu			3'	76.4	
14	42.2	42.2	1	106.0		4'	79.2	
15	28.3	28.3	2	76.4		5'	73.7	
16	23.4	23.8	3	78.2		6'	63.7	
17	47.1	46.7	4	71.7		28-Rha		
18	41.7	41.1	5	78.1		1'	103.0	
19	46.3	41.1	6	62.6		2'	72.4	
20	30.8	42.6	3-Rha			3'	72.7	
21	34.1	29.3	1'		101.7	4'	73.8	
22	32.6	32.4	2'		72.4	5'	70.7	
23	28.3	28.1	3'		72.6	6'	18.5	
24	16.8	17.0	4'		74.1	OAc	170.6/20.6	

4-10-170 R^1=GluUA(3→1)Rha; R^2=CH$_3$
4-10-171 R^1=GluUA(3→1)Rha; R^2=CHO
4-10-172 R^1=GluUA(3→1)Rha; R^2=CH$_3$
4-10-173 R^1=GluUA(3→1)Rha; R^2=CHO
4-10-174

表 4-10-45 化合物 4-10-170~4-10-174 的 ^{13}C NMR 数据

C	4-10-170[82]	4-10-171[82]	4-10-172[82]	4-10-173[82]	4-10-174[83]	C	4-10-170[82]	4-10-171[82]	4-10-172[82]	4-10-173[82]	4-10-174[83]
1	45.1	45.0	44.2	44.9	47.6	2	69.6	67.9	69.8	68.0	68.8

C	4-10-170[82]	4-10-171[82]	4-10-172[82]	4-10-173[82]	4-10-174[83]	C	4-10-170[82]	4-10-171[82]	4-10-172[82]	4-10-173[82]	4-10-174[83]
3	90.5	84.6	89.6	84.5	78.1	28	176.4	176.4	175.7	175.7	175.7
4	38.8	54.4	39.0	53.3	43.6	29	33.1	33.1	107.3	107.3	
5	56.0	49.6	56.0	48.3	48.1	30	23.6	23.6			107.3
6	18.5	20.1	18.2	20.1	18.5	3-O-GluUA					
7	33.1	32.4	33.1	32.4	32.7	1	104.6	103.7	106.7	103.8	
8	40.1	40.2	40.0	40.2	40.0	2	75.6	75.6	75.5	74.2	
9	48.4	48.4	48.3	47.9	47.8	3	81.7	81.7	82.1	81.5	
10	37.1	36.4	37.0	36.3	38.4	4	71.8	71.8	71.6	71.6	
11	23.4	23.3	23.5	23.4	23.9	5	76.1	76.1	77.6	76.2	
12	123.3	122.8	122.9	122.4	123.1	6	176.1	176.1	175.7	175.6	
13	144.0	144.1	143.4	143.3	143.4	3-O-Rha					
14	42.3	42.3	42.2	42.2	42.1	1	102.4	102.4	102.9	102.4	
15	28.1	28.1	28.1	28.0	28.1	2	72.5	72.5	71.1	72.5	
16	24.0	24.0	23.8	23.9	23.5	3	72.8	72.8	72.8	72.8	
17	47.0	46.9	47.3	47.2	47.8	4	74.2	74.2	74.1	74.2	
18	41.7	41.7	47.6	47.5	47.2	5	69.6	69.6	69.8	69.6	
19	46.2	46.1	41.6	41.6	41.6	6	18.6	18.6	18.6	18.6	
20	30.7	30.7	148.5	148.3	148.5	28-O-Glu					
21	34.0	33.9	30.1	30.0	30.1	1	95.7	95.7	95.8	95.8	95.8
22	32.6	32.5	37.6	37.6	37.6	2	74.1	74.1	74.0	74.0	74.1
23	29.9	206.2	29.4	206.2	66.3	3	79.2	79.2	79.3	79.2	78.8
24	18.5	11.3	18.5	11.3	14.4	4	71.1	71.1	72.5	71.1	71.1
25	16.8	17.1	16.4	17.0	17.5	5	78.8	78.8	78.8	78.8	79..3
26	17.7	17.6	17.5	17.6	17.4	6	62.2	62.2	62.2	62.3	62.2
27	26.1	26.1	26.1	26.0	26.0						

表 4-10-46　化合物 4-10-175~4-10-178 的 ^{13}C NMR 数据

C	4-10-175[84]	4-10-176[85]	4-10-177[85]	4-10-178[86]	C	4-10-175[84]	4-10-176[85]	4-10-177[85]	4-10-178[86]
1	38.8	38.8	38.1	39.5	30	24.6	24.5	25.3	20.1
2	26.7	26.2	23.9	27.2	OAc				171.9/20.9
3	89.1	80.7	91.4	90.4	3-O-糖基				Glu
4	39.6	43.5	39.1	44.8	1	107.2	106.1	104.0	106.1
5	55.9	49.2	55.8	57.3	2	75.5	82.3	82.1	75.6
6	18.6	18.3	19.3	19.5	3	78.2	79.7	77.5	78.2
7	32.2	34.3	31.4	34.2	4	73.5	68.3	78.2	71.7
8	40.1	42.0	38.4	43.0	5	77.8	65.5	70.9	78.0
9	47.2	49.7	49.9	48.4	6	172.9		18.3	62.7
10	37.0	37.0	40.2	37.6			Glu	Glu	
11	23.8	23.9	25.9	24.8	1		103.9	104.8	
12	122.8	121.1	130.0	124.6	2		76.3	75.2	
13	144.4	148.7	134.4	143.4	3		78.3	77.3	
14	42.1	42.0	40.7	40.6	4		71.5	72.6	
15	36.2	28.4	27.0	28.4	5		79.7	78.5	
16	74.4	23.8	30.6	19.5	6		62.6	65.9	
17	49.2	46.7	34.1	53.7	28-O-Glu	Glu			
18	41.3	41.3	56.8	43.4	1	95.9			
19	47.2	48.0	37.4	47.2	2	74.2			
20	30.8	32.9	38.6	37.0	3	78.5			
21	36.0	37.0	32.3	77.1	4	71.2			
22	33.5	31.0	39.3	75.6	5	79.4			
23	28.2	13.5	28.1	64.1	6	62.3			
24	17.0	65.0	19.2	23.2	1'				168.6
25	15.7	16.1	16.9	15.8	2'				128.9
26	17.6	17.5	18.0	17.8	3'				139.6
27	27.3	26.0	64.3	26.6	4'				16.0
28	176.0	180.0	17.1	178.5	5'				20.8
29	33.2	33.3	21.6	29.5					

表 4-10-47　化合物 4-10-179~4-10-180 的 ^{13}C NMR 数据[87]

C	4-10-179	4-10-180	C	4-10-179	4-10-180	C	4-10-179	4-10-180
1	38.3	38.5	22	70.9	73.4	1'''	104.6	104.6
2	26.4	26.5	23	22.4	22.5	2'''	74.8	74.8
3	90.8	90.8	24	63.3	63.4	3'''	78.4	78.4
4	43.7	43.8	25	15.5	15.6	4'''	71.4	71.4
5	55.9	56.0	26	16.5	16.6	5'''	78.4	78.4
6	18.4	18.5	27	26.9	27.4	6'''	62.3	62.3
7	33.0	33.1	28	64.6	66.7	1''''	105.9	106.0
8	39.8	39.9	29	29.9	29.9	2''''	75.3	75.3
9	46.7	46.8	30	19.6	20.2	3''''	75.6	75.8
10	36.2	36.3	1'	104.7	104.7	4''''	76.3	76.3
11	23.9	24.0	2'	78.4	78.5	5''''	70.7	70.4
12	122.9	122.9	3'	76.8	76.8	6''''	17.8	18.0
13	141.8	143.7	4'	82.0	81.9	Ang		
14	41.2	41.8	5'	76.2	76.2	1	167.4	167.4
15	31.0	34.5	6'	172.5	172.5	2	128.3	128.3
16	71.9	67.9	1''	104.5	104.5	3	20.6	20.6
17	46.9	47.8	2''	73.5	73.3	4	137.8	137.7
18	39.2	40.3	3''	78.4	78.4	5	15.8	15.8
19	47.8	48.1	4''	70.9	70.9	OAc	169.4/22.0	
20	37.0	37.1	5''	78.0	78.0			
21	90.8	92.0	6''	62.2	62.2			

4-10-181　$R^1=R^2=H; R^3=A$
4-10-182　$R^1=H; R^2=OH; R^3=A$
4-10-183　$R^1=C; R^2=OH; R^3=A$
4-10-184　$R^1=R^2=H; R^3=B$
4-10-185　$R^1=H; R^2=OH; R^3=B$
4-10-186　$R^1=C; R^2=OH; R^3=B$
4-10-187　$R^1=C; R^2=OH; R^3=H$

表 4-10-48　化合物 4-10-181~4-10-187 的 ^{13}C NMR 数据[88]

C	4-10-181	4-10-182	4-10-183	4-10-184	4-10-185	4-10-186	4-10-187
1	40.0	39.8	40.0	40.0	39.8	40.0	39.9
2	27.1	27.1	27.1	27.0	27.0	27.1	27.4
3	90.3	90.3	90.5	90.6	90.7	90.8	79.8
4	39.7	40.0	39.8	39.7	40.0	39.8	39.8
5	56.9	57.1	57.1	56.9	57.0	57.1	56.9
6	19.4	19.4	19.4	19.4	19.4	19.4	19.5
7	34.1	34.3	34.5	34.1	34.3	34.5	34.5
8	40.5	40.9	40.6	40.5	40.8	40.6	40.6

续表

C	4-10-181	4-10-182	4-10-183	4-10-184	4-10-185	4-10-186	4-10-187
9	49.1	48.4	48.3	49.1	48.4	48.3	48.3
10	37.9	37.9	38.0	37.9	37.9	38.0	38.2
11	24.6	24.5	24.6	24.6	24.5	24.6	24.5
12	123.0	122.8	123.0	123.0	122.9	123.0	123.0
13	146.0	145.5	145.4	146.0	145.5	145.4	145.5
14	42.9	42.9	42.6	42.9	42.8	42.6	42.6
15	35.2	36.1	36.3	35.3	36.1	36.3	36.3
16	24.5	75.7	76.2	24.5	75.7	76.2	76.1
17	47.7	49.3	53.6	47.7	49.4	53.6	53.6
18	43.1	42.7	42.0	43.1	42.6	42.0	42.0
19	47.8	48.0	49.0	47.8	48.0	49.0	49.0
20	31.7	31.3	36.1	31.7	31.3	36.1	36.1
21	34.1	36.5	79.8	34.1	36.6	79.8	79.7
22	29.1	31.3	38.5	29.1	31.3	38.5	38.5
23	28.6	28.6	28.6	28.6	28.5	28.6	28.8
24	17.1	17.1	17.1	17.1	17.1	17.1	16.3
25	16.0	16.2	16.0	16.0	16.2	16.0	16.0
26	18.0	18.2	18.2	18.0	18.2	18.2	18.2
27	26.6	27.7	27.5	26.6	27.6	27.4	27.5
28	184.7	185.4	183.4	184.7	185.0	183.4	180.5
29	33.8	33.6	29.7	33.8	33.6	29.7	29.7
30	24.2	26.1	19.6	24.2	26.0	19.6	19.5
1'			135.9			135.9	135.9
2'			129.2			129.2	129.2
3'			130.0			130.0	130.0
4'			131.3			131.3	131.4
5'			130.0			130.0	130.0
6'			129.2			129.2	129.2
7'			145.7			145.7	145.7
8'			119.8			119.8	119.8
9'			168.9			168.9	168.9
GluNAc							
1	104.9	104.9	104.8	104.9	104.9	104.9	
2	57.7	57.8	57.8	57.6	57.7	57.7	
3	76.6	76.6	76.7	76.3	76.4	76.5	
4	72.2	72.3	72.4	72.0	72.0	72.1	
5	75.7	75.7	75.7	75.7	75.7	75.8	
6	69.6	69.6	69.6	69.5	69.5	69.4	
Ara							
1	103.3	103.3	103.3	103.4	103.4	103.4	
2	81.3	81.3	81.2	80.4	80.4	80.3	
3	73.1	73.1	73.1	73.4	73.4	73.4	

续表

C	4-10-181	4-10-182	4-10-183	4-10-184	4-10-185	4-10-186	4-10-187
4	68.5	68.5	68.5	68.8	68.7	68.8	
5	65.4	65.4	65.4	65.7	65.7	65.7	
Xyl							
1	106.5	106.5	106.4				
2	75.7	75.7	75.8				
3	77.5	77.5	77.6				
4	71.1	71.1	71.1				
5	67.2	67.2	67.2				
Ara'							
1				105.8	105.8	105.8	
2				73.0	72.9	72.9	
3				74.2	74.2	74.2	
4				70.0	69.8	69.7	
5				67.1	67.1	67.1	
NH-Ac	23.2	23.2	23.1	23.2	23.1	23.1	
NH-Ac	173.5	173.4	173.4	173.5	173.5	173.4	

4-10-188 R¹=A; R²=C; R³=CH$_2$OH
4-10-189 R¹=B; R²=OH; R³=CH$_3$
4-10-190 R=A

表 4-10-49 化合物 4-10-188~4-10-190 的 ^{13}C NMR 数据[89]

C	4-10-188	4-10-189	4-10-190	C	4-10-188	4-10-189	4-10-190
1	33.6	32.5	33.5	12	26.5	121.7	26.8
2	27.7	27.3	27.6	13	38.5	144.6	38.5
3	88.5	88.4	88.7	14	42.7	42.2	42.8
4	39.5	39.6	40.2	15	27.8	26.7	28.1
5	54.4	54.1	54.4	16	33.9	28.6	35.1
6	17.7	17.4	17.7	17	34.7	37.8	40.1
7	34.7	33.1	34.0	18	143.6	45.3	142.5
8	40.5	39.9	40.5	19	127.0	46.6	129.4
9	53.5	49.9	53.6	20	40.1	30.8	33.7
10	52.8	52.6	52.8	21	33.6	42.2	42.3
11	21.7	23.9	21.9	22	78.4	75.4	75.4

C	4-10-188	4-10-189	4-10-190	C	4-10-188	4-10-189	4-10-190
23	26.8	26.5	26.8	3	78.8	78.6	
24	15.8	15.4	15.8	4	71.6	71.4	
25	205.6	205.7	205.6	5	66.6	66.6	
26	18.3	19.3	18.4	Glu			
27	15.0	25.6	14.9	1			102.2
28	19.7	28.6	21.4	2			79.5
29	25.1	33.1	32.1	3			77.4
30	72.1	21.0	30.1	4			72.4
GluA				5			78.8
1	105.4	105.2	105.4	6			63.4
2	79.2	78.5	78.8	Rha			
3	76.3	76.4	76.6	1	102.3	101.9	102.1
4	73.7	73.3	73.6	2	72.4	72.1	72.4
5	78.4	78.9	78.8	3	72.8	72.4	72.8
6	172.8	172.0	173.4	4	74.4	74.1	74.3
Xyl				5	69.7	69.3	69.5
1	102.9	102.7		6	19.0	18.8	19.0
2	79.3	79.0					

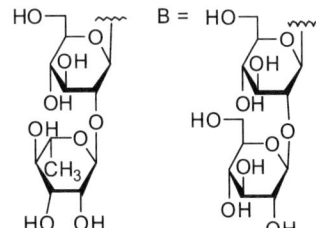

4-10-191 R^1=CH$_2$OA; R^2=OH; R^3=B
4-10-192 R^1=CH$_2$OA; R^2=H; R^3=B
4-10-193 R^1=COOA; R^2=OH; R^3=B

表 4-10-50 化合物 4-10-191~4-10-193 的 ^{13}C NMR 数据[90]

C	4-10-191	4-10-192	4-10-193	C	4-10-191	4-10-192	4-10-193
1	38.7	38.5	39.0	12	122.9	123.2	123.0
2	26.6	26.6		13	142.1	143.0	142.3
3	79.0	79.0	78.5	14	41.1	41.4	41.2
4	42.6	42.6	49.0	15	33.0	25.0	32.7
5	56.1	56	56.7	16	66.3	42.2	66.3
6	19.2	19.0		17	45.7		
7	33.0	33.8		18	41.3	41.5	41.1
8	39.4	39.6	40.0	19	47.4	46.0	47.3
9	46.7	47.7	47.0	20	35.1	35.4	35.1
10	36.5	36.5	37.1	21	77.5	76.2	77.6
11	23.5	23.3	23.5	22	77.7	76.2	77.6

续表

C	4-10-191	4-10-192	4-10-193	C	4-10-191	4-10-192	4-10-193
23	22.4	22.4	22.9	3	70.4	70.5	70.5
24	71.1	70.7	175.0	4	72.8	72.8	72.5
25	14.7	14.6	13.0	5	68.6	68.6	68.8
26	16.0	15.9	15.9	6	16.9	16.9	16.9
27	26.0	25.0	25.9	28-O-Glu			
28	77.0	75.0	77.2	1	101.7	101.7	102.1
29	28.7	28.6	28.7	2	80.3	80.3	80.4
30	18.0	17.8	18.0	3	76.7	76.7	76.7
24-O-Glu				4	69.8	69.8	69.8
1	102.4	102.4	93.9	5	72.8	72.8	74.5
2	77.8	77.1	76.8	6′	61.1	61.1	61.2
3	77.0	77.8	77.8	Glu			
4	70.6	70.6	70.2	1	103.4	103.3	104.0
5	76.8	76.3	76.4	2	76.5	73.9	76.5
6′	61.4	61.4	61.2	3	76.5	76.5	76.6
Rha				4	69.5	69.5	69.4
1	100.0	100.0	96.0	5	76.3	76.8	76.9
2	70.6	70.6	70.8	6	60.6	60.8	60.6

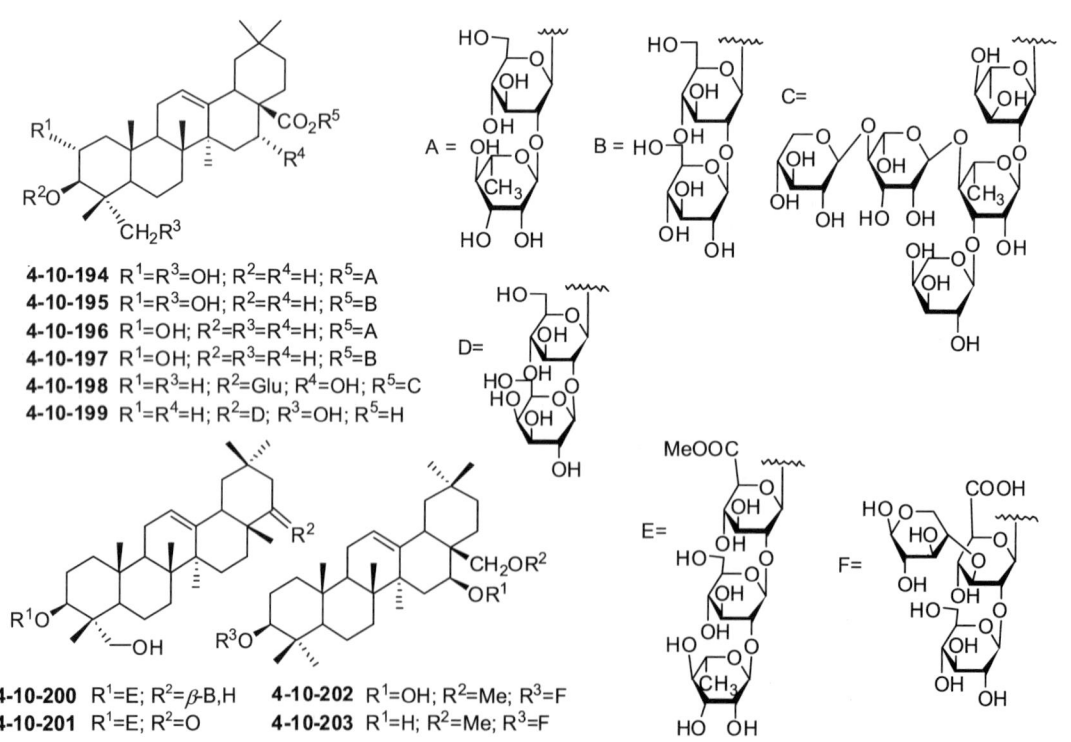

表 4-10-51　化合物 4-10-194~4-10-198 的 ^{13}C NMR 数据

C	4-10-194[91]	4-10-195[91]	4-10-196[91]	4-10-197[91]	4-10-198[92]	C	4-10-194[91]	4-10-195[91]	4-10-196[91]	4-10-197[91]	4-10-198[92]
1	47.9	47.7	46.4	46.4	39.0	6					62.5
2	69.0	68.9	68.6	68.7	26.7	28-O-糖基					
3	78.7	78.0	83.8	83.9	89.0		Glu（内侧）	Glu（内侧）	Glu（内侧）	Glu（内侧）	Ara
4	43.6	43.6	39.8	39.9	39.6	1	94.9	93.6	94.9	93.7	93.5
5	48.3	48.0	56.0	56.1	56.2	2	76.1	78.2	75.5	74.0	75.3
6	18.8	18.6	18.9	19.0	18.6	3	79.7	78.7	79.9	79.0	69.5
7	33.2	33.0	33.3	33.4	33.5	4	71.6	70.8	71.3	70.9	65.5
8	40.2	40.1	40.0	39.9	40.3	5	78.9	80.0	79.0	79.1	63.2
9	48.4	48.2	48.2	48.3	47.3	6	62.4	62.1	62.0	62.2	
10	38.6	38.4	38.6	38.6	37.2		Rha		Rha		Rha
11	21.4	24.0	23.4	23.3	24.0	1	101.5		101.4		100.9
12	122.4	122.5	122.5	122.6	123.3	2	72.3		72.3		72.1
13	144.3	144.4	144.3	144.5	144.5	3	72.6		72.6		82.4
14	42.5	42.2	42.4	42.3	42.2	4	74.0		73.9		77.8
15	28.7	29.1	28.7	29.1	36.2	5	69.9		69.8		68.8
16	23.6	23.2	24.0	24.0	74.2	6	18.8		18.7		18.6
17	47.2	47.0	47.1	47.1	49.8			Glu（外侧）		Glu（外侧）	Xyl
18	42.2	41.9	42.1	42.0	41.2	1		104.6		104.7	105.8
19	46.5	46.3	47.9	47.9	47.2	2		75.9		76.0	74.6
20	30.8	30.7	30.7	30.8	31.0	3		78.2		78.2	87.9
21	34.2	34.1	34.1	34.2	36.1	4		72.8		72.9	69.1
22	32.4	32.3	32.2	32.4	32.0	5		78.0		78.2	66.4
23	67.2	66.6	29.3	29.4	28.4	6		63.8		63.9	
24	14.3	14.2	17.5	17.7	17.2						Xyl'
25	17.7	17.6	17.0	17.0	15.8	1					106.0
26	17.6	17.1	17.7	17.7	17.8	2					75.3
27	26.0	26.2	25.9	26.3	27.1	3					78.0
28	176.4	176.4	176.4	176.5	175.9	4					70.9
29	33.2	33.1	33.1	33.2	33.3	5					67.1
30	23.8	23.8	23.7	23.9	25.0						Ara'
3-O-Glu						1					105.8
1					106.8	2					73.0
2					75.9	3					74.5
3					78.8	4					69.5
4					71.5	5					67.2
5					78.2						

表 4-10-52　化合物 4-10-199~4-10-203 的 ^{13}C NMR 数据

C	4-10-199[93]	4-10-200[94]	4-10-201[94]	4-10-202[95]	4-10-203[95]	C	4-10-199[93]	4-10-200[94]	4-10-201[94]	4-10-202[95]	4-10-203[95]
1	38.7	38.5	38.5	38.2	38.1	2	82.7	78.2	78.1	78.8	78.7
2	26.0	26.6	26.6	25.4	23.7	3	78.2	76.7	76.7	85.9	86.1
3	82.9	91.7	91.7	84.8	84.6	4	71.2	74.3	74.3	70.4	70.3
4	43.5	43.7	43.7	55.3	55.1	5	78.2	77.9	77.7	76.7	76.9
5	48.1	56.3	56.2	48.1	47.8	6	62.4	170.4	170.4	170.2	170.0
6	18.3	18.5	18.5	20.7	20.5			52.1	52.1		
7	32.9	33.5	33.0	32.7	32.7		Gal	Glu	Glu	Xyl	Xyl
8	39.8	39.6	39.8	40.2	40.1	1	106.1	101.9	102.0	105.2	105.1
9	48.3	47.8	47.6	48.8	48.7	2	75.6	79.1	79.2	75.1	75.4
10	36.9	36.4	36.4	36.4	36.3	3	76.6	78.6	78.4	77.0	77.2
11	23.8	24.0	24.0	23.9	23.9	4	69.9	69.7	69.8	71.3	71.4
12	122.6	122.8	123.9	122.3	122.3	5	76.7	78.4	78.2	67.6	67.4
13	144.9	144	141.9	145.2	144.9	6	62.2	61.3	61.4		
14	42.2	42.5	42.0	40.2	42.3		Rha	Rha	Gal	Gal	
15	28.3	25.8	25.4	34.5	28.4		102.0	102.0	104.5	104.4	
16	23.7	29.2	27.3	73.9	23.8		72.3	72.3	73.9	73.8	
17	46.6	37.7	47.8	46.9	46.6		72.7	72.7	75.5	75.4	
18	42.0	46.2	48.0	42.4	42.1		73.5	73.4	71.0	71.1	
19	46.4	46.4	46.7	46.7	46.7		69.4	69.4	75.7	75.7	
20	31.0	30.4	34.1	31.2	31.0		18.9	19.0	62.0	61.9	
21	34.2	36.8	50.9	34.5	34.3	22-O-糖基		Glu			
22	33.2	83.6	215.6	33.6	33.3			100.4			
23	65.4	22.8	22.8	210.4	210.1			81.9			
24	13.5	63.4	63.4	11.3	11.1			78.1			
25	16.0	15.7	15.6	15.8	15.7			71.7			
26	17.5	17.0	16.7	17.6	17.6			77.7			
27	26.2	24.6	25.5	26.4	26.2			62.7			
28	180.2	29.2	20.9	180.2	180.2			Glu'			
29	33.3	31.4	31.9	33.6	33.3			106.2			
30	23.8	20.6	25.3	23.9	23.9			77.1			
28-OMe				52.5	52.3			78.6			
3-O-糖基								71.8			
	Glu	GluA	GluA	GluA	GluA			78.2			
1	104.2	105.3	105.3	104.1	104.0			62.8			

4-10-204 R^1=Xyl(2→1)Glu; R^2=Glu; R^3=CO$_2$Me
4-10-205 R^1=Xyl(2→1)Glu(2→1)Rha, R^2=Glu; R^3=CO$_2$Me
4-10-206 R^1=R^2=H; R^3=CO$_2$Me
4-10-207 R^1=Ara; R^2=H; R^3=CH$_3$
4-10-208 R^1=Ara(3←1)Xyl; R^2=H; R^3=CH$_3$
4-10-209 R^1=H; R^2=Glu(2←1)Api; R^3=CH$_3$
4-10-210 R^1=Rha$\xrightarrow{2}$Xyl$\underset{3}{|}$Ara R^2=H; R^3=CH$_3$
4-10-211 R^1=Rha$\xrightarrow{2}$Glu$\underset{3}{|}$Api R^2=H; R^3=CH$_3$
4-10-212 R^1=Rha$\xrightarrow{2}$Ara$\underset{3}{|}$Ara R^2=H; R^3=CH$_3$
4-10-213 R^1=Rha$\xrightarrow{2}$Ara$\underset{3}{|}$Xyl R^2=H; R^3=CH$_3$
4-10-214 R^1=Rha$\xrightarrow{2}$Glu$\underset{3}{|}$Xyl R^2=H; R^3=CH$_3$
4-10-215 R^1=Rha$\xrightarrow{2}$Glu$\underset{3}{|}$Gal R^2=H; R^3=CH$_3$

4-10-216 R^1=Ara; R^2=Glu(6→1)Glu; R^3=CH$_3$; R^4=H
4-10-217 R^1=Ara; R^2=Glu(6→1)Glu; R^3=H; R^4=CH$_3$
4-10-218 R^1=Ara(2→1)Rha; R^2=Glu(6→1)Glu; R^3=CH$_3$; R^4=H
4-10-219 R^1=Ara(2→1)Rha; R^2=Glu(6→1)Glu; R^3=H; R^4=CH$_3$

4-10-220 R^1=Me; R^2=Glu; R^3=R^5=H; R^4=Gal
4-10-221 R^1=Me; R^2=R^4=Glu; R^3=H; R^5=Gal
4-10-222 R^1=Me; R^2=Glu; R^3=Glu(2←1)Rha; R^4=R^5=H
4-10-223 R^1=Me; R^2=Glu; R^3=R^5=H; R^4=Gal(3←1)Glu
4-10-224 R^1=Me; R^2=R^3=H; R^4=Glu; R^5=Gal

表 4-10-53　化合物 4-10-204~4-10-206 的 ^{13}C NMR 数据[96]

C	4-10-204	4-10-205	4-10-206	C	4-10-204	4-10-205	4-10-206
1	38.9	38.8	38.8	19	42.4	42.4	42.1
2	26.1	26.0	27.7	20	43.6	44.0	44.2
3	82.2	83.4	73.5	21	30.0	30.6	30.8
4	43.2	43.5	42.9	22	34.0	34.0	34.5
5	48.2	48.2	48.7	23	64.8	65.4	68.0
6	18.3	18.3	18.6	24	13.5	13.4	13.1
7	32.9	32.9	33.0	25	16.2	16.1	16.2
8	39.9	39.9	39.8	26	17.5	17.5	17.5
9	48.0	48.2	48.2	27	26.1	26.0	26.1
10	36.9	36.9	37.2	28	176.1	176.9	179.8
11	23.6	23.8	23.9	29	28.2	28.3	28.4
12	123.7	123.8	123.7	30	176.9	177.0	177.2
13	143.8	143.8	144.5	OMe	51.7	51.7	51.7
14	42.1	42.1	42.1	3-O-Xyl			
15	28.3	28.3	28.4	1	106.1	104.6	
16	23.8	23.6	23.9	2	83.9	83.4	
17	46.5	46.5	46.2	3	78.1	77.8	
18	44.0	43.2	43.4	4	71.0	71.0	

C	4-10-204	4-10-205	4-10-206	C	4-10-204	4-10-205	4-10-206
5	66.7	66.6		3		72.6	
Glu				4		74.2	
1	104.7	102.6 a		5		70.0	
2	76.8	79.9		6		18.9	
3	78.9	78.9		28-O-Glu			
4	71.5	72.0		1'		95.8	95.8
5	78.2	78.9		2'		74.2	74.2
6	62.6	62.7		3'		79.3	79.4
Rha				4'		70.8	71.0
1		102.5		5'		78.2	78.9
2		72.2		6'		61.9	61.9

表 4-10-54　化合物 4-10-207~4-10-210 的 ^{13}C NMR 数据[97]

C	4-10-207	4-10-208	4-10-209	4-10-210	C	4-10-207	4-10-208	4-10-209	4-10-210
1	39.5	39.4	39.6	39.7	27	26.5	26.5	26.3	26.4
2	26.3	26.2	27.4	26.7	28	181.9	182.0	178.1	182.0
3	83.3	83.6	74.0	81.9	29	33.6	33.6	33.5	33.6
4	43.9	43.8	43.3	43.9	30	24.0	24.0	24.1	24.0
6	18.8	18.8	19.1	18.8		Ara	Ara	Glu	Xyl
7	33.4	33.4	32.9	33.4	1'	106.4	106.1	94.7	105.3
8	40.5	40.5	40.7	40.5	2'	73.0	72.1	79.41	78.6
9	48.1	48.3	48.3	48.1	3'	74.5	83.7	78.61	86.2
10	37.7	37.7	37.9	37.6	4'	69.8	69.7	71.1	70.4
11	24.5	24.5	24.5	24.5	5'	66.8	66.9	78.5	66.0
12	123.6	123.5	123.7	123.6	6'			62.4	
13	145.3	145.3	144.9	145.3			Xyl	Api	Rha
14	43.0	42.9	43.0	43.0	1"		106.2	110.9	102.5
15	28.8	28.8	29.2	28.8	2"		75.1	78.2	71.5
16	24.0	24.1	24.0	24.1	3"		77.4	80.1	72.0
17	47.6	47.6	48.0	47.7	4"		71.0	75.0	73.6
18	42.7	42.7	42.7	42.8	5"		66.8	65.3	70.7
19	47.2	47.2	47.3	47.3	6"				18.0
20	31.6	31.6	31.5	31.6					Ara
21	34.9	34.9	34.9	34.9	1'''				110.7
22	33.8	33.8	33.6	33.8	2'''				83.3
23	64.8	65.2	67.5	64.4	3'''				78.4
24	13.4	13.3	12.7	13.7	4'''				85.8
25	16.4	16.4	16.4	16.4	5'''				62.8
26	17.8	17.8	17.8	17.8					

表 4-10-55　化合物 4-10-211~4-10-215 的 ^{13}C NMR 数据[97]

C	4-10-211	4-10-212	4-10-213	4-10-214	4-10-215	C	4-10-211	4-10-212	4-10-213	4-10-214	4-10-215
1	39.7	39.6	39.7	39.8	39.9	27	26.5	26.5	26.5	26.5	26.5
2	26.6	26.5	26.6	26.5	26.6	28	182.4	182.4	182.2	182.7	12.6
3	82.2	82.0	81.7	82.0	82.0	29	33.6	33.6	33.6	33.6	33.6
4	43.9	43.9	43.9	43.9	43.9	30	24.0	24.0	24.0	24.1	24.1
5							Glu	Ara	Ara	Glu	Glu
6	18.8	18.0	18.8	18.8	18.8	1	104.6	104.9	104.4	104.3	104.4
7	33.4	33.3	33.4	33.4	33.5	2	78.4	75.7	75.1	78.1	78.2
8	40.4	40.4	40.4	40.5	40.5	3	88.7	80.2	82.2	87.8	87.8
9	48.1	48.1	48.4	48.5	48.3	4	70.3	69.5	69.1	70.1	70.3
10	37.5	37.6	37.6	37.6	37.6	5	77.1	65.5	65.2	77.8	77.2
11	24.5	24.5	24.5	24.4	24.5	6	62.4			62.6	62.7
12	123.4	123.4	123.4	123.3	123.4		Rha	Rha	Rha	Rha	Rha
13	145.3	145.3	145.3	145.5	145.5	1	102.3	102.4	101.7	101.8	101.9
14	42.9	42.9	42.9	43.0	43.0	2	71.4	71.4	71.9	71.8	71.9
15	28.8	28.8	28.8	28.9	28.9	3	71.9	71.9	72.0	72.1	72.1
16	24.1	24.0	24.1	24.2	24.2	4	73.6	73.6	73.7	73.7	73.7
17	47.6	47.7	47.7	47.8	47.8	5	70.5	70.5	70.2	70.2	70.3
18	42.7	42.7	42.7	42.8	42.9	6	18.0	18.0	18.0	18.0	18.0
19	47.2	47.3	47.2	47.4	47.4		Api	Ara	Xyl	Xyl	Gal
20	31.5	31.6	31.6	31.6	31.6	1	111.9	110.0	105.2	104.9	104.6
21	34.9	34.9	34.9	35.0	35.0	2	77.9	82.7	74.6	74.9	72.8
22	33.8	33.8	33.8	33.9	33.9	3	80.9	78.9	77.4	77.2	74.9
23	64.4	64.4	64.6	64.7	64.6	4	74.9	86.9	70.9	70.9	70.3
24	13.7	13.7	13.8	13.7	13.9	5	64.5	63.2	66.8	67.0	77.2
25	16.5	16.4	16.4	16.5	16.5	6					62.5
26	17.8	17.8	17.8	17.9	17.9						

表 4-10-56　化合物 4-10-216~4-10-219 的 ^{13}C NMR 数据[98]

C	4-10-216	4-10-217	4-10-218	4-10-219	C	4-10-216	4-10-217	4-10-218	4-10-219
1	38.7	39.0	38.8	39.1	12	123.1	128.5	123.1	128.5
2	26.7	26.7	26.5	26.7	13	144.3	139.3	144.3	139.3
3	88.8	88.9	88.9	89.0	14	42.2	42.2	42.2	42.2
4	39.6	39.6	39.5	39.5	15	29.0	29.3	29.0	29.3
5	56.1	56.0	56.1	56.1	16	28.0	26.7	28.1	26.5
6	18.8	18.8	18.8	18.8	17	46.6	48.8	46.6	48.8
7	33.3	33.6	33.3	33.6	18	44.6	54.4	44.6	54.4
8	40.3	40.6	40.2	40.6	19	81.2	72.7	81.2	72.8
9	48.4	47.8	48.4	47.8	20	35.6	42.1	35.6	42.1
10	37.2	37.1	37.2	37.1	21	29.1	26.2	29.1	26.2
11	24.2	24.1	24.2	24.1	22	33.1	37.8	33.1	37.8

C	4-10-216	4-10-217	4-10-218	4-10-219	C	4-10-216	4-10-217	4-10-218	4-10-219
23	28.3	28.3	28.1	28.2	4			74.1	74.1
24	16.9	16.7	16.9	16.7	5			69.9	70.0
26	17.7	17.5	17.6	17.5	6			18.6	18.6
27	24.8	24.6	24.8	24.6	28-O-Glu（内侧）				
28	177.4	177.1	177.3	177.1	1	95.8	95.8	95.8	95.8
29	28.7	27.1	28.7	27.1	2	73.9	73.9	74.0	73.9
30	24.9	17.0	24.9	17.0	3	78.4	78.4	78.4	78.5
3-O-Ara					4	71.6	71.7	71.6	71.7
1	107.5	107.4	104.7	104.6	5	78.0	78.0	78.0	78.0
2	72.9	72.9	76.1	76.1	6	69.5	69.7	69.5	69.7
3	74.6	74.6	73.6	73.5	28-O-Glu（末端）				
4	69.5	69.5	68.5	68.4	1	105.3	105.4	105.3	105.4
5	66.7	66.6	64.4	64.3	2	75.2	75.3	75.2	75.3
3-O-Rha					3	78.8	78.8	78.8	78.8
1			101.8	101.8	4	71.1	71.2	71.1	71.3
2			72.4	72.4	5	78.4	78.4	78.4	78.5
3			72.6	72.6	6	62.8	62.8	62.8	62.8

表 4-10-57　化合物 4-10-220~4-10-224 的 ^{13}C NMR 数据[99]

C	4-10-220	4-10-221	4-10-222	4-10-223	4-10-224	C	4-10-220	4-10-221	4-10-222	4-10-223	4-10-224
1	38.8	38.8	38.8	38.8	38.8	19	43.3	43.3	43.3	43.3	43.3
2	26.6	26.6	26.6	26.6	26.6	20	44.1	44.1	44.1	44.1	44.1
3	89.1	89.1	89.1	89.1	89.1	21	30.7	30.7	30.7	30.7	30.7
4	40.1	40.1	40.1	40.1	40.1	22	34.1	34.1	34.1	34.1	34.1
5	55.9	55.9	55.9	55.9	55.9	23	28.5	28.5	28.5	28.5	28.5
6	18.7	18.7	18.7	18.7	18.7	24	17.0	17.0	17.0	17.0	17.0
7	33.3	33.3	33.3	33.3	33.3	25	15.7	15.7	15.7	15.7	15.7
8	39.6	39.6	39.6	39.6	39.6	26	17.6	17.6	17.6	17.6	17.6
9	48.2	48.2	48.2	48.2	48.2	27	26.2	26.2	26.2	26.2	26.2
10	37.1	37.1	37.1	37.1	37.1	28	176.1	176.1	176.1	176.1	176.1
11	23.9	23.9	23.9	23.9	23.9	29	28.5	28.5	28.5	28.5	28.5
12	124.2	124.2	124.2	124.2	124.2	30	177.0	177.0	177.0	177.0	177.0
13	143.9	143.9	143.9	143.9	143.9	OMe	51.8	51.8	51.8	51.8	51.8
14	42.2	42.2	42.2	42.2	42.2	3-O-Glu					
15	28.3	28.3	28.3	28.3	28.3	1	106.3	105.9	105.2	106.4	106.1
16	23.7	23.7	23.7	23.7	23.7	2	74.5	75.8	79.0	74.6	75.8
17	46.7	46.7	46.7	46.7	46.7	3	89.1	83.0	78.0	89.1	83.2
18	42.6	42.6	42.6	42.6	42.6	4	70.0	77.6	73.0	69.9	77.5

续表

C	4-10-220	4-10-221	4-10-222	4-10-223	4-10-224	C	4-10-220	4-10-221	4-10-222	4-10-223	4-10-224
5	78.0	77.3	79.6	78.0	77.3	6		62.1		62.8	62.1
6	62.8	62.4	63.6	62.8	62.4	Gal（末端）					
Gal（内侧）						1	106.6	105.1			105.3
1				106.1		2	73.1	72.9			72.9
2				72.2		3	75.2	73.2			73.4
3				84.7		4	70.3	70.1			70.1
4				69.7		5	77.5	75.2			75.2
5				77.2		6	62.2	61.8			61.8
6				62.2		Rha（末端）					
Glu（内侧）						1				102.1	
1			102.1			2				72.5	
2			78.6			3				72.1	
3			77.7			4				74.5	
4			72.8			5				69.6	
5			79.5			6				19.2	
6			62.9			28-O-Glu					
Glu（末端）						1	95.9	95.9	95.9	95.9	
1		102.6		106.6	102.8	2	74.2	74.3"	74.3	74.3	
2		74.7		76.0	74.7	3	79.0	79.0	79.0	79.1	
3		78.0		78.5	78.0	4	71.1	71.1	71.1	71.2	
4		71.0		71.7	71.0	5	79.4	79.5	79.4	79.5"	
5		78.3		78.8"	78.3	6	62.1	62.0	62.1	62.1	

4-10-225 R¹=R²=R³=H
4-10-226 R¹=R²=H; R³=Rha
4-10-227 R¹=H; R²=Api; R³=Rha
4-10-228 R¹=H; R²=Api; R³=Rha(4→1)Xyl
4-10-229 R¹=R²=H; R³=Rha$\overset{3}{\underset{4}{<}}$Api / Xyl
4-10-230 R¹=Glu; R²=R³=H
4-10-231 R¹=Glu; R²=H; R³=Rha
4-10-232 R¹=Glu; R²=Api; R³=Rha
4-10-233 R¹=Glu; R²=H; R³=Rha(4→1)Xyl
4-10-234 R¹=Glu; R²=Api; R³=Rha(4→1)Xyl

4-10-235 R¹=R³=Glu(2→1)Glu; R²=CH₂OH
4-10-236 R¹=R³=Glu; R²=CHO
4-10-237 R¹=Glu(2→1)Glu; R²=CHO; R³=H
4-10-238 R¹=Glu(2→1)Glu; R²=CHO; R³=Glu
4-10-239 R¹=Glu(2→1)Glu; R²=CHO; R³=Glu(2→1)Glu
4-10-240 R¹=Glu(2→1)Glu; R²=CHO; R³=Glu(2→1)Glu(4→1)Xyl
4-10-241 R¹=Glu(2→1)Glu; R²=CHO; R³=Glu(2→1)Rha
4-10-242 R¹=Glu(2→1)Glu; R²=CHO; R³=Glu(2→1)Glu(4→1)Xyl
4-10-243 R¹=Glu(2→1)Glu; R²=CHO; R³=Glu—Rha—Xyl (2, 4, 3|Api)

4-10-244 R¹=Ac; R²=A; R³=H
4-10-245 R¹=B; R²=Ac; R³=H
4-10-246 R¹=Ac; R²=A; R³=OH
4-10-247 R¹=B; R²=Ac; R³=OH

4-10-248 R¹=H; R²=E-4-甲氧基桂皮酰基；R³=β-D-Api
4-10-249 R¹=H; R²=Z-4-甲氧基桂皮酰基；R³=β-D-Api
4-10-250 R¹=R³=H; R²=E-4-甲氧基桂皮酰基
4-10-251 R¹=R³=H; R²=Z-4-甲氧基桂皮酰基
4-10-252 R¹=R³=H; R²=Z-3,4-二甲氧基桂皮酰基
4-10-253 R¹=α-L-Rha; R²=Z-4-甲氧基桂皮酰基；R³=H

表 4-10-58　化合物 4-10-225~4-10-229 的 ^{13}C NMR 数据[100]

C	4-10-225	4-10-226	4-10-227	4-10-228	4-10-229	C	4-10-225	4-10-226	4-10-227	4-10-228	4-10-229
1	44.2	44.2	44.2	44.2	44.2	25	17.4	17.4	17.4	17.4	17.4
2	70.6	70.6	70.6	70.6	70.6	26	17.7	17.7	17.7	17.7	17.7
3	83.1	83.1	83.1	83.1	83.1	27	26.2	26.2	26.2	26.2	26.2
4	42.4	42.4	42.4	42.4	42.4	28	176.5	176.5	176.5	176.5	176.5
5	47.8	47.8	47.8	47.8	47.8	29	33.2	33.2	33.2	33.2	33.2
6	18.1	18.1	18.1	18.1	18.1	30	23.7	23.7	23.7	23.7	23.7
7	32.6	32.6	32.6	32.6	32.6	3-O-糖基					
8	40.1	40.1	40.1	40.1	40.1	Glu（内侧）					
9	48.6	48.6	48.6	48.6	48.6	1	105.7	105.7	105.7	105.7	105.7
10	37.0	37.0	37.0	37.0	37.0	2	75.5	75.5	75.5	75.5	75.2
11	24.1	24.1	24.1	24.1	24.1	3	78.6	78.6	78.6	78.6	78.6
12	123.2	123.2	123.2	123.2	123.2	4	71.7	71.7	71.7	71.6	71.7
13	144.2	144.2	144.2	144.2	144.2	5	78.3	78.3	78.3	78.3	78.3
14	42.8	42.8	42.8	42.8	42.8	6	62.7	62.7	62.7	62.7	62.7
15	28.3	28.3	28.3	28.3	28.3	28-O-糖基					
16	23.5	23.5	23.5	23.5	23.5	Glu					
17	47.1	47.1	47.1	47.1	47.1	1	95.8	94.9	94.3	94.1	94.8
18	41.8	41.8	41.8	41.8	41.8	2	74.2	75.9	75.5	75.7	78.5
19	46.2	46.2	46.2	46.2	46.2	3	78.9	79.7	87.4	87.2	78.7
20	30.8	30.8	30.8	30.8	30.8	4	71.2	71.5	69.3	69.2	71.4
21	34.1	34.1	34.1	34.1	34.1	5	79.3	78.9	78.2	78.1	78.7
22	33.0	33.0	33.0	33.0	33.0	6	62.3	62.2	61.9	61.8	62.5
23	65.7	65.7	65.7	65.7	65.7	Rha					
24	15.1	15.1	15.1	15.1	15.1	1		101.5	101.7	101.4	101.9

续表

C	4-10-225	4-10-226	4-10-227	4-10-228	4-10-229	C	4-10-225	4-10-226	4-10-227	4-10-228	4-10-229
2		72.3	72.0	71.6	71.4	4			75.2	75.3	74.6
3		72.6	72.5	72.4	82.2	5			64.7	64.7	64.7
4		73.9	73.7	84.7	78.9	Xyl					
5		69.8	70.4	68.7	68.6	1				107.5	105.4
6		18.8	18.8	18.6	19.1	2				76.2	75.8
Api						3				78.7	78.7
1			111.2	111.0	111.6	4				71.0	71.3
2			78.0	78.0	77.7	5				67.5	67.2
3			80.2	80.3	79.6						

表 4-10-59　化合物 4-10-230~4-10-234 的 ^{13}C NMR 数据[100]

C	4-10-230	4-10-231	4-10-232	4-10-233	4-10-234	C	4-10-230	4-10-231	4-10-232	4-10-233	4-10-234
1	44.2	44.2	44.2	44.2	44.2	28	176.5	176.5	176.5	176.5	176.5
2	70.6	70.6	70.6	70.6	70.6	29	33.2	33.2	33.2	33.2	33.2
3	83.1	83.1	83.1	83.1	83.1	30	23.7	23.7	23.7	23.7	23.7
4	42.4	42.4	42.4	42.4	42.4	3-O-糖基					
5	47.8	47.8	47.8	47.8	47.8	Glu（内侧）					
6	18.1	18.1	18.1	18.1	18.1	1	103.0	103.0	102.9	103.0	103.0
7	32.6	32.6	32.6	32.6	32.6	2	83.7	83.8	83.8	83.8	83.6
8	40.1	40.1	40.1	40.1	40.1	3	78.1	78.0	78.0	78.0	78.1
9	48.6	48.6	48.6	48.6	48.6	4	71.1	71.1	71.1	71.1	71.1
10	37.0	37.0	37.0	37.0	37.0	5	78.1	78.0	78.0	78.0	78.1
11	24.1	24.1	24.1	24.1	24.1	6	62.5	62.5	62.5	62.5	62.5
12	123.2	123.2	123.2	123.2	123.2	Glu（末端）					
13	144.2	144.2	144.2	144.2	144.2	1	105.8	105.9	105.9	105.8	105.8
14	42.8	42.8	42.8	42.8	42.8	2	76.8	76.8	76.8	76.7	76.7
15	28.3	28.3	28.3	28.3	28.3	3	78.4	78.4	78.4	78.3	78.4
16	23.5	23.5	23.5	23.5	23.5	4	71.4	71.3	71.3	71.3	71.4
17	47.1	47.1	47.1	47.1	47.1	5	78.4	78.4	78.4	78.3	78.4
18	41.8	41.8	41.8	41.8	41.8	6	62.6	62.6	62.6	62.6	62.6
19	46.2	46.2	46.2	46.2	46.2	28-O-糖基					
20	30.8	30.8	30.8	30.8	30.8	Glu					
21	34.1	34.1	34.1	34.1	34.1	1	95.8	94.9	94.3	94.8	94.2
22	33.0	33.0	33.0	33.0	33.0	2	74.2	75.9	75.4	76.7	75.9
23	65.7	65.7	65.7	65.7	65.7	3	78.9	79.8	87.6	79.5	87.2
24	15.1	15.1	15.1	15.1	15.1	4	71.3	71.5	69.3	71.4	69.3
25	17.4	17.4	17.4	17.4	17.4	5	79.3	78.9	78.2	78.9	78.2
26	17.7	17.7	17.7	17.7	17.7	6	62.3	62.2	61.9	62.2	62.0
27	26.2	26.2	26.2	26.2	26.2	Rha					

C	4-10-230	4-10-231	4-10-232	4-10-233	4-10-234	C	4-10-230	4-10-231	4-10-232	4-10-233	4-10-234
1		101.5	101.7	101.4	101.5	3				80.2	80.2
2		72.3	72.0	71.9	71.7	4				75.2	75.3
3		72.6	72.5	72.6	72.4	5				64.7	64.8
4		73.9	73.6	85.5	84.6	Xyl					
5		69.8	70.4	68.3	68.8	1				107.7	107.4
6		18.8	18.8	18.6	18.6	2				76.3	76.2
Api						3				78.8	78.7
1			111.2		111.0	4				70.9	70.9
2			77.9		78.0	5				67.5	67.5

表 4-10-60　化合物 4-10-235~4-10-239 的 ^{13}C NMR 数据[101]

C	4-10-235	4-10-236	4-10-237	4-10-238	4-10-239	C	4-10-235	4-10-236	4-10-237	4-10-238	4-10-239
1	44.0	43.8	43.5	43.8	43.5	C-3					
2	70.3	69.3	69.0	69.3	69.0	Glu（内侧）					
3	83.0	83.0	82.7	83.0	82.7	1	103	104.7	101.8	101.8	101.8
4	42.3	54.6	54.3	54.6	54.3	2	83.6	75	83.2	83.2	83.1
5	48.2	48.3	48.2	48.3	48.2	3	78.1	78.5	78	78.2	78.2
6	18.1	20.4	20.3	20.4	20.3	4	71.1	71.6	71.2	71.1	71.1
7	32.3	32.6	32.7	32.6	32.7	5	78.1	78.562.7	78.2	78.3	78.2
8	40.1	40.4	40.2	40.4	40.2	6	62.5		62.5	62.5	62.5
9	48.6	48.5	48.5	48.5	48.5	Glu（末端）					
10	36.9	36.6	36.4	36.6	36.4	1	105.8		106	106	105.9
11	24.0	24.0	24.0	24.0	24.0	2	76.8		77	77	77
12	122.8	123.1	122.4	123.1	122.4	3	78.4		78.5	78	77.9
13	144.5	144.2	145.0	144.2	145.0	4	71.4		71.3	71.3	71.3
14	42.7	42.4	42.4	42.4	42.4	5	78.4		78.3	78.5	78.4
15	29.1	28.2	28.3	28.2	28.3	6	62.6		62.7	62.7	62.7
16	23.2	23.4	23.7	23.4	23.7	C-28					
17	47.0	47.0	46.7	47.0	46.7	Glu（内侧）					
18	41.9	41.8	42.1	41.8	42.1	1	93.7	95.8		95.8	93.6
19	46.3	46.2	46.6	46.2	46.6	2	78.9	74.2		74.2	78.8
20	30.8	30.8	31.0	30.8	31.0	3	79	78.9		78.9	79
21	34.1	34.1	34.3	34.1	34.3	4	70.8	71.2		71.2	70.8
22	33.2	32.6	33.3	32.6	33.3	5	79.2	79.3		79.3	79.1
23	65.8	206.9	208.1	206.9	208.1	6	62.1	62.3		62.3	62.1
24	14.8	11.8	11.7	11.8	11.7	Glu（末端）					
25	17.2	16.8	16.8	16.8	16.8	1	104.7				104.6
26	17.6	17.6	17.5	17.6	17.5	2	76				75.9
27	26.2	26.2	26.3	26.2	26.3	3	78.4				78.4
28	176.5	176.4	180.2	176.4	180.2	4	73				72.8
29	33.2	33.2	33.4	33.2	33.4	5	78.1				78.1
30	23.8	23.7	23.9	23.7	23.9	6	64				63.9

表 4-10-61　化合物 4-10-240~4-10-243 的 ^{13}C NMR 数据[101]

C	4-10-240	4-10-241	4-10-242	4-10-243	C	4-10-240	4-10-241	4-10-242	4-10-243
1	43.8	43.5	43.8	43.5	2	77.0	77.0	76.9	77.0
2	69.3	69.0	69.3	69.0	3	78.0	78.0	78.4	78.2
3	83.0	82.7	83.0	82.7	4	71.3	71.4	71.3	71.3
4	54.6	54.3	54.6	54.3	5	78.3	78.5	78.6	78.5
5	48.3	48.2	48.3	48.2	6	62.7	62.7	62.7	62.7
6	20.4	20.3	20.4	20.3	28-糖基				
7	32.6	32.7	32.6	32.7	Glu（内侧）				
8	40.4	40.2	40.4	40.2	1	93.8	94.9	94.8	94.1
9	48.5	48.5	48.5	48.5	2	78.9	75.5	76.4	75.7
10	36.6	36.4	36.6	36.4	3	79.2	80	79.5	86.9
11	24.0	24.0	24.0	24.0	4	70.8	71.1	71.4	69.3
12	123.1	122.4	123.1	122.4	5	79.5	79	78.9	78
13	144.2	145.0	144.2	145.0	6	62.1	62.2	62.2	62
14	42.4	43.5	42.4	43.5	Glu（末端）				
15	28.2	28.3	28.2	28.3	1	104.6			
16	23.4	23.7	23.4	23.7	2	74.9			
17	47.0	46.7	46.7	46.7	3	75.7			
18	41.8	42.1	42.1	42.1	4	82.7			
19	46.2	46.6	46.6	46.6	5	76.4			
20	30.8	31.0	31.0	31.0	6	63.0			
21	34.1	34.3	34.3	34.3	Rha				
22	32.6	33.3	33.3	33.3	1		101.3	101.3	101.3
23	206.9	208.1	208.1	208.1	2		72.4	71.9	71.6
24	11.8	11.7	11.7	11.7	3		72.6	72.6	72.4
25	16.8	16.8	16.8	16.8	4		73.9	85.3	84.5
26	17.6	17.5	17.5	17.5	5		69.7	68.3	68.8
27	26.2	26.3	26.3	26.3	6		18.7	18.6	18.6
28	176.4	180.2	180.2	180.2	Xyl				
29	33.2	33.4	33.4	33.4	1	105.8		107.6	107.3
30	23.7	23.9	23.9	23.9	2	76.4		76.3	76.2
3-糖基					3	78.5		78.7	78.7
Glu（内侧）					4	70.9		70.9	70.9
1	101.8	101.8	102	101.9	5	67.4		67.5	67.5
2	83.2	83.3	83.2	83.3	6				
3	78.3	78.2	78.0	78.0	Api				
4	71.2	71.2	71.1	71.1	1				110.9
5	78.3	78.2	78.3	78.3	2				77.9
6	62.7	62.5	62.5	62.5	3				80.2
Glu（末端）					4				75.3
1	105.9	106	106	106	5				64.8

表 4-10-62　化合物 4-10-244~4-10-247 的 ¹³C NMR 数据[102]

C	4-10-244	4-10-245	4-10-246	4-10-247	C	4-10-244	4-10-245	4-10-246	4-10-247
1	40.0	40.0	38.9	39.0	30	29.7	29.8	29.3	29.6
2	27.0	27.0	26.6	26.6	OAc	172.6/21.3	173.5/21.3~21.8	170.9/21.0	169.9/21.1
3	91.7	91.7	89.9	89.7	1'	178.0	173.5	176.7	172.3
4	40.4	40.4	39.5	39.6	2'	42.7	82.4	41.6	81.5
5	57.0	57.0	55.5	55.7	3'	27.8	31.8	28.9	31.0
6	19.3	19.3	18.8	18.8	4'	12.1	7.9	11.8	7.9
7	33.9	33.9	36.7	36.7	5'	17.0	21.3~21.8	16.8	21.6
8	41.0	41.0	47.8	47.8	OAc		171.3/21.3~21.8		171.4/21.1
9	48.0	48.0	47.1	47.2	Glu				
10	37.7	37.7	37.0	37.0	1	104.0	104.0	104.0	104.0
11	24.6	24.6	23.9	24.0	2	76.3	76.3	76.3	76.3
12	143.2	143.2	125.9	125.4	3	78.4	78.4	78.4	78.4
13	137.6	137.6	143.6	143.7	4	74.5	74.5	74.5	74.5
14	42.4	42.4	41.4	41.5	5	77.9	77.9	77.9	77.9
15	34.9	34.9	67.5	67.4	6	63.1	63.1	63.1	63.1
16	70.0	69.2	73.0	72.5	GluA				
17	49.0		48.1	48.6	1	105.3	105.3	105.3	105.3
18	43.3		41.0	41.0	2	79.2	79.2	79.2	79.2
19	47.8	48.0	46.8	47.0	3	86.1	86.1	86.1	86.1
20	36.9	37.3	36.2	36.8	4	77.0	77.0	77.0	77.0
21	80.4	80.3	79.2	80.2	5	162.2	162.2	162.2	162.2
22	74.6	74.8	73.3	73.4	6	105.3	105.3	105.3	105.3
23	17.0		16.8	16.8	Ara				
24	28.5		20.0	27.9	1	105.0	105.0	105.0	105.0
25	16.2		15.8	15.8	2	72.6	72.6	72.6	72.6
26	17.4		17.5	17.5	3	72.6	72.6	72.6	72.6
27	27.8		21.0	21.1	4	69.6	69.6	69.6	69.6
28	64.6		62.9	63.4	5	67.7	67.7	67.7	67.7
29	20.1	20.2	19.9	20.0					

表 4-10-63　化合物 4-10-248~4-10-253 的 ¹³C NMR 数据[103]

C	4-10-248	4-10-249	4-10-250	4-10-251	4-10-252	4-10-253	C	4-10-248	4-10-249	4-10-250	4-10-251	4-10-252	4-10-253
1	44.3	44.3	44.2	44.3	44.2	44.3	8	41.1	41.1	41.1	41.1	41.1	41.1
2	70.3	70.3	70.3	70.3	70.3	70.3	9	49.3	49.3	49.3	49.3	49.3	49.3
3	85.9	85.9	85.9	85.9	85.9	85.9	10	37.1	37.0	37.0	37.0	37.0	37.0
4	52.9	52.9	52.8	52.9	52.9	52.9	11	23.6	23.6	23.6	23.6	23.6	23.8
5	52.6	52.6	52.5	52.5	52.5	52.5	12	127.8	127.9	127.8	127.9	127.8	127.7
6	21.5	21.3	21.6	21.5	21.5	21.4	13	139	139	138.9	138.9	139	138.9
7	33.8	33.8	33.5	33.5	33.5	33.6	14	47.0	47.0	47.0	47.0	47.0	47.1

续表

C	4-10-248	4-10-249	4-10-250	4-10-251	4-10-252	4-10-253	C	4-10-248	4-10-249	4-10-250	4-10-251	4-10-252	4-10-253
15	24.5	24.5	24.5	24.5	24.5	24.5	1	104.8	104.8	107.0	107.0	106.9	106.8
16	24.1	24.1	24.0	24.0	24.0	24.0	2	75.0	75.1	75.1	75.1	75.1	75.1
17	47.9	47.9	48.0	48.0	48.0	48.0	3	77.4	77.4	77.3	77.3	77.3	77.3
18	42.0	42.0	42.0	42.0	42.0	42.0	4	78.6	78.6	78.3	78.3	78.4	78.4
19	45.4	45.4	45.3	45.4	45.4	45.5	5	64.7	64.7	65.0	65.0	65.0	64.4
20	30.8	30.8	30.8	30.8	30.8	30.8	Gal						
21	33.8	33.8	33.8	33.9	33.9	33.9	1	104.5	104.5	104.5	104.5	104.5	104.5
22	32.4	32.4	32.4	32.4	32.4	32.3	2	71.8	71.8	71.8	71.8	71.8	71.8
23	180.9	180.9	180.7	180.8	180.8	180.7	3	75	75.1	75.7	75.7	75.7	75.5
24	14.3	14.3	14.2	14.2	14.2	14.2	4	70.1	70.1	70.1	70.1	70.1	70.1
25	17.5	17.5	17.5	17.5	17.5	17.5	5	76.6	76.6	76.7	76.7	76.7	76.6
26	18.9	18.9	18.7	18.7	18.7	18.9	6	62.3	62.3	62.2	62.2	62.2	62.2
27	64.4	64.4	64.4	64.4	64.4	64.3	Rha						
28	176.7	176.7	176.8	176.8	176.8	176.7	1						105.1
29	33.0	33.0	33.0	33.0	33.0	33.1	2						72.3
30	24.1	24.1	24.0	24.0	24.0	24.0	3						73.6
Glu							4						72.6
1	105.4	105.4	105.4	105.5	105.4	105.4	5						70.9
2	75	75.2	75.2	75.2	75.2	75.2	6						18.6
3	78.4	78.4	78.3	78.4	78.4	78.4	Api						
4	71.6	71.6	71.5	71.6	71.6	71.6	1	111.8	111.7				
5	78.4	78.4	78.3	78.4	78.4	78.4	2	77.5	77.5				
6	62.7	62.7	62.7	62.7	62.7	62.7	3	79.6	79.6				
Fuc							4	74.5	74.5				
1	94.5	94.5	94.6	94.6	94.6	94.8	5	64.6	64.5				
2	75.9	75.9	74.6	74.6	74.6	74.9	Cinn						
3	74.2	73.9	74.4	74.2	74.1	80.9	1	167.7	166.8	167.6	166.7	166.8	166.3
4	74.7	74.5	74.8	74.7	74.8	73.4	2	116.2	117.1	116.1	117.1	116.9	116.4
5	70.8	70.6	70.9	70.7	70.7	70.8	3	145.2	143.9	145.2	144.0	144.6	144.8
6	16.6	16.6	16.6	16.6	16.6	16.9	1'	127.5	127.9	127.4	127.9	128.2	127.7
Rha							2'	130.4	133.2	130.4	133.2	114.8	133.3
1	102.3	102.3	101.9	101.9	101.9	102.0	3'	114.8	113.9	114.7	113.9	150.5	114.1
2	71.8	71.8	71.8	71.7	71.8	71.6	4'	161.9	161	161.9	161.1	151.2	161.1
3	82.4	82.4	72.5	72.5	72.5	72.5	5'	114.8	113.9	114.7	113.9	111.4	114.1
4	78.8	78.8	85.2	85.2	85.1	84.8	6'	130.4	133.2	130.4	133.2	125.8	133.3
5	68.4	68.4	68.4	68.4	68.4	68.8	3'-OMe					55.8	
6	19.1	19.1	18.7	18.7	18.7	18.7	4'-OMe	55.3	55.2	55.0	55.2	55.7	55.2
Xyl													

4-10-254 R¹=Glu; R²=A; R³=CH₂OAc; R⁴=H
4-10-255 R¹=Glu; R²=A; R³=CH₂OH; R⁴=H
4-10-256 R¹=B; R²=C; R³=CH₂OH; R⁴=H
4-10-257 R¹=B; R²=C; R³=CH₂OAc; R⁴=H
4-10-258 R¹=C; R²=D; R³=COOH; R⁴=H
4-10-259 R¹=C; R²=D; R³=COOH; R⁴=H
4-10-260 R¹=Glu; R²=E; R³=CH₂OH; R⁴=H
4-10-261 R¹=Glu; R²=F; R³=R⁴=OH

表 4-10-64 化合物 4-10-254~4-10-257 的 ¹³C NMR 数据[104]

C	4-10-254	4-10-255	4-10-256	4-10-257	C	4-10-254	4-10-255	4-10-256	4-10-257
1	44.0	44.3	44.3	43.9	19	46.5	46.2	46.3	46.1
2	70.2	70.6	70.8	69.7	20	30.8	30.7	30.8	30.7
3	83.2	83.2	83.0	83.3	21	34.3	34.2	34.1	33.9
4	42.2	42.8	42.4	41.7	22	32.4	32.4	32.6	32.5
5	48.8	48.6	48.6	48.7	23	66.8	66.0	65.2	66.6
6	18.3	18.0	18.1	18.2	24	14.8	15.1	15.0	14.6
7	33.1	33.2	33.0	32.9	25	17.6	17.6	17.4	17.1
8	40.2	40.2	40.1	40.0	26	17.3	17.6	17.7	17.6
9	48.5	47.9	47.7	48.4	27	25.8	26.0	26.2	26.0
10	37.1	37.1	37.0	37.0	28	176.6	176.6	176.5	176.6
11	23.8	24.1	24.1	23.9	29	33.3	33.2	33.1	33.1
12	123.1	122.8	122.9	122.9	30	24.1	23.8	23.7	23.6
13	144.2	144.3	144.2	144.2	OAc	170.8/21.0			170.9/20.9
14	42.6	42.6	42.9	42.2	3-O-糖基				
15	28.7	28.8	28.3	28.1	Glu'				
16	23.5	23.7	23.5	23.4	1	106.1	105.8	105.3	105.7
17	47.3	47.3	47.1	47.0	2	75.3	75.5	74.1	74.0
18	41.7	42.1	41.8	41.7	3	78.5	78.7	88.9	88.7

续表

C	4-10-254	4-10-255	4-10-256	4-10-257	C	4-10-254	4-10-255	4-10-256	4-10-257
4	71.6	71.7	69.7	69.7	6	69.5	69.5	69.5	69.4
5	78.6	78.3	78.0	78.0		Glu	Glu	Glu	Glu
6	62.7	62.7	62.6	62.4	1	105.4	105.4	105.3	105.3
Glu"					2	75.3	75.5	75.2	75.1
1			106.0	105.9	3	78.4	78.7	78.0	78.0
2			75.6	75.5	4	71.5	71.6	71.6	71.4
3			78.8	78.7	5	78.6	78.3	78.7	78.6
4			71.7	71.5	6	62.6	62.7	62.3	62.3
5			78.5	78.4		Rha	Rha		
6			62.7	62.5	1	101.4	101.5		
28-O-糖基	Glu	Glu	Glu	Glu	2	72.3	72.3		
1	94.9	94.9	95.7	95.7	3	72.7	72.6		
2	75.3	75.2	74.0	73.9	4	73.9	73.9		
3	79.6	79.6	78.8	78.7	5	69.9	69.8		
4	71.2	71.3	71.6	71.5	6	18.9	18.8		
5	77.8	77.8	77.9	78.0					

表 4-10-65　化合物 4-10-258~4-10-260 的 ^{13}C NMR 数据[105]

C	4-10-258[105]	4-10-259[105]	4-10-260[106]	C	4-10-258[105]	4-10-259[105]	4-10-260[106]
1	43.7	44.1	44.1	23	180.1	180.1	65.3
2	69.3	69.6	70.6	24	14.1	14.3	17.9
3	86.2	86.5	82.8	25	17.1	17.5	17.5
4	52.3	52.7	42.8	26	16.7	17.0	17.3
5	51.9	52.2	48.6	27	25.5	26.1	26.2
6	21.1	21.3	18.0	28	176.1	176.5	176.5
7	32.7	33.1	33.0	29	32.7	33.0	33.1
8	34.0	40.5	40.1	30	23.5	23.9	23.7
9	48.2	48.7	47.7	3-O-糖基			
10	36.5	36.9	36.9	Glu'			
11	23.6	23.5	24.0	1	104.6	104.8	105.7
12	122.2	122.7	122.8	2	74.5	74.7	75.5
13	143.6	143.9	144.5	3	78.0	79.5	78.3
14	41.9	42.0	42.8	4	71.8	71.5	71.6
15	28.2	28.1	29.1	5	76.3	76.5	78.3
16	23.3	23.5	23.1	6	69.8	69.9	62.6
17	46.7	47.0	47.0	Glu"			
18	41.6	42.0	41.8	1	104.6	104.8	
19	46.0	46.4	46.2	2	75.0	75.2	
20	30.3	30.7	30.7	3	77.8	78.3	
21	33.6	34.0	34.0	4	71.1	71.3	
22	31.9	32.4	32.2	5	78.0	78.7	

C	4-10-258[105]	4-10-259[105]	4-10-260[106]	C	4-10-258[105]	4-10-259[105]	4-10-260[106]
6	62.2	62.4		6	18.2	18.7	63.9
28-O-糖基	Fuc	Fuc	Glu		Ara	Ara	
1	94.4	94.5	93.6	1	107.2	106.1	
2	73.3	74.0	78.8	2	72.9	73.0	
3	76.3	76.3	79.0	3	74.2	74.4	
4	72.8	72.7	70.7	4	69.2	69.7	
5	71.9	72.2	79.2	5	67.0	67.5	
6	16.6	16.8	62.0			Xyl	
	Rha	Rha	Glu	1		105.0	
1	101.4	101.2	104.6	2		75.7	
2	71.3	71.3	75.9	3		78.1	
3	83.3	82.2	78.6	4		71.0	
4	72.6	78.1	72.9	5		66.9	
5	69.0	68.3	78.9				

表 4-10-66　化合物 4-10-261~4-10-263 的 ^{13}C NMR 数据

C	4-10-261[107]	4-10-262[108]	4-10-263[108]	C	4-10-261[107]	4-10-262[108]	4-10-263[108]
1	44.5	44.1	44.4	30	24.9	23.7	
2	71.2	70.3	70.7	3-O-糖基			
3	83.9	86.5	86.7		Glu	Glu	Glu
4	43.2	53.3	53.5	1	105.5	105.5	106.4
5	48.0	52.8	52,9	2	75.4	73.8	73.5
6	18.7	21.1	21.1	3	77.7	87.6	86.3
7	33.8	32.8	32.8	4	71.2	69.6	71.1
8	40.9	40.1	40.1	5	78.2	78.0	76.5
9	48.5	48.6	48.5	6	62.3	62.4	170.0
10	37.5	36.9	36.8		Rha	Glu	Glu
11	24.7	23.4	23.5	1	101.1	105.8	105.9
12	123.6	122.8		2	72.3	75.4	75.5
13	144.7	144.2	143.5	3	72.7	77.6	77.5
14	42.9	42.1	42.0	4	84.4	73.1	73.2
15	36.5	28.0	28.0	5	68.8	77.1	77.2
16	74.7	23.9	23.8	6	17.8	170.4	170.4
17	50.1	46.9	47.3		Fuc		
18	42.4	41.8	47.7	1	95.2		
19	48.1	46.1	41.6	2	74.1		
20	31.3	30.8	148.5	3	76.7		
21	36.5	34.0	30.1	4	73.6		
22	32.0	32.8	37.9	5	71.9		
23	65.6	178.4	178.4	6	16.5		
24	14.7	13.8	13.6		Xyl		
25	18.3	16.8	16.8	1	107.7		
26	17.7	17.1	17.0	2	76.1		
27	27.3	26.2	26.2	3	78.2		
28	177.3	178.0	177.2	4	71.1		
29	33.4	33.1	107.4	5	67.3		

4-10-264 R^1=CH$_2$OH; R^2=β-D-Glu(6→1)-β-D-Glu-(4→1)-α-L-Rha; R^3=CH$_3$; R^4=CO$_2$H
4-10-265 R^1=CO$_2$H; R^2=β-D-Glu(6→1)-β-D-Glu-(4→1)-α-L-Rha; R^3=CH$_2$OH; R^4=CH$_3$
4-10-266 R^1=CO$_2$H; R^2=β-D-Glu(6→1)-β-D-Glu-(4→1)-α-L-Rha; R^3=CH$_3$; R^4=CH$_2$OH
4-10-267 R^1=CO$_2$H; R^2=β-D-Glu(6→1)-β-D-Glu-(4→1)-α-L-Rha; R^3=R^4=CH$_3$
4-10-268 R^1=CHO; R^2=β-D-Glu(6→1)-β-D-Glu-(4→1)-α-L-Rha; R^3=CH$_3$; R^4=CH$_2$OH
4-10-269 R^1=CHO; R^2=β-D-Glu(6→1)-β-D-Glu-(4→1)-α-L-Rha; R^3=CH$_3$; R^4=CO$_2$H

表 4-10-67　化合物 4-10-264~4-10-269 的 ^{13}C NMR 数据[109]

C	4-10-264	4-10-265	4-10-266	4-10-267	4-10-268	4-10-269	C	4-10-264	4-10-265	4-10-266	4-10-267	4-10-268	4-10-269
1	38.8	39.1	39.1	39.0	38.5	38.5	27	26.0	26.1	26.1	26.0	26.1	26.0
2	27.5	27.8	27.8	27.7	27.1	27.0	28	176.4	176.6	176.6	176.5	176.6	176.3
3	73.4	75.5	75.5	75.5	71.7	71.6	29	181.1	28.3	73.7	33.0	73.6	181.1
4	42.8	54.5	54.4	54.4	56.3	56.3	30	19.9	65.4	19.7	23.6	19.7	19.9
5	48.5	51.9	51.9	51.9	48.0	47.9	28-O-Glu						
6	18.5	21.7	21.7	21.7	21.1	21.0	1	95.7	95.7	95.7	95.6	95.6	95.7
7	32.8	33.0	32.9	32.9	32.5	32.4	2	73.8	73.8	73.9	73.8	73.9	73.8
8	39.9	40.3	40.3	40.2	40.2	40.2	3	78.6	78.6	78.7	78.6	78.7	78.7
9	48.1	48.4	48.4	48.3	47.7	47.6	4	70.8	70.9	70.8	70.8	70.8	70.7
10	37.2	36.9	36.9	36.8	36.1	36.1	5	77.9	77.9	78.0	78.0	78.0	78.0
11	23.8	23.8	23.9	23.8	23.8	23.7	6	69.2	69.4	69.2	69.1	69.2	69.2
12	123.5	122.9	122.8	122.7	122.6	123.2	6'-O-Glu						
13	143.6	144.1	144.4	144.1	144.4	143.7	1	104.8	105.0	104.9	104.8	104.9	104.9
14	42.1	42.2	42.1	42.1	42.2	42.1	2	75.2	75.3	75.3	75.3	75.3	75.3
15	28.2	28.4	28.3	28.2	28.3	28.1	3	76.5	76.6	76.5	76.5	76.6	76.5
16	23.4	23.7	23.4	23.3	23.4	23.4	4	78.3	78.4	78.3	78.3	78.3	78.2
17	47.0	47.2	47.5	47.0	47.5	46.9	5	77.1	77.2	77.2	77.1	77.2	77.1
18	40.8	41.3	41.1	41.6	41.2	40.8	6	61.2	61.4	61.3	61.5	61.3	61.3
19	40.8	41.7	41.0	46.2	40.9	40.8	4''-O-Rha						
20	42.3	35.7	36.4	30.7	36.4	42.3	1	102.7	102.8	102.7	102.7	102.7	102.7
21	29.1	29.5	28.8	33.9	28.8	29.1	2	72.5	72.6	72.6	72.5	72.6	72.5
22	31.7	32.3	32.0	32.4	32.0	31.6	3	72.7	72.8	72.8	72.7	72.8	72.7
23	67.9	180.7	180.7	180.7	207.3	207.4	4	73.9	74.0	74.0	73.9	74.0	73.9
24	13.1	12.3	12.3	12.2	9.7	9.6	5	70.3	70.4	70.3	70.3	70.3	70.3
25	16.1	16.1	16.1	16.1	15.8	15.8	6	18.5	18.5	18.5	18.6	18.5	18.5
26	17.6	17.5	17.5	17.4	17.5	17.4							

4-10-270 R¹=Glu; R²=Gal; R³=Me; R⁴=Glu
4-10-271 R¹=Glu; R²=Gal; R³=*n*-Bu; R⁴=Glu
4-10-272 R¹=Glu; R²=Gal; R³=*n*-Bu; R⁴=H
4-10-273 R¹=H; R²=Gal; R³=*n*-Bu; R⁴=Glu

4-10-274 R¹=H; R²=Glu(2→1)Ara; R³=H
4-10-275 R¹=H; R²=Glu(2→1)Ara-A; R³=H
4-10-276 R¹=H; R²=Glu(2→1)Ara; R³=Rha
4-10-277 R¹=H; R²=Glu(2→1)Ara-A; R³=Rha
4-10-278 R¹=H; R²=Glu(2→1)Ara; R³=Xyl
4-10-279 R¹=H; R²=Glu(2→1)Ara-A; R³=Xyl
4-10-280 R¹=H; R²=Glu(2→1)Ara; R³=Ara
4-10-281 R¹=H; R²=Glu(2→1)Ara-A; R³=Ara
4-10-282 R¹=Glu(4→1)Glu; R²=R³=H

表 4-10-68　化合物 4-10-270~4-10-273 的 ¹³C NMR 数据[110]

C	4-10-270	4-10-271	4-10-272	4-10-273	C	4-10-270	4-10-271	4-10-272	4-10-273
1	38.6	38.7	38.6	38.7	1		65.1	65.1	65.1
2	26.5	26.5	26.5	26.6	2		30.8	30.8	30.9
3	89.8	89.7	89.7	89.3	3		19.2	19.2	19.2
4	39.6	39.6	39.6	39.5	4		13.7	13.7	13.7
5	55.8	55.8	55.7	55.7	3-*O*-Glu				
6	18.5	18.5	18.5	18.5	1	105.2	105.2	105.3	106.8
7	33.1	33.1	33.2	33.2	2	78.7	78.8	78.8	74.1
8	39.9	39.9	39.7	39.9	3	87.6	87.5	87.5	87.4
9	48.0	48.0	48.0	48.0	4	71.5	71.4	71.4	71.3
10	36.9	36.9	36.9	37.0	5	76.5	76.5	76.5	76.7
11	23.8	23.8	23.7	23.8	6	169.9	169.4	169.4	169.7
12	123.1	123.3	123.5	123.3	R¹-Glu				
13	144.1	144.1	144.8	144.2	1	103.9	103.9	103.9	
14	42.2	42.2	42.1	42.2	2	76.3	76.3	76.3	
15	28.3	28.3	28.3	28.3	3	77.8	77.8	77.7	
16	23.4	23.4	23.8	23.4	4	72.6	72.6	72.5	
17	47.0	47.0	46.6	47.0	5	78.6	78.6	78.5	
18	41.8	41.8	41.9	41.8	6	63.4	63.4	63.4	
19	46.9	46.2	46.5	46.2	R²-Gal				
20	30.8	30.7	30.9	30.8	1	105.2	105.3	105.1	106.5
21	34.0	34.0	34.2	34.0	2	72.9	72.9	72.9	73.1
22	32.6	32.6	33.2	32.6	3	75.3	75.3	75.3	75.1
23	27.9	27.9	27.9	28.0	4	70.1	70.1	70.1	70.1
24	16.6	16.6	16.6	16.9	5	77.4	77.3	77.3	77.3
25	15.5	15.5	15.4	15.5	6	61.9	61.9	61.9	62.0
26	17.5	17.5	17.4	17.5	R⁴-Glu				
27	26.1	26.1	26.2	26.1	1	95.8	95.8		95.8
28	176.4	176.4	180.1	176.4	2	74.2	74.2		74.1
29	33.1	33.1	33.3	33.2	3	79.3	79.3		79.3
30	23.7	23.7	23.8	23.7	4	71.2	71.2		71.2
R³-Me	52.2				5	78.9	78.9		78.9
R³-*n*-Bu					6	62.3	62.3		62.3

表 4-10-69　化合物 4-10-274~4-10-278 的 ^{13}C NMR 数据[111]

C	4-10-274	4-10-275	4-10-276	4-10-277	4-10-278	C	4-10-274	4-10-275	4-10-276	4-10-277	4-10-278
1	44.7	44.8	44.8	44.9	44.8	28	179.6	179.8	175.4	175.5	175.9
2	71.6	71.6	71.6	71.6	71.6	29	33.4	33.3	33.2	33.1	33.2
3	73.0	73.4	73.4	73.4	73.1	30	25.1	25.1	24.7	24.7	25.0
4	42.4	42.4	42.4	42.4	42.4	1'		172.3		172.2	
5	48.3	48.4	48.3	48.3	48.3	2'		45.3		45.3	
6	18.2	18.3	18.2	18.3	18.3	3'		64.5		64.5	
7	33.0	33.1	33.1	33.1	33.0	4'		24.2		24.3	
8	39.9	39.9	40.0	40.0	40.1	16-Glu					
9	47.6	47.7	47.5	47.6	47.6	1''	98.5	98.8	98.4	98.7	98.4
10	37.2	37.3	37.2	37.3	37.2	2''	82.9	80.4	83.0	80.5	83.0
11	23.9	24.0	24.1	24.1	24.0	3''	79.3	79.6	79.4	79.6	79.4
12	122.2	122.2	122.7	122.7	122.8	4''	71.9	72.3	71.8	72.2	71.7
13	145.1	145.5	144.3	144.5	144.3	5''	78.2	78.2	78.3	78.3	78.2
14	41.4	41.4	41.4	41.4	41.5	6''	62.9	63.0	62.9	63.0	62.8
15	29.6	29.9	29.6	29.8	29.6	Ara					
16	77.8	78.2	77.1	77.5	77.5	1'''	106.3	105.3	106.5	105.4	106.4
17	48.4	48.4	49.1	49.0	48.9	2'''	73.5	73.1	73.6	73.1	73.6
18	41.2	41.1	41.3	41.2	41.0	3'''	74.8	72.7	74.9	72.6	74.9
19	45.3	45.3	45.0	44.9	45.2	4'''	69.6	72.7	69.6	72.6	69.6
20	31.0	31.0	30.8	30.8	30.9	5'''	67.5	64.2	67.6	64.3	67.5
21	36.5	36.5	36.2	36.1	36.3	28-糖基			Rha	Rha	Xyl
22	32.4	32.6	32.1	32.2	31.8	1''''			95.3	95.3	96.4
23	68.0	68.2	68.1	68.1	68.0	2''''			72.6	72.6	73.5
24	14.5	14.6	14.6	14.6	14.6	3''''			72.8	72.9	77.3
25	17.2	17.3	17.3	17.3	17.3	4''''			73.1	73.4	70.6
26	17.4	17.5	17.8	17.8	17.6	5''''			71.5	71.5	67.3
27	27.0	27.0	26.9	26.9	27.0	6''''			18.8	18.8	

表 4-10-70　化合物 4-10-279~4-10-282 的 ^{13}C NMR 数据[111]

C	4-10-279	4-10-280	4-10-281	4-10-282	C	4-10-279	4-10-280	4-10-281	4-10-282
1	44.8	44.7	44.8	44.2	15	29.9	29.6	29.8	36.2
2	71.4	71.4	71.5	70.6	16	77.6	77.2	77.6	74.7
3	73.2	73.0	73.2	83.1	17	48.7	48.9	48.8	48.9
4	42.3	42.3	42.4	42.8	18	40.8	40.9	40.8	41.5
5	48.3	48.3	48.3	48.0	19	45.2	45.3	45.2	47.3
6	18.3	18.2	18.3	18.1	20	30.8	30.9	30.9	31.0
7	33.1	33.0	33.1	33.3	21	36.2	36.4	36.3	36.3
8	40.1	40.0	40.0	40.1	22	32.0	31.9	32.1	32.8
9	47.6	47.5	47.6	47.7	23	68.0	67.8	68.0	65.6
10	37.3	37.2	37.3	37.1	24	14.5	14.5	14.5	15.0
11	24.0	24.0	24.0	24.1	25	17.3	17.3	17.3	17.3
12	122.7	122.7	122.7	122.6	26	17.6	17.5	17.6	17.6
13	144.6	144.4	144.7	145.2	27	27.0	26.9	27.0	27.3
14	41.4	41.4	41.4	42.3	28	176.0	175.9	175.9	180.0

续表

C	4-10-279	4-10-280	4-10-281	4-10-282	C	4-10-279	4-10-280	4-10-281	4-10-282
29	33.1	33.3	33.2	33.3	1'	96.4	95.5	95.5	
30	24.9	25.0	24.9	24.8	2'	73.2	71.1	71.1	
1'	172.3		172.3		3'	77.3	72.9	73.0	
2'	45.1		45.1		4'	70.4	66.8	66.8	
3'	64.4		64.4		5'	67.2	64.6	64.7	
4'	24.1		24.2						
16-Glu					3-Glu（内侧）				
1″	98.5	98.4	98.6		1'				105.4
2″	80.3	82.7	80.4		2'				75.0
3″	79.4	79.1	79.4		3'				76.8
4″	71.9	71.6	72.0		4'				81.0
5″	78.0	78.1	78.1		5'				76.4
6″	62.7	62.8	62.8		6'				62.1
Ara					3-Glu（末端）				
1‴	105.1	106.2	105.1		1'				104.9
2‴	73.2	73.3	73.1		2'				74.7
3‴	72.5	74.6	72.5		3'				78.2
4‴	72.7	69.4	72.7		4'				71.5
5‴	64.1	67.4	64.1		5'				78.4
C-28-糖基	Xyl	Ara	Ara		6'				62.4

4-10-283 R^1=A; R^2=O
4-10-284 R^1=A; R^2=α-OH,H
4-10-285 R^1=B; R^2=α-OH,H
4-10-286 R^1=A; R^2=H$_2$
4-10-287 R^1=B; R^2=H$_2$

4-10-288 R=A
4-10-289 R=B

表 4-10-71 化合物 4-10-283~4-10-287 的 ^{13}C NMR 数据[112]

C	4-10-283	4-10-284	4-10-285	4-10-286	4-10-287	C	4-10-283	4-10-284	4-10-285	4-10-286	4-10-287
1	40.2	40.1	40.1	40.1	40.2	5	56.0	56.0	56.1	56.0	56.1
2	27.0	27.0	26.9	27.0	26.9	6	18.6	18.6	18.6	18.6	18.6
3	88.9	88.7	89.3	88.6	89.4	7	33.6	33.7	33.7	33.7	33.8
4	40.0	40.0	40.0	39.9	40.0	8	43.7	43.4	43.4	43.3	43.4

C	4-10-283	4-10-284	4-10-285	4-10-286	4-10-287	C	4-10-283	4-10-284	4-10-285	4-10-286	4-10-287
9	52.0	51.7	51.6	51.7	51.6	2	80.3	80.5	77.4	80.5	77.4
10	38.3	38.3	38.3	38.2	38.3	3	75.6	75.5	76.2	75.5	76.2
11	76.1	76.0	76.0	76.0	76.1	4	72.6	72.4	72.9	72.5	72.9
12	123.1	123.0	123.0	122.3	122.4	5	71.2	71.1	70.8	71.1	70.8
13	147.6	149.0	149.0	149.7	149.7	6	17.3	17.2	17.3	17.3	17.3
14	41.7	41.8	41.8	41.9	42.0	Glu					
15	34.5	33.8	33.7	34.9	35.0	1	103.1	103.1	102.2	103.1	102.2
16	73.0	72.8	72.4	74.1	74.2	2	84.7	84.7	78.0	84.7	78.0
17	48.2	42.3	42.2	40.7	40.8	3	77.6	77.6	79.4	77.7	79.4
18	40.9	40.6	40.6	41.9	42.0	4	71.9	71.8	72.8	71.7	72.8
19	48.8	43.2	43.2	48.4	48.4	5	77.6	77.4	77.0	77.4	77.0
20	44.8	36.3	36.3	31.3	31.3	6	62.9	62.9	63.3	62.7	63.3
21	216.0	72.6	72.8	37.2	37.2	Xyl					
22	44.5	37.4	37.4	30.9	30.7	1	106.5	106.5		106.5	
23	28.3	28.2	28.4	28.2	28.5	2	75.8	75.8		75.8	
24	16.9	16.9	16.7	16.9	16.8	3	78.0	77.9		77.9	
25	17.4	17.3	17.3	17.3	17.3	4	70.8	70.7		70.7	
26	18.4	18.4	18.4	18.4	18.4	5	67.4	67.3		67.4	
27	27.1	26.5	26.4	26.4	26.4	Rha					
28	67.4	69.4	69.4	70.0	70.0	1			101.8		101.8
29	25.9	25.2	25.2	33.4	33.4	2			72.7		72.7
30	26.1	28.7	28.7	24.6	24.7	3			72.5		72.4
OMe	54.2	53.9	53.9	53.9	53.8	4			74.3		74.3
Fuc						5			69.5		69.5
1	105.0	104.9	105.2	104.9	105.2	6			18.9		18.9

表 4-10-72　化合物 4-10-288~4-10-289 的 ^{13}C NMR 数据[112]

C	4-10-288	4-10-289	C	4-10-288	4-10-289	C	4-10-288	4-10-289
1	40.9	40.9	13	142.4	142.4	25	17.2	17.3
2	26.9	26.9	14	42.3	42.3	26	20.6	20.6
3	88.8	89.6	15	55.7	55.7	27	22.6	22.6
4	39.9	40.0	16	63.0	63.0	28	67.2	67.2
5	56.0	56.1	17	37.5	37.6	29	33.2	33.1
6	18.8	18.8	18	42.6	42.7	30	23.8	23.9
7	33.3	33.3	19	44.8	44.8	OMe		
8	43.7	43.7	20	30.5	30.5	Fuc		
9	56.8	56.8	21	35.6	35.6	1	104.9	105.2
10	38.5	38.6	22	29.7	29.8	2	80.6	77.3
11	65.8	65.9	23	28.1	28.3	3	75.5	76.2
12	128.2	128.2	24	16.8	16.7	4	72.5	72.9

C	4-10-288	4-10-289	C	4-10-288	4-10-289	C	4-10-288	4-10-289
5	71.1	70.8	6	62.8	63.3	1		101.9
6	17.4	17.3	Xyl			2		72.7
Glu			1	106.5		3		72.5
1	103.1	102.2	2	75.8		4		74.3
2	84.7	78.2	3	77.9		5		69.5
3	77.6	79.4	4	70.7		6		18.9
4	71.8	72.5	5	67.4				
5	77.4	77.1	Rha					

4-10-290 R¹=Ang; R²=R³=R⁴=H; R⁵=CH₂OH; R⁶=A
4-10-291 R¹=Ang; R²=R⁴=H; R³=Ac; R⁵=CH₂OH; R⁶=A
4-10-292 R¹=Ang; R²=R⁴=Ac; R³=H; R⁵=CH₂OH; R⁶=A
4-10-293 R¹=Ang; R²=R³=R⁴=H; R⁵=CO₂Me; R⁶=A
4-10-294 R¹=Ang; R²=Ac; R³=R⁴=H; R⁵=CO₂Me; R⁶=A
4-10-295 R¹=Ang; R²=R⁴=H; R³=Ac; R⁵=CO₂Me; R⁶=A

表 4-10-73　化合物 4-10-290~4-10-292 的 ¹³C NMR 数据[113]

C	4-10-290	4-10-291	4-10-292	C	4-10-290	4-10-291	4-10-292
1	38.8	38.8	38.7	20	36.1	36.1	35.9
2	25.5	25.5	25.6	21	81.6	81.2	38.7
3	83.1	83.1	82.9	22	73.1	71.2	25.6
4	43.5	43.5	43.5	23	38.8	38.8	82.9
5	48.1	48.2	48.0	24	25.5	25.5	43.5
6	18.2	18.2	18.0	25	83.1	83.1	48.0
7	32.8	32.8	32.7	26	43.5	43.5	18.0
8	40.1	40.5	40.0	27	48.1	48.2	32.7
9	47.0	47.1	46.9	28	18.2	18.2	40.0
10	36.8	36.7	36.6	29	32.8	32.8	46.9
11	23.9	23.9	23.8	2	73.8	73.8	73.8
12	123.1	123.8	125.1	3	75.3	75.2	75.3
13	143.5	142.7	140.9	4	70.1	70.1	70.1
14	41.8	41.8	41.1	5	76.4	76.4	76.5
15	34.5	34.7	30.9	30	40.1	40.5	36.6
16	67.9	67.7	71.4	16-OAc			169.8/22.0
17	48.2	47.1	46.9	22-OAc			170.4/20.9
18	40.4	40.1	39.5	28-OAc		170.7/20.7	
19	47.8	47.3	47.1	21-O-Ang			

C	4-10-290	4-10-291	4-10-292	C	4-10-290	4-10-291	4-10-292
1	168.7	168.5	167.8	4	70.1	70.1	70.1
2	129.6	129.5	128.4	5	76.4	76.4	76.4
3	136.0	136.1	138.1	6	61.9	61.9	61.9
4	15.9	15.9	16.1	Ara			
5	21.1	21.0	20.8	1	101.7	101.7	101.7
Glu				2	82.3	82.3	82.3
1	104.1	104.1	104.3	3	73.3	73.4	73.3
2	78.5	78.5	78.6	4	68.3	68.3	68.3
3	84.6	84.5	84.5	5	66.0	66.0	66.0
4	71.0	71.0	71.0	Xyl			
5	77.4	77.4	77.4	1	107.1	107.0	107.0
6	171.9	171.9	171.9	2	75.9	75.9	75.9
Gal				3	78.3	78.2	78.3
1	103.1	103.1	103.2	4	70.8	70.8	70.8
2	7..8	73.8	73.8	5	67.5	67.5	67.5
3	75.3	75.3	75.3				

表 4-10-74　化合物 4-10-293~4-10-295 的 ^{13}C NMR 数据[113]

C	4-10-293	4-10-294	4-10-295	C	4-10-293	4-10-294	4-10-295
1	38.6	38.6	38.6	23	178.1	178.1	178.1
2	26.1	26.1	26.1	24	12.3	12.2	12.2
3	85.7	85.7	85.7	25	16.1	16.0	16.0
4	53.8	53.8	53.8	26	17.0	16.6	16.8
5	52.2	52.2	52.2	27	27.3	27.3	27.3
6	20.9	20.9	20.9	28	65.9	63.8	66.0
7	32.7	32.7	32.7	29	29.8	29.4	29.7
8	40.4	40.2	40.4	30	20.4	20.3	20.2
9	47.1	47.0	47.0	CO$_2$Me	52.2	52.2	52.2
10	36.5	36.4	36.4	16-OAc			
11	23.8	23.8	23.8	21-O-Ang			
12	123.1	123.1	123.8	1	168.7	167.8	168.5
13	143.4	143.8	142.7	2	129.6	129.0	129.5
14	41.8	41.6	41.7	3	136.0	137.1	136.1
15	34.4	34.6	34.6	4	15.9	15.9	15.9
16	67.8	67.9	67.5	5	21.1	21.0	21.0
17	48.1	48.0	47.0	22-OAc		170.9/20.9	
18	40.2	40.0	40.2	28-OAc			170.7/20.7
19	47.8	47.1	47.1	Glu			
20	36.1	36.2	36.1	1	104.7	104.8	104.7
21	81.6	78.9	81.2	2	78.4	78.4	78.4
22	73.1	74.3	71.1	3	84.2	84.3	84.3

C	4-10-293	4-10-294	4-10-295	C	4-10-293	4-10-294	4-10-295
4	70.8	70.9	70.9	1	101.6	101.6	101.6
5	77.2	77.2	77.2	2	82.4	82.5	82.4
6	171.9	172.0	172.0	3	73.4	73.3	73.3
Gal				4	68.3	68.3	68.3
1	103.3	103.3	103.3	5	66.1	66.0	66.4
2	73.6	73.6	73.6	Xyl			
3	75.7	75.7	75.6	1	107.1	107.1	107.1
4	70.7	70.7	70.6	2	76.0	76.0	76.0
5	76.4	76.4	76.4	3	78.2	78.2	78.2
6	61.8	61.8	61.7	4	70.8	70.8	70.8
Ara				5	67.5	67.5	67.5

4-10-296 R^1=Glu-UA; R^2=H
4-10-297 R^1=Glu-UA; R^2=Xyl(2→1)A; R^3=H
4-10-298 R^1=Glu-UA; R^2=Xyl(2→1)C; R^3=H
4-10-299 R^1=Glu-UA; R^2=Xyl(2→1)C; R^3=Glu'
4-10-300 R^1=Glu-UA; R^2=Ara(2→1)C; R^3=Glu'
4-10-301 R^1=Glu-UA; R^2=—Xyl^2—A R^3=H; |3 Glu
4-10-302 R^1=Glu-UA; R^2=—Xyl^2—B R^3=H; |3 Glu
4-10-303 R^1=Glu-UA; R^2=—Ara^2—A R^3=H; |3 Glu
4-10-304 R^1=Glu-UA; R^2=—Ara^2—B R^3=H; |3 Glu
4-10-305 R^1=Glu-UA; R^2=—Ara^2—D R^3=H; |3 Glu

4-10-306 R^1=H; R^2=—Ara^2—A R^3=H; |3 Glu
4-10-307 R^1=H; R^2=—Ara^2—B R^3=H; |3 Glu
4-10-308 R^1=H; R^2=—Ara^2—D R^3=H; |3 Glu
4-10-309 R^1=Glu-UA; R^2=—Xyl^2—A R^3=Glu'; |3 Glu
4-10-310 R^1=Glu-UA; R^2=—Xyl^2—B R^3=Glu'; |3 Glu
4-10-311 R^1=Glu-UA; R^2=—Ara^2—B R^3=Glu'; |3 Glu
4-10-312 R^1=H; R^2=—Ara^2—A R^3=Glu'; |3 Glu
4-10-313 R^1=Glu-UA, R^2=—Ara^2—D R^3=Glu'; |3 Glu

表 4-10-75 化合物 4-10-296~4-10-300 的 ^{13}C NMR 数据[114]

C	4-10-296	4-10-297	4-10-298	4-10-299	4-10-300	C	4-10-296	4-10-297	4-10-298	4-10-299	4-10-300
1	38.7	38.9	38.9	38.9	38.9	8	39.9	40.2	40.2	40.2	40.2
2	26.7	26.9	26.9	26.9	26.9	9	47.2	47.3	47.3	47.3	47.3
3	89.2	89.5	89.5	89.5	89.5	10	37.0	37.2	37.2	37.2	37.2
4	39.6	39.8	39.8	39.8	39.8	11	23.8	24.0	24.0	24.0	24.0
5	55.9	56.1	56.1	56.1	56.1	12	122.4	123.1	123.1	123.1	123.1
6	18.5	18.5	18.5	18.5	18.5	13	145.2	144.5	144.5	144.5	144.5
7	33.5	33.2	33.2	33.2	33.2	14	42.1	42.3	42.3	42.3	42.3

续表

C	4-10-296	4-10-297	4-10-298	4-10-299	4-10-300	C	4-10-296	4-10-297	4-10-298	4-10-299	4-10-300
15	36.2	36.4	36.4	36.4	36.4	3		76.1	76.1	76.1	
16	74.8	74.0	74.0	74.0	74.0	4		71.0	71.0	70.9	
17	48.9	49.3	49.3	49.3	49.3	5		68.0	68.0	67.9	
18	41.5	41.2	41.2	41.2	41.2	Ara					
19	47.3	47.3	47.3	47.3	47.3	1					93.4
20	31.1	31.1	31.1	31.1	31.1	2					71.3
21	36.2	36.2	36.2	36.2	36.2	3					72.3
22	32.9	32.6	32.6	32.6	32.6	4					68.8
23	28.2	28.4	28.4	28.4	28.4	5					67.1
24	17.0	17.2	17.2	17.2	17.2	Glu					
25	15.6	15.9	15.9	15.9	15.9	1				102.3	102.2
26	17.5	17.3	17.3	17.3	17.3	2				74.7	74.8
27	27.3	27.3	27.3	27.3	27.3	3				79.0	79.0
28	180.0	175.9	175.9	175.9	175.9	4				71.3	71.7
29	33.4	33.4	33.4	33.4	33.4	5				78.5	78.5
30	24.8	24.7	24.7	24.7	24.7	6				62.5	62.4
Glu-UA						1'	126.1	126.5	128.7	128.7	
1	107.3	107.3	107.3	107.3	107.2	2'	131.2	111.9	111.8	111.8	
2	75.4	75.4	75.4	75.4	75.4	3'	116.9	151.6	150.6	150.5	
3	77.9	77.9	77.9	77.9	77.9	4'	161.9	149.3	149.4	149.1	
4	73.2	73.3	73.3	73.2	73.2	5'	116.9	116.8	116.3	116.4	
5	77.2	77.3	77.3	77.2	77.2	6'	131.2	124.7	124.2	124.0	
6	170.9	171.2	171.1	170.9	170.9	7'	146.4	146.7	145.8	145.7	
COOMe	52.0	52.4	52.4	52.0	52.0	8'	114..9	115.0	116.1	116.1	
Xyl						9'	166.9	166.9	166.4	166.4	
1		93.6	94.0	93.8		OMe		56.3	56.1	56.1	
2		73.6	73.6	73.6							

表 4-10-76 化合物 4-10-301~4-10-305 的 ^{13}C NMR 数据[114]

C	4-10-301	4-10-302	4-10-303	4-10-304	4-10-305	C	4-10-301	4-10-302	4-10-303	4-10-304	4-10-305
1	38.9	38.9	38.9	38.9	38.9	11	24.0	24.0	24.0	24.0	24.0
2	26.9	26.9	26.9	26.9	26.9	12	123.1	123.1	123.1	123.1	123.1
3	89.5	89.5	89.5	89.5	89.5	13	144.5	144.5	144.5	144.5	144.5
4	39.8	39.8	39.8	39.8	39.8	14	42.3	42.3	42.3	42.3	42.3
5	56.1	56.1	56.1	56.1	56.1	15	36.4	36.4	36.4	36.4	36.4
6	18.5	18.5	18.5	18.5	18.5	16	74.0	74.0	74.0	74.0	74.0
7	33.2	33.2	33.2	33.2	33.2	17	49.3	49.3	49.3	49.3	49.3
8	40.2	40.2	40.2	40.2	40.2	18	41.2	41.2	41.2	41.2	41.2
9	47.3	47.3	47.3	47.3	47.3	19	47.3	47.3	47.3	47.3	47.3
10	37.2	37.2	37.2	37.2	37.2	20	31.1	31.1	31.1	31.1	31.1

C	4-10-301	4-10-302	4-10-303	4-10-304	4-10-305	C	4-10-301	4-10-302	4-10-303	4-10-304	4-10-305
21	36.2	36.2	36.2	36.2	36.2	Ara					
22	32.6	32.6	32.6	32.6	32.6	1		93.3	93.7	93.4	93.4
23	28.4	28.4	28.4	28.4	28.4	2		71.4	70.3	70.6	70.6
24	17.2	17.2	17.2	17.2	17.2	3		86.1	80.7	80.6	80.6
25	15.9	15.9	15.9	15.9	15.9	4		69.3	69.1	69.1	69.1
26	17.3	17.3	17.3	17.3	17.3	5		67.1	68.1	68.1	68.1
27	27.3	27.3	27.3	27.3	27.3	Glu					
28	175.9	175.9	175.9	175.9	175.9	1	105.3	105.7	106.2	106.6	106.6
29	33.4	33.4	33.4	33.4	33.4	2	74.7	74.6	74.6	74.5	74.5
30	24.7	24.7	24.7	24.7	24.7	3	78.7	78.6	78.6	78.5	78.5
Glu-UA						4	71.7	71.7	71.5	71.6	71.6
1	107.3	107.3	107.3	107.3	107.3	5	78.5	78.6	78.3	78.5	78.5
2	75.4	75.4	75.4	75.4	75.4	6	62.7	62.7	62.8	62.8	62.8
3	77.9	77.9	77.9	77.9	77.9	1'	126.0	131.3	126.2	131.4	132.2
4	73.2	73.2	73.3	73.2	73.2	2'	131.0	129.9	131.0	129.9	113.0
5	77.1	77.2	77.2	77.2	77.1	3'	116.7	116.3	116.8	116.3	148.7
6	170.9	170.9	170.9	170.9	170.9	4'	161.7	157.4	161.7	157.4	146.7
COOMe	52.0	52.1	52.2	52.1	52.1	5'	116.7	116.3	116.8	116.3	116.5
Xyl						6'	131.0	129.9	131.0	129.9	121.4
1	93.5					7'	145.9	30.3	145.7	30.4	30.4
2	71.1					8'	115.1	36.7	115.3	36.8	36.8
3	85.5					9'	166.6	172.2	166.7	172.2	172.3
4	69.4					OMe					56.0
5	67.1										

表 4-10-77 化合物 4-10-306~4-10-309 的 ^{13}C NMR 数据[114]

C	4-10-306	4-10-307	4-10-308	4-10-309	C	4-10-306	4-10-307	4-10-308	4-10-309
1	39.0	39.0	39.0	38.9	10	37.5	37.5	37.5	37.2
2	28.2	28.2	28.2	26.9	11	23.8	23.8	23.8	24.0
3	78.1	78.1	78.1	89.5	12	123.1	123.1	123.1	123.1
4	39.4	39.4	39.4	39.8	13	144.4	144.4	144.4	144.5
5	55.9	55.9	55.9	56.1	14	42.1	42.1	42.1	42.3
6	18.6	18.6	18.6	18.5	15	36.4	36.4	36.4	36.4
7	33.2	33.2	33.2	33.2	16	73.9	73.9	73.9	74.0
8	40.0	40.0	40.0	40.2	17	49.1	49.1	49.1	49.3
9	47.2	47.2	47.2	47.3	18	41.0	41.0	41.0	41.2

续表

C	4-10-306	4-10-307	4-10-308	4-10-309	C	4-10-306	4-10-307	4-10-308	4-10-309
19	47.2	47.2	47.2	47.3	2	70.2	70.6	70.6	
20	30.8	30.8	30.8	31.1	3	80.6	80.7	80.7	
21	35.9	35.9	35.9	36.2	4	69.1	69.1	69.1	
22	32.3	32.3	32.3	32.6	5	68.0	68.1	68.1	
23	28.8	28.8	28.8	28.4	Glu				
24	16.6	16.6	16.6	17.2	1	106.3	106.6	106.6	105.5
25	15.7	15.7	15.7	15.9	2	74.6	74.5	74.5	74.8
26	17.1	17.1	17.1	17.3	3	78.6	78.6	78.6	78.7
27	27.0	27.0	27.0	27.3	4	71.5	71.6	71.6	71.7
28	175.6	175.6	175.6	175.9	5	78.3	78.1	78.1	78.5
29	33.2	33.2	33.2	33.4	6	62.8	62.8	62.8	62.7
30	24.4	24.4	24.4	24.7	Glu'				
Glu-UA					1				102.3
1				107.2	2				74.6
2				75.4	3				78.5
3				77.9	4				71.3
4				73.2	5				78.4
5				77.2	6				62.4
6				170.9	1'	126.1	131.4	132.1	128.6
COOMe				52.0	2'	130.9	129.9	112.9	130.5
Xyl					3'	116.6	116.3	148.7	117.1
1				93.5	4'	161.6	157.4	146.8	160.6
2				71.3	5'	116.6	116.3	116.6	117.1
3				85.8	6'	130.9	129.9	121.4	130.5
4				69.4	7'	145.6	30.4	30.4	145.1
5				67.1	8'	114.7	36.8	36.8	116.8
Ara					9'	166.6	172.3	172.3	166.4
1	93.6	93.5	93.5		OMe			56.0	

表 4-10-78　化合物 4-10-310~4-10-313 的 ^{13}C NMR 数据[114]

C	4-10-310	4-10-311	4-10-312	4-10-313	C	4-10-310	4-10-311	4-10-312	4-10-313
1	38.9	38.9	39.0	38.9	11	24.0	24.0	23.8	24.0
2	26.9	26.9	28.2	26.9	12	123.1	123.1	123.1	123.1
3	89.5	89.5	78.1	89.5	13	144.5	144.5	144.4	144.5
4	39.8	39.8	39.4	39.8	14	42.3	42.3	42.1	42.3
5	56.1	56.1	55.9	56.1	15	36.4	36.4	36.4	36.4
6	18.5	18.5	18.6	18.5	16	74.0	74.0	73.9	74.0
7	33.2	33.2	33.2	33.2	17	49.3	49.3	49.1	49.3
8	40.2	40.2	40.0	40.2	18	41.2	41.2	41.0	41.2
9	47.3	47.3	47.2	47.3	19	47.3	47.3	47.2	47.3
10	37.2	37.2	37.5	37.2	20	31.1	31.1	30.8	31.1

C	4-10-310	4-10-311	4-10-312	4-10-313	C	4-10-310	4-10-311	4-10-312	4-10-313
21	36.2	36.2	35.9	36.2	3		80.3	80.6	80.1
22	32.6	32.6	32.3	32.6	4		69.0	69.1	68.8
23	28.4	28.4	28.8	28.4	5		67.9	68.0	67.8
24	17.2	17.2	16.6	17.2	Glu				
25	15.9	15.9	15.7	15.9	1	105.7	106.5	106.4	106.3
26	17.3	17.3	17.1	17.3	2	74.6	75.0	74.8	74.9
27	27.3	27.3	27.0	27.3	3	78.8	78.8	79.2	78.7
28	175.9	175.9	175.6	175.9	4	71.7	71.5	71.5	71.6
29	33.4	33.4	33.2	33.4	5	78.5	78.5	78.5	78.5
30	24.7	24.7	24.4	24.7	6	62.7	62.8	62.8	62.8
Glu-UA					Glu'				
1	107.3	107.3		107.2	1	102.4	102.3	102.2	102.6
2	75.5	75.5		75.4	2	75.0	74.4	74.6	74.3
3	77.9	77.9		77.9	3	78.8	78.5	78.6	78.5
4	73.2	73.2		73.2	4	71.3	71.3	71.2	71.3
5	77.2	77.2		77.2	5	78.4	78.4	78.3	78.4
6	170.9	170.6		170.8	6	62.4	62.4	62.4	62.5
COOMe	52.0	52.1		52.0	1'	134.4	134.5	128.6	135.8
Xyl					2'	129.9	129.7	130.4	113.8
1	93.4				3'	117.0	117.0	117.0	150.3
2	71.5				4'	157.2	157.2	160.4	146.7
3	86.0				5'	117.0	117.0	117.0	116.8
4	69.3				6'	129.9	129.7	130.4	121.1
5	67.2				7'	30.3	30.4	144.8	30.8
Ara					8'	36.4	36.5	117.0	36.5
1		93.4	93.6	93.4	9'	172.1	172.1	166.4	172.2
2		70.8	70.4	70.9	OMe				56.3

参 考 文 献

[1] Manguro L O A, Okwiri S O and Lemmen P. Phytochemistry, 2006, 67: 2641.
[2] Fu L, Zhang S, Li N, et al. J Nat Prod, 2005, 68: 198.
[3] Chen I H, Chang F R, Wu C C, et al. J Nat Prod, 2006, 69: 1543.
[4] Wang F, Hua H, Pei Y, et al. J Nat Prod, 2006, 69: 807.
[5] Ito J, Chang F R, Wang H K, et al. J Nat Prod, 2001, 64: 1278.
[6] Fujioka T, Yoshida K, Shibao H, et al. Chem Pharm Bull, 2006, 54:1694.
[7] Tian J K, Xu L Z, Zou Z M, et al. Chem Nat Compd, 2006, 42: 328.
[8] Hegde V R, Silver J, Patel M G, et al. J Nat Prod, 1995, 58: 1492.
[9] Wang F, Hua H, Pei Y, et al. J Nat Prod, 2006, 69: 807.
[10] Song Y L, Wang Y H, Lu Q, et al. Helv Chim Acta, 2008, 91: 665.
[11] Tang L, Jiang Y, Chang H T, et al. J Nat Prod, 2005, 68: 1169.
[12] Pal B C, Achari B, Yoshikawa K, et al. Phytochemistry, 1995, 38: 1287.
[13] Fukuda Y, Yamada T, Wada S, et al. J Nat Prod, 2006, 69: 142.
[14] Jiang Z H, Inutsuka C, Tanka T, et al. Chem Pharm Bull, 1998, 46: 512.

[15] Shitota O, Tamemura T, Morita H, et al. J Nat Prod, 1996, 59: 1072.
[16] Chiang Y M, Chang J Y, Kuo C C, et al. Phytochemistry, 2005, 66: 495.
[17] Begum S, Zehra S Q, Siddiqui B S. Chem Pharm Bull, 2008, 56:1317.
[18] Begum S, Raza S M, Siddiqui B S, et al. J Nat Prod, 1995, 58: 1570.
[19] Baltina L A, Kunert O, Fatykhov A A, et al. Chem Nat Compd, 2005, 41: 432.
[20] Liu P, Yao Z, Zhang W, et al. Chem Pharm Bull, 2008, 56: 951.
[21] Liu P, Yao Z, Li H Q, et al. Helv Chim Acta, 2007, 90: 601.
[22] De Leo M, De Tommasi N, Sanogo R, et al. Phytochemistry, 2006, 67: 2623.
[23] Wu P L, Wu T S, He C X, et al. Chem Pharm Bull, 2005, 53: 56.
[24] Rudiyansyah and Garson M J. J Nat Prod, 2006, 69: 1218, 1530.
[25] Ali M, Heaton A and Leach D. J Nat Prod, 1997, 60: 1150.
[26] Jiang Z H, Inutsuka C, Tanka T, et al. Chem Pharm Bull, 1998, 46: 512.
[27] Yun B S, Ryoo I J, Lee I K, et al. J Nat Prod, 1999, 62: 764.
[28] Chang C I, Kuo C C, Chang J Y, et al. J Nat Prod, 2004, 67: 91.
[29] Liu C M, Wang H X, Wei S L, et al. J Nat Prod, 2008, 55: 789.
[30] Zou J H, Dai J, Chen X,et al. Chem Pharm Bull, 2006, 54: 920.
[31] Tapondjou A L, Ngounou N F, Lontsi D, et al. Phytochemistry, 1995, 40: 1761.
[32] Li X C, Yang C R, Liu Y Q, et al. Phytochemistry, 1995, 39: 1175.
[33] Beutler J A, Kashman Y, Tischler M, et al. J Nat Prod, 1995, 58: 1039.
[34] Chiang Y M, Chang J Y, Kuo C C, et al. Phytochemistry, 2005, 66: 495.
[35] Kuroda M, Aoshima T, Haraguchi M, et al. J Nat Prod, 2006, 69: 1606.
[36] De Felice A, Bader A, Leone A, et al. Planta Med, 2006, 72: 643.
[37] Liu C M, Wang H X, Wei S L, et al. J Nat Prod, 2008, 55: 789.
[38] Mills C, Carroll A R and Quinn R J. J Nat Prod, 2005, 68: 312.
[39] Siddiqui B S, Karzhaubekova Z Z, Burasheva G S, et al. Chem Pharm Bull, 2007, 55: 1356.
[40] Li Z L, Li X, Li L H, et al. Planta Med, 2005, 71: 1065.
[41] Siddiqui B S, Karzhaubekova Z Z, Burasheva G S, et al. Chem Pharm Bull, 2007, 55: 1356.
[42] Li X C, Joshi A S, ElSohly H N, et al. J Nat Prod, 2002, 65: 1909.
[43] Topcu G, Kökdil G and Yalcin S M. J Nat Prod, 2000, 63: 888.
[44] Song Y L, Wang Y H, Lu Q, et al. Helv Chim Acta, 2008, 91: 665.
[45] De Felice A, Bader A, Leone A, et al. Planta Med, 2006, 72: 643.
[46] Ye Y, Kinoshita K, Koyama K, et al. J Nat Prod, 1998, 61: 456.
[47] Balakrishna K, Vasanth S, Kundu A B, et al. Phytochemistry, 1995, 40: 335.
[48] Manguro L O A, Okwiri S O and Lemmen P, Phytochemistry, 2006, 67: 2641.
[49] Mallavadhani U V, Narasimhan K, Sudhakar A V S, et al. Chem Pharm Bull, 2006, 54: 740.
[50] Voutquenne L, Kokougan C, Lavaud C, et al. Phytochemistry, 2002, 59: 825.
[51] Kokpol U, Chavasini W, Chittawong V, et al. J Nat Prod, 1990, 53: 953.
[52] Faure R, Gaydon E M, Wollenweber E. J Nat Prod, 1991, 54: 1564.
[53] Dou H, Zhou Y, Chen C, et al. J Nat Prod, 2002, 65: 1777.
[54] Fang S Y, He Z S, Fan G J, et al. J Nat Prod, 1996, 59: 304.
[55] Jimeno M L, Rumbero A and Vázquez P. Phytochemistry, 1995, 40: 899.
[56] Cáceres-Castillo D, Mena-Rejón G J, Cedillo-Rivera R, et al. Phytochemistry, 2008, 69: 1057.
[57] Lee I S, Yoo J K, Na M K, et al. Chem Pharm Bull, 2007, 55: 1376.
[58] Muhammad I, El Sayed K A, Mossa J S, et al. J Nat Prod, 2000, 63: 605.
[59] Mena-Rejón G J, Pérez-Espadas A R, Moo-Puc R E, et al. J Nat Prod, 2007, 70: 863.
[60] Lima F V, Malheiros A, Otuki M F, et al. J Braz Chem Soc, 2005, 16: 578.
[61] Cáceres-Castillo D, Mena-Rejón G J, Cedillo-Rivera R, et al, Phytochemistry, 2008, 69: 1057.
[62] Fei D Q, Wu G, Liu C M, et al. Chem Pharm Bull, 2007, 55: 577.
[63] Begum, Farhat and Siddiqui B S. J Nat Prod, 1997, 60: 20.
[64] Lee C K and Chang M H. J Nat Prod, 1999, 62: 1003.
[65] Begum S, Sultana I, Siddiqui B S, et al. J Nat Prod, 2002, 65: 1939.
[66] Kosela S, Yulizar Y, Chairul, et al. Phytochemistry, 1995, 38: 691.

[67] Michalet S, Payen-Fattaccioli L, Beney C, et al. Helv Chim Acta, 2008, 91: 1106.

[68] Ohsaki A, Imai Y, Naruse M, Ayabe S I, et al. J Nat Prod, 2004, 67: 469.

[69] Cao S, Guza R C, Miller J S, et al. J Nat Prod, 2004, 67: 986.

[70] Ito J, Chang F R, Wang H K, et al. J Nat Prod, 2001, 64: 1278.

[71] Tanaka T, Koyano T, Kowithayakorn T, et al. J Nat Prod, 2001, 64: 1243.

[72] Fukuyama Y, Minami H, Fujii H, et al. Phytochemistry, 2002, 60: 765.

[73] Zhao W, Xu J, Qin G and Xu R. Phytochemistry, 1995, 39: 191.

[74] Yi Y, Zhang J, Zheng H, et al. J Nat Prod, 1995, 58: 1880.

[75] Rasoanaivo P, Multari G, Federici E, et al. Phytochemistry, 1995, 39: 251.

[76] Kouam J, Nkengfack A E, Fomum Z T, et al. J Nat Prod, 1991, 54: 1288.

[77] Avunduk S, Lacaille-Dubois M A, Miyamoto T, et al. J Nat Prod, 2007, 70: 1830.

[78] Fu W W, Shimizu N, Dou D Q, et al. Chem Pharm Bull, 2006, 54: 557

[79] Konoshima T, Kozuka M, Horuna M, et al. J Nat Prod, 1991, 54: 830.

[80] Ding Y, Kinjo J, Yong C R, et al. Chem Pharm Bull, 1991, 39: 496.

[81] Jiang W, Li W, Han L, et al. J Nat Prod, 2006, 69: 1577.

[82] Hohda H, Tanaka S, Yamaoka Y, et al. Chem Pharm Bull, 1991, 39: 2609.

[83] Gao H and Wang Z, phytochemistry, 2006, 67: 2697.

[84] Li F, Li W, Fu H, et al. Chem Pharm Bull, 2007, 55: 1087.

[85] ahmad V U, Iqbal S, Kousar F, et al. Chem Pharm Bull, 2005, 53: 1126.

[86] Guo R, Luo M, Long C L, et al. Helv Chim Acta, 2008, 91: 1728.

[87] Liu H, Zhang X, Gao H, et al. Chem Pharm Bull, 2005, 53: 1310.

[88] Seo Y, Hoch J, Abdel-Kader M, et al. J Nat Prod, 2002, 65: 170.

[89] Ikeda Y, Suguira M, Fukaya C, et al. Chem Pharm Bull, 1991, 39: 566.

[90] Voutquenne L, Kokougan C, Lavaud C, et al. Phytochemistry, 2002, 59: 825.

[91] Shao Y, Zhou B N, Lin L Z, et al. Phytochemistry, 1995, 38: 1487.

[92] Shao Y, Zhou B N, Ma K and Wu H M. J Nat Prod, 1995, 58: 837.

[93] Ye W C, Ou B X, Ji N N, et al. Phytochemistry, 1995, 39: 937.

[94] Mohamed K M, Ohtani K, Kasai R and Yamasaki K. Phytochemistry, 1995, 40: 1237.

[95] Liu Z, Li D, Owen N L, et al. J Nat Prod, 1995, 58: 1632.

[96] Strauss A, Spengel S M and Schaffner W. Phytochemistry, 1995, 38: 861.

[97] Jayasinghe L, Shimada H, Hara N, et al. Phytochemistry, 1995, 40: 891.

[98] Yaguchi E, Miyase T and Ueno A. Phytochemistry, 1995, 39: 185.

[99] Nielson S E, Anthoni U, Christophersen C and Cornett C. Phytochemistry, 1995, 39: 625.

[100] Zhang D, Miyase T, Kuroyangi M, et al. Chem Pharm Bull, 1995, 43: 115.

[101] Zhang D, Miyase T, Kuroyanagi M, et al. Chem Pharm Bull, 1995, 43: 966.

[102] Burczyk J, Reznicek G, Baumgarten S, et al. Phytochemistry, 1995, 39: 195.

[103] Yoshikawa M, Murakami T, Ueno T, et al. Chem Pharm Bull, 1995, 43: 350.

[104] Shao Y, Zhou B N, Lin L Z, et al. Phytochemistry, 1995, 38: 927.

[105] Shao Y, Zhou B N, Ma K, et al. Phytochemistry, 1995, 39: 875.

[106] Shao Y, Zhou B N, Gao J H, et al. Phytochemistry, 1995, 38: 675.

[107] Schöpke T, Al-Tawaha C, Wray V, et al. Phytochemistry, 1995, 40: 1489.

[108] Miyase T, Andoh T and Ueno A, Phytochemistry, 1995, 40: 1499.

[109] Park S Y, Yook C S and Nohara T, Chem Pharm Bull, 2005, 53: 1147.

[110] Ukiya M, Akihisa T, Yasukawa K, et al. Nat Prod, 2006, 69: 1692.

[111] Inose Y, Miyase T, and Ueno A, Chem Pharm Bull, 1991, 39: 2037.

[112] Fujioka T, Yoshida K, Shibao H, et al. Chem Pharm Bull, 2006, 54: 1694.

[113] Morikawa T, Li N, Nagatomo A, et al. J Nat Prod, 2006, 69: 185.

[114] Warashina T, Miyase T and Ueno A, Chem Pharm Bull, 1991, 39: 388.

第十一节 五环三萜-木栓烷型化合物

表 4-11-1 五环三萜-木栓烷型化合物的名称、分子式和测试溶济

编号	名称	分子式	测试溶剂	参考文献
4-11-1	28-hydroxyfriedelane-1,3-dione	$C_{30}H_{48}O_3$	C	[1]
4-11-2	4-epifriedelin	$C_{30}H_{50}O$	C	[2]
4-11-3	30-hydroxyfriedelan-3-on-28R-al	$C_{30}H_{48}O_3$	C	[3]
4-11-4	30-hydroxyfriedelan-3-on-28S-al	$C_{30}H_{48}O_3$	C	[3]
4-11-5	(8S)-7,8-dihydro-7-oxo-tingenone	$C_{28}H_{36}O_4$	C	[4]
4-11-6	(7S,8S)-7-hydroxy-7,8-dihydrotingenone	$C_{28}H_{38}O_4$	C	[4]
4-11-7	(8S)-7,8-dihydro-6-oxotingenol	$C_{28}H_{38}O_4$	C	[4]
4-11-8	23-oxo-isotingenone	$C_{28}H_{34}O_4$	C	[4]
4-11-9	remangilone A	$C_{28}H_{38}O_4$	C	[5]
4-11-10	remangilone B	$C_{28}H_{38}O_3$	C	[5]
4-11-11	remangilone C	$C_{28}H_{40}O_4$	C	[5]
4-11-12	6-oxoisoiguesterin	$C_{28}H_{36}O_3$	C	[6]
4-11-13	milicifoline A	$C_{28}H_{36}O_4$	C	[7]
4-11-14	milicifoline B	$C_{43}H_{58}O_3$	C	[7]
4-11-15	milicifoline C	$C_{43}H_{56}O_4$	C	[7]
4-11-16	milicifoline D	$C_{58}H_{76}O_7$	C	[7]
4-11-17	15α-hydroxy-21-keto-pristimerine	$C_{30}H_{38}O_6$	C	[8]
4-11-18	pristimerine	$C_{30}H_{40}O_4$	C	[8]
4-11-19	28-nor-isoiguesterin-17-carbaldehyde	$C_{28}H_{34}O_3$	C	[9]
4-11-20	17-(methoxycarbonyl)-28-nor-isoiguesterin	$C_{29}H_{36}O_4$	C	[9]
4-11-21	28-hydroxyisoiguesterin	$C_{28}H_{36}O_3$	C	[9]
4-11-22	20-epi-isoiguesterinol	$C_{28}H_{38}O_3$	C	[10]
4-11-23	2-oxofriedoolean-3-en-29-oic acid	$C_{30}H_{46}O_3$	C	[11]
4-11-24	endodesmiadiol	$C_{30}H_{50}O_3$	C+M	[12]
4-11-25	spirocaracolitone G	$C_{42}H_{52}O_{10}$	C	[13]
4-11-26	spirocaracolitone H	$C_{47}H_{54}O_{10}$	C	[13]
4-11-27	spirocaracolitone I	$C_{46}H_{56}O_{14}$	C	[13]
4-11-28	spirocaracolitone J	$C_{51}H_{60}O_{16}$	C	[13]
4-11-29	spirocaracolitone K	$C_{51}H_{58}O_{14}$	C	[13]
4-11-30	spirocaracolitone L	$C_{41}H_{50}O_9$	C	[13]
4-11-31	3-oxo-D:A-friedo-oleanan-27,16-lactone	$C_{30}H_{46}O_3$	C	[14]
4-11-32	3α-benzoyloxy-D:A-friedo-oleanan-27,16α-lactone	$C_{37}H_{52}O_4$	C	[14]
4-11-33	3β-hydroxy-D:A-friedo-oleanan-27,16α-lactone	$C_{30}H_{48}O_3$	C	[14]
4-11-34	galphimine J	$C_{32}H_{48}O_{10}$	C	[15]
4-11-35	galphin A	$C_{34}H_{49}O_{10}$	C	[16]
4-11-36	galphin B	$C_{36}H_{50}O_{12}$	C	[16]
4-11-37	galphin C	$C_{38}H_{52}O_{14}$	C	[16]
4-11-38	galphimidin	$C_{34}H_{50}O_{10}$	C	[16]

表 4-11-2　化合物 4-11-1~4-11-4 的 ^{13}C NMR 数据

C	4-11-1[1]	4-11-2[2]	4-11-3[3]	4-11-4[3]	C	4-11-1[1]	4-11-2[2]	4-11-3[3]	4-11-4[3]
1	202.7	21.7	22.1	22.1	16	29.0	36.0	31.5	32.3
2	60.6	37.1	41.4	41.4	17	35.1	30.0	38.9	38.9
3	204.1	216.6	213.5	213.5	18	39.3	42.7	32.5	38.9
4	59.1	58.7	58.1	58.1	19	34.5	35.3	37.6	33.2
5	37.2	39.9	41.7	41.7	20	28.1	28.1	34.3	35.7
6	40.6	37.4	41.0	41.0	21	31.4	32.7	31.0	34.2
7	18.0	17.7	18.0	18.0	22	34.4	39.2	31.5	25.2
8	51.5	53.5	50.5	50.5	23	7.3	13.5	6.8	6.8
9	37.8	37.0	37.4	37.4	24	16.0	23.1	14.5	14.5
10	71.9	49.4	59.3	59.5	25	18.1	18.0	18.9	18.9
11	33.4	35.7	34.8	34.8	26	19.1	20.4	14.6	15.2
12	29.7	30.5	28.3	27.8	27	19.2	18.7	15.1	15.1
13	39.2	39.7	39.4	39.4	28	68.0	32.1	103.5	104.4
14	39.1	38.3	38.4	38.4	29	34.2	35.0	28.6	28.6
15	31.2	32.4	28.0	27.3	30	32.8	31.7	72.9	72.9

表 4-11-3 化合物 4-11-5~4-11-8 的 ^{13}C NMR 数据[4]

C	4-11-5	4-11-6	4-11-7	4-11-8	C	4-11-5	4-11-6	4-11-7	4-11-8
1	119.7	116.9	107.0	118.2	15	31.7	29.3	27.9	24.0
2	181.1	181.3	148.0	143.8	16	35.2	35.6	35.3	35.7
3	146.6	145.7	140.2	148.2	17	40.0	38.0	38.3	39.1
4	117.3	117.6	126.7	114.2	18	43.0	44.0	43.9	42.3
5	141.1	131.2	125.0	140.8	19	31.7	31.9	32.2	37.1
6	131.7	143.7	200.6	143.0	20	42.2	42.2	42.0	45.7
7	200.5	69.5	37.3	115.6	21	213.9	214.2	214.4	214.4
8	57.6	53.3	42.3	44.0	22	53.5	53.2	53.6	51.1
9	41.7	40.5	37.1	129.3	23	10.4	10.4	13.6	196.1
10	161.8	162.2	152.7	126.8	25	30.0	27.4	26.3	22.7
11	28.7	31.6	33.0	124.7	26	14.9	16.2	15.2	20.4
12	27.1	30.9	31.8	32.4	27	18.2	18.5	18.1	19.5
13	39.5	39.4	39.9	40.0	28	15.2	32.8	32.7	31.4
14	38.2	41.6	39.4	40.8	30	32.6	15.2	15.0	15.3

表 4-11-4 化合物 4-11-9~4-11-12 的 ^{13}C NMR 数据

C	4-11-9[5]	4-11-10[5]	4-11-11[5]	4-11-12[6]	C	4-11-9[5]	4-11-10[5]	4-11-11[5]	4-11-12[6]
1	124.3	124.3	51.6	125.6	16	213.8	213.8	214.3	36.8
2	144.5	144.5	193.6	147.7	17	44.2	47.1	44.1	31.6
3	181.3	181.3	143.5	140.3	18	45.8	44.9	45.9	44.8
4	125.8	126.2	130.9	125.1	19	46.4	46.4	46.7	30.5
5	166.8	166.2	48.5	122.6	20	30.8	30.8	30.8	148.2
6	25.5	24.9	20.7	187.7	21	34.2	34.2	34.2	30.3
7	37.0	34.3	34.6	108.8	22	20.1	20.1	20.2	36.0
8	40.8	39.6	40.5	172.1	23	10.6	10.6	13.4	13.6
9	44.5	44.0	43.4	44.4	25	21.8	21.8	14.4	38.4
10	43.3	43.3	41.3	151.9	26	17.1	17.7	18.0	20.4
11	25.3	25.3	23.7	34.4	27	19.2	26.1	19.8	19.6
12	124.8	122.3	124.7	29.9	28				31.1
13	141.9	142.8	141.9	40.8	29	33.1	33.1	33.1	106.5
14	54.9	48.3	54.5	40.1	30	23.1	23.1	23.2	
15	75.4	46.8	75.5	28.2					

表 4-11-5　化合物 4-11-13~4-11-16 的 ^{13}C NMR 数据[7]

C	4-11-13	4-11-14	4-11-15	4-11-16	C	4-11-13	4-11-14	4-11-15	4-11-16
1	108.8	109.0	111.4	115.8	21	214.0	214.3	213.7	213.6
2	148.2	145.1	149.7	191.1	22	52.6	53.9	52.6	52.5
3	140.7	142.8	143.3	91.9	23	13.7	10.8	13.2	22.1
4	125.6	122.5	125.2	78.8	24				
5	122.5	125.7	122.4	131.1	25	38.5	32.8	38.7	35.6
6	187.7	124.6	187.5	126.1	26	20.7	18.6	20.8	22.3
7	125.9	128.3	126.2	116.4	27	19.7	16.1	19.7	15.0
8	171.3	44.9	170.2	159.5	28	32.6	22.7	32.6	32.5
9	40.3	39.4	39.3	41.3	30	15.1	15.1	15.1	22.0
10	151.7	143.3	151.7	173.4	OMe	56.1			51.5
11	34.3	31.7	34.3	33.5	1'	170.0	92.9	92.8	108.1
12	30.2	29.9	30.2	30.0	2'	121.3	38.4	38.8	141.6
13	40.1	38.3	39.9	39.5	3'	112.2	128.2	128.1	137.6
14	44.4	32.8	44.3	44.1	4'	146.2	140.6	140.7	122.5
15	28.4	27.5	28.4	28.3	5'	150.8	96.8	96.8	125.0
16	35.5	35.3	35.6	29.7	6'	125.2	38.2	38.4	124.0
17	38.2	35.4	38.2	39.0	7'	114.2	43.6	43.3	129.2
18	43.5	43.5	43.5	43.8	8'		35.7	35.4	45.5
19	32.0	31.0	32.0	32.1	9'		32.7	33.0	38.2
20	41.9	40.1	41.9	41.8	10'		42.2	39.3	143.8

续表

C	4-11-13	4-11-14	4-11-15	4-11-16	C	4-11-13	4-11-14	4-11-15	4-11-16
11'		151.2	150.9	36.6	21'				29.8
12'		108.6	108.8	36.4	22'				35.8
13'		19.9	20.0	37.5	23'				10.8
14'		19.0	19.1	38.2	25'				22.3
15'		12.5	12.4	28.3	26'				17.5
16'				35.4	27'				17.0
17'				30.4	28'				31.8
18'				44.4	29'				179.3
19'				29.8	30'				31.8
20'				40.6					

表 4-11-6　化合物 4-11-17~4-11-21 的 ^{13}C NMR 数据

C	4-11-17[8]	4-11-18[8]	4-11-19[9]	4-11-20[9]	4-11-21[9]	C	4-11-17[8]	4-11-18[8]	4-11-19[9]	4-11-20[9]	4-11-21[9]
1	118.5	119.5	119.7	119.6	119.6	16	41.9	30.4	26.6	31.7	29.9
2	178.3	178.4	178.0	178.3	178.4	17	36.7	44.9	47.7	45.7	36.1
3	146.1	117.1	146.0	146.0	146.0	18	44.1	44.2	37.8	39.3	38.8
4	117.5	127.2	117.0	117.0	117.1	19	53.2	33.5	31.9	32.0	32.6
5	128.4	146.0	127.7	127.5	127.5	20	34.2	30.5	146.0	146.6	147.2
6	131.9	133.8	133.4	133.6	133.9	21	210.0	34.8	31.5	31.8	30.3
7	119.9	118.0	118.0	117.8	118.0	22	53.5	36.3	31.1	32.8	30.1
8	165.6	164.0	168.1	168.7	169.8	23	10.3	10.2	10.2	10.2	10.3
9	43.3	38.4	42.8	42.7	43.0	25	40.8	38.2	38.7	38.9	38.6
10	164.3	169.8	164.6	164.8	165.0	26	23.6	21.5	21.0	21.0	21.1
11	32.3	28.6	33.6	33.7	33.8	27	21.3	18.3	20.2	19.4	20.4
12	31.0	29.6	29.1	29.4	29.7	28	32.7	31.5	205.2	178.4	69.4
13	38.1	39.3	40.1	40.4	41.0	29	25.5	30.5	109.5	108.7	108.7
14	49.5	40.3	44.1	44.2	44.6	30	175.2	178.1		52.2	
15	72.7	29.8	27.4	28.0	27.9						

表 4-11-7　化合物 4-11-22~4-11-24 的 ^{13}C NMR 数据

C	4-11-22[10]	4-11-23[11]	4-11-24[12]	C	4-11-22[10]	4-11-23[11]	4-11-24[12]
1	119.5	37.8	30.0	17	31.6	30.5	35.1
2	178.1	201.0	73.6	18	43.2	44.7	39.5
3	145.9	125.6	214.9	19	24.8	29.4	34.4
4	118.0	172.5	52.7	20	35.7	40.7	28.0
5	127.3	29.1	43.2	21	24.7	29.8	31.1
6	134.0	34.4	41.0	22	36.2	36.6	33.2
7	118.0	18.1	18.2	23	10.4	18.4	6.3
8	170.1	50.1	52.4	24	38.9	19.2	13.9
9	43.0	37.2	36.8	25		17.5	17.9
10	164.8	56.0	52.1	26	21.6	19.0	18.9
11	33.0	34.5	35.1	27	21.4	16.1	19.2
12	30.0	30.3	30.2	28	31.4	32.0	67.3
13	40.7	39.4	39.4	29	69.6	179.3	32.7
14	45.0	40.2	38.1	30		32.1	34.1
15	28.6	30.1	31.3	OMe		51.7	
16	36.5	36.3	29.0				

4-11-25 R^1=R^2=H; R^3=OAc; R^4=CH$_3$
4-11-26 R^1=R^2=H; R^3=OCOPh; R^4=CH$_3$
4-11-27 R^1=R^2=R^3=OAc; R^4=CH$_3$
4-11-28 R^1=R^2=OAc; R^3=OCOPh; R^4=CH$_2$OAc
4-11-29 R^1=OAc; R^2=H; R^3=OCOPh; R^4=CH$_2$OAc

4-11-30

4-11-31 R=O
4-11-32 R=α-OCOPh,H
4-11-33 R=β-OH,H

表 4-11-8　化合物 4-11-25~4-11-27 的 ^{13}C NMR 数据[13]

C	4-11-25	4-11-26	4-11-27	C	4-11-25	4-11-26	4-11-27
1	37.1	37.2	36.3	11	50.3	50.5	82.7
2	193.9	194.0	192.6	12	40.4	39.9	43.8
3	147.6	147.6	147.6	13	57.5	57.6	54.6
4	155.2	155.3	153.9	14	136.4	136.1	135.4
5	44.2	44.2	44.1	15	125.7	125.8	126.5
6	45.8	45.9	45.7	16	70.4	70.8	69.0
7	66.8	66.9	66.0	17	44.6	44.9	45.6
8	61.8	61.5	55.0	18	91.2	91.3	89.8
9	41.8	41.85	41.6	19	42.1	42.3	43.4
10	55.8	55.8	56.1	20	39.3	44.9	46.8

续表

C	4-11-25	4-11-26	4-11-27	C	4-11-25	4-11-26	4-11-27
21	37.2	39.7	72.0				171.5/22.6
22	72.2	72.9	72.6	Bz			
23	11.3	11.3	11.2	1'	129.9	130.0	129.2
24	18.5	18.6	18.1	2',6'	129.3	129.6	129.7
25	19.4	19.4	20.3	3',5'	128.4	128.1	128.6
26	17.8	17.8	13.8	4'	133.1	133.0	133.7
27	24.0	23.9	23.8	C=O	165.9	165.5	165.9
28	20.8	21.0	16.4	Bz			
29	20.6	20.4	20.8	1"		129.4	
30	178.4	178.4	175.7	2",6"		129.2	
OCH$_3$	59.6	59.6	59.6	3",5"		128.1	
OAc	169.6/21.3	171.7/21.2	169.9/20.4	4"		132.8	
	171.6/21.4		170.2/21.1	C=O		164.8	
			170.6/21.9				

表 4-11-9　化合物 4-11-28~4-11-30 的 ^{13}C NMR 数据[13]

C	4-11-28	4-11-29	4-11-30	C	4-11-28	4-11-29	4-11-30
1	39.2	39.2	130.6	25	64.7	64.8	18.3
2	193.2	193.3	147.9	26	13.7	13.7	17.9
3	147.6	147.6	200.7	27	23.5	23.6	23.7
4	153.7	153.8	57.9	28	16.2	20.5	20.7
5	44.1	41.8	44.6	29	20.9	20.9	20.6
6	46.1	46.1	47.6	30	175.5	177.9	178.4
7	65.1	65.2	66.9	OCH$_3$	59.6	59.7	
8	56.3	56.4	62.6	OAc	170.0/20.2	170.1/20.3	170.1/21.8
9	41.8	44.7	40.6		170.0/20.4	170.2/20.5	171.6/21.0
10	55.9	55.9	61.0		170.2/20.4	171.4/20.8	
11	82.1	82.2	50.4		171.3/20.8		
12	44.0	45.0	39.6	Bz			
13	54.5	54.6	57.3	1'	128.9	129.2	129.3
14	134.5	134.3	136.0	2',6'	129.8	129.7	129.7
15	127.4	127.7	125.9	3',5'	128.6	128.6	128.3
16	69.3	69.9	70.2	4'	133.8	133.8	133.3
17	47.6	47.7	45.2	C=O	165.7	165.7	165.1
18	89.6	90.4	91.2	Bz			
19	43.5	39.7	42.4	1"	128.8	129.0	
20	47.0	40.8	44.0	2",6"	129.7	129.7	
21	72.3	43.4	39.8	3",5"	128.4	128.3	
22	72.7	72.5	72.6	4"	133.5	133.4	
23	11.5	11.5	7.3	C=O	165.5	165.0	
24	18.3	18.3	16.0				

表 4-11-10 化合物 4-11-31~4-11-33 的 ^{13}C NMR 数据[14]

C	4-11-31	4-11-32	4-11-33	C	4-11-31	4-11-32	4-11-33
1	22.2	21.6	21.6	20	27.9	27.9	27.9
2	41.3	32.4	34.9	21	36.5	36.5	36.5
3	212	75.6	72.5	22	30	30	30
4	57.8	49.8	48.7	23	6.8	10	11.6
5	38	38.5	38.1	24	14.5	14.3	16.2
6	40.4	40.5	40.8	25	17.8	18	18.1
7	21.5	18.5	15.7	26	20.4	20.4	20.3
8	57.5	57.5	57.6	27	177	177	176
9	42.1	37.2	37.2	28	23.3	23.3	23.3
10	58.4	58.8	60.1	29	34.6	34.6	34.6
11	36.1	36.1	36.1	30	30.5	30.5	30.5
12	18.9	19.3	18.1	1'		130.9	
13	51.4	51.4	51.4	2'		129.5	
14	37.6	38	37.8	3'		128.3	
15	39.5	39.4	39.4	4'		132.6	
16	83.5	83.5	83.5	5'		128.3	
17	35.9	35.9	35.9	6'		129.5	
18	39	39	39	7'		166.4	
19	31.4	31.5	31.5				

表 4-14-11 化合物 4-11-34~4-11-38 的 ^{13}C NMR 数据

C	4-11-34[15]	4-11-35[16]	4-11-36[16]	4-11-37[16]	4-11-38[16]	C	4-11-34[15]	4-11-35[16]	4-11-36[16]	4-11-37[16]	4-11-38[16]
1	144.1	52.7	52.7	53.9	16.2	7	63.8	69.0	68.7	70.0	72.5
2	122.7	56.4	56.4	57.6	31.5	8	50.8	50.4	51.3	52.4	50.0
3	168.9	168.6	168.5	169.7	74.7	9	40.6	37.9	37.8	38.9	37.5
4	69.0	76.3	76.4	77.7	49.1	10	20.0	53.8	54.2	55.8	59.3
5	51.0	41.1	41.5	42.5	45.4	11	31.4	27.1	26.9	35.2	30.4
6	69.6	31.8	31.8	32.9	86.3	12	22.6	33.9	26.8	76.3	29.6

续表

C	4-11-34[15]	4-11-35[16]	4-11-36[16]	4-11-37[16]	4-11-38[16]	C	4-11-34[15]	4-11-35[16]	4-11-36[16]	4-11-37[16]	4-11-38[16]
13	53.7	57.1	57.9	59.5	79.9	24	63.5	68.2	68.2	69.4	65.1
14	36.9	42.1	41.9	49.2	43.8	25	20.0	22.7	20.9	23.1	23.0
15	29.1	40.4	40.4	41.4	39.8	26	19.8	20.5	23.1	25.1	19.5
16	38.4	23.4	23.9	25.6	25.3	27	175.2	174.6	173.7	174.3	174.8
17	37.0	38.2	43.1	43.9	41.5	28	26.7	25.7	18.3	16.0	22.8
18	79.6	77.0	76.7	80.7	79.5	29	22.8	109.7	113.2	114.6	110.4
19	37.8	42.6	41.9	42.8	45.0	OMe	50.0	51.3	51.3	52.7	51.4
20	74.2	144.2	138.6	139.0	144.1	OAc	169.5/20.5	170.2/21.0	170.2/21.0	171.8/22.3	170.6/21.4
21	32.5	29.1	34.9	37.0	33.2			170.9/21.6	170.9/21.6	170.7/22.6	170.0/21.2
22	34.3	36.1	70.9	70.0	52.7					170.2/21.2	171.4/22.6
23	17.6	13.0	13.0	14.3	16.7						171.5/23.0

参 考 文 献

[1] Chávez H, Estévez-Braun A, Ravelo A G, et al. J Nat Prod, 1998, 61: 82.
[2] Chang C W, Wu T S, Hsieh Y S, et al. J Nat Prod, 1999, 62: 327.
[3] Bates R B, Haber W A, Setzer W N, et al. J Nat Prod, 1999, 62: 340.
[4] Chávez H, Estévez-Braun A, Ravelo A G, et al. J Nat Prod, 1999, 62: 434.
[5] Deng Y, Jiang T Y, Sheng S, et al. J Nat Prod, 1999, 62: 471.
[6] Thiem D A, Sneden A T, Khan S I, et al. J Nat Prod, 2005, 68: 251.
[7] Gutierrez F, Estevez-Braun A, Ravelo A G, et al. J Nat Prod, 2007, 70: 1049.
[8] Alvarenga N L, Velázquez C A, Gómez R, et al. J Nat Prod, 1999, 62: 750.
[9] Figueiredo J N, Räz B and Séquin U. J Nat Prod, 1998, 61: 718.
[10] Thiem D A, Sneden A T, Khan S I, et al. J Nat Prod, 2005, 68: 251.
[11] Gonzalez A G, Luis J G, San Andres L, et al. J Nat Prod, 1991, 54: 585.
[12] Ngouamegne E T, Fongang R S, Ngouela S, et al. Chem Pharm Bull, 2008, 56: 374.
[13] Asim M, Hussien H, Arnason J T, et al. J Nat Prod, 2007, 70: 1228.
[14] Sutthivaiyakit S, Thongtan J, Pisutjaroenpong S, et al. J Nat Prod, 2001, 64: 569.
[15] González-Cortazar M, Tortoriello J and Alvarez L. Planta Med, 2005, 71: 711.
[16] Camacho M del R, Phillipson J D, Croft S L, Marley D, et al. J Nat Prod, 2002, 65: 1457.

第十二节　五环三萜-乌苏烷型化合物

表 4-12-1　五环三萜-乌苏烷型化合物的名称、分子式和测试溶剂

编号	名称	分子式	测试溶剂	参考文献
4-12-1	beccaridiol	$C_{29}H_{42}O_2$	C	[1]
4-12-2	cladocalol	$C_{30}H_{48}O_3$	C	[2]
4-12-3	3β-hydroxy-18α,19α-urs-20-en-28-oic acid	$C_{30}H_{48}O_3$	P	[3]
4-12-4	ulmudiol	$C_{30}H_{50}O_2$	C	[4]
4-12-5	dehydroulmudiol	$C_{30}H_{48}O_2$	C	[4]
4-12-6	ulmuestone	$C_{38}H_{54}O_6$	C	[4]
4-12-7	petatrichol A	$C_{30}H_{48}O_3$	C	[5]

续表

编号	名称	分子式	测试溶剂	参考文献
4-12-8	petatrichol B	$C_{30}H_{48}O_3$	C	[5]
4-12-9	camaldulensic acid	$C_{31}H_{50}O_5$	M	[6]
4-12-10	methyl ester camaldulensic acid	$C_{32}H_{52}O_5$	M	[6]
4-12-11	3-O-acetyl rhoiptelic acid	$C_{32}H_{50}O_4$	C	[7]
4-12-12	ilekudinol B	$C_{29}H_{44}O_4$	P	[8]
4-12-13	22-oxo-20-taraxasten-3β-ol	$C_{30}H_{48}O_2$	C	[9]
4-12-14	3β-acetoxy-20-taraxasten-22-one	$C_{32}H_{50}O_3$	C	[9]
4-12-15	20(30)-20-taraxastene-3β,21α-diol	$C_{30}H_{50}O_2$	C	[9]
4-12-16	20α,21α-epoxytaraxasten-3β-ol	$C_{30}H_{50}O_2$	C	[9]
4-12-17	20-taraxasten-3β-ol	$C_{30}H_{50}O_2$	C	[9]
4-12-18	20-taraxasten-3β-ol	$C_{30}H_{50}O$	C	[9]
4-12-19	3α-hydroxy-13α-ursan-28-oic acid	$C_{30}H_{50}O_3$	C	[10]
4-12-20	20-taraxastene-3α,28-diol	$C_{39}H_{56}O_5$	C	[11]
4-12-21	chamaedrydiol	$C_{30}H_{50}O_2$	C	[12]
4-12-22	methyl 3β-cis-di-O-methylcoumaroyloxy-2α-hydroxyurs-12,20(30)-dien-28-oate	$C_{42}H_{60}O_7$	C	[13]
4-12-23	methyl 3β-cis-di-O-methylcoumaroyloxy-2α-hydroxyurs-12-en-28-oate	$C_{42}H_{60}O_7$	C	[13]
4-12-24	acetylursolic acid	$C_{33}H_{52}O_4$	C	[14]
4-12-25	methyl 3β-acetoxy-11α-methoxy-12-ursen-28-oate	$C_{34}H_{54}O_5$	C	[14]
4-12-26	methyl 3β-(cis-p-methoxycinnamoyloxy)-12-ursan-28-oate	$C_{41}H_{58}O_5$	C	[14]
4-12-27	3α,21β-diacetoxy-11α-methoxy-urs-12-ene	$C_{33}H_{54}O_3$	C	[15]
4-12-28	3β-[(α-L-arabinopyranosyl)oxy]urs-12,18-dien-28-oic acid	$C_{35}H_{54}O_7$	P	[16]
4-12-29	beccaridiol	$C_{29}H_{42}O_2$	C	[17]
4-12-30	20-taraxastene-3α,28-diol	$C_{30}H_{50}O_2$	C	[18]
4-12-31	3β-cis-p-O-methylcoumaroyloxy-2α-hydroxy-ursa-12,20(30)-dien-28-oate	$C_{41}H_{56}O_6$	C	[13]
4-12-32	(3β,12β)-taraxast-20(30)-ene-3,12-diol	$C_{30}H_{50}O_2$	P	[19]
4-12-33	3β-[(α-L-arabinopyranosyl)oxy]urs-12,19(29)-dien-28-oic acid 28-β-D-glucopyranosyl ester	$C_{41}H_{64}O_{12}$	P	[16]
4-12-34	3β-[(α-L-arabinopyranosyl)oxy]-23-hydroxyurs-12,19(29)-dien-28-oic acid 28-β-D-glucopyranosyl ester	$C_{41}H_{64}O_{13}$	P	[16]
4-12-35	arborenin	$C_{42}H_{68}O_{14}$	P	[20]
4-12-36	oblonganoside A	$C_{38}H_{58}O_{10}$	M	[21]
4-12-37	zygophyloside O	$C_{35}H_{54}O_{12}S$	P	[22]
4-12-38	zygophyloside P	$C_{41}H_{64}O_{17}S$	P	[22]
4-12-39	krukovine B	$C_{30}H_{46}O_3$	C	[23]
4-12-40	krukovine D	$C_{30}H_{46}O_4$	C	[23]
4-12-41	krukovine E	$C_{29}H_{44}O_3$	C	[23]
4-12-42	3-epi-ternstroemic acid	$C_{30}H_{46}O_5$	P	[24]
4-12-43	ternstroemic acid	$C_{30}H_{46}O_5$	P	[24]
4-12-44	gymnantheraric acid	$C_{31}H_{50}O_5$	P	[24]
4-12-45	1β,2α-dihydroxy-3β-acetoxy-11-oxo-urs-12-ene	$C_{32}H_{50}O_4$	C	[25]

续表

编号	名称	分子式	测试溶剂	参考文献
4-12-46	$1\beta,2\alpha$-dihydroxy-3β-acetoxy-9(11),12-diene	$C_{32}H_{50}O_5$	C	[25]
4-12-47	$2\alpha,3\beta,23$-trihydroxy-12,17-dien-28-*nor*-ursane	$C_{29}H_{46}O_3$	P	[26]
4-12-48	$2\alpha,3\alpha,19\alpha$-trihydroxy-28-*nor*-urs-12-ene	$C_{29}H_{48}O_3$	M	[27]
4-12-49	$2\alpha,3\beta,19\alpha$-trihydroxy-28-*nor*-urs-12-ene	$C_{29}H_{48}O_3$	M	[27]
4-12-50	3-epipomolic acid 3α-acetate	$C_{32}H_{50}O_5$	C	[28]
4-12-51	viburgenin	$C_{30}H_{50}O_5$	C	[29]
4-12-52	6β-hydroxyarjunic acid	$C_{30}H_{48}O_6$	P	[30]
4-12-53	$2\alpha,20\beta$-dihydroxy-3β-acetoxyurs-9(11),12-diene	$C_{32}H_{50}O_4$	C	[25]
4-12-54	4(R),23-epoxy-$2\alpha,3\alpha,19\alpha$-trihydroxy-24-*nor*-urs-12-en-28-oic acid	$C_{29}H_{44}O_6$	P	[31]
4-12-55	punicanolic acid	$C_{30}H_{50}O_4$	P	[32]
4-12-56	3β-[(α-L-arabinopyranosyl)oxy]-19α-hydroxyurs-12-en-28-oic acid 28-(6-*O*-galloyl-β-D-glucopyranosyl) ester	$C_{48}H_{70}O_{17}$	P	[16]
4-12-57	camaldulic acid	$C_{32}H_{50}O_5$	M	[33]
4-12-58	methyl ester camaldulic acid	$C_{33}H_{52}O_5$	M	[33]
4-12-59	rosamultic acid	$C_{30}H_{46}O_5$	C	[34]
4-12-60	coussaric acid	$C_{30}H_{46}O_5$	P	[35]
4-12-61	baloic acid	$C_{32}H_{48}O_5$	C	[28]
4-12-62	19,24-dihydroxyurs-12-en-3-one-28-oic acid	$C_{30}H_{46}O_5$	P	[36]
4-12-63	$2\alpha,3\alpha,19\alpha$-trihydroxy-24-*nor*-urs-4(23),12-dien-28-oic acid	$C_{29}H_{44}O_5$	P	[31]
4-12-64	2-oxo-$3\beta,19\alpha$-dihydroxy-24-*nor*-urs-12-en-28-oic acid	$C_{29}H_{44}O_5$	C	[37]
4-12-65	2-oxo-3β-*O*-acetyl-19α-hydroxy-24-*nor*-urs-12-en-28-oic acid	$C_{31}H_{46}O_6$	C	[37]
4-12-66	2-oxo-3β-*O*-acetyl-19α-hydroxy-24-*nor*-urs-12-en-28-oic acid methyl ester	$C_{32}H_{48}O_6$	C	[37]
4-12-67	2-oxo-$3\beta,19\alpha,22\alpha$-trihydroxy-24-*nor*-urs-12-en-28-oic acid	$C_{29}H_{42}O_6$	C	[37]
4-12-68	2-oxo-$3\beta,22\alpha$-di-*O*-acetyl-19α-hydroxy-24-*nor*-urs-12-en-28-oic acid	$C_{33}H_{48}O_8$	C	[37]
4-12-69	2-oxo-$3\beta,22\alpha$-di-*O*-acetyl-19α-hydroxy-24-*nor*-urs-12-en-28-oic acid methyl ester	$C_{34}H_{50}O_8$	C	[37]
4-12-70	3-oxo-$2,19\alpha,22\alpha$-trihydroxy-24-*nor*-urs-1,4,12-trien-28-oic acid	$C_{29}H_{40}O_6$	C	[37]
4-12-71	4-oxo-$19\alpha,22\alpha$-dihydroxy-3,24-dinor-2,4-*seco*-urs-12-en-2,28-dioic acid	$C_{28}H_{40}O_7$	C	[37]
4-12-72	4-oxo-$19\alpha,22\alpha$-dihydroxy-3,24-dinor-2,4-*seco*-urs-12-en-2,28-dioic acid methyl ester	$C_{30}H_{46}O_7$	C	[37]
4-12-73	$19\alpha,22\alpha$-dihydroxy-24-*nor*-2,3-*seco*-urs-12-en-2,3,28-trioic acid trimethyl ester	$C_{32}H_{48}O_8$	C	[37]
4-12-74	methyl cecropioate	$C_{35}H_{54}O_8$	C	[38]
4-12-75	methyl tormentate	$C_{31}H_{50}O_5$	C	[38]
4-12-76	methyl 2-acetyltormentate	$C_{33}H_{52}O_6$	C	[38]
4-12-77	oblonganoside E	$C_{36}H_{56}O_{10}$	M	[39]
4-12-78	kakisaponin A	$C_{36}H_{58}O_{10}$	P	[40]
4-12-79	ulmoide	$C_{29}H_{42}O_5$	P	[8]
4-12-80	ilekudinol A	$C_{29}H_{42}O_4$	P	[8]
4-12-81	3α-hydroxy-13α-ursan-$28,12\beta$-olide 3-benzoate	$C_{38}H_{54}O_4$	C	[10]
4-12-82	3α-hydroxy-28β-methoxy-13α-ursan-$28,12\beta$-epoxide 3-benzoate	$C_{38}H_{56}O_4$	C	[10]

续表

编号	名称	分子式	测试溶剂	参考文献
4-12-83	hyperinol A	$C_{30}H_{46}O_3$	C	[41]
4-12-84	hyperinol B	$C_{30}H_{46}O_4$	C	[41]
4-12-85	2α,3β,7β-trihydroxyurs-11-en-28,13β-olide	$C_{30}H_{46}O_5$	C	[42]
4-12-86	neriumin	$C_{30}H_{46}O_4$	C	[43]
4-12-87	2α,3α-dihydroxyurs-11-en-13β,28-olide	$C_{30}H_{46}O_4$	P	[24]
4-12-88	20β,28-epoxytaraxaster-21-en-3β-ol	$C_{30}H_{48}O_2$	C	[44]
4-12-89	20β,28-epoxy-28α-methoxytaraxasteran-3β-ol	$C_{31}H_{52}O_3$	C	[44]
4-12-90	3α,27-dihydroxy-28,20β-taraxastanolide	$C_{34}H_{52}O_6$	C	[18]
4-12-91	3β-[(α-L-arabinopyranosyl)oxy]-20β-hydroxyursan-28-oic acid δ-lactone	$C_{35}H_{56}O_7$	P	[26]
4-12-92	2α,3α,23-trihydroxy-19-oxo-18,19-seco-urs-11,13(18)-dien-28-oic acid	$C_{30}H_{46}O_6$	P	[26]
4-12-93	2α,3β,23-trihydroxy-19-oxo-18,19-seco-12,17-dien-28-norursane	$C_{29}H_{46}O_4$	P	[26]
4-12-94	2α,6β-dihydroxybetulinic acid	$C_{30}H_{48}O_5$	P	[30]
4-12-95	6β-hydroxyhovenic acid	$C_{30}H_{48}O_6$	P	[30]

表 4-12-2 化合物 4-12-1~4-12-8 的 ^{13}C NMR 数据

C	4-12-1[1]	4-12-2[2]	4-12-3[3]	4-12-4[4]	4-12-5[4]	4-12-6[4]	4-12-7[5]	4-12-8[5]
1	46.8	38.6	39.4	72.5	72.1	36.5	20.9	23.3
2	69.1	27.2	27.1	34.8	32.6	24.2	26.7	27.4
3	84.0	79.0	78.1	73.3	72.7	81.1	75.2	75.7
4	39.2	38.8	39.3	39.1	40.1	37.8	39.0	39.3
5	55.6	55.3	55.9	43.6	40.9	50.0	126.4	130.7
6	18.2	18.3	18.7	24.1	23.1	24.0	26.1	27.2
7	33.8	33.2	34.7	115.7	119.8	116.2	51.3	78.7
8	40.1	39.8	41.2	145.3	141.2	145.4	67.1	47.6
9	47.2	47.6	51.1	40.0	140.8	48.2	40.1	39.7
10	38.3	37.0	37.5	39.0	42.7	35.1	134.9	134.0
11	23.5	23.3	29.0	16.4	115.0	16.9	28.7	28.8
12	125.1	126.0	33.7	32.2	37.4	32.5	28.5	31.7
13	138.9	137.7	39.5	37.7	37.7	37.8	40.4	40.4
14	44.2	41.7	42.3	41.3	39.1	41.3	42.3	89.8
15	32.1	26.3	27.9	28.9	27.2	28.9	32.8	35.7
16	31.0	25.4	29.6	31.5	31.3	31.5	77.2	75.5
17	138.4	87.5	49.1	32.0	32.0	32.1	37.9	37.5
18	138.6	56.8	49.3	54.9	52.6	55.0	53.5	52.0
19	135.1	38.7	37.8	35.3	35.5	35.4	35.7	36.0
20	133.8	41.3	143.1	32.0	31.9	38.0	31.9	32.0
21	127.3	32.1	117.9	29.2	29.2	29.2	28.9	27.8
22	122.9	36.2	38.5	37.7	36.7	37.8	26.7	23.5
23	28.6	28.1	16.5	27.6	27.8	27.5	26.0	25.7
24	16.8	15.6	28.3	14.5	15.2	15.8	22.2	20.8
25	17.3	20.5	16.7	13.5	20.8	13	26.0	24.8
26	16.9	15.4	16.4	23.6	21.0	23.6	20.9	17.7
27	27.3	23.3	15.1	22.6	17.0	22.7	16.9	20.1
28		160.5	178.2	38.0	37.7	32.1	35.2	32.7
29	16.9	17.3	23.7	25.6	25.1	25.6	25.1	23.7

续表

C	4-12-1[1]	4-12-2[2]	4-12-3[3]	4-12-4[4]	4-12-5[4]	4-12-6[4]	4-12-7[5]	4-12-8[5]
30	20.8	17.0	22.3	22.5	22.4	22.5	22.6	22.3
1'						122.7		
2'						112.1		
3'						146.2		
4'						149.8		
5'						113.8		
6'						123.8		
7'						165.3		
OCH₃						56.1		

表 4-12-3 化合物 4-12-9~4-12-13 的 ^{13}C NMR 数据

C	4-12-9[6]	4-12-10[6]	4-12-11[7]	4-12-12[8]	4-12-13[9]	C	4-12-9[6]	4-12-10[6]	4-12-11[7]	4-12-12[8]	4-12-13[9]
1	41.0	47.7	18.9	48.3	38.7	17			44.2	48.2	44.8
2	28.1	69.5	25.5	73.5	27.3	18	54.3	135.6	46.1	53.9	45.2
3	79.5	84.5	78.6	79.5	78.9	19	31.9	38.3	36.8	39.5	36.8
4	39.5	38.9	39.2	150.4	38.8	20	40.4	43.3	32.5	40.2	162.6
5	56.8	56.3	142.2	50.7	55.2	21	25.5	33.6	29.3	31.1	122.9
6	18.5	19.5	119.9	21.4	18.2	22	38.2	30.7	29.5	25.0	206.1
7	34.7	34.2	23.8	32.0	34.2	23	28.9	28.9	29.2	104.7	28.0
8	38.3	40.5	45.0	39.5	41.1	24	16.3	17.4	25.1		15.4
9	54.0	55.7	34.7	45.5	50.2	25	17.7	19.6	17.2	15.3	16.3
10	43.3	37.2	50.1	38.8	37.1	26	19.6	16.9	15.2	17.5	16.1
11	76.6	127	34.1	23.8	21.6	27	23.4	24.6	14.6	23.9	14.5
12	126.3	126.3	28.9	124.0	27.6	28	182.2	178.9	187.4	179.9	18.7
13	140.2	136.6	38.7	139.6	38.4	29	17.5	23.8	23.3	17.6	22.6
14	43.8	41.8	39.3	42.8	41.9	30	63.8	63.8	21.3	21.4	22.1
15	29.6	26.3	27.7	28.6	26.3	OAc	54.0			171.0/21.4	
16	24.4	41.5	32.4	24.7	28.5	OCH₃				21.3	

表 4-12-4 化合物 4-12-14~4-12-18 的 ^{13}C NMR 数据[9]

C	4-12-14	4-12-15	4-12-16	4-12-17	4-12-18	C	4-12-14	4-12-15	4-12-16	4-12-17	4-12-18
1	38.4	38.7	38.6	38.7	38.8	9	50.2	50.4	50.0	50.3	50.5
2	23.6	27.4	27.3	27.3	27.4	10	37.0	37.1	37.0	37.1	37.1
3	80.9	79.0	78.9	79.0	79.0	11	21.6	21.4	21.4	21.6	21.6
4	37.8	38.9	38.8	38.8	38.9	12	27.6	26.2	27.7	28.0	27.7
5	55.3	55.3	55.1	55.3	55.3	13	38.4	38.9	39.4	38.2	39.2
6	18.1	18.3	18.2	18.3	18.3	14	41.9	42.2	42.3	42.1	42.4
7	34.2	34.0	34.2	34.2	34.3	15	26.3	26.4	26.4	26.6	27.1
8	41.1	40.9	40.9	41.0	41.1	16	28.4	37.7	36.3	32.2	36.7

续表

C	4-12-14	4-12-15	4-12-16	4-12-17	4-12-18	C	4-12-14	4-12-15	4-12-16	4-12-17	4-12-18
17	44.8	33.9	34.0	39.8	34.4	25	16.4	16.2	16.3	16.3	16.3
18	45.3	48.4	45.7	46.8	48.7	26	16.1	15.9	16.0	16.0	16.1
19	36.8	38.1	34.1	36.4	36.3	27	14.5	14.8	14.4	14.7	14.8
20	162.5	156.6	61.3	140.8	139.9	28	18.7	18.2	18.3	11.3	17.7
21	122.9	71.3	60.6	124.1	118.9	29	22.6	28.4	19.0	22.5	22.6
22	206.0	48.8	42.5	77.2	42.2	30	22.1	113.6	23.2	21.1	21.6
23	27.9	28.0	27.9	28.0	28.0	OAc	171.0/21.3				
24	16.5	15.4	15.4	15.4	15.4						

4-12-19

4-12-20

4-12-21

4-12-22 R=2(OMe)-*cis*-Caff
4-12-23 R=2(OMe)-*trans*-Caff

4-12-24 R^1=OAc; R^2=H
4-12-25 R^1=OAc; R^2=OMe
4-12-26 R^1=*p*-MeO-C$_6$H$_4$-CH=CHCOO; R^2=H

4-12-27

4-12-28

4-12-29

4-12-30

4-12-31 R=*cis*-*p*-OMe-Coum

4-12-32

4-12-33 R=CH$_3$
4-12-34 R=CH$_2$OH

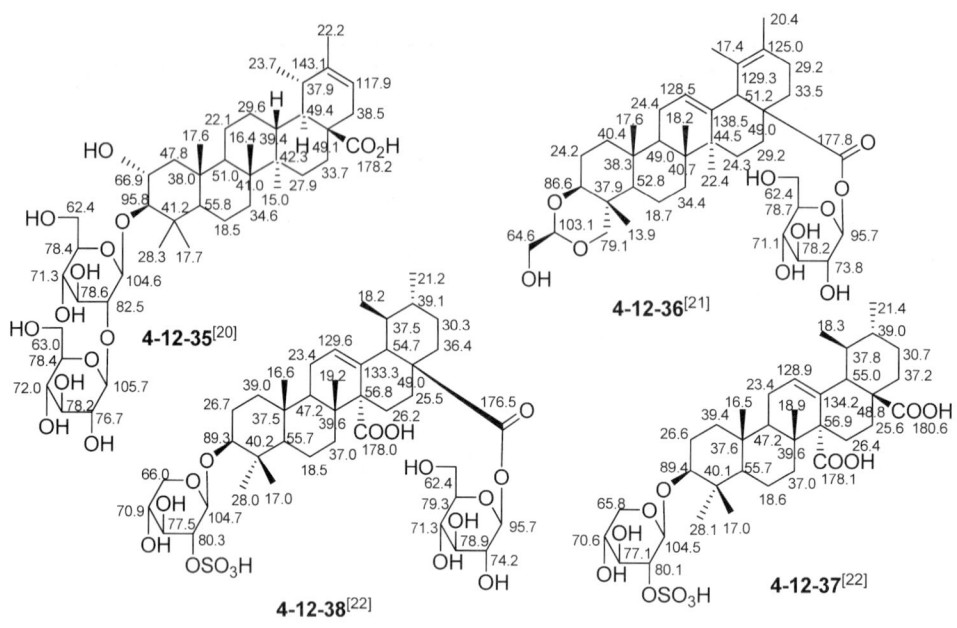

表 4-12-5　化合物 4-12-19~4-12-23 的 ^{13}C NMR 数据

C	4-12-19[10]	4-12-20[11]	4-12-21[12]	4-12-22[13]	4-12-23[13]	C	4-12-19[10]	4-12-20[11]	4-12-21[12]	4-12-22[13]	4-12-23[13]
1	37.6	33.6	38.4	47.8	47.9	22	36.9	36.3	41.6	36.6	36.4
2	29.0	24.1	68.7	67.5	67.3	23	15.0	26.8	28.2	28.6	28.5
3	72.6	80.9	83.1	84.7	84.7	24	31.1	17.3	16.0	17.5	17.7
4	38.4	38.9	38.4	39.5	39.4	25	23.3	17.2	16.0	17.0	16.7
5	54.3	56.0	55.2	55.1	55.0	26	31.6	16.1	16.9	16.9	16.9
6	19.2	17.9	18.3	18.3	18.2	27	35.8	21.7	23.3	23.5	23.5
7	34.2	39.2	32.4	32.8	32.6	28	80.4	69.6	28.4	178.0	177.8
8	39.3	40.9	39.9	39.4	39.4	29	19.2	17.3	17.4	16.6	16.5
9	49.0	48.4	47.7	47.5	47.3	30	10.4	19.0	21.3	21.1	21.0
10	38.4	37.6	36.9	38.1	38.0	1'		127.7			
11	20.7	23.9	23.4	23.3	23.2	2'		122.4			
12	29.0	122.5	124.0	125.2	125.1	3'		116.4			
13	44.3	140.1	139.3	138.2	138.1	4'		148.7			
14	40.3	42.8	42.0	42.0	41.9	5'		146.3			
15	29.3	24.5	28.7	27.9	27.8	6'		115.2			
16	33.7	23.8	26.8	24.1	24.0	7'		145.3			
17	49.0	38.9	33.3	48.0	47.6	8'		116.2			
18	54.2	55.1	58.9	52.8	52.6	9'		167.2			
19	39.1	40.2	39.6	39.0	38.9	Caff					
20	39.2	40.4	39.6	38.8	38.7	1'				167.5	168.1
21	37.2	28.5	31.3	30.6	30.5	2'				117.0	115.5

续表

C	4-12-19[10]	4-12-20[11]	4-12-21[12]	4-12-22[13]	4-12-23[13]	C	4-12-19[10]	4-12-20[11]	4-12-21[12]	4-12-22[13]	4-12-23[13]
3'				144.1	145.0	5"				110.2	110.8
1"				127.6	127.2	6"				124.8	122.6
2"				113.2	109.4	OMe				51.4	51.3
3"				148.2	149.0					55.8	55.7
4"				150.1	151.0					55.8	55.8

表 4-12-6 化合物 4-12-24~4-12-28 的 ^{13}C NMR 数据

C	4-12-24[14]	4-12-25[14]	4-12-26[14]	4-12-27[15]	4-12-28[16]	C	4-12-24[14]	4-12-25[14]	4-12-26[14]	4-12-27[15]	4-12-28[16]
1	38.2	39.1	38.3	35.0	39.3	25	15.5	16.9	15.5	17.0	16.3
2	23.5	23.8	23.5	22.9	27.1	26	16.9	18.4	17.1	18.1	18.3
3	80.9	80.7	80.8	78.2	88.7	27	23.5	22.9	23.5	22.7	22.1
4	37.6	37.9	37.7	36.6	39.6	28	178.1	177.9	178.1	28.1	178.7
5	55.3	55.2	55.3	49.9	56.1	29	17.0	17.0	16.9	15.9	19.6
6	18.2	18.2	18.2	18.1	218.5	30	21.3	21.3	21.2	17.3	18.9
7	32.9	33.3	32.9	33.0	35.6	OMe	51.4	51.5	51.4	54.9	
8	39.5	38.0	39.5	43.1	39.4	OAc	171.0/21.2	170.9/21.1		170.9/21.4	
9	47.4	52.3	47.4	52.7	48.2					171.0/21.5	
10	36.8	42.0	36.9	38.0	36.9	OMe		54.4	55.2		
11	23.3	76.1	23.3	76.7	23.4	1'			166.3		
12	125.4	124.9	125.5	124.6	125.9	2'			117.8		
13	138.1	142.5	138.2	142.9	139.5	3'			143.0		
14	41.9	42.4	41.9	42.0	45.0	4'			127.5		
15	28.0	29.7	28.0	26.6	29.2	5',9'			132.1		
16	24.2	24.1	24.2	28.8	26.8	6',8'			113.4		
17	48.1	47.6	48.1	35.0	49.8	7'			160.3		
18	52.8	52.3	52.8	57.7	123.9	Ara					
19	39.0	38.8	38.8	38.2	134.7	1					107.5
20	38.8	38.6	39.0	43.9	34.8	2					72.9
21	30.6	30.5	30.6	74.5	31.9	3					74.6
22	36.6	36.5	36.6	46.1	35.1	4					69.5
23	28.0	28.1	28.1	22.0	28.3	5					66.7
24	16.7	16.7	16.7	28.2	17.0						

表 4-12-7 化合物 4-12-29~4-12-34 的 ^{13}C NMR 数据

C	4-12-29[17]	4-12-30[18]	4-12-31[13]	4-12-32[19]	4-12-33[16]	4-12-34[16]	C	4-12-29[17]	4-12-30[18]	4-12-31[13]	4-12-32[19]	4-12-33[16]	4-12-34[16]
1	46.8	33.3	47.9	38.7	38.9	38.9	3	84.0	76.2	84.8	75.6	88.7	81.9
2	69.1	25.3	67.7	27.0	26.7	26.1	4	39.2	37.5	39.4	39.6	39.6	43.5

续表

C	4-12-29[17]	4-12-30[18]	4-12-31[13]	4-12-32[19]	4-12-33[16]	4-12-34[16]	C	4-12-29[17]	4-12-30[18]	4-12-31[13]	4-12-32[19]	4-12-33[16]	4-12-34[16]
5	55.6	48.6	55.2	53.9	56.0	47.7	3'			144.2			
6	18.2	18.2	18.3	18.5	18.5	18.2	1"			127.4			
7	33.8	34.0	32.7	34.7	33.4	33.1	2"			132.2			
8	40.1	41.3	39.5	41.9	39.8	39.9	3"			113.4			
9	47.2	50.1	47.5	52.2	48.0	48.1	4"			160.9			
10	38.3	37.2	38.1	42.5	37.1	237	5"			113.4			
11	23.5	21.3	23.4	24.7	23.8	23.9	6"			132.2			
12	125.1	26.7	125.7	79.6	128.5	128.6	OMe			51.6			
13	138.9	38.2	137.9	39.7	137.5	137.5	OMe			55.3			
14	44.2	42.2	42.1	44.2	42.8	42.8	Ara						
15	32.1	27.5	27.9	27.0	29.1	29.1	1'					107.6	106.6
16	31.0	30.2	24.3	39.6	25.8	25.8	2'					72.9	73.1
17	138.4	38.6	48.2	34.7	49.8	49.8	3'					74.7	74.7
18	138.6	49.0	54.8	48.8	52.2	52.2	4'					69.6	69.6
19	135.1	36.3	37.3	39.4	153.4	153.4	5'					66.8	67.0
20	133.8	141	152.8	155.0	37.5	37.5	Glu						
21	127.3	117.8	32.2	26.0	30.6	30.6	1"					95.6	95.9
22	122.9	35.0	38.7	39.3	37.1	37.1	2"					74.1	74.1
23	28.6	28.2	28.6	16.6	28.2	64.5	3"					78.9	78.9
24	16.8	22.9	17.7	28.7	17.0	13.6	4"					71.1	71.1
25	17.3	16.1	16.2	15.0	15.7	16.3	5"					79.4	79.3
26	16.9	16.0	16.9	16.1	17.3	17.4	6"					62.2	62.3
27	27.3	14.9	23.5	13.2	26.2	26.2							
28		60.1	177.3	19.9	176.0	176.1							
29	16.9	22.1	16.6	25.5	110.5	110.4							
30	20.8	20.9	105.1	107.5	19.4	19.4							
1'			167.6										
2'			117.0										

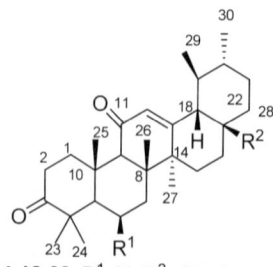

4-12-39 R¹=H; R²=CH₂OH
4-12-40 R¹=OH; R²=CH₂OH
4-12-41 R¹=H; R²=OH

4-12-42 R¹=α-OH; R²+R³=-O-
4-12-43 R¹=β-OH; R²+R³=-O-
4-12-44 R¹=α-OH; R²=H; R³=OCH₃

4-12-45

4-12-46

4-12-47

表 4-12-8　化合物 4-12-39~4-12-44 的 ^{13}C NMR 数据

C	4-12-39[23]	4-12-40[23]	4-12-41[23]	4-12-42[24]	4-12-43[24]	4-12-44[24]	C	4-12-39[23]	4-12-40[23]	4-12-41[23]	4-12-42[24]	4-12-43[24]	4-12-44[24]
1	39.8	41.8	39.8	43.2	48.5	43.8	17	38.4	38.4	72.4	47.6	48.6	47.6
2	34.2	34.4	34.3	65.7	68.3	66.2	18	54.0	54.0	60.3	53.4	53.7	53.8
3	217.2	216.5	217.2	78.9	83.5	79.3	19	39.0	39.0	41.4	38.9	39.1	39.3
4	47.8	49.2	47.8	38.7	40.0	39.7	20	39.2	39.2	39.1	38.7	39.0	39.1
5	55.5	56.7	55.5	48.2	55.1	48.8	21	30.3	30.3	32.4	30.6	30.0	30.9
6	18.9	68.3	18.9	17.5	17.9	18.5	22	34.8	34.8	41.6	36.6	36.7	37.3
7	32.2	40.3	32.8	33.4	33.3	33.8	23	21.5	23.9	21.5	29.9	29.9	29.7
8	45.0	44.2	44.6	44.3	44.1	38.7	24	26.4	25.7	26.6	22.3	17.9	22.4
9	60.8	61.0	61.0	61.8	62.1	52.8	25	15.8	17.0	15.5	17.8	17.6	18.5
10	36.6	36.5	36.9	38.6	38.8	43.1	26	18.3	19.6	19.5	19.3	19.5	19.1
11	198.9	198.8	198.9	199.7	200.0	76.5	27	20.5	20.6	20.7	21.0	21.2	23.1
12	130.5	130.6	131.1	130.8	127.9	125.2	28	69.7	69.6		179.4	180.3	179.8
13	164.2	163.6	165.0	163.9	170.6	143.2	29	17.4	17.3	17.4	17.1	17.9	17.3
14	43.7	44.1	43.8	45.2	45.3	42.6	30	21.1	21.1	20.5	21.0	21.2	21.5
15	26.7	26.7	27.1	28.9	28.5	28.8	OCH$_3$						54.7
16	22.7	22.7	28.0	24.5	24.7	24.8							

表 4-12-9　化合物 4-12-45~4-12-47 的 ^{13}C NMR 数据

C	4-12-45[25]	4-12-46[25]	4-12-47[26]	C	4-12-45[25]	4-12-46[25]	4-12-47[26]
1	77.3	79.9	48.3	17	32.2	31.2	128.9
2	73.6	71.7	69.0	18	56.3	48.2	133.6
3	81.1	81.2	78.3	19	39.2	39.3	33.1
4	37.9	38.6	43.8	20	39.3	39.4	32.5
5	55.4	45.4	48.3	21	32.7	31.9	25.0
6	17.9	18.2	18.6	22	42.4	41.8	32.4
7	34.2	31.1	34.1	23	28.0	28.1	66.5
8	43.8	40.9	39.3	24	16.6	17.6	14.5
9	62.2	152.1	47.9	25	15.7	16.1	18.2
10	38.0	43.1	38.8	26	18.4	18.4	17.4
11	200.2	120.2	24.4	27	23.0	21.8	21.0
12	128.5	121.0	117.5	28	28.9	28.5	13.5
13	169.8	149.0	137.7	29	16.4	16.6	20.0
14	45.2	45.2	41.3	30	21.9	21.6	
15	28.3	27.4	27.5	OAc	171.9/21.9	171.5/21.2	
16	26.4	26.1	28.5				

4-12-48 R=α-OH; R¹=α-OH; R²=H
4-12-49 R=α-OH; R¹=β-OH; R²=H
4-12-50 R=H; R₁=α-OAc; R²=COOH

4-12-51

4-12-52

4-12-53

4-12-54

4-12-55

4-12-56 R=6-O-Gal-Glu

4-12-57 R=COOH
4-12-58 R=COOCH₃

4-12-59

4-12-60 R=OH; R¹=CH₂OH
4-12-61 R=OAc; R¹=CH₃

4-12-62

4-12-63

表 4-12-10　化合物 4-12-48~4-12-55 的 ^{13}C NMR 数据

C	4-12-48[27]	4-12-49[27]	4-12-50[28]	4-12-51[29]	4-12-52[30]	4-12-53[25]	4-12-54[31]	4-12-55[32]
1	42.8	48.4	33.4	48.0	49.8	44.2	44.1	39.5
2	67.5	69.8	22.6	69.1	68.8	73.2	68.5	28.3
3	80.4	84.8	78.2	79.8	84.2	79.3	77.1	78.2
4	39.8	40.8	39.9	47.8	40.8	37.9	62.1	39.3
5	49.9	57.0	49.9	48.3	56.9	46.1	42.4	55.9
6	19.6	20.0	18.1	19.4	67.9	18.7	16.8	18.8
7	34.1	34.3	32.4	33.5	41.8	31.7	32.3	35.2
8	41.6	41.4	36.4	40.6	39.6	41.6	41.2	41.7
9	49.0	48.7	46.9	48.0	49.1	151.3	46.1	50.5
10	39.7	39.5	36.8	38.0	38.6	42.6	38.4	37.4
11	25.0	25.0	23.5	24.0	24.3	120.2	24.9	22.0
12	129.7	129.6	129.4	128.4	123.3	122.1	28.5	30.0
13	140.4	140.5	137.7	139.0	144.3	148.3	40.8	41.0
14	43.1	43.0	41.1	42.1	42.7	43.7	42.9	43.1
15	29.9	29.9	28.1	29.3	29.1	27.6	29.6	29.8
16	27.4	27.3	25.3	25.2	28.4	26.5	26.9	36.1
17	39.7	39.3	47.6	31.9	46.1	32.6	48.8	51.4

续表

C	4-12-48[27]	4-12-49[27]	4-12-50[28]	4-12-51[29]	4-12-52[30]	4-12-53[25]	4-12-54[31]	4-12-55[32]
18	55.4	55.4	52.8	53.0	44.9	52.1	55.2	47.9
19	73.9	73.9	73.0	73.0	81.3	40.4	73.1	40.0
20	43.4	43.4	41.0	41.0	35.8	71.2	42.8	72.5
21	27.6	27.6	25.9	25.3	29.3	36.0	27.4	37.5
22	27.0	26.9	37.3	37.5	33.7	35.4	38.9	33.9
23	29.6	29.6	27.4	64.3	29.1	28.3	49.6	28.7
24	22.8	17.3	21.8	62.9	19.2	17.1		16.3
25	17.3	16.9	15.0	16.7	18.4	18.7	15.3	16.5
26	17.8	17.8	16.9	16.9	24.9	17.9	18.0	16.8
27	25.2	25.0	24.6	24.5	18.3	24.4	25.1	15.3
28			183.2	27.3	180.8	28.5	81.2	179.3
29	31.0	31.1	27.4	27.0	28.9	12.8	27.6	19.0
30	19.6	20.0	16.1	16.9	24.9	31.0	17.3	30.9
OAc						169.8/21.2		

表 4-12-11　化合物 4-12-56~4-12-58 的 ^{13}C NMR 数据

C	4-12-56[16]	4-12-57[33]	4-12-58[33]	C	4-12-56[16]	4-12-57[33]	4-12-58[33]	C	4-12-56[16]	4-12-57[33]	4-12-58[33]
1	38.9	40.1	39.8	20	42.0	90.5	90.4	5	66.6		
2	26.6	27.9	27.8	21	26.6	31.9	32.0	Glu			
3	88.8	79.8	79.7	22	37.8	38.2	38.1	1	95.7		
4	39.6	40.8	40.7	23	28.2	28.8	28.7	2	74.0		
5	55.9	54.6	54.4	24	17.4	16.0	16.1	3	78.8		
6	18.6	19.5	19.6	25	15.6	16.3	16.4	4	71.3		
7	33.5	34.4	34.2	26	16.9	17.6	17.7	5	76.1		
8	40.5	39.8	39.9	27	24.6	24.1	24.2	6	64.6		
9	47.7			28	77.0	179.8	176.9	Gal			
10	37.0	38.1	37.9	29	26.9	21.6	21.5	1'	121.1		
11	24.0	25.5	25.6	30	16.6	24.1	24.2	2'	110.3		
12	28.5	126.7	126.8	OAc		170.9	170.8	3'	147.4		
13	39.2	139.9	139.7			22.9	22.8	4'	140.8		
14	42.0	42.7	42.6	COOCH$_3$			51.9	5'	147.4		
15	29.1	29.4	29.2	Ara				6'	110.3		
16	26.0	24.4	24.5	1	107.4			7'	167.4		
17	48.7			2	72.9						
18	54.3	56.8	56.7	3	74.6						
19	72.6	40.6	40.5	4	69.5						

表 4-12-12　化合物 4-12-59~4-12-63 的 ^{13}C NMR 数据

C	4-12-59[34]	4-12-60[35]	4-12-61[28]	4-12-62[36]	4-12-63[31]	C	4-12-59[34]	4-12-60[35]	4-12-61[28]	4-12-62[36]	4-12-63[31]
1	61.0	34.0	33.4	40.3	44.5	16	26.4	26.8	25.3	26.3	26.9
2	158.1	26.5	22.6	35.6	69.9	17	48.3	48.4	47.6	48.3	48.8
3	131.2	70.0	78.2	214.6	77.0	18	54.8	55.4	52.8	54.6	55.2
4	49.2	43.9	39.9	55.2	153.7	19	72.6	73.0	73.0	72.6	73.1
5	63.7	50.2	49.9	58.1	45.8	20	42.3	156.7	41.0	42.4	42.9
6	18.0	19.2	18.1	20.1	21.4	21	26.9	29.0	25.9	26.9	27.4
7	35.1	34.2	32.4	33.7	32.7	22	38.5	39.5	37.3	38.5	38.7
8	42.0	40.4	36.4	40.4	41.0	23	25.1	23.6	27.4	20.8	109.9
9	43.9	47.8	46.9	47.3	45.7	24	66.5	65.7	21.8	65.1	
10	50.9	37.5	36.8	37.2	38.9	25	19.5	16.1	15.0	15.6	14.8
11	27.2	24.2	23.5	24.3	25.4	26	18.8	17.3	16.9	17.1	17.8
12	128.1	128.3	129.4	127.6	128.6	27	25.3	24.0	24.6	24.6	25.1
13	140.3	139.6	137.7	140.1	140.7	28	180.7	180.3	83.2	180.6	181.2
14	42.3	42.2	41.1	42.1	42.8	29	27.1	27.6	27.4	27.1	27.6
15	29.7	29.2	28.1	29.3	29.6	30	16.7	105.3	16.1	16.8	17.3

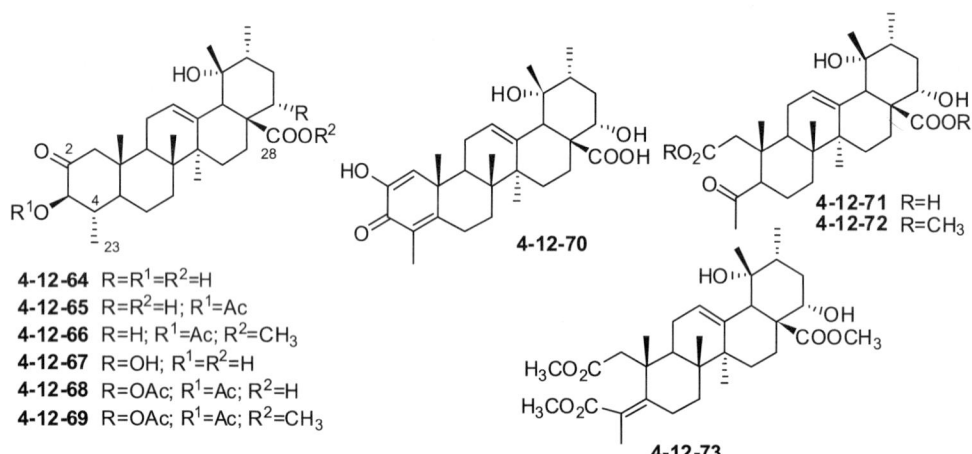

4-12-64 R=R¹=R²=H
4-12-65 R=R²=H; R¹=Ac
4-12-66 R=H; R¹=Ac; R²=CH₃
4-12-67 R=OH; R¹=R²=H
4-12-68 R=OAc; R¹=Ac; R²=H
4-12-69 R=OAc; R¹=Ac; R²=CH₃

表 4-12-13　化合物 4-12-64~4-12-69 ^{13}C NMR 数据[37]

C	4-12-64	4-12-65	4-12-66	4-12-67	4-12-68	4-12-69
1	52.5	53.7	53.7	52.7	53.7	53.7
2	210.7	203.5	203.4	210.9	203.5	203.4
3	80.5	81.7	81.7	80.5	81.6	81.6
4	42.2	38.2	38.2	38.9	38.1	38.2
5	50.4	51.1	51.2	50.4	51.1	51.1
6	20.8	21.0	21.0	20.7	21.0	21.0
7	31.6	31.6	31.6	31.6	31.4	31.4
8	40.0	40.0	39.9	39.9	40.1	40.1
9	44.6	44.5	44.4	44.5	44.3	44.3
10	42.2	41.5	41.4	42.0	41.4	41.4

续表

C	4-12-64	4-12-65	4-12-66	4-12-67	4-12-68	4-12-69
11	24.0	24.0	24.0	24.0	24.0	24.0
12	128.5	128.6	128.4	128.5	129.3	129.2
13	138.4	138.3	138.5	138.0	137.4	137.7
14	41.5	41.5	41.4	42.0	41.6	41.6
15	28.2	28.2	28.2	27.7	27.3	27.4
16	25.4	25.4	25.5	18.5	18.5	18.7
17	47.6	47.8	47.9	53.2	51.8	52.0
18	53.0	52.9	53.3	53.5	53.8	54.0
19	73.0	73.1	73.1	72.7	72.5	72.5
20	41.1	41.1	41.1	42.8	39.1	39.2
21	25.9	25.9	26.0	33.3	31.1	31.3
22	37.3	37.4	37.3	73.6	74.9	74.7
23	16.6	16.4	16.4	16.5	16.4	16.4
25	14.7	14.5	14.5	14.7	14.5	14.2
26	16.3	16.4	16.3	16.1	15.9	16.1
27	24.2	24.3	24.2	24.1	24.8	24.6
28	182.0	183.8	178.2	180.0	180.2	175.0
29	27.3	27.4	27.4	26.9	27.1	27.0
30	16.0	16.1	16.0	15.7	15.5	15.5
3-Ac		170.4/20.6	170.4/20.6		170.4/20.6	170.5/20.6
22-Ac					170.6/20.9	170.3/20.6
28-OCH$_3$			51.7			52.0

表 4-12-14 化合物 4-12-70~4-12-73 的 ^{13}C NMR 数据[37]

C	4-12-70	4-12-71	4-12-72	4-12-73	C	4-12-70	4-12-71	4-12-72	4-12-73
1	125.4	44.4	43.5	44.8	17	53.4	53.6	53.9	54.0
2	144.3	173.4	172.2	172.0	18	53.6	53.4	53.5	54.4
3	181.5			174.0	19	72.5	72.7	72.9	72.4
4	126.0	216.9	212.8	120.3	20	38.9	38.9	39.0	39.0
5	167.5	56.7	56.1	145.3	21	33.3	33.7	33.6	33.2
6	25.2	21.7	21.9	25.7	22	73.5	73.7	73.7	73.5
7	34.7	29.7	31.1	29.8	23	10.5	30.3	31.3	18.7
8	40.1	39.8	40.0	38.8	25	21.1	18.5	17.8	23.2
9	44.7	39.1	39.0	37.9	26	16.3	16.6	16.4	19.0
10	43.7	40.2	39.5	41.3	27	23.6	24.0	24.1	23.5
11	25.8	23.5	23.5	25.1	28	178.9	181.0	176.4	177.2
12	128.6	129.0	129.0	130.6	29	26.8	27.1	27.2	27.2
13	138.1	137.2	137.6	137.3	30	15.7	15.8	15.6	15.7
14	42.8	42.4	42.3	43.2	2-OCH$_3$			51.0	51.2
15	28.2	27.8	27.8	27.6	3-OCH$_3$				51.5
16	18.6	18.4	18.5	18.6	28-OCH$_3$			51.9	52.0

表 4-12-15　化合物 4-12-74~4-12-76 的 ^{13}C NMR 数据

C	4-12-74[38]	4-12-75[38]	4-12-76[38]	C	4-12-74[38]	4-12-75[38]	4-12-76[38]
1	43.58	46.34	43.67	18	52.70	53.02	53.10
2	73.05	68.47	73.28	19	73.09	72.83	73.13
3	80.68	83.25	80.87	20	41.05	40.99	41.06
4	39.75	39.14	39.92	21	25.86	25.83	25.96
5	54.85	55.05	55.00	22	37.22	37.24	37.33
6	18.33	18.28	18.36	23	28.51	28.55	28.49
7	32.92	32.44	32.56	24	16.53	16.72	16.61
8	38.81	39.72	39.72	25	17.62	16.36	16.23
9	49.74	46.95	47.10	26	18.35	16.42	16.58
10	44.43	37.94	38.19	27	22.97	24.37	24.49
11	80.99	23.54	23.73	28	178.13	178.26	178.28
12	128.25	128.59	128.79	29	27.46	27.18	27.36
13	144.97	137.99	138.10	30	16.07	15.97	16.10
14	41.59	40.99	41.15	OMe	51.73	51.46	51.60
15	28.50	27.99	28.11	OAc	172.10/21.50		171.61/21.36
16	25.24	25.23	25.41		171.03/21.05		
17	47.49	47.68	47.82				

表 4-12-16　化合物 4-12-79~4-12-82 的 ^{13}C NMR 数据

C	4-12-79[8]	4-12-80[8]	4-12-81[10]	4-12-82[10]	C	4-12-79[8]	4-12-80[8]	4-12-81[10]	4-12-82[10]
1	46.3	47.5	40.5	41.1	20	37.5	38.3	39.0	41.3
2	73.2	73.6	21.6	21.3	21	30.5	31.0	30.0	29.9
3	78.8	79.4	75.6	75.5	22	31.4	32.0	31.5	35.7
4	148.2	151.6	38.0	37.2	23	105.3	104.9	14.3	14.6
5	49.6	50.2	57.4	59.7	24			34.6	35.9
6	20.1	20.9	19.3	19.4	25	15.6	16.4	23.3	21.0
7	29.9	30.0	32.4	32.6	26	20.0	16.1	20.4	24.0
8	41.5	42.1	38.5	38.7	27	21.7	19.1	30.5	30.6
9	49.2	51.0	49.8	52.7	28	179.1	179.3	176.9	101.5
10	38.0	38.2	37.2	37.1	29	17.2	18.0	18.0	17.6
11	54.7	133.6	39.4	37.5	30	19.5	19.1	10.1	10.1
12	56.2	129.4	83.4	76.6	1'			166.4	166.3
13	89.0	89.4	39.1	41.1	2'			130.9	130.9
14	41.5	42.4	35.9	34.2	3'			129.5	129.5
15	26.8	25.9	27.9	28.3	4'			128.3	128.3
16	22.7	23.2	32.4	32.2	5'			132.7	132.7
17	45.1	45.2	51.4	40.7	6'			128.3	128.3
18	60.6	60.6	49.8	50.2	7'			129.5	129.5
19	40.2	40.4	39.0	41.3	OMe				56.0

表 4-12-17　化合物 4-12-83~4-12-87 的 ^{13}C NMR 数据

C	4-12-83[41]	4-12-84[41]	4-12-85[42]	4-12-86[43]	4-12-87[24]	C	4-12-83[41]	4-12-84[41]	4-12-85[42]	4-12-86[43]	4-12-87[24]
1	39.1	38.8	46.9	37.7	42.5	16	21.3	21.0	22.7	25.7	22.9
2	27.6	27.5	68.6	27.3	65.6	17	44.8	49.2	45.2	48.2	44.9
3	79.2	78.8	83.9	78.9	79.1	18	51.6	54.1	60.7	136.7	60.2
4	39.1	38.8	39.3	38.8	38.6	19	37.8	38.1	38.2		37.8
5	55.3	55.3	55.5	55.2	47.8	20	154.0	154.8	40.3	37.1	40.0
6	18.2	18.2	28.3	18.2	17.6	21	33.0	36.9	30.6	30.7	30.7
7	34.0	34.0	75.0	33.1	31.7	22	28.0	90.5	31.4	31.4	31.3
8	40.8	40.8	48.1	38.1	42.0	23	28.0	28.1	27.9	28.1	29.7
9	46.8	50.7	53.1	47.6	53.1	24	15.6	15.4	16.1	15.5	21.3
10	36.2	37.4	36.4	36.4	37.6	25	15.9	15.4	19.4	16.1	19.0
11	21.3	21.0	133.2	23.8	133.4	26	18.9	18.0	19.1	17.1	19.2
12	27.6	27.8	129.2	28.1	129.2	27	18.1	18.8	16.1	62.5	15.8
13	90.5	90.2	89.5	88.1	89.1	28	179.9	178.8	179.1	178.9	179.2
14	42.3	42.0	42.6	46.8	42.0	29	23.8	26.1	17.8	19.5	17.6
15	28.0	28.0	25.6	26.7	25.5	30	109.1	109.8	17.9	20.7	18.7

表 4-12-18　化合物 4-12-88~4-12-95 的 ^{13}C NMR 数据

C	4-12-88[44]	4-12-89[44]	4-12-90[18]	4-12-91[26]	4-12-92[26]	4-12-93[26]	4-12-94[30]	4-12-95[30]
1	38.8	38.8	34.1	38.8	42.5	48.3	50.1	50.4
2	27.4	27.4	21.9	25.9	66.3	69.1	69.0	69.3
3	79.0	78.9	78.0	89.8	79.1	78.3	84.2	78.4
4	38.9	38.9	37.5	39.1	42.2	43.8	40.6	38.5
5	55.4	55.4	50.5	55.7	43.6	48.4	56.6	49.2
6	18.2	18.3	18.0	18.1	18.3	18.6	67.8	67.8
7	33.9	33.8	34.8	33.9	32.4	33.8	42.6	42.4
8	40.7	40.8	41.5	40.5	41.2	38.7	43.1	43.1
9	50.6	50.8	51.6	50.6	54.9	48.3	51.8	51.9
10	37.2	37.2	36.7	36.9	38.3	38.6	38.7	40.7
11	21.3	21.1	22.9	21.0	127.7	24.0	21.5	21.6
12	27.3	25.1	25.0	25.2	130.7	122.2	26.3	26.3
13	38.7	39.3	43.6	42.8	142.7	139.7	37.8	37.8
14	41.6	41.3	41.8	41.0	41.7	40.9	40.7	44.5
15	26.6	26.3	20.9	27.3	26.7	27.9	30.4	30.4
16	27.5	27.7	32.1	27.6	27.6	26.6	32.9	32.8
17	37.6	35.2	43.9	42.0	47.7	136.3	56.6	56.6

续表

C	4-12-88[44]	4-12-89[44]	4-12-90[18]	4-12-91[26]	4-12-92[26]	4-12-93[26]	4-12-94[30]	4-12-95[30]
18	45.4	48.6	48.3	48.4	129.0	125.9	49.9	49.9
19	44.2	42.6	42.2	41.9	211.8	211.0	47.8	47.8
20	74.2	73.9	84.2	84.1	47.6	46.8	151.3	151.3
21	133.0	27.4	26.9	27.1	28.3	31.2	31.2	31.2
22	140.6	28.8	27.9	32.2	39.2	35.4	37.6	37.5
23	28.0	28.0	27.7	28.1	71.4	66.5	28.8	66.2
24	15.4	15.4	21.8	16.4	17.3	14.5	19.1	19.8
25	16.3	16.3	16.5	16.3	19.7	18.2	19.3	15.8
26	15.7	15.7	16.0	15.7	17.1	17.1	17.1	17.2
27	14.3	14.6	62.7	14.2	20.3	21.2	15.2	15.2
28	65.9	100.2	177.0	177.2	178.1	28.2	178.8	178.8
29	20.9	20.1	18.7	18.7	28.2	16.4	110.0	110.0
30	22.2	25.0	23.9	24.0	16.5		19.5	19.5
OMe		55.2						
OAc			171.6/21.5					
			170.9/21.4					
1'				104.5				
2'				71.6				
3'				72.4				
4'				67.0				
5'				64.1				

参 考 文 献

[1] Jang D S, Su B N, Pawlus A, D, et al. Phytochemistry, 2006, 67: 1832.
[2] Benyahia S, Benayache S, Benayache F, et al. Phytochemistry, 2005, 66: 627.
[3] Lobo-Echeverri T, Riveri-Cruz J F, Su B N, et al. J Nat Prod, 2005, 68: 577.
[4] Wang D, Xia M and Cui Z. Chem Pharm Bull, 2006, 54: 775.
[5] Xie W D, Zhong Q, Li P L, et al. Phytochemistry, 2005, 66: 2340.
[6] Begum, Farhat and Siddiqui B S. J Nat Prod, 1997, 60: 20.
[7] Jiang Z H, Inutsuka C, Tanka T and Kouno I. Chem Pharm Bull, 1998, 46: 512.
[8] Nishimura K, Fukuda T, Miyase T, et al. J Nat Prod, 1999, 62: 1061.
[9] Kuo Y H and Chaiang Y M. Chem Pharm Bull, 1999, 47: 498.
[10] Huang P L, Wang L W and Lin C N. J Nat Prod, 1999, 62: 891.
[11] Lee C K and Chang M H. J Nat Prod, 1999, 62: 1003.
[12] Menezes B D S, Borsatto A S, Pereira N L, et al. Phytochemistry, 1998, 48: 323.
[13] Lee C K. Phytochemistry, 1998, 49: 1119.
[14] Santos G G, Alves J C N, Rodilla J M L, et al. Phytochemistry, 1997, 44: 1309.
[15] Ceres-Castillo D C, Mena-Rejon G J, Cedillo-Rivera R, et al. Phytochemistry, 2008, 69: 1057.
[16] Mimaki Y, Fukushimaa M, Yokosuka A, et al. Phytochemistry, 2001, 57: 773.
[17] Janga D S, Su B N, Pawlus A D et al. Phytochemistry, 2006, 67: 1832.
[18] Lee C K. and Chang M H. J Nat Prod, 1999, 62: 1003.
[19] Yang S X, Gao J M, Qin J C, et al. Helv Chim Acta, 2007, 90: 1477.
[20] Mandal D, Panda N, Kumar S, et al. Phytochemistry, 2006, 67: 183.
[21] Wu Z J, Ouyang M A, Wang C Z. et al. Chem Pharm Bull, 2007, 55: 422.
[22] Feng Y L, Wu B, Li H R, et al. Chem Pharm Bull, 2008, 56: 858.

[23] Shirota O, Tamemura T, Morita H, et al. J Nat Prod, 1996, 59: 1072.
[24] Ikuta A, Tomiyasu H, Morita A, et al. J Nat Prod, 2003, 66: 1051.
[25] Topcu G, Turkmen Z, Ulubelen A, et al. J Nat Prod, 2004, 67: 118.
[26] Zeng Na, Shen Y, Li L Y, et al. J Nat Prod, 2011, 74: 732.
[27] Han Y F, Pan J, Gao K, et al. Chem Pharm Bull, 2005, 53: 1338.
[28] Fraga B M, Dı́az C E, Quintana N. J Nat Prod, 2006, 69: 1092.
[29] Young M C M, Arau jo A R, Silva C A da, et al. J Nat Prod, 1998, 61: 936.
[30] Adnyana I K, Tezuka Y, Banskota A H, et al. J Nat Prod, 2001, 64: 360.
[31] Jang D S, Kim J M, Kim J H, et al. Chem Pharm Bull, 2005, 53: 1594.
[32] Xie Y, Morikawa T, Ninomiya K, et al. Chem Pharm Bull, 2008, 56: 1628.
[33] Begum S, Farhat, Siddiqui B S J Nat. Prod., 1997, 60: 20.
[34] Yeo H, Park S Y, Kim J. Phytochemistry, 1998, 48: 1399.
[35] Sua B N, Kanga Y H, Pinos R E, et al. Phytochemistry, 2003, 64: 293.
[36] Takahashi H, Hirata S, Minami H, et al. Phytochemistry, 2001, 56: 875.
[37] Nareeboon P, Kraus W, Beifuss U, et al. Tetrahedron, 2006, 62: 5519.
[38] Lonrsi D, Sondengam B L, Martin M T, et al. Phytochemistry, 1998, 41: 174.
[39] Chen G, Xue J, Xu S X, et al. J Asian Nat Prod Res, 2007, 9: 347.
[40] Wu Z J, Ouyang M A, Wang C Z, et al. Chem Pharm Bull, 2007, 55: 422.
[41] Ferheen S, Ahmed E, Malik A, et al. Chem Pharm Bull, 2006, 54: 1088.
[42] Siddiqui B S, Sultana I, Begum S. Phytochemistry, 2000, 54: 861.
[43] Begum S, Sultana R, Siddiqu B S. Phytochemistry, 1997, 44: 329.
[44] Zhao M, Zhang S, Fu L, et al. J Nat Prod, 2006, 69: 1164.

第十三节 五环三萜-羽扇豆烷型化合物

表 4-13-1 五环三萜-羽扇豆烷型化合物的名称、分子式和测试溶剂

编号	名称	分子式	测试溶剂	参考文献
4-13-1	lup-20(29)-ene	$C_{30}H_{50}$	C	[1]
4-13-2	3β-hydroxylup-20(29)-ene	$C_{30}H_{50}O$	C	[2]
4-13-3	methyl betulinate	$C_{31}H_{50}O_3$	C	[3]
4-13-4	3β,28-dihydroxylup-20(29)-ene	$C_{30}H_{50}O_2$	C	[2]
4-13-5	3α-hydorxylup-20(29)-en-28-oic acid	$C_{30}H_{48}O_3$	C	[1]
4-13-6	petulance acid	$C_{30}H_{48}O_3$	P	[2]
4-13-7	3α-hydorxy-28-oic lupeol	$C_{30}H_{48}O_2$	C	[1]
4-13-8	betulinaldehyde	$C_{30}H_{48}O_2$	C	[1]
4-13-9	3β,7β-dihydroxylup-20(29)-ene	$C_{30}H_{50}O_2$	C	[1]
4-13-10	3β,11α-dihydroxylup-20(29)-ene	$C_{30}H_{50}O_2$	C	[1]
4-13-11	3β,15α-dihydroxylup-20(29)-ene	$C_{30}H_{50}O_2$	C	[1]
4-13-12	3β,16β-dihydroxylup-20(29)-ene	$C_{30}H_{50}O_2$	C	[1]
4-13-13	3β,24-dihydroxylup-20(29)-ene	$C_{30}H_{50}O_2$	C	[1]
4-13-14	1β,3β-dihydroxylup-20(29)-ene	$C_{30}H_{50}O_2$	C	[1]
4-13-15	3β,6α-dihydroxylup-20(29)-ene	$C_{30}H_{50}O_2$	C	[4]
4-13-16	3β,6α,28-trihydroxylup-20(29)-ene	$C_{30}H_{50}O_3$	C	[1]
4-13-17	3β,6α,16α-trihydroxylup-20(29)-ene	$C_{30}H_{50}O_3$	C	[1]
4-13-18	1β,3β,11α,28-tetrahydroxylup-20(29)-ene	$C_{30}H_{50}O_4$	C	[1]
4-13-19	3β,6β,7β-trihydroxylup-20(29)-ene	$C_{30}H_{50}O_3$	C	[5]

续表

编号	名称	分子式	测试溶剂	参考文献
4-13-20	3β,24,28-trihydroxylup-20(29)-ene	$C_{30}H_{50}O_3$	P	[1]
4-13-21	2α,3β,28-trihydroxylup-20(29)-ene	$C_{30}H_{50}O_3$	C	[6]
4-13-22	1β,3β,11α,30-tetrahydroxylup-20(29)-ene	$C_{30}H_{50}O_4$	C	[1]
4-13-23	lantabetulal	$C_{30}H_{46}O_3$	C	[7]
4-13-24	3-O-(4-hydroxy-3-methoxybenzoyl)ceanothic acid	$C_{38}H_{52}O_8$	P	[8]
4-13-25	7β-hydroxymethyl betulinate	$C_{31}H_{50}O_4$	C	[1]
4-13-26	3-epi-thurberogenin	$C_{30}H_{46}O_3$	C	[1]
4-13-27	3β-hydroxylup-20(29)-ene-23,28-dioic acid	$C_{30}H_{46}O_5$	C	[9]
4-13-28	3β,11α-dihydroxylup-20(29)-en-28-oic acid	$C_{30}H_{48}O_4$	C	[10]
4-13-29	3β,6β-dihydroxylup-20(29)-en-28-oic acid	$C_{30}H_{48}O_4$	C	[10]
4-13-30	2α,3β,6β,23-tetrahydroxylup-20(29)-en-28-oic acid	$C_{30}H_{48}O_6$	C	[11]
4-13-31	2α,3β,6β-trihydroxylup-20(29)-en-28-oic acid	$C_{30}H_{48}O_5$	C	[11]
4-13-32	3α,27-dihydroxymethyl betulinate	$C_{31}H_{50}O_5$	C	[1]
4-13-33	2α,3α-dihydroxymethyl betulinate	$C_{31}H_{50}O_4$	C	[1]
4-13-34	2α,3β,23-trihydroxylup-20(29)-en-28-oic acid	$C_{30}H_{48}O_5$	C	[1]
4-13-35	3β,27-dihydroxylup-20(29)-en-28-oic acid	$C_{30}H_{48}O_4$	C	[1]
4-13-36	3β,11α-dihydroxylup-20(29)-ene-23, 28-dioic acid	$C_{30}H_{46}O_6$	C	[1]
4-13-37	3β,11α-dihydroxy-24-formylluplup-20(29)-en-28-oic acid	$C_{30}H_{46}O_6$	C	[1]
4-13-38	3β,28-dihydroxylup-20(29)-en-27-oic acid	$C_{30}H_{48}O_4$	C	[1]
4-13-39	ulmincin A	$C_{38}H_{56}O_6$	C	[12]
4-13-40	ulmincin B	$C_{37}H_{54}O_5$	C	[12]
4-13-41	ulmincin C	$C_{45}H_{60}O_8$	C	[12]
4-13-42	ulmincin D	$C_{46}H_{62}O_9$	C	[12]
4-13-43	ulmincin E	$C_{45}H_{60}O_7$	C	[12]
4-13-44	3β-acetoxy-16β-hydroxybetulinic acid	$C_{32}H_{50}O_4$	C	[13]
4-13-45	3β,16β-diacetoxybetulinic acid	$C_{34}H_{52}O_6$	C	[13]
4-13-46	3β-acetoxy-16β-hydroxybetulinic acid methyl ester	$C_{33}H_{52}O_5$	C	[13]
4-13-47	3β,16β-diacetoxybetulinic acid methyl ester	$C_{35}H_{54}O_6$	C	[13]
4-13-48	16β-hydroxybetulinic acid	$C_{30}H_{48}O_4$	C	[13]
4-13-49	lupenone	$C_{30}H_{48}O$	C	[14]
4-13-50	salacianone	$C_{30}H_{46}O_2$	C	[14]
4-13-51	3-oxo-21β-hydroxylup-20(29)-en-3-one	$C_{30}H_{46}O_3$	C	[14]
4-13-52	3-oxo-1β,11α-dihydroxylup-20(29)-en-28-oic acid	$C_{30}H_{46}O_3$	C	[14]
4-13-53	3-oxo-1β,11α-dihydroxylup-20(29)-ene	$C_{30}H_{50}O_2$	C	[15]
4-13-54	6β-hydroxylup-20(29)-en-3-oxo-27,28-dioic acid	$C_{30}H_{44}O_6$	C	[15]
4-13-55	6α-hydroxylup-20(29)-en-3-oxo-27,28-dioic acid	$C_{30}H_{44}O_6$	C	[15]
4-13-56	lup-20(29)-3, 6-dioxo-27,28-dioic acid	$C_{30}H_{42}O_6$	C	[15]
4-13-57	lupane	$C_{32}H_{50}$	C	[1]
4-13-58	3β-hydroxylupane	$C_{32}H_{50}O$	C	[1]
4-13-59	20-hydroxylupane	$C_{32}H_{50}O$	C	[1]

续表

编号	名称	分子式	测试溶剂	参考文献
4-13-60	3β-hydroxylup-13(18)-ene	$C_{32}H_{48}O$	C	[1]
4-13-61	3β-hydroxylup-13(18), 20(29)-diene	$C_{32}H_{46}O$	C	[1]
4-13-62	3β,16β-dihydroxylupane	$C_{32}H_{50}O_2$	C	[1]
4-13-63	foliasalacin B1	$C_{32}H_{50}O_2$	C	[16]
4-13-64	(20R)-lupane-3β,29-diol	$C_{32}H_{50}O_2$	C	[16]
4-13-65	foliasalacin B2	$C_{32}H_{46}O_4$	C	[16]
4-13-66	(20S)-lupane-3β,29-diol	$C_{30}H_{52}O_2$	C	[16]
4-13-67	foliasalacin B4	$C_{30}H_{52}O_2$	C	[16]
4-13-68	3α-acetoxy-27-hydroxylup-20(29)-en-28-oic acid methyl ester	$C_{33}H_{52}O_5$	C	[17]
4-13-69	3α-acetoxy-28-hydroxylup-20(29)-ene	$C_{32}H_{52}O_3$	C	[18]
4-13-70	3α-acetoxy-lup-20(29)-ene	$C_{32}H_{52}O_2$	C	[18]
4-13-71	3α-acetoxy-30-hydroxylup-20(29)-en-28-oic acid	$C_{32}H_{50}O_5$	C	[18]
4-13-72	3α-acetoxy-lup-20(29)-en-24-oic acid	$C_{32}H_{50}O_4$	C	[19]
4-13-73	7-hydroxymethyl betulinate	$C_{31}H_{50}O_4$	P	[20]
4-13-74	7-senecioyl-3-epi-betulinic acid	$C_{35}H_{54}O_5$	P	[20]
4-13-75	3α,27-dihydroxylup-20(29)-en-28-oic acid methyl ester	$C_{31}H_{50}O_4$	C	[21]
4-13-76	21-ketobetulinic acid	$C_{30}H_{46}O_4$	P	[21]
4-13-77	3β,16β-dihydroxylup-20(29)-en-28-oic acid	$C_{30}H_{48}O_4$	C	[22]
4-13-78	28-O-$trans$-caffeyol-3β-hydroxy-20(29)-lupen-27-oic acid	$C_{39}H_{54}O_7$	C	[22]
4-13-79	2α,3β,28-trihydroxylup-20(29)-ene	$C_{30}H_{50}O_3$	C	[22]
4-13-80	3β,28-dipalmitoyl lup-20(29)-en-2α,3β,28-triol	$C_{45}H_{78}O_4$	C	[22]
4-13-81	2α,3-dihydroxyup-12-en-28-oic acid3-(3',4'-dihydroxy-benzoyl ester)	$C_{37}H_{52}O_7$	C	[23]
4-13-82	2α,3β,27-trihydroxylup-12-en-28-oic acid 3-(3',4'-dihydroxy-benzoyl ester)	$C_{37}H_{52}O_8$	C	[23]
4-13-83	lupeol caffeate	$C_{39}H_{56}O_4$	C	[24]
4-13-84	betulin 3-caffeate	$C_{39}H_{56}O_5$	C	[24]
4-13-85	6α-hydroxylup-20(29)-en-3β-octadecanoate	$C_{48}H_{84}O_3$	C	[25]
4-13-86	3-(E)-feruloyl-28-palmitoylbetulin	$C_{55}H_{88}O_6$	C	[26]
4-13-87	3-(E)-coumaroyl-28-palmitoylbetulin	$C_{55}H_{86}O_5$	C	[26]
4-13-88	lactucenyl acetate	$C_{32}H_{52}O_2$	C	[27]
4-13-89	lup-19(21)-en-3β-yl acetate	$C_{32}H_{52}O_2$	C	[27]
4-13-90	22β-hydroxystellatogenin	$C_{30}H_{48}O_5$	P	[68]
4-13-91	acantrifoic acid A	$C_{32}H_{48}O_7$	P	[50]
4-13-92	20(S)-3α-hydroxy-30-oxolupan-23,28-dioic acid	$C_{30}H_{46}O_6$	P	[28]
4-13-93	3β-hydroxy-20,29,30-trinorlupan-19-one	$C_{27}H_{44}O_2$	C	[29]
4-13-94	3'α-[lup-20(29)-ene-28-ol-3β-oxy]dihydronepetalac	$C_{40}H_{64}O_4$	C	[30]
4-13-95	2α,3β-dihydroxylup-12-en-28-oic acid 3-(3',4'-dihydroxybenzoyl ester)	$C_{37}H_{52}O_7$	C	[31]

续表

编号	名称	分子式	测试溶剂	参考文献
4-13-96	2α,3β,27-trihydroxylup-12-en-28-oic acid 3-(3',4'-dihydroxybenzoyl ester)	$C_{37}H_{52}O_8$	C	[31]
4-13-97	dehydroprotochiisanogenin	$C_{30}H_{44}O_4$	P	[32]
4-13-98	16β-hydroxylupane-1,20(29)-dien-3-one	$C_{30}H_{46}O_2$	C	[33]
4-13-99	3-epi-thurberogenin	$C_{30}H_{46}O_3$	C	[34]
4-13-100	3-epi-thurberogenin-22β-tetradecanoate	$C_{44}H_{72}O_5$	P	[34]
4-13-101	gypsophilin	$C_{30}H_{46}O_8S$	P	[35]
4-13-102	gypsophilinoside	$C_{36}H_{56}O_{13}S$	P	[35]
4-13-103	28-norlup-20(29)-en-3-hydroxy-17-hydroperoxide	$C_{29}H_{48}O_4$	C	[36]
4-13-104	28-norlup-20(29)-en-3-hydroxy-17R-hydroperoxide	$C_{29}H_{48}O_4$	C	[36]
4-13-105	3α-hydroxylup-20(29)-en-24-oic acid	$C_{30}H_{48}O_3$	C	[37]
4-13-106	3α-hydroxylup-20(29)-en-24-oic acid methyl ester	$C_{31}H_{50}O_3$	C	[37]
4-13-107	3α-acetoxylup-20(29)-en-24-oic acid	$C_{32}H_{50}O_4$	C	[37]
4-13-108	28-hydroxy-3-oxo-lup-20-(29)-en-30-al	$C_{30}H_{46}O_3$	C	[38]
4-13-109	3-oxo-lup-20-(29)-en-30-al	$C_{30}H_{46}O_2$	C	[38]
4-13-110	6β-(3'-methoxy-4'-hydroxybenzoyl)-lup-20(29)-ene-one	$C_{38}H_{54}O_5$	C	[39]
4-13-111	6β-(3-methoxy-4-hydroxybenzoyl)-lup-20(29)-ene-3-ol	$C_{38}H_{56}O_5$	C	[39]
4-13-112	3β-hydroxy-20-oxo-29(20→19)abeolupane	$C_{30}H_{50}O_2$	C	[40]
4-13-113	29,30-dinor-3β-acetoxy-18,19-dioxo-18,19-secolupane	$C_{30}H_{48}O_4$	C	[40]
4-13-114	norlupA(1)-20(29)-ene	$C_{29}H_{48}$	C	[1]
4-13-115	3-oxo-norlupA(1)-20(29)-ene	$C_{29}H_{46}O$	C	[1]
4-13-116	3β-hydroxy-norlupA(1)-20(29)-ene	$C_{29}H_{48}O$	C	[1]
4-13-117	3α-hydroxy-norlupA(1)-20(29)-ene	$C_{29}H_{48}O$	C	[1]
4-13-118	3β-hydroxy-norlupA(1)-20(29)-en-28-oic acid methyl ester	$C_{29}H_{46}O_3$	C	[1]
4-13-119	30-hydroxylupane-20(29)-en-3-one	$C_{30}H_{48}O_2$	C	[41]
4-13-120	30-(4'-hydroxybenzoyloxy)-11R-hydroxylupane-20(29)-en-4-one	$C_{37}H_{52}O_6$	C	[41]
4-13-121	3β,17-dihydroxylup-20(29)-ene	$C_{29}H_{48}O_2$	C	[42]
4-13-122	3β-acetoxylup-20(29)-en-17-ol	$C_{31}H_{48}O_4$	C	[42]
4-13-123	3β-caffeoyl-lupane-20(29)-en-28-oic acid	$C_{39}H_{54}O_6$	C	[43]
4-13-124	28-caffeoyl-lupane-20(29)-en-27-oic acid	$C_{39}H_{54}O_6$	C	[43]
4-13-125	3-oxo-21β-hydroxylup-20(29)-en-3-one	$C_{30}H_{46}O_3$	C	[44]
4-13-126	lupenone	$C_{30}H_{48}O$	C	[44]
4-13-127	chiisanogenin	$C_{30}H_{46}O_5$	P	[32]
4-13-128	22α-hydroxychiisanogenin	$C_{30}H_{46}O_6$	P	[32]
4-13-129	22α-acetoxylchiisanogenin	$C_{32}H_{48}O_8$	P	[32]
4-13-130	chiisunoside	$C_{48}H_{76}O_{19}$	P	[32]
4-13-131	22α-hydroxychiisanoside	$C_{48}H_{76}O_{20}$	P	[32]
4-13-132	zsochiisanoside	$C_{48}H_{76}O_{20}$	P	[32]

编号	名称	分子式	测试溶剂	参考文献
4-13-133	3-oxo-20-hydroxylupane	$C_{30}H_{50}O_2$	C	[45]
4-13-134	3-oxo-6α,20-dihydorxylupane	$C_{30}H_{50}O_3$	C	[45]
4-13-135	3,6-dioxo-20-hydroxylupane	$C_{30}H_{48}O_3$	C	[45]
4-13-136	3-oxo-6,28-dihydroxylup-20(29)-ene	$C_{30}H_{48}O_3$	C	[45]
4-13-137	3-oxo-6-hydroxylup-20(29)-ene	$C_{30}H_{48}O_3$	C	[45]
4-13-138	3,6-dioxo-lup-20(29)-ene	$C_{30}H_{46}O_2$	C	[45]
4-13-139	28-hydroxy-3-oxo-lup-20(29)-en-30-al	$C_{30}H_{46}O_3$	C	[46]
4-13-140	3-oxo-lup-20-(29)-en-30-al	$C_{30}H_{46}O_2$	C	[46]
4-13-141	(20S)-3β-acetoxylupan-29-oic acid	$C_{32}H_{52}O_4$	C	[47]
4-13-142	(20S)-3β-acetoxy-20-hydroperoxy-30-norlupane	$C_{31}H_{52}O_4$	C	[47]
4-13-143	ochraceolide B	$C_{30}H_{44}O_4$	C	[48]
4-13-144	20-epi-ochraceolide B	$C_{30}H_{44}O_4$	C	[48]
4-13-145	dihydroochraceolide A	$C_{30}H_{46}O_3$	C	[48]
4-13-146	2β-carboxyl,3β-hydroxyl-norlup A (1)-20(29)-en-28-oic acid	$C_{30}H_{46}O_5$	C	[49]
4-13-147	20S-17, 29-epoxy-28-norlupan-3-ol	$C_{29}H_{48}O_2$	C	[36]
4-13-148	lupeol 3-O-$trans$-hydroxycinnamoyl ester	$C_{39}H_{56}O_3$	C	[51]
4-13-149	16β-hydroxy-2,3-$seco$-lup-20(29)-ene-2,3-dioic acid	$C_{30}H_{48}O_5$	C	[52]
4-13-150	30-hydroxy-2,3-$seco$-lup-20(29)-ene-2,3-dioic acid	$C_{30}H_{48}O_5$	P	[52]
4-13-151	ocimol	$C_{39}H_{56}O_6$	C	[53]
4-13-152	3β,23-dihyroxy-lup-20(29)-en-28-oic acid-23-caffeate	$C_{39}H_{54}O_7$	C	[54]
4-13-153	acantrifoside C	$C_{50}H_{78}O_{21}$	P	[50]
4-13-154	acankoreoside E	$C_{48}H_{76}O_{20}$	P	[28]
4-13-155	23-hydroxy-3β-[(O-α-L-arabinopyranosyl)oxy]lup-20(29)-en-28-oic acid 28-O-β-D-glucopyranosyl ester	$C_{41}H_{66}O_{13}$	P	[54]
4-13-156	23-hydroxy-3β-[(O-α-L-rhamnopyranosyl-(1→2)-α-L-arabinopyranosyl)oxy]lup-20(29)-en-oic acid 28-O-β-D-glucopyranosyl ester	$C_{47}H_{76}O_{17}$	P	[54]
4-13-157	3β-[(O-α-L-rhamnopyranosyl-(1→2)-α-L-arabinopyranosyl)oxy]lup→20(29)-enoic acid 28-O-β-D-glucopyranosyl-(1→6)-β-D-glucopyranosyl ester	$C_{53}H_{86}O_{21}$	P	[55]
4-13-158	3β-[(O-α-L-rhamnopyranosyl-(1→2)-O-[β-D-glucopyranosyl-(1→4)]-α-L-arabinopyranosyl)oxy]lup-20(29)-enoic acid 28-O-α-L-rhamnopyranosyl-(1→4)-O-β-D-glucopyranosyl-(1→6)-β-D-glucopyranosyl ester	$C_{65}H_{106}O_{30}$	P	[55]
4-13-159	schefflerin A	$C_{36}H_{62}O_9$	P	[56]
4-13-160	schefflerin B	$C_{36}H_{62}O_9$	P	[56]
4-13-161	schefflerin C	$C_{36}H_{62}O_{10}$	P	[56]
4-13-162	schefflerin D	$C_{36}H_{62}O_9$	P	[56]
4-13-163	(20S)-3β-acetoxy-20-hydroperoxy-30-norlupane	$C_{31}H_{54}O_3$	C	[56]
4-13-164	protochiisanoside	$C_{48}H_{76}O_{19}$	P	[32]

续表

编号	名称	分子式	测试溶剂	参考文献
4-13-165	1β,11α-dihydroxy-3-oxo-lup-20(29)-en-28-oic acid	$C_{30}H_{46}O_5$	P	[32]
4-13-166	1β,11α-dihydroxy-3-oxo-lup-20(29)-ene	$C_{30}H_{48}O_3$	P	[32]
4-13-167	acankoreoside C	$C_{54}H_{82}O_{23}$	P	[57]
4-13-168	acankoreoside D	$C_{48}H_{78}O_{19}$	P	[57]
4-13-169	3-O-β-D-glucopyranosyl 3α,11α-dihydroxylup-20(29)-en-28-oic acid	$C_{36}H_{58}O_9$	P	[57]
4-13-170	3α,11α-dihydroxy-lup-20(29)-en-23-al-28-oic acid	$C_{30}H_{46}O_5$	P	[57]
4-13-171	3β-[(O-α-L-rhamnopyranosyl-(1→2)-α-L-arabinopyranosyl)oxy]lup-20(29)-en-28-oic acid 28-O-α-L-rhamnopyranosyl-(1→4)-O-β-D-glucopyranosyl-(1→6)-β-D-glucopyranosyl ester	$C_{59}H_{96}O_{25}$	P	[58]
4-13-172	3-O-α-L-rhamnopyranosyl-(1→2)-α-L-arabinopyranosyl 23-hydroxybeturic acid 28-O-α-L-rhamnopyranosyl-(1→4)-glucopyranosyl-(1→6)-glucopyranosyl ester	$C_{59}H_{96}O_{26}$	P	[59]
4-13-173	20,23-dihydroxy-3β-[(O-α-L-rhamnopyranosyl-(1→2)-α-L-arabinopyranosyl)oxy]lupan-28-oic acid 28-O-α-L-rhamnopyranosyl-(1→4)-O-β-D-glucopyranosyl-(1→6)-β-D-glucopyranosyl ester	$C_{65}H_{106}O_{31}$	P	[58]
4-13-174	23-hydroxy-3α-[(O-α-L-rhamnopyranosyl-(1→2)-O-[O-β-D-glucopyranosyl-(1→4)-β-D-glucopyranosyl-(1→4)]-α-L-arabinopyranosyl)oxy]lup-20(29)-en-28-oic acid 28-O-α-L-rhamnopyranosyl-(1→4)-O-β-D-glucopyranosyl-(1→6)-β-D-glucopyranosyl ester	$C_{71}H_{116}O_{36}$	P	[58]
4-13-175	cussosaponin A	$C_{47}H_{76}O_{17}$	P	[60]
4-13-176	cussosaponin B	$C_{59}H_{96}O_{26}$	P	[60]
4-13-177	cussosaponin C	$C_{59}H_{96}O_{25}$	P	[60]
4-13-178	cussosaponin D	$C_{47}H_{78}O_{17}$	P	[60]
4-13-179	cussosaponin E	$C_{59}H_{96}O_{26}$	P	[60]
4-13-180	acantrifoside C	$C_{50}H_{78}O_{21}$	P	[61]
4-13-181	acankoreoside F	$C_{48}H_{76}O_{20}$	P	[62]
4-13-182	acankoreoside G	$C_{48}H_{75}O_{19}$	P	[63]
4-13-183	acankoreoside H	$C_{48}H_{76}O_{20}$	P	[62]
4-13-184	wujiapioside B	$C_{48}H_{78}O_{18}$	P	[64]
4-13-185	acantrifoside A	$C_{48}H_{78}O_{18}$	P	[65]
4-13-186	acankoreoside B	$C_{48}H_{76}O_{20}$	P	[66]
4-13-187	acankoresoide A	$C_{48}H_{76}O_{19}$	P	[66]
4-13-188	acankoreoside C	$C_{54}H_{88}O_{23}$	P	[64]
4-13-189	3β-hydroxylup-20(29)-en-28-oic acid 3-O-β-D-glucuronopyranoside	$C_{36}H_{56}O_9$	P	[65]
4-13-190	3α-hydroxylup-20(29)-en-30-ol-23,28-dioic acid	$C_{30}H_{46}O_6$	P	[65]

续表

编号	名称	分子式	测试溶剂	参考文献
4-13-191	3α-hydroxylup-20(29)-ene-23,28-dioic acid 3-O-β-D-glucopyranoside	$C_{36}H_{56}O_{10}$	P	[65]
4-13-192	3α-hydroxylup-20(29)-ene-23,28-dioic acid 23-O-β-D-glucopyranosyl ester	$C_{36}H_{56}O_{10}$	P	[65]
4-13-193	schefflerin E	$C_{36}H_{60}O_9$	P	[56]
4-13-194	schefflerin F	$C_{33}H_{54}O_9$	P	[56]

4-13-1 R^1=H; R^2=CH$_3$
4-13-2 R^1=β-OH; R^2=CH$_3$
4-13-3 R^1=H; R^2=COOMe
4-13-4 R^1=β-OH; R^2=CH$_2$OH
4-13-5 R^1=α-OH; R^2=COOH
4-13-6 R^1=β-OH; R^2=COOH
4-13-7 R^1=α-OH; R^2=CHO
4-13-8 R^1=β-OH; R^2=CHO

表 4-13-2　化合物 4-13-1~4-13-8 的 ^{13}C NMR 数据

C	4-13-1[1]	4-13-2[2]	4-13-3[3]	4-13-4[2]	4-13-5[1]	4-13-6[2]	4-13-7[1]	4-13-8[1]
1	40.3	38.7	40.2	38.8	38.7	34.0	38.7	33.6
2	18.7	27.4	18.6	27.2	27.4	23.2	27.3	25.9
3	42.1	78.9	42.0	78.9	78.9	75.5	78.9	76.4
4	33.2	38.8	33.2	38.9	38.8	39.0	38.8	37.5
5	56.3	55.3	56.3	55.3	55.3	49.3	55.5	49.9
6	18.7	18.3	18.6	18.3	18.3	18.6	18.2	18.4
7	34.3	34.2	34.2	34.3	34.3	34.8	34.3	24.4
8	41.0	40.8	40.8	40.9	40.7	41.2	40.8	41.0
9	50.5	50.4	50.6	50.4	50.5	50.7	50.4	50.5
10	37.5	37.1	37.4	37.2	37.2	37.7	37.1	37.3
11	20.8	20.9	20.7	20.9	20.8	21.0	20.7	20.8
12	25.2	25.1	25.5	25.3	25.5	26.1	25.5	25.6
13	38.0	38.0	38.2	37.3	38.4	38.5	38.7	38.7
14	42.8	42.8	42.3	42.7	42.4	42.9	42.5	42.6
15	27.4	27.4	29.6	27.0	30.5	31.2	29.2	29.5
16	35.6	35.5	32.1	29.2	32.1	32.8	28.8	28.8
17	43.0	43.0	56.5	47.8	56.3	56.6	59.3	59.3
18	48.3	48.2	48.4	48.8	46.8	47.7	48.0	48.0
19	47.9	47.9	46.9	47.8	49.2	49.7	47.5	47.5
20	150.6	150.9	150.3	150.6	150.3	151.2	149.7	149.8
21	29.9	29.8	30.6	29.8	29.7	29.9	29.8	30.0
22	40.0	40.0	36.9	34.0	37.0	37.5	33.2	33.2
23	33.4	28.0	33.3	28.0	27.9	29.2	27.9	28.2
24	21.6	15.4	21.5	15.4	15.3	22.5	15.4	22.2
25	16.1	16.1	16.0	16.1	16.0	16.4	15.9	15.9
26	16.1	15.9	16.0	16.0	16.1	16.4	16.1	16.1

续表

C	4-13-1[1]	4-13-2[2]	4-13-3[3]	4-13-4[2]	4-13-5[1]	4-13-6[2]	4-13-7[1]	4-13-8[1]
27	14.6	14.5	14.7	14.8	14.7	14.9	14.2	14.2
28	18.0	18.0	176.3	60.2	180.5	178.7	205.6	205.6
29	109.2	109.3	19.4	109.6	109.6	109.8	110.1	110.1
30	19.3	19.3	19.3	19.1	19.4	19.4	19.0	19.0

4-13-9 $R^1=OH; R^2=CH_3; R^3=H$
4-13-10 $R^1=H; R^2=CH_3; R^3=OH$
4-13-11 $R^1=R^3=H; R^2=OH$
4-13-12 $R^1=R^2=H; R^3=OH$

4-13-13 $R^2=R^3=H; R^1=OH$
4-13-14 $R^1=OH; R^2=H; R^3=CH_3$
4-13-15 $R^1=H; R^2=OH; R^3=CH_3$
4-13-16 $R^1=H; R^2=OH; R^3=CH_2OH$

表 4-13-3　化合物 4-13-9~4-13-12 的 ^{13}C NMR 数据

C	4-13-9[1]	4-13-10[1]	4-13-11[1]	4-13-12[1]	C	4-13-9[1]	4-13-10[1]	4-13-11[1]	4-13-12[1]
1	38.7	39.0	38.9	38.9	16	36.1	35.5	46.5	76.9
2	27.5	27.5	27.4	27.4	17	42.8	43.0	43.0	48.6
3	78.9	78.6	78.9	78.8	18	48.3	47.7	48.1	47.7
4	37.3	39.4	38.8	38.9	19	48.2	47.7	47.4	47.6
5	52.5	55.6	54.9	55.4	20	151.0	150.2	150.4	149.8
6	27.5	18.1	18.5	18.3	21	30.0	29.9	30.1	30.0
7	74.7	35.3	37.8	34.3	22	40.2	39.9	39.7	37.8
8	46.9	41.1	42.5	41.0	23	28.0	28.3	27.9	28.0
9	50.5	55.7	51.0	50.0	24	15.4	15.6	15.4	15.4
10	37.3	37.7	37.4	37.1	25	15.1	16.1	16.1	16.1
11	20.9	70.5	21.0	20.9	26	10.2	17.3	16.6	16.1
12	25.3	27.7	25.2	24.9	27	15.8	14.5	8.0	16.1
13	38.7	37.7	37.6	37.3	28	17.9	18.1	19.2	11.8
14	42.8	42.6	47.9	44.1	29	109.3	109.8	109.7	109.6
15	29.4	27.5	69.7	36.9	30	19.4	19.4	19.4	19.4

表 4-13-4　化合物 4-13-13~4-13-16 的 ^{13}C NMR 数据

C	4-13-13[1]	4-13-14[1]	4-13-15[4]	4-13-16[1]	C	4-13-13[1]	4-13-14[1]	4-13-15[4]	4-13-16[1]
1	38.5	79.0	40.2	39.2	5	55.9	53.1	58.3	59.3
2	27.8	37.5	28.6	27.6	6	18.4	18.0	69.4	67.4
3	80.9	75.7	42.1	42.0	7	34.9	34.1	34.2	34.2
4	42.8	38.9	33.2	33.2	8	40.9	41.3	41.1	41.0

C	4-13-13[1]	4-13-14[1]	4-13-15[4]	4-13-16[1]	C	4-13-13[1]	4-13-14[1]	4-13-15[4]	4-13-16[1]
9	50.5	51.4	50.4	50.4	20	150.9	150.8	150.2	150.5
10	38.0	43.5	37.4	37.4	21	29.9	29.7	29.8	31.0
11	21.2	23.8	20.7	20.5	22	40.0	39.9	33.9	33.9
12	25.1	25.0	25.3	25.2	23	22.4	27.8	33.3	33.3
13	36.9	38.0	37.2	37.0	24	64.5	14.9	21.5	21.5
14	42.8	42.8	42.7	42.7	25	15.9	11.9	16.0	16.2
15	27.4	27.4	27.0	27.0	26	16.7	16.2	16.0	16.4
16	35.6	35.5	29.2	29.2	27	14.6	14.4	14.8	15.0
17	43.0	42.9	47.7	47.7	28	18.0	18.0	60.4	60.3
18	48.0	48.3	48.7	49.0	29	109.4	109.4	109.4	109.1
19	48.3	47.9	47.7	47.9	30	19.3	19.2	19.1	65.3

4-13-17 $R^1=R^2=R^3=R^5=R^9=H$; $R^4=R^6=OH$; $R^7=R^8=CH_3$
4-13-18 $R^1=R^9=OH$; $R^2=R^3=R^4=R^5=R^6=H$; $R^7=CH_3$; $R^8=CH_2OH$
4-13-19 $R^1=R^2=R^3=R^6=R^9=H$; $R^4=R^5=OH$; $R^7=R^8=CH_3$
4-13-20 $R^1=R^2=R^4=R^5=R^6=R^9=H$; $R^3=OH$; $R^7=CH_2OH$; $R^8=CH_3$
4-13-21 $R^1=R^3=R^4=R^6=R^9=H$; $R^2=OH$; $R^7=CH_2OH$; $R^8=CH_3$
4-13-22 $R^1=OH$; $R^2=R^3=R^4=R^5=R^6=H$; $R^7=CH_3$; $R^8=CH_2OH$; $R^9=OH$

表 4-13-5 化合物 4-13-17~4-13-22、4-13-27 和 4-13-28 的 ^{13}C NMR 数据

C	4-13-17[1]	4-13-18[1]	4-13-19[5]	4-13-20[1]	4-13-21[6]	4-13-22[1]	4-13-27[9]	4-13-28[10]
1	41.5	38.2	41.6	39.1	46.2	38.2	39.1	38.7
2	28.9	30.6	28.6	28.7	68.2	30.6	29.4	27.5
3	78.7	82.3	78.6	80.2	82.8	82.3	84.4	78.8
4	40.6	40.9	40.4	43.3	40.4	40.9	43.0	38.9
5	56.7	59.5	55.4	56.5	54.9	59.5	44.2	54.6
6	67.8	22.0	73.1	19.1	17.8	22.0	18.3	18.5
7	42.6	37.5	74.3	34.9	33.6	37.5	33.9	34.5
8	40.7	42.7	46.6	41.3	38.8	42.7	41.5	40.7
9	51.4	54.5	51.5	50.9	49.9	54.5	49.6	52.4
10	37.3	32.2	37.4	37.3	37.8	32.2	37.0	37.2
11	21.6	24.7	21.4	21.4	20.4	24.7	23.4	69.8
12	25.7	30.8	26.1	25.8	24.7	30.8	25.3	27.2
13	37.1	41.3	38.4	37.7	36.8	41.3	38.5	38.5
14	44.5	44.8	44.7	43.0	40.4	44.8	42.8	42.5
15	37.7	33.0	31.6	27.6	26.4	33.0	30.5	30.6
16	76.3	38.0	36.5	30.1	29.2	38.0	32.2	29.4
17	49.4	46.4	43.1	48.4	42.2	46.4	56.1	48.0
18	48.4	53.3	48.8	49.2	48.3	53.3	46.8	48.0
19	48.3	47.4	48.5	48.6	47.5	47.4	49.8	48.8

续表

C	4-13-17[1]	4-13-18[1]	4-13-19[5]	4-13-20[1]	4-13-21[6]	4-13-22[1]	4-13-27[9]	4-13-28[10]
20	150.9	150.7	151.3	151.3	150.0	150.7	150.0	150.6
21	30.5	35.4	30.3	30.5	28.7	35.4	29.7	30.0
22	38.5	33.1	40.4	35.1	33.4	33.1	37.0	34.2
23	27.9	31.2	28.1	23.6	27.7	31.2	178.7	28.0
24	17.3	19.3	18.2	64.5	16.5	19.3	18.1	15.0
25	17.9	18.6	17.9	16.8	15.8	18.6	18.4	15.8
26	16.8	19.2	11.1	16.1	15.2	19.2	16.1	16.2
27	16.7	17.8	15.5	15.0	14.0	17.8	14.4	14.8
28	12.0	62.9	18.2	59.5	58.9	62.9	177.3	181.0
29	109.9	109.8	109.8	109.9	108.8	109.8	109.4	109.7
30	19.4	67.8	19.6	19.3	18.2	67.8	19.0	19.6

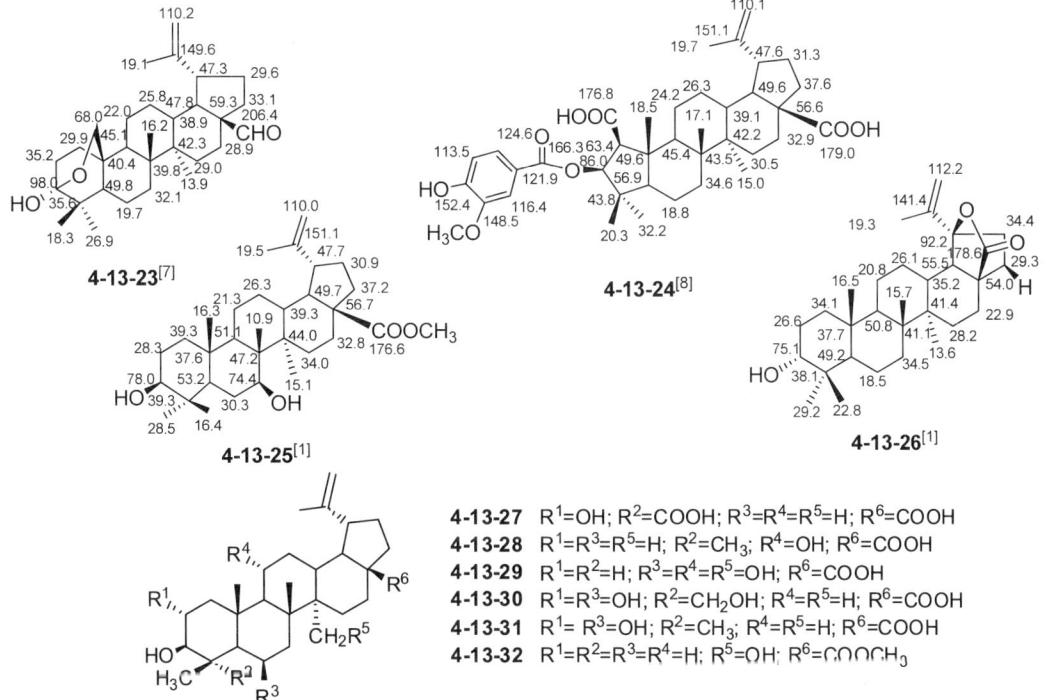

表 4-13-6 化合物 4-13-29~4-13-32 的 ^{13}C NMR 数据

C	4-13-29[10]	4-13-30[11]	4-13-31[11]	4-13-32[1]	C	4-13-29[10]	4-13-30[11]	4-13-31[11]	4-13-32[1]
1	38.7	50.1	50.4	33.8	7	42.6	42.6	42.4	36.1
2	27.3	69.0	69.3	25.7	8	40.7	43.1	43.1	42.0
3	78.9	84.2	78.4	76.5	9	50.4	51.8	51.9	52.2
4	38.9	40.6	38.5	37.9	10	37.2	38.7	40.7	27.9
5	57.1	56.6	49.2	49.6	11	21.2	21.5	21.6	21.3
6	69.6	67.8	67.8	18.5	12	25.6	26.3	26.3	25.4

C	4-13-29[10]	4-13-30[11]	4-13-31[11]	4-13-32[1]	C	4-13-29[10]	4-13-30[11]	4-13-31[11]	4-13-32[1]
13	38.5	37.8	37.8	39.3	23	28.0	28.8	66.2	28.5
14	42.3	40.7	44.5	46.6	24	16.2	19.1	19.8	22.4
15	30.6	30.4	30.4	23.5	25	16.8	19.3	15.8	16.8
16	29.3	32.9	32.8	33.4	26	18.7	17.1	17.2	16.6
17	48.0	56.6	56.6	56.7	27	14.9	15.2	15.2	61.4
18	48.0	49.9	49.9	50.1	28	181.1	178.8	178.8	177.0
19	48.8 d	47.8	47.8	47.2	29	109.8	110.0	110.0	110.0
20	150.7	151.3	151.3	150.8	30	19.4	19.5	19.5	19.8
21	30.0	31.2	31.2	30.8	OMe				51.6
22	34.0	37.6	37.5	37.1					

4-13-33 R^1=OH; R^2=R^3=R^5=CH$_3$; R^4=H; R^6=COOCH$_3$
4-13-34 R^1=H; R^2=CH$_2$OH; R^3=R^5=CH$_3$; R^4=OH; R^6=COOH
4-13-35 R^1=R^4=H; R^2=R^3=CH$_3$; R^5=CH$_2$OH; R^6=COOH
4-13-36 R^1=R^4=H; R^2=R^6=COOH; R^3=R^5=CH$_3$; R^4=H
4-13-37 R^1=H; R^2=R^5=CH$_3$; R^3=CHO; R^4=OH; R^6=COOH
4-13-38 R^1=R^2=R^3=R^4=H; R^5=COOH; R^6=CH$_2$OH

表 4-13-7 化合物 4-13-33~4-13-38 的 ^{13}C NMR 数据[1]

C	4-13-33	4-13-34	4-13-35	4-13-36	4-13-37	4-13-38
1	42.1	39.2	39.2	35.4	35.4	41.6
2	66.6	27.9	25.5	26.6	27.1	28.6
3	78.9	73.6	77.9	72.8	73.1	79.5
4	38.3	42.9	39.2	52.8	53.0	40.4
5	51.2	48.9	55.9	45.2	44.2	55.4
6	17.9	18.6	18.6	22.1	21.3	18.3
7	34.0	34.6	358	35.9	35.5	34.2
8	40.8	41.2	41.8	42.9	42.8	40.9
9	49.4	49.8	50.2	56.6	56.0	50.6
10	38.5	37.6	37.6	39.6	39.0	37.2
11	20.8	21.3	21.3	69.9	69.8	20.8
12	25.8	26.2	27.7	38.5	38.3	25.4
13	38.1	38.7	39.4	37.7	37.6	34.7
14	42.4	42.9	46.6	43.4	43.3	43.2
15	29.6	30.3	28.0	30.2	30.1	27.5
16	32.1	32.9	33.7	32.9	32.8	37.8
17	56.6	56.7	56.3	56.6	56.5	43.4
18	48.1	47.8	50.0	49.5	49.5	50.8
19	46.9	49.7	47.5	47.6	47.5	54.9
20	150.5	151.4	151.1	150.9	150.8	151.8
21	30.5	31.8	31.0	31.3	31.3	37.8
22	36.9	37.6	37.6	37.5	37.4	40.5
23	28.4	68.2	28.3	179.7	209.9	28.0

续表

C	4-13-33	4-13-34	4-13-35	4-13-36	4-13-37	4-13-38
24	21.6	12.9	15.4	18.1	17.8	15.3
25	17.1	16.5	16.6	18.3	15.0	16.1
26	15.9	19.5	17.0	17.2	16.8	16.0
27	14.7	14.9	59.9	14.8	14.8	180.0
28	176.6	178.9	178.8	178.8	178.8	64.4
29	109.6	109.9	109.5	110.1	110.0	110.4
30	19.3	19.5	19.3	19.6	19.5	25.4

4-13-39 R^1=A$_1$; R^2=H
4-13-40 R^1=A$_2$; R^2=H
4-13-41 R^1=A$_1$; R^2=A$_2$
4-13-42 R^1=A$_1$; R^2=A$_1$
4-13-43 R^1=A$_1$; R^2=A$_3$

表 4-13-8　化合物 4-13-39~4-13-43 的 ^{13}C NMR 数据[12]

C	4-13-39	4-13-40	4-13-41	4-13-42	4-13-43	C	4-13-39	4-13-40	4-13-41	4-13-42	4-13-43
1	41.3	41.6	41.2	41.0	41.0	24	15.7	15.4	14.6	14.5	14.6
2	27.9	27.5	26.7	26.8	26.8	25	16.8	16.2	15.5	15.4	15.4
3	78.6	78.7	77.4	77.4	77.4	26	19.1	18.1	17.8	17.7	17.7
4	39.7	39.7	38.9	38.5	38.9	27	12.3	11.7	12.3	12.3	12.2
5	55.1	55.5	54.5	54.4	54.4	28	14.9	14.3	13.6	13.6	13.2
6	18.8	18.4	18.1	18.0	18.0	29	110.3	110.5	109.4	109.3	109.4
7	37.8	37.7	36.0	36.2	36.0	30	20.1	19.0	18.2	18.2	18.2
8	45.6	45.8	45.0	45.0	45.0	1'	123.5	123.0	121.6	121.7	121.7
9	53.3	53.7	52.8	52.8	52.8	2'	112.5	132.3	112.3	112.8	112.3
10	39.2	39.4	38.5	38.5	38.5	3'	146.6	115.6	146.7	146.7	146.9
11	73.4	73.3	72.3	72.3	72.3	4'	150.4	162.8	151.2	151.8	151.5
12	31.4	31.5	27.7	27.6	27.6	5'	113.9	115.6	114.6	114.7	114.7
13	47.6	47.5	46.3	46.3	46.3	6'	124.7	132.3	123.9	123.9	123.9
14	46.4	46.8	46.1	46.0	46.1	7'	165.7	166.6	165.8	165.9	165.8
15	73.2	73.2	75.3	75.5	75.9	1"			121.7	121.7	131.7
16	39.7	39.7	38.8	38.8	38.8	2"			131.3	112.1	129.0
17	44.3	44.4	43.5	43.5	43.5	3"			114.9	146.7	128.3
18	51.6	51.9	50.6	50.5	50.5	4"			162.2	147.5	132.9
19	47.6	47.7	47.3	47.1	47.1	5"			114.9	114.7	128.3
20	147.6	147.8	147.4	147.4	147.4	6"			131.3	123.6	129.0
21	28.1	27.9	27.2	27.1	27.1	7"			165.9	165.8	165.9
22	32.7	32.4	30.5	30.4	30.4	OCH$_3$	56.5		55.1	55.0	55.0
23	28.6	28.1	27.3	27.3	27.2					55.1	

4-13-44 R¹=Ac; R²=R³=H
4-13-45 R¹=R²=Ac; R³=H
4-13-46 R¹=Ac; R²=H; R³=Me
4-13-47 R¹=Ac; R²=Ac; R³=Me
4-13-48 R¹=R²=R³=H

4-13-49 R¹=R²=R³=R⁴=H; R⁵=CH₃
4-13-50 R¹=R²=O; R³=R⁴=H; R⁵=CH₃
4-13-51 R¹=OH; R²=R³=R⁴=H; R⁵=CH₃
4-13-52 R¹=R²=H; R³=R⁴=OH; R⁵=COOH
4-13-53 R¹=R²=H; R³=R⁴=OH; R⁵=CH₃

4-13-54 R=α-H, β-OH
4-13-55 R=α-OH, β-H
4-13-56 R=O

表 4-13-9　化合物 4-13-44～4-13-48 的 ^{13}C NMR 数据[13]

C	4-13-44	4-13-45	4-13-46	4-13-47	4-13-48	C	4-13-44	4-13-45	4-13-46	4-13-47	4-13-48
1	36.6	36.6	36.6	36.6	38.9	19	46.8	47.3	47.5	47.7	48.6
2	22.8	28.0	22.8	24.5	28.7	20	149.4	148.8	149.3	151.3	149.9
3	78.4	78.3	78.3	78.3	77.1	21	30.7	33.9	30.9	27.8	32.3
4	39.3	39.0	37.1	34.6	39.3	22	33.9	34.6	34.0	34.2	36.5
5	50.2	50.2	50.2	50.2	56.0	23	27.8	27.7	27.8	29.5	28.5
6	18.0	21.3	19.3	18.6	18.6	24	15.9	15.9	16.2	15.9	16.2
7	35.1	34.9	35.2	33.4	34.3	25	16.1	18.0	18.0	18.0	16.5
8	40.9	41.2	40.9	41.2	41.6	26	16.3	18.8	15.9	15.9	16.6
9	49.8	49.9	49.7	49.5	50.1	27	21.4	15.9	15.8	15.9	16.1
10	37.1	37.0	33.9	30.5	37.9	28	177.9	176.9	176.8	173.5	178.1
11	20.5	21.7	21.7	21.7	20.8	29	110.0	110.6	110.1	110.7	110.4
12	25.1	24.6	25.0	22.8	25.0	30	19.5	20.5	20.6	20.6	19.4
13	37.8	38.1	38.2	37.1	38.4	1	171.0	170.3	170.0	170.6	
14	44.2	44.2	44.1	44.0	44.2	2	21.6	21.4	21.4	21.4	
15	34.1	37.5	39.7	34.6	39.9	1		170.9		170.9	
16	76.1	77.1	76.3	76.8	75.9	2		22.8		21.3	
17	60.7	59.5	61.4	59.5	62.1	OCH₃			51.6	51.5	
18	48.9	49.5	49.3	49.5	49.0						

表 4-13-10　化合物 4-13-49～4-13-53 的 ^{13}C NMR 数据

C	4-13-49[14]	4-13-50[14]	4-13-51[14]	4-13-52[14]	4-13-53[15]	C	4-13-49[14]	4-13-50[14]	4-13-51[14]	4-13-52[14]	4-13-53[15]
1	39.6	39.5	39.6	78.7	78.6	7	33.6	33.2	33.4	33.8	33.6
2	34.1	34.1	34.1	43.0	43.0	8	40.8	40.9	40.8	42.4	42.4
3	217.9	217.8	218.1	216.2	216.4	9	49.8	49.6	49.7	55.5	55.2
4	47.3	47.3	47.3	47.4	47.3	10	36.9	36.8	36.8	44.0	43.9
5	54.9	54.9	54.9	50.9	50.8	11	21.5	21.2	21.4	69.4	69.4
6	19.7	19.6	19.6	19.5	19.5	12	25.1	25.3	24.7	36.7	36.3

续表

C	4-13-49[14]	4-13-50[14]	4-13-51[14]	4-13-52[14]	4-13-53[15]	C	4-13-49[14]	4-13-50[14]	4-13-51[14]	4-13-52[14]	4-13-53[15]
13	37.4	37.3	37.6	37.0	36.7	22	40.0	55.4	49.3	37.0	39.7
14	42.8	42.7	42.6	42.5	42.6	23	26.6	26.6	26.6	28.8	28.7
15	27.4	26.9	27.1	29.8	27.4	24	21.0	21.0	21.0	19.6	19.6
16	35.6	34.8	35.6	32.1	32.3	25	15.9	15.9	15.9	13.6	13.5
17	43.0	37.8	41.9	56.3	42.9	26	15.8	15.7	15.8	17.3	17.0
18	48.3	47.0	48.0	48.6	47.6	27	14.5	14.5	14.4	14.6	14.3
19	47.9	59.0	59.8	46.7	47.7	28	18.0	18.7	19.7	180.5	18.0
20	150.8	143.4	148.3	149.7	150.2	29	109.4	115.0	111.3	110.5	110.1
21	29.8	217.7	77.7	30.5	29.7	30	19.3	20.8	19.7	19.5	19.3

表 4-13-11　化合物 4-13-54~4-13-56 的 ^{13}C NMR 数据[15]

C	4-13-54	4-13-55	4-13-56	C	4-13-54	4-13-55	4-13-56
1	39.8	39.5	41.0	16	23.7	23.2	24.1
2	34.4	33.0	33.6	17	56.3	56.3	56.0
3	216.7	219.4	214.6	18	49.2	48.7	49.2
4	42.6	42.3	42.8	19	46.8	47.1	46.7
5	56.6	58.5	65.2	20	150.2	150.1	150.0
6	69.6	67.8	211.7	21	30.4	30.4	30.4
7	41.8	44.3	51.9	22	37.2	36.7	36.8
8	37.2	38.3	38.0	23	25.4	25.2	24.9
9	50.6	48.9	50.5	24	21.1	19.5	21.4
10	33.9	32.0	31.9	25	17.1	16.6	16.4
11	21.1	21.6	21.6	26	16.9	17.6	16.9
12	24.9	25.2	24.9	27	179.5	179.5	177.5
13	36.8	37.6	38.0	28	182.0	181.7	179.3
14	56.3	56.3	56.0	29	109.5	109.8	110.0
15	24.6	25.2	24.6	30	19.3	19.3	19.2

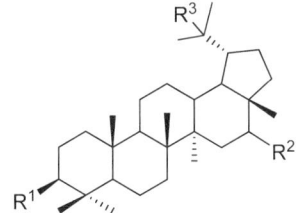

4-13-57　R^1=R^2=R^3=H
4-13-58　R^1=OH; R^2=R^3=H
4-13-59　R^1=R^2=H; R^3=OH
4-13-62　R^1=R^2=OH; R^3=H

4-13-60

4-13-61

表 4-13-12　化合物 4-13-57~4-13-62 的 ^{13}C NMR 数据[1]

C	4-13-57	4-13-58	4-13-59	4-13-60	4-13-61	4-13-62
1	40.5	38.7	40.2	40.5	40.5	38.7
2	18.8	27.4	18.6	18.6	18.7	27.3
3	42.3	78.8	42.0	42.1	42.1	78.7
4	33.3	38.8	33.2	33.3	33.3	38.8

续表

C	4-13-57	4-13-58	4-13-59	4-13-60	4-13-61	4-13-62
5	56.5	55.2	56.1	56.5	56.6	55.2
6	18.8	18.3	18.6	18.7	18.7	18.2
7	34.6	34.4	34.5	35.0	34.8	34.4
8	41.3	40.8	41.5	41.0	40.9	41.0
9	50.4	50.1	50.2	51.2	51.3	49.1
10	37.6	37.1	37.4	37.5	37.5	37.1
11	21.0	20.9	21.2	21.5	21.2	21.0
12	27.1	26.8	29.1	28.4	28.2	26.6
13	38.1	37.8	37.4	40.3	39.5	38.1
14	43.2	43.0	43.5	43.7	43.5	43.1
15	27.5	27.4	27.5	28.3	27.0	34.2
16	35.8	35.5	35.5	37.7	39.7	74.2
17	43.2	43.1	44.6	48.4	48.3	47.4
18	47.8	47.5	48.2	139.0	141.4	40.4
19	44.9	44.6	49.9	138.7	135.7	43.8
20	29.5	29.3	73.3	26.4	145.3	29.3
21	22.0	21.9	28.7	28.7	37.4	21.3
22	40.5	40.4	40.2	39.2	36.8	33.2
23	33.4	28.0	33.3	33.3	33.3	27.9
24	21.7	15.4	21.5	21.5	21.5	15.4
25	16.1	16.0	16.1	16.6	16.0	16.0
26	16.2	16.0	16.2	16.7	16.3	16.0
27	14.6	14.4	14.8	15.4	15.4	17.2
28	18.2	18.0	19.2	23.7	16.7	19.1
29	15.2	15.1	24.8	21.4	111.7	15.2
30	23.0	23.0	31.4	21.9	23.6	22.9

4-13-63 $R^1=R^2=O$; $R^3=CH_2OH$; $R^4=CH_3$
4-13-64 $R^1=R^2=O$; $R^3=CH_3$; $R^4=CH_2OH$
4-13-65 $R^1=R^2=O$; $R^3=COOH$; $R^4=CH_2OH$
4-13-66 $R^1=H$; $R^2=OH$; $R^3=CH_2OH$; $R^4=CH_3$
4-13-67 $R^1=H$; $R^2=OH$; $R^3=CH_3$; $R^4=CH_2OH$

表 4-13-13　化合物 4-13-63~4-13-67 的 ^{13}C NMR 数据[16]

C	4-13-63	4-13-64	4-13-65	4-13-66	4-13-67	C	4-13-63	4-13-64	4-13-65	4-13-66	4-13-67
1	39.5	39.6	39.5	38.7	38.7	5	54.8	54.9	54.8	55.2	55.2
2	34.2	34.2	34.1	27.4	27.4	6	19.7	19.7	19.7	18.3	18.3
3	218.3	218.3	218.3	79.0	79.0	7	33.6	33.6	33.7	34.3	34.3
4	47.3	47.4	47.3	38.9	38.9	8	40.8	40.8	40.8	40.9	40.9

C	4-13-63	4-13-64	4-13-65	4-13-66	4-13-67	C	4-13-63	4-13-64	4-13-65	4-13-66	4-13-67
9	49.4	49.4	49.3	50.0	50.0	20	38.0	37.9	42.0	38.0	37.8
10	36.8	36.8	36.8	37.1	37.1	21	23.1	21.9	23.8	23.1	21.9
11	21.5	21.4	21.5	20.9	20.8	22	40.1	40.5	39.7	40.1	40.6
12	27.2	26.9	27.0	27.2	26.9	23	26.7	26.7	26.7	28.0	28.0
13	38.0	37.9	37.8	37.9	38.0	24	21.0	21.1	21.0	15.4	15.4
14	43.1	43.1	43.1	43.0	42.9	25	15.9	15.8	16.0	16.1	16.0
15	27.3	27.3	27.3	27.3	27.3	26	15.8	15.9	15.8	16.0	16.1
16	35.4	35.4	35.3	35.5	35.5	27	14.4	14.3	14.4	14.4	14.4
17	43.1	42.9	43.0	43.1	43.0	28	17.6	18.1	17.8	17.6	18.1
18	47.4	47.2	48.6	47.5	47.2	29	64.5	68.2	181.8	64.5	68.4
19	43.6	39.2	43.5	43.6	39.2	30	18.0	10.3	17.1	18.0	10.3

4-13-68 R^1=R^4=CH$_3$; R^2=CH$_2$OH; R^3=COOMe
4-13-69 R^1=R^2=R^4=CH$_3$; R^3=CH$_2$OH
4-13-70 R^1=R^2=R^3=R^4=CH$_3$
4-13-71 R^1=R^2=CH$_3$; R^3=COOH; R^4=CH$_2$OH
4-13-72 R^1=COOH; R^2=R^3=R^4=CH$_3$

表 4-13-14 化合物 4-13-68~4-13-72 的 ^{13}C NMR 数据

C	4-13-68[18]	4-13-69[18]	4-13-70[18]	4-13-71[18]	4-13-72[19]	C	4-13-68[18]	4-13-69[18]	4-13-70[18]	4-13-71[18]	4-13-72[19]
1	34.1	38.5	38.4	33.4	34.4	17	56.3	80.4	43.0	56.6	43.0
2	22.9	23.7	23.7	22.8	23.7	18	49.8	48.4	48.0	50.1	48.7
3	78.3	81.0	81.0	76.0	73.3	19	46.8	48.1	48.3	43.5	47.9
4	36.8	37.8	37.8	50.2	46.7	20	150.2	150.0	150.9	157.0	150.9
5	50.4	55.4	55.4	46.0	50.5	21	30.5	38.4	29.9	33.0	29.8
6	18.0	18.2	18.2	21.6	21.3	22	36.7	33.2	40.0	37.4	40.0
7	35.5	34.3	34.3	34.5	34.1	23	27.7	27.9	28.0	177.7	23.6
8	41.7	40.8	40.9	41.7	40.8	24	21.7	16.5	16.5	17.5	182.7
9	51.8	50.5	50.4	51.0	49.7	25	16.4	16.3	16.2	16.6	13.4
10	37.4	37.1	37.1	37.1	37.7	26	16.2	16.1	16.0	16.8	15.9
11	21.0	21.0	21.0	21.1	21.1	27	61.0	13.8	14.5	15.2	14.6
12	25.0	25.1	25.1	27.1	25.2	28	176.6	60.4	18.0	178.8	18.0
13	38.9	37.7	37.1	38.5	38.0	29	109.7	109.8	109.4	106.0	109.3
14	46.3	41.9	42.9	42.9	42.9	30	19.5	19.3	19.3	64.5	19.3
15	23.2	29.4	27.5	30.2	27.4	OAc	170.8/21.4	170.2/21.2	170.8/21.3	170.0/21.2	170.4/21.2
16	33.1	56.9	35.6	32.7	35.5	OCH$_3$	51.3				

4-13-73 $R^1=R^3=OH$; $R^5=R^6=R^7=R^2=H$; $R^4=CH_3$
4-13-74 $R^1=R^5=R^6=R^7=H$; $R^2=OH$; $R^3=$ (3-methylbut-2-enoyloxy) ; $R^4=CH_3$
4-13-75 $R^1=OH$; $R^2=R^3=R^5=R^7=H$; $R^4=CH_2OH$; $R^6=CH_3$
4-13-76 $R^1=R^3=R^5=R^6=H$; $R^2=OH$; $R^4=CH_3$; $R^7=O$
4-13-77 $R^1=R^3=R^6=R^7=H$; $R^2=R^5=OH$; $R^4=CH_3$; $R^5=OH$

表 4-13-15 化合物 4-13-73~4-13-77 的 ^{13}C NMR 数据

C	4-13-73[20]	4-13-74[20]	4-13-75[21]	4-13-76[21]	4-13-77[22]	C	4-13-73[20]	4-13-74[20]	4-13-75[21]	4-13-76[21]	4-13-77[22]
1	39.3	34.0	33.8	39.2	39.3	19	47.7	48.0	47.2	59.0	48.1
2	28.3	26.2	25.7	28.3	28.3	20	151.1	151.4	150.8	144.9	150.5
3	78.0	75.0	76.5	78.1	78.0	21	30.9	31.2	30.8	215.0	31.4
4	39.3	38.1	37.9	39.5	39.5	22	37.2	37.7	37.1	52.0	36.0
5	53.2	46.4	49.6	55.9	55.9	23	28.5	29.0	28.5	28.7	28.6
6	30.3	26.1	18.5	18.7	18.7	24	16.4	22.4	22.4	16.3	16.3
7	74.4	76.7	36.1	34.5	34.8	25	16.3	16.1	16.8	16.3	16.4
8	47.2	46.3	42.0	41.2	41.2	26	10.9	12.1	16.6	16.3	16.4
9	51.1	51.2	52.2	50.6	50.5	27	15.1	15.1	61.4	14.9	16.2
10	37.6	37.8	27.9	37.5	37.5	28	176.6	179.0	177.0	178.5	177.7
11	21.3	20.8	21.3	20.9	21.1	29	110.0	109.9	110.0	114.4	110.2
12	26.3	26.5	25.4	26.3	25.6	30	19.5	19.5	19.8	21.5	19.4
13	39.3	39.1	39.3	38.8	38.0	1'		166.3			
14	44.0	44.4	46.6	42.8	44.2	2'		117.6			
15	34.0	33.0	23.5	29.5	40.1	3'		156.4			
16	32.8	33.4	33.4	32.1	75.7	4'		27.0			
17	56.7	56.3	56.7	50.8	61.5	5'		20.2			
18	49.7	49.6	50.1	48.7	49.4	OMe			51.6		

4-13-78 $R^1=R^2=H$; $R^3=COOH$; $R^4=$ (caffeoyloxymethyl)
4-13-79 $R^1=OH$; $R^2=H$; $R^3=CH_3$; $R^4=CH_2OH$
4-13-80 $R^1=OH$; $R^3=CH_3$; $R^2=R^4=$ (palmitoyl)

4-13-81 $R^1=CH_3$
4-13-82 $R^1=CH_2OH$

$R^2=$ (3,4-dihydroxybenzoyl)

表 4-13-16 化合物 4-13-78~4-13-82 的 ^{13}C NMR 数据

C	4-13-78[22]	4-13-79[22]	4-13-80[22]	4-13-81[23]	4-13-82[23]	C	4-13-78[22]	4-13-79[22]	4-13-80[22]	4-13-81[23]	4-13-82[23]
1	38.7	46.2	48.1	47.9	38.7	21	38.0	28.7	29.6	30.8	31.0
2	24.1	68.2	67.8	67.9	69.0	22	40.2	33.4	34.6	36.7	32.7
3	79.5	82.8	84.7	83.1	83.7	23	28.1	27.7	28.4	28.2	28.2
4	40.2	40.4	39.3	39.6	38.9	24	16.2	16.5	17.2	18.6	18.4
5	57.0	54.9	55.3	55.4	55.4	25	17.1	15.8	17.5	16.8	16.7
6	17.2	17.8	18.3	18.8	18.7	26	17.2	15.2	16.1	17.2	17.1
7	33.8	33.6	34.0	33.1	33.3	27	180.0	14.0	14.7	18.8	69.9
8	40.5	38.8	41.0	39.7	39.9	28	64.4	58.9	62.5	181.2	179.8
9	50.7	49.9	50.3	47.2	47.8	29	110.4	108.8	109.9	23.8	23.0
10	36.7	37.8	38.4	38.0	38.0	30	19.5	18.2	19.1	17.3	17.3
11	19.7	20.4	20.9	24.0	23.9	1'	127.7		171.0	126.9	126.9
12	25.3	24.7	25.1	126.3	125.3	2'	115.3		34.5	115.2	115.5
13	33.8	36.8	37.5	139.1	138.8	3'	147.0		34.7	143.8	144.0
14	42.8	40.4	42.8	42.2	42.2	4'（CH$_2$）	149.7		29.0~30.0	146.5	146.5
15	26.7	26.4	27.0	28.7	24.0	5'（CH$_3$）	116.6		14.1	114.9	114.7
16	38.0	29.2	29.3	24.3	22.0	6'	123.1			122.3	122.1
17	40.0	42.2	46.4	48.3	44.9	7'	146.9			163.7	163.7
18	53.4	48.3	48.8	52.6	53.8	8'	115.9				
19	57.0	47.5	47.7	39.3	39.5	9'	169.4				
20	151.8	150.0	150.0	39.3	39.2						

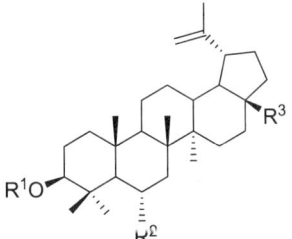

4-13-83　R^1=Caff; R^2=H; R^3=CH$_3$
4-13-84　R^1=Caff; R^2=H; R^3=CH$_2$OH
4-13-85　R^1=CH$_3$-(CH$_2$)$_{16}$-COO-; R^2=OH; R^3=CH$_3$
4-13-86　R^1=trans-Feru; R^2=H; R^3=CH$_3$-(CH$_2$)$_{16}$-COO-CH$_2$-
4-13-87　R^1=cis-Feru; R^2=H;　R^3=CH$_3$-(CH$_2$)$_{16}$-COO-CH$_2$-

表 4-13-17 化合物 4-13-83~4-13-87 的 ^{13}C NMR 数据

C	4-13-83[24]	4-13-84[24]	4-13-85[25]	4-13-86[26]	4-13-87[26]	C	4-13-83[24]	4-13-84[24]	4-13-85[25]	4-13-86[26]	4-13-87[26]
1	38.1	38.4	38.5	38.4	38.4	5	55.4	55.4	56.0	55.4	55.5
2	23.9	23.8	23.6	23.8	23.8	6	18.2	18.2	68.2	18.2	18.1
3	81.0	81.3	81.4	80.8	80.9	7	34.2	34.1	43.9	34.1	34.1
4	38.1	38.1	38.5	38.0	37.9	8	40.9	40.9	38.1	4.09	40.9

续表

C	4-13-83[24]	4-13-84[24]	4-13-85[25]	4-13-86[26]	4-13-87[26]	C	4-13-83[24]	4-13-84[24]	4-13-85[25]	4-13-86[26]	4-13-87[26]
9	50.3	50.3	50.3	50.3	50.3	29	109.4	109.8	109.3	109.8	109.6
10	37.0	37.1	31.9	37.1	37.1	30	19.3	19.1	19.3	19.1	19.1
11	21.0	20.8	21.9	20.9	21.0	1'	127.1	127.3		127.1	127.2
12	25.1	25.1	25.2	25.2	25.2	2'	115.1	115.3		109.2	130.2
13	38.1	37.3	36.9	37.6	37.6	3'	144.9	144.2		147.8	115.0
14	43.0	42.7	41.7	42.7	42.7	4'	147.3	146.8		146.7	156.5
15	48.0	27.0	27.4	27.1	27.2	5'	113.9	114.2		116.3	115.0
16	35.6	29.2	35.6	29.2	29.6	6'	122.0	122.3		123.0	130.2
17	42.8	48.2	43.0	46.4	46.4	7'	144.9	144.9		144.3	143.0
18	48.3	48.8	48.3	48.8	48.8	8'	115.7	115.8		114.7	117.9
19	27.4	47.7	48.0	47.7	47.7	9'	167.9	168.0		167.2	166.4
20	151.0	150.4	150.7	150.1	150.1	OCH₃				56.0	
21	29.9	29.7	29.9	28.7	29.7	1"			170.2	174.3	174.3
22	40.0	34.0	40.0	34.5	34.5	2"			34.6	34.0	34.0
23	28.0	28.0	28.1	28.0	28.0	3"			27.1	25.1	25.0
24	16.7	16.7	18.2	16.0	16.0	4"~13"/16"			25.5	29.2~29.8	29.1~29.7
25	16.0	16.2	16.6	16.2	16.1	14"/17"			29.4-29.9	31.8	31.9
26	16.2	16.0	16.0	16.6	16.5	15"/18"			22.7	22.7	22.7
27	14.5	14.8	14.5	14.7	14.7	16"				14.1	14.1
28	18.0	60.6	18.2	62.5	62.6						

4-13-88[27]

4-13-89[27]

4-13-90[28]

4-13-91[50]

4-13-92[28]

表 4-13-18 化合物 4-13-88~4-13-92 的 ¹³C NMR 数据

C	4-13-88[27]	4-13-89[27]	4-13-90[28]	4-13-91[50]	4-13-92[28]	C	4-13-88[27]	4-13-89[27]	4-13-90[28]	4-13-91[50]	4-13-92[28]
1	37.3	38.4	39.2	33.4	33.1	3	81.0	81.0	78.1	76.0	73.0
2	23.5	23.7	28.3	22.8	26.2	4	37.7	37.8	29.5	50.2	52.0

续表

C	4-13-88[27]	4-13-89[27]	4-13-90[28]	4-13-91[50]	4-13-92[28]	C	4-13-88[27]	4-13-89[27]	4-13-90[28]	4-13-91[50]	4-13-92[28]
5	55.5	55.3	55.8	46.0	45.1	19	47.4	155.0	54.2	43.5	37.4
6	18.7	18.3	18.7	21.6	21.8	20	30.8	29.1	69.3	157.0	50.2
7	41.6	34.1	34.9	34.5	34.8	21	25.6	120.4	86.3	33.0	24.1
8	38.6	41.1	41.4	41.7	41.7	22	41.3	45.3	81.8	37.4	37.5
9	49.1	50.0	50.8	51.0	50.7	23	28.0	27.9	28.6	177.7	180.1
10	37.9	37.0	37.5	37.1	37.4	24	16.6	16.5	16.5	17.5	18.1
11	17.3	21.0	21.3	21.1	21.0	25	15.3	16.0	16.4	16.6	16.7
12	33.5	25.7	28.0	27.1	27.0	26	26.0	14.4	16.4	16.8	16.7
13	39.0	35.5	40.8	38.5	38.5	27	18.9	19.2	14.2	15.2	14.6
14	159.4	43.4	43.4	42.9	43.1	28	32.4	22.6	179.5	178.8	178.9
15	116.7	27.4	26.8	30.2	30.0	29	17.6	22.3	31.1	64.5	7.1
16	38.2	33.6	22.3	32.7	32.7	30	23.0	21.3	31.0	106.0	204.7
17	43.5	46.0	56.0	56.6	56.6	CH₃CO	171.0/21.3	171.0/21.3		170.0/21.2	
18	61.9	52.8	39.7	50.1	49.0						

4-13-93[29]   4-13-94[30]

表 4-13-19 化合物 4-13-93~4-13-94 的 ^{13}C NMR 数据

C	4-13-93[29]	4-13-94[29]	C	4-13-93[29]	4-13-94[29]	C	4-13-93[29]	4-13-94[29]
1	38.7	38.9	14	41.6	42.8	27	15.2	14.7
2	27.3	27.1	15	27.3	27.6	28	24.4	60.3
3	78.9	77.9	16	34.6	29.3	29		109.8
4	38.8	39.0	17	41.8	47.8	30		19.2
5	55.2	55.7	18	57.4	48.9	1'		174.0
6	18.3	18.8	19	221.3	47.9	3'		103.1
7	41.8	33.6	20		150.7	4a'		39.4
8	40.9	39.6	21	34.6	30.0	5'		39.7
9	50.7	49.1	22	26.9	33.9	6'		33.9
10	37.1	37.4	23	28.0	28.1	7'		37.0
11	21.4	20.7	24	15.3	15.6	7a'		49.4
12	35.6	25.6	25	16.2	16.2	8'		15.6
13	38.2	37.4	26	15.9	16.7	9'		20.2

4-13-95 R=H
4-13-96 R=OH

4-13-97 R¹=OH; R²=H; R³=COOH
4-13-98 R¹=H; R²=OH; R³=CH₃

表 4-13-20　化合物 4-13-95~4-13-96 的 ^{13}C NMR 数据[31]

C	4-13-95	4-13-96	C	4-13-95	4-13-96	C	4-13-95	4-13-96
1	47.9	48.6	14	42.2	42.2	27	14.7	14.7
2	67.9	69.0	15	28.7	24.0	28	181.2	60.3
3	83.1	83.7	16	24.3	22.0	29	23.8	109.8
4	39.6	39.8	17	48.3	44.9	30	21.2	19.2
5	55.4	55.4	18	52.6	53.8	1'	126.9	174.0
6	18.8	18.7	19	39.3	39.5	2'	115.2	103.1
7	33.1	33.3	20	39.0	39.2	3'	143.8	39.4
8	39.7	39.9	21	30.8	30.0	4'	146.5	39.7
9	47.2	47.8	22	36.7	33.9	5'	114.9	33.9
10	38.0	38.0	23	28.2	28.1	6'	122.3	37.0
11	24.0	23.9	24	18.6	15.6	7'	163.7	49.4
12	126.3	125.3	25	16.8	16.2			15.6
13	139.1	138.8	26	17.2	16.7			20.2

表 4-13-21　化合物 4-13-97~4-13-100 的 ^{13}C NMR 数据[34]

C	4-13-97[32]	4-13-98[33]	4-13-99	4-13-100	C	4-13-97[32]	4-13-98[33]	4-13-99	4-13-100
1	166.6	159.9	34.1	34.1	13	37.6	36.6	35.2	35.1
2	123.4	15.1	26.6	26.5	14	41.2	44.3	41.4	41.2
3	204.5	205.8	75.1	75.1	15	30.1	37.7	28.2	27.7
4	45.2	44.7	38.1	38.1	16	32.8	77.3	21.3	21.3
5	53.4	53.4	49.2	49.2	17	56.6	78.7	58.2	58.2
6	19.2	19.0	18.5	18.5	18	49.2	47.5	54.2	54.2
7	34.9	33.7	34.5	34.5	19	47.4	47.5	90.9	90.9
8	42.8	44.3	41.1	41.0	20	150.7	149.7	140.3	140.3
9	49.6	44.0	50.8	50.7	21	31.2	29.8	21.3	42.3
10	43.0	39.5	37.7	37.7	22	37.4	37.4	29.3	73.9
11	69.9	21.1	20.8	20.7	23	28.5	27.8	29.2	29.3
12	38.1	24.7	26.1	26.0	24	21.7	21.4	22.8	22.5

续表

C	4-13-97[32]	4-13-98[33]	4-13-99	4-13-100	C	4-13-97[32]	4-13-98[33]	4-13-99	4-13-100
25	20.2	19.2	16.5	16.5	1'				173.5
26	17.8	16.4	15.7	15.7	2'				34.2
27	14.6	16.0	13.6	13.5	3'				25.2
28	178.8	11.7	178.6	174.8	4'~12'				29.2~30.0
29	110.0	110.0	112.2	112.8	13'				22.9
30	19.5	19.3	19.3	19.2	14'				14.3

4-13-99 R=H
4-13-100 R=OCO(CH$_2$)$_{12}$CH$_3$

4-13-101 R=H
4-13-102 R=Glu

表 4-13-22 化合物 4-13-101~4-13-104 的 ^{13}C NMR 数据

C	4-13-101[35]	4-13-102[35]	4-13-103[36]	4-13-104[36]	C	4-13-101[35]	4-13-102[35]	4-13-103[36]	4-13-104[36]
1	38.5	38.5	38.8	38.8	19	49.3	47.0	48.0	53.4
2	24.5	24.4	27.5	27.5	20	151.0	150.5	150.0	150.5
3	83.6	83.7	79.1	79.0	21	30.7	30.4	27.4	27.4
4	53.5	53.6	38.9	38.9	22	37.1	36.4	32.3	33.4
5	51.5	51.6	55.4	55.6	23	184.9	184.9	28.1	28.0
6	20.9	20.8	18.4	18.3	24	12.4	12.6	15.4	15.4
7	34.0	33.8	34.5	34.0	25	16.2	16.2	16.3	16.5
8	40.9	41.0	40.9	40.6	26	15.8	15.7	16.2	15.6
9	50.3	50.3	50.7	51.2	27	14.6	14.6	14.1	14.7
10	36.0	36.2	37.3	37.3	28	179.2	175.0		
11	20.7	20.6	21.0	21.4	29	109.5	109.7	109.8	108.9
12	25.6	25.4	25.3	26.9	30	19.1	19.0	19.4	21.1
13	38.1	38.0	36.8	44.2	1'		94.8		
14	42.1	42.3	42.1	40.7	2'		73.4		
15	29.7	29.6	29.6	28.8	3'		77.8		
16	32.4	31.8	27.0	28.2	4'		70.4		
17	56.2	56.6	91.6	93.4	5'		78.6		
18	47.3	49.4	49.2	46.8	6'		61.5		

4-13-103 R=(S)-OOH
4-13-104 R=(R)-OOH

4-13-105 R¹=R²=H
4-13-106 R¹=H; R²=Me
4-13-107 R¹=Ac; R²=H

4-13-108 R=CH₂OH
4-13-109 R=CH₃

表 4-13-23　化合物 4-13-105~4-13-109 的 ^{13}C NMR 数据[37]

C	4-13-105[37]	4-13-106[37]	4-13-107[37]	4-13-108[38]	4-13-109[38]	C	4-13-105[37]	4-13-106[37]	4-13-107[37]	4-13-108[38]	4-13-109[38]
1	33.8	33.9	34.5	39.6	39.6	17	43.0	43.0	43.0	48.0	43.3
2	26.3	26.4	23.8	34.1	34.1	18	48.2	48.2	48.2	52.3	51.4
3	71.0	71.1	77.2	218.0	218.3	19	48.0	48.0	47.9	36.5	37.0
4	47.5	47.6	46.0	47.4	47.4	20	151.0	151.0	150.9	157.0	156.8
5	49.0	48.9	49.6	55.0	54.9	21	29.8	29.9	30.0	32.8	32.3
6	19.6	19.8	19.6	19.6	19.6	22	40.0	40.0	40.0	33.9	39.9
7	34.1	34.1	34.1	33.5	33.5	23	24.1	24.0	23.8	26.6	26.6
8	40.8	40.8	40.8	42.7	42.7	24	183.0	177.7	182.9	21.1	21.1
9	49.7	49.7	50.5	49.6	49.6	25	13.4	13.3	12.4	15.9	15.9
10	37.8	37.6	37.7	36.9	36.8	26	15.9	15.9	15.9	15.8	15.7
11	21.1	21.1	21.0	21.4	21.4	27	14.5	14.5	14.1	14.6	14.3
12	25.2	25.2	25.2	27.6	27.6	28	18.0	18.0	18.0	60.2	17.8
13	38.0	38.1	38.8	37.1	37.8	29	109.3	109.3		133.2	133.3
14	42.9	42.9	42.9	40.8	40.7	30	19.3	19.3	19.3	194.9	195.1
15	27.4	27.4	27.4	26.9	27.3	OMe	51.1				
16	35.5	35.6	35.6	29.1	35.3	OAc			170.5/21.4		

4-13-110 R=O
4-13-111 R=OH

4-13-112

4-13-113

表 4-13-24　化合物 4-13-110~4-13-113 的 ^{13}C NMR 数据[39]

C	4-13-110[39]	4-13-111[39]	4-13-112[40]	4-13-113[40]	C	4-13-110[39]	4-13-111[39]	4-13-112[40]	4-13-113[40]
1	32.9	43.0	38.6	38.6	21	29.8	29.8	37.8	38.9
2	39.9	27.1	27.4	23.6	22	39.7	39.7	40.5	32.2
3	218.4	78.4	78.9	80.7	23	31.5	30.8	28.0	27.9
4	46.7	38.8	38.9	37.8	24	19.6	15.7	15.3	16.5
5	56.1	58.5	55.3	55.5	25	17.6	18.0	16.1	16.7
6	72.4	71.6	18.3	18.1	26	16.1	17.2	16.0	16.0
7	41.5	42.9	34.2	34.0	27	14.4	14.5	15.3	16.0
8	39.9	39.9	40.9	40.9	28	17.9	17.9	20.1	24.3
9	49.0	49.0	50.6	50.8	29	109.4	109.4	20.2	
10	35.3	35.3	37.2	37.2	30	19.3	19.3	25.4	
11	21.8	21.8	20.8	20.0	OAc				171.0/21.3
12	25.1	25.1	25.4	22.1	1'	124.0	124.0		
13	37.7	37.7	34.7	47.9	2'	111.8	111.8		
14	42.9	42.9	43.2	46.5	3'	150.7	150.7		
15	29.8	29.8	27.5	26.8	4'	146.3	146.3		
16	35.3	35.3	37.8	34.0	5'	114.1	114.1		
17	41.5	41.5	43.4	46.3	6'	122.7	122.7		
18	47.9	47.9	50.8	217.6	7'	165.4	165.4		
19	46.7	46.7	54.9	209.4	OCH$_3$	55.9	55.9		
20	150.7	150.7	213.9	29.9					

4-13-114 R^1=H; R^2=CH$_3$
4-13-115 R^1=O; R^2=CH$_3$
4-13-116 R^1=β-OH; R^2=CH$_3$
4-13-117 R^1=α-OH; R^2=CH$_3$
4-13-118 R^1=β-OH; R^2=COOMe

4-13-119 R^1=R^2=H

4-13-120 R^1=OH; R^2=

表 4-13-25　化合物 4-13-114~4-13-118 的 ^{13}C NMR 数据[1]

C	4-13-114	4-13-115	4-13-116	4-13-117	4-13-118	C	4-13-114	4-13-115	4-13-116	4-13-117	4-13-118
2	40.7	55.4	51.5	51.3	65.3	9	50.0	48.7	49.9	49.7	44.5
3	38.9	224.5	82.3	81.2	84.6	10	45.6	41.6	43.4	40.9	49.3
4	37.8	45.7	44.4	41.9	43.2	11	23.6	23.7	23.6	23.6	23.5
5	61.6	59.2	61.8	61.1	56.4	12	25.1	24.8	24.9	24.9	25.4
6	18.8	18.1	18.6	19.0	19.4	13	38.3	38.1	38.2	38.2	38.5
7	34.7	33.8	34.4	34.4	33.9	14	43.0	42.9	42.9	42.9	42.8
8	41.4	41.2	41.4	41.4	41.6	15	27.8	27.5	27.6	27.6	29.8

C	4-13-114	4-13-115	4-13-116	4-13-117	4-13-118	C	4-13-114	4-13-115	4-13-116	4-13-117	4-13-118
16	35.7	35.5	35.6	32.1	32.1	24	26.2	21.0	19.0	25.2	18.4
17	42.9	42.9	42.8	42.8	56.5	25	16.1	17.5	17.2	17.4	18.4
18	48.4	48.2	48.3	48.3	49.3	26	16.3	16.2	16.1	16.2	16.5
19	48.0	47.9	47.9	47.9	46.8	27	14.7	14.6	14.6	14.6	14.7
20	150.7	150.4	150.5	150.5	150.1	28	18.0	18.0	18.0	18.0	176.4
21	29.9	29.8	29.8	29.8	30.6	29	109.2	109.3	109.2	109.2	109.4
22	40.1	39.9	40.0	40.0	36.8	30	19.4	19.3	19.3	19.3	19.1
23	32.7	27.7	31.8	25.4	30.7						

表 4-13-26　化合物 4-13-119、4-13-120 的 ^{13}C NMR 数据[41]

C	4-13-119[41]	4-13-120[41]	C	4-13-119[41]	4-13-120[41]	C	4-13-119[41]	4-13-120[41]
1	39.5	39.0	13	38.1	37.7	25	16.0	16.9
2	34.1	34.4	14	42.9	42.6	26	15.8	17.1
3	218.3	219.0	15	27.4	27.6	27	14.5	14.6
4	47.3	38.4	16	35.4	35.6	28	17.7	18.3
5	54.9	55.1	17	43.0	43.3	29	106.8	110.2
6	19.7	19.9	18	48.8	47.9	30	65.0	68.4
7	33.6	34.5	19	43.8	47.8	1'		168.0
8	40.8	42.3	20	154.7	150.4	2'		132.7
9	49.7	55.0	21	31.8	30.6	3'		129.0
10	36.9	37.4	22	39.8	40.0	4'		131.1
11	21.6	70.7	23	26.7	24.0	5'		150.4
12	26.7	27.7	24	21.0	21.0	6'		131.1

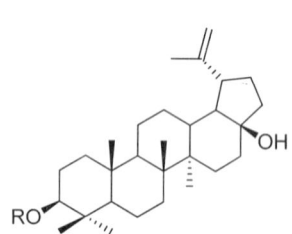

4-13-121 R=H
4-13-122 R=Ac

4-13-123 R^1=Caff; R^2=CH$_3$; R^3=COOH
4-13-124 R^1=H; R^2=COOH; R^3=CH$_2$-O-Caff

4-13-125 R=H
4-13-126 R=OH

表 4-13-27　化合物 4-13-121~4-13-126 的 ^{13}C NMR 数据

C	4-13-121[42]	4-13-122[42]	4-13-123[43]	4-13-124[43]	4-13-125[44]	4-13-126[44]
1	38.7	38.5	40.3	38.7	39.6	39.6
2	27.4	23.7	26.7	26.7	34.1	34.1
3	79.0	81.0	70.2	75.3	217.9	218.1
4	38.8	37.8	41.6	40.2	47.3	47.3

续表

C	4-13-121[42]	4-13-122[42]	4-13-123[43]	4-13-124[43]	4-13-125[44]	4-13-126[44]
5	55.3	55.4	47.7	57.0	54.9	54.9
6	18.3	18.2	17.8	19.7	19.7	19.6
7	34.3	34.3	33.7	33.8	33.6	33.4
8	40.7	40.8	40.4	40.5	40.8	40.8
9	50.5	50.5	50.3	50.7	49.8	49.7
10	37.2	37.1	36.6	38.0	36.9	36.8
11	20.9	21.0	21.1	22.3	21.5	21.4
12	25.1	25.1	25.1	24.1	25.1	24.7
13	37.7	37.7	38.8	38.1	37.4	37.6
14	41.9	41.9	42.0	43.4	42.8	42.6
15	29.4	29.4	29.2	25.3	27.4	27.1
16	26.9	26.9	31.8	36.7	35.6	35.6
17	80.4	80.4	55.5	57.3	43.0	41.9
18	48.4	48.4	48.6	46.9	48.3	48.0
19	48.1	48.1	46.7	46.9	47.9	59.8
20	150.0	150.0	150.4	151.8	150.8	148.3
21	38.4	38.4	30.2	42.8	29.8	77.7
22	33.1	33.2	37.7	28.6	40.0	49.3
23	28.0	27.9	65.2	28.1	26.6	26.6
24	15.4	16.5	12.2	17.2	21.0	21.0
25	16.2	16.3	16.3	17.2	15.9	15.9
26	16.1	16.1	15.8	16.2	15.8	15.8
27	13.8	13.8	14.3	180.0	14.5	14.4
28			177.3	64.4	18.0	19.7
29	109.8	109.8	109.7	110.4	109.4	111.3
30	19.3	19.3	19.0	19.5	19.3	19.7
1'			125.6	127.7		
2'			114.8	115.3		
3'			144.8	147.0		
4'			148.4	149.7		
5'			115.8	116.6		
6'			121.3	123.1		
7'			145.7	146.9		
8'			114.3	115.9		
9'			166.4	169.4		

4-13-127 R^1=R^2=H
4-13-128 R^1=H; R^2=OH
4-13-129 R^1=H; R^2=OAc
4-13-130 R^1=M; R^2=H
4-13-131 R^1=M; R^2=OH

4-13-132 R=M

表 4-13-28　化合物 4-13-127~4-13-132 的 ^{13}C NMR 数据[32]

C	4-13-127	4-13-128	4-13-129	4-13-130	4-13-131	4-13-132
1	70.9	70.5	70.5	70.3	70.6	87.5
2	38.8	38.8	38.8	38.7	38.8	38.9
3	172.9	173.0	172.9	172.9	173.1	175.4
4	147.7	147.7	147.7	147.7	147.7	79.1
5	49.6	49.5	49.5	49.6	49.6	56.2
6	25.1	25.2	25.1	25.1	25.2	18.7
7	32.4	32.5	32.4	32.3	32.4	35.4
8	41.6	41.6	41.6	41.7	41.7	42.8
9	44.0	44.0	44.1	44.0	44.1	48.9
10	44.1	44.1	44.1	44.1	44.3	46.9
11	75.3	75.3	75.2	75.2	75.0	67.7
12	33.5	33.7	33.5	33.4	33.6	36.9
13	35.3	35.0	34.8	35.2	35.1	37.5
14	42.2	42.2	42.0	42.1	42.2	42.8
15	29.6	29.1	28.7	29.5	29.0	30.3
16	32.6	27.0	26.7	32.1	26.7	32.3
17	56.3	62.5	60.7	56.7	62.9	57.0
18	49.5	44.2	45.4	48.6	44.1	49.5
19	47.3	48.0	47.3	47.5	47.8	47.2
20	150.5	151.0	151.0	150.4	150.6	150.5
21	31.0	41.9	39.0	30.7	41.8	30.8
22	37.3	75.6	78.2	36.7	75.4	36.7
23	113.8	113.8	113.8	113.8	113.9	25.0
24	23.5	23.5	23.5	23.4	23.5	32.8
25	18.9	19.0	19.0	19.0	19.2	19.2
26	17.8	17.8	17.7	17.9	18.0	17.9
27	13.7	13.7	13.6	13.9	13.8	15.1
28	178.0	178.9	176.7	175.0	175.0	174.9
29	110.5	110.9	111.7	110.6	111.1	110.2
30	18.9	18.8	18.5	18.8	18.8	19.5
28-O-Glu						
1				95.3	95.5	95.3
2				73.9	73.9	73.9
3 (内侧)				78.4	78.4	78.2
4				70.9	70.8	70.9
5				77.1	77.1	77.1
6				69.4	69.4	69.4
Glu						
1				105.1	105.1	105.0
2				75.2	75.2	75.2
3(外侧)				76.4	76.4	76.4
4				78.7	78.7	78.5

C	4-13-127	4-13-128	4-13-129	4-13-130	4-13-131	4-13-132
5				78.0	78.0	77.9
6				61.3	61.3	61.2
Rha						
1				102.7	102.7	102.6
2				72.5	72.5	72.4
3				72.7	72.7	72.6
4				74.0	74.1	74.0
5				70.5	70.3	70.2
6				18.4	18.5	18.4

4-13-133 R^1=O; R^2=R^3=H
4-13-134 R^1=O; R^2=OH; R^3=H
4-13-135 R^1=R^2=R^3=O

4-13-136 R^1=O; R^2=R^3=OH
4-13-137 R^1=O; R^2=OH; R^3=H
4-13-138 R^1=O; R^2=R^3=H

表 4-13-29　化合物 4-13-133~4-13-138 的 ^{13}C NMR 数据[45]

C	4-13-133	4-13-134	4-13-135	4-13-136	4-13-137	4-13-138
1	39.6	42.5	42.2	43.0	39.6	43.4
2	34.6	34.4	34.5	34.5	34.1	33.8
3	217.8	216.8	216.6	216.7	217.9	214.6
4	47.2	48.9	48.9	49.0	47.3	48.5
5	54.9	56.6	57.0	56.6	55.0	65.1
6	19.7	69.7	69.6	69.7	19.6	211.6
7	33.9	42.1	42.2	42.2	33.6	52.2
8	41.4	40.7	40.2	40.0	40.8	41.0
9	50.0	50.6	50.7	50.7	49.8	50.2
10	36.8	36.8	36.5	36.8	36.9	46.2
11	22.0	21.8	21.2	21.3	21.5	50.2
12	28.7	28.7	25.4	25.2	25.2	46.2
13	37.7	36.8	34.0	37.2	38.2	21.7
14	43.6	43.9	43.1	42.2	42.9	28.6
15	27.6	27.7	27.2	27.5	27.4	37.3
16	35.6	35.6	36.8	35.5	35.6	35.4
17	44.6	44.6	47.8	43.2	42.9	43.9
18	48.3	48.5	47.8	48.3	48.3	48.1
19	49.7	50.1	47.9	48.0	47.9	50.1
20	73.4	73.4	150.3	150.8	150.7	73.3
21	29.7	29.1	29.8	29.8	29.9	28.2
22	40.2	40.2	29.2	39.9	40.0	39.9
23	26.7	24.9	25.1	25.0	26.6	24.1

续表

C	4-13-133	4-13-134	4-13-135	4-13-136	4-13-137	4-13-138
24	21.0	23.7	23.8	23.7	21.0	21.9
25	16.0	17.5	17.0	17.0	15.8	16.4
26	16.0	17.0	17.1	17.1	15.4	16.2
27	14.8	15.2	15.1	14.8	14.4	15.2
28	19.2	19.2	60.5	18.0	18.0	19.2
29	31.6	31.7	109.8	109.4	109.2	32.0
30	24.8	25.2	19.5	19.3	19.3	24.5

[Structures 4-13-139, 4-13-140, 4-13-141 (R=COOH), 4-13-142 (R=OOH)]

表 4-13-30 化合物 4-13-139~4-13-142 的 ^{13}C NMR 数据[46]

C	4-13-139[46]	4-13-140[46]	4-13-141[47]	4-13-142[47]	C	4-13-139[46]	4-13-140[46]	4-13-141[47]	4-13-142[47]
1	42.4	38.2	38.4	38.3	17	59.3	50.8	43.0	42.8
2	34.3	28.3	23.6	23.6	18	59.3	48.7	47.2	48.5
3	218.6	78.1	81.0	81.0	19	47.2	59.0	40.1	40.6
4	47.6	39.5	37.8	37.7	20	149.1	144.9	40.9	83.4
5	54.9	55.9	55.3	55.3	21	29.8	215.0	23.7	21.8
6	19.5	18.7	18.2	18.1	22	32.9	52.0	40.3	35.2
7	34.2	34.5	34.2	34.2	23	27.4	28.7	27.9	27.9
8	42.1	41.2	40.8	40.9	24	20.7	16.3	16.5	16.5
9	54.7	50.6	49.9	49.9	25	16.8	16.3	16.1	16.0
10	38.2	37.5	37.0	37.0	26	16.7	16.3	15.9	15.9
11	70.1	20.9	20.8	20.8	27	14.1	14.9	14.3	14.2
12	37.6	26.3	26.3	27.1	28	206.0	178.5	17.9	17.9
13	37.6	38.8	37.7	37.3	29	110.7	114.4	181.8	
14	42.3	42.8	43.0	43.0	30	19.1	21.5	9.6	12.4
15	28.8	29.5	27.2	27.1	OAc			171.1/21.3	171.1/21.3
16	28.9	32.1	35.4	40.4					

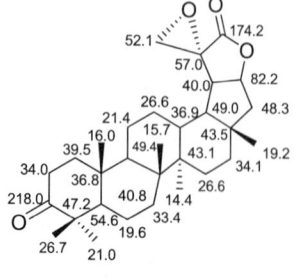

4-13-143[48]   4-13-144[48]

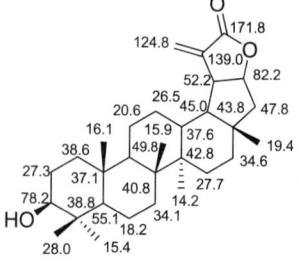

4-13-145[48]

第四章 二倍半萜、三萜和多萜类化合物

4-13-146[49]   **4-13-147**[36]   **4-13-148**[51]

4-13-149[52]   **4-13-150**[52]   **4-13-151**[53]

4-13-153[50] R=M   **4-13-154**[51] R=M

4-13-152[54]

M=

表 4-13-31 化合物 4-13-153~4-13-154 的 ^{13}C NMR 数据[47]

C	4-13-153[50]	4-13-154[28]	C	4-13-153[50]	4-13-154[28]	C	4-13-153[50]	4-13-154[28]
1	33.4	33.3	10	37.1	37.4	19	43.1	37.3
2	22.9	26.1	11	21.0	20.9	20	156.6	50.1
3	76.0	72.7	12	27.1	26.9	21	32.7	24.6
4	50.2	51.7	13	38.5	38.2	22	37.6	37.4
5	46.0	45.6	14	42.9	43.0	23	178.1	181.8
6	21.6	21.7	15	30.1	30.0	24	17.5	18.3
7	34.5	34.6	16	32.7	32.0	25	16.6	16.8
8	41.7	41.7	17	56.6	57.0	26	16.9	16.6
9	51.0	50.6	18	50.1	48.5	27	15.0	14.7

1327

C	4-13-153[50]	4-13-154[28]	C	4-13-153[50]	4-13-154[28]	C	4-13-153[50]	4-13-154[28]
28	175.0	175.0	5	78.2	78.0	Rha		
29	106.0	7.0	6	69.4	69.6	1	102.7	102.7
30	64.5	204.6	6-Glu			2	72.6	72.5
OAc	170.0/21.2		1'	105.0	105.1	3	72.8	72.7
28-Glu			2'	75.4	75.3	4	74.0	74.0
1	95.2	95.4	3'	76.6	76.5	5	70.4	70.3
2	74.0	73.9	4'	78.7	78.3	6	18.5	18.5
3	78.4	78.7	5'	77.2	77.1			
4	70.8	70.9	6'	61.4	61.3			

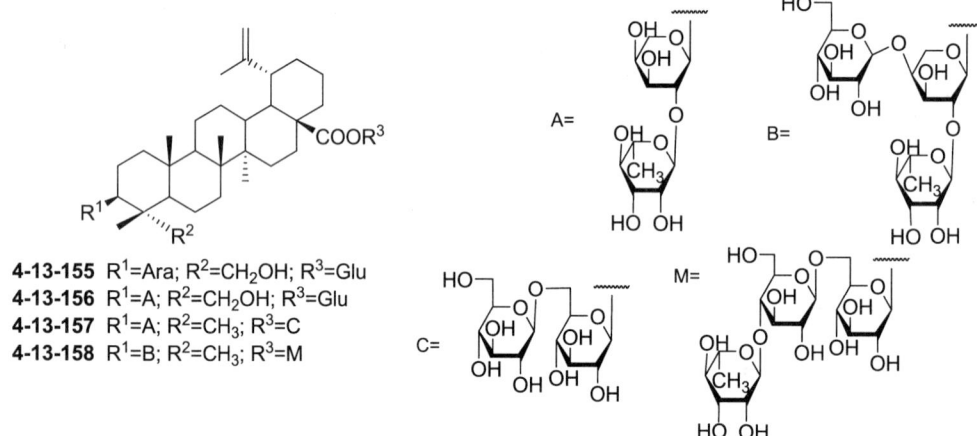

4-13-155 R¹=Ara; R²=CH₂OH; R³=Glu
4-13-156 R¹=A; R²=CH₂OH; R³=Glu
4-13-157 R¹=A; R²=CH₃; R³=C
4-13-158 R¹=B; R²=CH₃; R³=M

表 4-13-32 化合物 4-13-155~4-13-158 的 ^{13}C NMR 数据

C	4-13-155[54]	4-13-156[54]	4-13-157[55]	4-13-158[55]	C	4-13-155[54]	4-13-156[54]	4-13-157[55]	4-13-158[55]
1	39.1	39.1	39.1	38.9	15	30.2	30.0	29.9	29.8
2	26.3	26.2	26.7	26.4	16	32.3	32.1	32.2	32.0
3	81.9	81.0	88.8	88.6	17	57.0	56.8	56.9	56.7
4	43.6	43.4	39.5	39.3	18	50.0	49.7	49.7	49.5
5	47.7	47.7	55.9	55.8	19	47.5	47.3	47.3	47.1
6	18.2	18.0	18.4	18.2	20	150.9	150.7	150.8	150.6
7	34.3	34.0	34.5	35.3	21	30.9	30.7	30.8	30.5
8	41.2	41.0	41.1	40.9	22	36.9	36.7	36.9	36.9
9	51.0	50.8	50.7	50.6	23	62.2	63.8	27.9	27.7
10	37.1	36.9	37.1	36.6	24	16.9	13.5	16.7	16.4
11	21.2	21.0	21.0	20.8	25	14.9	16.8	16.4	16.0
12	26.1	25.9	25.9	25.7	26	13.4	16.2	16.3	16.1
13	38.4	38.2	38.2	38.0	27	16.4	14.8	14.8	14.6
14	42.8	42.7	42.7	42.6	28	175.0	174.8	174.9	174.7

续表

C	4-13-155[54]	4-13-156[54]	4-13-157[55]	4-13-158[55]
29	110.1	109.9	110.0	109.9
30	19.4	19.3	19.3	19.2
1'	107.2	105.8	105.8	1057
2'	75.9	75.4	75.4	75.5
3'	78.8	79.6	79.7	79.6
4'	72.0	71.7	71.8	71.8
5'	78.0	77.9	78.0	78.0
6'	63.2	63.0	63.0	63.0
Ara				
1	106.5	104.0	104.9	104.7
2	73.1	75.8	75.9	76.0
3	74.7	74.3	73.7	73.5
4	69.6	69.0	68.7	69.1
5	64.4	65.2	64.8	63.8
Rha				
1			101.7	101.5
2			72.4	72.0
3			72.5	72.1
4			73.9	73.6
5			69.8	69.5
6			18.6	19.1
Glu				
1				106.0
2				75.0
3				78.7
4				71.0
5				78.2
6				62.2
28-O-Glu				
1	95.4		95.2	95.0
2	74.3		74.0	93.7
3	79.4		78.5	78.1
4	71.2		70.8	70.4
5	78.9		78.0	77.6
6	61.8		69.4	69.1
Glu				
1			105.4	104.6
2			75.1	74.8
3			78.7	76.0
4			71.4	78.0
5			78.3	76.7
6			62.6	61.0
Rha				
1				102.4
2				71.8
3				72.3
4				73.2
5				70.0
6				18.2

4-13-159 R[1]=Glu; R[2]=R[5]=OH; R[3]=R[4]=H; R[6]=CH[3]
4-13-160 R[1]=R[3]=R[4]=H; R[2]=O-Glu; R[5]=OH; R[6]=CH[3]
4-13-161 R[1]=R[3]=H; R[2]=O-Glu; R[4]=R[5]=OH; R[6]=CH[3]
4-13-162 R[1]=R[4]=R[5]=H; R[2]=O-Glu; R[3]=OH; R[6]=CH[3]
4-13-163 R[1]=Ac; R[2]=R[3]=R[4]=R[5]=R[6]=H

表 4-13-33　化合物 4-13-159~4-13-163 的 ¹³C NMR 数据[56]

C	4-13-159	4-13-160	4-13-164	4-13-162	4-13-163	C	4-13-159	4-13-160	4-13-164	4-13-162	4-13-163
1	39.1	39.4	39.4	39.4	38.4	20	72.4	72.5	73.2	72.4	72.4
2	26.7	27.9	28.0	28.0	23.6	21	28.6	28.6	73.6	29.0	29.0
3	89.6	78.8	78.8	78.8	81.0	22	34.3	34.2	45.4	39.0	40.3
4	40.5	40.2	40.3	40.3	37.8	23	31.5	31.8	31.8	31.8	27.9
5	61.2	60.8	60.8	60.9	55.3	24	17.0	16.4	16.3	16.4	16.5
6	67.7	80.4	80.4	80.2	18.2	25	17.5	17.7	17.8	18.0	16.1
7	47.6	44.9	44.8	44.9	34.2	26	17.7	17.9	17.9	17.7	15.9
8	42.9	42.9	43.0	43.0	40.8	27	15.5	15.3	15.5	16.7	16.2
9	50.5	50.7	50.9	50.5	49.9	28	60.0	60.1	61.7	14.6	14.3
10	39.0	397	39.8	39.7	37.0	29	25.6	25.6	30.4	26.1	
11	21.8	21.9	22.0	22.0	20.8	30	32.3	32.2	31.4	32.1	31.0
12	29.2	29.2	29.1	29.0	29.0	OAc					171.3/21.2
13	36.6	36.7	36.6	37.3	37.1	1'	107.2	105.8	105.8	1057	
14	43.9	43.9	44.0	44.8	43.0	2'	75.9	75.4	75.4	75.5	
15	28.0	27.6	27.6	38.0	27.2	3'	78.8	79.6	79.7	79.6	
16	30.7	30.7	31.7	76.4	35.4	4'	72.0	71.7	71.8	71.8	
17	49.9	49.8	45.5	51.0	43.0	5'	78.0	77.9	78.0	78.0	
18	49.3	49.3	48.2	48.0	48.5	6'	63.2	63.0	63.0	63.0	
19	50.8	50.7	54.2	50.3	50.8						

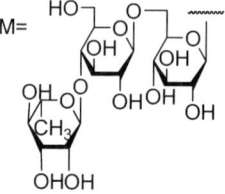

4-13-164　R=M
4-13-165　R=COOH
4-13-166　R=CH₃

4-13-167　R¹=Glu;　R²=CH₃;　R³=M
4-13-168　R¹=H;　　R²=CHO;　R³=M
4-13-169　R¹=Glu;　R²=CH₃;　R³=H
4-13-170　R¹=H;　　R²=CHO;　R³=H

表 4-13-34　化合物 4-13-164~4-13-166 的 ¹³C NMR 数据[32]

C	4-13-164	4-13-165	4-13-166	C	4-13-164	4-13-165	4-13-166	C	4-13-164
1	79.1	78.7	78.6	8	42.4	42.4	42.4	4	70.9
2	43.7	43.0	43.0	9	56.2	55.5	55.2	5	77.0
3	216.0	216.2	216.4	10	44.3	44.0	43.9	6'	69.4
4	47.0	47.4	47.3	11	68.6	69.4	69.4	Glu	
5	50.6	50.9	50.8	12	36.5	36.7	36.3	1	105.0
6	19.8	19.5	19.5	13	36.9	37.0	36.7	2	75.2
7	33.7	33.8	33.6	14	42.6	42.5	42.6	3 (外侧)	76.4

续表

C	4-13-164	4-13-165	4-13-166	C	4-13-164	4-13-165	4-13-166	C	4-13-164
15	30.0	29.8	27.4	25	13.9	13.6	13.5	4	78.5
16	32.1	32.1	32.3	26	17.2	17.3	17.0	5	77.9
17	56.8	56.3	42.9	27	14.5	14.6	14.3	6	61.2
18	49.3	48.6	47.6	28	174.8	180.5	18.0	Rha	
19	47.2	46.7	47.7	29	110.2	110.5	110.1	1	102.6
20	150.2	149.7	150.2	30	19.4	19.5	19.3	2	72.4
21	30.8	30.5	29.7	28-O-Glu				3	72.6
22	36.8	37.0	39.7	1	95.2			4	74.0
23	28.7	28.8	28.7	2	73.9			5	70.2
24	19.9	19.6	19.6	3 (内侧)	78.2			6	18.4

表 4-13-35 化合物 4-13-167~4-13-170 的 ^{13}C NMR 数据[57]

C	4-13-167	4-13-168	4-13-169	4-13-170	C	4-13-167	4-13-168	4-13-169	4-13-170
1	36.1	34.9	36.2	35.4	27	14.7	14.4	14.8	14.8
2	21.8	26.8	21.9	27.2	28	174.8	174.6	178.9	178.8
3	81.3	72.7	81.5	73.1	29	110.1	109.9	110.1	110.1
4	37.8	52.6	37.9	53.0	30	19.6	19.2	19.6	19.5
5	50.5	43.9	50.6	44.3	28-O-Glu				
6	18.4	21.0	18.4	21.4	1	95.2	94.9		
7	35.4	35.2	35.7	35.6	2	73.9	73.7		
8	42.6	42.4	42.7	42.9	3 (内侧)	78.6	78.3		
9	55.8	55.6	55.9	56.0	4	70.8	70.5		
10	39.6	38.7	39.7	39.0	5	77.0	77.7		
11	69.7	69.4	69.9	69.8	6'	69.4	69.2		
12	38.1	37.8	38.3	38.3	Glu				
13	36.9	37.0	36.7	37.6	1	105.0	104.7		
14	37.3	37.0	37.7	43.3	2	75.0	74.9		
15	42.9	43.0	42.9	30.1	3 (外侧)	76.3	76.1		
16	30.0	29.6	30.2	32.9	4	78.2	77.9		
17	32.2	31.9	32.9	56.6	5	77.0	76.8		
18	49.4	49.1	49.4	49.4	6	61.3	61.0		
19	47.1	46.8	47.5	47.5	Rha				
20	150.4	150.1	150.9	150.8	1	102.6	102.4		
21	30.8	30.6	31.3	31.3	2	72.4	72.2		
22	36.7	36.4	37.4	37.4	3	72.6	72.4		
23	29.8	209.7	29.9	210.0	4	73.9	73.6		
24	23.0	14.6	23.0	150.0	5	70.2	70.0		
25	16.8	16.5	16.8	16.8	6	18.4	18.2		
26	17.6	17.4	17.6	17.8					

4-13-171 R¹=A; R²=CH₃;   R³=M
4-13-172 R¹=A; R²=CH₂OH; R³=M
4-13-173 R¹=B; R²=CH₂OH; R³=M
4-13-174 R¹=C; R²=CH₂OH; R³=M

表 4-13-36　化合物 4-13-171~4-13-174 的 ^{13}C NMR 数据

C	4-13-171[58]	4-13-172[59]	4-13-173[58]	4-13-174[58]	C	4-13-171[58]	4-13-172[59]	4-13-173[58]	4-13-174[58]
1	39.0	39.2	39.1	39.2	28	174.8	175.4	174.9	174.9
2	26.6	26.3	26.4	26.4	29	109.9	27.0	110.0	110.0
3	88.7	81.0	81.0	81.1	30	19.3	31.4	19.3	19.3
4	39.4	43.5	43.5	43.5	Ara				
5	55.9	47.7	47.8	47.8	1	104.7	104.1	104.2	104.3
6	18.4	18.1	18.0	18.0	2	75.9	75.7	76.2	76.2
7	54.4	34.6	34.1	34.2	3	73.6	74.4	74.5	74.8
8	41.0	41.6	41.0	41.1	4	68.5	69.1	80.0	80.8
9	50.7	51.0	50.8	50.9	5	64.5	65.3	65.1	65.2
10	37.0	36.8	36.9	36.9	Rha				
11	20.9	21.9	21.0	21.1	1	101.6	101.5	101.6	101.6
12	25.9	29.6	25.9	26.0	2	72.2	72.2	72.1	72.1
13	38.2	38.5	38.2	38.3	3	72.4	72.4	72.4	72.4
14	42.6	43.6	42.7	42.7	4	73.8	74.0	74.0	74.0
15	30.0	30.6	30.0	30.1	5	69.7	69.6	69.6	69.6
16	32.1	32.4	32.1	32.2	6	18.4	18.4	18.5	18.5
17	56.8	59.5	56.9	56.9	Glu				
18	49.6	49.2	49.7	49.7	1			106.5	106.1
19	47.2	49.7	47.3	47.3	2			75.4	74.9
20	150.7	72.2	150.7	150.8	3			78.3	76.6
21	30.7	29.0	30.7	30.8	4			71.1	81.2
22	36.7	36.6	36.8	36.8	5			78.6	76.6
23	27.9	63.8	63.7	63.7	6			62.3	61.7
24	16.6	13.6	13.7	13.7	Glu'				
25	16.3	17.0	16.8	16.9	1				104.9
26	16.2	16.8	16.3	16.3	2				74.7
27	14.7	15.2	14.8	14.8	3				78.2

续表

C	4-13-171[58]	4-13-172[59]	4-13-173[58]	4-13-174[58]	C	4-13-171[58]	4-13-172[59]	4-13-173[58]	4-13-174[58]
4				71.5	2	75.2	75.2	75.2	75.2
5				78.3	3	76.3	76.4	76.3	76.4
6				62.4	4	78.0	78.2	78.1	78.2
Glu"					5	76.9	77.0	77.0	77.0
1	95.1	95.1	95.1	95.2	6	61.1	61.2	61.1	61.2
2	73.9	73.9	74.0	74.0	Rha'				
3	78.4	78.6	78.5	78.6	1	102.4	102.6	102.5	102.6
4	70.6	70.7	70.7	70.8	2	72.3	72.4	72.4	72.5
5	77.8	77.9	77.9	77.9	3	72.6	72.6	72.6	72.7
6	69.2	69.3	69.3	69.4	4	73.8	73.9	73.9	73.9
Glu'''					5	70.1	70.2	70.2	70.2
1	104.8	104.9	104.9	105.0	6	18.4	18.4	18.4	18.4

4-13-175 R¹=Glu; R²=H
4-13-176 R¹=Glu; R²=A
4-13-177 R¹=Glu; R²=B
4-13-178 R¹=C; R²=M
4-13-179 R¹=D; R²=M

表 4-13-37　化合物 4-13-175~4-13-179 的 ^{13}C NMR 数据[60]

C	4-13-175	4-13-176	4-13-177	4-13-178	4-13-179	C	4-13-175	4-13-176	4-13-177	4-13-178	4-13-179
1	39.0	39.0	39.0	38.8	39.0	10	37.1	37.1	37.1	36.9	37.0
2	26.7	26.7	26.0	25.8	25.9	11	21.1	21.1	21.0	20.9	21.0
3	88.8	88.9	88.7	88.8	88.8	12	26.0	26.0	26.8	26.4	26.6
4	39.6	39.6	39.6	39.4	39.5	13	38.5	38.3	38.3	38.1	38.2
5	55.9	56.0	55.9	55.7	55.9	14	42.8	42.8	42.7	42.6	42.7
6	18.4	18.4	18.4	18.2	18.4	15	30.6	30.9	30.1	29.9	30.0
7	34.7	34.6	34.5	34.4	34.5	16	32.6	32.3	32.2	32.1	32.2
8	41.0	41.1	41.1	40.9	41.0	17	56.9	57.4	57.0	56.8	56.9
9	50.9	50.8	50.8	50.6	50.7	18	47.7	47.4	47.1	47.2	47.3

续表

C	4-13-175	4-13-176	4-13-177	4-13-178	4-13-179	C	4-13-175	4-13-176	4-13-177	4-13-178	4-13-179
19	49.7	49.8	49.8	49.6	49.7	5"				76.5	69.8
20	151.0	151.0	150.8	150.6	150.7	6"				61.1	18.4
21	30.2	30.2	30.6	30.6	30.7	28-O-Glu					
22	37.1	36.9	36.8	36.7	36.8	1'''		95.5	95.2	95.0	95.2
23	28.1	28.1	28.1	27.9	27.9	2'''		74.1	74.5	73.6	73.5
24	16.8	16.8	16.3	16.2	16.3	3'''		78.7	78.0	78.3	78.2
25	16.3	16.4	16.7	16.2	16.7	4'''		71.0	70.9	70.5	70.7
26	16.3	16.4	16.7	16.4	16.7	5'''		78.1	78.4	77.7	77.8
27	14.8	14.9	14.8	14.6	14.7	6'''		69.5	69.4	69.1	69.3
28	180.5	175.0	174.9	174.8	174.9	6'''-O-Glu 或 Ara					
29	110.3	110.0	110.0	109.9	109.9	1''''		105.4	105.3	104.7	104.6
30	19.4	19.4	19.4	19.2	19.3	2''''		75.2	72.8	75.0	75.1
3-O-Glu 或 Ara						3''''		78.5	74.4	76.0	76.3
1'	106.8	106.9	107.3	106.5	104.6	4''''		71.5	69.4	78.3	78.5
2'	75.8	75.8	75.1	81.0	75.9	5''''		78.4	65.4	76.8	77.0
3'	78.7	78.8	78.6	73.0	73.9	6''''		62.7		61.1	61.2
4'	71.8	71.9	71.5	67.8	68.4	4'''-O-Rha					
5'	78.3	78.3	78.3	64.4	64.3	1'''''				102.4	102.6
6'	63.0	63.0	62.6			2'''''				72.3	72.2
2'-Rha 或 Gal						3'''''				72.4	72.4
1"				104.4	101.6	4'''''				73.8	73.8
2"				73.7	72.2	5'''''				70.2	70.4
3"				74.9	72.4	6'''''				18.2	18.4
4"				69.3	73.5						

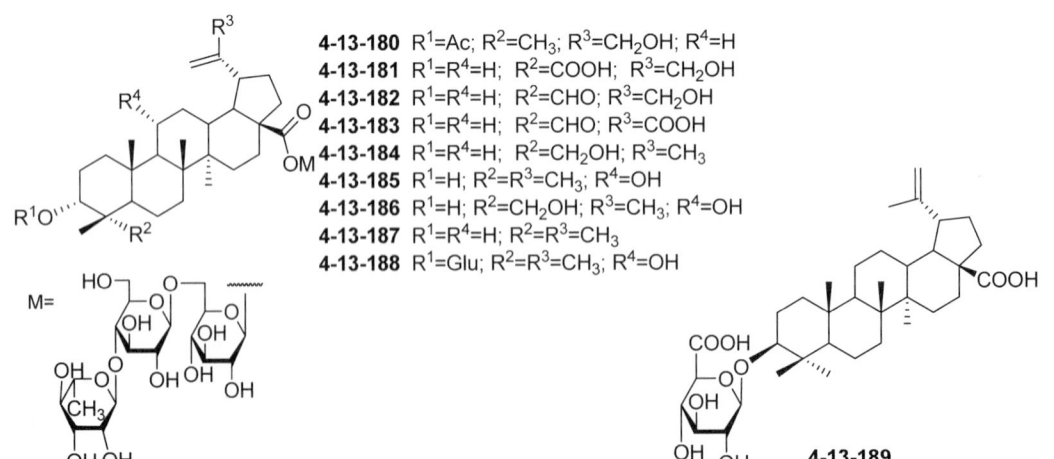

4-13-180 R¹=Ac; R²=CH₃; R³=CH₂OH; R⁴=H
4-13-181 R¹=R⁴=H; R²=COOH; R³=CH₂OH
4-13-182 R¹=R⁴=H; R²=CHO; R³=CH₂OH
4-13-183 R¹=R⁴=H; R²=CHO; R³=COOH
4-13-184 R¹=R⁴=H; R²=CH₂OH; R³=CH₃
4-13-185 R¹=H; R²=R³=CH₃; R⁴=OH
4-13-186 R¹=H; R²=CH₂OH; R³=CH₃; R⁴=OH
4-13-187 R¹=R⁴=H; R²=R³=CH₃
4-13-188 R¹=Glu; R²=R³=CH₃; R⁴=OH

4-13-189

表 4-13-38　化合物 4-13-180~4-13-184 的 ^{13}C NMR 数据

C	4-13-180[61]	4-13-181[62]	4-13-182[63]	4-13-183[63]	4-13-184[64]	C	4-13-180[61]	4-13-181[62]	4-13-182[63]	4-13-183[63]	4-13-184[64]
1	33.4	33.2	33.1	33.1	33.8	27	15.0	14.9	14.8	14.9	14.9
2	22.9	26.1	26.7	26.7	26.7	28	175.0	175.1	175.0	174.9	175.0
3	76.0	72.8	73.0	73.0	75.8	29	106.0	106.1	106.1	180.0	110.0
4	50.2	51.8	52.5	52.5	41.4	30	64.5	64.3	64.3	10.0	19.4
5	46.0	45.4	44.0	44.0	43.7	OAc	170.0/21.2				
6	21.6	21.7	20.9	21.1	18.4	28-Glu					
7	34.5	34.5	34.1	34.1	34.3	1	95.2	95.2	95.2	95.2	95.3
8	41.7	41.8	41.8	41.8	40.8	2	74.0	74.0	74.0	74.0	74.0
9	51.0	51.0	50.6	50.2	50.9	3	78.4	78.6	78.6	78.6	78.3
10	37.1	37.4	36.9	36.9	37.5	4	70.8	70.8	70.7	70.5	70.9
11	21.0	21.0	21.0	20.8	21.1	5	78.2	78.1	78.1	77.8	77.6
12	27.1	27.1	27.0	26.9	26.1	6	69.4	69.3	69.3	69.3	69.5
13	38.5	38.3	38.3	38.2	38.4	6-Glu					
14	42.9	42.8	42.8	43.0	42.9	1'	105.0	104.9	104.9	105.1	105.1
15	30.1	30.2	30.1	30.0	30.1	2'	75.4	75.3	75.3	75.2	75.3
16	32.7	32.2	32.1	32.1	32.3	3'	76.6	76.4	76.4	76.4	76.5
17	56.6	57.0	56.9	57.3	57.0	4'	78.7	78.3	78.3	78.2	78.7
18	50.1	50.2	50.2	48.9	49.8	5'	77.2	77.1	77.1	77.1	78.0
19	43.1	43.2	43.2	40.6	47.5	6'	61.4	61.3	61.3	61.2	61.3
20	156.6	156.5	156.5	42.1	150.9	Rha					
21	32.7	32.7	32.7	25.0	30.7	1	102.7	102.7	102.7	102.6	102.7
22	37.6	36.8	36.7	37.3	36.9	2	72.6	72.5	72.5	72.5	72.6
23	178.1	181.2	209.8	209.9	71.4	3	72.8	72.7	72.7	72.6	72.8
24	17.5	18.2	14.6	14.6	18.0	4	74.0	73.9	73.9	73.9	74.0
25	16.6	16.8	16.4	16.3	16.7	5	70.4	70.3	70.3	70.3	70.3
26	16.9	16.7	16.5	16.5	16.5	6	18.5	18.5	18.5	18.5	18.5

表 4-13-39　化合物 4-13-185~4-13-188 的 ^{13}C NMR 数据

C	4-13-185[65]	4-13-186[66]	4-13-187[66]	4-13-188[64]	C	4-13-185[65]	4-13-186[66]	4-13-187[66]	4-13-188[64]
1	36.2	35.9	32.9	36.1	9	56.2	55.6	51.0	55.8
2	26.9	27.1	26.2	21.8	10	39.9	39.6	37.4	39.6
3	75.3	75.7	73.0	81.3	11	69.8	69.8	20.9	69.7
4	38.5	41.1	52.0	37.8	12	38.3	38.3	26.0	38.1
5	49.6	43.8	44.9	50.5	13	37.4	37.4	38.3	37.3
6	18.6	18.3	21.8	18.4	14	43.0	42.9	42.9	42.8
7	35.7	35.4	34.5	35.4	15	30.0	30.0	30.1	30.0
8	42.8	42.7	41.8	42.6	16	32.3	32.2	31.9	32.2

C	4-13-185[65]	4-13-186[66]	4-13-187[66]	4-13-188[64]	C	4-13-185[65]	4-13-186[66]	4-13-187[66]	4-13-188[64]
17	56.9	56.9	57.0	56.8	6-Glu				
18	49.5	49.4	49.7	49.4	1'	105.1	105.0	105.1	105.0
19	47.2	47.1	47.4	47.1	2'	75.2	75.2	75.3	75.0
20	150.4	150.4	150.8	150.4	3'	76.4	76.4	16.4	763
21	30.9	30.9	30.8	30.8	4'	78.3	78.2	78.2	78.2
22	36.8	36.7	36.9	36.7	5'	77.1	77.1	77.1	77.0
23	29.8	71.9	179.0	29.8	6'	61.3	61.3	61.3	61.3
24	22.9	18.3	18.0	23.0	Rha				
25	16.9	17.1	16.8	16.8	1	102.7	102.7	102.7	102.6
26	17.7	17.7	16.7	17.6	2	72.5	72.5	72.5	72.4
27	14.8	14.8	14.8	14.7	3	72.7	72.7	72.7	72.6
28	175.0	175.0	174.9	174.8	4	74.0	73.9	73.9	73.9
29	110.2	110.0	110.0	110.0	5	70.3	70.3	70.3	70.2
30	19.5	19.5	19.4	19.6	6	18.5	18.5	18.5	18.4
28-Glu					3-O-Glu				
1	95.3	95.3	95.2	95.2	1				101.8
2	73.9	74.0	74.0	73.9	2				75.1
3	78.7	78.6	78.7	78.6	3				78.8
4	70.9	70.8	70.8	70.8	4				72.1
5	78.0	78.0	77.9	77.9	5				78.1
6	69.5	69.4	69.4	69.4	6				63.1

4-13-190 R^1=R^2=H; R^3=CH$_2$OH
4-13-191 R^1=A ; R^2=H; R^3=CH$_3$
4-13-192 R^1=H; R^2=A; R^3=CH$_3$

A=

4-13-193

4-13-194

表 4-13-40 化合物 4-13-189~4-13-192 的 ^{13}C NMR 数据[65]

C	4-13-189	4-13-190	4-13-191	4-13-192	C	4-13-189	4-13-190	4-13-191	4-13-192
1	39.0	33.0	32.9	32.9	4	39.6	51.9	51.6	52.8
2	26.7	26.1	21.6	26.1	5	55.9	44.9	45.2	44.5
3	89.1	72.9	79.9	73.1	6	18.4	21.7	21.8	21.7

续表

C	4-13-189	4-13-190	4-13-191	4-13-192	C	4-13-189	4-13-190	4-13-191	4-13-192
7	34.8	34.7	34.5	34.5	25	16.4	16.7	16.7	16.7
8	41.1	42.8	41.7	41.7	26	16.3	16.7	16.7	16.6
9	50.8	50.9	50.7	51.0	27	14.9	14.8	14.7	14.6
10	37.1	37.4	37.3	37.3	28	178.8	178.8	178.9	178.7
11	21.2	21.0	21.0	21.1	29	109.9	106.0	109.9	109.8
12	26.1	27.1	25.9	26.0	30	19.5	64.4	19.4	19.4
13	38.6	38.6	38.5	38.6	1'	107.1			
14	42.8	41.7	42.8	42.8	2'	75.5			
15	30.2	30.2	30.2	30.0	3'	78.1			
16	32.9	32.7	32.8	32.8	4'	73.5			
17	56.6	56.6	56.6	56.5	5'	77.9			
18	49.8	50.1	49.6	49.7					
19	47.7	43.5	47.7	47.7	1″			102.0	96.4
20	151.3	456.9	151.3	151.3	2″			74.7	74.5
21	31.2	32.9	31.1	31.2	3″			78.6	79.5
22	37.6	37.4	37.5	37.5	4″			72.3	71.3
23	28.3	179.6	178.8	175.9	5″			77.7	78.3
24	16.7	17.9	18.2	17.4	6″			63.3	62.3

表 4-13-41　化合物 4-13-193~4-13-194 的 ^{13}C NMR 数据[56]

C	4-13-193	4-13-194	C	4-13-193	4-13-194	C	4-13-193	4-13-194
1	39.4	39.3	14	43.2	42.1	27	14.8	13.2
2	27.9	27.9	15	27.2	27.2	28	59.3	71.6
3	78.8	78.6	16	30.2	23.9	29	106.2	
4	40.3	40.3	17	48.6	44.1	30	64.3	
5	60.9	61.0	18	49.6	48.1	1	105.8	106.1
6	80.4	80.3	19	44.2	82.0	2	75.4	75.5
7	44.7	44.8	20	156.5		3	79.6	79.6
8	42.4	41.9	21	32.4	73.2	4	71.8	71.9
9	50.6	51.0	22	34.7	48.0	5	78.0	78.1
10	39.8	39.9	23	31.8	31.7	6	63.0	63.1
11	21.3	21.2	24	16.4	16.4			
12	27.4	27.6	25	17.6	17.8			
13	37.3	32.1	26	17.8	17.5			

参 考 文 献

[1] Mahato S, Kundu A. Phytochemistry, 1994, 37: 1517.

[2] Sholichin M, Yamaski K, Ruoji K, et al. Chem. Pham. Bull., 1980, 26: 1006.

[3] Nishimura K, Fukuda T, Miyase T, et al. J Nat Prod, 1999, 62: 1061.

[4] Dongfack M D, Van-Dufat H T, Lallemand M C, et al. Chem Pham Bull, 56: 1321.

[5] Jiang Z H, Tanaka T, Kouno I. Phytochemistry, 1995, 40: 1223.

[6] Schmidt J, Himmelericm U, Adam G. Phytochemistry, 1995, 40: 527.

[7] Chiu C L, Lee T H, Shao Y Y, et al. J Asia Nat Prod Res, 2008, 10: 684.

[8] Sunit S, Panomvwan P, Soykam K, et al. Chem Pharm Bull, 2006, 54: 535.

[9] Jahan N, Ahmed W, Malik A. Phytochemistry, 1995, 39: 225.

[10] Bilia A R, Morelli I, Mendez J. J Nat Prod, 1996, 59: 297.

[11] Adnyana K, Tezuka Y, Banskota A H, et al. J Nat Prod, 2001, 64: 360.

[12] Lee K M, Kim Y C. J Nat Prod, 2001, 64: 328.

[13] Mbaze L M, Poumale H M P, Wansi J D, et al. Phytochemistry, 2007, 68: 591.

[14] Hisham A, Humar G J, Fujimoto Y, et al. Phytochemistry, 1995, 40: 1227.

[15] Shen Y C, Prakash C V S, Wang L T, et al. J Nat Prod, 2002, 65: 1052.

[16] Yoshikawa M, Zhang Y, Wang T, et al. Chem Pharm Bull, 2008, 56: 915.

[17] Ma Z Z, Hano Y, Nomura T, et al. J Nat Prod, 2002, 63: 390.

[18] Srivastava S K J Nat Prod, 1992, 55: 298.

[19] Zhou J Y, Cui R. Yaoxue Xuebao, 2002, 37: 633.

[20] Chen I H, Du M C, Lin A S, et al. J Nat Prod, 2008, 7: 1352.

[21] Ye Y, Kinoshita K, Koyama K, et al. J Nat Prod, 1998, 61: 456.

[22] Ali Marina, Heaton A, Leach D. J Nat Prod, 1997, 60: 1150.

[23] Bilia A R, Morelli I, Mendez J. J Nat Prod, 1996, 59: 297.

[24] Fuchino H, Satoh T, Tanaka N. Chem Pharm Bull, 1995, 43: 1937.

[25] Mustafa G, Anis E, Ahmed S, et al. J Nat. Prod, 2000, 63: 881.

[26] Chang C I, Kuo Y H. Chem Pharm Bull, 1998, 46: 1627.

[27] Shinozaki J, Nakane T, Onodera N, et al. Chem Pharm Bull, 2011, 59: 767.

[28] Park S Y, Choi H S, Yook C S, et al. Chem Pharm Bull, 2005, 53: 97.

[29] Chung M I, Su H J, Lin C N. J Nat Prod, 1998, 61:1015.

[30] Topcu G, Kokdil G, Yalcin S M. J Nat Prod, 2000, 63: 888.

[31] Mustafa G, Anis E, Ahmed S, et al. J Nat Prod, 2000, 63: 881.

[32] Shirasuna K, Miyakoshi M, Mimoto S, et al. Phytochemistry, 1997, 45: 5794.

[33] Wei Y, Ma C M, Chen D Y, et al. Phytochemistry, 2008, 69: 1875.

[34] Srivastava R, Shaw A K, Kulshershtha S D. Phytochemistry, 1995, 38: 687.

[35] Elbandy M, Miyamoto T, Lacaille-Dubois M A. Chem Pharm Bul, 2007, 55: 808.

[36] Bar FMA, Zaghloul A M, Bachawal S V, et al. J Nat Prod, 2008, 71: 1787.

[37] Culioli G, Mathe C, Archier P, et al. Phytochemistry. 2003, 62: 537.

[38] Mutai C, Abatis D, Vagias C, et al. Phytochemistry, 2004, 65: 1159.

[39] Annan K, Peter J H. Journal of Pharmacy and pharmacology, 2010, 62: 663.

[40] Chiang Y M, Kuo Y H. J Org Chem, 2002, 67: 7656.

[41] Feng X Z, Gao Z J, LiSS, et al. J Nat Prod, 2004, 67: 1744.

[42] Lee K C. J Nat Prod, 1998, 61: 375.

[43] Ohsaki A, Imai Y, Naruse M, et al. J Nat Prod, 2004, 67: 469.

[44] Hisham A, Kumar G J, Fujimoto Y, et al. Phytochemistry, 1995, 40: 1227.

[45] 于德泉, 杨峻山. 分析化学手册 (第七分册), 2005, 92.

[46] Mutai C, Abatis D, Vagias C, et al. Phytochemistry, 2004, 65: 1159.

[47] Chiang Y M, Kuo Y H. J Nat Prod, 2001, 64, 436.

[48] Sturm S, Gil R R, Chai H B, et al. J Nat Prod, 1996, 59: 658.

[49] Li W H, Zhang X M, Tian R R, et al. J Asia Nat Prod Res, 2007, 9: 551.

[50] Kiem P V, Cai X F, Minh C V, et al. Chem Pham Bull, 2003, 51:1432.

[51] Ali M, Heaton A, Leach D J Nat Prod, 1997, 60: 1150.

[52] Chen I H, Du Y C, Lin A S, et al, J Nat Prod, 2008, 71: 1352.
[53] Siddiqui B S, Aslam H, Ali S T, et al. Chem Pharm Bull, 2007, 55: 516.
[54] Mustafa G, Anis E, Ahmed S, et al. J Nat Prod, 2000, 63: 881.
[55] Yang H J, Cho Y W, Kim S H, et al. Phytochemsitry, 2010, 71: 1892.
[56] Zhao Z M, Matsunami K, Otsuka H, et al. Chem Pharm Bull, 2010, 58: 1343.
[57] Chang S Y, Yook C S, Nohara T. Phytochemistry, 1999, 50: 1369.
[58] Mimaki Y, Yokosuka A, Kuroda M, et al. J Nat Prod, 2001, 64: 1226.
[59] Tsunoda Y, Okawa M, Kinjo J, et al. Chem Pharm Bull, 2010, 58: 1138.
[60] Harinantenaia L, Kasai R, Yamasaki K. Chem Pharm Bull, 2002, 50: 1290.
[61] Kiem P V, Cai X F, Minh C V, et al. Chem Pharm Bull, 2003, 51: 1432.
[62] Choi H S, Kim H J, Nam S G, et al. Chem Pharm Bull, 2008, 56: 1613.
[63] Nhiem N X, Tung H N, Kiem V P, et al. Chem Pharm Bull, 2009, 57: 986.
[64] Yook C S, Liu X Q, Chang S Y, et al. Chem Pharm Bull, 2002, 50: 1583.
[65] Yook C S, Kim I H, Hahn D R, et al. Phytochemistry, 1998, 49: 839.
[66] Chang S Y, Yook C S, Nohara T. Chem Pharm Bull, 1998, 46: 163.
[67] Wanas A S, Matsunami K, Otsuka H, et al. Chem Pharm Bull, 2010, 58: 1596.
[68] Chiamg Y M, Kuo Y H J Nat Prod, 2001, 64: 436.

第十四节 五环三萜-霍烷型化合物

表 4-14-1 五环三萜-霍烷型化合物的名称、分子式和测试溶剂

编号	名称	分子式	测试溶剂	参考文献
4-14-1	dryopteric acid A	$C_{30}H_{48}O_3$	P	[1]
4-14-2	dryopteric acid B	$C_{30}H_{48}O_3$	P	[1]
4-14-3	emarginellic acid	$C_{30}H_{48}O_5$	C	[2]
4-14-4	crotalic acid	$C_{30}H_{48}O_3$	C	[2]
4-14-5	3α-hydroxy-13α,17α,21β-hopan-15,19-dione	$C_{30}H_{48}O_3$	C	[3]
4-14-6	3β,6β-dihydroxy-21αH-24-norhopa-4(23),22(29)-diene	$C_{29}H_{46}O_2$	C	[4]
4-14-7	3β-acetyl-6β-dihydroxy-21αH-24-norhopa-4(23),22(29)-diene	$C_{31}H_{48}O_3$	C	[4]
4-14-8	3β,5β-dihydroxy-6β-[(4-hydroxybenzoyl)oxy]-21αH-24-norhopa-4(23),22(29)-diene	$C_{36}H_{50}O_5$	C	[4]
4-14-9	hopane-22-30-diol	$C_{30}H_{52}O_2$	C	[5]
4-14-10	hop-22(29)-en-30-ol	$C_{30}H_{50}O$	C	[5]
4-14-11	hop-22(29)-en-28-ol	$C_{30}H_{50}O$	C	[5]
4-14-12	hop-22(29)-ene	$C_{30}H_{50}$	C	[6]
4-14-13	hop-22(29)-en-28-al	$C_{30}H_{48}O$	C	[6]
4-14-14	17(21)-hopene-6α,12β-diol	$C_{30}H_{50}O_2$	C	[7]
4-14-15	17(21)-hopen-12β-ol	$C_{30}H_{50}O$	C	[7]
4-14-16	zeorinin	$C_{30}H_{50}O$	C	[7]
4-14-17	sericostinyl acetate	$C_{32}H_{50}O_2$	C	[8]
4-14-18	hydroxyhopane	$C_{30}H_{52}O$	C	[9]
4-14-19	hopan-27-al-6β,11α,22-triol	$C_{30}H_{50}O_4$	D	[10]
4-14-20	hopane-6β,11α,22,27-tetrol	$C_{30}H_{52}O_4$	D	[10]
4-14-21	hopane-6β,7β,22-triol	$C_{30}H_{52}O_3$	D	[10]

编号	名称	分子式	测试溶剂	参考文献
4-14-22	3β-acetoxyhop-17(21)-ene	$C_{32}H_{50}O_2$	C	[11]
4-14-23	D-friedomadeir-14-en-3β-yl acetate	$C_{32}H_{50}O_2$	C	[12]
4-14-24	D-friedomadeir-14-en-3-one	$C_{30}H_{48}O$	C	[12]
4-14-25	D:C-friedomadeir-7-en-3β-yl acetate	$C_{32}H_{50}O_2$	C	[12]
4-14-26	D:C-friedomadeir-7-en-3-one	$C_{30}H_{48}O$	C	[12]
4-14-27	lotoidoside A	$C_{47}H_{80}O_{17}$	M	[13]
4-14-28	lotoidoside B	$C_{47}H_{78}O_{17}$	M	[13]
4-14-29	lotoidoside C	$C_{41}H_{68}O_{13}$	M	[13]
4-14-30	spergulin A	$C_{35}H_{58}O_{11}S$	D	[14]
4-14-31	spergulacin	$C_{41}H_{68}O_{12}$	D	[14]
4-14-32	spergulacin A	$C_{41}H_{68}O_{12}$	D	[14]
4-14-33	spergulin B	$C_{39}H_{64}O_{11}$	P	[14]
4-14-34	22,28-epoxyhopane	$C_{30}H_{50}O$	C	[5]
4-14-35	22,28-epoxyhopan-30-ol	$C_{30}H_{50}O_2$	C	[5]
4-14-36	17β,21β-epoxy-16-ethoxy-hopan-3β-ol	$C_{32}H_{54}O_3$	C	[11]
4-14-37	17β,21β-epoxyhopan-3β-ol	$C_{30}H_{50}O_2$	C	[11]
4-14-38	orton aceta	$C_{31}H_{52}O_2$	C	[15]
4-14-39	cyclohopenol	$C_{30}H_{48}O$	C	[6]
4-14-40	cyclohopanediol	$C_{30}H_{50}O_2$	C	[6]

化合物 4-14-14 R¹=OH; R²=OH
化合物 4-14-15 R¹=H; R²=OH
化合物 4-14-16 R¹=OH; R²=H

4-14-17

4-14-18 R=R¹=R²=R³=CH₃
4-14-19 R=R¹=R²=H; R³=CHO
4-14-20 R=R¹=R²=H; R³=CH₂OH
4-14-21 R=H; R¹=R²=R³=CH₃

4-14-22

4-14-23 R=β-OAc,H
4-14-24 R=O

4-14-25 R=β-OAc,H
4-14-26 R=O

表 4-14-2 化合物 4-14-1~4-14-5 的 ¹³C NMR 数据

C	4-14-1[1]	4-14-2[1]	4-14-3[2]	4-14-4[2]	4-14-5[3]	C	4-14-1[1]	4-14-2[1]	4-14-3[2]	4-14-4[2]	4-14-5[3]
1	47.4	47.4	43.8	24.1	33.7	16	21.7	21.6	25.9	37.8	37.9
2	66.7	66.7	68.1	23.2	25.3	17	54.9	54.9	39.9	38.2	50.4
3	43.4	43.4	71.2	70.2	75.9	18	44.9	44.9	54.8	47.1	52.1
4	44.4	47.2	37.4	36.8	37.4	19	41.9	42.1	17.6	23.8	224.1
5	56.4	49.4	52.8	55.5	48.8	20	27.8	27.6	23.7	28.0	37.2
6	19.8	19.7	28.4	30.9	18.5	21	46.7	46.7	73.0	39.1	48.9
7	33.5	33.1	32.5	32.9	34.1	22	148.7	148.3	41.0	28.5	28.9
8	42.1	42.4	39.3	39.5	44.7	23	29.7	182.3	16.9	28.1	28.2
9	50.7	51.5	47.1	52.5	50.4	24	183.1	20.1	28.4	15.5	22.0
10	37.9	37.5	47.7	47.5	37.8	25	16.3	19.2	16.1	21.2	16.3
11	22.0	21.9	25.3	18.1	21.9	26	16.8	16.8	17.6	15.8	16.8
12	24.3	24.3	128.0	122.6	24.5	27	16.7	16.9	24.9	23.9	18.1
13	49.7	49.8	138.0	139.1	50.4	28	16.4	16.3	27.4	18.3	16.9
14	42.4	42.4	42.1	42.1	55.2	29	110.7	110.6	183.3	16.9	20.3
15	33.7	33.8	37.4	36.9	215.7	30	25.2	25.1	16.3	17.1	22.4

表 4-14-3 化合物 4-14-6~4-14-9 的 ¹³C NMR 数据

C	4-14-6[4]	4-14-7[4]	4-14-8[4]	4-14-9[5]	C	4-14-6[4]	4-14-7[4]	4-14-8[4]	4-14-9[5]
1	40.1	39.9	40.9	40.3	7	39.0	39.1	75.9	33.3
2	32.1	28.5	32.9	18.7	8	41.3	41.3	46.4	41.9
3	73.1	74.5	73.7	42.1	9	48.7	48.7	49.8	50.4
4	150.9	145.8	147.7	33.3	10	38.3	38.2	38.1	37.4
5	52.2	52.3	50.2	56.1	11	20.9	20.9	21.1	20.9
6	70.2	70.0	72.2	18.7	12	23.9	23.9	24.6	24.0

续表

C	4-14-6[4]	4-14-7[4]	4-14-8[4]	4-14-9[5]	C	4-14-6[4]	4-14-7[4]	4-14-8[4]	4-14-9[5]
13	47.5	47.5	48.6	49.4	25	16.3	16.2	16.6	15.9
14	42.7	42.7	43.9	42.0	26	17.8	17.8	13.2	16.7
15	32.5	32.5	35.6	33.5	27	16.9	16.8	17.9	16.8
16	21.5	21.5	21.3	21.6	28	15.0	15.0	15.7	16.1
17	53.9	53.9	54.1	54.7	29	109.6	109.6	110.2	109.0
18	44.2	44.2	44.0	44.9	30	19.7	19.7	20.3	67.4
19	40.2	40.2	41.1	42.0	1'			122.0	
20	27.3	27.3	27.6	28.0	2',6'			132.5	
21	47.9	47.9	48.4	42.0	3',5'			116.0	
22	148.1	148.1	148.8	152.4	4'			160.0	
23	104.5	105.4	105.9	33.4	7'			165.0	
24				21.6					

表 4-14-4　化合物 4-14-10~4-14-17 的 ^{13}C NMR 数据

C	4-14-10[5]	4-14-11[5]	4-14-12[6]	4-14-13[6]	4-14-14[7]	4-14-15[7]	4-14-16[7]	4-14-17[8]
1	40.3	40.3	40.3	40.2	40.4	40.3	40.5	39.1
2	18.7	18.7	18.7	18.7	18.5	18.6	18.5	18.6
3	42.1	42.1	42.1	42.0	43.7	42.1	43.8	26.5
4	33.3	33.2	33.3	33.2	33.7	33.2	33.7	38.0
5	56.1	56.1	56.1	56.1	61.4	56.5	61.2	55.2
6	18.7	18.7	18.7	18.6	69.3	18.7	69.3	28.0
7	33.5	33.2	33.3	33.9	45.5	33.2	45.7	126.8
8	42.1	41.9	41.9	41.6	42.4	42.9	41.5	131.5
9	50.6	50.3	50.4	50.4	49.1	49.6	50.4	147.0
10	37.4	37.4	37.4	37.4	39.2	37.4	39.4	40.8
11	21.4	20.9	20.9	20.9	32.0	32.3	21.4	123.8
12	25.7	24.2	24.0	23.9	70.8	71.0	23.9	31.9
13	50.4	49.8	49.4	51.9	54.5	54.9	48.9	36.9
14	42.1	41.8	42.1	42.1	43.0	42.0	43.1	33.7
15	33.8	34.3	33.6	32.8	32.4	32.0	31.8	29.7
16	21.7	22.2	21.7	21.4	19.8	19.8	19.8	37.1
17	54.8	52.6	54.9	53.1	139.3	139.0	139.8	43.8
18	49.2	44.1	44.8	59.6	48.7	48.8	49.7	54.1
19	36.4	41.2	41.9	35.8	45.4	45.4	41.6	23.6
20	27.6	25.3	27.4	27.4	28.1	27.5	28.1	81.0
21	46.3	47.0	46.5	46.7	137.4	137.0	136.3	59.3
22	150.1	75.6	148.8	146.0	26.4	26.4	26.4	40.2

续表

C	4-14-10[5]	4-14-11[5]	4-14-12[6]	4-14-13[6]	4-14-14[7]	4-14-15[7]	4-14-16[7]	4-14-17[8]
23	33.4	33.4	33.4	33.4	36.7	33.4	36.7	27.8
24	21.6	21.6	21.6	21.6	22.1	21.5	22.1	17.6
25	15.9	15.8	15.8	15.9	17.5	16.1	17.5	26.4
26	16.8	16.7	16.7	16.6	17.9	16.4	17.8	18.2
27	16.7	17.0	16.8	17.9	15.9	15.9	15.0	16.2
28	62.1	15.8	16.1	208.2	19.3	19.3	19.0	17.9
29	109.3	24.1	110.1	112.6	21.8	21.8	21.9	21.2
30	25.3	69.3	25.0	25.0	21.3	21.2	21.3	23.0
OAc								170.9/29.6

表 4-14-5　化合物 4-14-18~4-14-21 的 ^{13}C NMR 数据

C	4-14-18[9]	4-14-19[10]	4-14-20[10]	4-14-21[10]	C	4-14-18[9]	4-14-19[10]	4-14-20[10]	4-14-21[10]
1	40.4	44.5	45.0	42.8	16	22.0	22.1	23.5	22.3
2	18.7	19.1	19.2	18.9	17	54.0	54.0	54.6	54.1
3	42.2	44.3	44.5	44.0	18	44.2	44.2	44.2	44.3
4	33.3	34.7	34.8	34.2	19	41.3	39.7	41.3	41.9
5	56.2	56.6	56.8	55.4	20	26.6	26.6	26.6	26.4
6	18.7	65.9	66.4	72.1	21	51.2	50.5	51.1	51.0
7	33.3	42.6	42.1	72.1	22	74.0	71.7	72.1	72.0
8	42.0	43.9	43.6	46.8	23	33.5	34.0	34.2	33.3
9	50.4	57.7	56.6	50.9	24	21.7	24.1	24.3	24.3
10	37.4	39.9	39.2	37.2	25	15.9	18.3	18.2	17.4
11	21.0	69.4	69.2	20.9	26	16.8	19.3	19.4	11.6
12	24.2	35.6	36.7	24.6	27	17.1	210.7	60.4	17.7
13	49.9	49.2	48.4	49.5	28	16.2	14.8	15.3	16.7
14	41.9	55.9	45.1	43.5	29	22.8	31.3	31.1	31.2
15	34.4	27.4	28.7	38.4	30	30.9	29.7	29.6	29.6

表 4-14-6　化合物 4-14-22~4-14-26 的 ^{13}C NMR 数据

C	4-14-22[11]	4-14-23[12]	4-14-24[12]	4-14-25[12]	4-14-26[12]	C	4-14-22[11]	4-14-23[12]	4-14-24[12]	4-14-25[12]	4-14-26[12]
1	38.5	37.4	38.3	36.6	38.3	6	18.3	18.6	19.9	23.9	24.5
2	23.8	23.4	34.2	24.2	34.9	7	33.4	32.3	30.9	116.6	116.9
3	80.9	81.0	217.6	81.1	217.0	8	42.0	38.4	38.4	145.4	145.5
4	37.8	39.0	39.0	37.7	47.7	9	50.9	49.3	48.8	48.4	48.1
5	55.3	55.5	55.7	50.3	51.9	10	37.1	37.8	38.3	35.1	35.3

C	4-14-22[11]	4-14-23[12]	4-14-24[12]	4-14-25[12]	4-14-26[12]	C	4-14-22[11]	4-14-23[12]	4-14-24[12]	4-14-25[12]	4-14-26[12]
11	21.4	17.1	17.1	16.8	16.9	22	26.4	34.0	34.0	33.5	33.5
12	24.0	30.2	24.7	26.5	23.8	23	28.0	28.0	26.0	27.5	24.5
13	49.3	37.6	37.7	37.0	37.0	24	16.5	16.6	21.5	15.8	21.6
14	41.6	157.3	157.0	40.4	40.6	25	16.3	15.4	14.7	22.9	23.1
15	31.8	118.2	118.4	35.8	32.3	26	16.3	19.0	17.9	25.8	25.8
16	19.8	33.3	32.7	37.8	39.0	27	15.0	19.5	18.6	13.1	12.8
17	136.1	50.1	50.1	46.8	46.7	28	19.0	16.6	17.6	16.7	17.4
18	49.8	63.4	63.4	56.3	56.6	29	21.3	24.5	24.7	23.9	22.5
19	41.6	34.4	34.4	35.1	35.1	30	21.9	25.2	28.7	24.6	28.2
20	27.5	38.5	36.7	33.6	34.7	OAc	171.0/21.3	171.0/21.3		171.0/21.3	
21	139.0	41.5	40.4	37.7	38.2						

4-14-27 R¹=α-OH; R²=Glu; R³=H
4-14-28 R¹=O; R²=Glu; R³=H
4-14-29 R¹=O; R²=H; R³=α-OH

4-14-30 R=SO$_3$H; R¹=H
4-14-31 R=a; R¹=H
4-14-32 R=H; R¹=a

表 4-14-7　化合物 4-14-27~4-14-29 的 ^{13}C NMR 数据[13]

C	4-14-27	4-14-28	4-14-29	C	4-14-27	4-14-28	4-14-29
1	39.5	40.3	40.8	13	49.6	50.0	49.5
2	26.5	26.8	26.8	14	44.5	44.6	44.6
3	90.1	88.4	88.6	15	43.9	43.6	43.1
4	40.7	38.6	38.9	16	67.4	67.4	68.4
5	61.7	66.1	66.4	17	62.5	62.0	58.3
6	68.8	214.7	214.7	18	46.4	46.0	46.7
7	46.0	52.5	52.0	19	42.4	42.4	52.5
8	43.5	49.4	49.6	20	28.1	27.8	75.6
9	50.6	50.8	51.0	21	51.1	51.0	62.3
10	39.7	44.1	44.6	22	84.8	84.4	72.3
11	21.8	22.2	22.2	23	30.8	27.4	27.5
12	24.6	24.0	24.0	24	16.8	16.6	16.8

续表

C	4-14-27	4-14-28	4-14-29	C	4-14-27	4-14-28	4-14-29
25	17.4	17.4	17.4	1	102.9	102.9	102.9
26	18.6	16.8	17.0	2	71.9	71.9	71.9
27	18.6	18.6	18.2	3	71.9	71.9	71.9
28	17.6	17.4	17.3	4	73.9	73.9	73.9
29	23.9	23.9	30.0	5	69.9	69.9	69.9
30	26.6	26.4	24.0	6	18.0	18.0	18.2
Xyl				Glu			
1	106.5	106.5	106.5	1	98.0	98.0	
2	78.6	78.6	78.6	2	75.1	75.1	
3	78.0	78.0	78.0	3	78.0	78.0	
4	71.4	71.4	71.4	4	71.0	71.0	
5	66.2	66.2	66.2	5	78.0	78.0	
Rha				6	62.6	62.6	

表 4-14-8　化合物 4-14-30~4-14-33 的 ^{13}C NMR 数据[14]

C	4-14-30	4-14-31	4-14-32	4-14-33	C	4-14-30	4-14-31	4-14-32	4-14-33
1	38.2	38.2	38.5	39.1	23	27.3	27.4	27.3	28.0
2	25.7	25.8	26.0	27.0	24	16.1	16.0	16.0	16.9
3	87.8	87.8	87.5	88.5	25	15.5	15.5	15.8	16.2
4	38.8	38.8	38.7	39.6	26	16.5	16.5	16.6	17.0
5	54.8	54.8	55.1	156	27	18.5	18.4	18.5	19.1
6	17.9	17.8	17.9	18.7	28	17.1	17.1	17.2	16.0
7	32.8	32.8	32.9	33.6	29	20.1	120.1	120.1	
8	44.7	44.7	44.8	45.4	30	25.7	25.7	25.8	
9	48.1	148.1	148.1	149.2	Xyl				
10	36.2	36.1	36.2	37.0	1	105.7	105.6	104.6	106.1
11	31.8	31.8	31.8	33.1	2	72.3	73.8	77.8	78.0
12	67.3	67.3	67.3	69.3	3	82.6	81.0	76.6	79.6
13	54.5	54.5	54.6	53.9	4	68.4	68.2	70.0	71.5
14	40.9	40.9	41.0	41.8	5	65.0	65.3	65.5	66.9
15	44.4	44.3	44.3	45.1	Rha				
16	64.1	164	64.1	167.2	1		100.5	100.1	101.9
17	62.7	62.8	62.9	62.2	2		70.5	70.3	72.4
18	46.0	45.9	46.0	45.4	3		70.6	70.4	72.6
19	44.6	44.6	44.7	43.2	4		72.1	172.1	174.1
20	36.7	36.7	36.8	29.9	5		68.0	68.01	169.7
21	52.2	52.2	52.2	152	6		17.8	17.9	18.7
22	213.6	213.6	213.6	106					

表 4-14-9 化合物 4-14-34~4-14-40 的 ^{13}C NMR 数据

C	4-14-34[5]	4-14-35[5]	4-14-36[11]	4-14-37[11]	4-14-38[15]	4-14-39[6]	4-14-40[6]
1	40.3	40.3	38.9	38.7	40.4	40.3	40.3
2	18.7	18.7	27.9	27.4	18.8	18.7	18.6
3	42.1	42.1	78.5	79.0	42.2	42.1	42.0
4	33.3	33.3	39.0	38.6	33.3	33.3	33.2
5	56.2	56.2	55.6	55.1	56.3	56.0	56.0
6	18.7	18.7	18.7	18.3	18.8	18.6	18.6
7	33.5	33.5	32.8	33.2	33.3	33.6	33.7
8	41.9	42.0	42.2	41.8	42.7	42.5	42.4
9	50.6	50.5	49.8	50.4	50.8	50.8	51.0
10	37.4	37.4	37.3	37.1	37.5	37.3	37.3
11	21.1	21.0	21.4	21.0	21.6	21.9	22.0
12	23.5	23.5	23.5	23.2	24.0	27.2	27.2
13	47.8	47.9	43.9	43.2	46.5	50.8	51.3
14	41.9	41.8	42.5	42.1	41.2	42.6	42.4
15	32.7	32.6	32.4	29.2	38.2	32.5	33.4
16	23.4	23.3	77.8	20.1	22.0	20.3	22.5
17	49.6	49.4	75.6	75.8	98.4	53.2	51.6
18	43.0	43.5	42.8	43.3	49.4	47.9	47.1
19	35.9	36.0	36.0	34.5	40.4	31.2	31.4
20	26.4	25.4	23.3	23.3	28.1	29.9	26.2
21	47.7	44.6	73.4	74.2	40.4	47.4	50.4
22	74.7	76.1	28.5	28.5	56.3	148.3	72.0
23	33.4	33.4	28.3	28.0	33.4	33.4	33.3

续表

C	4-14-34[5]	4-14-35[5]	4-14-36[11]	4-14-37[11]	4-14-38[15]	4-14-39[6]	4-14-40[6]
24	21.6	21.6	15.7	15.3	21.6	21.6	21.5
25	16.0	16.0	16.5	15.9	15.6	15.9	16.1
26	16.6	16.6	16.9	16.6	16.3	17.0	16.8
27	17.1	17.0	16.1	15.9	17.5	17.5	16.9
28	65.4	65.6	17.5	17.9	16.2	71.1	70.0
29	26.0	21.1	19.1	19.3	10.1	39.6	45.7
30	30.1	70.0	19.0	18.4	105.6	105.9	30.0
OCH$_2$CH$_3$			64.2/15.7				
OMe					54.9		

参 考 文 献

[1] Lee J S, Miyashiro H, Nakamura N, et al. Chem Pharm Bull, 2008, 56: 711.
[2] Ahmed B, Al-Howiriny T A , Mossa J S. Phytochemistry, 2006, 67: 956.
[3] Ruiz A L T G , Magalha˜es A F, Faria A D, et al. J Braz Chem Soc, 2006, 17: 803.
[4] Chávez J P, David J M, Yang S W and Cordell G A. J Nat Prod, 1997, 60: 909.
[5] Masuda K, Yamashita H, Shiojima K,et al. Chem Pharm Bull, 1997, 45: 590.
[6] Yamashita H, Masuda K A , geta H and Shiojima K. Chem Pharm Bull, 1998, 46:730.
[7] Isaka M, Yangchum A, Rachtawee P, et al. J Nat Prod, 2010, 73: 688.
[8] Ayatollahi A M, Ahmed Z, Mali A, 1991, 54: 570.
[9] Ageta H, Arai Y. J Nat Prod, 1990, 53: 325.
[10] Isaka M, Palasarn S, Supothina S, et al. J Nat Prod, 2011, 74: 782.
[11] Oksuz S, Serin S. Phytochemistry, 1997, 46: 545.
[12] Limaa E M C, Medeirosa J M R, Davin L B. Phytochemistry , 2003, 63: 421.
[13] Hamed A I, Piacente S, Autore G, et al. Planta Med, 2005, 71: 554.
[14] Sahua N P, Koikeb K, Banerjee S, et al. Phytochemistry, 2001, 58: 1177.

第十五节　其他三萜类化合物

表 4-15-1　其他三萜类化合物的名称、分子式和测试溶剂

编号	名称	分子式	测试溶剂	参考文献
4-15-1	21α-hydroxy-3β-methoxyserrat-14-en-30-al	C$_{31}$H$_{50}$O$_3$	C	[1]
4-15-2	29-nor-3β-methoxyserrat-14-en-21-one	C$_{30}$H$_{48}$O$_2$	C	[1]
4-15-3	3β-methoxyserrat-14-en-21α,29-diol	C$_{31}$H$_{52}$O$_3$	C	[1]
4-15-4	3β-methoxyserrat-14-en-21α,29-diol diacetate	C$_{35}$H$_{56}$O$_5$	C	[1]
4-15-5	serratane-3α,14β,15α,20β,21β,24,29-heptol	C$_{30}$H$_{52}$O$_7$	P	[2]
4-15-6	3α, 20β, 21β-trihydroxyserrat-14-en-24-oic acid	C$_{30}$H$_{48}$O$_5$	P	[2]
4-15-7	3β, 20β, 21β-trihydroxyserrat-14-en-24-oic acid	C$_{30}$H$_{48}$O$_5$	P	[2]
4-15-8	3α, 20β, 21β-trihydroxy-16-oxoserrat-14-en-24-oic acid	C$_{30}$H$_{46}$O$_6$	P	[2]
4-15-9	16-oxoclanitin-29-yl E-4′-hydroxyl-3′-methoxycinnamate	C$_{40}$H$_{56}$O$_9$	P	[2]
4-15-10	14β,15β-epoxy-21β-hydroxyserratan-3-one	C$_{30}$H$_{48}$O$_3$	C	[3]
4-15-11	13α,14α-epoxy-21α-methoxyserratan-3-one	C$_{31}$H$_{50}$O$_3$	C	[3]
4-15-12	13α,14α-epoxy-3β-methoxyserratan-21β-ol	C$_{31}$H$_{52}$O$_3$	C	[3]

续表

编号	名称	分子式	测试溶剂	参考文献
4-15-13	3β-methoxyserrat-14-en-21-one	$C_{31}H_{50}O_2$	C	[4]
4-15-14	14β, 15β-epoxy-3β-methoxyserratan-21-one	$C_{31}H_{52}O_3$	C	[4]
4-15-15	14β, 15β-epoxy-3β-methoxyserratan-21β-ol	$C_{31}H_{52}O_3$	C	[4]
4-15-16	lycernuic acid C	$C_{30}H_{50}O_7$	P	[5]
4-15-17	lycernuic acid D	$C_{30}H_{50}O_6$	P	[5]
4-15-18	lycernuic acid E	$C_{30}H_{50}O_5$	P	[5]
4-15-19	lycernuic ketone A	$C_{31}H_{48}O_6$	P	[5]
4-15-20	lycernuic ketone B	$C_{31}H_{48}O_6$	P	[5]
4-15-21	lycernuic ketone C	$C_{30}H_{48}O_4$	P	[5]
4-15-22	lycernuic acid A	$C_{30}H_{47}O_4$	P	[5]
4-15-23	lycernuic acid B	$C_{30}H_{47}O_5$	P	[5]
4-15-24	21α-hydroxy-3β-methoxyserrat-14-en-29-al	$C_{31}H_{50}O_3$	C	[6]
4-15-25	3,29-nor-3α-methoxyserrat-14-en-21-one	$C_{30}H_{48}O_2$	C	[6]
4-15-26	29-acetoxy-3β-methoxyserrat-14-en-21α-ol	$C_{33}H_{54}O_4$	C	[7]
4-15-27	3α- methoxyserrat-14-en-21β-ol	$C_{31}H_{52}O_2$	C	[8]
4-15-28	3β- methoxyserrat-14-en-21β-ol	$C_{31}H_{52}O_2$	C	[8]
4-15-29	3β- methoxyserrat-14-en-21β-one	$C_{31}H_{50}O_2$	C	[8]
4-15-30	gammacer-16-en-3β-yl acetate	$C_{32}H_{52}O_2$	C	[9]
4-15-31	gammacer-16-en-3β-ol	$C_{30}H_{50}O$	C	[9]
4-15-32	gammacer-16-en-3α-ol	$C_{30}H_{50}O$	C	[9]
4-15-33	gammacer-16-en-3-one	$C_{30}H_{48}O$	C	[9]
4-15-34	pichierenyl acetate	$C_{32}H_{52}O_2$	C	[9]
4-15-35	pichierenone	$C_{30}H_{48}O$	C	[9]
4-15-36	isopichierenyl acetate	$C_{32}H_{52}O_2$	C	[9]
4-15-37	isopichierenol	$C_{30}H_{50}O$	C	[9]
4-15-38	swertenyl acetate	$C_{32}H_{52}O_2$	C	[9]
4-15-39	pichierenol	$C_{30}H_{50}O$	C	[9]
4-15-40	swertenol	$C_{30}H_{50}O$	C	[9]
4-15-41	3β,12α,25,30-tetrahydroxy-14R,17R,20R,24S-diepoxy-malabaricane-3-O-β-glucopyranoside	$C_{36}H_{62}O_{11}$	P	[10]
4-15-42	3β,12α,14,17,25-pentahydroxy-20R,24S-epoxymalabaricane-3-O-β-glucopyranoside	$C_{36}H_{64}O_{11}$	P	[10]
4-15-43	3β,12α,20R,24S,25-pentahydroxy-14R,17R-epoxymalabaricane-3-O-β-glucopyranoside	$C_{36}H_{64}O_{11}$	P	[10]
4-15-44	iriflorental	$C_{31}H_{50}O_4$	C	[11]
4-15-45	irisgermanical A	$C_{31}H_{50}O_3$	C	[11]
4-15-46	irisgermanical B	$C_{31}H_{50}O_4$	C	[11]
4-15-47	iripallidal	$C_{31}H_{50}O_4$	C	[11]

续表

编号	名称	分子式	测试溶剂	参考文献
4-15-48	irisgermanical C	$C_{31}H_{50}O_4$	C	[11]
4-15-49	trichomycin A	$C_{31}H_{48}O_5$	M	[12]
4-15-50	trichomycin B	$C_{30}H_{47}O_4$	M	[12]
4-15-51	iritectol A	$C_{30}H_{50}O_5$	C	[13]
4-15-52	iritectol B	$C_{30}H_{50}O_5$	C	[13]
4-15-53	iridobelamal A	$C_{30}H_{50}O_4$	C	[13]
4-15-54	isoiridogermanal	$C_{30}H_{50}O_4$	C	[13]
4-15-55	lansionic acid	$C_{30}H_{47}O_3$	C	[14]
4-15-56	3β-hydroxyonocera-8(26),14-dien-21-one	$C_{30}H_{48}O_2$	C	[14]
4-15-57	21α-hydroxyonocera-8(26),14-dien-3-one	$C_{30}H_{48}O_2$	C	[14]
4-15-58	22-oxo-23-hydroxyiridal-3-[β-D-glucopyranosyl-(1→6)-β-D-glucopyranoside]-16-β-D-glucopyranoside	$C_{48}H_{80}O_{21}$	M	[15]
4-15-59	22-oxo-23-hydroxy-iridal-3,16-di-β-D-glucopyranoside	$C_{42}H_{70}O_{16}$	M	[15]
4-15-60	22-oxo-isoiridal-3,16,23-tri-β-D-glucopyranoside	$C_{48}H_{80}O_{21}$	M	[15]
4-15-61	iridalglycoside 6b	$C_{48}H_{80}O_{21}$	P	[15]
4-15-62	22-oxo-23-hydroxy-isoiridal-3,16-di-β-D-glucopyranoside	$C_{42}H_{70}O_{16}$	P	[15]
4-15-63	22,23-dihydroxy-isoiridal-3,16-di-β-D-glucopyranoside	$C_{42}H_{72}O_{16}$	P	[15]
4-15-64	22,23-dihydroxy-iridal-3,16-di-β-D-glucopyranoside	$C_{42}H_{72}O_{16}$	M	[15]
4-15-65	saponaceolide E	$C_{30}H_{46}O_7$	P	[16]
4-15-66	saponaceolide F	$C_{30}H_{44}O_7$	P	[16]
4-15-67	saponaceolide G	$C_{30}H_{44}O_6$	P	[16]
4-15-68	saponaceolide A	$C_{30}H_{46}O_7$	P	[16]
4-15-69	lancilactone A	$C_{30}H_{40}O_5$	C	[17]
4-15-70	lancilactone B	$C_{30}H_{38}O_4$	C	[17]
4-15-71	lancilactone C	$C_{30}H_{40}O_4$	C	[17]
4-15-72	melianol	$C_{35}H_{48}O_9$	C	[18]
4-15-73	desfurano-desacetylnimbin-17-one	$C_{24}H_{30}O_8$	C	[18]
4-15-74	fomlactone A	$C_{33}H_{50}O_5$	P	[19]
4-15-75	fomlactone B	$C_{31}H_{48}O_4$	P	[19]
4-15-76	notohamosin A	$C_{29}H_{46}O_5$	P	[20]
4-15-77	notohamosin B	$C_{29}H_{46}O_4$	P	[20]
4-15-78	notohamosin C	$C_{30}H_{48}O_6$	P	[20]
4-15-79	malabanone A	$C_{22}H_{28}O_2$	P	[21]
4-15-80	malabanone B	$C_{21}H_{30}O_3$	C	[21]
4-15-81	schigautone	$C_{29}H_{44}O_6$	P	[22]
4-15-82	sodwanone B	$C_{30}H_{44}O_5$	B	[23]
4-15-83	sodwanone G	$C_{30}H_{42}O_6$	C	[23]
4-15-84	sodwanone H	$C_{30}H_{48}O_4$	C	[23]

续表

编号	名称	分子式	测试溶剂	参考文献
4-15-85	sodwanones I	$C_{30}H_{50}O_5$	C	[23]
4-15-86	sodwanol A	$C_{30}H_{46}O_6$	C	[23]
4-15-87	3-*epi*-29-acetoxystelliferin E	$C_{36}H_{52}O_7$	C	[24]
4-15-88	stellettin J	$C_{30}H_{44}O_3$	C	[24]
4-15-89	stellettin K	$C_{30}H_{42}O_4$	C	[24]
4-15-90	jaspolide A	$C_{30}H_{40}O_4$	C	[25]
4-15-91	jaspolide B	$C_{30}H_{40}O_4$	C	[25]
4-15-92	jaspolide C	$C_{20}H_{28}O_3$	C	[25]
4-15-93	jaspolide D	$C_{20}H_{28}O_3$	C	[25]
4-15-94	jaspolide E	$C_{31}H_{42}O_5$	C	[25]
4-15-95	jaspolide F	$C_{25}H_{34}O_4$	B	[25]
4-15-96	3-*epi*-sodwanone K	$C_{30}H_{50}O_5$	C	[26]
4-15-97	3-*epi*-sodwanone K 3-acetate	$C_{32}H_{52}O_6$	C	[26]
4-15-98	sodwanone T	$C_{30}H_{48}O_4$	C	[26]
4-15-99	10,11-dihydrosodwanone B	$C_{30}H_{42}O_5$	C	[26]
4-15-100	sodwanone U	$C_{30}H_{42}O_5$	C	[26]
4-15-101	sodwanone V	$C_{30}H_{50}O_5$	C	[26]
4-15-102	sodwanone W	$C_{30}H_{50}O_4$	C	[26]
4-15-103	12*R*-hydroxyyardenone	$C_{30}H_{48}O_6$	C	[26]

4-15-1 $R^1=\beta$-OH; R^2=Me; R^3=CHO
4-15-2 R^1=O; R^2=H; R^3=Me
4-15-3 $R^1=\alpha$-OH; R^2=CH$_2$OH; R^3=Me
4-15-4 $R^1=\alpha$-OAc; R^2=CH$_2$OAc; R^3=Me

表 4-15-2 化合物 4-15-1~4-15-4 的 ^{13}C NMR 数据[1]

C	4-15-1	4-15-2	4-15-3	4-15-4	C	4-15-1	4-15-2	4-15-3	4-15-4
1	38.5	39.0	38.5	38.5	11	25.3	25.7	25.5	25.5
2	22.4	22.3	22.4	22.4	12	27.2	27.3	27.2	27.2
3	88.4	88.4	88.5	88.5	13	56.7	54.4	57.1	57.0
4	38.9	38.9	38.9	38.9	14	138.8	138.6	138.3	138.2
5	56.3	56.3	56.3	56.3	15	121.0	121.6	121.8	121.6
6	18.8	18.8	18.8	18.8	16	25.3	29.5	23.9	24.2
7	45.1	45.2	45.1	45.2	17	42.7	45.7	50.4	50.5
8	37.1	37.1	37.1	37.1	18	35.1	36.1	35.8	35.8
9	62.8	62.7	62.8	62.8	19	36.6	38.0	37.1	36.9
10	38.2	38.2	38.2	38.2	20	26.8	38.5	28.1	24.4

续表

C	4-15-1	4-15-2	4-15-3	4-15-4	C	4-15-1	4-15-2	4-15-3	4-15-4
21	72.4	213.4	81.1	80.3	28	17.7	11.0	14.2	13.7
22	55.0	49.3	42.3	41.0	29	8.1		63.9	64.0
23	28.2	28.1	28.1	28.1	30	206.6	11.5	21.8	21.7
24	16.2	16.2	16.2	16.2	OMe	57.5	57.5	57.5	57.5
25	15.7	15.7	15.7	15.7	OAc				21.1/ 170.6
26	19.8	19.8	19.8	19.8					21.2/ 171.0
27	55.9	56.0	56.0	55.9					

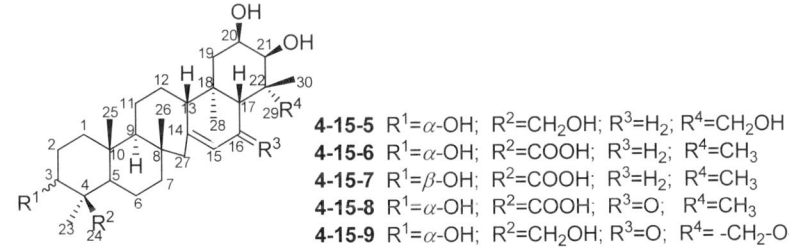

4-15-5 R¹=α-OH; R²=CH₂OH; R³=H₂; R⁴=CH₂OH
4-15-6 R¹=α-OH; R²=COOH; R³=H₂; R⁴=CH₃
4-15-7 R¹=β-OH; R²=COOH; R³=H₂; R⁴=CH₃
4-15-8 R¹=α-OH; R²=COOH; R³=O; R⁴=CH₃
4-15-9 R¹=α-OH; R²=CH₂OH; R³=O; R⁴= -CH₂-O-(4'-OH -3'-OMe)-*E*-Cinn

表 4-15-3 化合物 4-15-5~4-15-9 的 ^{13}C NMR 数据[2]

C	4-15-5	4-15-6	4-15-7	4-15-8	4-15-9	C	4-15-5	4-15-6	4-15-7	4-15-8	4-15-9
1	34.2	34.8	39.7	34.8	34.1	21	74.3	79.6	79.5	80.4	74.3
2	26.7	27.9	29.5	27.9	26.7	22	45.1	38.9	38.8	38.8	43.5
3	70.2	70.6	78.3	70.5	69.9	23	23.4	25.5	24.8	25.5	23.6
4	44.2	48.6	49.4	48.6	44.2	24	65.8	180.7	180.7	180.5	65.7
5	50.3	49.6	56.6	49.4	50.1	25	17.2	14.2	14.3	14.1	16.6
6	19.6	21.7	21.3	20.2	19.5	26	23.3	20.0	19.7	19.8	20.0
7	45.3	45.8	45.7	45.9	45.8	27	54.7	56.9	56.6	56.1	55.9
8	38.2	37.6	37.7	38.1	38.2	28	18.1	14.7	14.7	16.1	16.7
9	59.6	62.6	62.6	62.2	62.6	29	65.8	21.7	21.3	21.7	65.7
10	38.7	39.4	39.7	39.3	38.6	30	23.6	28.7	28.7	29.0	23.7
11	25.8	25.8	25.8	25.4	26.7	1'					126.5
12	26.7	27.6	27.7	26.8	25.4	2'					111.5
13	59.9	57.6	57.7	59.1	59.3	3'					149.0
14	77.9	139.0	138.8	163.7	164.6	4'					150.8
15	76.8	122.8	122.9	129.3	128.9	5'					116.9
16	28.2	24.4	24.4	200.9	200.5	6'					123.3
17	46.5	41.3	43.2	58.9	59.2	7'					145.6
18	40.2	37.8	37.7	45.5	45.8	8'					115.3
19	43.1	43.3	41.3	41.3	40.9	9'					167.7
20	66.5	66.6	66.4	65.9	65.7	3'-OCH₃					55.9

4-15-10

4-15-11 R¹=O; R²=α-OMe;β-H
4-15-12 R¹=β-OMe;α-H; R²=β-OH; α-H

表 4-15-4 化合物 4-15-10~4-15-12 的 ^{13}C NMR 数据[3]

C	4-15-10	4-15-11	4-15-12	C	4-15-10	4-15-11	4-15-12
1	39.6	39.6	38.5	17	37.9	53.2	46.2
2	34	33.9	22.2	18	35.2	37.7	37.9
3	218.1	218.1	88.3	19	31.7	34.3	29.7
4	47.3	47.1	38.8	20	25.1	23.2	26.4
5	55	54.3	55.8	21	75.6	88	75.3
6	19.7	19.7	18.2	22	37.7	39.1	38.1
7	43.3	43.7	44.8	23	26.9	27.3	28.0
8	37.0	37.0	37.1	24	20.8	20.8	16.2
9	62.6	64.8	65.7	25	16.3	16.7	16.4
10	39	38.0	38.4	26	19.9	20.4	21.0
11	25.9	22.3	21.5	27	55.2	53.7	54.0
12	27.1	34.0	33.8	28	14.8	16.5	16.3
13	56.6	72.5	72.9	29	22.8	16.5	22.2
14	61.1	65.5	65.7	30	27.7	28.0	27.9
15	59.3	36.8	36.5	OMe		57.6	57.5
16	22.7	16.9	16.8				

4-15-13 R¹=β-OMe; R²==O

4-15-14 R==O
4-15-15 R=β-OH

表 4-15-5 化合物 4-15-13~4-15-15 的 ^{13}C NMR 数据[4]

C	4-15-13	4-15-14	4-15-15	C	4-15-13	4-15-14	4-15-15
1	38.5	38.6	38.5	5	56.3	56.2	56.2
2	22.3	22.3	22.3	6	18.8	18.4	18.4
3	88.4	88.5	88.5	7	45.2	44.8	44.8
4	38.9	38.9	38.9	8	37.1	39	39.1

续表

C	4-15-13	4-15-14	4-15-15	C	4-15-13	4-15-14	4-15-15
9	62.8	63.1	63.4	21	217	216.3	75.7
10	38.2	38.1	38.1	22	47.7	46.8	37.1
11	25.5	25.5	25.4	23	28.1	28.1	28.1
12	27.2	27.5	27.1	24	16.2	16.1	16.1
13	56.5	55.7	56.7	25	15.7	16.2	16.3
14	138.3	60.9	61.3	26	19.8	20.3	20.4
15	121.9	59.6	59.3	27	55.9	55.2	55.4
16	24.5	23.5	22.8	28	13	14.7	14.8
17	51.2	45.2	38	29	21.6	22.8	22.9
18	36.2	35.5	35.2	30	24.5	24.8	27.8
19	38.4	37.9	31.8	OMe	57.5	57.5	57.5
20	34.8	34.6	25.1				

4-15-16 R=H; R^1=α-OH; R^2=α-OH; R^3=H; R^4=CH$_2$OH
4-15-17 R=H; R^1=α-OH; R^2=α-OH; R^3=H; R^4=CH$_3$
4-15-18 R=H; R^1=β-OH; R^2=H; R^3=H; R^4=CH$_3$

4-15-19 R=OH; R^1=H; R^2=CO$_2$Me; R^3=CH$_2$OH
4-15-20 R=H; R^1=OH; R^2=CO$_2$Me; R^3=CH$_2$OH
4-15-21 R=H; R^1=OH; R^2=CH$_2$OH; R^3=CH$_3$

表 4-15-6　化合物 4-15-16~4-15-23 的 ^{13}C NMR 数据[5]

C	4-15-16	4-15-17	4-15-18	4-15-19	4-15-20	4-15-21	4-15-22	4-15-23
1	39.4	39.9	40.1	39.6	34.7	34.4	40	40
2	29.5	30.5	30.4	29.1	27.8	27.2	29.8	29.7
3	78.4	78.9	78.9	78.2	70.4	70.3	78.5	78.4
4	49.7	49.5	49.8	50	48.8	44.6	49.7	49.7
5	56.8	57.6	57.6	56.9	49.5	50.5	57.3	57.3
6	21.7	22.0	22.0	21.1	21.0	19.9	21.6	21.6
7	44.7	45.5	46.0	45.4	45.6	46.1	45.9	46.0
8	38.0	38.0	38.3	38.1	38.4	38.6	37.6	37.6
9	59.8	59.7	60.4	62.4	62.4	63	62.9	62.9
10	39.2	39.3	39.4	38.9	39.3	38.9	39.3	39.2
11	25.7	26.0	26.2	25.7	25.7	25.5	27.0	26.5
12	26.8	26.5	26.8	30.3	27.1	27.1	28.1	28.1
13	59.0	59.5	60.3	59.4	59.5	59.4	57.6	57.8
14	78.2	78.1	75.7	164.4	164.8	164.1	139.3	139.2
15	77.0	76.7	46.0	129.3	129.2	129.3	123.2	123.3
16	28.4	28.2	19.6	202.3	202.4	201.7	24.9	24.9

续表

C	4-15-16	4-15-17	4-15-18	4-15-19	4-15-20	4-15-21	4-15-22	4-15-23
17	47.3	46.5	49.8	60.6	60.6	59.9	44.1	45.1
18	39.0	39.0	39.4	45.1	45.1	45.0	36.7	36.7
19	34.1	33.7	33.8	32.3	32.3	32.4	32.2	32.2
20	26.6	26.1	26.6	26.2	26.2	26.3	26.0	26.2
21	70.2	75.3	75.5	70.3	70.4	76.2	75.6	70.1
22	44.3	38.2	38.6	44.1	44.1	37.9	38.3	43.8
23	24.8	26.1	25.9	24.5	25.1	24.0	25.1	25.0
24	183.9	183.3	183.3	177.8	178.5	66.1	181.1	181.0
25	14.8	15.2	15.3	14.1	14.0	16.9	14.6	14.6
26	23.3	23.0	23.1	20.0	20.0	20.4	20.1	20.1
27	54.4	54.9	63.4	56.1	56.4	56.3	57.1	57.1
28	17.2	16.4	16.8	16.2	16.2	15.5	14.2	15.0
29	65.9	22.9	22.9	64.5	64.5	22.5	22.5	65.4
30	23.9	29.5	29.8	23.3	23.4	29.4	29.0	23.3
OCH$_3$				51.4	51.4			

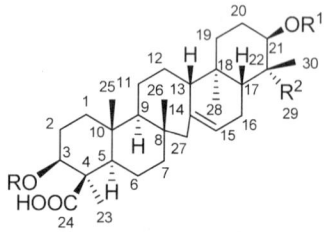

4-15-22 R=H; R^1=H; R^2=CH$_3$
4-15-23 R=H; R^1=H; R^2=CH$_2$OH

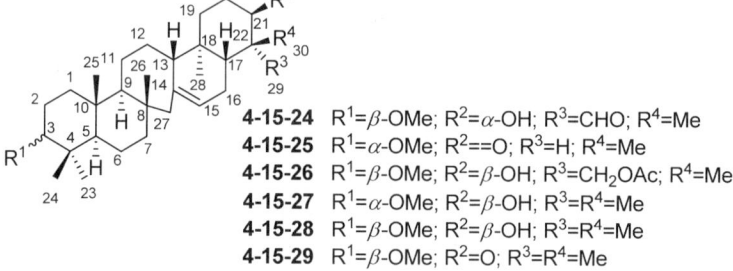

4-15-24 R^1=β-OMe; R^2=α-OH; R^3=CHO; R^4=Me
4-15-25 R^1=α-OMe; R^2==O; R^3=H; R^4=Me
4-15-26 R^1=β-OMe; R^2=β-OH; R^3=CH$_2$OAc; R^4=Me
4-15-27 R^1=α-OMe; R^2=β-OH; R^3=R^4=Me
4-15-28 R^1=β-OMe; R^2=β-OH; R^3=R^4=Me
4-15-29 R^1=β-OMe; R^2=O; R^3=R^4=Me

表 4-15-7 化合物 4-15-24~4-15-31 的 ^{13}C NMR 数据

C	4-15-24[6]	4-15-25[6]	4-15-26[7]	4-15-27[8]	4-15-28[8]	4-15-29[8]	4-15-30	4-15-31
1	38.5	33.5	38.5	33.6	38.5	38.4	38.4	38.7
2	22.3	20.2	22.4	20.4	22.4	22.5	23.7	27.4
3	88.4	85.8	88.4	86.0	88.5	88.6	81.0	79.1
4	38.9	38.1	38.9	38.1	38.9	38.6	37.8	38.9
5	56.2	50.1	56.3	50.3	56.3	56.4	55.3	55.2
6	18.7	18.7	18.8	18.9	18.8	18.6	18.1	18.2
7	45.1	44.7	45.1	44.9	45.2	45.3	33.4	33.5
8	37.1	37.2	37.1	37.3	37.4	37.2	41.3	41.3
9	62.7	62.2	62.8	62.6	63.0	62.9	50.3	50.4
10	38.2	38	38.2	37.6	37.2	38.3	36.9	37.0
11	25.6	25.6	27.2	25.3	25.4	25.6	21.3	21.3
12	27.2	27.2	55.9	27.2	27.2	27.3	22.6	22.6
13	55.5	54.5	57.0	57.2	57.5	56.0	46.5	46.5
14	138.6	138.8	138.3	138.9	138.6	138.4	39.4	39.4
15	120.9	121.4	121.6	120.2	122.0	122.0	33.3	33.4
16	23.9	29.5	24.2	24.1	24	24.6	117.8	117.8
17	51.0	45.7	50.6	43.6	43.4	51.3	147.7	147.7

续表

C	4-15-24[6]	4-15-25[6]	4-15-26[7]	4-15-27[8]	4-15-28[8]	4-15-29[8]	4-15-30	4-15-31
18	36.3	36.1	35.9	36.1	35.9	36.2	37.6	37.6
19	37.1	38.0	37.3	31.3	31.2	38.6	41.5	41.5
20	28.4	39.1	27.8	25.6	25.2	34.8	18.7	18.7
21	77.5	213.6	79.4	76.4	76.2	216.6	41.8	41.8
22	52.4	49.4	42	37.4	38.2	47.7	36.1	36.1
23	28.1	28.5	28.1	28.6	28.1	28.2	28	28.1
24	16.2	22.5	16.2	22.6	19.8	16.2	16.6	15.5
25	15.7	15.7	15.7	15.9	15.7	15.7	16.2	16.2
26	19.8	19.9	19.8	20	22.4	19.8	16.9	16.9
27	55.9	56.1	25.4	56.4	56.7	56.6	17.5	17.5
28	13.1	11.1	14.0	13.4	13.3	13.0	20.6	20.6
29	208.3		64.6	21.9	21.8	21.6	29.9	29.9
30	19.0	11.5	21.6	27.8	27.7	24.5	33.5	33.5
OMe	57.5	57.1	57.5	57.1	56.3	57.5		
OAc			170.9/21.1					21.3/171.1

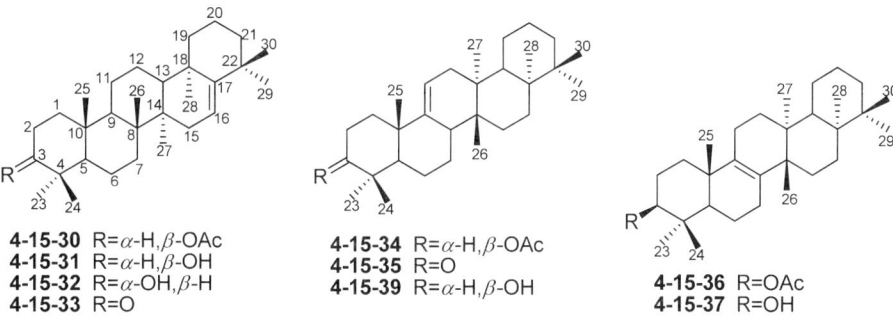

4-15-30 R=α-H,β-OAc
4-15-31 R=α-H,β-OH
4-15-32 R=α-OH,β-H
4-15-33 R=O

4-15-34 R=α-H,β-OAc
4-15-35 R=O
4-15-39 R=α-H,β-OH

4-15-36 R=OAc
4-15-37 R=OH

表 4-15-8 化合物 4-15-32~4-15-36 的 ^{13}C NMR 数据[9]

C	4-15-32	4-15-33	4-15-34	4-15-35	4-15-36	C	4-15-32	4-15-33	4-15-34	4-15-35	4-15-36
1	33.3	39.5	39.0	40.5	35.1	13	46.5	46.6	37.2	37.2	37.1
2	25.4	34.2	24.6	33.2	24.3	14	39.5	39.5	37.1	37.2	40.5
3	76.3	218.3	81.0	217	81.0	15	33.3	33.3	28.0	28.0	25.7
4	37.6	47.3	38.1	48.1	37.8	16	117.9	117.7	27.8	27.8	27.9
5	49.0	54.8	44.5	46.4	50.4	17	147.7	147.6	38.1	38.1	38.4
6	18.1	19.6	18.9	19.3	19.0	18	37.5	37.7	41.1	41.1	41.3
7	33.3	32.9	17.3	17.4	19.5	19	41.5	41.6	21.7	21.7	21.7
8	41.5	41.2	40.2	40.0	134.0	20	18.7	18.7	23.3	23.3	23.2
9	50.2	49.8	150.1	148.8	134.4	21	41.8	41.8	37.2	37.1	36.9
10	37.2	36.7	37.5	37.5	37.3	22	36.1	36.2	39.2	39.2	39.1
11	21.2	21.9	116.6	117.4	26.9	23	22.2	26.8	27.4	24.3	28.0
12	22.7	22.7	37.4	37.4	30.2	24	28.3	21.1	16.1	21.7	16.6

续表

C	4-15-32	4-15-33	4-15-34	4-15-35	4-15-36	C	4-15-32	4-15-33	4-15-34	4-15-35	4-15-36
25	16.0	16.1	25.2	24.2	20.2	29	29.9	29.8	25.2	25.2	25.3
26	16.9	16.8	15.2	15.2	22.2	30	33.5	33.5	23	22.9	22.8
27	17.7	17.4	16.5	16.5	16.2	OAc			21.3/171.0		21.4/171.1
28	20.7	20.6	16.3	16.3	17.0						

表 4-15-9 化合物 4-15-37~4-15-40 的 ^{13}C NMR 数据[9]

C	4-15-37	4-15-38	4-15-39	4-15-40	C	4-15-37	4-15-38	4-15-39	4-15-40
1	35.4	36.5	39.4	36.8	17	38.4	38.1	38.1	38.1
2	28.0	24.2	28.2	27.7	18	41.3	43.3	41.1	43.4
3	79.1	81.2	79.2	79.3	19	21.7	21.5	21.7	21.6
4	38.8	37.8	39.2	38.9	20	23.2	23.2	23.3	23.3
5	50.4	50.7	44.3	50.6	21	36.9	37.1	37.2	37.1
6	19.1	24.0	19.1	24.2	22	39.1	39.0	39.2	39.0
7	19.5	116	17.5	116.2	23	28	27.5	27.5	27.5
8	134.1	145.1	40.2	145.0	24	15.5	16.0	15.1	14.6
9	134.3	47.6	150.4	47.8	25	20.1	12.9	25.2	12.9
10	37.5	37.5	37.6	35.3	26	22.2	23.7	15.2	23.7
11	27.1	16.7	116.4	16.7	27	16.3	22.1	16.5	22.2
12	30.3	33.9	37.5	34.0	28	17	15.8	16.3	16
13	37.1	36.5	37.2	36.5	29	25.3	25.3	25.3	25.3
14	40.5	41.0	37.1	41.0	30	22.8	23.0	23.0	23.0
15	25.7	29.1	28.0	29.1	OAc		21.3/171.0		
16	27.9	27.8	27.8	27.8					

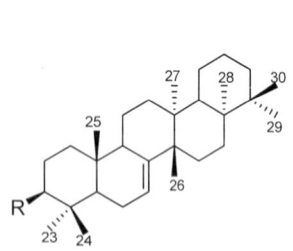

4-15-38 R=OAc
4-15-40 R=OH

4-15-41 R^1=CH$_2$OH; R^2=A
4-15-42 R^1=CH$_3$; R^2=B
4-15-43 R^1=CH$_3$; R^2=C

表 4-15-10 化合物 4-15-41~4-15-43 的 ^{13}C NMR 数据[10]

C	4-15-41	4-15-42	4-15-43	C	4-15-41	4-15-42	4-15-43
1	39.4	39.3	39.3	5	57.4	57.0	57.1
2	27.3	27.8	27.1	6	19.9	19.6	19.7
3	89.9	89.9	90.0	7	38.3	43.6	43.7
4	40.0	40.0	40.0	8	50.2	45.0	45.0

续表

C	4-15-41	4-15-42	4-15-43	C	4-15-41	4-15-42	4-15-43
9	62.2	61.7	61.6	20	84	87.5	73.3
10	37.0	37.0	37.1	21	25.3	24.3	25.1
11	33.3	34.3	33.9	22	35.0	33.8	38.4
12	72.8	73.7	72.9	23	27.3	27.1	27.0
13	62.5	61.8	63.0	24	86.1	86.2	80.3
14	87.2	77.0	86.7	25	71.4	72.0	73.3
15	37.1	42.8	37.7	26	27.4	27.2	26.8
16	25.1	28.5	24.6	27	27.5	28.2	26.4
17	84.3	78.5	85.1	28	28.8	28.8	28.9
18	26.4	26.9	26.7	29	17.1	17.1	71.2
19	16.5	16.5	16.4	30	63.2	18.1	18.3

4-15-44 R^1=CH$_2$OH; R^2=CHO; R^3=CH$_3$
4-15-45 R^1=CH$_3$; R^2=CHO; R^3=CH$_3$
4-15-46 R^1=CH$_2$OH; R^2=CH$_3$; R^3=CHO

4-15-47 R^1=CHO; R^2=CH$_3$
4-15-48 R^1=CH$_3$; R^2=CHO

表 4-15-11 化合物 4-15-44~4-15-50 的 ^{13}C NMR 数据[11]

C	4-15-44	4-15-45	4-15-46	4-15-47	4-15-48	C	4-15-49[12]	4-15-50[12]
1	189.9	190.0	12.0	190.1	12.0	1	30.5	29.6
2	133.2	133.3	133.0	133.3	133.0	2	27.2	28.8
3	62.6	63.1	62.8	62.6	62.8	3	77.7	76.9
6	42.5	43.5	46.6	42.7	46.6	4	38.6	39.1
7	162.2	162.7	162.7	162.5	162.8	5	41.1	40.0
10	76.2	75.1	76.4	76.3	76.4	6	24.9	26.5
11	46.8	44.8	47.3	46.8	47.3	7	33.6	32.8
14	126.7	126.5	126.7	128.6	128.6	8	152.3	151.4
15	134.2	134.1	134.1	134.2	134	9	60.5	59.7
16	136.7	136.9	136.7	134.6	134.5	10	39.7	41.4
17	129.6	130.1	129.8	129.3	129.4	11	30.9	29.8
18	58.2	58.3	58.2	56.4	56.3	12	46.9	46.4
19	150.5	150.7	150.5	137.3	137.2	13	32.4	31.6
20	42.2	42.3	42.2	121.7	121.7	14	38.9	38.6
22	38.7	38.8	38.7	38.2	38.2	15	148.6	147.9
23	35.5	36.6	36.5	35.7	35.6	16	50.7	50.2
24	14.2	14.3	14.3	14.8	14.7	17	55.7	55.1
25	11.0	11.1	190.8	11.1	190.9	18	27.4	26.9
26	26.5	26.4	26.6	26.5	26.5	19	39.6	37.8
27	68.3	18	68.2	68.5	68.3	20	144.6	139.4
28	16.1	16.2	16.1	15.7	15.6	21	120.0	124.5

续表

C	4-15-44	4-15-45	4-15-46	4-15-47	4-15-48	C	4-15-49[12]	4-15-50[12]
29	107.9	107.9	107.8	23.2	22.6	22	61.9	59.0
30	12.6	12.7	12.7	12.6	12.7	23	29.5	28.6
31	27.1	26.7	27.6	26.6	26.6	24	23.5	22.5
CH_2	21.6	22.4	20.0	21.7	20.0	25	110.1	109.4
	23.9	23.9	22.6	24.0	23.2	26	23.4	22.4
	27.7	27.8	27.7	27.2	27.6	27	108.6	107.9
	32.2	32.3	31.8	32.0	31.8	28	11.4	10.8
	32.2	32.8	32.1	32.2	31.9	29	181.6	181.1
	36.5	37.1	35.5	35.6	35.5	30	16.8	15.9
	37.2	37.1	38.2	37.2	38.2	31	163.4	

表 4-15-12 化合物 4-15-51~4-15-54 的 ^{13}C NMR 数据[13]

C	4-15-51	4-15-52	4-15-53	4-15-54	C	4-15-51	4-15-52	4-15-53	4-15-54
1	189.8	190.1	190.7	190	10	33.7	36.7	36.9	36.9
2	133.3	133.2	133.1	133.2	11	22.6	21.9	23.0	21.8
3	11.0	11.0	11.9	11.0	12	61.6	125.8	125.7	125.3
4	162.6	163	163.5	162.8	13	63.5	135.6	136.9	137
5	43.6	43.4	47.3	43.4	14	75.5	80.1	76.8	76.7
6	44.5	44.7	45.2	44.7	15	31.8	39.4	34.3	34.2
7	74.9	75.1	75.2	75.0	16	119.1	77.1	119.9	119.9
8	37.0	37.0	38.0	37.0	17	138.8	84.6	138.9	138.8
9	23.8	23.9	20.0	23.8	18	39.8	38.8	39.8	39.8

续表

C	4-15-51	4-15-52	4-15-53	4-15-54	C	4-15-51	4-15-52	4-15-53	4-15-54
19	26.5	22.7	26.5	26.5	25	63.0	63.0	63.2	63.1
20	124.0	124.3	124.1	124.1	26	18.0	17.9	17.8	18.0
21	131.7	131.8	131.7	131.7	27	26.3	26.3	26.4	26.3
22	25.7	25.7	25.7	25.7	28	12.1	11.7	11.9	11.9
23	26.6	26.6	27.1	26.6	29	16.2	20	16.3	16.3
24	32.6	32.7	32.0	32.7	30	17.7	17.7	17.7	17.7

4-15-55　　　4-15-56　　　4-15-57

表 4-15-13　化合物 4-15-55~4-15-57 的 ^{13}C NMR 数据[14]

C	4-15-55	4-15-56	4-15-57	C	4-15-55	4-15-56	4-15-57
1	37.6	37.2	37.8	16	29.4	24.0	25.8
2	34.7	27.9	34.7	17	49.2	51.5	49.6
3	217.2	79.5	217.2	18	38.7	36.4	36.5
4	47.8	39.1	47.8	19	32.6	38.1	37.2
5	55.1	54.7	55.2	20	28.6	34.7	27.4
6	25.1	24.8	25.7	21	178	217.3	79.2
7	37.8	38.0	37.9	22	147.6	47.5	39.2
8	147.5	148.1	147.4	23	25.9	28.2	26.0
9	57.5	56.6	56.6	24	21.7	15.4	21.6
10	39.3	39.2	38.7	25	14.1	14.6	14.2
11	26.3	25.5	23.5	26	107.6	106.9	107.6
12	27.2	23.9	25.1	27	22.9	22.2	22.3
13	48.3	54.3	55.3	28	16.3	13.3	13.6
14	135.8	135.8	135.2	29	114	22.1	15.1
15	121.8	121.7	122.1	30	22.8	24.9	17.9

4-15-58　R=Glu; R^2=O
4-15-59　R^1=H; R^2=O
4-15-60　R^1=H; R^2=H,OH

4-15-61　R^1=H; R^2=O; R^3=Glu
4-15-62　R^1=Glu; R^2=O; R^3=H
4-15-63　R^1=R^3=H; R^2=O
4-15-64　R^1=R^3=H; R^2=H,OH

表 4-15-14　化合物 4-15-58~4-15-64 的 ^{13}C NMR 数据[15]

C	4-15-58	4-15-59	4-15-60	4-15-61	4-15-62	4-15-63	4-15-64
1	192.3	192.4	12.1	11.8	12.3	n.d.	n.d
2	134.1	134.0	133.7	133.0	133.0	n.d	n.d
3	71.2	71.1	70.9	70.6	70.6	n.d	n.d
4	30.8	30.7	30.0	30.2	30.0	n.d	n.d
5	28.1	28.1	28.4	27.1	28.0	n.d	n.d
6	45.0	44.9	48.4	48.3	48.3	n.d	n.d
7	166.7	166.8	167.0	165.0	165.0	n.d	n.d
8	25.1	25.1	21.0	20.7	20.7	n.d	n.d
9	37.9	38.0	38.7	38.3	39.0	n.d	n.d
10	75.4	75.3	75.3	74.3	74.2	n.d	n.d
11	46.1	46.1	46.3	46.0	46.0	n.d	n.d
12	38.0	37.9	37.8	37.3	37.3	n.d	n.d
13	22.9	22.9	23.8	23.8	23.8	n.d	n.d
14	129.3	129.3	129.1	128.6	128.6	128.3	n.d
15	136.4	136.4	136.1	136.1	136.0	136.0	n.d
16	87.9	87.9	87.8	86.7	86.7	86.8	n.d
17	32.3	32.4	32.3	32.5	32.4	32.5	n.d
18	121.7	121.7	121.4	121.4	121.4	121.2	121.6
19	136.7	136.7	136.6	136.1	136.0	138.0	136.4
20	34.4	34.4	34.3	34.1	34.1	37.8	37.7
21	35.8	35.8	35.8	35.4	35.4	30.8	30.6
22	216.7	216.7	215.0	215.7	215.7	78.3	78.9
23	77.9	77.9	83.5	76.9	76.9	72.3	73.8
24	26.8	26.8	24.4	27.4	27.4	26.1	25.9
25	10.9	10.9	192.6	191.0	191.0	n.d	n.d
26	18.4	18.4	18.0	18.4	18.4	n.d	n.d
27	26	25.9	25.7	26.4	26.3	n.d	n.d
28	11.9	11.8	11.7	12.4	12.4	12.4	11.8
29	16.6	16.6	16.3	16.7	16.7	16.7	16.6
30	26.8	26.8	23.2	27.4	27.4	26.2	25.9
1'	104.3	104.4	104.1	104.9	105	n.d	n.d
2'	75.0	75.1	74.8	75.1	75.3	n.d	n.d
1"	103.2	103.3	103.1	103.7	103.7	n.d	103.3
2"	75.1	75.3	74.9	75.3	75.6	n.d	n.d
1'"	104.8			105.7			
1""			99.0				
2'"	75.3		75.1	75.7			
3'~3'"	71.4/71.5/71.6	71.5/71.6	71.2/71.4/71.4	71.6/71.7	71.8/71.8		
4'~4'"	77.1/77.7/77.9	77.7/77.9	77.4/77.5/77.6	71.8/77.3	78.3/78.6	n.d	n.d
5'~5'"	78.0/78.0/78.2	78.1/78.2	77.8/77.9/77.9	78.4/78.6	78.8		
6'~6'"	69.8						
6'~6'"	62.7/62.8	62.7/62.8	62.4/62.5/62.6	62.8/63.0/63.1	62.9/63.0	n.d.	n.d

注：n.d. 表示未测定的。

第四章 二倍半萜、三萜和多萜类化合物

表 4-15-15 化合物 4-15-65~4-15-68 的 ^{13}C NMR 数据[16]

C	4-15-65	4-15-66	4-15-67	4-15-68	C	4-15-65	4-15-66	4-15-67	4-15-68
1	39.9	39.8	39.4	40.0	1'	78.1	78.4	78.1	78.4
2	48.1	48.6	47.9	48.4	2'	97.1	97.4	97.1	97.2
3	30.3	30.3	29.1	30.3	3'	29.3	29.6	29.3	29.6
4	37.5	37.7	36.5	37.8	4'	29.5	29.8	29.5	29.8
5	149	148.6	149.8	148.7	5'	72.6	72.7	72.6	72.8
6	54.2	54	59.1	54.1	6'	101.1	101.8	101.1	101.2
7	24.9	26.3	136.6	26.4	7'	30.0	32.1	30.0	30.3
8	148.8	147.2	122	147.3	8'	25.4	28.8	25.4	25.7
9	129.7	130.1	128.9	130.1	9'	35.9	135.1	36	36.3
10	69.1	66.2	145	66.2	10'	32.0	123.5	31.8	32.3
11	74.3	75.6	70.3	75.6	11'	27.7	28.9	27.3	28.1
12	26.4	26.7	27.6	26.7	12'	26.6	26.9	26.6	27.0
13	15.0	15.1	15.4	15.2	13'	23.9	24.3	24.0	24.3
14	108	108.9	108.6	108.8	14'	21.4	21.7	21.5	21.5
15	170	170.7	172.8	170.8	15'	65.9	60.4	66.0	66.2

表 4-15-16 化合物 4-15-69~4-15-71 的 ^{13}C NMR 数据[17]

C	4-15-69	4-15-70	4-15-71	C	4-15-69	4-15-70	4-15-71
1	144.6	141.6	28.2	5	53.5	51.4	133.6
2	117.6	118.7	34.7	6	84.2	122.9	123.5
3	166.4	166.7	178.7	7	37.8	125.0	126.5
4	80.5	78.7	135.4	8	128.5	149.5	144.4

续表

C	4-15-69	4-15-70	4-15-71	C	4-15-69	4-15-70	4-15-71
9	148.7	133.1	135.1	20	39.4	39.5	39.4
10	137.9	127.2	134.6	21	13.7	13.7	13.7
11	31.0	28.5	25.5	22	80.3	80.3	80.5
12	26.8	30.9	30.7	23	23.6	23.6	23.5
13	51.4	51.1	45.3	24	139.1	139.2	139.4
14	44.9	44.3	49.5	25	130.5	128.4	128.3
15	26.7	26.7	31.8	26	166.3	166.4	166.5
16	30.1	30.6	27.3	27	17.0	17.0	17.0
17	46.2	46.3	46.7	28	27.3	29.2	26.1
18	15.8	15.9	16.1	29	29.2	25.2	19.3
19	144.2	135.9	128.3	30	27.2	26.5	27.5

表 4-15-17　化合物 4-15-72~4-15-73 的 ^{13}C NMR 数据[18]

C	4-15-72	4-15-73	C	4-15-72	4-15-73	C	4-15-72	4-15-73
1	37.6	202.0	13	135.3	143.5	25	23.0	
2	28.5	127.2	14	145.8	192.0	26	24.1	
3	72.3	148.0	15	87.1	85.0	28	78.0	172.0
4	42.5	38.7	16	39.7	42.1	29	19.5	21.2
5	40.3	50.3	17	50.1	207.0	30	20.9	16.0
6	71.3	65.1	18	14.0	16.0	1'	171.0	
7	86.1	89.1	19	17.5	19.5	2'	113.0	
8	47.0	47.9	20	137.0		3'	158.8	
9	39.5	38.7	21	170.1		4'	21.0	
10	41.8	48.5	22	145.3		5'	27.1	
11	34.4	32.9	23	77.0		OMe	52.0	52.2,53.2
12	173.9	172.3	24	79.8				

表 4-15-18　化合物 4-15-74~4-15-78 的 ^{13}C NMR 数据[19]

C	4-15-74[19]	4-15-75[19]	4-15-76[20]	4-15-77[20]	4-15-78[20]	C	4-15-74[19]	4-15-75[19]	4-15-76[20]	4-15-77[20]	4-15-78[20]
1	30.9	30.3	42.7	42.3	43.4	17	42.9	42.3	44.9	44.9	46.4
2	23.6	23.7	66.1	66.0	66.4	18	11.7	11.8	136.1	136.1	28.8
3	77.9	75.9	73.7	78.8	73.8	19	18.9	18.9	52	52	44.9
4	36.7	36.9	47.5	41.8	47.6	20	32.9	29.5	44.6	44.6	43.7
5	45.2	44.1	44.4	43.3	44.9	21	19.7	19.7	35.6	35.6	36
6	17.8	18.0	18.9	18.2	19	22	32.9	31.8	39.6	39.6	31.2
7	25.6	25.7	32.7	32.1	34.5	23	110	109.9	68.8	71.1	69.2
8	135	135.0	41.0	41.0	39.8	24	28.7	28.1	63.5	17.1	64.2
9	133.6	133.5	54.7	54.5	48.0	25	50.6	50.6	19.2	19.4	17.4
10	36.8	37.6	38	38	38.3	26	177.6	177.4	16.7	16.8	17.7
11	42.3	40.1	125.9	130.7	23.4	27	13.8	13.6	20	20.0	22.9
12	75.8	75.8	130.7	125.9	119.2	28	24.7	24.7	26.9	26.8	21.8
13	52.6	52.6	139.1	139	138.5	29	27.6	28.1	70.8	70.6	106.8
14	48.1	49.2	40.4	40.4	44.2	30	21.8	22.2			
15	29.4	29.5	26.3	26.3	27.6	31	13.1	13			
16	23.2	25.7	32.7	32.7	74.9	OAc	170.9/21.4				

表 4-15-19　化合物 4-15-79~4-15-80 的 ^{13}C NMR 数据[21]

C	4-15-79	4-15-80	C	4-15-79	4-15-80
1	159.0	55.8	12	20.6	19.8
2	125.7		13	34.3	34.5
3	205.0	223.4	14	42.2	42.0
4	44.3	45.5	15	22.2	22.4
5	43.8/	50	16	32.6	32.5
6	25.5	25	17	214.5	214.7
7	72.7	73.2	18	27	27
8	39.9	40.2	19	19.6	17.9
9	39.1	43.2	28	27.6	27.3
10	39.3	41	29	21.4	21.1
11	17.1	18.8	30	20.8	19.6

表 4-15-20　化合物 4-15-82~4-15-86 的 ^{13}C NMR 数据[23]

C	4-15-82	4-15-83	4-15-84	4-15-85	4-15-86	C	4-15-82	4-15-83	4-15-84	4-15-85	4-15-86
2	82.4	82.5	82.3	77.3	77.5	17	141.9	141.8	34.5	38.1	141.0
3	218.0	216.9	217.8	105.4	76.5	18	137.2	137.6	43.3	82.1	137.2
4	35.1	35.0	35.1	24.0	26.3	19	42.7	42.7	41.3	50.8	42.9
5	40.5	39.3	40.4	32.3	34.9	20	25.8	27.3	27.3	36.2	27.6
6	41.5	43.1	40.3	89.6	42.7	21	32.5	32.6	25.2	24.5	32.8
7	81.9	79.8	82.0	71.0	75.5	22	215.0	214.8	74.9	215	216.0
8	31.1	29.8	31.1	28.2	28.8	23	48.0	48.0	37.3	40.6	48.0
9	28.4	33.5	28.2	27.6	41.8	24	20.5	20.2	20.4	24.4	21.4
10	28.2	58.3	28.6	39.3	74	25	26.4	26.4	26.0	18.9	28.9
11	51.3	50.5	51.6	40.8	57.8	26	13.4	11.9	13.4	19.1	12.6
12	25.5	21.9	25.8	25.1	24.8	27	14.7	50.3	14.5	15.4	23.4
13	29.9	33.0	28.6	30.9	34.3	28	11.9	11.9	11.3	13.5	12.1
14	164.5	164.7	168.5	86.4	165.5	29	21.6	21.6	17.8	18.1	21.5
15	129.1	128.8	129.4	50.1	129.0	30	20.8	20.8	21.6	18.3	20.8
16	181.5	181.5	200.0	26.1	182.5	31	24.4	24.3	26.4	18.2	24.3

表 4-15-21　化合物 4-15-87~4-15-90 的 ^{13}C NMR 数据[24]

C	4-15-87	4-15-88	4-15-89	4-15-90	C	4-15-87	4-15-88	4-15-89	4-15-90
1	29.3	29.1	28.8	33.6	18	16.2	16.2	16.2	15.9
2	24.5	26.4	27.9	29.0	19	22.5	25.3	19.9	22.3
3	73.7	71.8	70.8	79.3	20	139.2	139.3	139.3	128.1
4	41.5	43.3	47.9	39.7	21	13.7	13.2	13.2	12.8
5	42.3	42.4	40.6	46.5	22	78.6	135.0	135.0	159.5
6	19	19.4	20.3	18.4	23	32.0	126.2	126.2	102.4
7	38.9	38.8	38.9	38.3	24	118.9	126.2	126.2	139.7
8	44.7	44.8	45.0	44.7	25	134.8	137.1	137.0	124.0
9	50.4	50.3	49.7	50.1	26	26.0	18.8	18.8	163.1
10	35.5	34.9	36.2	35.4	27	18.1	26.5	26.5	16.4
11	36.8	37.1	37.2	36.7	28	22.4	19.9	23.8	29.1
12	206.4	206.7	206.9	206.4	29	67.3	68.2	183.3	15.9
13	146.3	145.8	145.9	147.9	30	24.5	24.6	24.9	24.7
14	142.6	143.1	143.1	141.1	3-OAc	21.5/170.4			
15	132.9	132.3	132.4	137.0	22-OAc	21.4/170.4			
16	127.9	131.4	131.4	129.2	29-OAc	21.1/171.5			
17	130.1	131.7	131.8	131.6					

表 4-15-22　化合物 4-15-91~4-15-95 的 ^{13}C NMR 数据[25]

C	4-15-91	4-15-92	4-15-92	4-15-94	4-15-95	C	4-15-91	4-15-92	4-15-92	4-15-94	4-15-95
1	33.4	31.4	31.4	33.2	31.4	17	130.7	11.3	11.3	139.4	140.7
2	29.0	33.3	33.3	25.6	33.4	18	15.9	29.2	29.2	14.7	15.9
3	79.2	218.0	218.1	80.8	219.0	19	22.3	19.4	19.4	22.4	23.5
4	39.7	46.9	46.8	38.5	46.9	20	128.1	27.9	27.9	139.4	127.8
5	46.6	45.4	45.4	47.0	45.4	21	12.8			12.6	12.8
6	18.4	19.8	19.8	18.7	19.6	22	158.9			190.5	171.0
7	39.2	40.3	40.3	39.8	37.1	23	103.0			133.0	29.2
8	45.0	45.4	45.3	45.2	44.9	24	139.7			137.7	19.4
9	50.1	47.5	47.5	50.0	47.9	25	124.5			196.6	24.5
10	35.6	35.0	35.0	35.7	34.8	26	163.1			28.8	
11	36.7	36.0	36.0	36.7	36.7	27	16.8			29.4	
12	207.9	208.0	208.3	206.4	206.0	28	29.1			17.4	
13	148.6	157.5	157.4	150.6	148.0	29	15.9			26.4	
14	140.3	138.0	138.0	138.8	142.0	30	26.0				
15	137.3	194.2	194.2	140.4	139.4	Ac				170.2/21.0	
16	130.5	23.6	23.6	130.5	128.7						

4-15-89 R=H
4-15-97 R=Ac

4-15-98

4-15-99

4-15-100

4-15-101

4-15-102

4-15-103

表 4-15-23　化合物 4-15-96~4-15-103 的 ^{13}C NMR 数据[26]

C	4-15-96	4-15-97	4-15-98	4-15-99	4-15-100	4-15-101	4-15-102	4-15-103
2	76.5	79.1	77.9	82.7	82.7	77.8	77.5	81.6
3	76.2	78.3	77.0	218.0	217.8	104.2	77.8	217.9
4	25.8	23.5	25.9	35.6	35.6	23.8	30.4	34.8
5	33.5	33.5	32.6	38.1	37.7	32.9	115.3	31.8

续表

C	4-15-96	4-15-97	4-15-98	4-15-99	4-15-100	4-15-101	4-15-102	4-15-103
6	43.2	43.3	43.0	42.3	42.3	88.7	149.0	45.3
7	75.4	76.1	74.9	79.7	79.5	71.3	71.9	77.5
8	32.6	32.8	27.4	31.1	31.7	26.8	36.1	30.2
9	35.3	35.3	32.1	26.9	26.9	26.8	28.7	29.7
10	147.0	146.9	126.8	129.0	129.0	33.5	42.2	32.7
11	54.7	55.0	137.9	135.5	135.0	41.4	42.9	92.5
12	19.7	19.7	29.2	28.6	23.7	26.4	25.8	74.4
13	35.9	35.6	29.2	32.2	35.4	30.5	29.6	39.6
14	77.8	77.8	137.0	163.4	160.0	43.7	86.5	82.8
15	33.2	33.2	127.2	129.5	127.8	42.1	51.1	48.2
16	27.9	28.2	32.0	181.4	179.5	29.4	26.2	26.1
17	29.8	30.1	27.1	141.9	145.0	36.0	38.0	28.5
18	75.9	76.2	79.9	137.6	137.5	71.7	82.0	81.9
19	45.0	45.3	42.2	43.0	46.1	149.0	49.5	48.8
20	32.4	32.4	37.9	27.0	26.7	116.0	36.1	31.6
21	34.9	34.9	35.8	32.5	37.6	30.1	24.8	35.5
22	218.0	218.0	218.0	214.0	213.0	78.7	215.0	216.0
23	81.4	81.8	82.6	48.1	48.1	78.7	40.6	82.6
24	21.0	21.0	21.7	20.8	20.7	18.7	19.5	20.2
25	28.7	28.9	29.0	26.4	26.9	24.5	29.8	26.9
26	11.8	12.0	18.3	17.9	17.6	17.5	22.7	15.2
27	106.9	107.1	20.5	20.8	19.7	15.8	16.4	21.4
28	15.8	15.8	20.5	12.5	11.9	16.5	13.5	20.2
29	14.1	14.0	17.8	21.6	24.2	20.2	18.1	15.8
30	20.0	20.0	20.8	20.5	22.1	20.2	18.3	22.1
31	26.5	26.9	26.7	24.3	24.8	30.5	18.3	26.1

参 考 文 献

[1] Tanaka R, Senba H, Minematsu T, et al. Phytochemistry, 1995, 38: 1467.
[2] Yan J, Yi P, Chen B H, et al. Phytochemistry, 2008, 69: 506.
[3] Tanaka R, Tsujimoto K, In Y, et al. J Nat Prod, 2001, 64: 1044.
[4] Tanaka R, Ohmori K, Minoura K, et al. J Nat Prod, 1996, 59: 237.
[5] Zhang Z, ElSohly H N, Jacob M R, et al. J Nat Prod, 2002, 65: 979.
[6] Tanaka R, Tsujimoto K, Muraoka O, et al. Phytochemistry, 1998, 47: 839.
[7] Wada S, Lida A, Tanaka R. Planta Med, 2001, 67: 659.
[8] 王小宁, 娄红祥. 波谱学杂志, 2005, 22: 35.
[9] Shiojima K, Masuda K, Suzuki H, et al. Chem Pharm Bull, 1995, 43: 1634.
[10] Faini F, Castillo M, Torres R, et al. Phytochemistry, 1995, 40: 885.
[11] Ito H, Miyake Y, Yoshida T. Chem Pharm Bull, 1995, 43: 1260.
[12] Owenden S P B, Yu J, Bernays J, et al. J Nat Prod, 2005, 68: 409.
[13] Fang R, Houghton P J, Luo C, et al. Phytochemistry, 2007, 68: 1242.
[14] Tanaka T, Ishibashi M, Fujimoto H, et al. J Nat Prod, 2002, 65: 1709.

[15] Marner F J, Singab A N B, Al-Azizi M M, et al. Phytochemistry, 2002, 60: 301.
[16] Yoshikawa K, Kuroboshi M, Arihara S, et al, Chem Pharm Bull, 2002, 50, 1603.
[17] Chen D, Zhang S, Wang H, et al. J Nat Prod, 1999, 62: 94.
[18] Siddiqui B S, Afshan F, Faizi S Tetrahedron, 2001, 57: 10281.
[19] He J, Feng X, Lu Y, et al. J Nat Prod, 2003, 66: 1249.
[20] Luo Y, Feng C, Tian Y, et al. Tetrahedron, 2003, 59: 8227.
[21] Hitosuyanagi Y, Ozeki A, Choo C Y, et al. Tetrahedron, 2001, 57: 7477.
[22] Meng F Y, Sun J X, Xue L, et al. Org Lett, 2011, 13: 1502.
[23] Rudi A, Goldberg I, Stein Z, et al. J Nat Prod, 1995, 58: 1702.
[24] Clement J A, Li M, Hecht S M, et al. J Nat Prod, 2006, 69: 373.
[25] Tang S G, Pei Y H, Fu H Z, et al. Chem Pharm Bull, 2006, 54: 4.
[26] Dai J Q, Fishback J A, Zhou Y D, et al. J Nat Prod, 2006, 69: 1715.

第十六节　多萜类化合物

表 4-16-1　多萜类化合物的名称、分子式和测试溶剂

编号	名称	分子式	测试溶剂	参考文献
4-16-1	β-carotene	$C_{40}H_{56}$	C	[1]
4-16-2	β-capsanthin	$C_{40}H_{56}O$	C	[2]
4-16-3	zeaxanthin	$C_{40}H_{56}O_2$	C	[1]
4-16-4	capsorubin	$C_{40}H_{56}O_4$	C	[1]
4-16-5	violasanthin	$C_{40}H_{56}O_4$	C	[1]
4-16-6	β,ε-carotene-3,3'-diol	$C_{72}H_{116}O_4$	C+D(2:1)	[2]
4-16-7	lutein A	$C_{40}H_{56}O_2$	C	[3]
4-16-8	canthaxanthin	$C_{40}H_{52}O_2$	C	[4]
4-16-9	capsorubin 3,6-epoxide	$C_{40}H_{56}O_4$	C	[5]
4-16-10	cycloviolaxanthin	$C_{40}H_{56}O_4$	C	[6]
4-16-11	cucurbitaxanthin A	$C_{40}H_{56}O_3$	C	[7]
4-16-12	cucurbitaxanthin B	$C_{40}H_{56}O_4$	C	[8]
4-16-13	cryptocapsin	$C_{40}H_{56}O_2$	C	[9]
4-16-14	adonixanthin	$C_{40}H_{54}O_3$	C	[10]
4-16-15	asterinic acid	$C_{40}H_{50}O_4$	C	[11]
4-16-16	eschscholtzxanthin	$C_{40}H_{54}O_2$	C	[12]
4-16-17	fucoxanthin	$C_{42}H_{58}O_6$	C	[13]
4-16-18	7,8,7',8'-tetradehydroastaxanthin	$C_{40}H_{48}O_4$	C	[11]
4-16-19	alloxanthin	$C_{40}H_{52}O_2$	C	[14]
4-16-20	diatoxanthin	$C_{40}H_{54}O_2$	C	[15]
4-16-21	amarouciaxanthin B	$C_{40}H_{52}O_4$	C	[16]
4-16-22	pectenolone	$C_{40}H_{52}O_3$	C	[17]
4-16-23	crocin	$C_{44}H_{64}O_{24}$	D	[18]
4-16-24	rhodoxanthin	$C_{40}H_{50}O_2$	C	[19]
4-16-25	peridinin	$C_{39}H_{50}O_7$	C	[20]
4-16-26	phrrhoxanthin	$C_{39}H_{48}O_6$	C	[21]
4-16-27	(3S,5S,6R,3'R,6'R)-lytein-5,6-epoxide	$C_{40}H_{56}O_4$	C	[22]
4-16-28	4-ketoantheraxanthin	$C_{40}H_{54}O_4$	C	[24]
4-16-29	(3S,5R,6R,3'S,5'R)- 5,3',8'-trihydroxy-3,6-epoxy-5,6-dihydro-β,κ-caroten-6'-one	$C_{40}H_{56}O_5$	C	[25]
4-16-30	3-deoxycapsanthin	$C_{40}H_{56}O_2$	C	[26]

续表

编号	名称	分子式	测试溶剂	参考文献
4-16-31	(4S,5S,6S,4S,5S,6S)-5,6,5,6-tetrahydro-β,β-carotene-4,4-diol	$C_{40}H_{60}O_2$	C	[27]
4-16-32	neurosporaxanthin	$C_{35}H_{46}O_2$	C	[28]
4-16-33	β-carotene	$C_{40}H_{56}$	B	[29]
4-16-34	isozeaxanthin	$C_{40}H_{56}O$	B	[29]
4-16-35	isocryptoxanthin	$C_{40}H_{52}O_4$	B	[29]
4-16-36	lutern	$C_{40}H_{56}O_3$	B	[29]
4-16-37	adonixanthin diglucoside	$C_{52}H_{74}O_{13}$	M	[30]
4-16-38	2,3-dihydroxycanthaxanthin	$C_{40}H_{52}O_4$	C	[31]
4-16-39	3,4-didehydroxy-3-deoxycapsanthin	$C_{40}H_{54}O$	C	[32]
4-16-40	7,8,9,10-tetrahydro-β-cryptoxanthin	$C_{40}H_{60}O$	C	[33]
4-16-41	4-keto-4'-hydroxydiatoxanthin	$C_{40}H_{52}O_4$	C	[34]
4-16-42	3'-epigobiusxanthin	$C_{40}H_{54}O_3$	C	[34]
4-16-43	4-ketodeepoxyneoxanthin	$C_{40}H_{54}O_4$	C	[34]
4-16-44	7,8-dihydrodiadinoxanthin	$C_{40}H_{56}O_3$	C	[34]
4-16-45	6-epiheteroxanthin	$C_{40}H_{56}O_4$	C	[35]
4-16-46	cyclopyrrhoxanthin	$C_{39}H_{48}O_6$	C	[35]
4-16-47	pittosporumxanthin B1	$C_{69}H_{104}O_5$	C	[36]
4-16-48	pittosporumxanthin B2	$C_{69}H_{104}O_5$	C	[36]
4-16-49	pittosporumxanthin C1	$C_{69}H_{104}O_6$	C	[36]
4-16-50	pittosporumxanthin C2	$C_{69}H_{104}O_6$	C	[36]
4-16-51	pittosporumxanthin A3	$C_{69}H_{104}O_6$	C	[36]
4-16-52	pittosporumxanthin A4	$C_{69}H_{104}O_6$	C	[36]
4-16-53	heteranthin	$C_{26}H_{34}O_3$	C	[37]
4-16-54	ditaxin	$C_{31}H_{42}O_4$	C	[37]
4-16-55	cucumariaxanthin A	$C_{40}H_{56}O_2$	B	[38]
4-16-56	cucumariaxanthin C	$C_{40}H_{60}O_2$	B	[38]
4-16-57	all-*trans*-(8R,6'R)-peridinin-5,8-furanoxide	$C_{39}H_{50}O_7$	C	[39]
4-16-58	all-trans-(8S,6'R)-peridinin-5,8-furanoxide	$C_{39}H_{50}O_7$	C	[39]
4-16-59	peridinin	$C_{39}H_{50}O_7$	C	[39]
4-16-60	(2E,4E,6E,8E,10E,12E)-2,7,11-trimethyl-[(R)-1,2,2-trimethyl cyclopentyl]-14-oxotetradeca-2,4,6,8,10,12-hexaenal	$C_{25}H_{34}O_2$	C	[32]
4-16-61	carotenoid 1	$C_{41}H_{56}O_4$	C	[40]
4-16-62	(3S,5R,6R,3'S,5'R,6'S)-13-*cis*-7',8'-dihydroneownthin-20'-al-3'-β-lactoside	$C_{44}H_{70}O_{15}$	M	[41]
4-16-63	(3S,5R,6R,3'S,5'R,6'S)-13-*cis*-7',8'-dibydroneownthin-20'-al-3'-β-lactoside octaacetate	$C_{60}H_{86}O_{23}$	C	[41]
4-16-64	(3S,5R,6R,3'S,5'R,6'S)-13-*cis*-7',8'-dibydroneownthin-20'-al-3'-β-lactosideheptaacetate	$C_{58}H_{84}O_{22}$	C	[41]
4-16-65	4, 6-(3S,5R,3'S,5'R,6'R)-3-tetradecanoyloxy-5,3',5'-trihydroxy-6',7'-didehydro-5',6'-*seco*-β,β-carotenone	$C_{54}H_{82}O_6$	C	[42]

续表

编号	名称	分子式	测试溶剂	参考文献
4-16-66	3-methoxy-3'-hydroxy-5',8'-epoxy-5',8'-dihydro-5',6'-seco-4,6-cyclo-β,β-caroten-5-one	$C_{41}H_{56}O_4$	C	[43]
4-16-67	pittosporumxanthin A1	$C_{69}H_{104}O_5$	C	[44]
4-16-68	pittosporumxanthin A2	$C_{69}H_{104}O_5$	C	[44]
4-16-69	pittosporumxanthin B1	$C_{69}H_{104}O_6$	C	[44]
4-16-70	pittosporumxanthin B2	$C_{69}H_{104}O_6$	C	[44]
4-16-71	pittosporumxanthin C1	$C_{69}H_{104}O_6$	C	[44]
4-16-72	pittosporumxanthin C2	$C_{69}H_{104}O_6$	C	[44]
4-16-73	ipomoeaxantihin A	$C_{40}H_{58}O_3$	C	[45]
4-16-74	dinochrome B	$C_{42}H_{58}O_5$	C	[46]
4-16-75	diadinochrome A	$C_{42}H_{58}O_5$	C	[46]
4-16-76	β,β-carotene dication	$C_{40}H_{56}$	C	[47]
4-16-77	neurosporaxanthin	$C_{35}H_{46}O_2$	C	[47]
4-16-78	(3S,5R,6R,6'S)-3,5,6'-trihydroxy-3'-oxo-6,7-didehydro-5,6-dihydro-10,11,20-trinor-β,ε-caroten-19',11'-olide-3-acetate	$C_{39}H_{48}O_7$	C	[49]
4-16-79	3,3'-dihydroxy-5,6,5',6'-diseco-β,β-carotene-5,6,5',6'-tetraone	$C_{68}H_{108}O_8$	C	[50]
4-16-80	tobiraxanthin B	$C_{54}H_{82}O_6$	C	[50]
4-16-81	tobiraxanthin C	$C_{54}H_{82}O_6$	C	[50]
4-16-82	tobiraxanthin D	$C_{54}H_{84}O_7$	C	[50]
4-16-83	pittosporumxanthin A1	$C_{69}H_{104}O_6$	C	[51]
4-16-84	pittosporumxanthin A2	$C_{69}H_{104}O_6$	C	[51]
4-16-85	synechoxanthin dimethyl ester [(all-E)dimethyl χ,χ-caroten-18,18'-dioate]	$C_{42}H_{48}O_4$	C	[52]
4-16-86	1'-β-glucopyranosyl-3,4,3',4'-tetradehydro-1',2'-dihydro-β,ψ-caroten-2-one	$C_{46}H_{62}O_7$	M	[53]
4-16-87	(9Z,9"Z)-6,6"-diapocarotene-6,6"-dioate	$C_{26}H_{32}O_4$	C	[54]
4-16-88	(9Z)-8'-oxo-6,8'-diapocaroten-6-oate	$C_{23}H_{28}O_3$	C	[54]
4-16-89	(4Z)-4,8-dimethyl-12-oxo-dodecyl-2,4,6,8,10-pentaenoate	$C_{15}H_{18}O_3$	C	[54]
4-16-90	(9Z)-10'-oxo-6,10'-diapocaroten-6-oate	$C_{20}H_{24}O_3$	C	[54]
4-16-91	(9Z)-6'-oxo-6,6'-diapoearoten-6'-oate	$C_{25}H_{30}O_3$	C	[54]
4-16-92	(9Z)-6'-oxo-6,5'-diapocaroten-6-oate	$C_{26}H_{32}O_3$	C	[54]
4-16-93	Amarouciaxanthin 3-ester	$C_{53}H_{54}O_5$	C	[55]
4-16-94	hydrolysis of hydratopyrrhoxanthinol 3'-ester	$C_{30}H_{48}O_6$	C	[55]
4-16-95	(9Z)-lycopene(ψ,ψ-carotene)	$C_{40}H_{56}$	C	[56]
4-16-96	(13Z)-lycopene(ψ,ψ-carotene)	$C_{40}H_{56}$	C	[56]
4-16-97	(all-E,3S,5R,8S)-cryptoflavin	$C_{40}H_{56}O_2$	C	[56]
4-16-98	(all-E,3R,3'R,6'R)-lutein	$C_{40}H_{56}O_2$	C	[56]
4-16-99	(all-E,3S,5R,6R,3'S,5'R,8'R)-neochrome	$C_{40}H_{56}O_4$	C	[56]
4-16-100	(all-E,3S,5R,6R,3'S,5'R,8'S)-neochrome	$C_{40}H_{56}O_4$	C	[56]
4-16-101	prolycopene	$C_{40}H_{56}$	C	[57]

编号	名称	分子式	测试溶剂	参考文献
4-16-102	methyl(7Z,9Z,9'Z)-apo-6'-lycopenoate	$C_{33}H_{44}O_2$	C	[58]
4-16-103	methyl(9Z)-apo-8'-lycopenoate	$C_{31}H_{42}O_2$	C	[58]
4-16-104	methyl(all-E)-apo-8'-lycopenoate	$C_{31}H_{42}O_2$	C	[58]
4-16-105	fucoxanthin 3-pyropheophorbides A ester	$C_{75}H_{90}N_4O_8$	C	[59]
4-16-106	halocynthiaxanthin 3'-acetate pheophorbide A ester	$C_{75}H_{88}N_4O_7$	C	[59]

表 4-16-2 化合物 4-16-1~4-16-8 的 ^{13}C NMR 数据

C	4-16-1[1]	4-16-2[2]	4-16-3[1]	4-16-4[1]	4-16-5[1]	4-16-6[2]	4-16-7[3]	4-16-8[4]
1	34.3	37.1	37.1	44.0	35.4	36.8	37.1	35.7
2	39.7	48.5	48.2	50.8	47.2	48.4	48.4	37.7
3	19.3	65.1	65.1	70.3	64.1	64.3	65.1	34.3
4	33.2	42.6	42.4	45.3	40.9	42.6	42.5	198.7

续表

C	4-16-1[1]	4-16-2[2]	4-16-3[1]	4-16-4[1]	4-16-5[1]	4-16-6[2]	4-16-7[3]	4-16-8[4]
5	129.3	126.3	126.1	59.0	67.3	126.7	126.2	129.9
6	138.0	137.8	137.6	203.0	70.4	137.3	137.6	160.9
7	126.7	125.9	125.5	121.1	123.9	125.8	125.6	124.2
8	137.8	138.5	138.5	146.8	137.2	137.9	138.5	141.1
9	136.0	135.9	135.7	134.0	134.2	135.5	135.6	134.8
10	130.8	131.7	131.3	140.6	132.4	131.0	131.3	134.3
11	125.0	125.5	124.9	124.7	124.6	124.9	124.9	124.7
12	137.3	137.4	137.6	141.8	138.2	137.3	137.6	139.3
13	136.4	137.6	136.5	136.9	136.4	136.0	136.5	136.6
14	132.4	132.4	132.6	134.9	132.9	132.4	132.6	136.6
15	130.0	129.7	130.0	131.2	130.2	130.0	130.0	130.5
16	30.2	28.8	30.2	25.1	24.7	28.6	28.7	27.7
17	28.7	30.3	28.7	25.1	29.7	30.3	30.2	27.7
18	21.6	21.6	21.6	25.9	20.0	21.6	21.6	13.7
19	12.8	12.8	12.8	12.8	12.8	12.6	12.7	12.5
20	12.8	12.9	12.8	12.8	13.1	12.7	12.7	12.7
1'	34.3	44.0	37.1	44.0	35.4	34.0	34.0	35.7
2'	39.7	51.0	48.2	50.8	47.2	44.9	44.7	37.7
3'	19.3	70.4	65.1	70.3	64.1	63.5	65.9	34.3
4'	33.2	45.4	42.4	45.3	40.9	125.9	125.6	198.7
5'	129.3	59.0	126.1	59.0	67.3	137.4	137.8	129.9
6'	138.0	202.9	137.6	203.0	70.4	54.8	55.0	160.9
7'	126.7	121.0	125.5	121.1	123.9	129.1	128.6	124.2
8'	137.8	146.9	138.5	146.8	137.2	137.4	137.8	141.1
9'	136.0	133.7	135.7	134.0	134.2	134.9	135.0	134.8
10'	130.8	140.7	131.3	140.6	132.4	130.5	130.8	134.3
11'	125.0	124.1	124.9	124.7	124.6	124.8	124.5	124.7
12'	137.3	142.0	137.6	141.8	138.2	137.3	138.0	139.0
13'	136.4	136.1	136.5	136.9	136.4	136.1	137.0	137.0
14'	132.4	135.3	132.6	134.9	132.9	132.4	132.6	136.6
15'	130.0	131.3	130.0	131.2	130.2	130.0	130.0	130.5
16'	30.2	25.1	30.2	25.1	24.7	23.8	24.3	27.7
17'	28.7	25.9	28.7	25.1	29.7	29.6	29.5	27.7
18'	21.6	21.4	21.6	25.9	20.0	22.7	22.8	13.7
19'	12.8	12.7	12.8	12.8	12.8	13.0	13.2	12.5
20'	12.8	12.8	12.8	12.8	13.1	12.9	12.7	12.7

表 4-16-3 化合物 4-16-9~4-16-16 的 ^{13}C NMR 数据

C	4-16-9[5]	4-16-10[6]	4-16-11[7]	4-16-12[8]	4-16-13[9]	4-16-14[10]	4-16-15[11]	4-16-16[12]
1	44.0	44.0	44.0		36.3	36.8	36.6	35.5
2	48.5	48.5	48.5	48.9	40.0	45.4	44.2	50.4
3	75.7	75.4	70.4		19.3	69.2	69.2	65.6
4	47.7	47.8	47.7	48.2	33.1	200.4	199.3	128.8
5	82.5	82.5	82.5		129.5	126.7	131.3	134.8
6	91.6	91.7	91.6		137.9	162.3	147.7	144.1
7	123.1	122.8	122.8	123.1	127.0	123.1	88.0	121.9
8	134.8	134.8	134.8	135.0	137.7	142.3	111.0	131.6
9	135.2	134.9	134.9		136.5	134.3	117.4	136.1
10	131.6	131.6	131.6	132.2	130.8	135.3	136.3	138.8
11	125.4	124.8	124.8	124.8	125.7	124.3	123.8	125.0
12	137.6	137.8	137.6	138.3	137.1	139.9	139.0	132.6
13	135.9	136.4	135.4		137.7	136.1	135.0	135.4

续表

C	4-16-9[5]	4-16-10[6]	4-16-11[7]	4-16-12[8]	4-16-13[9]	4-16-14[10]	4-16-15[11]	4-16-16[12]
14	132.4	132.7	132.6	132.8	132.2	134.0	133.7	137.4
15	130	130.1	130.1	130.1	129.6	130.9	126.9	126.1
16	25.7	25.9	25.7	25.9	28.9	26.1	26.2	27.3
17	32.2	25.7	32.1	32.3	28.9	30.7	31.0	31.7
18	31.6	31.6	31.6	31.8	21.8	14.0	14.3	21.4
19	12.9	12.9	12.8	12.9	12.7	12.6	17.6	12.8
20	12.8	12.8	12.8	12.9	12.8	12.8	12.7	12.2
1'	44.0	44.0	37.1		44.0	37.1	36.8	33.5
2'	58.9	48.5	48.4	47.9	51.0	48.4	45.5	50.4
3'	70.4	75.4	65.1	65.1	70.2	65.0	69.3	65.6
4'	45.3	47.8	42.3	41.3	45.3	42.5		128.8
5'	58.9	82.5	126.2		59.0	126.2	133.6	134.8
6'	202.9	91.7	137.8		202.9	137.7	162.2	144.1
7'	120.9	122.8	125.6	123.9	120.9	125.7	142.3	121.9
8'	146.9	134.8	138.5	137.6	146.9	138.4	140.6	131.6
9'	133.6	134.9	136.4		133.6	135.9	123.4	136.1
10'	140.7	131.6	131.3	132.2	140.8	131.2	137.1	136.1
11'	124.1	124.8	124.9	124.7	124.0	125.3	124.9	138.8
12'	142.0	137.8	137.6	138.3	142.1	137.4	139.7	125.0
13'	137.5	136.4	136.5		135.8	137.1	135.1	132.6
14'	135.2	132.7	132.7	132.8	135.4	132.4	134.7	135.4
15'	131.5	130.1	130.1	130.1	131.7	130.9	130.5	137.4
16'	25.9	25.9, 32.2	25.7	25.1	25.1	28.7	26.1	129.1
17'	25.1	25.7	30.3	29.7	25.9	30.3	30.7	27.3
18'	21.3	31.6	21.6	20.1	21.4	21.6	14.0	31.7
19'	12.9	12.9	12.8	12.9	12.8	12.8	12.6	21.4
20'	12.7	12.8	12.8	12.9	12.9	12.9	12.9	12.8

4-16-17

4-16-18

4-16-19

4-16-20

$R^1=$ (4-16-21), $R^2=$ (4-16-21 side), $R^1=$ (4-16-22), $R^2=$ (4-16-22 side)

$R^1=$, $R^2=$, $R^3=$, $R^4=$ (4-16-23)

表 4-16-4　化合物 4-16-17~4-16-23 的 ^{13}C NMR 数据

C	4-16-17[13]	4-16-18[11]	4-16-19[14]	4-16-20[15]	4-16-21[16]	4-16-22[17]	4-16-23[18]	C	4-16-23[18]
1	35.8	36.7	36.9	36.6	42.0	36.6		1″	94.5
2	47.1	44.4	46.7	46.7	49.8	45.4		2″	72.4
3	64.4	69.4	64.8	64.8	203.4	69.2		3″	76.8
4	41.7	199.3	41.5	41.4	126.0	200.4		4″	69.1
5	66.2	133.8	137.2	137.3	167.9	126.8		5″	76.6
6	67.1	147.6	124.3	124.2	78.5	162.3		6″	60.0
7	40.8	88.1	89.1	89.0	38.7	123.2		1‴	103.0
8	197.9	110.9	98.8	98.6	197.6	142.4	166.0	2‴	73.3
9	134.6	117.8	119.1	118.9	135.0	134.4	125.2	3‴	76.8
10	139.1	138.9	138.0	135.2	142.2	135.1	139.8	4‴	69.8
11	123.4	124.0	124.3	124.1	123.1	124.4	123.8	5‴	76.8
12	145.0	140.6	135.2	138.1	147.1	139.8	144.5	6‴	60.9
13	135.6	136.8	136.4	136.8	135.4	136.7	136.8	1⁗	94.5
14	136.6	134.8	133.4	133.5	137.7	133.9	135.9	2⁗	72.4
15	129.4	131.1	130.3	130.5	133.2	130.8	131.9	3⁗	76.8
16	25.1	26.3	24.8	28.7	23.3	26.2		4⁗	69.1
17	28.2	31.1	30.5	30.3	24.8	30.8		5⁗	76.6
18	31.2	14.3	22.4	22.5	20.7	14.0		6⁗	60.0
19	11.8	17.6	18.0	18.1	11.6	12.6	12.6	1′″″	103.0
20	12.8	12.8	12.7	12.8	12.9	12.8	12.7	2′″″	73.3
1′	36.2	36.7	36.9	37.1		36.8		3′″″	76.8
2′	45.5	44.4	46.7	48.4		46.7		4′″″	69.8
3′	68.0	69.4	64.8	65.2		64.9		5′″″	76.8
4′	45.3	199.3	41.5	42.5		41.5		6′″″	60.9
5′	72.1	133.8	137.2			137.4			
6′	117.5	147.6	124.3	137.7		124.2			
7′	202.4	88.1	89.1	125.6	89.5	89.2			
8′	103.4	110.9	98.8	138.5	98.6	98.6	166.0		

续表

C	4-16-17[13]	4-16-18[11]	4-16-19[14]	4-16-20[15]	4-16-21[16]	4-16-22[17]	4-16-23[18]	C	4-16-23[18]
9'	132.5	117.8	119.1	135.8	120.0	119.2	125.2		
10'	128.6	138.9	138.0	131.3	138.0	138.0	139.8		
11'	125.7	124.0	124.3	125.1	125.3	124.2	123.8		
12'	137.2	140.6	135.2	137.5	135.0	135.3	144.5		
13'	138.1	136.8	136.4	136.1	137.6	136.4	136.8		
14'	132.2	134.8	133.4	126.2	132.9	133.3	135.9		
15'	132.5	131.1	130.3	129.9	129.6	130.2	131.9		
16'	29.2	26.3	24.8	28.7		28.8			
17'	32.1	31.1	30.5	30.3		30.5			
18'	31.3	14.3	22.4	21.7		22.5			
19'	14.0	17.6	18.0	12.8	18.1	18.1	12.6		
20'	12.9	12.8	12.7	12.8	12.7	12.8	12.7		

4-16-24

4-16-25

4-16-26

4-16-27

表 4-16-5 化合物 4-16-24~4-16-27 的 ^{13}C NMR 数据

C	4-16-24[19]	4-16-24[19]	4-16-25[20]	4-16-26[21]	4-16-27[22]	C	4-16-25[20]	4-16-26[21]	4-16-27[22]
	全反式	6,6'-顺式				1'	35.3	35.3	34.0
1	38.6	41.2	35.8	36.1	38.7	2'	47.1	47.1	44.6
2	54.4	52.5	45.4	42.3	45.2	3'	64.1	67.5	65.9
3	199.0	199.0	68.0	67.9	66.3	4'	40.9	40.9	124.5
4	126.1	125.5	45.3	37.5	43.9	5'	67.6	67.5	138.0
4a						6'	70.5	70.5	55.0
5	154.7	155.5	72.6	137.3	79.4	7'	133.6	133.7	128.4

续表

C	4-16-24[19]	4-16-24[19]	4-16-25[20]	4-16-26[21]	4-16-27[22]	C	4-16-25[20]	4-16-26[21]	4-16-27[22]
	全反式	6,6'顺式				8'	121.8	121.8	137.7
6	142.7	143.8	117.6	124.3	76.3	9'	124.8	124.9	135.1
7	128.2		202.7	90.1	127.5	10'	136.3	136.3	130.8
8	128.3	128.8	130.3	98.5	137.5	11'	146.8	146.9	124.9
8a						12'	119.3	119.1	138.3
9	141.3	140.0	133.9	121.0	134.1	13'	133.9	134.4	136.6
10	138.0	137.8	128.1	134.6	132.9	14'	138.1	137.8	132.5
11	129.9	126.4	131.5	130.6	124.6	15'	137.3	129.9	130.0
12	132.6	132.5	133.0	133.7	138.3	16'	29.5	29.5	29.5
13	137.5	137.5			136.2	17'	24.9	24.9	24.3
14	137.7	137.1			132.5	18'	19.9	19.9	22.9
15	129.9	129.6	128.9	136.9	130.3	19'	168.8	168.7	13.1
16	29.9	28.3	32.1	32.1	26.9	20'	15.4	15.4	12.8
17	29.9	28.3	29.2	28.7	27.7	AcO	170.5/21.4	170.7/21.4	
18	22.3	25.4	31.2	22.4	27.7				
19	12.4	12.4	14.0	18.1	13.3				
20	12.9	12.9			12.8				

4-16-28

4-16-29

4-16-30

4-16-31

4-16-32

4-16-33

4-16-34

4-16-35

表 4-16-6　化合物 4-16-28~4-16-32 的 ^{13}C NMR 数据

C	4-16-28[24]	4-16-29[25]	4-16-30[26]	4-16-31[27]	4-16-32[28]	C	4-16-28[24]	4-16-29[25]	4-16-30[26]	4-16-31[27]	4-16-32[28]
1	36.8	44.0	37.1	34.2	34.3	1'	35.4	44.7	44.0	34.2	
2	45.4	48.5	48.4	39.7	39.7	2'	47.2	50.8	40.5	39.7	
3	69.2	75.4	65.1	31.7	19.3	3'	64.3	70.5	19.6	31.7	
4	200.4	47.7	42.6	76.7	33.1	4'	41.0	45.2	34.4	76.7	171.9
5	126.8	82.5	126.2	40.0	129.4	5'	67.0	56.1	58.9	40.0	124.6
6	162.3	91.7	137.4	57.4	137.9	6'	70.3	202.3	203.8	57.4	140.3
7	123.2	123.2	125.8	131.0	126.9	7'	124.0	94.5	146.4	131.0	122.8
8	142.4	134.8	138.4	137.4	137.7	8'	137.3	182.0	121.4	137.4	145.1
9	134.5	135.3	135.9	135.9	136.4	9'	134.5	136.4	133.8	135.9	135.0
10	135.3	131.5	131.5	130.6	130.8	10'	132.7	135.8	141.7	130.6	136.6
11	125.0	125.5	125.5	125.5	125.5	11'	124.3	123.6	124.2	125.5	124.5
12	139.9	137.6	137.4	137.4	137.1	12'	138.1	144.0	140.3	137.4	141.0
13	136.9	135.7	136.1	136.9	137.3	13'	132.2	137.8	137.7	136.9	136.1
14	134.0	123.3	132.4	132.7	132.3	14'	132.2	135.8	135.1	132.7	134.4
15	130.9	129.6	131.2	130.4	131.2	15'	130.0	132.6	129.7	130.4	129.7
16	26.2	25.7	28.7	31.1	29.0	16'	24.9	25.9	25.6	31.1	
17	30.7	32.2	30.3	20.7	29.0	17'	29.8	25.0	24.6	20.7	
18	14.0	31.6	21.6	17.1	21.8	18'	20.0	22.2	20.9	17.1	12.6
19	12.6	12.9	12.8	13.2	12.8	19'	12.8	12.9	12.8	13.2	12.8
20	13.0	12.8	12.8	12.9	12.9	20'	12.8	12.5	12.8	12.9	12.8

表 4-16-7　化合物 4-16-33~4-16-36 ^{13}C NMR 数据

C	4-16-33[29]	4-16-34[29]	4-16-35[29]	4-16-36[29]	C	4-16-33[29]	4-16-34[29]	4-16-35[29]	4-16-36[29]
1	34.3	34.6	34.6	37.1	11	125.0	124.8	125.3	124.9
2	39.7	34.6	39.7	48.4	12	137.3	137.8	137.3	137.6
3	19.3	28.5	19.3	65.1	13	136.4	136.5	136.4	136.5
4	33.2	70.2	33.2	42.5	14	132.4	132.7	132.5	132.6
5	129.3	129.8	129.5	126.2	15	130.0	130.1	130.0	130.0
6	138.0	142.0	137.9	137.6	16	29.0	29.0	29.0	29.0
7	126.7	125.6	126.8	125.6	17	29.0	29.0	29.0	29.0
8	137.8	138.9	137.9	138.5	18	21.7	18.7	21.8	21.6
9	136.0	135.5	136.2	135.6	19	12.7	12.7	12.8	12.7
10	130.8	131.7	131.0	131.3	20	12.7	12.7	12.8	12.7

表 4-16-8　化合物 4-16-37~4-16-40 的 ^{13}C NMR 数据

C	4-16-37[30]	4-16-38[31]	4-16-39[32]	4-16-40[33]	C	4-16-37[30]	4-16-38[31]	4-16-39[32]	4-16-40[33]
1	38.6	32.7	34.0	37.1	1'	38.1	37.0	44.0	34.7
2	46.3	74.2	39.9	48.4	2'	47.5	45.3	40.5	39.9
3	78.3	42.6	125.0	65.1	3'	73.7	69.2	19.6	19.6
4	201.4	198.1	130.0	42.6	4'	40.1	200.4	34.5	32.7
5	129.5	130.2	126.8	126.1	5'	127.8	126.7	58.9	126.1
6	164.1	162.0	138.7	137.7	6'	139.8	162.3	203.8	137.6
7	124.5	123.6	125.8	125.4	7'	126.9	123.2	121.4	27.2
8	143.9	141.7	137.2	138.6	8'	140.0	142.4	146.4	37.1
9		134.5	136.4	135.7	9'		134.7	133.8	34.9
10	136.2	135.4	131.4	131.3	10'	132.6	135.2	140.3	40.5
11	125.1	124.5	125.6	124.6	11'	125.4	124.5	124.2	129.3
12	136.7	139.5	137.4	137.7	12'	138.2	139.7	141.72	126.7
13		136.6	137.6	136.0	13'		136.8	135.94	136.0
14	133.9	133.7	132.4	132.5	14'	135.1	133.4	135.12	129.1
15	132.2	130.7	131.6	130.1	15'	132.2	130.7	129.72	130.1
16	26.6	27.2	26.8	28.6	16'	29.1	26.1	24.60	28.6
17	31.2	29.4	26.8	30.3	17'	30.8	30.7	25.63	28.6
18	24.2	14.1	20.4	21.6	18'	21.8	13.9	20.89	19.8
19	12.7	12.6	12.7	12.8	19'	12.7	12.6	12.87	19.6
20	12.7	12.8	12.8	12.8	20'	12.7	12.8	12.89	12.8

4-16-43

表 4-16-9　化合物 4-16-41~4-16-43 的 ^{13}C NMR 数据

C	4-16-41[34]	4-16-42[34]	4-16-43[34]	C	4-16-41[34]	4-16-42[34]	4-16-43[34]
1	37.0	36.6	36.9	11		124.3	125.0
2	45.6	46.7	45.8	12		138.0	
3	69.2	65.0	69.3	13	137.0	136.6	136.2
4	199.8	41.7	200.4	14	135.3	133.5	133.8
5	133.1	137.6	127.0	15	130.6	130.7	130.4
6	147.8	124.5	162.2	16	31.1	29.0	26.2
7	88.1	89.7	123.3	17	26.5	30.0	30.8
8	111.7	98.6	142.0	18	14.5	22.9	14.0
9	117.8	119.3	134.0	19	17.8	13.0	13.0
10		135.1	135.1	20	13.0	18.6	12.9

4-16-44　4-16-45

表 4-16-10　化合物 4-16-44~4-16-45 的 ^{13}C NMR 数据

C	4-16-44[34]	4-16-45[35]	C	4-16-44[34]	4-16-45[35]
1	36.6	39.7	11	124.7	124.8
2	48.4	46.9	12	135.1	138.0
3	64.5	64.4	13		136.7
4	41.7	45.7	14	131.1	133.1
5	65.6	76.5	15	130.7	130.1
6	69.0	79.3	16	25.7	29.7
7	36.5	129.4	17	29.1	28.6
8	37.4	132.8	18	21.4	27.8
9	140.0	134.5	19	17.6	13.2
10	125.5	132.0	20	13.0	12.8

表 4-16-11　化合物 4-16-46~4-16-50 的 ^{13}C NMR 数据

C	4-16-46[35]	4-16-47[36]	4-16-48[36]	4-16-49[36]	4-16-50[36]	C	4-16-46[35]	4-16-47[36]	4-16-48[36]	4-16-49[36]	4-16-50[36]
1	44.0	37.1	37.1	35.8	35.8	16	25.5	28.7	28.7	31.4	31.4
2	48.4	48.4	48.4	49.5	49.5	17	32.0	30.3	30.3	32.2	32.2
3	75.5	65.1	65.1	64.3	64.3	18	31.5	21.6	21.6	29.4	29.4
4	47.5	42.6	42.6	48.9	48.9	19	168.8	12.8	12.8	13.9	13.9
5	82.3	126.1	126.1	73.0	73.0	20	15.5	12.8	12.8	12.8	12.8
6	91.9	137.8	137.8	117.7	117.7	1'	36.1	35.2	35.2	35.2	35.2
7	132.3	125.5	125.5	202.2	202.2	2'	42.3	47.2	47.2	47.2	47.2
8	119.6	138.5	138.5	103.2	103.2	3'	67.9	64.3	64.3	64.3	64.3
9	125.2	135.5	135.5	131.7	131.7	4'	37.5	40.9	41.0	40.9	41.0
10	136.7	132.2	132.2	128.4	128.4	5'	137.2	66.5	66.8	66.5	66.8
11	147.0	124.7	124.7	124.6	124.6	6'	124.3	70.1	70.1	70.1	70.1
12	118.8	137.6	137.6	137.3	137.3	7'	90.0	126.1	126.0	126.1	126.0
13	134.6	136.1	136.1	135.9	135.9	8'	98.5	129.8	129.7	129.8	129.7
14	137.5	131.2	131.2	132.1	132.1	9'	120.9	132.0	132.0	132.0	132.0
15	136.7	129.5	129.5	129.2	129.2	10'	135.7	130.4	130.4	130.4	130.4

第四章 二倍半萜、三萜和多萜类化合物

续表

C	4-16-46[35]	4-16-47[36]	4-16-48[36]	4-16-49[36]	4-16-50[36]	C	4-16-46[35]	4-16-47[36]	4-16-48[36]	4-16-49[36]	4-16-50[36]
11'	130.5	34.4	34.4	34.4	34.4	12"		21.0	21.0	21.0	21.0
12'		84.6	84.7	84.6	84.7	13"		37.5	37.5	37.5	37.5
13'		137.5	137.4	137.5	137.4	14"		32.7	32.7	32.7	32.7
14'	133.8	128.9	128.9	128.9	128.9	15"		19.6	19.6	19.6	19.6
15'	129.9	129.5	129.5	129.5	129.5	16"		37.5	37.5	37.5	37.5
16'	28.7	24.8	24.9	24.8	24.9	17"		24.5	24.5	24.5	24.5
17'	30.2	29.6	29.6	29.6	29.6	18"		37.5	37.5	37.5	37.5
18'	22.4	20.1	20.0	20.1	20.0	19"		32.8	32.8	32.8	32.8
19'	18.1	20.8	20.8	20.8	20.8	20"		19.8	19.8	19.8	19.8
20'		12.5	12.4	12.5	12.4	21"		37.3	37.3	37.3	37.3
2"		74.5	74.5	74.5	74.5	22"		24.8	24.8	24.8	24.8
3"		31.5	31.5	31.5	31.5	23"		39.4	39.4	39.4	39.4
4"		19.7	19.7	19.7	19.7	24"		28.0	28.0	28.0	28.0
5"		115.7	115.7	115.7	115.7	25"		22.7	22.7	22.7	22.7
6"		144.9	145.0	144.9	145.0	26"		22.6	22.6	22.6	22.6
7"		123.6	123.7	123.6	123.7	27"		24.4	23.3	24.4	23.3
8"		122.8	122.9	122.8	122.9	28"		30.2	30.1	30.2	30.1
9"		115.7	115.7	115.7	115.7	29"		11.7	11.7	11.7	11.7
10"		145.5	145.5	145.5	145.5	30"		11.8	11.8	11.8	11.8
11"		39.0	40.7	39.0	40.7						

4-16-51 R^1= ⋯H; R^2= —H

4-16-52 R^1= —H; R^2= ⋯H

4-16-53

4-16-54

表 4-16-12　化合物 4-16-51~4-16-54 的 ^{13}C NMR 数据

C	4-16-51[36]	4-16-52[36]	4-16-53[37]	4-16-54[37]	C	4-16-51[36]	4-16-52[36]	4-16-53[37]	4-16-54[37]
1	35.3	35.3	37.0	41.5	19	21.1	21.1	13.7	12.9
2	47.2	47.2	47.8	48.5	20	13.0	13.0	13.4	12.7
3	64.3	64.3	198.1	74.4	1'	35.2	35.2		
4	41.0	41.0	125.2	49.1	2'	47.2	47.2		
5	66.8	66.8	161.4	80.1	3'	64.3	64.3		
6	70.1	70.1	56.6	95.8	4'	41.0	41.0		
7	125.9	125.9	125.8	121.1	5'	67.0	67.0		
8	128.9	128.9	137.8	136.6	6'	70.5	70.5		
9	132.3	132.3	135.0	134.9	7'	123.7	123.8		
10	130.7	130.7	131.2	132.0	8'	137.0	137.0		168.8
11	123.4	123.4	125.6	129.4	9'	133.6	133.6		125.8
12	137.5	137.5	137.2	137.6	10'	132.2	132.2		139.0
13	135.6	135.6	139.0	137.7	11'	35.8	35.8		123.1
14	132.6	132.6	131.2	131.8	12'	84.3	84.4	168.0	143.9
15	129.7	129.7	135.2	125.4	13'	137.1	137.1	126.0	135.4
16	24.9	24.9	27.9	26.3	14'	128.7	128.9	138.2	135.7
17	29.6	29.6	28.4	31.9	15'	129.7	129.7	127.8	131.9
18	20.0	20.0	24.2	22.7					

表 4-16-13　化合物 4-16-55~4-16-59 的 ^{13}C NMR 数据

C	4-16-55[38]	4-16-56[38]	4-16-57[39]	4-16-58[39]	4-16-59[39]	C	4-16-55[38]	4-16-56[38]	4-16-57[39]	4-16-58[39]	4-16-59[39]
1	33.8	33.8	33.9	34.2	35.3	6	59.4	57.3	153.8	153.3	70.5
2	41.1	39.6	46.6	47.1	47.1	7	131.3	132.8	117.8	117.0	133.6
3	38.2	31.7	67.7	67.8	64.2	8	129.9	129.6	77.2	78.1	121.8
4	209.4	76.0	47.5	47.0	40.9	9	133.4	133.9	132.4	133.2	124.8
5	44.4	39.8	87.8	87.9	67.5	10	130.5	129.8	138.2	137.5	136.3

续表

C	4-16-55[38]	4-16-56[38]	4-16-57[39]	4-16-58[39]	4-16-59[39]	C	4-16-55[38]	4-16-56[38]	4-16-57[39]	4-16-58[39]	4-16-59[39]
11	124.0	124.2	146.7	146.8	146.8	7'	131.3	132.8	202.6	202.6	202.6
12	137.4	137.3	118.8	118.7	119.2	8'	129.9	129.6	103.3	103.3	103.3
13	136.4	136.4	133.8	133.7	134.0	9'	133.4	133.9	133.6	133.6	133.9
14	133.3	133.1	137.8	137.7	138.0	10'	130.5	129.8	128.1	128.1	128.1
15	130.6	130.5	128.8	128.8	137.2	11'	124.0	124.2	131.4	131.1	131.5
16	19.8	20.6	28.6	28.1	29.5	12'	137.7	137.3			
17	30.1	31.2	31.3	31.3	24.9	13'	136.4	136.4			
18	13.4	17.3	28.7	31.0	19.9	14'	133.3	133.1	133.0	133.0	133.0
19	21.2	21.3	168.9	169.0	168.7	15'	130.6	130.5	137.1	137.0	128.9
20	12.9	12.9	15.4	15.4	15.4	16'	19.8	20.6	31.3	31.3	32.1
1'	33.8	33.8	35.8	35.8	35.8	17'	30.1	31.2	32.1	32.0	29.2
2'	41.1	39.6	45.4	45.4	45.4	18'	13.4	17.3	29.2	29.2	31.3
3'	38.2	31.7	67.9	67.9	67.9	19'	21.2	21.3	14.0	14.0	14.0
4'	209.4	76.0	45.2	45.2	45.2	20'	12.9	12.9			
5'	44.4	39.8	72.7	72.7	70.7	OAc			21.4/170.4	21.4/170.4	21.4/170.4
6'	59.4	57.3	117.6	117.6	117.6						

4-16-60

4-16-61

4-16-62 R^1=R^2=H
4-16-63 R^1=R^2=Ac
4-16-64 R^1=Ac; R^2=H

表 4-16-14 化合物 4-16-60~4-16-61 的 ^{13}C NMR 数据

C	4-16-60[32]	4-16-61[40]	C	4-16-60[32]	4-16-61[40]	C	4-16-60[32]	4-16-61[40]
1	44.0	46.5	8	146.0	142.0	15	137.2	130.8
2	40.5	45.8	9	135.5	135.9	16	24.6	29.5
3	19.6	84.0	10	139.4	136.0	17	25.6	29.0
4	34.4	136.8	11	126.6	124.6	18	20.9	30.0
5	58.9	200.0	12	140.6	139.7	19	13.0	12.5
6	203.8	159.7	13	140.9	136.0	20	13.1	12.8
7	122.4	121.3	14	133.1	133.9	1'		33.7

表 4-16-15 化合物 4-16-62~4-16-66 的 ^{13}C NMR 数据

C	4-16-62[41]	4-16-63[41]	4-16-64[41]	4-16-65[42]	4-16-66[43]	C	4-16-62[41]	4-16-63[41]	4-16-64[41]	4-16-65[42]	4-16-66[43]
1	36.72	35.9	35.8	45.8	46.5	16	29.6	29.2	29.2	23.2	29.5
2	49.5	45.5	45.5	45.1	45.8	17	32.9	32.1	32.1	26.6	29.0
3	64.7	68.0	68.0	38.3	95.0	18	31.4	31.3	31.3	22.6	30.3
4	49.0	45.3	45.3	45.8	136.8	19	14.3	14.1	14.1	12.9	12.5
5	73.2	72.7	72.7	63.0	200.0	20	13.1	13.1	13.1	12.9	12.8
6	117.3	117.7	117.8	202.4	159.7	OCH$_3$					56.3
7	204.1	202.4	202.7	118.9	121.3	1'	36.78	35.6	35.6	35.8	33.7
8	103.8	103.4	103.4	147.0	142.0	2'	46.7	45.1	45.2	49.8	46.7
9	135.5	134.1	134.1	134.6	135.9	3'	72.9	72.9	72.9	64.3	67.7
10	129.3	128.4	128.4	140.5	136.0	4'	39.3	38.4	38.6	49.5	47.4
11	129.0	127.6	127.6	124.0	124.5	5'	66.9	64.7	64.9	73.0	86.9
12	137.7	136.6	136.7	141.9	139.7	6'	70.7	69.0	69.0	117.7	154.1
13	143.7	142.0	142.0	135.2	136.0	7'	30.5	29.4	29.4	202.8	199.9
14	132.7	131.4	131.5	135.8	133.9	8'	38.0	36.8	36.8	103.2	87.7
15	140.4	138.3	138.4	129.9	130.8	9'	143.0	142.4	142.5	132.3	138.2

续表

C	4-16-62[41]	4-16-63[41]	4-16-64[41]	4-16-65[42]	4-16-66[43]	C	4-16-62[41]	4-16-63[41]	4-16-64[41]	4-16-65[42]	4-16-66[43]
10'	127.8	126.3	126.4	128.4	127.2	2	76.5	69.2	68.7		
11'	132.6	131.8	131.9	125.4	124.7	3	74.9	71.0	70.9		
12'	121.8	120.6	120.7	137.1	137.5	4	70.4	66.7	66.9		
13'	135.5	134.4	134.4	137.5	136.3	5	77.1	70.7	71.5		
14'	150.1	147.5	147.6	135.9	132.2	6	62.6	60.9	61.8		
15'	128.7	127.5	127.6	128.7	129.8	C̲H$_3$CO		20.6	20.5		
16'	26.1	25.7	25.7	29.3	31.4			20.6	20.5		
17'	29.3	28.6	28.7	32.1	28.9			20.8	20.7		
18'	21.5	21.2	21.3	31.4	29.0			20.9	20.7		
19'	17.2	17.3	17.4	14.1	12.7			20.9	20.9		
20'	196.0	194.0	194.0	14.1	12.9			21.5	21.5		
A						CH$_3$C̲O		169.1			
1	102.8	99.6	99.9					169.6	170.5		
2	74.8	71.86	72.6					169.8	169.6		
3	72.6	72.9	73.5					170.1	169.7		
4	80.7	76.6	83.0					170.2	170.0		
5	76.4	72.7	71.7					170.40	170.1		
6	62.0	62.3	62.9					170.40	170.5		
B								170.40	170.6		
1	105.2	101.2	102.1								

表 4-16-16　化合物 4-16-67~4-16-73 的 ^{13}C NMR 数据

C	4-16-67[44]	4-16-68[44]	4-16-69[44]	4-16-70[44]	4-16-71[44]	4-16-72[44]	4-16-73[48]
1	37.1	37.1	35.8	35.8	35.3	35.3	38.8
2	48.4	48.4	49.5	49.5	47.2	47.2	37.3
3	65.1	65.1	64.3	64.3	64.3	64.3	18.6
4	42.6	42.6	48.9	48.9	41.0	41.0	36.5
5	126.1	126.1	73.0	73.0	66.8	66.8	75.4
6	137.8	137.8	117.7	117.7	70.1	70.1	79.9
7	125.5	125.5	202.2	202.2	125.9	125.9	129.4
8	138.5	138.5	103.2	103.2	128.9	128.9	134.2
9	135.5	135.5	131.7	131.7	132.3	132.3	135.8
10	132.2	132.2	128.4	128.4	130.7	130.7	131.8
11	124.7	124.7	124.6	124.6	123.4	123.4	125.9
12	137.6	137.6	137.3	137.3	137.5	137.5	136.7
13	136.1	136.1	135.9	135.9	135.6	135.6	136.3
14	131.2	131.2	132.1	132.1	132.6	132.6	132.6
15	129.5	129.5	129.2	129.2	129.7	129.7	130.2
16	28.7	28.7	31.4	31.4	24.9	24.9	24.8
17	30.3	30.3	32.2	32.2	29.6	29.6	27.1
18	21.6	21.6	39.4	39.4	20.0	20.0	27.1
19	12.8	12.8	13.9	13.9	21.1	21.1	13.2
20	12.8	12.8	12.8	12.8	13.0	13.0	12.8
1'	35.2	35.2	35.2	35.2	35.2	35.2	37.2
2'	47.2	47.2	47.2	47.2	47.2	47.2	48.5
3'	64.3	64.3	64.3	64.3	64.3	64.3	65.1

续表

C	4-16-67[44]	4-16-68[44]	4-16-69[44]	4-16-70[44]	4-16-71[44]	4-16-72[44]	4-16-73[48]
4'	40.9	41.0	40.9	41.0	41.0	41.0	42.6
5'	66.5	66.8	66.5	66.8	67.0	67.0	126.3
6'	70.1	70.1	70.1	70.1	70.5	70.5	137.9
7'	126.1	126.0	126.1	126.0	123.7	123.8	125.7
8'	129.8	129.7	129.8	129.7	137.0	137.0	137.9
9'	132.0	132.0	132.0	132.0	133.6	133.6	138.5
10'	130.4	130.4	130.4	130.4	132.2	132.2	125.7
11'	34.4	34.4	34.4	34.4	35.8	35.8	125.6
12'	84.6	84.7	84.6	84.7	84.3	84.4	137.9
13'	137.5	137.4	137.5	137.4	137.1	137.1	136.6
14'	128.9	129.5	128.9	128.9	128.7	128.9	132.5
15'	129.5	129.5	129.5	129.5	129.7	129.7	130.1
16'	24.8	24.9	24.8	24.9	25.0	25.8	28.7
17'	29.6	29.6	29.6	29.6	29.6	29.6	30.3
18'	20.1	20.0	20.1	20.0	20.0	20.0	21.6
19'	20.8	20.8	20.8	20.8	13.0	13.0	12.8
20'	12.5	12.4	12.5	12.4	12.6	12.6	12.8
2"	74.5	74.5	74.5	74.5	74.6	74.5	
3"	31.5	31.5	31.5	31.5	31.4	31.2	
4"	19.7	19.7	19.7	19.7	19.7	19.8	
5"	115.7	115.7	115.7	115.7	115.7	115.7	
6"	144.9	145.0	144.9	145.0	144.9	145.0	
7"	123.6	123.7	123.6	123.7	122.7	122.6	
8"	122.8	122.9	122.8	122.9	123.0	122.9	
9"	115.7	115.7	115.7	115.7	115.7	115.7	
10"	145.5	145.5	145.5	145.5	145.5	145.5	
11"	39.0	40.7	39.0	40.7	39.1	40.6	
12"	21.0	21.0	21.0	21.0	21.0	21.0	
13"	37.5	37.5	37.5	37.5	37.5	37.5	
14"	32.7	32.7	32.7	32.7	32.7	32.7	
15"	19.6	19.6	19.6	19.6	19.7	19.7	
16"	37.5	37.5	37.5	37.5	37.5	37.5	
17"	24.5	24.5	24.5	24.5	24.5	24.5	
18"	37.5	37.5	37.5	37.5	37.5	37.5	
19"	32.8	32.8	32.8	32.8	32.8	32.8	
20"	19.8	19.8	19.8	19.8	19.8	19.8	
21"	37.3	37.3	37.3	37.3	37.3	37.3	
22"	24.8	24.8	24.8	24.8	24.8	24.8	
23"	39.4	39.4	39.4	39.4	39.4	39.4	
24"	28.0	28.0	28.0	28.0	28.0	28.0	
25"	22.7	22.7	22.7	22.7	22.7	22.7	

续表

C	4-16-67[44]	4-16-68[44]	4-16-69[44]	4-16-70[44]	4-16-71[44]	4-16-72[44]	4-16-73[48]
26″	22.6	22.6	22.6	22.6	22.6	22.6	
27″	24.4	23.3	24.4	23.3	24.4	23.4	
28″	30.2	30.1	30.2	30.1	29.7	29.8	
29″	11.7	11.7	11.7	11.7	11.7	11.7	
30″	11.8	11.8	11.8	11.8	11.8	11.8	

表 4-16-17　化合物 4-16-74~4-16-77 的 ^{13}C NMR 数据

C	4-16-74[46]	4-16-75[46]	4-16-76[47]	4-16-77[48]	C	4-16-74[46]	4-16-75[46]	4-16-76[47]	4-16-77[48]
1	35.7	35.7	35.1	34.3	11	124.7	124.7	125.1	125.5
2	45.4	45.4	41.5	39.7	12	137.4	137.4	137.3	137.1
3	67.8	67.8	22.7	19.3	13	138.0	138.0	136.4	137.3
4	45.2	45.3	39.5	33.1	14	132.5	132.5	132.4	123.3
5	72.7	73.7	181.2	129.4	15	130.0	130.1	130.0	131.2
6	117.4	117.4	138.0	137.9	16	32.1	33.1	29.0	29.0
7	204.4	204.4	126.7	126.9	17	28.9	28.9	29.0	29.0
8	103.4	103.4	137.8	137.7	18	29.8	29.2	21.7	21.8
9	131.7	131.7	136.0	136.4	19	13.9	13.9	12.8	12.8
10	128.6	128.6	130.8	130.8	20	12.8	12.8	12.8	12.9

续表

C	4-16-74[46]	4-16-75[46]	4-16-76[47]	4-16-77[48]	C	4-16-74[46]	4-16-75[46]	4-16-76[47]	4-16-77[48]
OAc	170.4/21.4	170.4/21.4			11'	124.4	124.4	125.1	124.5
1'	33.7	34.2	35.1		12'	137.6	137.6	137.3	141.0
2'	46.7	47.5	41.5		13'	136.2	136.2	136.4	136.1
3'	68.0	68.0	22.7		14'	132.6	132.6	132.4	134.4
4'	47.3	47.5	39.5	171.9	15'	129.9	129.9	130.0	129.7
5'	86.8	87.2	181.2	124.6	16'	31.4	31.2	29.0	
6'	154.1	153.3	138.0	140.3	17'	28.9	28.1	29.0	
7'	119.9	118.8	126.7	122.8	18'	29.0	30.6	21.7	12.6
8'	87.7	88.4	137.8	145.1	19'	12.6	13.4	12.8	12.8
9'	137.9	138.7	136.0	135.0	20'	12.8	12.8	12.8	12.8
10'	127.2	126.2	130.8	136.6					

表 4-16-18 化合物 4-16-78~4-16-82 的 ^{13}C NMR 数据

C	4-16-78[49]	4-16-79[50]	4-16-80[50]	4-16-81[50]	4-16-82[50]
1	35.8	45.2	35.3	35.8	39.7
2	45.4	43.9	47.2	49.8	46.8
3	67.9	67.4	64.3	64.3	67.4

续表

C	4-16-78[49]	4-16-79[50]	4-16-80[50]	4-16-81[50]	4-16-82[50]
4	45.2	49.0	41.1	49.0	45.2
5	72.6	205.6	67.1	73.0	76.6
6	117.6	202.9	202.8	117.7	79.3
7	202.7	119.2	126.2	202.8	129.8
8	103.3	146.9	129.3	103.3	133.1
9	132.9	134.0	132.4	132.3	132.6
10		140.4	130.7	128.3	131.9
11		124.1	124.1	125.3	125.2
12	128.1	141.7	137.6	137.1	137.8
13	131.7	136.9	135.9	137.4	134.8
14	133.8	135.0	133.6	135.8	135.9
15	137.6	130.8	129.7	129.7	129.6
16	29.1	24.6	25.0	29.3	28.6
17	32.0	26.2	29.6	32.1	29.2
18	31.2	29.6	12.0	31.4	27.8
19	14.0	12.8	21.1	14.1	13.2
20		12.9	13.1	14.0	14.1
1'	41.6	45.2	35.3	35.8	39.7
2'	49.7	43.9	47.2	49.8	46.8
3'	197.7	67.4	64.3	64.3	67.4
4'	127.3	49.0	41.1	49.0	45.2
5'	161.4	205.6	67.1	73.0	76.6
6'	132.3	103.2	202.8	117.7	79.3
7'	136.2	119.2	126.2	202.8	129.8
8'	122.6	146.9	129.3	103.3	133.1
9'	124.4	134.0	132.4	132.3	132.6
10'	136.9	140.4	130.7	128.3	131.9
11'	146.6	124.1	124.1	125.3	125.2
12'	119.9	141.7	137.6	137.1	137.8
13'	134.1	136.9	135.9	137.4	134.8
14'	138.6	135.0	133.6	135.8	135.9
15'	128.8	130.8	129.7	129.7	129.6
16'	23.0	24.6	25.0	29.3	28.6
17'	24.3	26.2	29.6	32.1	29.2
18'	18.9	29.6	12.0	31.4	27.8
19'	168.7	12.8	21.1	14.1	13.2
20'	15.4	12.9	13.1	14.0	14.1
OAc	170.4/21.4				

表 4-16-19　化合物 4-16-83~4-16-86 的 ^{13}C NMR 数据

C	4-16-83[51]	4-16-84[56]	4-16-85[52]	4-16-86[53]	C	4-16-83[51]	4-16-84[56]	4-16-85[52]	4-16-86[53]
1	35.3	35.3	135.7	39.5	20	13.0	13.0	13.1	12.7
2	47.2	47.2	138.2	206.0	1'	35.2	35.2		77.2
3	64.3	64.3	130.1	129.9	2'	47.1	47.2		46.3
4	41.0	41.0	127.6	160.0	3'	64.3	64.3		126.6
5	67.0	67.0	123.0	124.5	4'	40.9	41.0		138.7
6	70.3	70.3	140.7	149.0	5'	66.5	66.8		136.5
7	123.8	123.8	125.7	136.4	6'	70.1	70.1		131.6
8	137.3	137.3	137.2	143.7	7'	126.1	126.1		125.7
9	134.1	134.1	136.4	135.1	8'	129.7	129.7		135.1
10	132.2	132.2	134.3	133.6	9'	131.9	132.0		136.0
11	124.4	124.4	125.4	131.0	10'	130.3	130.4		135.1
12	138.2	138.2	139.2	139.5	11'	34.4	34.4		131.5
13	135.9	135.9	137.2	135.0	12'	84.6	84.7		140.9
14	132.5	132.5	133.7	126.0	13'	137.6	137.6		135.0
15	129.4	129.4	130.9	139.2	14'	128.9	128.9		126.0
16	24.9	24.9	16.0	27.0	15'	129.5	129.4		139.2
17	29.6	29.6	17.5	27.0	16'	24.8	24.9		27.1
18	20.0	20.0	169.3	25.4	17'	29.5	29.6		27.1
19	12.8	12.8	13.2	12.8	18'	20.1	20.0		13.0

续表

C	4-16-83[51]	4-16-84[56]	4-16-85[52]	4-16-86[53]	C	4-16-83[51]	4-16-84[56]	4-16-85[52]	4-16-86[53]
19'	20.5	20.8		12.8	15"	19.6	19.7		
20'	12.5	12.4		12.8	16"	37.5	37.5		
1"				98.7	17"	24.5	24.5		
2"	74.5	74.5		75.1	18"	37.5	37.5		
3"	31.4	31.2		78.1	19"	32.8	32.6		
4"	19.6	19.6		71.5	20"	19.8	19.8		
5"	115.7	115.7		77.4	21" (13")	37.3	37.3		
6"				62.6	22"	24.8	24.8		
6" (10")	144.9	145.0			23"	39.4	39.4		
7" (8")	123.6	123.7			24"	28.0	28.0		
8" (7")	122.9	122.9			25" (26")	22.7	22.7		
9"	115.7	115.7			26" (25")	22.6	22.6		
10" (6")	145.5	145.5			27"	24.4	23.3		
11"	39.0	40.7			28"	30.2	30.1		
12"	21.1	21.0			29" (30")	11.7	11.7		
13" (21")	37.5	37.5			30" (29")	11.8	11.8		
14"	32.7	32.7							

4-16-87

4-16-88

4-16-89

4-16-90

4-16-91

4-16-92

表 4-16-20　化合物 4-16-87~4-16-92 的 ^{13}C NMR 数据

C	4-16-87[54]	4-16-88[54]	4-16-89[54]	4-16-90[54]	4-16-91[54]	4-16-92[54]
1			51.6			
2			118.7			
3			139.7			
5			136.6			
6	168.0		126.9	167.9		
6	51.6	51.6		51.7	51.5	51.5
7	114.7	117.7	138.6	118.0	117.6	117.3
8	140.5	140.4		140.3		140.3
9	131.4	131.9	130.0	132.4		
10	138.0	137.9	146.7	137.6	137.7	137.9
11	123.2	123.8		124.5	123.3	123.4
12	140.5		193.5	139.9	140.7	140.2
13	136.7	137.2	20.3	134.1		
14	134.3	133.9	13.2	133.4	134.1	135.1
15	130.9	132.6		134.9	131.9	130.7
19	20.3	20.3		20.3		20.2
20	13.0	13.1		12.8		12.7
5'						27.5
6'	168.0				193.5	
7'	114.7				140.8	125.6
8'	140.5	194.6				147.8
9'	131.4	137.0				
10'	138.0			193.7	143.3	140.3
11'	123.2	123.6		127.5	123.9	124.2
12'	140.5			156.4	141.3	142.1
13'	136.7	136.0		139.3		
14'	134.3	137.8		140.8	137.6	134.1
15'	130.9	130.3		129.5		131.5
19'	20.3	9.7				≈12.6
20'	13.0	12.8		13.2		12.9

4-16-93

4-16-94

表 4-16-21 化合物 4-16-93~4-16-100 的 ^{13}C NMR 数据

C	4-16-93[55]	4-16-94[55]	4-16-95[56]	4-16-96[56]	4-16-97[56]	4-16-98[56]	4-16-99[56]	4-16-100[56]
1	35.8	40.3		131.2				
2	45.4	45.7	123.9	123.9	39.5	48.4	49.5	49.6
3	68.0	64.4	26.6	26.7	19.0	64.9	70.5	
4	45.2	45.2	40.3	40.2	32.8	42.4	48.7	48.9
5	72.7	77.5		139.8				
6	117.5	79.1		125.7				
7	202.4	138.3	126.1	125.1	126.5	125.3		
8	103.3	119.9		135.3	137.5	138.4	103.1	103.2
9	132.9	125.3		136.4				
10	128.3	135.7		131.5	126.4	131.2	128.5	128.5

C	4-16-93[55]	4-16-94[55]	4-16-95[56]	4-16-96[56]	4-16-97[56]	4-16-98[56]	4-16-99[56]	4-16-100[56]
11	126.0	147.0		125.1		124.6	124.5	
12	138.1	119.0	135.4	129.2	136.8	137.5	137.6	137.4
13	138.7	134.4		135.3				
14	132.0	137.8	132.6	130.9	132.1	132.4	132.5	132.5
15	133.3	129.8	130.0	128.8	129.8	129.9	130.0	129.8
16	29.2	25.6	25.8	25.7	28.7	28.4	29.2	29.4
17	32.1	26.7	17.6	17.1	28.7	30.1	32.1	32.1
18	31.3	27.4	16.9	17.0	21.2	21.5	31.2	31.6
19	14.0	169.0	20.8	12.9	12.5	12.6	13.7	14.2
20	12.9	15.4	12.8	20.7	12.5	12.6	12.8	12.7
1'	42.0	36.1		131.2				
2'	49.7	42.4	123.9	123.9		44.6	46.4	47.4
3'	197.7	67.6	26.6	26.7	67.6	65.8	67.8	68.0
4'	126.0	37.6	40.3	40.2		124.3	47.3	47.4
5'	168.0	137.3		139.8				
6'	78.5	124.3	125.7	125.7		54.9		
7'	38.6	90.1	124.8	124.7	118.6	128.4	120.0	118.5
8'	203.4	98.5	135.5	135.4	88.2	137.5	87.5	88.4
9'	134.8	121.0		136.4				
10'	147.1	134.6	131.5	131.5	125.7	130.6	127.2	125.9
11'	123.0	130.7	125.0	125.0		124.3	124.1	124.2
12'	142.3		137.4	137.4	136.7	137.5	137.6	137.4
13'	135.1			136.6				
14'	136.9	133.7	132.6	132.6	132.1	132.4	132.3	132.5
15'	129.2	136.9	130.0	129.4	129.8	129.9	130.0	129.8
16'	24.8	28.7	25.8	25.7	31.1	24.1	31.2	31.2
17'	23.2	30.2	17.6	17.7	27.8	29.4	29.1	28.0
18'	20.8	22.4	17.0	17.0	30.4	22.7	29.0	30.5
19'	11.6	18.1	12.8	12.9	131.1	12.9	12.3	13.2
20'	12.7		12.8	12.8	12.5	12.6	12.8	12.7
CH₂COO-	173.5	173.5						
CH=CH-	130.0	130.0						
CH₂COO-	34.3	34.3						
-CH₂-	25.3	25.3						
CH₃	14.1	14.1						

4-16-101

表 4-16-22 化合物 4-16-101~4-16-106 的 ^{13}C NMR 数据

C	4-16-101[57]	4-16-102[58]	4-16-103[58]	4-16-104[58]	4-16-105[59]	4-16-106[59]	C	4-16-105[59]
1	131.7				35.1	35.1	1″	141.5
2	124.0	123.7	123.8	123.8	42.8	42.8	2″	132.4

续表

C	4-16-101[57]	4-16-102[58]	4-16-103[58]	4-16-104[58]	4-16-105[59]	4-16-106[59]	C	4-16-105[59]
3	26.7	26.5	26.6	26.4	68.0	68.0	2$^{1''}$	12.7
4	40.3	40.3	40.0	40.0	37.6	37.6	3''	136.1
5	140.9				67.0	67.0	3$^{1''}$	128.3
6	122.5	122.1	126.3	126.3	65.8	65.8	3$^{2''}$	125.5
7	126.2	126.0	126.3	125.0	40.6	40.6	4''	136.1
8	125.9	125.7	126.6	135.2	197.5	197.5	5''	97.1
9	135.5				134.4	134.4	6''	137.1
10	129.7	129.6	129.6	131.2	139.0	139.0	7''	155.2
11	126.2	126.5	124.4	125.8	125.6	125.6	7$^{1''}$	12.1
12	136.1	134.3	136.2		149.0	149.0	8''	144.9
13	136.4				136.1	136.1	8$^{1''}$	19.5
14	132.0	131.6	131.8	132.0	136.6	136.6	8$^{2''}$	17.5
15	129.7	131.2	131.9	131.9	129.4	129.4	9''	138.3
16	25.7	25.5	25.5	25.6	24.6	24.6	10''	104.1
17	17.6	17.6	17.5	17.4	27.6	27.6	11''	139.0
18	16.6	16.5	16.6	16.7	21.4	21.4	12''	128.5
19	24.7	24.6	20.6	12.7	11.7	11.7	12$^{1''}$	12.5
20	12.7	12.6	12.8	12.7	13.0	13.0	13''	128.5
1'	131.7				35.7	36.1	13$^{1''}$	193.6
2'	124.0				45.2	42.3	13$^{2''}$	48.1
3'	26.7				67.9	68.0	14''	106.4
4'	40.3				45.4	37.5	15''	106.4
5'	140.9				72.7	137.0	16''	160.4
6'	122.5				117.5	124.3	17''	51.5
7'	126.2	117.0			202.3	88.8	17$^{1''}$	29.7
8'	125.9	140.3			103.3	98.7	17$^{2''}$	31.1
9'	135.5				132.5	119.3	17$^{3''}$	171.8
10'	129.7	138.0	138.9	138.8	128.3	135.1	18''	49.9
11'	126.2	122.4		122.9	125.6	124.3	18$^{1''}$	23.2
12'	136.1	140.5	143.9	143.7	137.8	138.0	19''	172.5
13'	136.4				139.0	136.6		
14'	132.0	126.0	135.7	136.7	131.6	135.5		
15'	129.7	129.2	129.2	129.3	132.1	130.7		
16'	25.7				29.2	28.7		
17'	17.6				32.1	30.2		
18'	16.6				31.3	22.4		
19'	24.7	20.1	12.8	12.6	14.0	13.0		
20'	12.7	12.6	12.6	12.6	12.9	18.6		
6'-COOCH$_3$		51.4		56.1				
8'-COOCH$_3$			51.7					
3-COOCH$_3$					170.4	170.7		
3-COOCH$_3$					20.8	21.6		

参 考 文 献

[1] Moss G P. Pure Appl Chem, 1976, 47: 97.
[2] Baranyai M, Molnar P, Szabolcs J. Terahedron,1996, 37: 203.
[3] Landrum J T, Bone R A. Lutein, et al. Arch Biochem Biophys, 2001, 385: 28.
[4] Landrum J T, Bone R A, Lutein. Arch Biochem Biophys, 2000, 385: 28.
[5] Tsubokura A, Yoneda H, Takaki M. US 5565357, 1996, October 15.
[6] Cholnoky L, et al. Warren Weedon J Chem Soc, 1985, 39: 72.
[7] Deli J, Molnar P, Matus Z, et al. Helv Chim Acta, 1996, 79: 1435.
[8] Matsumo T, Tani Y, Maoka T, et al. Phytochemistry, 1986, 25: 2837.
[9] Deli J, Matus Z, Toth G. J Agric Food Chem, 1996, 44: 711.
[10] Tsubokura A, Yoneda H, Takaki M, et al. US 5858761, 1999, January 12.
[11] Bernhard K, Englert G, Meister W, et al. Helv Chim Acta, 1982, 65: 2224.
[12] Andrew A G, Englert G, Bbrch G, et al. Phytochemistry, 1979, 18: 303.
[13] Haugan J A, Liaaen-Jensen. Phytochemistry, 1989, 28: 2797.
[14] Matsuno T, Maoka T. Bull Jpn Soc Sci Fish, 1981, 47: 495.
[15] Hertzberg S, Maoka T, Partali V, et al. Acta Chem Scand, 1988, 42: 495.
[16] Tsushima M, Maoka T, Katusyama M, et al. Biol Pharm Bull, 1995, 18(2): 227.
[17] Hiralka K, Matsuno T, Ito M, et al. Bull Jap Scoc Sci Fish, 1982, 48: 215.
[18] Speranza G, Dada G. Gazzetta Chimica Italiana, 1984, 114: 189.
[19] Kayser H. Identification of Rhodoxanthin Z Natuforsch, 1984, 39:50.
[20] Matsuno T, Sakaguchi S. Bull Jpn Soc Scientific Fisheries, 1984, 50: 1267.
[21] ⅢLoeblich A R, Smith V E. Lipids, 1968, 3:5.
[22] Sanae K, Takashi M, Masayoshi N, et al. Phytochemistry, 2004, 65: 2781.
[23] Jimmy O, William H G. Phytochemistry, 1997, 45: 1087.
[24] Shindo K, Hasumuma T, Asagi E, et al. Tetrahedron Lett, 2008, 49: 3249.
[25] Maoka T, Hashimoto K, Akimoto N, et al. J Nat Prod, 2001, 64: 578.
[26] Maoka T, Akimoto N, Yasuhiro Fujiwara, et al. J Nat Prod, 2004, 67: 115.
[27] Tsushima M, MaokaT, Matsuno T. J Nat Prod, 2001, 64: 1139.
[28] Sakaki H, Kaneno H, Sumiya Y, et al. J Nat Prod, 2002, 65: 1683.
[29] Moss G P. Pure App Chem, 1976, 47: 97.
[30] Takaichi S, Maoka T, Akimoto N, et al. J Nat Prod, 2006, 69: 1823.
[31] Maoka T, Akimoto N. Chem Pharm Bull, 2006, 54(10): 1462.
[32] Yamano Y, Chary M V, Wada A. Chem Pharm Bull, 2010, 58: 1362.
[33] Maoka T, Akimoto N. Chem Pharm Bull, 2001, 59: 140.
[34] Maoka T, Akimoto N, Terada Y, et al. J Nat Prod, 2010, 73: 675.
[35] Maoka T, Fujiwara Y, Hashimoto K, et al. J Nat Prod, 2005, 68: 1341.
[36] Maoka T, Akimoto N, Kuroda Y, et al. J Nat Prod, 2008, 71: 622.
[37] Marı'a D M, Permady H H, et al. J Nat Prod, 2006, 69: 1140.
[38] Tsushima M, FujiwaraY, Matsu T. J Nat Prod, 1996, 59: 30.
[39] Suzuki M, Watanb K, Fujiwara S, et al. Chem Pharm Bull, 2003, 51: 724.
[40] Fujiwara Y, Maruwaka H, Toki F, et.al. Chem Pharm Bull, 2001, 49: 985.
[41] Englert G, Aakemann T, Schiedt K, et al. J Nat Prod, 1995, 58: 1675.
[42] Maoka T, Fyjiwara Y, Hashimoto K, et al. Phytochemistry, 2006, 67: 2120.
[43] Fujiwara Y, Maruwaka H, Toki F, et al. Chem Pharm Bull, 2001, 49: 985.
[44] Maoka T, Akimoto N, Kuroda Y. J Nat Prod, 2008, 71: 622.
[45] Maoka T, Akimoto N, Ishiguro K, et al. Phytochemistry, 2007, 68: 1740.
[46] Lutnaes B F, Bruas L, Krane J, et al. Tetrahedron Lett, 2002, 43: 5149.
[47] Sakaki H, Kaneno H, Sumiya Y, et al. J Nat Prod, 2002, 65: 1683.
[48] Montoro P, Carbone V, Simone F D. J Agric Food Chem, 2001, 49: 5156.
[49] Fujiwara Y, Hashimoto K, Manabe K, et al. Tetrahedron Lett, 2002, 43: 4385.
[50] Fujiwara Y, Hashimoto K, Manabe K, et al. Tetrahedron Lett, 2002, 43: 4385.

[51] FujiwaraY, Maoka T. Tetrahedron Lett, 2001, 42: 2693.
[52] Graham J E, Lecomte J T L, Bryant D A. J Nat Prod, 2008, 71: 1647.
[53] Burgess M L, Barrow K D, Gao C X. J Nat Prod, 1999, 62: 859.
[54] Z mercadnate A. Phytochemistry, 1997, 46: 1379.
[55] Maoka T, Akinoto N, Yim M J. J Agric Food Chem, 2008, 56: 12069.
[56] Mercadante A N, PfanderS A H. J Agric Food Chem, 1999.
[57] Mercadante A Z, Britton G, Rodriguez-Amaya D B. J Agric Food Chem, 1998, 46: 4102.
[58] Mercadante A Z, Steck A, Pfande H R. J Agric Food Chem, 1997, 45: 1050.
[59] Maoka T, Etoh T, Akimoto N, et al. Tetrahedron Lett, 2011, 52: 3012.

第五章 木脂素类化合物

第一节 丁烷衍生物类木脂素

表 5-1-1 丁烷衍生物类木脂素的名称、分子式和测试溶剂

编号	名称	分子式	测试溶剂	参考文献
5-1-1	anolignan A	$C_{19}H_{18}O_4$	M	[1]
5-1-2	anolignan B	$C_{18}H_{18}O_2$	M	[1]
5-1-3	termilignan	$C_{19}H_{20}O_3$	CD_3CN	[2]
5-1-4	*rel*-(8*S*,8'*S*)-bis(3,4-methylenedioxy)-8,8'-neolignan	$C_{20}H_{22}O_4$	C	[3]
5-1-5	sauriol A	$C_{20}H_{26}O_6$	C	[4]
5-1-6	sauriol B	$C_{21}H_{28}O_6$	C	[4]
5-1-7	justin A	$C_{24}H_{28}O_8$	C	[5]
5-1-8	(−)-dihydroclusin diacetate	$C_{26}H_{32}O_9$	C	[5]
5-1-9	justin B	$C_{25}H_{30}O_9$	C	[5]
5-1-10	justin C	$C_{26}H_{34}O_9$	C	[5]
5-1-11	secoisolariciresinol dimethyl ether diacetate	$C_{26}H_{34}O_8$	C	[5]
5-1-12	5-methoxy-4,4'-di-*O*-methylsecolariciresinol diacetate	$C_{27}H_{36}O_9$	C	[5]
5-1-13	*seco*-isolariciresinol trimethyl ether	$C_{23}H_{32}O_6$	C	[6]
5-1-14	phyllanthin	$C_{24}H_{34}O_6$	C	[6]
5-1-15	(2*R*,3*R*)-2,3-bis(5-methoxy-3,4-methylenedioxybenzyl)butane-1,4-diol	$C_{22}H_{26}O_8$	C	[7]
5-1-16	SDG diastereomer	$C_{32}H_{46}O_{16}$	M	[8]
5-1-17	sesquimarocanol B hexaacetate	$C_{42}H_{50}O_{16}$	C	[9]
5-1-18	secoisolariciresinol tetraacetate	$C_{28}H_{34}O_{10}$	C	[9]
5-1-19	*trans*-2,3-bis(3,4,5-trimethoxybenzyl)-1,4-butanediol diacetate	$C_{28}H_{38}O_{10}$	C	[10]
5-1-20	4'-hydroxy-3,4-methylenedioxy-8,8'-lignan	$C_{19}H_{22}O_3$	C	[11]
5-1-21	(8*R*,8'*R*,9*R*)-cubebin	$C_{20}H_{20}O_6$	C	[12]
5-1-22	(8*R*,8'*R*,9*S*)-cubebin	$C_{20}H_{20}O_6$	C	[12]
5-1-23	β-methylclusin	$C_{23}H_{28}O_7$	C	[13]
5-1-24	α-methylclusin	$C_{23}H_{28}O_7$	C	[13]
5-1-25	α-3,4-dimethoxy-3,4-desmethylenedioxycubebin	$C_{21}H_{26}O_6$	C	[14]
5-1-26	β-3,4-dimethoxy-3,4-desmethylenedioxycubebin	$C_{21}H_{26}O_6$	C	[14]
5-1-27	α-desmethoxycubebinin	$C_{23}H_{30}O_7$	C	[14]
5-1-28	β-desmethoxycubebinin	$C_{23}H_{30}O_7$	C	[14]
5-1-29	matairesinol	$C_{20}H_{22}O_6$	D	[15]
5-1-30	arctigenin	$C_{21}H_{24}O_6$	D	[15]

续表

编号	名称	分子式	测试溶剂	参考文献
5-1-31	arctigenin 4'-O-glucoside	$C_{27}H_{34}O_{11}$	D	[15]
5-1-32	matairesinol 4'-O-glucoside	$C_{26}H_{32}O_{11}$	D	[15]
5-1-33	styraxlignolide C	$C_{26}H_{32}O_{11}$	P	[16]
5-1-34	(8R,8'R)-4-hydroxycubebinone	$C_{22}H_{24}O_8$	C	[17]
5-1-35	styraxlignolide D	$C_{26}H_{32}O_{11}$	D	[16]
5-1-36	styraxlignolide F	$C_{27}H_{34}O_{11}$	D	[16]
5-1-37	(+)-nortrachelogenin	$C_{20}H_{22}O_7$	D	[18]
5-1-38	(−)-nortrachelogenin	$C_{20}H_{22}O_7$	C	[15]
5-1-39	hernanol	$C_{22}H_{26}O_7$	C	[19]
5-1-40	dextrobursehernin	$C_{21}H_{22}O_6$	C	[20]
5-1-41	(−)-haplomyrfolin	$C_{20}H_{20}O_6$	C	[21]
5-1-42	(2S,3S)-2,3-bis(5-methoxy-3,4-methylenedioxybenzyl)-butyrolactone	$C_{22}H_{22}O_8$	C	[22]
5-1-43	(2S,3S)-(+)-5'-methoxyyatein	$C_{23}H_{26}O_8$	C	[22]
5-1-44	(2S,3S)-2-(4-hydroxy-3-methoxybenzyl)-3-(5-methoxy-3,4-methylenedioxybenzyl)butyrolactone	$C_{21}H_{22}O_7$	C	[22]
5-1-45	(2S,3S)-2-(4-hydroxy-3,5-dimethoxybenzyl)-3-(5-methoxy-3,4-methylenedioxybenzyl)butyrolactone	$C_{22}H_{24}O_8$	C	[22]
5-1-46	(2S,3S)-2-(4-hydroxy-3,5-dimethoxybenzyl)-3-(3,4-methylenedioxybenzyl)butyrolactone	$C_{21}H_{22}O_7$	C	[22]
5-1-47	(2S,3S)-2-(3,4-methylenedioxybenzyl)-3-(5-methoxy-3,4-methylenedioxybenzyl)butyrolactone	$C_{21}H_{20}O_7$	C	[7]
5-1-48	(2S,3S)-2-(5-methoxy-3,4-methylenedioxybenzyl)-3-(3,4-methylenedioxybenzyl)butyrolactone	$C_{21}H_{20}O_7$	C	[7]
5-1-49	(2S,3S)-2-(3,4-dihydroxy-5-methoxybenzyl)-3-(5-methoxy-3,4-methylenedioxybenzyl)butyrolactone	$C_{21}H_{22}O_8$	C	[7]
5-1-50	pluviatolide	$C_{20}H_{20}O_6$	C	[23]
5-1-51	pluviatolide acetate	$C_{22}H_{22}O_7$	C	[23]
5-1-52	pluviatolide hinokinin	$C_{20}H_{18}O_6$	C	[23]
5-1-53	buplerol	$C_{21}H_{24}O_6$	C	[24]
5-1-54	guayarol	$C_{20}H_{22}O_6$	C	[24]
5-1-55	bursehernin	$C_{21}H_{22}O_6$	C	[24]
5-1-56	trachelosiaside	$C_{26}H_{32}O_{11}$	P	[25]
5-1-57	matairesinol 4'-O-gentiobioside	$C_{32}H_{42}O_{16}$	P	[25]
5-1-58	matairesinol dimethyl ether	$C_{22}H_{26}O_6$	C	[26]
5-1-59	matairesinoside	$C_{26}H_{32}O_{11}$	P	[25]
5-1-60	3',4'-O,O-demethylenehinokinin	$C_{19}H_{18}O_6$	C	[27]
5-1-61	chamalignolide	$C_{19}H_{18}O_5$	C	[27]
5-1-62	guayadequiol	$C_{21}H_{22}O_7$	C	[28]
5-1-63	guayadequiol acetate	$C_{23}H_{24}O_8$	C	[28]
5-1-64	(2R,3S)-2-acetoxy-2,3-bis(3,4-dimethoxybenzyl)-γ-butyrolactone	$C_{24}H_{28}O_8$	C	[29]
5-1-65	(7R)-methoxy-8-epi-matairesinol	$C_{21}H_{24}O_7$	C	[30]

续表

编号	名称	分子式	测试溶剂	参考文献
5-1-66	rhinacanthin E	$C_{23}H_{22}O_9$	C	[31]
5-1-67	4'-*O*-demethylsuchilactone	$C_{20}H_{18}O_6$	C	[32]
5-1-68	suchilactone	$C_{21}H_{20}O_6$	C	[32]
5-1-69	(2*E*,3*S*)-2-(4-hydroxy-3,5-dimethoxybenzylidene)-3-(5-methoxy-3,4-methylenedioxybenzyl)butyrolactone	$C_{22}H_{22}O_8$	C	[7]
5-1-70	nemerosin	$C_{22}H_{22}O_7$	C	[33]
5-1-71	gossypifan	$C_{21}H_{20}O_6$	B	[34]
5-1-72	savinin	$C_{20}H_{16}O_6$	B	[34]
5-1-73	carthamogenin	$C_{21}H_{22}O_6$	C	[34]
5-1-74	(−)-cappadoside	$C_{27}H_{30}O_{12}$	M	[35]
5-1-75	(−)-haplodoside	$C_{26}H_{28}O_{12}$	M	[35]
5-1-76	2'-hydroxysavinin 2'-*O*-(2,3,4,6-*O*-tetraacetyl)-*β*-glucopyranoside	$C_{34}H_{34}O_{16}$	C	[36]
5-1-77	kaerophyllin	$C_{21}H_{20}O_6$	C	[37]
5-1-78	isopregomisin	$C_{22}H_{30}O_6$	C	[38]
5-1-79	*rac*-(8*α*,8'*β*)-4,4'-dihydroxy-3,3'-dimethoxylignan-9, 9'-diyl diacetate	$C_{24}H_{30}O_8$	C	[39]
5-1-80	*rac*-(8*α*,8'*β*)-4-hydroxy-3-methoxy-3',4'-methylenedioxylignan-9,9'-diyl diacetate	$C_{24}H_{28}O_8$	C	[39]
5-1-81	7-(4-hydroxy-3-methoxyphenyl)-7'-(3',4'-methylenedioxyphenyl)-8,8'-lignan-7-methyl ether	$C_{21}H_{26}O_5$	C	[40]
5-1-82	kadangustin H	$C_{22}H_{30}O_6$	C	[41]
5-1-83	kadangustin I	$C_{22}H_{28}O_7$	C	[41]
5-1-84	tiegusanin N	$C_{23}H_{32}O_7$	C	[42]
5-1-85	trachelogenin amide	$C_{21}H_{27}NO_7$	D	[43]
5-1-86	2-hydroxy-2-(3',4'-dihydroxyphenyl)methyl-3-(3", 4"-dimethoxyphenyl)methyl-*γ*-butyrolactone	$C_{20}H_{22}O_7$	M	[44]
5-1-87	2-hydroxy-2-(4'-*O*-*β*-D-glucopyranosyl-3'-hydroxyphenyl)-methyl-3-(3",4"-dimethoxyphenyl)-methyl-*γ*-butyrolactone	$C_{26}H_{32}O_{12}$	M	[44]
5-1-88	trachelogenin *β*-Gentiobioside	$C_{33}H_{44}O_{17}$	P	[25]
5-1-89	8-hydroxypluviatolide	$C_{20}H_{20}O_7$	C	[36]
5-1-90	5,8-dihydroxypluviatolide	$C_{20}H_{20}O_8$	C	[36]
5-1-91	nortrachelogenin 8'-*O*-*β*-D-glucopyranoside	$C_{26}H_{32}O_{12}$	D	[43]
5-1-92	nortrachelogenin 5'-*C*-*β*-D-glucopyranoside	$C_{26}H_{32}O_{12}$	D	[43]
5-1-93	2'-hydroxyhinokinin	$C_{20}H_{18}O_7$	C	[36]
5-1-94	2'-hydroxyhinokinin 2'-*O*-(2,3,4,6-*O*-tetraacetyl)-*β*-glucopyranoside	$C_{34}H_{36}O_{16}$	C	[36]
5-1-95	iryantherin G pentaacetate	$C_{44}H_{46}O_{12}$	C	[45]
5-1-96	iryantherin B pentaacetate	$C_{43}H_{46}O_{11}$	C	[45]
5-1-97	iryantherin H pentaacetate	$C_{44}H_{46}O_{12}$	C	[45]
5-1-98	iryantherin J pentaacetate	$C_{44}H_{44}O_{13}$	C	[45]
5-1-99	secoisolariciresinol(−)-form	$C_{20}H_{26}O_6$	C	[46]
5-1-100	carinol	$C_{20}H_{26}O_7$	C	[46]
5-1-101	(−)-sanguinolignan B	$C_{20}H_{16}O_8$	A	[47]

续表

编号	名称	分子式	测试溶剂	参考文献
5-1-102	(−)-sanguinolignan D	$C_{22}H_{18}O_9$	A	[47]
5-1-103	iryantherin C	$C_{35}H_{36}O_8$	A	[48]
5-1-104	iryantherin C tetraacetate	$C_{43}H_{44}O_{12}$	A	[48]
5-1-105	iryantherin D	$C_{34}H_{32}O_7$	A	[48]
5-1-106	iryantherin D tetraacetate	$C_{42}H_{40}O_{11}$	C	[48]
5-1-107	iryantherin E	$C_{35}H_{34}O_7$	C	[48]
5-1-108	iryantherin E triacetate	$C_{41}H_{40}O_{10}$	C	[48]
5-1-109	methylchasnarolide	$C_{21}H_{20}O_7$	C	[49]
5-1-110	chasnarolide	$C_{20}H_{18}O_7$	C	[49]
5-1-111	guayadequiene	$C_{21}H_{20}O_6$	C	[28]
5-1-112	podorhizol	$C_{22}H_{24}O_8$	C	[33]
5-1-113	*epi*-(−)-podorhizol	$C_{22}H_{24}O_8$	C	[33]
5-1-114	(2*S*,3*R*,6*S*)-2-[hydroxy(4-hydroxy-3,5-dimethoxyphenyl)methyl]-3-(5-methoxy-3,4-methylenedioxybenzyl)butyrolactone	$C_{22}H_{24}O_9$	C	[7]
5-1-115	(2*R*,3*S*)-2-(4-hydroxy-3,5-dimethoxybenzoyl)-3-(5-methoxy-3,4-methylenedioxybenzyl)butyrolactone	$C_{22}H_{22}O_9$	C	[7]
5-1-116	(8*S*,8'*S*)-(+)-8-hydroxy-oxomatairesinol	$C_{20}H_{20}O_8$	C	[51]
5-1-117	actaealactone	$C_{18}H_{14}O_8$	M	[52]
5-1-118	thannilignan	$C_{19}H_{22}O_5$	CD_3CN	[53]
5-1-119	2-(4-hydroxybenzoyl)-3-[(*E*)-1-(4-hydroxyphenyl)methylidene]-succinic acid	$C_{18}H_{14}O_7$	M	[54]
5-1-120	dihydrochalcone	$C_{17}H_{18}O_5$	A	[48]
5-1-121	iryantherin A	$C_{26}H_{26}O_6$	A	[48]
5-1-122	gossypidien	$C_{22}H_{18}O_8$	C	[55]
5-1-123	*rel*-(8*R*, 8'*R*)-3,4:3',4'-bis(methylenedioxy)-7,7'-dioxolignan	$C_{20}H_{18}O_6$	C	[56]
5-1-124	*seco*-4-hydroxylintetrali	$C_{23}H_{30}O_7$	C	[6]
5-1-125	8'*β*-hydroxyhinokinin	$C_{20}H_{18}O_7$	C	[27]
5-1-126	aristelegin-A	$C_{21}H_{20}O_7$	C	[50]
5-1-127	isochaihulactone	$C_{22}H_{22}O_7$	C	[37]
5-1-128	(*R*,*Z*)-3-(3,4-dimethoxybenzyl)-2-(3,4-dimethoxybenzylidene)-*γ*-butyrolactone	$C_{22}H_{24}O_6$	C	[29]
5-1-129	isokaerophyllin	$C_{21}H_{20}O_6$	C	[37]
5-1-130	diarctigenin	$C_{42}H_{46}O_{12}$	C	[57]
5-1-131	(8*R*,8'*R*,7'*R*,8'*S*,7'*R*)-(−)-7'-hydroxylappaol E pentaacetate	$C_{40}H_{44}O_{16}$	C	[51]
5-1-132	5-demethoxyniranthin	$C_{23}H_{30}O_6$	C	[20]
5-1-133	(2*S*,3*S*)-2-(5-methoxy-3,4-methylenedioxybenzyl)-3-(3,4,5-trimethoxybenzyl)butane-1,4-diol diacetate	$C_{27}H_{34}O_{10}$	C	[22]
5-1-134	(2*S*,3*S*)-2,3-bis(5-methoxy-3,4-methylenedioxybenzyl)-butane-1,4-diol monoacetate	$C_{24}H_{28}O_9$	C	[22]
5-1-135	(2*S*,3*S*)-2-(5-methoxy-3,4-methylenedioxybenzyl)-3-(4-hydroxy-3,5-dimethoxybenzyl)butane-1,4-diol diacetate	$C_{26}H_{32}O_{10}$	C	[22]

续表

编号	名称	分子式	测试溶剂	参考文献
5-1-136	(2S,3S)-2-(5-methoxy-3,4-methylenedioxybenzyl)-3-(3,4-methylenedioxybenzyl)butane-1,4-diol	$C_{21}H_{24}O_7$	C	[22]
5-1-137	cubebin dimethyl ether	$C_{22}H_{26}O_6$	C	[58]
5-1-138	2,3-bis[(4-hydroxy-3,5-dimethoxyphenyl)-methyl]-1,4-butanediol	$C_{22}H_{30}O_8$	C	[59]
5-1-139	(2S,3S)-2,3-bis(5-methoxy-3,4-methylenedioxybenzyl)butane-1,4-diol diacetate	$C_{26}H_{30}O_{10}$	C	[7]
5-1-140	6a-HMG SDG	$C_{38}H_{54}O_{20}$	M	[8]
5-1-141	SDG	$C_{32}H_{46}O_{16}$	M	[60]
5-1-142	lappaol F	$C_{40}H_{42}O_{12}$	C	[61]
5-1-143	neoarctin B	$C_{42}H_{46}O_{12}$	C	[61]
5-1-144	(+)-(2S,3S)-2-(3″,4″-methylenedioxybenzyl)-3-(3',4'-methylenedioxyacetophenone)-butyrolactone	$C_{20}H_{16}O_7$	C	[62]
5-1-145	podorhizol acetate	$C_{24}H_{26}O_9$	C	[63]
5-1-146	saururin B	$C_{20}H_{22}O_6$	M	[64]
5-1-147	endiandrin B	$C_{20}H_{24}O_4$	C	[65]
5-1-148	hanultarin	$C_{30}H_{34}O_9$	M	[66]
5-1-149	(E)-4,4'-dihydroxy-7-en-8,8'-lignan	$C_{18}H_{20}O_2$	C	[67]
5-1-150	(8S,8'R)-4-hydroxy-3',4'-methylenedioxy-7-ona-8,8'-lignan	$C_{19}H_{20}O_4$	C	[67]
5-1-151	(7S,8S,8'R)-7-hydroxy-3,4:3',4'-dimethylenedioxy-8,8'-lignan	$C_{20}H_{22}O_5$	C	[67]
5-1-152	(7R,8S,8'R)-7-ethoxy-3,4:3',4'-dimethylenedioxy-8,8'-lignan	$C_{22}H_{26}O_5$	C	[67]
5-1-153	saucerneol G	$C_{20}H_{20}O_6$	C	[68]
5-1-154	saucerneol H	$C_{20}H_{22}O_6$	C	[68]
5-1-155	saucerneol I	$C_{20}H_{22}O_6$	C	[68]
5-1-156	acutissimalignan B	$C_{20}H_{20}O_6$	C	[69]
5-1-157	magnovatin A	$C_{20}H_{22}O_5$	C	[70]
5-1-158	magnovatin B	$C_{21}H_{26}O_5$	C	[70]
5-1-159	acetylmagnovatin A	$C_{22}H_{24}O_6$	C	[70]
5-1-160	acetylmagnovatin B	$C_{23}H_{28}O_6$	C	[70]
5-1-161	(−)-sanguinolignan A	$C_{20}H_{16}O_8$	A	[47]
5-1-162	(−)-sanguinolignan C	$C_{23}H_{22}O_9$	A	[47]
5-1-163	mosloignan A	$C_{23}H_{28}O_6$	A	[71]
5-1-164	mosloignan B	$C_{24}H_{30}O_7$	A	[71]

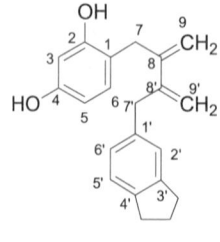

5-1-1

5-1-2 R^1=OH; R^2=H
5-1-3 R^1=OMe; R^2=OH

表 5-1-2 化合物 5-1-1~5-1-3 的 ^{13}C NMR 数据

C	5-1-1[1]	5-1-2[1]	5-1-3[2]	C	5-1-1[1]	5-1-2[1]	5-1-3[2]
1	118.6	132.0	130.6	2'	110.0	130.7	158.5
2	156.5	130.7	129.1	3'	148.8	115.9	100.5
3	103.2	115.9	114.6	4'	147.0	156.4	154.5
4	157.3	156.4	154.4	5'	108.7	115.9	104.4
5	107.4	115.9	114.6	6'	122.6	130.7	130.1
6	131.5	130.7	129.1	7'	41.3	40.9	32.2
7	34.1	40.9	38.7	8'	147.5	147.8	146.0
8	147.2	147.8	145.1	9'	115.3	115.4	113.6
9	114.9	115.4	113.6	OCH$_2$O	101.9	—	—
1'	135.2	132.0	117.6	OMe	—	—	54.2

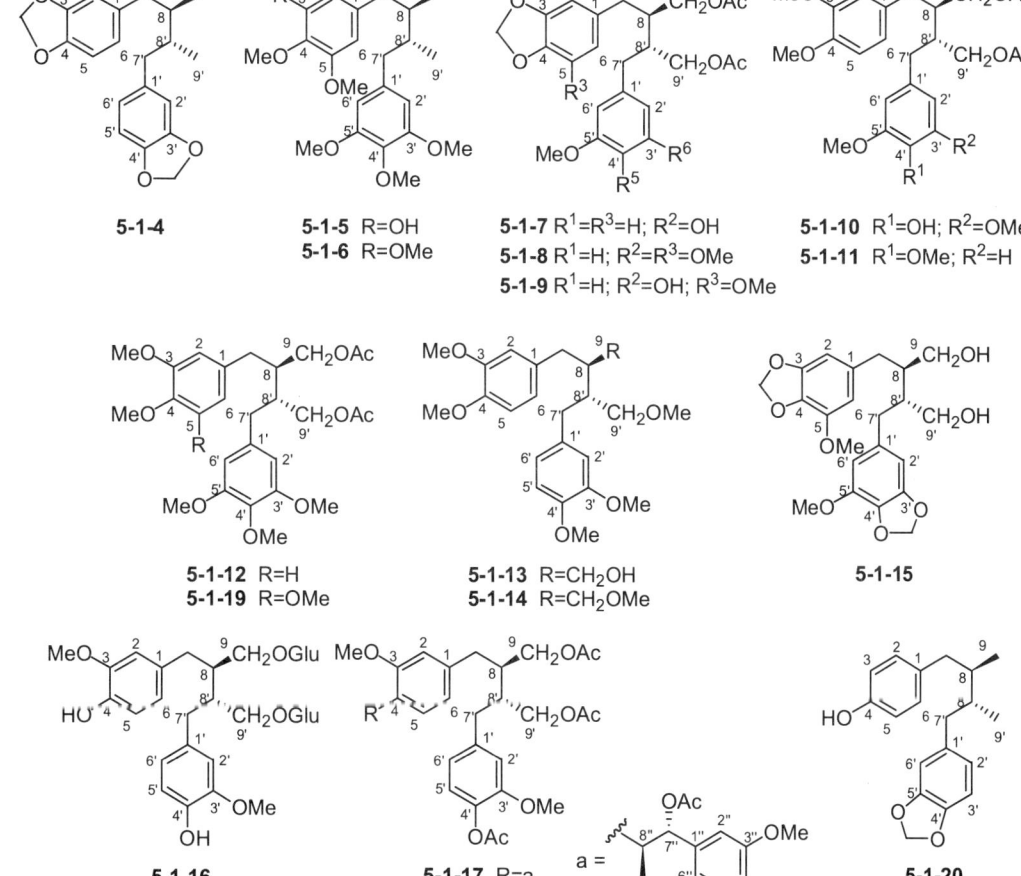

表 5-1-3 化合物 5-1-4~5-1-9 的 ^{13}C NMR 数据

C	5-1-4[3]	5-1-5[4]	5-1-6[4]	5-1-7[5]	5-1-8[5]	5-1-9[5]
1	135.4	133.5	132.5	131.4	133.3	133.0
2	109.2	109.1	105.4	110.8	109.1	109.1

续表

C	5-1-4[3]	5-1-5[4]	5-1-6[4]	5-1-7[5]	5-1-8[5]	5-1-9[5]
3	147.3	143.5	147.0	143.9	145.9	145.8
4	145.4	130.0	132.8	145.8	147.7	147.6
5	107.9	146.5	147.0	111.1	108.1	108.0
6	121.7	103.7	105.4	121.6	121.8	121.8
7	41.1	41.3	41.5	34.9	34.9	35.4
8	38.1	37.2	37.2	39.8	39.8	39.7
9	13.8	13.9	13.8	64.3	64.3	64.3
1'	135.4	133.5	133.5	133.4	135.3	130.5
2'	109.2	109.1	103.6	121.8	105.7	105.4
3'	147.3	143.5	146.5	114.2	153.1	146.9
4'	145.4	130.0	130.0	147.6	135.4	133.3
5'	107.9	146.5	143.5	146.4	153.1	146.9
6'	121.7	103.7	109.1	109.1	105.7	105.4
7'	41.1	41.3	41.3	34.9	35.7	35.0
8'	38.1	37.2	37.2	39.8	39.5	39.6
9'	13.8	13.9	13.9	64.2	64.3	64.1
OCH$_2$O	100.6			100.8	100.9	100.8
OMe		56.0	56.2	55.8	56.0	56.1
		56.0	56.2		56.0	56.2
			56.0		56.0	
OAc				21.0,21.0	21.0,21.0	20.9,20.9
C=O				171.0	170.9	170.9

表 5-1-4　化合物 5-1-10~5-1-15 的 ^{13}C NMR 数据

C	5-1-10[5]	5-1-11[5]	5-1-12[5]	5-1-13[6]	5-1-14[6]	5-1-15[7]
1	132.1	132.1	132.0	133.2	133.7	134.9
2	111.9	111.9	112.0	111.3	111.3	102.9
3	147.3	147.3	147.3	147.4	147.4	148.8
4	148.8	148.8	148.8	148.9	148.8	133.4
5	111.0	111.0	111.1	112.4	112.4	143.4
6	120.9	120.8	120.8	121.1	121.3	108.1
7	34.9	34.8	35.7	35.8	35.0	36.3
8	39.5	39.6	39.6	42.5	40.8	43.9
9	64.3	64.2	64.2	60.9	72.7	60.3
1'	130.6	132.1	135.3	133.5	133.7	134.9
2'	105.3	120.8	105.7	111.3	111.3	102.9
3'	146.8	111.0	153.0	147.4	147.4	148.8
4'	132.9	148.8	136.2	148.9	148.8	133.4
5'	146.8	147.3	153.0	112.4	112.4	143.4
6'	105.3	111.9	105.7	121.1	121.3	108.1
7'	35.5	34.8	34.8	36.2	35.0	36.3

续表

C	5-1-10[5]	5-1-11[5]	5-1-12[5]	5-1-13[6]	5-1-14[6]	5-1-15[7]
8'	39.4	39.6	39.5	44.6	40.8	43.9
9'	64.3	64.2	64.2	71.1	72.7	60.3
OMe	55.7	55.6	55.8	55.8	55.8	56.5
	55.7	55.6	55.8	55.8	55.8	56.5
	56.1	55.8	56.9	55.9	55.9	
	56.1	55.8	60.7	55.9	55.9	
			56.9	58.9	58.7	
					58.7	
OAc	21.0	20.9	20.9			
C=O	170.9	170.9	170.9			

表 5-1-5 化合物 5-1-16~5-1-20 的 ^{13}C NMR 数据

C	5-1-16[8]	5-1-17[9]	5-1-18[9]	5-1-19[10]	5-1-20[11]
1	134.2	134.9	137.9	135.3	133.8
2	113.7	113.1	112.7	105.7	114.9
3	148.9	150.8	150.8	153.1	130.0
4	145.8	146.3	138.4	135.3	153.5
5	115.8	118.8	122.4	153.1	130.0
6	123.1	121.2	120.8	105.7	114.9
7	35.6	34.9	35.2	35.7	41.1
8	41.1	39.8	39.5	39.5	38.1
9	71.3	64.2	64.1	64.2	13.8
1'	134.2	138.9	137.9	135.3	135.5
2'	113.7	113.1	112.7	105.7	121.7
3'	148.9	151.0	150.8	153.1	107.9
4'	145.8	138.7	138.4	135.3	145.4
5'	115.8	122.7	122.4	153.1	147.4
6'	123.1	121.0	120.8	105.7	109.3
7'	35.6	35.3	35.2	35.7	40.5
8'	41.1	39.8	39.5	39.5	38.1
9'	71.3	64.2	64.1	64.2	13.8
OCH$_2$O					100.6
OMe	56.4,56.4	55.8,56.0	55.7,55.7	56.0,60.8,56.0,	
				56.0,60.8,56.0	
OAc		20.7, 21.1	20.6, 20.8	21.0	
C=O		168.9,169.2,169.8	168.8,170.7	170.9	
		170.6,170.7,171.0			
1"		135.4			
2"		111.8			
3"		151.2			

续表

C	5-1-16[8]	5-1-17[9]	5-1-18[9]	5-1-19[10]	5-1-20[11]
4"		139.9			
5"		122.9			
6"		119.6			
7"		74.5			
8"		80.5			
9"		63.0			
Glu					
1a	104.8				
2a	75.3				
3a	78.2				
4a	71.7				
5a	77.9				
6a	62.8				
1a'	104.8				
2a'	75.3				
3a'	78.2				
4a'	71.7				
5a'	77.9				
6a'	62.8				

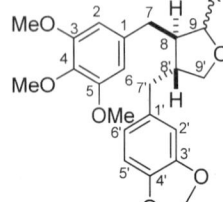
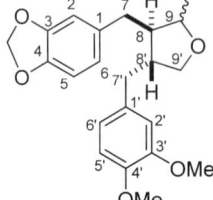
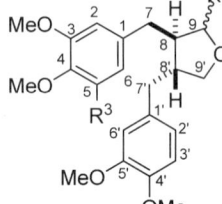

表 5-1-6 化合物 5-1-21~5-1-28 的 ^{13}C NMR 数据

C	5-1-21[12]	5-1-22[12]	5-1-23[13]	5-1-24[13]	5-1-25[14]	5-1-26[14]	5-1-27[14]	5-1-28[14]
1	133.3	133.8	130.7	131.0	133.4	134.7	132.3	135.4
2	108.9	108.9	105.9	105.8	108.1	108.2	105.8	105.8
3	147.6	147.7	153.1	154.0	147.8	147.5	153.1	153.1
4	145.7	145.7	139.8	139.1	146.0	145.8	135.4	136.4
5	108.0	108.2	153.1	154.0	109.3	109.4	153.1	153.1
6	121.4	121.3	105.9	105.8	120.6	121.7	105.8	105.8
7	38.4	33.6	33.8	38.5	39.2	33.7	39.1	34.2
8	53.0	51.9	51.5	52.4	53.2	52.2	53.0	51.8

续表

C	5-1-21[12]	5-1-22[12]	5-1-23[13]	5-1-24[13]	5-1-25[14]	5-1-26[14]	5-1-27[14]	5-1-28[14]
9	103.3	98.8	105.1	107.9	103.5	98.9	103.3	98.2
1'	134.1	134.5	133.9	133.5	133.0	132.8	132.9	132.6
2'	109.1	109.3	108.1	108.4	121.8	120.6	120.4	120.5
3'	147.5	147.5	148.3	147.8	111.8	111.9	111.9	111.8
4'	145.9	145.9	145.5	145.7	147.5	147.6	147.4	147.5
5'	108.0	108.1	108.8	109.1	148.9	149.0	148.8	148.9
6'	121.7	121.6	121.1	121.7	111.2	111.3	111.2	111.2
7'	39.2	38.8	38.7	39.3	38.5	38.9	38.7	39.1
8'	45.8	42.9	43.2	45.7	46.5	42.9	46.2	42.8
9'	72.1	72.5	73.0	71.9	72.4	72.8	72.3	72.8
OCH$_2$O	100.8,100.8	100.8,100.8	101.1	100.9	101.0	100.9		
OMe			56.3	56.8	55.8	55.9	55.8	56.0
			60.8	61.2	55.9	56.0	60.9	60.9
			56.3	56.8			55.8	56.0
			54.6	53.9			55.8	55.9
							55.9	56.0

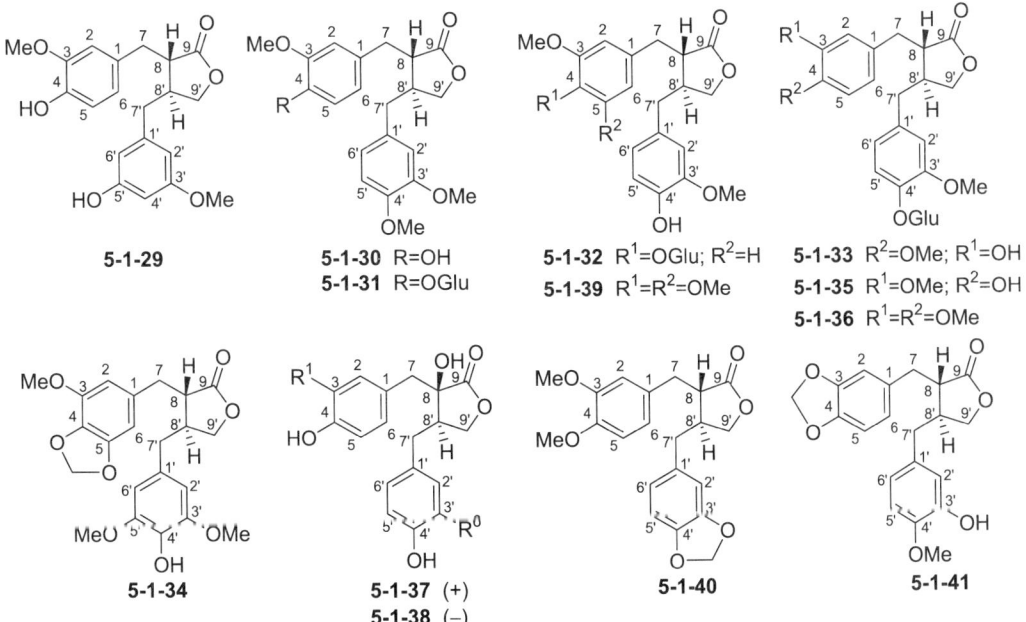

5-1-29

5-1-30 R=OH
5-1-31 R=OGlu

5-1-32 R^1=OGlu; R^2=H
5-1-39 R^1=R^2=OMe

5-1-33 R^2=OMe; R^1=OH
5-1-35 R^1=OMe; R^2=OH
5-1-36 R^1=R^2=OMe

5-1-34

5-1-37 (+)
5-1-38 (−)

5-1-40

5-1-41

表 5-1-7 化合物 5-1-29~5-1-33 的 ^{13}C NMR 数据

C	5-1-29[15]	5-1-30[15]	5-1-31[15]	5-1-32[15]	5-1-33[16]	C	5-1-29[15]	5-1-30[15]	5-1-31[15]	5-1-32[15]	5-1-33[16]
1	128.8	128.8	131.6	131.7	132.2	5	115.3	115.2	114.9	114.9	113.1
2	113.4	113.4	113.7	113.6	118.4	6	121.5	121.5	121.2	121.2	121.0
3	147.4	147.3	148.5	148.4	148.7	7	33.6	33.7	33.4	33.3	35.1
4	145.0	145.1	145.2	145.0	148.1	8	45.6	45.6	45.4	45.4	47.0

续表

C	5-1-29[15]	5-1-30[15]	5-1-31[15]	5-1-32[15]	5-1-33[16]	C	5-1-29[15]	5-1-30[15]	5-1-31[15]	5-1-32[15]	5-1-33[16]
9	178.4	178.3	178.3	178.5	179.4	OMe	55.5,55.5	55.3,55.4	55.3,55.3	55.4,55.5	56.5,56.5
1'	129.5	131.2	131.1	129.5	133.5				55.5	55.5	
2'	112.6	112.3	112.2	112.5	114.1	Glu					
3'	147.3	148.6	148.5	147.3	150.7	1			100.0	100.0	103.0
4'	144.9	147.3	147.2	144.7	147.2	2			73.1	72.9	75.4
5'	115.2	111.8	111.7	115.1	117.1	3			76.9	76.4	79.1
6'	120.6	120.3	120.3	120.6	121.8	4			69.5	69.4	71.9
7'	36.8	36.8	36.7	36.7	38.4	5			76.9	76.7	79.4
8'	40.8	40.7	40.6	40.7	42.2	6			60.5	60.4	63.0
9'	70.6	70.6	70.6	70.6	71.8						

表 5-1-8 化合物 5-1-34~5-1-38 的 ^{13}C NMR 数据

C	5-1-34[17]	5-1-35[16]	5-1-36[16]	5-1-37[18]	5-1-38[15]	C	5-1-34[17]	5-1-35[16]	5-1-36[16]	5-1-37[18]	5-1-38[15]
1	132.1	130.2	130.5	126.4	126.3	6'	105.2	121.9	120.5	120.7	123.4
2	103.2	114.3	113.2	114.5	111.7	7'	38.9	38.4	36.8	30.7	31.7
3	149.0	149.3	148.5	147.2	146.8	8'	41.3	42.1	40.7	42.8	44.0
4	134.1	147.6	147.4	145.3	144.6	9'	71.3	71.9	70.6	70.0	70.3
5	143.6	117.2	111.8	115.2	114.5	OMe	56.3	56.5	55.4	55.4	56.1
6	108.7	123.3	121.2	122.6	121.7		56.3	56.5	55.6	55.5	56.0
7	35.0	35.3	33.6	40.0	42.3		56.7		56.4		
8	46.5	47.3	45.5	75.2		OCH$_2$O	101.4				
9	178.4	179.5	178.3	178.0	178.7	Glu					
1'	129.0	133.5	132.5	130.0	130.5	1		103.0	100.3		
2'	105.2	114.1	113.0	112.7	113.0	2		75.4	76.8		
3'	147.1	150.7	148.8	147.4	146.9	3		79.1	73.2		
4'	133.6	147.3	145.2	144.8	145.3	4		71.8	69.7		
5'	147.1	117.1	115.4	115.4	114.7	5		79.4	76.9		
						6		63.0	60.7		

表 5-1-9 化合物 5-1-39~5-1-41 的 ^{13}C NMR 数据

C	5-1-39[19]	5-1-40[20]	5-1-41[21]	C	5-1-39[19]	5-1-40[20]	5-1-41[21]
1	133.4	130.1	131.3	3'	146.6	148.0	146.5
2	106.3	112.2	109.4	4'	144.5	146.4	144.4
3	153.3	149.1	147.8	5'	114.5	108.8	114.4
4	136.9	147.9	146.4	6'	121.3	121.5	121.2
5	153.3	111.1	108.1	7'	38.3	38.3	38.2
6	106.3	121.4	122.2	8'	41.1	41.1	41.2
7	35.2	34.6	34.7	9'	71.3	71.2	71.2
8	46.5	46.5	46.4	OMe	55.8, 56.1,	55.8, 55.9	55.8
9	178.6	178.6	178.5		56.1, 60.9		
1'	129.7	131.6	129.7	OCH$_2$O		101.1	100.9
2'	110.9	108.3	111.0				

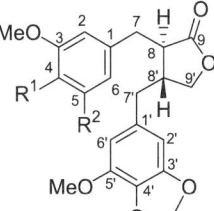
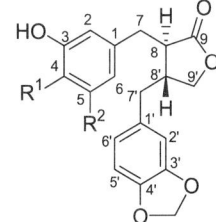

5-1-42 $R^1=R^2=$OMe
5-1-47 $R^2=$OMe; $R^1=$H
5-1-48 $R^1=$OMe; $R^2=$H
5-1-52 $R^1=R^2=$H

5-1-43 $R^1=R^2=$OMe
5-1-49 $R^1=R^2=$OH

5-1-44 $R^1=$OH; $R^2=$H
5-1-45 $R^2=$OMe; $R^1=$OH

5-1-46 $R^1=$OH; $R^2=$OMe
5-1-50 $R^1=$OH; $R^2=$H
5-1-51 $R^1=$OAc; $R^2=$H
5-1-55 $R^1=$OMe; $R^2=$H

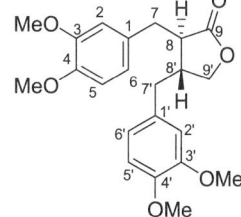
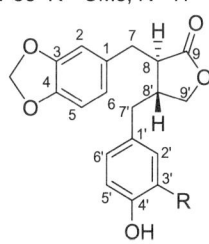

5-1-53 R=OMe
5-1-54 R=OH

5-1-56 $R^2=R^3=$OH; $R^1=$Glu^5
5-1-57 $R^1=$H; $R^2=$OH; $R^2=$Glu^6-Glu^1
5-1-59 $R^3=$OH; $R^1=$H; $R^2=$OGlu

5-1-58

5-1-60 R=OH
5-1-61 R=H

表 5-1-10　化合物 5-1-42~5-1-49 的 ^{13}C NMR 数据

C	5-1-42[22]	5-1-43[22]	5-1-44[22]	5-1-45[22]	5-1-46[22]	5-1-47[7]	5-1-48[7]	5-1-49[7]
1	132.0	133.3	129.4	128.6	128.6	131.3	132.0	129.5
2	103.2	106.3	111.5	105.9	105.9	109.4	103.2	109.6
3	149.0	153.3	146.7	147.1	147.0	147.9	149.0	143.7
4	134.1	137.0	144.5	133.6	133.6	146.5	134.1	131.2
5	143.6	153.3	114.2	147.1	147.0	108.2	143.6	147.1
6	108.5	106.3	122.0	105.9	105.9	122.2	108.3	103.9
7	35.2	35.3	34.6	35.1	35.1	34.9	35.1	35.0
8	46.5	46.5	46.6	46.6	46.6	46.4	46.5	46.4
9	178.4	178.5	178.6	178.6	178.6	178.4	178.4	178.6
1'	132.3	132.3	132.4	132.3	131.6	132.3	131.5	132.4
2'	102.5	102.4	102.5	102.4	108.7	102.5	108.8	102.5
3'	149.1	149.2	149.0	149.1	147.9	149.0	147.9	149.0
4'	134.0	134.0	134.0	134.0	146.4	133.9	146.4	133.9
5'	143.5	143.5	143.5	143.5	108.3	143.5	108.3	143.6
6'	108.1	108.3	108.1	108.2	121.5	108.0	121.6	108.0
7'	38.8	38.7	38.7	38.7	38.4	38.7	38.4	38.7
8'	41.2	41.1	41.0	40.9	40.9	41.3	41.1	41.2
9'	71.2	71.2	71.2	71.2	71.2	71.1	71.2	71.2
OCH$_2$O	101.4	101.5	101.4	101.4	101.1	101.4,101.0	101.4,101.0	101.4
OMe	56.6	56.1	55.9	56.3	56.3	56.6	56.5	56.6
	56.6	60.9	56.6	56.7	56.3			56.1
		56.1		56.3				
		56.7						

表 5-1-11　化合物 5-1-50~5-1-55 的 ^{13}C NMR 数据

C	5-1-50[23]	5-1-51[23]	5-1-52[23]	5-1-53[24]	5-1-54[24]	5-1-55[24]
1	129.5	136.7	131.2	130.2	130.2	130.0
2	110.9	112.5	108.4	112.4	112.6	112.1
3	146.1	151.0	147.4	149.0	149.0	148.9
4	144.2	138.4	145.8	147.9	147.9	147.8
5	114.3	120.4	107.8	111.1	111.4	111.1
6	121.0	122.7	121.1	121.3	121.6	121.4
7	34.6	34.4	34.4	34.5	34.6	34.5
8	46.3	46.5	46.1	46.5	46.6	46.3
9	178.2	178.0	177.9	178.8	179.5	178.4
1'	131.1	131.1	131.0	129.7	130.5	131.5
2'	109.2	109.3	109.0	121.3	120.8	121.2
3'	147.5	147.7	147.4	114.5	115.5	108.1
4'	146.4	146.3	146.0	144.4	142.6	146.2
5'	107.9	108.1	107.8	146.6	144.1	147.7
6'	122.0	122.1	121.8	111.1	115.7	108.6
7'	38.1	38.5	37.9	38.2	37.9	38.1
8'	41.2	41.0	41.0	41.1	40.9	40.9
9'	71.0	71.0	70.7	71.2	71.6	71.0
OCH$_2$O	100.8	100.9	100.6, 100.6			100.9
OAc		20.6				
C=O		168.7				
OMe	55.7	55.7		55.9	55.9	55.6
				55.9	55.9	55.6
				55.8		

表 5-1-12　化合物 5-1-56~5-1-61 的 ^{13}C NMR 数据

C	5-1-56[25]	5-1-57[25]	5-1-58[26]	5-1-59[25]	5-1-60[27]	5-1-61[27]
1	129.0	132.7	130.4	132.7	131.6	131.3
2	112.5	122.6	112.4	122.3	108.9	109.5
3	145.4	117.0	147.9	116.5	147.8	147.8
4	148.6	150.1	149.0	150.0	146.3	146.4
5	128.0	146.9	111.1	146.9	108.4	108.3
6	122.2	114.2	121.3	114.4	122.8	122.3
7	35.2	34.7	34.6	34.6	34.1	34.3
8	46.8	46.6	46.6	46.6	46.5	46.5
9	179.0	179.0	178.5	178.9	179.4	178.7
1'	129.8	129.8	130.2	129.8	130.1	130.0
2'	113.2	113.2	111.8	113.1	116.1	129.8
3'	146.8	146.8	147.8	146.9	143.8	115.5
4'	148.7	148.7	149.0	148.7	142.8	154.4
5'	116.7	116.6	111.3	116.6	115.3	115.5

续表

C	5-1-56[25]	5-1-57[25]	5-1-58[26]	5-1-59[25]	5-1-60[27]	5-1-61[27]
6'	122.0	121.9	120.5	121.8	121.6	129.8
7'	38.1	38.1	38.2	38.0	38.2	37.7
8'	41.8	41.6	41.1	41.7	41.0	41.2
9'	71.2	71.5	71.2	71.4	71.4	71.2
OCH$_2$O					101.0	108.9
OMe	56.0	56.0	55.9	56.0		
	56.1	56.1	55.9	56.0		
			55.9			
			55.9			
Glu						
1	77.4	102.6		102.5		
2	76.2	74.8		74.9		
3	80.6	78.4		78.8		
4	72.3	71.1		71.3		
5	82.9	77.7		78.5		
6	63.3	69.7		62.4		
1'		105.2				
2'		75.3				
3'		78.4				
4'		71.7				
5'		78.4				
6'		62.7				

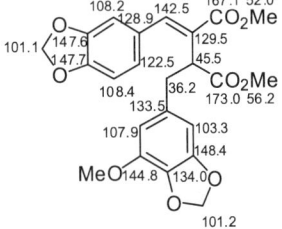

5-1-62 R^1=OH; R^2=H
5-1-63 R^1=OAc; R^2=H
5-1-64 R^1=R^2=OMe; R^3=OAc; R^4=H
5-1-65 R^1=R^2=OH; R^3=H; R^4=OMe
5-1-66[31]

表 5-1-13 化合物 5-1-62~5-1-65 的 ^{13}C NMR 数据

C	5-1-62[28]	5-1-63[28]	5-1-64[29]	5-1-65[30]	C	5-1-62[28]	5-1-63[28]	5-1-64[29]	5-1-65[30]
1	131.7	131.4	125.3	133.4	7	32.3	32.3	37.2	82.3
2	108.7	108.7	113.9	108.3	8	76.0	81.7	81.6	55.9
3	144.9	146.6	148.6	145.2	9	177.9	173.3	173.1	172.5
4	148.4	148.2	149.3	146.5	1'	125.6	125.3	130.0	131.3
5	113.7	114.0	110.9	114.4	2'	108.9	108.6	111.6	111.2
6	122.8	123.1	123.0	118.7	3'	148.8	148.7	148.5	144.1

续表

C	5-1-62[28]	5-1-63[28]	5-1-64[29]	5-1-65[30]	C	5-1-62[28]	5-1-63[28]	5-1-64[29]	5-1-65[30]
4'	149.4	148.8	148.1	146.4	OCH$_2$O	101.2	101.2		
5'	111.4	111.1	111.6	114.3	OMe	56.0,56.1	55.9,56.0	56.0,56.0,	55.8,55.9
6'	121.5	121.3	120.4	121.2				55.9,55.8	
7'	38.4	37.3	32.0	34.5	OAc		21.3	21.2	
8'	48.3	43.1	42.8	44.2	C=O		169.4	169.2	
9'	69.4	69.3	69.2	72.9					

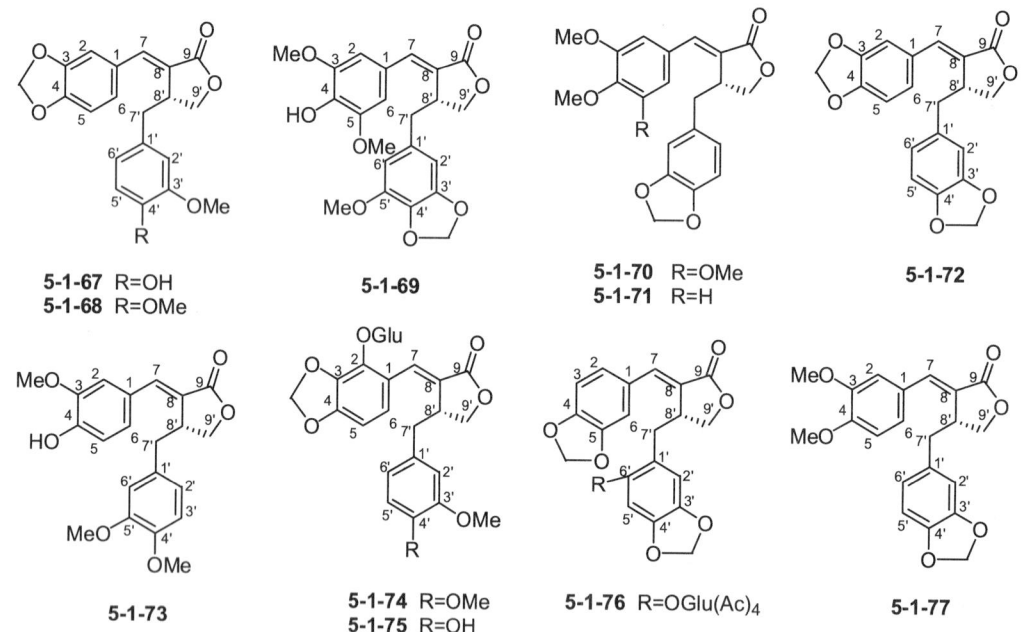

5-1-67 R=OH
5-1-68 R=OMe
5-1-69
5-1-70 R=OMe
5-1-71 R=H
5-1-72
5-1-73
5-1-74 R=OMe
5-1-75 R=OH
5-1-76 R=OGlu(Ac)$_4$
5-1-77

表 5-1-14 化合物 5-1-67~5-1-70 的 ^{13}C NMR 数据

C	5-1-67[32]	5-1-68[32]	5-1-69[7]	5-1-70[33]	C	5-1-67[32]	5-1-68[32]	5-1-69[7]	5-1-70[33]
1	130.3	130.3	125.4	129.5	3'	146.5	147.9	149.2	108.5
2	108.6	108.7	107.2	107.8	4'	143.2	148.3	134.2	146.7
3	148.9	149.0	147.2	153.7	5'	111.3	111.3	143.6	148.1
4	149.0	149.1	136.9	140.3	6'	120.7	122.0	108.8	109.1
5	112.0	112.0	147.2	153.5	7'	37.4	37.6	38.0	37.9
6	125.9	125.9	107.2	107.8	8'	39.8	40.0	39.6	39.5
7	137.0	137.1	138.0	137.7	9'	69.6	69.7	69.7	69.8
8	126.1	126.3	125.5	127.3	OCH$_2$O	101.6	100.7	101.5	101.1
9	172.4	172.5	172.5	172.2	OMe	55.7	55.8	56.4	56.4
1'	127.9	128.1	132.1	131.4			56.0	56.4	56.4
2'	108.3	108.4	102.5	121.9				56.8	60.9

表 5-1-15　化合物 5-1-71~5-1-73 和 5-1-77 的 ^{13}C NMR 数据

C	5-1-71[34]	5-1-72[34]	5-1-73[34]	5-1-77[37]	C	5-1-71[34]	5-1-72[34]	5-1-73[34]	5-1-77[37]
1	126.7	128.9	126.5	126.8	3'	146.9	148.4	149.1	147.9
2	113.8	108.9	112.7	112.9	4'	148.4	146.9	148.1	146.5
3	151.5	148.6	146.7	150.7	5'	108.5	108.6	111.5	108.4
4	151.0	149.1	147.6	149.1	6'	122.2	122.3	120.8	121.9
5	111.8	108.8	114.9	111.3	7'	37.3	37.4	37.3	37.5
6	123.7	126.2	123.9	123.5	8'	39.6	39.8	39.7	39.6
7	136.9	136.4	137.4	137.4	9'	69.0	68.9	69.7	69.5
8	127.5	127.2	125.6	125.6	OCH$_2$O		101.0	101.0, 101.5		101.0
9	171.9	171.6	172.7	172.6	OMe	55.4, 55.6		55.9, 55.9, 56.0	55.9, 55.9
1'	132.1	132.1	130.4	131.4					
2'	109.3	109.5	112.3	108.9					

表 5-1-16　化合物 5-1-74~5-1-76 的 ^{13}C NMR 数据

C	5-1-74[35]	5-1-75[35]	5-1-76[36]	C	5-1-74[35]	5-1-75[35]	5-1-76[36]
1	121.5	121.5	128.1	8'	40.4	40.5	37.8
2	140.6	140.7	126.8	9'	71.8	71.7	69.6
3	137.2	137.3	108.3	OCH$_2$O	103.2	103.1	101.3, 101.5
4	152.5	152.6	148.8	OMe	56.4, 56.4	56.4, 56.4	
5	124.4	124.4	147.7	OAc			20.1, 20.4, 20.5, 20.8
6	104.6	104.4	107.8				
7	134.2	134.1	137.2	C=O			169.0, 169.3, 169.9, 170.2
8	128.2	128.3	125.7				
9	175.3	175.3	172.6	Glu			
1'	132.0	132.6	121.3	1	102.9	102.9	101.3
2'	114.1	116.3	110.4	2	75.3	75.3	70.9
3'	150.2	148.9	146.9	3	78.2	78.2	72.6
4'	149.2	146.2	143.3	4	71.4	71.4	67.8
5'	113.0	113.7	99.8	5	78.4	78.5	71.9
6'	122.7	122.7	149.6	6	62.6	62.6	61.5
7'	38.3	38.1	33.4				

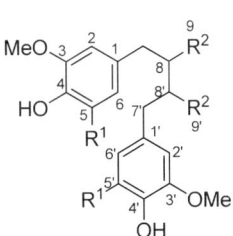

5-1-78　R^1=OMe; R^2=Me
5-1-79　R^1=H; R^2=CH$_2$OAc

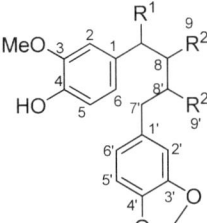

5-1-80　R^1=H; R^2=CH$_2$OAc
5-1-81　R^1=OMe; R^2=Me

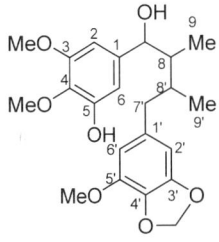

5-1-82　R^1=OH; R^2=H
5-1-84　R^1=H; R^2=OMe

5-1-83

表 5-1-17　化合物 5-1-78~5-1-84 的 ^{13}C NMR 数据

C	5-1-78[38]	5-1-79[39]	5-1-80[39]	5-1-81[40]	5-1-82[41]	5-1-83[41]	5-1-84[42]
1	132.9	131.2	131.4	133.7	140.8	140.7	134.4
2	105.6	111.1	111.3	109.1	102.4	102.2	112.3
3	146.8	146.4	146.5	147.0	152.4	152.4	148.8
4	132.7	143.7	144.0	145.3	134.8	134.7	147.1
5	146.8	114.1	114.3	114.0	149.0	149.0	111.1
6	105.6	121.4	121.6	121.0	106.6	106.6	121.0
7	39.4	34.7	34.9	86.9	77.3	77.2	38.9
8	39.0	39.3	39.8	45.4	45.0	44.8	39.0
9	16.3	64.2	64.4	11.2	11.4	11.4	16.2
1'	132.9	131.2	133.5	135.7	134.8	136.8	137.7
2'	105.6	111.1	108.1	109.5	112.4	103.1	106.0
3'	146.8	146.4	147.7	145.6	147.1	148.6	153.0
4'	132.7	143.7	146.5	147.6	148.7	133.0	136.0
5'	146.8	114.1	109.2	108.1	111.1	143.3	153.0
6'	105.6	121.1	121.8	122.0	121.0	108.1	106.0
7'	39.4	34.7	34.9	37.8	37.0	37.5	39.6
8'	39.0	39.3	39.8	36.7	34.9	35.0	39.2
9'	16.3	64.2	64.4	18.0	17.9	17.8	16.3
OMe	55.8	55.4	55.8	56.2, 56.9	55.9, 60.9, 55.8, 55.9	55.8, 60.9, 56.5	55.8, 55.9, 56.0, 60.9, 56.0
OCH$_2$O			100.9	100.9		101.1	
OAc		20.7	21.0				
C=O		170.9	171.0				

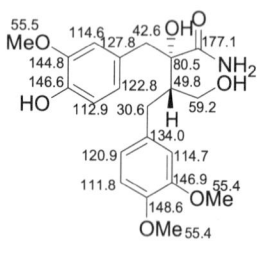

5-1-85[43]

5-1-86　R=OH
5-1-87　R=OGlu

5-1-88　R=OGlu^6-Glu^1

5-1-89　R^1=OMe; R^2=H
5-1-90　R^1=OMe; R^2=OH

5-1-91　R^1=H; R^2=OGlu
5-1-92　R^2=OH; R^1=Glu

5-1-93　R=OH
5-1-94　R=OGlu(Ac)$_4$

表 5-1-18　化合物 5-1-86~5-1-92 的 ^{13}C NMR 数据

C	5-1-86[44]	5-1-87[44]	5-1-88[25]	5-1-89[36]	5-1-90[36]	5-1-91[43]	5-1-92[43]
1	128.2	132.7	130.6	126.3	125.8	126.2	129.0
2	114.9	115.9	123.9	112.9	105.1	114.5	111.3
3	146.7	147.2	116.8	146.6	147.0	145.2	147.3
4	148.7	147.2	150.1	144.8	131.8	147.2	142.9
5	116.1	117.8	147.2	114.6	143.8	115.2	126.4
6	124.1	124.1	115.3	123.0	110.7	122.7	119.8
7	41.9	41.8	41.7	41.6	42.2	37.1	40.1
8	77.4	77.3	76.7	76.5	76.4	81.2	75.2
9	180.6	180.4	179.3	178.8	178.5	174.4	177.8
1'	133.4	133.4	132.5	132.3	132.1	129.7	126.4
2'	113.2	113.2	113.6	109.1	109.2	112.6	114.5
3'	149.1	149.1	147.2	147.7	147.8	147.4	145.2
4'	150.1	150.6	148.6	146.1	146.2	144.8	147.3
5'	113.8	114.0	112.9	108.3	108.4	115.3	115.2
6'	122.2	122.2	121.3	121.7	121.8	120.5	122.7
7'	32.2	32.2	31.8	31.5	31.6	29.7	30.8
8'	44.6	44.6	44.1	43.5	43.8	44.0	42.6
9'	71.8	71.8	70.9	70.3	70.1	70.0	69.8
OMe	56.4, 56.5	56.4, 56.5	56.0, 56.0, 56.1	55.8	56.2	55.4, 55.3	55.6, 55.7
OCH$_2$O				100.9	100.9		
Glu							
1		101.9	102.6			98.2	75.3
2		74.0	74.7			73.4	73.9
3		78.1	78.4			77.2	78.5
4		71.0	71.0			70.1	70.4
5		78.3	77.5			76.4	81.2
6		62.1	69.7			61.1	61.4
1'			105.4				
2'			75.2				
3'			78.4				
4'			71.7				
5'			78.4				
6'			62.3				

表 5-1-19　化合物 5-1-93 和 5-1-94 的 ^{13}C NMR 数据

C	5-1-93[36]	5-1-94[36]	C	5-1-93[36]	5-1-94[36]	C	5-1-93[36]	5-1-94[36]
1	131.4	131.2	6	122.5	122.2	2'	109.7	109.4
2	109.7	109.4	7	34.5	34.4	3'	146.6	146.1
3	147.6	147.4	8	46.6	46.6	4'	141.0	143.0
4	146.3	146.7	9	179.6	178.5	5'	98.1	98.4
5	108.1	108.1	1'	116.1	120.2	6'	148.4	148.9

续表

C	5-1-93[36]	5-1-94[36]	C	5-1-93[36]	5-1-94[36]	C	5-1-93[36]	5-1-94[36]
7'	32.5	32.8	OCH₂O	100.9,101.0	100.3,100.7	4		68.0
8'	39.9	39.4	Glu			5		71.9
9'	71.7	71.0	1		99.7	6		61.7
OAc		20.4,20.5, 20.4,20.5	2		70.9			
C=O		169.0,169.2, 169.9,173.3	3		72.3			

5-1-95 R=Ac
5-1-96 R=Me

5-1-97 R¹=Me; R²=H
5-1-98 R¹,R²=CH₂O

表 5-1-20　化合物 5-1-95~5-1-98 的 ^{13}C NMR 数据

C	5-1-95[45]	5-1-96[45]	5-1-97[45]	5-1-98[45]	C	5-1-95[45]	5-1-96[45]	5-1-97[45]	5-1-98[45]
1	133.0	133.6	133.0	134.9	2',6'	129.4	129.5	129.4	129.5
2,6	129.5	129.5	129.5	108.2/121.2	3',5'	121.4	121.4	121.3	121.3
3,5	113.9	113.8	115.5	147.0/109.0	4'	149.0	148.9	149.0	148.8
4	158.0	157.9	158.0	145.7	7'	43.8	43.5	45.9	45.9
7	28.6	29.0	29.7	29.7	8'	35.1	35.3	35.7	35.7
8	45.5	45.4	45.2	45.2	9'	10.6	10.7	13.4	13.4
9	200.0	201.9	200.1	199.9	1"	137.9	138.7	138.2	138.4
10	129.4	122.4	128.2	126.5	2",6"	130.3	130.4	130.1	130.14
11	145.6		145.7	145.7	3",5"	121.0	120.9	121.0	121.1
12	127.6	122.4	126.6	126.5	4"	149.1	149.2	149.7	149.7
13	150.0		151.0	149.8	7"	40.9	41.1	41.5	41.5
14	116.0	105.0	115.5	115.5	8"	32.0	32.3	34.3	34.3
15	149.7	155.7	148.5	148.8	9"	14.0	14.0	12.3	12.4
4-OMe	55.2	55.3	55.2		OAc	20.6, 20.8, 20.9, 21.1, 21.1, 167.5, 167.8, 168.6, 169.4	20.9, 21.1, 167.9, 169.5, 169.6	20.9, 21.1, 167.8, 168.3, 169.4, 169.6	20.9, 21.1, 167.8, 168.3, 169.4, 169.6
15-OMe		55.9							
CH₂O₂				100.8					
1'	138.5	138.7	138.5	138.2					

5-1-99 R=H
5-1-100 R=OH

5-1-101[47]

5-1-102[47]

表 5-1-21　化合物 5-1-99 和 5-1-100 的 ^{13}C NMR 数据

C	5-1-99[46]	5-1-100[46]	C	5-1-99[46]	5-1-100[46]	C	5-1-99[46]	5-1-100[46]
1,1'	132.4	132.4,128.2	6,6'	121.5	123.3,121.8	9	60.5	61.2
2,2'	111.7	113.3,111.6	7	35.8	31.9	9'	60.5	65.5
3,3'	146.6	146.7	7'	35.8	40.4	OMe	55.7	56.1
4,4'	143.7	144.8,144.1	8	43.7	47.6			
5,5'	114.3	114.4	8'	43.7				

5-1-103 R=H; R^1=OH
5-1-104 R=Ac; R^1=OAc

5-1-105 R^1=R^2=H
5-1-106 R^1=R^2=Ac
5-1-107 R^1=Me; R^2=H
5-1-108 R^1=Me; R^2=Ac

表 5-1-22　化合物 5-1-103 和 5-1-104 的 ^{13}C NMR 数据

C	5-1-103[48]	5-1-104[48]	C	5-1-103[48]	5-1-104[48]	C	5-1-103[48]	5-1-104[48]
1	134.7	134.2	15	162.2	155.7	1"	132.7	138.9
2,6	130.2	130.1	4-OMe	55.4	55.4	2",6"	130.2	130.1
3,5	114.6	114.5	15-OMe	55.9	56.3	3",5"	115.4	122.2
4	158.9	158.9	1'	115.7	124.2	4"	155.9	149.8
7	30.5	29.8	2'	146.2	150.8	7"	42.7	42.1
8	46.1	46.5	3'	104.2	112.3	8"	35.0	34.3
9	205.9	201.2	4'	145.4	142.5	9"	16.0	14.3
10	107.6	120.7	5'	142.2	138.9	OAc		20.4, 20.5, 20.6, 21.0
11	164.7	146.9	6'	116.2	124.6			
12	106.6	112.9	7'	38.1	39.2			168.6, 169.0, 169.6, 169.6
13	159.9	155.8	8'	41.2	43.0			
14	91.1	98.7	9'	12.7	11.4			

表 5-1-23　化合物 5-1-105~5-1-108 的 ^{13}C NMR 数据

C	5-1-105[48]	5-1-106[48]	5-1-107[48]	5-1-108[48]	C	5-1-105[48]	5-1-106[48]	5-1-107[48]	5-1-108[48]
1	133.8	134.9	133.8	135.0	6'	129.7	128.0	128.7	128.1
2	129.7	129.2	129.3	129.3	7'	84.0	82.4	82.9	82.0
3	114.2	113.7	113.8	113.8	8'	37.6	37.0	37.6	37.2
4	158.1	157.7	157.8	157.9	9'	25.9	25.1	24.2	24.4
5	114.2	113.7	113.8	113.8	1"	130.0	133.2	130.3	133.6
6	129.7	129.2	129.3	129.3	2"	128.0	126.9	127.3	126.9
7	30.0	28.9	30.0	29.7	3"	116.0	121.6	115.3	121.6
8	45.8	45.7	46.0	46.0	4"	157.5	149.8	154.8	149.9
9	205.3	201.1	204.8	201.3	5"	116.0	121.6	115.3	121.6
10	105.4	120.7	105.3	117.0	6"	128.0	126.9	127.3	126.9
11	165.9	146.4	164.7	147.4	7"	132.5	131.9	131.7	131.7
12	96.1	109.4	90.8	97.6	8"	124.4	126.2	124.3	126.6
13	159.1	150.1	161.1	157.1	9"	36.1	35.3	35.5	35.4
14	102.0	113.2	102.7	108.1	4-OMe	55.2	55.2	55.3	55.3
15	163.0	153.3	160.9	157.1	13-OMe			55.5	56.8
1'	130.9	136.2	131.5	136.9	OAc		20.7, 20.8,		20.5, 21.1,
2'	129.7	128.0	128.7	128.1			21.1, 21.1		21.1
3'	116.3	121.8	115.5	121.8			168.2, 169.4,		168.8, 169.1,
4'	158.5	150.9	155.8	150.8			169.0, 169.0		169.3
5'	116.3	121.8	115.5	121.8					

5-1-109 R=OMe; R^1=OH
5-1-110 R=R^1=OH
5-1-111 R=OMe; R^1=H

5-1-112 R^1=OH; R^2=H
5-1-113 R^1=H; R^2=OH

表 5-1-24　化合物 5-1-109~5-1-111 的 ^{13}C NMR 数据

C	5-1-109[49]	5-1-110[49]	5-1-111[28]	C	5-1-109[49]	5-1-110[49]	5-1-111[28]
1	128.5	128.0	130.8	2'	109.3	109.0	108.8
2	112.1	112.4	109.0	3'	148.6	148.2	149.4
3	150.0	145.9	148.1	4'	147.4	146.9	149.4
4	149.6	145.9	148.1	5'	108.9	108.6	111.6
5	110.4	110.8	112.2	6'	121.9	121.7	120.6
6	118.7	117.8	121.3	7'	69.3	68.7	33.4
7	33.5	33.1	29.4	8'	160.2	160.3	127.2
8	134.7	134.9	159.7	9'	71.7	71.5	71.4
9	174.1	173.9	174.9	OCH$_2$O	101.4	101.2	101.4
1'	129.6	129.3	129.5	OMe	56.4, 56.4	56.0	55.0, 56.1

表 5-1-25 化合物 5-1-112 和 5-1-113 的 ^{13}C NMR 数据

C	5-1-112[33]	5-1-113[33]	C	5-1-112[33]	5-1-113[33]	C	5-1-112[33]	5-1-113[33]
1	136.8	135.8	8	52.8	51.7	6'	121.5	121.5
2	102.6	104.1	9	178.4	178.7	7'	39.4	38.4
3	153.4	153.8	1'	131.6	131.6	8'	36.4	39.7
4	137.6	138.7	2'	108.6	108.8	9'	72.9	72.0
5	153.4	153.8	3'	147.9	148.1	OMe	56.4, 60.9, 56.4	56.0, 61.0, 56.0
6	102.6	104.1	4'	146.4	146.6			
7	72.1	74.7	5'	108.0	108.4	OCH$_2$O	101.1	101.1

表 5-1-26 化合物 5-1-127~5-1-129 的 ^{13}C NMR 数据

C	5-1-127[37]	5-1-128[29]	5-1-129[37]	C	5-1-127[37]	5-1-128[29]	5-1-129[37]
1	128.8	124.7	126.8	3'	147.9	148.1	147.9
2	108.7	113.7	113.6	4'	146.5	148.5	146.4
3	152.6	149.1	150.5	5'	108.4	110.5	108.4
4	139.6	150.6	148.4	6'	122.3	121.3	122.3
5	152.6	111.5	110.2	7'	40.7	40.8	40.8
6	108.7	125.8	125.7	8'	44.4	44.6	44.4
7	140.6	140.9	140.7	9'	69.8	70.1	69.5
8	126.4	126.9	124.7	OCH$_2$O	101.0		101.8
9	169.3	169.4	169.6	OMe	56.2,56.2,	56.9,56.9,	55.8,55.9
1'	131.3	130.4	131.5		60.9	56.0,56.0	
2'	109.3	112.6	109.3				

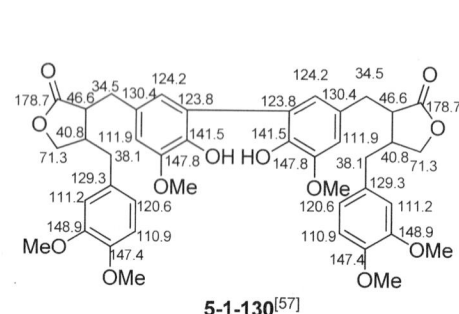

5-1-130[57]

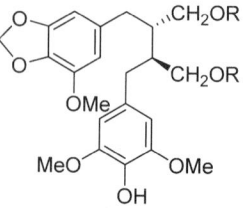

5-1-131[51]

5-1-132 R^1=H; R^2=Me; R^3=OMe
5-1-133 R^1=R^3=OMe; R^2=Ac
5-1-135 R^1=OMe; R^3=OH; R^2=Ac

5-1-134 R^1=R^2=OMe; R^3=H; R^4=Ac
5-1-136 R^1=OMe; R^2=R^3=R^4=H
5-1-137 R^1=R^2=H; R^3=R^4=Me
5-1-139 R^1=R^2=OMe; R^3=R^4=Ac

5-1-138 R=H

5-1-140 R¹=a; R²=b
5-1-141 R¹=R²=CH₂OGlu

表 5-1-27　化合物 5-1-132~5-1-137 的 ^{13}C NMR 数据

C	5-1-132[20]	5-1-133[22]	5-1-134[22]	5-1-135[22]	5-1-136[22]	5-1-137[58]
1	135.3	134.1	134.5	134.2	135.1	134.9
2	109.8	102.8	102.9	102.9	103.0	121.8
3	147.8	148.9	148.8	148.8	148.8	108.1
4	145.9	133.5	133.4	133.5	133.4	145.6
5	108.3	143.4	143.4	143.4	143.4	147.5
6	122.3	108.2	108.1	108.1	108.2	109.5
7	35.3	35.4	35.5	35.5	35.9	35.1
8	41.3	39.5	39.9	39.6	44.1	40.8
9	72.9	64.3	64.6	64.3	60.5	72.7
1'	134.0	135.3	134.9	130.6	134.2	134.9
2'	112.5	105.7	102.9	105.4	109.3	109.5
3'	149.1	153.1	148.8	146.9	147.6	147.5
4'	147.5	136.4	133.4	133.0	145.8	145.6
5'	111.4	153.1	143.4	146.9	108.1	108.1
6'	121.5	105.7	108.1	105.4	121.8	121.8
7'	35.2	35.7	35.2	35.6	36.3	35.1
8'	41.1	39.8	43.1	39.6	44.1	40.8
9'	73.0	64.2	62.4	64.2	60.5	72.7
OCH₂O	101.1	101.3	101.3	101.3	100.8, 101.2	100.7, 100.7
OAc		21.0	21.0	21.0		
C=O		170.9	171.0	170.9		
3-OMe						
5-OMe		56.6	56.5	56.5	56.6	
3'-OMe	56.1	56.0		56.2		
4'-OMe	56.3	60.8				
5'-OMe		56.0	56.5	56.2		
9,9'-OMe	59.0, 59.1					58.8, 58.8

表 5-1-28　化合物 5-1-138~5-1-141 的 ^{13}C NMR 数据

C	5-1-138[59]	5-1-139[7]	5-1-140[8]	5-1-141[60]	C	5-1-138[59]	5-1-139[7]	5-1-140[8]	5-1-141[60]
1	135.0	134.1	131.7	134.2	4	133.4	133.6	144.2	145.8
2	107.7	102.8	112.8	113.7	5	149.2	143.4	114.9	115.8
3	149.2	148.8	147.0	148.9	6	107.7	108.1	121.0	123.1

续表

C	5-1-138[59]	5-1-139[7]	5-1-140[8]	5-1-141[60]	C	5-1-138[59]	5-1-139[7]	5-1-140[8]	5-1-141[60]
7	36.9	35.6	32.7	35.6	9,9'-OMe				
8	44.3	39.8	39.8	41.1	1b			170.3	
9	62.5	64.2	68.9	71.3	2b			45.8	
1'	135.0	134.1	131.7	134.2	3b			68.9	
2'	107.7	102.8	112.8	113.7	4b			45.9	
3'	149.2	148.8	147.0	148.9	5b			173.3	
4'	133.4	133.6	144.2	145.8	6b			27.6	
5'	149.2	143.4	114.9	115.8	Glu				
6'	107.7	108.1	121.0	123.1	1a			102.8	104.8
7'	36.9	35.4	32.7	35.6	2a			73.4	75.3
8'	44.3	39.8	39.8	41.1	3a			76.5	78.2
9'	62.5	64.2	68.9	71.3	4a			70.3	71.7
OCH$_2$O		101.3			5a			73.6	77.9
OAc		21.0			6a			63.8	62.8
C=O		170.9			1a'			102.8	104.8
3-OMe	56.9		55.3	56.4	2a'			73.4	75.3
5-OMe	56.9	56.5			3a'			76.5	78.2
3'-OMe	56.9		55.3	56.4	4a'			70.3	71.7
5'-OMe	56.9	56.5			5a'			73.6	77.9
					6a'			63.8	62.8

5-1-142[61]

5-1-143[61]

5-1-144[62]

5-1-145[63]

5-1-146[64]

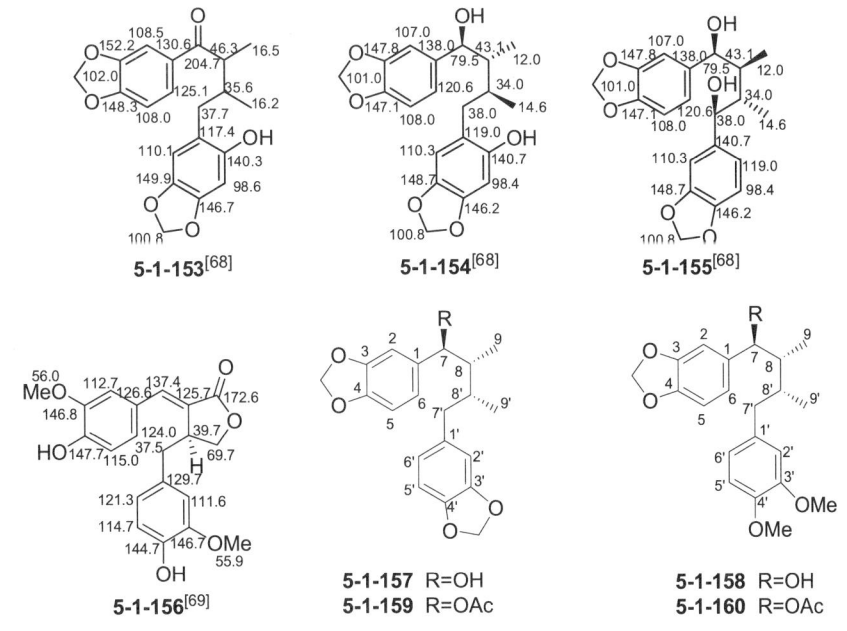

表 5-1-29　化合物 5-1-151 和 5-1-152 的 ^{13}C NMR 数据[67]

C	5-1-151	5-1-152	C	5-1-151	5-1-152	C	5-1-151	5-1-152
1	138.4	136.0	8	42.7	41.6	6'	121.8	121.7
2	106.9	107.8	9	10.0	10.0	7'	41.8	41.5
3	147.8	147.7	1'	135.2	135.0	8'	33.9	35.1
4	147.0	146.7	2'	108.0	109.3	9'	13.0	14.1
5	108.0	107.3	3'	147.5	147.4	OCH$_2$O	101.0,	100.6,
6	120.4	120.9	4'	145.5	145.4		100.7	100.9
7	77.2	85.5	5'	109.4	107.6	OCH$_2$CH$_3$	—	

表 5-1-30 化合物 5-1-157~5-1-160 的 ^{13}C NMR 数据[70]

C	5-1-157	5-1-158	5-1-159	5-1-160	C	5-1-157	5-1-158	5-1-159	5-1-160
1	138.5	138.5	134.1	134.0	5'	107.9	111.0	108.0	108.0
2	107.0	106.9	107.5	107.5	6'	121.9	121.0	121.9	121.0
3	147.8	147.8	147.7	147.7	7'	37.2	37.0	37.1	37.0
4	147.0	147.0	147.2	147.2	8'	35.2	35.0	37.0	37.1
5	107.8	107.9	107.9	108.0	9'	17.7	17.9	17.5	17.6
6	120.4	120.4	121.3	121.3	7-OH				
7	76.9	77.0	77.9	77.9	3,4-OCH$_2$O	101.0	101.0	101.0	101.1
8	45.0	45.1	43.0	43.2	3',4'-OCH$_2$O	100.7		100.7	
9	11.4	11.4	11.3	11.2	3'-CH$_3$O		55.9		55.7
1'	136.0	134.8	135.5	134.4	4'-CH$_3$O		55.8		55.9
2'	109.5	112.4	109.4	112.3	7-CO			170.2	170.2
3'	147.4	148.7	147.4	147.4	7-CH$_3$CO			21.3	21.4
4'	145.4	147.0	145.5	145.5					

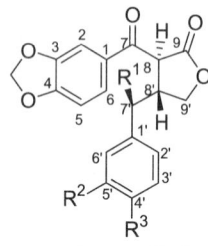

5-1-161 R^1=OH; R^2,R^3=OCH$_2$O
5-1-162 R^1=OAc; R^2=R^3=OMe

5-1-163 R=H
5-1-164 R=OMe

表 5-1-31 化合物 5-1-161 和 5-1-162 的 ^{13}C NMR 数据[47]

C	5-1-161	5-1-162	C	5-1-161	5-1-162	C	5-1-161	5-1-162
1	131.6	131.8	9	174.0	173.4	7'	73.8	76.4
2	108.8	108.9	10	103.2	103.3	8'	49.0	46.8
3	149.2	149.4	1'	137.7	131.1	9'	70.2	69.1
4	153.3	153.5	2'	107.1	111.0	10'	102.0	
5	108.6	112.5	3'	148.0	150.5	3'-OCH$_3$		56.0
6	126.8	126.8	4'	148.8	150.5	4'-OCH$_3$		56.0
7	193.5	192.8	5'	108.5	108.7	OAc		20.7,169.9
8	50.8	51.4	6'	120.3	120.0			

表 5-1-32 化合物 5-1-163 和 5-1-164 的 ^{13}C NMR 数据[71]

C	5-1-163	5-1-164	C	5-1-163	5-1-164	C	5-1-163	5-1-164
1	121.7	122.3	9	15.3	15.4	8'	44.4	43.6
2	152.9	153.0	1'	137.7	128.5	9'	15.5	15.4
3	98.7	99.1	2'	108.5	137.4	5-OMe	57.4	57.2
4	149.3	149.2	3'	143.8	139.2	4-OMe	56.4	56.4
5	143.8	143.8	4'	133.7	135.6	2-OMe	56.2	56.4
6	114.7	114.7	5'	149.1	139.4	2'-OMe		59.9
7	44.4	43.6	6'	102.6	107.8	5'-OMe	56.5	57.0
8	33.3	34.7	7'	51.0	43.5	OCH$_2$O	101.5	101.9

参 考 文 献

[1] Rimando A M, Pezzuto J M, Farnsworth N R. J Nat Prod, 1994, 57: 896.
[2] Valsaraj R, Pushpangadan P, Smitt U W, et al. J Nat Prod, 1997, 60: 739.
[3] Bandera Herath H M T, Anoma Priyadarshin A M. Phytochemistry, 1997, 44: 699.
[4] Kubanek J, Fenical W, Hay M E, et al. Phytochemistry, 2000, 54: 281.
[5] Chen C C, Hsin W C, Huang Y L. J Nat Prod, 1998, 61: 227.
[6] Satyanarayana P, Subrahmanyam P, Viswanatham K N. J Nat Prod, 1988, 51: 44.
[7] Li N, Wu J L, Hasegawa T, et al. J Nat Prod, 2006, 69: 234.
[8] Ford J D, Huang K S, Wang H B, et al. J Nat Prod, 2001, 64: 1388.
[9] Barrero A F, Haidour A, Dorado M M. Phytochemistry, 1996, 41: 605.
[10] Fuzzati N, Dyatmiko W, Rahman A, et al. Phytochemistry, 1996, 42: 1395.
[11] Mesa-Siverio D, Machín R P, Estévez-Braun A, et al. Bioorg Med Chem, 2008, 16: 3387.
[12] Pascoli I C D, Nascimento I R, Lopes L M X, et al. Phytochemistry, 2006, 67: 735.
[13] Borsato M L C, Grael C F F, Souza G E P, et al. Phytochemistry, 2000, 55: 809.
[14] Matsuda H, Kawaguchi Y, Yamazaki M, et al. Biol Pharm Bull, 2004, 27: 1611.
[15] Rahman M M A, Dewick P M, Jackson D E, et al. Phytochemistry, 1990, 29: 1971.
[16] Min B S, Na M K, Oh S R, et al. J Nat Prod, 2004, 67: 1980.
[17] Usia T, Watabe T, Kadota S, et al. J Nat Prod, 2005, 68: 64.
[18] Hu K, Kobayashi H, Dong A, et al. Planta Med, 2000, 66: 564.
[19] Pettit G R, Meng Y, Gearing R P, et al. J Nat Prod, 2004, 67: 214.
[20] Chang C C, Lien Y C, Karin C S et al. Phytochemistry, 2003, 63: 825.
[21] Gözler B, Önür D, Gözler T, et al. Phytochemistry, 1996, 42: 695.
[22] Li N, Wu J L, Sakai J, et al. J Nat Prod, 2003, 66: 1421.
[23] Wenkert E, Gottlieb H E, Gottlieb O R, et al. Phytochemistry, 1976, 15: 1547.
[24] Estévezbraun A, Estévezreyes R, González A G. Phytochemistry, 1996, 43: 885.
[25] Abe F, Yamauchi T. Chem Pharm Bull, 1986, 34: 4340.
[26] Chimichi S, Cosimelli B, Bambagiotti-Alberti M, et al. Magn Reson Chem, 1993, 31: 1044.
[27] Kuo Y H, Chen C H, Lin Y L. Chem Pharm Bull, 2002, 50: 979.
[28] Gonzalez A G, Estevez-Reyes R, Mato C, et al. Phytochemistry, 1990, 29: 1981.
[29] Barrero A F, Herrador M M, Akssira M, et al. J Nat Prod, 1999, 62: 946.
[30] Abdel-Kander M S, Wisse J, Evans R, et al. J Nat Prod, 1997, 60: 1294.
[31] Kernan M R, Sendl A, Chen J L, et al. J Nat Prod, 1997, 60: 635.
[32] Das B, Rao S P, Srinivas K V N S, et al. Phytochemistry, 1995, 38: 715.
[33] Feliciano A S, Medarde M, Lopez J L, et al. Phytochemistry, 1989, 28: 2863.
[34] Silva R D, Pedersoli S, Junior V L, et al. Magn Reson Chem, 2005, 43: 966.
[35] Gözler B, Önür M A, Gözler T, et al. Phytochemistry, 1994, 37: 1693.
[36] Lin W H, Fang J M, Cheng Y S, et al. Phytochemistry, 1999, 50: 653.
[37] Chang W L, Chiu L W, Lai L H, et al. Phytochemistry, 2003, 64: 1375.
[38] Torres R, Urzua A, Modak B. J Nat Prod, 1989, 52: 402.
[39] Martínez V J C, Aldana J M I, Cuca S L E. Phytochemistry, 1999, 50: 883.
[40] Kwon H S, Kim M J, Jeong H J, et al. Bioorg Med Chem Lett, 2008, 18: 194.
[41] Gao X M, Pu J X, Huang S X, et al. J Nat Prod, 2008, 71: 558.
[42] Li X N, Pu J X, Du X, et al. J Nat Prod, 2009, 72: 1133.
[43] Tan X Q, Chen H S, Liu R H, et al. Planta Med, 2005, 71: 93.
[44] Rastrelli L, Simone F D, More G, et al. J Nat Prod, 2001, 64: 79.
[45] Silva D H S, Cavalheiro A J, Yoshida M, et al. Phytochemistry, 1995, 38: 1013.
[46] Achenbach H, Waibei R, Addae-Mensah I. Phytochemistry, 1983, 22: 749.
[47] Cabanillas B J, Lamer A L, Castillo D, et al. J Nat Prod, 2010, 73: 1884.
[48] Conserva L M, Yoshida M, Gottlieb O R, et al. Phytochemistry, 1990, 29: 3911.
[49] Estevezreyes R, Estevezbraun A, Gonzalez A G. J Nat Prod, 1993, 56: 1177.
[50] Wu T S, Tsai Y L, Damu A G, et al. J Nat Prod, 2002, 65: 1523.

[51] Kawamura F, Kawai S, Ohashi H. Phytochemistry, 2000, 54: 439.
[52] Valsaraj R, Pushpangadan P, Smitt U W, et al. J Nat Prod, 1997, 60: 739.
[53] Nuntannkorn P, Jiang B, Einbond L S, et al. J Nat Prod, 2006, 69: 314.
[54] Dall'Acqua S, Viola G, Piacente S, et al. J Nat Prod, 2004, 67: 1588.
[55] Das B, Anjani G. Phytochemistry, 1999, 51: 115.
[56] Rezende K R, Kato M J. Phytochemistry, 2002, 61: 427.
[57] Han B H, Kang Y H, Yang H O, et al. Phytochemistry, 1994, 37: 1161.
[58] Elfahmi, Batterman S, Koulman A, Hackl T, et al. J Nat Prod, 2006, 69: 55.
[59] Pérez C, Almonacid L N, Trujillo J M, et al. Phytochemistry, 1995, 40: 1511.
[60] Chimichi S, Bambagiotti-Alberti M, Coran S A, et al. Magn Reson Chem, 1999, 37: 860.
[61] 王海燕, 杨峻山. 药学学报, 1993, 28: 911.
[62] Siqueira J B G, Zoghbi M G B, Cabral J A, et al. J Nat Prod, 1995, 58: 730.
[63] Feliciano A S, Miguel del Corral J M, Gordaliza M, et al. Phytochemistry, 1990, 29: 1335.
[64] Lee J S, Huh M S, Kim Y C, et al. Antiviral Research, 2010, 85: 425.
[65] Davis R A, Barnes E C, Longden J, et al. Bioorg Med Chem Lett, 2009, 17: 1387.
[66] Moon S S, Rahman A A, Kim J Y, et al. Bioorg Med Chem, 2008, 16: 7264.
[67] Mesa-Siverio D, Machín R P, Estévez-Braun A, et al. Bioorg Med Chem, 2008, 16: 3387.
[68] Seo C S, Zheng M S, Woo M H, et al. J Nat Prod, 2008, 71: 1771.
[69] Tuchinda P, Kornsakulkarn J, Pohmakotr M, et al. J Nat Prod, 2008, 71: 655.
[70] Barros L F L, Barison A, Salvador M J, et al. J Nat Prod, 2009, 72: 1529.
[71] Wang Q, Terreaux C, Marston A, et al. Phytochemistry, 2000, 54: 909.

第二节　四氢呋喃类木脂素

表 5-2-1　四氢呋喃类木脂素的名称、分子式和测试溶剂

编号	名称	分子式	测试溶剂	参考文献
5-2-1	(+)-burseran	$C_{22}H_{26}O_6$	C	[1]
5-2-2	busaliol	$C_{21}H_{26}O_7$	C	[2]
5-2-3	busalicifol	$C_{22}H_{28}O_7$	C	[2]
5-2-4	3-(2,4-dihydroxy-3-methoxybenzyl)-4-(4-hydroxy-3-methoxybenzyl)tetrahydrofuran	$C_{20}H_{24}O_6$	C	[2]
5-2-5	busaliol 4,4',7'-triacetate	$C_{27}H_{32}O_{10}$	C	[2]
5-2-6	busalicifol acetate	$C_{28}H_{34}O_{10}$	C	[2]
5-2-7	cubebin(β)	$C_{20}H_{20}O_6$	C	[3]
5-2-8	cubebin(α)	$C_{20}H_{20}O_6$	C	[3]
5-2-9	(−)-3,4-dimethoxy-3,4-desmethylenedioxycubebin(α)	$C_{21}H_{24}O_6$	C	[3]
5-2-10	(−)-3,4-dimethoxy-3,4-desmethylenedioxycubebin(β)	$C_{21}H_{24}O_6$	C	[3]
5-2-11	(−)-3-desmethoxycubebinin(α)	$C_{23}H_{30}O_7$	C	[3]
5-1-12	(−)-3-desmethoxycubebinin(β)	$C_{23}H_{30}O_7$	C	[3]
5-2-13	4,4'-dihydroxy-3,3'-dimethoxy-9,9'-epoxylignan	$C_{20}H_{24}O_5$	C	[4]
5-2-14	4,4'-diacetoxy-3,3'-dimethoxy-9,9'-epoxylignan	$C_{24}H_{28}O_7$	C	[4]
5-2-15	secoisolariciresinol	$C_{20}H_{26}O_6$	C	[4]
5-2-16	(8R,8'R,9'S)-5-methoxyclusin	$C_{23}H_{28}O_8$	C	[5]
5-2-17	aglacin K	$C_{24}H_{30}O_9$	C	[6]
5-2-18	aristelegin B	$C_{22}H_{28}O_6$	C	[7]
5-2-19	cerberalignan C	$C_{40}H_{46}O_{14}$	P	[8]
5-2-20	cerberalignan M	$C_{50}H_{58}O_{18}$	P	[8]

续表

编号	名称	分子式	测试溶剂	参考文献
5-2-21	cerberalignan B	$C_{40}H_{46}O_{14}$	P	[8]
5-2-22	cerberalignan N	$C_{50}H_{58}O_{18}$	P	[8]
5-2-23	cerberalignan J	$C_{30}H_{36}O_{11}$	P	[8]
5-2-24	magnone B	$C_{24}H_{30}O_8$	C	[9]
5-2-25	magnone A	$C_{22}H_{26}O_7$	C	[9]
5-2-26	(−)-nymphone	$C_{22}H_{24}O_7$	C	[10]
5-2-27	(−)-hernone	$C_{23}H_{28}O_8$	C	[10]
5-2-28	altissinone	$C_{21}H_{20}O_8$	C	[11]
5-2-29	sieversol	$C_{22}H_{26}O_8$	C	[12]
5-2-30	7S,8R,8'R-(−)-lariciresinol-4,4'-bis-O-β-D-glucopyranoside	$C_{32}H_{44}O_{16}$	D	[13]
5-2-31	7S,8R,8'R-(−)-5-methoxylariciresinol-4,4'-bis-O-β-D-glucopyranoside	$C_{33}H_{46}O_{17}$	D	[13]
5-2-32	(+)-episesaminone	$C_{20}H_{18}O_7$	C	[14]
5-2-33	magnolone	$C_{21}H_{22}O_7$	M	[15]
5-2-34	7,9-monoepoxylignans massoniresinol-4-O-β-D-glucoside	$C_{26}H_{34}O_{13}$	M	[16]
5-2-35	berchemol-4-O-β-D-glucoside	$C_{26}H_{34}O_{12}$	M	[16]
5-2-36	dysosmarol	$C_{20}H_{24}O_7$	M	[17]
5-2-37	tanegool	$C_{20}H_{24}O_7$	C	[18]
5-2-38	(−)-olivil-9-O-β-D-apiofuranosyl(1→6)-β-D-glucopyranoside	$C_{31}H_{42}O_{16}$	M	[19]
5-2-39	aglycones olivil	$C_{20}H_{24}O_7$	M	[19]
5-2-40	(+)-episesaminone-9-O-β-D-sophoroside	$C_{32}H_{38}O_{17}$	M	[20]
5-2-41	(+)-episesaminone-9-O-β-D-sophoroside heptaacetate	$C_{46}H_{52}O_{24}$	M	[20]
5-2-42	(−)-sesamolactol	$C_{20}H_{24}O_7$	M	[20]
5-2-43	anolignan A	$C_{19}H_{18}O_4$	M	[21]
5-2-44	(7,8-cis-8,8'-$trans$)-2',4'-dihydroxyl-3,5-dimethoxylariciresinol	$C_{20}H_{24}O_6$	M	[22]
5-2-45	daphneligin	$C_{21}H_{26}O_6$	C	[23]
5-2-46	acetylation of daphneligin	$C_{25}H_{30}O_8$	C	[23]
5-2-47	taxiresinol	$C_{19}H_{22}O_6$	C	[23]
5-2-48	agastinol	$C_{27}H_{28}O_8$	M	[24]
5-2-49	agastenol	$C_{27}H_{26}O_8$	M	[24]
5-2-50	(+)-lariciresinol 9'-p-coumarate	$C_{29}H_{30}O_8$	M	[25]
5-2-51	(−)-7-hydroxylariciresinol 9'-p-coumarate	$C_{29}H_{30}O_9$	M	[25]
5-2-52	(+)-lariciresinol 9'-caffeinate	$C_{29}H_{30}O_9$	M	[25]
5-2-53	isohydroxymatairesinol	$C_{20}H_{22}O_7$	C	[26]
5-2-54	epi-isohydroxymatairesinol	$C_{20}H_{22}O_7$	C	[26]
5-2-55	rel-(8S,8'R)-dimethyl-(7S,7'R)-bis(3,4-methylenedioxyphenyl) tetrahydrofuran	$C_{20}H_{20}O_5$	C	[27]
5-2-56	rel-(8R,8'R)-dimethyl-(7S,7'R)-bis(3,4-methylenedioxyphenyl) tetrahydrofuran	$C_{20}H_{20}O_5$	C	[27]
5-2-57	cordigone	$C_{30}H_{24}O_9$	D	[28]
5-2-58	4-epi-larreatricin	$C_{18}H_{20}O_3$	P	[29]
5-2-59	3-hydroxy-8-epilarreatricin	$C_{18}H_{20}O_4$	P	[29]

续表

编号	名称	分子式	测试溶剂	参考文献
5-2-60	larreatricin	$C_{18}H_{20}O_3$	P	[29]
5-2-61	3',3''-dimethoxylarreatricin	$C_{20}H_{24}O_5$	P	[29]
5-2-62	grandisin	$C_{24}H_{32}O_7$	C	[30]
5-2-63	larreatridenticin	$C_{19}H_{20}O_3$	P	[29]
5-2-64	3,4-dehydrolarreatricin	$C_{18}H_{18}O_3$	P	[29]
5-2-65	(8R,8'S)-dimethyl-(7R,7'S)-bis(4-hydroxy-3-methoxyphenyl)tetrahydrofuran	$C_{20}H_{24}O_5$	C	[31]
5-2-66	(8R,8'R)-dimethyl-(7R,7'S)-bis(4-hydroxy-3-methoxyphenyl)tetrahydrofuran	$C_{20}H_{24}O_5$	C	[31]
5-2-67	(8R,8'R)-dimethyl-(7R,7'R)-bis(4-hydroxy-3-methoxyphenyl)tetrahydrofuran	$C_{20}H_{24}O_5$	C	[31]
5-2-68	(7S,8S,7'R,8'S)-3,4,3',4'-tetramethoxy-6'-hydroxy-7,7'-epoxylignan	$C_{22}H_{28}O_6$	C	[32]
5-2-69	(7S,8R,7'S,8'S)-3,4,3'-trimethoxy-4'-hydroxy-7,7'-epoxylignan	$C_{22}H_{26}O_5$	C	[32]
5-2-70	(7S,8S,7'S,8'S)-3,3',4'-trihydroxy-4-methoxy-7,7'-epoxylignan	$C_{19}H_{22}O_5$		[33]
5-2-71	meso-rel-(7S,8S,7'S,8'S)-3,4,3',4'-tetrahydroxy-7,7'-epoxylignan	$C_{18}H_{20}O_5$		[33]
5-2-72	(7R,8R,7'S,8'R)-3',4'-methylenedioxy-3,4,5,5'-tetramethoxy-7,7'-epoxylignan	$C_{23}H_{28}O_7$	C	[34]
5-2-73	urinaligran	$C_{22}H_{24}O_7$	C	[35]
5-2-74	7,7'-bis-(4-hydroxy-3,5-dimethoxyphenyl)-8,8'-dihydroxymethyl-tetrahydrofuran-4-O-β-glucopyranoside	$C_{28}H_{38}O_{14}$	M	[36]
5-2-75	4-O-demethylmanassantin	$C_{40}H_{46}O_{11}$	C	[37]
5-2-76	dihydroxymethyl-bis(3,5-dimethoxy-4-hydroxyphenyl)tetrahydrofuran-9 (or 9')-O-β-glucopyranoside	$C_{28}H_{38}O_{14}$	B	[39]
5-2-77	(−)galbacin	$C_{20}H_{20}O_5$	C	[38]
5-2-78	(−)galbicin	$C_{21}H_{24}O_5$	C	[38]
5-2-79	talaumidin	$C_{20}H_{22}O_5$	C	[38]
5-2-80	7,8-trans-8,8'-trans-7',8'-cis-7,7'-bis(5-methoxy-3,4-methylenedioxyphenyl)-8-acetoxymethyl-8'-hydroxymethyltetrahydrofuran	$C_{24}H_{26}O_{10}$	C	[40]
5-2-81	7,8-trans-8,8'-trans-7',8'-cis-7,7'-bis(5-methoxy-3,4-methylenedioxyphenyl)-8-hydroxymethyl-8'-acetoxymethyltetrahydrofuran	$C_{24}H_{26}O_{10}$	C	[40]
5-2-82	7,8-trans-8,8'-trans-7',8'-cis-7-(5-methoxy-3,4-methylenedioxyphenyl)-7'-(4-hydroxy-3,5-dimethoxyphenyl)-8,8'-diacetoxymethyltetrahydrofuran	$C_{26}H_{30}O_{11}$	C	[40]
5-2-83	7,8-trans-8,8'-trans-7',8'-cis-7-(5-methoxy-3,4-methylenedioxyphenyl)-7'-(3,4,5-trimethoxyphenyl)-8-acetoxymethyl-8'-hydroxymethyltetrahydrofuran	$C_{25}H_{30}O_{10}$	C	[40]
5-2-84	7,8-trans-8,8'-trans-7',8'-cis-7-(5-methoxy-3,4-methylenedioxyphenyl)-7'-(4-hydroxy-3,5-dimethoxyphenyl)-8-acetoxymethyl-8'-hydroxymethyltetrahydrofuran	$C_{24}H_{28}O_{10}$	C	[41]
5-2-85	7,8-trans-8,8'-trans-7',8'-cis-7,7'-(4-hydroxyl-3,5-dimethoxyphenyl)-8,8'-diacetoxymethyltetrahydrofuran	$C_{26}H_{32}O_{11}$	C	[41]
5-2-86	forsythialan A	$C_{20}H_{22}O_7$	C	[42]

续表

编号	名称	分子式	测试溶剂	参考文献
5-2-87	forsythialan B	$C_{21}H_{24}O_7$	C	[42]
5-2-88	rel-(7R,8S,7'S,8'S)-4-hydroxy-4',5'-methylenedioxy-3, 5,3'-trimethoxy-7,7'-epoxylignan	$C_{22}H_{26}O_7$	C	[43]
5-2-89	rel-(7R,8S,7'S,8'S)-4',5'-methylenedioxy-3,4,5,3'-tetramethoxy-7,7'-epoxylignan	$C_{23}H_{28}O_7$	C	[43]
5-2-90	rel-(7R,8S,7'S,8'S)-4'-hydroxy-3,4,5,3',5'-pentamethoxy-7,7'-epoxylignan	$C_{23}H_{30}O_7$	C	[43]
5-2-91	saucerneol F	$C_{30}H_{32}O_8$	C	[45]
5-2-92	rel-(7R,8S,7'S,8'S)-4,5,4',5'-dimethylenedioxy-3,3'-dimethoxy-7,7'-epoxylignan	$C_{20}H_{24}O_7$	C	[43]
5-2-93	(2R,3S,4S)-4-(4-hydroxy-3-methoxybenzyl)-2-(5-hydroxy-3-methoxyphenyl)-3-(hydroxymethyl)-tetrahydrofuran-3-ol	$C_{20}H_{24}O_7$	M	[44]
5-2-94	rel-(7R,8S,7'S,8'S)-9-hydroxy-4',5'-methylenedioxy-3,4,5,3'-tetramethoxy-7,7'-epoxylignan	$C_{23}H_{28}O_8$	C	[43]
5-2-95	chushizisin G	$C_{19}H_{22}O_5$	A	[46]
5-2-96	chushizisin H	$C_{28}H_{30}O_9$	A	[46]
5-2-97	(+)-9'-isovaleroxylariciresinol	$C_{25}H_{32}O_7$	M	[47]
5-2-98	3'-O-demethylated-(7R)-7-hydroxytaxiresinol	$C_{19}H_{22}O_7$	M	[48]
5-2-99	(S_a)-3,3',4,4',5,5'-hexamethoxypyramidatin	$C_{24}H_{30}O_7$	C	[49]
5-2-100	(S_a)-3,4,4',5,5'-pentamethoxy-3'-hydroxypyramidatin	$C_{23}H_{28}O_7$	C	[49]
5-2-101	(S_a)-3',4,4',5,5'-pentamethoxy-3-hydroxypyramidatin	$C_{23}H_{28}O_7$	C	[49]
5-2-102	(S_a)-3',4,5-trimethoxy-4',5'-methylenedioxy-3-hydroxy-pyramidatin	$C_{22}H_{24}O_7$	C	[49]
5-2-103	saucerneol A	$C_{32}H_{40}O_8$	M	[50]
5-2-104	saucerneol B	$C_{31}H_{36}O_8$	M	[50]
5-1-105	saucerneol C	$C_{30}H_{36}O_8$	M	[50]
5-2-106	rel-(7R,8R,7'R,8'R)-3',4'-methylenedioxy-3,4,5,5'-tetramethoxy-7,7'-epoxylignan	$C_{23}H_{28}O_7$	C	[51]
5-2-107	rel-(7R,8R,7'R,8'R)-3,4,3',4'-dimethylenedioxy-5,5'-dimethoxy-7,7'-epoxylignan	$C_{22}H_{24}O_7$	C	[51]
5-2-108	sanjidin A	$C_{24}H_{28}O_9$	C	[52]
5-2-109	sanjidin B	$C_{24}H_{28}O_9$	C	[52]
5-2-110	(+)-4-hydroxy-2,6-di(3,4-dimethoxy)phenyl-3,7-dioxabicyclo[3.3.0]octane	$C_{22}H_{28}O_7$	C	[53]
5-2-111	(−)-(7R,8'R,8R)-acuminatolide	$C_{13}H_{12}O_5$	C	[54]
5-2-112	tortoside B	$C_{28}H_{38}O_{13}$	D	[55]
5-2-113	7,9-monoepoxylignans massoniresinol-4-O-β-D-glucoside	$C_{26}H_{34}O_{13}$	M	[56]
5-2-114	4-O-β-D-glucosyl-9-O-(6-deoxysaccharosyl) olivil	$C_{38}H_{54}O_{22}$	M	[56]
5-2-115	carissanol	$C_{20}H_{24}O_7$	C	[57]
5-2-116	lariciresinol triacetate	$C_{26}H_{30}O_9$	C	[58]
5-2-117	sesquimarocanol A pentaacetate	$C_{40}H_{46}O_{15}$	C	[58]
5-2-118	(8R,8'R,9'S)-5-methoxyclusin	$C_{23}H_{28}O_8$	C	[59]
5-2-119	(8R,8'R,9R)- (−)-haplomyrfolol	$C_{20}H_{22}O_6$	C	[60]

编号	名称	分子式	测试溶剂	参考文献
5-2-120	(8R,8'R,9S)- (−)-haplomyrfolol	$C_{20}H_{22}O_6$	C	[60]
5-2-121	(2R*,3R*)-2-(4-hydroxyphenyl)-4-[(E)-1-(4-hydroxyphenyl) methylidene]-5-oxotetrahydro-3-furancarboxylic acid	$C_{18}H_{14}O_6$	M	[61]
5-2-122	(8S,8'R,9S)-cubebin	$C_{20}H_{20}O_6$	C	[62]
5-2-123	(8R,8'R,8"R,8'''R,9R,9"S)-bicubebin A	$C_{40}H_{38}O_{11}$	C	[63]

表 5-2-2 化合物 5-2-2~5-2-6 的 ^{13}C NMR 数据[2]

C	5-2-2	5-2-3	5-2-4	5-2-5	5-2-6	C	5-2-2	5-2-3	5-2-4	5-2-5	5-2-6
1	132.2	131.5	133.5	138.2	139.1	6'	102.4	119.3	119.4	102.0	118.1
2	111.1	109.0	113.1	112.7	110.0	7'	83.0	83.9	83.7	83.0	83.4
3	146.5	146.4	148.4	151.0	151.1	8'	53.0	51.6	53.9	49.0	49.6
4	144.0	145.2	145.8	138.8	139.2	9'	61.0	63.0	61.1	62.7	63.7
5	114.4	114.1	116.3	122.8	122.7	OMe	56.3×2	56.0	57.5	56.2×2	55.9
6	121.1	121.0	121.9	120.5	119.5		55.8	55.9	57.5	55.8	55.9
7	33.3	83.0	34.5	33.5	82.7	OAc				20.5/	20.7/
8	42.3	49.9	43.6	42.1	48.9					168.8	168.9
9	73.0	64.0	73.8	72.8	64.4					20.7/	20.7/
1'	134.0	133.5	136.7	141.1	140.5					169.0	168.9
2'	102.4	109.6	110.4	102.0	110.5					20.9/	20.7/
3'	147.0	146.8	148.2	152.1	151.3					171.0	170.8
4'	144.0	145.4	146.6	138.8	139.4	OCH$_2$CH$_3$		70.7			70.5
5'	147.0	114.1	114.9	152.1	122.7			15.1			15.2

表 5-2-3 化合物 5-2-7~5-2-12 的 ^{13}C NMR 数据[3]

C	5-2-7	5-2-8	5-2-9	5-2-10	5-2-11	5-2-12
1	134.5	133.3	133.4	134.7	132.3	135.4
2	108.1	108.2	108.1	108.2	105.8	105.8
3	147.5	147.5	147.8	147.5	153.1	153.1
4	145.8	145.9	146.0	145.8	135.4	136.4
5	109.2	109.3	109.3	109.4	153.1	153.1
6	121.6	121.7	120.6	121.7	105.8	105.8
7	33.6	39.2	39.2	33.7	39.1	34.2
8	52.0	53.1	53.2	52.2	53.0	51.8
9	98.9	103.4	103.5	98.9	103.3	98.9
1'	133.9	134.1	133.0	132.8	132.9	132.6
2'	108.1	108.1	111.2	111.3	111.2	111.2
3'	147.6	147.5	148.9	149.0	148.8	148.9
4'	145.7	145.9	147.5	147.6	147.4	147.5
5'	109.2	108.9	111.8	111.9	111.9	111.8
6'	121.4	121.5	121.8	120.6	120.4	120.5
7'	38.9	38.4	38.5	38.9	38.7	39.1
8'	42.9	45.9	46.5	42.9	46.2	42.8
9'	72.6	72.2	72.4	72.8	72.3	72.8
OCH$_2$O	100.8	100.8	101.0	100.9		
OCH$_3$			55.8, 55.9, 56.0	55.8, 55.9, 56.0	55.8, 55.9, 56.0, 56.1	55.8, 55.9, 56.0, 56.1
4'-OCH$_3$					60.9	60.9

5-2-13 R^1=R^2=OH
5-2-14 R^1=R^2=OAc

5-2-15

5-2-16

5-2-17

5-2-18

表 5-2-4 化合物 5-2-13~5-2-16 的 ^{13}C NMR 数据

C	5-2-13[4]	5-2-14[4]	5-2-15[4]	5-2-16[5]	C	5-2-13[4]	5-2-14[4]	5-2-15[4]	5-2-16[5]
1	132.2	138.1	132.4	134.9	4	143.9	139.2	143.7	135.2
2	111.1	112.8	111.7	102.5	5	114.1	122.6	114.3	143.8
3	146.4	150.9	146.6	149.2	6	121.2	120.7	121.5	108.8

C	5-2-13[4]	5-2-14[4]	5-2-15[4]	5-2-16[5]	C	5-2-13[4]	5-2-14[4]	5-2-15[4]	5-2-16[5]
7	39.1	39.4	35.8	39.2	3'	146.4	150.9	146.6	153.1
8	46.4	46.4	43.7	46.1	4'	143.9	139.2	143.7	136.4
9	73.2	73.1	60.5	72.3	5'	114.1	122.6	114.3	153.1
OMe	55.7	55.8	55.7	56.6,56.1, 60.9,56.1	6'	121.2	120.7	121.5	105.8
					7'	39.1	39.4	35.8	34.2
OAc		28.6,169.1			8'	46.4	46.4	43.7	53.0
1'	132.2	138.1	132.4	133.7	9'	73.2	73.1	60.5	103.4
2'	111.1	112.8	111.7	105.8	OCH$_2$O				101.3

表 5-2-5 化合物 5-2-17 和 5-2-18 的 ^{13}C NMR 数据

C	5-2-17[6]	5-2-18[7]	C	5-2-17[6]	5-2-18[7]	C	5-2-17[6]	5-2-18[7]
1	137.8	133.0	10	56.1		7'	198.2	82.8
2	103.1	112.0	11	60.9		8'	49.5	52.6
3	153.3	149.0	12	56.1		9'	72.2	61.0
4	138.1	148.5	1'	131.9	133.0	10'	56.3	
5	153.3	111.1	2'	105.8	112.0	11'	60.7	
6	103.1	111.8	3'	153.1	152.0	12'	56.3	
7	75.8	33.3	4'	143.0	147.4	OMe		55.9×4
8	50.2	42.4	5'	153.1	111.4			
9	70.8	73.0	6'	105.8	120.5			

表 5-2-6 化合物 5-2-19~5-2-23 的 ^{13}C NMR 数据[8]

C	5-2-19	5-2-20	5-2-21	5-2-22	5-2-23
1(1")	134.7	134.0	135.7 134.7	135.7 134.6	138.4
2(2")	110.0	110.0	111.7 110.0	111.7 110.0	112.0
3(3")	149.2	149.2	148.7 149.3	148.7 149.3	147.5
4(4")	146.7	146.7	147.5 146.7	147.5 147.3	151.2
5(5")	127.2	127.1	116.0 126.5	116.0 126.4	117.1
6(6")	123.0	122.9	120.4 123.0	120.4 123.7	120.7
7(7")	84.7	84.8	84.8	84.7	84.6
8(8")	62.1	62.1	62.1	62.1	61.9
9(9")	60.3	60.3	60.5 60.3	60.5 60.3	60.5
1'(1''')	130.1	130.1 133.1	129.2 130.1	129.2 133.1	130.0

续表

C	5-2-19	5-2-20	5-2-21	5-2-22	5-2-23
2'(2''')	115.5	115.4	114.0 115.4	114.0 116.0	115.4
3'(3''')	148.2	148.2	148.6 148.1	147.5	148.2
4'(4''')	146.7	146.7 150.6	144.2 146.7	144.2 150.6	146.7
5'(5''')	116.1	116.0 117.8	127.3 116.1	127.3 117.7	116.0
6'(6''')	123.8	123.8	126.4 123.8	126.4 123.7	123.7
7'(7''')	40.7	40.7	40.8 40.7	40.7 40.6	40.6
8'(8''')	82.0	82.0	82.0	82.0 81.8	82.0
9'(9''')	78.0	78.0	78.1	78.0	78.1
1''''		134.0		134.0	134.0
2''''		112.0		112.0	112.0
3''''		149.2		148.6	148.8
4''''		148.4		148.4	148.4
5''''		116.0		116.0	116.1
6''''		120.6		120.7	119.9
7''''		73.4		73.7	73.4
8''''		87.5		87.5	87.5
9''''		61.7		61.7	61.7
OMe	55.8×2, 55.9×2	55.8×5	55.7, 55.8, 55.9, 56.0	55.8×5	55.8×2, 55.9

5-2-24 R^1=R^2=R^3=R^4=R^5=OMe; R^6=H
5-2-25 R^1=R^2=R^4=R^5=OMe; R^3=R^6=H
5-2-26 R^1,R^2=OCH$_2$O; R^4=R^5=R^6=OMe; R^3=H
5-2-27 R^1=R^2=R^4=R^5=R^6=OMe; R^3=H
5-2-28 R^1,R^2=R^5,R^6=OCH$_2$O; R^4=OMe; R^3=H

5-2-29

5-2-30 R=H
5-2-31 R=OMe

表 5-2-7 化合物 5-2-24~5-2-29 的 ^{13}C NMR 数据

C	5-2-24[9]	5-2-25[9]	5-2-26[10]	5-2-27[10]	5-2-28[11]	5-2-29[12]
1	129.6	129.7	131.7	131.7	125.3	135.0
2	110.5	110.6	106.2	106.2	143.0	119.6
3	149.2	149.2	153.2	153.2	136.6	108.2
4	153.6	153.6	143.0	143.1	152.9	148.0
5	110.0	110.1	153.2	153.2	103.3	147.2
6	123.1	123.1	106.2	106.2	125.6	106.5
7	197.8	198.0	198.0	198.0	200.3	82.1
8	49.6	49.7	49.7	49.7	55.1	50.1
9	70.9	70.8	70.6	70.7	70.8	71.0

续表

C	5-2-24[9]	5-2-25[9]	5-2-26[10]	5-2-27[10]	5-2-28[11]	5-2-29[12]
1'	136.2	132.9	132.9	134.4	134.7	134.1
2'	103.6	109.5	109.6	107.1	107.2	102.4
3'	153.3	148.9	149.3	148.0	147.3	153.2
4'	137.6	149.2	149.0	147.5	147.8	136.8
5'	153.3	110.8	110.9	108.1	108.0	153.2
6'	103.6	119.3	119.3	120.3	120.3	102.4
7'	83.9	83.8	83.7	83.7	83.9	87.6
8'	52.1	52.1	52.4	52.5	52.7	54.5
9'	61.4	61.4	61.3	61.2	62.2	69.7
OMe	56.0	55.9	55.9×2	56.4×2	60.1	56.1×2
	56.1	56.0	56.4×2	61.0		60.9
	60.8	60.1	60.9			
OCH$_2$O				101.0	101.0	101.1
					101.8	

表 5-2-8 化合物 5-2-30~5-2-35 的 ^{13}C NMR 数据

C	5-2-30[13]	5-2-31[13]	5-2-32[14]	5-2-33[15]	5-2-34[16]	5-2-35[16]
1	137.6	133.5	134.4	130.8	128.7	129.6
2	110.1	103.9	107.1	111.9	112.8	112.7
3	148.8	152.5	147.5	150.3	149.7	148.7
4	145.5	139.8	148.0	154.7	146.7	149.1
5	115.1	152.5	108.3	118.6	116.5	116.0
6	117.7	103.9	119.1	123.9	121.9	121.6
7	81.6	81.8	83.7	198.4	86.4	85.7
8	52.4	52.2	52.3	50.0	82.0	83.2
9	68.6	58.7	61.3	71.4	64.5	64.5
1'	134.6	134.7	131.1	137.0	134.0	136.9
2'	113.1	113.1	108.1	107.8	116.4	114.5
3'	148.8	148.8	148.4	147.9	150.4	150.9
4'	144.8	144.8	152.2	148.7	146.7	46.4
5'	115.3	115.3	107.9	108.5	117.8	118.4
6'	120.4	120.4	124.9	120.9	124.2	122.3
7'	32.1	32.1	197.3	84.2	40.3	35.1
8'	41.8	41.8	50.0	54.3	82.3	51.7
9'	71.9	71.9	70.8	61.0	74.8	71.8

续表

C	5-2-30[13]	5-2-31[13]	5-2-32[14]	5-2-33[15]	5-2-34[16]	5-2-35[16]
OMe	55.7×2	56.4×2		56.1	56.3	56.3
		55.7		56.2	56.8	56.8
CH_2O_2			102.1	101.9		
			101.1			
Glu						
1'	100.3	100.2			103.0	103.1
2'	73.2	73.2			75.0	75.0
3'	76.8	76.5			77.8	77.8
4'	66.9	69.7			71.4	71.4
5'	77.0	76.4			78.2	78.2
6'	60.6	60.7			62.5	62.5
1"	100.2	102.8				
2"	73.2	74.2				
3"	76.8	76.8				
4"	69.7	69.9				
5"	77.0	77.1				
6"	60.7	60.9				

表 5-2-9 化合物 5-2-36~5-2-41 的 ^{13}C NMR 数据

C	5-2-36[17]	5-2-37[18]	5-2-38[19]	5-2-39[19]	5-2-40[20]	5-2-41[20]
1	131.2	133.3	130.4	130.4	135.5	135.4
2	116.6	109.1	115.4	115.2	106.5	105.9
3	147.2	114.2	149.0	149.0	147.3	148.1
4	116.0	144.0	147.2	147.2	147.8	147.1
5	149.0	146.6	115.9	115.8	107.8	107.4
6	121.0	109.1	124.1	123.9	199.1	119.8
7	76.6	75.6	85.4	85.8	83.2	82.4
8	50.8	50.3	60.3	61.9	51.8	51.6
9	71.5	70.3	68.3	60.8	66.1	66.1

续表

C	5-2-36[17]	5-2-37[18]	5-2-38[19]	5-2-39[19]	5-2-40[20]	5-2-41[20]
1'	134.8	134.2	135.0	135.4	132.1	131.6
2'	111.2	108.6	111.6	111.6	107.7	107.3
3'	149.0	146.5	148.6	148.6	148.4	148.5
4'	147.2	145.0	146.1	146.1	152.3	152.6
5'	116.0	114.1	115.8	115.7	107.6	107.6
6'	120.3	119.4	120.8	120.8	125.2	124.2
7'	85.0	83.9	40.7	40.6	198.5	197.8
8'	53.5	51.6	82.4	82.6	47.1	47.8
9'	62.4	62.9	77.8	78.0	70.0	69.9
1'''			104.7		104.1	100.7
2'''			75.2		82.0	78.2
3'''			78.0		76.1	73.1
4'''			71.7		69.8	68.8
5'''			77.1		76.1	71.7
6'''			68.6		61.2	61.4
1''''			111.0		101.4	100.2
2''''			78.0		74.8	73.7
3''''			80.6		76.1	73.3
4''''			75.0		70.0	67.9
5''''			65.0		77.7	71.3
6''''					61.2	61.9
OMe	56.4	55.9	56.5	56.3×2		
	56.5	56.3	56.4			
OCH$_2$O					101.0	100.7
					102.1	102.1
OAc					19.1~19.6	
					169.1~171.2	

5-2-42[20]

5-2-43

5-2-44[22]

5-2-45 R^1=R^3=R^4=OMe; R^2=R^5=OH
5-2-46 R^1=R^3=R^4=OMe; R^2=R^5=OAc
5-2-47 R^1=OMe; R^2=R^3=R^4=R^5=OH

表 5-2-10 化合物 5-2-43 和 5-2-45~5-2-47 的 ^{13}C NMR 数据

C	5-2-43[21]	5-2-45[23]	5-2-46[23]	5-2-47[23]	C	5-2-43[21]	5-2-45[23]	5-2-46[23]	5-2-47[23]
1	118.6	133.5	138.0	133.9	3'	148.8	149.0	148.6	145.7
2	156.5	111.6	112.6	111.6	4'	147.0	148.8	148.4	143.8
3	103.1	146.9	150.8	147.0	5'	108.7	111.3	110.9	113.9
4	157.2	144.0	138.7	144.2	6'	122.6	116.4	116.3	118.0
5	107.4	114.6	122.8	114.6	7'	41.3	82.7	82.6	82.6
6	131.5	120.7	120.4	120.8	8'	147.5	52.3	49.2	51.9
7	34.1	32.3	33.4	32.3	9'	115.3	60.4	62.5	58.9
8	147.2	42.1	42.2	42.8	OCH$_2$O	101.9			
9	114.9	72.2	72.8	72.0	OAc			20.6, 20.8	
1'	135.2	132.7	131.3	132.8				168.8, 170.6	
2'	110.0	108.8	107.2	108.2	OMe		55.6, 55.7	55.6, 55.8	55.5

表 5-2-11 化合物 5-2-48~5-2-54 的 ^{13}C NMR 数据

C	5-2-48[24]	5-2-49[24]	5-2-50[25]	5-2-51[25]	5-2-52[25]	5-2-53[26]	5-2-54[26]
1	132.9	137.9	133.4	136.3	133.1	130.8	130.2
2	113.2	112.5	113.7	111.4	113.4	107.6	108.4
3	148.3	148.3	149.3	148.9	149.0	146.8	147.0
4	145.8	146.9	146.2	147.2	145.9	145.6	146.3
5	115.8	116.0	116.6	117.0	116.3	114.5	114.2

续表

C	5-2-48[24]	5-2-49[24]	5-2-50[25]	5-2-51[25]	5-2-52[25]	5-2-53[26]	5-2-54[26]
6	121.9	122.5	122.5	120.6	122.1	117.8	120.2
7	73.3	123.6	34.4	77.1	34.1	81.6	81.3
8	43.8	129.4	44.5	51.0	44.2	47.6	50.1
9	33.9	73.5	74.0	70.8	73.7	60.7	59.6
1'	135.8	134.8	135.6	133.8	135.1	130.4	129.7
2'	110.6	110.6	111.4	111.7	111.0	111.1	112.0
3'	148.4	148.4	149.3	149.0	149.0	146.7	146.8
4'	146.8	147.0	147.5	147.4	147.3	144.3	144.6
5'	115.5	115.6	116.4	116.0	116.5	114.5	114.5
6'	119.7	119.7	120.5	121.1	120.2	120.7	122.4
7'	84.2	85.7	85.5	87.7	85.2	30.7	34.4
8'	50.6	46.7	50.7	51.0	50.5	41.4	43.9
9'	63.7	64.5	64.2	66.4	63.9	178.1	178.0
1"	122.5	122.3	127.4	127.1	127.6	56.0/56.0	56.1/56.0
2"	132.6	132.7	131.5	131.2	115.1		
3"	111.6	116.1	117.2	116.8	146.8		
4"	162.8	162.9	161.6	161.8	149.7		
5"	111.6	116.1	117.2	116.8	116.1		
6"	132.6	132.7	131.5	131.2	123.1		
7"	166.5	166.6	147.0	146.6	147.1		
8"			115.2	114.9	114.8		
9"			169.2	169.0	169.0		
OMe	56.3×2	56.4,56.2	56.7×2	56.4×2	56.4×2	55.96/56.03	56.09/55.95

表 5-2-12 化合物 5-2-55 和 5-2-56 的 ^{13}C NMR 数据

C	5-2-55[27]	5-2-56[27]	C	5-2-55[27]	5-2-56[27]	C	5-2-55[27]	5-2-56[27]
1(1')	136.5	137.0/134.5	5(5')	106.7	106.7/106.4	9(9')	13.9	11.7/9.4
2(2')	119.8	119.5/119.0	6(6')	108.0	108.0/107.8	OCH$_2$O	101.0	101.0/100.8
3(3')	147.9	147.8/147.4	7(7')	88.4	85.6/84.7			
4(4')	147.1	146.9/146.2	8(8')	51.1	47.5/43.4			

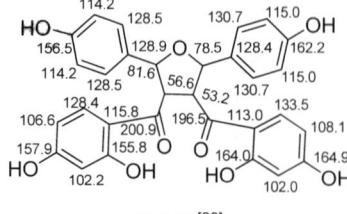

5-2-57[28]

5-2-58 R^1=R^4=H; R^2=R^3=OH; R^5=R^6=H
5-2-59 R^2=R^3=R^4=OH; R^1=R^5=R^6=H
5-2-60 R^1=R^4=H; R^2=R^3=OH; R^5=R^6=H; 8'-epi
5-2-61 R^2=R^3=OH; R^1=R^4=OMe; R^5=R^6=H; 8'-epi

第五章 木脂素类化合物

表 5-2-13 化合物 5-2-58~5-2-64 的 ^{13}C NMR 数据

C	5-2-58[29]	5-2-59[29]	5-2-60[29]	5-2-61[29]	5-2-62[30]	5-2-63[29]	5-2-64[29]
1	134.0	135.8	132.8	133.0	138.0	132.5	134.4
2	128.3	114.2	127.9	108.9	103.0	128.3	129.1
3	115.8	145.8	115.5	146.9	153.2	114.1	115.8
4	157.6	145.1	157.6	145.2	137.3	159.9	157.8
5	115.8	115.7	115.5	114.5	153.2	114.1	115.8
6	128.3	118.7	127.9	119.1	103.0	128.3	129.1
7	88.7	88.8	86.1	85.9	88.5	82.6	91.8
8	51.9	51.9	48.4	47.9	51.0	159.7	131.7
9	13.9	14.1	12.1	11.9	13.9	106.8	10.4
1'	134.0	134.8	135.5	135.5	138.0	133.1	134.4
2'	128.3	128.4	128.3	109.1	103.0	129.8	129.1
3'	115.8	115.8	115.8	147.1	153.2	115.9	115.8
4'	157.6	157.6	157.6	145.9	137.3	158.0	157.8
5'	115.8	115.8	115.8	114.7	153.2	115.9	115.8
6'	128.3	128.4	128.3	119.6	103.0	129.8	129.1
7'	88.7	88.8	85.2	84.7	88.5	84.0	91.8
8'	51.9	52.0	44.0	43.6	51.0	43.7	131.7
9'	13.9	14.0	9.7	9.5	13.9	17.5	10.4
OMe					60.7/56.0	55.9	

5-2-68 R^1=R^2=R^3=R^4=OMe; R^5=OH; 8'-epi
5-2-69 R^1=R^2=R^4=OMe; R^5=H; R^3=OH; 7'-epi
5-2-70 R^1=R^3=R^4=OH; R^2=OMe; R^5=H; 7',8'-epi
5-2-71 R^1=R^2=R^3=R^4=OH; R^5=H

表 5-2-14 化合物 5-2-65~5-2-71 的 ^{13}C NMR 数据

C	5-2-65[31]	5-2-66[31]	5-2-67[31]	5-2-68[32]	5-2-69[32]	5-2-70[33]	5-2-71[33]
1	134.2	133.2	133.2	114.2	138.1	135.7	133.9
2	108.5	108.5	109.7	111.2	109.7	113.9	114.0

1441

续表

C	5-2-65[31]	5-2-66[31]	5-2-67[31]	5-2-68[32]	5-2-69[32]	5-2-70[33]	5-2-71[33]
3	146.5	146.4	146.5	142.1	148.4	146.8	145.3
4	145.1	144.9	145.2	148.4	151.5	147.4	144.8
5	109.7	109.4	114.2	101.7	110.9	112.3	115.6
6	119.9	119.3	119.9	150.1	118.4	117.6	117.7
7	88.3	87.3	87.3	87.8	85.7	87.6	87.8
8	47.7	45.9	47.8	46.9	43.4	50.8	51.0
9	14.9	13.8	15.0	15.6	15.6	14.0	14.4
1'	134.2	132.7	132.8	131.8	132.6	133.9	133.9
2'	108.5	108.5	109.4	110.1	108.7	114.1	114.0
3'	146.5	146.1	146.2	148.8	147.0	145.5	145.3
4'	145.1	144.5	144.6	149.7	144.3	145.0	144.8
5'	109.7	109.1	113.9	110.8	113.9	115.7	115.6
6'	119.9	119.2	119.3	119.3	118.8	117.9	117.7
7'	88.3	83.1	83.1	84.4	84.8	87.9	87.8
8'	47.7	44.3	46.0	45.2	47.5	50.9	51.0
9'	14.9	12.9	15.0	14.9	10.3	14.0	14.4
OMe	55.8	55.8	55.8	55.8×2 55.9×2	55.9×3	56.1	

5-2-72

5-2-73 R^1, $R^2=R^3$, R^4=OCH$_2$O; $R^5=R^6$=H; $R^7=R^8$=OMe; 7'-*epi*

5-2-74 $R^1=R^5=R^4=R^6$=OMe; R^3=OH; R^2=OGlu; $R^7=R^8$=OH

5-2-75[37]

2-5-76 R=Glu 或 H; R'=Glu 或 H

表 5-2-15 化合物 5-2-72~5-2-74 和 5-2-76 的 ^{13}C NMR 数据

C	5-2-72[34]	5-2-73[35]	5-2-74[36]	5-2-76[39]	C	5-2-72[34]	5-2-73[35]	5-2-74[36]	5-2-76[39]
1	135.8	132.7	139.9	133.7	6	103.6	107.0	105.2	104.8
2	103.6	119.6	105.2	104.8	7	87.4	81.4	87.6	83.3
3	136.4	147.4	154.8	149.2	8	46.0	46.4	55.9	51.8
4	137.0	146.6.	135.9	136.9	9	15.1	73.2	73.2	70.2
5	136.4	107.9	154.8	149.2	1'	134.1	135.5	133.4	133.9

续表

C	5-2-72[34]	5-2-73[35]	5-2-74[36]	5-2-76[39]	C	5-2-72[34]	5-2-73[35]	5-2-74[36]	5-2-76[39]
2'	101.1	120.0	104.8	104.8	OMe	56.1×2	58.6	57.2×4	56.3×2
3'	143.2	147.8	149.7	149.2			60.7		59.0
4'	137.3	147.0	136.6	136.9			56.6		
5'	136.4	108.0	149.7	149.2	Glu				
6'	106.9	107.0	104.8	104.8	1"			105.7	105.0
7'	83.2	82.6	88.0	83.4	2"			76.1	75.1
8'	47.9	51.4	55.7	54.9	3"			78.2	78.6
9'	14.8	72.9	73.2	61.2	4"			71.7	71.4
OCH$_2$O	101.0	101.0			5"			78.7	78.5
		100.9			6"			62.9	62.6

5-2-77 R^1,R^2=CH$_2$
5-2-78 R^1=R^2=Me
5-2-79 R^1=Me,R^2=H

2-5-80 R^1,R^2=OCH$_2$O; R^3=Ac; R^4=H
2-5-81 R^1,R^2=OCH$_2$O; R^3=H; R^4=Ac
2-5-82 R^1=OMe; R^2=OH; R^3=R^4=Ac
2-5-83 R^1=OMe; R^2=OMe; R^3=Ac; R^4=H

表 5-2-16 化合物 5-2-77~5-2-79 的 ^{13}C NMR 数据[38]

C	5-2-77	5-2-78	5-2-79	C	5-2-77	5-2-78	5-2-79
1	136.2	134.7	134.1	2'	107.8	106.9	106.6
2	107.8	109.1	108.5	3'	147.6	147.4	147.8
3	147.6	148.9	146.6	4'	146.8	146.9	146.9
4	146.8	148.4	145.1	5'	106.4	107.9	107.9
5	106.4	110.7	114.0	6'	119.9	119.7	119.4
6	119.6	118.6	119.7	7'	88.1	88.2	88.4
7	50.9	50.8	51.2	8'	50.9	51.1	50.9
8	88.1	88.3	88.2	9'	13.6	13.8	13.8
9	13.6	13.8	13.8	OCH$_2$O	100.8	100.9	100.9
1'	136.2	138.5	136.6	OMe		55.9, 55.8	55.9

表 5-2-17 化合物 5-2-80~5-2-83 的 ^{13}C NMR 数据[40]

C	5-2-80	5-2-81	5-2-82	5-2-83	C	5-2-80	5-2-81	5-2-82	5-2-83
1	134.6	135.3	134.9	135.0	7	82.9	82.5	82.9	82.9
2	100.5	100.5	100.5	100.5	8	49.8	53.6	50.3	49.8
3	149.1	149.2	149.2	149.1	9	64.4	62.7	64.2	64.4
4	134.8	134.9	135.0	134.9	1'	132.6	132.4	128.5	133.7
5	143.5	143.6	143.5	143.5	2'	100.3	100.5	102.8	102.9
6	106.6	106.5	106.6	106.7	3'	149.1	148.9	147.0	153.5

续表

C	5-2-80	5-2-81	5-2-82	5-2-83	C	5-2-80	5-2-81	5-2-82	5-2-83
4'	134.9	134.5	134.1	137.4	OMe	56.7×2	56.8×2	56.4×2	60.9
5'	143.6	143.5	147.0	153.5				56.7	56.7
6'	105.6	105.8	102.8	102.9					56.2×2
7'	81.2	81.2	81.2	81.4	OAc	170.9	170.7	170.8	170.9
8'	49.0	45.4	45.5	49.1		20.9	20.8	170.6	20.9
9'	62.9	64.9	64.5	63.0				20.8	
OCH$_2$O	101.5	101.5	101.6	101.5					

5-2-84 R^1,R^2=OCH$_2$O; R^3=H
5-2-85 R^1=OMe; R^2=OH; R^3=Ac

5-2-86 R=OH
5-2-87 R=OMe

表 5-2-18　化合物 5-2-84~5-2-87 的 ^{13}C NMR 数据

C	5-2-84[41]	5-2-85[41]	5-2-86[42]	5-2-87[42]	C	5-2-84[41]	5-2-85[41]	5-2-86[42]	5-2-87[42]
1	135.1	131.5	132.3	132.3	5'	147.4	147.2	114.1	110.2
2	100.7	103.5	110.0	108.9	6'	102.8	102.9	123.8	123.2
3	149.3	147.4	146.8	146.9	7'	81.6	81.3	198.0	198.0
4	135.1	134.8	114.1	114.0	8'	49.2	45.7	49.6	96.7
5	143.6	147.4	145.6	145.6	9'	63.1	64.7	70.8	70.8
6	106.9	103.5	120.1	120.1	OCH$_2$O	101.7			
7	83.1	83.3	83.9	83.9	OMe	56.8	56.5×4	56.1	56.0
8	49.9	50.3	52.3	52.2		56.5×2		57.0	56.0
9	64.6	64.6	61.4	61.4					56.1
1'	129.2	129.2	129.4	129.8	OAc	171.1	21.1		
2'	102.8	102.9	110.4	110.7		21.0	20.9		
3'	147.4	147.2	146.9	149.3			171.2×2		
4'	134.3	134.8	150.8	153.7					

5-2-88 R=H
5-2-89 R=Me

5-2-91

5-2-92

5-2-90

5-2-93

5-2-94

表 5-2-19　化合物 5-2-88~5-2-94 的 ^{13}C NMR 数据[43]

C	5-2-88[43]	5-2-89[43]	5-2-90[43]	5-2-91[45]	5-2-92[43]	5-2-93[44]	5-2-94[43]
1	132.2	137.0	136.7	135.6	135.4	130.7	134.9
2	103.8	104.5	104.2	107.1	106.6	112.8	103.5
3	146.7	152.8	152.9	147.6	143.5	148.6	153.4
4	133.8	136.6	136.7	146.4	134.2	115.6	137.5
5	146.7	152.8	152.9	108.0	149.0	147.2	153.4
6	103.8	104.5	104.2	119.5	101.2	121.5	103.5
7	83.3	83.2	83.2	83.9	83.1	85.6	81.3
8	47.9	45.8	45.9	44.1	48.2	83.2	53.8
9	14.9	15.0	15.2	14.9	15.0	64.5	62.5
1'	135.6	135.4	131.9	136.9	135.8	133.3	135.0
2'	100.4	106.6	103.4	110.3	106.5	113.5	106.7
3'	143.5	143.4	147.0	150.8	143.2	149.0	143.5
4'	134.7	134.6	134.4	146.5	134.7	145.9	135.0
5'	149.0	149.0	147.0	119.1	148.6	116.2	149.1
6'	106.7	100.3	103.4	118.9	100.5	122.3	100.4
7'	87.4	87.3	87.5	83,7	87.4	71.9	87.6
8'	46.0	47.8	47.7	44.0	45.9	51.9	44.1
9'	15.1	14.8	14.8	14.9	14.9	35.0	16.2
OCH$_2$O	101.4	101.3		101.2 101.1	101.3 101.4		101.4
OMe	56.3 56.3 56.7	60.7 56.0 56.0 56.6	56.0 56.0 56.3 56.3	56.0	56.6 56.6	56.4 56.4	60.9 56.1 56.1 56.7

5-2-91: 134.2 (1″), 107.8 (2″), 147.9 (3″), 147.7 (4″), 108.3 (5″), 121.2 (6″), 78.6 (7″), 84.2 (8″), 19.1 (9″)

5-2-95

5-2-96

5-2-97

5-2-98

5-2-99　R^1=R^2=R^3=R^4=R^5=R^6=CH$_3$
5-2-100　R^1=R^2=R^4=R^5=R^6=CH$_3$; R^3=H
5-2-101　R^1=R^2=R^3=R^5=R^6=CH$_3$; R^4=H
5-2-102　R^1=R^2=CH$_2$; R^3=R^5=R^6=CH$_3$; R^4=H

表 5-2-20　化合物 5-2-95~5-2-98 的 ^{13}C NMR 数据

C	5-2-95[46]	5-2-96[46]	5-2-97[47]	5-2-98[48]	C	5-2-95[46]	5-2-96[46]	5-2-97[47]	5-2-98[48]
1	133.6	132.7	133.5	136.2	6'	130.0	112.8	120.2	119.1
2	128.9	129.3	113.8	111.6	7'	87.0	200.2	84.4	84.9
3	116.1	116.1	148.9	149.0	8'	49.0	50.3	51.2	53.5
4	158.1	158.5	146.4	147.1	9'	71.8	71.7	63.6	62.2
5	116.1	116.1	116.1	116.0	1"		133.0	173.6	
6	128.9	129.3	122.5	120.8	2"		129.3	44.4	
7	84.9	85.1	34.3	76.9	3"		116.0	26.9	
8	53.5	54.4	44.1	50.8	4"		158.2	23.2	
9	61.2	61.0	73.7	71.7	5"		116.0	23.2	
1'	131.7	131.5	136.2	134.9	6"		129.3		
2'	130.0	124.4	111.1	114.7	7"		73.8		
3'	116.2	116.0	148.9	146.6	8"		86.0		
4'	158.5	154.8	147.4	145.9	9"		62.0		
5'	116.2	151.3	116.4	116.1	OMe	56.5	56.6		56.4

表 5-2-21　化合物 5-2-99~5-2-102 的 ^{13}C NMR 数据[49]

C	5-2-99	5-2-100	5-2-101	5-2-102	C	5-2-99	5-2-100	5-2-101	5-2-102
1	138.4	138.1	138.7	139.1	5'	152.6	150.2	151.6	147.5
2	119.3	118.2	112.9	112.6	6'	109.4	106.0	109.9	105.5
3	151.4	152.8	148.0	148.2	7'	39.1	39.1	39.1	38.9
4	140.6	140.6	134.1	133.9	8'	51.3	51.4	51.3	51.3
5	152.9	152.8	151.4	151.3	9'	70.8	70.6	70.7	70.8
6	104.4	105.0	101.0	101.1	OCH$_2$O				100.9
7	89.2	89.1	89.2	89.2	OMe	56.0	55.8		
8	42.1	41.9	42.0	42.0		60.8	60.8	61.0	61.0
9	20.7	20.6	20.6	20.6		60.7	61.0	55.7	55.7
1'	133.1	133.4	133.7	132.0		60.4		60.8	59.5
2'	123.9	117.2	122.9	122.0		61.1	61.0	61.1	
3'	151.7	146.9	151.4	141.4		55.9	55.8	56.0	
4'	140.4	134.1	140.6	135.6					

5-2-103　R^1=R^2=OMe
5-2-104　R^1,R^2=OCH$_2$O

5-2-105

表 5-2-22 化合物 5-2-103~5-2-105 的 ^{13}C NMR 数据[50]

C	5-2-103	5-2-104	5-2-105	C	5-2-103	5-2-104	5-2-105
1	136.7	136.7	136.4	9'	14.8	14.7	14.9
2	112.1	112.2	112.8	1"	135.2	135.2	133.7
3	151.5	151.5	151.4	2"	112.1	112.2	111.9
4	147.8	147.8	148.0	3"	150.3	150.3	148.8
5	117.8	117.8	117.7	4"	150.1	150.1	146.3
6	120.0	120.1	120.9	5"	112.6	112.6	115.8
7	85.4	85.4	84.3	6"	121.0	121.0	121.2
8	44.7	44.6	47.0	7"	78.0	78.0	78.3
9	14.8	14.7	15.3	8"	81.6	81.7	81.8
1'	135.4	13.67	133.0	9"	16.5	16.5	16.7
2'	111.6	108.0	111.7	OCH$_2$O		102.3	
3'	150.2	149.0	148.9	OMe	56.4	56.5	56.4
4'	149.6	148.1	147.5		56.5	56.5	56.5
5'	112.7	108.7	116.2		56.5	56.6	56.6
6'	120.1	120.7	120.7		56.5		
7'	85.4	85.6	89.1		56.6		
8'	44.5	44.7	49.1				

表 5-2-23 化合物 5-2-106~5-2-109 的 ^{13}C NMR 数据

C	5-2-106[51]	5-2-107[51]	5-2-108[52]	5-2-109[52]	C	5-2-106[51]	5-2-107[51]	5-2-108[52]	5-2-109[52]
1	137.8	134.6	133.2	132.2	1'	134.5	134.6	133.2	129.6
2	103.1	105.8	108.7	109.3	2'	105.7	105.8	108.7	108.8
3	153.2	143.5	146.8	146.7	3'	143.4	143.5	146.8	146.5
4	137.4	137.1	145.5	145.7	4'	137.1	137.1	145.5	145.2
5	153.2	148.9	114.3	114.5	5'	148.8	148.9	114.3	114.3
6	103.1	101.4	119.3	119.7	6'	100.2	100.3	119.3	119.3
7	88.3	88.4	83.0	83.1	7'	88.4	88.4	83.0	81.1
8	50.8	51.0	50.3	50.2	8'	51.1	51.0	50.3	45.6
9	13.8	13.9	63.7	64.3	9'	13.9	13.9	63.7	64.6

续表

C	5-2-106[51]	5-2-107[51]	5-2-108[52]	5-2-109[52]	C	5-2-106[51]	5-2-107[51]	5-2-108[52]	5-2-109[52]
OAc			20.7/170.8	20.6/170.6	OMe	56.1	56.7	56.0	56.0
			20.7/170.8	20.7/170.8		60.7	56.7	56.0	55.9
OCH$_2$O	101.3	101.4				56.1			
		101.4				56.6			

表 5-2-24 化合物 5-2-116 和 5-2-117 的 ^{13}C NMR 数据[58]

C	5-2-116	5-2-117	C	5-2-116	5-2-117	C	5-2-116	5-2-117
1	138.7	138.9	8	49.0	49.1	6'	120.4	120.8
2	109.5	109.8	9	62.6	62.8	7'	33.4	33.3
3	150.9	150.9	1'	138.0	135.2	8'	42.1	42.3
4	141.4	141.6	2'	112.6	113.0	9'	72.7	72.9
5	122.5	122.2	3'	150.9	150.9	1"		135.4
6	117.6	117.9	4'	138.7	146.0	2"		111.9
7	82.7	83.0	5'	122.6	118.9	3"		151.2

续表

C	5-2-116	5-2-117	C	5-2-116	5-2-117	C	5-2-116	5-2-117
4"		140.0	7"		74.5	OMe	55.8	55.9
5"		122.9	8"		80.4	OAc	20.6	20.7/20.9/20.9
6"		119.6	9"		63.1		168.9/170.7	169.0/169.2/170.9/171.1

5-2-118 R^1,R^2=OCH$_2$O; R^3=R^4=R^5=R^6=OMe; R^7=OH; R^8=H
5-2-119 R^5,R^6=OCH$_2$O; R^1=OMe; R^2=R^8=OH; R^3=R^4=R^7=H
5-2-120 R^5,R^6=OCH$_2$O; R^1=OMe; R^2=R^7=OH; R^3=R^4=R^8=H

表 5-2-25 化合物 5-2-118~5-2-120 的 ^{13}C NMR 数据

C	5-2-118[59]	5-2-119[60]	5-2-120[60]	C	5-2-118[59]	5-2-119[60]	5-2-120[60]
1	134.9	132.2	131.9	2'	105.8	109.1	109.3
2	102.5	111.1	111.0	3'	153.1	147.6	147.5
3	149.2	146.3	146.5	4'	136.4	145.9	145.7
4	135.2	143.9	144.0	5'	153.1	108.0	108.1
5	143.8	114.3	114.3	6'	105.8	121.7	121.6
6	108.8	121.2	121.2	7'	34.2	38.4	33.6
7	39.2	39.2	38.8	8'	53.0	53.1	52.0
8	46.1	46.0	42.9	9'	103.4	103.4	98.8
9	72.3	72.2	72.6	OCH$_2$O	101.3	100.8	100.7
1'	133.7	133.3	134.5	OMe	56.6/56.1/60.9/56.1	55.8	55.9

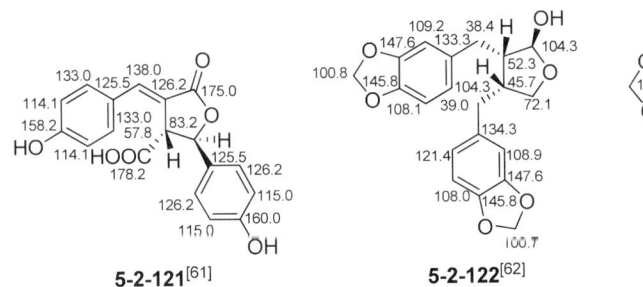

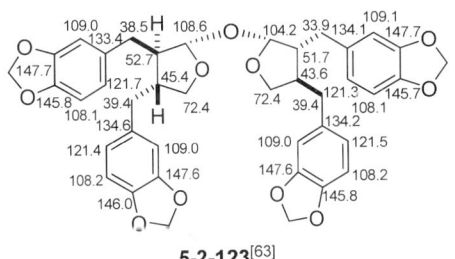

参 考 文 献

[1] Enders D, Lausberg V, Signore G D, et al. Synthesis, 2002, 22: 515.
[2] Estevez-Braun A, Gonzalez A G, Estevez-Reyes R, et al. J Nat Prod, 1995, 58: 887.
[3] Matsuda H, Yamazaki M, Hirata N, et al. Biol Pharm Bull, 2004, 27: 1611.
[4] Fang J M, Hsu K C, Cheng Y S, et al. Phytochemistry, 1989, 28: 3553.
[5] Usia T, Watabe T, Kadota S, et al. J Nat Prod, 2005, 68: 64.
[6] Wang B G, Ebel R, Wang C Y, et al. J Nat Prod, 2004, 67: 682.
[7] Wu T S, Tsai Y L, Damu A G, et al. J Nat Prod, 2002, 65: 1522.
[8] Abe F, Yamauchi T, Wan A S C, et al. Phytochemistry, 1989, 28: 3473.

[9] Jung K Y, Kim D S, Lee H K, et al. J Nat Prod, 1998, 61: 808.
[10] Chen I-S, Chen J-J, Duht C-Y, et al. Phytochemistry, 1997, 45: 991.
[11] Sridhar C, Rao K V, Subbaraju G V, et al. Phytochemistry, 2005, 66: 1707.
[12] Tan R X, Tang H Q, Hu J, et al. Phytochemistry, 1998, 49: 157.
[13] Saad H E A, Gamal A A E, Takeya K, et al. Phytochemistry, 1997, 45: 597.
[14] Marchand P A, Lewis N G, Kato M J, et al. J Nat Prod, 1997, 60: 1189.
[15] Yu H J, Chen C C, Shieh B J. J Nat Prod, 1998, 61: 1017.
[16] Schumacher B, Khudeir N, Scholle S, et al. J Nat Prod, 2002, 65: 1479.
[17] Jiang R W, Zhou J R, Hon P M, et al. J Nat Prod, 2007, 70: 283.
[18] Macias F A, Lopez A, Varela R M, et al. J Agric Food Chem, 2004, 52: 6443.
[19] Wang H B, Liang X T, Yu D Q. J Nat Prod, 1989, 52: 342.
[20] Grougnet R, Magiatis P, Mitaku S, et al. J Agric Food Chem, 2006, 54: 7570.
[21] Rimando A M, Pezzuto J M, Farnsworth N R. J Nat Prod, 1994, 57: 896.
[22] 周大铮, 毛士龙, 易杨华. 药学学报, 2004, 39: 269.
[23] Ullah N, Ahmad S, Anis E, et al. Phytochemistry, 1999, 50: 147.
[24] Lee C, Kim H, Kho Y, et al. J Nat Prod, 2002, 65: 414.
[25] Yang B H, Zhang W D, Liu R H, et al. J Nat Prod, 2005, 68: 1175.
[26] Eklund P C, Smeds A I, Sundell F J, et al. J Nat Prod, 2004, 67: 927.
[27] Herath H M T B, Priyadarshani A M A. Phytochemistry, 1996, 42: 1439.
[28] Marston A, Zagorski M G, Hostettmann K. Helv Chim Acta, 1988, 71: 1210.
[29] Konno C, Lu Z Z, Xue H Z, et al. J Nat Prod, 1990, 53: 396.
[30] Barbosa-Filho J M, da-Cunha E V L, da Silva M S. Magn Reson Chem, 1998, 36: 929.
[31] Herath H M T B, Priyadarshani A M A. Phytochemistry, 1997, 44: 699.
[32] Filho A A D S, Albuquerque S, Silva M L A, et al. J Nat Prod, 2004, 67: 42.
[33] Abou-Gazar H, Bedir E, Takamatsu S, et al. Phytochemistry, 2004, 65: 2499.
[34] Martins R C C, Latorre L R, Sartorelli P, et al. Phytochemistry, 2000, 55: 843.
[35] Chang C C, Lien Y C, Lee S S, et al. Phytochemistry, 2003, 63: 825.
[36] Gongora L, Recio M C, Giner R M, et al. Phytochemistry, 2002, 59: 857.
[37] Hodges T W, Hossain C F, Kim Y P, et al. J Nat Prod, 2004, 67: 767.
[38] Vieira L M, Kijjoa A, Silva A M S, et al. Phytochemistry, 1998, 48: 1079.
[39] Kanchanapoom T, Kamel M S, Kasai R, et al. Phytochemistry, 2001, 56: 369.
[40] Wu J L, Li N, Hasegawa T, et al. J Nat Prod, 2005, 68: 1656.
[41] Xu S, Li N, Ning M M, et al. J Nat Prod, 2004, 69: 247.
[42] Jian C, Xiang L P, Moon H J, et al. Bioorg Med Chem Lett, 2008, 18: 1980.
[43] Massuo J K, Lidiane G F, Debora C B, et al. Phytochemistry, 2008, 69: 445.
[44] Li X W, Guo Z T, Zhao Y, et al. Phytochemistry, 2010, 71: 682.
[45] Mihee W, Changseob S, Mingshan Z, et al. J Nat Prod, 2008, 71: 1771.
[46] Guanhua D, Renqiang M, Yuehu W, et al. J Nat Prod, 2009, 72: 621.
[47] Xiaohua L, Sheng L, Tao C, et al. J Nat Prod, 2010, 73: 632.
[48] Feng L, Yasuhiro T, Kouhei M, et al. J Nat Prod, 2010, 73: 623.
[49] Schühly W, Kunert O, Fabian W M F, et al. Phytochemistry, 2010, 71: 1787.
[50] Sung S H, Sook Huh M, KimY C. Chem Pharm Bull, 2001, 49: 1192.
[51] Martins R C C, Lago J H G, Albuquerque S, et al. Phytochemistry, 2003, 64: 667.
[52] Bai L, Yamaki M, Takagi S. Phytochemistry, 1997, 44: 341.
[53] Mathieu T, Pierre T, Sondengam B L, et al. Phytochemistry, 2004, 65: 2101.
[54] Raffaele S, Cinzia F, Claudia C, et al. J Nat Prod, 2007, 70: 39.
[55] Changzeng W, Zhongjian J. Phytochemistry, 1997, 45: 159.
[56] Britta S, Silke S, Josef H, et al. J Nat Prod, 2002, 65: 1479.
[57] Achenbach H, Waibel R, Addae-Mensah I. Phytochemistry, 1983, 22: 749.
[58] Barrero A F, Haidour A, Dorado M M. Phytochemistry, 1996, 41: 605.
[59] Usia T, Watabe T, Kadota S, et al. J Nat Prod, 2005, 68: 64.
[60] Gözler B, Önür D, Gözler T, et al. Phytochemistry, 1996, 42: 695.
[61] Dall'Acqua S, Viola G, Piacente S, et al. J Nat Prod, 2004, 67: 1588.

[62] Pascoli I C, Nascimento I R, Lopes L M X, et al. Phytochemistry, 2006, 67: 735.
[63] Qi Wang, Terreaux T, Marston A, et al. Phytochemistry, 2000, 54: 909.

第三节　二苯基四氢呋喃并四氢呋喃类木脂素

表 5-3-1　二苯基四氢呋喃并四氢呋喃类木脂素的名称、分子式和测试溶剂

编号	名称	分子式	测试溶剂	参考文献
5-3-1	(−)-(7R,8R,8R)-acuminatolide	$C_{13}H_{12}O_5$	C	[1]
5-3-2	(+)-(7S,8R,8R)-acuminatolide	$C_{13}H_{12}O_5$	C	[1]
5-3-3	aschantin	$C_{22}H_{24}O_7$	C	[2]
5-3-4	epiaschantin	$C_{22}H_{24}O_7$	C	[3]
5-3-5	ecbolin A	$C_{23}H_{24}O_9$	C	[4]
5-3-6	magnolin	$C_{23}H_{28}O_7$	C	[5]
5-3-7	(+)-kobusin	$C_{21}H_{22}O_6$	C	[18]
5-3-8	2-methoxy-4-hydroxydemethoxykobusin	$C_{21}H_{22}O_7$	C	[7]
5-3-9	2-methoxykobusin	$C_{22}H_{24}O_7$	C	[7]
5-3-10	sylvatesmin	$C_{21}H_{24}O_6$	C	[8]
5-3-11	clemaphenol A	$C_{20}H_{22}O_6$	C	[9]
5-3-12	pinoresinol O-[6-O-(E)-caffeoyl]-β-D-glucopyanoside	$C_{35}H_{38}O_{14}$	C	[10]
5-3-13	demethylpiperitol	$C_{19}H_{18}O_6$	C	[13]
5-3-14	sesamin	$C_{20}H_{18}O_6$	C	[2]
5-3-15	seartemin	$C_{23}H_{26}O_8$	C	[2]
5-3-16	syringaresinol-β-D-glucoside	$C_{28}H_{36}O_{13}$	M	[14]
5-3-17	tortoside C	$C_{26}H_{32}O_{13}$	M	[15]
5-3-18	tortoside A	$C_{28}H_{36}O_{13}$	D	[15]
5-3-19	(+)-diasyringaresinol	$C_{22}H_{26}O_8$	C	[16]
5-3-20	(+)-2-(3,4-dimethoxyphenyl)-6-(3,4-dihydroxyphenyl)-3,7-dioxabicyclo[3.3.0] octane	$C_{20}H_{22}O_6$	C	[17]
5-3-21	yangambin	$C_{24}H_{30}O_8$	C	[2]
5-3-22	(+)-4-(3-methylbutanoyl)-2,6-di(3,4-dimethoxy) phenyl-3,7-dioxabicyclo[3.3.0]octane	$C_{27}H_{34}O_8$	C	[22]
5-3-23	pinoresinol-4,4'-di-O-β-D-glucoside	$C_{32}H_{42}O_{16}$	C	[20]
5-3-24	acetylation of (+)-4-hydroxy-2,6-di(3,4-dimethoxy)phenyl-3,7-dioxabicyclo[3.3.0]octane	$C_{24}H_{28}O_8$	C	[22]
5-3-25	epipinoresinol	$C_{20}H_{22}O_6$	D	[25]
5-3-26	epipinoresinol 4'-O-glucoside	$C_{26}H_{32}O_{11}$	D	[25]
5-3-27	epipinoresinol diacetate	$C_{24}H_{26}O_8$	C	[25]
5-3-28	phillyrin	$C_{27}H_{34}O_{11}$	D	[25]
5-3-29	episesamin	$C_{20}H_{18}O_6$	C	[11]
5-3-30	(+)-pinoresinol-di-3,3-dimethylallyl ether	$C_{30}H_{38}O_6$	C	[11]
5-3-31	5-methoxysesamin	$C_{21}H_{20}O_7$	C	[6]
5-3-32	(−)diacetyl-syringaresinol	$C_{26}H_{30}O_{10}$	C	[20]
5-3-33	7-methoxypinoresino	$C_{21}H_{24}O_7$	P	[21]
5-3-34	fraxiresinol-4'-O-β-D-gucopyranoside	$C_{27}H_{34}O_{13}$	M	[18]

续表

编号	名称	分子式	测试溶剂	参考文献
5-3-35	8-hydroxypinoresinol	$C_{20}H_{22}O_7$	M	[20]
5-3-36	8-hydroxypinoresinol-4-O-β-D-glucopyranoside	$C_{26}H_{32}O_{12}$	M	[20]
5-3-37	8-hydroxypinoresinol-4'-O-β-D-glucopyranoside	$C_{26}H_{32}O_{12}$	M	[20]
5-3-38	haedoxan A	$C_{33}H_{34}O_{14}$	C	[19]
5-3-39	1α-hydroxy-2α,4α-guaicyl-3,7-dioxabicyclo[3.3.0]octane	$C_{20}H_{22}O_7$	M	[12]
5-3-40	styraxlignolide B	$C_{26}H_{28}O_{12}$	P	[23]
5-3-41	2-(3-methoxy-4-hydroxyphenyl)-6-(3,4-methylenedioxyphenyl)-8-oxo-3,7-dioxabicyclo[3.3.0]octane	$C_{20}H_{18}O_7$	C	[24]
5-3-42	colocasinol A	$C_{32}H_{38}O_{11}$	M	[26]
5-3-43	(+)-pinoresinol 4-O-[6"-O-galloyl]-β-D-glucopyranoside	$C_{33}H_{36}O_{15}$	M	[27]
5-3-44	rayalinol	$C_{22}H_{26}O_8$	C	[28]
5-3-45	chushizisin I	$C_{28}H_{28}O_7$	A	[29]
5-3-46	dilactone	$C_{20}H_{18}O_8$	D	[30]
5-3-47	2,6-bis-(3,4-dimethoxyphenyl)-3,7-dioxabicyclo[3.3.0]octane-4,8-dione	$C_{22}H_{22}O_8$	D	[30]
5-3-48	2,6-bis-(4-acetoxy-3-methoxyphenyl)-3,7-dioxabicyclo[3.3.0]octane-4,8-dione	$C_{24}H_{22}O_{10}$	D	[30]
5-3-49	4,8-dihydroxypinresinol	$C_{20}H_{22}O_8$	D	[30]
5-3-50	4,8-diacetoxypinoresinol diacetate	$C_{28}H_{30}O_{12}$	D	[32]
5-3-51	4,8-dimethoxypinoresinol	$C_{22}H_{26}O_8$	D	[30]
5-3-52	4,8-dimethoxypinoresinol diacetate	$C_{26}H_{30}O_{10}$	D	[30]
5-3-53	4,8-dihydroxyeudesmin	$C_{22}H_{26}O_8$	D	[30]
5-3-54	4,8-diacetoxyeudesmin	$C_{26}H_{30}O_{10}$	D	[30]
5-3-55	4,8-dimethoxyeudesmin	$C_{24}H_{30}O_8$	D	[30]
5-3-56	(+)-1-acetoxypinoresinol-4'-β-D-glucoside	$C_{28}H_{34}O_{13}$	D	[31]
5-3-57	(+)-1-acetoxypinoresinol monomethyl ether-4'-β-D-glucoside	$C_{29}H_{36}O_{13}$	D	[31]
5-3-58	(+)-1-hydroxypinoresinol-4'-β-D-glucoside	$C_{26}H_{32}O_{12}$	D	[31]
5-3-59	(+)-1-hydroxypinoresinol monomethyl ether-4'-β-D-glucoside	$C_{27}H_{34}O_{12}$	D	[31]
5-3-60	(+)-1-hydroxypinoresinol monomethyl ether-4'-β-D-glucoside tetraacetate	$C_{35}H_{42}O_{16}$	C	[31]
5-3-61	(+)-1-acetoxypinoresinol monomethyl ether-4'-β-D-glucoside tetraacetate	$C_{37}H_{44}O_{17}$	C	[31]
5-3-62	(+)-1-acetoxypinoresinol 4'-β-D-glucoside pentaacetate	$C_{38}H_{44}O_{18}$	C	[31]
5-3-63	(+)-pinoresinol-β-D-glucoside	$C_{26}H_{32}O_{11}$	D	[31]
5-3-64	(+)-pinoresinol monomethyl ether-β-D-glucoside	$C_{27}H_{34}O_{11}$	D	[31]
5-3-65	paulownin	$C_{20}H_{18}O_7$	C	[32]
5-3-66	wodeshiol	$C_{20}H_{18}O_8$	C	[32]
5-3-67	isoarboreol	$C_{20}H_{18}O_8$	C	[33]
5-3-68	6"-bromo-isoarboreol	$C_{20}H_{15}BrO_8$	C	[33]
5-3-69	phillygenin methyl ether	$C_{22}H_{26}O_6$	D	[34]

5-3-1
5-3-2 7-差向异构体

表 5-3-2　化合物 5-3-1 和 5-3-2 的 ^{13}C NMR 数据[1]

C	5-3-1	5-3-2	C	5-3-1	5-3-2	C	5-3-1	5-3-2
1	132.7	132.7	6	119.6	119.6	8'	46.6	46.0
2	106.3	106.3	7	85.9	86.0	9'	69.8	69.8
3	148.1	148.2	8	48.9	48.9	OCH$_2$O	101.2	101.2
4	147.6	147.7	9	69.9	70.0			
5	108.2	108.3	7'	178.2	178.1			

5-3-3 R=H
5-3-4 R=H (2-epimer)
5-3-15 R=OMe

5-3-5 R^1,R^2=OCH$_2$O; R^3,R^4=OMe
5-3-9 R^1=OMe; R^2=OOCH$_3$; R^4=CH$_3$

5-3-6 R^1=R^2=R^3=OMe
5-3-7 R^1,R^2=OCH$_2$O; R^3=H

5-3-8 R=OOCH$_3$

5-3-10 R^1=R^2=OMe; R^3=H (6-epimer)
5-3-11 R^1=H; R^2=OH; R^3=OMe

5-3-12 R^1=a; R^2=OH
5-3-23 R^1=R^2=OGlu

5-3-13

5-3-14
5-3-29 (6-epimer)

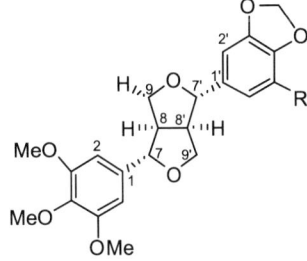

5-3-16 R¹=OH; R²=b
5-3-21 R¹=R²=OMe

5-3-17 R¹=R²=OH; R³=OMe; R⁴=OGlu
5-3-20 R¹=OMe; R²=R³=H; R⁴=OH

5-3-18 R=OGlu (2-epimer)
5-3-19 R=OH (2,6-epimer)

5-3-22 R= (25.7, 43.9, 172.4, 22.8 — isovaleryl group)
5-3-24 R=OA

5-3-25 R¹=R²=OH (2-epimer)
5-3-26 R²=OH; R¹=OGlu (2-epimer)
5-3-27 R¹=R²=OAc (2-epimer)
5-3-28 R¹=OMe; R²=OGlu (2-epimer)

5-3-30 R¹=OCH₂CHC(CH₃)₂
R²= (prenyloxy: 65.8, 119.9, 137.5, 25.8, 18.2)

表 5-3-3 化合物 5-3-3~5-3-13 的 ¹³C NMR 数据

C	5-3-3[2]	5-3-4[3]	5-3-5[4]	5-3-6[5]	5-3-7[18]	5-3-8[7]
1	136.7	135.2	134.8	136.8	135.7	133.0
2	102.5	106.6	106.4	102.8	106.4	108.6
3	153.3	108.2	146.0	153.4	147.8	146.6
4	137.3	147.3	147.8	137.5	148.8	145.2
5	153.3	148.0	108.0	153.4	109.3	114.2
6	102.5	119.6	119.2	102.8	119.3	118.3
7		87.7	84.9	86.0	86.6	85.5
8	54.3/54.2	54.6	52.1	54.4	54.9	54.0
9	71.9/71.6	71.1	72.1	71.8	71.9	71.2
1'	134.9	134.1	135.4	133.5	135.7	127.2
2'	108.1	102.8	133.2	109.2	119.3	119.1
3'	147.9	153.3	101.3	148.7	109.3	102.1
4'	147.0	137.1	137.1	149.2	148.8	148.8
5'	119.3	153.3	136.9	111.1	147.8	136.2
6'	109.0	102.8	119.2	118.2	106.4	140.6
7'		82.2	79.6	85.7	86.6	82.3
8'	54.3/54.2	50.2	55.5	54.1	54.9	54.5
9'	71.9/71.6	69.8	72.2	71.9	71.9	73.1
R¹	56.1	60.9	100.9	101.2		59.4
R²	60.8	56.2				56.0

续表

C	5-3-3[2]	5-3-4[3]	5-3-5[4]	5-3-6[5]	5-3-7[18]	5-3-8[7]
R^3	56.1	56.0				
R^4		101.1	60.1/60.2/61.9			
R^5			101.3		56.1	100.1
R^6					56.1	
R^7			60.1/60.2/61.9			
R^8			60.1/60.2/61.9			

C	5-3-9[7]	5-3-10[8]	5-3-11[9]	5-3-12[10]	5-3-13[13]
1	133.6	130.9	132.9	137.4	135.1
2	109.2	108.5	108.6	119.6	108.2
3	149.2	148.8	146.7	118.1	119.4
4	148.6	148.0	145.2	147.3	147.1
5	111.0	111.0	114.3	150.8	148.0
6	118.3	117.7	118.9	111.8	106.5
7	85.4	82.0	86.0	86.9	85.7
8	54.0	50.1	54.4	55.3	54.2
9	71.3	69.6	71.8	72.6	71.7
1'	127.2	133.0	132.9	133.8	131.5
2'	118.3	119.1	118.9	111.1	113.3
3'	102.1	114.2	114.3	149.1	143.8
4'	148.8	145.3	145.2	147.2	143.4
5'	136.3	146.7	146.7	116.2	115.1
6'	140.6	109.0	108.6	120.2	118.8
7'	82.4	87.7	85.7	87.5	85.6
8'	54.5	54.4	54.1	55.5	54.0
9'	73.2	71.0	71.9	72.4	71.6
R^1	59.4	55.9			
R^2	55.9	55.9			101.1
R^3			55.9	56.8/56.6	
R^4				56.8/56.6	
R^5	101.0				
R^6		55.9	55.9		
R^7					
R^8	55.9				

表 5-3-4 化合物 5-3-14~5-3-24 的 ^{13}C NMR 数据

C	5-3-14[2]	5-3-15[2]	5-3-16[14]	5-3-17[15]	5-3-18[15]	5-3-19[16]
1	135.0	136.7	133.2	135.4	131.7	130.0
2	106.4	102.8	104.7	109.4	103.4	103.1
3	147.9	153.4	149.4	150.6	147.7	147.0
4	147.0	137.4	136.4	137.3	133.8	133.9
5	119.3	153.4	149.4	141.3	147.7	147.0

续表

C	5-3-14[2]	5-3-15[2]	5-3-16[14]	5-3-17[15]	5-3-18[15]	5-3-19[16]
6	108.1	102.8	104.7	109.5	103.4	103.1
7	85.7		87.7	85.5	85.4	84.2
8	54.2	54.3	55.8	54.6	53.1	49.5
9	71.6	85.9/85.7	73.0	75.2	71.4	68.8
1'	135.0	135.7	139.6	136.1	133.1	130.0
2'	106.4	105.6	105.0	106.5	103.4	103.1
3'	147.9	149.1	154.5	155.4	152.5	147.0
4'	147.0	134.6	135.7	136.7	137.9	133.9
5'	119.3	143.6	154.5	142.9	152.5	147.0
6'	108.1	100.0	105.0	106.6	103.4	103.1
7'	85.7		87.3	85.6	85.6	84.2
8'	54.2	54.3	55.6	54.7	53.3	49.5
9'	71.6	85.9/85.7	72.9	74.9	71.3	68.8
R^1	101.0	56.1	56.9/57.2	59.1	56.1	56.3
R^2		60.8				
R^3		56.1	56.9/57.2		56.1	56.3
R^4	101.0		56.9/57.2	59.1	56.1	56.3
R^5		101.4				
R^6		56.7			56.1	56.3
R^7						
R^8						
Ac						
Glu						
1				106.0	103.1	
2				76.6	73.6	
3				79.2	76.1	
4				72.1	69.1	
5				78.6	75.6	
6				63.4	60.4	

C	5-3-20[17]	5-3-21[18]	5-3-22[22]	5-3-23[20]	5-3-24[22]
1	133.7	137.3	134.2	137.5	133.6
2	113.6	102.4	118.0	119.8	117.8
3	148.9	153.3	111.4	118.1	111.0
4	149.9	148.5	149.2	147.5	148.8
5	115.6	153.3	149.6	151.0	149.3
6	118.9	102.4	109.1	111.7	108.7
7	86.0	77.5	83.5	87.1	83.2
8	54.2	54.4	61.7	55.5	61.2
9	92.0	71.9	102.1	72.8	101.5
1'	133.5	137.3	134.5	137.5	134.1
2'	118.6	102.4	109.9	111.7	109.4

续表

C	5-3-20[17]	5-3-21[18]	5-3-22[22]	5-3-23[20]	5-3-24[22]
3'	111.3	153.3	149.5	151.0	149.1
4'	144.1	148.5	149.0	147.5	148.7
5'	143.7	153.3	111.5	118.1	111.1
6'	109.5	102.4	118.9	119.8	118.5
7'	86.1	77.5	89.3	87.1	89.0
8'	54.2	54.4	52.7	55.5	52.4
9'	71.8	71.9	72.9	72.8	72.7
R^1	56.16/56.18	56.1			
R^2	56.16/56.18	60.8	56.3		56.0
R^3		56.1	56.4	56.8	56.0
R^4		56.1	56.3	56.8	56.0
R^5		60.8	56.2		55.8
R^6		56.1			
R^7					
R^8					
Ac				170.0/21.3	
Glu					
1				102.9	
2				74.9	
3				77.8	
4				71.3	
5				78.2	
6				62.5	

表 5-3-5　化合物 5-3-25~5-3-30 的 ^{13}C NMR 数据

C	5-3-25[25]	5-3-26[25]	5-3-27[25]	5-3-28[25]	5-3-29[11]	5-3-30[11]
1	132.3	132.2	138.6	135.2	135.6	133.6
2	110.2	110.2	109.9	110.3	106.6	118.1
3	147.4	147.4	151.0	148.8	146.8	113.0
4	145.9	145.9	140.2	145.8	147.9	149.7
5	115.1	114.8	118.1	115.1	108.2	147.8
6	118.5	118.6	112.7	118.0	118.8	109.5
7	86.9	86.9	87.3	86.5	82.1	85.8
8	53.8	53.8	54.6	53.9	50.2	54.1
9	70.2	70.3	71.1	70.2	71.0	71.7
1'	129.5	132.3	137.3	131.1	132.6	133.6
2'	117.8	117.5	122.6	117.4	119.6	109.5
3'	115.1	115.1	117.7	111.4	108.2	147.8
4'	145.2	145.4	139.2	147.5	148.2	149.7

续表

C	5-3-25[25]	5-3-26[25]	5-3-27[25]	5-3-28[25]	5-3-29[11]	5-3-30[11]
5'	147.2	148.5	151.2	148.3	147.4	113.0
6'	109.8	109.9	109.9	109.3	106.7	118.1
7'	81.3	81.1	81.9	81.1	87.7	85.8
8'	49.3	49.2	49.9	49.2	54.2	54.1
9'	68.7	68.8	69.7	68.8	69.7	71.7
R^1	55.5	55.5	55.9	55.4		
R^2					101.4	
R^3						55.9
R^4						55.9
R^5				55.4	101.4	
R^6	55.5	55.6	55.9	55.6		
R^7						
R^8						
Ac			20.7			
			20.7			
			169.1			
			169.2			
Glu						
1		100.0		100.0		
2		73.2		73.1		
3		76.8		76.7		
4		69.6		69.6		
5		76.9		76.9		
6		60.6		60.6		

5-3-31　　5-3-32　　5-3-33

表 5-3-6　化合物 5-3-31~5-3-33 的 ^{13}C NMR 数据

C	5-3-31[6]	5-3-32[20]	5-3-33[21]	C	5-3-31[6]	5-3-32[20]	5-3-33[21]
1	135.0	127.8	131.4	4	143.7	139.5	150.2
2	105.4	102.1	113.3	5	149.1	152.1	118.3
3	134.7	152.1	150.5	6	100.1	102.1	122.7

续表

C	5-3-31[6]	5-3-32[20]	5-3-33[21]	C	5-3-31[6]	5-3-32[20]	5-3-33[21]
7	85.9	85.5	113.0	8'	54.3	54.2	55.8
8	54.4	54.2	59.4	9'	71.8	71.9	72.8
9	71.8	71.9	71.8	R^1	101.1/101.6	55.9	57.9
1'	135.8	127.8	135.1	R^2		20.1/168.4	
2'	106.5	102.1	121.8	R^3		55.9	
3'	147.2	152.1	118.4	R^4	101.1/101.6	55.9	57.9
4'	148.0	139.5	149.9	R^5		20.1/168.4	
5'	108.2	152.1	150.8	R^6	56.7	55.9	
6'	119.4	102.1	112.8	R^9			50.5
7'	85.8	85.5	90.3	Ac			

5-3-34 $R^1=R^5=H$; $R^2=OH$; $R^3=\beta$-D-Glu; $R^4=R^6$
5-3-35 $R^1=R^3=R^5=R^6=H$; $R^2=OH$; $R^4=OMe$
5-3-36 $R^1=R^3=R^6=H$; $R^2=OH$; $R^4=OMe$; $R^5=O-\beta$-D-Glu
5-3-37 $R^1=R^5=R^6=H$; $R^2=OH$; $R^3=O-\beta$-D-Glu; $R^4=OMe$

表 5-3-7　化合物 5-3-34~5-3-37 的 ^{13}C NMR 数据

C	5-3-34[18]	5-3-35[20]	5-3-36[20]	5-3-37[20]	C	5-3-34[18]	5-3-35[20]	5-3-36[20]	5-3-37[20]
1	128.2	134.6	131.7	127.3	6'	120.1	111.1	120.7	120.2
2	106.2	111.1	121.3	121.7	7'	87.1	87.1	88.1	87.4
3	149.1	148.8	117.7	116.4	8'	62.5	55.7	62.3	62.4
4	136.7	147.3	150.0	147.7	9'	72.1	72.3	72.2	72.0
5	149.1	116.0	150.5	149.5	R^4	56.8	56.7	56.7	56.3
6	106.2	120.1	113.5	112.7	R^6	56.8			
7	89.3	87.1	88.9	89.4	3'-OCH$_3$	56.8	56.7	56.3	56.7
8	92.8	55.7	92.9	92.7	Glu				
9	76.1	72.7	76.0	76.3	1''	102.9		103.0	102.9
1'	137.2	134.6	133.0	137.4	2''	74.9		74.9	74.9
2'	111.9	120.1	111.3	112.0	3''	77.9		77.8	77.8
3'	151.1	116.0	149.9	151.0	4''	71.2		71.4	71.4
4'	147.9	147.3	149.5	147.6	5''	78.2		78.2	78.2
5'	117.8	148.8	116.8	118.1	6''	62.5		62.5	62.5

表 5-3-8 化合物 5-3-40 和 5-3-41 的 ^{13}C NMR 数据

C	5-3-40[23]	5-3-41[24]	C	5-3-40[23]	5-3-41[24]	C	5-3-40[23]	5-3-41[24]
1	134.1	132.2	1'	134.9	133.1	3'-OMe	55.8	56.0
2	119.8	119.0	2'	110.7	108.5	OCH$_2$O	101.8	
3	108.5	108.1	3'	150.1	148.5	Glu		
4	148.2	146.7	4'	147.4	145.3	1"	102.1	
5	148.6	148.1	5'	116.2	114.4	2"	74.7	
6	106.5	105.7	6'	118.3	118.0	3"	78.7	
7	84.8	84.5	7'	83.7	83.4	4"	71.1	
8	49.7	49.9	8'	53.3	53.2	5"	78.3	
9	73.0	72.7	9'	177.3	176.8	6"	62.2	

取代基 Glu(6")Gall 的 C 谱数据

C	Glu(6")Gall	C	Glu(6")Gall	C	Glu(6")Gall
1"	102.7	5"	75.8	3'''/5'''	146.7
2"	75.0	6"	65.0	4'''	140.1
3"	78.0	1'''	121.5	C=O	168.2
4"	72.2	2'''/6'''	110.5		

表 5-3-9　化合物 5-3-46~5-3-55 的 ^{13}C NMR 数据[30]

C	5-3-46	5-3-47	5-3-48	5-3-49	5-3-50	5-3-51	5-3-52	5-3-53	5-3-54	5-3-55
1	129.0	130.5	137.2	134.2	139.3	133.4	139.1	135.9	133.8	135.0
2	110.6	110.0	110.8	110.8	110.9	110.5	111.1	110.4	109.7	110.1
3	147.4	146.3	151.3	145.8	151.4	146.3	151.1	148.2	148.5	148.5
4	147.9	149.4	139.8	147.5	141.1	147.8	141.5	148.9	148.9	149.1
5	115.5	111.7	123.3	114.9	122.8	115.2	122.8	111.5	111.6	111.6
6	119.1	118.8	118.3	118.9	118.3	119.3	118.5	118.6	118.5	118.9
7	82.1	81.7	81.2	84.2	85.0	84.8	84.2	84.2	85.1	84.7
8	48.1	48.1	47.9	60.9	58.5	59.2	59.1	60.9	58.2	59.2
9	175.4	175.3	175.1	100.2	101.1	107.1	107.5	100.4	100.4	107.1
1'	129.0	130.5	137.2	134.2	139.3	133.4	139.1	135.9	133.8	135.0
2'	110.6	110.0	110.8	110.8	110.9	110.5	111.1	110.4	109.7	110.1
3'	147.4	146.3	151.3	145.8	151.4	146.3	151.1	148.2	148.5	148.5
4'	147.9	149.4	139.8	147.5	141.1	147.8	141.5	148.9	148.9	149.1
5'	115.5	111.7	123.3	114.9	122.8	115.2	122.8	111.5	111.6	111.6
6'	119.1	118.8	118.3	118.9	118.3	119.3	118.5	118.6	118.5	118.9
7'	82.1	81.7	81.2	84.2	85.0	84.8	84.2	84.2	85.1	84.7
8'	48.1	48.1	47.9	60.9	58.5	59.2	59.1	60.9	58.2	59.2
9'	175.4	175.3	175.1	100.2	101.1	107.1	107.5	100.4	100.4	107.1
ArOMe	55.8	55.6	56.0	55.5	55.8	55.4	55.9	55.4	55.3	55.3
		55.7						55.6	55.6	55.6
ROMe						54.3	54.5			54.3
ArOAc			168.4		169.1		168.4			
			20.3		20.3		20.3			
ROAc					170.1				169.4	
					20.9				21.0	

5-3-56 R¹=Ac; R²=H
5-3-57 R¹=Ac; R²=CH₃
5-3-58 R¹=R²=H
5-3-59 R¹=H; R²=CH₃

5-3-60 R¹=H; R²=CH₃
5-3-61 R¹=Ac; R²=CH₃
5-3-62 R¹=R³=Ac

5-3-63 R¹=Glu; R²=H
5-3-64 R¹=Glu; R²=CH₃

表 5-3-10　化合物 5-3-56~5-3-64 的 ¹³C NMR 数据[31]

C	5-3-56	5-3-57	5-3-58	5-3-59	5-3-60	5-3-61	5-3-62	5-3-63	5-3-64
1	131.2	131.7	132.3	133.9	132.2	132.4	139.1	132.1	133.8
2	113.0	111.6	112.5	111.6	111.2	111.0	113.7	115.1	110.5
3	147.5	148.1	147.4	148.3	149.3	148.9	151.3	148.9	148.1
4		148.7			148.9		139.4		148.9
5	115.3	114.6	115.1	114.6	119.0	118.6	119.7	118.6	118.6
6	121.1	121.0	119.7	119.7		120.5	122.9		
7	84.5	84.3	85.4	85.1	85.8	85.6	85.4	85.1	84.8
8	58.2	58.2	60.8	60.8	60.3	58.7	58.9	53.5	53.5
9	73.8	73.7	74.7	74.7	74.9	74.9	74.9	70.9	71.0
1'	130.3	130.2	131.1	131.1	133.1	133.1	133.1	135.2	135.2
2'	110.7	110.1	110.7	110.2	109.9	109.6	110.1	110.4	109.9
3'	146.3	146.2	145.9	145.9	146.2	146.0	146.1	145.9	145.8
4'	148.2	148.3	148.3	148.7	151.1	150.3	150.3	148.7	148.7
5'	114.6	112.9	114.6	112.5	111.4	113.8	118.2	118.1	111.6
6'	119.0	118.5	118.8	118.4	120.3	119.7	120.6	118.6	118.6
7'	86.1	86.0	86.9	86.8	87.5	86.8	86.7	84.8	84.8
8'	97.0	96.9	91.2	91.2	91.9	97.2	97.1	53.5	53.5
9'	73.8	73.7	74.7	74.7	74.9	74.9	74.9	70.9	71.0
CH₃CO	20.6	20.5			20.6	20.5, 20.7	20.5		
CH₃CO	168.8	168.7			169.4	169.3	169.0		
					170.3	170.1	169.3		
					170.6	170.4	170.2		
							170.5		
CH₃O	55.6, 55.8	55.4, 55.7	55.6	55.7, 55.9	55.9, 56.2	55.9, 56.1	55.9, 56.1	55.6	55.4, 55.6
Glu									
1	99.9	99.7	100.3	100.3				100.1	100.1
2	73.2	73.2	73.2	73.2				73.1	73.1
3	76.9	79.8	76.9	76.9				76.9	76.8
4	69.7	69.7	69.7	69.7				69.6	69.6
5	76.9	76.8	76.9	76.9				76.9	76.8
6	60.7	60.6	60.8	60.8				60.8	60.6

5-3-65

5-3-66

表 5-3-11　化合物 5-3-65 和 5-3-66 的 ^{13}C NMR 数据[32]

C	5-3-65	5-3-66	C	5-3-65	5-3-66	C	5-3-65	5-3-66
1	134.8	131.0	8	60.6	87.8	6'	119.8	120.6
2	107.5	107.7	9	71.6	76.0	7'	87.5	87.3
3	147.3	147.3	1'	129.4	131.0	8'	91.7	87.8
4	148.2	147.1	2'	106.9	107.7	9'	75.0	76.0
5	108.6	108.3	3'	147.3	147.3	OCH$_2$O	101.1	100.9
6	120.1	120.6	4'	148.2	147.1		101.2	
7	85.9	87.3	5'	108.2	108.3			

5-3-67

5-3-68

5-3-69[34]

表 5-3-12　化合物 5-3-67 和 5-3-68 的 ^{13}C NMR 数据[33]

C	5-3-67	5-3-68	C	5-3-67	5-3-68	C	5-3-67	5-3-68
1	135.0	134.8	8	60.2	59.6	6'	119.6	119.5
2	107.2	107.5	9	68.6	69.0	7'	102.7	101.5
3	147.9	147.4	1'	135.0	134.8	8'	95.0	94.1
4	148.3	147.6	2'	106.8	106.8	9'	76.8	76.3
5	108.3	112.0	3'	147.9	147.1	OCH$_2$O	101.3	100.9
6	120.1	111.6	4'	148.3	147.5		101.5	101.6
7	90.1	87.7	5'	108.2	107.8			

参 考 文 献

[1] Saladino R, Fiani C, Crestini C, et al. J Nat Prod, 2007, 70: 39.
[2] Christov R, Bankova V, Tsvetkova I, et al. Fitoterapia, 1999, 70: 89.
[3] Pelter A, Ward R S. Tetrahedron Lett, 1977, 47: 4137.
[4] Venkataraman R, Gopalakrishnan S. Phytochemistry, 2002, 61: 963.
[5] Miyazawa M, Kasahara H, Kameoka H. Phytochemistry, 1992, 31: 3666.
[6] Tan R X, Tang H Q, Hu J, et al. Phytochemistry, 1998, 49: 157.

[7] Rojas S, Acevedo L, Macias M, et al. J Nat Prod, 2003, 66: 221.
[8] Banerji A, Pal S. J Nat Prod, 1982, 45: 672.
[9] Ito C, Itoigawa M, Otsuka T, et al. J Nat Prod, 2000, 63: 1344.
[10] Naqatani Y, Warashina T, Noro T. Chem Pharm Bull, 2011, 49: 1388.
[11] Chen I S, Chen T L, Chang Y L, et al. J Nat Prod, 1999, 62: 833.
[12] Duan H, Takaishi Y, Monota H, et al. Phytochemistry, 2002, 59: 85.
[13] Perez C, Almonacid L N, Trujillo J M, et al. Phytochemistry, 1995, 40: 1511.
[14] Shahat A A, Abdel-Azim N S, Pieters L, et al. Fitoterapia, 2004, 75: 771.
[15] Wang C Z, Jia Z J. Phytochemistry, 1997, 45: 159.
[16] Chang F R, Chao Y C, Teng C M, et al. J Nat Prod, 1998, 61: 863.
[17] Latip J, Hartley T G, Waterman P G. Phytochemistry, 1999, 51: 107.
[18] Piccinelli A L, Arana S, Caceres A, et al. J Nat Prod, 2004, 67: 1135.
[19] Taniguchi E, Imamura K, Ishibashi F, et al. Agric Biol Chem, 1989, 53: 631.
[20] Schumacher B, Scholle S, Holzl J, et al. J Nat Prod, 2002, 65: 1479.
[21] Liu L H, Pu J X, Zhao J F, et al. Chinese Chem Lett, 2004, 15: 43.
[22] Tene M, Tane P, Sondengam B L, et al. Phytochemistry, 2004, 65: 2101.
[23] Min B S, Na M K, Oh S R, et al. J Nat Prod, 2004, 67: 1980.
[24] Gonzalez A G, Estevez-Reyes R, Mato C. J Nat Prod, 1989, 52: 1139.
[25] Kitagawa S, Nishibe S, Benecke R, et al. Phytochemistry, 1990, 29: 1971.
[26] Kim H K, Moon E, Kim S Y, et al. Agric Food Chem, 2010, 58: 4779.
[27] Katsuyoshi M, Hideaki O, Kazunari K, et al. Phytochemistry, 2009, 70: 1277.
[28] Bina S S, Kalamkas Z B, Gauhar S B, et al. Tetrahedron, 2010, 66: 1716.
[29] Mei R Q, Wang Y H, Du G H, et al. J Nat Prod, 2009, 72: 621.
[30] Pelter A, Ward R S, Watson D J, et al. J Chem Soc, Perkin Trans 1, 1982, 175.
[31] Chiba M, Okabe K, Hisada S, et al. Chem Pharm Bull, 1979, 27: 2868.
[32] Anjaneyulu A S R, Ramaiah P A, Row L R, et al. Tetrahedron, 1981, 37: 3641.
[33] Anjaneyulu A S R, Rao A M, Rao V K, et al. Tetrahedron, 1977, 33: 133.
[34] Chiba M, Hisada S, Nishibe S, et al. Phytochemistry, 1980, 19: 335.

第四节 苯基四氢萘类木脂素

表 5-4-1 苯基四氢萘类木脂素的名称、分子式和测试溶剂

编号	名称	分子式	测试溶剂	参考文献
5-4-1	aglacin G	$C_{24}H_{28}O_8$	C	[1]
5-4-2	aglacin H	$C_{23}H_{28}O_8$	C	[1]
5-4-3	5,6,8-trimethoxy-4-(2,4,5-trimethoxyphenyl)-3,4-dihydro-1(2H)-naphthalenone	$C_{22}H_{26}O_7$	C	[2]
5-4-4	aglacin E	$C_{24}H_{30}O_8$	C	[1]
5-4-5	aglacin F	$C_{24}H_{30}O_8$	C	[1]
5-4-6	aglacin I	$C_{26}H_{32}O_{10}$	C	[3]
5-4-7	aglacin J	$C_{24}H_{30}O_8$	C	[3]
5-4-8	aglacin A	$C_{26}H_{32}O_9$	C	[4]
5-4-9	aglacin B	$C_{24}H_{30}O_7$	C	[4]
5-4-10	aglacin C	$C_{23}H_{28}O_6$	C	[4]
5-4-11	aglacin D	$C_{24}H_{28}O_8$	C	[4]
5-4-12	(−)-(7'R,8R,8'R)-4,4'-dihydroxy-3,3',5-trimethoxy-2,7'-cyclolignane	$C_{21}H_{26}O_5$	C	[5]

续表

编号	名称	分子式	测试溶剂	参考文献
5-4-13	6,3'-di-O-demethylisoguaiacin	$C_{18}H_{20}O_4$	A	[6]
5-4-14	3,4'-dihydroxy-3',4-dimethoxy-6,7'-cyclolignan	$C_{20}H_{24}O_4$	C	[7]
5-4-15	8R,7'R,8'R-4,5:3',4'-bis(methylenedioxy)-2,7'-cyclolignan	$C_{20}H_{20}O_4$	C	[8]
5-4-16	8R,7'R,8'R-4,5-dimethoxy-3',4'-methylenedioxy-2,7'-cyclolignan	$C_{21}H_{24}O_4$	C	[8]
5-4-17	ocholignan A	$C_{21}H_{26}O_6$	A	[9]
5-4-18	gaultherin A	$C_{25}H_{30}O_9$	A	[10]
5-4-19	gaultherin B	$C_{26}H_{32}O_{10}$	A	[10]
5-4-20	aviculin	$C_{26}H_{34}O_{10}$	A	[11]
5-4-21	(+)-isolariciresnol 9'-p-coumarate	$C_{29}H_{30}O_8$	A	[12]
5-4-22	(+)-isolariciresinol	$C_{20}H_{24}O_6$	A	[13]
5-4-23	5-methoxy-(+)-isolariciresinol	$C_{21}H_{26}O_7$	A	[13]
5-4-24	isolariciresinoldimethyl eher	$C_{22}H_{28}O_6$	C	[14]
5-4-25	isolariciresinol dimethyl eher diacetate	$C_{26}H_{32}O_8$	C	[14]
5-4-26	isolariciresinol-4-methyl ether	$C_{21}H_{26}O_6$	C	[14]
5-4-27	isolariciresinol-4-methyl ether triacetate	$C_{27}H_{32}O_9$	C	[14]
5-4-28	isolariciresinol-4'-methyl ether	$C_{21}H_{26}O_6$	C	[14]
5-4-29	isolariciresinol-4'-methyl ether triacetate	$C_{27}H_{32}O_9$	C	[14]
5-4-30	isolariciresinol triacetate	$C_{28}H_{32}O_{10}$	C	[14]
5-4-31	lyoniside	$C_{27}H_{36}O_{12}$	D	[15]
5-4-32	(+)-lyoniresinol 3a-O-β-glucopyranoside	$C_{28}H_{38}O_{13}$	P	[18]
5-4-33	acanfolioside	$C_{37}H_{46}O_{17}$	P	[18]
5-4-34	fernandoside	$C_{36}H_{44}O_{16}$	A	[19]
5-4-35	hypophyllanthin	$C_{24}H_{30}O_7$	C	[16]
5-4-36	(+)-isolariciresinol-9'-β-glucopyranoside	$C_{26}H_{34}O_{11}$	M	[17]
5-4-37	negundin B	$C_{20}H_{22}O_6$	A	[20]
5-4-38	(1R,2S)-1,2-dihydro-2,3-dimethyl-7-hydroxy-6-methoxy-1-(3-methoxy-4-hydroxyphenyl)-naphthalene	$C_{20}H_{22}O_4$	C	[21]
5-4-39	cyclogalgravin	$C_{22}H_{26}O_4$	C	[22]
5-4-40	vitedoin A	$C_{20}H_{20}O_6$	D	[23]
5-4-41	vitexdoin A	$C_{19}H_{18}O_6$	M	[24]
5-4-42	6-hydroxy-4-(4-hydroxy-3-methoxyphenyl)-3-hydroxymethyl-7-ethoxy-3,4-dihydro-2-naphthaldehyde	$C_{20}H_{20}O_6$	D	[24]
5-4-43	galbulin	$C_{22}H_{28}O_4$	C	[22]
5-4-44	galcatin	$C_{21}H_{24}O_4$	C	[22]
5-4-45	isogalcatin	$C_{21}H_{24}O_4$	C	[22]
5-4-46	sacidumlignan A	$C_{22}H_{24}O_6$	A	[25]
5-4-47	didehydro-3'-demethoxy-6-O-demethylguaiacin	$C_{18}H_{16}O_3$	A	[6]
5-4-48	2,3-dicarboxy-6,7-dihydroxy-1-(3',4'-dihydroxy)-phenyl-1,2-dihydronaphthalene	$C_{18}H_{12}O_8$	M	[26]
5-4-49	2,3-dicarboxy-6,7-dihydroxy-1-(3',4'-dihydroxy)-phenyl-1,2-dihydronaphthalene-10-methyl ester	$C_{19}H_{14}O_7$	M	[26]

续表

编号	名称	分子式	测试溶剂	参考文献
5-4-50	2,3-dicarboxy-6,7-dihydroxy-1-(3',4'-dihydroxy)-phenyl-1,2-dihydronaphthalene-9,5''-O-shikimic acid ester	$C_{25}H_{20}O_{11}$	M	[26]
5-4-51	furfuracin	$C_{20}H_{20}O_4$	C	[27]
5-4-52	vitexdoin C	$C_{19}H_{16}O_5$	C	[24]
5-4-53	vitexdoin D	$C_{19}H_{16}O_6$	M	[24]
5-4-54	sacidumlignan B	$C_{22}H_{26}O_6$	A	[25]
5-4-55	sacidumlignan C	$C_{22}H_{26}O_8$	A	[25]
5-4-56	5-methoxy-3'',4'-methylenedioxy-2,7''-cyclolignan-4,7',8'-triol	$C_{20}H_{22}O_6$	C	[28]
5-4-57	cerberalignan K	$C_{40}H_{46}O_{14}$	P	[29]
5-4-58	cerberalignan L	$C_{40}H_{46}O_{14}$	P	[29]
5-4-59	yemuoside YM6	$C_{31}H_{42}O_{16}$	A	[30]
5-4-60	cycloolivil	$C_{20}H_{24}O_7$	A	[30]
5-4-61	(+)-cycloolivil-4'-O-β-D-glucopyranoside	$C_{26}H_{34}O_{12}$	D	[31]
5-4-62	rhoipteleic A	$C_{78}H_{106}O_{14}$	C	[32]
5-4-63	rhoipteleic B	$C_{78}H_{106}O_{14}$	M	[32]
5-4-64	chilianthin A	$C_{78}H_{106}O_{14}$	C	[33]
5-4-65	chilianthin B	$C_{78}H_{106}O_{14}$	M	[33]
5-4-66	chilianthin C	$C_{78}H_{106}O_{14}$	M	[33]
5-4-67	chilianthin D	$C_{78}H_{102}O_{14}$	M	[33]
5-4-68	urinatetralin	$C_{22}H_{24}O_6$	C	[34]
5-4-69	(−)-isolariciresinol 3a-O-β-apiofuranosyl-(1→2)-O-β-glucopyranoside	$C_{31}H_{42}O_{15}$	A	[35]
5-4-70	scaphopetalone	$C_{21}H_{26}O_6$	A	[36]
5-4-71	(−)-3α-O-(β-D-glucopyranosyl)lyoniresinol	$C_{28}H_{38}O_{13}$	A	[37]
5-4-72	(−)-2α-O-(β-D-glucopyranosyl)lyoniresinol	$C_{28}H_{38}O_{13}$	A	[37]
5-4-73	(−)-3α-O-(β-D-glucopyranosyl)-5'-methoxyisolariciresinol	$C_{27}H_{36}O_{12}$	A	[37]
5-4-74	5-methoxy-9β-xylopyranosyl-(−)-isolariciresinol	$C_{26}H_{34}O_{11}$	D	[38]
5-4-75	burselignan	$C_{20}H_{24}O_6$	A	[13]
5-4-76	(7'R,8'S,8S)-2'-hydroxy-3,4:4',5'-bis(methylenedioxy)-7-oxo-2,7'-cyclolignan	$C_{20}H_{18}O_6$	A	[39]
5-4-77	(7'R,8'S,8S)-2'-acetoxy-3,4:4',5'-bis(methylenedioxy)-7-oxo-2,7'-cyclolignan	$C_{22}H_{20}O_7$	A	[39]
5-4-78	(−)-holostyligone	$C_{21}H_{24}O_5$	C	[40]
5-4-79	(−)-8'-epi-8-hydroxy-aristoligone	$C_{22}H_{26}O_6$	C	[40]
5-4-80	(−)-cagayanone B	$C_{20}H_{18}O_5$	C	[40]
5-4-81	(−)-cyclogalgravin	$C_{22}H_{26}O_4$	C	[40]
5-4-82	(+)-7'-epi-cyclogalgravin	$C_{22}H_{26}O_4$	C	[40]
5-4-83	holostylol A	$C_{22}H_{28}O_5$	C	[40]
5-4-84	(−)-holostylol B	$C_{22}H_{28}O_5$	M	[40]
5-4-85	(−)-aristoligol	$C_{22}H_{28}O_5$	C	[40]
5-4-86	(−)-holostylol C	$C_{22}H_{28}O_5$	C	[40]
5-4-87	(−)-cagayanone A	$C_{20}H_{18}O_5$	C	[40]
5-4-88	(−)-aristotetralone	$C_{21}H_{22}O_5$	C	[41]

续表

编号	名称	分子式	测试溶剂	参考文献
5-4-89	(−)-aristoligone	$C_{22}H_{26}O_5$	C	[41]
5-4-90	(7'R,8S,8'R)-8,8'-dimethyl-4-hydroxy-3',4',5-trimethoxy-2,7'-cyclolignan-7-one	$C_{21}H_{24}O_5$	C	[41]
5-4-91	(+)-8,8'-epi-aristoligone	$C_{22}H_{26}O_5$	C	[41]
5-4-92	(+)-holostylone	$C_{21}H_{24}O_5$	C	[41]
5-4-93	(−)-8'-epi-aristoligone	$C_{22}H_{26}O_5$	C	[41]
5-4-94	(7'R,8S,8'S)-8,8'-dimethyl-4-hydroxy-3',4',5-trimethoxy-2,7'-cyclolignan-7-one	$C_{21}H_{24}O_5$	C	[41]
5-4-95	(−)-4'-O-methylenshicine	$C_{21}H_{22}O_5$	C	[41]
5-4-96	arisantetralone A	$C_{20}H_{22}O_5$	C	[42]
5-4-97	arisantetralone B	$C_{20}H_{22}O_5$	C	[42]
5-4-98	arisantetralone C	$C_{21}H_{24}O_5$	C	[42]
5-4-99	arisantetralone D	$C_{21}H_{24}O_5$	C	[42]
5-4-100	(8"R, 7"S)-(+)-8-hydroxy-α-conidendric acid methyl ester	$C_{21}H_{24}O_8$	C	[43]
5-4-101	methyl(6S,7R,8R,1'S,4'S)-5,6,7,8-tetrahydro-5-oxo-8-(3,4,5-trimethoxyphenyl)naphtho[2,3-d][1,3]dioxole-6-endo-spiro-5'-(bicyclo[2.2.1]hept-2-ene)-7-carboxylate	$C_{28}H_{28}O_8$	C	[44]
5-4-102	methyl(6S,7R,8R,1'S,4'S)-5,6,7,8-tetrahydro-5-oxo-8-(3,4,5-trimethoxyphenyl)naphtho[2,3-d][1,3]dioxole-6-exo-spiro-5'-(bicyclo[2.2.1]hept-2-ene)-7-carboxylate	$C_{28}H_{28}O_8$	C	[44]
5-4-103	[5R-(5α, 6α)]-5,6,7,8-tetrahydro-7-methylidene-8-oxo-5-(3,4,5-trimethoxyphenyl)naphtho[2,3-d][1,3]-dioxole-6-carboxylic acid	$C_{22}H_{20}O_8$	C	[44]
5-4-104	methyl[5R-(5α,6α)]-5,6,7,8-tetrahydro-7-methylidene-8-oxo-5-(3,4,5-trimethoxyphenyl)naphtho[2,3-d][1,3]-dioxole-6-carboxylate	$C_{23}H_{22}O_8$	C	[44]
5-4-105	3,5-dimethoxybenzyl [5R-(5α, 6α)]-5,6,7,8-tetrahydro-7-methylidene-8-oxo-5-(3,4,5-trimethoxyphenyl)naphtho[2,3-d][1,3]-dioxole-6-carboxylate	$C_{31}H_{30}O_{10}$	C	[44]
5-4-106	(cyclohexylamino)(cyclohexylimino)[5R-(5α,6α)]-5,6,7,8-tetrahydro-7-methylidene-8-oxo-5-(3,4,5-trimethoxyphenyl)naphtho[2,3-d][1,3]-dioxole-6-carboxylate	$C_{35}H_{42}N_2O_8$	C	[44]
5-4-107	pelliatin	$C_{35}H_{28}O_{17}$	M	[45]
5-4-108	(+) magnoliadiol	$C_{23}H_{28}O_7$	C	[46]
5-4-109	N-trans-feru-loyltyramine	$C_{38}H_{40}N_2O_{10}$	A	[47]
5-4-110	N-trans-caffeoyltyramine	$C_{36}H_{36}N_2O_8$	A	[47]
5-4-111	(1R,2S)-6,7-dimethoxy-1-(3,4-dimethoxyphenyl)-1,2-dihydro-naphthalene-2,3-dicarboxylic acid)	$C_{22}H_{22}O_8$	C	[48]
5-4-112	trans-6,7-dihydroxy-1-(3,4-dimethoxyphenyl)-1,2-dihydronaphthalene-2,3-dicarboxylic acid	$C_{20}H_{18}O_8$	A	[48]
5-4-113	trans-6,7-dimeoxy-1-(3,4-dimethoxyphenyl)-1,2-dihydronaphthalene-2,3-dicarboxylic acid	$C_{24}H_{26}O_8$	A	[48]
5-4-114	epiphyllic acid-7-O-β-glucoside-10-methyl ester	$C_{25}H_{26}O_{13}$	M	[49]
5-4-115	epiphyllic acid-7-O-β-glucoside-10,5'''-O-shikimic acid ester	$C_{31}H_{32}O_{17}$	M	[49]
5-4-116	epiphyllic acid-7-O-β-glucoside-9,1''''-O-heptitol ester-10, 5'''-O-shikimic acid ester	$C_{38}H_{46}O_{23}$	M	[49]

续表

编号	名称	分子式	测试溶剂	参考文献
5-4-117	epiphyllic acid-9,5'''-O-,10,5''''-O-bis(shikimic acid ester)	$C_{32}H_{30}O_{16}$	M	[49]
5-4-118	rabdosiin	$C_{36}H_{30}O_{16}$	A	[48]
5-4-119	decamethylrabdosiin	$C_{46}H_{50}O_{16}$	A	[48]
5-4-120	yunnaneic acid G	$C_{36}H_{30}O_{16}$	A	[50]
5-4-121	yunnaneic acid H	$C_{36}H_{26}O_{16}$	A	[50]
5-4-122	thuriferic acid	$C_{22}H_{20}O_8$	C	[51]
5-4-123	9-chloro-8,9-dihydro-thuriferic acid	$C_{22}H_{21}ClO_8$	C	[51]
5-4-124	9-chloro-8,9-dihydro-epithuriferic acid	$C_{22}H_{21}ClO_8$	C	[51]
5-4-125	*seco*-4-hydroxylintetrlin	$C_{23}H_{30}O_7$	C	[52]

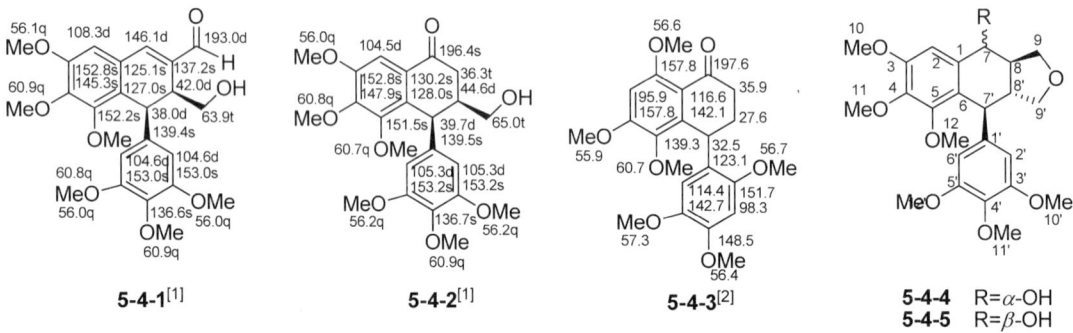

表 5-4-2 化合物 5-4-4 与 5-4-5 的 ^{13}C NMR 数据

C	5-4-4[1]	5-4-5[1]	C	5-4-4[1]	5-4-5[1]	C	5-4-4[1]	5-4-5[1]
1	137.4s	135.1s	8	50.1d	46.1d	3'/5'	153.2s	153.2s
2	104.0d	108.3d	9	72.1t	68.2t	4'	136.3s	136.2s
3	152.9s	152.8s	10	55.9q	55.9q	7'	47.1d	46.9d
4	141.7s	142.7s	11	59.5q	60.4q	8'	49.8d	43.8d
5	151.8s	152.7s	12	60.9q	59.5q	9'	72.4t	72.5t
6	125.9s	126.1s	1'	143.4s	143.5s	10'/12'	56.2q	56.2q
7	73.3d	67.3d	2'/6'	103.7d	103.9d	11'	60.4q	60.9q

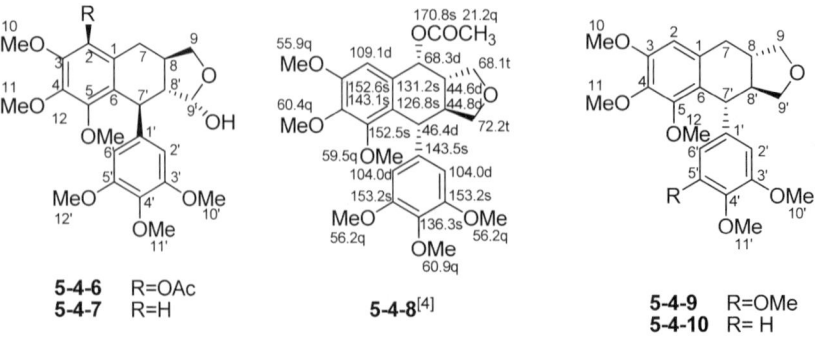

表 5-4-3　化合物 5-4-6 与 5-4-7 的 ^{13}C NMR 数据

C	5-4-6[3]	5-4-7[3]	C	5-4-6[3]	5-4-7[3]	C	5-4-6[3]	5-4-7[3]
1	130.8s	132.5s	9	67.4t	72.5t	7'	42.2d	42.6d
2	125.7s	127.0s	10	55.9q	55.8q	8'	49.0d	56.6d
3	152.4s	152.1s	11	60.4q	60.4q	9'	96.7d	97.1d
4	143.2s	140.9s	12	54.9q	59.4q	10'/12'	56.2q	56.2q
5	152.9s	152.8s	1'	143.4s	143.9s	11'	60.9q	60.9q
6	108.9d	107.3d	2'/6'	104.6d	104.3d	R	170.8s/21.3q	
7	68.8d	34.3t	3'/5'	153.1s	153.0s			
8	40.2d	36.7d	4'	136.2s	136.0s			

表 5-4-4　化合物 5-4-9 与 5-4-10 的 ^{13}C NMR 数据

C	5-4-9[4]	5-4-10[4]	C	5-4-9[4]	5-4-10[4]	C	5-4-9[4]	5-4-10[4]
1	133.0s	133.1s	9	72.7t	72.8t	5'	153.1s	110.2d
2	107.5d	107.5d	10	55.8q	55.8q	6'	103.8d	118.7d
3	152.3s	152.2s	11	60.4q	60.4q	7'	46.9d	46.1d
4	140.8s	140.9s	12	59.4q	59.4q	8'	52.8d	53.1d
5	152.6s	152.6s	1'	144.1s	141.0s	9'	72.6t	72.6t
6	125.5s	126.0s	2'	103.8d	111.2d	10'	56.2q	56.0q
7	33.5t	33.5t	3'	153.1s	147.0s	11'	60.9q	55.9q
8	41.7d	41.7d	4'	136.1s	148.8s	R	56.2q	

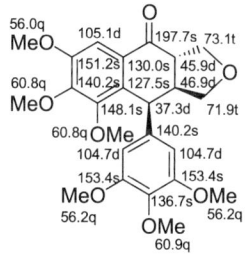

5-4-11[4]

5-4-12　R^1=R^4=Me; R^2=H; R^3=OMe
5-4-13　R^1=R^2=R^3=R^4=H
5-4-14　R^1=R^3=H; R^2=R^4=Me

5-4-15　R^1,R^2=CH$_2$
5-4-16　R^1=R^2=Me

表 5-4-5　化合物 5-4-12~5-4-16 的 ^{13}C NMR 数据

C	5-4-12[5]	5-4-13[6]	5-4-14[7]	5-4-15[8]	5-4-16[8]	C	5-4-12[5]	5-4-13[6]	5-4-14[7]	5-4-15[8]	5-4-16[8]
1	123.5	128.0	129.3	129.3	128.4	6	128.0	140.1	129.2	130.7	129.3
2	105.9	115.5	114.1	108.3	111.2	7	33.4	35.4	34.5	35.4	34.6
3	146.2	143.7	143.8	145.8	147.4	8	25.9	29.8	28.5	28.8	28.4
4	136.7	143.7	144.9	145.7	147.1	9	18.8	16.0	15.4	16.0	16.6
5	145.6	117.6	112.6	110.1	113.2	1'	140.0	130.3	139.5	141.1	141.3

续表

C	5-4-12[5]	5-4-13[6]	5-4-14[7]	5-4-15[8]	5-4-16[8]	C	5-4-12[5]	5-4-13[6]	5-4-14[7]	5-4-15[8]	5-4-16[8]
2'	111.2	116.8	122.1	109.3	109.4	9'	13.7	16.2	16.4	15.5	15.3
3'	146.1	145.2	146.4	147.4	147.3	R¹	56.0			100.5	55.7
4'	143.4	144.0	144.0	145.6	145.5	R²					55.8
5'	113.4	115.7	113.7	107.6	107.6	R³	59.8		55.9		
6'	121.2	121.2	111.4	122.2	122.1	R⁴				100.8	100.8
7'	46.9	50.8	51.1	51.2	51.0	R⁵	55.9		55.92		
8'	40.7	41.5	40.9	40.7	40.9						

表 5-4-6 化合物 5-4-18~5-4-23 的 ¹³C NMR 数据

C	5-4-18[10]	5-4-19[10]	5-4-20[11]	5-4-21[12]	5-4-22[13]	5-4-23[13]
1	127.4	128.5	128.9s	133.9	129.0s	129.0s
2	112.1	107.1	112.4d	112.6	112.4d	112.4d
3	146.8	148.0	149.2s	147.4	147.2s	147.3s
4	145.6	137.9	146.1s	145.4	145.3s	145.3s
5	116.5	146.9	117.1d	117.2	117.3d	117.3d
6	133.1	125.3	138.1s	129.0	134.2s	134.0s
7	33.3	33.2	33.6t	33.5	33.6t	33.6t
8	36.7	37.1	40.0d	39.8	40.0d	40.0d
9	67.1	67.5	65.3t	65.2	65.9t	65.8t
10	56.2	56.4	56.3q	56.5	56.4q	56.4q
1'	135.9	138.7	133.9d	137.8	138.6s	137.8s

续表

C	5-4-18[10]	5-4-19[10]	5-4-20[11]	5-4-21[12]	5-4-22[13]	5-4-23[13]
2'	107.8	107.0	113.4d	113.9	113.8d	107.7d
3'	148.8	148.4	147.2s	149.1	149.0s	149.2s
4'	135.6	135.2	145.2s	146.2	145.9s	135.0s
5'	148.8	148.4	116.1d	116.2	115.9d	149.2s
6'	107.8	107.0	123.2d	123.1	123.2d	107.7d
7'	48.5	42.7	48.3d	48.8	48.1d	48.5d
8'	44.3	45.4	45.5d	44.8	48.0d	47.8d
9'	64.0	65.8	67.9t	64.9	62.2t	62.1t
10'	56.7	56.8	56.3q	56.4	56.3q	56.7q
1"			102.3d	127.1		
2"			72.3d	131.2		
3"			72.5d	116.9		
4"			73.8d	161.4		
5"			70.1d	116.9		
6"			17.9q	131.2		
7"				146.6		
8"				115.1		
9"				169.4		
R^1	170.9/20.7	171.0/20.7				
R^2	171.1/20.8	171.2/20.8				
R^4		59.4				
R^5	56.7	56.8				56.7
R^6						

表 5-4-7 化合物 5-4-24~5-4-31 的 ^{13}C NMR 数据

C	5-4-24[14]	5-4-25[14]	5-4-26[14]	5-4-27[14]	5-4-28[14]	5-4-29[14]	5-4-30[14]	5-4-31[15]
1	128.1	127.5	127.7	133.8	128.3	127.7	134.0	129.6
2	110.7	110.7	111.0	111.7	1110.6	110.8	111.7	108.9
3	147.3	147.6	147.6	149.1	147.0	147.4	149.2	148.1
4	147.0	147.1	144.0	137.8	146.5	147.3	137.9	138.8
5	111.9	111.9	116.3	123.5	111.8	112.6	123.6	148.4
6	137.6	136.6	138.4	135.9	136.5	130.4	131.0	126.6
7	33.2	32.7	33.2	33.1	32.4	32.7	33.1	33.9
8	39.9	35.4	39.9	35.3	38.9	35.5	35.2	40.9
9	66.2	66.4	66.0	66.3	65.0	66.4	66.2	65.7
10	55.7	55.8	56.0	56.4	55.1	55.9	55.9	56.2
1'	131.7	131.0	132.8	131.7	131.9	138.4	138.4	139.6
2'	112.8	112.5	112.5	111.9	112.6	113.1	113.1	107.6
3'	148.9	148.9	149.1	149.1	145.4	150.9	151.0	149.3

C	5-4-24[14]	5-4-25[14]	5-4-26[14]	5-4-27[14]	5-4-28[14]	5-4-29[14]	5-4-30[14]	5-4-31[15]
4'	146.9	147.1	145.8	147.8	144.1	143.4	142.7	135.7
5'	110.8	111.0	111.5	111.1	114.3	122.7	122.7	149.3
6'	121.7	121.6	122.1	121.7	121.6	121.5	121.5	107.6
7'	48.0	47.3	47.7	47.0	47.0	47.6	47.2	42.7
8'	48.2	43.7	48.0	43.4	47.0	43.8	43.5	46.3
9'	62.6	63.4	62.4	63.1	61.3	63.4	63.0	71.1
10'	55.7	55.8	56.0	56.4	55.1	55.9	55.9	56.6
1"								105.6
2"								75.0
3"								78.7
4"								71.3
5"								67.5
R^1		170.8/20.9		171.4/21.4		170.9/20.9	170.8/20.8	
R^2		170.7/20.9		171.2/21.4		170.7/20.9	170.6/20.8	
R^3				169.5/21.1			169.0/20.8	
R^4								59.8
R^5								56.6
R^6						168.4/20.9	168.8/20.8	

5-4-32 R^1=R^2=H
5-4-33 R^1=a; R^2=H
5-4-34 R^1=H; R^2=b

表 5-4-8 化合物 5-4-32~5-4-34 的 ^{13}C NMR 数据

C	5-4-32[18]	5-4-33[18]	5-4-34[19]	C	5-4-32[18]	5-4-33[18]	5-4-34[19]
1	129.4	129.2	130.2	9	65.4	65.6	66.2
2	107.4	107.3	107.8	10	56.0	55.9	56.6
3	148.2	148.1	147.6	11	59.6	59.5	60.2
4	139.4	139.3	138.8	1'	138.6	138	139.4
5	148.0	147.8	148.9	2'	107.2	107.1	106.9
6	126.5	126.0	126.2	3'	148.9	148.7	148.9
7	33.7	33.2	33.7	4'	①	135.6	134.5
8	40.6	40.4	40.9	5'	148.9	148.7	148.9

续表

C	5-4-32[18]	5-4-33[18]	5-4-34[19]	C	5-4-32[18]	5-4-33[18]	5-4-34[19]
6'	107.2	107.1	106.9	6	62.8	62.6	65.0
7'	42.3	41.8	42.8	1"		120.6	122.5
8'	46.1	45.3	46.4	2"		108.4	113.6
9'	71.1	71.1	71.8	3"		148.5	152.9
10'/11'	56.4	56.4	56.9	4"		142.6	148.7
Glu				5"		148.5	116.0
1	105.4	102.2	104.8	6"		108.4	125.1
2	75.2	75.8	75.1	3"-OMe		56.1	56.4
3	78.7	76.3	78.1	5"-OMe		56.1	
4	71.6	71.8	71.9	COO		166.4	168.0
5	78.4	78.6	75.5				

① 信号与溶剂峰重叠。

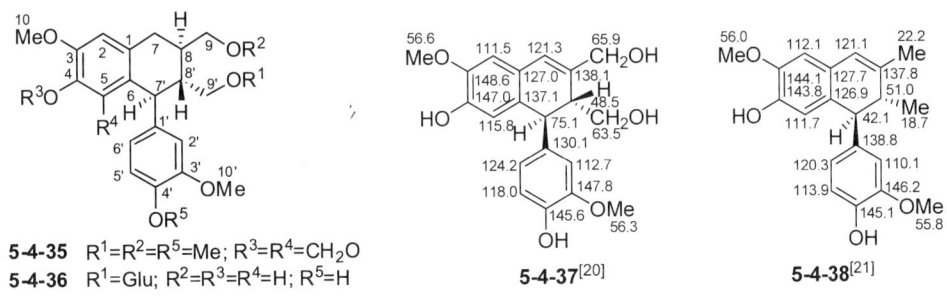

表 5-4-9 化合物 5-4-35 与 5-4-36 的 ^{13}C NMR 数据

C	5-4-35[16]	5-4-36[17]	C	5-4-35[16]	5-4-36[17]	C	5-4-35[16]	5-4-36[17]
1	131.8	129.1	2'	111.9	114.3	1"		105.2
2	106.5	112.4	3'	148.6	148.9	2"		75.2
3	142.1	147.2	4'	147.1	145.8	3"		78.1
4	133.3	145.2	5'	110.7	116.1	4"		71.7
5	147.0	117.4	6'	120.4	123.1	5"		77.9
6	115.1	134.4	7'	41.9	47.9	6"		62.8
7	33.3	33.9	8'	45.4	45.9	R^2		58.9
8	35.9	39.5	9'	71.8	69.5	R^3		101.1
9	75.5	65.2	10'	55.8	56.4	R^4		
10	56.4	56.5	R^1	58.9		R^5		55.9
1'	138.1	138.7	Glu					

5-4-39 R¹=OMe; R²=R⁴=R⁵=R⁶=Me; R³=H
5-4-40 R¹=R²=R⁴=H; R³=OMe; R⁵=CHO; R⁶=CH₂OH
5-4-41 R¹=OH; R²=R³=R⁴=H; R⁵=CHO; R⁶=CH₂OH
5-4-42 R¹=OMe; R²=R³=R⁴=H; R⁵=CHO; R⁶=CH₂OH

5-4-43 R¹=R²=R³=R⁴=Me
5-4-44 R¹,R²=CH₂; R³=R⁴=Me
5-4-45 R¹=R²=Me; R³,R⁴=CH₂

表 5-4-10　化合物 5-4-39~5-4-42 的 ¹³C NMR 数据

C	5-4-39[22]	5-4-40[23]	5-4-41[24]	5-4-42[24]	C	5-4-39[22]	5-4-40[23]	5-4-41[24]	5-4-42[24]
1	126.9	123.7	125.3	122.6	5'	110.8	115.1	116.2	115.1
2	112.7	126.1	117.6	117.3	6'	119.4	119.3	121.2	119.2
3	148.4	115.3	146.1	146.6	7'	50.8	36.4	44.5	42.0
4	147.3	153.6	150.7	149.7	8'	41.9	41.8	44.2	41.8
5	110.8	145.9	118.7	113.1	9'	55.7	55.6	56.6	55.7
6	127.1	132.8	133.5	132.8	R¹	55.7			55.5
7	120.9	146.7	149.7	146.9	R²	55.7			
8	137.9	134.4	136.2	134.4	R³		59.6		
1'	138.5	135.1	138.0	135.9	R⁴	55.7			
2'	108.8	111.9	112.6	111.5	R⁵	22.1	192.5	194.8	192.3
3'	147.1	147.2	148.9	147.2	R⁶	18.6	60.8	62.9	60.6
4'	147.1	144.8	146.0	144.8					

表 5-4-11　化合物 5-4-43~5-4-45 的 ¹³C NMR 数据

C	5-4-43[22]	5-4-44[22]	5-4-45[22]	C	5-4-43[22]	5-4-44[22]	5-4-45[22]
1	128.9	129.8	129.0	3'	146.7	147.3	145.6
2	112.7	109.4	112.7	4'	146.7	147.3	145.6
3	148.7	144.3	147.5	5'	112	112	109.1
4	148.1	144.3	147.3	6'	121.8	121.6	122.6
5	110.5	107.5	110.5	7'	54.3	54.1	54.2
6	132.3	133.4	132.1	8'	43.8	63.6	44.0
7	39.0	39.4	39.0	9'	17.2	16.9	17.1
8	35.6	35.5	35.4	R¹	55.8	100.3	55.8
9	20.0	20.3	20.0	R²	54.3	100.3	54.2
1'	138.9	138.9	140.4	R³	55.8	55.8	100.7
2'	110.5	110.7	107.5	R⁴	54.3	54.5	100.7

5-4-46 R¹=R²=R⁵=Me; R³=R⁶=R⁷=OMe; R⁴=H
5-4-47 R¹=R²=Me; R³=R⁴=R⁵=R⁶=R⁷=H
5-4-48 R¹=R²=COOH; R³=R⁴=R⁵=R⁶=H; R⁷=OH
5-4-49 R¹=COOH; R²=COOMe; R³=R⁴=R⁵=R⁶=R⁷=H
5-4-50 R¹=a; R²=COOH; R³=R⁴=R⁵=R⁶=H; R⁷=OH
5-4-51 R¹=R²=R⁵=Me; R³=R⁴=R⁶=H; R⁷=OMe
5-4-52 R¹=R³=R⁵=R⁶=H; R²=CHO; R⁴=Me; R⁷=OMe
5-4-53 R¹=OH; R²=CHO; R³=R⁵=R⁶=H; R⁴=Me; R⁷=OMe

表 5-4-12 化合物 5-4-46~5-4-49 的 ^{13}C NMR 数据

C	5-4-46[25]	5-4-47[6]	5-4-48[26]	5-4-49[26]	C	5-4-46[25]	5-4-47[6]	5-4-48[26]	5-4-49[26]
1	123.9	133.1	125.0	125.1	4'	135.6	157.1	145.2	145.6
2	140.6	109.5	117.0	117.0	5'	148.8	116.0	116.2	116.2
3	138.0	145.9	145.6	146.1	6'	108.2	131.9	119.9	120.1
4	149.1	146.2	148.6	149.0	7'	138.6	137.4	46.6	47.2
5	101.8	109.8	117.1	117.1	8'	131.7	128.9	48.6	48.6
6	127.4	132.8	131.1	131.3	R¹	21.3	21.0	170.6	170.3
7	120.4	126.1	139.6	139.6	R²	17.5	17.5	176.5	175.3/52.7
8	133.7	128.9	123.2	123.4	R³	60.7			
1'	131.7	131.0	136.3	135.9	R⁵	55.9			
2'	108.2	131.9	115.6	115.9	R⁶	56.7			
3'	148.8	116.0	144.5	145.0	R⁷	56.7			

表 5-4-13 化合物 5-4-50~5-4-53 的 ^{13}C NMR 数据

C	5-4-50[26]	5-4-51[27]	5-4-52[24]	5-4-53[24]	C	5-4-50[26]	5-4-51[27]	5-4-52[24]	5-4-53[24]
1	124.8	128.2	132.3	136.8	8'	48.6	131.3	130.4	119.3
2	117.1	109.7	106.1	105.9	1"	130.0			
3	145.9	147.0	149.4	154.1	2"	138.9			
4	149.0	148.5	146.2	146.7	3"	71.7			
5	117.2	106.0	109.7	110.5	4"	69.5			
6	131.4	129.2	128.8	124.6	5"	67.2			
7	139.8	126.0	126.6	110.8	6"	28.7			
8	122.9	133.8	120.5	156.4	7"	169.6			
1'	136.3	133.0	127.2	128.1	8"	168.0			
2'	115.7	114.3	113.4	115.6	R¹		21.0		
3'	144.8	148.4	146.3	148.9	R²	176.3	17.5	193.1	199.0
4'	145.6	146.3	145.7	148.2	R⁴			56.1	55.4
5'	116.2	115.8	114.3	116.1	R⁵		55.7		
6'	119.6	123.4	124.1	125.1	R⁷		56.3	56.0	55.6
7'	46.6	138.2	145.1	148.0					

5-4-57 R¹=H; R²=a; R³=OMe
5-4-58 R¹=H; R²=OMe; R³=b
5-4-59 R¹=c; R²=H; R³=OMe
5-4-60 R¹=R²=H; R³=OMe

表 5-4-14 化合物 5-4-57~5-4-60 的 ^{13}C NMR 数据

C	5-4-57[29]	5-4-58[29]	5-4-59[30]	5-4-60[30]	C	5-4-57[29]	5-4-58[29]	5-4-59[30]	5-4-60[30]
1/1"	137.2/129.4	137.2/130.1	135.0	138.4	6'/6'''	126.3/120.5	126.3/123.1	115.8	117.4
2/2"	113.5/114.0	113.5/115.5	111.6	113.3	7'/7'''	45.0/84.8	45.0/84.7	120.8	123.7
3/3"	146.2/147.3	146.7/148.2	148.6	147.6	8'/8'''	48.0/62.1	47.9/62.0	40.7	45.0
4/4"	146.2/143.9	146.2/147.3	146.1	145.5	9'/9'''	60.6/60.5	60.6/60.3	82.4	47.9
5/5"	118.0/127.1	118.0/116.1	115.8	116.2	R¹			77.8	69.5
6/6"	126.2/126.5	126.2/123.9	120.8	126.6				Glu / Api	
7/7"	40.4/40.6	40.4/40.6	40.7	40.1				105.2 / 110.9	
8/8"	74.3/82.0	74.3/82.0	82.4	74.9				75.1 / 77.9	
9/9"	69.9/78.1	69.9/78.0	77.8	61.0				78.0 / 80.6	
10	56.1	55.9	56.4	56.6				71.6 / 75.0	
1'/1'''	133.8/135.7	133.8/134.7	130.4	133.7				77.0 / 65.7	
2'/2'''	112.1/111.7	112.0/110.0	115.4	114.3	R²		55.9	68.5	
3'/3'''	149.3/148.7	149.3/149.2	149.0	149.2	R³	55.8			
4'/4'''	144.0/147.5	144.0/144.9	147.2	146.2	OMe	56.1	56.1	55.5	
5'/5'''	127.0/116.0	126.9/126.5				55.8	55.8		

5-4-54[25]   **5-4-55**[25]   **5-4-56**[28]

5-4-61[31]   **5-4-62**   **5-4-63**

Glu

表 5-4-15　化合物 5-4-62~5-4-67 的 ^{13}C NMR 数据

C	5-4-62[32]	5-4-63[32]	5-4-64[33]	5-4-65[33]	5-4-66[33]	5-4-67[33]
1	136.4	137.6	136.4	137.6	124.9	128.8
2	116.9	117.9	116.0	111.0	122.6	122.7
3	145.9	146.8	144.8	148.0	114.6	121.8
4	149.1	150.1	149.1	150.1	144.3	144.1
5	117.9	118.3	116.3	117.0	149.1	139.3
6	125.6	125.9	125.6	125.9	126.2	125.5
7	140.4	140.8	140.4	137.5	141.1	130.7
8	130.6	131.9	130.6	130.3	135.6	126.5
9	168.4	169.3	168.4	169.3	168.4	167.5
1'	122.1	123.7	122.1	123.7	121.7	111.8
2'	116.0	115.6	116.9	117.9	115.9	113.2
3'	144.8	145.8	145.9	146.8	144.6	144.0
4'	146.1	147.0	146.1	147.0	145.9	148.9
5'	116.3	117.0	117.9	118.3	116.3	106.0
6'	119.8	120.4	119.8	120.4	119.9	150.5
7'	47.1	47.4	47.1	47.4	①	126.5
8'	49.9	50.5	49.9	47.3	47.0	122.9
9'	174.7	174.4	174.7	174.4	174.7	174.0
三萜片段						
1	39.4	40.6	39.4	40.6	39.4	40.6
	40.1	41.2	40.1	41.2	40.1	40.6
2	27.8	28.5	27.8	28.5	27.9	28.5
	27.8	28.7	27.8	28.7	27.9	29.0
3	79.7	80.4	79.7	80.4	79.7	79.6
	79.7	80.4	79.7	80.4	79.7	80.1

续表

C	5-4-62[32]	5-4-63[32]	5-4-64[33]	5-4-65[33]	5-4-66[33]	5-4-67[33]
三萜片段						
4	39.9	40.6	39.9	40.6	39.9	39.9
	39.9	40.8	39.9	40.8	39.9	40.3
5	56.9	57.4	56.9	57.4	56.9	56.5
	57.1	57.9	57.1	57.9	57.2	57.5
6	19.4	20.3	19.4	20.3	19.4	20.1
	19.4	20.3	19.4	20.3	19.5	20.2
7	34.9	35.7	34.3	35.0	34.3	34.9
	35.0	35.7	34.9	35.7	34.9	35.3
8	41.1	41.9	41.1	41.9	41.1	42
	41.1	41.9	41.1	41.9	41.2	42.1
9	50.1	50.9	50.1	50.9	50.1	50.9
	50.4	50.9	50.4	50.9	50.4	50.9
10	38.3	39.1	38.3	39.1	38.4	39.1
	38.3	39.3	38.3	39.3	38.4	39.2
11	24.7	25.9	23.7	24.5	23.9	24.7
	24.7	25.9	23.8	24.7	23.9	24.7
12	128.2	128.9	128.2	128.9	128.2	128.8
	128.7	129.1	128.7	129.1	128.8	129.2
13	137.5	138.9	137.5	138.9	137.4	140.1
	137.9	139.6	137.9	139.6	137.9	141.6
14	45.7	47.4	46.7	47.4	46.7	47.4
	45.9	47.7	46.9	47.7	47.0	47.6
15	25.1	25.9	25.1	25.9	25.2	25.7
	25.5	26.1	25.5	26.1	25.5	26
16	23.7	24.5	24.7	25.9	24.7	24.9
	23.8	24.7	24.7	25.9	24.7	25.1
17	47.2	48.1	47.2	48.1	47.2	48.1
	47.4	48.3	47.4	48.3	47.5	48.2
18	42.1	43.3	42.1	43.3	42.1	42.8
	42.4	43.5	42.4	43.5	42.5	43.3
19	45.1	46.1	45.1	46.1	45.1	47.1
	45.4	46.3	45.4	46.3	45.5	47.1
20	31.3	32.1	31.3	32.1	31.3	32.4
	31.6	32.3	31.6	32.3	31.5	32.5
21	34.3	35.0	34.9	35.7	35	35.6
	34.9	35.7	35.0	35.7	35.1	35.8
22	33.7	34.5	33.7	34.5	33.7	34.3
	33.7	34.5	33.7	34.5	33.8	34.5
23	28.9	29.5	28.9	29.5	28.9	28.7
	29.1	29.8	29.1	29.8	29.1	28.7
24	16.3	17.1	16.3	17.2	16.3	17.1

续表

C	5-4-62[32]	5-4-63[32]	5-4-64[33]	5-4-65[33]	5-4-66[33]	5-4-67[33]
25	16.3	17.2	16.5	17.3	16.5	17.2
	16.3	17.2	16.3	17.1	16.3	16.8
	16.5	17.3	16.3	17.2	16.3	17
26	18.8	19.6	18.8	19.6	18.8	19.7
	18.9	19.6	18.9	19.6	18.9	19.7
27	67.2	67.1	67.2	67.1	66.3	68.6
	67.4	67.6	67.4	67.6	67.3	68.6
28	181.7	182.4	181.7	182.4	181.7	182.3
	181.7	182.5	181.7	182.5	181.7	182.6
29	33.2	33.9	33.2	33.9	33.2	34.4
	33.5	34.2	33.5	34.2	33.5	34.4
30	23.6	24.4	23.6	24.4	23.7	24.9
	23.8	24.9	23.8	24.9	23.9	24.9

① 信号与溶剂峰重叠。

5-4-68 $R^1=R^2=Me; R^3,R^4=CH_2; R^5=R^6=H; R^7,R^8=CH_2O$
5-4-69 $R^1=R^4=R^5=R^7=R^8=H; R^2=\beta\text{-api-}(1\to2)\text{-}O\text{-}\beta\text{-Glu}; R^3=Me; R^6=OMe$
5-4-70 $R^1=R^2=R^5=R^6=R^7=H; R^3=R^4=Me; R^8=OMe$
5-4-71 $R^1=R^4=R^7=H; R^2=\beta\text{-D-Glu}; R^3=Me; R^5=R^6=R^8=OMe$
5-4-72 $R^1=\beta\text{-D-Glu}; R^2=R^4=R^7=H; R^3=Me; R^5=R^6=R^8=OMe$
5-4-73 $R^1=R^4=R^5=R^7=H; R^2=\beta\text{-D-Glu}; R^3=Me; R^6=R^8=OMe$

表 5-4-16 化合物 5-4-68~5-4-73 的 ^{13}C NMR 数据

C	5-4-68[34]	5-4-69[35]	5-4-70[36]	5-4-71[37]	5-4-72[37]	5-4-73[37]
1	129.8	129.2	130.0	130.2	130.1	129.2
2	108.0	112.4	114.6	107.7	107.7	112.4
3	145.5	147.1	148.3	147.5	148.6	147.4
4	145.6	145.8	148.2	138.9	138.9	145.3
5	109.5	117.4	112.8	148.7	147.7	117.3
6	133.1	133.8	134.0	126.2	126.5	133.5
7	33.5	33.6	33.5	33.8	34.1	33.6
8	36.2	40.8	40.0	41.2	38.2	41.1
9	75.2	65.8	65.9	66.2	74.9	65.5
1'	139.4	138.7	138.5	139.4	139.6	137.9
2'	109.2	114.0	113.8	107.1	107.0	108.0
3'	147.8	148.9	148.4	149.0	149.0	149.3
4'	146.0	145.9	146.0	134.6	134.6	135.1
5'	107.8	116.0	116.0	149.0	149.0	149.3
6'	122.7	123.4	123.2	107.1	107.0	108.0
7'	47.5	48.3	46.0	43.2	42.7	
8'	44.8	45.7	47.0	46.5		45.3

C	5-4-68[34]	5-4-69[35]	5-4-70[36]	5-4-71[37]	5-4-72[37]	5-4-73[37]
9'	71.2	70.6	62.1	71.5	63.3	70.8
R¹	59.0				Glu	
					104.6	
					75.2	
					78.0	
					71.7	
					78.1	
					62.8	
R²	59.1	Glu	Api		Glu	Glu
		103.1	111.0		104.2	103.9
		80.2	77.9		75.0	75.0
		77.6	80.4		78.0	78.0
		71.6	75.1		71.5	71.5
		78.2	65.7		78.2	78.2
		62.6			62.7	62.5
R³		56.4	56.4	56.6	56.6	56.4
R⁴	100.5		56.4			
R⁵				60.1	60.0	
R⁶		56.6		56.9	56.8	56.9
R⁷	100.8					
R⁸			56.5	56.8	56.8	56.9

5-4-74[38]

5-4-75[13]

5-4-76 R=H
5-4-77 R=Ac

表 5-4-17　化合物 5-4-76、5-4-77 的 ¹³C NMR 数据

C	5-4-76[39]	5-4-77[39]	C	5-4-76[39]	5-4-77[39]	C	5-4-76[39]	5-4-77[39]
1	129.0	128.2	8	48.3	48.1	5'	98.1	105.3
2	123.1	123.0	9	13.1	12.5	6'	150.8	145.9
3	107.1	107.8	10	101.7	102.6	7'	42.6	42.4
4	152.5	152.7	1'	122.7	127.1	8'	43.2	42.4
5	147.8	143.9	2'	109.0	113.2	9'	17.9	14.3
6	129.0	128.7	3'	141.5	147.1	10'	101.0	102.7
7	198.5	198.6	4'	145.9	145.8	R		169.2/20.5

5-4-78 R^1=R^2=R^4=Me; R^3=R^5=H
5-4-79 R^1=R^2=R^3=R^4=Me; R^5=OH
5-4-80 R^1,R^2=CH$_2$; R^3,R^4=CH$_2$; R^5=H

5-4-81 R=β-CH$_3$
5-4-82 R=α-CH$_3$

表 5-4-18 化合物 5-4-78~5-4-80 的 ^{13}C NMR 数据

C	5-4-78[40]	5-4-79[40]	5-4-80[40]	C	5-4-78[40]	5-4-79[40]	5-4-80[40]
1	125.6	122.7	127.0	3'	146.7	148.5	147.4
2	108.2	108.4	105.6	4'	144.4	149.4	146.8
3	148.2	148.2	147.2	5'	114.2	111.4	108.2
4	153.7	154.2	151.8	6'	121.9	122.0	122.0
5	111.9	111.9	109.6	7'	50.4	51.1	50.6
6	138.8	141.7	140.8	8'	42.6	46.7	41.0
7	199.9	201.3	199.4	9'	15.9	12.4	15.9
8	42.7	75.6	43.7	R^1	56.0	56.1	101.8
9	11.9	19.3	12.0	R^2	56.0	55.9	101.8
1'	135.7	135.6	137.2	R^3	56.0	56.0	100.8
2'	111.0		108.6	R^4	56.0	55.8	100.8

表 5-4-19 化合物 5-4-81 与 5-4-82 的 ^{13}C NMR 数据

C	5-4-81[40]	5-4-82[40]	C	5-4-81[40]	5-4-82[40]	C	5-4-81[40]	5-4-82[40]
1	127.3	127.8	8	138.8	140.2	6'	119.6	121.8
2	109.1	109.2	9	22.1	21.4	7'	50.9	50.0
3	147.5	148.3	1'	138.2	133.6	8'	42.0	39.5
4	147.6	147.6	2'	111.1	109.2	9'	18.7	13.1
5	113.0	108.2	3'	148.7	147.1	3',4-OMe	55.8	55.9
6	127.4	128.4	4'	147.8	147.4	4',5-OMe	55.9	55.9
7	121.1	122.1	5'	111.0	109.2			

5-4-83 R^1=α-OH; R^2=R^3=β-CH$_3$
5-4-84 R^1=β-OH; R^2=α-CH$_3$; R^3=β-CH$_3$
5-4-85 R^1=α-OH; R^2=β-CH$_3$; R^3=α-CH$_3$
5-4-86 R^1=β-OH; R^2=R^3=β-CH$_3$

5-4-87 R^1,R^2=CH$_2$; R^3,R^4=CH$_2$
5-4-88 R^1=R^2=Me; R^3,R^4=CH$_2$
5-4-89 R^1=R^2=R^3=R^4=Me
5-4-90 R^1=R^3=R^4=Me; R^2=H

表 5-4-20　化合物 5-4-83~5-4-86 的 ^{13}C NMR 数据

C	5-4-83[40]	5-4-84[40]	5-4-85[40]	5-4-86[40]	C	5-4-83[40]	5-4-84[40]	5-4-85[40]	5-4-86[40]
1	129.4	132.8	130.1	130.6	1'	138.2	139.0	134.9	138.2
2	111.8	109.7	109.2	108.5	2'	112.3	112.8	114.1	112.2
3	147.9	147.4	147.8	147.9	3'	148.8	149.5	147.5	148.8
4	148.9	147.5	147.9	147.7	4'	147.5	148.0	147.3	147.3
5	112.6	112.4	111.7	112.0	5'	110.9	111.6	110.3	110.8
6	131.9		132.1	131.3	6'	121.7	122.5	122.7	121.6
7	74.0	74.1	75.9	72.5	7'	49.3	53.5	50.5	49.3
8	39.2	44.0	37.6	39.9	8'	35.9	41.5	37.4	39.4
9	12.0	14.6	15.8	6.6	9'	16.7	15.6	17.5	17.7
10	56.0	55.8	55.9	55.7	10'	55.8	55.8	55.9	55.7
11	55.9	55.3	55.9	55.7	11'	55.9	55.8	55.9	55.7

表 5-4-21　化合物 5-4-87~5-4-90 的 ^{13}C NMR 数据

C	5-4-87[40]	5-4-88[41]	5-4-89[41]	5-4-90[41]	C	5-4-87[40]	5-4-88[41]	5-4-89[41]	5-4-90[41]
1	127.1	125.5	125.4	125.2	3'	147.4	147.5	148.5	148.6
2	106.2	107.8	108.5	108.3	4'	146.4	146.3	147.9	147.8
3	147.5	148.4	148.3	145.9	5'	107.9	108.5	110.9	110.9
4	152.2	153.8	153.8	150.8	6'	123.2	123.2	122.2	122.2
5	108.5	110.7	110.7	114.4	7'	50.6	50.1	50	49.7
6	142.7	140.6	140.7	142.5	8'	39.5	39.8	39.9	43.0
7	199.0	199.6	199.8	200.5	9'	18.0	18.1	18.0	18.0
8	42.7	42.6	42.8	39.8	R¹		56.0	56.0	56.1
9	12.7	12.7	12.8	12.9	R²	101.0	56.0	55.8	
1'	133.1	133.2	132	132.1	R³		101.0	55.9	56.0
2'	110.3	110.3	113.5	113.6	R⁴	101.3		56.0	55.9

5-4-91　R=Me
5-4-92　R=H
5-4-93　R¹=R²=R³=Me
5-4-94　R¹=R³=Me; R²=H
5-4-95　R¹,R²=CH₂; R³=Me
5-4-96　R¹=R³=H; R²=Me; R⁴=β-CH₃
5-4-97　R¹=Me; R²=R³=H; R⁴=β-CH₃
5-4-98　R¹=H; R²=R³=Me; R⁴=β-CH₃
5-4-99　R¹=H; R²=R³=Me; R⁴=α-CH₃

表 5-4-22　化合物 5-4-91~5-4-95 的 ^{13}C NMR 数据

C	5-4-91[41]	5-4-92[41]	5-4-93[41]	5-4-94[41]	5-4-95[41]	C	5-4-91[41]	5-4-92[41]	5-4-93[41]	5-4-94[41]	5-4-95[41]
1	125.7s	125.5s	125.6s	125.2s	127.0s	3	148.0s	145.6s	148.0s	145.8s	147.2s
2	108.1d	108.0d	108.2d	108.0d	105.8d	4	153.2s	150.3s	153.7s	150.7s	152.2s

续表

C	5-4-91[41]	5-4-92[41]	5-4-93[41]	5-4-94[41]	5-4-95[41]	C	5-4-91[41]	5-4-92[41]	5-4-93[41]	5-4-94[41]	5-4-95[41]
5	111.2d	114.7d	111.7d	115.4d	109.5d	3'	149.3s	149.3s	149.1s	149.1s	149.2s
6	141.5s	142.4s	138.7s	140.0s	141.0s	4'	147.9s	148.0s	147.9s	147.8s	147.9s
7	198.8s	198.8s	200.0s	200.0s	199.5s	5'	111.0d	111.1d	111.0d	115.4d	111.1d
8	48.5d	48.6d	42.7d	43.2d	43.0d	6'	122.2d	122.0d	121.1d	121.2d	121.1d
9	12.6q	12.6q	11.9q	11.7q	11.7q	7'	53.3d	53.1d	50.3d	49.7d	50.6d
10	56.0q	56.1q	56.0q	56.1q	101.6t	8'	43.8d	43.5d	42.5d	41.9d	42.0d
11	55.9q		55.8q			9'	18.0q	18.0q	15.9q	16.0q	15.9q
1'	136.1s	136.0s	136.2s	136.2s	136.0s	10'	55.8q	55.9q	55.9q	55.9q	55.9q
2'	111.8d	111.8d	111.9d	112.0d	111.9d	11'	56.0q	56.0q	56.0q	56.0q	56.0q

表 5-4-23 化合物 5-4-96~5-4-99 的 ^{13}C NMR 数据

C	5-4-96[42]	5-4-97[42]	5-4-98[42]	5-4-99[42]	C	5-4-96[42]	5-4-97[42]	5-4-98[42]	5-4-99[42]
1	123.9s	125.2s	126.2s	126.4s	3'	146.6s	146.6s	149.0s	149.2s
2	111.9d	108.0d	111.9d	111.8d	4'	144.3s	144.3s	147.7s	147.8d
3	144.7s	145.8s	144.7s	144.4s	5'	114.1d	114.1d	110.9d	110.9d
4	151.3s	150.7s	151.4s	150.8s	6'	121.8d	121.8d	121.0d	122.1d
5	111.3d	115.4d	111.3d	110.6d	7'	50.5d	49.8d	50.4d	53.4d
6	137.9s	140.0s	137.8s	140.7s	8'	42.6d	42.0d	42.5d	43.7d
7	200.0s	200.3s	200.0d	198.8s	9'	15.9q	16.0q	15.9q	18.0q
8	42.6d	43.2d	42.5d	48.6d	10'	55.9q	55.9q	55.9q	55.9q
9	11.9q	11.7q	11.8q	12.5q	R^1		56.1q		
1'	135.8s	135.5s	136.4s	136.3s	R^2	56.0q		56.0q	55.8q
2'	111.0d	111.0d	111.8d	111.7d	R^3			55.8q	55.8q

5-4-100[43]   **5-4-101**[44]   **5-4-102**[44]

5-4-103 R=H
5-4-104 R=Me
5-4-105 R=a
5-4-106 R=b

表 5-4-24　化合物 5-4-103~5-4-106 的 ^{13}C NMR 数据

C	5-4-103[44]	5-4-104[44]	5-4-105[44]	5-4-106[44]	C	5-4-103[44]	5-4-104[44]	5-4-105[44]	5-4-106[44]
1	127.3	127.5	127.6	127.2	2',6'	105.3	105.4	105.4	106.0
2	106.7	106.7	106.7	106.6	3',5'	153.2	153.3	153.3	153.3
3	148.0	148.0	148.0	147.6	4'	137.1	137.1	137.1	137.2
4	153.0	152.9	152.9	152.8	7'	47.9	48.3	48.5	49.2
5	108.9	108.9	108.8	108.8	8'	55.2	55.5	55.7	55.3
6	139.4	139.7	139.3	141.7	9'	176.5	172.0	171.3	169.2
7	184.0	184.1	184.1	184.4	10'/12'	56.1	56.1	56.1	56.1
8	137.0	137.1	136.9	136.8	11'	60.8	60.8	60.8	60.8
9	126.7	126.1	126.0	122.9	COOMe		52.6		
10	102.0	102.0	102.0	101.9	1"f/g			137.5	50.3/54.5
1'	137.7	138.3	138.3	141.5	7"			66.7	153.7

5-4-105: 2"f, 6"f 105.7; 3"f,5"f 160.9; 4"f 100.3.
5-4-106: 2"f/g-6"f/g 32.7,32.3, 31.1,30.5, 26.0,25.9, 25.4,25.3, 24.6.

5-4-107[45]

5-4-108　$R^1=R^2=CH_2OH$; $R^3=R^4=R^7=Me$; $R^5=R^8=OMe$; $R^6=H$
5-4-109　$R^1=a$; $R^2=b$; $R^3=Me$; $R^4=R^7=H$; $R^5=R^6=R^8=OMe$
5-4-110　$R^1=a$; $R^2=b$; $R^3=Me$; $R^4=R^6=R^7=R^8=H$; $R^5=OMe$
5-4-111　$R^1=R^2=COOH$; $R^3=R^4=R^7=Me$; $R^5=R^6=H$; $R^8=OMe$
5-4-112　$R^1=R^2=COOMe$; $R^3=R^4=R^5=R^6=R^7=H$; $R^8=OH$
5-4-113　$R^1=R^2=COOMe$; $R^3=R^4=R^7=Me$; $R^5=R^6=H$; $R^8=OMe$

表 5-4-25　化合物 5-4-108~5-4-113 的 ^{13}C NMR 数据

C	5-4-108[46]	5-4-109[47]	5-4-110[47]	5-4-111[48]	5-4-112[48]	5-4-113[48]
1	128.8	124.3	124.3	123.8	124.7	125.2
2	106.3	109.1	109.2	112.0	116.8	113.3
3	152.3	149.2	149.1	148.9	144.6	149.3
4	142.0	143.1	143.1	151.4	145.1	149.6
5	151.6	146.9	146.9	112.2	117.0	113.4
6	121.6	125.2	125.5	130.5	130.8	131.3
7	124.5	135.1	135.2	140.0	138.4	138.2
8	138.2	127.1	126.9	120.9	122.9	123.4
9	66.2	170.0	170.0	172.1	167.5	167.4
1'	136.5	135.3	136.3	130.5	136.0	136.5
2'	111.0	106.0	116.2	110.7	115.4	112.6
3'	147.3	149.0	144.8	147.9	145.6	150.2

续表

C	5-4-108[46]	5-4-109[47]	5-4-110[47]	5-4-111[48]	5-4-112[48]	5-4-113[48]
4'	148.6	135.3	145.9	148.3	148.3	152.2
5'	110.8	149.0	115.9	111.1	116.0	112.7
6'	119.4	106.0	119.9	119.3	119.7	120.3
7'	38.5	41.6	41.0	45.1	46.1	46.2
8'	47.0	49.2	49.0	46.7	48.3	47.9
9'	65.2	174.0	174.0	177.8	173.2	172.9
$R^2(R^1)$					52.3/51.8	52.4/51.9
1"(1''')		131.1/131.3	131.1/131.4			
2"(2''')		130.7/130.8	130.7/130.8			
3"(3''')		116.2/116.2	116.2/116.2			
4"(4''')		156.8/156.8	156.7/156.8			
5"(5''')		116.2/116.2	116.2/116.2			
6"(6''')		130.8/130.8	130.7/130.8			
7"(7''')		42.4/42.8	42.4/42.8			
8"(8''')		35.4/35.6	35.5/35.6			
R^3	56.0	56.8	56.8	55.8		56.0
R^4	60.8			55.8		56.1
R^5	55.7	60.8	60.8			
R^6		56.7				
R^7	55.8			55.9		56.2
R^8	55.8	56.7		56.0		56.2

5-4-114 R^1=Glu; R^2=OH; R^3=OCH$_3$
5-4-115 R^1=Glu; R^2=OH; R^3=a
5-4-116 R^1=Glu; R^2=b; R^3=a
5-4-117 R^1=OH; R^2=R^3=a

表 5-4-26 化合物 5-4-114~5-4-117 的 ^{13}C NMR 数据

C	5-4-114[49]	5-4-115[49]	5-4-116[49]	5-4-117[49]	C	5-4-114[49]	5-4-115[49]	5-4-116[49]	5-4-117[49]
木脂素片段					6	131.1s	131.0s	131.1s	132.25
1	128.3s	126.0s	128.0s	125.0s	7	138.6d	138.7d	139.3s	140.8d
2	117.5d	117.5d	117.7d	117.8d	8	126.1s	128.3s	125.1s	124.3s
3	147.5s	147.5s	147.3s	144.9s	9	170.2s	170.1s	168.5s	167.9s
4	148.3s	148.3s	148.5s	148.9s	1'	132.2s	135.6s	135.2s	132.5s
5	118.9d	118.7d	118.6d	116.4d	2'	115.9d	116.0d	116.0d	117.7d

续表

C	5-4-114[49]	5-4-115[49]	5-4-116[49]	5-4-117[49]	C	5-4-114[49]	5-4-115[49]	5-4-116[49]	5-4-117[49]
3'	146.2s	146.2s	146.1s	146.3s	莽草酸片段				
4'	145.2s	145.3s	145.2s	145.7s	1'''/1''''		129.4s	129.5s	130.3s/129.1s
5'	116.3d	116.4d	116.5d	116.5d	2'''/2''''		139.3d	139.3d	138.8d/139.7d
6'	120.1d	120.3d	120.3d	122.0d	3'''/3''''		67.1d	67.1d	67.3d/67.0d
7'	47.2d	47.4d	47.2d	48.1d	4'''/4''''		68.6d	68.6d	70.1d/68.1d
8'	48.8d	49.4d	49.3d	49.5d	5'''/5''''		72.2d	72.4d	71.8d/72.1d
9'	175.2s	173.8s	173.8s	172.6s	6'''/6''''		27.4t	27.6d	29.2t/26.9t
OMe	52.7q				7'''/7''''		169.5s	169.9s	169.7s/169.7s
Glu					庚醇片段				
1"	103.7d	103.6d	103.4d		1''''			67.4t	
2"	74.8d	74.8d	74.7d		2''''			72.3d	
3"	77.6d	77.5d	77.4d		3''''			73.2d	
4"	71.0d	71.0d	70.9d		4''''			74.1d	
5"	78.1d	78.0d	77.9d		5''''			71.1d	
6"	62.1t	62.1t	62.0d		6''''			74.9d	
					7''''			64.1t	

表 5-4-27 化合物 5-4-118~5-4-121 的 ^{13}C NMR 数据

C	5-4-118[48]	5-4-119[48]	5-4-120[50]	5-4-121[50]	C	5-4-118[48]	5-4-119[48]	5-4-120[50]	5-4-121[50]
1	130.7	131.3	125.3	127.4	6	124.3	124.5	124.8	124.4
2	119.4	119.9	122.7	122.5	7	140.0	139.4	140.3	130.3
3	148.3	152.1	114.2	120.9	8	121.1	121.9	135.5	124.9
4	148.3	152.1	143.8	143.2	9	166.6	166.1	166.7	166.1
5	121.7	122.1	148.4	137.8	1'	136.5	136.4	121.1	110.4

续表

C	5-4-118[48]	5-4-119[48]	5-4-120[50]	5-4-121[50]	C	5-4-118[48]	5-4-119[48]	5-4-120[50]	5-4-121[50]
2'	115.2	112.0	115.5	148.9	5"(5''')	117.1	113.2	116.0	115.8
3'	145.4	149.9	145.7	104.7		117.1	113.2	116.1	116.1
4'	145.6	150.0	143.8	147.7	6"(6''')	117.3	114.1	121.8	121.7
5'	116.8	113.1	116.0	142.2		117.3	114.1	121.9	121.9
6'	117.3	122.3	119.8	113.4	7"(7''')	37.1	37.2	37.2	37.2
7'	45.4	45.7	39.6	126.1		37.4	37.6	37.5	37.7
8'	47.8	47.3	47.6	120.5	8"(8''')	74.2	74.2	74.2	74.7
9'	171.9	171.5	172.0	170.2		74.3	74.3	74.5	76.1
1"(1''')	128.8	129.4	129.0	127.9	9"(9''')	170.9	170.0	170.9	171.1
	128.9	129.5	129.1	128.8		171.2	170.4	171.1	172.6
2"(2''')	115.8	112.4	117.5	117.5	COOMe		52.3		
	115.9	112.5	117.6	117.7			52.4		
3"(3''')	144.4	149.1	145.3	145.4	OMe		55.9		
	144.7	149.3	145.5	145.8			56.0		
4"(4''')	144.6	149.1	144.7	144.7			56.1		
	144.9	150.0	144.8	144.9					

5-4-122 R¹= =CH₂ ; R²= COOH

5-4-123 R¹= CH₂Cl ; R²= COOH

5-4-124 R¹= CH₂Cl ; R²= COOH

5-4-125[52]

表 5-4-28 化合物 5-4-122~5-4-124 的 ¹³C NMR 数据

C	5-4-122[51]	5-4-123[51]	5-4-124[51]	C	5-4-122[51]	5-4-123[51]	5-4-124[51]
1	127.0	126.8	127.3	1'	136.7	135.6	137.1
2	106.2	106.4	106.0	2'/6'	105.4	106.9	108.9
3	147.6	147.6	145.3	3'/5'	152.9	153.8	154.5
4	152.7	153.0	153.5	4'	136.7	130.8	138.6
5	108.6	108.6	109.0	7'	47.7	48.5	49.3
6	139.6	141.7	143.2	8'	54.9	50.8	51.6
7	184.1	191.2	191.6	9'	174.6	174.6	173.0
8	137.9	50.6	51.3	10'/12'	55.8	56.5	56.5
9	126.0	41.9	42.8	11'	60.3	61.0	60.5
10	101.8	102.1	103.1				

参 考 文 献

[1] Wang B G, Wang C Y, Rainer E, et al. Tet rahedron Lett, 2002, 43: 5783.
[2] Xu S, Li N, Ning M M. J Nat Prod, 2006, 69: 247.
[3] Wang B G, Rainer E, Wang C Y, et al. J Nat Prod, 2004, 67: 682.
[4] Wang B G, Rainer E, Bambang W N, et al. J Nat Prod, 2001, 64: 1521.
[5] Cheng W, Zhu C G, Xu W D, et al. J Nat Prod, 2009, 72: 2145.
[6] Chohachi K, Xue H Z, Lu Z Z, et al. J Nat Prod, 1989, 52: 1113.
[7] Joshua D L, Sang S M, Ann D, et al. Phytochemistry, 2005, 66: 811.
[8] Letícia F L B, Andersson B, Marcos J S, et al. J Nat Prod, 2009, 72: 1529.
[9] Hu J F, Eliane G, Hye-Dong Y, et al. Phytochemistry, 2005, 66: 1077.
[10] Zhang Z Z, Dean G, Li C L, et al. Phytochemistry, 1999, 51: 469.
[11] Hyoun J K, Woo E R, Hokoonpa R. J Nat Prod, 1994, 57: 581.
[12] Yang B H, Zhang W D, Liu R H, et al. J Nat Prod, 2005, 68: 1175.
[13] Aranya J, Zhang H J, Ghee T T, et al. Phytochemistry, 2005, 66: 2745.
[14] Sebastiao F F, Jayr D P C, Lauro E S, et al. Phytochemistry, 1978, 17: 499.
[15] Paolom A, Giovannas P. J Nat Prod, 1989, 52: 1327.
[16] Somanabandhu A. J Nat Prod, 1993, 56:233.
[17] Klaus P L, Maki K, Andreas S, et al. Phytochemistry, 2008, 69: 820.
[18] Tripetch K, Mohamed S K, Ryoji K, et al. Phytochemistry, 2001, 56: 369.
[19] Tripetch K, Ryoji K, Kazuo Y. Phytochemistry, 2001, 57: 1245.
[20] Azhar-Ul-Haq, Abdul M, Itrat A, et al. Chem Pharm Bull, 2004,52: 1269.
[21] Madalena M M P, Anake K, Alicia B G, et al. Phytochemistry, 1990, 29: 1985.
[22] Sebastiao F F, Lawrence T N, Edmundo A R. Phytochemistry, 1979, 18: 1703.
[23] Masateru O, Yoichiro N, Chikako M, et al. J Nat Prod, 2004, 67: 2073.
[24] Zheng C J, Huang B K, Han T, et al. J Nat Prod, 2009, 72: 1627.
[25] Gan L S, Yang S P, Fan C Q, et al. J Nat Prod, 2005, 68: 221.
[26] Cullmann F, Adam K P, Becker H. Phytochemistry, 1993, 34: 831.
[27] Noppadon R, Rutt S, Masataka M, et al. Fitoterapia, 2009, 80: 377.
[28] Juan C, Martinez V, Ricardo T C. Phytochemistry, 1997, 44: 1179.
[29] Fumiko A, Tatsuo Y, Alfred S C W. Phytochemistry, 1989, 28: 3473.
[30] Wang H B, Yu D Q, Liang X T. J Nat Prod, 1989, 52: 342.
[31] Tripetch K, Pawadee N, Hideaki O, et al. Phytochemistry, 2006, 67: 516.
[32] Jiang Z H. Tet Lett, 1994, 35: 2031.
[33] Jiang Z H, Takashi T, Isao K. Chem Pharm Bull,1996, 44: 1669.
[34] Chang C C, Lien Y C, Karin C S, et al. Phytochemistry, 2003, 63: 825.
[35] Tripetch K, Phannipha C, Ryoji K, et al. Phytochemistry, 2003, 63: 985.
[36] Vardamides J C, Azebaze A G B, Nkengfack A E, et al. Phytochemistry, 2003, 62: 647.
[37] Hans A, Monika B, Ruben T. Phytochemistry, 1997, 45:325-335.
[38] Vittorio V, Giorgio F, Fulvia O, et al. Phytochemistry, 1979, 18: 1847.
[39] Kennia R R, Massuo J K. Phytochemistry, 2002, 61: 427.
[40] Da Silva T, Lopes L M X. Phytochemistry, 2006, 67: 929.
[41] Da Silva T, Lopes L M X. Phytochemistry, 2004, 65: 751.
[42] Cheng Y B, Chang M T, Lo Y W, et al. J Nat Prod, 2009, 72: 1663.
[43] Fumio K, Shingo K, Hideo O. Phytochemistry, 1997, 44: 1351.
[44] Petet H H, Rudolf M. Helv Chim Acta, 1994, 77: 771.
[45] Cullmann F, Adam K P, Zapp J, et al. Phytochemistry, 1996, 41: 611.
[46] Mitsuo M, Hiroyuki K, Hiromu K. Phytochemistry, 1996, 42: 531.
[47] Mariana H C, Nidia F R. Phytochemistry, 1997, 46: 879.
[48] Isao A, Tsuttomu H, Sansei N, et al.Phytochemistry, 1987, 28: 2447.
[49] Cullmann F, Becker H. Phytochemistry, 1999, 52: 1651.
[50] Takashi T, Akiko N, Isao K, et al. Chem Pharm Bull, 1997, 45: 1596.

[51] Lopez-Perez J, Olmo del E, Pascual-Teresa de B, et al. Tetrahedron, 1996, 52: 4903.
[52] Satyanarayana P, Subrahmaiwam P, Viswanatham K N. J Nat Prod, 1998, 51: 44.

第五节 苯基四氢萘并丁内酯类木脂素

表 5-5-1 苯基四氢萘并丁内酯类木脂素的名称、分子式和测试溶剂

编号	名称	分子式	测试溶剂	参考文献
5-5-1	negundin A	$C_{20}H_{16}O_6$	P	[1]
5-5-2	rupestrin A	$C_{34}H_{38}O_{18}$	P	[2]
5-5-3	rupestrin B	$C_{32}H_{36}O_{17}$	P	[2]
5-5-4	rupestrin C	$C_{35}H_{40}O_{19}$	P	[2]
5-5-5	vitedoamine A	$C_{20}H_{17}NO_5$	D	[3]
5-5-6	5-methoxydehydropodophyllotoxin	$C_{23}H_{20}O_9$	C	[5]
5-5-7	dehydro-β-peltatin methyl ether	$C_{23}H_{20}O_{10}$	C	[5]
5-5-8	justalakonin	$C_{26}H_{24}O_{12}$	D	[6]
5-5-9	acutissimalignan A	$C_{27}H_{26}O_{11}$	C	[7]
5-5-10	dehydropodophyllotoxin	$C_{22}H_{18}O_8$	C	[16]
5-5-11	vitedoamine B	$C_{20}H_{17}NO_5$	M	[4]
5-5-12	isodeoxypodophyllotoxin	$C_{22}H_{22}O_7$	C	[5]
5-5-13	4'-demethylisopodophyllotoxin	$C_{21}H_{20}O_8$	D+C	[8]
5-5-14	(1S,2S,3R)-(+)-isopicrodeoxypodophyllotoxin	$C_{22}H_{22}O_7$	C	[9]
5-5-15	(8'R,7'S)-(−)-8-hydroxy-α-conidendrin	$C_{20}H_{20}O_7$	C	[10]
5-5-16	bispicropodophyllin glucoside	$C_{56}H_{64}O_{26}$	C	[11]
5-5-17	4'-demethyldesoxypodophyllotoxin	$C_{21}H_{20}O_7$	C	[12]
5-5-18	4'-demethyldesoxypicropodophyllotoxin	$C_{21}H_{20}O_7$	C	[12]
5-5-19	2β-hydroxy 4'-demethyldesoxypodophyllotoxin	$C_{21}H_{20}O_8$	C	[12]
5-5-20	4'-demethyldehydropodophyllotoxin	$C_{21}H_{16}O_8$	P	[13]
5-5-21	picropodophyllone	$C_{22}H_{20}O_8$	C	[13]
5-5-22	isopicropodophyllone	$C_{22}H_{20}O_8$	C	[13]
5-5-23	hyptinin	$C_{22}H_{20}O_7$	C	[16]
5-5-24	formosalactone	$C_{22}H_{22}O_7$	C	[14]
5-5-25	deoxypodophyllotoxin	$C_{22}H_{22}O_7$	C	[14]
5-5-26	erlangerin A	$C_{27}H_{28}O_{11}$	C	[15]
5-5-27	erlangerin D	$C_{24}H_{24}O_{10}$	C	[15]
5-5-28	deoxypicropodophyllotoxin	$C_{22}H_{22}O_7$	C	[14]
5-5-29	erlangerin B	$C_{24}H_{24}O_9$	C	[15]
5-5-30	erlangerin C	$C_{24}H_{24}O_9$	C	[15]
5-5-31	(7R,8S,7'R,8'R)-(+)-7'-acetyl-5'-methoxypicropodophyllin	$C_{25}H_{26}O_{10}$	C	[17]
5-5-32	(7R,8S,7'R,8'R)-(+)-7'-acetylpicropodophyllin	$C_{24}H_{24}O_9$	C	[17]
5-5-33	β-peltatin B methyl eter	$C_{23}H_{24}O_8$	C	[18]
5-5-34	2'-methoxycpipicropodophyllotoxin	$C_{23}H_{24}O_9$	C	[18]
5-5-35	2'-methoxycpipicropodophyllotoxin acctate	$C_{25}H_{26}O_{10}$	C	[18]
5-5-36	2'-methoxypicropodophyllotoxin	$C_{23}H_{24}O_9$	C	[18]
5-5-37	2'-methoxypodophyllotoxin	$C_{23}H_{24}O_9$	C	[18]
5-5-38	2'-methoxypodophyllotoxin acetate	$C_{25}H_{26}O_{10}$	C	[18]
5-5-39	(1R,2R,3R)-2,3-$trans$-6,7-methylenedioxy-1-(3',4'-methylenedioxyphenyl)-1,2,3,4-tetrahydro-3-hydroxy-methylanaphthalene-2-carboxylic acid lactone	$C_{20}H_{16}O_6$	C	[19]

续表

编号	名称	分子式	测试溶剂	参考文献
5-5-40	polygamain	$C_{20}H_{16}O_6$	C	[20]
5-5-41	morelensin	$C_{21}H_{20}O_6$	C	[20]
5-5-42	4,5-dimethoxymorelensin	$C_{22}H_{24}O_6$	C	[20]
5-5-43	podophyllotoxin	$C_{22}H_{22}O_8$	C	[21]
5-5-44	podophyllotoxone	$C_{22}H_{20}O_8$	C	[21]
5-5-45	isopodophyllotoxone	$C_{22}H_{20}O_8$	C	[21]
5-5-46	trigonotin A	$C_{35}H_{40}O_{19}$	M	[22]
5-5-47	trigonotin B	$C_{33}H_{38}O_{18}$	M	[22]
5-5-48	trigonotin C	$C_{34}H_{38}O_{18}$	M	[22]
5-5-49	phyllamyricin D	$C_{23}H_{20}O_8$	C	[23]
5-5-50	phyllamyricin E	$C_{22}H_{18}O_7$	C	[23]
5-5-51	phyllamyricin A	$C_{22}H_{18}O_7$	C	[24]
5-5-52	retrojusticidin B	$C_{21}H_{16}O_6$	P	[24]
5-5-53	phyllamyricin C	$C_{22}H_{18}O_7$	C	[24]
5-5-54	justicidin B	$C_{21}H_{16}O_6$	C	[24]
5-5-55	phyllamyricin B	$C_{22}H_{20}O_6$	P	[24]
5-5-56	detetrahydroconidendrin	$C_{20}H_{16}O_6$	P	[25]
5-5-57	deoxypicropodophyllin	$C_{22}H_{22}O_7$	C	[5]
5-5-58	4'-demethyldeoxypodophyllotoxi	$C_{21}H_{20}O_7$	B+D	[5]
5-5-59	β-apopicropodophylli	$C_{22}H_{22}O_7$	C	[5]
5-5-60	cilinaphthalide A	$C_{22}H_{20}O_7$	C	[26]
5-5-61	cilinaphthalide B	$C_{23}H_{22}O_7$	C	[26]
5-5-62	justicidin A	$C_{22}H_{18}O_7$	C	[26]
5-5-63	4-hydroxy-5-methoxy-3",4'-methylenedioxy-7",8"-*seco*-2,7'-cyclolignan-7',8'-dione	$C_{20}H_{20}O_6$	C	[27]
5-5-64	juspurpurin	$C_{26}H_{26}O_{12}$	A	[6]
5-5-65	peperomin D	$C_{20}H_{18}O_6$	C	[28]
5-5-66	peperomin E	$C_{22}H_{20}O_8$	C	[29]
5-5-67	peperomin F	$C_{24}H_{26}O_{10}$	C	[29]
5-5-68	7,8-secoholostylone A	$C_{21}H_{24}O_6$	C	[30]
5-5-69	7,8-secoholostylone B	$C_{21}H_{22}O_7$	C	[30]

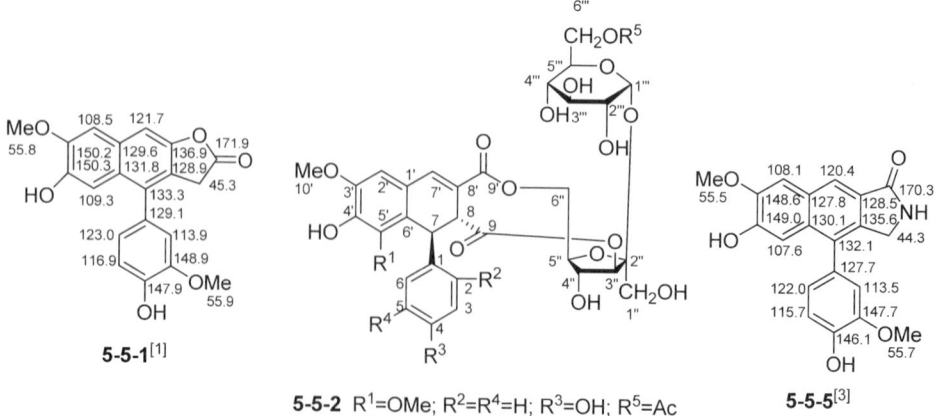

5-5-1[1]

5-5-2 R^1=OMe; R^2=R^4=H; R^3=OH; R^5=Ac
5-5-3 R^1=OMe; R^2=R^4=R^5=H; R^3=OH
5-5-4 R^1=OH; R^2=R^4=OMe; R^3=H; R^5=Ac

5-5-5[3]

表 5-5-2　化合物 5-5-2~5-5-4 的 ^{13}C NMR 数据

C	5-5-2[2]	5-5-3[2]	5-5-4[2]	C	5-5-2[2]	5-5-3[2]	5-5-4[2]
1	136.1	136.2	136.7	10'	56.2	56.1	56.1
2	129.4	129.5	146.9	1"	63.2	63.2	63.3
3	116.5	116.5	116.8	2"	109.9	109.9	109.8
4	157.9	157.6	121.0	3"	80.5	80.5	80.3
5	116.5	116.5	148.7	4"	87.7	87.6	87.5
6	129.4	129.5	112.4	5"	74.7	74.7	74.7
7	38.8	38.7	39.3	6"	65.8	65.9	65.9
8	50.4	50.7	50.1	1'''	94.5	94.7	94.5
9	174.6	174.4	174.5	2'''	73.6	74.8	73.6
1'	122.1	122.1	121.8	3'''	75.5	75.8	75.4
2'	109.4	109.4	109.4	4'''	72.2	71.4	72.2
3'	148.6	148.5	148.6	5'''	72.1	73.8	72.0
4'	144.9	144.7	144.9	6'''	65.8	62.2	62.2
5'	147.0	147.0	147.2	R^1	60.0	60.0	
6'	124.8	124.8	125.3	R^2			59.9
7'	141.5	141.3	141.7	R^4			56.2
8'	122.5	122.6	122.6	R^5	170.9/20.4		170.8/20.4
9'	167.4	167.4	167.4				

5-5-6　R^2=R^5=R^7=OMe; R^1=OH; R^3,R^4=CH$_2$; R^6=Me
5-5-7　R^2=R^5=R^7=OMe; R^1=H; R^3,R^4=CH$_2$; R^6=Me
5-5-8　R^1=OMe; R^2=R^5=R^6=H; R^3,R^4=CH$_2$; R^7=β-D-Glu
5-5-9　R^1=a; R^2=R^7=H; R^3=R^4=Me; R^5,R^6=OCH$_2$
5-5-10　R^1=OH; R^2=H; R^3,R^4=CH$_2$; R^5=R^7=OMe; R^6=Me

表 5-5-3　化合物 5-5-6~5-5-10 的 ^{13}C NMR 数据

C	5-5-6[5]	5-5-7[5]	5-5-8[6]	5-5-9[7]	5-5-10[16]
1	130.3	130.4	125.6(125.8)	129.2	132.1
2	107.2	107.2	118.6	111.6(111.5)	107.7
3	152.8	152.8	144.8(144.9)	148.5	153.1
4	136.3	137.6	146.5(146.9)	148.5	133.4
5	152.8	152.8	115.5(115.6)	109.1	153.1
6	107.2	107.2	124.9(125.1)	124.5(124.4)	107.9
7	132.0	140.0	133.6(133.7)	137.4	130.2
8	120.4	119.2	125.2(125.3)	120.2	122.9
9	169.6	169.6	168.9	170.7	170.0
1'	116.0	128.9	126.5(126.6)	127.8	124.9
2'	130.6	135.6	98.0	101.3	97.5

续表

C	5-5-6[5]	5-5-7[5]	5-5-8[6]	5-5-9[7]	5-5-10[16]
3'	136.3	136.0	149.6	152.9	149.7
4'	149.1	149.6	148.6	151.1	148.9
5'	100.1	98.3	102.9	107.3	102.0
6'	132.8	130.5	131.1(131.2)	131.8	130.6
7'	147.6	114.0	147.6	145.1	144.2
8'	123.0	139.0	119.3(119.4)	132.1(132.0)	119.2
9'	66.6	68.3	66.5	68.4	66.2
1″			102.8	106.1	
2″			73.3(73.4)	82.5	
3″			75.8	73.9	
4″			69.6(69.7)	69.1	
5″			77.0	67.0	
6″			60.6	62.6	
R^1			59.4		
R^2	61.0	60.9			
R^3				57.0	
R^4	101.8	101.6	102.2	56.8	101.9
R^5	56.1	56.1		102.1	56.4
R^6	60.9	60.1			61.1
R^7	56.1	56.1			56.3

表 5-5-4 化合物 5-5-12~5-5-13 的 ^{13}C NMR 数据

C	5-5-12[5]	5-5-13[8]	C	5-5-12[5]	5-5-13[8]	C	5-5-12[5]	5-5-13[8]
1	138.6	134.0	9	175.3	177.2	5'	110.0	107.3
2	106.5	106.7	10	56.2	56.0	6'	132.2	131
3	153.1	147.7	11	56.2	56.0	7'	33.0	67.1
4	136.6	134.5	1'	127.7	133.1	8'	46.7	42.6
5	153.1	147.7	2'	108.4	104.4	9'	70.9	68.9
6	106.5	106.7	3'	146.4	145.6	10'	101.1	100.3
7	40.1	43.1	4'	146.6	145.6	R^2	60.8	
8	48.7	44.2						

第五章 木脂素类化合物

表 5-5-5 化合物 5-5-17~5-5-19 的 ^{13}C NMR 数据

C	5-5-17[12]	5-5-18[12]	5-5-19[12]	C	5-5-17[12]	5-5-18[12]	5-5-19[12]
1	132.0	133.8	130.5	2'	108.6	109.0	108.6
2/6	108.2	105.0	108.4	3'	147.2	147.0	147.2
3/5	146.6	147.4	146.7	4'	147.9	147.1	147.3
4	132.1	133.7	134.4	5'	110.7	110.1	111.4
7	43.8	45.4	52.9	6'	131.0	131.0	127.9
8	47.8	46.7	76.7	7'	33.3	32.3	27.2
9	175.2	178.7	175.0	8'	32.9	33.3	35.9
10/11	56.6	56.7	56.7	9'	72.2	73.0	71.0
1'	128.5	128.6	128.6	10'	101.4	101.2	101.4

表 5-5-6 化合物 5-5-21、5-5-22 的 ^{13}C NMR 数据

C	5-5-21[13]	5-5-22[13]	C	5-5-21[13]	5-5-22[13]	C	5-5-21[13]	5-5-22[13]
1	137.0	133.8	10/12	56.3	56.2	5'	109.4	106.1
2/6	104.9	106.7	11	60.8	60.8	6'	139.5	
3/5	153.8	153.3	1'	127.3	128.8	7'	193.4	193.0
4	137.9	139.0	2'	106.0	108.5	8'	43.5	44.7
7	43.4	44.2	3'	148.4	148.3	9'	70.5	69.4
8	46.7	45.0	4'	153.8	153.4	10'	102.2	102.2
9	175.5	175.2						

1493

表 5-5-7　化合物 5-5-28~5-5-30 的 ^{13}C NMR 数据

C	5-5-28[14]	5-5-29[15]	5-5-30[15]	C	5-5-28[14]	5-5-29[15]	5-5-30[15]
1	138.3	130.9	131.3	5'	109.8	151.4	109.6
2	105.6	110.8	108.1	6'	130.7	130.4	128.3
3	153.5	146.3	152.6	7'	32.1	34.1	33.2
4	137.4	147.3	137.4	8'	33.1	39.4	39.7
5	153.5	107.6	152.6	9'	72.8	72.9	72.5
6	105.6	123.1	108.1	R^1	101.0	56.1	101.1
7	45.4	43.6	50.8	R^2		60.9	
8	46.3	81.5	81.9	R^3		61.2	
9	178.2	175.9	174.6	R^4	56.4		56.1
1'	128.4	121.8	128.7	R^5	60.8	101.0	60.8
2'	108.8	108.1	108.7	R^6	56.4		56.1
3'	147.0	153.2	147.2	R^7		170.2	169.7
4'	146.9	141.9	147.3			20.9	20.8

表 5-5-8 化合物 5-5-31 和 5-5-32 的 ^{13}C NMR 数据

C	5-5-31[17]	5-5-32[17]	C	5-5-31[17]	5-5-32[17]	C	5-5-31[17]	5-5-32[17]
1	141.2	140.2	10/12	56.1	56.2	6'	123.9	131.5
2/6	104.9	105.5	11	60.8	60.9	7'	73.7	72.5
3/5	152.9	153.5	1'	125.9	126.7	8'	39.1	39.7
4	135.6	137.2	2'	104.9	108.4	9'	71.6	70.9
7	37.8	44.3	3'	148.8	148.4	10'	101.4	101.4
8	45.5	45.5	4'	147.1	147.2	R	59.9	
9	177.5	177.5	5'	141.2	109.8	COCH$_3$	170.4 / 21.0	170.9 / 21.0

表 5-5-9 化合物 5-5-33~5-5-36 的 ^{13}C NMR 数据

C	5-5-33[18]	5-5-34[18]	5-5-35[18]	5-5-36[18]	C	5-5-33[18]	5-5-34[18]	5-5-35[18]	5-5-36[18]
1	137.9	137.6	137.0	137.5	2'	141.5	140.5	140.0	141.3
2/6	108.1	106.6	106.7	105.6	3'	136.0	139.6	139.3	139.7
3/5	154.0	153.7	153.8	153.7	4'	148.5	149.4	149.9	149.8
4	139.0	134.9	135.2	135.2	5'	104.8	104.1	103.6	104.2
7	45.9	43.8	44.0	44.3	6'	132.0	133.8	130.8	130.6
8	46.8	44.1	44.2	46.3	7'	24.8	64.0	65.6	67.1
9	178.8	178.1	178.3	177.0	8'	33.0	39.6	39.7	40.4
10	56.8	56.5	56.4	56.4	9'	73.6	69.4	69.2	73.0
11	61.6	61.0	60.9	60.9	10'	101.4	101.2	101.2	101.2
12	56.8	56.5	56.4	56.4	11'	60.2	60.2	60.1	60.0
1'	120.7	122.5	119.5	122.2	R^1				170.4 / 20.0

5-5-37 R=H
5-5-38 R=Ac

5-5-39[19]

5-5-40 R^1,R^2=CH$_2$; R^3,R^4=CH$_2$
5-5-41 R^1=R^2=CH$_3$; R^3,R^4=CH$_2$
5-5-42 R^1=R^2=R^3=R^4=CH$_3$

表 5-5-10 化合物 5-5-37、5-5-38 的 ^{13}C NMR 数据

C	5-5-37[18]	5-5-38[18]	C	5-5-37[18]	5-5-38[18]	C	5-5-37[18]	5-5-38[18]
1	135.0	135.9	11	60.6	60.8	6'	132.9	134.3
2/6	108.5	108.3	12	56.2	56.3	7'	70.5	70.3
3/5	152.7	152.8	1'	125.1	120.8	8'	39.1	39.4
4	134.7	134.6	2'	141.7	142.5	9'	71.8	71.9
7	44.6	44.3	3'	137.5	137.5	10'	101.3	101.5
8	45.1	46.0	4'	149.5	150.2	11'	59.8	59.6
9	174.3	173.8	5'	104.3	104.1	R		170.9 / 20.9
10	56.2	56.3						

表 5-5-11　化合物 5-5-40~5-5-42 的 ^{13}C NMR 数据

C	5-5-40[20]	5-5-41[20]	5-5-42[20]	C	5-5-40[20]	5-5-41[20]	5-5-42[20]
1	135.9	134.6	135.9	3'	145.5	146.3	148.0
2	107.5	110.5	113.3	4'	145.5	145.7	148.2
3	146.8	146.5	148.3	5'	109.0	108.2	113.3
4	145.7	148.2	149.2	6'	131.7	132.0	131.7
5	107.2	111.3	111.3	7'	32.5	32.3	32.9
6	122.1	121.6	122.2	8'	39.0	39.4	40.5
7	45.1	45.3	46.1	9'	70.0	70.7	71.4
8	47.8	47.6	49.3	R^1	100.0	76.0	56.2
9	174.5	174.5	176.0	R^2		76.5	56.2
1'	126.8	127.0	127.2	R^3	100.1	100.2	56.3
2'	108.1	107.3	111.7	R^4			56.3

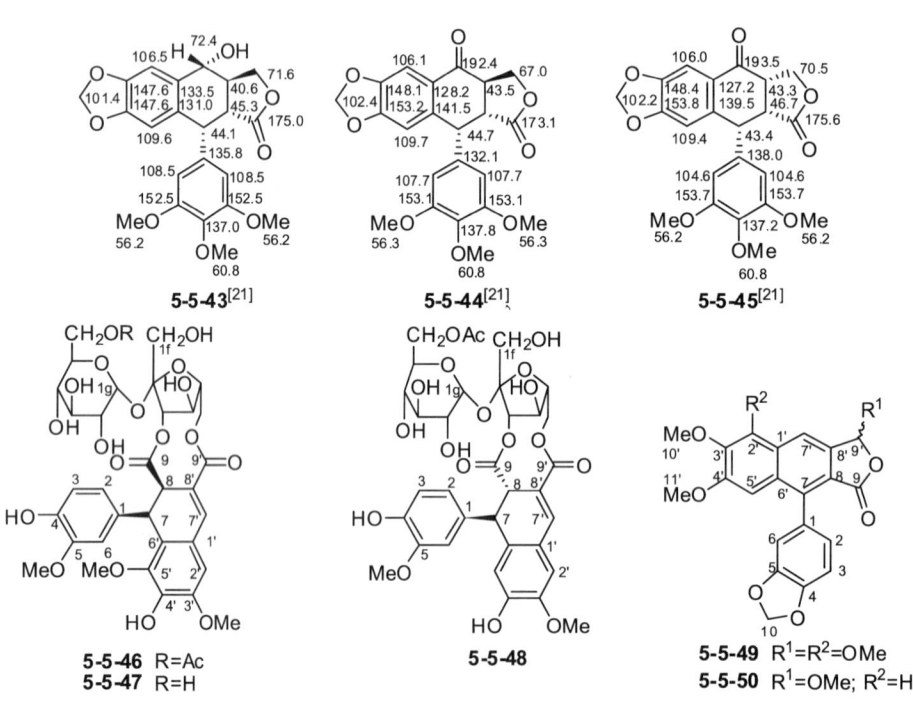

表 5-5-12　化合物 5-5-46~5-5-48 的 ^{13}C NMR 数据

C	5-5-46[22]	5-5-47[22]	5-5-48[22]	C	5-5-46[22]	5-5-47[22]	5-5-48[22]
1	137.5	133.7	133.6	1'	123.2	123.1	135.0
2	121.5	121.5	123.6	2'	110.2	110.1	113.9
3	116.6	116.6	117.0	3'	149.2	149.2	150.4
4	146.6	146.4	147.0	4'	144.5	144.5	148.0
5	148.9	148.9	149.2	5'	147.0	147.1	116.4
6	112.7	112.7	114.6	6'	125.6	125.7	124.3
7	40.0	40.2	48.2	7'	142.4	142.0	140.4
8	50.6	50.8	51.7	8'	123.2	123.3	126.2
9	175.0	174.9	176.2	9'	168.9	168.6	168.0

续表

C	5-5-46[22]	5-5-47[22]	5-5-48[22]	C	5-5-46[22]	5-5-47[22]	5-5-48[22]
1f	63.6	63.5	63.4	3g	75.3	75.2	75.2
2f	109.8	110.2	110.3	4g	72.1	71.2	71.2
3f	80.4	80.5	82.3	5g	72.2	74.2	71.2
4f	75.3	75.6	73.5	6g	66.0	62.2	65.4
5f	88.2	88.1	87.6	5-OMe	56.8	56.7	56.8
6f	66.4	66.6	66.6	3'-OMe	57.0	57.0	56.9
1g	94.6	95.0	94.6	5'-OMe	60.7	60.7	
2g	73.6	73.7	73.6	Ac	172.8/20.4		173.0/20.7

5-5-51 R=OMe
5-5-52 R=H

5-5-53 R¹=OMe
5-5-54 R¹=H

5-5-55

5-5-56

表 5-5-13 化合物 5-5-49~5-5-52 的 ^{13}C NMR 数据

C	5-5-49[23]	5-5-50[23]	5-5-51[24]	5-5-52[24]	C	5-5-49[23]	5-5-50[23]	5-5-51[24]	5-5-52[24]
1	128.2	128.2	129.6	129.7	3'	141.3	151.9	141.1	150.1
2	123.4	123.4	109.4	109.5	4'	154.0	150.6	155.6	152.0
3	108.3	108.2	148.3	148.2	5'	102.4	106.3	100.1	103.9
4	147.7	147.7	147.6	147.6	6'	120.8	130.2	132.9	131.6
5	147.7	147.7	109.0	109.0	7'	116.4	120.5	120.6	124.1
6	110.5	110.4	122.6	122.7	8'	137.2	138.1	120.8	121.3
7	139.6	139.6	131.8	131.8	9'	101.9	101.5	171.6	171.5
8	131.4	119.3	139.2	137.9	10'	61.2	56.1	61.1	56.0
9	167.6	167.7	69.4	69.4	11'	55.9	55.8	55.8	55.9
10	101.3	101.3	101.4	101.4	R¹	56.6	56.4		
1'	128.2	133.1	125.5	129.8	R²	61.6		61.7	
2'	147.9	106.6	149.0	107.6					

表 5-5-14 化合物 5-5-53~5-5-56 的 ^{13}C NMR 数据

C	5-5-53[24]	5-5-54[24]	5-5-55[24]	5-5-56[25]	C	5-5-53[24]	5-5-54[24]	5-5-55[24]	5-5-56[25]
1	128.3	128.3	130.7	127.9	9	169.9	69.4	194.3	70.0
2	110.5	110.6	108.6	123.0	10	101.2	101.4	102.1	56.2
3	147.5	147.5	148.3	117.1	1'	128.2	139.5	132.5	130.1
4	147.5	147.5	148.1	148.4	2'	147.3	106.0	107.3	108.7
5	108.2	108.2	111.6	149.2	3'	143.0	151.7	152.8	150.9
6	123.4	123.4	124.8	123.7	4'	153.4	150.0	150.7	151.9
7	139.7	133.1	145.2	132.4	5'	102.1	105.8	106.2	109.2
8	130.3	118.4	128.8	138.3	6'	119.9	128.8	127.5	133.2

续表

C	5-5-53[24]	5-5-54[24]	5-5-55[24]	5-5-56[25]	C	5-5-53[24]	5-5-54[24]	5-5-55[24]	5-5-56[25]
7'	114.0	118.2	124.9	124.4	11'	55.8	55.8	55.4	
8'	138.6	139.5	134.6	121.3	12'			58.7	
9'	68.3	171.5	73.2	172.2	R	61.5			
10'	61.2	56.0	55.9	56.0					

表 5-5-15 化合物 5-5-57~5-5-59 的 ^{13}C NMR 数据

C	5-5-57[5]	5-5-58[5]	5-5-59[5]	C	5-5-57[5]	5-5-58[5]	5-5-59[5]
1	138.1	136.1	138.3	4'	146.7	146.5	147.0
2/6	104.9	108.3	105.6	5'	109.8	110.3	107.7
3/5	153.3	147.7	153.2	6'	128.2	131.2	128.1
4	136.7	128.8	137.0	7'	32.0	32.3	29.2
7	33.0	32.4	42.7	8'	45.3	43.5	157.3
8	46.4	46.9	123.7	9'	72.7	71.3	71.0
1'	130.4	131.2	129.6	10'	110.0	100.8	101.3
2'	108.8	109.4	109.5	10/12	56.2	561	56.1
3'	146.8	146.8	147.2	11	60.8		60.8

表 5-5-16 化合物 5-5-60~5-5-62 的 ^{13}C NMR 数据

C	5-5-60[26]	5-5-61[26]	5-5-62[26]	C	5-5-60[26]	5-5-61[26]	5-5-62[26]
1	126.7	127.3	128.5	4'	150.3	150.3	150.3
2	114.2	113.6	110.8	5'	106.4	106.3	106.2
3	147.7	148.7	147.4	6'	126.1	126.0	126.0
4	146.2	148.5	147.4	7'	145.5	147.7	147.5
5	113.3	110.8	108.1	8'	124.8	124.7	124.5
6	123.3	122.7	123.6	9'	66.5	66.5	66.6
7	135.0	134.7	134.4	R^1	59.7	59.7	59.6
8	119.1	119.1	119.3	R^2	56.1	56.1	56.1
9	169.6	169.5	169.5	R^3	55.8	55.8	55.8
1'	130.7	130.6	130.6	R^4	56.1	55.8	101.2
2'	100.5	100.5	100.6	R^5		55.9	
3'	151.6	151.6	151.6				

第五章 木脂素类化合物

5-5-63[27]　　**5-5-64**[6]　　**5-5-65**[28]

5-5-66[29]　　**5-5-67**[29]　　**5-5-68**[30]　　**5-5-69**[30]

参 考 文 献

[1] Azhar-Ul-Haq, Abdul M, Itrat A, et al. Chem Pharm Bull, 2004, 52: 1269.
[2] Suo M R, Yang J S, Liu Q H. J Nat Prod, 2006, 69: 682.
[3] Masateru O, Yoichiro N, Chikako M, et al. J Nat Prod, 2004, 67: 2073.
[4] Zheng C J, Huang B K, Han T, et al. J Nat Prod, 2009, 72: 1627.
[5] Miriam N, Gose G C, Lourdes H, et al. J Nat Prod, 1993, 56: 1728.
[6] Jakka K, Kovuru G, Dodda R, et al. J Nat Prod, 2003, 66: 1113.
[7] Patoomratana T, Jittra K, Manat P, et al. J Nat Prod, 2008, 71: 655.
[8] Yu P Z, Wang L P, Chen Z N. J Nat Prod, 1991, 54: 1422.
[9] Chang L C, Song L L, Park E J, et al. J Nat Prod, 2000, 63: 1235.
[10] Fumio K, Shingo K, Hideo O. Phytochemistry, 1997, 44: 1351.
[11] Nur-E-Alam M, Yousaf M, Qureshi S, et al. Helv Chim Acta, 2003, 86: 607.
[12] Shaari K, Waterman P G. Nat Prod, 1994, 57: 720.
[13] Atta-Ur-Rahman, Ashraf M, Choudhary M I, et al. Phytochemistry, 1995, 40: 427.
[14] Kuo Y H, Yu M T. Heterocycles, 1993, 36: 529.
[15] Aman D, Martin L, Kurt P, et al. J Nat Prod, 2002, 65: 1252.
[16] Michaelai K, Horst R, Michael H. Phytochemistry, 1994, 36: 485.
[17] Gu J Q, Eun J P, Stephen T, et al. J Nat Prod, 2002, 65: 1065.
[18] Feliciano A S, Del Corral J M M, Gorina M, et al. Phytochemistry, 1990, 29: 1335.
[19] Sheriha G M, Abouamer K, Elshtaiwi B Z, et al. Phytochemistry, 1987, 26: 3339.
[20] Silva da R, Heleno V C G, Albuquerque de S, et al. Magn Reson Chem, 2004, 42: 985.
[21] Petet H H, Rudolf M. Helv Chim Acta, 1994, 77: 771(4-359).
[22] Hideaki O, Hidenori K, Hiromi H. J Nat Prod, 2008, 71: 1178.
[23] Lee S S, Lin M T, Liu C L, et al. J Nat Prod, 1996, 59: 1061.
[24] Lin M T, Lee S S, Liu K C S C. J Nat Prod, 1995, 58: 244.
[25] Yutani A, Tamemoto K, Yuasa S, et al. J Nat Prod, 2001, 64: 588.
[26] Day S H, Chiu N Y, Won S J, et al. J Nat Prod, 1999, 62: 1056.
[27] Juan C, Martinez V, Ricardo T C. Phytochemistry, 1997, 44: 1179.
[28] Monache F D, Compagnone R S. Phytochemistry, 1996, 43: 1097.
[29] Govindachari T R, Krishna Kumari G N, Partho P D. Phytochemistry, 1998, 49: 2129.
[30] Da Silva T, Lopes L M X. Phytochemistry, 2004, 65: 751.

第六节 苯并呋喃类木脂素

表 5-6-1 苯并呋喃类木脂素的名称、分子式和测试溶剂

编号	名称	分子式	测试溶剂	参考文献
5-6-1	licarin A	$C_{20}H_{22}O_4$	C	[1]
5-6-2	licarin B	$C_{20}H_{20}O_4$	C	[1]
5-6-3	xylobuxin	$C_{21}H_{22}O_7$	C	[2]
5-6-4	arlycone of dehydrodiconiferyl alcohol-4-O-β-D-glucopyranoside	$C_{20}H_{22}O_6$	A,D	[3]
5-6-5	(−)-dehydrodiconiferyl alcohol-4-O-β-D-glucopyranoside	$C_{26}H_{32}O_{11}$	M	[3]
5-6-6	balanophonin	$C_{20}H_{20}O_6$	C	[4]
5-6-7	(7S,8R)-balanophonin 4-O-β-D-glucopyranoside	$C_{26}H_{30}O_{11}$	M	[5]
5-6-8	cedrusin	$C_{19}H_{22}O_6$	A	[6]
5-6-9	dihydrodehydrodiconiferyl alcohol	$C_{20}H_{22}O_6$	C	[6]
5-6-10	cedrusin acetate	$C_{27}H_{30}O_{10}$	C	[6]
5-6-11	dihydrodehydrodiconiferyl alcohol acetate	$C_{26}H_{30}O_9$	C	[6]
5-6-12	cedrusin-4-O-β-D-glucopyranoside	$C_{25}H_{32}O_{11}$	M	[6]
5-6-13	cedrusin-4-O-β-D-glucopyranoside acetate	$C_{39}H_{46}O_{18}$	C	[6]
5-6-14	dehydrodiconiferyl alcohol 4-O-β-D-glucopyranoside acetate	$C_{38}H_{46}O_{17}$	C	[6]
5-6-15	alangisesquin A	$C_{37}H_{46}O_{16}$	M	[7]
5-6-16	alangisesquin C	$C_{37}H_{48}O_{16}$	M	[7]
5-6-17	alangisesquin B	$C_{37}H_{46}O_{16}$	M	[7]
5-6-18	alangisesquin D	$C_{37}H_{48}O_{16}$	M	[7]
5-6-19	chrysophyllon III A	$C_{22}H_{24}O_7$	C	[8]
5-6-20	chrysophyllon III B	$C_{23}H_{28}O_7$	C	[8]
5-6-21	woorenoside I	$C_{28}H_{36}O_{12}$	M	[9]
5-6-22	woorenoside II	$C_{30}H_{38}O_{13}$	M	[9]
5-6-23	woorenoside III	$C_{33}H_{42}O_{14}$	M	[9]
5-6-24	woorenoside IV	$C_{35}H_{44}O_{15}$	M	[9]
5-6-25	woorenoside V	$C_{35}H_{40}O_{13}$	M	[9]
5-6-26	symplolignanoside A	$C_{31}H_{42}O_{15}$	P	[10]
5-6-27	tortoside D	$C_{27}H_{34}O_{11}$	D	[11]
5-6-28	tortoside F	$C_{26}H_{30}O_{11}$	D	[11]
5-6-29	(+)-dehydrodiconiferyl alcohol-4-O-β-D-glucopyranoside	$C_{26}H_{32}O_{11}$	M	[11]
5-6-30	tortoside E	$C_{27}H_{36}O_{12}$	D	[11]
5-6-31	(+)-dihydrodehydrodiconiferyl alcohol-4-O-α-L-rhamnopyranoside	$C_{26}H_{34}O_{10}$	D	[11]
5-6-32	(+)-dihydrodehydrodiconiferyl alcohol-4-O-β-D-glucopyranoside	$C_{26}H_{34}O_{11}$	D	[11]
5-6-33	(+)-dihydrodehydrodiconiferyl alcohol-9-O-β-D-glucopyranoside	$C_{26}H_{34}O_{11}$	M	[11]
5-6-34	carinatol	$C_{21}H_{24}O_4$	C	[12]
5-6-35	dihydrocarinatinol	$C_{21}H_{24}O_5$	C	[13]
5-6-36	leptolepisol C	$C_{27}H_{30}O_9$	M	[14]
5-6-37	dehydrodiconiferyl alcohol dibenzoate	$C_{34}H_{30}O_8$	A	[15]
5-6-38	iryantherin F	$C_{43}H_{42}O_{13}$	A	[16]

第五章 木脂素类化合物

5-6-1 R^1=R^5=Me; R^2=R^3=OMe; R^4=OH
5-6-2 R^1=R^5=Me; R^2=OMe; R^3,R^4=OCH$_2$O
5-6-3 R^1=COOCH$_3$; R^2=R^4=OMe; R^3=OH; R^5=CH$_2$OH
5-6-4 R^1=R^5=CH$_2$OH; R^2=R^3=OMe; R^4=OH
5-6-5 R^1=R^5=CH$_2$OH; R^2=R^3=OMe; R^4=OGlu
5-6-6 R^1=CHO; R^2=R^3=OMe; R^4=OH; R^5=CH$_2$OH
5-6-7 R^1=CHO; R^2=R^3=OMe; R^4=OGlu; R^5=CH$_2$OH

5-6-8 R^1=R^2=R^3=H
5-6-9 R^1=R^3=H; R^2=Me
5-6-10 R^1=R^2=R^3=COCH$_3$
5-6-11 R^1=R^3=COCH$_3$; R^2=Me
5-6-12 R^1=Glu; R^2=R^3=H
5-6-13 R^1=Glu(OAc)$_4$; R^2=R^3=COCH$_3$
5-6-14 R^1=Glu(OAc)$_4$; R^2=Me; R^3=COCH$_3$

表 5-6-2 化合物 5-6-1~5-6-7 的 ^{13}C NMR 数据

C	5-6-1[1]	5-6-2[1]	5-6-3[2]	5-6-4[3]	5-6-5[3]	5-6-6[4]	5-6-7[5]
1	131.6	134.0	132.2	134.3	137.5	129.1	137.5
2	108.6	106.3	109.1	110.7	110.9	108.6	111.4
3	146.1	147.5	147.3	148.6	150.4	146.5	151.1
4	146.3	147.2	145.9	147.3	147.1	145.6	147.9
5	113.8	107.7	114.7	115.8	117.5	114.3	118.3
6	119.3	119.7	118.7	119.5	119.5	119.1	119.5
7	93.3	93.0	88.6	88.3	88.4	88.8	89.6
8	45.2	45.5	53.0	54.6	54.7	52.9	54.9
9	17.2	17.6	63.2	64.5	64.5	63.7	67.7
1'	131.7	131.8	127.9	130.4	129.7	127.8	129.8
2'	112.9	113.0	111.7	111.8	111.7	112.3	114.5
3'	132.8	132.7	144.2	145.1	145.0	144.4	146.1
4'	146.6	146.2	150.3	148.9	148.7	151.2	152.9
5'	143.6	143.7	129.2	132.0	132.2	132.0	131.1
6'	109.0	109.2	117.6	116.2	116.1	118.0	120.0
7'	130.5	130.6	145.3	130.9	131.6	152.9	155.9
8'	122.8	122.9	114.3	128.0	127.3	126.0	127.2
9'	18.0	18.1	168.2	63.3	63.5	193.2	196.1
OCH$_3$	55.5	55.7	55.6/55.4		56.4	55.9/56.0	56.8/56.9
OCH$_2$O		100.7					
9-OCH$_3$			51.2				
Glu							
1					103.4		102.8
2					73.3		74.9
3					76.9		78.2
4					71.3		71.4
5					76.8		77.9
6					60.7		62.6

表 5-6-3 化合物 5-6-8~5-6-14 的 ^{13}C NMR 数据[6]

C	5-6-8	5-6-9	5-6-10	5-6-11	5-6-12	5-6-13	5-6-14
1	134.6	132.5	139.6	139.5	137.9	137.4	137.3
2	110.5	109.8	109.4	109.4	111.5	109.8	110.2

续表

C	5-6-8	5-6-9	5-6-10	5-6-11	5-6-12	5-6-13	5-6-14
3	148.2	148.3	151.1	151.1	146.8	150.7	150.7
4	147.0	146.9	139.2	139.2	150.1	145.5	145.8
5	116.3	115.5	122.7	122.6	116.8	120.1	120.1
6	119.5	119.4	117.3	118.0	118.9	117.4	118.5
7	88.3	87.0	87.8	87.6	87.6	87.8	87.8
8	55.1	55.9	51.1	50.7	56.5	51.1	50.7
9	64.7	68.2	65.5	65.4	64.6	65.5	65.4
1'	129.7	128.9	127.8	126.8	129.1	127.9	126.8
2'	115.7	114.6	122.2	112.5	117.2	121.9	112.4
3'	141.5	143.8	134.7	143.9	141.2	134.7	143.9
4'	146.0	145.1	148.7	145.9	145.9	148.8	145.9
5'	136.2	137.9	133.6	134.9	136.5	133.6	134.9
6'	116.9	114.8	121.9	16.1	116.8	122.3	116.1
7'	35.6	34.9	31.5	32.0	35.1	31.5	32.1
8'	31.9	30.9	30.3	30.5	32.2	30.3	30.6
9'	61.9	68.2	63.6	63.1	62.1	63.6	63.7
OCH$_3$	56.3	55.9	55.9	55.8/56.0	56.5	56.1	55.1/56.0
OCOCH$_3$			168.1	168.6		168.2	
			168.7	170.4		169.1	
			170.8	170.8		169.9	
			170.8	20.6		170.3	
			20.7	20.8		170.4	
			20.8	20.9		170.9	
			20.9			20.7	
						20.9	
						21.0	

5-6-15 R = 赤式
5-6-16 R = 赤式
5-6-17 R = 苏式
5-6-18 R = 苏式

表 5-6-4 化合物 5-6-15~5-6-18 的 ^{13}C NMR 数据[7]

C	5-6-15	5-6-16	5-6-17	5-6-18	C	5-6-15	5-6-16	5-6-17	5-6-18
1	133.8	133.5	133.8	133.5	4	146.9	147.2	146.9	147.2
2	111.5	111.7	111.5	111.7	5	115.7	115.9	115.7	115.9
3	148.7	148.8	148.7	148.8	6	120.7	120.9	120.7	120.9

续表

C	5-6-15	5-6-16	5-6-17	5-6-18	C	5-6-15	5-6-16	5-6-17	5-6-18
7	131.9	32.9	131.9	32.9	5"	129.7	129.6	129.2	129.2
8	127.9	35.8	127.9	35.8	6"	116.8	116.8	118.2	118.2
9	61.7	61.9	61.7	61.7	7"	74.1	74.1	74.5	74.5
1'	136.4	136.9	136.3	136.8	8"	87.4	87.4	88.9	89.0
2'	104.1	104.0	104.2	104.1	9"	63.9	63.9	62.8	62.3
3'	154.6	154.4	154.6	154.3	Glu				
4'	139.5	139.7	139.7	139.9	1	104.6	104.6	104.6	104.6
5'	154.6	154.4	154.6	154.3	2	75.3	75.3	75.3	75.3
6'	104.1	104.0	104.2	104.1	3	78.4	78.4	78.4	78.4
7'	89.1	89.1	88.8	88.8	4	71.7	71.7	71.7	71.7
8'	53.3	53.4	53.6	53.7	5	78.1	78.1	78.1	78.2
9'	72.5	72.5	72.7	72.6	6	62.9	62.9	62.9	62.9
1"	132.9	132.9	137.2	137.3	3-OMe	56.4	56.4	56.4	56.4
2"	112.4	112.4	114.4	114.4	3'-OMe	56.8	56.8	56.8	56.8
3"	145.6	145.6	145.3	145.3	5'-OMe	56.8	56.8	56.8	56.8
4"	149.2	149.2	147.5	147.5	3"-OMe	56.9	56.9	56.9	56.9

表 5-6-5 化合物 5-6-19、5-6-20 的 ^{13}C NMR 数据[8]

C	5-6-19	5-6-20	C	5-6-19	5-6-20	C	5-6-19	5-6-20
1	136.1	136.8	9	19.8	19.7	8'	134.4	134.2
2	102.0	104.9	1'	125.0	125.0	9'	117.2	116.9
3	149.1	153.1	2'	145.0	145.3	OCH$_2$O	101.3	
4	136.1	136.7	3'	140.6	140.6	OMe	56.6	56.5
5	143.5	153.1	4'	138.2	138.2	OMe	56.8	55.7
6	107.8	104.9	5'	148.1	147.9	OMe	57.1	57.1
7	60.4	60.3	6'	103.5	103.3	OMe		60.1
8	88.7	88.4	7'	74.3	74.0			

5-6-19 R-R=-CH$_2$-
5-6-20 R=Me

5-6-21 R^1=H; R^2=Glu; R^3=R^4=OMe
5-6-22 R^1=Ac; R^2=Glu; R^3=R^4=OMe
5-6-23 R^1=H; R^2=Glu^6-A; R^3=R^4=OMe
5-6-24 R^1=Ac; R^2=Glu^6-A; R^3=R^4=OMe
5-6-25 R^1=H; R^2=Glu^6-A; R^3=OH; R^4=H

5-6-26 R=Api(1'''-6")Glu

Glu^6-A=

表 5-6-6　化合物 5-6-21~5-6-26 的 ^{13}C NMR 数据

C	5-6-21[9]	5-6-22[9]	5-6-23[9]	5-6-24[9]	5-6-25[9]	5-6-26[10]
1	139.1	138.2	139.2	138.3	135.9	137.1
2	103.9	104.2	103.9	104.2	110.7	110.0
3	154.6	154.6	154.6	154.7	150.3	150.0
4	138.6	138.8	138.5	138.9	150.4	147.8
5	154.6	154.6	154.6	154.7	112.9	117.1
6	103.9	104.2	103.9	104.2	119.5	119.4
7	89.1	89.5	89.0	89.5	89.1	88.0
8	55.3	51.7	55.2	51.8	55.2	55.2
9	64.9	66.6	64.9	66.7	64.9	64.4
1'	132.4	132.6	132.4	132.7	132.3	136.3
2'	111.2	112.3	112.1	112.4	112.2	113.8
3'	145.4	145.6	145.4	145.6	145.5	144.7
4'	149.2	149.2	149.3	149.2	149.4	147.4
5'	130.0	129.0	130.0	129.1	130.2	130.1
6'	116.6	116.3	116.7	116.4	116.7	117.6
7'	134.0	133.8	134.2	134.0	134.3	32.7
8'	124.4	124.7	124.3	124.7	124.3	36.7
9'	71.0	70.9	71.1	71.1	71.2	61.5
1''			168.2	168.3	168.3	111.3
2''			138.6	138.7	138.7	77.9
3''			36.3	36.4	36.4	80.0
4''			61.6	61.7	61.7	75.1
5''			128.0	128.0	128.0	65.6
1'''	103.2	103.2	103.3	103.4	103.2	102.8
2'''	75.1	75.1	75.0	75.1	75.1	74.8
3'''	77.8	77.9	77.9	77.9	77.8	78.6
4'''	71.6	71.6	71.7	71.7	71.6	71.5
5'''	78.0	78.1	75.2	75.3	78.0	77.4
6'''	62.8	62.8	64.9	65.0	62.8	68.9
Ac		172.5		172.6		
		20.8		20.8		
OMe	56.6	56.7	56.6	56.7	56.4	55.9
	61.0	61.1	61.2	61.2	56.5	56.4
	56.6	56.7	56.6	56.7		
	56.8	56.7	56.8	56.8	56.8	

5-6-27 R^1=CH$_2$OH; R^3=OH; R^2=a
5-6-28 R^1=CHO; R^3=OH; R^2=CH$_2$OGlu
5-6-29 R^1=R^2=CH$_2$OH; R^3=OGlu

5-6-30 R^1=OGlu; R^2=R^4=OH; R^3=OMe
5-6-31 R^1=R^2=OH; R^3=H; R^4=ORha
5-6-32 R^1=R^2=OH; R^3=H; R^4=OGlu
5-6-33 R^1=R^4=OH; R^2=OGlu; R^3=H

表 5-6-7　化合物 5-6-27~5-6-29 的 ^{13}C NMR 数据[11]

C	5-6-27	5-6-28	5-6-29	C	5-6-27	5-6-28	5-6-29
1	135.5	131.6	138.1	6'	115.5	118.6	118.1
2	110.5	110.5	111.6	7'	128.9	154.2	131.9
3	149.0	146.1	150.4	8'	128.0	126.3	127.7
4	146.2	147.0	149.3	9'	61.6	194.3	63.9
5	114.9	115.4	116.6	OMe	55.7	55.9	56.7
6	117.7	119.5	119.4		55.8	55.7	55.4
7	86.8	87.9	88.9	1"	100.2	102.9	102.8
8	53.2	50.1	53.2	2"	73.1	73.6	74.9
9	69.6	70.1	65.0	3"	76.9	77.0	78.2
1'	130.6	127.9	129.9	4"	86.8	70.0	71.4
2'	110.5	112.8	112.2	5"	76.7	76.8	77.9
3'	143.6	144.2	145.6	6"	60.6	61.1	62.5
4'	147.0	150.7	148.5	4"-OMe	62.9		
5'	129.2	129.6	132.8				

表 5-6-8　化合物 5-6-30~5-6-33 的 ^{13}C NMR 数据[11]

C	5-6-30	5-6-31	5-6-32	5-6-33	C	5-6-30	5-6-31	5-6-32	5-6-33
1	131.6	137.0	136.3	133.8	5'	130.1	136.4	136.3	136.5
2	105.4	111.5	110.6	111.4	6'	120.6	119.2	119.2	119.6
3	147.5	146.0	147.8	148.0	7'	32.0	34.6	34.6	33.6
4	139.6	152.6	152.7	149.2	8'	28.9	36.4	36.4	36.4
5	147.5	119.2	118.6	116.2	9'	71.8	59.8	60.4	60.5
6	105.4	119.2	118.6	122.1	OMe	55.4	56.0	56.0	56.7
7	81.8	86.3	85.1	83.8		55.6	55.7	55.7	56.4
8	52.2	53.5	53.5	54.1	1"	103.6	100.4	103.4	102.9
9	60.9	61.3	61.3	73.7	2"	74.1	71.9	73.3	74.9
1'	128.4	132.3	132.2	130.1	3"	77.1	71.0	76.9	78.2
2'	112.7	111.5	110.6	113.4	4"	69.9	73.3	71.3	71.4
3'	144.6	144.7	145.5	142.3	5"	76.5	69.8	76.8	77.9
4'	152.4	147.8	148.5	147.5	6"	61.4	18.4	60.7	62.5

5-6-34[12]

5-6-35[13]

5-6-36[14]

5-6-37[15]

5-6-38[16]

参 考 文 献

[1] Wenkert E, Gottlieb H E, Gottlieb O R, et al. Phytochemistry, 1976, 15: 1547.
[2] Wahl, A, Roblot F, Cave A. J Nat Prod, 1995, 58: 786.
[3] Salama O, Chaudhuri R K, Sticher O. Phytochemistry, 1981, 20: 2603.
[4] Haruna M, Koube T, Ito K. Chem Pharm Bull, 1982, 30: 1525.
[5] Warashina, T, Nagatani Y, Noro T. Phytochemistry, 2005, 66: 589.
[6] Agrawal P K, Rastogi R P, Osterdahl B G. Org Mage Reson, 1983, 21: 119.
[7] Otsuka H, Ide T, Ogimi C, et al. Phytochemistry, 1998, 48: 669.
[8] Lopes M, Silva M D, Barbosa F J M, et al. Phytochemistry, 1986, 25: 260.
[9] Yoshikawa K, Kinoshita H, Kan Y, et al. Chem Pharm Bull, 1995, 43: 578.
[10] Jiang J S, Feng Z M, Wang Y H, et al. Chem Pharm Bull, 2005, 53: 110.
[11] Wang C Z, Jia Z G. Phytochemistry, 1997, 45: 159.
[12] Kwaanishi K, Uhara Y, Hashimoto Y. Phytochemistry, 1982, 21: 929.
[13] Kwaanishi K, Uhara Y, Hashimoto Y. Phytochemistry, 1982, 21: 2725.
[14] Miki K, Takehara T, Sasaya T, et al. Phytochemisry, 1980, 19: 449.
[15] Jensen J F, Kvist L P, Christensen S B. J Nat Prod, 2002, 65: 1915.

第七节 联苯类木脂素

表 5-7-1 联苯类木脂素的名称、分子式和测试溶剂

编号	名称	分子式	测试溶剂	参考文献
5-7-1	kadsulignan E	$C_{31}H_{30}O_{11}$	C	[1]
5-7-2	kadsulignan F	$C_{29}H_{32}O_{11}$	C	[1]
5-7-3	kadsulignan G	$C_{32}H_{36}O_{11}$	C	[1]
5-7-4	kadsulignan I	$C_{25}H_{28}O_8$	C	[2]
5-7-5	kadsulignan H	$C_{24}H_{28}O_8$	C	[2]
5-7-6	kadsulignan J	$C_{27}H_{32}O_8$	C	[2]
5-7-7	schisantherin O	$C_{24}H_{28}O_8$	C	[3]
5-7-8	tigloylgomisin P	$C_{28}H_{34}O_9$	C	[4]
5-7-9	angeloylgomisin P	$C_{28}H_{34}O_9$	C	[4]
5-7-10	benzoylgomisin P	$C_{30}H_{32}O_9$	C	[5]
5-7-11	gomisin K2	$C_{23}H_{30}O_6$	C	[6]
5-7-12	gomisin K3	$C_{23}H_{30}O_6$	C	[6]
5-7-13	shizanrin M	$C_{22}H_{24}O_7$	C	[7]
5-7-14	schizanrin N	$C_{22}H_{24}O_7$	C	[7]
5-7-15	gomisin R	$C_{22}H_{24}O_7$	C	[8]
5-7-16	gomisin O	$C_{23}H_{28}O_7$	C	[8]

续表

编号	名称	分子式	测试溶剂	参考文献
5-7-17	heteroclitin A	$C_{28}H_{36}O_8$	C	[9]
5-7-18	heteroclitin B	$C_{28}H_{34}O_8$	C	[9]
5-7-19	heteroclitin C	$C_{28}H_{34}O_8$	C	[9]
5-7-20	heteroclitin D	$C_{27}H_{30}O_8$	C	[9]
5-7-21	heteroclitin E	$C_{27}H_{30}O_9$	C	[9]
5-7-22	benzoylgomisin U	$C_{30}H_{36}O_8$	C	[10]
5-7-23	gomisin U	$C_{23}H_{32}O_7$	C	[10]
5-7-24	tigloylgomisin O	$C_{28}H_{36}O_8$	C	[10]
5-7-25	longipedunin A	$C_{31}H_{32}O_8$	C	[11]
5-7-26	longipedunin B	$C_{25}H_{30}O_8$	C	[11]
5-7-27	schizanrin L	$C_{31}H_{36}O_8$	C	[7]
5-7-28	schizanrin B	$C_{27}H_{34}O_8$	C	[12]
5-7-29	schizanrin C	$C_{28}H_{36}O_8$	C	[12]
5-7-30	schizanrin E	$C_{29}H_{30}O_8$	C	[12]
5-7-31	pyramidatin A	$C_{24}H_{30}O_7$	C	[13]
5-7-32	pyramidatin C	$C_{23}H_{28}O_7$	C	[13]
5-7-33	pyramidatin D	$C_{23}H_{28}O_7$	C	[13]
5-7-34	pyramidatin H	$C_{22}H_{22}O_7$	C	[13]
5-7-35	pyramidatin B	$C_{23}H_{28}O_7$	C	[13]
5-7-36	pyramidatin E	$C_{23}H_{28}O_7$	C	[13]
5-7-37	pyramidatin F	$C_{22}H_{24}O_7$	C	[13]
5-7-38	pyramidatin G	$C_{23}H_{26}O_7$	C	[13]
5-7-39	gomisin L1	$C_{22}H_{26}O_6$	C	[14]
5-7-40	gomisin L2	$C_{22}H_{26}O_6$	C	[14]
5-7-41	wuweizisu C	$C_{22}H_{24}O_6$	C	[8]
5-7-42	gomisin J	$C_{24}H_{32}O_6$	C	[8]
5-7-43	gomisin M1	$C_{22}H_{26}O_6$	C	[14]
5-7-44	gomisin M2	$C_{22}H_{26}O_6$	C	[14]
5-7-45	interiotherin C	$C_{30}H_{36}O_{10}$	C	[15]
5-7-46	interiotherin D	$C_{26}H_{26}O_9$	C	[15]
5-7-47	steganoate A	$C_{23}H_{26}O_7$	C	[16]
5-7-48	steganoate B	$C_{24}H_{28}O_8$	C	[16]
5-7-49	10-demethoxystegane	$C_{21}H_{20}O_6$	C	[17]
5-7-50	steganone	$C_{21}H_{18}O_8$	C	[17]
5-7-51	episteganangin	$C_{27}H_{28}O_9$	C	[16]
5-7-52	schizanrin F	$C_{32}H_{34}O_{11}$	C	[18]
5-7-53	schizanrin G	$C_{29}H_{34}O_{11}$	C	[18]
5-7-54	schizanrin H	$C_{33}H_{38}O_{11}$	C	[18]
5-7-55	shizanrin I	$C_{36}H_{34}O_{11}$	C	[7]
5-7-56	shizanrin J	$C_{32}H_{38}O_{11}$	C	[7]

续表

编号	名称	分子式	测试溶剂	参考文献
5-7-57	shizanrin K	$C_{28}H_{32}O_{10}$	C	[7]
5-7-58	kadsuphilin A	$C_{32}H_{34}O_8$	C	[19]
5-7-59	1-demethylkadsuphilin	$C_{31}H_{32}O_8$	C	[19]
5-7-60	binankadsurin A	$C_{22}H_{26}O_7$	C	[20]
5-7-61	acetylbinankadsurin A	$C_{24}H_{28}O_8$	C	[20]
5-7-62	angeloylbinankadsurin	$C_{27}H_{32}O_8$	C	[20]
5-7-63	capreoylbinankadsurin	$C_{28}H_{36}O_8$	C	[20]
5-7-64	schisantherin A	$C_{30}H_{32}O_9$	C	[5]
5-7-65	schisantherin B	$C_{28}H_{34}O_9$	C	[5]
5-7-66	schisantherin C	$C_{28}H_{34}O_9$	C	[5]
5-7-67	schisantherin E	$C_{30}H_{34}O_9$	C	[5]
5-7-68	angustifolin A	$C_{36}H_{32}O_{10}$	C	[21]
5-7-69	angustifolin B	$C_{31}H_{30}O_{10}$	C	[21]
5-7-70	angustifolin C	$C_{29}H_{28}O_9$	C	[21]

表 5-7-2 化合物 5-7-1~5-7-10 的 ^{13}C NMR 数据

C	5-7-1[1]	5-7-2[1]	5-7-3[1]	5-7-4[2]	5-7-5[2]	5-7-6[2]	5-7-7[3]	5-7-8[4]	5-7-9[4]	5-7-10[5]
1	165.4	166.1	166.1	195.7	195.7	196.3	147.0	151.1	151.1	151.2
2	148.4	149.6	149.0	132.0	132.8	133.4	132.0	141.1	141.1	141.1
3	182.5	182.9	182.8	157.0	157.1	158.3	152.4	152.4	152.4	152.4
4	131.4	131.3	131.8	120.8	120.9	121.8	104.4	106.2	106.5	106.2
5	134.0	134.7	134.0	144.2	144.5	145.6	134.0	133.1	132.9	132.8

续表

C	5-7-1[1]	5-7-2[1]	5-7-3[1]	5-7-4[2]	5-7-5[2]	5-7-6[2]	5-7-7[3]	5-7-8[4]	5-7-9[4]	5-7-10[5]
6	55.9	56.2	56.1	64.6	64.9	65.9	120.4	119.6	119.6	119.6
7	81.3	81.7	81.5	40.2	40.1	40.6	35.0	77.6	77.3	78.3
8	75.5	75.5	75.5	31.7	31.9	32.7	39.1	75.2	75.2	75.2
9	28.7	28.5	28.5	8.7	9.0	9.7	8.4	17.5	17.5	17.7
1'	130.0	130.2	130.4	128.4	128.7	130.0	135.8	136.7	136.7	136.7
2'	100.4	100.4	100.5	101.1	101.1	101.7	102.5	103.0	103.0	103.1
3'	150.4	150.5	150.4	150.1	150.3	151.1	148.5	149.5	149.5	149.5
4'	130.0	129.9	130.1	130.1	130.3	131.1	139.3	135.6	135.7	135.7
5'	144.1	144.6	144.4	147.6	147.6	148.7	141.0	141.5	141.5	141.7
6'	120.2	119.9	119.3	122.8	122.8	124.3	114.4	122.9	122.9	123.0
7'	84.4	82.6	83.8	76.5	77.0	77.9	76.1	36.7	36.7	36.7
8'	44.7	45.0	44.5	42.7	43.0	43.7	40.8	46.6	46.7	46.6
9'	17.6	17.6	18.0	21.4	21.1	21.6	21.8	18.8	18.8	18.8
3',4'-CH$_2$	102.0	101.9	101.9	101.9	101.9	102.9	101.0	101.0	101.0	101.1
5',6-CH$_2$	84.6	83.9	84.4	78.0	78.1	78.9				
1-OMe	60.9	61.3	61.4				60.9	60.6	60.6	60.6
2-OMe	58.7	60.3	59.9	59.3	59.2	59.4	55.9	60.9	60.9	60.9
3-OMe				58.6	58.5	58.9		55.9	55.9	56.0
5'-OMe							59.6	59.9	59.9	60.6
1"	128.7	166.1	166.0	172.8	173.6	176.8	169.3	166.6	166.4	130.3
2"	129.6	126.3	125.2	35.6	26.9	41.2	21.2	128.8	127.6	129.5
3"	129.2	141.0	143.1	18.3	9.0	27.8		137.5	138.7	128.5
4"	133.8	15.4	16.0	13.6		11.7		14.4	20.8	133.1
5"	129.2	19.0	20.9			16.2		12.2	15.8	128.5
6"	129.6									129.5
7"	166.0									165.2
1'''	169.5	169.1								
2'''	20.2	20.9								

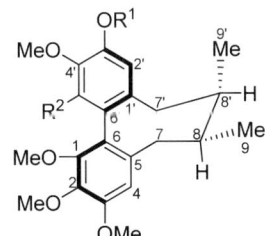

5-7-11 R^1=H; R^2=OMe
5-7-12 R^1=Me; R^2=OH

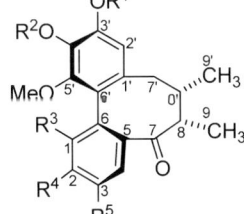

5-7-13 R^1+R^2=CH$_2$; R^3=R^4=OMe; R^5=OH
5-7-14 R^1=R^2=Me; R^3=OH; R^4+R^5=OCH$_2$O

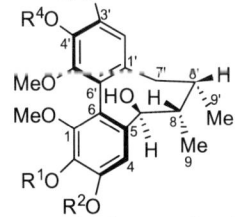

5-7-15 R^1+R^2=CH$_2$; R^3+R^4=CH$_2$
5-7-16 R^1=R^2=Me; R^3+R^4=CH$_2$

表 5-7-3 化合物 5-7-11~5-7-16 的 ^{13}C NMR 数据

C	5-7-11[6]	5-7-12[6]	5-7-13[7]	5-7-14[7]	5-7-15[8]	5-7-16[8]
1	151.5	151.3	150.3	147.5	141.6	151.9
2	139.9	139.9	143.6	148.9	136.4	141.7
3	152.9	153.2	148.4	141.1	148.2	152.1

续表

C	5-7-11[6]	5-7-12[6]	5-7-13[7]	5-7-14[7]	5-7-15[8]	5-7-16[8]
4	107.4	107.3	111.4	104.1	105.6	110.2
5	139.4	139.8	134.4	124.9	136.0	137.0
6	122.3	121.3	124.3	121.3	121.5	122.2
7	35.6	35.8	200.9	200.3	81.1	81.4
8	40.9	40.9	44.8	44.6	40.1	40.1
9	21.8	21.7	15.2	29.7	17.5	17.5
1'	134.7	134.3	135.1	136.1	135.7	133.5
2'	113.1	107.9	102.1	102.8	102.7	102.5
3'	147.6	150.6	149.4	133.6	149.3	149.2
4'	137.7	134.0	135.3	136.7	134.5	134.6
5'	150.4	146.9	141.7	141.2	141.6	141.5
6'	122.6	117.0	121.2	118.3	120.4	120.7
7'	38.8	39.2	40.1	40.1	37.9	38.1
8'	33.8	33.8	40.9	41.2	37.1	37.2
9'	12.6	12.8	15.1	11.1	16.5	16.6
2,3-OCH$_2$O				101.1	101.2	
3',4'-OCH$_2$O			101.0		100.8	100.7
1-OMe	60.5	61.0	60.1	60.5	59.6	60.3
2-OMe	61.0	61.1	60.9	60.9		
3-OMe	55.9	56.0		59.4		
3'-OMe		55.9		55.9		56.0
4'-OMe	60.9	61.0		165.4		60.8
5'-OMe	60.1		59.7	126.7	59.5	59.5

5-7-17 R=—CO—CH(CH$_3$)—CH$_2$CH$_3$
5-7-18 R=—OC—...—...—...
5-7-19 R=—OC—...—...—...
5-7-20 R=H
5-7-21 R=OH

表 5-7-4 化合物 5-7-17~5-7-21 的 ^{13}C NMR 数据[9]

C	5-7-17	5-7-18	5-7-19	5-7-20	5-7-21	C	5-7-17	5-7-18	5-7-19	5-7-20	5-7-21
1	151.0	151.0	151.1	195.0	195.0	7	38.9	38.5	38.7	40.3	81.7
2	139.6	139.7	140.0	150.3	150.2	8	34.7	34.4	34.5	31.6	38.4
3	151.6	151.5	151.5	156.2	155.1	9	19.4	19.3	19.4	21.6	20.4
4	110.3	110.4	110.3	120.8	124.0	1'	135.1	134.9	135.0	132.5	133.1
5	133.1	132.8	132.8	146.8	145.9	2'	102.6	102.6	102.6	101.2	100.9
6	123.1	123.7	123.1	64.6	63.7	3'	148.6	148.3	148.5	144.2	144.5

续表

C	5-7-17	5-7-18	5-7-19	5-7-20	5-7-21	C	5-7-17	5-7-18	5-7-19	5-7-20	5-7-21
4'	135.9	135.9	1360	130.1	130.2		60.5	60.1	60.5	58.4	68.6
5'	141.2	141.1	141.3	129.1	128.5		56.0	55.8	56.0		
6'	120.9	120.5	120.5	122.2	121.6		59.3	59.5	59.5		
7'	82.2	82.2	82.0	78.3	78.1	1"	175.9	166.4	167.0	168.3	168.3
8'	41.9	41.6	41.8	42.6	42.4	2"	40.0	126.9	127.5	127.9	127.9
9'	15.1	14.5	14.7	9.7	10.0	3"	26.4	140.2	135.9	135.4	135.3
3',4'-OCH$_2$O	101.1	100.9	101.0	102.0	101.9	4"	11.1	15.3	11.6	15.5	15.5
5',6-OCH$_2$O				78.1	79.6	5"	15.1	20.2	13.9	20.4	20.4
OMe	59.5	59.3	59.5	59.1	58.9						

5-7-22 R^1=ξ-OOC-C$_6$H$_5$(benzoyl); R^2=R^3=H; R^4=Me
5-7-23 R^1=OH; R^2=R^3=H; R^4=Me
5-7-24 R^1=ξ-OOC-C(CH$_3$)=CH-CH$_3$; R^2=H; R^3+R^4=CH$_2$

5-7-25 R^1+R^2=CH$_2$; R^3=OH; R^3=ξ-CO-CH=CH-C$_6$H$_5$
5-7-26 R^1+R^2=CH$_2$; R^3=OH; R^3=ξ-CO-Et
5-7-27 R^1=R^2=R^3=OMe; R^3=ξ-OOC-C$_6$H$_5$

5-7-28 R^1=CH$_3$CH$_2$CH(CH$_3$)CO-ξ; R^2+R^3=CH$_2$
5-7-29 R^1=CH$_3$CH$_2$CH$_2$CH$_2$CH(CH$_3$)CO-ξ; R^2+R^3=CH$_2$
5-7-30 R^1=C$_6$H$_5$-COO-ξ; R^2+R^3=CH$_2$

表 5-7-5 化合物 5-7-22~5-7-30 的 ^{13}C NMR 数据

C	5-7-22[10]	5-7-23[10]	5-7-24[10]	5-7-25[11]	5-7-26[11]	5-7-27[7]	5-7-28[12]	5-7-29[12]	5-7-30[12]
1	152.0	152.0	152.0	146.8	146.6	151.8	146.5	146.6	146.9
2	142.0	141.6	141.8	133.3	133.4	140.3	148.9	148.9	148.9
3	151.8	151.9	151.7	150.2	150.3	151.9	136.1	136.0	136.1
4	111.0	110.1	110.8	106.9	107.2	110.4	102.9	102.8	102.8
5	132.1	136.4	132.6	133.4	133.7	132.8	135.7	15.8	135.5
6	123.2	120.8	123.2	117.1	117.0	120.4	119.3	119.1	119.4
7	81.4	81.4	80.9	38.6	38.6	38.9	82.3	82.4	83.4
8	37.6	40.0	37.4	34.8	35.0	34.8	41.7	41.6	41.8

C	5-7-22[10]	5-7-23[10]	5-7-24[10]	5-7-25[11]	5-7-26[11]	5-7-27[7]	5-7-28[12]	5-7-29[12]	5-7-30[12]
9	14.2	15.7	14.2	19.7	19.8	15.0	19.7	13.8	19.6
1'	137.6	137.7	135.5	135.5	135.9	135.9	133.5	133.6	133.6
2'	109.6	109.8	102.4	102.7	102.8	106.8	107.2	107.1	107.0
3'	148.9	149.4	148.6	148.9	148.9	141.2	150.2	150.3	150.5
4'	137.5	137.7	134.5	136.0	136.1	152.7	133.4	133.3	133.6
5'	150.3	150.6	141.4	141.2	141.3	151.1	141.2	141.2	141.3
6'	122.2	122.0	121.9	119.2	119.0	121.5	116.9	116.9	117.0
7'	36.8	37.3	36.9	82.8	82.7	82.8	38.6	38.6	38.7
8'	36.4	36.8	36.5	41.7	41.6	42.3	34.8	34.9	34.7
9'	20.3	18.3	19.2	15.1	14.8	19.6	14.9	19.7	15.3
OCH$_2$O			100.6	101.2	101.2		101.2	101.2	101.2
1-OMe	60.5	60.4	60.5			60.8			
2-OMe	60.9	60.9	60.9	60.5	60.8	60.4			
3-OMe	56.0	56.0	56.0	55.7	55.8	56.2			
3'-OMe						60.7	55.8	55.8	55.9
4'-OMe	60.6	60.9				55.9	60.8	60.8	60.3
5'-OMe	59.7	60.2	59.2	59.8	59.8	59.7	59.7	59.7	59.7
1"	130.3		166.9	166.0	173.6	165.9	175.9	172.9	165.9
2"	129.7		128.4	117.8	27.0	129.5	40.4	33.7	129.7
3"	128.1		137.1	144.2	8.6	128.0	26.7	24.1	127.9
4"	132.8		14.2	134.4		129.7	11.4	22.2	129.5
5"	128.1		11.7	128.0		132.7	15.6	31.2	132.5
6"	129.7			128.7		129.7		14.8	129.5
7"	165.5			130.0		128.0			127.9
8"				128.7					
9"				128.0					

5-7-31 R^1=R^2=R^3=R^4=R^5=R^6=Me
5-7-32 R^1=R^2=R^3=R^5=R^6=Me; R^4=H
5-7-33 R^1=R^2=R^4=R^5=R^6=Me; R^3=H
5-7-34 R^3=R^4=Me; R^1+R^2=R^5+R^6=-CH$_2$-

5-7-35 R^1=R^2=R^3=R^5=R^6=Me; R^4=H
5-7-36 R^1=R^2=R^3=R^4=R^5=Me; R^6=H
5-7-37 R^1=R^2=R^4=Me; R^3=H; R^5+R^6=-CH$_2$-
5-7-38 R^1=R^2=R^3=R^4=Me; R^5+R^6=-CH$_2$-

表 5-7-6 化合物 5-7-31~5-7-38 的 ^{13}C NMR 数据[13]

C	5-7-31	5-7-32	5-7-33	5-7-34	5-7-35	5-7-36	5-7-37	5-7-38
1	138.2	138.8	138.7	137.4	137.2	138.3	139.1	138.5
2	119.2	118.2	112.9	118.3	118.9	119.2	112.6	119.2
3	151.6	152.8	148.0	142.2	151.6	150.5	148.0	152.9
4	140.5	140.5	134.2	135.4	141.3	140.6	133.8	140.5
5	152.6	152.8	151.4	148.6	152.6	157.1	151.3	152.5

续表

C	5-7-31	5-7-32	5-7-33	5-7-34	5-7-35	5-7-36	5-7-37	5-7-38
6	104.3	104.9	101.1	100.5	110.2	104.5	101.1	104.8
7	89.1	89.1	89.2	88.9	87.7	89.1	89.1	88.9
8	42.0	41.9	42.0	41.8	35.1	42.0	42.0	41.9
9	20.6	20.6	20.6	20.4	19.4	20.6	20.5	20.4
1'	133.0	133.4	133.6	131.7	134.3	133.7	132.0	131.4
2'	123.9	117.2	122.8	122.9	116.5	122.8	122.1	122.9
3'	152.8	146.8	151.6	141.4	147.4	157.1	141.5	141.3
4'	140.4	134.1	140.7	135.6	134.3	137.9	135.6	135.4
5'	151.3	150.2	151.6	147.2	151.8	147.2	147.5	147.2
6'	109.2	106.0	110.0	105.1	102.8	111.7	105.4	104.6
7'	39.0	39.0	39.1	38.7	37.5	38.6	38.9	38.7
8'	51.2	51.4	51.4	51.2	46.5	51.3	51.3	51.1
9'	70.7	70.6	70.7	70.6	74.3	70.7	70.7	70.6
OMe	55.8	55.8	55.8	59.7	55.6	55.9	55.7	55.8
	55.9	55.9	56.0	59.1	55.7	60.0	59.8	60.5
	60.3	60.8	60.8		60.8	60.6	60.9	60.9
	60.7	61.0	61.2		61.1	60.8		61.1
	60.8	61.0	61.0		61.1	61.2		
	61.1							
OCH$_2$O				100.8			100.9	100.7
				101.0				

5-7-39 R^1=H; R^2=R^5=Me; R^3+R^4=CH$_2$
5-7-40 R^1=R^5=Me; R^2=H; R^3+R^4=CH$_2$
5-7-41 R^1=Me; R^2=R^5=R^3+R^4=CH$_2$
5-7-42 R^1=R^2=R^3=R^4=R^5=Me

5-7-43 R^1+R^2=CH$_2$; R^3=H; R^4=Me (dl)
5-7-44 R^1+R^2=CH$_2$; R^3=Me; R^4=H

表 5-7-7 化合物 5-7-39~5-7-44 的 ^{13}C NMR 数据

C	5-7-39[14]	5-7-40[14]	5-7-41[8]	5-7-42[8]	5-7-43[14]	5-7-44[14]
1	141.2	141.3	141.1	151.5	141.1	136.9
2	135.0	135.1	134.4	139.6	134.7	133.3
3	147.8	140.7	148.7	152.7	148.9	148.5
4	106.4	106.1	103.1	107.0	103.5	102.1
5	133.1	132.7	138.2	138.8	138.4	137.8
6	121.4	121.5	121.1	122.2	120.3	121.6
7	39.0	39.0	35.4	35.5	35.7	35.6
8	33.9	33.9	40.8	40.7	40.8	40.7
9	12.3	12.4	12.7	12.7	21.5	21.5

续表

C	5-7-39[14]	5-7-40[14]	5-7-41[8]	5-7-42[8]	5-7-43[14]	5-7-44[14]
1'	133.9	140.3	132.6	133.5	134.5	135.6
2'	103.9	110.4	106.1	110.3	107.3	112.4
3'	151.7	148.8	147.7	151.3	150.5	152.1
4'	133.3	137.5	134.8	140.0	133.7	140.4
5'	146.8	150.4	141.3	151.3	147.0	150.4
6'	115.8	122.5	122.3	123.3	116.8	118.6
7'	35.4	35.1	38.9	39.1	39.3	39.0
8'	40.8	40.9	33.7	33.7	33.6	33.3
9'	21.9	21.8	21.7	21.8	13.0	12.8
1,5'-OMe	59.7	59.6, 60.1	59.6, 59.6	60.4, 60.4	59.7	61.3
2,4'-OMe	61.0	61.0		60.8, 60.8	61.0	61.4
3,3'-OMe	55.7			55.7, 55.7	55.7	56.4
OCH$_2$O	100.8	100.8	100.7 100.7		100.8	101.3

5-7-45

5-7-46 R^1+R^2=CH$_2$

5-7-47

5-7-48

5-7-49 R^1=R^2=H
5-7-50 R^1=OH; R^2=O
5-7-51 R^1=OMe; R^2=

5-7-52 R^1+R^2=CH$_2$; R^3=Me; R^4=Bz; R^5=OAc; R^6=Me
5-7-53 R^1+R^2=CH$_2$; R^3=H; R^4=OAng; R^5=OAc; R^6=Me
5-7-54 R^1=R^2=R^3=Me; R^4=Bz; R^5=OAc; R^6=Me
5-7-55 R^1+R^2=OCH$_2$O; R^3=Me; R^4=R^5=OBz; R^6=H
5-7-56 R^1+R^2=OCH$_2$O; R^3=Me; R^4=R^5=OAng; R^6=H
5-7-57 R^1+R^2=OCH$_2$O; R^3=Me; R^4=OAng; R^5==O; R^6=Me

表 5-7-8 化合物 5-7-45~5-7-51 的 ^{13}C NMR 数据

C	5-7-45[15]	5-7-46[15]	5-7-47[16]	5-7-48[16]	5-7-49[17]	5-7-50[17]	5-7-51[16]
1	151.5	189.2	146.6	139.5	147.4	151.8	151.6
2	141.2	175.8	151.3	151.4	152.3	141.3	141.5
3	151.8	151.0	110.7	95.1	112.1	154.0	152.8
4	110.4	126.1	124.7	153.8	125.0	107.9	104.2
5	131.3	150.6	129.2	118.5	131.8	132.1	133.0
6	121.1	66.7	130.7	135.3	136.3	126.7	125.3

续表

C	5-7-45[15]	5-7-46[15]	5-7-47[16]	5-7-48[16]	5-7-49[17]	5-7-50[17]	5-7-51[16]
7	80.7	140.7	30.8	30.5	31.9	30.2	33.9
8	38.7	30.5	43.1	41.5	43.6	44.7	43.1
9	15.6	19.5	174.7	175.7	177.6	175.9	177.5
1'	133.1	130.6	130.7	129.4	131.0	131.5	129.4
2'	102.2	101.9	110.3	110.1	110.7	108.6	112.0
3'	148.6	129.5	145.3	146.6	146.6	151.4	146.9
4'	135.9	132.9	145.2	145.2	147.5	147.9	147.7
5'	141.7	142.8	110.0	110.6	111.6	112.6	109.8
6'	121.1	118.8	135.0	131.2	130.7	133.4	127.9
7'	80.7	79.2	29.3	23.2	33.9	195.2	70.6
8'	38.7	43.9	34.9	36.8	39.7	49.8	45.2
9'	19.9	11.0	73.8	74.2	70.5	66.9	65.7
OCH$_2$O	101.0	102.3	100.8	100.8	101.1	102.2	101.4
		79.9					
OMe	56.0	55.7	55.6	55.4	55.3	61.0	60.8
	59.3		60.0	55.6	60.1	61.1	60.9
	60.6		59.1	58.5			55.9
	60.2		50.9	60.2			
				51.1			
1"	166.7	167.1					168.8
2"	127.8	127.7					126.7
3"	138.6	137.5					140.5
4"	15.6	15.6					15.9
5"	20.7	20.3					20.6
Ac	170.0, 20.7						

表 5-7-9 化合物 5-7-52~5-7-57 的 ^{13}C NMR 数据

C	5-7-52[18]	5-7-53[18]	5-7-54[18]	5-7-55[7]	5-7-56[7]	5-7-57[7]
1	151.3	149.7	151.1	149.9	149.8	152.4
2	141.1	141.4	141.2	142.2	141.7	142.1
3	151.9	152.4	151.8	152.7	152.6	152.3
4	110.2	111.7	110.5	112.5	112.2	111.1
5	129.6	132.1	129.2	133.6	131.7	128.5
6	121.8	119.5	122.3	120.4	119.8	121.3
7	85.1	84.9	84.7	85.5	85.1	84.1
8	73.9	73.6	74.2	73.9	73.6	73.5
9	28.7	28.7	28.7	28.9	28.8	29.7
1'	132.9	133.1	133.7	131.2	133.4	138.9
2'	101.6	101.6	106.4	101.6	101.7	96.9
3'	148.7	148.5	152.9	148.6	148.6	149.1
4'	135.4	135.0	141.3	135.5	135.1	136.7
5'	140.5	137.0	151.3	136.9	137.0	141.2
6'	120.1	117.2	121.4	117.6	117.2	118.3
7'	83.3	83.6	83.6	83.8	83.5	211.8
8'	43.1	43.1	42.8	43.6	43.1	50.7

续表

C	5-7-52[18]	5-7-53[18]	5-7-54[18]	5-7-55[7]	5-7-56[7]	5-7-57[7]
9'	17.0	16.8	17.0	16.8	16.9	11.1
OCH$_2$O	100.8	101.3		101.5	101.6	101.1
1-OMe	60.4			60.8	61.2	60.5
2-OMe	60.4	60.8	60.4	60.6	60.7	60.9
3-OMe	55.9	56.1	56.1	56.3	56.1	59.4
3'-OMe			56.0			
4'-OMe			59.8			
5'-OMe	58.6	61.0	60.4			55.9
1'''	168.8	168.8	168.8			
2'''	20.4	20.4	20.4			
7'-1''				164.8	165.9	165.4
2''				129.2	126.7	126.7
3''				129.3	139.7	140.6
4''				128.5	19.1	19.7
5''				132.9	16.9	15.7
6''				128.5		
7''				129.3		
7-1''	164.6	165.9	164.7	164.9	165.2	
2''	129.3	126.6	129.0	129.5	125.3	
3''	129.4	139.8	129.3	129.2	143.0	
4''	127.8	19.9	128.1	127.9	19.6	
5''	132.6	15.6	129.2	133.1	15.7	
6''	127.8		128.1	127.9		
7''	129.4		129.3	129.2		

5-7-58 R= OC(=O)-Ph (7''/3''/5'')
5-7-59 R= OC(=O)CH=CH-Ph
5-7-60 R=H
5-7-61 R=OCCH$_3$
5-7-62 R=OC(=CMe)-CH=CH-Me
5-7-63 R=OC(CH$_2$)$_4$CH$_3$
5-7-64 R=OCPh
5-7-65 R=OC-C(Me)=CH-Me
5-7-66 R=OC-C(Me)=CH-Me
5-7-67 R=OCPh
5-7-68 R^1=R^2=OBz
5-7-69 R^1=OBz; R^2=OAc
5-7-70 R^1=OBz; R^2=OH

表 5-7-10 化合物 5-7-58~5-7-67 的 ^{13}C NMR 数据

C	5-7-58[19]	5-7-59[19]	5-7-60[20]	5-7-61[20]	5-7-62[20]	5-7-63[20]	5-7-64[5]	5-7-65[5]	5-7-66[5]	5-7-67[5]
1	151.4	146.9	147.4	146.7	147.1	146.6	152.2	152.1	152.0	152.2
2	140.0	133.5	133.9	133.4	133.8	133.5	141.8	141.8	141.7	142.1
3	151.5	150.3	151.3	150.4	150.6	150.4	151.9	151.9	151.8	152.0
4	110.5	107.1	107.5	107.3	107.1	107.2	110.0	110.0	110.3	110.4
5	133.1	134.5	133.9	133.7	133.4	133.6	130.4	130.6	131.0	130.1
6	123.9	117.2	115.3	117.1	117.2	117.1	121.1	121.2	121.6	121.5
7	39.0	38.8	38.8	38.6	38.6	38.7	84.8	84.4	84.2	84.6
8	34.8	34.9	34.9	35.0	34.8	35.0	72.3	72.2	72.2	72.6
9	15.0	15.2	15.4	14.8	14.9	14.9	28.2	28.2	28.1	28.1
1'	134.8	135.7	138.9	135.7	136.0	135.9	135.2	135.2	135.4	137.1
2'	102.7	102.8	102.8	102.7	102.9	102.8	102.4	102.7	102.5	109.8
3'	148.7	149.0	148.9	148.9	149.0	148.9	148.8	148.7	148.6	149.1
4'	136.2	136.0	135.7	136.1	136.1	136.1	134.1	134.3	134.3	137.5
5'	141.5	141.4	141.3	141.3	141.3	141.3	140.2	140.6	140.6	149.3
6'	120.9	119.4	118.3	119.1	119.4	119.2	122.2	122.3	122.1	122.4
7'	82.2	82.8	83.7	82.6	82.7	82.5	36.4	36.5	36.4	36.4
8'	42.3	41.8	43.1	41.6	41.8	41.6	42.7	42.5	42.5	42.4
9'	19.6	19.7	19.7	19.7	19.8	19.7	18.9	18.9	18.9	18.9
OCH$_2$O	101.3	101.3	101.2	101.3	101.3	101.2	100.4	100.5	100.5	
1-OMe	60.2						60.7	60.6	60.6	60.0
2-OMe	60.7	60.6	61.1	60.8	60.3	60.8	60.8	60.8	60.8	60.9
3-OMe	56.0	55.8	55.8	55.8	55.9	55.8	55.9	55.9	55.7	56.0
4'-OMe										60.7
5'-OMe	59.8	59.8	59.8	59.7	59.6	59.8	58.6	59.0	58.9	58.9
1"	166.0	166.1		167.0	166.7	172.9	129.3	165.8	166.3	129.3
2"	118.1	118.0		20.3	127.2	33.7	129.5	121.7	127.6	129.6
3"	144.8	144.2			139.3	24.1	127.9	139.8	137.5	128.1
4"	134.4	134.5			15.6	31.1	132.9	15.7	14.2	133.4
5"	128.1	128.1			20.5	22.3	127.9	19.7	11.5	128.1
6"	128.9	128.9				13.8	129.5			129.6
7"	130.3	130.1					164.8			164.9
8"	128.9									
9"	128.1									

表 5-7-11 化合物 5-7-68~5-7-70 的 ^{13}C NMR 数据[21]

C	5-7-68	5-7-69	5-7-70	C	5-7-68	5-7-69	5-7-70
1	141.3	141.3	141.3	6	122.0	121.9	120.8
2	135.7	135.5	135.1	7	81.3	81.3	81.3
3	147.7	147.5	148.6	8	38.6	38.1	39.4
4	105.4	105.7	106.1	9	15.5	14.8	15.5
5	130.1	130.0	130.0	1'	133.7	133.8	137.2

C	5-7-68	5-7-69	5-7-70	C	5-7-68	5-7-69	5-7-70
2'	102.2	101.9	101.9	7-OBz C=O	165.8	165.1	165.2
3'	148.7	148.6	148.7	1″	129.7	129.8	130.0
4'	136.0	135.9	136.7	2″,6″	129.5	130.0	129.5
5'	141.4	141.3	141.7	3″,5″	127.8	127.8	127.8
6'	120.5	120.4	119.3	4″	132.6	132.6	32.6
7'	82.0	81.3	82.3	7'-OBz C=O	165.2		
8'	39.1	39.3	39.5	1‴	129.7		
9'	30.9	30.6	31.0	2‴,6‴	129.5		
OMe	58.7	58.9	59.0	3‴,5‴	127.8		
	59.0	59.3	59.6	4‴	132.6		
OCH$_2$O	100.8	100.9	100.8	OAc		169.9	
	100.9	101.0	101.4			20.4	

参 考 文 献

[1] Liu J S, Huang M F. Phytochemistry, 1992, 31: 957.
[2] Liu J S, Zhou H X, LI L. Phytochemistry, 1992, 31: 1379.
[3] Liu J S, Zhou H X, LI L. Phytochemistry, 1993, 32: 1293.
[4] Ikeya Y, Taguchi H, Yosioka I, et al. Chem Pharm Bull, 1980, 28: 3357.
[5] Ikeya Y, Chai J G, Miki E, et al. Chem Pharm Bull, 1990, 38: 1408.
[6] Ikeya Y, Taguchi H, Yosioka I. Chem Pharm Bull, 1980, 28: 2422.
[7] Kuo Y H, Wu M D, Huang R L, et al. Planta Med, 2005, 71: 646.
[8] Ikeya Y, Taguchi H, Yosioka I. Chem Pharm Bull, 1982, 30: 3207.
[9] Chen D F, Xu G J, Yang X W, et al. Phytochemistry, 1992, 31: 629.
[10] Ikeya Y, Sugama K, Okada M, et al. Phytochemistry, 1991, 30: 975.
[11] Sun O Z, Chen D F, Ding P L, et al. Chem Pharm Bull, 2006, 54: 129.
[12] Kuo Y H, Li S Y, Huang R L, et al. J Nat Prod, 2001, 64: 487.
[13] Song Q, Fronczek F R, Fischer N H. Phytochemistry, 2000, 55: 653.
[14] Yosioka I, Taguchi H, Ikeya Y, et al. Chem Pharm Bull, 1982, 30: 132.
[15] Chen D F, Zhang S X, Kozuka M, et al. J Nat Prod, 2002, 65: 1242.
[16] Wickramaratne D B M, Pengsuparp T, Mar W, et al. J Nat Prod, 1993, 56: 2083.
[17] Meragelman K M, Mckee T C, Boyd M R. J Nat Prod, 2001, 64: 1480.
[18] Wu M D, Huang R L, Hung C C, et al. Chem Pharm Bull, 2003, 51: 1233.
[19] Shen Y C, Liaw C C, Cheng Y B, et al. J Nat Prod, 2006, 69: 963.
[20] Ookawa N, Ikeya Y, Taguchi H, et al. Chem Pharm Bull, 1981, 29:123.
[21] Gao Y, Wang P, Lin Z W, et al. Phytochemistry, 1998, 48: 1059.

第八节　氢化苯并呋喃类木脂素

表 5-8-1　氢化苯并呋喃类木脂素的名称、分子式和测试溶剂

编号	名称	分子式	测试溶剂	参考文献
5-8-1	mirandin A	$C_{22}H_{26}O_6$	C	[1]
5-8-2	mirandin B	$C_{22}H_{26}O_6$	C	[1]
5-8-3	denudatin A	$C_{20}H_{20}O_5$	C	[2]
5-8-4	denudatin B	$C_{21}H_{24}O_5$	C	[2]

续表

编号	名称	分子式	测试溶剂	参考文献
5-8-5	(−)-denudatin B	$C_{21}H_{24}O_5$	C	[3]
5-8-6	kadsurin A	$C_{21}H_{24}O_6$	C	[4]
5-8-7	dysodanthin D	$C_{22}H_{32}O_7$	B	[5]
5-8-8	dysodanthin E	$C_{22}H_{32}O_7$	B	[5]
5-8-9	dysodanthin F	$C_{23}H_{34}O_7$	B	[5]
5-8-10	porosin	$C_{21}H_{26}O_5$	C	[6]
5-8-11	Δ^8-3',5'-dimethoxy-3,4-methylenedioxy-1',4',5',6'-tetrahydro-4'-oxo-7-O-2',8',1'-neolignan	$C_{21}H_{24}O_6$	C	[7]
5-8-12	canellin D	$C_{22}H_{28}O_6$	C	[6]
5-8-13	armenin C	$C_{21}H_{24}O_6$	C	[6]
5-8-14	dysodanthin A	$C_{21}H_{24}O_6$	C	[8]
5-8-15	dysodanthin B	$C_{22}H_{28}O_6$	C	[8]
5-8-16	(7'S,8'S)-1,6-dihydro-4,7'-epoxy-1-methoxy-3',4'-methylenedioxy-6-oxo-3,8'-lignan	$C_{20}H_{20}O_5$	C	[1]
5-8-17	(7'S,8'S)-1,6-dihydro-4,7'-epoxy-1,3',4',5'-tetramethoxy-6-oxo-3,8'-lignan	$C_{22}H_{26}O_6$	C	[1]
5-8-18	(7R,8R,1'S)-Δ^8-1',6'-dihydro-1,3,4-trimethoxy-6'-oxo-7-O-4',8',3'-lignan	$C_{21}H_{24}O_5$	C	[9]
5-8-19	chrysophyllon I A	$C_{22}H_{24}O_7$	C	[10]
5-8-20	chrysophyllon I B	$C_{23}H_{28}O_7$	C	[10]
5-8-21	chrysophyllon II A	$C_{22}H_{24}O_7$	C	[10]
5-8-22	chrysophyllon II B	$C_{23}H_{28}O_7$	C	[10]
5-8-23	chrysophyllin A	$C_{22}H_{26}O_7$	C	[11]
5-8-24	burchellin	$C_{20}H_{20}O_5$	C	[1]
5-8-25	(2S,3S,3aR)-1',4'-dihydro-3,4,5'-trimethoxy-4'-oxo-2',7-epoxy-1',8-lignan	$C_{21}H_{24}O_5$	C	[1]
5-8-26	(2S,3S,3aR)-1',4'-dihydro-3,4,3',5'-tetramethoxy-4'-oxo-2',7-epoxy-1',8-lignan	$C_{22}H_{26}O_6$	C	[1]
5-8-27	2-epi-3a-epiburchellin	$C_{20}H_{20}O_5$	C	[1]
5-8-28	5'-methoxy-2-epi-3a-epiburchellin	$C_{21}H_{22}O_6$	C	[1]
5-8-29	(2R,3S,3aS)-1',4'-dihydro-3,4,5,5'-tetramethoxy-4'-oxo-2',7-epoxy-1',8-lignan	$C_{22}H_{26}O_6$	C	[1]
5-8-30	ferrearin A	$C_{20}H_{22}O_6$	C	[7]
5-8-31	ferrearin B	$C_{19}H_{20}O_5$	C	[12]
5-8-32	ferrearin C	$C_{19}H_{20}O_5$	C	[12]
5-8-33	dihydroferearin C	$C_{19}H_{22}O_5$	C	[12]
5-8-34	ferrearin F	$C_{19}H_{22}O_5$	C	[13]
5-8-35	ferrearin G	$C_{20}H_{22}O_6$	C	[13]
5-8-36	ferrearin H	$C_{19}H_{22}O_5$	C	[13]

表 5-8-2 化合物 5-8-1~5-8-6 的 ^{13}C NMR 数据

C	5-8-1[1]	5-8-2[1]	5-8-3[2]	5-8-4[2]	5-8-5[3]	5-8-6[4]
1	135.5	132.7	131.2	129.7	129.0	133.8
2	102.6	103.5	106.7	109.6	108.8	107.8
3	152.8	153.3	148.3	149.8	148.8	147.9
4	137.2	138.4	148.2	149.8	149.0	147.5
5	152.8	153.3	108.2	111.1	111.1	107.8
6	102.6	103.5	120.9	120.0	118.0	121.0
7	94.3	91.2	91.3	91.4	88.0	85.3
8	46.9	49.8	50.0	49.8	47.3	48.8
9	16.1	6.9	6.7	6.8	9.7	9.1
1'	142.5	142.8	143.0	142.9	143.3	143.0
2'	186.8	186.8	187.0	187.0	187.3	194.1
3'	104.6	102.7	102.8	102.7	104.1	43.1
4'	172.6	174.3	174.5	174.6	173.0	101.9
5'	80.9	77.6	77.7	77.8	82.2	81.7
6'	131.6	130.9	131.1	131.1	135.1	138.5
7'	33.2	33.5	33.5	33.5	33.3	33.3
8'	134.8	134.8	135.1	135.1	132.0	134.6
9'	116.9	117.1	117.2	117.2	117.0	117.3
OMe	56.1×2	56.1×2	51.1	51.1	51.3	48.9
	60.7	60.7		55.9	55.8	52.3
	50.3	51.1		55.9	55.9	
OCH$_2$O			101.3			100.9

5-8-7

5-8-8 R=H
5-8-9 R=Me

5-8-10 R^1=R^2=Me; R^3=H
5-8-11 R^1+R^2=CH$_2$; R^3=OMe

5-8-12

5-8-13

5-8-14 R^1+R^2=CH$_2$; R^3=Me
5-8-15 R^1=R^2=R^3=Me

表 5-8-3 化合物 5-8-7~5-8-15 的 ^{13}C NMR 数据

C	5-8-7[5]	5-8-8[5]	5-8-9[5]	5-8-10[6]	5-8-11[7]	5-8-12[6]	5-8-13[6]	5-8-14[8]	5-8-15[8]
1	136.0	136.1	138.2	128.3	129.8	133.0	134.8	134.7	131.7
2	104.6	104.9	104.9	108.6	106.2	103.6	101.9	105.0	102.4
3	153.8	153.8	153.9	148.8	147.8	153.6	149.6	143.6	153.4
4	136.1	137.9	135.8	148.5	147.8	136.2	132.4	130.5	137.5
5	153.8	153.8	153.9	110.9	108.2	153.6	143.8	149.0	153.4

续表

C	5-8-7[5]	5-8-8[5]	5-8-9[5]	5-8-10[6]	5-8-11[7]	5-8-12[6]	5-8-13[6]	5-8-14[8]	5-8-15[8]
6	104.6	104.9	104.9	117.8	118.7	103.6	104.6	99.8	102.4
7	81.0	81.9	81.9	87.2	87.4	91.0	92.7	87.2	87.3
8	44.5	44.4	44.5	42.5	42.8	48.8	44.3	42.6	42.6
9	12.2	12.2	12.3	11.6	11.6	11.9	17.5	11.5	11.6
1'	82.1	77.5	77.4	76.8	77.3	76.8	76.9	50.2	50.2
2'	71.2	66.4	66.0	196.6	192.3	197.2	196.7	183.2	183.3
3'	39.7	37.8	32.4	100.1	166.6	100.8	100.9	100.3	100.5
4'	105.6	104.9	106.9	183.4	167.0	183.6	184.4	196.6	196.7
5'	49.4	49.5	50.3	50.2	48.7	53.0	48.9	76.8	76.7
6'	30.5	27.6	27.6	32.0	32.2	38.9	31.9	32.0	32.1
7'	40.3	39.3	39.1	39.0	39.8	37.3	41.2	39.0	39.1
8'	136.0	136.1	136.2	132.5	132.7	133.8	135.3	132.6	132.6
9'	117.4	117.3	117.2	119.7	119.8	119.6	119.9	119.9	120.0
OMe	56.6	56.0	55.9	55.9		59.1	58.8	58.8	59.0
	60.6	60.6	47.9	58.7		61.0	57.0	56.7	60.9
	55.8×2	55.9×2	60.6	55.9		56.5×2			56.2×2
			56.0×2						
OCH$_2$O					101.1		101.7	101.6	

5-8-16 R^1+R^2 = CH$_2$; R^3 = H
5-8-17 R^1 = R^2 = Me; R^3 = OMe

5-8-18

5-8-19 R^1+R^2=OCH$_2$O
5-8-20 R^1=R^2=OMe

5-8-21 R^1+R^2=OCH$_2$O
5-8-22 R^1=R^2=OMe

5-8-23

表 5-8-4 化合物 5-8-16~5-8-23 的 ^{13}C NMR 数据

C	5-8-16[1]	5-8-17[1]	5-8-18[9]	5-8-19[10]	5-8-20[10]	5-8-21[10]	5-8-22[10]	5-8-23[11]
1	131.4	133.2	124.8	133.2	132.5	131.8	131.1	136.1
2	106.1	103.0	103.4	103.0	105.8	101.9	104.8	102.3
3	148.1	153.4	144.5	149.3	151.8	149.3	152.9	149.7
4	148.1	138.5	144.1	135.1	137.3	134.7	138.8	130.2
5	108.2	153.4	105.9	143.5	151.8	143.5	152.9	143.4
6	120.0	103.0		110.0	105.8	108.4	104.8	109.1

续表

C	5-8-16[1]	5-8-17[1]	5-8-18[9]	5-8-19[10]	5-8-20[10]	5-8-21[10]	5-8-22[10]	5-8-23[11]
7	93.7	93.7	88.6	60.2	59.0	59.8	59.9	62.1
8	42.6	42.6	39.6	83.0	82.4	89.8	89.9	82.2
9	16.1	16.3	10.7	19.2	18.7	19.1	18.7	18.9
1'	80.8	80.6	75.4	50.5	50.1	139.1	137.1	48.3
2'	199.3	199.2	194.0	166.0	165.5	158.8	158.4	169.6
3'	99.5	99.6	94.3	126.0	127.3	131.6	130.9	127.4
4'	172.0	171.0	166.9	178.4	177.8	195.7	195.1	192.7
5'	140.2	140.0	135.1	152.6	152.7	82.6	81.9	77.2
6'	134.1	134.1	125.7	107.1	106.8	131.6	132.6	37.8
7'	45.0	44.8	37.1	37.5	36.8	45.1	44.5	39.1
8'	130.7	130.8	129.1	131.0	130.3	130.6	130.3	133.7
9'	119.0	118.8	113.7	120.0	118.9	119.0	118.2	118.8
OMe	53.5	60.7	48.1	55.2	54.5	53.4	53.0	57.1
		53.4	50.7	56.9	55.6	53.8	53.6	59.3
			56.1×2	50.6	59.5	59.4	56.6	55.5	60.3
					59.9		59.2	
OCH$_2$O	101.3			101.4		101.3		101.7

5-8-24 R^1+R^2=CH$_2$; R^3=H
5-8-25 R^1=R^2=Me; R^3=H
5-8-26 R^1=R^2=Me; R^3=OMe
5-8-27 R^1+R^2=OCH$_2$O; R^3=H
5-8-28 R^1=OMe; R^2+R^3=OCH$_2$O
5-8-29 R^1=R^2=R^3=OMe

表 5-8-5 化合物 5-8-24~5-8-29 的 ^{13}C NMR 数据

C	5-8-24[1]	5-8-25[1]	5-8-26[1]	5-8-27[1]	5-8-28[1]	5-8-29[1]
1	131.5	129.8	130.1	130.2	134.6	130.7
2	106.5	109.1	109.2	106.0	99.1	102.4
3	148.1	149.6	149.5	147.7	148.9	153.2
4	148.1	149.2	149.2	147.1	131.0	132.1
5	107.8	110.9	110.9	108.1	143.4	153.2
6	120.0	119.3	119.2	118.7	105.0	102.4
7	90.9	91.0	91.5	81.2	87.1	87.2
8	49.5	49.3	49.6	44.6	44.5	44.5
9	8.3	8.5	8.5	12.0	11.9	12.0
1'	153.3	153.3	152.7	152.7	152.6	152.6
2'	182.8	182.6	189.7	182.4	182.3	182.4
3'	101.8	101.9	166.0	101.8	101.8	102.0
4'	181.4	181.3	183.9	181.2	181.0	181.1
5'	50.9	51.0	49.8	53.9	53.8	53.9
6'	107.8	107.8	107.2	109.0	108.9	108.9

续表

C	5-8-24[1]	5-8-25[1]	5-8-26[1]	5-8-27[1]	5-8-28[1]	5-8-29[1]
7'	36.6	36.7	36.7	43.9	43.8	43.9
8'	130.9	130.7	130.7	131.5	131.5	131.5
9'	120.0	119.9	119.8	120.0	120.0	120.1
OMe	55.8	55.2	55.3	55.2	55.1	55.2
		55.9	55.9		56.7	56.1×2
			60.4			60.7
OCH$_2$O	101.2			101.0	101.4	

表 5-8-6 化合物 5-8-30~5-8-36 的 ^{13}C NMR 数据

C	5-8-30[7]	5-8-31[12]	5-8-32[12]	5-8-33[12]	5-8-34[13]	5-8-35[13]	5-8-36[13]
1	133.9	133.2	135.2	135.4	134.1	135.8	132.9
2	100.2	106.3	107.7	107.8	108.8	101.4	109.6
3	148.6	147.3	148.0	147.8	146.3	148.8	146.8
4	133.9	146.3	147.4	147.2	144.8	135.8	145.5
5	143.1	107.6	107.7	107.6	114.1	143.4	113.8
6	105.5	119.0	120.8	121.0	119.1	107.0	120.5
7	81.8	81.7	88.7	85.9	82.0	88.7	88.8
8	44.5	44.3	50.3	49.7	44.6	50.4	50.3
9	10.8	10.6	9.4	9.5	10.8	8.5	9.4
1'	150.9	150.8	151.3	127.1	150.8	151.4	151.4
2'	125.7	125.4	125.3	127.3	125.7	125.3	125.2
3'	192.6	192.7	192.7	72.5	193.0	192.7	192.9
4'	99.7	99.6	100.1	100.4	99.9	100.0	100.0
5'	52.5	52.3	53.5	49.5	52.7	53.4	53.4
6'	31.0	30.7	29.6	28.5	31.1	29.5	29.6
7'	40.4	40.1	39.0	39.4	40.5	39.5	39.5
8'	133.9	133.9	134.2	134.5	131.4	134.0	134.1
9'	117.6	117.3	117.6	117.5	117.7	117.7	117.6
OMe	56.4				55.9	56.6	55.8
OCH$_2$O	101.2	100.6	101.0	101.0		101.4	

参 考 文 献

[1] Wenkert E, Gottlieb H E, Gottlieb O R, et al. Phytochemistry, 1976, 15: 1547.
[2] Iida T, Ichino K, Ito K. Phytochemistry, 1982, 21: 2939.
[3] Prasad A K, Tyagi O D, Wengel J, et al. Phytochemistry, 1995, 39: 655.
[4] Tyagi O D, Jensen S, Boll P M, et al. Phytochemistry, 1993, 32: 445.
[5] Ma W W, Anderson J E, Mclaughlin J L. Heterocycles, 1992, 34: 5.
[6] Trevisan L M V, Yoshida M, Gottlieb O R. Phytochemistry, 1984, 23: 661.
[7] Andrade C H S, Filho R B, Gottlieb O R. Phytochemistry, 1980, 19: 1191.
[8] Ma W W, Kozlowski J F, Mclaughlin J J. J Nat Prod, 1991, 54: 1153.
[9] Jensen S, Olsen C E, Tyagi O D, et al. Phytochemistry, 1994: 789.
[10] Lopes M N, D A Silva M S, Barbosa Fo J M, et al. Phytochemistry, 1986, 25: 2609.
[11] Ferreira Z S, Roque N C, Gottlieb O R, et al. Phytochemistry, 1982, 21: 2756.
[12] Romoff P, Yoshida M, Gottlieb O R. Phytochemistry, 1984, 23: 2101
[13] Rodrigues D C, Yoshida M, Gottlieb O R. Phytochemistry, 1992, 31: 271.

第九节　并二氧六环类木脂素

表 5-9-1　并二氧六环类木脂素的名称、分子式和测试溶剂

编号	名称	分子式	测试溶剂	参考文献
5-9-1	isoamericanoic acid A methyl ester	$C_{17}H_{16}O_7$	M	[1]
5-9-2	isoamericanol A	$C_{18}H_{18}O_6$	D	[1]
5-9-3	nitidanin	$C_{21}H_{24}O_8$	P	[2]
5-9-4	bilagrewin	$C_{21}H_{22}O_8$	P	[2]
5-9-5	americanoic acid A methyl ester	$C_{17}H_{16}O_7$	M	[1]
5-9-6	9'-o-methylamericanol A	$C_{19}H_{20}O_6$	M	[1]
5-9-7	hyosgerin	$C_{22}H_{20}O_9$	C	[3]
5-9-8	8'-epicleomiscosin A	$C_{20}H_{18}O_8$	C	[4]
5-9-9	sinaiticin	$C_{24}H_{18}O_8$	D	[5]
5-9-10	scutellaprostin D	$C_{25}H_{20}O_8$	D	[6]
5-9-11	scutellaprostin E	$C_{25}H_{20}O_9$	D	[6]
5-9-12	scutellaprostin F	$C_{25}H_{20}O_{10}$	D	[6]
5-9-13	scutellaprostin A	$C_{25}H_{20}O_8$	D	[6]
5-9-14	scutellaprostin B	$C_{25}H_{20}O_9$	D	[6]
5-9-15	scutellaprostin C	$C_{25}H_{20}O_{10}$	D	[6]
5-9-16	eusiderin	$C_{22}H_{26}O_6$	C	[7]
5-9-17	eusiderin B	$C_{20}H_{20}O_5$	C	[7]
5-9-18	(2R,3S)-7-allyl-5-methoxy-2-methyl-3-(3,4,5-trimethoxy-phenyl)-2,3-dihydrobenzo[b][1,4]dioxine	$C_{22}H_{26}O_6$		[8]
5-9-19	(2R,3S)-7-allyl-3-(3,4-dimethoxyphenyl)-5-methoxy-2-methyl-2,3-dihydrobenzo[b][1,4]dioxine	$C_{21}H_{24}O_5$		[8]
5-9-20	americanin A	$C_{18}H_{16}O_6$	D	[9]
5-9-21	americanin tri-O-acetate	$C_{24}H_{22}O_9$	D	[9]

表 5-9-2 化合物 5-9-1~5-9-8 的 ^{13}C NMR 数据

C	5-9-1[1]	5-9-2[1]	5-9-3[2]	5-9-4[2]	5-9-5[1]	5-9-6[1]	5-9-7[3]	5-9-8[4]
1	129.1	127.6	128.7	127.0	128.7	127.5	126.5	127.2
2	115.6	114.9	106.6	106.2	115.4	115.1	109.6	113.0
3	146.7	145.2	149.8	149.4	147.1	145.4	147.0	149.3
4	147.3	145.8	138.7	138.4	146.5	146.0	146.8	148.1
5	116.4	115.5	149.8	149.4	116.2	115.6	114.7	117.3
6	120.5	118.8	106.6	106.2	120.3	118.8	121.1	122.1
7	77.5	75.6	77.8	77.3	78.0	75.7	76.3	77.5
8	80.5	78.3	80.4	80.3	79.9	78.2	76.0	80.5
9	61.9	60.2	61.8	61.2	61.9	60.2	62.8	61.5
1'	124.3	130.3	130.9	127.0	124.1	130.0	160.6	161.5
2'	119.5	114.2	103.7	104.9	119.3	114.4	114.4	114.1
3'	145.1	142.7	149.8	150.5	144.4	143.3	143.6	144.5
4'	149.4	143.6	134.5	137.4	149.6	143.3	111.8	112.5
5'	117.9	116.7	145.9	145.5	117.8	116.9	100.6	101.5
6'	124.4	119.4	109.1	111.7	124.2	119.4	145.8	146.5
7'	168.3	128.2	130.0	153.3	168.0	124.5	136.6	139.0
8'		128.8	130.5	127.7		131.3	132.6	132.7
9'		61.6	63.6	193.6		72.3	139.0	139.6
OMe	52.5		56.9	56.4	52.5	57.3	56.5	56.0
			56.4	56.0			56.1	56.1
Ac							20.7	
							170.4	

表 5-9-3　化合物 5-9-9~5-9-15 的 ^{13}C NMR 数据

C	5-9-9[5]	5-9-10[6]	5-9-11[6]	5-9-12[6]	5-9-13[6]	5-9-14[6]	5-9-15[6]
1	126.5	126.6	126.6	126.8	126.6	126.7	126.8
2	129.2	111.8	111.8	111.9	111.7	111.8	111.8
3	115.4	147.5	147.5	147.7	147.6	147.5	147.6
4	157.6	147.2	147.1	147.3	147.2	147.1	147.2
5	115.4	115.3	115.3	115.4	115.3	115.3	115.4
6	129.2	120.5	120.5	120.7	120.5	120.5	120.6
7	78.2	76.9	76.9	77.1	77.1	77.0	77.0
8	76.2	77.4	77.3	77.5	77.6	77.6	77.6
9	60.1	59.8	59.8	60.0	60.0	60.0	60.1
1'	123.9	130.6	121.1	121.5	130.5	121.0	121.4
2'	114.7	126.3	128.4	113.4	126.4	128.4	113.6
3'	143.7	129.0	115.8	145.8	129.2	115.9	145.7
4'	147.0	132.0	161.1	149.8	132.2	161.2	150.0
5'	117.5	129.0	115.8	116.0	129.2	115.9	116.0
6'	119.8	126.3	128.4	119.1	126.4	128.4	119.2
7'	166.8	163.5	164.0	164.4	163.1	163.6	163.9
8'	103.8	104.4	102.1	102.3	105.3	102.9	103.1
9'	181.4	182.5	182.3	182.3	182.2	181.8	181.9
1"	102.9	104.9	104.6	104.8	104.9	104.6	104.8
2"	158.1	147.8	147.8	148.0	153.0	152.9	153.1
3"	99.6	128.0	127.9	128.0	99.0	98.6	98.8
4"	162.5	150.1	149.8	149.9	149.6	149.3	149.4
5"	94.5	94.7	94.4	94.5	124.6	124.4	124.5
6"	161.4	149.7	149.5	149.7	144.5	144.3	144.5
3"-OMe		55.6	55.6	55.6	55.7	55.7	55.7

5-9-16 $R^1=R^2=R^3=OMe$
5-9-17 $R^1+R^2=OCH_2O$; $R^3=H$

5-9-18 $R=OMe$
5-9-19 $R=H$

5-9-20 $R=H$; $R^1=R^2=OH$
5-9-21 $R=Ac$; $R^1=R^2=OAc$

表 5-9-4　化合物 5-9-16~5-9-21 的 ^{13}C NMR 数据

C	5-9-16[7]	5-9-17[7]	5-9-18[8]	5-9-19[8]	5-9-20[9]	5-9-21[9]
1	132.4	130.7	129.6	129.5	127.2	134.2
2	104.4	107.1	103.2	111.2	115.0	123.0
3	153.4	147.9	153.5	149.1	145.3	142.5
4	138.3	147.9	137.8	148.9	145.9	142.1
5	153.4	108.2	153.5	109.5	115.5	123.9
6	104.4	121.3	103.2	118.7	118.9	126.0
7	81.0	80.6	77.1	77.1	76.1	75.4
8	74.0	74.1	73.2	73.2	78.1	74.3
9	17.3	17.2	12.6	12.7	60.1	62.0
1'	132.2	132.2	132.5	132.5	127.6	128.1
2'	104.5	104.5	105.1	104.9	122.6	123.0
3'	148.4	148.4	148.1	149.2	117.3	117.5
4'	131.1	131.1	132.3	132.3	146.5	145.8
5'	143.8	144.2	143.4	143.5	143.5	142.7
6'	109.4	109.4	109.8	109.8	116.8	116.9
7'	39.9	40.0	40.0	40.1	126.8	127.2
8'	137.1	137.2	137.5	137.5	153.0	152.6
9'	115.6	115.6	115.9	115.9	194.0	193.9
OMe	56.3	56.1	56.2	56.0		
	60.7		60.9	56.1		
			56.1			
OCH$_2$O		101.1				
OCOCH$_3$					168.0	
					20.2	
					169.8	
					20.2	

参 考 文 献

[1] Takshasi H, Yangi K, Ueda M, et al. Chem Pharm Bull, 2003, 51: 1377.
[2] Ma C, Zhang H J, Tan G T, et al. J Nat Prod, 2006, 69: 346.
[3] Sajeli B, Sahai M, Asai T, et al. Chem Pharm Bull, 2006, 54: 538.
[4] Ullah F, Hussain J, Farooq U, et al. Chem Pharm Bull, 2004, 52: 1458.
[5] Afifi M S A, Ahmed M M, Pezzuto J M, et al. Phytochemistry, 1993, 34: 839.
[6] Kikuchi Y, Miyaichi Y, Tomimori T. Chem Pharm Bull, 1991, 39: 1466.

[7] Carvalho M G, Gottlieb O R, Silva M L, et al. Phytochemistry, 1981, 20: 2049.
[8] 于德泉, 杨峻山编. 分析化学手册. 第七分册. 第2版. 北京: 化学工业出版社, 2000: 877.
[9] Woo W S, Kang S S. Tetrahedron Lett, 1978, 35: 3239.

第十节　环辛烷类木脂素

表 5-10-1　环辛烷类木脂素的名称、分子式和测试溶液

编号	名称	分子式	测试溶剂	参考文献
5-10-1	denudanolide B	$C_{20}H_{22}O_6$	C	[1]
5-10-2	denudanolide C	$C_{21}H_{24}O_6$	C	[1]
5-10-3	denudanolide A	$C_{20}H_{20}O_6$	C	[1]
5-10-4	denudanolide D	$C_{22}H_{26}O_7$	C	[1]
5-10-5	denudadione A	$C_{21}H_{24}O_5$	C	[1]
5-10-6	denudadione B	$C_{20}H_{20}O_5$	C	[1]
5-10-7	denudadione C	$C_{20}H_{20}O_5$	C	[1]
5-10-8	2′,3′,5′-trihydroxy-3,4-methylenedioxy-4′-oxo-8,1′:7,3′-neolignan; 3′,5′-dimethyl ether	$C_{21}H_{24}O_6$	C	[2]
5-10-9	2′,3′,5′-trihydroxy-3,4-methylenedioxy-4′-oxo-8,1′:7,3′-neolignan; 3′,5′-dimethyl ether, 2′-acetate ester	$C_{23}H_{26}O_7$	C	[2]
5-10-10	oxoaporphine trimethylmoschatoline	$C_{21}H_{24}O_6$	C	[2]
5-10-11	identifications stitosterol 6,7-dimethoxycoumarin	$C_{21}H_{24}O_6$	C	[2]
5-10-12	(1S,5R,6R,7S)-3-allyl-1,5-dimethoxy-6-methyl-7-(3,4,5-trimethoxyphenyl)bicyclo[3.2.1]oct-3-ene-2,8-dione	$C_{22}H_{26}O_6$	C	[3]
5-10-13	(4S,6S,7R)-3-allyl-4-hydroxy-1,5-dimethoxy-7-methyl-6-(3,4,5-trimethoxyphenyl)bicyclo[3.2.1]oct-2-en-8-one	$C_{22}H_{28}O_6$		[4]
5-10-14	(6R,7S)-3-allyl-1,5-dimethoxy-6-methyl-7-(3,4,5-trimethoxyphenyl)bicyclo[3.2.1]oct-3-ene-2,8-dione	$C_{22}H_{28}O_6$		[4]

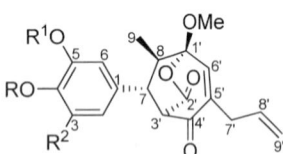

5-10-1　R=H; R¹=Me; R²=H
5-10-2　R=R¹=Me; R²=H
5-10-3　R+R¹=CH₂; R²=H
5-10-4　R=R¹=Me; R²=OMe

5-10-5　R=R¹=Me
5-10-6　R+R¹=CH₂

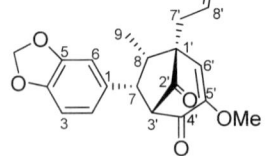

5-10-7

表 5-10-2　化合物 5-10-1~5-10-7 的 ^{13}C NMR 数据[1]

C	5-10-1	5-10-2	5-10-3	5-10-4	5-10-5	5-10-6	5-10-7
1	132.8	133.5	134.6	137.7	133.9	135.0	131.6
2	120.4	119.6	120.7	104.3	119.3	120.5	121.7
3	114.8	111.7	108.7	153.8	111.5	108.5	108.6
4	147.2	149.7	148.5	136.7	149.4	147.0	148.1

续表

C	5-10-1	5-10-2	5-10-3	5-10-4	5-10-5	5-10-6	5-10-7
5	145.3	148.7	147.3	153.8	148.5	148.3	147.1
6	109.2	110.1	107.4	104.3	110.1	107.3	108.5
7	46.0	45.9	46.0	46.5	48.8	48.9	49.5
8	45.4	45.3	45.3	45.3	45.3	45.2	44.8
9	15.4	15.4	15.3	15.6	13.7	13.5	18.1
1'	106.7	106.7	106.6	106.6	89.4	89.3	55.0
2'	166.3	166.1	166.0	166.2	202.2	202.0	201.4
3'	65.6	66.5	65.4	66.3	69.9	69.8	69.0
4'	189.4	189.4	189.3	189.3	194.4	194.3	189.9
5'	140.8	140.8	140.7	140.9	140.5	140.4	13.7
6'	143.5	143.5	143.6	143.6	147.2	147.2	121.9
7'	34.2	34.2	34.1	34.2	32.7	32.7	32.6
8'	133.7	143.5	133.7	143.6	133.8	133.8	133.3
9'	118.5	118.5	118.5	118.6	118.1	118.1	119.6
OMe	50.9	50.9	50.9	51.0	54.0	53.9	55.7
OMe	56.0	56.0		56.3	56.0		
OMe		56.0		56.3	56.1		
OMe				60.9			
OCH$_2$O			101.4				101.3

5-10-8 R=OH
5-10-9 R=OAc
5-10-10
5-10-11
5-10-12
5-10-13
5-10-14

表 5-10-3　化合物 5-10-8~5-10-14 的 ^{13}C NMR 数据

C	5-10-8[2]	5-10-9[2]	5-10-10[2]	5-10-11[2]	5-10-12[3]	5-10-13[4]	5-10-14[4]
1	131.4	131.0	132.2	133.3	137.2	140.3	136.7
2	107.6	107.7	107.9	108.2	104.6	104.7	140.5
3	147.4	147.5	147.5	148.0	153.8	153.7	153.9
4	146.3	146.5	146.4	147.8	137.2		136.7
5	110.8	110.6	109.6	108.7	153.8	153.7	153.9

续表

C	5-10-8[2]	5-10-9[2]	5-10-10[2]	5-10-11[2]	5-10-12[3]	5-10-13[4]	5-10-14[4]
6	120.3	119.5	119.4	121.4	104.6	104.7	104.5
7	57.0	57.5	55.6	53.1	45.4	45.4	45.3
8	48.6	49.4	46.3	47.4	49.5	46.0	46.6
9	13.9	13.9	13.4	17.4	13.9	11.9	15.6
1'	51.4	50.8	48.1	51.8	140.6	140.3	140.1
2'	78.2	77.6	84.5	80.9	202.2	76.3	189.3
3'	90.8	90.2	90.2	64.9	69.9	58.9	66.4
4'	194.6	193.6	195.8	185.8	194.2		
5'	151.4	152.1	151.2	153.0	89.4	85.5	94.5
6'	123.8	124.1	123.0	126.8	147.3	126.6	143.6
7'	36.6	37.1	38.1	36.4	32.8	36.4	34.1
8'	134.4	133.9	132.4	134.3	134.1	135.1	133.8
9'	117.9	118.6	117.9	118.2	118.0	117.3	118.5
OMe	54.5	54.8	53.5	55.3	54.0	56.3	56.3
	55.4	55.5	55.4		56.3	60.8	60.9
					60.8	52.9	51.0
OCH$_2$O	100.8	100.9	100.8	100.9			
Ac		169.1					
		21.0					

参 考 文 献

[1] Kuroyanagi M, Yoshida K, Yamamoto A, et al. Chem Pharm Bull, 2000, 48: 832.
[2] Alegrio L V, Gottlieb O R, Maia J G S, et al. Phytochemistry, 1981, 20: 1963.
[3] Filho R B, Figliuolo R, Gottlieb O R. Phytochemistry, 1980, 19: 659.
[4] 于德泉, 杨峻山. 分析化学手册. 第七分册. 第2版. 北京: 化学工业出版社, 2002.

第十一节 其他类木脂素

表 5-11-1 其他类木脂素的名称、分子式和测试溶剂

编号	名称	分子式	测试溶剂	参考文献
5-11-1	morinol C	$C_{21}H_{26}O_5$	C	[1]
5-11-2	morinol D	$C_{21}H_{26}O_5$	C	[1]
5-11-3	morinol E	$C_{21}H_{26}O_5$	C	[1]
5-11-4	morinol F	$C_{21}H_{26}O_5$	C	[1]
5-11-5	morinol G	$C_{22}H_{28}O_6$	C	[1]
5-11-6	morinol H	$C_{22}H_{28}O_6$	C	[1]
5-11-7	morinol J	$C_{26}H_{34}O_7$	C	[1]
5-11-8	morinol K	$C_{26}H_{34}O_7$	C	[1]
5-11-9	morinol L	$C_{27}H_{36}O_8$	C	[1]
5-11-10	icariside E1	$C_{26}H_{36}O_{12}$	P	[2]
5-11-11	icariside E2	$C_{26}H_{36}O_{12}$	P	[2]
5-11-12	icariside E6	$C_{27}H_{38}O_{12}$	P	[3]

续表

编号	名称	分子式	测试溶剂	参考文献
5-11-13	icariside E5	$C_{26}H_{34}O_{11}$	P	[4]
5-11-14	icariside E3	$C_{26}H_{36}O_{11}$	P	[5]
5-11-15	myristicanol A	$C_{23}H_{30}O_8$	C	[13]
5-11-16	myristicanol B	$C_{22}H_{28}O_7$	C	[13]
5-11-17	magnolignan B	$C_{18}H_{20}O_5$	A	[6]
5-11-18	magnolignan A	$C_{18}H_{20}O_4$	A	[6]
5-11-19	magnolignan D	$C_{19}H_{22}O_5$	A	[6]
5-11-20	magnolignan C	$C_{18}H_{20}O_4$	A	[6]
5-11-21	magnaldehyde B	$C_{18}H_{16}O_3$	A	[6]
5-11-22	magnaldehyde C	$C_{18}H_{18}O_5$	A	[6]
5-11-23	randaiol	$C_{15}H_{14}O_2$	A	[6]
5-11-24	magnatriol B	$C_{15}H_{14}O_2$	A	[6]
5-11-25	magnaldehyde D	$C_{16}H_{14}O_2$	A	[6]
5-11-26	magnaldehyde E	$C_{16}H_{14}O_2$	A	[6]
5-11-27	dichotomoside A	$C_{26}H_{32}O_{13}$	D	[14]
5-11-28	dichotomoside B	$C_{30}H_{40}O_{13}$	D	[14]
5-11-29	dichotomoside C	$C_{30}H_{40}O_{13}$	D	[14]
5-11-30	dichotomoside D	$C_{34}H_{48}O_{13}$	M	[14]
5-11-31	machilin C	$C_{20}H_{24}O_5$	C	[8]
5-11-32	machilin D	$C_{20}H_{24}O_5$	C	[8]
5-11-33	machilin E	$C_{22}H_{24}O_7$	C	[8]
5-11-34	virolongin B	$C_{23}H_{30}O_6$	C	[9]
5-11-35	virolongin E	$C_{23}H_{30}O_7$	C	[9]
5-11-36	virolongin F	$C_{23}H_{28}O_7$	C	[9]
5-11-37	spiraformin D	$C_{25}H_{28}O_{11}$	C	[10]
5-11-38	spiraformin A	$C_{20}H_{20}O_6$	C	[10]
5-11-39	spiraformin B	$C_{21}H_{22}O_6$	C	[10]
5-11-40	spiraformin C	$C_{23}H_{26}O_6$	C	[10]
5-11-41	mononyasin B	$C_{23}H_{26}O_7$	M+C	[11]
5-11-42	mononyasin A	$C_{23}H_{26}O_7$	M+C	[11]
5-11-43	methylmononyasine A	$C_{24}H_{28}O_7$	M+C	[11]
5-11-44	methylmononyasine B	$C_{24}H_{28}O_7$	M+C	[11]
5-11-45	nyasoside	$C_{29}H_{36}O_{12}$	M+C	[11]
5-11-46	tetrahydromethylmononyasine A	$C_{24}H_{32}O_7$	M+C	[11]
5-11-47	tetrahydromethylmononyasine B	$C_{24}H_{32}O_7$	M+C	[11]
5-11-48	tetrahydronyasoside	$C_{29}H_{40}O_{12}$	M+C	[11]
5-11-49	apteniol A	$C_{18}H_{18}O_5$	M	[12]
5-11-50	apteniol B	$C_{19}H_{20}O_6$	M	[12]
5-11-51	apteniol C	$C_{21}H_{24}O_6$	M	[12]
5-11-52	apteniol D	$C_{21}H_{24}O_8$	M	[12]
5-11-53	apteniol E	$C_{22}H_{26}O_9$	M	[12]
5-11-54	magnolignan F	$C_{36}H_{36}O_6$	A	[6]

续表

编号	名称	分子式	测试溶剂	参考文献
5-11-55	magnolignan G	$C_{36}H_{36}O_8$	A	[6]
5-11-56	magnolignan I	$C_{33}H_{30}O_6$	A	[6]
5-11-57	magnolignan H	$C_{36}H_{34}O_6$	A	[6]
5-11-58	polysyphorin	$C_{23}H_{30}O_7$	C	[15]
5-11-59	rhaphidecursinol B	$C_{23}H_{30}O_7$	C	[15]
5-11-60	fractions A	$C_{41}H_{44}O_{12}$	C	[16]
5-11-61	fractions B	$C_{41}H_{44}O_{12}$	C	[16]
5-11-62	hyuganoside ⅢA	$C_{26}H_{34}O_{12}$	D	[17]
5-11-63	hyuganoside ⅢB	$C_{26}H_{34}O_{12}$	D	[17]
5-11-64	iryantherin K	$C_{35}H_{38}O_7$	C+D	[18]
5-11-65	iryantherin B	$C_{35}H_{38}O_7$	C	[19]
5-11-66	iryantherin C	$C_{35}H_{36}O_8$	C	[19]
5-11-67	iryantherin D	$C_{34}H_{32}O_7$	C	[19]
5-11-68	iryantherin E	$C_{35}H_{34}O_7$	C	[19]
5-11-69	vitrofolal B	$C_{20}H_{18}O_6$	C	[21]
5-11-70	vitrofolal A	$C_{20}H_{18}O_4$	C	[22]
5-11-71	vitrofolal F	$C_{19}H_{16}O_5$	C	[22]
5-11-72	vitrofolal E	$C_{19}H_{16}O_4$	C	[22]
5-11-73	phyllamyricoside A	$C_{27}H_{30}O_{11}$	M	[23]
5-11-74	phyllamyricoside B	$C_{27}H_{30}O_{12}$	M	[23]
5-11-75	phyllamyricoside C	$C_{27}H_{32}O_{11}$	M	[23]
5-11-76	galanganol C	$C_{27}H_{28}O_5$	P	[20]
5-11-77	galanganal	$C_{18}H_{16}O_3$	C	[20]
5-11-78	piperitylmagnolol	$C_{28}H_{34}O_2$	C	[6]
5-11-79	didymochlaenone A	$C_{20}H_{22}O_5$	C	[24]
5-11-80	didymochlaenone B	$C_{20}H_{20}O_6$	C	[24]

5-11-1 R^1=OMe; R^2=H 苏式
5-11-2 R^1=OMe; R^2=H 赤式
5-11-3 R^1=H; R^2=OMe 苏式
5-11-4 R^1=H; R^2=OMe 赤式
5-11-5 R^1=OMe; R^2=OMe 苏式
5-11-6 R^1=OMe; R^2=OMe 赤式

5-11-7 R^1=OMe; R^2=H 苏式
5-11-8 R^1=H; R^2=OMe 苏式
5-11-9 R^1=OMe; R^2=OMe 苏式

表 5-11-2　化合物 5-11-1~5-11-9 的 ^{13}C NMR 数据[1]

C	5-11-1	5-11-2	5-11-3	5-11-4	5-11-5	5-11-6	5-11-7	5-11-8	5-11-9
1	136.0	135.2	135.5	134.6	135.9	135.2	135.3	134.8	135.3
2	109.6	109.6	127.8	127.5	109.5	109.5	109.4	127.7	109.5
3	148.7	148.5	113.9	113.9	148.2	148.6	148.7	114.1	148.7
4	149.2	149.1	159.3	159.1	148.8	149.2	149.3	159.4	148.8

续表

C	5-11-1	5-11-2	5-11-3	5-11-4	5-11-5	5-11-6	5-11-7	5-11-8	5-11-9
5	111.0	111.1	113.9	113.9	111.1	111.3	111.2	114.1	111.1
6	119.0	118.5	127.8	127.5	118.8	119.0	118.8	127.7	118.8
7	78.5	76.4	78.3	76.4	78.1	76.4	75.3	75.2	75.3
8	47.0	47.2	47.0	47.1	46.6	47.2	45.4	45.4	45.4
9	64.6	64.0	64.6	64.0	64.3	64.1	63.7	63.7	63.7
1'	130.3	130.4	130.7	130.8	130.4	130.7	130.2	130.6	130.5
2'	127.1	127.2	108.7	108.7	108.5	108.7	127.2	108.8	108.8
3'	114.0	114.1	148.5	148.5	148.3	148.5	114.1	148.7	149.1
4'	158.9	159.0	149.1	149.1	148.8	149.1	159.0	149.1	149.3
5'	114.0	114.1	111.3	111.3	110.8	111.1	114.1	111.3	111.3
6'	127.1	127.2	119.0	119.0	118.7	118.5	127.2	119.1	119.1
7'	131.3	131.2	131.5	131.5	131.2	131.5	131.9	132.1	132.1
8'	125.7	126.5	126.0	126.8	125.9	126.8	125.1	125.5	125.4
9'	32.2	29.5	32.2	29.4	31.9	29.4	32.3	32.3	32.3
OMe	55.3	55.4	55.3	55.4	55.6	55.6	55.4	55.4	55.9
	56.0	56.0	55.9	55.9	55.7	56.0	56.0	55.9	56.0
	56.0	56.0	56.0	56.0	55.7	56.0	56.0	56.0	56.0
					55.7	56.0			56.0
1"							166.8	166.8	166.8
2"							131.9	132.0	131.9
3"							142.2	142.1	142.2
4"							15.8	15.8	15.8
5"							65.5	65.6	65.5

5-11-10 R^1=OH; R^2=H; R^3=Rha （赤式）
5-11-11 R^1=OH; R^2=H; R^3=Rha （苏式）
5-11-12 R^1=H; R^2=OMe; R^3=Rha （苏式）

5-11-13 R^1 = —CH=CH—CH$_2$OH; R^2=Glu
5-11-14 R^1 = —CH$_2$—CH$_2$—CH$_2$OH; R^2=Glu

5-11-15 R=OMe
5-11-16 R=H

表 5-11-3　化合物 5-11-10~5-11-16 的 ^{13}C NMR 数据

C	5-11-10[2]	5-11-11[2]	5-11-12[3]	5-11-13[4]	5-11-14[5]	5-11-15[13]	5-11-16[13]
1		135.4	133.6	132.3	132.5	132.8	132.8
2	110.7	110.0	113.7	113.6	111.4	103.6	109.5
3	152.6	152.5	147.2	148.3	148.3	153.0	148.9
4	139.0	139.1		146.1	146.1	153.0	148.0
5	154.1	153.9	118.4	116.1	116.1	153.0	110.9
6	104.6	104.4	121.1		120.0	103.6	118.1
7	31.8	31.8	32.3	39.2	39.2	82.5	82.6
8	33.0	33.1	31.8	42.3	42.4	73.2	72.9
9	67.1	67.1	66.9	66.6	67.0	12.7	12.7
1'	133.5	133.4	136.1	134.7	139.1	135.5	134.9
2'	111.8	112.0	106.0	108.9	113.5	153.6	153.7
3'	147.5	148.0	148.9	152.9	152.6	103.2	103.7
4'			136.9	144.7	143.3	134.7	132.6
5'	116.3	116.4	148.9	139.6	139.7	103.2	103.7
6'	120.6	121.0	106.0	118.8	122.3	153.6	153.7
7'	73.9	74.1	74.1	131.0	33.0	130.7	130.8
8'	90.1	91.6	86.4	129.8	35.7	128.5	128.4
9'	61.1	62.0	61.8	63.0	61.6	63.3	63.4
1"	101.8	101.8	101.6	105.9	105.8		
2"	73.0	73.0	72.9	76.2	76.2		
3"	72.4	72.5	72.9	78.5	78.5		
4"	74.1	74.3	74.1	71.3	71.2		
5"	69.9	69.9	69.7	78.3	78.3		
6"	18.7	18.7	18.6	62.5	62.5		
OMe	56.1(2)	56.2	56.0	55.9	55.9	56.1(4)	55.8(2)
		56.3	56.4(2)	56.1	56.1	60.7	56.1(2)

5-11-17　R^1=R^3=OH; R^2=H
5-11-18　R^1=OH; R^2=R^3=H
5-11-19　R^1=H; R^2=OH; R^3=OMe
5-11-20　R^1=R^3=H; R^2=OH

5-11-21

5-11-22

5-11-23　R^1=R^3=OH; R^2=H
5-11-24　R^1=H; R^2=R^3=OH
5-11-25　R^1=OH; R^2=H; R^3=CHO
5-11-26　R^1=H; R^2=OH; R^3=CHO

表 5-11-4　化合物 5-11-17~5-11-26 的 ^{13}C NMR 数据[6]

C	5-11-17	5-11-18	5-11-19	5-11-20	5-11-21	5-11-22	5-11-23	5-11-24	5-11-25	5-11-26
1	132.6	131.9	130.9	130.8	126.8	127.0	132.6	126.7	132.5	130.0
2	128.1	132.4	130.3	131.9	131.6	130.1	132.2	128.8	131.1	128.9
3	126.7	131.0	129.0	128.8	126.8	128.0	127.2	129.9	125.3	129.3
4	153.0	15.3	154.8	153.0	158.2	158.5	152.7	131.5	153.4	130.9
5	117.1	117.2	115.4	115.3	117.7	117.8	116.2	115.4	117.1	115.5
6	132.5	133.3	131.7	131.6	132.3	133.2	129.7	154.6	130.1	155.1

C	5-11-17	5-11-18	5-11-19	5-11-20	5-11-21	5-11-22	5-11-23	5-11-24	5-11-25	5-11-26
7	77.2	40.0	85.1	39.7	155.0	155.0	39.8	34.6	39.9	34.8
8	74.5	74.1	76.7	74.0	126.2	126.5	138.8	137.9	139.0	137.8
9	63.9	66.5	63.5	66.1	195.1	195.3	115.7	115.4	115.6	115.5
1'	135.2	133.2	126.8	126.5	129.6	131.2	151.6	151.2	130.7	130.5
2'	129.6	129.8	154.6	154.5	155.0	133.8	118.1	115.0	132.5	131.6
3'	117.4	117.4	116.8	116.5	115.4	115.8	117.4	117.4	117.8	117.2
4'	154.0	153.0	127.8	129.3	129.5	153.2	147.3	147.6	160.9	160.5
5'	127.2	131.9	130.8	130.9	130.1	125.4	127.9	130.9	127.8	127.0
6'	130.9	130.5	129.0	128.8	128.9	130.8	118.2	117.5	134.9	133.2
7'	40.0	40.0	35.0	3.9	34.9	39.5				
8'	139.1	139.1	138.1	138.0	137.9	73.9	73.8			
9'	115.5	115.5	115.5	115.3	115.5	66.0	62.7			
OMe			56.7							
CHO									191.2	191.3

5-11-27 $R^1=R^2=$ H; $R^3=\beta$-Glu
5-11-28 $R^1=n$-Bu; $R^2=$ H; $R^3=\beta$-Glu
5-11-29 $R^1=$H; $R^2=n$-Bu; $R^3=\beta$-Glu
5-11-30 $R^1=R^2=n$-Bu; $R^3=\beta$-Glu

表 5-11-5 化合物 5-11-27~5-11-30 的 ^{13}C NMR 数据[14]

C	5-11-27	5-11-28	5-11-29	5-11-30	C	5-11-27	5-11-28	5-11-29	5-11-30
1	132.6	132.6	132.4	129.7	9'	176.7	174.5	176.6	171.9
2	124.2	124.2	124.2	123.1	5'-OMe	56.7	56.7	56.7	56.0
3	127.4	127.3	12.4	125.5	5-OMe	56.5	56.5	56.5	55.6
4	142.7	14.7	142.6	141.3	9'-n-Bu		65.3		63.3
5	149.0	149.0	149.1	147.1			31.7		30.1
6	111.6	111.6	111.6	110.4			20.1		18.5
7	31.6	31.8	31.7	30.0			14.0		13.4
8	37.0	37.1	37.2	34.8	9-n-Bu			65.3	63.2
9	176.5	176.7	174.8	172.0				31.8	30.1
1'	138.1	134.4	138.2	134.8				20.2	18.5
2'	124.5	124.5	124.5	123.2				14.1	13.3
3'	134.4	134.5	134.4	132.1	Glu 1"	104.2	104.2	104.3	101.6
4'	142.4	142.4	142.4	140.5	2"	75.4	75.4	75.5	73.7
5'	153.1	153.1	153.1	151.3	3"	77.6	77.7	77.7	76.7
6'	113.1	113.1	113.2	112.2	4"	71.1	71.2	71.2	69.7
7'	31.7	31.8	31.7	30.0	5"	77.4	77.4	77.5	76.0
8'	36.6	36.7	36.8	34.8	6"	62.5	62.5	62.5	60.8

5-11-31 R¹=Me; R²=OMe; R³=R⁴=OH (赤式)
5-11-32 R¹=Me; R²=OMe; R³=R⁴=OH (苏式)
5-11-33 R¹=CH₂OH; R²+R³=OCH₂O; R⁴=OAc (赤式)

5-11-34 R = CH₂CH=CH₂
5-11-35 R = CH=CHCH₂OH
5-11-36 R = CH=CHCHO

表 5-11-6 化合物 5-11-31~5-11-36 的 ¹³C NMR 数据

C	5-11-31[8]	5-11-32[8]	5-11-33[8]	5-11-34[9]	5-11-35[9]	5-11-36[9]
1	133.7	132.0	131.6	134.8	132.1	
2	108.9	109.3	107.9	106.6	106.6	106.7
3	146.5	146.6	148.0	153.6	153.7	154.0
4	144.8	145.5	148.5	136.5	134.6	
5	113.9	114.1	110.3	153.6	153.7	154.0
6	119.9	120.8	119.5	106.6	106.6	106.6
7	82.4	84.2	93.8	43.6	43.5	43.6
8	73.6	78.5	78.2	79.5	79.6	80.0
9	13.4	17.1	15.4	19.6	19.6	19.7
1'	131.9	130.5	130.1	134.5	131.0	
2'	109.4	109.4	108.6	105.7	103.7	105.9
3'	145.6	146.8	147.1	152.8	152.7	152.9
4'	151.5	150.8	151.1	135.3	136.0	
5'	119.1	118.8	118.0	152.8	152.7	152.9
6'	119.0	119.1	121.1	105.7	103.7	105.9
7'	130.5	130.5	131.1	40.5	131.0	152.5
8'	125.0	124.9	127.1	137.2	127.8	127.8
9'	18.3	18.4	63.8	115.8	63.4	193.1
OCH₂O			101.1			
OMe	56.0	56.0	55.9	56.0	56.0	56.0
	56.0	56.0		56.0	56.0	56.0
				56.0	56.0	56.0
				56.6	56.0	56.0
				60.6	60.6	60.9
Ac			170.1			
			21.1			

5-11-37 R = H; R¹ = Glu
5-11-38 R = Me, R¹ = H
5-11-39 R = Et, R¹ = H
5-11-40 R = n-Bu, R¹ = H

表 5-11-7　化合物 5-11-37~5-11-40 的 ^{13}C NMR 数据[10]

C	5-11-37	5-11-38	5-11-39	5-11-40	C	5-11-37	5-11-38	5-11-39	5-11-40
1	109.5	127.6	126.3	127.3	7'	31.7	29.9	30.4	30.6
2	119.6	116.0	116.3	116.3	8'	39.6	35.9	35.2	35.9
3	146.7	149.4	144.4	146.5	9'	172.3	173.5	173.5	175.4
4	150.8	154.5	149.3	150.2	10'		51.9	51.3	59.5
5	117.2	125.2	123.1	123.1	11'			27.0	26.8
6	124.8	116.5	118.8	118.9	12'				22.7
7	144.0	144.3	138.2	139.2	13'				19.1
8	116.4	115.8	114.5	112.1	1"	100.8			
9	167.9	167.4	167.7	170.3	2"	73.6			
10		51.8	51.3	51.9	3"	76.7			
1'	137.4	136.8	134.3	136.2	4"	70.0			
2',6'	129.4	130.1	130.1	130.2	5"	77.3			
3',5'	117.7	118.4	119.9	119.9	6"	61.2			
4'	155.7	44.6	142.5	144.3					

5-11-41　R^1=Glu; R^2=H
5-11-42　R^1=H; R^2=Glu
5-11-43　R^1=Me; R^2=Glu
5-11-44　R^1=Glu; R^2=Me
5-11-45　R^1=Glu; R^2=Glu

5-11-46　R^1=Me; R^2=Glu
5-11-47　R^1=Glu; R^2=Me
5-11-48　R^1=Glu; R^2=Glu

表 5-11-8　化合物 5-11-41~5-11-48 的 ^{13}C NMR 数据[11]

C	5-11-41	5-11-42	5-11-43	5-11-44	5-11-45	5-11-46	5-11-47	5-11-48
1	132.7	132.8	132.4	132.1	133.1	135.2	138.0	137.6
2	130.6	130.8	129.6	129.6	130.7	129.5	129.6	129.8
3	117.4	116.0	113.6	116.3	117.4	114.1	117.0	117.6
4	157.0	157.5	155.7	158.1	157.9	156.0	158.2	156.8
5	117.4	116.0	113.6	116.3	117.4	114.1	117.0	117.6
6	130.6	130.8	129.6	129.6	130.7	129.5	129.6	129.8
7	133.5	132.1	131.4	132.7	132.5	33.2	33.3	33.6
8	129.1	129.9	128.4	128.2	130.7	38.8	38.3	39.1
9	48.0	48.4	46.8	46.7	48.1	46.9	46.8	47.4
1'	114.9	115.1	114.9	114.8	115.2	12.1	12.1	12.2
2'	142.2	142.3	140.5	141.0	142.1	30.2	30.1	30.5
1"	135.4	138.9	137.7	135.8	138.5	140.1	137.5	140.4
2"	129.4	129.6	128.6	128.7	129.5	129.0	129.0	129.4
3"	116.2	118.0	116.7	114.8	118.0	116.9	114.1	117.5
4"	157.5	157.5	158.5	156.7	157.5	158.0	155.8	156.6

续表

C	5-11-41	5-11-42	5-11-43	5-11-44	5-11-45	5-11-46	5-11-47	5-11-48
5"	116.2	118.0	116.7	114.8	118.0	116.9	114.1	117.5
6"	129.4	129.6	128.6	128.7	129.5	129.0	129.0	129.4
OMe			55.1	55.5		55.5	55.5	
1'''	102.1	102.4	100.9	100.7	102.5	101.6	101.6	102.3
2'''	74.7	74.9	73.3	73.3	74.9	73.9	73.9	74.5
3'''	77.8	78.0	76.3	76.3	77.8	77.0	77.0	77.6
4'''	71.3	71.4	69.9	69.9	71.4	70.5	70.5	71.1
5'''	77.8	78.0	76.0	76.0	77.9	76.7	76.7	77.4
6'''	62.5	62.5	61.7	61.7	62.5	62.1	62.1	62.4

5-11-49 $R^1 = R^2 = R^3 = R^4 = R^5 = R^6 = H$
5-11-50 $R^1 = H; R^2 = R^3 = R^4 = R^5 = R^6 = H$
5-11-51 $R^1 = OMe; R^2 = R^3 = R^4 = H; R^5 = R^6 = Me$
5-11-52 $R^1 = R^2 = R^3 = OMe; R^4 = R^5 = R^6 = H$
5-11-53 $R^1 = R^2 = R^3 = R^4 = OMe; R^5 = R^6 = H$

表 5-11-9　化合物 5-11-49~5-11-53 的 ^{13}C NMR 数据[12]

C	5-11-49	5-11-50	5-11-51	5-11-52	5-11-53	C	5-11-49	5-11-50	5-11-51	5-11-52	5-11-53
1	129.6	132.1	132.7	133.1	132.0	3'	116.6	115.4	115.5	146.9	147.0
2	130.7	111.0	110.2	104.8	104.9	4'	157.4	154.1	154.4	144.0	145.2
3	116.6	146.4	146.7	146.9	147.0	5'	116.6	115.4	115.5	114.3	147.0
4	157.4	144.0	144.2	131.9	145.2	6'	130.7	129.4	129.6	120.7	104.9
5	116.6	114.4	114.6	146.9	147.0	7'	35.7	30.3	30.9	30.2	31.2
6	130.7	120.8	121.0	104.8	104.9	8'	42.9	35.8	36.3	35.7	36.1
7	35.7	30.3	30.9	30.7	31.2	9'	180.6	178.9	173.8	177.8	178.4
8	42.9	35.9	36.3	35.7	36.1	OMe		55.8	56.1	56.1	56.3
9	180.6	178.9	173.8	177.8	178.4				51.9	56.1	56.3
1'	129.6	132.1	130.0	131.2	132.0				51.9	55.7	56.3
2'	130.7	129.4	129.6	110.8	104.9						56.3

表 5-11-10 化合物 5-11-54~5-11-57 的 ^{13}C NMR 数据[6]

C	5-11-54	5-11-55	5-11-56	5-11-57	C	5-11-54	5-11-55	5-11-56	5-11-57
1	132.3	131.1	131.8	126.7	1"	129.5	133.2	132.4	126.7
2	129.3	123.1	127.1	114.7	2"	127.9	110.5	127.1	129.5
3	127.1	141.7	125.3	144.6	3"	128.8	143.6	127.1	127.5
4	153.0	134.1	152.6	134.3	4"	154.1	137.1	153.0	153.6
5	117.0	144.9	117.1	149.1	5"	117.4	146.9	117.2	117.2
6	132.5	114.3	131.5	127.9	6"	130.8	111.6	129.8	129.5
7	39.3	39.6	39.7	36.7	7"	74.9	76.8	87.5	48.9
8	138.8	138.5	138.7	137.1	8"	74.1	77.7	54.5	89.0
9	115.5	115.2	115.6	115.7	9"	70.2	37.3	64.2	63.2
1'	133.2	133.7	150.3	132.4	1'''	134.7	133.7	134.6	134.3
2'	129.3	129.7	116.6	130.1	2'''	129.5	130.0	129.5	132.6
3'	126.8	115.2	129.5	117.2	3'''	127.5	117.2	126.6	130.9
4'	155.0	156.6	154.3	152.8	4'''	153.5	157.0	151.9	157.6
5'	112.8	117.2	121.2	117.2	5'''	117.6	117.2	117.5	117.2
6'	132.5	129.7	112.0	130.1	6'''	132.5	130.0	132.2	132.3
7'	39.3	39.6		39.7	7'''	39.3	39.6	39.7	39.7
8'	139.0	138.5		138.6	8'''	139.0	138.7	138.7	138.6
9'	115.5	115.5		115.7	9'''	115.7	115.7	115.6	115.7

表 5-11-11 化合物 5-11-58 和 5-11-59 的 ^{13}C NMR 数据[15]

C	5-11-58	5-11-59	C	5-11-58	5-11-59	C	5-11-58	5-11-59
1	136.4	135.9	4	137.5	137.3	7	79.4	79.4
2	104.3	104.3	5	153.1	152.7	8	86.5	86.4
3	153.1	152.7	6	104.3	104.3	9	17.7	17.7

续表

C	5-11-58	5-11-59	C	5-11-58	5-11-59	C	5-11-58	5-11-59
1'	133.9	136.0	5'	152.8	153.1	9'	18.4	116.2
2'	102.9	105.4	6'	102.9	105.4	3,5-OMe	56.1 或 56.0	56.1 或 56.0
3'	152.8	153.1	7'	130.7	40.5	4-OMe	60.8	60.8
4'	136.4	134.5	8'	125.7	137.0	3',5'-OMe	56.1 或 56.0	56.1 或 56.0

5-11-60 7-α-OH
5-11-61 7-β-OH

表 5-11-12　化合物 5-11-60 和 5-11-61 的 ^{13}C NMR 数据[16]

C	5-11-60	5-11-61	C	5-11-60	5-11-61	C	5-11-60	5-11-61
1	126.8	126.7	6'	119.1	120.3	1'''	126.8	126.7
2	109.2	109.3	7'	71.9	74.3	2'''	109.2	109.3
3	146.6	147.6	8'	84.4	86.2	3'''	146.6	147.6
4	145.0	145.9	9'	62.5	62.9	4'''	145.0	145.6
5	114.6	114.6	1''	130.9	131.1	5'''	114.6	114.6
6	122.9	123.1	2''	112.3	112.2	6'''	122.9	123.0
7	145.1	145.4	3''	147.9	148.0	7'''	144.8	144.8
8	114.9	114.6	4''	146.5	146.6	8'''	115.2	115.3
9	167.0	166.7	5''	120.6	120.6	9'''	167.2	167.2
1'	137.3	137.3	6''	121.0	120.9	OMe	55.8	55.9
2'	108.7	109.2	7''	31.9	31.9	OMe	55.8	55.8
3'	147.9	147.7	8''	30.3	30.3	OMe	55.8	55.7
4'	151.3	150.7	9''	63.5	63.5	OMe	55.8	55.8
5'	114.0	114.3						

5-11-62 7,8-赤式
5-11-63 7,8-苏式

表 5-11-13　化合物 5-11-62 和 5-11-63 的 ^{13}C NMR 数据[16]

C	5-11-62	5-11-63	C	5-11-62	5-11-63	C	5-11-62	5-11-63
1	133.1	132.8	1'	129.7	129.6	3-OMe	55.5	55.3
2	111.6	110.9	2'	110.2	109.8	3'-OMe	55.6	55.5
3	146.9	146.9	3'	149.7	149.6	Glu		
4	145.4	145.3	4'	147.9	148.1	1	102.0	102.0
5	114.6	114.6	5'	115.7	115.3	2	73.5	73.4
6	119.5	118.9	6'	119.3	119.3	3	76.7	76.7
7	71.7	70.9	7'	131.3	131.3	4	70.2	70.0
8	83.8	84.2	8'	124.0	124.0	5	76.8	76.8
9	60.2	60.0	9'	68.7	68.7	6	61.1	61.0

5-11-64

5-11-65 R^1=R^2=H; R^3=OH
5-11-66 R^1=OH; R^2+R^3=O

5-11-67 R=H
5-11-68 R=Me

表 5-11-14　化合物 5-11-64~5-11-68 的 ^{13}C NMR 数据

C	5-11-64[18]	5-11-65[19]	5-11-66[19]	5-11-67[19]	5-11-68[19]	C	5-11-64[18]	5-11-65[19]	5-11-66[19]	5-11-67[19]	5-11-68[19]
1	137.4	134.5	134.7	133.8	133.8	1"	134.6	133.2	132.6	130.0	130.3
2,6	129.9	130.1	130.2	129.7	129.3	2",6"	130.6	130.7	130.2	128.0	127.3
3,5	114.4	114.5	114.6	114.2	113.8	3",5"	115.3	115.5	115.4	116.0	115.3
4	158.4	158.8	158.9	158.5	157.8	4"	154.9	156.1	155.9	157.5	154.8
7	31.0	30.7	30.5	30.0	30.0	7"	42.7	42.4	42.7	132.5	131.7
8	46.8	46.8	47.1	45.8	46.0	8"	37.1	34.8	35.0	124.4	124.3
9	205.3	205.3	205.9	205.3	204.8	9"	12.65	12.9	16.0	36.1	35.5
1'	134.1	133.2	115.7	130.9	131.5	1'''	105.0	105.6	107.6	105.4	105.3
2'	130.5	130.6	146.2	129.7	128.7	2'''	161.7	166.2	164.7	165.9	164.7
3'	115.0	115.2	104.2	116.3	115.5	3'''	111.5	112.1	106.6	96.1	90.8
4'	154.9	155.9	145.4	158.5	155.8	4'''	161.7	163.1	159.9	159.1	161.1
5'	115.0	115.2	142.2	116.3	115.5	5'''	91.2	91.7	91.1	102.0	102.7
6'	130.5	130.6	116.2	129.7	128.7	6'''	161.7	162.1	162.2	163.0	160.9
7'	45.4	44.1	38.1	84.0	82.9	4-OMe	55.6	55.3	55.4	55.2	55.3
8'	37.1	36.1	41.2	37.6	37.6	5'''或	55.7	55.7	56.3		55.5
9'	12.6	11.8	12.7	25.9	24.2	6'''-OMe					

5-11-69 R^1=OH; R^2=H; R^3=OMe; R^4=OMe
5-11-70 R^1=H; R^2=H; R^3=OMe; R^4=Me
5-11-71 R^1=OH; R^2=OMe; R^3=H; R^4=H
5-11-72 R^1=H; R^2=OMe; R^3=H; R^4=H

5-11-73 R^1=H; R^2=O-β-Glu; R^3+R^4=CH$_2$
5-11-74 R^1=OH; R^2=O-β-Glu; R^3+R^4=CH$_2$
5-11-75 R^1=H; R^2=O-β-Glu; R^3=Me, R^4=H

表 5-11-15　化合物 5-11-69~5-11-75 的 ^{13}C NMR 数据

C	5-11-69[21]	5-11-70[22]	5-11-71[22]	5-11-72[22]	5-11-73[23]	5-11-74[23]	5-11-75[23]
1	120.0	137.3	122.0	139.9	135.9	137.8	136.6
2	154.6	127.2	151.6	122.8	133.6	135.7	133.3
3	128.7	131.5	119.8	132.1	129.2	130.5	129.9
4	138.5	134.5	133.7	131.7	150.2	150.8	150.1
4a	124.6	129.9	121.5	128.8	122.6	124.6	122.5
5	128.7	128.4	107.6	107.5	103.7	104.1	103.7
6	116.2	118.3	147.9	147.8	150.3	151.5	150.3
7	151.5	150.2	152.1	148.5	150.8	151.3	150.7
8	140.1	141.0	107.6	108.7	106.7	107.6	106.9
8a	131.6	128.8	135.0	132.1	131.4	131.6	131.6
1'	119.7	134.6	125.9	132.1	135.4	134.2	133.6
2'	114.7	113.7	114.3	112.4	111.5	112.2	114.7
3'	148.0	147.7	147.6	146.5	149.3	149.5	149.2
4'	148.3	148.4	146.5	145.3	148.1	148.7	146.7
5'	110.1	109.9	115.5	114.4	109.4	109.3	116.4
6'	123.2	122.0	125.9	122.9	124.3	125.3	123.8
3-CHO	196.2	191.9	195.4	192.3			
4',6-OMe	56.2	56.1	54.7	56.1	55.8	56.1	55.8
7,8-OMe	61.6	61.6			55.8	56.1	55.8
3',3-OMe	54.7,56.0	56.0	54.7	56.1			56.5
2a					17.3	61.1	17.4
3a					57.9	58.0	57.9
OCH$_2$O					102.0	102.8	
Glu							
1"					105.9	105.9	105.5
2"					75.7	75.9	75.7
3"					78.2	78.4	78.2
4"					72.9	72.7	72.7
5"					77.9	78.1	77.9
6"					63.2	63.3	63.2

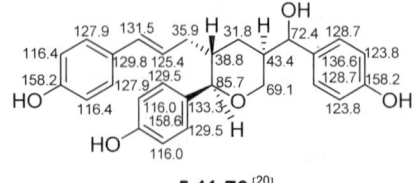

5-11-76[20]

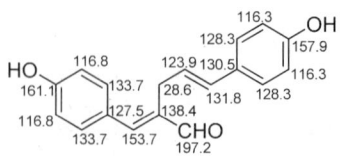

5-11-77[20]

表 5-11-16 化合物 **5-11-79** 和 **5-11-80** 的 ^{13}C NMR 数据[24]

C	5-11-79	5-11-80	C	5-11-79	5-11-80	C	5-11-79	5-11-80
1	199.7	199.4	8	136.6	136.2	15	112.9	109.8
2	43.4	43.2	9	116.9	117.6	16	150.8	123.6
3	29.7	30.2	10	98.5	98.8	17	39.9	34.3
4	103.5	103.1	11	140.9	143.2	18	137.3	136.4
5	168.7	169.0	12	119.5	100.7	19	115.9	116.1
6	101.0	100.7	13	120.4	146.0	20	55.6	101.3
7	35.6	36.2	14	136.1	144.8			

参 考 文 献

[1] Su B N, Takaishi Y, Kusumi T. Tetrahedron, 1999, 55: 14571.

[2] Miyase T, Ueno A, Oguchi H, et al. Chem Pharm Bull, 1987, 35: 3713.

[3] Matsushita H, Miyase T, Ueno A. Phytochemistry, 1991, 30: 2025.

[4] Miyase T, Ueno A, Takizawa N, et al. Phytochemistry, 1989, 28: 3483.

[5] Miyase T, Ueno A, Takizawa N, et al. Chem Pharm Bull, 1988, 36:2475.

[6] Yahara S, Nishiyori T, Kohda A, et al. Chem Pharm Bull, 1991, 39: 2024.

[7] Afifi M S A, Ahmed M M, Pezzuto J M, et al. Phytochemistry, 1993, 34: 839.

[8] Shimomura H, Sashida Y, Oohara M. Phytochemistry, 1987, 26: 1513.

[9] Silva M S D A, Gottlieb O R, Yoshida M, et al. Phytochemistry, 1989, 28: 3477.

[10] Wu T S, Wang C C, Guo P C, et al. Chem Pharm Bull, 2004, 52: 1227.

[11] Messana I, Msonthi J D, Vicente Y D, et al. Phytochemistry, 1989, 28: 2807.

[12] Della Greca M, Marino C D, Previtera L, et al. Tetrahedron, 2005, 61: 11924.

[13] Hattori M, Yang X W, Shu Y Z. Chem Pharm Bull, 1988, 36: 648.

[14] Morikawa T, Sun B, Matsuda H, et al. Chem Pharm Bull, 2004, 52: 1194.

[15] Zhang H J, Tamez P A, Huong L M, et al. J Na Prod, 2001, 64: 772.

[16] Barbosa L C A, Howarth O W, Vieira L J C, et al. Tetrahedron, 1995, 51: 12453.

[17] Morikawa T, Matsuda H, Nishida N, et al. Chem Pharm Bull, 2004, 52: 1387.

[18] Davino S C, Barros B D E, Yoshida M, et al. J Nat Prod, 1999, 62: 1475.

[19] Conserva L M, Yoshida M, Gottlieb O T, et al. Phytochemistry, 1990, 29: 3911.

[20] Morikawa T, Ando S, Matsuda H, et al. Chem Pharm Bull, 2005, 53: 625.

[21] Kawazoe K, Yutani A, Takaishi Y. Phytochemistry, 1999, 52: 1657.

[22] Yuasa S, Shibata H, Higuti T, et al. J Nat Prod, 2001, 64: 588.

[23] Lee S S, Lin M T, Liu C L, et al. J Nat Prod, 1996, 59: 1061.

[24] Cao S, Norris A, Miller J S, et al. J Nat Prod, 2006, 69: 284.

第六章 香豆素类化合物

第一节 简单香豆素

表 6-1-1 简单香豆素的名称、分子式和测试溶剂

编号	名称	分子式	测试溶剂	参考文献
6-1-1	6-hydroxy-5-isopropyl-3,8-dimethyl-2H-1-benzopyran-2-one; methyl ether	$C_{15}H_{18}O_3$	C	[1]
6-1-2	6-hydroxy-5-isopropyl-3,8-dimethyl-2H-1-benzopyran-2-one	$C_{14}H_{16}O_3$	C	[1]
6-1-3	4,7-dihydroxy-5-[2-(4-hydroxyphenyl)ethenyl]-3-methyl-2H-1-benzopyran-2-one;4,7-dimethyl ether	$C_{20}H_{18}O_5$	P	[2]
6-1-4	4,7-dimethyl ether, 4'-O-D-glucopyranoside	$C_{26}H_{28}O_{10}$	P	[2]
6-1-5	karatavicinol	$C_{24}H_{32}O_5$	C	[3]
6-1-6	karatavicinol;6',7'-dihydro, 6',7-dihydroxy	$C_{24}H_{34}O_7$	C	[3]
6-1-7	karatavicinol;10-ketone	$C_{24}H_{30}O_5$	C	[3]
6-1-8	excavatin D;(R)-form	$C_{19}H_{18}O_5$	C	[4]
6-1-9	excavatin D;(R)-form,2'ξ,3'ξ-epoxide	$C_{19}H_{18}O_6$	C	[4]
6-1-10	excavatin D;(R)-form,6',7'β-dihydro	$C_{19}H_{20}O_5$	C	[4]
6-1-11	marmin;(S)-form	$C_{19}H_{24}O_5$	D	[5]
6-1-12	marmin;(S)-form,7'-O-β-D-glucopyranoside	$C_{25}H_{34}O_{10}$	D	[5]
6-1-13	omphamurrayone	$C_{21}H_{26}O_7$	C	[6]
6-1-14	murralongin	$C_{15}H_{14}O_4$	C	[6]
6-1-15	isomurralonginol isovalerate	$C_{20}H_{24}O_5$	C	[6]
6-1-16	6-(8''-umbelliferonyl)apigenin	$C_{24}H_{14}O_8$	P	[7]
6-1-17	8-(6''-umbelliferyl)apigenin	$C_{24}H_{14}O_8$	P	[7]
6-1-18	angelol B	$C_{20}H_{24}O_7$	C	[8]
6-1-19	angelol C	$C_{20}H_{26}O_7$	C	[8]
6-1-20	angelol D	$C_{20}H_{24}O_7$	C	[8]
6-1-21	angelol K	$C_{20}H_{24}O_7$	C	[8]
6-1-22	angelol L	$C_{20}H_{26}O_7$	C	[8]
6-1-23	angelol G	$C_{20}H_{24}O_7$	C	[8]
6-1-24	officinalin isobutyrate	$C_{15}H_{14}O_6$	C	[9]
6-1-25	7-O-(6'-acetoxy-β-D-glucopyranosyl)-8-hydroxycoumarin [7-O-(6'-乙酰基-β-D-葡萄糖)-8-羟基-香豆素]	$C_{17}H_{18}O_{10}$	M	[10]
6-1-26	acetoxyaurapten（乙酰氧酸橙烯）	$C_{21}H_{24}O_5$	C	[11]
6-1-27	14-acetoxybadrakemin（14-乙酰氧基可来东）	$C_{26}H_{32}O_6$	C	[12]

续表

编号	名称	分子式	测试溶剂	参考文献
6-1-28	14-acetoxycolladonin	$C_{26}H_{32}O_6$	C	[13]
6-1-29	albiflorin-1（臭节草素-1）	$C_{17}H_{18}O_6$	C	[14]
6-1-30	angelol B（当归醇 B）	$C_{20}H_{24}O_7$	C	[14]
6-1-31	anisocoumarin A（艾尼舍香豆素 A）	$C_{17}H_{18}O_4$	C	[15]
6-1-32	asaconmarin B（艾舍香豆素 B）	$C_{24}H_{28}O_5$	C	[15]
6-1-33	anisocoumarin E（艾尼舍香豆素 E）	$C_{19}H_{22}O_4$	C	[15]
6-1-34	anisocoumarin H（艾尼舍香豆素 H）	$C_{19}H_{22}O_4$	C	[15]
6-1-35	artekeiskeanin A（莴素 A）	$C_{21}H_{24}O_5$	C	[16]
6-1-36	artekeiskeanol A（莴醇 A）	$C_{20}H_{24}O_5$	C	[17]
6-1-37	artekeiskeanol B（莴醇 B）	$C_{20}H_{24}O_5$	C	[17]
6-1-38	artekeiskeanol C（莴醇 C）	$C_{21}H_{26}O_6$	C	[17]
6-1-39	artekeiskeanol D（莴醇 D）	$C_{21}H_{26}O_6$	C	[17]
6-1-40	cichoriin（菊苣苷）	$C_{15}H_{16}O_9$	C	[18]
6-1-41	clauslactone E（黄皮内酯 E）	$C_{19}H_{18}O_6$	C	[19]
6-1-42	clauslactone F（黄皮内酯 F）	$C_{19}H_{18}O_6$	C	[19]
6-1-43	clauslactone G（黄皮内酯 G）	$C_{19}H_{20}O_7$	C	[19]
6-1-44	clauslactone H（黄皮内酯 H）	$C_{19}H_{20}O_7$	C	[19]
6-1-45	clauslactone I（黄皮内酯 I）	$C_{19}H_{20}O_7$	C	[19]
6-1-46	clauslactone J（黄皮内酯 J）	$C_{19}H_{18}O_7$	C	[19]
6-1-47	coumarin（香豆素）	$C_9H_6O_2$	C	[21]
6-1-48	daphnetin（瑞香素）	$C_9H_6O_4$	C	[22]
6-1-49	esculetin（秦皮乙素）	$C_9H_6O_4$	C	[26]
6-1-50	dihydrocoumarin（3,4-二氢香豆素）	$C_9H_8O_2$	C	[23]
6-1-51	2'-deoxymeranzin hydrate	$C_{15}H_{18}O_4$	C	[20]
6-1-52	7-O-[6'-O-3", 4"-二羟基肉桂酸)-β-D-葡萄糖]-8-羟基-香豆素	$C_{24}H_{22}O_{12}$	D	[24]
6-1-53	eleutheroside B1（五加苷 B1）	$C_{17}H_{20}O_{10}$	D	[25]
6-1-54	esculin（秦皮甲素）	$C_{15}H_{16}O_9$	C	[26]
6-1-55	2'-O-ethylmurrangatin	$C_{17}H_{20}O_5$	C	[28]
6-1-56	ferulagol A（大茴香醇 A）	$C_{19}H_{22}O_4$	C	[29]
6-1-57	ferulagol B（大茴香醇 B）	$C_{19}H_{22}O_4$	C	[29]
6-1-58	ferulinolone（阿魏醇酮）	$C_{41}H_{52}O_5$	C	[30]
6-1-59	foetidin	$C_{24}H_{30}O_4$	C	[31]
6-1-60	glycycoumarin	$C_{21}H_{20}O_6$	D	[32]
6-1-61	3-{5-[-(E)-3-(4-gydroxy-3,5-dimethoxyphenyl)acryly]-O-β-apiofuranosyl-(1→6)-β-D-glucopyranosyl}-2H-benzopyran-2-one	$C_{31}H_{34}O_{16}$	M	[33]
6-1-62	7-hydroxy-3-methoxy-6-(3,3-dimethylallyl)-cormarin [7-羟基-3-甲氧基-6-(3,3-二甲基烯丙基)-香豆素]	$C_{15}H_{16}O_4$	C	[34]

续表

编号	名称	分子式	测试溶剂	参考文献
6-1-63	3-[5-[-(E)-3-(4-hydroxy-3-methoxyphenyl)acrylyl]-O-β-apiofuranosyl-(1→6)-β-D-glucopyranosyl]-2H-benzopyran-2-one	$C_{30}H_{32}O_{15}$	M	[35]
6-1-64	14-hydroxycolladonin（14-羟基可来东宁）	$C_{24}H_{30}O_5$	C	[12]
6-1-65	5-(4-hydroxyphenethenyl)-4,7-dimethoxycoumarin [5-(4-羟基苯乙烯基)-4,7-二甲氧基香豆素]	$C_{19}H_{16}O_5$	A	[37]
6-1-66	Isoobtusitin	$C_{15}H_{16}O_5$	C	[39]
6-1-67	Isofraxidin（异白蜡树定）	$C_{11}H_{10}O_5$	C	[38]
6-1-68	8-hydroxy-5, 6, 7-trimethoxycoumarin （8-羟基-5,6,7-三甲氧基香豆素）	$C_{12}H_{12}O_6$	D	[36]
6-1-69	limettin（柠檬油素）	$C_{11}H_{10}O_4$	C	[40]
6-1-70	scoparone（滨蒿内酯）	$C_{11}H_{10}O_4$	C	[50]
6-1-71	umbelliferone（伞花内酯）	$C_9H_6O_3$	C	[52]
6-1-72	(＋)- (6)-linalyl-7-hydroxycoumarin [(＋)-(6)-里哪基-7-羟基香豆素]	$C_{19}H_{22}O_3$	C	[41]
6-1-73	mammeisin（黄果木素）	$C_{13}H_{12}O_3$	C	[42]
6-1-74	monankarin A（红曲霉恩卡素 A）	$C_{20}H_{22}O_6$	D	[44]
6-1-75	monankarin B（红曲霉恩卡素 B）	$C_{20}H_{22}O_6$	D	[44]
6-1-76	monankarin C（红曲霉恩卡素 C）	$C_{21}H_{24}O_6$	D	[44]
6-1-77	monankarin D（红曲霉恩卡素 D）	$C_{21}H_{24}O_6$	D	[44]
6-1-78	monankarin E（红曲霉恩卡素 E）	$C_{19}H_{20}O_6$	D	[44]
6-1-79	monankarin F（红曲霉恩卡素 F）	$C_{20}H_{22}O_6$	D	[44]
6-1-80	urpaniculol	$C_{15}H_{16}O_5$	C	[44]
6-1-81	murralongin（九里香）	$C_{15}H_{14}O_4$	C	[45]
6-1-82	osthol（蛇床子素）	$C_{15}H_{16}O_3$	C	[46]
6-1-83	paniculin	$C_{15}H_{16}O_5$	C	[43]
6-1-84	peroxyauraptenol	$C_{15}H_{16}O_5$	C	[47]
6-1-85	peucedanone	$C_{14}H_{14}O_5$	M	[48]
6-1-86	praealtin A	$C_{21}H_{24}O_5$	C	[49]
6-1-87	praealtin B	$C_{24}H_{30}O_5$	C	[49]
6-1-88	praealtin C	$C_{24}H_{30}O_5$	C	[49]
6-1-89	马尾藻醛 II	$C_{17}H_{18}O_3$	C	[49]
6-1-90	scopolin(东莨菪苷)	$C_{16}H_{18}O_9$	C	[51]
6-1-91	O-[β-D-xylopyranosyl(1→6)β-D-glucopyranosyl]-7-hydroxy-coumarin{O-[β-D-木糖(1→6)β-D-葡萄糖]-7-羟基-香豆素}	$C_{20}H_{24}O_{12}$	W	[53]
6-1-92	7-methyl-5-vinyl-5a,8a-benzocoumarin	$C_{16}H_{12}O_2$	M	[54]
6-1-93	7-hydroxy-6-methyl-5-vinyl-5a,8a-benzocoumarin	$C_{16}H_{12}O_3$	M	[54]
6-1-94	6-hydroxymethyl-5-vinyl-5a,8a-benzocoumarin	$C_{16}H_{12}O_3$	C	[54]
6-1-95	7-hydroxy-8-methyl-5-vinyl-5a,8a-benzocoumarin	$C_{16}H_{12}O_3$	M	[54]
6-1-96	7-methyl-5a,8a-benzo[5,6-b]furancoumarin	$C_{16}H_{12}O_3$	C	[54]
6-1-97	6-hydroxy-5-hydroxymethyl-7-methyl-5a,8a-benzocoumarin	$C_{15}H_{12}O_4$	M	[54]
6-1-98	6-hydroxy-7-methyl-5a,8a-benzocoumarin	$C_{14}H_{10}O_3$	A	[54]

续表

编号	名称	分子式	测试溶剂	参考文献
6-1-99	7-{[(2E)-3,7-dimethyl-2,6-octadienyl]oxy}-2H-2-chromenone	$C_{19}H_{22}O_3$	C	[55]
6-1-100	7-{[(E)-5-(3,3-dimethyl-2-oxiranyl)-3-methyl-2-pentenyl]oxy}-2H-2-chromenone	$C_{19}H_{22}O_4$	C	[55]
6-1-101	7-gerannoxycoumarin	$C_{19}H_{22}O_3$	P	[55]
6-1-102	3",4"-dihydrocapnolactone	$C_{19}H_{20}O_5$	C	[56]
6-1-103	2',3'-epoxyisocapnolactone	$C_{19}H_{18}O_6$	C	[56]
6-1-104	8-hydroxyisocapnolactone-2',3'-diol	$C_{19}H_{20}O_8$	C	[56]
6-1-105	8-hydroxy-3",4"-dihydrocapnolactone-2',3'-diol	$C_{19}H_{22}O_8$	C	[56]
6-1-106	murralongin	$C_{15}H_{14}O_4$	C	[57]
6-1-107	iomurralonginol isovalerate	$C_{20}H_{24}O_5$	C	[57]
6-1-108	murrangatin	$C_{15}H_{16}O_5$	C	[57]
6-1-109	minumicrolin	$C_{15}H_{16}O_5$	C	[57]
6-1-110	coumurrayin toddalenone	$C_{15}H_{14}O_5$	C	[57]
6-1-111	omphamurrayone	$C_{21}H_{26}O_7$	C	[57]
6-1-112	ayapin (6,7-methylenedioxycoumarin)	$C_{10}H_6O_4$	C	[58]
6-1-113	8-methoxy-6,7-methylenedioxycoumarin	$C_{11}H_8O_5$	C	[58]
6-1-114	5-methoxy-6,7-methylenedioxycoumarin	$C_{11}H_8O_5$	C	[58]
6-1-115	5,8-dimethoxy-6,7-methylenedioxycoumarin	$C_{12}H_{10}O_6$	C	[58]

表 6-1-2 化合物 6-1-1 和 6-1-2 的 ^{13}C NMR 数据[1]

C	6-1-1	6-1-2	C	6-1-1	6-1-2	C	6-1-1	6-1-2
2	162.1	162.6	6	153.7	150.0	10	17.6	21.9
3	124.6	124.3	7	116.7	120.9	11	21.4	17.6
4	136.7	137.1	8	123.8	124.1	12	15.7	15.3
4a	117.8	117.9	8a	146.6	147.6	13	56.2	—
5	129.6	126.7	9	26.6	26.6			

表 6-1-3 化合物 6-1-3 和 6-1-4 的 ^{13}C NMR 数据[2]

C	6-1-3	6-1-4	C	6-1-3	6-1-4	C	6-1-3	6-1-4
2	163.7	163.7	6	111.6	117.7	2'	132.4	131.7
3	111.5	111.6	7	163.7	161.9	1"	129.4	131.8
4	166.1	166.0	8	100.3	100.5	2",6"	128.9	128.4
4a	108.8	108.9	8a	155.7	155.7	3",5"	116.9	117.4
5	138.4	138.0	1'	125.2	126.7	4"	159.5	158.7

续表

C	6-1-3	6-1-4	C	6-1-3	6-1-4	C	6-1-3	6-1-4
3-Me	10.4	10.4	2'''		74.9	6a'''		62.4
4-OMe	60.3	60.3	3'''		78.6	6b'''		—
7-OMe	55.8	55.8	4'''		71.3			
1'''		102.1	5'''		79.1			

表 6-1-4 化合物 6-1-5~6-1-7 的 ^{13}C NMR 数据[3]

C	6-1-5	6-1-6	6-1-7	C	6-1-5	6-1-6	6-1-7
1'			33.2	13'	17.0	17.9	18.2
2'	118.3	118.8	37.9	14'	16.3	26.0	8.8
3'	144.0	143.6	214.1	15'	26.1	28.0	16.4
4'	36.7	36.3	48.4	2	162.0	162.5	162.7
5'	30.0	32.0	44.9	3	112.4	114.0	112.9
6'	124.1	84.4	37.7	4	144.0	144.0	143.3
7'	135.6	86.5	72.1	4a	156.0	156.0	156.4
8'	39.2	30.0	34.3	5	128.9	129.9	128.8
9'	26.2	27.5	37.7	6	113.0	114.0	113.0
10'	78.0	76.1	40.2	7	161.3	162.0	161.9
11'	73.0	72.1	67.9	8	101.5	101.9	101.3
12'	23.8	24.0	19.0	8a	112.5	112.8	112.8

表 6-1-5 化合物 6-1-8~6-1-10 的 ^{13}C NMR 数据[4]

C	6-1-8	6-1-9	6-1-10	C	6-1-8	6-1-9	6-1-10
2	161.3	161.1	161.2	7	162.0	161.6	161.5
3	113.0	113.2	113.3	8	101.5	101.6	101.7
4	143.5	143.3	143.5	8a	155.8	155.8	155.7
4a	112.5	112.7	112.9	1'	65.2	64.8	67.1
5	128.8	128.8	128.9	2'	122.1	122.9	61.2
6	113.2	113.0	113.0	3'	138.5	138.2	58.1

续表

C	6-1-8	6-1-9	6-1-10	C	6-1-8	6-1-9	6-1-10
4'	47.5	75.7	42.3	8'	67.7	173.7	172.1
5'	65.9	81.4	78.9	9'	14.0	10.8	56.8
6'	127.1	145.6	149.1	10'	17.0	13.7	17.0
7'	137.9	131.6	133.9				

表 6-1-6 化合物 6-1-11 和 6-1-12 的 ^{13}C NMR 数据[5]

C	6-1-11	6-1-12	C	6-1-11	6-1-12	C	6-1-11	6-1-12
2	161.3s	160.6s	1'	65.4t	65.6t	9'-CH$_3$	23.2q	22.0q
3	112.9d	112.6d	2'	118.7d	118.7d	10'-CH$_3$	16.7q	16.9q
4	143.5d	144.7d	3'	142.1s	142.4s	1''	—	96.6d
4a	112.4s	112.4s	4'	36.4t	36.7t	2''	—	73.9d
5	128.6d	129.8d	5'	29.4t	29.4t	3''	—	76.9d
6	113.2d	113.2d	6'	77.8d	76.9d	4''	—	70.4d
7	162.0s	162.0s	7'	73.0s	79.4s	5''	—	74.6d
8	101.5d	101.6d	8'-CH$_3$	26.4q	22.9q	6''a	—	61.3t
8a	155.7s	155.6s						

表 6-1-7 化合物 6-1-16 和 6-1-17 的 ^{13}C NMR 数据[7]

C	6-1-16	6-1-17	C	6-1-16	6-1-17	C	6-1-16	6-1-17
2	164.3	164.6	5	161.9	162.4	8a	158.0	156.0
3	103.9	103.6	6	104.9	100.0	1'	122.4	122.5
4	182.8	183.1	7	164.5	164.2	2'/6'	128.8	128.8
4a	105.0	104.9	8	94.6	104.9	3'/5'	116.8	116.9

续表

C	6-1-16	6-1-17	C	6-1-16	6-1-17	C	6-1-16	6-1-17
4'	162.6	162.7	5"	128.9	133.3	9"	155.4	156.2
2"	161.7	161.2	6"	113.9	118.9	10"	112.2	111.9
3"	111.7	112.1	7"	161.4	162.0			
4"	144.5	144.2	8"	109.8	103.5			

6-1-18 R=Tig
6-1-19 R=MeBut

6-1-20 R=Tig
6-1-21 R=Ang
6-1-22 R=异戊酰基

6-1-23 R=Ang

表 6-1-8 化合物 6-1-18~6-1-23 的 ^{13}C NMR 数据[8]

C	6-1-18	6-1-19	6-1-20	6-1-21	6-1-22	6-1-23
2	161.4	161.7	161.1	161.0	161.5	161.0
3	112.8	113.0	113.3	112.1	113.6	113.4
4	143.7	143.6	143.6	143.6	143.7	143.5
4a	111.8	111.8	112.1	113.4	111.9	112.2
5	126.8	126.3	126.2	125.3	126.4	128.5
6	127.9	126.4	128.3	126.3	126.3	127.1
7	159.1	159.0	158.7	158.8	158.9	160.1
8	98.4	98.5	99.0	99.0	98.4	99.2
8a	155.1	155.4	155.4	155.4	155.0	155.5
9	67.4	67.6	68.8	68.4	68.1	69.6
10	76.2	75.5	77.2	77.7	77.5	78.7
11	74.4	74.6	73.0	72.9	72.8	72.6
Me	27.6	26.5	26.7	26.7	26.4	27.0
Me	26.7	26.5	25.6	25.5	25.1	24.6
OMe	56.1	56.1	56.2	56.2	56.1	56.3
1'	166.9	171.6	166.3	166.1	171.9	166.3
2'	126.8	41.1	125.1	125.1	42.6	124.1
3'	137.5	25.3	139.0	140.8	26.4	139.7
4'	14.2	22.1	14.6	15.9	22.2	15.8
5'	11.9	27.3	12.2	20.7	22.0	20.6

6-1-24[9]

6-1-25[10]

6-1-26[11]

第六章 香豆素类化合物

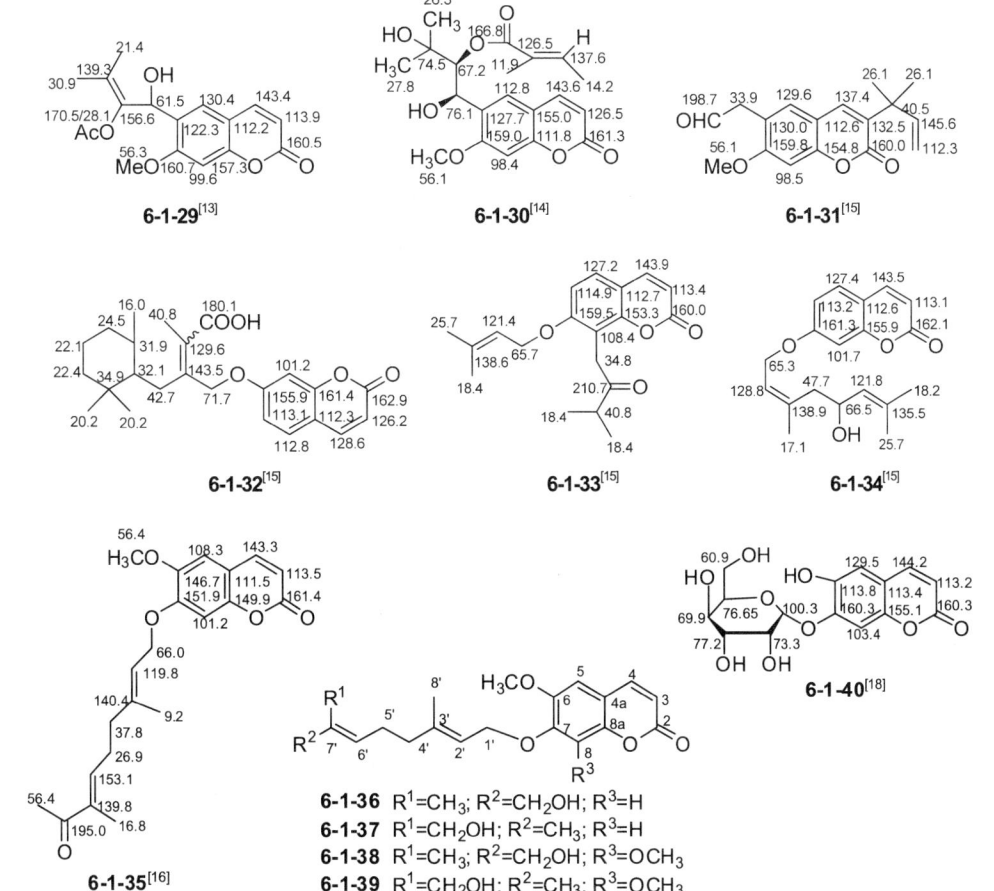

表 6-1-9 化合物 6-1-27 和 6-1-28 的 ^{13}C NMR 数据[12]

C	6-1-27	6-1-28	C	6-1-27	6-1-28	C	6-1-27	6-1-28
1	31.5	37.5	10	38.5	38.6	3'	113.1	112.9
2	25.7	27.6	11	65.6	65.6	4'	143.4	143.3
3	70.3	78.6	12	107.9	108.1	5'	128.7	128.7
4	41.5	42.4	13	20.9	21.0	6'	113.0	112.9
5	48.7	54.7	14	67.2	64.8	7'	161.2	161.1
6	23.5	23.9	15	15.9	15.7	8'	101.4	101.3
7	37.6	37.1	OAc	171.1	170.9	9'	155.9	155.8
8	146.0	145.6	OAc	22.6	22.5	10'	112.4	112.5
9	54.7	55.1	2'	162.2	162.0			

表 6-1-10　化合物 6-1-36~6-1-39 的 ^{13}C NMR 数据[17]

C	6-1-36	6-1-37	6-1-38	6-1-39	C	6-1-36	6-1-37	6-1-38	6-1-39
2	161.5	161.5	160.6	160.6	3'	141.5	141.6	142.1	142.1
3	113.3	113.3	115.1	115.1	4'	39.0	39.5	39.1	39.5
4	143.3	143.3	143.5	143.5	5'	25.5	25.6	25.7	25.8
4a	111.3	111.3	114.4	114.4	6'	125.0	127.2	125.2	127.3
5	108.1	107.9	103.5	103.5	7'	135.4	134.9	135.1	134.8
6	146.6	146.5	150.6	150.6	8'	16.7	16.9	16.3	16.4
7	152.1	151.9	144.7	144.7	R^1	13.7	61.5	13.6	61.4
8	101.2	101.1	141.6	141.7	R^2	68.7	21.1	68.7	21.2
8a	149.9	149.8	142.9	142.9	6-OMe	56.3	56.3	56.2	56.2
1'	66.2	66.2	70.1	70.1	8-OMe	—	—	61.7	61.7
2'	118.8	118.8	119.8	120.0					

表 6-1-11　化合物 6-1-41~6-1-46 的 ^{13}C NMR 数据[19]

C	6-1-41	6-1-42	6-1-43	6-1-44	6-1-45	6-1-46
2	160.3	161.1	161.0	160.2	160.9	160.9
3	113.6	113.4	113.5	112.7	113.6	113.8
4	143.8	143.3	143.3	144.3	144.5	144.5
4a	113.7	112.9	113.0	112.6	113.5	113.8
5	118.6	128.9	128.9	129.5	130.1	130.2
6	109.2	112.8	122.7	112.8	113.7	113.6
7	148.6	161.5	161.5	161.3	163.0	162.7
8	133.3	101.8	101.8	101.5	102.2	102.4
8a	142.2	155.8	155.8	155.3	156.9	156.8
1'	66.0	67.3	69.2	67.7	66.1	68.7
2'	122.8	60.9	74.7	60.3	123.2	61.8
3'	136.8	58.1	73.1	58.1	137.7	58.7
4'	17.3	17.0	23.0	16.9	17.1	17.4
5'	45.6	45.1	44.8	43.0	45.7	43.0
6'	75.5	74.3	74.3	74.5	76.4	79.7
7'	33.1	33.9	34.7	43.3	38.9	150.1
8'	134.1	133.7	133.5	72.0	77.2	135.2
9'	170.1	169.8	169.5	177.2	177.0	172.3
10'	122.5	122.7	122.9	23.1	64.7	56.9

6-1-47 R¹=H; R²=H; R³=H
6-1-48 R¹=H; R²=OH; R³=OH
6-1-49 R¹=OH; R²=OH; R³=H

表 6-1-12　化合物 6-1-47～6-1-49 的 ¹³C NMR 数据

C	6-1-47[21]	6-1-48[22]	6-1-49[26]	C	6-1-47[21]	6-1-48[22]	6-1-49[26]
2	159.61	161.1	161.4	6	124.2	113.0	143.6
3	116.0	111.7	112.0	7	131.7	150.0	150.6
4	143.9	145.4	144.5	8	116.0	132.6	103.2
4a	118.6	112.7	111.4	8a	153.3	144.2	149.1
5	128.2	119.4	112.9				

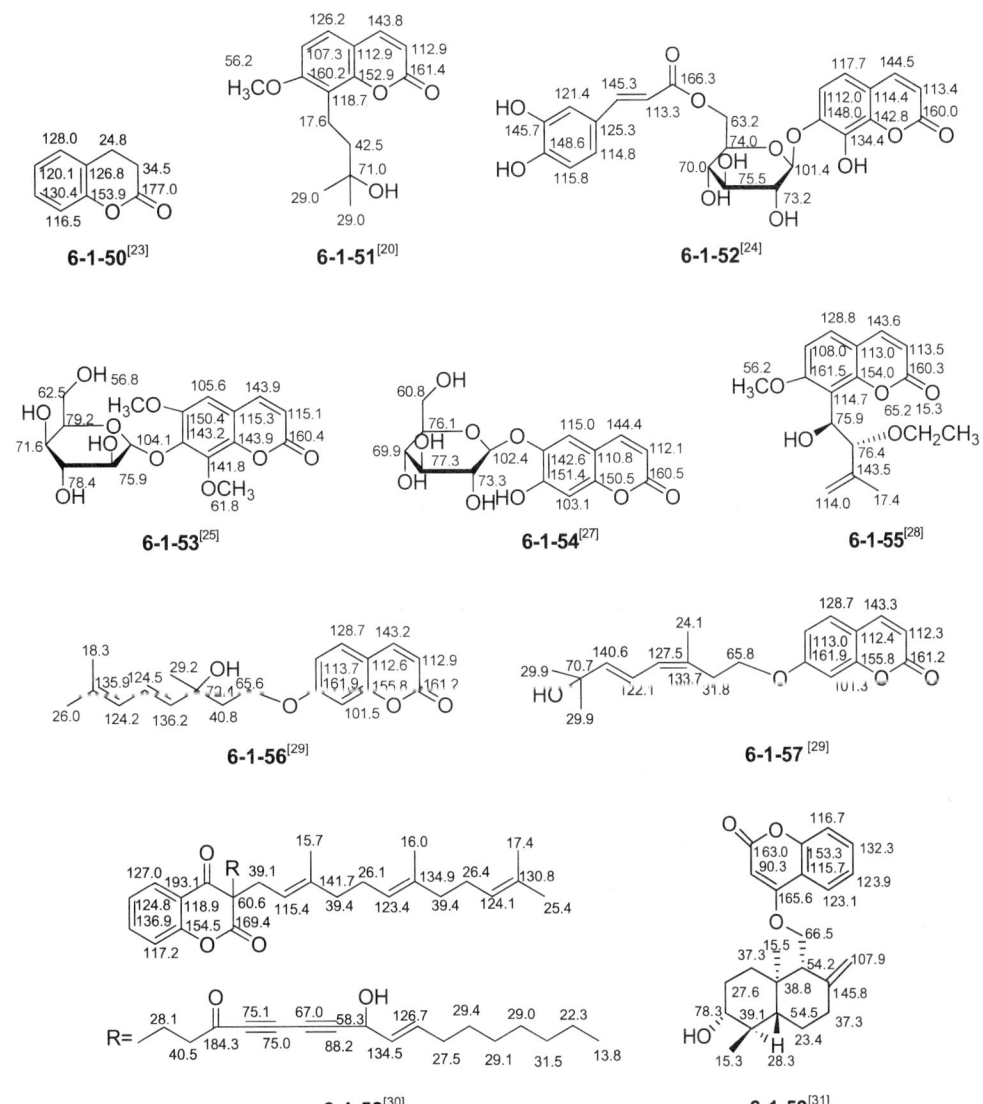

6-1-67 R¹=H; R²=OCH₃; R³=OH; R⁴=OCH₃
6-1-68 R¹=OCH₃; R²=OCH₃; R³=OCH₃; R⁴=OH
6-1-69 R¹=OCH₃; R²=H; R³=OCH₃; R⁴=H
6-1-70 R¹=OCH₃; R²=OCH₃; R³=OCH₃; R⁴=H
6-1-71 R¹=H; R²=H; R³=OH; R⁴=H

表 6-1-13　化合物 6-1-67~6-1-71 的 ^{13}C NMR 数据

C	6-1-67[38]	6-1-68[36]	6-1-69[40]	6-1-70[50]	6-1-71[52]
2	160.6	159.8	156.7	160.7	160.7
3	103.2	114.0	103.7	108.0	111.5
4	143.8	139.2	138.1	142.8	144.3
4a	111.2	109.1	110.9	111.2	111.5
5	113.5	140.9	160.6	113.5	129.6
6	144.6	142.6	94.6	146.2	113.3
7	134.5	145.2	163.5	152.8	161.6
8	143.1	134.5	92.7	99.9	102.5
8a	142.5	139.3	156.7	150.0	155.7
R¹		62.2	61.5		
R²	58.5	61.1		58.5	
R³		61.0	60.5	61.0	
R⁴	61.6				

表 6-1-14 化合物 6-1-74~6-1-79 的 ^{13}C NMR 数据[44]

C	6-1-74	6-1-75	6-1-76	6-1-77	6-1-78	6-1-79
2	158.3	157.8	157.5	157.7	157.7	158.1
3	113.5	113.0	109.5	109.3	111.4	114.2
4	144.1	143.9	143.4	143.7	141.6	142.4
4a	100.9	100.5	108.5	108.5	108.6	109.5
5	111.4	111.0	109.3	109.1	110.3	112.2
6	146.4	145.9	142.0	142.0	138.4	136.9
7	162.4	162.0	160.3	160.9	161.4	159.8
8	124.3	123.8	123.1	123.3	114.8	122.5
8a	157.3	156.9	153.4	153.5	154.4	153.9
11	164.5	164.0	163.7	164.0	163.6	164.0
13	77.1	76.6	75.4	75.4	75.6	76.7
14	44.5	44.1	42.5	42.6	42.5	44.1
15	192.9	192.4	192.7	192.9	192.8	192.4
16	107.1	106.7	104.6	104.5	105.0	106.9
17	44.8	44.3	42.7	42.6	41.0	38.7
18	72.2	71.7	70.2	70.1	67.3	68.8
19	23.4	22.9	22.5	22.6	23.3	24.2
20	21.2	20.8	20.1	20.1	20.0	20.8
6-Me	12.7	12.2	12.8	12.8		12.8
8-Me			8.58	8.7	7.6	8.4
17-Me	19.4	19.0	18.7	18.7		

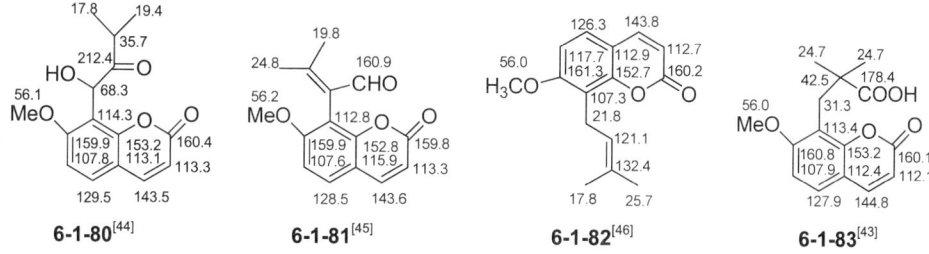

表 6-1-15 化合物 6-1-86~6-1-88 的 ^{13}C NMR 数据[49]

C	6-1-86	6-1-87	6-1-88	C	6-1-86	6-1-87	6-1-88
2	161.7	161.1	161.1	4'	30.7	119.6	119.6
3	113.5	113.0	113.0	5'	28.5	28.8	28.8
4	144.0	143.3	143.3	6'	78.3	75.5	75.3
4a	113.0	112.5	112.5	7'	38.7	35.8	35.8
5	129.3	128.7	128.7	8'	21.8	22.7	22.7
6	113.7	113.0	113.0	9'	19.8	22.4	22.4
7	162.7	161.9	161.9	10'	111.7	26.1	26.1
8	101.8	101.3	101.3	11'	170.9	172.5	176.1
8a	156.5	156.0	156.0	12'	26.8	41.5	43.9
1'	67.2	68.6	68.5	13'	—	26.8	25.8
2'	51.8	48.9	48.9	14'	—	16.8	22.3
3'	145.1	133.4	133.4	R-$\underline{C}$H$_3$	—	11.6	20.2

表 6-1-16 化合物 6-1-92~6-1-98 的 ^{13}C NMR 数据[54]

C	6-1-92	6-1-93	6-1-94	6-1-95	6-1-96	6-1-97	6-1-98
2	162.0	163.6	160.9	163.3	160.7	161.8	160.2
3	114.0	117.7	116.7	116.8	115.1	113.7	114.2

续表

C	6-1-92	6-1-93	6-1-94	6-1-95	6-1-96	6-1-97	6-1-98
4	143.9	146.7	130.8	145.7	141.1	144.1	139.6
4a	115.2	115.8	112.9	119.2	113.5	112.2	111.3
5	125.5	123.9	128.7	123.2	122.8	127.5	127.0
6	136.7	133.1	136.0	136.7	128.1	127.0	129.6
7	133.9	134.2	139.2	130.9	133.5	134.0	132.2
8	116.9	113.2	115.7	114.0	115.3	111.3	113.0
8a	155.2	155.7	153.7	154.9	154.3	155.2	153.8
9	139.9	138.1	135.6	136.7	120.0	117.4	103.2
10	132.3	130.4	128.5	118.0	154.6	160.4	153.7
11	135.9	156.0	120.7	154.9	123.0	123.1	125.0
12	128.4	111.3	128.3	133.7	125.9	132.4	130.0
13	139.9	140.3	132.5	141.4	107.6	78.0	
14	116.0	121.8	123.2	122.4	144.8		
R	19.6	14.9	63.1	11.6	15.4	14.5	15.6

表 6-1-17 化合物 6-1-99 和 6-1-100 的 ^{13}C NMR 数据[55]

C	6-1-99	6-1-100	C	6-1-99	6-1-100	C	6-1-99	6-1-100
2	161.8	161.7	7	162.6	162.5	3'	142.8	141.9
3	113.4	113.4	8	102.0	102.0	4'	39.3	27.5
4	143.9.1	143.9	8a	152.3	156.2	5'	30.1	36.7
4a	112.8	112.9	9a	—	—	6'	124.0	64.3
5	129.1	129.2	9	—	—	7'	132.4	58.8
5a	—	—	1'	65.9	65.8	7'-CH$_3$	29.8/18.1	25.3/19.2
6	113.7	113.6	2'	118.8	119.5	3'-CH$_3$	17.2	17.2

表 6-1-18　化合物 6-1-102~6-1-105 的 ^{13}C NMR 数据[56]

C	6-1-102	6-1-103	6-1-104	6-1-105	C	6-1-102	6-1-103	6-1-104	6-1-105
2	161.4	161.3	160.9	160.9	2'	122.5	61.3	78.0	77.8
3	113.4	113.8	113.7	113.6	3'	137.2	58.5	72.2	72.2
4	143.6	143.5	144.1	144.1	4'	45.4	45.4	44.4	43.8
4a	113.3	113.2	113.6	113.6	5'	17.5	17.2	23.4	—
5	129.0	129.1	120.0	120.1	2"	76.9	74.5	74.4	—
6	113.4	113.1	113.9	113.8	3"	37.5	34.2	35.4	38.6
7	162.1	161.8	146.8	146.8	4"	36.0	134.0	133.8	35.4
8	101.9	102.1	131.5	132.0	5"	179.4	170.0	169.8	179.1
8a	156.1	156.0	144.1	144.1	6"	15.3	122.9	123.0	15.1
1'	65.3	67.5	65.3	65.3					

6-1-106

6-1-107

6-1-108

6-1-109

6-1-110

6-1-111

6-1-112 R^1=H; R^2=H
6-1-113 R^1=H; R^2=OMe
6-1-114 R^1=OMe; R^2=H
6-1-115 R^1=OMe; R^2=OMe

表 6-1-19　化合物 6-1-106~6-1-111 的 ^{13}C NMR 数据[57]

C	6-1-106	6-1-107	6-1-108	6-1-109	6-1-110	6-1-111
2	160.9	160.7	160.2	160.2	160.3	160.0
3	112.7	113.0	113.4	113.5	111.3	111.6
4	143.6	143.9	143.8	143.7	138.5	138.3
4a	112.7	113.1	113.1	113.3	103.8	103.9
5	128.5	127.8	128.6	128.5	158.2	158.0
6	107.5	108.0	107.9	108.0	90.2	90.5
7	159.8	161.1	160.2	160.6	163.1	162.0
8	112.7	116.1	116.1	116.5	104.6	104.6
8a	152.2	153.6	152.9	153.3	154.9	154.6
1'	188.7	64.1	69.4	68.6	131.7	69.4
2'	159.7	40.7	78.4	78.5	129.8	208.1
3'	128.9	142.5	143.9	145.1	199.8	36.2
4'	24.6	111.7	113.7	113.8	27.5	18.1
5'	19.5	22.1	17.4	18.0		19.1

续表

C	6-1-106	6-1-107	6-1-108	6-1-109	6-1-110	6-1-111
1″		172.8				171.9
2″		43.4				43.2
3″		25.6				25.7
4″		22.2				22.4
5″		22.2				22.4
5-OMe					56.1	56.1
7-OMe	56.0	56.1	56.3	56.4	56.2	56.3

表 6-1-20　化合物 6-1-112~6-1-115 的 ^{13}C NMR 数据[58]

C	6-1-112	6-1-113	6-1-114	6-1-115	C	6-1-112	6-1-113	6-1-114	6-1-115
2	161.2	160.6	161.3	160.6	7	151.3	131.9	151.6	143.1
3	113.4	113.9	111.7	112.2	8	98.4	143.5	92.5	133.5
4	143.5	143.7	138.8	138.9	8a	151.3	140.6	152.7	143.8
4a	112.7	113.3	106.6	107.1	1′	102.4	102.3	101.8	102.2
5	105.0	99.3	138.1	132.9	5-OMe			60.0	61.3
6	144.9	145.6	131.8	127.0	8-OMe		60.7		60.2

参 考 文 献

[1] Pattara T, Apiruk P, Udom K. Phytochemistry, 2002, 60: 7730.
[2] Chavez D, Chai H, Tangai E. Tetrahedron Lett, 2001, 42:3685.
[3] Ahmed A A. Phytochemistry, 1999, 50: 109.
[4] Thuy T T, Rippergeer H, Porzel A, et al. Phytochemistry, 1999, 52: 511.
[5] Halim A F, Saad H E. Phytochemistry, 1995, 40: 927.
[6] Takeshi K. Phytochemistry, 1996, 43: 125.
[7] Franke K, Porzel A. Phytochemistry, 2002, 61: 873.
[8] Liu J, Xu S, Yao X. Phytochemistry, 1995, 39: 1099.
[9] Hailemichael T, Wilfried A. Phytochemistry, 2005, 66:707.
[10] Rosa S, Mitova M, Handjieva N, et al. Phytochemistry, 2002, 59: 447.
[11] Chen I, Lin Y, Tsai L, et al. Phytochemistry, 1995, 39: 1091.
[12] Giovanni A. Phytochemistry, 1992, 31: 3211.
[13] Joshi P. Phytochemistry, 1991, 30: 2094.
[14] Baba K. Chem Pharm Bull, 1982, 30: 2025.
[15] Bonaventrue T, Pedro J, Eleutero P, et al. Phytochemistry, 1989, 28: 585.
[16] Kwak J. Planta Med, 1997, 63: 474.
[17] Kwak J, Marsili J, Blaua A, et al. J Nat Prod, 2001, 64: 1081.
[18] Cussans N. Tetrahedron, 1975, 31: 2719.
[19] Ito C, Maras A, Crochni B, et al. J Nat Prod, 2000, 63: 1218.
[20] Cai J, Sati O, Yamada F, et al. J Nat Prod, 2000, 63: 485.
[21] Kenneth K, Paula G, Luiz C, et al. Tetrahedron, 1977, 33: 899.
[22] Vanderlucia F, Barrosa A, Quezia B, et al. Tetrahedron, 1995, 51: 2453.
[23] Elizabeth G. Phytochemistry, 1978, 17: 1783.
[24] Tada Y, Shikishima Y, Shibata H, et al. Phytochemistry, 2002, 59: 649.

[25] 吴立军. 药学学报, 1999, 34: 294.

[26] Abv-Eittah R, Gisha H. Can J Chem, 1985, 63: 1173.

[27] Cussans N, Takeda Y, Honda G, et al. Tetrahedron, 1975, 31: 2719.

[28] Choudhary M. Planta Med, 2002, 68: 81.

[29] El-Razek M, Dinchev D, Tanya I, et al. Phytochemistry, 2001, 57: 1201.

[30] Pascual D, Teresa J, Higuti T, et al. Planta Med, 1986: 458

[31] Buddrus J, Noriko M. Phytochemistry, 1985, 24: 869.

[32] Demizu S. Chem Pharm Bull, 1988, 36: 3474.

[33] Lin L, Xu J, Xie W, et al. Phytochemistry, 1993, 34: 825.

[34] Zdero C, Juno M, Hans D, et al. Phytochemistry, 1990, 29: 205.

[35] Ulubelen A, Roberto R, Geoffrey A, et al. Phytochemistry, 1995, 39: 417.

[36] Yun B, Ali H. J Nat Prod, 2001, 64: 1238.

[37] Seo E, Filiz M, Cordel A, et al. Planta Med, 2000, 66: 182.

[38] Pharkphoom P. Phytochemistry, 1995, 40: 1141.

[39] Fortin H. Chem Pharm Bull, 2001, 49: 619.

[40] Joseph-Nathan P, James A, Peter B, et al. Heteocycl Chem, 1984, 21: 1141.

[41] Toshya M, Kostova I, Mikhova B, et al. Phytochemistry, 1992, 31: 1363.

[42] Elizabeth G. Africana Phytochemistry, 1978, 17: 1783.

[43] Fujio I. Chem Pharm Bull, 1989, 37: 358.

[44] Hossain C, Dinchev D, Tanya I, et al. Chem Pharm Bull, 1996, 44: 1535.

[45] Razdan T, Satyajit D. Phytochemistry, 1982, 21: 923.

[46] Chihiro I. Heterocycles, 1987, 26: 1731.

[47] Kang S, Lin J, Yao X, et al. J Nat Prod, 2001, 64: 683.

[48] Karla A, Numata A. Phytochemistry, 1989, 28: 1729.

[49] William A, Isaac V, Charles A, et al. Phytochem, 1995, 39: 1215.

[50] Josep P, William R, Ivan A, et al. Heteocycl Chem, 1994, 23: 1146.

[51] Paolo C, Phillips I, Hans A, et al. J Nat Prod, 1990, 53: 536.

[52] Jiang Z. Chem Pharm Bull, 2002, 50: 137.

[53] Paolo Ceccherelli. J Nat Prod, 1990, 53: 536.

[54] Giovanna P, Philippe R, Elena F, et al. Phytochemistry, 2003, 63: 471.

[55] Angioni A, Cabras G, Pirisi F, et al. Phytochemistry, 1998, 47: 1521.

[56] Rahmani M, Ratna A, Hazar B, et al. Phytochemistry, 2003, 64: 873.

[57] Takeshi K, Jin W, Feng H, et al. Phytochemistry, 1996, 43: 125.

[58] Dominick M, Stijin V, Silvia D, et al. Phytochemistry, 2005, 61: 2505.

第二节　呋喃香豆素

表 6-2-1　呋喃香豆素的名称、分子式和测试溶剂

编号	名称	分子式	测试溶剂	参考文献
6-2-1	angelicin(白芷素)	$C_{11}H_6O_3$	C	[1]
6-2-2	2'-acetylangelicin	$C_{13}H_8O_4$	C	[2]
6-2-3	oroselone	$C_{14}H_{10}O_3$	C	[2]
6-2-4	dihydrooroselone	$C_{14}H_{12}O_3$	C	[3]
6-2-5	oroselol	$C_{14}H_{12}O_4$	C	[3]
6-2-6	8-(α,α-dimethylbenzyl)-2H-furo[2,3-h]-1-benzopyran-2-one	$C_{20}H_{16}O_3$	C	[3]

续表

编号	名称	分子式	测试溶剂	参考文献
6-2-7	8-(*p*-methoxy-*α,α*-dimethylbenzyl)-2*H*-furo[2,3-*h*]-1-benzopyran-2-one	$C_{21}H_{18}O_4$	C	[3]
6-2-8	5-*O*-*β*-D-glucopyranosyl-6-hydroxyangelicin	$C_{17}H_{16}O_{10}$	M	[4]
6-2-9	6-*O*-*β*-D-glucopyranosyl-5-hydroxyangelicin	$C_{17}H_{16}O_{10}$	M	[4]
6-2-10	5,6-*O*-*β*-D-diglucopyranosyl-6-hydroxyangelicin	$C_{23}H_{26}O_{15}$	M	[4]
6-2-11	pimpinellin	$C_{13}H_{10}O_5$	D	[5]
6-2-12	disparfuran B	$C_{22}H_{18}O_5$	C	[6]
6-2-13	disparacetylfuran A	$C_{24}H_{20}O_6$	C	[6]
6-2-14	furanoracemosone	$C_{21}H_{16}O_5$	C	[7]
6-2-15	ochrocarpin A	$C_{25}H_{24}O_6$	C	[8]
6-2-16	ochrocarpin B	$C_{25}H_{24}O_6$	C	[8]
6-2-17	ochrocarpin C	$C_{24}H_{22}O_6$	C	[8]
6-2-18	ochrocarpin D	$C_{26}H_{26}O_6$	C	[8]
6-2-19	6-methoxy-5-prenylangelicin	$C_{22}H_{18}O_5$	C	[9]
6-2-20	6-methoxy-5-(3-methyl-2,3-dihydroxybutyl)-angelicin	$C_{24}H_{20}O_6$	C	[9]
6-2-21	6-methoxy-5-[(3-*β*-D-glucopyranosyloxy)-2-hydroxy-3-methyl-butyl]-angelicin	$C_{21}H_{16}O_5$	M	[9]
6-2-22	6-methoxy5-(3-hydroxy-2-oxo-3-methyl-butyl)-angelicin	$C_{25}H_{24}O_6$	C	[9]
6-2-23	6-methoxy-5-(4-hydroxy-3-methyl-2-butenyl)-angelicin	$C_{25}H_{24}O_6$	C	[9]
6-2-24	dorstegin	$C_{24}H_{22}O_6$	C	[9]
6-2-25	pyracanthin A	$C_{17}H_{16}O_5$	C	[10]
6-2-26	pyracanthin B	$C_{16}H_{14}O_5$	C	[10]
6-2-27	pterophyllin 2	$C_{15}H_{12}O_3$	C	[11]
6-2-28	pterophyllin 4	$C_{14}H_{10}O_4$	C	[11]
6-2-29	isodisparfuran A	$C_{22}H_{18}O_5$	C	[6]
6-2-30	columbianetin propionate	$C_{17}H_{18}O_5$	C	[12]
6-2-31	columbianin{二氢欧山芹醇-[*β*-D-吡喃葡萄糖-(1→6)-*β*-D-吡喃葡萄糖]苷}	$C_{26}H_{34}O_{14}$	W	[13]
6-2-32	*β*-D-glucosyl-6'-(*β*-D-apiosyl)columbianetin{二氢欧山芹醇[*β*-D-芹菜糖-(1→6)-*β*-D-吡喃葡萄糖]苷}	$C_{25}H_{32}O_{13}$	W	[13]
6-2-33	*β*-glucosyl-columbianetin（二氢欧山芹醇-*β*-D-吡喃葡萄糖苷）	$C_{20}H_{24}O_9$	A	[14]
6-2-34	angelmarin	$C_{23}H_{20}O_6$	C	[15]
6-2-35	ptilostol	$C_{15}H_{16}O_5$	C	[16]
6-2-36	ptilostin	$C_{20}H_{24}O_5$	C	[16]
6-2-37	hermandiol	$C_{14}H_{14}O_5$	D	[17]
6-2-38	yunngnoside B	$C_{20}H_{24}O_{10}$	D	[17]
6-2-39	apterin	$C_{20}H_{24}O_{10}$	C	[17]
6-2-40	yunngnoside A	$C_{22}H_{26}O_{11}$	C	[17]
6-2-41	peucedanoside A	$C_{20}H_{22}O_{11}$	M	[18]
6-2-42	peucedanoside B	$C_{20}H_{24}O_{11}$	D	[18]
6-2-43	2'-angeloyl-9-isovaleryloxy-8,9-dihydrooroselol	$C_{24}H_{28}O_8$	C	[19]
6-2-44	vaginidin（鞘蛇床素）	$C_{19}H_{22}O_6$	C	[19]

续表

编号	名称	分子式	测试溶剂	参考文献
6-2-45	hedyotiscone A	$C_{15}H_{14}O_4$	C	[20]
6-2-46	hedyotiscone B	$C_{14}H_{12}O_4$	C	[20]
6-2-47	hedyotiscone C	$C_{15}H_{16}O_6$	A	[20]
6-2-48	8,9-dihydro-8-(1-hydroxy-1-methylethyl)-6-(3-methyl-2-butenyloxy)-2H-furo[2,3-h]-1-benzopyran-2-one	$C_{19}H_{22}O_5$	C	[21]
6-2-49	6-benzoyl-8,9-dihydro-5-hydroxy-8-(1-hydroxy-1-methylethyl)-4-phenyl-2H-furo[2,3-h]-1-benzopyran-2-one	$C_{27}H_{22}O_6$	C	[22]
6-2-50	mammea A/AA methoxycyclo F	$C_{26}H_{28}O_7$	C	[6]
6-2-51	cyclomammeisin	$C_{25}H_{26}O_6$	C	[6]
6-2-52	mammea A/AB cyclo F	$C_{25}H_{26}O_6$	C	[6]
6-2-53	columbianetin acetate	$C_{16}H_{16}O_6$	A	[23]
6-2-54	vaginidiol diacetate	$C_{18}H_{18}O_7$	A	[23]
6-2-55	edulisin Ⅳ（可食当归素Ⅳ）	$C_{19}H_{20}O_7$	C	[24]
6-2-56	edulisin Ⅴ（可食当归素Ⅴ）	$C_{24}H_{28}O_7$	C	[24]
6-2-57	citrusarin A（柑橘素 A）	$C_{19}H_{20}O_4$	C	[25]
6-2-58	siamenol A	$C_{21}H_{26}O_7$	C	[26]
6-2-59	siamenol B	$C_{21}H_{26}O_7$	C	[26]
6-2-60	siamenol C	$C_{22}H_{28}O_7$	C	[26]
6-2-61	siamenol D	$C_{22}H_{28}O_7$	C	[26]
6-2-62	mammea B/BA hydroxycyclo F	$C_{22}H_{28}O_7$	C	[27]
6-2-63	mammea B/BA cyclo F	$C_{22}H_{28}O_6$	C	[27]
6-2-64	4'''-hydroxy mammea D/BA cyclo F	$C_{20}H_{24}O_5$	C	[28]
6-2-65	hydrohydroxyisocalanone	$C_{27}H_{22}O_6$	C	[29]
6-2-66	ochrocarpin E	$C_{24}H_{24}O_6$	C	[8]
6-2-67	mammea A/BA cyclo F	$C_{25}H_{26}O_6$	C	[6]
6-2-68	mammea A/BB cyclo F	$C_{25}H_{26}O_6$	C	[6]
6-2-69	mammea A/BC cyclo F	$C_{24}H_{24}O_6$	C	[6]
6-2-70	citrusarin B (柑橘素 B)	$C_{19}H_{20}O_4$	C	[25]
6-2-71	2,3-dihydro-7-hydroxy-2S*,3R*-dimethyl-2-[4,8-dimethyl-3(E),7-nonadienyl]-furo[3,2-c]courmarin	$C_{24}H_{30}O_4$	C	[30]
6-2-72	2,3-dihydro-7-hydroxy-2R*,3R*-dimethyl-2-[4,8-dimethyl-3(E),7-nonadienyl]-furo[3,2-c]courmarin	$C_{24}H_{30}O_4$	C	[30]
6-2-73	2,3-dihydro-7-hydroxy-2S*,3R*-dimethyl-2-[4,8-dimethyl-3(E),7-nonadienyl-6-onyl]-furo[3,2-c]courmarin	$C_{24}H_{28}O_5$	C	[30]
6-2-74	2,3-dihydro-7-hydroxy-2S*,3R*-dimethyl-2-[4-methyl-5-(4-methyl-2-furyl)-3(E)-pentenyl]-furo[3,2-c]courmarin	$C_{24}H_{26}O_5$	C	[30]
6-2-75	2,3-dihydro-7-hydroxy-2R*,3R*-dimethyl-2-[4-methyl-5-(4-methyl-2-furyl)-3(E)-pentenyl]-furo[3,2-c]courmarin	$C_{24}H_{26}O_5$	C	[30]
6-2-76	2,3-dihydro-7-methoxy-2S*,3R*-dimethyl-2-[4,8-dimethyl-3(E),7-nonadienyl]-furo[3,2-c]courmarin	$C_{25}H_{32}O_4$	C	[30]
6-2-77	2,3-dihydro-7-methoxy-2R*,3R*-dimethyl-2-[4,8-dimethyl-3(E),7-nonadienyl]-furo[3,2-c]courmarin	$C_{25}H_{32}O_4$	C	[30]

续表

编号	名称	分子式	测试溶剂	参考文献
6-2-78	2,3-dihydro-7-methoxy-2S*,3R*-dimethyl-2-[4,8-dimethyl-3(E),7-nonadienyl-6-onyl]-furo[3,2-c]courmarin	$C_{25}H_{30}O_5$	C	[30]
6-2-79	2,3-dihydro-7-methoxy-2S*,3R*-dimethyl-2-[4-methyl-5-(4-methyl-2-furyl)-3(E)-pentenyl]-furo[3,2-c]coumarin	$C_{25}H_{28}O_5$	C	[30]
6-2-80	2,3-dihydro-7-hydroxy-2R*,3R*-dimethyl-2-[4,8-dimethyl-3(E),7-nonadien-6-onyl]furo[3,2-c]coumarin	$C_{24}H_{28}O_5$	C	[31]
6-2-81	fukanefuromarin A	$C_{24}H_{28}O_5$	C	[31]
6-2-82	fukanefuromarin B	$C_{24}H_{28}O_5$	C	[31]
6-2-83	fukanefuromarin C	$C_{24}H_{28}O_5$	C	[31]
6-2-84	fukanefuromarin D	$C_{24}H_{28}O_5$	C	[31]
6-2-85	fukanefuromarin G	$C_{25}H_{28}O_5$	C	[32]
6-2-86	baigene C	$C_{24}H_{30}O_4$	M	[33]
6-2-87	O-methylbaigene C	$C_{25}H_{32}O_4$	M	[33]
6-2-88	cycloisobrachycoumarinone epoxide	$C_{20}H_{22}O_5$	C	[34]
6-2-89	2'-epicycloisobrachycoumarinone epoxide	$C_{20}H_{22}O_5$	C	[34]
6-2-90	2,3-dihydro-7-hydroxy-2S*,3R*-dimethyl-3-[4,8-dimethyl-3(E),7-nonadienyl]-furo[3,2-c]courmarin	$C_{24}H_{30}O_4$	C	[35]
6-2-91	2,3-dihydro-7-hydroxy-2R*,3R*-dimethyl-3-[4,8-dimethyl-3(E),7-nonadienyl]-furo[3,2-c]courmarin	$C_{24}H_{30}O_4$	C	[35]
6-2-92	2,3-dihydro-7-hydroxy-2S*,3R*-dimethyl-3-[4-methyl-5-(4-methyl-2-furyl)-3(E)-pentenyl]-furo[3,2-c]courmarin	$C_{24}H_{26}O_5$	C	[35]
6-2-93	2,3-dihydro-7-methoxy-2S*,3R*-dimethyl-3-[4,8-dimethyl-3(E),7-nonadienyl]-furo[3,2-c]courmarin	$C_{24}H_{32}O_4$	C	[35]
6-2-94	pallidone B	$C_{25}H_{32}O_5$	C	[36]
6-2-95	fukanefuromarin E	$C_{25}H_{28}O_5$	C	[32]
6-2-96	fukanefuromarin F	$C_{25}H_{28}O_5$	C	[32]
6-2-97	glaumacidin A	$C_{17}H_{18}O_6$	C	[37]
6-2-98	glaumacidin B	$C_{17}H_{18}O_6$	C	[37]
6-2-99	trans-glaupadiol	$C_{15}H_{16}O_5$	C+M	[37]
6-2-100	cis-glaupadiol	$C_{15}H_{16}O_5$	C+M	[37]
6-2-101	nutanocoumarin	$C_{20}H_{24}O_5$	D	[38]
6-2-102	9'-O-β-D-glucopyranosyl-nutanocoumarin	$C_{26}H_{34}O_{10}$	D	[38]
6-2-103	7-O-β-D-glucopyranosyl-nutanocoumarin	$C_{26}H_{34}O_{10}$	D	[38]
6-2-104	pterophyllin 1	$C_{15}H_{14}O_3$	C	[11]
6-2-105	pterophyllin 5	$C_{15}H_{14}O_4$	C	[11]
6-2-106	norisoerlangeafusciol	$C_{15}H_{16}O_4$	C	[39]
6-2-107	isoerlangeafusciol	$C_{15}H_{16}O_4$	C	[39]
6-2-108	vismiaguianin B	$C_{20}H_{20}O_6$	P	[40]
6-2-109	mutisifurocoumarin diacetate	$C_{20}H_{14}O_7$	C	[41]
6-2-110	psoralen（补骨脂素）	$C_{11}H_6O_3$	C	[42]
6-2-111	chalepensin（隧状芸香素）	$C_{16}H_{14}O_3$	M	[43]

续表

编号	名称	分子式	测试溶剂	参考文献
6-2-112	pachyrrhizin	$C_{18}H_{18}O_5$	C	[44]
6-2-113	peucedanin	$C_{15}H_{14}O_4$	C	[45]
6-2-114	anisocoumarin D	$C_{19}H_{24}O_6$	D	[46]
6-2-115	diacetate anisocoumarin D	$C_{23}H_{28}O_8$	D	[46]
6-2-116	1'-O-β-D-glucopyranosyl(2S,3R)-3-hydroxymarmesin	$C_{20}H_{24}O_{10}$	D	[47]
6-2-117	1'-O-β-D-glucopyranosyl(2R,3R)-3-hydroxynodakenetin	$C_{20}H_{24}O_{10}$	D	[47]
6-2-118	1'-O-β-D-glucopyranosyl(2R,3S)-3-hydroxynodakenetin	$C_{20}H_{24}O_{10}$	D	[47]
6-2-119	anhydromarmesin	$C_{14}H_{12}O_3$	C	[48]
6-2-120	marmesin	$C_{14}H_{14}O_4$	D	[48]
6-2-121	nodakenetin	$C_{14}H_{14}O_4$	C	[49]
6-2-122	nodakenin	$C_{20}H_{24}O_9$	D	[50]
6-2-123	decuroside Ⅵ	$C_{24}H_{28}O_{10}$	A	[50]
6-2-124	marmesinin	$C_{20}H_{24}O_9$	P	[51]
6-2-125	marmesin 4'-O-β-D-apiofuranosyl-(1→6)-β-D-glucopyranoside	$C_{25}H_{32}O_{13}$	P	[51]
6-2-126	felamidin	$C_{21}H_{18}O_5$	C	[52]
6-2-127	prantschimgin	$C_{19}H_{20}O_5$	C	[52]
6-2-128	(2'S, 3'R)-3'-senecioyloxymarmesin	$C_{19}H_{20}O_6$	C	[53]
6-2-129	(2'S, 3'R)-3'-hydroxyprantschimgin	$C_{19}H_{20}O_6$	C	[53]
6-2-130	(2'S, 1"S)- 2"-senecioyloxymarmesin	$C_{19}H_{20}O_6$	C	[53]
6-2-131	4'-acetyl-3'-senecioyl-3'-hydroxymarmesin	$C_{21}H_{22}O_7$	C	[54]
6-2-132	4'-acetyl-3'-isobutyryl-3'-hydroxymarmesin	$C_{20}H_{22}O_7$	C	[54]
6-2-133	3'S-hydroxydeltoin	$C_{19}H_{20}O_6$	A	[55]
6-2-134	xanthoarnol	$C_{14}H_{14}O_5$	D	[56]
6-2-135	prandiol	$C_{14}H_{14}O_5$	A	[57]
6-2-136	ketalprandiol	$C_{17}H_{18}O_5$	C	[57]
6-2-137	prandiol acetate	$C_{16}H_{16}O_6$	C	[57]
6-2-138	dorsteniol acetate	$C_{16}H_{16}O_6$	C	[57]
6-2-139	prandiol diacetate	$C_{18}H_{18}O_7$	C	[57]
6-2-140	dorsteniol diacetate	$C_{18}H_{18}O_7$	C	[57]
6-2-141	(2S)-2'-hydroxymarmesin 2'-O-β-D-glucopyranoside	$C_{20}H_{24}O_{10}$	W	[58]
6-2-142	(2R)-2'-hydroxymarmesin 2'-O-β-D-glucopyranoside	$C_{20}H_{24}O_{10}$	W	[58]
6-2-143	oreoselone	$C_{14}H_{12}O_4$	C+M	[59]
6-2-144	bergapten	$C_{12}H_8O_4$	C	[48]
6-2-145	dihydrobergapten	$C_{12}H_{10}O_4$	C	[48]
6-2-146	bergaptol rutinoside	$C_{23}H_{26}O_{13}$	M	[60]
6-2-147	isoimperatorin	$C_{16}H_{14}O_4$	C	[61]
6-2-148	notopterol	$C_{21}H_{22}O_5$	C	[62]
6-2-149	ethylnotopterol	$C_{23}H_{26}O_5$	C	[62]
6-2-150	notoptol	$C_{21}H_{22}O_5$	C	[62]
6-2-151	notoptolide	$C_{25}H_{30}O_6$	C	[62]
6-2-152	4-[[3-(4,5-dihydro-5,5-dimethyl-4-oxo-2-furanyl)-butyl]oxy]-7H-furo[3,2-g][1]benzopyran-7-one	$C_{21}H_{20}O_6$	C	[63]

续表

编号	名称	分子式	测试溶剂	参考文献
6-2-153	O-[3-(2,2-dimethyl-3-oxo-2H-furan-5-yl)-3-hydroxybutyl]bergaptol	$C_{21}H_{20}O_7$	C	[64]
6-2-154	2-O-[2-(5-hydroxy-2,6,6-trimethyl-3-oxo-2H-pyran-2-yl)-ethyl]bergaptol	$C_{21}H_{20}O_7$	C	[64]
6-2-155	feroniellin A	$C_{21}H_{24}O_7$	C	[65]
6-2-156	feroniellin B	$C_{21}H_{24}O_7$	C	[65]
6-2-157	feroniellin C	$C_{21}H_{24}O_7$	C	[65]
6-2-158	pabularin A	$C_{28}H_{30}O_{13}$	M	[66]
6-2-159	pabularin B	$C_{28}H_{30}O_{13}$	M	[66]
6-2-160	aviprin	$C_{16}H_{16}O_6$	C	[67]
6-2-161	oxypeucedanin ethanolate	$C_{18}H_{20}O_6$	C	[68]
6-2-162	saxalin	$C_{16}H_{15}ClO_5$	C	[68]
6-2-163	fesumtuorin A	$C_{19}H_{20}O_8$	M	[69]
6-2-164	tschimganic ester B	$C_{23}H_{26}O_{11}$	M	[70]
6-2-165	ostruthol	$C_{21}H_{22}O_7$	C	[71]
6-2-166	oxypeucedanin methanolate	$C_{17}H_{18}O_6$	C	[67]
6-2-167	japoangelol A	$C_{34}H_{40}O_8$	C	[72]
6-2-168	japoangelol B	$C_{34}H_{40}O_8$	C	[72]
6-2-169	japoangelol C	$C_{33}H_{38}O_7$	C	[72]
6-2-170	japoangelol D	$C_{33}H_{38}O_7$	C	[72]
6-2-171	bergaptol	$C_{11}H_6O_4$	C	[73]
6-2-172	pabulenol	$C_{16}H_{14}O_5$	C	[74]
6-2-173	oxypeucedanin	$C_{16}H_{14}O_5$	C	[68]
6-2-174	isooxypeucedanin	$C_{16}H_{14}O_5$	C	[68]
6-2-175	archangelin	$C_{21}H_{22}O_4$	C	[68]
6-2-176	5-methoxy-3-prenylpsoralen	$C_{17}H_{16}O_4$	C	[9]
6-2-177	5-methoxyelimiferone	$C_{17}H_{18}O_6$	C	[9]
6-2-178	turbinatocoumarin	$C_{23}H_{28}O_{11}$	C	[75]
6-2-179	6-(1,1-dimethyl-2-propenyl)-4,6-dimethoxy-7H-furo[3,2-g][1]benzopyran-5,7(6H)-dione	$C_{18}H_{18}O_6$	C	[76]
6-2-180	halfordin	$C_{14}H_{12}O_6$	C	[76]
6-2-181	indicanin A	$C_{22}H_{20}O_6$	C	[77]
6-2-182	thonningine C	$C_{24}H_{22}O_8$	C	[78]
6-2-183	1'',2'',3'',4''-tetrahydrothonningine C	$C_{24}H_{26}O_8$	C	[78]
6-2-184	licofuranocoumarin	$C_{21}H_{20}O_7$	A	[79]
6-2-185	imperatorin	$C_{16}H_{14}O_4$	C	[80]
6-2-186	4''-hydroxyimperatorin 4''-O-β-D-glucopyranoside	$C_{22}H_{24}O_{10}$	P	[51]
6-2-187	5''-hydroxyimperatorin 5''-O-β-D-glucopyranoside	$C_{22}H_{24}O_{10}$	P	[51]
6-2-188	Z-trichoclin	$C_{16}H_{14}O_5$	C	[81]
6-2-189	E-imperatorin acid	$C_{16}H_{12}O_6$	M	[81]
6-2-190	Z-imperatorin acid	$C_{16}H_{12}O_6$	M	[81]
6-2-191	indicolactone	$C_{21}H_{18}O_6$	C	[82]

续表

编号	名称	分子式	测试溶剂	参考文献
6-2-192	wampetin	$C_{21}H_{18}O_6$	C	[83]
6-2-193	8-geranyloxypsoralen	$C_{21}H_{22}O_4$	C	[84]
6-2-194	8-(3,7-dimethyl-6-oxo-2-octenyloxy)psoralen	$C_{21}H_{22}O_5$	C	[84]
6-2-195	9-[(6',7'-dihydroxy-3',7'-dimethyl-2'-octenyl)oxy]-7H-furo[3,2-g][1]benzopyran-7-one	$C_{21}H_{24}O_6$	C	[85]
6-2-196	8-(7-hydroxy-3,7-dimethyl-2,5-octadienyloxy)psoralen	$C_{21}H_{22}O_5$	C	[85]
6-2-197	lansiumarin C	$C_{21}H_{22}O_5$	C	[85]
6-2-198	9-[(5'-(3",3"-dimethyloxiranyl)-3'-methyl-2'-pentenyl)oxy]-7H-furo[3,2-g][1]benzopyran-7-one	$C_{21}H_{22}O_5$	C	[85]
6-2-199	8-(6-hydroperoxy-3,7-dimethyl-2,7-octadienyloxy)psoralen	$C_{21}H_{22}O_6$	C	[86]
6-2-200	lansiumarin A	$C_{21}H_{20}O_5$	C	[87]
6-2-201	heraclenin	$C_{16}H_{14}O_5$	C	[59]
6-2-202	heraclenol	$C_{16}H_{16}O_6$	C	[88]
6-2-203	xanthotoxol	$C_{11}H_6O_4$	C	[68]
6-2-204	xanthotoxin	$C_{12}H_8O_4$	C	[68]
6-2-205	isogosferol	$C_{16}H_{14}O_5$	C	[89]
6-2-206	2'-O-Ac heraclenol	$C_{18}H_{18}O_7$	C	[90]
6-2-207	fesumtuorin B	$C_{19}H_{20}O_8$	M	[69]
6-2-208	8-O-[β-D-apiofuranosyl-(1→6)-β-D-glucopyranoside] xanthotoxol	$C_{22}H_{24}O_{13}$	P	[91]
6-2-209	3'-O-[β-D-apiofuranosyl-(1→6)-β-D-glucopyranoside] heraclenol	$C_{27}H_{34}O_{15}$	P	[88]
6-2-210	heraclenol 3'-O-β-D-glucopyranoside	$C_{22}H_{26}O_{11}$	D	[5]
6-2-211	tschimganic ester C	$C_{23}H_{26}O_{11}$	M	[70]
6-2-212	pabularin C	$C_{28}H_{30}O_{13}$	M	[66]
6-2-213	3,8-dimethoxypsoralen	$C_{13}H_{10}O_5$	C	[92]
6-2-214	apiumetin	$C_{14}H_{12}O_4$	C	[90]
6-2-215	(S)-1'-O-sulfate rutaretin	$C_{14}H_{14}O_8S$	D	[93]
6-2-216	(S)-rutaretin	$C_{14}H_{14}O_5$	D	[93]
6-2-217	(R)-rutaretin	$C_{14}H_{14}O_5$	C	[94]
6-2-218	1'-O-[4-hydroxy-3-methoxycinnamoyl-(6)-β-D-glucopyranoside]rutaretin	$C_{30}H_{32}O_{13}$	A	[95]
6-2-219	1'-O-[4-hydroxy-3,5-dimethoxycinnamoyl-(6)-β-D-glucopyranoside]rutaretin	$C_{31}H_{34}O_{14}$	A	[95]
6-2-220	1'-O-benzoylrutaretin	$C_{21}H_{18}O_6$	C	[52]
6-2-221	1'-O-senecioylrutaretin	$C_{19}H_{20}O_6$	C	[52]
6-2-222	O-methylalloimperatorin	$C_{17}H_{16}O_4$	C	[96]
6-2-223	5-(3"-methylbutyl)-8-methoxyfurocoumarin [5-(3"-甲基丁基)-8-甲氧基呋喃香豆素]	$C_{17}H_{18}O_4$	C	[96]
6-2-224	5-(3",3"-dimethylallyl)-8-methoxy furocoumarin [5-(3"-羟基-3"-甲基丁基)-8-甲氧基呋喃香豆素]	$C_{17}H_{18}O_5$	C	[96]
6-2-225	byakangelicin	$C_{17}H_{18}O_7$	C	[67]

续表

编号	名称	分子式	测试溶剂	参考文献
6-2-226	japoangelone	$C_{17}H_{16}O_8$	C	[67]
6-2-227	5,8-dimethoxychalepensin	$C_{18}H_{18}O_5$	C	[9]
6-2-228	9-geranyloxy-4-methoxypsoralen	$C_{22}H_{24}O_5$	C	[9]
6-2-229	cnidilin	$C_{17}H_{16}O_5$	C	[9]
6-2-230	5,8-dimethoxy-3-prenylpsoralen	$C_{18}H_{18}O_5$	C	[9]
6-2-231	swietenocoumarin F	$C_{17}H_{18}O_6$	M	[9]
6-2-232	5,8-dimethoxyelimiferone	$C_{18}H_{20}O_7$	C	[9]
6-2-233	8-(2,3-dihydroxy-1,1-dimethylpropyl)-5-methoxypsoralen	$C_{17}H_{18}O_6$	C	[9]
6-2-234	neobyakangelicol	$C_{17}H_{16}O_6$	C	[89]
6-2-235	byakangelicin	$C_{17}H_{18}O_7$	C	[89]
6-2-236	3'-chloro-3'-deoxyisobyakangelicin	$C_{17}H_{17}ClO_6$	C	[97]
6-2-237	apaensin	$C_{17}H_{16}O_6$	C+M	[98]
6-2-238	fernolin	$C_{22}H_{20}O_7$	C	[99]
6-2-239	5-formylxanthotoxol	$C_{12}H_6O_5$	C	[100]
6-2-240	5'-hydroxyphellopterin	$C_{17}H_{16}O_6$	C	[101]
6-2-241	thonningine A	$C_{23}H_{18}O_8$	C	[102]
6-2-242	thonningine B	$C_{23}H_{20}O_7$	C	[102]
6-2-243	9-benzoyl-5-methoxy-4-phenylnodakenetin	$C_{28}H_{24}O_6$	C	[22]
6-2-244	9-benzoyl-6-hydroxy-5-methoxy-4-phenylnodakenetin	$C_{28}H_{24}O_7$	C	[22]
6-2-245	2'-O-β-D-glucopyranosidebyakangelicin	$C_{23}H_{28}O_{12}$	D	[5]
6-2-246	3'-O-β-D-glucopyranosidebyakangelicin	$C_{27}H_{34}O_{15}$	D	[5]
6-2-247	3'-O-β-D-glucopyranosideisobyakangelicin	$C_{23}H_{26}O_{11}$	D	[5]
6-2-248	8-O-[β-D-apiofuranosyl-(1→6)-β-D-glucopyranoside]-8-hydroxybergapten	$C_{23}H_{26}O_{14}$	P	[91]
6-2-249	5-O-[β-D-glucopyranosyl-(1→6)-β-D-glucopyranoside]-8-hydroxybergaptol	$C_{23}H_{26}O_{15}$	P	[91]
6-2-250	8-hydroxy-5-O-β-D-glucopyranosyl-psoralen	$C_{17}H_{16}O_{10}$	D	[47]
6-2-251	8-O-β-D-glucopyranosyl-5-hydroxypsoralen	$C_{17}H_{16}O_{10}$	D	[4]
6-2-252	bergapten-8-yl sulfate	$C_{12}H_7O_8S$	D	[103]
6-2-253	lindleyanin	$C_{23}H_{20}O_7$	C	[103]

表 6-2-2 化合物 6-2-1~6-2-7 的 ^{13}C NMR 数据

C	6-2-1[1]	6-2-2[2]	6-2-3[2]	6-2-4[3]	6-2-5[3]	6-2-6[3]	6-2-7[3]
2	160.2	160.1	160.8	160.9	160.9	160.7	160.7
3	114.5	115.0	114.0	113.7	113.8	113.8	113.8
4	144.6	144.1	144.5	144.5	144.5	144.5	144.6

续表

C	6-2-1[1]	6-2-2[2]	6-2-3[2]	6-2-4[3]	6-2-5[3]	6-2-6[3]	6-2-7[3]
5	123.9	127.6	124.0	122.7	123.4	123.0	122.9
6	108.8	109.5	108.4	108.2	108.6	108.0	106.1
7	157.3	157.5	157.0	157.0	157.0	157.2	157.2
8	116.9	117.0	118.4	118.0	117.7	117.8	117.6
9	148.5	149.7	148.2	147.8	147.9	148.0	147.9
10	113.5	114.1	113.6	113.3	113.4	113.4	113.2
2'	145.9	153.2	158.0	166.3	164.7	167.1	167.4
3'	104.0	110.1	99.7	97.2	98.0	98.9	98.6
4'		187.8	132.3	28.4	69.2	40.8	40.1
5'		26.5	19.2	20.8	28.7	28.3	28.4
6'			114.6	20.8	28.7	28.3	28.4
7'						144.2	138.4
8',12'						126.0	113.8
9',11'						128.4	137.1
10'						126.6	158.3
OMe							55.1

6-2-8　R^1=Glu; R^2=H
6-2-9　R^1=H; R^2=Glu
6-2-10　R^1=Glu; R^2=Glu
6-2-11　R^1=OMe; R^2=OMe

表 6-2-3　化合物 6-2-8~6-2-11 的 ^{13}C NMR 数据

C	6-2-8[4]	6-2-9[4]	6-2-10[4]	6-2-11[5]	C	6-2-8[4]	6-2-9[4]	6-2-10[4]	6-2-11[5]
2	163.1	163.2	159.7	159.5	3'	104.7	104.6	103.7	103.8
3	114.2	112.4	113.3	113.7	1"-OMe	108.3	106.9	104.0	62.3
4	143.1	142.4	141.6	140.0	2"-OMe	75.4	75.3	73.9 或	61.0
5	138.3	146.8	140.7	142.6				74.1[a]	
6	135.2	128.5	131.3	134.6	3"	77.9	77.8	76.3	
7	148.2	151.6	148.8	149.1	4"	70.9	70.9	69.7 或	
8	116.2	110.7	114.2	113.4				69.9[b]	
9	141.6	145.7	142.6	144.2	5"	78.6	78.5	77.2 或	
10	111.4	107.7	110.9	109.0				77.5[c]	
2'	148.0	146.1	147.4	146.9	6"	62.2	62.1	60.7	

注：1. **6-2-10**：102.5 (1'''), 73.9 或 74.1[a](2'''), 76.3 (3'''), 69.7 或 69.9[b] (4'''), 77.2 或 77.5[c](5'''), 60.7 (6''')。
2. 相同的 a，b，c 处两个数据可能互换。

6-2-12　R^1 = H; R^2 =
6-2-13　R^1 = Ac; R^2 =
6-2-14　R^1 = H; R^2 = Pro
6-2-15　R^1 = OH; R^2 =
6-2-16　R^1 = OH; R^2 =
6-2-17　R^1 = OH; R^2 = i-Pro
6-2-18　R^1 = OMe; R^2 =

表 6-2-4 化合物 6-2-12~6-2-18 的 ^{13}C NMR 数据

C	6-2-12[6]	6-2-13[6]	6-2-14[7]	6-2-15[8]	6-2-16[8]	6-2-17[8]	6-2-18[8]
2	159.4	158.5	159.3	159.4	159.2	159.4	159.1
3	114.3	115.0	114.3	114.3	114.2	114.3	114.2
4	156.8	156.4	156.8	156.9	156.7	156.8	156.7
5	163.5	165.9	162.7	163.3	163.1	163.7	163.4
6	104.9	119.0	103.7	103.4	104.2	104.9	103.8
7	155.8	147.0	156.0	155.5	155.4	155.4	155.6
8	109.8	110.0	109.7	110.4	109.7	110.4	110.6
9	153.4	156.5	153.3	153.4	153.1	153.2	153.2
10	103.3	103.4	104.7	103.1			
2'	143.8	152.3	143.9	162.4	162.3	162.4	159.0
3'	104.7	111.2	104.7	98.6	98.4	98.5	98.2
4'		186.1		69.1	69.2	69.1	79.4
5',6'		26.4		28.8	28.8	28.8	29.2
OMe							57.8
1"	138.9	138.4	138.9	139.1	139.0	139.0	139.1
2",6"	127.1	127.2	127.2	127.2	127.2	127.3	127.2
3",5"	127.7	127.8	127.7	127.8	127.8	127.8	127.7
4"	128.4	128.6	128.4	128.4	128.4	128.5	128.2
C=O	208.6	204.4	204.5	208.6	208.6	208.7	208.6
1'''	45.7	51.8	44.9	45.7	52.3	39.6	45.6
2'''	16.3	25.5	17.5	16.3	25.6	18.8	16.2
3'''	26.5	22.6	13.8	26.5	22.4	18.8	26.4
4'''	11.8	22.6		11.8	22.4		11.6

表 6-2-5 化合物 6-2-19~6-2-24 的 ^{13}C NMR 数据[9]

C	6-2-19	6-2-20	6-2-21	6-2-22	6-2-23	6-2-24
2	160.8	160.8	163.0	160.4	160.6	160.9
3	114.0	113.9	113.8	114.6	114.3	114.3
4	142.0	142.2	145.6	141.1	141.6	139.9
5	125.9	123.2	126.4	117.4	124.5	112.7
6	140.0	140.4	142.0	140.2	139.6	135.7
7	149.3	148.5	150.3	148.1	148.9	146.1
8	117.0	117.6	118.3	118.4	117.3	118.2

续表

C	6-2-19	6-2-20	6-2-21	6-2-22	6-2-23	6-2-24
9	144.8	144.5	145.4	144.3	144.8	142.8
10	112.9	113.6	115.4	113.4	112.6	109.7
2'	145.1	145.2	147.1	145.4	145.2	146.2
3'	104.5	104.5	104.9	104.6	104.5	104.8
OMe	61.1	60.9	61.3	60.7	61.2	
1"	24.3	27.7	28.4	32.8	24.0	77.1
2"	122.6	79.3	79.3	211.3	125.3	131.3
3"	132.7	73.1	81.5	76.4	135.7	117.1
4"	18.0	26.0	23.5	26.9	61.7	27.4
5"	25.4	24.0	22.6	26.9	21.7	27.4

注：6-2-21：98.4 (1'''), 75.4 (2'''), 78.2 (3'''), 71.7 (4'''), 77.8 (5'''), 62.8 (6''')。

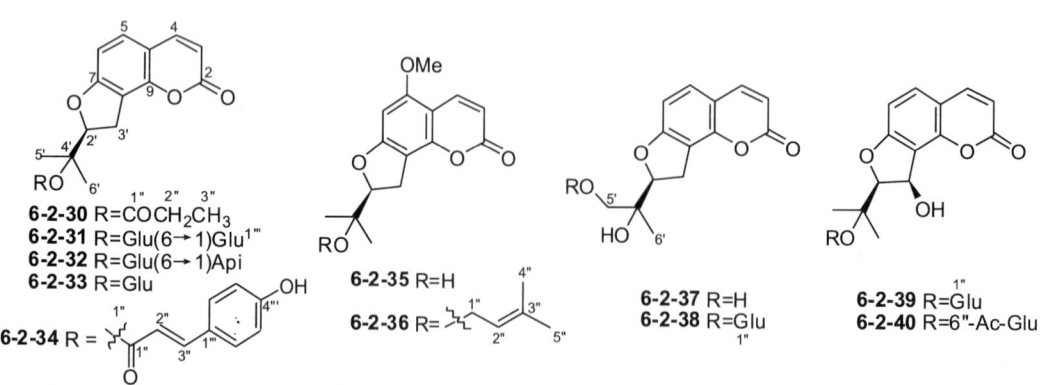

表 6-2-6 化合物 6-2-25~6-2-29 的 ^{13}C NMR 数据

C	6-2-25[10]	6-2-26[10]	6-2-27[11]	6-2-28[11]	6-2-29①[6]	C	6-2-25[10]	6-2-26[10]	6-2-27[11]	6-2-28[11]	6-2-29①[6]
2	163.9	162.7			159.2	10	113.0	112.7	108.9	112.0	100.0
3	113.4	114.4	122.1	125.9	112.0	2'	153.9	154.5	—	154.2	146.6
4	146.0	147.1	162.7	157.8	153.7	3'	109.9	111.5	103.7	114.4	104.9
5	102.1	100.9	134.0	135.1	154.2	4'	67.1	67.0	—	186.1	
6	148.3	141.7	126.5	127.1	115.0	5'	120.1	118.7	19.1	26.4	
7	151.1	149.8	130.0	131.9	162.7	6'	140.0	140.6	113.4		
8	110.8	111.3	115.1	115.2	106.1	5-Me			22.7	21.1	
9	140.8	140.8	153.8	153.1	154.3						

① 部分 ^{13}C NMR 数据见结构式。

注：6-2-25: 25.9, 18.3 (6'-Me), 56.8 (OMe); 6-2-26: 26.5, 19.0 (6'-Me)。

表 6-2-7　化合物 6-2-30~6-2-40 的 ^{13}C NMR 数据

C	6-2-30[12]	6-2-31[13]	6-2-32[13]	6-2-33[14]	6-2-34[15]	6-2-35[16]
2	163.9	163.9	164.3	160.1	161.5	161.8
3	112.2	110.7	110.8	114.4	112.0	108.5
4	144.0	146.2	146.6	144.9	144.3	141.5
5	128.8	129.6	129.6	129.6	128.9	154.7
6	106.7	107.2	107.2	112.4	106.9	93.3
7	161.6	163.3	163.5	164.7	164.1	145.6
8	113.0	113.7	114.5	98.3	113.6	131.7
9	151.3	150.3	150.6	152.2	151.1	151.5
10	113.5	113.3	113.6	113.3	113.0	102.5
2'	88.9	90.8	91.3	91.0	89.1	65.9
3'	27.6	27.0	26.9	51.3	27.5	27.1
4'	81.9	79.1	79.3	78.1	82.2	65.9
5'	21.0	22.1	23.3	23.6	22.1	18.2
6'	22.1	21.6	22.4	22.2	21.1	17.6
1"	173.6	97.1	97.6	106.9	166.5	
2"	29.7	73.2	73.4	74.5	116.1	
3"	9.1	75.7	75.6	77.7	114.5	
4"		69.6	69.0	71.4		
5"		75.9	74.1	76.8		
6"		68.4	66.2	62.6		
1'''		103.0	108.7		126.6	
2'''		73.2	76.6		129.8	
3'''		74.6	78.5		115.9	
4'''		69.4	73.5		158.3	
5'''		75.7	63.8		115.9	
6'''		60.8			129.8	

C	6-2-36[16]	6-2-37[17]	6-2-38[17]	6-2-39[17]	6-2-40[17]
2	161.6	160.4	160.0	159.9	161.1
3	111.3	113.8	111.1	112.0	112.5
4	138.7	145.3	144.8	143.4	144.2
5	154.8	129.5	128.9	130.0	130.6
6	93.2	107.1	106.4	107.3	107.9
7	145.7	164.2	163.7	162.3	163.1
8	131.6	114.4	113.6	116.3	116.7
9	151.5	151.2	150.7	151.2	151.9
10	102.4	113.1	112.4	112.7	113.3
2'	65.9	88.4	87.4	91.0	91.2
3'	26.1	27.3	25.9	69.3	69.5
4'	66.2	73.8	72.1	77.9	78.4
5'	17.6	67.0	73.4	25.5	26.0
6'	16.6	22.1	20.7	24.7	23.3

续表

C	6-2-36[16]	6-2-37[17]	6-2-38[17]	6-2-39[17]	6-2-40[17]
1″	66.2		103.6	97.2	97.2
2″	119.2		73.4	73.2	73.3
3″	145.0		76.4	75.4	76.4
4″	25.6		70.0	70.3	69.8
5″	25.2		76.8	73.2	73.5
6″			60.9	61.8	62.8
1‴					171.3(Ac)
2‴					20.7(Ac)
3‴					
4‴					
5‴					
6‴					

表 6-2-8 化合物 6-2-41~6-2-47 的 ^{13}C NMR 数据

C	6-2-41[18]	6-2-42[18]	6-2-43[18]	6-2-44[18]	6-2-45[20]	6-2-46[20]	6-2-47[20]
2	162.1	159.8	160.2	160.0	161.2	161.0	161.0
3	112.7	111.7	108.5	108.4	112.7	113.8	112.8
4	145.6	144.8	144.1	144.1	143.6	144.8	144.9
5	132.5	130.9	132.2	132.1	109.4	112.6	110.9
6	108.6	107.4	114.0	113.9	142.4	144.5	142.6
7	166.0	162.9	164.5	164.5	152.7	152.1	153.8
8	114.3	116.5	114.1	114.0	114.8	115.1	116.2
9	152.8	151.1	152.6	152.4	146.1	146.1	146.9
10	114.1	112.7	133.3	113.9	112.5	112.9	113.3
2′	92.0	89.2	69.5	69.6	88.7	88.6	88.6
3′	79.6	68.1	88.8	92.1	31.8	32.4	27.7
4′	80.4	72.8	73.2	71.9	141.9	139.5	74.8
5′	108.8	74.4	68.2	27.0	113.2	114.4	67.8
6′	20.8	22.1	22.9	27.5	16.9	17.1	19.9
1″	102.7	103.8	171.7	172.1			
2″	75.0	73.4	44.1	44.1			
3″	77.9	76.8	26.2	26.2			
4″	70.9	69.9	22.7	23.0			

续表

C	6-2-41[18]	6-2-42[18]	6-2-43[18]	6-2-44[18]	6-2-45[20]	6-2-46[20]	6-2-47[20]
5"	77.9	76.6	22.8	23.1			
6"	62.2	60.9					
OMe					56.4		56.6

注：**6-2-43**:168.2 (C-1‴), 128.0 (C-2‴), 139.9 (C-3‴), 16.5 (C-4‴), 21.2 (C-5‴)。

表 6-2-9　化合物 6-2-48~6-2-57 的 ^{13}C NMR 数据

C	6-2-48[21]	6-2-49[22]	6-2-50[6]	6-2-51[6]	6-2-52[6]	6-2-53[23]	6-2-54[23]	6-2-55[24]	6-2-56[24]	6-2-57[25]
2	160.9	160.0	159.8	159.8	159.8	160.6	159.8	159.7	159.5	161.2
3	112.5	112.4	112.5	111.8	111.5	112.7	113.6	113.3	113.2	109.8
4	143.9	156.2	156.5	156.6	156.7	145.0	144.8	143.4	143.4	139.3
5	117.1	163.5	166.5	164.3	164.7	130.0	132.8	131.3	131.3	150.3
6	147.2	102.9	103.3	103.3	102.7	107.0	108.1	107.6	107.6	101.8
7	150.4	163.7	164.4	164.2	163.9	164.7	164.3	163.6	163.7	158.1
8	124.2	105.8	105.9	105.1	105.2	113.9	113.2	81.0	81.1	114.3
9	149.6	156.3	156.8	155.5	155.3	152.3	152.6	151.9	151.8	151.1
10	114.4	102.5	102.8	102.3	102.1	114.2	114.3	113.4	113.3	103.6
2'	91.4	92.8	97.7	92.9	92.9	89.9	89.1	88.2	88.3	91.1
3'	29.7	27.0	78.6	26.6	26.5	27.8	69.2	68.6	68.3	44.0
4'	71.7	71.3	71.2	71.4	71.3	82.4	81.2	77.2	77.3	25.5
5'	26.1	23.9	25.5	26.3	26.2	21.2	21.2	22.2	22.8	21.2
6'	24.2	25.5	25.9	24.9	26.2	21.9	22.1	25.4	24.9	14.2
1"	69.5	130.9	139.0	138.9	138.8	170.4	169.5(Ac)	170.5	167.4	
2"	120.1	127.3	127.2	127.2	127.1	22.1	170.6(Ac)	22.2	137.4	77.9
3"	143.9	128.0	127.7	127.5	127.5		22.7(Ac)		128.9	127.8
4"	25.9	128.4	128.3	128.2	128.1		25.8(Ac)		20.7	115.9

续表

C	6-2-48[21]	6-2-49[22]	6-2-50[6]	6-2-51[6]	6-2-52[6]	6-2-53[23]	6-2-54[23]	6-2-55[24]	6-2-56[24]	6-2-57[25]
5″	18.1	128.0	127.7	127.5	127.5				15.7	28.1
6″		127.3	127.2	127.2	127.1					28.0
1‴		199.1	205.1	205.2	209.5			172.3	174.4	
2‴		140.4	52.0	51.9	45.5			27.7	41.2	
3‴		127.6	25.0	25.0	24.9			9.1	26.7	
4‴		127.7	22.6	22.6	26.0				16.1	
5‴		131.7	22.6	22.6	11.7				11.4	
6‴		127.7	57.7(OMe)							
7‴		127.6								

6-2-58 R=CH(CH₃)₂
6-2-59 R=CH₂CH₂CH₃
6-2-60 R=CH₂CH(CH₃)₂
6-2-61 R=CH(CH₃)CH₂CH₃

6-2-62 R=OH
6-2-63 R=H

6-2-64

表 6-2-10 化合物 6-2-58~6-2-64 的 ^{13}C NMR 数据

C	6-2-58[26]	6-2-59[26]	6-2-60[26]	6-2-61[26]	6-2-62[27]	6-2-63[27]	6-2-64①[28]
2	160.5	160.8	161.0	160.7	159.1	159.4	160.9/161.0
3	105.6	105.3	105.0	105.2	109.7	109.5	106.2/106.3
4	160.5	161.1	161.1	161.0	157.1	157.1	163.8/164.2
5	161.1	161.2	161.0	161.2	162.4	162.1	162.2/162.3
6	110.7	110.6	110.7	110.9	112.3	109.9	110.7/110.7
7	163.5	163.1	163.0	163.3	164.2	163.1	163.2/162.9
8	104.0	104.8	104.8	104.2	105.1	105.1	105.0/105.3
9	156.6	156.7	156.3	156.2	157.4	157.5	156.9/157.0
10	97.1	97.0	96.9	96.9	99.6	99.4	99.4/99.5
2′	93.5	93.6	93.6	93.8	99.0	92.8	92.9/92.9
3′	26.4	26.3	26.2	26.2	70.4	26.6	26.4/26.5
4′	71.1	71.1	71.1	70.8	71.4	71.6	71.6/71.8
5′	24.7	24.7	24.5	24.7	26.0	26.1	24.6/24.7
6′	27.0	27.3	27.5	27.3	25.1	24.7	26.0/26.3
1″	71.5	71.2	71.0	71.2	37.3	37.3	37.3/37.4
2″	30.5	30.6	30.7	30.6	22.7	22.7	28.7/29.5
3″	10.4	10.5	10.5	10.4	13.9	13.9	11.8/11.9
4″							19.2/19.5
1‴	210.3	205.6	205.1	209.7	206.4	206.1	205.6/206.1
2‴	40.3	46.3	52.9	46.4	53.5	53.4	48.7/48.7
3‴	19.7	17.6	25.0	27.4	25.6	25.6	32.8/33.2
4‴	18.5	13.5	25.5	11.1	22.6	22.6	68.1/68.1
5‴			25.6	14.9	22.6	22.6	16.2/16.5

① 异构体混合物。

6-2-65 R=Ph
6-2-66 R=CH(CH₃)₂
6-2-67 R=CH₂CH(CH₃)₂
6-2-68 R=CH(CH₃)C₂H₅
6-2-69 R=CH₂CH₂CH₃

表 6-2-11　化合物 6-2-65~6-2-70 的 ^{13}C NMR 数据

C	6-2-65[29]	6-2-66[8]	6-2-67[6]	6-2-68[6]	6-2-69[6]	6-2-70[25]
2	158.2	159.4	159.1	159.1	159.1	161.4
3	111.9	114.2	111.0	111.0	111.0	110.5
4	154.2	155.0	154.9	154.9	154.9	138.6
5	162.1	161.9	161.9	161.8	161.9	156.2
6	110.0	110.0	110.0	110.1	110.0	117.9
7	161.6	164.2	163.7	163.9	163.6	153.2
8	104.8	161.9	105.0	104.5	104.9	102.9
9	156.4	157.9	157.3	157.1	157.4	149.9
10	98.9	99.2	98.6	98.7	98.6	99.1
2'	92.8	92.7	92.7	92.6	92.7	91.1
3'	26.9	27.0	26.8	26.6	26.8	44.1
4'	71.6	71.7	71.6	71.6	71.6	25.6
5'	23.1	23.3	23.2	23.2	23.2	21.1
6'	24.9	23.3	24.8	24.8	24.8	14.3
1"	137.9	138.2	138.0	138.1	138.0	77.4
2"	127.6	127.4	127.4	127.4	127.4	127.0
3"	128.9	127.8	127.9	127.9	127.9	115.6
4"	127.9	129.0	128.8	128.8	128.8	28.1
5"	128.9	127.8	127.9	127.9	127.9	28.1
6"	127.6	127.4	127.4	127.4	127.4	
1'''	198.9	204.5	206.1	210.4	206.2	
2'''	140.3	40.4	53.4	46.7	46.5	
3'''	128.2	19.4	25.6	16.5	18.0	
4'''	128.2	19.4	22.7	27.1	13.8	
5'''	132.4		22.7	11.8		
6'''	128.2					
7'''	128.2					

6-2-71 R¹=a; R²=H
6-2-73 R¹=b; R²=H
6-2-74 R¹=c; R²=H
6-2-76 R¹=a; R²=Me
6-2-78 R¹=b; R²=Me
6-2-79 R¹=c; R²=Me

6-2-72 R¹=a; R²=H
6-2-75 R¹=c; R²=H
6-2-77 R¹=a; R²=Me

表 6-2-12　化合物 6-2-71~6-2-79 的 ^{13}C NMR 数据[30]

C	6-2-71	6-2-72	6-2-73	6-2-74	6-2-75	6-2-76	6-2-77	6-2-78	6-2-79
2	162.4	162.0	161.9	162.0	162.0	161.3	161.3	161.3	161.2
3	103.2	103.7	103.6	103.4	103.7	103.6	104.0	103.6	103.6
4	166.1	165.1	165.7	165.7	165.5	165.1	165.0	165.1	165.1
5	124.2	124.2	124.2	124.2	124.2	123.8	123.8	123.8	123.8
6	113.4	113.0	113.1	113.1	113.0	112.2	112.2	112.3	112.2
7	160.8	160.3	160.5	160.3	160.3	163.2	163.2	163.2	163.2
8	103.3	103.2	103.3	103.3	103.3	100.7	100.7	100.7	100.7
9	156.7	156.7	156.7	156.7	156.7	156.9	156.9	156.9	156.9
10	105.8	106.2	106.1	106.1	106.2	106.3	106.4	106.2	106.3
2'	97.2	96.5	96.8	97.0	96.4	96.8	96.3	96.7	96.7
3'	41.9	44.3	42.0	42.0	44.3	42.0	44.4	42.1	42.1
4'	14.1	13.5	14.1	14.1	13.6	14.1	13.5	14.1	14.1
5'	20.5	25.4	20.5	20.4	25.4	20.5	25.4	20.5	20.5
1"	41.7	35.5	41.4	41.5	35.0	41.8	35.2	41.5	41.4
2"	22.1	22.7	22.4	22.3	22.9	22.1	22.8	22.4	22.3
3"	123.1	123.5	128.1	125.4	125.8	123.2	123.6	128.0	125.4
4"	136.0	125.9	130.5	132.9	132.7	136.0	135.9	130.6	132.8
5"	39.6	39.6	55.1	38.4	38.4	39.6	39.7	55.1	38.4
6"	26.6	26.6	199.5	154.0	154.0	26.6	26.7	199.1	154.0
7"	124.2	124.2	122.9	108.9	109.0	124.2	124.2	122.9	108.9
8"	131.5	131.5	156.7	120.5	120.6	131.4	131.5	156.1	120.5
9"	25.7	25.7	27.8	137.8	137.8	25.7	25.7	27.7	137.8
10"	17.7	17.7	20.8	9.8	9.8	17.7	17.7	20.7	9.8
11"	16.0	16.0	16.5	15.9	16.0	16.0	16.0	16.5	15.9
OMe						55.7	55.7	55.8	55.7

表 6-2-13　化合物 6-2-80~6-2-87 的 ^{13}C NMR 数据

C	6-2-80[31]	6-2-81[31]	6-2-82[31]	6-2-83[31]	6-2-84[31]	6-2-85[32]	6-2-86[33]	6-2-87[33]
2	162.8	162.4	162.4	162.3	161.7	160.7	163.6	163.4
3	103.8	103.3	103.6	103.2	102.8	103.5	104.1	104.8
4	166.2	166.0	165.9	166.0	165.1	164.3	167.2	166.9

续表

C	6-2-80[31]	6-2-81[31]	6-2-82[31]	6-2-83[31]	6-2-84[31]	6-2-85[32]	6-2-86[33]	6-2-87[33]
5	124.5	124.3	124.3	124.3	123.7	123.3	125.3	125.3
6	113.9	113.7	113.7	113.5	112.8	111.8	114.3	113.8
7	161.6	161.3	161.3	161.1	160.3	162.5	163.6	165.1
8	103.8	103.5	103.5	103.4	103.1	100.3	103.5	101.7
9	157.3	156.8	156.8	156.7	156.0	156.3	158.2	158.1
10	106.1	105.7	105.9	105.9	105.4	106.0	106.2	107.1
2'	96.9	97.1	96.6	97.4	96.1	95.8	97.8	98.0
3'	44.9	42.5	44.7	42.4	44.0	44.2	45.3	45.4
4'	14.4	14.7	14.2	14.6	13.5	13.5	13.9	13.8
5'	26.1	21.0	26.0	21.0	25.3	25.3	25.6	25.5
1"	35.6	41.5	35.1	41.9	34.8	34.9	36.2	36.2
2"	23.8	21.9	22.6	22.6	22.7	22.8	23.8	23.8
3"	129.1	41.6	41.9	33.9	33.5	125.3	125.0	124.8
4"	130.7	157.2	157.3	157.0	157.4	132.2	136.6	136.6
5"	55.8	126.3	126.2	126.9	126.2	38.3	40.7	40.7
6"	200.1	191.9	192.0	191.4	190.8	153.5	27.7	27.7
7"	123.3	126.3	126.3	126.4	125.8	108.1	125.1	125.0
8"	157.0	155.5	155.5	155.2	154.6	120.1	132.1	132.1
9"	28.6	28.4	28.4	28.4	27.7	137.3	25.9	25.8
10"	21.7	21.3	21.3	21.3	20.6	9.8	17.8	17.7
11"	17.3	19.6	19.8	26.0	25.4	15.9	16.1	16.0
OMe						55.5		56.4

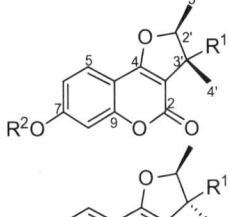

表 6-2-14 化合物 6-2-88~6-2-96 的 ^{13}C NMR 数据

C	6-2-88[34]	6-2-89[34]	6-2-90[35]	6-2-91[35]	6-2-92[35]	6-2-93[35]	6-2-94[36]	6-2-95[32]	6-2-96[32]
2	166.7	166.8	161.5	161.5	161.2	160.6	165.6	159.9	160.1
3	108.0	108.1	105.9	106.0	105.9	106.2	106.1	105.7	105.7
4	160.2	160.0	166.2	166.4	166.1	165.5	160.6	164.9	165.6
5	136.6	136.7	124.3	124.2	124.1	123.7	123.8	123.2	123.3
6	126.3	126.4	113.2	112.7	113.0	112.2	112.3	111.8	111.8
7	131.7	131.8	160.5	159.8	160.2	163.2	163.3	162.9	162.6
8	114.8	114.8	103.2	103.2	103.2	100.6	100.7	100.2	100.2

续表

C	6-2-88[34]	6-2-89[34]	6-2-90[35]	6-2-91[35]	6-2-92[35]	6-2-93[35]	6-2-94[36]	6-2-95[32]	6-2-96[32]
9	155.9	155.9	156.7	156.8	156.7	157.0	157.0	156.3	156.4
10	112.1	111.9	106.0	106.3	106.0	106.3	106.2	105.7	106.1
2'	91.1	89.6	89.9	93.2	89.8	89.7	89.7	89.3	92.7
3'	44.8	47.9	46.9	46.7	46.9	47.0	47.1	46.8	46.5
4'	18.1	17.8	19.2	23.5	19.2	19.2	19.3	19.1	23.3
5'	16.2	15.6	15.8	13.9	15.8	15.8	15.8	15.7	13.9
1"	44.0	44.0	38.3	34.8	38.1	38.3	38.0	37.9	34.4
2"	204.3	204.8	23.4	23.4	23.5	23.4	23.7	23.4	23.8
3"	61.5	61.9	123.6	124.0	125.9	123.7	129.6	125.4	125.9
4"	65.2	65.5	135.6	135.2	132.4	135.6	129.0	131.9	131.5
5"	24.6	24.5	39.6	39.6	38.3	39.7	54.4	38.2	38.2
6"	21.4	21.3	26.6	26.7	154.2	26.7	209.4	153.6	153.6
7"			124.1	124.3	108.8	124.3	50.7	108.4	108.4
8"			131.4	131.3	120.5	131.4	24.5	120.0	120.0
9"			25.7	25.7	137.7	25.7	22.6	137.2	137.2
10"			17.7	17.7	9.8	17.7	22.6	9.8	9.8
11"			16.0	16.0	15.9	16.0	16.4	15.9	15.9
OMe						55.7	55.8	55.5	55.5
5-Me	24.6	19.3							

6-2-97 R^1=Me; R^2=H
6-2-98 R^1=H; R^2=Me
6-2-99 R^1=Me; R^2=H
6-2-100 R^1=H; R^2=Me

6-2-101 R^1=OH, R^2=OH
6-2-102 R^1=OGlu, R^2=OH
6-2-103 R^1=OH, R^2=OGlu

表 6-2-15　化合物 6-2-97~6-2-100 的 ^{13}C NMR 数据[37]

C	6-2-97	6-2-98	6-2-99	6-2-100	C	6-2-97	6-2-98	6-2-99	6-2-100
2	168.0	167.5	170.8	169.5	2'	91.2	88.0	93.5	88.7
3	106.7	106.9	108.3	107.9	3'	46.1	46.7	49.9	49.1
4	160.0	160.7	163.6	162.7	4'	20.8	15.8	15.5	15.7
5	112.7	112.8	114.3	113.4	5'	14.6	15.7	21.8	15.9
6	150.5	150.4	153.2	152.4	1"	64.7	67.9	64.6	67.0
7	115.5	115.4	116.1	115.3	2"			13.8	13.0
8	120.0	120.0	121.2	120.4	3"	170.5	170.9		
9	150.0	150.0	151.1	150.2	4"	20.9	20.9		
10	120.5	120.5	122.6	121.8	5"	12.7	12.7		

表 6-2-16　化合物 6-2-101~6-2-103 的 ^{13}C NMR 数据[38]

C	6-2-101	6-2-102	6-2-103	C	6-2-101	6-2-102	6-2-103
2	160.7	161.2	160.3	6'	21.0	21.1	21.1
3	104.7	105.0	106.3	1"	38.1	38.1	38.2
4	166.4	166.9	166.6	2"	22.4	22.7	22.6
5	137.3	137.8	137.6	3"	125.4	129.5	125.8
6	114.9	115.3	115.9	4"	135.5	131.9	136.0
7	159.1	159.6	159.5	5"	21.2	21.5	21.4
8	100.2	100.6	101.4	6"	59.3	65.8	59.6
9	157.3	157.8	157.4	1'''		101.2	100.2
10	103.6	104.0	106.1	2'''		73.5	73.4
2'	88.5	88.8	89.1	3'''		77.1	77.4
3'	45.4	45.6	45.7	4'''		70.2	69.9
4'	19.0	19.1	19.2	5'''		77.0	76.8
5'	15.5	15.8	15.7	6'''		61.2	60.9

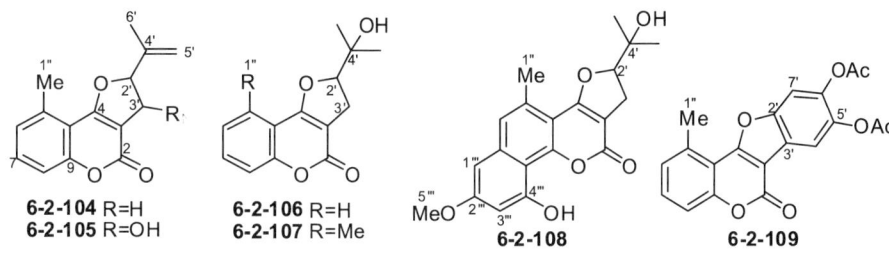

表 6-2-17　化合物 6-2-104~6-2-109 的 ^{13}C NMR 数据

C	6-2-104[11]	6-2-105[11]	6-2-106[39]	6-2-107[39]	6-2-108[40]	6-2-109[41]
2	168.1	169.1	166.5	166.5	169.3	166.4
3	128.2	128.2	102.6	102.7	100.4	121.1
4	163.9	160.9	160.6	160.5	158.9	162.3
5	136.0	137.1	123.8	131.5	132.2	135.3
6	126.1	126.6	122.5	126.2	124.6	126.9
7	131.8	132.7	132.2	135.7	138.6	131.6
8	115.0	115.2	116.8	117.2	108.0	115.6
9	156.1	153.3	154.7	155.7	155.3	154.5
10	112.1	111.9	112.2	114.9	106.3	111.8
2'	89.1	96.1	93.1	92.7	93.3	166.2
3'	31.1	74.0	27.7	27.0	27.1	140.3
4'	142.2	139.8	71.5	71.5	70.6	115.4
5'	113.0	113.3	25.4	25.6	25.9	141.2
6'	17.1	17.4	24.3	25.6	26.1	152.3
1"	21.3	21.3		21.1	21.8	21.3

6-2-108: 99.3 (1'''), 161.5 (2'''), 103.2 (3'''), 157.0 (4'''), 55.4 (5'''); **6-2-109**: 107.4(7'), 20.5, 20.7, 170.5(Ac)

表 6-2-18 化合物 6-2-110~6-2-115 的 ^{13}C NMR 数据

C	6-2-110[42]	6-2-111[43]	6-2-112[44]	6-2-113[45]	6-2-114[46]	6-2-115[46]
2	161.4	159.6	160.7	161.6	162.3	162.7
3	115.1	132.8	123.9	114.6	129.4	127.8
4	145.2	138.1	142.4	144.2	139.2	139.3
5	120.2	119.4	119.6	117.0	123.7	123.4
6	125.3	124.4	124.8	154.3	125.0	124.9
7	156.8	155.6	156.1	122.2	159.8	160.0
8	100.3	98.5	99.4	100.1	95.8	97.1
9	152.5	151.1	151.6	151.9	153.8	154.7
10	115.8	115.7	116.1	115.0	112.5	112.7
2'	147.3	146.4	146.7	152.9	90.7	91.0
3'	106.8	106.1	106.4	136.7	28.8	29.5
4'					70.0	71.6
1"		40.5	116.1	26.8	41.4	40.7
2"		145.4	152.9	21.6	73.4	73.3
3"		112.3	95.4	21.6	62.8	63.5
4"		26.1	148.7			
5"		26.1	141.2			
OMe			56.8	62.4		

6-2-112: 110.3 (6"), 101.5 (7"); 6-2-114: Me: 25.9, 24.8, 23.0, 21.7;
6-2-115: Me: 25.9, 24.2, 23.5, 21.9; Ac: 20.8, 20.7, 170.8, 169.9

表 6-2-19 化合物 6-2-116~6-2-120 的 ^{13}C NMR 数据

C	6-2-116[47]	6-2-117[47]	6-2-118[47]	6-2-119[48]	6-2-120[48]	C	6-2-116[47]	6-2-117[47]	6-2-118[47]	6-2-119[48]	6-2-120[48]
2	160.6	160.3	160.4	161.1	160.5	4	144.9	144.8	144.9	144.2	144.6
3	111.8	111.7	111.8	114.1	111.2	5	125.7	125.6	125.7	118.8	123.8

续表

C	6-2-116[47]	6-2-117[47]	6-2-118[47]	6-2-119[48]	6-2-120[48]	C	6-2-116[47]	6-2-117[47]	6-2-118[47]	6-2-119[48]	6-2-120[48]
6	128.6	128.5	128.6	126.5	125.5	5'	24.6	24.5	24.5	20.7	24.8
7	162.4	162.2	162.3	156.3	163.3	6'	22.8	22.8	22.8	20.7	25.8
8	97.3	97.3	97.3	99.1	96.7	1"	97.7	97.6	97.7		
9	156.1	156.0	156.0	151.5	155.1	2"	73.4	73.4	73.4		
10	112.9	112.7	112.8	115.0	121.1	3"	76.9	76.6	76.9		
2'	91.9	91.7	91.8	167.3	91.0	4"	70.1	70.0	70.0		
3'	77.5	77.5	77.5	99.5	28.7	5"	76.7	76.8	76.7		
4'	69.8	69.8	69.8	28.3	70.0	6"	60.8	60.7	60.7		

6-2-121 R = H
6-2-122 R = Glu1'''
6-2-123 R = -(2E-丁烯酰氧基)葡萄糖

6-2-124 R = Glu
6-2-125 R = Glu(6→1)Api
6-2-126 R = Bz
6-2-127 R = (3-甲基)-2-丁烯酰基

表 6-2-20 化合物 6-2-121~6-2-127 的 ^{13}C NMR 数据

C	6-2-121[49]	6-2-122[50]	6-2-123[50]	6-2-124[51]	6-2-125[51]	6-2-126[52]	6-2-127[52]
2	161.5	160.3	161.5	161.2	161.2	161.3	161.4
3	112.1	111.2	112.4	112.1	112.1	112.3	112.3
4	143.7	144.4	145.7	144.3	144.4	143.6	143.6
5	123.4	123.8	124.8	124.1	124.2	123.2	123.2
6	125.1	125.4	126.4	125.9	125.9	124.5	124.5
7	163.2	162.9	164.3	164.0	163.9	163.5	163.4
8	97.8	96.7	97.7	99.1	98.9	98.0	98.0
9	155.5	154.9	156.4	156.1	156.1	155.8	155.8
10	112.7	112.2	113.5	112.9	112.9	112.7	112.7
2'	91.1	89.7	90.9	91.1	91.0	89.1	88.9
3'	29.4	29.0	29.7	29.8	29.9	29.7	29.6
4'	71.6	77.0	78.5	78.8	78.8	82.9	81.3
5'	24.3	20.6	21.3	22.4	22.0	22.1	21.3
6'	26.0	23.2	23.7	23.7	23.7	21.4	22.3
1"		97.1	98.2	97.6	97.5	165.4	165.9
2"		73.4	74.5	75.3	75.1	131.0	116.9
3"		76.6	77.7	78.3	78.1	128.2	156.9
4"		70.3	71.6	71.6	71.8	129.4	20.1
5"		76.6	74.6	77.9	76.8	132.8	27.4
6"		61.2	64.5	62.6	68.8	129.4	

6-2-123: 166.6 (1'''), 123.1 (2'''), 145.7 (3'''), 17.9 (4''');
6-2-125: 111.1 (1'''), 77.9 (2'''), 80.5 (3'''), 75.2 (4'''), 65.7 (5'''); **6-2-126**: 128.2(7'')

	R³	R¹	R²
6-2-128	OSen	H	H
6-2-129	OH	Sen	H
6-2-130	H	H	OSen
6-2-131	OSen	Ac	H
6-2-132	O'But	Ac	H

OSen=
O'But=

6-2-133
6-2-134

表 6-2-21 化合物 6-2-128~6-2-134 的 ^{13}C NMR 数据

C	6-2-128[53]	6-2-129[53]	6-2-130[53]	6-2-131[54]	6-2-132[54]	6-2-133[55]	6-2-134[56]
2	160.8	160.9	161.3	160.6	160.6	160.9	160.0
3	113.0	113.0	112.4	113.0	113.2	113.1	111.0
4	143.6	143.6	143.5	143.6	144.1	144.9	144.0
5	126.6	125.0	123.3	126.6	126.4	126.1	125.0
6	124.1	127.2	124.6	124.1	124.1	128.7	130.0
7	163.2	162.6	162.9	163.2	163.0	164.4	160.0
8	99.1	99.1	98.0	99.1	98.9	98.4	97.0
9	157.1	157.0	155.6	157.1	157.0	157.7	156.0
10	113.4	113.6	112.8	113.4	113.4	114.0	
2'	91.0	90.9	86.6	88.2	88.2	98.2	98.0
3'	71.4	71.8	29.0	71.4	71.6	72.4	69.0
1"	71.2	82.0	72.8	82.2	81.7	82.3	70.0
2"	26.6	23.5	67.5	24.1	24.7	21.9	27.0
3"	26.5	23.8	19.6	22.3	23.2	22.3	26.0
1'''	165.0	165.0	165.0	164.2	176.6	167.2	
2'''	116.0	116.0	116.0	116.1	34.2	129.8	
3'''	159.0	159.0	159.0	159.2	18.6	137.6	
4'''	27.0	27.0	27.0	27.5	18.6	15.6	
5'''	20.0	20.0	20.0	20.2		20.6	
Ac				170.3	170.5		
				22.6	22.2		

6-2-135 R¹=R²=H (1"R)
6-2-136 R¹+R²=C(CH₃)₂ (1"R)
6-2-137 R¹=Ac; R²=H (1"R)
6-2-138 R¹=Ac; R²=H (1"S)
6-2-139 R¹=R²=Ac (1"R)
6-2-140 R¹=R²=Ac (1"S)

6-2-141 2'S
6-2-142 2'R

6-2-143

表 6-2-22 化合物 6-2-135~6-2-143 的 ^{13}C NMR 数据

C	6-2-135[57]	6-2-136[57]	6-2-137[57]	6-2-138[57]	6-2-139[57]	6-2-140[57]	6-2-141[58]	6-2-142[58]	6-2-143[59]
2	164.5	163.3	161.3	161.4	161.1	161.2	163.7	163.6	161.5
3	112.4	112.3	112.5	112.4	112.6	112.5	111.5	111.4	115.1
4	144.9	143.6	143.5	143.6	143.5	143.5	147.3	147.2	145.6
5	124.7	123.3	123.4	123.4	123.3	123.1	125.0	125.0	125.7
6	126.6	124.7	124.6	124.6	124.1	124.0	126.9	126.8	120.2
7	161.2	161.3	162.9	162.9	162.8	163.0	165.9	165.7	175.4
8	97.8	98.0	98.1	98.1	98.1	98.1	98.1	98.0	101.5

续表

C	6-2-135[57]	6-2-136[57]	6-2-137[57]	6-2-138[57]	6-2-139[57]	6-2-140[57]	6-2-141[58]	6-2-142[58]	6-2-143[59]
9	156.6	155.8	155.7	155.6	155.7	155.7	155.7	155.5	162.0
10	113.4	112.8	113.0	112.9	113.0	112.3	114.0	114.0	116.2
2'	88.1	86.7	86.6	87.7	84.0	86.1	87.9	88.0	92.2
3'	29.4	29.5	29.1	29.0	29.3	29.6	29.4	29.4	201.4
1"	73.8	81.4	72.8	72.6	81.8	82.0	74.52	74.61	32.3
2"	67.9	72.7	68.4	68.4	64.4	64.3	74.45	74.29	16.0
3"	19.9	19.0	19.6	20.2	16.1	17.8	19.4	19.4	18.8
Ac			171.1	170.9	170.2/169.8	170.1/170.0			
			20.8	20.9	21.9/20.7	21.9/20.7			

6-2-136: 110.1(C-O$_2$), 27.3, 26.4(Me-*gem*);
6-2-141: Glu 103.7(1), 74.1(2), 76.8(3), 70.6(4), 76.5(5), 61.6(6);
6-2-142: Glu 103.7(1), 74.0(2), 76.7(3), 70.6(4), 76.4(5), 61.6(6)

6-2-144 R=Me
6-2-145 R=Me, 2',3'-二氢
6-2-146 R=Glu(6→1)Rha
6-2-147 R=A
6-2-148 R=B
6-2-149 R=C
6-2-150 R=D
6-2-151 R=E

表 6-2-23 化合物 6-2-144~6-2-151 的 ^{13}C NMR 数据

C	6-2-144[48]	6-2-145[48]	6-2-146[60]	6-2-147[61]	6-2-148[62]	6-2-149[62]	6-2-150[62]	6-2-151[62]
2	160.3	161.5	161.9	161.3	161.4	161.3	161.2	161.0
3	112.8	110.5	113.8	112.6	112.6	112.5	112.6	112.6
4	139.4	139.2	146.8	139.8	139.5	139.5	139.5	137.2
5	149.6	152.7	152.1	149.0	148.0	149.0	148.8	148.9
6	113.0	105.9	116.4	114.2	114.1	114.1	114.3	114.3
7	158.5	165.5	158.0	158.1	158.1	158.1	158.1	158.1
8	94.0	92.9	96.1	94.2	94.2	94.1	94.3	94.2
9	152.7	156.6	153.0	152.7	152.6	152.7	152.6	152.7
10	106.7	110.4	108.8	107.5	107.4	107.4	107.5	107.6
2'	145.0	72.4	148.0	144.9	144.9	144.8	144.9	144.9
3'	105.3	28.3	105.1	105.1	104.9	105.1	105.0	105.0
1"	60.3	59.4	105.5	69.8	69.5	69.6	69.7	69.8
2"			75.1	119.1	127.4	126.2	123.6	126.5
3"			77.7	139.6	139.5	140.0	141.7	141.7
4"			71.1	18.3	47.6	45.5	42.0	42.3
5"			77.1	25.8	66.4	74.3	140.5	140.0
6"			68.2		122.0	121.0	119.7	119.7

续表

C	6-2-144[48]	6-2-145[48]	6-2-146[60]	6-2-147[61]	6-2-148[62]	6-2-149[62]	6-2-150[62]	6-2-151[62]
7"					135.5	135.4	70.6	81.3
8"					18.2	18.3	29.8	24.9
9"					25.7	25.8	29.8	24.9
10"					17.0	17.3	16.6	16.6
1'''			102.1				63.1	103.3
2'''			71.7				15.4	18.3
3'''			72.2					64.1
4'''			73.7					15.3
5'''			69.2					
6'''			17.5					

表 6-2-24 化合物 6-2-152~6-2-159 的 ^{13}C NMR 数据

C	6-2-152[63]	6-2-153[64]	6-2-154[64]	6-2-155[65]	6-2-156[65]	6-2-157[65]	6-2-158①[66]	6-2-159①[66]
2	160.9	161.5	161.6	161.2	161.0	161.5	164.7	163.7
3	112.7	113.4	113.1	112.9	113.1	112.2	112.7	112.6
4	138.9	139.4	140.7	139.3	139.0	139.7	142.1	142.3
5	152.5	148.6	149.6	148.6	148.4	149.3	150.3	151.1
6	113.3	114.5	113.1	114.1	113.5	113.4	116.1	115.0
7	158.1	158.5	159.2	158.1	158.1	158.3	159.6	160.0
8	94.1	95.2	93.9	94.7	94.7	93.8	94.8	94.2
9	148.4	152.9	153.8	152.5	152.6	152.6	146.8	146.6
10	106.6	107.5	107.1	107.3	107.1	106.7	109.1	107.9
2'	145.0	145.8	146.3	145.1	145.3	144.6	153.8	153.8
3'	104.7	105.1	106.4	104.8	104.6	105.5	106.3	106.7
1"	70.1	70.0	68.4	74.3	69.7	73.7	75.4	76.2
2"	34.2	39.9	37.3	75.9	80.9	76.1	77.1	78.2
3"	32.3	72.5	89.8	83.9	68.0	74.1	79.7	79.8
4"	17.8	27.9	23.0	27.6	25.0	22.1	24.2	24.2

续表

C	6-2-152[63]	6-2-153[64]	6-2-154[64]	6-2-155[65]	6-2-156[65]	6-2-157[65]	6-2-158①[66]	6-2-159①[66]
5‴							23.0	23.9
1‴	194.0	194.6	70.7	33.7	32.8	37.9	103.1	102.3
2‴	100.1	100.3	197.8	26.4	20.8	25.9	76.1	75.8
3‴	207.1	207.3	100.1	87.6	76.1	76.8	78.1	77.9
4‴	88.5	90.4	206.9	70.5	71.9	78.4	71.5	71.5
5‴	22.8	23.2	27.8	23.3	24.2	21.5	77.7	77.7
6‴	22.8	23.3	28.1	24.0	26.3	28.9	62.6	62.5

① 部分 ¹³C NMR 数据见结构式。

表 6-2-25 化合物 6-2-160~6-2-166 的 ¹³C NMR 数据

C	6-2-160[67]	6-2-161[68]	6-2-162[68]	6-2-163[69]	6-2-164[70]	6-2-165[71]	6-2-166[67]
2	162.9	161.0	160.8	163.1	163.5	161.27	161.1
3	112.4	112.8	113.1	113.2	113.6	112.4	112.9
4	141.2	139.2	138.9	141.2	141.7	139.5	139.3
5	150.2	149.0	148.4	150.0	150.4	148.4	148.9
6	114.5	114.1	114.3	114.3	114.8	112.8	114.1
7	159.3	158.2	158.1	159.8	160.2	158.1	158.2
8	94.0	94.4	94.8	94.6	94.8	93.9	94.6
9	153.3	152.7	152.6	153.8	154.3	152.4	152.7
10	107.6	107.0	107.5	107.6	108.1	106.4	107.4
2'	146.3	144.9	145.2	146.9	147.3	145.0	145.0
3'	106.0	104.9	104.6	106.2	106.1	104.9	104.9
1″	75.1	74.5	74.3	72.9	73.2	71.5	74.4
2″	77.7	75.9	76.5	79.5	80.4	77.1	76.2
3″	72.3	76.4	71.3	71.6	72.1	71.3	76.0
4″	24.5	21.3	28.6	26.9	27.5	25.7	20.7
5″	27.0	16.1	29.2	25.7	26.0	27.0	20.8
1‴		56.8		176.0	175.4	167.4	49.3
2‴		21.5		68.0	77.5	127.3	
3‴				20.6	38.7	139.4	
4‴					71.8	15.9	
5‴					77.0	20.6	
6‴					68.4		
7‴					42.9		

6-2-167 R¹=A; R²=H   6-2-169 R¹=B; R²=H
6-2-168 R¹=H; R²=A   6-2-170 R¹=H; R²=B

表 6-2-26 化合物 6-2-167~6-2-170 的 ¹³C NMR 数据[72]

C	6-2-167	6-2-168	6-2-169	6-2-170	C	6-2-167	6-2-168	6-2-169	6-2-170
2	160.3	160.3	161.3	161.3	1'''	117.1	116.6	117.2	117.0
3	112.9	112.9	112.8	113.0	2'''	136.0	135.7	135.9	135.4
4	139.4	139.5	139.4	139.4	3'''	63.4	63.3	63.4	63.4
5	144.6	144.7	148.7	148.7	4'''	77.9	79.0	78.4	78.3
6	114.8	114.7	114.1	114.4	5'''	70.5	70.0	70.2	70.5
7	150.3	150.3	158.1	158.1	6'''	68.5	69.0	68.9	68.6
8	127.2	127.2	94.5	94.7	7'''	80.6	79.4	79.9	80.0
9	144.0	144.0	152.6	152.6	8'''	59.0	58.6	59.0	58.6
10	107.6	107.6	107.3	107.6	9'''	127.7	127.9	127.4	127.7
OMe	60.8	60.8			10'''	132.3	134.4	132.8	134.6
2'	145.2	145.3	145.1	145.2	11'''	27.9	27.6	27.9	27.7
3'	105.1	105.1	104.9	104.8	12'''	29.2	29.3	29.2	29.2
1''	75.7	75.6	74.2	74.2	13'''	29.2	29.1	29.1	29.1
2''	76.0	76.0	76.3	76.2	14'''	29.1	29.1	29.1	29.1
3''	78.5	78.7	78.5	78.7	15'''	31.8	31.8	31.7	31.8
4''	22.1	22.1	22.2	21.9	16'''	22.6	22.6	22.6	22.6
5''	23.5	22.8	23.0	22.6	17'''	14.1	14.0	14.0	14.0

	R¹	R²	R³
6-2-171	H	H	H
6-2-172	a	H	H
6-2-173	b	H	H
6-2-174	c	H	H
6-2-175	d	H	H
6-2-176	Me6''	H	e
6-2-177	Me6''	H	f
6-2-178	Me6''	H	g
6-2-180	Me3''	OMe2''	OMe1''

表 6-2-27 化合物 6-2-171~6-2-180 的 ¹³C NMR 数据

C	6-2-171[73]	6-2-172[74]	6-2-173[68]	6-2-174[68]	6-2-175[68]	6-2-176[9]	6-2-177[9]	6-2-178[75]	6-2-179[76]	6-2-180[76]
2	161.4	161.2	160.5	160.8	161.1	162.2	163.4	165.1	165.9	160.5
3	112.9	113.4	112.7	113.3	112.7	124.9	122.6	124.2	93.3	130.3

续表

C	6-2-171[73]	6-2-172[74]	6-2-173[68]	6-2-174[68]	6-2-175[68]	6-2-176[9]	6-2-177[9]	6-2-178[75]	6-2-179[76]	6-2-180[76]
4	139.5	139.2	138.7	139.2	139.4	133.7	137.1	139.4	187.9	157.2
5	147.9	143.2	148.1	148.0	149.6	148.8	149.0	156.1	154.6	150.7
6	114.1	113.9	113.9	113.6	114.4	112.7	112.7	114.9	115.6	118.7
7	157.8	158.0	157.7	158.1	158.2	157.4	157.8	159.7	159.9	156.5
8	95.0	94.6	94.3	95.1	94.2	93.5	93.5	95.0	95.0	96.1
9	152.7	152.4	152.2	152.7	152.9	151.6	151.8	153.7	152.7	149.7
10	107.6	107.2	107.1	107.5	107.5	107.1	106.8	108.9	110.4	107.0
2'	145.0	145.1	145.0	145.5	144.9	144.5	144.7	146.8	145.4	145.5
3'	104.6	104.7	104.4	104.1	105.1	104.9	105.0	106.9	106.2	104.6
1"		75.4	72.2	75.0	73.7	29.1	34.2	35.0	46.7	60.9
2"		74.1	61.0	208.6	133.2	119.6	77.3	76.2	141.2	61.8
3"		148.4	58.1	37.4	124.5	135.0	72.9	82.1	114.9	62.7
4"		112.8	24.5	17.9	35.7	17.9	26.2	24.2	22.4	
5"		18.7	19.1	17.9	46.2	25.8	23.9	24.0	22.3	
6"					26.1	60.1	60.0	61.8	55.5	
7"					29.1				61.2	

6-2-175: 27.1 (8"), 19.4 (9"), 28.1 (10"); **6-2-178**: 98.6 (1'''), 75.7 (2'''), 78.6 (3'''), 72.2 (4'''), 77.9 (5'''), 63.7 (6''')

表 6-2-28　化合物 6-2-181~6-2-184 的 ^{13}C NMR 数据

C	6-2-181[77]	6-2-182[78]	6-2-183[78]	6-2-184[79]	C	6-2-181[77]	6-2-182[78]	6-2-183[78]	6-2-184[79]
2	162.7	162.4		162.2	5'	113.5	115.4	19.0	25.4
3		105.1	103.5	121.0	6'	17.1	19.3	19.5	26.0
4	164.1	160.7	161	138.3	7'		62.8	54.0	
5	161.1	148.3	154.5	153.4	1"	123.6	123.6	123.5	115.7
6	111.0	113.7	110.5	112.2	2"	131.7	114.0	114.0	157.1
7	158.0	151.0	164.5	166.0	3"	113.0	148.6	148.5	104.5
8		97.3	95.0	92.2	4"	155.1	148.7	148.5	159.7
9	152.4	154.4	156.0	156.4	5"	113.0	111.0	111.0	108.2
10	100.0	104.0	100.5	107.0	6"	131.7	123.3	123.5	132.6
2'	86.1	145.8	94.5	91.8	7"	55.2	55.9	56.0	
3'	33.2	137.5	75.5	29.5	8"		55.9	56.0	
4'	142.4	132.0	27	71.4	5-OMe	60.5	65.4	61.5	59.9

6-2-185 R¹=Me; R²=Me
6-2-186 R¹=CH₂OGlu; R²=Me
6-2-187 R¹=Me; R²=CH₂OGlu
6-2-188 R¹=CH₂OH; R²=Me
6-2-189 R¹=Me; R²=COOH
6-2-190 R¹=COOH; R²=Me
6-2-191 R¹=Me; R²=a
6-2-192 R¹=a; R²=Me

表 6-2-29 化合物 6-2-185~6-2-192 的 ¹³C NMR 数据

C	6-2-185[80]	6-2-186[51]	6-2-187[51]	6-2-188[81]	6-2-189[81]	6-2-190[81]	6-2-191[82]	6-2-192[83]
2	160.5	160.5	160.6	161.3	161.9	163.1	159.3	160.4
3	113.1	114.3	114.1	112.7	112.3	113.5	114.8	114.8
4	146.6	144.9	144.9	139.4	139.9	141.1	145.2	144.3
5	114.6	114.9	114.9	94.4	94.0	95.1	113.6	113.5
6	125.8	126.4	124.5	114.1	114.3	115.4	125.0	130.0
7	148.5	147.6	149.5	158.1	158.6	159.7	148.4	148.3
8	131.5	132.0	131.8	148.6	148.7	149.8	129.2	131.5
9	143.7	149.0	149.5	152.6	152.7	153.8	146.8	148.7
10	116.4	117.1	117.1	107.4	107.3	108.4	116.6	116.6
2'	144.4	147.6	147.7	145.1	146.0	147.1	144.4	146.7
3'	106.7	107.4	107.2	104.9	104.8	106.0	106.9	106.9
1"	70.1	69.9	69.7	68.8	69.6	70.7	69.7	69.6
2"	119.6	122.1	124.9	122.0	135.5	136.7	123.4	123.9
3"	139.8	138.9	138.8	141.4	131.3	132.5	137.0	137.0
4"	18.1	73.5	21.7	61.9	169.3	13.1	43.4	10.6
5"	25.8	14.3	67.2	21.4	11.9	170.5	10.6	43.4
1'''		103.6	103.4				79.6	79.5
2'''		75.2	75.1				139.3	144.3
3'''		78.5	78.6				130.8	130.2
4'''		71.6	71.7				173.0	173.8
5'''		78.5	78.5				17.2	17.2
6'''		62.7	62.7					

6-2-193 R=a   6-2-197 R=e
6-2-194 R=b   6-2-198 R=f
6-2-195 R=c   6-2-199 R=g
6-2-196 R=d   6-2-200 R=h

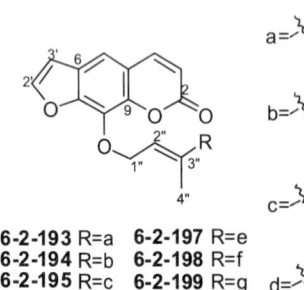

表 6-2-30 化合物 6-2-193~6-2-200 的 ^{13}C NMR 数据

C	6-2-193[84]	6-2-194[84]	6-2-195[85]	6-2-196[85]	6-2-197[85]	6-2-198[85]	6-2-199[86]	6-2-200[87]
2	160.4	160.5	162.8	163.3	163.3	162.7	160.8	160.5
3	114.6	114.7	114.8	113.1	113.1	115.0	115.0	14.7
4	144.3	144.4	146.8	141.6	141.6	146.7	144.6	144.3
5	113.2	113.4	115.1	150.5	150.5	115.2	113.2	113.3
6	125.8	125.9	127.7	116.1	116.1	127.7	126.1	125.8
7	148.7	148.7	150.3	159.8	159.8	150.1	148.9	148.7
8	131.6	131.5	132.3	94.8	94.8	132.3	131.6	131.5
9	143.9	143.9	145.3	153.9	153.9	145.2	143.7	143.9
10	116.4	116.7	118.1	109.0	109.0	117.9	116.7	116.5
2'	146.5	146.7	148.6	146.9	146.9	148.5	146.9	146.6
3'	106.7	106.8	108.1	106.3	106.3	108.9	107.0	106.7
1"	70.6	70.0	70.7	70.6	70.7	70.6	70.3	70.0
2"	119.3	119.7	120.9	121.5	121.1	121.3	120.4	119.8
3"	143.1	142.0	145.0	143.4	144.3	143.7	142.4	142.0
4"	16.5	16.8	24.9	—	16.4	16.6	16.7	16.8
5"	39.5	33.1	38.0	43.4	36.5	37.1	35.6	33.8
6"	26.3	38.5	30.8	128.4	30.1	28.2	28.8	35.7
7"	123.7	214.0	79.0	137.9	89.5	65.4	89.1	201.2
8"	131.5	40.9	73.9	82.4	145.6	60.2	144.1	144.4
9"	17.6	18.3	25.5	24.9	17.2	25.0	17.3	124.6
10"	25.6	18.3	25.9	24.9	114.2	18.9	114.6	17.6

6-2-201 R=a
6-2-202 R=b
6-2-203 R=H
6-2-204 R=Me
6-2-205 R=c
6-2-206 R=d
6-2-207 R=e

表 6-2-31 化合物 6-2-201~6-2-207 的 ^{13}C NMR 数据

C	6-2-201[59]	6-2-202[88]	6-2-203[68]	6-2-204[68]	6-2-205[89]	6-2-206[90]	6-2-207[69]
2	160.3	160.4	160.0	160.2	160.2	160.1	162.8
3	114.7	115.1	113.7	114.4	114.9	114.8	115.1
4	145.3	144.4	145.3	144.2	144.3	144.2	146.7
5	114.1	113.9	110.0	112.8	113.8	113.7	115.4
6	125.0	126.3	125.2	126.0	126.0	125.9	127.9
7	149.1	148.4	145.3	147.4	148.2	147.9	149.2
8	130.9	132.2	130.1	132.5	131.7	131.3	132.4
9	145.3	143.7	139.8	142.7	142.9	143.2	144.4
10	116.6	116.8	116.2	116.3	116.6	116.5	118.6

续表

C	6-2-201[59]	6-2-202[88]	6-2-203[68]	6-2-204[68]	6-2-205[89]	6-2-206[90]	6-2-207[69]
2'	147.0	147.0	147.2	146.4	146.8	146.7	148.6
3'	107.0	107.1	106.9	106.6	106.9	106.8	108.0
1"	71.2	76.0		61.1	77.5	72.4	73.6
2"	60.8	76.4			74.0	77.3	79.4
3"	60.0	71.8			143.6	71.6	71.8
4"	24.1	26.8			112.8	26.5	26.9
5"	18.9	25.4			19.0	26.1	25.0
1'''						170.9	176.0
2'''						21.0	68.0
3'''							20.5

表 6-2-32　化合物 6-2-208~6-2-212 的 ^{13}C NMR 数据

C	6-2-208[91]	6-2-209[91]	6-2-210[5]	6-2-211[70]	6-2-212[66]	6-2-208	6-2-209	6-2-210	6-2-211	6-2-212
2	160.7	160.6	160.0	162.8	162.9		22.7	21.6	26.2	20.8
3	114.6	114.9	114.2	115.3	114.8	103.1	98.3	96.8	175.1	105.0
4	145.5	144.9	145.4	147.0	146.8	75.1	75.4	73.8	77.6	76.3
5	109.7	113.7	113.8	115.5	115.0	78.6	78.8	75.2t	38.6	77.7
6	118.7	126.6	125.9	128.1	128.1	71.7	72.0	70.3	72.2	71.3
7	147.6	148.1	147.2	149.2	149.2	78.0	77.0	75.1	77.6	77.4
8	141.2	132.8	131.6	133.4	132.5	69.0	69.1	61.2	68.2	62.2
9	144.0	143.8	142.7	144.5	150.9				42.6	
10	114.4	117.1	116.5	118.2	118.0	111.1	111.2			143.3
2'	146.7	147.5	147.9	147.0	148.7	78.0	78.0			177.8
3'	104.5	107.3	107.1	108.2	108.0	81.0	80.4			117.2
1"		76.1	76.7	73.4	75.6	75.1	75.1			157.1
2"		76.2	76.8	80.3	76.4	65.4	65.9			
3"		79.6	78.2	72.2	77.8					164.9
4"		24.2	23.8	27.1	22.9					15.8

表 6-2-33 化合物 6-2-213~6-2-217 的 ^{13}C NMR 数据

C	6-2-213[92]	6-2-214[90]	6-2-215[93]	6-2-216[93]	6-2-217[94]	C	6-2-213[92]	6-2-214[90]	6-2-215[93]	6-2-216[93]	6-2-217[94]
2	157.5	161.1	160.3	160.2	160.0	9	139.1	146.4	143.8	143.6	143.9
3	143.4	107.3	110.9	110.8	110.3	10	117.4	113.3	113.0	112.7	112.4
4	113.7	126.9	145.1	144.9	142.7	2'	146.6	87.1	89.4	90.5	90.3
5	110.9	115.9	114.0	113.9	113.2	3'	106.7	31.5	29.8	29.4	28.9
6	126.7	113.6	125.2	125.2	124.7	1"	56.4	142.9	79.1	69.9	69.7
7	145.9	160.5	151.2	151.3	150.1	2"	61.5	112.6	22.9	25.9	23.9
8	132.8	137.3	128.1	128.0	127.6	3"		16.9	21.4	24.5	23.6

表 6-2-34 化合物 6-2-218~6-2-221 的 ^{13}C NMR 数据

C	6-2-218[95]	6-2-219[95]	6-2-220[52]	6-2-221[52]	C	6-2-218[95]	6-2-219[95]	6-2-220[52]	6-2-221[52]
2	161.4	161.0	160.3	160.3	2"	75.0	74.8	131.0	117.0
3	112.7	112.4	112.2	112.2	3"	75.2	75.0	128.3	156.4
4	145.8	145.4	144.2	144.2	4"	71.8	71.6	129.4	20.0
5	115.4	115.0	114.3	114.3	5"	78.3	78.1	132.8	27.3
6	126.5	126.5	125.2	125.2	6"	64.4	64.2	129.4	
7	152.2	151.7	149.9	149.9	1'''	167.9	167.4	128.3 (7")	
8	129.9	129.5	127.9	127.8	2'''	116.3	115.8		
9	144.3	143.8	143.0	143.1	3'''	146.6	145.8		
10	114.6	114.3	113.1	113.1	4'''	126.8	127.5		
2'	91.5	91.2	89.7	90.0	5'''	107.3	111.4		
3'	31.2	30.9	30.4	30.3	6'''	149.4	150.2		
4'	78.9	78.7	82.9	81.2	7'''	140.0	148.8		
5'	22.3	22.1	21.3	21.1	8'''	149.4	116.0		
6'	24.1	23.9	22.4	22.5	9'''	107.3	124.0		
1"	98.9	98.6	165.4	165.8	OMe	56.9	56.4		

表 6-2-35　化合物 6-2-222~6-2-233 的 ^{13}C NMR 数据

C	6-2-222[96]	6-2-223[96]	6-2-224[96]	6-2-225[67]	6-2-226[67]	6-2-227[9]
2	160.9	162.4	161.6	160.1	160.0	159.2
3	112.0	112.5	112.4	112.9	112.9	131.5
4	140.1	140.8	140.6	139.4	139.4	133.2
5	112.9	120.0	122.2	144.9	145.3	143.9
6	114.2	114.9	114.6	114.6	114.6	114.5
7	148.6	148.9	148.8	150.2	150.0	149.2
8	127.0	127.4	128.1	126.9	126.1	127.6
9	142.9	143.6	143.0	144.0	143.9	143.0
10	107.2	107.7	107.4	107.6	107.5	107.9
2'	145.0	145.4	145.1	145.2	145.4	144.9
3'	105.2	105.0	105.2	105.3	105.3	105.0
1"	21.6	22.1	21.8	76.1	70.4	40.6
2"	124.2	21.8	21.2	76.1	81.8	145.5
3"	132.2	33.4	75.5	71.5	83.9	112.1
4"	25.5	25.3	25.9	25.1	21.2	26.2
5"	17.7	19.9	26.0	26.7	27.2	26.2
OMe	61.5	61.8	62.0	60.8	60.7	60.7
						61.6

C	6-2-228[9]	6-2-229[9]	6-2-230[9]	6-2-231[9]	6-2-232[9]	6-2-233[9]
2	160.5	160.5	161.3	163.6	162.6	160.6
3	112.8	112.8	125.2	112.4	123.0	112.2
4	139.4	139.4	133.7	141.7	137.0	139.7
5	144.5	144.4	143.4	149.4	143.6	148.3
6	114.5	114.5	114.9	114.0	114.9	114.6
7	150.9	150.8	148.8	159.3	149.2	157.2
8	126.8	126.9	128.0	107.8	127.9	112.8
9	144.4	144.4	142.6	151.5	142.8	150.6
10	107.5	107.5	108.4	106.8	108.1	107.7
2'	145.1	145.1	144.8	146.5	144.9	144.2
3'	105.1	105.0	104.9	106.4	105.0	104.2

续表

C	6-2-228[9]	6-2-229[9]	6-2-230[9]	6-2-231[9]	6-2-232[9]	6-2-233[9]
1"	70.2	70.4	29.2	26.7	34.2	42.7
2"	119.5	119.8	119.5	78.5	77.2	76.8
3"	143.1	139.7	135.0	74.0	72.9	63.9
4"	39.6	18.0	18.0	25.9	26.3	26.0
5"	26.4	25.8	25.9	25.1	24.0	24.1
OMe	60.8	60.8	60.9	61.0	60.8	60.8
			61.7		61.7	

6-2-226: 153.6 (6"); **6-2-228**: 123.8 (6"), 131.7 (7"), 25.6 (8"), 16.5 (9"), 17.6 (10")

表 6-2-36 化合物 6-2-234~6-2-240 的 ^{13}C NMR 数据

C	6-2-234[89]	6-2-235[89]	6-2-236[97]	6-2-237[98]	6-2-238[99]	6-2-239[100]	6-2-240[101]
2	160.3	160.4	160.4	162.1	160.4	159.7	160.7
3	112.9	112.8	113.4	112.5	114.8	117.1	112.8
4	139.4	139.5	139.4	110.5	144.3	141.0	139.7
5	148.2	148.8	142.9	143.1	131.0	112.5	150.7
6	111.0	112.4	116.3	114.3	126.0	129.5	114.6
7	143.6	154.9	149.9	148.9	148.3	145.8	
8	125.9	139.1	129.3	127.1	131.5	139.2	
9	145.2	152.3	144.5	146.6	148.7	141.5	143.1
10	106.8	107.5	108.7	107.1	116.6	117.6	107.7
2'	146.8	145.3	145.6	145.1	146.7	149.5	145.3
3'	105.3	105.3	104.8	105.0	106.9	106.3	105.3
1"	77.8	76.0	74.9	75.7	70.0	188.0	69.3
2"	73.9	75.9	77.5	71.1	123.9		122.2
3"	145.2	68.3	71.4	115.6	137.0		
4"	112.7	25.0	29.2	113.2	10.6		21.5
5"	19.0	27.0	29.2	18.6	43.4		61.8
OMe	60.8	60.7	61.8	57.8	63.0		60.8

6-2-238: 79.5 (6"), 144.3 (7"), 130.8 (8"), 17.2 (9"), 173.8 (10")

表 6-2-37　化合物 6-2-241~6-2-253 的 ^{13}C NMR 数据

C	6-2-241[102]	6-2-242[102]	6-2-243[22]	6-2-244[22]	6-2-245[5]	6-2-246[5]	6-2-247[5]
2	160.2	160.2	159.4	159.1	159.5	159.4	159.6
3	103.9	103.9	113.4	113.5	112.5	112.5	112.4
4	160.3	160.3	155.2	155.2	139.6	139.6	140.2
5	160.7	160.7	154.9	156.6	144.1	144.1	143.8
6	113.6	113.6	114.4	115.9	114.5	114.4	115.8
7	145.7	145.7	161.8	161.6	149.6	149.2	149.0
8	132.0	132.0	106.8	106.2	126.8	126.4	121.5
9	147.1	147.1	153.8	155.6	143.2	142.9	142.8
10	104.9	104.9	106.4	106.0	106.9	106.8	107.9
2'	151.0		91.4	90.3	146.2	146.2	146.3
3'	97.2	97.2	28.3	71.2	105.4	105.6	105.5
4'	137.4	137.4	71.4	72.8			
5'	115.3	115.3	25.6	24.7			
6'	19.2	19.2	24.5	28.3			
1"	124.5	124.5	190.8	190.9	76.5	76.6	76.6
2"	108.0	131.7	137.4	137.6	76.7	82.7	76.6
3"	147.3	113.6	129.7	129.7	78.1	76.4	77.9
4"	148.2	154.4	128.6	128.6	23.5	27.1	24.3
5"	111.1	113.6	133.8	133.8	21.5	25.2	20.9
6"	124.3	131.7	128.6	128.6			
7"	100.9		129.7	129.7			
1'''			139.5	139.8	96.6	101.8	96.8
2'''			127.0	126.9	73.6	73.7	73.6
3'''			127.6	128.0	75.3	75.4	75.5
4'''			128.0	127.6	70.2	70.2	70.2
5'''			127.6	128.0	75.0	75.4	74.9
6'''			127.0	126.9	61.1	61.2	61.2
OMe	62.6	62.6	59.3	59.4	60.8	60.8	61.2

续表

C	6-2-241[102]	6-2-242[102]	6-2-243[22]	6-2-244[22]	6-2-245[5]	6-2-246[5]	6-2-247[5]
	65.2	65.2					
4"/1"-OMe		55.2					

C	6-2-248[91]	6-2-249[91]	6-2-250[47]	6-2-251[4]	6-2-252[103]	6-2-253[103]
2	160.6	161.0	159.8	160	159.9	167.4
3	115.5	113.2	112.5	110.9	112.4	39.7
4	139.6	141.3	140.6	140.1	139.6	35.9
5	144.7	139.3	138.5	142.7	145.1	151.0
6	115.5	122.9	117.3	113.6	114.1	112.1
7	149.5	147.5	146.2	148.4	151.4	156.2
8	125.4	129.2	126.6	121.9	121.1	93.4
9	143.7	140.3	139.1	143.1	144.7	149.7
10	107.9	110.6	108.8	104.2	106.5	102.9
2'	146.1	146.3	105.7	145.3	146.2	143.7
3'	105.4	107.1	146.3	104.9	105.2	104.9
4'						
5'						
6'						
1"	104.1	106.9	105.0	102.3		142.8
2"	75.4	75.4	73.7	73.9		133.9
3"	78.5	78.5	76.2	76.6		148.0
4"	71.4	71.8	69.6	69.7		102.9
5"	77.8	77.5	77.1	77.4		134.2
6"	68.2	70.3	60.8	60.7		106.5
7"						101.2
1'''	111.1	105.4				53.4
2'''	78.0	75.2				42.8
3'''	81.0	78.5				19.5
4'''	75.1	71.4				
5'''	65.4	78.5				
6'''		62.5				
OMe	60.8				60.7	57.9
4"/1"-OMe						55.8

参 考 文 献

[1] Backhouse C N, Delporte C L, Negrete R E, et al. J Ethnopharm, 2001, 78: 27.
[2] 蔡金娜,王峥涛,徐国钧等. 药学学报, 1996, 31: 267.
[3] Ajay K B, Fujiwara H. Tetrahedron, 1979, 35: 13.
[4] Chang M S, Yang Y C, Kou Y C, et al. J Nat Prod, 2005, 68: 11.
[5] Thastrup O, Lemmich J. Phytochemistry, 1983, 22: 2035.
[6] Guilet D, Helesbeux J J, Seraphin D, et al. J Nat Prod, 2001, 64: 563.
[7] Morel C, Dartiguelongue C, Youhana T, et al. Heterocycles, 1999, 51: 2183.
[8] Chaturvedula V S P, Schilling J K, Kingston D G I. J Nat Prod, 2002, 65: 965.
[9] Franke K, Porzel A, Masaoud M, et al. Phytochemistry, 2001, 56: 611.
[10] Bilia A R, Flamini G, Pisteli L, et al. J Nat Prod, 1992, 55: 1741.

[11] Mulholland D A, Iourlne S E, Taylor D A H, et al. Phytochemistry, 1998, 47: 1641.
[12] Liu J H, Zschocke S, Bauer R. Phytochemistry, 1998, 49: 211.
[13] VanWagenen B C, Huddleston J, Cardellina J H. J Nat Prod, 1988, 51: 136.
[14] 李荣芷, 何云庆, 乔明等. 药学学报, 1989, 24: 546.
[15] Awale S, Nakashima E M N, Kalauni S K, et al. Bioorg Med Chem Lett, 2006, 16: 581.
[16] Ulubelen A, Mericlfi H, Mericli F, et al. J Nat Prod, 1993, 56: 1184.
[17] Taniguchi M, Yokota O, Shibano M, et al. Chem Pharm Bull, 2005, 53: 701.
[18] Chang H, Okada Y, Okuyama T, et al. Magn Reson Chem, 2007, 45: 611.
[19] Lemmich E, Gylle L. Phytochemistry, 1988, 27: 3688.
[20] Chen Y H, Chang F R, Wu C C, et al. Planta Med, 2006, 72: 75.
[21] Bissoue A N, Muyard F, Bevalot F, et al. Phytochemistry, 1996, 43: 877.
[22] Cao S G, Wu X H, Sim K Y, et al. Helv Chim Acta, 1998, 81: 1404.
[23] Kofinas C, Chinou I, Loukis A, et al, Phytochemistry, 1998, 48: 637.
[24] Mizuno A, Takata M, Okada Y, et al. Planta Med, 1994, 60: 333.
[25] Ito C, Fujiwara K, Kajita M, et al. Chem Pharm Bull, 1991, 39: 2509.
[26] Prachyawarakorn V, Mahidol C, Ruchirawat S. Chem Pharm Bull, 2006, 54: 884.
[27] Yang H, Protiva P, Gil R R, et al. Planta Med, 2005, 71: 852.
[28] Scio E, Ribeiro A, Alves T M A, et al. J Nat Prod, 2003, 66: 634.
[29] Cao S G, Sim K Y, Goh S H, et al. Heterocycles, 1997, 45: 2045.
[30] Isaka K, Nagatsu A, Ondognh P, et al. Chem Pharm Bull, 2001, 49: 1072.
[31] Motai T, Daikonya A, Kitanaka S. J Nat Prod, 2004, 67: 432.
[32] Motai T, Kitanaka S. Chem Pharm Bull, 2004, 52: 1215.
[33] Choudhary M I, Baig I, Nur-E-Alam M, et al. Helv Chim Acta, 2001, 84: 2409.
[34] Oketch-Rabah H A, Lemmich E, Dossaji S F, et al. J Nat Prod, 1997, 60: 458.
[35] Kojima K, Isaka K, Ondognii P, et al. Chem Pharm Bull, 2000, 48: 353.
[36] Su B N, Takaishi Y, Honda G, et al. J Nat Prod, 2000, 63: 436.
[37] Morita H, Dota T, Kobayashi J. Bioorg Med Chem Lett, 2004, 14: 3665.
[38] Truiti M D C T, Sarragiotto M H. Phytochemistry, 1998, 47: 97.
[39] Appendino G, Cravotto G, Giovenzana G B, et al. J Nat Prod, 1999, 62: 1627.
[40] Seo E K, Wania M C, Wall M E, et al. Phytochemistry, 2000, 55: 35.
[41] Zdero C, Bohlmann F, Solomon J. Phytochemistry, 1988, 27: 891.
[42] Liu F F, Yang Z S, Zheng X, et al. Journal of Asia-Pacific Entomology, 2011, 14: 79.
[43] Yang Q Y, Tian X Y, Fang W S. J Asian Nat Prod Res, 2007, 9: 59.
[44] Phrutivorapongkul A, Lipipun V, Ruangrungsi N, et al. Chem Pharm Bull, 2002, 50: 534.
[45] Tesso H, Konig W A, Kubeczka K H, et al. Phytochemistry, 2005, 66: 707.
[46] Ngadjui B T, Ayafor J F, Sondengam B L, et al. Phytochemistry, 1989, 28: 585.
[47] 肖永庆, 李丽, 谷口雅颜等. 药学学报, 2001, 36: 519.
[48] Elgamal M H A, Elewa N H, Elkhrisy E A M, et al. Phytochemistry, 1979, 18: 139.
[49] Yao N H, Kong L Y, Niwa M. J Asian Nat Prod Res, 2001, 3: 1.
[50] Kong L Y, Yao N H. Chin Chem Lett, 2000, 11: 315.
[51] Kitajima J, Okamura C, Ishikawa T, et al. Chem Pharm Bull, 1998, 46: 1404.
[52] Sibel C, Okada Y, Coskun M. Heterocycles, 2006, 69: 481.
[53] Jimenez B, Grande M C, Anaya J, et al. Phytochemistry, 2000, 53: 1025.
[54] Appendino G, Bianchi F, Bader A, et al. J Nat Prod, 2004, 67: 532.
[55] Okuyama E, Hasegawa T, Matsushita T, et al. Chem Pharm Bull, 2001, 49: 154.
[56] Alami I, Clerivet A, Naji M, et al. Phytochemistry, 1999, 51: 733.
[57] Tovar-Miranda R, Cortes-Garcia R, Santos-Sanchez N F, et al. J Nat Prod, 1998, 61: 1216.
[58] Lemmich J. Phytochemistry, 1995, 38: 427.
[59] Miftakhova A F, Burasheva G S, Abilov Z A, et al. Fitoterapia, 2001, 72: 319.
[60] Caceres A, Rastrelli L, Simone F D, et al. Fitoterapia, 2001, 72: 376.
[61] Masuda T, Takasugi M, Anetai M, et al. Phytochemistry, 1998, 47: 13.
[62] Xiao Y Q, Liiu X H, Sun Y F. Chin Chem Lett, 1994, 5: 593.
[63] Terreaux C, Maillard M, Stoeckli-Evans H, et al. Phytochemistry, 1995, 39: 645.

[64] Abegaz B M, Ngadjui B T, Folefoc G N, et al. Phytochemistry, 2004, 65: 221.
[65] Phuwapraisirisan P, Surapinit S, Sombund S, et al. Tetrahedron Lett, 2006, 47: 3685.
[66] Tada Y, Shikishima Y, Takaishi Y, et al. Phytochemistry, 2002, 59: 649.
[67] Fujioka T, Furumi K, Fujii H, et al. Chem Pharm Bull, 1999, 47: 96.
[68] Harkar S, Razdan T K, Waight E S, et al. Phytochemistry, 1984, 23: 419.
[69] Zhou P, Takaishi Y, Duan H, et al. Phytochemistry, 2000, 53: 689.
[70] Shikishima Y, Takaishi Y, Honda G, et al. Chem Pharm Bull, 2001, 49: 877.
[71] Vuorela H, Erdelmeier C A, Nyiredy S, et al. Planta Med, 1988, 54: 538.
[72] Furumi K, Fujioka T, Fujii H, et al. Bioorg Med Chem Lett, 1998, 8: 93.
[73] 卢嘉, 金丽, 金永生等. 第二军医大学学报, 2007, 28: 294.
[74] 杨郁, 于能江, 梁菲菲等. 解放军药学学报, 2010, 26: 126.
[75] Ngameni B, Touaibia M, Patnam R, et al. Phytochemistry, 2006, 67: 2573.
[76] Sultana N, Skelton B W, Waterman P G, et al. Phytochemistry, 2000, 55: 675.
[77] Nkengfack A E, Waffo A K, Azebaze G A, et al. J Nat Prod, 2000, 63: 855.
[78] Asomaning W A, Otoo E, Akoto O, et al. Phytochemistry, 1999, 51: 937.
[79] Hatano T, Aga Y, Shintani Y, et al. Phytochemistry, 2000, 55: 959.
[80] 杨郁, 于能江, 张杨等. 中国药学杂志, 2010, 45: 42.
[81] Teng W Y, Huang Y L, Huang R L, et al. J Nat Prod, 2004, 67: 1014.
[82] Lakshmi V, Prakash D, Raj K, et al. Phytochemistry, 1984, 23: 2629.
[83] Khan N U, Naqvi S W I, Ishratullah K. Phytochemistry, 1983, 22: 2624.
[84] Kitajima J, Okamura C, Ishikawa T, et al. Chem Pharm Bull, 1998, 46: 1939.
[85] Adams M, Ettl S, Kunert O, et al. Planta Med, 2006, 72: 1132.
[86] Rashid M A, Gray A I, Waterman P G, et al. J Nat Prod, 1992, 55: 851.
[87] Ito C, Katsuno S, Furukawa H. Chem Pharm Bull, 1998, 46: 341.
[88] Niu X M, Li S H, Wu L X, et al. Planta Med, 2004, 70: 578.
[89] Adebajo A C, Johannes Reisch. Fitoterapia, 2000, 71: 334.
[90] Elgamal M H A, Shalaby N M M, Duddeck H, et al. Phytochemistry, 1993, 34: 819.
[91] Xiao W L, Li S H, Shen Y H, et al. Heterocycles, 2005, 65: 1189.
[92] Nunes F M, Barros-Filho B A, de Oliveira M C F, et al. Magn Reson Chem, 2005, 43: 864.
[93] Lemmich J, Shabana M. Phytochemistry, 1984, 23: 863.
[94] Kong L Y, Pei Y H, Li X, et al. Chin Chem Lett, 1993, 4: 37.
[95] Reisch J, Achenbach S H. Phytochemistry, 1992, 31: 4376.
[96] 孙丽萍, 尹作栋, 傅正生等. 植物学报, 1996, 38: 672.
[97] Duan H, Takaishi Y, Fujimoto Y, et al. Chem Pharm Bull, 2002, 50: 115.
[98] 孙汉董, 林中文, 钮芳娣等. 云南植物研究, 1981, 3: 279.
[99] Agrawal A, Siddiqui I R, Singh J. Phytochemistry, 1989, 28: 1229.
[100] Cai J N, Basnet P, Wang Z T, et al. J Nat Prod, 2000, 63: 485.
[101] Heneka B, Rimpler H, Ankli A, et al. Phytochemistry, 2005, 66: 649.
[102] Khalid S A, Waterman P G. Phytochemistry, 1983, 22: 1001.
[103] Tan J J, Tan C H, Wang Y Q, et al. Helv Chim Acta, 2006, 89: 117.

第三节 吡喃香豆素类化合物

表 6-3-1 吡喃香豆素类化合物的名称、分子式和测试溶剂

编号	名称	分子式	测试溶剂	参考文献
6-3-1	8-hydroxy-5-methyl-7-(3-methyl-but-2-enyl)-9-(3-methyl-1-oxobutyl)-4,5-dihydropyrano[4,3,2-*de*]chromen-2-one	$C_{22}H_{26}O_5$	C	[1]
6-3-2	8-hydroxy-5-methyl-7-(3,7-dimethyl-octa-2,6-dienyl)-9-(3-methyl-1-oxobutyl)-4,5-dihydropyrano[4,3,2-*de*]chromen-2-one	$C_{27}H_{34}O_5$	C	[1]

续表

编号	名称	分子式	测试溶剂	参考文献
6-3-3	8-hydroxy-5-methyl-7-(3-methyl-but-2-enyl)-9-(2-methyl-1-oxobutyl)-4,5-dihydropyrano[4,3,2-*de*]chromen-2-one	$C_{22}H_{26}O_5$	C	[1]
6-3-4	8-hydroxy-5-methyl-7-(3,7-dimethyl-octa-2,6-dienyl)-9-(2-methyl-1-oxobutyl)-4,5-dihydropyrano[4,3,2-*de*]chromen-2-one	$C_{27}H_{34}O_5$	C	[1]
6-3-5	mammea E/BA cyclo D	$C_{24}H_{28}O_7$	C	[2]
6-3-6	mammea E/BC cyclo D	$C_{23}H_{26}O_7$	C	[2]
6-3-7	mammea E/BD cyclo D	$C_{23}H_{26}O_7$	C	[2]
6-3-8	malanolide E	$C_{22}H_{28}O_6$	C	[3]
6-3-9	mammea B/BB cyclo D	$C_{22}H_{26}O_5$	C	[4]
6-3-10	brasimarin A	$C_{24}H_{22}O_5$	C	[5]
6-3-11	mammea D/BA cyclo D	$C_{23}H_{28}O_5$	C	[4]
6-3-12	mammea D/BB cyclo D	$C_{23}H_{28}O_5$	C	[4]
6-3-13	oblongulide	$C_{21}H_{22}O_5$	C	[6]
6-3-14	cordatolide E	$C_{20}H_{24}O_6$	C	[7]
6-3-15	7-hydroxy-8-(4-cinnamoyl-3-methyl-1-oxobutyl)-4-phenyl-2',2'-dimethyl-2*H*,6*H*-benzo[1,2-*b*:3,4-*b*']dipyran-2-one	$C_{34}H_{30}O_7$	C	[8]
6-3-16	7-hydroxy-8-(4-hydroxy-3-methyl-1-oxobutyl)-4-phenyl-2',2'-dimethyl-2*H*,6*H*-benzo[1,2-*b*:3,4-*b*']dipyran-2-one	$C_{25}H_{24}O_6$	C	[8]
6-3-17	oxanordentatin	$C_{19}H_{20}O_5$	C	[9]
6-3-18	dentatin	$C_{20}H_{22}O_4$	C	[10]
6-3-19	nordentatin	$C_{19}H_{20}O_4$	C	[10]
6-3-20	xanthoxyletin	$C_{15}H_{14}O_4$	C	[10]
6-3-21	oxaclausarin	$C_{24}H_{28}O_5$	C	[9]
6-3-22	clausarin	$C_{24}H_{28}O_4$	C	[9]
6-3-23	3'(*S*),4'(*R*)-biangeloyloxy-3',4'-dihydroxanthyletin	$C_{24}H_{26}O_7$	C	[12]
6-3-24	3'(*S*)-senecioyloxy-4'(*R*)-angeloyloxy-3',4'-dihydroxanthyletin	$C_{24}H_{26}O_7$	C	[12]
6-3-25	(+)-*trans*- decursidinol	$C_{14}H_{14}O_5$	M	[12]
6-3-26	grandivittin	$C_{19}H_{20}O_5$	C	[13]
6-3-27	(−)-2'-isovaleryloxy-1',2'-dihydroxanthyletin	$C_{19}H_{22}O_5$	C	[13]
6-3-28	2'-deoxy-2'-(2,3-epoxy-3-methylbutanoyl)bruceol	$C_{24}H_{26}O_6$	C	[14]
6-3-29	2'-deoxy-2'-(3-methyl-2-butenoyl)bruceol	$C_{24}H_{26}O_5$	C	[14]
6-3-30	(−)2'β-{(*E*)-3-methylbut-1-enyl}-2'-deoxybruceol	$C_{24}H_{28}O_5$	C	[14]
6-3-31	(−)2'β-{(*E*)-3-hydroperoxy-3-methylbut-1-enyl}-2'-deoxybruceol	$C_{24}H_{28}O_6$	C	[14]
6-3-32	2'-deoxy-2'-(1,2,3-trihydroxy-3-methylbutyl)bruceol	$C_{24}H_{30}O_7$	C	[14]
6-3-33	2'-deoxy-2'-(2-hydroperoxy-3-methyl-3-butenyl)bruceol	$C_{24}H_{28}O_6$	C	[14]
6-3-34	2'-deoxy-2'-(2-hydroxy-3-methyl-2-butanoyl)bruceol	$C_{24}H_{28}O_6$	C	[14]
6-3-35	eriobrucinol	$C_{19}H_{20}O_4$	C	[15]
6-3-36	hydroxyeriobrucinol	$C_{19}H_{20}O_5$	P	[15]
6-3-37	4'-hydroxyeriobrucinol	$C_{19}H_{20}O_5$	P	[15]

续表

编号	名称	分子式	测试溶剂	参考文献
6-3-38	mammea A/AB cyclo D	$C_{25}H_{24}O_5$	C	[4]
6-3-39	mammeigin	$C_{25}H_{24}O_5$	C	[4]
6-3-40	5-deoxyprotobruceol I regioisomer	$C_{19}H_{20}O_3$	C	[16]
6-3-41	5-deoxyprotobruceol I hydroperoxy regioisomer	$C_{19}H_{20}O_5$	C	[16]
6-3-42	5-deoxyprotobruceol II hydroperoxy regioisomer	$C_{19}H_{20}O_5$	C	[16]
6-3-43	2",3"-epoxide,scandenin	$C_{26}H_{26}O_7$	C	[11]
6-3-44	3'-hydroxy-3',4'-methylene ether scandenin	$C_{27}H_{26}O_7$	C	[11]
6-3-45	3'-hydroxy-4'-methyl ether scandenin	$C_{27}H_{28}O_7$	C	[11]
6-3-46	pseudocalanolide C	$C_{22}H_{26}O_5$	C	[17]
6-3-47	pseudocordatolide C	$C_{22}H_{22}O_5$	C	[7]
6-3-48	5-hydroxy-8,8-dimethyl-4-phenyl-9,10-dihydro-8H-pyrano[2,3-f]chromen-2-one	$C_{20}H_{18}O_4$	C	[19]
6-3-49	5-hydroxy-8,8-dimethyl-4-phenyl-6-propionyl-9,10-dihydro-8H-pyrano-[2,3-f]chromen-2-one	$C_{23}H_{22}O_5$	C	[19]
6-3-50	ammirol	$C_{14}H_{14}O_4$	C	[20]
6-3-51	2',3'-dihydro-jatamansin	$C_{19}H_{22}O_5$	C	[21]
6-3-52	3'(R)4'(R)-khellactone-3'-(hydrogen sulphate), potassium salt	$C_{14}H_{13}O_8SK$	D	[22]
6-3-53	(+)-cis-khellactone	$C_{14}H_{14}O_5$	D	[22]
6-3-54	(3'R)-lomatin-3'-(hydrogen sulphate) potassium salt	$C_{14}H_{13}O_7SK$	D	[22]
6-3-55	(+)-lomatin/xanthogalol	$C_{14}H_{14}O_4$	D	[22]
6-3-56	qianhucoumarin A	$C_{19}H_{20}O_6$	C	[23]
6-3-57	10-O-(3-methyl-2-butenoyl) khellactone	$C_{19}H_{20}O_6$	C	[23]
6-3-58	peucedanocoumarin III	$C_{21}H_{22}O_7$	C	[23]
6-3-59	isosamidin	$C_{21}H_{22}O_7$	C	[23]
6-3-60	(+)-praeruptorin B	$C_{24}H_{26}O_7$	C	[23]
6-3-61	peguangxienin	$C_{19}H_{20}O_6$	C	[23]
6-3-62	hyuganin A	$C_{24}H_{28}O_7$	C	[24]
6-3-63	hyuganin C	$C_{21}H_{24}O_7$	C	[24]
6-3-64	hyuganin D	$C_{20}H_{22}O_7$	C	[24]
6-3-65	3'(S),4'(S)-diisovaleryloxy-3',4'-dihydroseselin	$C_{24}H_{30}O_7$	C	[25]
6-3-66	3'(S),4'(S)-disenecioyloxy-3',4'-dihydroseselin	$C_{24}H_{26}O_7$	C	[25]
6-3-67	(+)-samidin	$C_{19}H_{18}O_5$	C	[25]
6-3-68	peujaponisin	$C_{24}H_{28}O_7$	C	[25]
6-3-69	(+)-variant	$C_{21}H_{24}O_7$	C	[25]
6-3-70	(+)-cis-khellactone	$C_{14}H_{14}O_5$	C	[25]
6-3-71	(−)-cis-ethylkhellactone	$C_{16}H_{18}O_5$	C	[25]
6-3-72	(+)-$trans$-khellactone	$C_{14}H_{14}O_5$	C	[25]
6-3-73	(+)-$trans$-ethylkhellactone	$C_{16}H_{18}O_5$	C	[25]
6-3-74	(+)-octanoyllomatin	$C_{22}H_{28}O_5$	C	[26]
6-3-75	(+)-decanoyllomatin	$C_{24}H_{32}O_5$	C	[26]

续表

编号	名称	分子式	测试溶剂	参考文献
6-3-76	(+)-dodecanoyllomatin	$C_{26}H_{36}O_5$	C	[26]
6-3-77	(+)-4'-decanoyl-cis-khellactone	$C_{24}H_{32}O_6$	C	[26]
6-3-78	(+)-3'-decanoyl-cis-khellactone	$C_{24}H_{32}O_6$	C	[26]
6-3-79	isoferprenin	$C_{24}H_{28}O_3$	C	[27]
6-3-80	ethuliacoumarin A	$C_{20}H_{22}O_5$	C	[28]
6-3-81	cycloethuliacoumarin	$C_{20}H_{20}O_5$	C	[28]
6-3-82	isoethuliacoumarin B	$C_{20}H_{22}O_5$	C	[28]
6-3-83	5'-epiisoethuliacoumarin B	$C_{20}H_{22}O_5$	C	[28]
6-3-84	isoethuliacoumarin A	$C_{20}H_{22}O_5$	C	[28]
6-3-85	5'-epiisoethuliacoumarin A	$C_{20}H_{22}O_5$	C	[28]
6-3-86	vismiaguianin A	$C_{20}H_{18}O_5$	C	[29]
6-3-87	calanolide D	$C_{22}H_{24}O_5$	C	[17]
6-3-88	cordatolide A	$C_{20}H_{22}O_5$	C	[6]
6-3-89	cordatolide E	$C_{20}H_{24}O_6$	C	[7]
6-3-90	calanolide F	$C_{22}H_{26}O_5$	C	[7]
6-3-91	calanone	$C_{27}H_{20}O_5$	C	[30]
6-3-92	12-O-methylinophyllum P	$C_{26}H_{26}O_5$	C	[31]
6-3-93	(−)-6-benzoyl-3,4-dihydro-3,4,5-trihydroxy-2,2-dimethyl-10-phenyl-2H,8H-benzo[1,2-b:3,4-b']dipyran-8-one	$C_{27}H_{22}O_7$	A	[32]
6-3-94	indicanine B	$C_{21}H_{18}O_6$	D	[33]
6-3-95	trans-clausarinol	$C_{24}H_{30}O_6$	C	[34]
6-3-96	pseudobruceol I	$C_{19}H_{18}O_6$	C	[15]
6-3-97	bruceol	$C_{19}H_{20}O_5$	C	[35]
6-3-98	deoxybruceol	$C_{19}H_{20}O_4$	C	[35]
6-3-99	hassanidin	$C_{24}H_{28}O_5$	C	[36]
6-3-100	(−)-cis-decursidinol	$C_{14}H_{14}O_5$	D	[12]
6-3-101	cis-7,8-dihydro-5-methoxy-7,8-dimethyl-10-(3-methylbut-2-enyl)-4-phenyl-2H,6H-benzo[1,2-b:5,4-b']dipyran-2,6-dione	$C_{26}H_{26}O_5$	C	[32]
6-3-102	trans-7,8-dihydro-5-methoxy-7,8-dimethyl-10-(3-methylbut-2-enyl)-4-phenyl-2H,6H-benzo[1,2-b:5,4-b']dipyran-2,6-dione	$C_{26}H_{26}O_5$	C	[32]
6-3-103	pseudocalanolide D	$C_{22}H_{24}O_5$	C	[17]
6-3-104	3'-hydroxy-4'-methyl ether scandenin	$C_{27}H_{28}O_7$	C	[8]
6-3-105	brasimarin C	$C_{25}H_{24}O_5$	C	[5]
6-3-106	mammea A/AB cyclo E	$C_{25}H_{26}O_6$	C	[37]
6-3-107	(3'S)-3'-angeloyl-4'-oxo-khellactone	$C_{19}H_{18}O_6$	C	[18]
6-3-108	cis-avicennin	$C_{20}H_{20}O_4$	C	[38]
6-3-109	clausmarin A	$C_{24}H_{30}O_5$	C	[39]
6-3-110	hyuganoside I	$C_{27}H_{34}O_{14}$	M	[40]

续表

编号	名称	分子式	测试溶剂	参考文献
6-3-111	hyuganin E	$C_{21}H_{24}O_9$	C	[40]
6-3-112	hyuganin F	$C_{24}H_{28}O_8$	C	[40]

注：A 表示 Acetone-d_6，C 表示 $CDCl_3$，D 表示 DMSO-d_6，M 表示 CD_3OD，P 表示 Pyridine-d_5。

表 6-3-2　化合物 6-3-1~6-3-4 的 ^{13}C NMR 数据[1]

C	6-3-1	6-3-2	6-3-3	6-3-4	C	6-3-1	6-3-2	6-3-3	6-3-4
2	159.6	159.6	159.7	159.7	4"	25.8	39.7	25.8	39.7
3	105.8	105.8	105.8	105.8	5"	17.8	26.6	17.8	26.6
4	149.0	149.0	149.2	149.3	6"		124.3		124.3
5	156.6	156.7	156.6	156.6	7"		131.3		131.3
6	113.1	113.2	113.2	113.3	8"		17.6		17.6
7	167.3	167.3	167.6	167.6/167.5	9"		16.1		16.1
8	104.1	104.0	103.6	103.6/103.5	10"		25.6		25.7
9	154.5	154.5	154.3	154.3	1'''	205.7	205.6	210.1	210.0
10	99.6	99.5	99.6	99.6	2'''	53.2	53.2	46.7/46.6	46.6/46.7
2'	72.7	72.6	72.6	72.6	3'''	25.6	25.5	27.0/27.1	27.0/27.1
3'	35.0	35.0	35.0	35.0	4'''	22.7	22.6	11.8/11.7	11.7/11.8
1"	21.4	21.3	21.4	21.3	5'''	22.7	22.6	16.4	16.4
2"	121.3	121.2	121.3	121.2	2'-CH_3	20.7	20.6	20.7	20.6
3"	132.3	135.7	132.3	135.7					

表 6-3-3　化合物 6-3-5~6-3-12 的 ^{13}C NMR 数据

C	6-3-5[2]	6-3-6[2]	6-3-7[2]	6-3-8[3]	6-3-9[4]	6-3-10[5]	6-3-11[4]	6-3-12[4]
2	159.2	159.3	159.3	178.6	159.1	154.8	159.6	159.6
3	106.6	106.5	106.5	38.5	110.5	111.2	107.6	107.9
4	157.3	157.4	155.5	30.5	158.3	157.6	164.1	164.2
5	155.8	156.0	155.7	157.3	157.1	156.7	157.3	156.5
6	106.5	106.5	106.6	102.6	106.1	105.9	106.2	106.3
7	163.3	163.2	163.5	160.0①	163.1	160.7	162.9	162.9
8	104.7	104.5	103.8	101.2	104.1	104.1	104.7	104.3
9	100.9	100.9	101.7	160.0①	156.5	156.2	156.6	157.1
10	157.1	157.1	156.8	108.9	102.7	103.0	102.8	102.8
2'	80.3	80.3	80.2	78.2	79.6	79.7	79.7	79.6
3'	126.8	126.8	126.8	125.6	126.3	126.6	126.3	126.3
4'	115.8	115.8	115.9	115.6	116.0	115.9	116.1	116.1
1″	73.0	73.0	73.0	35.4	39.0	38.7	37.5	37.5
2″	28.7	28.7	28.7	20.7	23.3	23.3	29.5	29.5
3″	10.0	10.0	10.0	14.0	13.9	14.0	11.8	11.7
4″							20.0	20.0
1‴	206.2	206.4	210.8	201.0	210.7	198.9	206.3	210.8
2‴	53.6	46.7	40.4	44.2	46.9	140.3	53.6	46.9
3‴	25.2	18.0	19.2	76.1	27.2	128.2	25.6	27.2
4‴	22.6	13.8	19.2	16.2	11.7	128.1	22.6	11.8
5‴	22.6			9.3	16.5	132.3	22.6	16.6
6‴						128.1		
7‴						128.2		
2-CH$_3$	27.8	27.8	27.8	28.1	28.2	28.3	28.2	28.1
	28.5	28.5	28.4	28.5	28.2	28.3	28.2	28.2
OCOCH$_3$	170.3	170.3	170.3					
	21.0	21.0	21.0					

① 在氘代甲醇中该处信号为两重峰，分别位于 δ 161.20, 161.16 以及 δ 161.10, 161.03。

6-3-13 R^1= OCH$_3$; R^2=

6-3-14 R^1=OH; R^2=

6-3-15 R=

6-3-16 R=H

表 6-3-4　化合物 6-3-13 和 6-3-14 的 ^{13}C NMR 数据

C	6-3-13[6]	6-3-14[7]	C	6-3-13[6]	6-3-14[7]	C	6-3-13[6]	6-3-14[7]
2	159.7	178.5	9	152.6	159.9	3"	143.1	76.1
3	113.3	39.3	10	108.0	110.6	4"	10.5	16.2
4	151.9	25.5	2'	77.6	78.2	5"	22.7	9.3
5	154.4	157.3	3'	116.1	125.7	2'-CH$_3$	27.8	28.1
6	111.9	102.7	4'	130.9	115.6		27.8	28.4
7	153.6	160.0	1"	193.5	201.0	4-CH$_3$	15.1	19.2
8	114.1	101.3	2"	139.4	44.2	OCH$_3$	63.8	

表 6-3-5　化合物 6-3-15 和 6-3-16 的 ^{13}C NMR 数据[8]

C	6-3-15	6-3-16	C	6-3-15	6-3-16	C	6-3-15	6-3-16
2	159.2	160.1	1"	140.5	140.4	2""	118.6	
3	112.6	112.2	2"	127.7	127.6	3""	145.2	
4	156.5	157.3	3"	128.1	128.2	4""	135.1	
5	157.0	157.2	4"	128.3	128.4	5""	128.7	
6	106.4	106.5	5"	128.1	128.2	6""	129.3	
7	164.0	164.6	6"	127.7	127.6	7""	130.7	
8	104.8	104.7	1'''	205.4	206.7	8""	129.3	
9	157.0	157.2	2'''	49.3	49.4	9""	128.7	
10	102.9	102.8	3'''	30.8	34.0	2'-CH$_3$	28.0	28.0
2'	79.7	79.8	4'''	69.4	68.7		28.0	28.0
3'	127.3	127.4	5'''	17.9	17.0			
4'	115.8	115.8	1""	167.4				

6-3-17 R^1=OH; R^2= (2-methyloxiranyl group with C2",3",4",5")

6-3-18 R^1=OCH$_3$; R^2= (2-methyloxiranyl group)

6-3-19 R^1=OH; R^2= (isopentenyl group, C1",2",3",4",5")

6-3-20 R^1=OCH$_3$; R^2=H

6-3-21 R^1= (isopentenyl); R^2= (epoxide)

6-3-22 R^1= (isopentenyl); R^2= (isopentenyl)

表 6-3-6　化合物 6-3-17~6-3-22 的 ^{13}C NMR 数据

C	6-3-17[9]	6-3-18[10]	6-3-19[10]	6-3-20[10]	6-3-21[9]	6-3-22[9]
2	161.0	160.5	161.2	160.8	159.6	160.8
3	110.2	111.5	110.5	112.4	129.1	128.5
4	139.2	138.8	139.0	138.4	133.0	134.2
5	150.5	151.2	146.5	152.9	150.1	147.0

续表

C	6-3-17[9]	6-3-18[10]	6-3-19[10]	6-3-20[10]	6-3-21[9]	6-3-22[9]
6	102.0	111.5	106.1	111.3	103.8	106.4
7	157.4	155.9	155.9	157.6	156.5	155.1
8	113.7	119.0	116.4	100.9	112.9	115.2
9	150.9	153.9	154.3	155.7	150.2	153.2
10	103.9	107.4	103.9	107.4	104.1	104.4
2'	78.0	77.3	77.1	77.5	77.8	79.0
3'	128.1	130.2	130.1	130.6	127.8	129.3
4'	115.7	116.2	114.9	115.8	115.9	115.8
1"	43.4	41.0	41.1		40.4	40.2
2"	94.6	149.7	150.1		145.7	145.6
3"	61.7	108.2	108.1		111.8	111.9
4"	20.9	29.3	29.1		26.3	26.2
5"	27.0	29.3	29.1		26.3	26.2
1'''					43.4	40.9
2'''					94.4	150.1
3'''					61.8	107.9
4'''					21.0	29.5
5'''					27.0	29.5
2'-CH$_3$	28.0	27.4	27.4	28.2	28.0	27.3
	28.1	27.4	27.4	28.2	28.1	27.3
5-OCH$_3$		63.3		63.6		

表 6-3-7 化合物 6-3-23~6-3-27 的 ^{13}C NMR 数据

C	6-3-23[12]	6-3-24[12]	6-3-25[12]	6-3-26[13]	6-3-27[13]	C	6-3-23[12]	6-3-24[12]	6-3-25[12]	6-3-26[13]	6-3-27[13]
2	160.8	160.8	163.5	160.9	160.9	7	156.2	156.2	157.9	156.3	156.2
3	113.8	113.8	113.7	113.0	113.1	8	104.9	104.9	104.8	104.4	104.3
4	143.1	143.2	146.0	142.9	142.9	9	155.4	155.4	156.4	154.1	154.1
5	129.0	129.0	129.7	128.5	128.1	10	113.3	113.3	114.5	112.6	112.6
6	117.1	117.0	124.5	115.9	115.8	2'	77.9	77.8	81.7	76.6	76.4

续表

C	6-3-23[12]	6-3-24[12]	6-3-25[12]	6-3-26[13]	6-3-27[13]	C	6-3-23[12]	6-3-24[12]	6-3-25[12]	6-3-26[13]	6-3-27[13]
3'	72.0	71.2	76.6	69.0	69.1	1'''	166.3	164.9			
4'	66.7	66.7	69.6	27.7	27.7	2'''	126.9	115.0			
1''	167.3	167.3		165.5	171.8	3'''	139.9	159.9			
2''	126.9	127.0		115.4	43.2	4'''	15.8	20.5			
3''	140.6	140.4		158.0	25.0	5'''	20.5	27.5			
4''	16.0	16.0		20.1	22.0	2'-CH₃	22.5	22.7	20.0	24.9	24.9
5''	20.6	20.6		22.9	22.1		25.2	25.0	27.3	27.2	27.2

表 6-3-8　化合物 6-3-28~6-3-34 的 ^{13}C NMR 数据[14]

C	6-3-28	6-3-29	6-3-30	6-3-31	6-3-32	6-3-33	6-3-34
2	161.7	162.1	162.1	162.0	162.0	162.1	161.9
3	11.6	111.1	111.1	111.1	111.1	111.1	111.2
4	138.3	138.8	138.8	138.8	138.7	138.7	138.6
5	151.8	152.4	152.5	152.4	152.3	152.5	152.4
6	111.1	111.5	110.8	110.8	110.8	110.4	112.0
7	159.8	159.9	160.6	160.7	160.3	161.0	159.5
8	99.4	99.0	98.2	99.0	99.0	98.9	98.9
9	155.1	155.1	155.2	155.3	155.1	155.2	154.2
10	104.2	104.2	104.3	104.3	104.2	104.2	104.2
2''	85.2	85.1	85.6	85.6	85.5	86.1	84.6
3'	46.9	47.4	47.1	47.1	47.3	47.1	48.1
4'	29.5	30.4	34.3	34.2	28.1	26.0	36.5
5'	53.2	55.9	46.6	46.9	47.4	39.2	56.6
6'	77.4	76.9	78.5	78.5	78.5	79.1	78.6
7'	39.4	39.8	38.6	38.6	39.2	38.7	40.0
8'	22.4	22.6	22.4	22.4	22.3	22.4	22.7
1''	205.5	198.8	124.6	128.7	83.2	30.2	215.7
2''	66.3	124.2	142.0	137.6	75.6	87.0	75.1
3''	62.0	158.4	71.0	82.4	86.6	143.9	44.4
4''	19.2	28.4	30.2	24.5	21.2	114.3	19.3
5''	24.7	21.5	30.1	24.6	28.9	18.0	18.4
2'-CH₃	29.8	29.9	29.8	29.8	29.9	29.9	28.8
	24.0	24.1	24.1	24.6	24.1	24.1	23.9
6'-CH₃	26.9	27.1	26.8	26.9	27.1	32.4	26.3

表 6-3-9　化合物 6-3-35~6-3-37 的 ^{13}C NMR 数据[15]

C	6-3-35	6-3-36	6-3-37	C	6-3-35	6-3-36	6-3-37
2	162.3	161.4	161.3	3'	37.4	38.3	37.0
3	111.1	110.8	110.7	4'	35.7	36.2	36.5
4	139.1	139.9	139.8	5'	39.1	38.7	39.8
5	151.5	154.6	154.7	6'	46.5	56.8	42.2
6	107.2	110.6	110.6	7'	25.7	73.1	34.3
7	157.9	158.4	158.5	8'	38.8	48.4	77.1
8	99.1	98.4	98.3	2'-CH$_3$	27.4	29.6	21.8
9	154.7	155.3	155.2	5'-CH$_3$	18.3	18.7	18.5
10	103.2	104.8	104.7		34.6	34.1	34.0
2'	84.7	85.3	86.2				

表 6-3-10　化合物 6-3-38~6-3-42 的 ^{13}C NMR 数据

C	6-3-38[4]	6-3-39[4]	6-3-40[16]	6-3-41[16]	6-3-42[16]	C	6-3-38[4]	6-3-39[4]	6-3-40[16]	6-3-41[16]	6-3-42[16]
2	159.5	159.6	161.3	161.2	161.2	2"	127.0	127.1	22.9	125.3	25.3
3	112.5	112.6	112.7	112.9	112.8	3"	127.5	127.5	123.9	138.2	89.5
4	154.6	154.7	144.1	144.1	144.1	4"	128.1	128.1	132.2	82.3	143.4
5	164.3	164.5	128.0	128.2	128.1	5"	127.5	127.5	25.8	24.4	114.7
6	106.8	106.9	113.5	113.4	113.5	6"	127.0	127.1	17.8	24.3	17.4
7	156.3	156.4	156.9	156.7	156.6	1'''	211.3	206.7			
8	101.4	101.4	109.3	109.5	109.2	2'''	46.5	53.5			
9	157.7	157.8	150.3	150.3	150.4	3'''	26.5	25.0			
10	102.1	102.2	112.7	112.8	112.8	4'''	11.7	22.6			
2'	79.7	79.8	80.3	79.8	79.9	5'''	16.5	22.6			
3'	126.2	126.2	129.9	129.4	129.4	2'-CH$_3$	28.0	28.1	27.1	29.0	27.0
4'	115.4	115.5	115.7	116.1	116.2		28.0	28.1			
1"	139.0	139.2	41.7	44.7	37.5						

表 6-3-11 化合物 6-3-43~6-3-45 的 ^{13}C NMR 数据[11]

C	6-3-43	6-3-44	6-3-45	C	6-3-43	6-3-44	6-3-45
2	160.8	160.9	160.8	3″	115.4	147.3	145.1
3	104.1	101.2	103.5	4″	155.2	146.9	145.9
4	163.2	162.3	162.4	5″	115.4	108.1	110.3
5	154.8	154.1	153.9	6″	131.9	124.9	122.6
6	115.9	119.0	119.5	1‴	23.4	22.4	22.4
7	156.0	155.1	155.1	2‴	63.3	121.8	121.8
8	106.9	106.8	106.8	3‴	59.6	132.4	132.4
9	147.8	147.3	147.3	4‴	19.2	17.9	18.0
10	101.9	103.4	101.3	5‴	24.9	25.7	25.8
2′	78.7	78.1	78.0	2′-CH$_3$	28.5	28.1	28.1
3′	129.8	129.5	129.5		28.4	28.1	28.1
4′	115.5	115.4	115.4	4″-OCH$_3$			55.9
1″	122.7	124.4	124.5	5-OCH$_3$	64.7	63.9	63.9
2″	131.9	111.2	117.0	OCH$_2$O		100.9	

表 6-3-12 化合物 6-3-46 和 6-3-47 的 ^{13}C NMR 数据

C	6-3-46[17]	6-3-47[7]	C	6-3-46[17]	6-3-47[7]	C	6-3-46[17]	6-3-47[7]
2	160.8	160.4	10	103.5	104.0	2‴	23.2	
3	111.1	111.2	2′	78.8	78.7	3‴	14.0	
4	158.6	154.6	3′	126.9	126.7	2′-CH$_3$	28.2	28.2
5	152.6	152.8	4′	115.7	115.6		28.4	27.7
6	109.2	108.9	2″	75.6	75.2	2″-CH$_3$	16.8	16.2
7	154.6	154.6	3″	35.1	34.8	3″-CH$_3$	7.2	7.3
8	102.9	113.8	4″	65.9	64.6			
9	150.6	150.2	1‴	38.9				

表 6-3-13　化合物 6-3-48~6-3-51 的 ^{13}C NMR 数据

C	6-3-48[19]	6-3-49[19]	6-3-50[20]	6-3-51[21]	C	6-3-48[19]	6-3-49[19]	6-3-50[20]	6-3-51[21]
2	161.2	160.8	161.4	161.3	1″	138.0	139.4		175.9
3	111.3	112.1	112.4	112.7	2″	127.4	127.2		41.1
4	155.0	156.5	143.9	143.9	3″	128.7	127.5		26.7
5	153.4	158.8	126.3	126.8	4″	129.1	128.1		11.6
6	100.8	107.2	114.4	114.4	5″	128.7	127.5		16.7
7	158.3	163.3	157.0	156.4	6″	127.4	127.2		
8	102.0	100.1	109.6	107.3	1‴		16.4		
9	153.6	101.8	153.1	153.4	2‴		38.1		
10	101.0	157.6	112.0	112.2	3‴		8.9		
2′	75.9	77.8	78.0	76.8	2′-CH$_3$	26.5	26.7	20.4	25.5
3′	31.8	31.2	26.4	69.3		26.5	26.7		22.5
4′	16.4	16.4	15.8	23.2	CH$_2$OH			69.0	

6-3-52　R^1= OSO$_3$K; R^2=OH
6-3-53　R^1= OH; R^2=OH
6-3-54　R^1= OSO$_3$K; R^2=H
6-3-55　R^1= OH; R^2=H

表 6-3-14　化合物 6-3-52~6-3-55 的 ^{13}C NMR 数据[22]

C	6-3-52	6-3-53	6-3-54	6-3-55	C	6-3-52	6-3-53	6-3-54	6-3-55
2	159.9	160.2	160.4	160.3	9	153.8	153.9	153.2	152.9
3	111.8①	111.7①	111.8①	111.5	10	111.8①	111.7①	111.7①	111.5
4	144.5	144.5	144.8	147.7	2′	77.6	78.8	77.3	78.2
5	128.8	128.8	126.9	126.8	3′	76.5②	71.1	71.3②	66.6
6	113.8	113.8	113.7	113.5	4′	58.8	60.1	23.5	25.1
7	155.4	155.7	156.2	156.1	2′-CH$_3$	27.0	26.7	24.5	25.1
8	111.2①	111.2①	107.5	107.9		21.7	21.1	22.9	21.1

① 此处信号可能互换。
② 硫酸根的连接位置。

6-3-56　R^1= OH; R^2= (甲基丁烯酰氧基)
6-3-57　R^1= OH; R^2= (甲基丁烯酰氧基)
6-3-58　R^1= (乙酰氧基); R^2= (甲基丁烯酰氧基)
6-3-59　R^1= (乙酰氧基); R^2= (甲基丁烯酰氧基)
6-3-60　R^1= (甲基丁烯酰氧基); R^2= (甲基丁烯酰氧基)
6-3-61　R^1= (甲基丁烯酰氧基); R^2=OH

表 6-3-15　化合物 6-3-56~6-3-61 的 ^{13}C NMR 数据[23]

C	6-3-56	6-3-57	6-3-58	6-3-59	6-3-60	6-3-61
2	159.9	160.1	162.0	159.8	159.7	160.5
3	114.5	114.5	114.4	114.4	114.4	114.6
4	143.3	143.3	143.1	143.1	143.1	143.9
5	129.3	129.2	129.3	129.1	129.2	128.8
6	113.0	113.1	113.4	113.4	113.4	112.7
7	157.0	157.1	156.8	156.8	156.9	156.2
8	112.3	112.4	112.6	112.6	112.6	112.5
9	154.3	154.4	154.4	154.2	154.3	154.6
10	107.2	107.4	107.5	107.7	107.7	110.8
2'	78.6	78.8	78.7	77.2	78.2	77.8
3'	63.4	63.1	60.2	59.7	60.3	60.3
4'	71.6	71.7	70.6	70.8	70.3	71.3
1"	169.1	167.6	167.1	165.3	166.4	165.6
2"	138.8	159.6	137.7	159.8	138.3	159.1
3"	127.4	115.1	127.8	115.2	127.2	115.3
4"	15.6	27.5	15.5	20.6	15.5	27.4
5"	20.3	20.5	20.3	20.3	20.2	20.4
1'''			171.0	169.9	166.6	
2'''			20.6	27.3	139.6	
3'''					127.6	
4'''					15.7	
5'''					20.2	
2'-CH$_3$	25.6	25.5	25.3	25.4	25.3	25.5
	20.8	21.2	22.1	22.2	22.5	22.5

表 6-3-16　化合物 6-3-62~6-3-64 的 ^{13}C NMR 数据[24]

C	6-3-62	6-3-63	6-3-64	C	6-3-62	6-3-63	6-3-64
2	159.7	159.7	159.7	7	156.7	156.6	156.7
3	113.2	113.3	113.3	8	107.5	107.4	107.3
4	143.2	143.2	143.2	9	154.0	154.1	154.1
5	129.2	129.3	129.2	10	112.5	112.5	112.6
6	114.4	114.5	114.4	2'	77.3	77.3	77.4

续表

C	6-3-62	6-3-63	6-3-64	C	6-3-62	6-3-63	6-3-64
3'	70.3	70.8	70.4	1'''	175.2	175.6	175.9
4'	60.5	60.4	60.6	2'''	41.2	41.4	34.1
1''	166.4	169.8	169.8	3'''	26.4	26.6	18.8
2''	127.0	20.7	20.7	4'''	11.6	11.6	18.9
3''	139.6			5'''	16.3	16.6	
4''	15.8			2'-CH$_3$	22.5	21.9	22.3
5''	20.5				25.3	25.6	25.1

表 6-3-17　化合物 6-3-65~6-3-71 的 ^{13}C NMR 数据[25]

C	6-3-65	6-3-66	6-3-67	6-3-68	6-3-69	6-3-70	6-3-71
2	159.6	159.8	159.8	159.8	159.7	161.2	160.7
3	113.3	113.2	113.3	113.2	113.3	112.1	112.6
4	143.2	143.2	143.1	143.1	143.3	144.3	143.8
5	129.3	129.0	129.2	129.1	129.4	128.6	128.8
6	114.4	114.4	114.4	114.4	114.5	114.9	114.6
7	156.6	156.8	156.7	156.7	156.6	156.6	156.8
8	107.5	107.6	107.5	107.6	107.4	111.1	109.7
9	154.1	154.1	154.1	154.1	154.0	154.6	154.8
10	112.5	112.5	112.6	112.5	112.5	112.2	112.4
2'	77.3	77.3	77.4	77.5	77.2	79.1	78.8
3'	70.5	69.5	70.8	70.4	70.8	71.2	70.3
4'	60.5	59.8	59.6	59.6	60.4	61.1	69.6
1''	171.8	165.2	165.2	165.1	175.6		68.5
2''	43.3	115.3	115.1	115.2	41.4		15.8
3''	25.4	158.1	158.0	157.9	26.6		
4''	22.5	27.4	27.4	27.4	11.6		
5''	22.5	20.3	20.4	20.4	16.6		
1'''	171.7	165.1	169.9	171.8	169.7		
2'''	43.1	115.4	20.7	43.1	20.7		
3'''	25.6	157.4		25.4			

续表

C	6-3-65	6-3-66	6-3-67	6-3-68	6-3-69	6-3-70	6-3-71
4'''	22.5	27.4		22.4			
5'''	22.2	20.3		22.4			
2'-CH_3	25.4	25.1	25.4	25.3	25.6	25.3	25.1
	22.5	22.6	22.2	22.5	21.8	21.6	23.6

表 6-3-18 化合物 6-3-72 和 6-3-73 的 ^{13}C NMR 数据[25]

C	6-3-72	6-3-73	C	6-3-72	6-3-73	C	6-3-72	6-3-73
2	161.5	160.9	8	111.8	109.3	4'	66.4	71.4
3	112.0	112.8	9	154.3	155.1	1''		68.8
4	144.4	143.6	10	112.5	112.6	2''		15.8
5	128.4	128.5	2'	79.5	78.4	2'-CH_3	25.4	24.2
6	114.8	114.6	3'	74.8	72.7		20.3	23.7
7	156.4	156.3						

表 6-3-19 化合物 6-3-74~6-3-78 的 ^{13}C NMR 数据[26]

C	6-3-74	6-3-75	6-3-76	6-3-77	6-3-78	C	6-3-74	6-3-75	6-3-76	6-3-77	6-3-78
2	161.2	161.2	161.2	160.0	160.7	2''	34.3	34.3	34.3	34.3	34.2
3	112.5	112.5	112.5	113.0	112.6	3''	24.9	24.9	24.9	24.8	24.9
4	143.8	143.9	143.8	143.4	144.0	4''	28.9	29.0	29.0	29.1	29.1
5	126.7	126.7	126.7	129.3	128.8	5''	29.0	29.2	29.2	29.2	29.2
6	114.3	114.3	114.3	114.5	114.6	6''	31.6	29.4		29.2	29.2
7	156.2	156.2	156.2	156.9	156.0	7''	22.6	29.4		29.4	29.4
8	106.9	106.9	106.9	106.9	110.7	8''	14.0	31.8		31.8	31.6
9	153.3	153.3	153.3	154.1	154.1	9''		22.6		22.6	22.6
10	112.1	112.1	112.1	112.3	112.3	10''		14.1	31.8	14.1	14.1
2'	76.8	76.8	76.7	78.6	77.7	11''			22.6		
3'	69.1	69.1	69.1	71.3	72.1	12''			14.1		
4'	23.0	23.0	23.0	63.6	60.0	2'-CH_3	22.9	24.6	22.9	25.4	22.5
1''	173.0	173.1	173.1	175.1	173.2		24.6	22.9	24.6	21.2	25.4

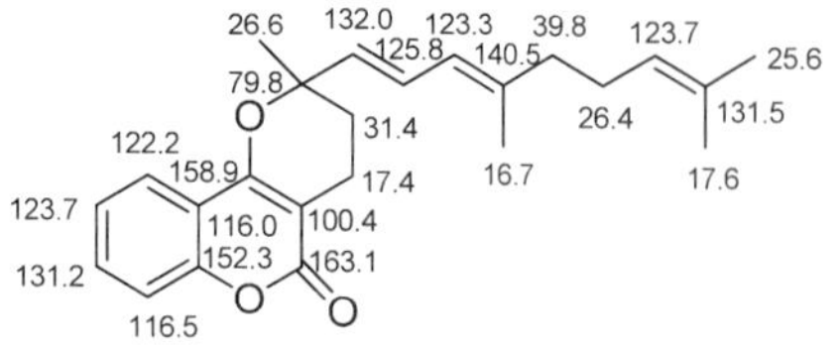

6-3-79[27]

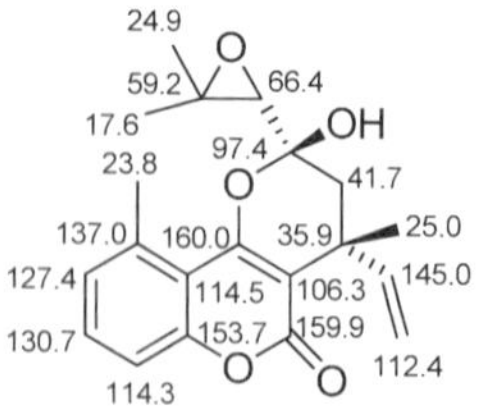

6-3-80[28]

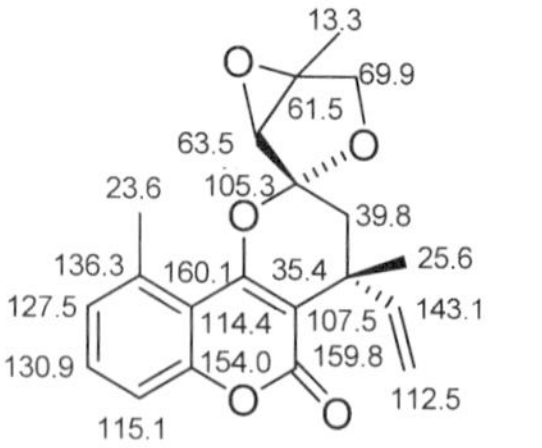

6-3-81[28]

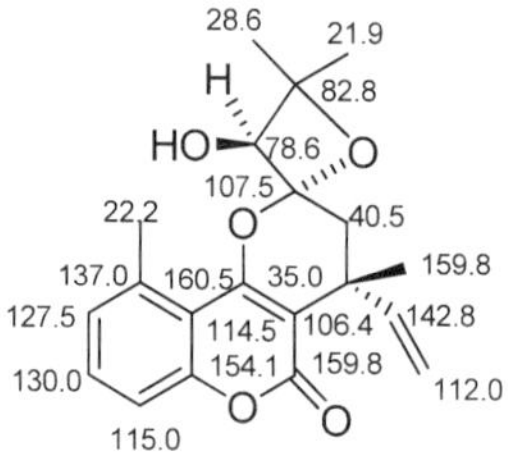

6-3-82[28]

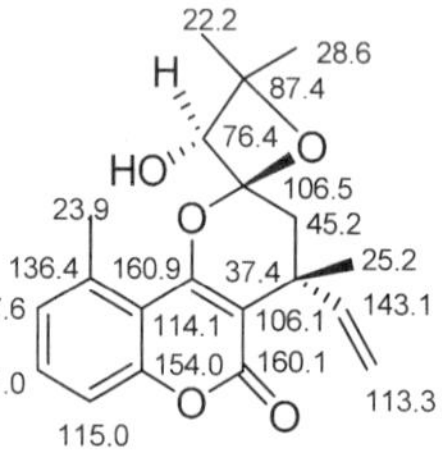

6-3-83[28]

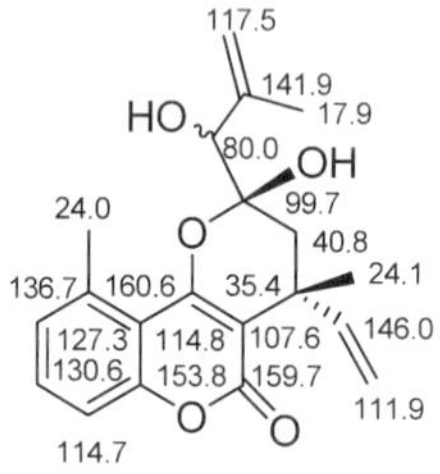

6-3-84[28]

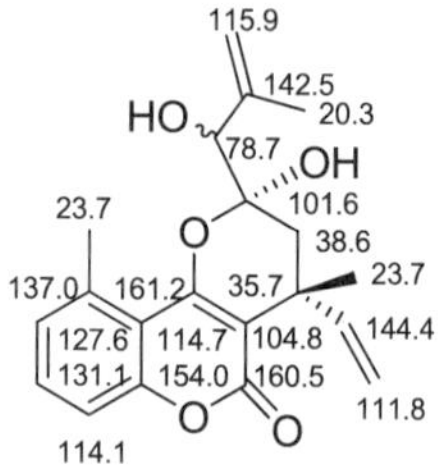

6-3-85[28]

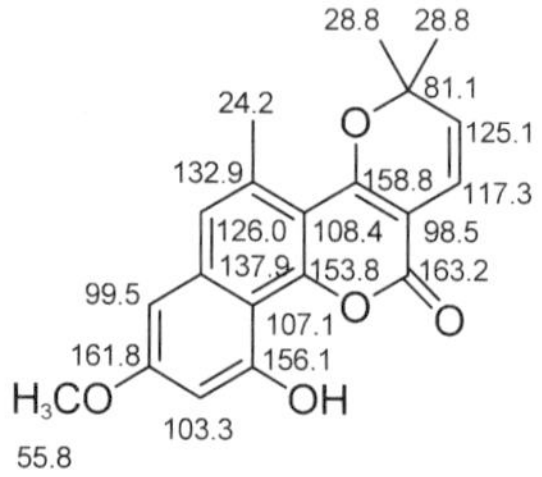

6-3-86[29]

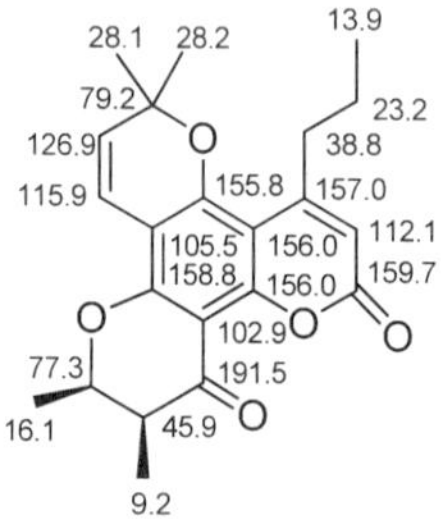

6-3-87[17]

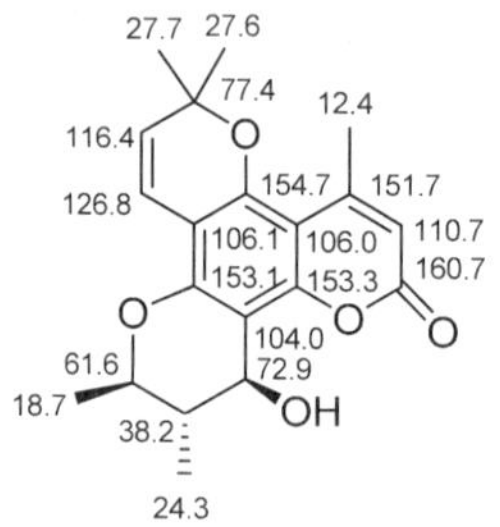

6-3-88[6]

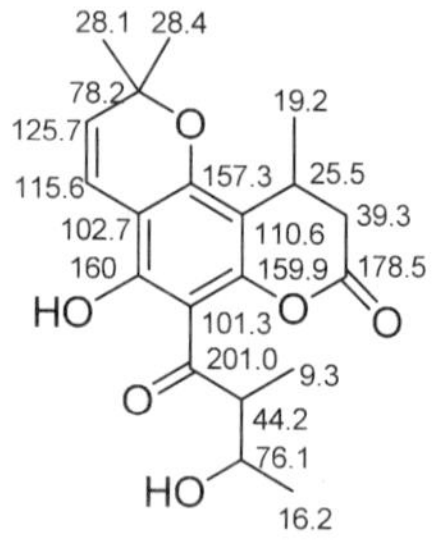

6-3-89[7]

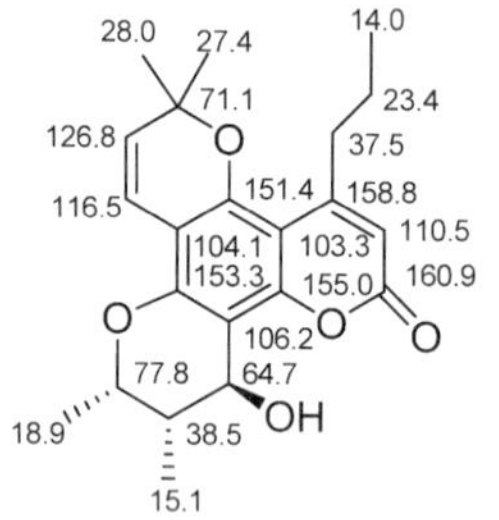

6-3-90[7]

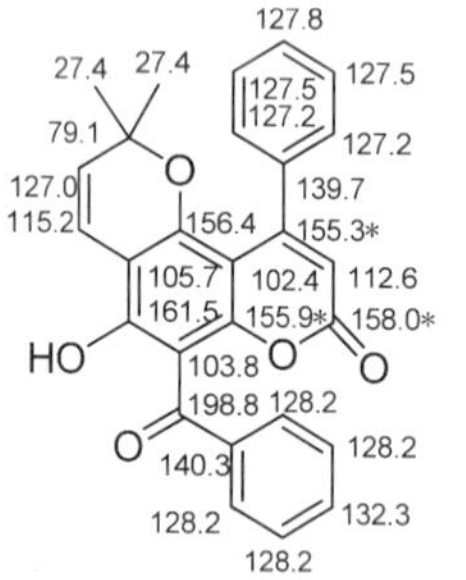

6-3-91[30]
*信号可能互换

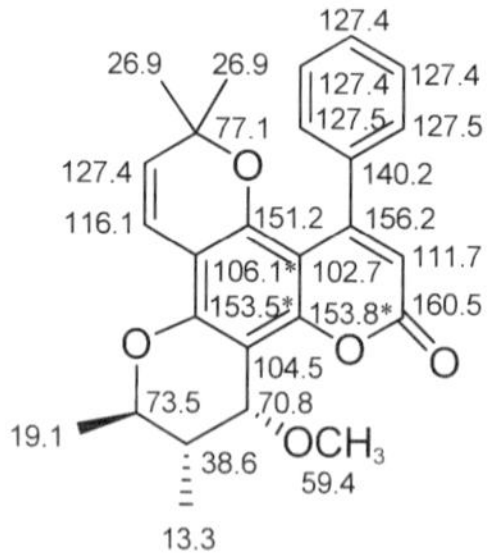

6-3-92[31]
*信号可能互换

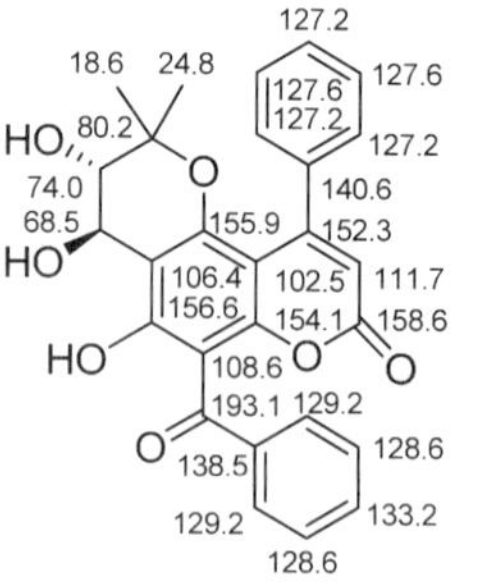

6-3-93[32]

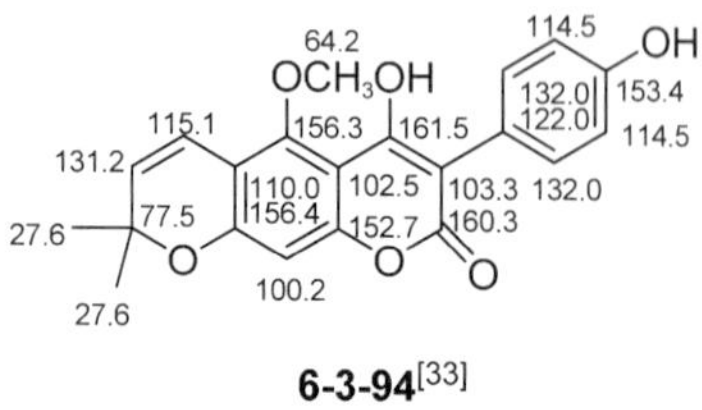

6-3-94[33]

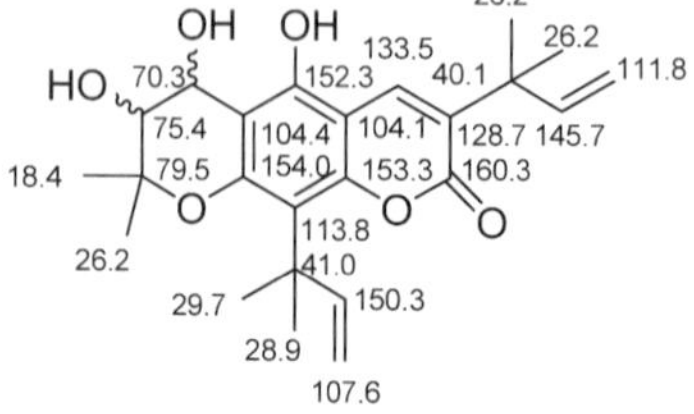

6-3-95[34]

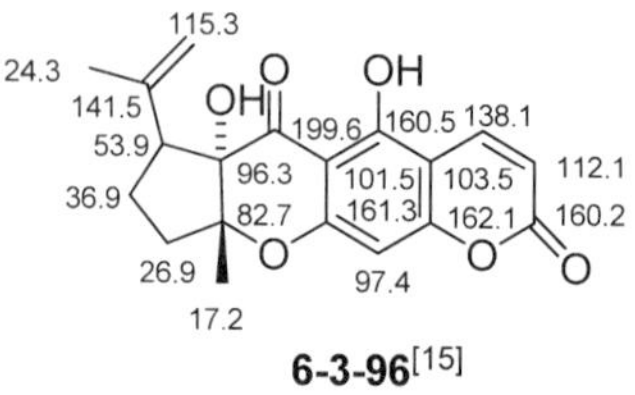

6-3-96[15]

6-3-97[35]

6-3-98[35]

6-3-99[36]

6-3-100[12]

6-3-101[32]

6-3-102[32]

6-3-103[17]
*信号可能互换

6-3-104[8]

6-3-105[5]

6-3-106[37]

6-3-107[18]

6-3-108[38]

6-3-109[39]

6-3-110[40]

6-3-111[40]

6-3-112[40]

参 考 文 献

[1] Prachyawarakorn V, Mahidol C, Ruchirawat S. Phytochemistry, 2006, 67: 924.
[2] Mahidol C, Kawweetripob W, Prawat H, et al. J Nat Prod, 2002, 65: 757.
[3] Kashman Y, Gustafson K R, Fuller R W, et al. J Med Chem,1992, 35: 2735.
[4] Cruz F G, Silva-Neto J Tda, Guedes M L S. J Braz Chem Soc, 2001, 12: 117.
[5] Ito C, Itoigawa M, Mishina Y, et al. J Nat Prod, 2003, 66: 368.
[6] Dharmaratne H R W, Sotheeswaran S, Balasubramaniam S, et al. Phytochemistry, 1985, 24: 1553.
[7] McKee T C, Fuller R W, Covington C D, et al. J Nat Prod, 1996, 59: 754.
[8] Cruz F G, Moreira L M, David J M, et al. Phytochemistry, 1998, 47: 1363.
[9] Ju-ichi M, Takemura Y, Azuma M, et al. Chem Pharm Bull, 1991, 39: 2252.
[10] Ito C, Matsoka M, Oka T, et al. Chem Pharm Bull, 1990, 38: 1230.
[11] Magalhaes A F, Tozzi A M G A, Magalhaes E G, et al. Planta Med, 2006, 72: 358.
[12] Kong L-Y, Yao N-H, Niwa M. Heterocycles, 2000, 53: 2019.
[13] Ceccherelli P, Curini M, Marcotullio M C, et al. J Nat Prod, 1990, 53: 536.
[14] Sarker S D, Armstrong J A, Gray A I, et al. Phytochemistry, 1994, 37: 1287.
[15] Rashid M A, Armstrong J A, Gray A I, et al. Phytochemistry, 1992, 31: 3583.
[16] Ahsan M, Gray A I, Leach G, et al. Phytochemistry, 1994, 36: 777.
[17] McKee T C, Cardellina ll J H, Dreyer G B, et al. J Nat Prod, 1995, 58: 916.
[18] Delgado G, Garduno J. Phytochemistry, 1987, 26: 1139.
[19] Lopez-Prez J L, Olmedo D A, Olmo E, et al. J Nat Prod, 2005, 68: 369.
[20] Elgamal M H A, Shalaby N M M, Duddeck H, et al. Phytochemistry, 1993, 34: 819.
[21] Duan H, Takaishi Y, FujimotoY, et al. Chem Pharm Bull, 2002, 50: 115.
[22] Lemmich J, Shabana M. Phytochemistry, 1984, 23: 863.
[23] Swager T M, Cardellina J H. Phytochemistry, 1985, 24: 805.
[24] Matasuda H, Murakami T, Norihisa N, et al. Chem Pharm Bull, 2000, 48: 1429.
[25] Ikeshiro Y, Mase I, Tomita Y. Phytochemistry, 1992, 31: 4303.
[26] Widelski J, Melliou E, Fokialakis N, et al. J Nat Prod, 2005, 68: 1637.
[27] Lamnaouer D, Fraigui O. J Nat Prod, 1991, 54: 576.
[28] Mahmoud A A, Ahmed A A, Linuma M, et al. Phytochemistry, 1998, 48: 543.
[29] Seo E K, Wani M C, Wall M E, et al. Phytochemistry, 2000, 55: 35.
[30] Gustafson K R, Bokesch H R, Fuller R W, et al. Tet Lett, 1994, 35:5821.
[31] Cao S G, Sim K Y, Goh S H. Heterocycles, 1997, 45: 2045.
[32] Cao S G, Wu X H, Sim K Y, et al. Helv Chim Acta, 1998, 81: 1404.
[33] Waffo A K, Azebaze G A, Nkengfack A E, Fomum Z T, et al. Phytochemistry, 2000, 53: 981.
[34] Takemura Y, Kawaguchi H, Maki S, et al. Chem Pharm Bull, 1996, 44: 804.
[35] Gray A I, Rashid M A, Waterman P G. J Nat Prod, 1992, 55: 681.
[36] Takemura Y, Nakata Y, Azuma M, et al. Chem Pharm Bull, 1993, 41: 1530.
[37] Guilet D, Seraphin D, Rondeau D, et al. Phytochemistry, 2001, 58: 571.
[38] Sarker S D, Armstrong J A, Gray A I, et al. Biochem Syst Ecol, 1994, 22: 641.
[39] Sohrab M H, Hasan C M, Rashid M A, et al. Biochem Syst Ecol, 2000, 28: 91.
[40] Morikawa T, Matsuda H, Ohgushi T, et al. Heterocycles, 2004, 63: 2211.

第四节　多聚香豆素类化合物

表 6-4-1　多聚香豆素类化合物的名称、分子式和测试溶剂

编号	名称	分子式	测试溶剂	参考文献
6-4-1	khelmarin A	$C_{33}H_{32}O_8$	C	[1]
6-4-2	khelmarin B	$C_{28}H_{24}O_8$	C	[1]

续表

编号	名称	分子式	测试溶剂	参考文献
6-4-3	hassmarin	$C_{28}H_{24}O_7$	C	[2]
6-4-4	O-methylhassmarin	$C_{29}H_{26}O_8$	C	[2]
6-4-5	furobinordentatin	$C_{38}H_{40}O_9$	D	[3]
6-4-6	furobiclausarin	$C_{48}H_{56}O_9$	D	[3]
6-4-7	dahuribirin A	$C_{33}H_{30}O_{10}$	C	[4]
6-4-8	dahuribirin B	$C_{34}H_{34}O_{13}$	C	[4]
6-4-9	dahuribirin C	$C_{33}H_{30}O_{11}$	C	[4]
6-4-10	dahuribirin D	$C_{32}H_{28}O_{10}$	C	[4]
6-4-11	dahuribirin E	$C_{32}H_{30}O_{11}$	C	[4]
6-4-12	dahuribirin F	$C_{34}H_{32}O_{12}$	C	[4]
6-4-13	dahuribirin G	$C_{34}H_{34}O_{13}$	C	[4]
6-4-14	rivulobirin A	$C_{32}H_{28}O_{10}$	D	[5]
6-4-15	fesumtuorin C	$C_{32}H_{30}O_{11}$	M	[6]
6-4-16	fesumtuorin D	$C_{32}H_{28}O_{10}$	C	[6]
6-4-17	fesumtuorin E	$C_{32}H_{28}O_{10}$	C	[6]
6-4-18	fesumtuorin F	$C_{32}H_{30}O_{11}$	M	[6]
6-4-19	fesumtuorin G	$C_{32}H_{30}O_{11}$	P	[6]
6-4-20	edgeworin	$C_{18}H_{10}O_6$	D	[7]
6-4-21	rutamontine	$C_{19}H_{12}O_7$	M+C	[8]
6-4-22	daphnoretin	$C_{19}H_{12}O_7$	D	[9]
6-4-23	7-hydroxy-6,6'-dimethoxy-3,7'-O-bis-coumarin	$C_{20}H_{14}O_8$	D	[10]
6-4-24	dimeresculetin	$C_{18}H_{10}O_8$	D	[11]
6-4-25	isodaphnoretin	$C_{19}H_{12}O_7$	M+C	[12]
6-4-26	rutarensin	$C_{31}H_{30}O_{16}$	D	[13]
6-4-27	edgeworthin 7-glucoside	$C_{24}H_{20}O_{12}$	D	[14]
6-4-28	daphsaifnin	$C_{24}H_{20}O_{13}$	P	[15]
6-4-29	edgeworin methyl ether, 6'-D-glucopyranosyloxy	$C_{25}H_{22}O_{12}$	M+C	[16]
6-4-30	edgeworoside A	$C_{33}H_{24}O_{13}$	D	[7]
6-4-31	edgeworoside B	$C_{32}H_{22}O_{13}$	D	[13]
6-4-32	triumbellatin 7'-fucoside	$C_{33}H_{24}O_{13}$	M+C	[16]
6-4-33	edgeworoside C	$C_{24}H_{20}O_{10}$	D	[13]
6-4-34	gulsamanin	$C_{25}H_{22}O_{13}$	D	[17]
6-4-35	giraldoid A	$C_{24}H_{20}O_{11}$	D	[18]
6-4-36	jayantinin	$C_{20}H_{14}O_6$	C	[19]
6-4-37	bhubaneswin	$C_{19}H_{12}O_6$	D	[20]
6-4-38	repensin A	$C_{19}H_{12}O_7$	D	[21]
6-4-39	bicoumol	$C_{18}H_{10}O_6$	D	[22]
6-4-40	desertorin A	$C_{22}H_{18}O_8$	D	[23]
6-4-41	desertorin B	$C_{23}H_{20}O_8$	D	[23]

续表

编号	名称	分子式	测试溶剂	参考文献
6-4-42	isokotanin A	$C_{24}H_{22}O_8$	C	[24]
6-4-43	isokotanin B	$C_{23}H_{20}O_8$	A	[24]
6-4-44	isokotanin C	$C_{22}H_{18}O_8$	M	[24]
6-4-45	7,7'-dihydroxy-3,8'-bicoumarin	$C_{18}H_{10}O_6$	P	[25]
6-4-46	aflavarin	$C_{24}H_{22}O_9$	D	[26]
6-4-47	bicoumanigrin	$C_{22}H_{18}O_8$	D	[27]
6-4-48	4,5',8'-trihydroxy-5-methyl-3,7'-bicoumarin	$C_{19}H_{12}O_7$	D	[28]
6-4-49	repensin B	$C_{18}H_{10}O_6$	D	[21]
6-4-50	cladimarin A	$C_{26}H_{22}O_8$	C	[29]
6-4-51	cladimarin B	$C_{26}H_{22}O_9$	C	[29]
6-4-52	claudimerin A	$C_{48}H_{54}O_8$	C	[30]
6-4-53	claudimerin B	$C_{48}H_{54}O_8$	C	[30]
6-4-54	rivulotririn A	$C_{48}H_{42}O_{15}$	C	[31]
6-4-55	rivulotririn B	$C_{48}H_{42}O_{15}$	C	[31]
6-4-56	rivulobirin C	$C_{32}H_{30}O_{11}$	C	[32]
6-4-57	rivulobirin D	$C_{32}H_{30}O_{11}$	C	[32]
6-4-58	cyclorivulobirin A	$C_{32}H_{28}O_{10}$	C	[33]
6-4-59	cyclorivulobirin B	$C_{32}H_{28}O_{10}$	C	[33]
6-4-60	cyclorivulobirin C	$C_{32}H_{28}O_{10}$	C	[33]
6-4-61	diphysin 3-epimer, 5,5'-dideoxy	$C_{30}H_{22}O_8$	A	[34]
6-4-62	diphysin 3,3'-diepimer, 5,5'-dideoxy	$C_{30}H_{22}O_8$	M	[34]
6-4-63	bisosthenon	$C_{28}H_{24}O_8$	C	[35]
6-4-64	bisparasin	$C_{30}H_{28}O_6$	C	[36]
6-4-65	bismurrangatin	$C_{30}H_{30}O_9$	C	[37]
6-4-66	murramarin A	$C_{32}H_{34}O_{10}$	D	[37]
6-4-67	murramarin B	$C_{30}H_{34}O_9$	C	[38]
6-4-68	murradimerin A	$C_{30}H_{32}O_8$	C	[38]
6-4-69	nordenletin	$C_{33}H_{32}O_8$	D	[39]
6-4-70	cnidimonal	$C_{23}H_{16}O_7$	C	[40]
6-4-71	cnidimarin	$C_{22}H_{14}O_7$	P	[40]
6-4-72	rivulobirin B	$C_{23}H_{12}O_9$	C	[5]
6-4-73	gigasol	$C_{30}H_{34}O_{11}$	P	[41]
6-4-74	artemicapin D	$C_{22}H_{16}O_{10}$	D	[42]
6-4-75	bergapten dimer	$C_{24}H_{16}O_8$	C	[43]
6-4-76	bishassinidin	$C_{48}H_{54}O_{10}$	C	[44]
6-4-77	O-methylbisclausarin	$C_{50}H_{58}O_8$	C	[45]
6-4-78	yukomarin	$C_{43}H_{46}O_8$	A	[46]
6-4-79	biseselin	$C_{28}H_{22}O_6$	C	[46]
6-4-80	rivulotririn C	$C_{48}H_{42}O_{16}$	C	[47]
6-4-81	rivulobirin E	$C_{32}H_{30}O_{11}$	C	[47]
6-4-82	bisosthenon B	$C_{28}H_{24}O_8$	C	[48]
6-4-83	marshdimerin	$C_{48}H_{54}O_8$	C	[48]
6-4-84	eriocephaloside	$C_{24}H_{18}O_{10}$	C	[49]
6-4-85	diseselin A	$C_{28}H_{24}O_6$	C	[50]

续表

编号	名称	分子式	测试溶剂	参考文献
6-4-86	diseselin B	$C_{28}H_{24}O_6$	C	[51]
6-4-87	(12R,12"R)-diheraclenol	$C_{32}H_{30}O_{11}$	P	[52]
6-4-88	4,4'-diacetyl ferulenoloxyferulenol	$C_{48}H_{58}O_7$	C	[53]
6-4-89	paradisin C	$C_{42}H_{46}O_{11}$	C	[54]
6-4-90	citrumarin B	$C_{33}H_{32}O_7$	D	[55]
6-4-91	microcybin	$C_{30}H_{28}O_8$	P	[56]
6-4-92	dibothrioclinin I	$C_{30}H_{28}O_6$	C	[57]
6-4-93	dibothrioclinin II	$C_{30}H_{28}O_6$	C	[57]

6-4-1 R= (1"-2"-3" 异戊烯基)
6-4-2 R = H
6-4-3 R=R^1=H
6-4-4 R=CH$_3$; R^1=H
6-4-5 R^1 = R^2 = H
6-4-6 R^1=H; R^2 = 1,1-二甲基烯丙基

表 6-4-2 化合物 6-4-1 和 6-4-2 的 ^{13}C NMR 数据[1]

C	6-4-1	6-4-2	C	6-4-1	6-4-2	C	6-4-1	6-4-2
2	158.5	158.5	10	73.2	73.6	8'	77.0	77.0
3	112.6	112.8	11	107.1	107.3	8'-CH$_3$	28.2	28.6
4	140.8	142.7	11a	153.8	154.0		28.6	28.6
4a	111.7	111.8	2'	160.7	160.9	9'a	155.9	155.6
5	130.1	130.2	3'	110.7	111.6	10'	119.9	101.8
6	114.5	114.5	4'	138.7	138.2	10'a	153.8	158.0
6a	156.5	156.6	4'a	108.3	108.1	1"	41.3	
8	79.2	79.3	5'	148.7	150.3	1"-CH$_3$	29.0	
8-CH$_3$	21.7	21.7	5'a	112.0	111.9		29.4	
	27.3	27.9	6'	116.1	115.7	2"	150.1	
9	72.4	72.5	7'	130.8	131.1	3"	107.7	

表 6-4-3 化合物 6-4-3 和 6-4-4 的 ^{13}C NMR 数据[2]

C	6-4-3	6-4-4	C	6-4-3	6-4-4	C	6-4-3	6-4-4
2	161.0	160.0	7-OCH$_3$		56.2	12	33.0	32.0
3	112.7	113.4	8	114.3	117.8	2'	161.4	161.4
4	145.9	143.8	8a	153.0	153.8	3'	113.5	112.3
4a	112.8	113.8	9	69.3	67.1	4'	145.6	144.1
5	129.9	126.3	10	80.4	78.9	4'a	114.0	112.4
6	115.3	113.8	11	33.7	32.3	5'	128.2	128.2
7	163.5	156.0	11-CH$_3$	23.7	22.6	6'	114.6	108.0

续表

C	6-4-3	6-4-4	C	6-4-3	6-4-4	C	6-4-3	6-4-4
7'	158.7	157.3	9'	43.1	41.1	11'-CH$_3$	23.7	23.1
8'	114.8	114.0	10'	123.8	123.0	12'	27.4	26.1
8'a	155.3	153.8	11'	134.7	132.6			

表 6-4-4　化合物 6-4-5 和 6-4-6 的 ^{13}C NMR 数据[3]

C	6-4-5	6-4-6	C	6-4-5	6-4-6	C	6-4-5	6-4-6
2	160.0	158.6	16	29.6	29.5	11'	74.4	74.5
3	109.5	127.5	13	150.1	149.9	12'	40.5	40.3
4	139.4	132.9	14	108.0	107.9	15'	29.2	29.2
4a	102.7	102.7	2'	159.8	158.5	16'	29.3	29.2
5	148.6	148.2	3'	110.0	127.9	13'	149.7	149.5
6	107.4	107.5	4'	139.8	133.3	14'	107.5	107.6
7	155.2	154.0	4'a	103.8	103.8	3 和 3' DMA		38.9
8	113.9	112.8	5'	152.1	151.8			25.7
8a	153.5	152.4	6'	106.6	106.8			25.6
9	83.5	83.3	7'	155.0	154.3			145.5
17	31.0	31.0	8'	113.3	113.3			111.8
18	23.1	23.2	8'a	153.7	152.7			39.6
10	52.1	52.3	9'	77.9	77.6			25.8(×2)
11	73.9	74.2	17'	27.7	27.5			145.5
12	40.5	40.1	18'	23.3	23.6			111.8
15	29.5	29.4	10'	45.6	45.9			

6-4-7　R = [3-methylbut-2-enyl]

6-4-8　R = [HO-C(CH$_3$)$_2$-CH(OH)-CH$_2$-]

6-4-9　R^1 = CH$_3$; R^2 = [epoxide-methylene-oxy group]

6-4-10　R^1 = [epoxide group]; R^2 = H

6-4-11　R^1 = [HO-CH-C(CH$_3$)$_2$-OH group]; R^2 = H

6-4-12　R^1 = OCH$_3$; R^2 = [isopropenyl]; R^3 = OCH$_3$

6-4-13　R^1 = OCH$_3$; R^2 = [C(CH$_3$)$_2$-OH]; R^3 = OCH$_3$

6-4-14　R^1 = H; R^2 = [isopropenyl]; R^3 = H

表 6-4-5 化合物 6-4-7~6-4-14 的 ^{13}C NMR 数据

C	6-4-7[4]	6-4-8[4]	6-4-9[4]	6-4-10[4]	6-4-11[4]	6-4-12[4]	6-4-13[4]	6-4-14[5]
2	117.3	117.4	117.5	117.5	117.5	160.2	160.3	159.6
3	118.9	118.0	117.1	117.3	117.5	112.7	113.0	114.0
4	130.0	124.5	125.2	124.8	146.6	139.2	139.4	145.1
4a	117.2	108.0	107.9	107.5	107.4	107.3	107.5	116.2
5	112.7	144.4	144.5	150.3	147.7	144.3	144.6	113.2
6	122.6	113.3	113.2	113.1	113.0	114.5	114.5	125.7
7	148.2	148.9	152.4	156.7	156.7	150.0	150.4	146.9
8	132.2	127.7	127.9	95.0	95.1	127.2	127.1	131.0
8a	141.8	141.9	141.9	147.7	150.3	143.6	144.1	142.2
9	144.8	143.7	143.8	143.8	143.8	145.2	145.2	147.5
10	106.6	105.0	105.0	104.3	104.5	105.0	105.2	106.9
11	69.9	75.5	72.3	72.1	74.4	76.6	75.7	75.2
12	120.4	75.8	61.5	61.3	76.4	75.1	78.0	74.7
13	138.4	71.6	58.2	58.3	71.6	144.8	72.2	145.1
14	18.1	26.6	24.6	24.6	26.6	18.7	26.5	18.7
15	25.8	25.3	18.7	18.9	25.1	113.4	24.7	113.0
5-OCH$_3$		60.9	60.8			60.7	60.8	
2'	160.1	160.3	160.9	160.9	161.0	160.2	160.2	159.6
3'	112.9	112.9	113.2	113.2	113.1	112.5	112.7	114.0
4'	139.3	139.3	139.0	138.2	139.0	139.1	139.2	145.1
4'a	107.5	107.5	107.2	107.3	107.3	107.2	107.6	116.2
5'	144.7	144.8	148.1	152.5	148.1	144.2	144.4	113.2
6'	114.6	114.5	113.9	114.0	114.1	114.3	114.8	125.7
7'	150.1	150.2	158.0	158.0	158.0	150.3	150.0	146.9
8'	126.6	126.6	94.9	95.0	95.0	127.2	127.0	131.0
8'a	143.8	143.9	152.6	148.0	152.5	143.8	143.8	142.2
9'	145.2	145.2	145.3	145.3	145.4	145.2	145.2	147.5
10'	105.1	105.1	105.0	104.5	104.5	104.9	105.1	106.9
11'	71.6	71.5	71.3	71.3	71.3	75.6	75.8	75.2
12'	80.8	80.8	81.1	81.0	81.0	76.4	76.3	74.7
13'	83.0	83.4	82.2	82.0	82.1	77.9	78.0	145.1
14'	22.6	22.5	22.7	22.7	27.6	21.6	24.3	18.7
15'	27.7	27.1	27.8	27.6	22.7	23.0	22.8	113.0
5'-OCH$_3$	60.7	60.7				60.5	60.7	

表 6-4-6　化合物 6-4-15~6-4-19 的 ¹³C NMR 数据[6]

C	6-4-15	6-4-16	6-4-17	6-4-18	6-4-19	C	6-4-15	6-4-16	6-4-17	6-4-18	6-4-19
2	163.2	118.3	117.5	120.1	118.2	2'	162.6	160.4	160.2	163.0	160.6
3	112.4	119.4	119.1	119.2	118.4	3'	114.9	114.9	114.8	112.9	113.3
4	141.4	129.3	130.0	125.5	125.4	4'	146.7	144.3	144.3	141.3	139.2
4a	107.9	117.1	117.2	109.1	107.8	4'a	117.8	116.5	116.5	108.6	107.4
5	150.4	113.3	113.4	150.6	149.6	5'	114.4	113.6	113.8	149.6	148.7
6	114.9	122.8	122.8	114.1	113.2	6'	128.0	126.1	126.1	114.1	114.3
7	159.5	147.7	147.9	157.7	157.3	7'	148.2	148.0	147.9	159.5	158.4
8	94.1	131.8	132.0	94.6	94.5	8'	132.4	131.6	131.3	95.5	94.7
8a	153.3	141.7	141.7	151.4	151.3	8'a	143.3	143.4	143.2	153.5	153.1
9	146.5	144.9	145.0	145.1	144.1	9'	148.2	146.9	146.8	147.3	146.1
10	106.3	106.9	106.8	105.8	105.7	10'	107.9	106.7	106.8	105.8	105.4
11	75.7	71.8	72.0	75.4	76.1	11'	75.9	72.8	71.3	75.7	71.6
12	77.0	61.3	61.5	78.3	77.8	12'	79.5	83.1	80.9	83.9	82.0
13	79.5	58.2	58.3	72.8	71.9	13'	73.1	83.0	83.2	84.2	82.3
14	23.3	24.5	24.6	27.0	27.6	14'	27.1	28.4	22.6	29.0	22.8
15	24.0	18.6	18.7	25.0	25.6	15'	26.2	22.7	27.9	22.8	27.7

6-4-20 R^1=H; R^2=OH; R^3=H
6-4-21 R^1=OH; R^2=OCH$_3$; R^3=H
6-4-22 R^1=OCH$_3$; R^2=OH; R^3=H
6-4-23 R^1=OCH$_3$; R^2=OH; R^3=OCH$_3$

表 6-4-7　化合物 6-4-20~6-4-25 的 ¹³C NMR 数据

C	6-4-20[7]	6-4-21[8]	6-4-22[9]	6-4-23[10]	6-4-24[11]	6-4-25[12]
2	157.3	161.3	159.8	156.6	160.4	162.2
3	135.6	136.3	135.7	137.0	111.8	114.5
4	131.5	130.3	131.0	127.3	144.2	143.9
4a	115.2	110.1	110.3	110.2	110.4	115.0
5	129.8	104.4	109.4	109.2	112.4	129.6

续表

C	6-4-20[7]	6-4-21[8]	6-4-22[9]	6-4-23[10]	6-4-24[11]	6-4-25[12]
6	113.8	145.5	145.8	145.6	150.9	114.2
7	161.0	150.7	150.4	149.8	143.8	158.3
8	102.4	107.7	102.8	102.7	103.6	104.8
8a	153.9	147.7	147.5	146.5	150.4	155.5
6-OCH$_3$				56.0	56.3	
7-OCH$_3$		56.1				
2'	160.4	159.7	160.1	160.1	160.3	160.2
3'	114.1	114.1	113.8	114.6	111.9	108.1
4'	144.4	143.6	144.1	144.0	138.6	136.8
4'a	114.6	114.7	114.5	114.6	105.7	110.6
5'	130.2	129.3	129.9	110.6	137.4	130.5
6'	113.6	113.8	113.6	146.8	135.8	146.2
7'	160.1	158.0	157.1	147.9	151.8	150.7
8'	104.1	103.2	104.0	106.1	99.7	103.5
8'a	155.4	155.1	155.1	148.4	147.9	148.1
6'-OCH$_3$				56.0		56.5

6-4-26 R^1=H; R^2=Glu^6—(structure with side chain: —OC—CH$_2$—C(OH)(CH$_3$)—CH$_2$—COOH); R^3=R^4=H
6-4-27 R^1=OH; R^2=Glu; R^3=R^4=H
6-4-28 R^1=OH; R^2=Glu; R^3=OH; R^4=H
6-4-29 R^1=H; R^2=OCH$_3$; R^3=H; R^4=Glu

表 6-4-8 化合物 6-4-26~6-4-29 的 ^{13}C NMR 数据

C	6-4-26[13]	6-4-27[14]	6-4-28[15]	6-4-29[16]	C	6-4-26[13]	6-4-27[14]	6-4-28[15]	6-4-29[16]
2	156.7	159.6	159.4	160.0	7'	159.3	157.9	157.2	157.7
3	137.0	135.7	138.4	136.4	8'	104.3	103.0	104.3	103.7
4	129.7	130.7	129.5	129.6	8'a	154.9	154.9	156.5	152.2
4a	112.2	114.3	116.6	112.6	1"	177.7			
5	109.5	110.9	102.4	131.1	2"	46.6			
6	146.2	143.9	143.4	113.5	3"	68.9			
7	148.7	148.4	133.4	157.3	4"	46.1			
8	102.9	103.9	134.6	104.3	5"	170.5			
8a	146.6	150.5	133.8	155.2	2"-CH$_3$	27.6			
7-OCH$_3$				52.4	Glu				
2'	159.9	159.9	160.2	160.1	1'''	99.4	102.3	103.6	104.2
3'	113.9	114.3	113.6	114.3	2'''	72.9	73.0	74.9	74.6
4'	144.0	143.8	144.3	143.3	3'''	76.4	76.0	76.9	78.1
4'a	114.5	111.3	114.8	114.2	4'''	69.6	69.4	70.8	70.9
5'	129.9	129.8	129.9	104.3	5'''	73.7	77.1	77.1	79.0
6'	113.5	113.3	114.0	144.4	6'''	62.9	60.5	62.0	62.1

表 6-4-9　化合物 6-4-30~6-4-32 的 ^{13}C NMR 数据

C	6-4-30[7]	6-4-31[13]	6-4-32[16]	C	6-4-30[7]	6-4-31[13]	6-4-32[16]
2	156.5	156.6	158.9	8'a	154.8	154.9	154.8
3	135.0	135.1	137.5	2"	160.1	160.1	161.9
4	131.1	130.9	129.1	3"	113.0	112.8	112.8
4a	110.6	110.7	110.0	4"	144.6	144.6	144.5
5	129.1	128.9	128.4	4"a	113.5	113.1	113.8
6	111.4	111.3	110.9	5"	129.4	129.2	128.6
7	158.6	158.4	158.4	6"	113.3	113.1	112.6
8	106.6	106.6	105.9	7"	157.0	157.4	157.1
8a	150.9	151.0	150.8	8"	109.6	109.5	111.0
2'	159.9	159.9	161.1	8"a	152.6	152.6	152.8
3'	113.8	113.8	113.7		Rha	Api	Fuc
4'	143.9	144.0	143.5	1'''	98.4	106.9	97.7
4'a	114.3	114.3	114.7	2'''	69.8	76.4	68.8
5'	129.9	129.8	128.6	3'''	70.1	78.7	69.9
6'	113.0	112.8	111.8	4'''	71.3	62.3	72.2
7'	159.4	159.4	158.8	5'''	69.6	74.4	67.0
8'	104.2	104.2	104.6	6'''	17.8		16.5

表 6-4-10　化合物 6-4-33~6-4-36 的 ^{13}C NMR 数据

C	6-4-33[13]	6-4-34[17]	6-4-35[18]	6-4-36[19]	C	6-4-33[13]	6-4-34[17]	6-4-35[18]	6-4-36[19]
2	160.7	159.8	160.1	161.0	4'a	113.7	152.4	114.0	112.7
3	111.3	139.2	113.0	113.0	5'	129.7	128.2	129.3	130.5
4	145.1	129.8	144.7	143.1	6'	111.6	112.5	113.0	107.3
4a	111.4	111.7	113.5	112.7	7'	157.4	158.1	159.1	159.5
5	129.7	116.4	129.3	130.4	8'	110.2	110.3	106.6	99.2
6	112.9	144.1	111.9	107.3	8'a	153.0	110.7	153.3	153.1
7	159.7	141.2	158.2	159.5	7'-OCH$_3$				55.9
8	106.6	115.6	109.7	99.2		Rha	Glu	Glu	
8a	153.6	149.1	152.5	153.0	1"	98.7	101.5	100.5	
3-OCH$_3$		56.4			2"	70.1	74.2	73.3	
7-OCH$_3$				55.8	3"	70.3	75.1	77.2	
2'	160.5	160.1	160.5	161.0	4"	71.6	70.3	69.5	
3'	113.2	112.6	111.2	113.0	5"	69.7	76.0	76.5	
4'	145.4	144.5	145.0	143.1	6"	17.8	61.8	60.6	

6-4-37 R¹=R²=R³=H; R⁴=OH; R⁵=OCH₃; R⁶=R⁷=R⁸=H
6-4-38 R¹=R²=R³=H; R⁴=OCH₃; R⁵=OH; R⁶=OH; R⁷=R⁸=H
6-4-39 R¹=R²=R³=H; R⁴=R⁵=OH; R⁶=R⁷=R⁸=H
6-4-40 R¹=OCH₃; R²=CH₃; R³=H; R⁴=OH; R⁵=OH; R⁶=H; R⁷=OCH₃; R⁸=CH₃
6-4-41 R¹=OCH₃; R²=CH₃; R³=OCH₃; R⁴=H; R⁵=OH; R⁶=H; R⁷=OCH₃; R⁸=CH₃

表 6-4-11 化合物 6-4-37~6-4-41 的 ¹³C NMR 数据

C	6-4-37[20]	6-4-38[21]	6-4-39[22]	6-4-40[23]	6-4-41[23]	C	6-4-37[20]	6-4-38[21]	6-4-39[22]	6-4-40[23]	6-4-41[23]
2	160.1	160.5	161.0	161.7	161.6	2'	160.2	160.7	160.5	163.6	161.4
3	112.7	111.5	111.6	86.8	86.9	3'	112.5	111.0	111.1	86.5	87.3
4	144.7	144.8	144.5	169.6	169.3	4'	144.1	144.8	144.9	169.6	169.4
4a	111.9	106.9	111.4	106.2	107.6	4'a	111.4	107.6	111.3	106.2	106.3
5	131.1	129.2	131.7	136.8	137.7	5'	128.6	108.6	128.7	136.8	137.1
6	111.0	112.8	117.2	115.5	110.7	6'	118.2	110.3	112.7	119.0	118.6
7	159.0	159.4	159.3	158.0	158.9	7'	160.6	149.1	159.0	158.9	158.6
8	111.2	111.3	102.1	109.3	111.3	8'	99.4	149.1	111.8	100.2	100.3
8a	152.9	153.3	155.6	153.7	152.7	8'a	155.3	147.8	153.3	155.3	155.3
4-OCH₃				56.4	56.5	4'-OCH₃				56.4	56.4
5-CH₃				23.1	23.4	5'-CH₃				18.8	18.8
6-OCH₃					55.9	7'-OCH₃		56.2			
7-OCH₃		56.1									

6-4-42 R¹=R²=CH₃
6-4-43 R¹=H; R²=CH₃
6-4-44 R¹=R²=H

6-4-45 R¹=R²=R⁴=R⁵=R⁷=H; R³=R⁶=OH
6-4-46 R¹=OCH₃; R²=CH₃; R³=OCH₃; R⁴=OCH₃; R⁵=CH₂OH; R⁶=OCH₃

6-4-47

6-4-48

6-4-49

表 6-4-12　化合物 6-4-42~6-4-49 的 ^{13}C NMR 数据

C	6-4-42[24]	6-4-43[24]	6-4-44[24]	6-4-45[25]	6-4-46[26]	6-4-47[27]	6-4-48[28]	6-4-49[21]
2	163.0	162.4	166.0	161.0	161.4	161.8	161.5	161.1
3	87.9	88.1	87.5	112.1	87.6	94.3	102.2	115.0
4	170.0	170.5	172.6	144.4	169.3	165.3	164.8	144.5
4a	108.1	108.8	108.3	112.1	107.7	106.1	121.1	111.0
5	137.2	138.3	139.3	129.4	139.1	139.2	137.7	129.5
6	123.4	123.9	124.4	113.6	111.3	116.1	127.6	113.3
7	160.1	161.4	160.5	161.1	159.6	160.5	131.7	154.9
8	97.4	97.8	101.6	112.0	107.8	100.3	114.8	102.0
8a	156.2	157.4	157.3	154.7	153.4	156.2	154.3	158.8
4-OCH$_3$	56.2	56.6	56.9		56.8			
5-CH$_3$	18.7	19.0	19.2		23.6	23.3	23.4	
7-OCH$_3$	56.0	56.5			56.4			
2'	163.0	162.4	166.0	160.4	161.1	161.4	160.5	160.0
3'	87.9	87.7	87.5	116.6	97.9	99.1	116.2	111.0
4'	170.0	170.5	172.6	145.3	166.7	168.8	143.4	144.5
4'a	108.1	108.2	108.3	112.3	107.1	109.4	112.5	111.3
5'	137.2	138.3	139.3	129.9	144.0	138.3	149.6	158.9
6'	123.4	123.2	124.4	114.0	110.6	115.4	111.4	110.5
7'	160.1	159.1	160.5	162.7	162.2	161.5	132.6	129.0
8'	97.4	101.0	101.6	103.1	98.8	98.6	144.7	113.0
8'a	156.2	156.8	157.3	156.5	155.1	155.6	137.7	153.0
4'-OCH$_3$	56.2	56.7	56.9		59.3	59.6		
5'-CH$_3$	18.7	19.1	19.2			23.1		
5'-CH$_2$					61.5			
7'-OCH$_3$	56.0				55.9	55.8		

6-4-50

6-4-51

表 6-4-13　化合物 6-4-50 和 6-4-51 的 ^{13}C NMR 数据[29]

C	6-4-50	6-4-51	C	6-4-50	6-4-51	C	6-4-50	6-4-51
2	160.3	160.7	5	128.9	129.4	8a	153.9	153.6
3	113.4	113.3	6	108.1	108.1	9	72.5	73.1
4	143.5	143.6	7	161.4	160.5	10	84.6	75.8
4a	113.0	113.1	8	113.9	112.8	11	140.8	142.7

续表

C	6-4-50	6-4-51	C	6-4-50	6-4-51	C	6-4-50	6-4-51
12	115.2	114.5	4'	143.3	142.9	8'	112.9	111.6
13	17.1	17.4	4'a	112.8	112.9	8'a	154.5	152.2
7-OCH$_3$	56.5	56.5	5'	130.0	130.3	9'	97.7	163.0
2'	160.3	159.5	6'	107.9	107.9	7'-OCH$_3$	56.4	56.6
3'	113.3	113.8	7'	162.0	159.4			

6-4-60[33] **6-4-61**[34] **6-4-62**[34]

6-4-63[35] **6-4-64**[36]

6-4-65[37] **6-4-66**[37]

6-4-67[38] **6-4-68**[38]

6-4-69[39] **6-4-70**[40] **6-4-71**[40]

第六章 香豆素类化合物

6-4-72[5] **6-4-73**[41] **6-4-74**[42] **6-4-75**[43]

6-4-76[44] **6-4-77**[45]

6-4-78[46] **6-4-80**[47]

6-4-79[46]

6-4-81[47] **6-4-82**[48] **6-4-83**[48]

1627

参 考 文 献

[1] Ito C, Matsuoka M, Oka T, et al. Chem Pharm Bull, 1990, 38: 1230.
[2] Ito C, Ono T, Takemura Y, et al. Chem Pharm Bull, 1993, 41: 1302.
[3] Takemura Y, Juichi M, Hatano K, et al. Chem Pharm Bull, 1994, 42: 2436.

[4] Wang N H, Yoshizake K, Bara K. Chem Pharm Bull, 2001, 49: 1085.
[5] Xiao Y Q, Liu X H, Taniguchi M, et al. Phytochemistry, 1997, 45: 1275.
[6] Zhou P Z, Takaishi Y, Duan H, et al. Phytochemistry, 2000, 53: 689.
[7] Baba K, Tabata Y, Taniguti M, et al. Phytochemistry, 1989, 28: 221.
[8] Kabouche Z, Benkiki N, Bruneau C. Fitoterapia, 2003, 74: 194.
[9] Cordell G A. J Nat Prod, 1984, 47: 84.
[10] Song S, Li Y X, Feng Z M, et al. J Nat Prod, 2010, 73: 177.
[11] Zhou H Y, Hong J L, Shu P, et al. Fitoterapia, 2009, 80: 283.
[12] Zheng W F, Shi F. Acta Pharm Sin, 2004, 39: 990.
[13] Baba K, Taniguti M, Yoneda Y, et al. Phytochemistry, 1990, 29: 247.
[14] Riaz M, Krohn K, Wray V, et al. Eur J Org Chem, 2002, 1436.
[15] Riaz M, Malik A. Heterocycles, 2001, 55: 769.
[16] Riaz M, Malik A. Helv Chim Acta, 2001, 84: 656.
[17] Ullah N, Ahmed S, Malik A. Phytochemistry, 1999, 51: 99.
[18] Li S H, Wu L J, Gao H Y, et al. J Asian Nat Prod Res, 2005, 7: 839.
[19] Joshi P C, Mandal S, Das P C. Phytochemistry, 1989, 28: 1281.
[20] Basa S C, Das D P, Rabindra N. Heterocycles, 1984, 22: 333.
[21] Zhan Q F, Xia Z H, Wang J L, et al. J Asian Nat Prod Res, 2003, 5: 303.
[22] Su B N, Park E J, Mbwambo Z H, et al. J Nat Prod, 2002, 65: 1278.
[23] Nozawa K. J C S Perkin 1, 1987, 1735.
[24] Laakso J A, Narske E D, Gloer J B. J Nat Prod, 1994, 57: 128.
[25] Katrin F, Porzel A, Schmidt J. Phytochemistry, 2002, 61: 873.
[26] Tepaske M R, Gloer J B. J Nat Prod, 1992, 55: 1080.
[27] Hiort J, Maksimenka K, Reichert M, et al. J Nat Prod, 2004, 67: 1532.
[28] 谷黎红, 李铣, 阎四清等. 药学学报, 1989, 24: 744.
[29] Takemura Y, Kanao K, Konoshima A, et al. Heterocycles, 2004, 63: 115.
[30] Juichi M, Takemura Y, Okano M, et al. Chem Pharm Bull, 1996, 44: 11.
[31] Taniguchi M, Xiao Y Q, Liu X H, et al. Chem Pharm Bull, 1998, 46: 1946.
[32] Taniguchi M, Xiao Y Q, Liu X H, et al. Chem Pharm Bull, 1998, 46: 1065.
[33] Taniguchi M, Xiao Y Q, Baba K. Chem Pharm Bull, 2000, 48: 1246.
[34] Nishimura S, Taki M, Takaishi S, et al. Chem Pharm Bull, 2000, 48: 505.
[35] Ito C, Mizuno T, Tanahashi S, et al. Chem Pharm Bull, 1990, 38: 2102.
[36] Ito C, Nakagawa M, Inoue M, et al. Chem Pharm Bull, 1993, 41: 1657.
[37] Negi N, Ochi A, Kurosawa M, et al. Chem Pharm Bull, 2005, 53: 1180.
[38] Teshima N, Tsugawa M, Tateishi A, et al. Heterocycles, 2004, 63: 2837.
[39] Juichi M, Takemura Y, Azuma M, et al. Chem Pharm Bull, 1991, 39: 2252.
[40] Cai J N, Basnet P, Wang Z T, et al. J Nat Prod, 2000, 63: 485.
[41] Jung D J, Porzel A, Huneck S. Phytochemistry, 1991, 30: 710.
[42] Wu T S, Tsang Z J, Wu P L, et al. Bioorg Med Chem, 2001, 9: 77.
[43] Iwase Y, Takahashi M, Tada T, et al. Heterocycles, 2000, 53: 441.
[44] Takemura Y, Nakata T, Juichi M, et al. Chem Pharm Bull, 1994, 42: 1213.
[45] Ju-ichi M, Takemura Y, Okano M, et al. Heterocycles, 1991, 32: 1189.
[46] Ikeda S, Takemura Y, Ju-chi M, et al. Heterocycles, 1998, 48: 999.
[47] Taniguchi M, Xiao Y Q, Liu X H, et al. Chem Pharm Bull, 1999, 47: 713.
[48] Takemura Y, Isono Y, Arima Y, et al. Heterocycles, 1997, 45: 1169.
[49] Bhandari P, Rastogi R P. Phytochemistry, 1981, 20: 2044.
[50] He H P, Chen S T, Shen Y M, et al. Chinese Chem Lett, 2003, 14: 1150.
[51] He H P, Shen Y M, Chen S T, et al. Helv Chim Acta, 2006, 89: 2836.
[52] Niu X M, L i S H, Wu L X, et al. Planta Med, 2004, 70: 578.
[53] Lamnaouer D, Fraigui O, Martin M T, et al. Phytochemistry, 1991, 30: 2383.
[54] Ohta T, Maruyama T, Nagahashi M, et al. Tetrahedron, 2002, 6631.
[55] Takemura Y, Ju-ichi M, Kurozumi T, et al. Chem Pharm Bull, 1993, 41: 73.
[56] Hasan C M, Kong D Y, Gray A I, et al. J Nat Prod, 1993, 56: 1839.
[57] Xiao Y, Ding Y, Li J B, et al. Chem Pharm Bull, 2004, 52: 1362.